VDI-Lexikon Umwelttechnik

Herausgegeben von
Prof. Dr.-Ing. Franz Joseph Dreyhaupt

SPRINGER-VERLAG BERLIN HEIDELBERG GMBH

Die Deutsche Bibliothek — CIP-Einheitsaufnahme

VDI-Lexikon Umwelttechnik /
hrsg. von Franz Joseph Dreyhaupt. —
Düsseldorf: VDI-Verl., 1994
  ISBN 978-3-642-95751-2
NE: Dreyhaupt, Franz Josef [Hrsg.]; Lexikon Umwelttechnik

Redaktion: Dipl.-Ing. Zitta Glaser
Graphische Darstellungen: Peter Lübke
Satz : Bonner Universitäts-Buchdruckerei

ISBN 978-3-642-95751-2   ISBN 978-3-642-95750-5 (eBook)
DOI 10.1007/978-3-642-95750-5

Vorwort

Die mir vom VDI-Verlag angetragene Herausgeberschaft für das Lexikon Umwelttechnik induzierte zunächst die Frage nach der Abgrenzung von einem allgemeinen Umwelt-Lexikon einerseits und nach der Eingrenzung der Technik für den Umweltschutz andererseits.

Orientiert am ersten bundesdeutschen Umweltprogramm von 1971 umfaßt der Umweltschutz die Sicherung eines gesunden, menschenwürdigen Lebensraums – des „Oikos" –, die Bewahrung von Mensch, Tier und Pflanze, Boden, Wasser, Luft, Klima und Landschaft sowie Kultur- und sonstigen Sachgütern vor nachteiligen menschlichen Eingriffen und die Beseitigung eingetretener Schäden oder Nachteile.

Der Technik-Begriff basiert auf dem altgriechischen „Technae" und bedeutet dort Kunst, Geschicklichkeit, Kunstfertigkeit. Heute verstehen wir unter Technik alle Maßnahmen, Verfahren und Einrichtungen zur Beherrschung und zweckmäßigen Nutzung der Naturgesetze und der von der Natur gebotenen Energien und Rohstoffe.

Umwelttechnik ist dann primär repräsentiert durch Geräte, Verfahren und Einrichtungen, die unmittelbar dem Schutz der aufgeführten Umwelt-Inhalte dienen, insbesondere dem
- Schutz des „Oikos" (Ökologie, Ökotoxikologie, Gefahrstoffe),
- Schutz des menschlichen Lebens (Humantoxikologie, Unfall-/Störfallabwehr),
- Schutz vor Immissionen (Luftverunreinigungen, Lärm, Erschütterungen),
- Schutz vor ionisierenden und nicht ionisierenden Strahlen,
- Schutz der Gewässer und des Meeres,
- Schutz des Bodens,
- Schutz des Klimas (Troposphäre, Stratosphäre),
- Schutz der Pflanzen,
- Schutz der Tiere,
- Natur- und Landschaftsschutz,
- Denkmalschutz und
- Schutz der nicht erneuerbaren Ressourcen (Bergbau) sowie der
- Beseitigung von Umweltschäden (z. B. Altlasten).

Umwelttechnik darf aber nicht auf Primärtechniken beschränkt bleiben, vor allem nicht auf die „end of the pipe"-Techniken; vielmehr müssen auch alle sekundären Maßnahmen dazugerechnet werden, die die Gestaltung oder Entwicklung der Primärtechniken maßgeblich beeinflussen, wie insbesondere
- Gebote und Verbote (Umweltrechts- und sonstige Normen),
- ökonomische Lenkungsmaßnahmen (Umweltökonomie),
- Umweltplanungsgrundlagen (Umwelterkundung/-beobachtung, Umweltinformationen, Umweltstatistik, Technologiefolgenabschätzung),
- Innovationsförderung (erneuerbare Energien, rationelle Energiewandlung/-anwendung, Biotechnologie, Gentechnik) und
- Wirkungsforschung.

Damit betrifft die Umwelttechnik mehr oder weniger alle Technikbereiche, die durch Fachgliederungen des VDI repräsentiert werden:
- Kommission Reinhaltung der Luft im VDI und DIN,
- Normenausschuß Akustik, Lärmminderung und Schwingungstechnik im DIN und VDI sowie
- die VDI-Gesellschaften Agrartechnik, Bautechnik, Energietechnik, Entwicklung/Konstruktion/Vertrieb, Fahrzeug- und Verkehrstechnik, Fördertechnik/Materialfluß/Logistik, Kunststofftechnik, Produktionstechnik, Technische Gebäudeausrüstung, Verfahrenstechnik und Chemieingenieurwesen.

Das hieraus resultierende umwelttechnische Fachwissen wird in der VDI-KUT (VDI-Koordinierungsstelle Umwelttechnik) zusammengefaßt und verfügbar gemacht.

Dieses weite Raster der Umwelttechnik lexikalisch kompetent und ausgewogen auszufüllen, war eine Herausforderung an die Autoren und den Herausgeber. Die mit großem Engagement geleisteten Beiträge haben das äußerst machbare Volumen dieses Lexikons noch übertroffen. Die Lücken, die wir aus diesem Grunde lassen mußten, möge man uns verzeihen. Ich hoffe, daß wir unserer Aufgabe gleichwohl gerecht geworden sind.

Feusdorf, im Mai 1994

Franz Joseph Dreyhaupt

Der Herausgeber

Prof. Dr.-Ing. Franz Joseph Dreyhaupt studierte Bauingenieurwesen, Fachrichtung Straßen-
und Städtebau, an der RWTH Aachen und promovierte mit dem Thema „Luftreinhaltung als
Faktor der Stadt- und Regionalplanung". 1971 erhielt er einen Lehrauftrag an der Universität
Kaiserslautern über Fragen des Umweltschutzes und wurde 1977 Honorarprofessor.

Seit 1959 war Prof. Dreyhaupt im Umweltressort des Landes Nordrhein-Westfalen zuständig
für Umweltaufgaben auf dem Gebiet des Strahlen- und Immissionsschutzes. Nach Ausscheiden
aus dem aktiven Landesdienst war er von 1987 bis 1990 Mitglied des Rates von Sachverständigen für Umweltfragen beim Bundesumweltminister und Vorsitzender des Umweltbeirates
für die Großforschungseinrichtungen beim Bundesminister für Forschung und Technologie.

Prof. Dreyhaupt ist als Autor und Herausgeber auf dem Gebiet des Umweltschutzes tätig,
so z. B. für Handbücher zur Aufstellung von Luftreinhalteplänen und für Immissionsschutzbeauftragte sowie für ein Umwelt-Handwörterbuch.

Die Autoren

Dipl.-Ing. Dipl.-Wirtsch.-Ing. Ulrich Adler
ifo Institut für Wirtschaftsforschung e. V.,
München

Dipl.-Ing. Hans Ulrich Adt
Lehrstuhl für Kraft- und Arbeitsmaschinen,
Universität Kaiserslautern

Dipl.-Ing. agr. Thomas Amon
Bayer. Landesanstalt für Landtechnik,
Freising

Dr. rer. nat. Ulrich Andrae
GSF-Forschungszentrum für Umwelt und
Gesundheit GmbH, Institut für Toxikologie,
Oberschleißheim

Dr.-Ing. Gerhard Angerer
Fraunhofer Institut für Systemtechnik und
Innovationsforschung, Karlsruhe

Dr. rer. nat. Michael Angrick
Umweltbundesamt, Berlin

Dr. rer. nat. Jürgen Assmann
Ministerium für Umwelt, Raumordnung
und Landwirtschaft des Landes Nordrhein-
Westfalen, Düsseldorf

*Priv. Doz. Dr. agr. Dr. habil.
Hermann Auernhammer*
Institut für Landtechnik der Technischen
Universität München, Freising

Dipl.-Ing. Michael Bade
Umweltbundesamt, Berlin

Dr. Ian Barnes
Bergische Universität – Gesamthochschule
Wuppertal

Dipl.-Ing. Robert Batz
Umweltbundesamt, Berlin

Dr. sc. agr. Roland Bauer
Institut für Landtechnik der Technischen
Universität München, Freising

Dr. rer. nat. Monika Baumann
GSF-Forschungszentrum für Umwelt und
Gesundheit GmbH, Institut für Toxikologie,
Oberschleißheim

Prof. Dr. Karl Heinz Becker
Bergische Universität – Gesamthochschule
Wuppertal

Dipl.-Ing. Rolf Beckers
Umweltbundesamt, Berlin

Dr. jur. Martin Beckmann,
Fachanwalt für Verwaltungsrecht, Münster

Dr. Claus-Gerhard Bergs
Bundesministerium für Umwelt, Naturschutz
und Reaktorsicherheit, Bonn

Dipl.-Ing. Jürgen Bettges
RWE Energie Aktiengesellschaft, Essen

Prof. Dr. Michael Birkle
Fraunhofer-Institut für Informations- und
Datenverarbeitung IITB, Karlsruhe

Dipl.-Ing. Christian Birkner
Lehrstuhl für Kraft- und Arbeitsmaschinen,
Universität Kaiserslautern

Dipl.-Ing. Peter Blickwedel
Bundesministerium für Umwelt, Naturschutz
und Reaktorsicherheit, Bonn

Dipl.-Ing. agr. Dirk Bludau
Bayer. Landesanstalt für Landtechnik,
Freising

Dr. Dietrich F. W. von Borries
Bundesministerium für Umwelt, Naturschutz
und Reaktorsicherheit, Bonn

Prof. Dr. agr. Dr. habil. Josef Boxberger
Bayer. Landesanstalt für Landtechnik,
Freising

Dr. rer. nat. Holger Brackemann
Umweltbundesamt, Berlin

Dr. rer. nat. Peter Bruckmann
Ministerium für Umwelt, Raumordnung
und Landwirtschaft des Landes Nordrhein-
Westfalen, Düsseldorf

Regierungsdirektor Thomas Buch
Ministerium für Umwelt, Raumordnung
und Landwirtschaft des Landes Nordrhein-
Westfalen, Düsseldorf

Dr.-Ing. Karlheinz Croissant
Siemens Automotive SA, Toulouse,
Frankreich

Regierungsrätin Sabine Dannelke
Bundesamt für Seeschiffahrt und Hydrographie, Hamburg

Dr. rer. nat. Erhard Deml
GSF Forschungszentrum für Umwelt und
Gesundheit GmbH, Institut für Toxikologie,
Oberschleißheim

Univ.-Prof. Dr. Jürgen Dodt
Geographisches Institut der Ruhr-Universität,
Bochum

Dr.-Ing. Eva-Maria Dombrowski
Umweltbundesamt, Berlin

Prof. Dr.-Ing. Franz Joseph Dreyhaupt
Universität Kaiserslautern

Dipl.-Ing. Johannes Drotleff
Umweltbundesamt, Berlin

Dr. Wilfried Dulson
Institut für Umweltuntersuchungen, Köln

Univ.-Prof. Dr.-Ing. Walter Durth
Fachgebiet Straßenentwurf und Straßen-
betrieb, Technische Hochschule Darmstadt

Priv. Doz. Dr. med. Klaus-Gustav Eckert
Walter-Straub Institut für Pharmakologie und
Toxikologie, Ludwig-Maximilians-Universität
München

Dr. rer. nat. Hans-Hermann Eggers
Umweltbundesamt, Berlin

Dr.-Ing. Dipl.-Phys. Jürgen Engelhard
Rheinbraun AG, Köln

Dr. rer. nat. Dr. habil. Gerhard Englert
Institut für Landtechnik der Technischen
Universität München, Freising

Dipl.-Ing. Manfred Erken
Rheinbraun AG, Frechen

Univ. Prof. Dr. agr. Dr. habil. Manfred Estler
Institut für Landtechnik der Technischen
Universität München, Freising

Prof. Dr. Klaus Ewen
Landesanstalt für Arbeitsschutz Nordrhein-
Westfalen, Düsseldorf

Dr. rer. nat. Wolfgang Faber
Rheinbraun AG, Frechen

Dr.-Ing. John Fank
VDI-Kommission Reinhaltung der Luft im
VDI und DIN, Düsseldorf

Priv. Doz. Dr. rer. nat. Johannes Georg Filser
GSF Forschungszentrum für Umwelt und
Gesundheit GmbH, Institut für Toxikologie,
Oberschleißheim

Peter Fischer
Bayer AG, Leverkusen

Prof. Dr. med. Leopold Flohé
Gesellschaft für Biotechnologische Forschung
mbH, Braunschweig

Prof. Dr. rer. nat. Günther Friedrich
Landesumweltamt Nordrhein-Westfalen,
Essen

Dipl.-Ing. Wolfgang Fronz
Landesumweltamt Nordrhein-Westfalen,
Essen

Dipl.-Volksw. Rudolf Gabrisch
Wirtschaftsvereinigung Metalle e.V.,
Düsseldorf

Dipl.-Geophys. Josef Giebel
Landesumweltamt Nordrhein-Westfalen,
Essen

Dr. rer. nat. Waltraud Göggelmann
GSF-Forschungszentrum für Umwelt und
Gesundheit GmbH, Institut für Toxikologie,
Oberschleißheim

Dr.-Ing. Klaus Grefen
VDI-Kommission Reinhaltung der Luft
im VDI und DIN, Düsseldorf

Prof. Dr. med. Helmut Greim
GSF-Forschungszentrum für Umwelt und
Gesundheit GmbH, Institut für Toxikologie,
Oberschleißheim

Univ. Prof. Dr. rer. nat. Wolfgang Haber
Lehrstuhl für Landschaftsökologie,
Technische Universität München, Freising

Priv. Doz. Dr. med. habil. Stefan Halbach
GSF-Forschungszentrum für Umwelt und
Gesundheit GmbH, Institut für Toxikologie,
Oberschleißheim

Dipl.-Ing. Hartwig Hammerschmidt
Lehrstuhl für Elektrische Meßtechnik,
Technische Universität München

Dipl.-Ing. Ingrid Hanhoff-Stemping
Umweltbundesamt, Berlin

Dr. jur. Klaus Hansmann
Ministerium für Umwelt, Raumordnung
und Landwirtschaft des Landes Nordrhein-
Westfalen, Düsseldorf

Prof. Dr.-Ing. habil. Ulrich Hattingen
Lehrstuhl für Kraft- und Arbeitsmaschinen,
Universität Kaiserslautern

Dr.-Ing. Norbert Haug
Umweltbundesamt, Berlin

Dipl.-Ing. agr. Markus Helm
Bayer. Landesanstalt für Landtechnik,
Freising

Dr.-Ing. Wilfried Hinrichs
Amtliche Materialprüfanstalt für Steine und
Erden, Clausthal-Zellerfeld

Dipl.-Ing. Volker Hoffmann
Landesumweltamt Nordrhein-Westfalen,
Essen

Dipl.-Phys. Fritz Holzkamm
Bundesamt für Seeschiffahrt und Hydrographie, Hamburg

Prof. Dr. Werner Hoppe
Lehrstuhl für öffentliches Baurecht, Planungs-
und Umweltrecht, Westfälische Wilhelms-
Universität, Münster

Dr.-Ing. Peter Hüttenberger
Lehrstuhl für Kraft- und Arbeitsmaschinen,
Universität Kaiserslautern

Dipl.-Ing. Hans-Rheinhard Illgner
Bergamt Hannover, Hannover

Dr.-Ing. Harald Irmer
Landesumweltamt Nordrhein-Westfalen,
Essen

Prof. Dr.-Ing. Hans Kahlen
Lehrstuhl für Leistungselektronik und
Elektronik, Universität Kaiserslautern

Dr.-Ing. Ulrich Kaier
Energieconsulting Heidelberg GmbH,
Heidelberg

Dipl.-Ing. Jochen Kallenbach
Lehrstuhl für Kraft- und Arbeitsmaschinen,
Universität Kaiserslautern

Dr.-Ing. Helmut Kaschenz
Umweltbundesamt, Berlin

Priv. Doz. Dr. Gert Keller
Abteilung Biophysik und Pyhsikalische
Grundlagen der Medizin, Universität des
Saarlandes, Homburg

Dipl.-Ing. Werner Kind
Lehrstuhl für Kraft- und Arbeitsmaschinen,
Universität Kaiserslautern

Dipl.-Ing. Peter Klee
Lehrstuhl für Kraft- und Arbeitsmaschinen,
Universität Kaiserslautern

Dipl.-Biol. Mathis Kleespies
Institut für Biotechnologie, Forschungszentrum Jülich GmbH, Jülich

Dr. sc. nat. Rainer Koch
Bayer AG, Leverkusen

Dipl.-Ing. Werner Koch
Umweltbundesamt, Berlin

Dipl.-Ing. Wilhelm Krass
TÜV Rheinland, Aachen

Dipl.-Ing. Bernd Krause
Umweltbundesamt, Berlin

Dr. agr. Georg H. M. Krause
Landesumweltamt Nordrhein-Westfalen,
Essen

Dipl.-Ing. Jürgen Kühn
Bundesministerium für Umwelt, Naturschutz
und Reaktorsicherheit, Bonn

Dipl.-Met. Siegfried Külske
Landesumweltamt Nordrhein-Westfalen,
Essen

Dr.-Ing. Jürgen Kwasny
Rheinbraun AG, Köln

Prof. Dr.-Ing. Michael Lange
Umweltbundesamt, Berlin

Dipl.-Ing. Klaus Leder
Umweltbundesamt, Berlin

Dipl.-Ing. Otto Lenz
Kaliverein e.V., Hannover

Dipl.-Ing. Ernst Liebl
Rheinbraun AG, Köln

Prof. Dr.-Ing. Friedrich Löffler
Institut für Mechanische Verfahrenstechnik
und Mechanik, Universität Karlsruhe

Prof. Dr.-Ing. Wolfgang Lohrer
Umweltbundesamt, Berlin

Dipl.-Biol. Georg Maghon
SVT Umwelttechnik GmbH, Neubukow

Dr. rer. nat. Inge Mangelsdorf
GSF-Forschungszentrum für Umwelt und
Gesundheit GmbH, Institut für Toxikologie,
Oberschleißheim

Dr. rer. nat. Klaus Matalla
Volkswagen AG, Wolfsburg

Dipl.-Ing. Rüdiger Matthes
Bundesamt für Strahlenschutz, Oberschleißheim

o. Prof. Dr.-Ing. habil. Hans May
Lehrstuhl für Kraft- und Arbeitsmaschinen,
Universität Kaiserslautern

Dr.-Ing. Viktor Mertsch
Landesumweltamt Nordrhein-Westfalen,
Essen

Prof. Dr. Erich Merz
Institut für Chemische Technologie,
Forschungszentrum Jülich GmbH, Jülich,

*Univ. Prof. Dr. rer. hort. Dr. habil.
Joachim Meyer*
Institut für Landtechnik der Technischen
Universität München, Freising

Dr. Joseph Mitsch
Umweltbundesamt, Berlin

Dr.-Ing. Klaus-Peter Neuenhahn
Ruhrkohle Umwelt GmbH, Bottrop

Dipl.-Ing. Michael Nitsche
Umweltbundesamt, Berlin

Dr.-Ing. Carsten Östergaard
Germanischer Lloyd, Hamburg

Dr. Christel Offermann-Clas
Jean-Monnet-Lehrstuhl für Europäische Wirt-
schafts- und Umweltpolitik, Universität Trier

Dr. rer. nat. Dieter Paffrath
Seefeld (vorm. Deutsche Forschungsanstalt
für Luft- und Raumfahrt e.V., Wesseling)

Prof. Dr.-Ing. Bernd Page
Fachbereich Informatik, Universität Hamburg

Prof. Dr. Herbert Paschen
Abteilung für Angewandte Systemanalysen,
Kernforschungszentrum Karlsruhe; Büro für
Technikfolgen-Abschätzung des Deutschen
Bundestages, Bonn

Dipl.-Volksw. Elisabeth Paskuy
ifo Institut für Wirtschaftsforschung e.V.,
München

Dr. Hans-Ulrich Pfeffer
Landesumweltamt Nordrhein-Westfalen,
Essen

Prof. Dr.-Ing. Jürgen A. Philipp
Thyssen AG, Duisburg

Dr. Heinrich Pirkelmann
Bayer. Landesanstalt für Landtechnik, Freising

Dr. rer. nat. Wolfgang Plehn
Umweltbundesamt, Berlin

Dipl.-Ing. agr. Ludwig Popp
Bayer. Landesanstalt für Landtechnik,
Freising

Dr. Bernhard Prinz
Landesumweltamt Nordrhein-Westfalen,
Essen

Rainer Pruditsch
Umweltbundesamt, Berlin

Dipl.-Ing. Albert Pützer
Rheinbraun AG, Köln

Dr. rer. nat. C.-André Radde
Bundesministerium für Umwelt, Strahlenschutz und Reaktorsicherheit, Bonn

Dipl.-Ing. Wilfried Rathsmann
Rheinbraun AG, Köln

RA Manfred Rebentisch
Vereinigung Deutscher Elektrizitätswerke –
VDEW e.V., Frankfurt

Dr. rer. nat. Manfred E. Reinhardt
Deutsche Forschungsanstalt für Luft- und
Raumfahrt e.V., Wessling

Dipl.-Ing. Rainer Remus
Umweltbundesamt, Berlin

Dipl.-Phys. Manfred Reuß
Bayer. Landesanstalt für Landtechnik,
Freising

Dr. jur. Klaus Römermann
Gesamtverband des deutschen Steinkohlenbergbaus, Essen

Dr. rer. nat. Gerhard Roge
Gesamtverband des deutschen Steinkohlenbergbaus, Essen

Prof. Dr.-Ing. habil. Klaus Rompe
TÜV Rheinland e.V., Köln

Dipl.-Ing. Klaus Rosenbusch
Umweltbundesamt, Berlin

Dr. Albin Rossbach
Deutsche Forschungsanstalt für Luft- und
Raumfahrt e.V., Wessling

Prof. Dr. Walter Röhnsch
Bundesamt für Strahlenschutz, Berlin

Prof. Dipl.-Geol. Niels-Peter Rühl
Bundesamt für Seeschiffahrt und Hydrographie, Hamburg

Dipl.-Ing. Hans-Gerhard Rumpf
RWE Energie AG, Essen

Dr. rer. nat. Joachim Schabronath
Ruhrkohle AG, Herne

Dr. Hans-Joachim Scharf
Kali und Salz AG, Kassel

Dipl.-Ing. Peter Schedtler
Kali und Salz Entsorgung GmbH, Kassel

Dipl.-Ing. Wilhelm Schlegel
Rheinbraun AG, Köln

Dr.-Ing. Eberhard Schmidt
Institut für Mechanische Verfahrenstechnik
und Mechanik, Universität Karlsruhe

Dr. Siegbert Schneider
Bundesministerium für Umwelt, Naturschutz
und Reaktorsicherheit, Bonn

Dr.-Ing. Helmut Schnurer
Bundesministerium für Umwelt, Naturschutz
und Reaktorsicherheit, Bonn

Univ.-Prof. Dr. agr. Hans Schön
Institut für Landtechnik der Technischen
Universität München, Freising

Dr. rer. nat. Manfred Schön
Bayer AG, Leverkusen

Dr. rer. nat. Lothar Schrader
Rheinbraun AG, Frechen

Dipl.-Ing. Joachim Schramm
Mitteldeutsche Kali AG, Sondershausen

Dr.-Ing. Manfred Schroeder
Deutsche Forschungsanstalt für Luft- und
Raumfahrt e.V., Wessling

Kapitän Klaus Schroh
Sonderstelle des Bundes Ölunfälle See/Küste,
Cuxhaven

Dr.-Ing. Walter Schubert
Mitteldeutsche Kali AG, Sondershausen

Dr. Heinz Schulz
Bayer. Landesanstalt für Landtechnik,
Freising

Dr. rer. nat. Leslie R. Schwarz
GSF-Forschungszentrum für Umwelt und
Gesundheit GmbH, Institut für Toxikologie,
Oberschleißheim

Prof. Dr.-Ing. Dipl.-Wirtsch.-Ing.
Jürgen Seggelke
Umweltbundesamt, Berlin

Prof. Dr. Carl Johannes Soeder
Institut für Biotechnologie, Forschungszentrum Jülich GmbH, Jülich

Dipl.-Ing. Lutz Speel
Germanischer Lloyd, Hamburg

Dipl.-Volksw. Heinrich Spies
Statistisches Bundesamt, Wiesbaden

Dipl.-Ing. Kathleen Spilok
Umweltbundesamt, Berlin

Dr. Heinz Splittgerber
Essen (vorm. Landesanstalt für Immissions-
schutz des Landes Nordrhein-Westfalen,
Essen)

Prof. Dr. Rolf Ulrich Sprenger
ifo Institut für Wirtschaftsforschung e.V.,
München

Dr.-Ing. Helmut Stahl
Landesumweltamt Brandenburg, Potsdam

Dr. rer. nat. Manfred Steinmetz
Bundesamt für Strahlenschutz, Oberschleißheim

Dr. rer. nat. Heidrun Sterzl-Eckert
GSF-Forschungszentrum für Umwelt und
Gesundheit GmbH, Institut für Toxikologie
Oberschleißheim

Dipl.-Ing. Klaus Stief
Umweltbundesamt, Berlin

Dipl.-Ing. Herbert Strauch
Landesumweltamt Nordrhein-Westfalen,
Essen

Dr. Arno Strehler
Bayer. Landesanstalt für Landtechnik,
Freising

Dipl.-Ing. Manfred Strube
Mitteldeutsche Kali AG, Merkers/Rhön

Priv.-Doz. Dr. rer. nat. Karl-Heinz Summer
GSF-Forschungszentrum für Umwelt und
Gesundheit GmbH, Institut für Toxikologie,
Oberschleißheim

Dipl.-Ing. Ullrich Teichert
Gesellschaft für Staubmeßtechnik und
Arbeitsschutz mbH, Neuss

Prof. Dr. Hans Willi Thoenes
Vorsitzender des Rates von Sachverständigen
für Umweltfragen, Wiesbaden

Dr.-Ing. Gereon Thomas
Rheinbraun AG, Bergheim-Niederaußem

Dr. rer. nat. Jörn-Uwe Thurner
Umweltbundesamt, Berlin

Dipl.-Ing. oec. Wolfgang Ulrich
Mitteldeutsche Kali AG, Sondershausen

Dipl.-Ing. Hans Werner Vogt
TÜV Rheinland, Köln

Dr. Johann Wackerbauer
ifo-Institut für Wirtschaftsforschung e.V.,
München

Dipl.-Ing. Peter Wagenknecht
Umweltbundesamt, Berlin

Dr. rer. nat. Gerd-Rainer Weber
Gesamtverband des Deutschen Steinkohlenbergbaus, Essen

Prof. Dr. habil. Günter Weichart
Bundesamt für Seeschiffahrt und Hydrographie, Hamburg

Dipl.-Biol. Gudrun Weigand
GSF-Forschungszentrum für Umwelt und
Gesundheit GmbH, Institut für Toxikologie,
Oberschleißheim

Dipl.-Ing. Volker Weiss
Umweltbundesamt, Berlin

Dipl.-Met. Marion Wichmann-Fiebig
Landesumweltamt Nordrhein-Westfalen,
Essen

Dipl.-Ing. agr. Bernhard Widmann
Bayer. Landesanstalt für Landtechnik,
Freising

Prof. Dr. med. Friedrich J. Wiebel
GSF-Forschungszentrum für Umwelt und
Gesundheit GmbH, Institut für Toxikologie,
Oberschleißheim

Dr.-Ing. Dieter Wiedenhöft
Lehrstuhl für Kraft- und Arbeitsmaschinen,
Universität Kaiserslautern

Dipl.-Chem. Evelyn Wiesen
Bergische Universität – Gesamthochschule
Wuppertal

Schiffsing, Hans-Otto Wille
Germanischer Lloyd, Hamburg

Dipl.-Biochem. Gerhard Winkelmann
Umweltbundesamt, Berlin

Prof. Dr. rer. nat. Gerhard Winneke
Medizinisches Institut für Umwelthygiene,
Universität Düsseldorf

Prof. Dr.-Ing. Carl-Jochen Winter
Deutsche, Forschungsanstalt für Luft-
und Raumfahrt e.V., Stuttgart; ENERGON
Carl-Jochen Winter GmbH, Überlingen

Prof. Dr.-Ing. Gert Winterfeld
Köln (vorm. Deutsche Forschungsanstalt
für Luft- und Raumfahrt e.V., Köln)

Dr. Klaus Wirtz
Bergische Universität – Gesamthochschule
Wuppertal

Dr. rer. nat. Thomas Wolff
GSF-Forschungszentrum für Umwelt und
Gesundheit GmbH, Institut für Toxikologie,
Oberschleißheim

Dr. rer. nat. Erhard Wolfrum
Rheinbraun AG, Frechen

Dr.-Ing. Hans-Dieter Zeisig
Bayer. Landesanstalt für Landtechnik,
Freising

Prof. Dr. rer. nat. Gunter Zimmermeyer
Verband der Automobilindustrie, Frankfurt
(vorm. Gesamtverband des deutschen Steinkohlenbergbaus, Essen)

Erläuterungen zur Benutzung

Die zahlreichen Gebiete der Umwelttechnik sind in rd. 4 000 Stichwörter aufgegliedert. Unter einem aufgesuchten Stichwort ist seine erläuternde Erklärung zu finden, die dem Benutzer das entsprechende Wissen vermittelt. Die zahlreichen Verweise führen entweder zu einem synonymen oder zu einem übergeordneten Begriff, unter dem das entsprechende Stichwort abgehandelt ist. Die Querverweise im Text (→) sollen durch Aufsuchen anderer, verwandter oder ergänzender Stichwörter zu einer Vertiefung des Wissens verhelfen. Der Verweisungspfeil → fordert dazu auf, das dahinterstehende Wort nachzuschlagen, um weitere Auskunft zu finden.

Die Stichworte folgen einander alphabetisch. Diese alphabetische Reihenfolge ist – auch bei zusammengesetzten Stichwörtern oder bei Abkürzungen – strikt eingehalten. Zusammengesetzte Begriffe sind vorwiegend unter dem Substantiv eingeordnet. Auch sind die Substantive in der Regel im Singular aufgeführt. Ausnahmen sind nur zur besseren Handhabung gemacht worden, wobei auf die übliche Ausdrucksweise geachtet wurde (Adjektiv vor Substantiv, weil ausschlaggebend beim Aufsuchen). Stichworte, welche mit einer Zahl beginnen, stehen dort, wo die Zahl nach der Art der Aussprache eingeordnet würde: z. B. „3. BIMSchV" wie „Dritte BImSchV". In der chemischen Terminologie gebräuchliche Abkürzungsbuchstaben und -ziffern werden bei der Alphabetisierung nicht berücksichtigt, z. B. „1,4-Dioxan" wird als „Dioxan" eingeordnet. Wie in lexikalischen Werken üblich, werden die Umlaute ä, ö, ü und die wie Umlaute gesprochenen Doppelbuchstaben ae, oe, ue wie die einfachen Buchstaben (Grundlaute a, o, u) behandelt.

Die zahlreichen Illustrationen zu den einzelnen Stichwörtern sind in der Regel im Anschluß an den Absatz, in welchem sie erwähnt oder erläutert wurden, plaziert. Ausnahmsweise kann es auch vorkommen, daß diese – besonders im Falle von zweispaltigen Zeichnungen oder Tabellen – erst auf der nächsten Seite stehen. Die Zuordnung ist durch das Wiederholen des Stichwortes in der Bildunterschrift oder in der Tabellenüberschrift gewährleistet.

Im dem Stichwort nachfolgenden Text werden die Stichwörter mit dem ersten für die Alphabetisierung maßgeblichen Buchstaben abgekürzt. Dies gilt auch bei Wortzusammensetzungen mit dem Stichwort.

Literaturhinweise sind knapp gehalten und auf die wichtigsten Werke beschränkt. Deutschsprachige Werke sind – soweit vorhanden – bevorzugt.

Für die im Lexikon gemachten Angaben gilt allgemein der Stand Ende 1993, in wenigen Ausnahmen sogar Frühjahr 1994.

Juni 1994 *Die Redaktion*

A

A-Bewertung. Zur Berücksichtigung des frequenzabhängigen Gehörempfindens der →Lautstärke eines Schallvorgangs wird beim Messen des →Schalldrucks mit Schallpegelmeßgeräten das Meßergebnis entsprechend einer vereinbarten Kurve A bewertet. Die in der Norm DIN IEC 651: Schallpegelmesser, 12/1981, definierte Kurve A wird im Schallpegelmeßgerät durch elektrische Filter nachgebildet, sie berücksichtigt die Eigenschaft des menschlichen Gehörs, daß tieffrequente Töne ($f < 500$ Hz) weniger laut empfunden werden als höherfrequente ($f > 500$ bis $2\,000$ Hz) mit gleichem →Schalldruckpegel. Zur Kennzeichnung von →Geräuschimmissionen wird üblicherweise der A-bewertete Schalldruckpegel L_{pA} und zur Kennzeichnung von Geräuschemissionen der A-bewertete →Schalleistungspegel L_{WA} benutzt.

Die A-B. wird auch häufig durch den Zusatz zur Pegeleinheit →Dezibel (dB) durch den Buchstabe (A) dokumentiert: Bezeichnung z. B. $L_p = 35$ dB (A).

Die neben der Bewertungskurve A früher noch gebräuchlichen Kurven B und C werden heute – auch international – nicht mehr benutzt. *Strauch*

a. a. R. d. T.. Abk. für *allgemein anerkannte Regeln der Technik.* Dieser im →Umweltrecht gebrauchte Begriff bezeichnet ein Technikniveau für ein Verfahren, das in der praktischen Anwendung erprobt worden ist, wobei die Mehrheit der auf einem speziellen Gebiet tätigen Fachleute diesen Verfahren entsprechende Vermeidungsmaßnahmen als richtig ansieht. So z. B. orientieren sich die Mindestanforderungen an Abwassereinleitungen nach § 7a WHG an den a. a. R. d. T. Bei der Festsetzung dessen, was als a. a. R. d. T. zu gelten hat, sind die Auswirkungen auf alle Umweltbereiche (Wasser, Luft, Boden) zu berücksichtigen, um zu vermeiden, daß Lösungen des Abwasserproblems auf Kosten anderer Umweltbereiche vorgenommen werden. Die a. a. R. d. T. bleiben hinsichtlich der technischen Anforderungen hinter dem →Stand der Technik und noch weiter hinter dem →Stand von Wissenschaft und Technik zurück. *Mertsch*

Abbau (mikrobielle Biodegradation). Durch Enzyme von →Mikroorganismen bewerkstelligte (katalysierte) Zerlegung und Umwandlung chemischer Verbindungen zu Abbauprodukten. Der A. im engeren Sinne, so der mikrobielle Schadstoff-A.,

betrifft die Umsetzung →organischer Verbindungen zu Molekülen, die in der Regel ein geringeres Molekulargewicht aufweisen. Es gibt aerobe und anaerobe A.-Prozesse.

Der vollständige aerobe A. von Kohlenstoffverbindungen führt zu den Endprodukten CO_2, H_2O, NH_3 usw. und wird daher Mineralisierung genannt. Allerdings ist es beim A. von Substraten unter Umweltbedingungen meist nicht möglich, eindeutig festzustellen, inwieweit die Konzentrationsabnahme des Substrats tatsächlich auf A. beruht. Die Mikroorganismen bauen nämlich meist einen Anteil des Substrats in ihre Zellsubstanz ein, oder es werden Zwischenprodukte des A. an die Umgebung abgegeben und besonders im Boden in gebundenen Rückständen festgelegt, d. h. insbesondere in →Huminstoffe eingebaut. Deshalb bezeichnet man die Konzentrationsabnahme eines unter Umweltbedingungen dem A. unterliegenden Substrats korrekterweise als →Elimination. Die Eliminationsrate ist der bis zu einem bestimmten Zeitpunkt eliminierte Anteil der ursprünglichen Menge oder Konzentration des Substrats in Prozent. In welchem Maße die Elimination auf A. zurückzuführen ist, und welche A.-Produkte entstehen, läßt sich oft nur durch Markierung eines Substrats mit radioaktiven Isotopen und durch radiochemische Messung der Menge der anfallenden Abbauprodukte exakt bestimmen. Technisch leichter ist prüfbar, ob die Elimination eines Substrats auf mikrobieller Aktivität beruht. Wenn ja, unterbleibt der A. bzw. die Elimination in Gegenwart geeigneter Hemmstoffe oder nach →Sterilisation der Probe.

Der A.-Stoffwechsel (→Metabolismus), in seiner Gesamtheit auch Katabolismus genannt, dient grundsätzlich dem Energiegewinn (insbesondere in Form von ATP) der Abbauer, d. h. der ein Substrat abbauenden Zellen. Inaktive Mikroorganismen mit geringem Energiebedarf betreiben daher im allgemeinen keinen intensiven A. Im Zuge des vollständigen A. entstehen Zwischenprodukte (→Metabolite). Davon wird ein gewisser Anteil für den Aufbau von Zellsubstanz verwendet, und zwar bezogen auf den Kohlenstoffgehalt des verbrauchten Substrats unter aeroben Bedingungen bis zu maximal 55 % des Substrat-C (Ertragsfaktor). Falls die Zwischenprodukte nicht weiter umgesetzt werden können, bleibt der A. unvollständig, und die Metabolite werden von den Mikroorganismen ausgeschieden (→Dead-End-Metabolit).

Beim vollständigen A. enthalten die Endprodukte im Gegensatz zum Substrat keine vom Abbauer noch verwertbare chemisch gebundene Energie. Ein bekanntes Beispiel aus dem Bereich der Kohlenhydrate ist der mit Glykolyse und Atmung verbundene aerobe A. von Glucose zu Kohlendioxid und Wasser.

In Abwesenheit von Sauerstoff vermögen einige Mikroorganismen ersatzweise u. a. Nitrat, Nitrit oder Sulfat als Elektronenakzeptor (d. h. letztlich als biochemisches Oxidationsmittel) für die Atmung zu nutzen. Unter wirklich anaeroben Bedingungen erfolgt der A. von Glucose hingegen im Rahmen von Gärungen, und die Endprodukte des A. sind z. B. Ethanol und CO_2.

Der A. der Proteine beginnt mit der von Proteinasen bewirkten Spaltung des Makromoleküls in die Aminosäuren, aus denen es besteht. Falls diese zur Energiegewinnung oxidativ umgesetzt werden, erfolgt vor dem Einschleusen in den eigentlichen A.-Stoffwechsel eine Abspaltung der Aminogruppen. Bei den Fetten steht am Anfang des A. eine durch Lipasen bewirkte Zerlegung in Fettsäuren und Glycerin. Den A. der Alkancarbonsäuren vollzieht das Enzym β-Oxidase, das vom Methylende her jeweils einen Acetatrest als C_2-Bruchstück abspaltet. Der A. der n-Alkane verläuft entsprechend.

Wie die Oxidation der im normalen →Stoffwechsel vorkommenden aromatischen Ringsysteme durch Angriff einer Sauerstoff übertragenden Dioxigenase verläuft, ist im folgenden Schema am Beispiel des Phenols erläutert:

Je mehr Wasserstoffatome am Ring durch Halogene oder andere Substituenten (z. B. Methyl- oder Sulfogruppen) ersetzt sind, desto stärker ist die Arbeit der Oxigenasen erschwert. Die deshalb oder wegen Ringkondensation (→polycyklische Kohlenwasserstoffe) usw. schwer abbaubaren Verbindungen heißen persistent oder rekalzitrant. Es gibt auch persistente Naturstoffe wie das Lignin bzw. die Lignocellulose des Holzes. Beispiele für besonders persistente →Xenobiotika sind die →Dioxine und das Insektizid DDT. Viele halogenierte Kohlenwasserstoffe werden übrigens unter anaeroben Bedingungen (→Gärung), wo andere A.-Reaktionen ablaufen, deutlich besser abgebaut als unter aeroben. Zur Elimination von Umweltverunreinigungen durch persistente Schadstoffe bedient man sich in zunehmendem Maße kombinierter chemisch-biotechnologischer Verfahren. Dabei läßt man die Substrate zunächst durch Ozon oder Wasserstoffperoxid oxidativ anknacken und erhält so mikrobiell effizient abbaubare Zwischenprodukte.

Aus manchen Schadstoffen entsteht nach den ersten A.-Schritten ein toxischer Killer-Metabolit, der das mit dem Substrat-A. befaßte Enzym blockiert und hierdurch den Tod jeder Zelle, die mit dem A. begonnen hat, hervorruft. Polyzyklische Kohlenwasserstoffe wie 3,4-Benzpyren sind von Natur aus nicht direkt toxisch, werden aber bereits durch den ersten Angriff einer Oxigenase zum Zellgift und wirken bei Mensch und Tier u. a. kanzerogen.

Beim A. persistenter Stoffe kann schließlich der Kometabolismus eine wichtige Rolle spielen, sei es daß die betreffenden Verbindungen nebenher ohne

---

Schema des Phenolabbaus:

Phenol $\xrightarrow[\text{Monooxigenase}]{+ \frac{1}{2} O_2}$ Brenzkatechin $\xrightarrow[\text{ortho-Spaltung}]{+ O_2}$ cis, cis-Muconsäure

→ Muconsäurelacton → 3-Keto-adipinsäure-enol-lacton $\xrightarrow{+ H_2O}$ 3-Keto-adipinsäure

$\xrightarrow{+ H_2O}$ CH₃COOH (Essigsäure) und CH₂—COOH / CH₂—COOH (Bernsteinsäure) $\xrightarrow[+ 9 O_2]{\text{Zitronensäurezyklus und Atmung}}$ 6 CO₂ + 5 H₂O

erkennbaren Energiegewinn für den Abbauer in laufende A.-Reaktionen einbezogen werden, oder daß ihr A. nur in Gegenwart eines geeigneten Beifutters, des Cosubstrats, wirksam abläuft. Der A. von schwerer abbaubaren Verbindungen kann auch durch ausreichende Konzentrationen leicht abbaubarer Stoffe unterdrückt werden (Katabolit-Repression). Deswegen favorisiert man in der industriellen Abwasserreinigung heute die separate Behandlung jener Betriebsabwässer, die schwerer abbaubare Substrate enthalten. *Soeder*

Abbau, atmosphärischer. Unter a. A. versteht man die Umwandlung von Spurengasen durch vorwiegend abiotische, chemische oder physikalische Reaktionen. Es gibt verschiedene Reaktionsmöglichkeiten, durch die Spurenstoffe – gasförmige, flüssige oder partikelgebundene – in der →Troposphäre abgebaut werden. Das kann durch Reaktionen in der Gasphase, durch Oxidationsvorgänge in Wolken- und Regentröpfchen sowie an Partikeloberflächen induziert werden. Nach dem heutigen Wissensstand erfolgt der A. von reaktiven organischen Gasen (ROG) vornehmlich durch homogene Gasreaktionen. Für die meisten Spurengase sind OH-Radikale die wichtigsten Reaktionspartner. Für gesättigte Kohlenwasserstoffe kommen nur Reaktionen mit OH-Radikalen in Frage, bei ungesättigten Kohlenwasserstoffen spielen auch die Oxidation durch NO_3-Radikale und Ozon eine Rolle. In einigen Fällen, z. B. für →Aldehyde, →Ketone und organische Nitrate, kommt auch die →Photolyse in Frage. Der A. von organischen Substanzen, die an organischen Partikeln adsorbiert sind, kann in manchen Fällen mit dem A. in der Gasphase konkurrieren.

Das Produkt der →Geschwindigkeitskonstante für die Reaktion von OH-Radikalen mit dem →Spurengas, k_{OH}, multipliziert mit der Konzentration $c(OH)$ ist ein wichtiges Kriterium zur Abschätzung der troposphärischen →Abbaubarkeit eines Spurengases, insbesondere der →Kohlenwasserstoffe (→Verweilzeit, chemische Lebensdauer). Je kleiner $k_{OH} \cdot c(OH)$ ist, um so größer wird die chemische Lebensdauer τ ($\tau = 1/k_{OH} \cdot c(OH)$), auch →Persistenz genannt. Die Tabelle zeigt Reaktionsgeschwindigkeitskonstanten typischer Verbindungen wichtiger Stoffklassen für die Reaktion mit OH-Radikalen, NO_3-Radikalen und O_3-Molekülen. Die OH-Radikalkonzentration beträgt tagsüber im Jahresmittel $\sim 1 \cdot 10^6$ Radikale cm^{-3}, über Tag und Nacht gemittelt etwa $0,5 \cdot 10^6$ Radikale cm^{-3}. Der Jahresmittelwert des Ozons auf der Nordhemisphäre in der freien Troposphäre liegt bei 40 ppbV; dies entspricht etwa $1 \cdot 10^{12}$ Molekülen cm^{-3}. Die NO_3-Konzentrationen zeigen große Schwankungen; $c(NO_3)$ wird, über Tag und Nacht gemittelt, mit $1,3 \cdot 10^8$ Molekülen cm^{-3} angegeben. Die Persistenz einer Substanz in der Troposphäre ist kleiner als die gerechnete chemische Lebensdauer dieser Substanz, zumal Spurengase auch chemisch unverändert aus der Troposphäre durch nasse oder trockene →Deposition oder Transport in die Stratosphäre entfernt werden. *Barnes/Becker*

Abbau, biologischer →Abbaubarkeit

Abbaubarkeit.
Atmosphäre. Eigenschaft eines Stoffes, durch biochemische, chemische oder physikalische Reaktionen umgewandelt zu werden. Nach dem heutigen Kenntnisstand verläuft der Oxidationsprozeß organischer Gase über eine Radikalkette, die sich über sauerstoffhaltige Zwischenprodukte bis hin zum CO_2 fortsetzt, solange die radikalischen Kettenträger nicht abgefangen werden, weil entweder die →Photolyse als Radikalquelle mit abnehmender Sonneneinstrahlung verlangsamt wird oder Kettenabbruchreaktionen überwiegen (→Abbau, atmosphärischer).

Abbau, atmosphärischer. Tabelle: Reaktionsgeschwindigkeitskonstanten typischer Verbindungen wichtiger Stoffklassen.

Verbindung	k_{OH} (10^{-12} $cm^3 s^{-1}$)	K_{OH}[a] (10^{-6} s^{-1})	k_{O_3} (10^{-12} $cm^3 s^{-1}$)	K_{O_3}[b] (10^{-6} s^{-1})	k_{NO_3} (10^{-12} $cm^3 s^{-1}$)	K_{NO_3}[c] (10^{-6} s^{-1})
Methan	0,0085	0,004	$<10^{-12}$	< 0,000001	$<4,0 \times 10^{-7}$	0,0005
n-Butan	2,5	1,3	$<10^{-11}$	< 0,00001	$3,6 \times 10^{-5}$	0,005
Ethen	8	4	10^{-6}	1	$2,0 \times 10^{-4}$	0,026
Propen	30	15	10^{-5}	11	$7,6 \times 10^{-3}$	0,95
Isopren	100	50	10^{-5}	11	$6,0 \times 10^{-1}$	78
Toluol	6,2	3,1	$<10^{-8}$	< 0,01	$3,6 \times 10^{-5}$	0,005
Dimethylsulfid	5	2,5	$<10^{-7}$	< 0,1	$9,7 \times 10^{-1}$	120

a) $K_{OH} = [OH]k_{OH}$, $[OH] = 5 \cdot 10^5$ cm^{-3}; b) $K_{O_3} = 10^{12}k_{O_3}$; c) $K_{NO_3} = 1,3 \times 10^8 k_{NO_3}$

Als Maß für die A. eines Stoffes in der →Atmosphäre dient die chemische Lebensdauer (→Verweilzeit, →Persistenz, abiotische A.).

Die chemische Lebensdauer eines Spurengases wird in der →Troposphäre neben Reaktionen in der Gasphase auch durch Oxidationsvorgänge in Wolken- und Regentröpfchen sowie an Stauboberflächen bestimmt. Für viele organische Spurengase spielen Abbauprozesse an Oberflächen oder in Aerosolen vermutlich keine große Rolle. Die atmosphärische Umwandlung der ROG-Verbindungen wird hauptsächlich durch verschiedene sehr reaktive anorganische Spezies eingeleitet wie OH-Radikale, NO_3-Radikale, O_3-Moleküle sowie durch direkte Photolyse. Daher genügt zur Abschätzung der A. oder der chemischen Lebensdauer eines gasförmigen organischen Spurenstoffs (→ROG) meist eine Berücksichtigung der durch OH, NO_3 und O_3 eingeleiteten Abbaureaktionen. Für die meisten gasförmigen Spurenstoffe wird die Abbaugeschwindigkeit praktisch nur durch die OH-Radikalreaktion bestimmt. *Barnes/Becker*

Gewässer. Mit A. (DIN 4049, T. 2) wird die Eigenschaft organischer Verbindungen bezeichnet, durch physikalisch-chemische oder biologische Vorgänge in einfachere Bestandteile zerlegt zu werden. Dabei wird zwischen Primärabbau, der zu organischen Zwischenprodukten führt und Endabbau unterschieden, bei dem Kohlendioxyd und Wasser entstehen. Im strengen Sinne bedeutet A. den Grad des erreichbaren Abbaus einer organischen Verbindung natürlichen oder künstlichen Ursprungs. Der Begriff bezieht sich sowohl auf das Geschehen im →Gewässer als auch auf abwassertechnische Anlagen. In den meisten Fällen sind natürliche organische Substanzen mehr oder weniger leicht abbaubar, während synthetische organische Verbindungen vielfach nur zum Teil oder gar nicht abbaubar sind. Als Maß für die A. kann der Vergleich zwischen dem →biochemischen Sauerstoffbedarf (BSB) und dem →chemischen Sauerstoffbedarf (CSB) herangezogen werden. Je näher BSB und CSB beieinanderliegen, desto besser ist die A. *Friedrich*

Literatur: DIN 4049, Teil 2: Hydrologie, Begriffe der Gewässerbeschaffenheit; 4/1990.

Abbruchsprengung. A. ist eine Bausprengung, mit der Bauwerke oder Bauwerkteile zum Einsturz gebracht, zumindest aufgelockert und/oder zerkleinert werden. A. wird zum wirtschaftlichen Abbruch besonders von hohen Schornsteinen, Fördertürmen und Aufbereitungsanlagen des Bergbaus, Bunkern, Hochhäusern, hohen Masten und ähnlichen Bauwerken angewendet. Die Art der Sprenganlage, die Berechnung der Sprengladungen und die Wahl der Zündung sind von der Art des zu sprengenden Objekts und dem Ziel der Sprengung abhängig. Die

Wahl des Vorgehens erfordert viel praktische Erfahrung. Bei A. ist fast immer die mögliche Wirkung durch die zu erwartenden →Erschütterungsimmissionen auf Bauwerke oder Einrichtungen zu beachten, die in der Nähe des Sprengobjekts liegen.

Bei A. ist für die größten auftretenden Erschütterungsamplituden in aller Regel nicht die Energie maßgebend, die durch die Zündung der Sprengladung bedingt ist, sondern diejenige, die durch das Aufschlagen der herabstürzenden Baumassen verursacht wird. Die größten Erschütterungsamplituden sind dabei von der beim Umstürzen bzw. beim Zusammenstürzen des Bauwerks freigesetzten potentiellen Energie und von dem zeitlichen Verlauf der Energieeinleitung in den Erdboden abhängig. Zeitlich versetzt auftreffende Massen und die Umwandlung von Energie beim Aufprallen in Reibungs- und Verdichtungsarbeit, z. B. beim Aufschlagen auf ein vorbereitetes Fallbett aus lockerem Material wie →Bauschutt oder lockere Aufschüttungen, führen zu einer Verringerung der im Boden verursachten Erschütterungsamplituden.

Bei A. von Schornsteinen mit Höhen von 50 m bis 130 m und potentielle Energien (Masse x Schwerpunkthöhe) im Bereich von etwa 140–330 MJ, die ohne Anlagen von Fallbetten gesprengt wurden, sind durch Erschütterungsmessungen an Fundamenten in Gebäuden mit Abständen von etwa 20 m–100 m von der Abbruchstelle größte Scheitelwerte der Schwinggeschwindigkeiten im Bereich von etwa 5–25 mm/s festgestellt worden. Eine erhebliche Verminderung dieser Werte kann durch sorgfältig angelegte Fallbetten erreicht werden. Zum Sprengen von Bauwerken, die mit Wasser gefüllt werden können, z. B. von Silos, wird als A. auch das Vollraumsprengverfahren angewendet. Für eine lautlose, erschütterungsfreie und damit umweltfreundliche Art von A. können auch nichtexplosive Sprengmittel eingesetzt werden. *Splittgerber*

Literatur: *Busch, J.*: Sprengen eines Stahlbetonsilos unter Anwendung des Vollraumsprengverfahrens. Nobel-Hefte, (1989) Nr. 1. – *Schomann, A.*: Erschütterungen durch umstürzende Bauwerke bei Abbruchsprengungen. Nobel-Hefte (1983) Nr. 3/4. – *Thomas, K.*: Vereinfachung der Lademengenberechnung für das Sprengen von Bauwerken und Bauwerkteilen. Nobel-Hefte (1988) Nr. 1.

Abfall. Bezogen auf materielle Dinge werden unter A. Stoffe, Gegenstände, Rückstände, Reste verstanden, die für ihren Besitzer ihren Nutzen verloren haben. Der Übergang vom Wert zum Unwert, vom Gut zum A., erfolgt in der Regel subjektiv und orientiert sich an wirtschaftlichen Wertvorstellungen oder Nutzungsmöglichkeiten des einzelnen oder der Gesellschaft. Der häufig als Synonym gebrauchte Ausdruck Müll stand ursprünglich für Kehricht, trockene Haushaltsabfälle und Straßenabfälle und ist, insbesondere nach der Verabschiedung der DIN 30706 Teil 1, zugunsten des einheitlichen Begriffs A. zu vermeiden.

Da die Grenze zwischen Gut und A., zwischen Wert oder Unwert von Dingen von subjektiven Einschätzungen abhängt und somit veränderlich ist, stößt eine genaue Definition von A. auf grundsätzliche Schwierigkeiten.

Wenn die Beschaffung von Rohstoffen und Produkten schwierig und aufwendig ist, werden Gegenstände, Waren, Altstoffe sorgfältig behandelt, gepflegt, repariert, gesammelt, wieder- oder weiterverwendet. Dies galt für die Entwicklung der Menschheit bis ins Industriezeitalter; dies gilt besonders in Not- und Kriegszeiten (Mangelwirtschaft); dies gilt heute noch in armen und Entwicklungsländern.

Solange der Mensch ausschließlich Naturprodukte verwendete (z. B. Holz, Leder, Wolle), war die →Abfallentsorgung kein Problem. Die Natur kennt keinen A., sondern baut organische Substanzen ab und verwendet sie erneut als Nahrung oder Nährboden für neue Lebewesen in einem perfekten Kreislaufsystem. Allerdings gibt es auch in der Natur geogene Deponien, in denen nicht mehr verwertbares Material abgelagert wurde, sei es für anorganische Stoffe (Muschelkalk, Korallenriffe) oder für organische Stoffe in der Form von Torf-, Kohle-, Erdöl und Erdgaslagerstätten.

Seit dem Industriezeitalter, der Massenproduktion und dem damit verbundenen Anstieg der Bevölkerungszahl und des Wohlstands steigen die anthropogenen Abfallmengen drastisch an. Dies gilt für beide Hauptquellen der Abfallentstehung:
- die Produktion: Produktionsabfälle,
- den Konsum: ausgediente Produkte.

Als dritte Quelle der Entstehung von A. muß der →Umweltschutz selbst angesehen werden, weil die Maßnahmen zur Reinhaltung von Luft, Wasser und Boden regelmäßig zu A. führt (z. B. Filterstäube, Klärschlämme, kontaminierter Boden).

Die Entscheidung, welche Arten und Mengen an A. bei Produktionsverfahren in Gewerbe und Industrie anfallen, hängt bislang im wesentlichen von wirtschaftlichen Faktoren ab:
- den Kosten für die zu verarbeitenden Rohstoffe im Vergleich zu den Kosten für die →Wiederverwendung oder anderweitige Nutzung,
- den Kosten für die →Entsorgung der A.

Niedrige Rohstoffpreise und in der Vergangenheit niedrige Abfallbeseitigungskosten begünstigten das Entstehen großer Abfallmengen und behinderten die Entwicklung von Kreislaufkonzepten.

Ähnliches gilt für die Mehrzahl an Waren und Produkten. Billige Massenproduktion und hohe Lohnkosten für Wartung und Reparatur förderten den Trend zu Wegwerfartikeln.

In der Folge verzeichnen vor allem die Industriestaaten ein dramatisches Anwachsen der Abfallmengen, deren Entsorgung zunehmende Probleme verursacht.

Ökologische Bewertungen von A. spielen erst seit ein bis zwei Jahrzehnten eine Rolle. Die Feststellung von zahllosen →Altlasten, zu denen viele A.-Deponien geworden sind, war hierfür ein Auslöser. Die Hoffnung, daß große Mengen unterschiedlichster A. auf Großdeponien rasch in unproblematische Stoffe abgebaut würden, hat sich als Illusion erwiesen. Derartige A.-Deponien können durch Deponiegase und Sickerwasser mit umweltschädlichen Stoffen die Luft und das Grundwasser und damit die Umwelt und die Gesundheit der Menschen beeinträchtigen und gefährden.

Aus Gründen der Umweltvorsorge gilt seit dem →Abfallgesetz von 1986 (→Abfallrecht) die Forderung, A. möglichst zu vermeiden und zu verwerten und die verbleibenden umweltverträglich zu entsorgen.

Die dem Abfallgesetz unterliegenden A. werden je nach Herkunft (Entstehung), Eigenschaften oder →Entsorgungsweg eingeteilt (→Abfallarten, →Abfallkatalog).

Die Gesamtheit der Verfahren zur Einsammlung, zum Transport, zur Zwischenlagerung, Behandlung, →Verwertung und →Ablagerung wird als →Abfallentsorgung bezeichnet.

Bezieht man darüber hinaus auch die Möglichkeiten und Verfahren zur Vermeidung der Entstehung von A. mit ein, spricht man von →Abfallwirtschaft. *Schnurer*
→Abfallbegriff

Literatur: *Bilitewski, B. et al.:* Abfallwirtschaft: eine Einführung. Berlin 1990. – DIN 30706, T. 1: Entsorgungstechnik – Begriffe für Hausabfallentsorgung und Entsorgungsfahrzeuge. 5/1991. – *Hösel, G.:* Unser Abfall aller Zeiten. München 1987.

Abfall aus dem produzierenden Gewerbe. Das produzierende Gewerbe (→Abfallherkunftsbereich) ist der Hauptabfallerzeuger und wird gemäß § 4 des Umweltstatistikgesetzes (UStatG) (→Umweltstatistik) zusammen mit den Krankenhäusern abfallstatistisch dezidiert erfaßt.

A. aus dem produzierenden Gewerbe sind die in den Wirtschaftsbereichen Energiewirtschaft und Wasserversorgung, Bergbau, Verarbeitendes Gewerbe und Baugewerbe anfallenden Abfälle. In der Statistik werden auch die nicht unter das AbfG fallenden naturbelassenen Stoffe des Bergbaus (→Berge) ermittelt.

Größte Bedeutung haben die A. aus den Produktions- und/oder Verarbeitungsprozessen, die als produktionsspezifische Abfälle bezeichnet werden; im Detail sind derartige Abfälle im →Abfallkatalog unter den Abfallschlüssel-Obergruppen 1, 3 und 5 aufgelistet (→Abfallschlüssel, Tab.). In den Bereich der produktionsspezifischen A. fallen fast ausschließlich auch die mehr als 300 besonders überwachungsbedürftigen A. (→Sonderabfälle), die in der →Abfallbestimmungsverordnung aufgelistet sind. Soweit die produktionsspezifischen A. in genehmigungsbedürftigen Anlagen zu erwarten sind bzw. anfallen, gilt das Reststoffvermeidungs- bzw. das →Reststoffverwertungsgebot des § 5 Abs. 1 Nr. 3 BImSchG (→Reststoffpflichten nach dem BImSchG).

Neben den produktionsspezifischen A. fallen im produzierenden Gewerbe auch andere A. an, die ihrer Art nach als haushaltsähnliche Gewerbeabfälle eingestuft und hinsichtlich der Entsorgung dem →Siedlungsabfall zugerechnet werden können. *Dreyhaupt*

Literatur: Statistisches Bundesamt (Hrsg.): Abfallbeseitigung im Produzierenden Gewerbe und in Krankenhäusern 1987. Fachserie 19, Reihe 1.2. Stuttgart 1991. – Statistisches Bundesamt (Hrsg.): Zusatzerhebung über das Lagern naturbelassener Stoffe im Bergbau; Statistisches Bundesamt, Wiesbaden 1990.

Abfall, asbesthaltig. Lungengängige Asbestfasern (→Asbest) zählen zu den krebserzeugenden Stoffen mit besonders hohem →Gefährdungspotential. Wegen seiner chemischen und physikalischen Eigenschaften fand Asbest in mehr als 3 000 Produkten Verwendung. Im Bausektor wurde Asbest aufgrund verschiedener bautechnisch vorteilhafter Eigenschaften zur Herstellung von Baustoffen und Bauteilen verwendet.

Größere Mengen von a. A. fallen beim Abriß und bei der Sanierung von Gebäuden an (→Asbestsanierung). Von Bedeutung sind hier insbesondere Asbestzementprodukte, asbesthaltige Leichtbauplatten und Spritzasbest, wobei Spritzasbest und Asbeststäube als besonders überwachungsbedürftige Abfälle (→Sonderabfall) eingestuft und nach der →TA Abfall Teil 1 zu behandeln sind. Der unsachgemäße Umgang mit a. A. kann in erheblichem Umfang zur Freisetzung von Asbestfasern führen. Es muß daher sichergestellt werden, daß Faserfreisetzungen während des gesamten Entsorgungsweges von der Anfallstelle bis zur Ablagerung ausgeschlossen sind.

Beim Abbruch von Gebäuden müssen alle asbesthaltigen Materialien durch vorherigen Ausbau getrennt erfaßt werden, um ein →Recycling der asbestfreie Baustoffe zu ermöglichen. Asbestzementprodukte sind soweit wie möglich zerstörungsfrei und ohne Staubentwicklung zu entfernen. Spritzasbest soll in getrennten Arbeitsbereichen unter Unterdruck ausgebaut und möglichst an der Sanierungsbaustelle verfestigt werden. Als Bindemittel kommt überwiegend Zement zur Anwendung. Daneben gibt es Ansätze für eine Faserzer-

störung mit Hilfe thermischer oder chemischer Verfahren. Asbesthaltige Leichtbauplatten werden üblicherweise in Kunststoffolien verpackt bzw. mit geeigneten Mitteln beschichtet oder penetriert. So behandelte a. A. sollen auf Monoabschnitten von Siedlungsabfalldeponien oder auf Monodeponien abgelagert werden. Für eine Ablagerung auf Sonderabfalldeponien besteht keine Notwendigkeit. *Rosenbusch*

Literatur: LAGA-Merkblatt: Entsorgung asbesthaltiger Abfälle (Stand: 4/1989); in: Mitteilungen der Länderarbeitsgemeinschaft Abfall (LAGA) Nr. 14. Berlin.

Abfall, besonders überwachungsbedürftig. In der →Abfallbestimmungsverordnung genannte →Abfallarten. Es handelt sich dabei um Abfälle aus gewerblichen oder sonstigen wirtschaftlichen Unternehmungen oder öffentlichen Einrichtungen, die nach Art, Beschaffenheit oder Menge in besonderem Maße gesundheits-, luft- oder wassergefährdend, explosibel oder brennbar sind oder Erreger übertragbarer Krankheiten enthalten oder hervorbringen können (§ 2 Abs. 2 AbfG). Diese Abfälle werden im allgemeinen Sprachgebrauch auch als →Sonderabfälle bezeichnet.

B. ü. A. fallen insbesondere im produzierenden Gewerbe an (→Abfall aus dem produzierenden Gewerbe), aber auch in Krankenhäusern (→Krankenhausabfälle, →Abfälle, krankenhausspezifische). Sie unterliegen dem →Entsorgungsnachweis nach der Abfall- und Reststoffüberwachungs-Verordnung.

Für die Lagerung, Behandlung, Verbrennung und Deponierung von b. ü. A. enthält die →TA Abfall Teil 1 als allgemeine Verwaltungsvorschrift die grundlegenden technischen Anforderungen.

Da das →Abfallvermeidungsgebot und das →Reststoffverwertungsgebot grundsätzlich auch für b. ü. A. gilt, werden in der Reststoffbestimmungs-Verordnung – bis auf bestimmte Abfälle von Mineralöl- und Kohleveredlungsprodukten, vorgemischte Abfälle, Deponiesickerwässer und krankenhausspezifische Abfälle – dieselben Abfallarten wie in der Abfallbestimmungsverordnung als überwachungsbedürftige Reststoffe definiert; ein und derselbe Stoff kann also – in Abhängigkeit vom Ausgang der Prüfung der Verwertungsmöglichkeiten nach Nr. 4.3 der TA Abfall Teil 1 (→Abfallverwertungspflicht) – sowohl Abfall als auch →Wirtschaftsgut sein. Auch bei der →Reststoffverwertung ist der Entsorgungsnachweis nach der Abfall- und Reststoffüberwachungs-Verordnung zu führen. *Dreyhaupt*

Abfall, krankenhausspezifisch. K. A. sind Teil der →Krankenhausabfälle und machen mengenmäßig etwa 10 % der gesamten in Krankenhäusern und Kliniken anfallenden Abfälle aus. Zu den k. A.

gehören nach der Abfallstatistik (→Umweltstatistik):
- desinfizierte (Krankenhaus-)Abfälle (→Abfallschlüssel 97103),
- Wund-, Gipsverbände, Einwegwäsche, Einwegartikel einschl. unbenutzbar gemachter Einwegspritzen (Abfallschlüssel 97103),
- Körperteile und Organabfälle (Abfallschlüssel 97104) sowie
- infektiöse Abfälle (Abfallschlüssel 97101).

Als besonders überwachungsbedürftige (krankenhausspezifische) Abfälle (krankenhausspezifische Sonderabfälle) gelten nach der Abfallbestimmungs-Verordnung nur die beiden letztgenannten Abfallgruppen.

Zu den infektiösen krankenhausspezifischen Sonderabfällen gehören:
- mit Erregern meldepflichtiger übertragbarer Krankheiten kontaminierte Gegenstände, die nach § 10a des Bundesseuchengesetzes gesondert behandelt werden müssen, z. B. aus Infektionsstationen, Dialysestationen (insbesondere „gelbe" Dialyse/Hepatitisträger), medizinischen Laboratorien und Prosekturen (pathologisch-anatomische Abteilungen),
- Versuchstiere, deren Beseitigung nicht durch das Tierkörperbeseitigungsgesetz geregelt ist, sowie
- Streu und Exkremente aus Tierversuchsanstalten, durch die eine Übertragung von Krankheitserregern zu besorgen ist.

Die krankenhausspezifischen Sonderabfälle, von denen etwa 90% auf die „infektiösen Abfälle" und ca. 10% auf die „Körperteile und Organabfälle" entfallen, haben an den gesamten k. A. einen Anteil von etwa 25%.

Auch hinsichtlich der k. A. stehen die Vermeidungs- und Verwertungsstrategien vor der →Entsorgung als Abfälle (LAGA-Merkblatt Mai 1991). Die krankenhausspezifischen Sonderabfälle „Körperteile, Organabfälle und infektiöse Abfälle" stehen für eine Verwertung jedoch nicht zur Verfügung, nachdem sie in der Reststoffbestimmungs-Verordnung – entgegen der Regelung für fast alle übrigen in der Abfallbestimmungs-Verordnung enthaltenen Sonderabfälle – nicht als überwachungsbedürftige Reststoffe ausgewiesen sind (Berichtigung der Reststoffbestimmungs-Verordnung vom 23. April 1990 – BGBl. I S. 862). Diese speziellen Abfälle müssen als Abfälle behandelt und entsorgt en. Für Körperteile und Organabfälle sieht die →TA Abfall Teil 1 als primären Entsorgungsweg die →Sonderabfallverbrennung vor; für infektiöse Abfälle kann statt der Sonderabfallverbrennung auch die chemisch/physikalische Behandlung in Form der →Desinfektion (→Sterilisation) als Vorstufe für die Weiterbehandlung als →Siedlungsabfall, insbesondere für eine Verbrennung in einer normalen →Abfallverbrennungsanlage, gewählt werden. *Dreyhaupt*

Literatur: Der Rat von Sachverständigen für Umweltfragen (SRU): Abfallwirtschaft, Sondergutachten September 1990. Stuttgart 1991. – Länderarbeitsgemeinschaft Abfall (LAGA): Merkblatt über die Vermeidung und die Entsorgung von Abfällen aus öffentlichen und privaten Einrichtungen des Gesundheitsdienstes (Mai 1991). Müll-Handbuch, Kz 8545. Berlin 1992. – Statistisches Bundesamt (Hrsg.): Abfallbeseitigung im Produzierenden Gewerbe und in Krankenhäusern 1987. Fachserie 19, Reihe 1.2. Stuttgart 1991.

Abfall, PCB-haltig. Durch die früher übliche breite Verwendung von polychlorierten →Biphenylen (PCB), insbesondere als Weichmacher, Lackzusatzmittel, Hydraulik- und Isolierflüssigkeit (Transformatoren, Kondensatoren) findet sich PCB in vielen Abfällen. PCB-Gehalte im Altöl waren 1986 Anlaß für die speziellen Altölregelungen im AbfG und für den Erlaß der Altöl-Verordnung (→Altölrecht).

Herstellung, Inverkehrbringen und Verwendung von Stoffen, Zubereitungen und Erzeugnissen mit PCB-Gehalten von mehr als 50 mg/kg sind in der Bundesrepublik Deutschland nach der →Schadstoffverordnung bzw. →Chemikalien-Verbotsverordnung grundsätzlich verboten.

Die →Entsorgung PCB-haltiger A. erfordert besondere Vorsichtsmaßnahmen, um den Eintrag von PCB in die Umwelt (Boden, Grundwasser, Flüsse, Meere) zu unterbinden und die Entstehung von Dioxinen und Furanen zu minimieren.

Neben den Spezialregelungen für Altöl können PCB-haltige A. als feste oder flüssige Stoffe, Zubereitungen und Erzeugnisse definiert werden, die Gehalte an PCB von mehr als 50 mg/kg aufweisen. Abhängig von den Entsorgungswegen ist für derartige Abfälle eine Einteilung in vier Kategorien üblich (s. Tabelle Seite 8). PCB-haltige A. sind besonders überwachungsbedürftig.

Für die Entsorgung entleerter, aber dann immer noch PCB-verunreinigter Transformatoren sind Verfahren in der Entwicklung, die statt einer Ablagerung untertage eine umweltverträgliche Verwertung (hohe Kupferanteile) anstreben.

Wegen zu geringer Kapazitäten an Sonderabfallverbrennungsanlagen dürfte die Entsorgung sämtlicher PCB-haltiger A. in der Bundesrepublik eine Aufgabe sein, die weit über das Jahr 2000 hinausreicht. *Schnurer*

Abfall, produktionsspezifisch →Abfall aus dem produzierenden Gewerbe

Abfall, radioaktiver.
Allgemein. R. A. fallen nicht unter das →Abfallgesetz, sondern unterliegen dem Atomgesetz, das die Verwertung radioaktiver Reststoffe und die Beseitigung r. A. unterscheidet (§ 9a). Radioaktive Reststoffe sind schadlos zu verwerten; nur soweit dies nach dem →Stand von Wissenschaft und

Abfall, PCB-haltig. Tabelle: Arten, Mengen und Entsorgungswege PCB-haltiger A. in der Bundesrepublik Deutschland

Kategorie	Art	Herkunft	Mengenschätzung	Entsorgung
A	flüssige Abfälle mit PCB-Gehalt >1 000 mg/kg	reine PCB, Askarele, hochkontaminierte Trafo- und Hydrauliköle	ca. 35 000 t (= PCB-Menge ca. 20 000 t)	Sonderabfall-Verbrennung; Hydrierverfahren; Natrium-Verfahren
B	feste Abfälle hoch mit PCB kontaminiert	entleerte Kondensatoren und Transformatoren; PCB-Kleinkondensatoren	ca. 120 000 t (Gesamtgewicht)	Untertage-Deponie
C	flüssige Abfälle mit PCB-Gehalt 50–1 000 mg/kg	gering kontaminierte Trafoöle und sonst. kontaminierte Flüssigkeiten	ca. 140 000 t (ohne neue Bundesländer)	Sonderabfall-Verbrennung; andere zugelassene Verbrennungsanlagen; Hydrierverfahren; Natrium-Verfahren
D	feste und schlammige Abfälle gering mit PCB kontaminiert	PCB-verunreinigte Betriebsmittel, Abfälle aus Sanierung	unbekannt	Sonderabfall-Verbrennung; andere zugelassene Verbrennungsanlagen; Untertage-Deponie

Technik nicht möglich oder wirtschaftlich nicht vertretbar ist, sind sie als r. A. geordnet zu beseitigen. Der Besitzer r. A. hat diese in der Regel zur Zwischenlagerung an von den Bundesländern eingerichtete →Landessammelstellen für r. A. oder an die vom Bund einzurichtenden Anlagen zur Sicherstellung und zur →Endlagerung r. A. abzuliefern. Einzelheiten sind in der →Strahlenschutzverordnung (§§ 81–86) geregelt.

Die verschiedenen Abfallarten, die beim Betrieb der Kernkraftwerke und Anlagen des Brennstoffkreislaufes, insbesondere bei der →Wiederaufarbeitung, sowie bei der Isotopenanwendung in Medizin und Technik anfallen, erfordern für ihre Endlagerung den jeweils vorherrschenden Randbedingungen angepaßte Endlagerprodukte und Abfallgebinde. Entsprechend ihrer Herkunft werden die Abfälle nach praktischen Gesichtspunkten zu möglichst wenigen Abfallklassen zusammengefaßt, um das gesamte Abfallmanagement zu vereinfachen. Wichtig ist vor allem die Vereinheitlichung der Gebindetypen.

Die Abfälle werden zweckmäßigerweise klassifiziert nach ihren chemisch-physikalischen und radiologischen Eigenschaften sowie ihrem Spaltstoffgehalt. Die chemisch-physikalischen Eigenschaften ermöglichen eine Einteilung der Abfälle in
– feste (brennbare und nicht brennbare),
– flüssige (brennbare und nicht brennbare),
– gasförmige und
– gärfähige Abfälle.

Die radiologischen Eigenschaften der flüssigen Abfälle, deren →Radioaktivität durch die gut meßbare Aktivitätskonzentration eindeutig definiert ist, gestatten die Einteilung in drei Aktivitätskategorien:
– Schwach aktiver Abfall (LAW): bis $4 \cdot 10^9$ Bq/m³; keine Abschirmmaßnahmen erforderlich.
– Mittelaktiver Abfall (MAW): $4 \cdot 10^9 - 4 \cdot 10^{14}$ Bq/m³; Abschirmmaßnahmen erforderlich, Zwangskühlung nicht erforderlich.
– Hochaktiver Abfall (HAW): $>4 \cdot 10^{14}$ Bq/m³; Abschirmmaßnahmen und Zwangskühlung erforderlich.

Bei festen und gärfähigen Abfällen, die makroskopisch oft, und hinsichtlich ihrer Aktivitätskonzentration meist, inhomogen sind, so daß die Aktivitätskonzentration keinen brauchbaren Meßwert darstellt, werden die radiologischen Eigenschaften durch die Oberflächen-Dosisleistung gekennzeichnet. Vielfach wird heute auch die Nachzerfallswärmeleistung der Abfälle zur Klassifizierung herangezogen.

Entsprechend dem für die Entsorgungstechnologie maßgebenden Nuklidinventar werden die Abfälle – mit Ausnahme der gasförmigen – zusätzlich unterteilt in:
– Kernbrennstoffhaltige Abfälle,
– Abfälle ohne Kernbrennstoffe,
– Tritiumhaltige Abfälle,
– Alpha-haltige Abfälle. *Merz*

EG-Recht. Die Bewirtschaftung von r. A. bedarf wegen der gesteigerten Gefährlichkeit natürlicher und künstlicher radioaktiver Stoffe besonderer Aufmerksamkeit. Probleme ergeben sich bei der Beförderung von r. A. innerhalb der Staaten des EG-Binnenmarktes selbst, bei Einfuhr derselben in die Gemeinschaft sowie bei Ausfuhr in dritte Staaten und ferner für deren Rückverbringung. Zur Bewältigung dieser Probleme erging die Richtlinie 92/3/Euratom des Rates vom 3. Februar 1992 zur Überwachung und Kontrolle der Verbringungen r. A. von einem Mitgliedstaat in einen anderen, in die Gemeinschaft und aus der Gemeinschaft (ABl. L 35, S. 24). Die Richtlinie ist gestützt auf die Spezialvorschriften der Art. 31 und 32 Euratomvertrag. Sie sollte gem. Art. 21 in den einzelnen EG-Mitgliedstaaten spätestens bis zum 1. Januar 1994 in nationales Recht umgesetzt werden.

Die Verabschiedung der Richtlinie wurde erforderlich, weil die EG-Richtlinie über gefährliche Abfälle nicht für r. A. gilt. Bereits im Jahre 1959 hat der Rat zwar Grundnormen für den Gesundheitsschutz der Bevölkerung und der Arbeitskräfte gegen die Gefahren ionisierender Strahlungen festgelegt. Diese gelten aber erst in der geänderten Form der Richtlinie 80/836 Euratom (= ABl. L 246, 1980, S. 1) auch für die Beförderung radioaktiver Stoffe. Gem. Art. 3 unterliegen demnach Tätigkeiten mit radioaktiven Materialien einer Genehmigungspflicht. Die Auswahl der Fälle, in denen eine vorherige Genehmigungspflicht stattfindet, bleibt aber den einzelnen Mitgliedstaaten überlassen. Bereits mit der Entschließung vom 6. Juli 1988 hatte das Europäische Parlament daher eine Regelung auf EG-Ebene gefordert, um Transporte nuklearer Abfälle von ihrer Entstehung bis zu ihrer →Ablagerung einem einheitlichen System der Genehmigung und Kontrolle zu unterstellen. Dies ist mit der Richtlinie 92/3/Euratom nunmehr in Angriff genommen worden.

Bei der Verbringung von r. A. sind neben den EG-Vorschriften auch internationale Regeln einschlägig. So haben sich die EG-Mitgliedstaaten zur Einhaltung des von der Internationalen Atomenergiekommission (IAEO) eingeführten Verhaltenskodex für die grenzüberschreitende internationale Verbringung r. A. verpflichtet. Des weiteren ist das Vierte A(Afrika)-K(Karibik)-P(Pazifischer Raum)-EWG-Abkommen, das am 15. Dezember 1989 in Lomé unterzeichnet wurde, zu beachten. Dieses enthält besondere Bestimmungen für den Export von r. A. aus der Gemeinschaft in Unterzeichnerstaaten, die nicht der EG angehören. Ferner können gem. Verordnung (Euratom) Nr. 3227/76 Abfälle Kernmaterial enthalten, auf das Euratom-Sicherheitsmaßnahmen anwendbar sind. Die Beförderung dieses Materials unterliegt dem Internationalen

Übereinkommen über den Objektschutz von Kernmaterial (IAEO, 1980).

Die Verbringung von r. A. von einem EG-Mitgliedstaat in einen anderen ist genehmigungspflichtig. Der Antrag auf Erteilung der Beförderungsgenehmigung ist bei der zuständigen Behörde des Ausgangslandes zu stellen. Diese übermittelt den zuständigen Behörden des Bestimmungslandes und gegebenenfalls der Durchfuhrländer eine Antragsausfertigung zur Stellungnahme. Die Behörden des Bestimmungslandes haben der Behörde des Ausgangslandes spätestens zwei Monate nach Erhalt der Unterlagen mitzuteilen, ob sie dem Antrag stattgeben und gegebenenfalls welche Auflagen sie für notwendig erachten. Gibt die zuständige Behörde des Bestimmungslandes keine Antwort, so ist die fehlende Äußerung als Zustimmung auszulegen.

Einfuhren von r. A. in die und Ausfuhren aus der Gemeinschaft sind in den Art. 10–12 geregelt. Bei Einfuhr aus einem dritten Staat in die Gemeinschaft stellt der Empfänger der r. A. bei der zuständigen Behörde des EG-Mitgliedstaats den Antrag auf Genehmigung. Werden Abfälle aus einem Drittland in die Gemeinschaft verbracht und ist das Bestimmungsland kein Mitgliedstaat, so gilt derjenige EG-Mitgliedstaat, in dessen Hoheitsgebiet sie zunächst eingeführt werden, als Ausgangsland.

Die Ausfuhr von r. A. aus der Gemeinschaft in ein drittes Land erfolgt unter den Voraussetzungen des Art. 20.

Die Rückverbringung von r. A. aus Drittstaaten in die Gemeinschaft ist in Art. 13–16 geregelt.

Unberührt von der Richtlinie 92/3/Euratom bleibt das Recht der EG-Mitgliedstaaten, ihnen zur Aufbereitung anvertraute r. A. in ihr Ausgangsland zurückzusenden, ebenso die dabei entstehenden Abfälle und auch Wiederaufarbeitungsprodukte.

Die EG-Mitgliedstaaten sind verpflichtet, der Kommission der Europäischen Gemeinschaften bis zum 1. Januar 1994 Namen und Anschriften der zuständigen Behörden für die Verbringung und Kontrolle von r. A. mitzuteilen. Sie sind ferner alle zwei Jahre gegenüber der Kommission berichtspflichtig, erstmals ab dem 31. Januar 1994. Auf der Grundlage der Staaten-Berichte erstellt die Kommission einen zusammenfassenden Bericht für das Europäische Parlament, den Rat und den Wirtschafts- und Sozialausschuß. *Offermann-Clas*

Abfall- und Reststoffüberwachungsverordnung →Verordnungen nach AbfG

Abfallabbau, aerober. Die aerobe →Abfallbehandlung oder →Kompostierung organischer Abfälle (Haus- und Gartenabfälle, Produktionsabfälle, landwirtschaftliche Abfälle) stellt eines der ältesten Recycling-Verfahren dar. Bei der Kompostierung werden nativ-organische Stoffe durch biochemische Oxidation unter Bildung von Wasser, Wärme und Kohlendioxid in eine erdähnliche, humusartige Masse umgewandelt.

An dem zum Produkt Kompost führenden Rotteprozeß sind Destruenten oder Zersetzer beteiligt, die die organische Substanz mechanisch zerkleinern und so die durch →Mikroorganismen besiedelbare Oberfläche um ein Vielfaches vergrößern. Der weitere biochemische Abbau erfolgt hauptsächlich durch Pilze und Bakterien.

Voraussetzung für eine optimale Rotte ist ein ausreichender Feuchtigkeitsgehalt, ein ausgeglichenes Nährstoffverhältnis des Ausgangsmaterials und das Vorhandensein von Sauerstoff.

Der Kompostierungsprozeß kann ablaufmäßig in folgende drei Phasen eingeteilt werden:
- Abbauphase (Vorrotte),
- Umbauphase (Hauptrotte),
- Aufbauphase (Nachrotte).

Die höchsten Temperaturen im Verlauf des Kompostierungsprozesses werden bei der Vorrotte mit Werten von mehr als 60 °C erreicht, wobei krankheitserregende Keime und Unkrautsamen abgetötet werden.

Die am Ende der drei Phasen anfallenden Produkte werden als Frischkompost, Fertigkompost und Reifekompost bezeichnet und für jeweils spezielle Einsatzgebiete vermarktet. Bei Einhaltung günstiger Milieubedingungen wird aus kommunalen Pflanzen- und Bioabfällen nach einer Rottedauer von ca. 12 Wochen ein qualitativ hochwertiger Fertigkompost erzeugt.

Für die Kompostierung von Bioabfall kommt eine breite Palette unterschiedlicher Verfahren und Verfahrenskombinationen zum Einsatz. Das technisch einfachste und am häufigsten eingesetzte Verfahren ist die Mietenrotte mit Umsetzen. *Bergs*

Abfallabbau, anaerober. Beim a. A. (Vergärung) werden nativ-organische Abfälle unter Sauerstoffabschluß abgebaut.

Als Produkte der anaeroben Abfallbehandlung entstehen energiereiches →Biogas (hoher Methananteil), überschüssiges Wasser sowie ein fester →Reststoff (Faulschlamm), der kompostiert werden kann.

Der a. A. erfolgt durch mehrere Bakteriengruppen in hintereinander ablaufenden Prozeßschritten (Hydrolyse, Säurebildung, Acetatbildung, Methanbildung). Während die anaerobe Behandlung bei der Klärschlamm- und Güllebehandlung schon seit längerer Zeit eingesetzt wird, gibt es derzeit in der Bundesrepublik Deutschland noch keine im Entsorgungsmaßstab arbeitende Anlage zur anaeroben Abfallbehandlung.

Die bestehenden Verfahrenskonzepte unterscheiden sich hinsichtlich der Verfahrenstechnik beträchtlich. Eine Einteilung kann in einstufige Verfahren (anaerobe Umsetzung in einem Reaktor) oder in zweistufige Verfahren (nacheinander erfolgender Ablauf der Verfahrensschritte Hydrolyse und Methanbildung in zwei Reaktoren) erfolgen. Daneben kann zwischen der sog. Trockenfermentation (Wassergehalt 60–70 %) und der Naßfermentation (Wassergehalt 85–90 %) unterschieden werden.

Grundsätzlich stellt die anaerobe Behandlung organischer Abfälle eine verfahrenstechnisch deutlich aufwendigere Alternative zur →Kompostierung dar, die aber durch geringeren Platzbedarf, potentiell geringere Geruchsbelästigung sowie durch Energiegewinn gekennzeichnet ist.

Im Vergleich zur Kompostierung ist mit höheren Behandlungskosten zu rechnen. *Bergs*

Abfallabbau, biologischer. Von den →Siedlungsabfällen enthält insbesondere Haushaltsabfall erhebliche Anteile (30–40 %) nativ-organischer Bestandteile, die nach getrennter Erfassung einer Verwertung zugeführt werden können.

Der hierfür erforderliche b. A. der nativ-organischen Abfälle kann im Rahmen spezieller Abfallentsorgungsanlagen durch aerobe (→Kompostierung, Rotte) oder durch anaerobe Verfahren (Vergärung, Faulung, Fermentation) erfolgen.

Bei beiden Verfahren entstehen Energie, Wasser und feste Reststoffe. Während die bei der aeroben Rotte entstehende Energie verlorengeht, kann das im Verlauf der anaeroben Behandlung entstehende →Biogas (vorwiegend Methan) zur energetischen Nutzung eingesetzt werden.

Grundsätzlich können die bei beiden Verfahrenskonzepten anfallenden festen Rückstände – bei Einhaltung entsprechender Qualitätsvorgaben – stofflich verwertet werden, z. B. als Bodenverbesserungsmittel.

Während die Kompostierung von nativ-organischen Abfällen ein seit langem praktiziertes Verfahren darstellt, steht für die Vergärung die Bewährung unter Entsorgungsbedingungen in der Bundesrepublik Deutschland noch aus. Die fortgeschrittene Entwicklung verschiedener Anlagen läßt jedoch einen baldigen Einsatz im Entsorgungsmaßstab erwarten. Bei der →Klärschlammentsorgung, Güllebehandlung und Behandlung industrieller Abwässer sind anaerobe Verfahren dagegen seit längerem Stand der Technik.

Auf Grund des wesentlich höheren Aufwands für die Anlagentechnik dürften die Kosten für die anaerobe Behandlung des Bioabfalls höher liegen als bei der aeroben Behandlung (→Abfallabbau, aerober; →Abfallabbau, anaerober). *Bergs*

Abfallabgabengesetz. Ein erstes A. ist in Baden-Württemberg am 11. 3. 1991 verkündet worden und am 1. 4. 1991 in Kraft getreten.

Betroffen sind lediglich besonders überwachungsbedürftige →Abfälle, wenn diese deponiert oder verbrannt werden sollen. Davon ausgenommen sind Sonderabfälle aus der →Altlastensanierung, →Problemstoffe aus privaten Haushaltungen, Kleinmengen, sowie Abfälle, die in Entsorgungsanlagen für besonders überwachungsbedürftige Abfälle entstehen (Rückstände aus Behandlung). Abgabepflichtig ist der Abfallerzeuger. Der Abgabesatz beträgt je nach Abfallkategorie 50, 100 oder 150 DM/t, je nach Vermeidungs- oder Verwertungspotential bzw. nach dem Schwierigkeitsgrad der Entsorgung. Die Kategorien sind in einer Anlage zum Gesetz für rund 300 →Abfallschlüssel und Abfallbezeichnungen festgelegt. Der Abgabesatz wurde ab 1. 1. 1993 jeweils verdoppelt.

Das Abgabenaufkommen steht dem Land zu und ist zweckgebunden für Maßnahmen zur Beratung, Erfassung und Förderung der Vermeidung und Verwertung von besonders überwachungsbedürftigen Abfällen sowie für bestimmte Fälle der Altlastensanierung.

In Hessen ist ein weitgehend ähnliches A. seit Juni 1991 in Kraft. Andere Länder bereiten entsprechende Landes-A. vor.

Der Bund hat den Entwurf eines harmonisierten A. vorgelegt. Damit soll eine Lenkungsabgabe auf sämtliche Abfälle erhoben werden, um durch eine stärkere Kostenbelastung auf allen Ebenen der Abfallentstehung vermehrte Anreize zur Vermeidung, Verwertung und Verringerung von Abfällen auszulösen. Dies dürfte bei vielen Abfallarten grundsätzlich möglich sein, weil Eigeninitiativen der Abfallerzeuger zur Umstellung auf abfallarme Produktionsverfahren sowie Recycling-Aktivitäten unterbleiben, wenn die dafür erforderlichen Kosten die (z. T. niedrigen) Kosten der →Abfallentsorgung übersteigen. Durch Abgaben erhöhte Entsorgungskosten sollen somit ergänzend zu den ordnungsrechtlichen Vorgaben in der Form ökonomischer Instrumente die Kräfte der Marktwirtschaft mobilisieren, selbst weitere Verfahren zur Vermeidung und Verwertung von Abfällen einzusetzen und damit die Gesamtkostenbelastung zu senken. Dementsprechend soll die Abfallabgabe bei der Verwertung von Abfällen (sowie bei Abfällen aus der Altlastensanierung) entfallen.

Der Entwurf sieht ein gestaffeltes Abfallabgabensystem mit Vermeidungsabgabe, Deponieabgabe und Schadstoffabgabe vor. Die Abgaben sollen dynamisiert werden und in Zweijahresschritten um jeweils 20 % bis zur Verdoppelung angehoben werden.

Das Abgabenaufkommen steht den Ländern zu. Die Abgaben sollen für die Entwicklung und den Einsatz fortschrittlicher Verfahren zur Vermeidung, Verwertung und umweltfreundlichen Entsorgung von Abfällen sowie für die Sicherung und Sanierung von →Altlasten verwendet werden. In einer Solidaraktion sollen 40 % des Abgabenaufkommens aus den alten Ländern zur Sanierung von Altlasten in den neuen Ländern eingesetzt werden.

Die endgültigen Regelungsinhalte eines Bundes-A. bleiben der parlamentarischen Entscheidung vorbehalten. *Schnurer*

Abfallablagerung.

Allgemein. Zukünftig wird der →Abfalldeponie als Endlager für Abfälle im Rahmen von →Abfallwirtschaftskonzepten die wichtigste Rolle zukommen, denn es wird trotz aller Bemühungen zur →Abfallverwertung immer noch Abfälle geben, die nach allen möglichen Behandlungsschritten in ihrer Restsubstanz abgelagert werden müssen.

Lange Zeit wurde das von Deponien ausgehende Gefahrenpotential unterschätzt und Abfälle wurden ohne Abdichtungs- und Vorbehandlungsmaßnahmen abgelagert. Nicht selten müssen derartige Altablagerungen heute unter hohem Kostenaufwand als →Altlasten saniert werden.

Seit den 70iger Jahren konzentrierte man sich auf die fortgesetzte Verbesserung der nachgeschalteten Abdichtungssysteme von Deponien, um das Austreten gefährlicher Schadstoffemissionen aus dem →Deponiekörper zu unterbinden.

In den letzten Jahren hat sich jedoch verstärkt die Erkenntnis durchgesetzt, daß Altlasten der Zukunft nur dann zuverlässig zu verhindern sind, wenn nur solche Abfälle abgelagert werden, bei denen keine Umsetzungsprozesse und keine oder nur geringe Freisetzungen schädlicher Stoffe stattfinden und deren Emissionen die umgebenden Umweltbereiche auch langfristig nicht negativ beeinflussen.

Die wesentliche Rolle in einem derartigen Konzept spielt dabei der Deponiekörper, d. h. die Beschaffenheit der Abfälle, die zur Ablagerung kommen. Ziel ist, nur noch solche Abfälle abzulagern, die mineralisiert sind, das heißt, sie müssen aus anorganischen, in Wasser nicht oder nur schwer löslichen Stoffen bestehen. Natürliche und technische Dichtungssysteme dienen dabei im wesentlichen nur als zusätzliche Sicherungssysteme, die allerdings auch langfristig funktionsfähig sein sollten, weil es eine absolute →Inertisierung nicht geben dürfte.

Auf Grund der Annahme, daß von der Behandlung und weiteren →Entsorgung von Abfällen ein geringeres Wirkungsrisiko ausgeht als von der Ablagerung unbehandelter Abfälle, sollen sie in Zukunft nur noch in mineralischer Form oder nach einem Inertisierungs-Verfahren endgelagert werden (→Abfallbehandlung). Die entsprechenden Vorgaben in Form von Zuordnungskriterien sind in der →TA Abfall Teil 1 (→TA Sonderabfall) und in der →TA Siedlungsabfall festgelegt.

Von einem inerten oder inertisierten und damit auf lange Sicht weitgehend problemlos ablagerbaren Abfall ist dann auszugehen, wenn die zulässigen Höchstgehalte der entsprechenden Parameter (Zuordnungskriterien) nicht überschritten werden. Hierbei handelt es sich sowohl um Schadstoffparameter als auch um Parameter, die gewisse physikalische Eigenschaften des Abfalls charakterisieren, z. B. der pH-Wert, die Leitfähigkeit oder der wasserlösliche Anteil.

Zusätzlich gewährleisten die niedrigen Werte sowohl der TA Abfall Teil 1 als auch der TA Siedlungsabfall, daß nur geringe Mengen an organischen Stoffen im Ablagerungsmaterial enthalten und deshalb biochemische Umsetzungsprozesse im Deponiekörper nicht zu befürchten sind.

Zur Sicherstellung der genannten Zielvorgaben enthalten die TA Abfall Teil 1 und die TA Siedlungsabfall neben den Vorgaben für den abgelagerten →Restabfall (→Deponiekörper) konkrete Anforderungen an den Deponiestandort, an das Deponieauflager und an die →Deponieabdichtung (→Multibarrierenkonzept).   *Bergs*

Unter Tage. Eine A. ist aus Langzeitgesichtspunkten nur möglich, wenn sie immissionsneutral oder nach dem Prinzip des vollständigen Einschlusses erfolgt.

Für eine immissionsneutrale Verbringung – das heißt ohne Verunreinigung oder Veränderung des Grundwassers gegenüber der geogenen Beschaffenheit – eignen sich Hochofenschlacken, Glas- und Keramikabfälle, Mineralfaserabfälle sowie eine Reihe von mineralischen Schlämmen. Für eine immissionsneutrale Verbringung kommen grundsätzlich alle offenen Grubenräume in Betracht, die für den Bergwerksbetrieb nicht mehr benötigt werden.

Für eine Verbringung nach dem Prinzip des vollständigen Einschlusses – das heißt, es kann kein Schadstoffaustrag in die Biosphäre erfolgen – kommen beispielsweise Filterstäube und Rauchgasreinigungsprodukte aus der →Abfallverbrennung in Betracht. Nicht in Frage kommen hingegen radioaktive, explosive, selbstentzündliche, leicht entflammbare, gefährlich ausgasende und infektiöse Stoffe. Für die Verbringung nach dem Prinzip des vollständigen Einschlusses eignen sich ausschließlich Abbauhohlräume und Abbaubegleitstrecken.   *Schabronath*

Literatur: *Wilke, F. L.:* Untertageverbringung von Sonderabfällen in Stein- und Braunkohleformationen; Materialien zur Umweltforschung, herausgegeben vom Rat von Sachverständigen zur Umweltfrage. Stuttgart 1991.

Abfallarten. Nachdem →Abfälle bei allen menschlichen Aktivitäten anfallen, ist ihre Vielfalt nahezu unbegrenzt. Durch die Definition von A. wird versucht, ein Ordnungssystem aufzustellen.

Zunächst geschieht dies durch Festlegung des sachlichen Geltungsbereichs in § 1 AbfG (bewegliche Sachen, deren sich der Besitzer entledigen will – subjektiver Abfallbegriff –, oder deren Entsorgung geboten ist – objektiver Abfallbegriff).

Die Ausnahmen vom Geltungsbereich des Abfallgesetzes grenzen Bereiche von durchaus ähnlichen beweglichen Sachen/Stoffen ab, die jedoch nach anderen Gesetzen behandelt bzw. entsorgt werden:
– →Abluft nach →Bundes-Immissionsschutzgesetz
– →Abwasser nach →Wasserhaushaltsgesetz
– naturbelassene Stoffe als Bergbauabfälle nach Berggesetz
– radioaktive →Abfälle nach Atomgesetz
– Tiere/Pflanzen nach Tierkörperbeseitigungs-, Fleischbeschau-, Tierseuchen- oder Pflanzenschutzgesetz.

Ausgenommen sind auch Kampfmittel und, unter bestimmten Voraussetzungen, Stoffe, die durch gemeinnützige oder gewerbliche Sammlungen der Verwertung zugeführt werden.

Innerhalb des Geltungsbereichs des AbfG sind mehrere Ordnungsschemata gebräuchlich.
□ Nach Aggregatzustand:
– feste,
– schlammförmige/pastöse,
– flüssige,
– gasförmige (gefaßt in Behältnissen) Abfälle
□ Nach den Vorschriften des AbfG:
– →Hausabfall und haushaltähnliche, gemeinsam mit Hausabfall entsorgte Abfälle im Zuständigkeitsbereich der entsorgungspflichtigen Körperschaften, auch nicht ausgeschlossene Abfälle oder Siedlungsabfälle genannt.
– Ausgeschlossene Abfälle; dazu gehören Abfälle aus Industrie und Gewerbe (→Abfall aus dem produzierenden Gewerbe) einschließlich der besonders überwachungsbedürftigen →Abfälle (gemäß §§ 2 Abs. 2 und 11 Abs. 3 AbfG); letztere werden auch als Sonderabfälle bezeichnet.
– Reststoffe im Sinne der Reststoffbestimmungs-Verordnung (zur Verwertung vorgesehene Stoffe mit i. d. R. gleichen Eigenschaften wie besonders überwachungsbedürftige Abfälle, die jedoch weder subjektiv noch objektiv unter den Abfallbegriff fallen).
– Altöl, für das unabhängig vom Abfallbegriff bestimmte abfallrechtliche Vorschriften gelten.
□ Nach Herkunft:
○ Kommunale Abfälle
– →Haushaltabfall (in Haushaltungen anfallend)
– →Sperrabfall (größere Hausabfallstücke und Sperrgut wie Möbel, Einrichtungsgegenstände)
– Marktabfälle
– Gartenabfälle
– Straßenkehrricht

– Schlachthofabfälle
– Friedhofsabfälle
– Krankenhausabfälle.
○ Gewerbliche Abfälle/Abfälle aus dem produzierenden Gewerbe
– Gewerbeabfälle, auch als Geschäftsabfälle bezeichnet (aus Handwerksbetrieben aller Art, Handel, Hotels und Gaststätten, Großküchen und Kantinen, Tankstellen, Banken, Büros usw., überwiegend ähnlich dem Haushaltsabfall)
– Industrieabfälle/Abfälle aus dem produzierenden Gewerbe (z. T. auch ähnlich dem Haushaltabfall, z. B. aus Büros, Kantinen, Einkauf, Versand; insbesondere jedoch produktionsspezifische Abfälle, z. B. aus Chemie, Metallverarbeitung, Fahrzeugbau usw.)
– →Bauabfälle (→Baustellenabfälle, →Bauschutt, →Bodenaushub, →Straßenaufbruch)
– Abfälle aus Land- und Forstwirtschaft (z. B. →Gülle, Stroh, Baumrinde).
□ Nach Art, Beschaffenheit, Inhaltsstoffen
– z. B. Holzabfälle, Lederabfälle, Verpackungsabfälle
– z. B. ölhaltige, metallhaltige, schwefelhaltige Abfälle
– z. B. Salze, Laugen, Säuren.
Derartige Ordnungssysteme für A. sind zwar für Teilaufgaben der →Abfallwirtschaft nützlich oder notwendig, haben jedoch den Nachteil, daß sie meist keine eindeutigen Zuordnungen gewährleisten.

Für die Praxis der →Abfallentsorgung findet deshalb hinsichtlich Art, Beschaffenheit, Inhaltsstoffe und Herkunft ein umfangreicher Katalog von A. (→Abfallkatalog) mit einer Dezimalklassifizierung Anwendung (→Abfallschlüssel).

Amtlich erfaßt und zugeordnet werden Abfallmengen auf Grund des Gesetzes über Umweltstatistiken, und zwar über die öffentliche Abfallentsorgung sowie über die Abfallentsorgung im Produzierenden Gewerbe und in Krankenhäusern (→Umweltstatistik). *Schnurer*

Literatur: Daten zur Umwelt 1990/91, Umweltbundesamt. Berlin 1992. – *Dietmann, T.; R. Kohnen:* Mengengerüst der nachweispflichtigen Abfälle; Müll-Handbuch, Kennzahl 8025, Lieferung 3 Berlin 1992.

Abfallaufbereitungsanlage.

A. werden zur Rückgewinnung von Rohstoffen aus Abfällen eingesetzt. Von Bedeutung sind insbesondere Bauschutt-Recyclinganlagen und Anlagen zur Aufbereitung von →Hausabfall.

Die Aufbereitung eines Abfalls besteht in den Schritten Zerkleinern, Sieben, Sortieren und Verdichten, wobei unterschiedliche Kombinationen dieser Prozeßschritte möglich sind.

Zerkleinerungsmaschinen dienen der Verfeinerung der Körnung des Einsatzstoffes und damit zur Vergrößerung der Oberfläche. Im Baubereich werden z. B. Prallbecher eingesetzt. Bei Hausabfall sind Hammermühlen, Prallreißer, Schneidemühlen, Rotorscheren und Kaskadenmühlen üblich.

Zum Trennen von Stoffen unterschiedlicher Korngröße im Hausabfall kommen u. a. Wurf-, Trommel-, Schwing- und Spannwellensiebe zum Einsatz. Speziell unzerkleinerter Hausabfall gehört aufgrund seiner feuchten und klebrigen Beschaffenheit zu den Gütern, die sehr schwer zu sieben sind. Einige der genannten Siebe sind nur für bestimmte Abfallkomponenten geeignet.

Zur Sortierung werden verschiedene Windsichtertypen (z. B. Zick-Zack-, Schwebe-, Rotations- und Steigrohrwindsichter) eingesetzt. In Kompostanlagen sind überwiegend Zick-Zack- und Rotationswindsichter üblich. Weitere Sortiermaßnahmen sind Magnetabscheidung von Schrotten, optische Sortierung sowie mechanische Sonderverfahren zur Papier-Kunststoff-Trennung.

Die Verdichtung des Produkts in Pressen (z. B. Ringmatrizen- und Flachmatrizen-Pressen) kann seine Produkteigenschaft wie Handhabbarkeit und Lagervolumen günstig beeinflussen.

A. sind genehmigungsbedürftig nach dem BImSchG (Nr. 8.4 des Anhangs der →4. BImSchV). Hinsichtlich der Emissionsbegrenzung luftverunreinigender Stoffe sind bei A. vornehmlich →Staub und bei der Verarbeitung organischen Materials geruchsintensive →Stoffe bedeutsam. Staubemissionen können durch Kapselung insbesondere von Abwurf- und Übergabestellen, Zerkleinerungsgeräten und Windsichtern vermindert werden; abgesaugte Abluft ist Entstaubern zuzuführen. Zur Geruchsminderung kommt die Anwendung von →Biofiltern in Betracht. *Bade*

Literatur: Der Rat von Sachverständigen für Umweltfragen Abfallwirtschaft; Sondergutachten 1990. Stuttgart. – Handbuch der Recyclingverfahren, Umweltbundesamt (UMPLIS). Bielefeld 1991.

Abfallbeauftragter.

Im Bereich der Abfallentsorgung wird die behördliche Überwachung durch eine innerbetriebliche ergänzt. Sie erfolgt in Form einer betriebsinternen Selbstkontrolle durch den Betriebsbeauftragten für Abfall. Er wird bestellt nicht nur für ortsfeste →Abfallentsorgungsanlagen, sondern auch in Betrieben, in denen regelmäßig gefährliche Sonderabfälle im Sinne des § 2 Abs. 2 AbfG anfallen. Welche Anlagen im einzelnen einen A. erfordern, ergibt sich aus der Verordnung über Betriebsbeauftragte für Abfall. Darüber hinaus kann die zuständige Behörde die Bestellung eines A. anordnen, soweit sich im Einzelfall die Notwendigkeit der Bestellung aus den besonderen Schwierigkeiten bei der →Entsorgung von Abfällen ergibt. Der A. ist berechtigt und verpflichtet, den Weg der Abfälle von ihrer Entstehung oder Anlieferung bis zu ihrer Beseitigung und die Einhaltung der für die

Abfallentsorgung geltenden Vorschriften zu überwachen. Darüber hinaus soll der A. die Betriebsangehörigen aufklären und Vorschläge zur Verbesserung der betrieblichen Abfallsituation erarbeiten. Vor Investitions-Entscheidungen, die für die Abfallentsorgung bedeutsam sein können, hat der Betreiber der Anlage eine Stellungnahme des A. einzuholen.

Zum A. kann nur bestellt werden, wer die dazu erforderliche Sachkunde und Zuverlässigkeit besitzt. Der A. ist allein gegenüber dem Betriebsinhaber, nicht gegenüber der Behörde verantwortlich. Wegen seiner Tätigkeit darf der A. nicht benachteiligt werden (vgl. im einzelnen §§ 11a bis f AbfG und Verordnung über Betriebsbeauftragte für Abfall vom 26. 10. 1977 (BGBl. I S. 1913). *Hoppe/Beckmann*

Literatur: *Hoppe/Beckmann:* Umweltrecht. § 28 Rn. 111. München 1989. – *Kloepfer:* Umweltrecht. § 12, Rn. 165. München 1989.

Abfallbegriff. Mit dem A. wird der sachliche Geltungsbereich des Abfallrechts umschrieben. Der A. ist der Schlüssel für die Anwendung der Abfallgesetze des Bundes und der Länder; er ist in § 1 Abs. 1 AbfG gesetzlich definiert. Abfälle sind danach bewegliche Sachen, deren sich der Besitzer entledigen will oder deren geordnete →Entsorgung zur Wahrung des Wohls der Allgemeinheit, insbesondere des Schutzes der Umwelt, geboten ist. Als →Abfall im Rechtssinn kommen danach nur bewegliche Sachen in Betracht. Durch Öl oder Chemikalien verseuchtes Flußwasser ist deshalb genausowenig wie ölverseuchtes Erdreich, das noch in fester Verbindung zu dem Grundstück steht, Abfall im Sinne des Abfallgesetzes. Mit dem Auskoffern des verunreinigten Bodens kann dieser zu Abfall werden. Das ist bei der →Altlastensanierung zu beachten.

Das →Abfallgesetz kennt einen subjektiven, einen objektiven und einen erweiterten A.

Nach dem *subjektiven A.* des § 1 Abs. 1 Satz 1 AbfG sind Abfälle alle beweglichen Sachen, deren sich der Besitzer entledigen will. Für den subjektiven A. kommt es unabhängig vom objektiven Wert einer Sache allein auf diesen Entledigungswillen des Abfallbesitzers an. Entledigen bedeutet dabei die Gewahrsamsaufgabe zum alleinigen Zweck der Beseitigung der Sache. Verfolgt der →Abfallbesitzer mit der Gewahrsamsaufgabe weitere Zwecke, will er etwa die Sache veräußern, verschenken oder einer →Verwertung als Rohstoff zuführen, dann liegt keine Entledigung im Sinne des subjektiven A. vor. Allerdings können nach der strafrechtlichen Rechtsprechung des BGH Stoffe auch dann Abfall im Sinne des subjektiven A. sein, wenn sie nach ihrer Entsorgung zwar wiederverwendet oder weiterverarbeitet werden können, der Besitzer sich aber des Stoffes entledigen will, weil dieser für ihn wertlos geworden ist. Stoffe, derer sich der Besitzer entledigen will, können ihre Abfalleigenschaft wieder verlieren, wenn ein neuer Besitzer, weil er eine wirtschaftliche Verwertung anstrebt, keinen Entledigungswillen hat. Es gibt keinen Grundsatz einmal Abfall, immer Abfall.

Nach dem *objektiven A.* sind Abfälle alle beweglichen Sachen, deren geordnete Entsorgung zur Wahrung des Wohls der Allgemeinheit, insbesondere des Schutzes der Umwelt geboten ist.

Ob eine Entsorgung geboten ist, hängt von einer Gesamtabwägung der Interessen des Besitzers und der Belange der Allgemeinheit unter Berücksichtigung aller Umstände des Einzelfalls ab. Auch Produktionsrückstände und Wirtschaftsgüter, deren Weiterverwertung nach der Verkehrsauffassung wirtschaftlich nicht vertretbar oder technisch nicht möglich ist, sind Abfälle im objektiven Sinne. Nicht geboten im Sinne des § 1 Abs. 1 S. 1 AbfG ist eine abfallrechtliche Entsorgung, wenn Gefährdungen des Wohls der Allgemeinheit durch den Stoff auch anderweitig behoben werden können. Wird der Stoff etwa vom Abfallbesitzer umweltunschädlich verwertet, so ist eine →Abfallentsorgung nicht geboten, mit der Folge, daß Abfall im objektiven Sinne nicht vorliegt. Nach überwiegender Auffassung sind Reststoffe, die bei genehmigungsbedürftigen Anlagen nach dem BImSchG anfallen und die nach § 5 Abs. 1 Nr. 3 BImSchG verwertet werden sollen, keine Abfälle im Sinne des Abfallgesetzes.

Nach dem erweiterten A. des § 1 Abs. 1 S. 2 AbfG sind bewegliche Sachen, die der Besitzer der entsorgungspflichtigen Körperschaft oder dem von dieser beauftragten Dritten überläßt, auch im Falle ihrer Verwertung Abfälle, bis sie oder die aus ihnen gewonnenen Stoffe oder erzeugte Energie dem Wirtschaftskreislauf zugeführt werden. Reststoffe, wie z. B. →Altpapier oder →Altglas fallen somit nicht unter den subjektiven A., wenn sie von privaten Unternehmen in Containern eingesammelt werden. Sie sind aber nach § 1 Abs. 1 S. 2 AbfG gleichwohl Abfälle, wenn die Reststoffsammlung durch entsorgungspflichtige Körperschaften bzw. deren Beauftragte vorgenommen wird.

Hoppe/Beckmann

Literatur: *Hösel/von Lersner:* Recht der Abfallbeseitigung § 1 Rn. 1ff. Berlin, 1/1992. – *Kersting:* Die Abgrenzung zwischen Abfall und Wirtschaftsgut. Düsseldorf 1992. – *Kunig/Schwermer/Versteyl:* Abfallgesetz, Kommentar 2. Aufl. § 1 Rn. 3ff. München 1992.

Abfallbehandlung.

Allgemein. Trotz erheblicher Anstrengungen zur →Abfallvermeidung und →Verwertung geeigneter Reststoffe wird es auf absehbare Zeit notwendig sein, Restabfälle umweltverträglich abzulagern. Die bisher in der Regel noch erfolgende oberirdische

Ablagerung (d. h. in der →Pedosphäre – im Gegensatz zur untertägigen Ablagerung in der →Lithosphäre) der Abfälle ohne Vorbehandlung ist als unbefriedigend anzusehen, weil diese Art der Ablagerung zumindest über Jahrzehnte hinweg Nachsorgemaßnahmen bedingt, um Schadstoffeinträge in Grund- und Oberflächengewässer sowie Deponiegasemissionen möglichst weitgehend zu unterbinden. Technisch noch so hervorragend ausgerüstete Deponien sind doch nur Bauwerke auf Zeit, deren Langzeitverhalten nicht sicher prognostizierbar ist. Es besteht die Gefahr, daß heute betriebene Deponien später als →Altlasten saniert werden müssen.

Die zukünftige →Abfallablagerung wird somit nicht mehr durch immer weiter entwickelte Abdichtungssysteme und weiter verfeinerte Maßnahmen zur Nachsorge gekennzeichnet sein, sondern durch Maßnahmen, die von vornherein die Ursachen möglicher später erfolgender Beeinträchtigungen der Umwelt ausschalten.

Dies setzt künftig eine intensive A. voraus; eine Ablagerung von Restabfällen darf nur noch dann ohne Vorbehandlung erfolgen, wenn es sich um weitgehend inerte Stoffe oder Stoffgemische handelt, z. B. um Abfälle mineralischer Herkunft, wie aus Ziegel- oder Betonteilen bestehender →Bauschutt. Die zukünftig bei Siedlungsabfällen und besonders überwachungsbedürftigen Abfällen (→Sonderabfälle) einzusetzenden Behandlungsverfahren haben sich konkret an folgenden Anforderungen zu orientieren:
– Vermeiden der Entstehung nennenswerter Mengen an gasförmigen Emissionen,
– Unterbinden der Reaktionsfähigkeit der Abfälle oder von Abfallbestandteilen untereinander,
– Unterbinden oder minimieren schädlicher Inhaltsstoffe im →Sickerwasser.

Nur Abfälle, die diese Voraussetzungen einhalten, können langfristig ohne Nachsorgemaßnahmen oberirdisch abgelagert werden. Zur Abfallvorbehandlung können grundsätzlich biologische, chemisch-physikalische und thermische Verfahren eingesetzt werden. Diese Verfahren bewirken, ggf. in Kombination mit einer mechanischen Zerkleinerung, gleichzeitig eine Reduzierung des Volumens.

Während eine A. in einer modernen thermischen Anlage – in der Regel ist dies die Verbrennung – zu einem weitgehend inerten Reststoff (→Schlacke) führt, sind bei den zur Behandlung der →Siedlungsabfälle diskutierten biologisch-mechanischen Behandlungsverfahren (Restabfallrotte, Restabfallvergärung) Einschränkungen hinsichtlich der Qualität bei den abzulagernden Resten hinzunehmen.

Zwar ist davon auszugehen, daß biologisch-mechanische Behandlungsverfahren eine Verbesserung der Ablagerungseigenschaften im Vergleich zur herkömmlichen Deponierung bewirken; vergleichbar anspruchsvolle Anforderungen, wie sie Schlacken erfüllen können, kann die biologische Restabfallbehandlung nicht gewährleisten.

Ein Schwachpunkt der biologischen Vorbehandlung dieser Art ist, daß hierdurch Schadstoffe (z. B. →Schwermetalle) weder entfernt noch in eine unlösliche Form überführt werden können.

Als Maßstab für die Qualität der A. werden physikalische und chemische Parameter zugrundegelegt, die bei der Ablagerung einzuhalten sind. Derartige Deponie-Inputkriterien enthält die →TA Abfall Teil 1 für Sonderabfälle; bei der Ablagerung von Siedlungsabfällen sind spezifische Kriterien der →TA Siedlungsabfall einzuhalten. *Bergs*

Literatur: Der Rat von Sachverständigen für Umweltfragen: Abfallwirtschaft, Sondergutachten 1990. Stuttgart 1991.

Radioaktive Abfälle. Das Endziel der Behandlung radioaktiver Abfälle ist die sichere Isolierung der radioaktiven →Stoffe von der →Biosphäre, und zwar so lange, bis die →Radioaktivität auf ein radiologisch vernachlässigbares Niveau abgeklungen ist. Schon am Beginn der Planung einer kerntechnischen Anlage steht die Forderung nach einer Prozeßführung, die möglichst wenig radioaktiven →Abfall erzeugt. Gleichzeitig sind die technischen Voraussetzungen dafür zu schaffen, welche die getrennte Erfassung von Abfallströmen ermöglichen, die auf Grund ihrer Zusammensetzung und Beschaffenheit nach verschiedenen Methoden behandelt werden müssen.

Für eine A. und →Abfallbeseitigung gibt es grundsätzlich drei Möglichkeiten:
□ Abklingenlassen der Radioaktivität bis auf ein unschädliches Niveau und die anschließende Deponierung als gewöhnlicher Abfall nach dem Abfallgesetz. Diese Methode läßt sich verständlicherweise nur in Ausnahmefällen anwenden, z. B. für Abfälle aus der →Stillegung kerntechnischer Anlagen oder für Abfälle mit kurzlebigen Isotopen aus der →Nuklearmedizin.
□ Kontrollierte Ableitung mit der →Abluft oder dem →Abwasser nach den geltenden Gesetzen und Richtlinien. Prinzip: Verdünnen und Dispergieren, nachdem der Stand der Technik zur Emissionsminderung ausgeschöpft ist.
□ Beseitigung durch Behandlung, Sicherstellung und →Endlagerung in geordneten Deponien. Bevorzugt wird eine Verbringung in tiefe geologische Formationen des Festlands. Prinzip: Konzentrieren und Einschließen.

Die auf die geologische Endlagerung ausgerichtete A. umfaßt folgende Operationen:
– Immobilisierung der Radionuklide durch Einbinden in eine feste Matrix. Abfälle in flüssiger und gasförmiger Form dürfen nur in seltenen Ausnahmefällen einer Endlagerung zugeführt werden;

hochaktive gehören grundsätzlich nicht dazu. Das Einbinden der toxischen Stoffe in eine chemisch und mechanisch stabile Feststoffmatrix verhindert bzw. reduziert die Freisetzung der Radionuklide in die Umgebung während der Zwischenlagerung sowie während sämtlicher Transport- und Handhabungsvorgänge bis zur Unterbringung im Endlager.

– Verpackung der verfestigten Abfallprodukte in einen ausreichend mechanisch stabilen Behälter, der einem Korrosionsangriff unter definierten Randbedingungen standhält. Der Abfallbehälter hat insbesondere den verläßlichen Schutz von Mensch und Umwelt während sämtlicher Transport-, Handhabungs- und Zwischenlagervorgänge bis zur endgültigen Deponierung in einem Endlager zu gewährleisten. Darüber hinaus soll er nach Möglichkeit eine wirksame Umschließung des Abfallproduktes bis zum weitgehenden Konvergenzeinschluß durch das Wirtsgestein des Endlagers sicherstellen.

– Zwischenlagerung der Abfallgebinde in einer gegen Störfälle von innen und außen geschützten, über Tage angelegten Lagereinrichtung. *Merz*

Literatur: *Merz, E.:* Die Behandlung radioaktiver Abfälle. Bericht JÜL-Spez. 394 (1987).

Abfallbehandlung, biologische. B. A. beruht auf biologischen Abbau- und Umwandlungsprozessen. Einer biologischen Behandlung können alle biologischen Substanzen zugeführt werden, wobei zwischen nativ-organischer, d. h. natürlich entstandener Substanz und synthetisch- oder derivativ-organischer, d. h. technisch be- und verarbeiteter (organischer) Substanz unterschieden wird. Die organische Substanz wird in Degradationsprozessen mikrobiell abgebaut; organische Verbindungen werden mineralisiert oder in Makromoleküle (z. B. →Huminstoffe) umgewandelt (→Abfallabbau, aerober/anaerober/biologischer).

Dem noch weitgehend auf die →Kompostierung beschränkten Einsatz von biologischen Verfahren in der Hausabfall-Behandlung stehen fortgeschrittene Verfahren zum biologischen Abbau von Schadstoffen in →Altlasten gegenüber, insbesondere zum Abbau von Kohlenwasserstoffverbindungen in kontaminierten Böden. Als biologische Behandlungsverfahren für Altlasten werden sowohl on site- und off site- als auch in situ-Verfahren eingesetzt. Dabei handelt es sich im abfallrechtlichen Sinne um Abfallbehandlung, soweit die biologischen Verfahren on site (aber nicht in situ) oder off site eingesetzt werden. Die positiven Ansätze in diesem Altlasten-/Abfallbereich lassen mit den Fortschritten in der →Biotechnologie entsprechende Entwicklungen auch für die biologische Behandlung von produktionsspezifischen →Abfällen erwarten. *Neuenhahn*

Abfallbehandlung, chemisch-physikalische. Chemisch-physikalische Verfahren (CP-Verfahren) finden in der Regel Anwendung bei der Behandlung besonders überwachungsbedürftiger Abfälle (→Sonderabfall).

Gemäß Nr. 4.4.2.1 der →TA Abfall Teil 1 soll nicht verwertbarer Abfall vorzugsweise der CP-Behandlung zugeführt werden, wenn er Stoffe oder Stoffgemische enthält, die abgetrennt, umgewandelt oder immobilisiert und dadurch in ihrer Schädlichkeit vermindert werden können.

Hierbei handelt es sich vornehmlich um flüssige oder pastöse Abfälle, die nach der CP-Behandlung verwertbar sind oder den Anforderungen an eine weitgehend problemlose Endlagerung genügen. Prozeßbedingt anfallendes Wasser und Behandlungsrückstände müssen gegebenenfalls einer Nachbehandlung unterzogen werden.

CP-Behandlungstechnologien können alleine eingesetzt werden oder auch Bestandteil einer Verfahrenskombination sein; im wesentlichen kommen folgende Verfahren zum Einsatz:
– →Dekantieren,
– →Entgiftung,
– →Entwässerung,
– →Extraktion,
– →Filtration,
– →Inertisierung,
– →Neutralisation,
– →Osmose,
– →Trennverfahren,
– →Ultrafiltration,
– →Umkehrosmose,
– →Zentrifugieren. *Bergs*

Abfallbehandlung, thermische. Hierunter wird die →Abfallbehandlung durch Wärme verstanden. Die t. A. umfaßt die folgenden Behandlungsverfahren:
– Verbrennung,
– →Pyrolyse (→Entgasung): thermische Zersetzung organischen Materials unter weitgehender Sauerstoffabwesenheit,
– Vergasung: Umwandlung des organischen Materials mit einem geeigneten Vergasungsmittel, z. B. Luft, Sauerstoff, Wasserdampf, in Brenngase Kohlenmonoxid und Wasserstoff sowie in Kohlendioxid.

Je nach Verfahren entstehen gasförmige, feste und flüssige Stoffe, die entsprechend ihrer Beschaffenheit verwertet, abgelagert oder weiterbehandelt werden können bzw. müssen.

Die t. A. hat das Ziel, die im →Abfall enthaltenen Schadstoffe zu zerstören oder in einen weitgehend immobilen Zustand zu überführen. Dabei wird gleichzeitig die zu deponierende Abfallmenge wesentlich verringert und Wärme bzw. elektrische Energie erzeugt. Vor allem bei der Abfallpyrolyse können außerdem verwertbare Stoffe zurückgewonnen werden.

Zur t. A. werden in Deutschland ausschließlich →Abfallverbrennungsanlagen großtechnisch eingesetzt. Darüber hinaus werden in einer großen Anzahl von →Feuerungsanlagen regelmäßig auch Abfälle mitverbrannt. Die Verfahren der Pyrolyse befinden sich noch in der Erprobungsphase. Nicht weiterverfolgt werden bisher die Verfahren zur Abfallvergasung. *Neuenhahn*

Abfallbeseitigung.

Immissionsschutzrecht. Der Begriff A. wird heute nur noch im →Bundes-Immissionsschutzgesetz verwendet und steht dort im Zusammenhang mit den →Reststoffpflichten. Reststoffe dürfen danach nur als Abfälle beseitigt werden, wenn ihre Vermeidung und →Verwertung technisch unmöglich oder unzumutbar sind und wenn die Beseitigung das Wohl der Allgemeinheit nicht beeinträchtigt. A. geht über die Abfallentsorgung i. S. des Abfallgesetzes hinaus. Sie bezieht sich auf alle Stoffe, die beim Betrieb einer Anlage unerwünscht entstehen. Erfaßt werden damit auch Abwässer und andere Stoffe, deren Behandlung vom Anwendungsbereich des Abfallgesetzes ausgenommen ist. *Hansmann*

Abfallrecht. Nicht mehr gebräuchlicher Sammelbegriff für das Ablagern (Deponieren) von Abfällen sowie für die hierzu erforderlichen Maßnahmen wie Einsammeln, Transport, Lagerung (→Zwischenlager) und Behandlung von Abfällen. Da Abfälle nicht beseitigt, sondern nur umgewandelt oder beiseite gelegt werden können, wurde statt dessen 1986 in das AbfG der Begriff *Entsorgung* eingeführt, der auch die (vorrangige) Verwertung von Abfällen vor der Endablagerung, meist nach entsprechender biologischer, chemisch-physikalischer oder thermischer Vorbehandlung, integriert. *Schnurer*

Abfallbesitzer. Gemäß § 3 AbfG hat der A. der beseitigungspflichtigen Körperschaft seine Abfälle zu überlassen. Mit der Überlassungspflicht wollte der Gesetzgeber den Realitäten der heutigen Industriegesellschaft Rechnung tragen, die dem A. die Erfüllung einer eigenen →Entsorgungspflicht regelmäßig unmöglich machen. Die Überlassungspflicht verpflichtet den A., die Abfälle auf dem Grundstück zusammenzutragen und für die Abholung bereitzustellen.

Den Begriff des A. hat der Gesetzgeber nicht definiert. Der A. setzt im Unterschied zum Besitzbegriff des bürgerlichen Rechts keinen Besitzbegründungswillen voraus, sondern knüpft an die tatsächliche Sachherrschaft an. A. ist deshalb auch der Vermieter von Räumen bei solchen Stoffen, die der Mieter mit seinem Einverständnis außerhalb der Mieträume in besonderen Behältnissen auf dem von ihm mitbewohnten Grundstück sammelt. Bei von Dritten verbotswidrig auf Grundstücke geworfenen Abfällen ist die Frage, ob der Grundstücksbesitzer zum A. wird, danach zu entscheiden, ob das Grundstück nach der Verkehrsauffassung einen Herrschaftsbereich vermittelt, der zugleich die tatsächliche Gewalt über die dort lagernden Gegenstände begründet. Dies wird im allgemeinen bei den im Stadtbereich gelegenen Grundstücken bejaht.

Die Anforderungen an die Überlassungspflicht des A. sind im Abfallgesetz des Bundes im einzelnen nicht geregelt. Die Landesabfallgesetze schreiben regelmäßig vor, daß die beseitigungspflichtige Körperschaft durch Satzung bestimmt, unter welchen Voraussetzungen Abfälle als angefallen gelten oder in welcher Art und Weise sie zu überlassen sind. Die entsorgungspflichtigen Körperschaften erheben regelmäßig vom A. als Verursacher kostendeckende Gebühren. Die Überlassungspflicht des A. hat grundsätzlich das Verbot einer selbständigen →Abfallentsorgung durch den A. zur Folge. Ausnahmen bestehen allerdings für die Abfälle, für die die öffentlichen Körperschaften ihre →Entsorgung gemäß § 3 Abs. 3 AbfG ausgeschlossen haben, und für die Abfälle, deren Entsorgung die zuständige Behörde dem Inhaber einer →Abfallentsorgungsanlage auf seinen Antrag überträgt, weil er diese Abfälle wirtschaftlicher entsorgen kann als die entsorgungspflichtige Körperschaft.

Hoppe/Beckmann

Literatur: *Hoppe/Beckmann:* Umweltrecht, § 28 Rn. 34 ff. München 1989. – *Kunig/Schwermer/Versteyl:* Abfallgesetz, 2. Aufl., § 3 Rn. 38 ff. München 1992.

Abfallbestimmungsverordnung →Verordnungen nach AbfG

Abfallbörse. Die A. (Recyclingbörse) wird seit 1974 von den Industrie- und Handelskammern (IHK) über den Deutschen Industrie- und Handelstag (DIHT) betrieben.

Aufgabe der A. ist die überbetriebliche Vermittlung von Produktionsrückständen und Reststoffen. Dabei überwiegt allerdings noch die Angebotsseite. Vorrangige Ziele der Vermittlung sind: Vermeidung von Abfällen, Schonung knapper Abfallbeseitigungskapazitäten, Einsparung teurer Entsorgungskosten, aber auch Förderung der überbetrieblichen →Reststoffverwertung, Entgegenwirken der Verknappung und Verteuerung von Rohstoffen und Verbesserung der Markttransparenz des Sekundärrohstoffmarktes.

Die A. ist lediglich eine Stelle, die Anbieter und Nachfrager zusammenbringt; alles weitere ist dann Angelegenheit der Vertragspartner.

Die Börse ist nach den Stoffgruppen Chemie, Kunststoff und Papier, Holz, Gummi, Leder, Textil,

Glas, Metall und sonstige Stoffe gegliedert; eine Erweiterung ist vorgesehen.

Nicht zu verwechseln ist die A. mit dem Verwerterhandbuch des Umweltbundesamtes. Während die A. aktuelle und konkrete Vermittlungsarbeit leistet, gibt das Verwerterhandbuch Informationen zu Verwertungsmöglichkeiten von Rückständen, Reststoffen bzw. Abfällen. *Blickwedel*

Abfalldeponie, oberirdische. Anlage zur dauerhaften, geordneten und kontrollierten →Ablagerung von Abfall in der →Pedosphäre, in Sonderfällen ohne, in der Regel jedoch nach einer mechanischen, biologischen, chemisch-physikalischen oder thermischen →Abfallbehandlung.

Auch unter Ausschöpfung aller abfallwirtschaftlichen Maßnahmen werden nicht vermeidbare und nicht verwertbare Restabfälle übrig bleiben. Deshalb wird der o. A. auf der Basis des →Multibarrierenkonzepts wesentliche Bedeutung zukommen.

Durch erhebliche Fortschritte in der →Abfallvermeidung und -verwertung sowie durch konsequente Abfallbehandlung wird sich die Zusammensetzung der abzulagernden Abfälle ändern.

Die langfristig größten Probleme im Bereich der Abfallbehandlung liegen in den weder biologisch, chemisch noch thermisch abbaubaren Schadstoffen. Die Beschaffenheit dieser Schadstoffe in den Restabfällen von Abfallverwertungs- und -behandlungsanlagen entscheidet darüber, ob die Abfälle überhaupt o. A. zugeführt werden dürfen und, wenn ja, welche konkreten Anforderungen an die Deponien zu stellen sind (→Abfallablagerung).

Neuenhahn

Abfalldeponierung →Abfallablagerung

Abfall-Einbringung in das Meer. Das Einbringen von Abfall (→Dumping) ist jede vorsätzliche Beseitigung von Abfällen und sonstigen Stoffen ins Meer durch Schiffe, Luftfahrzeuge und Plattformen. Ausgenommen sind Beseitigungen, die sich aus dem normalen Betrieb von Schiffen, Luftfahrzeugen und Plattformen ergeben.

Die A.-E. ins Meer ist derzeit international geregelt durch die Übereinkommen von Oslo und London. Beide sind im Wortlaut sehr ähnlich. Unterschiede bestehen im räumlichen Geltungsbereich. Das London-Übereinkommen gilt weltweit; es trat 1975 in Kraft. Der Geltungsbereich des regionalen Oslo-Übereinkommens umfaßt die Nordsee und den Nordostatlantik. In Kraft getreten ist es 1974.

Im Geltungsbereich des Oslo-Übereinkommens ist die Einbringung von Industrieabfällen beendet worden oder ist in der Auslaufphase. Seit 1979 ist eine stetige Abnahme der Abfallmengen zu verzeichnen. 1979 wurden etwa 9,9 Millionen t und 1990 etwa 3,9 Millionen t Industrieabfälle eingebracht. Zu den Industrieabfällen zählen z. B. Abfälle aus der Titandioxidherstellung, Flugaschen, Phosphorgips aus der Düngemittelherstellung sowie Flüssigkeiten und Schlämme aus verschiedenen Industriezweigen. Seit 1990 bringt nur noch Großbritannien Industrieabfälle (Flugaschen und flüssige Abfälle) in die Nordsee ein, sollte die Einbringung aber spätestens Ende 1993 einstellen. Im Oslo-Gebiet außerhalb der Nordsee ist die Einstellung durch Irland und Spanien Ende 1992 erfolgt. Weltweit ist vorgesehen, die Einbringung von Industrieabfällen bis Ende 1995 einzustellen (Entschließung des London-Übereinkommens).

Die Einbringung von Klärschlämmen (etwa 8 Mill. t pro Jahr vorwiegend aus Großbritannien) wird im Bereich des Oslo-Übereinkommens bis spätestens Ende 1998 eingestellt werden.

Es werden durchschnittlich etwa 90 Millionen t Baggergut pro Jahr im Geltungsbereich des Oslo-Übereinkommens eingebracht. Das Material stammt z. B. aus der Ausbaggerung von Seefahrtsstraßen und Häfen. Es ist davon auszugehen, daß Baggergut auch zukünftig in gleicher Größenordnung in das Meer eingebracht wird. Die Einbringung erfolgt nach internationalen Richtlinien.

National ist die Einbringung geregelt durch das Gesetz zu den Übereinkommen von Oslo und London, dem Hohe-See-Einbringungsgesetz. Es ist im Dezember 1977 in Kraft getreten. Erlaubnisse für die Einbringung werden vom Bundesamt für Seeschiffahrt und Hydrographie (BSH) erteilt. Das BSH ist zuständig, wenn die →Abfallbeseitigung durch ein Schiff erfolgt, das unter deutscher Flagge fährt, oder ein ausländisches Schiff zum Zweck der Abfallbeseitigung auf der Hohen See in einem deutschen Hafen mit Abfall beladen wird. Das deutsche Gesetz ist strenger gefaßt als die beiden o. g. Übereinkommen. So besteht der Vorrang der Beseitigung an Land. Abfälle, für die im Erlaubnisverfahren eine geeignete landseitige Alternative festgestellt wurde, dürfen grundsätzlich nicht in die Hohe See eingebracht werden. Zudem wird das →Vorsorgeprinzip angewandt. Besteht die Besorgnis, daß die A.-E. die →Meeresumwelt nachteilig verändern kann, ist die Erlaubnis grundsätzlich nicht zu erteilen.

Deutschland bringt derzeit mit Erlaubnis lokaler Behörden in wechselnden Mengen etwa 30 Millionen t Baggergut pro Jahr in die inneren deutschen Nordsee-Gewässer ein (→Baggergut).

Die Einbringung von ausgefaulten Klärschlämmen (durchschnittlich ca. 250 000 t pro Jahr Naßgewicht) wurde im Frühjahr 1983 eingestellt. Die Einbringung von Abfällen aus der Herstellung von Titandioxid (→Dünnsäure) wurde Ende 1989 beendet. Die Dünnsäuremenge betrug 1984 etwa 1,3 Millionen t, 1989 etwa 0,6 Millionen t.

Im September 1992 wurde in Paris eine neue Konvention zum Schutz der Meeresumwelt für Nordsee und Nordostatlantik verabschiedet, die von den Vertragsparteien nunmehr in nationales Recht überführt werden muß. Diese Konvention wird die bisherige Oslo/Paris-Konvention ersetzen.

In diesem Übereinkommen ist die Verbrennung von Abfallstoffen auf See sowie die Einbringung von Industrieabfällen verboten. Die Einbringung von Klärschlämmen ist ab 1998, die Einbringung von Schiffsrümpfen (als Abfall) ab 2004 (erfolgt derzeit nur in Norwegen und Island in nationalen Gewässern) verboten.

Die Einbringung von schwach- und mittel-radioaktiven Stoffen ist grundsätzlich verboten. Für Frankreich und England wurde eine Ausnahmeregelung geschaffen, die beiden Staaten theoretisch die Möglichkeit eröffnet, frühestens nach dem Jahre 2008 radioaktive Stoffe in das Meer einzubringen. Weiterhin zugelassen ist die Einbringung von Baggergut, Fischabfällen sowie inertem Material natürlichen Ursprungs (z. B. Gestein).   *N.-P. Rühl*

Literatur: Bundesamt für Seeschiffahrt und Hydrographie, Jahresbericht 1990. – *Rühl, N.-P.:* Müllkippe Nordsee? Einbringung und Verbrennung von Industrieabfällen in der Nordsee; Abhandlungen Naturwissenschaftlicher Verein Bremen 40/3, 1985. – Der Rat von Sachverständigen für Umweltfragen: Umweltprobleme der Nordsee, Sondergutachten Juni 1980. Stuttgart–Mainz 1980.

Abfall-Endlagerung →Endlagerung

Abfallentsorgung. Der Begriff →Entsorgung wurde 1986 im AbfG gesetzlich etabliert und löste den althergebrachten Begriff Beseitigung ab. A. beinhaltet als vorrangiges Ziel auch die →Verwertung von Abfällen. A. ist nunmehr das System zur stofflichen oder energetischen Verwertung von Abfällen sowie der Verfahren der Einsammlung, Beförderung, Lagerung, Behandlung und Ablagerung von Abfällen.

A. und →Abfallvermeidung bilden zusammen die →Abfallwirtschaft, einen wichtigen Bereich des Umweltschutzes, aber auch eine Voraussetzung für jegliche wirtschaftliche Aktivität von Produktion und Konsum, die ohne Abfallentsorgung nicht möglich wären.

A. muß in ökologischer wie ökonomischer Hinsicht als elementare Aufgabe der Daseinsvorsorge verstanden werden.

Daten über Abfallaufkommen und A. liefert die →Umweltstatistik für die öffentliche A. und für die A. im produzierenden Gewerbe und in Krankenhäusern.

Für die A. stehen in der Bundesrepublik Deutschland moderne Anlagen zur Verfügung, die auch im internationalen Vergleich eine Spitzenstellung einnehmen. Diese werden im Rahmen integrierter →Abfallwirtschaftskonzepte (Bild 1) genutzt, um die Möglichkeiten der vorrangigen Vermeidung und Verwertung auszuschöpfen und um die Ablagerung von Abfällen in Deponien auf Dauer sicher zu gestalten (Vorbehandlung der Abfälle und strenge Mengen zu minimieren (Beschränkung der Landinanspruchnahme).

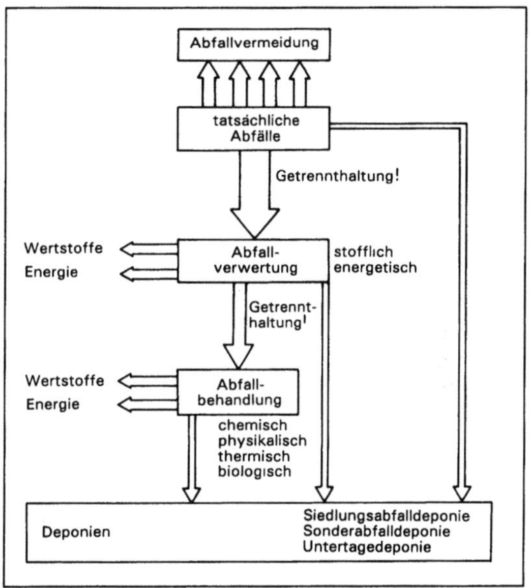

Abfallentsorgung 1: A. im Rahmen einer integrierten Abfallwirtschaft.

Allerdings sind die vorhandenen Anlagenkapazitäten nicht ausreichend.

Die tatsächlich vorhandenen Engpässe werden verdeckt, weil Deutschland erhebliche Abfallmengen exportiert (→Abfallverbringung, grenzüberschreitend).

Für die weitere Entwicklung der A. sind folgende Aktivitäten von besonderer Bedeutung:
– Rücknahmeverpflichtungen für Vertreiber und Hersteller von Erzeugnissen, um die öffentliche A. zu entlasten und die Produzenten zur eigenverantwortlichen Schließung von Stoffkreisläufen anzuhalten (Rechtsverordnungen nach § 14 AbfG; Bild 2),
– Einsatz ökonomischer Instrumente (Abfallabgabe), um Vermeiden und Verwerten von Abfällen wirtschaftlich attraktiver zu gestalten,
– Vorgabe bundeseinheitlicher Entsorgungsstandards und Beschleunigung der Genehmigungsverfahren für neue →Abfallentsorgungsanlagen,
– Fortentwicklung des Abfallgesetzes zu einem →Kreislaufwirtschaftsgesetz mit gestuften Anforderungen an die Vermeidung und Verwertung von Rückständen aller Art (→Sekundärrohstoffe) so-

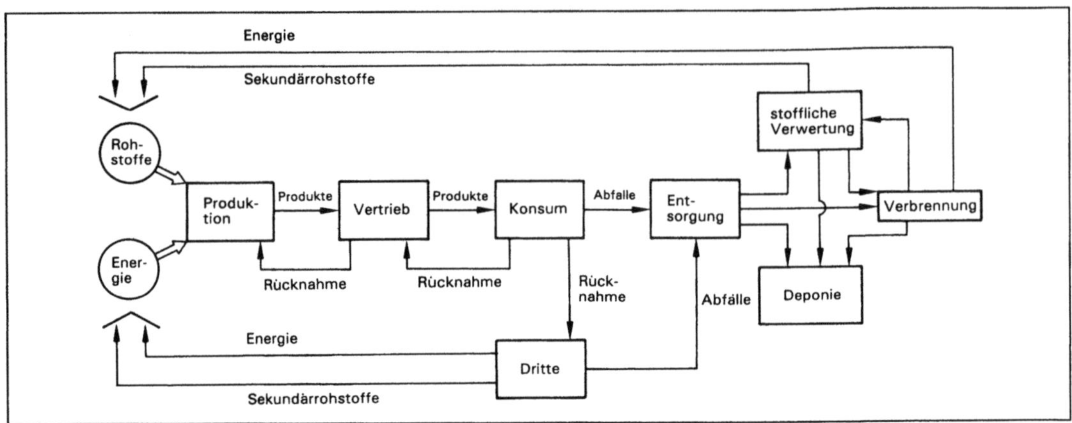

Abfallentsorgung 2: Versorgung/Entsorgung als geschlossenes System mit Rücknahmesystem für ausgediente Produkte durch Vertreiber, Hersteller oder Dritte (z. B. Altstoff-Händler).

wie Beschränkung der Behandlung und Ablagerung auf nachweislich nicht verwertbare Abfälle.

Schnurer

Abfallentsorgungsanlage. Nach der gesetzlichen Definition des § 4 Abs. 1 AbfG sind A. solche Anlagen oder Einrichtungen, in denen Abfälle behandelt, gelagert oder abgelagert werden. Für die Qualifizierung als A. reicht es aus, daß die Einrichtung *auch* der Behandlung, Lagerung oder Ablagerung von Abfällen dient.

Nach überwiegender Auffassung ist der Anlagenbegriff im →Abfallrecht weit zu fassen. Es setzt weder das Vorhandensein von Gebäuden oder Umzäunungen noch von technischen Gerätschaften oder irgendwelchen sonstigen Einrichtungen voraus. Selbst brachliegende Grundstücke können als A. anzusehen sein, wenn der Nutzungsberechtigte das Grundstück oder den Grundstücksteil zur Behandlung, Lagerung oder Ablagerung von Abfällen bestimmt hat und es dementsprechend nutzt. Allerdings reicht die bloße Lagerung von Abfällen auf einem Grundstück noch nicht aus, um von einer A. sprechen zu können, weil die →Abfallbehandlung bzw. -lagerung typisches Merkmal der betreffenden Grundstücksnutzung sein muß. Geprägt wird das Grundstück durch die Nutzung als A., wenn die Behandlung, Lagerung oder Ablagerung eine gewisse Intensität erreicht, wobei Dauer und Umfang maßgeblich sind. So liegt z. B. eine A. im Sinne von §§ 5 Abs. 1, 4 Abs. 1 AbfG vor, wenn auf einem Grundstück laufend Autowracks gelagert und ausgeschlachtet werden.

Entscheidendes Kriterium für die Einordnung der A. ist entweder die tatsächliche Nutzung durch den Berechtigten oder aber die von dem Berechtigten vorgenommene Zweckbestimmung. Als A. kommen alle Grundstücke, Betriebsstätten und sonstigen ortsfesten Einrichtungen, Maschinen und Geräte in Betracht, die der Behandlung, Lagerung und Ablagerung von Abfällen dienen bzw. mit einer gewissen Stetigkeit zu diesen Zwecken eingesetzt werden.

Gemäß § 7 Abs. 2 AbfG bedarf die Errichtung und der Betrieb von Abfalldeponien sowie die wesentliche Änderung einer solchen Anlage oder ihres Betriebs der Planfeststellung oder bei Vorliegen weiterer Voraussetzungen der Plangenehmigung durch die zuständige Behörde. Sonstige A. sind nach dem BImSchG i. V. mit der →4. BImSchV, insbesondere Nr. 8 des Anhangs, genehmigungsbedürftig.

Hoppe/Beckmann

Literatur: *Hoppe/Beckmann:* Planfeststellung und Plangenehmigung im Abfallrecht. Berlin 1990. – *Kunig/Schwermer/Versteyl:* Abfallgesetz, 2. Aufl. § 4 Rn. 11 ff. München 1992.

Abfallentsorgungsanlage, mobile. Abfallentsorgungsanlagen sind in aller Regel ortsfest. Bei der →Abfallbehandlung kann es jedoch ökologisch und ökonomisch sinnvoll sein, nicht den Abfall zur Anlage, sondern die Anlage zum Abfall zu transportieren. Hierfür existieren mobile und semimobile Anlagen, die entweder während der Fahrt (z. B. Bilgenentölungsschiffe) oder während begrenzter Standzeit am Einsatzort Abfälle aufarbeiten, um die nachfolgende →Entsorgung oder die →Verwertung zu erleichtern/ermöglichen.

M. A. sind in Land- oder Wasserfahrzeugen untergebracht. Semimobile (größere) Anlagen bestehen aus einem oder mehreren Modulen, die transportiert und am Einsatzort rasch aufgebaut und in Betrieb genommen werden können. Die einschlägigen Vorschriften, etwa des Immissionsschutzes und des Gewässerschutzes, sind zu beachten (→Bodensanierungsanlagen und -verfahren).

Wichtige Einsatzbereiche für mobile/semimobile Anlagen sind die Behandlung/Aufarbeitung (u. a. →Entwässerung, →Neutralisation, Reinigung,

Verbrennung, Zerkleinerung, Sortierung) von an einem Ort in größeren Chargen anfallender Abfälle, z. B. →Bauschutt, Schlämme, kontaminierte Böden aus der →Altlastensanierung. *Schnurer*

Abfallentsorgungsplan. Gemäß § 6 Abs. 1 S. 1 AbfG stellen die Länder für ihren Bereich Pläne zur →Abfallentsorgung nach überörtlichen Gesichtspunkten auf. In diesen A. sind →Sonderabfälle besonders zu berücksichtigen. In dem A. kann bestimmt werden, welcher Träger für die Abfallentsorgung vorgesehen ist und welche →Abfallentsorgungsanlage er benutzen muß. Die Festlegungen in den A. können für die Entsorgungspflichtigen für verbindlich erklärt werden. Der Inhalt von A. ist in § 6 AbfG nicht abschließend bestimmt. Die Länder können dieser Verpflichtung durch Aufstellung eines einheitlichen Plans oder durch Teilpläne nachkommen, die einen räumlichen oder sachlichen Teilabschnitt des Landes gesondert beplanen. Für vermeidungsbezogene Zielaussagen ist in A. kein Raum. Bei der Aufstellung des A. steht der zuständigen Verwaltungsbehörde ein planerischer Gestaltungsfreiraum zu. Nach der Rechtsprechung ist bei der Aufstellung von A. auch den Belangen von Privatpersonen Rechnung zu tragen, wenn die Festlegungen des Plans ein solches Maß an Konkretisierung und Individualisierung erreichen, daß sich schon bei der Aufstellung des Plans bestimmte nachteilige Wirkungen einer im Plan vorgesehenen Abfallentsorgungsanlage auf die Umgebung beurteilen lassen.

A. können auch Überlassungspflichten regeln, das heißt festlegen, welcher Entsorgungsanlage sich die jeweiligen Entsorgungspflichtigen zu bedienen haben. Die Bestimmung von Überlassungspflichten ist konsequent vor allem in den Fällen, in denen Einzugsgebiete der Entsorgungsanlagen festgelegt worden sind. Denn wird das Einzugsgebiet einer Entsorgungsanlage begrenzt, kann schon aus Gründen der Rentabilität der Anlage ein Anschlußzwang erforderlich werden.

Die von den zuständigen Behörden zum Teil verlangte Beschränkung des Einzugsbereichs der Anlagen auf den Zuständigkeitsbereich der Behörden wird vor allem damit begründet, die Zulassung der Anlage werde von der Nachbarschaft und der Stadtortgemeinde nur akzeptiert, wenn die Abfallstoffe nicht bundes- oder landesweit angeliefert werden. Bei der Aufstellung von A. sind die Länder bislang sehr zurückhaltend geblieben. Liegt ein A. nicht vor, so steht dies der Zulassung einer Abfallentsorgungsanlage nicht entgegen. Gibt es einen A. mit konkreten Standortfestlegungen, so schließt dies grundsätzlich die Zulassung von Abfallentsorgungsanlagen an anderen Standorten nicht aus. Umgekehrt bedeutet die Festlegung eines Standorts für eine Abfallentsorgungsanlage im A. nicht, daß die Behörde und das Verwaltungsgericht die Standortentscheidung, also die Eignung des Standorts und das Verfahren bei seiner Auswahl, nicht überprüfen würden. *Hoppe/Beckmann*

Literatur: *Dammert:* Abfallentsorgungsplanung. Aufstellung, Inhalt und verwaltungsgerichtliche Kontrolle von Abfallentsorgungsplänen. Baden-Baden 1991. – *Jung:* Die Planung in der Abfallwirtschaft. Berlin 1988. – *Schenkel:* Sind Abfallbeseitigungspläne noch zeitgemäß?. In: Müll und Abfall (1983) 227 ff. – *Weidemann:* Abfallentsorgungspläne – ein wirksames Instrument des Entsorgungsrechts?, NVwZ (1988) 977 ff.

Abfallerfassung. Die A. an den verschiedenen Anfallstellen ist die erste Stufe auf dem weiteren →Entsorgungsweg. Zur Ausschöpfung der Möglichkeiten zur →Verwertung von Wertstoffen und zur umweltverträglichen →Entsorgung ist bereits bei der Erfassung auf eine zweckmäßige Getrennthaltung zu achten.

Zur Erfassung von Wertstoffen (Glas, Papier, Pappe, Metalle, Bioabfälle u. a.) aus Haushaltungen und Gewerbebetrieben sind →Bringsysteme (z. B. Container an zentralen Stellplätzen, Wertstoffhöfe u. a.) und →Holsysteme (spezielle Behälter an den Anfallstellen, die regelmäßig separat geleert/abgeholt werden) im Einsatz.

Bringsysteme verursachen in der Regel geringere Kosten, erfassen jedoch auch nur geringere Wertstoffmengen; Holsysteme sind teurer, ergeben jedoch höhere Erfassungsquoten. In beiden Fällen ist eine Nachsortierung erforderlich, um sortenreine, vermarktbare Wertstoffe zu erhalten.

Für die Erfassung von Schadstoffen aus Haushaltungen (→Problemstoffe im Hausabfall) sind ebenfalls teils Bringsysteme (feste Sammelstellen), teils Holsysteme (Schadstoff-Mobil auf Abruf oder mit festem Abfuhrturnus) im Einsatz; daneben Spezialerfassungen, z. B. von ausgedienten Kühlgeräten (FCKW-Entsorgung).

Für die Erfassung (Einsammlung) von →Haushaltabfällen und haushaltähnlichen →Gewerbeabfällen (die mit dem Haushaltabfall gemeinsam entsorgt, aber nicht immer gemeinsam gesammelt und befördert werden) durch die öffentliche Abfallabfuhr ist das →Holsystem typisch. Für die Erfassung von →Sperrabfall sind ebenfalls Holsysteme die Regel.

Für die Erfassung von →Abfällen aus dem produzierenden Gewerbe sind eine Vielzahl von Spezialbehältern, -containern und -fahrzeugen im Einsatz, um auch in diesem Bereich Verwertungsmöglichkeiten auszuschöpfen und getrennte, umweltverträgliche Entsorgungswege zu ermöglichen, wobei der Unternehmer selbst über →Hol- oder →Bringsystem entscheidet. *Schnurer*

Literatur: BDE-Informtionsschrift: Umweltschonende Entsorgung, Müll-Handbuch, Kennziffer 0240, Lieferung 5/88. Berlin 1988.

Abfallexport →Abfallverbringung, grenzüberschreitende

Abfallfixierung radioaktiver Abfälle.

In Beton. Das am vielseitigsten einsetzbare Verfahren zur A. ist das Einbetonieren von Schlämmen, Flüssigkeiten oder festen Abfallstoffen unter Verwendung verschiedener Zementsorten. Charakteristisch für diese Methode ist eine erhebliche Volumenvergrößerung des Endprodukts, was als Nachteil gelten kann.

Die Bedienung der Anlagen ist meist unkompliziert. Das entstehende monolithische Produkt hat in der Regel eine wesentlich kleinere Oberfläche als der Rohabfall vor der Konditionierung. Das monolithische Produkt schützt vor einer Dispersion im Falle eines Transport- oder Handhabungsstörfalls.

Die verschiedenen im Einsatz befindlichen Zementierungsverfahren unterscheiden sich im wesentlichen nur in der Art und Weise, wie die Abfallösung mit dem Zement vermischt wird. Je nach Einsatzort und Beschaffenheit des Abfalls muß besonderer Wert auf einfache Fernbedienungstechnologie, Sauberhaltung der Prozeßzelle, Verfüllgrad der Lagerbehälter, hohen Durchsatz und auf die Prozeßkontrolle gelegt werden.

Am verbreitetsten sind:
– Zementierung mit Infaßrührer. Bei dieser Variante wird das einzubindende Konzentrat in Endlagergefäßen vorgelegt. Die fertige Zementmischung wird in das Konzentrat mit Hilfe eines Planetenmischers eingerührt, der in das Faß eintaucht.
– Zementierung mit Faßschleuder. In dem Abfallfaß werden die Zementmischung und Steine als Mischelemente vorgelegt. Die Steine im Faß durchmischen beim Drehvorgang Zement und Abfallkonzentrat.
– Zementierung mit rotierendem Faß. Hierbei werden Fässer mit innen angeschweißten Mischschaufeln verwendet.
– Übergießen mit Zementbrei.

Die Qualität der Zementprodukte hängt stark von der chemischen Zusammensetzung der Abfälle ab. Hohe Salzgehalte verschlechtern das Abbindeverhalten und die mechanische Festigkeit des Produkts. Abhilfe schaffen eine Verdünnung mit Inertmaterialien und Zusätze von organischen Abbindehilfsmitteln (Kunststoffpolymerisate). *Merz*

Literatur: *Köster, R., G. Rudolph:* Stoffliche Untersuchung zu zementierten radioaktiven Abfallprodukten. Chemie der nuklearen Entsorgung, Teil III, Thiemig Taschenbücher, Bd. 91. München 1980.

In Bitumen. Die Einbindung radioaktiv kontaminierter Substanzen in Bitumen, das als Naturprodukt – meist in Verbindung mit Mineralstoffen als Asphalt – oder als Rückstandsprodukt der Erdöldestillation gewonnen wird, findet verbreitet Anwendung für →LAW- und →MAW- (schwach- und mittelradioaktiver Abfall-)Konzentrate, von deren chemischer Zusammensetzung bekannt ist, daß sie auf lange Zeit mit dem Bitumen verträglich sind. Dazu gehören die meisten Verdampferkonzentrate und Filterschlämme. Weniger gut bewährt hat es sich für die Konditionierung von Ionenaustauscherharzen, weil die Endprodukte häufig durch nachträgliche chemische Reaktionen anschwellen. Neben dem Vorteil einer einfachen Verfahrenstechnik ist die Bituminierung mit dem Nachteil behaftet, daß die Produkte brennbar sind und relativ stark radiolytisch zersetzt werden. Die Folge ist eine störende Gasentwicklung.

Die zentrale Einheit einer Bituminierungsanlage ist ein beheizter Extruder. In ihm wird der →Abfall mit dem Bitumen vermischt und das Wasser aus den wässerigen Konzentraten bei etwa 180 °C verdampft. Kugelharze können vorgetrocknet werden, bevor sie in den Extruder gelangen. Bitumen und Abfall werden aus ihren Vorlagebehältern in aufeinander abgestimmten Mengen in den Extruder eindosiert. Das verdampfte Wasser gelangt über Entgasungshauben, die auf dem Extruder angebracht sind, zum Kondensator und dann über einen →Ölabscheider zur Abwasseraufbereitung. Das nahezu wasserfreie Abfall-Bitumen-Endprodukt wird in das Lagerfaß ausgetragen und erstarrt in diesem während des Erkaltens. *Merz*

Literatur: *Krause, H.:* Behandlung und Endlagerung radioaktiver Abfälle aus dem Brennstoffkreislauf. Kernbrennstoffkreislauf, Bd. II. Heidelberg 1978.

In Glas. Hochradioaktive Abfälle aus der Kernbrennstoff-Wiederaufarbeitung sind zur Gewährleistung einer langfristigen Isolation vom menschlichen Lebensraum in eine chemisch und mechanisch möglichst stabile Feststoffmatrix einzubetten. Diese Vorgehensweise verhindert bzw. reduziert die Freisetzung der Radionuklide in die Umgebung während einer Zwischenlagerung sowie während sämtlicher Transport- und Handhabungsvorgänge bis zur Unterbringung im Endlager. Als Abfallmatrix für hochaktive Spaltproduktgemische kommen amorphe oder kristalline Festkörper in Frage.

Unter allen möglichen Materialien ist Glas am sorgfältigsten geprüft worden. Auf Grund seiner weitgehend amorphen Struktur ist Glas für die Einbindung der mehr als 30 verschiedenen chemischen Elemente, die in den hochaktiven Spaltproduktlösungen enthalten sind, besonders geeignet. Der, verglichen mit keramischen Materialien, niedrige Schmelzpunkt von Glas, ist ein weiterer Vorteil. So kann deswegen eine Verdampfung von Spaltprodukten während der Verfestigung weitgehend vermieden werden.

Die Entwicklung von Gläsern geeigneter Zusammensetzung ist von verschiedenen Stellen betrieben worden und hat zur übereinstimmenden Auswahl von Borosilikatglas geführt. Es ist möglich, in einem solchen Glas bis zu 20% Abfall zu inkorporieren, ohne daß Glas seine vorteilhaften Eigenschaften einbüßt.

Die wesentlichen Verfahrensschritte bei der Verglasung sind:
– Zerstörung der freien Salpetersäure in den Abfallösungen (Denitrierung),
– Verdampfung des Wassers und Umwandlung der Nitrate in Oxide (Kalzinierung) bei Temperaturen zwischen 300 und 700 °C,
– Glasbildung durch Einschmelzen des Kalzinats unter Zugabe von Glasbildnern bei Temperaturen zwischen 1 100 und 1 200 °C.

Das geschmolzene Glas wird in Edelstahlkokillen abgefüllt, in denen es zu festen Glasblöcken erstarrt. Nach Verschweißen der Kokillendeckel und →Dekontamination der Oberflächen werden die Kokillen nach einer Zwischenlagerung schließlich in das geologische Endlager verbracht. *Merz*

Literatur: *Merz, E., R. Nowak:* Entsorgung radioaktiver Abfälle, Verwahrform hochaktiver Abfälle aus der Wiederaufarbeitung. GRS-Bericht 66, Gesellschaft für Reaktorsicherheit. Köln 1987.

In Keramik. Als Alternativprodukte zur Fixierung und Verwahrung hochaktiver und langlebiger Abfallösungen werden keramische Produkte vorgeschlagen. Kristallisierte Mehrphasensysteme, insbesondere silikatische Gesteine, haben eine grundsätzlich höhere chemische Resistenz gegenüber einem Korrosionsangriff durch wässerige Lösungen als Gläser oder Zementprodukte. Experimentelle Untersuchungen bestätigen diese Aussage. Grundsätzlich darf aber die thermodynamische Stabilität des Wirtsmaterials durch den Einbau diverser Spaltproduktelemente (→Spaltprodukt) und Aktiniden nicht beeinträchtigt werden.

Die ausgewählten Wirtsphasen, z. B. Apatit, Feldspat, Perowskit, Pollucit, Spinel, etc., finden sich in der Natur und haben dort ihre Stabilität über geologische Zeiträume hinweg bewiesen. Deshalb lag der Gedanke nahe, künstliche Gesteine als Verwahrform für radioaktive Produkte einzusetzen.

Kristalline Körper liegen in einem Zustand hoher Ordnung vor; sie reagieren deshalb auf Änderungen der chemischen Zusammensetzung empfindlicher als amorphe Produkte. Eine Verfestigung aller Spaltproduktelemente und α-Strahler in einer einzigen Matrix ist deshalb kaum zu verwirklichen. Vielmehr scheint dazu zunächst eine Auftrennung des Abfallstroms in verschiedene chemisch-kristallographische Fraktionen erforderlich. Außerdem verlangt die Herstellung homogener Produkte die Anwendung hoher Temperaturen, wodurch ein Teil der →Spaltprodukte beim Schmelzvorgang verflüchtigt wird; ein unerwünschter Vorgang. Abhilfe

kann hier evtl. der Einsatz der isostatischen Hochdruckpreß- und Sintertechnik anstelle des Schmelzvorgangs bringen. *Merz*

Literatur: *Ringwood, A. E. et al.:* Immobilization of High-Level Nuclear Wastes in SYNROC, A Current Appraisal. Austr. Natl. Univ. Press, No. 1475. Canberra 1981.

In Kunststoffen. In die Methode der Einbindung radioaktiver Abfälle in Kunststoffpolymerisate wurden ursprünglich große Erwartungen gesetzt, weil sich die Durchführung des Verfahrens relativ einfach gestaltet und die Produkte auf den ersten Blick gute Eigenschaften zeigen. Hierbei handelt es sich um ein Kurzzeit-, nicht um ein Langzeitverhalten. Nachteilig sind die Brennbarkeit der Produkte, nicht ausschließbare chemische Nachreaktionen im verfestigten Produkt durch Wechselwirkungen der Abfallbestandteile untereinander sowie eine verhältnismäßig starke radiolytische Zersetzung der Produkte, sofern höhere Radioaktivitätskonzentrationen vorliegen.

Die Radiolysegase bestehen hauptsächlich aus Wasserstoff und kurzkettigen Kohlenwasserstoffen. Die Gasbildungsrate ist etwa eine Größenordnung höher als bei Bitumen. Einige Kunststoffe zeigen unter →Strahlenexposition eine Volumenzunahme von bis zu 4%, andere wiederum eine Volumenabnahme von bis zu 8%. Einen wichtigen Einfluß scheint der im Produkt vorhandene Restwassergehalt auszuüben. *Merz*

Abfallgesetz →Abfallrecht

Abfall-Getrennthaltung. Die A.-G. nach spezifischen →Abfallarten oder Abfallsorten ist eine Grundforderung einer modernen →Abfallwirtschaft, weil Vermischungen in aller Regel Verwertung, Behandlung und Ablagerung erschweren oder teilweise unmöglich machen.

Andererseits hat eine konsequente A.-G. ökonomische Grenzen, weil der logistische Aufwand bei fast beliebig großer Zahl unterschiedlicher Abfälle extrem groß wird. Auch sind Abfälle häufig per se schon Vermischungen, z. B. unbrauchbar gewordene Betriebsmittel wie Altöl, Lösemittel oder Reinigungsmittel. A.-G. erfordert schließlich ein Umdenken und Umerziehen bei vielen Abfallerzeugern und -entsorgern, weil in der klassischen →Abfallbeseitigung die ge- und vermischte Ablagerung den Regelfall darstellte und eine Getrennthaltung unüblich war.

Explizite Vorschriften zur A.-G. (Vermischungsverbot) finden sich in Verordnungen nach § 14 AbfG (gestützt auf § 14 Abs. 1 AbfG), wie der Altölverordnung, der Lösemittel-Verordnung und der in Vorbereitung befindlichen Bauabfall-Verordnung sowie in der →TA Abfall Teil 1 (Nr. 4.2) und der →TA Siedlungsabfall. *Schnurer*

Abfallherkunftsbereich. Während das AbfG nur Ausschlußregelungen in Bezug auf die Herkunft von Abfällen enthält – nicht erfaßt werden Bereiche wie →Tierkörperbeseitigung, →Kernbrennstoffe und andere radioaktive Stoffe, naturbelassene Stoffe aus dem Bergbau –, unterscheidet das Umweltstatistikgesetz (UStatG) Abfälle,
– die von der öffentlichen →Abfallbeseitigung erfaßt werden (§ 3) und
– die im Produzierenden Gewerbe und in Krankenhäusern anfallen (§ 4).

In der Abfallstatistik (→Umweltstatistik) erscheinen als Haupt-A.
– das produzierende Gewerbe (→Abfall aus dem produzierenden Gewerbe),
– Krankenhäuser (→Krankenhausabfall),
– die öffentliche Hand (Straßenreinigung, Kläranlagen) (→Siedlungsabfall),
– Privathaushalte (→Haushaltabfall, →Sperrabfall), Kleingewerbe, Dienstleistungen (→Gewerbeabfall, haushaltähnlicher).

Der Zusammenhang zwischen dem AbfG und dem UStatG ist dadurch gegeben, daß die statistischen Erhebungen nach dem UStatG den Abfallbegriff des AbfG verwenden. Insoweit können das UStatG und die darauf fußende bundeseinheitliche Abfallstatistik als Anhalt bei der Abgrenzung von A. dienen. Danach umfaßt der A. „Produzierendes Gewerbe" die Wirtschaftsbereiche Energiewirtschaft und Wasserversorgung, Bergbau (naturbelassene Stoffe = Bergematerial), Verarbeitendes Gewerbe sowie Baugewerbe; hier steht der Begriff Gewerbe im weitesten Sinne auch für „Industrie". Bezeichnungen wie Industrieabfälle oder Gewerbeabfälle sind daher weitgehend identisch mit dem Begriff „Abfälle aus dem Produzierenden Gewerbe". Eine Sonderstellung nehmen bei Gewerbeabfällen die „haushaltähnlichen Gewerbeabfälle" ein, die in den Herkunftsbereichen Handel, Handwerk, Gewerbe, Industriebetriebe, Behörden und Verwaltungen anfallen, in ihrer Zusammensetzung aber den aus Haushalten stammenden Abfällen ähneln.

Nicht erfaßt werden vom UStatG die Abfälle aus der →Landwirtschaft und der Viehhaltung, die aber gleichwohl unter das AbfG fallen.		*Dreyhaupt*

Abfallkatalog. Um für die Vielzahl der →Abfallarten bei der →Entsorgung und der Überwachung ein einheitliches Ordnungssystem anwenden zu können, hat die LAGA (Länderarbeitsgemeinschaft Abfall, in der die obersten für die Abfallwirtschaft zuständigen Landesbehörden und der BMU zusammenarbeiten) einen A. zusammengestellt, der zuletzt 1990 überarbeitet wurde.

Der Katalog ist nach einem gemischten System gegliedert, das sich vorwiegend auf die Zusammensetzung, den Aggregatzustand sowie die Herkunft der Abfallarten bezieht.

Die Abfallarten sind nach drei aufeinanderfolgenden Kategorien geordnet, die als Obergruppen, Gruppen und Untergruppen bezeichnet werden. In den Untergruppen sind die zugehörigen Abfallarten aufgelistet. Zur Kennzeichnung der Kategorien werden Nummern verwendet (→Abfallschlüssel).

Der A. (Stand 1990) enthält ca. 600 Abfallarten. Zur Kennzeichnung der einzelnen Abfallarten werden fünf Spalten verwendet:
Erste Spalte:	Numerischer Abfallschlüssel
Zweite Spalte:	Bezeichnung der Abfallart
Dritte Spalte:	Herkunft der Abfallart
Vierte Spalte:	Hinweis, ob es sich um einen Massenabfall handelt
Fünfte Spalte:	Entsorgungshinweise (nur für die besonders überwachungsbedürftigen →Abfälle)

Der LAGA-A. ist – für die Teilmenge von etwa 330 besonders überwachungsbedürftigen Abfallarten – auch in der →Abfallbestimmungsverordnung sowie der Reststoffbestimmungsverordnung enthalten (→Verordnungen nach AbfG).

Zur besseren Handhabbarkeit des A. ist er durch ein alphabetisches Verzeichnis der Abfallarten ergänzt.

Trotz des hohen Aufwands an Systematik und Umfang ist Erfahrung notwendig, einen Abfall einer bestimmten Abfallart des Kataloges sachgerecht zuzuordnen. Zur eindeutigen Beurteilung und Festlegung des umweltverträglichen Entsorgungsweges wurde deshalb das Instrument des Entsorgungsnachweises geschaffen.

Da neue Produktionsverfahren und neue Produkte häufig auch zu neuen Abfallarten führen, wird der A. bei Bedarf ergänzt bzw. aktualisiert.

Die in Vorbereitung befindlichen EG-einheitlichen A. werden teilweise auf das System des deutschen A. zurückgreifen.		*Schnurer*

Literatur: *Zubiller, C.-O. et al.:* LAGA-Informationsschrift Abfallarten, Müll-Handbuch, Kennzahl 1110, Lieferung 4/91, Berlin 1991.

Abfallkonditionierung. Unter dem Begriff A. radioaktiver Abfälle versteht man die Vorbereitung der eingesammelten Rohabfälle für die →Endlagerung, z. B. durch Aufkonzentrieren, Überführen in eine feste Form, Einbetten in auslaugfestes Glas, etc. Die erzeugten Abfallprodukte müssen die Erfordernisse der Transport- und Zwischenlagerfähigkeit sowie die Annahmebedingungen für ein geologisches Endlager erfüllen. Zu den Grundanforderungen zählen, daß die Abfallprodukte
– in fester oder verfestigter Form vorliegen,
– nicht faulen bzw. gären,
– bis auf nicht vermeidbare Restgehalte weder Flüssigkeiten noch Gase enthalten dürfen,

– frei von selbstentzündlichen oder explosiblen Stoffen sind.

Trotz der Vielzahl an Abfallströmen, die bei den einzelnen Abfallverursachern entstehen, sind in der Realität nur relativ wenige Verfahren zur A. und Endlagerproduktformen von Bedeutung. Lösungen und Abgasströme lassen sich durch chemische Behandlung (Eindampfen, Fällung, Filtration, Sorption, Ionenaustausch) dekontaminieren und die →Radioaktivität in einem Konzentrat für eine weitere Behandlung anreichern. Es erfolgt eine Auftrennung in praktisch radioaktivitätsfreie Stoffströme und in ein radioaktives Konzentrat.

Die für eine A. zu beachtenden Kriterien lassen sich folgendermaßen zusammenfassen:
– Herstellbarkeit der Produkte, Technologie,
– chemische und physikalische Mechanismen, die zum Einschluß der Radionuklide in der Feststoffmatrix führen,
– Charakteristika der Produkte: Homogenität, mechanische und chemische Stabilität, Wechselwirkung mit dem Behältermaterial,
– Auslaugbeständigkeit der Abfallform,
– Korrosionsbeständigkeit des Behälters,
– Kosten.

In das Gebiet der A. fällt auch die Reinigung (→Dekontamination) radioaktiv verseuchter (kontaminierter) Gegenstände. Durch Abwaschen, Sandstrahlen oder Behandeln mit Chemikalien lassen sich die Gegenstände entstrahlen. Zurück bleibt ein radioaktives Konzentrat für die Weiterbehandlung als Abfall. *Merz*

Literatur: *Eigenwillig, G. G., P. Brennecke, E. Warnecke:* Ableitung von Anforderungen an endzulagernde Abfallgebinde und deren Prüfung. Atomkernenergie/Kerntechnik 44 (1984) 101–104.

Abfallpyrolyseanlage.

Die →Pyrolyse ist – neben der weit überwiegend angewandten Verbrennung – ein Verfahren zur thermischen Behandlung von Abfällen und Reststoffen (→Abfallbehandlung, thermische). Als Einsatzstoffe für Pyrolyseanlagen sind prinzipiell verschiedene kohlenstoffhaltige Materialien, z. B. Kunststoffe, Gummi, →Altreifen, →Hausabfall, geeignet. I. a. versteht man unter Pyrolyse die Zersetzung organischer Substanzen durch indirekte Erwärmung unter vollständigem (oder zumindest weitgehendem) Sauerstoffausschluß. Bei Hausabfall wird die Pyrolyse bei Temperaturen um 500 °C durchgeführt. Als Reaktionsprodukte und Reststoffe fallen Pyrolysegas, Pyrolyseöl, Pyrolysekoks und Abwasser an. Das Pyrolysegas kann energetisch genutzt werden.

Wesentliche Komponenten einer Pyrolyseanlage für Hausabfall sind Abfallzerkleinerung und Abfalleintrag, Pyrolysereaktor mit Austrag für die festen Pyrolyserückstände (Pyrolysekoks), Dampf-erzeuger oder Gasmotor zur thermischen Nutzung des Pyrolysegases und Abgasreinigungseinrichtungen.

Bei der thermischen Nutzung der Pyrolysegase in einem Gasmotor ist die vorherige Reinigung der Gase notwendig. Der entstehende Pyrolysekoks wird wegen des hohen Kohlenstoffgehalts thermisch genutzt. Die gemeinsame Verbrennung von Pyrolysegas und Pyrolysekoks bei Temperaturen über 1200 °C wird beim sog. →Schwelbrennverfahren durchgeführt. Das entstehende Schmelzgranulat ist verwertbar.

Vorteile von A. gegenüber →Abfallverbrennungsanlagen sind die geringeren Abgasvolumenströme und die hierdurch bedingten abgasseitig geringeren Schadstofffrachten. Dies führt zu kleineren Bauvolumina der Abgasreinigungseinrichtungen. Im Vergleich zu den langjährigen Erfahrungen mit großtechnischen Anlagen zur →Abfallverbrennung haben A. einen weniger fortgeschrittenen Entwicklungsstand. Beispielsweise sind zur Hausabfallpyrolyse im wesentlichen nur Anlagen im Pilotmaßstab erprobt.

A. sind genehmigungsbedürftig nach dem BImSchG; sie sind in Nr. 8.2 des Anhangs der →4. BImSchV genannt. In der →TA Luft sind vergleichbare Anforderungen wie für Abfallverbrennungsanlagen festgelegt. *Bade*

Literatur: Der Rat von Sachverständigen für Umweltfragen Abfallwirtschaft; Sondergutachten 1990. Stuttgart 1991. – Entsorgungs Praxis spezial No 10, Thermische Abfallbehandlung, Gütersloh 1989.

Abfallrecht.

□ Gesetzliche Grundlagen.

Leitgesetz für den Bereich der →Abfallentsorgung ist das Gesetz über die Vermeidung und Entsorgung von Abfällen des Bundes aus dem Jahre 1972 in der Neufassung von 1986. Mit diesem Gesetz wurde 1972 erstmals eine bundeseinheitliche und umfassende Regelung des A. eingeführt. Ergänzt wird das Abfallgesetz durch zahlreiche weitere abfallrechtliche Vorschriften des Bundes, z. B. im Tierkörperbeseitigungsgesetz, im Fleischhygienegesetz, außerdem durch zahlreiche Rechtsverordnungen und Technische Anleitungen des Bundes sowie durch die Landesabfallgesetze, in denen insbesondere die Ausführung des Bundesrechts, die Zuständigkeit der Behörden und weitere, vom Bundesrecht nicht erfaßte Einzelfragen, etwa zum Verfahren und zur Verbindlichkeit von Abfallentsorgungsplänen, geregelt sind. Neben diesen nationalen Regelungen hat vor allem die Europäische Gemeinschaft zahlreiche Richtlinien auf dem Gebiet des A. erlassen.

Der sachliche Anwendungsbereich des Abfallgesetzes ergibt sich in erster Linie aus dem gesetzlich in § 1 Abs. 1 AbfG definierten →Abfallbegriff.

□ Ziele und Grundsätze des A.

Die Probleme der Abfallentsorgung müssen grundsätzlich durch die Vermeidung, →Verwertung und Beseitigung der Abfälle gelöst werden. Umweltpolitisch ist die →Abfallvermeidung, der Verwertung, die →Abfallverwertung wiederum der sonstigen →Abfallbeseitigung vorzuziehen.

Gemäß § 1 Abs. 2 AbfG umfaßt die Abfallentsorgung das Gewinnen von Stoffen oder Energie aus Abfällen (→Abfallverwertung) und das Ablagern von Abfällen sowie die hierzu erforderlichen Maßnahmen des Einsammelns, Beförderns, Behandelns und Lagerns. Daneben umfaßt die Abfallentsorgung auch die →Abfallverbrennung ohne Energienutzung. Die Verwertungspflicht trifft in erster Linie die entsorgungspflichtigen Körperschaften des öffentlichen Rechts (z. B. Kreise und Gemeinden). Dabei ist unter Abfallverwertung die Rückführung von Abfällen in den Wirtschaftskreislauf durch das Gewinnen von Stoffen und Energie aus dem Abfall zu verstehen. Erst wenn Abfallvermeidung und Abfallverwertung nicht in Betracht kommen, soll der Abfall unter Anwendung biologischer, chemisch-physikalischer oder thermischer Verfahren behandelt und/oder der Deponierung zugeführt und so beseitigt werden.

Gemäß § 2 Abs. 1 S. 2 AbfG sind Abfälle so zu entsorgen, daß das Wohl der Allgemeinheit nicht beeinträchtigt wird. Eine Beeinträchtigung liegt insbesondere dann vor, wenn die Gesundheit der Menschen gefährdet und ihr Wohlbefinden beeinträchtigt, Nutztiere, Vögel, Wild und Fische gefährdet, Gewässer, Boden und Nutzpflanzen schädlich beeinflußt, schädliche Umwelteinwirkungen durch →Luftverunreinigungen oder →Lärm herbeigeführt, die Belange des Naturschutzes und der →Landschaftspflege sowie des Städtebaus nicht gewahrt oder sonst die öffentliche Sicherheit und Ordnung gefährdet oder gestört werden.

An die Entsorgung von Abfällen aus gewerblichen oder sonstigen wirtschaftlichen Unternehmen oder öffentlichen Einrichtungen, die nach Art und Beschaffenheit oder Menge in besonderem Maße gefährlich sein können, sind gemäß § 2 Abs. 2 S. 1 AbfG zusätzliche Anforderungen zu stellen. Sonderabfälle in diesem Sinne sind in der →Abfallbestimmungsverordnung vom 3. April 1990 (BGBl. I S. 614) festgelegt worden.

□ Verpflichtung zur Abfallentsorgung.

Der Gesetzgeber hat in § 3 AbfG die Abfallentsorgungspflicht grundsätzlich als öffentliche Aufgabe ausgestaltet, die mit der Pflicht des →Abfallbesitzers, seine Abfälle dem Entsorgungspflichtigen zu überlassen, unmittelbar korrespondiert.

Die entsorgungspflichtigen Körperschaften können sich zur Erfüllung ihrer Entsorgungspflichten privater Dritter bedienen. Die Landesgesetzgeber haben die Abfallentsorgungspflicht regelmäßig den Kreisen und kreisfreien Städten übertragen. Die entsorgungspflichtigen Körperschaften können gem. § 3 Abs. 3 AbfG mit Zustimmung der zuständigen Abfallbehörden bestimmte Abfälle von ihrer →Entsorgungspflicht ausschließen, soweit sie diese nach ihrer Art und Menge nicht mit den in den Haushaltungen anfallenden Abfällen entsorgen können. Die Entsorgungspflicht trifft in diesem Fall gem. § 3 Abs. 4 AbfG den Abfallbesitzer, der sich wiederum zur Erfüllung seiner Pflicht auch Dritter bedienen kann.

□ Ordnung der Abfallentsorgung.

Die Ordnung der Abfallentsorgung ist in § 4 AbfG geregelt. Danach dürfen Abfälle grundsätzlich nur in den dafür zugelassenen Anlagen und Einrichtungen behandelt, gelagert oder abgelagert werden.

Von der Entsorgungspflicht in dafür zugelassenen Entsorgungsanlagen können entweder im Einzelfall oder generell durch Rechtsverordnung Ausnahmen zugelassen werden (§ 4 Abs. 2, Abs. 4 AbfG). Der Anlagenbenutzungszwang dient primär dazu, die wilde Beseitigung von Abfällen zu verhindern (→Andienungszwang, Benutzungszwang).

□ Zulassung von Abfallentsorgungsanlagen.

Ortsfeste Abfallentsorgungsanlagen – mit Ausnahme von Deponien – bedürfen einer Genehmigung nach dem BImSchG i. V. mit der →4. BImSchV (→Genehmigungsverfahren nach dem BImSchG). Abfalldeponien gem. § 7 AbfG entweder im Wege eines abfallrechtlichen Planfeststellungsverfahrens oder aber im Wege eines abfallrechtlichen Plangenehmigungsverfahrens zugelassen werden. Gemäß § 7 Abs. 3 AbfG kann die zuständige Behörde anstelle eines →Planfeststellungsverfahrens auf Antrag oder von Amts wegen ein Genehmigungsverfahren durchführen, wenn die Errichtung und der Betrieb einer unbedeutenden Deponie oder die wesentliche Änderung einer Deponie oder ihres Betriebs beantragt wird oder wenn mit Einwendungen nicht zu rechnen ist oder wenn die Errichtung und der Betrieb einer Deponie beantragt wird, die ausschließlich oder überwiegend der Entwicklung und Erprobung neuer Verfahren dient und die Genehmigung für einen Zeitraum von höchstens zwei Jahren nach Inbetriebnahme der Anlage erteilt werden soll (Versuchsanlage). Nach § 7 Abs. 3 S. 2 kommt eine Plangenehmigung für Anlagen zur Ablagerung von Sonderabfällen regelmäßig nicht in Betracht, wenn hiervon erhebliche Auswirkungen auf die Umwelt ausgehen können.

Die Voraussetzungen, unter denen eine Abfalldeponie zugelassen werden kann, sind in § 8 Abs. 3 AbfG geregelt. Liegt keiner der dort genannten Versagungsgründe vor, besteht nach wohl herrschender Auffassung gleichwohl kein Anspruch auf die Erteilung des Planfeststellungsbeschlusses oder

der Genehmigung. Vielmehr steht die Entscheidung im Ermessen der zuständigen Zulassungsbehörde. Soweit es zur Wahrung des Allgemeinwohls erforderlich ist, können Planfeststellungsbeschluß und Genehmigung unter Bedingungen erteilt und mit Auflagen verbunden werden.

Beabsichtigt der Inhaber einer ortsfesten Abfallentsorgungsanlage ihre Stillegung, so hat er dieses der zuständigen Behörde unverzüglich anzuzeigen.

□ Einsammlungs- und Beförderungsgenehmigung. Abfälle dürfen gewerbsmäßig oder im Rahmen wirtschaftlicher Unternehmen nur mit Genehmigung der zuständigen Behörde eingesammelt oder befördert werden (§ 12 Abs. 1 S. 1 AbfG). Dadurch soll sichergestellt werden, daß die Behörde die Personen und Betriebe, die Abfälle einsammeln und befördern, auf ihre fachlichen, technischen und persönlichen Voraussetzungen hin überprüfen kann. Nicht genehmigungspflichtig sind allerdings die Einsammlung und Beförderung von Abfällen durch die entsorgungspflichtigen Körperschaften oder durch die von diesen beauftragten Dritten, die Beförderung und Einsammlung von Erdaushub, →Straßenaufbruch und →Bauschutt, soweit diese nicht durch Schadstoffe verunreinigt sind, sowie für Autowracks und →Altreifen sowie die Einsammlung und Beförderung geringfügiger Mengen im Rahmen wirtschaftlicher Unternehmen, soweit die zuständige Behörde von der Genehmigungspflicht freigestellt hat. Das Genehmigungsverfahren zum Einsammeln und Befördern von Abfällen (§ 12 Abs. 1 AbfG) ist in der Verordnung über das Einsammeln und Befördern sowie über die Überwachung von Abfällen und Reststoffen (→Abfall- und Reststoffüberwachungsverordnung) vom 3. April 1990 (BGBl. I S. 648) geregelt.

Die Einfuhr, Ausfuhr und Durchfuhr von Abfällen für den grenzüberschreitenden Verkehr bedarf einer besonderen Genehmigung. Nach § 2 Abs. 1 Satz 1 AbfG hat die Abfallentsorgung im Inland Vorrang vor einem Mülltourismus durch →Abfallexport.

□ Überwachung der Abfallentsorgung.

Die Überwachung der Abfallentsorgung erfolgt durch die zuständigen staatlichen Aufsichtsbehörden und innerbetrieblich durch einen Betriebsbeauftragten für Abfall (→Abfallbeauftragter). Die behördliche Überwachung bezieht sich auf den gesamten Entsorgungsvorgang aller Abfälle. Die Überwachung erstreckt sich auch auf die Anlagen, die bereits vor Inkrafttreten des Abfallgesetzes stillgelegt wurden. Im Bereich der behördlichen Überwachung ist somit die Altlastenproblematik berücksichtigt. Die Landesabfallgesetze sehen zumeist Sanierungspflichten auch für Altablagerungen vor. Verpflichtet werden regelmäßig die beseitigungspflichtigen Körperschaften. *Hoppe/Beckmann*

Literatur: *Bartels:* Abfallrecht. Düsseldorf 1987. – *Hoppe/Beckmann:* Umweltrecht, § 28 Rn. 1 ff. München 1989. – *Hösel/von Lersner:* Recht der Abfallbeseitigung. Berlin 1992. – *Kunig/Schwermer/Versteyl:* Abfallgesetz, 2. Aufl., München 1992. – *Lottermoser:* Die Fortentwicklung des Abfallbeseitigungsrechts zu einem Recht der Abfallwirtschaft. Köln 1991.

Abfallrecht, europäisches →EG-Abfall-Richtlinien, →EG-Regelungen für Abfälle, →EG-Regelungen für gefährliche Abfälle

Abfallsammelbehälter. Für die Bereitstellung und Einsammlung von Abfällen sind je nach Abfallart, Anfallmenge, Abholrhythmus, Entsorgungsfahrzeug und →Entsorgungsweg unterschiedliche (Behälter-) Systeme im Einsatz: systemlose Sammlung, Umleerbehälter, Einwegbehälter, Wechselbehälter.

Während für die Sperrabfallabfuhr (behälter-)systemlose Sammlungen Praxis sind, haben sich für die Abfuhr von →Haushaltabfällen und haushaltähnlichen →Gewerbeabfällen einheitliche Behältnisse mit Deckel durchgesetzt, die in das Sammelfahrzeug entleert werden (Umleerbehälter).

Andersfarbige Kunststoffbehälter werden zur getrennten Erfassung von Wertstoffen eingesetzt (z. B. als →Grüne Tonne für Altpapier oder Wertstoffgemische, als Braune Tonne für kompostierfähige Abfälle, als Gelbe Tonne von der Gesellschaft Duales System Deutschland für gebrauchte Verpackungen).

Arbeitsschutzrechtliche Regelungen der EG lassen erwarten, daß künftig nur noch Behälter mit Rädern und bestimmter Mindest-Griffhöhe (90 cm) zugelassen werden.

Eine Sonderform stellen die ebenfalls als Umleerbehälter konzipierten Spezialcontainer für die Sammlung von Wertstoffen wie Glas, Metall, Papier und Kunststoffe im →Bringsystem dar.

Einwegbehälter werden mit Inhalt abtransportiert und entsorgt, z. B. die in einige Regionen noch üblichen Abfallsacksysteme oder die für Krankenhaus-Sonderabfälle überwiegend vorgeschriebenen verschlossenen Einwegbehälter, die mit Inhalt verbrannt werden.

Wechselbehälter werden von Spezial-Sammelfahrzeugen (Behälter-Beförderungsfahrzeug) gegen leere Behälter getauscht, mit Inhalt abgefahren und erst in der Entsorgungsanlage entleert.

Typische Beispiele hierfür sind große Container (z. B. Absetzbehälter mit 4–15 m³ Inhalt, Abrollbehälter mit 11–36 m³ Inhalt) für Massenabfälle (z. B. →Bauschutt, →Baustellenabfall) sowie Spezialcontainer für die getrennte Erfassung industrieller und gewerblicher Abfälle an der Anfallstelle (z. B. für Altöl, flüssige, pastöse, feste Sonderabfälle). Für gefährliche Abfälle sind Spezialbehälter im Einsatz.

die Schutz gegen Leckagen, Brand, Explosion u. ä. gewährleisten. *Schnurer*

Literatur: DIN 30706, Teil 1: Entsorgungstechnik – Begriffe für Hausabfallentsorgung und Entsorgungsfahrzeuge. 5/1991. – *Würz, W.:* Das Verfahren der Abfallsammlung, Müll-Handbuch, Kennzahl 2120, Lieferung 6/87; Abfallsammelbehältersysteme, Müll-Handbuch, Kennzahl 2130, Lieferung 6/91. Berlin.

Abfallsammlung, getrennte. Als Voraussetzung für eine →Abfall-Getrennthaltung und damit für die Optimierung der →Verwertung, Behandlung und →Ablagerung von Abfällen müssen separat zu entsorgende Abfälle möglichst schon getrennt bereitgestellt und gesammelt werden. Der für die stoffliche Verwertung erforderliche Aufwand zur Sortierung und Aufbereitung der Abfallstoffe kann damit verringert werden. Andererseits ist die Zahl der bei Bereitstellung, Einsammlung und Transport getrennt zu haltenden Abfallfraktionen begrenzt.

In der Praxis kommt es darauf an, durch ein auf die regionalen oder betrieblichen Besonderheiten und die Verwertungs- bzw. sonstigen Entsorgungswege abgestimmtes System von Sammelbehältern, Transportfahrzeugen und Sortier-/Aufbereitungsanlagen ein möglichst großes Abfallvolumen möglichst sortenrein abzuschöpfen. Information, Beratung und Motivation spielen hierbei eine wichtige Rolle.

Bei →Haushaltabfall und haushaltähnlichen →Gewerbeabfällen erfolgt praktisch bundesweit die Erfassung von Wertstoffen wie Glas, Papier/Pappe, z. T. auch von Metallen und Kunststoffen; getrennt gesammelt werden weiterhin Schadstoffe (→Problemstoffe im Hausabfall). Auch die Herstellung schadstoffarmer Komposte setzt die getrennte Sammlung kompostierfähiger Abfallstoffe voraus (Biotonne).

Bei der →Entsorgung anderer →Abfallarten, z. B. Laborabfälle, Abfälle aus dem produzierenden Gewerbe, setzt sich ebenfalls zunehmend die getrennte Sammlung bereits an der Abfallanfallstelle durch.

Bei Produkten sollen grundsätzlich die Hersteller und Vertreiber über Rücknahmeverpflichtungen zur getrennten Sammlung, Verwertung und Entsorgung veranlaßt werden. Hierzu sind neben den bereits getroffenen Regelungen Verordnungen nach § 14 AbfG oder auch freiwillige Selbstverpflichtungen der Wirtschaft in Vorbereitung, z. B. für Druckerzeugnisse, Altautos, Elektro- und Elektronikgeräte, Batterien, Altmedikamente. *Schnurer*

Literatur: LAGA-Informationschrift: Verwertung von festen Siedlungsabfällen, Müll-Handbuch, Kennzahl 2990, Lieferung 2/88. Berlin 1988. – *Scheffold, K.:* Getrennte Sammlung und Kompostierung. Berlin 1984.

Abfallschlüssel. Für die im Abfallartenkatalog der LAGA (→Abfallkatalog) sowie in Rechtsverord-

nungen und Verwaltungsschriften nach →Abfallrecht enthaltenen bzw. bestimmten →Abfallarten wird als Kurzbezeichnung ein einheitlicher fünfstelliger numerischer Zahlencode verwendet, der A.

Die Obergruppen der Abfallarten werden durch eine einstellige Zahl, die Gruppen durch eine zweistellige und die Untergruppen durch eine dreistellige Zahl bezeichnet. Die verbleibenden zwei Zahlen kennzeichnen die jeweils einer Untergruppe zugehörigen Abfallarten (Tabelle).

Abfallschlüssel. Tabelle: Obergruppen und Gruppen des LAGA-Abfallkatalogs (Stand 1990).

1	Abfälle pflanzlichen und tierischen Ursprungs sowie von Veredlungsprodukten
11	Nahrungs- und Genußmittelabfälle
12	Abfälle aus Produktion pflanzlicher und tierischer Fetterzeugnisse
13	Abfälle aus Tierhaltung und Schlachtung
14	Häute- und Lederabfälle
17	Holzabfälle
18	Zellulose-, Papier- und Pappeabfälle
19	Andere Abfälle
3	Abfälle mineralischen Ursprungs sowie von Veredlungsprodukten
31	Abfälle mineralischen Ursprungs
35	Metallhaltige Abfälle
39	Andere Abfälle
5	Abfälle aus Umwandlungs- und Syntheseprozessen (einschl. Textilabfälle)
51	Oxide, Hydroxide, Salze
52	Säuren, Laugen und Konzentrate
53	Abfälle aus Pflanzenschutz- und Schädlingsbekämpfungsmitteln sowie von pharmazeutischen Erzeugnissen
54	Abfälle von Mineralöl und Kohleveredlungsprodukten
55	Organische Lösemittel, Farben, Lacke, Klebstoffe, Kitte und Harze
57	Kunststoff- und Gummiabfälle
58	Textilabfälle
59	Andere Abfälle chem. Umwandlungs- und Syntheseprodukte
9	Siedlungsabfälle (einschl. ähnlicher Gewerbeabfälle)
91	Feste Siedlungsabfälle (einschl. ähnlicher Gewerbeabfälle)
94	Abfälle aus Wasseraufbereitung, Abwasserreinigung und Gewässerunterhaltung
95	Flüssige Abfälle aus Behandlungs- und Beseitigungsanlagen
97	Krankenhausspezifische Abfälle
99	Andere Siedlungsabfälle (einschl. ähnlicher Gewerbeabfälle)

Beispiel A. 54801: Obergruppe 5: Abfälle aus Umwandlungs- und Syntheseprozessen, Gruppe 54:

Abfälle aus Mineralöl und Kohleveredlungsprodukten, Untergruppe 548: Rückstände aus Mineralölraffination, Abfallart 01: Bleicherde, mineralölhaltig.

Der A. wird bei allen Entsorgungsvorgängen und den Kontroll- und Überwachungsvorgängen bundeseinheitlich verwendet, z. B. im Begleitscheinverfahren, beim →Entsorgungsnachweis, in den →Genehmigungsverfahren für Entsorgungsanlagen (um festzulegen, welche Abfallarten gelagert, behandelt, verwertet oder deponiert werden dürfen/müssen) sowie bei der Erhebung der statistischen Daten (→Umweltstatistik). *Schnurer*

Literatur: *Zubiller, C.-O., et al.:* LAGA-Informationsschrift Abfallarten, Müll-Handbuch, Kennzahl 1110, Lieferung 4/91. Berlin.

Abfallstatistik →Umweltstatistik

Abfalltransport. Da Abfälle als bewegliche Sachen praktisch überall anfallen, spielen Einsammlung und Transport eine wichtige Rolle. Abfälle dürfen gewerbsmäßig oder im Rahmen wirtschaftlicher Unternehmen nur mit Genehmigung der zuständigen Behörde eingesammelt und befördert werden (Ausnahmen: →Abfallrecht).

Zuständig für die Transportgenehmigung ist die Behörde des Landes, in dessen Bereich die Beförderung beginnt. Bei freiwilliger oder durch Rechtsverordnung nach § 14 Abs. 1 Nr. 3 AbfG vorgeschriebener Rücknahme bestimmter Erzeugnisse durch den Vertreiber sowie für Altöl ist für die Genehmigung die Behörde des Landes zuständig, in dem das Unternehmen seine Hauptniederlassung hat.

Das Verfahren der Transportgenehmigung ist in der Abfall- und Reststoffüberwachungsverordnung geregelt (→Verordnungen nach AbfG). Der Beförderer benötigt dazu eine behördliche Zulassung, die im wesentlichen die Fachkunde und Zuverlässigkeit des Transportunternehmens und das Vorliegen von Versicherungen (Gewässerschadenshaftpflicht, Betriebshaftpflicht) zur Voraussetzung hat. Die Transportgenehmigung im Einzelfall gilt als erteilt, wenn der Beförderer neben seiner Zulassung einen gültigen →Entsorgungsnachweis, Sammelentsorgungsnachweis oder bei nicht überwachungspflichtigen Abfällen einen vereinfachten Entsorgungsnachweis gemäß o. a. Verordnung hat. Bei überwachungspflichtigen Abfällen sind die Begleitscheine zusätzlich zu führen. Das für den genehmigungspflichtigen A. verwendete Fahrzeug muß gemäß § 13 b AbfG an Vorder- und Rückseite gekennzeichnet sein mit einem schwarzen A auf weißem Grund.

Neben den speziellen abfallrechtlichen Vorschriften sind die einschlägigen Straßenverkehrs- und Unfallverhütungsvorschriften sowie ggfs. die Vorschriften für den Transport gefährlicher Güter zu beachten.

Für Einsammeln und Transport der unterschiedlichsten festen, flüssigen und schlammhaltigen Abfälle kommen zahlreiche Arten von Spezialfahrzeugen zum Einsatz, für die z. T. auch DIN-Normen gelten. *Schnurer*

Literatur: *Orth, H., et al:* Sammlung und Transport flüssiger und schlammiger Abfälle, Müll-Handbuch, Kennzahl 2000 bis 2060, Lieferung 6/91. Berlin. – *Schenkel, W., et al:* Sammlung und Abfuhr der festen Abfälle, Müll-Handbuch, Kennzahl 2210–2565, Lieferung 2/91. Berlin.

Abfallumladestation (auch Umschlagstation). Steigende Anforderungen an →Abfallentsorgungsanlagen führten zu zentralen Großanlagen, die ein größeres Gebiet entsorgen. Damit wuchsen die Transportentfernungen für Abfälle aus Haushaltungen und Gewerbebetrieben. Zur Minimierung der Kosten für Einsammlung und Transport werden Umschlagstationen eingesetzt, in denen die Abfälle von den Sammelfahrzeugen in Transportsysteme umgeschlagen, meist auch in Pressen verdichtet werden. Als Ferntransportsysteme dienen meist Preßcontainer, die per Lkw oder Bahn befördert werden oder z. T. auch Umschlag auf Schiffstransport. Der Standort von A. wird unter verkehrstechnischen Gesichtspunkten im Zentrum des Sammelgebiets gewählt. A. sind ortsfeste Abfallentsorgungsanlagen, die einer Genehmigung gemäß BImSchG bedürfen.

Die Durchsatzleistung bestehender A. beträgt je nach Entsorgungsgebiet zwischen 10 000 t/a und einigen 100 000 t/a. *Schnurer*

Literatur: Informationsschrift der LAGA: Umschlagstationen für Hausmüll und hausmüllähnliche Abfälle, Müll-Handbuch, Kennzahl 2322, Lieferung 6/79. Berlin. – *Kessler, P.:* Planung und Benennung einer Umladestation für Schienentransport, Müll-Handbuch, Kennzahl 2320, Lieferung 9/71. Berlin.

Abfallverbrennung.
Allgemein. Als technische Systeme werden in Abhängigkeit von der Beschaffenheit und von den Inhaltsstoffen des Abfalls bei der A. eingesetzt:
- Rostfeuerungen,
- Wirbelschichtverbrennung,
- Drehrohröfen,
- Etagenöfen,
- Muffelöfen.

Auf Grund der Robustheit und der Möglichkeit, weitgehend auf eine Abfallaufbereitung verzichten zu können, stellt bei der Verbrennung von →Hausabfall die →Rostfeuerung das gängige Verfahren dar. Je nach gewünschter Funktion können dabei verschiedene Rostarten Anwendung finden (Walzenrost, Vorschubrost, Rückschubrost, Wanderrost und Stufenschwenkrost) (→Hausabfallverbrennung).

Wirbelschichtverbrennungsanlagen werden in der Bundesrepublik Deutschland bisher lediglich für die →Klärschlammverbrennung eingesetzt.

Etagenöfen eignen sich vor allem zur Verbrennung feuchter oder pastöser Abfälle. Das Brenngut wird dabei nicht unmittelbar der Verbrennungszone des Ofens zugeführt, sondern über Teller, die etagenförmig angeordnet sind. Dabei kann bei dem sog. Gegenstromverfahren der Wärmeinhalt der Rauchgase zur Vortrocknung des Brennguts genutzt werden. An mehreren Standorten in der Bundesrepublik werden in Etagenöfen kommunale Klärschlämme verbrannt.

Bei der Verbrennung von Sonderabfällen kommen in der Regel höhere Temperaturen zur Anwendung (800 °C bis 1 200 °C) als bei der Hausabfall-Verbrennung (800 °C); bei der →Sonderabfallverbrennung werden zudem die Abgase einer Nachbrennkammer mit Temperaturen von 1 200 °C bis 1 400 °C zugeführt.

Gängiges Verfahren bei der Sonderabfallverbrennung ist der Drehrohrofen. Für bestimmte Abfallarten, z. B. einige flüssige Abfälle oder krankenhausspezifische Sonderabfälle, werden auch Muffelöfen eingesetzt.

Ziel der Verbrennung ist sowohl der Abbau nativ-organischer Stoffe im Abfall – damit wird bei der Deponierung der durch biochemische Umsetzungsprozesse erfolgenden Entstehung von →Deponiegas und →Sickerwasser entgegengewirkt – als auch die Zerstörung von in vielen Abfällen diffus verteilten organischen Schadstoffen.

Im Verlauf des Verbrennungsprozesses freigesetzte →Schwermetalle sind vor allem in Filterstäu-ben angereichert (→Filterstäube aus A.-Anlagen). Schlacken moderner A.-Anlagen sind grundsätzlich verwertbar, z. B. im Straßenbau.

Als Nebeneffekte der A. sind u. a. die 80 bis 95%ige Reduzierung des Abfallvolumens sowie die Nutzung des Energieinhalts der Abfälle zu erwähnen.

→Abfallverbrennungsanlagen sind genehmigungsbedürftig nach dem BImSchG und unterliegen hinsichtlich der Emissionsbegrenzungen der →17. BImSchV. *Bergs*

Radioaktive Abfälle. Zur Behandlung brennbarer Abfälle im Hinblick auf eine sichere →Endlagerung bietet sich die Veraschung an. Hierbei läßt sich eine starke Volumenverringerung erzielen. Der Ascherückstand wird anschließend unter Einsatz bewährter Fixierungsverfahren (→Abfallfixierung) oder durch Hochdruckverpressen, gegebenenfalls unter Zusatz eines Inertmaterials, in eine endlagerfähige Form überführt.

Ein fortschrittliches Verfahren hierfür wurde von der deutschen Industrie auf der Basis praktischer Erfahrung im Kernforschungszentrum Karlsruhe entwickelt (Bild). Der Schachtofen besteht aus einem Stahlzylinder mit einer mehrschichtigen keramischen Ausmauerung. Der Ofen wird durch eine Schiebeschleuse beschickt, die Asche wird diskontinuierlich entnommen. Die Anlage wird mit leichtem Unterdruck betrieben, um eine nach innen gerichtete Gasströmung aufrecht zu erhalten.

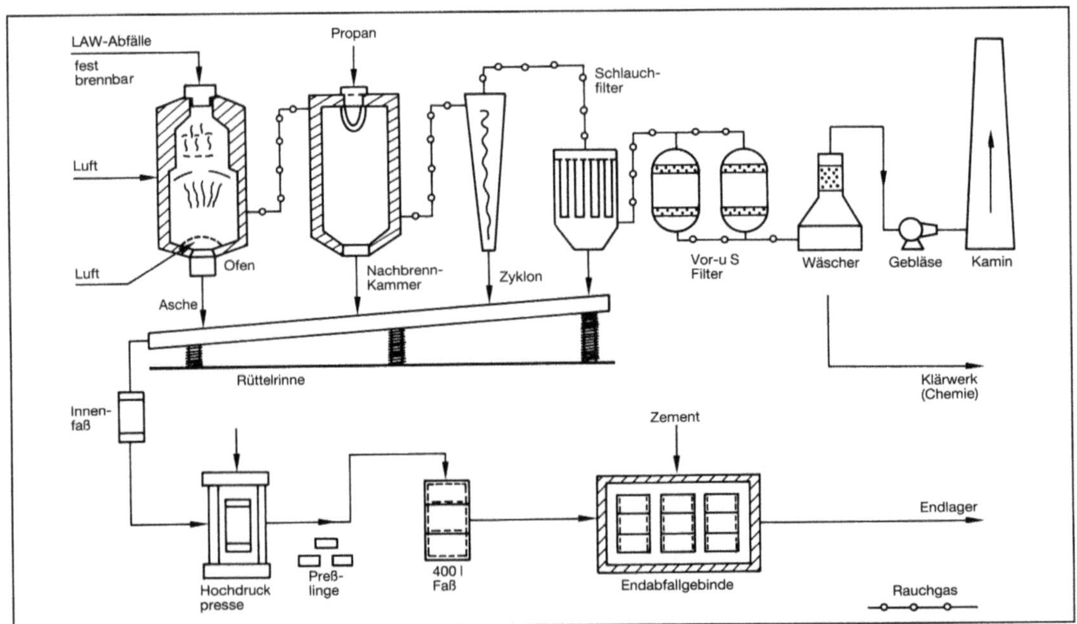

Abfallverbrennung: Verbrennungsanlage für feste LAW-Abfälle (Konzept der Deutschen Gesellschaft für Wiederaufarbeitung von Kernbrennstoffen — DWK).

Die brennbaren festen Abfälle durchlaufen verschiedene Temperaturzonen unter Zugabe von Primärluft. Die brennbaren Ofenabgase werden in einer Nachbrennkammer bei Temperaturen um 1 200 °C umgesetzt. Das Abgas wird anschließend abgekühlt, um es dann in nachgeschalteten Schlauch- oder Kerzenfiltern von Stäuben und Aerosolen zu reinigen. Vor Abgabe über den →Schornstein passieren die Abgase die in der Kerntechnik bewährten Vor- und S-Filter (Filter der Sonderklasse). Außerdem erfolgt eine Auswaschung von Fluor- und Kohlenwasserstoffverbindungen durch eine Naßwäsche. Die Waschflüssigkeit wird der Behandlung flüssiger radioaktiver Abfälle zugeführt. *Merz*

Abfallverbrennung auf See. A. ist die vorsätzliche Verbrennung von Abfällen in Verbrennungsanlagen auf See zum Zwecke der thermischen Zerstörung. Ausgenommen sind Aktivitäten, die im Zusammenhang mit dem normalen Betrieb von Schiffen (z. B. Verbrennung von anfallendem Abfall) und Plattformen (z. B. Abfackeln von Gas) stehen.

Die A. ist international durch die Übereinkommen von Oslo und London geregelt (→Abfall-Einbringung in das Meer). Im Rahmen dieser Übereinkommen wurden detaillierte Regelungen für den Betrieb von Verbrennungsanlagen auf See aufgestellt. Schwerpunkt dieser Regelungen war die Forderung, daß die Abfälle mit einer Vernichtungsleistung von mindestens 99,9 % verbrannt werden können. National ist die A. geregelt durch das Hohe-See-Einbringungsgesetz.

Flüssige Abfälle wurden von 1969 bis Anfang 1991 auf der Nordsee verbrannt. Außerhalb der Nordsee wurden keine routinemäßigen Verbrennungen, sondern nur behördlich geförderte Testverbrennungen durchgeführt. Das Verbrennungsgebiet befand sich zunächst etwa 30 km vor der niederländischen Küste. Seit 1979 wurde der Abfall in einem international abgestimmten Gebiet in der mittleren Nordsee verbrannt; Entfernung zur nächsten Küste etwa 130 km.

Die A. wurde auf Spezialschiffen durchgeführt, deren Verbrennungsöfen ohne →Abgasreinigung betrieben wurden. Verbrannt wurden z. B. Abfälle aus der Herstellung von Vinylchlorid und Glyzerin sowie Rückstände aus der Anwendung von chlororganischen Lösungsmitteln in Industrie, Gewerbe und Haushalt. Bei der Verbrennung von chlororganischen Abfällen sind im →Abgas neben Stickstoff und Sauerstoff der Verbrennungsluft überwiegend Kohlendioxid, Wasserdampf und →Chlorwasserstoff zu finden, in weit geringeren Mengen zudem →Kohlenmonoxid, →Chlor, →Stickoxide, Metalle sowie chlorierte →Kohlenwasserstoffe als Produkte unvollständiger Verbrennung.

Die jährlich im Verbrennungsgebiet der Nordsee verbrannte Abfallmenge betrug zwischen 1980 und 1988 etwa 100 000 t. In den Folgejahren nahm die Menge drastisch ab: 1989 ca. 50 000 t, in 1990 etwa 36 000 t und 1991 nur noch 1 600 t.

Deutschland hat die A. Ende 1989 eingestellt. Auslöser für die Beendigung waren chemische Untersuchungen des Meeresbodens im Bereich des Verbrennungsgebietes, die 1988 zu einer Besorgnis im Sinne des Hohe-See-Einbringungsgesetzes geführt haben. Im Bereich der Nordsee wurde die A. Anfang 1991 endgültig eingestellt. Weltweit ist die A. bis Ende 1994 zu beenden (Entschließung des London-Übereinkommens). Faktisch ist das jedoch bereits geschehen. *N.-P. Rühl*
→Hohe-See-Verbrennung

Literatur: Bundesamt für Seeschiffahrt und Hydrographie, Jahresbericht 1990. – *Compaan, H.:* Waste incineration at sea. In: Pollution of the North Sea: an assessment (Hrsg. Salomons, W., E. K. Duursma, B. L. Bayne, Förstner, U.) Berlin–Heidelberg 1988. – Der Rat von Sachverständigen für Umweltfragen: Umweltprobleme der Nordsee, Sondergutachten Juni 1980. Stuttgart–Mainz 1980. – *Lohse, J.:* Distribution of organochlorine pollutants in North Sea sediments. Mitteilungen aus dem Geologisch-Paläonthologischen Institut der Universität Hamburg. Heft 65. 1988. – *Lohse, J.:* Ocean incineration of toxic wastes: a footprint in North Sea sediments. Marine Pollution Bulletin 8 (1988) Nr. 19. – *Rühl, N.-P.:* Müllkippe Nordsee? Einbringung und Verbrennung von Industrieabfällen in der Nordsee; Abhandlungen Naturwissenschaftlicher Verein Bremen 40/3, 1985.

Abfallverbrennungsanlage.
Emissionsbegrenzung Luft. A. dienen der thermischen Behandlung von festen, flüssigen oder pastösen Abfällen mit dem Ziel, das Schadstoffpotential sowie Menge und Volumen der Abfälle erheblich zu verringern. Es werden insbesondere Hausabfall-, Sonderabfall-, Klärschlamm-, Krankenhausabfall- und Reifenverbrennungsanlagen unterschieden.

In den etwa 50 in der Bundesrepublik betriebenen Hausabfallverbrennungsanlagen (MVA = Müllverbrennungsanlage) wird etwa ein Viertel bis ein Drittel des Hausabfalls einschl. der haushaltähnlichen Gewerbeabfälle verbrannt. In einigen Anlagen wird kommunaler →Klärschlamm gemeinsam mit dem →Hausabfall eingesetzt. Die Verbrennungsanlagen haben Jahresdurchsätze zwischen 20 kt und 500 kt, die Mehrzahl der Anlagen hat eine Kapazität zwischen 150 und 250 kt/Jahr. In der Regel werden mehrere Verbrennungslinien betrieben, deren einzelne Auslegungskapazität bei mittelgroßen Anlagen zwischen 10 t/h und 16 t/h liegt. Im Einzelfall können bei Großanlagen 40 t/h je Verbrennungslinie erreicht werden.

Zur Verbrennung von Hausabfall sind Verbrennungsroste besonders geeignet, weshalb praktisch alle Verbrennungsanlagen mit diesem →Feuerungssystem ausgerüstet sind. Überwiegend sind

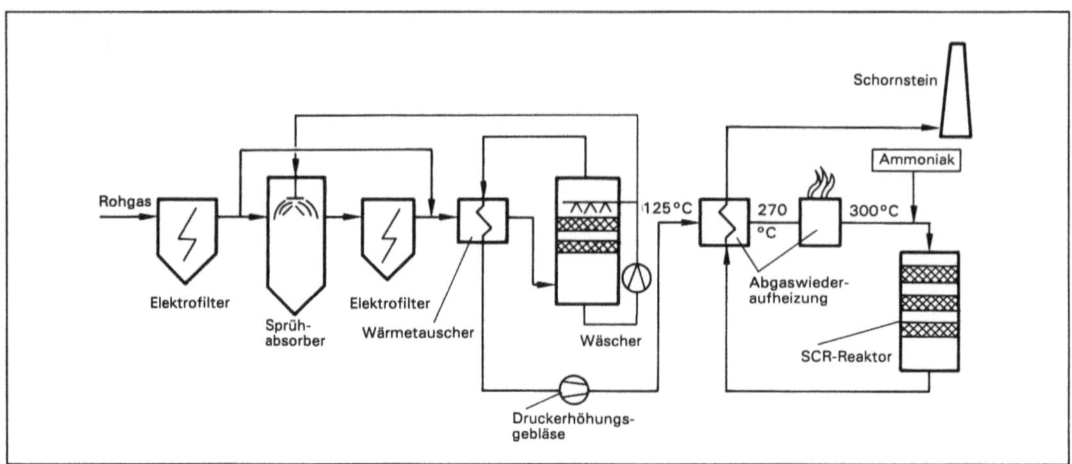

Abfallverbrennungsanlage 1: Fließbild der Abgasreinigungsanlage einer Hausabfallverbrennungsanlage.

Walzen- und Vorschubroste im Einsatz. Die beim Verbrennungsprozeß freiwerdende Wärme wird in allen Anlagen genutzt.

Hausabfallverbrennungsanlagen werden überwiegend als Fernheiz- oder Heizkraftwerke betrieben.

Die bei der →Hausabfallverbrennung üblichen hohen Rohgaskonzentrationen erfordern eine besonders wirksame →Abgasreinigung. Trotz einer Zunahme der verbrannten Abfallmenge in den letzten Jahren wurden die →Emissionen aus A. deutlich vermindert. Zur Abscheidung saurer Abgasbestandteile (HCl, HF, SO_2) sind in ca. 50 % der Anlagen Naßwäscher im Einsatz. Das Abwasser wird in vielen Fällen in das heiße Abgas eingesprüht und verdampft (Sprühtrocknung); die anfallenden Salze werden in einem →Gewebefilter oder →Elektrofilter abgeschieden (Bild 1). Die übrigen Anlagen sind mit Trockenverfahren oder Quasitrockenverfahren zur Abscheidung saurer Abgasbestandteile ausgerüstet.

In der am 1. Dezember 1990 in Kraft getretenen Verordnung für die Verbrennung von Abfällen und ähnlichen brennbaren Stoffen (→17. BImSchV) wurden die bisher geltenden Emissionsgrenzwerte wesentlich verschärft (Tabelle) Die Nachrüstung von Altanlagen muß spätestens 1996 abgeschlossen sein. Durch Festlegung eines NO_x-Grenzwertes von 200 mg/m³ (Tagesmittelwert) wird in der Regel eine Nachrüstung von Maßnahmen zur NO_x-Minderung bei MVA notwendig werden. Mehrere Anlagen sind mit →SCR-Verfahren oder SNR-Verfahren zur Reduktion von Stickstoffoxiden nachgerüstet worden. Bei relativ geringen NO_x-Konzentrationen im Rohgas wird häufig aus Kostengründen das SNR-Verfahren gewählt.

In die 17. BImSchV wurde darüberhinaus erstmals ein →Emissionsgrenzwert für →Dioxine von

Abfallverbrennungsanlage. Tabelle: Emissionsbegrenzungen in mg/m³ (bezogen auf 11 % O_2)

	TA Luft '86[1]	17. BImSchV[1]
Staub	30	10
Kohlenmonoxid	100	50[2]
Organische Stoffe (als Gesamt-C)	20	10
Schwefeloxide (als SO_2)	100	50
Stickstoffoxide (als NO_2)	500	200
Chlorverbindungen (HCl)	50	10
Fluorverbindungen (HF)	2	1
Staubinhaltsstoffe	1 und 5	0,5[3]
Cd + Tl	0,2	0,05[3]
Hg		0,05[3]
PCDD/PCDF	Minimierungsgebot	0,1 ng/m³[4]

[1]) Tagesmittelwerte; zusätzlich gelten Anforderungen zur Begrenzung von Halbstundenmittelwerten

[2]) Kohlenmonoxid: kein üblicher Grenzwert; Festlegung und Überwachung als Betriebsgröße

[3]) Einzelmessungen

[4]) Einzelmessungen mit ausreichender Probenahmedauer erforderlich; es ist die Summe der Dioxinäquivalente entsprechend der 17. BImSchV zu bilden.

0,1 ng TE (toxische Äquivalente) pro m^3 Abgas aufgenommen. Auch A. mit fortschrittlicher Feuerungs- und Abgasreinigungstechnik, deren Dioxinemissionen im Mittel bei ca. 1 ng TE/m^3 liegen, müssen zur Einhaltung dieses anspruchsvollen Grenzwertes mit Dioxin-Minderungstechniken nachgerüstet werden. Hierfür kommen insbesondere Verfahren auf Aktivkoksbasis (z. B. Aktivkoks- oder Herdofenkoks-Festbettadsorber, das Flugstromverfahren unter Zugabe eines Aktivkoks- bzw. Herdofenkoks/Kalksteingemisches) oder die katalytische Oxidation an Titandioxid-Katalysatoren in Frage. Verfahren auf Aktivkoksbasis sind in großtechnischen Anlagen in Betrieb genommen worden. Sie haben den Vorteil, gleichzeitig →Quecksilber abzuscheiden, das insbesondere bei der Hausabfallverbrennung wegen seines hohen Dampfdrucks zu den problematischen Abgasbestandteilen gehört. Die Reststoffe sind zu behandeln. Die katalytische Oxidation arbeitet demgegenüber rückstandsfrei.

→Sonderabfälle, hierunter sind besonders überwachungsbedürftige Abfälle wie Farben, Lacke, gebrauchte Lösemittel zu verstehen, werden sowohl in öffentlich zugänglichen als auch in betriebseigenen (vorwiegend in der chemischen Industrie eingesetzten) Sonderabfallverbrennungsanlagen (SAVA) verbrannt.

Für die Verbrennung von Sonderabfällen eignen sich grundsätzlich Drehrohröfen, Wirbelschichtöfen und Muffelöfen. Wegen ihrer großen Flexibilität hinsichtlich Abfallarten (es können feste, pastöse und flüssige Abfälle verbrannt werden) und Abfalldurchsatz werden überwiegend Drehrohröfen betrieben. Die Rotation des Drehrohres bewirkt eine gute Durchmischung des Verbrennungsgutes und damit einen guten Ausbrand der Einsatzstoffe. Die Temperaturen im Drehrohr liegen um 900 °C bei Verweilzeiten der Verbrennungsgase bis zu 4 Sekunden und der Feststoffe von 30 bis 60 Minuten. Drehrohröfen werden mit nachgeschalteten Nachbrennkammern betrieben, in denen die Abgase bei Temperatur von über 1200 °C und Verweilzeiten von 2 bis 4 Sekunden ausgebrannt werden.

SAVA müssen wie MVA die emissionsbegrenzenden Anforderungen der 17. BImSchV bis spätestens 1996 erfüllen. Einige Anlagen sind bereits mit Abgasreinigungseinrichtungen zur Dioxin- und Quecksilberabscheidung ausgerüstet. Für die überwiegend bei SAVA eingesetzten Naßwäscher zur Abscheidung saurer Abgasbestandteile wird in der Regel eine Ertüchtigung vorzusehen sein.

→Klärschlamm wird vor allem in Wirbelschichtfeuerungen oder Etagenöfen oder auch in Kombinationen aus beiden verbrannt. Die Feuerungssysteme ermöglichen einen guten Ausbrand der Einsatzstoffe. In Etagenöfen kann auch feuchter oder pastöser Klärschlamm ohne aufwendige Vorbe-

handlung verbrannt werden. Als weitere Entsorgungsmöglichkeit bietet sich die Verbrennung in Schmelzkammerfeuerungen an, weil hier besonders günstige Verbrennungsbedingungen vorliegen; in solchen Fällen der Mitverbrennung von Abfällen in primär anderen Zwecken dienenden Feuerungs- oder sonstigen Anlagen sind die besonderen Emissionsgrenzwert-Vorschriften der 17. BImSchV zu beachten (s. u.). Möglich ist auch die Verbrennung in einem Schmelzzyklon bei Temperaturen um 1400 °C (sog. *Cormin*-Verfahren).

Krankenhausspezifische →Abfälle (Klinikabfälle) werden überwiegend (noch) in krankenhauseigenen kleineren A. (in vielen Fällen Muffelöfen) verbrannt. Der Anlagenbestand ist rückläufig, weil wegen der verschärften Anforderungen der 17. BImSchV zur Emissionsbegrenzung der Aufwand für eine Nachrüstung der Anlagen in der Regel zu groß ist. Zunehmend erfolgt eine Verbrennung in zentralen Großanlagen, z. B. in SAVA oder MVA mit separaten Verbrennungseinheiten für Klinikabfall. Möglich ist auch der direkte Einsatz in MVA bei vorheriger →Sterilisation des Abfalls.

→Altreifen werden unzerkleinert in →Rostfeuerungen bei hohen Temperaturen verbrannt. Der Durchsatz der Anlagen liegt zumeist zwischen 0,5 und 2 t/h. Bei den Emissionen sind insbesondere SO$_2$ und Zinkoxid von Bedeutung. Abgeschiedenes Zinkoxid ist ein →Wertstoff und kann verwertet werden.

Bei der Feststellung, ob die Emissionsgrenzwerte der 17. BImSchV (Tabelle) eingehalten werden, sind die verschiedenen für die Verbrennung von Abfällen in Frage kommenden genehmigungsbedürftigen Anlagearten nach dem Anhang zur →4. BImSchV sowie die auf die Feuerungswärmeleistung der Anlage bezogenen Abfallanteile am gesamten Brennstoffeinsatz von entscheidender Bedeutung:

– Für reine A., ohne Rücksicht darauf, ob sie für die Verbrennung von Siedlungs- oder →Sonderabfall dienen, gelten die Emissionsgrenzwerte der 17. BImSchV uneingeschränkt.

– Für Kraftwerke, Heizkraftwerke, Heizwerke und bestimmte Feuerungsanlagen für den Einsatz nicht konventioneller fester und/oder flüssiger Brennstoffe (Nrn. 1.1 bis 1.3 des Anhangs zur 4. BImSchV), in denen Abfälle mitverbrannt werden, gelten die Emissionsgrenzwerte der 17. BImSchV nur dann uneingeschränkt, wenn der Anteil der Abfälle an der Feuerungswärmeleistung der Anlage mehr als 25 % beträgt; bis zu einem Anteil von 25 % gelten die Emissionsgrenzwerte der Verordnung nur für den Teil des Abgasstroms, der aus der Verbrennung des Abfalls stammt, während für den Abgasstrom des Brennstoffs die entsprechenden Grenzwerte der →TA Luft bzw. der →13. BImSchV gelten. Dies bedeutet, daß für den im speziellen Fall einzuhaltenden Emissionsgrenzwert ein nach den Abgasanteilen gewichteter Mischwert aus den jeweiligen Grenzwerten zu bilden ist.

– Für andere Anlagen als die vorgenannten Feuerungsanlagen, also etwa für Hochöfen und Zementwerke, sowie für die Schadstoffe CO, →Schwermetalle und Dioxine gilt die beschriebene Emissions-Mischwert-Regelung bei der Zufeuerung von Abfällen in jedem Falle, also auch dann, wenn der Abfallanteil größer als 25 % ist.

Reststoffe aus A., es handelt sich im wesentlichen um Schlacken, schwermetall- und dioxinhaltige Filterstäube sowie Reaktionsprodukte und ggf. Abwasser aus der Abgasreinigung, sind mit Ausnahme der Schlacken aus MVA in der Regel nicht verwertbar. Durch Vermeidung von Reststoffgemischen und geeignete Reststoffbehandlungsverfahren (z. B. →Drei-R-Verfahren, Einschmelzverfahren) können die festen Reststoffe in eine verwertbare oder zumindest (oberirdisch) ablagerungsfähige Form überführt werden. Salze und Abwasser können bei Naßverfahren durch die Erzeugung von →Gips und Salzsäure gänzlich vermieden werden.　*Bade*

Literatur: Der Rat von Sachverständigen für Umweltfragen Abfallwirtschaft, Sondergutachten 1990. – *Thome-Kozmiensky, K. J.*: Müllverbrennung und Rauchgasreinigung. Berlin 1983. – *Thome-Kozmiensky, K. J.*: Müllverbrennung und Umwelt 5. Berlin 1991. – VDI 2114: Emissionsminderung; Thermische Abfallbehandlung; Verbrennung von Hausmüll und hausmüllähnlichen Abfällen. 6/1992 – VDI 3460: Emissionsminderung; Thermische Abfallbehandlung; Verbrennung von Sonderabfällen. Berlin 12/1991.

Emissionsüberwachung. Die →17. BImSchV enthält im 3. Teil ein Programm zur Messung und Überwachung, das die Betreiber allgemein verpflichtet, die Einhaltung der Anforderungen zur Emissionsbegrenzung meßtechnisch nachzuweisen. Dabei wird auch die Überwachung der Feuerungsbedingungen und anderer wichtiger Betriebskenngrößen als Betreiberpflicht herausgestellt.

Das Meßprogramm zur kontinuierlichen Überwachung ist sehr umfangreich (Bild 2). Kontinuierlich zu messen sind alle mengenmäßig bedeutsamen Schadstoffe: →Kohlenmonoxid, →Staub, →organische Verbindungen (gemessen als Gesamtkohlenstoffgehalt), gasförmige anorganische Chlor- und Fluorverbindungen sowie Schwefel- und Stickstoffoxide, ferner die zur Beurteilung des ordnungsgemäßen Betriebs und zur Normierung der Emissionsmessungen erforderlichen Betriebs- und Bezugsgrößen (Temperatur in der letzten Verbrennungsstufe; Abgas-Temperatur, -Sauerstoffgehalt, -Volumenstrom, -Feuchtegehalt und -Druck). Die Meßwerte sind zu registrieren und parallel dazu mit einem eignungsgeprüften Meßwertrechner vor Ort auszuwerten.

Zu den obligatorischen Pflichten gehört auch die in festgelegten Zeitabständen zu wiederholende Einzelmessung (→Stichprobenmessung) von →Schwermetallen sowie von →Dioxinen und →Furanen (→Polychlorierte Dibenzodioxine und -furane) und die Überprüfung der für diese Schadstoffe festgelegten →Emissionsgrenzwerte.

Besondere Schwierigkeiten ergeben sich bei der →Emissionsüberwachung von Anlagen, in denen

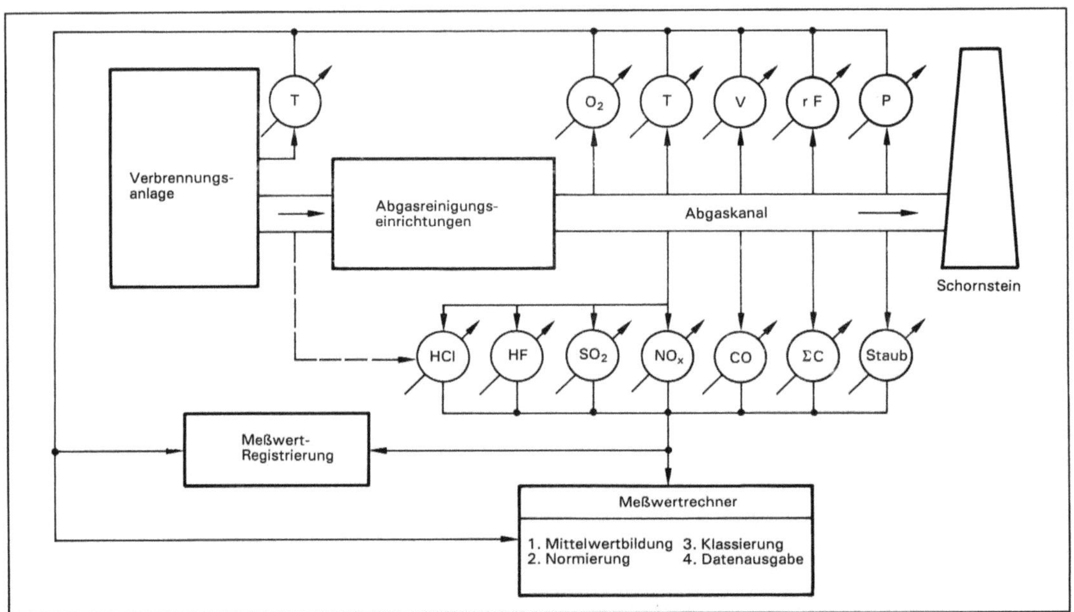

Abfallverbrennungsanlage 2: Kontinuierliche Emissionsüberwachung.

Abfälle nur anteilig mitverbrannt werden und die Grenzwerte der 17. BImSchV auf den zugehörigen Teil des Abgasstroms anzuwenden sind. Diese Mischwertregelung bedeutet nämlich, daß, bezogen auf den gesamten Abgasstrom der Anlage, wesentlich niedrigere Grenzwerte eingehalten und meßtechnisch überprüft werden müssen. *Stahl*

Literatur: Messung und Überwachung der Emissionen bei Abfallverbrennungsanlagen. In: Die neue TA Luft. Hrsg. D. Jost, Teil 8 Kapitel 19.2. Kissing 1991.

Abfall-Verbrennungsanlagenverordnung →Verordnungen zur Durchführung der BImSchG, →17. BImSchV

Abfallverbringung, grenzüberschreitend. Unter g. A. wird der Export aus, der Import in und der Transit durch die Bundesrepublik Deutschland bezeichnet.

Das →Abfallgesetz enthält in § 2 den Grundsatz, daß im Inland anfallende Abfälle auch im Inland zu entsorgen sind. Ausnahmen von dieser Regel bedürfen der Genehmigung (Exportverbot mit Genehmigungsvorbehalt), ebenso Import und Transit. Die Bedingungen für derartige Genehmigungen sind im § 13 AbfG festgelegt; insbesondere sind Import und Export nur zulässig, wenn im jeweils entsendenden Staat selbst keine geeignete Entsorgungsmöglichkeit besteht, das Wohl der Allgemeinheit nicht beeinträchtigt wird und keine Bedenken gegen die Zuverlässigkeit des Antragstellers oder des Beförderers bestehen.

Für Verbringungen sind bestimmte Zollstellen zu benutzen, die der Bundesumweltminister im Bundesanzeiger bekannt gibt. Die Zollstellen wirken bei der Überwachung von Verbringungen mit (§ 13 a AbfG).

Vorschriften über Antragunterlagen, Antrag und Genehmigung sind in der Abfallverbringungsverordnung (→Verordnungen nach AbfG) festgelegt. Dort sind auch die Bedingungen umgesetzt, die für Verbringungen von gefährlichen Abfällen innerhalb der Europäischen Gemeinschaft entsprechend der EG-Richtlinie 84/631/EWG gelten (§ 13 c AbfG).

Angesichts unzureichender Entsorgungskapazitäten im Inland exportiert Deutschland erhebliche Abfallmengen in Nachbarländer. 1990 waren das nahezu 1,1 Mio. t, davon etwa die Hälfte Haushaltabfälle und haushaltähnliche Gewerbeabfälle. Hauptempfängerländer waren Frankreich (fast 700 000 t), Niederlande und Belgien.

Demgegenüber wurden 1990 ca. 63 000 t (ausschließlich Sonderabfälle) in die Bundesrepublik Deutschland importiert, im wesentlichen aus der Schweiz, den Niederlanden, Belgien, Österreich und Frankreich.

Abfallexporte in Entwicklungsländer werden nicht genehmigt. Versuche, Abfälle illegal in Länder Osteuropas oder der Dritten Welt zu verbringen, sind jedoch nicht auszuschließen.

Nach geltendem deutschen Recht fällt die Verbringung von Reststoffen zur →Verwertung nicht unter die abfallrechtlichen Bestimmungen. Die entsprechenden internationalen Regelungen (→Basler Konvention) stellen demgegenüber auch abfallähnliche Stoffe bei der grenzüberschreitenden Verbringung oder generell unter weitergehende Kontrollen. Die notwendige Angleichung ist vorgesehen. *Schnurer* →EG-Verordnung zur Verbringung von Abfällen

Abfall-Verbringungsverordnung →Verordnungen nach AbfG

Abfallverfestigung. Maßnahmen zur A. werden eingesetzt, um die Stabilität zu erhöhen oder die Auslaugfähigkeit herabzusetzen. So können Stäube und Schlämme, die lediglich wegen ihrer Konsistenz von der unmittelbaren →Ablagerung auf einer Deponie ausgeschlossen sind, nach einer A. die Kriterien hinsichtlich der Festigkeit (Flügelscherfestigkeit, axiale Verformung, Druckfestigkeit) erreichen. Diese Zustandsänderung wird z. B. durch Zumischung von Bindemitteln erreicht. Abfälle, die auf Grund ihrer Auslaugbarkeit von der Ablagerung ausgeschlossen werden, sind über aufwendigere Verfahren zu verfestigen. Dies kann z. B. durch chemische Umsetzung zu (physikalisch und chemisch) stabilen Materialien oder durch Einbindung in eine mineralische oder organische Matrix erfolgen. *Bergs*

Abfallverklappung. Als A. wird eine spezielle Entladungstechnik bezeichnet, die insbesondere bei der Einbringung von →Klärschlamm in die Hohe See zur Anwendung kam. Dies erfolgte durch besonderer Schlammschiffe. Seit 1983 wurde vom Gebiet der Bundesrepublik Deutschland keine Klärschlammverklappung mehr vorgenommen.

Unter dem nicht ganz korrekten Begriff Verklappung wurde in den letzten Jahren auch das Einbringen von →Dünnsäure in die Nordsee verstanden. Diese wurde bis Ende 1989 als letzte Abfallart durch Schiffe in die Nordsee eingeleitet. Der Einstellung der Dünnsäureeinbringung war ein schrittweiser Abbau der Einbringungsmengen vorausgegangen. Die Beendigung der Einbringung war möglich geworden durch Änderungen der Produktionsverfahren bei der Titandioxidproduktion mit Kreislaufführung der Säure sowie der Errichtung von Dünnsäure-Rückgewinnungsanlagen. Bei dem Verfahren der Dünnsäure-Rückgewinnung muß lediglich 1 % der ursprünglichen Rückstandsmenge als →Sonderabfall entsorgt werden (→Abfall-Einbringung in das Meer). *Bergs*

Abfallvermeidung.

Allgemein. A. bedeutet, die Entstehung von Abfällen zu verhindern oder zu vermindern. Vermindern und Vermeiden sind von der Kategorie her vergleichbar, unterscheiden sich jedoch quantitativ. Überwiegend resultiert eine A. aus einer Abfallverminderung; eine absolute Vermeidung ist der Idealfall der Verminderung. In den Fällen, in denen Abfallstoffe vollständig vermieden werden können, handelt es sich in der Regel um die vollständige Substitution eines Produkts oder eines Stoffs in einem Produkt, ein Verbot eines Stoffs oder eines Produkts oder um eine Verfahrensänderung, bei der keine Reststoffe mehr entstehen. In diese Richtung zielt der in § 1a AbfG ausdrücklich erwähnte § 5 Abs. 1 Nr. 3 BImSchG, wonach der Betreiber einer genehmigungsbedürftigen Anlage Abfälle (durch den Einsatz reststoffarmer Verfahren oder durch Verwertung von Reststoffen) zu vermeiden hat, soweit dies technisch möglich und zumutbar ist. Das Reststoffverwertungsgebot des BImSchG (→Reststoffpflichten nach dem BImSchG) setzt an der Produktion an, während das AbfG primär auf Produkte abzielt (z. B. →Verpackungsverordnung, Batterieverordnung, →Produktion, abfallarme).

Im industriellen Produktionsbereich geht es um die Vermeidung von Reststoffen innerhalb von Produktionsprozessen, aber auch um die Einbeziehung von Entsorgungsfragen bei der Produktentwicklung (z. B. recyclinggerechtes Konstruieren). Der verbraucherbezogene Produktbereich betrifft dagegen weitestgehend die privaten Haushalte. In diesem Bereich heißt Vermeidung in erster Linie Nichtverwendung von Produkten, die Entsorgungsprobleme schaffen (Konsumverzicht!).

Im Haushaltsbereich geht es um Konsumverhaltensweisen, im industriellen Produktionsbereich um betriebliche Produktionsverfahrensentscheidungen, aber auch um eine Produktentwicklung, in die abfallwirtschaftliche Kriterien einbezogen sind.

Von der A. und insbesondere von der Abfallverminderung als Teilvermeidung mit dem Ziel der Verminderung der Abfallentstehung ist die angestrebte Verringerung der Abfallmenge durch mechanische, chemische, biologische oder thermische Behandlungsverfahren zu unterscheiden. Verminderung der Abfallentstehung ist Bestandteil der Vermeidungsstrategien, →Abfallbehandlung ist dagegen zu den Strategien der Beseitigung bereits entstandener Abfälle zu rechnen. *Blickwedel*

Literatur: Der Rat von Sachverständigen für Umweltfragen, Abfallwirtschaft – Sondergutachten, September 1990. Stuttgart 1991.

Rechtsgrundlagen. Die Engpässe bei der →Abfallentsorgung müssen grundsätzlich durch die Vermeidung, →Verwertung und erst als letztes durch die Beseitigung von Abfällen gelöst werden. Umweltpolitisch ist die A. ihrer Verwertung, die →Abfallverwertung wiederum der sonstigen →Abfallbeseitigung vorzuziehen. Das AbfG sieht den zwingenden Vorrang der Abfallverwertung vor der sonstigen →Entsorgung vor, wenn sie technisch möglich ist, die hierbei entstehenden Mehrkosten im Vergleich zu anderen Verfahren der Entsorgung nicht unzumutbar sind und für die gewonnenen Stoffe oder Energie ein Markt vorhanden ist oder insbesondere durch Beauftragung Dritter geschaffen werden kann. Es ist beabsichtigt, einen vergleichbaren Vorrang auch der A. gegenüber der Abfallverwertung einzuräumen.

Gemäß § 1a Abs. 1 S. 1 AbfG sind Abfälle nach Maßgabe von Rechtsverordnungen zu vermeiden. Zu den möglichen Vermeidungsmaßnahmen zählen z. B. der Verzicht auf als Abfall anfallende Produkte oder Zutaten, die bessere Ausnutzung der eingesetzten Rohstoffe oder Vorprodukte und die Verlängerung der Haltbarkeit oder Reparaturfreundlichkeit von Produkten oder Produktteilen.

Seine eigentliche Wirkung erhält das Vermeidungsgebot über § 14 AbfG, wonach die Bundesregierung ermächtigt wird, zur Vermeidung oder Verringerung schädlicher Stoffe in Abfällen oder zu ihrer umweltverträglichen Entsorgung Rechtsverordnungen zu erlassen. Darin können →Kennzeichnungspflichten, Pflichten zur getrennten Entsorgung, Rücknahme- und Pfandpflichten sowie Produktverbote geregelt werden. Durch den Erlaß derartiger Rechtsverordnungen soll erreicht werden, daß ein großer Teil schadstoffhaltiger Abfälle aus der konventionellen Abfallentsorgung, insbesondere der Hausmüllabfuhr ferngehalten wird.

Auf der Grundlage des § 14 AbfG ist die in ihrer Bedeutung kaum zu unterschätzende →Verpackungsverordnung ergangen.

Für die Durchsetzung des Abfallvermeidungsgebotes ist außerdem § 5 Abs. 1 Nr. 3 BImSchG von zentraler Bedeutung, wonach die immissionsschutzrechtlich genehmigungsbedürftigen Anlagen nur so errichtet und betrieben werden dürfen, daß Reststoffe vermieden werden, es sei denn, sie werden ordnungsgemäß und schadlos verwertet; nur soweit Vermeidung und Verwertung technisch nicht möglich oder unzumutbar sind, dürfen sie als Abfälle – ohne Beeinträchtigung des Wohls der Allgemeinheit – beseitigt werden (→Reststoffpflichten nach dem BImSchG).

§ 14 Abs. 2 S. 1 und 2 AbfG verpflichten die Bundesregierung, nach Anhörung der beteiligten Kreise Ziele zur Vermeidung, Verringerung oder Verwertung bestimmter Erzeugnisse festzulegen und im Bundesanzeiger zu veröffentlichen. *Hoppe/Beckmann*

Literatur: *Kutscheidt:* Die Neuregelung der Abfallvermeidungs- und Abfallbeseitigungspflicht bei industriellen Betrieben, NVwZ 1986, 622 ff. – *Ladeur:* Abfallvermeidung durch strategische Koordination unterschiedlicher berechtigter Steuerungsinstrumente, NuR (1989) 66 ff. – *Ruchay:* Vermeidungs- und Verwertungsstrategien. In: Walprecht (Hrsg.), Abfall und Abfallentsorgung: Vermeidung, Verwertung, Behandlung. Köln u. a. 1990. – *Scheier:* Rechtsprobleme im Spannungsverhältnis zwischen Reststoffverwertung und Abfallvermeidungsgebot. In: Das neue Abfallwirtschaftsrecht. Düsseldorf 1989. – *Zimmermann:* Abfallvermeidung und Abfallverwertung im gesetzgeberischen Rahmen, Der Landkreis (1986) 1991 ff.

Abfallverminderung →Abfallvermeidung

Abfallverwertung.

Radioaktive Abfälle. Die Entscheidung, ob radioaktive Reststoffe verwertet oder als Abfall beseitigt werden sollen, ist nicht in das Belieben des jeweiligen Anwenders gestellt, vielmehr ist im § 9a des Atomgesetzes der →Verwertung der Vorrang eingeräumt, wo immer dies möglich ist. Daher gilt dieses Gebot nicht nur für die abgebrannten Kernbrennelemente, sondern auch hinsichtlich einer möglichen Nutzung der Spaltprodukte, die bei der →Wiederaufarbeitung im Raffinatstrom der chemischen Trennung anfallen. Entscheidend ist hier weniger die technische Machbarkeit der chemischen Isolierung, die im Prinzip gegeben ist, vielmehr geht es hier um die Frage, inwieweit eine Kosten/Nutzenbetrachtung und Sicherheitsaspekte ein solches Tun rechtfertigen können.

Eine Nutzungsmöglichkeit für eine kleine Anzahl aus den rund 40 verschiedenen in dem erwähnten Abfallstrom vorkommenden Elemente ist prinzipiell für vier verschiedene Zwecke möglich: Verwendung der Radionuklide für wissenschaftlich-technische Untersuchungen, Einsatz als Rohstoff, Einsatz als Strahlenquelle, Einsatz als Energiequelle.

Der Bedarf zum erstgenannten Zweck ist eng begrenzt und fällt von der Menge her nicht ins Gewicht.

Als potentielle Rohstoffquelle kommen vor allem die drei Platinmetalle Palladium, Rhodium und Ruthenium in Frage. Vorbehalte für einen verbreiteten technischen Einsatz ergeben sich aus der minimalen Eigenradioaktivität, die auch nach einer sorgfältigen Reinigung der Elemente und längeren Abklingzeit verbleibt. Eine Verwendung wird für das im erweiterten Sinne als stabil einzustufende Technetium-99 vorausgesagt. Wegen seiner langen →Halbwertszeit von $2,1 \cdot 10^5$ Jahren ist die spezifische →Radioaktivität dieses Radionuklids relativ gering. Technetium weist gute Verwendungseigenschaften als Korrosionshemmer und supraleitendes Element auf. Schließlich bestehen praktische Verwertungsmöglichkeiten für die beiden gasförmigen Radionuklide Tritium und Krypton-85 als Füllgase

für Lichtquellen, Rauchmelder, etc., in denen sie als Ionisationsquellen dienen.

Großtechnische Einsatzmöglichkeiten existieren für die Radionuklide Strontium-90, Cäsium-137 und Promethium-147 als →Strahlenquellen. Bedarf besteht einmal im medizinischen Bereich zur →Strahlentherapie und für Sterilisationszwecke, und zum anderen für die strahlenchemisch induzierte Kunststoffpolymerisation. Weitere zukünftige Anwendungsgebiete werden bei der Hygienisierung von Klärschlämmen sowie bei der Konservierung von Lebensmitteln prognostiziert. In manchen Ländern ist schon heute die Methode der →Lebensmittelbestrahlung zum Zwecke der Fäulnisverhinderung und Unterdrückung verfrühter Fruchtkeimung erfolgreich im Einsatz.

In der Bundesrepublik Deutschland wird die Behandlung von Lebensmitteln mit ionisierenden Strahlen bisher weitgehend abgelehnt; zwar sind Schäden oder Gefahren durch diese Behandlungsmethode nicht bekannt und auch nicht zu erwarten, die Zurückhaltung wird vielmehr mit einem ausreichenden Angebot von gleichwertigen alternativen Behandlungsmethoden begründet. Gleichwohl werden in der Bundesforschungsanstalt für Ernährung in Karlsruhe Untersuchungen über Dosimetrie und Prozeßkontrolle bei der industriellen Bestrahlung der Lebensmittel durchgeführt. Ende 1991 ist zu diesem Zweck dort ein neuer Beschleuniger in Betrieb genommen worden. Derartige Maschinen-Strahlenquellen werden tendenziell den Isotopen-Strahlenquellen vorgezogen, weil bei Beschleunigeranlagen das Risiko des Umgangs mit radioaktiven Stoffen gering ist und einige Bedenken bezüglich des Umweltschutzes nicht relevant sind. Die Beratungen über eine einheitliche EG-Regelung der Lebensmittelbestrahlung sind noch nicht abgeschlossen.

Ein Bedarf an Alpha- und Betastrahlern als thermionische Energiequellen in der Raumfahrt sowie als Stromquellen für Navigations- und Funkstationen zeigt steigende Tendenz. Geeignet dafür sind vor allem der reine β-Strahler Sr-90 sowie α-instabile Nuklide der Aktinidenelemente Neptunium, Plutonium, Americium und Curium. *Merz*

Literatur: Bundesforschungsanstalt für Ernährung (BfE): Bericht BFE-R-92-01 über Kolloquium Lebensmittelbestrahlung am 11.–12. September 1992. – *Merz, E.:* Nuclear Waste: A source of valuable raw materials or just a troublesome pollutant? Proc. IChE Jubilee Symp. London, EFCE Publ. Series No. 23, London 1982.

Rechtsgrundlagen. Gemäß § 1 Abs. 2 AbfG umfaßt die →Abfallentsorgung auch das Gewinnen von Stoffen oder Energie aus Abfällen. Geeignete Abfälle sollen also dem Produktionskreislauf als Rohstoffe wieder zugeführt oder so verbrannt werden, daß die Verbrennungshitze in Energie umgewandelt werden kann. Unter A. ist also die Rückführung von Abfällen in den Wirtschaftskreislauf durch das Gewinnen von Stoffen und Energie aus dem →Abfall zu verstehen. Die A. hat nach dem § 1a Abs. 2 AbfG Vorrang vor der sonstigen →Entsorgung, wenn sie technisch möglich ist und die hierbei entstehenden Mehrkosten im Vergleich zu anderen Verfahren der Entsorgung nicht unzumutbar sind und für die gewonnenen Stoffe oder Energie ein Markt vorhanden ist oder insbesondere durch die Beauftragung Dritter geschaffen werden kann. *Hoppe/Beckmann*

Literatur: *Kloepfer:* Umweltrecht, § 12 Rn. 66 ff. München 1989. – *Lottermoser:* Die Fortentwicklung des Abfallbeseitigungsrechts zu einem Recht der Abfallwirtschaft. Köln 1991.

Abfallverwertung, thermische. Bei der energetischen oder thermischen Verwertung werden Abfälle als Substitut von hochwertigen Primärenergieträgern zur Erzeugung von Wärme bzw. elektrischem Strom eingesetzt.

Die wichtigsten Verfahren der t. A. sind die →Abfallverbrennung und die Abfallpyrolyse.

Bei der direkten t. A. werden folgende Verfahrensvarianten unterschieden:
– Abfall-Fernheizwerk. Es wird Dampf oder Heißwasser mit niedrigem Druck erzeugt und in ein Fernwärmenetz oder in das Dampfnetz eines Industriebetriebes eingespeist.
– Abfallheizkraftwerke mit Stromerzeugung im Gegendruckbetrieb. Der Dampf wird in einer Gegendruckturbine teilentspannt, bevor er in ein Fernwärmenetz oder in einen Wärmetauscher eingespeist wird. Der erzeugte Strom reicht zur Deckung des Eigenbedarfs.
– Abfallkraftwerk mit Stromerzeugung im Kondensationsbetrieb. Der erzeugte Hochdruckdampf wird mit hohem Wirkungsgrad in einer Kondensationsturbine zur Stromerzeugung verwendet und der erzeugte Strom ins öffentliche Netz eingespeist.
– Kombiniertes Abfall- und Fossilbrennstoff-Kraftwerk. Dabei handelt es sich im Prinzip um ein Abfall-Heizkraftwerk mit Stromerzeugung im Kondensationsbetrieb, wobei die Abfallverbrennung integrierter Bestandteil eines z. B. mit Kohle gefeuerten Dampferzeugers ist.

Als indirekte t. A. ist die Brennstoffgewinnung aus Müll (BRAM) anzusehen; dabei wird zunächst mit Verfahren der mechanischen Abfallaufbereitung aus den heizwertreichen Fraktionen des Abfalls ein Brennstoff gewonnen, der zu einem späteren Zeitpunkt und an einem anderen Ort energetisch genutzt werden kann, z. B. in Kraftwerken, Industriefeuerungen oder in Zementwerken. *Neuenhahn*

Abfallverwertungspflicht. Das AbfG setzt in § 3 Abs. 2 Satz 3 einen Verwertungsvorrang, der an das Vorhandensein bestimmter Randbedingungen geknüpft ist (→Abfallverwertung), jedoch keine generelle Verwertungspflicht für Abfälle.

Eine A. kann nur bestehen, wenn für bestimmte Abfälle die Verwertung technisch möglich ist, anfällige Mehrkosten im Vergleich zu anderen Entsorgungswegen für den zu Verpflichtenden zumutbar sind und auch ein Absatzmarkt vorhanden ist.

Die Konkretisierung des Verwertungsgebots in eine Verwertungspflicht kann somit nur im Einzelfall erfolgen, weil sowohl die Zumutbarkeit von Mehrkosten individuell unterschiedlich wie auch der Markt zeitlich und regional veränderlich ist.

Die Abfallbehörden haben somit im Einzelfall zu prüfen, ob ein Entsorgungsvorgang wegen des Vorrangs der Verwertung untersagt werden muß. Die →TA Siedlungsabfall konkretisiert für Siedlungsabfälle, die →TA Abfall Teil 1 für besonders überwachungsbedürftige Abfälle das Verwertungsgebot.

Produktbezogene Vorschriften für die Verwertung von Abfällen gemäß § 14 AbfG stoßen auf die gleichen Probleme. Die verbindliche und unbegrenzte A. kann in der Regel nicht unmittelbar auferlegt werden. Insofern enthält z. B. die Verpackungsverordnung eine bestimmte qualitative Verwertungspflicht für Verpackung nur indirekt als Alternative zu einer Vorschrift (Rücknahme- und Pfandregelung), die von Teilen der Betroffenen als weniger attraktiv betrachtet wird. De lege ferenda ist die Umkehr der →Beweislast vorgesehen: Zunächst wird generell die Möglichkeit der Verwertung unterstellt, es sei denn, der Abfallerzeuger oder -besitzer kann nachweisen, daß dies nicht praktikabel ist; nur in solchen Fällen soll die →Entsorgung im herkömmlichen Sinn zugelassen werden. *Schnurer*

Abfallwirtschaft →Abfall

Abfallwirtschaftskonzept. Die entsorgungspflichtigen Körperschaften stellen für ihre Bereiche A. auf. Teilweise sind sie dazu durch das Landesrecht ausdrücklich verpflichtet. A. enthalten die notwendigen Maßnahmen zur Vermeidung und →Entsorgung sowie bestehende und künftige Möglichkeiten der Nutzung von Energie und Abwärme. Sie sind periodisch fortzuschreiben. Entsprechend ihrer zukunftsorientierten Perspektive und ihrer dynamischen Ausgestaltung beschränken sich A. inhaltlich nicht auf die Beschreibung des Ist-Zustandes der →Abfallentsorgung. Sie treffen vielmehr Aussagen auch und gerade über neue und moderne Entsorgungsstrategien unter Einbeziehung von Maßnahmen zur Förderung der stofflichen und energetischen →Abfallverwertung sowie einer etwaigen Kostenanalyse der verschiedenen Entsorgungstechnologien. A. haben deshalb über die Verwaltungsebene der entsorgungspflichtigen Körperschaften hinaus Bedeutung für die gesamte Abfallwirtschaft. *Hoppe/Beckmann*

Literatur: *Appold; Beckmann:* Ziele und rechtliche Instrumente der integrierten Abfallwirtschaft, VerwArch 81 (1990), 307 ff. – *Jacobi:* Grenzen und Möglichkeiten der Zusammenfassung von Versorgung und Entsorgung in der Kommunalwirtschaft. In: Kommunalwirtschaft 1989, S. 2 ff. – *Loschelder:* Abfallwirtschaftskonzept der Kreise und kreisfreien Stadte und ihre Durchsetzung. In: Das neue Abfallwirtschaftsrecht. Düsseldorf 1989. – *Schink:* Kommunale Abfallwirtschaftskonzepte. In: Wirtschaftsverwaltungs- und Umweltrecht 1990.

Abfallwirtschaftskonzept, integriertes. In einer ergänzenden Empfehlung zur → TA Siedlungsabfall hat das Bundesumweltministerium detaillierte Vorschläge zur Aufstellung eines integrierten Abfallwirtschaftskonzeptes nach detaillierten Vorgaben veröffentlicht. Damit soll die Beachtung des Vorrangs der → Abfallvermeidung vor der Verwertung und der Vorrang der Verwertung vor der sonstigen Entsorgung dargestellt und die Entsorgungssicherheit besser gewährleistet werden.

Ein i. A. soll enthalten:
– Bestandsaufnahme (Abfallaufkommen nach Art und Menge sowie bestehende Entsorgungsstruktur)
– Prognose der künftigen Entwicklung
– Planung und Bewertung von Abfallvermeidungs- und Entsorgungsmaßnahmen/-verfahren.

Bei der Aufstellung des i. A. soll eine intensive Information und Beteiligung der Öffentlichkeit erfolgen, um ein auf die jeweiligen regionalen Verhältnisse optimal zugeschnittenes Konzept zu entwickeln, einen möglichst breiten Konsens zu erzielen und bei der Durchführung Eigeninitiativen und Zusammenarbeit aller Betroffenen zu fördern. *Schnurer*

Literatur: Bundesanzeiger Nr. 99 v. 29. 5. 1993.

AbfG → Abfallgesetz

Abfluß. A. ist die ober- und unterirdische Bewegung des nicht verdunsteten Niederschlags nach seinem Auftreffen auf die Landoberfläche zum Meer oder in abflußlose Senken. Diese Fließbewegung vollzieht sich unter dem Einfluß der Schwerkraft in Vorflutersystemen, die natürliche Gewässer (Rinnsale, Bäche, Flüsse, Ströme) und künstliche Gewässer (Gräben und Kanäle) umfassen. Hier ist der A. aus einem Einzugsgebiet sichtbar und als das Wasservolumen meßbar, das den A.-Querschnitt in der Zeiteinheit durchfließt (DIN 4049, T. 1 Dez. 1992).

Der Gesamtabfluß und die Größe der verschiedenen A.-Komponenten sind von den Charakteristiken des Niederschlags sowie von den natürlichen und vom Menschen beeinflußten Verhältnissen des Einzugsgebiets abhängig. Hierzu gehören u. a. die klimatischen Verhältnisse, die Form, Lage und Exposition des Einzugsgebiets, dessen Oberflächenrelief, geologischer Aufbau, Bodenbeschaffenheit und Vegetation, vor allem Waldbestand sowie dessen Gewässerdichte. Ein Teil des Niederschlags fällt direkt in die oberirdischen Gewässer, ein anderer auf die Landoberfläche. Für den A. ist die Form und die zeitliche Verteilung des Niederschlags von großer Bedeutung. Niederschläge, die als Schnee fallen, werden kurz- oder mittelfristig zurückgehalten und kommen bei der Schneeschmelze verzögert zum A.

Zu Beginn eines Regenereignisses wird der erste Anteil des Niederschlags von den Laubflächen der Pflanzen (Interzeption) und der Landoberfläche in mehr oder weniger großen Bodensenken als Pfützen zurückgehalten und gespeichert (Oberflächen-Retention, Senkenspeicherung). Dieses Wasser, das wegen der großen verfügbaren Oberfläche intensiver Verdunstung unterliegt, trägt zum A. nicht bei. Regenfälle von geringer Intensität und kurzer Dauer können so gänzlich durch die Interzeption und Oberflächenretention zurückgehalten und durch Verdunstung aufgebraucht werden. Bei anhaltenden Niederschlägen wird der Speichervorrat auf den Blättern und in Depressionen der Erdoberfläche immer mehr gesättigt. Wenn das Rückhaltevermögen der Pflanzenoberflächen und die Bodenretention überschritten werden, sind erste A.-Vorgänge zu beobachten. Der weitere Vorgang hängt von Niederschlagsdichte und -fracht und von der Infiltrationsrate und -kapazität des Bodens ab.

Im Boden können zeitweise erhebliche Wassermengen gespeichert werden, bis die Hohlraumanteile des Bodens mit Wasser gesättigt sind. Der Infiltrationsanteil des Niederschlags und seine Verweilzeit im Boden hängen u. a. von den hydraulischen Eigenschaften, der Beschaffenheit des Bodens und seiner Bodenhorizonte (Hohlraumanteil, Durchlässigkeit), der → Bodennutzung, dem Pflanzenbewuchs, dem Flurabstand der Grundwasseroberfläche und vom Oberflächenrelief ab. Ein Teil des infiltrierten Wassers bleibt in der Deckschicht (Geologie) als Bodenfeuchte zurück, ein Teil tritt als Zwischenabfluß in Erscheinung, ein weiterer Teil wird durch Transpiration, Evaporation und Wasserdampfaustausch wieder an die Atmosphäre abgegeben (Verdunstung). Ein anderer Teil des infiltrierten Wassers sickert bis zum Grundwasserspiegel hinab und speist das Grundwasser, das als Grundwasserabfluß und als Grundwasserabstrom zum A.-Vorgang beiträgt. Das Grundwasser legt unterschiedlich große Wege in den Grundwasserleitern zurück und tritt z. T. mit großer zeitlicher Verzögerung in Quellen zu Tage oder speist direkt in die oberirdischen Gewässer ein (effluenter Zustand). In Teilbereichen kann das oberirdische

Gewässer ständig Wasser an das Grundwasser abgeben (influenter Zustand), oder es wechseln effluente und influente Zustände ab: Bei Niedrigwasser und meistens auch Mittelwasser fließt das Grundwasser in die oberirdischen Gewässer ab (effluente Verhältnisse).

Quantitativ wird in der →Abwassertechnik unter A. der Quotient aus dem Wasservolumen, das einen bestimmten Fließquerschnitt durchfließt, und der dazu benötigten Zeit verstanden (DIN 4045).

Friedrich

Literatur: DIN 4045: Abwassertechnik; Begriffe. 12/1985. – DIN 4049, Teil 1: Hydrologie; Begriffe, quantitativ; 9/1979 und 12/1992.

Abgas. A. kann insbesondere aus Feuerungsanlagen, Produktionsanlagen sowie Kraftfahrzeugen, aber auch aus belasteten Böden oder Deponien austreten. In Luftreinhaltevorschriften (z. B. →TA Luft, →13. BImSchV) sind A. als Trägergase mit festen, flüssigen oder gasförmigen →Emissionen definiert.

Wesentliche Bestandteile von A. aus der Verbrennung fossiler Brennstoffe sind Stickstoff, →Sauerstoff, →Kohlendioxid, Wasserdampf und – je nach eingesetztem Brennstoff bzw. →Feuerungssystem – →Staub, →Kohlenmonoxid, →Schwefeldioxid, →Stickstoffoxide (NO_x), Halogenverbindungen (HCl, HF) und flüchtige →organische Verbindungen (VOC). A. aus Verbrennungsprozessen wurden früher in der Regel (und z. T. heute noch) als Rauchgase bezeichnet. Auch ist für A. aus Anlagen, in denen keine Verbrennung stattfindet, noch die Bezeichnung Abluft gebräuchlich.

M. Lange

Abgas von Kfz-Verbrennungsmotoren. Es enthält eine große Anzahl an verschiedenen Komponenten aus mehreren Quellen, und zwar aus
- der angesaugten Umgebungsluft,
- dem eingesetzten Kraftstoff,
- vollständiger Verbrennung,
- unvollständiger Verbrennung und
- aus dem Motoröl.

Hinzu kommen Bestandteile die aus Motor-Abrieb und -Verschleiß resultieren.

Neben Sauerstoff und Stickstoff findet man eine Vielzahl luftfremder Stoffe, wobei es einen Unterschied in der Abgaszusammensetzung zwischen Otto- und Dieselmotor gibt.

Das A. von Ottomotoren (Tabelle 1) besteht
- zu über 98 Gew.-% aus Kohlendioxid, Wasser, Sauerstoff und Stickstoff,
- zu 1,64 Gew.-% aus den rechtlich limitierten Abgasbestandteilen Kohlenmonoxid, Kohlenwasserstoffe (unverbrannte und gekrackte Kraftstoffkomponenten sowie daraus neu entstandene Ver-

bindungen) und Stickoxide, die als Folge einer unvollständigen Verbrennung entstehen, und
- dem mengenmäßig sehr kleinen Rest von weniger als 0,05 Gew.-% an nicht limitierten Abgaskomponenten wie Wasserstoff, Schwefelverbindungen (Oxidationsprodukte des im Kraftstoff enthaltenen Schwefels), Aldehyde (teiloxidierte Kohlenwasserstoffe) und Ammoniak (Reduktionsprodukt der Stickoxide). Die Konzentrationen (Gew.-%) sind um bis zu fünf Zehnerpotenzen geringer als die der limitierten Substanzen. Es handelt sich hier also um Spurenkomponenten. Bei der Verwendung von verbleiten Kraftstoffen entstehen neben den oben

Abgas von Kfz-Verbrennungsmotoren. Tabelle 1: Typische A.-Zusammensetzung eines Otto-Motors.

Komponente		kg/l Kraftstoff	Vol.-%
Kohlendioxid	CO_2	2,019	10,9
Wasserdampf	H_2O	0,99	13,1
Sauerstoff	O_2	0,13	1,0
Stickstoff	N_2	8,586	72,8
Wasserstoff	H_2	$4,2 \cdot 10^{-3}$	0,5
Kohlenmonoxid	CO	0,167	1,4
Kohlenwasserstoffe	HC	$1,5 \cdot 10^{-2}$	0,27
Stickoxide	NO_x	$1,3 \cdot 10^{-2}$	0,1
Schwefeldioxid	SO_2	$2,4 \cdot 10^{-4}$	$9,0 \cdot 10^{-4}$
Sulfate	SO_4	$1,7 \cdot 10^{-5}$	$4,0 \cdot 10^{-5}$
Aldehyde	RCHO	$2,5 \cdot 10^{-4}$	$2,0 \cdot 10^{-3}$
Ammoniak	NH_3	$1,1 \cdot 10^{-5}$	$1,5 \cdot 10^{-4}$
Bleiverbindungen		$7,5 \cdot 10^{-5}$	—

Abgas von Kfz-Verbrennungsmotoren. Tabelle 2: Typische A.-Zusammensetzung eines Diesel-Motors.

Komponente		kg/l Kraftstoff	Vol.-%
Kohlendioxid	CO_2	2,612	4,6
Wasserdampf	H_2O	0,971	4,2
Sauerstoff	O_2	5,554	13,5
Stickstoff	N_2	27,838	77,6
Wasserstoff	H_2	$7,0 \cdot 10^{-4}$	$3,0 \cdot 10^{-2}$
Kohlenmonoxid	CO	$1,1 \cdot 10^{-2}$	$3,0 \cdot 10^{-2}$
Kohlenwasserstoffe	HC	$2,5 \cdot 10^{-3}$	$1,4 \cdot 10^{-2}$
Stickoxide	NO_x	$1,1 \cdot 10^{-2}$	$3,0 \cdot 10^{-2}$
Schwefeldioxid	SO_2	$3,7 \cdot 10^{-3}$	$5,0 \cdot 10^{-3}$
Sulfate	SO_4	$6,0 \cdot 10^{-5}$	$5,0 \cdot 10^{-5}$
Aldehyde	RCHO	$5,2 \cdot 10^{-4}$	$1,4 \cdot 10^{-3}$
Ammoniak	NH_3	$2,0 \cdot 10^{-5}$	$9,0 \cdot 10^{-5}$
Partikel		$2,1 \cdot 10^{-3}$	—

angeführten Bestandteilen noch Bleiverbindungen, wobei insbesondere Bleihalogenide zu nennen sind.

Mit Ausnahme der Bleiverbindungen findet man alle anderen Komponenten auch im A. von Dieselmotoren (Tabelle 2). Da diese Selbstzündungsmotoren mit einem Luftüberschuß betrieben werden, findet man die Schadstoffbestandteile in niedrigeren Konzentrationen. Auf Grund des höheren Schwefelgehalts im Dieselkraftstoff werden jedoch verstärkt Schwefelverbindungen emittiert. Zusätzlich zu den Komponenten des Ottomotor-A. findet man im Dieselmotor-A. Partikel. *Kind/May*

Abgasanalyse bei Kraftfahrzeugen. Zur Konzentrationsmessung der rechtlich limitierten Schadstoffkomponenten →Kohlenwasserstoff, →Kohlenmonoxid und Stickoxid sind folgende Gasanalysatoren vorgeschrieben:
- HFID: Heißer Flammenionisations Detektor zur Bestimmung der Kohlenwasserstoff-Konzentration (HC),
- NDIRA: Nichtdispersiver Infrarot Analysator zur Bestimmung der Kohlenmonoxid- und Kohlendioxid-Konzentrationen (CO/CO_2),
- CLD: Chemolumineszens Detektor zur Bestimmung der Stickoxid-Konzentration (NO_x).

Meßgeräte, die nach einem anderen Prinzip als die angeführten Gasanalysatoren arbeiten, sind dann zulässig, wenn nachgewiesen werden kann, daß sie mindestens gleichwertige Ergebnisse erzielen. Im Gegensatz zu den limitierten Abgaskomponenten gibt es bei den nicht limitierten Komponenten keine rechtlich vorgeschriebenen Analyseverfahren. *Kind/May*

Abgasausbrand. Hauptziel einer technischen Verbrennung fossiler Brennstoffe ist die vollständige Verbrennung aller brennbaren Bestandteile, insbesondere die Oxidation des im Brennstoff enthaltenen Kohlenstoffs zu →Kohlendioxid. In der Betriebspraxis ist dieses Ziel nur näherungsweise zu erreichen. Leitparameter der Überwachung für die Güte der Verbrennung sind die Konzentrationen an →Kohlenmonoxid und Gesamtkohlenstoff im Abgas. Die Güte des A. hängt im wesentlichen von folgenden Faktoren ab: Homogenität des Abgas-/Luftgemisches im Feuerraum, Feuerraumtemperatur, Sauerstoffangebot im Feuerraum sowie Verweilzeit der Abgase im Feuerraum.

Wegen der hohen Viskosität der heißen Abgase kann die angestrebte gute Durchmischung von Luftsauerstoff und Abgasen Probleme aufwerfen. Die Durchmischung kann durch geeignete Feuerraumgestaltung, z. B. durch zusätzliche Einbauten im Feuerraum zur Verwirbelung der Abgase, optimiert werden. Dies führt i. a. auch zu einer Erhöhung der Verweilzeit der Abgase. Ferner muß der Luftüberschuß bei der Verbrennung in einem optimalen Bereich gehalten werden.

Für einen weitgehend vollständigen A. ist bei neuen Anlagen die Zugabe von Sekundärluft oberhalb der Verbrennungszone üblich. Bei →Abfallverbrennungsanlagen ist darüber hinaus die →Nachverbrennung der Abgase unter festgelegten Randbedingungen vorgeschrieben. *Bade*

Literatur: *Mayr, F.* (Hrsg.): Handbuch der Kesselbetriebstechnik. Gräfelfing/München 1980.

Abgasentschwefelung. Durch A. werden die Schwefeloxidemissionen bei Kraftwerken und in der Industrie erheblich verringert. Anlagen zur A. sind insbesondere bei Kraftwerken, Industriefeuerungen, bei Abfallverbrennungsanlagen, in der Stahl-, Eisen- und NE-Metallindustrie, bei Zellstoffwerken, in der keramischen und chemischen Industrie weltweit in Betrieb.

Die Entwicklung der modernen A. begann in den sechziger Jahren. Entscheidende Impulse kamen mit der Forderung, den SO_2-Ausstoß bei Großfeuerungsanlagen erheblich zu verringern. Seit Beginn der siebziger Jahre wird die A. in Japan und seit Mitte der siebziger Jahre in den USA vorwiegend bei Kohlekraftwerken kommerziell angewandt. Die Bundesrepublik Deutschland ist der dritte Staat, in dem die A. in die Betriebspraxis eingeführt wurde. Die erste kommerzielle A. für eine Großfeuerungsanlage ging im Jahr 1977 beim Kraftwerk Wilhelmshaven in Betrieb. Heute hat die Bundesrepublik Deutschland eine führende Rolle auf dem Gebiet der A.. Dies gilt sowohl für die ausgereifte Technik (z. B. Wirkungsgrad, Verfügbarkeit, verwertbare Reststoffe) als auch für die Breite der Anwendung. So haben die Energieversorgungsunternehmen in den alten Bundesländern bis Mitte 1988 eine elektrische Kraftwerksleistung von rund 38 000 MW, entsprechend den Anforderungen der Großfeuerungsanlagen-Verordnung, fristgemäß mit Anlagen zur A. nachgerüstet. Im Bereich der kommunalen und industriellen Kraftwirtschaft wurden inzwischen weitere Anlagen mit einer Kapazität von etwa über 4 000 MW (elektr. Leistung) errichtet. In den neuen Ländern soll die erforderliche Nachrüstung mit A. bei Kraftwerken bis Mitte 1996 abgeschlossen sein.

Zur A. gibt es trockene, halbtrockene und nasse Verfahren. Die Verfahren lassen sich unterscheiden in regenerative und nichtregenerative Prozesse (Bild). Bei den Regenerativ-Verfahren wird das beladene Sorptionsmittel aufgearbeitet und das zurückgewonnene Sorbens wieder zur SO_2-Abscheidung eingesetzt. Bei den nichtregenerativen Verfahren werden die Reaktionsprodukte aus Sorptionsmittel und Schadstoffen ausgetragen, d. h. das Sorptionsmittel wird verbraucht und muß ständig wieder zugeführt werden. Von den über 200 Verfah-

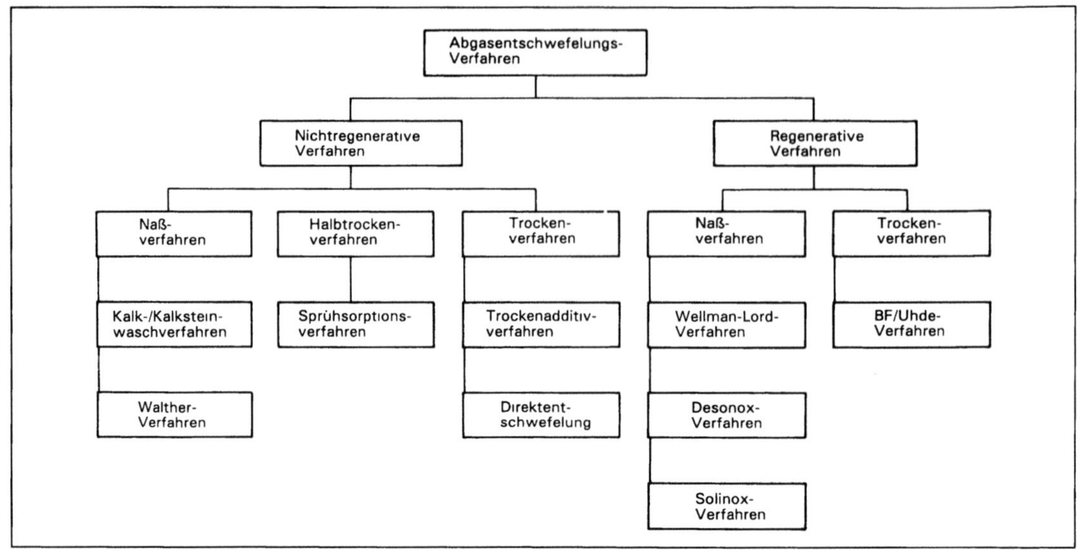

Abgasentschwefelung: Klassifikation von Verfahren zur A.

ren, die zur A. erprobt wurden, haben die Kalk-/Kalksteinwaschverfahren mit etwa 90 % den weitaus größten Marktanteil bei den Betriebsanlagen. Die Vielfalt der Verfahren bietet jedoch die Möglichkeit, eine für die Produktion besonders geeignete A. auszuwählen. So erfolgt bei der Zellstoffherstellung die A. bei der Verbrennung der verbrauchten Kochsäure nach einem Waschverfahren auf Magnesiumbasis. Die beladene Waschflüssigkeit der A. (Magnesiumsulfit) kann dann wieder zum Zellstoffaufschluß verwendet werden.

Mit der A. lassen sich SO_2-Abscheidegrade von über 95 % erzielen. Sie ist die wirkungsvollste Maßnahme zur Verminderung der SO_2-Emission bei Kohle- und Heizöl-S-Feuerungen. Mit den →Abgasreinigungsverfahren werden zusätzlich →Halogenverbindungen wie Chlor- und Fluorwasserstoff abgeschieden. Mit den meisten Verfahren werden die Halogene noch wirksamer abgeschieden als die Schwefeloxide. *Haug*

Literatur: *Davids, P.; M. Lange:* Die Großfeuerungsanlagen-Verordnung – Technischer Kommentar. Düsseldorf 1984. – *Davids, P.; M. Lange:* TA-Luft '86 – Technischer Kommentar. Düsseldorf 1986. – *Lange, M. et al:* Luftreinhaltung bei Kraftwerks- und Industriefeuerungen. BWK **45** (1993) Nr. 4. – Daten zur Umwelt 1992/93. Berlin 1994.

Abgasfahnenüberhöhung. Höhe, die eine Abgasfahnenachse in ebenem Gelände über der Schornsteinmündung erreicht, nachdem Austrittsimpuls (das Produkt von Abgasvolumenstrom und Austrittsgeschwindigkeit der Abgase) und thermischer Auftrieb der Abgase nicht mehr zu einem weiteren Aufstieg führen (Bild). Eine Rauchgasfahne läßt sich als Heißluftballon ohne Hülle vorstellen.

Anstatt im Korb ein Feuer brennen zu lassen, brennt es in der Nähe des Schornsteinfußes, und die aufsteigende Heißluftblase entweicht durch die Schornsteinmündung. Hätte diese Heißluftblase eine gewichtslose Hülle, welche die Durchmischung der Abgase mit der Umgebungsluft verhindert, so würde der imaginäre Heißluftballon so hoch steigen, bis die Dichte der umgebenden Luft mit der Dichte der aufsteigenden heißen Gase übereinstimmt. Das wäre bei einer Temperatur der Abgase von 100°C erst in mehr als 2 km Höhe der Fall. Da aber die Rauchgase nicht von einer Hülle umgeben sind, sondern sich ständig mit der Umgebungsluft vermischen und dadurch abkühlen, stellt sich der Gleichgewichtszustand viel eher ein. Die Vermischung der Abgase mit der Umgebungsluft nimmt um so mehr Zeit in Anspruch, je mächtiger der Abgasvolumenstrom ist. Deshalb steigen die Rauchgase aus Kraftwerksschornsteinen mit ihrem großen Abgasvolumenstrom auch viel höher in die Atmosphäre empor als z. B. die Rauchgase aus Hausschornsteinen. Der Unterschied kann bei niedrigen Windgeschwindigkeiten mehrere 100 m betragen.

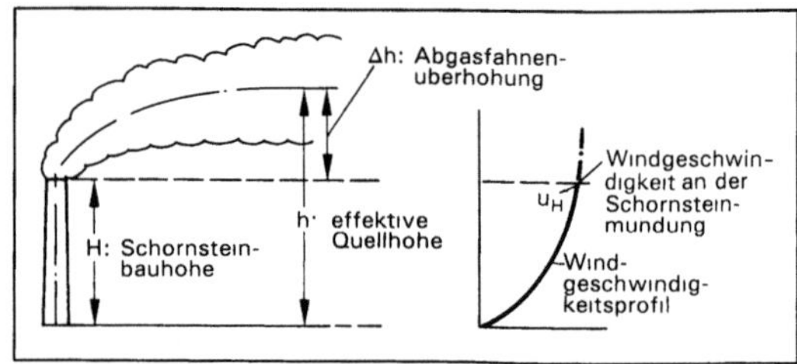

Abgasfahnenüberhöhung: Schematische Darstellung der A. und der effektiven Quellhöhe.

Von den meteorologischen Parametern übt die Windgeschwindigkeit auf den Anstieg von Abgasfahnen den größten Einfluß aus. Bei neutraler und labiler Temperaturschichtung der Atmosphäre ist die A. Δh dem Kehrwert der Windgeschwindigkeit u_H (in Höhe der Schornsteinmündung) proportional: $\Delta h \sim 1/u_H$ mit

Δh: Abgasfahnenüberhöhung, u_H: Windgeschwindigkeit in der Höhe der Schornsteinmündung

Neben der Windgeschwindigkeit spielt die Temperaturschichtung der Atmosphäre eine große Rolle. Inversionen, die mit ihrer Untergrenze in einigem Abstand oberhalb der Schornsteinmündung beginnen, stoppen in der Regel den weiteren Anstieg einer Abgasfahne.

Die A. wird mit Lidar (optischer Laserradar), durch photographische Aufnahmen vom Flugzeug aus oder mit anderen Methoden gemessen. Mit Lidarmessungen wird dabei auch der für das Auge nicht sichtbare Teil einer Rauchfahne erfaßt. Auf der Basis dieser Messungen wurden empirische sowie halbempirische Gleichungen zur Berechnung der A. entwickelt. Neben den Überhöhungsgleichungen werden neuerdings sog. numerische Entrainment-Modelle verwendet, für die das Wind- und Temperaturprofil aus dem Höhenbereich vorliegen muß, in dem sich die Abgasfahne ausbreitet. Mit den meisten Überhöhungsgleichungen läßt sich nur der Endwert der A. prognostizieren. Einige Verfahren liefern jedoch auch den Anstieg der Abgasfahne im Nahbereich der Emittenten. Ihre maximale Höhe erreicht eine Abgasfahne in einer Quellentfernung, die je nach ihrem Wärmeinhalt und Austrittsimpuls zwischen einigen 10 m und mehr als 1–2 km liegt.

Eines der wirklichkeitsnächsten Verfahren zur Berechnung der A. ist in der →TA-Luft angegeben. Das Verfahren geht in seinem Kern auf *Briggs* zurück, der eine Vielzahl von Überhöhungsmessungen ausgewertet hat. Getrennt für die einzelnen Ausbreitungsklassen bzw. Ausbreitungsklassengruppen sind dort Überhöhungsgleichungen angegeben, mit deren Hilfe sich in Abhängigkeit von der Wärmeemission in MW und der Windgeschwindigkeit an der Schornsteinmündung die A. in Abhängigkeit von der Quellentfernung ergibt. Die größte Überhöhung ergibt sich unter sonst gleichen Bedingungen bei labiler Temperaturschichtung der Atmosphäre, die niedrigste bei stabiler. Mit den Überhöhungsgleichungen der TA-Luft lassen sich nur Mittelwerte prognostizieren, wie sie innerhalb einer →Ausbreitungsklasse zu erwarten sind. In einer bestimmten Wettersituation kann die tatsächliche A. beträchtlich von der mittleren abweichen. Die Ursache hierfür liegt darin, daß innerhalb einer Ausbreitungsklasse das vertikale Wind- und Temperaturprofil mit der Höhe variieren kann, bedingt

u. a. durch den Tages- und Jahresgang der Höhe der →Mischungsschicht, deren Obergrenze ja meist durch eine →Inversion oder stabile Luftschicht gebildet wird.

Um die in der TA-Luft angegebenen Überhöhungsgleichungen anwenden zu können, müssen folgende Voraussetzungen erfüllt sein:
– Die Abgase müssen senkrecht aus einem Schornstein nach oben emittiert werden.
– Der Einfluß von höheren Objekten und Geländeunebenheiten auf das Anstiegsverhalten der Abgasfahne muß vernachlässigbar sein.
– Die Windgeschwindigkeiten in der Höhe der Schornsteinmündung muß wenigstens 1 m/s betragen (→Quellhöhe, effektive). *Giebel*

Literatur: *Briggs, G. A.:* Some Recent Analyses of Plume Rise Observation. Proceedings of the Sec. Intern. Clean Air Congress, Washington 1970. – *Giebel, J.:* Welche Abgasfahnen-Überhöhungsgleichung erreicht die größte Wirklichkeitsnähe? Staub Reinhaltung der Luft, **43** (1983). Nr. 10. – *Schatzmann, M.:* An integral model of plume rise. Atmospheric Environment **13** (1979), S. 721/731. – VDI-Richtlinie 3782, Blatt 3: Berechnung der Abgasfahnenüberhöhung. 6/1985.

Abgasfeuchtemessung. Um Emissionen von →Luftverunreinigungen vergleichen und einheitlich beurteilen zu können, ist in Rechts- und Verwaltungsvorschriften zum →Bundes-Immissionsschutzgesetz festgelegt, daß die Emissionen in der Regel als →Massenkonzentration, bezogen auf das Abgasvolumen im Normzustand (0 °C; 1013 hPa) nach Abzug des Feuchtegehaltes an Wasserdampf angegeben werden sollen. Bei →Emissionsmeßverfahren mit extraktiver Probenahme wird meistens die Abgasprobe vor der Analyse mit Hilfe eines Kühlers getrocknet, also direkt im trockenen Abgas gemessen. Bei anderen Meßverfahren, insbesondere bei allen In situ-Meßverfahren, erfolgt dagegen die Messung im feuchten Abgas, so daß zur Auswertung eine A. erforderlich ist.

Bei vergleichsweise konstanten oder niedrigen Feuchtegehalten genügen Einzelmessungen. Der Wassergehalt kann über die Taupunkttemperatur oder nach Kondensation gravimetrisch bestimmt werden. Bei hohen und stark variierenden Feuchtegehalten ist eine kontinuierliche A. angezeigt oder sogar ausdrücklich vorgeschrieben (→Abfallverbrennungsanlage). Da die A. das Ergebnis der Emissionsmessungen wesentlich mitbestimmt, muß sie die gleichen Qualitätsanforderungen erfüllen wie die Messung der Luftverunreinigungen. Deshalb sind die Feuchtemeßgeräte in das Eignungsprüfungsverfahren einbezogen. Ein in der →Eignungsprüfung bereits erprobtes Meßverfahren verwendet Lithium-Chlorid-Fühler, deren Wasseraufnahme aus dem umgebenden Abgas vom Angebot abhängt und über die elektrische Leitfähigkeit bestimmt werden kann. *Stahl*

Literatur: *Lützke, K.; R. Wilkes:* Erprobung von Meßverfahren zur Durchführung der Großfeuerungsanlagen-Verordnung. Forschungsbericht 88-104 02 164 des Rheinisch-Westfälischen TÜV, Essen, 11/1988 i. A. des Umweltbundesamtes.

Abgasgrenzwert →Kfz-Abgas-Grenzwert

Abgaskomponente, nichtlimitierte. Sammelbegriff für Kfz-Abgasbestandteile, die keiner rechtlichen Limitierung unterliegen. Die Forderung nach der Bestimmung solcher A. stammt aus den USA und ist im Clean Air Act verankert (unregulated emissions). Danach müssen die Fahrzeughersteller gemäß dem →Verursacherprinzip nachweisen, daß der Betrieb der Fahrzeuge kein unvertretbar hohes Risiko für die Gesundheit darstellt. Die außerordentlich große Zahl der im Automobilabgas enthaltenen Substanzen macht die komplette Erfassung aller Abgasbestandteile unmöglich. Zu den wichtigsten Stoffgruppen gehören: →Polycyclische aromatische Kohlenwasserstoffe (PAH), →Aldehyde und →Ketone, flüchtige spezifische Kohlenwasserstoffe (→VOC = volatile organic compounds), →Ammoniak, spezielle Stickoxide wie →Lachgas, Schwefelverbindungen, Amine, Nitrosamine, Cyanide, Phenole, Metalle und Metallverbindungen.

Hüttenberger/May

Abgasprüfverfahren (Kfz). Es dient im Kraftfahrzeugbereich dazu, bei der Typprüfung, der Serienprüfung und der Überprüfung der im Verkehr befindlichen Fahrzeuge festzustellen, ob die festgelegten Emissionsbegrenzungen eingehalten werden. Die anzuwendenden Meß- und Prüfverfahren sind in Anlagen der Straßenverkehrs-Zulassungs-Ordnung (StVZO) ausführlich dargestellt. Die Vorschriften der StVZO über A. basieren hauptsächlich auf technischen Regelungen der ECE (Economic Commission for Europe; Wirtschaftskommission der Vereinten Nationen für Europa), die von den Ländern der Europäischen Union als EG-Richtlinien angenommen und anschließend in nationales Recht übernommen wurden. Teilweise hat auch die strengere Abgasgesetzgebung in den USA Pate gestanden.

Die im Rahmen der Typprüfung verlangte Abgasprüfung wird von einer staatlich anerkannten Abgasprüfstelle an einem Prototyp der geplanten Fahrzeug-Serie vorgenommen. Dabei wird auf einem Fahrleistungsprüfstand (Rollenprüfstand) die Gesamtemission an limitierten Schadstoffen während eines vorgeschriebenen Fahrzyklus ermittelt. Der in Deutschland anzuwendende Europa-Zyklus simuliert eine durchschnittliche Fahrt im Innenstadtbereich von Großstädten. Er ist 1992 erweitert worden, um Fahrten auf Landstraßen und Autobahnen stärker zu berücksichtigen. Das im Zyklus anfallende →Abgas wird nach der zuerst in den USA eingeführten →CVS-Methode erfaßt, mit Frischluft verdünnt und gekühlt und dann analysiert. Bei Fahrzeugen mit Otto-Motor werden Kohlenmonoxid (CO), die Summe der Kohlenwasserstoffe (HC) und Stickstoffoxide (NO_x) gemessen. Dabei werden Standardverfahren der kontinuierlichen →Emissionsüberwachung angewandt: für CO das →NDIR-Verfahren, für HC der →Flammen-Ionisations-Detektor und für NO_x das →Chemiluszenz-Meßverfahren. Bei Fahrzeugen mit Diesel-Motor wird außerdem der Rußgehalt über die →Abgastrübung oder quantitativ mit Hilfe der →Gravimetrie gemessen. Aus der mittleren Konzentration und der Abgasmenge wird dann die im gesamten Test entstandene Emission bestimmt.

Die Serienprüfung, die von der Automobilindustrie durchgeführt wird, dient dem Nachweis, daß die in Serie gefertigten Fahrzeuge annähernd die gleichen Anforderungen erfüllen wie der zur Typprüfung vorgestellte Prototyp. Zu diesem Zweck werden aus der laufenden Serie stichprobenartig einzelne Fahrzeuge ausgewählt, die dann das gleiche A. durchlaufen, das bei der Typprüfung anzuwenden ist. Dabei gelten allerdings etwas schwächere Abgasgrenzwerte.

Zur Überprüfung der im Verkehr befindlichen Fahrzeuge gab es lange Zeit nur für Personenkraftwagen mit Otto-Motor den Leerlauf-CO-Test im Rahmen der regelmäßigen Untersuchung nach § 29 StVZO, der sog. TÜV-Prüfung. Dieser Test wurde 1985 durch die Abgassonderuntersuchung (ASU), diese 1992 durch die →Abgasuntersuchung (AU) ersetzt. *Stahl*

Literatur: Straßenverkehrs-Zulassungs-Ordnung; Anlagen zu § 47. – Analyse der in Europa und in den USA gesetzlich vorgeschriebenen Prüfmethoden und Meßverfahren für Automobilabgase. Forschungsbericht der Volkswagenwerk AG. Wolfsburg 1977.

Abgasreinigung, biologische. Bei der b. A. werden →Luftverunreinigungen in die wäßrige Phase überführt und durch →Mikroorganismen abgebaut. Bei diesem auch in der Natur vorkommenden Abbauprozeß entstehen als Endprodukte H_2O und CO_2.

Der Wirkungsgrad der Reinigung bei der b. A. wird von der biologischen Aktivität bestimmt. Dazu sind die biologischen Milieufaktoren wie Temperatur, Nährstoffangebot, Feuchtigkeit, Sauerstoffkonzentration, pH-Wert optimal einzustellen. Die abzuscheidenden Stoffe müssen wasserlöslich und biologisch abbaubar sein und dürfen in der vorliegenden Konzentration keine die biologischen Abläufe störende Wirkung haben.

In Abhängigkeit vom Trägermaterial für die Mikroorganismen wird zwischen →Biofiltern und →Biowäschern unterschieden (Bild). *W. Koch*

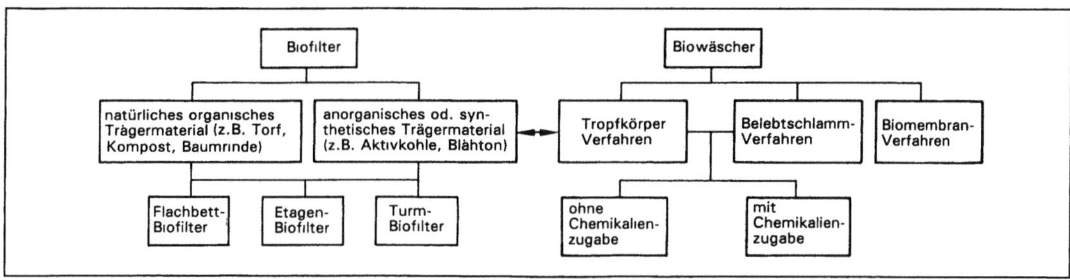

Abgasreinigung, biologische: Übersicht über Verfahren zur b. A.

Abgasreinigung, katalytische. Die k. A. beschleunigt die Umsetzung von gasförmigen →Luftverunreinigungen an der Oberfläche eines festen Katalysators, ggfs. unter Zusatz anderer Reaktionspartner, zu unschädlichen oder weniger schädlichen Substanzen. Die chemischen Reaktionen am Katalysator sind Oxidations- bzw. Reduktionsreaktionen, die mit physikalischen Transportvorgängen gekoppelt sind. Die Wirkung des Katalysators besteht darin, daß die erforderlichen Reaktionstemperaturen für eine Umsetzung herabgesetzt werden. Katalysatoren erhöhen die Reaktionsgeschwindigkeit; sie haben jedoch keinen Einfluß auf das thermodynamische Gleichgewicht. Durch Katalysatorgifte kann der Katalysator desaktiviert werden. Daher sind für den ordnungsgemäßen Betrieb einer k. A. die Kenntnis der Abgaszusammensetzung, die richtige Auswahl des Katalysators und die sorgfältige Auslegung Voraussetzung.

Der gesamte Vorgang der heterogenen Reaktion an der Oberfläche von Katalysatoren ist sehr komplex. Aufgrund der Porosität ist die innere Oberfläche des Katalysators sehr viel größer als die äußere. Der Prozeß der k. A. ist durch folgende Teilschritte gekennzeichnet: konvektiver Transport der Schadstoffe und Reaktionspartner an den Katalysator, diffusiver Transport an die Oberfläche und durch die Poren an die innere Katalysator-Oberfläche, →Adsorption, chem. Reaktion sowie →Desorption der Reaktionsprodukte mit anschließendem diffusiven und konvektiven Transport weg vom Katalysator. Die Geschwindigkeit der Umsetzung ist abhängig von den Bedingungen des Stoff- und Wärmetransports (Strömungsgeschwindigkeit, Temperatur, Konzentration) sowie von den Katalysatoreigenschaften (Porenradienverteilung, Dispersionsgrad). Die zur Berechnung erforderlichen Stoffdaten fehlen meist. In der Praxis wird daher zur Auslegung die summarische Größe Raumgeschwindigkeit (Verhältnis zwischen →Abgasvolumenstrom und Katalysatorvolumen) herangezogen. Sie ist ein Maß für die Verweilzeit des Abgases im Katalysatorvolumen (Bild 1).

Je nach aktiver Komponente und je nach Bauform werden verschiedene Katalysatortypen unterschie-

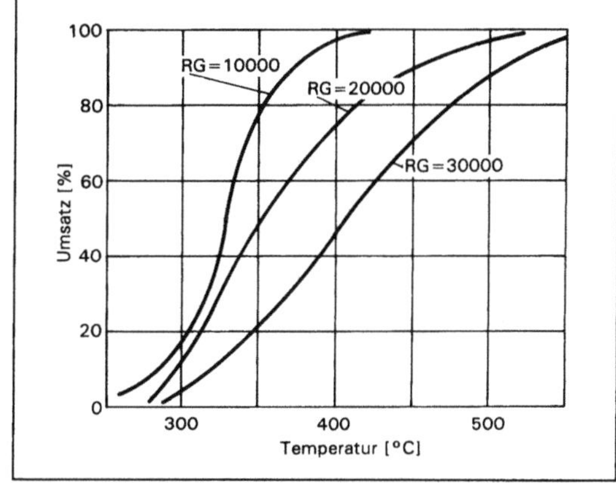

Abgasreinigung, katalytische 1: Umsatz als Funktion der Raumgeschwindigkeit und der Temperatur.

den. Aktive Komponenten können Edelmetalle (Pt, Pd), Metalloxide (Vanadiumpentoxid, Titandioxid) und oxidische Komponenten (Zeolithe) sein. Von der Katalysatorbauform her unterscheidet man Vollkontakte, die vollständig aus der aktiven Komponente bestehen, und Trägerkontakte, bei denen die aktive Komponente auf einen Träger, z. B. auf Keramik, aufgebracht wird. Beide Bauformen können als Schüttgutkatalysatoren in Form von Kugeln, Zylindern oder Ringen und als Formkörperkatalysatoren, z. B. in Form von Waben, Rohren oder Platten, ausgeführt werden.

Die Anforderungen an die Katalysatoreigenschaften für den technisch-wirtschaftlichen Einsatz zur k. A. sind:
– hohe Aktivität, d. h. eine hohe Reaktionsgeschwindigkeit für die gewünschte chem. Umsetzung; dadurch läßt sich das notwendige Katalysatorvolumen (Baugröße) klein halten;
– hohe Selektivität, d. h. der Katalysator soll nur die gewünschte Reaktion beschleunigen; unerwünschte Reaktionen können durch entsprechende Dotierungen des Katalysators mit anderen aktiven Komponenten weitgehend unterdrückt werden;
– hohe Stabilität gegen mechanische und thermische Einflüsse;

– große Beständigkeit gegen Katalysatorgifte wie Schwefeloxide, Arsen- und Selenverbindungen, Verbindungen der Erdalkalimetalle und Halogene;
– geringer Druckverlust;
– lange Standzeit und niedrige Kosten.

Während der Betriebsdauer des Katalysators nimmt die Aktivität ab durch Vergiftung, Ablagerungen und Alterung. Durch Aufheizen oder Waschen (Säuren, Laugen) können einige Desaktivierungen rückgängig gemacht werden. Nach längerer Betriebszeit sinkt die Aktivität jedoch soweit ab, daß die Garantiewerte oder die festgelegten Reingaswerte nicht mehr eingehalten werden können. Dann wird der Katalysator ausgetauscht bzw. eine Katalysatorlage ersetzt. Edelmetallhaltige Katalysatoren sowie diejenigen aus dem Kraftwerksbereich werden einer →Wiederaufarbeitung zugeführt.

Unter Katalysator-Anspringtemperatur wird die Temperatur verstanden, bei der die Reaktionsgeschwindigkeit ausreichend ist, um bei technisch sinnvollen Verweilzeiten die erforderlichen Umsatzgrade zu erzielen. Häufig gebräuchliche Katalysator-Arbeitstemperaturen liegen zwischen 250 und 500 °C. Bei der Verwendung von Kohlenstoff-Katalysatoren (Aktivkohle-Filter) aus Herdofenkoks oder Aktivkoks sind geringere Temperaturen zwischen 80 und 150 °C notwendig. Autoabgase werden von 100–950 °C katalytisch gereinigt (Tabelle).

Abgasreinigung, katalytische. Tabelle: Typische Kennwerte und Betriebsbedingungen von Abgaskatalysatoren

Temperaturbereich	250–500 °C
Raumgeschwindigkeit	500–100 000 h⁻¹
spez. Trägeroberfläche	1–400 m²/g
Schüttdichte	0,5–1,5 g/m³
Gesamtporenvolumen	0,1–1 ml/g

Bei der katalytischen Nachverbrennung, auch als katalytische Oxidation bezeichnet, wird bei niedrigeren Verbrennungstemperaturen als bei der thermischen →Abgasreinigung die praktisch vollständige Verbrennung von organischen Luftverunreinigungen erzielt. Durch den Einsatz des Katalysators wird daher Brennstoff eingespart, als zusätzlicher Reaktionspartner wird Luft zugemischt. Ein autothermer Betrieb ist bei Schadstoffgehalten von 3–4 g/m³ und mehr möglich.

Den grundsätzlichen Aufbau einer Anlage zur k. A. zeigt Bild 2. Im allg. ist ein Aufheizen des Rohgases erforderlich. Durch einen Wärmetauscher wird der Energieinhalt des gereinigten Abgases (Reingas) weitgehend ausgenutzt. Zum Erreichen der erforderlichen Katalysatortemperatur ist ein

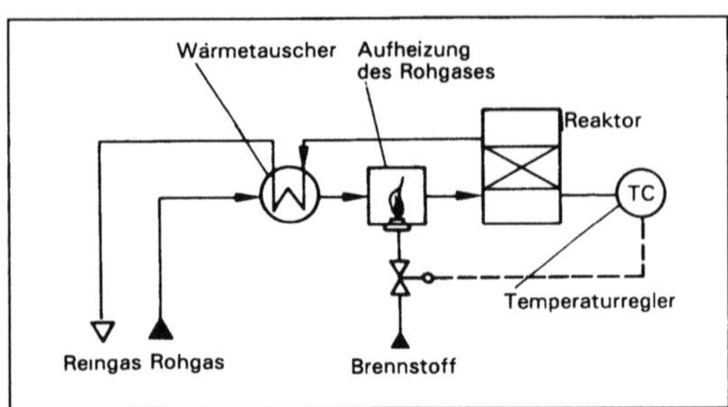

Abgasreinigung, katalytische 2: Fließbild einer Anlage zur k. A.

Brenner notwendig, der mit Heizöl oder Gas betrieben wird. Kernstück der Anlage ist der Reaktor, der zur Aufnahme des Katalysators dient.

Die Katalysatoren werden meist in Festbetten angeordnet, die bei monolithischen Katalysatoren aus mehreren Lagen modular aufgebaut sind. Katalysatoren auf Kohlenstoffbasis werden auch als Wanderbetten ausgeführt.

Hauptsächliche Anwendungsgebiete der k. A. sind die Autoabgasreinigung, der Einsatz zur Verminderung organischer Stoffe in industriellen Abgasen sowie die Stickstoffoxidreduktion bei Großkraftwerken und der Salpetersäureherstellung.

Die seit 1975 in den USA verwendeten Kraftfahrzeugkatalysatoren bestehen aus Edelmetallen (Platin mit Palladium und Rhodium) auf entsprechenden Trägern. Man unterscheidet zwischen Doppelbettkatalyse, bei der am ersten Katalysator die Stickstoffoxide reduziert werden und anschließend nach Zufuhr von Sekundärluft CO und Kohlenwasserstoffe im →Oxidationskatalysator zu CO_2 und Wasserdampf oxidiert werden, und dem (heute praktisch ausschließlich eingesetzten) →Dreiwegekatalysator.

Bei Feuerungsanlagen werden Katalysatoren zur →NOₓ-Abgasreinigung nach dem →SCR-Verfahren eingesetzt.

Bei der Salpetersäureherstellung erfolgt der Einbau der k. A. zur Stickstoffoxidreduktion zusätzlich nach der Absorptionsstufe. Bei Raumgeschwindigkeiten zwischen 5 000 und 70 000 h⁻¹ werden Abscheidegrade von mehr als 65 % erzielt.

Bei Clausanlagen werden die Restschwefelverbindungen im Abgas durch k. A. weitgehend entfernt, bevor das Abgas zur Nachverbrennung gelangt.

Kohlenstoffhaltige Katalysatoren werden im Kraftwerksbereich meist zur simultanen SO_2- und NOₓ-Entfernung (→BF-Uhde-Verfahren) und bei →Abfallverbrennungsanlagen eingesetzt. Die Katalysatoren haben den Vorteil, daß eine Vergiftung durch Abgaskomponenten nicht zu erwarten ist und die Anlagen bei niedrigen Temperaturen ohne zusätzlichen Energieaufwand betrieben werden können. Demgegenüber gibt es aber eine Vielzahl von Referenzanlagen nach dem SCR-Verfahren, die mit höherer Aktivität bei ca. 10 mal größerer Raumgeschwindigkeit arbeiten.

Das Einsatzgebiet der katalytischen Nachverbrennung ist sehr vielseitig. In der pharmazeutischen Industrie werden organische Schwefelverbindungen, in der chemischen Industrie Fettsäuren mit Wirkungsgraden von weit mehr als 90 % aus den Abgasen entfernt. Lösemittelhaltige Abgase aus Lackierereien und Druckereien werden ebenfalls mit Wirkungsgraden von mehr als 90 % katalytisch verbrannt. Bei Raffinerien liegt der Umsatzgrad für Olefine bei 99 %. *Drombrowski*

Literatur: VDI 3476: Katalytische Verfahren der Abgasreinigung. 6/1990. – VDI Bericht 730: Fortschritte bei der thermischen, katalytischen und sorptiven Abgasreinigung. Düsseldorf 1989.

Abgasreinigungsverfahren →Sekundärmaßnahmen zur Luftreinhaltung

Abgasrückführung. Es gibt zwei Arten der A. bei Kfz-Verbrennungsmotoren. Bei der inneren A. bleibt durch entsprechend ausgelegte Ventilüberschneidung ein höherer Restgasanteil im Brennraum. Bei der äußeren A. wird ein Teil des Abgasstroms über ein Regelventil in der Abgasleitung dem Brennraum wieder zugeführt. Ziel der A. ist die Absenkung der Stickoxidemission. Dies wird über niedrige Abgastemperaturen erreicht, weil der Inertgasanteil im Brennraum aufgeheizt werden muß. Bei Ottomotoren beträgt die maximale Rückführrate 10 %. Dieselmotoren erlauben je nach Betriebspunkt wesentlich höhere Rückführraten; das Maximum von 50 % im Leerlauf erzielt eine Halbierung der NO_x-Emission. Ein Nachteil der A. besteht im Leistungsverlust des Motors. Außerdem steigen die →Emissionen an unverbrannten Kohlenwasserstoffen, Kohlenmonoxid und Partikeln (beim Dieselmotor), so daß unter Umständen ein →Oxidationskatalysator eingesetzt werden muß. *Klee/May*

Abgassonderuntersuchung (ASU) →Abgasuntersuchung (AU)

Abgasteilstromregeneration. Regeneration eines beladenen →Dieselpartikelfilters, während das Motorabgas größtenteils durch einen zweiten Dieselpartikelfilter strömt. *Kallenbach/May*

Abgastrübung.
Allgemein. In der Praxis der Luftreinhaltung ein qualitatives Maß für die partikelförmigen Emissionen aus stationären oder mobilen Quellen. Der Begriff ist seit langem gebräuchlich zur Kennzeichnung der Rußemissionen von Kraftfahrzeug-Diesel-

motoren. Zur Bestimmung der A. bei Fahrzeugmotoren wird eine definierte Abgasmenge durch ein Filter gesaugt und die Schwärzung des Filters photometrisch bestimmt. Auf dem gleichen Prinzip beruht die →Bacharach-Methode zur Bestimmung der A. bei Ölfeuerungen.

Für genehmigungsbedürftige Anlagen wurde der Begriff erst 1986 eingeführt. Die →TA Luft schreibt als Vorstufe zur quantitativen Staubmessung vor, daß alle Anlagen, deren Staubemissionen einen Massenstrom zwischen 2 und 5 kg/h erreichen, mit einem Meßgerät zur kontinuierlichen Überwachung der A. auszurüsten sind. Diese Auflage ist eine Erweiterung der bereits vorher für mittelgroße Feuerungsanlagen geltenden Verpflichtung, die →Rauchdichte kontinuierlich zu überwachen. Für diese Meßaufgabe gibt es eignungsgeprüfte Meßgeräte nach verschiedenen Prinzipien der photometrischen Staubmessung. *Stahl*

Literatur: *Bühne, K.-W.:* Messen und Überwachen der Rußzahl 1 an industriellen Feuerungsanlagen. Staub – Reinhalt. Luft **51** (1991), S. 313–317.

Dieselnutzfahrzeuge. In Europa und der Bundesrepublik Deutschland ist derzeit für Nutzfahrzeuge über 3,5 t zulässigem Gesamtgewicht und für Fahrzeuge mit mehr als acht Sitzplätzen die A. nach ECE-Regelung 24 limitiert. Sie wird sowohl nach der Beharrungsmethode als auch nach der Methode der freien Beschleunigung ermittelt. Bei der Beharrungsmethode bestimmt man die A. unter Vollast bei sechs verschiedenen, konstanten Drehzahlen im unverdünnten Abgas. Die Methode der freien Beschleunigung sieht vor, den Motor stoßartig auf die Abregeldrehzahl zu beschleunigen und dabei die A. zu messen, bis die Leerlaufdrehzahl wieder erreicht ist. Der →Absorptionskoeffizient wird mit einem Trübungsmeßgerät (Lichtschwächungsmesser, z. B. Hartridge-Gerät) ermittelt. Dabei wird ein Lichtstrahl durch einen mit Abgas gefüllten Meßzylinder geschickt, an dessen Ende sich eine Fotozelle befindet. Die Abnahme der Lichtintensität im Vergleich zu einem mit gereinigter Luft gefüllten Meßzylinder ist ein Maß für die A. Rückschlüsse von dieser Meßmethode der A. auf die tatsächliche Partikelemission (→Diesel-Partikelemission) eines Dieselmotors sind nur mit unzureichender Genauigkeit möglich. Dazu sind umfangreiche Untersuchungen an einem Motorprüfstand, ausgerüstet mit einem Verdünnungstunnelsystem, erforderlich. *Kallenbach/May*

Abgasuntersuchung (AU). Die A. ist die in § 47a der StVZO geregelte „Untersuchung des Abgasverhaltens von im Verkehr befindlichen Kraftfahrzeugen (Abgasuntersuchung)", die mit der Verordnung zur Änderung straßenverkehrsrechtlicher Vorschriften und der Eichordnung vom 19. November

1992 (BGBl. I S. 1931) eingeführt worden ist. Damit wurde die Abgassonderuntersuchung (ASU) ersetzt und ausgeweitet auf alle Kfz mit Fremdzündungsmotor (Ottomotor) und Kompressionszündungsmotor (Dieselmotor); ausgenommen sind im wesentlichen Motorräder, land- und forstwirtschaftliche Zugmaschinen, selbstfahrende Arbeitsmaschinen sowie Altfahrzeuge, die vor dem 1. Juli 1969 (Ottomotor) bzw. 1. Januar 1977 (Dieselmotor) erstmals in den Verkehr gekommen sind. In Anlage VIII a zu § 47 a StVZO sind die Untersuchungsverfahren und der Zeitabstand der Untersuchungen sowie in § 47 b das Anerkennungsverfahren von Kraftfahrzeugwerkstätten zur Durchführung der A. geregelt. Im einzelnen sind grundsätzlich folgende Regelungen getroffen:
- Kfz mit Ottomotor mit Katalysator und lambdageregelter Gemischaufbereitung (G-Kat-Fahrzeuge) werden einer Sichtprüfung und der Kontrolle der schadstoffrelevanten Einstelldaten mit Bewertung der Funktionsfähigkeit des Katalysators anhand der Leitkomponente CO unterzogen, und zwar Neufahrzeuge erstmals nach 36 Monaten, danach alle 24 Monate (Taxi- und andere Fahrzeuge zur gewerblichen Personenbeförderung alle 12 Monate). Andere Kfz mit Ottomotor werden alle 12 Monate einer Sichtprüfung und der Kontrolle der schadstoffrelevanten Einstelldaten mit CO-Kontrolle im Leerlauf unterzogen.
- Kfz mit Dieselmotor werden einer Sichtprüfung sowie einer Messung der Rauchemissionen (Abgastrübungsmessung) im Stand bei freier Beschleunigung unterworfen, und zwar Fahrzeuge bis 3 500 kg zulässiges Gesamtgewicht nach folgender zeitlicher Staffelung:
- - PKW erstmals 36 Monate nach der Erstzulassung, danach alle 24 Monate,
- - Taxi- und andere Fahrzeuge zur gewerblichen Personenbeförderung alle 12 Monate,
- - andere Fahrzeuge alle 24 Monate.

Dieselfahrzeuge mit einem zulässigen Gesamtgewicht über 3 500 kg werden alle 12 Monate untersucht.

□ Sichtprüfung. Sie erstreckt sich bei allen Kraftfahrzeugen im wesentlichen auf Vorhandensein, Vollständigkeit, Dichtheit und Beschädigung der schadstoffrelevanten Bauteile sowie auf den verengten Tankeinfüllstutzen bzw. auf den Betankungshinweis (bei Ottomotor-Kfz) und auf den Vollanschlag der Einspritzpumpe bei durchgetretenem Fahrpedal (Dieselfahrzeuge). Als schadstoffrelevante Bauteile kommen in Frage
- bei Kfz mit Ottomotor und G-Kat: Luftfilter, Katalysator und gesamte Auspuffanlage, →Lambdasonde, →Abgasrückführung, Sensoren und Kabelverbindungen;
- bei Kfz mit Ottomotor ohne oder mit ungeregeltem Katalysator: Luftfilter, →Kurbelgehäuseentlüftung, Auspuffanlage, Abgasrückführung und ggfs. der Katalysator (→Kfz-Abgas-Katalysator);
- bei Dieselfahrzeugen: Luftfilter, Auspuffanlage, Abgasrückführsystem und ggfs. Abgasnachbehandlungssysteme wie →Rußfilter (→Dieselpartikelfilter) oder →Oxidationskatalysator.

□ Funktionskontrollen. Für die vorgeschriebenen Kontrollen an den o. a. Fahrzeugkategorien gilt folgendes:
- Bei Kfz mit Ottomotor und G-Kat: Kontrolle der schadstoffrelevanten Einstelldaten auf Einhaltung der vom Fahrzeughersteller vorgegebenen Solldaten. Zu prüfen sind bei betriebswarmem Motor und Katalysator der Zündzeitpunkt, die Leerlaufdrehzahl, der Wert für Lambda und der CO-Gehalt im Abgas bei erhöhtem Leerlauf (für CO auch bei normalem Leerlauf) im Auspuffendrohr. Eine Besonderheit ist bei den G-Kat-Fahrzeugen die Prüfung des Lambda-Regelkreises, wobei die Fähigkeit zur raschen Kompensation von Störgrößenauf- und -abschaltungen (etwa Falschluftzufuhr durch einen abgezogenen Luftschlauch) durch Bestimmung des Lambdaverlaufs ermittelt wird; die vom Prüfer auf- und dann wieder abzuschaltenden Störgrößen werden vom Fahrzeughersteller vorgegeben, der aber auch ein anderes Verfahren neben diesem „Grundverfahren" zulassen kann.
- Bei Kfz mit Ottomotor ohne oder mit ungeregeltem Katalysator: Prüfanforderungen der bisherigen ASU, d. h. bei betriebswarmem Motor werden Zündzeitpunkt, Schließwinkel, Leerlaufdrehzahl sowie der CO-Gehalt im Abgas bei Leerlauf im Abgasendrohr geprüft; ggfs. sind zusätzlich die Funktionsfähigkeit des Abgasrückführungssystems und des Sekundärluftsystems sowie die Wirkung des Katalysators durch CO-Messung bei einer erhöhten Leerlaufdrehzahl zu prüfen.
- Bei Dieselfahrzeugen erstreckt sich die Funktionskontrolle nur auf die Messung „des Spitzenwertes der Rauchgastrübung bei freier Beschleunigung". Das Verfahren der freien Beschleunigung bedeutet, mit Vollgas im Leerlauf die Trägheit der rotierenden Massen und die innere Reibung bis zur Abregeldrehzahl zu überwinden. Der Beschleunigungsvorgang wird im Rahmen der A. mindestens viermal durchgeführt, der Trübungsspitzenwert wird ab dem zweiten Vorgang erfaßt; aus den drei letzten Messungen ist der für den Vergleich mit dem vom Fahrzeughersteller vorgegebenen maximalen Trübungswert maßgebende arithmetische Mittelwert zu bilden.

Die Abgasmeßgeräte, die im Rahmen der A. eingesetzt werden, müssen den eichrechtlichen Vorschriften entsprechen. *Dreyhaupt*

Abgasvollstromregeneration. Ein →Dieselpartikelfilter (→Rußabbrennfilter) wird nach der Beladung mit →Ruß, d. h. nach Erreichen eines bestimmten Abgasgegendrucks, mit Hilfe eines Regenerationsbrenners regeneriert. Die abgelagerten Partikel werden verbrannt, während der gesamte Abgasstrom durch das Filter strömt. Handelt es sich bei dem Filtermedium um einen Keramikmonolith, so müssen stärkere Temperaturschwankungen während der Regeneration vermieden werden, damit der für Temperaturwechsel empfindliche Monolith nicht zerstört wird. Folglich muß die Brennerleistung entsprechend dem Motorbetriebspunkt geregelt werden, um den momentan anfallenden Abgasstrom auf eine möglichst konstante Temperatur zu erhitzen. Da die gesamte Abgasmenge des Motors erhitzt werden muß, ist ein sehr leistungsfähiger Brenner (etwa im Bereich der Motorleistung) notwendig. Die A. kann eine Erhöhung des Kraftstoffverbrauchs bewirken.

Kallenbach/May

Abgasvolumenstrom. Der A. kennzeichnet die von einer Anlage ausgehende Abgasmenge; er wird meist in m³/h angegeben, in der Regel für Normbedingungen (0° C; 1013 mbar, trocken), manchmal auch für Betriebsbedingungen. Große Anlagen können einen A. um 1 Mio. m³/h und mehr haben (z. B. ein 700 MW$_{el}$-Steinkohlekraftwerk ca. 2,6 Mio. m³/h, ein 1 200 t/d-Zementwerk ca. 0,5 Mio. m³/h – jeweils angegeben für den Normzustand).

In Luftreinhaltevorschriften wird der A. u. a. durch folgende Anforderungen gering gehalten und in bestimmten Fällen begrenzt; damit wird einer unzulässigen Verdünnung der Abgase begegnet:

– Bei Verbrennungsprozessen wird meist ein anlagen- und brennstofftypischer Bezugssauerstoffgehalt im Abgas festgelegt; darauf sind die im Abgas gemessenen Emissionswerte umzurechnen.

– Luftmengen, die einer Anlage zugeführt werden, um das Abgas zu verdünnen oder zu kühlen, bleiben bei Emissionsmessungen unberücksichtigt, d. h. sie sind rechnerisch vom gemessenen A. abzuziehen.

Mit dem A. können bei Kenntnis der im Abgas enthaltenen Massenkonzentrationen an luftverunreinigenden Stoffen die emittierten Mengen als Massenströme, z. B. in kg/h, ermittelt werden.

M. Lange

Abgasvolumenstrommessung. Die in Rechts- und Verwaltungsvorschriften zum Bundes-Immissionsschutzgesetz festgelegten →Emissionsgrenzwerte beziehen sich im allgemeinen auf die Schadstoffkonzentration. Abweichend davon kann es aus Gründen der Luftreinhalteplanung erforderlich sein, die Gesamtemission einer Anlage zu begrenzen und zu überwachen. Dies erfordert neben der Messung der Schadstoffkonzentration auch eine A. Aus beiden Messungen kann dann die Gesamtemission rechnerisch ermittelt werden.

Die gebräuchlichen Methoden zur A. beruhen auf einer Messung der Abgasgeschwindigkeit. Bei bekanntem Querschnitt und Strömungsprofil des Abgasstroms kann der Volumenstrom aus der Strömungsgeschwindigkeit ermittelt werden. Standardmethoden zur A. verwenden zur Geschwindigkeitsmessung eine Staudruck-Sonde (internationale Bezeichnung: Pitot-Rohr). Die in Deutschland gebräuchliche Bauform ist das von *Prandtl* angegebene Staurohr (L-Pitot-Rohr). In anderen Ländern, z. B. in den USA, wird eine andere Bauart bevorzugt, die wegen ihrer Form als S-Pitot-Rohr bezeichnet wird.

Soll die Gesamtemission kontinuierlich überwacht werden, so ist auch eine kontinuierliche A. erforderlich. Dabei muß die A. die gleichen Qualitätsansprüche erfüllen wie die kontinuierliche Messung der Schadstoffkonzentrationen. Dies wird durch das Verfahren der →Eignungsprüfung sichergestellt. Zur kontinuierlichen A. stehen eignungsgeprüfte Meßeinrichtungen zur Verfügung, die verschiedenen Meßverfahren zuzuordnen sind (Bild):

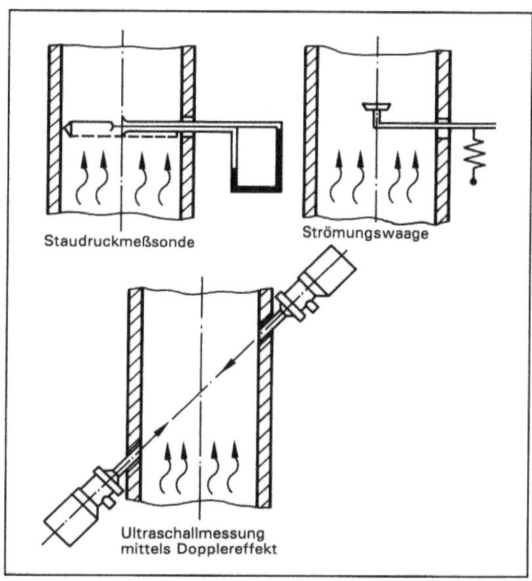

Abgasvolumenstrommessung: Verschiedene Meßprinzipien für kontinuierliche Messungen (schematisch).

– Beim Staudruckmeßverfahren wird eine Sonde eingesetzt, die auf der Vorderseite mehrere Öffnungen besitzt, d. h. einen über den Abgaskanalquerschnitt gemittelten Gesamtdruck bestimmt. Dies erfordert eine Anpassung an jede Einbaustelle durch Sonderanfertigung der Sonde.

– Bei der Strömungswaage wird die auf einen Strömungskörper ausgeübte Kraft über einen Dehnungsmeßstreifen bestimmt.

– Bei der Doppler-Messung mittels Ultraschall werden von beiden Enden einer unter 45° geneigten

Meßachse Schallimpulse gesendet und am jeweils gegenüberliegenden Ende empfangen. Die Laufzeitdifferenz ist ein Maß für die Strömungsgeschwindigkeit. *Stahl*

Literatur: ISO 3966: Measurement of fluid flow in closed conduits – Velocity area method using Pitot static tubes. 1977. – ISO DIS 10780: Stationary source emissions – Measurement of velocity and volume rate of flow of gas streams in ducts. 1991. – Erarbeitung von Mindestanforderungen an Meßeinrichtungen zur Abgasvolumenstrombestimmung. Forschungsber. 81-104 02 151 des TÜV Bayern im Auftrag des Umweltbundesamtes. Dezember 1982.

Abkühlungszeit bestrahlter Brennelemente. Die aus dem →Kernkraftwerk entladenen Brennelemente sollten früheren Wirtschaftlichkeitsbetrachtungen zufolge möglichst rasch wiederaufgearbeitet werden, damit sich das wertvolle Spaltmaterial ohne Verzug rezyklieren läßt. Besonders beim Schnellen Brutreaktor wirken sich schnelle Umlaufzeiten kostenmindernd aus. Eine Wunschvorstellung liegt bei 30 Tagen, die sich aus der Brutkette

$$^{238}U \ (n, \gamma) \ ^{239}U \xrightarrow{\beta^-} \ ^{239}Np \xrightarrow{\beta^-} \ ^{239}Pu$$

mit dem →Zerfall des Np-239 mit seiner →Halbwertszeit von 2,33 Tagen ableitet. Nach 12 Halbwertzeiten ist der Zerfall zum Pu-239 nahezu vollständig und damit der verbleibende Verlust vernachlässigbar.

Eine andere Eingrenzung der minimalen A. ergibt sich aus dem Zerfall des parasitär gebildeten U-237 durch doppelten Neutroneneinfang an U-236. Die Halbwertszeit des U-237 von 6,75 Tagen läßt eine Abklingzeit von mindestens 100 Tagen, die rund 15 Halbwertszeiten entsprechen, zweckmäßig erscheinen, damit sich das abgetrennte Uran ohne nennenswerte Eigenstrahlung bei der Refabrikation handhaben läßt. Dieser Zeitabstand empfiehlt sich auch noch aus einem anderen Grund. Die →Radioaktivität des Spaltprodukts I-131 (Halbwertszeit = 8,14 d) ist nach dieser Kühlzeit ebenfalls auf rund ein tausendstel seines Ausgangswertes abgefallen und erleichtert damit die sonst schwierige Rückhaltung in Filtereinrichtungen. Noch zweckmäßiger ist eine Verdopplung bis Verdreifachung der Mindestabkühlzeit auf rund 300 Tage, damit die Gesamtradioaktivität die Nachzerfallswärmeabfuhr- und Strahlenabschirmungsanforderungen (→Strahlenabschirmung) auf ein besser beherrschbares Niveau absinken läßt. Auch die störenden radiolytischen Auswirkungen auf die organische Phase in der Solventextraktionsstufe des Wiederaufarbeitungsprozesses (→Wiederaufarbeitung abgebrannter Brennelemente) werden durch längere Kühlzeiten (mehrere Jahre) leichter beherrschbar.

Eine ähnliche Betrachtung im Thorium-Brennstoffkreislauf führt ebenfalls zu Mindestabkühlzeiten in der gleichen Größenordnung. *Merz*

Ablagerung im Motor. A., die durch Rückstände aus der Verbrennung entstehen, können den Motorbetrieb stören, erhöhten Verschleiß hervorrufen und die Schadstoffemission verstärken. Durch die A. wird das Zylindervolumen verkleinert, was zu einer schlechteren Frischgasfüllung führt. Gleichzeitig wird das Gemisch höher verdichtet und durch glühende Partikel thermisch höher belastet, wodurch eine klopfende Verbrennung begünstigt wird. Durch die A. wird außerdem die Wärmeabfuhr aus dem Brennraum behindert, was sich in einer weiteren Erhöhung der Brennraumtemperatur und damit einer größeren Klopfgefahr bemerkbar macht.

Als besonders kritisch haben sich A. an Einspritzdüsen (Einspritzdüsenverkokung) und Zündkerzen (Brückenbildung) erwiesen. Diese führen zu schlechterer Gemischbildung bzw. zu Zündaussetzern und bedingen Leistungsverlust sowie erhöhten Schadstoffausstoß und Kraftstoffverbrauch.

Besonders A. an den Einlaßventilen (Einlaßventilverkokung) behindern den Gasaustausch des Motors und können bei massivem Auftreten zu Motorschäden führen. Durch A. in den Kolbenringnuten kann es zu einem Anbacken der Kolbenringe kommen, was mittelfristig zur Zerstörung des Motors führt.

Die A. bestehen zum großen Teil aus unvollständig verbrannten Kohlenwasserstoffen (→polyzyklische aromatische Kohlenwasserstoffe) sowie aus Rückständen von Kraftstoffadditiven (z. B. Bleitetraethyl).

Als positiver Nebeneffekt der Einführung von unverbleitem Kraftstoff ist die Vermeidung von PbO zu erwähnen, welches sich als Oxidationsprodukt der bleiorganischen →Antiklopfmittel im verbleiten Kraftstoff aufgrund seines hohen Schmelzpunktes als feste Kruste auf Brennraumwänden und in der Abgasanlage niederschlägt und stark korrosiv wirkt. Diese A. konnte man bisher nur durch den Einsatz von Scavengern im Kraftstoff verhindern, die jedoch inzwischen nicht mehr verwendet werden dürfen (→19. BImSchV). *Croissant/May*

Ablagerung, wilde. Müllkippen, die neben den genehmigten und geduldeten Abfallablagerungsplätzen illegal und unkontrolliert für Abfälle aller Art benutzt worden sind. Nach Inkrafttreten des Abfallbeseitigungsgesetzes im Jahre 1972 wurden in den alten Bundesländern bis 1976 etwa 40 000 illegale Müllkippen geschlossen. Die mit der Schließung vorgenommene →Rekultivierung erstreckte sich in der Regel auf eine Abdeckung der Oberfläche und Bepflanzung. Mit einer großen Zahl von Müllkippen ist auch in den neuen Bundesländern zu rechnen. Da in den w. A. Schadstoffe für die menschliche Gesundheit und für die Umwelt nicht auszuschließen sind, werden derartige Ablagerungen als →Verdachtsflächen erfaßt. *Thoenes*

Ablassen von Brennstoff im Flug. In der Luftfahrt lassen sich Notsituationen nicht vollständig vermeiden, in denen größere Mengen an Brennstoff im Fluge abgelassen werden müssen, um bei der Landung das Risiko für Leib und Leben der Insassen sowie für das Gerät so weit wie möglich zu verringern. Dies ist dann erforderlich, wenn bei einer bevorstehenden Notlandung das augenblickliche Gewicht des Flugzeugs auf das zulässige Landegewicht reduziert werden muß, um einen Bruch zu vermeiden. Ein solcher Fall tritt z. B. ein, wenn bei einem voll betankten Flugzeug eine Störung unmittelbar nach dem Start zur baldigen Landung zwingt. Ein weiterer Grund liegt vor, wenn bei einer Notlandung mit Bruchgefahr das Brandrisiko so klein wie möglich gehalten werden muß. Die Brennstoffmengen, die bei diesen Ereignissen in die Atmosphäre gelangen, lassen sich nur im erstgenannten Fall genauer abschätzen; sie entsprechen im ungünstigsten Fall der sofortigen Landung nach dem Start der Differenz zwischen Abfluggewicht und höchstzulässigem Landegewicht. Dabei spielt die Konstruktion des Flugzeugs und seine Festigkeit eine Rolle; von der vorhandenen Sicherheitsreserve hängt es ab, wie weit in solchen Fällen ein höheres Landegewicht toleriert werden kann. Auch das Einsatzprofil des Flugzeugs spielt eine Rolle; so wären bei einem älteren Typ der für Langstrecken vorgesehenen Boeing B747 maximal 55 t abzulassen; ein neuerer Airbus A310 im Mittelstreckeneinsatz darf auch sofort landen, ohne Brennstoff abzulassen. Der Entwicklungstrend bei Flugzeugen geht dahin, ein so hohes Landegewicht zuzulassen, daß im Falle einer sofortigen Landung nach dem Start ein A. v. B. künftig überflüssig wird.

Die Flugsicherheitsregeln schreiben vor, daß ein A. v. B. nur über unbebauten Gebieten und in flugverkehrsarmen Zonen erfolgen darf. Bei Flugkerosin JET A/A1 und JP8 muß eine Mindestflughöhe von 5 000 ft (1 500 m), bei Flugbenzin eine solche von 2 000 ft (600 m) beachtet werden. Über Städten darf nicht abgelassen werden. Von der Flugsicherung muß eine Sicherheitszone um das Ablaßgebiet von anderem Flugverkehr freigehalten werden. In besonderen Notfällen darf jedoch sofort und überall Brennstoff über Bord gelassen werden. Jeder Fall ist der Flugsicherung zu melden.

Das A. v. B. erfolgt mit einer Menge von ca. 450 kg/Minute, währenddessen meist eine niedrige Fluggeschwindigkeit um 450 km/h eingehalten wird. Damit würde sich 1 t Brennstoff in Flugrichtung auf ca. 16 bis 17 km Strecke verteilen; die Breite des Ablaßstreifens am Erdboden richtet sich nach der Flughöhe. Welcher Anteil des abgelassenen Brennstoffs den Erdboden in flüssiger Form erreicht, hängt von seiner Flüchtigkeit ab. Das schwerer flüchtige JET A/A1 bzw. JP8 ist hier ungünstig, verglichen mit dem weitgeschnittenen JET B bzw. JP4, das einen wesentlich höheren Dampfdruck besitzt. Nach amerikanischen Rechnungen würden bei JET A/A1 bei einer Bodentemperatur von 283 K ca. 20 % den Boden als Flüssigkeitströpfchen erreichen, wenn in einer Höhe von 1 500 m abgelassen wird; bei JET B oder JP4 wären es unter gleichen Bedingungen noch 6 %. Hinsichtlich der →Kontamination des Bodens wird in solchen Fällen mit einigen mg/m^2 bis einigen 100 mg/m^2 gerechnet, wobei dies stark von den Wetterbedingungen abhängt.

Die Häufigkeit der Fälle, in denen Brennstoff abgelassen werden muß, ist gering, aber nicht vernachlässigbar. So wurden über der Bundesrepublik in 1988 bis 1990 in der zivilen Luftfahrt 46 Fälle, in der militärischen 116 Fälle bekannt. Über den USA waren für die zivile Luftfahrt im Zeitraum von 1975 bis 1980 485 Fälle mit A. v. B. registriert worden. Die NATO rechnet für die ihr unterstellten Luftwaffen mit ca. 80 derartigen Ereignissen pro Jahr.

In diesem Zusammenhang ist auch das Entweichen von Brennstoffdampf aus den Flugzeugtanks beim Flug in großer Höhe zu erwähnen, das früher eine Rolle gespielt hatte, als noch überwiegend Flugbenzin für den Betrieb von Kolbenmotoren benutzt wurde. Da Flugzeugtanks schon aus Gründen des Druckausgleichs belüftet sein müssen, kann nicht verhindert werden, daß verdunsteter Brennstoff in die Atmosphäre gelangt. Der mit Bodentemperatur in den Tank gelangte Brennstoff kühlt sich während des Flugs nur langsam auf die niedrigere Temperatur in der Höhe ab, so daß bei dem niedrigeren Druck in der Höhe mehr verdampft als unter Bodenbedingungen. Bei Flugkerosin JET A/A1 ist jedoch der Dampfdruck so niedrig, daß die beim Flug in der Höhe abdampfenden Mengen sehr klein bleiben. *Winterfeld*

Literatur: *Paffrath, D.:* Treibstoffverlust aus Flugzeugen. DLR-IB-553-3/91, Deutsche Forschungsanstalt für Luft- und Raumfahrt, 1991.

Abluft →Abgas

Abnahmeprüfung in der Röntgendiagnostik. A. ist ein Begriff aus der →Qualitätssicherung bei bildgebenden Verfahren in der Radiologie. Besonders wichtig ist die Durchführung der A. in der →Röntgendiagnostik. Aber auch bei nuklearmedizinischen bildgebenden Systemen und in der Diagnostik mit nichtionisierender →Strahlung (Magnetfelder, →Ultraschall) spricht man im Zusammenhang mit der Qualitätssicherung von A.

Nach den Begriffsbestimmungen der →Röntgenverordnung (RöV) ist die A. eine Prüfung der →Röntgeneinrichtung einschließlich des Abbildungssystems, um festzustellen, daß bei dem vorgesehenen Betrieb die erforderliche →Bildqualität mit einer möglichst geringen →Strahlenexposition erreicht wird. Zum Abbildungssystem gehören die Röntgenstrahlenquelle (Ausdehnung des Brennflecks auf der Anode der Röntgenröhre), das Nutzstrahlführungssystem (Blenden, Tubusse) und die Bilderzeugungssysteme (Film, Film-Folien-System, Speicherfolie, Bildverstärker-Fernsehkette, Bildaufbau mit Rechnerunterstützung). Mit Strahlenexposition ist diejenige Strahlenmenge (Bildempfängerdosis) gemeint, die zum Aufbau eines diagnostisch einwandfreien Bildes benötigt wird. Sie wird sehr stark von der Empfindlichkeit des Bilderzeugungssystems beeinflußt. Beispielsweise benötigt man bei der Bildgebung mit einem einfachen Röntgenfilm eine deutlich höhere Dosis als bei der Verwendung eines Film-Folien-Systems.

Die Höhe der Bildempfängerdosis ist ein Maß für die Strahlenexposition des Patienten. Nach der RöV darf eine Röntgeneinrichtung für die Diagnostik erst dann in Betrieb genommen werden, wenn vom Hersteller oder Lieferanten eine A. durchgeführt worden ist. Ihre praktische Durchführung orientiert sich an den Regeln der Normenreihe DIN 6868 und umfaßt nach einer Richtlinie zur Durchführung der Qualitätssicherung in der Röntgendiagnostik grundsätzlich 14 Prüfpositionen, deren letzte die Festlegung der Bezugswerte für die Konstanzprüfung ist. Diese ist nach RöV definiert als eine Prüfung der Röntgeneinrichtung einschließlich des Abbildungssystems, durch die ohne mechanische oder elektrische Eingriffe festgestellt wird, ob eine bestimmte Bildqualität erhalten geblieben ist. Die Konstanzprüfung muß dann während des Röntgenbetriebs in regelmäßigen Abständen seitens des Betreibers wiederholt werden, um festzustellen, ob die im Rahmen der A. festgestellten optimalen Verhältnisse auch weiterhin gegeben sind.   *Ewen*

Literatur: DIN 6868, Teil 50 und folgende: Sicherung der Bildqualität in röntgendiagnostischen Betrieben; Abnahmeprüfung. 1990.

Abprodukt. Begriff aus der Abfallwirtschaft/Wirtschaft der ehemaligen DDR. Dort mehrdeutig und im gewissen Sinne gegensätzlich verwendet:
- Im weitesten Sinne als genereller Oberbegriff für sämtliche in der Gesellschaft anfallenden Abfälle und Altstoffe. In diesem Sinne identisch mit der Summe von Abfällen und Reststoffen nach bundesdeutschem Recht.
- Im engeren Sinne als die Summe der nicht zu Sekundärrohstoffen aufbereiteten oder nach dem Stand der Technik aufbereitbaren Abfälle und Altstoffe, die beseitigt (i. d. R. deponiert) werden mußten. Diese wurden in schadstofffreie, schadstoffhaltige und giftige (Klasse I sehr giftig, Klasse II giftig) unterteilt.

Unter Altstoffen wurden nur Endprodukte verstanden, die ihren ursprünglichen Gebrauchswert verloren hatten bzw. nie realisieren konnten (nicht absetzbare Erzeugnisse).

Im Gegensatz dazu wurden die Stoffe bzw. Teile der Stoffe, die während der Herstellung nicht in ein Produkt eingingen, sowie Rückstände von Verbrauchsgütern der gesellschaftlichen und individuellen Konsumtion als Abfälle bezeichnet (z. B. Produktionsabfälle, Siedlungsabfälle).

Mit dem Begriff Sekundärrohstoffe wurden die Stoffe belegt, die durch produktive Arbeit aus Abfällen und Altstoffen gewonnen und dem Wirtschaftskreislauf wieder zugeführt wurden. *Radde*

Abraumbewegung. Das in einem →Braunkohlentagebau zur Freilegung der Braunkohle zu bewegende, meist nicht nutzbare Nebengestein wird als Abraum bezeichnet.

Zum Abraum, der vorwiegend aus Lockergesteinen besteht (Lockergebirge), wird gerechnet:
- das die Kohle überlagernde Deckgebirge
- in die Kohle eingelagerte Zwischenmittel
- die an den Grenzflächen Abraum/Kohle beim Abbau verlorengehende Kohle (Abbauverluste) und
- abbautechnisch bedingte Liegendüberschnitte.

Als Liegendes bezeichnet man die Abraumschicht unterhalb eines Kohleflözes. In der Regel bestehen Deckgebirge und Zwischenmittel aus lockeren quartären und tertiären Sedimentablagerungen wie Ton, Schluff, Sand und Kies. An der Oberfläche anstehende kulturfähige Böden werden gesondert gewonnen und für die →Rekultivierung verkippter Tagebauflächen verwendet, die so einer land- oder forstwirtschaftlichen Nutzung zugeführt werden. Verwertbare Mineralstoffe, z. B. Ton oder Kies, werden ausgesondert, wenn ein Markt dafür vorhanden ist. In das Lockergestein eingelagerte Verfestigungen, die durch eingesetzte Gewinnungsgeräte nicht gelöst werden können, werden durch Bohr- und Sprengarbeit oder durch Erdbaugeräte aufgelockert und im Sonderbetrieb abgebaut.

Der Abraum wird, abhängig von den bodenmechanischen Eigenschaften der einzelnen Materialarten, gezielt in →Abraumkippen eingebracht, um eine sichere Kippenführung mit standfesten Tagebauböschungen zu gewährleisten.

Das Verhältnis des insgesamt zu bewegenden Abraumvolumens zu der gewinnbaren Kohlemenge dient zur Beurteilung der Abbauwürdigkeit eines Braunkohlevorkommens und wird als Abraumkennziffer bezeichnet.

Die A. im deutschen Braunkohlenbergbau betrug 1993 rd. 1 124 Mio. m^3 (Festkubikmeter), davon 549 Mio. m^3 in den westdeutschen und 575 Mio. m^3 in den ostdeutschen Revieren.

An Braunkohle wurden im ehemaligen Bundesgebiet 1993 106 Mio. t und in den neuen Bundesländern 116 Mio. t gefördert, insgesamt 222 Mio. t. Das entspricht dem in der Kohlestatistik üblichen Verhältnis m³:t einem Abraum- zu Kohleverhältnis von 5,1:1. *Wolfrum/Liebl*

Literatur: *Starke, R.:* Grundsätze der Tagebau-Planung im rheinischen Braunkohlenrevier. Braunkohle **43** (1991) Nr. 4, S. 4–19.

Abraumkippen. Die planmäßige Ablagerung des in einem →Braunkohlentagebau zu bewegenden Abraums wird als Kippe bezeichnet. Der Abraum kann außerhalb des Tagebaus zu einer →Halde aufgeschüttet (Außenkippe) oder innerhalb des Tagebaus im bereits ausgekohlten Raum verkippt werden (Innenkippe). Nach Art der Verkippung unterscheidet man:
- Spülkippen,
- Pflugkippen,
- Absetzerkippen.

Spülkippen entstehen durch Einleiten eines Spülstroms (bestehend aus Wasser und Abraummaterial) in den Kippraum vor einer Ausgangsböschung. Zur Herstellung einer Pflugkippe wird der aus Abraumwagen entlang der Böschungskante gekippte Abraum mit Hilfe eines auf Gleisen verfahrbaren Pflugs über die Böschungskante geschoben. Heute werden Kippen im Braunkohlentagebau fast ausschließlich durch großdimensionierte Absetzer mit langem Abwurfausleger aufgeschüttet.

Zur Gewährleistung der Standsicherheit von Kippen ist die Beherrschung der Wirkung des Wassers und der Wechselwirkungen zwischen Wasser, bindigen und nichtbindigen Anteilen am Abraum, in der Kippe und auch in den Liegendschichten erforderlich. Kippen müssen ebenso wie das für die Gewinnung vorbereitete gewachsene Gebirge entwässert werden (→Entwässerung).

Der in den Kippen locker aufgeschüttete Abraum setzt sich allmählich. Der Setzvorgang beginnt an den böschungsnahen Flächen und klingt aus in Abhängigkeit von der Liegezeit, der Zusammensetzung des Abraums nach Art und Korngröße und der Methode des Verstürzens im böschungsfernen Bereich. Sobald eine Kippenfläche als Rohkippe fertiggestellt ist, erfolgt die →Rekultivierung.

Wolfrum/Liebl

Literatur: *Starke, R.:* Grundsätze der Tagebau-Planung im rheinischen Braunkohlenrevier. Braunkohle **43** (1991) Nr. 4, S. 4–19.

Abreinigungsfilter →Oberflächenfilter

Abscheidegrad. Der A. ist eine wesentliche Kenngröße für die Wirksamkeit von Abgasreinigungsanlagen. Der A. ist – bei konstantem →Abgasvolumenstrom – definiert als das Verhältnis der Differenz von Massen M im Roh- und Reingas:

$$\text{Abscheidegrad} = \frac{M_{\text{Rohgas}} - M_{\text{Reingas}}}{M_{\text{Rohgas}}};$$

er wird angegeben in Prozent. Das Gegenstück zum A. ist der →Emissionsgrad; beide Größen ergänzen sich zu 100.

Viele Abgasreinigungseinrichtungen erreichen A. von mehr als 90 % – je nach Auslegung und Betriebsbedingungen.

Bei →Abgasreinigungsverfahren mit chemischer Umwandlung (z. B. thermische →Abgasreinigung) wird an Stelle des A. der Umsatzgrad definiert. Speziell bei →Reduktionsverfahren (z. B. beim →SCR-Verfahren zur NO_x-Abgasreinigung) wird häufig der Begriff Reduktionsgrad verwendet.

M. Lange

Literatur: *Davids, P.; M. Lange:* Die TA Luft '86. Technischer Kommentar. Düsseldorf 1986. – Umweltbundesamt (Hrsg.): Luftreinhaltung '88. Berlin 1989.

Abscheider, elektrisch. E. A., die häufig auch als Elektrofilter bezeichnet werden, nutzen die Kraftwirkung auf geladene Partikeln im elektrischen Feld zur →Staubabscheidung. Dieses →Entstaubungsverfahren wird meist zur Reinigung großer Gasmengen bis zu einigen 10^6 m³/h eingesetzt. Typisch sind Abgase z. B. aus Kraftwerken, Eisen- und Metallhütten, Gießereien, Zementfabriken und Abfallverbrennungsanlagen. Es kann bei Temperaturen bis 500 °C und Rohgaskonzentrationen bis 200 g/m³ gearbeitet werden. Der Druckverlust ist mit 50 bis 1000 Pa vergleichsweise gering. Nachteilig bei e. A. sind die hohen Investitionskosten und der große Platzbedarf.

Die Betriebsweise eines e. A. läßt sich in die folgenden fünf Schritte unterteilen:
- Erzeugung der Ladungen,
- Aufladung der Partikeln,
- Transport der Partikeln zur Niederschlagselektrode,
- Anwachsen der Staubschicht auf der Niederschlagselektrode,
- Entfernung der Staubschicht und Transport in den Staubsammelbehälter.

Die Erzeugung von Ladungen in Form von Gasionen erfolgt durch eine spezielle Anordnung von Elektroden, z. B. Spitze – Platte, Draht – Platte und Draht – Rohr. Die Elektrode mit dem deutlich kleineren Krümmungsradius wird häufig als Sprühelektrode, die andere als Niederschlagselektrode bezeichnet.

Die Aufladung der Partikeln erfolgt durch Anlagerung negativer Gasionen. Dies geschieht nach den Mechanismen der Feldaufladung und der Diffusionsaufladung. Im Falle der Feldaufladung treffen die Ionen aufgrund ihrer durch die Wirkung des elektrischen Felds verursachten, gerichteten Bewegung auf die Partikeln auf. Dieser Aufladungsmechanismus ist vor allem für Partikeldurchmesser $x > 0,5$ μm von Bedeutung. Im Falle der Diffusionsaufladung treffen die Ionen aufgrund ihrer, statistischen Regeln gehorchenden, thermischen Bewegung auf die Partikeln auf. Dieser im Vergleich zur Feldaufladung eher langsame Prozeß ist vor allem für Partikeldurchmesser $x < 0,2$ µm ausschlaggebend.

Die Abscheidung der Partikeln, d. h. der Transport der Partikeln zur Niederschlagselektrode, wird durch die in Richtung des elektrischen Felds wirkende, elektrische Kraft hervorgerufen. Die sich aus einer Kräftebilanz ergebende Partikelgeschwindigkeit auf die Wand hin wird als theoretische Wanderungsgeschwindigkeit bezeichnet. Die auf der Niederschlagselektrode abgeschiedenen Partikeln bilden dort eine 1–10 mm dicke Staubschicht. Besondere Bedeutung kommt dem elektrischen Verhalten der Staubschicht zu. Partikeln mit zu geringem Widerstand geben ihre Ladung an der Niederschlagselektrode sehr schnell ab oder werden gar umgeladen. Dies kann zu unerwünschten Redispergierungen führen. Partikeln mit zu großem Widerstand geben ihre Ladung nur extrem langsam ab. Als Folge baut sich an der Niederschlagselektrode ein Feld auf, das die Potentialdifferenz im Abscheideraum verringert. Außerdem erhöht sich das Potentialgefälle in der Staubschicht, was zu einer Ionisierung des Gases zwischen den Partikeln führen kann (sog. Rücksprühen). Beide Auswirkungen sind für die Abscheidung weiterer Partikeln störend. Der spezifische elektrische Staubwiderstand kann durch eine Temperaturänderung oder durch das Eindüsen von Zusatzstoffen (z. B. SO_3, NH_3) in einen für das Betriebsverhalten günstigen Bereich von 10^2 bis 10^9 Ωm verschoben werden.

Die Entfernung der Staubschicht und der Transport in den Staubsammelbehälter kann auf trockenem oder nassem Wege erfolgen. Im ersten Fall wird die Staubschicht durch Klopfschläge gegen die Niederschlagselektrode von dieser gelöst und durch die Schwerkraft zum Bunker transportiert. Dabei redispergierte Partikeln müssen in weiteren Stufen erneut abgeschieden werden. Im zweiten Fall fließen die an der Niederschlagselektrode abgeschiedenen Partikeln in einer aufgesprühten oder kondensierten Flüssigkeitsschicht nach unten in den Sammelbehälter.

E. A. werden vorwiegend als Röhren- oder Plattenabscheider gebaut. Beim Rohrelektroabscheider ist die an Hochspannung liegende Sprühelektrode zentral in einem geerdeten Rohr, das als Niederschlagselektrode fungiert, angeordnet (Bild 1). Die Reinigung abgeschiedener Partikeln erfolgt meist durch Besprühen der Niederschlagselektrode mit Wasser. Oft müssen mehrere Rohre parallel geschaltet werden. Gebräuchliche Rohrdurchmesser liegen zwischen 0,1 m und 0,3 m, übliche Rohrlängen betragen 2 m–5 m.

Beim Plattenelektroabscheider (Bild 2) befinden sich die an Rahmen befestigten Sprühelektroden

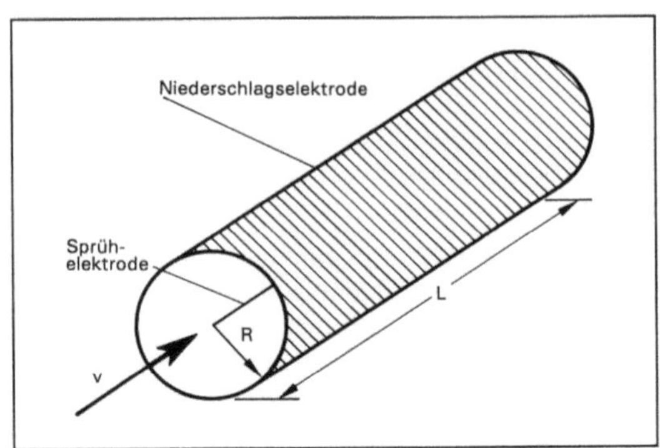

Abscheider, elektrisch 1: Schematische Darstellung eines Rohrelektroabscheiders.

zwischen den Niederschlagselektroden. Die Abstände zwischen den Sprühelektroden betragen 0,1 bis 0,5 m, zwischen den Niederschlagselektroden 0,2 bis 0,6 m. Mehrere 8–13 m hohe Platten sind in einzelnen, unabhängig zu betreibenden Zonen hintereinandergeschaltet. Plattenelektroabscheider werden sowohl trocken als auch naß betrieben.

Löffler/Schmidt

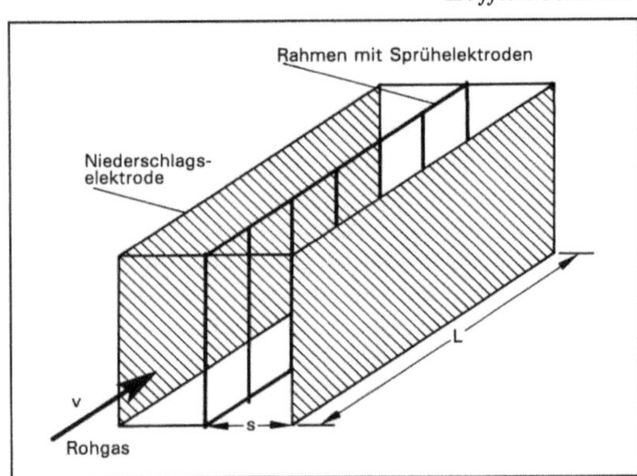

Abscheider, elektrisch 2: Schematische Darstellung eines Plattenelektroabscheiders.

Literatur: *Baum, F.:* Luftreinhaltung in der Praxis. München–Wien 1988. – *Deutsch, W.:* Bewegung und Ladung der Elektrizitätsträger im Zylinderkondensator. Ann. Phys. **68** (1922), S. 335/344. – *Dullien, F. A. L.:* Introduction to industrial gas cleaning. San Diego 1989. – *Fritz, W.* und *H. Kern:* Reinigung von Abgasen. 2. Aufl. Würzburg 1990. – *Löffler, F.:* Staubabscheiden. Stuttgart–New York 1988. – VDI 3678: Elektrische Abscheider. 3/1980. – *White, H. J.:* Entstaubung industrieller Gase mit Elektrofiltern. Leipzig 1969.

Abscheider, filternd. Für die →Staubabscheidung besitzen f. A. wegen ihres weiten Spektrums der Anwendungsmöglichkeiten und des Abscheidevermögens hervorragende Bedeutung. Dieses erklärt auch den großen Marktanteil dieses Entstaubungsverfahrens. Nach der Wirkungsweise lassen sich f. A. in zwei Hauptgruppen einteilen, und zwar in

→Oberflächenfilter und →Tiefenfilter (Bild 1). Bei den letzteren findet die Abscheidung der Partikeln im Inneren der Filtermedien, bei den ersteren hauptsächlich an der Oberfläche der Medien statt.

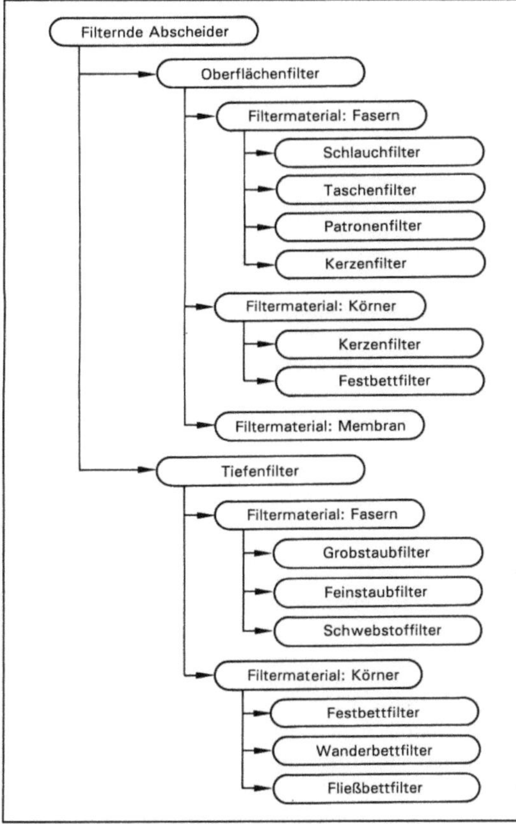

Abscheider, filternd 1: Einteilung der häufigsten f. A.

Filtermedien zur Oberflächenfiltration können aus einer Membran, aus Körnern oder aus Fasern aufgebaut sein. Mischformen sind ebenfalls denkbar. Am weitesten verbreitet sind die aus Fasern hergestellten Formen Schlauch, Tasche, Patrone und Kerze (Bild 2).

Filterschläuche sind je nach Betriebsart bis zu 10 m lang bei Durchmessern von 0,1–0,3 m. Filterflächen üblicher Taschenfilter liegen bei 0,6–1,5 m². Filterpatronen mit einer Höhe von 0,6 m haben Filterflächen von 5–20 m². Aus Fasern aufgebaute Kerzenfilter haben Längen bis zu 2 m und Durchmesser bis 0,15 m.

Tiefenfilter besitzen als für die Partikelabscheidung wirksame Kollektoren in der Regel Fasern oder Körner. Zur ersten Gruppe gehören die sog. Grobstaub-, Feinstaub- und Schwebstoffilter. Je nach Anordnung dieser Faserschichten unterscheidet man u. a. Plan-, Rollband-, Taschen- und Kassettenfilter (Bild 3).

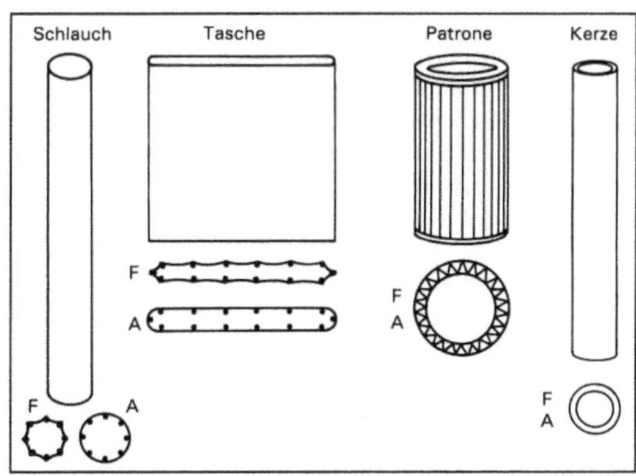

Abscheider, filternd 2: Formen von Faserschichtfiltern zur Oberflächenfiltration.

F: Filtrationsstellung, A: Abreinigungsstellung.

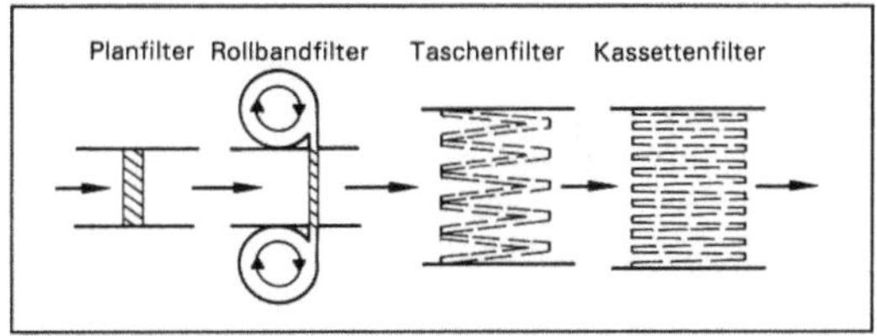

Abscheider, filternd 3: Anordnungen von Faserschichtfiltern zur Tiefenfiltration.

Zur zweiten Gruppe der Tiefenfilter zählen die →Schüttschichtfilter (Bild 4). Beim Festbett muß in der Regel die Rohgaszufuhr während der Regenerierung der Schüttgutkörner unterbrochen werden. Sowohl das Wanderbett als auch das Fließbett (Wirbelschicht) ermöglichen dagegen einen kontinuierlichen Betrieb, weil die Abtrennung der an den Körnern abgeschiedenen Partikeln extern erfolgen kann. *Löffler/Schmidt*

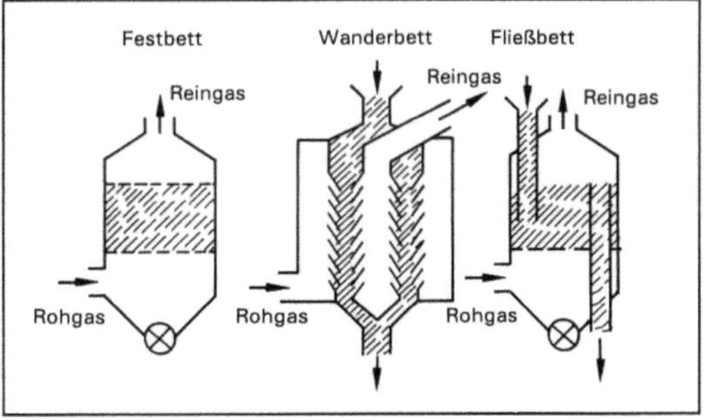

Abscheider, filternd 4: Bauformen von Schüttschichtfiltern.

Abscheider, naßarbeitend. N. A. dienen dem Entfernen fester, flüssiger oder gasförmiger Verunreinigungen aus einem Gas. Dabei werden die Verunreinigungen an die in die Strömung eingebrachte

Waschflüssigkeit gebunden und mit dieser zusammen abgeschieden. Die Abscheidemechanismen bei Partikeln und bei Gasmolekülen unterscheiden sich allerdings wesentlich. Die folgende Darstellung beschränkt sich auf Verfahren zur Abscheidung fester bzw. flüssiger Verunreinigungen.

Feine Partikeln lassen sich aufgrund ihrer geringen Masse nur sehr schwer in Trägheitsabscheidern abscheiden. In n. A. werden sie zu der Waschflüssigkeit hin bewegt und können dort anhaften. Die nun mit den größeren Tropfen verbundenen Partikeln lassen sich mit Hilfe herkömmlicher →Entstaubungsverfahren aus dem Gasstrom relativ leicht entfernen. Hierfür eignen sich unter anderem Prallbleche und →Fliehkraftabscheider. Eine Anlage zur Naßabscheidung besteht demnach immer aus zwei Bereichen, auch wenn diese apparatemäßig nicht getrennt sind (Bild 1). Im ersten Bereich werden die Partikeln zur Waschflüssigkeit hin bewegt und an ihr angelagert. In den einzelnen →Wäscherbauarten erfolgt eine unterschiedliche Realisierung dieses grundlegenden Verfahrensschrittes. Im zweiten Bereich werden sie gemeinsam mit der Flüssigkeit aus dem Gas entfernt. Diese Tropfenabscheidung kann ebenfalls mit verschiedenen Apparaturen erfolgen.

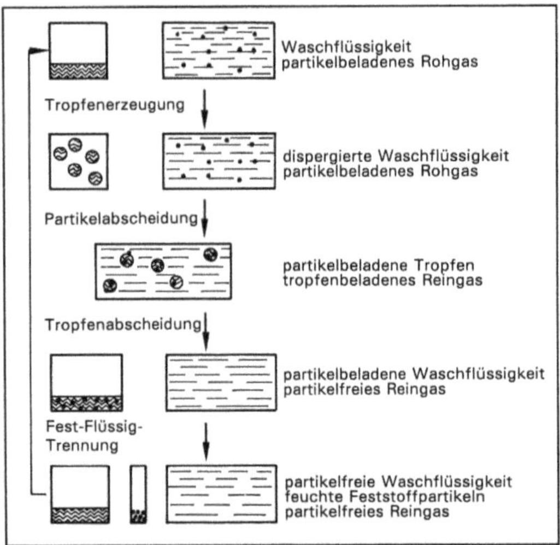

Abscheider, naßarbeitend 1: Vereinfachte schematische Darstellung der Verfahrensschritte.

N. A. haben den grundsätzlichen Nachteil, daß sie das Gas zwar reinigen, dafür aber eine verunreinigte Waschflüssigkeit erzeugen. Häufig wird versucht, durch mehrmaliges Ausnutzen der Flüssigkeit im Kreislaufbetrieb eine Erhöhung der Feststoffkonzentration in der Trübe zu erreichen, wodurch der Bedarf an frischem Waschmittel gesenkt werden kann. Allerdings werden dadurch besondere Anforderungen an die Zerstäubung der Flüssigkeit gestellt. Der →Waschwasserkreislauf und die →Waschwasseraufbereitung stellen wichtige und teilweise recht kostenintensive Teile einer umweltverträglichen Anlage zur naßarbeitenden Abscheidung von Partikeln dar. Als weiterer Nachteil von n. A. ist in diesem Zusammenhang die erhöhte Korrosionsgefahr zu nennen.

N. A. werden meist zur Entfernung von Partikeln im Korngrößenbereich 0,1–50 µm bei kleinen bis mittleren Gasvolumenströmen (bis zu 30 000 m³/h) eingesetzt. Sie eignen sich besonders zur Abscheidung klebriger oder leicht entzündlicher Partikeln, zur simultanen Schadgasabsorption, zur gleichzeitigen Gaskühlung und zur Behandlung von Abgasen, die Funken enthalten.

Zur Vorausberechnung der Trenneigenschaften sowie des Druckverlusts von n. A. existieren mehrere Modellvorstellungen. Dabei handelt es sich sowohl um rein empirische Beziehungen als auch um physikalisch begründete Theorien, die jedoch teilweise zusätzlich auf experimentell ermittelte Daten zurückgreifen müssen.

Zur Berechnung des Fraktionsabscheidegrades eines n. A. kann z. B. von folgender Modellvorstellung ausgegangen werden: Zunächst wird die Abscheidung von Partikeln am isolierten, vom partikelbeladenen Gas umströmten Einzeltropfen mathematisch beschrieben. Als Mechanismen, die zu einem Auftreffen der Partikeln auf den Tropfen führen, kommen im wesentlichen Trägheitseffekte und elektrostatische Effekte in Betracht. Während die Abscheidung aufgrund der räumlichen Ausdehnung der Partikeln leicht in die numerischen Rechnungen einbezogen werden kann, bleiben die Auswirkungen von Diffusions- oder Kondensationsvorgängen oft unberücksichtigt. Analog zu den Betrachtungen bei der Abscheidung an Einzelfasern (→Tiefenfilter) erhält man als Ergebnis den →Abscheidegrad eines Tropfens. Hohe Werte ergeben sich für große Relativgeschwindigkeiten zwischen Tropfen und Gas, für große Partikeldurchmesser, große Partikeldichten, kleine Gaszähigkeiten und kleine Tropfendurchmesser. Sind die Partikeln und/ oder die Tropfen geladen, kann der Abscheidegrad eines Tropfens noch wesentlich vergrößert werden. Aufbauend auf den Einzeltropfenabscheidegraden wird nun das von einem Tropfen gereinigte Gasvolumen berechnet. Bei dieser Modellbetrachtung geht man davon aus, daß die Tropfen die Partikeln längs ihrer Bahnkurve im →Naßabscheider einfangen. Wichtigstes Ergebnis dieser Rechnungen ist die Tatsache, daß es für eine vorgegebene Geometrie bei einer bestimmten Partikelgröße einen für die Abscheidung optimalen Tropfendurchmesser gibt (Bild 2). Je nach Anwendungsfall und Apparateform sind daher kleinere oder größere Tropfen anzustreben. Kennt man die Größenverteilungen der Partikeln und Tropfen, ist schließlich die Berechnung des zu erwartenden Gesamtstaubab-

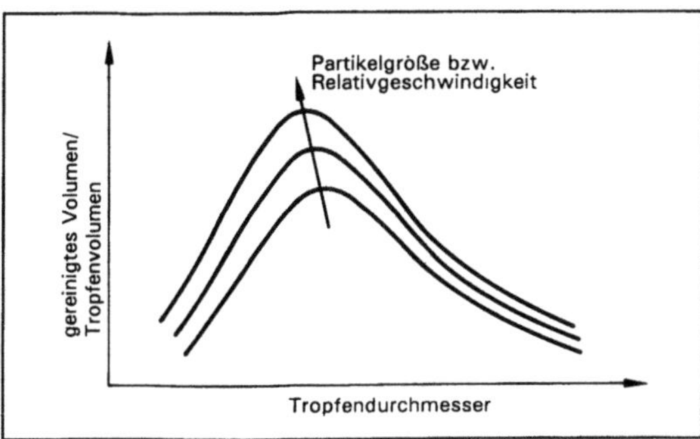

Abscheider, naßarbeitend 2: Spezifisches Reinigungsvolumen eines Tropfens als Funktion des Tropfendurchmessers.

scheidegrades der jeweiligen Wäscherbauart möglich. *Löffler/Schmidt*

Literatur: *Baum, F.:* Luftreinhaltung in der Praxis. München–Wien 1988. – *Dullien, F. A. L.:* Introduction to industrial gas cleaning. San Diego 1989. – *Fritz, W. u. H. Kern:* Reinigung von Abgasen. 2. Aufl. Würzburg 1990. – *Löffler, F.:* Staubabscheiden. Stuttgart–New York 1988. – VDI 3679: Naßarbeitende Abscheider. 5/1980.

Abschirmmatte. A. ist eine Abschirmwand, die vertikal in den Boden zwischen einer störenden →Erschütterungsquelle und einem zu schützenden Objekt, z. B. einem Wohnhaus, entweder nahe an der Erschütterungsquelle oder nahe am Objekt eingebaut wird mit dem Zweck, für das Objekt eine →Abschirmung gegen die über den Boden eingeleiteten →Erschütterungen zu erreichen. A. werden in Form von Gasmatten in einen im Schlitzverfahren hergestellten →Bodenschlitz eingebaut. Gasmatten haben, wie offene Bodenschlitze, eine wesentlich niedrigere dynamische Steifigkeit als der umgebende Boden. Gasmatten bestehen z. B. aus gasdicht verschweißten mit Gas (z. B. Stickstoff) gefüllten Zellen (Kissen) aus flexiblem Mehrschichten-Laminat, die mit Hilfe einer gewebten Textilhülle zu langen Matten zusammengefügt sind. Um die Gasdichtigkeit zu erreichen, wird mindestens eine Schicht mit hohem Diffusionswiderstand eingebaut; außerdem wird nach dem Einbau durch den einwirkenden Erddruck ein Druckausgleich herbeigeführt, der die Diffusion praktisch unterdrückt, um eine lange Beständigkeit der Matten zu gewährleisten. Die Tiefe der Abschirmwand, die Länge und ihre geometrische Form haben wesentlichen Einfluß auf die Größe der Abschirmzone. Deutliche Verminderungen der Schwingungsamplituden hinter der Abschirmwand sind, wie bei Bodenschlitzen, von der Schirmwandtiefe, der Länge der Schirmwand, der geometrischen Lage der Abschirmwand zur Erschütterungsquelle bzw. zu dem zu schützenden Objekt sowie von der Frequenz bzw. der Wellenlänge der abzuschirmenden Erschütterungen

abhängig. Die Schlitztiefe sollte auch bei A. größer als etwa $0{,}6 \cdot \lambda_R$ (λ_R: Wellenlänge der *Rayleigh*-Welle) sein. Untersuchungen haben gezeigt, daß bei einer Schlitztiefe von einer Wellenlänge Verminderungen der Erschütterungsamplituden von etwa 50–80 % in einer Abschirmzone dicht hinter der Wand erreicht werden können. Das beste Abschirmungsergebnis wird erreicht, wenn der Schlitz nahe an der Erschütterungsquelle angeordnet wird. In der Praxis sind A. z. B. dicht an Eisenbahntrassen eingebaut worden, um →Schienenverkehrserschütterungen von Gebäuden fernzuhalten, die sich in der Nähe der Trasse befinden. *Splittgerber*

Literatur: *Massarsch, K. R.:* Isolation of traffic vibrations in soil, Tunnels et ouvrages souterrains. AFTES-Organe officiel de l'association Francaise des Travaux en Souterrains, Revue bimestrielle Nr. 74, Mars–Avril 1986. – *Massarsch, K. R.:* Isolation of vibrations in Soil. Franki-International-Technology-Report. Hrsg.: Frankipfahl, Bauges. mbH, Düsseldorf.

Abschirmmaß. Größe zur Beschreibung der Wirksamkeit von Hindernissen wie Schallschutzwände, Erdwälle oder Mauern (→Schallschirm) auf dem Schallausbreitungsweg zwischen Schallquelle und Immissionsort bezüglich der Schallpegeländerung; Formelzeichen nach VDI 2720: D_Z. Das A. eines Hindernisses ist um so größer, je größer die Summe der Abstände Immissionspunkt–Hindernisoberkante plus Hindernisoberkante–Schallquelle gegenüber dem Abstand Immissionspunkt–Schallquelle ist. Einfluß auf die →Abschirmung hat ebenfalls die Frequenz des Geräusches. Hochfrequente Geräusche werden bei gleicher Hindernishöhe und gleicher Lage des Hindernisses zum Immissionsort und zur Geräuschquelle stärker abgeschirmt als niederfrequente Geräusche.

Nach VDI 2720 wird das A. folgendermaßen bestimmt:

$$D_Z = 10 \lg \left(C_1 + \frac{C_2}{\lambda} z\, C_3\, K_w \right) \qquad \text{dB}$$

Hierbei bedeuten:

z = Schirmwert, abhängig von der Hindernishöhe und der Lage von Schallquelle, Immissionsort und Hindernis zueinander,

λ = Wellenlänge

C_1, C_2 und C_3 Faktoren, berücksichtigen Besonderheiten der Schallquellenform und -lage zum Hindernis. K_w ist ein Korrekturfaktor für Witterungseinflüsse.

Zur Gesamtbeurteilung der Wirksamkeit eines Schallschirmes unter Berücksichtigung der Umgebungsbedingungen des Schallschirmes dient das →Einfügungsdämpfungsmaß. *Strauch*

Literatur: VDI 2720, Bl 1 E: Schallschutz durch Abschirmung im Freien. 2/1991.

Abschirmung.

Erschütterungen. Bei einer A. sollen die an einem Einwirkungsort vorhandenen oder zu erwartenden Erschütterungen von erschütterungsempfindlichen Geräten, Bauwerken usw. ferngehalten werden. Eine A. wird durch eine Passivisolierung der zu schützenden Anlage erreicht, d. h. durch eine →Schwingungsisolierung unmittelbar vor der Übertragung der →Erschütterungen aus der Umgebung auf die zu schützende Anlage. Eine A. kann auch dadurch erreicht werden, daß bei der →Ausbreitung von Erschütterungen zwischen der →Erschütterungsquelle und dem zu schützenden →Bauwerk Hindernisse für die Wellenausbreitung in den Boden eingebaut werden. Als Wellenhindernisse kommen →Bodenschlitze und →Abschirmmatten in Betracht. Die abschirmende Wirkung hängt u. a. von den geometrischen Abmessungen der Hindernisse ab, vom Ort des Einbaus in bezug auf die Erschütterungsquelle und das zu schützende Bauwerk und von der Wellenlänge der in Betracht stehenden Erschütterungen, deren Ausbreitung reduziert werden sollen.

Zur Behinderung der von einem an der Oberfläche angeordneten steifen harmonisch erregten Fundament ausgehenden Erschütterungen ist aufgrund von Berechnungen vorgeschlagen worden, massive starre Körper in den Boden einzubauen. Die Störkörper können als flache Betonplatten eingebracht werden, als tiefe möglichst starre senkrechte Wände zur A. von *Rayleigh*-Wellen oder auch als starre Körper im Boden unter dem Oberflächenfundament, von dem die Erschütterungen ausgehen. Die Wirkung der A. hängt dabei u. a. von den Abmessungen des Einbaukörpers ab, vom Abstand des wandartigen Einbaukörpers an der Erdoberfläche zum erregenden Fundament bzw. von der Einbautiefe des Störkörpers unter dem Fundament. Die praktische Erprobung dieser Verfahren zur wirksamen A. von Erschütterungen im Boden steht noch aus. *Splittgerber*

Literatur: *Haupt, W.*: Ausbreitung von Wellen im Boden. In Haupt, W. (Hrsg.): Bodendynamik, Grundlagen und Anwendung, Braunschweig 1986. – *N. Chouw, R.* und *G. Schmid*: Verfahren zur Reduzierung von Fundamentschwingungen und Bodenerschütterungen mit dynamischem Übertragungsverhalten einer Bodenschicht, Bauingenieur **66** (1991), Berlin-Heidelberg-New York 1991.

Lärm. Maßnahme, um zu schützende Immissionspunkte vor Geräuschen abzuschirmen. Diese auf dem Schallausbreitungsweg angeordneten Maßnahmen in Form von Hindernissen (→Schallschirme) wirken, ähnlich wie Schirme in einem Lichtfeld, schattenbildend auf der der Geräuschquelle abgewandten Seite des Hindernisses. Die Wirksamkeit von Schallschirmen zur Minderung von Schallvorgängen im Hörbereich ist jedoch wesentlich geringer als die Wirksamkeit von A. beim Licht. Dies ist begründet in den wesentlich größeren Wellenlängen des Schalls gegenüber Licht, so daß durch Beugung an den Kanten der Hindernisse Schall in die Schattenzone des Schirms gelangt. Die Abschirmwirkung eines Hindernisses ist daher frequenzabhängig; Schalle mit großen Wellenlängen – tiefen Frequenzen – werden weniger gut abgeschirmt als Schalle mit kleinen Wellenlängen. Neben der Frequenz haben die Abmessung (Länge, Breite, Höhe) und die Lage des Hindernisses zur abzuschirmenden Schallquelle und zum schützenden Immissionspunkt wesentlichen Einfluß auf die Wirksamkeit der Abschirmmaßnahme. Diese sind für die Wirksamkeit um so günstiger, je tiefer der zu schützende Immissionspunkt in die Schattenzone der A. zu liegen kommt.

Als quantitatives Maß für die Wirksamkeit einer Abschirmmaßnahme dient das →Abschirmmaß.

A. werden üblicherweise eingesetzt zum Schutz der Wohnbebauung vor Geräuschen durch den Betrieb von industriellen und gewerblichen Anlagen sowie vor Geräuschen durch Straßen- und Schienenverkehrsanlagen. *Strauch*

Literatur: Richtlinien für den Lärmschutz an Straßen →(RLS 90), bekanntgemacht im Verkehrsblatt, Amtsblatt des Bundesministers für Verkehr (VkBl.) Nr. 7 vom 14. 4. 1990. – Richtlinie zur Berechnung der Schallimmission von Schienenwegen, Ausg. 1990 – Schall 03, bekanntgemacht im Amtsblatt der Deutschen Bundesbahn Nr. 14 vom 4. 4. 1990. – VDI 2720, Bl. 1 E:→Schallschutz durch Abschirmung im Freien. 2/1991. – VDI 2720, Bl. 2: Schallschutz durch Abschirmung in Räumen. 4/1983.

Ionisierende Strahlung. Es handelt sich um eine Schutzvorrichtung gegen schädliche Einwirkungen auf Mensch und Material, hervorgerufen durch energiereiche ionisierende Strahlung verschiedener Art. Als einfachstes Schutzmittel empfiehlt sich häufig Abstandhalten von der Strahlenquelle; das sog. quadratische Abstandsgesetz sagt aus, daß die Dosisleistung auf ein Viertel reduziert werden kann, wenn der Abstand zur Strahlenquelle verdoppelt wird. Technisch bedeutsamer ist jedoch das Anbringen von Schutzwänden oder -schichten, um eine A. gegenüber ionisierender Strahlung zu erzielen.

Die Anforderungen an die Wirkung von A. sind je nach dem Verwendungszweck der abzuschirmenden Räume und Einrichtungen, den betroffenen Personenkreisen sowie den zu erwartenden Aufenthaltszeiten sehr unterschiedlich. Zudem muß zwischen stationären und beweglichen A. (Transportbehälter) unterschieden werden.

Die verschiedenen Strahlenarten besitzen eine unterschiedliche Durchdringungsfähigkeit von Materie. Alphastrahlen werden z. B. bereits von Papier zurückgehalten; Betateilchen können durch dickere Aluminiumschichten abgeschirmt werden. Gamma- und Röntgenstrahlen hingegen erfordern für eine wirksame A. größere Schichtdicken strahlenabsorbierender Materialien. Als Abschirmmaterialien werden meist Stahl, Schwerbeton oder →Blei verwendet. A. gegen Neutronen erfordern eine Mehrschichtanordnung Neutronen-abbremsender und Neutronen-absorbierender Materialien. *Merz*

Absetzbecken. A. sind Bestandteile von →Abwasserbehandlungsanlagen, rechteckige oder runde Becken, die überwiegend horizontal, aber auch vertikal durchströmt werden, um mitgeführte absetzbare Stoffe als Bodenschlamm abzuscheiden. Dabei werden auch Leicht- oder Schwimmstoffe als Schwimmschlamm abgetrennt. Man nennt dies eine mechanische Reinigung des Wassers/Abwassers (Klärung). Die gleiche Wirkung wird auch in Teichen, natürlichen oder künstlichen Speichern und Seen bei einer ausreichenden rechnerischen Aufenthaltszeit während des Durchflusses erreicht. Aufenthaltszeiten von 1–2 h sind üblich. In dieser Zeit werden 90 bis nahezu 100 % der absetzbaren Stoffe sedimentiert.

Beim Rundbecken wie beim langgestreckten Rechteckbecken wird der Bodenschlamm meist durch einen zirkulierenden oder längs über das Becken laufenden mobilen Räumer (Räumwagen, Kratzer) in einen zentralen oder auf der Einlaufseite liegenden Schlammsammelraum befördert und von dort mit rd. 1 m Wasserüberdruck über Schlammentnahmerohre in Sammelschächte zur weiteren Behandlung gebracht. Auch der Schwimmschlamm wird so durch Abstreifer am Räumer kontinuierlich abgeschoben. Dies gilt vor allem für horizontal durchströmte A.

Das vertikal durchströmte A. wird meist als tiefes Trichterbecken nahe der Sohle, über der Schlammtrichterspitze, mit dem Rohwasser beschickt, das möglichst gleichmäßig über den Querschnitt verteilt nach oben strömt und dort in Ablaufrinnen ausläuft. Durch die aufwärts gerichtete Strömung bei abwärts sinkendem Schlamm bzw. absetzbarem ergibt sich ein besonders günstiger Koagulationseffekt der mechanischen Reinigung. Die dabei gegebene Steiggeschwindigkeit wird auch Oberflächenbeschickung genannt. Der so gewonnene gut fließfähige Schlamm der A. hat einen Wassergehalt von meist 96–99 %. *Mertsch*

Literatur: ATV (Hrsg.): Lehr- und Handbuch der Abwassertechnik; Bd. III; Grundlagen für Planung und Bau von Abwasserkläranlagen und mechanische Klärverfahren, Berlin 1983.

Absetzteich. A. dienen der Abscheidung der im Rohabwasser enthaltenen absetzbaren Stoffe und der Ausfaulung des abgesetzten Schlamms. Sie werden im allgemeinen nur als Vorstufe vor einer weiteren →Abwasserbehandlung eingesetzt. Bei Mischkanalisation können sie zugleich die Regenwasserbehandlung übernehmen.

A. werden heute nur noch vereinzelt, vorzugsweise im ländlichen Raum errichtet. Bemessungskriterien sind Durchflußzeit, Schlammanfall und Räumungshäufigkeit. Wegen der sich normalerweise ergebenden hohen organischen Belastung verlaufen die Abbauvorgänge in solchen Teichen überwiegend anaerob. Geruchsemissionen sind daher nicht auszuschließen. *Mertsch*

Absinkinversion. →Inversion, die sich auf Grund eines vorangegangenen großräumigen Absinkens von Luftmassen in einem Hochdruckgebiet gebildet hat.

Ausgangspunkt ist eine Luftmasse, die leicht stabil geschichtet ist (→Schichtungsstabilität), ohne daß sie bereits als Inversion zu bezeichnen wäre. Sinkt eine solche Luftmasse adiabatisch ab, so ändern sich die Differenz der potentiellen Temperatur (ΔT) und die Druckdifferenz zwischen ihrer Ober- und Untergrenze (ΔP) nicht. In geringerer Höhe hat die gleiche Luftmasse auf Grund des größeren Drucks des darüberliegenden Luftvolumens jedoch eine geringere vertikale Ausdehnung ($\Delta Z'$). Die Temperaturzunahme zwischen Ober- und Untergrenze findet also über eine geringere Distanz statt, was identisch mit einer Zunahme des Temperaturgradienten und der Bildung einer Inversion ist (Bild).

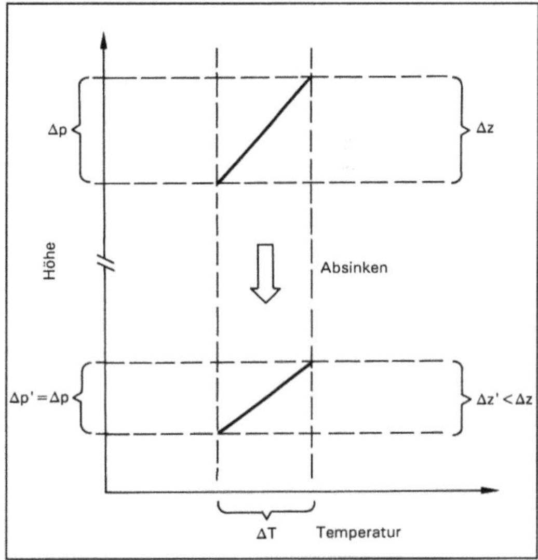

Absinkinversion: Zunahme der Stabilität einer Luftmasse durch großräumiges Absinken.

Da schwach stabile Schichtung und großräumiges Absinken vor allem oberhalb der planetarischen →Grenzschicht auftreten, bilden A. häufig den Oberrand der Grenzschicht. *Wichmann-Fiebig*

Absolutfilter. Filternde → Abscheider, die in speziellen Anwendungsfällen eine nahezu vollständige Abscheidung der in einem Gas dispergierten Partikeln gewährleisten, werden auf dem Gebiet der → Staubabscheidung zuweilen auch als A. oder Endfilter bezeichnet. Als Beispiel seien aus Glasfasern bestehende Papierfilter in Apparaturen zur gravimetrischen Bestimmung der Partikelkonzentration in gasförmigen Medien genannt. Eine Klassifizierung der sog. A. erfolgt nach den für → Tiefenfilter gültigen Normen. *Löffler/Schmidt*

Absorber. A. sind Stofftrennapparate, in der Luftreinhaltung überwiegend zur Abtrennung gasförmiger Schadstoffe aus Abgasen eingesetzt (→ Absorptionsverfahren). Eine Absorptionseinrichtung besteht im wesentlichen aus dem A. (oder Wäscher) und der nachgeschalteten Regeneration bzw. Aufarbeitung der Waschflüssigkeit. Dabei werden die Anlagenkonzeptionen durch ein- oder mehrstufigen Betrieb der A. auf den jeweiligen Anwendungsbereich zugeschnitten. Der A.-Abscheidegrad hängt von den Parametern Stoffübergangszahl, Austauschfläche, Verweilzeit und Konzentrationsgefälle zwischen den Phasen ab. Einer Vergrößerung der Stoffübergangszahlen sind wegen des damit verbundenen steigenden Energieaufwands enge Grenzen gesetzt. Die Auslegung eines A. erfolgt daher über die wirksame Austauschfläche. Sie ist der absorbierten Menge löslichen Gases direkt proportional. Den meist in entgegengesetzter Richtung strömenden Phasen wird durch vielfältige konstruktive Maßnahmen eine möglichst große Berührungsfläche angeboten. Die A. werden dafür mit ruhenden oder bewegten Einbauten ausgerüstet. Aufgrund ihres geringen Druckverlustes werden auch A. ohne Einbauten verwendet.

Zu den A. ohne Einbauten zählen die Sprüh-, Venturi-, Zentrifugal- und Oberflächenwäscher. An den Beispielen des Venturi- und Strahlabsorbers können die unterschiedlichen Prinzipien zur Schaffung von Phasengrenzflächen aufgezeigt werden. Beim → Venturiwäscher wird die Energie zum Zerstäuben der Waschflüssigkeit vor allem durch die Strömungsenergie des Gases aufgebracht, was einen hohen Druckverlust zur Folge hat. Um den Apparat wechselnden Gasbelastungen anzupassen, müssen mehrere Venturirohre parallel geschaltet werden, oder der Querschnitt der Venturikehle muß verstellbar sein. Wegen der hohen Geschwindigkeit ist die Kontaktzeit zwischen Gas und Flüssigkeit klein, die Austauschfläche aber dennoch groß.

Beim Strahlwäscher wird die Waschflüssigkeit im Gleichstrom in das zu reinigende Gas eingedüst. Im Gegensatz zum Venturiwäscher bewegt sich die eingestrahlte Flüssigkeit mit höheren Geschwindigkeiten als das Gas. Der Flüssigkeitsstrahl zerfällt in kleine Tropfen. Der Strahlwäscher ist wie auch der → Sprühwäscher relativ unempfindlich gegen Schwankungen des Gasdurchsatzes. Zwischen den Grenzfällen des Venturi- und Strahlwäschers gibt es zahlreiche unterschiedliche Bauformen.

Zu den A. mit Einbauten gehören die Füllkörper-, Bodenkolonnen- und Wirbelschichtabsorber. Die einfachste Bauart ist der Füllkörperwäscher, bei dem die Austauschfläche durch den an den Füllkör-

Strömungsprinzip	Gegenstrom				Querstrom	Gleichstrom	
Funktionsprinzip	Das Gas strömt im Gegenstrom durch eine mit Flüssigkeit berieselte Füllkörperkolonne	Das Gas perlt in Form von Blasen durch die Flüssigkeit	Die Flüssigkeit wird in einem Gasraum fein zerstäubt		Das Gas strömt im Querstrom durch eine mit Flüssigkeit berieselte Füllkörperschicht	Das Gas wird durch die Flüssigkeit angesaugt und mit dieser vermischt	Die Flüssigkeit wird in der Venturikehle dispergiert
Benennung	Füllkörperwäscher	Gasblasenwäscher Bodenkolonnen	Sprühturmwäscher Düsenwäscher	Rotationswäscher	Füllkörperquerstrom wäscher	Strahlwäscher	Venturiwäscher
Schema							

Absorber: A.-Bauformen.

pern herunterrieselnden Flüssigkeitsfilm geschaffen wird. Füllkörper werden aus Metall, Kunststoff oder Steinzeug hergestellt. Durch Abscheidung von Feststoffen während des Waschprozesses kann die Füllkörperschicht verstopfen. Wirbelschichtabsorber sind hinsichtlich Verstopfung weniger empfindlich. Die Wirbelschicht kann z. B. aus Kunststoffkugeln bestehen, die zwischen zwei Rosten eine durch die Gasströmung erzeugte wirbelnde Bewegung ausführen. Glocken-, Ventil- und Siebbodenwäscher werden häufig in der mineralölverarbeitenden und chemischen Industrie eingesetzt. Bodenwäscher sind Intensivwäscher mit besonders hohem Stoffaustausch. Rotationsabsorber sind nicht sehr verbreitet, weil sie gegenüber anderen A.-Typen relativ kompliziert aufgebaut sind und einen hohen Energieaufwand erfordern. Sie eignen sich vor allem zur Abscheidung von Gasen mit hoher Löslichkeit, d. h. bei geringem flüssigkeitsseitigen Übergangswiderstand.

A. können auch nach der Strömungsrichtung gekennzeichnet werden (Bild). Für die Wahl der optimalen Bauform ist die Kenntnis des für den Absorptionsvorgang geschwindigkeitsbestimmenden Schrittes entscheidend. Liegt der Hauptwiderstand in der flüssigen Phase, ist es wichtig, das →Abgas laufend mit neuen Flüssigkeitsschichten in Kontakt zu bringen. Dafür sind besonders Bodenkolonnen und Blasensäulen geeignet. Sprüh- und Filmwäscher bieten dagegen Vorteile, wenn der Hauptwiderstand auf der Gasseite liegt. Neben dem Absorptionsgrad sind für die Auswahl der A. noch folgende Kriterien entscheidend:
- bauartbedingte Verschmutzungs- und Verstopfungsgefahren,
- Platzbedarf,
- Investitionsaufwand und Betriebskosten.

Dombrowski

Absorption von Schall. Bezeichnung für die Umwandlung von →Schallenergie in Wärmeenergie beim Auftreffen von Schallwellen auf Grenzflächen oder für die Ableitung der Schallenergie aus einem Schallfeld durch besondere Einrichtungen (Öffnungen, durchlässige, poröse Bauteile).

Gekennzeichnet wird die A. von Schall durch den Schallabsorptionsgrad α. Eine wirksame A. von Schall wird erreicht durch viskose Reibung der Luftschwingung in porösen, offenporigen Materialien, die zur Umwandlung der Schwingungs-(Schall-)energie in Wärmeenergie führt. Der Absorptionsgrad bestimmter Materialien ist frequenzabhängig; die A. tieffrequenter Schalle erfordert größere Dicken des Absorptionsmaterials als die A. hochfrequenter Schalle. *Strauch*

Absorptionsgesetz →Lambert-Beer-Gesetz

Absorptionsgrad. Der A. wird auch als Schluckgrad bezeichnet und gibt als dimensionsloser Wert zwischen 0 und 1 das Verhältnis der nichtreflektierten (absorbierten) →Schallintensität zur einfallenden Schallintensität an.

Ein A. von 0 kennzeichnet die völlige →Reflexion des Schalls und ein A. von 1 keine Reflexion, die gesamte Schallintensität wird absorbiert.

Der A. von Materialien ist frequenzabhängig; bei tiefen Frequenzen des Schalls ist der A. eines Materials im allgemeinen kleiner als bei hohen Frequenzen. *Strauch*

Literatur: DIN 1320: Akustik, Grundbegriffe.

Absorptionsquerschnitt. Die bezogenen Absorptionskoeffizienten für elektromagnetische Strahlung werden in der chemischen Literatur in verschiedenen Einheiten angegeben. Für die flüssige Phase wird normalerweise der bezogene molare dekadische Absorptionskoeffizient in der Einheit l/(Mol cm) verwendet, wohingegen in der Gasphase der bezogene natürliche Absorptionskoeffizient in der Einheit cm²/Molekül benutzt und als A. bezeichnet wird (→*Lambert-Beer*-Gesetz). Der A. $\sigma(\lambda)$ ist definiert als die wirksame Fläche eines absorbierenden Zentrums pro Molekül.

Der A. $\sigma(\lambda)$ ist eine Molekülkonstante und für eine große Anzahl von Molekülen tabelliert. Bei seiner Kenntnis können Konzentrationsbestimmungen aus der Messung des Absorptionsmaßes sehr leicht nach dem *Lambert-Beer*-Gesetz durchgeführt werden. Dies ist die Grundlage vieler analytischer Meßtechniken, welche die Absorption von Licht geeigneter Wellenlänge zur Konzentrationsbestimmung heranziehen (→Absorptionsspektrum, →Extinktion). *Wirtz*

Literatur: *Bergmann-Schaefer:* Lehrbuch der Experimentalphysik, Bd. III. Berlin 1987. – *Kohlrausch, F.:* Praktische Physik 1. Stuttgart 1985.

Absorptionsschicht (*engl.* absorptive coating). Schichten, welche die Eigenschaften von Oberflächen verbessern, einfallende Strahlung zu absorbieren, werden A. genannt. Wird die gesamte einfallende Strahlung absorbiert (Idealfall), bezeichnet man den Körper als Schwarzen Körper. Die maßgebende Größe ist der sog. Absorptionsgrad. Im Realfall ist er stets < 1. Für temperaturbeständige Oberflächenbeschichtung von →Strahlungsabsorbern von Sonnenkollektoren oder solare Receivern ist die Langzeitbeständigkeit der Schichten hoher Absorption besonders wichtig. Die charakteristische Zeitdauer ist die Auslegungslebensdauer der Komponente mit Oberflächenbeschichtung, etwa des Absorbers eines Sonnenkraftwerks. Bislang erreichte Lebensdauern sind Jahre, aber Jahrzehnte sind nötig, soll kommerzieller Betrieb möglich werden. Neben stationären oder doch quasi stationären Wind- oder Wärmelasten und der Belastung unter Eigengewicht und Innendruck sind es vor allem die thermischen Absorber-Wechselbeanspruchungen infolge von Überhitzungspunkten, sich ändernder Wolkenbedeckung und des Tag/Nachtwechsels, welche die Dauerhaltbarkeit von Absorbern und die →Degradation von Schichten entscheidend beeinflussen. Vor allem hochtemperaturbeständige Schichten bedürfen der weiteren Erforschung und Entwicklung.

Selektive Schichten verringern die Strahlungsverluste. →Selektivität wird erreicht durch chemischphysikalische (auf Metall aufgedampfte Schichten, galvanische Überzüge, Halbleiterschichten) und geometrische, oberflächenstrukturbedingte Faktoren. Der geometrische Schichtaufbau zeigt senkrecht zur beschichteten Oberfläche Kanäle, die sich in der Tiefe verjüngen. Sonnenstrahlung und reemittierte Wärmestrahlung unterliegen einer Mehrfachreflexion an den Kanalwänden. Sie ist für die eindringende Sonnenstrahlung erwünscht, weil in jedem Reflexionspunkt Strahlungsleistung an die Wandung übertragen wird; sie ist für die Wärmestrahlung erwünscht, weil nur ein nach Mehrfachreflexion verbliebener Rest an die Atmosphäre reemittiert wird. *C.-J. Winter*

Absorptionsspektrum. Das A. zeigt die Abhängigkeit der Absorption eines Stoffes von der Wellenlänge des eingestrahlten Lichtes. Die A. sind charakteristisch für einzelne Moleküle, so daß anhand der Spektren eine Identifizierung unbekannter Verbindungen, aber auch eine Messung der Konzentration bzw. der Gesamtmenge eines Stoffes in einer Luftsäule (→Gesamtozonsäulendichte, →Dobson-Einheit) erfolgen kann. Im allgemeinen gilt dieses auch für ein Stoffgemisch (→*Lambert-Beer*-Gesetz, →Absorptionsquerschnitt, →Extinktion). *Wirtz*

Literatur: *Klessinger, M.; J. Michel:* Lichtabsorption und Photochemie organischer Moleküle. Weinheim 1989.

Absorptionsverfahren. A. werden eingesetzt, um im →Abgas enthaltene, gasförmige luftverunreinigende →Stoffe auszuwaschen. Die Waschflüssigkeit wird als Absorbens (Absorptionswaschmittel), die zu absorbierende gas- bzw. dampfförmige Substanz als Absorptiv und die beladene Waschflüssigkeit als Absorbat bezeichnet. Um eine Verlagerung von Problemen der Luftseite auf die Wasserseite zu vermeiden, ist grundsätzlich eine Regeneration oder Aufbereitung der beladenen Waschflüssigkeit erforderlich; oft ist sogar ein abwasserfreier Betrieb der Abgasreinigungseinrichtung möglich.

Durch Absorption wird ein Gas in einer Flüssigkeit gelöst. Beruht die Aufnahme ausschließlich auf der Löslichkeit des Gases, spricht man von physikalischer Absorption, laufen zusätzliche chemische Reaktionen in der flüssigen Phase ab, spricht man von Chemisorption. Der Absorptionsvorgang wird durch die Transportwiderstände in der gasförmigen und flüssigen Phase, den Konzentrationen bzw. Konzentrationsgradienten und den Reaktionsgeschwindigkeiten beeinflußt. Die Absorptionsisotherme beschreibt den Zusammenhang zwischen der Konzentration des Absorptivs und der gelösten Gasmenge in der Waschflüssigkeit bei konstanter Temperatur (Bild). Sie ist von grundlegender Bedeutung für die Arbeitsweise von Absorption sowie →Desorption (bei der Regenerierung). Zur Regenerierung der beladenen Waschflüssigkeit wird das Absorptiv aus dem Absorbat abgetrennt und das Absorbens in den Prozeß zurückgeführt. Im Gegensatz zu Adsorptionseinrichtungen, die i. a. diskontinuierlich einen Wechsel von Beladung und Desorption vorsehen, arbeiten Absorptionsanlagen kontinuierlich, wobei ein Teil der Waschflüssigkeit im Kreislauf durch →Absorber und Desorber geleitet wird.

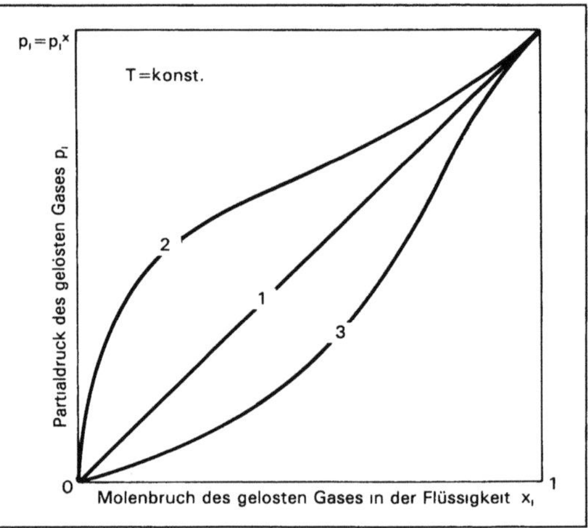

Absorptionsverfahren: Absorptions-Isothermen bei idealem und realem Verhalten der Stoffe.

1 ideal, 2 positive Abweichungen (Partialdruckerhöhung), 3 negative Abweichungen (Partialdruckerniedrigung)

Bei der physikalischen Regeneration muß das Absorptiv in eine andere Phase überführt werden. Eine Überführung in die Gasphase läßt sich durch Temperaturänderung oder Partialdruckerniedrigung, d. h. Druckentspannung oder Verdünnung durch einen Hilfsstoff (Strippen), erreichen. Beispiele für die Überführung des Absorptivs in eine andere flüssige Phase oder in eine feste Phase sind die →Extraktion bzw. die Kristallisation.

Bei der chemischen Regeneration erfolgt entweder eine Rückreaktion zwischen Absorbens und Absorptiv, oder das Absorptiv wird in eine Verbindung umgesetzt, die sich leichter aus der Waschflüssigkeit abtrennen läßt. Die Vielfalt der chemischen

Regenerationsmöglichkeiten läßt sich an verschiedenen Verfahren zur →Abgasentschwefelung aufzeigen. So werden z. B. als Absorbentien Natriumsulfit (Na_2SO_3), Kaliumsulfit (K_2SO_3) oder Magnesiumverbindungen (MgO, Mg CO_3) eingesetzt, die mit dem SO_2 zu Hydrogensulfit bzw. Sulfit reagieren. Diese Verbindungen lassen sich thermisch wieder in das Absorbens und das Absorptiv aufspalten.

Während bei der physikalischen Absorption nur schwache Wechselwirkungen zwischen Absorptiv und Absorbens bestehen, sind bei der chemischen Absorption erhebliche Wechselwirkungsenergien zwischen Absorptiv und den Reaktanden der Waschflüssigkeit vorhanden. Im allgemeinen treten bei der Absorption sowohl physikalische als auch chemische Effekte auf; die Grenze ist fließend. Wegen ihrer hohen Löslichkeit können z. B. →Ammoniak, →Chlor- und →Fluorwasserstoff allein durch Wasser mit hohem Wirkungsgrad aus Abgasen abgeschieden werden. Die meisten in der →Abgasreinigung eingesetzten A. arbeiten jedoch mit Wasser und einem chemisch aktiven Zusatz. Einige für anorganische Stoffe gebräuchliche Absorptionsmittel sind in der Tabelle zusammengestellt.

Das Absorbens spielt für den technisch-wirtschaftlichen Einsatz von A. eine wichtige Rolle. Die Anforderungen sind u. a.: Verfügbarkeit, Preis, Beladefähigkeit, Selektivität, Dampfdruck, Korrosivität und die Möglichkeiten, das Absorbat zu regenerieren, aufzuarbeiten oder umweltneutral abzuleiten. Hohe Beladefähigkeit und Selektivität ermöglichen kleine Apparategrößen und führen damit zu niedrigen Investitions- und Betriebskosten. Die Waschflüssigkeit, einschließlich der Zusätze, sollte bei der Absorptionstemperatur einen niedrigen Dampfdruck haben oder als Emission nicht wirkungsrelevant sein, weil sonst zusätzliche Emissionsprobleme entstehen. Bei geringer Korrosivität von Absorption, Absorbens und Absorbat können

Absorptionsverfahren. Tabelle: Absorbentien für gasförmige anorganische Stoffe.

Absorptiv	Absorbens	
	Lösemittel	Zusätze
Phosgen ($COCl_2$)	Wasser	ohne, Natriumhydroxid (NaOH), Kalziumhydroxid ($Ca(OH)_2$)
Brom/Bromwasserstoff (Br_2/HBr)	Wasser	Natriumhydroxid (NaOH)
Chlor (Cl_2)	Wasser	ohne, Natriumhydroxid (NaOH), Natriumsulfit (Na_2SO_3), Natriumthiosulfat ($Na_2S_2O_3$)
Cyanwasserstoff (HCN)	Wasser	Natriumhydroxid (NaOH)
Fluor/Fluorwasserstoff (F_2/HF)	Wasser	ohne, Natriumhydroxid (NaOH), Kalziumhydroxid ($Ca(OH)_2$)
Schwefelwasserstoff (H_2S)	Wasser	Natriumhydroxid (NaOH), Natriumkarbonat (Na_2CO_3), Kaliumkarbonat (K_2CO_3), Kaliumtriphosphat (K_3PO_4), Ammoniak (NH_3), Monoethanolamin ($HOC_2H_4NH_2$), Diethanolamin (($HOC_2H_4)_2NH$)
Chlorwasserstoff (HCl)	Wasser	ohne, Natriumhydroxid (NaOH), Kalziumhydroxid ($Ca(OH)_2$)
Schwefeldioxid (SO_2)	Wasser	Natriumhydroxid (NaOH), Natriumsulfit (Na_2SO_3), Kalziumhydroxid ($CA(OH)_2$), Magnesiumhydroxid ($Mg(OH)_2$), Ammoniak (NH_3), Kaliumsulfit (K_2SO_3), Kaliumtriphosphat (K_3PO_4)
Stickstoffmonoxid (NO)	Wasser	Eisen (II) EDTA-Komplex (EDTA = Ethylendiamintetra-aceticacid)
Stickstoffdioxid (NO_2)	Wasser	ohne, Natriumhydroxid (NaOH), Kalziumhydroxid ($Ca(OH)_2$), Ammoniak (NH_3)

für die Abgasreinigungseinrichtung preiswerte Werkstoffe verwendet werden.

A. werden in weiten Bereichen, z. B. bei Kraftwerken, Abfallverbrennungsanlagen, Kokereien sowie in der zellstoffverarbeitenden Industrie, der Elektroindustrie, der Glasindustrie und der chemischen Industrie eingesetzt.

So werden z. B. Chlor- und Fluorwasserstoff sowie Schwefeldioxid aus Abfallverbrennungsanlagen simultan im mehrstufigen Hochleistungs-Wascher mit Natronlauge oder Kalkmilch als Zusatz abgeschieden. Für diese Stoffe werden Abscheidegrade von mehr als 95 % erreicht.

Auch bei der →Abgasentschwefelung bei Kraftwerken oder in der zellstoffverarbeitenden Industrie werden Abscheidegrade von 90 % und mehr erreicht. Bei der Abscheidung von Fluorverbindungen aus der Glasindustrie liegt der →Abscheidegrad über 95 %.

A. können bei der Abscheidung organischer Stoffe gegenüber der →Adsorption Vorteile haben, wenn durch desaktivierende Stoffe im Abgas die Adsorberstandzeit gering und die Konzentration des Lösemittels hoch ist. So wird z. B. bei der Papierveredelung das als →Lösemittel eingesetzte →Methanol mit einem Abscheidegrad von mehr als 99 % durch Absorption zurückgewonnen.

Bei einer Druckerei konnte durch den Einsatz einer Absorptionsanlage mit integrierter →Lösemittelrückgewinnung die Reingaskonzentration unter 75 mg Lösemittel/m³ gehalten werden. Die Wiederverwertungsrate von →Ethanol und Ethylacetat, die zu 90 % im Abgas enthalten sind, beläuft sich dabei auf bis zu 90 %.

Hinsichtlich emissionsbegrenzender Anforderungen für organische und anorganische luftverunreinigende Stoffe gelten insbesondere die Regelungen der →TA Luft, der Großfeuerungsanlagenverordnung (→13. BImSchV) und der →17. BImSchV. So lauten z. B. die Grenzwerte für die anorganischen Stoffe wie Phosgen 1 mg/m³, Chlorwasserstoff 30 mg/m³ sowie →Fluorwasserstoff 5 mg/m³ und für organische Stoffe der Klasse I 20 mg/m³, der Klasse II 100 mg/m³ und der Klasse III (z. B. Ethanol, Methanol) 150 mg/m³. *Dombrowski*

Literatur: *Davids, P.; M. Lange:* Die TA Luft '86 – Technischer Kommentar. Düsseldorf 1986. – *Fritz, W.; H. Kern:* Reinigung von Abgasen. Würzburg 1990. – *Menig, H.:* Luftreinhaltung durch Adsorption, Absorption und Oxidation. Wiesbaden 1977.– VDI 3675, Abgasreinigung durch Absorption. 5/1981.

Abstandserlaß →Schutzabstand

Abstandsmaß. Logarithmisches Maß zur Kennzeichnung der Schallpegelabnahme in Abhängigkeit vom Abstand zur Schallquelle. Das A. wird üblicherweise mit D_S bezeichnet. Für Schallquellen in der Nähe des Erdbodens, von denen sich der Schall halbkugelförmig ausbreitet, gilt als A.

$$D_S = 10 \lg \left(2\pi \, \frac{s^2}{s_0^2} \right) \qquad \text{dB}$$

s = Abstand von der Schallquelle in m
$s_0 = 1$ m

Wird der Abstand s von einer punktförmigen Schallquelle verdoppelt, so beträgt das A. 6 dB; die abstandsbedingte Schallpegeländerung ist somit 6 dB. *Strauch*

Literatur: VDI 2714: Schallausbreitung im Freien. 1/1988.

Abstandsregelung. Die A. dient dazu, gegenseitige Beeinträchtigungen unterschiedlicher Nutzungen zu vermeiden oder zu vermindern. Neben dem Baurecht findet sie sich vor allem im Immissionsschutzrecht. Nach § 50 des BImSchG sind die für eine bestimmte Nutzung vorgesehenen Flächen einander so zuzuordnen, daß schädliche Umwelteinwirkungen auf die ausschließlich oder überwiegend dem Wohnen dienenden Gebiete sowie auf sonstige schutzbedürftige Gebiete soweit wie möglich vermieden werden. Um diesen Anforderungen zu genügen, sind insbesondere bei der städtebaulichen Planung ausreichende Abstände zwischen störenden und immissionsempfindlichen Gebieten vorzusehen. Anhaltspunkte, wann die Abstände zu emittierenden Anlagen als ausreichend anzusehen sind, enthalten die von einzelnen Ländern herausgegebenen Abstandserlasse. So gibt der nordrhein-westfälische Abstandserlaß vom 21. 3. 1990 für 196 Anlagearten – eingeteilt in sieben Abstandsklassen – Mindestabstände zu Wohngebieten zwischen 100 und 1 500 m vor. Diese Abstände sind für die Planungsträger nicht verbindlich. Sie besagen nur, daß die Immissionsschutzbehörden bei ihrer Einhaltung keine Bedenken gegen die Planung geltend machen sollen, wenn die störenden Anlagen dem →Stand der Technik entsprechen. *Hansmann*

Literatur: *Dreyhaupt, F.-J.:* Der Abstandserlaß des Landes Nordrhein-Westfalen und seine Folgen für den Städtebau. Städtebauliche Beiträge 1/1979; – *Hansmann, K.:* Erläuterungen zu § 50 BImSchG. In: Landmann/Rohmer: Umweltrecht, Bd. I. – *Marcks, P.:* Die Bedeutung des § 50 BImSchG für die Bauleitplanung. Natur und Recht, 44 ff. 1984.

Abstrahlung. Die von einem Schallsender an seine Umgebung übertragene Schwingung in Form von →Schall. Ist das umgebende Medium die Luft, so spricht man von Luftschall, ist das Medium Wasser, von Wasserschall. Wird Schall in Maschinenelemente oder Bauwerke (Körper) abgestrahlt (eingeleitet) und von diesen an das Medium Luft weitergegeben, so wird dieser Abstrahlvorgang üblicherweise als →Körperschall bezeichnet. *Strauch*

Absturzbauwerk. A. sind innerhalb von Abwasserkanalisationsanlagen Schachtbauwerke zur Energievernichtung, die dazu dienen, bei Zusammenführungen von Kanälen große Höhenunterschiede zu überwinden oder das Gefälle von Kanalleitungen zu reduzieren, um die Materialbeanspruchung in den Leitungen zu begrenzen. *Mertsch*

AbwAG. Abk. Abwasserabgabengesetz. →Abwasserabgabenrecht

Abwärme. Unter A. ist die ein System verlassende Wärme zu verstehen, ausgenommen ist die Wärme, deren Erzeugung ein Ziel des Prozesses ist. So ist z. B. bei einer →Feuerungsanlage, die Dampf erzeugen soll, diese Dampferzeugung Ziel des Prozesses und somit der anfallende Dampf keine A. Im Gegensatz dazu ist der Wärmeinhalt der Abgase, die den →Schornstein verlassen, A.

Ziel wärmetechnischer Optimierung technischer Prozesse ist es, die anfallende Abwärmemenge möglichst gering zu halten, um auf diese Weise eine Energieeinsparung zu erreichen. In einem Prozeß unvermeidbar anfallende A. kann anderweitig genutzt werden. Die Möglichkeiten für eine solche →Abwärmenutzung sind ganz entscheidend vom Temperaturniveau der A. abhängig; allgemein gilt, daß die Nutzungsmöglichkeiten um so besser sind, je höher die Temperatur und damit der Anteil von →Exergie der A. ist. Gegebenenfalls ist auch eine →Abwärmeaufwertung möglich.

Hinsichtlich des Temperaturniveaus wird die A. häufig zur groben Charakterisierung in vier Bereiche eingeteilt:
- Temperaturen im Bereich der Umgebungstemperatur, d. h. bis ca. 50 °C,
- Niedertemperatur-A. bis ca. 150 °C,
- Mitteltemperatur-A. bis ca. 500 °C,
- Hochtemperatur-A. über 500 °C.

A. kann in diffuser oder gefaßter Form abgegeben werden. Bei der diffusen A. handelt es sich meistens um über große Oberflächen durch →Wärmestrahlung und →Wärmekonvektion abgegebene Wärme (z. B. Wärmeverluste über die warmen Oberflächen technischer Anlagen). Der diffuse Abwärmestrom kann häufig durch bessere →Wärmedämmung reduziert werden; eine Nutzung der diffusen A. ist meist nicht möglich. Gefaßte A. ist an aus dem Prozeß gezielt herausgeführte Stoffströme gebunden (z. B. Kühlflüssigkeiten oder Abluft- oder Abgasströme). *Hoffmann*

Literatur: *Briké, F:* Maßnahmen zu Intensivierung der Abwärmenutzung in der Industrie (Kurzfassung). Hrsg.: Bundesministerium für Forschung und Entwicklung Forschungsbericht T 83-304. 1983. – *Grigull, U.:* Technische Thermodynamik, 3. Aufl. Berlin–New York 1977.

Abwärme, biogene. B. A. ist die bei exothermen chemischen Prozessen im →Stoffwechsel von Organismen freiwerdende thermische Energie. Diese muß der Organismus an die Umgebung abgeben um die gewünschte Körpertemperatur aufrecht zu erhalten. Die Wärmeabgabe erfolgt durch Strahlungsaustausch mit der Umgebung, →Konvektion, Abgabe von Wasserdampf (Evaporation). Bei der Tierhaltung in Ställen muß für eine angemessene Zufuhr von Frischluft und einen entsprechenden Abtransport von Schadgasen und Wärme (b. A.) gesorgt werden.

Die Wärme- und Wasserdampfabgabe ist von der Tierart und dem Körpergewicht abhängig. Ein Kalb (100 kg Körpergewicht) gibt etwa 260 W Wärme und 100 g Wasserdampf pro Stunde ab, eine Milchkuh (600 kg) dagegen 980 W Wärme und 350 g Wasserdampf pro Stunde. Zusätzlich gibt die Milchkuh Wärme mit der Milch ab. Diese Milch muß aus hygienischen Gründen nach dem Melken auf eine Temperatur von 4 °C abgekühlt werden. Nimmt man eine Menge von 15 kg/d und eine Temperaturdifferenz von 34 K an, so gibt die Kuh eine durchschnittliche Energiemenge von 0,6 kWh/d mit der Milch ab (→Wärmerückgewinnung).
H. Schön/Reuß

Abwärmeaufwertung. Bei der A. wird das Temperaturniveau eines Abwärmestroms angehoben, um eine Verwertung der →Abwärme zu ermöglichen (aktive →Abwärmenutzung). Zur Temperaturanhebung wird dabei ein Zusatzprozeß benötigt (→Wärmepumpen, →Wärmetransformator).
Hoffmann

Abwärmenutzung. Ziel der A. ist es, die in technischen Prozessen anfallende Abwärme möglichst optimal zu verwerten. Die A. ist somit ein Teil der →Wärmenutzung. Häufig wird zwischen aktiver und passiver A. unterschieden. Unter der passiven A. versteht man die Verwertung der Abwärme bei einer Temperatur, die niedriger liegt als die Temperatur, mit der die Abwärme angeboten wird, so daß eine Nutzung durch Einsatz von Wärmetauschern erfolgen kann. Bei der aktiven A. erfolgt eine →Abwärmeaufwertung durch Zusatzprozesse, die die Abwärme auf ein höheres Temperaturniveau anheben, auf dem eine Nutzung möglich ist. In der Praxis werden häufig Kombinationen aktiver und passiver Systeme eingesetzt.

Voraussetzung für eine optimale A. ist die sorgfältige wärmetechnische Überprüfung sowohl des Prozesses, der die Abwärme liefert, als auch des Prozesses, der die Abwärme nutzen soll. Dabei sollte in der Regel folgende Reihenfolge eingehalten werden:
- Der Abwärmeanfall sollte so weit reduziert werden, wie dies technisch möglich und wirtschaftlich sinnvoll ist, weil eine Abwärmevermeidung energetisch immer günstiger als eine A. ist.

– Die anfallende Abwärme sollte möglichst weitgehend im gleichen Prozeß wieder eingesetzt werden.

– Die anfallende Abwärme sollte möglichst weitgehend im gleichen Betrieb wieder eingesetzt werden.

– Abwärme, die bei den vorstehenden Schritten nicht verwertbar ist, sollte soweit möglich für eine externe Wärmenutzung (z. B. Einspeisung in Fernwärmenetze) verwendet werden.

Wesentlich für die praktische Verwertbarkeit von Abwärme sind folgende Kriterien:

– Art der Abwärme und Temperaturniveau,

– jährlich anfallende Abwärmemenge und jährlicher Wärmebedarf beim Abnehmer,

– Zeitgang und Zeitdauer des Abwärmeanfalls und des Wärmebedarfs beim Abnehmer,

– andere Aspekte des Umweltschutzes, z. B. Immissionsschutz, Reststofffragen. *Hoffmann*

Literatur: Wärmenutzungsverordnung. VDI-Bericht 857, Düsseldorf 1990. – *Briké, F.:* Maßnahmen zu Intensivierung der Abwärmenutzung in der Industrie (Kurzfassung). Hrsg.: Bundesministerium für Forschung und Entwicklung. Forschungsbericht T 83-304. 1983. – *Cube, H. L. von* u. *F. Steimle:* Wärmepumpen (Grundlagen und Praxis). Düsseldorf 1984.

Abwasser. A. ist das durch häuslichen, gewerblichen, landwirtschaftlichen oder sonstigen Gebrauch in seinen Eigenschaften veränderte und das bei Trockenwetter damit zusammen abfließende Wasser (→Schmutzwasser) sowie das von Niederschlägen aus dem Bereich von bebauten oder befestigten Flächen abfließende und gesammelte Wasser (Niederschlagswasser). Als Schmutzwasser gelten auch die aus Anlagen zum Behandeln, Lagern und Ablagern von Abfällen austretenden und gesammelten Flüssigkeiten.

Häusliches Schmutzwasser stammt aus dem Haushalt; auch die Schmutzwässer aus Gaststätten, Hotels, Campingplätzen, die in ihrer Zusammensetzung vergleichbar sind, werden dem häuslichen Schmutzwasser zugerechnet. Jeder Einwohner erzeugt ca. 150 l Abwasser/d. Gewerbliches Schmutzwasser resultiert aus kleineren Betrieben (Handwerksbetrieben, Bäckereien, Metzgereien, chemischen Reinigungen, Tankstellen etc.) und wird in der Regel gemeinsam mit häuslichem Schmutzwasser als kommunales Schmutzwasser in kommunalen →Abwasserbehandlungsanlagen gereinigt. Industrielle Schmutzwässer fallen in großen Industriebetrieben an, enthalten sehr unterschiedliche, teilweise nicht biologisch abbaubare Inhaltsstoffe und n eigenen →Kläranlagen behandelt.

Als →Fremdwasser wird in die Kanalisation durch Undichtigkeiten eindringendes Grundwasser, unerlaubt über Fehlanschlüsse eingeleitetes Dränwasser oder →Regenwasser sowie einem Schmutzwasserkanal zufließendes →Oberflächenwasser bezeichnet. *Mertsch*

Literatur: *Koppe, P.; A. Stozek:* Kommunales Abwasser. Essen 1990.

Abwasserabgabenrecht. Mit Einführung einer Abgabenpflicht für Abwassereinleiter im Abwasserabgabengesetz des Bundes soll der Gewässerverschmutzer veranlaßt werden, den Abwasser- und Schadstoffanfall zu reduzieren, neue Kläranlagen zu bauen oder vorhandene zu verbessern sowie ihren ordnungsgemäßen Betrieb sorgfältig zu überwachen. Der Sinn der Abgabenerhebung ist nicht primär darauf gerichtet, dem Fiskus ein größeres Einnahmeaufkommen zu verschaffen, sondern eine weitgehende Verminderung der Schadstofffracht der Gewässer zu erreichen. Die Abwasserabgabe ist weder eine Steuer noch ein Beitrag zur Finanzierung öffentlicher Gewässerschutz-Einrichtungen noch eine Benutzungsgebühr für den Zugang zu Gewässern. Die Abgabenlast entsteht unabhängig von einer wasserrechtlichen Gestattung für das Einleiten von →Abwasser und stellt keine Gegenleistung für die Inanspruchnahme von öffentlichen Einrichtungen dar. Die Abgabe knüpft an Menge und Schädlichkeit des eingeleiteten Abwassers an und baut damit die Nachteile derjenigen Einleiter ab, die mit zum Teil enormen Kostenaufwand gewässerschützende Maßnahmen ergreifen gegenüber solchen Verschmutzern, die die Gewässer mit unverminderter Schadstofffracht belasten und innerbetrieblichen Kosten umweltschützender Investitionen einsparen.

Das Abwasserabgabeaufkommen steht den Ländern zu und ist für Maßnahmen, die der Erhaltung oder Verbesserung der →Gewässergüte dienen, zweckgebunden.

☐ Entstehung der Abgabenlast. Abgabepflichtig ist das Einleiten von Abwasser in ein Gewässer. Die Abgabepflicht besteht bundesrechtlich nur für die sog. →Direkteinleiter. Ausgenommen aus dem Regelungsbereich des Abwasserabgabengesetzes sind somit die Abwasserproduzenten, die ihre Abwässer in die öffentliche Kanalisation einleiten und damit nur indirekt die Schmutzfracht in ein Gewässer leiten. Die Abgabepflicht trifft damit zunächst und in erster Linie die beseitigungspflichtigen Körperschaften. Es bleibt dem jeweiligen Landesrecht überlassen, ob und nach welchen Maßstäben die Abgabepflicht auf die sog. →Indirekteinleiter abgewälzt wird.

☐ System der Abgabenerhebung. Die Abwasserabgabe richtet sich nach der Schädlichkeit des Abwassers, die unter Zugrundelegung der oxidierbaren Stoffe, der organischen →Halogenverbindungen, der Metalle →Quecksilber, →Cadmium, →Blei, →Chrom, →Nickel, →Kupfer und ihrer Verbindungen sowie der Giftigkeit des Abwassers gegenüber Fischen in Schadeinheiten bestimmt wird.

Bei Ermittlung der Schadeinheiten wird die Vorbelastung des zum Gebrauch entnommenen Wassers angerechnet.

Das Abwasserabgabengesetz sieht im übrigen ein differenziertes System vor, nach dem auf das Einhalten oder Übertreffen der in § 7a Abs. 1 WHG enthaltenen Anforderungen an das Einleiten von Wasser mit einer Reduzierung des Abgabesatzes reagiert wird. Hält der Einleiter die Anforderungen nach § 7a Abs. 1 WHG ein, so wird für die dennoch nicht vermeidbaren Schadeinheiten nur der halbe Abgabensatz erhoben. Übertrifft der Einleiter die im Bescheid festgelegten Standards, so ermäßigt sich darüberhinaus der Abgabesatz proportional zum zusätzlichen Reinhalteeffekt. Jede Abgabenreduzierung setzt allerdings voraus, daß die Schadstoffvermeidung durch Abwasserbehandlungsmaßnahmen erfolgt und nicht durch Verdünnung oder Vermischung erzielt wird. *Hoppe/Beckmann*

Literatur: *Berendes:* System und Grundprobleme des Abwasserabgabengesetzes, DÖV 1981, 747 ff. Vereinigung Deutscher Gewässerschutz e. V. (Hrsg.), Das Abwasserabgabengesetz, 1983. – *Berendes/Winters:* Das neue Abwasserabgabengesetz, 2. Aufl. München 1989. – *Kloepfer:* Umweltrecht, § 11 Rn. 200 ff. München 1989. – *Messerschmidt:* Umweltabgaben als Rechtsproblem. Berlin 1986.

Abwasseranlage. A. sind Einrichtungen zur Abwassersammlung und Abwasserbehandlung. Die Abwassersammlung betrifft den Transport des Abwassers von der Anfallstelle durch Abwasserkanäle im →Trennverfahren oder →Mischverfahren zur →Abwasserbehandlungsanlage. Unter Abwasserbehandlung wird eine gezielte Veränderung der Abwasserbeschaffenheit verstanden, die durch Reinigung, Kühlung oder Neutralisation bewirkt wird. *Mertsch*

Literatur: DIN 4045: Abwassertechnik; Begriffe. 12/1985.

Abwasserbehandlung, aerobe. Je nachdem, ob der biologische →Abbau der organischen Verbindungen im →Abwasser bei Anwesenheit von Sauerstoff oder bei fehlendem, im Wasser gelösten Sauerstoff vorgenommen wird, spricht man von aeroben Verfahren oder anaeroben Verfahren. Beim aeroben Verfahren besorgen verschiedene Bakterientypen (Aerobier) diesen Abbau bei mindestens 1–2 mg/l gelöstem Sauerstoff im Wasser.

Beim anaeroben Verfahren holen sich andere Bakterientypen (Anaerobier) den zum Atmen fehlenden freien Sauerstoff durch Reduktion von im Wasser vorhandenen chemischen Verbindungen, z. B. aus NO_3 oder SO_4-Ionen. Beim aeroben Verfahren wird durch die Umsetzung der in den abbaubaren Stoffen enthaltenen Energie meist auch Wärme freigesetzt (exothermer Ablauf), durch die bei der Schlammstabilisierung (Abwasserstabilisierung) spürbare Aufwärmungen mit z. T. erwünsch-

ten Effekten bis zu über 50 °C erreicht werden können. Das bei diesem Vorgang freigesetzte Kohlensäuregas ist auch im gesunden natürlichen →Vorfluter vorhanden. Diese Prozesse laufen normalerweise ohne oder nur mit mäßigen Geruchsemissionen ab. Die biologischen Abwasserreinigungsverfahren sind daher überwiegend aerobe Verfahren.

Bei den anaeroben Verfahren (Faulverfahren, Faulung) wird außer einem CO_2-Anteil von rd. 40% meist auch Methan mit einem erheblichen Energieinhalt aus diesen Abbauprozessen freigesetzt. Bei bis zu rd. 50 °C handelt es sich um mesophile, bei über 50 °C um thermophile Bakteriengruppen. Da die Umsetzung bei den anaeroben Verfahren über verschiedene Fettsäuren vor sich geht, sind diese Prozesse wegen der unangenehmen Gerüche nur in geschlossenen Räumen üblich. Sie kommen auch in der Natur häufig beim Bodenschlamm, aber auch bei Überlastung des Selbstreinigungsvermögens des Gewässers vor (umgekippter Gewässerzustand). Die Entwicklung der letzten Jahre geht zunehmend dahin, Kombinationen der aeroben und anaeroben Verfahren anzuwenden. Die anaeroben Verfahren werden auch aus energetischen Gründen zunehmend aktuell. *Mertsch*

Literatur: ATV (Hrsg.): Lehr- und Handbuch der Abwassertechnik, Bd. IV; Biologisch-chemische und weitergehende Abwasserreinigung. Berlin 1985. – *Mudrack, K.; S. Kunst:* Biologie der Abwasserreinigung. Stuttgart 1991.

Abwasserbehandlung, anaerobe →Abwasserbehandlung, aerobe

Abwasserbehandlung, chemische. Abwasserbehandlung z. B. mit Fällmitteln (Fällungsverfahren) wie Aluminium-, Eisen- oder Calciumsalzen, die im Abwasser Hydroxidflocken bzw. schwer lösliche Verbindungen bilden. Gelöste oder feinverteilte Abwasserinhaltsstoffe werden dadurch in eine abscheidbare Form überführt, in der sie durch →Sedimentation, →Flotation oder →Filtration aus dem Wasser ausgeschieden werden können.

Dieses Verfahren entfernt viele Stoffe, die mit dem herkömmlichen Reinigungsverfahren (mechanische und biologische →Abwasserreinigung) nicht oder nur ungenügend abscheidbar sind wie Phosphate, Schwermetalle, schwer oder nicht biologisch abbaubare organische Stoffe. Da auch biologisch abbaubare Verbindungen durch die Fällungsreinigung abgeschieden werden, hat sie zur Entlastung überforderter Kläranlagen in Schweden, der Schweiz, z. T. auch in Deutschland, eine besondere Bedeutung erlangt. Ein anderes Verfahren der c. A. ist die Oxidation von Wasserinhaltsstoffen z. B. mit Wasserstoffperoxid oder Ozon. *Mertsch*

Abwasserbehandlungsanlage. Anlage zur Reinigung von kommunalem, gewerblichem und industriellem Abwasser, die auf mechanischen, biologischen und chemisch-physikalischen Verfahren basiert. Synonyme für A. sind die Begriffe Abwasserreinigungsanlage, →Kläranlage und Klärwerk. In Deutschland werden rd. 10 000 A. betrieben. Eine klassische A. besteht aus den Verfahrenselementen Rechen – Sandfang – Fettfang – Absetzbecken (diese Elemente zählen zur sog. mechanischen Abwasserbehandlung), Belebungsbecken – Nachklärbecken (biologische →Abwasserbehandlung), Flockungsfiltration (chemisch-physikalische →Abwasserbehandlung).

Weitere Verfahren der mechanisch-physikalischen Abwasserbehandlung sind Lamellenseparatoren (Schrägklärer), Siebe, Flotationsanlagen, Filteranlagen und Membranverfahren wie Ultrafilter und Umkehrosmoseanlagen. Letztere werden ausschließlich im Bereich der industriellen Abwasserbehandlung eingesetzt. Die biologische Abwasserbehandlung erfolgt heute überwiegend mit dem →Belebtschlammverfahren in sog. Belebungsbekken. Diese Verfahrenstechnik ist dadurch gekennzeichnet, daß die die biologische Behandlung bewirkenden →Mikroorganismen im Abwasser frei schwimmen und ein hoher →Sauerstoffeintrag notwendig ist. Die biologische Abwasserbehandlung kann alternativ aber auch in sog. Festbettsystemen erfolgen. Sessilen Mikroorganismen wird hierbei die Möglichkeit gegeben, sich auf porösen Füllkörpern mit großer Oberfläche anzusiedeln. Zu den Festbettsystemen zählen →Tropfkörper und →Scheibentauchkörper.

Neben dem klassischen chemisch-physikalischen Verfahren der Fällung/Flockung, das insbesondere zur →Phosphatelimination eingesetzt wird, werden im Bereich der industriellen Abwasserbehandlung Verfahren der →Neutralisation, →Ionenaustauscher, →Adsorptionsverfahren (Aktivkohleadsorption) und Abwasserstripper häufig verwendet.

Mertsch

Literatur: ATV (Hrsg.): Lehr- und Handbuch der Abwassertechnik, Bd. IV; Biologisch-chemische und weitergehende Abwasserreinigung. Berlin 1985.

Abwasserbeseitigungskonzept. Die gesetzliche Verpflichtung zur Erarbeitung und regelmäßigen Fortschreibung eines A. zwingt die Abwasserbeseitigungspflichtigen, sich intensiv mit dem erreichten Stand der Abwasserbeseitigung und dem noch bestehenden Defizit bei der Abwasserentsorgung auseinanderzusetzen. Diese vom Gesetzgeber verordnete Selbstanalyse und -verpflichtung zielt auf die Förderung der Selbstverantwortung der Abwasserbeseitigungspflichtigen.

Das A. stellt eine Übersicht über den Stand der öffentlichen Abwasserbeseitigung sowie über die zeitliche Abfolge und die geschätzten Kosten für die Errichtung und Erweiterung der notwendigen Abwasseranlagen oder die Anpassung von Abwasseranlagen an die Anforderungen des § 18b WHG und die entsprechenden landesrechtlichen Bestimmungen dar, das die Gemeinden bzw. abwasserbeseitigungspflichtigen Körperschaften nach den landesrechtlichen Bestimmungen den zuständigen Wasserbehörden in regelmäßigen Abständen vorzulegen haben.

Der Beseitigungspflicht unterliegt sowohl →Schmutzwasser als auch Niederschlagswasser, das im Bereich von bebauten und befestigten Flächen abfließt und gesammelt wird. Das A. beinhaltet daher die erforderlichen Maßnahmen zur Sammlung, Ableitung, Behandlung und Einleitung von Schmutz- und Niederschlagswasser auf dem Gebiet der Gemeinde sowie zur Aufbereitung der anfallenden Klärschlämme für eine ordnungsgemäße Entsorgung.

Verzögert die Gemeinde ohne zwingenden Grund die Durchführung von im A. vorgesehenen Maßnahmen, kann die zuständige Wasserbehörde angemessene Fristen zur Durchführung der Maßnahmen setzen. Ebenso kann die zuständige Wasserbehörde angemessene Fristen zur Durchführung von Maßnahmen setzen, die nicht im A. enthalten sind oder deren Durchführung erst nach Ablauf unangemessen langer Zeiträume vorgesehen ist.

Mertsch

Abwasserbeseitigungspflicht. Verpflichtung nach § 18a WHG Abwasser so zu beseitigen, daß das Wohl der Allgemeinheit nicht beeinträchtigt wird. Die Abwasserbeseitigung umfaßt das Sammeln, Fortleiten, Behandeln, Einleiten, Versickern, Verregnen und Verrieseln von Abwasser sowie damit im Zusammenhang das Entwässern von →Klärschlamm. Die Länderwassergesetze enthalten Regelungen, welcher Körperschaft des öffentlichen Rechts die Aufgabe obliegt, das in einem bestimmten Gebiet anfallende Abwasser zu beseitigen und die dazu erforderlichen Anlagen zu betreiben. Einzelne Aufgaben können dabei auch Dritten übertragen sein (z. B. Bau und Betrieb von Abwasserbehandlungsanlagen).

Entsprechen bestehende →Abwasseranlagen nicht den gesetzlichen Anforderungen, hat der Abwasserbeseitigungspflichtige die notwendigen Anlagen in einem angemessenen Zeitraum zu errichten. Einzelheiten hierzu sind in den Landeswassergesetzen geregelt.

Auf Antrag kann der Abwasserbeseitigungspflichtige im Einzelfall ganz oder teilweise widerruflich von der Pflicht zur Abwasserbeseitigung entsprechend den jeweiligen landesrechtlichen Bestimmungen befreit werden:

– für Grundstücke außerhalb im Zusammenhang bebauter Ortsteile, wenn dies wegen technischer Schwierigkeiten oder wegen eines unverhältnismäßig hohen Aufwands angezeigt ist und das Wohl der Allgemeinheit der gesonderten Abwasserbeseitigung nicht entgegensteht (vgl. z. B. Kleinkläranlagen), oder
– für Abwasser aus gewerblichen Betrieben und anderen Anlagen, soweit das Abwasser zur gemeinsamen Fortleitung oder Behandlung in einer öffentlichen Abwasseranlage ungeeignet ist oder zweckmäßiger getrennt beseitigt wird (z. B. industrielle → Direkteinleiter). *Mertsch*

Abwasserbeseitigungsplan. Wasserwirtschaftliches Planinstrument nach § 18 a Abs. 3 WHG. A. werden von den Ländern nach überörtlichen Gesichtspunkten aufgestellt und sollen im Interesse des Gewässerschutzes eine optimale Behandlung der Abwässer durch Festlegung entsprechender Planziele gewährleisten. Sie bauen auf den Festlegungen der wasserwirtschaftlichen Rahmenpläne auf, die die wasserwirtschaftliche Grundlage bilden. Festzulegen sind in dem A. insbesondere die Standorte für bedeutsame Anlagen zur Behandlung von Abwasser, ihr Einzugsgebiet, Grundzüge für die → Abwasserbehandlung sowie die Träger der Maßnahmen. Diese Aufzählung des Mindestinhalts von A. ist nicht erschöpfend. Den Ländern bleibt es überlassen, einzelne oder sämtliche Festlegungen der A. für andere Behörden, Planungsträger, Abwasserbeseitigungspflichtige und sonstige Dritte für verbindlich zu erklären. *Mertsch*

Abwasserdesinfektion. Unter A. wird die gezielte Abtötung bzw. Inaktivierung krankheitserregender (pathogener) → Mikroorganismen und → Viren im Abwasser verstanden. Diese kann physikalisch oder chemisch erfolgen. Das wichtigste physikalische Verfahren ist die UV-Bestrahlung. Als chemische Verfahren kommen Chlorung und → Ozonung zur Anwendung. Weitergehende Abwasserreinigungsmaßnahmen, z. B. chemische Fällung, → Filtration, Behandlung in Schönungsteichen, können auch eine starke Verminderung der pathogenen Keime bewirken, sie stellen jedoch keine gezielte → Desinfektion dar.

Die bei der A. zu erzielenden Inaktivierungsraten pathogener Mikroorganismen und Viren hängen von verschiedenen Einflüssen ab. Die wichtigsten Faktoren sind:
– Art, Eigenschaft und Dosis des Desinfektionsmittels,
– Beschaffenheit des Abwassers (z. B. organische Belastungen, Ammoniumkonzentration, Schwebstoffgehalt, → Trübung, Färbung, pH-Wert, Temperatur),

– Einwirkzeit des Desinfektionsmittels und hydraulische Gestaltung des Reaktors,
– Art und Eigenschaften der abzutötenden Mikroorganismen.

Mikroorganismen und Viren sind unterschiedlich empfindlich gegenüber Desinfektionsmitteln. Allgemeingültige Angaben über die Inaktivierungsraten sind nicht möglich. Die Wirksamkeit der Desinfektion ist nur durch aufwendige bakteriologische und virologische Untersuchungen nachzuprüfen. In der Praxis werden häufig auf Grund von Erfahrungswerten andere Parameter für die Steuerung bzw. Überwachung der Desinfektionsanlagen herangezogen, z. B. die Bestimmung der E.-coli-Konzentrationen als Indikator für fäkale Infektionsmöglichkeiten, Bestimmung der Abnahme des Gehaltes an Bakteriophagen als Indikator für die Virusinaktivierung, Messung des freien Rest-Chlorgehalts oder Rest-Ozongehalts oder der Redox-Spannung. Derartige Meßergebnisse sind nur Wahrscheinlichkeitsmaßstäbe für die Wirksamkeit der Desinfektion.

Die A., die in biologischen Abwasserreinigungsanlagen vor dem Auslauf in den Vorfluter erfolgt, wirkt nicht spezifisch auf pathogene Keime, sondern tötet auch die biologisch wirksamen Mikroorganismen ab. Dadurch kann insbesondere bei oberhalb der Abwassereinleitungsstelle nicht oder gering belasteten Gewässern die → Selbstreinigung beeinträchtigt werden. Das trifft um so mehr zu, je geringer das Verdünnungsverhältnis im Gewässer ist.

Die Notwendigkeit einer A. hängt entscheidend von der Nutzung des Gewässers ab, in welches das Abwasser eingeleitet wird. Nur wenn ein erhöhtes Risiko für die Übertragung von Krankheiten bzw. deren Verursachern über das Wasser besteht, ist die A. zu erwägen.

In der Bundesrepublik Deutschland wird nur wenig Trinkwasser ohne Untergrundpassage aus Oberflächengewässern entnommen, in die Abwasser eingeleitet wird. Dieses Wasser wird bei der Wasseraufbereitung desinfiziert. Das Risiko einer → Infektion über Trinkwasser ist deshalb verhältnismäßig gering. Von den übrigen Wassernutzungen stellen vor allem Baden und Wassersport, gewerbliche Fischerei, landwirtschaftliche und gärtnerische Bewässerung sowie die Viehtränkung erhöhte bakteriologische Anforderungen an die Beschaffenheit der Gewässer. *Mertsch*

Literatur: ATV (Hrsg.): Lehr- und Handbuch der Abwassertechnik, Bd. IV: Biologisch-chemische und weitergehende Abwasserreinigung. Berlin 1985.

Abwassereinleitung.

Allgemein. Gezieltes unmittelbares Einbringen von Abwasser in ein Gewässer oder in eine öffentliche Abwasseranlage.

A. in ein Gewässer bedürfen nach § 3 WHG in Verbindung mit §§ 2, 7 und 8 WHG einer wasserrechtlichen Erlaubnis. Die an die A. zu stellenden technischen Mindestanforderungen sind auf der Grundlage von § 7a WHG geregelt. Für A. in Gewässer ist auf der Grundlage des Abwasserabgabengesetzes eine Abgabe in Abhängigkeit von der Schädlichkeit des Abwassers zu zahlen (→Abwasserabgabenrecht).

A. in eine öffentliche Abwasseranlage bedürfen auf der Grundlage der jeweiligen Ortssatzung (→Abwassersatzung) einer Genehmigung des Betreibers der öffentlichen Abwasseranlage und soweit das Abwasser gefährliche Stoffe im Sinne des § 7a WHG enthält, entsprechend der jeweiligen landesrechtlichen Bestimmungen einer wasserrechtlichen Genehmigung (→Indirekteinleiter). *Mertsch*

Rechtsgrundlagen. Für das Einleiten von Abwasser darf eine Erlaubnis – eine Bewilligung ohnehin nicht – nur erteilt werden, wenn die Schadstofffracht des Abwassers so gering gehalten wird, wie dies bei Einhaltung der jeweils in Betracht kommenden Anforderungen nach § 7a Abs. 1 S. 3 WHG, mindestens jedoch nach den allgemein anerkannten Regeln der Technik möglich ist.

Die rechtlichen Anforderungen an die Einleitungserlaubnis unterscheiden danach, ob die Abwässer gefährliche Stoffe enthalten oder nicht. Nach § 7a Abs. 1 S. 2 WHG sind Stoffe oder Stoffgruppen, die wegen der Besorgnis einer Giftigkeit, Langlebigkeit, Anreicherungsfähigkeit, krebserzeugenden, fruchtschädigenden oder erbgutverändernden Wirkung als gefährlich zu bewerten. Gemäß § 7a Abs. 1 S. 3 WHG erläßt die Bundesregierung mit Zustimmung des Bundesrates allgemeine Verwaltungsvorschriften über die Mindestanforderungen an A. Enthält das Abwasser gefährliche Stoffe, dann müssen die Anforderungen an die A. dem →Stand der Technik entsprechen; im übrigen bleibt es bei dem Mindeststandard der allgemein anerkannten Regeln der Technik (→a. a. R. d. T.). Die Anforderungen des Standes der Technik sind demgegenüber strenger.

Zur Effizienz des Gewässerschutzes, insbesondere um unerwünschte Vermischungen und Verdünnungen gefährlicher Abwasserinhaltstoffe zu vermeiden, sieht § 7a Abs. 1 S. 5 WHG vor, daß die emissionsbezogenen, in Verwaltungsvorschriften zu konkretisierenden Anforderungen auch für den Ort des Anfalls des Abwassers oder vor seiner Vermischung festgelegt werden können. Das →Abwasserrecht erweitert damit seinen Zugriffsbereich. Anforderungen werden nicht mehr allein an die A. selbst, sondern – im industriellen Bereich – auch an den Rohstoffeinsatz oder die Auswahl von Produktionsverfahren gerichtet. Da große Teile der gewerblichen und industriellen Abwässer nicht direkt in Gewässer eingeleitet werden, sondern über öffentliche Anlagen in die Gewässer gelangen, besteht ein großes Bedürfnis dafür, auch indirekte A. den rechtlichen Anforderungen des § 7a Abs. 1 WHG zu unterstellen. § 7a Abs. 3 WHG verpflichtet deshalb die Länder sicherzustellen, daß vor dem Einleiten von Abwasser mit gefährlichen Stoffen in eine öffentliche Abwasseranlage die erforderlichen Maßnahmen entsprechend § 7a Abs. 1 S. 3 WHG durchgeführt werden.

Weitere Anforderungen an die A. ergeben sich aus § 26 Abs. 1 WHG, wonach die Einleitung fester Stoffe zum Zwecke der →Abfallentsorgung verboten ist, und aus § 34 Abs. 1 WHG, wonach eine Erlaubnis für das Einleiten von Stoffen in das Grundwasser nur erteilt werden darf, wenn eine schädliche Verunreinigung des Grundwassers oder eine sonstige nachteilige Veränderung seiner Eigenschaften nicht zu besorgen ist.

Rechtliche Anforderungen an Bau und Betrieb von →Abwasseranlagen ergeben sich aus § 18b Abs. 1 S. 1 WHG, wonach Abwasseranlagen unter Berücksichtigung der Benutzungsbedingungen und Auflagen für A. nach den hierfür jeweils in Betracht kommenden Regeln der Technik zu errichten und zu betreiben sind. Abwasseranlagen im Sinne des Abwasserbeseitigungsrechtes sind z. B. Rohrleitungen, Gräben, Sammel- und Ablaufkanäle, Pump- und Förderanlagen, Kläranlagen, Klär- und Schlammteiche, Einleitungsbauwerke, Sickerschächte, Verrieselungs- und Verregnungsanlagen sowie Ablaufkühltürme.

Die in § 18b Abs. 1 WHG festgelegten rechtlichen Anforderungen an Bau und Betrieb von Abwasseranlagen sollen verhindern, daß Abwasseranlagen errichtet werden, für die keine ausreichenden Erfahrungen vorliegen und die deshalb nicht gewährleisten, daß die von der →Abwasserbehandlung erwarteten Ergebnisse und damit die Benutzungsbedingungen und Auflagen eingehalten werden.

Für Bau und Betrieb von Abwasseranlagen sieht das WHG keine besondere Genehmigung vor. Die Landeswassergesetze setzen jedoch zum Teil ein →Planfeststellungsverfahren, zum Teil aber auch eine spezielle Genehmigung voraus. *Hoppe/Beckmann*

Literatur: *Fuchs:* Brauchen wir eine Verselbständigung der gemeindlichen Abwasserbeseitigung?, Der Gemeindehaushalt (1989) Nr. 57. – *Henseler:* Das Recht der Abwasserbeseitigung, Köln 1983. – *Nisipeanu:* Abwasserrecht. München 1991. – *Sander:* Neue Anforderungen an wasserrechtliche Bescheide für Abwassereinleitungen in Gewässer. ZfW (1990) S. 437.

Abwasserfahne. Zone die sich von einer Abwassereinleitstelle stromabwärts erstreckt und wegen ihrer noch unvollständigen Durchmischung abgegrenzt werden kann. Dies gilt sinngemäß auch für

Kühlwasser: Kalt- und Warmwasserfahne (DIN 4049, Teil 102).

Bei einer A. handelt es sich um eine feststellbare Verschmutzung des Vorfluters, die unterhalb einer →Abwassereinleitung auftritt und nicht gleichmäßig über den Vorfluter verteilt ist.

Meistens ist die A. an einer Veränderung der Wasserfärbung im Vorfluter erkennbar, die sich im weiteren Verlauf langsam verwischt. *Friedrich*

Literatur: DIN 4049, Teil 2. Hydrologie; Begriffe der Gewässerbeschaffenheit. 4/1990.

Abwassergebühren. Regelmäßig wiederkehrende Kostenpflicht der Eigentümer aller an die öffentlichen Abwasseranlagen angeschlossenen Grundstücke. Rechtsgrundlage für die Erhebung der A. bildet die jeweils nach dem Kommunalabgabegesetz vom Gemeinderat/Kreistag beschlossene Gebührensatzung.

Per Gebühren umgelegt auf alle Benutzer der öffentlichen Abwasseranlagen werden die Betriebskosten, die Unterhaltungs- und Reparaturaufwendungen sowie die Abwasserabgabe. Der jeweilige Verteilungsschlüssel ist in der Gebührensatzung festgelegt. In der Regel wird auf der Grundlage des Wasserverbrauchs und der Grundstücksgröße, teilweise auch unter Berücksichtigung eines Zu- bzw. Abschlages in Abhängigkeit von der Abwasserbeschaffenheit von Gewerbe- und Industriebetrieben (Starkverschmutzerzuschlag), abgerechnet. *Mertsch*

Abwasserherkunftsverordnung. Rechtsverordnung auf der Grundlage von § 7a WHG, die die verbindliche Festlegung der Herkunftsbereiche von Abwasser, das gefährliche →Stoffe im Sinne des § 7a Abs. 1 Satz 3 WHG enthält, zum Gegenstand hat.

Die Verordnung vom 3. 7. 1987 (BGBl. I S. 1578) umfaßt für die Bereiche
- Wärmeerzeugung, Energie, Bergbau,
- Steine und Erden, Baustoffe, Glas, Keramik,
- Metall,
- anorganische Chemie,
- organische Chemie,
- Mineralöl, synthetische Öle,
- Druckereien, Reproduktionsanstalten, Oberflächenbehandlung und Herstellung von bahnförmigen Materialien aus Kunststoffen, sonstige Verarbeitung von Harzen und Kunststoffe,
- Holz, Zellstoff, Papier,
- Textil, Leder, Pelze und
- Sonstige
insgesamt 55 Herkunftsbereiche von Abwasser mit gefährlichen Inhaltsstoffen. Einleitungen von Abwasser aus den in der A. aufgeführten Herkunftsbereichen in →Gewässer (→Direkteinleiter) oder in öffentliche →Abwasseranlagen (→Indirekteinleiter) dürfen entsprechend § 7a Abs. 1 Satz 1 und 3

WHG sowie den entsprechenden landesrechtlichen Regelungen nur zugelassen werden, wenn eine Reduzierung der Stofffrachten nach dem →Stand der Technik, also über die →a. a. R. d. T. hinaus, erfolgt. *Mertsch*

Abwasserlastplan. Abwasserlast ist die Belastung eines Fließgewässers mit organisch abbaubaren Stoffen, die aus →Abwassereinleitungen stammen, unter Berücksichtigung der →Selbstreinigung im Gewässer bei einem definierten →Abfluß.

Der A. wird meist als BSB_5-Last oder auf der Grundlage des BSB_5-Einwohnergleichwertes als Einwohnerlast je l/s Abfluß graphisch dargestellt durch Aufzeichnung der Abwasserlastlinie. Er beinhaltet also die Ermittlung und Aufzeichnung der Belastung eines Vorfluters oder Vorfluterabschnittes mit organischer Verschmutzung aus kommunalen und industriellen Abwässern unter Berücksichtigung der Selbstreinigung (Sauerstoffverbrauch) und Sauerstoffaufnahme des Gewässers und stellt somit eine einfache Variante einer Gewässergütesimulation dar.

Die Berechnung wird für den kritischen Abfluß im Gewässer, das ist in der Regel der mittlere Niedrigwasserabfluß (MNQ), durchgeführt. *Mertsch*

Literatur: DIN 4049, T. 2: Gewässerkunde; Fachausdrücke und Begrifferklärungen, Teil II; qualitativ. 4/60.

Abwasserrecht. Sammelbegriff für Rechtsvorschriften, die der Regelung der Abwasserentsorgung dienen. Unter den Begriff A. fallen insbesondere die im →Wasserhaushaltsgesetz (WHG) und den Länderwassergesetzen enthaltenen Regelungen zur Abwasserentsorgung, die →Abwasserherkunftsverordnung, die Verwaltungsvorschriften zu § 7a WHG, die die technischen Anforderungen an die →Abwasserbehandlung konkretisieren, die Indirekteinleiterverordnungen der Länder, die jeweiligen Ortssatzungen über die Abwasserbeseitigung der Grundstücke und das Abwasserabgabengesetz (→Gewässerschutzrecht, →Abwasserabgabenrecht, →EG-Richtlinie Kommunales Abwasser *Mertsch*

Abwasserreinigung, biologische. Die b. A. stellt nach dem derzeitigen →Stand der Technik das wichtigste Verfahren zur weitgehenden Abwasserreinigung dar. Die breiteste Anwendung hat die b. A. in der kommunalen →Abwasserbehandlung gefunden, aber auch bei der industriellen Abwasserbehandlung kommt die b. A. heute vielfach zum Einsatz. Man macht hierbei von der Leistungsfähigkeit der →Mikroorganismen (Bakterien, Protozoen) Gebrauch, die gelöste organische Schmutzstoffe, Kolloide und Schwebstoffe aus dem Abwasser durch aeroben und/oder anaeroben →Abbau, durch Aufbau neuer Zellsubstanz und durch →Adsorption an Bakterienflocken oder am biologischen Rasen eliminieren können.

Die b. A. ist in der Regel die zweite Stufe der Abwasserbehandlung hinter der mechanischen →Abwasserreinigung.

Das leistungsfähigste b. A.-Verfahren stellt das →Belebungsverfahren dar, das eine rd. achtzigjährige Entwicklung durchlaufen hat und inzwischen so optimiert wurde, daß neben Kohlenstoffverbindungen auch Stickstoff und Phosphor aus dem Abwasser entfernt werden können.

Neben Belebungsanlagen kommen →Tropfkörper, →Scheibentauchkörper, Oxidationsgräben, →Abwasserteiche und →Pflanzenkläranlagen zur b. A. zum Einsatz. *Mertsch*

Literatur: ATV (Hrsg.): Lehr- und Handbuch der Abwassertechnik, Band IV; Biologisch-chemische und weitergehende Abwasserreinigung. Berlin 1985. – *Hartmann, L.:* Biologische Abwasserreinigung. Berlin–Heidelberg 1983. – *Mudrack, K.; S. Kunst:* Biologie der Abwasserreinigung. Stuttgart 1991.

Abwasserreinigung, industrielle. Die i. A. setzt am Ort des Abwasseranfalls ein und reicht über Vorbehandlungsanlagen bis zur zentralen biologischen →Abwasserreinigung oder sogar chemischen →Abwasserbehandlung. Die Gesamtheit der Maßnahmen muß so aufeinander abgestuft sein, daß die branchenbezogenen Abwassereinleitungsstandards (Verwaltungsvorschriften gemäß § 7a WHG; Abwasser-Verwaltungsvorschriften) erreicht werden. Die i. A. bedient sich folgender Verfahren oder Verfahrenskombinationen:
– Austreibung leichtflüchtiger Stoffe (Strippung),
– Ozonbehandlung,
– Fällung, Flockung,
– Konzentrationsausgleich,
– Filtration,
– Sedimentation,
– Oxidation,
– Ionenaustausch.

Das Funktionieren der i. A. wird im Einzelfall mit einer wirksamen Eigenkontrolle überwacht, die die Funktionsprüfung und regelmäßige chemisch-physikalische Untersuchungen umfaßt. *Irmer*

Abwasserreinigung, mechanische. Mechanische Reinigung ist die erste Stufe der Abwasserreinigung. Sie arbeitet nach Regeln, die von physikalischen Gesetzen abgeleitet wurden: Filterung durch Gitterstrukturen, Sedimentation oder Flotation durch Dichteunterschiede, gelegentlich Flockulation (evtl. chemische Flockung), evtl. auch Stoffzerkleinerung mechanischer Art. Daher besteht die m. A. bei einer →Kläranlage – zählt man die Vorreinigung dazu – immer aus →Rechen, →Sandfang, evtl. →Abscheidern für Leichtstoffe und den →Absetzbecken. Damit werden in der m. A. alle sperrigen, festen und absetzbaren (abfiltrierbaren) Stoffe weitgehend erfaßt und durch den Reinigungsprozeß als Rechengut, Schwimmschlamm, Sand und Schlamm aus dem Abwasser herausgeholt. *Mertsch*

Abwassersatzung. Die A. ist ein Ortsrecht. Rechtliche Grundlage der →Ortssatzung sind die Gemeindeordnung sowie das jeweilige Landeswassergesetz.

In der A. werden insbesondere geregelt:
– die Anschluß- und Benutzungspflicht für die öffentlichen →Abwasseranlagen,
– die Art und Weise (baulich/technisch) des Anschlusses an die öffentlichen Abwasseranlagen,
– die Benutzungsbedingungen in Form von Grenzwerten für Abwasserinhaltsstoffe,
– Stoffe, die nicht in die öffentlichen Abwasseranlagen eingeleitet werden dürfen,
– Rahmenbedingungen für die Überwachung der Einleitungen,
– Haftungsfragen, Ausnahmen von den Bestimmungen der Satzung und Ordnungswidrigkeiten.

Von den Begrenzungen des Benutzungsrechts sind die Anforderungen, die an die Beschaffenheit des Abwassers an der Übergabestelle zu den öffentlichen Abwasseranlagen gestellt werden, ein wesentliches Regelungselement. Bei den Anforderungen an die Abwasserbeschaffenheit ist zwischen Anforderungen für gefährliche Stoffe im Sinne des § 7a WHG und allen übrigen Wasserinhaltsstoffen zu unterscheiden (→Abwassereinleitung). Da die Anforderungen an gefährliche Stoffe im Sinne des WHG wasserrechtlich geregelt sind, kommt satzungsrechtlichen Regelungen in diesem Bereich im Vollzug eine untergeordnete Bedeutung zu. *Mertsch*

Abwasserstatistik →Umweltstatistik

Abwassertechnik. Nach DIN 4045: Oberbegriff für Technologie der Abwassersammlung und Abwasserableitung, Abwasserbehandlung und Abwasserbeseitigung (→Abwasseranlage).

Für die Abwassersammlung und -ableitung sind zwei verschiedene Systeme verbreitet, das →Mischverfahren und das →Trennverfahren.

Beim Mischverfahren werden →Schmutzwasser und ungereinigtes Niederschlagswasser gemeinsam in einem Leitungssystem abgeführt.

Im Gegensatz zum Mischverfahren werden beim Trennverfahren für das →Schmutz- und →Regenwasser getrennte Sammelleitungen verlegt.

Beide Verfahren besitzen spezifische Vor- und Nachteile, weswegen beide Verfahren mit unterschiedlichen Verbreitungsgrad nebeneinander bestehen.

Während lange Zeit eine möglichst direkte Ableitung speziell von Niederschlagswasser in die Gewässer angestrebt wurde, tritt mit fortschreitenden Besiedlungsgrad die Notwendigkeit zur Retention von Niederschlag als Teil der →Entwässerung immer mehr in den Vordergrund.

In diesem Zusammenhang gewinnen die Trennung von Schmutz- und Regenwasser, alle Arten der dezentralen Entsorgung von Niederschlagsabfluß aus weniger belasteten Gebieten, also auch neue Entwässerungsarten, wie z. B. Mulden-Rigolen-Systeme, an Bedeutung. Für bestehende Entwässerungssysteme resultiert aus der Notwendigkeit der verstärkten Rückhaltung der Zwang zur Installation entsprechend großer und notwendiger Rückhalteanlagen.

Die Behandlung des gesammelten Abwassers in Kläranlagen entwickelte sich von einer rein mechanischen Vorklärung über den Einsatz biologischer Verfahren zum →Abbau überwiegend organischer Abwasserinhaltsstoffe hin zum derzeitigen Standard, der neben der weitgehenden Reduktion organischer Kohlenstoffverbindungen auch die →Nitrifikation und →Denitrifikation sowie die →Phosphatelimination umfaßt bei einer gleichzeitig gezielten Fernhaltung aller Stoffe aus dem kommunalen Abwasser, die in den öffentlichen Kläranlagen nicht gezielt behandelt werden können.

Die mechanische Behandlungsstufe besteht in der Regel aus Rechen, Sieben, Sandfang, Leichtstoff- und Sedimentationsabscheider.

Die biologische Abwasserbehandlung umfaßt eine Vielzahl von Verfahren, von der natürlichen landbaulichen Verwertung über Boden- und Pflanzenfilter sowie Teiche aller Art, bis zu den Tropfkörpern und Belebungsanlagen in konzentrierter technischer Form sowie biologisch aktiven Filtern. Eine gezielte Nitrifikation und Denitrifikation sowie Phosphatelimination ist in der Regel nur mit einer Kombination technischer biologischer Behandlungselemente erreichbar. Natürliche Verfahren sind für diesen Zweck nur unzureichend geeignet.

Ergänzt wird die intensivierte Abwasserbehandlung auf kommunalen Kläranlagen durch die Zurückhaltung bzw. Entfernung nicht biologisch eliminierbarer Abwasserinhaltsstoffe an der Abwasseranfallstelle im gewerblich-industriellen Bereich. Die Fernhaltung nicht oder schwer biologisch abbaubarer Stoffe trägt gemeinsam mit der weiter intensivierten kommunalen Abwasserbehandlung zur Entlastung der Gewässer, aber auch zur Entfrachtung des Klärschlamms bei und vermeidet die weitreichende unkontrollierte Stoffverteilung. *Mertsch*

Literatur: *Imhoff, K.; K. R.:* Taschenbuch der Stadtentwässerung. München 1985. – ATV (Hrsg.): Lehr- und Handbuch der Abwassertechnik, Bd. I–IV. München 1982.

Abwasserteich. Der Teich ist eine in der Abwassertechnik vielfach genutzte Einrichtung mit unterschiedlichen Aufgaben: Man unterscheidet →Absetzteiche, unbelüftete A., belüftete A. und →Schönungsteiche. Gemeinsam ist allen Varianten, daß sie als großräumige Abwasserreinigungsverfahren anzusehen sind und vorwiegend im ländlichen Raum Verwendung finden.

Teiche sind in der Regel ursprünglich nicht dicht, es sei denn, sie liegen in nur selten anstehenden natürlichen dichten Bodenformationen (Ton, Fels). Sie dichten sich jedoch aus dem mit der Zeit mineralisierten Bodenschlamm meist in einigen Betriebsjahren verhältnismäßig gut selbst ab. A. richtet man bevorzugt bei kleineren, meist ländlichen Anlagen ein, wo Gelände hierfür gewöhnlich verfügbar ist. Sie haben meist eine gute Pufferwirkung, um erhöhte Zuflüsse auszugleichen (Regenentlastung beim →Mischverfahren). A. haben außer der mechanischen Klärwirkung durch Absetzen immer auch eine teilweise biologische Klärwirkung. Besonders in warmen Zonen kommt dazu evtl. auch eine Reinigung durch Algenwachstum. Durch Sonnenstrahlung können Wasserpflanzen für eine erhebliche Sauerstoffeintragung sorgen, die es sonst nur aus der Luft, vor allem bei Windbewegung der Oberfläche, oder durch eine künstliche Belüftung gibt. Den →Schönungsteich setzt man oft noch nach der biologischen Reinigung ein.

□ In belüfteten A. wird Sauerstoff mit technischen Belüftungseinrichtungen eingetragen. Dadurch vermindert sich der große Flächenbedarf wie er bei unbelüfteten →Abwasserteichen erforderlich ist. Die Teiche werden mit Rohabwasser oder mechanisch vorbehandeltem Abwasser beschickt und dienen der biologischen Reinigung. Zur Belüftung werden im allgemeinen speziell für Teiche entwickelte Belüfter eingesetzt, sie bewirken gleichzeitig eine Umwälzung.

Für die Reinigungsleistung sind die Kontaktzone Wasser/Bodenschlamm, der biologisch wirksame Aufwuchs und die frei schwimmenden Bakterien und Mikroorganismen von Bedeutung. Zur Abscheidung der Schwebstoffe ist eine Beruhigungszone oder ein nachgeschalteter Teich erforderlich.

Bemessungskriterien sind bei genügender Durchmischung entweder die BSB_5-Raumbelastung oder die BSB_5-Flächenbelastung. Ihr Einsatz zur Regenwasserbehandlung ist wie bei unbelüfteten Teichen möglich. Der Einsatzbereich von belüfteten A. liegt in der Regel bei Anschlußwerten unter 5 000 Einwohnerwerten.

□ Unbelüftete A., d. h. ohne technische Belüftungseinrichtungen, sind großflächig und flach und dienen zur biologischen Behandlung von Abwasser. Sind keine Absetzteiche zur Entschlammung vorgeschaltet, werden sie gleichzeitig der Entfernung der absetzbaren Stoffe benutzt.

Sauerstoff wird in unbelüfteten A. auf natürliche Weise eingetragen, was damit von klimatischen bzw.

meteorologischen Faktoren abhängig ist. Bemessungskriterium ist die Flächenbelastung. Die obere Wasserschicht ist in der Regel aerob. Zeitweise können sich jedoch im Einlaufbereich oder in tiefen Teichen an der Sohle anaerobe Zonen bilden. Sie werden daher auch fakultativ anaerobe Teiche genannt. Der Einsatzbereich von unbelüfteten A. liegt in der Regel bei Anschlußwerten unter 1 000 Einwohnergleichwerten.   *Mertsch*

Literatur: ATV (Hrsg.): Lehr- und Handbuch der Abwassertechnik, Bd. IV, Biologisch-chemische und weitergehende Abwasserreinigung. Berlin 1985. – ATV (Hrsg.): Regelwerk Abwasser-Abfall, Arbeitsblatt A 201, Grundsätze für Bemessung, Bau und Betrieb von Abwasserteichen für kommunale Abwasser. Gesellschaft zur Förderung der Abwassertechnik. St. Augustin 1989.

Abwasserteilstrom. In einer Betriebseinheit einer Produktions- oder Verarbeitungsanlage an einer bestimmten Stelle (Abwasseranfallstelle) anfallendes Abwasser einer definierten Beschaffenheit vor der Vermischung mit Abwasser, das an anderer Stelle innerhalb derselben Betriebseinheit anfällt und das eine andere Beschaffenheit hat. Maßgebend sind sowohl Art und Zusammensetzung der Abwasserinhaltsstoffe als auch die Konzentrationen der im Abwasser enthaltenen Inhaltsstoffe. Abwässer verschiedener Anfallstellen können als ein Teilstrom zusammengefaßt und behandelt werden, wenn die Inhaltsstoffe in ihrer Stoffcharakteristik und Konzentration vergleichbar sind und durch ein Verfahren mindestens so gut wie durch mehrere Verfahrenseinheiten aus dem Abwasser entfernt werden können. Auch darf die Verwertung oder sonstige Entsorgung der bei der Behandlung anfallenden Reststoffe durch die gemeinsame Behandlung nicht erschwert oder unmöglich gemacht werden. *Irmer*

Abwassertestverfahren, biologisch. B. A. (Biotests) sind geeignet, die Wirkung chemischer und physikalischer Parameter unter den im Experiment festgelegten Bedingungen auf die jeweiligen Testorganismen zu bestimmen. Die Wirkung kann prinzipiell mit Hilfe der chemischen Analytik nicht festgestellt werden. Wirkungen können biologisch fördernd oder hemmend sein. Sie können festgestellt werden durch die Reaktion der Organismen wie Tod, Wachstum, Vermehrung, Verhalten, morphologische, physiologische und histologische Veränderungen. Dabei ist zu unterscheiden zwischen akuter und chronischer Wirkung sowie einer biologischen Schadwirkung allgemein als Zusammenwirken aller Noxen (Noxizität) und speziell der Giftwirkung eines oder mehrerer Wasserinhaltsstoffe (→Toxizität). Die Testbedingungen müssen aus Gründen der →Reproduzierbarkeit und →Vergleichbarkeit der Ergebnisse soweit wie nötig festgelegt werden (DIN 38 412, Teil 1).

B. A. dienen zur Feststellung der Giftigkeit von Stoffen, der Voraussage möglicher Auswirkungen von Wässern, Abwässern und Stoffen auf Gewässer, Beurteilung des biologischen →Abbaus von Substanzen in Gewässern sowie der Überwachung und Funktionskontrolle von →Abwasserbehandlungsanlagen. Eine besondere Anwendung findet ein Biotest (→Fischtest) nach DIN 38 412, Teil 31 zur Berechnung der Höhe der Abwasserabgabe (→Abwasserabgabenrecht). Organismen und Biozönosen reagieren unterschiedlich auf ein und denselben Stoff. Deshalb ist es erforderlich, eine Palette von Testorganismen zu verwenden, um die Gefährlichkeit von Stoffen oder Stoffgemischen zu prüfen. Obgleich die Ergebnisse von Biotests streng genommen nur für die Bedingungen gelten, unter denen sie gewonnen wurden, sind sie doch eine wesentliche Grundlage zur Abschätzung des Verhaltens dieser Stoffe und ihrer Wirkungen in den Gewässern. Aus diesem Grund werden auch Testorganismen der verschiedenen trophischen Ebenen herangezogen. Dies sind insbesondere Fische als Endglied der →Nahrungskette im Gewässer und als Konsumenten höherer Ordnung, Kleinkrebse, Molusken und Urtiere als Konsumenten, →Algen als Primärproduzenten und →Bakterien als Destruenten. Daneben werden auch →Biozönosen aus Gewässern bzw. Kläranlagen für Biotests herangezogen. Neuerdings werden auch verstärkt Modellökosysteme für Biotestzwecke verwendet (DIN 38 412 Teil 1).

B. A. werden in der Regel über 24 oder 48 Stunden durchgeführt, teilweise werden sie aber auch über längere Zeit betrieben.

Zunehmende Bedeutung gewinnen dynamische Biotests, bei denen das zu prüfende Wasser z. B. im Bypass eines Wasser- oder Abwasserstromes durch eine Meßapparatur geführt wird. Neben bewährten Fisch- und Daphnientests werden z. Zt. weitere Tests mit Muscheln, Algen und Bakterien als automatisch arbeitende, dynamische Tests entwickelt.

Ein besonders aktuelles Problem ist die Prüfung auf chronische Toxizität, insbesondere auf gentoxisches Potential, d. h. krebserzeugende, erbgutschädigende oder Mißbildungen hervorbringende Wirkung (→Kanzerogenitätstest, →Mutagenitätsprüfung).

Zur Auswertung der Toxizitätstests dient häufig die Angabe der Wirkkonzentration (EC = Effective Concentration) bzw. der Letalkonzentration (LC = Lethal Concentration), insbesondere der Werte EC 0, EC 50, EC 100. Dabei bedeutet EC 0 die höchste geprüfte Konzentration, bei der im Sinne des Testkriteriums noch keine Wirkung eintritt (LC 0: alle Organismen überleben), EC 50 bedeutet die errechnete Konzentration, bei der im Sinne des Testkriteriums bei 50 % der Organismen Wirkung eintritt (LC 50: 50 % der Organismen sind tot). EC 100 bedeutet die niedrigste geprüfte Konzentration, bei der im Sinne des Testkriteriums bei 100 % der Organismen Wirkung eintritt (EC 100: alle Organismen sind tot) (DIN 38 412 Teil 1).

Bei der Prüfung der Fischgiftigkeit, z. B. mit der Goldorfe (Leuciscus idus), wird ein Giftigkeitsfaktor G_f (= Giftigkeit gegen Fische) ermittelt; ein G_f von 4 bedeutet, daß in der Verdünnungsstufe von einem Teil zu prüfenden Wasser plus drei Teile Verdünnungswasser keine schädigende Wirkung mehr eintritt. *Friedrich*

Literatur: *Besch, W. K.; B. W. Scharf:* Wasseruntersuchungen mit Hilfe von Toxizitätstests. In *Besch et al.:* Limnologie für die Praxis – Grundlagen des Gewässerschutzes. Landsberg 1984. – DIN 38 412: Deutsche Einheitsverfahren zur Wasser-, Abwasser-, und Schlammuntersuchung; Testverfahren mit Wasserorganismen; Teil 1: (Gruppe L): Allgemeine Hinweise zur Planung, Durchführung und Auswertung biologischer Testverfahren (L 1). 6/1982 – Teil 31: Testverfahren mit Wasserorganismen (Gruppe L); Bestimmung der nicht akut giftigen Wirkung von Abwasser gegenüber Fischen über Verdünnungsstufen (L 31) 3/1989.

Abwasservermeidung. Maßnahmen, durch die der Abwasseranfall und der Stoffeintrag ins →Abwasser verringert, letztlich gänzlich unterbunden werden.

Abwasser kann u. a. vermieden werden durch den Einsatz abwasserarmer Verfahren und Betriebsweisen bei der Herstellung von Produkten (z. B. durch Mehrfachnutzung des Wassers, Kreislaufführung), durch die Optimierung von Aufbereitungs-, Reinigungs- und Spülprozessen sowie den Einsatz geschlossener Kühlsysteme.

Anforderungen zur Verringerung und Vermeidung von Abwasser sind regelmäßig in den herkunftsspezifischen Anhängen zur 1. Rahmen-Abwasserverwaltungsvorschrift (→Abwasserverwaltungsvorschriften) enthalten. Sie werden im Rahmen der wasserrechtlichen Genehmigung von Indirekteinleitungen und der wasserrechtlichen Erlaubnis von Direkteinleitungen vollzogen. Daneben besteht im Rahmen wasserrechtlicher Eignungsfeststellungen, abfallrechtlicher Planfeststellungen und immissionsschutzrechtlicher Genehmigungsverfahren die Möglichkeit, Maßnahmen zur A. durchzusetzen. *Mertsch*

Abwasserverregnung. Die A. gehört zu den natürlichen Verfahren der →Abwasserreinigung. Das Abwasser wird mittels Druckrohren und Schlauchleitungen landwirtschaftlichen Flächen zugeleitet und mit Überdruck verregnet.

Die Beregnung gewährleistet eine gleichmäßige Wasserverteilung. Im Laufe der dann eintretenden Versickerung wird das Abwasser gereinigt, weil die Bodenschichten als Filter wirken und Bodenbakterien die Abwasserinhaltsstoffe verwerten.

Die A. ist nur geeignet für Abwässer mit überwiegend organisch abbaubaren Inhaltsstoffen, die den hygienischen Anforderungen der DIN 19650 entsprechen. Abwässer mit schwer- und nicht abbaubaren Inhaltsstoffen, die sich entweder im Bodenfilter anreichern oder ins Grundwasser ausgetragen werden, sind zur A. nicht geeignet. Die Wassergaben richten sich nach den pflanzen-physiologischen Erfordernissen.

Die Planung der Anlagen zur A. erfolgt nach DIN 19655. Anlagen zur A. bedürfen einer wasserrechtlichen Genehmigung. Für die A. ist eine wasserrechtliche Erlaubnis erforderlich.

Auf Grund der regelmäßig bestehenden Belastung kommunaler Abwässer mit schwer- und nicht abbaubaren Stoffen und der nur saisonal bestehenden Entsorgungsmöglichkeit ist die Bedeutung der A. gering. *Mertsch*

Literatur: DIN 19650: Bewässerung; Hygienische Belange. 9/1978. – DIN 19655: Bewässerung; Aufgaben, Grundlagen und Verfahren. 10/1982.

Abwasserverrieselung. Die A. gehört wie die →Abwasserverregnung zu den natürlichen Verfahren der →Abwasserreinigung. Durch Staurieselung wird das Abwasser im Boden versickert. Die Felder sind durch niedrige Dämme abgeteilt (Rieselfelder). Die Abwasserreinigung erfolgt durch Bodenbakterien. Die Rieselfelder sollten auf leichten und mittleren Böden angelegt sein.

Die A. ist nur geeignet für Abwässer mit überwiegend organischen Inhaltsstoffen, deren →Abbau im Bodenfilter schnell und in ausreichendem Umfang erfolgt. Für Abwässer mit schwer- und nicht abbaubaren organischen und anorganischen Inhaltsstoffen, die sich entweder im Boden anreichern oder ausgewaschen werden, ist das Verfahren der A. ungeeignet. Da weiterhin die Dämme sowie die Be- und Entwässerungsgräben einem rationellen Landmaschineneinsatz entgegenstehen, wird der Rieselfeldwirtschaft heute keine große Bedeutung mehr zugemessen.

Für die Planung von Rieselfeldern ist DIN 19655 maßgebend. Anlagen zur A. bedürfen der wasserrechtlichen Genehmigung, die A. bedarf der wasserrechtlichen Erlaubnis. *Mertsch*

Literatur: DIN 19655: Bewässerung; Aufgaben, Grundlagen und Verfahren. 10/1982.

Abwasserverwaltungsvorschriften (Abwasser-VwV). Verwaltungsvorschriften des Bumdes auf der Grundlage von § 7a WHG, in denen für eine Vielzahl unterschiedlicher Abwasserherstellungsbereiche die Mindestanforderungen für die →Abwasserbehandlung entsprechend den allgemein anerkannten Regeln der Technik (→a. a. R. d. T.) verbindlich festgelegt sind.

Mit der 5. Novelle des WHG 1986 wurde die Systematik dieser A. geändert. Seither werden zu einer 1. Rahmen-A. zu § 7a WHG herkunftsspezifische Anhänge erarbeitet.

Die 1. Rahmen-A. über Mindestanforderungen an das Einleiten von Abwasser vom 08. 09. 1989 (GMBl. S. 518), zuletzt geändert durch Verwaltungsvorschrift vom 04. 03. 1992 (GMBl. S. 178), enthält herkunftsabhängige Festlegungen zu den Probenahmemodalitäten und den anzuwendenen Analyseverfahren. Die herkunftsspezifischen Anhänge enthalten die mindestens einzuhaltenden technischen Anforderungen an die Abwasserbehandlung entsprechend den allgemein anerkannten Regeln der Technik und, soweit es sich um Herkunftsbereiche von Abwasser handelt, das nach der →Abwasserherkunftsverordnung gefährliche Stoffe enthält, insoweit technische Anforderungen entprechend dem Stand der Technik.

Daneben enthalten die herkunftsspezifischen Anhänge allgemeine Anforderungen, durch die eine weitgehende Verringerung des Stoffeintrags ins Abwasser und des Abwasseranfalls erzielt werden soll. Im allgemeinen Sprachgebrauch werden die herkunftsspezifischen Anhänge zur 1. Rahmen-A. auch als A. bezeichnet.

Die folgende Aufstellung gibt einen Überblick über die erlassenen Regelungen.

Anhang 1. Gemeinden
Größenklasse 1: < 60 kg/d BSB_5
Größenklasse 2: 60 bis < 300 kg/d BSB_5
Größenklasse 3: 300 bis $< 1\,200$ kg/d BSB_5
Größenklasse 4: $1\,200$ bis $< 6\,000$ kg/d BSB_5
Größenklasse 5 $\geq 6\,000$ kg/d BSB_5
vom 27. 03. 1991 (GMBl 1991 S. 686)

Anhang 2. Braunkohle-Brikettfabrikation vom 19. 12. 1989 (GMBl S. 799)

Anhang 3. Milchverarbeitung vom 19. 12. 1989 (GMBl S. 799)

4. AbwasserVwV. Ölsaatenaufbereitung, Speisefett- und Speiseölraffination vom 17. 03. 1981 (GMBl S. 139)

Anhang 5. Herstellung von Obst- und Gemüseprodukten vom 19. 12. 1989 (GMBl S. 800)

Anhang 6. Herstellung von Erfrischungsgetränken und Getränkeabfüllung vom 19. 12. 1989 (GMBl S. 800)

Anhang 7. Fischverarbeitung vom 17. 03. 1981 (GMBl S. 687)

Anhang 8. Kartoffelverarbeitung vom 19. 12. 1989 (GMBl S. 801)

Anhang 9. Herstellung von Beschichtungsstoffen und Lackharzen vom 19. 12. 1989 (GMBl S. 801)

Anhang 10. Fleischwirtschaft vom 19. 12. 1989 (GMBl S. 802)

Anhang 11. Brauereien vom 19. 12. 1989 (GMBl S. 803)

Anhang 12. Herstellung von Alkohol und alkoholischen Getränken vom 19. 12. 1989 (GMBl S. 803)

13. AbwasserVwV. Herstellung von Holzfaserhartplatten vom 17. 03. 1981 (GMBl S. 148)

Anhang 14. Trocknung pflanzlicher Produkte für die Futtermittelherstellung vom 19. 12. 1989 (GMBl S. 804)

Anhang 15. Herstellung von Hautleim, Gelatine und Knochenleim vom 19. 12. 1989 (GMBl S. 804)

Anhang 16. Steinkohlen-Aufbereitung und Steinkohle-Brikettfabrikation vom 27. 03. 1991 (GMBl S. 688)

Anhang 17. Herstellung keramischer Erzeugnisse vom 04. 03. 1992 (GMBl S. 179)

Anhang 18. Zuckerherstellung vom 04. 03. 1992 (GMBl S. 180)

Anhang 19. Teil B. Herstellung von Papier und Pappe vom 04. 03. 1992 (GMBl S. 180)

19. AbwasserVwV. Teil A. Zellstofferzeugung vom 18. 05. 1989 (GMBl S. 399)

20. AbwasserVwV. Tierkörperbeseitigung vom 19. 05. 1982 (GMBl S. 293)

Anhang 21. Mälzereien vom 19. 12. 1989 (GMBl S. 805)

Anhang 22. Mischabwasser vom 27. 03. 1991 (GMBl S. 688)

23. AbwasserVwV. Herstellung von Calciumcarbid vom 19. 05. 1982 (GMBl S. 296)

24. AbwasserVwV. Eisen- und Stahlerzeugung vom 19. 05. 1982 (GMBl S. 297)

Anhang 25. Lederherstellung, Pelzveredelung, Lederfaserstoffherstellung vom 22. 09. 1989 (GMBl S. 522)

Anhang 26. Steine und Erden vom 04. 03. 1992 (GMBl S. 182)

27. AbwasserVwV. Erzaufbereitung vom 03. 03. 1989 (GMBl S. 145)

28. AbwasserVwV. Melasseverarbeitung vom 13. 09. 1983 (GMBl S. 397)

29. AbwasserVwV. Fischintensivhaltung vom 13. 09. 1983 (GMBl S. 398)

Anhang 30. Sodaherstellung vom 29. 12. 1989 (GMBl S. 805)

31. AbwasserVwV. Wasseraufbereitung, Kühlsysteme vom 13. 09. 1983 (GMBl S. 400)

32. AbwasserVwV. Arzneimittel vom 05. 09. 1984 (GMBl S. 338)

33. AbwasserVwV. Herstellung von Perboraten vom 05. 09. 1984 (GMBl S. 339)

34. AbwasserVwV. Herstellung von Bariumverbindungen vom 05. 09. 1984 (GMBl S. 340)

35. AbwasserVwV. Hochdisperse Oxide vom 05. 09. 1984 (GMBl S. 341)

Anhang 36. Herstellung von Kohlenwasserstoffen vom 04. 03. 1992 (GMBl S. 182)

Anhang 37. Herstellung anorganischer Pigmente vom 27. 03. 1991 (GMBl S. 690)

38. AbwasserVwV. Textilherstellung vom 05. 09. 1984 (GMBl S. 348)

Anhang 39. Nichteisenmetallherstellung vom 19. 12. 1989 (GMBl S. 806)

Anhang 40. Metallbearbeitung, Metallverarbeitung vom 22. 09. 1989 (GMBl S. 523)

Anhang 41. Herstellung und Verarbeitung von Glas und künstlichen Minaralfasern vom 04. 03. 1992 (GMBl S. 807)

42. AbwasserVwV. Alkalichloridelektrolyse nach dem Amalgamverfahren vom 05. 09. 1984 (GMBl S. 358)

43. AbwasserVwV. Chemiefasern vom 05. 09. 1984 (GMBl S. 359)

44. AbwasserVwV. Herstellung von mineralischen Düngemitteln außer Kali vom 05. 09. 1984 (GMBl S. 361)

Anhang 45. Erdölverarbeitung vom 04. 03. 1992 (GMBl S. 183)

46. AbwasserVwV. Steinkohleverkokung vom 25. 08. 1986 (GMBl S. 486)

Anhang 47. Wäsche von Rauchgasen aus Feuerungsanlagen vom 22. 09. 1989 (GMBl S. 525)

48. AbwasserVwV. Verwendung bestimmter gefährlicher Stoffe vom 09. 01. 1989 (GMBl S. 42), geändert am 19. 12. 1989 (GMBl S. 811), geändert am 27. 08. 1991 (GMBl S. 42)

Anhang 49. Mineralölhaltiges Abwasser vom 19. 12. 1989 (GMBl S. 809)

Anhang 50. Zahnbehandlung vom 22. 09. 1989 (GMBl S. 526)

Anhang 51. Ablagerung von Siedlungsabfällen vom 22. 09. 1989 (GMBl S. 527)

Anhang 52. Chemischreinigung vom 19. 12. 1989 (GMBl S. 809) *Mertsch*

Acetaldehyd.

Luftchemie. A. ist ein gesättigter →Aldehyd mit der Summenformel CH_3CHO. Der Aldehyd gelangt über die Verbrennung von →Kraftstoffen und →Biomasse in die →Atmosphäre und liegt in einem Konzentrationsbereich von einigen ppbV vor. Neben diesen direkten anthropogenen Emissionen entsteht A. in der →Troposphäre auch bei der Oxidation organischer Gase. So liefert sowohl die OH-initiierte Photooxidation von Ethan (→Alkane) als auch die Reaktion von Propen (→Alkene) mit NO_3-Radikalen als eines der Endprodukte den Aldehyd CH_3CHO. A. bildet bei der atmosphärischen Oxidation mit OH-Radikalen Acetylradikale (CH_3CO), die die Vorläufer für →Peroxyacetylnitrat sind.

Die →Photolyse von A. in einem Wellenlängenbereich zwischen 280 und 320 nm führt hauptsächlich zur Bildung von CH_3- und HCO-Radikalen, die in einem komplexen Reaktionszyklus CO_2 als Endprodukt bilden (→Methan).

$$CH_3CHO + h\nu \rightarrow CH_3 + HCO \qquad (1)$$

Während des Tages wird der →Abbau von A. in Reinluftgebieten durch die Photolyse, in verschmutzter Troposphäre durch die OH-Reaktion bestimmt. Die Lebensdauer bezüglich der OH-Reaktion beträgt bei einer mittleren globalen OH-Konzentration von 5×10^5 Moleküle cm^{-3} 25 Stunden. *Wiesen*

Umweltrelevante Stoffdaten.

□ Stoff-Identifizierungs-Nr.:
CAS-Nr.: 75-07-0
EG-Nr.: 605-003-00-6
UN-Nr.: 1089
EINECS-Nr.: 200-836-8
□ Chemische Formel: C_2H_4O
□ Stoffcharakteristik: Farblose, flüchtige, mit Wasser mischbare Flüssigkeit, hochentzündlich, bildet mit Luft explosionsfähige Peroxide. Dämpfe nur wenig schwerer als Luft, bilden mit Luft ein explosionsfähiges Gemisch. Stechender, stark verdünnt fruchtartiger Geruch. Elektrostatisch aufladbar. Reagiert heftig mit Oxydationsmitteln und diversen organischen Verbindungen.
□ Gefahrenmerkmale:
– Stoffliste nach § 4 a der →Gefahrstoffverordnung: Gefahrenkennbuchstabe(n): Xn, F+
R-Sätze: 12-36/37-40
S-Sätze: 2-16-33-36/37
– Besondere Stoffeigenschaften nach TRGS 500: krebserzeugend: EG-Kat. 3
fortpflanzungsgefährdend: MAK-Gruppe D
– Arbeitsschutzwerte nach TRGS 900: →MAK-Wert (mg/m³): 90
– Stoffliste (Anhang II) der →Störfall-Verordnung: Nr. 2

– →Wassergefährdungsklasse: WGK 1
– Emissionswerte: →TA Luft Einstufung: 3.1.7
Klasse I   *Fischer/M. Schön*

Acetylen. A. ist das kleinste →Alkin mit der Summenformel C_2H_2. Es entsteht bei der Verbrennung fossiler Energieträger. Bei höheren Temperaturen in Flammen ist dieser Kohlenwasserstoff ein Vorläufer für Rußpartikel und →polycyclische aromatische Kohlenwasserstoffe. In ländlichen Gebieten liegt die Konzentration des A. zwischen 0,5 und 12 ppbV. In städtischen Gebieten kann der Wert bis zu 300 ppbV ansteigen. Aus der Atmosphäre wird das A. durch die Reaktion mit OH-Radikalen entfernt. Die mittlere Lebensdauer bezüglich dieser Reaktion beträgt bei einer globalen OH-Konzentration von 5×10^5 Moleküle cm^{-3} etwa 30 Tage. Da A. unter troposphärischen Bedingungen relativ stabil ist, wird es häufig als Tracer für Verbrennungsabgase angesehen.   *Wiesen*

8. BImSchV. Rasenmäherlärm-Verordnung vom 13. Juli 1992 (BGBl. I S. 1248). Regelt das Inverkehrbringen und die Kennzeichnung sowie den Betrieb von motorbetriebenen Rasenmähern.
☐ Inverkehrbringen und Kennzeichnung (§§ 2 bis 5, 7). Das Inverkehrbringen von Rasenmähern ist abhängig von in § 3 gesetzten „zulässigen Geräuschemissionswerten" (→Rasenmäher) am Bedienerplatz, deren Einhaltung bei einer Typprüfung von amtlich bekanntgegebenen Meßstellen festzustellen ist. Jedem Rasenmäher ist eine Bescheinigung des Herstellers oder Einführers beizufügen, die die Übereinstimmung des Geräts mit dem typgeprüften auf der Grundlage des Typprüfungsprotokolls bestätigt. Außerdem sind auf jedem Rasenmäher „gut sichtbar" das Herstellerkennzeichen, die Typbezeichnung und der gewährleistete Geräuschemissionswert anzugeben. Die Verordnung findet hinsichtlich des Inverkehrbringens und der Kennzeichnung insbesondere keine Anwendung auf land- und forstwirtschaftliche Geräte sowie auf Geräte ohne eigenen Antrieb.
☐ Betrieb (§ 6). Rasenmäher dürfen an Werktagen in der Zeit von 19 bis 7 Uhr sowie an Sonn- und Feiertagen nicht betrieben werden; ausgenommen ist nur der Betrieb im land- oder forstwirtschaftlichen Einsatz. Besonders lärmarme Rasenmäher (§ 6 Abs. 2) dürfen an Werktagen bis 22 Uhr betrieben werden. Diese bundeseinheitliche Regelung kann durch landesrechtliche/kommunale Bestimmungen, vor allem zum Schutz der Mittags- und Nachtruhe oder von besonders empfindlichen Gebieten, z. B. Kurgebiete, verschärft werden.
☐ Emissionsbegrenzung. Die zulässigen →Geräuschemissionswerte gelten unmittelbar nur für das Inverkehrbringen und haben insofern den Charakter von Emissionsgrenzwerten (→Emissionsstan-

dard). Sind typgeprüfte Rasenmäher in Verkehr gebracht, so können aus der 8. BImSchV keine anderen Maßnahmen als sich aus den Betriebsregelungen (§ 6) ergebende abgeleitet werden. Das Emissionsverhalten von typgeprüften Rasenmähern im Betrieb ist im Einzelfall nach dem Stand der Lärmminderungstechnik zu beurteilen, wobei die für das Inverkehrbringen maßgeblichen Emissionsgrenzwerte (§ 3) Entscheidungshinweise geben können. Daß aber die dort gesetzten →Schalleistungspegel im Einzelfall unterschritten werden können, signalisiert bereits § 6 mit der Ausnahmevorschrift für besonders lärmarme Rasenmäher.   *Dreyhaupt*

18. BImSchV →Sportanlagen-Lärmschutzverordnung

Acid rain →Saurer Regen

Ackerrandstreifen-Programm →Extensivierung

Acrolein.
☐ Stoff-Identifizierungs-Nr.:
CAS-Nr.: 107-02-8
EG-Nr.: 605-008-00-3
UN-Nr.: 1092
EINECS-Nr.: 203-453-4
☐ Chemische Formel: C_3H_4O
☐ Stoffcharakteristik: Farblose, schwer wasserlösliche, sehr reaktionsfreudige, giftige Flüssigkeit, leicht entzündlich. Dämpfe schwerer als Luft, bilden mit Luft explosionsfähiges Gemisch. Beißender Geruch. Reaktion mit Oxydationsmitteln und org. Verbindungen.
☐ Gefahrenmerkmale:
– Stoffliste nach § 4a der →Gefahrstoffverordnung: Gefahrenkennbuchstabe(n): F, T_+
R-Sätze: 11-25-26-34
S-Sätze: 1/2-3/9/14-26-36/37/39-38-45
– Arbeitsschutzwerte nach TRGS 900: →MAK-Wert (mg/m^3): 0,25
– Stoffliste (Anhang II) der →Störfall-Verordnung: Nr. 8 und 4b
– →Wassergefährdungsklasse: WGK 2
– Emissionswerte: →TA Luft Einstufung: 3.1.7
Klasse I   *Fischer/M. Schön*

Acrylnitril.
☐ Stoff-Identifizierungs-Nr.:
CAS-Nr.: 107-13-1
EG-Nr.: 608-003-00-4
UN-Nr.: 1093
EINECS-Nr.: 203-466-5
☐ Chemische Formel: C_3H_3N
☐ Stoffcharakteristik: Farblose, schwer wasserlösliche Flüssigkeit, leicht entzündlich, sehr reaktionsfähig, empfindlich gegen Licht. Dämpfe schwerer als

Luft, bilden mit Luft explosionsfähiges Gemisch. Schwach stechender, senfölartiger Geruch.

□ Gefahrenmerkmale:
– Stoffliste nach § 4a der →Gefahrstoffverordnung: Gefahrenkennbuchstabe(n): T, F
R-Sätze: 45-11-23/24/25-38
S-Sätze: 53-45
– Besondere Stoffeigenschaften nach TRGS 500: krebserzeugend: EG-Kat. 2
– Arbeitsschutzwerte nach TRGS 900: →TRK-Wert (mg/m^3): 7
– Stoffliste (Anhang II) der →Störfall-Verordnung: Nr. 10 und 4c
– →Wassergefährdungsklasse: WGK 3
– Emissionswerte: →TA Luft Einstufung: 2.3 Klasse III   *Fischer/M. Schön*

Acrylsäureamid.

□ Stoff-Identifizierungs-Nr.:
CAS-Nr.: 79-06-1
EG-Nr.: 616-003-00-0
UN-Nr.: 2074
EINECS-Nr.: 201-173-7
□ Chemische Formel: C_3H_5NO
□ Stoffcharakteristik: Farblose Kristallplättchen oder Pulver, leicht löslich in Wasser, Alkohol und Aceton. Bei Erwärmung bis zum Schmelzpunkt kann heftige, exotherme Polymerisation eintreten. Darüber Zersetzung und Bildung von Kohlenmonoxid und Kohlendioxid sowie Nitrosen Gasen. Staubförmige Substanz, bildet mit Luft explosionsfähige Gemische.
□ Gefahrenmerkmale:
– Stoffliste nach § 4a der →Gefahrstoffverordnung: Gefahrenkennbuchstabe(n): T
R-Sätze: 45-46-24/25-48/23/24/25
S-Sätze: 53-45
– Besondere Stoffeigenschaften nach TRGS 500: krebserzeugend: EG-Kat. 2
erbgutverändernd: EG-Kat. 2
– Arbeitsschutzwerte nach TRGS 900: →TRK-Wert (mg/m^3): 0,03
– Stoffliste (Anhang II) der →Störfall-Verordnung: Nr. 9 und 4c
– →Wassergefährdungsklasse: WGK 3
– Emissionswerte: →TA Luft Einstufung: 2.3 (gemäß MAK-Liste)   *Fischer/M. Schön*

Acrylsäureethylester.

□ Stoff-Identifizierungs-Nr.:
CAS-Nr.: 140-88-5
EG-Nr.: 607-032-00-X
UN-Nr.: 1917
EINECS-Nr.: 205-438-8
□ Chemische Formel: $C_5H_8O_2$
□ Stoffcharakteristik: Farblose, wasserklare, wenig wasserlösliche, leicht siedende Flüssigkeit, leicht entzündlich. Dämpfe viel schwerer als Luft, bilden

mit Luft ein explosionsfähiges Gemisch. Sehr reaktionsfähig. Neigt bei erhöhter Temperatur, auch in stabilisierter Form, zu spontaner Polymerisation, unstabilisiert auch bei tieferen Temperaturen. Mit starken Oxydationsmitteln heftige Reaktion oder Entzündung. Penetranter brechreizerregender Geruch.

□ Gefahrenmerkmale:
– Stoffliste nach § 4a der →Gefahrstoffverordnung: Gefahrenkennbuchstabe(n): F, X_n
R-Sätze: 11-20/22-36/37/38-43
S-Sätze: 2-9-16-33-36/37
– Arbeitsschutzwerte nach TRGS 900: →MAK-Wert (mg/m^3): 20
– Stoffliste (Anhang II) der →Störfall-Verordnung: Nr. 2
– →Wassergefährdungsklasse: WGK 2
– Emissionswerte: →TA Luft Einstufung: 3.1.7 Klasse I   *Fischer/M. Schön*

Adapter. A. als in der →Gentechnik verwendeter Begriff bezeichnet eine Nucleotidsequenz, die geeignet ist, DNA-Fragmente in gewünschter Form zu rekombinieren.   *Flohé*

ADI-Wert. ADI, Abk. *engl.* acceptable daily intake, deutsch DTA = duldbare tägliche Aufnahme.

Der A.-W. gibt diejenige Dosis eines Schadstoffs an, die nach dem gegenwärtigen Kenntnisstand bei lebenslanger täglicher Aufnahme nicht zu Gesundheitsstörungen führt. Dieser toxikologisch begründete Richtwert leitet sich vom experimentell ermittelten →Schwellenwert für nachweisbare Wirkungen (→NOEL) ab. Der möglicherweise höheren Empfindlichkeit des Menschen gegenüber dem Versuchstier wird durch Einführung eines Sicherheitsfaktors Rechnung getragen. Der A.-W. liegt demnach immer unterhalb des NOEL. Die A.-W. werden von Fachkommissionen der FAO und WHO festgelegt. Sie stellen Empfehlungen dar, die als Basis für die Festlegung von Grenzwerten auf nationaler Ebene dienen.   *Halbach*

Adsorbens →Adsorptionsverfahren

Adsorber. A. sind Stofftrennapparate; in der Luftreinhaltung überwiegend zur Abtrennung gasförmiger Schadstoffe aus Abgasen eingesetzt (→Adsorptionsverfahren).

Ein A. besteht im wesentlichen aus einem Behälter, der das Adsorbens in Form einer Schüttschicht enthält. Die Adsorbensschicht kann entweder stationär angeordnet sein oder sie wird durch den Apparat hindurch bewegt. Im ersten Fall spricht man von Festbettadsorbern, im zweiten von Wanderbett- oder Wirbelbettadsorbern. Man unterscheidet zudem zwischen vertikaler oder horizontaler Ausführung. Eine zusätzliche Variante der vertikalen Bauform von Festbett- und Wanderbettadsorbern ist der Ringadsorber, in dem die Adsorbensschüttung ringförmig angeordnet ist (Bild).

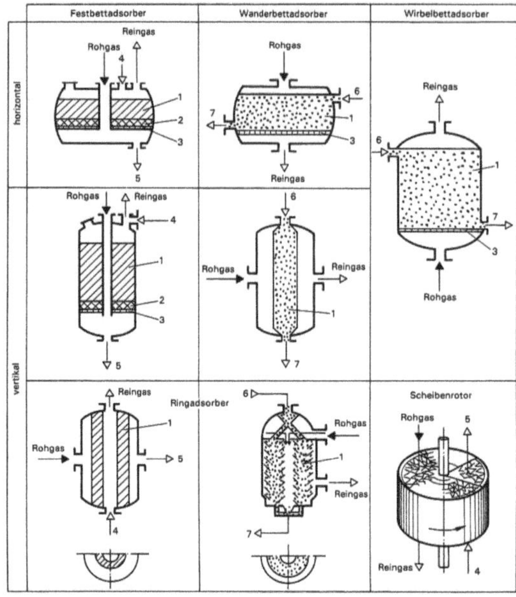

Adsorber: A.-Bauformen.

1 Adsorbens, 2 Wärmespeicher, 3 Tragrost/Wanderbett/Wirbelbett, 4 Desorptionsmedium, 5 Desorptionsmedium mit desorbierten Stoffen, 6 Adsorbens von Regeneration, 7 Adsorbens beladen, zur Regeneration

Adsorptionseinrichtungen arbeiten überwiegend mit einem körnigen Adsorbens im Festbett. Bei Festbettadsorbern ruht das Adsorbens auf einem Tragrost. Während der →Adsorption durchströmt das Abgas den Apparat in der Regel von unten nach oben, beim vertikalen Ringadsorber quer, von außen nach innen. Nach Erreichen der Beladegrenze muß das Adsorbens regeneriert werden. Dies erfolgt durch →Desorption der adsorbierten Stoffe, d. h. durch Umkehrung des Adsorptionsvorganges. Festbett-A. werden abwechselnd im Adsorptions- und Desorptionsbetrieb gefahren. Für eine kontinuierliche Abgasreinigung sind daher mindestens zwei A. erforderlich. Festbett-A. sind nicht für die Reinigung staubhaltiger Abgase einsetzbar. Daher ist für staubhaltige Abgase eine wirksame →Staubabscheidung vorzuschalten.

Bei Wanderbett- und Wirbelbett-A. wird das Adsorbens im Kreislauf zwischen A. und getrennt angeordnetem Regenerator gefahren. Im Gegensatz zum Festbett-A. erfolgen damit Adsorption und Desorption kontinuierlich und gleichzeitig. Beim vertikalen Wanderbett-A. bewegt sich das Adsorbens während der Adsorption von oben nach unten durch den Apparat. Vom Abgas wird es dabei quer

durchströmt, beim Ring-A. von innen nach außen. Horizontale Wanderbett-A. werden vom Abgas in der Regel von oben nach unten durchströmt. Beim Wirbelbett-A. wird das Adsorbens oben zugeführt und bewegt sich im Gegenstrom zum Abgas durch den Apparat. Mit Adsorbenskreislauf arbeitende Anlagen sind bis zu einem gewissen Grad staubverträglich, da das Adsorbens von Abrieb und von mit dem Abgas eingetragenen Staub gereinigt werden kann, z. B. durch Absiebung.

Eine Sonderbauart ist der sog. Scheibenrotor, in dem anstelle des körnigen Adsorbens ein kreisförmig angeordnetes, gewelltes Aktivkohle-Fasermaterial verwendet wird. Das Adsorbens bewegt sich rotierend. Der Apparat ist in einen Adsorptions- und Desorptionssektor unterteilt, in denen beide Vorgänge kontinuierlich und gleichzeitig erfolgen. Der Scheibenrotor wird bereits häufig zur Lösemittelabscheidung, z. B. bei Lackieranlagen der Automobilindustrie, eingesetzt. *Pruditsch*

Literatur: *Davids, P.; M. Lange*: Die TA Luft '86 – Technischer Kommentar. Düsseldorf 1986.

Adsorption. Die A. ist die Aufnahme von Komponenten einer gasförmigen oder flüssigen Phase an der Oberfläche einer damit in Kontakt stehenden festen oder kondensierten Phase (Phasengrenzfläche). Unterschieden werden muß zwischen der Physisorption (reversibel, die →Desorption verläuft entlang der gleichen Isothermen) und der Chemisorption. Bei der Physisorption sind nur Dispersionskräfte (ähnlich den *Van-der-Waals*-Kräften) wirksam, und die adsorbierten Moleküle bleiben als solche erhalten. Bei einer Chemisorption gleicht die Bindung eher einer chemischen Bindung, es kann zu einem Zerfall der adsorbierten Moleküle kommen. So kann der bei 150 K an Holzkohle chemisorbierte Sauerstoff durch Erhitzen nur teilweise zurückgewonnen werden. Es handelt sich hierbei um teilweise umkehrbare Grenzflächenreaktionen. Die bei der A. freiwerdende →Wärme wird als Adsorptionswärme bezeichnet und liegt bei der Physisorption im Bereich der Kondensationswärme, wogegen bei der Chemisorption die freiwerdende Wärme chemischen Reaktionsenthalpien entspricht. Die Chemisorption kann nicht weiter als bis zur vollständigen Belegung der Oberfläche mit einer monomolekularen Schicht gehen. Für die heterogene Katalyse ist die Chemisorption von ausschlaggebender Bedeutung, weil durch die chemische Reaktion des adsorbierten Stoffes mit dem Adsorbat Bindungen aktiviert werden.

Als Adsorbentia zur Reinigung von Gasen werden feinverteilte poröse Materialien, z. B. →Aktivkohle, Kieselgur, Molekularsiebe (Zeolithe) u. a., eingesetzt. Das Ausmaß der A. hängt von verschiedenen Faktoren ab wie Druck, Temperatur, Oberflächenbeschaffenheit des Adsorbats und chemischer Struktur des adsorbierenden Stoffes. Die graphische Darstellung der von einem Stoff adsorbierten Menge n in Abhängigkeit vom Druck p bei konstanter Temperatur wird als Adsorptionsisotherme bezeichnet, deren mathematische Beschreibungen durch Forscher wie *Langmuir* und *Freundlich* sowie *Brunauer, Emmett* und *Teller* entwickelt wurden.

Technisch wird die A. bei einer Vielzahl von Reinigungsverfahren genutzt (Abluftreinigung, Wasseraufbereitung, Lufttrocknung etc.). Für eine große Zahl analytischer Methoden (chromatographische Verfahren) ist das unterschiedliche Adsorptionsverhalten einzelner Stoffe von ausschlaggebender Bedeutung, da dieses zur Trennung von Substanzgemischen herangezogen wird. *Wirtz*
→ Adsorptionsverfahren

Adsorptionsmittel → Adsorptionsverfahren

Adsorptionsverfahren. A. werden eingesetzt, um an porösen Feststoffen mit großer innerer Oberfläche aus Gasen oder aus Flüssigkeiten Stoffe anzulagern. Bevorzugt werden A. zur Abscheidung von gasförmigen organischen Schadstoffen eingesetzt. Man bezeichnet den Feststoff als Adsorptionsmittel oder Adsorbens, die zu adsorbierende gasförmige (oder flüssige) Substanz als Adsorptiv und, nachdem sie an der Feststoffoberfläche angelagert wurde, als Adsorpt. Die Regenerierung des Feststoffs erfolgt durch → Desorption, die Umkehrung der Adsorption, die freigesetzte Substanz bezeichnet man als Desorpt. Die Attraktivität der adsorptiven → Abgasreinigung liegt in der Möglichkeit zur Rückgewinnung von Wertstoffen oder zur Gewinnung anderweitig verwendbarer hochwertiger Produkte. Für die Abscheidung gasförmiger anorganischer Stoffe werden daher nur A. eingesetzt, wenn Weiterverarbeitungsmöglichkeiten für ein Reichgas bestehen (→ BF – Uhde Verfahren).

Durch Adsorption wird das Adsorptiv an der Feststoffoberfläche angelagert und angereichert. Der Prozeß ist durch folgende Teilschritte gekennzeichnet: konvektiver Transport an den Feststoff, Diffusion an die Oberfläche und durch die Poren an die innere Oberfläche des Adsorbens. Je nach Art der Kräfte, durch die die Moleküle festgehalten werden, unterscheidet man zwischen physikalischer und chemischer Adsorption (Physisorption und Chemisorption). Bei der Physisorption werden nur (physikalische) Effekte zwischen Feststoff und Adsorptiv wirksam. Die chemisorptive Bindung ist einer chemischen Bindung vergleichbar. Die Adsorptionsisotherme beschreibt den Zusammenhang zwischen der Konzentration des Adsorptiv und der Beladungskapazität des Adsorbens für das entsprechende Adsorptiv bei konstanter Temperatur. Sie wird zur Auslegung von Adsorbern herangezogen. Da bei der Adsorption → Wärme freigesetzt wird, muß für die Desorption zur Regeneration des Feststoffs Energie zugeführt werden. Die Regeneration erfolgt i. a. durch Temperaturerhöhung, die durch ein Trägergas erreicht wird. Hauptsächlich wird Wasserdampf verwendet, aber auch Luft oder Inertgas und indirekte Beheizung werden eingesetzt. Die Regeneration kann auch durch Druckerniedrigung erfolgen, deren Einsatz ist auf spezielle Anwendungen begrenzt. Das Desorpt (meist ein Gas) enthält die aus dem Abgas entfernte Substanz in angereicherter Konzentration, eine Weiterverwertung ist daher in der Regel nach einer Aufbereitung möglich. Die Aktivität des Adsorbens nimmt ab, wenn Reaktionsprodukte auch nach der Desorption auf der Oberfläche verbleiben, eine Reaktivierung wird dann erforderlich.

Die Anforderungen an die Eigenschaften des Adsorbens für den technisch wirtschaftlichen Einsatz von A. sind:
– große innere Oberfläche von mindestens $100 \, m^2/g$, damit eine hohe Beladungskapazität erzielt wird (Tabelle);

Adsorptionsverfahren. Tabelle: Typische Kennwerte und Betriebsbedingungen der Adsorption.

Temperaturbereich	20–40 °C
spez. Oberfläche	100–1 500 m^2/g
Schüttdichte	0,3–0,8 g/m^3
Gesamtporenvolumen	0,05–1,1 ml/g

– hohe Selektivität für die Abscheidung des Adsorptivs,
– gute Regenerationseigenschaften,
– geringer Transportwiderstand im Porensystem, da der geschwindigkeitsbestimmende Schritt der Adsorption meist der Transport durch Diffusion an die innere Oberfläche ist,
– hohe Stabilität gegen mechanische und thermische Einflüsse,
– geringer Druckverlust.

Zur Abgasreinigung durch A. werden als Adsorbentien partikelförmige Materialien (Kugeln, Zylinder, gebrochenes Korn) verwendet. Praktische Bedeutung haben → Aktivkohle und -koks sowie Aktivkohlefasern, Kieselgel, Aluminiumoxide und Zeolithe.

Typische Einsatzgebiete von A. zur Wiedergewinnung von organischen Lösemitteln sind z. B. Beschichtungsbetriebe (Klebebänder, Selbstklebefolien), Faserherstellung (Acetat- u. Viskosefasern), Filmherstellung, Lackierbetriebe → Chemischreinigung, Druckereien sowie zur Geruchsbeseitigung (Fisch-, Fleischmehlfabriken). Die abzuscheidenden Lösemittel sind u. a. Toluol, Benzol, Aceton oder Alkohol.

Am Beispiel einer →Lösemittelrückgewinnung bei der Herstellung von Verpackungsmaterial wird der Einsatz von A. erläutert. Bei der Herstellung von Verpackungsmaterial für Lebensmittel dürfen nur geringe Spuren von Lösemitteln im Produkt zurückbleiben. Durch große Luftmengen bei der Trocknung ergeben sich Abgasvolumenströme mit geringer Lösemittelkonzentration. Es werden verschiedene Lösemittel verwendet, so daß das Abgas aus einem Gemisch von Ethylaceton, Ethanol, Aceton, Toluol u. a. besteht. Ethylacetat und Ethanol machen jedoch 80 bis 90 % der gesamten Lösemittel aus. Die Abgasreinigungsanlage besteht aus fünf Festbettadsorbern, von denen vier im Adsorptions- und einer im Desorptionsbetrieb läuft. Bei Temperaturen von ca. 30° C werden 98 % der Lösemittel an Aktivkohle abgeschieden. Das Desorpt wird in diskontinuierlich betriebenen Destillationskolonnen zu wiederverwertbarem Ethylacetat bzw. Ethanol aufbereitet. Mit der Adsorptionsanlage lassen sich Reingaswerte unter 100 mg Lösemittel/m^3 ohne weiteres einhalten.

Die →Emissionen von organischen Stoffen werden bei industriellen und gewerblichen Anlagen insbesondere durch die Anforderungen der →TA Luft begrenzt. Für Stoffe der Klasse I (hohe →Toxizität) bei einem Massenstrom von 0,1 kg/h oder mehr auf 20 mg/m^3, für Stoffe der Klasse II (mittlere Toxizität) bei einem Massenstrom von 2 kg/h oder mehr auf 100 mg/m^3 und für Stoffe der Klasse III (geringe Toxizität) bei einem Massenstrom von 3 kg/h auf 150 mg/m^3. *Dombrowski*

Literatur: *Baumbach, G.*: Luftreinhaltung. Berlin-Heidelberg 1990. – *Davids, P.; M. Lange*: Die TA Luft '86, Technischer Kommentar. Düsseldorf 1986. – VDI-Ber. 730: Fortschritte bei der thermischen, katalytischen und sorptiven Abgasreinigung. Düsseldorf 1989.– VDI 2280 E: Emissionsminderung; Flüchtige organische Verbindungen, insbesondere Lösemittel. Düsseldorf 3/1985. – VDI 3674 E: Abgasreinigung durch Adsorption; Oberflächenreaktion und heterogene Katalyse. Düsseldorf 6/1981.

Adultizide →Biozide

Advektionsinversion. →Inversion durch das Heranführen (Advektion) einer im Verhältnis zum Untergrund wärmeren Luftmasse. Der kältere Untergrund bewirkt eine Abkühlung der Luftmasse, vor allem in den unteren Luftschichten. Hierdurch kommt es zu dem Phänomen, daß die Temperatur am Erdboden am niedrigsten ist und mit der Höhe zunimmt (Bodeninversion).

A. tritt vor allem über Eis- und Schneeflächen auf, aber auch bei Umstellung der Großwetterlage im Winter, sofern die Umstellung nicht mit Frontensystemen verbunden ist. *Wichmann-Fiebig*

Äquivalentdosis →Dosimetrie

Äquivalenzmeßverfahren. Nach den vom Bundesminister für Umwelt, Naturschutz und Reaktorsicherheit (BMU) veröffentlichten Richtlinien über die Festlegung von →Referenzverfahren, die Auswahl von Ä. und die Anwendung von →Kalibrierverfahren zur bundeseinheitlichen Praxis bei der Überwachung der →Immissionen von Luftverunreinigungen sind Ä.

Meßverfahren, die eignungsgeprüft und im Gemeinsamen Ministerialblatt als geeignet bekannt gegeben sind. Diese Ä. können unter Bezug auf →Referenzverfahren für bestimmte Immissionsmeßaufgaben eingesetzt werden.

Ä. werden in der Regel in Verbindung mit sog. Transferstandards eingesetzt. Das sind transportable Standards, die im Labor und im Feld eingesetzt werden können. In der Regel handelt es sich um Prüfgasflaschen, Vorgemische mit Verdünnungseinrichtung, Permeationssysteme oder unter bestimmten Bedingungen auch kalibrierte Vergleichsmeßgeräte. Die Konzentration des Transferstandards wird durch Bezug auf das Referenzverfahren ermittelt.

Im folgenden sei am Beispiel der Messung von Schwefeldioxid in Außenluft das Gesamtkonzept der Anwendung eines Ä. in Verbindung mit einem Referenzverfahren skizziert:

Im Labor wird das Referenzverfahren praktiziert, bestehend aus dem →TCM-Verfahren nach VDI 2451, Blatt 3 als Referenzmeßverfahren und einem primären Prüfgas nach VDI 3490.

Vor Ort wird in einer Meßstation als Ä. ein eignungsgeprüftes SO_2-Meßgerät (z. B. arbeitend nach dem Prinzip der →UV-Fluoreszenz) in Verbindung mit einem Prüfgasgenerator nach dem Permeationsprinzip (→Transferstandard) betrieben.

Mit Hilfe des Referenzverfahrens wird nun im Labor die Konzentration einer Prüfgasdruckflasche (Transferstandard) bestimmt. Hiermit erfolgt die →Kalibrierung des Meßgerätes in der Meßstation und damit auch die Konzentrationsbestimmung des stationär eingesetzten Permeationsprüfgases. *Pfeffer*

Literatur: Bundeseinheitliche Praxis bei der Überwachung der Immissionen, Richtlinie über die Festlegung von Referenzverfahren, die Auswahl von Äquivalenzmeßverfahren und die Anwendung von Kalibrierverfahren. Rundschreiben des BMU vom 9. 2. 1988.

Äquivalenzparameter. Auch Halbierungsparameter genannt, ein zur Bildung des äquivalenten →Dauerschallpegels oder Mittelungspegels festgelegter Parameter.

Der mit q bezeichnete Ä. gibt an, um wieviel Dezibel ein Geräusch erhöht werden kann, wenn es nur die halbe Zeitdauer auf den Menschen einwirkt, um gleich lästig zu wirken wie das geringere Geräusch während der gesamten Einwirkdauer.

Bei den von gewerblichen Anlagen, Straßen- und Schienenverkehrsanlagen sowie von Sport- und

Freizeitanlagen verursachten Geräuschimmissionen wird der äquivalente →Dauerschallpegel mit dem Ä. q=3 gebildet; beim äquivalenten Dauerschallpegel nach dem Gesetz zum Schutz gegen →Fluglärm wird für q der Wert 4 benutzt.

Wird für den Ä. der Wert q=3 gewählt, so ist der Dauerschallpegel der mittleren Schallenergie äquivalent und wird als energieäquivalenter Dauerschallpegel bezeichnet. *Strauch*

Aerob. (*griech.*) Lebensweise von tierischen und pflanzlichen Organismen, die Sauerstoff zur Atmung brauchen; Ggs. anaerob. A. Abbauvorgänge sind biologische Prozesse, bei denen Sauerstoff verbraucht wird. *Mertsch*

Literatur: DIN 4049 T. 2: 4/1990.

Aerogel in Fenstern. Glasfenster im Hochbau haben in Teilen widersprüchliche Aufgaben zu erfüllen: Hohe Lichtdurchlässigkeit, Wetterschutz, Lärmschutz, passive Sonnenenergienutzung, Wärmedämmung und Lüftung sind die wichtigsten. Ein allen Parametern simultan gerecht werdender optimierter Entwurf verlangt Kompromisse. Hohe Lichtdurchlässigkeit schwindet durch Mehrscheibenentwurf bedampfter Gläser, wie sie für gut wärmegedämmte Fenster verwendet werden; passive Sonnenenergienutzung verlangt – zumindest in der Südfassade – Großflächigkeit, was der Wärmedämmung widerspricht.

A. gefüllte Zweischeibenfenster bieten eine optimale Lösung. Silica-A. (SiO_2) ist ein anorganisches Material hoher Porosität mit einer offenen Mikrostruktur kleiner als die Wellenlänge sichtbaren Lichts. A. hat einen sehr kleinen Ausdehnungskoeffizienten, ist von guter mechanischer Festigkeit und hat eine Wärmedurchgangskoeffizienten bei 300 K von $8 \cdot 10^{-3}$ W/m·K. A. ist transparent für den größten Teil des sichtbaren Spektrums. Der Wärmedurchgangskoeffizient eines Zweischeibenfensters, evakuiert und gefüllt mit A., ist $k \approx 0{,}5$ W/m·K (zum Vergleich: Einscheibenfenster $\leq 5{,}8$, Zweischeibenfenster luftgefüllt 3,1, Zweischeibenfenster argongefüllt, In_2O_3 bedampft 1,6) (Bild). A. können auch als Schichten transparenter Wärmedämmung verwendet werden. *C.-J. Winter*

Literatur: *Fricke, J.* (Hrsg.): Aerogels. Springer Proceedings in Physics 6. Berlin 1986. – *Fricke, J., W. Borst:* Energie – ein Lehrbuch. 2. Aufl. München 1984.

Aerologie. Die A. ist ein Teilgebiet der Physik und erforscht die höheren Schichten der Atmosphäre (freie Atmosphäre), die nicht mehr unmittelbar dem Einfluß der Erdoberfläche unterliegen (planetarische →Grenzschicht). Die Erkundung erfolgt mit Hilfe von Wetterflugzeugen, Radiosonden, Raketen, Ballonen und Wettersatelliten. Die Meßgeräte

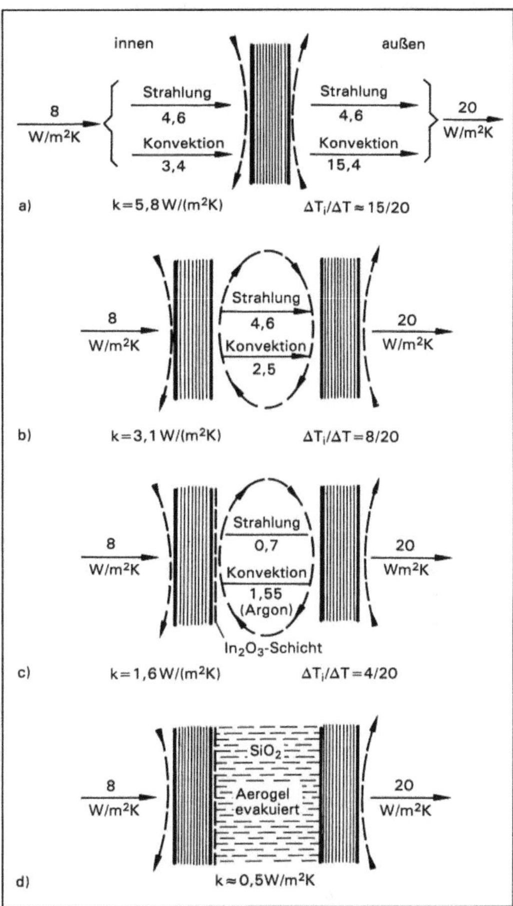

Aerogel in Fenstern: Wärmedurchgangs-Koeffizient verschiedener Fensterarten.
a) Einscheibenfenster
b) Zweischeibenfenster
c) Zweischeibenfenster mit Argonfüllung und Schicht kleiner Emission
d) dgl. evakuiert und Aerogelfüllung.

registrieren die Veränderungen der atmosphärischen Zustände und übertragen diese mittels eines Senders zu einer Bodenstation. Die aus der ständigen Überwachung der freien Atmosphäre gewonnenen Erkenntnisse sind für die Meteorologie unentbehrlich geworden, weil der Ablauf des Wettergeschehens in der Nähe der Erdoberfläche in engem Zusammenhang mit den physikalischen Prozessen in der freien Atmosphäre steht. *Wirtz*

Aerosol. Unter A. werden disperse Systeme von submikronischen Partikeln in einer Gas- oder Flüssigphase verstanden. Die Partikeldurchmesser der Schwebeteilchen liegen im Bereich von 1 nm–10 μm. Sie werden durch eine Gas-zu-Partikel-Konversion oder durch eine mechanische Auflösung von Feststoffen und Flüssigkeiten gebildet. Unter der Gas-zu-Partikel-Konversion versteht man physikalische oder chemische Prozesse, durch die die flüssigen oder festen →Partikel in der Gasphase gebildet werden. Verwitterung, Erosion und die Meeresgischt fallen in den Bereich der mechanischen Auflösung. Es existieren Begriffe wie Rauch (feste Teilchen aus Verbrennungsprozessen), →Nebel (flüssige Teilchen) und →Staub (Teilchendurchmesser >10 μm), die zur Klassifizierung disperser Systeme benutzt werden. Eine klare Abgrenzung zwischen diesen Begriffen ist nicht möglich, weil eindeutige Definitionen fehlen, jedoch stellt die Bezeichnung A. den Oberbegriff dar.

Für das chemisch-physikalische Verhalten eines A. ist der Teilchenradius r einer der entscheidenden Faktoren. Hochdisperse Systeme ($r < 0{,}1$ μm) ähneln in ihren Eigenschaften den Gasen, wohingegen das Verhalten grobdisperser Systeme ($r > 1$ μm) mit Hilfe der klassischen Physik beschrieben werden kann. Der Teilchenradius bestimmt die Eigenschaften wie Dampfdruck von Tröpfchen, Diffusion, Sedimentation, Transportprozesse, optische Eigenschaften, Verdampfungsgeschwindigkeit, Koagulation, usw.

Die optischen Eigenschaften eines A. sind von besonderer Bedeutung, weil sie benutzt werden können, um A.-Größenverteilungen und A.-Konzentrationen mit Hilfe von Partikelzählern zu bestimmen. Zwei Effekte, die Lichtstreuung und die →Absorption, werden beobachtet, wenn ein Lichtstrahl auf Partikel trifft. Die Reflexion des Lichtstrahls an den Partikeln erfolgt in alle Richtungen, jedoch ist die Intensität des Streulichtes in verschiedenen Raumrichtungen unterschiedlich. Zugrunde liegt hierbei die von Mie entwickelte Streulichttheorie.

Die Größenverteilung der atmosphärischen A. kann in drei verschiedene Bereiche eingeteilt werden: Kondensationsbereich, Akkumulationsbereich und grober Bereich. Grobdisperse Teilchen ($r > 1$ μm) sind meist anorganischen Ursprungs aus der Meeresgischt und der Gesteinserosion. Im Kondensationsbereich haben die Teilchen Durchmesser von 2–50 nm. Sie stammen überwiegend aus der Gas-zu-Partikel-Konversion. Dies sind Gasphasenreaktionen, die Produkte mit sehr niedrigen Dampfdrücken erzeugen. Die Teilchen im Kondensationsbereich, auch als Aitkenteilchen bezeichnet, sind nicht stabil und werden durch weiteres Wachstum in den Akkumulationsbereich ($r = 0{,}1$ μm) überführt (Bild).

Zur →Probenahme für chemische und physikalische Untersuchungsmethoden stehen verschiedene A.-Sammeltechniken zur Verfügung (→Aerosolfilter). Gleiches gilt für die Abscheidetechnik im anthropogenen Emissionsbereich (→Aerosol-Abscheider).

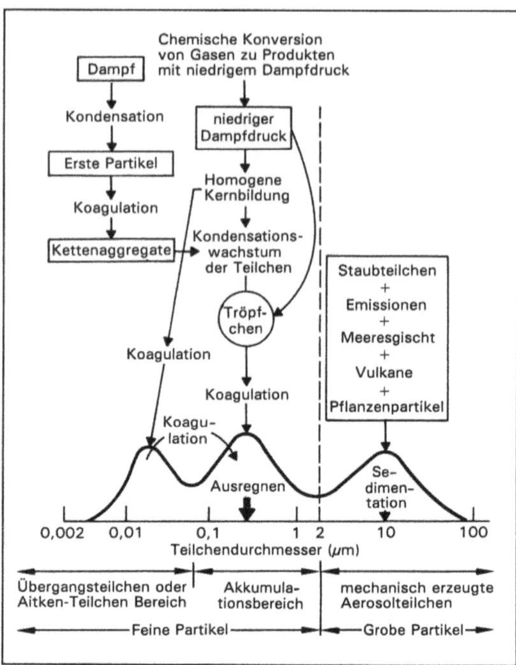

Aerosol: Schematischer Überblick der Größenverteilung eines atmosphärischen A. sowie der prinzipiellen Prozesse, die die Teilchen von einem Bereich in einen anderen überführen (nach Whitby *u.* Sverdrup*).*

Aus natürlichen Quellen werden jährlich etwa 2×10^9 Tonnen an Aerosolmaterial in die Atmosphäre eingetragen. Die Quellenstärken verschiedener natürlicher und anthropogener A. sind in der Tabelle aufgeführt. Die →Verweilzeit in der Atmosphäre hängt vom Radius der Partikel ab. Durch Koagulation, Verdampfung, Kondensation, Auswaschen und Sedimentation werden die Partikel aus der Atmosphäre ausgetragen. In der →Troposphäre kann die Konzentration der A.-Partikel in verunreinigter Luft bei Smogbedingungen bis 1×10^{11} Partikel/cm^3 betragen. Wird der Partikelgehalt über dem Ozean gleich 1 gesetzt, so ergibt sich für ländliche Gebiete eine 10fache, für Kleinstädte eine 35fache und für Großstädte eine 150fache Konzentration. Massenkonzentrationen in der Nähe der Erdoberfläche über dem Kontinent liegen in städtischen Gebieten im Bereich von >30 μg/m^3 und in Reinluftgebieten bei <10 μg/m^3.

Die chemische Zusammensetzung der A. ist weitgehend variabel und wird durch den Ursprung des A. bestimmt (Seesalz-A.). Stratosphärische A. bestehen überwiegend aus Schwefelsäurepartikeln. Eingetragen werden sie in die →Stratosphäre durch Vulkanausbrüche in Form von SO$_2$ und in geringerem Maße durch hochfliegende Flugzeuge und Raketenstarts. Eine weitere Quelle für Sulfataero-

Aerosol. Tabelle: Quellenstärken für natürliche und anthropogene A.-Emissionen.

Emissionsursprung	Quellenstärke $\times 10^{12}$ kg/Jahr
natürliche Emissionen	
Seesalz	0,5
mineralischer Staub	0,2
Vulkane	0,1
aus GPC[a] Sulfate	0,3
aus GPC[a] Nitrate	0,3
aus GPC[a] Kohlenwasser-	
stoffe	0,2
anthropogene Emissionen[b]	
direkte	0,1
GPC[a]	0,3

a) Gas-zu-Partikel-Konversion
b) Anthropogene Quellen sind mit einem Anteil von 20 % an den Gesamtemissionen beteiligt.

sole in der Stratosphäre ist die troposphärische Oxidation von CS_2, in deren Verlauf Carbonylsulfid (COS) entsteht. Carbonylsulfid wird aufgrund seiner langen Lebensdauer in die Stratosphäre transportiert und dort photochemisch in SO_2 überführt. Eine Erhöhung der Partikelkonzentration in diesem Bereich kann eine Veränderung des Klimas hervorrufen, da das →Albedo verändert und damit der Strahlungshaushalt beeinträchtigt wird. Die zusätzlichen Kondensationskeime verschieben die Größenverteilung der Wolkentröpfchen zu kleineren Teilchen, was eine Zunahme der Wolkenreflektivität zur Folge hat (DMS, Sulfat, CCN).

Der heutige Stand der Forschungen auf dem Gebiet der Klimaauswirkungen der atmosphärischen A. läßt keine eindeutigen Aussagen zu. Im einzelnen kann gesagt werden, daß auf Grund der zunehmenden Weltbevölkerung eine Zunahme der Partikelkonzentration erfolgen wird. Der Einfluß der A. auf die Wolkenstruktur kann wichtig sein und zu einem Abkühlungseffekt führen. In Bodennähe kann durch die Lichtabsorption der A. eine Erwärmung stattfinden. *Wirtz*

Literatur: *Whitby, K. T.; G. M. Sverdrup:* California Aerosols: Their Physical and Chemical Characteristics, Adv. Environ. Sci. Technol. **10** (1980) 477.

Aerosol in der Stratosphäre →PSC (Polar Stratospheric Clouds), →Aerosole

Aerosol-Abscheider. Die Auswahl eines A.-A. zur Abtrennung der Partikeln aus dem gasförmigen Medium ist abhängig von der tatsächlich vorliegenden Verteilung der Partikelgrößen, der Rohgaskonzentration und der zu unterschreitenden, maximal zulässigen Reingaskonzentration. Grundsätzlich kommen filternde →Abscheider, insbesondere

Schwebstoffilter, aber auch elektrische →Abscheider und naßarbeitende →Abscheider zur Lösung solcher Trennaufgaben in Frage. *Löffler/Schmidt*

Aerosolfilter. Die Filtermethode ist die am häufigsten eingesetzte Methode der Aerosolprobennahme. Eingesetzt werden Faser- und →Membranfilter aus verschiedenen Materialien (Glas-, Zellulose- oder Kunststoffasern). Aufgrund ihrer komplexen Struktur zeigen poröse Membranfilter eine hohe Abscheidungs-Effektivität auch für Teilchen mit kleinerem Durchmesser als dem mittleren Porendurchmesser der Membran. Drei Prozesse sind hauptsächlich für die Abscheidung der Partikel verantwortlich. Die Abscheidung erfolgt einmal dadurch, daß die Teilchen im Verlauf der Gasströmung mit der Faser in Berührung kommen. Dies ist zu unterscheiden von der Trägheitsabscheidung, bei der die Partikel aufgrund ihrer Massenträgheit dem Gasstrom nicht mehr folgen können und an der Faseroberfläche abgeschieden werden. Der dritte Prozeß, die Diffusion, ist überwiegend für die Abscheidung kleiner Partikel verantwortlich. Die *Brownsche* Bewegung erhöht beträchtlich die Wahrscheinlichkeit eines Stoßes mit der Faser und führt somit zu einer effektiven Abscheidung kleiner Partikel. Die auf den Filtern gesammelten Aerosole können sowohl einer chemischen Analyse als auch einer elektronenmikroskopischen Untersuchung unterzogen werden, wobei jedoch je nach Anwendung (Membranfilter sind für mikroskopische Untersuchungen besser geeignet) bestimmte Filtermaterialien bevorzugt werden.

Andere Aersolsammeltechniken verwenden →Impaktoren (Bild 1) und →Zyklone (Bild 2) zur Abscheidung der Aerosolteilchen. Mit beiden Methoden läßt sich eine Fraktionierung der Partikel nach der Größe erreichen. *Wirtz*

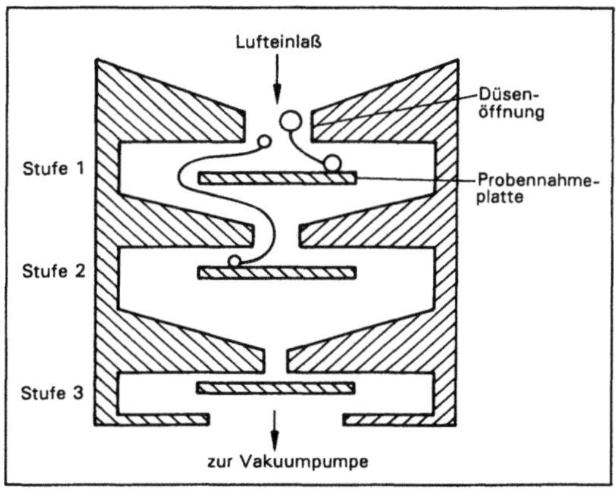

Aerosolfilter 1: Schematische Darstellung eines Kaskadenimpaktors. Durch die unterschiedlichen Strömungsverhältnisse in den Düsenöffnungen kann eine Fraktionierung der Aerosolpartikel erreicht werden.

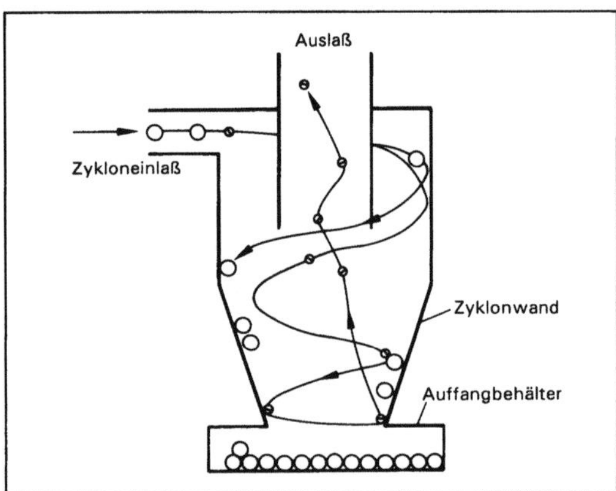

Aerosolfilter 2: Schematische Darstellung eines Zyklonabscheiders. Die Partikel werden auf eine Kreisbahn gezwungen. Die Abscheidung der Teilchen erfolgt durch die Zentrifugalkräfte an den Wänden des Zyklons.

Afterloadinggerät. Das Afterloadingprinzip (Nachladeprinzip) gehört zu den in der →Strahlentherapie angewandten Verfahren. Es zählt zur Untergruppe der Therapie mit umschlossenen radioaktiven →Stoffen, und zwar zu den Methoden der interstitiellen (Implantation des Radionuklids im Tumor) und intrakavitären (Plazierung des Radionuklids in einen Körperhohlraum) Strahlentherapie. Die Afterloadingtherapie ersetzt weitgehend die intrakavitären Bestrahlungstechniken mit →Radium. Abgesehen von rein medizinisch-therapeutischen Aspekten im Hinblick auf eine effektivere Bestrahlung resultiert aus dem Ersatz der Radiumtherapie durch die Afterloadingtechnik eine drastische Reduzierung der →Strahlenexposition des Personals auf nahezu Null.

Als →Strahlenquellen für A. kommen folgende Gammastrahler infrage:
- Cobalt 60 (→Halbwertszeit: 5.27 a, Gammaenergie: 1.17 und 1.33 MeV),
- Cäsium 137 (Halbwertszeit: 30 a, Gammaenergie: 0.662 MeV); bei Cs137 oder Co60 bleibt die Quelle nach Einbringung in den Patienten an ein und demselben Ort; durch eine beliebig wählbare kettenförmige Anordnung von Kugeln mit und ohne Aktivität lassen sich sehr variable Isodosen-Konfigurationen erreichen.
- Iridium 192 (Halbwertszeit: 74,3 d, Gammaenergie: 0.3 bis 0.61 MeV), wobei Ir192 zwar den Nachteil kurzer Halbwertszeit, aber den Vorteil hoher spezifischer Aktivität (Aktivität pro Volumen des aktiven Materials) aufweist. Dies führt zu kleinen Quellendurchmessern und entsprechend geringen Durchmessern der Applikatoren sowie zu kurzen Bestrahlungszeiten. Bei Bestrahlung mit Ir192 ist die Quelle innerhalb des Patienten nicht ortsfest, sondern verweilt entsprechend des Bestrahlungsplans an verschiedenen Positionen innerhalb des Applikators für jeweils definierte Zeitdauern, um bestimmte Dosisverteilungen zu realisieren.

Alle drei Radionuklide sind auch Beta(Minus)-Strahler. *Ewen*

Literatur: DIN 6846, Teile 1, 2, 3 und 5: Medizinische Gammabestrahlungsanlagen. 1990. – DIN 6853: Ferngesteuerte Applikationsanlagen zur Therapie mit umschlossenen radioaktiven Stoffen; Strahlenschutzregeln für die Herstellung und Errichtung. 1989. – DIN 6853, Teil 5: Medizinische ferngesteuerte, automatisch betriebene Afterloading-Anlagen; Konstanzprüfungen apparativer Qualitätsmerkmale. 1990.

Agar. Frühere Bezeichnung Agar-Agar. Ein Gemisch aus den Polysacchariden Agarose (mit 70% der Hauptbestandteil des A.) und Agaropectin, die beide aus diversen Rotalgen-Arten (hauptsächlich Vertreter der Gattung Gelidium) gewonnen werden. Ein Gemisch aus A. und Wasser bildet nach dem Erkalten (unterhalb 45° C) ein Gel, dessen Konsistenz von der A.-Konzentration abhängig ist. Üblicherweise werden Konzentrationen zwischen 15 und 20 g/l eingesetzt.

A. findet vielseitige Verwendung als Nährboden für →Bakterien und Pilze. Der Hauptvorteil des A. liegt in seiner Beständigkeit gegenüber mikrobiellem →Abbau, zu dem nur ganz wenige, vorwiegend marine →Mikroorganismen befähigt sind. Die Verwendung von →Agarplatten ermöglicht es daher, Mikroorganismen mit sehr spezifischen Nährstoffansprüchen aufzuspüren, die u. a. in der Lage sind, bestimmte →Xenobiotika gezielt als Nahrungsquelle zu nutzen.

Außerdem wird A. in der Nahrungs- und Papierindustrie als Geliermittel und in der →Gentechnik für die Trennung von Nucleinsäurefragmenten eingesetzt (Gelchromatographie). *Kleespies*

Agarplatte. Gelartig-fester Nährboden für →Mikroorganismen, →Zellkulturen oder Gewebekulturen. Die Zellen werden auf der A. mittels einer Impföse ausgestrichen oder durch gleichmäßiges Verteilen von ca. 100 µl einer Zellsuspension aufgetragen. Auf dem festen, aber dennoch wasserhaltigen →Agar ist die Bewegungsfähigkeit der meisten Mikroorganismen so stark eingeschränkt, daß eine einmal an eine bestimmte Stelle gebrachte Zelle dort verbleibt. Auf diese Weise können einzelne Zellen einfach durch entsprechend starke Verdünnung vereinzelt werden. Sie werden sichtbar, sobald sich aus ihnen durch Zellteilung eine Kolonie gebildet hat, die in der Regel zwischen 10^5–10^8 Tochterzellen enthält. So ist die A. für den Mikrobiologen ein unentbehrliches Arbeitsmittel zur Isolierung von Mikroorganismen. *Kleespies*

Agrarkraftstoff →Biomasse

Agrar-Ökosystem →Agrarökologie

Agrarökologie. Die A. als Teilgebiet der →Ökologie oder der →Landschaftsökologie befaßt sich mit den ökologischen Zuständen und Vorgängen im Zusammenhang mit der landwirtschaftlichen Nutzung und in landwirtschaftlich genutzten Gebieten (→Landwirtschaft). Die Agrarlandschaft, im Vergleich zur Stadt aus der Sicht der →Raumordnung auch als ländlicher Raum bezeichnet, wird von Agrar-Ökosystemen beherrscht, ist aber auch durchsetzt von kleineren Anteilen anderer Ökosystem-Typen wie naturbetonten Ökosystemen, Wald-, Gewässer- und Siedlungs-Ökosystemen (→Ökosystem).

Als Typus eines Agrar-Ökosystems kann man sich ein Getreidefeld, eine Viehweide oder Mähwiese vorstellen. Im Vergleich zu natürlichen Ökosystemen handelt es sich um unvollständige Ökosysteme, weil bestimmte Organismen(-gruppen) aus Agrar-Ökosystemen ferngehalten werden, so z. B. aus Getreidefeldern alle Tiere und Nicht-Nutzpflanzen, aus Mähwiesen alle Pflanzenverzehrer (außer Kleintieren). Agrar-Ökosystemen fehlt daher die Fähigkeit der Selbstregulierung und -erhaltung; sie müssen vielmehr vom Menschen durch erheblichen Arbeitsaufwand und Zufuhr von Energie und Stoffen in einem bestimmten Zustand gehalten werden, unterliegen somit ständigen Eingriffen. Die Stärke und Häufigkeit dieser Eingriffe hängt von der Intensität der Bewirtschaftung ab (→Extensivierung). Unterbleiben die Eingriffe, so wandelt sich das Agrar-Ökosystem durch →Sukzession in ein naturnahes Ökosystem um, bei dem allerdings die frühere Bewirtschaftung anhand der Flora und anderer Indikatoren noch längere Zeit erkennbar bleibt.

Die A. befaßt sich nicht nur mit den Agrar-Ökosystemen als solchen, sondern auch mit deren Abhängigkeit von Energie- und Stoffzufuhren sowie weiteren äußeren Einflüssen ebenso wie mit dem Verbleib der landwirtschaftlichen Erzeugnisse, die ja Exporte aus den Agrar-Ökosystemen darstellen und eine Verminderung der Ressourcen bewirken. Werden diese nicht wieder aufgefüllt, z. B. durch →Düngung, erschöpft sich die Produktionskraft des Agrar-Ökosystems oft schon nach wenigen Jahren und erzwingt dann eine Aufgabe der Nutzung, die ebenfalls zu einer Sukzession in Richtung auf ein naturnahes, aber stofflich verarmtes Ökosystem führt. *Haber*

Literatur: *Tischler, W.:* Biologie der Kulturlandschaft. Stuttgart 1980.

Agrobakterien. Eine Gattung Gramnegativer Bodenbakterien, deren Vertreter bei vielen zweikeimblättrigen Pflanzen durch →Infektion Tumore hervorrufen, insbesondere Wurzelhalsgallen (Bild).

Die Bakterien infizieren die Pflanze, indem sie in Wunden eindringen und sich in den Interzellularräumen vermehren. Durch ein vom Bakterium eingeschleustes →Plasmid werden eine oder mehrere Zellen des pflanzlichen Gewebes genetisch verändert (transformiert): ein Teil des bakteriellen Plasmids wird an zufälliger Stelle stabil in die pflanzliche DNA integriert, d. h. die bakterielle DNA ist auch in den Tochterzellen transformierter Pflanzenzellen enthalten. Dies hat zur Folge, daß die befallenen Pflanzenzellen unkontrolliert und Wachstumshormon-unabhängig wachsen. Es entwickelt sich daher ein Tumor aus ungeordnetem Gewebe.

Agrobakterien: Wurzelhalsgalle (Pflanzenkrebs) am Stamm von Kalanchoë blossfeldiana. (Quelle: Schlegel, H. G.)

Darüber hinaus veranlaßt die bakterielle →Transformation das Tumorgewebe, pflanzenfremde, ungewöhnlich zusammengesetzte Aminosäuren – sog. Opine – zu synthetisieren, die für die Pflanze selbst nicht verwertbar sind, sondern den A. als Nahrung dienen. Auf diesem Wege gewinnen die A. gegenüber den übrigen Boden-Mikroorganismen einen erheblichen Wachstumsvorteil.

Da die A. einen Teil der eigenen Erbmasse in das pflanzliche →Chromosom transferieren und dort stabil etablieren können, sind sie ein einzigartiges Werkzeug der modernen →Pflanzenzüchtung. Der für die Bio- und Gentechnologie wichtigste Vertreter ist *Agrobacterium tumefaciens,* ein bekannter Erreger von sog. Wurzelhalsgallen. *Kleespies*

Literatur: *Schlegel, H. G.:* Allgemeine Mikrobiologie, 6. Aufl. Stuttgart–New York 1985. – *Winnacker, E. L.:* Gene und Klone – Eine Einführung in die Gentechnologie. Weinheim 1985.

Agrotherm. Beim A.-System (von *lat.* ager = Acker und griech. thermé = Wärme) wird Kraftwerkskühlwasser zur Beheizung landwirtschaftlicher Freiflächen genutzt. Ein erstes A.-Projekt wurde 1925 am Torfkraftwerk Wiesmoor verwirklicht. In den Jahren 1976 bis 1981 wurde ein Großversuch durchgeführt, der klären sollte, inwieweit durch Bodenheizung Vorteile für den Pflanzenanbau und ein Ersatz von Kühltürmen erreicht werden könnten.

Am Braunkohlenkraftwerk der RWE Energie AG in Neurath stand dafür eine Versuchsfläche von 10 ha zur Verfügung. Drei Teilflächen von je 2,3 ha wurden mit unterschiedlicher Intensität beheizt, so daß ein praxisnaher Betrieb den Vergleich mit der unbeheizten Fläche ermöglichte. Eine weitere Versuchsfläche wurde am Kernkraftwerk Gundremmingen in Bayern betrieben.

Als Bodenheizung wurden in Neurath Kunststoffrohre in 0,75 m Tiefe mit einem Seitenabstand von 1,00 m im Boden verlegt. Die Wassertemperatur in den Rohren betrug je nach Jahreszeit zwischen 25 und 38 °C. Die Bodentemperatur in 0,5 m Tiefe lag gegenüber der unbeheizten Fläche um 8–10 K (Sept. bis April) bzw. 6–8 K (Mai bis Aug.) höher.

Neben der generellen Aussage, daß Ertragssteigerungen, Qualitätsverbesserungen und Ernteverfrühungen erreicht werden können, ist das wesentliche Ergebnis, daß viele Einflußgrößen nebeneinander wirksam sind und nur beim Zusammentreffen mehrerer günstiger Randbedingungen eine nennenswerte Verbesserung erreicht wird.

Die Bodenheizung erhöht die Verdunstung der Bodenfeuchtigkeit direkt und mittelbar durch die vermehrte Transpiration der Pflanzen. Hohe Bodenfeuchten und/oder Beregnung sind erforderlich. Für A. gut geeignet sind Böden mit einer Feldkapazität von über 30 Vol% in Gebieten mit Niederschlagsmengen von über 750 mm/Jahr, der möglichst gleichmäßig verteilt sein soll.

Für Getreide ergaben sich bei höheren Lufttemperaturen und geringen Niederschlagsmengen deutliche Ertragsminderungen durch Bodenerwärmung. In Jahren mit günstigerem Witterungsverlauf wurden geringe Mehrerträge bzw. indifferente Reaktionen festgestellt.

Bei Zuckerrüben wurden eine Ertragsverfrühung sowie ein höherer Blatt- und Rübenertrag erzielt, der von verringerten Zuckergehalten begleitet war. Ein höherer Zuckerertrag wurde bei den höchsten Temperaturen erreicht, bei geringeren Heiztemperaturen kamen je nach Witterungsverlauf Ertragsminderungen bzw. nur geringe Erhöhungen vor. Futterpflanzen, Silomais, Futterrüben, ausdauernde Gräser und Rotklee brachten fast in allen Jahren sichere und hohe Ertragsleistungen auf erwärmtem Boden. Dabei mußte teilweise eine gewisse Verminderung der Futterqualität in Kauf genommen werden.

Mit zusätzlicher Beregnung und unter Verwendung von Tunnelfolien oder gelochten Flachfolien wurden bei Gemüse (Porree, Salat, Kohlrabi, Chinakohl, Spinat, Kopfsalat u. a.) Mehrerträge durch Ertragsverfrühung und eine Steigerung der Flächenproduktivität erreicht.

Eine nachhaltig verstärkte Tätigkeit von →Mikroorganismen bei Bodenheizung bewirkt eine höhere Nitratfreisetzung aus dem Stickstoffgehalt des Bodens. Dies muß beim Einsatz von Mineraldünger ebenso berücksichtigt werden, wie die frühere und längere Nährstoffaufnahme der Pflanzen in beheiztem Boden. Schadorganismen wie Pilze, Wurzelnematoden und insbesondere Mehltau treten in beheizten Böden verstärkt auf und erfordern eine frühzeitige und intensive Bekämpfung.

Die Möglichkeiten, A. als Kühlturmersatz zu nutzen sind sehr begrenzt. Die Grenze ist durch die physikalisch/technischen Gesetzmäßigkeiten der Wärmeübertragung von einem ca. 35 °C warmen Rohr auf den Boden gegeben. Unter günstigen Bodenbedingungen ist im Winter eine Wärmeabgabe (Kühlleistung) von 30 W/m^2, im Sommer deutlich weniger möglich. Für einen Braunkohlenkraftwerksblock mit einer elektrischen Leistung von 600 MW sind mindestens 3 000 ha (30 km^2), für einen Kernkraftwerksblock von 1 200 MW mindestens 6 000 ha (60 km^2) an beheizter Ackerfläche erforderlich.

Unter wirtschaftlichen Gesichtspunkten hat das A.-System für eine großflächige Ackerbeheizung kaum eine Chance. Die Installation für die Bodenheizung beim A.-Projekt Neurath betrug 1976 für knappe 7 ha ca. 60 000 DM/ha, das bedeutet in Preisen von 1992 ca. 90 000 DM/ha. Die erheblichen Kosten für die Wärmeauskoppelung im Kraftwerk und die Rohrleitungen zum Wärmetransport sind zusätzlich zu berücksichtigen. Den daraus erwachsenden Kapitalkosten stehen vergleichsweise geringe Mehrerträge gegenüber. Die Kühlleistung eines Naßkühlturmes für einen 600 MW Block erfordert ein erdverlegtes Rohrnetz (3 000 ha), das ca. 270 Mio. DM kostet. Ein Naßkühlturm entsprechender Leistung kostet rund 20 Mio. DM. Zur kommerziellen Realisierung eines solchen A.-Projektes ist es bis 1993 nicht gekommen.

Die Beheizung des Wurzelraumes im Unterglasgartenbau und bei Freilandkulturen für Zierpflanzen und Gemüse ist dagegen Stand der Technik. Für den Anbau von Edelgemüse, das durch Bodenheizung verfrüht und dadurch mit hohen Erlösen vermarktet werden kann, gibt es gute wirtschaftliche Chancen, so daß in einzelnen günstigen lokalen Situationen statt der hierfür üblichen Kesselanlagen zur Erzeugung der „Erdwärme" auch Niedertemperaturabwärme aus benachbarten Kraftwerken genutzt werden kann (→Hortitherm).   *Rumpf*

Literatur: *Reinken, G. u. L. Werning:* Auswirkungen ganzjähriger Bodenerwärmung auf Boden und Pflanze. Forschungsber. T 83-200 des Bundesministeriums für Forschung und Technologie. September 1983.

Aitkenteilchen →Aerosol

Akarizide →Biozide

Akkreditierung.
Allgemein. Unter A. versteht man die formelle Anerkennung der Kompetenz, eindeutig beschriebene technische Prüfungen ordnungsgemäß durchführen oder die →Zertifizierung der Übereinstimmung (Konformität) von Produkten oder Dienstleistungen mit vorgegebenen Regeln (Normen/Richtlinien) vornehmen zu können und zu dürfen (A. von Prüflaboratorien bzw. Zertifizierungsstellen).

Die A. gewinnt im Zusammenhang mit dem europäischen Binnenmarkt und dem damit verbundenen Abbau von Handelshemmnissen zunehmend an Bedeutung. Dies betrifft sowohl den staatlich geregelten Bereich als auch den ungeregelten Bereich innerhalb der Wirtschaft selbst.

Um den Anforderungen des Binnenmarktes gerecht zu werden und die Qualität von Produkten und Dienstleistungen im gemeinsamen Wirtschaftsraum zu steigern, wurden im Auftrag der Kommission der Europäischen Gemeinschaften von der europäischen Normenorganisation CEN/CENELEC Europäische Normen (EN) erarbeitet, die allgemeine Kriterien zum Aufbau und zur A. von Prüflaboratorien (DIN EN 45001 bis 45003) und Zertifizierungsstellen (DIN EN 45011 bis 45013) beschreiben. Diese Basis europaweit einheitlicher Normen ermöglicht die Bereitstellung eines einheitlichen Systems zur Ermittlung bestimmter Qualitätsniveaus und zu deren Überwachung. Dies fördert u. a. die Sicherung des Verbraucherschutzes, die Erhöhung der Qualität im europäischen Prüfwesen, den Abbau von Handelshemmnissen und steigert nicht zuletzt das gegenseitige Vertrauen in die Qualität von Produkten und Dienstleistungen. Dieses aber ist unabdingbare Voraussetzung für einen funktionierenden europäischen Binnenmarkt gerade auch im Umweltschutz.

In Deutschland ist dieser Entwicklung durch die Gründung der Trägergemeinschaft für Akkreditierung (TGA) Rechnung getragen worden. Gesellschafter dieser Trägergemeinschaft sind führende Institutionen aus Industrie, Handel und Versicherungswirtschaft. Die TGA ist Dachorganisation verschiedener Akkreditierungsstellen, die anhand vereinheitlichter Prüfungs- und Zertifizierungsverfahren (basierend auf den Normenserien DIN EN 45000 sowie der Serie DIN ISO 9000) branchenbezogen akkreditieren, d. h. die fachliche Arbeit der Begutachtung von Prüflaboratorien und Zertifizierungsstellen leisten. Durch den Bezug auf die europäisch harmonisierten Normen werden die Arbeitsweise und die Qualität der A.Stellen europaweit vergleichbar.

Um die A.-Tätigkeiten im geregelten und ungeregelten Bereich national zu koordinieren und auf einheitlicher Basis durchzuführen, hat sich der Deutsche Akkreditierungsrat (DAR) als ein von Bund, Ländern, Wirtschaft und DIN getragenes Gremium gebildet (→Zertifizierung).

Einzelne A.-Stellen der TGA bestehen bereits, weitere sind im Aufbau. Dabei müssen an die Qualifikation der Akkreditierer die gleichen strengen Maßstäbe angelegt werden wie an die Akkreditierten. Es liegt nahe, diejenigen Experten, die z. B. für die →Normung von Meß- und Prüfverfahren verantwortlich sind, auch an der Erarbeitung der A.-Regeln und/oder an der A.-Entscheidung zu beteiligen, um das mit der A. verbundene Gütesiegel mit Glaubwürdigkeit und Vertrauen zu verbinden.   *Grefen*

Literatur: DIN EN 45001: Allgemeine Kriterien zum Betreiben von Prüflaboratorien. 5/1990. – DIN EN 45002: Allgemeine Kriterien zum Begutachten von Prüflaboratorien. 5/1990. – DIN EN 45003: Allgemeine Kriterien für Stellen, die Prüflaboratorien akkreditieren. 5/1990. – DIN EN 45011: Allgemeine Kriterien für Stellen, die Produkte zertifizieren. 5/1990. – DIN EN 45012: Allgemeine Kriterien für Stellen, die Qualitätssicherungssysteme zertifizieren. 5/1990. – DIN EN 45013: Allgemeine Kriterien für Stellen, die Personal zertifizieren. 5/1990. – DIN EN 9000: Qualitätsmanagement- und Qualitätssicherungsnormen; Leitfaden zur Auswahl und Anwendung. 5/1990. – DIN ISO 9000: Teil 2, Qualitätsmanagement- und Qualitätssicherungsnormen; Allgemeiner Leitfaden zur Anwendung von ISO 9001, ISO 9002, ISO 9003. 3/1992. – DIN ISO 9001: Qualitätssicherungssysteme; Modell zur Darlegung der Qualitätssicherung in Design/Entwicklung, Produktion, Montage und Kundendienst. 5/1990. – DIN ISO 9002: Qualitätssicherungssysteme; Modell zur Darlegung der Qualitätssicherung in Produktion und Montage. 5/1990. – DIN ISO 9003: Qualitätssicherungssysteme; Modell zur Darlegung der Qualitätssicherung bei der Endprüfung. 5/1990. – DIN ISO 9004: Qualitätsmanagement und Elemente eines Qualitätssicherungssystems; Leitfaden. – DIN ISO 10011: Teil 1, Leitfaden für das Audit von Qualitätssicherungssystemen; Auditdurchführung. 7/1990. – DIN ISO 10011: Teil 2, Leitfaden für das Audit von Qualitätssicherungssystemen; Qualifikationskriterien für Auditoren. 7/1990. – DIN ISO 10011: Teil 3, Leitfaden für das Audit von Qualitätssicherungsmaßnahmen; Management von Auditprogrammen. 7/1990.

Meßinstitute. A. von Meßinstituten bedeutet die formelle Anerkennung der Kompetenz, bestimmte Messungen oder meßtechnische Prüfungen auszuführen.

Auf der o. a. Grundlage kann sich jedes Prüfinstitut von einer anerkannten Akkreditierungsstelle bescheinigen lassen, daß es die an bestimmte Meß- und Prüfaufgaben gestellten Anforderungen erfüllt.

Zu den staatlichen A.-Verfahren gehört die Bekanntgabe von Meßinstituten nach § 26 des Bundes-Immissionsschutzgesetzes. Im Bereich des Immissionsschutzes dürfen Messungen, die von der zuständigen Behörde anerkannt werden sollen, überwiegend nur von Instituten ausgeführt werden, die in dem jeweiligen Bundesland von der zuständigen obersten Landesbehörde bekanntgegeben sind. Mit dieser Regelung wird nicht bezweifelt, daß insbesondere große Betriebe von ihrer personellen und apparativen Ausstattung her in der Lage sind, sämtliche Meßaufgaben selbst durchzuführen. Mit dem Bekanntgabeverfahren soll sichergestellt werden, daß die M. neben der fachlichen Qualifikation auch die erforderliche Neutralität und Unabhängigkeit besitzen.

Die Anforderungen, die bei der A. nach § 26 BImSchG erfüllt sein sollen, sind in Richtlinien des Länderausschusses für Immissionsschutz festgelegt. Die A.-Stelle hat sich bei der Prüfung eines Antrages insbesondere durch eine Institutsbesichtigung davon zu überzeugen, daß die meßtechnische Ausstattung dem Stand der Meßtechnik entspricht und daß der verantwortliche Leiter und seine Mitarbeiter über die notwendige Fachkunde, praktische Erfahrung und persönliche Zuverlässigkeit verfügen. Nach der A. hat die A.-Stelle regelmäßig zu kontrollieren, daß die Messungen mit der erforderlichen Qualität und Sorgfalt durchgeführt werden. Dies geschieht insbesondere durch die Prüfung von Meßberichten, durch Inspektionen vor Ort während der Durchführung von Messungen und durch Vergleichsmessungen (→Ringanalyse).

Eine besondere A. ist erforderlich für die Tätigkeiten, die bei der kontinuierlichen Emissionsüberwachung von einer sachverständigen Stelle wahrzunehmen sind (→Qualitätssicherung, →Emissionsüberwachung)). Ein kleiner Kreis von Meßinstituten hat darüber hinaus die Befugnis, Eignungsprüfungen durchzuführen. Zugelassen hierfür sind Institute, die sich durch einschlägige Forschungs- und Entwicklungsvorhaben für diese Aufgabe besonders qualifiziert haben. *Stahl*

Literatur: Messen von Luftverunreinigungen und Europäischer Binnenmarkt. Status und Möglichkeiten der europäischen Harmonisierung. Schriftenreihe der VDI-Kommission Reinhaltung der Luft, Bd. 13 (1989).

Akkumulator. Der A. (Akku) ist ein elektrochemischer Speicher, der chemische Energie durch Oxidation von →Wasserstoff oder eines Metalls und der Reduktion von →Sauerstoff, eines Metalloxids oder eines Halogens direkt in elektrische Energie umwandelt. Der A. ist eine Sekundärbatterie.

Im allgemeinen Sprachgebrauch wird der A. vereinfacht →Batterie genannt. Verwendet werden A. u. a. in Geräten (Gerätebatterie), in Kraftfahrzeugen (Starterbatterie), Elektrospeicherfahrzeugen (→Antriebsbatterie) und in stationären Anlagen.

Elektrische Energie kann gegenüber anderen technischen Systemen in A. mit relativ hoher Dichte gespeichert werden, Starterbatterie: 35 Wh/kg, Hochenergiebatterie: 120 Wh/kg. *Kahlen*

Aktivierung. Vorgang, durch den ein Material durch Beschluß mit Neutronen, Protonen oder anderen Teilchen bzw. mit γ-Strahlen radioaktiv gemacht wird; man spricht von Kernreaktionen. Durch Bestrahlung mit Elementarteilchen, Photonen oder Verbänden von Elementarteilchen (z. B. α-Teilchen) können in Atomkernen Reaktionen hervorgerufen werden, bei denen sich neue, radioaktive Kernarten bilden.

Die Einwirkung geladener Teilchen ist nur bei besonders hohen Energien möglich. Reicht die Energie des Geschoßpartikels nicht aus, um in das Targetatom einzudringen, um dort eine Kernreaktion auszulösen, nutzt man zur Energieerhöhung der Geschoßteilchen Teilchenbeschleuniger. Einfacher ist die Sachlage bei Kernumwandlungen, die durch Neutroneneinfang initiiert werden.

Die (n,γ)-Reaktion mit langsamen Neutronen findet fast mit jedem Zielkern statt und führt sehr häufig zu radioaktiven Produkten. Diese Reaktionsart ist für die Erzeugung radioaktiver Isotope besonders wichtig, weil die Reaktionsausbeuten relativ groß sind und mit den Kernreaktoren starke Neutronenquellen zur Verfügung stehen. Neben den erwünschten A.-Reaktionen zur Herstellung künstlicher Radionuklide für verschiedene Einsatzzwecke in der Isotopentechnik und für die A.-Analyse, kann der Vorgang auch als störende Begleiterscheinung auftreten, vor allem bei der A. von Reaktorwerkstoffen und des Reaktorkühlmittels. *Merz*

Aktivisolierung. Bei einer →Schwingungsisolierung spricht man von einer A., wenn bei einer Schwingungen erzeugenden Anlage, z. B. einer Maschine, die Übertragung von dynamischen Kräften auf den Aufstellungsort und in die Umgebung vermindert werden soll. Die A. wird auch als →Dämmung oder einfach auch als Isolierung bezeichnet.

Zur aktiven Schwingungsentstörung werden die Anlagen auf →Federelemente gelagert. Durch eine federnde Aufstellung des Erregers kann bei periodischen Erregungen und auch bei Stoßerregungen erreicht werden, daß die dynamischen Kräfte des Erregers isoliert, d. h. nicht unvermindert in die Umgebung eingeleitet werden. Bei beiden Arten der Erregung werden meistens zusätzlich Dämpfer eingebaut. Die →Dämpfung spielt jedoch in beiden Fällen eine unterschiedliche Rolle.

Bei periodischer Erregung kann die Isolierwirkung oft genügend zutreffend ermittelt werden, wenn als Ersatz-System der lineare Ein-Massen-Schwinger betrachtet wird (Bild 1). Bei Anwendung in der Praxis ist jedoch immer zu überprüfen, ob diese Vereinfachung noch erlaubt ist. Wirkt auf den Ein-Massen-Schwinger z. B. eine Unwuchterregung, so ändern sich die Erregerkräfte quadratisch mit der Erregerkreisfrequenz Ω; es gilt $\Omega = 2 \cdot \pi \cdot f_E$; f_E: Erregerfrequenz in Hz. Für die Erregerkraft $F_E(t)$ gilt:

$$F_E(t) = m_u \cdot e_s \cdot \Omega^2 \cdot \sin(\Omega t)$$

mit m_u: Unwuchtmasse, e_s: Exzentrizität.

Bei einer A. interessieren die dynamischen Restkräfte F_U, die noch auf die Umgebung übertragen werden. Ein geeignetes Maß zur Kennzeichnung der Isolierwirkung ist der Quotient F_U/F_E. Ist dieser Quotient < 1, wird eine Isolierwirkung erreicht. Mit

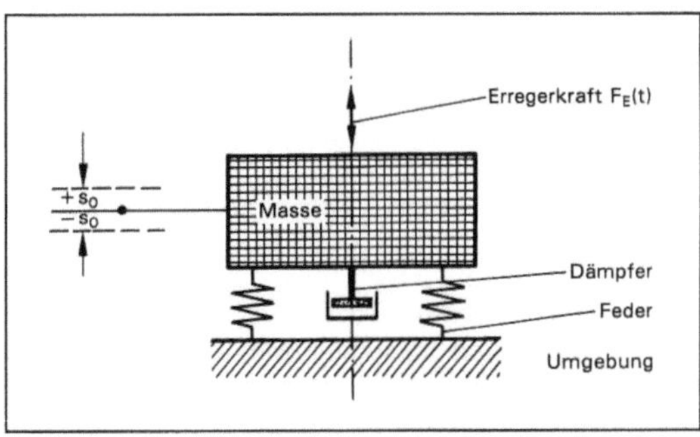

Aktivisolierung 1: Ersatz-System eines Ein-Massen-Schwingers.

s_0) Schwingwegamplitude, F_E) $m_u \cdot e_s \cdot \Omega^2 \cdot \sin(\Omega t)$

Hilfe von schwingungstechnischen Berechnungen erhält man für den Quotienten:

$$\frac{F_u}{F_E} = V_D = \sqrt{\frac{1 + 4\,D^2\eta^2}{(1-\eta^2)^2 + 4\,D^2\,\eta^2}}$$

Darin bedeuten:

$\eta = \dfrac{\Omega}{\omega}$: Frequenzverhältnis,

ω : Eigenkreisfrequenz des Ein-Massen-Schwingers,

D : →*Lehrsches* Dämpfungsmaß

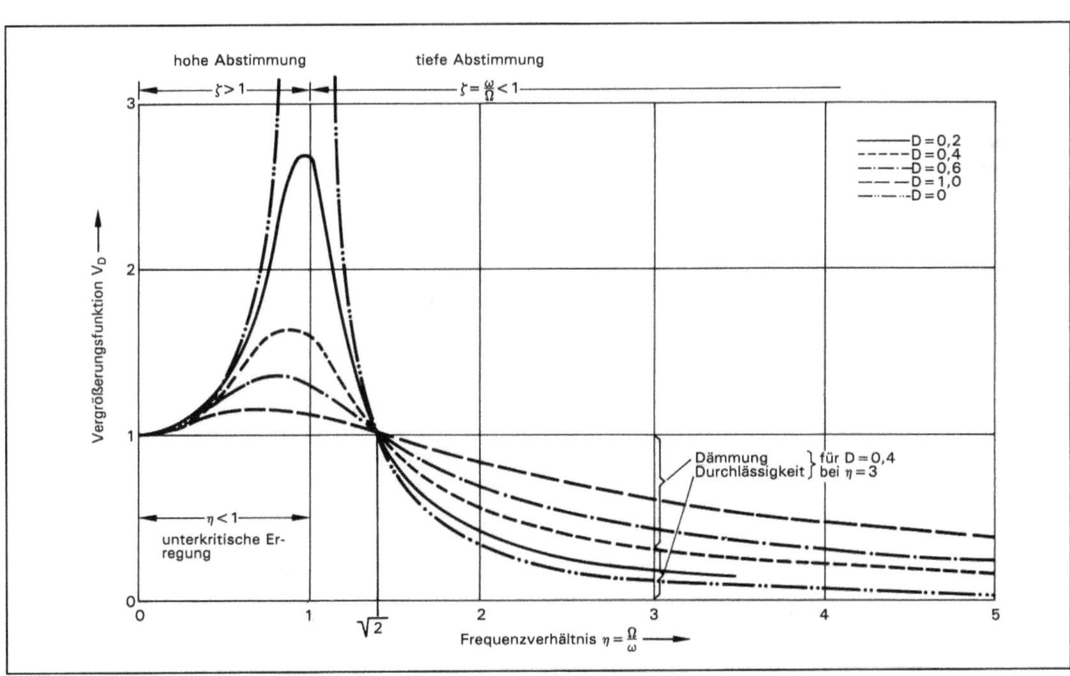

Aktivisolierung 2: Vergrößerungsfunktion V_D für den linearen Ein-Massen-Schwinger bei sinusförmiger Erregung.

Die Abhängigkeit des Quotienten V_D von dem Frequenzverhältnis η ist in Bild 2 dargestellt. Man nennt V_D auch Vergrößerungsfunktion. Die Entstörung wird umso besser, je größer das Frequenzverhältnis η gewählt wird, d. h. je tiefer das Schwingungssystem im Verhältnis zur Erregerfrequenz abgestimmt ist. Aus Bild 2 ist weiterhin ersichtlich, daß die Dämpfung die Isolierwirkung stets verschlechtert. Trotzdem wird man in praktischen Fällen auch Dämpfer einbauen, z. B. um beim Anlaufen und Auslaufen der Maschine beim Durchfahren der Resonanz (bei η = 1) die Schwingungsbewegungen des Systems zu begrenzen.

Maschinenfundamente, die stoßartig zu Schwingungen angeregt werden, gründet man auf Federelemente, um die in den Aufstellungsplatz übertragenen Störkräfte und damit die in die Umgebung weitergeleiteten →Erschütterungen zu mindern. Die durch einen im wesentlichen geraden Stoß zu Schwingungen angeregten Hammerfundamente und die z. B. durch einen Drehstoß angeregten Fundamente von Reibspindelpressen werden auf Federelemente gelagert, wenn ein möglichst weitgehend erschütterungsfreier Betrieb der Maschine erreicht werden soll. Bei der A. von Maschinen mit →Stoßerregung ist die erreichbare Dämmung um so besser, je niedriger die Eigenfrequenz des aus der Maschine und dem Fundament bestehenden Schwingungssystems in der entsprechenden Schwingungsrichtung ist. Vorteilhaft werden zusätzlich Dämpfer eingebaut, u. a. deswegen, weil der Isolierfaktor dadurch gegenüber der rein federnden Gründung etwas verbessert wird. *Splittgerber*

Literatur: *Crede, Ch. E.*: Vibration and shock isolation. New York, 1962. – *Splittgerber, H.*: Verfahren und Vorrichtungen zur Begrenzung von Erschütterungsemissionen. In: Dreyhaupt, F. J. (Hrsg.): Handbuch für Immissionsschutzbeauftragte. Köln, 1978.

Aktivität von Radionukliden. Eine Größe, die die Zahl der je Sekunde zerfallenden Atomkerne angibt. Die Maßeinheit ist das Becquerel (Bq) = 1 Zerfall. Die alte Maßeinheit der →Radioaktivität ist das Curie; 1 Ci = $3{,}7 \cdot 10^{10}$ Zerfälle/s. Die Anzahl der Kerne, die pro Zeiteinheit und pro Gewichtseinheit des vorliegenden Stoffs zerfällt, wird als spezifische A. bezeichnet. Die spezifische A. eines rein vorliegenden Radionuklids hängt nur von seiner →Halbwertszeit ab; je kürzer die Halbwertszeit, desto höher die spez. Radioaktivität.

Man unterscheidet zwischen natürlichen und künstlich hergestellten Radionukliden. Von den heute eindeutig bekannten 106 Elementen besitzen nur 25 radioaktive →Isotope, wobei die längste Halbwertszeit eines Isotops je nach Element zwischen Milliarden und Bruchteilen einer Sekunde liegt. Auch bei den künstlich hergestellten Radio-

nukliden schwanken die Halbwertszeiten in sehr weiten Bereichen.

Trägt man für alle 267 stabilen Kerne die Ordnungszahl Z gegen die Neutronenzahl N auf, so erhält man eine Kurve (Bild), die anfänglich unter 45°, dann aber weniger ansteigt, weil N größer als Z wird. Ein instabiler Kern liegt auf der einen oder anderen Seite einer Stabilitätslinie neben dem Streifen, auf dem sich die stabilen Nuklide befinden. Nuklide mit einem Neutronendefizit liegen zu ihrer Linken und können sich durch Elektroneneinfang oder →Abstrahlung eines Positrons ($β^+$-Teilchen) in stabile Kerne umwandeln. Die Nuklide rechts von der Stabilitätslinie haben einen Neutronenüberschuß und zerfallen unter Ausstrahlung eines $β^-$-Teilchens. *Merz*

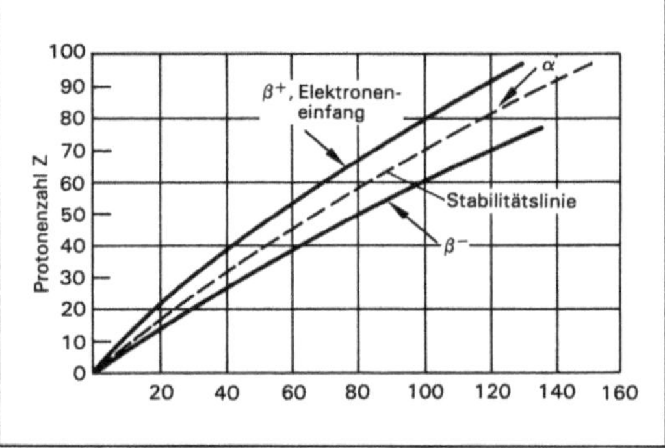

Aktivität von Radionukliden: Ordnungszahl Z als Funktion von N (Neutronenzahl).

Aktivitätsmessung. Die verschiedenen Wechselwirkungen der Strahlung mit Materie bilden die Grundlage der Methoden des Nachweises radioaktiver →Strahlung. Die älteste und heute nur noch für Spezialfälle angewandte Methode ist die chemisch-photografische Wirkung auf Photopapier oder -platten. Heute finden überwiegend die beiden Methoden
- Ionisation von Gasen bzw. Anregung von Atomen sowie
- Szintillationsvorgänge in speziell hergestellten organischen und anorganischen Substanzen
eine praktische Anwendung bei der A.

Für die Messung von Alpha-, Beta- und Gamma-Strahlen im üblichen, gefahrlos handhabbaren Aktivitätsbereich des Leitisotopenverfahrens verwendet man im allgemeinen Methoden zum Nachweis und zur Zählung einzelner Teilchen oder Quanten. Zu den Geräten, die auf Gasionisation beruhen, gehören die Impuls-Ionisationskammer, der Proportionalzähler und der Geiger-Müller-Zähler. Der →Halbleiterzähler beruht auf der Messung in einem Festkörper erzeugter freier Elektronen und positiver Löcher. Auch Szintillationsmethoden lassen sich zum Zählen von Alpha- und Betateilchen verwenden, werden aber am häufigsten bei Gammastrahlen benutzt.

Die Gestalt des Proportionalzählrohrs und die angelegte Spannung werden so gewählt, daß an der positiven Elektrode eine sehr große Feldstärke herrscht. In diesem Bereich großer Feldstärke werden die ausgelösten Elektronen sehr beschleunigt, bis sie selbst wieder ionisieren. Unter geeigneten Bedingungen sind Gasmultiplikationen von mehr als 1 000 möglich, wobei die Gesamtionisation, d. h. die Größe des Impulses der primären Ionisation, streng proportional bleibt.

Der Geiger-Müller-Zähler ist der beliebteste Detektor zum Nachweis von Strahlungen, weil er innerhalb seiner Grenzen auf Alpha-, Beta- und Gammastrahlen anspricht und keinen empfindlichen Vorverstärker benötigt. In seiner mechanischen Bauart ist er dem Proportionalzähler ähnlich, unterscheidet sich aber von ihm hinsichtlich der Art der Gasfüllung und des Gasdrucks. Außer dem Ionisationsgas enthält er noch ein sog. Löschgas. Halbleiterdetektoren sind in zwei Formen bekannt: als p,n-Zähldioden und als Oberflächen-Sperrschichtzähler.

Der für die Spektrometrie häufig verwendete Meßkopf ist der Szintillationszähler. Er besteht aus einem Szintillator, dem aufgesetzten Photosekundärelektronen-Vervielfacher (sog. Multiplier) und einer Anpassungsstufe (Kathodenfolger) an das niedrigohmige Meßkabel. Im Szintillator, der fest oder flüssig sein kann, werden durch die einfallenden Strahlen Lichtquanten erzeugt, die auf die Photokathode des Multipliers fallen. Die proportional zum Eingangsimpuls erzeugte Elektronenlawine liefert einen Ausgangsimpuls, der elektronisch registriert wird. *Merz*

Aktivkohle. Bei A. handelt es sich um eine aus natürlichen Materialien (z. B. Holz) nach einem speziellen Verfahren hergestellte Kohle. Alle flüchtigen Bestandteile in den Rohstoffen werden so schonend entfernt, daß nur das Kohlenstoffgerüst zurück bleibt. Hierdurch ergibt sich eine sehr große Oberfläche von mehr als 1 000 m^2/g.

Daraus resultieren die hervorragende Adsorptionseigenschaften für organische Gase und Dämpfe. Hier liegt das Haupteinsatzgebiet der A. als Filtermaterial zum Entfernen von Gerüchen oder Lösungsmitteln aus industriellen oder gewerblichen Abluftströmen. Beladene A. kann durch Wasserdampf regeneriert werden.

In der Immissionsmeßtechnik dient A. zur anreichernden Probenahme von Spurenbestandteilen der Luft. Meistens wird eine spezielle A., die aus Cocosnußschalen hergestellt wurde, verwendet. Die bekanntesten Beispiele sind der Nachweis der →BTX-Kohlenwasserstoffe (→Benzol, →Toluol, →Xylol) (VDI 3482, Bl. 5) oder von →Vinylchlorid (VDI 3494, Bl. 1 E).

Eine weitere Methode, die angereicherte Luftprobe der A. zurückzuerhalten, ist das plötzliche Aufheizen durch Mikrowellen und die Thermodesorption. Dabei ist jedoch darauf zu achten, daß keine Crack-Produkte durch →Pyrolyse auftreten, weil manche besonders polaren Verbindungen durch Chemisorption so fest gebunden sind, daß sie durch Wärme nicht gelöst werden können. *Dulson*

Literatur: VDI 3482, Blatt 5: Messen gasförmiger Immissionen; Gaschromathographische Bestimmung von aromatischen Kohlenwasserstoffen; Probenahme durch Anreicherung an Aktivkohle Desorption mit Lösemittel. 11/1984. – VDI 3494, Blatt 1 E: Messen gasförmiger Immissionen; Messen von Vinylchlorid-Konzentrationen, Gas-chromatographische Bestimmung; Manuelle und automatische Dampfraumanalyse. 5/1988.

Aktivkohlefilter →Adsorptionsverfahren

Aktivkohlekanister. A. werden im Kraftfahrzeug zur →Adsorption der aus dem Kraftstoff entweichenden leichtflüchtigen Kohlenwasserstoffe eingesetzt. Gespült wird diese Filteranlage während des Betriebs des Kraftfahrzeugs, indem durch ein geeignetes System ein Teil der Ansaugluft durch den Kanister geleitet wird. Die aufgefangenen Kohlenwasserstoffe werden dem Brennraum zugeführt und bei der Verbrennung umgesetzt. Der Einsatz dieser A. bei Fahrzeugen mit Ottomotor ist notwendig, um den festgelegten Grenzwert für Verdampfungs- und Verdunstungsemissionen (→Verdampfungsemission Kfz) aus dem Tank- und Kraftstoffsystem einzuhalten. Die Größe der A. liegt zwischen 1 bis 4 Liter. *Kind/May*

Alara-Prinzip. Minimierungsgebot im Strahlenschutz, wonach Strahlenexpositionen im Einzelfall (Abk. *engl.* „As Low As Reasonably Achievable"), also so gering wie vernünftigerweise erreichbar zu halten sind.

In der ICRP-Publication 26 (ICRP = International Committee of Radiation Protection) wurden folgende Strahlenschutzgrundsätze festgelegt:
– Kein Verfahren soll eingeführt werden, wenn es keinen positiven Effekt produziert (Vermeidungsgebot),
– Alle Expositionen sollen so niedrig wie sinnvollerweise möglich sein, wobei ökonomische und soziale Faktoren mit einbezogen werden können (→Strahlenminimierungsgebot).

In § 28 Abs. 1 Nr. 1 und 2 der StrlSchV bzw. in § 15 Abs. 1 Nr. 1 und 2 der RöV sind das Vermeidungs- und Minimierungsgebot des A. umgesetzt.

Nach dem Vermeidungsgebot muß jede unnötige →Strahlenexposition oder →Kontamination – wo auch immer – ausgeschlossen werden. Das verpflichtet z. B. bei der Anwendung ionisierender Strahlen in der Medizin zu prüfen, ob mit alternativen

Verfahren, die keine Strahlenexposition zur Folge haben, gleichrangige diagnostische oder therapeutische Ergebnisse erzielt werden können. Wie gering die Strahlenexposition im Rahmen des Minimierungsgebotes zu halten ist, ist am →Stand von Wissenschaft und Technik abzulesen. Das bedeutet wiederum am Beispiel der Medizin eine Optimierung des Anwendungsverfahrens – z. B. in der →Röntgendiagnostik eine Optimierung der Relation von Bildqualität und Dosis (→Qualitätssicherung in der Röntgendiagnostik) – und eine Begrenzung der Strahlenexposition auf das nach medizinisch-wissenschaftlicher Erkenntnis unbedingt erforderliche Maß.

Diese Gebote haben bei der Anwendung von Grenzwerten für Strahlenexpositionen und Kontaminationen konkrete Konsequenzen. Die Bedeutung des Grenzwerts als zahlenmäßig einzuhaltender Größe muß deutlich relativiert werden: Die Inanspruchnahme oder sogar das bewußte Ausschöpfen von Grenzwerten ist von vornherein unzulässig. Es ist im Gegenteil Pflicht des Strahlenschutz-Verantwortlichen, alles in die Wege zu leiten, um so weit wie vernünftigerweise durchführbar auch unterhalb der zulässigen Grenzwerte zu bleiben, also alle baulichen, technischen und organisatorischen Mittel – soweit ökonomisch sinnvoll und machbar – zu diesem Zweck einzusetzen. Es ist zwar einerseits realitätsfern, eine Strahlenexposition mit Hilfe einer sozusagen gegen Unendlich gehenden Abschirmdicke auf den Wert Null zu reduzieren, aber man muß auf der anderen Seite die Tatsache im Auge behalten, daß wegen der Existenz stochastischer Strahleneffekte die Einhaltung von Dosisgrenzwerten noch keine Garantie für Gefahrlosigkeit bedeutet.   *Ewen*

Literatur: ICRP-Publication 26. Oxford 1977.

Alarm- und Gefahrenabwehrplan →Gefahrenabwehrplan

Albedo. Anteil der auf eine Oberfläche einfallenden →Strahlung, die – unabhängig vom Einfallswinkel – nach allen Seiten gestreut oder reflektiert wird. Werte natürlicher A. sind: Wüste 0,3–0,5, bewachsener Boden 0,1–0,3, Meer ≤ 0,25, Schnee alt 0,3 bis 0,7, Schnee neu 0,75–0,95. Am Aufstellungsort von Industrieanlagen, durch Städte, Straßen etc. wird die natürliche A. geändert: Der Mensch beeinflußt das mikroklimatische Geschehen.

Das ist nicht anders für Sonnenenergie-Nutzungstechnologien. Bei ihrer Integration in schon vorhandene anthropogene Bebauung ist die Änderung der A. Null (Wärmepumpen zur Umgebungswärmenutzung) oder klein (Kollektoren (A. 0,1), Photovoltaikgeneratoren (A. <0,1) auf Hausdächern, Hauswänden). Auch →Windenergiekonverter und Fluß-

wasserkraftwerke lassen einen nur kleinen A.-Einfluß erwarten. Anders ist dies für große Wasserkraftwerke mit ausgedehnten Stauseen und Sonnenkraftwerke. Große Reflektorenfelder ändern die A. radikal. Welche ökologischen Einflüsse das hat, welche Änderungen →Mikroklima, →Fauna und →Flora erfahren, ist wenig erforscht. Begünstigend wirkt, daß der Energiehaushalt etwa am Aufstellungsort eines Sonnenkraftwerks nicht entscheidend geändert wird: Mit einem →Landnutzungsfaktor von 0,2 bis 0,3 entnehmen solarthermische Kraftwerke mit Wirkungsgraden von 15–20 % auf 20 bis 30 % der vom Kraftwerk eingenommenen Fläche 15–20 % der von der Sonne angebotenen Energie, die damit nicht mehr vom Boden absorbiert, von ihm reflektiert oder zu Wasserverdunstung genutzt werden kann.   *C.-J. Winter*

Aldehyd.
   Luftchemie. A. sind organische Verbindungen, die als funktionelle Gruppe die Aldehydgruppe besitzen; diese Gruppe besteht aus einem C-Atom mit einer Doppelbindung zu einem Sauerstoffatom ($C=O$, Carbonylgruppe) und einer Einfachbindung zu einem H-Atom. Im Normalfall ist die funktionelle Gruppe über eine C-C-Einfachbindung mit dem Rest R verbunden. Eine Ausnahme bildet der einfachste A., →Formaldehyd HCHO, bei dem zwei H-Atome über jeweils eine Einfachbindung an die Carbonylgruppe gebunden sind. Die allgemeine Formel für A. ist RCHO, wobei die Gruppe R sowohl gesättigten, ungesättigten, zyklischen als auch aromatischen Charakter haben kann.

   A. sind oft die ersten stabilen Produkte, die bei der atmosphärischen Oxidation von Kohlenwasserstoffen entstehen. Die wichtigste Quelle für Formaldehyd ist neben der direkten Emission die Reaktion von Hydroxylradikalen mit Methan. →Acetaldehyd entsteht unter anderem bei der Oxidation von Ethan und Ethanol (alternative →Kraftstoffe). Dicarbonylverbindungen, Glyoxal und Methylglyoxal, werden als Produkte bei der Oxidation von Aromaten gebildet. Die →Ozonolyse biogener Kohlenwasserstoffe führt ebenfalls zur Bildung von Aldehyden. Methacrolein, ein ungesättigter A., ist z. B. ein Produkt aus der O_3-Reaktion von Isopren.

   Die Bildung der A. erfolgt in der →Troposphäre über die am Beispiel der →Alkane gezeigten Oxidationskette:

$$\text{Alkan} \xrightarrow{\text{OH}} \text{Alkylradikal} \xrightarrow{O_2} \text{Alkylperoxyradikal}$$
$$\xrightarrow{\text{NO}} \text{Alkoxyradikal} \xrightarrow{O_2} \text{Carbonylverbindung (Aldehyde, Ketone)}$$

   Der →Abbau der A. in der Troposphäre erfolgt bei Substanzen ohne Doppelbindung im Molekül (a) über die Reaktion mit OH-Radikalen unter

Abstraktion des H-Atoms, einer Reaktion mit molekularem Sauerstoff und anschließender Bildung eines Peroxyacylradikals, z. B.

$$CH_3CHO + OH + O_2 \rightarrow CH_3C(O)O_2 + H_2O \quad (1)$$

In Gegenwart von Stickstoffdioxid (NO_2) kann sich über die Reaktion

$$CH_3C(O)O_2 + NO_2 + M \leftrightarrow CH_3C(O)O_2NO_2 + M \quad (2)$$

Peroxyacetylnitrat (PAN) bilden, welches im sog. →Photosmog entsteht.

(b) über die →Photolyse (3), die sowohl in unbelasteter als auch in belasteter Atmosphäre eine wichtige Rolle spielt, da sie im Fall von Formaldehyd zur Bildung von H-Atomen und Formylradikalen führt,

$$HCHO + h\nu \rightarrow H + HCO \quad (3)$$

die in Anwesenheit von molekularem Sauerstoff Hydroperoxyradikale (HO_2) (4) bilden.

$$HCO + O_2 \rightarrow HO_2 + CO \quad (4)$$

Die HO_2-Radikale reagieren mit Stickstoffmonoxid (NO) unter Bildung von Hydroxylradikalen (5).

$$HO_2 + NO \rightarrow NO_2 + OH \quad (5)$$

Diese Reaktion regeneriert die durch Spurengase verbrauchten OH-Radikale und sorgt dadurch für eine weitgehend gleichbleibende photochemische Selbstreinigungskraft der Troposphäre.

Die Lebensdauer des Formaldehyds wird durch den photochemischen Abbau bestimmt und beträgt bei 50° nördlicher Breite ~15 Stunden. Die entsprechende Lebensdauer bezüglich der OH-Reaktion beträgt bei einer mittleren globalen OH-Konzentration von 5×10^5 Molekülen cm^{-3} 2,5 Tage.

Wichtige anthropogene Quellen von A. sind neben der Anwendung in vielen Industrieprozessen die unvollständige Verbrennung von Kraftstoffen und Biomasse. Natürliche Quellen für gesättigte und ungesättigte A. sind die Vegetation und biologische Zerfallsprozesse. Die Konzentrationen liegen in der belasteten Troposphäre bei einigen ppbV. *Wiesen*

Immissionsmessung. A. und →Ketone sind überwiegend von Interesse als Zwischenprodukte photochemischer Abbaureaktionen organischer Verbindungen in der Atmosphäre. Es gibt eine Reihe von Meßverfahren für A., die jedoch für Immissionsmessungen nicht alle geeignet sind.

Prinzipiell ist eine in situ-Messung ohne Anreicherung mit Hilfe der →Fourier-Transform-Infrarot-Spektroskopie möglich. Der große meßtechnisch-apparative Aufwand und die noch relativ schlechten Nachweisgrenzen ermöglichen derzeit keine Routineanwendung dieser Technik.

Andere, klassische Meßmethoden beinhalten einen Anreicherungsschritt für die A. bei der Probenahme. Im wesentlichen sind hier zu nennen:
- Die photometrische Gesamtbestimmung von A. mit der 3-Methyl-2-benzothiazolon-hydrazon-Methode: die Methode ist empfindlich, erfordert aber wegen der instabilen Reaktionslösungen kurze Probenahmezeiten und eine umgehende Analyse;
- Das Chromotropsäure-Verfahren: ist spezifisch für →Formaldehyd;
- Die Bestimmung mit Sulfit und Pararosanilin (→TCM-Verfahren zur SO_2-Bestimmung) nach VDI 3484, Blatt 1;
- Die 2,4-Dinitrophenylhydrazin-Methode: Hierbei werden die A. auf einem Sorbens, das mit 2,4-Dinitrophenylhydrazin belegt ist, absorbiert und in saurem Milieu zu den entsprechenden Hydrazonen umgesetzt. Nach der Elution erfolgt die Trennung mit Hilfe der Hochdruck-Flüssigkeits-Chromatographie und der Nachweis mit einem UV-Detektor. *Pfeffer*

Literatur: *Kirschmer, P.* und *P. Eynck:* Meßverfahren mit automatisierter Probenahme zur Bestimmung von Aldehyden in der Luft. LIS-Berichte der Landesanstalt für Immissionsschutz NRW, Nr. 92 (1989). – VDI 3484, Bl. 1: Messen gasförmiger Immissionen; Messen von Aldehyden; Bestimmen der Formaldehyd-Konzentration nach dem Sulfit-Pararosanilin-Verfahren 1/1979.

Aldrin.
□ Stoff-Identifizierungs-Nr.:
CAS-Nr.: 309-00-2
EG-Nr.: 602-048-00-3
UN-Nr.: 2761
EINECS-Nr.: 206-215-8
□ Chemische Formel: $C_{12}H_{10}Cl_6$
□ Stoffcharakteristik: Braune bis weiße, ziemlich flüchtige, giftige, wasserunlösliche, säure- und alkalistabile Kristalle, in reinem Zustand geruchlos, in technisch reinem Zustand petersilienartiger Geruch.
□ Gefahrenmerkmale:
– Stoffliste nach § 4a der →Gefahrstoffverordnung: Gefahrenkennbuchstabe(n): T, N
R-Sätze: 24/25-40-48/24/25-50/53
S-Sätze: 1/2-22-36/37-45-60-61
– Besondere Stoffeigenschaften nach TRGS 500: krebserzeugend: EG-Kat. 3
– Arbeitsschutzwerte nach TRGS 900: →MAK-Wert (mg/m³): 0,25
– Stoffliste (Anhang II) der →Störfall-Verordnung: Nr. 13 und 4c
– →Wassergefährdungsklasse: WGK 3
Fischer/M. Schön

Algen. Unter dem Begriff A. werden mehrere Gruppen überwiegend einfach organisierter Pflanzen zusammengefaßt, die ganz überwiegend im

Süßwasser und im Meer vorkommen. Darüber hinaus gibt es auch aerophytisch, d. h. an der Luft wachsende oder als Symbioten in anderen Organismen, z. B. Schwämmen und Korallen, vorkommende A. Einige A. leben in fester Verbindung mit Pilzen und bilden eine eigene Gruppe von Lebensformen, die Flechten. Wegen der Besonderheiten im Aufbau ihres Körpers, ihrer Vermehrung und physiologischen Leistungen werden die A. in verschiedene Klassen des Pflanzenreichs eingeteilt. Im Süßwasser sind insbesondere wichtig Grünalgen (Chlorophyta), Goldalgen (Chrysophyta; hier auch die Diatomeen oder Kieselalgen), Feueralgen (Phyrrophyta), außerdem noch Rotalgen (Rhodophyta) und Augentierchen (Euglenophyta).

Im Meer sind ganz besonders wichtig die Braunalgen (Phaeophyta), zu denen die meisten Tange gehören. Die Cyanobakterien, früher als Blaualgen bezeichnet, gehören im Gegensatz zu den anderen Algengruppen nicht zu den Pflanzen mit distinkten Zellkernen. Deshalb werden sie mit den Bakterien zu den Procariota zusammengefaßt. Kieselalgen und Grünalgen spielen vor allen Dingen in eutrophierten Gewässern eine große Rolle, wo sie Algenblüten bilden und Anlaß zu Sekundärverunreinigung sein können. Das gleiche gilt für die Cyanobakterien, die sich aufgrund des Besitzes von Gasblasen in ihren Zellen bei Massenentwicklungen an der Wasseroberfläche stehender Gewässer ansammeln.

Die im Wasser frei schwebenden A., z. B. Kieselalgen, coccoale Grünalgen oder auch aktiv mit Geißeln bewegliche gefärbte Flagellaten, bilden das Phytoplankton. Die festsitzenden flächigen oder fädigen Formen gehören mit Moosen und Blütenpflanzen zum Phytobenthon.

A., insbesondere die Tange der Meeresküsten werden vielfältig als Dünger und für besondere Medikamente benutzt. Besonders bekannt ist Agar-Agar, das auch als Nährbodengrundlage und Quellmittel in der Mikrobiologie benutzt wird. Vor allem in Ostasien werden große Meeresalgen als Nahrungsmittel verwendet. *Friedrich*

Algenblüte. Mit A. oder Wasserblüte wird in der Umgangssprache die durch starke Algenentwicklung verursachte Färbung und →Trübung des Wassers bezeichnet. Sie entsteht aufgrund der Massenentwicklung von verschiedenen Planktonalgen, insbesondere durch Kieselalgen, Grünalgen und Cyanobakterien. Auch Chrytophyceen und Phyrrophyceen (Dinoflagallaten) können A. bilden.

Teilweise wird zwischen Vegetationsfärbung als Verfärbung des Wassers von A. im engeren Sinne und dem Ansammeln großer Algenmassen an der Wasseroberfläche von stehenden Gewässern unterschieden. Solche Massenentwicklungen an der Wasseroberfläche entstehen durch Cyanobakterien, die durch den Besitz von Gasblasen fähig sind, sich in

unterschiedlichen Wassertiefen einzuschichten, bei sehr starker Assimilation aber an die Wasseroberfläche gelangen und von dort nicht mehr in die Tiefe zurück können. Diese sog. aufgerahmten A. können zu starken Beeinträchtigungen der Gewässernutzung führen, insbesondere dann, wenn sie vom Wind in Buchten oder an das Ufer getrieben werden. Dort gehen sie sehr schnell in Verwesung über und führen zu Geruchsbelästigungen und Beeinträchtigungen der Nutzung zum Baden.

Von einigen wasserblütebildenden →Algen ist darüber hinaus bekannt, daß sie toxische Stoffe ins Wasser abgeben, die zu allergischen Reaktionen von Badenden führen können. Auch Massensterben von Tieren, insbesondere Wassergeflügel, unter dem Einfluß von absterbenden A. ist bekannt geworden. A. sind stets ein Hinweis auf starke →Eutrophierung. *Friedrich*

Algizide →Biozide

Alkali-Mangan-Batterie. Neben den Zink-Kohle-Batterien sind die A.-M.-B. der am weitesten verbreitete Batterietyp im Konsumentenbereich. Es gibt sie in allen gängigen Bauformen, von der Rundzelle bis zur Knopfzelle (Tabelle).

Alkali-Mangan-Batterie. Tabelle: Zusammensetzung von Alkali-Mangan-Zellen am Beispiel prismatischer und runder Zellen.

Material	Rundzellen %	Prismatische Zellen %
Eisen	15 –26	40 –59
Kupfer	1 – 3	2,8
Quecksilber	0,02	0 – 0,34
Zink, metallisch	14,5–17,5	5,4–10,3
Zinkoxid	0,3– 0,6	0 – 0,4
Mangandioxid	33 –38	17 –22
Kohlenstoff	4 – 5	0 – 3
Kunststoff, Papier, Bitumen	4 – 6	9 –11
Elektrolyt (wäßrige KOH)	13 –16	5 –11

Zum Schutz vor Wasserstoffkorrosion war die negative Elektrode (Zink) meist amalgamiert (→Quecksilber). Moderne Systeme verzichten völlig oder doch weitestgehend auf Quecksilber und verwenden statt dessen Tenside oder besonders reines Zink, um die unerwünschte Wasserstoffbildung zu verhindern.

Wegen der im Vergleich zu Zink-Kohle-Batterien höheren Leistung ist der Anteil der A.-M.-B. seit etwa 1985 kontinuierlich gestiegen (→Batterieentsorgung). *Blickwedel*

Alkane. A. sind organische Verbindungen, die ausschließlich aus C- und H-Atomen aufgebaut sind und zwischen den C-Atomen nur Einfachbindungen aufweisen. A. (hauptsächlich Methan) werden von Feuchtgebieten (Sümpfe, Moore, Tundra), Termiten und anderen Insekten aus natürlichen Quellen in die Atmosphäre eingebracht. Anthropogene Quellen sind Reisfelder, Fermentation von Wiederkäuern, Verbrennung von Biomasse, Abfalldeponien und Verluste bei der Gewinnung und Verteilung von →Erdgas. Die Quellenstärke der anthropogenen Emissionen liegt für Methan bei $(500 \pm 100) \times 10^6$ Tonnen pro Jahr. Senken für A. sind chemische Reaktionen mit OH-Radikalen in der →Troposphäre, photochemischer →Abbau in der →Stratosphäre und mikrobieller Abbau in Böden.

Das einfachste A., Methan (CH_4), ist mit einer Konzentration von ~1,7 ppmV in der Troposphäre und ~0,5 ppmV in der Stratosphäre der am häufigsten in der Atmosphäre vorkommende →Kohlenwasserstoff. Die CH_4-Konzentration steigt mit ca. 1% pro Jahr an und hat gegenüber der vorindustriellen Zeit um etwa 130% zugenommen. Die Konzentrationen der höheren A. liegen zwischen ~50 ppbV in der Troposphäre und ~25 ppbV in der Stratosphäre.

Die atmosphärische Lebensdauer, berechnet mit einer globalen troposphärischen OH-Konzentration von 5×10^5 Molekülen cm^{-3}, liegt für Methan bei 8 bis 10 Jahren, für Ethan bei 90 Tagen, für Propan bei 15 Tagen und bei A. mit mehr als 4 C-Atomen bei ≦5 Tagen.

Alle A., insbesondere Methan, absorbieren im infraroten Wellenlängenbereich Strahlung und wirken daher als Treibhausgase. Das in die Stratosphäre transportierte Methan reagiert mit OH-Radikalen und stellt dort eine wichtige Quelle für Wasser dar. *Wiesen*

Alkene. A. (auch als Olefine bezeichnet) sind organische Verbindungen, die ausschließlich aus C- und H-Atomen aufgebaut sind und mindestens eine Doppelbindung zwischen C-Atomen aufweisen. Eine natürliche Quelle für A. ist die Vegetation (biogene Kohlenwasserstoffe). Anthropogene Quellen sind die Verbrennung fossiler Energieträger und von Biomasse. Die Konzentrationen liegen in der belasteten Troposphäre bei ~125 ppbV.

A. werden in der →Troposphäre hauptsächlich durch die Reaktion mit OH-Radikalen unter Bildung von Aldehyden abgebaut.

A. spielen eine wichtige Rolle bei der Bildung von →Photosmog über Ballungsgebieten. Während der Nacht reagieren A. relativ schnell mit NO_3-Radikalen unter Bildung von Nitraten und Dinitraten. *Wiesen*

Alkine. A. sind organische Verbindungen, die ausschließlich aus C- und H-Atomen aufgebaut sind und mindestens eine Dreifachbindung zwischen C-Atomen aufweisen. A. werden bei der Verbrennung fossiler Energieträger emittiert. Die Konzentrationen erreichen in der belasteten Troposphäre Werte bis zu 100 ppbV.

A. werden in der →Troposphäre hauptsächlich durch die Reaktion mit OH-Radikalen abgebaut.

Bei einer mittleren OH-Konzentration von 5×10^5 Molekülen cm^{-3} ergibt sich für →Acetylen (C_2H_2) und Propin (C_3H_4) eine mittlere troposphärische Lebensdauer von ~30 Tagen. *Wiesen*

Alkohol. A. sind organische Verbindungen, die als funktionelle Gruppe eine Hydroxylgruppe (–OH) besitzen. Die allgemeine Strukturformel lautet ROH, wobei die Gruppe R sowohl gesättigten, ungesättigten, zyklischen oder aromatischen Charakter haben kann.

Gesättigte C_1- bis C_5-A. finden in vielen Industrieprozessen Anwendung und werden bei biologischen Prozessen emittiert. Bei einem steigenden Einsatz von A. als Alternativkraftstoff werden die Konzentrationen von →Methanol und →Ethanol in der Atmosphäre ansteigen. Kurzkettige ungesättigte und aromatische A. werden bei der unvollständigen Verbrennung von Diesel- und Normalkraftstoffen emittiert. Zyklische A. werden von Bäumen und der Vegetation (biogene →Kohlenwasserstoffe) in die Atmosphäre eingebracht.

Bei einer OH-Konzentration von 5×10^5 Molekülen cm^{-3} ergibt sich für CH_3OH und C_2H_5OH eine mittlere troposphärische Lebensdauer von ~20 Tagen. *Wiesen*

Alkohol-Benzin-Mischkraftstoff. Alkohole lassen sich prinzipiell als Zumischkomponente in beliebiger Zumischrate zu konventionellen Ottokraftstoffen verwenden. Davon werden jedoch wichtige Kraftstoffeigenschaften, z. B. die Flüchtigkeit, erheblich betroffen. Einer Zumischung von Alkoholen sind deshalb durch die in DIN 51607 festgelegten Mindestanforderungen an die wichtigsten Kraftstoffeigenschaften für unverbleite Ottokraftstoffe Grenzen gesetzt. Zusätzlich sinkt der Kraftstoffheizwert mit steigendem Alkoholgehalt der Mischkraftstoffe, was zu einem volumetrischen Mehrverbrauch führt, trotz in der Regel besserer Wirkungsgrade der Motoren. Deshalb ist die maximale Zumischrate zu Ottokraftstoffen begrenzt, wobei die Grenzwerte in der EG-Richtlinie über den Einsatz von sauerstoffhaltigen Komponenten vom 1. 1. 1988 festgelegt sind. Dabei dürfen Einzelkomponenten individuelle Grenzwerte nicht überschreiten. Zusätzlich ist der Massenanteil des Sauerstoffs im Kraftstoff auf 2,5 Massen-% für alle EG-Staaten begrenzt. Für einzelne Länder kann dieser Grenzwert auf 3,7 Massen-% angehoben werden.

Die wesentlichsten Auswirkungen der Alkoholzumischung sind:

– Das Siedeverhalten wird negativ beeinflußt, weil der bei niedrigen Temperaturen verdampfende Kraftstoffanteil zunimmt, wodurch Heißstartprobleme der Motoren auftreten. Der Dampfdruck der Mischkraftstoffe nimmt deshalb ebenfalls zu. Durch die hohe Verdampfungswärme, insbesondere von Methanol, wird zusätzlich der Kaltstart verschlechtert.

– Der Heizwert der Mischkraftstoffe nimmt mit steigendem Alkoholanteil ab infolge der Zunahme des Sauerstoffmassenanteils am Gesamtkraftstoff.

– Die Viskosität der Mischkraftstoffe nimmt mit steigendem Alkoholanteil zu.

– Die Klopffestigkeit der Mischkraftstoffe nimmt mit steigendem Alkoholanteil zu, wobei allerdings die Klopffestigkeit des Grundkraftstoffs von entscheidender Bedeutung ist. Klopffestere Kraftstoffe können in Ottomotoren durch eine Anhebung des Verdichtungsverhältnisses bei besserem Wirkungsgrad umgesetzt werden. Die Research Oktanzahl ROZ nimmt deutlich zu, während die Motor Oktanzahl MOZ nur geringfügig ansteigt. Für bereits hochklopffeste Grundkraftstoffe wie Super Plus ist keine deutliche Steigerung der Klopffestigkeit mehr zu erreichen.

– Zur Verbesserung der Löslichkeit von niederen Alkoholen wie Methanol und Ethanol müssen Lösungsvermittler zugegeben werden, weil es sonst bereits bei geringen Wasseranteilen im Kraftstoff zu Entmischungsvorgängen kommt. Tertiärbutanol wird als Lösungsvermittler für Alkoholmischkraftstoffe auf der Basis konventioneller Ottokraftstoffe verwendet, wobei bereits geringe Anteile dieses höheren Alkohols infolge einer synergistischen Wirkung zu einer Stabilisierung des Mischkraftstoffs führen. *Wiedenhöft/May*

Literatur: DIN 51607: Flüssige Kraftstoffe; Unverbleite Ottokraftstoffe; Mindestanforderungen.

Alkoholkraftstoff. →Alkohole als alternative Kraftstoffe für Verbrennungsmotoren haben Vorteile bezüglich des Umwelteinflusses im Vergleich zu Kohlenwasserstoff-Kraftstoffen.

Die wesentlichen Vorteile von A. sind:

– Das Risiko von Umweltschäden bei Unfällen wird reduziert, weil Alkohole in jedem Verhältnis mit Wasser mischbar sind.

– Alkoholmotoren lassen sich prinzipiell mit höherem Luftüberschuß betreiben. Daraus resultieren geringere Kohlenmonoxidemissionen im Vergleich zu konventionellen Ottokraftstoffen.

– Optimal abgestimmte Alkoholmotoren weisen bei höheren Wirkungsgraden zusätzlich geringere Stickoxidemissionen auf.

– Die Kohlenwasserstoffemissionen sind geringer als im Benzinbetrieb. Die Zusammensetzung der Bestandteile spielt eine wesentliche Rolle. Bei Alkoholmotoren entstehen fast nur einfache Verbindungen, die rasch zerfallen. Polyzyklische Aromaten und solche Verbindungen, die zur Photosmog-Bildung beitragen, sind nicht oder nur in sehr geringen Mengen vorhanden.

– Der niedrigere Schadstoffgehalt im Abgas bezieht sich sowohl auf Otto- als auch auf Dieselmotoren. Damit lassen sich beim Dieselmotor sowohl die Zusammensetzung der Kohlenwasserstoffe im Abgas als auch die Partikelemissionen reduzieren. Die höhere Aldehydemission des Alkohol-Ottomotors läßt sich mit relativ geringem technischen Aufwand beseitigen. Die Technologie ist erprobt und läßt keine wesentlichen Probleme erwarten.

□ Schadstoffemissionen von Alkoholmotoren:

– Kohlenmonoxid. Die Kohlenmonoxidemissionen von Alkoholmotoren zeigen den für alle Kohlenwasserstoffe typischen Verlauf in Abhängigkeit vom Verbrennungsluftverhältnis λ. Alkohole weisen hier prinzipiell keine deutlichen Vorteile gegenüber konventionellen Ottokraftstoffen auf. Auch die bei Alkoholmotoren realisierbaren höheren Verdichtungsverhältnisse infolge der hohen Klopffestigkeit haben keinen signifikanten Einfluß auf die CO-Emission. Diese sind im wesentlichen nur vom Verbrennungsluftverhältnis λ des motorischen Betriebspunkts abhängig. Der Alkoholmotor hat den Vorteil, daß er im Vergleich zu konventionellen Ottokraftstoffen auf Grund der weiteren Zündgrenzen der Alkohole noch mit magererem Gemisch problemlos zu betreiben ist. Damit läßt sich vor allem im Teillastbetrieb eine Motorabstimmung mit geringeren CO-Emissionswerten als im Benzinbetrieb realisieren. Dieser Vorteil läßt sich allerdings nicht für Drei-Weg-Katalysator-Konzepte nutzen, die prinzipbedingt mit stöchiometrischem Verbrennungsluftverhältnis betrieben werden müssen.

– Kohlenwasserstoffe. Mit steigendem Methanolanteil sinken bei gleichem Verbrennungsluftverhältnis die Kohlenwasserstoffkonzentrationen im Abgas. Für ungeregelte Katalysatorkonzepte haben insbesondere Methanolmotoren den Vorteil, daß sie im für Abgastests besonders wichtigen Teillastgebiet mit magererem Gemisch betrieben werden können als entsprechende Benzinmotoren. Daher sinken zunächst sowohl die HC- als auch CO-Konzentrationen im Abgas. Mit zunehmender Verdichtung, wie sie für Methanolmagerkonzepte verwendet wird, steigen allerdings die Kohlenwasserstoffkonzentrationen wieder an. Dies liegt an den aus der höheren Verdichtung resultierenden ungünstigeren Oberflächen-Volumen-Verhältnissen des Brennraumes. Hier kommt es infolge der Quencheffekte (Verlöschen der Flamme an der kalten Brennraumwand) zum Anstieg der Konzentrationen der unverbrannten Kohlenwasserstoffe im Abgas. Durch die höhere Verdichtung werden zudem bei steigendem Wirkungsgrad niedrigere Abgastemperaturen erreicht. Die Folge sind geringere Nachreaktionen unverbrannter Kohlenwasserstoffbestandteile im Abgassystem. Wegen der unterschiedlichen Zusammensetzungen der teiloxidierten bzw. unverbrannten Kraftstoffanteile bei Alkohol- und Benzinmotoren muß auch die Bewertung der HC-Emissionswerte differenziert gesehen werden.

Photochemischer →Smog entsteht durch komplexe chemischer Reaktionen zwischen Stickoxiden, Kohlenwasserstoffen und Sauerstoff in der Atmosphäre. Ultraviolettes Sonnenlicht liefert die benötigte Energie. Untersuchungen haben gezeigt, daß Abgas aus Methanolmotoren eine wesentlich geringere Smog-Reaktivität hat als das vergleichbare Benzinmotoren, trotz erheblich höherer Aldehydemissionen der Alkoholmotoren. Diese resultieren im Wesentlichen aus den Quenchzonen des Brennraumes. Auch bei der Betrachtung der gesundheitlichen Aspekte spielt die Zusammensetzung der Kohlenwasserstoffe eine wesentliche Rolle. Das Abgas von Alkoholmotoren enthält im wesentlichen einfache HC-Verbindungen, d. h. langkettige und polycyklische Kohlenwasserstoffe. Aromaten fehlen oder sind nur zu einem verschwindenden Bruchteil im Vergleich zu benzinbetriebenen Motoren nachweisbar.

– Stickoxide. Die Stickoxidkonzentrationen sinken wegen der geringeren Verbrennungstemperatur und des kühleren Brennraums. Mit zunehmender Verdichtung ist ein Ansteigen der NO_x-Emissionswerte zu erwarten. Durch Zurücknahme des Zündzeitpunkts läßt sich eine drastische Senkung der NO_x-Werte des Alkoholmotors erreichen. Dabei muß der Zündzeitpunkt nicht so weit zurückgenommen werden, daß bereits ein Anstieg des Kraftstoffverbrauchs erfolgt. Der hoch verdichtete Alkoholmotor weist einen geringeren Zündbedarf zur Erreichung des optimalen Wirkungsgrads auf als der vergleichsweise niedrig verdichteten Benzinmotor. Durch eine →Abgasrückführung lassen sich die NO_x-Emissionen zudem deutlich senken. Damit ist jedoch ein Anstieg der HC-Emissionen und des Kraftstoffverbrauchs verbunden.

– Sonstige Schadstoffe. In den A. ist weder Schwefel noch Blei enthalten. Daher sind die Abgase frei von diesen Schadstoffen und deren Verbindungen. Bei alkoholbetriebenen Dieselmotoren sind die Abgasbestandteile mengenmäßig geringer. Auch ihre chemische Zusammensetzung ist weniger komplex als bei konventionellen Dieselkraftstoffen. Mit steigendem Alkoholanteil im Kraftstoff sinken die Partikelemissionen. Mit reinem Alkohol können Dieselmotoren fast rußfrei betrieben werden. Die Aldehyd-Emissionen von mit Alkoholen betriebenen Dieselmotoren sind geringer als im Dieselbetrieb, im Gegensatz zu Ottomotoren. →Aldehyde sind Reaktionsprodukte der langsamen Verbrennung von Alkoholen. Diese entstehen überwiegend in den Randzonen des Brennraums durch das Verlöschen der Flamme im Bereich der kühlen Zylinderwände. Hierin ist das unterschiedliche Verhalten bezüglich der Aldehydemissionen von Otto- und Dieselmotoren begründet. Unter anderem werden auch unverbrannte Alkoholanteile emittiert, die dann zusammen mit den heißen Abgasen zu Aldehyden aufoxidiert werden. Ein ungünstiges Oberflächen-Volumen-Verhältnis und hohe Verdichtung fördern den Aldehydausstoß ebenso wie niedrige Abgastemperaturen. Durch einen →Oxidationskatalysator lassen sich die Aldehydemission deutlich reduzieren.

Wiedenhöft/May

Alkoxyradikal. A. sind organische Radikale mit der Summenformel $C_nH_{2n+1}O$. Sie entstehen in der →Atmosphäre im Verlauf des oxidativen Abbaus gesättigter Kohlenwasserstoffe (→Alkane) durch OH- und NO_3-Radikale.

Das wichtigste A. für die →Atmosphärenchemie ist das bei der Methanoxidation gebildete Methoxyradikal (CH_3O). Bei der Anlagerungsreaktion von OH-Radikalen an ungesättigte Kohlenwasserstoffe, z. B. →Alkene, entstehen Hydroxyalkoxyradikale, die ähnlich weiterreagieren. *Barnes*

Alkylnitrate. Organische Nitrate entstehen durch sekundäre Reaktionen im Verlauf der durch OH, O_3, NO_3, und HO_2 initiierten Oxidation organischer Verbindungen in der →Troposphäre und gehören zu den NO_y-Komponenten. Die wichtigste Bildungsreaktion für A. ist die Reaktion von Peroxyradikalen, RO_2, mit NO (1a, 1b).

$$RO_2 + NO \rightarrow RO + NO_2 \tag{1a}$$
$$RO_2 + NO + M \rightarrow RONO_2 + M \tag{1b}$$

Für die photochemische Ozonproduktion nehmen die Reaktionen (1a) und (1b) eine Schlüsselstellung ein. Die Teilreaktion (1a) stellt eine Fortpflanzung der Radikalkette dar und liefert NO_2 als direkten Vorläufer für →Ozon. Die Reaktion (1b) hingegen liefert stabile A. $RONO_2$ mit einer erheblich längeren Lebensdauer (8–30 Tage). Das Verhältnis der beiden Reaktionskanäle (1a)/(1b) ist entscheidend für den Einfluß eines speziellen Kohlenwasserstoffs auf die Ozonproduktion, weil Reaktion (1b) einen Nettoverlust für NO_x darstellt und als Radikalfänger in der Oxidationskette zu einem

Kettenabbruch führt. Das Verzweigungsverhältnis $\alpha = k_{1b}/(k_{1a} + k_{1b})$ steigt für gesättigte Kohlenwasserstoffe mit Zunahme der Kettenlänge an und beträgt bei n-Oktan $\approx 0{,}32$.

In der Atmosphäre konnten die A. in Reinluftgebieten im Konzentrationsbereich von 1–60 pptV und in städtischen Gebieten bis zu 230 pptV nachgewiesen werden. Als Senken in der Atmosphäre kommen die OH-Reaktion und die →Photolyse in Frage, wobei für die längerkettigen A. die OH-Reaktion die wichtigste Verlustreaktion darstellt. Aufgrund der langen atmosphärischen Lebensdauer dieser Verbindungsklasse im Vergleich zu anderen NO_x- und NO_y-Verbindungen ist ein Transport von Stickoxiden durch A. in nicht belastete Gebiete möglich.

Die Reaktion von NO_3-Radikalen mit ungesättigten Verbindungen während der Nacht (→Nachtchemie) führt zur Bildung von bifunktionellen Nitraten wie Dinitraten, Ketonitraten und Hydroxynitraten, die wichtige NO_y-Komponenten darstellen können. Bis heute liegen jedoch keine atmosphärischen Messungen dieser Verbindungen vor. Aus der Bestimmung der UV-Absorptionsspektren dieser Nitrate in Laborexperimenten kann abgeschätzt werden, daß deren Lebensdauer in der Atmosphäre überwiegend durch die Photolyse bestimmt wird und im Bereich von wenigen Tagen liegt. *Wirtz*

Literatur: *Barnes, I.; V. Bastian; K. H. Becker; T. Zhu:* Kinetics and Products of the Reactions of NO_3 with Monoalkenes, Dialkenes and Monoterpenes, J. Phys. Chem. **94** (1990) 2413–2419. – *Becker, K. H.; K. Wirtz:* Gas Phase Reactions of Alkyl Nitrates with Hydroxyl Radicals under Tropospheric Conditions in Comparison with Photolysis, J. Atmos. Chem. **9** (1990) 419–433. – *Roberts, J. M.:* The Atmospheric Chemistry of Organic Nitrates, Atmos. Environ. **24** A (1990) 243–287.

Alkylperoxynitrate. A. $ROONO_2$ entstehen im Verlauf der Reaktion von Alkylperoxyradikalen ROO mit NO_2. Diese Peroxynitrate sind im Gegensatz zu den Peroxynitraten mit einer Carbonylgruppe in der α-Position der Peroxybindung (Peroxyacylnitrate; $RC(O)OONO_2$) thermisch wesentlich instabiler (→Peroxyacetylnitrat, →Peroxybenzoylnitrat). *Wirtz*

Alkylradikale. A. sind organische Radikale mit der Summenformel C_nH_{2n+1}. Sie entstehen in der Atmosphäre hauptsächlich durch die Abstraktion eines H-Atoms von einem gesättigten Kohlenwasserstoff durch OH-Radikale. Das wichtigste A. für die →Atmosphärenchemie ist das bei der Methanoxidation gebildete Methylradikal (CH_3). In der Atmosphäre addieren alle A. rasch Sauerstoff unter Bildung von Alkylperoxyradikalen (→Peroxyradikal):

$$RH \text{ (Alkan)} + OH \rightarrow R \text{ (Alkylradikal, z. B. } CH_3, C_2H_5 \text{ usw.)} + H_2O$$

$$R + O_2 + M \rightarrow RO_2 \text{ (Alkylperoxyradikal, z. B. } CH_3O_2, C_2H_5O_2) + M.$$

Bei der Anlagerungsreaktion von OH-Radikalen an ungesättigte Kohlenwasserstoffe, z. B. →Alkene, entstehen Hydroxyalkylradikale, die genauso weiterreagieren wie oben beschrieben. *Barnes*

Allergie. A. ist eine Krankheitserscheinung, die nach wiederholter Exposition gegenüber einem Allergen auftritt, das zu einer Sensibilisierung geführt hat. Die häufigsten Symptome sind Schnupfen, Hautrötung, Quaddelbildung auf der Haut oder Asthma. Die schwerwiegendste Reaktion ist der anaphylaktische Schock, der vor allem nach intravenöser Injektion eines Stoffes auftritt, z. B. eines Arzneimittels, gegen das eine A. besteht oder nach Injektion artfremder Proteine. Infolge Freisetzung gefäßerweiternder Substanzen wie Histamin, kommt es zum Blutdruckabfall. Die Ursache für allergische Krankheitserscheinungen sind letztlich immer Proteine. Entweder ist das Allergen selbst ein →Protein oder der allergene Stoff, das Hapten, reagiert mit einem körpereigenen Protein und verändert es so, daß es vom Immunsystem als Fremdprotein (→Antigen) angesehen wird. *Greim*

Allgemein anerkannte Regeln der Technik →a. a. R. d. T.

Alphastrahlung. Von verschiedenen radioaktiven Stoffen beim →Zerfall ausgesandte positiv geladene Teilchen. Ein Alphateilchen besteht aus zwei Neutronen und zwei Protonen, ist also mit dem Kern eines Heliumatoms identisch. A. ist die am wenigsten durchdringende Strahlung der drei Strahlungsarten Alpha-, Beta-, Gammastrahlung. A. wird schon durch ein Blatt Papier absorbiert.

Die zweifach positiv geladenen Heliumkerne wirken über ihre Ladung auf die Elektronen in der Hülle von Atomen, an denen sie vorbeifliegen. Dies führt dazu, daß Elektronen auf weiter außen liegende Bahnen gebracht werden (Anregung), beziehungsweise an Elektronen so viel Energie übertragen wird, daß sie den Hüllenbereich verlassen (Ionisation). Die Alphateilchen geben in dichter Reihenfolge schrittweise Energie ab. Ihre Reichweite beträgt in Luft nur wenige Zentimeter und in Gewebe oder anderen kompakten Materialien nur weniger als ein Zehntel Millimeter.

Wegen ihrer dichteren Energiedeposition verursacht A. bei gleicher Energiedosis eine wesentlich höhere biologische Wirkung als →Betastrahlung. Das Alphateilchen erzeugt etwa 100 000 Wechselwirkungen pro Gewebezelle, das Betateilchen rund 100 Wechselwirkungen pro Gewebezelle. *Merz*

Altablagerung. A. sind verlassene und stillgelegte Anlagen zum Ablagern von Abfällen, Grundstücke, auf denen Abfälle abgelagert worden sind einschließlich illegaler („wilde") Ablagerungen sowie sonstige Aufhaldungen und Verfüllungen mit Produktionsrückständen, auch in Verbindung mit Bergematerial und →Bauschutt. Der mit der A. erfolgte Flächenverbrauch stellt eine örtlich begrenzte Umweltbelastung dar. Das Material der A. unterscheidet sich in der Zusammensetzung von der des natürlichen Boden und des Untergrundes. Bei A. besteht der Verdacht, daß anthropogene Verunreinigungen mit Schadstoffen vorliegen, die eine Gefährdung für Mensch und Umwelt bedeuten können (→Verdachtsfläche). Die darüber hinaus in A. aus Siedlungsabfällen durch mikrobiologische und chemische Umsetzungsprozesse entstehenden Gase Methan, Kohlendioxid und Schwefelwasserstoff sind sekundäre Kontaminationen. A. stellen weniger eine Boden- als eine →Grundwassergefährdung dar. Böden sind am Ablagerungsplatz in der Regel nicht mehr vorhanden, weil mit der Nutzung einer Fläche zur →Abfallablagerung der gewachsene Boden weitgehend zerstört wird. Da das Rechtsgebiet →Altlasten und →Bodenschutz noch nicht bundeseinheitlich geregelt ist (Stand 1994), haben die meisten Länder den Begriff A. in den Länderabfallgesetzen – unterschiedlich – definiert. *Thoenes*

Altarzneimittel. A. sind Abfälle, die in privaten Haushaltungen anfallen, deren notwendige Behandlung sich mit den technischen Mitteln der Siedlungsabfallbehandlung durchführen läßt, die jedoch auf Grund des von ihnen ausgehenden Gefährdungspotentials den Weg nicht über die graue Restabfalltonne gehen dürfen.

Rückgabebedürftige A. sind für den Verbraucher durch arzneimittelrechtliche Kennzeichnungen wie verschreibungspflichtig oder apothekenpflichtig zu erkennen, aber auch durch sonstige Hinweise wie „Außerhalb der Reichweite von Kindern aufbewahren". Nicht apothekenpflichtige Arzneimittel sind für den Endverbraucher oft schwer oder gar nicht als solche erkennbar. Die Kennzeichnungen sind Ausdruck des Vorsorgegedankens, der im Arzneimittelbereich so ausgeprägt ist wie in keinem anderen Produktbereich.

Das →Vorsorgeprinzip wird mit der Bereitstellung von A. zur Abholung mit dem →Haushaltabfall jedoch verletzt; hier wird nicht nur Mißbrauch möglich, sondern eine mögliche Schädigung durch abgelaufene Arzneimittel zumindest in Kauf genommen. Die Grundsätze des →Abfallrechts fordern eine Entsorgung, die das Wohl der Allgemeinheit nicht beeinträchtigt, insbesondere keine gesundheitlichen Gefährdungen für den Menschen mit sich bringt. Während der Dauer der Bereitstellung werden A. jedoch verfügungsfähig, besonders für Kinder, so daß dieser →Entsorgungsweg nicht

mit den Grundsätzen des Abfallrechtes vereinbar ist.

A., die im privaten Haushalt anfallen, sollen an eine Apotheke zurückgegeben werden. Von dort wird die weitere Zuführung zur →Abfallbehandlung ohne Zugriffsmöglichkeit Unbefugter sichergestellt. *J. Kühn*

Altautoverwertung. Bei der A. ist grundsätzlich zwischen den Hauptgruppen Lkw und Pkw zu unterscheiden. Lkw und Nutzfahrzeuge ähnlicher Art werden in Schrottbetrieben von Hand oder mit Schrottscheren in ihre Einzelteile zerlegt; die einzelnen Stoffanteile werden der jeweils gegebenen →Verwertung oder →Abfallentsorgung zugeführt.

Den größten Anteil der Autowracks macht der Pkw-Bereich aus. Art und Menge der durchschnittlichen Materialzusammensetzung für westeuropäische Fahrzeugtypen zeigt die Tabelle 1.

Altautoverwertung. Tabelle 1: Materialzusammensetzung von Personenkraftwagen nach Herstellerjahren (in Gew.-%). (Quelle: SRU)

Material	Herstellungjahr		
	1965	1985	1995
Stahl, Eisen	76,0	68,0	63,0
Aluminium	2,0	4,5	6,5
Sonstige NE-Metalle (Kupfer, Blei, Zink)	4,0	3,0	3,0
Kunststoffe	2,0	10,0	13,0
Sonstiges (Glas, Gummi)	16,0	14,5	14,5
	100	100	100

Tabelle 2 zeigt das Mengengerüst einer →Shredderanlage mit den tatsächlich anfallenden Materialmengen. Dabei ist zu berücksichtigen, daß in Shreddern nicht ausschließlich Autowracks, sondern auch andere metallhaltige Altmaterialien wie elektrische Großgeräte, Haushaltsgroßgeräte wie Kühlschränke, Teile aus dem Anlagenbau usw. eingesetzt werden. Andere Aufbereitungsverfahren für die A. wie das Pressen und das Scheren haben keine Bedeutung mehr.

Legt man das Mengengerüst der Tabelle 2 zugrunde, so ergeben sich 69% Shredderschrott, 3% NE-Metalle und 28% Shredderrückstände.

An die Entsorgung der Shredderrückstände werden nach Maßgabe der →TA Abfall Teil 1 erhöhte Anforderungen gestellt. Die Shredderrückstände wurden überwiegend auf Deponien abgelagert; dies wird künftig wegen der teilweise hohen Schadstoffgehalte (z. B. ölhaltige Bestandteile, PCB-Spuren) nicht mehr möglich sein.

Altautoverwertung. Tabelle 2: Mengengerüst einer Shredderanlage mit einer Produktion von 5 000 t Shredderschrott pro Monat. (Quelle: SRU)

Shredder-Material, -Produkte	Mengen (t)	Anteil vom Gesamt-einsatz (%)
Gesamteinsatz an Shredder-Vormaterial	7 246	100
Shredderschrott	5 000	69
Summe der Restfraktionen NE-Metalle und Shredderabfall	2 246	31
davon: – handverlesene NE-Metalle	72	1
– Feinfraktion	1 811	25
– Grobfraktion	363	5
davon: in Aufbereitungsanlagen gewonnene NE-Metalle	145 (= 40 % der Grobfraktion)	2
nichtverwertbarer Rest der Grobfraktion	218 (= 60 % der Grobfraktion)	3

Um eine umweltverträgliche und verursachergerechte Entsorgung und Verwertung von Altautos zu gewährleisten, sieht eine Verordnung zur Vermeidung, Verringerung oder Verwertung von Abfällen aus der Kfz-Entsorgung die verantwortliche Einbindung der Hersteller und Vertreiber von Kraftfahrzeugen vor. Hierbei ist dem →Verwertungsgebot des Abfallgesetzes nachhaltig Folge zu leisten und eine weitestgehende stoffliche Verwertung der in den Kraftfahrzeugen enthaltenen Wert- und Schadstoffe sowie der Restkarosse zu realisieren.

Verwirklichen läßt sich die Verwertung vor allem durch die vollständige Demontage der Alt-Kfz und Sortierung in die einzelnen verwertbaren Teile wie Motoren und Aggregate zur Aufarbeitung, Karosserieteile als Ersatzteile, sortenreine Kunststoffe, Glas und Gummi zur stofflichen Verwertung, Flüssigkeiten zur separaten Verwertung/Entsorgung.

Kfz-Industrie und -handel sind daher gefordert, ein solches – außerhalb der öffentlichen Abfallentsorgung funktionierendes – System aufzubauen und zu betreiben.

Regelungen zur Altauto-Entsorgung haben insbesondere folgende Punkte zu berücksichtigen:
– Kfz-Hersteller und -handel oder von diesen beauftragten Spezialbetriebe nehmen Alt-Kfz vom Letztbesitzer zurück.
– Die Rücknahme sollte für den Ablieferer kostenlos sein. Dies schließt jedoch nicht aus, daß die entstehenden Kosten in den Preis der Neufahrzeuge einkalkuliert werden. Dies gilt jedoch nicht für ausgeschlachtete Fahrzeuge.
– Bei der Entsorgung der Alt-Kfz hat die →Wiederverwendung und stoffliche Verwertung von Teilen/Stoffen Vorrang vor der sonstigen Entsorgung.
– Zur Ausschöpfung der Verwertungsziele sowie zur umweltverträglichen Entsorgung der nicht verwertbaren Abfälle sorgen Hersteller und Vertreiber für die Schaffung der erforderlichen Anlagen zur Demontage der Altautos, notwendigen Verwertungswege sowie ordnungsgemäßen Entsorgung der nicht verwertbaren Abfälle.
– Die Hersteller berücksichtigen die Notwendigkeit der →Abfallvermeidung und der umweltverträglichen Verwertung und sonstigen Entsorgung von Alt-Kfz bei ihren Entwicklungen für neue Fahrzeugtypen.

Durch konsequente Vermeidungs- und Verwertungsmaßnahmen sowie durch Maßnahmen bei Neuentwicklung und Modellpflege sollen die aus der Entsorgung von Alt-Kfz stammenden und einer endgültigen Entsorgung zuzuführenden Abfälle, insbesondere die Shredderrückstände, deutlich reduziert werden. *Blickwedel*

Literatur: Der Rat von Sachverständigen für Umweltfragen, Abfallwirtschaft – Sondergutachten, September 1990. Stuttgart 1991.

Alternativer Kraftstoff →Kraftstoff, alternativ

Altglas. A. ist ein erheblicher Teil der Wertstoffe des Hausabfalls. Glas ist zwar grundsätzlich unschädlich in der Hausabfallentsorgung, sollte jedoch im Rahmen des →Verwertungsgebotes soweit möglich getrennt gesammelt werden, weil es überwiegend wieder zu Behälterglas verarbeitet

wird. Weitere, z. Zt. allerdings sehr begrenzte, Einsatzmöglichkeiten sind
- Glaswolleproduktion,
- Schleifmittelproduktion (als Glaspulver und Glassand),
- Splittersatz im Straßenbau,
- Grundstoff für Kacheln und Fliesen.

Eine weitgehende Verwertung des A. setzt eine möglichst farbgetrennte Erfassung voraus. Nicht farbgetrenntes A. wird vor allem zu Grünglas verarbeitet. Dessen Anteil liegt bei der Herstellung mit 31 % aber weit unter dem Anteil des Grün- und Mischglases von 77 % bei der Altglassammlung. Die Folge dieser Diskrepanz sind Preisverfall und Absatzprobleme beim A. Die Verarbeitung zu Behälterglas setzt eine vorangehende Aufbereitung - häufig in Form der Handsortierung, seltener in mechanisierter Form durch optoelektronische Farberkennungssysteme - voraus, um die Qualitätsanforderungen in Bezug auf Farbreinheit und Verunreinigungen halten zu können. *J. Kühn*

Altlasten.
Allgemein. Ein vom Rat von Sachverständigen für Umweltfragen 1978 geprägter Begriff. Er bezog sich auf die unbekannten Risiken, die von Altdeponien und wilden Müllkippen ausgehen können. Aber nicht nur von Flächen mit Altablagerungen, sondern auch von Grundstücken stillgelegter Anlagen der gewerblichen Wirtschaft oder öffentlicher Einrichtungen, auf denen mit umweltgefährdenden Stoffen umgegangen worden ist, können durch Verunreinigungen des Bodens bzw. der Gewässer Umweltgefährdungen ausgehen. Für derartige Grundstücke hat sich der Begriff →Altstandorte eingeführt; sie sind in der Regel altlasttypischen Branchen zuzuordnen.

Altablagerungen und Altstandorte werden wegen der Möglichkeit, daß von ihnen Gefährdungen für die menschliche Gesundheit sowie für die belebte und unbelebte Umwelt ausgehen können, als altlastverdächtige Flächen bzw. als →Verdachtsflächen bezeichnet.

Das Entstehen dieser Verdachtsflächen ist eng mit der Entwicklung der modernen Industrie- und Konsumgesellschaft, der betrieblichen Praxis und der Art der →Abfallbeseitigung in früheren Jahren verbunden (→Altlastenentstehung). In der ehemaligen DDR haben zusätzlich die planwirtschaftlichen und damit verbundenen Zwänge sowie das Vollzugsdefizit in der Vorsorge und in der Kontrolle der Auswirkungen von Umweltbelastungen zur heutigen A.-Problematik beigetragen. Diese ist nicht nur ein nationales Problem, sondern in allen Industrieländern anzutreffen. Gesellschafts- und umweltpolitisch ist es geboten, diese Umweltbelastungen zu beheben und nicht kommenden Generationen zu hinterlassen.

Durch Unterbewertung des Gefährdungspotentials, durch unbekümmerten und leichtfertigen Umgang mit Abfällen und umweltgefährdenden Stoffen, durch undichte Leitungs- und Kanalsysteme und beim Abbruch von Betriebsanlagen konnte und kann es zu Verunreinigungen (→Kontaminationen) der Umweltmedien Boden, Wasser und Luft kommen.

Bei zahlreichen kontaminierten Flächen wurde viel zu spät erkannt, daß ein →Gefährdungspotential für die Umwelt bestand. Die Selbstreinigungskräfte der Umweltmedien und die Widerstandskraft der Schutzgüter wurden weit überschätzt. Man ging davon aus, daß die Reinigungsleistung der Böden und die Verdünnung in den Gewässern ausreichten, um nachteilige Folgen für das gesamte →Ökosystem im betroffenen →Einwirkungsbereich zu verhindern. Hinzu kam, daß es erst in neuester Zeit möglich wurde, Spurenkonzentrationen von Schadstoffen sicher zu messen und deren Ausbreitungspfade zu verfolgen. Auch spielt der jeweilige Stand der Erkenntnisse in den human- und ökotoxikologischen Bereichen eine wichtige Rolle bei der Bewertung der Gefährdung von Verdachtsflächen (→Gefährdungsabschätzung).

Erst durch eingetretene Schadensfälle, z. B. nach der Wohnbebauung von Altablagerungsplätzen und Altstandorten, wurde das Umweltbewußtsein im Hinblick auf die immer zahlreicher werdenden Verdachtsflächen sensibilisiert. Diese Entwicklung führte auch zur Beteiligung der Öffentlichkeit bei der Abwehr und Beherrschung von Schadstoffbelastungen durch A. und einer gegebenenfalls damit verbundenen notwendigen →Nutzungsanpassung. Es gehört heute zu den Zielen im Umweltschutz, die durch Altablagerungen und an Altstandorten bereits entstandenen Gefährdungen und Umweltschäden zu erfassen (Erfassung von Verdachtsflächen) sowie zu untersuchen und zu bewerten (→Altlasten-Bewertungsverfahren). Werden Gefährdungen der Umweltmedien und der Schutzgüter festgestellt, so sind diese einzuschränken (→Schutz- und Beschränkungsmaßnahmen) und beherrschbar zu machen (→Sicherungsmaßnahmen). Durch Dekontaminationsmaßnahmen können die zur Gefährdung führenden Verunreinigungen beseitigt werden. Darüber hinaus ist es wichtig, die bei der Erfassung, Untersuchung und Sanierung gewonnenen Erkenntnisse bundesweit zu sammeln und zu nutzen, um künftig derartige Umweltgefährdungen durch entsprechende Vorsorgemaßnahmen zu vermeiden, d. h. die Entstehung neuer A. zu verhindern.

Als Sammelbegriff stehen A. für unangenehme Geschehnisse, die in früherer Zeit ihren Ursprung haben, in ihren Auswirkungen gegenwärtig einen Handlungsbedarf auslösen. So wird der Begriff A. nicht nur im ökologischen Bereich verwendet. Für die ökologischen A. sind für eine bundeseinheitliche Fassung Definitionen von der Arbeitsgruppe „Altablagerungen und Altlasten" der Länderarbeitsgemeinschaft Abfall (LAGA) und auch vom Rat von Sachverständigen für Umweltfragen (SRU) vorgeschlagen worden, die – mangels einer einheitlichen bundesrechtlichen (Rahmen-)Regelung – in verschiedenen Ländergesetzen, mehr oder weniger verändert, Eingang gefunden haben. Weiterhin existierte in der ehemaligen DDR eine A.-Definition, die nicht nur stillgelegte, sondern auch betriebene Anlagen und großflächige Bodenbelastungen umfaßte. Es ist zweckmäßig auch für diese in Betrieb befindlichen Anlagen und noch genutzten kontaminierten Grundstücke in den neuen Bundesländern den Begriff A. zu verwenden, sofern die zur Gefährdung führenden Verunreinigungen vor dem 1. Juli 1990 („Umweltunion") entstanden sind (→Altlasten-Freistellungsklausel).

In verschiedenen Ländergesetzen sind das Aufsuchen und Bergen von Munition und Kampfmittel ausgeklammert. Dieser Bereich gehört zu den Kriegsfolgelasten und zu den kriegs- und rüstungsbedingten A. (→Rüstungsaltlasten). Darunter fallen alle umweltgefährdenden Verunreinigungen der Umweltgüter Boden, Wasser und Luft durch Chemikalien aus konventionellen und chemischen Kampfstoffen. Daneben existieren noch umweltgefährdende Kontaminationen auf ehemals militärisch genutzten Liegenschaften, sie werden als militärische oder Verteidigungs-A. bezeichnet.

Durch die A.-Problematik werden mehrere Rechtsgebiete berührt: das Polizei- und Ordnungsrecht, das →Abfallrecht, das Wasserhaushaltsrecht, das Immissionsschutzrecht, das Bergrecht, das Baurecht (→Umweltrecht).   *Thoenes*

Literatur: SRU: Umweltgutachten 1978. Stuttgart 1978. – SRU: Altlasten. Stuttgart 1990. – *Eberle, L.:* Der Begriff Altlasten, Genese, Eingrenzung und Anwendungspraxis in den Bundesländern. Zeitschrift für angewandte Umweltforschung 2 (1989) S. 15/24. – LAGA: Altablagerungen und Altlasten. Berlin 1991.

Arbeitsschritte. Der Umgang mit A. läßt sich in die Hauptphasen Erfassung, →Gefährdungsabschätzung sowie Sanierung und Überwachung einteilen (Bild). Die erste Phase, die →Altlastenerfassung, umfaßt die Lokalisierung und Informationssammlung. Unter günstigen Umständen erlauben bereits die Ergebnisse aus der Erfassung eine Erstbewertung. In den meisten Fällen reichen die vorhandenen Informationen für eine endgültige Aussage nicht aus, so daß weitere orientierende Untersuchungen zur Gefährdungsabschätzung vorgenommen werden müssen. Durch diese orientierenden Untersuchungen soll eine Bewertung über die mögliche Gefährdung von Schutzgütern erreicht werden. Hierbei ist zu entscheiden, ob eine Altlast vorliegt oder der Altlastverdacht sich nicht bestätigt.

Besteht der Altlastverdacht fort, muß die →Verdachtsfläche unter Beobachtung oder Überwachung bleiben. Hat sich der Altlastverdacht bestätigt, werden detaillierte Untersuchungen zur eindeutigen Feststellung über die Art und das Ausmaß der Gefährdungen durchgeführt. Die Ergebnisse müssen bewertet werden, um über eine Sanierung oder über eine weitere Beobachtung und Untersuchung entscheiden zu können.

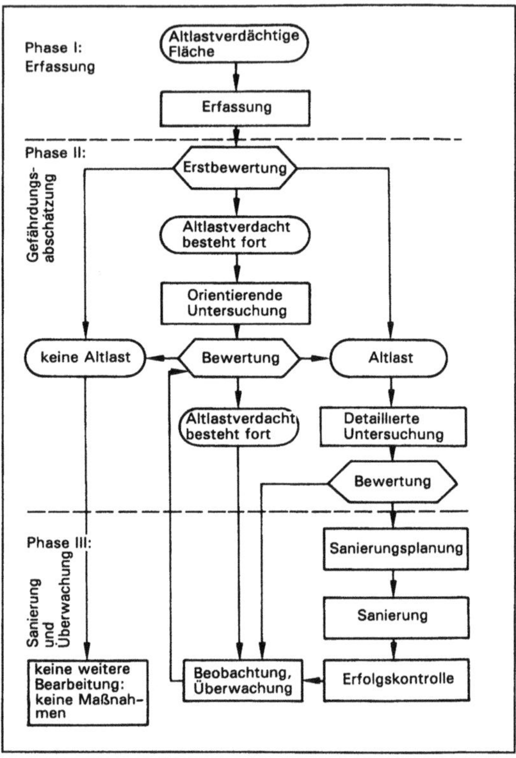

Altlasten: Vereinfachtes Ablaufschema des Umgangs mit Verdachtflächen und A. (Quelle: SRU)

Werden bei den Untersuchungen akute Gefährdungen für Mensch und Umwelt festgestellt, dann muß im Hinblick auf eine notwendige Gefahrenabwehr sofort über die erforderlichen →Schutz- und Beschränkungsmaßnahmen entschieden werden.

Erfolgen Gefährdungsabschätzungen parallel an einer Vielzahl von Verdachtsflächen, dann können die Ergebnisse der Bewertungen auch für die Festlegung von Prioritäten für weitere Bearbeitungsschritte genutzt werden.

In der dritten Phase erfolgt die Planung und Realisierung der Sanierung. An die Sanierung muß sich eine Erfolgskontrolle der Sanierung und in Abhängigkeit von der angewandten Sanierungstechnik auch eine Beobachtung oder Überwachung der sanierten Fläche anschließen.   *Thoenes*

Literatur: SRU: Altlasten. Stuttgart 1990.

Altlasten des Uranerzbergbaus. Urangewinnung nach dem Zweiten Weltkrieg war in aller Welt von militärischen Zielen diktiert. Für Errichtung, Betrieb und →Stillegung von Anlagen gab es keine ausreichenden Schutzregelungen. Im Gefolge entstanden in den Uran produzierenden Ländern große A. mit im einzelnen unbekannten Ausmaßen. Belastete Flächen, Objekte und Materialien verblieben im unsanierten Zustand ungenutzt oder gelangten in verbreitete Nachnutzung.

Spezifisch für A. von Uranerzbergbau und -aufbereitung ist die →Kontamination durch Radionuklide der Uran-Radium-Reihe, die neben den durch normale A. aus Bergbau und Chemiebetrieb entstehenden Folgen zusätzlich zu berücksichtigen sind. In den dichtbesiedelten Bergbaugebieten Sachsens und Thüringens führte der intensive Uranerzbergbau der Nachkriegsjahre zu umfangreichen A. Sie umfassen Hunderte von Halden, Schächten, Absetzanlagen, Umschlagplätzen, Betriebsflächen und -gebäuden, die bis Anfang der 60er Jahre stillgelegt und in öffentliche Hand übergeben wurden. Systematische Erfassung, Untersuchung und radiologische Bewertung der Situation wurden erst nach der deutschen Einheit möglich.

Die von der Uranindustrie hinterlassenen festen Rückstände haben bei der Beurteilung der A. zentrale Bedeutung nicht nur wegen ihrer Verbreitung und Mengen, sondern vor allem als Kontaminanten der Anlagen, Flächen und Objekte (Tabelle). Mit den Angaben charakteristischer Größen der →Radioaktivität typischer Materialien können unter Berücksichtigung realistischer Nutzungsparameter die resultierenden Strahlenexpositionen abgeschätzt und mit natürlichen, regionalen Bedingungen verglichen werden.

Anforderungen an Maßnahmen des Strahlenschutzes bei Verwahrung/Sanierung der mit Material belegten Deponien oder Flächen wachsen mit zunehmender Radioaktivität. Im niedrigsten Aktivitätsbereich liegen mehr als 90 % aller Uranerzbergbauhalden (Gesamtzahl ca. 800). Sie erfordern je nach den örtlichen Bedingungen keine oder nur begrenzte Verwahrungsmaßnahmen. Hohe Anforderungen sind an die Verwahrung von Tailings zu stellen (→Uranerzbergbau und Umwelt). Langlebigkeit der Kontaminationen und die resultierende Langzeitbelastung sind zu beachten, obwohl akute Strahlenschäden wegen der Begrenztheit der spezifischen Aktivität in keinem Falle auftreten können. Bei bereits genutzten Flächen und Objekten, deren Kontamination erst nachträglich festgestellt wurde, ist über das weitere Vorgehen in Abhängigkeit von Kontaminationsart und -grad, Expositionsmöglichkeiten, Dekontaminierbarkeit und -aufwand zu entscheiden.

Altlasten des Uranerzbergbaus. Tabelle: Radioaktivität von Material aus Bergbau und Erzaufbereitung[1]).

Material	Radium-226-Gehalt (Bq/kg)	Ortsdosisleistung (nSv/h)
Bergbau (Uranerz und Mansfelder Kupferschiefer)		
– Bergbauabraum (taubes Gestein)	200... 1 000	250... 500
– Bergbauabraum (erznah)	900... 2 000	500... 900
Uranerzaufbereitung		
– „Armerz"	2 000... 3 000	900...1 400
– Erz (Mittel)	3 000...10 000	1 400...4 500
– Aufbereitungsrückstände (Tailings)	5 000...15 000	3 000...5 000
Kupferschiefer-Verhüttung Mansfeld		
– Kupferschlacke[2])	400... 1 000	300... 700
– Stäube und Schlämme[3])	200... 800	200... 400
Abraum Steinkohlebergbau Freitaler Raum	400... 4 000	300...3 000
Zum Vergleich:		
– Natürlicher Boden West-Erzgebirge	40... 170	70... 180
– Granite West-Erzgebirge	40... 220[4])	100... 350
– Böden (landesweiter Durchschnitt)	40	100

[1]) Streubereich der Mittelwerte; Einzelstücke oder -partien auch darüber oder darunter;
[2]) Altschlacke z. T. höhere Werte;
[3]) hohe Anteile von Blei-210 und Polonium-210;
[4]) Maximalwerte bis 500 Bq/kg

In Sanierungsentscheidungen gehen eine Vielzahl von Kriterien ein, die außer dem →Strahlenschutz Aspekte des Umweltschutzes, der Raum- und Nutzungsplanung, der Akzeptanz, Dauer, Durchführbarkeit und Kosten der Sanierung u. a. betreffen. Hinsichtlich des Strahlenschutzes besteht die prinzipielle Schwierigkeit, zwischen den regional überdurchschnittlich hohen natürlichen und den zusätzlichen technogenen Komponenten der Radioaktivität zu differenzieren (gleiche Radionuklide). Die Strahlenschutzkommission hat sich hierzu grundsätzlich geäußert, ihre Empfehlungen zur Freigabe/ Nutzung von Objekten und Flächen des Uranerzbergbaues sind sinngemäß auch für deren A. anwendbar.

Zahlreiche A. sind vom Bergbau vergangener Jahrhunderte (Zinn, Silber u. a.) im Erzgebirge hinterlassen worden. Tausende kleiner Abraumhalden sind weitgehend in örtliche Besiedlung und Nutzung eingegangen und kaum noch zu identifizieren. Sie können Uranerzpartien in sehr heterogener Verteilung enthalten. Ihre Nutzung als Baumaterial und Baugrund kann zu sehr hoher Radonkonzentration in Gebäuden führen, die sich zur geologisch bedingten, ohnehin überdurchschnittlichen Belastung der Räume addiert. Ebenfalls seit Jahrhunderten wurde Kupferschieferbergbau und -verhüttung im Mansfelder Raum betrieben. Abraum und Prozeßabfälle haben auf Grund von Uranmineralisationen in den Erzschichten erhöhte Radioaktivität. Hüttenstandorte sind zusätzlich zur hohen Schwermetallkontamination radioaktiv belastet. Kupferschlacke wurde seit mehr als hundert Jahren als Baumaterial verwendet (Straßenbau, regional auch Hausbau) und ist Ursache erhöhter Dosisleistung über Einsatzflächen. Zur Verwendung hat die Strahlenschutzkommission Empfehlungen gegeben. Bei bestehenden Nutzungen besteht im allgemeinen kein Handlungsbedarf. Überdurchschnittliche Radionuklidgehalte weisen z. T. Rückstände und Aschen des ebenfalls jahrhundertealten Steinkohlenbergbaus im Freitaler Raum auf. Die dort vorliegenden Bedingungen sind – wie die A. des sächsischen Erz- und Mansfelder Kupferschieferbergbaues – in die o. a. Erhebungen (Tabelle) auf der Grundlage des Strahlenschutzvorsorgegesetzes einbezogen. *Röhnsch*

Literatur: Strahlenschutzgrundsätze für die Verwahrung, Nutzung oder Freigabe von kontaminierten Materialien, Gebäuden, Flächen oder Halden aus dem Uranerzbergbau – Empfehlungen der Strahlenschutzkommission mit Erläuterungen – 1992. Veröffentlichungen der Strahlenschutzkommission Bd. 23, Hrsg. Bundesminister für Umwelt, Naturschutz und Reaktorsicherheit.

Altlasten im Steinkohlenbergbau. Im Bereich des Steinkohlenbergbaus ist insbesondere auf Altstandorten von Anlagen mit A. zu rechnen, in denen mit umweltgefährdenden Stoffen umgegangen worden ist, d. h. auf den Standorten ehemaliger Kokereien und Gaswerke. Als wesentliche →Bodenkontamination auf diesen Standorten werden polycyclische aromatische Kohlenwasserstoffe (PAH), BTX (Benzol, Toluol, Xylol) und Cyanide gefunden. *Schabronath*

Altlasten, rüstungsbedingte →Rüstungsaltlasten

Altlastenbehandlungsverfahren, biologisch. Die biologische Behandlung von kontaminierten Böden und Grundwasser eignet sich mit einer Vielfalt biotechnologischer Verfahren zum biologischen →Abbau von organischen Schadstoffen durch →Mikroorganismen. B. A. gehören zu den →Dekontaminationsverfahren.

Die in der Praxis angewandten Verfahren unterstützen die im Boden und Grundwasser ablaufenden Vorgänge und führen durch Metabolisierung der organischen Schadstoffe zu Kohlendioxid und Wasser, wobei nicht alle Halogenverbindungen zerstört werden. Bei der Metabolisierung ist eine mögliche Bildung toxischer Abbauprodukte zu prüfen. Neben Mikroorganismen werden auch Pilze, z. B. Weißfäulepilze, für den Abbau →polycyclischer aromatischer Kohlenwasserstoffe (PAK) eingesetzt.

Vor der Anwendung mikrobiologischer Behandlungsverfahren müssen Voruntersuchungen (→Machbarkeitsstudie) durchgeführt werden. Hierbei sind in Abhängigkeit von den örtlich vorhandenen Mikroorganismen sowie den vorliegenden Boden- und Grundwasserverhältnissen der Grad der →Abbaubarkeit, die Art der biochemischen Abbauwege und der Metaboliten mit ihrer Wirkung auf die Umwelt sowie die erforderlichen Milieu- und Nährstoffbedingungen mit den jeweiligen verfahrenstechnischen Voraussetzungen zu klären. Wichtig ist die Kontrollierbarkeit der Abbauprozesse, um mögliche Umweltauswirkungen bei der Sanierung rechtzeitig zu erkennen.

Die sehr oft geforderte Gewährleistung der Kontrolle und Steuerbarkeit der mikrobiologischen Behandlungsverfahren hat ihre Grenzen.

□ On site- und off site-Behandlungsverfahren. Sie werden großtechnisch eingesetzt. Die kontaminierten Massen werden ausgehoben und am Standort der Altlast (on site = an Ort und Stelle) oder in einem Sanierungszentrum (off site = außerhalb des (Stand-)Orts) behandelt (Bild 1). Nach einer mechanischen Vorbereitung werden die zu reinigenden Massen mit Bakterienkulturen, Nährstoffen, Lösungsvermittlern und Wasser versetzt. Eine ständige Belüftung oder Sauerstoffzugabe ist für den Abbau notwendig; die Abluft ist ggfs. zu reinigen. Die Behandlung kann je nach Schadstoffspektrum und erforderlichen Restkonzentrationen Wochen bis Jahre dauern. An Möglichkeiten zur Verkürzung

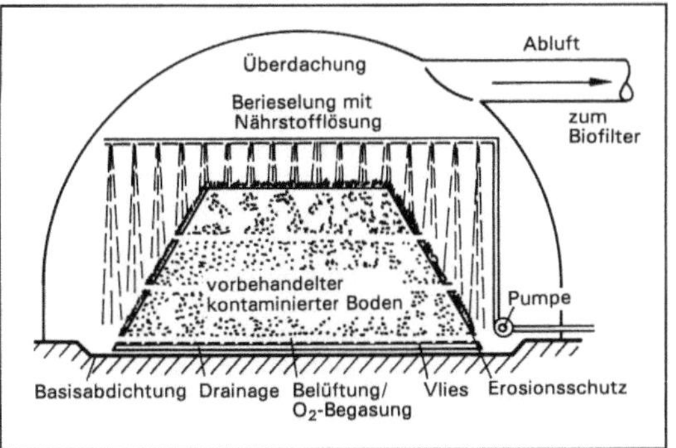

Altlastenbehandlungsverfahren, biologisch 1: Mikrobiologische on site-/off site-Bodenreinigung in Mieten. (Quelle: SRU)

der Behandlungsdauer wird ständig gearbeitet. Hierzu dienen sowohl Reaktoren als auch Verfahrensverbesserungen. In Abhängigkeit von der Dauer und Intensität der Behandlung können für Mineralölverunreinigungen Restkonzentrationen von unter 500 mg/kg Trockensubstanz erreicht werden.

□ In situ-Behandlungsverfahren. Der biologische Abbau der Schadstoffe erfolgt ohne Aushub direkt im kontaminierten Bereich der Altlast (in situ = in der Lage vom lat. situs = Lage, Ortsverhältnisse). Derartige Verfahren werden für die Bodenreinigung und für die Reinigung des Grundwassers eingesetzt (Bild 2). Vor Beginn der biologischen Reinigung des Grundwassers ist eine hydrogeologische Untersuchung erforderlich. Das Grundwasser darf durch das Behandlungsverfahren nicht zusätzlich belastet werden.

Die Verfahrenstechnik der biologischen Bodenreinigung unterscheidet zwischen Oberflächenverfahren mit Tiefen bis 0,5 m und Verfahren für die Behandlung tieferer Bodenschichten. Bei der in situ-Bodenbehandlung erfolgt die Zugabe von erforderlichen Bakterien, Nährstoffen usw. über Versickerungen oder über Spülkreisläufe. Hierzu müssen geeignete Bodenverhältnisse im Hinblick auf Durchlässigkeit vorliegen. Eine mangelnde Durchströmbarkeit und Benetzbarkeit beschränken den Einsatz der in situ-Behandlung. Auch sind in situ-Verfahren schwerer zu kontrollieren und zu steuern als on site/off site-Verfahren. Das in situ-Verfahren kann als Zwischenstufe in Verfahrenskombinationen eingesetzt werden. *Thoenes*

Literatur: *Battermann, G.:* Kies- und Sandsedimente durch in situ-Technik sanieren – Mikroorganismen zersetzen organische Schadstoffe. Umwelt (1987) 7/8 S. 417/22. – *Filip, Z.; A. Geller, B. Schiefer, H. J. Schwefer* u. *G. Weirich:* Untersuchung und Bewertung von in-situ-biotechnologischen Verfahren zur Sanierung des Bodens und des Untergrundes durch Abbau petrochemischer Umweltchemikalien. BMFT-Forschungsbericht 1440456, Bonn 1989. – SRU: Altlasten. Stuttgart 1990.

Altlastenbehandlungsverfahren, chemisch-physikalisch. C.-p. A. nutzen zur →Dekontamination der Schadstoffe in Altlasten die Reaktionsmecha-

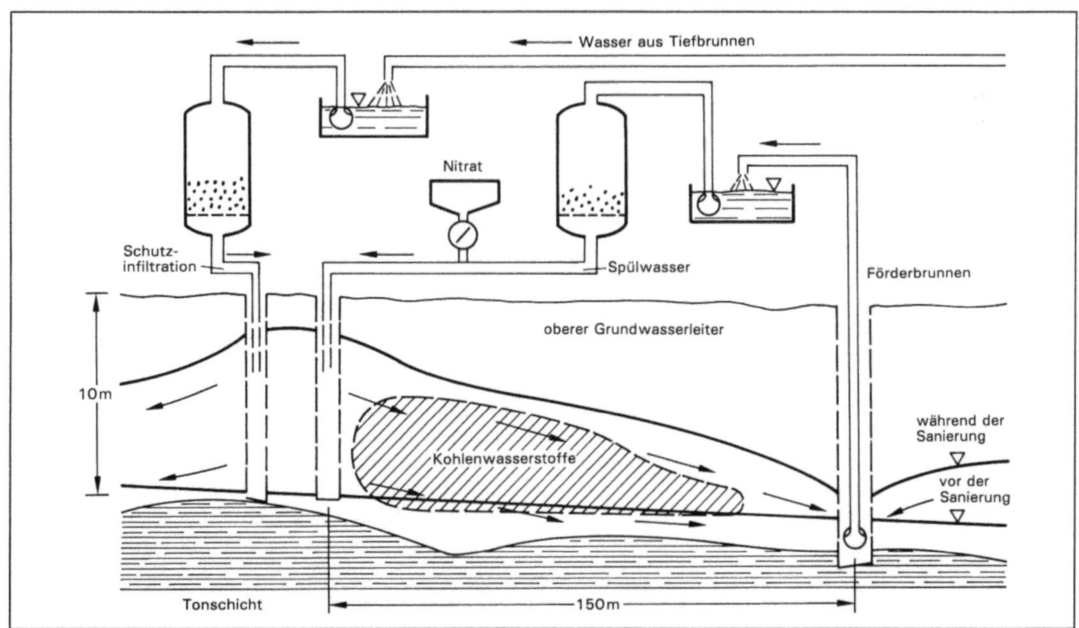

Altlastenbehandlungsverfahren, biologisch 2: Spülkreislauf bei der mikrobiologischen in situ-Reinigung des Grundwassers. (Quelle: Battermann)

Altlastenbehandlungsverfahren, chemisch-physikalisch. Tabelle: Zusammenstellung verschiedener Verfahren. (Quelle SRU)

Behandlungs-verfahren	Behandeltes Medium	Ort der Behandlung	Transportmedium/ Prozeßstoff
Extraktion/ Waschen	kontaminierter Boden, Untergrund, Bauschutt	on/off site, in situ	Wasser, wäßrige Lösungen, organische Lösungsmittel
Gasaustauch (Stripping)	kontaminierter Untergrund, kontaminiertes Wasser	in situ in situ, on site	Druckluft, Dampf
Absorption	ausgestrippte Phasen, kontaminiertes Grund-, Prozeßwasser	on site	Aktivkohle, Molekularsiebe, Absorberharze
Ionenaustausch	kontaminiertes Wasser	on site	Austauscherharze
Membrantrenn-verfahren	kontaminierte Flüssigkeiten	on site	Wasser
Sedimentation, Flotation	Prozeßabwässer, Dünnschlämme	on site	Flockungs-, Flotationsmittel
Eindampfung	Sickerwasser	on site	
Fällung/Flockung	Prozeßabwasser	on site	Fällungsmittel, Hilfsstoffe
chemische Umwandlung	wässrige Phasen,	on site	Reagenzien
	Sickeröle, Boden	on/off site in situ	z. B. Natrium Luft, Ozon

nismen Extraktion, Gasaustausch, Adsorption, Ionenaustausch und chemische Umwandlung. Mit Hilfe dieser Mechanismen werden die Schadstoffe aus kontaminierten Feststoffen, z. B. Böden, Untergrundmaterial, Bauschutt, aus kontaminiertem Grund-, Sicker- und Prozeßwasser sowie aus kontaminierter Bodenluft und Abluft separiert oder verteilt. Bei der Separationsmethode werden durch Trennung und Umwandlung relativ kleine Mengen an Schadstoffkonzentraten erzeugt. Bei der Verteilungsmethode entstehen relativ große Mengen von verdünnten Schadstoffströmen. Zur Separationsmethode gehören die on/off site →Bodenwaschverfahren mit der Erzeugung von Schadstoffkonzentraten. Die in situ-Spülung mit der Ableitung der Schadstoffe im Abwasserstrom zählt zu den Verteilungsmethoden. Weitere Verfahren und Anwendungen enthält die Tabelle. *Thoenes*

Literatur: SRU: Altlasten. Stuttgart 1990.

Altlasten-Bewertungsverfahren. Das Verfahren dient zur Bewertung des →Gefährdungspotentials einer →Verdachtsfläche. Die Ergebnisse der Bewertung entscheiden im Einzelfall über die weiteren notwendigen Arbeitsschritte, z. B. Untersuchen, Beobachten, Überwachen, Sanieren oder Ent-

lassen aus dem Verdacht (Einzelfallbewertung). Weiterhin können durch eine vergleichende Bewertung mehrerer Verdachtsflächen und Altlasten untereinander die Dringlichkeit von Maßnahmen in einer Prioritätsliste festgelegt werden (vergleichende Bewertung). Entsprechend den Arbeitsschritten beim Umgang mit Altlasten gibt es im Rahmen der stufenweisen Bearbeitung mehrerer Bewertungsstufen, die mit der Erstbewertung nach der Erfassung beginnt. Weitere Bewertungen folgen nach der Phase der orientierenden und der detaillierten Untersuchungen mit entsprechenden Handlungsnotwendigkeiten.

Die bei den A.-B. zu benutzenden Bewertungskriterien müssen die individuelle örtliche Situation mit den wirkungsspezifischen Eigenschaften der ermittelten Schadstoffe und die standortspezifischen Expositionsbedingungen der Schutzgüter unter Einbeziehung der Nutzungsformen berücksichtigen. Danach können die Bewertungskriterien den drei Bereichen Stoffcharakteristik mit dem Stoffinventar, Standortcharakteristik mit der →Ausbreitung der Schadstoffe und Nutzungscharakteristik mit der bestehenden und geplanten Nutzung zugeordnet werden. Das Kriterium der Nutzung wird in direktem Zusammenhang mit der

Gefährdung des Menschen durch orale, inhalative oder perkutane Aufnahme von Schadstoffen gesehen. Ein wichtiges Bewertungskriterium ist auch die direkte Entfernung der Altlast zu einer Nutzung des Grundwassers für Trinkwasserzwecke.

Die Bewertungen erfolgen im Rahmen von Einzelgutachten oder durch das Konzept der formalisierten A.-B.

Modelle für formalisierte Bewertungsverfahren finden sich in zahlreichen Bundesländern. Sie unterscheiden sich in der Auswahl und im Umfang der Bewertungskriterien, in der Auswahl der Schutzgüter und in der Art der Gewichtung und Verknüpfung der Bewertungskriterien.

Von den ausländischen A.-B. sind von besonderer Bedeutung das in USA angewandte „Uncontrolled Hazardous Waste Site Ranking System", Abk. →Hazard Ranking System (HRS), und das Verfahren in den Niederlanden mit der Niederländischen Liste (→Prüfwertkonzept).

Eine vollständige Bewertung der bestehenden und besonders einer zukünftigen Gefährdungssituation ist nur eingeschränkt möglich. Die vorliegenden Kenntnisse über das Ausbreiten und Verhalten der Schadstoffe in den →Umweltmedien Boden, Wasser und Luft sowie über die Wirkungen der Stoffe im human- und ökotoxischen Bereich bestimmen die Grenzen der Aussagen der A.-B. *Thoenes*

Literatur: *Lühr, H. P.:* Vergleichende prioritätsetzende Verfahren zur Gefährdungsabschätzung von Altlasten. In: Franzius, V. et al (Hrsg.) Handbuch der Altlastensanierung. Heidelberg 1988 – SRU: Altlasten. Stuttgart 1990.

Altlastenentstehung. Bis in dieses Jahrhundert hinein war es allgemein üblich, sich der Abfälle fast ausnahmslos ohne ausreichende Rücksicht auf den Schutz des Bodens, des Untergrundes und des Grundwassers zu entledigen. Siedlungs-, Gewerbe- und Produktabfälle wurden an Berghänge, auf Halden oder in natürliche und künstlich geschaffene Vertiefungen gekippt. Gewerbe- und Produktionsabfälle vergrub man auch auf eigenem Betriebsgelände. Erst mit dem Inkrafttreten des Abfallbeseitigungsgesetzes im Jahre 1972 wurden in den alten Bundesländern etwa 40 000 unkontrollierte Ablagerungsplätze geschlossen. Die damit verbundene →Rekultivierung beschränkte sich in der Regel auf Abdecken und Bepflanzen. Viele dieser Plätze wurden vergessen. Die gleiche Situation besteht auch für die im und nach den Weltkriegen vergrabene Munition und Kampfmittel. In den Altablagerungen und Vergrabungen befinden sich mehr oder weniger große Mengen an umweltgefährdenden Stoffen. Werden durch diese Schadstoffe Schutzgüter beeinträchtigt, so spricht man von einer →Altlast.

Eine andere Ursache für die A. sind die Verunreinigungen der Böden und des Untergrunds durch den Umgang mit umweltgefährdenden Stoffen auf Grundstücken der gewerblichen Wirtschaft oder öffentlicher Einrichtungen (→Branchen, altlasttypische). Es kann sich hierbei um Standorte ehemaliger Produktionsanlagen oder um das Gelände früherer Verarbeitungs-, Gewerbe- und Dienstleistungsbetriebe handeln; hierzu zählen auch Betriebe der Rüstungsindustrie sowie aufgegebene militärische Liegenschaften (→Rüstungsaltlasten).

Zu den Ursachen der A. in der ehemaligen DDR gehören überalterte Produktionsweisen, die ohne ausreichende Umweltschutzmaßnahmen betrieben wurden. Auch führte der ungeschützte Umgang mit umweltschädigenden Betriebsstoffen und Produktionsrückständen zu Schwerpunkten der Boden- und Gewässerbelastungen. Eine weitere Ursache liegt bei der umweltschädlichen Abwasserbehandlung und Abfallentsorgung. *Thoenes*

Altlastenerfassung.
Allgemein. Die A. umfaßt in der ersten Phase die Sammlung aller Daten zur Beschreibung der Altablagerungen und Altstandorte als Verdachtsflächen. Durch die Erfassung soll festgestellt werden, ob ein Verdacht besteht oder ausgeräumt werden kann. Bei der Erfassung werden die Verdachtsflächen nach Lage und räumlicher Ausdehnung ermittelt, exakt beschrieben und in Karten eingetragen. Hierzu werden alle vorhandenen Kenntnisse und Aufzeichnungen zusammengetragen und dokumentiert. Die Erfassungsunterlagen sind auf Dauer zu sichern und in einem →Altlastenkataster aufzunehmen und fortzuschreiben. Zur Erfassung der Verdachtsflächen können das deduktive oder das heuristische Verfahren getrennt oder kombiniert eingesetzt werden. Das deduktive Verfahren nutzt die bisher gesammelten Erfahrungen über die bekannten Zusammenhänge zwischen Konsumgütern, Produktionsverfahren und Ablagerungspraktiken einerseits und den darauf zurückzuführenden Altstandorten und Altablagerungen mit den potentiellen Schadstoffen andererseits. Wertvolle Hinweise ergeben sich auch aus Zuordnungen von gehandhabten und hergestellten umweltrelevanten Stoffen zu Wirtschaftszweigen und Dienstleistungsbereichen (→Branchen, altlasttypische).

Bei der Erfassung nach dem heuristischen Verfahren (*griech.* heuriskein = ausfindig machen; auf die Gewinnung von Einsichten ausgerichtetes Untersuchungsverfahren) wird das in Frage kommende Gebiet flächendeckend untersucht. Anzeichen für Altstandorte oder Altablagerungen ergeben sich anhand von Karten, Plänen, Luftaufnahmen, behördlichen Akten, aus alten Adreßbüchern und Branchenverzeichnissen, aber auch aus Archiven der Kammern, Kommunen, Verbände und Zeitungen. Weiterhin können durch Befragungen aktiver und ehemaliger Mitarbeiter von Behörden, Firmen oder der Anwohner Hinweise über frühere Aktivitäten erhalten werden.

Sofern die verfügbaren Informationen für die Erstbewertung nicht ausreichen, sind zusätzliche Ermittlungen notwendig. Hierzu gehören u. a. Geländebegehungen mit visuellen Feststellungen der →Flora und →Fauna, einfache vor-Ort-Untersuchungen, z. B. Schürfe. Zu den ergänzenden Ermittlungen gehört auch die Auswertung von Infrarot- und Falschfarbenluftaufnahmen.

Von der Arbeitsgruppe Altablagerungen und Altlasten der Länderarbeitsgemeinschaft Abfall (LAGA) wird der nachfolgend aufgeführte Kriterienkatalog *Erfassung von Altlasten* zur einheitlichen Anwendung in der Bundesrepublik empfohlen:

□ Allgemeine Angaben.
- Stand, Aufnahmedatum, Anschrift, Lage
- Bezeichnung der Verdachtsfläche
- Registriernummer
- Gauß-Krüger-Koordinaten
- Ort, Kreis, Ortschaft, Gemarkung, Flur, Flurstück, Flächengröße
- Eigentumsverhältnisse: Grundeigentümer, Pächter, Betreiber, Genehmigungsinhaber zum Zeitpunkt der Ablagerung bzw. der kritischen Nutzung und zum gegenwärtigen Zeitpunkt
- Angaben zu den Dienststellen
- Vorhandene Unterlagen zu den Verdachtsflächen, z. B. Dokumentationen, Veröffentlichungen, Gutachten, Bohrungen

□ Angaben zum Stoffinventar.
- Angaben über die Stoffe, mit denen umgegangen wurde, Ablagerungstyp, Branchentyp, Ablagerungs-/Produktionszeitraum, Angaben zur Menge bzw. zum Volumen der Ablagerung/des verunreinigten Erdreichs, produzierte Jahrestonnen
- Zeitliche Entwicklung (Lageplan).

□ Standort/Umgebungskriterien.
- Geländeveränderung durch die Ablagerung: Verfüllung, Aufhöhung, Spülfeld, Sonstige
- Nutzung der Verdachtsfläche: Ehemalige, jetzige und geplante Nutzung, z. B. Deponie, Gewerbebetriebe, Wohnbebauung, militärische Anlage
- Umgebungskriterien: Lage zur Bebauung, zu Wohngebieten, Wasservorranggebieten, Wasser- und Quellenschutzgebieten, Wassergewinnungsanlagen, Oberflächengewässern, Überschwemmungsgebieten, Natur-/Landschaftsschutzgebieten, Sach- und Kulturgütern, zu sonstigen schutzbedürftigen Flächen
- Sicherheitskriterien: Hydro-/geologische Standortgegebenheiten mit der Art der Basisabdichtung, der Deckschicht und des Bewuchses sowie Bodenart und Bodendurchlässigkeit zum nächsten Grundwasserleiter, Abstand der Verdachtsflächensohle zum Grundwasserleiter

□ Vorkommnisse.

- Gasaustritt, Austritt von Sickerflüssigkeiten, Oberflächenwasserverunreinigung, Grundwasserverunreinigung, Rutschungen, Geländeabsenkungen, Vegetationsschäden, Verwehungen, Erosion, Brand, Verpuffung, Explosion, Sonstiges

□ Maßnahmen.
- Bisherige Überwachungs-/Untersuchungs-/Sanierungsmaßnahmen gegliedert nach Luft, Deponiegas, Bodenluft, Grundwasser, oberirdische Gewässer, Sickerflüssigkeiten, Boden, Pflanzen, Menschen, Tiere, usw.
- Probenahmestellen, Untersuchungszeitpunkt/-intervall, Parameterumfang, Ergebnisse
- Sonstige Überwachungs- und →Sicherungsmaßnahmen
- Sanierungs-/Rekultivierungsmaßnahmen: Art der Maßnahme (teilweise/vollständig, Beginn/Ende, Kostenträger/Titel, Höhe der Kosten)
- Nutzungsbeschränkungen: falls ja, welcher Art.

□ Eigene Bemerkungen und Hinweise.

Grundlagen für die Erfassung sind die Definitionen für Altablagerungen und Altstandorte in den einzelnen Ländergesetzen. Die Einbeziehung in Betrieb befindlicher Ablagerungsplätze und industrieller Standorte oder von großflächigen Bodenbelastungen, z. B. Bereiche' mit Schadstoffeinträgen durch Aufbringen von Abwasser, Klärschlamm oder Baggergut, erhöhen die Anzahl der Verdachtsflächen. *Thoenes*

Literatur: LAGA: Altablagerungen und Altlasten. Berlin 1991.

Kartenauswertung. Amtliche Kartenwerke stellen eine leistungsfähige Informationsquelle dar, um altlastverdächtige Flächen (→Altablagerungen, →Altstandorte) zu erfassen.

Sachlich-inhaltlich wie räumlich-geometrisch sind Karten gegenüber der Wirklichkeit zwar stets generalisiert: Objekte werden bei der Geländeaufnahme und der Darstellung in der Maßstabsfolge weggelassen, vereinfacht oder zusammengefaßt, teilweise auch vergrößert und räumlich verlagert (verdrängt) abgebildet. Bei Kartenwerken in größeren Maßstäben (bis 1:25 000) ist das Ausmaß dieser Generalisierung jedoch relativ gering. Dementsprechend werden unter den Geländeformen verschiedene Abgrabungen (Steinbrüche, Gruben) wie auch anthropogene Aufschüttungen (Halden, Deponien, Dämme) zuverlässig wiedergegeben. Ferner zeigen die Karten in Grundrißdarstellung bzw. mit charakteristischen Einzelzeichen sowie erläuternden Schriftzusätzen auch Industrie-, Gewerbe- und ähnliche Anlagen.

Alle diese Inhaltselemente und die Art ihrer Darstellung sind bei den amtlichen Kartenwerken in entsprechenden Vorschriften, den sog. Musterblättern, exakt definiert und daher durchgehend objektiv nachvollziehbar. Zugleich sind die Einzelblätter der verschiedenen Kartenwerke nicht nur in ihrer jeweils aktuellen Fortführung, sondern auch in den älteren Ausgaben zugänglich. So reicht z. B. die Topographische Karte 1:25 000 (TK 25, früher Meßtischblatt) mit ihren ersten Ausgaben bis weit in das 19. Jahrhundert zurück, wobei sich ein Aktualisierungszyklus von mittlerweile 5–7 Jahren herausgebildet hat.

Damit kann die TK 25 mit ihren verschiedenen Fortführungen in Form umfassender Berichtigungen oder einzelner Nachträge herangezogen werden, um sowohl Altablagerungen als auch zivile und militärische Altstandorte in ihrer raumzeitlichen Entwicklung bis in das 19. Jahrhundert zurückzuverfolgen. Bei einer solchen vergleichend-multitemporalen Auswertung der einzelnen Kartenfortführungen ist allerdings zu beachten, daß die Vorschriften der topographischen Aufnahme und kartographischen Darstellung im Laufe der Zeit mehrfach geändert worden sind. Dies gilt grundsätzlich auch für andere amtliche Kartenwerke in größerem Maßstab, wie etwa die Deutsche Grundkarte 1:5 000 (DGK 5) oder in den neuen Bundesländern die Topographische Karte 1:10 000 (TK 10). Für die multitemporale Auswertung ergibt sich hieraus ein praktisches Problem: Es müssen jeweils die zum Zeitpunkt der Kartenfortführungen gültigen Musterblätter herangezogen werden, um abzuwägen, ob neue Karteninhalte tatsächlich die Entstehung bzw. das Verschwinden kontaminationsverdächtiger Nutzungen/Aktivitäten dokumentieren oder ob sie durch neue Aufnahme- bzw. Darstellungsvorschriften bedingt sind.

Trotz dieses Problems der Inhaltsveränderungen eignen sich die amtlichen Kartenwerke (TK 25) vor allem für die Erarbeitung von Gebietsinventuren. Als flächendeckende Raumdarstellungen vermitteln sie mit relativ geringem Zeit- und Kostenaufwand einen Überblick über die Lokalisation von Altablagerungen und Altstandorten größerer Gebietseinheiten. Sie liefern damit eine Grundlage für gezielte, differenziertere Standortuntersuchungen durch multitemporale →Luftbildauswertung und Archivrecherchen. *Dodt*

Literatur: *Dodt, J.:* Die Verwendung von Karten und Luftbildern bei der Ermittlung von Altlasten. Ein Leitfaden für die praktische Arbeit. Hsg. vom Ministerium für Umwelt, Raumordnung und Landwirtschaft des Landes Nordrhein-Westfalen. 2 Bde. Düsseldorf.

Luftbildauswertung. Um zivile oder militärische Altlastverdachtsflächen (Altablagerungen, Altstandorte) in ihrer räumlichen Lage und Erstreckung zu erfassen, werden erfolgreich bilderzeugende Verfahren der Fernerkundung eingesetzt. Dabei ist zwischen mono- und multitemporaler Vorgehensweise zu unterscheiden, d. h. der Auswertung von Bildern/Bilddaten aus nur einer – meist

aktuellen – Fernerkundungsaufnahme oder aber aus Aufnahmesequenzen mit regelmäßigen oder unregelmäßigen Intervallen.

In der A. bewährt hat sich bislang die multitemporale Auswertung photographischer Luftbilder (→Fernerkundungsverfahren, photographisch). Für diese sequentielle Verdachtsflächen-Kartierung sind neben Geneigtluftbildern (Schrägaufnahmen) vor allem die überwiegend panchromatischen Senkrecht-Reihenmeßbilder aus den regelmäßigen Bildflügen für Vermessungs- und ähnliche Zwecke heranzuziehen. Damit lassen sich Bildsequenzen in Aufnahmeintervallen zwischen 2–3 und 5–7 Jahren zusammenstellen. Sie reichen in vielen Regionen bis in die ausgehenden 20er und frühen 30er Jahre, bei Einbeziehung von Geneigtbildern noch weiter zurück und umfassen i. d. R. für die Zeit des Zweiten Weltkriegs auch Aufnahmen der alliierten Luftwaffe (→Rüstungsaltlasten-Erfassung).

Die Luftbilder jedes Zeitschnitts zeigen alle Abgrabungen, Verfüllungen und Aufschüttungen, ferner sämtliche Gebäude, Produktionseinrichtungen und sonstigen Gegebenheiten der Realnutzung in ihrer räumlichen Anordnung und spezifischen Ausprägung zum Aufnahmezeitpunkt. Sie sind so eine objektive Dokumentation der altlastverdächtigen Nutzungen und Aktivitäten. Der Vergleich der einzelnen Zeitschnitt-Kartierungen – fortschreibend von den älteren zu den jüngeren Luftbildern oder umgekehrt rückschreibend – ermöglicht eine Rekonstruktion der Standortentwicklung, die räumlich-geometrisch wie zeitlich exakt und sachlich differenziert ist.

Die Ergebnisse der Luftbildauswertung werden zweckmäßigerweise auf der Grundlage großmaßstäbiger amtlicher Kartenwerke kartiert (z. B. Deutsche Grundkarte 1:5 000, Topographische Karte 1:10 000 in der Vergrößerung auf 1:5 000). Je nach Umfang der Verdachtsflächen und Ausmaß ihrer raumzeitlichen und sachlichen Veränderungen empfiehlt sich die Darstellung der Verdachtsflächenareale in einer Kartenserie mit analytischen Karten (eine Karte für jede Verdachtsflächenkategorie), komplexen Karten (Zusammenfassung aller Altablagerungen, Altanlagen, Kriegseinwirkungen) und synthetischen Karten (kontaminierte Bereiche nach Gefährdungspotentialen).

Damit die multitemporale Luftbildauswertung optimale Ergebnisse erzielt, muß zum einen die verfügbare Bildsequenz lückenlos, ohne Auslassung einzelner Zeitschnitte analysiert werden. Zum anderen müssen die Bilder als Stereomodelle ausgewertet werden unter Einsatz von Kartiergeräten, die eine Anpassung der Bildmaßstäbe an den Maßstab der Kartiergrundlage sowie einen hinreichenden Ausgleich aufnahmebedingter geometrischer Abbildungsfehler ermöglichen. Im Ergebnis liegt nach einer sachgemäßen multitemporalen Auswertung von Reihenmeßbildern – ggf. ergänzt durch eine entsprechende Kartenauswertung – eine umfassende und detaillierte Verdachtsflächenkartierung vor, die anstatt konventioneller Rasterbeprobungen eine räumlich-sachlich gezielte Untersuchung (→Gefährdungsabschätzung) und damit ganz erhebliche Kosten- und Zeiteinsparungen ermöglicht.

Hat sich die Verdachtsflächen-Erfassung mittels multitemporaler Auswertung von Reihenmeßbildern inzwischen als operational erwiesen, so sind Verfahren der monotemporalen Auswertung von Fernerkundungsdaten noch als weitestgehend experimentell anzusehen (Bild).

Dies gilt bei den flugzeuggetragenen Aufnahmen (→Flugzeugfernerkundung) beispielsweise für die Auswertung von Color-Infrarot-Luftbildern (CIR). Hier sind in den Aufnahmen einer aktuellen Befliegung Verdachtsflächen letztlich nur dann zu lokalisieren, wenn luftbildsichtbare Bodenverfärbungen bzw. Vegetationsunterschiede und -schäden schlüssig auf Bodenkontaminationen zurückgeführt werden können. Ebenso erlaubt auch die Auswertung aktueller flugzeuggebundener Wärmebilder (→Multispektralscanner) nur unter bestimmten Rahmenbedingungen Rückschlüsse auf Altlast-Verdachtsflächen: Die Bodenverunreinigungen müssen sich einerseits in signifikanten Unterschieden der Oberflächentemperaturen dokumentieren, und diese müssen andererseits eindeutig vom normalen Temperaturmuster des Geländes zu trennen sein. Dies kann etwa bei jüngeren Hausabfalldeponien mit noch aktiven mikrobiellen Rottungsprozessen der Fall sein, wenn zu einem geeigneten Zeitpunkt (Jahres-, Tageszeit, Wetterverhältnisse) beflogen wurde. Weitere Anwendungsfälle sind bislang nicht bekannt. Desgleichen ist bis jetzt kein überzeugender Einsatz des Radars in der Altlastenkartierung belegt.

Aufnahmen aus satellitengetragenen →Fernerkundungsverfahren (→Satellitenfernerkundung) scheiden sowohl bei mono- wie auch bei multitemporaler Vorgehensweise für die Verdachtsflächen-Erfassung weitestgehend aus, weil sie i. d. R. ein zu schwaches räumliches Auflösungsvermögen und damit eine zu geringe Detailerkennbarkeit aufweisen. Als denkbare Ausnahme sind photographische Satellitenbilder zu nennen, wie z. B. die KFA-1000-Aufnahmen aus den Kosmos-Satelliten der GUS; ihre Auflösung von 5–10 m läßt sie geeignet erscheinen, um zumindest großflächigere Verdachtsstandorte (Truppenübungsplätze u. ä.) zu lokalisieren und grob zu differenzieren. *Dodt*

Literatur: *Dodt, J. et al.:* Die Verwendung von Karten und Luftbildern bei der Ermittlung von Altlasten. Ein Leitfaden für die praktische Arbeit. Hg. vom Ministerium für Umwelt, Raumordnung und Landwirtschaft des Landes Nordrhein-Westfalen. 2 Bde, Düsseldorf 1987.

Fernerkundung. Bei der Untersuchung altlastverdächtiger Flächen können als Informationsquellen neben alten Akten, Aufzeichnungen und Karten auch aktuelle Fernerkundungsdaten mit herangezogen werden. Durch die flächenhafte Fernerkundungsaufnahme lassen sich eventuell Ausdehnung und räumliche Strukturierung der Altlast erkennen und ihre möglichen ökologischen Auswirkungen auf die Umgebung abschätzen. Als Indikatoren für mögliche Altlasten dienen Änderung des Pflanzenbewuchses, Vegetationsschädigungen, Bodenverdichtungen, Änderung der Bodenfeuchte und thermale Anomalien.

Die Interpretation der Fernerkundungsdaten dient im wesentlichen dazu, gezielte bodengebundene Untersuchungen zu projektieren und Sofortmaßnahmen zur Schadensbegrenzung und schrittweisen Sanierung einzuleiten. Eingesetzt worden sind →Fernerkundungsverfahren bei der Sondie-

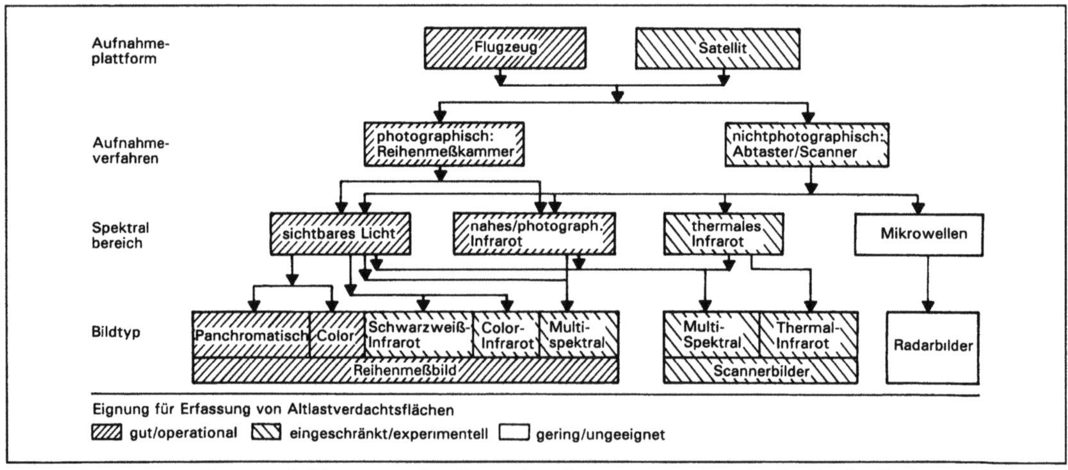

Altlastenerfassung: Eignung bilderzeugender Fernerkundungssysteme für die Verdachtsflächenerfassung.

rung von Abfalldeponien, bei der Altlastensuche auf militärischen Übungsgebieten und bei der Gütebeurteilung rekultivierter Flächen.

Rossbach/Schroeder

Altlasten-Freistellungsklausel. Sonderregelung durch den fortgeltenden Artikel 1 § 4 Abs. 3 des Umweltrahmengesetzes der DDR vom 29. Juni 1990 (GBl. Nr. 42 S. 649) für das Gebiet der ehemaligen DDR (neue Bundesländer). Die auf Antrag mögliche Freistellung bezieht sich nicht nur auf Altlasten im strengen Sinne (stillgelegte Altablagerungen oder Altstandorte), sondern auch auf noch in Betrieb befindliche Anlagen. Konkret können Eigentümer, Besitzer oder Erwerber von Anlagen und Grundstücken, die gewerblichen Zwecken dienen oder im Rahmen wirtschaftlicher Unternehmungen Verwendung finden, von der Verantwortung für durch den Betrieb der Anlage oder die Benutzung des Grundstücks vor dem 1. Juli 1990 verursachten Schäden auf Antrag freigestellt werden. Diese Regelung sollte dazu beitragen, die notwendige wirtschaftliche Umstrukturierung der Betriebe in den neuen Bundesländern zu fördern und ein wesentliches Investitionshindernis – drohende Altlastenhaftung – zu beseitigen. Dieses Ziel ist noch einmal unterstrichen worden mit der Neufassung der A.-F. durch das Gesetz zur Beseitigung von Hemmnissen bei der Privatisierung von Unternehmen und zur Förderung von Investitionen vom 22. März 1991 (BGBl. I S. 766). Soweit einem Antrag eines Berechtigten stattgegeben worden ist, ist dieser von der öffentlich-rechtlichen Verantwortung für Schäden, die vor dem 1. Juli 1990 auf im Bescheid genau beschriebenen Grundstücken verursacht worden sind, freigestellt. Eine Freistellung kann nur dann erfolgen, wenn die unter Abwägung der Interessen des Eigentümer, des Besitzers oder des Erwerbers, der durch den Betrieb der Anlage oder die Benutzung des Grundstücks möglicherweise Geschädigten, der Allgemeinheit oder des Umweltschutzes geboten ist. Die Antragsfrist ist am 28. März 1992 abgelaufen; die Entscheidungsfrist für die zuständige Behörde ist jedoch nicht begrenzt.

Thoenes

Literatur: Conrad, P.-U. u. K. Wolf: Freistellung von der Altlastenhaftung. Bonn 1991.

Altlastenhaftung. Gesetzliche Bestimmungen, die eine Inanspruchnahme der für die von einer Altlast ausgehenden Gefahren Verantwortlichen ermöglichen, enthält – vorwiegend allerdings nur für Altablagerungen – sowohl das Abfallgesetz des Bundes (AbfG) aus dem Jahre 1972 als auch das Wasserhaushaltsgesetz (WHG) aus dem Jahre 1960. Die neueren Landesabfallgesetze enthalten zumeist einen eigenen Teil, der sich speziell mit der → Altlastensanierung befaßt (vgl. z. B. das Hessische Abfallwirtschafts- und Altlastengesetz in der Fassung vom 26. 2. 1991 (GVBl. I S. 106).

Nach § 10 Abs. 2 AbfG kann der Inhaber einer nach dem Inkrafttreten des Abfallgesetzes stillgelegten ortsfesten → Abfallentsorgungsanlage verpflichtet werden, auf seine Kosten das dafür genutzte Gelände zu rekultivieren bzw. sonstige Vorkehrungen zu treffen, um Beeinträchtigungen des Wohls der Allgemeinheit zu verhüten. Nach § 26 Abs. 2 WHG dürfen Stoffe an einem Gewässer nur so abgelagert oder gelagert werden, daß eine Verunreinigung des Wassers oder eine sonstige nachteilige Veränderung seiner Eigenschaften nicht zu befürchten ist (auch § 34 Abs. 2 WHG).

Wegen des verfassungsrechtlich garantierten Verbots der echten Rückwirkung gilt jedoch § 10 Abs. 2 AbfG nicht für vor dem 11. 6. 1972 stillgelegte Anlagen. Die wasserrechtlichen Bestimmungen des Wasserhaushaltsgesetzes gelten nicht für Ablagerungen, die vor dem 1. 3. 1960 erfolgt sind. Für Altablagerungen und Altstandorte, die vor dem Inkrafttreten dieser Gesetze bereits stillgelegt worden sind, und für zahlreiche Altlasten, die nicht unter die erwähnten Bestimmungen fallen, fehlt es an einer speziellen gesetzlichen Haftungsregelung, so daß sich die ordnungsrechtliche Verantwortlichkeit nach den polizei- und ordnungsrechtlichen Generalklauseln der Länder regelt.

□ Voraussetzungen für Eingriffe. Das allgemeine Ordnungsrecht ermächtigt die zuständigen Behörden, die notwendigen Maßnahmen zu ergreifen, um eine im Einzelfall bestehende Gefahr für die öffentliche Sicherheit und Ordnung abzuwehren. Der Umfang der Maßnahmen richtet sich danach, ob und inwieweit sie zur Gefahrenabwehr notwendig sind. Eine Sanierung der Altlasten, die über die Beseitigung der unmittelbaren Gefahren hinausgeht, wie z. B. Rekultivierungsmaßnahmen, sind von den Ermächtigungsgrundlagen des allgemeinen Polizei- und Ordnungsrechtes nicht mehr gedeckt. Schon deshalb ist die Altlastensanierung allein mit dem Polizei- und Ordnungsrecht nicht zu bewältigen.

□ Zustands- und Verhaltensverantwortlichkeit. Polizeirechtlich verantwortlich für die Gefahren, die von der Altlast herrühren, sind der Handlungsstörer und der Zustandsstörer. Handlungsstörer ist derjenige, der die Gefahr durch sein Verhalten verursacht hat. Das können im Bereich der Altablagerungen sowohl die Deponiebetreiber, die Deponieeigentümer, die Abfallbeförderer und im Ausnahmefall auch die Abfallerzeuger sein. Für Altstandorte gewerblicher Unternehmungen gilt entsprechendes. Als Zustandsstörer kommen die Eigentümer und/ oder der Inhaber der tatsächlichen Gewalt einer Sache in Betracht, wenn von dieser Sache eine Gefahr ausgeht.

Umfang und Grenzen der Verantwortlichkeit des Handlungsstörers sind im Bereich der A. stark umstritten. Umstritten ist auch, inwieweit eine Inanspruchnahme des Verhaltensstörers ausscheidet, wenn das die Altlasten verursachende Verhalten in der Vergangenheit behördlich genehmigt worden ist (Legalisierungswirkung).

Im Bereich der Altlastensanierung als zu weitgehend wird auch die Zustandsverantwortlichkeit des Grundstückseigentümers angesehen. Dies gilt vor allem dann, wenn ihm infolge einer Fremdeinwirkung auf sein Eigentum ein privatnütziger Eigentumsgebrauch verwehrt ist. In diesem Fall ist er im Grunde selber das Hauptopfer der Gefahrenlage, so daß eine ordnungsrechtliche Inanspruchnahme unverhältnismäßig erscheint. Besonders deutlich wird diese Opferposition des Zustandsverantwortlichen in den Fällen, in denen ein Bürger unwissentlich auf einem Altlastengrundstück sein Wohnhaus errichtet.

□ Störerauswahl. Kommen als Störer mehrere Personen in Betracht, dann muß die zuständige Behörde im Rahmen ihres Auswahlermessens entscheiden, wen sie in Anspruch nehmen will. Eine Verpflichtung, alle Störer heranzuziehen, besteht grundsätzlich nicht.

Beim Zusammentreffen von Handlungs- und Zustandsstörer wird teilweise von einem Vorrang des Handlungsstörers ausgegangen, teilweise jedoch wird auch umgekehrt plädiert.

Beim Zusammentreffen mehrerer Störer stellt sich neben der Ermessensauswahl die Frage, ob der in Anspruch Genommene von den übrigen Störern im Innenverhältnis Ausgleich verlangen kann.

□ Rechtsnachfolge bei Altlasten. Da in zahlreichen Fällen die heute als Altlasten zu sanierenden Altablagerungen zeitlich weit zurückliegen, stellt sich häufig die Frage der Inanspruchnahme von Rechtsnachfolgern. Deren Haftung ist im Rahmen der Zustandsverantwortlichkeit wenig problematisch: Mit dem Verlust der tatsächlichen Verfügungsgewalt oder des Eigentums am Altlastengrundstück endet regelmäßig auch die Verantwortlichkeit, mit dem Erwerb wird sie neu begründet. Geht die Altlastengefahr von einem herrenlosen Grundstück aus, dann kann der verantwortlich sein, der das Eigentum an dem Grundstück aufgegeben hat. Im Rahmen der Zustandshaftung besteht im übrigen weitgehend Einigkeit darüber, daß der Erwerber eines Altlastengrundstücks grundsätzlich zustandsverantwortlich ist.

Schwieriger ist die Rechtslage bei der Rechtsnachfolge von Handlungsstörern. Eine Einzelrechtsnachfolge in die Verhaltenshaftung etwa durch Kauf eines Grundstückes findet grundsätzlich nicht statt. Umstritten ist dagegen, ob dies auch für die Gesamtrechtsnachfolge etwa im Wege der Erbfolge oder der Vermögensübernahme gilt.

Hoppe/Beckmann

Literatur: *Hoppe/Beckmann:* Umweltrecht, § 15 Rn. 267 ff. – *Kloepfer:* Umweltrecht, § 12 Rdn. 132 ff. München 1989. – *Schink:* Grenzen der Störerhaftung bei der Sanierung von Altlasten, VerwArch 1991. – Sondergutachten Altlasten, Rat von Sachverständigen für Umweltfragen. 1989.

Altlastenkataster. A., das auch als Altlastenverdachtskataster oder als Verdachtsflächenkataster bezeichnet wird, ist ein Liegenschaftsverzeichnis, das die zuständige Behörde, z. B. Abfallwirtschaftsbehörde, Bergamt, über die in ihrem Zuständigkeitsbereich erfaßten Verdachtsflächen und Altlasten führt. Auf der Grundlage der → Altlastenerfassung lassen sich im allgemeinen folgende Informationen für das Kataster in standardisierten Formblättern zusammenstellen:
- räumliche Lage und Abgrenzung der Altablagerung und des Altstandortes,
- Art der Verdachtsfläche,
- Spezifizierung der abgelagerten und eingedrungenen Stoffe,
- Betreiber und Zeitraum des Betriebs,
- Merkmale zur Beschaffenheit der Verdachtsfläche,
- wasserwirtschaftliche und geologisch-hydrologische Merkmale,
- gegenwärtige Nutzung der Verdachtsfläche und des Einzugs- und Einwirkungsbereichs,
- bisher aufgetretene Vorkommnisse,
- Beeinträchtigungen der Schutzgüter.

Neben Texten kann das A. auch bildliche oder kartenmäßige Darstellungen enthalten. Das A. muß durch seinen Aufbau sowie durch angepaßte Eingabe-, Auswerte- und Verarbeitungsprogramme sicherstellen, daß alle Verdachtsflächen aufgenommen und die vorliegenden Informationen geändert, ergänzt und schnell verfügbar gemacht werden können. Bei der Weitergabe von Informationen sind die Bestimmungen der Datenschutzgesetze der Länder zu beachten. *Thoenes*

Literatur: SRU: Altlasten. Stuttgart 1990.

Altlasten-Orientierungswert → Orientierungswert

Altlastensanierung.

Allgemein. A. ist die Durchführung von administrativen und technischen Maßnahmen, durch die sichergestellt wird, daß von der Altlast nach der Sanierung keine Gefahren für Leben und Gesundheit des Menschen sowie keine Gefährdungen für die belebte und unbelebte Umwelt im Zusammenhang mit der vorhandenen oder geplanten Nutzung des Standortes ausgehen. Neben der Abwehr akuter Gefahren geht es vor allem auch um den nachhaltigen Schutz von Mensch und Umwelt. Wenn Grundwasser durch Kontaminationen aus Altlasten betroffen oder bedroht ist, stellt der →Besorgnisgrundsatz des Wasserhaushaltsgesetzes (WHG) besonders hohe Anforderungen. Eine Sanierung ist nur dann nicht notwendig, wenn sich vorhandene Kontaminationen nicht nachteilig auswirken und auch künftig Ausbreitungen und Auswirkungen nicht zu besorgen sind. Die weitestgehende Forderung aus ökologischer Sicht ist die Wiederherstellung des natürlichen Zustands am Altablagerungsplatz oder am Altstandort zum Zeitpunkt vor der beanstandeten →Kontamination. Eine solche Wiederherstellung des ursprünglichen Zustands der Umweltmedien Boden und Wasser am Altablagerungsplatz oder Altstandort stößt aus naturwissenschaftlichen, technischen und ökonomischen Gründen an Grenzen. Der Begriff Sanierung der Altlast kann in der Regel nicht im Sinne einer völligen und zeitlich unbegrenzt wirksamen *Genesung* oder *Gesundung* verwendet werden.

Die mit der A. festzulegenden Sanierungsziele müssen in ein planerisches Gesamtkonzept eingebunden werden, das auf den vorliegenden Planungsraum mit seinen Nutzungen abgestimmt ist. Hierbei können auch sehr weitgehende Sanierungsziele eingeschlossen sein, die über die →Gefahrenabwehr hinausgehen und auf die →Multifunktionalität des Standorts ausgerichtet werden. In der Systematik der Maßnahmen zur Abwehr und Beherrschung von Umweltauswirkungen aus Altlasten (Bild) werden die wirkungsorientierten →Sicherungsmaßnahmen zur Unterbrechung der Kontaminationswege und die quellenorientierten Maßnahmen zur →Dekontamination zusammenfassend als A. bezeichnet.

Neben dieser Betrachtungsweise wird vor allem aus ökologischer Sicht die A. im engeren Sinne nur mit der Dekontamination von Altlasten, insbesondere mit dem Wiederherstellen der ökologischen Funktionen in Abhängigkeit von der Nutzung des Bodens und der Gewässer, in Verbindung gebracht. Danach ist eine Sanierung von einer Sicherung zu unterscheiden. In diesem Zusammenhang wird für die Sicherung auch der Begriff der *vorübergehenden Sanierung* und für die Dekontamination der Begriff der *endgültigen Sanierung* verwendet. Zur A. gehört auch die →Umlagerung (Bild). Die Umlagerung mit Aushub des Kontaminationskörpers und anschließendem Transport des unbehandelten Materials auf eine Deponie stellt unter dem Gesichtspunkt des Umweltschutzes eine Problemverlagerung in Raum und Zeit dar. Hierdurch ist nur der Standort, nicht aber die kontaminierte Masse gereinigt worden.

Vor der Durchführung von Sanierungsmaßnahmen müssen die Ergebnisse der in der →Sanierungsplanung vorgesehenen →Sanierungsuntersuchung mit der →Machbarkeitsstudie vorliegen. Hieraus ist ein →Sanierungskonzept für den betreffenden Fall zu erarbeiten.

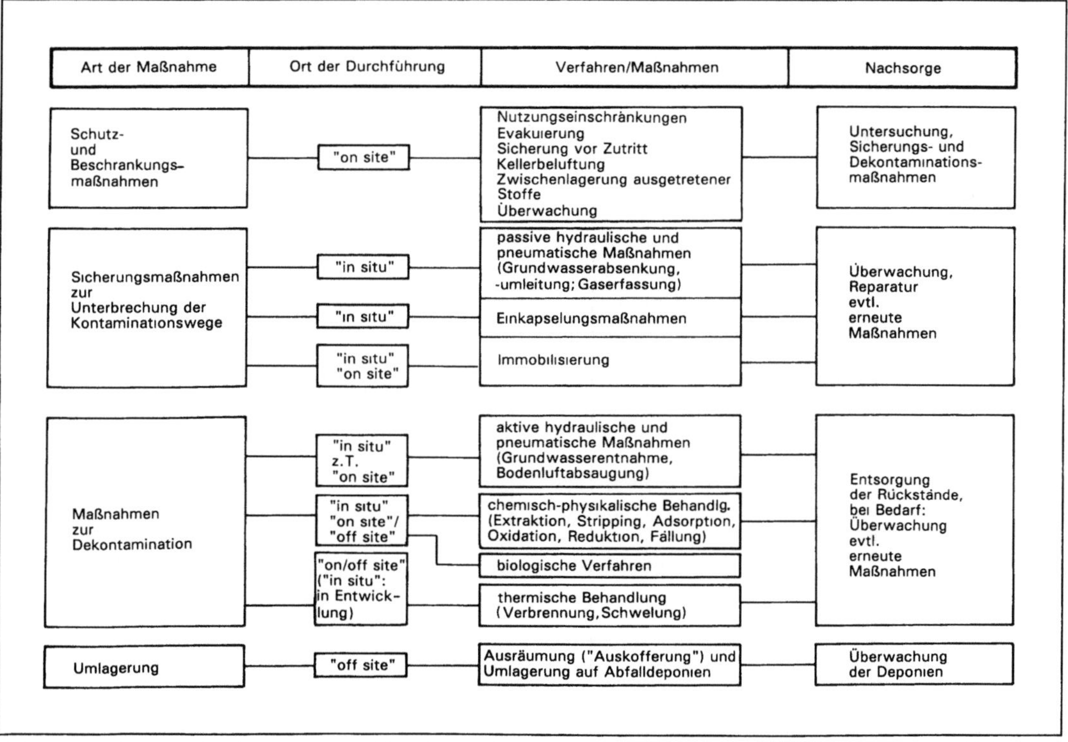

Altlastensanierung: Maßnahmen zur Abwehr und Beherrschung von Umweltauswirkungen aus Altlasten.

Der Erfolg der A. bemißt sich nicht nur an der Beseitigung der Gefahr oder nach der erreichten →Restkontamination der Schadstoffe, sondern auch nach der Verbesserung des Image des Standortes. Darüber hinaus ist es sehr wichtig, daß mit der A. die Ängste und Besorgnisse der Anwohner ausgeräumt sind. *Thoenes*

Literatur: *Barkowski, D., P. Günther, E. Hinz u. R. Röchert:* Altlasten. Karlsruhe 1990. – SRU: Altlasten. Stuttgart 1990.

Finanzierung. Bei der Finanzierung hat das →Verursacherprinzip grundsätzlich Vorrang, d. h. sie muß durch den Verursacher der →Kontamination erfolgen. Die Realisierung dieses Prinzips ist in der Regel mit Schwierigkeiten verbunden, weil die zur Kontamination führenden Handlungen in der Vergangenheit stattgefunden haben. Deshalb ist in zahlreichen Fällen ein Verursacher oder eine Verursachergruppe nicht mehr festzustellen, die man zur Kostentragungspflicht heranziehen kann.

Für die Fälle, in denen es keinen rechtlich heranziehbaren oder keinen finanzkräftigen Verantwortlichen gibt, darf die öffentliche Hand nur dann belastet werden, wenn die Sanierung aus ökologischen und ökonomischen Interessen geboten ist. Dafür sind länderspezifische Finanzierungsmodelle vorgeschlagen und eingeführt worden. Hierzu gehören das →Kooperationsmodell, das →Lizenzmodell und die Fondslösungen. Bei Kooperationsmodellen, die gemeinsam von der öffentlichen Hand und der Wirtschaft getragen werden, kommt das →Gemeinlastprinzip und das →Gruppenlastprinzip gemeinschaftlich durch eine Mischfinanzierung zur Anwendung.

Bei Lizenzmodellen wird ein Teil der Entgelte aus Lizenzen, die vom Staat im Zusammenhang mit der Entsorgung von Sonderabfällen vergeben werden, zur Sanierung von Altlasten verwendet.

Bei der Fondslösung erfolgen Zahlungen aus Landesmitteln, die teilweise durch Umlagen bei den Landkreisen und kreisfreien Städten erhoben werden. Finanzierungsquellen sind auch Zuschüsse aus dem Aufkommen von Abfallabgaben.

Im Haushalt des Bundes stehen Mittel für verschiedene Förderprogramme zur Verfügung, die auch für die A. verwendet werden können. Zu diesen Programmen gehören u. a.
– Forschungs- und Entwicklungsprogramm des Bundesministerium für Forschung und Technologie,
– Bund/Länder-Programm der Stadtbauförderung,
– Sonderprogramm Montan-Regionen,
– Investitionsprogramm des Bundesumweltministeriums zur Verminderung von Umweltbelastungen,
– Kreditprogramm zur Förderung kommunaler Investitionen in den neuen Bundesländern,
– Umweltschutzsofortprogramm im Rahmen des „Gemeinschaftswerk Aufschwung Ost". *Thoenes*

Literatur: SRU: Altlasten. Stuttgart 1990. – Landesrechtliche Abfallabgaben, IWL-Umweltschutzbrief 1/92. Köln 1992.

Kontrollmaßnahmen. Überwachungsaufgaben im technischen Bereich und im Rahmen der Gesundheitsfürsorge; oft als Nachsorgemaßnahmen bezeichnet.

Die medizinischen Untersuchungen umfassen nicht nur die mit den Sanierungsarbeiten Beschäftigten (Arbeitsschutz), sondern auch die Anwohner der Altlast, wenn eine Exposition während der Sanierungsphase nicht ausgeschlossen werden kann. Nach Evakuierungen, die im Rahmen von Schutzmaßnahmen erforderlich wurden, sind ebenfalls medizinische Untersuchungen der Betroffenen angezeigt.

Die Kontrollmaßnahmen nach Abschluß von Dekontaminationsmaßnahmen umfaßt die Prüfung der möglichen →Mobilität und →Mobilisierbarkeit der Restkonzentrationen. Ist keine signifikante Reststoffbelastung mehr nachweisbar, entfällt diese Kontrolle. Bei einer Nutzungseinschränkung, die mit der Sanierungsmaßnahme gekoppelt worden ist, empfiehlt sich, die Art der tatsächlichen Nutzung zu prüfen.

Nach der Durchführung von Einkapselungsmaßnahmen ist die Stabilität der Abdichtungselemente zu kontrollieren. Von besonderer Bedeutung ist die →Funktionskontrolle, z. B. durch Leckagedetektion. Die Stabilität und Funktion der Abdichtungselemente müssen über ihre gesamte Lebenszeit überwacht werden. Liegen ausreichende Erfahrungen vor, so kann die Kontrollintensität entsprechend vermindert werden. Die Erstellung eines Inspektions-, Wartungs- und Instandhaltungsplans ist hilfreich. Sollte sich in den eingekapselten Bereichen Wasser ansammeln, so ist eine Wasserstandskontrolle einzurichten.

Erfolgte die Sicherungsmaßnahme durch →Immobilisierung, so ist deren Langzeitverhalten im Hinblick auf ihre Dichtheit zu kontrollieren. Bei passiven hydraulischen Maßnahmen ist die Kontrolle der Wirksamkeit von Abwehrbrunnen erforderlich.

Sind Sicherungsmaßnahmen mit Emissionen verbunden, z. B. durch gefaßte Deponiegase, so ist eine Emissionskontrolle einzurichten. Die Dauer und Intensität dieser Kontrolle sollte sich nach dem Abklingen der Emissionen richten. *Thoenes*

Öffentlichkeitsbeteiligung. Um die Ziele der Gefahrenabwehr und die Durchführung der Sanierung ohne Zeitverzögerung zu erreichen, ist die unmittelbar betroffene Bevölkerung rechtzeitig, umfassend und sorgfältig über das →Gefährdungspotential der Altlast zu informieren. Hierbei sind besonders die Ängste um die Gesundheit, vor allem der Kinder, und die Ängste vor finanziellen und materiellen Schäden zu berücksichtigen. In allen Einzelheiten sollte die Art der notwendigen Sanierungsmaßnahmen und deren Auswirkungen auf die Lebensbedingungen der Anwohner dargestellt werden. Darüber hinaus ist es zweckmäßig, die Betroffenen an den relevanten Entscheidungsvorgängen angemessen zu beteiligen. Durch einen kontinuierlichen Kontakt ist auf die Meinungen und Bedürfnisse der Anwohner einzugehen.

Unter der Bezeichnung *Risk Communication* hat die Umweltbehörde der USA (EPA) die Bürgerbeteiligung in den Sanierungsablauf einbezogen. Um die Sanierungsentscheidung der EPA überprüfen zu lassen, können den betroffenen Anwohnern für Sachverständigengutachten Zuschüsse gewährt werden.

Programme zur Beteiligung der Öffentlichkeit und zur Einbeziehung der Betroffenen in die Entscheidungsvorbereitung sollten Bestandteil des Sanierungsplanes sein. *Thoenes*

Literatur: Umweltbehörde Hamburg (Hrsg.): Sanierung der Deponie Georgswerder. Freie & Hansestadt Hamburg: 6. Bericht der Reihe „Überwachung und Sanierung der Deponie Georgswerder. 1988.

Altlastensanierungsanlage, mobile. Anlage zur →Dekontamination von Altlasten, die bei der on-site-Behandlung eingesetzt wird, z. B. Bodenwaschanlage oder Verbrennungsanlage. Bei der Planung, Aufstellung und beim Betrieb derartiger Anlagen sind die umweltschutzrechtlichen Bedingungen und Anforderungen gemäß Bundes-Immissionsschutzgesetz, Abfallgesetz, Wassergesetz und Bauordnung zu beachten (→Bodensanierungsanlage). *Thoenes*

Altlastensanierungsmaßnahmen, hydraulische. Passive oder aktive A. zur Behandlung kontaminierter Grund- und Stauwässer. Bei den passiven h. A. werden die hydrodynamischen Verhältnisse im Untergrund verändert, um die →Emissionen von Schadstoffen aus Altlasten ins Grundwasser und die Ausbreitung verunreinigten Grundwassers einzuschränken oder zu verhindern (→Sicherungsmaßnahmen).

Bei den aktiven h. A. erfolgt eine Entnahme des verunreinigten Grundwassers, um dieses in einer Behandlungsanlage zu reinigen (→Dekontaminationsverfahren). Die Änderung der hydrodynamischen Verhältnisse erfolgt bei den passiven h. A. durch Sperrbrunnen, Infiltrationsbrunnen u. a. (Bild 1). Die mit passiven h. A. verbundenen möglichen Folgen für andere Ökosysteme müssen im Rahmen einer →Machbarkeitsstudie vorher untersucht werden.

Bei den aktiven h. A. erfolgt die Fassung des verunreinigten Wassers durch Entnahmebrunnen

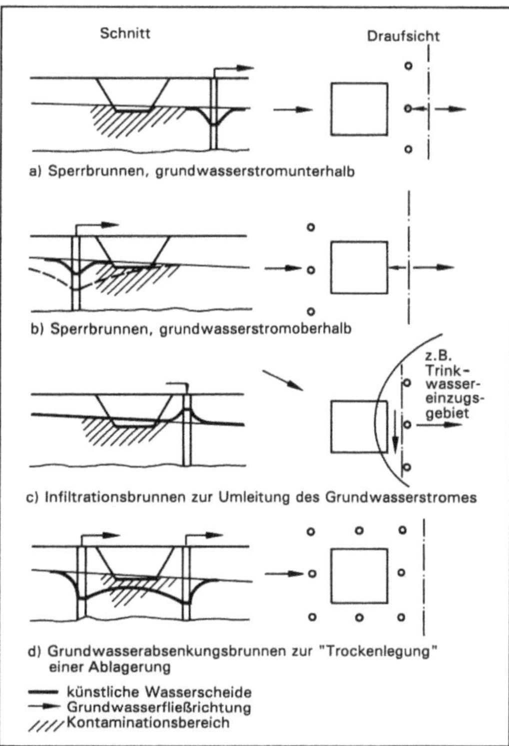

Altlastensanierungsmaßnahmen, hydraulische 1: Beispiele für passive h. M.

im wassergesättigten Untergrund, durch Drainagegräben (Rigole), Entnahmeschächte oder offene Gräben (Bild 2). Vor Inbetriebnahme ist zu klären, ob mehrphasige Stoffgemische, z. B. Wasser/Mineralöl, vorliegen. Danach muß die Entnahmeeinrichtung ausgelegt werden. Die Effektivität der Wasserentnahme und die Reinigung hängt stark von den hydrogeologischen Verhältnissen am Standort ab. Das verunreinigte Grundwasser kann entweder in eine vorhandene →Kläranlage geleitet oder in einer gesonderten Behandlungsanlage gereinigt werden. Die mit der Reinigung des kontaminierten Wassers verbundenen Entsorgungsproblemen können die Betriebskosten maßgeblich beeinflussen. Die Rückführung des gereinigten Grundwassers ist von den vorliegenden Reststoffkonzentrationen abhängig.

Im Rahmen der Machbarkeitsstudie sollte versucht werden, die Auswirkung der vorgesehenen h. A. mit Hilfe numerischer →Grundwasser-Strömungsmodelle zu simulieren. Hierdurch sind Prognosen über die Beeinflussung der Grundwasserverhältnisse und der Schadstoffausbreitung möglich. Zur Kontrolle der Wirksamkeit der Maßnahmen ist ein Meßstellennetz vorzusehen, das nicht nur die Änderung der Kontamination, sondern auch die Grundwasserstände überwacht. Passive und aktive h. A. werden nicht nur als Einzelmaßnahme, son-

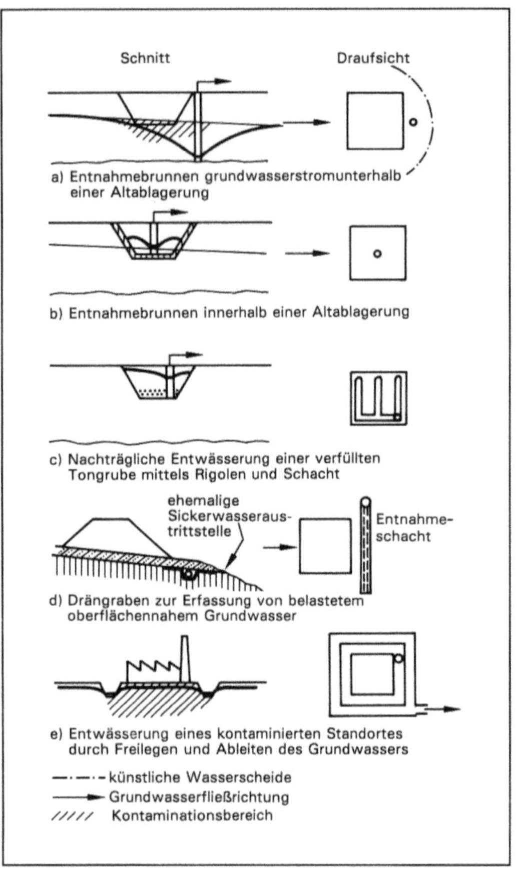

Altlastensanierungsmaßnahmen, hydraulische 2: Beispiele für aktive h. M.

dern oft in Kombination mit anderen Sanierungsverfahren, z. B. →Einkapselungsverfahren, eingesetzt.

H. A. sind nur solange wirksam, wie die Entnahme- bzw. Infiltrationseinrichtungen in Betrieb sind. Die hiermit verbundenen Betriebskosten müssen bei einem Kostenvergleich in der Machbarkeitsstudie berücksichtigt werden. *Thoenes*

Literatur: Der Minister für Umwelt, Raumordnung und Landwirtschaft des Landes Nordrhein-Westfalen (MURL): Hinweise zur Ermittlung und Sanierung von Altlasten. Düsseldorf 1987.

Altlastensanierungsmaßnahmen, pneumatische. A. zur Erfassung bzw. Abtrennung schadstoffhaltiger Gase und Dämpfe, um hierdurch die Emissionen der Altlast in die Umgebung bzw. in andere Umweltmedien zu vermindern oder zu unterbinden. Passive A. benutzen für die selbsttätige Ableitung Entgasungsschächte oder Entgasungsgräben mit Folien (→Sicherungsmaßnahmen). Mit Hilfe von aktiven A. wird der kontaminierte Standort durch Absaugen von schadstoffhaltigen gas- und dampfförmigen Phasen gereinigt (→Dekontaminationsverfahren). Um die Gasausbreitung zu vermindern, können Sonden, Gasdrainagen oder Sperrschichten dienen. Bei den aktiven A. sind die häufigsten Ausführungsformen Bodenbe- bzw. -entlüftung durch →Bodenluftabsaugung und →Stripping sowie die gefaßte Deponientgasung (Deponiegaserfassung).

Die pneumatischen Verfahren werden im ungesättigten Bodenbereich zur Bodenreinigung durch Absaugung und im gesättigten Bereich durch Einblasen und Stripping zur →Grundwassersanierung eingesetzt (Bild).

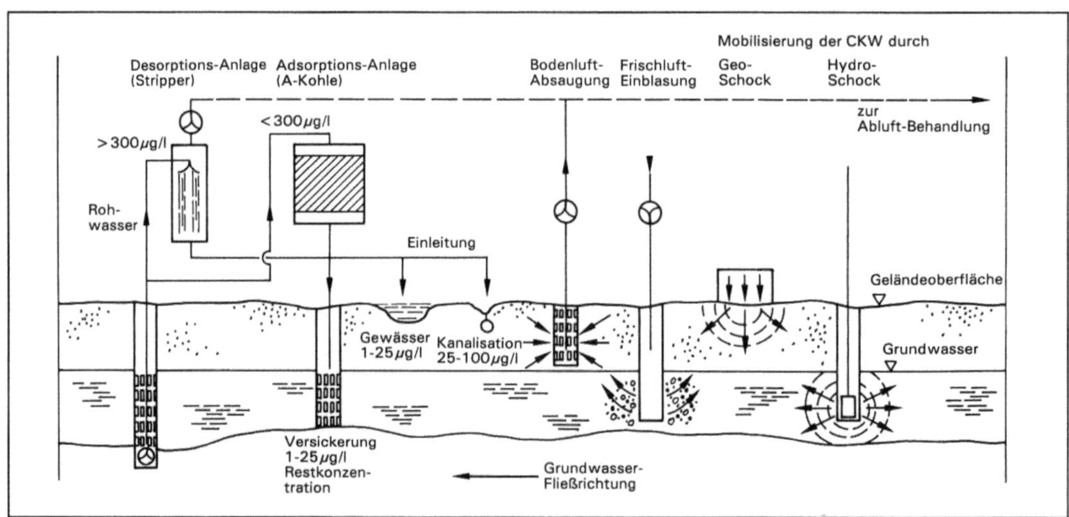

Altlastensanierungsmaßnahmen, pneumatische: Verfahren zur Behandlung CKW-haltigen Grundwassers und Erdreichs.

Zur Mobilisierung können Wasser und Boden in Vibration versetzt werden. Für die Auswahl der Verfahren sind die Bodenverhältnisse und die Verhältnisse im Grundwasserleiter ausschlaggebend. Im Rahmen der →Machbarkeitsstudie sind diese Einflußfaktoren zu prüfen. *Thoenes*

Literatur: *Fabrizius, E. W.:* Möglichkeiten der Behandlung CKW-kontaminierten Grundwassers und Erdreichs. In: Thomé- Kozmiensky, K. J. (Hrsg.): Altlasten 2. Berlin 1988.

Altlastensanierungsverfahren, elektrokinetisch.

Durch Anlegen eines permanenten elektrischen Feldes im feuchten Erdreich oder im Grundwasser werden durch Ausnutzung der Elektroosmose, Elektrophorese und Elektrolyse Schadstoffionen, z. B. von Schwermetallen, an ummantelten Elektroden gebunden. Die Kationen wandern unter Einfluß des elektrischen Feldes zur Graphit-Kathode, werden dort mit Hilfe eines Spülkreislaufs abgespült und in einer Behandlungsanlage on site als Hydroxide abgeschieden. Ein gleichartiger Prozeß vollzieht sich, z. B. für Cyanide, an der Anode (Bild). Neben Laboruntersuchungen liegen auch experimentelle Ergebnisse aus Feldversuchen vor, z. B. an mit Kupfer, Blei, Zink, Cadmium bzw. Arsen verunreinigten Böden. Die Erhöhung der Wirkungsgrade, z. B. durch Ansäuerung des Erdreichs, ist das Ziel weiterer Entwicklungsarbeiten. *Thoenes*

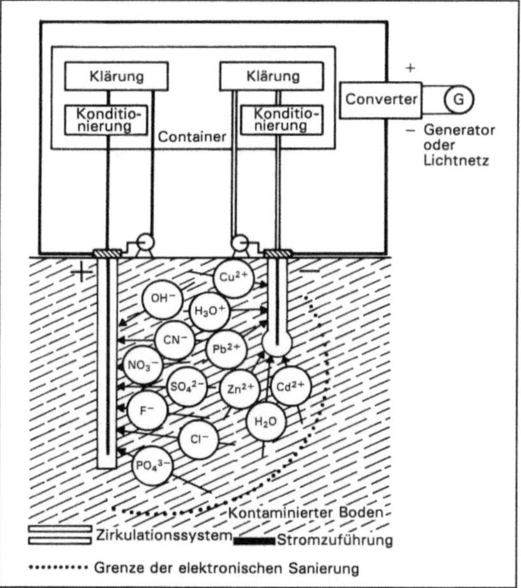

Altlastensanierungsverfahren, elektrokinetisch: Schema einer Anlage und des elektrokinetischen Transports im verunreinigten Boden. (Quelle: Lagemann)

Literatur: *Lagemann, R.; W. Pool u. G. A. Seffinga:* Elektrosanierung: Sachverhalt und künftige Entwicklungen. In: Jessberger, H. L. (Hrsg.): Erkundung und Sanierung von Altlasten. Rotterdam 1991.

Altlastensanierungsverfahren, thermisch. T. A.

gehören zu den →Dekontaminationsverfahren für schadstoffhaltige Böden. Das Prinzip besteht in der Zerstörung von adsorptiven und chemischen Bindungskräften durch Zufuhr von thermischer Energie, z. B. Heizöl, Erdgas, Strom. Die Schadstoffe werden je nach Stoffart anschließend oxidativ zerstört oder in die Rückstände, z. B. Schlacke, eingebunden. Je nach Temperaturbereich und Verfahrenstechnik werden die t. A. in Entgasungs-, Vergasungs- und Verbrennungsprozesse eingeteilt (Tabelle). Die thermische Behandlungsanlage kann vor Ort (on site) oder in einem →Bodensanierungszentrum (off site) betrieben werden. Entwicklungen befassen sich auch mit in situ-Behandlungsverfahren, u. a. Verglasung. Die t. A. sind grundsätzlich für die →Dekontamination von organischen sowie flüchtigen anorganischen Verunreinigungen einsetzbar. Während die organischen Stoffe zerstört werden, können die flüchtigen anorganischen Verbindungen nur ausgetrieben werden. Sie müssen durch die →Abgasreinigung abgeschieden und als →Rückstand behandelt werden. Die Verdampfungs- und Verbrennungstemperaturen und die Verweilzeiten in den Reaktionszonen richten sich nach den vorliegenden Schadstoffen sowie nach der beabsichtigten Verwendung des gereinigten Materials. Besonders wichtig für eine weitgehende Zerstörung der organischen Schadstoffe sind die Betriebsbedingungen in der →Nachverbrennung. Die hierbei notwendigen Temperaturen und Mindestverweilzeiten sind durch entsprechende Vorversuche zu optimieren. Auch ist die Neubildung von Dioxinen und Furanen in der Abkühlzone der Rauchgase zu beachten (→Abfallverbrennungsanlage).

Alle thermischen Behandlungsanlagen benötigen eine Abgasreinigung, die in ihren Emissionen gemäß den Anforderungen des Bundes-Immissionsschutzgesetzes begrenzt werden müssen. In der Praxis werden verschiedene Verfahrenskonzepte mit unterschiedlichen Betriebsbedingungen angeboten. Ein Beispiel zeigt das Bild. Neben den in der Praxis eingesetzten Drehrohröfen befinden sich weitere Ofentypen, z. B. mit Wirbelschicht, in der Erprobung. Für die Dekontamination von Erdreich mit flüchtigen halogenfreien organischen Verbindungen, z. B. Lösungsmittel, Benzin, Heizöl, Benzol, Toluol, Xylole, Polyzyklische Aromaten, und Erdreich mit flüchtigen Elementen bzw. anorganischen Verbindungen, z. B. Quecksilber, Cadmium, Zink, Antimon, Arsen, Fluor-, Chlor-, Stickstoff-, Phosphor- und Cyanverbindungen, werden indirekt beheizte Anlagen eingesetzt. Hierbei wird das Erdreich schonend ohne Erweichung und Versinterung der Tone behandelt. Da ein Teil der organischen Bodenbestandteile erhalten bleibt, ist der so gerei-

Altlastensanierungsverfahren, thermisch. Tabelle: Übersicht der t. A. (Quelle: SRU)

Verfahrensbezeichnung Temperaturbereich °C		Zweck	Zielprodukt(e) 1 = Feststoffe 2 = Gase	Beheizung/ Wärmebehandlung; Ofentyp
Entgasung		Austreiben flüchtiger Ausgangsstoffe oder Zersetzungsprodukte (Ver-/Ausdampfen, Gasdestillation)	1) abgereinigtes Material, Gemisch aus anorganischen Bodenbestandteilen und Pyrolysekoks; biologisch inaktiv, aber mit Zusätzen revitalisierbar 2) Nachverbrennung	indirekt; in Drehrohr oder Schweltrommel
Niedertemperaturentgasung	bis 500			
Mitteltemperaturentgasung	500–800			
Schwelung, Hochtemperaturentgasung	800–900			
Verglasung	bis 2 000	Einschluß in Glas; Austreiben flüchtiger Stoffe	1) „in situ" Glaskörper 2) ausgetriebene Stoffe zur Nachverbrennung	Lichtbogeneffekt („in situ")
Spülgasdestillation	300–800	Austreiben durch Spülung; behutsamere Bodenbehandlung; durch Reduktion weniger PAK-Reste	1) belebbarer Boden 2) ausgetriebene Stoffe zur Nachverbrennung in Stützflamme	direkt; in Schacht- oder Drehrohrofen
Vergasung		Austreibung flüchtiger Stoffe oder Zersetzungsprodukte	1) abgereinigtes Material 2) Brenngas (mit geringem Heizwert) bei ca. 1 000–1 200 °C verbrannt und anschließend gereinigt	indirekt; in Drehrohrofen
Mitteltemperaturvergasung	600			
Hochtemperaturvergasung	1 100–1 600	Umsetzung von 20 bis 30 % Ölkontamination zu Brenngas	1) deponiefähige Schlacke 2) Brenngas bei >1 000 °C verbrannt	direkt in Vergasungsreaktorschacht
Verbrennung		Ausdampfung, Verbrennung	1) belebbarer Boden bzw. Bettasche (je nach Temperatur) 2) Rauchgas (zur Reinigung)	indirekt oder direkt; in Drehrohr- oder Wirbelschichtofen
Mitteltemperaturverbrennung	300–900			
	500–1 000	Ausbrennen von flüchtigen oder zersetzbaren Schadstoffen; Fixieren von Schwermetallen in Verbrennungsrückständen	1) „totgebrannter" Boden (Schlacke), nicht belebbar; deponiefähig 2) Rauchgas (zur Reinigung)	indirekt; durch Strahlung in Infrarot-Durchlaufofen; oder mittels „in situ"-Wärmestrahlrohr
Hochtemperaturverbrennung				direkt; in Drehrohr- oder Wirbelschichtofen

nigte Boden leichter wiederbelebbar. Sind im kontaminierten Erdreich halogenierte oder schwerflüchtige organische Verbindungen mit einer starken Bindung an die Humussubstanz des Bodens vorhanden, sind höhere Behandlungstemperaturen durch Direktbeheizung erforderlich. Hierbei entsteht ein mehr oder weniger totgebrannter Boden, der eine besondere Behandlung zur Revitalisierung benötigt. Ein zu hoher Schwermetallgehalt kann die Wiederverwendbarkeit und Nutzung begrenzen, so daß eine Ablagerung auf einer Deponie notwendig wird. Die Filterstäube aus der Abgasreinigung müssen als Sonderabfall entsorgt werden.

Die thermischen Bodenreinigungsanlagen haben für halogenfreie organische Kontaminationen einen hohen Wirkungsgrad, bis zu 99,5 %. Durch die nachgeschalteten Reinigungsstufen für die Abgase ist kostenmäßig ein zusätzlicher Aufwand zwangsläufig erforderlich. Mobile bzw. umsetzbare Anlagen haben Durchsatzleistungen bis 50 t Erdreich/h. Kombinationen aus →Bodenwaschverfahren und einem t. A. führen zeitlich nacheinander zu einer hohen Mehrkomponentensanierung. *Thoenes*

Literatur: *Gläser, E.:* Zweistufige Hochtemperaturanlage für organisch verunreinigten Boden – Fallbeispiel Züblin. In: Franzius, V. et al. (Hrsg.): Handbuch der Altlastensanierung. Heidelberg 1988. – SRU: Altlasten, Stuttgart 1990.

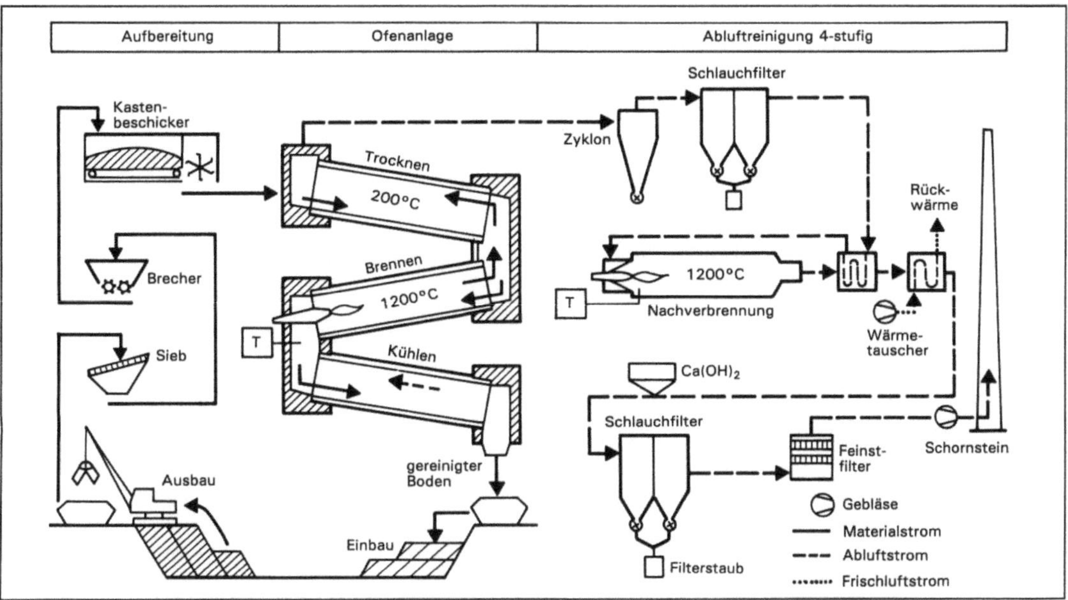

Altlastensanierungsverfahren, thermische: Thermische Bodenreinigung – Verfahrensablauf. (Quelle: Gläser)

Altlasten-Sicherungsmaßnahmen →Sicherheitsmaßnahmen bei Altlasten

Altlastverdächtige Fläche →Verdachtsfläche

Altölaufarbeitung. Im Zusammenhang mit Altöl ist unter Aufarbeitung (stoffliche →Verwertung) jedes Verfahren zu verstehen, das darauf abzielt, „... aus Altölen Grundöle, Fluxöle, verfahrensbedingte Koppelprodukte oder zur Weiterverarbeitung vorgesehene Produkte nach Abtrennung oder chemischer Umwandlung der Schadstoffe, der Oxidationsprodukte und der Zusätze herzustellen" (→Altölrecht).

Nach dieser Definition ist das bloße Reinigen und Trocknen/Destillieren keine A. im Sinne der Altölverordnung.

Für die Aufarbeitung stehen insbesondere die nachfolgenden Verfahren (oder Kombinationen der Verfahren) zur Verfügung:
– Schwefelsäure-Bleicherde-Kontaktverfahren (→Zweitraffination).
– Destillationsverfahren: Hochvakuumdestillation mit Dünnschichtverdampfung, anschließende Hydrierung möglich (KTI; Luwa); Verdampferverfahren (Fall-Schleier; Lurgi).
– Gasextraktionsverfahren: Extraktion der Ölphase mit überkritischen Gasen (Krupp-Koppers).
– Membran-Verfahren
– Zweitraffination nach dem BKM-Verfahren (*Baufeld-Kiel-Meinken*-Verfahren): chemische Entmetallisierung mit anschließender thermischer Behandlung und mechanischer Trennung.

– Natriumverfahren (z. B. Degussa).
– Hydrierverfahren (z. B. KTI Altöl-Hydrierung): kommen insbesondere in Frage, um auch Organohalogenverbindungen wie polychlorierte Biphenyle (PCB) und polycyclische Aromaten (PAH) aus kontaminierten Altölen zu entfernen. *Blickwedel*

Literatur: Der Rat von Sachverständigen für Umweltfragen, Sondergutachten Abfallwirtschaft, September 1990. Stuttgart 1991. – *Möller, J. U.:* Altölbeseitigung, Band 253 Kontakt & Studium. Ehingen 1988. – *Versteyl, L.-A.; H. O. A. Koehn:* Recht und Praxis der Altölentsorgung. Köln 1987.

Altölentsorgung. Altöle (→Altölrecht) sind gebrauchte technische Öle (z. B. Schmieröle, Hydrauliköle, Metallbearbeitungsöle).

Für den erheblich eingegrenzten Bereich der Verbrennungsmotoren- und Getriebeöle schreibt § 5b Abfallgesetz weitere konkrete Maßnahmen (Rücknahmeverpflichtung, Einrichtung von Annahmestellen, Hinweis auf Pflicht zur geordneten Entsorgung) vor. Nicht erfaßt von dieser Definition werden die Bioöle. Diese sind – ungeachtet aller für die Umwelt positiven Eigenschaften bei der Anwendung – im Falle der Entsorgung →Sonderabfall.

Auf die A. finden alle Vorschriften des Abfallgesetzes Anwendung, es sei denn, Altöle werden der stofflichen oder energetischen Nutzung in einer nach § 4 des BImSchG zugelassenen Anlage zugeführt (§ 5a Abs. 2 Satz 1 AbfG). In diesem Falle sind für die Zuführung des Altöls zur Verwertung nur die abfallrechtlichen Überwachungsvorschriften anzuwenden.

Unabhängig von den Regelungen der Altölverordnung (AltölV) unterliegen Betreiber gewerblicher oder sonstiger wirtschaftlicher Unternehmen oder öffentliche Einrichtungen, in denen Altöle anfallen, sowie Sammler, Beförderer und Betreiber von Entsorgungsanlagen für Altöle den Regelungen der Abfall- und Reststoffüberwachungsverordnung (AbfRestÜberwV). Allerdings sind für Altöle, die einer →Altölaufarbeitung in nach § 4 BImSchG genehmigten Anlagen zugeführt werden, vom →Entsorgungsnachweis befreit (§ 2 AbfRestÜberwV).

Die Altöle werden je nach der Verwertungs-/Entsorgungsart in drei Gruppen eingeteilt (sog. A-, B- oder C-Öle, bzw. Kategorie I-, II- oder III-Öle):

☐ Aufarbeitbare (A oder Kat. I) Altöle. Grundsätzlich gelten Verbrennungsmotoren- und Getriebeöle sowie mineralische Maschinen-, Turbinen- und Hydrauliköle als für die Aufarbeitung geeignete Altöle, soweit die Grenzwerte für PCB (20 mg pro kg Altöl) und Gesamthalogen (0,2 g pro kg Altöl) eingehalten werden. Andere Altöle können im Einzelfall aufgearbeitet werden, wenn die in ihnen enthaltenen Schadstoffe im angewandten Verfahren durch Umwandlung oder Abtrennung unschädlich gemacht werden (§ 2 Abs. 2 AltölV). Ob die Aufarbeitung zulässig ist, richtet sich allein nach der immissionsschutzrechtlichen Genehmigung für den Betrieb der Anlage.

☐ Thermisch nutzbare (B oder Kat. II) Altöle. Diese sind solche, die einer energetischen Nutzung in hierfür nach § 4 BImSchG genehmigten Anlagen zugeführt werden. Ob diese Form der Verwertung erfolgen kann, richtet sich ebenfalls nach der immissionsschutzrechtlichen Genehmigung. Die Grenzwerte des § 3 AltölV für PCB und Gesamthalogen finden dann keine Anwendung.

☐ C oder Kat. III Altöle. Altöle, für die eine Aufarbeitung oder energetische Nutzung nicht in Betracht kommt, z. B. PCB-haltige Hydraulikflüssigkeiten aus dem Bergbau, stark additivierte Metallbearbeitungsöle, Kleinmengen unbekannter Herkunft, sind als →Sonderabfälle in entsprechenden Sonderabfallbehandlungsanlagen zu entsorgen. *Blickwedel*

Literatur: Altölmerkblatt des BMU, Müll-Handbuch, Kennzahl 8755, Lieferung 1/91. – Musterverwaltungsvorschrift zum Vollzug der §§ 5a, 5b, 30 AbfG und der AltölV, BMU, 25. 1. 1988. – *Versteyl, L.-A.:* Das Neue Altölrecht, Müll-Handbuch, Kennzahl 8752, Lieferung 2/89. Berlin.

Altölhydrierung. Ein Verfahren zur stofflichen Verwertung von Altöl. Die grundlegenden Verfahrensschritte der A. sind:
– Abtrennung der leichter und schwerer siedenden Kohlenwasserstoff-Fraktionen vom Altöl durch physikalische Prozesse wie Dünnschichtverdampfung, Destillation und Strippung,
– hydrierende Behandlung der Kohlenwasserstoff-Fraktionen,
– Fraktionierung zu den Endprodukten.

Vor der eigentlichen katalytischen Hydrierung werden Wasser, Benzin und andere niedrig siedende Komponenten durch atmosphärische Flashverdampfung abgeschieden. Die entwässerte Kohlenwasserstoff-Fraktion wird anschließend destillativ von der Gasölfraktion getrennt, die schwerflüchtigen Bestandteile wie Additive, Metallverbindungen und Abbauprodukte durch Vakuum-Dünnschichtverdampfung abgetrennt.

Die verbleibende Kohlenwasserstoff-Fraktion wird bei erhöhter Temperatur und bei erhöhtem Druck katalytisch hydriert. Bei dieser Reaktion werden organische Verbindungen, die Chlor, Sauerstoff, Schwefel, Stickstoff und andere Fremdatome enthalten, zu Kohlenwasserstoffen umgesetzt. Dabei entstehen Chlorwasserstoff, Ammoniak, Schwefelwasserstoff, Wasser oder entsprechend andere Wasserstoffverbindungen. Ein Teil der Kohlenwasserstoffe wird unter den Bedingungen der katalytischen Hydrierung zu leichten Kohlenwasserstoffen gecrackt.

Die Nebenprodukte der Hydrierung (Säuren, leichte Kohlenwasserstoffe) werden vom Produktstrom abgetrennt, der nicht umgesetzte Wasserstoff wird in den Prozeß zurückgeführt.

Das so gewonnene Zweitraffinat ist hinsichtlich seiner Qualität mit den Erzeugnissen der Erstraffination vergleichbar und frei von Kontaminationen wie PCB.

Im Vergleich zu dem herkömmlichen Schwefelsäure-Bleicherde-Verfahren (→Altölraffinerie) fallen nur geringe Mengen an Reststoffen an. Das →Abwasser erfüllt die Anforderungen, die an die Indirekt-Einleitung gestellt werden. Die leicht siedenden Kohlenwasserstoffe, die als Crackprodukte bei der Hydrierung anfallen, können als Brennstoff für den Prozeß eingesetzt werden. Die schwerflüchtigen Destillationsrückstände bilden ein bitumenartiges Produkt, das für Dichtungszwecke geeignet ist.

Das Hydrierverfahren ist besonders geeignet, die problematischen organischen Chlorverbindungen aus Altölen zu entfernen (katalytische Dehydrochlorierung). *Blickwedel*

Altölraffinerie. In der A. werden Gebrauchtöle durch →Zweitraffination zu Grundölen und Destillaten aufbereitet. Die Zweitraffination wird (noch) nahezu ausschließlich nach dem Schwefelsäure-Bleicherde-Verfahren durchgeführt. Kennzeichnend für dieses Verfahren sind folgende Stufen:
– Phasentrennung nach Sedimentation (Grobtrennung von Wasser und Feststoffen)

– Atmosphärische Destillation bis 250 °C (Entfernung niedrig-siedender Bestandteile)
– Chemische Umsetzung der ungesättigten Verbindungen mit konzentrierter Schwefelsäure und anschließende →Neutralisation mit Kalk
– Abtrennung des neutralisierten Raffinationsschlammes (Säureteer)
– Vakuumdestillation
– Optische Aufhellung und adsorptive Reinigung durch Bleicherde-Behandlung in Mischern.

Mit den üblichen Verfahren können halogenierte Kohlenwasserstoffe nur unzulänglich entfernt werden. Besser geeignete Verfahren sind:
– Katalytische Hydrodehalogenierung: Dabei werden die →Halogenkohlenwasserstoffe weitgehend in reine Kohlenwasserstoffe umgewandelt. Der dabei entstehende Halogenwasserstoff wird ausgewaschen.
– Natriumverfahren: Entwässertes Altöl wird mit dispergiertem Natrium behandelt. Dabei polymerisieren die Additive auch andere Verunreinigungen oder es werden Natriumsalze gebildet. Die reinen Kohlenwasserstoffe werden durch Vakuum-Destillation abgetrennt.

Grundöle dienen zur Schmierölherstellung, die bei der Destillation gewonnenen Schwerbenzine und Schlämme zur Befeuerung von Anlagen und zur Dampferzeugung. Säureteer und Bleicherde werden auch in der Zementindustrie thermisch verwertet.

A. gehören zu den genehmigungsbedürftigen Anlagen (Anhang zur →4. BImSchV Nr. 4.4). Es gelten die emissionsbegrenzenden Anforderungen der TA Luft. Hinsichtlich der Emissionsquellen, der Art der Emissionen und der Emissionsminderungsmaßnahmen wird auf die →Mineralölraffinerien verwiesen. *Angrick*

Literatur: *Davids, P.; M. Lange:* Die TA Luft '86 – Technischer Kommentar. Düsseldorf 1986. – Spezifische Emissionen einer Altölraffinerie. Forschungsvorhaben Nr. 10404347 des Umweltbundesamtes. Berlin 1986.

Altölrecht. Nach § 5a Abs. 1 S. 1 AbfG finden auf Altöle die Vorschriften des Abfallgesetzes auch dann Anwendung, wenn sie keine Abfälle im Sinne des Abfallgesetzes sind. Altöle sind nach der Definition des Gesetzgebers gebrauchte halbflüssige oder flüssige Stoffe, die ganz oder teilweise aus Mineralöl oder synthetischem Öl bestehen, einschließlich ölhaltiger Rückstände aus Behältern, Emulsionen und Wasser-Öl-Gemische. Der Gesetzgeber hat die →Altölentsorgung den §§ 5a, 5b AbfG unterstellt, weil das frühere Altölgesetz, dessen Regelungen teilweise bis zum 31. 12. 1989 fortgalten, nur unzureichend eine umweltfreundliche Altölentsorgung gewährleistete. Der Altölbegriff des Abfallgesetzes ist weit gefaßt, er erfaßt u. a. auch Wasser-Öl-Gemische ohne bestimmte Konzentrationswerte festzulegen. Damit soll verhindert werden, daß Wasser-Öl-Gemische durch Verdünnung mit Wasser den abfallrechtlichen Bestimmungen entzogen werden können.

Soweit Altöle in hierfür immissionsschutzrechtlich genehmigten Anlagen verwertet werden, finden nur die Überwachungsbestimmungen des Abfallgesetzes (§§ 11, 11a–11f), die Regelungen über den Transport von Abfällen (§ 12 AbfG) und § 14 AbfG, d. h. die Ermächtigung für die Bundesregierung, Rechtsverordnungen zur Kennzeichnung, getrennten Entsorgung und für Rückgabe- und Rücknahmepflichten erlassen zu können, Anwendung. Im übrigen gilt für die energetische Verwertung von Altölen in immissionsschutzrechtlich genehmigten Anlagen das Immissionsschutzrecht.

Von besonderer Bedeutung für die Altölentsorgung ist die Informations- und Rücknahmepflicht des § 5b AbfG. Danach ist derjenige, der gewerbsmäßig Verbrennungsmotoren- oder Getriebeöle an Endverbraucher abgibt, verpflichtet, in geeigneter Weise auf die Pflicht zur geordneten Entsorgung gebrauchter Verbrennungsmotoren- oder Getriebeöle hinzuweisen. Der Verkäufer hat außerdem gebrauchte Motoren- oder Getriebeöle bis zu der im Einzelfall verkauften Menge kostenlos anzunehmen. Er muß über eine Einrichtung verfügen, die es ermöglicht, den Ölwechsel fachgerecht so durchzuführen, daß bei dem Wechsel Öl weder in den Boden noch in das Wasser gelangt. Das setzt ein Ölabsauggerät voraus sowie hinreichend dichte Altöltanks unter Berücksichtigung der wasser-, bau- und arbeitsschutzrechtlichen Vorschriften der Länder und Behälter zur Aufnahme fester ölhaltiger Abfälle.

Weitergehende Bestimmungen für die Aufarbeitung geeigneter Altölarten enthält die Altölverordnung vom 27. 10. 1987 (BGBl. I S. 2335). Sie bestimmt die zur Aufarbeitung geeigneten Altöle und den Aufarbeitungsbegriff (→Altölaufarbeitung). Nach § 3 der Verordnung dürfen Altöle nicht aufgearbeitet werden, wenn sie mehr als 20 mg PCB/kg oder mehr als 2 g Gesamthalogen/kg enthalten. Dieses Aufarbeitungsverbot gilt jedoch nicht, wenn die Schadstoffe durch das Aufarbeitungsverfahren zerstört werden oder in den Produkten der Aufarbeitung nur in dem Maße enthalten sind, das bei einer Aufarbeitung unter Einhaltung der Grenzwerte zu erreichen ist.

Die Verordnung regelt außerdem bestimmte Vermischungsverbote für Altöl, Pflichten der gewerbsmäßigen Abnehmer von Altölen (Entnahme, Untersuchung und Aufbewahrung von Proben) sowie Nachweis- und Kennzeichnungspflichten.

Die innerbetriebliche Sammlung und Lagerung von Altölen erfüllt den Tatbestand des Lagerns und Abfüllens wassergefährdender Stoffe im Sinne des § 19g Abs. 1 WHG. Deshalb ist für derartige Sammelbehälter deren Eignung nach dem →Wasserhaushaltsgesetz und insbesondere der Verordnung über Anlagen zum Lagern, Abfüllen und Umschlagen wassergefährdender Stoffe (VAbS) und den dazu gehörigen Anforderungskatalogen zu erbringen. Für die Sammlung von Altölen kommen insbesondere doppelwandige Behälter mit Leckanzeigegerät in Frage oder einwandige Behälter, die in einem Auffangraum aufgestellt sind.

Beim Transport von Altölen sind sowohl die Bestimmungen des Abfallgesetzes mit den entsprechenden Verordnungen über den →Abfalltransport als auch die →Gefahrgutvorschriften zu beachten.
Hoppe/Beckmann

Literatur: *Kreft:* Altölentsorgung unter dem Dach des neuen Abfallgesetzes, UPR 1986. – *Versteyl:* Altöl; Wirtschaftsgut oder Abfall, UPR 1986. – *Versteyl/Koehne:* Recht und Praxis der Altölentsorgung, 1987.

Altölvermeidung. Um die →Altölentsorgung zu entlasten, sind Maßnahmen zur A. bzw. Altölverringerung erforderlich. Hierzu sind insbesondere folgende Ansätze geeignet:

☐ Verwendung ölfreier Systeme
– Einsatz von Lagern, Dichtungen und Führungen, die ohne Öl als Schmierstoff betrieben werden (DIN 50320, 50323)
– Verwendung selbstschmierender Werkstoffpaarungen und Magnetlager
– Verbesserung der Oberflächentechnik zum Verschleißschutz
– Trockenschmierung, z. B. mit anorganischen oder organischen Festschmierstoffen
☐ Minimierung des Altölanfalls in stationären Systemen
– Konsequente Anwendung der Schmierstoffnormung und tribotechnische Inspektion und Wartung
– Ölpflege und richtige Auswahl des Öls
– Kritische Prüfung der herstellerseitig vorgegebenen Ölwechselintervalle (Analyse des Ölzustandes)
– Pflege und Reinigung von Kühlschmierstoffen
– Innerbetriebliche Rekonditionierung (Reinigung, evtl. Additivierung) thermisch gering belasteter Öle
☐ Minimierung des Altölanfalls in Kraftfahrzeugen
– Reduzierung der Ölfüllmengen durch Hersteller,
– Verlängerung der Ölwechselfristen
– Prüfung des Einsatzes von Motoröl-Feinstfiltern
☐ Verwendung von Schmierstoffen und Hydraulikflüssigkeiten auf anderer als Mineralölbasis
– Einsatz von Produkten auf Pflanzenölbasis (z. B. →Rapsöl) bei Verlustschmierstoffen und Hydrauliksystemen.

Die Verwendung von Ölen auf Pflanzenölbasis verringert zwar den Anfall mineralischer Altöle,

jedoch sind diese Öle getrennt von Mineralölprodukten als →Sonderabfall zu entsorgen. Eine Aufarbeitung ist derzeit in der Praxis noch nicht eingeführt.
Blickwedel

Literatur: Der Rat von Sachverständigen für Umweltfragen, Abfallwirtschaft, Sondergutachten, September 1990. Stuttgart 1991.

Altpapier. A. ist Abfall aus Papier und Pappe und ein wichtiger Wertstoff. Für A. bestehen folgende Verwertungsmöglichkeiten:
– →Papier- und Pappeherstellung,
– →Span- und Gipskartonplatten-, Paletten-, Wärmedämmaterial- und Pflanzkübelherstellung,
– chemische Verwertung durch Hydrolyse, Pyrolyse und Vergärung zu Alkoholen, Glucose oder Proteinen,
– →Kompostierung, sofern vom Schadstoffgehalt mit dem übrigen Kompost verträglich.

Derzeit nimmt die Papier- und Pappeherstellung die größten Altpapiermengen auf (ca. 90 % des gesamten Altpapiereinsatzes). Das in den Produktionskreislauf zurückgeführte A. umfaßt etwa ⅓ des A.-Anfalls aus Haushaltungen und knapp ¾ des A.-Anfalls aus dem Handel. Hauptsächlicher Hinderungsgrund für einen höheren Einsatz von A. ist der Überschuß an Papieren unterer Sorten. Durch Handsortierung lassen sich zwar papierfremde Stoffe und produktionsschädliche Papiere aussortieren, jedoch kann nicht die Qualität erreicht werden, die durch konsequente separate Erfassung erzielt werden könnte. Die Verwertung könnte außerdem durch den Einsatz gut lösbarer Druckfarben gesteigert werden.

Das A.-Recycling ist zwar kontinuierlich gestiegen, konnte jedoch mit der Steigerung des A.-Aufkommens nicht Schritt halten; d. h. es fallen erhebliche Mengen an verwertbarem A. an, für die kein Markt vorhanden ist und die als Abfall entsorgt werden müssen (Verbrennung, Deponie). Zielfestlegungen zur Vermeidung, Verringerung und Verwertung von Abfällen aus Papier können zur Lösung des Problems beitragen. Primär sollen durch Steigerung des A.-Einsatzes in der Papierindustrie Papierabfälle vermieden werden. Dies setzt die Entwicklung verursacherorientierter Entsorgungskonzepte durch die Wirtschaft voraus.

Durch eine Verordnung auf der Grundlage des § 14 Abfallgesetz sollen generelle Rücknahme- und Verwertungspflichten für bestimmte gebrauchte Papiere wie Zeitungen, Zeitschriften, Reklamewurfsendungen, Beilagen, Büro- und Administrationspapiere eingeführt werden. Dadurch sollen – unter Nutzung marktwirtschaftlicher Mechanismen wie Kostendruck und Wettbewerb – Innovationen initiiert, eine höchstmögliche stoffliche Verwertung gebrauchter Papiere sichergestellt, die A.-Einsatzmöglichkeiten bei der Neupapiererzeugung weitgehend ausgeschöpft, die technologische Weiterentwicklung bestehender A.-Einsatzmöglichkeiten angestoßen und Einsatzmöglichkeiten für A. außerhalb der Neupapiererzeugung erschlossen werden.

Möglichkeiten zur Einschränkung des Papierverbrauchs sind vor dem Hintergrund der Presse- und Informationsfreiheit und des marktwirtschaftlichen Erfordernisses von Werbung sehr zurückhaltend zu beurteilen; restriktive Vermeidungs-Strategien sind hier nicht zu erkennen. Unbenommen ist dem Einzelnen der persönliche Verzicht auf die Zustellung von Werbung, z. B. durch entsprechende Kennzeichnung des Briefkastens oder durch Eintrag in die Robinson-Liste des Deutschen Direktmarketing-Verbandes (DDV), Wiesbaden.

Neben einer Steigerung des A.-Einsatzes beim Zeitungspapier sind vor allem im Zeitschriftenbereich noch erhebliche Potentiale für einen erhöhten A.-Einsatz zu sehen. Möglichkeiten zur Steigerung des Recycling-Papierverbrauchs sind dadurch gegeben, daß

– die papiererzeugende Industrie nur solche Faser- und Füllstoffe sowie Papierhilfsmittel einsetzt, die die Altpapierverwertung weder stören noch verhindern, insbesondere keine unzulässige Belastung des Neupapiers mit sich bringen, und der Einsatz chlorgebleichter Faserstoffe, optischer Aufheller und ähnlich umweltbelastender Inhaltsstoffe dem Stand der Technik entsprechend reduziert wird;

– die papierverarbeitende Industrie und die Druckindustrie die Verwendung von aus oder mit A. hergestellten Papierprodukten dem Stand der Technik entsprechend steigert und bei der Weiterverarbeitung und Bedruckung Hilfs- und Veredelungsmittel sowie Druckfarben einsetzt, die insbesondere frei von toxischen Schwermetallverbindungen sind und die Verwertung als A. weder stören noch verhindern oder in unzulässiger Weise zu Belastungen des Neupapiers führen;

– der Handel den Vertrieb von Recycling-Papier und altpapierhaltigen Produkten durch Ausweitung der Angebotspalette und attraktive Preisgestaltung unterstützt;

– die öffentliche Hand bei Beschaffung und Verwendung altpapierhaltiger Papierprodukte die Vorbildfunktion in besonderem Maße beachtet, z. B. durch Reduzierung der Ansprüche an Weißegrad und Qualität auf das dem jeweiligen Verwendungszweck entsprechende Minimum und die Erfassung und Verwertung durch organisatorische Maßnahmen unterstützt;

– die private Wirtschaft die Regeln der Beschaffung und Behandlung von Papierprodukten denen der öffentlichen Hand angleicht;

– die privaten Haushalte verstärkt an A.-Sammlungen teilnehmen;

– die entsorgungspflichtigen Körperschaften die A.-Sammel- und -Sortiersysteme optimieren mit dem Ziel, die stoffliche Verwertung von A. zu forcieren. *J. Kühn*

Altreifen. A. unterliegen keiner speziellen abfallrechtlichen Regelung. Sie können aber grundsätzlich unter den →Abfallbegriff des Abfallgesetzes fallen, ebenso aber Reststoff oder Wirtschaftsgut sein, das der Verwertung (z. B. Altreifenregranulat) oder Weiterverwendung (Runderneuerung, Export) zugeführt werden kann. Außerdem kommt für sie wegen des hohen, der Steinkohle entsprechenden Heizwerts auch die thermische Nutzung (insbesondere in Zementwerken) in Betracht.

A. fallen vor allem an beim Reifenhandel, an Tankstellen, in Shredderanlagen, bei Reifenherstellern und Runderneuerern, aber auch bei staatlichen Institutionen, privaten Unternehmen und Haushaltungen.

Neben der Runderneuerung und thermischen Verwertung ist noch die mechanische Kaltzerkleinerung als Verwertungsverfahren zu nennen. Hierbei werden die vorzerkleinerten A. durch flüssigem Stickstoff versprödet und anschließend in einer Hammermühle zerkleinert und dabei Stahl und Textilien vom Gummimaterial getrennt. Das verbleibende Gummigranulat mit einer Korngröße zwischen 4 und 6 mm wird z. B. zu Gartenmöbeln, Blumenkübeln, Pollern oder Fahrbahnbegrenzern weiterverarbeitet. Für dieses Verfahren werden ausschließlich Lkw-Reifen verwendet. Nicht zu unterschätzen ist auch der Anteil der A. die in den Export gehen. Ein Teil der A. wird auch anderweitig (direkt) weiterverwendet, z. B. als Fender in Häfen, auf Kinderspielplätzen oder in der Landwirtschaft zur Siloabdeckung (Bild). *Blickwedel*

Literatur: Der Rat von Sachverständigen für Umweltfragen, Abfallwirtschaft, Sondergutachten, September 1990. Stuttgart 1991.

Altstandort. Grundstücke aus den Bereichen der gewerblichen Wirtschaft oder der öffentlichen Einrichtungen, auf denen sich stillgelegte Anlagen (mit und ohne Nebeneinrichtungen) befinden oder befunden haben, sowie sonstige Betriebsflächen oder Grundstücke, auf denen mit umweltgefährdenden Stoffen umgegangen wurde. Auch nicht mehr verwendete Leitungs- und Kanalsysteme, in denen umweltgefährdende Stoffe transportiert wurden, können als Kennzeichen eines A. herangezogen werden, da Undichtigkeiten zu Belastungen der Umweltgüter Boden und Wasser führen können. Von A. gehen in der Regel Gefährdungen und Belastungen des Bodens bzw. des Untergrunds aus.

Da das Rechtsgebiet →Altlasten und Bodenschutz noch nicht bundeseinheitlich geregelt ist,

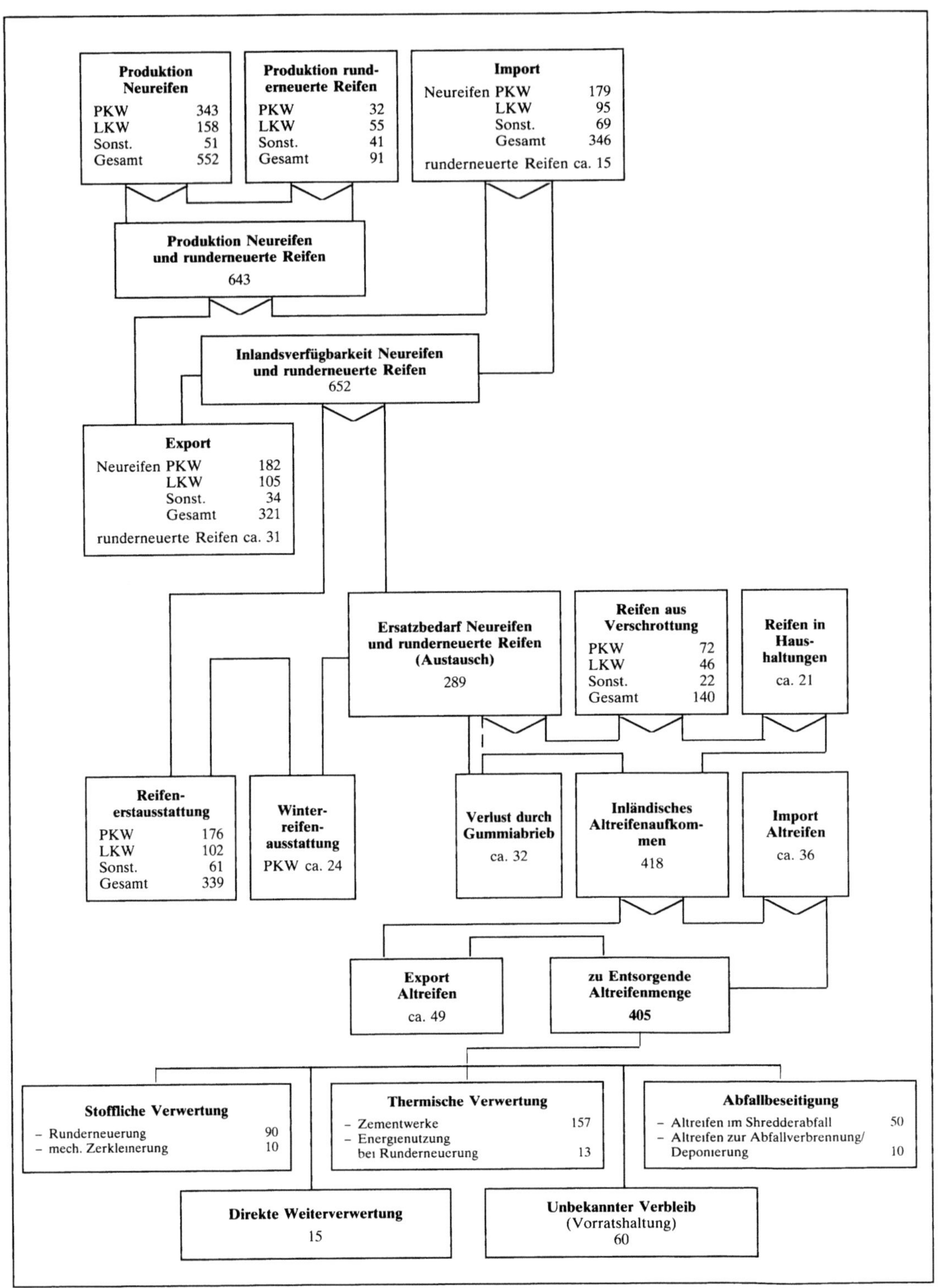

Altreifen: Schematische Darstellung der Berechnung des A.-Aufkommens und der entsorgten A.-Menge am Beispiel der Bundesrepublik Deutschland 1987 – Angaben in 1 000 t. (Quelle: SRU – modifiziert)

haben die meisten Länder den Begriff A. in ihrem →Abfallrecht definiert; die in den Länderabfallgesetzen festgelegten Definitionen sind nicht einheitlich. *Thoenes*

Altstoff. Nach dem Chemikaliengesetz sind A. alle diejenigen chemischen Substanzen, die im europäischen A.-Verzeichnis →EINECS (**E**uropean **I**nventory of **E**xisting **C**ommercial **C**hemical **S**ubstances) aufgenommen sind.

Die Prüfung und Bewertung der A. hinsichtlich ihrer Gesundheits- und Umweltgefährlichkeit obliegt im Auftrag der Bundesregierung dem Beratergremium für umweltrelevante A. (BUA) der Gesellschaft Deutscher Chemiker. *Summer*

Literatur: *Kloepfer:* Umweltrecht, § 13 Rn. 68 ff. München 1989. – *Kloepfer:* Chemikaliengesetz, 1982.

Aluminium-Luft-Batterie. Diese Batterie (Zellspannung 0,96 V) erreicht in Versuchsmustern Energiedichten von über 350 Wh/kg. Sie ist jedoch kein Akkumulator. sondern eine →Primärbatterie. Bei der Entladung wird Aluminium im Elektrolyten gelöst. Eine elektrische Ladung der Zelle ist nicht möglich. In einigen Veröffentlichungen wird eine Ladung der Zellen in der Weise propagiert, indem die Elektroden und der Elektrolyt ausgetauscht werden. In besonderen Anlagen kann dann das Aluminium aus dem Elektrolyten regeneriert werden. *Kahlen*

Aluminiumerzeugung. Die A. kann unterteilt werden in:
– Primäre A.: Elektrolyseverfahren zur Gewinnung von Aluminium aus Aluminiumoxid.
– Sekundäre A.: Umschmelzen von Aluminium, insbesondere von Aluminiumschrott und sonstigem aluminiumhaltigem Material.

Primäraluminium – auch Hüttenaluminium genannt – wird aus Aluminiumoxid auf elektrolytischem Wege erzeugt. Das Aluminiumoxid wird kontinuierlich in einer 930–950 °C heißen Kryolithschmelze (Na_3AF_6) gelöst. In die Schmelze, die sich in einer mit Kohle ausgekleideten Eisenwanne (Kathode) befindet, tauchen die Kohlenstoffanoden ein. Bei Anlegen einer Gleichspannung von ca. 4 V wird das Aluminiumoxid in flüssiges Aluminium und Sauerstoff zerlegt. Das flüssige Aluminium sammelt sich am Kohleboden, wird abgesaugt, in Herdschmelzöfen raffiniert und zu Walzbarren oder Masseln vergossen. Weltweit gibt es verschiedene Elektrolyseofentypen. In der Bundesrepublik Deutschland hat sich in den letzten Jahren der mittenbediente vollgekapselte Elektrolyseofen durchgesetzt. Der Betrieb der Öfen wird durch Computer gesteuert. Zur Erzeugung einer Tonne Aluminium werden 2 t Aluminiumoxid benötigt.

Der elektrische Energiebedarf für die Elektrolyse beträgt ca. 15 kWh/kg Aluminium.

Beim Betrieb von Elektrolyseöfen entstehen Staub, gasförmige Fluorverbindungen, Schwefeldioxid und Kohlenmonoxid. Schwefeldioxid und Kohlenmonoxid bilden sich beim Abbrand der Kohlenstoffanoden. Der Gesamtauswurf an Staub beträgt ca. 50–60 kg/t Aluminium und an gasförmigen Fluorverbindungen bis 10 kg/t Aluminium. Der →Abgasvolumenstrom gekapselter Öfen beträgt 100 000 bis 150 000 m³/t Aluminium, als Hallenabluft können bis zu 1 500 000 m³/t Aluminium entstehen. Die Rohgaskonzentration im Ofenabgas beträgt ca. 500 mg/m³ an Staub und ca. 45–60 mg/m³ an gasförmigen Fluorverbindungen.

Für eine weitgehende Verminderung der beim Elektrolyseprozeß entstehenden Schadstoffe, besonders gasförmige Fluorverbindungen, ist eine nahezu vollständige Abgaserfassung notwendig; mittenbedienbare vollgekapselte Elektrolyseöfen sind dafür besonders geeignet. Krustenbrechen und Aluminiumoxidzufuhr erfolgen automatisch; der gesamte Elektrolyseprozeß wird automatisch geregelt und überwacht. Dadurch können z. B. Anodeneffekte (instabilen Ofenbetrieb durch Verarmen der Kryolithschmelze unter 2 Gew.-% Aluminiumoxid, der sich durch einen plötzlichen Spannungsanstieg am Ofen äußert), die zu höheren und zusätzlichen Schadstoffemissionen führen, schneller erkannt und beseitigt werden. Die Anzahl der Anodeneffekte läßt sich bis zu einem Anodeneffekt pro Tag und Ofen reduzieren. Um die Öffnungszeiten der Öfen so gering wie möglich zu halten, sind Einrichtungen vorzusehen, die ein schnelles Absaugen des Aluminiums und rasches Wechseln der verbrauchten Anoden ermöglichen. Mit derartigen Maßnahmen ist eine mehr als 95 %ige Erfassung der Abgase möglich. Für die →Abgasreinigung stehen grundsätzlich zwei →Trockensorptionsverfahren mit nachgeschaltetem →Gewebefilter oder elektrostatischem Abscheider zur Verfügung. Bei dem einen Verfahren wird das Aluminiumoxid zu 100 % als Sorbens dem Abgas zudosiert, bevor es im Elektrolyseofen eingesetzt wird. Bei dem anderen Verfahren wird in einem speziellen Wirbelschichtreaktor ebenfalls Aluminiumoxid als Sorbens verwendet. Der Sorbensanteil beträgt in diesem Fall nur einen Bruchteil der für die Produktion eingesetzten Oxidmenge. Das als Sorbens verbrauchte Aluminiumoxid wird bisher nicht für die Aluminiumgewinnung verwendet. Die in der TA Luft Nr. 3.3.4.1b.1 festgelegten Emissionsbegrenzungen lassen sich mit den beschriebenen Abscheidetechniken in Verbindung mit den gekapselten mittenbedienten Öfen einhalten. Filterstäube werden im allgemeinen einer Wiederverwendung zugeführt (Bild 1).

In Aluminiumschmelzwerken werden Anlagen zum Aufbereiten, Schmelzen und Raffinieren von

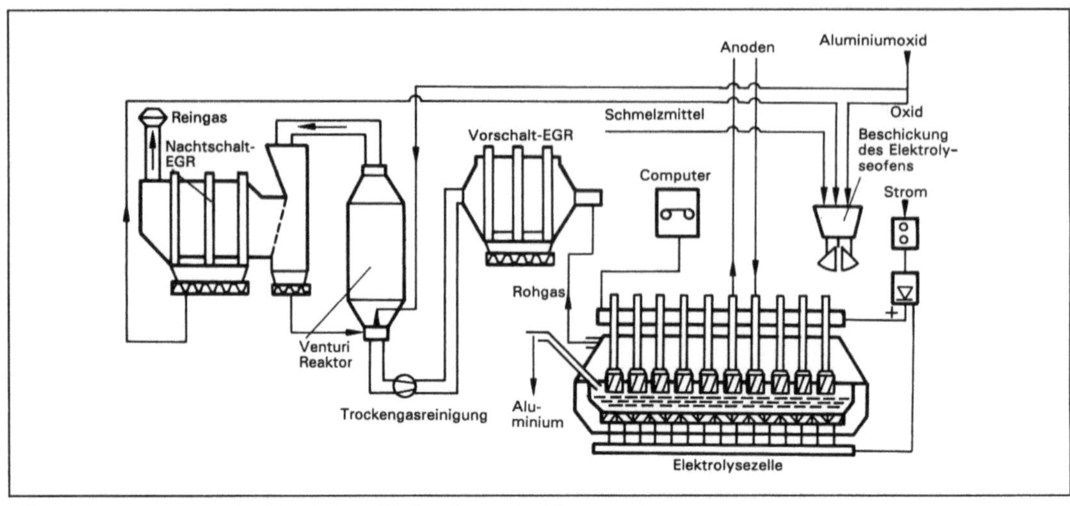

Aluminiumerzeugung 1: Aluminium-Elektrolyse mit Abgasreinigung.

aluminiumhaltigen Materialien wie Schrott, Späne und Krätze betrieben. Aufbereitungsanlagen sind Mahl- und Klassieranlagen für Krätze, Trocknungsanlagen für mit Ölen, Schmier- oder Schneidmitteln behaftete Späne und Entlackungsanlagen für Schrott. Drehtrommel oder Herdöfen werden zum Einschmelzen von Aluminiumschrott und aufbereiteten aluminiumhaltigen Materialien verwendet. Das in den Schmelzanlagen erschmolzene Aluminium wird in der Regel in Konvertern zum Raffinieren, Legieren und Warmhalten abgelassen. Schmelzöfen haben Schmelzleistungen von 0,5 bis 7 t/h. In Drehtrommelöfen wird unter einer Salzdecke umgeschmolzen. Im Salz sammelt sich ein großer Teil der eingebrachten Verunreinigungen, das Salz verschlackt. Die Salzschlacken werden aufbereitet zu Aluminium, Schmelzsalz und verunreinigtem Aluminiumoxid, das noch nicht verwertet werden kann. Um den Salzschlackenanfall so gering wie möglich zu halten, sollten Recyclingmaterialien mechanisch soweit aufbereitet werden, daß der Salzverbrauch minimiert werden kann. In modernen Herdschmelzöfen (sog. Open-Well-Herdofen) können weitgehend saubere Einsatzstoffe salzlos eingeschmolzen werden. Die Öfen haben eine Schrottvorwärmung bis zu 400 °C und eine Abgasnachverbrennung (Bild 2). Sie sind energetisch besonders günstig. Im Durchschnitt liegt der Energieaufwand zum Umschmelzen von Aluminium bei einem Zwanzigstel des Bruttoenergieaufwandes für eine Tonne Primäraluminium.

Im Konverter werden Legierungsmetalle, z. B. Kupfer, Magnesium, Mangan, Zink, zugegeben, mit Chlorgas und Stickstoff raffiniert und warmgehalten. Anschließend werden die Aluminiumlegierungen zu Barren vergossen oder direkt flüssig in Gießereien verarbeitet. Kippbare Herdschmelzöfen werden zum Warmhalten, Raffinieren und Abgießen zu Walzblöcken oder Barren von flüssigem Aluminium aus der Aluminiumelektrolyse in Aluminiumhütten und zum Schmelzen von Rücklaufmaterial eingesetzt. In Kokillen- und Druckgußgießereien werden kleinere Induktionstiegelöfen oder brennstoffbeheizte Tiegelöfen zum Einschmelzen von vorlegiertem Barrenmaterial verwendet.

Die Abgase der Schmelzöfen enthalten insbesondere gasförmige anorganische Chlor- und Fluorverbindungen, die Konverterabgase zusätzlich noch Chlorgas. Ferner können noch organische Stoffe durch Anhaftungen von Farben, Lacken, Ölen oder Fetten enthalten sein, bei unvollständiger Verbrennung auch besondere Stoffe nach Nr. 3.1.7. Abs. 7 TA Luft (z. B. Dioxine und Furane). Die Abgase der Schmelzöfen und Konverter werden meist zusammengeführt. Die Abgasmengen betragen zwischen 15 000 und 20 000 m³/t Aluminium. Im Rohgas können bis 150 mg/m³ Staub, 100 mg/m³ gasförmige Fluorverbindungen, im Mittel ca. 250 mg/m³ gasförmige Chlorverbindungen (im Konverterabgas bis 10 g/m³) und bis 5 mg/m³ Chlorgas enthalten sein. Die Abgase der Krätzeaufbereitung sowie der Späneaufbereitung werden in der Regel getrennt abgeleitet. Sie enthalten im wesentlichen Staub und organische Stoffe.

Zur Reinigung der Abgase aus Schmelzöfen und Konvertern ist das Trockensorptionsverfahren mit Gewebefilter am weitesten verbreitet. Als Sorbens wird Kalkhydrat dem Abgasstrom zudosiert. Um zunehmend auch organische Stoffe, insbesondere Dioxine und Furane, zu vermindern, wird dem Kalkhydrat noch Aktivkohle beigemischt.

Anlagen zum Umschmelzen von Aluminium sind – ebenso wie zur Primär-A. – genehmigungsbedürf-

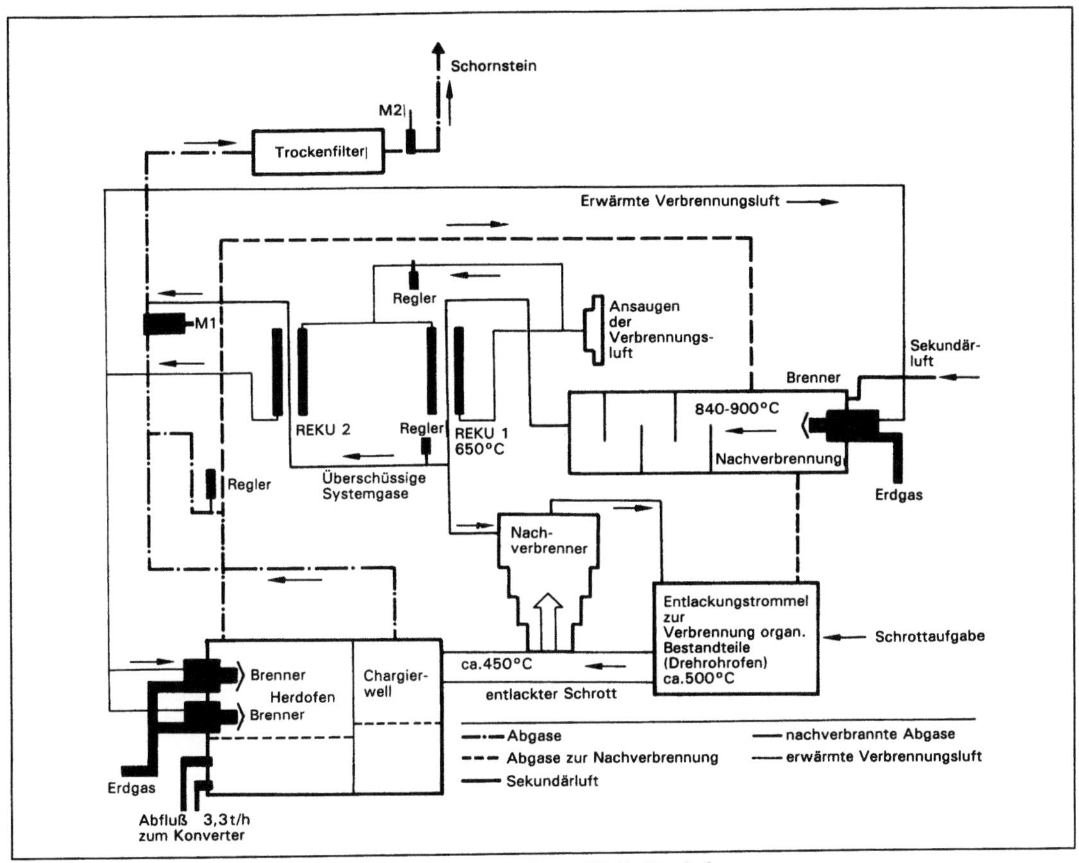

Aluminiumerzeugung 2: Fließbild eines modernen Open-Well-Herdofens.

M1 Meßstelle 1 im Rohgas
M2 Meßstelle 2 im Reingas

tig nach dem BImSchG. Emissionsbegrenzende Anforderungen enthält die →TA Luft.

Mit Trockensorptionsverfahren und nachgeschalteten Gewebefiltern werden die Emissionsbegrenzungen für gasförmige anorganische Chlorverbindungen und Fluorverbindungen sowie für Chlor und Staub gem. TA Luft Nrn. 3.3.3.4.1 und 3.1.6 eingehalten. Die Emissionen an organischen Stoffen (Nr. 3.1.7 TA Luft) sind gering, wenn in den Schmelzofen Einsatzmaterial eingesetzt wird, an dem nur geringfügige organische Stoffe wie Lacke, Farben, Fette oder Öle anhaften. Die Abgase der Spänetrocknungsanlagen werden in der Regel in einer thermischen →Nachverbrennung und Gewebefilter gereinigt. Staubhaltige Abgase von Krätzeaufbereitungsanlagen werden ebenfalls Gewebefiltern zugeführt. *Batz*

Literatur: *Davids, P.; M. Lange*: Die TA Luft '86 – Technischer Kommentar. Düsseldorf 1986. – *Oeters, F.*: Eisen und Stahl. In: Chemische Technologie. Hrsg. K. Winnacker; L. Küchler, Bd. 6, 3. Aufl. München 1973.

Amalgamabscheider. A. dienen der Behandlung von Abwasser, dessen Schmutzfracht im wesentlichen aus Behandlungsplätzen in Zahnarztpraxen und Zahnkliniken stammt, bei denen Amalgam (Legierung von →Quecksilber mit anderen Metallen) anfällt. Sie sind in einer →Abwasserverwaltungsvorschrift (Anhang 50) vorgeschrieben. Die quecksilberhaltige Amalgamfracht des Rohabwassers wird im A. um mindestens 95% reduziert. A. basieren auf dem Prinzip der →Sedimentation. Das abgeschiedene Amalgam wird in einem dazu geeigneten Behälter aufgefangen und kann dann unter Beachtung der Hygienebestimmungen einer Verwertung zugeführt werden. Das im A. behandelte Abwasser kann in die Kanalisation eingeleitet werden. *Mertsch*

Ameisensäuremethylester.
□ Stoff-Identifizierungs-Nr.:
CAS-Nr.: 107-31-3
EG–Nr.: 607-014-00-1
UN-Nr.: 1243
EINECS-Nr.: 203-481-7

□ Chemische Formel: $C_2H_4O_2$
□ Stoffcharakteristik: Wasserklare, neutrale, sehr flüchtige, in geringer Konzentration angenehm riechende, mäßig wasserlösliche und hochentzündliche Flüssigkeit. Dämpfe schwerer als Luft, bilden mit Luft explosionsfähiges Gemisch.
□ Gefahrenmerkmale:
– Stoffliste nach § 4a der →Gefahrstoffverordnung: Gefahrenkennbuchstabe(n): F₊
R-Sätze: 12
S-Sätze: 2-9-16-33
– Arbeitsschutzwerte nach TRGS 900: →MAK-Wert (mg/m³): 250
– Stoffliste (Anhang II) der →Störfall-Verordnung: Nr. 2
– →Wassergefährdungsklasse: WGK 1
– Emissionswerte: →TA Luft Einstufung: 3.1.7 Klasse II   *Fischer/M. Schön*

Ames-Test →Salmonella-Mutagenitätstest

Amine. Die A. sind organisch-chemische Verbindungen, die sich vom →Ammoniak (NH₃) ableiten, indem ein oder mehrere H-Atome durch aliphatische oder aromatische Reste ersetzt sind. Je nach der Anzahl der verbleibenden H-Atome unterscheidet man primäre, sekundäre oder, falls alle H-Atome ausgetauscht wurden, tertiäre A. Die niedermolekularen A. sind leichtflüchtige Flüssigkeiten mit hohem Dampfdruck (→Dampfraumanalyse). Sie zeichnen sich durch äußerst unangenehmen, stechenden Geruch nach verfaultem Fisch aus.

Die A. kommen in der Außenluft normalerweise nicht vor. Sie werden jedoch häufig in der chemischen Industrie für Synthesen eingesetzt und emittiert. Eine Freisetzung in größerem Umfang wäre durch Betriebsstörungen möglich. Zum Messen der Konzentration in einem solchen Fall können →Prüfröhrchen verwendet werden (z. B. Drägerröhrchen Triethylamin 5/a). VDI 2467, Bl. 1, beschreibt den Nachweis mit Hilfe der Dünnschichtchromatographie. Zur Probenahme wird die zu untersuchende Luft durch verdünnte Salzsäure geleitet, wobei die A. als Alkylammoniumverbindungen gebunden werden. Nach Einengen der Absorptionsflüssigkeit und anschließendem weitgehenden Eindampfen werden die A. mit 2,4 Dinitrofluorbenzol umgesetzt und die entstandenen Dinitrophenylderivate der primären und sekundären A. dünnschichtchromatographisch analysiert.

Das Blatt 2 der gleichen Richtlinie beschreibt ein Verfahren, bei dem nach der Umsetzung mit 2,4 Dinitrofluorbenzol die chromatographische Auftrennung mit Hilfe der →Hochdruckflüssigkeitschromatographie erfolgt.   *Dulson*

Literatur: VDI 2467: Messen gasförmiger Immissionen; Blatt 1: Messen der Konzentration von primären und sekundären Aminen mit der Dünnschicht-Chromatographie; Visuelles und densitometrisches Verfahren. 8/1991. – Blatt 2: Messen der Konzentration primärer und sekundärer aliphatischer Amine mit der Hochleistungsflüssigkeits-Chromatographie (HPLC). 8/1991.

4-Aminodiphenyl.
□ Stoff-Identifizierungs-Nr.:
CAS-Nr.: 92-67-1
EG–Nr.: 612-072-00-6
EINECS-Nr.: 202-177-1
□ Chemische Formel: $C_{12}H_{11}N$
□ Stoffcharakteristik: Farblose, plättchenförmige Kristalle, löslich in Wasser, Ether, Alkohol und Chloroform.
□ Gefahrenmerkmale:
– Stoffliste nach § 4a der →Gefahrstoffverordnung: Gefahrenkennbuchstabe(n): T
R-Sätze: 45-22
S-Sätze: 53-44
– Besondere Stoffeigenschaften nach TRGS 500: krebserzeugend: EG-Kat. 1
– Stoffliste (Anhang II) der →Störfall-Verordnung: Nr. 23 und 4c
– Emissionswerte: →TA Luft Einstufung: 2.3 (gemäß MAK-Liste)   *Fischer/M. Schön*

Aminosäure. Aminocarbonsäuren, die Bausteine der Proteine bzw. Peptide, sind eine Gruppe organischer Säuren mit großer physiologischer Bedeutung. Die Moleküle tragen 1–2 saure Carboxylgruppen und eine oder mehrere basische Aminogruppen.

Alle A. können prinzipiell in D- oder L-Konfigurationen existieren, die sich in der räumlichen Anordnung der am C_1-Atom gebundenen Gruppen unterscheiden und untereinander nicht zur Deckung bringen lassen; sie verhalten sich also wie Bild und Spiegelbild. Mit wenigen Ausnahmen gehören alle natürlich vorkommenden A. der L-Form an. L-A. sind neben den Zuckern und Fettsäuren die wichtigsten Bestandteile aller lebenden Zellen. Besondere Enzyme (Peptidsynthetasen) verknüpfen A. zu Peptiden.   *Kleespies*

Ammoniak.
Atmosphärenchemie. Summenformel NH₃, wird hauptsächlich durch biogene Vorgänge emittiert. Es gibt dabei natürliche als auch anthropogen beeinflußte Quellen (Tabelle). A. ist ein →Spurengas mit stark schwankenden Mischungsverhältnissen, in Reinluftgebieten liegt die NH₃-Konzentration meistens unter 1 ppbV, über dem Ozean sind Werte von ≤0,01 ppbV gemessen worden. In Ballungsgebieten und in landwirtschaftlich genutzten Gebieten erhielt man dagegen Werte bis 10 ppbV.

Ammoniak. Tabelle: Quellen und Senken des A. in der Troposphäre.

	Globale Flüsse (Tg N/J)
Quellen	
Verbrennen fossiler Brennstoffe	$\leqq 2{,}2$
Verbrennung von Biomasse	0,2
Haustiere	22
Wildtiere	4
menschliche Exkremente	3
natürliche Böden	15
Einsatz von künstlichen Düngern	3
Alle Quellen	**54**
Senken	
nasse Deposition (Kontinent)	30
nasse Deposition (Ozeane)	8
trockene Deposition	10
Reaktion mit OH-Radikalen in der Troposphäre	1
Alle Senken	**49**

A. ist gut wasserlöslich und wird deswegen hauptsächlich durch nasse →Deposition aus der Atmosphäre entfernt. Es wird vermutet, daß NH_3 mit Bodenwasser nach dem Gleichgewicht

$$NH_3 + H_2O \rightleftharpoons NH_4^+ + OH^-$$

reagiert. Eine Erhöhung des Wassergehaltes im Boden schiebt das Gleichgewicht nach rechts und bindet somit das NH_3 fest. Eine Erhöhung des pH-Werts – i. e. die OH^--Konzentration – schiebt das Gleichgewicht nach links und setzt NH_3 frei. pH-Werte >6 begünstigen diesen Vorgang.

A. bewirkt die Neutralisation von Säuren in der Luft unter Bildung von Salzen wie Ammoniumsulfat und Ammoniumnitrat und ist das einzige Spurengas in der →Troposphäre mit basischem Charakter. Der A. muß in der Luft als NO_x-Quelle berücksichtigt werden, weil über Oxidationsreaktionen mit OH-Radikalen Stickoxide gebildet werden können. Die Quellenstärke ist allerdings gering im Vergleich zu den anthropogenen NO_x-Emissionen. *Barnes*

Literatur: *Warneck, P.:* Chemistry of the Natural Atmosphere International Geophys. Series, Vol 41. New York 1988.

Immissionsmessung. Da A. (NH_3) in der Atmosphäre im chemischen Gleichgewicht mit Ammoniumverbindungen (NH_4^+-Verbindungen) steht, erfolgt eine gemeinsame Beschreibung der Immissionsmeßtechnik. Häufig werden NH_3 und NH_4^+-Verbindungen gemeinsam bestimmt.

Bei den →Immissionsmeßverfahren für NH_3 und NH_4^+-Verbindungen stehen manuelle oder überwiegend manuell praktizierte Verfahren im Vordergrund. Die →Probenahme erfolgt dabei mittels schwach saurer Absorptionslösungen in Waschflaschen oder Impingern. Es folgt eine Farbreaktion und anschließende photometrische Bestimmung. Alternativ kann die Messung mit einer ionenselektiven Elektrode auf elektrochemischem Wege erfolgen.

Es existieren zwei standardisierte Meßverfahren für NH_3 nach VDI 2461, die dieses Prinzip verwenden:
Blatt 1: →Indophenol-Verfahren
Blatt 2: →Nessler-Verfahren

Die relativen Nachweisgrenzen bei der Verwendung von Impingern liegen bei einer Probenahmezeit von 30 Minuten bei $2–3$ $\mu g/m^3$. Bei beiden Verfahren wird zur Abscheidung von NH_3 die Probeluft durch Schwefelsäure gesaugt, so daß NH_4^+-Verbindungen und teilweise auch →Amine mit erfaßt werden.

Varianten dieser Verfahren werden als analytische Endstufen auch im Zusammenhang mit anderen Probenahmetechniken eingesetzt. Als weitere Analysenverfahren kommen neben den bereits erwähnten elektrochemischen Methoden auch Fluoreszenzverfahren und die →Ionenchromatographie zum Einsatz.

Die Hauptproblematik aller manuellen Verfahren liegt in der Probenahmetechnik. Die wichtigsten Verfahren sind:
☐ Filterverfahren: Bei Totalfiltermethoden werden auf Filtern mit saurer Imprägnierung (Oxalsäure, Zitronensäure usw.) NH_3- und NH_4^+-Verbindungen gemeinsam erfaßt. Ist eine selektive Bestimmung von NH_3- und NH_4^+-Verbindungen erforderlich, werden inerte Vorfilter zur Partikelabscheidung eingesetzt. Alle Filterverfahren sind wegen der vielfachen Reaktionen und Gleichgewichte während und nach der Probenahme mit vielen Problemen behaftet.
☐ Denuder-Technik (→Denuder): Diese zielt auf die Trennung von Gas- und Partikelphase unter Ausnutzung der unterschiedlichen Diffusionsgeschwindigkeiten. Bei der klassischen Denuder-Technik wird die Probenluft durch ein sauer beschichtetes Glasrohr gesaugt. Während das gasförmige NH_3 an der Rohrwand abgeschieden und dort chemisch fixiert wird, passieren die Partikel weitgehend das Rohr und können auf einem Filter gesammelt werden.

Die Denuder-Technik ist in vielen Varianten fortentwickelt und teilweise auch automatisiert worden (Ringspaltdenuder, Naßdenuder mit sauren Lösungen als Abscheidemedium, Thermo-

Desorptionsdenuder). Die analytische Endstufe kann in derartigen Systemen zum Beispiel als Leitfähigkeitsmessung oder in Form einer NO-Messung nach einem Oxidationsschritt realisiert werden.

Während bei der klassischen Technik in der Regel Probenahmezeiten von 24 Stunden erforderlich waren, um akzeptable Nachweisgrenzen zu erzielen, sind mit neueren Varianten auch Probenahmezeiträume von z. B. 30 Minuten realisierbar.

Alle Denuder-Techniken sind sehr laboraufwendig und erfordern in ihrer Anwendung viel Erfahrung.

□ Als weitere Verfahren zur Immissionsmessung von A. bzw. Ammoniumverbindungen, die in der Praxis allerdings von geringerer Bedeutung sind, kommen in Betracht:

– direkte Leitfähigkeitsverfahren (ohne Denuder),

– direkte Chemilumineszenzverfahren nach Umsetzung von NH_3 zu NO (ohne Denuder).

Beide Techniken sind relativ unempfindlich (Nachweisgrenzen: einige $\mu g/m^3$) und mit weiteren Problemen behaftet. So können bei der Chemilumineszenztechnik außer NH_3 auch andere Stickstoffverbindungen in einem Konverter zu NO umgesetzt werden.

Bei den optischen Verfahren ist neben der →Fourier-Transform-Infrarotspektroskopie (FT-IR) die differenzielle optische Absorptionsspektroskopie (→DOAS; →Fermeßverfahren) zu nennen.

Pfeffer

Literatur: VDI 2461: Messung gasförmiger Immissionen; Messen der Ammoniak-Konzentration; Bl. 1: Indophenol-Verfahren. 3/1974. Bl. 2: NESSLER-Verfahren. 5/1976.

Umweltrelevante Stoffdaten.
□ Stoff-Identifizierungs-Nr.:
CAS-Nr.: 7664-41-7
EG–Nr.: 007-001-00-5
UN-Nr.: 1005
EINECS-Nr.: 231-635-3
□ Chemische Formel: NH_3
□ Stoffcharakteristik: Farbloses, ätzendes, giftiges, stechend riechendes Gas mit niedriger Geruchsschwelle, mischbar mit Wasser und Alkohol, löslich in Chloroform und Ether.
□ Gefahrenmerkmale:
– Stoffliste nach § 4 a der →Gefahrstoffverordnung:
Gefahrenkennbuchstabe(n): T
R-Sätze: 10-23
S-Sätze: 1/2-7/9-16-38-45
– Arbeitsschutzwerte nach TRGS 900: →MAK-Wert (mg/m^3): 35
– Stoffliste (Anhang II) der →Störfall-Verordnung:
Nr. 25 und 4 c
– →Wassergefährdungsklasse: WGK 2

Fischer/M. Schön

Wirkung auf Pflanzen. Wesentliche Quellen für Ammoniakeinträge in die Atmosphäre sind die Tierintensivhaltungen (→Ammoniakemission). Die Hintergrund-Immissionskonzentrationen liegen bei $<1\ \mu g\ m^{-3}$, die Jahresmittelwerte in der Bundesrepublik Deutschland bei 2–4 $\mu g\ m^{-3}$ und in den Niederlanden bei 8 $\mu g\ m^{-3}$. In der Nachbarschaft von Tierintensivhaltungen wurden Luftgehalte bis 80 $\mu g\ m^{-3}$ gemessen. Die trockene/nasse Deposition schwankt zwischen 20 und 60 kg N $ha^{-1}\ a^{-1}$.

In Entfernungen <1 km im Umgebungsbereich von Tierintensivhaltungen können direkte phytotoxische Wirkungen durch NH_3 auftreten. Allerdings ist die Anzahl von Schadensfällen rückläufig, auch in den Niederlanden. In Entfernungen von 1 bis 25 km von der Quelle treten erhöhte NH_4^+-Konzentrationen im Regen- und Nebelniederschlag auf, während bei Entfernungen >25 km erhöhte NO_x-Konzentrationen in der nassen Deposition gemessen werden.

Die Vegetation kann im Umgebungsbereich von A.-Emissionsquellen direkt durch die Aufnahme von NH_3 bzw. NH_4^+ in Form morphologischer Änderungen der Blätter bzw. allgemeiner Wuchsdepressionen geschädigt werden. Die indirekten Wirkungen (einschl. Ammoniumsulfat und NO_3^-) verursachen unspezifisches schütteres Aussehen, Nährstoffimbalanzen, erhöhte Frostsensibilität und eine erhöhte Disposition gegenüber Krankheiten (Folge ist verstärkter Spritzmitteleinsatz). Wenngleich vielfach in forstlichen Ökosystemen ein verbessertes Wachstum auf nährstoffarmen Böden beobachtet werden kann, reagieren empfindliche naturnahe Ökosysteme wie Heide- oder Moorlandschaften mit nachhaltigen Veränderungen von Flora und Fauna. Beobachtungen dieser Art sind in der Lüneburger Heide und der Heide von Arnheim in den Niederlanden bereits festzustellen.

Zum Schutz der Vegetation werden von holländischer Seite für sehr empfindliche bzw. empfindliche Pflanzen (Heide, Koniferen) 6 und 25 $\mu g\ m^{-3}$ als Jahresmittelwert empfohlen. Es bestehen jedoch noch große Unsicherheiten in der Bewertung, weil bisher nur sehr wenige Langzeiterhebungen durchgeführt worden sind. Die UN-ECE empfiehlt als Critical Load einen Wert zwischen 5 und 20 kg N $ha^{-1}\ a^{-1}$ (Deposition), je nach Empfindlichkeit des Ökosystems (→Dosis-Wirkungsbeziehung).

G. Krause

Ammoniakemission.
Landwirtschaft. Ebenso wie schwefelhaltige tragen stickstoffhaltige Verbindungen zur →Versauerung des Bodens in Form von Stickoxiden und Ammoniak bei. Es wird geschätzt, daß Ammoniak mit mehr als 40 % zu den gesamten stickstoffhaltigen anthropogenen Emissionen Europas beiträgt. Am-

moniak hat sowohl direkte als auch indirekte Einflüsse auf die Umwelt. Die direkten Beeinflussungen treten vorwiegend in der Nähe der Emissionsquelle auf (Bild).

Schädigungen durch indirekte Einflüsse basieren neben den Reaktionen in der →Atmosphäre vorwiegend auf folgenden Wirkungsmechanismen:
– Versauerung des Bodens und evtl. des Grundwassers bzw. von stehenden Gewässern durch Umwandlung von Ammoniak über Ammonium in →Nitrat
– Ersatz von Nährstoffionen wie Magnesium oder Calcium durch Ammonium, daraus folgend eine entsprechende Unterversorgung der Pflanzen mit diesen Nährstoffen
– →Eutrophierung bzw. Überversorgung von nährstoffarmen Böden. Daraus folgt eine Artenverarmung der Pflanzen, die speziell derartige nährstoffarme Böden benötigen.

Ammoniak verstärkt die →Deposition von Schwefeldioxid, weil z. B. durch die Ammoniakdeposition die Nadeln der Bäume mehr basisch reagieren und somit Schwefeldioxid verstärkt aufnehmen können.

In der Bundesrepublik Deutschland wird die Gesamt-A. auf ca. 800 kt/a geschätzt. Davon entfallen auf die alten Bundesländer rd. 70 %. Die entsprechenden Werte für Europa (ohne europäischer Teil der GUS) betrugen für 1980 5 676 kt und für 1987 5 696 kt. Diese Werte basieren vorwiegend auf Hochrechnungen der Emissionen aus der landwirtschaftlichen Tierhaltung, der Düngemittelanwendung und -herstellung. *H. Schön/Zeisig*

Literatur: *Klaassen, G.:* Past and future emissions of ammonia in Europe, IIASA-Report Part 1, SR-91-01. Laxenburg 1991.

Stall, Ausbringung, Feld. Ammoniak entsteht überwiegend aus mikrobiellen Umsetzungen von stickstoffhaltigen Verbindungen in tierischen Exkrementen. Daher ist die Ammoniakproduktion u. a. abhängig vom Leistungsniveau der Tiere (Milchleistung, Fleischleistung etc.) und von deren Eiweißversorgung. Durch unterschiedliche Weiterverarbeitung und Behandlung der tierischen Exkremente kann sowohl die Bildung von Ammoniak als auch dessen Freisetzung u. U. erheblich beeinflußt werden.

Die durchschnittlichen Emissionskoeffizienten in Europa liegen für Milchkühe zwischen 24 und 35,5, für anderes Rindvieh zwischen 11,4 und 14,8, für Schweine zwischen 4,2 und 5,3, für Schafe zwischen 1,7 und 3,0 kg NH_3 pro Tier und Jahr. Bei Legehennen, Hähnchen und Pferden sind länderspezifische durchschnittliche Schwankungsbereiche noch nicht bekannt. Man geht daher bei Legehennen von 0,32, bei Hähnchen von 0,18 und bei Pferden von 12,5 kg NH_3 pro Tier und Jahr aus.

Für das Bundesgebiet rechnet man auf Grund der üblichen Haltungsverfahren und der durchschnittlichen Eiweißversorgung bei Milchkühen mit einem Emissionskoeffizienten von etwa 32 kg NH_3/Tier und Jahr, wovon rd. 33 % auf den Stall einschl. der Lagerung der tierischen Exkremente entfallen, rd. 50 % der Gesamtmenge werden der Dungausbringung einschl. der anschließenden Emissionen durch

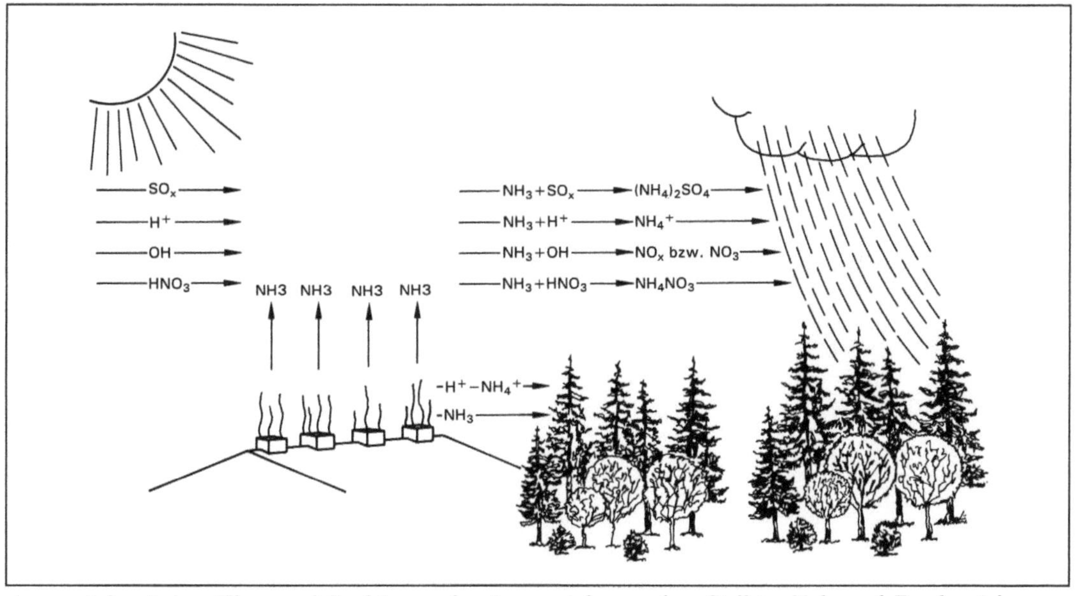

Ammoniakemission: Wege und Reaktionen des Ammoniaks aus dem Stall im Nah- und Fernbereich.

Verdunstung zugeschrieben, während der Rest während des Weideganges der Milchkühe anfällt. Für anderes Rindvieh (Mast und Nachzucht) beträgt der Emissionskoeffizient etwa 12 kg NH_3/Tier und Jahr (Stall-/Lagerungsanteil von rd. 25 %, Dungausbringunganteil von rd. 50 % und Weideanteil von rd. 25 %). Die entsprechenden Werte für Schweine sind 5 kg NH_3/Tier und Jahr mit einem Stall-/Lagerungsanteil und einem solchen für die Dungausbringung von jeweils etwa 50 %.

A. treten auch bei der Ausbringung von stickstoffhaltigen Düngemitteln auf landwirtschaftliche Nutzflächen auf. Die Unsicherheiten der durchschnittlichen Emissionsraten in diesem Bereich sind relativ groß, man rechnet jedoch für das Bundesgebiet mit durchschnittlich 2,5 % des Stickstoffgehalts der Düngemittel. *H. Schön/Zeisig*

Literatur: *Klaassen, G.:* Past and future emissions of ammonia in Europe. IIASA-Report Part 1, SR-91-01. Laxenburg 1991. – *Klaassen, G.:* Emissions of ammonia in Europe. IIASA-Working paper, WP-90-68. Laxenburg 1990.

Ammoniakoxidation. Durch chemoautotrophe Bakterien (z. B. Nitrosomonas) unter Sauerstoffverbrauch bewirkte Oxidation von Ammoniak zu Nitrit bzw. zu salpetriger Säure. Als erster Teilschritt der →Nitrifikation ist die A. von erheblicher Bedeutung für den Stickstoff-Haushalt der Gewässer und Böden, zu deren Versauerung sie bei unzureichendem Puffervermögen beiträgt. Unter ungünstigen Bedingungen (z. B. Sauerstoffmangel) entstehen als Nebenprodukte der A. Stickstoffoxide (NO, N_2O). Da Ammoniak in Wasser und Boden nach H-Ionen-Anlagerung überwiegend als Ammonium vorliegt und mit diesem in pH-abhängigem Gleichgewicht steht, wird die A. auch als Ammonium-Oxidation bezeichnet. *Soeder*

Ammoniak-Produzent →Ammonifikation

Ammonifikation (auch Nitratammonifikation). Durch gewisse Bakterien unter anaeroben Bedingungen (→Gärung) bewirkte Reduktion von Nitrat zu NH_3 bzw. NH_4^+. Bei der A. wird im Gegensatz zur →Denitrifikation nur die Reduktion von Nitrat zu Nitrit zur Energiegewinnung der Mikroorganismen genutzt, während die Umsetzung des Nitrits zu NH_3 bzw. NH_4^+ lediglich dem Abfangen des bei Gärungsreaktionen entstehenden H_2 dient. Die A. ist besonders bei anaeroben Sedimenten der Gewässer anzutreffen und spielt hier beim Nitratumsatz z. T. eine größere Rolle als die Denitrifikation. *Soeder*

Ammoniumbichromat.
□ Stoff-Identifizierungs-Nr.:
CAS-Nr.: 7789-09-5
EG–Nr.: 024-003-00-1
UN-Nr.: 1439
EINECS-Nr.: 232-143-1

□ Chemische Formel: $(NH_4)_2Cr_2O_7$
□ Stoffcharakteristik: Orangefarbene, geruchlose Substanz, leicht löslich in Wasser, Selbstentzündend ab 180 °C.
□ Gefahrenmerkmale:
– Stoffliste nach § 4a der →Gefahrstoffverordnung: Gefahrenkennbuchstabe(n): Xi, E
R-Sätze: 1-8-36/37/38-43
S-Sätze: 2-28-35
– Stoffliste (Anhang II) der →Störfall-Verordnung: Nr. 4
– →Wassergefährdungsklasse: WGK 3
– Emissionswerte: →TA Luft Einstufung: 3.1.4 Klasse III *Fischer/M. Schön*

Ammoniumsulfat. A. $(NH_4)_2SO_4$ bildet sich in der Atmosphäre durch die Reaktion von Ammoniakgas NH_3 und Schwefelsäure H_2SO_4 in Wolken- und Regentropfen. Im Gegensatz zum Ammoniumnitrat, welches im Gleichgewicht mit HNO_3 und NH_3 vorliegt, ist einmal gebildetes A. stabil und wird mit dem Niederschlag ausgewaschen (→saurer Regen). *Wirtz*

Anaerob. (*griech.*, ohne Luft, Sauerstoff, lebend). Lebensweise von pflanzlichen oder tierischen Organismen (Anaerobier), die keinen freien Sauerstoff brauchen; sie gewinnen Energie durch vollständige Abbauvorgänge ohne die Anwesenheit von Sauerstoff (→Gärung). Man unterscheidet obligate Anaerobier, für die Sauerstoff giftig ist, und fakultative Anaerobier, die auch bei der Anwesenheit von Sauerstoff leben können. (→Anaerob-Technik) *Mertsch*

Anaerob-Technik. Technik des anaeroben (völlig sauerstofffreien) Arbeitens als Voraussetzung zur Kultivierung und Untersuchung anaerober Mikroorganismen. Bei den anaeroben Mikroorganismen, die in der Biotechnologie u. a. durch ihre Verwendung für die anaerobe →Abwasserreinigung eine wesentliche Rolle spielen, sind je nach Sauerstofftoleranz zwei Gruppen zu unterscheiden: die fakultativ anaeroben Organismen, die zwar vorwiegend anaerob wachsen, aber auch aerob leben können, und die strikt anaeroben Mikroorganismen, die nur in Abwesenheit von Sauerstoff leben können.

Für einfache Untersuchungen fakultativ anaerober Mikroorganismen genügt es, das Kulturgefäß luftdicht abzuschließen. Da fakultativ anaerobe Mikroorganismen erst unter Sauerstoffmangel auf ihre Fähigkeit zur →Gärung zurückgreifen, verbrauchen sie den in Nährlösung und Gasraum vorhandenen Sauerstoff und schaffen sich somit die anaeroben Bedingungen selbst.

Sollen jedoch strikt anaerobe Mikroorganismen untersucht werden, so ist es erforderlich, den Sauerstoff sowohl aus den (Nähr-)Lösungen als auch den zur Kultivierung verwendeten Gefäßen zu entfernen. Durch Erhitzen der Lösungen auf Temperaturen oberhalb 100° C im Autoklaven wird der gelöste Sauerstoff ausgetrieben. Beim anschließenden Abkühlen verhindert eine Begasung der Lösung mit einem sauerstofffreien Reinstgas (z. B. Stickstoff oder Kohlendioxid) die Sauerstoff-Rücklösung. Zusätzlich kann der Lösung ein Reduktionsmittel zugegeben werden, das eingedrungenen Sauerstoff zu Wasser reduziert. Nach dem vollständigen Abkühlen werden die Gefäße luftdicht verschlossen.

Eine weitere Möglichkeit zur Entfernung des Sauerstoffs bieten sauerstoffbindende Chemikaliengemische, die in luftdicht verschließbaren Behältern eingesetzt werden. Sie reduzieren den im Gefäß vorhandenen Sauerstoff entweder mit während des Prozesses freigesetztem molekularem Wasserstoff an einem Katalysator zu Wasser, oder sie binden ihn durch Reaktion mit Eisenpulver zu Eisenoxid/Eisenhydroxid. Eine vorherige Evakuierung des Gefäßes ist dann nicht erforderlich. Diese einfach handhabbare Technik ist allerdings nur in Behältern bis ca. 5 l einsetzbar.

Nahezu uneingeschränkt anaerobes Arbeiten gestattet die sog. Anaerob-Kammer, die auch als Anaerob-Zelt Verwendung findet (Bild). Die Anaerob-Kammer stellt ein komplett ausgebautes Kultivierungssystem für anaerobe Mikroorganismen dar. Neben der permanenten Aufrechterhaltung einer anaeroben Atmosphäre bietet sie die Möglichkeit, bestimmte Temperatur- und Luftfeuchtigkeitswerte einzustellen. *Kleespies*

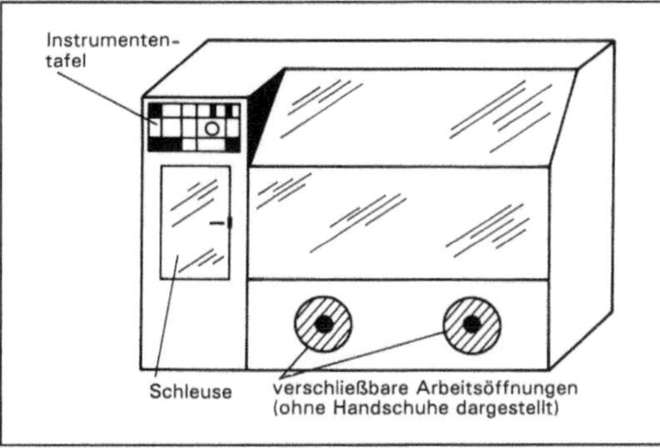

Anaerob-Technik: Anaerob-Kammer.

Analysenfunktion. A. beschreibt den funktionalen Zusammenhang zwischen Meßobjekt (Luftbeschaffenheitsmerkmale, z. B. Immissionskonzentration eines Schadstoffs) und dem Meßsignal bzw. der Anzeige des Meßgeräts (Meßwert). Die A. ist die mathematische Umkehrung der →Eichfunktion (VDI 2449, Bl. 2; DIN ISO 6879), sie ordnet im Arbeitsbereich des Meßverfahrens bzw. der Meßeinrichtung, jedem Meßsignal oder jeder Meßanzeige einen Erwartungswert der Meßgröße zu. Ermittelt wird die A. mit Hilfe des Eichexperiments als mathematische Umkehrung der Eichfunktion. *Birkle*

Literatur: VDI 2449 Bl. 2: Grundlagen zur Kennzeichnung vollständiger Meßverfahren; Begriffsbestimmungen; Jan. 1987. – DIN ISO 6879: Luftbeschaffenheit; Verfahrenskenngrößen und verwandte Begriffe für Meßverfahren zur Messung der Luftbeschaffenheit; Jan. 1984.

Analysenstrategie zur Altlastenuntersuchung. Analytisch stoffliche Untersuchungen auf dem Gelände der Verdachtsflächen dienen der Feststellung von Verunreinigungen der Umweltmedien Boden, Wasser und Luft. Daneben können bei Altablagerungen auch abgelagerte Abfälle auf ihre Zusammensetzung untersucht werden. Je nach Kenntnisstand aus der →Altlastenerfassung werden unterschiedliche Strategien bei analytischen Untersuchungen angewandt:
– Bei ausreichenden Informationen erfolgt eine gezielte Untersuchung auf bestimmte Schadstoffe.
– Bei unbekannten Verunreinigungen ist eine systematische Untersuchung erforderlich.

Altablagerungen erfordern in der Regel die systematische Untersuchung. Bei Altstandorten können die Kenntnisse über branchentypische Schadstoffe zur gezielten Analyse genutzt werden. Die durch die Heterogenität der abgelagerten Abfälle bedingte stoffliche Vielfalt zwingt zu einer Strategie abgestufter Analyseprogramme mit der vorrangigen Messung von geeigneten Summen- und Leitparametern und von ausgesuchten Leitsubstanzen. Geeignete Auswahlkriterien für diese Leitsubstanzen sind die Parameter →Toxizität, Vorkommen (Menge, Konzentration), →Mobilität, Akkumulierbarkeit und →Abbaubarkeit bzw. Persistenz. Eine hierarchisch angelegte Untersuchungsstrategie grenzt, z. B. mit der Analyse der Summenparameter, zunächst die Problematik ein, so daß die aufwendige Einzelstoffanalytik gezielt in weiteren Untersuchungsschritten eingesetzt werden kann (Tabelle).

Zur Erkennung und Bewertung einer durch die Altlast hervorgerufenen Verunreinigung der Umweltmedien Boden und Wasser sind Analysen aus dem nicht durch das Untersuchungsobjekt beeinflußten Bereich erforderlich (→Hintergrundkonzentration). *Thoenes*

Literatur: *Friege, H.,* u. *S. Sievers:* Medienübergreifendes Erkundungs- und Überwachungskonzept für eine Altablagerung. Wasser **66** (1986), S. 137/47. – *Schleyer, R.; J. D. Arneth; H. Kerndorff* und *H. Milde:* Haupt- und Prioritätskontaminanten bei Abfallablagerungen. In: Wolf, K. et al. (Hrsg.) Altlastensanierung '88. Dordrecht 1988. – LAGA: Altablagerungen und Altlasten. Berlin 1991.

Analysenstrategie zur Altlastenuntersuchung. Tabelle: Relevante Stoffe in Altlasten. (Quelle LAGA)

Acenaphthen, Acrylnitril, Aldrin, Ammoniumverbindungen, Anthracen, Antimon und Verbindungen, Arsen und Verbindungen, Asbest

Benzin, Benzo(a)pyren, Benzol, Beryllium und Verbindungen, Blei und Verbindungen

Cadmium und Verbindungen, Chlorbenzol, Chloroform, Chlorphenole, Chrom und Verbindungen, Cyanide (auch komplex)

DDT, 1,2-Dibrommethan, 1,1-Dichlorethan, 1,2-Dichlorethan, 1,1-Dichlorethen, 1,2-Dichlorethen, Dichlormethan,
2,4-Dichlorphenol, 1,2-Dichlorpropan, Dichlorbenzole, 2,4-Dinitrophenol, 2,4-Dinitrotoluol

Epichlorhydrin, Ethylbenzol

Fluoranthen, Fluoren, Fluoride, Fluorosilicate

Hexachlorbenzol, Hexachlorcyclohexane

Kohlendioxid, Kresole, Kupfer und Verbindungen

Mesitylen, Methan, Mineralöl

Naphthalin, Nickel und Verbindungen, Nitrobenzol

Polyaromatische Kohlenwasserstoffe (PAK), Polychlorierte Biphenyle (PCB), Polychlorierte Naphthaline (PCN), Pentachlorphenol, Phenanthren, Phenol, Phthalate

Quecksilber und Verbindungen

Säuren, Selen und Verbindungen

2,3,7,8-TCDD (Dioxine), Teeröle, 1,1,2,2-Tetrachlorethan, Tetrachlorethen, Tetrachlormethan, Tetraethylblei, Thallium und Verbindungen, Thiocyanate, Toluol, 1,2,4-Trichlorbenzol, 1,1,1-Trichlorethan, 1,1,2-Trichlorethan, Trichlorethen, 2,4,5-Trichlorphenol

Vanadium und Verbindungen, Vinylchlorid

Xylole

Zink und Verbindungen

Andienungszwang, Benutzungszwang. Eine Reihe von Ländern überläßt die Entsorgung von Abfällen, die durch die entsorgungspflichtigen Körperschaften ausgeschlossen sind, nicht der Entscheidung durch den →Abfallbesitzer, sondern verlangen die Ablieferung bestimmter Abfälle bei bestimmten Entsorgungsanlagen. Die Länder können derartige Festlegungen im Rahmen der Aufstellung der →Abfallentsorgungspläne treffen und dies gegenüber den Abfallbesitzern verbindlich machen (§ 6 AbfG).

Ein Teil der Länder der Bundesrepublik Deutschland verfügt bereits über entsprechende Gesellschaften mit A. u. B. oder ist dabei, hierfür die rechtlichen und organisatorischen Grundlagen zu schaffen.

Demgegenüber überlassen andere Länder die Entsorgung der Sonderabfälle der Initiative des Abfallbesitzers bzw. der privaten Entsorgungswirtschaft. So hat z. B. das Land Hessen 1974 eine Gesellschaft privaten Rechts gegründet (an der das Land sowie große Industriebetriebe beteiligt sind), der landesweit Sonderabfälle (insbesondere nachweispflichtige Abfälle) anzudienen sind. Für Eigenentsorger gibt es allerdings Ausnahmen von der Andienungspflicht. Die Entsorgungsgesellschaft betreibt selbst Anlagen zur Sonderabfall-Zwischenlagerung, -Behandlung und -Deponierung. Sie nutzt jedoch über Verträge auch vorhandene Entsorgungseinrichtungen anderer Firmen, soweit Abfälle nicht in eigenen Anlagen entsorgt werden können.

Die vom Abfallbesitzer zu zahlenden Entgelte für die Entsorgung der Abfälle werden von der Gesellschaft festgesetzt und müssen kostentragend sein; die öffentliche Hand gibt keine Subventionen. Die gemeinsame Verantwortung von öffentlicher Hand und Wirtschaft für eine solche Entsorgungsgesellschaft wirkt hinreichend kostendämpfend und gleichzeitig innovationsfördernd.

Eine ähnliche Regelung existiert in Bayern: für einen Teil des Landes sind Sonderabfälle einer Gesellschaft privaten Rechts anzudienen. Für Nordbayern hat sich ein Zweckverband mehrerer Landkreise und Städte gebildet, dem als öffentlich-rechtlicher Körperschaft Sonderabfälle anzudienen sind. Beide Einrichtungen in Bayern verfügen über moderne Anlagen zur Entsorgung von Sonderabfällen.
Schnurer

Literatur: *Erbach, G., et al:* Sonderabfallbeseitigung in Hessen, Hessische Industriemüll GmbH (HIM), Müll-Handbuch, Kennzahl 8061, Lieferung 2/85. Berlin 1985. – *Herbell, J.-D., et al:* Die Gesellschaft zur Beseitigung von Sondermüll in Bayern mbH, Müll-Handbuch, Kennzahl 8056, Lieferung 3/86. Berlin 1986.

Anergie. Unter A. versteht man Energie, die sich nicht in →Exergie umwandeln läßt. Energie besteht aus Exergie und A. Während Exergie der wertvolle Energieanteil ist, der sich in jede beliebige andere Energieform umwandeln läßt, ist A. der wertlose Anteil, der keine Umwandlung erlaubt (z. B. ist →Abwärme, die auf dem Temperaturniveau der Umgebung anfällt, reine A., sie kann nicht weiter genutzt werden).

Die beiden Hauptsätze der Thermodynamik beschreiben dies:

Der 1. Hauptsatz (Energieerhaltungssatz) besagt, daß die Summe aus Exergie und A. konstant ist.

Für das Verhalten von Exergie und A. bei reversiblen und irreversiblen Prozessen macht der 2. Hauptsatz folgende Aussagen:
- Bei irreversiblen Prozessen wird Exergie in A. umgewandelt.
- Bei reversiblen Prozessen wird keine Exergie in A. umgewandelt, die Exergie bleibt konstant.
- A. kann nicht in Exergie umgewandelt werden.

Hoffmann

Angebotsprofil, solares. Im engeren Sinne beschreibt das s. A. das zeitliche (minütliche, stündliche, tägliche, jährliche) und örtliche Angebot der solaren Strahlungsenergie (kWh/m^2 t; t = Minute, h, d, a); es ist von der geographischen Breite, vom Klima, von der Jahreszeit, vom solaren Spektrum, nicht zuletzt von anthropogenen Beeinflussungen der Atmosphäre abhängig.

Im erweiterten Sinne sind auch die zeitlichen und örtlichen Angebote der mittelbaren Sonnenenergie zum s. A. zu rechnen, wie Umgebungswärme, Wind- und Wasserkraft, Biomasse und Windenergie.

Immer wenn es gelingt, Kongruenz von s. A. und anthropogenem Bedarfsprofil herzustellen, sind Speicher entbehrlich. Der jeweilige →Energiewandler folgt dem zeitlichen solaren Angebot. Das ist etwa der Fall für solare Kühlung in Gegenden höchster →Einstrahlung. In den überwiegenden Fällen von Diskongruenz müssen Speicher – teuer in Anschaffung, Betrieb und Wartung – für Kongruenz sorgen. *C.-J. Winter*

Anhaltswert. A. sind Umweltstandards, die zur Beurteilung von Erschütterungsimmissionen zuerst im Regelwerk DIN 4150 „Erschütterungen im Bauwesen", Teil 2 und 3, Vornorm, Ausg. Sept. 1975, verwendet worden sind.

Die in den genannten Regelwerken im Zusammenhang mit der Beurteilung in Diagrammen und Tabellen angegebenen Zahlenwerte werden in der Regel als A. bezeichnet, um klarzustellen, daß es sich bei diesen Richtwerten nicht um letztlich gesicherte Werte, Mindest- oder Höchstwerte (Grenzwerte) handelt, sondern um Werte, bei deren Über- bzw. Unterschreitung nicht unbedingt Schäden ein-

zutreten brauchen, die die Standsicherheit oder Dauerhaftigkeit von baulichen Anlagen beeinträchtigen oder zu einer erheblichen Belästigung (→Belästigung durch Erschütterungen) von Menschen in Gebäuden, insbesondere Wohnungen, führen. Auch in der DIN 4150, Teil 2, Dez. 1992, und in der DIN 4150, Teil 3, Ausg. Mai 1986, werden die im Zusammenhang mit der Beurteilung genannten Zahlenwerte als A. bezeichnet. In der Rechtsprechung wird die Auffassung vertreten, daß dem A. nicht ohne weiteres die Bedeutung eines die Schwelle zwischen noch unschädlicher und bereits schädlicher Umwelteinwirkung kennzeichnenden Grenzwertes zukommt. Um dem Gesichtspunkt der Zumutbarkeit Rechnung zu tragen, sind die A. im Einzelfall zu begründen und evtl. weitere Kriterien zur Beurteilung heranzuziehen. *Splittgerber*

Literatur: *Grefen, K.*: Bedeutung technischer Regeln im Umweltschutz, Staub-Reinhaltung der Luft, (1989) 49.

Anilin.
□ Stoff-Identifizierungs-Nr.:
CAS-Nr.: 62-53-3
EG–Nr.: 612-008-00-7
UN-Nr.: 1547
EINECS-Nr.: 200-539-3
□ Chemische Formel: C_6H_7N
□ Stoffcharakteristik: Farblose, schwach ölige, lichtbrechende, an Licht und Luft sich braunfärbende, etwas wasserlösliche Flüssigkeit, schwer entflammbar, brennt rußend. Dämpfe viel schwerer als Luft, bilden bei höherer Temperatur mit Luft ein explosionsfähiges Gemisch. Reagiert mit starken Oxydationsmitteln heftig. Süßlich aromatischer Geruch. Chemisch sehr reaktionsfähig, die wäßrige Lösung reagiert schwach basisch, bildet mit starken Säuren stabile, zum Teil wasserlösliche Salze. Flüchtig mit Wasserdampf.
□ Gefahrenmerkmale:
– Stoffliste nach § 4a der →Gefahrstoffverordnung:
Gefahrenkennbuchstabe(n): T
R-Sätze: 20/21/22-40-48/23/24/25
S-Sätze: 1/2-28-36/37-45
– Besondere Stoffeigenschaften nach TRGS 500:
krebserzeugend: EG-Kat. 3
fortpflanzungsgefährdend: MAK–Gruppe D
– Arbeitsschutzwerte nach TRGS 900: →MAK-Wert (mg/m^3): 8, →BAT-Wert: 1 mg/l Anilin (ungebunden) im Harn, 100 μg/l Anilin (aus Hämoglobin – Konjugat freigesetzt) im Blut
– Stoffliste (Anhang II) der →Störfall-Verordnung: Nr. 4c
– →Wassergefährdungsklasse: WGK 2
– Emissionswerte: →TA Luft Einstufung: 3.1.7 Klasse I *Fischer/M. Schön*

Anilinpunkt. Diejenige Temperatur, bei der ein Gemisch aus gleichen Teilen einer Kraftstoffprobe

(→Kraftstoffe) und Anilin beginnt sich zu entmischen. Die Entmischungstemperatur liegt für paraffinische Kohlenwasserstoffe oberhalb 50 °C, sinkt für Naphthene in den Bereich zwischen 30 °C und 50 °C ab und wird bei Aromaten erst unter 0 °C erreicht (genormtes Prüfverfahren nach DIN 51775). Der A. weist auf den Gehalt an zündunwilligen Aromaten hin und stellt somit ein Maß für die →Zündwilligkeit eines Kraftstoffs dar. *Croissant/May*

Literatur: DIN 51775: Prüfung von Mineralöl-Kohlenwasserstoffen; Bestimmung des Anilinpunktes und Misch-Anilinpunktes von hellen Mineralöl-Kohlenwasserstoffen. 7/1978.

Anisidinzahl. Da zur Beurteilung von Fetten und fetten Ölen früher nicht ständig die aufwendige Bestimmung der Fettsäurezusammensetzung durchgeführt werden konnte, wurden und werden noch heute chemische Kennzahlen verwendet, um bestimmte Eigenschaften wiederzugeben. Dabei sind diese als äquivalente Mengen bestimmter Reagentien definiert, die mit bestimmten funktionellen Gruppen der Lipoide reagieren.

Zur Bestimmung der Autooxidation, d. h. der durch langsame Oxidation mit Luftsauerstoff entstehenden →Carbonylverbindungen wird die A. herangezogen. Sie ist somit ein Mittel zur Beurteilung der Frische von pflanzlichen Ölen. Da sich die A. bei der Raffination nicht verringert, kann eine Verwendung bereits stark voroxidierter Rohöle nachgewiesen werden. *Adt/Birkner/May*

Anlage im Sinne des BImSchG. A. sind alle ortsfesten Einrichtungen wie Fabriken, Lagerhallen, sonstige Gebäude und andere mit dem Grund und Boden auf Dauer fest verbundene Gegenstände. Darüber hinaus gehören grundsätzlich alle ortsveränderlichen technischen Einrichtungen wie Fahrzeuge, Maschinen und Geräte zu den A.; ausgenommen sind jedoch als Verkehrsmittel eingesetzte Kraftfahrzeuge und ihre Anhänger, Schienen-, Luft- und Wasserfahrzeuge, für die nur einzelne Vorschriften des →BImSchG gelten. Schließlich sind A. auch unbebaute Grundstücke, auf denen →Emissionen entstehen können. Dabei ist allerdings zu beachten, daß sich aus dem Wesen der A. als einer Einrichtung mit einer gewissen Beständigkeit und Dauer eine Einschränkung ergibt: Werden auf einem unbebauten Grundstück nur gelegentlich Tätigkeiten ausgeübt, die Emissionen verursachen können, so ist es keine A. *Hansmann*

Literatur: *Henkel, M. J.:* Der Anlagenbegriff des Bundes-Immissionsschutzgesetzes; Erläuterungen zu § 3 Abs. 5 BImSchG.

Anlage im Sinne des Wasserrechts. Im Sinne des Wasserrechts gelten als A.
- Abwasseranlagen,
- Rohrleitungsanlagen zum Befördern wassergefährdender Stoffe,
- A. zum Umgang mit wassergefährdenden Stoffen,
- Stauanlagen und A. zum Aufstauen, Absenken, Ableiten und Umleiten von Grundwasser,
- A. zur Benutzung (§ 3 WHG) eines Gewässers,
- A. für die öffentliche Wasserversorgung,
- A. in und an Gewässern.

Für alle diese verschiedenen Arten von wasserrechtlich relevanten A. enthalten die jeweiligen Landeswassergesetze entweder ergänzend zum WHG oder eigenständig Bestimmungen zu den technischen Anforderungen, den Zulassungsverfahren und den zuständigen Behörden (→Gewässerschutzrecht). *Irmer*

Anlage, genehmigungsbedürftig nach dem BImSchG. Das BImSchG will seine Ziele in erster Linie durch Anforderungen an die Anlagen erreichen, von denen →Emissionen und →Immissionen ausgehen können. Dabei unterscheidet es zwischen den g. A. und den nicht g. A. G. A. sind Anlagen, die in besonderem Maße geeignet sind, schädliche Umwelteinwirkungen oder sonstige Gefahren, erhebliche Nachteile oder erhebliche Belästigungen für die Nachbarschaft oder die Allgemeinheit herbeizuführen (§ 4 BImSchG). Bei ihnen wird eine präventive behördliche Prüfung vor Beginn der Errichtung verlangt. Welche Anlagen genehmigungsbedürftig sind, wird in einer besonderen Rechtsverordnung, der Verordnung über g. A. (→4. BImSchV), festgelegt. Der Anhang zu dieser Verordnung enthält zwei Kataloge von Anlagearten, nämlich den Katalog der Anlagearten, die der Erteilung einer Genehmigung in einem förmlichen →Genehmigungsverfahren bedürfen, und den Katalog der Anlagearten, die in einem vereinfachten Verfahren genehmigt werden können. Ist eine Anlage in der Verordnung über g. A. aufgeführt, bedarf sie auch dann einer Genehmigung, wenn von ihr im konkreten Fall keine schädlichen Umwelteinwirkungen oder sonstigen Gefahren, erheblichen Nachteile oder erheblichen Belästigungen ausgehen können. Andererseits sind Anlagen, die keiner der im Anhang zur 4. BImSchV aufgeführten Anlagearten zugeordnet werden können, in keinem Fall nach dem BImSchG (wohl ggf. nach dem Baurecht oder sonstigen Rechtsvorschriften) genehmigungsbedürftig. Allerdings ist zu beachten, daß eine im Anhang zur 4. BImSchV nicht genannte Anlage Teil oder →Nebeneinrichtung einer anderen g. A. sein kann; dann wird sie von dem Genehmigungserfordernis für diese Anlage miterfaßt.

Auf eine Genehmigung nach dem BImSchG besteht grundsätzlich ein Rechtsanspruch. Sie ist zu erteilen (§ 6 BImSchG), wenn

– die Erfüllung der Grundpflichten aus § 5 BImSchG und der speziellen Pflichten aus Rechtsverordnungen nach § 7 BImSchG (u. a. aus der →Störfall-Verordnung) sichergestellt ist,
– die Belange des Arbeitsschutzes gewahrt sind und
– andere öffentlich-rechtliche Vorschriften (z. B. nach dem Bau-, Planungs-, Feuerschutz-, Wege- und Naturschutzrecht) dem Vorhaben nicht entgegenstehen.

Die Grundpflichten der Betreiber g. A. beziehen sich auf
– den Schutz vor schädlichen Umwelteinwirkungen und sonstigen Gefahren, erheblichen Nachteilen und erheblichen Belästigungen (→Schutzprinzip),
– die Vorsorge gegen das Entstehen schädlicher Umwelteinwirkungen, insbesondere durch Einhaltung des Standes der Technik (→Vorsorgeprinzip),
– die Vermeidung oder Verwertung der Reststoffe (→Reststoffpflichten nach dem BImSchG) und
– die →Abwärmenutzung, sofern die Anlage in einer Rechtsverordnung nach § 5 Abs. 2 BImSchG aufgeführt ist.

Die Schutzpflichten und die Reststoffpflichten erstrecken sich auch auf den Zeitraum nach einer evtl. Betriebseinstellung (§ 5 Abs. 3 BImSchG).

Sollen Lage, Beschaffenheit oder Betriebsweise einer g. A. nach der erstmaligen Inbetriebnahme wesentlich geändert werden, muß der Anlagenbetreiber hierfür zunächst eine Genehmigung einholen (§ 15 BImSchG). Wesentlich sind alle Änderungen, die im Genehmigungsverfahren zu beurteilende Fragen aufwerfen können. Das ist insbesondere der Fall, wenn zusätzliche oder andere Emissionen hervorgerufen werden, die einen relevanten Immissionsbeitrag verursachen können. Für die Erteilung einer Änderungsgenehmigung müssen dieselben Voraussetzungen erfüllt sein wie bei der Genehmigung einer Neuanlage.

Wird eine Anlageart neu in den Katalog der genehmigungsbedürftigen Anlagen aufgenommen, dürfen bestehende g. A. auch ohne eine besondere immissionsschutzrechtliche Genehmigung weiter betrieben werden. Die bestehenden Anlagen sind jedoch innerhalb von drei Monaten anzuzeigen (§ 67 Abs. 2 BImSchG). Die Überwachungsbehörde kann ihnen gegenüber nachträgliche Anordnungen erlassen; wesentliche Änderungen bedürfen einer besonderen Genehmigung.

Anlagen, für die eine Genehmigung nach Durchführung eines förmlichen Genehmigungsverfahrens erteilt worden ist, genießen einen besonderen →Bestandsschutz: Die Nachbarn einer solchen Anlage können aufgrund allgemeiner privat-rechtlicher Ansprüche (z. B. nach §§ 906 oder 1004 des Bürgerlichen Gesetzbuchs) nicht mehr die Einstellung des Betriebs verlangen (§ 14 BImSchG). Gefordert wer-

den können nur Vorkehrungen zum Ausschluß von benachteiligenden Wirkungen; soweit solche Vorkehrungen nach dem →Stand der Technik nicht durchführbar oder wirtschaftlich nicht vertretbar sind, kann lediglich Schadensersatz verlangt werden. *Hansmann*

Literatur: *Feldhaus, G.:* Bundes-Immissionsschutzrecht, Bd. 1 A. – *Hansmann, K.:* Erläuterungen zur 4. BImSchV. In: Landmann/Rohmer: Umweltrecht, Bd. I. – *Jarass, H.:* Bundes-Immissionsschutzgesetz. – *Kutscheidt, E.:* Erläuterungen zu § 4 BImSchG. In: Landmann/Rohmer: Umweltrecht, Bd. I. – *Sellner, D.:* Immissionsschutzrecht und Industrieanlagen, 2. Aufl.

Anlage, gentechnische →Gentechnische Anlage

Anlage, kerntechnische. Der Begriff der k. A. wird aus naturwissenschaftlich-technischer Sicht meist als Oberbegriff für atomare Anlagen wie Kernkraftwerke, Wiederaufarbeitungsanlagen und Brennelementfabriken verstanden. Davon zu unterscheiden ist das juristische Begriffsverständnis, das für die Frage nach der atomrechtlichen Genehmigungsbedürftigkeit maßgeblich ist. Die Rechtsordnung verwendet diesen Begriff nur im Strafgesetzbuch (StGB); nach § 327 Abs. 1 wird das ungenehmigte oder behördlich untersagte Betreiben, Innehaben, Abbauen oder wesentliche Ändern einer kerntechnischen Anlage bestraft. Darunter ist nach der Legaldefinition des § 330d Nr. 2 eine Anlage zur Erzeugung oder zur Bearbeitung oder Verarbeitung oder zur Spaltung von Kernbrennstoffen oder zur Aufarbeitung bestrahlter Kernbrennstoffe zu verstehen. Diese Definition deckt sich mit der in § 7 Abs. 1 des Atomgesetzes (AtG) verwendeten Umschreibung von Anlagen, deren Errichtung und Betrieb, wesentliche Änderung oder Innehabung einer atomrechtlichen Genehmigung bedürfen. Genehmigungsbedürftig nach § 7 Abs. 1 AtG ist demnach z. B. nicht das Kernkraftwerk, sondern die Anlage zur Spaltung von Kernbrennstoffen. Wie weit der gegenständliche Umfang der damit umschriebenen Anlage reicht, kann mangels gesetzlicher Definition nur durch Interpretation ermittelt werden. Das kennzeichnet die rechtliche Bedeutung des Begriffs.

Trotz einiger Klärungen durch die Rechtsprechung bestehen immer noch Auffassungsdivergenzen darüber, ob von einem engen oder von einem weiten Anlagenbegriff auszugehen sei. Nach dem engen Anlagenbegriff soll bei einem Kernkraftwerk nur der Reaktor dem Genehmigungserfordernis unterliegen, während nach dem weiten Anlagenbegriff die Gesamtanlage genehmigungsbedürftig sein soll. Dieser Meinungsstreit verkennt, daß der durch Interpretation zu ermittelnde Anlagenbegriff am Wortlaut seiner gesetzlichen Bezeichnung anknüpfen muß und nicht davon losgelöst festgelegt werden kann. Deshalb ist auszugehen von dem in § 7 Abs. 1 AtG jeweils beschriebenen Betriebszweck der Anlage, z. B. der Spaltung von Kernbrennstoffen oder der Be- bzw. Verarbeitung von Kernbrennstoffen, nicht dagegen vom Kernkraftwerk oder von der Brennelementfabrik. Von diesen Verfahren gehen potentiell nuklearspezifische Gefahren aus; deshalb werden Anlagen, in denen solche Verfahren durchgeführt werden, entsprechend dem Schutzzweck des Atomgesetzes einer präventiven Kontrolle im Wege des Genehmigungserfordernisses unterworfen. Die Anlagenteile, in denen die bezeichneten Verfahren unmittelbar stattfinden, bilden den Anlagenkern. Das ist z. B. bei einer Anlage zur Spaltung von Kernbrennstoffen lediglich der Reaktor. Um jedoch den Schutzzweck des Atomgesetzes ausreichend zu erfüllen, ist es erforderlich, die präventive Kontrolle nach Maßgabe der Genehmigungsvoraussetzungen des § 7 Abs. 2 AtG auf alle mit dem Reaktor in einem räumlichen und betrieblichen Zusammenhang stehenden Einrichtungen zu erstrecken, die dazu dienen, eine unzulässige radioaktive Strahlung beim bestimmungsgemäßen Betrieb oder im Störfall auszuschließen. Nur in diesem Sinne kann von einem weiten Anlagenbegriff gesprochen werden. Seine Reichweite ergibt sich aus der Notwendigkeit, die nuklearspezifische Detailprüfung auf die Errichtung und den Betrieb bestimmter Anlageteile auszudehnen. Das kann bei verschiedenen Anlagetypen unterschiedlich zu beurteilen sein.

Bei Anlagen zur →Kernspaltung zählen demnach die Einrichtungen, die der Nutzung der Kernenergie dienen, insbesondere das Maschinenhaus mit Turbine und Generator sowie der Kühlturm nicht mehr zur genehmigungsbedürftigen →Anlage. Werden dagegen bei einer Anlage zur Aufarbeitung bestrahlter Kernbrennstoffe alle Verfahrensschritte des mehrstufigen Aufarbeitungsprozesses in einem räumlichen und betrieblichen Zusammenhang durchgeführt, wie dies bei der ursprünglich geplanten Wiederaufarbeitungsanlage Wackersdorf konzipiert war, so unterliegt nach der höchstrichterlichen Rechtsprechung der gesamte Arbeitsprozeß mit jeweils allen nuklearspezifisch gefährlichen Arbeitsschritten, auch den vorbereitenden und nachbereitenden Vorgängen, der einheitlichen atomrechtlichen Anlagengenehmigung. Dagegen reicht die bloße Notwendigkeit, sicherheitstechnische Anforderungen an bestimmte Einrichtungen zu stellen, für die Ausdehnung des Anlagenbegriffs allein nicht aus. Sie zeigt nur auf, daß zwischen Gegenstand und Prüfungsumfang des Genehmigungsverfahrens scharf zu trennen ist. *Rebentisch*

Literatur: Bundesverwaltungsgericht (BVerwG), Urteil vom 19. 12. 1985, in: Neue Zeitschrift für Verwaltungsrecht (NVwZ) 1986, S. 208 ff.; BVerwG, Urteil vom 4. 7. 1988, in: NVwZ 1988, S. 1024 ff. – *Fischerhof:* Deutsches Atomgesetz und Strahlenschutzrecht, Bd. 1, 2. Aufl. 1978, § 7, Rn. 4. – *Hansmann:* Zum Anlagenbegriff des § 71 AtomG, in: NVwZ 1983, S. 16 ff. – *Kloepfer, Michael:* Umweltrecht. – *Ronellenfitsch:* Das atomrechtliche Genehmigungsverfahren, 1983. – *Ziegler:* Zur Problematik des Anlagebegriffes nach dem Atomgesetz, in: Energiewirtschaftliche Tagesfragen 1978, S. 664 ff.

Anlage, nicht genehmigungsbedürftige i. S. des BImSchG.

Das BImSchG unterscheidet zwischen genehmigungsbedürftigen Anlagen und n. g. A. N. g. A. sind alle Anlagen, die nicht in der Verordnung über g. A. (→4. BImSchV) aufgeführt sind. Zu ihnen gehören Fabrikationsanlagen, Maschinen, Geräte und Grundstücke, auf denen regelmäßig und auf Dauer emissionsverursachende Tätigkeiten ausgeführt werden. Bloße Werkzeuge wie Hämmer oder Beile sind nach der Verkehrsanschauung keine Anlagen; mit ihnen verursachte →Emissionen werden dem Verhalten der sie benutzenden Personen zugerechnet.

N. g. A. sind so zu errichten und zu betreiben (§ 22 BImSchG), daß
– nach dem →Stand der Technik vermeidbare schädliche Umwelteinwirkungen verhindert werden,
– nach dem Stand der Technik nicht in vollem Umfang vermeidbare schädliche Umwelteinwirkungen unter Beachtung des Grundsatzes der Verhältnismäßigkeit auf ein Mindestmaß beschränkt werden und
– sichergestellt wird, daß die beim Betrieb entstehenden Abfallstoffe ordnungsgemäß beseitigt werden können.

Besondere Anforderungen an n. g. A. können in Rechtsverordnungen nach § 23 BImSchG festgelegt werden. Derartige Anforderungen enthalten
– die Verordnung über Kleinfeuerungsanlagen (→1. BImSchV),
– die Verordnung zur Emissionsbegrenzung von leichtflüchtigen Halogenkohlenwasserstoffen (→2. BImSchV),
– die Verordnung zur Auswurfbegrenzung von Holzstaub (→7. BImSchV),
– die Rasenmäherlärm-Verordnung (→8. BImSchV) und
– die Sportanlagenlärmschutz-Verordnung (→18. BImSchV).

Die Anforderungen aus § 22 BImSchG und aus den Rechtsverordnungen nach § 23 BImSchG können durch behördliche Anordnungen nach § 24 BImSchG durchgesetzt werden. Werden die Anordnungen nicht befolgt oder ruft der Anlagenbetrieb Gefahren für Leben oder Gesundheit von Menschen oder für bedeutende Sachwerte hervor, kann der weitere Betrieb der Anlage untersagt werden (§ 25 BImSchG). *Hansmann*

Literatur: *Feldhaus, G.:* Bundes-Immissionsschutzrecht, Bd. 1 A, Erläuterungen zu §§ 22 ff. BImSchG. – *Hansmann, K.:* Erläuterungen zu §§ 22 ff. BImSchG. In: Landmann/Rohmer:

Umweltrecht, Bd. I. – *Henkel, M. J.:* Der Anlagenbegriff des Bundes-Immissionsschutzgesetzes. – *Jarass, H.:* Bundes-Immissionsschutzgesetz, Erläuterungen zu §§ 22 ff. – *Kutscheidt, E.:* Immissionsschutz bei nicht genehmigungsbedürftigen Anlagen, Neue Z. für Verwaltungsrecht 1983, 65 ff. – *Seiler, Ch. M.:* Die Rechtslage der nicht genehmigungsbedürftigen Anlagen i. S. von §§ 22 ff. BImSchG. – *Sellner, D. u. W. Löwer:* Immissionsschutzrecht der nicht genehmigungsbedürftigen Anlagen, Wirtschaft und Verwaltung 1980, 221 ff. – *Ziegler, A.:* Zum Anlagenbegriff nach dem Bundes-Immissionsschutzgesetz, Umwelt- und Planungsrecht 1986, 170 ff.

Anlagenbenutzungszwang. Mit dem Inkrafttreten des Abfallbeseitigungsgesetzes im Jahre 1972 erhob der Bundesgesetzgeber die Forderung nach Aufbau einer Entsorgungsstruktur, die durch zentrale, größere und umwelttechnisch besser eingerichtete sowie möglichst wirtschaftlich arbeitende Entsorgungsanlagen gekennzeichnet sein sollte. Die im Sinne einer allgemeinwohlverträglichen →Abfallentsorgung für notwendig gehaltene Konzentration auf eine überschaubare Zahl von Abfallentsorgungsanlagen mit einem notwendigerweise erheblich erweiterten Einzugsbereich wurde gleichzeitig mit einem A. versehen. Gem. § 4 Abs. 1 AbfG dürfen Abfälle grundsätzlich nur in den dafür zugelassenen Anlagen oder Einrichtungen behandelt, gelagert oder abgelagert werden. Der A. wird allerdings durch Ausnahmetatbestände aufgelockert. So kann gem. § 4 Abs. 2 AbfG die zuständige Behörde im Einzelfall widerruflich Ausnahmen zulassen, wenn dadurch das Wohl der Allgemeinheit nicht beeinträchtigt wird. Und gem. § 4 Abs. 4 AbfG können die Landesregierungen durch Rechtsverordnung die Entsorgung bestimmter Abfälle oder bestimmter Mengen dieser Abfälle, sofern ein Bedürfnis besteht und eine Beeinträchtigung des Wohls der Allgemeinheit nicht zu befürchten ist, außerhalb von Entsorgungsanlagen zulassen und die Voraussetzungen und die Art und Weise der Entsorgung festlegen. Von dieser generellen Ausnahmemöglichkeit haben die Bundesländer insbesondere im Bereich der Gartenabfälle sowie der pflanzlichen Abfälle aus der Land- und Forstwirtschaft Gebrauch gemacht. Die →17. BImSchV hat die thermische Verwertung oder Behandlung von Abfällen in Anlagen ermöglicht, die überwiegend einem anderen Zweck als der Abfallentsorgung dienen. *Hoppe/Beckmann*

Literatur: *Große-Hündfeld:* Die Beseitigung rechtlicher Hemmnisse bei der Planung und Genehmigung von Sonderabfallentsorgungsanlagen. Münster 1989. – *Hoppe/Beckmann:* Planfeststellung und Plangenehmigung im Abfallrecht. Berlin 1989.

Anlagenbetreiberpflichten. Den Betreiber einer umweltrelevanten Anlage können nach dem Gesetz sog. Grundpflichten treffen, die ihn unmittelbar binden und deshalb von ihm sofort und ohne behördliche Anweisung während der gesamten Dauer des Betriebs zu beachten sind. So treffen den Betreiber einer immissionsschutzrechtlich genehmigungsbedürftigen Anlage vier Grundpflichten, die als

– Schutzpflicht,
– Vorsorgepflicht,
– →Entsorgungspflicht,
– Abwärmenutzungspflicht

bezeichnet werden. Nach § 5 Abs. 1 Nr. 1 BImSchG sind genehmigungsbedürftige Anlagen so zu errichten und zu betreiben, daß schädliche Umwelteinwirkungen und sonstige Gefahren, erhebliche Nachteile und erhebliche Belästigungen für die Allgemeinheit und die Nachbarschaft nicht auftreten können. Nach § 5 Abs. 1 Nr. 2 BImSchG muß der Anlagenbetreiber Vorsorge gegen schädliche Umwelteinwirkungen treffen, insbesondere durch die dem →Stand der Technik entsprechenden Maßnahmen zur Emissionsbegrenzung. Er hat nach § 5 Abs. 1 Nr. 3 BImSchG Reststoffe zu vermeiden, es sei denn, sie werden ordnungsgemäß und schadlos verwertet, oder, soweit Vermeidung und Verwertung technisch nicht möglich oder zumutbar sind, als Abfälle ohne Beeinträchtigung des Wohls der Allgemeinheit beseitigt.

Gemäß § 5 Abs. 1 Nr. 4 BImSchG sind Anlagen schließlich so zu errichten und zu betreiben, daß entstehende Wärme, die nicht an Dritte abgegeben wird, für Anlagen des Betreibers genutzt wird, soweit dies nach Art und Standort der Anlagen technisch möglich und zumutbar sowie mit den übrigen Grundpflichten vereinbar ist.

Da die A. im Bereich der Vorsorge durch die Anforderungen des Standes der Technik oder des Standes von Wissenschaft und Technik zudem noch dynamisch während der Betriebszeit ansteigen, führen sie zu einer erheblichen Einschränkung des Bestandsschutzes des Anlagenbetreibers. Von der Einhaltung der Grundpflichten des Betreibers wird die Erteilung der Genehmigung abhängig gemacht. Zur Erfüllung der Grundpflichten können daneben auch nach Erteilung der Genehmigung nachträgliche Anordnungen getroffen werden. *Hoppe/Beckmann*

Literatur: *Hoppe/Beckmann:* Umweltrecht, § 25 Rn. 29 ff. München 1989. – *Sellner:* Immissionsschutzrecht und Industrieanlagen, 2. Aufl. München 1988.

Anlauf-/Ablaufgeschwindigkeit. Die Begriffe kennzeichnen die minimale Windgeschwindigkeit vor einem →Windenergiekonverter, bei der er anläuft, und die maximale Windgeschwindigkeit, bei der er abgestellt wird.

Je kleiner die Anlaufumdrehungsgeschwindigkeit, um so mehr elektrische Energie kann aus dem Windenergieangebot extrahiert werden. Schwachwind-Maschinen jedoch sind nur für Aufstellungsorte im Inland geeignet oder haben bei Aufstellung in Starkwindgebieten besondere Anforderungen an Getriebe und Generator zu erfüllen. Minimale A. liegen bei 2–3 m/s.

Die Begrenzung der Ablaufgeschwindigkeit hat Gründe, die in der Strukturfestigkeit liegen; bei maximalen Windgeschwindigkeiten von – je nach Maschinentyp – 20–28 m/s werden die Blätter durch elektrohydraulische Stellvorrichtungen aus dem Wind (pitch-Regelung) gedreht oder – bei einfacheren Konstruktionen – durch Strömungsabriß an der Blattvorderkante in der Leistungsübertragung begrenzt: Die Rotoren törnen lastfrei, oder die Rotorebene steht ca. 90° zur Hauptwindrichtung. *C.-J. Winter*

Anmelde- und Prüfnachweisverordnung. Nach dem Chemikaliengesetz (→Chemikalienrecht) sind Hersteller und Einführer eines Stoffes verpflichtet, eine →Stoffprüfung zu veranlassen.

Diese muß entweder in eigenen Laboratorien des Herstellers oder des Einführers oder in damit beauftragten Instituten durchgeführt werden. Die Behörde beschränkt sich auf die Aufgabe, die bei der Anmeldung beigefügten Prüfnachweise zu kontrollieren und anhand der ihr vorgelegten Unterlagen die Prüfergebnisse zu bewerten. Das Prüfungsprogramm, das sich aus dem Zweck der Prüfung und den schädlichen Eigenschaften, die in den einzelnen Prüfstufen ermittelt werden sollen, zusammensetzt, ist in den §§ 7, 9 ChemG im einzelnen festgelegt. Die maßgeblichen Prüfungsbedingungen werden dazu in der A. u. P. vom 30. 11. 1981 (BGBl. I S. 1234) festgelegt. Die Verordnung enthält insbesondere Einzelheiten über Inhalt und Form der Anmeldeunterlagen sowie über Art und Umfang der beizufügenden Prüfnachweise. *Hoppe/Beckmann*

Literatur: *Hoppe/Beckmann:* Umweltrecht, 1989. § 27 Rn. 17 ff. – *Kloepfer:* Umweltrecht, § 13 Rn. 39 ff. München 1989.

Annahmekontrolle. Bei Anlieferung von Abfällen in einer →Abfallentsorgungsanlage ist in der Regel eine A. durchzuführen, die mindestens umfassen soll:
- Mengenermittlung in Gewichtseinheiten,
- Feststellung der Abfallart einschließlich →Abfallschlüssel,
- Durchführung von Sichtkontrollen.

Bei der →Abfallablagerung auf Siedlungsabfalldeponien der Klassen I und II sollen neben der Sichtkontrolle auch stichprobenhaft Kontrollanalysen durchgeführt werden.

Die Sichtkontrolle hat durch das Deponiepersonal auf Aussehen, Farbe und Geruch zu erfolgen. Ergeben sich hierbei Anhaltspunkte, daß die Zuordnungswerte für die Ablagerung nicht eingehalten werden, so ist eine Kontrollanalyse auf die im Anhang B der →TA Siedlungsabfall aufgeführten Parameter vorzunehmen.

Für besonders überwachungsbedürftige Abfälle sind darüber hinaus durchzuführen:

- Kontrolle des Abfallbegleitscheins,
- Vergleich des Abfallbegleitscheins mit dem →Entsorgungsnachweis,
- Identitätskontrolle,
- Vergleich der Ergebnisse der Identitätskontrolle mit den Angaben der verantwortlichen Erklärung des Entsorgungsnachweises.

Durch strenge A. soll die Wirksamkeit der Hauptbarriere Abfall (→Multibarrierensystem) und damit die →Langzeitsicherheit der Deponien gewährleistet werden. *Neuenhahn*

Anordnung. A. im verwaltungsrechtlichen Sinne sind verbindliche behördliche Gebote und Verbote. Sie sind Verwaltungsakte i. S. des § 35 des Verwaltungsverfahrensgesetzes, durch die öffentlich-rechtliche Pflichten der Adressaten der A. begründet oder konkretisiert werden. A. bedürfen einer besonderen gesetzlichen Ermächtigungsgrundlage. Die Umweltgesetze enthalten zahlreiche derartige Ermächtigungen, um Schutz- oder Vorsorgeanforderungen durchzusetzen. Im Immissionsschutzrecht haben die nachträglichen A. bei genehmigungsbedürftigen →Anlagen (§ 17 BImSchG) und die A. gegenüber den Betreibern nicht genehmigungsbedürftiger →Anlagen (§ 24 BImSchG) eine besondere Bedeutung. Durch nachträgliche A. nach § 17 BImSchG können die allgemeinen Grundpflichten der Betreiber genehmigungsbedürftiger Anlagen (§ 5 BImSchG) wie auch die besonderen Pflichten aus den Rechtsverordnungen nach § 7 BImSchG (z. B. aus der →Störfall-Verordnung) jederzeit durchgesetzt werden. Derartige A. kommen insbesondere in Betracht, wenn der →Stand der Technik fortgeschritten ist. Wird aufgrund neuer Erkenntnisse oder aufgrund neuer Tatsachen festgestellt, daß die Allgemeinheit oder die Nachbarschaft nicht (mehr) ausreichend vor schädlichen Umwelteinwirkungen geschützt ist, ist das der Behörde grundsätzlich eingeräumte Ermessen eingeschränkt: Sie darf dann nur in begründeten Ausnahmefällen von A. absehen.

Bei nicht genehmigungsbedürftigen Anlagen kommen A. zur Durchsetzung der Pflichten aus § 22 BImSchG und aus den Rechtsverordnungen nach § 23 BImSchG in Betracht. Hier ist das behördliche Ermessen nur eingeschränkt, wenn es um Leben oder Gesundheit von Menschen oder um bedeutende Sachwerte geht (§ 25 Abs. 2 BImSchG).

Beim Erlaß von A. ist in jedem Fall der Grundsatz der Verhältnismäßigkeit zu beachten. Dabei sind insbesondere Art, Menge und Gefährlichkeit der →Emissionen und der →Immissionen sowie die Nutzungsdauer und technische Besonderheiten der Anlage zu berücksichtigen (§ 17 Abs. 2 BImSchG). *Hansmann*

Anorganische Stoffe, gasförmige: Emissionsbegrenzung Luft. Von den g. a. S. sind Kohlenmonoxid, Stickstoffoxide und Schwefeldioxid die mengenmäßig bedeutendsten Luftverunreinigungen; hinzu kommt das Kohlendioxid als Treibhausgas.

Allgemeine Anforderungen zur Emissionsbegrenzung von g. a. S. bei genehmigungsbedürftigen Anlagen sind in der Nr. 3.1.6 der →TA Luft enthalten, wobei die Stoffe vier Klassen zugeordnet wurden (Tabelle). In dieser Liste der Nr. 3.1.6 sind alle nach derzeitigem Kenntnisstand emissionsrelevanten g. a. S. erfaßt, ausgenommen Ammoniak (NH_3) und die Kohlenstoffoxide (CO_2, CO). In Nr. 3.3 TA Luft sind für einzelne g. a. S. anlagenbezogene spezielle Emissionsbegrenzungen enthalten, die den allgemeinen Anforderungen der Nr. 3.1.6 vorgehen. Emissionsbegrenzungen für CO, NO_x, SO_2 sowie HCl und HF sind des weiteren in der Großfeuerungsanlagen-Verordnung (→13. BImSchV) und in der Verordnung über Verbrennungsanlagen für Abfälle und ähnliche brennbare Stoffe (→17. BImSchV) aufgeführt.

Anorganische Stoffe, gasförmige. Tabelle: Allgemeine Emissionswerte für dampf- oder gasförmige anorganische Stoffe nach Nr. 3.1.6 der TA Luft

Klasse I Arsenwasserstoff; Chlorcyan; Phosgen; Phosphorwasserstoff; bei einem Massenstrom je Stoff von 10 g/h oder mehr	1 mg/m³
Klasse II Brom und seine dampf- oder gasförmigen Verbindungen, angegeben als Bromwasserstoff; Chlor; Cyanwasserstoff; Fluor und seine dampf- oder gasförmigen Verbindungen, angegeben als Fluorwasserstoff; Schwefelwasserstoff; bei einem Massenstrom je Stoff von 50 g/h oder mehr	5 mg/m³
Klasse III dampf- oder gasförmige anorganische Chlorverbindungen, soweit nicht in Klasse I, angegeben als Chlorwasserstoff; bei einem Massenstrom von 0,3 kg/h oder mehr	30 mg/m³
Klasse IV Schwefeloxide (Schwefeldioxid und Schwefeltrioxid), angegeben als Schwefeldioxid; Stickstoffoxide (Stickstoffmonoxid und Stickstoffdioxid), angegeben als Stickstoffdioxid; bei einem Massenstrom je Stoff von 5 kg/h oder mehr	0,50 g/m³

Zur Emissionsminderung von g. a. S. kommen in erster Linie →Absorptionsverfahren in Betracht. In Einzelfällen sind auch Adsorptions-, Chemisorptions- oder thermische Verfahren geeignet. Die Verringerung der SO_2-Emissionen von über 85 % von 1980 bis 1992 bei Kraft- und Fernheizwerken in den alten Bundesländern wurde z. B. im wesentlichen durch →Abgasentschwefelung nach Kalk-/Kalksteinwaschverfahren erreicht. Große Bedeutung bei der Verminderung der NO_x-Emissionen haben die →Reduktionsverfahren erlangt. So ist die erhebliche NO_x-Reduktion bei Kraft- und Fernheizwerken seit 1982 von 740.000 t auf etwa 200.000 t im wesentlichen auf den Einsatz von →SCR-Verfahren zurückzuführen. Im Verkehrsbereich nahmen die NO_x-Emissionen trotz einer verstärkten Anwendung der katalytischen Abgasreinigung aufgrund steigenden Verkehrsaufkommens nicht ab. *Haug*

Literatur: *Davids, P.; M. Lange:* Die Großfeuerungsanlagen-Verordnung – Technischer Kommentar. Düsseldorf 1984. – *Davids, P.; M. Lange:* Die TA Luft '86 – Technischer Kommentar. Düsseldorf 1986. – *Lange, M.* et al: Luftreinhaltung bei Kraftwerks- und Industriefeuerungen. BWK **45** (1993) Nr. 4.

Anoxisch. Bezeichnung für Bedingungen in Gewässern und Böden, unter denen Sauerstoffmangel mit der Anwesenheit von Nitrat (oder auch von Sulfat) kombiniert ist. Bei Vorliegen von Nitrat kann dieses durch Bakterien zu N_2 reduziert werden (→Denitrifikation), während die entsprechende Reduktion von Sulfat (Desulfurikation) die Abwesenheit von Nitrat voraussetzt. *Soeder*

Anreicherung radioaktiver Stoffe. In der Kerntechnik versteht man darunter in erster Linie die Erhöhung des Anteils von spaltbarem Uran-235 im Natururan auf Kosten von nicht spaltbarem Uran-238. In der Regel spricht man hier von Isotopen-A. bzw. →Isotopentrennung. Zur Isotopen-A. von Uran-235 sind verschiedene Verfahren möglich: Diffusionstrennverfahren, Gaszentrifugenverfahren, Trenndüsenverfahren.

Die →Isotopie war ursprünglich nur eine für das Verständnis des Atombaus wesentliche Eigenschaft der Atome. Heute sind die Isotope darüber hinaus zu einem wichtigen Hilfsmittel des Chemikers, Kern- und Molekülphysikers sowie des Biologen geworden, weil die Verwendung eines bestimmten Isotops die Heraushebung und Kennzeichnung eines unter mehreren chemisch gleichartigen Atomen gestattet. Daraus ergab sich die Notwendigkeit der A. von Isotopen. Die am allgemeinsten anwendbare Methode ist der Einsatz des sog. Massenseparators, ein auf größere Durchsätze konzipierter Massenspektrograph. Er ist mit einer großflächigen, intensiven Ionenquelle und getrennten Auffängern für die verschiedenen Isotope ausgerüstet. Für technische Zwecke der A. anderer schwerer Isotope verwendet man die gleichen Verfahren, wie sie sich für die A. von Uran bewährt haben. Für die A. leichter Isotope setzt man vorzugsweise die Elektrolyse, die Verdampfung (Rektifikation) oder chemische Austauschreaktionen ein. Technisch bedeutsam ist die Reindarstellung von Schwerem und Überschwerem Wasser, D_2O bzw. T_2O. Auch andere radioaktive Isotope werden mit diesen Verfahren aus einem Gemisch heraus nach Bedarf angereichert.

Eine zweite Bedeutung hat die A. r. S. in rein chemischem Sinne. Sehr geringe Konzentrationen radioaktiver Stoffe erfordern, insbesondere zum analytischen Nachweis, eine Voranreicherung. Dies geschieht vorzugsweise durch Adsorptions- und Ionenaustauschprozesse an geeigneten Materialien. Die angereicherten Spurenstoffe können dann anschließend wieder desorbiert und analytisch nachgewiesen werden. Chemische A.-Verfahren werden häufig mit radioaktiv markierten Verbindungen verfolgt und anhand ihrer Strahlung quantitativ ausgewertet. Eine spezielle A.-Methode für radioaktive Atome beruht auf dem sog. Rückstoßeffekt bei Kernreaktionen. Die durch den Rückstoß erzeugten radioaktiven Atome verlassen den Ausgangsbindungszustand und können dann in ihren veränderten Bindungs- und Wertigkeitszustand von der Ausgangssubstanz abgetrennt werden. Am bekanntesten für diese Art der A. ist die Szilard-Chalmers-Reaktion. *Merz*

Anreicherungskultur. Eine Methode zur Isolierung und Anreicherung von →Mikroorganismen mit speziellen Eigenschaften aus einer Mischpopulation unbekannter Zusammensetzung. Zu diesem Zweck setzt man die Mischpopulation entsprechend restriktiven Bedingungen aus (beispielsweise durch Schaffung einer sauerstoff- oder stickstofffreien Atmosphäre oder durch Verwendung spezifischer Nährstoffe), die nur Organismen mit den gewünschten Eigenschaften ein Wachstum ermöglichen. Nach einiger Zeit wird eine kleine Probe der adaptierten A. in ein größeres Volumen einer sterilen Nährlösung übertragen. Durch mehrfaches Wiederholen der Prozedur werden schließlich die nicht angepaßten, nicht wachstumsfähigen Mikroorganismen soweit ausgeschaltet, daß man genetisch homogene Reinkulturen der angereicherten Organismen herstellen kann. Die Technik der A. spielt insbesondere bei der Suche nach Mikroorganismen, die bestimmte Schadstoffe abbauen können, eine wesentliche Rolle. *Kleespies*

Anschluß- und Benutzungszwang. Gemeinden und Gemeindeverbände sind nach den einschlägigen Landesgesetzen ermächtigt, ihre Einwohner zu verpflichten, sich an bestimmte öffentliche Einrichtungen anzuschließen und diese auch zu benutzen. Die Gemeinden und Gemeindeverbände können einen A. u. B. für Wasserleitungen, Kanalisation und ähnliche der Volksgesundheit dienende Einrichtungen sowie für Einrichtungen zur Versorgung mit Fernwärme und die Benutzung dieser Einrichtungen und der Schlachthöfe vorschreiben.

Voraussetzung des A. u. B. ist jedoch, daß der jeweilige Landesgesetzgeber die Zulässigkeit geregelt hat. Die Beschränkung des A. u. B. auf Einrichtungen, die der Volksgesundheit dienen, ist notwendig angesichts des Gewichts des Eingriffs, den der A. u. B. regelmäßig für den Benutzer bedeutet; dazu gehören zum Beispiel Friedhöfe und Grundstücks-Entwässerungsanlagen.

Voraussetzung für die Einführung des A. u. B. ist ein öffentliches Bedürfnis, wobei es jedoch ausreicht, daß vernünftige Gründe des Gemeinwohls vorliegen. Ein öffentliches Bedürfnis kann sich insbesondere aus Gesichtspunkten des Umweltschutzes – vor allem hinsichtlich der Fernwärmeversorgung – ergeben. *Hoppe/Beckmann*

Literatur: *Erichsen:* Kommunalrecht des Landes Nordrhein-Westfalen. Siegburg 1988. – *Wolff/Bachof/Stober:* Verwaltungsrecht II, 5. Aufl. § 99 Rn. 15 ff. 1987.

Anspringtemperatur →Anspringverhalten

Anspringverhalten. Eines der wichtigsten Kriterien zur Beurteilung von →Kfz-Abgas-Katalysatoren ist das Verhalten während des Warmlaufens, auch kurz A. genannt. Da die Kohlenwasserstoff- und die Kohlenmonoxidemission, bedingt durch die unvollständige Verbrennung des Kraftstoffs sowie durch den Sauerstoffmangel bei Kaltstartanreicherung, besonders während der Warmlaufphase hoch sind, soll die Anspringtemperatur für diese Stoffe möglichst tief liegen. Als Anspringtemperatur einer Abgaskomponente i bezeichnet man die Temperatur T_{A_i} vor dem Konverter (Katalysator), bei der der Schadstoff i zu 50 % konvertiert wird. Außerdem sollte sich schnell eine hohe Umsatzrate einstellen, damit durch die exothermen Reaktionen ein schnelleres Aufwärmen bis zur Katalysatorbetriebstemperatur erreicht wird. *Kind/May*

Anstieg von Spurengasen. Die Konzentrationen wichtiger atmosphärischer Spurengase werden erst seit der jüngsten Vergangenheit routinemäßig erfaßt. Die längste Meßreihe liegt für das Kohlendioxid (CO_2) vor, das seit 1958 auf der Meßstation Mauna Loa (Hawaii) gemessen wird. Inzwischen werden auch Konzentrationsmessungen an Nicht-Methan-Kohlenwasserstoffen (NMHC), Stickoxiden (NO_x), Kohlenmonoxid (CO) und den klimarelevanten Spurengasen wie Methan (CH_4), Distickstoffoxid (N_2O), Ozon (O_3) und Fluorchlorkohlenwasserstoffen (FCKW) weltweit durchgeführt. Die dabei erzielten Ergebnisse lassen Aussagen über das zeitliche Verhalten dieser Verbindungen während der vergangenen 10 bis 30 Jahre zu (Tabelle 1).

Anstieg von Spurengasen. Tabelle 1: Mittlere globale Konzentrationen und Zeittrends der wichtigsten Spurengase.

Spezies	Konzentration [ppbV]	Anstiegsrate [%/Jahr]
CO_2	350×10^3	0,5
C_2H_6	1	0,8[a]
NO_X	stark schwankend	1[a]
CO	100	0,8[a]
CH_4	1640	1
N_2O	310	0,3
O_3	30	1[a]

[a] Anstieg wird nur in der Nordhemisphäre beobachtet.

Wegen der sehr begrenzten Zahl von Daten lassen sich gegenwärtig keine eindeutigen Aussagen über eventuelle Zeittrends der Nicht-Methan-Kohlenwasserstoffe in der →Troposphäre machen. Nur für Ethan konnte eine Zunahme der Konzentration in der Nordhemisphäre von ~1 % pro Jahr beobachtet werden.

Für die Spurengase CO und NO_x zeigen die Konzentrationsmessungen in der Nordhemisphäre ebenfalls eine Zunahme um jährlich ~1 %.

Seit Beginn der Industrialisierung sind die Konzentrationen von Wasserdampf (H_2O), CO_2, O_3, N_2O und CH_4 in der Atmosphäre durch menschliche Aktivitäten angestiegen. Zusätzliche Treibhausgase, vor allem die FCKW, sind hinzugekommen. Dieser A. kann den folgenden Bereichen zugeordnet werden:
– dem Energiebereich einschließlich des Verkehrsbereichs infolge der Nutzung fossiler Energieträger,
– dem Bereich chemischer Produkte und ihrer Anwendung wegen der Emission von Fluorchlorkohlenwasserstoffen und Halonen,
– dem Prozeß der Vernichtung von tropischen Wäldern,
– der Landwirtschaft.

Wasserdampfmessungen mit Radiosonden und Wasserdampf-Sensoren werden seit 1958 mit einer ausreichenden globalen Abdeckung der Erdoberfläche durchgeführt. Nach heutigem Wissensstand kann man davon ausgehen, daß der Wasserdampfgehalt in der Atmosphäre in den vergangenen hundert bis zweihundert Jahren zugenommen hat. Der Grund hierfür ist die allgemeine Temperaturzunahme und die damit verbundene Zunahme der Verdunstung an der Meeresoberfläche. Da die Verdunstung von Wasser exponentiell mit der Was-

sertemperatur zunimmt, zeigen sich die größten Effekte in den Tropen.

Die aus Eisbohrkerndaten rekonstruierte zeitliche Entwicklung des Kohlendioxids zeigt, daß das CO_2 um das Jahr 1800 in der Troposphäre anzusteigen begann. Zur letzten Jahrhundertwende wurden bereits Werte von ~300 ppmV erreicht. Zu dieser Zeit betrug der jährliche A. 0,6 ppmV pro Jahr. Diese Rate ist im Jahr 1990 auf ~1,6 ppmV pro Jahr angestiegen. Bei einer mittleren globalen troposphärischen CO_2-Konzentration von 350 ppmV entspricht das einem prozentualen A. von 0,5 % pro Jahr.

Das troposphärische Methan wird seit 1978 an verschiedenen, über beide Hemisphären verteilten Stationen, systematisch gemessen. Die vorindustrielle (1750–1800) Konzentration lag bei 0,8 ppmV. Der mittlere A. liegt heute bei ~1 % pro Jahr, so daß man für das Jahr 1990 einen global gemittelten Wert von 1,64 ppmV erreicht. Da insgesamt ~50 % der jährlichen Methan-Emission mehr oder weniger direkt mit der Ernährung der wachsenden Weltbevölkerung zusammenhängen (Methan-Emission beim Anbau von Naßreis, CH_4-Bildung im Pansen von Wiederkäuern), ist der zeitliche A. unmittelbar mit der Zunahme der Weltbevölkerung gekoppelt. Bild 1 zeigt den A. der CH_4-Konzentration der letzten 200 Jahre.

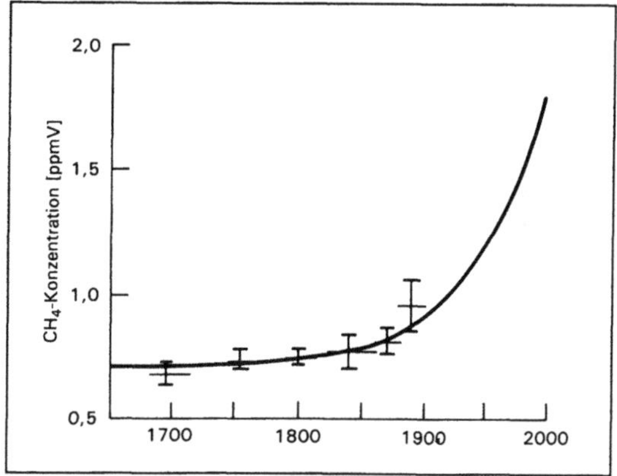

Anstieg von Spurengasen 1: Atmosphärischer CH_4-Anstieg, rekonstruiert aus Eisbohrkern-Messungen, wobei die Balken die Unsicherheitsbereiche angeben.

Wie Bild 2 zu entnehmen ist, zeigen die seit 1950 durchgeführten Distickstoffoxid-Messungen einen mittleren globalen A. von 0,3 % dieses Treibhausgases pro Jahr. Die troposphärische Konzentration liegt zur Zeit bei ~310 ppbV.

Die Fluorchlorkohlenwasserstoffe werden, weil sie ausschließlich anthropogenen Ursprungs sind, erst seit ~1950 emittiert (Tabelle 2).

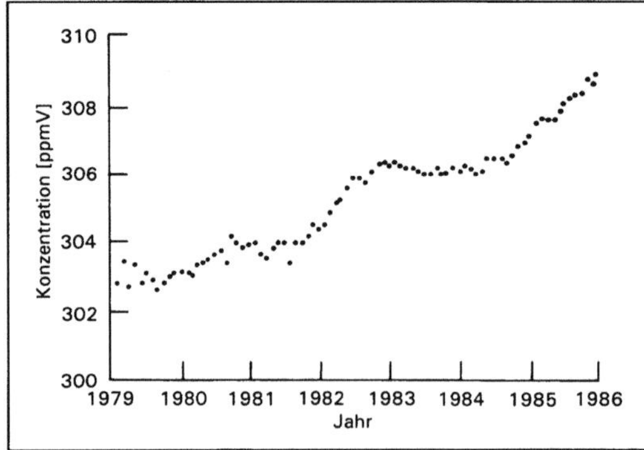

Anstieg von Spurengasen 2: Anstieg von N₂O in der Troposphäre.

Anstieg von Spurengasen. Tabelle 2: Mittlere globale Konzentrationen und Trends der wichtigsten halogenierten Kohlenwasserstoffe.

Spezies	Konzentration [pptV]	jährliche Anstiegsrate [pptV]
$CFCl_3$	280	10
CF_2Cl_2	484	17
CHF_2Cl	122	7
CCl_4	146	2
CH_3CCl_3	158	6
CH_3Cl	600	—

Durch Ozonmessungen mit Hilfe von Satelliten, Ozon-Sonden und bodengestützten Instrumenten ist eindeutig nachgewiesen, daß die Gesamtsäulendichte des Ozons in der →Stratosphäre seit den siebziger Jahren um einige Prozent abgenommen hat. Die troposphärische O_3-Konzentration nimmt dagegen bereits seit der zweiten Hälfte des 19. Jahrhunderts in der Nordhemisphäre zu. In den vergangenen 20 Jahren ist die O_3-Konzentration in reinen Luftmassen im Mittel um jährlich ein Prozent angestiegen. In bodennahen verschmutzten Luftmassen der Nordhemisphäre wird sogar eine Verdopplung

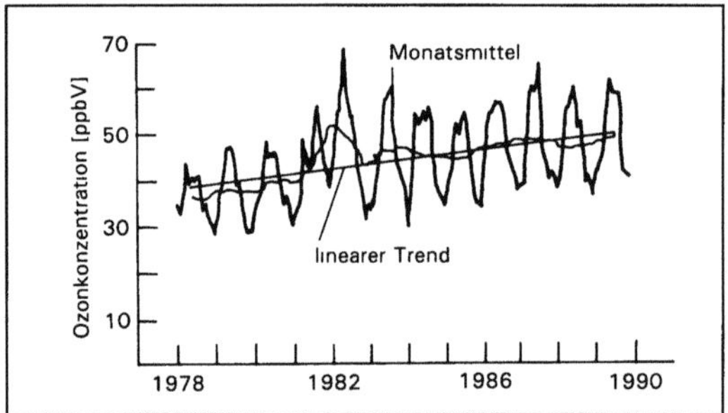

Anstieg von Spurengasen 3: Anstieg der O_3-Konzentration in der freien Troposphäre.

beobachtet. Die Konzentrationen in der Nordhemisphäre schwanken zwischen 12 ppbV im Winter und 30 ppbV im Sommer. In der Südhemisphäre durchgeführte Messungen lassen keinen Trend der O_3-Zunahme erkennen (Bild 3). *Becker/Wiesen*

Anstiegszeit. A. ist der Zeitabstand nach einer sprunghaften Änderung des Werts des Meßobjekts (des Luftbeschaffenheitsmerkmals, z. B. →Immissionskonzentration eines Schadstoffs) zwischen dem Anstieg des erwarteten Meßwerts auf 10 % und dem Erreichen von 90 % der erwarteten Höhe der Sprungantwort (VDI 2449, Bl. 2). Entsprechend ist die Abfallzeit die Zeit zwischen dem Abfall des erwarteten Meßwerts um 10 % und dem Abfall um 90 % der erwarteten Höhe der Sprungantwort. Häufig ist die A. gleich der Abfallzeit. In diesem Fall wird in den Datenblättern nur eine Zeit, die A., angegeben. *Birkle*

Literatur: VDI 2449 Bl. 2: Grundlagen zur Kennzeichnung vollständiger Meßverfahren; Begriffsbestimmungen; Jan. 1987.

Antibiotika. Niedermolekulare Stoffwechselprodukte von →Mikroorganismen, die in geringer Konzentration (weniger als 1 mg/L) bestimmte andere Mikroorganismen in ihrem Wachstum hemmen, sie schädigen oder töten. Zu den A. im weiteren Sinne zählen heute auch chemisch oder durch →Biotransformation abgeänderte Derivate sowie die antibiotisch wirksamen sekundären Stoffwechselprodukte höherer Tiere und Pflanzen (Phytoalexine). Etwa 65 % der ca. 8 000 bis heute bekannten A. werden von bodenbewohnenden Actinomyceten, die übrigen von Bakterien oder von Pilzen gebildet. Nur etwa 120 verschiedene A. sind therapeutisch nutzbar.

A. werden außer für medizinische Zwecke auch bei der Konservierung von Lebensmitteln verwendet. Ihr Einsatz in der Massentierhaltung kann zum Problem werden, wenn der anaerobe →Abbau der massenhaft anfallenden →Gülle in Biogasanlagen durch darin enthaltene A. gehemmt wird. *Kleespies*

Antigen. A. bezeichnet eine beliebige natürlich vorkommende oder chemisch hergestellte Verbindung, auf die das Immunsystem eines Organismus mit einer Immunantwort reagiert. Hierbei wird zwischen einer zellulären und einer humoralen Immunreaktion unterschieden. Letztere resultiert in der Bildung von Antikörpern, die mit dem A. reagieren und dieses in der Regel neutralisieren. A. bewirken somit einerseits den Status der Immunität; dies liegt der natürlichen Resistenzentwicklung gegen wiederholte →Infektion mit gewissen Viren und Bakterien und dem Impfschutz zugrunde. Andererseits kann wiederholte A.-Exposition zu einer Hypersensibilität und bei entsprechender Disposition zur →Allergie, im Extremfall zu anaphylaktischen Reaktionen führen.

Die ausgeprägte Spezifität der A.-Antikörper-Reaktion wird analytisch, insbesondere zum Nachweis von Protein-A. in komplexen Proben genutzt. *Flohé*

Antiklopfmittel →Kraftstoffadditiv

Antikörper. A. sind Proteine globulärer Struktur, die spezifisch mit Antigenen Komplexe bilden (Antigen-Antikörper-Reaktion). Je nach Molekulargewicht und Grundstruktur der A. unterteilt man sie in die Klassen Immunglobulin G (IgG), Immunglobulin A (IgA), Immunglobulin D (IgD), Immunglobulin E (IgE) und Immunglobulin M (IgM). Alle diese Immunglobuline sind heterooligomere Proteine, die einerseits aus einem konstanten, für die jeweilige Spezies spezifischen Teil bestehen, der nach Antigen-Komplexierung an Rezeptoren von Phagocyten bindet; andererseits verfügen die Immunglobuline über sog. hypervariable Regionen, die für die spezifische Bindung eines bestimmten Antigens verantwortlich ist.

Die Antigen-A.-Reaktion stellt den wesentlichen immunologischen Abwehrmechanismus gegen Fremdsubstanzen in höheren Organismen dar. In den aus →Antigen und A. gebildeten Immunkomplexen können (müssen nicht zwangsläufig) z. B. Toxine entgiftet, Enzyme gehemmt, Viren und Bakterien als körperfremde Strukturen markiert werden. Das weitere Schicksal der Immunkomplexe besteht physiologisch in ihrer Beseitigung durch Phygozytose.

Breite Anwendung finden A. als analytische Hilfsmittel zum qualitativen Nachweis und zur quantitativen Bestimmung besonders von hochmolekularen Substanzen in Multikomponentensystemen. Die hohe Spezifität der Antigen-A.-Reaktion erlaubt nämlich oft eine direkte Bestimmung des gesuchten Agens ohne vorherige Abtrennung aus dem komplexen System. Bei diesen als Immunassays bezeichneten Bestimmungsmethoden muß naturgemäß die Antigen-A.-Reaktion quantifizierbar gestaltet werden.

A. werden ferner medizinisch eingesetzt als Infektionsprophylaxe im Sinne einer passiven Immunisierung, zur Elimination spezieller Zelltypen aus dem Organismus, z. B. zur Verhinderung von Abstoßungsreaktionen bei Organtransplantationen sowie – experimentell zumindest – zur gezielten Bekämpfung maligne entarteter Zellen bei verschiedenen onkologischen Krankheitsbildern. *Flohé*

Antimontrioxid.
□ Stoff-Identifizierungs-Nr.:
CAS-Nr.: 1309-64-4

EG-Nr.: 051-003-00-9
UN-Nr.: 1549
EINECS-Nr.: 215-175-0
□ Chemische Formel: Sb_2O_3
□ Stoffcharakteristik: Weißes, kristallines, in Wasser nahezu unölsliches, sublimierendes Pulver. Es existieren kristalline Modifikationen. Färbt sich beim Erhitzen gelb, wird beim Abkühlen wieder weiß. In Säuren und Alkalien unter Salzbildung löslich.
□ Gefahrenmerkmale:
– Stoffliste nach § 4a der Gefahrstoffverordnung: Gefahrenkennbuchstabe (n): xn
R-Sätze: 20/22
S-Sätze: 2-22
– Arbeitsschutzwerte nach TRGS 900: →TRK-Wert (mg/m³): 0,3 bei der Herstellung bestimmter Produkte, 0,1 im übrigen
– Stoffliste (Anhang II) der →Störfall-Verordnung: Nr. 28
– Emissionswerte: →TA Luft Einstufung: 3.1.4 Klasse III *Fischer/M. Schön*

Antischall. Mit A. werden Vorgänge bezeichnet, bei denen mit Hilfe einer Schallquelle (Antischallquelle) ein vorhandenes Schalldruckfeld so beeinflußt wird, daß in bestimmten Bereichen des Schallfelds der →Schalldruck zu Null wird. Die Auslöschung des Schalldrucks tritt auf, wenn zwei Schallwellen gleicher Frequenz eine bestimmte Phasenverschiebung, und zwar $(2n+1)\,\pi$ haben und sich überlagern. Dieser elegant erscheinenden Möglichkeit zur Minderung von Geräuschimmissionen stehen in der Praxis wegen der notwendigen Frequenzgleichheit und Phasenverschiebung erhebliche Schwierigkeiten gegenüber, so daß nur in einigen Fällen mit zeitlich konstanten Schallfeldern A. als wirksame Minderungsmaßnahme einsetzbar ist, z. B. bei Transformatoren und Rohrleitungen.

Strauch

Literatur: *Bergmann, L.; C. Schäfer:* Lehrbuch der Experimentalphysik, Bd. 1. Berlin 1970.

Antriebsbatterie →Elektrospeicherfahrzeug

Anwendungsverbot. Das A. ist ein Instrument des →Gefahrstoffrechts, mit dem Umwelt- und Gesundheitsgefahren durch den Einsatz von Schadstoffen begegnet werden soll. A. sind in verschiedenen Gesetzen geregelt. So dürfen nach dem Pflanzenschutzgesetz des Bundes Pflanzenschutzmittel nicht angewandt werden, wenn der Anwender damit rechnen muß, daß sie schädliche Auswirkungen auf die Gesundheit von Mensch und Tier oder auf das Grundwasser oder sonstige erhebliche schädliche Auswirkungen, insbesondere auf den Naturhaushalt haben. Nach § 6 Abs. 2 PflSchG dürfen Pflanzenschutzmittel auf Freilandflächen nur angewandt werden, soweit diese landwirtschaftlich, forstwirtschaftlich oder gärtnerisch genutzt werden. Dadurch wird die Verwendung an Feldrainen, Wegrändern, Teilen von Bahnanlagen und Böschungen unterbunden, während ihr Einsatz in Gärten und Parks zulässig bleibt. Unmittelbar an oberirdischen Gewässern und Küstengewässern sind Pflanzenschutzmittel gemäß § 6 Abs. 2 S. 2 PflSchG verboten. Ausnahmegenehmigungen können erteilt werden, wenn der angestrebte Pflanzenschutzzweck vordringlich ist und mit zumutbarem Aufwand auf andere Weise nicht erzielt werden kann und überwiegende öffentliche Interessen, insbesondere des Artenschutzes nicht entgegenstehen.

Ein weiteres Beispiel für ein A. ist das DDT-Gesetz vom 7. 8. 1972 (BGBl. I S. 1385), das die früher vielfach als →Schädlingsbekämpfungsmittel verwendeten Stoffe der DDT-Gruppe und ihrer Zubereitungen einen grundsätzlichen Verbot der Herstellung, der Einfuhr, der Ausfuhr, des Inverkehrbringens, des Erwerbs und der Anwendung unterwirft. Eine Ausnahmegenehmigung ist nur noch für Forschungs-, Untersuchungs- und Versuchszwecke sowie zur Synthese anderer Stoffe möglich.

Weitere Anwendungsbeschränkungen und A. enthalten z. B. die →Klärschlammverordnung und die Verordnungen zur Ausweisung von Wasserschutzgebieten, die in ihren Schutzzonen zumeist Beschränkungen bzw. A. von Dünge- und Pflanzenbehandlungsmitteln enthalten. *Hoppe/Beckmann*

Literatur: *Kloepfer:* Umweltrecht, § 13 Rn. 116ff. München 1989.

Anzeige-/Anmeldepflicht. Um den zuständigen Umweltbehörden eine Kontrolle über die Einhaltung der umweltrechtlichen Gebote und Verbote zu ermöglichen und um ihnen die notwendigen Informationsgrundlagen für den gefahrenabwehrenden und vorsorgenden Umweltschutz zu verschaffen, sieht der Gesetzgeber in zahlreichen Bestimmungen umweltrechtliche Auskunftspflichten vor. Als Eröffnungskontrolle werden teilweise Auskunftspflichten der Vornahme umweltrelevanter Handlungen vorgeschaltet. Als Teil einer Befolgungskontrolle können umweltrechtliche Auskunftspflichten außerdem einer fortlaufenden, das umweltbelastende Vorhaben begleitenden Kontrolle dienen.

Der Eröffnungskontrolle dienen neben den Genehmigungs-, Planfeststellungs- und Erlaubnisverfahren vor allem die A., mit denen die zuständigen Behörden über potentiell umwelt- oder gesundheitsgefährdende Tätigkeiten oder Tatsachen in Kenntnis gesetzt werden sollen. A. haben insoweit eine ähnliche Funktion wie die genannten umweltrechtlichen Genehmigungs- und Erlaubnisverfahren. Der Gesetzgeber gibt dem Anzeigeverfahren jedoch teilweise den Vorzug, weil es gegenüber dem Erlaubnisverfahren einfacher und praktikabler und damit für den Betroffenen weniger belastend ist. Die A. ist im Gegensatz zu den Genehmigungsvorbehalten eine reine Informationsverpflichtung ohne unmittelbare Rechtsfolgen. Ihre Verletzung wird als Ordnungswidrigkeit geahndet, rechtfertigt jedoch grundsätzlich nicht die Untersagung des anzuzeigenden Vorhabens. Inhalt und Umfang der A. werden durch die zahlreichen einschlägigen Rechtsvorschriften im einzelnen bestimmt.

Anzeigeverfahren sind besonders häufig im →Gefahrstoffrecht anzutreffen. Neben zahlreichen A. für den Umgang mit gefährlichen Stoffen, insbesondere auch mit Sprengstoff und radioaktiven Stoffen, sind Anzeigeverfahren vor allem auch für die Lagerung von Gefahrstoffen vorgesehen.

Als Teil einer fortlaufenden, das umweltrelevante Vorhaben begleitenden Befolgungskontrolle dienen auch zahlreiche Auskunftspflichten. Teilweise bestehen Verpflichtungen zu regelmäßigen Mitteilungen über die Abweichungen vom Inhalt einer Genehmigung (§ 16 BImSchG) oder als jährliche Erklärung über die von einer Anlage ausgehenden Luftverunreinigungen (§ 27 BImSchG). Auskunftspflichten bestehen aber auch beim Auftreten bestimmter Schadstofforganismen oder Krankheiten oder aber bei Unfällen während des Transports gefährlicher Güter, bei Schiffsunfällen, bei Unfällen im Umgang mit radioaktiven Stoffen und bei der Herstellung und Verwendung radioaktiver Stoffe (→Anzeigeverfahren im Strahlenschutz). *Hoppe/Beckmann*

Literatur: *Hoppe/Beckmann:* Umweltrecht, § 8 Rn. 106ff. München 1989. – *Kloepfer:* Umweltrecht, § 13 Rn. 39ff. München 1989.

Anzeigedynamik. A. bezeichnet die Eigenschaft einer Schallmeßeinrichtung, den →Schalldruck in seinem zeitlichen Verlauf mit einer vorgegebenen Toleranz zu erfassen und wiederzugeben.

Bei Schallpegelmessern sind drei verschiedene A. üblich, und zwar Impuls (I) zur Erfassung kurzzeitiger, impulsartiger Geräusche, Fast (F) für nicht kurzzeitige und nicht impulsartige Geräusche sowie Slow (S) für die Messung quasi zeitlich konstanter oder zeitlich konstanter Geräusche. Diese A. werden auch als →Zeitbewertung bezeichnet.

Die Anforderungen zur A. von Schallpegelmeßgeräten sind in der DIN IEC 651: Schallpegelmesser, Ausgabe 1984, geregelt. *Strauch*

Anzeigeverfahren im Strahlenschutz. Der Umgang mit radioaktiven Stoffen sowie die Errichtung und der Betrieb von Anlagen zur Erzeugung ionisierender Strahlen bedürfen grundsätzlich der Genehmigung (→Genehmigungsverfahren im Strahlenschutz) oder der Anzeige (§ 11 AtG).

Das A. ist auf folgende Tatbestände aus dem Geltungsbereich der →Strahlenschutzverordnung (StrlSchV) und →Röntgenverordnung (RöV) anwendbar:
– Umgang mit radioaktiven Stoffen (§ 4 Abs. 1 StrlSchV),
– Ein- und Ausfuhr von Kernbrennstoffen und von sonstigen radioaktiven Stoffen (§ 12 StrlSchV),
– Betrieb von Anlagen zur Erzeugung ionisierender Strahlen (im wesentlichen von Beschleunigeranlagen) (§ 17 StrlSchV),
– Betrieb von Röntgeneinrichtungen (§ 4 RöV),
– geschäftsmäßige Prüfung, Erprobung, Wartung oder Instandsetzung von Röntgeneinrichtungen oder Störstrahlern (§ 6 RöV).

Ein genehmigungsfreier, aber anzeigepflichtiger Betrieb bzw. Umgang reduziert zwar für eine anzeigepflichtige (natürliche oder juristische) Person den administrativen Aufwand, verlangt aber trotzdem die Erfüllung einiger Voraussetzungen, die bei der für die Anzeige zuständigen Behörde nachgewiesen werden muß:
– Bestellung einer ausreichenden Zahl an Strahlenschutzbeauftragten mit Nachweis ihrer Fachkunde im Strahlenschutz,
– ggf. Nachweis der Zuverlässigkeit des Anzeigepflichtigen oder des Strahlenschutzbeauftragten,
– ggf. Überprüfung der Erfüllung des Standes der Technik durch einen behördlich bestimmten Sachverständigen,
– Nachweis der →Bauartzulassung nach RöV,
– bei röntgendiagnostischen Einrichtungen: Nachweis der durchgeführten →Abnahmeprüfung.

Ewen

Literatur: *Bischof, W.*: Röntgenverordnung (RöV). 1977. – *Ewen, K.; I. Lucks, D. Wendorff*: Die neue Strahlenschutzverordnung – Praxiskommentar. 1990.

AOX. Absorbierbare organische Halogenverbindungen (DIN 38409, Teil 14).

AOX ist eine summarische Kenngröße für eine Gruppe organischer Verbindungen, die schwer abbaubar sind und sich in der Nahrungskette anreichern. AOX gelten als gefährlich im Sinne § 7a WHG; der AOX-Wert ist als Abwassergrenzwert nach dem Stand der Technik bei den betreffenden Einleitern festzulegen. Der AOX ist z. B. eine wichtige Kenngröße für Zellstoffabwasser und Abwasser der chemischen Industrie (→Abwasserverwaltungsvorschriften).

Das in DIN 38409, Teil 14, beschriebene Verfahren eignet sich zur direkten Bestimmung der an Aktivkohle absorbierbaren organischen Halogenverbindungen (AOX) von Wässern, die mehr als 10 µg/l der organisch gebundenen Halogene Chlor, Brom, Jod (bestimmt als Chlorid) enthalten und deren Gehalt an gelöstem, organisch gebundenen Kohlenstoff (DOC) unter 10 µg/l liegt. Das Verfahren gilt auch als Hinweis, ob und in welcher Höhe eine →Abwasserbehandlung mit Aktivkohle wirksam ist.

Die Bestimmung des AOX wird angewendet bei der Untersuchung von Abwasser, bei Gewässeruntersuchungen und der Analyse von Rohwasser für die Trinkwasserversorgung.

Irmer

Literatur: DIN 38409, Teil 14: Deutsche Einheitsverfahren zur Wasser-, Abwasser- und Schlammuntersuchung; Summarische Wirkungs- und Stoffkenngrößen (Gruppe H). Bestimmung der adsorbierbaren organisch gebundenen Halogene (AOX) (H. 14).

Arbeitsschutz beim Umgang mit Altlasten. Um Arbeitsunfälle beim Umgang mit Altlasten zu verhüten, sind umfangreiche A.-Maßnahmen erforderlich. Diese Maßnahmen sollen auch den Schutz der unmittelbar im Bereich der Altlast wohnenden Bevölkerung berücksichtigen, wenn Erkundungs- und Bauarbeiten ausgeführt werden. Der Baugrund →Altablagerung und der Baugrund →Altstandort mit teilweise verborgenen Risiken ist in der Regel als unbekannter und nicht normierter Baugrund Boden anzusehen. Bauarbeiten auf diesem Baugrund bergen neben den bei jeder üblichen Bauleistung latent vorhandenen Gefahren ein zusätzliches Gefährdungspotential, das durch die Schadstoffbelastungen des Baugrundes verursacht werden kann. Deshalb sind zusätzliche →Sicherungsmaßnahmen zu treffen, die vorsorgend sowohl dem Schutz der Beschäftigten als auch der Nachbarschaft der Baustellen dienen. Für die Festlegung der notwendigen Sicherungsmaßnahmen ist zunächst der Auftraggeber und für die Umsetzung vor Ort der Auftragnehmer verantwortlich. Bei der Festlegung eines A.-Konzepts mit dem Ziel, Schutzmaßnahmen für Beschäftigte und Anwohner zu beschreiben, muß auf die Ergebnisse und Bewertungen der →Gefährdungsabschätzung zurückgegriffen werden. Entsprechende Schutzmaßnahmen sind aber auch schon bei Erkundungsarbeiten, z. B. beim Anlegen von Schürfen, bei der Durchführung von Bohrungen und Sondierungen, bei Begehungen und Probenahmen, vorzusehen.

Die zu beachtenden Bestimmungen, die in vielen Vorschriften verstreut beschrieben sind, hat der Fachausschuß Tiefbau beim Hauptverband der gewerblichen Berufsgenossenschaften in *Sicherheitsregeln für Bauarbeiten in kontaminierten Bereichen* zusammengefaßt. Da bei Arbeiten in kontaminierten Bereichen der Kontakt mit Gefahrstoffen nie ganz ausgeschlossen werden kann, ist eine Beschäftigungsbeschränkung für Jugendliche und für Frauen sowie für Alleinarbeit festgelegt.

Die Schutzmaßnahmen umfassen die Einrichtung von eingezäunten Schutzzonen und Arbeitszonen. Bei der Festlegung der Schutzausrüstungen muß stets von der ungünstigsten Situation ausgegangen werden. Je nach Art der technischen Maßnahmen und Arbeiten auf dem kontaminierten Gelände, muß die jeweils erforderliche persönliche Schutzausrüstung, z. B. Schutzkleidung, vorgeschrieben werden. Zu jeder Sanierung gehört ein meßtechnisches Überwachungsprogramm der Luft am Arbeitsplatz, um Gefahrstoffe in gesundheitsgefährlicher Konzentration und um Gase, Dämpfe, Nebel oder Stäube, die in Verbindung mit Luft eine explosionsfähige Atmosphäre bilden können, rechtzeitig zu erkennen. Auch sollte hierbei die Überwachung der Emissionen in die unmittelbare Nachbarschaft der Altlastenfläche einbezogen werden. Zu den Schutzmaßnahmen gehört auch ein arbeitsmedizinisches Begleitprogramm.

Bei der Baustelleneinrichtung ist beim Umgang mit verunreinigtem Material ein Schwarz-Weiß-Bereich vorzusehen. Auch sind die Fahrerkabinen auf den Maschinen und Fahrzeugen mit Filteranlagen auszustatten. Für verschmutzte Maschinen, Fahrzeuge und Stiefel müssen Reinigungseinrichtungen vorhanden sein.

Die Festlegungen über die vom Standort und Baugrund ausgehenden Gefährdungen und die sich daraus ergebenen Sicherheitsmaßnahmen sind in einem Sicherheitsplan zusammenzustellen.

Die Verhaltensregeln der Beschäftigten sind in einer Betriebsanweisung und in einem Notfallplan verbindlich vorzugeben. In der Anweisung sind für jeden Arbeitsvorgang Ausführungsort, mögliche Gefahren, erforderliche Schutzausrüstung sowie die einzuhaltenden Sicherheitsmaßnahmen genau zu beschreiben. Die Notfallplanung muß auch die Maßnahmen für den Schutz der Nachbarschaft bei Betriebsstörungen einschließen. *Thoenes*

Literatur: Hauptverband der gewerblichen Berufsgenossenschaften/Fachausschuß Tiefbau: Sicherheitsregeln für Bauarbeiten in kontaminierten Bereichen. Sankt Augustin, 1990. – *Burmeier, H.* u. *G. Fork:* Sicherheitspläne für das Sanieren von Altlasten. Umwelt (1991) Nr. 21, S. 278/79. – *Rumler, R.:* Arbeitsmedizinische Aspekte bei der Sanierung von Altlasten. Die Tiefbau-Berufsgenossenschaft, 1989, Heft 1.

Archaebakterien.

Archaebakterien. (*griech.* archaios = uranfänglich). Eine Gruppe ursprünglicher Bakterien, die sich von den sog. echten Bakterien (Eubakterien) durch eine Reihe von Merkmalen unterscheiden und durchweg an extremen Standorten angetroffen werden. Die extremen Bedingungen dieser Standorte ähneln denen, die vermutlich in erdgeschichtlich frühen Zeiten geherrscht haben. Nach dem gegenwärtigen Stand der Forschung lassen sich den A. drei Gruppen zuordnen: methanogene Bakterien, Halobakterien und thermoacidophile Bakterien. Umwelttechnische Bedeutung kommt den A. durch die ihnen angehörenden methanogenen Bakterien zu, die für die anaerobe →Abwasserreinigung eingesetzt werden. *Kleespies*

Aromaten. Das wesentliche Merkmal aller aromatischen Verbindungen ist die resonanzstabilisierte Ringstruktur. Der einfachste Vertreter dieser Verbindungsklasse ist das Benzol (C_6H_6). Die möglichen Schreibweisen für die chemische Strukturformel sind in Bild 1 angegeben.

Aromaten 1: Mögliche Strukturformeln für Benzol (C_6H_6).

Am aromatischen Ring können die Wasserstoffatome nun durch jede beliebige funktionelle Gruppe unter Bildung von z. B. Toluol (Methylbenzol) ($C_6H_5CH_3$), Xylol (Dimethylbenzol) ($C_6H_5(CH_3)_2$) usw. ersetzt werden.

Bild 2 zeigt typische Vertreter dieser Verbindungsklasse, die in der Atmosphäre vorkommen.

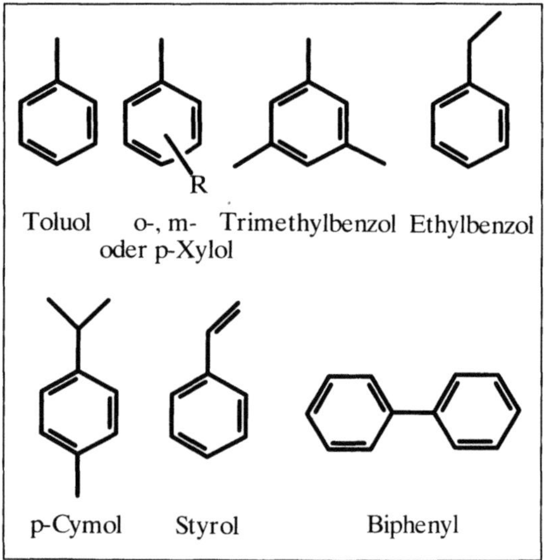

Aromaten 2: Die wichtigsten in der Atmosphäre vorkommenden aromatischen Kohlenwasserstoffe. Methylgruppen (CH_3-Gruppen) werden durch einen Strich wiedergegeben.

A. zeichnen sich durch besonders große Stabilität aus: Sie haben eine relativ starre Molekülstruktur und sind viel weniger reaktionsfreudig als die meisten anderen Kohlenstoffverbindungen. Aufgrund dieser Eigenschaften findet man für die A. eine breite Anwendungspalette. Als Zusatz zu Kraftstoffen erhöhen sie deren Klopffestigkeit; bei manchen Haushaltsartikeln, wie z. B. Farbverdünnern und Mottenkugeln, bilden sie den Hauptbestandteil. In der chemischen Industrie werden aromatische Verbindungen als Reagenzien und Lösungsmittel bei der Produktion von synthetischen Fasern, Harzen und Farbstoffen eingesetzt. Neben der Verbrennung von organischem Material sind Auto- und Industrieabgase wichtige atmosphärische Quellen für aromatische Kohlenwasserstoffe. Aufgrund der hohen Flüchtigkeit sind auch die Emissionen aus Tankbefüllungen von Kraftfahrzeugen nicht zu vernachlässigen (→Benzin). P-Cymol ist die einzige aromatische Verbindung, die neben anthropogenen Emissionen auch noch in erheblichem Maße von Bäumen emittiert wird. Die mittleren Konzentrationen für die in Bild 2 gezeigten Verbindungen liegen zwischen 1 und 10 ppbV. Maximale Konzentrationen können in der belasteten Luft Werte bis zu 130 ppbV für Toluol, 60 ppbV für Benzol und 40 ppbV für die Xylol-Isomeren erreichen. Der atmosphärische →Abbau erfolgt hauptsächlich über die Reaktion mit OH-Radikalen, wobei die Reaktivität je nach Substituent unterschiedlich ist. Obwohl der Reaktionsmechanismus und die vollständige Produktanalyse noch nicht eindeutig geklärt sind, wird dem Toluol und den Xylol-Isomeren eine wichtige Rolle bei der Photosmogbildung zugeschrieben (→Ozonbildungspotential).

Benzol hat kanzerogene Eigenschaften, die sich bei substituierten A. (z. B. Aminobenzolderivate) noch verstärken. Nitrobenzolderivate sind hochtoxische Substanzen. *Wiesen*

Aromatische Kohlenwasserstoffe →Aromaten

Arrhenius-Gleichung →Aktivierungsenergie

Arsen.

Emissionsminderung. A. ist ubiquitär und tritt in folgenden Konzentrationen auf: Erdrinde 1.5 bis 5 ppm, Braunkohle 0.3 bis 11 ppm, Steinkohle 2 bis 50 ppm, Wasser 0.5 bis 4 ppb, Atmosphäre 1 bis 50 ng/m³.

A. wird bei der Nichteisenmetallerzeugung als Nebenprodukt gewonnen. Dabei wird As_2O_3 aus der Dampfphase auskondensiert und zu metallischem A. und anderen Verbindungen verarbeitet. In der Bundesrepublik Deutschland wird die größte Menge A. (ca. 250 t/a) zur Reinigung von mit Zink verunreinigten Elektrolytlösungen und bei der Bleikristallglasherstellung (ca. 150 t/a) als Läuterungs- und Entfärbungsmittel eingesetzt.

Darüber hinaus dienen A.-Verbindungen als Legierungsmittel, zum Galvanisieren und Härten von Metallen sowie zur Herstellung chemischer Produkte (Kunststoffe, Farbstoffe, Holzschutzmittel, Schädlingsbekämpfungsmittel, Korrosionsschutzmittel). Sowohl bei der A.-Gewinnung als auch bei der Verwendung arsenhaltiger Produkte und der Entsorgung arsenhaltiger Abfälle treten relevante A.-Emissionen auf. Vor allem durch den Einsatz arsenhaltiger Rohstoffe (z. B. Kohle, Erze) in thermischen Prozessen werden A.-Emissionen verursacht.

Partikelförmige A.-Verbindungen im →Abgas wie $AsCl_3$ und As_4O_6, können durch filternde →Abscheider abgeschieden werden. Ein großer Teil der A.-Verbindungen im Abgas ist dampfförmig und zum großen Teil filterdurchgängig. Er kann bei Abgasen aus Feuerungen 10 bis 30 % und aus Röstprozessen bis zu 50 % betragen.

Wesentliche Emissionsquellen sind →Feuerungsanlagen, die →Nichteisenmetallgewinnung, die →Eisen- und Stahlerzeugung, die →Steine/Erden-Industrie (einschl. Glaserzeugung) und →Abfallverbrennungsanlagen.

Primärmaßnahmen, wie z. B. die Substitution von A. bei der →Glasherstellung durch Magnesiumsulfat oder bei der Elektrolytreinigung, werden derzeit erprobt. Durch den Einsatz von Elektroschmelzwannen konnten die A.-Emissionen in der Glasherstellung erheblich gesenkt werden.

Die Abscheidung von A. wird verstärkt in zweistufigen Verfahren durchgeführt. Diese bestehen aus einer optimierten Staubabscheidung und einer Abscheidung des filterdurchgängigen Anteils.

Die Emissionen an A. und seinen anorganischen Verbindungen (die als krebserzeugend eingestuft sind) müssen im Abgas genehmigungsbedürftiger Anlagen zusammen mit anderen Stoffen der Klasse II der Nr. 2.3 der TA Luft den Höchstwert von 1 mg/m³ unterschreiten. Schärfere Anforderungen enthält die Abfallverbrennungsanlagen-Verordnung, wonach die Summe der Emissionen von insgesamt 10 Metallen im Abgas (einschl. A.) insgesamt 0.5 mg/m³ nicht überschreiten darf (→17. BImSchV).

Mit Beschluß des Länderausschusses für Immissionsschutz (LAI) vom Mai 1991 ist für genehmigungsbedürftige Anlagen im Anwendungsbereich der →TA Luft entsprechend dem zwischenzeitlich erreichten technischen Stand ein niedrigerer Emissionswert festgelegt und im →Genehmigungsverfahren zugrunde zu legen. Danach ist eine Begrenzung des Emissionswertes für A. und seine Verbindungen für Anlagen zur Bleikristallglasherstellung auf 0,5 mg/m³ und auf 0,1 mg/m³ für alle übrigen Anlagen als Stand der Technik anzusehen. *Remus* →Metallverbindungen im Staub

Literatur: *Davids, P.; M. Lange.*: Die TA Luft '86 – Technischer Kommentar. Düsseldorf 1986. – Bericht des Länderausschusses für Immissionsschutz an die Umweltministerkonferenz: Maßnahmenplan zur Minimierung des Eintrags bestimmter krebserzeugender Stoffe in die Luft. Hrsg: Ministerium für Umwelt, Raumordnung und Landwirtschaft. Düsseldorf 1992.

Umweltrelevante Stoffdaten.
□ Stoff-Identifizierungs-Nr.:
CAS-Nr.: 7440-38-2
EG–Nr.: 033-001-00-X

UN-Nr.: 1558
EINECS-Nr.: 231-148-6
□ Chemische Formel: As
□ Stoffcharakteristik: Arsen kommt in verschiedenen allotrophen Modifikationen vor. Das metallische Arsen ist die stabilste Form, sie bildet metallisch glänzende, in Wasser unlösliche Kristalle, die zwischen 615 °C und 633 °C ohne zu schmelzen sublimieren. Die amorphen Formen sind weniger stabil.
□ Gefahrenmerkmale:
– Stoffliste nach § 4a der →Gefahrstoffverordnung:
Gefahrenkennbuchstabe(n): T
R-Sätze: 23/25
S-Sätze: 1/2-20/21-28-45
– Stoffliste (Anhang II) der →Störfall-Verordnung:
Nr. 4c
– Emissionswerte: →TA Luft Einstufung: 2.3 Klasse II (in atembarer Form), 3.1.4 Klasse II
Fischer/M. Schön

Arsen(v)oxid.
□ Stoff-Identifizierungs-Nr.:
CAS-Nr.: 1303-28-2
EG–Nr.: 033-002-00-5
UN-Nr.: 1559
EINECS-Nr.: 215-116-9
□ Chemische Formel: As_2O_5
□ Stoffcharakteristik: Weiße Kristalle oder kristalline, giftige, nicht brennbare Masse, fast geruchlos, in Wasser vollständig löslich. Stark wasseranziehend, bildet an feuchter Luft eine zerfließliche Masse.
□ Gefahrenmerkmale:
– Stoffliste nach § 4a der →Gefahrstoffverordnung:
Gefahrenkennbuchstabe(n): T
R-Sätze: 23/25-45
S-Sätze: 1/2-20/21-28-44
– Besondere Stoffeigenschaften nach TRGS 500:
krebserzeugend: EG-Kat. 1
– Arbeitsschutzwerte nach TRGS 900: →TRK-Wert (mg/m³): 0,1
– Stoffliste (Anhang II) der →Störfall-Verordnung:
Nr. 29 und 4c
– →Wassergefährdungsklasse: WGK 3
– Emissionswerte: TA Luft Einstufung: 2.3 Klasse II
Fischer/M. Schön

Arsenige Säure.
□ Stoff-Identifizierungs-Nr.:
CAS-Nr.: 36465-76-6
EG–Nr.: 033-002-00-5
UN-Nr.: 1561
□ Chemische Formel: AsH_3O_3
□ Stoffcharakteristik: Weiße, porzellanartige Stücke oder weißes, geruchloses, giftiges, ätzendes, nicht brennbares Pulver, süßlicher metallischer Geschmack, in kaltem Wasser nur geringfügig, in warmem Wasser gut löslich.
□ Gefahrenmerkmale:
– Stoffliste nach § 4a der →Gefahrstoffverordnung:
Gefahrenkennbuchstabe(n): T
R-Sätze: 23/25-45
S-Sätze: 1/2-20/21-28-44
– Besondere Stoffeigenschaften nach TRGS 500:
krebserzeugend: MAK-Gruppe III A 1
– Arbeitsschutzwerte nach TRGS 900: →TRK-Wert (mg/m³): 0,1
– Stoffliste (Anhang II) der →Störfall-Verordnung:
Nr. 29 und 4c
– Emissionswerte: →TA Luft Einstufung: 2.3 Klasse II (in atembarer Form), 3.1.4 Klasse II
Fischer/M. Schön

Arsensäure.
□ Stoff-Identifizierungs-Nr.:
CAS-Nr.: 7778-39-4
EG–Nr.: 033-002-00-5
UN-Nr.: 1553
EINECS-Nr.: 239-901-9
□ Chemische Formel: H_3AsO_4
□ Stoffcharakteristik: Weiße zerfließliche, giftige, nicht brennbare, bei 35,5 °C schmelzende Kristalle.
□ Gefahrenmerkmale:
– Stoffliste nach § 4a der →Gefahrstoffverordnung:
Gefahrenkennbuchstabe(n): T
R-Sätze: 23/25-45
S-Sätze: 53-45
– Besondere Stoffeigenschaften nach TRGS 500:
krebserzeugend: EG-Kat. 1
– Arbeitsschutzwerte nach TRGS 900: →TRK-Wert (mg/m³): 0,1
– Stoffliste (Anhang II) der →Störfall-Verordnung:
Nr. 29 und 4c
– →Wassergefährdungsklasse: WGK 3
– Emissionswerte: →TA Luft Einstufung: 2.3 Klasse II (in atembarer Form), 3.1.4 Klasse II
Fischer/M. Schön

Arsentrioxid.
□ Stoff-Identifizierungs-Nr.:
CAS-Nr.: 1327-53-3
EG-Nr.: 033-003-00-0
UN-Nr.: 1557
EINECS-Nr.: 215-481-4
□ Chemische Formel: As_2O_3
□ Stoffcharakteristik: Hochgiftiges, weißes Pulver oder farblose bis weiße Stücke, schmeckt süßlich metallisch, geruchlos.
□ Gefahrenmerkmale:
– Stoffliste nach § 4a der →Gefahrstoffverordnung:
Gefahrenkennbuchstabe(n): T+
R-Sätze: 45-28-34
S-Sätze: 53-45

– Besondere Stoffeigenschaften nach TRGS 500:
krebserzeugend: MAK-Gruppe IIIA1
– Arbeitsschutzwerte nach TRGS 900: →TRK-
Wert (mg/m^3): 0,1
– Stoffliste (Anhang II) der →Störfall-Verordnung:
Nr. 29 und 4 b
– →Wassergefährdungsklasse: WGK 3
– Emissionswerte: TA Luft Einstufung: 2.3 Klasse II
(in atembarer Form), 3.1.4 Klasse II
Fischer/M. Schön

Arsenwasserstoff.
□ Stoff-Identifizierungs-Nr.:
CAS-Nr.: 7784-42-1
EG-Nr.: 033-002-00-5
UN-Nr.: 2188
EINECS-Nr.: 232-066-3
□ Chemische Formel: $As H_3$
□ Stoffcharakteristik: Farbloses, hochgiftiges,
brennbares Gas, im Gemisch mit Wasserstoff leich-
ter als Luft, bildet mit Luft explosionsfähiges
Gemisch und kalte, sich weit ausbreitende Nebel.
Unangenehmer knoblauchartiger Geruch.
□ Gefahrenmerkmale:
– Stoffliste nach § 4 a der →Gefahrstoffverord-
nung:
Gefahrenkennbuchstabe(n): T
R-Sätze: 23/25
S-Sätze: 1/2-20/21-28-44
– Arbeitsschutzwerte nach TRGS 900: →MAK-
Wert (mg/m^3): 0,2
– Stoffliste (Anhang II) der →Störfall-Verordnung:
Nr. 30 und 4 c
– →Wassergefährdungsklasse: WGK 3
– Emissionswerte: →TA Luft Einstufung: 3.1.6
Klasse I
Fischer/M. Schön

Artenschutzrecht. Schätzungen gehen davon aus,
daß bis zum Jahr 2000 15 bis 20 % aller auf der Erde
lebenden Tier- und Pflanzenarten ausgestorben sein
werden. Der enorme Artenverlust kann wegen des
Verlustes an biotischen Ressourcen und wegen der
Verringerung des genetischen Reservoirs schwerwiegende Folgen für die Nahrungsmittelproduktion, für pharmazeutische Chemikalien, für Baustoffe etc. haben. Auch Natur und Landschaft in der
Bundesrepublik sind durch den besorgniserregen-
den Artenrückgang besonders gefährdet; nach den
Roten Listen der gefährdeten Tiere und Pflanzen
sind beispielsweise von ca. 2 500 einheimischen
Arten der Farn- und Blütenpflanzen bereits etwa
35 % ausgestorben oder gefährdet. Von den in der
Bundesrepublik bekannten Wirbeltierarten sind
derzeit über die Hälfte bedroht.
□ Rechtsgrundlagen. Der Artenschutz, das heißt
der Schutz wildlebender Tiere und wildwachsender
Pflanzen, gehört seit jeher zu den klassischen Aufgaben des →Naturschutzrechts. Wegen des Rück-

gangs von Tier- und Pflanzenarten in der Bundesrepublik ist der Artenschutz in umfassenden Novellierungen des Bundesnaturschutzgesetzes und der
Bundesartenschutzverordnung und der Bundes-
wildschutzverordnung verbessert worden. Dabei
entwickelt sich der Artenschutz immer stärker weg
von dem isolierten Schutz einzelner Tier- und
Pflanzenarten hin zu einem umfassenden →Biotop-
schutz, der darauf abzielt, die Gesamtheit der wildlebenden Tiere und wildwachsenden Pflanzen in
optimaler natürlicher Vielfalt und Bestandsdichte
an ökologisch funktionsfähigen Lebensstätten zu
schützen und zu pflegen.
Bestimmungen zum Artenschutz befinden sich im
Bereich des Pflanzenschutzrechtes oder des Tier-
schutzrechtes. Der Schwerpunkt des A. liegt jedoch
im Naturschutz- und Landschaftspflegerecht. Im
BNatSchG dienen dem Artenschutz und insbesondere auch dem Biotopschutz unter anderem Regelungen über die Landschaftsplanung, die Eingriffsregelung, die Vorschriften über die Ausweisung von
Naturschutzgebieten, Nationalparken und Land-
schaftsschutzgebieten sowie ein eigenständiger Abschnitt über den Artenschutz.
Ergänzt werden die Bestimmungen des
BNatSchG zum Artenschutz von der Bundesartenschutzverordnung, von der Bundeswildschutz-
verordnung, von den landesgesetzlichen Regelungen in den Landschafts- und Naturschutzgesetzen
der Länder und von einer Reihe von EG-Verordnungen, Richtlinien und internationalem Abkommen.
□ Systematik des A. Nach der Legaldefinition des
§ 20 Abs. 1 S. 1 BNatSchG ist Artenschutz der
Schutz und die Pflege der wildlebenden Tier- und
Pflanzenarten in ihrer natürlichen und historisch
gewachsenen Vielfalt. Er umfaßt danach den Schutz
der Tiere und Pflanzen und ihrer Lebensgemeinschaften vor Beeinträchtigungen durch den Menschen, insbesondere durch den menschlichen
Zugriff, den Schutz, die Pflege, die Entwicklung und
die Wiederherstellung des Biotope wildlebender
Tier- und Pflanzenarten sowie die Gewährleistung
ihrer sonstigen Lebensbedingungen, die Ansiedlung
von Tieren und Pflanzen verdrängter wildlebender
Arten in geeigneten Biotopen innerhalb ihres natürlichen Verbreitungsgebietes.
Zu unterscheiden sind der allgemeine und der
besondere Artenschutz.
Der Allgemeinschutz zielt darauf ab, menschliche
Einwirkungen auf wildlebende Tiere und wildwach-
sende Pflanzen sowie deren Lebensstätte nur noch
aus vernünftigem Grund zu gestatten. Durch den
Artenschutz soll nicht das wirtschaftliche Nutzungs-
interesse des Eigentümers von vornherein beschränkt werden. →Schädlingsbekämpfung im
Rahmen der ordnungsgemäßen Land-, Forst-,
Fischerei- oder gartenbaulichen Nutzung verstößt

nicht gegen den allgemeinen Artenschutz des § 20 d Abs. 1 BNatSchG. Demgegenüber ist das grundlose Beunruhigen oder das Töten von Tieren oder Beschädigen, Ausreißen oder Vernichten von Pflanzenbeständen mit dem artenschutzrechtlichen Mindestschutz unvereinbar.

Der besondere Artenschutz bezieht sich auf eine Pflanzen- und Tierarten, die in besonderen Artenlisten namentlich aufgezählt sind. Besonders geschützte Arten werden in der Bundesartenschutzverordnung und z. B. auch in den Anhängen I. und II. des Washingtoner-Artenschutzübereinkommens verzeichnet. Für die besonders geschützten Arten gelten spezielle Nutzungs-, Verwertung- und Handelsverbote.

Eine Steigerung des besonderen Schutzes gilt schließlich für die vom Aussterben bedrohten Tiere. Bei ihnen sind selbst mittelbare Einwirkungen, wie das Aufsuchen, Fotografieren, Filmen oder ähnliche Handlungen verboten. *Hoppe/Beckmann*

Literatur: *Kloepfer:* Umweltrecht, § 10 Rn. 70ff. München 1989. – *Schink:* Naturschutz- und Landschaftspflegerecht Nordrhein-Westfalen. Düsseldorf 1989.

Arzt, ermächtigter.

Die ärztliche Überwachung im Strahlenschutz wird nach der →Röntgenverordnung (RöV) in den §§ 37 bis 41 und nach der →Strahlenschutzverordnung (StrlSchV) in den §§ 67 bis 71 behandelt. Sie betrifft hauptsächlich beruflich strahlenexponierte Personen der Kategorie A und unter bestimmten Voraussetzungen (z. B. Umgang mit offenen radioaktiven Stoffen) auch diejenigen der Kategorie B.

Die ärztlichen Überwachungsmaßnahmen dürfen nur von hierzu von der zuständigen Behörde e. Ä. vorgenommen werden. Der Arzt muß die für die ärztliche Überwachung beruflich strahlenexponierter Personen erforderliche Fachkunde nachweisen.

Zu diesem Zweck muß der Arzt eine mehrjährige ärztliche Tätigkeit in einem für die Aufgaben des e. A. wichtigen Gebiet – z. B. in der Radiologie oder in der Arbeitsmedizin – sowie Kenntnisse im Strahlenschutz nachweisen. Weiterhin ist die Unabhängigkeit zu gewährleisten. Der e. A. darf z. B. keine Personen untersuchen, die ihm als Strahlenschutzverantwortlichem oder Strahlenschutzbeauftragtem unterstellt sind.

Der e. A. muß die Grundsätze für die ärztliche Überwachung von beruflich strahlenexponierten Personen beachten und für jede untersuchte Person eine Gesundheitsakte anlegen, die Angaben über den Arbeitsplatz, die Ergebnisse der physikalischen und ärztlichen Überwachung sowie über die applizierten Körperdosen enthält. Er ist verpflichtet, einer von der zuständigen Behörde benannten ärztlichen Dienststelle Einsicht in die Gesundheitsakte zu gewähren. *Ewen*

Literatur: *Ewen, K.; I. Lucks; D. Wendorff:* Die neue Strahlenschutzverordnung – Praxiskommentar. Kissing 1990. – Grundsätze für die ärztliche Überwachung von beruflich strahlenexponierten Personen, Bd. 9 der Schriftenreihe des Bundesministeriums des Inneren. Stuttgart 1978.

Asbest.

Allgemein.

A. (*griech.* asbestos, unauslöschlich, unzerstörbar) ist eine Sammelbezeichnung für in der Natur vorkommende silikatische Minerale der Serpentin- und Amphibolgruppe. Hauptabbaugebiete liegen in Kanada, der früheren Sowjetunion (GUS) sowie im südlichen Afrika; in Europa wird A. nur in Italien und Griechenland gewonnen. Zur Serpentingruppe gehört Chrysotil (Weißasbest). Zur Amphibolgruppe zählen Krokydolith (Blauasbest), Amosit (Braunasbest) und weitere unbedeutende Sorten.

A.-Fasern stellen (im Gegensatz zu künstlichen Mineralfasern) ein Bündel von Elementarfibrillen mit einem spezifischen Durchmesser von 0,01 bis 0,1 μm (10^{-6} m) je nach Sorte dar; zum Vergleich: der Durchmesser eines Menschenhaares beträgt etwa 25 bis 100 μm. Die Anzahl dieser Fibrillen pro Bündel bestimmt den Faserdurchmesser. Eingeatmete A.-Fasern können grundsätzlich kanzerogene (Lungenkrebs, Mesotheliom) und bei hohen Belastungen fibrogene (Asbestose) Wirkungen haben.

Ein Schwellenwert für eine kanzerogene Wirkung von A. kann nicht angegeben werden, wohl aber verhält sich die Wahrscheinlichkeit einer Erkrankung etwa proportional zur Belastungskonzentration und Einwirkungsdauer. Die kleinste Einheit für eine mögliche kanzerogene Wirkung mit entsprechend geringer Wirkwahrscheinlichkeit ist eine einzelne Faser. Relativ genaue Vorstellungen für Dimensionen gesundheitlich kritischer Fasern gibt es auf der Basis von Tierversuchen. Es handelt sich um Fasern mit einem Durchmesser D unter 2 μm, einer Länge L über etwa 2,5 μm und einem Verhältnis L : D $\geqq$ 3. Da A.-Fasern (Büschel) noch nach langer Zeit im Körper zu Einzelfasern (Fibrillen) aufspleißen können, werden bei Immissionsmessungen die atembaren Fasern bis 3 μm Durchmesser mit berücksichtigt. Die kanzerogene Potenz der Einzelfaser steigt mit zunehmender Länge und mit abnehmendem Durchmesser.

In ungefährer Übereinstimmung mit diesen Erkenntnissen wurden die Meßvorschriften gemäß VDI 3492 festgelegt. Dabei unterscheidet man die besonders gefährlichen langen Fasern über 5 μm und die Fasern zwischen 2,5 bis 5 μm (→Asbestmessung in der Luft).

□ Einsatzbereiche. Seit dem Zweiten Weltkrieg stieg der A.-Verbrauch in der Bundesrepublik Deutschland auf Spitzenwerte von jährlich 160 000 t (1980) und sank bis 1989 auf 40 000 t; in der ehemaligen DDR betrugen die entsprechenden jährlichen Verbrauchsmengen 75 000 t bzw. 45 000 t. 85 % des verbrauchten A. wurden zu Asbestzement (Hoch- und Tiefbau) verarbeitet. Der Rest ging in die Produkte Brems- und Kupplungsbeläge, Leichtbauplatten, Hitzeschutztextilien, Fußbodenbeläge, Dichtungen, Filtermaterialien, Straßendecken, Spritzmassen, bauchemische Produkte u. a. Mehr als 90 % des verarbeiteten A. war Chrysotil, Krokydolith wurde für Sonderanwendungen (Asbestzementrohre im Tiefbau und Spritzasbest) eingesetzt.

Die →Gefahrstoffverordnung von 1986 legte bereits ein grundsätzliches Expositionsverbot für A. fest. Ausnahmen galten für Abbruch-, Sanierungs- und Instandhaltungs-(ASI-)Arbeiten (→Asbestsanierung); ferner wurden Übergangsfristen für die Herstellung und Verwendung bestimmter A.-Produkte gesetzt. So war Anfang 1991 die Herstellung der meisten Produkte (z. B. Asbestzement im Hochbau, Scheibenbremsbeläge für Kraftfahrzeuge) verboten. Bereits viel früher waren schwach gebundene Produkte wie Spritzasbest, Leichtbauplatten in den alten Bundesländern verboten (in der ehemaligen DDR seit 1. 7. 1991). Der A.-Verbrauch im Jahr 1991 wurde für Deutschland auf unter 20 000 t eingeschätzt. Ende 1993 ist die Ausnahmefrist für Asbestzement im Tiefbau und fast vollständig für die restlichen Produkte (bestimmte Kupplungsbeläge, Dichtungen u. a.) ausgelaufen. Mit der Novelle der Gefahrstoffverordnung und Schaffung der →Chemikalien-Verbotsverordnung wurden 1993 die Verbote auf das Inverkehrbringen aller Asbestprodukte ausgedehnt. Damit sind nicht nur die Beschäftigten im Herstellungs- und gewerblichen Anwendungsbereich, sondern auch private Verbraucher von den Gefahren durch Asbestfeinstaub geschützt.

Seit Anfang 1994 ist das Asbestverbot mit der einzigen Ausnahme von Diaphragmen für die Chloralkalielektrolyse umfassend. Dies ist weltweit einmalig.

□ Emission/Immission. A.-Fasern werden anlagengebunden aus Produktionsstätten und produktgebunden beim Bearbeiten und Beseitigen sowie beim Verschleiß asbesthaltiger Produkte emittiert. Die Emissionen wurden in den alten Bundesländern für das Basisjahr 1977 erstmalig umfassend untersucht. Es ergaben sich folgende Schwerpunkte: Emissionen durch Produktverwendung entstanden bei Zuschnitt, Bearbeitung, Abrieb, Verschleiß, Verwitterung, Renovierung, Abbruch, Transport oder Beseitigung asbesthaltiger Produkte. Besondere Problembereiche waren Baustellen und der Heimwerkerbereich.

Emissionen aus stationären Anlagen traten auf bei Baustoffgroßhandlungen (Zuschneiden von Asbestzement (AZ-Produkten), der Produktion von Reibbelag, der Herstellung von Asbestzement, bei der Aufbereitung von Asbestmineralien zu A.-Fasern und bei Produktionsbetrieben textiler A.-Produkte.

Die gleichen Emissionsquellen wurden im Umweltbundesamt für das Jahr 1989 erneut geschätzt. Danach ist davon auszugehen, daß verwitterte AZ-Produkte mit etwa 90 % die größte Emissionsquelle darstellen.

Eine gleichzeitig durchgeführte Auswertung von Immissionsmessungen in der näheren Umgebung von abwitternden Asbestzementplatten, in der Umgebung von Industrieemittenten und an Stellen ausgewiesener Verkehrsdichte ergab hinsichtlich des Jahresmittelwertes ein für alle drei Fälle vergleichbares Belastungsniveau mit etwa 100 Fasern (kritischer Dimension)/m³. Die aktuellen kurzzeitigen Konzentrationen können um bis zu einer Zehnerpotenz um diesen Wert schwanken.

□ Grenz- und Richtwerte. Emissionsbegrenzende Anforderungen wurden in der →TA Luft (Emissionswert 0,1 mg/m³, bei neuen Anlagen 0,01 mg/m³) und in den →Technischen Regeln für Gefahrstoffe (TRGS 519) für ASI-Arbeiten (Emissionswert 1 000 Fasern mit kritischer Dimension/m³) festgelegt. Sie werden mit Hilfe von hintereinander geschalteten Gewebefiltern eingehalten. Für Arbeitsplätze in Herstellungs- und Verarbeitungsbetrieben gilt die Technische Richtkonzentration (Tabelle); darüber hinaus wurden Auslöseschwellen für besondere Schutzmaßnahmen und Orientierungswerte für ASI-Arbeiten festgelegt.

Für die Außenluft hat eine Arbeitsgruppe Krebsrisiko durch Luftverunreinigungen für den Länderausschuß für Immissionsschutz (LAI) Vorschläge für Beurteilungsmaßstäbe erarbeitet, die vom LAI als Bericht mit dem Titel „Krebsrisiko durch Luftverunreinigungen" 1991 der Umweltministerkonferenz zur Kenntnis gegeben worden ist. Für A. wurde ein Richtwert in der Größenordnung von 100 Fasern (kritischer Dimension)/m³ im Jahresmittel angegeben.

Für Innenräume gibt es keine Richtwerte für andauernde Belastungen. Hier gilt, daß bei Vorhandensein schwach gebundener A.-Produkte (Asbestsanierung) eine Sanierung grundsätzlich zu prüfen ist und ggf. unverzüglich erfolgen muß. *Lohrer*

Literatur: *Albracht, G.; O. A. Schwerdtfeger* (Hrsg.): Herausforderung Asbest. Wiesbaden 1991. – Ärztliche Mitteilungen. **88** (1991) Nr. 27. A: S. 2402–2409; B: 1595–1600; C: S. 1339–1344; – Belastung der Bevölkerung durch Asbest. Empfehlungen des Wissenschaftlichen Beirates der Bundesärztekammer. Sonderdruck Deutsches Ärzteblatt – Ministerium für Umwelt, Raumordnung und Landwirtschaft des Landes Nordrhein-Westfalen. (Hrsg.): Bericht des Länderausschusses für Immissionsschutz (LAI) an die Umweltministerkonferenz (UMK): Krebsrisiko durch Luftverunreinigungen. Düsseldorf 1992.

Asbest. Tabelle: Grenz-/Richtwerte für Asbestbelastungen. Die Übersicht stellt die Grenz- und Richtwerte an Arbeitsplätzen und in der Umwelt gegenüber.

Bezeichnung der Werte	Meßmethode	F/m^3
Arbeitsplatz		
TRK-Wert für Chrysotil nach TRGS 102 (gilt nicht für Abbruch, Sanierung und Instandhaltung; für Krokydolith gibt es keinen)	ZH 1/120.31	250 000
Auslöseschwelle für besondere Arbeitsschutzmaßnahmen nach TRGS 102 (25% TRK-Wert)	ZH 1/120.31	62 500
Orientierungswert für zu treffende Schutzmaßnahmen nach TRGS 519 (Vollschutz) (Nur bei Abriß, Sanierung und Instandhaltung)	ZH 1/120.46	15 000
Umwelt, Außenluft:		
Immissions(grenz)wert gemäß Vorschlag des LAI	VDI 3492	100
Umwelt, Innenraumluft:		–
Kein Richtwert gegeben!		
Leitwert nach erfolgreich abgeschlossener Sanierung im Innenraum entsprechend TRGS 519 und Asbestrichtlinien (endgültige/vorläufige Maßnahme); es ist kein akzeptierter Dauerwert, mit den Raumluftwechseln werden diese Restfasern verschwinden	ZH 120.46	$\leqslant$ 500/1000

Umweltrelevante Stoffdaten.
□ Stoff-Identifizierungs-Nr.:
CAS-Nr.: 1332-21-4
EG-Nr.: 650-013-00-6
UN-Nr.: 2590
EINECS-Nr.: 310-127-6
□ Chemische Formel: $Mg_6[(OH)_8/Si_4O_{10}]$
□ Stoffcharakteristik: Asbest umfaßt eine Vielzahl faserförmiger Silikate, die aus Silicium, Sauerstoff, Wasserstoff und Metallkationen, wie Natrium, Magnesium, Calcium, Eisen u. a., zusammengesetzt sind. Vorkommen als faserartiger Feststoff, der sich durch eine hohe Schmelztemperatur auszeichnet. Praktisch geruchsfrei und unlöslich in Wasser.
□ Gefahrenmerkmale:
– Stoffliste nach § 4a der Gefahrstoff-Verordnung:
Gefahrenkennbuchstabe(n): T
R-Sätze: 45-48/23
S-Sätze: 53-45
– Besondere Stoffeigenschaften nach TRGS 500: krebserzeugend: EG-Kat. 1
– Arbeitsschutzwerte nach TRGS 900: →TRK-Wert: 250 000 Fasern/m³
– Stoffliste (Anhang II) der →Störfall-Verordnung: Nr. 31, 4c
– Emissionswerte: →TA Luft Einstufung: 2.3 Klasse I   *Fischer/M. Schön*

Asbestmessung in der Luft. A. in der Luft wurden früher hauptsächlich in Arbeitsbereichen zur Überwachung der Belastung von Arbeitnehmern und in der Umgebung von asbestbe- bzw. -verarbeitenden Betrieben durchgeführt. Überwiegend waren dabei aus heutiger Sicht hohe Asbestkonzentrationen zu messen, so daß relativ einfache Verfahren ausreichten. Die z. Z. noch tolerierten Asbestfaserkonzentrationen sind um mehrere Zehnerpotenzen niedriger und erfordern höheren meßtechnischen Aufwand.

Zur Bestimmung der Asbestfaserkonzentrationen sind zwei prinzipiell sehr unterschiedliche Methoden verfügbar: die Bestimmung der Asbestmassenkonzentration und die Bestimmung der Faseranzahlkonzentration. Als biologisch relevante Meßgröße gilt die Faseranzahlkonzentration, während die Asbestmassenbestimmung für Kontrollaufgaben anzusetzen war und heute kaum noch Bedeutung hat.

Asbestfasern unterscheiden sich von den meisten anderen Fasern dadurch, daß sie zur Längsaufspaltung neigen, während andere Fasern bei Beanspruchung quer brechen. Die kleinste nicht mehr spaltbare faserförmige Einheit ist die Elementarfibrille mit einem Durchmesser von 0,02–0,03 µm. So kann aus einer dicken Asbestfaser durch Längsspaltung eine Vielzahl dünner Fasern entstehen.

Die Asbeste werden in die Gruppen Serpentin- und Amphibolasbeste eingeteilt. Da den verschiedenen Asbestgruppen unterschiedliche biologische Relevanz unterstellt wird, ist es notwendig, bei der Konzentrationsbestimmung auch den Asbesttyp zu erkennen.

A. werden heute durchgeführt
– zur Bestimmung der Faserbelastung von Arbeitsplätzen der asbestbe- und -verarbeitenden Industrie,
– in der Außenluft zur Beurteilung der Faserbelastung für die Allgemeinbevölkerung als Folge von Erosion natürlicher Asbestvorkommen oder asbesthaltiger Produkte (z. B. Abwitterung von Asbestzement), des Abriebs von Reibbelägen und der Emission aus asbestver- oder -bearbeitenden Betrieben,
– in Innenräumen, in denen asbesthaltige Produkte verbaut sind,
– – zur Beurteilung der Asbestfaserfreisetzung,
– – als Beurteilungskriterium für den Erfolg von Asbestsanierungsmaßnahmen; dies ist die heute am häufigsten gestellte Meßaufgabe,
– zur Überwachung der Abluft von Abgasreinigungsanlagen.

Die Asbestmasse in Schwebestaub wird bestimmt, indem die staubbeladene Luft mit einem Feinstaub-Probenahmesystem durch ein planes Meßfilter aus Cellulose-Esther gesaugt wird, wobei die Staubpartikel auf dem Filter abgeschieden werden. Aus der Gewichtszunahme des Filters und dem durch den Filter gesaugten Luftvolumen wird die Feinstaubmassenkonzentration errechnet. Der Anteil der Asbestmasse wird mittels Infrarotspektroskopie oder Röntgenbeugung bestimmt. Nachzuweisen sind Asbestgehalte bei Chrysotil von $\geq 1\%$ und bei Amphibolasbesten von ca. $\geq 5\%$.

Dieses Verfahren war bis 1989 zur Arbeitsplatzüberwachung alternativ zur Faserbestimmung üblich. Die Analytik zur Bestimmung der Asbestmasse im IR wird auch heute noch für Bestimmungen im strömenden Reingas eingesetzt.

Zur Bestimmung der Faseranzahlkonzentration stehen mehrere Verfahren mit unterschiedlichem Aufwand und unterschiedlichem Informationsgehalt zur Verfügung. Das geeignete Verfahren wird durch die Meßaufgabe bestimmt.

Allen Verfahren ist gemeinsam, daß die staubbeladene Luft durch ein planes Meßfilter gesaugt wird, wobei die Staubpartikel auf der Oberfläche des Filters abgeschieden werden, sowie das Erkennen der Fasern in einem Mikroskop durch manuelle Auswertung anhand ihrer Geometrie. Ist durch das Vorwissen klar, daß nur oder überwiegend Asbestfasern am Meßort vorliegen, so reicht die Erfassung der Fasern anhand der Morphologie. Dies gilt aber nur noch für wenige Arbeitsplätze, an denen als Fasern ausschließlich Asbestfasern be- oder verarbeitet werden. In den anderen Fällen ist eine Identifizierung jeder einzelnen Faser nötig, weil die Asbestfasern nur einen kleinen, unregelmäßigen Anteil unter allen Fasern ausmachen.

Die zählbare Asbestfaser ist per Konvention definiert und muß alle der folgenden Bedingungen erfüllen:
– Längen- zu Durchmesserverhältnis ≥ 3 (Merkmal für Faserform)
– Durchmesser $\leq 3\ \mu\mathrm{m}$ (Voraussetzung für Lungengängigkeit)
– Länge $\geq 5\ \mu\mathrm{m}$ (den kürzeren Fasern wird eine geringere biologische Relevanz unterstellt).
□ Lichtmikroskopisches Verfahren. Die Probenahme erfolgt mittels Personal-Sampler auf ein Meßfilter aus Cellulose-Esther o. ä. Das Meßfilter muß vor der Auswertung optisch transparent gemacht werden. Dies erfolgt bei der Herstellung des mikroskopischen Präparates durch Einwirkung von Acetondampf, wodurch das Meßfilter zu einer dünnen Folie kollabiert. Die Faserstruktur des Meßfilters wird dabei zerstört. Als Kontrastflüssigkeit wird vor Auflegen des Deckengläschens ein Tropfen Triactin aufgegeben. Da der Staub bei der Acetondampfbehandlung in die Oberfläche des Filters eingeschlossen wurde, ist kein Abspülen zu befürchten. Das nach kurzer Einwirkungszeit völlig transparente und strukturlose Meßfilter kann nun im Lichtmikroskop unter Phasenkontrastbedingungen nach zählbaren Fasern abgerastert werden. Die Größenbestimmung erfolgt mittels eines Zählnetzes im Okular.

Das Verfahren ist dort einzusetzen, wo überwiegend Asbestfasern vorliegen, oder als Screeningverfahren, wo keine Identifizierung notwendig ist.
□ Rasterelektronenmikroskopie. Die Probenahme erfolgt auf ein goldbedampftes Kernporenfilter. Organische Komponenten auf dem Meßfilter können mittels Kaltveraschung im Sauerstoffplasma eliminiert werden. Die Goldschicht schützt dabei das ebenfalls organische Meßfilter vor der Zerstörung. Die Auswertung erfolgt im Rasterelektronenmikroskop (REM). Das Filter wird bei 2000facher Vergrößerung im REM abgerastert. Erfüllt eine Faser die geometrischen Voraussetzungen, so kann die chemische Zusammensetzung der Faser durch energiedispersive Röntgenmikroanalyse (EDXA) bestimmt werden. Dazu wird der Elektronenstrahl auf einen Punkt der Faser gerichtet. Die getroffene Stelle wird angeregt und setzt Röntgenstrahlung frei. Diese Röntgenstrahlung wird von einem Detektor erfaßt und nachfolgend energetisch zerlegt. Die Energie der Röntgenstrahlung ist ein Maß für das chemische Element und die Intensität der Strahlung ein Maß für den Massenanteil. Eine Zuordnung zum Massenanteil ist allerdings bestenfalls semiquantitativ möglich. Anhand der chemischen Zusammensetzung erfolgt die Entscheidung

über die Faserart. So werden als Leitkomponenten für Chrysotilasbest die Elemente Mg und Si und für die Amphibolasbeste Si und Fe herangezogen. Die Struktur der Faser bleibt dabei unberücksichtigt. Das heißt, daß auch amorphe Fasern ähnlicher chemischer Zusammensetzung als Asbestfasern eingestuft werden können. Das Ergebnis kann also positiv falsch sein.

Anwendungsbereich: Übliche Methode, wo niedrige Konzentrationen nachzuweisen sind und auch eine Faseridentifizierung erforderlich ist, z. B. in der Außenluft, in Innenräumen und an Arbeitsplätzen mit Fasermischungen.

□ Transmissionselektronenmikroskopie. Bei diesem Verfahren erfolgt die Probenahme auf ein Meßfilter aus Polycarbonat oder Cellulose-Esther ohne vorherige Beschichtung. Während der Präparation wird das Meßfilter mit Kohlenstoff bedampft, wodurch die Fasern in der dünnen Kohlenstoffolie festgehalten werden, so daß anschließend das Meßfilter weggelöst werden kann, z. B. mittels Chloroform.

Die Betrachtung im Transmissionselektronenmikroskop erfolgt im Durchlichtverfahren bei voller Betrachtung der Bildfläche, im Gegensatz zum Rasterelektronenmikroskop, wo das Objekt zeilenförmig abgerastert wird, weshalb beim Transmissionselektronenmikroskop eine deutlich bessere Auflösung erzielt wird. Informationen über die Kristallstruktur können durch Aufnahme von Beugungsbildern gewonnen werden.

Anwendungsbereich: Untersuchung von Flüssigkeitsproben (z. B. Wasser nach dem Passieren von Asbestzementleitungen) und Forschungsaufgaben.

□ Analytische Rastertransmissionselektronenmikroskopie. Probenahme wie bei der Transmissionselektronenmikroskopie. Das Gerät verbindet die Vorteile der Rasterelektronen- und der Transmissionselektronenmikroskopie, so daß das gleiche Meßobjekt im Transmissions- und im Rastermodus betrachtet werden kann, d. h., es sind hohe Auflösungen, morphologische Erkenntnisse, Informationen über strukturellen Aufbau und chemische Zusammensetzung erhältlich.

Anwendungsbereich: Überall dort, wo dünnste Fasern gleichzeitig hinsichtlich ihrer chemischen Zusammensetzung und Struktur untersucht werden sollen; überwiegend für Forschungszwecke und nicht für Routinekontrollmessungen.   *Teichert*

Literatur: TRGS 102: Techn. Richtkonzentrationen (TRK) für gefährliche Stoffe. 6/1992. – TRGS 519: Techn. Regeln für Gefahrstoffe, Asbest – Abbruch-, Sanierungs- oder Instandhaltungsarbeiten – TRGS 519. 9/1990. – ZH 1/120.30 (Berufsgenossenschaftliche Richtlinie): Verfahren zur Bestimmung der Massenanteile von Chrysotil- und Amphibolasbesten. 3/1991. – VDI 3861, Bl. 1: Messen faserförmiger Partikeln; Manuelle Asbest-Staubmessung im strömenden Reingas; IR-spektrographische Bestimmung der Asbeststaub-Massenkonzentration. 12/1989. – ZH 1/120.31: Verfahren zur Bestimmung von lungengängigen Fasern; Lichtmikroskopische Verfahren. 1/1991. – RTM1: Reference Method for the determination of Airborne Asbestos Fibre Concentrations at workplaces by light microscopy (Membrane Filter Method), Recommended Technical Method No. 1 (RTM1), 1979. Asbestos International Association. – 83/477/EWG: Richtlinie des Rates vom 19. 9. 1982 über den Schutz der Arbeitnehmer gegen Gefährdung durch Asbest am Arbeitsplatz (Zweite Einzelrichtlinie im Sinne des Artikels 8 der Richtlinie 80/1107/EWG). – ISO/DIS 8672: Workplace air – Determination of the number concentration of airborne inorganic fibres by phase contrast optical microscopy – Membrane filter method. 3/1989. – VDI 3492, Bl. 1: Messen anorganischer faserförmiger Partikel in der Außenluft; Rasterelektronenmikroskopisches Verfahren. 8/1991. – VDI 3492, Bl. 2, E: Messen anorganischer faserförmiger Partikel in Innenräumen; Rasterelektronenmikroskopisches Verfahren; 10/1992. – RTM2: METHOD for the determination of Airborne Asbestos Fibres and Other Inorganic Fibres by Scanning Electron Microscopy; 1984. Asbestos International Association. – ZH 1/120.46: Verfahren zur getrennten Bestimmung von lungengängigen und anderen anorganischen Fasern – rasterelektronenmikroskopisches Verfahren –. – ISO/DIS 10312: Ambient Air – Determination of asbestos fibres – Direct transfer TEM method. 1991.

Asbestsanierung. Von schwach gebundenen Asbestprodukten in Gebäuden können wechselnde und langfristige Raumbelastungen durch Asbest durch Alterung und äußere Einwirkungen ausgehen. Diese Produkte begründen baurechtlich stets einen Gefahrenverdacht, eine unverzügliche Sanierung ist gemäß Bauordnung der Länder allerdings erst bei konkreter Gefahr notwendig. Das Vorhandensein einer konkreten Gefahr wird in den Asbest-Richtlinien, herausgegeben vom Institut für Bautechnik, durch die Bewertung der Dringlichkeit ermittelt.

Wird der Bauaufsichtsbehörde bekannt, daß in einem Gebäude derartige Produkte ungeschützt vorhanden sind, so soll sie den Eigentümer bzw. den Verfügungsberechtigten verpflichten, die Bewertung der Sanierungsdringlichkeit innerhalb vier Wochen, und, soweit die Sanierung dringlich erforderlich ist (konkrete Gefahr), diese nach einem bestimmten Konzept vornehmen zu lassen.

□ Bewertung der Dringlichkeit. Die den Asbest-Richtlinien zugrunde liegenden Verfahren zur Bewertung der Sanierungsdringlichkeit basieren auf der Beurteilung der Art und des baulichen Zustands des Asbestprodukts (I–IV des Formblattes), dessen mögliche Beeinträchtigung (V) sowie der Raumnutzung (VI) und der Lage des Asbestprodukts im Raum (VII). Damit lassen sich auch mögliche zukünftige Gefährdungen grob abschätzen (Tabelle). Fasermessungen sind für die Bewertung der Dringlichkeit (bzw. einer akuten Gefahr) dagegen nicht ausschlaggebend.

Die Asbest-Richtlinien unterscheiden drei Dringlichkeitsstufen. Ergibt die Bewertung (Formblatt) mindestens 80 Punkte (Dringlichkeitsstufe I), ist eine unverzügliche Sanierung vorgeschrieben, weil

Asbestsanierung. Tabelle: Formblatt für die Bewertung der Dringlichkeit einer A.

Zeile	Gruppe	Asbestprodukte – Bewertung der Dringlichkeit einer Sanierung	Bewer-tung*)	Bewer-tungs-zahl
		Gebäude: .... Raum: .... Produkt:		
	I	**Art der Asbestverwendung**		
1		Spritzasbest	O	20
2		Asbesthaltiger Putz	O	10
3		Leichte asbesthaltige Platten	O	5
4		Sonstige asbesthaltige Produkte	O	5–20
	II	**Asbestart**		
5		Blauasbest	O	2
6		Sonstiger Asbest (weiß, grau)	O	0
	III	**Struktur der Oberfläche des Asbestprodukts**		
7		Aufgelockerte Faserstruktur	O	10
8		Feste Faserstruktur ohne oder mit nicht ausreichend dichter Oberflächenbe-schichtung	O	4
9		Beschichtete, dichte Oberfläche	O	0
	IV	**Oberflächenzustand des Asbestprodukts**		
10		Starke Beschädigungen	O	6
11		Leichte Beschädigungen	O	3
12		Keine Beschädigungen	O	0
	V	**Beeinträchtigung des Asbestprodukts von außen**		
13		Produkt ist durch direkte Zugänglichkeit (Fußboden bis Greifhöhe) Beschädi-gungen ausgesetzt	O	10
14		Am Produkt werden gelegentlich Arbeiten durchgeführt	O	10
15		Produkt ist mechanischen Einwirkungen ausgesetzt	O	10
16		Produkt ist Erschütterungen ausgesetzt	O	10
17		Produkt ist starken klimatischen Wechselbeanspruchungen ausgesetzt	O	10
18		Produkt liegt im Bereich stärkerer Luftbewegungen	O	10
19		Im Raum mit dem asbesthaltigen Produkt sind starke Luftbewegungen vorhan-den	O	7
20		Am Produkt kann bei unsachgemäßem Betrieb Abrieb auftreten	O	3
21		Das Produkt ist von außen nicht beeinträchtigt	O	0
	VI	**Raumnutzung**		
22		Regelmäßig von Kindern, Jugendlichen und Sportlern benutzter Raum	O	25
23		Dauernd oder häufig von sonstigen Personen benutzter Raum	O	20
24		Zeitweise benutzter Raum	O	15
25		Nur selten benutzter Raum	O	8
	VII	**Lage des Produkts**		
26		Unmittelbar im Raum	O	25
27		Im Lüftungssystem (Auskleidung oder Ummantelung undichter Kanäle für den Raum)	O	25
28		Hinter einer abgehängten **undichten** Decke oder Bekleidung	O	25
29		Hinter einer abgehängten **dichten** Decke oder Bekleidung, hinter staubdichter Unterfangung oder Beschichtung, außerhalb dichter Lüftungskanäle	O	0
30		**Summe der Bewertungspunkte**		
31		**Sanierung:** unverzüglich erforderlich .... Dringlichkeitsstufe I	O	≥80
32		mittelfristig erforderlich .... Dringlichkeitsstufe II	O	70–79
33		langfristig erforderlich .... Dringlichkeitsstufe III	O	<70

*) *Zutreffendes bitte ankreuzen. Wurden* **innerhalb einer Gruppe** *mehrere Bewertungen angekreuzt, darf bei der Summenbildung (Zeile 30)* **nur eine** – *die höchste* – **Bewertungszahl** *berücksichtigt werden.*

in diesen Fällen eine konkrete Gefahr unterstellt wird.

Bei den Dringlichkeitsstufen II und III wird dies für die Gegenwart nicht angenommen. Erneute Bewertungen werden nach spätestens 2 bzw. 5 Jahren vorgeschrieben. Ergibt die Neubewertung die Dringlichkeitsstufe I, ist unverzüglich zu sanieren.

□ Sanierungsvorbereitung. Die Asbest-Richtlinien legen die Sanierungsmethoden, erforderliche Schutzmaßnahmen, abschließende Arbeiten und Erfolgskontrollen durch Messungen fest.

Die A. muß umfassend bis zur →Abfallentsorgung geplant und der zuständigen Behörde gemeldet werden. Die Sanierungsfirmen müssen die notwendigen Vorkehrungen insbesondere zum Arbeits- und Umweltschutz einschließlich der sachgerechten Entsorgung treffen. Die Sachkunde ist gemäß der →Technischen Regeln für Gefahrstoffe TRGS 519 nachzuweisen.

□ Sanierungsmaßnahmen. Das Sanierungsverfahren soll dauerhaft das Freisetzen von Fasern in Gebäuden verhindern; dies wird als endgültige Maßnahme bezeichnet. Sind Räume mit der Bewertung Dringlichkeitsstufe I (konkrete Gefahr) nicht unverzüglich zu sanieren, muß durch geeignete Maßnahmen ein Risiko oder eine Freisetzung von Fasern soweit minimiert werden, daß eine weitere Raumnutzung ohne konkrete Gefahr möglich ist. Derartige vorläufige Maßnahmen sind nur unter bestimmten Bedingungen zulässig.

Für eine dauerhafte A. sind drei Verfahren geeignet: Entfernen, Beschichten, räumliche Trennung. Arbeiten zur Entfernung sind in nassem Zustand durchzuführen, die Abfälle in staubdichten Behältern zu entsorgen. Wenn möglich, kann das Asbestbauteil durch geeignete Beschichtungssysteme staubdicht eingeschlossen werden. Für das Beschichtungssystem ist hinsichtlich der Eignung, insbesondere Staubdichtigkeit, Haftung und Dauerhaltbarkeit, ein Prüfzeugnis erforderlich; die dafür zugrundegelegten Anforderungen sind im Anhang 2 der Asbest-Richtlinien genannt.

Bei der räumlichen Trennung wird mit zusätzlichen Bauteilen eine staubdichte Abtrennung vorgenommen.

Aufwendige Schutzmaßnahmen sind gemäß TRGS 519 während der Sanierungsarbeiten für den Arbeitnehmer und die Umwelt vorgeschrieben. Aus dem Arbeitsbereich dürfen keine Asbestfasern in andere Räume gelangen; an die Außenluft darf die Arbeitsraumluft nur kontrolliert abgegeben werden. Zu den abschließenden Arbeiten gehört die Reinigung. Asbestbauteile, die durch Beschichtung oder räumliche Trennung saniert wurden, sind zu kennzeichnen.

Der Erfolg einer A. muß meßtechnisch nachgewiesen werden. Kein Meßwert darf unmittelbar

nach Abschluß der Arbeiten über 500 F/m³ betragen. Die Obergrenze des nach der Poisson-Verteilung berechneten 95%-Vertrauensbereiches muß unterhalb von 1 000 F/m³ liegen.

Für Abbruch-, Sanierungs- und Instandhaltungs-(ASI)-Arbeiten geringeren Umfangs und einer Expositionszeit von maximal 2 Stunden können gemäß TRGS 519 geringere Schutzmaßnahmen ausreichend sein. Arbeiten nur geringen Umfangs entbinden nicht von der Anzeigepflicht. Atemschutz ist anzuwenden. *Lohrer*

Literatur: *Albracht, G.; O. A. Schwerdtfeger* (Hrsg.): Herausforderung Asbest. Wiesbaden 1991. – *Bossenmayer, H. J.; H.-P. Schumm; R. Tepasse* (Hrsg.): Asbest-Handbuch. Ergänzender Leitfaden für die Sanierungspraxis. Berlin 1991.

Asphaltmischanlage. In A. werden bituminöse Straßenbaustoffe hergestellt. Die Hauptarbeitsgänge dabei sind:
– Anlieferung der Mineralstoffe
– Beschicken der Trockentrommel und Trocknung des Minerals
– Mischen des Minerals mit Bitumen im Mischer
– Dosierung des Mischguts in das Verladesilo
– Mischgutübergabe und Transport.

Hauptemissionsquellen sind Trockentrommel und Mischer. Die Trockentrommeln werden ausschließlich durch →Gewebefilter entstaubt; zur Vorentstaubung ist üblicherweise ein →Massenkraftabscheider vorgeschaltet. Die Abgase der Trockentrommel enthalten an gasförmigen anorganischen Stoffen Schwefeldioxid (SO_2) (bei Öl- und Kohlefeuerungen) sowie Kohlenmonoxid und Stickstoffoxide (NO_x). Bei Gasfeuerungen ist die NO_x-Konzentration im Abgas geringer als bei Öl- und Kohlefeuerungen, die SO_2-Konzentration im Abgas ist praktisch vernachlässigbar. Bei Beheizung mit Klärschlämmen ist auf das Auftreten toxischer Staubinhaltsstoffe (→Schwermetalle) zu achten. Zur Minderung diffuser Staubemissionen werden Kapselungen relevanter Anlagenteile vorgenommen.

Organische Stoffe treten vor allem aus dem Mischer und den Bitumenlagerbehältern aus. Der charakteristische Bitumengeruch wird auf Mercaptane zurückgeführt. Eine Verminderung der organischen Emissionen erfolgt durch folgende Maßnahmen:
– Kapselung relevanter Anlagenteile und Absaugen der entstehenden Dämpfe
– Zuführen der Dämpfe zu einer Nachverbrennungseinrichtung oder der Trockentrommel
– Gaspendelung beim Umschlag von Bitumen
– Abscheidung der Bitumendämpfe in einem mit Mineralstoffen gefüllten Reaktor durch Adsorption.

Die →4. BImSchV ordnet in Abhängigkeit von der Produktionsleistung A. dem förmlichen oder dem vereinfachten Genehmigungsverfahren zu; Nr. 3.3.2.15.1 der TA Luft enthält spezielle emissionsbegrenzende Anforderungen an A. *Angrick*

Literatur: *Brüssel, W.:* Umweltbelastungen aus der Asphaltproduktion. Entsorgungs-Praxis (1989) 11/89, S. 591/602. – *Davids, P.; M. Lange:* Die TA Luft – Technischer Kommentar. Düsseldorf 1986.

ASU. Abk. Abgassonderuntersuchung; →Abgasprüfverfahren (Kfz)

Atemwegserkrankung. Über Zusammenhänge zwischen Luftschadstoffen und Erkrankungen der Atem- und Lungenwege wird anhand von Einzelbeobachtungen und epidemiologischen Analysen seit Jahrzehnten diskutiert. Eine ursächliche Beziehung wurde wahrscheinlich, als die massive Luftverschmutzung in den 50er und 60er Jahren in London und New York zu längeren winterlichen Smogperioden mit gesundheitlichen Folgen geführt hatte. Allerdings wurden die Immissionskonzentrationen nur für wenige Luftschadstoffe und zudem räumlich und zeitlich sehr lückenhaft erfaßt, so daß Wirkungsschwellen der jeweiligen Schadstoffe nicht bestimmt werden konnten.

Die Erfassung mehrerer Leitsubstanzen für die Luftbelastung ermöglichte eine differenziertere Bewertung der gesundheitlichen Auswirkungen. In einer Untersuchung in Nordrhein-Westfalen wurden 1985 Immissionskonzentrationen von Schwefeldioxid, Stickstoffdioxid, Kohlenmonoxid und Schwebstaub während einer Smogperiode im Ruhrgebiet mit weniger belasteten Gebieten verglichen; der Auslösewert für Smogalarm der Alarmstufe 2 (→Smogverordnung) war in dem belasteten Gebiet überschritten. Nach den Ergebnissen dieser Studie war die erhöhte Erkrankungshäufigkeit und Sterblichkeit in der Smogperiode teilweise auf die erhöhten Immissionskonzentrationen zurückzuführen. Übereinstimmend geht man daher heute davon aus, daß bei akuter und hoher Belastung mit mehreren gasförmigen Luftschadstoffen, insbesondere in Kombination von Schwefeldioxid mit hohen Schwebstaubkonzentrationen, für ältere und vorerkrankte Personen ein zusätzliches Risiko besteht.

Bei geringen Immissionskonzentrationen und langfristiger Einwirkung wird die Erkennung der durch Luftschadstoffe hervorgerufenen oder beeinflußten A. v. a. durch Störgrößen erschwert. In vielen epidemiologischen (meist retrospektiven) Untersuchungen führte (und führt) die Nichtbeachtung dieser Variablen zu widersprüchlichen Ergebnissen, die durch Unterschiede in der Alters- und Sozialstruktur der Test- und Kontrollgruppe, individuelle Rauchgewohnheiten oder zusätzliche Belastungspfade (z. B. bei spezieller Exposition am Arbeitsplatz) bedingt sein können; als ein weiterer, sehr wesentlicher Faktor wurde die Luftbelastung in Innenräumen (→Innenraumluft-Reinhaltung) erkannt. Auf Grund der oft fehlenden Kontrolle dieser Störgrößen werden mögliche Schadstoff-Wirkungen durch Einflüsse anderer Herkunft überlagert und so verzerrt.

Da bei Festlegung von Grenzwerten für Luftschadstoffe neben den o. g. Risikogruppen stets auch auf Personen mit unterschiedlich empfindlich reagierendem Bronchialsystem (Allergiker, Asthmatiker) Rücksicht zu nehmen ist, bieten experimentelle Untersuchungen am Menschen wichtige Anhaltspunkte für Schwellenkonzentrationen. Gesunde Personen wiesen z. B. erst nach sehr hoher Schwefeldioxid-Exposition (kurzzeitig über 2,5 bis 25 mg/m^3, das entspricht etwa dem 6–60fachen des Immissionswerts IW2 nach TA Luft für die Kurzzeitbelastung) eine Erhöhung des Strömungswiderstandes in den Atemwegen auf; Patienten mit bronchopulmonaler Obstruktion (Asthmatiker) und Patienten mit hyperreaktivem Bronchialsystem reagierten auf akute Schwefeldioxid-Exposition in Abhängigkeit von körperlicher Arbeit und Atemfrequenz empfindlicher. Leichte körperliche Arbeit allein oder Temperaturreize (kalte Luft) sowie Zigarettenrauch oder Dieselabgase führten bei diesen Patienten (ohne Allergie-Anamnese) allerdings zu identischen Veränderungen der Meßparameter. Bei einschleichender Exposition wurden dagegen relativ hohe Schwefeldioxid-Konzentrationen ohne pathologische Reaktionen vertragen. Weitere experimentelle Untersuchungen mit Gemischen der Reizgase Schwefeldioxid, Stickstoffdioxid und Ozon und kurzzeitiger, hoher Exposition im Bereich der maximalen Arbeitsplatz-Konzentration erbrachten keinen Hinweis auf eine überadditive oder potenzierende Wirkung dieser Luftschadstoffe.

Gesundheitliche Auswirkungen langzeitiger Exposition gegenüber Schwebstaub in der Außenluft im Bereich unterhalb des →Immissionswerts IW 1 nach TA Luft lassen sich bisher nicht erfassen. Inhalativ aufgenommener Schwebstaub kann sich an verschiedenen Orten des Respirationstraktes niederschlagen; maßgeblich ist hierfür die Partikelgröße (veränderlich durch unterschiedliche Feuchtegehalte der Luft): oberhalb von 10 μm werden Staubpartikel bereits im Nasen-Rachen-Raum abgeschieden; kleinere Partikel erreichen die Bronchien, unterhalb von 1 μm können diese in die Lungenalveolen gelangen. Bei intakter Bronchialschleimhaut werden Staubpartikel relativ rasch aus dem Organismus entfernt; durch Vorschädigung des mukoziliären Epithels (z. B. durch Zigarettenrauch, hohe Reizgas-Konzentrationen) kann diese Transportfunktion fehlen und die Resistenz des Organismus gegenüber viralen und bakteriellen Infektionen herabgesetzt sein.

In neueren epidemiologischen Untersuchungen, die den Jahresgang der obstruktiven Bronchitis bei

Kindern in verschiedenen Belastungsgebieten der Bundesrepublik Deutschland verfolgten, waren ursächlich verwertbare Zusammenhänge zwischen Luftschadstoffen in der Außenluft und der Erkrankungshäufigkeit nicht zu erheben; bestätigt wurden individuelle, infektiöse und meteorologische Einflußfaktoren. Da viele Kontaminanten der Außenluft auch in Innenräumen gleichzeitig einwirken, z. B. durch Aktiv- und →Passivrauchen und offene Feuerstellen (Gasherde und Kamine), lassen sich die jeweiligen Immissionsquellen in ihrer Bedeutung schwer abschätzen. Bei Kindern rauchender Eltern wurden in einigen Untersuchungen häufigere Infektionen der Atemwege und Einschränkungen der Lungenfunktion nachgewiesen.

Luftschadstoffe können die Empfänglichkeit des Organismus gegenüber Infektionen und das Risiko allergener Sensibilisierung beeinflussen und dadurch insbesondere bei Risikopersonen akute oder chronische A. begünstigen; daher sind Maßnahmen sowohl zur Begrenzung des Schadstoffausstoßes in allen Emittentenbereichen, insbesondere aber im Straßenverkehr, wie auch zur Vermeidung zusätzlicher Innenraumquellen (durch Einstellen des Rauchens, Verringerung offener Feuerstellen) geboten. *Eckert*

Atmosphäre. Gasförmige Hülle eines Himmelskörpers, speziell die Lufthülle der Erde. Die Erd-A. ist ein Gemisch verschiedener Gase, hauptsächlich Sauerstoff und Stickstoff (Tabelle).

Atmosphäre. Tabelle: Zusammensetzung trockener Luft.

Gas	Volumenanteil (%)	Gewichtsanteil (%)
Stickstoff N_2	78,09	75,52
Sauerstoff O_2	20,95	23,15
Argon Ar	0,93	1,28
Kohlendioxid	0,03	0,05

Zu den genannten Gasen trockener Luft treten weiter noch Edelgase, z. B. Neon, Helium, Krypton und Xenon, des weiteren Ozon. Außer den natürlichen Anteilen enthält die Luft durch menschliche Tätigkeit freigesetzte Spurenstoffe, insbesondere CO_2, CO, Fluorchlorkohlenwasserstoffe (FCKW), N_2O, Stickoxide, Ammoniak, Methan, Staub und Ruß. Über Großstädten und Industriegebieten ist die Konzentration der anthropogenen Beimengungen besonders hoch. Durch einige der langlebigen Stoffe, wie insbesondere CO_2 und die FCKW, verändert sich allmählich die natürliche Zusammensetzung der A. mit z. T. schwerwiegenden Folgen für das →Klima und die →Biosphäre, deren volle Tragweite noch nicht abzusehen ist. Der Gehalt des für das →Wetter wichtigsten Bestandteils Wasserdampf in der A. schwankt zeitlich und örtlich zwischen 0 und 4 Volumenprozent.

Der vertikale Aufbau der A. wird bis zu einer Höhe von 100 km durch die Unterschiede in der →Temperaturschichtung charakterisiert. Die einzelnen Stockwerke der A. sind →Troposphäre, →Stratosphäre und →Mesosphäre und deren Grenzen →Tropopause und →Stratopause (Bild). Über diesen Stockwerken werden andere Merkmale für eine Gliederung verwendet, wie die Ionisierung der Gase und der Einfluß des Magnetfelds der Erde. Die Exosphäre, deren Untergrenze heute in etwa 1 000 km Höhe angesetzt wird, ist dadurch charakterisiert, daß in ihrem Bereich schnelle ungeladene Atome ohne Zusammenstoß aus dem Schwerefeld der Erde austreten können. Sie geht ohne deutliche Grenze in den interplanetaren Raum über.

90% der atmosphärischen Luft sind in einer 16 km dicken Schicht, 99% in den untersten 30 km enthalten. Die Energiequelle für alle in der A. ablaufenden Prozesse, wie insbesondere das Wettergeschehen und die atmosphärische Zirkulation, ist die →Sonne. Heizfläche für die A. ist hauptsächlich die Erdoberfläche. Beim Durchgang durch die A. wird die →Sonnenstrahlung in den einzelnen Spektralbereichen unterschiedlich geschwächt. Durch die Absorption bei der Dissoziation des Sauerstoffs und den Ionisierungsprozessen in der hohen A. sowie durch die Absorption des Ozons in der Stratosphäre wird die schädliche UV-Strahlung herausgefiltert und hierdurch erst Leben auf der Erde in seiner jetzigen Form ermöglicht. Wasserdampf und CO_2 absorbieren den größten Teil der von der Erdoberfläche ausgehenden langwelligen Wärmestrahlung und verursachen hierdurch die sog. Glashauswirkung der A., ein Schutz gegen die Kälte des Weltraums.

An den Staubteilchen sowie den Dunstpartikeln in der A. und den Wolken wird ein Teil der Sonnenstrahlung reflektiert. Staubwolken, die nach Vulkanausbrüchen in die A. gelangen, behindern infolgedessen die Wärmezufuhr zur Erdoberfläche und können die Temperatur merklich senken.

An den Molekülen der Luft erfolgt eine diffuse Streuung, wobei der kurzwellige blaue Bereich des Sonnenspektrums stärker gestreut wird als der langwellige rote. Das Himmelsblau geht hierauf zurück. Wegen der, verglichen mit polnahen Gebieten, stärkeren Sonneneinstrahlung am Äquator bildet sich ein Druckgefälle aus, in dem die A. polwärts getrieben wird. Auf dem Weg zum Pol werden die Luftströme durch die Kraft der Erdrotation in Bewegungsrichtung nach rechts (Nordhalbkugel) oder links (Südhalbkugel) abgelenkt. Das ist das Grundprinzip der atmosphärischen Zirkulation auf der Erde, welche die Sonnenenergie über den gesamten Globus verteilt (→Homosphäre). *Giebel*

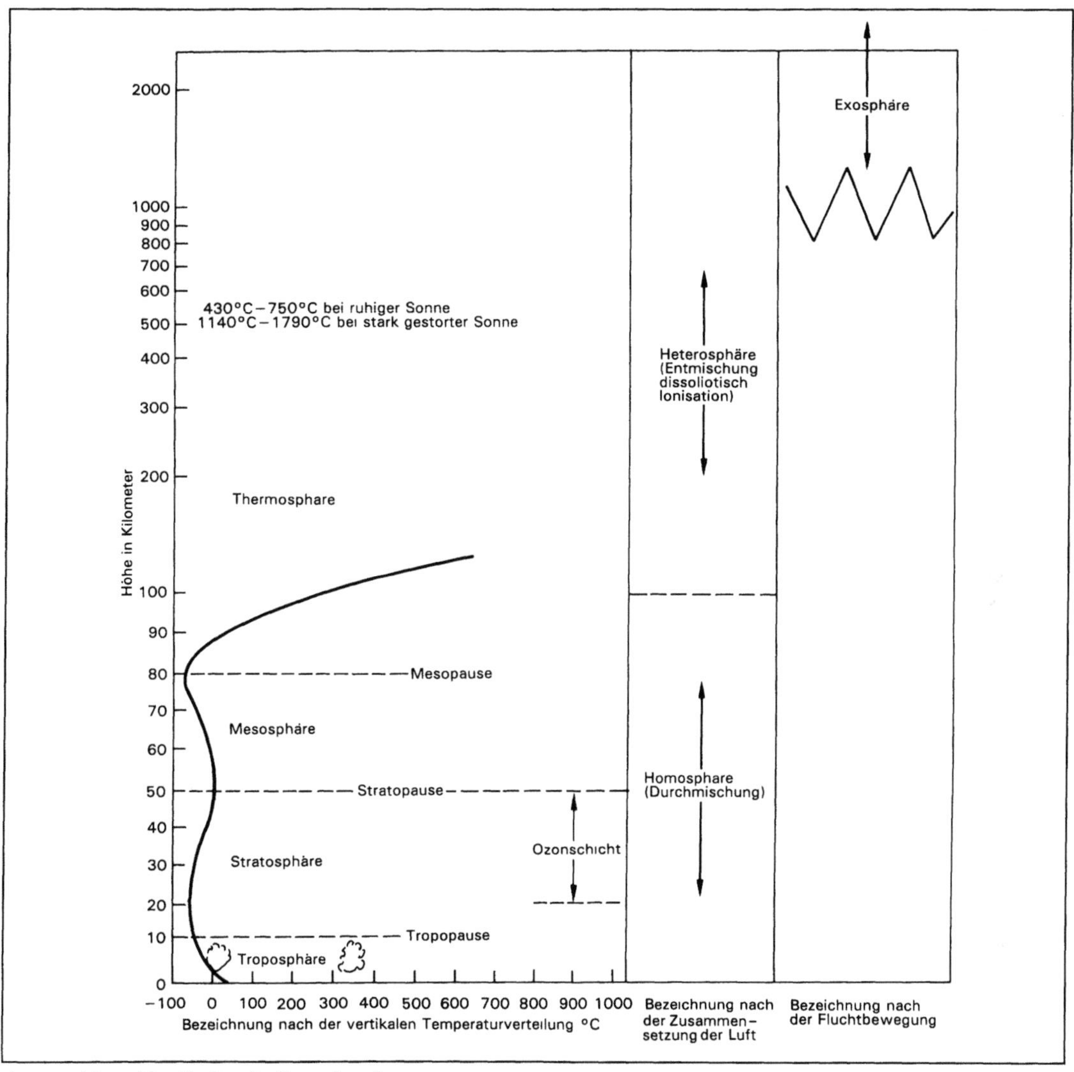

Atmosphäre: Vertikaler Aufbau der A.

Literatur: *Moller, F.:* Einführung in die Meteorologie (Physik der Atmosphäre) Bd. 1 u. 2, Bibliographisches Institut Mannheim–Wien–Zürich 1973.

Atmosphärenchemie. Die →Atmosphäre ist ein Gasgemisch, das neben den Hauptbestandteilen Stickstoff und Sauerstoff eine Vielzahl von Spurenstoffen enthält, die von der Erdoberfläche emittiert werden und sowohl natürlichen als auch anthropogenen Ursprungs sind. Ohne Abbaureaktionen und Austragungsprozesse würden sich diese Spurengase immer weiter in der Atmosphäre anreichern. Die Konzentrationsniveaus der Spurengase werden durch Stoffkreisläufe geregelt, in denen Transport- und Massenaustauschprozesse sowie chemische Reaktionen ineinandergreifen. Der wichtigste Austragungsprozeß in diesem Zusammenhang ist das Wettergeschehen. Partikel und wasserlösliche Gase haben eine nur kurze Lebensdauer in der Atmosphäre, weil sie mit den Niederschlägen ausgewaschen werden. Die Atmosphäre ist somit kein abgeschlossenes System, sondern Teil eines gekoppelten Systems, das die Lufthülle, die Erdkruste und die Ozeane umfaßt. Die in die Atmosphäre eingetragenen Spurengase durchlaufen eine Reihe photochemisch induzierter Reaktionen, an deren Ende wiederum wasserlösliche Endprodukte stehen. Die Summe der Abbaureaktionen bestimmt die chemische Lebensdauer eines Spurenstoffes. Diese können durch Reaktionen in der Gasphase, durch Oxidationsvorgänge in Wolken- und Regentröpfchen sowie an Stauboberflächen stattfinden.

163

Der untere Bereich der Atmosphäre kann in zwei Bereiche, die →Troposphäre und die →Stratosphäre (→Höhenprofil), eingeteilt werden, deren chemische Verhaltensweisen aufgrund der deutlichen Unterschiede gesondert betrachtet werden müssen.

□ Troposphäre. Die photochemischen Prozesse der Troposphäre sind eng mit dynamischen Prozessen verknüpft (Austauschzeiten). Die auf Grund einer Vielzahl von biologischen, geologischen und anthropogenen Effekten in die Atmosphäre emittierten Verbindungen werden dort überwiegend durch radikalinitiierte Reaktionszyklen oxidiert. Es bilden sich sowohl bei Tageslicht als auch nachts (→Nachtchemie) typische Radikalreaktionsketten (Kettenreaktion) aus. Die wichtigsten oxidierenden Spezies während des Tages entstehen vor allem bei der →Photolyse von Ozon, NO_2 und den Aldehyden. Nach dem heutigen Stand des Wissens sind die Reaktionen des OH-Radikals, des Ozons und in einigen Fällen die Photolyse die Prozesse, die die Reaktionsketten starten.

□ Stratosphäre. Die natürlichen chemischen Prozesse in der Stratosphäre sind gekennzeichnet durch die kurzwellige UV-Strahlung (>200 nm), die diesen Bereich der Atmosphäre erreicht. Sauerstoffmoleküle (O_2) können mit dieser kurzwelligen UV-Strahlung in Sauerstoffatome zerlegt werden, und es bildet sich →Ozon, das wichtigste Spurengas in der Stratosphäre. Die Konzentration des Ozons in der Stratosphäre wird durch ein dynamisches Gleichgewicht zwischen den Bildungs- und Zerstörungsprozessen eingestellt (→Chapman Zyklus, →Ozonschicht). Der Nettoeffekt dieser Reaktionen ist die Konversion von Strahlungsenergie in Wärme, was zu einer Temperaturerhöhung der Stratosphäre führt.

Die Forschungsschwerpunkte der A. lassen sich im einzelnen in folgende Bereiche gliedern:

– Photooxidantienbildung im Verlauf der Oxidation reaktiver organischer Gase (ROG, O_3, PAN, Peroxide, NO_3 und N_2O_5-Reaktionen, Photooxidantien)

– SO_2-Oxidation in der Gas- und Flüssigphase (→saurer Regen, organische Säuren, →Schwefeldioxid, →Schwefelkreislauf)

– Chemie der Organohalogenverbindungen

– chemische Vorgänge in maritimer Luft (DMS-Oxidation, Aerosolbildung, Methansulfonsäure, Schwefelkreislauf)

– Oxidation biogener Kohlenwasserstoffe (Isopren, Terpene, biogene Kohlenwasserstoffe)

– Einfluß klimarelevanter Stoffe (Treibhausgase, Aerosole, N_2O, FCKW, CO_2, Methan)

– Entwicklung von Transformations- und Ausbreitungsmodellen (→Boxmodell, EKMA).

Die Chemie der einzelnen Prozesse wird unter dem jeweiligen Stichwort behandelt. *Barnes/Wirtz*

Atmosphärische Reaktion. Unter a. R. versteht man die chemischen Oxidationsvorgänge, die in der Gasphase, in Tröpfchen (Wolken-, Nebel- und Regentröpfchen) sowie an Oberflächen von Aerosolen und Partikeln ablaufen. Es gibt eine Vielzahl von Reaktionstypen in der Atmosphäre, wobei direkte →Photolyse und chemische Reaktionen in der Gasphase am bedeutendsten sind.

Neben der homogenen →Gasphasenreaktion ist die Oxidation in der Flüssigphase für die Sulfat- und Nitratbildung von Bedeutung (→saurer Regen). In der Atmosphäre finden diese Reaktionen in Wolken- und Regentröpfchen statt. Eine gute Wasserlöslichkeit ist eine Voraussetzung für eine Reaktion in der flüssigen Phase. Die atmosphärische Säurebildung wird im Falle von SO_2 durch die →Photooxidantien O_3 und H_2O_2 sehr beschleunigt (→Wolkenchemie).

Spurengase können auch an Partikeloberflächen reagieren. Es wird vermutet, daß in einigen Fällen Spurengase wesentlich schneller an Oberflächen abgebaut werden können als in der Gasphase. Der Mechanismus dieses Abbaus ist noch nicht vollständig aufgeklärt. *Barnes/Becker*

Atmung (endogene). Enzymatisch katalysierte Oxidation organischer Substanz, die der Energiegewinnung in der Zelle dient, wobei ein Austausch und Transport von Sauerstoff und Kohlenstoffdioxid erfolgt (DIN 4049, Teil 2).

A. (auch Respiration, Dissimilation) ist eine der zentralen Funktionen des Lebens. Sie erfolgt in grundsätzlich gleicher Weise bei →Mikroorganismen, Pflanzen und Tieren. Dabei erfolgt eine Freisetzung von chemisch gebundener Energie aus organischen Substanzen, indem diese durch Oxidation abgebaut werden. Die A. ist die Umkehrung der Assimilation. Die summarische Gleichung dafür lautet $C_6H_{12}O_6 + 6\,O_2 + 6\,H_2O \rightarrow 6\,CO_2 + 12\,H_2O\ G^o$, $-2\,875$ KJ/mol.

Die A. führt zu einem restlosen Abbau der energiereichen, organischen Substanz zur energiearmen anorganischen Substanz. Im Gegensatz dazu verläuft der Abbau bei der →Gärung nur unvollständig, so daß energiereiche Zwischenprodukte entstehen. Substrate zur Veratmung sind vor allen Dingen Kohlenhydrate sowie Fette und Eiweiß. Die A. ist ein komplizierter chemisch-biochemischer Prozeß, bei dem die organische Substanz stufenweise um- und abgebaut wird. Dabei spielen mehrere Coenzyme eine entscheidende Rolle.

Grundsätzlich kann man unterscheiden zwischen den Teilprozessen schrittweiser Substratabbau unter Abspaltung von Wasserstoff und schrittweiser Oxidation, d. h. Übertragung des freiwerdenden Wasserstoffs auf den Sauerstoff und Bildung von Wasser. Die gewonnene Energie wird in Adenosintriphosphat ATP gespeichert. ATP kann im Wasser auch frei vorkommen und wird gelegentlich als Kenngröße für Bioaktivität im Gewässer verwendet.

Neben der beschriebenen aeroben A., wobei der Sauerstoff als Wasserstoffakzeptor fungiert, gibt es noch eine anaerobe A. Sie spielt insbesondere bei Bakterien eine Rolle. Dabei werden Sulfat oder Nitrat als Wasserstoffakzeptoren genutzt, so daß sowohl Sulfat- als auch Nitratreduktionen auftreten (Sulfat zu Sulfit und Nitrat zu elementaren Stickstoff) (→Denitrifikation).

Neben seiner Bezeichnung für die Stoffwechselprozesse wird der Begriff A. bei Tieren für den Gaswechsel in den Lungen, den Tracheen oder den Kiemen bezeichnet. Diese äußere A. im Gegensatz zur vorbezeichneten endogenen A. ist ein reiner Austausch von Sauerstoff und CO_2. *Friedrich*

Literatur: DIN 4049, Teil 2: Hydrologie, Begriffe der Gewässerbeschaffenheit; 4/1990 – *Streit, B.*: Lexikon Okotoxikologie. Weinheim 1991.

Atom. Das kleinste Teilchen eines Elements, das auf chemischem Wege nicht weiter teilbar ist. Die Elemente unterscheiden sich durch ihren Atomaufbau voneinander. Ein A. besteht aus einem positiv geladenen Kern, der praktisch die Gesamtmasse darstellt, und einer Hülle mit einer konkreten Anzahl negativ geladener Elektronen. Neutronen tragen keine elektrische Ladung; die positive Ladung geht von den Protonen aus.

Der Durchmesser der A., bestehend aus dem Kern und der Elektronenhülle, beträgt etwa 10^{-8} cm. Atomkerne weisen Durchmesser auf, die zehn- bis hunderttausendmal kleiner sind als die der Atomhülle (ca. 10^{-12} cm).

Nach *Bohr* kreisen die Elektronen auf Bahnen um den Kern wie etwa Planeten um die Sonne; sie befinden sich auf Energieniveaus (Schalen) um den Kern in gesetzmäßiger Weise angeordnet. Bei einem neutralen A. ist die Anzahl der positiven Kernladungen gleich der Gesamtzahl der Elektronen. Die Kernladungszahl ist identisch mit der Ordnungszahl des Elementes im Periodensystem. Es gilt daher auf Grund unseres heutigen Wissens: Unter einem Element versteht man einen Stoff, dessen A. die gleiche Kernladung besitzen.

Moseley (1887–1915) gelang 1913 auf Grund der charakteristischen Röntgenspektren der Elemente der experimentelle Nachweis, daß die Ordnungszahl das grundlegende Prinzip im Periodensystem der Elemente darstellt. Vor allem die Vorgänge der →Radioaktivität zeigen darüber hinaus, daß auch der Atomkern nicht unteilbar ist. Nachdem 1932 das Neutron entdeckt worden war, ergab sich folgendes Bild:

Der Atomkern besteht aus Protonen (ungefähre Masse 1, eine positive Elementarladung) und Neutronen (ungefähre Masse 1, keine Ladung). Die Anzahl der Protonen ist identisch mit der Kernladungszahl des Elements. Die Neutronenzahl kann bei einem Element unterschiedlich sein. Kerne gleicher Kernladungszahl, aber unterschiedlicher Neutronenzahl heißen Isotope. Die natürlichen Elemente stellen in vielen Fällen ein Isotopengemisch dar. Die relativen Atomgewichte werden neuerdings auf das Isotop Kohlenstoff-12 (früher Sauerstoff –16) bezogen. *Merz*

Atom- und Strahlenschutzrecht. Regelungsgegenstand des A. u. S. ist die friedliche Nutzung radioaktiver Stoffe und ionisierender Strahlen. Im Vordergrund steht dabei die Gewinnung von Kernenergie in Kernkraftwerken. Daneben wird jedoch die ionisierende →Strahlung vor allem im medizinischen Bereich zu diagnostischen und therapeutischen Zwecken nutzbar gemacht.

Daß auch von nicht ionisierenden Strahlen Gesundheitsschäden ausgehen können, ist nicht im A. u. S. berücksichtigt; Regelungen zum Schutz vor Beeinträchtigungen durch Laserstrahlen, elektromagnetische Strahlungen (z. B. Mikrowellen), ultraviolette Strahlen und durch →Ultraschall sind, soweit es sich um Umwelt-(Nachbar-)Schutz handelt, im →Bundes-Immissionsschutzgesetz enthalten.

Die friedliche Nutzung der Kernenergie zählt seit Jahren zu den umweltpolitisch umstrittensten Fragen. Nach dem Reaktorunfall in Tschernobyl 1986 werden in der Rechtswissenschaft vor allem die rechtlichen Möglichkeiten eines Ausstiegs aus der Kernenergie und Rechtsfragen der sicheren Zwischen- und Endlagerung radioaktiver Abfälle kontrovers diskutiert.

☐ Regelungsbereiche: Das A. u. S. erfaßt den Umgang mit radioaktiven Stoffen, die staatliche Verwahrung von Kernbrennstoffen, die Beförderung, Ein- und Ausfuhr sowie den Verkehr mit radioaktiven Stoffen, die Erzeugung ionisierender Strahlen und die Aufsuchung, Gewinnung und Aufbereitung radioaktiver Mineralien, haftungsrechtliche Bestimmungen sowie Straf- und Bußgeldvorschriften.

Kern des deutschen A. u. S. sind das Gesetz über die friedliche Verwendung der Kernenergie und den Schutz gegen ihre Gefahren (Atomgesetz i. d. F. vom 31. Oktober 1976, zuletzt geändert durch das Gesetz vom 26. August 1992 – BGBl. I 1976 S. 3053/1992 S. 1564) und das Gesetz zum vorsorgenden Schutz der Bevölkerung gegen Strahlenbelastung (→Strahlenschutzvorsorgegesetz vom 19. 12. 1986, BGBl. I S. 2610). Daneben sind eine Reihe von Rechtsverordnungen erlassen worden, zu denen die →Strahlenschutzverordnung, die Deckungsvorsorge-Verordnung, die atomrechtliche Verfahrensverordnung, die atomrechtliche Kostenverordnung und die →Röntgenverordnung zählen.

Weitere Regelungen des A. u. S. finden sich in zahlreichen Nebengesetzen, im internationalen Recht und in technischen Regelwerken, die entweder als Verwaltungsvorschriften erlassen werden oder von privaten Einrichtungen stammen und vornehmlich der Konkretisierung unbestimmter Rechtsbegriffe, etwa des →Standes von Wissenschaft und Technik, dienen.

Gemäß § 1 AtG ist es Zweck des Atomrechts, die Erforschung, die Entwicklung und die Nutzung der Kernenergie zu friedlichen Zwecken zu fördern. Außerdem sollen Leben, Gesundheit und Sachgüter vor den Gefahren der Kernenergie und der schädlichen Wirkung ionisierender Strahlen geschützt und durch Kernenergie oder ionisierende Strahlen verursachte Schäden ausgeglichen werden. Gesetzeszweck ist es weiterhin, zu verhindern, daß durch Anwendung oder Freiwerden der Kernenergie die innere oder äußere Sicherheit der Bundesrepublik Deutschland gefährdet wird; hinzu kommt die Gewährleistung der Erfüllung internationaler Verpflichtungen auf dem Gebiet der Kernenergie und des Strahlenschutzes. Der in § 1 Nr. 1 AtG ausdrücklich geregelte Förderzweck der Kernenergieentwicklung und -nutzung ist eine Grundentscheidung des Gesetzgebers zu Gunsten der Kernenergie. Dem Schutzzweck des Gesetzes ist jedoch nach der Rechtsprechung Vorrang vor dem Förderzweck einzuräumen. Im Rahmen der Novellierung des AtG soll das Förderprinzip gestrichen werden; die Kernenergieentwicklung in Deutschland ist weit über das Stadium der Fördernotwendigkeit hinaus.

☐ Atomrechtliche Überwachung. Sie erfolgt vornehmlich über die atomrechtlichen Genehmigungsverfahren, Planfeststellungsverfahren (Endlager) und die staatliche Aufsicht.

Das A. u. S. sieht ein fast lückenloses System von Genehmigungspflichten vor. Genehmigungspflichtig sind die Ein- und Ausfuhr von Kernbrennstoffen, die Beförderung und Aufbewahrung von Kernbrennstoffen, Anlagen zur Erzeugung, Bearbeitung, Verarbeitung und Spaltung von Kernbrennstoffen sowie die Aufarbeitung bestrahlter Kernbrennstoffe. Genehmigungen sind außerdem erforderlich für die Bearbeitung, Verarbeitung und sonstige Verwendung von Kernbrennstoffen außerhalb von Anlagen. Genehmigungspflichtig sind schließlich auch die →Landessammelstellen für die Zwischenlagerung von radioaktiven Abfällen. Weitere Genehmigungspflichten sind in der Strahlenschutzverordnung geregelt. Ergänzt werden die Genehmigungspflichten durch das Planfeststellungsverfahren für Anlagen zur Endlagerung radioaktiver Abfälle des Bundes.

Die wohl zentrale Genehmigungsvorschrift des A. u. S. ist § 7 AtG für die Genehmigung von Kernenergieanlagen. Genehmigungspflichtig sind

nach dieser Vorschrift insbesondere Kernkraftwerke, aber auch Urananreicherungsanlagen, Brennelementefabriken oder Wiederaufbereitungsanlagen für bestrahlte Brennelemente. Der Genehmigungpflicht unterliegen die Errichtung, der Betrieb, jede wesentliche Änderung, die Stillegung und die Beseitigung der genannten Anlagen.

Die wohl wichtigste, aber auch heftigst umstrittene Genehmigungsvoraussetzung für atomtechnische Anlagen ist § 7 Abs. 2 Nr. 3 AtG. Danach darf die Genehmigung nur erteilt werden, wenn die nach dem Stand von Wissenschaft und Technik erforderliche Vorsorge gegen Schäden durch die Errichtung und den Betrieb der Anlage getroffen ist. Diese Anforderungen werden durch Bestimmungen der Strahlenschutzverordnung ergänzt.

Eine am Stand von Wissenschaft und Technik ausgerichtete Vorsorge muß der neuesten wissenschaftlichen Erkenntnis Rechnung tragen. Diese wird damit durch das gegenwärtig technisch Machbare nicht begrenzt. Die dementsprechend erforderliche Schadensvorsorge ist sowohl für den Normalbetrieb als auch für den →Störfall und den möglichen Unfall zu beachten.

Kerntechnische →Anlagen sind nach § 28 Abs. 3 Strahlenschutzverordnung so auszulegen, daß es bei einem Störfall, das heißt bei einem Fall, in dem der Betrieb der Anlage aus sicherheitstechnischen Gründen nicht mehr fortgeführt werden kann, nicht zu unzulässigen Strahlenbelastungen kommen kann. Dazu sind in der Strahlenschutzverordnung Störfallgrenzwerte festgelegt.

§ 7 Abs. 2 Nr. 3 AtG fordert außerdem, daß die Anlage auf Grund der gesamten sicherheitstechnischen Systeme so beschaffen ist, daß der Eintritt eines Unfalls, d. h. eines Ereignisablaufs, der für eine oder mehrere Personen eine die Grenzwerte übersteigende →Strahlenexposition oder eine →Inkorporation radioaktiver Stoffe zur Folge haben kann, praktisch ausgeschlossen werden kann.

Liegen die Genehmigungsvoraussetzungen für die kerntechnische Anlage vor, besteht gleichwohl kein Rechtsanspruch auf die Erteilung der atomrechtlichen Genehmigung. Vielmehr bleibt die Erteilung der Genehmigung eine Ermessensentscheidung der zuständigen Atombehörde.

Das Vorliegen der Genehmigungsvoraussetzungen wird in einem förmlichen Genehmigungsverfahren geprüft, dessen rechtliche Voraussetzungen nur teilweise im AtG und ausführlich in der atomrechtlichen Verfahrensverordnung geregelt sind. Die Prüfung der atomrechtlichen Genehmigungsbehörde erstreckt sich in dem Genehmigungsverfahren auf die gesamte kerntechnische →Anlage. Der atomrechtliche Anlagenbegriff ist jedoch nicht abschließend geklärt.

Atomrechtliche Genehmigungen können inhaltlich beschränkt, mit Auflagen und Befristungen versehen werden. Der →Bestandsschutz atom- und strahlenschutzrechtlicher Genehmigungen und Zulassungen ist gering. Gemäß § 17 Abs. 1 Satz 3 AtG sind nachträgliche Auflagen zulässig, soweit sie zur Erreichung des Schutzzweckes des Atomgesetzes erforderlich sind. Genehmigungen und allgemeine Zulassungen können außerdem zurückgenommen werden, wenn eine ihrer Voraussetzungen bei der Erteilung nicht vorgelegen hat, oder wenn die Genehmigung oder die Zulassung rechtswidrig ist. Die Rücknahme der atomrechtlichen Genehmigung ist eine Ermessensentscheidung. Rechtmäßige atomrechtliche Genehmigungen und allgemeine Zulassungen können außerdem gemäß § 17 Abs. 3 AtG unter bestimmten Voraussetzungen widerrufen werden.

□ Entsorgung nach dem Atomgesetz. Gemäß § 9a Abs. 1 AtG haben die Anlagenbetreiber dafür zu sorgen, daß anfallende radioaktive Reststoffe sowie ausgebaute oder abgebaute radioaktive Anlagenteile entsorgt werden. Wer radioaktive Abfälle besitzt, hat diese an eine →Landessammelstelle für die Zwischenlagerung oder an eine Anlage zur Endlagerung abzuliefern. Für die Zwischenlagerung haben die Länder Landessammelstellen für die in ihrem Gebiet anfallenden radioaktiven Abfälle einzurichten. Der Bund ist verpflichtet zur Einrichtung von Anlagen zur Sicherung und zur Endlagerung radioaktiver Abfälle. Bund und Länder können sich zur Erfüllung ihrer Pflichten Dritter bedienen. Die Errichtung und der Betrieb einer Anlage des Bundes zur Endlagerung radioaktiver Abfälle bedarf der Planfeststellung.

□ Die atomrechtliche Aufsicht. Die staatliche Aufsicht im Bereich des Atomrechts ist in § 19 AtG geregelt und erstreckt sich auf alle Tätigkeiten im Zusammenhang mit dem Umgang mit radioaktiven Stoffen.

□ Strahlenschutz. Das bundesdeutsche Strahlenschutzrecht ist vorwiegend im Strahlenschutzvorsorgegesetz (StrSchVG), in der →Strahlenschutzverordnung und in der →Röntgenverordnung geregelt.

Das Strahlenschutzvorsorgegesetz ist eine Reaktion auf den Atomunfall von Tschernobyl im Frühjahr 1986. Ziel des Gesetzes ist es, mit Hilfe der Erfahrungen, die bei Maßnahmen zum vorsorgenden Schutz der Bevölkerung im Zusammenhang mit der weiträumigen radioaktiven Kontamination nach dem Reaktorunfall gemacht wurden, die rechtlichen Grundlagen für ein effektives und koordiniertes Vorgehen aller beteiligten Dienststellen in Bund und Ländern zu schaffen. Das Ziel soll erreicht werden durch Sicherstellung einer bundesweiten Erhebung und Auswertung von Daten durch Bund und Länder über die radioaktive Belastung der Umwelt, durch bundeseinheitliche Festlegung der Meßmethoden und Sicherstellung einer zentralen Sammlung und Aufbereitung aller Meßdaten in Bund und Ländern und einer einheitlichen Bewertung durch den Bund sowie durch die Schaffung der Voraussetzungen für die Festlegung von Dosisgrenzwerten und Kontaminationswerten im Falle von Ereignissen mit möglichen nicht unerheblichen radiologischen Auswirkungen und darauf begründeten Maßnahmen und Empfehlungen zum Schutz der Bevölkerung.

□ Atomrechtliche Haftung. Das deutsche Atomhaftungsrecht ist geregelt im 4. Abschnitt des Atomgesetzes und in den Pariser und Brüsseler Atomhaftungsabkommen nebst Zusatzvereinbarungen. Das Pariser Atomhaftungsabkommen regelt die Haftung des Inhabers einer Kernanlage für Schäden auf Grund eines nuklearen Ereignisses. Das Brüsseler Zusatzabkommen trifft ergänzende Bestimmungen über die zusätzlichen staatlichen Ersatzleistungen des Genehmigungsstaates und der Gesamtheit der Vertragsstaaten. Die materiellen Haftungsvorschriften sind im Pariser Übereinkommen enthalten, dessen Regelungen in der Bundesrepublik unmittelbar geltendes Recht sind. Die Haftungsvorschriften des Atomgesetzes haben demgegenüber lediglich eine ergänzende Funktion. Grundsätzlich werden im deutschen Atomhaftungsrecht drei Haftungstatbestände unterschieden. Beruht der Schaden auf einem von einer Kernanlage ausgehenden nuklearen Ereignis, dann haftet der Inhaber der Kernanlage gemäß § 25 AtG in Verbindung mit dem sog. Pariser Atomhaftungsübereinkommen. Beruht der Schaden auf einem von einem Reaktorschiff ausgehenden Ereignis, dann regelt sich die Haftung nach § 25a AtG in Verbindung mit dem Brüsseler Reaktorschiffsabkommen. Für alle sonstigen Strahlenschäden sieht § 26 AtG einen Auffangtatbestand vor. § 38 AtG sieht daneben eine Ausgleichshaftung des Bundes für Schäden durch nukleare Ereignisse vor, für die der Geschädigte keinen anderweitigen Ersatz verlangen kann.　　　　*Hoppe/Beckmann*

Literatur: *Czajka:* Das Strahlenschutzvorsorgegesetz. NVwZ 1987. – *Degenhart:* Kernenergierecht. 2. Aufl. Köln u. a. 1982. – *Hofmann:* Rechtsfragen der atomaren Entsorgung. Tübingen 1981. – *Kloepfer:* Umweltrecht, § 8 Rn. 1 ff. München 1989. – *Rabben:* Rechtsprobleme der atomaren Entsorgung. Köln u. a. 1988.

Atomabsorptionsspektrometrie (AAS). Die A. gehört als betriebssicheres und relativ einfaches Routineverfahren zu den wichtigsten Standardmethoden im Bereich der Immissionsmeßtechnik. Sie bildet die Endstufe vieler Meßverfahren und wird insbesondere für die Bestimmung von Metallen und →Metallverbindungen im Schwebstaub bzw. im Staubniederschlag eingesetzt. Für die Bestimmung ist es in aller Regel erforderlich, die Metalle durch einen Aufschluß mit Säuregemischen (Salpetersäure, Perchlorsäure, Flußsäure), ggf. unter Zugabe weiterer Oxidationsmittel wie Wasserstoffperoxid, in wässrige Lösungen zu überführen.

Das Prinzip der A. beruht darauf, die Probe zunächst thermisch zu atomisieren. Die hierbei im Grundzustand freigesetzten Atome des zu bestimmenden Elementes werden dann unter Verwendung einer elementspezifischen Spektrallichtquelle (Hohlkathodenlampen, elektrodenlose Entladungslampen), die hinreichend scharfe und charakteristische Emissionslinien liefert, angeregt (Atomabsorption). Anschließend wird die Strahlungsabsorption durch die Probe gemessen und auf der Grundlage des → *Lambert-Beer'schen* Gesetzes quantitativ ausgewertet.

Für die Atomisierung sind verschiedene Techniken gebräuchlich:

– Bei der Flammentechnik wird mit Hilfe eines Zerstäubers aus der Probenlösung ein Aerosol erzeugt und in einer Ethin/Luft- oder einer Ethin/Distickstoffmonoxid-Flamme verbrannt, wobei mit dem letztgenannten Gemisch höhere Temperaturen (ca. 2 700 °C) erreicht werden als mit dem Ethin/Luft-Gemisch (ca. 2 300 °C). Die Flammentechnik ist vergleichsweise wenig zeitintensiv.

– Bei der Graphitrohrtechnik wird eine kleine Probenmenge in ein Graphitrohr dosiert und elektrisch auf Temperaturen bis zu ca. 2 800 °C aufgeheizt, wobei die Atomisierung erfolgt. Die gegenüber der Flammentechnik wesentlich höhere Aufenthaltszeit der Atomwolke im optischen Weg des Systems führt bei dieser Technik zu einer erheblich gesteigerten Empfindlichkeit. Nachteilig sind der größere Zeitbedarf und eine insgesamt höhere Störanfälligkeit. Infolge matrixbedingter Effekte ist immer eine Untergrundkompensation erforderlich. Diese erfolgt durch Verwendung eines Kontinuumstrahlers (Deuteriumlampe), durch Ausnutzung des *Zeeman*-Effektes (Linienaufspaltung im Magnetfeld) oder durch eine sog. Hochstrompulsung der Hohlkathodenlampe (*Smith-Hieftje*-Prinzip).

– Bei der Hydridtechnik werden mit Hilfe eines Reduktionsmittels (vor allem Natriumborhydrid) in saurer Lösung flüchtige Hydride erzeugt, die durch ein inertes Trägergas einer Atomisierungszelle zugeführt werden. Durch die Isolierung der flüchtigen Hydride von der Probenmatrix ergeben sich eine sehr hohe Empfindlichkeit und geringe Interferenzen. Diese Technik eignet sich nur für Elemente, die unter den gegebenen Bedingungen in flüchtige Hydride überführbar sind (Arsen, Selen, Wismut, Antimon, Tellur).

– Für → Quecksilber ist die der Hydridtechnik verwandte Kaltdampftechnik anwendbar, weil dieses Element als einziges bei Umgebungstemperatur einen ausreichend hohen Dampfdruck hat. Nach Reduktion der Quecksilberverbindungen mit Zinn(II)chlorid oder Natriumborhydrid wird der die Quecksilberatome enthaltende Dampf einem Photometer zugeführt. Auch hier wird eine hohe Empfindlichkeit erreicht.

Vorteile der A. sind die hohe Spezifität, Schnelligkeit (Flammentechnik), hohe Empfindlichkeit (Graphitrohr-, Hydrid- und Kaltdampftechnik) und mäßige Anschaffungs- und Betriebskosten. Außerdem ist die Anwendung der A. in hohem Maße automatisierbar, insbesondere in Verbindung mit neueren Techniken, z. B. der → Fließinjektionsanalyse (FIA). Der Betrieb der Geräte und die Auswertung der Messungen erfolgen weitgehend computergestützt.

Nachteilig wirkt sich aus, daß die A. grundsätzlich ein Einelementverfahren ist. Bei Bestimmung vieler Elemente können erhöhte Kosten (Lampen) und großer Zeitbedarf resultieren, so daß dann andere Techniken vorteilhafter sein können (→ Atomemissionsspektrometrie mit Plasmaanregung, ICP-AES bzw. ICP-OES.

Wesentliche Fortschritte bei der A. sind bei einem Ersatz der elementspezifischen Hohlkathodenlampen durch durchstimmbare Diodenlaser zu erwarten. Hierdurch werden grundsätzlich simultane Multielement-Bestimmungen bei noch besserem Nachweisvermögen ermöglicht. *Pfeffer*

Literatur: Lodge, J. P. Jr. (Ed.): Methods of Air Sampling and Analysis. 3. Ed. Chelsea, Michigan 1989. – *Bruckmann, P.,* und *H.-U. Pfeffer:* Immissionen von Metall- und Metalloid-Verbindungen, Meßverfahren und Außenluftkonzentrationen. VDI-Ber. 888. Düsseldorf 1991. – Nachr. Chem. Tech. Lab. **37** (1989), Sonderheft Spektroskopie. – Analytische Chemie 1991, Nachr. Chem. Tech. Lab. **40** (1992), S. 146–154.

Atomemissionsspektrometrie mit Plasmaanregung. Die A. m. P. (ICP-OES oder ICP-AES; induktiv gekoppeltes Plasma) stellt heute als Routineverfahren neben der → Atomabsorptionsspektrometrie (AAS) eine wichtige Standardmethode im Bereich der Immissionsmeßtechnik dar.

Die Emissionsspektrometrie bietet generell (und unabhängig von der Anregungsquelle ICP) den Vorteil, daß die Linien aller in der Probe vorhandenen Elemente gleichzeitig ausgesandt und damit im Prinzip auch gleichzeitig auswertbar sind. Die dadurch entstehenden linienreichen Spektren stellen allerdings gleichzeitig eine Gefahr dar, weil leicht spektrale Interferenzen auftreten können.

Die Multielementbestimmung mit der A. m. P. kann prinzipiell als simultanes oder sequentielles Spektrometer realisiert werden. Simultanspektrometer benötigen nur geringe Analysenzeiten und bieten eine hohe Präzision, sind aber in der Regel wegen fest installierter Bauelemente (z. B. Gitter) nur bei einer sich wiederholenden, genau definierten Aufgabenstellung sinnvoll. Flexibler sind sequentiell arbeitende Geräte, bei denen die zu

bestimmenden Elemente nacheinander durch Drehung des Monochromators (Gitter) analysiert werden. Derartige Geräte sind von der Einsatzmöglichkeit her mit AAS-Geräten vergleichbar und können diese sinnvoll ergänzen. Der Einsatz der ICP-OES bietet sich insbesondere als Methode der Wahl an, wenn viele Elemente in vielen Proben analysiert werden müssen. Weitere Vorteile sind:
– Eignung auch für schwer atomisierbare Elemente und Elemente mit hoher Affinität zu Sauerstoff,
– hohe Präzision,
– niedrige Nachweisgrenzen für eine Vielzahl von Elementen (in der Regel besser als bei der Flammen-AAS, aber etwas ungünstiger als bei der AAS mit Graphitrohrtechnik),
– großer linearer dynamischer Arbeitsbereich.

Nachteilige Aspekte sind:
– relativ hoher Zeitbedarf (im Vergleich zur AAS mit Flammenatomisierung),
– oft linienreiche Spektren,
– spektrale Interferenzen,
– vergleichsweise hohe Anschaffungs- und Betriebskosten,
– relativ hohe Nachweisgrenzen für einige Elemente (z. B. Cadmium),
– relativ hoher Probenverbrauch. *Pfeffer*

Literatur: Analytische Chemie 1991, Nachr. Chem. Tech. Lab. **40** (1992), S. 146–154. – *Bruckmann, P.* and *H.-U. Pfeffer:* Immissionen von Metall- und Metalloid-Verbindungen, Meßverfahren und Außenluftkonzentrationen. VDI-Ber. 888. Düsseldorf 1991. – Lodge, J. P. Jr. (Ed.): Methods of Air Sampling and Analysis. 3. Ed. Chelsea, Michigan 1989.

Audiometrie. A. bezeichnet die Verfahren zur Bestimmung des menschlichen Hörvermögens. Sie wird insbesondere im Arbeitsschutz zur Feststellung eines Hörverlustes infolge langjähriger Tätigkeit an geräuschintensiven Arbeitsplätzen benutzt.

Die zur A. üblicherweise eingesetzten Audiometer sind elektrische Tonfrequenzgeneratoren, die Töne unterschiedlicher Frequenz und unterschiedlicher Schalldrücke erzeugen.

Weicht das Hörvermögen der untersuchten Person von standardisierten Hörkurven ab, die für normalhörende Personen bezüglich des Schalldrucks und der Frequenz gelten, so kann auf Art und Grad des Hörverlustes der beschallten Person geschlossen werden. *Strauch*

Aufbringungsverbot. Das Aufbringen von Abwasser, Klärschlamm, Fäkalien und ähnlichen Stoffen auf landwirtschaftlich, forstwirtschaftlich oder gärtnerisch genutzte Böden unterliegt dem § 15 AbfG. Danach sind die §§ 2 Abs. 1 und 11 AbfG für die Aufbringung der genannten Stoffe entsprechend anzuwenden. Das bedeutet, daß das Wohl der Allgemeinheit und die in § 2 Abs. 1 S. 2 Nr. 1–6 genannten →Schutzgüter durch die in § 15 AbfG

bestimmenden Maßnahmen nicht beeinträchtigt werden dürfen. Die Aufbringung der genannten Stoffe auf diesen Böden unterliegt der abfallrechtlichen Überwachung. Für das Aufbringen von Jauche, Gülle oder Stallmist gelten die abfallrechtlichen Vorschriften nur insoweit, als das übliche Maß der landwirtschaftlichen Düngung überschritten wird (§ 15 Abs. 1 S. 2 AbfG). Dazu haben einige Bundesländer →Gülleverordnungen erlassen.

Gemäß § 15 Abs. 2 AbfG hat der Bundesumweltminister eine →Klärschlammverordnung erlassen, in der unter anderem die Abgabe und das Aufbringen des Klärschlamms nach Maßgabe von Merkmalen wie Schadstoffgehalt im Klärschlamm und im Boden geregelt sind. *Hoppe/Beckmann*

Aufbruchphase. Nach dem Austritt aus dem →Schornstein wächst eine Abgasfahne bei ungestörter →Ausbreitung zunächst allmählich in die Breite und Höhe, bis sie die sog. A. erreicht, in der sich ihr Querschnitt rasch vergrößert und Konzentrationsspitzen zum erstenmal den Erdboden erreichen können, weil sich hier die atmosphärischen Wirbel voll der Abgasfahne bemächtigen (Bild). Solange der Durchmesser einer Abgasfahne kleiner ist als die turbulenten Wirbel, welche die Durchmischung mit der Umgebungsluft hauptsächlich bewirken, bleibt die Abgasfahne eng gebündelt und wird von der atmosphärischen →Turbulenz hauptsächlich als Ganzes verschoben. In dieser ersten Ausbreitungsphase erfolgt die Durchmischung mit der Umgebungsluft hauptsächlich aufgrund des Austrittsimpulses der Abgase.

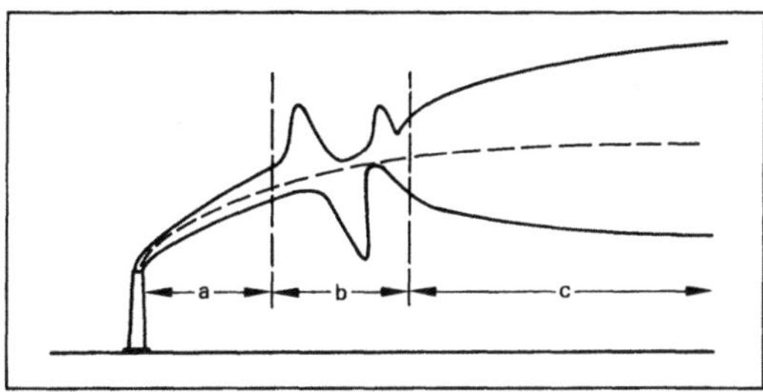

Aufbruchphase: Phasen der Abgasfahnenausbreitung

a Anfangsphase, b Aufbruchphase, c diffuse Phase.

Die A. liegt bei größeren Abgasfahnen, wie sie etwa ein Kraftwerk emittiert, im Mittel in etwa 500 m Quellentfernung. Sie rückt bei labiler Temperaturschichtung näher an den Emittenten heran und bei neutraler und leicht stabiler Temperaturschichtung weiter von der Quelle fort. Bei der Rauchfahnen-Verfolgung mit →Lidar-Verfahren (optischer Laserradar), die auch die für das Auge unsichtbaren Ränder erfaßt, lassen sich die drei Ausbreitungsphasen deutlich unterscheiden. *Giebel*

Auffangvorrichtung bei Pipelines. Wassergefährdende Flüssigkeiten, wie sie betriebsmäßig in Stationen beim Molchen aus Molchschleusen, Probennahmen oder als Lecköl, z. B. aus Wellendichtungen, anfallen, werden aufgefangen und über ein Rohrleitungssystem einem Leckölbehälter zugeführt.

Die Leckölbehälter sind mit Grenzwertgebern ausgerüstet, die bei einer Füllung von ca. 50 % einen Alarm auslösen, der bei unbesetzten Stationen zur Betriebszentrale übertragen wird. Bei einer Füllung von ca. 85 % müssen Maßnahmen ergriffen werden, die einen weiteren Zufluß zum Leckölbehälter verhindern; erforderlichenfalls ist der Förderbetrieb einzustellen.

Pumpstationen werden durch bauliche Maßnahmen als Auffangwanne gestaltet, damit im Fall eines Schadens innerhalb der Pumpstation keine wassergefährdenden Flüssigkeiten auf benachbarte Flächen gelangen.

Die Bemessung der Auffangräume richtet sich nach den Mengen, die im Schadensfall austreten können, wobei die Schließzeiten der Absperrarmaturen am Ein- und Ausgang der Pumpstation berücksichtigt werden. Das Niederschlagswasser wird über →Ölabscheider abgeführt.

Bei unbesetzten Pump- und ggf. weiteren Stationen müssen Einrichtungen vorhanden sein (z. B. Ölmeldesonden), die bei Austreten von Flüssigkeit einen Alarm in der Betriebszentrale auslösen.

Krass

Auflage. A. sind Nebenbestimmungen zu einem begünstigenden Verwaltungsakt (Genehmigung, Erlaubnis, Fristverlängerung u. a.), durch die dem Begünstigten ein Tun, Dulden oder Unterlassen vorgeschrieben wird (§ 36 des Verwaltungsverfahrensgesetzes). Z. B. kann eine Genehmigung nach dem BImSchG mit der A. verbunden werden, die Emissionen der Anlage regelmäßig oder in bestimmten zeitlichen Abständen zu messen. Der Verstoß gegen eine A. läßt den Bestand des begünstigenden Verwaltungsaktes unberührt. Er kann aber Anlaß für ein Einschreiten der Überwachungsbehörde geben. Die Behörde kann die Pflichten aus einer A. mit den Mitteln des Verwaltungszwangs (Zwangsgeld, Ersatzvornahme oder unmittelbarer Zwang) durchsetzen oder bei einer entsprechenden Rechtsgrundlage (z. B. § 20 Abs. 1 des BImSchG) die weitere Ausnutzung der Begünstigung bis zur Erfüllung der A. untersagen. *Hansmann*

Auftriebserhöhung durch latente Wärme. Wenn Schwadenfahnen aus Naßkühltürmen oder Abgasfahnen, welche Wasserdampf enthalten, wie insbesondere die wasserdampfgesättigten Rauchfahnen nach der Naß-Entschwefelung, in die Atmosphäre gelangen, so erhöht die latente Wärme des Wasserdampfs den Anstieg bzw. die Überhöhung dieser

Fahnen. Beim Austritt aus dem →Kühlturm bzw. →Schornstein kondensiert der Wasserdampf, seine latente Wärme wird frei und führt zu einem stärkeren thermischen Auftrieb. In etwas größerer Quellentfernung verdunsten die Tröpfchen allerdings wieder und die eben frei gewordene Verdampfungswärme wird der Fahne wieder entzogen. Dieser Vorgang kann sich mehrere Male wiederholen, bis alle Tröpfchen verdunstet sind und keine Kondensation mehr stattfindet. Obwohl sich Wärmegewinn und und Wärmeverlust schließlich ausgleichen, erhöht die latente Wärme des Wasserdampfes die Überhöhung der Schwaden- bzw. Abgasfahne, weil die frei werdende latente Wärme der Fahne zu einem Zeitpunkt zugeführt wird, wo sie noch enger gebündelt ist. Die A. wirkt sich dann stärker aus als die spätere Verminderung des Auftriebs aufgrund des Wärmeentzugs bei einem größeren Fahnenquerschnitt.

Wasserdampfgesättigte Abgasfahnen mäandern stärker in der Vertikalen als trockene Fahnen (→Abgasfahnenüberhöhung, →Rauchgasableitung über Kühlturm, →Überhöhung feuchter Abgasfahnen). *Giebel*

Aufwindkraftwerk. A. sind solarthermische Kraftwerke. Sie bestehen aus einem gewächshausartigen →Kollektor, einem zentral zum Kollektor angeordneten →Kamin und aus einer oder mehreren Windturbinen im Übergang vom Kollektor zum Kamin: Die durch die Glas- oder Kunststoffolienabdeckung des Kollektors übertragene solare Strahlungsenergie erhöht die Temperatur unterhalb der Abdeckung; die sich aus der barometrischen Höhenformel in Abhängigkeit der Kaminhöhe ergebende Druckdifferenz zwischen der unteren und der oberen Kaminöffnung wird dadurch verstärkt. Die kinetische Energie des erzeugten Luftstroms vom Einlaß in den Kollektor zum Einlaß in den Kamin wird in den Windturbinen in elektrische Energie umgewandelt.

Ein A. ist aus verhältnismäßig einfachen Bauteilen zusammengesetzt; die Installationskosten sind mäßig. Da aber der theoretisch erreichbare solarelektrische Wirkungsgrad prinzipiell <1 % ist, müssen auch die Baukosten klein sein, um zu akzepta-

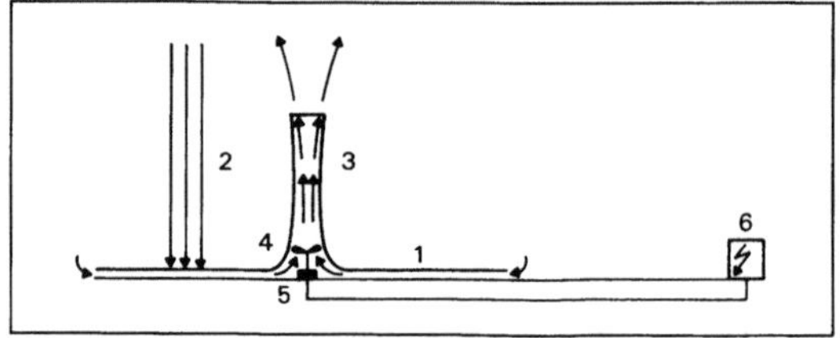

Aufwindkraftwerk: Schema.

1 Kollektor, 2 Sonnenstrahlung, 3 Kamin, 4 Turbine, 5 Generator, 6 Stromnetz

blen spezifischen Investitionskosten (DM/kWh/a) zu kommen. Ein A. von 50 kW_e installierter Leistung und einer Kaminhöhe von 200 m hat mehrere Jahre in Spanien Dienst getan. Durch Schwarzfärben des Bodens des Kollektors wird die Wärmeabsorption erhöht und ein gewisser Speichereffekt erreicht, der erlaubt, das Kraftwerk zeitweilig auch nach Sonnenuntergang zu betreiben. *C.-J. Winter*

Literatur: *Schlaich, S. und J.:* Erneuerbare Energien nutzen. Düsseldorf 1990. – *Winter, C.-J., R. L. Sizmann; L. L. Vant Hull* (Hrsg.): Solar Power Plants. Berlin–Heidelberg–New York 1991.

Aufwuchsträger. Zur Besiedlung durch Mikroorganismen, pflanzliche oder tierische Zellen geeignete Feststoffe aus natürlichen oder synthetischen Materialien. Nach einer reversiblen, als Primärbesiedlung bezeichneten Phase verbinden sich die Organismen meist durch die Produktion spezieller Klebstoffe, sog. Exopolymere, derart fest mit der Unterlage, daß man sie als aufgewachsen bezeichnet. Der Aufwuchs bleibt meist nicht auf eine einzige zelluläre Schicht beschränkt, sondern entwickelt sich im Laufe der Zeit zu einem mehrere μm dicken Belag, dem sog. →Biofilm.

Als A.-Materialien sind in der →Biotechnologie z. B. bewährt: Sand, Lavalith, Sinterglas und verschiedene Kunststoffe. A. haben Durchmesser von ca. 100 μ bis in den makroskopischen Bereich (z. B. bei →Tropfkörpern) hinein. *Kleespies*

Ausbreitung im Nahbereich niedriger Quellen. Die Emissionen niedriger Emissionsquellen, die vielfach zu den nicht genehmigungspflichtigen Anlagen gehören, führen in ihrem Nahbereich häufig zu Nachbarschaftsbeschwerden, deren Berechtigung mit Hilfe von Ausbreitungsrechnungen oder evtl. auch Begehungen (bei Gerüchen) nachgewiesen werden muß. Bei den Immissionssimulationen ist zu berücksichtigen, daß die A. im Nahbereich niedriger Quellen durch Gebäude gestört ist. Zu den niedrigen Emissionsquellen gehören insbesondere Holzfeuerungen (von Schreinereien z. B., in denen zu Heizzwecken Holzabfälle verbrannt werden), Räuchereien, Lackierereien und Tierintensivhaltungen. Zu Beschwerden kommt es insbesondere dann, wenn die Schornsteinmündungen oder sonstigen Auslässe niedriger liegen als die Nachbargebäude. Besonders kritisch ist der unmittelbare Nahbereich bis zu einer Quellentfernung von etwa 20–30 m. Die Nachbarn, deren Fenster und auch Gärten von den Abgasfahnen beaufschlagt werden, fühlen sich durch Gerüche oder sichtbare Abgasfahnen belästigt oder fürchten durch unsichtbare Abgase in ihrer Gesundheit geschädigt zu werden.

Zeigen die Ausbreitungsrechnungen oder Begehungen, daß Grenz- oder Schwellenwerte überschritten werden, so sind die Immissionen zu verringern. Falls die Emissionen nicht reduziert werden können, kommt evtl. eine Erhöhung der effektiven Quellhöhe durch eine Aufstockung des Schornsteins oder eine Erhöhung der Austrittsgeschwindigkeit der Abgase, insbesondere zur Vermeidung von →stacktip downwash in Frage.

Die Berechnung der Immissionen im Nahbereich niedriger Quellen ist schwierig, weil die A. der Abgase durch die Bebauung stark beeinflußt wird. Hinter Gebäuden tritt ein Leewirbel auf (Bild), in den die Abgasfahne in Abhängigkeit von der effektiven Quellhöhe über dem Leewirbel in unterschiedlichem Maße hineingezogen wird. Durch Vergleich der effektiven Quellhöhe h über der Mitte des Leewirbels mit der Gebäudeabmessung δ = die Höhe hB oder die Breite des Gebäudes, je nach dem, welcher Wert der kleinere ist (die Breite des Gebäudes in bezug auf die Anströmrichtung), lassen sich vier Ausbreitungssituationen unterscheiden:

$$h > hB + 1,5\ \delta \qquad (1)$$

Ausbreitung im Nahbereich niedriger Quellen: Mittlere Luftströmung um ein kubisches Gebäude.

Die Abgasfahne breitet sich relativ unbeeinflußt vom Gebäude aus. Dabei zieht sie eng gebündelt mit dem Wind davon und steigt aufgrund ihres mechanischen und thermischen Impulses allmählich an.

$$0,2 < (h - hB)/\delta < 1,5 \qquad (2)$$

Die Abgasfahne wird abgesenkt, gerät aber nicht in den Leewirbel. Der Anstieg auf Grund des mechanischen Impulses wird Null, nicht jedoch der Anstieg der Abgasfahne auf Grund ihres thermischen Impulses.

$$0 < (h - hB)/\delta < 0,2 \qquad (3)$$

Die Abgasfahne gerät teilweise in den Leewirbel. Für die Konzentrationsberechnung wird in Quellentfernungen $>10\ \delta$ der Ausbreitungsparameter σ_Z in Abhängigkeit von den Gebäudedimensionen und der effektiven Quellhöhe vergrößert, σ_Y bleibt unverändert (→Gauß-Ausbreitungsformel).

$$h < hB \qquad (4)$$

Die Abgasfahne gerät vollständig in den Leewirbel. Für die Konzentrationsberechnung in Quellentfernungen $>10\ \delta$ werden σ_Z und σ_Y in Abhängigkeit von Höhe und Breite des Gebäudes vergrößert.

Tritt eine Abgasfahne ganz oder teilweise in die turbulente Leezone hinter einem Gebäude ein

(Fälle 3 und 4), dann ist eines der Hauptmerkmale der Ausbreitung ein nach unten und seitwärts gerichteter turbulenter Transport, der in Beziehung zu den Gebäudedimensionen steht. Im →Lee von Gebäuden, insbesondere bei diagonaler Orientierung zur Windrichtung, treten axiale Wirbel auf, welche die Schadstoffe rasch in Richtung Erdboden transportieren. Der nach unten gerichtete Transport wird als gebäudebedingter Downwash bezeichnet. Der Teil der Abgase, der in die Nachlaufblase hinter dem Gebäude gelangt, nimmt dabei mit abnehmender effektiver Quellhöhe zu. In Gebäudenähe treten hohe Konzentrationen auf, die um so höher liegen, je niedriger die effektive Quellhöhe über der Mitte des Leewirbels ist. Die Immissionen im Bereich des Leewirbels werden mit empirischen Ausbreitungsgleichungen berechnet, z. B.

$$c = Q/(0{,}5\ F)$$

mit c: Immissionskonzentration im Lee eines Gebäudes im allgemeinen bei vollständigem Einfang in mg/m^3 (Fall 3), Q: Emission in mg/s, F: Angeströmte Fläche des Gebäudes in m^2.

Das stark verwirbelte Strömungsfeld hinter dem Gebäude, in dem die hohen Konzentrationen auftreten, reicht bis zu einer Entfernung vom Schornstein, die etwa der Entfernung 3 δ von der Gebäudewand entspricht. Weiter stromabwärts bis zu etwa 10 δ schließt sich ein Gebiet mit zum Boden hin abgelenkten Stromlinien an.

Der Anstieg der Abgasfahnen aufgrund ihres mechanischen Impulses wird Null und die Abgasfahne wird darüber hinaus noch weiter abgesenkt. Anschließend erfolgt jedoch wieder ein Anstieg der Fahne auf Grund ihres Wärmeinhalts, sofern die Austrittstemperatur der Abgase über der Temperatur der Umgebungsluft liegt. In allen vier Fallgruppen wird für Quellentfernungen zwischen 3 δ und 10 δ die Immissionskonzentration linear interpoliert. In den Fällen (1) und (2) ist dabei die Konzentration bis zur Entfernung 3 δ vom Gebäuderand Null.

Zur Berechnung der Immissionen kommen folgende analytische Ausbreitungsmodelle in Betracht:
- TA Luft-Modell ab 50–100 m Quellentfernung, je nach den örtlichen Bedingungen
- →Gauß-Ausbreitungsformel mit speziellen Ausbreitungsparametern für Quellentfernungen ab 10 δ, gewöhnlich der zehnfachen Gebäudehöhe;
- empirische Ausbreitungsformeln zur Abschätzung der Maximalbelastung am Boden bis zu einer Quellentfernung von 3 δ von der Gebäudewand, wenn die Abgasfahne ganz oder teilweise in Leewirbel gerät;
- Nahbereichsgleichung für Gebäude, falls die Abgasfahne auf Gebäude trifft.

Außerdem werden zur Berechnung der A. im Nahbereich niedriger Quellen numerische Ausbreitungsmodelle verwendet. *Giebel*

Literatur: *Fackrell, J. E.:* An examination of simple models for building influenced dispersion. Atmosph. Environm. Vol. 18 No 1 (1984) pp. 89/98. – Niederländische Arbeitsgruppe für die Ausbreitung von Luftverunreinigungen: Der Einfluß eines Gebäudes auf die Ausbreitung von Schornsteinfahnen – Empfehlung einer Berechnungsmethode. SCMO-TNO, Delft 1986. – *Pernpeintner, A.:* Der Einfluß von Gebäuden auf die Ausbreitung – Ergebnisse von Versuchen im Windkanal. Lehrstuhl für Strömungstechnik der TU München, Bericht-Nr. 83/21, München 1983. – VDI-Richtlinie 3781, Blatt 4: Bestimmung der Schornsteine für kleinere Feuerungsanlagen. 11/1980.

Ausbreitung in Tälern. Sie ist vorwiegend durch lokale Zirkulationssysteme geprägt. So erwärmt tagsüber die Sonneneinstrahlung vor allem an den Südhängen die Luftmassen. Diese steigen dort am Hang auf und sinken in der Talmitte wieder ab. Nachts dagegen führt die Abkühlung der bodennahen Luftmassen am Hang zu einem Kaltluftabfluß ins Tal. Durch die Ansammlung der Kaltluft am Talboden entsteht dort eine Bodeninversion (→Inversion), die in den Morgenstunden nur langsam abgebaut wird.

Die lokalen Berg- und Talwinde sind bei Schwachwindlagen besonders ausgeprägt. Bei stärkerem Wind werden sie zusätzlich von der großräumigen Zirkulation überlagert.

Im Tal freigesetzte Luftverunreinigungen folgen diesen Luftbewegungen. Daher sind während der Tagesstunden die höchsten Konzentrationen am Südhang zu erwarten, während sich die →Immissionen nachts am Talboden sammeln. *Wichmann-Fiebig*

Ausbreitung radioaktiver Stoffe. Der Vorgang der A. beginnt mit der Ableitung und endet dort, wo die Exposition des Menschen durch äußere oder innere Bestrahlung stattfindet oder stattfinden könnte.

Die wichtigsten Ausbreitungs- und Transportwege für (offene) radioaktive Stoffe sind die Luft und das Wasser. Die Gesamtwege werden als Expositionspfade bezeichnet. Die Ermittlung der →Strahlenexposition des Menschen über die Expositionspfade ist in einer Allgemeinen Verwaltungsvorschrift (AVwV) zu § 45 StrlSchV geregelt; in ihr werden auch die Rechenmodelle zur Beschreibung der Transport- oder Ausbreitungsvorgänge von der Quelle (Luft) bzw. Einleitungsstelle (Wasser) bis zum betrachteten Immissionsort angegeben. Die Expositionspfade gehen von dort aus jedoch noch weiter: →Inhalation, →Ingestion, →Inkorporation, →Submersion. *Ewen*

Literatur: Allgemeine Verwaltungsvorschrift zu Paragraph 45 Strahlenschutzverordnung: Ermittlung der Strahlenexposition durch die Ableitung radioaktiver Stoffe aus kerntechnischen Anlagen oder Einrichtungen, vom 21. 2. 1990, Bundesanzeiger, Nr. 64 a, 31. 3. 1990.

Ausbreitung von Erschütterungen. In einem Kontinuum (Medium) vollzieht sich die A. von Änderungen der Spannungs- oder Verformungszustände in Form von Wellen. Das Kontinuum besteht aus einer Vielzahl von schwingungsfähigen Teilchen, die miteinander gekoppelt sind. Wird eines dieser Teilchen oder auch mehrere, zu Schwingungen angeregt, wird dieses oder werden diese zum Zentrum einer Wellenausbreitung. Kinematisches Kennzeichen für die A. ist das Wandern der Schwingungsphase; dynamisches Kennzeichen ist der Transport von Energie. Beides geschieht mit der Ausbreitungsgeschwindigkeit (Wellengeschwindigkeit) oder der Phasengeschwindigkeit.

Der Vorgang der A. hängt von den Materialeigenschaften des Ausbreitungsmediums, ihrer Verteilung innerhalb des Mediums und den Randbedingungen ab.

Bei auftretenden →Erschütterungen ist besonders deren A. im Boden zu betrachten. Der Boden ist praktisch nie homogen und auch nicht isotrop. Er ist oft aus Bodenschichtungen aufgebaut. Die Schichtgrenzen können parallel oder schräg zur Oberfläche verlaufen. An Schichtgrenzen kommt es zu Reflexionen und Refraktionen von Raumwellen. Die A. von Wellen in einem mehrfach und unregelmäßig geschichteten Boden ist analytisch nur sehr schwierig zu erfassen. Bei der seismischen Prospektion wird häufig die A. einer kurzzeitigen Erschütterung (seismischer Impuls) an der Erdbodenoberfläche durch Messung erfaßt, um Kenntnis über die dynamischen Bodenparameter und über Schichten verschiedener Steifigkeiten ohne direkte Bodenaufschlüsse zu erhalten. *Splittgerber*

Literatur: *Haupt, W.:* Ausbreitung von Wellen im Boden. In Haupt, W. (Hrsg.): Bodendynamik, Grundlagen und Anwendung. Braunschweig 1986. – *Studer, J.* und *A. Ziegler:* Bodendynamik, Grundlagen, Kennziffern, Probleme. Berlin-Heidelberg-New York 1986.

Ausbreitung von Gerüchen. Die A. von Geruchsstoffen wird ebenso wie bei anderen Spurenstoffen durch Windrichtung, Windgeschwindigkeit und Turbulenz bestimmt, wobei jedoch gewisse Besonderheiten zu berücksichtigen sind. Ob und mit welcher Intensität Gerüche in der Umgebung einer Quelle wahrgenommen werden, hängt nicht nur von der Verdünnung durch Windgeschwindigkeit und Turbulenz, sondern auch von Niederschlag, Nebel oder Dunst und von der Sonneneinstrahlung ab: Manche Geruchsstoffe werden bei Regen aus der Atmosphäre ausgewaschen, während Nebel oder Dunst Gerüche festhält und sie noch verstärkt, oder

sie werden erst bei hoher Luftfeuchte wahrgenommen, u. a. deshalb, weil eine feuchte Nasenschleimhaut empfindlicher ist als eine trockene.

Die Berechnung von Geruchsimmissionen mit Hilfe von Ausbreitungsmodellen ist schwieriger und mit mehr Unsicherheiten behaftet als die anderer Tracergas-Konzentrationen. Der Hauptgrund hierfür ist, daß Gerüche durch Konzentrationsspitzen im Sekundenbereich verursacht werden, die herkömmlichen Ausbreitungsmodelle aber nur Mittelwerte über längere Zeiträume liefern (Bild).

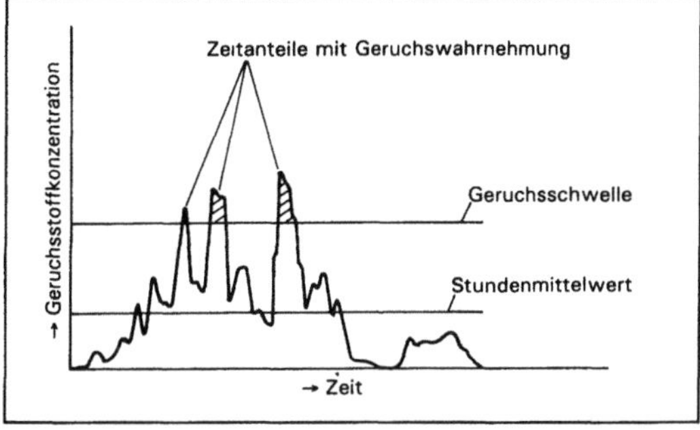

Ausbreitung von Gerüchen: Zeitliche Schwankungen einer Geruchsstoffkonzentration an einem Meßort.

Um die zu Geruchswahrnehmungen führenden Konzentrationsspitzen abzudecken, wurden bisher die mit dem →Gauß-Modell nach TA Luft berechneten Stundenmittel gewöhnlich mit dem Faktor 10 multipliziert. Aufgrund von Vergleichen zwischen Geruchsfeststellungen bei Begehungen und den Ergebnissen der Ausbreitungsrechnung können sich andere emittentenspezifische Faktoren zur Hochrechnung der Stundenmittelwerte auf Geruchskonzentrationen ergeben.

Geruchsstoffe können als Nebel, als Aerosole oder als Gase freigesetzt werden. Sie werden kontinuierlich, mit Unterbrechungen kontinuierlich, in gelegentlichen oder mehr oder weniger regelmäßigen Schüben emittiert. Schwankungen in der Freisetzung können sich auf das Verhältnis von Konzentrationsspitze/Mittelwert auswirken und sind bei Immissionssimulationen u. U. zu berücksichtigen. Prinzipiell können Geruchsemissionen auf zweierlei Art in ein Ausbreitungsmodell eingegeben werden:
– als Emissionsmassenstrom der geruchserzeugenden Substanz in Gewicht pro Zeiteinheit oder
– als Emissionsmassenstrom an Geruchseinheiten (GE) (→Geruchszahl).

Der Quotient Konzentrationsspitze/Mittelwert muß in beiden Fällen durch einen Faktor abgedeckt werden. Da eine chemisch-analytische Bestimmung von Geruchsstoffen nur selten möglich ist, weil sie meist in sehr geringen Konzentrationen und vorwiegend als Gemische auftreten, geht in die Ausbreitungsrechnung dementsprechend der Emissionsmassenstrom an Geruchseinheiten ein, der auch als →Geruchsstoffstrom bezeichnet wird.

Wenn man mit dem Geruchsstoffstrom in die Ausbreitungsrechnung eingeht, so ergibt sich an Stelle der →Immissionskonzentration in mg/m³ für jeden Aufpunkt die Anzahl der Geruchseinheiten pro m³ (GE/m³).

Der Jahresmittelwert hat keine Bedeutung, sondern lediglich die Häufigkeit, mit der wenigstens eine oder mehrere Geruchseinheiten auftreten. Das Überschreiten von 1 GE/m³ ist dem Überschreiten der →Wahrnehmungsschwelle gleichzusetzen. Ein Wert von weniger als einer Geruchseinheit pro m³ bedeutet, daß nach der Immissionssimulation kein Geruch zu erwarten ist. Ab wieviel GE/m³ ein Geruch als stärker empfunden wird, ist von einem →Geruchsstoff zum andern verschieden. Bei der Abluft aus Schweinemastanstalten sind es etwa 5 GE/m³.

Neben dem Gauß-Modell nach TA Luft werden auch Ausbreitungsmodelle verwendet, die speziell zur Prognose von Geruchsimmissionen entwickelt wurden. Eines dieser Modelle, das das TA-Luft-Modell mit Faktor 10 ablösen wird, ist in der VDI-Richtlinie 3782, Blatt 4 beschrieben. Das Gauß-Modell nach TA Luft wurde in diesem Fall durch Begehungen modifiziert; es handelt sich um ein zweistufiges Modell. Die erste Stufe befaßt sich mit der Berechnung des Immissionsmittelwerts, in der zweiten Stufe wird die Berechnung der Wahrscheinlichkeit von Überschreitungen vorgebbarer Geruchsstoffkonzentrationen durchgeführt. *Giebel*

Literatur: *Hanna, St. R.:* Concentration fluctuations in a smoke plume, Atmospheric Environments **18**, N 6 (1984) pp. 1091/1106. – *Medrow, W. u. Chr. Jürgens:* Die Simulation der Geruchsausbreitung, Staub Rheinhaltung der Luft **44** (1984), Nr. 11, S. 475/479. – VDI-Richtlinie 3782, Blatt 4, Entwurf: Ausbreitung von Geruchsstoffen in der Atmosphäre. 5/1991.

Ausbreitung von Kfz-Emissionen. Während die A. von Kfz-Emissionen in unbebauten oder wenig bebauten Straßen hauptsächlich von Windrichtung und Windgeschwindigkeit bestimmt wird, werden die Kraftfahrzeugabgase in bebauten Stadtstraßen von turbulenten Strömungen abtransportiert, die durch den Verkehr und die Ablenkung des Windes durch die Gebäude geprägt sind. Für diese beiden Fälle stehen denn auch unterschiedliche Ausbreitungsmodelle zur Verfügung.

Die Strömung in einer Straßenschlucht wird bestimmt durch den Wind über der Straße sowie vor dem Straßenquerschnitt. Der Abtransport der Schadstoffe nimmt mit zunehmender Windgeschwindigkeit zu. Gleichzeitig erhöht sich auch die turbulente Diffusion aufgrund der zunehmenden Turbulenz. In einer Straße existiert aber auch bei Windstille eine Eigenströmung, die insbesondere auf die Bewegung der Fahrzeuge zurückgeht.

Die Konzentrationsverläufe sind bei Queranströmung in einer Straßenschlucht vielfach stark windrichtungsabhängig mit hohen Konzentrationen auf der windzugewandten und niedrigen Konzentrationen auf der windabgewandten Seite. Mit enger werdender Straßenschlucht nehmen die Lee-Luv-Unterschiede ab und kehren sich schließlich um.

Wenn der Wind parallel zur Straße weht, sinken die Immissionen. Straßen, die in der Hauptwindrichtung verlaufen, weisen infolgedessen unter sonst gleichen Bedingungen eine geringere Belastung auf als die Straßen quer dazu.

Ein wichtiger Parameter zur Charakterisierung der A. in einer bebauten Straße ist das Bebauungsverhältnis H/W mit H: Höhe der Bebauung und W: Straßenbreite (Breite der Fahrbahn plus Abstand zu den Gebäuden), weil hiermit die verschiedenen Strömungsformen gegeneinander abgegrenzt werden können. Die höchsten Immissionen aus dem Kfz-Verkehr werden in den Straßen der Stadtkerne sowie an stark frequentierten Ausfallstraßen und Querverbindungen gemessen, weil dort die Verkehrsdichte am größten ist. Außerdem hängt die Immissionsbelastung durch den Kfz-Verkehr aber nicht nur vom Verkehrsaufkommen und Verkehrsfluß, sondern auch vom Straßentyp, d. h. der Bebauungsdichte, -höhe und -homogenität sowie der Straßenbreite ab.

Straßenschluchten weisen unter sonst gleichen Bedingungen die höchsten Immissionen durch den Kfz-Verkehr auf, weil in ihnen der Luftmassenaustausch stark herabgesetzt ist. Von den Straßenschluchten sind die schmalen Straßen am meisten benachteiligt.

Bei einer Halbierung der Straßenbreite steigen die Immissionen auf überschläglich das Doppelte an. Im Normalfall sinken die Immissionskonzentrationen mit zunehmendem Abstand vom Straßenrand rasch ab.

Auch in stärker befahrenen Straßenschluchten läßt sich deshalb in Wohnungen und Büros eine gute Luftqualität erzielen, wenn die Belüftung von der Hof- bzw. Gartenseite her erfolgt.

Auf der Straßenseite ist die Luftqualität um so besser, je höher die Wohnung liegt bzw. je größer ihr Abstand vom Straßenrand ist.

Durch die Anpflanzung von Bäumen und Sträuchern zwischen Fahrbahnrand und Wohnbebauung lassen sich die Kfz-Immissionen verringern. Die Bepflanzung hat einen Filtereffekt und sorgt außerdem durch eine erhöhte Luftverwirbelung für eine bessere Verdünnung der Abgase.

Die Immissionen aus dem Kfz-Verkehr haben einen Tagesgang mit dem Maximum an den Wochentagen zu den Hauptverkehrszeiten morgens und abends. Die höchsten Werte treten bei niedrigen Windgeschwindigkeiten und bodennahen Inversionen auf. Die Emissionen hängen von der

Fahrgeschwindigkeit ab: Die CO-Emissionen steigen mit abnehmender Fahrgeschwindigkeit steil an, während die NO_x-Emissionen bei höheren Fahrgeschwindigkeiten ihre größten Werte erreichen.

Giebel

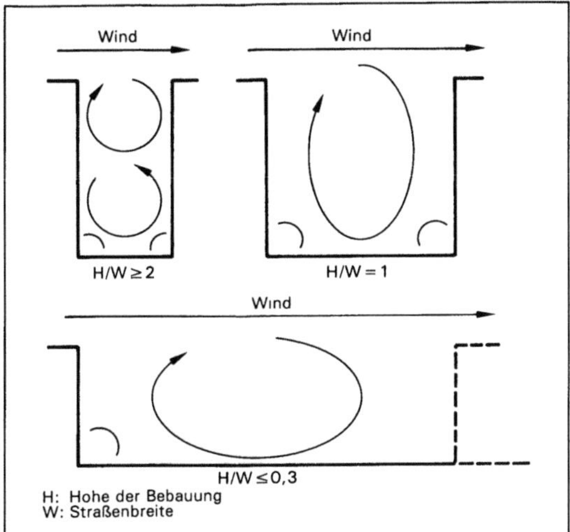

Ausbreitung von Kfz-Emissionen 1: Strömungsformen für Kfz-Abgasimmissionen in Straßen bei Wind-Queranströmung und unterschiedlichen Bebauungsverhältnissen (nach TÜV Rheinland).

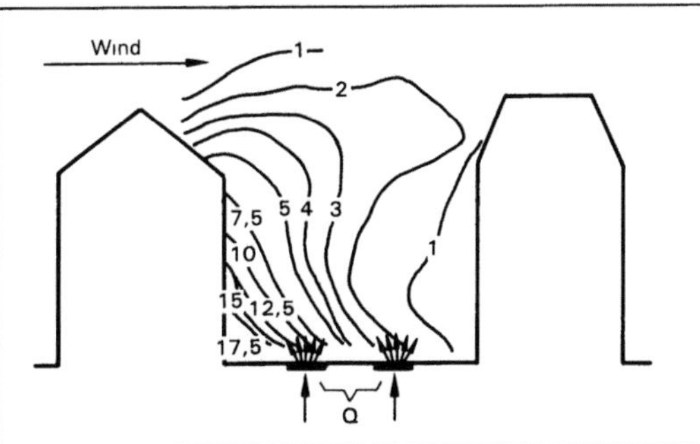

Ausbreitung von Kfz-Emissionen 2: Schadstoffkonzentrations-Verläufe in einer Straßenschlucht nach Windkanalmessungen. Q = Kfz-Abgasemissionen; die Werte an den Isolienien geben das relative Maß der Immissionsbelastung an (nach TÜV Rheinland).

Literatur: Forschungsgesellschaft für Straßen- und Verkehrswesen: Merkblatt über Luftverunreinigungen an Straßen, Teil 1 Straßen ohne oder mit lockerer Randbebauung MLuS-82. 1992. – *Johnson, W. B., W. F. Ludwig, Dabbert and R. J. Allen:* An Urban Diffusion Simulation for Carbon Monoxide. J. Air Pollut. Control Assoc. **23** (1973) 490–498. – *Leisen, P., P. Jost, K. S. Sonnborn:* Modellierung der Schadstoffausbreitung in Straßenschluchten – Vergleich von Außenmessungen mit rechnerischer und Wind-Kanal-Simulation. In Berichtsband zum BMFT/TÜV Rheinland-Immissionskolloquium 1981. Abgasbelastungen durch den Kraftfahrzeugverkehr, Köln 1982.

Ausbreitung von schweren Gasen. Die Mehrzahl der Stoffe, welche bei Störfällen in die Atmosphäre gelangen, sind schwere Gase mit einer Anfangsdichte, welche etwa 1,3–3,5 mal größer ist als die von Luft.

Schwere Gase breiten sich zunächst auf eine andere Weise in der Atmosphäre aus als Tracer-Substanzen. Insbesondere ist die Verdünnung in der Atmosphäre zunächst deutlich geringer. Die Unterschiede kommen hauptsächlich dadurch zustande, daß zu den Parametern, welche die A. bestimmen, nicht nur → Windrichtung, → Windgeschwindigkeit und → Turbulenz gehören, sondern anfangs auch in starkem Maße die Gravitation.

Damit ein Gas Schwergasverhalten zeigt, müssen zwei Bedingungen erfüllt sein: Es ist erforderlich, daß es bei der Freisetzung eine größere Dichte als Luft hat. Des weiteren muß das G. in größeren Mengen in die Atmosphäre gelangen, wobei die kritische Menge in windschwachen Ausbreitungssituationen kleiner ist als in windstarken. Eine größere Dichte als Luft kann sowohl durch ein
– höheres Molekulargewicht als das von Luft als auch durch
– eine niedrige Temperatur oder auch durch beides zustande kommen.

Treffen hohes Molekulargewicht und niedrige Temperatur zusammen, so ist das Schwergasverhalten besonders stark ausgeprägt.

Außerdem breiten sich bestimmte Aerosole (z. B. Ammoniak) sowie Polymerisationsprodukte wie schwere Gase aus.

Bei der A. schwerer Gase lassen sich insgesamt drei A.-Phasen unterscheiden:
– Die Gravitationsausbreitung im Nahfeld um die Quelle,
– die Schwergasdiffusion sowie
– nach entsprechender Verdünnung, wenn ihre Dichte sich der der Luft angenähert hat, die A. als Tracergas. Sofern in größeren Mengen freigesetzte schwere Gase nicht am Boden in die Atmosphäre gelangen, sinken sie aufgrund ihrer Schwere zu Boden und bilden im Nahbereich um die Quelle einen Schwergas-Pool, aus dem sie in die erste Phase der Schwergasausbreitung, in die Gravitationsphase, übergehen.

Während ihres Auseinanderfließens aufgrund der Schwerkraft bildet sich vielfach ein
– Frontwirbel aus, der die schweren Gase auch in größere Höhen befördert, es erfolgt eine
– stärkere A. quer zur Ausbreitungsrichtung als bei Tracer-Gasen und sogar eine
– A. in Gegenwindrichtung, die bei Schwachwindlagen ziemlich ausgeprägt sein kann.

Als weitere wichtige Folge der Gravitationsausbreitung verdünnen sich die schweren Gase anfangs deutlich weniger mit der Umgebungsluft als passive Spurenstoffe. Während der Gravitationsphase verhält sich die freigesetzte Substanz in gewisser Weise wie eine Flüssigkeit, die am Erdboden ausgegossen wird und auseinanderläuft.

Wenn Schwergaswolken in großen Mengen freigesetzt werden, verändern sie das Wind- und Temperaturprofil, und kalte Gase kühlen darüber hinaus auch noch den Boden ab. Während der Gravitationsphase ist die Abnahme der Konzentrationswerte mit der Quellenentfernung im Gegensatz zur A. passiver Spurenstoffe relativ unabhängig von der Windgeschwindigkeit.

Windgeschwindigkeit und Turbulenz beeinflussen jedoch die Verweildauer der Schwergaswolke sowie die Größe der Fläche, welche von der Schwergaswolke bedeckt wird. Wenn kalte Gase freigesetzt werden, hängt die Dauer der Gravitationsphase darüber hinaus noch von der Wärmebilanz ab, wobei auf der Emissionsseite Masse, Temperatur und spezifische Wärme des freigesetzten G. und auf der Umgebungsseite Turbulenz, Sonneneinstrahlung, Umgebungs- und Bodentemperatur stehen.

Auf die Gravitationsphase folgt die Schwergasdiffusion, bei der in stärkerem Maße Umgebungsluft durch atmosphärische Turbulenz in die Schwergaswolke eingemischt wird, und zwar hauptsächlich an der fortschreitenden Front sowie an der Deckschicht der Wolke.

Während der ersten beiden A.-Phasen wird eine Schwergaswolke ähnlich wie eine Flüssigkeit durch Hindernisse wie Mauern, Gebäude usw. aufgehalten und abgelenkt, wobei sie an den Gebäudefronten hochläuft und an Gebäudeoberkanten hohe Immissionskonzentrationen verursachen kann. Sind die Rauhigkeitselemente hoch, so können sich dazwischen auch bei hohen Windgeschwindigkeiten und starken Turbulenzen längere Zeit hohe Gaskonzentrationen halten.

Am Ende der Schwergasphase beträgt die mittlere Verdünnung der Anfangskonzentration in unbebautem Gelände etwa zwei Größenordnungen. Anschließend erfolgt die A. als Tracergas.

Für die Simulation der A. schwerer Gase wurden spezielle Ausbreitungsmodelle entwickelt ($\rightarrow$Störfallausbreitung). *Giebel*

Literatur: *Schnatz, G. u. S. Hartwig:* Schwere Gase – Modelle, Experimente und Risikoanalyse. Berlin–Heidelberg, 1986. – VDI-Richtlinie 3783 Bl. 2: Ausbreitung von störfallbedingten Freisetzungen schwerer Gase – Sicherheitsanalyse. 7/1990.

Ausbreitung von Spurenstoffen $\rightarrow$Spurenstoffausbreitung

Ausbreitung von Stäuben.
Im Vergleich zur A. von Tracergasen können bei der A. normaler schwebfähiger Stäube die Sinkgeschwindigkeit sowie die Ablagerungsgeschwindigkeit für die trokkene Ablagerung am Erdboden nicht vernachlässigt werden. Nur im Grenzfall sehr leichter Stäube mit einem aerodynamischen Durchmesser <10 μm erfolgt die A. wie bei einem $\rightarrow$Tracergas. Sink- und Ablagerungsgeschwindigkeit hängen von der $\rightarrow$Korngrößenverteilung sowie der zugehörigen mittleren Partikeldichte der emittierten Stäube ab, Parameter, deren Kenntnis gewöhnlich lückenhaft ist.

Die bisher vorhandenen Ausbreitungsmodelle beschreiben die A. von Stäuben und deren Depositionsverhalten nur in grober Annäherung. Das in der $\rightarrow$TA Luft angegebenen Ausbreitungsmodell ist ein sog. Source-Depletion-Modell, eine Erweiterung des Gaußmodells, in dem die Staubablagerung am Erdboden dadurch berücksichtigt wird, daß die Quellstärke als Funktion der Quellentfernung angesetzt wird. Die Verarmung der Abgasfahne erfolgt über die gesamte Höhe gleichzeitig. Für die verschiedenen Größenklassen von Korngrößenverteilungen sind unterschiedliche Ablagerungsgeschwindigkeiten angegeben. Die Sinkgeschwindigkeit der Partikel aufgrund der Schwerkraft wird nicht gesondert berücksichtigt. Mit dem Modell lassen sich die Immissionsbeiträge aufgrund des Schwebstaubs (in mg/m^3) sowie des Staubniederschlags (in $mg/(m^2h)$) berechnen ($\rightarrow$Depositionsgeschwindigkeit, $\rightarrow$Sedimentation, $\rightarrow$Deposition, trockene). *Giebel*

Ausbreitungsklasse $\rightarrow$Diffusionsklasse

Ausbreitungsmedium.
A. bewirken die Freisetzung der Schadstoffe aus $\rightarrow$Altlasten, d. h. den Schadstoffaustrag aus der $\rightarrow$Altablagerung oder aus dem Kontaminationsherd des $\rightarrow$Altstandortes, den Schadstofftransport und Eintrag der Schadstoffe in die Schutzgüter. A. können Wasser, z. B. Niederschlag, Grundwasser, Oberflächengewässer, aber auch Luft einschließlich Bodenluft, Pflanzen und Tiere sein. Die in Altablagerungen oder im Erdreich und im Untergrund von Altstandorten enthaltenen Schadstoffe können nachteilige Wirkungen nur dann hervorrufen, wenn sie über Ausbreitungspfade mit den zu schützenden Gütern in Kontakt kommen.

Der Boden ist weniger ein A., er ist für den Bereich der Altlasten in erster Linie ein Ausgangs- und Durchgangsmedium für Schadstoffe. *Thoenes*

Ausbreitungspfad.
Allgemein. A. wird als Sammelbegriff für die Wege von Schadstoffen in $\rightarrow$Umweltmedien von der Freisetzung über den Schadstofftransport bis zu den jeweiligen Schutzgütern definiert. Als die wichtigsten A. werden der Luftpfad für die Ausbreitung von Gasen, Dämpfen und Schwebstoffen, die in Boden oder Wasser eindringen oder direkt auf Pflanzen, Tiere und Menschen einwirken, und der Wasserpfad für Schadstoffe im Wasser genannt. Die Pfade können einzeln, nacheinander oder gleichzei-

tig an der Ausbreitung von Schadstoffen beteiligt sein (→Expositionspfad). *Deml*

Altlasten. Die A. der Schadstoffe aus Altlasten lassen sich in zwei Gruppen einteilen. Zur ersten Gruppe gehören die Pfade der direkten Kontakte. Die zweite umfaßt die indirekten Pfade, die eines Ausbreitungsmediums bedürfen. Man unterscheidet zwischen Luft- und Wasserpfad.

□ Luftpfad: Ausbreitung von Schadstoffen durch die Luft. Am Standort der Altlasten entwickeln sich Schwebstoffe, Gase oder Dämpfe, die entweder direkt auf Pflanzen/Tier/Mensch einwirken oder in Luft/Boden/Wasser eingehen.

□ Wasserpfad: Ausbreitung von Schadstoffen durch und im Wasser. Am Standort der Altlasten treten verunreinigte Sickerwässer/Grundwässer/Oberflächenabflußgewässer auf, die entweder in Oberflächenwasser/Grundwasser/Böden/Untergrund übergehen oder direkt auf Pflanzen/Tier/Mensch einwirken.

Eine besondere Rolle spielt bei der Ausbreitung der Schadstoffe aus Altlasten der →Boden. Beim Boden als Pflanzenstandort ist der Pfad Boden → Porenwasser/Sickerwasser → Pflanze → Pflanzenprodukte → Mensch und beim Boden in seiner Filterfunktion der Pfad Boden → Porenwasser/

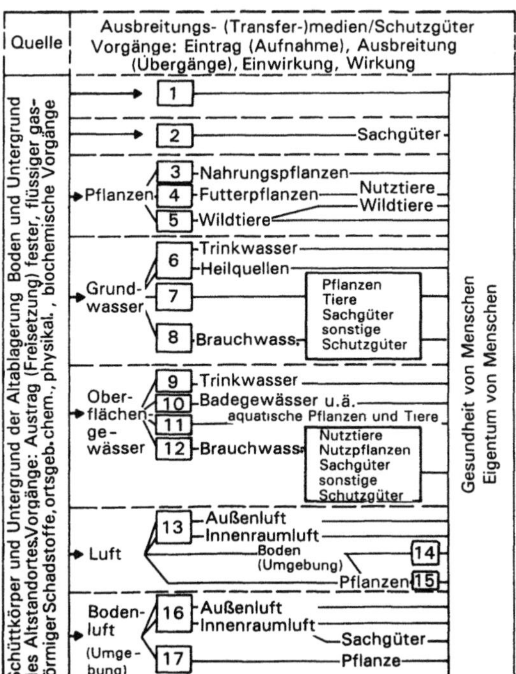

Ausbreitungspfad: Übersicht über mögliche A.- bzw. Wirkungspfade bei Altablagerungen und Altstandorten. (Quelle: Fehlau)

□ Nr. des Pfads

Sickerwasser → Grundwasser → Trinkwasser → Mensch zu betrachten. Es sind weitere Pfade innerhalb der →Nahrungskette möglich, die im Hinblick auf die menschliche Gesundheit zu den indirekten A. gehören.

Die Pfade können einzeln, nacheinander oder gleichzeitig an der Ausbreitung von Schadstoffen beteiligt sein. Bei der →Gefährdungsabschätzung müssen sämtliche A. auf ihre Bedeutsamkeit geprüft und bewertet werden (Bild).

In der Literatur werden für die A. sehr unterschiedliche Bezeichnungen benutzt, z. B. Emissionspfade, Expositionspfade, Gefährdungspfade, Immissionspfade, Kontaminationspfade, Schadstoffpfade, Transmissionspfade, Wirkungspfade.

Thoenes

Literatur: LAGA: Altablagerungen und Altlasten. Berlin 1991. – *Fehlau, K. P.:* Aspekte der Altlastenbeurteilung aus behördlicher Sicht. Gas-Erdgas-gwf **130** (1989) No. 8, S. 428/33. – *Ruck, A.:* Problem der Festsetzungen von Schwellenwerten für Umweltmedien – das Beispiel Boden. Forum Wissenschaft **6** (1989) No. 1, S. 58/63.

Ausbreitungsrechnung für Schall →Schallimmissionsprognose (Schallausbreitungsrechnung)

Ausfalleffektanalyse. Elemente eines technischen Systems können ausfallen, d. h. die gewünschte Sollfunktion des Elements innerhalb des Systems wird nicht mehr erbracht.

Die A. dient dem Erkennen kritischer Fehlfunktionen von Elementen eines Systems und deren Auswirkungen auf das System. Im Vordergrund steht das Auffinden von Schwachstellen. Bei der A. z. B. an einer verfahrenstechnischen Anlage werden für Gerätefunktionen oder deren Funktionselemente Fehlfunktionen angenommen. Die anzunehmenden Fehlfunktionen werden von der Sollfunktion abgeleitet, z. B.: Eine Füllstandsüberwachung, die ein bestimmtes Flüssigkeitsniveau regeln soll, schaltet zu früh, zu spät bzw. überhaupt nicht. Die für die Fehlfunktion verantwortlichen Ursachen und die resultierenden Auswirkungen werden ermittelt und qualitativ bewertet. Die A. ist sehr übersichtlich und kann leicht auf Vollständigkeit hin überprüft werden.

Die A. ermöglicht die systematische Analyse (→Systemanalyse-Methoden) der Anlagensicherheit z. B. im Rahmen der Erstellung von Sicherheitsanalysen. Die A. liefert zudem Vorabinformationen für die →Fehlerbaumanalyse, die →Störfallablaufanalyse und die →Risikoanalyse.

Werden anstelle der Fehlfunktionen von Geräten Bedienungsfehler angenommen, spricht man auch von Bedienungsfehleranalysen. Bei der Bedienungsfehleranalyse werden z. B. mit Hilfe von Leitwerten, die menschliche Fehlermöglichkeiten widerspiegeln, alle vorkommenden Tätigkeiten überprüft. Die Leitwerte orientieren sich daran, was ein Mensch bei einer von ihm erwarteten Tätigkeit falsch machen kann. Er kann z. B. eine Handlung gar nicht, zum falschen Zeitpunkt, zu spät usw. ausführen. *Nitsche*

Literatur: DIN 25 448. Ausfalleffektanalyse. 6/1980.

Auskofferung. Technischer Ausdruck für das Abtragen und Ausheben bzw. die Entnahme der kontaminierten Massen und Substanzen an Altablagerungsplätzen und →Altstandorten. Die notwendigen Arbeitsschritte sind Lösen, Fördern, Transportieren, Abladen und gegebenenfalls Umladen. Bei den Arbeitsschritten sind die Art der →Kontamination, die mögliche Freisetzung der Kontaminanten als →Emissionen und der Arbeitsschutz bei der Planung und Durchführung zu berücksichtigen. Wichtig ist, daß keine neuen Kontaminationswege ermöglicht werden. Auftretende Arbeitsplatz- und Umweltgefährdungen sind auf ein vertretbares Maß zu begrenzen. Hilfreich ist die Zuordnung der baubetrieblichen Klassifizierung zu den erforderlichen Sicherheitsanforderungen.

Im Zusammenhang mit der →Umlagerung wird auch von A. gesprochen. *Thoenes*

Auslegungsstörfall. Das entscheidende Ziel der sicherheitstechnischen Maßnahmen bei der Nutzung der Kernenergie in einem Kernkraftwerk besteht darin, den Einschluß des durch die kontrollierte Kernspaltung entstehenden radioaktiven Spaltproduktinventars in der Anlage jederzeit zu gewährleisten. Deshalb muß gemäß § 7 Abs. 2 Nr. 3 des Atomgesetzes die nach dem →Stand von Wissenschaft und Technik erforderliche Schadensvorsorge getroffen werden, die sicherstellt, daß es weder im Normalbetrieb noch bei einem →Störfall infolge der Freisetzung von Spaltprodukten und sonstigen radioaktiven Stoffen zu einer →Strahlenbelastung kommen kann, die bestimmte Grenzwerte der →Strahlenschutzverordnung (StrlSchV) überschreitet. In bezug auf Störfälle wird die erforderliche Schadensvorsorge in § 28 Abs. 3 StrlSchV dadurch konkretisiert, daß sog. Störfallplanungswerte als maximale Körperdosen in der Umgebung der Anlage für den ungünstigsten Störfall festgelegt werden; diese Werte sind bei der Planung baulicher und sonstiger Schutzmaßnahmen zugrunde zu legen.

Die hiernach erforderliche Schadensvorsorge gegen Störfälle kann gemäß § 28 Abs. 3 Satz 4 StrSchV von der atomrechtlichen Genehmigungsbehörde als erfüllt angesehen werden, wenn bei der Auslegung der Anlage die Störfälle zugrunde gelegt sind, die nach den Störfall-Leitlinien und den Sicherheitskriterien für Kernkraftwerke auslegungsbestimmend sind. Die Störfall-Leitlinien enthalten die radiologisch relevanten und die sonstigen

Störfälle, die für die Anlagenauslegung bestimmend sind (kurz: Auslegungsstörfälle). Es wird dabei ein Spektrum von ca. 70 Störfällen betrachtet. Mit dieser Festlegung der A. sowie mit den Auslegungsgrundsätzen der Redundanz, der →Diversität und der Entmaschung ist ein ausreichend engmaschiges Sicherheitssystem zur zuverlässigen Störfallbeherrschung gegeben.

Nicht zu den A. zählen Ereignisse, deren Eintrittswahrscheinlichkeit zwar gering ist, bei denen aber wegen des Ausmaßes möglicher Schäden risikominimierende und auswirkungsbegrenzende Vorkehrungen zu treffen sind. *Rebentisch*

Literatur: Leitlinien zur Beurteilung der Auslegung von Kernkraftwerken mit Druckwasserreaktoren gegen Störfälle im Sinne des § 28 Abs. 3 StrlSchV – Störfall-Leitlinien –, Bekanntmachung des Bundesministers des Innern vom 21. 10. 1977. Bundesanzeiger Nr. 206 vom 3. 11. 1977. – Sicherheitskriterien für Kernkraftwerke. Bekanntmachung des Bundesministers des Innern vom 21. 10. 1977. Bundesanzeiger Nr. 206 vom 3. 11. 1977.

Auslösezählrohr. Dieser Typ eines auf dem Ionisationsprinzip beruhenden Strahlungsdetektors ist am besten als Geiger-Müller-Zählrohr bekannt. Es besteht aus einem Metallrohr oder einem innen metallisierten Glaszylinder, in dem, vom Mantel isoliert, ein dünner Draht eingespannt ist. Dieser ist einerseits über einen Kondensator C mit einem Verstärker und einem registrierenden Zählwerk verbunden, andererseits (zur Entladung des Kondensators nach jedem Spannungsstoß) über einen sehr großen Wiederstand R geerdet (Bild). Am

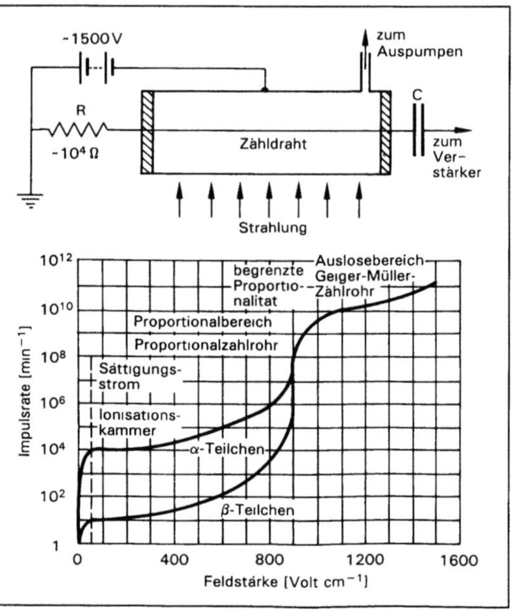

Auslösezählrohr: Zählrohr nach Geiger *und* Müller, *Prinzipskizze.*

Gehäuse liegt eine Spannung zwischen 800–1 600 V. Als Füllgas dient meistens Argon mit einem Unterdruck von etwa 133 h Pa (100 Torr) mit Zusatz von Alkoholdampf, der als sog. Löschgas dient.

Jedes in das Rohr einfallende geladene Teilchen erzeugt im Gas eine Ionisation, die sich, abhängig von der angelegten Spannung, auf das 10^4- bis 10^8-fache vermehrt und zu einer stoßartigen Gasentladung zwischen Gehäuse und Draht führt. Dadurch wird der (alsbald über den Widerstand wieder entladene) Kondensator kurzfristig aufgeladen; der Verstärker nimmt einen Spannungsstoß auf, der das Zählwerk betätigt.

Tritt ein schnell bewegtes, geladenes Teilchen in das elektrische Feld im Innern des Zählrohres ein, dann bewirkt es im geeigneten Füllgas die Bildung von negativen Ionen (zum größten Teil Elektronen) und schweren positiven Ionen (ionisierte Gasmoleküle des Füllgases). Die Elektronen bewegen sich auf den Zähldraht zu, in dessen unmittelbarer Umgebung die Feldstärke so groß ist, daß die durch das Feld beschleunigten Elektronen durch Zusammenstoß mit weiteren Gasmolekülen ihrerseits Ionen erzeugen können (Stoßionisation), deren Zahl auf diese Weise lawinenartig ansteigt. Bei A., die im Proportionalbereich arbeiten, bleibt die Entladungslawine auf den Raum beschränkt, in dem die primäre Ionisation stattgefunden hat, im Auslöse-(Geiger-) Bereich hingegen erstreckt sich die Entladung entlang der gesamten Länge des Drahts.

Unabhängig von der Zahl der primär gebildeten Ionen wird ein gleich hoher maximaler Impuls von einem einfallenden ionisierenden Strahlenteilchen ausgelöst. Das Zählrohr registriert auch γ-Quanten infolge des von ihnen am Gehäuse ausgelösten lichtelektrischen Effektes. Zählrohre, die in diesem Spannungsbereich der nur begrenzten Proportionalität arbeiten, nennt man A. Dieser Detektor kann nicht zwischen verschiedenen Strahlungsarten unterscheiden.

Mißt man während der gleichbleibenden Einstrahlung die vom Zählrohr gelieferte Impulsrate bei allmählich zunehmender Spannung, so findet man eine Einsatzspannung für den Geiger-Müller-Bereich, die sog. Geiger-Schwelle. Bei zunehmender Spannung ändert sich danach die Zählrate nur noch wenig, man hat das Geiger-Plateau des Zählrohrs erreicht. *Merz*

Ausschuß für Gefahrstoffe (AGS). Nach § 52 der →Gefahrstoffverordnung (GefStoffV) gebildeter Ausschuß zur Beratung des Bundesministers für Arbeit und Sozialordnung in Fragen des Arbeitsschutzes. Wesentliche Aufgaben des AGS erstrekken sich auf die Ermittlung
– der allgemein anerkannten sicherheitstechnischen, arbeitsmedizinischen und hygienischen Regeln sowie der sonstigen gesicherten arbeitswissen-

schaftlichen Erkenntnisse über den Umgang mit Gefahrstoffen und
– der Möglichkeiten zur Erfüllung der in der GefStoffV gestellten Anforderungen (Verfahrensregeln).

Der Bundesminister für Arbeit und Sozialordnung setzt in der Regel die Arbeitsergebnisse des AGS durch Bekanntmachung als →Technische Regeln für Gefahrstoffe (TRGS) im Bundesarbeitsblatt um und gibt ihnen damit die in der GefStoffV vorgesehene Verbindlichkeit. Ausdrücklich angesprochen werden in der GefStoffV auf Beratung durch den AGS basierende Bekanntmachungen von krebserzeugenden, erbgutverändernden und fortpflanzungsgefährdenden Stoffen sowie von MAK-, TRK- und BAT-Werten (→TRGS 500, →TRGS 900, →MAK-Werte-Kommission).

Der AGS soll ferner dem jeweiligen Stand von Wissenschaft, Technik und Medizin entsprechende Vorschriften vorschlagen.

Die nach der GefStoffV alter Fassung (1986) vorgesehene Beratung des Bundesministers für Umwelt, Naturschutz und Reaktorsicherheit (BMU) durch den AGS in Fragen des allgemeinen Gesundheitsschutzes ist mit der neuen GefStoffV von 1993 aufgegeben worden; der BMU beabsichtigt, zu diesem Zweck einen eigenen Ausschuß (Chemikalien-Sicherheitskommission) einzurichten. *Dreyhaupt*

Außenbereich. Bezeichnet zum einen den außerhalb der Wohnräume eines Hauses nutzbaren Wohnbereich, wie z. B. Balkon, Garten, Terrasse, der ebenfalls vor unzulässigen Immissionen, insbesondere durch gewerbliche, verkehrsbedingte oder durch Freizeitaktivitäten verursachte Geräusche zu schützen ist. Zum anderen wird in § 35 des Baugesetzbuches die (ausnahmsweise) zulässige Bebauung im A. geregelt, wobei unter A. die nicht für die Bebauung vorgesehenen Flächen eines Gemeindegebiets zu verstehen sind. Die für die Bebauung vorgesehenen Flächen werden regelmäßig in Flächennutzungsplänen und Bebauungsplänen dargestellt. *Strauch*

Austauschkoeffizient →Diffusionskoeffizient

Austauschzeit. Entsprechend den Emissionsstärken sowie den Lebensdauern der Spurengase ergeben sich räumlich als auch zeitlich starke Variationen der Konzentrationen einzelner Verbindungen. Je höher die Lebensdauer und damit die →Verweilzeit eines Spurenstoffes in der Atmosphäre ist, desto gleichmäßiger kann das →Spurengas durch die globalen Luftströmungen verteilt werden. Aufgrund des Temperaturgradienten in der Atmosphäre ergeben sich für den vertikalen Austausch zwischen den Schichten (→Troposphäre und →Stratosphäre) und innerhalb der Schichten unterschiedliche A. (Bild).

Die Troposphärenschicht innerhalb jeder Hemisphäre wird einmal innerhalb eines Monats vertikal

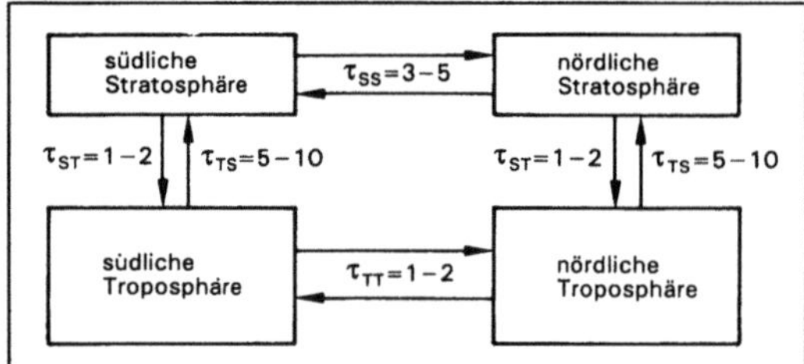

Austauschzeit: Kastenmodell der Atmosphäre mit der interhemisphärischen tropischen Konvergenzzone und der Tropopause als Grenzschichten zwischen den Kompartimenten. Die A. τ_i sind in Jahren angegeben und wurden überwiegend aus der Untersuchung des Austausches radioaktiver Tracer ermittelt.

durchmischt. Die Geschwindigkeit, mit der sich diese vertikale Durchmischung vollzieht, wird durch den turbulenten Diffusionskoeffizienten beschrieben. Von etwa 1 000 cm²/s sinkt der →Diffusionskoeffizient auf etwa 10 cm²/s im Bereich der →Tropopause ab. Die als A. angegebenen Werte entsprechen den Zeitkonstanten für den exponentiellen Abfall eines Reservoirs für den Fall, daß der Austausch nur in eine Richtung erfolgt. Die charakteristische Zeit für die Einmischung von Luft aus der Stratosphäre in die Troposphäre liegt bei 1–2 Jahren, wohingegen die Zeit für den Troposphäre-Stratosphäre-Austausch bei 5–10 Jahren liegt. Verantwortlich für die verschiedenen A. sind die unterschiedlichen Luftmassen in Stratosphäre und Troposphäre. Die Mischungszeit für die vertikale Durchmischung der Stratosphäre liegt aufgrund des positiven Temperaturgradienten in dieser Schicht bei einigen Jahren. Unterschieden werden muß ebenfalls die Nord- und Südhemisphäre, da dem vertikalen Austausch eine mittlere Strömung überlagert ist. Diese Windfelder sind von der geographischen Breite, der Länge, der Höhe und der Jahreszeit abhängig. Die A. für die interhemisphärische Durchmischung der Troposphäre (Nord- und Südhemisphäre) wird auf 1–2 Jahre geschätzt. Diese relativ lange A. zwischen den beiden Hemisphären kommt durch die nahe dem Äquator gelegene intertropische Konvergenzzone zustande, deren intensiv aufsteigende Luftmassen wie eine Sperrschicht wirken. Die A. von 1–2 Jahren führt u. a. zur Anreicherung anthropogen emittierter Spurenstoffe in der Nordhemisphäre. Die größten Unterschiede ergeben sich in den Konzentrationen für die Stoffe, deren mittlere Verweilzeit kleiner ist als die mittlere A. zwischen den Hemisphären. *Wirtz*

Auswerteverfahren. Allgemeine Bezeichnung für Verfahren, Meßwerte zu verdichten, z. B. zu Mittelungspegeln, äquivalenten Dauerschallpegeln, Beurteilungspegeln oder statistischen Kenngrößen.

Üblich ist es z. B. bei Geräuschmessungen, die zeitlich schwankende Meßgröße – Schalldruckpegel L – durch ein bestimmtes A. in einen Einzahlwert umzuwandeln.

So wird, falls nicht ein integrierendes Meßgerät eingesetzt wird, das die Einwertbildung gerätetechnisch vornimmt, der zeitlich regellos schwankende Schalldruckpegel mit Hilfe von Klassierverfahren ausgewertet. Beim Klassieren werden dem Schalldruckpegelverlauf nach einer bestimmten, für das jeweilige Verfahren charakteristischen Regel Meßwerte entnommen und in einer ihrem Wert entsprechenden Klasse registriert (gezählt).

Beim →Stichprobenverfahren wird in vorgegebenen Zeitabständen der Momentanwert des Schalldruckpegels festgestellt und klassenweise gezählt. Die Zeitabstände sind üblicherweise bei Auswertung von Geräuschmessungen 0,1 Sekunde; sie können länger gewählt werden, wenn der Schalldruckpegelverlauf nur geringe zeitliche Schwankungen aufweist.

Als Kriterium für eine hinreichende Zeitdauer T für den Stichprobenabstand ist die relative Verteilung der Stichprobenelemente anzusehen, und zwar ist die Zeitdauer hinreichend lang, wenn sich mit kleiner werdendem Stichprobenabstand T die relative Verteilung der Stichprobenelemente nicht mehr ändert. Die nach diesem A. ermittelten Einzahlwerte werden als →Mittelungspegel oder äquivalente →Dauerschallpegel bezeichnet.

Bei einer Abwandlung des Stichprobenverfahrens wird innerhalb einer festen Zeitdauer (Taktdauer) der hier aufgetretene Maximalwert des Schalldruckpegelverlaufs festgestellt und gezählt. Dieses als Takt-Maximalwert-Verfahren bezeichnete A. wird z. B. in der →TA Lärm bei der Auswertung von Geräuschen mit auffälligen Pegeländerungen vorgeschrieben, und zwar mit einer Taktdauer von längstens 5 Sekunden. Der so ermittelte Kennwert wird in der TA Lärm als →Wirkpegel bezeichnet.

Bei Geräuschmessungen an Arbeitsplätzen im Rahmen des Arbeitsschutzes werden als Taktdauer 3 Sekunden benutzt.

Neben A. zur Ermittlung von Mittelungspegeln und äquivalenten Dauerschallpegeln aus den Schalldruckpegelverläufen werden zunehmend statistische A. angewandt, um die über einen längeren Zeitraum (½ bis 1 Jahr) schwankenden Mittelungspegel infolge schwankender Geräuschemissionen (→Schallemission) der Anlagen und der sich ändernden Schallausbreitungsbedingungen durch Kenngrößen mit wahrscheinlichen Unsicherheitsbereichen zu kennzeichnen. Hierzu werden Langzeitmittelungspegel oder Perzentile aus der Verteilung der Mittelungspegel bzw. der äquivalenten Dauerschallpegel herangezogen. *Strauch*

Literatur: VDI 2058, Bl. 1: Beurteilung von Arbeitslärm in der Nachbarschaft. 9/1985. – DIN 45667: Klassierverfahren 10/1969. – DIN 45641: Mittelung von Schallpegeln. 6/1990. – VDI 3723, Bl. 1 E: Anwendung statistischer Methoden bei der Kennzeichnung schwankender Geräuschimmissionen. 10/1982.

Autogas (LPG, Abk. *engl.* Liquified Petroleum Gas, Erdöl-Gas). A. wird direkt an der Förderstelle aus dem Erdöl in sog. Gasseparatoren gewonnen. Es besteht im wesentlichen aus Propan C_3H_8 und Butan C_4H_{10} und wird mit Hilfe von Tankschiffen in verflüssigter Form in die Verbraucherländer transportiert, wo es als Auto- oder Campinggas Verwendung findet.

Überschüssiges LPG wird direkt an der Bohrstelle abgefackelt, was Energieverlust einerseits und unnötige Emission von Kohlendioxid und anderen Luftschadstoffen andererseits bedeutet. Im Hinblick auf eine saubere Verbrennung ist A. flüssigen Kraftstoffen überlegen, weil es aus fast reinen Komponenten besteht. Zudem sind Propan und Butan sehr klopffest, was sie zu begehrten Kraftstoffbestandteilen macht. *Croissant/May*

Autotrophie. Das Vermögen von Bakterien oder Pflanzen, →Biomasse aus anorganischen Nährstoffen (z. B. CO_2, Mineralsalze, NO_3^-) aufzubauen, ohne auf eine mengenmäßig ins Gewicht fallende Zufuhr organischer Verbindungen angewiesen zu sein. Autotrophe Organismen, verfügen über spezielle Stoffwechselwege des Anabolismus, mit denen sie →Kohlendioxid an bereits vorhandene organische Verbindungen binden und somit fixieren können. Auf diese Weise vermögen sie prinzipiell aus Kohlendioxid, Wasser und stickstoffhaltigen Verbindungen alle benötigten organischen Verbindungen wie Zucker, Fette, Aminosäuren usw. selbständig zu synthetisieren. *Kleespies/Soeder*

Auxotrophie. Mit A. bezeichnet man die Unfähigkeit von →Mikroorganismen, bestimmte Wuchsstoffe, Vitamine oder Aminosäuren selbst aus geeigneten Salzen, Kohlenstoff- und Stickstoffquellen zu bilden. Die Verfügbarkeit dieser Stoffe im Kulturmedium ist somit für deren Wachstum essentiell. Mit Hilfe von →Mutation erzeugte A. werden zur Analyse biochemischer Prozesse sowie zur Erfassung und Charakterisierung von Mutagenen durch Analyse der Rückmutationsinzidenz genutzt (z. B. im →Ames-Test). Genetisch stabile A. gelten u. U. als biologische Sicherheitsmaßnahmen bei biotechnischen Produktionsprozessen, weil geeignete A. die Ausbreitung von so ausgestatteten Mikroorganismen bei akzidenteller Freisetzung außerhalb eines Bioreaktors erschweren oder unmöglich machen. *Flohé*

Azinophos-Ethyl.
□ Stoff-Identifizierungs-Nr.:
CAS-Nr.: 2642-71-9
EG-Nr.: 015-056-00-1
UN-Nr.: 2783

EINECS-Nr.: 220-147-6
□ Chemische Formel: $C_{12}H_{16}N_3O_3PS_2$
□ Stoffcharakteristik: Gelbliche, merkaptanartig riechende Substanz, kaum löslich in Wasser.
□ Gefahrenmerkmale:
– Stoffliste nach § 4 a der →Gefahrstoffverordnung:
Gefahrenkennbuchstabe(n): T+
R-Sätze: 24-28
S-Sätze: 1/2-28-36/37-45
– Stoffliste (Anhang II) der →Störfall-Verordnung:
Nr. 34 und 4 b
– →Wassergefährdungsklasse: WGK 3
Fischer/M. Schön

Azinophos-Methyl
□ Stoff-Identifizierungs-Nr.:
CAS-Nr.: 86-50-0
EG-Nr.: 015-039-00-9
UN-Nr.: 2783
EINECS-Nr.: 201-676-1
□ Chemische Formel: $C_{10}H_{12}N_3O_3PS_2$
□ Stoffcharakteristik: Gelbe, merkaptanartig riechende Schuppen, praktisch unlöslich in Wasser.
□ Gefahrenmerkmale:
– Stoffliste nach § 4 a der →Gefahrstoffverordnung:
Gefahrenkennbuchstabe(n): T+
R-Sätze: 24-28
S-Sätze: 1/2-28-36/37-45
– Arbeitsschutzwerte nach TRGS 900: →MAK-Wert (mg/m^3): 0,2
– Stoffliste (Anhang II) der →Störfall-Verordnung:
Nr. 35 und 4 b
– →Wassergefährdungsklasse: WGK 3
Fischer/M. Schön

Azocydotin.
□ Stoff-Identifizierungs-Nr.:
CAS-Nr.: 41083-11-8
UN-Nr.: 2786
EINECS-Nr.: 255-209-1
□ Chemische Formel: $C_{20}H_{35}N_3Sn$
□ Stoffcharakteristik: Farbloses, schwach riechendes Pulver, praktisch unlöslich in Wasser, gut löslich in Dichlormethan und Propanol.
□ Gefahrenmerkmale:
– Stoffliste nach § 4 a der →Gefahrstoffverordnung:
Gefahrenkennbuchstabe(n): T
R-Sätze: 21-23/25-36/37/38
S-Sätze: 22-26-37/39
– Stoffliste (Anhang II) der →Störfall-Verordnung:
Nr. 311.1 und 4 c
– →Wassergefährdungsklasse: WGK 3
Fischer/M. Schön

B

Bacharach-Methode. Einfache manuelle Methode zur halbquantitativen Bestimmung der Rußemissionen von Feuerungsanlagen. Eine standardisierte Version der B.-M. wird bei den →Schornsteinfeger-Messungen zur Bestimmung der Rußzahl an Kleinfeuerungsanlagen für leichtes Heizöl (Heizöl EL) eingesetzt. Die B.-M. ist nach einem amerikanischen Meßgeräte-Hersteller benannt, der die Methode in den Markt eingeführt hat.

Bei der B.-M. wird mit einer kleinen Pumpe eine definierte Abgasmenge durch einen weißen Papierfilter gesaugt. Dabei werden die im Abgas mitgeführten Rußpartikel auf dem Filter abgeschieden und erzeugen eine Schwärzung, die anschließend visuell mit Hilfe der Rußzahl-Vergleichsskala (*Bacharach*-Skala) oder photometrisch ausgewertet wird. Das Meßprinzip ähnelt der in der Immissionsüberwachung eingeführten →Black smoke-Methode. *Stahl*

Literatur: DIN 51402, Teil 1: Prüfung der Abgase von Ölfeuerungen. Visuelle und photometrische Bestimmung der Rußzahl. 10/1986.

Baggergut. Unter B. werden die bei der Ausbaggerung von Flußmündungen (Ästuarien), Flüssen, Kanälen, Seen sowie See- und Binnenhäfen zur Aufrechterhaltung der Schiffahrt (Unterhaltungsbaggerung) und zur Vertiefung von Schiffahrtsrinnen (Ausbaubaggerung), ferner die bei der Entschlammung von Binnenseen zur Vermeidung einer Hypertrophierung (→Trophie) mittels verschiedener Baggerverfahren geförderten Feststoffe unterschiedlichster Körnung wie Felsgestein (Geröll), Kies, Sand, Schluff und Ton verstanden. Letztere bilden mit organischen Bestandteilen der Schwebstoffe einen Schlamm, der geogene sowie anthropogene Schadstoffe enthält.

Als geogene Sedimentbestandteile kommen vor allem →Schwermetalle, aber auch →Kohlenwasserstoffe in Frage, während die anthropogenen darüber hinaus insbesondere →Biozide einschließlich schwer abbaubarer organischer Verbindungen wie Organohalogenverbindungen betreffen können. Aus der Frage des Verbleibs dieser Feinanteile resultiert die hauptsächliche Umweltproblematik des B.

Die anthropogenen Verunreinigungen stammen sowohl aus Punktquellen wie kommunalen und industriellen Abwassereinleitungen als auch aus diffusen Einleitungen, wie z. B. durch Abflüsse von landwirtschaftlich genutzten Flächen (Düngemittel, Pflanzenschutzmittel), bei Unfällen mit Gefahrgütern oder Gefahrstoffen auf oder in der Nähe von Gewässern, durch Abflüsse von Löschwässern und – in geringerem Umfang – durch atmosphärische Immissionen. Zwar werden die Schadstoffeinleitungen durch stringente emissionsmindernde Maßnahmen an den Einleitungsstellen, insbesondere nach dem →Gewässerschutzrecht, zunehmend eingeschränkt, sie lassen sich aber nicht gänzlich vermeiden.

Die Selbstreinigung im Gewässer bewirkt ebenfalls eine Verbesserung der →Wassergüte, verlagert aber die Schadstoffe teilweise in das Sediment (biologische →Selbstreinigung) und damit – im Falle der Ausbaggerung – in das B. Da die Schadstoffe fast ausschließlich an die Feinfraktion gebunden sind, steigt in der Regel der Schadstoffgehalt des B. mit zunehmendem Anteil an Schluff und Ton.

B. kann in der Feinfraktion Schadstoffkonzentrationen aufweisen, die bei der →Ablagerung auf Land die Grundwasserqualität oder die landwirtschaftliche Nutzung gefährden können, die aber auch eine →Umlagerung oder Verklappung in Gewässern nicht zulassen.

□ B.-Aufkommen: In der Bundesrepublik Deutschland liegt das langjährig gemittelte jährliche B.-Aufkommen in der Größenordnung von 50 Mio. m³, entsprechend etwa 75 Mio. t (bei einer mittleren Feuchtraumdichte von 1,5 t/m³). Die Hauptbaggerreviere mit etwa 90% des gesamten B.-Aufkommens liegen in den Tide- und Küstengewässern, in denen die Seehäfen von sicheren Zufahrten auch großer Schiffe mit entsprechendem Tiefgang abhängig sind. In den Ästuaren von Elbe, Weser und Ems, in der Jade, im Nord-Ostsee-Kanal sowie in den Zufahrten der Ostseehäfen beträgt das mittlere B.-Aufkommen etwa 40 Mio. m³/a; dazu kommen noch etwa 5 Mio. m³/a aus notwendigen Baggerarbeiten in den Häfen selbst.

Demgegenüber fallen im Binnenbereich (Wasserstraßen, Seen, Häfen) nur um die 5 Mio. m³ B. pro Jahr an: Für die Bundeswasserstraßen im Binnenbereich (Abgrenzung, Bild 1, 2) kann mit etwa 3 Mio. m³/a gerechnet werden; dazu kommen noch die B.-Mengen aus der Verantwortung der Länder oder Kommunen unterliegenden Wasserläufen und Häfen.

□ Unterbringung von B.: Betroffen sind
– die Einbringung in ein Gewässer (Umlagerung oder Verklappung),

– die Ablagerung an Land (Spülfeld oder Deponie) sowie
– die Verwertung.

Die Rechtsgrundlagen für die Baggerungen sowie die zugehörige B.-Unterbringung sind sehr kompliziert. Für die weit überwiegenden B.-Mengen im Küstenbereich gelten internationale Vereinbarungen zur Reinhaltung des Meeres in Bezug auf die Einbringung von B. in die Hohe See, in das Küstenmeer und in die sog. inneren Gewässer (Bild 1, 2), die grundsätzlich die Einbringung von B. in die genannten Gebiete zulassen.

Konkret gelten
– die London-Dumping-Konvention vom 29. Dezember 1972,
– die Oslo-Konvention vom 15. Februar 1972, (beide ratifiziert durch das Hohe-See-Einbringungsgesetz vom 11. Februar 1977 [BGBl. II S. 165]) sowie
– die (überarbeitete) Helsinki-Konvention vom 9. April 1992.

Die London-Dumping-Konvention gilt weltweit und damit auch für Nord- und Ostsee. Die Oslo-Konvention erfaßt den Nordostatlantik, das Eismeer und die Nordsee, die Helsinki-Konvention die Ostsee. Im Rahmen der London-Dumping-Konvention wurden 1987, der Oslo-Konvention 1991 und der Helsinki-Konvention 1992 spezielle Richtlinien für die ökologisch vertretbare Ablagerung von B. in den Konventionsgebieten verabschiedet. Auf dieser Basis ist für die Wasser- und Schiffahrtsverwaltung des Bundes 1992 eine Handlungsanweisung zur Anwendung der internationalen Richtlinien erlassen worden, die sich auf die deutschen Konventionsgebiete und die „inneren Gewässer" an der Nordseeküste (Bild 1) und an der Ostseeküste (Bild 2) erstreckt. Diese Handlungsanweisung sieht für jede Einbringung von B. in die Konventionsgebiete oder die inneren Gewässer eine Reihe von Untersuchungen sowie ein Überwachungsprogramm für die Einbringungsstelle vor, insbesondere hydromorphologische, sedimentologische, chemische und biologische Untersuchungen sowie eine Auswirkungsprognose.

Ein wesentliches Entscheidungskriterium, ob B. in die Konventionsgebiete oder die inneren Gewässer eingebracht werden kann, stellen hinsichtlich der Schadstoffkonzentrationen Richtwerte dar, mit denen nach zugehörigen Vorschriften entnommene

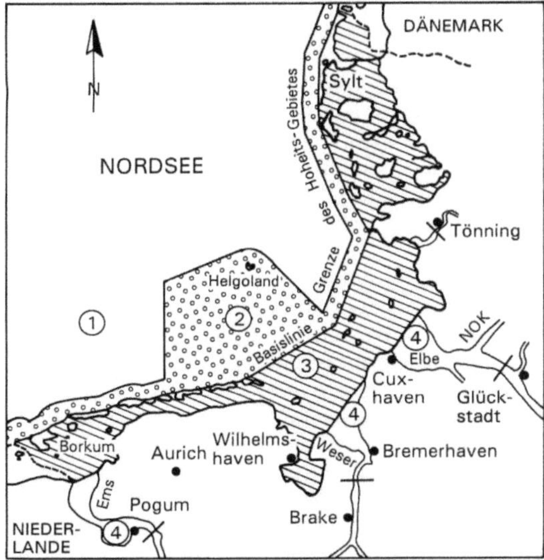

Baggergut 1: Deutsches Oslo-Konventionsgebiet und „innere Gewässer" an der Nordseeküste.

1 Hohe See; 2 Küstenmeer; 3 „innere Gewässer" ab 1987; 4 erweiterte „innere Gewässer" ab 1990; – Süßwassergrenze

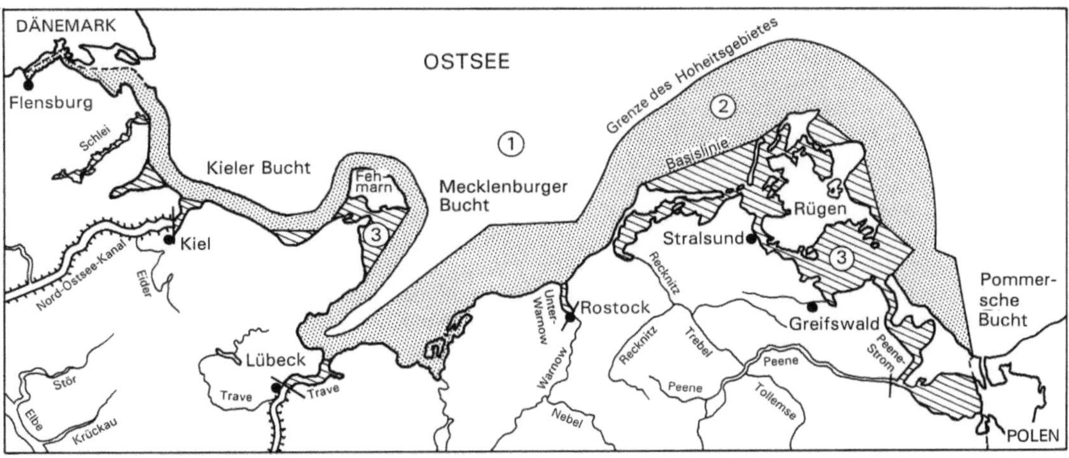

Baggergut 2: Deutsches Helsinki-Konventionsgebiet an der Ostseeküste.

1 Hohe See; 2 Küstenmeer; 3 „innere Gewässer" ab 1992; – Süßwassergrenze

und analysierte Proben zu bewerten sind. Die chemische Analyse erstreckt sich normalerweise auf die Fraktion <2 mm, für Schwermetalle jedoch auf die Fraktion <20 μm. Da einheitliche Richtwerte in den internationalen Richtlinien noch nicht vorgegeben, sondern erst in Erarbeitung sind, enthält die Handlungsanweisung eine Zwischenlösung, die sich zunächst auf Schwermetalle beschränkt (Tabelle).

Baggergut. Tabelle: Vorläufige Richtwerte für die Bewertung von Schwermetallen in B. im Tide- und Küstenbereich

Schadstoff	Richtwert in mg/kg in Fraktionen < 20 μm
Arsen	30
Cadmium	2,5
Chrom	150
Kupfer	40
Quecksilber	1
Nickel	50
Blei	100
Zink	350

Werden die in der Tabelle genannten Richtwerte eingehalten, wird das B. als „wenig belastet" eingestuft und kann uneingeschränkt umgelagert oder verklappt werden. Wird ein Richtwert bis zum fünffachen überschritten, so gilt das B. als „mäßig belastet"; vor der Einbringung sind weitere Maßnahmen zu ergreifen, insbesondere ist eine Abwägung von Seeablagerung gegen Landablagerung vorzunehmen. Bei Überschreitung des fünffachen Richtwerts wird das B. als „nennenswert belastet" eingestuft, was aber nicht zwangsläufig zu einem Einbringungsverbot führt, vielmehr sind weitere vergleichende Bewertungen zu Alternativen an Land erforderlich.

Der „Richtwert"-Charakter wird in der Handlungsanweisung mit dem Hinweis besonders hervorgehoben, daß bei der Anwendung „unbedingt die tatsächlichen vorliegenden regionalen Belastungswerte und weitere örtliche Besonderheiten zu berücksichtigen" sind.

In der Praxis wird das bei Baggerarbeiten in Tide- und Küstengewässern anfallende B. weitgehend umgelagert oder verklappt, im Nordseebereich im Mittel über die Jahre 1985 bis 1990 etwa 88%; der Rest ist weitgehend an Land verspült worden.

In den Seehäfen und im Binnenbereich ist die Umlagerungsquote wesentlich geringer; hier wird mehr B. an Land abgelagert oder verwertet.

□ Verwertung von B.: Soweit eine Umlagerung oder Verklappung von B. in Gewässern nicht in Frage kommt, muß das B. an Land entsorgt werden. Dafür kommen grundsätzlich in Betracht:

– die ungesicherte Ablagerung (z. B. Spülfelder) oder Verwendung auf landwirtschaftlichen Flächen oder im Landschaftsbau, soweit eine unzulässige Schadstoffbelastung nicht vorliegt;
– die Aufbereitung mit dem Ziel, verwertbare Fraktionen von unverwertbaren, als Abfall zu entsorgenden Fraktionen zu trennen;
– die gesicherte Ablagerung (Deponierung), soweit eine Verwertung ausgeschlossen ist.

Für die Aufbereitung kommen, je nach Art und Menge des B., zentral gelegene oder (Teil-)Aufbereitungsanlagen vor Ort („Entsorgungsschiffe") in Frage. Die Aufbereitungsschritte, die von chemischen Analysen begleitet werden müssen, sind im wesentlichen:

– Vorabsiebung von Abfallgegenständen und Gestein größer als Kies- oder Schotterfraktion und ggfs. Brechen des Gesteins auf diese Größe,
– Reinigung der Grobfraktion (Kies, Schotter, gebrochenes Material) von anhaftenden Feinstoffen und Auflösen von Lehm- und Tonknollen in Wäschern,
– Abtrennung und ggfs. Klassierung der gereinigten schadstofffreien Grobfraktion zur Verwertung als Baumaterial (Wasserbau, Straßenbau, Hoch- und Tiefbau, Baustoffherstellung),
– Abtrennung des Sandes aus der Suspension, Entwässerung, Verwertung als schadstofffreies Baumaterial,
– Entwässerung und Eindickung der schadstoffangereicherten Ton-Schluff-Suspension zur Verwertung, z. B. nach thermischer Behandlung und Granulierung als Baumaterial oder direkt in der Mauerziegelherstellung, oder zur (Abfall-)Deponierung,
– → Abwasserbehandlung je nach den Inhaltsstoffen und Entsorgung schadstoffbelasteter Rückstände.

Die größten Probleme der B.-Kontamination und -Aufbereitung liegen in Fließgewässern und Häfen stark industrialisierter Regionen. In der Literatur eingehend beschrieben sind die Probleme und Lösungsansätze für den Hamburger Hafen, der durch seine Lage im Stromspaltungsgebiet eines Tideflusses und infolge seiner ausgedehnten tideoffenen Hafenbecken der ständigen Versandung und Verschlickung mit Schadstoffanreicherungen ausgesetzt ist. Im Hamburger Hafen müssen jährlich etwa 2 Mio. m³ B. ausgebaggert werden. Bild 3 läßt innerhalb der Gesamtdarstellung der auf Hamburg bezogenen Schadstoffzu- und -abflüsse der Elbe die erheblichen Schadstoff-Entnahmemengen durch Ausbaggerung erkennen. Die bisher praktizierte Unterbringung des ausgebaggerten Sediments auf Spülfeldern ist aufgrund der im Schlick enthaltenen Schadstoffe nicht mehr möglich. Zur Problemverminderung soll der nicht mit Schadstoffen belastete, etwa 50% ausmachende Sandanteil in einer Anlage

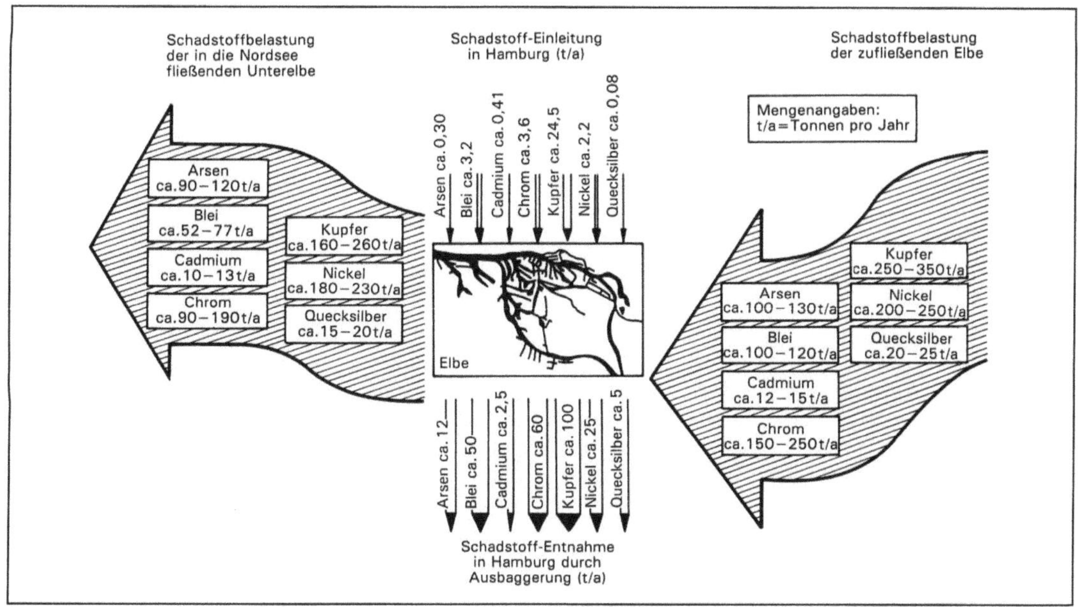

Baggergut 3: Schadstoffbelastung der Elbe bei Hamburg und Schadstoffentnahme durch Ausbaggerung im Hamburger Hafen Ende der 80er Jahre (nach Kröning).

zur mechanischen Trennung von Hafen-B. (METHA) abgetrennt und für eine weitere bauwirtschaftliche Verwendung aufbereitet werden. Der schadstoffbelastete Schlickanteil soll nach einem mittelfristigen Konzept in Form von allseitig abgedichteten Schlickhügeln deponiert, längerfristig nach einer thermischen Behandlung, die die Zerstörung der organischen und die keramische Einbindung der anorganischen Schadstoffe gewährleistet, der Verwertung als Baumaterial in Form eines keramischen Agglomerats zugeführt werden. *Dreyhaupt*

Literatur: *Bergmann, H.:* Internationale Richtlinien für das Verklappen von Baggergut an der Küste; Schiff und Hafen/ Seewirtschaft (1991), Nr. 11, S. 103–105. – Bundesanstalt für Gewässerkunde: Handlungsanweisung Anwendung der Baggergut-Richtlinien der Oslo- und der Helsinki-Kommission in der Wasser- und Schiffahrtsverwaltung des Bundes (HABAK-WSV); Koblenz August 1992, BfG-Nr. 0700. – Der Rat von Sachverständigen für Umweltfragen: Abfallwirtschaft – Sondergutachten September 1990. Stuttgart 1991. – *Knöpp, H.:* Flußsedimente und Hafenbaggerschlämme; Müll und Abfall, Kennzahl 3009, Lfg. 4/89. – *Kröning, H.:* Hafenschlick trennen und entwässern: Aufbereitungs-Technik **31** (1990) Nr. 4, S. 205–214. – *Seidel:* Nationale Rechtsgrundlagen für Unterhaltungs- und Ausbaubaggerungen in Bundeswasserstraßen sowie die zugehörige Baggergutunterbringung; in: Bundesanstalt für Gewässerkunde, Ökologisch verträgliche Unterbringung von Baggergut im Küstenbereich; Koblenz April 1992, BfG 0665. – Umweltbehörde Hamburg (Hrsg.): Der Hafen – eine ökologische Herausforderung; Umweltbehörde Hamburg, Hamburg 1989.

Bakterien. B. sind eine artenreiche Gruppe von einzelligen →Mikroorganismen, die sich durch das Fehlen einer die Chromosomen umschließenden Zellkernmembran auszeichnen. Sie werden deshalb auch als Prokaryonten bezeichnet. Eine Untergliederung der B. kann nach morphologischen Kriterien in stäbchenförmige (Bazillen), runde (Kokken) und spiralige Formen (Spirillen), nach ihrer Anfärbbarkeit in grammegative und grampositive oder nach spezifischen Stoffwechselleistungen erfolgen. Eine taxonomische Neuordnung des Bakterienreichs, die den phylogenetischen Verwandtschaftsgrad der B. verläßlich wiederspiegelt, wird z. Z. durch Vergleich der Homologie der ribosomalen RNA versucht.

Im Gegensatz zu Viren besitzen B. einen autonomen →Stoffwechsel, der ihre Vermehrungsfähigkeit mit Hilfe anorganischer Salze und einer energetisch verwertbaren Kohlenstoffquelle ermöglicht. Sie sind also weitgehend autotroph. Einige Familien (z. B. Thiorhodaceae, Athiorhodaceae, Chlorobacteriaceae) verfügen sogar – ähnlich wie Pflanzen – über die Fähigkeit der →Photosynthese, gewisse Bodenbakterien (z. B. Azotobacter, Rhizobium) können Luftstickstoff assimilieren. Sauerstoff ist für die große Zahl der fakultativ anaerob wachsenden B. nicht lebensnotwendig, für die Anaerobier sogar schädlich. Betrachtet man die Gesamtheit der bakteriellen Stoffwechselleistungen, so dürfte es nur wenige chemische Reaktionen geben, zu denen nicht irgend ein B. befähigt ist. Der oxidative Abbau von aromatischen oder inerten gesättigten Kohlenwasserstoffen und die Reaktion hoch toxischer Quecksilbersalze zu metallischem Quecksilber seien beispielhaft für bakterielle Stoffwechselspezialisierung genannt.

Neben der Diversifizierung der Stoffwechselleistungen von B. ist ihre Anpassungsfähigkeit an extreme physikalische Bedingungen, z. B. an Temperaturen nahe 100 °C von vulkanischen Quellen bei thermophilen oder an arktische Temperaturen bei psychrophilen B. zu erwähnen. Diese Faktoren erklären, daß B. alle nur erdenklichen ökologischen Nischen erobert haben. Mehrheitlich besorgen sie als Saprophyten das natürliche Recycling organischen Materials und sind hierdurch für den →Stoffkreislauf der Natur unverzichtbar.

Die Stoffwechselleistungen von B. sind unwissentlich schon im Altertum zur Herstellung von Nahrungs- und Genußmitteln (z. B. von Essig, Käse, Sauerkraut, Alkohol) genutzt worden. Aufbauend auf diesen Erfahrungen hat sich mit der Etablierung von Stammisolierungs-, Identifizierungs- und Kulturtechniken hieraus die moderne →Biotechnologie entwickelt, die durch die →Gentechnik eine substantielle Erweiterung ihres Einsatzspektrums erfahren hat. Die von B. potentiell ausgehenden Gefahren haben jedoch in allen zivilisierten Ländern Handhabungsregelungen auf gesetzlicher oder untergesetzlicher Ebene als notwendig erscheinen lassen. So ist in der Bundesrepublik Deutschland der Umgang mit humanpathogenen B. im Bundesseuchengesetz, mit tierpathogenen B. im Tierseuchengesetz, mit pflanzenpathogenen B. im Pflanzenschutzgesetz, mit gentechnisch veränderten B. im →Gentechnikgesetz und die gewerbliche Nutzung von (nicht gentechnisch veränderten) B. im →Bundes-Immissionsschutzgesetz geregelt. Umfangreiche Listen, die die B. nach Maßgabe ihres Gefahrenpotentials in Risikostufen einordnen, finden sich in der Gentechniksicherheitsverordnung und im Merkblatt B 006 (1992) der Berufsgenossenschaft der chemischen Industrie. *Flohé*

Bakterientest →Abwassertestverfahren, biologisch

Bakteriophage. B. oder kurz Phagen, sind bakterienpathogene Viren. Bei →Infektion eines Bakteriums mit einem Phagen wird die phagenspezifische DNA in das Bakterium injiziert, wo ihr prinzipiell zwei Reaktionswege offenstehen. Entweder kommt es – mit Hilfe des bakteriellen Stoffwechsels – zu einer multiplen →Replikation der viralen Nukleinsäure, zur Bildung virusspezifischer Hüllproteine und schließlich zur Generation neuer Viren, die das Bakterium – begleitet von dessen Auflösung (Lyse) – verlassen (lytischer Weg). Oder die virale DNA wird in das bakterielle →Genom inkorporiert und bleibt zunächst phänotypisch stumm. Der in das Genom inkorporierte, als lysogen oder temperent

bezeichnete Phage wird jedoch bei jeder bakteriellen Zellteilung an die Nachkommen weitergereicht und kann unter besonderen Bedingungen zu einem lytischen werden (daher lysogen). Der Vorgang wird als Phageninduktion bezeichnet.

B. können auf Grund ihrer ausgeprägten Wirtsspezifität zur →Elimination bestimmter Bakterien aus Mischkulturen genutzt werden. *Flohé*

Bakterium, methanogen (auch Methanbildner, Methanbakterien). Gruppe streng anaerober, nicht sporenbildender →Archaebakterien, die CO_2, niedermolekulare Alkohole und organische Säuren durch molekularen Wasserstoff zu Methan reduzieren und hierbei ihre biochemische Energie gewinnen. Es handelt sich um physiologisch hochspezialisierte, teils Gram-positive, teils Gram-negative (→Gram-Reaktion) Stäbchen oder Kokken, die zu keinerlei anderen Umsetzungen fähig sind.

Selbst Spuren von Sauerstoff sind für m. B. äußerst toxisch, so daß sie nur an dauernd anaeroben Standorten vorkommen, an denen CO_2 und organische Substrate aus Kohlenhydraten und Proteinen durch gärende →Mikroorganismen nachgeliefert werden. So sind z. B. Sümpfe und Moore (Produktion des Sumpfgases) und anaerobe Sedimente von Gewässern typische Ökosysteme für m. B.

Neben ihrer Rolle im Stoffhaushalt der Natur ist vor allem die Biogasproduktion bedeutend. Diese Technik wird im technischen Maßstab bei der Schlammfaulung in der →Abwassertechnik eingesetzt.

Neben diesen nützlichen Effekten der Methanbildung wird die Bildung großer Mengen Methans beim weltweiten Reisanbau und der Rinderhaltung als Mitursache für den →Treibhauseffekt angesehen. *Maghon*

Bakterizide →Biozide

Ballonsondierung. B. werden mit Wetterballonen aus Latex mit Volumina von 1–5 m³ durchgeführt. Die Ballone werden mit Wasserstoff (H_2) oder Helium (He) gefüllt und wiegen ohne Meßgeräte ungefähr 500 g. Mit Meßgeräten erreichen sie ein Gewicht von 1–2 kg und steigen mit etwa 5 m/s auf. Die Ballone, die z. B. zur Messung von →Ozon sog. Ozonsonden zusammen mit Radiosonden zur Messung meteorologischer Parameter tragen, erreichen Höhen bis zu ~35 km, bevor sie zerplatzen. Die Meßdaten werden über Funk übertragen. Die Meßsonden gelangen mit kleinen Fallschirmen zum Boden zurück und werden, häufig gegen Belohnung, z. T. zum Wiedereinsatz an das verantwortliche Forschungsinstitut vom zufälligen Finder zurückgeschickt. *Wiesen*

Bandfilterpresse. B. werden zur →Klärschlammentwässerung in Abwasserbehandlungsanlagen eingesetzt (→Klärschlammbehandlung). B. sind kontinuierlich arbeitende Pressen, die in hintereinander geschalteten Schritten den Schlamm bei steigendem Druck und wechselnder Beanspruchung entwässern. Bei den Pressen der ersten Generation war das Oberband lange ausschließlich ein undurchlässiges Preßband und das Unterband ein Siebband, wodurch das abgepreßte Wasser austreten konnte. B. werden deshalb auch vielfach als Siebbandpressen bezeichnet.

Der Einsatz von B. setzt eine →Klärschlammkonditionierung voraus. Vor Eingabe in die Presse wird ein Konditionierungsmittel dem Schlamm zudosiert und beides in der Mischeinrichtung intensiv vermengt. Bei der heute üblichen Verwendung von Polyelektrolyten muß hier die Totalflockung eintreten. Sie bewirkt, daß der Schlamm einen wesentlichen Anteil des Wassers sofort freisetzt, der in der Seih- oder Vorentwässerungszone durch das Siebband ablaufen kann. Durch verschiedene Vorrichtungen wird der Schlamm im Verlauf der Vorentwässerung umgeschichtet und umgelagert. Am Ende der Vorentwässerung muß der Schlamm eine so große Stabilität aufweisen, daß er nicht mehr seitlich vom Siebband abläuft. Dabei muß eine gleichmäßige Verteilung des Schlamms auf dem Siebband eingehalten werden. Sie ist eine Hauptvoraussetzung für ein gutes Entwässerungsergebnis. Bis zum Ende der Vorentwässerung wirken ausschließlich Gravitationskräfte auf den Schlamm ein.

Anschließend wird der auf den Schlamm einwirkende Druck durch stetige Verengung des Bandabstandes langsam erhöht. Seitliche Dichtungslippen verhindern, daß der Schlamm in diesem Bereich austritt.

Die erste Preßzone arbeitet mit weiter gesteigertem Druck, indem die Siebbänder mit großem Umschlingungswinkel um eine Walze geführt werden. Die Wasserabführung erfolgt bei den einzelnen Fabrikaten unterschiedlich. In der zweiten Preßzone werden die Bänder s-förmig geführt. Die dadurch entstehende Relativbewegung zwischen Ober- und Unterband lagert den Schlamm um und walkt ihn so, daß zunächst noch eingeschlossenes Wasser durch die Bandfilter gepreßt wird. Bei einigen Aggregaten wird die zweite Preßzone statt als Preß-Walk-Zone auch alternativ als Liniendruck-Zone, z. T. pneumatisch regelbar, ausgeführt. Andere Maschinen können über Hilfsbänder mit einer sogenannten Hochdruck-Preßzone ausgestattet werden, bei welcher der hohe Preßdruck ohne eine Überlastung der Filterbänder erreicht wird. Der maximal erreichbare Preßdruck liegt bei ca. 2,5 bar.

Der Filterkuchen, der entwässerte Schlamm, fällt direkt an der Austragstelle ab, an der die Bänder auseinandergeführt werden. Reste werden durch Schaber gelöst. Im Verlauf der Bandrückführung sind Waschvorrichtungen angeordnet. Sie werden mit einem Wasserdruck von 5–6 bar betrieben und reinigen die Bandfilter vor der erneuten Beschickung. Das für die Wäsche erforderliche Wasser kann in vielen Fällen dem Filtrat entnommen werden. Der Bandlauf wird mit Spann- und Steuervorrichtungen reguliert.

Die Maschinen werden mit Bandbreiten von 800–3 000 mm hergestellt. Damit können Schlamm-Durchsatzleistungen von 2–30 m³/h und Feststoff-Massenströme von 100–1 500 kg/h verarbeitet werden. *Mertsch*

Barrierensystem. Vorrichtungen die dem Einschluß radioaktiver Stoffe und/oder der →Abschirmung von Strahlen dienen. Die Barrieren sollen insbesondere eine →Kontamination der →Biosphäre verhindern, um damit eine Gefährdung von Leib und Leben von der Bevölkerung und der Umwelt abzuwenden. Wirkungsvolle Ausgestaltung des Sicherheitseinschlusses radioaktiver Stoffe gewährleistet das in verschiedenen Bereichen der Kerntechnik angewandte →Mehrfachbarrierenkonzept.

Besondere Aufmerksamkeit erfordern wegen ihres hohen Gefährdungspotentials während der Betriebsphase (Lebensdauer) die Kernkraftwerke und im Hinblick auf eine Langzeitgefährdung das Endlager für radioaktive Abfälle. Zwischen diesen beiden Anlagen bzw. Einrichtungen besteht also ein grundsätzlicher Unterschied. Im ersten Falle handelt es sich um eine relativ kurze Zeitspanne, in der praktisch ausschließlich ingenieurmäßig geschaffene Einschlußbarrieren funktionsfähig bleiben müssen. Anders im Falle der →Endlagerung: Hier muß die Einschlußbarriere über sehr lange Zeiträume (geologische Zeitskala 10^3 bis 10^6 Jahre) ihre Wirksamkeit aufrecht erhalten. Dies kann nicht mehr, bzw. nur noch zum geringen Teil, mit künstlich (ingenieurmäßig) geschaffenen Barrieren bewerkstelligt werden. Hier helfen nur die natürlich vorhandenen geologischen Barrieren.

Ähnliche Gesichtspunkte, wie sie für das Kernkraftwerk gelten, treffen auch auf Anlagen der Brennelementherstellung und der Wiederaufarbeitung abgebrannter Brennelemente zu, wenn auch hier nur mit einem stark abgesenkten Schadensausmaß bei schweren Stör- oder Unfällen gerechnet werden muß.

Die übergeordnete sicherheitstechnische Aufgabe bei der Auslegung eines Kernkraftwerks besteht darin, die Umwelt vor einer massiven Freisetzung von radioaktiven Spaltprodukten (z. B. bei einem Kernschmelze-Unfall), darüber hinaus aber auch die Beschäftigten vor direkter Strahlung zu schützen. Folgende hintereinander geschaltete Schutzbarrieren dienen diesem Ziel (Bild):

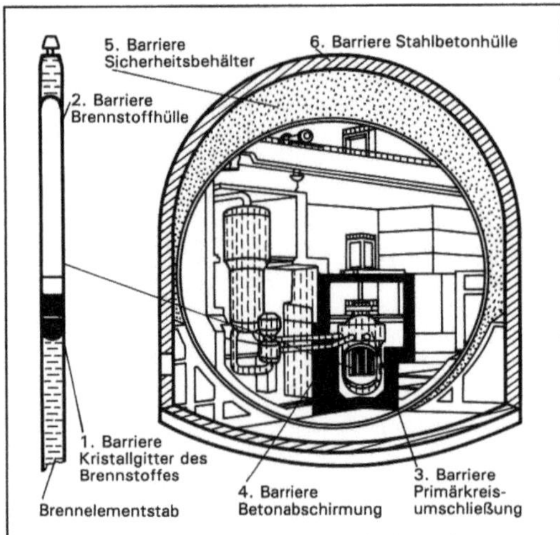

Barrierensystem: Das Sechs-B. eines Kernreaktors (Quelle: Bundesministerium für Umwelt, Naturschutz und Reaktorsicherheit)

☐ Brennstoff. Im keramisch verfestigten, wasserunlöslichen Brennstoff (Urandioxid oder Uran/Plutonium-Mischoxid) werden die festen Spaltprodukte zu fast 100 % und die gasförmigen zu etwa 90 % zurückgehalten. Verantwortlich dafür ist die Kristallgitterstruktur des Brennstoffs.

☐ Brennstoff-Hüllrohr. Die restlichen radioaktiven Stoffe sammeln sich im gasdicht und druckfest verschweißten Brennstoff-Hüllrohr aus Metall (Zirkaloy oder Edelstahl) und werden dort eingeschlossen.

☐ Reaktorkühlsystem. Bei Hüllrohrdefekten werden die aus dem Hüllrohr austretenden radioaktiven Stoffe durch die Wandungen der Komponenten (z. B. →Reaktordruckbehälter) und die Rohre des Reaktorkühlsystems eingeschlossen.

☐ Betonabschirmung. Der →Kernreaktor (Reaktordruckbehälter) ist zur Wärme- und Strahlenabschirmung mit einem thermischen und einem biologischen Schild – in der Regel aus Schwer-/Stahlbeton – von 2–3 m Dicke umgeben; er dient dem Schutz der an der Anlage Beschäftigten.

☐ →Sicherheitsbehälter (→Containment). Für radioaktive Stoffe, die gegebenenfalls durch Leckagen oder Störfälle aus dem Reaktorkühlsystem freigesetzt werden, bildet der Sicherheitsbehälter eine weitere Barriere. Er besteht aus einer Stahlkugel von rund 50 m Durchmesser und 40 mm Wandstärke. Die Barrierenfunktion des Sicherheitsbehälters wird durch die Ringraumabsaugung (Unterdruckhaltung) unterstützt.

☐ Stahlbetonhülle. Der stählerne Sicherheitsbehälter – auch als Containment bezeichnet – ist zur Sicherung gegen Einwirkungen von außen, insbesondere gegen Flugzeugabsturz oder Explosions-

druckwellen, nochmals von einer bis zu 2 m dicken Stahlbetonhülle umgeben.   *Merz*

Base. Als B. werden generell chemische Verbindungen, die Wasserstoffionen aufnehmen bzw. Hydroxylionen abgeben, bezeichnet. Im Kontext der Gentechnik sind die basischen heteroaromatischen Verbindungen hervorzuheben, die Bestandteile von Nucleosiden, Nucleotiden bzw. Nucleinsäuren sind.   *Flohé*

Basler Übereinkommen. Das B. Ü. über die Kontrolle der grenzüberschreitenden Verbringung gefährlicher Abfälle und ihrer Entsorgung wurde im Rahmen des Umweltprogramms der Vereinten Nationen (UNEP) am 22. 3. 1989 in Basel verabschiedet. Inhalt:
– Definition gefährlicher Abfälle an Hand einer Abfallartenkernliste sowie einer Liste mit Gefährlichkeitskriterien, darüber hinaus Berücksichtigung der jeweiligen Definition von gefährlichen Abfällen in den an der Verbringung beteiligten Staaten,
– Verbot des Exports und Imports aus und in Nichtvertragsstaaten, weitere Verbringungsverbote, Achtung von Importverboten,
– wo nicht verboten, Zulässigkeit von Verbringungen nur nach Zustimmung aller betroffener Staaten, die bis auf bestimmte Transitstaaten vorher und schriftlich vorliegen muß (prior informed consent-Prinzip),
– der Exporteur und subsidiär auch der Herkunftsstaat haften für Rücknahme und umweltverträgliche Beseitigung oder Verwertung der Abfälle bei gescheiterten oder illegalen Verbringungen,
– andere bilaterale, multilaterale oder regionale Übereinkünfte mit Vertragsparteien und Nichtvertragsparteien bleiben möglich, dürfen aber die Standards des Übereinkommens nicht unterschreiten.

Das B. Ü. wurde bereits von über 50 Staaten, darunter allen wichtigen Industrieländern, gezeichnet. Die Ratifizierungs- und Hinterlegungsverfahren sind allerdings in den einzelnen Staaten unterschiedlich weit gediehen. Die EU hat das B. Ü. im Februar 1994 ratifiziert. In der Bundesrepublik Deutschland ist das nationale Zustimmungs- und Ausführungsgesetz der parlamentarischen Beratung zugeführt worden. (→Abfallverbringung, grenzüberschreitend).   *Schneider*

Literatur: *Szelinski:* Die Basler UNEP-Konvention über die grenzüberschreitende Abfallentsorgung und ihre Auswirkung auf Deutschland. WuB 1991.

BAT-Wert →Biologischer Arbeitsstoff-Toleranz-Wert

Batch-Kultur (*engl.* Batch = Schub, Batch-Betrieb = satzweiser Betrieb). Bei einer B.-K. wird eine geeignete Nährlösung mit →Mikroorganismen (oder auch mit Zellen höherer Organismen) versetzt (beimpft). Die Menge der Nährstoffe sowie das ursprüngliche Kulturvolumen werden anschließend, außer durch eventuelle Probenahmen, nicht mehr verändert.

Durch diese Abfolge unterschiedlicher Wachstumsphasen unterscheidet sich eine B.-K. als sog. geschlossenes System wesentlich von einer kontinuierlichen Kultur (→Chemostat-Kultur). Diese ist ein offenes System mit möglichst konstanter Zellkonzentration, das den Zellen durch fortlaufenden Ersatz verbrauchter Nährlösung ein zeitlich unbegrenztes Wachstum ermöglicht. Den Übergang zwischen B.-K. und kontinuierlichen Fermentationen bildet die Fed-Batch-Betriebsweise (*engl.* fed = zugespeist). Dabei werden die kultivierten Organismen kurz vor dem Verbrauchen der Nährstoffe oder in regelmäßigen Intervallen mit neuen Nährstoffen versorgt. *Kleespies/Soeder*

Batterie. B. ist der Sammelbegriff für elektrochemische Stromquellen.

Primärbatterien wandeln die Reaktanden unter Abgabe elektrischer Energie irreversibel in andere Verbindungen um. Die Primärbatterie – früher allgemein als Taschenlampenbatterie bekannt – hat heute einen breiten Einsatzbereich als Gerätebatterie. Als Reaktanden kommen infrage die Metalle: Zink, Mangan, Silber, Quecksilber, Lithium, Kupfer, Chrom, Vanadium und deren Verbindungen. Die seit etwa 1900 industriell gefertigte Zink-Kohle/Braunstein-Rundzelle (*Leclanché*-Zelle) dominiert. Der Anteil von Alkali-Mangan-Rundzellen steigt. Daneben werden Knopfzellen in Geräten eingesetzt.

Zink-Anoden werden mit metallischem Quecksilber zur Unterdrückung von Korrosion amalgamisiert. In der →Quecksilberbatterie wird Quecksilber als aktives Material der Kathode verwendet. Bei unsachgemäßer →Abfallbeseitigung alter B. führte dies zu einer erheblichen Belastung der Umwelt mit Quecksilber. Aufgrund verbesserter Fertigungsverfahren, Umstellung auf andere Systeme und die Rückgabe verbrauchter B. zum →Recycling oder zur kontrollierten Entsorgung, wird die Quecksilberbelastung stetig gesenkt. Ein für Europa einheitliches Rückgabesymbol soll den Verbraucher auf die vorgesehene Entsorgung hinweisen.

Die Sekundärbatterie oder auch →Akkumulator ist ein elektrochemischer Speicher. Gerätebatterien werden auch als Akkumulatoren hergestellt.

Für Geräte- und Starterbatterien ist wegen der häufig verwendeten Schwermetalle und wegen der Nutzung der Rohstoffe durch Recycling eine Rückgabe der verbrauchten B. erforderlich. Für Antriebsbatterien wird das Recycling bereits allgemein durchgeführt. *Kahlen*

Literatur: *Groß, Franz:* Batterien. In Handbuchreihe Energie, Bd. 4, (Hrsg. T. Bohn). Köln 1987.

Batterieentsorgung. Die wichtigsten Batterien/Akkumulatoren sind Zink-Kohle-Batterien, Alkali-Mangan-Batterien, Quecksilber-Knopfzellen, Silberoxid-Knopfzellen, Zink-Luft-Batterien, Nickel-Cadmium-Akkumulatoren, Starterbatterien (Blei-Akkumulatoren).

Batterien und Akkumulatoren stellen auf Grund der in ihnen enthaltenen →Schwermetalle (Quecksilber, Cadmium, Blei) ein Abfallproblem dar. Nach den abfallwirtschaftlichen Zielen „vermeiden, verwerten, ordnungsgemäß entsorgen" gilt für Batterien und Akkumulatoren (dort, wo sie nicht vermeidbar sind) vorrangig, den Einsatz von Schwermetallen zu vermeiden. Wo dies vom System her nicht möglich ist, z. B. bei Nickel-Cadmium-Akkumulatoren oder Blei-Starterbatterien, sind die Batterien/Akkumulatoren zu verwerten und die Reste ordnungsgemäß zu entsorgen.

Durch eine freiwillige Selbstbindung von Batterieherstellern und Einzelhandel zur Schadstoffreduzierung und B. wurden u. a. der Quecksilbergehalt der Alkali-Mangan-Batterien von 0,35 % auf mindestens 0,1 % und teilweise sogar schon unter 0,025 % gesenkt. Der Quecksilbergehalt von Zink-Kohle-Batterien ist bereits in der Regel auf Null gesenkt.

Für einige – noch nicht generell durch andere, schwermetallfreie Systeme ersetzbare – Batterien ist aber allein auf Grund der elektrochemischen Wirkungsweise eine Reduktion der Schwermetalle nicht möglich, wie beim Blei- oder Nickel-Cadmium-Akkumulator. Außerdem sind für einige Spezialanwendungen, z. B. zur Erzeugung von Referenzspannungen bei Belichtungsmessern und in Fotoapparaten, Quecksilberknopfzellen oder Alkali-Mangan-Knopfzellen (mit einem Quecksilbergehalt über 0,1 %) erforderlich.

Um diese schadstoffhaltigen Batterien und Akkumulatoren zu erfassen und einer Verwertung zuzuführen, enthält die freiwillige Selbstbindung auch eine →Kennzeichnungs- und Rücknahmepflicht. Danach werden folgende schadstoffhaltige Batterien und Akkumulatoren gekennzeichnet und vom Handel zurückgenommen:
– Wartungsfreie verschlossene Klein-Akkumulatoren,
– Gasdichte Nickel-Cadmium-Akkumulatoren,
– Starterbatterien,
– Primärknopfzellen,
– Alkali-Mangan-Batterien, soweit deren Quecksilbergehalt 0,1 % des Gesamtgewichts erreicht bzw. überschreitet.

Für den Verbraucher bedeutet es, daß er beim Kauf einer Batterie bereits erkennt, ob es sich um eine schadstoffhaltige (Bild) oder um eine schadstoffarme Batterie handelt. Für die organisierte Rücknahme stehen beim Händler spezielle Sammelboxen für die gebrauchten Batterien bereit.

Batterieentsorgung: Recycling-Symbol.

Die B. erfolgt je nach Typ und Menge in unterschiedlicher Art und Weise. Einzelne beim privaten Endverbraucher anfallende schadstofffreie Batterien – d. h. Batterien, die nicht gekennzeichnet sind – können gemeinsam mit dem →Hausabfall entsorgt werden. Größere Mengen sind jedoch, unabhängig ob gekennzeichnet oder nicht, einer getrennten Entsorgung (Schadstoff-Kleinmengensammlung) zuzuführen.

Schadstoffhaltige (gekennzeichnete) Batterien werden über die Rücknahme durch den Handel einer Verwertung zugeführt. Bei quecksilberhaltigen Batterien und bei Nickel-Cadmium-Akkumulatoren ist dies in der Regel die trockene Destillation. Für Starterbatterien (Blei-Akkumulatoren) gibt es zwei grundsätzlich unterschiedliche Recyclingverfahren. Das eine ist die Verhüttung in Schachtöfen, wobei die von der Schwefelsäure entleerte Batterie mit Koks (Energieträger, Reduktionsmittel) und Zuschlagstoffen (Eisen und Kalkstein) zu metallischem Rohblei reduziert wird. Die Kunststoffgehäuse werden dabei als Energieträger genutzt.

Ein weiteres, jedoch aufwendigeres Verfahren trennt zunächst die Komponenten (Gehäuse, aktive Masse (Weichblei), Träger (antimonlegiertes Hartblei)) des Bleiakkumulators durch Zerkleinerung, Trennung (→Flotation) und Klassierung. Erst danach erfolgt die weitere thermische Behandlung mit dem Ziel der Bleigewinnung.

Die Selbstbindung wird, insbesondere auch zur Umsetzung der →EG-Batterierichtlinie, durch eine Rechtsverordnung nach § 14 Abs. 1 →Abfallgesetz zur Rücknahme und Verwertung gebrauchter Batterien und Akkumulatoren abgelöst werden, die insbesondere folgende Punkte enthält:
– Verbot von Alkali-Mangan-Batterien (ausgenommen Knopfzellen) mit mehr als 0,025 Gew.% Quecksilber ab dem 1. 1. 1993. Für besondere Anwendungen z. B. im Flugzeugbau, sind 0,05 Gew.% erlaubt.

– Kennzeichnung von Batterien und Akkumulatoren mit mehr als 25 mg Quecksilber je Zelle, mehr als 0,025 Gew.% Cadmium oder mehr als 0,4 Gew.% Blei.
– Generelle Rücknahme gekennzeichneter Batterien durch Hersteller und Vertreiber zur Verwertung oder Entsorgung außerhalb der kommunalen Abfallentsorgung.
– In Geräten eingebaute Batterien werden analog gehandhabt.

Die gekennzeichneten schadstoffhaltigen Batterien sind aufzuarbeiten, die anderen Batterien sind – sofern eine Aufarbeitung nicht möglich ist – nach den Vorgaben des Abfallgesetzes zu entsorgen.

Blickwedel

Bauabfall. B. verursacht mit Abstand die größten Abfallmengen. Die notwendige intensive Bautätigkeit in den neuen Ländern läßt erwarten, daß die Gesamtabfallmengen für Deutschland überproportional ansteigen werden.

B. wird in vier Gruppen eingeteilt: →Baustellenabfälle, →Bauschutt, →Straßenaufbruch und →Bodenaushub.

Während Bauschutt und Bodenaushub in erheblichem Umfang deponiert werden, müssen gleichzeitig mineralische Rohstoffe der Erde entnommen und zu Baumaterialien verarbeitet werden, so daß ein großer Markt für Recyclingbaustoffe vorhanden ist. Der verstärkte Einsatz von Sekundärrohstoffen vermindert gleichzeitig die Eingriffe in die Landschaft und die mit der Gewinnung von mineralischen Baustoffen verbundenen Umweltbelastungen.

Die Bundesregierung hat daher der Bauwirtschaft gemäß § 14 Abs. 2 Satz 1 AbfG Ziele zur stärkeren Verwertung von Bauabfällen vorgeschlagen (Tabelle) und gleichzeitig eine Rechtsverordnung gem. § 14 Abs. 1 AbfG vorgesehen, um Schadstoffe (z. B. Bauchemikalien) von B. getrennt zu halten und getrennt zu entsorgen und damit das Entstehen vermischter, nicht verwertbarer B. zu vermindern.

Bauabfall. Tabelle: Verwertungsziele für B.

Art der Bauabfälle	Verwertungs-Ziele bis 1995 (in % der anfallenden Bauabfälle pro Jahr)
Baustellenabfälle	40
Bauschutt	60
Straßenaufbruch	90
Bodenaushub	100

Nicht kontaminierter Bodenaushub soll künftig nicht mehr deponiert, sondern grundsätzlich wiederverwendet werden.   *Schnurer*

Literatur: *Marek, K.:* Recycling von Baurestmassen, Müll-Handbuch, Kennzahl 8666, Lieferung 2/88. Berlin 1988. – Baujahr 89, Jahrbuch des deutschen Baugewerbes, Ausg. 90 Band 40. Bonn.

Bauakustik. Der Teil der Akustik, der vornehmlich den →Schallschutz in Gebäuden und Bauwerken behandelt. Zur B. gehört die Luftschalldämmung von raumbegrenzenden Elementen wie Fenster, Wände, Decken, Türen, Dachkonstruktionen, die das Eindringen von Schall in das Gebäude oder die →Schallausbreitung zwischen Räumen innerhalb des Gebäudes verhindern oder mindern.

Außerdem gehört zur B. die Bearbeitung von Aufgaben zur Schalldämmung in Körpern und Materialien, um das Fortleiten des Schalls zu behindern, sowie von Fragen der Schallabsorption (→Absorption von Schall) von Grenzflächen in Räumen.

Zu den Aufgaben der B. gehört ebenfalls die Entwicklung von Maßnahmen zur Verhinderung der Schallausbreitung in Kanälen und Schächten in Gebäuden (Kabelkanäle, Aufzugsschächte) sowie die Entwicklung geräuscharmer Sanitärinstallationen und Armaturen in Wohngebäuden.   *Strauch*

Literatur: DIN 4109, Teil 1: Schallschutz im Hochbau. Begriffe. 11/1987. – Teil 2: Anforderungen. 11/1987. – Teil 3: Ausführungsbeispiele. 11/1987. – Teil 5: Erläuterungen. 11/1987.

Bauartzulassung.

Allgemein. Die B. ist eine vorgezogene Prüfung und Bestätigung der Eignung einer bestimmten Anlage oder eines Anlagenteils für einen bestimmten Zweck. Aufgabe der B. kann es sein, von einer Anlage oder einem Anlagenteil nach Überprüfung unter den Gesichtspunkten des Gewässerschutzes oder des Schutzes vor schädlichen Umwelteinwirkungen oder des Arbeitsschutzes einen Prototyp zu bestimmen, dem alle nachzubauenden Stücke entsprechen müssen. Die B. ersetzt somit eine unbestimmte Anzahl von Eignungsfeststellungen, die ansonsten vor Verwendung der Anlage notwendig wären, die jedoch wegen der Vielzahl von Einzelfallprüfungen einen unverhältnismäßigen Aufwand verursachten.

Sinnvoll ist die Einführung einer B., wenn einerseits die Technik einen Stand erreicht hat, daß allgemein gültige Aussagen für einen bestimmten Anlagetyp oder für ein Anlageteil möglich sind. Zum anderen muß sichergestellt sein, daß der Anlagentyp, der auf seine Eignung hin geprüft werden soll, auch in einer Vielzahl von Fällen zum Einsatz kommt, so daß die Einführung einer B. gerechtfertigt ist. Diese ist nur dann sinnvoll, wenn die für den Einzelfall notwendigen Abweichungen von dem Prototyp nicht die B. wieder in Frage stellen.

Grundsätzlich gestattet die B. dem Antragsteller, Produkte der fraglichen Bauart in Verkehr zu bringen oder einzuführen. Das gleiche Recht soll auch allen dritten Personen zustehen, die entsprechend dem Muster hergestellte Produkte in den Verkehr bringen oder einführen wollen. Für den Verwender soll die B. dagegen grundsätzlich keine Bedeutung haben. Er kann daher Anlagen bzw. Anlagenteile auch dann benutzen, wenn für sie die gebotene B. fehlt oder aufgehoben worden ist.

Die B. ist in einer ganzen Reihe von Umweltvorschriften geregelt.   *Hoppe/Beckmann*

Immissionsschutz. § 33 BImSchG sieht eine Ermächtigung für die Bundesregierung vor, nach Anhörung der beteiligten Kreise im Sinne von § 51 BImSchG durch Rechtsverordnung mit Zustimmung des Bundesrates zum Schutz vor schädlichen Umwelteinwirkungen durch →Luftverunreinigungen, →Geräusche oder →Erschütterungen vorzuschreiben, daß serienmäßig hergestellte Teile von Betriebsstätten und sonstigen ortsfesten Einrichtungen sowie die in § 3 Abs. 5 Nr. 2 BImSchG bezeichneten Anlagen gewerbsmäßig oder im Rahmen wirtschaftlicher Unternehmen nur in den Verkehr gebracht oder eingeführt werden dürfen, wenn die Bauart der Anlage oder des serienmäßig hergestellten Teils zugelassen ist und die Anlage oder der serienmäßig hergestellte Teil dem zugelassenen Muster entspricht. In der Verordnung ist auch das Verfahren der B. zu regeln und zu bestimmen, welche Gebühren und Auslagen dafür zu entrichten sind.   *Hoppe/Beckmann*

Literatur: *Feldhaus:* Bundesimmissionsschutzrecht, § 33 BImSchG Anm. 1 ff. 10/1991. – *Jarass:* Bundes-Immissionsschutzgesetz, § 33 Rn. 1 ff. München 1983.

Strahlenschutz. Geräte, Anlagen oder Vorrichtungen mit B. enthalten schon durch die Herstellung inhärente Sicherheitseigenschaften.

Sowohl im Rahmen der →Strahlenschutzverordnung (StrlSchV) als auch der →Röntgenverordnung (RöV) gibt die B. eines Geräts, einer Anlage oder einer Vorrichtung einem Betreiber oder Verwender die Möglichkeit zum genehmigungsfreien Umgang bzw. Betrieb. Dies gilt für bauartzugelassene →Röntgenstrahler, Hoch- und Vollschutzgeräte, Schulröntgengeräte und radioaktive →Stoffe nach Anl. II Nr. 2 und 3 StrlSchV, die dann nur anzeigepflichtig sind, sowie für radioaktive Stoffe nach Anl. III Teil A und B StrlSchV und →Störstrahler, die sowohl genehmigungs- als auch anzeigefrei sind.

Für die B. muß am Prototypen (Baumuster) nachgewiesen und von der Physikalisch-Technischen Bundesanstalt in Braunschweig (PTB) bestätigt werden, daß die in Anlage VI der StrlSchV bzw.

in den Anlagen II und III der RöV genannten Grenzwerte eingehalten sind (Typenprüfung). Die erfolgte B. wird dokumentiert durch den von der Zulassungsbehörde erteilten B.-Schein und durch ein von ihr festgelegtes Kennzeichen, das deutlich sichtbar und unverlierbar an dem Gerät, an der Anlage oder Vorrichtung anzubringen ist.

Der Hersteller eines derartigen Systems hat die Verpflichtung, dieses in Übereinstimmung mit dem bauartzugelassenen Prototypen zu produzieren und unverändert in Verkehr zu bringen. Die Übereinstimmung jedes Produkts mit dem Prototypen hat der Inhaber der B. durch Qualitätskontrolle (Stückprüfung) nachzuweisen. Das Ergebnis dieser Überprüfung muß schriftlich bestätigt werden (Stückprüfungsbescheinigung). Aufgrund dieser Bescheinigung kann die zuständige Behörde bzw. ein Sachverständiger bei einer Überprüfung (Überwachung) feststellen, ob für das betreffende Stück die mit der Zulassung verbundenen Auflagen erfüllt sind.

Die Erteilung einer B., deren Widerruf, aber auch eine Fristverlängerung, sind von der Zulassungsbehörde im Bundesanzeiger bekanntzumachen.

Die obligatorische Befristung der B. auf höchstens 10 Jahre gilt nicht für den Betreiber bzw. Verwender. Er genießt Bestandschutz, solange er das bauartzugelassene System bestimmungsgemäß verwendet und keine strahlenschutzrelevanten Änderungen daran vornimmt. *Ewen*

Literatur: *Ewen, K., I. Lucks, D. Wendorff:* Die neue Strahlenschutzverordnung – Praxiskommentar. 1990.

Gewässerschutz. Anlagen zum Lagern, Abfüllen und Umschlagen wassergefährdender Stoffe (§ 19g WHG), die nicht technisch einfach oder herkömmlich sind, dürfen nur verwendet werden, wenn ihre Eignung von einer zuständigen Behörde festgestellt ist (§ 19h WHG). Werden diese Anlagen serienmäßig hergestellt, ist eine B. möglich, die die wasserrechtliche Genehmigung im Einzelfall ersetzt. Anlagen dieser Art sind z. B.:
- Lagereinrichtungen mit Auffangwannen aus Stahl
- Stahlauskleidungen von Auffangräumen
- Abfüllflächen (z. B. an Tankstellen)
- Sicherheitseinrichtungen von Umschlaganlagen
- Leckage-Erkennungssysteme.

Die B. ist nicht erforderlich für Anlagen, die ein baurechtliches Prüfzeichen oder eine gewerberechtliche B. besitzen. *Irmer*

Baugebiet. Im →Bebauungsplan, der aus dem →Flächennutzungsplan entwickelt wird, werden rechtsverbindlich Einzelheiten der städtebaulichen Ordnung festgesetzt.

Ein Merkmal der städtebaulichen Ordnung sind die Art und das Maß der baulichen Nutzung der durch den Bebauungsplan erfaßten Grundstücke

und Flächen. Nach der Verordnung über die bauliche Nutzung der Grundstücke (Baunutzungsverordnung – Bau NVO) können die nachstehenden Arten der baulichen Nutzung – auch B. genannt – im Bebauungsplan festgesetzt werden:
- Kleinsiedlungsgebiete (WS)
- reine Wohngebiete (WR)
- allgemeine Wohngebiete (WA)
- besondere Wohngebiete (WB)
- Dorfgebiete (MD)
- Mischgebiete (MI)
- Kerngebiete (MK)
- Gewerbegebiete (GE)
- Industriegebiete (GI)
- Sondergebiete (SO).

Wie die einzelnen B. zu bebauen sind, regelt die BauNVO. So sind z. B. in reinen Wohngebieten (WR) nur Wohngebäude zulässig. Ausnahmsweise können Läden und nicht störende Handwerksbetriebe sowie Anlagen für soziale Zwecke und für Bedürfnisse kirchlicher und kultureller Art zugelassen werden.

Wesentliche Bedeutung für den Geräuschimmissionsschutz hat die bauliche Nutzung der Grundstücke, da die zur Beurteilung von →Geräuschimmissionen benutzten Immissionswerte in Anlehnung an die bauliche Nutzung der Grundstücke nach der BauNVO gestaffelt sind (→Immissionsrichtwert). *Strauch*

Baugenehmigung. Das Bauordnungsrecht der Bundesländer regelt die materiellen Anforderungen an baulichen Anlagen und daneben formelle Anforderungen zum baurechtlichen →Genehmigungsverfahren, zu den Zuständigkeiten und den Eingriffsbefugnissen der Baubehörden.

Alle Bauordnungen der Bundesländer bestimmen, daß die Errichtung, Änderung, Nutzungsänderung oder der Abbruch baulicher Anlagen einer B. bedarf, soweit in den Bauordnungen nicht etwas anderes konkret bestimmt ist. Eine B. ist nicht erforderlich, wenn die Bauordnung oder eine sog. Freistellungsverordnung ein Vorhaben als genehmigungsfrei aufführt oder wenn anstelle der B. in einem spezialgesetzlichen Genehmigungs- oder →Planfeststellungsverfahren mit Konzentrationswirkung eine umfassende Kontrolle auch der bauordnungs- und bauplanungsrechtlichen Anforderungen erfolgt.

Nach allen Bauordnungen ist die B. zu erteilen, wenn dem Vorhaben öffentlich-rechtliche Vorschriften nicht entgegenstehen. Die B. stellt somit die Vereinbarkeit des Vorhabens mit dem öffentlichen Recht fest und erlaubt die Ausführung des Bauvorhabens. Der Bauwillige hat bei Vorliegen der Genehmigungsvoraussetzungen einen Rechtsanspruch auf Erteilung der B.

Die Erteilung der B. erfolgt unbeschadet der privaten Rechte Dritter. Einwendungen von Nachbarn, die nicht nachbarschützende Vorschriften des öffentlichen Rechts, sondern seine private Rechtsstellung betreffen, braucht die Genehmigungsbehörde nicht zu prüfen.

Die B. kann unter Nebenbestimmungen, das heißt unter Auflagen, Befristungen oder Bedingungen erteilt werden, wenn anderenfalls die Genehmigung versagt werden müßte, wenn also mit der Nebenbestimmung Genehmigungshindernisse ausgeräumt werden können.

Die B. ist ein Verwaltungsakt mit Doppelwirkung. Sie begünstigt den Bauherrn und kann im Einzelfall den Nachbarn belasten. Der Nachbar kann deshalb eine rechtswidrige B. dann erfolgreich mit der Anfechtungsklage angreifen, wenn er durch die B. in seinen öffentlichen Nachbarrechten beeinträchtigt wird. *Hoppe/Beckmann*

Literatur: *Finkelnburg/Ortloff:* Öffentliches Baurecht, Band II: Bauordnungsrecht, 2. Aufl. München 1990.

Baugrubensprengung. B. wird zur Herstellung von Baugruben, Gräben, Felsböschungen und zum Vortrieb von Tunneln bei oberflächennah anstehendem Fels eingesetzt.

Sprengungen zum Abbruch von Bauwerken werden als → Abbruchsprengungen bezeichnet.

Durch B. soll häufig das anstehende Gestein nur bis auf die vorgesehene Böschungsfläche oder Sohle bis zur Reißfestigkeit aufgelockert werden, damit der Abbau und das Wegräumen durch Maschinen erfolgen kann. Da Baugruben, Gräben oder aufzufahrende Tunnel häufig in unmittelbarer Nähe von vorhandenen Bebauungen herzustellen sind, müssen die → Sprengerschütterungen und die Gefahr von Steinflug besonders beachtet werden. Beweissicherungsmaßnahmen vor Beginn der Sprengarbeiten und Erschütterungsmessungen während der B. werden durchgeführt, um Erschütterungsschäden zu erkennen bzw. zu vermeiden. Beim Felsabtrag auf Baustellen wird von der B. eine weitgehende Schonung des stehenbleibenden Gebirges, ein profilgenaues Sprengen und ein glatter Abriß gefordert. Bei B. unterscheidet man das Vorkerben, das Vorspalten, das Abspalten und das Abkerben (Luftpufferverfahren). Bei B. werden die Bohrlöcher mit relativ geringen Bohrlochabständen gesetzt und oft Sprengstoffe mit großer Detonationsgeschwindigkeit verwendet. B. können deshalb beachtliche Detonationsknalle verursachen. Wegen des Einsatzes von Sprengstoffen mit großer Detonationsgeschwindigkeit, der Anordnung der Sprengungen im Fels und den oft kurzen Abständen zur Bebauung in der Umgebung haben die verursachten Sprengerschütterungsimmissionen oft Schwingungsanteile mit relativ hohen Frequenzen und sehr kurzen Einwirkungsdauern. Die Frequenzen liegen häufig oberhalb von etwa 50 Hz, zum Teil oberhalb von 100 Hz. Bei B. sind in Gebäuden im → Einwirkungs-

bereich der Baustellen bei Abständen von etwa 5–100 m Erschütterungsimmissionen mit an den Fundamenten gemessenen Schwinggeschwindigkeitsamplituden im Bereich von etwa v = 0,2 mm/s bis 40 mm/s, z. T. auch noch größere Werte festgestellt worden. Dem Vermeiden von Bauschäden durch Erschütterungen ist deshalb bei B. besondere Beachtung zu schenken. *Splittgerber*

Baugrunddynamik. B. ist ein Teilgebiet der Bodenmechanik. Während in der Bodenmechanik Lasten, Verschiebungen, Deformationen und Spannungen untersucht werden, müssen in der B. zusätzlich Trägheitskräfte berücksichtigt werden.

Dynamische Beanspruchungen erzeugen Wellen, die sich im Boden ausbreiten. Dadurch ist der → Einwirkungsbereich von Lasten und Deformationen, die in der B. betrachtet werden, nicht gleich wie in der Bodenmechanik. Die B. wird auch als Bodendynamik, früher auch als Grundbaudynamik bezeichnet. Die B. befaßt sich u. a. mit folgenden Problemen:
- Untersuchung von Gründungen, z. B. → Maschinenfundamenten, die dynamischen Lasten ausgesetzt sind;
- Isolierung von Maschinenfundamenten durch → Aktivisolierung und von Bauwerken durch → Passivisolierung gegen Erschütterungen;
- Untersuchung der Übertragungsbedingungen von → Erschütterungen vom Boden und Fels in Bauwerke;
- Untersuchung der → Boden-Bauwerk-Wechselwirkung;
- Untersuchung der Reaktion von Böden auf dynamische Lasten und der Ausbreitung von Wellen im Boden;
- Im Rahmen des Erdbeben-Ingenieurwesens werden der Einfluß der lokalen Geologie und Topographie auf die Bebenintensität, das Deformations- und Festigkeitsverhalten des Bodens bei Erdbeben und die Einwirkung von Erdbeben auf bauliche Anlagen untersucht;
- Untersuchung der Erschütterungen, die auf Baustellen verursacht werden, z. B. durch Rammen, Rüttler, Ziehen von Pfählen und Spundwänden, beim Verdichten von Böden, bei → Baugruben- und → Abbruchsprengungen, bei Aufbrucharbeiten an Straßen;
- Untersuchung des dynamischen Verhaltens von Fahrbahndecken, Schienenwegen, Befahrbarkeit von natürlichen Böden und Flugpisten;
- Bestimmung des Schichtaufbaus des Untergrunds durch seismische Untersuchungen;
- Bestimmung dynamischer Bodenkennziffern in Labor- und Feldversuchen;
- Ermittlung des Langzeitverhaltens von Böden unter zyklischen Beanspruchungen;
- Untersuchung von Erschütterungsschutzmaßnahmen auf dem Ausbreitungsweg der Erschütterun-

gen, z. B. mit Hilfe von Schlitzen, Abschirmmatten und dem Einbau von Störkörpern. *Splittgerber*

Literatur: *Haupt, W.*: Bodendynamik. Braunschweig 1986. – *Richart, F. E., J. R. Hall, R. D. Woods*: Vibration of Soils and Foundations. Int. Series Englewood Cliffs, 1970. – *Studer, J.* und *A. Ziegler*: Bodendynamik. Berlin–Heidelberg–New York 1986.

Baulärm. B. ist der von Baustellen hauptsächlich durch den Betrieb von Baumaschinen und -geräten verursachte Lärm. Kennzeichnend für B. sind die im allgemeinen zeitliche Begrenztheit des Baustellenbetriebs und die vorwiegend im Freien stattfindenden geräuschintensiven Arbeitsabläufe. Einerseits sind daher die Anwohner einer Baustelle dem davon ausgehenden B. nur eine begrenzte, absehbare Zeit ausgesetzt, andererseits können aber auch wegen des quasi-mobilen Freiluftbetriebs an die Emissionsminderung nicht die spezifisch gleichen Anforderungen wie an eine entsprechende stationäre Anlage gestellt werden, bei der in der Regel Einhausungsbedingungen mit sehr viel weitergehenden Geräuschabschirmmaßnahmen üblich sind.

Baumaschinen/-geräte – und auch Baustellen – sind nicht genehmigungsbedürftige Anlagen i. S. des BImSchG und unterliegen insbesondere hinsichtlich ihres Betriebs der Verpflichtung zur Einhaltung des →Standes der Technik zur Emissionsminderung und zur Beschränkung der nicht in vollem Umfang vermeidbaren schädlichen Umwelteinwirkungen durch von ihnen ausgehenden B. Zur Konkretisierung und Erreichung dieser Ziele dienen folgende Vorschriften:
– die Baumaschinenlärm-Verordnung (→15. BImSchV)
– die Allgemeinen Verwaltungsvorschriften (VwV) zum Schutz gegen Baulärm
– – Acht VwV Emissionsrichtwerte/Emissionswerte,
– – VwV Emissionsmeßverfahren und
– – VwV Geräuschimmissionen.
□ Emissionsanforderungen. Nach der 15. BImSchV dürfen Baumaschinen nur in den Verkehr gebracht werden, wenn
– sie zulässige – in EG-Richtlinien, die durch die Aufnahme in die Verordnung in nationales Recht transformiert worden sind, festgesetzte – →Schalleistungspegel nicht überschreiten,
– für den Baumaschinentyp eine EG-Baumusterprüfbescheinigung vorliegt,
– eine EG-Übereinstimmungsbescheinigung beigefügt ist und
– die Maschine mit einer (dauerhaften) EG-Kennzeichnung versehen ist.

Durch in § 3 der Baumaschinenlärm-Verordnung genannten EG-Richtlinien sind als zulässige Emissionswerte Schalleistungspegel festgesetzt für Motorkompressoren, Turmdrehkräne, Schweißstrom-erzeuger, Kraftstromerzeuger, handbediente Betonbrecher, Abbau-, Aufbruch- und Spatenhämmer sowie für Hydraulikbagger, Seilbagger, Planiermaschinen, Lader und Baggerlader.

Ist eine Baumaschine in Verkehr gebracht, so können für deren Betrieb keine Maßnahmen aus der Baumaschinenlärm-Verordnung mehr veranlaßt werden. Die durch diese Verordnung gesetzten Schalleistungspegel können aber neben den in den VwV: Emissionsrichtwerte/Emissionswerte genannten und nach der VwV: Emissionsmeßverfahren ermittelten Emissionspegeln (→A-Bewertung) im Einzelfall Hinweise auf den Stand der Lärmminderungstechnik geben; dies gilt insbesondere für die in den VwVen beschriebenen erhöhten Anforderungen an den →Schallschutz, die einer Unterschreitung der nach den VwVen normalerweise anzuwendenden Emissionspegel (→Schalleistungspegel) von mindestens 5 dB(A) entsprechen. Eine Anpassung der VwV: Emissionsrichtwerte/Emissionswerte, die für Drucklufthämmer, Betonmischeinrichtungen und Transportbetonmischer, Radlader, Kompressoren, Betonpumpen, Planierraupen, Kettenlader, Bagger und Krane in den Jahren von 1971 bis 1976 erlassen worden sind, an die entsprechenden EG-Richtlinien erscheint geboten, um die Kluft zwischen dem Stand der Technik beim Inverkehrbringen einerseits und beim Betrieb der Maschinen andererseits zu schließen.
□ Immissionsrichtwerte. Die VwV Geräuschimmissionen vom 19. August 1970 (Beilage zum Bundesanzeiger Nr. 160 vom 1. 9. 1970) – die noch an das durch das BImSchG 1974 aufgehobene Gesetz zum Schutz gegen B. von 1965 anknüpft – setzt Immissionsrichtwerte für tags und nachts (20 Uhr bis 7 Uhr) in Abhängigkeit von dem bauplanungsrechtlichen Nutzungscharakter der zu schützenden Gebiete (→Baugebiete) fest, die weitgehend den Immissionsrichtwerten der →TA Lärm entsprechen. Das vorgeschriebene Verfahren zur Ermittlung des →Beurteilungspegels stimmt ebenso weitgehend mit dem in der TA Lärm beschriebenen Verfahren überein. *Strauch*

Bauleitplanung. Die raumbezogene →Gesamtplanung, die alle für ein bestimmtes Gebiet auftretenden Raumansprüche und Belange koordinieren soll, ist auf der örtlichen Ebene Aufgabe der B. Gemäß § 1 Abs. 1 BauGB soll die B. die bauliche und sonstige Nutzung der Grundstücke innerhalb einer Gemeinde vorbereiten und leiten; sie ist flächen- und nicht grundstücksbezogen und deshalb an Grundstücksgrenzen nicht gebunden. Gemäß § 1 Abs. 3 BauGB haben die Gemeinden die Bauleitpläne aufzustellen, sobald und soweit es für die städtebauliche Entwicklung und Ordnung erforderlich ist. Eine geordnete städtebauliche Entwicklung wird nicht zuletzt auch von Umweltbelangen geprägt. Erfordernisse des Umweltschutzes können deshalb eine Planungspflicht der Gemeinden auslösen. Gemäß § 1 Abs. 4 BauGB sind die Bauleitpläne den Zielen der →Raumordnung und →Landesplanung anzupassen. Bauleitpläne sollen gemäß § 1 Abs. 5 Satz 1 BauGB verschiedenen Planungszielen dienen. Unter anderem sollen sie auch dazu beitragen, eine menschenwürdige Umwelt zu sichern und die natürlichen Lebensgrundlagen zu schützen. Damit übernimmt die B. die Aufgabe, sowohl eine Verschlechterung dieser Lebensgrundlagen zu verhindern, als auch dafür zu sorgen, die natürlichen Lebensgrundlagen dort zu verbessern, wo sie bereits beeinträchtigt sind.

Die allgemeinen Planungsziele für die B. werden durch Planungsleitlinien in § 1 Abs. 5 S. 2 BauGB, die bei der Aufstellung der Bauleitpläne zu berücksichtigen sind, konkretisiert. Zu berücksichtigen sind neben anderen Belangen auch solche des →Umweltschutzes, des →Naturschutzes und der →Landschaftspflege, insbesondere des Naturhaushalts, des Wassers, der Luft, des Bodens, einschließlich seiner Rohstoffvorkommen sowie das →Klima. Mit Grund und Boden ist nach § 1 Abs. 5 S. 3 BauGB sparsam und schonend umzugehen. Landwirtschaftlich, als Wald oder für Wohnzwecke genutzte Flächen sollen nur in dem notwendigen Umfang für andere Nutzungsarten vorgesehen und in Anspruch genommen werden (§ 1 Abs. 5 S. 4 BauGB). Flächen, deren Böden erheblich mit umweltgefährdenden Stoffen belastet sind, sind in den Bauleitplänen zu kennzeichnen.

Die wesentlichen Instrumente der gemeindlichen B. sind der →Flächennutzungsplan und der →Bebauungsplan. Während der Flächennutzungsplan als vorbereitender, auf das ganze Gemeindegebiet bezogener, für den Bürger nicht verbindlicher Bauleitplandarstellungen über die Grundzüge der beabsichtigten städtebaulichen Entwicklung und der sich daraus ergebenden Art der Bodennutzung enthält, beinhaltet der Bebauungsplan als Satzung nur für einen Teil des Gemeindegebiets die für den weiteren Vollzug des Baugesetzbuches erforderlichen rechtsverbindlichen Festsetzungen, insbesondere der Art und des Maßes der baulichen Nutzung nach Maßgabe der Baunutzungsverordnung. Die Art der baulichen Nutzung wird durch die Festsetzung von →Baugebieten, das Maß der baulichen Nutzung durch die Festsetzung der Zahl der Vollgeschosse, der Grundflächen-, Geschoßflächen- oder der Baumassenzahl bestimmt. Der Bebauungsplan ist aus dem Flächennutzungsplan zu entwickeln.

□ Umweltschutz im Flächennutzungsplan. Die Festsetzungsmöglichkeiten im Flächennutzungsplan sind mittelbar alle für den Umweltschutz von wesentlicher Bedeutung. Als unmittelbar umweltschützende Festsetzungen können im Flächennutzungsplan insbesondere dargestellt werden die Flä-

chen für Nutzungsbeschränkungen oder Vorkehrungen zum Schutz gegen schädliche Umwelteinwirkungen und die Flächen für die Maßnahmen zum Schutz, zur Pflege und zur Entwicklung von Natur und Landschaft. Die im Flächennutzungsplan für land- oder forstwirtschaftliche Nutzung oder andere Freiraumfunktionen ausgewiesenen Flächen können nicht für eine bauliche Nutzung im Bebauungsplan vorgesehen werden, da dieser gemäß § 8 Abs. 2 S. 1 BauGB aus dem Flächennutzungsplan zu entwickeln ist. Der Flächennutzungsplan kann außerdem der Abwehr umweltbelastender Inanspruchnahme des Außenbereichs dienen, weil seine Darstellungen zu den öffentlichen Belangen gehören, die der Genehmigung eines Bauvorhabens im Außenbereich nach § 35 Abs. 3 BauGB entgegenstehen können.

□ Umweltschutz im Bebauungsplan. Fast alle der in § 9 Abs. 1 BauGB genannten Festsetzungsarten für den Bebauungsplan sind für die Sicherung einer menschenwürdigen Umwelt von Bedeutung. Besonders wichtig sind die Möglichkeiten der Festsetzung
– von öffentlichen und privaten Grünflächen,
– von Maßnahmen zum Schutz, zur Pflege und zur Entwicklung von Natur und Landschaft,
– von Gebieten, in denen aus besonderen städtebaulichen Gründen oder zum Schutz vor schädlichen Umwelteinwirkungen im Sinne des Bundes-Immissionsschutzgesetzes bestimmte luftverunreinigende Stoffe nicht oder nur beschränkt verwendet werden dürfen (§ 9 Abs. 1 Nr. 23 BauGB),
– von Schutzflächen, die von der Bebauung freizuhalten sind, und ihrer Nutzung,
– von Flächen für besondere Anlagen und Vorkehrungen zum Schutz vor schädlichen Umwelteinwirkungen,
– von zum Schutz vor solchen Einwirkungen oder zur Vermeidung oder Minderung solcher Einwirkungen zu treffenden baulichen und sonstigen technischen Vorkehrungen. *Hoppe/Beckmann*

Literatur: *Erbguth:* Bauplanungsrecht, München 1990. – *Ernst/Hoppe:* Das öffentliche Bau- und Bodenrecht, Raumplanungsrecht, 2. Aufl. München 1981. – *Finkelnburg/Ortloff:* Öffentliches Baurecht, Bd. I: Bauplanungsrecht, 2. Aufl. München 1990. – *Gelzer/Birk:* Bauplanungsrecht, 5. Aufl. – *Peine:* Raumplanungsrecht. Tübingen 1987.

Bauleitplanung und Bodenkontamination. Nach dem Baugesetz sind im →Flächennutzungsplan Flächen für bauliche Nutzungen zu kennzeichnen, wenn deren Böden erheblich mit umweltgefährdenden Stoffen belastet sind (§ 5 Abs. 3 Nr. 3 BauGB). Im →Bebauungsplan sind alle Flächen, die erheblich mit umweltgefährdenden Stoffen belastet sind, zu kennzeichnen (§ 9 Abs. 5 Nr. 3 BauGB). Die Kennzeichnung soll verhindern, daß auf diesen Flächen Nutzungen vorgesehen werden, die mit den Risiken der →Bodenkontamination nicht zu vereinbaren sind. Die Erheblichkeit ist auf den städtebaulichen Charakter und auf die konkret vorgesehene Nutzung des Standortes zu beziehen und schließt als Schutzgüter nicht nur die menschliche Gesundheit, sondern auch die Umwelt ein.

Das Merkmal der Erheblichkeit ist nicht ausschließlich mit Hilfe von Prüfwerten zu bestimmen. Hierzu ist eine einzelfallbezogene →Gefährdungsabschätzung im Hinblick auf die geforderte →Kennzeichnungspflicht und auf die planerisch beabsichtigte Nutzung der Fläche erforderlich. Eine erhebliche Belastung durch Kontaminationen liegt auch dann vor, wenn das ermittelte Gefährdungspotential noch unterhalb der Gefahrenschwelle für die öffentliche Sicherheit bleibt, aber für die Bevölkerung mit unzumutbaren Nachteilen und Belästigungen verbunden ist. Bei der Aufstellung des Bebauungsplans ist im Rahmen der Abwägung zu entscheiden, ob und in welchem Ausmaß →Altlasten Auswirkungen auf eine Bebauung haben können. Flächen, die durch Altlasten eindeutig Gesundheitsgefahren verursachen, dürfen im Hinblick auf die Anforderungen an gesunde Wohn- und Arbeitsverhältnisse und an die Sicherheit der wohnenden und tätigen Bevölkerung nicht überbaut werden. Die Baugenehmigungsbehörden können im Einzelfall durch die Zurückstellung von Baugesuchen bzw. den Erlaß einer →Veränderungssperre die veränderte bauliche Nutzung einer Altlast solange unterbinden, bis die Frage der grundsätzlichen Nutzung geklärt ist. Voraussetzung ist allerdings, daß die behördliche Maßnahme im Zuge der Aufstellung eines Bebauungsplans erfolgt. Besonders bei der Bebauung von →Altablagerungen ergeben sich zusätzlich schwer kalkulierbare Risiken, z. B. Freisetzung gespeicherter Deponiegase. Aus diesem Grund sollte in der Regel eine Wohnbebauung stillgelegter Sonderabfall- und Hausabfalldeponien nicht in Frage kommen. Sollte eine solche Bebauung dennoch erfolgen, so muß entsprechend dem vorliegenden Gefährdungspotential durch technische Maßnahmen einschließlich einer regelmäßigen Überwachung der Bauten latenten Gefährdungen sicher und auf Dauer vorgebeugt werden. Für die Durchführung von Sanierungsmaßnahmen ist die B. nicht für alle Fälle einsetzbar. Besser erscheint das Verfahren der städtebaulichen Sanierung (§§ 136 ff. BauGB).

Eine Arbeitshilfe für die Berücksichtigung von →Verdachtsflächen und Altlasten in der B. und beim Baugenehmigungsverfahren hat die Arbeitsgemeinschaft der für das Bau-, Wohnungs- und Siedlungswesen zuständigen Minister der Länder (ARGEBAU) herausgegeben (Köln, Deutscher Gemeinde Verl. 1989). *Thoenes*

Baumaschine. Einige, besonders auf →Baustellen im Tiefbau verwendete B. und Verfahren sind

Quellen von →Erschütterungen, die zu Nachteilen und Belästigungen in der Umgebung der Baustellen führen können (→Baulärm). Dazu gehören:
– langsam oder schnell schlagende →Rammen,
– Vibrationshämmer, Vibrationsrammen und Rüttler mit Erregerfrequenzen meistens im Bereich von 20 Hz bis 30 Hz, aber auch solche im Bereich von 30 Hz bis 40 Hz,
– schwere Baufahrzeuge und Bagger, z. B. beim Einsatz mit einer Pendelmasse (Birne) zum Einschlagen von Gebäudeteilen,
– Aufbruchmeißel und Aufbruchhämmer,
– Maschinen zum unterirdischen Vortrieb, d. h. zum bergmännischen Auffahren von Tunneln oder Rohrleitungen mit großen Durchmesser, z. B. Fräsmaschinen. Dabei können nicht nur Erschütterungen, sondern auch →Körperschall und Sekundärschall in unterfahrenen Gebäuden verursacht werden,
– Ziehgeräte, z. B. Pfahlzieher,
– Geräte zur Tiefenverdichtung von Böden oder Deponien sowie →Bodenverdichter wie Stampfer, Rüttelplatten und Vibrationswalzen zur Verdichtung von Böden von der Oberfläche her.

Splittgerber

Baumaschinenlärm-Verordnung →Baulärm, →15. BImSchV

Baureststoff →Bauabfall

Bauschalldämmaß, bewertetes. →Schalldämmmaß

Bauschutt. B. ist unter den Oberbegriff →Bauabfall eingeordnet und besteht aus Abfällen, die beim Abbruch oder Abriß von Bauwerken oder Bauteilen des Hoch- und Tiefbaus anfallen. In Abhängigkeit vom Alter (bauzeittypische Baumaterialien) und der Konstruktionsweise (Massiv-, Stahl-, Holz-, Fertigbau) des Bauwerks unterscheidet sich die Zusammensetzung des Abbruchmaterial-Konglomerats erheblich. Die B.-Inhaltsstoffe sind im wesentlichen Mauerwerks-, Beton- und Stahlbetonteile, Stahlkonstruktionsteile (Profilstahl), Holzkonstruktionsteile (Balken, Pfetten, Bohlen, Bretter), Metall- und Kunststoffrohrleitungen, Sanitär- und sonstiges Keramikmaterial, Dacheindeckungsmaterialien (Dachziegel, Zementdachpfannen, Teer-, Bitumen-, Kunststoffbahnen, Asbestzementplatten), Fußbodenbeläge (PVC-, Teppichboden), Fensterglas, Einbauteile aller Art je nach Zweckbestimmung des Bauwerks (Wohnhaus, Geschäftshaus, Gewerbe- oder Fabrikbetrieb, woraus auch art- oder produktionsspezifische Schadstoffbelastungen von Bau- und Einbauteilen resultieren können).

B. enthält von Schadstoffen unbelastete und mit Schadstoffen belastete Abfallanteile. Zum unbelasteten B. gehören vorzugsweise Profilstahl-, Baustahlgewebe-, Mauerwerks- und Betonteile, Ton- und Zementdachpfannen, Glasreste und sonstige weitgehend inerte Baustoff- oder Bauwerksreste aus „unbelasteten" Bauwerken, also z. B. nicht aus kontaminierten Gebäuden, die auf Altlasten-Standorten (→Altstandorte) abgerissen werden. Die weitgehend inerten unbelasteten B.-Materialien sind primär der Verwertung zuzuführen; sie können aber, soweit die Verwertung nach Prüfung gemäß der →TA Siedlungsabfall nicht möglich ist, auch ohne weitere Behandlung einer →Mineralstoffdeponie (→Bauschuttdeponie) oder Siedlungsabfalldeponie zugeführt werden.

Vice versa ist belasteter B. solcher, der nicht ohne Abfallvorbehandlung einer Deponie zugeführt werden könnte. Dazu gehören alle B.-Anteile, die Gefahrstoffe oder in höherem Maße eluierbare (Schad-)Stoffe enthalten und damit nicht weitgehend inert sind. Auch für diese B.-Fraktionen gilt das primäre →Verwertungsgebot mit Prüfung gemäß der TA Siedlungsabfall. Sekundär sind diese B.-Anteile in entsprechenden Behandlungsanlagen zu entsorgen bzw. deponierungsfähig vorzubehandeln; so kommt z. B. für belastete organische Bestandteile wie mit gefährlichen Holzschutzmitteln (z. B. Pentachlorphenol) behandelte Holzkonstruktionsteile nur die →Abfallverbrennung in Frage, wenn die Weiterverwendung dieser Materialien nicht gegeben ist.

Es kommt daher darauf an, beim Abbruch oder Abriß die Vermischung von unbelasteten und belasteten Bauwerksresten weitgehend zu vermeiden und auch im übrigen die Vermischung unterschiedlicher Bauwerksmaterialien im Interesse der leichteren und besseren Verwertbarkeit möglichst gering zu halten. Auch hier gilt das Prinzip der Getrennthaltung von Abfällen.

Anzustreben ist mit dem Ziel einer höheren Verwertungsquote ein möglichst weitgehender sortenreiner Abbruch durch getrennte Demontage anstelle des globalen Abrisses mittels Sprengung oder Abbruchkugel (Pendelgewicht).

Für die Aufbereitung von B. stehen – neben der Aussortierung von Wertstoffen direkt an der Abbruchstelle (z. B. Stahlschrott aus Stahlkonstruktionsteilen) – mobile, semimobile und stationäre Anlagen zur Verfügung. Während mobile und semimobile B.-Aufbereitungsanlagen direkt an der Abbruch-(Anfall-)stelle unter Berücksichtigung der zu erwartenden Mengen und der Beschaffenheit des Abbruchmaterials gezielt eingesetzt werden können, sind die – meist in Ballungszentren mit einem rentablen Einzugsgebiet plazierten – stationären Anlagen in der Regel als Baureststoff- oder noch umfassender als Gewerbeabfall-Aufbereitungs- und Verwertungsanlagen ausgelegt.

Dreyhaupt

Literatur: Der Rat von Sachverständigen für Umweltfragen (SRU): Abfallwirtschaft – Sondergutachten September 1990. Stuttgart 1991. – *Klingebiel, S.:* Aufbereitung von Baureststoffen auf der Zentraldeponie Hannover; BR 4/92, S. 28–34. – *Marek, K.:* Recycling von Baurestmassen; Müll-Handbuch, 8666, Lfg. 2/88, Berlin.

Bauschuttdeponie. Deponie zur Ablagerung von festen Abfällen aus Bauwerksabbrüchen. In der Sache bestehen keine grundsätzlichen Unterschiede zwischen B. und Mineralstoffdeponien; eine B. ist – wegen der Beschränkung auf die Mineralstoffart →Bauschutt – ein Unterfall der →Mineralstoffdeponie. Bei Gebäudeabbrüchen enthält der Bauschutt jedoch häufig auch schwermetallhaltige Versorgungsleitungen, Bauteile und Raumausstattungen aus Kunststoffen wie PVC, und organische Bestandteile, z. B. Holz und Papier, und erfüllt damit nicht mehr das Kriterium einer anorganisch-mineralischen (inerten) Stoffzusammensetzung für eine →Abfallablagerung ohne Vorbehandlung. Durch Bauschuttsortierung ist es möglich, aus gemischtem Bauschutt die unbelasteten Anteile abzutrennen und damit die Voraussetzung zur weiteren Verwertung oder zur Ablagerung auf einer B. oder Mineralstoffdeponie zu schaffen. *Neuenhahn*

Baustelle. Die auf einer B. eingesetzten →Baumaschinen erzeugen oft beträchtliche →Geräusche (→Baulärm) und z. T. auch erhebliche →Erschütterungen. Zu den Baugeräten, die in der Nachbarschaft von B. störende Erschütterungsimmissionen verursachen können, gehören hauptsächlich die im Tiefbau eingesetzten Geräte.

Rammen mit schlagender Arbeitsweise verschiedener Bauart wie Freifall-, Dampf-, Druckluft- und Diesel-Rammen erzeugen Stoßerregungen des Baugrunds, die sich als Erschütterungen in der Umgebung ausbreiten. Bei Vibrationsrammen wird die Rammenergie durch Unwuchterregung in einem Vibrator erzeugt. Vibrationsrammen, die auch als Rüttler bezeichnet werden, verursachen während des Rammvorgangs stationäre erzwungene Schwingungen des Baugrunds und benachbarter baulicher Anlagen mit Erregerfrequenzen, die oft im Bereich von etwa 20 – 30 Hz liegen. Wegen der Gefahr des Auftretens von Resonanz mit Bauteilen von Gebäuden, insbesondere von Geschoßdecken, ist der Einsatz von Vibrationsrammen in bebauten Gebieten problematisch. Vibrationsrammen werden zum Einbringen von Rammgütern verwendet und auch als Ziehgeräte, z. B. als Pfahlzieher. Auch beim Ziehen können erhebliche Erschütterungen auftreten, besonders zu Beginn des Ziehvorgangs.

Typische Schwinggeschwindigkeits-Zeit-Verläufe (v-t-Bild) der von schlagenden Rammen und von Vibrationsrammen erzeugten Erschütterungen und die prinzipielle Art ihrer →Ausbreitung im Boden und in Gebäuden sind im Bild dargestellt.

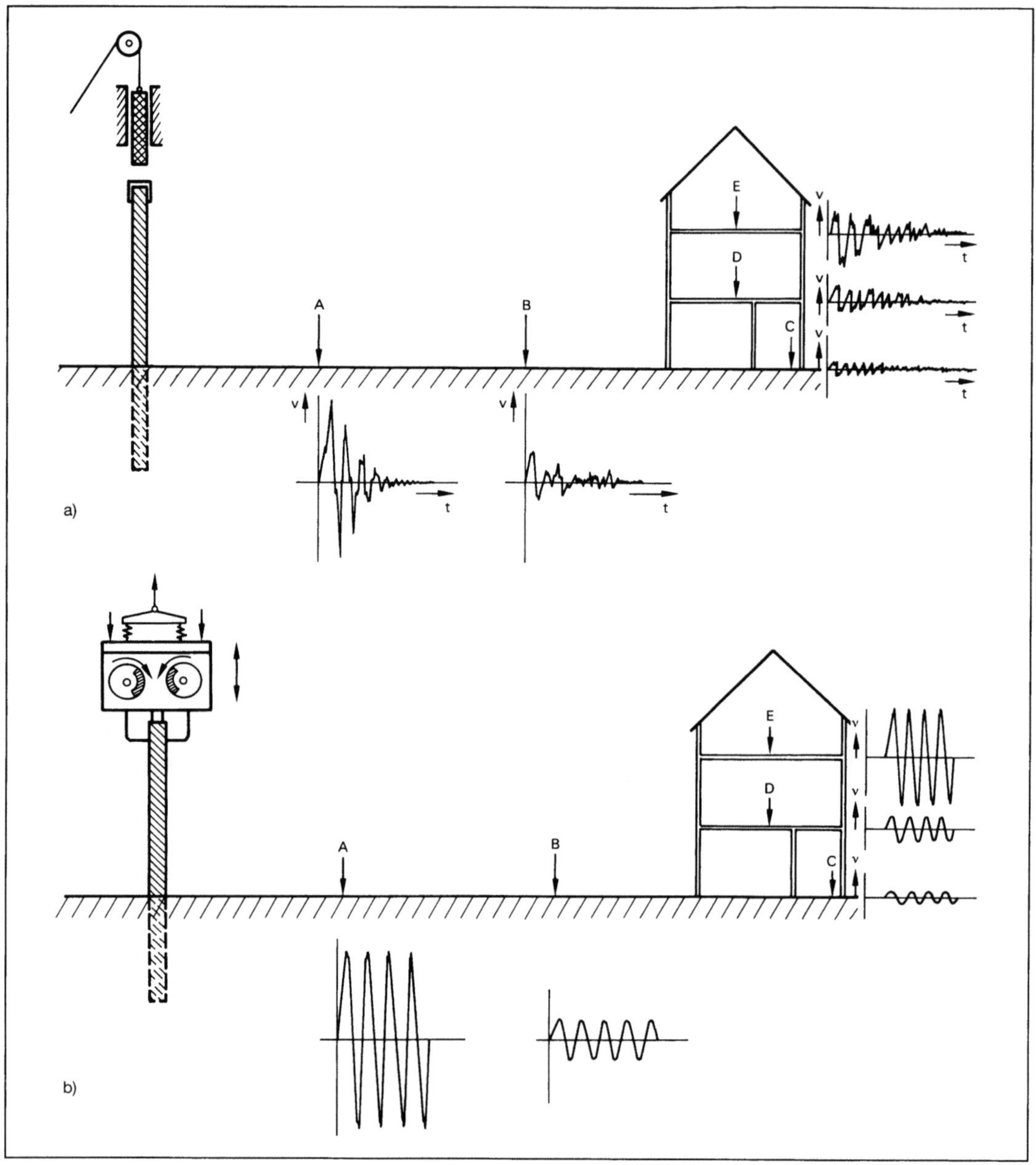

Baustelle: Ausbreitung von Rammerschütterungen.
a) verursacht durch eine schlagende Ramme
b) verursacht durch eine Vibrationsramme

A – E) Meßorte

Auch bei der Bodenverdichtung mit Hilfe von Stampfern, Rüttelplatten und Vibrationswalzen werden Erschütterungen verursacht. Bei Rüttelplatten und Vibrationswalzen erzeugen Unwuchten die Schwingungen. Auch durch den Einsatz von Schlagmeißeln und Aufbruchhämmern zum Lockern des anstehenden festen, z. B. felsigen Baugrundes oder von Gehwegbelägen oder Straßendecken können nachteilige Erschütterungen in benachbarten Gebäuden verursacht werden. Bei →Baugrubensprengungen zum Lockern und Absprengen des Baugrunds für den Bodenaushub entstehen →Sprengerschütterungen, die je nach der Art der Sprengung und des anstehenden Bodenmaterials besonders im

Nahbereich des Sprengortes Erschütterungen mit relativ hohen Frequenzen verursachen, die z. T. auch oberhalb von 100 Hz liegen. Auch bei unterirdischen Sprengungen zum Vortrieb von Tunneln werden kurzzeitige stoßartige Erschütterungen ausgelöst. Bei mechanischem Vortrieb durch Fräsmaschinen werden dagegen andauernde stationäre Erschütterungen erzeugt. Dabei können die Erschütterungen über feste Körper, z. B. vom Baugrund über Fundamente in Gebäude eingeleitet werden und Menschen durch sog. Körperschall, d. h. Sekundärschall, beeinträchtigen und stören.

Durch →Abbruchsprengungen werden in der Umgebung der Abbruchstelle Erschütterungen verursacht, deren Größe in der Regel nicht durch die Sprengstoffmenge pro Zündzeitstufe, sondern durch die Energie der beim Aufprall der herabstürzenden Massen auf den Boden bedingt ist. Auch schwere Baufahrzeuge und Bagger können der Grund für Erschütterungen sein.

Wenn die durch den Betrieb von Baumaschinen auf B. verursachten Erschütterungen unzulässig groß sind, kann durch Ausweichen auf andere Bauverfahren Abhilfe geschaffen werden. Zum Beispiel kann das Einbringen von Rammgütern mit Hilfe von Rüttlern durch Bohren oder Schlitzen erfolgen. Sprengerschütterungen können durch Änderung der Sprengstoffmengen, der Zündfolgen oder durch Vermeiden von Verspannung vermindert werden. Gegebenenfalls sind andere Abbruch- bzw. Abschlagverfahren wie Aufbrechen mit Meißeln oder hydraulischen Gesteinsbrechern notwendig. Die Ausweicharbeitsverfahren sind meistens kostenaufwendiger.

Zur Beurteilung der von B. ausgehenden Erschütterungsimmissionen sind im Regelwerk DIN 4150, Entwurf Teil 2, 10/90, Anhaltswerte angegeben mit dem Ziel, erhebliche Belästigungen bei der Einwirkung auf Menschen beim Aufenthalt in Gebäuden zu vermeiden. In der Norm DIN 4150, Teil 2, 12/92, werden für die von B. ausgehenden Erschütterungen keine Anhaltswerte genannt. *Splittgerber*

Literatur: *Meseck, H.:* Ausbreitung von Erschütterungen bei der Herstellung von Verdrängungspfählen. In: Steinwachs, M. (Hrsg.) Ausbreitung von Erschütterungen im Boden und Bauwerk. 3. Jtg. DGEB, Clausthal 1988. – *Splittgerber, H.:* Erschütterungen, Erschütterungsemissionen und -immissionen. In: Haupt, W. (Hrsg.): Bodendynamik, Grundlagen und Anwendung, Braunschweig 1986. – *Uhrig, R.:* Zur Ausbreitung von Erschütterungen im Baugrund beim Ziehen von Spundbohlen mit Hilfe eines Vibrators. In Steinwachs, M. (Hrsg.): Ausbreitung von Erschütterungen im Boden und Bauwerk. 3. Jtg. DGEB, Clausthal 1988.

Baustellenabfall. B. ist unter den Oberbegriff →Bauabfall eingeordnet und besteht aus Abfällen, die bei der Errichtung, dem Um- oder Ausbau von Bauwerken sowie bei baulichen Reparatur- oder Erhaltungsarbeiten sowohl im Hochbau als auch im Tiefbau anfallen; B. wird in der Regel in Containern auf der Baustelle gesammelt. Nicht zum B. gehört der →Bauschutt aus Bauwerksabbruch- oder -abrißarbeiten, die die Entfernung ganzer Bauwerke oder größerer Bauwerksteile zum Ziel haben.

B. hat grundsätzlich ein breites Spektrum verschiedenartiger Abfallbestandteile, insbesondere bei Neu- und Umbaumaßnahmen im Hochbau. Neben geringen Anteilen von Abbruchmaterialien (Bauschutt) sind typisch für B. Baustoff-Verpackungsmaterialien (Holz, Kunststoff, Pappe, Styropor, Folie), bis auf Restmengen leere Behältnisse für flüssige und pastöse Bauhilfsstoffe wie Kanister, Dosen oder Fässer für Bautenschutzmittel, Farben, Lacke, Lösemittel, Klebstoffe und Bitumen sowie Reste sonstiger Baustoffe aller Art, wie z. B. Dachziegel, Fliesen, Sanitärkeramik, Metalle (Rohrleitungsstücke, Verpackungsbänder, Draht, Blechreste, Profilstahlstücke), Bodenbeläge aus Kunststoffen, Teppichauslegeware, Tapeten, Holzausbauteile und Isoliermaterial.

Die Entsorgung dieses äußerst heterogenen Abfallgemischs mit partiell hohem Schadstoffgehalt – aber auch hohem Verwertungspotential –, das insgesamt als belasteter Bauabfall eingestuft werden muß, ist problematisch. Eine direkte →Ablagerung auf Bauschutt-, Mineralstoff- oder Siedlungsabfalldeponien ist ausgeschlossen. Die möglichst sortengerechte Trennung in unbelastete B.-Fraktionen (z. B. Keramik, Beton-, Ziegel- und Mörtelreste) einerseits und belastete B.-Fraktionen (z. B. Kunststoffe, Behältnisse mit Lösemittel- oder Kleberesten, Mineralfasermaterial) andererseits ist unbedingte Voraussetzung für weitere Entsorgungsschritte, die sich primär am Verwertungsprinzip zu orientieren haben. Belastete B.-Fraktionen sind einer →Abfallbehandlung zu unterziehen mit dem Ziel, eine Verwertungsmöglichkeit (z. B. gereinigte Blechemballagen als Schrott oder zur Wiederverwendung) oder die Deponiefähigkeit zu erreichen (→TA Siedlungsabfall). Die Menge der B. kann durch Getrennthaltung verwertbarer Komponenten auf der Baustelle erheblich reduziert werden.

Für die Aufbereitung von B. stehen stationäre Anlagen zur Verfügung, die zum Teil als B/reststoff-Aufbereitungsanlagen ausgelegt sind und insbesondere auch Bauschutt mitverarbeiten; der Trend geht jedoch zu Sortieranlagen, über die sowohl B. als auch andere Gewerbeabfälle gefahren werden können. *Dreyhaupt*

Literatur: Der Rat von Sachverständigen für Umweltfragen (SRU): Abfallwirtschaft, Sondergutachten September 1990. Stuttgart, 1991. – *Klingebiel, S.:* Aufbereitung von Baureststoffen auf der Zentraldeponie Hannover; BR 4/92, S. 28–34.

Baustellengeräusch →Baulärm

Bauweise. Bezeichnung für eine in der →Bauleitplanung festgesetzte Anordnung von Gebäuden in offener oder geschlossener B. Bei der offenen B. werden die Gebäude mit seitlichem Grenzabstand und bei geschlossener B. ohne seitlichen Grenzabstand errichtet.

Die B. spielt insbesondere bei der →Schallausbreitung von Straßen- und Schienenverkehrsanlagen eine wesentliche Rolle, da eine geschlossene B. wie eine Schallschutzwand (→Schallschirm) für die weiter von der Geräuschquelle liegende Wohnbebauung wirkt. *Strauch*

Bauwerkssetzung. Schädigender Einfluß durch →Altlasten auf Bauwerke. Auf bebauten Altlasten können vertikale und horizontale Verformungen des →Kontaminationskörpers, z. B. Abfälle, die Stabilität des Baugrundes beeinträchtigen, die sich als Setzungen, Verschiebungen oder Rutschungen bemerkbar machen. Durch diese Bewegungen treten in der Regel →Risse an den Bauwerken auf, durch die Gase in das Bauwerk eindringen und die Gesundheit von Menschen gefährden können. B. werden durch Volumenreduzierungen aufgrund des biologischen Abbaus organischer Substanzen, durch Schwankungen des Wasserspiegels im Kontaminationskörper oder durch Konsolidierungen im kontaminierten Erdreich hervorgerufen. Hierdurch können im Gelände Absenkungen und Geländebrüche im Bereich von →Altablagerungen und von →Altstandorten verursacht werden.

Neben Setzungsschäden können an Bauwerken durch aggressive Gase oder Flüssigkeiten, die aus der Altlast stammen, Korrosionsschäden auftreten (→Bebauung auf Verdachtsflächen). *Thoenes*

Literatur: LAGA: Altablagerungen und Altlasten. Berlin 1991.

Beauftragter für biologische Sicherheit. Er stellt eine nach §§ 16 und 18 →GenTSV unverzichtbare Beratungs- und Kontrollinstanz bei der Durchführung →gentechnischer Arbeiten dar. Anstelle eines B. kann auch ein Ausschuß für biologische Sicherheit bestellt werden. Beim Betrieb einer gentechnischen Anlage kann der Betreiber auf Antrag auch einen betriebsfremden B. bestellen. Die erforderliche Sachkenntnis des B. wird in § 17 GenTSV geregelt und umfaßt im wesentlichen den Nachweis eines naturwissenschaftlichen, medizinischen oder tiermedizinischen Hochschulstudiums, einer mindestens dreijährigen Tätigkeit auf dem Gebiet der Gentechnik und durch Fortbildungsveranstaltungen erworbene Kenntnisse aktueller →Sicherungsmaßnahmen und diese betreffende Rechtsvorschriften. Je nach Art der durchzuführenden gentechnischen Arbeiten wird ferner die Erlaubnis des B. zum Arbeiten mit Krankheitserregern nach dem Bundesseuchengesetz, der Tierseuchenerreger-Verordnung oder pflanzenschutzrechtlichen Vorschriften vorausgesetzt.

Analog sieht die Unfallverhütungsvorschrift Biotechnologie auch für nichtgentechnische Arbeiten einen B. vor, der jedoch nicht den Nachweis molekularbiologischer Kenntnisse vorweisen muß. *Flohé*

Bebauung auf Verdachtsflächen. Bauwerke auf →Verdachtsflächen, das sind →Altablagerungen bzw. →Altstandorte, können durch Geländeabsenkung und Setzungen in ihrer Stabilität beeinträchtigt oder beschädigt werden. Veränderungen im Baugrund werden durch die mit dem biologischen →Abbau organischer Substanz verbundene Volumenreduktion des Deponiekörpers, aber auch durch Konsolidierungen und Veränderungen des Wasserhaushalts verursacht. Rißbildung im Mauerwerk durch Setzungen, Verschiebungen und Rutschungen ermöglichen das Eindringen von Gasen in Keller und Schächte.

Durch den Kontakt von Bauwerksteilen und Baustoffen mit aggressiven Stoffen im Boden, Sikkerwasser oder Deponiegas treten chemische Reaktionen auf, die zu Korrosionen und →Materialschäden, z. B. Betonkorrosion, führen können. Es muß davon ausgegangen werden, daß Altablagerungen in der Regel betonangreifende Salze und Säuren enthalten. Verunreinigungen in Form von organischen Lösungsmitteln können nicht nur Isolierungen zerstören, sondern auch in Bauwerke einwandern.

Für den Grad der Gefährdung sind die Schadstoffkonzentrationen, die Menge des aggressiven Mediums, die Qualität der Baustoffe und des Bauwerkes sowie die biologischen und physikalischen Einflüsse maßgebend. Zu diesen Einflußfaktoren zählen die Durchlässigkeit von Boden und Bauwerk, die Temperatur und Feuchtigkeit, die Anwesenheit von Sauerstoff, von vagabundierenden Strömen und die Art der möglichen Materialreaktionen. Bei der Wohnbebauung auf V. muß besonders der Luftpfad (→Ausbreitungspfad) beachtet werden, weil durch Gasaustritte schädliche Auswirkungen für Menschen, Tiere und Pflanzen möglich sein können. Bei der →Gefährdungsabschätzung der B. a. V. müssen auch die Garten-, Spielplatz- und Freizeitanlagen einbezogen werden. Weiterhin sind Kleingartenanlagen mit Nutzpflanzenanbau, die früher oft am Rande der Städte auf ehemaligen Ablagerungsplätzen errichtet wurden, zu berücksichtigen (→Bauleitplanung). *Thoenes*

Literatur: LAGA: Altablagerungen und Altlasten. Berlin 1991.

Bebauungsdämpfung. Bezeichnet die Schalldruckpegelminderung, die bei der →Schallausbreitung durch bebaute Flächen auftritt. Sie wird im wesentlichen beeinflußt durch →Abschirmung, →Reflexion und →Absorption des Schalls an Gebäuden und anderen schallundurchlässigen Hindernissen, die sich zwischen Schallquelle und Immissionsort befinden. Das Maß für die B. ist das →Bebauungsdämpfungsmaß.

Die B. hängt von der Länge des Schallwegs durch das bebaute Gebiet ab, sie ist jedoch in starkem Maße von der Struktur der Bebauung – Lage, Länge und Höhe der Gebäude und Hindernisse – abhängig, so daß wegen der Vielfalt möglicher Gebäude- und Hindernisanordnungen die B. schwierig zu prognostizieren ist.

Bei bestehender Bebauung kann die B. festgestellt werden, indem die Schallpegelminderung einer bekannten Schallquelle, die am Aufstellungsort einer geplanten, Schall emittierenden Anlage installiert wird, am Immissionsort gemessen wird. *Strauch*

Literatur: VDI 2714: Schallausbreitung im Freien. 1/1988.

Bebauungsdämpfungsmaß. Maß für die durch Bebauung auf dem Schallausbreitungsweg verursachte Schallpegelminderung.

Zur Berechnung zu erwartender Geräuschimmissionen von geplanten Anlagen werden nach VDI 2714 für das B. D_G folgende Zusammenhänge genannt:

Für Bebauungen durch industrielle Anlagen, die in der Nähe der zu betrachtenden Schallquellen liegen, gilt

$$D_G = 0{,}05 \, s_G \qquad (dB)$$

wobei s_G die Länge des Schallweges durch die Bebauung (in m) ist.

Bei bestimmten Bebauungsarten können, abweichend von dem formelmäßigen Wert 5 dB/100 m, auch Werte von 1 bis 20 dB pro 100 Meter Schallweg durch Bebauung auftreten.

Für Einzelschallquellen und →Schallausbreitung durch lockere Bebauung wird mit

$$D_G = (m \, B \, s_G - D_{BM}) \geqq 0 \qquad (dB)$$

gerechnet. Hierbei bedeuten
m = mittlere reziproke Kantenlänge der Gebäude,
B = Bebauungsdichte (bebaute Flächengröße/Gesamtflächengröße), s_G = Schallweglänge,
D_{BM} = Boden- und Meteorologiedämpfungsmaß.
Wegen der noch nicht in allen Einzelheiten bekannten Zusammenhänge zwischen Pegelminderung und Schallstreuung, →Absorption an Bauwerken und Hindernissen, wird für das B. D_G einschließlich des Boden- und Meteorologiedämpfungsmaß D_{BM} bei der Berechnung zu erwartender Geräuschimmissionen in Planungsfällen eine Obergrenze von 15 dB angesetzt. *Strauch*

Literatur: VDI 2714: Schallausbreitung im Freien. 1/1988.

Bebauungsplan →Bauleitplanung

Becquerel. Einheit der →Radioaktivität. Die Aktivitätseinheit liegt vor, wenn in 1 Sekunde im Mittel eine radioaktive Umwandlung erfolgt. Auf Vorschlag des International Committee on Weights and Measures wird diese Einheit – entsprechend dem Internationalen Einheitssystem (SI) – 1 Becquerel (Bq) genannt. Meist verwendet man die größeren Einheiten MBq und GBq.

Das B. löst die alte Einheit →Curie ab (1 Ci = $3{,}7 \cdot 10^{10}$ Bq). Die Namensgebung erfolgte zu Ehren des französischen Physikers *Henri Becquerel* (1852 bis 1908), der 1896 die radioaktive →Strahlung des Urans entdeckte. *Merz*

Begasungsexperiment. Die Ermittlung der Wirkung von luftverunreinigenden Komponenten auf das Pflanzenwachstum, ihrer kritischen Konzentrationen und der spezifischen Wirkorte innerhalb des Systems Pflanze erfolgt mit Hilfe von B. In speziell ausgelegten Kammern ist es möglich, Schadstoffe in definierten Konzentrationen und über bestimmte Zeiten auf Pflanzen einwirken zu lassen, wobei andere, die →Pflanzenreaktion mitbestimmende Umwelteinflüsse, z. B. Licht, Temperatur oder Luftfeuchte (äußere Wachstumsfaktoren), gezielt aus- oder eingeschlossen werden können.

Je nach Untersuchungsziel werden solche Kammerversuche unter streng kontrollierbaren oder freilandnahen Bedingungen durchgeführt. Der Grad der Kontrolle der einzelnen Wachstumsfaktoren bestimmt den Grad der Abstraktion von den tatsächlichen Umweltbedingungen, denen die Pflanzen im Freiland ausgesetzt sind und damit auch die Übertragbarkeit der Ergebnisse auf natürliche Verhältnisse. Es ist deshalb erforderlich, die in B. erzielten Ergebnisse in Freilandversuchen zu überprüfen, um den kausalen Zusammenhang zwischen Schadstoffeinfluß und Wirkung unter natürlichen Umweltbedingungen zu verifizieren.

Kammerversuche unter streng kontrollierbaren Bedingungen finden in der Regel über kürzere Zeiträume (<1 Jahr) im Labor, in Gewächshäusern oder speziell ausgelegten Räumen statt, die es gestatten, bestimmte klimatische Vorgaben einzuhalten. Die Kammern selber sind je nach speziellen Fragestellungen von unterschiedlichster Bauart, gleichen sich jedoch in ihrem prinzipiellen Aufbau. Gefilterte Luft wird mit Hilfe eines Gebläses in eine geschlossene Kammer geblasen, der eine definierte Schadgaskonzentration über spezielle Dosiersysteme zugeführt wird. Die die Pflanzen durchströmende Luft kann in der Kammer vertikal oder horizontal geführt werden, bevor sie wieder austritt. Luftgeschwindigkeit und -menge haben dabei großen Einfluß auf die →Schadstoffaufnahme (→Depositionsgeschwindigkeit) und bestimmen in erheblichem Umfang die Pflanzenreaktion. Die Schadstoffkonzentration wird meist kontinuierlich in Pflanzenhöhe mit Hilfe entsprechender Meßgeräte erfaßt. Über Konzentration und Einwirkungszeit kann die Dosis ermittelt werden, der eine bestimmte Pflanzenreaktion zuzuordnen ist.

Kammerversuche unter freilandnahen Bedingungen finden entweder in kleinen Gewächshäusern oder sogenannten Open-Top-Kammern im Freiland statt. Im Gegensatz zum Laborversuch wird bewußt die natürliche Variation des Klimas im Rahmen des jeweiligen Expositionssystems zugelassen, um einen größeren Realitätsbezug zu erlauben. Die Gewächshaus-Kammern sind in der Regel größer ausgelegt und eignen sich daher auch für Langzeituntersuchungen (>1 Jahr). Das Prinzip der Schadstoffdosierung, Luftfilterung und -führung ist mit dem zuvor beschriebenen Typ vergleichbar. Die Open-Top-Kammern bestehen hingegen aus einer 2–3 m hohen zylindrischen Konstruktion von ca. 3 m Durchmesser; die Wandungen bestehen aus einem lichtdurchlässigen, UV-beständigen Kunststoffmaterial. Die Luft wird über Schläuche im unteren Bereich der Kammer zu und über die oben offene Kammer (Open Top) abgeführt. Da dieses System leicht an jedem Ort aufstellbar ist, wird es auch auf landwirtschaftlich und gärtnerisch genutzten Flächen eingesetzt. Neben der natürlichen Schwankung des Klimas werden auf diese Weise auch die natürlichen Bodenverhältnisse berücksichtigt.

Jedes Kammersystem modifiziert jedoch die Umweltbedingungen für die Pflanze und läßt damit nur eine bedingte Übertragbarkeit auf die Wirklichkeit zu. Mit Hilfe offener B.-Systeme versucht man diesen Nachteil auszugleichen, indem über ein Röhrensystem unter oder über der Pflanzendecke Schadstoffe freigesetzt werden (künstliche Emissionsquelle). Schwierig ist jedoch hierbei, die Pflanzenreaktion einer bestimmten Konzentration und Einwirkungsdauer zuzuordnen, weil innerhalb der begasten Fläche große Konzentrationsunterschiede auftreten können und sich diese nur in begrenztem Umfang meßtechnisch erfassen lassen.

Der Freilandversuch geht noch einen Schritt weiter: die Vegetation wird im Umgebungsbereich einer realen Emissionsquelle untersucht. Dabei können entweder in Töpfen kultivierte Pflanzen in unterschiedlicher Entfernung zur Quelle aufgestellt oder die Untersuchungen an der natürlichen Vegetation durchgeführt werden. Ein klassischer Versuch, der nach diesem Prinzip durchgeführt wurde, diente zur Ermittlung der →Dosis-Wirkungsbeziehung von Schwefeldioxid und wurde von *Stratmann* und *Guderian* in Biersdorf im Umgebungsbereich einer Erzröstei Ende der fünfziger Jahre durchgeführt.

Im Rahmen der Ursacherklärung der neuartigen →Waldschäden wurde neben dem experimentellen (Begasungsversuche etc.) der epidemiologische Versuchsansatz angewendet. Dies bedeutet, daß an ausgewählten Standorten, die sich tunlichst nur im Hinblick auf die Immission unterscheiden, nicht aber bezüglich Pflanzenart, Boden und klimatischen Faktoren, symptomatologische, physiologische und biochemische Untersuchungen an Bäumen über einen längeren Zeitraum durchgeführt und die Ergebnisse dieser Erhebungen mit Ergebnissen aus gezielten B. verglichen werden. Erst die Verifizierung der Ursachen eines bestimmten Symptombildes mit Hilfe beider Versuchsansätze kann eine Ursachenklärung ermöglichen. *G. Krause*

Literatur: *Guderian, R.:* Untersuchungen über quantitative Beziehungen zwischen dem Schwefelgehalt von Pflanzen und dem Schwefeldioxidgehalt der Luft. Z. Pflanzenkrankh. Pflanzenschutz, 77, I. Teil 200–220, 1970, II. Teil 289–308, 1970, III. Teil 387–399, 1970. – *Payer, H. D.; T. Pfirrmann* und *P. Mathy* (Hrsg.): Environmental research with plants in closed chambers. Air Pollution Research Report 26, Commission of the European Communities, Brüssel 1990.

Behälterdeponie. Für B. gibt es bisher nur Konzepte. Sie sehen vor, daß Abfälle z. B. in großen Betonbehältern (mehrere tausend m^3 Inhalt) abgelagert werden. Besonderes Kennzeichen der B.-Konzepte ist Kontrollierbarkeit der Behälterwände und der Behältersohle auf Leckagen und die Reparierbarkeit der Abdichtungssysteme. B. werden oft auch als Hochsicherheitsdeponien bezeichnet. *Stief*

Bel. Dimensionslose Größe für den Logarithmus des Verhältnisses zweier Energien, Leistungen oder Intensitäten P. Als Logarithmus wird der zur Basis 10 benutzt

$$L = \log_{10} \frac{P_1}{P_2} \qquad (Bel)$$

wobei P z. B. die →Schalleistung oder die →Schallenergie ist.

In der Akustik wird üblicherweise mit dem →Dezibel = 1/10 Bel = 1 dB gerechnet. *Strauch*

Belästigung.
Allgemein. B. sind Beeinträchtigungen des körperlichen oder seelischen Wohlbefindens eines Menschen. Erhebliche B. durch →Immissionen sind schädliche Umwelteinwirkungen i. S. des BImSchG (→Erheblichkeit). Das BImSchG will vor Gefahren, erheblichen Nachteilen und erheblichen B. schützen. Von den Gefahren sind bloße B. dadurch abzugrenzen, daß bei ihnen noch keine Gesundheitsschäden drohen. Von den Nachteilen unterscheiden sich B. dadurch, daß sie unmittelbare Folgen einer Immission oder einer sonstigen Einwirkung sind. B. werden z. B. durch Geruchsstoffe, durch störende Geräusche oder durch Schwingungen in Aufenthaltsräumen (Erschütterung) hervorgerufen. *Hansmann*

Durch Erschütterungen. Art und Grad der B. durch Erschütterungsimmissionen hängen vom Ausmaß der →Erschütterungsbelastung und deren Wechselwirkung mit individuellen Eigenschaften und situativen Bedingungen des betroffenen Menschen ab. Bei der B. durch Erschütterungen sind die wesentlichen Faktoren:
- die Größe (Stärke) der auftretenden Erschütterungen,
- die Frequenz,
- die Einwirkungsdauer,
- die Häufigkeit und Tageszeit des Auftretens und die Auffälligkeit (Überraschungseffekt),
- die Art und Betriebsweise der Erschüttungsquelle.

Bei den individuellen Eigenschaften und den situativen Bedingungen sind von Bedeutung:
- der Gesundheitszustand (physisch, psychisch),
- die Tätigkeit während der Erschütterungseinwirkung,
- die Gewöhnung,
- die Einstellung zum Erschütterungserzeuger,
- die Erwartungshaltung in bezug auf ungestörtes Wohnen, die u. U. von der Art des Wohngebiets (Wohnumfeld) abhängig ist, und in bezug auf die Duldung von wahrnehmbaren Erschütterungen,
- die Sekundäreffekte.

B. durch Erschütterungsimmissionen sind nur auszuschließen, wenn die einwirkenden Erschütterungen nicht wahrnehmbar sind. Wahrgenommene Erschütterungen sind in Wohnungen situationsfremd, ganz gleich, ob sie
- als Ganzkörperschwingungen,
- beim Berühren von Gegenständen in Räumen oder
- indirekt durch hörbare Auswirkungen (Klappern, Vibrieren von Gegenständen) oder
- als sichtbare Auswirkungen (Bewegungen z. B. von Zimmerpflanzen oder Pendelleuchten) wahrgenommen werden. Die Betroffenen bewerten solche Ereignisse fast immer negativ. Im Regelwerk DIN 4150, Teil 2, Dez. 1992, sind zur Beurteilung von Erschütterungsimmissionen Anhaltswerte angegeben. Erhebliche B. liegen im allgemeinen nicht vor, wenn die Anhaltswerte dieser Norm eingehalten werden. Im Einzelfall ist jedoch eine Prüfung unter Berücksichtigung sowohl der Norm als auch der gegebenen Situation nach Art, Ausmaß und Dauer der B. erforderlich, um festzustellen, ob die B. unzumutbar und damit erheblich ist. *Splittgerber*

Literatur: *Splittgerber, H.:* Die Einwirkung von Erschütterungen auf den Menschen in Gebäuden. Technische Überwachung (1969) 10. – *Splittgerber, H.:* Untersuchungen über die Wahrnehmungsschwelle des Menschen bei einwirkenden mechanischen Schwingungen. Gesundheits-Ingenieur, 1972.

Durch Geräusche. Es ist eine durch Geräusche beim Menschen hervorgerufene Wirkung z. B. auf das zentrale und vegetative Nervensystem, auf Schlafbedingungen sowie auf die Kommunikation und bestimmte Leistungen.

Als B. kann bereits die Empfindung von Unbehagen, Verdruß, Ärger bezeichnet werden, die auftritt, wenn in die Privatsphäre des Menschen Geräusche eindringen und diese nicht mit den augenblicklichen Tätigkeiten der beschallten Person in Einklang gebracht werden können und somit das Wohlbefinden beeinträchtigen.

B. sind von den meßbaren Eigenschaften eines Geräusches wie Höhe des Schalldrucks, Frequenzzusammensetzung, zeitlicher Verlauf des Schalldrucks (gleichförmiges oder impulsartiges Geräusch, →Impulsgeräusche), Auftreten des Geräusches zu bestimmten Zeitpunkten (abends, nachts), Häufigkeit des Auftretens wie aber auch von der nicht einfach zu erfassenden persönlichen Situation der beschallten Person abhängig.

So kann für die B. durch Geräusche mit ausschlaggebend sein
- der augenblickliche Gesundheitszustand der Person,
- ihre Einstellung zum Geräusch wie auch zum Geräuscherzeuger,
- Erfahrungen mit dem Geräusch, Ärger über evtl. Untätigkeit von Überwachungsstellen zur Unterbindung des Geräusches,
- das Wissen über die Vermeidbarkeit des Geräusches,
- Erwartungen aufgrund der Umweltgüte in bestimmten Wohngebieten.

Untersuchung der Wirkung von Straßenverkehrsgeräuschen haben gezeigt, daß die B. beim einzelnen Menschen nur zu etwa 30 % mit den physikalisch beschreibbaren Schallgrößen zu erklären ist, der übrige Anteil ist von der Person und den Umgebungsbedingungen, bei denen das Geräusch erlebt wird, abhängig.

Der Zusammenhang zwischen B. und physikalischen Eigenschaften des Geräusches wird enger (bis zu 60 %), wenn nicht einzelne Personen betrachtet werden, sondern Personenkollektive und Geräuschimmissionskenngrößen, die die mittlere Beschallung des Kollektivs beschreiben.

Geräusch- oder Lärm-Beurteilungsverfahren, die auch auf den Schutz vor erheblichen B. abgestellt sind, einschließlich der zugehörigen Ermittlungs-(Meß-)verfahren, bestehen für Geräusche von Gewerbe- und Industrieanlagen, Straßen- und Schienenverkehrsanlagen, Sport- und Freizeitanlagen sowie von Flugverkehrsanlagen unter Angabe der entsprechenden Geräuschimmissionswerte (→Immissionsrichtwerte, →Immissionsgrenzwerte, →Geräuschimmissionen-Beurteilung, →Lärmwirkung). *Strauch*

Durch Gerüche. →Geruchsstunde, →Geruchshäufigkeit-Abschätzung

Belastungsgebiet. Der Begriff B. wurde mit dem BImSchG von 1974 für mit →Luftverunreinigungen hoch belastete Gebiete eingeführt, in denen zur Verbesserung der Situation →Luftreinhaltepläne aufgestellt werden sollten. Mit der am 1. September 1990 in Kraft getretenen Neufassung des BImSchG wurde der Begriff B. durch die Bezeichnung →Untersuchungsgebiet ersetzt. Die Umbenennung hängt damit zusammen, daß die mit dem BImSchG 1974 eingeführten und danach konsequent aufgestellten und durchgeführten Luftreinhaltepläne in B. – neben den allgemeinen Emissionsminderungsmaßnahmen insbesondere nach den Altanlagensanierungskonzepten der →13. BImSchV und der →TA Luft – zu so erheblichen „Entlastungen" geführt hatten, daß die Strategie der Luftreinhalteplanung überdacht werden mußte. Das Ergebnis war, insbesondere auch unter Berücksichtigung der in EG-Richtlinien über Luftqualitätsnormen festgesetzten Immissionsleitwerte, eine Verlagerung der Luftreinhalteplanung in den Vorsorgebereich hinein.

Mit der Abschaffung der Bezeichnung B. wurde auch einem Anliegen der Kommunen, in deren Grenzen solche Gebiete ausgewiesen waren oder ausgewiesen werden sollten, Rechnung getragen, die von Anfang an das mit dem Wort „Belastung" verbundene Negativimage beklagt hatten.

Dreyhaupt

Belebtschlamm. Beim →Belebungsverfahren entstehender Schlamm. B. besteht vorwiegend aus aeroben Mikroorganismen. Er ist sehr flockig und hat einen Wasseranteil von 99,0–99,8 %. B., der sich in der Nachklärung absetzt und von dort wieder in das Belebungsbecken zurückgeführt wird, heißt Rücklaufschlamm. Ein kleiner Teil des in der Nachklärung sedimentierten B. (ca. 10 %) wird als sog. →Überschußschlamm der Schlammbehandlung zugeführt.

Mertsch

Belebtschlammverfahren →Belebungsverfahren

Belebungsverfahren. Das B. bzw. Belebtschlammverfahren ist das am häufigsten eingesetzte biologische Abwasserbehandlungsverfahren. Es wurde zu Beginn dieses Jahrhunderts entwickelt. Man beobachtete, daß sich beim Belüften von Abwasser Schlammflocken bildeten, die rasch sedimentierten. Hielt man diesen Bodenschlamm im Gefäß zurück, füllte Rohabwasser nach und belüftete wieder, so vermehrten sich die Schlammflocken weiter und die zur Reinigung des Abwasser notwendige Belüftungszeit wurde kürzer. Dieser Schlamm wurde belebter Schlamm genannt, weil er offenbar die biologische Reinigung des Abwassers bewirkte. Der →Belebtschlamm enthält zum einen aktive →Biomasse (Bakterien, Protozoen) und zum anderen organische und anorganische Suspensa.

Beim technisch betriebenen B. wird das Abwasser kontinuierlich durch das Belebungsbecken geleitet. Die →Mikroorganismen, von denen die gelösten organischen Abwasserinhaltsstoffe abgebaut werden, sind im Wasser verteilt. Sie siedeln sich in Kolonien auf vorhandenen fein verteilten Schweb- und Feststoffen an und bilden als Flocken den belebten Schlamm.

Der von den Organismen zum Leben benötigte Sauerstoff wird künstlich zugeführt. Durch Oberflächenbelüfter oder Kompressoren und Filterkerzen wird Luft in das Abwasser eingetragen. Diese verteilt sich in kleinen Bläschen im Abwasser. Durch die Grenzfläche zwischen Abwasser und Luft wird der in der Luft enthaltene Sauerstoff im Wasser gelöst. Dabei ist die Ausnutzung des Luftsauerstoffs um so größer, je feiner die Bläschen sind. Gleichzeitig wird durch den Lufteintrag das Abwasser intensiv mit dem Belebtschlamm vermischt und der flockige Schlamm in der Schwebe gehalten. Ist die pro Zeiteinheit und vorhandener Belebtschlammmasse zugeführte Masse organischer Abwasserinhaltsstoffe (Schlammbelastung) relativ hoch, so erfolgt überwiegend ein Abbau der im Abwasser vorhandenen Kohlenstoffverbindungen. Langsam wachsende Mikroorganismen (z. B. die für die Stickstoffoxidation notwendigen Nitrifikanten) können sich unter diesen Bedingungen nicht entwickeln und etablieren. Daher ist die pro Zeiteinheit und vorhandene Belebtschlammasse zugeführte Masse organisch abbaubarer Abwasserinhaltsstoffe (Schlammbelastung) drastisch zu verringern, wenn auch Stickstoffverbindungen oxidiert werden sollen; wird die Schlammbelastung weiter gesenkt, wird auch die organische Substanz des Belebtschlamms abgebaut und mineralisiert.

Regelbedingung für die Funktion des B. ist die Abtrennung der Biomasse von gereinigtem Abwasser durch →Sedimentation im →Nachklärbecken. Dieser Verfahrensschritt ist nur möglich, wenn die Biomassenkonzentration und -beschaffenheit eine Trennung in eine Schlamm- und Wasserphase zuläßt.

Ist die gewünschte Biomassenkonzentration im Belebungsbecken erreicht, wird die zusätzlich sich entwickelnde Biomasse als sog. →Überschußschlamm aus dem Nachklärbecken abgezogen. Aus dem Verhältnis der Schlammenge im Belebungsbecken zur täglich abgezogenen Überschußschlamm-Menge errechnet sich die durchschnittliche Verweilzeit des Belebtschlamms im Belebungsbecken, das sog. Schlammalter. Das Schlammalter ist neben der Schlammbelastung der wesentliche Bemessungsparameter für die Dimensionierung von Belebungsbecken. Belebungsbecken werden heute auf ein Schlammalter von 10–15 Tagen dimensioniert.

Mertsch

Literatur: ATV (Hrsg.): Lehr- und Handbuch der Abwassertechnik, Bd. IV; Biologisch-chemische und weitergehende Abwasserreinigung. Berlin 1985. – *Imhoff, K.* u. a.: Taschenbuch der Stadtentwässerung. München 1990. – *Mudrack, K.; S. Kunst:* Biologie der Abwasserreinigung. Stuttgart 1991.

Beleuchtungsstärke. Lichttechnische Größe zur Kennzeichnung des auf eine Fläche auftreffenden Lichts. Das Licht wird dabei mit dem spektralen Hellempfindlichkeitsgrad des menschlichen Auges bewertet (DIN 5031, Teil 2), der den unterschiedlichen Helligkeitseindruck des Auges für die verschiedenen Frequenzen, d. h. Farben des Lichts bei sonst gleichen physikalischen Randbedingungen beschreibt. Diese frequenzabhängige Empfindlichkeitskurve ist bei hohen Helligkeiten, d. h. bei helladaptiertem Auge (Tagessehen), anders als bei niedrigen Helligkeiten, d. h. bei dunkeladaptiertem Auge (Nachtsehen). Die Ursache dazu liegt bei den verschiedenen am Sehvorgang beteiligten Empfängern im Auge (Zapfen – Tagessehen, Stäbchen – Nachtsehen). In der Regel wird – wenn nichts anderes gesagt ist – die Bewertungskurve für das Tagessehen zugrunde gelegt. Auch im Bereich des Immissionsschutzes mit den z. T. sehr niedrigen Helligkeiten werden aus Gründen der Einfachheit unabhängig vom tatsächlichen Beleuchtungsniveau die photometrischen Größen stets auf den spektralen Hellempfindlichkeitsgrad für das Tagessehen bezogen.

Die B. E ist definiert als der Lichtstrom $d\Phi$, der auf ein Flächenelement dA auftrifft, bezogen auf das Flächenelement dA:

$$E = \frac{d\Phi}{dA}$$

Der Lichtstrom ist die mit dem spektralen Hellempfindlichkeitsgrad bewertete Strahlungsleistung des Lichts. Die Strahlungsleistung beschreibt die durch die Lichtstrahlung übertragene Leistung in Watt.

Bei Beleuchtung einer ausgedehnten Fläche A mit einem räumlich gleichmäßigen Lichtstrom Φ gilt die vereinfachte Beziehung:

$$E = \frac{\Phi}{A}$$

Einheit für die B. ist Lux (lx). Einheit des Lichtstromes ist Lumen (lm).

Die B. hängt gemäß des auf die Fläche auftreffenden Lichtstroms von der Orientierung der beleuchteten Fläche relativ zur Einstrahlrichtung ab. Maximale B. $E_\perp$ tritt bei senkrechter Einstrahlung auf die Fläche auf. Ist die Normale der beleuchteten Fläche um den Winkel ε relativ zur Einstrahlrichtung geneigt, gilt $E(\varepsilon) = E_\perp \cos \varepsilon$.

Beispiele für B. (Näherungswerte):

horizontale Fläche im Freien bei Sonnenschein (mittags, Sommer) $\quad 1 \cdot 10^5$ lx

wie vor, aber bedeckter Himmel $\quad 1 \cdot 10^4$ lx

künstlich beleuchtete Innenräume $\quad$ bis $2 \cdot 10^3$ lx

künstlich beleuchtete Straßen $\quad 1 — 50$ lx

horizontale Fläche im Freien nachts bei Vollmond $\quad 0,3$ lx

Je nach Aufgabenstellung wird die B. auf bestimmte Flächen bezogen. Auf horizontalen Flächen ergibt sich die Horizontal-B. E_h, auf vertikalen die Vertikal-B. E_v.

Bei der Beleuchtung von Arbeitsplätzen ist insbesondere die Horizontal-B. von Bedeutung. Die Höhe der erforderlichen B. hängt von der Tätigkeit ab (DIN 5035, Teil 2).

Im Bereich des Immissionsschutzes ist zur Beurteilung der unerwünschten Raumaufhellung ($\rightarrow$Lichtimmissionen) die Vertikal-B. E_v in der Fensterebene des betroffenen Wohnraumes maßgebend, die bestimmte Immissionswerte nicht überschreiten darf.

Die Messung der B. erfolgt mit B.-Meßgeräten (Luxmeter). Geräteanforderungen sind in DIN 5032, Teil 7, aufgeführt. *Assmann*

Literatur: DIN 5031, Teil 2: Strahlungsphysik im optischen Bereich und Lichttechnik; Strahlungsbewertung durch Empfänger. 3/1982. – DIN 5035, Teil 2: Beleuchtung mit künstlichem Licht; Richtwerte für Arbeitsstätten in Innenräumen und im Freien. 9/1990. – DIN 5032, Teil 7: Lichtmessung; Klasseneinteilung von Beleuchtungsstärke- und Leuchtdichtemeßgeräten. 12/1985. – Handbuch für Beleuchtung 5. Aufl. Essen 1992.

Benthal. Lebensraum im Bereich des Gewässerbettes, bei tiefen (Süß-)Gewässern in Litoral und Profundal unterteilt.

Das B. ist der Lebensraum der Benthonorganismen (Benthon oder Benthos). Benthonorganismen werden zur Bioindikation der Intensität von Gewässerverunreinigung herangezogen ($\rightarrow$Selbstreinigung, biologische; $\rightarrow$Rasen, biologischer; $\rightarrow$Saprobiensystem). *Friedrich*

Literatur: *Schwoerbel, J.:* Einführung in die Limnologie. Stuttgart 1993.

Benutzungszwang $\rightarrow$Andienungszwang

Benzalchlorid.
□ Stoff-Identifizierungs-Nr.:
CAS-Nr.: 98-87-3
EG-Nr.: 602-058-00-8
UN-Nr.: 1886
EINECS-Nr.: 202-709-2
□ Chemische Formel: $C_7H_6Cl_2$
□ Stoffcharakteristik: Klare, farblose, stark lichtbrechende, stechend riechende, an Luft rauchende, wasserunlösliche, schwer entzündliche Flüssigkeit,

schwerer als Wasser. Reagiert mit Metallen, besonders mit Eisen, sowie mit verschiedenen organischen Verbindungen. Bildet bei stark erhöhter Temperatur explosionsfähiges Dampf-Luft-Gemisch.

□ Gefahrenmerkmale:
– Stoffliste nach § 4 a der →Gefahrstoffverordnung:
Gefahrenkennbuchstabe(n): T
R-Sätze: 22-23-37/38-40-41
S-Sätze: 1/2-36/37-38-45
– Besondere Stoffeigenschaften nach TRGS 500: krebserzeugend: EG-Kat. 3
– Stoffliste (Anhang II) der →Störfall-Verordnung: Nr. 36 und 4c
– Emissionswerte: →TA Luft Einstufung: 2.3 (gemäß MAK-Liste) *Fischer/M. Schön*

Benzaldehyd. B. ist der einfachste aromatische →Aldehyd und hat die Summenformel C_6H_5CHO. B. wird in vielen Industrieprozessen eingesetzt und entsteht bei der Verbrennung von Kraftstoffen und Biomasse.

In der Atmosphäre entsteht der Aldehyd bei der OH-initiierten Oxidation von Toluol. Der atmosphärische →Abbau in Anwesenheit von NO_2 erfolgt über die Reaktion mit OH-Radikalen unter Bildung von →Peroxybenzoylnitrat. *Wiesen*

Benzin. Die B. sind flüssige Mineralölerzeugnisse, die zum Antrieb von Ottomotoren eingesetzt werden. Die Mindestanforderungen, die bezüglich der physikalischen Eigenschaften und der chemischen Zusammensetzung an diese Kraftstoffe gestellt werden, sind in den DIN-Normen festgelegt. Grundsätzlich muß unterschieden werden zwischen verbleitem (Zusatz von →Bleitetraethyl) und unverbleitem Kraftstoff. Wird unverbleiter Kraftstoff eingesetzt, so können die Abgase mit Hilfe eines Katalysators nachgereinigt werden, was zu einer deutlichen Reduzierung der Luftbelastung führt. Katalysatorfahrzeuge emittieren ca. 90% weniger CO, 95% weniger NMHC und 95% weniger NO_x.

Für die →Photochemie der →Troposphäre sind die B. von ausschlaggebender Bedeutung. Die bei der Verwendung (Raffination, Transport und Betankung) sowie bei der Verbrennung in die Atmosphäre emittierten →Kohlenwasserstoffe (→Alkane, →Alkene und →Aromaten) und Stickoxide stellen die Vorläufer für die Oxidantienbildung im →Photosmog dar.

Die zunehmende Entwicklung in Richtung auf die Verwendung erneuerbarer Energieträger führt zu anderen Kraftstoffen für den Antrieb von Verbrennungsmotoren, so z. B. →Wasserstoff, →Methanol, →Ethanol (→Kraftstoff, alternativ). *Wirtz*

Benzinabscheider. B. gehören zu den Leichtflüssigkeitsabscheidern. B. werden z. B. in Tankstellen, Autowerkstätten oder tiefliegenden Garagenentwässerungen eingesetzt. Das mit Benzin verschmutzte Niederschlagswasser bzw. Waschwasser wird über die B. in die Kanalisation geleitet; das Benzin wird im Abscheider zurückgehalten. Die Bau- und Betriebsgrundsätze für B. sind in der DIN 1999 vorgegeben. *Mertsch*

Literatur: DIN 1999: Abscheider für Leichtflüssigkeiten – Benzinabscheider, Heizölabscheider; Teil 1: Baugrundsätze. 8/1976. – Teil 2 E: Bemessung, Einbau und Betrieb. 10/1985.

Benzinbleigesetz. Zur Vermeidung gefährlicher Luftverunreinigungen durch die zunehmende Bleibelastung der Atmosphäre 1971 erlassenes Bundesgesetz (BzBlG).

□ Anwendungsbereich und Gesetzeszweck. Gem. § 1 Abs. 2 BzBlG ist das Gesetz anzuwenden auf Otto-Kraftstoffe für Kraftfahrzeugmotoren. Abzugrenzen ist der Anwendungsbereich des Gesetzes von dem des BImSchG und dem des ChemG. Gegenüber dem BImSchG ist das BzBlG aufgrund seiner Spezialität vorrangig. Für die in ihm enthaltenen Regelungen ist das Gesetz auch gegenüber dem ChemG spezieller.

Zweck des Gesetzes ist es, zum Schutz der Gesundheit den Gehalt an Bleiverbindungen und anderen, anstelle von Blei zugesetzten Metallverbindungen, in Otto-Kraftstoffen zu beschränken. Soweit es mit dem Schutz der Gesundheit vereinbar ist, sollen Versorgungsstörungen, Wettbewerbsverzerrungen oder Nachteile hinsichtlich der Verwendbarkeit der Otto-Kraftstoffe vermieden werden.

□ Gebote und Verbote. Zur Durchsetzung des beabsichtigten Gesundheitsschutzes sieht das Gesetz eine Reihe von Geboten und Verboten vor, zu denen Herstellungs- und Einfuhrverbote, Kennzeichnungspflichten und Überwachungsrechte zählen. Die zentrale Vorschrift des Gesetzes in § 2 BzBlG enthält ein Herstellungs-, Einführungs- und Verbringungsverbot. Gem. § 2 Abs. 1 S. 1, S. 2 BzBlG dürfen Otto-Kraftstoffe, deren Gehalt an Bleiverbindungen, berechnet als Blei, mehr als 0,15 g im Liter (gemessen bei +15 °C) beträgt, gewerbsmäßig oder im Rahmen wirtschaftlicher Unternehmungen nicht hergestellt, eingeführt oder sonst in den Geltungsbereich des B. verbracht werden.

Für denjenigen, der im geschäftlichen Verkehr Otto-Kraftstoffe an den Verbraucher veräußert, statuiert der Gesetzgeber in § 2 a BzBlG Kennzeichnungspflichten (→10. BImSchV).

Hoppe/Beckmann

Literatur: *Hoppe/Beckmann:* Stoffzulassung nach dem Benzinbleigesetz, UPR 1990.

Benzo(a)pyren. B. (Abk.: BaP) ist ein krebserzeugender Stoff und Leitsubstanz für →polycyklische aromatische Kohlenwasserstoffe (PAK) ($\rightarrow$3,4-Benzopyren).

Es entsteht bei unvollständiger Verbrennung oder $\rightarrow$Pyrolyse organischen Materials. Die vielfältigen natürlichen und anthropogenen Emissionsquellen von B. entsprechen denen von polycyklischen aromatischen Kohlenwasserstoffen (PAK).

Als wichtigste anthropogene Emissionsquellen von B. kommen in der Bundesrepublik Deutschland in Frage: $\rightarrow$Kleinfeuerungsanlagen, $\rightarrow$Kokereien und der Kfz-Bereich. Demgegenüber dürften andere Quellen, z. B. mittelgroße und große $\rightarrow$Feuerungsanlagen, $\rightarrow$Abfallverbrennungsanlagen, Hartbrandkohleherstellung, Gummiherstellung, $\rightarrow$Räuchcranlagen in den Hintergrund treten.

Gegenwärtig kann bei modernen Kokereien mit einem spezifischen B.-Emissionsfaktor von etwa 0,06 g BaP/t Koks gerechnet werden. Zur Verminderung der B.-Emissionen im Kraftfahrzeugverkehr werden motorische und abgasseitige Maßnahmen eingesetzt. Durch Optimierung der Verbrennungsvorgänge im Motor werden deutliche B.-Emissionsminderungen bei gleichzeitiger Senkung des Kraftstoffverbrauchs erreicht. Bei Ottomotoren werden B.-Emissionsminderungen durch Einsatz von geregelten $\rightarrow$Drei-Wege-Katalysatoren erzielt, bei Dieselmotoren befinden sich $\rightarrow$Dieselpartikelfilter in der Serieneinführung.

Für genehmigungsbedürftige Anlagen sind in der $\rightarrow$TA Luft in Nr. 2.3 zu krebserzeugenden Stoffen, auch zu B., (in Verbindung mit weiteren der Klasse I zugeordneten Stoffen) emissionsbegrenzende Anforderungen enthalten. Für B. darf bei einem Massenstrom von mehr als 0,5 g BaP/h eine Massenkonzentration im Abgas von 0,1 mg BaP/m^3 nicht überschritten werden. Eine kontinuierliche Messung der B.-Emissionen ist nicht möglich. Als Betriebsparameter zur Kontrolle des Abgasausbrandes wird daher häufig der Gehalt an $\rightarrow$Kohlenmonoxid im Abgas begrenzt und überwacht.

Kaschenz

Literatur: Bestimmung der Schadstoffemissionen im Kokereibetrieb, Forschungsbericht der Bergbau-Forschung Essen 1989. – Maßnahmenplan zur Minimierung des Eintrags bestimmter krebserzeugender Stoffe in die Luft. Bericht des Länderausschusses für Immissionsschutz. Düsseldorf 1991. – *Ratajczak, E. A.*: Emissionsmessungen an kohlegefeuerten Hausbrandfeuerstätten insbesondere im Hinblick auf gesundheitsgefährdende Abgasbestandteile. Forschungsber. der Bergbau-Forschung Essen (seit 1990: Deutsche Montan Technologie). 1987.

3,4-Benzofluoranthen.

$\square$ Stoff-Identifizierungs-Nr.:
CAS-Nr.: 205-99-2
EG-Nr.: 601-034-00-4
EINECS-Nr.: 205-911-9
$\square$ Chemische Formel: $C_{20}H_{12}$

$\square$ Stoffcharakteristik: Farblose, nadelförmige Kristalle, in Wasser kaum löslich, leicht löslich in $\rightarrow$Benzol und Aceton.
$\square$ Gefahrenmerkmale:
– Stoffliste nach § 4 a der $\rightarrow$Gefahrstoffverordnung:
Gefahrenkennbuchstabe(n): T
R-Sätze: 45
S-Sätze: 53-45
– Besondere Stoffeigenschaften nach TRGS 500:
krebserzeugend: EG-Kat. 2
– Stoffliste (Anhang II) der $\rightarrow$Störfall-Verordnung:
Nr. 160 und 4 c
– Emissionswerte: TA Luft Einstufung: 2.3

Fischer/M. Schön

Benzol.

Abbau in der Atmosphäre. B. ist der einfachste Vertreter der Aromaten. Die Konzentration von B. in der Atmosphäre liegt zwischen 1 und 60 ppbV. Der Abbau des B. erfolgt hauptsächlich über die Addition eines OH-Radikals und anschließender Bildung von Hydroxybenzol (C_6H_5OH, Phenol). Bei einer mittleren OH-Konzentration von 5×10^5 Molekülen cm^{-3} beträgt die Lebensdauer ca. 10 Tage. *Wiesen*

Emissionsmessung. Eine Standardmethode zur Emissionsmessung von B., die gleichzeitig auch $\rightarrow$Toluol und $\rightarrow$Xylol mißt, wird auf der Grundlage der $\rightarrow$Gaschromatographie in der Richtlinie VDI 2457, Bl. 5 beschrieben. Zur $\rightarrow$Probenahme mit Anreicherung werden drei Gaswaschflaschen mit Eintauchfritten verwendet, die mit Nitrobenzol gefüllt sind. Die Füllung der Trennsäule wird so gewählt, daß die gesuchten Stoffe von anderen Begleitstoffen und vom Absorptionsmittel gut abgetrennt werden können. Das Chromatogramm wird mit einem $\rightarrow$Flammen-Ionisations-Detektor aufgenommen. Die quantitative Bestimmung erfolgt nach der Methode des externen Standards, indem die Peakflächen im Chromatogramm bestimmt und mit den Peakflächen bei Aufgabe von Eichlösungen verglichen werden. Mit spezifisch ausgelegten Prozeßchromatographen kann B. auch zyklisch oder quasikontinuierlich gemessen werden. *Stahl*

Literatur: VDI 2457, Bl. 5: Messen gasförmiger Emissionen; Gas-chromatographische Bestimmung von Benzol, Toluol und Xylol. 6/1981.

Emissionsminderung. B. wird als Ausgangsstoff zur Herstellung von aromatischen Verbindungen in der Chemischen Industrie verwendet. Früher war B. ein gebräuchliches $\rightarrow$Lösemittel in vielen Bereichen. Wegen seiner krebserzeugenden Eigenschaften darf es nicht mehr als Lösemittel eingesetzt werden.

B. ist natürlicher Bestandteil in Mineralölprodukten. Hauptemissionsquelle für B. ist der Kraftfahrzeugverkehr einschließlich der Kraftstoffverteilung. B. gelangt auf Grund von Verdampfungsverlusten und mit den Kraftfahrzeugabgasen in die Atmosphäre. Neben den Kraftfahrzeugabgasen – mit einem Anteil von etwa 88 % an den Gesamtbenzolemissionen sind die Bereiche Lagerung, Umschlag und Transport von Ottokraftstoffen mit etwa 4 % und die Industrie (→Mineralölraffinerien, →Kokereien, →Industrie, chemische) sowie der gewerbliche Bereich mit etwa 7 % beteiligt. Maßnahmen zur Verminderung der B.-Emissionen im Kfz-Bereich sind vor allem

– die Begrenzung des Höchstgehalts an B. im Ottokraftstoff

– die Vermeidung oder Verminderung von Verlusten bei Umschlag und Transport von Ottokraftstoffen durch Anwendung der →Gaspendelung

– die Verminderung von Verdunstungsemissionen bei Ottomotor-Pkw durch Einbau von Aktivkohlefiltern (→Aktivkohlekanister) sowie

– der Einsatz des geregelten Dreiwegekatalysators bei Ottomotor-Pkw, womit die Benzolkonzentrationen im Abgas um mindestens 90 % gemindert werden.

In dem in der Bundesrepublik Deutschland angebotenen Ottokraftstoff ist nach Stichprobenuntersuchungen B. im Mittel im Normalbenzin zu 1,6 Vol.-% und bei unverbleitem und verbleitem Ottokraftstoff zu 2,2 Vol.-% bzw. 3,6 Vol.-% enthalten. Eine EG-Richtlinie begrenzt den zulässigen Höchstgehalt auf 5 Vol.-%. Die Bundesregierung strebt in EU-Verhandlungen eine Senkung des maximal zulässigen B.-Gehaltes im Ottokraftstoff auf 1 Vol.-% an.

Hauptursache für B.-Emissionen aus Industrieanlagen sind diffuse Emissionsquellen, z. B. Dichtungssysteme, Verdichter, Pumpen, Ventile. Emissionen aus diffusen Quellen können durch den Einsatz hochwertiger Anlagenkomponenten (z. B. besondere Dichtungssysteme bei Koksofentüren und Füllöchern) und eine regelmäßige Wartung dieser Teile gering gehalten werden.

Die B.-Emissionen mit dem Abgas aus Kfz werden indirekt über die CH-Abgasgrenzwerte ausreichend begrenzt; ein spezieller →Emissionsgrenzwert für B. ist nicht festgelegt. Für die Emissionen aus den Bereichen Lagerung, Umschlag und Transport von Ottokraftstoffen sowie für Industrieanlagen gelten weitgehend die emissionsbegrenzenden Anforderungen der →TA Luft. In der TA Luft Nr. 2.3 ist der zulässige Emissionshöchstwert im Abgas bei 5 mg B./m^3 festgelegt; zusätzlich sind die Emissionen des krebserzeugenden B. soweit wie möglich zu begrenzen. *Angrick*

Literatur: *Davids, P.; M. Lange:* Die TA Luft '86 – Technischer Kommentar. Düsseldorf 1986. – UBA-Berichte 6/82: Luftqualitätskriterien für Benzol. Berlin 1982.

Immissionsmessung. Das Bild zeigt Orientierungswerte für Benzolimmissionen, die auf den Kraftfahrzeugverkehr zurückzuführen sind. In der Nähe von chemischen Anlagen, in denen B. verarbeitet wird, oder bei Kokereien können sich andere Werte ergeben.

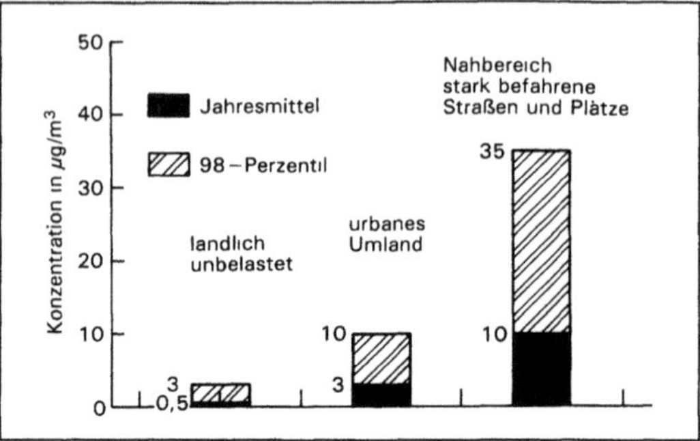

Benzol: Typische B.-Immissionswerte bei unterschiedlichen Belastungsarten.

In unbelasteten Gebieten ist mit Konzentrationen unter 1 µg/m^3 zu rechnen. Hinsichtlich der Immissionsmeßtechnik haben sich Methoden mit anreichernder Probenahme durchgesetzt. Damit das B. von chemisch ähnlichen Aromaten wie →Toluol und →Xylol unterschieden wird, ist der Einsatz der →Gaschromatographie für den Nachweis notwendig.

Als Detektor wird üblicherweise der →Flammenionisationsdetektor (FID) verwendet. Da das B. ein Ionisierungspotential von 9,25 eV hat, läßt es sich auch hervorragend mit einem →Photoionisationsdetektor mit 10,2 eV-Lampe nachweisen. Das hat besonders beim Betrieb in Meßstationen Vorteile, weil keine zusätzlichen Betriebsgase wie Wasserstoff benötigt werden. Der gaschromatographische Trennungsschritt verhindert die kontinuierliche Aufzeichnung der B.-Konzentrationen (→Meßverfahren, diskontinuierliche). Es sind jedoch Geräte im Handel, die den gesamten Analysenablauf automatisch durchführen. Bei einem Probenahmeabstand von 1 Stunde rund um die Uhr ergeben sich praktisch quasi-kontinuierliche Messungen des B.

VDI 3482 enthält eine Reihe von Arbeitsvorschriften für den Nachweis von B. Im Blatt 3 wird eine Probenahme mit Gassammelgefäßen (Gasmaus) beschrieben. Die Luftprobe wird über eine zur Anreicherung dienende Vorsäule in einen Gaschromatographen eingebracht. In der entsprechend der Aufgabenstellung ausgewählten Trennsäule wird das B. von den anderen Kohlenwasserstoffen getrennt, in einem nachgeschalteten FID in elektrische Signale umgewandelt und registriert.

Beim Blatt 4 wird die zu untersuchende Luft durch ein Sorptionsrohr, das mit spezieller Aktivkohle gefüllt ist, gesaugt. Aktivkohle besitzt wegen der hohen Adsorptionsenergie gegenüber organischen Verbindungen – ohne daß der Wasserdampfgehalt der Luft stört – eine große Aufnahmefähigkeit für das B. Die adsorbierten Stoffe werden mit →Schwefelkohlenstoff aus dem Sorptionsrohr eluiert und gaschromatographisch analysiert. Anschließend beschreibt die Richtlinie ein Ausführungsbeispiel unter Einsatz einer →Kapillarsäule und der splitlosen Probenaufgabe. Die Arbeitsvorschrift im Blatt 5 unterscheidet sich vom Blatt 4 dahin gehend, daß eine gepackte Säule, die mit einer speziellen polaren Trennphase gefüllt ist, verwendet wird.

Bei dem im Blatt 6 beschriebenen Verfahren erfolgt die Probenahme durch Adsorption an festen Sorbenzien. Die Probenahmegefäße dienen gleichzeitig dem Transport der Probe in das Labor, wo die gaschromatographische Analyse durchgeführt wird. Dazu werden die angereicherten Komponenten thermisch desorbiert. *Dulson*

Literatur: Luftqualitätskriterien Benzol, Ber. 6/1982. Umweltbundesamt. Berlin 1982. OECD Environment Monographs No. 5, Control of Toxic Substances in the Atmosphere – Benzene –, July 1986. – VDI 3482: Messen gasförmiger Immissionen; Blatt 3: Gas-chromatographische Bestimmung von aromatischen Kohlenwasserstoffen – Momentprobeaufnahme. 2/1979. – Blatt 4: Gas-chromatographische Bestimmung organischer Verbindungen mit Kapillarsäulen. Probenahme durch Anreicherung an Aktivkohle – Desorption mit Lösemittel. 11/1984. – Blatt 5: Gas-chromatographische Bestimmung von aromatischen Kohlenwasserstoffen. Probenahme durch Anreicherung an Aktivkohle – Desorption mit Lösemittel. 11/1984. – Blatt 6: Gas-chromatographische Bestimmung organischer Verbindungen – Probenahme durch Anreicherung – thermische Desorption. 7/1988.

Umweltrelevante Stoffdaten.
□ Stoff-Identifizierungs-Nr.:
CAS-Nr.: 71-43-2
EG-Nr.: 601-020-00-8
UN-Nr.: 1114
EINECS-Nr.: 200-753-7
□ Chemische Formel: C_6H_6
□ Stoffcharakteristik: Farblose, stark lichtbrechende, fast wasserunlösliche Flüssigkeit, leicht entzündlich, aromatischer Geruch. Dämpfe viel schwerer als Luft, bilden mit Luft ein explosionsfähiges Gemisch. Mit starken Oxydationsmitteln heftige Reaktionen oder Explosion.
□ Gefahrenmerkmale:
– Stoffliste nach § 4 a der →Gefahrstoffverordnung:
Gefahrenkennbuchstabe(n): F, T
R-Sätze: 45-11-48/23/24/25
S-Sätze: 53-45
– Besondere Stoffeigenschaften nach TRGS 500:
krebserzeugend: EG-Kat. 1
– Arbeitsschutzwerte nach TRGS 900: →TRK-Wert (mg/m^3): 8 (Kokereien, Tankfeld, Leitungsreparaturen); 3,2 (im übrigen)

– Stoffliste (Anhang II) der →Störfall-Verordnung: Nr. 39 und 4 c
– →Wassergefährdungsklasse: WGK 3
– Emissionswerte: →TA Luft Einstufung: 2.3 Klasse III *Fischer/M. Schön*

3,4-Benzopyren.
□ Stoff-Identifizierungs-Nr.:
CAS-Nr.: 50-32-8
EG-Nr.: 601-032-00-3
UN-Nr.: 2811
EINECS-Nr.: 200-028-5
□ Chemische Formel: $C_{20}H_{12}$
□ Stoffcharakteristik: Gelblich, kristalliner Feststoff, unter Normalbedingungen stabil, in Wasser kaum, in →Benzol gut löslich.
□ Gefahrenmerkmale:
– Stoffliste nach § 4 a der →Gefahrstoffverordnung:
Gefahrenkennbuchstabe(n): T
R-Sätze: 45-46-60-61
S-Sätze: 53-45
– Besondere Stoffeigenschaften nach TRGS 500:
krebserzeugend: EG-Kat. 2
erbgutverändernd: EG-Kat. 2
fortpflanzungsgefährdend: EG-Kat. R$_E$ 2
– Arbeitsschutzwerte nach TRGS 900: →TRK-Wert (mg/m^3): 0,005 in Kokereien; 0,002 im übrigen
– Stoffliste (Anhang II) der →Störfall-Verordnung: Nr. 4 c
– Emissionswerte: →TA Luft Einstufung: 2.3 Klasse I *Fischer/M. Schön*

Benzotrichlorid.
□ Stoff-Identifizierungs-Nr.:
CAS-Nr.: 98-07-7
EG-Nr.: 602-038-00-9
UN-Nr.: 2226
EINECS-Nr.: 202-634-5
□ Chemische Formel: $C_7H_5Cl_3$
□ Stoffcharakteristik: Klare, farblose bis gelblichbräunliche, wasserunlösliche, rauchende, schwer brennbare Flüssigkeit. Stark lichtbrechend, stechender Geruch. Bei Erhitzung bilden sich zündbare, reizende Dämpfe, die viel schwerer sind als Luft. Bei Einwirkung von Licht, Luft und Feuchtigkeit Zersetzung.
□ Gefahrenmerkmale:
– Stoffliste nach § 4 a der →Gefahrstoffverordnung:
Gefahrenkennbuchstabe(n): T
R-Sätze: 45-22-23-37/38-41
S-Sätze: 53-45
– Besondere Stoffeigenschaften nach TRGS 500:
krebserzeugend: MAK-Gruppe IIIA2
– Stoffliste (Anhang II) der →Störfall-Verordnung: Nr. 40 und 4 c

– →Wassergefährdungsklasse: WGK 1
– Emissionswerte: →TA Luft Einstufung: 2.3 (gemäß MAK-Liste)   *Fischer/M. Schön*

Benzoylchlorid.

□ Stoff-Identifizierungs-Nr.:
CAS-Nr.: 98-88-4
EG-Nr.: 607-012-00-0
UN-Nr.: 1736
EINECS-Nr.: 202-710-8
□ Chemische Formel: C_7H_5ClO
□ Stoffcharakteristik: Farblose, an feuchter Luft rauchende, wasserunlösliche, mit warmem Wasser, Laugen und Alkoholen reagierende, ätzende Flüssigkeit, schwer entzündlich. Dämpfe viel schwerer als Luft.
□ Gefahrenmerkmale:
– Stoffliste nach § 4a der →Gefahrstoffverordnung:
Gefahrenkennbuchstabe(n): C
R-Sätze: 34-45
S-Sätze: 1/2-26-45
– Besondere Stoffeigenschaften nach TRGS 500:
krebserzeugend: MAK-Gruppe IIIA1
– Stoffliste (Anhang II) der →Störfall-Verordnung: Nr. 41
– →Wassergefährdungsklasse: WGK 2
– Emissionswerte: →TA Luft Einstufung: 2.3 (gemäß MAK-Liste)   *Fischer/M. Schön*

Benzylchlorid.

□ Stoff-Identifizierungs-Nr.:
CAS-Nr.: 100-44-7
EG-Nr.: 602-037-00-3
UN-Nr.: 1738
EINECS-Nr.: 202-853-6
□ Chemische Formel: C_7H_7Cl
□ Stoffcharakteristik: Klare, farblose, stark lichtbrechende, stechend riechende, wasserunlösliche Flüssigkeit, entflammbar. Dämpfe viel schwerer als Luft, bilden mit Luft bei einer Temperatur über 60 °C explosionsfähiges Gemisch. Reagiert heftig mit Metallen, besonders Eisen, sowie mit verschiedenen organischen Verbindungen. Bildet mit Luftfeuchtigkeit ätzende Nebel. Auch bei Kontakt mit Oxydationsmitteln sind heftige Reaktionen zu erwarten.
□ Gefahrenmerkmale:
– Stoffliste nach § 4a der →Gefahrstoffverordnung:
Gefahrenkennbuchstabe(n): T
R-Sätze: 22-23-37/38-40-41
S-Sätze: 1/2-36/37-38-45
– Besondere Stoffeigenschaften nach TRGS 500:
krebserzeugend: MAK-Gruppe IIIA2
– Stoffliste (Anhang II) der →Störfall-Verordnung: Nr. 42 und 4c
– →Wassergefährdungsklasse: WGK 2
– Emissionswerte: →TA Luft Einstufung: 2.3 (gemäß MAK-Liste)   *Fischer/M. Schön*

Bergbau und Umwelt. Die Kulturstufen der Menschheit haben sich entsprechend der Verfügbarkeit von Rohstoffen entwickelt. Sie sind sogar danach benannt (Bronzezeit, Eisenzeit). Rohstoffe werden in der Regel durch B. gewonnen. Damit ist kurz, aber umfassend die Bedeutung des B. für die menschliche Kultur beschrieben.

Alle Aktivitäten des Menschen beeinflussen die Umwelt, so auch und in besonderem Maße der B. Das Aufsuchen, Gewinnen, Aufbereiten, Transportieren, Lagern und Nutzen von Bodenschätzen ist unvermeidlich mit einem besonders hohen Maß an Eingriffen in die Umwelt verbunden. B. kann auf eine sehr lange Tradition und auf Anfänge zurückblicken, die mit dem Seßhaftwerden des Menschen in Verbindung stehen. Das Thema B. ist deshalb unter zwei Aspekten zu betrachten: B., der allein der Verfügbarmachung des Bodenschatzes diente, und die Art B., wie sie heute in Deutschland betrieben wird, wobei den berechtigten Erfordernissen des Umweltschutzes weitmöglichst Rechnung getragen wird.

B. alter Art und seine Umwelteinwirkungen lassen sich nicht nur aus der eigenen Geschichte demonstrieren; er findet noch statt in Regionen der Erde, in denen das Bewußtsein für den →Umweltschutz nicht so ausgeprägt ist und in denen die finanziellen Möglichkeiten fehlen, sich die erforderliche Technik zu leisten, um Einwirkungen auf die Umwelt zu minimieren. Hier stehen die Industrieländer in der Verantwortung, zumindest durch Transfer von Know-how, aber auch durch Bereitstellung von Techniken und durch Aus- und Weiterbildung mitzuhelfen, Fehlentwicklungen zu vermeiden.

B. alter Art hat die Umwelt in hohem Maße beeinträchtigt. In der Regel wurden Flächen für Abgrabungen in Anspruch genommen, ohne sie nach Beendigung der bergbaulichen Tätigkeiten wieder zu rekultivieren. Abraum und nicht Verwertbares wurden ohne Bedacht abgelagert. Allenfalls diente als Kriterium die eigenen derzeitigen und zukünftig geplanten Aktivitäten nicht zu stören. Meist hat trotzdem die Natur von diesen verlassenen Bergbaustätten wieder Besitz ergriffen – auch ohne →Rekultivierung. Sie hat vor allem Stätten vorzeitlicher Aktivitäten in einem Maße zurückerobert, das es dem Historiker heute nicht leicht macht, solche Stätten zu entdecken und daran seine historischen Studien zu betreiben. Beim B. außerhalb gemäßigter Zonen hat es die ohnehin sehr verletzbare Pflanzen- und Tierwelt bis heute nicht vermocht, die Standorte zurückzuerobern, von denen sie durch menschliche Aktivitäten verdrängt wurden.

Aber auch in Deutschland läßt sich historischer B. noch nachweisen. Die zwar wieder bewachsenen Flächen von Abgrabungen, Abraum und Abfall enthalten meist immer noch vergleichsweise höhere

Gehalte an dem damals gesuchten Mineral – nicht nur ein Fingerabdruck für den Historiker, sondern auch Anlaß zu Umweltbedenken.

Solche Art B. liegt nicht überall in Mitteleuropa lange zurück. So hat z. B. die ehemalige DDR die berechtigten Forderungen zum Schutz von Mensch und Umwelt bewußt den ökonomischen Zwängen hintangestellt. Die Notwendigkeit einer autarken Versorgung mit Energie und Rohstoffen, um die Zahlungsbilanz zu verbessern, hat alle anderen Erfordernisse beiseite geschoben. Der Übergang zur Marktwirtschaft hat dort abrupt zu einer Änderung der Prioritäten geführt. Der Einschnitt in allen Zweigen der Bergbauproduktion in den neuen Bundesländern ist Ergebnis dieser geänderten Betrachtungsweise. Die verbleibenden Aufgaben, die entstandenen Schäden und Probleme zu beheben (→Altlastensanierung), sind noch nicht voll übersehbar.

Der B. weist im Hinblick auf seine →Umwelteinwirkung zwei besondere Spezifika auf. Er ist in der Regel mit einer besonders großen Inanspruchnahme von Flächen verbunden und ist gezwungen, seinen Standort dem Vorkommen der Lagerstätten anzupassen. Er hat nicht die Möglichkeit wie andere Produktionszweige, den Standort auch nach den Kriterien Infrastruktur oder auch Umweltschutz zu optimieren. In vielen Fällen sind die großen Industriezentren dieser Erde deshalb an Stellen entstanden, an denen Lagerstätten von Rohstoffen abgebaut worden sind.

Für den B. ist es deshalb besonders schwierig, den Belangen des →Landschaftsschutzes, der →Raumordnung und →Landesplanung Rechnung zu tragen. Bergbauplanung wird mit den kommunalen und regionalen Planungen der Gebietskörperschaften abgestimmt. An raumbedeutsamen Projekten des B., die in einem Gebietsentwicklungsplan aufgenommen sind, werden die Bezirksplanungsräte beteiligt. Wenn dadurch die Planungen einer Gemeinde berührt werden, wird der Gemeinderat eingeschaltet. In Zukunft ist geplant, sowohl in einem →Raumordnungsverfahren als auch im bergrechtlichen Genehmigungsverfahren eine direkte Bürgerbeteiligung vorzusehen. Im Raumordnungsverfahren werden Projekte mit besonderen Auswirkungen auf die Landschaft mit den allgemeinen raumordnerischen Zielen abgestimmt. Wenn die landesplanerische Unbedenklichkeit vorliegt, entscheidet das bergrechtliche Genehmigungsverfahren im einzelnen über das bergbauliche Projekt. Dabei werden alle Stellen angehört, deren fachliche Interessen von dem Vorhaben berührt sind.

B. in Deutschland wird sich aufgrund der globalen Situation auch in Zukunft weiter zurückentwickeln und deshalb auch seine frühere Bedeutung im Hinblick auf den →Eingriff in die Landschaft weiter verlieren. Dennoch wird es bei zukünftigen Planungen immer schwerer, den gestellten Anforderungen der Betroffenen gerecht zu werden, weil die Ansprüche gestiegen sind und weiter steigen.

Soweit Reststoffe unvermeidbar anfallen, z. B. Abraum oder Berge, werden heute große Anstrengungen unternommen, sie nicht nur umweltverträglich abzulagern, sondern auch die Landschaftsgestaltung optimal zu berücksichtigen. Abgrabungen werden verfüllt und rekultiviert, Aufhaldungen als Landschaftsbauwerke gestaltet und für die Freizeitgestaltung zur Verfügung gestellt.

Bergmännische Nutzung einer Lagerstätte hat ein Ende, wenn die Lagerstätte erschöpft oder ein Abbau unrentabel ist. Nach Einstellung eines Bergbaubetriebs sind Rekultivierungsmaßnahmen zu treffen, die sich an den bestehenden Plänen für eine Folgenutzung orientieren.

Bei der Gewinnung von Rohstoffen ist in aller Regel ausreichende Lagerkapazität freizuhalten, die einen Puffer zwischen Produktion und Absatz darstellt. Bei solchen Lagerflächen sind – wie auch bei einem Teil der Abraum- oder Bergehalden – Vorkehrungen zu treffen, die durch den Lagerkörper dringenden Niederschläge zu sammeln und von ausgelaugten Fremdstoffen gemäß den Anforderungen des Wasserhaushaltsgesetzes zu reinigen. Außerdem ist sicherzustellen, daß durch Abwehungen von den Lägern keine schädlichen Umwelteinwirkungen entstehen können und Belästigungen soweit wie möglich vermieden werden. Techniken hierfür sind vorhanden und werden genutzt; sie sind in den einzelnen Bergbauzweigen unterschiedlich. (→Braunkohlenbergbau und Umwelt; →Erzbergbau und Umwelt; →Kali- und Steinsalzbergbau; →Steinkohlenbergbau und Umwelt; →Uranerzbergbau und Umwelt).　　*Zimmermeyer*

Berge. Als B. oder Bergematerial wird das beim Herstellen von Strecken oder bei der Gewinnung der Steinkohle anfallende Gestein bezeichnet. Ein Großteil des Bergematerials gelangt mit der Rohkohleförderung über Tage; grob kann man dabei von einem Verhältnis B. : Kohle von 1 : 1 ausgehen. Im Zuge der Aufbereitung werden die B. von der Steinkohle getrennt und fallen dort als Waschberge an. Je nach Korngröße unterscheidet man Flotationsberge (<0,75 mm), Feinberge (0,75 bis 10 mm) und Grobberge (10–120 mm). Im Jahre 1990 fielen im Bereich des deutschen Steinkohlenbergbaus 62 Mio t B. aus der Steinkohleaufbereitung an.

B.-Material wird in verschiedenen Bereichen verwertet (→Bergeverwertung) oder aufgehaldet (→Bergehalden). Auf die Bergemenge von 1990 bezogen (62 Mio t) wurden als Versatzmaterial eingesetzt ca. 7 % (→Bergeversatz), als Bau- und Füllmaterial verwertet ca. 20 %, und auf Halde gebracht ca. 73 %. Die prozentuale Verteilung entspricht langjährigen Durchschnittswerten.　　*Schabronath*

Bergehalde. Bergematerial, das nicht einer anderweitigen Verwertung zugeführt werden kann, wird in Form von B. abgelagert. B. werden heute in ihrer dritten Generation als Landschaftsbauwerke konzipiert. Durch eine landschaftsgerechte Gestaltung, wie die Begrünung und die Wiedernutzbarmachung der Haldenoberfläche, beispielsweise als Naherholungsgebiet, unterscheiden sich daher moderne B. von denen der ersten (Spitzkegelhalden) und zweiten (Tafelbergehalden) Generation. Neuere Untersuchungen haben gezeigt, daß die Sickerwässer aus dem Bergematerial ausgewaschene Stoffe aufweisen können. Die Untersuchungsergebnisse lassen erkennen, daß sich Art und Größe des Stoffaustrags aus B. über die Zeitdauer ihrer Verwitterung ändern; sie zeigen die Auswaschung von Chloriden und die Zunahme von Sulfaten, Eisen, Kalzium, Magnesium und Mangan durch Pyritoxidation. Die dabei freiwerdenden Säuren können dazu führen, daß bei fallenden pH-Werten und sinkender Pufferkapazität des Bergematerials und des Grundwasserleiters Spurenelemente mobilisiert werden. Im Hinblick auf diese Ergebnisse wird bei der Anlegung von B. durch Abdichtungsmaßnahmen und durch neue Schütttechniken (Verdichtung) die Sickerwassermenge minimiert; die Basisabdichtung wird an einen abgedichteten umlaufenden Randgraben mit Zufluß zu einem Klärsystem angeschlossen.

Schabronath

Bergerhoff-Verfahren. Das B.-V. ist das gängigste Verfahren zur Messung des Staubniederschlags. Es ist in VDI 2119, Blatt 2 beschrieben. Bei diesem Verfahren wird der atmosphärische Niederschlag in Gefäßen gesammelt, anschließend die Sammelprobe eingedampft und der Eindampfrückstand gravimetrisch bestimmt.

Das Probenahmegerät besteht aus einem Auffanggefäß und einem Ständer mit Schutzkorb (Vogelschutz; Bild).

Das Probenahmegerät wird in ca. 1,5 bis 2,0 m über dem Erdboden aufgestellt, wobei Hindernisse, die die Luftbewegung stören können (z. B. Bäume oder Gebäude) mindestens zehnmal so weit von dem Meßgerät entfernt sein sollen wie sie über die Höhe des Meßgerätes hinausragen. Diese Forderung ist bei Messungen in urbanen Gebieten häufig nur schwer einzuhalten.

Nach einer Expositionszeit von 30 ± 2 Tagen werden die Auffanggefäße ins Labor überführt und nach höchstens 14 Tagen aufgearbeitet. Hierzu wird nach dem Entfernen grober Verunreinigungen (Blätter, Insekten) die Probe vollständig in zuvor unter definierten Bedingungen gewogene Abdampfschalen überführt und bei 105 °C im Trockenschrank eingedampft. Durch erneutes Wiegen wird die Masse des Eindampfrückstandes bestimmt und das Ergebnis unter Berücksichtigung der Auffang-

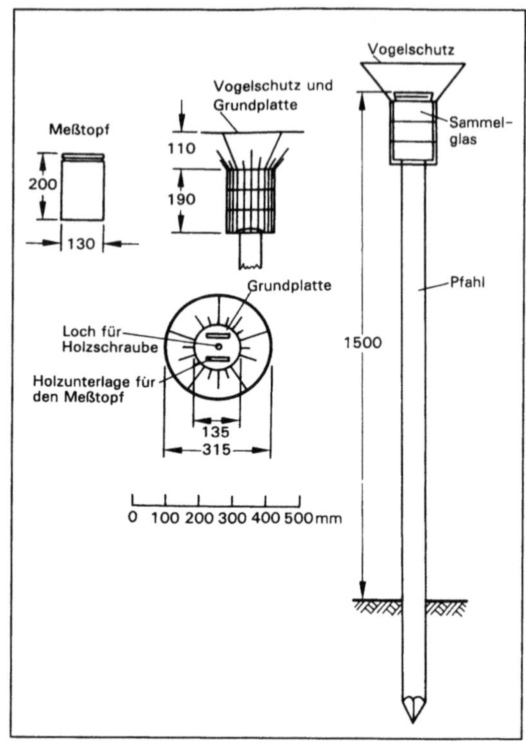

Bergerhoff-Verfahren: Probenahmegerät nach Bergerhoff. (Quelle: VDI 2119, Bl. 2)

fläche des Sammelgefäßes und der Expositionszeit berechnet.

Die Angabe der Meßergebnisse für den Staubniederschlag erfolgt in $\text{g} \cdot \text{m}^{-2} \cdot \text{d}^{-1}$. Die relative →Nachweisgrenze wird in der Richtlinie mit $0{,}035\ \text{g} \cdot \text{m}^{-2} \cdot \text{d}^{-1}$ angegeben.

Neben dem Staubniederschlag selbst sind auch seine Inhaltsstoffe von Bedeutung, beispielsweise in Form seines Gehaltes an Blei-, Cadmium- und anderen Metallverbindungen (→Staubinhaltsstoff). In der letzten Zeit sind zunehmend auch organische, schwerflüchtige Komponenten des Staubniederschlags interessant, z. B. →Dioxine und →Furane. Sofern eine Bestimmung derartiger Stoffe vorgenommen werden soll, sind die oben genannten Verfahren im Hinblick auf die Aufarbeitung der Proben ungeeignet.

Das B.-V. ist vergleichsweise einfach zu handhaben und relativ preiswert. Wegen verschiedener grundsätzlicher Probleme (z. B. Glasbruch bei Frost) wurden im Laufe der Zeit verschiedene Varianten und Alternativen entwickelt, beispielsweise unter Verwendung von Sammelgefäßen aus Kunststoffmaterialien. *Pfeffer*

Literatur: VDI 2119, Bl. 2: Messung partikelförmiger Niederschläge; Bestimmung des partikelförmigen Niederschlags mit dem Bergerhoff-Gerät (Standardverfahren). 6/1972.

Bergeversatz. B. ist eine Form der untertägigen →Bergeverwertung, bei der im Abbau entstandene Hohlräume mit Bergematerial aufgefüllt werden. Im deutschen Steinkohlenbergbau werden im wesentlichen zwei Arten von B. durchgeführt. Beim Blasversatz wird grobkörniges Bergematerial mittels Druckluft in die hinter dem Abbau entstandenen, noch nicht vom nachbrechenden Gestein verkleinerten Hohlräume eingeblasen. Bei der Bruchhohlraumverfüllung wird feinkörniges Bergematerial über Schlepprohrleitungen in die bereits teilweise mit nachbrechendem Gestein gefüllten Hohlräume gepreßt.

Bei allen anerkannten Vorteilen, die der B. bietet, sind dem Verfahren – abgesehen von Kostengesichtspunkten – aus bergtechnischer Sicht enge Grenzen gesetzt. Je nach Neigung und Mächtigkeit des Flözes (bei Schichtdicke <2 m) ist ein B. nicht mehr sinnvoll. *Schabronath*

Bergeverwertung. Bergematerial wird unter Tage als Versatzmaterial und als Baustoff verwendet. Über Tage wird Bergematerial vor allem als Massen-Schüttgut im Straßen- und Wegebau, im Deichbau und für Flächenaufschüttungen verwendet. Durch Veredelungsverfahren (mechanisch und thermisch) lassen sich →Berge in Baurohstoffe umwandeln und ebenfalls im Straßen- und Wegebau einsetzen. Dabei sind nach eingehenden Untersuchungen die Kriterien festgesetzt, unter denen dieser Einsatz umweltverträglich erfolgt, insbesondere im Hinblick auf den Grundwasserschutz. Das Bergematerial der Ruhrkohle AG erfüllt z. B. voll die normmäßig festgelegten Forderungen des Straßen-

baus bei Dammschüttungen. Ohne Schwierigkeiten kann durch entsprechende Auswahl des Bergematerials und des Grads der Verdichtung die Durchlässigkeit so verringert werden, daß praktisch kein →Eluat auftritt. Die Verdichtung des Materials geht hierbei allerdings weit über das Maß hinaus, das bei Haldenschüttungen üblicherweise vorhanden ist; daher muß bei der Aufhaldung von Bergen das Eluatproblem besonders beachtet werden (→Bergehalde). *Schabronath*

Bergschäden.
Braunkohlenbergbau. Unter B. versteht man Schäden an Gebäuden, Verkehrswegen und der Bodenoberfläche, hervorgerufen durch unterschiedliche Bodensetzung (→Bergsenkung), z. B. durch Grundwasserabsenkung. Grundwasserabsenkungen sind zur Sicherung der Standfestigkeit von Tagebauböschungen aus Lockergesteinen notwendig. Durch die Grundwasserabsenkung kommt es durch Verdichtung des Lockergesteins zu Bodensenkungen. Deren Ausmaß ist abhängig von hydrologischen Bedingungen (Tiefe und Dauer der Absenkung) sowie bodenphysikalischen Gegebenheiten (Material und Struktur des Lockergesteins). Langjährige Messungen belegen, daß je Meter Grundwasserabsenkung nur wenige mm Bodensenkung auftritt. Da diese Bodensenkung in der Regel gleichmäßig und großflächig verläuft, ist sie für bauliche Anlagen unschädlich. Durch geologische Besonderheiten, wie z. B. wasserabdichtende geologische Verwerfungen und alluviale Auenböden kann es jedoch im Ausnahmefall zu unterschiedlichen Setzungen und Schäden kommen (Bild).

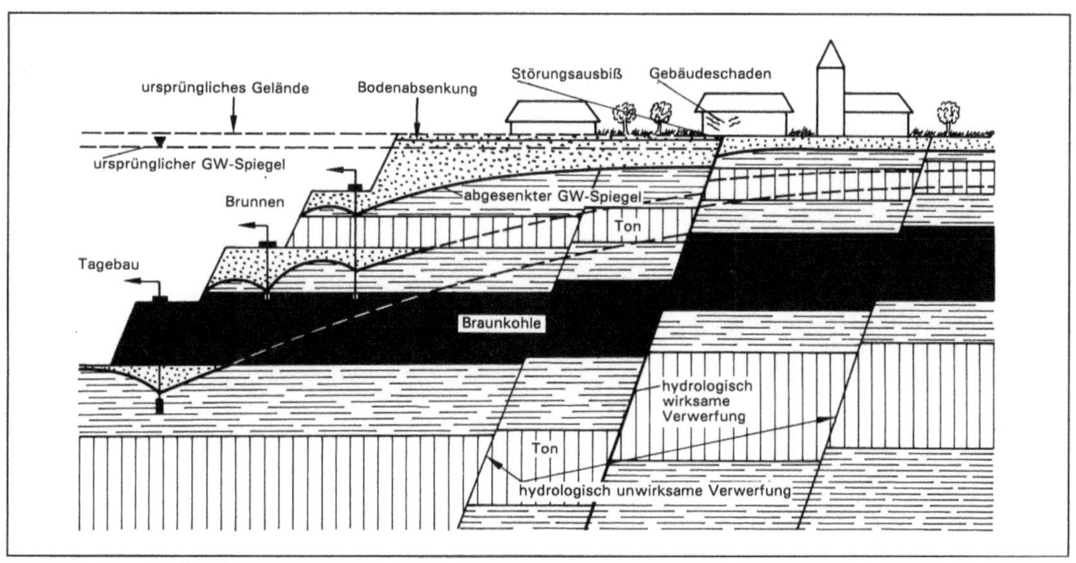

Bergschäden: B. durch Tagebau-Entwässerung.

Bei Vorliegen eines B. haftet das bergbautreibende Unternehmen gemäß den Bestimmungen des Bundesberggesetzes. *Wolfrum/Rathsmann*

Literatur: *Rathsmann, W.:* Bodenbewegung als Folge von Grundwasserentzug im rheinischen Braunkohlenrevier. Braunkohle **38** (1986) Nr. 4, S. 82–86. – Bergschadensregelung im rheinischen Revier. In Themen, Schriftenreihe Rheinbraun. Herausgeber: Rheinbraun AG, 5000 Köln 41.

Steinkohlebergbau. Als B. werden die Beeinträchtigungen der Erdoberfläche mit den sich darauf befindlichen Anlagen bezeichnet, die durch → Bergsenkungen infolge untertägiger bergbaulicher Tätigkeit verursacht werden (→ Steinkohlenbergbau und Umwelt). *Schabronath*

Bergsenkung.

Braunkohlenbergbau. Unter einer B. versteht man die durch die Grundwassersenkung hervorgerufene Setzung des Bodens. Damit Braunkohle im Tagebau gewonnen werden kann, ist eine großräumige Absenkung des Grundwassers erforderlich. Anderenfalls würde der Tagebau voll Wasser laufen und die Böschungen könnten wegbrechen. Die durch die → Entwässerung hervorgerufenen Bodensetzungen verlaufen in der Regel räumlich und zeitlich sehr gleichmäßig und sind für Gebäude unschädlich.

Lediglich in Bereichen, die geologische Besonderheiten aufweisen (z. B. hydrologisch wirksame Tektonik, unregelmäßig abgelagerte Aueböden) kann die Gleichmäßigkeit unterbrochen werden. In einem Zeitraum von 35 Jahren sind z. B. im Absenkungszentrum des rheinischen Braunkohlenreviers rund 3 m Bodensetzung entstanden.

Der gesamte Absenkungsprozeß des Bodens wird in Zusammenarbeit mit den Landes-Fachbehörden seitens des Bergbautreibenden genau vermessen. In regelmäßigen Abständen finden sog. Leitnivellements statt. Diese Beobachtungen werden aus standfesten Randgebieten in das Beobachtungsgebiet vorangetrieben. Der Absenkungsprozeß wird damit genau kontrolliert. *Wolfrum/Rathsmann*

Literatur: *Rathsmann, W.:* Bodenbewegung als Folge von Grundwasserentzug im rheinischen Braunkohlenrevier. Braunkohle **38** (1986) Nr. 4, S. 82–86.

Steinkohlebergbau. Die langjährige untertägige Gewinnung von Steinkohle hat insgesamt zu einem untertägigen Massendefizit geführt. Da sich die entstandenen Hohlräume mit der Zeit durch das umliegende Gestein füllen, äußert sich dieses Massendefizit in weiträumigen B., d. h. Absenkungen der Bodenoberfläche. Dadurch kann es zu → Bergschäden kommen. *Schabronath*

Beruflich strahlenexponierte Person → Person, beruflich strahlenexponierte

Beryllium.
□ Stoff-Identifizierungs-Nr.:
CAS-Nr.: 7440-41-7
EG-Nr.: 004-001-00-7
UN-Nr.: 1567
EINECS-Nr.: 231-150-7
□ Chemische Formel: Be
□ Stoffcharakteristik: Silberweißes, glänzendes, hartes, in Wasser praktisch unlösliches Metall. In verdünnten Mineralsäuren unter Salzbildung und Wasserstoffentwicklung löslich.
□ Gefahrenmerkmale:
– Stoffliste nach § 4a der → Gefahrstoffverordnung:
Gefahrenkennbuchstabe(n): T+
R-Sätze: 49-25-26-36/37/38-43-48/23-45
S-Sätze: 53-44
– Besondere Stoffeigenschaften nach TRGS 500: krebserzeugend: EG-Kat. 2
– Arbeitsschutzwerte nach TRGS 900: → TRK-Wert (mg/m^3): 0,005 beim Schleifen;
0,002 im übrigen
– Stoffliste (Anhang II) der → Störfall-Verordnung: Nr. 43 und 4b
– Emissionswerte: → TA Luft Einstufung: 2.3 Klasse I *Fischer/M. Schön*
→ Metallverbindungen im Staub

Beschleunigeranlage und Strahlenschutz. Beschleuniger gehören nach der → Strahlenschutzverordnung zu den Anlagen zur Erzeugung ionisierender Strahlen.

Mit Beschleunigern werden geladene Teilchen (Elektronen und Ionen) mit der Ruhemasse m (Masse bei Teilchengeschwindigkeit Null) mittels statischer oder veränderlicher elektrischer Felder auf hohe Energien E gebracht, wobei sich der Energiegewinn entsprechend dem relativistischen Energiesatz $E^2 = p^2 \cdot c^2 + m^2 \cdot c^4$ sowohl in einer Erhöhung der Teilchengeschwindigkeit v als auch in einer Vergrößerung der Teilchenmasse M manifestieren wird (Teilchenimpuls $p = M \cdot v$). Allerdings kann v die Lichtgeschwindigkeit c nicht überschreiten. Im Prinzip besteht ein Beschleuniger aus folgenden Elementen:
– Elektronen- bzw. Ionenquelle,
– evakuierte Beschleunigungsstrecke mit Beschleunigungselektrode (n) bzw. Vorrichtungen zur Erhöhung der Elektronen- bzw. Ionenenergie, Hochspannungsgenerator, Strahlführungs- und Strahldiagnostikelementen,
– Auftreffpunkt der beschleunigten Teilchen (Target).

Alle Ionenbeschleuniger und die Elektronenbeschleuniger mit Endenergien größer als 3 MeV fallen strahlenschutzrechtlich unter die Bestimmungen der StrlSchV. Elektronenbeschleuniger mit Endenergien von nicht mehr als 3 MeV gehören zur

Gruppe der →Störstrahler. Ihr Betrieb muß nach § 5 der →Röntgenverordnung (RöV) genehmigt werden.

Die aufzuwendenden technischen und administrativen Strahlenschutzmaßnahmen hängen sehr von der Anwendungsweise (medizinische oder naturwissenschaftlich/technische Nutzung) und von der Art der beschleunigten Teilchen bzw. von ihrer Endenergie ab. Diese Faktoren beeinflussen wiederum weitere strahlenschutzrelevante Parameter wie Zusammensetzung und Konsistenz des Targets, Höhe der Strahlstromstärke bzw. der Strahlleistung und Intensität der sekundär erzeugten Strahlenarten, wie z. B. hochenergetische Bremsstrahlung oder Neutronen. Dies eröffnet eine Vielfalt von Möglichkeiten für äußere und innere Strahlenexpositionen in →Strahlenschutzbereichen und in Bereichen, die nicht dazu zählen, durch Direktstrahlung und durch Aktivierung von Luft, von Flüssigkeiten (z. B. von Kühlwasser und Pumpenöl) und von Anlagenteilen und Abschirmmaterialien. Bei bestimmten Beschleunigertypen oder Betriebsweisen ist also nicht nur mit einer →Strahlenexposition während des eigentlichen Strahlbetriebes zu rechnen, sondern auch dann, wenn die Anlage elektrisch abgeschaltet ist.

B. lassen sich nach verschiedenen Kriterien (1–4) jeweils in zwei Gruppen zusammenfassen (Tabelle 1).

Der Betrieb von B. muß in der Regel genehmigt werden: für Elektronenbeschleuniger mit Endenergien von nicht größer als 3 MeV nach § 5 RöV, sonst nach § 16 StrlSchV. In seltenen Fällen ist ein genehmigungsfreier, aber anzeigebedürftiger Betrieb nach § 17 Abs. 1 StrlSchV möglich (bei Ionenbeschleunigern, die in 0,1 cm von der Oberfläche die Ortsdosisleistung von 10 μSv/h nicht überschreiten und nicht mehr als 500 Neutronen/s erzeugen können). Noch seltener ist der genehmigungs- und anzeigefreie Betrieb von Ionenbeschleunigern (die entsprechenden Werte dürfen 1 μSv/h und 50 Neutronen pro s nicht überschreiten).

Ist der Betrieb von leistungsstarken B. bezüglich bestimmter Neutronenflüsse, Strahlströme und Endenergien geplant, so besteht beim späteren Betrieb die Möglichkeit einer Strahlenexposition in außerbetrieblichen →Überwachungsbereichen und in Bereichen, die nicht Strahlenschutzbereiche sind, durch die Erzeugung radioaktiver Stoffe infolge neutronen- und photoneninduzierte Kernreaktionen in Gasen, Flüssigkeiten und festen Materialien. Aus diesem Grund benötigen Beschleuniger mit nachfolgend aufgeführten Betriebs- und Strahlungsparametern nicht nur eine Genehmigung für den Betrieb, sondern auch eine Genehmigung für die Errichtung (§ 15 StrlSchV) (Tabelle 2).

Die wesentlichen Strahlenschutzmaßnahmen beim Betrieb von B. lassen sich folgendermaßen zusammenfassen (§§ der StrlSchV in Klammern):
– Administrative Maßnahmen: Errichtungsgenehmigung (15, 18); Betriebsgenehmigung (16, 19); Anzeigeverfahren (17); Genehmigungsbedürftige

Beschleunigeranlage. Tabelle 1: Kategorien von B.

1) Nach Art der Anwendung: medizinische Anwendung	naturw. technische Anwendung
Elektronen-Linearbeschleuniger (e-Linac), Betatron, Mikrotron, Zyklotron, Neutronengenerator	alle Typen
2) Nach Art der Teilchen: Elektronenbeschleuniger	Ionenbeschleuniger
Van-de-Graaff-, Kaskaden-, Dynamitron- und ICT-Typ, Linac, Synchrotron (geeignet sowohl für Elektronen als auch für Ionen)	
Betatron, Mikrotron	Tandem, Neutronengenerator, Zyklotron
3) Nach Art des Beschleunigungswegs: Geradeausbeschleuniger	Kreisbeschleuniger
Van-de-Graaff-, Kaskaden-, Dynamitron- und ICT-Typ, Neutronengenerator, Tandem, Linac	Betatron, Mikrotron, Zyklotron, Synchrotron
4) Nach Typ des Hochspannungs-Generators: Gleichspannungsbeschleuniger	Wechselspannungs-Beschleuniger
Van-de-Graaff-Typ (elektrostatisch), Kaskaden-, Dynamitron- und ICT-Typ (elektromagnetisch), Tandem (van-de-Graaff oder Dynamitron), Neutronengenerator (oft Kaskadentyp)	Betatron, Linac, Mikrotron, Zyklotron, Synchrotron

Beschleunigeranlage. Tabelle 2: Betriebs- und Strahlungsparameter für genehmigungsbedürftige B.

Werte der Betriebs- bzw. Strahlungsparameter	Beschleunigertypen, die diese Werte erreichen können
Neutronenquellstärke $> 10^{12}$ n/s	Neutronengenerator, Tandem, Zyklotron, Synchrotron
Elektronenbeschleuniger mit Endenergie > 10 MeV und mittlere Strahlleistung > 1 kW	eventuell: Bandgeneratortyp im Drucktank (medizinische Elektronenbeschleuniger benötigen keine Errichtungsgenehmigung, da die mittlere Strahlleistung den Wert von 1 kW nicht überschreitet)
Elektronenbeschleuniger mit Endenergie > 150 MeV	Linearbeschleuniger, Synchrotron
Ionenbeschleuniger mit Endenergie > 10 MeV/Nukleon und mittlere Strahlleistung > 50 W	Tandem, Zyklotron, Synchrotron
Ionenbeschleuniger mit Endenergie > 150 MeV	Zyklotron, Synchrotron

Tätigkeit in fremden Anlagen (20); Bestellung von →Strahlenschutzbeauftragten mit Fachkunde im Strahlenschutz, wobei im medizinischen Bereich neben dem Arzt auch ein Physiker erforderlich ist (29–31), Strahlenschutzanweisung (34); Belehrung (39); in der Medizin: Anwendung ionisierender Strahlen in der Heilkunde (42) und Aufzeichnung über Patienten (43); Umgebungsüberwachung (48); Ortsdosismessung in Strahlenschutzbereichen (61); physikalische Strahlenschutzkontrolle (62, 63); ärztliche Überwachung (67); Durchführung von Wartungen und jährlichen Überprüfungen durch einen behördlich bestimmten Sachverständigen (76), Zutrittsbeschränkungen für Sperr- und Kontrollbereiche (57, 58).
– Strahlenschutztechnische Maßnahmen: Einrichtung von Sperrbereichen (57) und Kontrollbereichen (58) mit Beachtung der →Kennzeichnungspflicht (35); in der Medizin: Einrichtung von Bestrahlungsräumen (59), die im Prinzip auch für nichtmedizinische Beschleuniger notwendig sind und entsprechend abgeschirmt werden müssen (hauptsächlich gegen Photonen und Neutronen); Überwachungsbereiche (60); Anforderung an Strahlungsmeßgeräte (72) und Warnsignale (73) im Zusammenhang mit Personensicherheitssystemen.

Von wenigen Ausnahmen abgesehen (Zyklotron zur Erzeugung offener radioaktiver Stoffe für nuklearmedizinische Zwecke) ist die Entstehung radioaktiver Stoffe beim Betrieb eines Beschleunigers aus strahlenhygienischen Gründen unerwünscht, aber unter bestimmten Voraussetzungen (hohe Photonenenergien und -flüsse, hohe Neutronenquellstärken) physikalisch nicht ganz vermeidbar. Ereignisse dieser Art können dazu führen, daß radioaktive Stoffe über den Luft- und Wasserpfad die Umwelt exponieren. Die Aktivierung von festen, flüssigen und gasförmigen Materialien geschieht bei Elektronenbeschleunigern durch den sog. Kernphotoeffekt, z. B. vom Typ (γ,n), und durch neutroneninduzierte Kernreaktionen, z. B. vom Typ (n,p), (n,2n) und (n,γ), sowie für Ionenbeschleuniger – innerhalb des Strahlführungssystems und am Targetmaterial – durch den primären Strahl, z. B. vom Typ (p,n), (d,n) und (α,n).

Beim Betrieb von Elektronenbeschleunigern sind an festen Materialien alle Edelstähle sowie Wolfram, Tantal, Zink, Gold, Mangan, Kobalt und Nickel mit hoher Ausbeute aktivierbar; bei Protonenbeschleunigern sind es Targetmaterialien wie Aluminium, Titan, Kobalt, Chrom und Eisen oder strahlnahe Strukturmaterialien wie Natrium (im Beton), Tantal, Kupfer, Kohlenstoff (in Kunststoffen) und Aluminium. In der Luft können folgende Radionuklide entstehen (→Halbwertszeit in Klammern): 015 (2,03 min), N14 (9,96 min), N16 (7,13 s) und Ar 41 (1,83 h). *Ewen*

Literatur: DIN 6847, Teile 1–5: Medizinische Elektronenbeschleuniger-Anlagen 1990. – *Ewen, K.; I. Lucks; D. Wendorff:* Die neue Strahlenschutzverordnung – Praxiskommentar. 1990. – *Ewen, K.:* Strahlenschutz an Beschleunigern. Stuttgart 1985. – Strahlenschutz in Forschung und Praxis. Band 32: Strahlenschutz im medizinischen Bereich und an Beschleunigern. 1992. – *Freytag, E.:* Strahlenschutz an Hochenergiebeschleunigern. 1972. – *Patterson, H. W.; R. H. Thomas:* Accelerator Health Physics. New York, London 1973.

Besorgnisgrundsatz. Begriff aus dem →Wasserrecht, durch den als Maßstab für die Erlaubnisfähigkeit bestimmter Handlungen/Maßnahmen (§ 26 Abs. 2, § 32 b und § 34 WHG) festgelegt wird, daß dadurch eine Verunreinigung des Wassers (auch Grundwassers) oder eine sonstige Veränderung seiner Eigenschaften nicht zu besorgen sein darf. Dieser B. liegt auch den Regelungen zum Umgang mit wassergefährdenden Stoffen zugrunde (§ 19b und § 19g WHG).

Eine Besorgnis besteht im Grundsatz immer dann, wenn der Eintritt einer Verunreinigung des Wassers oder eine sonstige nachteilige Veränderung seiner Eigenschaften nach menschlicher Erfahrung nicht gänzlich unwahrscheinlich ist. Je größer und folgenschwerer ein möglicherweise eintretender Schaden sein kann, um so geringere Anforderungen sind an die Wahrscheinlichkeit eines Schadenseintritts zu stellen. Diese Differenzierung bedeutet eine Abstufung von Anforderungen in Abhängigkeit vom →Gefährdungspotential und kann im Einzelfall dazu führen, daß ein Grad an Unwahrscheinlichkeit eines Schadenseintrittes zu verlangen ist, der der Unmöglichkeit nahe- oder gleichkommt. Zur Feststellung der Wahrscheinlichkeit eines Schadenseintritts hat eine Abwägung aller Umstände zu erfolgen, aus denen Anlaß zur Sorge gegeben sein kann. Nach dem Ergebnis dieser Abwägung darf bei den für die Wasserwirtschaft Verantwortlichen kein Grad zur Sorge verbleiben. *Irmer*

Bestimmungsgrenze. B. ist der kleinste Wert des Meßobjekts (Luftbeschaffenheitsmerkmal), der mit einer Wahrscheinlichkeit von 95 % von der →Nachweisgrenze (VDI 2449, Bl. 1, E) unterschieden werden kann (Bild). *Birkle*

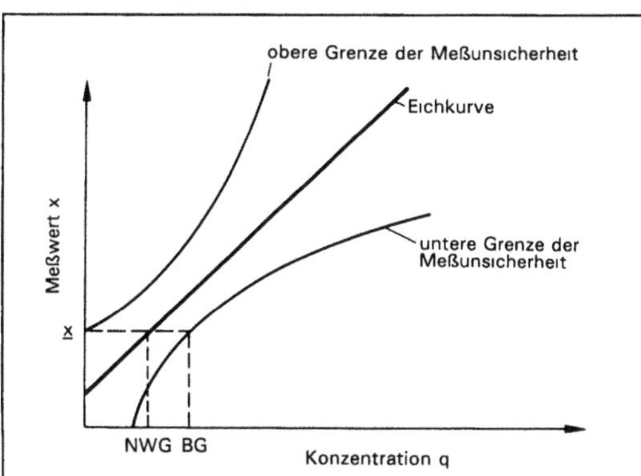

Bestimmungsgrenze: Lage der Nachweisgrenze (NWG) und der B. (BG).

— $x = x_0 + E_k \cdot q$ (lineare Eichfunktion)
— $x \pm t_{f,95} \cdot S$ (Meßunsicherheit)

Dabei ist
E_k Empfindlichkeit
S Standardabweichung (Eichfunktion)
$t_{f,95}$ Faktor, der (für die Wahrscheinlichkeit von 95 %) von der Anzahl der Mehrfachmessungen f bei der Bestimmung des Vertrauensbereichs abhängt. Für normalverteilte Kollektive ist $t_{f,95}$ der entsprechende Studentfaktor
$\underline{x}$ Meßwert an der Nachweisgrenze

Literatur: *Bos, U.; A. Junker:* Nachweis- und Bestimmungsgrenze als kritische Verfahrenskenngrößen vollständiger Meßverfahren in der Umweltanalytik. Analytische Chemie 316 (1983), S. 135. – *Kaiser, H.; H. Specker:* Bewertung und Vergleich von Analysenverfahren. Analytische Chemie 149 (1956), S. 46. – VDI 2449 Bl. 1 E: Prüfkriterien von Meßverfahren; Ermittlung von Verfahrenskenngrößen für die Messung gasförmiger Schadstoffe(Immission); Dez. 1991.

Betankung, emissionsarme. Bei der B. von Kraftfahrzeugen mit Ottokraftstoffen wurden in der Bundesrepublik Deutschland 1992 etwa 51 000 t Benzindampf durch Verdrängung aus dem Tank emittiert; je Liter Benzin werden etwa 1,4 g Kohlenwasserstoffe in die Atmosphäre abgegeben. Neben den →Alkanen, die die Hauptmengen der aus dem Kraftstoff verdampfenden Kohlenwasserstoffe stellen (z. B. Butan, Pentan), sind zwei weitere organische Stoffklassen zu berücksichtigen: →Alkene und aromatische Kohlenwasserstoffe, insbesondere →Benzol. Die Benzolemissionen bei der B. betragen etwa 500 t/a.

Grundsätzlich können die B.-Emissionen auf zwei Wegen vermindert werden:
– autoseitig, insbesondere durch Adsorption der Kohlenwasserstoffe an Aktivkohle (→Aktivkohlekanister);
– tankstellenseitig, insbesondere durch →Gaspendelung in den Unterbodentank der Tankstelle (stage-II-Systeme), demgegenüber wird die Gaspendelung bis zur Belieferung einer Tankstelle als stage-I bezeichnet (→20. BImSchV, →21. BImSchV).

Zur wirksamen Verminderung der Emissionen an Kohlenwasserstoffen beim Verdampfen von Ottokraftstoffen (Emissionen beim Heiß-/ oder Warmabstellen, Tankemissionen, Emissionen aus Kunststoff-Kraftstoffbehältern) wird eine kleine Aktivkohlefalle (Volumen etwa 1 l) in Fahrzeugen nach US-Norm eingesetzt (Anlage XXIII zur StVZO). Um die Kohlenwasserstoff-Dämpfe aufzunehmen, die bei der Betankung emittiert werden können (etwa 1,4 g Kohlenwasserstoffe pro 1 Ottokraftstoff), müßte die Falle etwa um den Faktor 5 vergrößert werden.

Für die fahrzeugseitige Lösung zur Verminderung von Kohlenwasserstoffemissionen bei der B. von Kraftfahrzeugen kann im Gegensatz zur tankstellenseitigen Lösung nicht von Systemen ausgegangen werden, die über lange Zeit erprobt und ausreichend optimiert wurden. Erste Kfz-Modelle mit großer Aktivkohlefalle werden untersucht.

Bei der Gaspendelung wird die beim Füllen des Kfz-Tankes verdrängte, mit Benzindampf nahezu gesättigte Luft in den Erdtank der Tankstelle zurückgeführt. Diese Rückführung erfolgt durch einen Doppelschlauch, der die Tanköffnung des Autos über das Zapfventil der Tankstelle mit dem Erdtank gasdicht verbindet (bei einigen Systemen wird die Rückführung durch Ansaugen mittels einer Pumpe unterstützt) (Bild 1, 2).

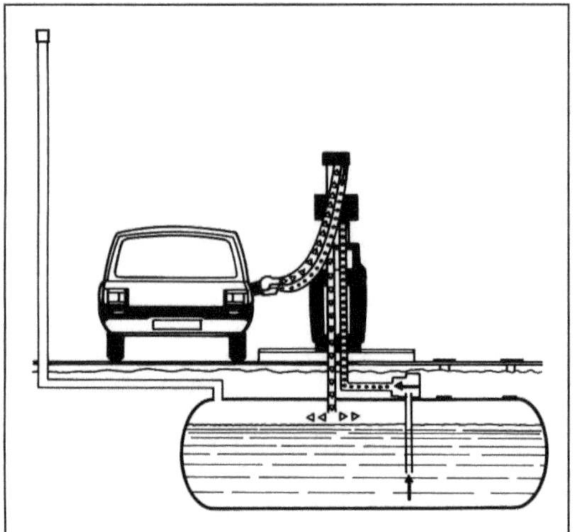

Betankung, emissionsarme 1: Gaspendelungsverfahren (Stage II-System) an der Tankstelle (schematisiert).

Zur Gaspendelungstechnik liegen bereits langjährige Erfahrungen, insbesondere aus Kalifornien, der Schweiz und Schweden, vor. In der Bundesrepublik Deutschland nimmt die Zahl der Tankstellen mit Gaspendelsystemen nach Erlaß der →21. BImSchV deutlich zu.

Die durchschnittliche Minderung der Emissionen durch die Gasrückführsysteme lag bei Untersuchungen zwischen 70 und 80%; bei ordnungsgemäßer Bedienung und genormten Einfüllstutzen ist die Reduzierung größer als 90%.   *Angrick*

Literatur: TÜV Rheinland e. V. (Hrsg.): Emissionsverminderung beim Tanken. Köln 1990.

Betastrahlung. Eine aus Elektronen bestehende Strahlung, die von radioaktiven Atomkernen (Betastrahlern) ausgesandt wird und fast Lichtgeschwindigkeit erreichen kann. β-Strahlen haben nur eine geringe Eindringtiefe und scharf begrenzte maximale Reichweite und sind deshalb relativ leicht abzuschirmen. β-Strahlen verlieren durch Abbremsung in Materie ihre Energie, die dann als elektromagnetische Wellenstrahlung, sog. Bremsstrahlung, von der Materie abgestrahlt wird. Dieser Vorgang entspricht der Erzeugung der →Röntgenstrahlung.

Die β-Teilchen haben als schnelle, energiereiche Elektronen ähnliche Wechselwirkungen wie die →Alphastrahlung. Wegen ihrer geringen Masse und ihrer dadurch bedingten hohen Geschwindigkeit ist die Wechselwirkungswahrscheinlichkeit allerdings wesentlich geringer. Dies bedeutet, daß die einzelnen Wechselwirkungsakte weiter auseinanderliegen; die biologische Wirkung (Anregung und Ionisation) in Gewebe ist geringer. Die Reichweite der β-Strahlen ist wesentlich größer als die der α-Teilchen, je nach Energie in Luft bis in den Meter-Bereich, im Gewebe bis in den Millimeter-Bereich.   *Merz*

Betazerfall. Radioaktive Umwandlung unter Emission eines Betateilchens. Beim β^--Zerfall wandelt sich im Kern ein Neutron in ein Proton um, während beim β^+-Zerfall und beim Elektroneneinfang ein Proton in ein Neutron übergeht. Beim B. ändert sich also die Neutronenzahl nicht, während die Kernladungszahl entweder um 1 zu- oder abnimmt (→Uranzerfallreihe).   *Merz*

Betriebsbeauftragter für Umweltschutz →Umweltschutzbeauftragter

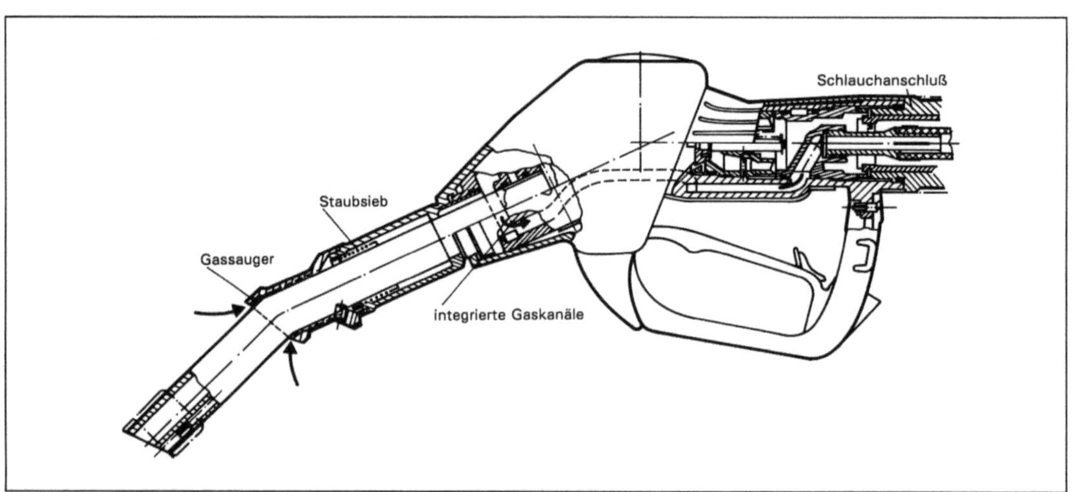

Betankung, emissionsarme 2: Zapfpistole in der Ausführung für Gasrückführung bei der B. von Kraftfahrzeugen mit Ottomotoren.

Betriebsdauer (Geräuschkenngröße). Dauer während eines Bezugszeitraums, in der eine betriebliche Anlage eingeschaltet ist und →Geräusche emittiert.

Die B. hat Einfluß auf die Geräuschkenngröße, die für den Bezugszeitraum gilt. So ist auf Grund der Berechnungsmethode für den →Mittelungspegel der Wert des Mittelungspegels bei halber B. um 3 dB kleiner als bei voller B. im Bezugszeitraum.

Bezugszeitraum kann sowohl die Tageszeit (6 bis 22 Uhr), die Nachtzeit (22 bis 6 Uhr) aber auch z. B. die mehrmonatige Erntezeit eines Jahres wie auch ein ganzes Kalenderjahr sein. *Strauch*

Betriebsstörung. B. ist eine Abweichung vom bestimmungsgemäßen Betrieb einer Anlage. Der Begriff ist für das Sicherheitsrecht von erheblicher Bedeutung (→Störfall, →Störfall-Verordnung). Als Störungen sind alle Reaktionen und Betriebszustände anzusehen, die sich nicht im Rahmen der erlaubten Zweckbestimmung der Anlage halten. Dabei kommt es nicht darauf an, ob das Ereignis plötzlich oder schleichend eintritt oder ob die Abweichung vom geplanten Betriebsablauf vom Betreiber der Anlage bewußt herbeigeführt worden ist (etwa um größere Gefahren zu vermeiden). Im Einzelfall kann es schwierig sein, den Betrieb an der Grenze der üblichen und von der Anlage beherrschten Betriebsschwankungen von einer Störung des bestimmungsgemäßen Betriebs zu unterscheiden. *Hansmann*

Beurteilungsfläche. Die →TA Luft (Nr. 2.6.2.3) definiert im Rahmen der Vorgaben für die Meßplanung von Immissionserhebungen die B. als quadratische Teilfläche eines →Beurteilungsgebiets. Die Größe der B. ist in der Regel 1 km × 1 km, in besonderen Fällen auch 500 m × 500 m. Aus den an den vier Eckpunkten einer B. gewonnenen Meßdaten werden die die B. kennzeichnenden Kenngrößen der Immissionsbelastung berechnet. Kenngrößen nach TA Luft sind der I1-Wert (arithmetischer Mittelwert aller Einzelwerte) und der I2-Wert (98 %-Wert der →Summenhäufigkeitsverteilung; beim Staubniederschlag der höchste Monatsmittelwert). *Pfeffer*

Beurteilungsgebiet. Die →TA Luft (Nr. 2.6.2.2) definiert im Rahmen der Vorgaben für die Meßplanung von Immissionserhebungen das B. als die Summe aller →Beurteilungsflächen, die sich vollständig innerhalb eines Kreises um den Emissionsschwerpunkt mit einem Radius befinden, der dem 30fachen der Schornsteinhöhe entspricht. Zum B. gehören ferner die Beurteilungsflächen, auf denen die für die geplante Anlage berechnete Zusatzbelastung größer als 1 % des jeweiligen Grenzwertes ist

und die vollständig innerhalb eines Kreises mit dem Radius der 50fachen Schornsteinhöhe liegen. Bei Anlagen, deren Emissionen unterhalb von 30 m Höhe erfolgen, wird ein quadratisches B. von 2 km × 2 km, bei großflächigen Emissionsquellen von 4 km × 4 km festgelegt. Bei der Beurteilung des Staubniederschlages wird der sich ergebende Radius bzw. die sich ergebende Seitenlänge des B. halbiert. *Pfeffer*

Beurteilungspegel. Kennzeichnende Geräuschgröße in →Dezibel (dB), die zur Beurteilung der Geräuschimmissionen mit →Immissionswerten, →Immissionsrichtwerten, →Immissionsgrenzwerten verglichen wird.

Der B. L_r wird grundsätzlich für alle Geräuschquellenarten aus dem energieäquivalenten →Dauerschallpegel L_{eq} des zu betrachtenden Geräusches unter Beachtung von Zuschlägen K_i nach folgender Formel berechnet:

$$L_r = 10 \lg \left(\frac{1}{T_r} \sum_{i=0}^{n} 10^{0,1\,(L_{eq}+K_i)}\, T_i \right)$$

T_r = Beurteilungszeit

T_i = Teilzeit, in der unterschiedlich große L_{eq}-Werte auftreten oder Zuschläge zu berücksichtigen sind

K_i = Tonhaltigkeits-, Impuls-, Informations-, Ruhezeitzuschläge

n = Anzahl der Teilzeiten in der Beurteilungszeit; die Summe der Teilzeiten ist gleich der Beurteilungszeit.

Eine Ausnahme bildet der →Fluglärm; zur Beurteilung von Fluglärm nach dem →Fluglärmgesetz wird nicht der energieäquivalente Dauerschallpegel zur Ermittlung des B., sondern ein nach besonderer Formel zu bestimmender äquivalenter Dauerschallpegel benutzt. Bei Flugzeuglandeplätzen, die nicht dem Fluglärmgesetz unterliegen, wird der B. nach DIN 45643, Teil 1–3: Messung und Beurteilung von Flugzeuggeräuschen, 10/1984, ermittelt.

□ B. industrieller und gewerblicher Anlagen: Der B. derartiger Anlagen wird nach der →TA Lärm für die Beurteilungszeit 6.00–22.00 Uhr (tags) und 22.00–6.00 Uhr (nachts) aus dem energieäquivalenten Dauerschallpegel des Anlagengeräusches unter Berücksichtigung eines Tonhaltigkeitszuschlages (→Einzelton) von 0–5 dB (A) und eines Zuschlages von 0–5 dB (A) für impulshaltige Geräusche (→Impulsgeräusche) sowie eines Abzugs von 3 dB (A) für Meßunsicherheit (→Meßunsicherheitsabzug) berechnet und mit den Immissionsrichtwerten der TA Lärm verglichen. Für impulshaltige Geräusche und Geräusche mit zeitlich schwankenden Schalldruckpegeln ist nach der TA Lärm der B. mit Hilfe des →Taktmaximalwert-Verfahrens zu ermitteln, das die Vergabe eines Impulszuschlags erübrigt.

▢ B. an Straßen: Zum Vergleich mit den Immissionsgrenzwerten der →Verkehrslärmschutzverordnung sind nach Anlage 1 dieser Verordnung berechnete B. zu verwenden. Diese Berechnungsvorschrift hat Rechtsnormcharakter. Der B. ist getrennt für die Tageszeit (6.00–22.00 Uhr) und die Nachtzeit (22.00–6.00 Uhr) zu berechnen nach der Formel

$$L_r = L_m^{(25)} + D_V + D_{StrO} + D_{Stg} + D_S + D_{BM} + D_B + K$$
in dB(A)

Zu den Korrekturgliedern D und K, die dem in 25 m Entfernung von der Mitte des Fahrstreifens nach der Formel

$$L_m^{(25)} = 37,3 + 10 \lg (M(1 + 0,082 \, p)) \qquad dB(A)$$
mit M = Verkehrsstärke in Kfz/h
p = LKW-Anteil in %

ermittelten Mittelungspegel anzufügen sind, enthält die Vorschrift eine Reihe von Tabellen und Diagrammen, denen die Werte oder Hilfswerte entnommen werden können; auch die Werte $L_m^{(25)}$ können einem Diagramm entnommen werden.

Die Korrekturglieder bedeuten:
D_V = Korrektur für unterschiedliche zulässige Höchstgeschwindigkeiten
D_{StrO} = Korrektur für unterschiedliche Straßenoberflächen
D_{Stg} = Korrektur für Steigungen und Gefälle
D_S = Pegeländerung durch unterschiedliche Abstände (gegenüber dem Bezugsabstand 25 m)
D_{BM} = Pegeländerung durch Boden- und Meteorologiedämpfung
D_B = Pegeländerung durch topographische Gegebenheiten, bauliche Maßnahmen und Reflexionen (dieser Faktor ist in jedem Falle nach den Richtlinien für den Lärmschutz an Straßen →RLS-90 zu ermitteln)
K = Zuschlag für erhöhte Störwirkung von lichtzeichengeregelten Kreuzungen und Einmündungen.

Für Straßenabschnitte, auf die nach der Vorschrift die Gleichung nicht angewendet werden darf (nicht lange, gerade Fahrstreifen, nicht konstante Emissionen, unterschiedliche Ausbreitungsbedingungen), ist ausdrücklich auf die Rechenverfahren der RLS-90 verwiesen.

▢ B. bei Schienenwegen: Zum Vergleich mit den Immissionsgrenzwerten der Verkehrslärmschutzverordnung sind nach Anlage 2 dieser Verordnung berechnete B. zu verwenden. Diese Berechnungsvorschrift hat Rechtsnormcharakter. Danach wird der B. bei Schienenwegen – getrennt für den Tag (6.00–22.00 Uhr) und für die Nacht (22.00–6.00 Uhr) – für ein Gleis wie folgt berechnet:

$$L_r = L_m^{25} + D_{FZ} + D_{IV} + D_{Fb} + D_S + D_{BM} + D_B + S$$

L_m^{25} = Mittelungspegel in 25 m Entfernung von der Mitte der Gleisachse, er ist von der mittleren Anzahl der Züge einer Zuggattung (Zugklasse) pro Stunde und vom Prozentsatz der Fahrzeuge mit Scheibenbremsen eines Zuges abhängig,
D_{FZ} = Korrektur zur Berücksichtigung der Fahrzeugart,
D_{IV} = Korrektur für die Zuglänge l und Geschwindigkeit V,
D_{Fb} = Korrektur zur Berücksichtigung unterschiedlicher Gleisbauarten,
D_S = Pegeländerung durch Abstand s zwischen Gleismitte und Immissionsort,
D_{BM} = Pegeländerung durch Boden- und Meteorologiedämpfung auf dem Schallausbreitungsweg,
D_B = Pegeländerung durch topografische Gegebenheiten, bauliche Maßnahmen und Reflexionen auf dem Schallausbreitungsweg,
S = Korrektur um minus 5 dB(A) zur Berücksichtigung der geringeren Störwirkung der Schienenverkehrsgeräusche gegenüber Straßenverkehrsgeräuschen (→Schienenbonus).

Für die einzelnen zu berücksichtigenden Korrekturwerte enthält die Anlage 2 zur Verkehrslärmschutzverordnung Tabellen bzw. Diagramme.

Mit Hilfe der angegebenen Gleichung werden die B. für lange, gerade Gleise berechnet, die auf ihrer gesamten Länge konstante Emissionen und unveränderte Ausbreitungsbedingungen aufweisen.

Falls eine dieser Voraussetzungen nicht zutrifft, muß das Gleis in einzelne Abschnitte unterteilt werden, deren B. nach der Richtlinie zur Berechnung der Schallimmissionen von Schienenwegen – Ausgabe 1990 – Schall 03 (Amtsblatt der Deutschen Bundesbahn Nr. 14 vom 4. 4. 1990) zu berechnen sind.

▢ B. für Sportlärm, Freizeitaktivitäten und Freizeitanlagen: Für Sportanlagen gilt die →Sportanlagen-Lärmverordnung. Für Freizeitlärm wird der B. nach VDI 3724 E: Beurteilung der durch Freizeitaktivitäten verursachten und von Freizeitanlagen ausgehenden Geräusche, 2/1989, ermittelt; das Verfahren ist identisch mit dem in der Sportanlagen-Lärmschutzverordnung angegebenen. *Strauch*

Beurteilungszeitraum. Der Meßzeitraum für Immissionsmessungen nach der →TA Luft (Nr. 2.6.2.5) beträgt in der Regel ein Jahr. Dieses Jahr stellt damit den B. dar. Da viele Grenz- und Beurteilungswerte für Immissionen als Jahreskenngrößen definiert sind, stellt das Jahr generell den häufigsten B. dar. Es gibt jedoch Beurteilungsmaßstäbe, die kürzere Zeiträume charakterisieren. Ein Beispiel sind die Maximalen Immissionskonzentrationen der Kommission Reinhaltung der Luft im VDI und DIN, die sog. MIK-Werte, die sich vielfach auf einen Tag oder auf eine halbe Stunde beziehen (→MIK, maximaler Immissionswert).

Grundsätzlich dürfen aus Immissionsmessungen gewonnene Kenngrößen für die Immissionsbelastung nur mit solchen Grenz-, Richt- oder Beurteilungswerten verglichen werden, denen ein entsprechender B. zugrunde liegt. So ist es z. B. unzulässig, Monatsmittelwerte von Immissionskonzentrationen mit Grenzwerten der →TA Luft zu vergleichen, weil diese sich grundsätzlich auf ein Jahr beziehen.

Pfeffer

Bevölkerungsrisiko. Im →Atom- und Strahlenschutzrecht wird zur Abgrenzung zwischen der nachbarschützenden →Gefahrenabwehr und der auf das Allgemeinwohl bezogenen →Risikovorsorge zwischen dem →Individualrisiko und dem allgemeinen B. unterschieden. Von einem Nachbarkläger gegen eine kerntechnische Anlage kann danach nur sein jeweiliges Individualrisiko durch die Anlage, nicht aber das allgemeine B. zur Begründung der Klage herangezogen werden. Es kommt deshalb nicht auf die Zahl der durch die Anlage potentiell Betroffenen an, weil diese das Individualrisiko des jeweiligen Klägers nicht erhöhen. Für die objektiv-rechtliche Berücksichtigung durch die Genehmigungsbehörden ist jedoch auch das allgemeine B., das diesseits des noch im Bereich des verfassungsrechtlich hinnehmbaren Restrisikobereichs liegen muß, von Bedeutung. Entsprechend dieser Unterscheidung gelten als drittschützend die auf das Individualrisiko bezogenen →Dosisgrenzwerte gem. § 45 Strahlenschutzverordnung für den Normalbetrieb bzw. gem. § 28 Abs. 3 Strahlenschutzverordnung für den →Störfall, nicht jedoch das weitergehende →Strahlenminimierungsgebot nach den §§ 28 Abs. 1 Nr. 2 und 46 Abs. 1 Nr. 2 Strahlenschutzverordnung. *Hoppe/Beckmann*

Literatur: *Degenhart:* Gerichtliche Kontrollbefugnisse und Drittklage im Kernenergierecht, ET 1981. – *Kloepfer:* Umweltrecht, § 8 Rn. 77. München 1989. – *Marburger:* Atomrechtliche Schadensvorsorge, 2. Aufl. 1985. – *Winter:* Bevölkerungsrisiko und subjektives öffentliches Recht im Atomrecht, NJW 1979.

Bewertete Schallpegel →A-Bewertung

Bewertungsskala, internationale für bedeutsame nukleare Ereignisse →INES

Bewilligung, wasserrechtliche. Gemäß § 2 Abs. 1 WHG bedarf grundsätzlich jede Benutzung der Gewässer der behördlichen Erlaubnis gem. § 7 WHG oder der B. gem. § 8 WHG. Die Gewässerbenutzungen, die einer Erlaubnis oder Bewilligung bedürfen, sind in § 3 Abs. 1 WHG im einzelnen aufgelistet.

Die Zulassung einer Gewässerbenutzung durch Erteilung einer Erlaubnis ist die Regel, die w. B. die Ausnahme. Die w. B. gewährt das unwiderrufliche Recht, ein Gewässer in einer nach Art und Maß bestimmten Weise zu benutzen. Sie ist zu versagen, wenn von der beabsichtigten Benutzung eine Beeinträchtigung des Wohls der Allgemeinheit, insbesondere eine Gefährdung der öffentlichen Wasserversorgung zu erwarten ist, die nicht durch Auflagen oder durch Maßnahmen einer Körperschaft des öffentlichen Rechts (§ 4 Abs. 2 Nr. 3 WHG) verhütet oder ausgeglichen wird (§ 6 WHG). Voraussetzung der Erteilung einer w. B. ist, daß dem Unternehmer die Durchführung seines Vorhabens ohne die gesicherte Rechtsstellung einer w. B. nicht zugemutet werden kann und die Benutzung des Gewässers einem bestimmten Zweck dient, der nach einem bestimmten Plan verfolgt wird. Ist zu erwarten, daß die Benutzung auf das Recht eines anderen nachteilig einwirkt und erhebt der Betroffene Einwendungen, so darf die w. B. nur dann erteilt werden, wenn die nachteiligen Wirkungen durch Auflagen verhütet oder ausgeglichen werden (§ 8 Abs. 3 S. 1 WHG); ist dies nicht möglich, so darf die w. B. zwar gleichwohl aus Gründen des Wohls der Allgemeinheit erteilt werden; der Betroffene ist dann jedoch zu entschädigen (§ 8 Abs. 3 S. 4 WHG).

Die Erteilung der w. B. steht im Ermessen der zuständigen Wasserbehörde. Ihre Erteilung setzt nach § 9 WHG stets ein förmliches Verfahren voraus, in dem die Betroffenen und die beteiligten Behörden Einwendungen geltend machen können. In diesem Verfahren werden nicht nur die gem. § 6 WHG zu berücksichtigenden öffentlichen Interessen und Belange geprüft, sondern auch die privatrechtlichen Einwendungen Dritter im Sinne von § 8 Abs. 3, Abs. 4 WHG. Mit der w. B. werden nämlich die Rechtsbeziehungen zwischen den Beteiligten nicht nur öffentlich-rechtlich, sondern auch privatrechtlich umfassend geordnet. Durch die w. B. werden gem. § 11 Abs. 1 S. 1 WHG auch privatrechtliche Ansprüche nachteilig betroffener Dritter gegenüber dem Inhaber der w. B. ausgeschlossen.

Hoppe/Beckmann

Literatur: *Breuer:* Öffentliches und privates Wasserrecht, 2. Aufl. München 1987. – *Gieseke/Wiedemann/Czychowski:* WHG, § 8 Rn. 1 ff. 5. Aufl. München 1990. – *Hoppe/Beckmann:* Umweltrecht, § 21 Rn. 34 ff. München 1989.

Bewirtschaftungsplan. Soweit es die Ordnung des Wasserhaushalts erfordert, stellen die Länder zur Bewirtschaftung der →Gewässer Pläne auf, die dem Schutz der Gewässer als Bestandteil des Naturhaushaltes, der Schonung der Grundwasservorräte und den Nutzungserfordernissen dienen (§ 36 b Abs. 1 S. 1 WHG).

§ 36 b WHG regelt als bundesrechtliche Rahmenvorschrift die Voraussetzungen, unter denen ein B. aufgestellt werden muß, seine materiellen Inhalte, seine Durchsetzung und Verbindlichkeit und die Folgen für Gewässerbenutzungen beim Fehlen eines B. Die landesrechtlichen Ausfüllungsvorschriften beschränken sich im wesentlichen auf die

Regelung des Planungsverfahrens. Die Bundesregierung hat eine allgemeine Verwaltungsvorschrift über den Mindestinhalt von B. erlassen (vom 19. 9. 1976, GMBl., S. 466).　　　*Hoppe/Beckmann*

Literatur: *Breuer:* Öffentliches und privates Wasserrecht, 2. Aufl. München 1987. – *Hoppe/Beckmann:* Umweltrecht, § 21 Rn. 140 ff. München 1989. – *Thurn:* Schutz natürlicher Gewässerfunktionen. Münster 1986.

Bewuchs. B. von Bäumen, Sträuchern, Hecken hat als Schallschutzmaßnahme auf dem Schallausbreitungsweg im allgemeinen nur eine geringe Wirksamkeit. Bäume, Sträucher und Hecken reflektieren und absorbieren wohl Schall; die tatsächliche Schallpegelminderung durch einzelne Baumreihen oder durch eine Hecke ist allerdings gering. Nur durch große Bewuchstiefen – 100 m Bewuchstiefe ergeben etwa eine Schalldämmung von 10 dB(A) bei Schallquellen, die die Bewuchshöhe nicht überragen –, ist wirksamer →Schallschutz zu realisieren.

Zu beachten beim B. als Schallschutzmaßnahme ist die notwendige Wirksamkeit unabhängig von der Jahreszeit und somit vom Belaubungszustand der Bäume und Sträucher. Falls Schallschutzpflanzungen vorgesehen werden, kommen hierfür im allgemeinen nur immergrüne Pflanzen in Betracht. Als Maß für die →Dämpfung (Minderung) von Schall infolge von →Reflexion und Streuung an Baumstämmen, Ästen, Blättern und infolge von →Absorption des Schalls durch den Bodenbewuchs, dient das Bewuchsdämpfungsmaß. Nach VDI 2714: Schallausbreitung im Freien. 1/1988, wird es mit D_D bezeichnet. Das Bewuchsdämpfungsmaß D_D ist von der Länge des Schallwegs durch den B., von der Frequenz wie aber auch von der Art und Dichte des B. abhängig. Für Planungen kann angenommen werden

$$D_D = \alpha_D \, s_D \qquad\qquad dB$$

α_D = Dämpfungskoeffizient dB/m
s_D = Schallweglänge durch den Bewuchs in m

Als Mittelwert für den Dämpfungskoeffizienten α_D kann für verschiedene Waldarten angesetzt werden:

$$\alpha_D = \left(0{,}006 \, f^{\frac{1}{3}}\right) \qquad\qquad dB/m$$

f = Terz- oder Oktavmittenfrequenz des Geräusches in Hz

Für überschlägige Rechnungen kann für den Dämpfungskoeffizienten ein Wert von 0,05 dB/m, unabhängig von der Frequenz, angenommen werden.　　　*Strauch*

Bewuchsdämpfungsmaß →Bewuchs

Bezugsgewicht. Bei der Festsetzung von →Kfz-Abgas-Grenzwerten verwendete Einheit in kg zur Grenzwertkategorisierung.

Bei der Simulation von Beschleunigungen oder Verzögerungen auf Fahrleistungsprüfständen müssen die unbewegten Fahrzeugmassen in geeigneter Weise berücksichtigt werden. Diesem Zweck dienen die mit einer Rolle verbundenen Schwungmassen-Scheiben sowie elektrische oder andere Massensimulationen, die so kombinierbar sein müssen, daß den in den entsprechenden Testvorschriften angegebenen Bezugsmassenbereichen jeweils eine äquivalente Schwungmasse zugeordnet werden kann. Die Bezugsmasse nach ECE-Vorschriften entspricht der Masse des unbeladenen Fahrzeugs (= Masse des vollbetankten, fahrbereiten Fahrzeugs, ggf. Reserverad, aber ohne Fahrer, Passagiere oder Ladung) zuzüglich einer Pauschalmasse von 100 kg.　　　*Kind/May*

Bezugsschalldruck →Schallpegel

BF-Uhde-Verfahren. Das BF-U-V. ist ein trockenes Verfahren zur simultanen SO_2- und NO_x-Abgasreinigung. Beim BF-U-V. wird Aktivkoks aus Steinkohle sowohl als →Adsorptionsmittel für SO_2, als auch als Katalysator zur NO_x-Reduktion verwendet. Das Verfahren wurde von der Bergbau-Forschungs-GmbH (Abk. BF), Essen (jetzt: DMT-Gesellschaft für Forschung und Prüfung mbH), entwickelt und wird von der Firma Uhde GmbH, Dortmund, angeboten. Die SO_2-Adsorption und die NO_x-Reduktion erfolgen in zwei getrennten Aktivkoksschichten, so daß das BF-U.-V. bei entsprechender Auslegung auch zur getrennten Reinigung der Abgase von SO_2 und NO_x eingesetzt werden kann. Die wesentlichen Schritte des BF-U-V. sind Abgaskonditionierung, Adsorption des Schwefeldioxides, katalytische Reduktion der Stickstoffoxide nach Ammoniakzugabe und Regeneration (Bild). Bei der Regeneration des Adsorptionsmittels fällt SO_2-Reichgas an, das zu elementarem Schwefel, flüssigem SO_2 oder Schwefelsäure weiterverarbeitet werden kann.

Das Abgas hat vom Kessel kommend nach dem Luftvorwärmer und dem Elektrofilter eine Temperatur um 150 °C und wird vor Eintritt in den Wanderbettadsorber in einem Einspritzkühler auf 120 °C abgekühlt. Die Temperatur wird genau geregelt, weil die SO_2-Adsorption eine möglichst niedrige, die NO_x-Reduktion dagegen eine möglichst hohe Temperatur erfordert. Anschließend durchströmt das Abgas im Kreuzstrom zwei Aktivkoksstufen, in denen der Aktivkoks von oben nach unten wandert. In der ersten Stufe im Unterteil des Adsorbers werden zunächst SO_2, Sauerstoff und Wasserdampf an der inneren Oberfläche des porösen Aktivkokses adsorbiert. In diesem Zustand wird Schwefelsäure gebildet, die im Porensystem gespeichert wird. Bei hohen Abscheidegraden werden Beladungen bis zu 30 Gew.-% erreicht. Gleichzeitig

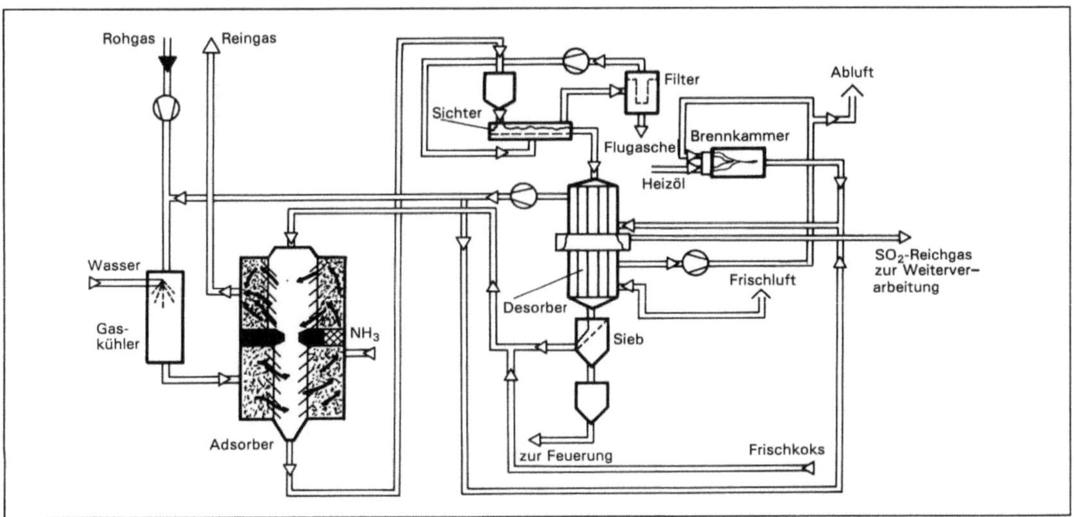

BF-Uhde-Verfahren: Schema des BF-U.-V. zur simultanen SO_2/NO_x-Abscheidung.

wird Stickstoffdioxid, das weniger als 5 % der Stickstoffoxide ausmacht, durch Kohlenstoff zu Stickstoff reduziert und weitere Abgaskomponenten wie →Chlor- und →Fluorwasserstoff, →Quecksilber und →Arsen adsorptiv an Aktivkoks gebunden. Der beladene Aktivkoks aus der SO_2-Adsorptionsstufe wird der Regeneration zugeführt. Die Verweilzeit des Aktivkokses im Adsorber beträgt in Abhängigkeit von Auslegung und Betriebsweise zwischen 100 und 200 Stunden.

In der zweiten Stufe reagiert →Stickstoffmonoxid mit →Ammoniak, das als Reduktionsmittel zwischen den Stufen in den Abgasstrom eingedüst wird, zu Stickstoff und Wasser (→SCR-Verfahren). Zusätzlich bilden sich aus restlichem SO_2 und NH_3 Ammoniumsulfat bzw. -hydrogensulfat, die sich am Aktivkoks anlagern. Am Ausgang des Adsorbers hat das Abgas etwa die Eintrittstemperatur von 120 °C, so daß eine Wiederaufheizung entfällt.

Der beladene Aktivkoks vom Adsorber wird zunächst in einem Sichter von Flugasche und Kohlenstaub befreit. Die Regeneration wird in einem Röhrendesorber durchgeführt. Im oberen Teil des Desorbers wird der Aktivkoks indirekt durch Heißgas aus einer gas- bzw. ölgefeuerten Brennkammer auf über 400 °C aufgeheizt. Bei Temperaturen oberhalb von 350 °C wird die adsorbierte Schwefelsäure unter Verbrauch von Kohlenstoff reduziert. Das Desorptionsgas, das in einer Ausgasungskammer in der Mitte des Desorbers anfällt, enthält im wesentlichen SO_2 (20–30 %), H_2O (50–60 %), CO_2 und N_2. Nach der Ausgasung wird der Aktivkoks im unteren Röhrenwärmetauscher des Desorbers mit Luft, die danach zur Gas- bzw. Ölverbrennung dient, auf 100–130 °C abgekühlt. Die Abgase aus dem Desorber werden vor den Adsorber geleitet. Der verwen-

dete Aktivkoks aus Steinkohle ist ein besonders abriebfestes Granulat mit ca. 5 mm Durchmesser und einer Länge von 5–10 mm. Die innere Oberfläche beträgt aufgrund seiner Porösität zwischen 50 und 200 m²/g, die wegen des chemischen Verbrauchs ständig zunimmt. Dadurch verringert sich allerdings die mechanische Festigkeit des Aktivkokses, so daß er nach mehreren Umläufen schließlich zerbricht. Der Verlust an Aktivkoks durch Reaktion und Abrieb entspricht etwa 2 bis 2,5 % der umlaufenden Menge. Diese Verlustmenge wird als Frischkoks dem regenerierten Aktivkoks vor Rückführung in den Adsorber zugemischt.

Vor der Weiterverarbeitung müssen Verunreinigungen wie Arsenverbindungen, Ammonium- und Quecksilbersulfat, Ammoniak, Chlor- und Fluorwasserstoff aus dem SO_2-Reichgas abgeschieden werden. Zur Herstellung von Schwefelsäure (Erzeugung von elementarem Schwefel, →Wellman-Lord-Verfahren) wird das gereinigte SO_2-Reichgas mit Luft auf 11 Vol.-% SO_2 verdünnt und dann in einem Turm mit 98,5 %-iger Schwefelsäure getrocknet. In mehreren Stufen wird SO_2 an V_2O_5-Katalysatoren zu SO_3 oxidiert, das im Absorberturm zu 96 bis 98 %-iger Schwefelsäure ausgewaschen wird.

Das BF-U-V. ist abwasserfrei. Mit dem Verfahren werden Abgasentschwefelungsgrade von über 95 % und NO_x-Reduktionsgrade von über 70 % erzielt. Für NO_x-Minderungsgrade über 90 % ist eine weitere, dritte Aktivkoksschicht notwendig. Anlagen nach dem BF-U.-V. sind bei den Braunkohleblöcken 5 (107 MW$_{el}$) und 7 (130 MW$_{el}$) im Kraftwerk Arzberg und bei den Kesseln 3 und 4 (Steinkohle-, Öl- Gasfeuerungen mit Wärmeleistung von insgesamt 230 MW$_{th}$) bei der Hoechst AG, Frankfurt, in Betrieb. In Arzberg wird als Produkt der →Abgasentschwefelung Schwefelsäure erzeugt, während bei Hoechst das SO_2-Reichgas Verwendung findet.

Haug

Literatur: *Breihofer, D. et al:* Maßnahmen zur Minderung der Emissionen von SO_2, NO_x und VOC bei stationären Quellen in der Bundesrepublik Deutschland. Studie im Auftrag des BMU/Umweltbundesamt. IIP Uni Karlsruhe. 1991. – *Erath, R.:* Das Bergbau-Forschung/Uhde-Verfahren. Dokumentation Rauchgasreinigung. Düsseldorf 1985.

BF-Verfahren →BF-Uhde-Verfahren

Bichlorethan (Dichlorethan) →Kohlenwasserstoffe, chlorierte

Bildanalyse, prozeßnahe. Das Wahrnehmungsvermögen des Auges nachzubilden und auf diese Weise die Fähigkeiten biologischer Systeme technisch zu realisieren, ist seit Jahren Ziel von Entwicklungen. Hierbei wird das Objekt mit Hilfe von Videokameras oder Scannern aufgezeichnet, die Bildinformation elektronisch gespeichert und mit Hilfe leistungsfähiger Rechner ausgewertet. Abhängig von der Auflösung sind enorme Datenmengen zu verarbeiten. Dies stellt höchste Anforderungen an die Leistungsfähigkeit der Prozessoren und des Rechners. Hier liegt ein Anwendungsfeld für Spezialprozessoren (ASIC, EPLD, LCA), die auf eine bestimmte Aufgabe zugeschnitten werden und für schnelle Rechnerarchitekturen (Parallelrechner, Transputer, RISC-Rechner, Neuronale Rechner). Die Leistungsfähigkeit der verfügbaren Systeme reicht aber meist für den Einsatz bildanalytischer Verfahren im Echtzeitbetrieb noch nicht aus.

Für den Umweltschutz besonders bedeutsam ist der Einsatz der B. als Automatisierungswerkzeug für Produktionsprozesse, wodurch das Herstellungsverfahren erheblich effizienter wird, bei gleichzeitiger Verminderung der Emissionen und des Anfalls von Produktionsabfällen. Als Beispiel sei auf die Automatisierung des manuellen Lackauftrags bei der Spritzlackierung in handwerklichen Betrieben hingewiesen, bei dem sich der Auftragswirkungsgrad um 25–30 Prozentpunkte erhöhen ließe. Die damit verbundene Einsparung von Lack (Rohstoffe, Emissionen) und die Verminderung der als Sonderabfall zu entsorgenden Lackschlämme bzw. lackbehafteten Filtermatten ist beträchtlich. Aber nicht nur bei den Produktionsprozessen, auch in der Landwirtschaft könnte mit Hilfe einer Echtzeit-Bildverarbeitung beispielsweise der Unkrautbesatz oder der Schädlingsbefall von Pflanzen automatisch erkannt und damit die Ausbringung von Pflanzenschutzmitteln sehr gezielt und genau dosiert erfolgen.

In der Kraftfahrzeug- und Verkehrstechnik läßt sich mit bildanalytischen Verfahren eine automatische Spurführung und Abstandsregelung von Fahrzeugen realisieren. Entwicklungsarbeiten hierzu laufen bereits. Durch automatische Abstandsregelung kann der Fahrzeugdurchsatz (Kapazität) von Fernstraßen um das 2- bis 3-fache gesteigert werden. Die positiven ökologischen Auswirkungen liegen auf der Hand, wenn dadurch der Ausbau von Verkehrswegen und damit Eingriffe in das natürliche Landschaftsbild überflüssig werden. Hinzu kommen die Beiträge durch vermiedene Unfälle.

Angerer

Literatur: *Kalb, H.:* Lackieranlagen. In: Materialienbände zur Untersuchung Mikroelektronik im Umweltschutz, Band 3. Fraunhofer-Institut für Systemtechnik und Innovationsforschung. Karlsruhe 1991. – *Munack, A.:* Landwirtschaft. Ebenda, Band 4. – *Stamm, K.:* Kraftfahrzeuge und Straßenverkehr. Ebenda, Band 4.

Bildqualität in der Röntgendiagnostik. B. ist ein Begriff aus der →Qualitätssicherung in der Röntgendiagnostik; sie ist eng mit der →Strahlenexposition des Patienten korreliert, so daß alle Anstrengungen zu ihrer Optimierung auch als Beiträge zur Verbesserung der Strahlenhygiene verstanden werden müssen. Die Qualitätssicherung wird durch die →Röntgenverordnung gefordert und manifestiert sich in der Durchführung der →Abnahmeprüfung und Konstanzprüfung. Nach der Begriffsbestimmung der Röntgenverordnung versteht man unter B. das Verhältnis zwischen den Strukturen eines Prüfkörpers und den Kenngrößen seiner Abbildung. Zur Durchführung der Qualitätssicherung wird ein Prüfkörper mit bildtestenden Strukturen (z. B. Bleistrichraster zur Überprüfung des Auflösungsvermögens, Kupfertreppe zur Darstellung des Kontrastes, Metallmarkierungen zur Überprüfung der Übereinstimmung von Lichtvisier- und Strahlenfeld) in der Nutzstrahlung fixiert und auf dem Bildempfänger (Film, Film-Folien-System, Speicherfolie, Bildverstärker-Fernsehkette, Detektor-Rechner-System) dargestellt.

Im Rahmen der Qualitätssicherung kommt es darauf an, die bei der Übertragung einer Funktion aus der Objektebene in die Bildebene nicht vermeidbaren Informationsverluste so gering wie möglich zu halten. Die wichtigsten, meßtechnisch einfach zu erfassenden Parameter zur Beschreibung der B. in der Röntgendiagnostik sind das Auflösungsvermögen und der Kontrast. Sie beschreiben die B. in der Röntgendiagnostik physikalisch zwar nicht vollständig, sind aber hinreichend im Sinne der gesetzlich vorgeschriebenen Qualitätssicherung.

Ewen

Literatur: *Stender, H. S., F. E. Stieve* (Hrsg.): Praxis der Qualitätskontrolle in der Röntgendiagnostik. Stuttgart 1986. – *Stender, H. S., F. E. Stieve* (Hrsg.): Bildqualität in der Röntgendiagnostik. Köln 1990.

Bildschirm →Kathodenstrahlröhre, eigensichere

Bildschirmgerät. Bei B. ist eine Strahlenemission im gesamten Spektralbereich der nichtionisierenden elektromagnetischen Strahlung und im Bereich der →Röntgenstrahlung physikalisch nachweisbar. Am energiereichsten ist die weiche Röntgenstrahlung (Beschleunigungsspannung ca. 20 kV), die als Bremsstrahlung in den Kathodenstrahlröhren erzeugt wird (→Kathodenstrahlröhre, eigensichere). Einige B. emittieren ultraviolette Strahlung, die aber derart gering ist, daß sie, verglichen mit internationalen Empfehlungen (10 W/m^2; International Radiation Protection Association 1985) oder dem UV-Anteil im Tageslicht, gesundheitlich bedeutungslos ist. Genauso ist auch die geringe Infrarotemission zu bewerten.

Im Bereich der Radiofrequenzen und der niederfrequenten elektrischen und magnetischen Felder dominiert aus technischen Gründen die →Abstrahlung bei 50–80 Hz und 15–35 kHz. Verglichen mit anderen Quellen im Haushalt oder am Arbeitsplatz, verursachen B. keine wesentliche Exposition. Gemessen an allen diskutierten Grenzwertvorschlägen stellen diese Felder keine gesundheitliche Gefahr dar.

Die elektrostatischen Felder um B. können Werte annehmen, die zu spürbaren Effekten, z. B. dem Aufrichten von Körperhaaren, führen. In diesen Feldern wird vielfach die Ursache für Hauterkrankungen gesehen, die bei einigen an B. arbeitenden Personen aufgetreten sind. Wissenschaftlich ist ein Zusammenhang zwischen diesen statischen Feldern und Hauterkrankungen aber nicht nachgewiesen.

Der durch mechanische Vibrationen erzeugte →Schall und →Ultraschall (15–40 kHz) kann von manchen Personen als störend empfunden werden. Aufgrund der sehr geringen Schalldruckpegel weit unterhalb der Grenzwertempfehlung von 75 dB, werden gesundheitliche Risiken nicht erwartet.

Obwohl die gesamte von B. emittierte Strahlung unterhalb der derzeitigen Personenschutzgrenzwerte liegt (Tabelle), werden bei der Entwicklung neuer Geräte zunehmend auch die technischen Möglichkeiten zur Reduzierung der Strahlungsemission genutzt. Als technischer →Emissionsstandard hat sich international die Empfehlung der technischen Normungsgremien aus Schweden durchgesetzt. Über die Strahlenemission hinausgehend werden in einer EG Richtlinie (90/270/EWG) alle gesundheitsrelevanten Aspekte von Bildschirmarbeitsplätzen geregelt. In dieser Richtlinie wird gefordert, daß alle Strahlung, mit Ausnahme des sichtbaren Teils des elektromagnetischen Spek-

Bildschirmgerät. Tabelle: Nichtionisierende Strahlen aus B.

Strahlungsbereich	Meßwerte maximal	30 cm vor dem Bildschirm	Strahlenhygienische Expositionsrichtwerte
Statische Felder	20 000 V/m	30–7 000 V/m	40 000 V/m 16 000 A/m
5 Hz–1 kHz	1 800 V/m 4 A/m	10 V/m 0,6 A/m	10 000–300 V/m*) 10 000–16 A/m*)
10–150 kHz	1 800 V/m 15 A/m	1–10 V/m 0,5 A/m	300 V/m 16 A/m
150–300 kHz	600 V/m	< 1 V/m	300 V/m 16–7,3 A/m*)
300kHz–30MHz	16 V/m	5 · 10^{-3} V/m	300–27,5 V/m*) 7,3–0,07 A/m*)
30–300 MHz	0,18 V/m	2 · 10^{-6} A/m	27,5 V/m 0,07 A/m
Mikrowellen	< 50 mW/m^2	–	2–10 W/m^2 *)
Infrarot (700–1 050 nm)	100 mW/m^2	–	100 W/m^2
(10 μm–3 mm)	4 W/m^2	–	
Sichtbares Licht	72 Cd/m^2	–	10^4 Cd/m^2
UV-A (330–440)	2–100 mW/m^2 volle Ausleuchtung 600 mW/m^2	–	10 W/m^2
UV-B, C	–	–	> 1 mW/m^2 *)
Ultraschall	68 dB (40 kHz)	–	75 dB

*) abhängig von der Frequenz bzw. Wellenlänge

trums, auf Werte verringert werden muß, die vom Standpunkt der Sicherheit und des Gesundheitsschutzes der Arbeitnehmer unerheblich sind.

Matthes

Literatur: Bureau of Radiological Health. An Evaluation of Radiation Emission from Video Display Terminals. HHS Publication FDA 81–8153. Rockville, MD 1981. – European Communities. Council Directive on the minimum safety and health requirements for work with display screen equipment (fifth individual Directive within the meaning of Article 16 (1) of Directive 87/391/EEC) 90/270/EEC, Official Journal of the European Communities No L 156/40, 1990. – NBOSH. Electromagnetic radiation and fields at visual display terminals (VDTs), Solna, National Board of Occupational Safety and Health, Schweden 1986. – World Health Organization. Visual display terminals and workers health. Geneva: WHO, Offset Publication no. 99, 1987.

Bilgenentölung. →Entsorgung des am tiefsten Punkt eines Schiffes – der Bilge – zusammengeflossenen Öl-Wasser-Gemisches. Gemäß →Wasserhaushaltsgesetz und Rheinschiffahrts-Polizeiverordnung ist es verboten, Bilgenöl in das Gewässer abzulassen. Die B. muß daher an Schiffsliegeplätzen (in Häfen) oder auch während der Fahrt durch B.-Schiffe erfolgen. So betreiben die Hansestadt Hamburg auf der Elbe einen Entöler-Dienst Elbe, das Wasserwirtschaftsamt Bremen seit 1972 auf der Weser und die B.-Gesellschaft Duisburg seit 1961 auf dem Rhein die B. Das Bilgenöl wird mit Schwerkraftseparatoren und weiterführend mit Adsorptions-Koaleszenz-Abscheidung vom Wasser getrennt, das Wasser wird eingeleitet, das →Altöl entsorgt. *Irmer*

BImSchG →Bundes-Immissionsschutzgesetz

Bioabsorber. Systeme zur Reinigung schwermetallbelasteten Abwassers mit Hilfe von →Mikroorganismen, die in der Lage sind, gewisse →Schwermetalle aus ihrer Umgebung stark anzureichern. Das Ausmaß der Biosorption eines bestimmten Schwermetalls (in Betracht kommen vor allem →Quecksilber, →Kupfer, →Cadmium, →Chrom, →Nickel, →Zink und →Blei) wird durch den sog. Biokonzentrierungsfaktor beschrieben (BCF = Metall$_{geb.}$/Metall$_{frei}$). Je nach Art des Mikroorganismus und Metalls kann der BCF zwischen 10^2 und 10^5 liegen.

Die Unterschiede der Schwermetall-Biosorption sind sowohl zwischen verschiedenen Mikroorganismen als auch in der Sorptionskapazität eines bestimmten Mikroorganismus für unterschiedliche Metalle beträchtlich. Die Biosorption der Schwermetalle ist im allgemeinen reversibel, z. B. durch Zugabe von Komplexbildnern; es sind also mehrfach regenerierbare B. realisierbar. Besonders effektiv ist die Biosorption bei niedrigen Schwermetallkonzentrationen (ppb – ppm, entsprechend µg/l

– mg/l), bei denen physikalisch-chemische Verfahren versagen oder zumindest kostenintensiv sind.

B. erreichen – bezogen auf das Volumenverhältnis von eingesetzter Biomasse zu gereinigtem Abwasser – Konzentrierungsfaktoren von bis zu 4 000, d. h. ein B. mit 1 l Rauminhalt reicht unter günstigen Bedingungen aus, um 4 000 l Abwasser zu reinigen. Die verfahrenstechnische Anwendung der B. befindet sich noch in der Erprobungsphase.

Kleespies

Bioakkumulation. Unter B. wird die Anreicherung von Substanzen aus der Umwelt in Mensch, Tier und Pflanze verstanden. Die Aufnahme der Substanzen kann über das Wasser, die Luft, den Boden oder die Nahrung erfolgen. Chemikalien, die sich stark im Organismus anreichern, weisen zumeist zwei Eigenschaften auf: Sie sind lipophil, und sie werden nur langsam oder gar nicht in ausscheidungsfähige Produkte umgewandelt (Biotransformation). Auf Grund ihrer Fettlöslichkeit reichern sich diese Substanzen in erster Linie in den lipophilen Kompartimenten des Organismus, z. B. dem Körperfett, an.

Chemikalien mit hoher B. können sich in der →Nahrungskette stark anreichern; dies gilt z. B. für Quecksilber nach Methylierung durch Mikroorganismen, d. h. nach Umwandlung in die lipophile organische Metallverbindung. Mögliche Zwischenstufen bei der Anreicherung der organischen Quecksilberverbindung in der Nahrungskette sind Plankton (Fischnahrung), Fisch und, bei Verwendung von Fischabfällen zur Fütterung, das Schlachttier. *Schwarz*

Bioalkohol →Bioethanol, →Energierohstoff, nachwachsender

Biochemischer Sauerstoffbedarf (BSB). BSB ist ein Maß für die Belastung eines Wassers/Abwassers mit biologisch abbaubaren organischen Substanzen. Der BSB gibt an, welche Menge Sauerstoff (in mg/l) in einer bestimmten Zeiteinheit bei 20 °C verbraucht wird, um die in dem jeweiligen Wasser vorhandenen organischen Substanzen durch →Mikroorganismen abzubauen. In der Bundesrepublik Deutschland üblich ist die Bestimmung des BSB in einem Zeitraum von 5 Tagen, deshalb BSB$_5$ genannt (Sauerstoffbedarf in 5 Tagen). *Mertsch*

Biodegradation, mikrobielle →Abbau

Biodiversität. →Biologische Vielfalt

Bioelektronik. Eine Forschungsrichtung, die die Verknüpfung biologischer Moleküle mit elektronischen Systemen zum Ziel hat. Ein viel diskutiertes Ziel dieser Untersuchungen stellt die Entwicklung des sog. Bio-Chips dar. Einerseits wird hierbei versucht, die Anzahl der in einem Chip unterzubringenden elektronischen Bauteile, deren Zahl aus physikalischen Gründen auf etwa 50 Millionen pro cm^2 begrenzt ist, durch Einschluß in Proteinmoleküle an Stelle von Siliciumchips weiter zu erhöhen. Andererseits gibt es Bestrebungen, die elektrischen Impulse lebender Zellen, insbesondere von Nervenzellen, direkt für eine technisch auswertbare Informationsverarbeitung zu nutzen (Bau eines sog. Bio-Computers). Auf diesem Wege müssen jedoch noch viele Hürden genommen werden, ehe praktisch verwertbare Resultate zu erzielen sind; z. B. ist die Frage zu klären, wie isolierte biologische Systeme zuverlässig vor einem Verlust ihrer Funktion geschützt werden können.

Ein anderes Aufgabenfeld der B. umfaßt den Bau und die Entwicklung von →Biosensoren. *Kleespies*

Bioethanol. Als B. (Bioalkohol, Agraralkohol) wird Ethylalkohol (C_2H_5OH) aus landwirtschaftlichen Rohstoffen bezeichnet, der als Kraft- oder Treibstoff oder für andere Verbrennungszwecke – aber ebenso als Branntwein oder Trinkalkohol – verwendet werden kann (Heizwert 27 MJ/kg = 21,4 MJ/l).

B. wird durch Vergärung zucker- oder stärkehaltiger landwirtschaftlicher Produkte wie Kartoffeln, Zuckerrüben und Getreide hergestellt; es kommen aber grundsätzlich auch andere nachwachsende Rohstoffe, insbesondere Holz, als Einsatzstoff in Frage. Stärke und andere Kohlenhydrate wie Cellulose und Inulin müssen zunächst mit Hilfe von Enzymen oder Säuren verzuckert, d. h. in Monosaccharide umgewandelt werden, bevor die Vergärung durch Hefen oder Bakterien eingeleitet werden kann. *H. Schön/Bludau*

Biofilm. Eine mehrere µm dicke, einfache oder komplexe Schicht von →Mikroorganismen, die einem →Aufwuchsträger oder anderen Festkörperoberflächen anhaften. B. besteht in der Natur hauptsächlich aus Bakterien, die Blätter, Steine, Holz usw. besiedeln.

Die Entwicklung eines B. ist häufig von einer intensiven Ausscheidung bakterieller Exopolymere begleitet, welche die Zellen einerseits fest an der Unterlage verankern und andererseits ihre Empfindlichkeit gegen bestimmte Chemikalien, z. B. Desinfektionsmittel, herabsetzt. Deshalb lassen sich in Wasserleitungen lebende Krankheitserreger durch den Einsatz von Desinfektionsmitteln nur vorübergehend unterdrücken.

Während mikrobielle B. durch das von ihnen verursachte Biofouling (→Biokorrosion) einerseits wirtschaftliche Schäden anrichten, läßt sich die Tendenz einzelner Zellen zur Ausbildung von B. in der Bioverfahrenstechnik nutzbringend einsetzen. →Bioreaktoren, in denen die Zellen durch Ausbildung eines B. immobilisiert werden, lassen sich mit einer Durchflußrate betreiben, die wesentlich über der maximalen Wachstumsrate der verwendeten Zellen liegt. Die Einbettung in einen B. erhöht zudem vielfach die Stoffwechselrate der Zellen. *Kleespies*

Biofilter.

Abgasreinigung. Wesentliches Teil eines B. ist die biologisch aktive Schüttschicht, durch die die verunreinigten Abgase geführt, Schadstoffe abgeschieden und biologisch abgebaut werden. Diese Schüttschicht besteht aus einem Trägermaterial für Mikroorganismen. Beim B. werden als festes →Filtermaterial vorzugsweise organische Stoffe (z. B. Torf, Rinde, Hausmüllkompost, Biokompost) eingesetzt; sie dienen gleichzeitig den Mikroorganismen als Nährsubstrat. Bei neueren Entwicklungen wird auch inertes Trägermaterial (z. B. Tonkugeln, Glasschaum) zusammen mit einer zusätzlichen Nährsubstratzugabe benutzt. Für einen einwandfreien Betrieb sind eine gleichmäßige Struktur und Anströmung des Filtermaterials sowie eine ausreichende Sauerstoffversorgung und Drainage notwendig. Ein möglichst großes, gleichmäßig verteiltes Hohlraumvolumen im Trägermaterial bringt geringen Druckverlust und damit geringeren Energieverbrauch mit sich. Bei organischen Trägermaterialien führt die biologische Aktivität zur →Kompostierung, d. h. Mineralisierung des Trägermaterials und damit zu einer Zunahme des Druckverlusts, so daß in regelmäßigen Abständen eine Auflockerung oder ein Materialwechsel erforderlich wird. Verbrauchte Filtermaterialien können zur Bodenverbesserung verwendet werden. Der →Abscheidegrad und die biologische Abbauleistung im B. sind proportional zur biologisch aktiven Oberfläche, d. h. eine große innere Oberfläche des Trägermaterials bietet günstige Voraussetzungen für einen →Schadstoffabbau in der biologisch aktiven Oberfläche. Organische Substanzen sind auch günstig in Hinblick auf pH-Wert-Stabilität und Feuchtigkeitsspeicherung, die zu einer stabilen Betriebsweise des B. beitragen. Zur Vermeidung einer Austrocknung des Filtermaterials und eines damit gekoppelten Rückgangs der biologischen Aktivität werden die Abgase meist vor Eintritt in das Filtermaterial bis zur Wasserdampfsättigung befeuchtet. Hierfür werden Wäscher einfachster Bauart eingesetzt, mit denen gleichzeitig auch Staubpartikel abgeschieden werden können.

B. werden in Flach- und Etagenbauweise errichtet (Bild 1). Etagen-B. zeichnen sich durch geringen Platzbedarf aus. Mit B. werden insbesondere Abgase mit geruchsintensiven Stoffen in niedrigen Konzentrationen bis ca. 1 g C/m^3 behandelt; es entstehen praktisch keine Reststoffe, die besonders zu entsorgen sind. Die spezifischen Abbauleistungen eines B. liegen zwischen ca. 20 und 150 g C/m^3

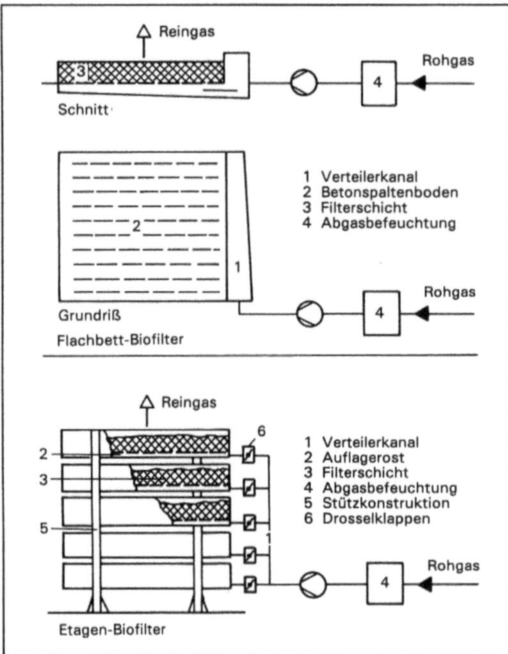

Biofilter 1: Aufbau von B.

Filtervolumen und Stunde. Bei hohen Schadstoffkonzentrationen in den Abgasen können andere Minderungstechnologien kostengünstiger sein. B. werden unter anderem in Intensivtierhaltungen, Schlachthöfen, Fettschmelzen, Kompostwerken, Tierkörperbeseitigungsanstalten, Kakaoverarbeitungen eingesetzt. Es werden Geruchsminderungsgrade von 90 %, teilweise über 99 % erreicht. In jüngster Zeit wurden Untersuchungen durchgeführt, B. zur Abscheidung von →Lösemitteln (z. B. Phenol, Kresol, Benzol, Alkohol) einzusetzen. Abscheideleistungen von 60–95 % wurden erreicht. *W. Koch*

Literatur: *Davids, P.; M. Lange:* Die TA Luft '86 – Technischer Kommentar. Düsseldorf 1986. – VDI 3477: Biologische Abgas/Abluftreinigung; Biofilter. 12/1991.

Stallabluft. Für die Reinigung der Stalluft kommen wegen der geringen Strömungswiderstände zur Zeit nur Filtermischungen aus Fasertorf und einem strukturierenden Material, wie z. B. Fichtenäste, verholztes Heidekraut oder auch Kokosfasern, in Frage. Bei Schweineställen wird eine durchschnittliche Verweilzeit der Abluft in der Filterschüttung von ≈ 5 Sekunden und bei Hühnerställen eine solche von 2–3 Sekunden benötigt. Dies bedeutet bei Schweineställen einen spezifischen Luftdurchsatz von rd. 300 m³/m² Filterfläche und Stunde bei einer Filterschütthöhe von 50 cm und bei Hühnerställen einen spezifischen Luftdurchsatz von rd. 400 m³/m² und Stunde bei einer Filterschütthöhe von etwa 35 cm. Diese Dimensionierungsvorgaben bedeuten gleichzeitig, daß in der Reinluft kein Rohluftgeruch mehr wahrnehmbar ist und daß bei den üblichen Konzentrationsbereichen des Ammoniaks in der Stallabluft ein Abbauwirkungsgrad von über 95 % vorhanden ist (Bild 2).

Im Gegensatz zu industriellen Anwendungen, bei denen in der Regel die Rohluft durch Wäscher entsprechend befeuchtet und konditioniert wird, wird bei landwirtschaftlichen Anwendungen aus Kostengründen die oberflächige Befeuchtung der Filterschüttung bevorzugt, wobei die Befeuchtungs-Steuerung auch automatisch erfolgen kann. Für einen sicheren langfristigen Betrieb ist weiterhin eine wirkungsvolle Vorentstaubung der Rohluft erforderlich. Hier werden Trocken-Entstaubungs-Einrichtungen eingesetzt, weil damit der Anfall von zu entsorgendem hochbelasteten Schmutzwasser extrem reduziert wird. *H. Schön/Zeisig*

Literatur: VDI 3477: Biologische Abgas-/Abluftreinigung; Biofilter. 12/91.

Biofouling →Biokorrosion

Biogas. B. ist ein Stoffwechselprodukt von Methanbakterien beim biochemischen Abbau organischer Stoffe in feuchtem Milieu unter Luftabschluß (Bild 1).

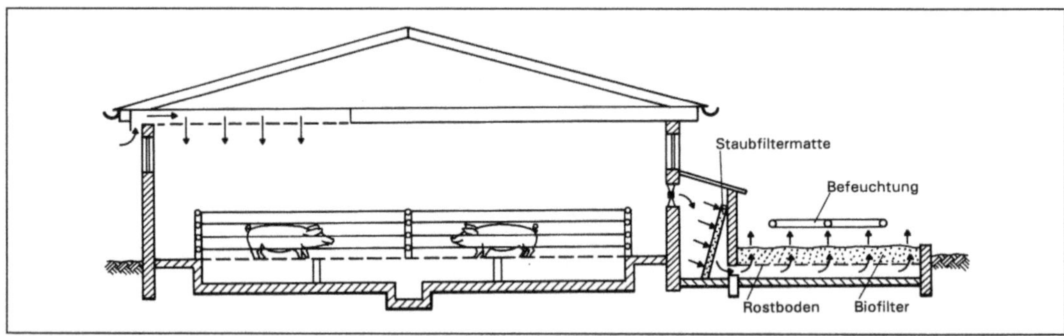

Biofilter 2: Aufbau einer Stalluftreinigungsanlage mit B. (Quelle: Landtechnik Weihenstephan)

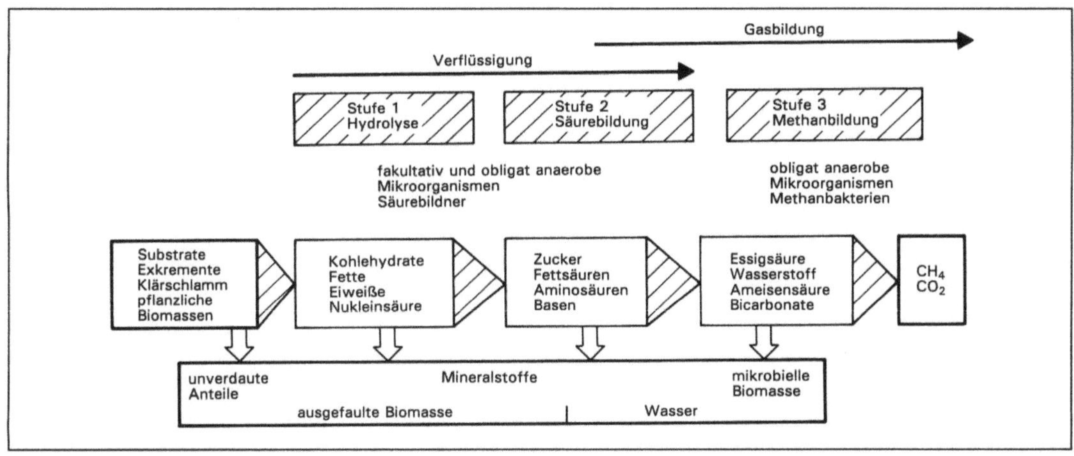

Biogas 1: Schema des Abbaus organischen Materials bei der Methanisierung.

Die durch die →Photosynthese gespeicherte Sonnenenergie wird beim anaeroben Abbau größtenteils durch eine komplexe Bakterienflora in Form von CH_4 freigesetzt. Gleichzeitig werden durch den Abbau komplexe organische Verbindungen in eine mineralische Form überführt und stehen dadurch unmittelbar als Pflanzennährstoff zur Verfügung. Die Gasausbeute wird im wesentlichen bestimmt:
– vom Ausgangsmaterial (Trockenmasse <9%, pH 6,5–8),
– von der Faultemperatur (thermophil 50 °C, mesophil 30 °C, psychophil 20 °C) und
– von der →Verweilzeit.

Zwischen Faultemperatur und Verweildauer im →Fermenter bestehen enge Beziehungen. Die B.-Bildung ist ein in der Natur weit verbreiteter Vorgang. Er findet überall dort statt, wo Mikroorganismen unter anaeroben Bedingungen und unter Anwesenheit von Wasser →Biomasse abbauen, so z. B. in Sümpfen, im Grundschlamm von Gewässern und im Pansen oder Darmtrakt von Tieren.

Die heutige landwirtschaftliche Verfahrenstechnik zur Erzeugung von B. wurde aus der Abwassertechnik (anaerobe Schlammstabilisierung) entwickelt. Dabei ist folgender Verfahrensablauf üblich:

→Entmistung in eine Vorgrube mit Mixer, evtl. Zugabe von organischen Reststoffen, Verdünnung zur Pumpfähigkeit, nachfolgend Eintrag in den Fermenter. Dies ist ein zylindrisch liegender oder stehender luftdicht abgeschlossener Behälter (20 bis 40 000 l). Das Material wird temperiert (in den gemäßigten Zonen Heizung erforderlich), gerührt und durchmischt. Im Speicherverfahren ist der Fermenter zugleich das Endlager, in Durchflußanlagen wird auf Grund eines freien Oberlaufes äquivalent beim Einleiten fermentierte →Gülle ausgetragen in ein Endlager. Das entstandene B. wird am Fermenter oben entnommen, meist in einem drucklosen Speicher mit einem Fassungsvermögen von ca.

eine Tagesgasproduktion gespeichert und über eine Gasreinigung, vor allem →Entschwefelung, der Verwertung zugeführt.

Pro Großvieheinheit (500 kg Lebendgewicht) wird ca. 1 m³ B. (ca. 6,3 kWh) je Tag aus Vollgülle bei einer Gärzeit von 3 Wochen und einer Gärtemperatur von 35 °C erzeugt, wobei die Zusammensetzung folgende Schwankungsbreiten aufweist:

CH_4 55–75 %
CO_2 25–45 %
N_2 0– 3 %
H_2S 0– 2 %
H_2 0– 1 %
O_2 0– 1 %

B. ist ein hochwertiger und vielseitig verwendbarer Energieträger, der sich zum Heizen, Brauchwassererwärmen, Kochen, Trocknen landwirtschaftlicher Produkte sowie zur Stromerzeugung mit geeigneten Motoren eignet. Die Erzeugungskosten betragen zwischen 0,4 DM bis >2,0 DM/l Erdöläquivalent.

Zusätzliche Vorteile sind in der Gülleaufbereitung gegeben, insbesondere: Verringerung der Geruchsintensität, Verbesserung der Fließfähigkeit und Homogenität, Vermeidung von Nährstoffverlusten, Verbesserung der Pflanzenverträglichkeit, Verringerung von pathogenen Keimen und Unkrautsamen.

Bei Speicheranlagen (Bild 2) wird der Fermenter entsprechend der im landwirtschaftlichen Betrieb

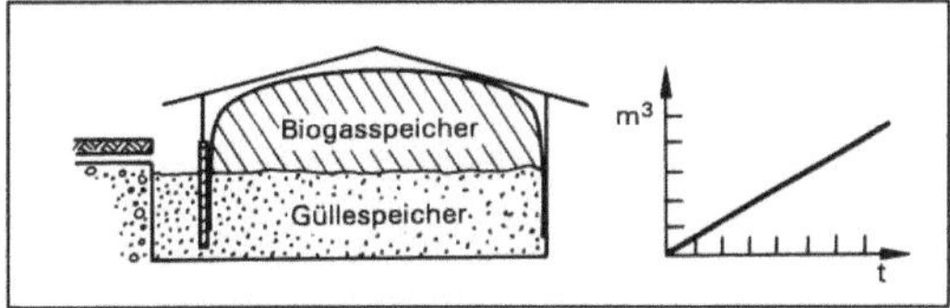

Biogas 2: Speicheranlage, schematisch.

anfallenden Substratmenge gefüllt. Er dient gleichzeitig als Gülleendlager. Zur Dungausbringung wird der Fermenter bis auf eine Restmenge zum Animpfen der nächsten Charge entleert. Die Merkmale dieses Anlagentypes sind
– variable Gasproduktion in Abhängigkeit des Befüllgrades und der anteiligen Verweilzeit an der Gesamtlagerzeit,
– Fermenterinhalt wird zu 90 % der Güllelagerkapazität zugerechnet.

Durch verstärkte Umweltauflagen bei der Güllelagerung und Ausbringung gewinnen Speicheranlagen an Bedeutung.

Bei Durchflußanlagen (Bild 3) sind Fermenter und Güllespeicher getrennt. Der Fermenter wird regelmäßig beschickt und ständig gefüllt. Der Austrag ist äquivalent der Beschickung. Merkmale dieser Bauart sind:
– Konstante Gasproduktion in Abhängigkeit der Verweilzeit der organischen Substanz im Fermenter,
– einstufige oder zweistufige Betriebsart,
– Fermenterinhalt wird nicht der Güllelagerkapazität zugerechnet.

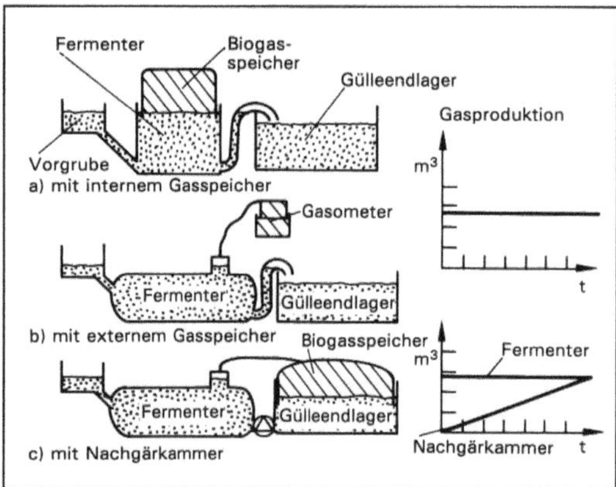

Biogas 3: Durchflußanlage, schematisch.

Auch die Kombination Speicher-/Durchflußanlage ist möglich, wobei i. d. R. zwei Behälter in Reihe geschaltet sind; der erste ist isoliert, beheizt und gasdicht gestaltet und wird bis zum Erreichen des max. Füllstandes als Speicheranlage, danach als Durchflußanlage betrieben. Die Güllelagerkapazität errechnet sich aus der Kombination der beiden Behälter. *H. Schön/Schulz*
→Biomasse, →Hackschnitzelfeuerung, →Faulgas

Literatur: *Baader et al.*: Biogas in Theorie und Praxis, KTBL. Darmstadt 1978.

Biogene Kohlenwasserstoffe →Kohlenwasserstoff, biogen

Bioindikator. Unter B. sind Organismen zu verstehen, die der Erkennung und mengenmäßigen Erfassung von Umweltfaktoren oder -faktorenkombinationen dienen. Zur Erkennung umweltschädlicher Einwirkungen auf Ökosysteme bedient man sich bestimmter Pflanzen, Tiere oder Mikroorganismen als Indikatororganismen, die im Gegensatz zu chemischen oder physikalischen Meßverfahren zwar keine exakten Zahlen über die Konzentration einwirkender Schadstoffe, aber einen klaren Wirkungsbezug liefern. Neben den prinzipiellen Voraussetzungen, daß die B. Stoffwechselveränderungen äußerlich sichtbar anzeigen und auf Schadstoffe spezifisch reagieren, müssen B. darüber hinaus folgenden Anforderungen erfüllen:
– genetische Einheitlichkeit,
– ausreichende Empfindlichkeit der Reaktion,
– Offensichtlichkeit und Quantifizierbarkeit der Wirkung,
– leichte Auswertbarkeit der Signale,
– Standardisierbarkeit, Reproduzierbarkeit,
– statistische Auswertbarkeit der Signale,
– leichte Handhabbarkeit und Wartung.

Entsprechend ihrer praktischen Anwendung werden die B. nach Zeiger-, Test- und Monitororganismen unterteilt, wobei es zwischen diesen Typen hinsichtlich ihrer interpretierbaren Reaktion fließende Übergänge gibt.

□ Zeigerorganismen: Das Vorkommen oder Fehlen einer Art oder Artengruppe wird durch die Intensität ökologischer Faktoren bestimmt. Daß heißt, bestimmte Arten reagieren empfindlich auf Änderungen ihres Lebensmilieus, u. a. auch durch Schadstoffe. Unterteilt werden die Zeigerorganismen nach stenopotenten und eurypotenten Arten. Erstere zeigen eine geringe Reaktionsbreite und sind positive Zeiger, die über ihr Auftreten die Wirkung eines bestimmten Faktors anzeigen (z. B. plötzliches Auftreten von stickstoff liebenden Pflanzen auf Grund eines vermehrten N-Eintrags, Auftreten von Veralgungen an Nadelbäumen) oder negative Zeiger, d. h. ihr Fehlen in einem ansonsten geeigneten Lebensraum stellt einen Hinweis auf einen oder mehrere Schadfaktor(en) dar (z. B. Ausfall von Flechten/Moosen nach Einwirkungen von Schwefeldioxid). Eurypotente Arten sind als B. weniger geeignet, weil sie eine große Reaktionsbreite besitzen, d. h. starke Schwankungen eines ökologischen Faktors tolerieren.

Zeigerpflanzen sind besonders geeignet, chronische Wirkungen von Luftverunreinigungen in niedriger Konzentration aufzuzeigen, ohne allerdings quantitative Beziehungen über Konzentrationen und Einwirkungsdauer eines Luftschadstoffes zuzulassen. Die natürliche Flechtenvegetation stellt eine klassische Gruppe von Zeigerpflanzen in diesem Sinne dar.

□ Testorganismen: Sie werden vorzugsweise in toxikologischen Labortests eingesetzt. Sie reagieren auf Grund hoher Standardisierung bereits auf geringe

Schadstoffmengen sehr spezifisch und dienen daher häufig zur Abschätzung von Gesundheitsgefahren für den Menschen. Die Reaktion besteht häufig in Veränderungen enzymatischer Reaktionen oder auch bei Zoo-Organismen in Änderungen des Bewegungsverhaltens. (→Biotestverfahren).

Im allgemeinen liefern Testorganismen wie Einzeller, bestimmte Insektenarten oder höhere Tiere quantifizierbare Aussage. Sie eignen sich daher auch bei der Umweltchemikalienprüfung und anderen Verfahren zur Toxizitätsabschätzung.

□ Monitororganismen: Das sind Organismen, mit deren Hilfe sich Schadstoffe qualitativ und quantitativ erfassen lassen; dem entsprechend werden sie zum Nachweis von Immissionswirkungen herangezogen. Sie werden in Akkumulations- und Reaktionsindikatoren unterschieden, wobei sowohl auf vorhandene Pflanzenarten in einem →Ökosystem zurückgegriffen werden kann (passives Monitoring, z. B. Schwermetallakkumulation in Moosen oder Pilzen) oder Pflanzen in standardisierter Form angezogen und exponiert werden (aktives Monitoring, Standardisierte →Graskultur nach *Scholl* u. a. zur Anreicherung von schwefel-, fluor- oder chlorhaltigen Stoffen). Die Reaktionsindikatoren lassen sich in gleicher Weise unterteilen, wobei sie eine spezifische Schadwirkung und Selektivität in Form von Veränderungen der Blätter (Nekrosen, Chlorosen, Habitusveränderungen) anzeigen. Im Rahmen des passiven Monitorings wird auf Pflanzen am natürlichen Standort zurückgegriffen (z. B. Holunder, Klee); beim aktiven Monitoring werden empfindliche Pflanzenarten exponiert (z. B. Tabak, kleine Brennessel als Anzeiger für Ozonwirkungen oder Gladiolen als Anzeiger von Einwirkungen fluorhaltiger Luftverunreinigungskomponenten). Auf Grund dieser breiten Anwendungsmöglichkeiten eignen sich Monitororganismen besonders für systematische Wirkungserhebungen, z. B. im Rahmen von →Wirkungskatastern. Neben Aussagen über die Ursachen einer Schädigung (durch Luftverunreinigungskomponenten) wird auch ein räumlicher und zeitlicher Bezug zu →Schadstoffbelastung hergestellt, so daß die Exposition von B. ein klassisches wirkungsbezogenes Meßverfahren darstellt.

Pflanzen sind als B. von besonderer Bedeutung. Sie liefern Erkenntnisse auf verschiedenen biologischen Ebenen, je nachdem, welches spezifische Wirkungskriterium dem einzelnen Organismus zugeordnet ist. Die verschiedenen Ebenen betreffen:
- physiologisch/biochemische Störungen der Zellen (Zellebene)
- submikroskopische Veränderungen an Zellorganellen (Zellorganellebene)
- physiologisch/morphologische Veränderungen an Pflanzenorganen (Organebene)
- Auswirkungen auf den Gesamtorganismus über z. B. vermindertes Wachstum, verminderte Quali-

tät, erhöhte Disposition gegenüber biotischen und abiotischen Faktoren.

Die wichtigsten und am häufigsten eingesetzten Monitororganismen, die auch verfahrenstechnisch ein sehr hohes Maß an Standardisierung erfahren haben, sind die standardisierte Graskultur und das aktive Monitoring von Flechten, das ähnlich standardisiert von *Schönbeck* entwickelt wurde. Darüber hinaus haben sich standardisierte Bioindikatorfächer bewährt, wobei verschiedene, auf unterschiedliche Luftverunreinigungskomponenten spezifisch reagierende Pflanzenarten zeit- und standortgleich exponiert werden; aus schadstoffspezifischen Reaktionen bzw. Akkumulationsvorgängen läßt sich damit die Belastungssituation eines Gebietes erfassen und beschreiben. Hierzu gehören u. a. die Tabaksorte BelW3, die empfindlich auf Ozon reagiert, und verschiedene Gartengemüse, wie Salat oder Grünkohl, die u. a. Schwermetalle anzureichern vermögen. Darüber hinaus hat sich Grünkohl, auf Grund seiner langen Standzeit über den Winter und seiner spezifischen Eigenschaft, lipophile organische Substanzen in der stark wachshaltigen Kutikulaschicht der Blätter anzureichern, als sehr guter B. für die Erfassung von Dioxinen und anderen organischen Luftverunreinigungskomponenten wie Benzo-a-pyren in der Umwelt bewährt. Als passiver Akkumulationsindikator werden für →Dioxine auch Fichtennadeln eingesetzt, wobei die getrennten Jahrgangsanalyse einen Einblick in die Belastungssituation früherer Jahre ermöglicht, da die Desorption von Dioxinen vergleichsweise gering ist. *G. Krause*

Literatur: *Arndt, U., W. Nobel* und *B. Schweizer:* Bioindikatoren – Möglichkeiten, Grenzen und neue Erkenntnisse. 1987. – Bioindikatoren – Wirkungsbezogene Erhebungsverfahren für den Immissionsschutz. VDI Ber. 609. Düsseldorf 1987. – Bioindikatoren – ein wirksames Instrument der Umweltkontrolle; VDI Ber. 901, 2, Bd. 1. Düsseldorf 1992. – *Huber, A.* und *W. Huber:* Pflanzen als Schadstoffindikatoren – Verhütung von Schäden. In: Hock, B. und E. Elstner (Hrsg.): Pflanzentoxikologie – Der Einfluß von Schadstoffen und Schadwirkungen auf Pflanzen. Mannheim 1984.

Biokatalysator →Enzyme

Biokatalyse →Biomasse

Biokorrosion (auch Biofouling). An der Oberfläche beginnende Zerstörung oder Zersetzung technischer Materialien (Metalle, Anstriche, Mauerwerk, keramische Werkstoffe usw.) durch darauf angesiedelte Organismen, bei denen es sich vielfach um Mikroorganismen (Bakterien, Pilze, Flechten), z. T. aber auch um Moose und andere Pflanzen handelt. Bei genügender Feuchtigkeit erhöhen sich die durch B. verursachten Schäden mit zunehmender Umgebungstemperatur. Die B.-Schäden sollen sich allein bei den Kühlsystemen von Kraftwerken weltweit auf

>5 Mrd. DM/Jahr belaufen. Bei Wärmetauschern spielt nicht nur der Materialschaden durch B. eine erhebliche Rolle, sondern auch die Verschlechterung des Wärmeübergangswerts.

Die B. an Kanalisationsrohren aus Beton beruht darauf, daß die sog. Sielhaut, welche die Kanalwand oberhalb des Abwasserspiegels bedeckt und Schwefelsäure (aus $H_2S + O_2$) produzierende Bakterien enthält, den Beton auflöst. Bei dickeren Biofilmen auf metallischen Oberflächen entsteht die B. zu einem wesentlichen Teil dadurch, daß die untersten Schichten nicht mehr ausreichend mit Sauerstoff versorgt sind und aus dem Wasser eindiffundierendes Sulfat zu H_2S reduzieren (Desulfurikation). Das gegenüber technischen Metallen sehr aggressive H_2S bildet mit diesen Sulfide. Im Falle von B. unterliegendem Eisen bilden sich sog. Korrosionszellen zwischen FeS und metallischem Fe, welches gegenüber jenen Teilen der Eisen- oder Stahloberfläche, die mit O_2 in Kontakt stehen, als Anode wirkt und Fe-Ionen abgibt, die letztlich in Rost übergehen. Die B. von Sand- oder Kalksteinen an Bauwerken und Steindenkmälern ist auf →Nitrifikation zurückzuführen: NH_3 wird aus der Luft vom feuchten Gestein absorbiert und von hierauf angesiedelten Nitrifikationsbakterien letztlich zu Salpetersäure oxidiert. Eine entsprechende B. durch Nitrifikation kann auch eine wesentliche Rolle bei der Beschädigung metallischer Rohrleitungen spielen, wenn das durch sie geleitete Wasser (z. B. Kühlwasser) $NH_3 + O_2$ enthält. In diesem Fall führt auch die sich anhäufende Biomasse der Nitrifikationsbakterien zu Störungen (H_2S-Bildung und/oder Verengung des freien Durchmessers).

Klassische B.-Probleme sind ferner Schäden an Schiffskörpern unterhalb oder an der Wasserlinie durch festsitzende →Algen und niedere Tiere sowie an Bauwerksfassaden und Dachdeckungen. Hier und in anderen Fällen werden die Feststoffoberflächen auch durch organische Ausscheidungsprodukte (u. a. organische Säuren) der angesiedelten Organismen angegriffen. Die Behandlung der durch B. gefährdeten Oberflächen (z. B. mit Antifoulingfarben) oder das Spülen von Rohrleitungen mit Stoffwechselgiften (z. B. →Antibiotika) gegen Bakterienbewuchs erfordern sorgfältige Vorüberlegungen hinsichtlich der wechselseitigen Materialbeeinflussungen sowie der Auswirkungen auf Umwelt und Beschäftigte. *Soeder*

Biokunststoff. Biologisch abbaubarer Kunststoff. Die B. werden z. B. aus Poly-Hydroxy-Buttersäure (PHB) oder auch Stärke- bzw. Getreideprodukten hergestellt. PHB kommt bei verschiedenen Bakterien als Reservestoff vor und läßt sich aus deren Biomasse mit →Chloroform extrahieren. Die dazu befähigten Bakterien synthetisieren PHB unter Gärungsbedingungen aus niederen Fettsäuren. Die

Verwendung von B., die z. B. unter Deponiebedingungen, aber auch im menschlichen Körper, im Verlauf einiger Tage bis Wochen einem vollständigen biologischen →Abbau unterliegen, beschränkt sich bisher auf medizinische Zwecke (Nahtmaterial für die Chirugie, Kapseln für Arzneimittel) und auf die Verkapselung von Mineralstoffdüngern für Landwirtschaft und Gartenbau. Die technisch mögliche Herstellung von Verpackungen für Molkereiprodukte, Getränke usw. aus B. gilt bislang als unwirtschaftlich. *Soeder*

Literatur: *Práve, P. et al.:* Handbuch der Biotechnologie, 3. Aufl. München–Wien 1987.

Biologische Sicherheit →Sicherheit, biologische

Biologische Vielfalt. Die Erhaltung der b. V. ist ein globales Anliegen. Die Gemeinschaft und ihre Mitgliedstaaten haben das Übereinkommen über die b. V. auf der Konferenz der Vereinten Nationen über Umwelt und Entwicklung vom 4. bis 14. Juni 1992 in Rio de Janeiro unterzeichnet. Gemäß Art. 34 bedarf das Abkommen der Ratifikation, Annahme oder Genehmigung. Gemäß Art. 1 Beschluß des Rates vom 25. Oktober 1993 wurde das Abkommen von der Gemeinschaft genehmigt und die Genehmigungsurkunde beim Generalsekretär der Vereinten Nationen hinterlegt.

Der Wortlaut des Übereinkommens ist im Anschluß an den Beschluß im ABl. der EG (L 309, S. 1, 3 ff.) veröffentlicht. Ziel des Übereinkommens ist die Erhaltung der b. V., die nachhaltige Nutzung ihrer Bestandteile und die ausgewogene und gerechte Aufteilung der sich aus der Nutzung der genetischen Ressourcen ergebenden Vorteile, insbesondere durch angemessenen Zugang zu genetischen Ressourcen und Weitergabe der einschlägigen Technologien unter Berücksichtigung aller Rechte an diesen Ressourcen und Technologien sowie durch angemessene Finanzierung (Art. 1). Die Staaten haben das souveräne Recht, ihre eigenen Ressourcen gemäß ihrer eigenen →Umweltpolitik zu nutzen, sowie die Pflicht, dafür zu sorgen, daß durch Tätigkeiten, die innerhalb ihres Hoheitsgebiets oder unter ihrer Kontrolle ausgeübt werden, der Umwelt in anderen Staaten oder in Gebieten außerhalb der nationalen Hoheitsbereiche kein Schaden zugefügt wird (Art. 3). Vorgesehen ist die In-situ (Art. 8) und die Ex-situ (Art. 9) Erhaltung der b. V., weitere Anreizmaßnahmen (Art. 11), sowie die Einführung einer →Umweltverträglichkeitsprüfung (Art. 14). Der Zugang zu den genetischen Ressourcen unterliegt innerstaatlichen Rechtsvorschriften. Jede Vertragspartei hat sich zu bemühen, Voraussetzungen zu schaffen, um den Zugang zu den genetischen Ressourcen für eine umweltverträgliche Nutzung durch andere Vertragsparteien zu erleichtern und keine Beschränkungen aufzuerlegen, die den Zielen dieses Übereinkommens zuwiderlaufen (Art. 15). Des weiteren verpflichten sich die Vertragspartner, Zugang und Weitergabe von Technologie einschließlich →Biotechnologie für andere Vertragsparteien zu gewährleisten (Art. 16). Jede Vertragspartei ergreift alle durchführbaren Maßnahmen, um Zugang sowie Umgang mit der Biotechnologie und die Verteilung der daraus entstehenden Vorteile auf der Grundlage der Ausgewogenheit und Gerechtigkeit sicherzustellen. Die Finanzierungsmechanismen zur Erhaltung der b. V. sind in Art. 20 und 21 geregelt. Zur Beilegung von Streitigkeiten trifft Art. 27 entsprechende Lösungen. *Offermann-Clas*

Biologischer Arbeitsstoff-Toleranz-Wert.
(BAT-Wert, auch Biologischer Arbeitsplatztoleranzwert). Die →MAK-Wert-Kommission gibt neben den maximalen Arbeitsplatzkonzentrationen (MAK) auch BAT-W. an, die sich nicht auf die äußeren Bedingungen am Arbeitsplatz (Schadstoffkonzentration in der Luft), sondern auf Schadstoffinkorporationen beziehen und in der Regel auf den Schadstoffgehalt im Blut und/oder Harn abgestellt sind. In der →Gefahrstoffverordnung ist der BAT-W. legaldefiniert als Konzentration eines Stoffes oder seines Umwandlungsprodukts im Körper oder die dadurch ausgelöste Abweichung eines biologischen Indikators von seiner Norm, bei der im allgemeinen die Gesundheit der Arbeitnehmer nicht beeinträchtigt wird. BAT-W. haben nur Bedeutung für den Arbeitsschutz. Sie werden – wie die MAK-Werte – von der MAK-Wert-Kommission vorgeschlagen, vom Ausschuß für Gefahrstoffe aufgestellt und dann vom Bundesminister für Arbeit und Sozialordnung in der →TRGS 900 verbindlich bekanntgemacht.

BAT-W. dienen dazu, im Rahmen ärztlicher Überwachungs- oder Vorsorgeuntersuchungen die vom Organismus aufgenommenen Schadstoffmengen festzustellen und daraus Rückschlüsse auf die Situation am Arbeitsplatz zu ziehen. Wie bei den MAK-Werten wird regelmäßig von einer Arbeitsstoffbelastung am Arbeitsplatz an maximal 8 Stunden täglich und 40 Stunden wöchentlich ausgegangen. Die BAT-W. gelten für gesunde arbeitsfähige Personen. Aus diesen einschränkenden Voraussetzungen gegenüber der Allgemeinbevölkerung folgt, daß die BAT-W. nicht geeignet sind, biologische Grenzwerte für lang andauernde Belastungen aus der allgemeinen Umwelt, etwa durch Verunreinigungen der freien Atmosphäre oder von Nahrungsmitteln, anhand konstanter Umrechnungsfaktoren abzuleiten. *Dreyhaupt*

Literatur: Deutsche Forschungsgemeinschaft: MAK- und BAT-Werte-Liste 1993. Weinheim, 1993. – TRGS 900: Grenzwerte; Ausgabe Februar 1993; Bundesarbeitsblatt 2/1993, S. 57, geändert mit BArbBl. 9/1993, S. 76/77 und 1/1994, S. 39/64.

Biom. Begriff für eine biotische Gesellschaft aus Menschen, Tieren und Pflanzen einschließlich aller Sukzessionsphasen eines Gebietes. Werden z. B. Energieplantagen von Energiepflanzen in Monokultur angelegt, so wird in der Regel das bestehende B. grundlegend geändert; ein anderes B. entsteht, dessen biotische Gesellschaft sich zugunsten der Menschen, zu Lasten der Tiere und Pflanzen verschoben hat. *C.-J. Winter*

Biomasse.
Allgemein. Das Gesamt der Frisch- oder Trokkenmasse von Organismen, die zu einem gegebenen Zeitpunkt auf einer bestimmten Fläche oder in Gewässern und Böden je Volumeneinheit erfaßbar ist. Die B. ist für ökologische Fragestellungen, in der Land- und Forstwirtschaft sowie in der →Biotechnologie eine wichtige Größe, deren Zunahme das Maß für die Produktivität angibt. An ihr läßt sich der Einfluß der verschiedensten Umweltfaktoren ablesen (Bodenfruchtbarkeit, Klimabedingungen, Nährstoff- bzw. Nahrungsangebot, Streßfaktoren, Wirtschaftsweise u. a. m.).

Angesichts der zunehmenden oder zu erwartenden Verknappung fossiler Primärenergieträger (Erdöl, Erdgas, Kohle usw.) steigt die Bedeutung pflanzlicher B. als Quellen für nachwachsende Rohstoffe. *Soeder*

Energierohstoffe. B. kann als erneuerbare organische Form von →Sonnenenergie biologischer, nichtfossiler Herkunft angesehen werden, deren Erneuerbarkeit von der Einstrahlung, dem Klima, der Bodenbeschaffenheit u. a. abhängt und die photosynthetisch mit Hilfe von Wasser und Kohlendioxid unter Abgabe von Sauerstoff entsteht. Primäre B. sind solche, die eigens um der Energiewandlung willen, als schnell wachsende Energiepflanzen etwa, gewonnen werden (Nachwachsende →Energierohstoffe); sekundäre B. sind energetisch nutzbare pflanzliche, tierische oder menschliche Reststoffe (land- und forstwirtschaftliche Abfälle, Gülle, Mist, Klärschlämme etc.). Die Herkunft der B. – Holz, Zellulose, stärkehaltige oder ölhaltige B. – bestimmt wesentlich die energetische Biokonversion: Die Fermentation in Digesteuren (Gärern) ist eine enzymatische Umwandlung der B. unter Beteiligung von Mikroorganismen zu gasförmigen, flüssigen oder festen Stoffen. Es gibt aerobe und anaerobe Fermentation. Die aerobe Fermentation von Zucker zu Ethanol läuft mit einem Umwandlungswirkungsgrad von ca. 0,8 ab, die von Holz zu Alkohol mit ca. 0,3. Die anaerobe Fermentation von B. liefert mit einem Umwandlungswirkungsgrad von ca. 0,8 ein →Biogas mit 65% CH_4, 33% CO_2, 2% H_2. Als Beiprodukt entsteht pathogenfreier mineralstoffreicher Dünger.

Thermochemische Verfahren sind die Verbrennung, die →Pyrolyse und die →Biokatalyse mit teilweiser Oxidation. Die Verbrennung lufttrockener B. (15 % Wasser) geschieht mit einem Wirkungsgrad von 75 %. – Die Pyrolyse ist eine endotherme B.-Zersetzung unter Luftabschluß bei Temperaturen >200 °C. Es entstehen 20 % brennwertarme Gase (CO_2, H_2, CH_4, C_2H_4, CO), 20 % Öle, 30–35 % Pyrolysekohle und Wasser; der Pyrolyse-Wirkungsgrad ist 50 %. – Die Katalyse in B.-Konvertern oder Biogasanlagen erlaubt, den Vorgang zu brennwertreicheren Gasen mit hohen Anteilen CH_4, H_2, CO zu steuern. Nachfolgende Hydrierung bewirkt die weitere Anreicherung mit Wasserstoff zur Herstellung von Synthesegas und nachfolgender Methanolherstellung. Biogase oder Biotreibstoffe werden gespeichert, zur Wärmeerzeugung verbrannt oder in modifizierten Hubkolbenmotoren oder Brennstoffzellen zur Traktion oder Stromerzeugung genutzt.

Wenn auch nur bedingt natürlicherweise erneuerbare B., so zählen Abfalldeponien (→Bioreaktordeponien) im Sprachgebrauch gleichwohl zu den erneuerbaren Energiequellen: Ihre Entgasung (→Deponiegas, →Klärgas) und die anschließende Nutzung des gewonnenen mittelenergetischen Gases in Gasmotor-Blockheizkraftwerken ist Stand der Technik.

Die Kohlendioxidbilanz von B. ist ausgeglichen: Ebensoviel Kohlendioxid, wie in der Lebensdauer von B. fixiert wurde, wird beim natürlichen oder anthropogenen Abbau wieder freigesetzt.

C.-J. Winter

Literatur: *Bachofen, R.* und *M. Snozzi, H. Zuerrer:* Biomasse. München 1981. – BINE-Bürgerinformation: Energie aus Biomasse. Fachinformationszentrum Karlsruhe (Hrsg.). Köln 1988. – *Campbell, I.:* Biomass, Catalysts and Liquid Fuels. London 1983. – Energie aus nachwachsenden Rohstoffen und organischen Reststoffen. Tagung Karlsruhe, März 1990, VDI-Ber. 794. Düsseldorf 1990. – *Gehrmann, J.* (Hrsg.): Thermochemische Gaserzeugung aus Biomasse: Vergasung und Entgasung. Tagung 12./13. 11. 1981. Kernforschungsanlage Jülich 1981. – *Graham, R.:* Biomass Pyrolysis Gasification. Review Report, Eastern Forest Products Laboratory, Forintek Canada Corp. Ottawa 1980. – *Reitter, F. J.; M. Reichert:* Verwertung von Biomasse. Karlsruhe 1984. – *Schliephake, D.:* Nachwachsende Rohstoffe. Bochum 1986. – *Strehler, A.,* (Hrsg.): Energie aus der Biomasse: Erfahrungen mit verschiedenen technischen Lösungen und Zukunftsaussichten. Tagung Freising, 18./19. 11. 1985, Landtechnik Weihenstephan 1985.

Gewässer. B. der Gewässer ist je nach Art des Gewässers und der jahreszeitlichen Entwicklung sehr stark schwankend. Zur Erfassung der B. dient z. B. die Bestimmung der Trockenmasse, des organischen Kohlenstoffs oder des Biovolumens (z. B. des Planktonvolumen). Die potentielle B. einer Wasserprobe kann auch als Kenngröße für das Produktionspotential herangezogen werden. Dazu sind geeignete Laborverfahren vorhanden (z. B. Algentest). Als indirekte Kenngrößen für die B. kann auch die Chlorophyllmenge, die Menge an Protein oder die DNA-Menge herangezogen werden. In der Limnologie und der Wasserwirtschaft werden insbesondere der organische Kohlenstoff und die Chlorophyllmenge als B.-Parameter verwendet.

Friedrich

Literatur: DIN 4049, Teil 2: Hydrologie. Begriffe der Gewässerbeschaffenheit; 4/1990.

Biomonitoring.

Humantoxikologie. B. (interne individuelle Expositionskontrolle) umfaßt alle Verfahren, die es ermöglichen, interne Belastungen mit Fremdstoffen und ihre Folgen bei einzelnen Personen zu erfassen. Ziel des B. ist die Erfassung der Menge eines toxisch wirksamen Stoffes oder seiner toxischen Metaboliten, die am Zielorgan ankommt und einwirkt (interne Dosis, Gewebsdosis). Diese korreliert mit der Stärke der toxischen Wirkung wesentlich besser als die Dosis, die sich als Quotient aus Stoffmenge und Körpergewicht ergibt oder sich aus der Luftkonzentration eines Stoffes und der Aufenthaltsdauer errechnen läßt (externe Dosis). Die interne Belastung kann durch Messen des Fremdstoffes oder seiner Metaboliten im Urin, Blut oder in Gewebe, z. B. Körperfett, erfaßt werden. Auch quantitativ meßbare biologische Veränderungen, z. B. Chromosomen- oder DNA-Schäden, können für Zwecke des B. herangezogen werden. Besonders wichtig ist die Erfassung einer Exposition durch Substanzen, die beim →Stoffwechsel reaktive Metaboliten bilden wie krebserzeugende Chemikalien. Diese lassen sich in Form ihrer Additionsprodukte an Makromoleküle erfassen, z. B. durch Messen von Hämoglobin- oder DNA-Addukten. Auf diese Weise ist es möglich, individuelle Empfindlichkeiten zu berücksichtigen, die häufig auf Unterschiede in der Ausstattung mit fremdstoffmetabolisierenden Enzymen zurückzuführen sind.

Wolff

Ökologie. B. ist die Dauer- oder Langzeitbeobachtung der Umwelt mit Hilfe von Zeiger-Organismen (→Bioindikatoren), um Umweltveränderungen möglichst frühzeitig zu erfassen. Es handelt sich um ein spezifisches Teilgebiet des allgemeinen Monitoring oder der Dauerbeobachtung der Umwelt. Man unterscheidet passives und aktives B.

Für das passive B. werden bestimmte Pflanzen- oder Tierarten mit hohem Anzeigewert ausgewählt, die im Beobachtungsgebiet vorhanden sind. Anzeigewert und -genauigkeit der Arten müssen bekannt, nach Möglichkeit experimentell geprüft und sogar geeicht sein. Ein bekanntes Beispiel ist die Flechtenart Hypogymnia physodes, die bei Schwefeldioxidbelastung der Luft abstirbt und daher aus vielen Großstädten verschwand. Als schwefelarme Brennstoffe eingeführt wurden und die Schwefeldioxid-Immission zurückging, breiteten sich die Flechten wieder aus.

Ein anderes Beispiel für B. ist die Anzeige des tatsächlichen (nicht des kalendermäßigen) Frühjahrs- oder Sommerbeginns durch das Blühen der Apfelbäume bzw. der Roßkastanien. Diese Anzeige jahreszeitlicher Entwicklungen wird als Phänologie in die meteorologischen Beobachtungsnetze einbezogen.

Aktives B. besteht darin, daß bestimmte, standardisierte Testpflanzen, z. B. Weidelgras, Tabak oder Grünkohl, aber auch die bereits erwähnten Flechten an ausgewählten Stellen in den Beobachtungsgebieten ausgebracht (exponiert) werden. Durch bestimmte Symptome, z. B. Vergilben oder Absterben von Blättern, zeigen sie vorhandene Umweltbelastungen an. Andere Indikator-Organismen zeigen keine äußerlich sichtbaren Veränderungen oder Schäden, reichern aber bestimmte Stoffe aus der Umwelt an, deren Menge durch entsprechende Analysen ermittelt wird.

B. ergänzt das apparative Monitoring überall dort, wo der Einsatz einer größeren Zahl von Meßgeräten zu aufwendig und ihre ständige Überwachung und Wartung zu kostspielig wären. B. eignet sich auch zur Erfassung komplexer Umweltveränderungen oder -belastungen, deren genaue Ursachen zunächst nicht bekannt sind, z. B. komplexe →Immissionen. Die um 1980 erstmalig beobachteten neuartigen →Waldschäden sind ein Beispiel für passives B. komplexer Umweltveränderungen, weil sie trotz intensiver Forschung nicht auf einen einzelnen Ursachenfaktor bezogen werden konnten. *Haber*

Literatur: *Arndt, U.; W. Nobel; B. Schweitzer:* Bioindikatoren. Möglichkeiten, Grenzen und neue Erkenntnisse. Stuttgart 1987. – *Ellenberg, H.* (Hrsg.): Biological Monitoring. Signals from the Environment. Braunschweig 1991. – *Schubert, R.* (Hrsg.): Bioindikation in terrestrischen Okosystemen. 2. Aufl. Jena–Stuttgart 1991.

Bionik. Die Synthese technischer und biologischer Erkenntnisse zur Konstruktion technischer Geräte nach Vorbildern aus der Natur. Die B. läßt sich im wesentlichen in vier Teilgebiete, die Strukturbionik, Energetobionik, Informationsbionik und die Molekularbionik gliedern.

Als Schulbeispiel der Strukturbionik gilt die hohe Festigkeit von Getreidehalmen, die bei einem Schlankheitsgrad (Verhältnis von Höhe zu Durchmesser) erreicht wird, der jenem moderner Fernsehtürme um mehr als das zehnfache überlegen ist. Die Energetobionik befaßt sich mit der Realisierung chemischer Energiespeicher, wie sie die Zelle etwa im Adenosintriphosphat (ATP) entwickelt hat. Gegenstand der Informationsbionik sind Untersuchungen zur Struktur biologischer Signalverarbeitungssysteme und deren Anwendung auf die Entwicklung neuronaler Netze bei Computern oder die Entwicklung des Bio-Chips. Der Begriff Molekular-

bionik wurde 1973 von *Heynert* eingeführt. Sie ist eng mit dem Gebiet der →Biotechnologie verknüpft; ihre bisher bedeutendsten Erfolge liegen auf dem Gebiet der Membranbionik. Als Teilgebiet der Molekularbionik befaßt sich die Chemobionik mit der technisch-industriellen Anwendung zellulärer (vor allem mikrobieller) Stoffwechselprozesse. *Kleespies*

Literatur: *Meiners, M.:* Biotechnologie für Ingenieure – Grundlagen, Verfahren, Aufgaben, Perspektiven. 1990.

Biopolymer →Biowerkstoff

Bioreaktor. Behälter zur Durchführung biotechnologischer Produktions- und Entsorgungsverfahren, meist ausgestattet mit Vorrichtungen zur Durchmischung, Medienversorgung, Prozeßkontrolle und Produktentnahme. B. im weiteren Sinne sind auch die Belebungsbecken und Faultürme von Abwasserreinigungsanlagen, die Gärbehälter der Brauereien, →Biofilter, moderne Kompostierungsanlagen sowie →Bioreaktordeponien.

Von den zahlreichen B.-Typen wird der Rührkesselreaktor (Fermenter) wegen seiner vielseitigen Einsatzmöglichkeiten am häufigsten verwendet (Bild). Er ist durch einen axialen Rührer gekennzeichnet und vor allem für die Kultivierung suspendierter Mikroorganismen bzw. Zellen mit hoher Stoffwechselaktivität geeignet. Rührkesselreaktoren werden im technischen Maßstab überwiegend im satzweisen Betrieb verwendet (→Batch-Kultur), seltener für die kontinuierliche Kultur.

Für biotechnologische Prozesse mit langsamwachsenden Organismen (z. B. anaerobe Verfahren) oder für Entsorgungsverfahren, bei denen abzubauende Schadstoffe in geringer Konzentration vorliegen, werden B. verwendet, bei denen die Verweilzeit

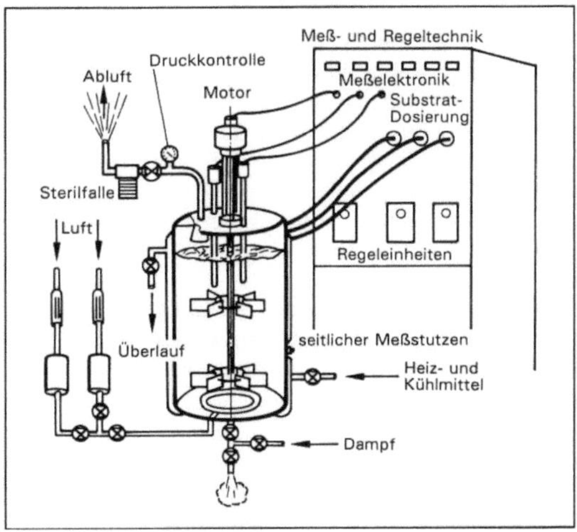

Bioreaktor: Rührkesselreaktor. Schematische Darstellung.

235

der Biomasse im B. deutlich länger ist als die von der Durchflußrate bestimmte Verweilzeit der Flüssigkeit. Die Entkopplung der beiden Verweilzeiten erreicht man mittels Biomasserückhaltung im B., und zwar entweder durch Aufwuchs der Organismen als →Biofilm auf Füllkörpern (→Aufwuchsträger) oder durch Einschluß in Kügelchen aus gelartigem Material oder Schaumstoff (Immobilisierung).

Bei den Festbettreaktoren, deren Feststoff-Füllkörper mit Biofilm bedeckt sind, spielt suspendierte Biomasse als Abrieb oder Abschwemmsel von den Füllkörpern nur eine untergeordnete Rolle. Der einfachste Festbettreaktor ist der aus der Abwassertechnik bekannte Turmtropfkörper.

Wesentlich höhere Durchsatzraten und sehr gut kontrollierte Prozeßbedingungen erreicht man im Wirbelbettreaktor, worin kleine Füllkörper (z. B. Sandkörner, Partikeln aus porösem Sinterglas) von der aufwärts strömenden Flüssigkeit in der Schwebe gehalten werden. *Soeder*

Bioreaktordeponie. Das Konzept der (gesteuerten) B. hat zum Ziel, die biochemischen Umsetzungsprozesse der Abfälle wesentlich zu beschleunigen und – ausgehend von der Erkenntnis, daß die Deponie-Abdichtungssysteme nur einen endlichen Zeitraum funktionsfähig bleiben, – damit das Gefahrenpotential durch →Abfallablagerung zu vermindern.

Das Konzept des →Bioreaktors sieht vor, daß der nach getrennter Wertstofferfassung verbleibende Restabfall vermischt und zerkleinert wird; magnetische Teile werden abgeschieden. Danach wird der Restabfall einer kurzen Rotte zugeführt und im Dünnschichtverfahren in die Deponie eingebaut.

Sickerwasser, das in einem im Aufbau befindlichen Deponieabschnitt anfällt, wird auf den Deponieabschnitt zurückgeführt und somit im Kreislauf gehalten. Hierdurch sollen ein für den mikrobiellen →Abbau günstiger Wassergehalt und eine gleichmäßige Nährstoffversorgung erreicht werden. Die biologische Umsetzung wird durch die Sickerwasserkreislaufführung beschleunigt, woraus eine im Vergleich zu Deponien ohne Rückführung des Sickerwassers deutlich geringere organische Belastung des Sickerwassers, aber eine höhere Deponiegasproduktion resultiert.

B. entsprechen nicht dem →Multibarrierenkonzept, weil die wichtigste Barriere, der →Deponiekörper in inerter Form, bestimmungsgemäß nicht gegeben ist. *Bergs*

Biosensor. System zur Meßwerterzeugung (→Sensoren), das als wesentliches Element eine biologische Komponente (ganze Zellen, Enzyme, Hormone, Antikörper oder Rezeptorproteine) enthält.

Ein B. besteht aus zwei Teilen: der biologischen Komponente, die als Ergebnis einer analytischen Reaktion ein spezifisches primäres Signal erzeugt sowie einem Transducer-Element, das seinerseits aus mehreren Komponenten bestehen kann und die Aufgabe hat, das primäre in ein elektronisches Signal umzuwandeln. Z. B. kann die Glucose-Konzentration mittels einer Enzymelektrode auf Grund folgender Reaktion bestimmt werden: Glucose + O_2 → Gluconsäure + H_2O_2. Als transduzierbares, primäres Signal kommt bei dieser Reaktion die Abnahme der Sauerstoffkonzentration in Betracht, die Transduktion erfolgt über eine Sauerstoffelektrode.

B. können auf Grund der hohen Spezifität biochemischer Reaktionen selektiv die Konzentration einzelner Verbindungen in einem komplexen Gemisch bestimmen. Darüber hinaus sind sie sehr klein; ihre Größe reicht von wenigen cm bis zu einigen mm (eine Sauerstoffelektrode in Nadelform hat einen Durchmesser von 0,1 μm). B. sind deshalb ihrer Konzeption nach für Messungen in der Umwelt- und Biotechnologie sowie der Medizin ideal geeignet. Die Schwierigkeit bei der Herstellung eines B. besteht zunächst darin, die biologische Komponente zu isolieren und für den kontinuierlichen Einsatz zu präparieren. Um sie gegen schädigende Umwelteinflüsse abzuschirmen, wird die biologische Komponente immobilisiert, d. h. in eine Gelschicht oder Membran eingeschlossen. Ein Problem stellt teilweise noch die Standzeit des B. dar, die zwischen einigen Wochen bis sechs Monaten liegt.

Die zur Umwandlung des primären Signals verwendeten Transducer enthalten eine der folgenden Komponenten: Elektroden (z. B. Sauerstoff- oder pH-Elektroden), Faseroptiken (für photometrische Bestimmungen), Piezokristalle (zur Messung von Druckunterschieden oder antikörpervermittelten Reaktionen), Thermistoren oder Feldeffekttransistoren (zur Bestimmung von Gasen oder Ethanol).

B. werden eingesetzt:
– in der Biotechnologie zur Kontrolle von mikrobiellen, pflanzlichen oder tierischen Zellkulturen sowie zur Produktkontrolle,
– in der Lebensmitteltechnologie zur Rohstoff-, Prozeß- und Produktkontrolle,

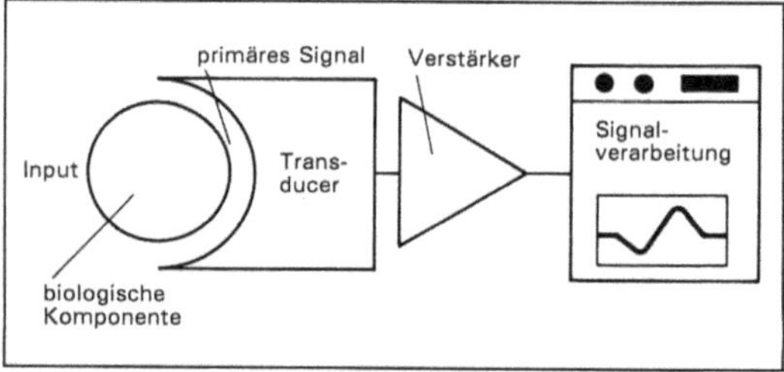

Biosensor: Funktionsprinzip.

– in der Umwelttechnik u. a. zur Bestimmung von Schadstoffkonzentrationen und
– in der Medizin für Krankheitsdiagnosen und Drogentests. *Kleespies*

Biosorption →Bioabsorber

Biosphäre. Die B. ist der ständig von Lebewesen bewohnte Bereich des Planeten Erde. Der Begriff B. gehört in eine Einteilung der →Umwelt in große Umwelt-Bereiche oder -Sphären, von denen die →Atmosphäre in die Umgangssprache eingegangen ist. Die übrigen Sphären sind die Kosmosphäre (Weltraum), Hydrosphäre (Gesamtheit allen Wassers bzw. der Gewässer), Lithosphäre (feste Erdkruste) und Pedosphäre (Gesamtheit der Böden).

Da Lebewesen sowohl das feste Land als auch die Gewässer bewohnen, unterscheidet man zwischen einer Geobiosphäre und einer Hydrobiosphäre. Die Geobiosphäre überzieht sozusagen die Oberfläche der Kontinente, soweit die ökologischen Bedingungen dauerhaftes Gedeihen zulassen. Sie ist daher in Hochgebirgen, Polargebieten und Wüsten nicht vorhanden. Ständig belebt sind auch die unterste Schicht der Atmosphäre bis zu ca. 100 m Höhe und die obersten 5 dm der Erdkruste, insbesondere dann, wenn sich dort Böden gebildet haben. Diese Bereiche beiderseits der Erdoberfläche werden in der Regel in die B. einbezogen; insofern ist die Pedosphäre Bestandteil der B., zumal Böden auch nur unter Mitwirkung von Lebewesen entstehen. Auch ober- und unterhalb der genannten Grenzen kommen Lebewesen vor, doch in nur geringer Besiedlungsdichte und unter speziellen Anpassungen.

Die Hydrobiosphäre reicht bis in große Tiefen der Weltmeere hinunter, ist also nach unten hin weit ausgedehnter als die Geobiosphäre. Die Masse der Gewässer-Organismen lebt jedoch in den obersten 10–15 m der Gewässer; nur hier kann die Gesamtheit der grünen Wasserpflanzen gedeihen, weil sie auf die Zufuhr von Licht angewiesen sind. Obwohl in den Gewässern die derzeit größten Lebewesen (Wale) anzutreffen sind, ist die Mehrzahl der Wasserlebewesen klein bis winzig.

Die Hydrobiosphäre wird in aquatische Ökosysteme gegliedert, die wegen der Kontinuität des Wassers allerdings schwer voneinander abzugrenzen sind. Die Geobiosphäre des festen Landes wird in Landschaften unterteilt, von denen jede mehrere bis viele Ökosysteme enthält.

Die B., insbesondere die Geobiosphäre, ist durch die teilweise dichte Besiedlung und die verschiedenartigen Aktivitäten der Menschen stark verändert worden. Aus diesem Grunde wird innerhalb der B. oft eine vom Menschen geprägte Technosphäre oder Anthroposphäre unterschieden, deren typischster Ausdruck die Großstadt ist.

Der Begriff B. wurde allgemeiner bekannt, als 1971 die UNESCO das internationale, koordinierte Forschungsprogramm *Mensch und Biosphäre* (MAB) beschloß. In diesem Programm, an dem sich zahlreiche Länder beteiligen, werden die Wechselwirkungen und gegenseitigen Abhängigkeiten zwischen dem Menschen und den verschiedenen Lebensräumen der B. wissenschaftlich untersucht, um aus den Ergebnissen Maßnahmen für →Umweltplanung und →Umweltschutz abzuleiten. Ende der 80er Jahre wurde vom Internationalen Rat der wissenschaftlichen Vereinigungen (ICSU) das Internationale Geosphären-Biosphären-Programm (IGBP) eingeleitet, mit dem insbesondere die sich abzeichnenden globalen Veränderungen (z. B. verstärkter →Treibhauseffekt, →Ozonloch, globale Umweltverschmutzung) in ihren Auswirkungen auf die B. untersucht werden sollen. *Haber*

Biosphärenreservat. Zur spezifischen Erforschung der verschiedenen Lebensräume der →Biosphäre hat die UNESCO ein internationales, koordiniertes Forschungsprogramm mit dem Titel *Mensch und Biosphäre* 1971 ins Leben gerufen. Um die Kontinuität und auch Sicherheit der dafür eingerichteten, z. T. umfangreichen Forschungseinrichtungen in den Lebensräumen bzw. Landschaften zu gewährleisten, wurde empfohlen, sie in repräsentativen Gebieten der Biosphäre einzurichten und diese als B. unter einen besonderen Schutzstatus zu stellen. Dieser Empfehlung sind die am Forschungsprogramm beteiligten Länder weitgehend gefolgt, so daß (Stand 1992) auf der Erde ca. 350 B. existieren. Oft sind sie mit →Nationalparks oder großen →Naturschutzgebieten identisch.

In Deutschland existieren (Stand 1992) 12 B.

B. bedürfen der offiziellen Anerkennung durch die UNESCO. *Haber*

Biosynthese. Von lebenden Zellen (d. h. in vivo) durch Enzyme bewerkstelligter Aufbau von nieder- oder höhermolekularen organischen Verbindungen (Anabolismus). B.-Schritte lassen sich auch in zellfreien Systemen durch isolierte Enzyme oder Zellbestandteile durchführen (in vitro B.). Biosynthetische (biochemisch katalysierte) Reaktionen laufen bei milderen Reaktionsbedingungen (in etwa neutraler pH-Wert, Normaldruck, wässrige Lösungsmittel) ab als die entsprechenden organisch-chemischen Umsetzungen, falls diese überhaupt praktikabel sind. Die Stoffproduktion durch B. ist daher auch für die Herstellung bestimmter industrieller Präparate (z. B. Cortison-Präparate) die Methode der Wahl (→Enzymtechnologie). *Kleespies*

Biotechnik. Wissenschaftsdisziplin im Grenzbereich zwischen Biologie und technischer Physik mit dem Ziel, biologische Objekte, Mechanismen und

Konstruktionen technisch nutzbar zu machen oder durch technisch-physikalische Modelle zu erklären (Biomechanik). Die Abgrenzung zwischen →Biotechnologie und B. ist in der Literatur nicht einheitlich; manche Autoren stellen die Biotechnologie als eigenständige Disziplin gleichberechtigt neben die B., andere fassen sie als Teilgebiet der B. auf.

Die B. umfaßt folgende Disziplinen: die →Bioelektronik, Biokybernetik und →Bionik, die bei der Untersuchung biologischer Systeme gewonnene Erkenntnisse für neuartige, manchmal naturnahe Lösungen technischer Probleme einsetzt (beispielsweise werden Flugzeuge zur Verringerung des Luftwiderstandes mit Rippenfolien ausgerüstet, deren Struktur den Schuppen der Haifischhaut nachempfunden ist). Anwendungsgebiete der B. sind die Entwicklung lernender Automaten, Einrichtungen zur Muster- und Zeichenerkennung, Architektur und Bauwesen (Skelettbauweise, Leichtbauweise), Elektrotechnik (mehradrige Kabel, Teleskopantenne), Maschinenbau (Hydraulik, Gelenkmechanismen) sowie die biomedizinische Technik, die intelligente Prothesen (z. B. über Muskelimpulse gesteuerte Handprothesen) entwickelt. *Kleespies*

Biotechnologie. Die kombinierte Anwendung von Erkenntnissen der Biologie, der Chemie (Biochemie) und der Ingenieurwissenschaften (Verfahrenstechnik) zum Einsatz von Mikroorganismen, Zellkulturen pflanzlichen oder tierischen Ursprungs sowie von Enzymen in industriellen Produktionsprozessen und anderen technischen Prozessen und Verfahren. Die B. gilt heute neben der Mikroelektronik nicht nur als eine der Schlüsseltechnologien der modernen Industriegesellschaft, sondern schafft auch die Grundlagen für sanftere, umweltschonendere Produktionsverfahren in der Chemie. Darüber hinaus ist die B. von Bedeutung für die umweltschonende Entsorgung (→Umweltbiotechnologie).

Für die Entwicklung und Durchführung biotechnologischer Verfahren benötigt man mit jeweils spezifischer Eignung: Substrate (d. h. Rohstoffe), Mikroorganismen oder kultivierte Zellen, Bioreaktoren in Verbindung mit elektronischen Meß-, Steuer- und Regelsystemen sowie Vorrichtungen zum Abtrennen und Stabilisieren der Produkte. Die interdisziplinäre Zusammenarbeit von Biologen, Chemikern und Ingenieuren ist daher eine Grundvoraussetzung biotechnologischen Arbeitens. In der modernen →Bioverfahrenstechnik spielt auch die Informatik eine wesentliche Rolle.

Wichtige Teilgebiete der B. sind Bioverfahrenstechnik, Enzymtechnologie, Gentechnologie, Lebensmittel-B., Umwelt-B. und die Zellkulturtechnik. Die Produkte der industriellen Mikrobiologie werden typischerweise in Bioreaktoren (Fermentern) mit Hilfe von Fermentationen erzeugt, wobei der Prozeß im satzweisen Betrieb (Batchprozeß) oder – weniger häufig – kontinuierlich (Chemostat) geführt wird.

Bei biotechnologischen Verfahren wird entweder mit lebenden Zellen oder mit den daraus gewonnenen Enzymen gearbeitet (Enzymtechnologie). Die Zellen (z. B. Bakterien, Hefen) können als Suspensionen vorliegen oder als Aufwuchs (→Biofilm) auf Trägermaterialien (Sand, keramische Materialien, Füllkörper aus Kunststoff). Dies ist besonders bei hohem hydraulischem Durchsatz vorteilhaft, damit die Zellen trotz hoher Durchflußraten z. B. aus Wirbelschicht- oder Wirbelbettreaktoren nicht ausgeschwemmt werden. Eine ähnliche Entkopplung der Verweilzeit der Zellen von der Verweilzeit der Flüssigkeit im Bioreaktor erreicht man durch Einschluß (Immobilisierung) der Mikroorganismen oder Zellen in polymere Materialien, z. B. in Kügelchen aus Agar oder Polyethylen-Glycol. Obgleich die so eingeschlossenen Organismen kaum oder nicht wachsen, entfalten sie u. U. eine volumenspezifisch hohe Stoffwechselaktivität, die zu rentablen Verfahren führen kann. Es ist auch gelungen, Pilze, die von Natur aus auf feuchten Oberflächen wachsen, in bewegter Nährlösung völlig untergetaucht zu kultivieren (Submersverfahren). Dies macht man sich z. B. bei der Produktion von Penicillin zunutze.

Zellgebundene Verfahren in belüfteten oder mit reinem Sauerstoff begasten Kultivierungsbehältern (Fermentern) nennt man aerob (Beispiel: Produktion von Essig aus Ethanol), während die ohne Belüftung laufenden Gärungen (Beispiel: Ethanolproduktion mit Hefen) anaerob verlaufen. Ziel der Verfahren ist entweder die Biosynthese bestimmter chemischer Verbindungen aus einfachen Rohstoffen (Beispiel: die Produktion von Antibiotika mit Hilfe von zuckerverwertenden Pilzen), eine mehr oder weniger geringfügige Umwandlung (Biotransformation) von Rohstoffen zu Wertstoffen (Beispiel: die reduktive Aminierung von 1-Ketocarbonsäuren zu den entsprechenden L-Aminosäuren) oder die Gewinnung wertvoller Abbauprodukte aus billigen Rohstoffen (Beispiel: alkoholische Gärung). Manche Verfahren der Umwelt-B. bezwecken die mikrobielle Oxidation oder Reduktion anorganischer Ausgangsstoffe (Beispiele: Ammoniakoxidation, Erzlaugung).

Auch für die Landwirtschaft gewinnt die B. rapide an Bedeutung, so daß man durchaus von der Entwicklung einer landwirtschaftlichen B. sprechen kann. Dies gilt besonders für die biologische →Schädlingsbekämpfung mit Hilfe von zuvor massenhaft vermehrten Bakterien oder Viren, die bei Schadinsekten Krankheiten auslösen. Die Beiträge der B. zur Verbesserung der Stabilisierung von Grünfutter durch Milchsäuregärung (→Silage) betreffen bislang nur die Prozeßführung und nicht die ebenfalls denkbare Auswahl besonders geeigneter Bakterienstämme.

Der Stellenwert der Gewinnung des für Heizzwecke und für den Betrieb spezieller Verbrennungsmotore geeigneten Biogases aus Gülle, Mist oder anderen landwirtschaftlichen Abfällen schwankt mit der Höhe der Energiekosten. Biogasverfahren gelten in der Landwirtschaft noch als unrentabel, vor allem auch wegen der Kosten für zuverlässigen Explosionsschutz.

Die teilweise noch umstrittene Anwendung gentechnologischer Methoden für die Tier- und Pflanzenzüchtung ist ein weiterer Bereich, in dem die B. für die Landwirtschaft rasch an Bedeutung gewinnt.

Hauptaufgabe der Umweltbiotechnologie ist die Beseitigung von Rest- oder Schadstoffen mit Hilfe mikrobieller Stoffwechselleistungen. Beispiele dafür sind die biotechnologische Sanierung von →Altlasten, die Verfahren zur aeroben oder anaeroben →Abwasserreinigung, die biologische →Abfallbehandlung und die biologische Abluftreinigung mit Hilfe von →Biofiltern. Bei der anaeroben Behandlung von flüssigen Abfällen mit besonders hohen Gehalten an biologisch abbaubarer organischer Substanz wird Biogas als energiereiches Nebenprodukt gewonnen.

Der Einsatz gentechnisch veränderter Mikroorganismen mit wesentlich erhöhtem Schadstoff-Abbaupotential ist durch das →Gentechnikrecht eingeschränkt. *Soeder*

Literatur: *Klämbt, D.* et al., (Hrsg.): Angewandte Biologie. Weinheim–New York–Basel–Cambridge 1991.

Biotestverfahren. Im weitesten Sinne alle Verfahren, um die biologische Wirkung von Einzelstoffen, Gemischen, kontaminiertem Material oder Extrakten zu prüfen, im engeren Sinne Verfahren zur Prüfung der biologischen Wirkung von Stoffen auf Testorganismen (Bakterien, Pflanzen, Tiere) und Zellkulturen oder komplexe Systeme unter Labor- oder Freilandbedingungen.

Das älteste Verfahren ist die Prüfung der Hemmung der Acetylcholinesterase als Wirkungsmechanismus der insektiziden Phosphorsäureester in Extrakten von Oberflächengewässern. An Stelle einer chemischen Analyse der einzelnen Phosphorsäureester wird die ökotoxikologisch bedeutsame biologische Wirkung der vorhandenen Stoffe überprüft (→Cholinesterasehemmtest, →Abwassertestverfahren, biologisch).

Zur Berücksichtigung der im Test verwendeten Organismen bzw. Stoffwechselbedingungen sind spezielle Testverfahren wie Fischtest, Algentest, Muscheltest, Bakterientest, Daphnientest gebräuchlich (Abwassertestverfahren, biologisch).

Neuerdings werden entwickelt und eingesetzt:
– Zytotoxizitätstest an Säugetierzellen, um das akut wirkende Potential von Stoffen zur Haut- und Schleimhautreizung zu überprüfen;
– Tests zur Erfassung der induzierenden Wirkung auf Cytochrom-P-450-abhängige Enzyme in Zellkulturen, um die biologische Wirkungsintensität einer Probe abzuschätzen, die halogenierte Dibenzodioxine, Dibenzofurane und andere Kohlenwasserstoffe, wie polychlorierte Biphenyle, DDT, Hexachlorcyclohexan, enthält;
– Gentoxizitätstest in Zellkulturen oder Mikroorganismen (z. B. →Salmonella-Mutagenitätstest (Ames-Test)), um das Vorhandensein mutagener Stoffe zu überprüfen. *Greim*

Biotop. B. heißt wörtlich Lebensstätte und bezeichnet einen ökologisch einheitlichen, gegen seine Umgebung abgrenzbaren Platz, der die langfristige Existenz von Lebewesen ermöglicht. Wissenschaftlich korrekt ist mit Lebewesen stets eine Lebensgemeinschaft (→Biozönose) gemeint, die ihren B. teilweise selbst mit schafft und gestaltet, z. B. durch Anreicherung von Humus oder Aufbau dauerhafter pflanzlicher Strukturen.

Im allgemeinen Sprachgebrauch wird B. auch in anderen Bedeutungen verwendet, so als Lebensstätte einer einzelnen Pflanzen- oder Tierart bzw. ihrer Individuen (z. B. Kranich-Biotop). Dies ist insofern berechtigt, als die Existenz einzelner Arten in der Regel an Lebensgemeinschaften gebunden ist. Die wissenschaftlich korrekte Bezeichnung für den Lebensort einer Art oder ihrer Individuen lautet Habitat.

Grundsätzlich spielt es keine Rolle, ob die einen B. kennzeichnenden ökologischen Bedingungen von der Natur oder vom Menschen geschaffen werden. Auch ein Weizenacker oder ein von Brennnesseln bewachsener Fabriklagerplatz sind definitionsgemäß B. Im populären Gebrauch wird der Begriff jedoch oft stark eingeengt. Er ist allgemein bekannt geworden durch die um 1975 erstmalig durchgeführte systematische Inventarisierung und Kartierung schutzwürdiger B. als Lebensstätten seltener oder im Bestand gefährdeter Pflanzen- und Tierarten. Diese →Biotopkartierung, wie sie in Kurzform genannt wurde, gab Anlaß, den Begriff auf naturnahe oder quasi-natürliche Lebensstätten zu beschränken, unter denen sich häufig kleine Weiher oder Tümpel mit Schilf, Libellen und Fröschen befanden. Durch verstärktes Naturschutz-Interesse angetrieben, legten viele Menschen in ihren Gärten solche naturnahe wirkenden Weiher oder Teiche an, wodurch der Begriff B. fälschlicherweise mit einem Teich gleichgesetzt wurde.

Naturnahe B., die die Mehrzahl schutzwürdiger, seltener oder gefährdeter Pflanzen- und Tierarten beherbergen, liegen oft wie kleine Inseln in der intensiv genutzten Kulturlandschaft, meistens in großen Abständen voneinander, und sind durch die nutzungsbedingten Einwirkungen, z. B. Eintrag von

Schadstoffen, Pestiziden oder auch Düngern beeinträchtigt. Um solche Gefährdungen auszuschalten und den Inselcharakter zu mildern, wird in der Kulturlandschaft, und zwar in Stadt und Land, ein B.-Verbundsystem angestrebt, bei dem die einzelnen naturnahen B. durch Hecken, Raine, Bäche oder extensiv genutzte Randstreifen von Äckern und Wiesen netzartig miteinander sowie auch mit größeren Naturschutzgebieten verbunden werden. Dadurch wird die Existenz der Biozönose, die an diese B. gebunden ist, auf größeren Flächen gesichert.

Der →Biotopschutz dient in erster Linie dem Artenschutz, erhöht aber auch den ökologischen Wert der Kulturlandschaft und belebt das Landschaftsbild. In verschiedenen Ländern, z. B. in Bayern, ist ein kombiniertes Arten- und Biotopschutz-Programm aufgestellt worden. Bestimmte B. sind von land- und forstwirtschaftlichen Nutzungen abhängig, z. B. von regelmäßiger (nicht zu starker) Beweidung oder von zu bestimmten Zeitpunkten durchgeführter Wiesenmahd. Auch die Einhaltung dieser Maßnahmen wird durch die erwähnten Programme gewährleistet. Andere B. benötigen eine bestimmte Pflege, weil sie sonst verwildern; sie blieben dann zwar naturnahe B., würden aber die Existenz bestimmter, seitens des Naturschutzes erwünschter Arten nicht mehr gewährleisten. Vor allem neu geschaffene B. im Zuge von Flurbereinigungen oder der Ausweisung von Industrie-, Verkehrs- oder Siedlungsflächen bedürfen einer sorgfältigen Pflege, für die ein bestimmter Träger vorgesehen werden muß. *Haber*

Literatur: *Jedicke, E.:* Biotopverbund. Stuttgart 1990. – *Kaule, G.:* Arten- und Biotopschutz. 2. Aufl. Stuttgart 1991. – *Wegener, U.* (Hrsg.): Schutz und Pflege von Lebensräumen. Jena–Stuttgart 1991.

Biotopkartierung. Die systematische Inventarisierung und Kartierung von →Biotopen wird seit Mitte der 70er Jahre durchgeführt und ist seitdem als B. bekannt geworden. Da es zu aufwendig und nicht immer lohnend ist, sämtliche Biotope eines Gebietes zu kartieren, beschränken sich viele B. auf (natur-)schutzwürdige Biotope, die in der Regel naturbetonte Biotope mit Vorkommen seltener oder gefährdeter Pflanzen- und Tierarten sind. Nur in kleineren oder ökologisch besonders wertvollen Gebieten, z. B. im Bergland, sind auch flächendeckende B. durchgeführt worden. Auch dabei werden aber die schutzwürdigen Biotope besonders hervorgehoben. Ihre Erfassung ist die Grundlage für ein zweckmäßig aufgebautes (Natur-)Schutzgebietssystem oder Biotopverbundsystem. Die genaue Beobachtung des Zustands und der Veränderungen in den →Biozönosen naturbetonter Biotope kann auch in den Dienst des →Biomonitoring gestellt werden. *Haber*

Literatur: *Jedicke, E.:* Biotopverbund. Stuttgart 1990. – *Kaule, G.:* Arten- und Biotopschutz. 2. Aufl. Stuttgart 1991. – *Wegener, U.* (Hrsg.): Schutz und Pflege von Lebensräumen. Jena–Stuttgart 1991.

Biotopschutz. Die Erkenntnis, daß die bedeutendste Ursache der Gefährdung wildwachsender Pflanzen- und wildlebender Tierarten die Biotopzerstörung und -entwertung ist, hat zu einer Veränderung des Artenschutzrechts hin zu einem Biotopschutzrecht geführt. Gemäß § 20 Abs. 1 S. 2 BNatSchG umfaßt der Artenschutz auch den Schutz, die Pflege, die Entwicklung und die Wiederherstellung der →Biotope wildlebender Tier- und Pflanzenarten sowie die Gewährleistung ihrer sonstigen Lebensbedingungen. Zum Schutz besonders schützenswerter Biotope hat der Bundesgesetzgeber ein allgemeines Veränderungsverbot geregelt, das allerdings der landesrechtlichen Umsetzung bedarf.

Gemäß § 20c Abs. 1 BNatSchG sind Maßnahmen unzulässig, die zu einer Zerstörung oder sonstigen erheblichen oder nachhaltigen Beeinträchtigung von Mooren, Sümpfen, Röhrichten, bestimmten Naßwiesen, Quellbereichen, Bruch-, Sumpf- und Auwäldern, Fels- und Steilküsten und zahlreichen anderen Biotopen mehr führen können. Allerdings können die Länder Ausnahmen zulassen, wenn die Beeinträchtigungen der Biotope ausgeglichen werden können oder die Maßnahmen aus überwiegenden Gründen des Gemeinwohls notwendig sind (§ 20c Abs. 2 S. 1 BNatSchG). Bei Ausnahmen, die aus überwiegenden Gründen des Gemeinwohls notwendig sind, können die Länder Ausgleichsmaßnahmen oder Ersatzmaßnahmen anordnen. Die Bundesländer sind in § 20 Abs. 3 BNatSchG ausdrücklich ermächtigt, weitere Biotoptypen diesem besonderen Schutz zu unterstellen.

Neben diesem generellen Flächenveränderungsverbot für die genannten Feuchtbiotope, Trockenbiotope, Waldbiotope, Küstenbiotope und Gebirgsbiotope dienen selbstverständlich auch die Vorschriften des allgemeinen und besonderen Artenschutzes dem B. *Hoppe/Beckmann*

Literatur: *Kloepfer:* Umweltrecht, § 10 Rn. 70ff. München 1989. – *Schink:* Naturschutz- und Landschaftspflegerecht Nordrhein-Westfalen, Köln u. a. 1989.

Biotransformation. Die Begriffe B., Metabolismus, Stoffwechsel, Stoffumwandlung bezeichnen einen biologischen Prozess, dem praktisch alle in den Organismus aufgenommenen Stoffe unterliegen, unabhängig davon, ob es sich um lebenswichtige Nahrungsbestandteile, Genußmittel, Arzneimittel oder Chemikalien handelt. Nach Aufnahme in den Organismus (→Resorption) gelangen alle Stoffe in die Leber, das wichtigste Stoffwechselorgan. Dort werden Nährstoffe wie Kohlenhydrate, Eiweiße und Fette und fettähnliche Stoffe, z. B.

Cholesterin, durch chemische Reaktionen umgewandelt und Produkte synthetisiert, die zum Aufbau körpereigener Stoffe und Strukturen, als Energiespeicher oder als Steuerstoffe (Hormone) gebraucht werden (Intermediärstoffwechsel). Körperfremde Stoffe wie Genußmittel, Arzneimittel oder Arbeitsplatz- und Umweltchemikalien (→Xenobiotika) wandelt die Leber in ausscheidungsfähige Abbauprodukte (→Metabolite) um (Fremdstoffmetabolismus).

Die Kenntnis des Metabolismus eines Fremdstoffes ist eine wichtige Grundlage zum Verständnis seiner Wirkungen (→Wirkungsmechanismus). In erster Linie führt die Metabolisierung zur →Entgiftung (Detoxifizierung). Dabei werden die zumeist fettlöslichen (lipophilen) körperfremden Stoffe, die sich ohne Metabolismus im Fettgewebe, in Nerven oder Zellmembranen anreichern würden (Akkumulation), in wasserlösliche Abbauprodukte umgewandelt, die über die Niere ausgeschieden werden.

Viele toxische Stoffe entfalten ihre Giftwirkung jedoch erst dadurch, daß sie metabolisiert werden (Giftung, Bioaktivierung). Dazu zählen die meisten Chemikalien mit krebserregender, erbgutverändernder oder zellzerstörender Wirkung. Ihnen ist gemeinsam, daß bei ihrer Metabolisierung instabile und chemisch sehr reaktionsfähige (elektrophile) Zwischenprodukte entstehen, die eine dauerhafte (kovalente) Bindung an makromolekulare Zellbestandteile wie DNA, Zellmembranen oder Enzymproteine eingehen. So können die durch Bindung von Metaboliten an DNA resultierenden DNA-Addukte die Umwandlung der betroffenen Zelle in eine Krebszelle auslösen. Auch die leberschädigende Wirkung von Tetrachlorkohlenstoff oder die nervenschädigende Wirkung des Insektizids Parathion (E 605) ist auf die Bildung von Metaboliten zurückzuführen.

Fremdstoffe können in geringerem Maße auch in anderen Organen als der Leber metabolisiert werden. Zu den stoffwechselaktiven Organen zählen Lunge, Niere und der Magen-Darm-Trakt. Die Metabolisierung eines Medikaments im Darm und der Leber kann dermaßen effektiv sein, daß nur noch wenig Wirksubstanz zum Zielort kommt.

Wolff

Bioverfahrenstechnik. Die Verknüpfung der klassischen Ingenieurwissenschaften mit den biowissenschaftlichen Disziplinen.

Zu den nur interdisziplinär zu lösenden Aufgaben der B. gehört einerseits die Entwicklung einer für biotechnologische Verfahren geeigneten Reaktor- und Prozeßtechnik (→Biotechnologie), andererseits neben prozeßorientierter biologischer Grundlagenforschung (→Biosynthese, →Biotransformation) vor allem die Untersuchung der physiologischen Ansprüche der verwendeten Organismen (Mikroorganismen, tierische und pflanzliche Zellen) für ihren Einsatz in biotechnologischen Verfahren.

Die B. stellt an die ingenieurwissenschaftlichen Disziplinen ganz neue Anforderungen, weil die bereits existierenden Verfahrenskonzepte der chemischen Technologie (Reaktortypen, physikalisch-chemische Verfahren der Prozeßdurchführung und Produktaufarbeitung) nur bedingt für den Einsatz in biologischen Prozessen geeignet sind.

Neben den Ingenieurwissenschaften sind in der B. auch die biologischen Disziplinen vor neue Aufgaben gestellt. In ihr Aufgabenfeld gehören:
– Die Entwicklung neuartiger Fermentationsverfahren.
– Die Entwicklung und Anwendung von Zellkulturtechniken zur kontinuierlichen Produktion pflanzlicher, tierischer und menschlicher Zellen. Diese werden hauptsächlich für pharmazeutische Verfahren eingesetzt.
– Die Neu- und Weiterentwicklung enzymologischer Verfahren. Hierbei werden an Stelle ganzer Zellen lediglich einzelne Enzyme oder Enzymsysteme zur Produktion bestimmter Verbindungen eingesetzt (z. B. L-Aminosäuren). In diesen Bereich gehört auch das sog. Protein-Design, mit dessen Hilfe die Eigenschaften bereits bekannter Enzyme gezielt verändert werden sollen, um eine höhere Effizienz des enzymatischen Umsatzes zu erreichen (z. B. eine Erhöhung des Temperaturoptimums für Waschmittel-Enzyme).
– Die Anwendung gentechnologischer Methoden (→Gentechnik) zur Übertragung einzelner Gene auf biotechnologisch leicht handhabbare Organismen (z. B. Bakterien, Hefen, tierische Zellen), die entweder hohe Wachstums- und Produktionsraten haben oder für die Expression des betreffenden Genes, d. h. für die Produktion des durch das Gen codierten Proteins besonders geeignet sind.

Kleespies

Bioverfügbarkeit. Das Verhältnis zwischen der zugeführten und der resorbierten Menge eines Stoffes bezeichnet man als B. Fremdstoffe die auf die Haut, in die Atemorgane oder den Magen-Darmtrakt gelangen, werden in den meisten Fällen nur unvollständig resorbiert, d. h. in den Organismus aufgenommen. Die B. hängt von zahlreichen physikalisch-chemischen Faktoren wie Löslichkeit, Partikelgröße und -verteilung und dem Aggregatzustand ab. Z. B. ist die B. von Schwermetallen, die mit Staubpartikeln in die Lunge gelangen, dort höher als im Magen-Darmtrakt. Metallisches Quecksilber wird aus dem Magen-Darmkanal kaum resorbiert und ist daher praktisch ungiftig, während dampfförmiges Quecksilber, das leicht resorbiert wird, sehr stark giftig wirkt. *Deml*

Biowäscher.

Allgemein. Der B. (Bild 1) ist ein Abscheider für biologisch abbaubare, luftverunreinigende Stoffe im →Abgas. Beim B. werden die luftverunreinigenden Stoffe in einem Sprüh- oder Füllkörperwäscher in einer Waschflüssigkeit absorbiert und anschließend, wie bei der biologischen →Abwasserreinigung, durch →Mikroorganismen abgebaut, die die abgeschiedenen Schadstoffe als Nährsubstrat verwenden. Die Waschflüssigkeit wird danach in den Wäscher zurückgeführt. Zur Aufrechterhaltung einer ausreichenden biologischen Stoffwechseltätigkeit sind häufig zusätzliche Nährstoffe zuzudosieren. Die Mikroorganismen sind entweder in der Waschflüssigkeit dispergiert oder auf integrierten oder separaten Festkörpern immobilisiert (biologischer →Rasen). Für die dispergierten Mikroorganismen ist ein ausreichend großes Belebungsbecken vorzusehen, um die notwendige Verweilzeit für den biologischen Abbauprozeß zu erreichen. Bei Einbauten mit biologischem Rasen ist für eine gleichmäßige Befeuchtung zu sorgen. Größere pH-Wert- und Temperatursprünge sowie Änderungen der Schadstoff- und Sauerstoffkonzentration sind möglichst zu vermeiden. Jede große Änderung bedarf zur biologischen Adaption einer Anpassungszeit.

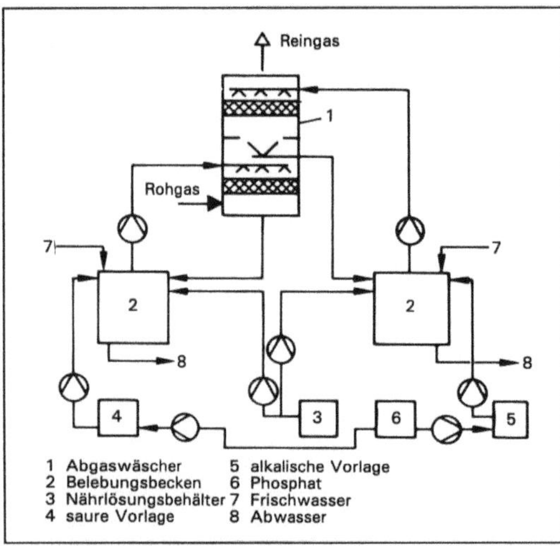

Biowäscher 1: Aufbau eines B.

Ein B. benötigt weniger Platz als ein →Biofilter, ist aber störanfälliger bei Stoßbelastungen durch Schadstoffe. Zur Erweiterung der Schadstoff-Aufnahmekapazität können der Waschflüssigkeit Schadstoffpuffer (z. B. Aktivkohle) beigemischt werden. Ferner ist ein höherer Regelaufwand beim Betrieb der Anlage notwendig. B. werden bisher hauptsächlich in Intensivtierhaltungen, aber auch in Anlagen zur Abscheidung von Gerüchen und Lösemitteln eingesetzt (z. B. Tierkörperverwertungen, Leichtmetallgießereien, Druckereien). Olfaktometrische und gas-chromatografische Messungen zeigen, daß Geruchsminderungsgrade bzw. Abscheidegrade für geruchsintensive Stoffe von über 90 % möglich sind.

Das Biomembranverfahren ist eine spezielle Variante des B. Mittels Permeation werden die Schadstoffe aus der Gasphase z. B. durch eine Silikon-Kautschukmembrane in die Flüssigphase überführt. In dieser erfolgt dann der biologische →Abbau. Dieses Verfahren wird zur Zeit labortechnisch erprobt. *W. Koch*

Literatur: *Davids, P.; M. Lange:* Die TA Luft '86 – Technischer Kommentar. Düsseldorf 1986. – VDI 3478 E: Biologische Abluftreinigung; Biowäscher. 1994.

Stallabluft. Für die Reinigung der Stallabluft werden neben →Biofiltern auch B., vorwiegend Gegenstrom-Füllkörperwäscher eingesetzt (Bild 2).

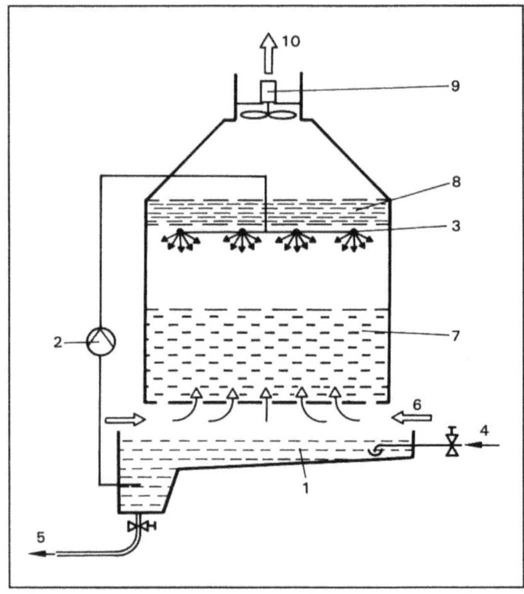

Biowäscher 2: Biologischer Gegenstromwäscher. (Quelle: Landtechnik Weihenstephan)

Neben der Löslichkeit der Abluftkomponenten in Wasser bzw. in dem Wasser-Belebtschlamm-Gemisch ist die mikrobiologische Abbaubarkeit der einzelnen Verbindungen Voraussetzung für die Funktion des B. Das in der Stalluft vorhandene Ammoniak bzw. dessen Zwischenstufen der →Nitrifikation bewirken neben einer pH-Wert-Verschiebung jedoch auch eine Verschlechterung der mikrobiologischen Abbaubarkeit. Daher erfordern biologische Wäscher eine pH-Wert-Steuerung, zumindest aber eine pH-Wert-Überwachung sowie spezielle Maßnahmen zur Bindung bzw. Beseitigung der N-haltigen Verbindungen.

Durch Säurezugabe (z. B. Phosphorsäure) ist sowohl der pH-Wert zu steuern als auch das Ammonium zu binden. Die aus Kostengründen teilweise angewendete Kalkzugabe bewirkt keine Reduktion der Ammoniakemissionen. Das bei B. anfallende hochbelastete Überschußwasser muß entsorgt werden. *H. Schön/Zeisig*

Literatur: *Demmers, T. G. N.:* Absorbtion und Nitrifikation von Ammoniak in Biowäschern. In: VDI-Ber. Nr. 735. Düsseldorf 1989.

Biowerkstoff. Werkstoffe und Bauteile aus natürlichen nachwachsenden Rohstoffen und deren vollständiger biologischer →Abbau nach Ende der Lebensdauer erfolgt (→Biokunststoff). *C.-J. Winter*

Biozid. Aus *griech.* bios = Leben und *lat.* caedere = töten abgeleiteter Sammelbegriff für Substanzen (Stoffe und Zubereitungen) zur Vernichtung (Abtötung) von (unerwünschten) Organismen. Der deutsche Oberbegriff, der dem B.-Begriff am nächsten kommt, ohne ihn allerdings vollständig auszufüllen, ist →Schädlingsbekämpfungsmittel, der wiederum synonym ist mit Pestiziden, (*engl.* pesticides, abgeleitet vom lat. pestis = ansteckende Krankheit, Seuche, „Pest"). Bei den B. unterscheidet man nach den Organismengruppen, die abgetötet werden sollen:
- Akarizide: Mittel gegen Milben (*griech.* akari = Milbe);
- Algizide: Mittel gegen Algen;
- Avizide: Mittel gegen Vögel (*lat.* avis = Vogel);
- Bakterizide: Mittel gegen Bakterien;
- Fungizide: Mittel gegen Pilze;
- Herbizide: Mittel gegen „Unkraut" (*lat.* herba = Gras, Kraut, Pflanze);
- Insektizide: Mittel gegen Insekten;
- Molluskizide: Mittel gegen Weichtiere, insbesondere gegen Schnecken (Mollusken = Weichtiere, *lat.* mollis = weich);
- Nematizide: Mittel gegen „Älchen" (*griech.* nema = Faden; Nematoden = winzige Fadenwürmer);
- Rodentizide: Mittel gegen Nagetiere (*lat.* rodere = benagen).

Daneben sind für Insekten und Milben entsprechend ihrer Entwicklungsstadien Ei/Larve/geschlechtsreife Tiere, gegen die jeweils spezielle Schädlingsbekämpfungsmittel eingesetzt werden, die Begriffe Ovizide, Larvizide und Adultizide gebräuchlich. *Dreyhaupt*

Biozönose. Als B. (deutsch Lebensgemeinschaft) wird das gemeinsame Vorkommen von Pflanzen, Tieren und Mikroorganismen an einem bestimmten Platz (→Biotop) bezeichnet, die miteinander in bestimmten, oft wechselseitigen Beziehungen oder Abhängigkeiten stehen und dadurch die B. aufrechterhalten.

Zu diesen biozönotischen Beziehungen gehören Nahrungs-Beziehungen, indem sich eine Art von der anderen ernährt, aber auch Wettbewerb, Zusammenarbeit und Symbiosen. Daraus ergibt sich ein dynamisches biozönotisches Gleichgewicht, das häufig dadurch bedingt ist, daß eine Art oder Artengruppe die andere in Schach hält. Fällt eine Art oder Artengruppe z. B. durch menschliche Einwirkungen aus, so kann die bisher davon regulierte Artengruppe überhand nehmen, das Gleichgewicht verschieben und sogar die ganze B. verändern.

Die B. ist zugleich die Gesamtheit aller Lebewesen eines Ökosystems. →Ökosystem und B. haben so viele Gemeinsamkeiten, daß die Begriffe häufig parallel verwendet werden. Andererseits wird das Ökosystem auch durch die Verknüpfung von B. und Biotop charakterisiert. Da die Artenzahl einer B. oft sehr groß ist, werden vielfach nur Teil-B. untersucht, nämlich Phytozönosen (Pflanzengesellschaften), für die sogar eine eigene Wissenschaftsdisziplin, die Pflanzensoziologie oder Vegetationskunde, etabliert wurde, ferner Vogelgemeinschaften, Insektengemeinschaften usw. Der Mensch schafft für seine Nutzungszwecke stark vereinfachte B. auf Äckern und in Wäldern, oder als Mikroorganismen-Gemeinschaften in Kompostierungs- und Kläranlagen. Da diese menschlich geschaffenen B. kein biozönotisches Gleichgewicht erreichen und sich sehr rasch durch Zuwanderung anderer Arten verändern, müssen sie durch ständige Eingriffe wie Unkraut- und Schädlingsbekämpfung in einem bestimmten Zustand erhalten werden. *Haber*

Biphenyl, polychloriert.
□ Stoff-Identifizierungs-Nr.:
CAS-Nr.: 53469-21-9
EG-Nr.: 602-039-00-4
□ Chemische Formel: $C_{12}H_{10}\text{-}xClx$ (x = 1—10)
□ Stoffcharakteristik: Farbloses, bewegliches Öl, in Wasser unlöslich.
□ Gefahrenmerkmale:
- Stoffliste nach § 4 a →Gefahrstoffverordnung:
Gefahrenkennbuchstabe(n): Xn, N
R-Sätze: 33-50/53-40
S-Sätze: 2-35-60-61
- Besondere Stoffeigenschaften nach TRGS 500:
krebserzeugend: MAK-Gruppe III B
fortpflanzungsgefährdend: MAK-Gruppe B
- Arbeitsschutzwerte nach TRGS 900: →MAK-Wert (mg/m^3): 1
- Stoffliste (Anhang II) der →Störfall-Verordnung: Nr. 45
- →Wassergefährdungsklasse: WGK 3
- Emissionswerte: →TA Luft Einstufung: 3.1.7 Klasse I *Fischer/M. Schön*

Bis(chlormethyl)ether.
☐ Stoff-Identifizierungs-Nr.:
CAS-Nr.: 542-88-1
EG-Nr.: 603-046-00-5
UN-Nr.: 2249
EINECS-Nr.: 208-832-8
☐ Chemische Formel: $C_2H_4Cl_2O$
☐ Stoffcharakteristik: Farblose Flüssigkeit. Chloroformartiger Geruch. Mit Wasser wird es langsam unter geringer Wärmeentwicklung zersetzt.
☐ Gefahrenmerkmale:
– Stoffliste nach § 4a der →Gefahrstoffverordnung:
Gefahrenkennbuchstabe(n): T+
R-Sätze: 45-10-22-24-26
S-Sätze: 53-45
– Besondere Stoffeigenschaften nach TRGS 500: krebserzeugend: EG-Kat. 1
– Stoffliste (Anhang II) der →Störfall-Verordnung: Nr. 46 und 4 b
– Emissionswerte: →TA Luft Einstufung: 2.3 (gemäß MAK-Liste)

Fischer/M. Schön

Black-Smoke-Meßverfahren. Das B.-S.-M. wurde in Großbritannien entwickelt und hat Eingang gefunden in die EG-Richtlinie für SO_2 und Schwebstaub.

Mit Hilfe eines Probenahmegeräts, das das automatische Ziehen von acht Proben erlaubt, wird die Probenluft mit einem geringen Durchsatz von ca. 2 m³ pro Tag durch ein Filterpapier gesaugt. Nach der Probenahme wird die Schwärzung des Filters mit einem Reflexionsphotometer gemessen. Die so photometrisch gewonnenen B.-S.-Werte werden dann mit Hilfe einer Kalibrierkurve in gravimetrische Einheiten (µg/m³) umgerechnet.

Diese Kalibrierkurve wurde jedoch vor langer Zeit mit Staub ermittelt, der wesentlich höhere Rußanteile enthielt, als dies heute bei Staub in urbanen Gebieten der Fall ist. Dies führt dazu, daß gravimetrisch mit anderen Verfahren ermittelte Schwebstaubkonzentrationen etwa zwei- bis dreimal höher sind als mit dem B.-S.-M. erhaltene und in gravimetrische Einheiten umgerechnete Werte. Dies läßt den Schluß zu, daß mit dem B.-S.-M. eine andere Art von Staub erfaßt wird als mit anderen Staubmeßverfahren.

Mit dem B.-S.-M. werden außerdem Proben zur Schwefeldioxid-Messung erhalten, indem die Probenluft nach Passieren des Filters durch mit 0,3%iger Wasserstoffperoxidlösung gefüllte Waschflaschen geleitet wird. Das zu Schwefelsäure oxidierte Schwefeldioxid wird anschließend mit einer stark verdünnten Natriumcarbonat-Lösung gegen einen bei pH=4,5 umschlagenden Indikator titriert.

Pfeffer

Blähen mineralischer Stoffe. Das B., hauptsächlich von Ton, Schiefer oder Perlite, ist eine Branche der →Keramikindustrie. Aufgrund ihrer besonderen wärme- und schallisolierenden Eigenschaften werden die geblähten Produkte überwiegend in der Bauindustrie, z. B. als Zuschlagstoff für Leichtbeton, eingesetzt.

Bei der Aufbereitung wird das Rohmaterial vor dem B. zerkleinert, homogenisiert und zu Pellets gepreßt. In Drehrohröfen (bis ca. 500 t Durchsatz/d) oder auf Sinterrosten wird nach einer Vortrocknung sehr schnell auf ca. 1 200 °C aufgeheizt, um schockartiges Verdampfen des in den Rohpellets enthaltenen Wassers zu erreichen. Die Kügelchen blähen unter starker Hohlraumbildung auf. Durch Temperierung werden die Körper stabilisiert, dann abgekühlt.

Neben Staub, der bei allen Prozeßschritten der Aufbereitung entsteht (bis 10 g/m³ im Rohgas), treten gasförmige anorganische Fluorverbindungen (bis ca. 30 mg/m³) und Schwefeloxide (bis 5,0 g/m³) auf. Bei Verwendung von Blähhilfsmitteln wie Sulfitablauge oder Polystyrol können auch Emissionen an organischen Stoffen bis zu ca. 100 mg Gesamt-C/m³ sowie Geruchsstoffe entstehen. Die teilweise beträchtlichen Staubgehalte aus den Nebeneinrichtungen zum Brechen, Fördern, Mahlen, Sieben, Füllen und Granulieren können durch Kapselung und Absaugung der Aggregate mit anschließender →Abgasreinigung in elektrischen oder filternden Abscheidern auf 50 mg/m³ Abgas und zum Teil deutlich darunter gesenkt worden.

Eine prozeßseitige Minderung der Emissionen ist vor allem bei dem ersatzlosen Wegfall der Blähhilfsmittel auf organischer Basis erreichbar. Bei Verzicht auf die Zugabe von Polystyrol können die Benzol- und Geruchsstoffemissionen gering gehalten werden.

Die Verringerung von Schwefeloxid- und Fluoridauswürfen ist durch Sorptionseinrichtungen unter Verwendung von Kalk möglich. Der →Emissionswert der →TA Luft von 1,0 g SO_2/m³, ebenso der Wert von 5 mg HF/m³, ist mit diesem Verfahren einhaltbar.

Anlagen zum B. von Perlite, Schiefer oder Ton sind in Nr. 2.7, Spalte 2, des Anhangs der →4. BImSchV genannt. Sie bedürfen einer Genehmigung im vereinfachten Verfahren nach BImSchG. Die emissionsbegrenzenden Anforderungen sind in der →TA Luft festgelegt. *Hinrichs*

Literatur: *Davids, P.; M. Lange:* Die TA Luft '86 – Technischer Kommentar. Düsseldorf 1986. – VDI 2585: Emissionsminderung; Keramische Industrie. 10/1993.

Blähschlamm. Bei dem am häufigsten eingesetzten biologischen Abwasserbehandlungsverfahren, dem Belebtschlammverfahren, ist die Funktiontüchtigkeit des Verfahrens abhängig von der Abtrennbarkeit des →Belebtschlamms. Belebter Schlamm mit schlechten Absetzeigenschaften, zumeist infolge übermäßiger Entwicklung von fadenförmigen Bakterien und Pilzen, hat die Bezeichnung B. Er entsteht bei unausgewogenem Nährstoffangebot für die Bakterien, insbesondere durch industrielle Abwassereinleitungen. B. kann durch eine Verbesserung des Nährstoffangebots, durch die Zuführung von gezüchteten Bakterien oder durch Chemikalienzugabe bekämpft werden. *Mertsch*

Blei, Bleiverbindungen.

Emissionsminderung. B. kommt in der Natur hauptsächlich als Bleiglanz (PbS) vor. Als ubiquitäres Element tritt es in folgenden Konzentrationen auf: Erdkruste 1–20 ppm, Steinkohle 2–150 ppm, Braunkohle 0,8–1,8 ppm, Erdöl 0,2–2,1 ppm, Oberflächenwasser 1–60 µg/l, Atmosphäre 0,01–5 ng/m³, im städtischen Bereich bis ca. 2 µg/m³.

B. wird durch Röstreduktions- oder Röstreaktionsverfahren gewonnen. Durch Raffination werden schwermetallhaltige Verunreinigungen abgetrennt.

B. wird in der Bundesrepublik Deutschland hauptsächlich zur Herstellung von Akkumulatoren verwendet sowie zu Bleioxiden und Chemikalien verarbeitet, die zur Herstellung von Bleikristallglas, in Keramiken, als Buntpigmente und als Stabilisatoren in PVC eingesetzt werden. Geringe Anteile werden zur Halbzeugherstellung und für die Herstellung von Kabelmänteln, Formgußteilen, Legierungen, Tuben und Kapseln und schließlich von →Bleitetraethyl benötigt.

Bei der Gewinnung und Verwendung bleihaltiger Verbindungen, bei der Entsorgung bleihaltiger Abfälle sowie bei der Verwendung bleihaltiger Rohstoffe in thermischen Prozessen (Kohle, Erze) treten B.-Emissionen auf.

Größter B.-Emittent ist noch der Verkehr. B. wird in Form von Bleitetraethyl dem Ottokraftstoff hauptsächlich zur Erhöhung der Klopffestigkeit zugesetzt. Mit dem →Benzinbleigesetz wurde der Gehalt von B. in Ottokraftstoffen seit 1972 auf 0,4 g/l und seit 1976 auf 0,15 g/l begrenzt. Die seit 1986 auf freiwilliger Basis eingeführten Abgaskatalysatoren für Pkw setzten das Angebot von unverbleitem Benzin voraus; der Verbrauch an bleihaltigem Benzin ist seitdem stark rückläufig.

Ab 1998 wird in Deutschland voraussichtlich bleifreies Benzin das bleihaltige vollständig ersetzt haben. Für bleifreies Benzin begrenzt die DIN 51 607 den Bleigehalt auf 0,013 g/l, durchschnittlich liegen die Konzentrationen unter 0,004 g/l.

Stationäre Quellen für B.-Emissionen sind die Eisen- und Stahlerzeugung, die Feuerungsanlagen, die Nichteisenmetallerzeugung, die Abfallverbrennungsanlagen und die chemische Industrie.

Als Maßnahmen zur Verminderung der luftverunreinigenden Emissionen werden angewandt:

– Substitution von B. in Loten, Plomben und als Pigment für die Kunststoffherstellung und in Anstrichfarben,
– Recycling von Akkumulatoren aus Kfz (Quote >90 %),
– Verzicht auf Bleitetraethyl als Zusatz zum Benzin als →Antiklopfmittel,
– Einsatz von hochwirksamen Entstaubern (z. B. Gewebefilter oder Schwebstoffilter bei der Akkumulatorherstellung,
– verbesserte Prozeßsteuerung bzw. neue B.-Gewinnungsverfahren (z. B. →QSL-Verfahren),
– Verbesserung der Abgaserfassung und Vermeidung diffuser Abgasquellen.

Emissionsbegrenzende Anforderungen an stationäre Quellen sind insbesondere in der →TA Luft festgelegt. Die Emissionen aller B.-Verbindungen müssen die Grenzwerte der Klasse III der Nr. 3.1.4 der TA Luft einhalten (≤ 5 mg/m³). Für bestimmte Anlagenarten sind schärfere Emissionswerte festgelegt, z. B. dürfen bei Anlagen zur Herstellung von Bleiakkumulatoren die Emissionen an B. 0,5 mg/m³ im Abgas nicht überschreiten. Weitergehende Anforderungen enthalten die Großfeuerungsanlagen-Verordnung (→13. BImSchV) und die Abfallverbrennungsanlagen-Verordnung (→17. BImSchV). Nach der zuletztgenannten Verordnung darf die Summe der Emissionen von 10 Metallen im Abgas (einschließlich B.) insgesamt 0,5 mg/m³ nicht überschreiten.

Bereits in den 80er Jahren wurden deutliche Verminderungen der B.-Emissionen erreicht, weitere Verminderungen werden durch den Einsatz von unverbleitem Benzin sowie infolge der Erfüllung der Anforderungen von Großfeuerungsanlagen-Verordnung, TA-Luft und Abfallverbrennungsanlagen-Verordnung erzielt werden. *Remus*

Literatur: *Balzer, D.:* Bilanzen zum Verbrauch und Verbleib von Blei und Cadmium 1984 bis 1989. Landesgewerbeanstalt Bayern, im Auftrag des Umweltbundesamtes – *Davids, P.; M. Lange:* Die TA Luft '86 – Technischer Kommentar. Düsseldorf 1989. – Verkehr in Zahlen, Bundesministerium für Verkehr. Bonn 1991.

Umweltrelevanz. Die wichtigsten kommerziellen organischen B.-Verbindungen sind B.-Tetraethyl und -Tetramethyl. Während B. und Kohlenstoff in diesen Verbindungen kovalent gebunden sind, besteht in den Bleisalzen organischer Säuren zwischen Säureanion und Bleikation eine Ionenbindung. Aus diesen Bindungsunterschieden erklären sich qualitative Unterschiede in den Stoffeigenschaften z. B. der Wasserlöslichkeit.

Die Resorption anorganischer B.-Verbindungen erfolgt vorzugsweise über den Gastrointestinaltrakt. Demgegenüber werden Alkylbleiverbindungen schnell über die intakte Haut resorbiert. Die resorbierte Menge ist bei inhalativer Aufnahme abhängig von der Partikelgröße und dem Atemvolumen (20 bis 60% Resorption); bei oraler Aufnahme von Nahrungsfaktoren wie Calcium- und Vitamin D-Gehalt u. a. (10% Resorption bei Erwachsenen; 40–50% bei Kindern).

Die Distribution erfolgt zwischen Blut, Gewebe, Knochen. Etwa 95% des resorbierten B. werden in den Knochen abgelagert. Die biologische Halbwertszeit im Blut beträgt 20–40 Tage (gebunden an Erythrocyten). In Knochen abgelagertes B. kann remobilisiert werden; 50–60% des aufgenommenen B. werden ausgeschieden. Die Exkretion erfolgt über Urin und Faeces. Geringe Bleimengen können über die Milch ausgeschieden werden.

Bei B.-Intoxikationen stehen die jeweiligen Symptome nahezu immer in direkter Beziehung zum Blut- und Gewebebleigehalt. Die Fähigkeit des Organismus, B. in nicht mobiler Form in den Knochen zu speichern, ist eine maßgebliche Ursache dafür, daß Schwellenwerte für Intoxikationen nur schwer ermittelt werden können. Bei B.-Intoxikationen werden eine Reihe von Körperfunktionen beeinflußt, deren wesentlichste jedoch die Wirkung auf das Häm-System darstellt. Zink als essentieller Bestandteil des Enzyms kann im Überschuß die Bleiwirkung vermindern.

Anorganische B.-Verbindungen sind im allgemeinen weniger toxisch als organische.

Bei Bleisalzen wird die →Toxizität insbesondere durch die Eigenschaften des Expositionsmediums bestimmt (z. B. bei Wasser: pH, Wasserhärte, Salzgehalt u. a.).

Bei Freilandorganismen liegen die akut toxischen Konzentrationen von Bleisalzen zwischen 0,1–>40 mg/l, bei marinen Organismen zwischen 2,5–>500 mg/l.

Bodenorganismen tolerieren wesentlich höhere Bleikonzentrationen (100–1 000 mg/kg Boden).

Organische B.-Verbindungen werden von aquatischen Organismen schneller resorbiert. Die Toxizität bei Fischen ist im allgemeinen 10–100 mal größer als die von Bleisalzen. Jungtiere sind empfindlicher als erwachsene Tiere. Die Toxizität von B. gegenüber Pflanzen ist relativ gering. Auf Grund der ausgeprägten Bodensorption ist die biologische Verfügbarkeit für Pflanzen stark vermindert. 100 bis 1 000 mg/kg Boden verursachen Veränderung der →Photosynthese und des Wachstums. Bei Vögeln werden toxische Effekte erst ab Konzentrationen von 100 mg/kg beobachtet.

Der Transport und die Verteilung von B.-Verbindungen in der Atmosphäre werden maßgeblich bestimmt von der Partikelgröße der Substanz, ihrer chemischen und physikalischen Stabilität, der emittierten Stoffmenge und den vorliegenden Reaktionsbedingungen. Eine direkte Korrelation besteht erfahrungsgemäß zwischen der Verkehrsdichte und der B.-Belastung der Luft in der Nähe von Autostraßen. Sedimentationsprozesse sowie Niederschläge führen zu B.-Ablagerungen auf Böden und in Gewässern.

B. kann in aquatischen und terrestrischen biologischen Ketten angereichert werden. Besonders Wassermikroorganismen sind durch ein hohes Blei-Speicherungsvermögen ausgezeichnet. Der B.-Gehalt von Trinkwässern wird maßgeblich bestimmt durch den pH-Wert und die Wasserhärte. Hohe B.-Konzentrationen werden vorwiegend in Wässern mit geringer Härte und niedrigem pH-Wert gefunden. Ursache von B.-Kontaminationen in Trinkwässern sind häufig Löseprozesse in B.-Rohrleitungen. In harten Wässern wird das Bleilösevermögen durch die Ausbildung von Schutzschichten auf dem Rohrmaterial vermindert. *R. Koch*

Literatur: *Hutzinger, O.* (Hrsg.): Handbook of Environmental Chemistry. Vol. 3, Part D. Heidelberg 1982. – *Merian, E.* (Hrsg.): Metalle in der Umwelt. Weinheim 1984.

Blei(II) Arsenat.
☐ Stoff-Identifizierungs-Nr.:
CAS-Nr.: 3687-31-8
EG-Nr.: 033-005-00-1
EINECS-Nr.: 222-979-5
☐ Chemische Formel: $Pb_3(AsO_4)_2$
☐ Stoffcharakteristik: Weißes, in Wasser unlösliches, giftiges und carcinogenes Pulver.
☐ Gefahrenmerkmale:
– Stoffliste nach § 4a der →Gefahrstoffverordnung:
Gefahrenkennbuchstabe(n): T
R-Sätze: 23/25-45
S-Sätze: 53-45
– Besondere Stoffeigenschaften nach TRGS 500: krebserzeugend: EG-Kat. 1
– Arbeitsschutzwerte nach TRGS 900: →TRK-Wert (ml/m^3): 0,1 (→Gesamtstaub)
– Stoffliste (Anhang II) der →Störfall-Verordnung: Nr. 4c
– →Wassergefährdungsklasse: WGK 3
– Emissionswerte: →TA Luft Einstufung: 2.3 Klasse II (in atembarer Form); 3.1.4 Klasse II
– Immissionswerte: IW (→TA Luft): 2.5.1: IW 1 = 2,0 µg Pb/m^3; 2.5.2: IW 1 = 0,25 mg Pb/m^2·d (für alle anorganischen Pb-Verbindungen); IW (→EG-Richtlinie): →Grenzwert wie IW 1 nach 2.5.1 TA Luft

Fischer/M. Schön

Bleibatterie. B. ist die zwar ungenaue, aber zunehmend allgemeine Bezeichnung für einen Bleiakkumulator. Sie ist eine Zusammenschaltung von vielen einzelnen Zellen, die auch zu Teilbatterien oder Moduln zusammengefaßt sein können. Der Bleiakkumulator besteht aus gitterförmigen Bleielektroden, die auf der positiven Seite mit einer Masse aus Bleidioxid (PbO_2) und auf der negativen Seite mit fein verteiltem →Blei (Bleischlamm) gefüllt sind.

Der Elektrolyt ist eine verdünnte Schwefelsäure ($xH_2O + H_2SO_4$). Beim Entladen verbinden sich Blei- und Sulfationen zu Bleisulfat ($PbSO_4$). An der positiven Elektrode verbinden sich der Sauerstoff des Bleidioxids und der Wasserstoff der Schwefelsäure zu Wasser. Der chemische Vorgang wird in der Zelle durch die Reaktionsgleichung beschrieben:

$$PbO_2 + 2H_2SO_4 + Pb \underset{\text{Laden}}{\overset{\text{Entladen}}{\rightleftharpoons}} 2PbSO_4 + H_2O$$

Infolge der chemischen Reaktion findet also eine Materialumwandlung an den Elektroden statt. Durch besondere Ausbildung der Platten werden die Massen in den Platten gehalten. Dies ist besonders bei den positiven Platten notwendig, da hier die Beanspruchung der Massen größer ist.

Für Antriebsbatterien werden Platten aus parallelen säuredurchlässigen Kunststoffröhrchen mit einem inneren Bleistab als Stromableiter verwendet (sog. Panzerplatten).

Nach einigen Lade- und Entladezyklen ohne Gasung kommt es in einer Zelle zur Schichtung der Säure mit unterschiedlicher Dichte. Die Entwicklung führte inzwischen zur wartungsfreien B., bei der die Säure in einem Vlies fixiert wird. Eine wartungsfreie B. ist auch die Blei-Gel-Batterie. *Kahlen*

Literatur: *Kiehne/ Heinz-Albert:* Stand der Bleibatterieentwicklung. Elektrotechn. Gesellschaft Fachbericht **21** (1987), S. 27–41.

Bleibromid. Zur Vermeidung der Bleioxidablagerungen im Brennraum wurden den verbleiten Kraftstoffen Scavenger beigemischt, welche die Eigenschaft besitzen, zusammen mit den hochschmelzenden Bleioxiden zu B. bzw. Bleichlorid zu reagieren, das schon bei Temperaturen von 400 bis 500 °C zusammen mit dem → Abgas aus dem Brennraum ausgespült wird. *Croissant/May*

Bleiempfindlichkeit von Kraftstoffen. Unter B. versteht man das Vermögen der Kraftstoffe, ihre Klopffestigkeit durch den Zusatz einer bestimmten Menge Bleitetraäthyl bzw. Bleitetramethyl zu steigern. Unter Umständen kann der Zuwachs an Klopffestigkeit eines Superkraftstoffs bei gleicher Additivierung geringer ausfallen als der eines Normalbenzins. *Croissant/May*

Bleierzeugung und -verarbeitung. In der Bundesrepublik Deutschland wird → Blei etwa zu gleichen Teilen aus Primärrohstoffen und aus Sekundärstoffen, z. B. Akkumulatorenschrott, Altblei und Kabelblei, gewonnen.

Bei der Bleigewinnung aus Primärrohstoffen wie sulfidischen Erzen und Konzentraten werden die Rohstoffe in Röst- und Sinteranlagen entschwefelt und stückig gemacht. Die SO_2-haltigen Abgase werden erfaßt und in einer Doppelkontaktanlage in Schwefelsäure umgewandelt. Der Sinter wird zusammen mit bleihaltigem Rücklaufgut (z. B. Retourschlacken) und Flugstäuben im Schachtofen zu Werkblei reduziert. In den letzten Jahren wurde dieser mehrstufige emissionsintensive Prozeß durch ein neues, umweltfreundliches Verfahren ersetzt: das → QSL-Verfahren. Werkblei wird raffiniert. Im Blei enthaltenes Antimon, Arsen, Kupfer, Wismut, Zink, Zinn und Edelmetallen werden in mehreren Prozeßstufen abgetrennt. Dabei kommen Flammöfen, Drehflammöfen und Schmelzkessel zum Einsatz.

Bei der Bleigewinnung aus Sekundärstoffen werden unterschiedliche Verfahren angewandt (Schachtofen-Verfahren, Tonolli-Verfahren und Preussag-Verfahren). Die Verarbeitung von Akkumulatorenschrott hat den größten Anteil. Beim einstufigen Schachtofen-Verfahren wird der Akkuschrott direkt im Schachtofen eingesetzt. Das Tonolli-Verfahren ermöglicht eine rückstandfreie Verwertung der Sekundärrohstoffe. Das Verfahren wird großtechnisch betrieben. Das Preussag-Verfahren ermöglicht ebenfalls eine weitgehend rückstandsfreie Verwertung der Einsatzstoffe.

Das Blei wird in Drehtrommelöfen, z. B. Kurztrommelofen (KTO) und Raffinierkesseln weiterverarbeitet. Neben den großen Blei-Sekundärhütten setzen auch eine große Anzahl kleinerer Betriebe Sekundärmaterial ein. Hier werden vergleichbare Aggregate zur Verarbeitung, wie sie im Primärprozeß üblich sind, angewendet: z. B. Flammöfen, Drehflammöfen und Raffinierkessel.

Emissionsrelevant sind alle Prozeßschritte, z. B. Röstung, Schachtofen, Flammöfen, Drehflammöfen, Schmelzkessel, Gießanlagen, Lagerung, Transport und Zerkleinerung. Als luftverunreinigende Emissionen sind insbesondere bleihaltige Stäube von Bedeutung. Je nach Art des Prozesses und Zusammensetzung der Eingangsstoffe können neben Blei auch Kupfer, Zink, Arsen, Antimon, Cadmium, Nickel, Zinn, Kobalt sowie Quecksilber freigesetzt werden. Bei den gasförmigen Emissionen ist insbesondere → Schwefeldioxid oder Schwefelsäure aus dem Röstprozeß von Bedeutung. Bei Einsatz von stark verunreinigten Stoffen bzw. Rücklaufmaterialien können Chlor- und Fluorverbindungen sowie organische Kohlenstoffverbindungen auftreten.

Als primäre Maßnahmen zur Emissionsminderung werden angewandt: Vorsortierung der Einsatzstoffe, Einsatz emissionsarmer Brennstoffe, Verwendung von reinem Sauerstoff statt von Luft bei der Verbrennung, Einhausung von Prozeßanlagen, Umstellung auf Elektroöfen, Anwendung des QSL-Verfahrens, Optimierung der Prozeßsteuerung durch Einsatz einer Computersteuerung beim Chargieren.

Die Abgaserfassung kann z. B. durch computergesteuerte Klappen und Ventilatoren im Abgasweg dem Chargenverlauf und der Rohgasstaubbeladung angepaßt werden. Durch Einsatz von Gewebefiltern können niedrige Reingasstaubgehalte erreicht werden. Durch Zugabe von Sorbenzien, z. B. Feinkalk, läßt sich die Abscheidewirkung von Gewebefiltern für Stäube weiter erhöhen, zusätzlich werden gasförmige luftverunreinigende Stoffe, z. B. Chlor- oder Fluorverbindungen, mit abgeschieden. Spezielle Abgasinhaltsstoffe, wie Cadmium und Arsen, können durch besondere Behandlungsschritte zu verkaufsfähigen Produkten aufgearbeitet werden. Bei trockener, gleichmäßig anfallender bleihaltiger Abluft im Bereich der Montage von Bleiakkumulatoren werden erfolgreich Schwebstoffilter (→Absolutfilter) eingesetzt und so Reingasstaubgehalte von weniger als 0,1 mg Blei/m³ erreicht.

Abgeschiedene Stäube sind in geschlossenen Systemen zu transportieren, umzuschlagen, zu lagern und möglichst einer →Wiederverwertung zuzuführen. Schlacken werden weitgehend ebenfalls verwertet, z. B. als Straßenbaustoffe. Die in der Reinigung der Röstgase anfallende technische Schwefelsäure wird in der Regel im eigenen Betrieb wieder eingesetzt.

Emissionsbegrenzung: Anlagen zum Rösten und Sintern von Nichteisenmetallerzen, Anlagen zur Gewinnung von Nichteisenrohmetallen, Schmelzanlagen für Nichteisenmetalle, Gießereien für Nichteisenmetalle sowie Anlagen zur Herstellung von Bleiakkumulatoren sind genehmigungsbedürftig nach BImSchG. Dazu gehören auch Anlagen zur Gewinnung von Blei. Emissionsbegrenzende Anforderungen sind in der →TA Luft festgelegt. Wichtige Regelungen betreffen die Staubbegrenzung, z. B. dürfen die staubförmigen Emissionen im Abgas von Bleihütten 10 mg/m³ bzw. bei der Bleiakkumulatoren-Herstellung 0,5 mg/m³ nicht überschreiten; in anderen Fällen dürfen Werte von 20 mg Staub/m³ nicht überschritten werden. *Leder*

Literatur: *Davids, P.; M. Lange:* Die TA Luft '86 – Technischer Kommentar. Düsseldorf 1986. – Emissionsminderung in einer Fabrikationsanlage zur Herstellung von Bleiakkumulatoren. Altanlagenvorhaben Nr. 1057 des Umweltbundesamtes. Berlin 1983.

Bleigehalt von Kraftstoffen. Der B. von Ottokraftstoffen wurde ab 1976 in der Bundesrepublik Deutschland durch das →Benzinbleigesetz auf 0,15 g Blei pro Liter Kraftstoff begrenzt. Im Zusammenhang mit der Einführung der Katalysator-Technologie Mitte der 80er Jahre mußten gleichzeitig unverbleite Kraftstoffe bereitgestellt werden, weil die bei der Verbrennung von verbleiten Kraftstoffen entstehenden Bleiverbindungen die katalytisch aktive Schicht abdecken und eine Konvertierung der Schadstoffe verhindern (Katalysator-Ver-

giftung). Aus diesem Grund wurden die Qualitäten Super bleifrei, Normal bleifrei und Super Plus eingeführt, die als unverbleite Kraftstoffe einen maximalen B. von 0,013 g Blei pro Liter Kraftstoff aufweisen dürfen. *Croissant/May*

Bleitetraethyl (TEL). Zur Erhöhung der Klopffestigkeit werden den Ottokraftstoffen Antiklopfmittel zugesetzt. Die dabei am häufigsten verwendeten Zusätze sind die Bleiverbindungen B. TEL und Bleitetramethyl, TML (*engl:* Tetra Ethyl Lead bzw. Tetra Methyl Lead):

	TEL	TML
Aussehen	wasserhelle Flüssigkeit	wasserhelle Flüssigkeit
Formel	$Pb(C_2H_5)_4$	$Pb(CH_3)_4$
Molekulargewicht kg/kmol	323,45	267,35
Bleigehalt Gewicht.-%	64,16	77,51
Dichte (20 °C) g/ml	1,650	1,995
Siedepunkt °C	199	110

TEL wird normalerweise in Form von Antiklopffluids verkauft und in den USA ethyl-fluid, in Europa octel genannt. In Fahrzeugkraftstoffen findet man in den USA die Handelsbezeichnung Motor Mix und in Europa die Bezeichnung Motor-Octel, (→Bleigehalt von Kraftstoffen). *Croissant/May*

Bleitetramethyl →Bleitetraethyl

Blendung. Beeinträchtigung von Sehfunktionen oder unangenehm empfundener Sehzustand durch zu hohe →Leuchtdichten, zu hohe Leuchtdichtekontraste oder ungünstige Leuchtdichteverteilung im Blickfeld. B. kann durch zeitlich konstantes oder durch zeitveränderliches Licht hervorgerufen werden.

Je nach Wirkung unterscheidet man zwischen verschiedenen Arten der B., insbesondere:
– Physiologische B.: Herabsetzung von Sehfunktionen (z. B. Unterschiedsempfindlichkeit, Formen, Empfindlichkeit).
– Psychologische B.: Störempfindung durch einen als unangenehm empfundenen Sehzustand; kann zur Störung des Wohlbefindens, zu Unbehagen und frühzeitiger Ermüdung führen.
– Relativblendung: B. durch zu hohe Leuchtdichtekontraste im Blickfeld; durch eine höhere mittlere Leuchtdichte im Blickfeld wird der Kontrast und damit die Blendwirkung gemildert.

– Absolutblendung: Einschränkung des Sehvermögens durch zu hohe Leuchtdichte im Blickfeld, die auch nicht mehr durch Erhöhung der mittleren Leuchtdichte im Blickfeld gemildert werden kann.

Im Rahmen des Immissionsschutzes (→Lichtimmissionen) ist insbesondere die störende B. (psychologische B.) durch technische Lichtquellen in den natürlichen Dunkelstunden von Bedeutung. Zur Beurteilung der störenden B. als erhebliche Belästigung im Sinne des Bundes-Immissionsschutzgesetzes kann als aktueller Erkenntnisstand die LiTG-Publikation Nr. 12 herangezogen werden. Danach werden vom Immissionsort aus der Raumwinkel Ω_s der Lichtquelle und die Umgebungsleuchtdichte L_u ermittelt und daraus eine maximal zulässige, über Ω_s gemittelte Leuchtdichte $\overline{L}_{max}$ (Anhaltswert) in cd/m² gemäß folgender Gleichung berechnet:

$$\overline{L}_{max} = k \sqrt{L_u/\Omega_S}$$

Es bedeutet:

k: Proportionalitätsfaktor zur Festlegung von $\overline{L}_{max}$ nach Tabelle

L_u: Maßgebende Leuchtdichte der Umgebung in cd/m² im Winkelbereich von $\pm$ 10° um die zu beurteilende Lichtquelle. Falls die aus Messungen ermittelte Umgebungsleuchtdichte $\overline{L}_{u,meß}$ kleiner als 0,1 cd/m² ist, wird mit $L_u = 0,1$ cd/m² gerechnet; ist $\overline{L}_{u,meß}$ größer als 0,1 cd/m², so gilt $\overline{L}_{u,meß} = L_u$.

Ω_s: Raumwinkel der zu beurteilenden Lichtquelle in sr.

Zur Beurteilung wird vom Immissionsort aus die über den Raumwinkel Ω_s gemittelte Leuchtdichte $\overline{L}_s$ der Lichtquelle ermittelt und mit dem Anhaltswert $\overline{L}_{max}$ verglichen, der nach o. g. Gleichung in Verbindung mit dem entsprechenden k-Wert der Tabelle berechnet wird.

Die Anhaltswerte gelten für zeitlich konstantes Licht, das mindestens zweimal in der Woche jeweils länger als 1 Stunde eingeschaltet wird. Wenn die Anlage seltener oder kürzer betrieben wird, können z. B. unter Berücksichtigung des Zeitpunkts des Auftretens und der Ortsüblichkeit im Einzelfall auch höhere Leuchtdichtewerte als $\overline{L}_{max}$ zugelassen werden.

Zeitlich veränderliches Licht ist i. a. lästiger als zeitlich konstantes Licht gleicher maximaler Amplitude. Die LiTG-Publikation Nr. 12 empfiehlt deshalb, den gemessenen Maximalwert der zu beurteilenden Lichtquelle mit einem Faktor 2 bis 5 zu multiplizieren und dann mit den Werten für Gleichlicht zu vergleichen.

Der Anwendungsbereich der Gleichung ist auf $L_u \leq 10$ cd/m² und 10^{-7} sr $\leq \Omega_s \leq 10^{-3}$ sr beschränkt.

Die Anwendung des Beurteilungsschemas gilt nur unter der Voraussetzung, daß vom Immissionsort aus bei üblicher Nutzung des betroffenen Raums der Blick zur Lichtquelle hin möglich ist. *Assmann*

Literatur: Messung und Beurteilung von Lichtimmissionen, LiTG-Publikation Nr. 12. Hrsg.: Deutsche Lichttechnische Gesellschaft e. V.: Berlin 1991.

Blockheizkraftwerk (BHKW). B. sind Anlagen zur kombinierten Strom- und Wärmeerzeugung für (dezentrale) Nahversorgungs- und entsprechende industrielle/gewerbliche Zwecke; sie gehören begrifflich zum umfassenderen Bereich der →Kraft-Wärme-Kopplung. Zur Energieerzeugung werden eingesetzt:

Blendung. Tabelle: Proportionalitätsfaktor k zur Festlegung der maximal zulässigen mittleren Leuchtdichte $\overline{L}_{max}$ technischer Lichtquellen.

Zeile	Immissionsort (Einwirkungsort)	Proportionalitätsfaktor k	
		nach 6.00 h vor 22.00 h	22.00 — 6.00 h
1	Kurgebiete, Krankenhäuser, Pflegeanstalten; reine Wohngebiete (§ 3 BauNVO[1]))[2]),	32	32
2	allgemeine Wohngebiete (§ 4 BauNVO), besondere Wohngebiete (§ 4a BauNVO), Dorfgebiete (§ 5 BauNVO)	64	32
3	Mischgebiete (§ 6 BauNVO)	96	32
4	Kerngebiete (§ 7 BauNVO)[3]), Gewerbegebiete (§ 8 BauNVO), Industriegebiete (§ 9 BauNVO)	n. v.[4])	160

Quelle: Deutsche Lichttechnische Gesellschaft e. V., Berlin
1) BauNVO: Baunutzungsverordnung
2) Für reine Wohngebiete gilt bis zu einer Benutzungsdauer von einer Stunde Zeile 2
3) Kerngebiete können in Einzelfällen bei niedrigem allgemeinem Beleuchtungsniveau auch Zeile 3 zugeordnet werden.
4) n. v.: Kein Wert vorgeschrieben

– →Feuerungsanlagen mit nachgeschalteter Dampferzeugung,
– →Verbrennungsmotoranlagen und
– →Gasturbinenanlagen.

B. selbst sind nicht im Katalog der genehmigungsbedürftigen Anlagen im Anhang der →4. BImSchV enthalten; die Genehmigungsbedürftigkeit nach dem BImSchG richtet sich jeweils nach den genannten Energieerzeugungsanlagen.

Als Koppelprozeßanlagen dienen B. der rationellen (gemeinsamen) Strom- und Wärmeerzeugung, die gegenüber der getrennten Stromerzeugung in Kondensationskraftwerken und der davon unabhängigen Wärmeerzeugung in Kesselanlagen bedeutende energetische Vorteile bietet (→Kraft-Wärme-Kopplung, Tabelle). Sowohl die Bauarten und technischen Konzeptionen als auch die Anwendungs- und Einsatzbereiche von B. sind vielfältig. Nicht nur die Kombinationsmöglichkeiten der genannten Energieerzeugungsanlagen, sondern mehr noch die der einsetzbaren Kraft- und Brennstoffe bestimmen die Vielfalt der B.-Konfigurationen in der Praxis und auch die Abgaszusammensetzung. Überwiegend werden eingesetzt
– bei Feuerungsanlagen feste, flüssige und gasförmige Brennstoffe wie Stein- oder Braunkohle, Heizöle und Erdgas,
– bei Verbrennungsmotoranlagen Motorenkraftstoffe, Heizöle und Erdgas,
– bei Gasturbinenanlagen Erdgas und leichtes Heizöl.

Im Zuge der Energieeinsparungsbestrebungen werden jedoch zunehmend auch andere (alternative) Energieträger genutzt bzw. in Erwägung gezogen, z. B. →Grubengas, →Deponiegas, →Biogas, Kokereigas, nachwachsende Rohstoffe und andere →Biomasse.

Das in deutschen Steinkohlebergwerken aus Gründen der Grubensicherheit abgesaugte Grubengas, das mit etwa 25 m³/t Steinkohlenförderung und mit 90–95 % Methan anfällt (durch die Wetterführung sinkt der Methangehalt jedoch auf ca. 43 %), ist grundsätzlich in allen Energieerzeugungsanlagen energetisch nutzbar. Diese Nutzung – statt der bisherigen Ableitung in die Luft – vermindert die Methan-Emission und ist daher auch aus Klimaschutzgründen erwünscht.

Das gilt entsprechend auch für Deponiegas, dessen Heizwert etwa 50 % geringer ist als der von Erdgas und das in gleicher Weise wirtschaftlich und
– wegen seiner Klimawirksamkeit (→Methan) –
ökologisch sinnvoll genutzt werden kann. Der Einsatz in Verbrennungsmotoranlagen (Magergemisch) und Feuerungsanlagen ist technischer Standard; auch die Nutzung in Gasturbinen ist möglich.

Die Nutzung von nachwachsenden Rohstoffen und anderer Biomasse sowie von daraus gewonnenen Energieträgern wie Biogas oder Bioethanol in B. ist vielfältig möglich, z. B. Verbrennung von Biomasse in Feuerungsanlagen, Vergasung von Biomasse und Nutzung des gereinigten Gases in Verbrennungsmotoren, Vorvergasung von Biomasse und anschließende thermische Nutzung in Heißgasbrennern mit nachgeschalteten Kesseln (relativ geringe Stromausbeute), Einblasung feinstvermahlener Biomassepartikel in Gasturbinen-Brennkammern (erprobt, aber noch nicht serienreif).

Vorbild für die Vergasung von Biomasse ist der klassische *Imbert*-Vergaser, der während des 2. Weltkrieges und in der ersten Nachkriegsphase als Brennstofferzeuger für Kraftfahrzeugmotoren (Holzkocher) eingesetzt war. Unter Luftreinhalteaspekten sind jedoch die Maßnahmen zur Emissionsminderung für den Betrieb stationärer Verbrennungsmotoren mit derartigen Vergasungsanlagen so aufwendig, daß sie noch nicht marktreif sind.

Die im Genehmigungsverfahren festzusetzenden Maßnahmen zur Abgas-Emissionsminderung richten sich nach den Vorschriften der →TA Luft für Feuerungsanlagen, Verbrennungsmotoranlagen bzw. Gasturbinenanlagen.

B. stellen regelmäßig bedeutende Lärmquellen dar, deren Problematik noch dadurch verschärft wird, daß derartige Anlagen oft zur Nahbereichsversorgung in dicht besiedelten Gebieten errichtet werden und damit die Möglichkeit der Immissionsminderung durch einen →Schutzabstand weitgehend entfällt. Im Mittelpunkt der Lärmminderungsmaßnahmen steht der bauliche →Schallschutz. In festen Bauteilen kann sich der Schall verlustarm als →Körperschall über weite Strecken ausbreiten. Zur Vermeidung von Körperschallbrücken zwischen Schallquelle und Gebäude werden die Aggregate schwingungsisoliert aufgestellt; die Rohrleitungen sowie die Lüftungs- und Abgaskanäle werden mit elastischen Elementen akustisch getrennt aufgehängt. Zur Dämmung des Luftschalls trägt in der Regel die massive Bauweise von B.-Gebäuden bei, die einer schalltechnisch gebotenen Einhausung gleichkommt; dabei ist auf die Dämpfung von Zu- und Abluftgeräuschen, insbesondere des Auspuffgeräuschs, besonders zu achten. Zur Verminderung von Schallreflexionen innerhalb des Maschinenraums sind Maßnahmen zur Schalldämpfung mittels Absorptionsmaterialien wie Steinwolle, Glasfasermatten oder Schaumstoffe erforderlich. Bei Bedarf kann für einzelne besonders lärmintensive Aggregate eine Schallschutzkapsel vorgesehen werden.

Kaier

Literatur: *Paul, R.:* Technik und Emissionen kleinerer BHKW-Anlagen; In: Möglichkeiten und Grenzen der Kraft-Wärme-Kopplung; VDI-Berichte 923. Düsseldorf 1991.

Blow-by. Abgase von Kfz, die aus dem Zylinderbrennraum seitlich am Kolben bzw. an den Kolbenringen vorbei ins Kurbelgehäuse entweichen. Im Kurbelgehäuse vermischen sich die Abgase und die mitgeführten Verbrennungsrückstände mit dem Motoröl. Dies führt zu einer Motorölverdünnung und -verschmutzung (→Kurbelgehäuseentlüftung). *Kind/May*

Boden. Im allgemeinen wird als B. die äußerste, meist lockere Schicht der Erdoberfläche einschließlich der darin befindlichen Bodenschätze und des häufig darin vorkommenden Grundwassers bezeichnet. Physikalisch gesehen besteht B. einerseits aus fester Materie in einer Mischung unterschiedlicher Korngrößen, andererseits aus luft- und wasserführenden Hohlräumen und Poren. Chemisch ist der B. ein verschiedenartiges und veränderliches Stoffgemisch. Stofflich unterscheidbar sind die oberflächennahen, biologisch aktiv und belebten Bereiche mit einem höheren Anteil organischer Stoffe (Humus) von den fast ausschließlich von mineralischen Bestandteilen beherrschten tiefer gelegenen Schichten.

Bei →Altablagerungen spricht man von Untergrund und Schüttkörper (→Deponiekörper); bei →Altstandorten von B. und Untergrund. Zur Unterscheidung vom Grundwasser wird der Bereich der festen Matrizes oft mit *Erdreich* bezeichnet. Die oberste Schicht kann auch aus aufgebrachten Materialien bestehen. Diese Schicht wird dann als B. bezeichnet, wenn sie als Pflanzenstandort dient. Die Verwendung der Begriffe ist in der Praxis nicht einheitlich. *Thoenes*

Boden-Bauwerk-Wechselwirkung. Die gegenseitige Beeinflussung von Bauwerk und Baugrund bei dynamischen Beanspruchungen wird als B.-B.-W. (soil-structure-interaction) bezeichnet.

Dynamische Erregungen von Strukturen auf dem Baugrund rufen sowohl in den Strukturen als auch im Baugrund Spannungs- und Verschiebungsfelder hervor.

Bei B.-B.-W. sind zwei Richtungen des Energieflusses zu unterscheiden. Bauwerke können durch →Erschütterungen von außen über den Boden oder durch direkt im Bauwerk aufgestellte Erreger, z. B. Maschinen, angeregt werden. Ein Beispiel für direkt angeregte Strukturen sind Maschinenfundamente, in die Störkräfte von Aggregaten eingeleitet werden. Wird ein Bauwerk durch Erschütterungen des Bodens in Schwingungen versetzt, so entstehen immer auch Trägheitskräfte im Bauwerk, die ihrerseits die Bewegungen des Baugrunds beeinflussen. Bei massiven und schlanken Bauwerken können die Trägheitskräfte die Frei-Feld-Bewegung stark beeinflussen. Große Fundamente oder eine sehr tiefe Einbettung des Bauwerks im Boden können die Frei-Feld-Bewegung ebenfalls stark modifizieren.

Bei den Übertragungsbedingungen von Schwingungen im System Boden-Bauwerk können drei Problembereiche unterschieden werden:
– Einwirkung von Erdbeben
– Einwirkung von technisch erregten Erschütterungen
– Auftreten von Sekundärschall bei abgestrahltem →Körperschall.

Die drei Problembereiche unterscheiden sich durch die auftretenden Frequenzen der Erregungen und durch die Fragestellungen. Erschütterungen durch Erdbeben sind tieffrequent mit Frequenzen meistens unterhalb von etwa 10 Hz. Bei deren Einwirkung auf Bauwerke interessieren die Beanspruchungen des Bauwerkes und dessen Standsicherheit. Bei der Einwirkung von technisch erregten Erschütterungen mit Frequenzen im Bereich zwischen 1 und 80 Hz werden die Einwirkungen der Erschütterungen auf das Bauwerk selbst und auf Menschen in Gebäuden betrachtet. Bei der Körperschallproblematik, bei der oft Frequenzen im Bereich zwischen etwa 20 bis 100 Hz wesentlich sind, sind die von Bauteilen abgestrahlten Luftschallpegel, der sog. Sekundärschall, von Interesse. Die bei den genannten Problembereichen auftretenden unterschiedlichen Wellenlängen der Erschütterungen führen bei den Berechnungsmethoden zu verschiedenen mechanisch-mathematischen Modellen.

Bei der langwelligen Erdbebenanregung genügen in der Regel sehr einfache Bauwerksmodelle zur Erfassung des Schwingungsverhaltens. Es wird meistens nur die niedrigste Eigenschwingung des Bauwerks in horizontaler Richtung betrachtet. Die bei Körperschallproblemen auftretenden Wellenlängen sind dagegen so kurz, daß die Wellenausbreitung in Bauteilen mit theoretischen Modellen verfolgt werden kann, ohne die gesamte Bauwerksstruktur abzubilden. Für den Frequenzbereich, der bei technisch erregten Erschütterungen in Bauwerken auftritt, bestehen solche Möglichkeiten zur Vereinfachung in der Regel nicht. Die Erschütterungsübertragung vom Freifeld in Bauwerke wird fast ausschließlich in der Praxis durch Messungen ermittelt.

Bei der Konzeption von mechanisch-mathematischen Ersatzmodellen des Systems Struktur-Baugrund erkennt man den Einfluß des Baugrunds, wenn man ihn mit einem Isolierelement vergleicht, das eine Struktur zur →Aktiv- oder →Passivisolierung mit der Umgebung verbindet. Bei einem weichen Boden, relativ zum Bauwerk, treten unterschiedliche Bewegungen zwischen dem Fundament und dem Freifeld auf, während bei einem harten Untergrund, z. B. Fels, das Fundament und das Freifeld praktisch gleich große Bewegungen aufweisen. In Bild a ist ein Bodenabschnitt in Größe des Fundaments eines Gebäudes im Querschnitt markiert im Zustand ohne Erschütterungseinwirkung

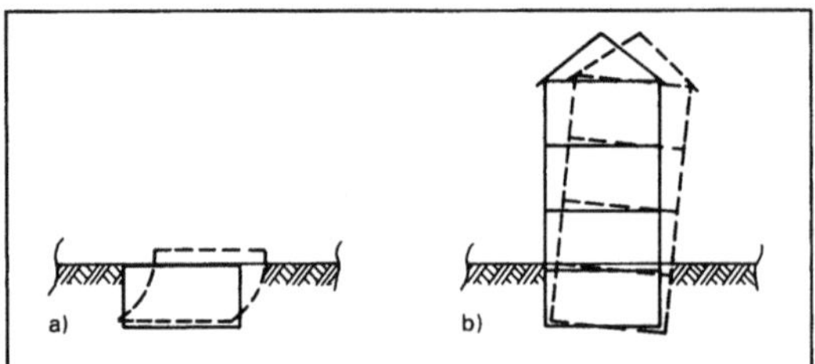

Boden-Bauwerk-Wechselwirkung: Beispiel für die B.-B.-W. bei anstehendem Lockergestein.
a) Bodenkörper ohne (———) und mit (– – – –) Erschütterungseinwirkung
b) Verschiebungskomponenten von Boden und Bauwerk bei einer Erschütterungseinwirkung.

und ohne Belastung durch das Gebäude. Wirkt eine Oberflächenwelle ein, so erfährt der Bodenabschnitt im Augenblick der größten Schwingungsamplitude Verschiebungen (siehe gestrichelte Linien). Durch den Einbau eines Gebäudes, wie in Bild b dargestellt, verändern sich die Verschiebungskomponenten des Bodens im Vergleich zu der Frei-Feld-Bewegung.

Die Bodenbewegungen werden sich an die Geometrie des Fundaments anpassen; zusätzlich wird sich eine Kippbewegung des Gebäudes einstellen. Durch die bei den Schwingungen des Gebäudes auftretenden Schwingbeschleunigungen werden Trägheitskräfte wirksam, die Deformationen des Bauwerks und des Bodens verursachen und damit zu einer Interaktion zwischen Boden und Bauwerk führen. Für dynamische Berechnungen bei Berücksichtigung der B.–B.–W. sind zwei Methoden bekannt: die direkte Methode und die sog. Substruktur-Methode. Bei der direkten Methode werden das Bauwerk und der Boden als zusammenhängendes Finite-Element-System modelliert. Bei der Substruktur-Methode werden Bauwerk und Boden in einem ersten Schritt getrennt behandelt. Das Bauwerk wird nach dem Verfahren der Finite-Elemente berechnet und der Boden als unendlich ausgedehnter Halbraum behandelt. *Splittgerber*

Literatur: *Auersch-Saworski, L.:* Wechselwirkung starrer und flexibler Strukturen mit dem Baugrund insbesondere bei Anregung durch Bodenerschütterungen. Forschungsber. 151, BAM, Berlin 1988. – *Gaul, L.:* Zur Dynamik der Wechselwirkung von Strukturen mit dem Baugrund. Habilitationsschr. Universität Hannover, 1980. – *Studer, J.* und *A. Ziegler:* Bodendynamik. Berlin–Heidelberg–New York 1986.

Bodenaushub. B. ist grundsätzlich kein Abfall, sondern ein →Wirtschaftsgut oder ein →Reststoff. Boden wird nämlich in aller Regel im Zuge von Baumaßnahmen gezielt ausgehoben und entweder an Ort und Stelle zur Geländeauffüllung bzw. -erhöhung oder an anderer Stelle zu ähnlichen Zwecken wiederverwendet, z. B. →Rekultivierung

oder Aufschüttung von Lärmschutzwällen. Einen casus sui generis stellt in diesem Zusammenhang die in der Abfolge baulicher B.-Maßnahmen zunächst zu entfernende Mutterbodenschicht dar; diese humushaltige, fruchtbare oberste Schicht der Pedosphäre unterliegt nach § 202 BauGB einer besonderen Erhaltungspflicht: im Rahmen einer Baumaßnahme ausgehobener Mutterboden „ist in nutzbarem Zustand zu erhalten und vor Vernichtung oder Vergeudung zu schützen".

B. wird primär dann zu Abfall (→Bauabfall), wenn es sich nicht um Erd- oder Felsmaterial in natürlichem Zustand handelt, sondern um mit Schadstoffen verunreinigte Böden, wie insbesondere bei →Altstandorten und →Altablagerungen, aber auch nach Chemikalien- oder Ölunfällen.

Unbelasteter Boden kann jedoch auch Abfall sein, wenn der subjektive Abfallbegriff erfüllt und eine Verwertungsmöglichkeit objektiv nicht gegeben ist. In diesem Fall wäre eine Deponierung – abgesehen von der in hohem Maße unerwünschten Flächeninanspruchnahme – im Normalfall unproblematisch, da das Material „erdgleich" ist und damit die Grundvoraussetzung für eine →Abfalldeponierung bedingungslos erfüllt; nur in Sonderfällen, wie z. B. bei der Anlegung von →Bergehalden, können sich im Einzelfall Eluierungsprobleme ergeben.

Nach der Abfallstatistik (→Umweltstatistik) werden immer noch erhebliche Mengen unbelasteter B. auf Deponien, insbesondere auf eigens angelegten B.-Deponien oder Bauschuttdeponien, Mineralstoffdeponien oder Siedlungsabfalldeponien abgelagert. Dies soll zukünftig aber nur noch in dem Maße geschehen, wie unbelasteter B. als Hilfsmaterial für die Sicherung von Deponien erforderlich ist.

Für die Behandlung von kontaminierten B. können die bei der Sanierung von →Altlasten angewandten Verfahren eingesetzt werden (→Bodensanierungszentrum). *Dreyhaupt*

Bodenbearbeitung, konservierende. (*engl.* conservation tillage) Die landwirtschaftliche k. B. ist gekennzeichnet durch:

– Reduzieren der üblichen Intensität bei der B., wobei der Boden nach Bedarf lediglich mit nichtwendenden Geräten gelockert wird. Durch die längere Bodenruhe soll ein stabiles, tragfähiges und gut befahrbares Bodengefüge als vorbeugender Bodenschutz gegen Verdichtungen erzielt werden (Minimalbodenbearbeitung).

– Belassen von Pflanzenreststoffen der Vor- und/oder Zwischenfrucht nahe bzw. auf der Bodenoberfläche, um eine möglichst ganzjährige Bodenbedeckung über einem intakten Bodengefüge als einen vorbeugenden Schutz des Bodens gegen Bodenerosionen, -verschlämmungen und -verkrustungen zu erreichen.

Neben dem Bodenschutz wird auch ein Verringern des Arbeitszeitbedarfs und des Energieaufwands angestrebt. Dabei sind aber die Wechselwirkungen zwischen diesen angestrebten positiven Effekten und deren Auswirkungen auf Ernteertrag, Unkraut- und Schädlingsbefall, Düngeraufwand und Einschränkungen in der Fruchtfolgegestaltung zu berücksichtigen.

Die Verfahren der k. B. sind durch ein konsequentes Zusammenfassen bisher einzeln und nacheinander durchgeführter Arbeitsgänge für Bodenbearbeitung, Saatbettbereitung und Saat gekennzeichnet. Vorwiegend werden folgende Verfahren und Gerätelösungen angewandt:

□ Minimalbestellverfahren, wobei die Arbeitsgänge Bodenbearbeitung und Säen zusammengefaßt werden (Pflugsaat, Grubbersaat, Bestellsaat).

□ Mulchsaatverfahren, die dadurch gekennzeichnet sind, daß nach der Vorfrucht (Getreide) spezielle Zwischenfrüchte ausgesät werden. Im darauf folgenden Frühjahr erfolgt die Aussaat der Reihenfrüchte (vor allem Zuckerrüben, Mais) in den abgefrorenen oder chemisch abgetöteten Zwischenfrucht-Pflanzenbestand. Hierfür stehen zwei Varianten zur Verfügung:

– Mulchsaat mit Saatbettbereitung: ganzflächig (Saatbettbereitung, z. B. mit gezogenen oder zapfwellengetriebenen Geräten) oder streifenförmig (z. B. Streifen-Frässaat).

– Mulchsaat ohne Saatbettbereitung: Schlitzsaat (z. B. mit vorgeschalteten Schneidscheiben) oder Punktsaat (z. B. mit Spaten- oder Stempelsämaschinen).

In der Reihenfolge der genannten Verfahrensvarianten nimmt die erosionsschützende Wirkung zu, sie ist am günstigsten bei der Punktsaat. Umgekehrt verstärken sich aber auch die Probleme der Beikrautregulierung und der Einarbeitung von Ernteresten. In der Praxis steht deshalb in Abhängigkeit vom Standort und den Kulturen ein Wechsel zwischen konventioneller und k. B. im Vordergrund.

H. Schön/Estler

Literatur: *Mannering, J. V.; C. R. Fenster:* What is conservation tillage? J. Soil and Water Conservation (1982) K. 38, S. 140–143. – *Sommer, C.; M. Zach; M. Dambroth:* Konservierende Bodenbearbeitung. Agrar-Übersicht **36** (1985). K. 5, S. 14–18. – *Sommer, C.; K. Köller; M. Brenndörfer:* Einordnung von Bodenbearbeitungs- und Bestellverfahren. KTBL-Arbeitspapier 130. 1989.

Bodenbelastungs-Bewertung. Unmittelbare und mittelbare menschliche Eingriffe in die Böden können Veränderungen bewirken, die die Leistungsfähigkeit der Böden im Naturhaushalt und ihre Eignung für verschiedene Bodennutzungen (→Bodeninanspruchnahme) verändern. Für praktische Maßnahmen des Bodenschutzes ist es erforderlich, zu bewerten, wann eine solche Veränderung als erwünscht, als tolerierbar oder als erhebliche Beeinträchtigung einer Bodenfunktion und damit als Bodenbelastung anzusehen ist. Die B.-B. hat die Aufgabe, handlungsbezogen zwischen dem Sachverhalt und den Zielen (→Bodenschutzziele) zu vermitteln. Diese Aufgabe erstreckt sich inhaltlich auf alle Einwirkungsformen – Schadstoffeinträge, Bewirtschaftungseingriffe und Flächeninanspruchnahme – sowie auf deren Modi, insbesondere bereits abgeschlossene Einwirkungen mit ihren manifesten Folgen, andauernde Einwirkungen mit ihren Risiken, räumliche Einwirkungsmuster, Kombination von Einwirkungsarten sowie verschiedene Einwirkungsintensitäten.

Die Ermittlung des in die Bewertung einzubringenden Sachverhalts umfaßt
– die Beschreibung der Bodenveränderung und der damit verbundenen Wirkungen,
– die Darstellung der Unsicherheiten im Hinblick auf die Genauigkeit und die Vollständigkeit der Beschreibung,
– die Abschätzung des Aufwands für die Beseitigung bzw. Vermeidung einer unerwünschten Bodenveränderung.

Die in die Bewertung eingehenden Bodenschutzziele wirken auf Grund allgemeiner gesellschaftlicher Wertvorstellungen oder in Form rechtlich fixierter Schutzansprüche.

Im Zusammenhang mit den Eingriffen der Bodennutzer erfolgt ständig eine konkrete B.-B., überwiegend in Form gewohnheitsmäßiger Einzelentscheidungen (z. B. →Düngung, →Bodenbearbeitung). Diese Form der Bewertung hat große praktische Bedeutung für den Bodenschutz und unterliegt ihrerseits dem gesellschaftlichen Wandel. Nur verhältnismäßig wenige Bewertungsvorgänge erfolgen in mehr oder weniger formalisierten Verfahren zur Bewertung von konkreten Einzelfällen (z. B. Bauleitplanung, Genehmigung von Anlagen, Altlastensanierung) oder zur Bewertung bestimmter Kategorien von Eingriffen durch allgemeine Normsetzung (z. B. Klärschlammverordnung).

Die Bereitstellung einheitlicher und verbindlicher Bewertungsgrundlagen ist eine wesentliche Voraussetzung für Rechtssicherheit und wirksamen Verwaltungsvollzug sowie eine notwendige Bedingung für die öffentliche Akzeptanz von Entscheidungen. Für die Normsetzung werden dabei problemadäquate Bewertungsmaßstäbe erwartet, die für die meisten Formen der Bodenbelastung bisher noch fehlen oder über Orientierungswerte (s. u.) nicht hinausgekommen sind. Bereits die Auswahl problemadäquater und mit vertretbarem Aufwand meßbarer Parameter ist vielfach sehr schwierig und erfordert gelegentlich unbefriedigende Kompromisse.

In der Literatur besteht Konsens, daß verschiedene Niveaus von Schutzzielen zu unterscheiden

sind. Mehrheitlich werden drei Handlungsebenen, denen in der Regel ansteigende Belastungsniveaus entsprechen, unterschieden:
– Die Ebene der natürlichen Fließgleichgewichte bzw. ubiquitär vorgefundener anthropogener Einwirkungen,
– die Ebene der Begrenzung der unvermeidlichen Einwirkungen auf ein Niveau, bei dem die Beeinträchtigungen der →Bodenfunktionen hinnehmbar sind,
– die Ebene des Umgangs mit bereits eingetretenen Belastungen des Bodens, deren Folgen für Umwelt und Gesundheit zu beheben oder zu vermindern sind.

Diese Handlungsebenen werden auch als die Bereiche des Bewahrens, des Tolerierens und des Sanierens beschrieben. Auf jeder der Ebenen muß eine den speziellen Bedingungen entsprechende standort-, nutzungs- und schutzgutbezogene Differenzierung der Bewertungshilfen erfolgen, weil den Bodenfunktionen standort- und nutzungsbezogen unterschiedliche Priorität zukommt. Aus dem Handlungsbezug folgt, daß auf der mittleren Ebene ein deutlicher Unterschied zwischen bereits erfolgten und künftigen Einwirkungen gemacht werden muß; was im Hinblick auf die Vergangenheit toleriert wird, ist als Vorsorge möglicherweise künftig nicht akzeptabel.

Bei der Erarbeitung von Bewertungshilfen lassen sich nicht nur die Schutzaufgaben Erhaltung des Naturzustandes, Vorsorge und Gefahrenabwehr, sondern auch verschiedene Grade der Verbindlichkeit unterscheiden, die von der wissenschaftlichen Erörterung (→Orientierungswerte) über die Akzeptanz in Fachgremien (Richtwerte) bis hin zur Rechtsetzung (Grenzwerte) reichen (Tabelle). Zur Charakterisierung der Ziel- oder Handlungsebene, auf die sich Bewertungshilfen beziehen, sind unterschiedliche, ihre inhaltliche Funktion umschreibende Termini in der Wortverbindung mit -wert in Gebrauch. Quantitative Bewertungshilfen sind nur aussagekräftig in dem Kontext, für den sie erarbeitet wurden. Jede Übertragung auf einen anderen Kontext sollte nur mit einer sachgerechten und nachvollziehbaren Begründung erfolgen.

Bei der konkreten Erarbeitung von Bewertungshilfen sind die Reaktionen der Bodenfunktionen auf die Belastung systematisch zu prüfen. Dabei sind neben dem betroffenen Bodenkompartiment die angrenzenden Naturräume (benachbarte Böden, Oberflächenwasser, Grundwasser, Vegetation und Atmosphäre) sowie die Schutzgüter, insbesondere die menschliche Gesundheit, zu betrachten. Die erwarteten Folgen sind für alle Wirkungspfade zu quantifizieren und unter Berücksichtigung von Kenntnislücken und Prognoseunsicherheiten zu bewerten. Dabei ergeben sich aus der empfindlichsten Wirkungskette die schärfsten Anforderungen für die quantitative Begrenzung von Einwirkungen. Falls ein Boden bezüglich des so geprüften Parameters sämtlichen Anforderungen genügt, ist insoweit seine standorttypische Multifunktionalität gesi-

Bodenbelastungs-Bewertung. Tabelle: Systematik der Kennwerte zum Bodenschutz

zunehmender Verbindlichkeitsgrad
(gesellschaftlich, politisch, rechtlich)

deskriptiv / negativ	Orientierungswerte	Richtwerte	Grenzwerte
vorläufiger Unbedenklichkeitsbereich			
Bedenklichkeitsschwelle(-schwellenwerte)			
Bedenklichkeitsbereich			
Belastungsschwelle(-schwellenwerte)			
Belastungsbereich			

zunehmender Gefährlichkeitsgrad

chert. Sofern die Betrachtung bestimmter Nutzungen und Schutzgüter sich nach Lage der Dinge erübrigt, entfallen die zugehörigen Wirkungsketten mit der Folge weniger stringenter Anforderungen. Die Ergebnisse der Pfadbetrachtungen müssen anhand der realen Verhältnisse auf ihre Plausibilität überprüft werden, um ggf. Unzulänglichkeiten des Ableitungsverfahrens aufzudecken. Eine Festlegung von quantitativen Bewertungshilfen sollte daher niemals ohne eine ausreichende empirische Basis erfolgen.

Bei der Herleitung von Bewertungshilfen gibt es verschiedene Wege, das verfügbare Wissen zu organisieren und die Unsicherheiten zu berücksichtigen; es lassen sich folgende Grundtypen von Modellen unterscheiden:
– das *heuristische Modell*, bei dem Bewertungshilfen durch Experten auf der Grundlage ihrer Sachkenntnisse pragmatisch festgelegt werden, ohne den Bewertungsvorgang im einzelnen offenzulegen;
– das *empirische Modell*, bei dem standortspezifisch Bodenbelastungen und deren Wirkungen auf Schutzgüter beobachtet und mittels statistischer Methoden standortspezifisch diejenigen Belastungen ermittelt und als Bewertungshilfen festgelegt werden, die mit akzeptierten Vorgaben für die Begrenzung der Wirkungen verträglich sind;
– das *induktive Modell*, bei dem die Kausalzusammenhänge zwischen Bodenbelastung und Wirkungen auf die Schutzgüter modelliert werden und, ausgehend von normativen Vorgaben für die Schutzgüter, mittels der Modelle die mit dem Schutzniveau verträglichen Belastungen abgeschätzt und als Bewertungshilfen festgelegt werden.

In der Praxis werden diese Modelle nicht notwendigerweise rein angewendet, sondern miteinander verknüpft. Im Rahmen induktiver Modelle können unzureichend bekannte Kausalzusammenhänge, z. B. unter Beteiligung von Experten, durch Schätzung quantifiziert werden; heuristische Setzungen berücksichtigen empirische Studien.

Grundsätzlich sind die drei Bewertungsmodelle für alle Einwirkungsformen der Bodenbelastung anwendbar. Praktisch angewendet wurden sie bisher überwiegend auf stoffliche Belastungen. Die Bewertungsaufgabe erstreckt sich dabei sowohl auf →Bodenwerte für Schadstoffkonzentrationen, insbesondere im Zusammenhang mit der Gefahrenabwehr, als auch – vor allem im Zusammenhang mit der Vorsorge – auf den Stoffeintrag. *v. Borries*

Literatur: *Borries v., D.:* Konzeptionelle Ansätze für den Umgang mit schadstoffbelasteten Böden; VDI-Berichte 837. Düsseldorf 1990. – *Haberland, W.; A. Ruck; E. Ross-Regineck:* Möglichkeiten und Grenzen der Abschätzung von quantitativen Vorgaben für Bodenschutzregelungen, VDI-Berichte 837. Düsseldorf 1990. – *Kloke, A.:* Vorschlag für ein „3-Bereiche-System" zur Bewertung von Schadstoffbelastungen in Böden.

In: Rosenkranz et al.: Bodenschutz (BOS), 2. Lfg. II/89. Berlin 1988. – *Rosenkranz, D. et al.* (Hrsg.): Bodenschutz (BOS), ergänzbares Handbuch der Maßnahmen und Empfehlungen für Schutz, Pflege und Sanierung von Böden, Landschaft und Gewässern. Berlin 1988.

Bodendämpfungsmaß. Maß für die Dämpfung (Minderung) des sich in Bodennähe ausbreitenden →Schalls durch Interferenz oberhalb des Bodens verlaufender Schallstrahlen mit am Boden reflektierten Schallstrahlen.

Da diese Wechselwirkung freier und reflektierter Schallstrahlen in Bodennähe von meteorologischen Bedingungen mitbeeinflußt wird, werden in der Praxis diese beiden Effekte zu einem Boden- und Meteorologiedämpfungsmaß D_{BM} zusammengefaßt.

Bei Geräuschimmissionsprognosen (→Schallimmissionsprognose) wird das B. und Meteorologiedämpfungsmaß nach folgender Formel berechnet:

$$D_{BM} = \left(4{,}8 - \frac{2\,h_m}{s_m}\left(17 + \frac{300}{s_m}\right)\right) \qquad \text{dB}$$

s_m = Abstand zwischen Schallquelle und Immissionsort in m
h_m = mittlere Höhe der Verbindungslinie Schallquelle/Immissionsort über den Boden in m
Strauch

Literatur: VDI 2714: Schallausbreitung im Freien. 1/1988.

Bodenfunktionen. Die B. reflektieren die Doppelrolle des Bodens als zentrales Kompartiment der Landökosysteme und als Objekt von Nutzungsansprüchen des Menschen. Boden dient dem Menschen als
– Anbaufläche für Nahrungsmittel, Futtermittel und pflanzliche Rohstoffe,
– Fläche für Siedlung, Produktion, Verkehr und Kommunikation,
– Fläche für die Entsorgung von Abfällen,
– Grundwasserspeicher,
– Puffer und Filter für stoffliche Einflüsse,
– Lagerstätte für mineralische und fossile Bodenschätze,
– Landschaftsträger und Erholungsraum,
– Archiv der Natur- und Kulturgeschichte.

Die ökologischen Hauptfunktionen des Bodens sind demnach:
– die Lebensraumfunktion (Lebensraum für Bodenflora und Bodenfauna, →Edaphon),
– die Regelungsfunktion (Umsetzung von Stoffen und Energien im →Naturhaushalt) und
– die Produktionsfunktion (Standort von Pflanzengesellschaften; Erzeugung von Biomasse, insbesondere als Grundlage von →Nahrungsketten und -netzen).

Als kulturbedingte Hauptfunktionen des Bodens kommen unter dem Aspekt der Fläche und des tieferen Untergrundes hinzu:

– die Standort- bzw. Trägerfunktion (Siedlungs-
und Verkehrsfläche, Rohstofflagerstätten) und
– die Informationsfunktion (Archiv für Kultur- und
Naturgeschichte, z. B. auch passive Dokumentation
von Umweltbelastungen).

Den einzelnen spezifischen Leistungen des
Bodens, z. B. mechanische Verankerung von Wurzeln, Bereitstellung von Pflanzennährstoffen, Aufnahme von Niederschlagswasser, entsprechen spezielle B., z. B. Verankerungsfunktion, Nährstoff-
funktion, Versickerungsfunktion. Die Zuordnung
spezieller B. zu den Hauptfunktionen ist nicht
immer eindeutig; z. B. kann die Wasserspeicherung
als Regulationsfunktion oder im Hinblick auf die
Wasserversorgung von Pflanzen bzw. die Trinkwassergewinnung als Teil der Produktionsfunktion
angesehen werden. Die B. sind auch nicht unabhängig voneinander, ihre Leistungsfähigkeit hängt vielmehr auf vielfältige Weise voneinander ab. Der
Abbau organischer Reste durch Bodenorganismen
(Lebensraumfunktion) ist zugleich Quelle für die
Humusbildung und die Strukturstabilisierung, die
ihrerseits die Versickerungsleistung und die chemische Sorptionsfähigkeit (Regelungsfunktion) sowie
die Bodenfruchtbarkeit (Produktionsfunktion) günstig beeinflussen. *v. Borries*

Bodengasanalyse. Mit B. können verunreinigte
Standorte erkannt und eingegrenzt werden. Die in
den Hohlräumen und Poren der Böden und des
Untergrunds enthaltene Bodenluft nimmt gas- und
dampfförmige Stoffe auf, die aus einem Deponiekörper, aus Schadstoffen im Erdreich oder aus
einem verunreinigten Grundwasser stammen können. Bei bekannten Verteilungskoeffizienten kann
aus der →Schadstoffbelastung der Bodenluft die
Belastung mit gas- bzw. dampfförmigen Schadstoffen anderer Phasen, z. B. des festen Bodens,
bestimmt werden. Die Technik der Probenahme ist
in der VDI-Richtlinie 3865 beschrieben. Über den
Umfang und die Art der abgestuften analytischen
Vorgehensweisen geben Parameterlisten Auskunft.

Nach diesen Parameterlisten werden in der ersten
Stufe in der Regel folgende Stoffe analysiert: Methan, Kohlendioxid, Stickstoff, Sauerstoff, Ammoniak, Schwefelwasserstoff, Argon.

Die weitere Untersuchung erstreckt sich beispielsweise auf: Wasserstoff, Merkaptane, Schwefelkohlenstoff, Schwefeldioxid, aromatische Kohlenwasserstoffe, halogenierte Kohlenwasserstoffe, z. B.
Chlormethan, Dichlormethan, Trichlormethan,
Dichlordifluormethan, Trichlorfluormethan, 1,1-
Dichlorethan, 1,2-Dichlorethan, 1,1,1-Trichlor-
ethan, 1,1,2-Trichlorethan, 1,1-Dichlorethen, 1,1,1-
Trichlorethen, Tetrachlorethen, Dichlordifluor-
ethen, Trichlorfluorethen, Hexachlorethan, Chlorbenzol, Dichlorbenzol, Trichlorbenzol, Chlortoluol,
Monochlorethen.

Bei konkreten Hinweisen auf spezifische Abfälle
oder branchentypische Schadstoffe ist eine gezielte
B. möglich. *Thoenes*

Literatur: VDI-Richtlinie 3865: Bl. 1 E: Messen leichtflüchtiger
halogenierter Kohlenwasserstoffe; Meßplanung. 6/1988. –
Bl. 5 E: Messen leichtflüchtiger halogenierter Kohlenwasserstoffe im Boden; Head-space-Analyse von Bodenproben.
7/1988. – LAGA: Altablagerungen und Altlasten. Berlin
1991.

Bodengefügeveränderung. Beim Befahren eines
Bodens mit Traktoren, selbstfahrenden Erntema-
schinen, aber auch mit Transportfahrzeugen entste-
hen negative Auswirkungen auf das Bodengefüge,
die sich im wesentlichen in drei Größen darstellen
lassen: Bodenbelastung, Bodenbeanspruchung und
Bodenverdichtung.
– Bodenbelastung: Sie stellt die Ursache für das
Entstehen von B. dar. In Abhängigkeit von der
Fahrzeugmasse wird durch Übertragung der Rad-
last auf den Boden ein entsprechender Druck in der
Kontaktfläche zwischen Reifen und Boden erzeugt.
Steigende Maschinengrößen führen zu größeren
Achslasten. Möglichkeiten zum Verringern der
Bodenbelastung bestehen in einer Verringerung des
Fahrverkehrs, Reduzieren des Kontaktflächendruk-
kes durch Verringerung der Radlast sowie Verwen-
dung von bodenschonenden Fahrwerken (z. B.
Breit- oder Zwillingsreifen).
– Bodenbeanspruchung: Die Wirkung des aufgebrachten Drucks verursacht mechanische Spannungen im Boden, deren Verteilung durch Druckzwiebeln veranschaulicht werden kann. Maßgebende
Einflußfaktoren für die Beanspruchung sind neben
den Belastungsgrößen (Radlast und Kontaktflächendruck) die Bodenart und der Bodenzustand
(Porenvolumen und Bodenfeuchte). Generell gilt,
daß der Bodendruck mit größerer Tiefe abgebaut
wird, wobei bei gleichem Kontaktflächendruck eine
höhere Radlast die Druckzwiebeln tiefer in das
Bodenprofil hineintreibt. Verstärkt wird diese Wirkung durch hohe Bodenfeuchte. Bei gleicher Radlast ist für das Ausmaß des Bodendrucks und der
Oberbodenverdichtung der Kontaktflächendruck
ausschlaggebend.
– Bodenverdichtung: Sie stellt die Folgewirkung
der Bodenbeanspruchung dar und wird gemessen als Differenz der Bodendichte vor und nach
der Belastung. Bodenphysikalisch bedeuten Verdichtungen eine Verringerung des Porenvolumens
und insbesondere der Luftkapazität im Boden.
Die Folgen der Druckbeanspruchung sind umso
geringer, je trockener und dichter der Boden während des Befahrens ist. Negative Folgen der Bodenverdichtung sind vor allem beim Pflanzenwachstum, der Wasserführung im Boden und, je nach
Witterungsverlauf, im Ernteertrag zu erwarten.
Maßnahmen zur Minderung der Bodenverdichtung

sind neben der Minderung der Maschinengewichte vor allem eine Vergrößerung der Reifenaufstandsflächen bei niedrigem Reifendruck, das Befahren des Bodens bei geringer Feuchte und eine reduzierte Bodenbearbeitungsintensität (konservierende →Bodenbearbeitung).

H. Schön/Estler

Literatur: *Bolling, J.:* Bodenverdichtung und Triebkraftverhalten bei Reifen. Forschungsber. Agrartechnik Nr. 133/1987. – *Bolling, J.:* Beanspruchung des Bodens beim Schlepper- und Maschineneinsatz KTBL-Schrift 308. 1986. – *Olfe, G.; H. Schön:* Bodenbelastung durch Schlepper- und Maschineneinsatz in der Landwirtschaft. KTBL-Schrift 308. 1986. – *Söhne, W.:* Druckverteilung im Boden und Bodenverformung unter Schlepperreifen. Grundlagen der Landtechnik **3** (1953), K. 5, S. 49–63.

Bodeninanspruchnahme. Die wirtschaftliche Tätigkeit des Menschen wirkt auf die Böden durch Stoffeinträge, Bodenbearbeitung und Flächeninanspruchnahme ein. Stoffeinträge umfassen insbesondere die →Deposition von Luft- und Wasserschadstoffen, die gezielte Stoffanwendung bei der Landbewirtschaftung und ungeplante – z. B. unfallbedingte – Stoffeinträge aus dem Umgang mit Stoffen. Unter Flächeninanspruchnahme versteht man Eingriffe zur Herrichtung einer (Boden-)Fläche für eine neue – in der Regel intensivere – Nutzung. Typische Formen der Flächeninanspruchnahme sind die Rodung, die Entwässerung oder auch die Bewässerung naturnaher Flächen zur Gewinnung landwirtschaftlicher Flächen sowie die Überbauung und Versiegelung von Böden als Siedlungs- und Verkehrsflächen und die Abgrabung über Rohstofflagerstätten.

Als Folge der anthropogenen Einwirkungen ergeben sich Bodenbelastungen in Form von
– Veränderungen der Bodenchemie,
– Substanzverlusten und Gefügeveränderungen,
– Verlust von →Bodenfunktionen im Naturhaushalt (Tabelle).

v. Borries

Bodeninanspruchnahme. Tabelle: Beeinträchtigung von Bodenfunktionen durch anthropogene Einwirkungen auf Böden.

Ausgewählte Bodenfunktionen	Anthropogene Einwirkungen											
	Stoffeinträge							Andere Eingriffe/ Eingriffsfolgen				
	Säurebildner	Luftgetragene Pflanzennährstoffe	Luftgetragene Schadstoffe	Wassergetragene Schadstoffe	Pflanzennährstoffe über Dünger	Schadstoffe über Dünger	Pflanzenschutzmittel	Substanzverlust durch Erosion	Gefügeschäden durch Verdichtung	Degradierung durch Entwässerung	Überbauung, Versiegelung	Abgrabung
Regelung des Wärmehaushalts										×	×	
Regelung des Wasserhaushalts		×		×	×		×	×	×	×	×	×
Abbau organischer Reste	×		×					×	×		×	×
Standort schutzwürdiger Biotope	×	×			×		×			×	○	○
Standort für Nahrungs- und Futterpflanzen			×	×		×		×	×		○	○
Standort für Forstpflanzen	×	×							×		○	○
Lebensraum des Edaphon	×							×	×	×	○	○
Erholungsflächen			×	×		×					×	○
Rohstofflager												○

× = Erhebliche Beeinträchtigung möglich
○ = Weitgehende Zerstörung der Bodenfunktion

Bodenkontamination →Kontamination, →Bauleitplanung und Bodenkontamination

Bodenluftabsaugung. Die B. gehört als aktive pneumatische Maßnahme zu den →Dekontaminationsverfahren, die als in situ-Verfahren ohne →Bodenaushub arbeitet. Über eine vertikale Bohrung wird die Bodenluft mit den flüchtigen Schadstoffen über ein Filterrohr abgesaugt (Bodenluftabsaugbrunnen). Durch den Absaugevorgang wird im Boden ein Unterdruck und damit ein Luftstrom erzeugt, von dem die flüchtigen Schadstoffe mitgerissen werden. Hierbei strömt auch teilweise nicht verunreinigte Bodenluft aus den Außenbereichen des Kontaminationherds nach, die sich mit Gasen und Dämpfen belädt. Die Schadstoffe in der abgesaugten Luft müssen in einer Behandlungsanlage, z. B. A-Kohle-Filter, abgeschieden werden, wobei die Vorschriften und Bedingungen der TA-Luft einzuhalten sind. Je nach Größe des Kontaminationsherdes müssen mehrere Bohrungen niedergebracht werden (Bild 1).

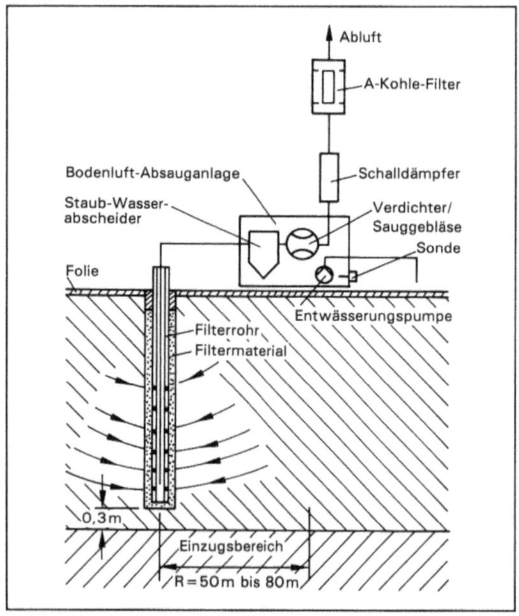

Bodenluftabsaugung 1: B.-Anlage. (Quelle: Fabrizius)

Der Wirkungsgrad der →Dekontamination hängt bei der B. von den örtlichen Bodenverhältnissen, von den Eigenschaften und der Verteilung der Schadstoffe und der Zahl der Bohrlöcher mit ihren Reichweiten ab. Eine Abdeckung mit Folien oder versiegelte Oberflächen erhöhen den Radius der Absaugung. Die Materialien müssen nach den Arbeiten wieder entfernt werden. Eine →Machbarkeitsstudie ist vor Beginn der Arbeiten notwendig.

Hierbei können ein Luftströmungsmodell und ein Schadstofftransportmodell Hinweise für die Optimierung liefern. Der Austrag der Schadstoffe aus dem Kontaminationsherd ist analytisch im Trägermedium Luft und im Boden bzw. Grundwasser zu kontrollieren; er klingt mit der Zeit ab (Bild 2). In der Praxis können Reinigungsgrade bis über 90%, bezogen auf die Schadstoffkonzentration im Boden, erreicht werden. Für die beladenen Aktivkohle-Filter sollte eine Reaktivierungsanlage zur Verfügung stehen.

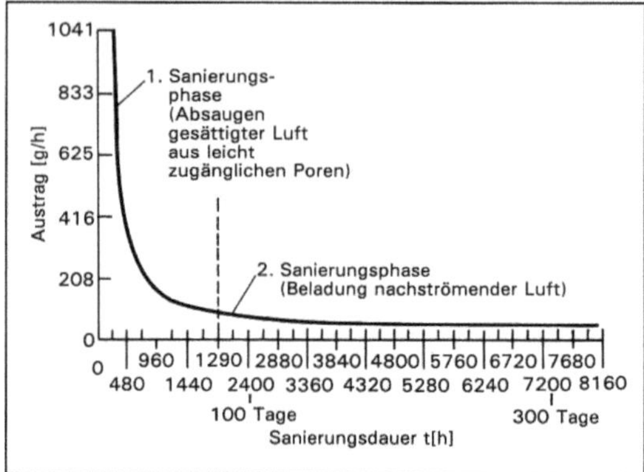

Bodenluftabsaugung 2: Abklingen der Schadstoff-Fracht bei der B. (Quelle: Bruckner)

Zur Erhöhung der Wirksamkeit kann ozonhaltige Luft in die verunreinigte, ungesättigte Bodenzone eingepreßt werden. Das Ozon soll die organischen Schadstoffe oxidieren und leichtflüchtiger machen. Die Absaugung erfolgt über eine B.-Anlage.

Bei geeigneten Boden- und Untergrundverhältnissen kann der Reinigungseffekt auf eine verunreinigte Grundwasserzone ausgedehnt werden. Hierzu wird Druckluft oder Sattdampf eingeblasen (Strippen). Beim Arbeiten mit Sattdampf werden auch wasserdampfflüchtige Schadstoffe und Stoffe mit höherem Siedepunkt ausgetrieben. Zum Einblasen von Druckluft oder Wasserdampf dienen Bohrungen mit Lanzen, die bis in den Grundwasserleiter reichen. Eine Kontrolle, ob sich bei diesem Verfahren Schadstoffe als Sekundäremission ausbreiten, z. B. im Grundwasser, ist notwendig.

Thoenes

Literatur: *Bruckner, F.:* Überblick über die Anlagen zur Reinigung des ungesättigten und des gesättigten Bodenbereichs. In: Thomé-Kozmiensky, K. J. (Hrsg.): Altlasten 2. Berlin 1988. – *Fabrizius, E. W.:* Möglichkeiten der Behandlung CKW-kontaminierten Grundwassers und Erdreichs. In: Thomé-Kozmiensky, K. J. (Hrsg.): Altlasten 2. Berlin 1988.

Bodennutzung. B. läßt sich im Zusammenhang mit menschlichen Aktivitäten in landwirtschaftliche und forstwirtschaftliche Nutzung, in Nutzungen durch Überbauung, Abgrabung und Ablagerung unterteilen. Zu der B. gehört auch die naturnahe Freifläche und das bodengebundene Biotop.

Bei der →Gefährdungsabschätzung der →Verdachtsflächen und →Altlasten sowie bei den Sanierungszielen sind die bestehende und geplante B. zu berücksichtigen.

Der Schutz des Menschen und seiner Gesundheit steht bei der Abwehr von Gefahren durch Altlasten an erster Stelle. Im Zusammenhang mit der B. auf Verdachtsflächen ergibt sich durch die unterschiedliche Nutzungsintensität eine Abstufung. Als Maßstab dient die Verweildauer, die Exposition und die Empfindlichkeit für den Menschen.

Hieraus kann sich für die Einstufung der Nutzungen bei der Gefährdungsabschätzung folgende Reihenfolge ergeben:
- Wohnbebauung und geplantes Baugelände,
- Gärtnerisch genutzte Flächen,
- Landwirtschaftlich genutzte Flächen,
- Spiel-, Sport- und Freizeitgelände,
- Gewerbe- und Industriegelände,
- Erholungsflächen, Grünflächen und Parks,
- Flächen mit forstwirtschaftlicher und jagdlicher Nutzung,
- Lager- und Umschlagplätze,
- Verkehrsflächen, Parkplätze und Flugplätze,
- geschützte und schutzwürdige Biotope,
- Gewerbe-, Verkehrs- und Industriebrachen.

Im Zusammenhang mit der Nutzung sind auch Staubverwehungen und Abschwemmungen einzubeziehen. Die vorstehende Reihenfolge kann sich je nach der individuellen Situation im Einzelfall ändern. Solche ortsspezifischen Expositionsbedingungen können dann eintreten, wenn das primär belastete Schutzgut Boden zu einer sekundären Belastung weiterer Schutzgüter führt, z. B. für Kleinkinder auf kontaminierten Spielplätzen. Neben der Gefährdungsabschätzung bei einer Nutzung der Verdachtsfläche und Altlast durch bestehende Bauwerke ist bei einer geplanten Nutzung durch Bauwerke eine Prüfung und Abwägung im Rahmen der →Bauleitplanung vorzunehmen.

Im Zusammenhang mit der landwirtschaftlichen und gärtnerischen B., die auch die privaten Kleingärten einschließt, hat der Übergang der Schadstoffe aus kontaminierten Böden in Pflanzen eine wichtige Bedeutung. Hierbei ist zu prüfen, inwieweit eine Gesundheitsgefährdung über die Nahrungskette möglich ist. Bei einer derartigen B. sieht das →Mindestuntersuchungsprogramm Untersuchungen an Nutzpflanzen vor, wenn die Analysewerte der Bodenproben bestimmte Prüfwerte überschreiten.

Die oft als →Sanierungsziel erhobene Forderung, jede Art von Nutzung (Multifunktionalität) nach der Sanierung zu ermöglichen, stößt in der Regel an naturgegebene, technische, wirtschaftliche oder rechtliche Grenzen. So kann die polizeirechtliche Generalklausel den Verursacher nur zu Maßnah-

men der →Gefahrenabwehr verpflichten, die nicht unbedingt zur Multifunktionalität des Standortes führen müssen. Neben der nutzungsorientierten Betrachtung des Bodens bei der Gefährdungsabschätzung und bei den Sanierungszielen kann der Boden als Schutzgut durch eine Altlast so belastet sein, daß wichtige →Bodenfunktionen, wie Regelfunktionen und Lebensraumfunktionen, gestört werden. Derartige Störungen können sich nicht nur auf Biotope, sondern auch auf das Rückhaltevermögen und die Umwandlungs- bzw. Abbaufähigkeit für Schadstoffe im Boden auswirken. Diese aus der Beeinflussung der Bodenfunktionen möglichen Wirkungen können Gefahren für den Naturhaushalt darstellen und indirekt auch für den Menschen. *Thoenes*

Literatur: SRU: Umweltgutachten 1987. Stuttgart 1987. – SRU: Altlasten. Stuttgart 1990. – LAGA: Altablagerungen und Altlasten. Berlin 1991.

Bodensanierung. B. wird im engeren Sinne für die Reinigung von kontaminierten Böden benutzt, wobei sehr oft nicht nur das Erdreich, sondern auch der Untergrund eingeschlossen wird. Diese Art der Sanierung führt zu einer Beseitigung oder Verringerung der Schadstoffe im Kontaminationsherd und gegebenenfalls im kontaminierten Umfeld (→Dekontamination).

Im weiteren Sinne wird der Begriff auch benutzt, wenn eine →Umlagerung mit Transport der kontaminierten Massen zu einem Zwischenlager oder zu einer Deponie erfolgt. *Thoenes*

Bodensanierung, biologische. Unter b. B. wird jegliche →Dekontamination von mit Schadstoffen belasteten Boden unter Einsatz von →Mikroorganismen verstanden. Sofern hierbei das belastete Erdreich am Ursprungsort belassen wird, spricht man von in-situ-Sanierung. Das Prinzip der in-situ-Sanierung besteht darin, daß man das kontaminierte Erdreich mit Starterkulturen von Bakterien versetzt, die über besondere Abbauleistungen (z. B. für Erdöl) verfügen, um so über eine passagere Änderung der terrestrischen Mikroflora die natürliche biologische Sanierung des belasteten Bodens zu beschleunigen. Die Überwucherung der Starterkulturen durch die autochthone Mikroflora und die limitierte oder zumindest inhomogene Verfügbarkeit von Sauerstoff im Erdreich sind die wesentlichen Faktoren, die einer in-situ-Sanierung Grenzen setzen. Entsprechend bleibt häufig nur der aufwendigere Ausweg, das kontaminierte Material in einen →Bioreaktor zu verbringen, um es unter kontrollierbaren Bedingungen, gegebenenfalls durch Monokulturen zu dekontaminieren. *Flohé*

Bodensanierungsanlage/-verfahren. Zur →Bodensanierung kommen folgende →Dekontaminationsverfahren in Betracht:

– in-situ-Verfahren mit hydraulischen Maßnahmen, biologischen Behandlungsverfahren, Hochdruck-Bodenwaschverfahren und →Bodenluftabsaugung
– on-site- und off-site-Behandlung mit thermischen, biologischen und →Bodenwaschverfahren.

Die Durchführung der Sanierung bedarf in der Regel einer oder mehrerer behördlicher Genehmigungen. Die Erfordernisse hierzu können sich aus einer Vielzahl von Vorschriften unterschiedlicher rechtlicher Herkunft ergeben, je nachdem, ob eine Bodenbehandlung in-situ vorgenommen, oder ob eine Behandlungsanlage auf Dauer für eine Sanierung off-site oder nur vorübergehend zu einer Sanierung on-site errichtet werden soll.

Soll das Erdreich an Ort und Stelle verbleiben und mittels hydraulischer oder biologischer Verfahren, Bodenluftabsaugung oder Hochdruck-Bodenwaschverfahren in-situ behandelt werden, kann die Sanierungsmaßnahme gemäß §§ 2 und 3 Wasserhaushaltsgesetz (WHG) erlaubnispflichtig sein, wenn es sich hierbei um eine Gewässerbenutzung handelt, durch die eine nachteilige Beeinflussung des Grundwassers möglich ist. Für den Tatbestand Gewässerbenutzung reicht es aus, daß es sich bei der möglichen Beeinträchtigung des Gewässers um eine Begleiterscheinung einer zu anderen Zwecken dienenden Maßnahme handelt. Ob für diese Benutzung eine Erlaubnis erteilt werden kann, hängt davon ab, ob hierdurch das Wohl der Allgemeinheit beeinträchtigt werden kann (§ 6 WHG). Bei der Zulassung von Sanierungsmaßnahmen ist immer auch das →Sanierungsziel mit zu berücksichtigen. Daher sind der Nutzen der Sanierungsmaßnahme und die Beeinträchtigung des Wohls der Allgemeinheit gegeneinander abzuwägen.

Immissionsschutzrechtlich ist eine in-situ-Sanierungsmaßnahme nicht genehmigungsbedürftig, weil sie nicht im Anhang der →4. BImSchV aufgeführt ist. Das Grundstück, auf dem diese Maßnahmen durchgeführt werden, ist in der Regel eine nicht genehmigungsbedürftige Anlage im Sinne des Bundes-Immissionsschutzgesetzes (vergl. § 3 Abs. 5 Nr. 3 BImSchG). Zum Schutz vor schädlichen Umwelteinwirkungen können daher im Einzelfall gemäß § 24 in Verbindung mit § 22 BImSchG die erforderlichen Anordnungen durch die zuständige Behörde getroffen werden, z. B. Reinigung der abgesaugten Bodenluft über Aktivkohlefilter.

Eine Zulassung nach dem →Abfallrecht ist bei den in-situ-Verfahren nicht erforderlich, weil unter den →Abfallbegriff des § 1 Abs. 1 AbfG nur bewegliche Sachen fallen; beweglich wird kontaminiertes Erdreich aber erst mit dem Ausbaggern.

Wird das Erdreich ausgebaggert, kommt eine Sanierung durch ein thermisches, biologisches oder Waschverfahren sowohl vor Ort (on-site) als auch in einer standortfernen Anlage, z. B. in einem →Bodensanierungszentrum (off-site) in Betracht. Wird der verunreinigte Boden nicht ausschließlich am Standort der Anlage entnommen, handelt es sich um eine Behandlungsanlage, die immissionsschutzrechtlich unter Nr. 8.7 Spalte 1 des Anhangs zur 4. BImSchV fällt und in einem förmlichen Verfahren mit Öffentlichkeitsbeteiligung und →Umweltverträglichkeitsprüfung zu genehmigen ist. Eine B. zur on-site-Behandlung vor Ort fällt dagegen unter Nr. 8.7 Spalte 2 des Anhangs der 4. BImschV und ist daher im vereinfachten Verfahren ohne Öffentlichkeitsbeteiligung und Umweltverträglichkeitsprüfung zu genehmigen. Sowohl für off-site als auch für on-site-Anlagen besteht ein Genehmigungserfordernis nur, wenn sie länger als zwölf Monate an dem selben Ort betrieben werden sollen.

Neben einer immisionsschutzrechtlichen Genehmigung kann z. B. bei Bodenwaschanlagen auch eine wasserrechtliche Erlaubnis erforderlich sein, für die zu prüfen ist, ob die Gewässerbenutzung gem. § 6 WHG dem Wohl der Allgemeinheit entspricht und welchen technischen Anforderungen die Anlage für das Einleiten von Abwasser gem. § 7a WHG genügen muß. Eine abfallrechtliche Zulassung benötigen solche Bodenbehandlungsanlagen nicht mehr.

Lediglich Deponien zur endgültigen Ablagerung z. B. von kontaminiertem Erdreich bedürfen noch einer abfallrechtlichen Zulassung. In diesem Fall ist im Rahmen des →Planfeststellungsverfahrens (§ 7 Abs. 2 AbfG) eine Umweltverträglichkeitsprüfung durchzuführen. Ein →Genehmigungsverfahren gem. § 7 Abs. 3 AbfG ohne Öffentlichkeitsbeteiligung und Umweltverträglichkeitsprüfung reicht aus, wenn die Errichtung und der Betrieb einer unbedeutenden Deponie oder ihre wesentliche Änderung beantragt wird.

Handelt es sich bei einer Altlast selbst um eine stillgelegte Deponie, kann für deren →Rekultivierung auf ein Planfeststellungsverfahren verzichtet werden, soweit die zuständige Behörde eine Verfügung nach § 10 Abs. 2 AbfG getroffen hat. Das gilt allerdings nicht, wenn zur Sanierung eine völlig neue Anlage geschaffen werden soll.

Weder das Abfallrecht noch das Immissionsschutzrecht enthalten einen Genehmigungstatbestand für nicht ortsfeste, d. h. mobile B. Um solche Anlagen handelt es sich, wenn sie weniger als zwölf Monate an dem selben Standort betrieben werden sollen. Von der Geltung des Abfallrechts sind diese Anlagen allerdings nicht völlig freigestellt. Soweit das kontaminierte Erdreich als →Abfall gilt, darf es nur in einer für die Entsorgung zugelassenen Anlage behandelt werden (§ 4 Abs. 1 AbfG).

Hiervon kann eine Ausnahme gem. § 4 Abs. 2 AbfG erteilt werden, wenn durch die Behandlung in der mobilen Anlage die Schutzgüter des Abfallgesetzes (§ 2 AbfG) nicht beeinträchtigt werden.

Eine Anlage zur thermischen Bodenbehandlung, in der eine Verbrennung von festen und flüssigen Verunreinigungen in Böden mittels direkter Flammeneinwirkung erfolgt, unterliegt – anders als eine Pyrolyseanlage, in der die Behandlung durch Verschwelung erfolgt – wie eine Abfallverbrennungsanlage den Anforderungen der →17. BImSchV.

Buch

Literatur: *Buch, T.:* Zulassungsverfahren bei der Altlastensanierung (on-site) aus immissionsschutz- und abfallrechtlicher Sicht, in Umwelt- und Planungsrecht 1990, 92 ff.; ders.: Die Auswirkungen des § 4 Abs. 1 Satz 2 AbfG auf die Öffentlichkeitsbeteiligung und die 17. BImSchV, in Natur und Recht 1991, 416 ff. – *Gieseke, Wiedemann, Czychowski:* Wasserhaushaltsgesetz, Kommentar, 5. Aufl., 1989; SRU: Altlasten, Stuttgart 1989.

Bodensanierungszentrum. Im B. sind mehrere Anlagen, die nach unterschiedlichen Verfahren für die Sanierung von Altlasten eingesetzt werden können, zusammengefaßt. Hierdurch kann eine Vielzahl von Altlasten gleichzeitig behandelt werden (Altlastensanierungszentrum).

Der technische Vorteil liegt darin, daß z. B. biologische, extraktive und thermische Behandlungsverfahren in Kombination eingesetzt werden können. Lagerraum für belastete und gereinigte Böden sowie eine Anlage zur Revitalisierung behandelter Böden gehören in der Regel auch zum B.

Durch angepaßte Kapazitäten und entsprechenden Durchsatz lassen sich die spezifischen Verfahrenskosten minimieren. Bei den Kosten müssen die Kosten für den Transport, für die Zwischenlagerung und für den Rücktransport der gereinigten Massen einbezogen werden.

Bei der Planung eines B. ist zu prüfen, ob das Zentrum mit den Anlagen und Einrichtungen zur Behandlung kontaminierter Massen eine →Abfallentsorgungsanlage im Sinne des Abfallgesetzes ist und ob eine →Umweltverträglichkeitsprüfung erforderlich ist (→Bodensanierungsanlage).

Thoenes

Bodenschlitz. Durch B., die zwischen einer →Erschütterungsquelle und einem zu schützenden Objekt, z. B. einem Gebäude, lotrecht im Boden angeordnet werden, soll die Wellenausbreitung gestört werden mit dem Ziel, die Objekte gegen →Erschütterungen abzuschirmen (→Abschirmung).

Die Schlitze im Boden können offene oder z. B. mit Bentonitsuspensionen gestützte Schlitze sein. Untersuchungen haben ergeben, daß durch B. eine wesentliche Reduktion der Schwingungsamplituden nur im Bereich dicht hinter diesen Schlitzen erwartet werden kann. Durch B. werden nur die Schwingungsamplituden der sich längs der Oberfläche ausbreitenden *Rayleigh*-Wellen gemindert. Bei Schlitztiefen $T \geqslant 0{,}6 \cdot \lambda_R$ (λ_R: Wellenlänge der *Rayleigh*-Welle) sind besonders im Abschirmbereich dicht hinter der Schlitzwand Reduktionen der Schwingungsamplituden von etwa 40–80 % zu erwarten; mit größeren Abständen verringern sich die Reduktionsmaße.

Offene und geschlossene B. lassen sich in für praktische Abschirmungszwecke erforderlichen Abmessungen nicht herstellen bzw. auf Dauer nicht offen halten. Eine praktische Anwendung hat sich bisher nicht durchgesetzt

Splittgerber

Literatur: *Dolling, H. J.:* Abschirmung von Erschütterungen durch Bodenschlitze. Die Bautechnik (Nr. 5/6, 1970) – *Haupt, W.:* Ausbreitung von Wellen im Boden. In Haupt, W. (Hrsg.): Bodendynamik, Grundlagen und Anwendung. Braunschweig 1986.

Bodenschutzklausel. Dem Schutz des Freiraums dient die 1987 in das Baugesetzbuch aufgenommene B. Nach § 1 Abs. 5 S. 3 BauGB soll mit Grund und Boden sparsam und schonend umgegangen werden. Das bedeutet vor allem Zurückhaltung bei der Ausweisung neuer Baugebiete. Bei der →Bauleitplanung heißt das vor allem, daß je nach den örtlichen und städtebaulichen Verhältnissen anstelle der Neuausweisung von Bauflächen die Möglichkeiten der innerörtlichen Entwicklung genutzt und bei Inanspruchnahme unbebauter Flächen flächensparende Bauweisen bevorzugt werden. Schonender Umgang mit Grund und Boden bedeutet vor allem die Berücksichtigung übergreifender ökologischer Zusammenhänge, den Schutz von Vernetzungsfunktionen insbesondere des Naturhaushalts, die Einbeziehung von Landschaft und der Schutz des Mutterbodens (→Bodenaushub).

Mit der B. wird dem Bodenschutz im Vergleich zu den Planungszielen, die in den Planungsleitlinien des § 1 Abs. 5 S. 2 BauGB bei der Aufstellung der Bauleitpläne zu berücksichtigen sind, besonderes Gewicht zugesprochen. In der Terminologie des Bundesverwaltungsgerichts dürfte es sich bei der B. um ein sog. Optimierungsgebot handeln, das eine möglichst weitgehende Beachtung des Bodenschutzes verlangt. Eine unzureichende Berücksichtigung der B. im Rahmen der planerischen Abwägung kann diese fehlerhaft und damit den →Bebauungsplan nichtig machen. *Hoppe/Beckmann*

Literatur: *Battis; Krautzberger; Löhr:* Kommentar zum BauGB, 3. Aufl. § 1 Rn. 85 ff. München 1991. – *Hoppe; Beckmann:* Umweltrecht, § 7 Rn. 37. München 1989.

Bodenschutzrecht. Bodenverunreinigungen durch Industriebetriebe, alte Abfalldeponien, übermäßigen Einsatz von Chemikalien in der Landwirtschaft, großflächige Bodenerosionen und zunehmender Verlust von Freiraum durch Siedlungen, Industrie und Verkehr machen die Bedeutung des B. deutlich.

Eine rechtliche Begriffsbestimmung des Bodens gibt es bislang nicht. Ausgehend von bodenkundlichen Erkenntnissen ist der →Boden ein Naturkörper, der nur einen Teil der Erdoberfläche in einer dünnen Schicht bedeckt. Er stellt sich als ein dynamisches System dar, das mit Wasser, Luft und Lebewesen durchsetzt ist und in dem mineralische und organische Substanzen enthalten sind, die durch physikalische, chemische und biologische Prozesse umgewandelt wurden und werden.

Bodenschutz erstreckt sich in erster Linie auf die Sicherung der →Bodenfunktionen.

Ein eigenständiges Bodenschutzgesetz, das der Bund auf eine Vielzahl von Kompetenztiteln im Grundgesetz stützen kann, ist vom Bundesumweltministerium vorgelegt und mit den Bundesländern besprochen worden; auch die Anhörung der Verbände hat stattgefunden. Die abschließende Abstimmung des Entwurfs mit den Bundesressorts ist noch nicht erfolgt (Stand März 1994). Wesentliche Ziele betreffen den Schutz vor schädlichen Bodenveränderungen (Schutz der Bodenfunktionen) sowie die Sanierung von eingetretenen Schäden und →Altlasten. Vorgesehen ist auch die Festsetzung von Bodenbelastungswerten, um den Schadstoffeintrag zu reduzieren und um die →Bodensanierung auf eine berechenbare und meßbare Basis zu stellen. Auch die Aufstellung von Bodenschutzplänen ist vorgesehen. Die Notwendigkeit einer bundeseinheitlichen Regelung wird noch unterstrichen durch die zunehmenden Aktivitäten der Bundesländer auf dem Gebiet des B.; die Länder Baden-Württemberg und Sachsen haben bereits eigene Bodenschutzgesetze, insbesondere mit Regelungen betr. Altlasten, erlassen.

Bodenschützende Regelungen gibt es im geltenden Recht in ganz unterschiedlichen Regelungs-Zusammenhängen. So finden sich Bodenschutzbestimmungen im →Naturschutzrecht, im →Abfallrecht, im →Gefahrstoffrecht, im Bauplanungsrecht etc. Die Zersplitterung des B. ist nicht Folge eines unsystematischen Herangehens des Gesetzgebers. Vielmehr handelt es sich beim Bodenschutz um eine Querschnittsaufgabe, die rechtlich an unterschiedliche Regelungszusammenhänge anknüpfen muß. Bodenschutzbestimmungen müssen bei den unterschiedlichen Gefährdungen der Bodenfunktionen ansetzen. So dienen dem Bodenschutz (gegenüber dem Freiraumverbrauch) Regelungen des Planungsrechts, etwa die →Bodenschutzklausel des § 1 Abs. 5 S. 3 BauGB, die Umwidmungssperrklausel des § 1 Abs. 6 S. 3 BauGB, Neufassungen des § 35 Abs. 4 BauGB für das Bauen im Außenbereich oder Bestimmungen des Naturschutzrechts, etwa über die Ausweisung von Schutzgebieten oder über die →Landschaftsplanung.

Der Schutz des Bodens vor Gefährdungen durch Schadstoffeintrag ist ebenfalls in ganz unterschiedlichen Gesetzen und Verordnungen geregelt, so etwa im Düngemittelgesetz vom 15. 11. 1977 (BGBl. I S. 2134), im Pflanzenschutzgesetz vom 15. 9. 1986 (BGBl. I S. 1505), in den →Gülleverordnungen der Länder und in der →Klärschlammverordnung des Bundes (→EG-Bodenschutz-Regelungen). *Hoppe/Beckmann*

Literatur: *Book:* Bodenschutz durch räumliche Planung. Münster 1986. – *Kloepfer:* Umweltrecht, S. 814 ff. München 1989. – *Storm:* Bodenschutzrecht. In: Handwörterbuch des Umweltrechts, Band I. Berlin 1986.

Bodenschutzziele. Bodenschutz war in den 70er Jahren kein eigenständiges Feld der →Umweltpolitik; erst in den 80er Jahren wurde der Bodenschutz als Querschnittsaufgabe des Umweltschutzes begriffen und anläßlich von Novellierungen wurden bodenbezogene Schutzziele an verschiedenen Stellen im Umweltschutzrecht verankert. Diese verspätete Beachtung hat zu einer nicht gerechtfertigten und verhängnisvollen Unterbewertung des Schutzgutes Boden geführt, die sich in aktuellen Bodenschutzproblemen wie →Versauerung des Bodens und →Altlasten niederschlägt. Einige Bundesländer haben daraus Konsequenzen gezogen und den Bodenschutz in einem eigenen Gesetz (Baden-Württemberg), im Zusammenhang mit der →Abfallwirtschaft (Sachsen) oder – nur teilweise hinsichtlich der Altlasten – in ihren Abfallgesetzen (Bayern, Hessen, Niedersachsen, Nordrhein-Westfalen, Rheinland-Pfalz, Thüringen) geregelt. Die Länderregelungen sind jedoch von sehr unterschiedlicher Struktur und Regelungsdichte. Die Tendenz geht dahin, durch ein Bodenschutzgesetz des Bundes als Rahmengesetz die B. zu vereinheitlichen und allgemein mit einem höheren Rang zu versehen (→Bodenschutzrecht).

Im Boden bilden Mineralstoffe, Luft, Wasser, organische Stoffe und lebende Bodenorganismen – das →Edaphon – ein intensiv wechselwirkendes Mehrphasensystem. Unter dem Einfluß des Klimas entwickeln sich aus dem Zusammenspiel von Vegetation und festem Untergrund typische Böden; sie sind Ausdruck der Landschaft. Die Böden sind Ort des Eintrags und Austrags von Stoffströmen und Reaktionsraum für Stoffumwandlungen. Störungen dieses komplexen Systems haben daher Auswirkungen auf den gesamten →Naturhaushalt. Zugleich stehen Böden als Naturkörper wie als Baugrund seit der Seßhaftwerdung der Menschen im Zentrum wirtschaftlichen Interesses.

Boden ist von Natur aus kein weitgehend einheitliches Medium wie Wasser oder Luft, sondern ein Körper von räumlich verschiedener Zusammensetzung mit zeitlicher Entwicklung (Bodengenese). Es gibt nicht den Boden, sondern viele verschiedene

Böden, die von der Bodenkunde als Bodenformen beschrieben und systematisiert werden. Die Nutzung der Böden bedingt von jeher mehr oder weniger intensive Eingriffe, welche die Eigenschaften der Böden verändern. Es erscheint daher nicht sinnvoll, den Bodenzustand als primäres Schutzgut anzusehen; das zugehörige Schutzziel einer möglichst geringen Veränderung des jeweils aktuellen Bodenzustands wäre dann grundsätzlich unverträglich mit den Nutzungsansprüchen der Menschen. In der Bodenschutzpolitik werden daher nicht die Böden selbst, sondern ihre Leistungen für den

Bodenschutzziele. Tabelle 1: Teilziele zur Verminderung der Stoffeinträge in den Boden.

Teilbereiche	Teilziele
Luftgetragene Schadstoffe	– Die Emissionen sind zu senken, bis die Depositionen auf ein auch langfristig bodenverträgliches Niveau zurückgehen. – Tragbare Depositionsraten sind bodenspezifisch zu ermitteln.
Wassergetragene Schadstoffe	– Schadstoffgehalte von Fließgewässern und deren Sedimente sind langfristig so zu reduzieren, daß die Böden der Überschwemmungsflächen nicht belastet werden. – Baggergut soll nur unter Einhaltung der Bodenschutzanforderungen an Land abgelagert werden.
Düngemittel	– Düngemittel sind standortgerecht einzusetzen. Die Nährstoffzufuhr ist dem Bodenvorrat und Pflanzenentzug anzupassen. Das Risiko von Nährstoffverlagerungen ins Grundwasser ist zu berücksichtigen. – Schädliche Begleitstoffe von Düngemitteln sind zu vermindern. – Das natürliche Nährstoffniveau von Forstböden soll in der Regel nicht angehoben werden. Kalkungsmaßnahmen sollen nicht über die Kompensation des Säureeintrags hinausgehen.
Pflanzenschutzmittel	– Der Einsatz von Pflanzenschutzmitteln muß auf das unerläßliche Maß reduziert werden. – Persistente Wirkstoffe in Pflanzenschutzmitteln sind weitestgehend zu vermeiden.
Streusalz	– Die Verwendung von Streusalz muß auf das aus Gründen der Verkehrssicherheit unumgängliche Maß vermindert werden, die Ausbringungstechnik ist zu optimieren. – Nach Möglichkeit ist Streusalz durch abstumpfende Mittel zu ersetzen.
Wassergefährdende Stoffe	– Das Risiko von Bodenbelastungen muß durch technische Schutzmaßnahmen und weitgehende Verlagerung des Transports auf die Schiene minimiert werden.
Abfälle	– Abfälle, die nicht vermieden oder verwertet werden, sollen inertisiert und sachgerecht deponiert werden.
Altlasten	– Verdachtsflächen sind zu erheben, zu untersuchen und auf ihr Gefahrenpotential hin abzuschätzen. – Altlasten sind zu sichern oder zu dekontaminieren. – Neue Altlasten dürfen nicht entstehen.
Klärschlamm	– Der Schadstoffgehalt landwirtschaftlich verwerteter Klärschlämme ist weitgehend zu verringern, ihr Nährstoffgehalt ist in die Düngeplanung einzubeziehen.
Bewässerung	– Bewässerung ist so vorzunehmen, daß die Böden weder durch das Bewässerungswasser selbst noch durch aufsteigendes Salz belastet werden.

Bodenschutzziele. Tabelle 2: Teilziele zur Verminderung von Substanzverlagerung und Gefügeänderung von Böden.

Teilbereich	Teilziel
Erosion landwirtschaftlicher Böden	– Der Verlust der wertvollen Oberböden ist durch Anpassung der Bewirtschaftung an die Standortbedingungen weitestgehend zu reduzieren (Bodenbedeckung, konservierende Bodenbearbeitung, Untersaat); erforderlichenfalls ist die Nutzung umzustellen. – Erosionsmindernde Strukturen sind zu erhalten bzw. neu einzurichten (Geländestufen, Windschutzpflanzung). – Sekundärschäden durch Bodeneintrag in Gewässer oder nährstoffarme Biotope sind zu vermeiden.
Erosion forstwirtschaftlicher Böden	– Plötzliche Freistellung größerer Flächen (Kahlschlag) ist zu vermeiden.
Erosion im Gebirge	– Schutzwälder sind zu erhalten, ihre Vitalität ist zu fördern (Verjüngung, Verkleinerung des Schalenwildbestands). – Erosion durch Skisport und Tourismus ist durch Verzicht auf weitere Erschließung und durch Pflegemaßnahmen zu begrenzen.
Verdichtung	– Bodenschäden durch Verdichtung ist vorbeugend entgegenzuwirken (Herabsetzung des Gewichts und Bodendrucks der Maschinen, Anpassung der Bearbeitung an den Bodenzustand, Erweiterung der Fruchtfolge).

Bodenschutzziele. Tabelle 3: Teilziele zur Beschränkung von Flächeninanspruchnahme und Landschaftsverbrauch.

Teilbereich	Teilziel
Naturschutz	– Verbleibende natürliche und naturnahe Böden sind zu sichern (nährstoffarme Böden, hydromorphe Böden). – Innerhalb aller Naturräume sind repräsentative ungestörte Bodenvorkommen zu sichern. – Vielfältige Bodenlandschaften sind zu erhalten. – Sonderformen der Bodenbildung sind zu schützen (insbesondere Moore, Auenwälder. Watten, Dünen). – Naturnah genutzte Flächen sind mit noch vorhandenen schutzwürdigen Biotopen zu vernetzen.
Landschaftspflege	– Die Eigenart, Vielfalt und Schönheit der Landschaft einschließlich der über Jahrhunderte gewachsenen Kulturlandschaft ist zu bewahren. – Empfindliche Landschaftselemente sind ggf. durch Nutzungsbeschränkung zu sichern. – Das Landschaftsbild ist auch bei Eingriffen (z. B. Rohstoffabbau, Aufhaldungen, Deponien, Verkehrsstrassen) weitgehend zu bewahren.
Landwirtschaft	– Landwirtschaftliche Böden mit hohem Ertragspotential sind nach Möglichkeit zu erhalten.
Erholungsflächen	– Empfindliche ökologisch wertvolle Gebiete müssen vor Schäden durch Massentourismus und Naherholung bewahrt werden. – Intensiv genutzte Freizeit- und Erholungseinrichtungen sind Wohngebieten flächensparend und verkehrsmindernd zuzuordnen. – Freizeit- und Erholungseinrichtungen mit hohem Flächenbedarf sind auf das unbedingt notwendige Maß zu beschränken, landschaftsschonend anzuordnen und bodenschonend zu unterhalten.

Bodenschutzziele. Noch Tabelle 3: Teilziele zur Beschränkung von Flächeninanspruchnahme und Land-schaftsverbrauch.

Teilbereich	Teilziel
Siedlungsflächen	– Die Inanspruchnahme von freien Flächen ist zu verringern (nach § 1 Abs. 5 BauGB ist Grund und Boden sparsam und schonend in Anspruch zu nehmen). – Die Innenentwicklung des Siedlungsraums ist zu verstärken. Dazu gehört die Mischung verträglicher Nutzungen und die Wiedernutzung brachgefallener oder belasteter Standorte. – Die Bodenversiegelung ist zu begrenzen. – Die Erschließung und bauliche Nutzung von Grundstücken ist flächensparend vorzunehmen.
Verkehrsflächen	– Durch Mischung verträglicher Nutzungen im Siedlungsraum ist der Verkehrsbedarf zu verringern. – Der Flächenbedarf und die Zerschneidungseffekte sind durch Abstimmung zwischen Verkehrsträgern und Parallelführung der Verkehrswege zu vermindern. – Der Ausbau von Verkehrswegen muß Vorrang vor ihrem Neubau erhalten.
Abbau von Bodenschätzen	– Die Rohstoffversorgung ist zu sichern, der Verbrauch ist durch sparsame Verwendung, Verwertung von Abfällen und Entwicklung von Ersatzstoffen zu mindern. – Beim Abbau von Bodenschätzen sind Eingriffe in den Naturhaushalt durch planerische und technische Maßnahmen zu minimieren, insbesondere sind erschlossene Lagerstätten möglichst vollständig zu nutzen und der Abbau in besonders schutzwürdigen Gebieten zu unterlassen. – Rohstofflagerstätten sind zu erfassen, detailliert zu untersuchen und planerisch auszuweisen. – Abgebaute Lagerstätten sind nach Möglichkeit zu renaturieren. – Torf ist anwendungsspezifisch verstärkt durch andere geeignete Materialien zu ersetzen.

Naturhaushalt und den Menschen, die als →Bodenfunktionen bezeichnet werden, als primäres Schutzgut betrachtet. B. ist dementsprechend die Erhaltung der Leistungsfähigkeit der ökologischen wie der ökonomischen Bodenfunktionen.

Die Aufgaben des Bodenschutzes erstrecken sich auf die gesamte feste Erdkruste, soweit diese durch menschliche Eingriffe beeinflußt werden kann; auch die Bodenschätze sind in die Schutzüberlegungen einzubeziehen. Generelles Ziel des Bodenschutzes ist die nachhaltige Sicherung der Leistungsfähigkeit des Bodens für Mensch und Naturhaushalt. Die Konkretisierung der B. muß im Hinblick auf die verschiedenen Bodenfunktionen und ihre Schutzbedürftigkeit (→Bodeninanspruchnahme) sowie auf die an sie gestellten Nutzansprüche und die daraus resultierenden Gefahrenpotentiale erfolgen.

Das generelle B. – Erhaltung der Leistungsfähigkeit der Bodenfunktionen für Mensch und Naturhaushalt – konkretisiert sich in fachlichen Zielen zur Minderung der belastenden Einwirkungen (unmittelbarer Bodenschutz) und in instrumentellen Zielen zur Entwicklung der Instrumente für die Bewertung der Einwirkungen und die Durchsetzung der Minderungsziele (mittelbarer Bodenschutz). Da die fachlichen Ziele auf die Erhaltung der Leistungsfähigkeit der Bodenfunktionen gerichtet sind, dienen die ergriffenen Schutzmaßnahmen vielfach primär nicht dem Schutz der Böden im engeren Sinne, sondern anderen bodenabhängigen Gütern des Naturhaushaltes. Die Teilziele des Bodenschutzes können nicht abschließend festgelegt werden, sie verändern sich mit der Entwicklung der Probleme und der Lösungsmöglichkeiten. Im wesentlichen sind nach der gegenwärtigen Problemlage als Ziele des Bodenschutzes zu postulieren:
– Verminderung der Stoffeinträge,
– Verminderung von Substanzverlagerungen und Gefügeänderungen und
– Beschränkung von Flächeninanspruchnahme und Landschaftsverbrauch.

□ Verminderung der Stoffeinträge in den Boden

Oberziel: Der Eintrag quantitativ oder qualitativ bedenklicher Stoffe in die Böden ist so zu reduzieren, daß keine Schäden auftreten; langfristig ist ein Gleichgewicht zwischen Stoffeinträgen und Regelungsfähigkeit der Böden auf möglichst niedrigem Niveau anzustreben (Tabelle 1).

Verminderung von Substanzverlagerung und Gefügeänderung von Böden

Oberziel: Substanzverlagerungen und Gefügeänderungen müssen minimiert werden; langfristig ist ein Gleichgewicht mit substanzbildenden und gefügestabilisierenden Bodenprozessen auf möglichst hohem Niveau anzustreben (Tabelle 2).

□ Beschränkung von Flächeninanspruchnahme und Landschaftsverbrauch

Oberziel: Die Inanspruchnahme freier Flächen soll vermindert werden. →Raumordnung und →Landesplanung müssen strenge Maßstäbe an die Begründung neuer Flächennutzungsansprüche anlegen. Erforderliche Nutzungen sind so zu gestalten, daß die Bodenfunktionen nur in unvermeidlichem Umfang in Anspruch genommen werden. Langfristig ist ein Ausgleich zwischen neuen Flächennutzungsansprüchen und →Rekultivierung oder →Renaturierung nicht mehr für Siedlung, Verkehr und Infrastruktur benötigter Flächen anzustreben (Tabelle 3).   *v. Borries*

Literatur: *Fiedler, H. J.* (Hrsg.): Bodennutzung und Bodenschutz. Basel 1990. – *Rosenkranz/Einsele/Harreß* (Hrsg.): Bodenschutz – Handbuch der Maßnahmen und Empfehlungen für Schutz, Pflege und Sanierung von Böden, Landschaft und Grundwasser. Berlin 1988. – *Scheffler/Schachtschabel:* Lehrbuch der Bodenkunde; 12. Aufl. Stuttgart 1989.

Bodenverdichter. Bei der Verdichtung von Böden von der Oberfläche her werden Stampfer und bei größeren zu verdichtenden Flächen Rüttelplatten und Vibrationswalzen verwendet. Bei Rüttelplatten und Vibrationswalzen werden die Schwingungen zum Erzeugen der Verdichtungsenergie, ähnlich wie bei Vibrationsrammen, durch Unwuchterregung erzeugt.

Durch Resonanz können in Gebäuden, die in der Nähe der Baustelle liegen, besonders auf Geschoßdecken, starke →Erschütterungen auftreten, die auch Sekundäreffekte herbeiführen können, z. B. Klirren von Geschirr, Fensterscheiben, o. ä. Durch abgestrahlten Sekundärschall sind die Erschütterungen oft auch deutlich hörbar.   *Splittgerber*

Literatur: *Splittgerber, H.:* Erschütterungen, Erschütterungsemissionen und -immissionen. In Haupt, W. (Hrsg.): Bodendynamik, Grundlagen und Anwendung. Braunschweig 1986.

Bodenwaschverfahren. Die B. gehören zu den chemisch-physikalischen →Altlastenbehandlungsverfahren. Durch Waschen bzw. Extrahieren der kontaminierten Massen, z. B. Böden, Untergrundmaterial, Bauschutt, Deponiekörper, werden die Schadstoffe in eine flüssige Phase übertragen. Nach entsprechender Behandlung der flüssigen Phasen müssen anfallende Schlämme bzw. Schadstoffkonzentrate entsorgt werden.

Die Effektivität des Verfahrens ist von der Beschaffenheit der Massen, von der Art der Schadstoffe und deren Bindungsformen sowie vom System Flüssigkeit/Schadstoff abhängig. Die →Dekontamination im System Flüssigkeit/Schadstoff kann als Waschvorgang, d. h. durch Abtrennen und Dispergieren der Schadstoffe, und als Extraktionsvorgang, d. h. durch Herauslösen und molekularen Transport, erfolgen. Die hierzu notwendige Energie wird in der Regel mechanisch, z. B. als Hochdruckwasserstrahl, pulsierende Extraktorteller oder -schnecken, eingebracht. Die Bindungskräfte lassen sich teilweise durch Zugabe oberflächenaktiver Stoffe (Tenside) verringern.

Als Wasch- und Extraktionsflüssigkeiten werden Wasser, wäßrige Lösungen, z. B. verdünnte Mineralsäuren, und nicht wasserlösliche Lösungsmittel verwendet.

Zum Verfahren gehört eine Aufbereitung der Wasch- und Extraktionsmittel im Kreislauf, eine Behandlung der Schlämme und Schadstoffkonzentrate sowie eine Nachbehandlung der gereinigten Masse (Bild). Vor dem Wasch- und Extraktionsvorgang erfolgt eine mechanische Vorbehandlung mit Sortieren, Klassieren und gegebenenfalls Brechen. Entscheidenden Einfluß auf die Einsatzmöglichkeiten und Effektivität der Verfahren haben die Größe des Feinkornanteils und die Akkumulation der Schadstoffe im Feinkornanteil. Die Abtrennung und Herauslösung der Schadstoffe ist je nach Verfahrensprinzip nur oberhalb bestimmter Grenzkorngrößen möglich. Es wird deshalb der Feinkornanteil vorher abgetrennt oder nachträglich als Schlamm weiterbehandelt.

Verfahrensverbesserungen streben an, die Menge des abzuscheidenden Feinkorns oder des zu behandelnden Schlamms durch Verschiebung der Trenngrenze zum Feinstkorn zu verringern.

B. und →Extraktionsverfahren haben sich sowohl für anorganische als auch für organische Schadstoffe in der Praxis bewährt, u. a. für Schwermetalle, Mineralöle, PCB, Teerkohlenwasserstoffe, Cyanide. Es können je nach Standortgegebenheiten Reinigungswirkungsgrade von über 90 % erreicht werden. Für den on site-Einsatz werden mobile und umsetzbare Anlagen verwendet. Die Verfahren zeichnen sich durch eine gute Steuerbarkeit und Kontrollierbarkeit aus. Auch sind →in situ-Verfahren praktisch erprobt. Hierbei wird Wasser unter hohem Druck durch eine rotierende Hochdruck-Injektionslanze in den Boden eingepreßt.

Die in der Praxis eingesetzten B. unterscheiden sich in ihren Konzeptionen. Vor ihrem Einsatz sollte im Rahmen einer →Machbarkeitsstudie auf der Grundlage der Kenntnisse über den Aufbau der

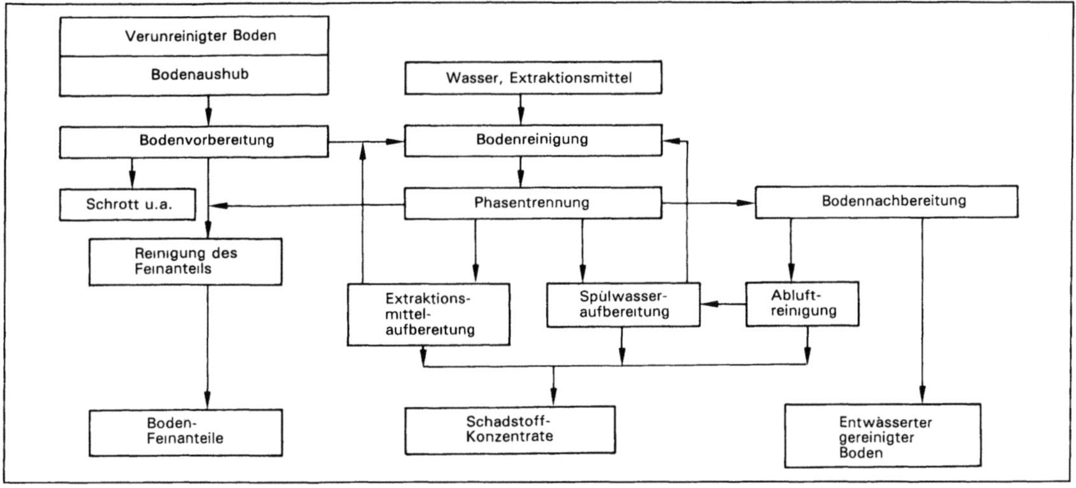

Bodenwaschverfahren: Wasch- und Extraktionsverfahren, prinzipielle Darstellung. (Quelle: Binder)

kontaminierten Massen und fraktionellen Schadstoffverteilung die für die vorliegenden Verhältnisse geeignete Verfahrenstechnik ausgesucht werden. Hierbei sind die erzielbare Reinigungsleistung, die Bewältigung des tonhaltigen Feinkornanteils, der Aufwand für Energie und Betriebsmittel, die →Umweltverträglichkeit der verwendeten Wasch- und Extraktionsmittel, der zuzusetzenden Reagenzien und Hilfsstoffe sowie die Bioverfügbarkeit der →Restkontamination einschließlich der Pflanzverfügbarkeit von Schwermetallen nach der Bodenwäsche zu beurteilen. Unter den Gesichtspunkten der Umweltverträglichkeit sind auch die sekundär entstehenden Umweltbelastungen durch das Abwasser, durch die Abluft und durch den Abfall sowie durch die Lärmemission zu bewerten. B. und Extraktionsverfahren können auch in Kombination mit anderen →Dekontaminationsverfahren eingesetzt werden. So sind weitere Reinigungsmöglichkeiten der im Schlamm bzw. im Sedimentfilterkuchen angereicherten Schadstoffe mit biologischen oder thermischen Verfahren möglich. *Thoenes*

Literatur: SRU: Altlasten, Stuttgart 1990. – *Binder, H.:* Extraktions- und Spülverfahren zur Bodensanierung – Überblick. In: Franzius, V. et al.: Handbuch der Altlastensanierung. Heidelberg 1989.

Bodenwerte für Schadstoffkonzentrationen. Die Herleitung quantitativer Maßstäbe zur Bewertung von Bodenbelastungen ist bisher vor allem für humantoxikologisch relevante Stoffe in Angriff genommen worden. Als Parameter wird in der Regel der spezifische Schadstoffgehalt des Feinbodens gewählt. Für die Herleitung von B. kommen unterschiedliche Verfahrensweisen in Frage, die sich als heuristische, empirische und induktive Methode kennzeichnen lassen und über entspre-

chende Modellbildung zu quantitativen Maßstäben gelangen.

Im Sinne der heuristischen Methode haben *Eikmann* und *Kloke* unter Einbeziehung verschiedener geltender Empfehlungen und Vorschriften nutzungs- und schutzgutbezogene Orientierungswerte für 11 Metalle und 8 Nutzungskategorien sowie für 3 organische Schadstoffe und 5 Nutzungskategorien jeweils auf 3 numerischen Niveaus vorgeschlagen (Bodenwerte: BW I = Unbedenklichkeitswert; BW II = Toleranzwert; BW III = Toxizitätswert).

Nach der induktiven Methode sind die in Hamburg für die Behörden verbindlichen nutzungsabhängigen Prüfwerte hergeleitet, indem die wichtigsten Transferpfade in bezug auf die Gesundheit und ausgewählte Umweltgüter mit einfachen quantitativen Annahmen behandelt wurden *(Schuldt)*. Eine Verfeinerung der induktiven Methode ist das →Donator-Akzeptor-Modell, welches den stochastischen Charakter der Bodenbelastung, des Stofftransfers und der Reaktion der Schutzgüter in die Herleitung der B. einbezieht.

Die Berücksichtigung von epidemiologischen Befunden und standorttypischen Hintergrundwerten ist Ausdruck der empirischen Methode. Sie hat Eingang gefunden in die Begründung des nordrhein-westfälischen Erlasses zu Metallen auf Kinderspielplätzen und ist auch Grundlage der Referenzwerte der Holländischen Liste (→Referenzwerte bei Verdachtsflächen). *v. Borries*

Literatur: *Eikmann, T.-H.; A. Kloke:* Nutzungs- und schutzgutbezogene Orientierungswerte für (Schad)-Stoffe in Böden. In: Rosenkranz et al.: Bodenschutz (BOS), 9. Lfg. X/91. Berlin 1988. – *Schuld, M.:* Hamburger Ansätze zur Beurteilung von Bodenverunreinigungen. In: Rosenkranz et al.: Bodenschutz (BOS) 4. Lfg. I/90. Berlin 1988. – Erlaß des MAGS von NRW: Metalle auf Kinderspielplätzen. In: Rosenkranz et al.: Bodenschutz (BOS), 6. Lfg. I/91. Berlin 1988.

Bohrkernanalyse. B. (Eisbohrkernanalysen) geben Aufschluß über das →Klima, das Wettergeschehen und die atmosphärische Spurenstoffzusammensetzung der Vergangenheit. In den Niederschlägen werden die Luftschadstoffe und die natürlichen Luftbeimengungen abgelagert und für eine längere Zeit konserviert. Bei einer Analyse solcher Eisbohrkerne können wichtige Erkenntnisse über die Veränderung des Kohlendioxid- und Methangehalts der Atmosphäre, über Staubanteile (Vulkanausbrüche) sowie über den Einfluß der anthropogenen Emissionen seit Beginn der Industrialisierung gewonnen werden (→Anstieg von Spurengasen). Bei in Eis stabilen Spurenstoffen läßt sich die Entwicklung bis 100 000 Jahre zurückverfolgen. Wichtige Spurenstoffe, die dabei registriert werden, sind CO_2, N_2O, CH_4, H_2O_2, Nitrat und Sulfat sowie verschiedene Schwermetalle. *Wirtz*

Bolzplatz. Ballspielplatz für Kinder und Jugendliche in der Nähe von Wohnbebauungen. Die etwa 20×40 m^2 großen mit Aschen- oder Allwetterbelägen versehenen Plätze sind häufig Anlaß zu Beschwerden anliegender Bewohner über Geräusche, die von der Nutzung dieser Plätze ausgehen.

Grund dieser Beschwerden sind sowohl die vom Ballspiel selbst verursachten Geräusche (Balltreten, Auftreffen der Bälle auf die Platzeinzäunung) als auch die von den spielenden Kindern und Jugendlichen durch Zurufe, Freudens- und Mißfallenskundgebungen erzeugten Geräusche (→Freizeitlärm). *Strauch*

Borkenkäferfalle →Pheromonfalle

Boxmodell. Eine einfache Methode zur Vorhersage von Schadstoffkonzentrationen in einer Luftmasse ist die numerische Simulation mit Hilfe eines reaktionskinetischen B. Hierbei wird die Luftmasse als ein Kasten betrachtet, in den die Schadstoffe emittiert werden und einer chemischen Umwandlung unterliegen. Transport von Schadstoffen in und aus diesem Kasten sowie meteorologische Prozesse und die Verdünnung durch den Anstieg der Höhe der atmosphärischen Grenzschicht werden berücksichtigt. B. kommen der kinetischen Beschreibung von luftchemischen Prozessen in Simulationskammern (→Smogkammern) sehr nahe.

Komplexere Modelle, *Euler- und Lagrange-Modelle*, versuchen eine realistische Beschreibung der spezifischen Emissionen, der Meteorologie, der Chemie sowie der Senken zu erreichen. Für diese Modelle werden neben den Ausgangskonzentrationen und Emissionsdaten detaillierte meteorologische Daten des zu untersuchenden Gebietes benötigt. *Wirtz*

Brache. Wird die Bewirtschaftung von Feldern, Wiesen und Weiden sowie Obst-, Wein- und Hopfengärten eingestellt oder aufgegeben, so fallen sie brach und werden damit zur B. Aus ökologischer Sicht handelt es sich dabei um das erste Stadium der →Sukzession, die mit der Zeit zu Stauden- und Gehölzbeständen und schließlich zum Wald weiterführt. In der mittelalterlichen Landwirtschaft, der sog. Dreifelderwirtschaft, war die B. ein regelmäßig eingeschaltetes Bewirtschaftungsglied mit der Abfolge Winterfrucht, Sommerfrucht, B. Während der B. erholte sich das Feld von der vorhergehenden Bewirtschaftung. Mit dem Beginn einer geregelten organischen, später auch mineralischen Düngung war die B. innerhalb der Fruchtfolge überflüssig.

Zwischen 1955 und 1970 verschlechterte sich die wirtschaftliche Lage der Landwirte relativ zur allgemeinen Volkswirtschaft und zwang viele Landwirte zur Aufgabe der Bewirtschaftung. Da hierfür überwiegend soziale Gründe maßgebend waren, nennt man dieses Brachfallen Sozialbrache.

Eine andere Art von B. wird seit den späten 80er Jahren in allen Agrargebieten beobachtet, nämlich die Flächenstillegung, die gezielte und geplante, aber befristete Herausnahme von Feldern, Wiesen und Weiden aus der Bewirtschaftung. Zweck ist – zusammen mit der →Extensivierung – die Verminderung der landwirtschaftlichen Überproduktion.

Aus ökologischer Sicht und auch aus der Sicht des Naturschutzes wird das Brachfallen von Agrarflächen überwiegend positiv bewertet, weil Eingriffe in die Böden (auf Äckern) und die Zufuhr von Mineraldüngern und chemischen Pflanzenschutzmitteln unterbleiben und sich bisher unterdrückte oder bekämpfte Pflanzen- und Tierarten wieder einfinden können. Allerdings kommt es in den ersten Brachejahren wegen des fehlenden Nährstoffentzugs durch die Nutzpflanzen auf durchlässigen Böden oft zu einer erhöhten Nitrat-Auswaschung und entsprechenden Anreicherung im Grundwasser, die unerwünscht ist. *Haber*

Branche, altlasttypische. A. B. sind Gewerbe- und Industriezweige sowie Dienstleistungsbereiche, die früher an ihren Standorten umweltgefährdende Stoffe hergestellt haben oder damit umgegangen sind.

Übersichten, in denen den Branchen mögliche relevante Stoffe zugeordnet worden sind, sind von *Kinner* et al. und von *Niklauß* et al. veröffentlicht worden. Hierdurch wird die Erfassung, Identifizierung und die Beurteilung eines Altstandortes erleichtert. Die Tabelle enthält einige wichtige Beispiele, aufgegliedert nach Branchen. Die aufgeführten Stoffe sind für den jeweiligen Standorttyp typisch. Es ist nicht davon auszugehen, daß an einem Altstandort regelmäßig alle oder nur die zugeordneten Stoffe angetroffen werden. *Thoenes*

Branche, altlasttypische. Tabelle: Altlastverdächtige Altstandorte und mögliche relevante Stoffe – Beispiele.

Herstellung von Batterien, Akkumulatoren
Antimon, Arsen, Blei, Cadmium, Chrom, Fluoride, Kupfer, Nickel, Quecksilber, Säuren/Basen, Selen, Zink

Herstellung von anorganischen Grundstoffen und Chemikalien
Ammonium, Antimon, Arsen, Beryllium, Blei, Cadmium, Chrom, Cyanide, Dinitrophenol, Fluoride, Fluorsilicate, Kupfer, Nickel, Nitrobenzol, Pentachlorphenol, Quecksilber, Säure/Basen, Selen, Tetrachlormethan,Thallium, Thiocyanate, Vanadium, Zink

Herstellung von Kunststoffen
Acrylnitril, Benzol, Blei, Cadmium, Chrom, Cyanide, Dibromethan, Dichlorethan, Dichlorethen, Dichlorpropan, Dinitrotoluol, Epichlorhydrin, Fluoride, Kresole, PAK, Phenol, Phthalate, Säuren/Basen, Selen, Tetrachlormethan, Trichlormethan, Toluol, Vinylchlorid, Zink

Herstellung von Farben und Lacken
Anthracen, Antimon, Arsen, Benzin, Benzol, Blei, Cadmium, Chlorbenzol, Chlorphenol, Chrom, Cyanide, Dichlormethan, Dinitrophenol, Dinitrotoluol, Ethylbenzol, Fluoranthen, Fluoride, Kresole, Kupfer, Mesitylen, Mineralöl, Naphthalin, Nitrobenzol, PAK, PCB, Pentachlorphenol, Phenol, Phthalate, Quecksilber, Säuren/Basen, Selen, Teeröle, Tetrachlorethan, Tetrachlorethen, Tetrachlormethan, Toluol, Trichlorethan, Trichlorethen, Trichlormethan, Xylole, Zink

Herstellung von Pflanzenschutzmitteln, Schädlingsbekämpfungsmitteln usw.
Aldrin, Arsen, Benzol, Blei, Chlorbenzol, Chlorphenol, Chrom, Cyanide, DDT, Dibromethan, Dichlorphenol, Dichlorpropan, Dinitrophenol, Epichlorhydrin, Fluoride, Fluorosilicate, Hexachlorbenzol, Hexachlorcyclohexane, Kresole, Kupfer, Naphthalin, Nitrobenzol, Pentachlorphenol, Phenol, Quecksilber, Selen, TCDD, Teeröle, Tetrachlormethan, Thallium, Trichlorbenzol, Trichlorphenol, Tetrachlorethan, Trichlormethan, Xylole, Zink

Steinkohlenbergbau, Gaswerke, Kokereien
Ammonium, Anthracen, Arsen, (Asbest), Benzo(a)pyren, Benzol, Blei, Chrom, Cyanide, Ethylbenzol, Fluoren, Kresole, Mesitylen, Mineralöl, Naphthalin, PAK, Phenol, Säuren/Basen, Teeröle, Thiocyanate, Toluol, Xylole, (Zink)

NE-Metallerz-Bergbau
Blei, Cadmium, Chrom, Cyanide, Kresole, Kupfer, Phenol, Quecksilber, Säuren/Basen, Zink

Mineralölverarbeitung/Mineralöllagerung (incl. Altöl)
Anthracen, Arsen, Benzin, Benzol, Blei, Chrom, Dibrommethan, Dichlorethan, Dichlorpropan, Ethylbenzol, Kupfer, Mineralöl, Naphthalin, Nickel, PAK, PCB, PCN, Pentachlorphenol, Phenol, Säuren/Basen, Selen, TCDD, Teeröle, Tetrachlorethan, Tetraethylblei, Toluol, Trichlorethan, Trichlorethen, Vanadium, Xylole, Zink

Eisen- und Stahlerzeugung
Arsen, Blei, Cadmium, Chrom, Cyanide, Fluoride, Mineralöl, Nickel, Phenol, Quecksilber, Säuren/Basen, Vanadium, Zink

NE-Metallhütten
Antimon, Arsen, Beryllium, Blei, Cadmium, Chrom, Cyanide, Fluoride, Kupfer, Nickel, Quecksilber, Säuren/Basen, Selen, Thallium, Vanadium, Zink

NE-Metallumschmelzwerke
Antimon, Arsen, Beryllium, Blei, Cadmium, Chrom, Cyanide, Fluoride, Kupfer, Mineralöl, Nickel, Phenol, Quecksilber, Säuren/Basen, Zink

Metallgießereien
Antimon, Arsen, Cadmium, Cyanide, Blei, Kupfer, Nickel, Phenol, Quecksilber, Säuren/Basen, Vanadium, Zink

Oberflächenveredelung/Härtung von Metallen
Antimon, Arsen, Benzin, Benzol, Blei, Cadmium, Chrom, Cyanide, Dichlormethan, Fluoride, Kupfer, Mineralöl, Nickel, Quecksilber, Säuren/Basen, Selen, Tetrachlorethen, Tetrachlormethan, Trichlorethan, Trichlorethen, Trichlormethan, Zink

Tierkörperbeseitigung, Tierkörperverwertung
Ammonium, Benzin, Tetrachlorethen

Herstellung und Verarbeitung von Glas
Antimon, Arsen, Benzol, Blei, Cadmium, Chrom, Cyanide, Fluoride, Kupfer, Nickel, Quecksilber, Selen, Zink

Bearbeitung, Imprägnierung, Verarbeitung von Holz
Arsen, Benzin, Chrom, DDT, Dichlormethan, Dinitrophenol, Fluoranthen, Fluoride, Fluorsilicate, Kresole, Kupfer, Mineralöl, Naphthalin, Nickel, PCB, PCN, Pentachlorphenol, Phenol, Quecksilber, Säuren/Basen, TCDD, Teeröle, Tetrachlormethan, Toluol, Trichlorethen, Xylole, Zink

Herstellung und Verarbeitung von Papier, Pappen und Textilien
Antimon, Arsen, Benzol, Blei, Chrom, Cyanide, Epichlorhydrin, Kupfer, Mineralöl, PCB, Pentachlorphenol, Quecksilber, Säuren/Basen, Teeröle, Tetrachlorethen, Thallium, Trichlorbenzol, Trichlorethan, Trichlorethen, Zink

Verarbeitung von Gummi, Kunststoffen und Asbest
Antimon, Asbest, Acrylnitril, Benzin, Benzo(a)pyren, Benzol, Blei, Cadmium, Chlorbenzol, Chrom, Cyanide, Dichlorethan, Dichlorethen, Dichlormethan, Dichlorpropan, Dinitrotoluol, Epichlorhydrin, Fluoride, Kupfer, Nitrobenzol, PAK, PCB, Phenol, Phthalate, Quecksilber, Selen, Teeröle, Tetrachlormethan, Toluol, Trichlorethan, Trichlorethen, Zink

Erzeugung und Verarbeitung von Leder
Arsen, Chrom, Fluoride, Kresole, Naphthalin, Pentachlorphenol, Phenol, Quecksilber, Tetrachlormethan

Herstellung von Speiseölen und Nahrungsfetten
Benzin, Benzol, Chrom, Dichlorethan, Dichlormethan, Nickel, Säuren/Basen, Tetrachlorethen, Tetrachlormethan, Trichlorethen, Trichlormethan

Chemische Reinigungen
Benzin, Benzol, Dichlorethan, Tetrachlorethen, Trichlorethan, Trichlorethen, Trichlormethan

Schrottplätze, Autowrackplätze
Benzin, Blei, Cadmium, Chrom, Mineralöl, PCB, Tetrachlorethen, Trichlorethen, Zink

Flugplätze
Benzin, Benzol, Bleialkyle, Bromverbindungen, Mineralöl, Phosphatester, Tetrachlorethen, Trichlorethen

Metallverarbeitungsbetriebe
Cyanide, Mineralöl, Tetrachlorethen, Trichlorethan, Trichlorethen, Trichlormethan (Schwermetalle)

Tankstellen, Kraftfahrzeugwerkstätten
Benzin, Benzol, Bleialkyle, Chlorkohlenwasserstoffe, Dieselkraftstoff, PAK, Petroleum, Schmieröle, Testbenzin, Toluol, Xylole

Literatur: *Kinner, U.; L. Kötter; M. Niklauß:* Branchentypische Inventarisierung von Bodenkontaminationen. UBA Forschungsbericht 1070 3000/1, Berlin 1986, s. a. UBA-Texte 31/86. – *Niklauß, M.; J. Winkelsträter; K. E. Hunting; A. Hardes:* Inventarisierung von Bodenkontaminationen auf Gelände mit ehemaliger Nutzung aus dem Dienstleistungsbereich. UBA Forschungsbericht 1070 3007/0, Berlin 1989.

Brandbekämpfungsmittel (halonhaltig). Die weltweit technisch wichtigsten bromhaltigen Verbindungen, Halon 1301 – Bromtrifluormethan – CF_3Br, Halon 1211 – Bromchlordifluormethan – CF_2ClBr und Halon 2402 – Dibromtetrafluorethan – $C_2F_4Br_2$ (Nomenklatur s. →Halone), werden fast ausschließlich zur Feuerlöschung und Explosionsunterdrückung verwendet. B. sind bei normaler Löschkonzentration für den Menschen von geringer →Toxizität. Dies gilt jedoch nicht uneingeschränkt für die bei Bränden entstehenden Zersetzungsprodukte wie Bromwasserstoff (HBr), Flußsäure (HF) und Salzsäure (HCl).

Nach Transport der unter troposphärischen Bedingungen stabilen Halone in die Stratosphäre werden sie dort wie die FCKW photolytisch zersetzt und zerstören über Kettenreaktionen die stratosphärische Ozonschicht; dabei sind die entstehenden Br-Atome bei der Ausbildung von Reaktionsketten wesentlich wirksamer als Cl-Atome (→Ozonloch). *Wiesen*

Brauchwassersystem, solares. Das System besteht aus einem thermischen Kollektor, einem solarthermischen Speicher und nachgeschalteten Nutzern; es ist in der Regel in eine fossile oder elektrische Brauchwasseranlage integriert und liefert unter mitteleuropäischen Insolationsbedingungen (1 000 kWh/m²·a, 1 800 Sonnenstunden) einen solaren Beitrag zur Brauchwasserwärme von 65–70 % mit einer Temperatur von 40–70 °C. Das Wärmeträgermedium ist Wasser, gegen Gefrieren mit Alkohol versetzt. *C.-J. Winter*

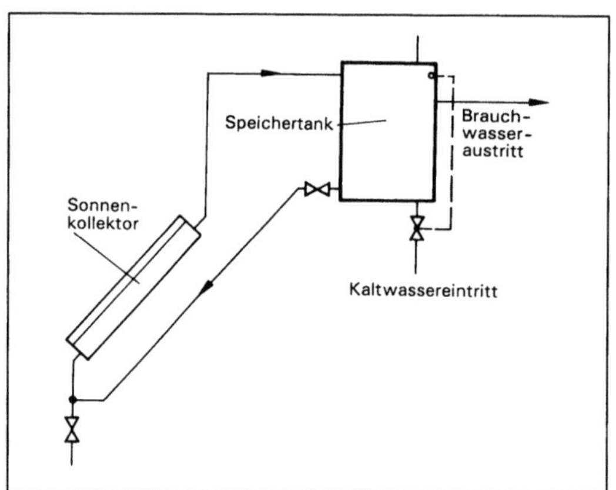

Brauchwassersystem, solares: Einfaches System zur Brauchwassererwärmung in Wohnhäusern.

Literatur: *Kalt, A.:* Baustein Sonnenkollektor. KWK Aktuell. Karlsruhe.

Braunkohle-Kennzahlen. Braunkohle ist ein fossiler Brennstoff, der auf Grund seiner pflanzlichen Herkunft heterogene chemische und physikalische Eigenschaften hat. Im Hinblick auf ihr geologisches Alter, ihre chemische Zusammensetzung und ihr physikalisches Verhalten gibt es vielfältige Übergänge und Variationen. Am deutlichsten läßt sich die Braunkohle an ihrer chemischen Zusammensetzung erkennen. Der Wassergehalt von Braunkohlen kann in weitem Bereich schwanken. Rheinische Braunkohlen zeigen Spannweiten von 55–63 Gew.%. Australische Braunkohlen erreichen sogar 70 Gew.%. In Abhängigkeit vom Inkohlungsgrad liegt der Kohlenstoffgehalt von asche- und wasserfreier Braunkohle zwischen 58 und 73 Gew.%, der Sauerstoffgehalt zwischen 21 und 36 Gew.% und der Wasserstoffgehalt zwischen 4,5 und 8,5 Gew.%.

Der Heizwert der Braunkohle wird vom Kohlenstoffgehalt und dem Ballastanteil, hier insbesondere Wasser- und Aschegehalt, bestimmt. Asche- und wasserfreie Braunkohle hat einen Heizwert zwischen 23 000 und 29 000 kJ/kg. Elemente von besonderer umwelttechnischer Bedeutung sind Schwefel und Stickstoff. Braunkohle enthält ca. 50–70 Gew.% des Gesamtschwefels in organischer Bindung (Thiophen und Thioetherstrukturen). Zum anderen ist der Schwefel anorganisch, überwiegend als Disulfid an Eisen (Pyrit oder Markasit) oder sehr selten als Sulfat (SO_4)Schwefel gebunden. Die im Rheinland geförderte Braunkohle ist schwefelarm (ca. 0,3 Gew.%, roh) und die in der Lausitz geförderte ist mit Werten zwischen 0,3 und 1,3 Gew.% (roh) ebenfalls relativ schwefelarm. Mitteldeutsche Braunkohle hingegen ist schwefelreicher mit 1,5–2,5 Gew.% (roh).

Der Stickstoffgehalt der im rheinischen Revier abgebauten Braunkohlen liegt zwischen 0,7 und 1,2 Gew.%, auf asche- und wasserfreier Basis. Er ist organisch gebunden und liegt in zyklischen Strukturen vor.

Der Mineralstoffgehalt rheinischer Braunkohle liegt im rohen Zustand zwischen 1,9 und 6,6 Gew.%. Durch Überlaufen von Sänden während der Förderung können auch höhere Mineralstoffanteile im Gemisch auftreten.

Der Mineralanteil und die Mineralzusammensetzung der Braunkohlen beeinflussen durch katalytische Effekte die Kohlenreaktionen (Verbrennung, Vergasung, Hydrierung) sowie das Ascheverhalten (Schmelzpunkt, Verschlackungsneigung, Korrosion). Verschiedene Elemente im Mineralanteil können von umwelttechnischer Bedeutung sein. Rheinische Braunkohle ist allgemein arm an umweltrelevanten Spurenelementen. Der durch marine Beeinflussung der Lagerstätte hervorgerufene Chloridgehalt liegt für rheinische Brikettierkohle zwischen 250 und 600 mg/kg (wasserfrei). Für Fluorid wurden Werte zwischen 1,0 und 45 mg/kg (wasserfrei) festgestellt (Bild).   *Wolfrum*

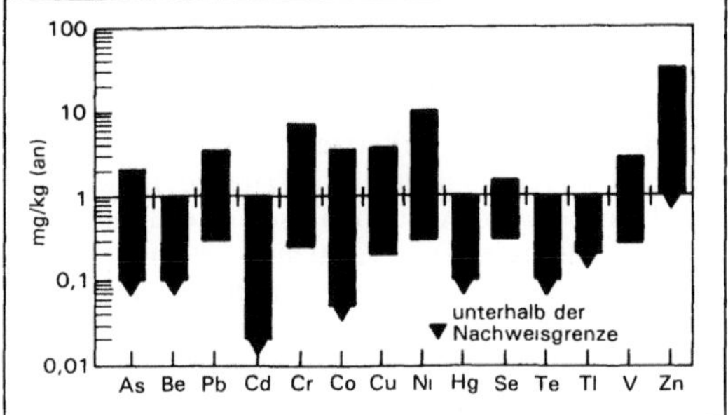

Braunkohle-Kennzahlen: Verteilung der Spurenelemente in Braunkohlenstaub und Braunkohlenbrikett aus rheinischer Braunkohle.

Literatur: *Kreusing, H., B. Rüter, E. Wolfrum:* Industriebrikett und Braunkohlenstaub für die Wärme- und Dampferzeugung, Jahrbuch der Dampferzeugungstechnik, 3. Ausg., S. 91–110. Essen 1985/86.

Braunkohlebestandteile, flüchtige. F. B. sind die Zersetzungsprodukte der organischen Brennstoffsubstanz, die entweichen, wenn der feste Brennstoff unter Luftabschluß erhitzt wird (→Pyrolyse). Dieser Massenverlust ist abhängig von den Rohstoffeigenschaften, der petrographischen Zusammensetzung und der Aufheizrate. Der Anteil an f. B. kann bezogen auf die Rohkohle zwischen 19 Gew.% (Victoria, Australien) und 37 Gew.% (Nord-Böhmen, CSFR) schwanken.

Der Flüchtigengehalt der rheinischen Braunkohle liegt im Rohzustand bei ca. 22 Gew.%. Auf Grund der chemischen Veränderung der Braunkohle bei der Pyrolyse kann man bei geringen Aufheizraten fünf Phasen unterscheiden: Vorwärmphase (20–105 °C), Trocknungsphase (105–220 °C), Vorentgasungsphase (220–465 °C), Hauptentgasungsphase (465–830 °C) und Nachentgasungsphase. Bei 70 °C setzt spürbar die Wasserverdunstung ein, die bei 105 °C in Verdampfung übergeht. Bei 220 °C ist das Eigenwasser vollständig ausgetrieben; bei dieser Temperatur beginnt die Zersetzungswasserbildung, die bei 270 °C in die Teerbildungsphase einmündet. Bei 400 °C durchläuft die Teerbildung ein Maximum und ist bei 550–600 °C abgeschlossen. Im Temperaturbereich bis 450 °C, also bis in die Schwelzone hinein, wird der Massenverlust maßgeblich durch die Freisetzung von Flüssigprodukten bestimmt. Oberhalb dieser Temperatur spielt die Gasbildung eine dominierende Rolle, und zwar bilden sich CO_2, CO und CH_4. Im Temperaturbereich 400–600 °C werden ferner niedermolekulare Kohlenwasserstoffverbindungen in Anteilen von 3–6 Vol.% frei.

Wasserstoff entweicht bevorzugt im Temperaturbereich oberhalb 600 °C.   *Wolfrum*

Literatur: *Kurtz, R.:* Ullmanns Encyklopädie der technischen Chemie, Bd. 14, Kohle, Schwelung und Verkokung von Braunkohle. Weinheim 1977.

Braunkohlenausschuß. Gesetzliche Grundlage für den Bergbau ist das →Bundesberggesetz. Es regelt u. a. das Aufsuchen, Gewinnen und Aufbereiten von Bodenschätzen, die Wiedernutzbarmachung der Oberfläche, die Verleihung von Bergwerkseigentum, die Inanspruchnahme von Grund und Boden durch den Bergbautreibenden sowie die Aufsicht über den Bergbau. Aufgrund der vom Bergbautreibenden vor jeder bergbaulichen Maßnahme vorzulegenden Betriebspläne (Rahmen-, Haupt-, Sonder- und Abschlußbetriebspläne) ist es der zuständigen Bergbehörde im Betriebsplanverfahren möglich, die Handlungen des Unternehmens umfassend zu überwachen. Die Bergbehörde beteiligt Behörden und Gemeinden an den Betriebsplanverfahren, soweit deren Aufgabenbereiche beziehungsweise Planungshoheit durch die Maßnahmen des Bergbaus berührt werden.

Sondergesetzliche Zulassungsverfahren, zum Beispiel nach Bauordnungsrecht, Wasser-, Straßenrecht, werden von der Zulassung des Betriebsplans nicht erfaßt und sind jeweils gesondert durchzuführen.

Neben den bergrechtlichen Grundlagen wird der Braunkohlenbergbau auch durch das Landesplanungsrecht bestimmt. Danach besteht in Nordrhein-Westfalen im Rahmen des Landesplanungsgesetzes der B. als Sonderausschuß des Bezirksplanungsrats beim Regierungspräsidenten in Köln. In den Ländern Brandenburg und Sachsen sind für den dortigen Braunkohlenbergbau im Rahmen der Landesplanungsgesetze ebenfalls B. eingerichtet worden.

Nach dem Landesplanungsgesetz NRW werden Ziele der →Raumordnung und →Landesplanung, soweit es für eine geordnete Braunkohlenplanung erforderlich ist, für das rheinische Revier in Braunkohlenplänen festgelegt. Die Braunkohlenpläne werden vom B. aufgestellt und von der Landesplanungsbehörde genehmigt.

Aus dem Ablauf eines Braunkohlenplanverfahrens sind die vier Schritte Vorbereitung, Erarbeitung, Aufstellung, Genehmigung zu erwähnen. Die in ihren Zuständigkeiten betroffenen Behörden sind bei der Erarbeitung zu beteiligen. Die betroffenen Gemeinden können ihren Einfluß außerdem über die Unterausschüsse geltend machen. Die betroffenen Bürger können während einer Offenlegung der Entwürfe der Braunkohlenpläne Bedenken und Anregungen vorbringen. Ist ein Vorhaben, für das eine Umweltverträglichkeitsprüfung durchzuführen ist, Gegenstand des Braunkohlenplanverfahrens, hat die Bezirksplanungsbehörde Köln eine Erörterung durchzuführen.

Der vom B. aufgestellte Braunkohlenplan wird der Landesplanungsbehörde vorgelegt; die Genehmigung wird im Gesetz- und Verordnungsblatt bekanntgemacht.

Mit den bergrechtlichen und landesplanerischen Verfahren wird ein Ausgleich der Belange und Interessen des Braunkohlenbergbaus sowie der betroffenen Bürger und Gemeinden ermöglicht.

Pützer/Wolfrum

Braunkohlenbergbau und Umwelt. Die Bundesrepublik verfügt über mehr als 50% der europäischen und mehr als 10% der Welt-Braunkohlenvorräte; sie hat mit ca. 55 Mrd. t die größten zusammenhängenden und wirtschaftlich gewinnbaren Braunkohlenvorräte im europäischen Raum. Davon entfällt der Hauptteil (35 Mrd. t) auf das rheinische Braunkohlenrevier im Städtebereich Köln–Bonn, Düsseldorf und Aachen. Die verbleibenden 20 Mrd. t teilen sich auf das mitteldeutsche (Raum um Leipzig) und das Lausitzer Revier (Raum um Cottbus). Im rheinischen Revier gehen die Planungen davon aus, die heutige Förderkapazität von bis zu 120 Mio. t/a über das Jahr 2000 hinaus zu erhalten. Für die ostdeutschen Reviere ist davon auszugehen, daß sich die Förderung von ca. 300 Mio. t im Jahr 1989 bis 1995 auf rd. ein Drittel reduzieren wird. Braunkohle wird heute in der Bundesrepublik Deutschland überwiegend im Tagebau gewonnen (→Braunkohlentagebau).

Die Mächtigkeit der Flöze in den verschiedenen deutschen Revieren ist sehr unterschiedlich. Sie variiert zwischen 10 und 100 m. Im Tagebau sind Teufen bis 600 m erreichbar.

Zum Aufschluß einer Braunkohlenlagerstätte ist ein Genehmigungsverfahren (→Braunkohlenausschuß) zu durchlaufen. In diesem Verfahren werden auch die evtl. notwendigen Umsiedlungen gemeinsam mit den betroffenen Gemeinden und Bürgern abgestimmt. Unter Umweltgesichtspunkten ist zunächst die sowohl im Abbaubereich als auch zur Sicherung der Standfestigkeit der Tagebauböschungen notwendige Grundwasserabsenkung im angrenzenden Bereich des Abbaubetriebes von Bedeutung. Hierzu sind Brunnen längs der Tagebaubegrenzung und im Einzugsbereich des Grundwassers zu Brunnengalerien zusammengefaßt. 1990 wurden im rheinischen Revier ca. 639 Mio. m³ Wasser bei einem Verhältnis von Wasserhebung und Kohlenförderung von 6,2:1 gefördert. Das geförderte Wasser wird soweit wie möglich der Trinkwasseraufbereitung zur Verfügung gestellt. Ein weiterer Teil dient für Versickerungsmaßnahmen zur Feuchtraumerhaltung, ca. 30% dienen als Brauchwasser für Kraftwerksanlagen. Der überwiegende Anteil wird jedoch über →Vorfluter in den natürlichen Wasserkreislauf abgegeben (→Wasserwirtschaft und Braunkohlentagebau).

Zur Freilegung der Braunkohle im Rahmen des Tagebauaufschlusses wird das die Braunkohle überlagernde Deckgebirge abgetragen und auf einer →Halde (Außenkippe, Abraumkippe) außerhalb des Tagebaus oder in einen ausgekohlten Tagebau verstürzt (Innenkippe). Die heutige Abbautechnik mit dem Gerätesystem Schaufelradbagger – Bandanlage – Absetzer wird von auf Raupen fahrbaren Schaufelradbaggern beherrscht, die je nach Gerätegruppe Tagesleistungen bis 240 000 m³ haben. Für den Transport der Abraummassen sind Bandförderer mit Bandbreiten von 1 800 bis 3 000 mm entwickelt worden, die mit Geschwindigkeiten bis zu 7,5 m/s laufen. Die Abraummassen verkippen Absetzer mit einer Länge der Ausleger bis zu 100 m, die der Leistungsfähigkeit der Gewinnungsmaschinen angepaßt sind (→Abraumbewegung). Die eingesetzten Maschinen sind Lärmemittenten, deshalb sind umfangreiche Maßnahmen zur Minderung von Lärmemissionen notwendig; insbesondere werden lärmarme Getriebe sowie Lärmschutzkapseln und Schutzwände an Baggern, Absetzern und Bandanlagen eingesetzt.

Auf freigelegten Kohlen- und Abraumflächen mit flugfähigen Stäuben mildert Beregnung oder Begrünung wirksam die Staubbildung. Darüber hinaus werden die bei der Förderung, dem Transport der Kohle, den Bandübergaben, im Bereich der Schaufelräder sowie in den Vorratsgräben aufgewirbelten Stäube durch Bedüsung mit Wasser niedergeschlagen. An Ortslagen werden entsprechend dem Abbaufortschritt bepflanzte Immissionsschutzdämme angelegt.

Braunkohlentagebau führt zu weitreichenden Veränderungen der Landschaft durch folgenreiche Eingriffe in die Siedlungs- und Landnutzungsstruktur: Ortschaften, Flußläufe und Verkehrswege werden verlegt, landwirtschaftliche und waldbauliche Nutzungen müssen aufgegeben werden (→Umsiedlung, →Rekultivierung).

Das →Bundesberggesetz schreibt nach Schließung eines Tagebaus eine Rekultivierung der Flächen vor. Die Abbaufolge wird daher so gesteuert, daß bei Aufschluß eines neuen Tagebaus der Abraum in stillgelegte Tagebaue verfüllt wird. Es entsteht eine neue Landschaft mit Seen (Restlöcher), Hügeln (→Abraumkippen), Wäldern und landwirtschaftlich genutzten Flächen.

Durch Verdichtung des Lockergesteins infolge von Grundwasserabsenkungen (Sümpfung) können Bodenabsenkungen (→Bergsenkung) auftreten, die in Einzelfällen zu →Bergschäden führen können. Diese müssen nach dem Bundesberggesetz vom Bergbaubetreibenden entschädigt werden.

Braunkohle wird zum überwiegenden Anteil als Kesselkohle zur Stromerzeugung in Braunkohlenkraftwerken eingesetzt. Der hohe Wassergehalt der Rohbraunkohle, bis zu 60%, schließt weite Transportwege aus. Die Verstromung oder eine Trocknung für die nachfolgende Veredlung zu Briketts (→Braunkohlenbrikettierung), zu Kohlenstaub (→Braunkohlenveredlung durch Erzeugung von Braunkohlenstaub und Wirbelschichtbraunkohle), zu Koks (→Braunkohlenverkokung) sowie zur →Braunkohlenvergasung und möglicherweise zukünftig zur →Braunkohlenverflüssigung erfolgt daher in tagebaunahen Veredlungsbetrieben.

Die bei der Verbrennung der Braunkohle anfallenden Aschen werden zur Rekultivierung eingesetzt oder einer industriellen Nutzung zugeführt (→Reststoffverwertung aus Braunkohlenkraftwerken). *Engelhard*

Literatur: *Bartsch, H. W.; K. Kröger:* Ein DV-Programm zur Berechnung von Geräuschemissionen und zur Planung schalltechnischer Schutzmaßnahmen für Braunkohlentagebaue. Braunkohle **42** (1990) Nr. 4, S. 11–15. - *Haase, W.:* Probleme des Bergbaus in den fünf neuen Bundesländern. Glückauf 127 (1991) Nr. 9–10, S. 410–14. - *Hildemann, R.:* Stand und Entwicklungstendenzen der Wiederurbarmachung in Braunkohlentagebauen Ostdeutschlands. Geologisches Wissen **19** (1990) Nr. 1, S. 53/57. - *Lehmkämper, O.; H. P. Bünte; A. Duda; B. Rüdebusch-Thiemann:* Aufbereitung und Verwertung von Reststoffen aus Braunkohlenkraftwerken. Entsorgungspraxis **9** (1991) Nr. 9, S. 500–14. - *Respondek, A.; W. Stein:* Staubmessungen im Rheinischen Braunkohlenrevier in der Umgebung der Tagebaue und der Kohleverarbeitungsbetriebe in den Jahren 1988/89. Braunkohle **42** (1990) Nr. 4, S. 5–10. - *Starke, R.:* Wiedernutzbarmachung im Rheinischen Braunkohlenrevier. Braunkohle **42** (1990) Nr. 10, S. 4–10. - *Starke, R.:* Deponieren von Rückständen aus Braunkohlenkraftwerken in Tagebauen. Glückauf **127** (1991) Nr. 19–20, S. 916–21.

Braunkohlenbrikettierung.

Braunkohlenbrikettierung. Veredlungsverfahren zur Herstellung von Braunkohlenbriketts durch Trocknung und Brikettierung von Braunkohle. Für die Brikettierung wird die Rohbraunkohle zunächst auf eine Körnung <5 mm aufbereitet und auf rd. 18 Gew. % Restwassergehalt getrocknet. Bei diesem Wassergehalt weist die Trockenbraunkohle (Weichbraunkohle) ein günstiges Verformungsverhalten auf, so daß ohne Zusatz von Bindemitteln durch physikalisch-chemische Kräfte ein stabiler Formkörper erzeugt werden kann. Hierfür wird die Trockenbraunkohle in Strangpressen bei Drücken um 100 MPa verarbeitet. Sämtliche Produktionseinheiten der B. sind an moderne Entstaubungsanlagen angeschlossen. Dank moderner →Elektrofilter, →Gewebefilter und →Naßabscheider mit Wirkungsgraden von 99,9 % können die in der TA-Luft geforderten Grenzwerte von 100 mg Staub/m^3 (feucht), bzw. 75 mg/m^3 (trocken) sicher eingehalten werden. →Lärmschutzmaßnahmen und →Abwasserbehandlung sind ebenfalls nach dem Stand der Technik realisiert. Braunkohlenbriketts haben einen Heizwert von 19,5 MJ/kg bei günstigen Verbrennungseigenschaften und geringen Emissionen. Von dem ohnehin geringen Schwefelgehalt der rheinischen Briketts (im Jahre 1990 durchschnittlich

0,32 Gew. %, feucht) wird ein großer Teil in die basische Asche eingebunden, aufgrund der moderaten Verbrennungstemperaturen wird nur wenig Stickoxid gebildet.

Die SO$_2$-Emissionsgrenzwerte der →13. BImSchV werden bei Feuerungen bis 100 und sogar 300 MW mit Braunkohlenbriketts ohne Rauchgasentschwefelung eingehalten. Von den im Jahr 1993 in der Bundesrepublik Deutschland produzierten 9,9·10^6 t Braunkohlenbriketts wurden rd. ⅔ im Hausbrand eingesetzt. Die gegenüber 1990 deutlich gesunkene Produktion beruht auf den drastischen Absatzeinbußen in den beiden ostdeutschen Revieren. Diese Entwicklung wird voraussichtlich auch in den nächsten Jahren, bedingt durch die Substitution von Briketts durch andere Energieträger in den neuen Bundesländern, anhalten. *Wolfrum/Erken*

Literatur: Braunkohle **36** (1984), S. 403–442. - Jahrbuch der Dampferzeugungstechnik, Bd. 1. Kap. II. 4.5. Ausgabe Essen 1985/86. - *Böcker, D.; H.-B. Koenigs:* Von der Brikettfabrik zum Veredlungsbetrieb. Braunkohle **40** (1988), Nr. 7, S. 188–200. - *Ewers, J.; J. Kwasny:* Jahresübersichten der Energietechnik und Energiewirtschaft, BWK, April 1992. - *Kurtz, R.:* Braunkohle 36. S. 153–170f. und S. 284–291. - *Schwirten, D.:* Perspektiven der Veredlung von Braunkohle. Braunkohle **43** (1991), Nr. 12, S. 8–16.

Braunkohlentagebau.

Braunkohlentagebau. Braunkohle wird heute weltweit überwiegend im Tagebau gewonnen. Nach den Genehmigungsverfahren (→Braunkohlenausschuß) und eventuellen Umsiedlungen muß zunächst eine Entwässerung der Oberfläche und des Gebirges erfolgen, damit die Standsicherheit der in der offenen Baugrube entstehenden Tagebauböschungen, Arbeitsebenen und Kippen gewährleistet ist. Zur Freilegung der Braunkohle im Rahmen des Tagebauaufschlusses wird das die Braunkohle überlagernde Deckgebirge abgetragen und auf einer Abraumhalde außerhalb des Tagebaus oder in einem anderen ausgekohlten Tagebau verstürzt (Außenkippe).

Im Regelbetrieb wird dann auf den einzelnen Sohlen (Arbeitsebenen) in Abhängigkeit von den geologischen Gegebenheiten Braunkohle oder Abraum gebaggert und abtransportiert. Der anfallende Abraum wird im bereits ausgekohlten Tagebauraum verstürzt (Innenkippe). Nach vollständigem Abbau der Braunkohle werden die noch nicht wieder verfüllten Restlöcher mit Abraum aus anderen Tagebauen zugeschüttet oder als Seen in eine Erholungslandschaft eingefügt. Der Verkippung folgt unmittelbar die Wiedernutzbarmachung (→Rekultivierung). *Wolfrum/Liebl*

Literatur: *Eickemeier, J.:* Braunkohle **37** (1985), S. 141–151. - *Goedecke, H.:* Bulletin of the International Association of Engineering Geology, Nr. 18. Krefeld 1978. - *Leuschner, H. J.:* Braunkohle **24** (1972), S. 41–50. - *Starke, R.:* Grundsätze der Tagebau-Planung im rheinischen Braunkohlenrevier. Braunkohle **43** (1991) Nr. 4, S. 4–9. - *Thiede, H. J.:* Braunkohle **37** (1985), S. 324–331.

Braunkohlenveredlung. Die B. geschieht durch Erzeugung von Braunkohlenstaub und Wirbelschichtbraunkohle. Braunkohlenstaub wird durch Mahlung von getrockneter Braunkohle hergestellt. Der Wassergehalt von Braunkohlenstaub aus rheinischer Braunkohle beträgt ca. 11 %, die Körnung liegt zwischen 0 und 0,3 mm (Rückstand auf 90 μm Sieb: max. 43 %; Rückstand auf 200 μm Sieb: max. 16 %). Die Trockenbraunkohle wird hierfür in Schwingmühlen fein aufgemahlen, in denen die Kohle durch die Relativbewegung zwischen dem Gehäuse der Mahltrommel sowie den darin liegenden Mahlkörpern, beispielsweise Stäben, zerkleinert wird. Daneben wird im rheinischen Revier eine kleinere Mahltrocknungsanlage betrieben, in der Abrieb aus Braunkohlenbriketts zu Braunkohlenstaub aufgemahlen wird.

Ein Teil der Braunkohlenstaubproduktion besteht aus Brüdenstaub, der aus der Abreinigung der Elektrofilteranlagen gewonnen wird.

Braunkohlenstaub läßt sich aufgrund seiner feinen Korngrößen in geschlossenen Systemen pneumatisch fördern, lagern, transportieren und dosieren; er kommt somit im Anwendungskomfort dem Öl und Gas sehr nahe. Er ist ein sehr zündfreudiger Brennstoff; für seine Handhabung wurde ein einfaches, aber sehr wirkungsvolles Sicherheitskonzept entwickelt. Mit modernen Braunkohlenstaub-Brennern, in denen die Verbrennung gestuft durchgeführt wird, steht für praktisch alle industriellen Anwendungen eine emissionsarme und komfortable Feuerungseinrichtung zur Verfügung. Im rheinischen Revier wurden 1993 ca. 2,2 Mio. t Braunkohlenstaub erzeugt. Über 75 % werden in der Zement- und Kalkindustrie für Prozeßfeuerungen eingesetzt. Auch im Bereich industrieller und kommunaler Feuerungsanlagen findet Braunkohlenstaub aus dem rheinischen Revier insbesondere wegen des geringen Schwefelgehalts (Mittelwert für 1993: 0,32 Gew. %, feucht) Verwendung.

Braunkohlenprodukte bieten besonders gute Voraussetzungen für eine schadstoffarme Verbrennung in modernen Wirbelschichtkesseln. Speziell für diesen Anwendungsfall wird ein grobkörnigeres trockenes Braunkohlenprodukt, sog. Wirbelschichtbraunkohle (WBK), angeboten. Aus rheinischer Braunkohle wurden im Jahre 1993 ca. 470 000 t WBK hergestellt und in Kesselanlagen mit zirkulierender Wirbelschicht-Feuerung zur gekoppelten Kraft- und Wärme-Erzeugung eingesetzt. Die Produktionsanlagen der Braunkohlenstauberzeugung und zur Herstellung von WBK sind mit modernsten Entstaubungsanlagen ausgerüstet. Die nach TA-Luft und in den Genehmigungen geforderten Staub-Emissionsgrenzwerte werden deutlich unterschritten. →Lärmschutzmaßnahmen, besonders an den Schwingmühlen, und die Reinigung der feststoffbelasteten Produktionsabwässer sind ebenfalls nach Stand der Technik realisiert.

Wolfrum/Thomas

Literatur: Braunkohle (1984) 36, S. 403–442 – Jahrbuch der Dampferzeugungstechnik, Bd. 1. Kap. II.4.5. Ausgabe Essen 1985/86. – *Böcker, D.; H.-B. Koenigs:* Von der Brikettfabrik zum Veredlungsbetrieb. Braunkohle **40** (1988) Nr. 7, S. 188–200. – *Kurtz, R.; K.-A. Theis:* Braunkohlenstaub: Herstellung, Eigenschaften und Verwendung. Braunkohle **43** (1991), Nr. 5, S. 11–17. – *Schwirten, D.:* Perspektiven der Veredlung von Braunkohle. Braunkohle **43** (1991), Nr. 12, S. 8–16.

Braunkohlenverflüssigung. Verfahren zur direkten Verflüssigung von Braunkohle durch Zerlegung ihres Molekülgerüsts unter gleichzeitiger Anlagerung von Wasserstoff. Dies wird in einem sog. Sumpfphasereaktor durchgeführt, d. h., die Kohle wird mit Öl und Katalysatoren zu einem Brei angemischt und bei Temperaturen von ca. 350 °C und Drücken von 30 MPa verflüssigt.

Das Verfahrensprinzip wurde bereits in den 40er Jahren großtechnisch zur Treibstoffherstellung aus Braunkohle eingesetzt. In den 80er Jahren wurde durch das sog. Coprocessing eine weitere Ausbeutesteigerung erreicht. Hierbei wird die gemeinsame Hydrierung einer Suspension von Kohle und Katalysatoren mit schweren Ölrückständen aus der Erdölverarbeitung vorgenommen (Bild). Damit entfällt die Rückführung von Kohleöl aus dem Prozeß zur Herstellung der Maische. Aufgrund synergistischer Effekte ist die Ausbeute höher als theoretisch aus dem Ergebnis einer getrennten Hydrierung von Rückstandsölen und Braunkohle errechnet.

Wegen fehlender Wirtschaftlichkeit wurden großtechnische Anlagen zur B. bisher nicht wieder realisiert. Eine abschließende Beurteilung ihrer umwelttechnischen Einordnung ist daher noch nicht möglich.

In einer Anlage zur direkten Verflüssigung von Kohle sind die Emissionen der Hydrieranlage, der Vergasungsanlage, eines Kraftwerkes, einer Raffinerie, einer Chemieanlage etc. zu berücksichtigen. Grundsätzlich fallen alle Typen von Emissionen wie Staub, Abgase, Abwasser, Abfall, Lärm an.

Gegenüber der Verstromung, bei der Verbindungen mit höheren Oxidationsstufen entstehen (z. B. SO_2, NO_x), treten bei der B. aufgrund der zum Teil wasserstoffreichen Atmosphäre Produkte in reduzierter Form, wie H_2S, auf. Ein besonderes Problem liegt dabei in der Vielzahl der auftretenden Stoffe und ihren Bindungsformen, z. B. beim Schwefel als H_2S, COS, CS_2 und als organisches Sulfid oder beim Stickstoff als HCN, Amine.

Qualitativ betrachtet kann die →Umweltverträglichkeit der Kohleverflüssigung als günstig angesehen werden, weil
– die Prozesse in geschlossenen Systemen ablaufen, die schon wegen des hohen Druckes und aus

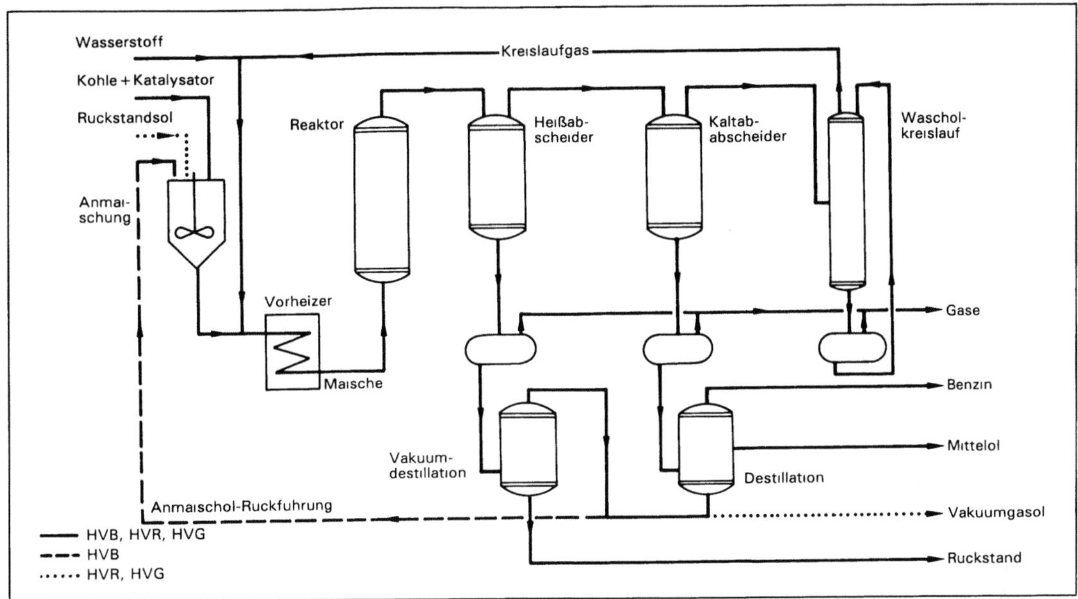

Braunkohlenverflüssigung: Fließschema der Sumpfphasenhydrierung von Braunkohle (HVB), von Rückstandsölen (HVR) und von Gemischen (HVG) (Quelle: Rheinbraun).

Gründen der Wirtschaftlichkeit technisch dicht sein müssen,

– die in Gasen und Stoffströmen vorhandenen störenden und schädlichen Beimischungen mit bekannten und erprobten Verfahren nahezu vollständig entfernt werden können.

Nach vorsichtigen Schätzungen dürften die Kosten für einen umweltverträglichen Betrieb mehr als 20% der gesamten Investitionskosten ausmachen; hierdurch werden die Produktionskosten zukünftiger Verflüssigungsanlagen entscheidend beeinflußt. *Wolfrum/Faber*

Literatur: *Bocker, D.; J. Engelhard; H. Teggers:* Veredelung von Braunkohle. Erdöl-Erdgas-Kohle 103 (1987), Nr. 9, S. 285–389. – *Dolkemeyer, W.; F. Gajewski; A. Giehr; P. Göttsch; G. Ritter* u. *U. Lenz:* Optimierung und Betrieb einer kleintechnischen Versuchsanlage zur Hydrierung von Braunkohle. BMFT Abschlußbericht Forschungsvorhaben 03E1417A Rheinbraun AG, Köln 1984. – *Dolkemeyer, W.; U. Lenz* u. *K.-A. Theis:* Coprocessing: Gemeinsame Hydrierung von Kohle und Rückständen. Erdöl – Erdgas – Kohle 105 (1989) Nr. 2, S. 79–82. – *Faber, W.; U. Lenz* u. *J. Wawrzinek:* Coprocessing: Hydrierende Verflüssigung von Gemischen aus Braunkohle und Rückstandsölen in der Sumpfphase (Optimierung der Verfahrensbedingungen), BMFT Abschlußbericht Forschungsvorhaben 0 32 65 24 A, Rheinbraun AG, Koln 1989. – *Franke, F. H.; K. J. Guntermann; M. J. Paersch:* Kohle und Umwelt. Essen 1989.

Braunkohlenvergasung. Veredlungsverfahren für Braunkohle und andere Brennstoffe durch thermische Umsetzung der organischen Anteile mit sog. Vergasungsmitteln in gasförmige Produkte. Als Vergasungsmittel können Gase wie Wasserdampf, Kohlendioxid, Sauerstoff, Luft oder Gemische dieser Komponenten dienen (Tabelle).

Braunkohlenvergasung. Tabelle: Grundreaktionen.

	kJ/mol
heterogene Reaktionen, Gas/Feststoff	
heterogene Wassergas-Reaktion $C + H_2O - - CO + H_2$	+ 119
Boudouard-Reaktion $C + CO_2 - - 2\ CO$	+ 162
hydrierende Vergasung $C + 2H_2 - - CH_4$	– 87
Teilverbrennung $C + 1/2O_2 - - CO$	– 123
Verbrennung $C + O_2 - - CO_2$	– 406
homogene Reaktion, Gas/Gas	
homogene Wassergas-Reaktion $CO + H_2O - - H_2 + CO_2$	– 42
Methanisierung $CO + 3H_2 - - CH_4 + H_2O$	– 206

Von den verschiedenen Verfahrenstechniken der Kohlevergasung hat sich für Braunkohle in erster Linie die Wirbelschichttechnik durchgesetzt. Hier ist vor allem der ursprünglich unter Atmosphärendruck arbeitende *Winkler*-Prozeß zu nennen. Dieses

Verfahren wurde von der Rheinbraun AG seit Anfang der 70er Jahre zum sog. Hochtemperatur-Winkler (HTW)-Prozeß weiterentwickelt. Durch Erhöhung des Betriebsdrucks auf ca. 2,5 MPa, Rückführung des aus der Wirbelschicht ausgetragenen Feinstaubs und Erhöhung der Temperatur in der Nachvergasungszone oberhalb der Wirbelschicht gelang es, den Kohlenstoff-Vergasungsgrad bis auf mehr als 95 % zu erhöhen, die Rohgaszusammensetzung auch im Hinblick auf umweltrelevante Spurenstoffe deutlich zu verbessern und die spezifische Vergaserleistung zu verzehnfachen. Das Rohgas eines HTW-Vergasers enthält z. B. bei Betrieb mit Sauerstoff/Dampf als Vergasungsmittel etwa 40 % CO, 35 % H_2, 4–5 % CH_4 und 20 % CO_2.

Das HTW-Verfahren kann einerseits, wie auch andere Vergasungsverfahren, die vorwiegend Steinkohle verarbeiten, zur Erzeugung von Synthesegas für Chemieprodukte genutzt werden. Ein wichtiges Produkt ist hier das →Methanol, das als alternativer, emissionsarmer Vergasertreibstoff erprobt worden ist. Andererseits ist gerade in letzter Zeit die Kopplung eines Kohlevergasungsprozesses mit einem Gas- und Dampf-Kombikraftwerk von großem Interesse. Auf dieser Basis plant die RWE Energie AG in Zusammenarbeit mit der Rheinbraun AG das KoBra-Projekt, ein Kombikraftwerk mit integrierter B. nach dem HTW-Verfahren. In diesem Kombikraftwerk wird das erzeugte Brenngas vor seiner Nutzung sehr effektiv von allen Schadstoffen gereinigt. Wesentlich ist auch die mögliche Steigerung des Wirkungsgrades der Stromerzeugung auf rd. 46 %, was einer Minderung des spezifischen CO_2-Ausstoßes um rd. 25 % im Vergleich zu einem konventionellen 600 MW Braunkohlen-Kraftwerk entspricht; die klassischen Schadstoffe kommen auf Werte von 10 % beim Staub, 30 % beim SO_2 und 50 % beim NO_x.

Das im Vergasungsprozeß anfallende Abwasser ist relativ gering belastet und läßt sich in Abwasseraufbereitungsanlagen mit bekannten Techniken so aufbereiten, daß es entweder beim Prozeß wieder eingesetzt oder in einen →Vorfluter abgegeben werden kann.

Das Bild zeigt ein Blockfließbild der KoBra-Demonstrationsanlage mit einer Nettoleistung von ca. 300 MW. Die grubenfeuchte Braunkohle wird bis auf eine Körnung von 0–6 mm aufbereitet bzw. gebrochen und anschließend in einer neuen, effektiven Dampf-Wirbelschichttrocknung mit interner Abhitzenutzung (WTA-Trockner) bis auf einen Wassergehalt von ca. 12 % getrocknet. Die Vergasung der getrockneten Kohle erfolgt mit Luft als Vergasungsmittel bei 27 bar in einem HTW-Vergaser mit ca. 3,7 m Innendurchmesser. Die aschereichen Vergasungsrückstände bzw. abgeschiedener Staub werden einem modernen Prozeßdampferzeu-

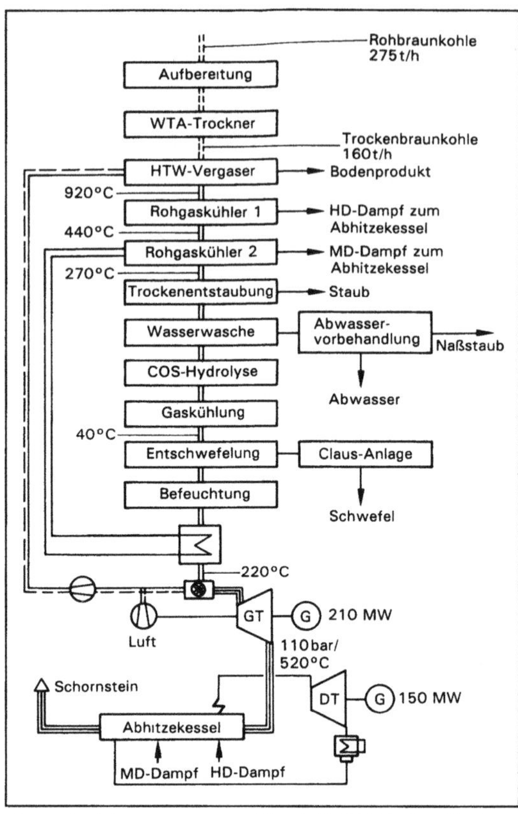

Braunkohlenvergasung: Blockfließbild der KoBra-Demonstrations-Anlage.

ger mit zirkulierender Wirbelschichtfeuerung zur Nachverbrennung zugeführt.

Das bei der Vergasung erzeugte Brenngas durchläuft verschiedene Stufen der Kühlung und wird vollständig entstaubt (Warmfilter), bevor es weiter gereinigt und in einem Waschverfahren nahezu vollständig entschwefelt wird. Gasbefeuchtung und erneute Vorwärmung des Gases vor der Brennkammer der Gasturbine tragen zum hohen Gesamtwirkungsgrad des Prozesses bei. Die Gasturbine (210 MW) treibt direkt den Luftverdichter an. Ihr ist ein Abhitzekessel mit einer Dampfturbine von 150 MW nachgeschaltet. *Schrader*

Literatur: *Adlhoch, W.* und *N. Brüngel:* Die bisherige und zukünftige Entwicklung des Hochtemperatur-Winkler-Verfahrens; Braunkohle **41** (1989), Heft 12, S. 420–424. – *Adlhoch, W.; J. Keller* und *P. K. Herbert:* Das Rheinbraun HTW-Kohlevergasungsverfahren, VGB-Konferenz Kohlevergasung 1991, 16/17. 5. 1991, Dortmund. – *Bergmann, H.* und *J. Ewers:* Neue Kraftwerkskonzepte für Braunkohle; VGB-Kraftwerkstechnik **70** (1990), Nr. 5, S. 399–405. – *Engelhard, J.* und *J. Ewers:* Zukünftiger Einsatz des Energieträgers Braunkohle; BWK **43** (1991), Nr. 1/2. – *Kallmeyer, D.; J. Engelhard:* KoBra combined-cycle power station with an integrated HT-fluidized bed lignite gasification facility, World-Energy-Conference, 21.–25. 9. 1992, Madrid.

Braunkohlenverkokung. Veredlungsverfahren zur Herstellung von Braunkohlenkoks durch Temperaturbehandlung unter Luftabschluß. Braunkohlenkoks kann durch Hochtemperaturverkokung, durch Tieftemperaturverkokung oder als Rückstand der Pyrolyse von Braunkohle gewonnen werden. Formkoks, der aus Braunkohlenbrikett hergestellt wird, und Stückkoks, der durch schonende Entgasung stückiger Braunkohle gewonnen wird, zielen auf eine Anwendung in der eisenschaffenden Industrie. Stückiger Braunkohlenweichkoks, sog. Grude-Koks, fiel in der ehemaligen DDR als Nebenprodukt der Tieftemperaturverkokung an; Grude-Koks wurde in früheren Jahren zu Heizzwecken verwendet. Heute wird die Tieftemperaturverkokung nicht mehr praktiziert, vielmehr wird Hochtemperatur-Feinkoks aus Braunkohle nach dem Herdofenverfahren erzeugt. Das Verfahren arbeitet ohne Anfall von Abwasser. Der Verkokungsprozeß wird unter Unterdruck betrieben, so daß keine Geruchsemissionen entstehen. Das aus der Kohle durch Wärmebehandlung entweichende Verkokungsgas wird in einem Abhitzekessel zur Dampferzeugung genutzt. Die im Verkokungsgas enthaltenen Bestandteile CO, H_2 und CH_4 und sonstige ggf. vorhandene organische Substanzen werden dabei vollständig verbrannt. Staub wird in einem dem Abhitzekessel nachgeschalteten Elektrofilter zurückgehalten. Durch geeignete Feuerungsführung ist die NO_x-Bildung im Abhitzekessel äußerst gering. Ein großer Teil des mit der Kohle eingebrachten Schwefels wird im Koks eingebunden, so daß der SO_2-Gehalt in den an die Atmosphäre abzugebenden Rauchgasen um 50 % reduziert ist und die vorgegebenen Richtwerte deutlich unterschreitet.

Der Braunkohlenkoks wird für die unterschiedlichen Einsatzzwecke in verschiedenen Korngrößen angeboten. Haupteinsatzbereiche sind die Abgas- und Abwasserreinigung, für die die adsorptiven Eigenschaften des Braunkohlenkokses, die nahezu Aktivkohlequalität erreichen, ausgenutzt werden.

Als Anwendungsbereiche kommen in Frage:
– die adsorptive und katalytische Prozeßgas-, Abluft- und Rauchgasreinigung (SO_2-, SO_x-, Dioxin-, Furan-, Quecksilberabscheidung etc.),
– die Unterstützung der biologischen Abwasserreinigung,
– die Trinkwasserfiltration,
– für besondere Reinigungszwecke als Basismaterial zur Erzeugung von Aktivkohle.

Außerdem findet der Braunkohlenkoks Verwendung in einer Vielzahl von metallurgischen Prozessen, z. B. als Reduktionsmittel, zur Aufkohlung und Schlackenbehandlung. *Wolfrum/Erken*

Literatur: *Böcker, D.; H.-B. Koenigs:* Von der Brikettfabrik zum Veredlungsbetrieb, Braunkohle 40 (1988) Nr. 7, S. 188–200. – *Heuter, H.; H. Kreusing; J. Lambertz, G. Ritter:* Herdofenkoks auf Braunkohlenbasis. Einsatzmöglichkeiten in der Rauchgasreinigung, insbesondere hinter Abfallverbrennungsanlagen. Müll Abfall 23 (1991) Nr. 3, S. 141–48. – *Kurtz, R.:* Schwelung und Verkokung von Braunkohle. In Winnacker-Küchler: Chemische Technologie, Band 5, Organische Technologie S. 391–412, 4. Aufl. München 1981.

Brennelementzwischenlagerung. Lagerung der bestrahlten, d. h. abgebrannten Brennelemente in der Zeit zwischen ihrer Entladung aus dem Reaktorcore und ihrer Entsorgung über eine →Wiederaufarbeitung oder direkte →Endlagerung. Nach der Entladung der Brennelemente werden sie unmittelbar in ein Wasserbecken verbracht. Untergebracht ist das sog. Abklingbecken in modernen Kernkraftwerken innerhalb des Reaktorschutzgebäudes. Während der ersten 12 Monate fällt die nach Bestrahlungsende vorhandene →Radioaktivität auf weniger als ein Tausendstel ab. Im gleichen Maße wie die Radioaktivität sinkt auch die Wärmeproduktion, hervorgerufen durch die Nachzerfallswärme der Spaltprodukte und Aktiniden.

Früher mußten die im Reaktorgebäude untergebrachten Abklingwasserbecken eine Zwischenlagerkapazität von 5/3 Kernladungen haben, wobei aus Sicherheitsgründen stets eine Reserve von 3/3 Kernladungen für eine evtl. Notentladung freizuhalten ist. Neuerdings wird die Lagerkapazität in Kernkraftwerken nach Möglichkeit aufgestockt, entweder durch den nachträglichen Einbau von Kompaktlagergestellen in die existierenden Wasserbecken oder bei neuen Kernkraftwerken durch eine entsprechend größere Dimensionierung von vornherein.

Während bei den Normallagergestellen die erforderliche Unterkritikalität allein durch den Abstand der Brennelemente sichergestellt wird, ist zur Gewährleistung derselben in Kompaktlagerweise der feste Einbau von Neutronenabsorbern notwendig. Meist wird dazu ein ca. 1 %iger Borstahl verwendet. Mit dieser Vorgehensweise erreicht man eine Erhöhung der Lagerkapazität bis zu 9/3 Kernladungen, wobei weiterhin 3/3 Kernladungen als Sicherheitsreserve freigehalten werden müssen. Das Kernkraftwerk kann auf diese Weise 6 Jahre seine verbrauchten Brennelemente zwischenlagern, d. h. erst nach 6 Jahren ist man auf eine externe Entsorgung angewiesen.

Es muß gewährleistet sein, daß die Unterkritikalität mit einem Multiplikationsfaktor $K_x \leq 0,95$ sowohl im Normalfall als auch bei allen Störfällen erhalten bleibt. Sicherheitstechnisch wichtig ist der Umstand, daß der Dichtekoeffizient der Reaktivität stark positiv ist. Das bedeutet: mit steigender Wassertemperatur (= abnehmende Dichte) nimmt die Reaktivität ab. *Merz*

Brennstoffe, schwefelarme. Brennstoffe entstehen bzw. entstanden aus pflanzlichen und tierischen

Lebensprozessen. Die aus der gegenwärtigen Pflanzen- und Tierwelt gewinnbaren Energieträger sind regenerative Brennstoffe (→Biomasse). Als fossile Brennstoffe werden die aus der Biomasse älterer Erdperioden durch Einwirkung von hohem Druck und unter Luftabschluß entstandenen Brennstoffe bezeichnet.

Regenerative Brennstoffe haben aufgrund ihres Entstehungsprozesses einen niedrigen Schwefelgehalt. Auch einige fossile Brennstoffe bestimmter Herkunft weisen geringe Schwefelgehalte auf und sind (ohne daß besondere Aufbereitungsverfahren eingesetzt werden), als schwefelarm zu bezeichnen (Tabelle). Dazu gehören verschiedene Erdgas- und Rohölsorten. Meist ist der Schwefelgehalt fossiler Brennstoffe so hoch, daß er durch technische Maßnahmen verringert werden muß. Es kommen vor allem chemisch-physikalische Entschwefelungsverfahren zur Anwendung.

In der Bundesrepublik Deutschland ist für →Kleinfeuerungsanlagen meist der Einsatz von s. B. vorgeschrieben. Kleinfeuerungsanlagen für flüssige Brennstoffe dürfen nur mit Heizöl EL mit einem maximal zulässigen Schwefelgehalt von 0,2 Massen-% betrieben werden (ein Wert von 0,05 Massen-% wird angestrebt) (→3. BiMSchV). In mittelgroßen Feuerungsanlagen werden häufig schweres Heizöl oder Steinkohle mit einem Schwefelgehalt von 1 Massen-% eingesetzt. Um die geltenden Abgasanforderungen (insbesondere bei Neuanlagen) einzuhalten, ist eine zusätzliche →Abgasreinigung mit einem Abscheidegrad von ca. 50% erforderlich. Bei Steinkohle ist häufig durch Aufbereitungsverfahren, die vorrangig der Bergeabtrennung dienen, auch eine deutliche Verringerung des Schwefelgehalts zu erreichen. Bei der im Ruhrgebiet geförderten Ballastkohle wird durch Kohle-Entpyritisierung der Schwefelgehalt von ca. 1,5 Massen-% auf unter 1 Massen-% gesenkt (Vollwertkohle). Eine weitere Absenkung läßt sich durch eine zusätzliche (aufwendige) Minderung des organischen Schwefelanteils erreichen *B. Krause*

Literatur: *Viessmann, H.:* Heizungshandbuch. Allendorf 1987. – DIN 51 603: Heizöle; Mindestanforderungen. – Ullmanns Encyklopädie der technischen Chemie, Bd. 10, 14. Weinheim 1977.

Brennstoffelement/Brennelement. Gestalt und chemische Zusammensetzung der Kernbrennstoffelemente unterscheiden sich z. T. recht erheblich, je nachdem, ob es sich um solche aus Leichtwasserreaktoren, Hochtemperaturreaktoren oder von Schnellen Brutreaktoren handelt. Auch die Herstellung von Brennstoffen und B. hängt vom Reaktortyp ab, für den sie vorgesehen sind. Ausgangsmaterial für die Brennelementherstellung ist heute vorwiegend Urandioxidpulver. Um dieses zu erhalten, wird die angereicherte UF_6-Fraktion mit Wasserdampf hydrolysiert und mit Wasserstoffgas zu UO_2 reduziert. Das anfallende Produkt ist leicht sinterfähig. Es wird zu Tabletten von 2–3 cm Länge und etwa 1 cm Durchmesser verpreßt. Die rohen Preßlinge werden bei ungefähr 1 700 °C zu keramischem Material gesintert, sie erhalten dabei die notwendige Festigkeit und Dichte. Anschließend werden diese sog. Pellets in 4–5 m lange Hüllrohre aus Edelstahl oder Zirkoniummetall (Zirkaloy) eingefüllt. Da es die Funktion der Hüllrohre ist, die Spaltprodukte zurückzuhalten und den Brennstoff vor einer Korrosion zu schützen, müssen die Rohre an den Enden sehr sorgfältig gasdicht zugeschweißt werden. Eine größere Zahl von Einzelstäben (bis 250) wird zu

Brennstoffe, schwefelarme. Tabelle: Schwefelgehalt einiger Brennstoffe.

Brennstoff	Herkunft	Typische mittlere Schwefelgehalte (1977)
Rohöl	– Mittlerer Osten (Kuwait)	2,5 Massen-%
	– Nordafrika (Libyen)	0,15 Massen-%
	– Venezuela (Tia Juara M.)	1,55 Massen-%
	– Nordsee (Forties Field)	0,29 Massen-%
	– Alaska (Prudhoe Bay)	0,82 Massen-%
Braunkohle	– Deutschland (Rhein. Revier)	0,35 Massen-%
	(Leipziger Revier)	2 Massen-%
Steinkohle	– Deutschland (Ruhrgebiet)	1,8 Massen-%
Erdgas	– Kanada (Edson)	1,9 Volumen-%
	– Kuwait (Burgan)	0,1 Volumen-%
	– Deutschland (Scholen)	6,1 Volumen-%
	– Frankreich (Lacq)	14,9 Volumen-%

Die Schwefelgehalte beziehen sich auf den trockenen, ballaststofffreien Brennstoff.

einem Brennstabbündel zusammenmontiert; man nennt diesen Vorgang Assemblieren (Bild). Ein B. (Brennstabbündel) eines Druckwasserreaktors enthält rund 530 kg, eines Siedewasserreaktors 190 kg Uran.

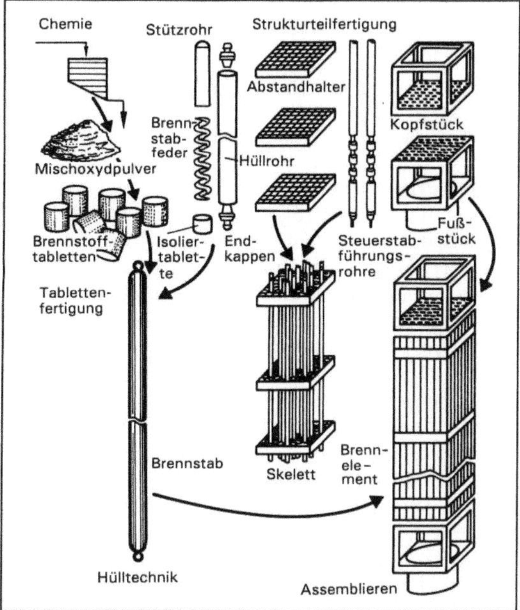

Brennstoffelement: Prinzipschema der LWR-Brennelementfertigung.

Zur Herstellung von $(U,Pu)O_2$-Mischoxid kann man entweder die beiden Pulver aus UO_2 und PuO_2 getrennt erzeugen, um sie anschließend mechanisch zu mischen und zu sintern, oder man fällt sie gemeinsam aus U-Pu-Lösungen. Die Weiterverarbeitung erfolgt wie beim reinen Uranoxid. *Merz*

Brennstoffkreislauf, nuklearer. Ausgangsstoff der Kernenergie ist →Uran, das in der Natur weit verbreitet ist, aber selten in hoher Konzentration vorkommt. Natururan besteht nicht aus einer einzigen Sorte von atomaren Bausteinen, sondern aus einem Gemisch von Uranisotopen. Diese Atome verhalten sich zwar chemisch gleich, sind aber physikalisch verschieden, insbesondere, was ihr Verhalten beim Beschuß mit Neutronen anbelangt, wie es in einem Kernreaktor geschieht. Natururan besteht zu ca. 0,7 % aus dem Isotop mit der Masse 235 und zu 99 % aus dem schwereren mit der Masse 238. Neben der fortwährenden Spaltung der U-235-Atome in zwei leichtere Elemente, die Spaltprodukte, und der damit verbundenen Freisetzung großer Energiemengen, läuft noch ein zweiter Prozeß, der Brutprozeß, nebenbei ab.

Die bei jeder Spaltung frei werdenden Neutronen bewirken ihrerseits nicht nur wieder eine erneute Spaltung anderer U-235-Atome, eine sog. Kettenreaktion, sondern ein Teil davon brütet den neuen Spaltstoff Plutonium aus dem Isotop U-238. Eine andere Brutreaktion geht von Thorium aus, das in der Natur in noch größeren Mengen als Uran vorkommt. Hier entsteht durch Umwandlung das sonst in der Natur nicht vorkommende spaltbare Isotop U-233. Die Kernenergienutzung ist durch einen charakteristischen Brennstoffkreislauf gekennzeichnet, der die Versorgung auf der einen und die Entsorgung auf der anderen Seite umfaßt. Mittelpunkt bildet das →Kernkraftwerk (Bild) (→Uranerzabbau; →Uranerzbergbau und Umwelt; →Uranisotopen-Anreicherungsverfahren; →Brennstoffelement; →Kernreaktor; →Kernspaltung; →Wiederaufbereitung abgebrannter Brennelemente; →Transport radioaktiver Stoffe; →Endlagerung). *Merz*

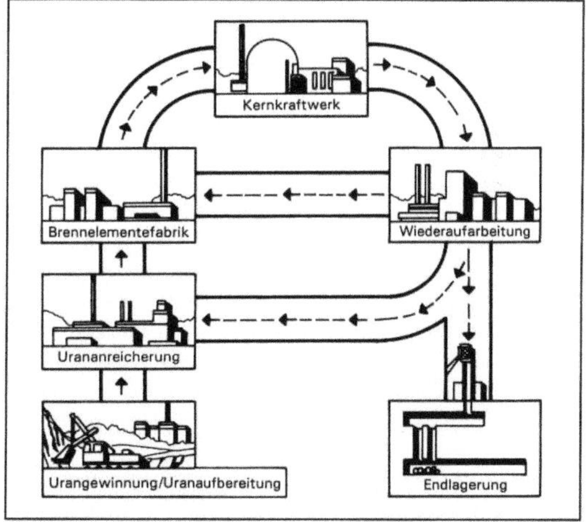

Brennstoffkreislauf, nuklearer: Schematische Darstellung der verschiedenen Stationen im n. B.

Literatur: *Merz, E.:* Der Brennstoffkreislauf von Kernkraftwerken. In: Münch, E. Hrsg., Tatsachen über Kernenergie, 3. Aufl. Essen, Gräfelfing 1983.

Brennstoffzelle. Als Teil einer solaren →Wasserstoff-Energiewirtschaft kommt der B. zur effizienten Wasserstoff-Wiederverstromung Bedeutung zu, ferner als Komponente rationeller →Energiewandlung zur Erdgas- oder Kohlegasverstromung in Wärme/Kraft-Kopplung hoher Effizienz sowie in der Traktion (Bild).

Nach der Arbeitstemperatur und den unterschiedlichen Elektrolyten geordnet lassen sich fünf B.-Typen unterscheiden:
– Alkalische B. (AFC – Alkaline Fuel Cell) 30 Gew.-% KOH-Elektrolyt, 60–90 °C; AFC verstromen Reinstwasserstoff/Reinstsauerstoff mit einem Wirkungsgrad von 60 %.
– Protonenleitende Membran-Elektrolyt-B. (SPFC – Solid Polymer Fuel Cell) 60–80 °C.

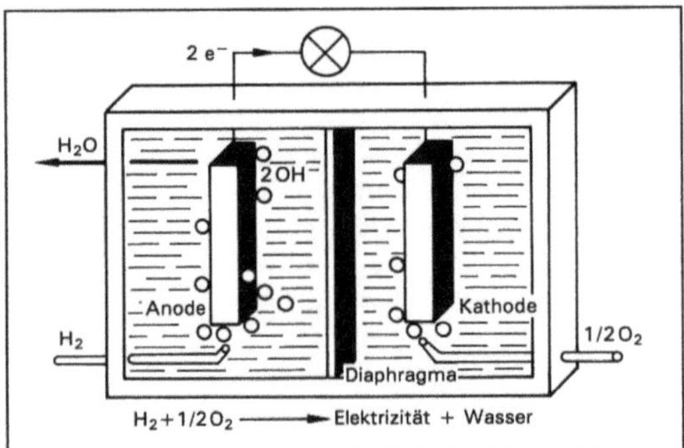

Brennstoffzelle: Prinzip der Niedertemperatur-B. (Quelle: Forschungsverbund Sonnenenergie)

– Phosphorsäure Elektrolyt-B. H_3PO_4 (PAFC – Phosphoric Acid Fuel Cell) 160–220 °C; PAFC verstromen Erdgas/Luft mit einem Wirkungsgrad von 40 %, als Blockheizkraftwerke betrieben mit 80 %.
– Alkalikarbonat-Schmelzelektrolyt-B. (MCFC – Molten Carbonate Fuel Cell) 600–650 °C.
– Sauerstoffionenleitende oxidkeramische B. (ZrO_2) (SOFC – Solid Oxide Fuel Cell) 800 bis 1 000 °C; SOFC – wie auch MCFC – kann man sich ihrer hohen Verstromungstemperaturen wegen als Topping-Cycle für nachgeschaltete Gas- und Dampfturbinenprozesse denken; erwartete Gesamtverstromungs-Wirkungsgrade der Dreierkaskade von 70 % erscheinen nicht unrealistisch.

Unabhängig von den einzelnen Typen haben B. diese charakteristischen Eigenheiten:
– Die direkte elektrochemische (nicht thermodynamische) Energieumwandlung in B. ist nicht durch den Carnotfaktor begrenzt.
– Der Wirkungsgrad von B. steigt bei Teillast an.
– Der modulare Aufbau von B. führt zu Redundanz.
– B. arbeiten geräusch- und vibrationsfrei; ihre Reaktionsprodukte sind schadstoffarm. B. können folglich inmitten großer Siedlungsdichte aufgestellt werden.
– B. haben drei typische Komponenten: Die der Gastechnik zur – wenn nicht Reinstwasserstoff angewendet wird – zellenkompatiblen Erdgas-/Kohlegasaufbereitung (chemische Energie), die des eigentlichen Zellenblocks (elektrochemische Energiewandlung) und die der elektrischen Energieaufbereitung, gegebenenfalls des Inverters (elektrische Energie).
– Die Emissionen von B. sind abhängig vom B.-Typ und den eingesetzten Brenngasen. Alkalische B. verwenden nur Wasserstoff und Sauerstoff und können folglich keine Schadstoffe emittieren. Die anderen B.-Typen, die auch kohlenstoff- und schwefelhaltige Brenngase (Erdgas, Kohlegas u. a.) verbrennen und Luft als Oxidator nutzen, emittieren

prinzipiell Kohlendioxid, Kohlenmonoxid, Schwefeldioxid, Stickstoffoxide, Unverbranntes, aber in Mengen, die häufig um eine Zehnerpotenz unter denen herkömmlicher Energiewandlung liegen. Generell ist die hohe Effizienz der Energieumwandlung in B. günstig: Die Menge Energierohstoffe, die nicht eingesetzt zu werden braucht, kann nicht zu Emissionen führen. *C.-J. Winter*

Literatur: *Kordesch, K.:* Brennstoffbatterien. Wien 1984. – *Wendt, H.; V. Plzak* (Hrsg.): Brennstoffzellen – Stand der Technik, Entwicklung, Chancen. Düsseldorf 1990.

Brennwertkessel. Heizkessel, bevorzugt für die Verbrennung von Erdgas, aber auch Heizöl, mit Nutzung der Kondensationswärme, also des oberen Heizwerts H_o des Brennstoffs, und Rauchgasrückkühlung unter die Kondensationstemperatur werden in der Fachsprache B. genannt; sie können mit gleitenden Kesselwassertemperaturen gefahren werden. Der energetische Kesselwirkungsgrad von über 90 % liegt um bis zu 10 %-Punkte über dem von Kesseln ohne Nutzung der Kondensationswärme. Bezogen auf den unteren Heizwert H_u haben B. einen 1,07fachen feuerungstechnischen Wirkungsgrad. B. sind damit gute Beispiele für besonders rationelle Energiewandlung/Energieanwendung.

Von ökologischer Relevanz ist die umweltverträgliche Entsorgung des Kondensats, das große Teile der im Abgasstrom enthaltenen Schadstoffe enthält und neutralisiert werden muß, sowie die kondensatverträgliche korrosionsbeständige Konstruktion des Rauchgas-Schornsteins in gut wärmegedämmter Glas- oder Edelstahlbauweise. *C.-J. Winter*

Brikettieranlage. →Steinkohle-Brikettieranlage

Bringsystem. B. ist der Sammelname für Erfassungssysteme, bei denen der →Abfall vom Besitzer zu Sammelstellen gebracht werden muß. Dies kann eine stationäre Anlage sein (Deponieannahmestelle, Wertstoff- oder Recyclingcenter, Ladengeschäft) oder auch eine mobile Sammelstelle (Depotcontainer, Schadstoffmobil, Giftmobil).

B. für Wertstoffe, häufig in Ergänzung der als →Holsystem organisierten Erfassung häuslicher Abfälle, sind die diversen Container-Sammlungen für Altglas, Altmetalle, Kleidung, Batterien, Kunststoffe u. dgl. Die Verwertbarkeit der Wertstoffe hängt wesentlich vom Reinheitsgrad der Erfassung ab. Dazu werden für Altglas und Altmetalle getrennte Container oder Containerkammern angeboten, um das Glas nach Farben sortiert und die Metalle zumindest nach Weißblech und Buntmetall getrennt zu erfassen. Die Erfassungsquoten liegen zwischen 20 % und 50 % für Altpapier und Altglas, zwischen 10 % und 20 % für Altmetall und Altkunststoff.

Im Gegensatz zur Erfassung von Wertstoffen sind B. für die Erfassung von Schadstoffen und Problemabfällen weniger geeignet. Die im Haushalt anfallenden Abfälle, die auf Grund ihres Schadstoffgehalts oder aus sonstigen Gründen, z. B. →Altarzneimittel, nicht in die Abfalltonne gehören, werden häufig überhaupt nicht als solche erkannt oder fallen in so kleinen Einzelchargen an, daß sie in der Summe ihrer Wirkungen weitgehend unterschätzt werden.

Die jährliche Problemstoffmenge im →Hausabfall wird auf ca. 1,2 kg je Einwohner geschätzt, wovon insgesamt etwa 50% gesondert erfaßt und entsorgt werden. B. zur Erfassung von Schadstoffen und Problemstoffen bedürfen zur Steigerung ihrer Effektivität daher unterstützender Maßnahmen. Soweit Produkte nicht bereits im Vorfeld von abfallrechtlichen Regelungen verboten werden können, gehört dazu in erster Linie die Substitution durch schadstoffärmere und damit umweltverträglichere Produkte. Dem grundsätzlich vorhandenen Problembewußtsein der Bevölkerung würde vor allem die Offenlegung des Schadstoffgehaltes in der Produktkennzeichnung entgegenkommen. Auch die Erhebung von Pfändern für besonders schadstoffhaltige Produkte, die allerdings im Gegensatz zum klassischen Flaschenpfand von erheblicher Höhe sein müßten, könnte die Erfassungsquote erhöhen. *J. Kühn*

Bromierte Kohlenwasserstoffe →Brandbekämpfungsmittel, →Halone

Bromophosethyl.
□ Stoff-Identifizierungs-Nr.:
CAS-Nr.: 4824-78-6
EG-Nr.: 015-064-00-5
UN-Nr.: 3018
EINECS-Nr.: 225-399-0
□ Chemische Formel: $C_{10}H_{12}BrCl_2O_3PS$
□ Stoffcharakteristik: Gelbliche Flüssigkeit mit Geruch nach organischen Schwefelverbindungen, unlöslich in Wasser, unbegrenzt mischbar mit Aceton, Benzol und Alkohol.
□ Gefahrenmerkmale:
– Stoffliste nach § 4a der →Gefahrstoffverordnung:
Gefahrenbuchstabe(n): T, N
R-Sätze: 21-25-50/53
S-Sätze: 1/2-28-36/37-45-60-61
– Stoffliste (Anhang II) der →Störfall-Verordnung:
Nr. 4c
– →Wassergefährdungsklasse: WGK 3
Fischer/M. Schön

Brüdenverdichter. Unter einem B. versteht man eine Anlage zum Eindampfen von Lösungen, bei der der bei der Eindampfung entstehende Dampf (Brü-

den) zur Beheizung des Verdampfers genutzt wird. Dazu ist es erforderlich, den Dampf durch einen Verdichter auf ein höheres Temperaturniveau zu bringen.

Ein Beispiel zeigt das Bild. Der im Verdampfer/Kondensator entstehende Dampf wird durch einen Kompressor verdichtet, wobei sich Temperatur und Druck erhöhen. Der verdichtete Dampf kondensiert im Verdampfer/Kondensator und gibt seine Wärme an die Lösung ab. Der Zulauf wird vom ablaufenden Kondensat und der eingedickten Lösung in Wärmetauschern vorgewärmt. Die für den Antrieb des Kompressors aufzuwendende Energie beträgt häufig nur 2–5% dessen, was zur Beheizung des Verdampfers ohne Brüdenverdichtung erforderlich wäre. Für den Prozeß werden meist Rohrverdampfer mit Natur- oder Zwangsumlauf eingesetzt, bei denen der Dampf an der Rohraußenwand kondensiert und in den Rohren die teilweise verdampfende Flüssigkeit nach oben steigt. *Hoffmann*

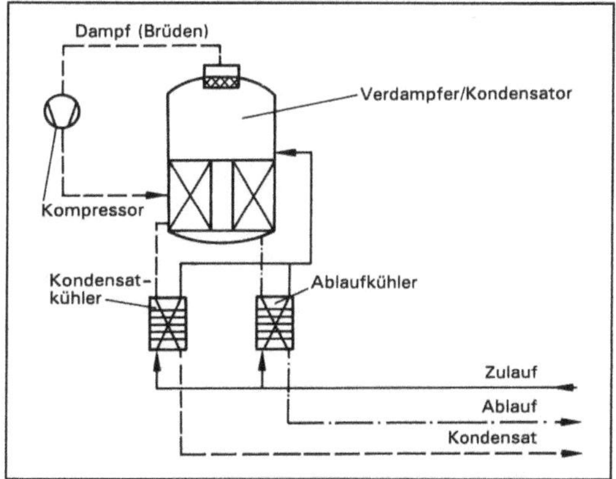

Brüdenverdichter: Beispiel eines B.: Rohrverdampfer mit Naturumlauf.

Brüten. Umwandlung von nichtspaltbarem in spaltbares Material. Ein Atomkern eignet sich zur Durchführung des Brutvorgangs, wenn durch die Reaktion zwischen dem Atomkern und einem Neutron ein neuer spaltbarer Kern entsteht. Solche Brutmaterialien (→Brutstoff) sind Uran-238 und Thorium-232. Diese Stoffe sind in der Natur ca. 100- bis 500mal reichlicher vorhanden als Uran-235. Zum B. ist erforderlich, daß die Zahl der je Spaltung freiwerdenden und nicht durch Absorption oder Austritt aus dem Reaktor verlorengehenden Neutronen mindestens zwei beträgt. Dann wird nämlich neben Energie wenigstens ebensoviel spaltbares Material erzeugt, wie bei der Spaltung verbraucht wird. Anders ausgedrückt: Das Verhältnis zwischen gewonnenen und verbrauchten →Spaltstoffen, das Brutverhältnis, ist größer als 1; es entsteht ein Brutgewinn. Ist die Zahl der wirksamen Neutronen geringer als zwei, so wird weniger Spaltstoff erzeugt als an Ausgangsspaltstoff verbraucht wird. Reaktoren, die diese Bedingungen erfüllen, bezeichnet man als →Konverter, weil auch sie einen neuen Spaltstoff (Plutonium bzw. U-233) in begrenzten Mengen erbrüten.

Zum Erzielen einer möglichst großen Brutrate bzw. Konversionsrate muß die Neutronenausbeute (Anzahl erzeugter Neutronen pro im Spaltstoff absorbiertes Neutron) groß und der Neutronenverlust klein sein (Tabelle). *Merz*

Brüten. Tabelle: Neutronenausbeute verschiedener Spaltstoffe für thermische und für schnelle Neutronen

Isotop	Neutronen-Ausbeute			
	U-233	U-235	Pu-239	Pu-241
Thermische Neutronen	2,28	2,07	2,10	2,15
Schnelle Neutronen	2,49	2,20	2,64	2,86

Brutreaktor. B. können mehr →Spaltstoff erzeugen als sie verbrauchen. Die Erzeugung neuen Spaltstoffs erfolgt durch Neutroneneinfang in den nicht thermisch spaltbaren Atomkernen des Uran-238 (→Brutstoff), das im Natururan zu rund 99 % enthalten ist. Einen weiteren, in der Natur reichlich vorkommenden Spaltstoff bildet das Thorium-232. Gebildet werden die künstlichen Spaltstoffe Pu-239 bzw. U-233.

Die →Kernspaltung erfolgt im Interesse des besseren Bruteffekts fast ausschließlich mit schnellen Neutronen; daher der Name →Schneller Brüter.

Dieser Reaktortyp benötigt keinen Moderator zur Abbremsung der primär beim Spaltprozeß entstandenen schnellen Neutronen. Da im Brüter die Neutronen möglichst wenig abgebremst werden sollen, scheidet Wasser wegen seiner Bremswirkung als Kühlmittel aus. In Frage kommen Gas, flüssiges Metall und evtl. auch Wasserdampf. Wegen seiner besonders guten Wärmeübertragungseigenschaften wird in fast allen in der Entwicklung befindlichen Reaktorkonzepten flüssiges Natrium verwendet; dieses Element wird bereits bei einer Temperatur von etwa 90 °C flüssig. Allerdings handelt es sich um ein chemisch sehr reaktionsfähiges Element, seine Handhabung bedarf deshalb besonderer Vorsichtsmaßnahmen.

Aus diesem Grunde – und auch weil Natrium durch Neutroneneinfang stark strahlend wird – ist zwischen dem primären Natrium-Kühlkreislauf und dem Wasser-Dampfkreislauf, der eine Turbine antreibt, ein zusätzlicher sekundärer, nicht aktiver Natriumkreislauf geschaltet (Bild).

Der Schnelle Brüter kann das Uran bis zu 60fach besser ausnutzen als die heutigen Leichtwasserreaktoren (LWR).

Schnelle natriumgekühlte B. können grundsätzlich nach dem Stand von Wissenschaft und Technik betrieben werden. Der einzige Reaktor dieses Typs in der Bundesrepublik (Kalkar am Niederrhein) ist jedoch vor der Inbetriebnahme aufgegeben worden. *Merz*

Brutstoff. Nicht spaltbarer Stoff, aus dem durch Neutronenabsorption und nachfolgende Kernumwandlungen spaltbares Material entsteht. Die Kernreaktionen zum Erbrüten neuer, künstlicher

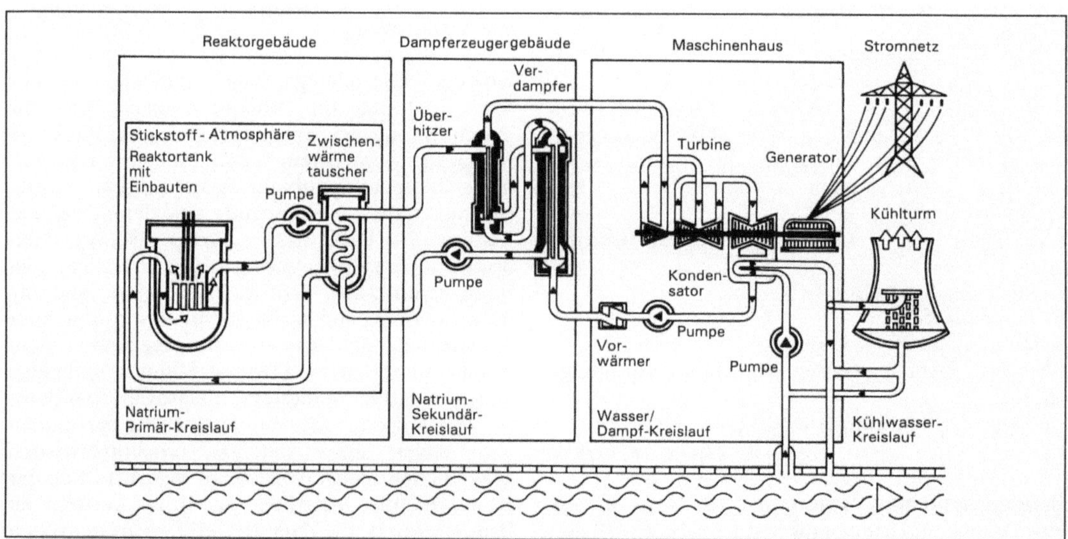

Brutreaktor: Kreislauf des Schnellen natriumgekühlten B.

→Spaltstoffe sind durch zwei Brennstoffkreisläufe gekennzeichnet:

Der Uran-Plutoniumkreislauf:

$$^{238}U(n,\gamma)\ ^{239}U \xrightarrow[T = 23,5\ m]{\beta^- \text{-Zerfall}}\ ^{239}Np \xrightarrow[T = 2,3\ d]{\beta^- \text{-Zerfall}}$$
$$^{239}Pu(T = 2,4 \cdot 10^4 a)$$

Natururan besteht zu 0,72 % aus dem Isotop mit der Masse 235 und zu über 99 % aus dem schwereren mit der Masse 238. Während der fortwährenden Spaltung des ^{235}U in zwei leichtere Elemente, die Spaltprodukte, und der damit verbundenen Freisetzung großer Energiemengen, läuft nebenher der konkurrierende Brutprozeß ab.

Der Thorium-Urankreislauf:

$$^{232}Th(n,\gamma)\ ^{233}Th \xrightarrow[T = 22,1\ m]{\beta^- \text{-Zerfall}}\ ^{233}Pa \xrightarrow[T = 27,4\ d]{\beta^- \text{-Zerfall}}$$
$$^{233}U(T = 1,6 \cdot 10^5 a)$$

Das in der Natur vorkommende Thorium besteht praktisch zu 100 % aus dem Isotop der Masse 232, das nicht mit thermischen Neutronen spaltbar ist. Seine Nutzung als →Kernbrennstoff ist nur über den Umweg des Brutprozesses möglich. Hierbei entsteht das sonst in der Natur nicht vorkommende spaltbare ^{233}U.

Neben den beiden künstlich erbrüteten Spaltstoffen U-233 und Pu-239 entstehen durch weitere Aufnahme von Neutronen höhere Uran- und Plutonium-Isotope, nämlich U-235 einerseits und Pu-241 andererseits. *Merz*

BSB →Biochemischer Sauerstoffbedarf

BTX-Kohlenwasserstoffe. Allgemein übliche Abkürzung für die ersten Vertreter der homologen Reihe der aromatischen Kohlenwasserstoffe →Benzol, →Toluol und →Xylol. In der Immissionsmeßtechnik werden beim Xylol meistens die isomeren ortho-, meta- und para-Xylole sowie das Ethylbenzol zusammengefaßt ausgewertet. Wenn auch das Benzol aufgrund seiner kanzerogenen Wirkung die wichtigste Komponente ist, spielen besonders in der Innenraumluft Toluol und Xylol eine große Rolle, weil beide in Klebern, Lackfarben und Faserstiften als Lösungsmittel eingesetzt werden und häufig der Anlaß für Beschwerden sind.

Bei der analytischen Bestimmung von Benzol mit Hilfe der →Gaschromatographie werden Toluol und die Xylole automatisch mit erhalten, so daß diese Gruppe zu einem Begriff wurde. Alle Methoden, die für den Nachweis von Benzol geeignet sind, können also auch für die gesamte Gruppe verwendet werden (→Organische Verbindungen, leichtflüchtige; →Photoionisationsdetektor). *Dulson*

BUA. Zur Beratung der Bundesregierung bei der Lösung des Altstoffproblems (→Altstoffe) wurde 1982 das Beratergremium für umweltrelevante Altstoffe (BUA) bei der Gesellschaft Deutscher Chemiker (GDCh) gegründet. Es setzt sich zusammen aus Vertretern der Wissenschaft, der Behörden und der Industrie. Es soll im Sinne der deutschen Altstoffkonzeption Altstoffe in Prioritätensetzungsverfahren, unter Anwendung wissenschaftlicher Kriterien auswählen und dann überprüfen.

Die in diesen Verfahren ausgewählten Stoffe werden in Stoffberichten näher charakterisiert. Dazu werden die bisher zu einem Stoff vorliegenden Daten zur Exposition und zu toxikologischen und ökotoxikologischen Wirkungen zusammengestellt und dabei auch auf Datenlücken hingewiesen. Diese werden durch von der Industrie durchzuführende Prüfungen geschlossen.

Ergibt sich aus den für die geprüften Stoffe veröffentlichten BUA-Berichten die Notwendigkeit für praktische Maßnahmen, leitet sie das Bundesumweltministerium (BMU) in die Wege. Unabhängig davon sind die Unternehmen gehalten, falls sich bis dahin unbekannte Gefährdungen durch einen Stoff ergeben, hieraus Konsequenzen zu ziehen. Dies gilt für den Arbeits- und Umweltschutz ebenso wie für die Verwendung des Stoffes bis hin zur vollständigen Einstellung der Produktion. *Mangelsdorf*

Literatur: Beratergremium für umweltrelevante Altstoffe (BUA) Hrsg.: Umweltrelevante alte Stoffe, Auswahlkriterien und Stoffliste. Weinheim–New York 1986. – Umweltrelevante alte Stoffe II, Auswahlkriterien und zweite Stoffliste. Weinheim–New York 1988. – Umweltrelevante alte Stoffe III, Prioritätensetzung und eingestufte Stoffe der dritten Stoffliste. Weinheim–New York 1992.

bubble policy. Die b. p. ist ein Element der US-amerikanischen Luftreinhaltepolitik. Mit diesem Konzept soll in Ergänzung zur →offset policy bestehenden Firmen die Möglichkeit gegeben werden, die Luftreinhaltevorschriften für existierende Emissionsquellen auf möglichst kostengünstige Weise zu erfüllen. Das b. p.-Konzept betrachtet mehrere Emissionsquellen als eine einzige Quelle und erlegt der ganzen Gruppe von Quellen eine Emissionsbegrenzung entsprechend der Summe der Einzelbegrenzungen auf. Die Betriebe können um ihre Emissionsquellen gedanklich eine *Blase* (oder Glocke, daher kommt z. T. auch die Bezeichnung Glockenpolitik) konstruieren und ihre Minderungsmaßnahmen so ergreifen, daß die Gesamtemissionen aus der Blase die Summe aller Einzelemissionen, die sich bei Anwendung der vorgeschriebenen Minderungstechnologien für jede einzelne Quelle ergibt, nicht überschreitet und keine Verschlechterung der Immissionssituation erfolgt. Damit besteht die Möglichkeit, an Stellen, wo eine weitergehende

Minderung kostengünstig durchgeführt werden kann, Überschußminderungen vorzunehmen. Im Gegenzug können an anderen Quellen innerhalb der Blase die Emissionen über das gesetzlich Vorgeschriebene hinaus erhöht werden. Damit lassen sich unverhältnismäßig schwierige und teuere Minderungsmaßnahmen umgehen. Diese b. p. ist sowohl innerbetrieblich als auch überbetrieblich möglich. Voraussetzung ist u. a. der Nachweis, daß keine Erhöhung der Emission oder der Immission erfolgt, daß die Überschußminderungen tatsächlich entstehen und dauerhaft sind und die Einhaltung der Grenzwerte überwacht werden kann.

Wackerbauer

Bündelsammlung. Die B. ist ein →Holsystem. Sie wird vor allem bei der Altpapiererfassung und zur Altkleidersammlung eingesetzt.

Bei der B. werden einzelne Wertstoffe gesammelt und so durchweg gute Verwertungsqualitäten erreicht; hingegen sind die Erfassungsquoten relativ gering (20–50%).

Sofern B. nur zu karitativen Zwecken oder von Altstoffhändlern durchgeführt werden, folgt der Abfuhrrhythmus der aktuellen Marktsituation, wodurch eine kalkulierbare Abfuhr so gut wie ausgeschlossen ist. Abhilfe ist durch Absprachen oder Verträge mit den kommunalen Gebietskörperschaften und Bereitstellung von Zwischenlagerkapazitäten möglich, um so trotz regelmäßiger Abfuhr die erfaßten Mengen zu jeweils günstigen Marktsituationen absetzen zu können.

Die an sich erzielbaren hohen Wertstoffqualitäten und Erfassungsquoten bei der B. werden dadurch beeinflußt, daß Altpapier in Kunststofftragetaschen bereitgestellt wird, die Qualität witterungsabhängig ist (Vernässen), ggf. erhebliche Nacharbeiten erforderlich sind (Straßenreinigung, Sortierung) und bei zu großen Abständen der Sammeltermine die Reststoffe in die Abfalltonne gegeben werden. *J. Kühn*

Bundes-Immissionsschutzgesetz. (BImSchG) Zweck des B. ist es, Menschen, Tiere und Pflanzen, den Boden, das Wasser, die Atmosphäre sowie Kultur- und sonstige Sachgüter vor schädlichen Umwelteinwirkungen und, soweit es sich um genehmigungsbedürftige Anlagen handelt, auch vor Gefahren, erheblichen Nachteilen und erheblichen Belästigungen, die auf andere Weise herbeigeführt werden, zu schützen (→Schutzprinzip) und dem Entstehen schädlicher Umwelteinwirkungen vorzubeugen (→Vorsorgeprinzip). Um diesen Zweck zu erreichen, enthält das B. anlagen-, stoff- und gebietsbezogene Vorschriften. Regelungen, die sich ausschließlich auf das umweltschädliche Verhalten von Personen beziehen, kennt das B. nicht. Derartige

Bestimmungen sind dem Landesimmissionsschutzrecht vorbehalten.

Die anlagebezogenen Vorschriften des B. beziehen sich auf den industriellen Bereich, den häuslichen und kleingewerblichen Bereich sowie auf den Verkehrsbereich. Für den industriellen Bereich sind die Bestimmungen über genehmigungsbedürftige Anlagen von besonderer Bedeutung. Diese Anlagen dürfen nur errichtet und betrieben werden, wenn sie im Einzelfall nach einer entsprechenden behördlichen Prüfung zugelassen worden sind. Die Zulassung setzt ein entsprechendes →Genehmigungsverfahren voraus. Die Genehmigung ist zu erteilen, wenn die Erfüllung der immissionsschutzrechtlichen Pflichten sichergestellt, die Belange des Arbeitsschutzes gewahrt sind und andere öffentlich-rechtliche Vorschriften dem Vorhaben nicht entgegenstehen.

Errichtung und Betrieb genehmigungsbedürftiger →Anlagen unterliegen der behördlichen Überwachung. Zu diesem Zweck haben die Vertreter und Beauftragten der Überwachungsbehörden das Recht zum Betreten der Anlage und zur Vornahme von Prüfungen sowie ein Auskunftsrecht. Der Überwachung dient auch die Pflicht des Anlagenbetreibers, nach Ablauf von jeweils zwei Jahren der Behörde mitzuteilen, ob und welche Abweichungen vom Genehmigungsbescheid einschließlich der in Bezug genommenen Unterlagen eingetreten sind. Aus ähnlichen Gründen ist der Betreiber auch zur Anzeige von Betriebsstillegungen und zu Mitteilungen zur Betriebsorganisation verpflichtet.

Aus Überwachungsgründen können außerdem Ermittlungen von →Emissionen und →Immissionen sowie sicherheitstechnische Prüfungen angeordnet werden. Wird bei der Überwachung festgestellt, daß die Anforderungen aus dem BImSchG nicht oder nicht vollständig erfüllt werden, können behördliche Anordnungen nach § 17 BImSchG getroffen werden. Unter bestimmten Voraussetzungen kann eine Genehmigung auch nachträglich widerrufen werden. Als Widerrufsgrund kommt insbesondere die Notwendigkeit in Betracht, schwere Nachteile für das Gemeinwohl zu verhüten oder zu beseitigen.

Soweit Anlagen i. S. des B. nicht der Genehmigungspflicht unterworfen sind, unterliegen sie den Vorschriften über nicht genehmigungsbedürftige Anlagen. Auch diese Anlagen sind ähnlich wie die genehmigungsbedürftigen Anlagen von den zuständigen Behörden zu überwachen.

Für den Verkehrsbereich kennt das B. Grundanforderungen über die Beschaffenheit und den Betrieb von Fahrzeugen, die durch Rechtsverordnungen des Bundes zu konkretisieren sind. Für den Bau von Straßen und Schienenwegen begründet das B. nur unter dem Gesichtspunkt der Lärmbekämpfung besondere Anforderungen. Für den Neubau und die wesentliche Änderung derartiger Verkehrswege enthält die →Verkehrslärmschutzverordnung (16. BImSchV) bestimmte Immissionsgrenzwerte.

Stoffbezogene Regelungen ermöglicht das B. durch Anforderungen an Brennstoffe, Treibstoffe, Schmierstoffe, sonstige Stoffe und Erzeugnisse aus derartigen Stoffen. Dadurch kann Luftverunreinigungen bei der Verwendung dieser Stoffe und Erzeugnisse frühzeitig begegnet werden.

Zum gebietsbezogenen →Immissionsschutz enthält das B. einen besonderen Teil über die behördliche Luftreinhaltestrategie und zur Aufstellung von Lärmminderungsplänen. Zur Luftreinhalteplanung können durch Rechtsverordnung der Landesregierung Untersuchungsgebiete festgesetzt werden. In ihnen sind →Emissionskataster aufzustellen, die die Grundlage für →Luftreinhaltepläne bilden. Für bestimmte lärmbelastete Gebiete müssen →Lärmminderungspläne erstellt werden. Um der gesteigerten Schutzbedürftigkeit einzelner Gebiete Rechnung tragen zu können, werden die Landesregierungen außerdem ermächtigt, für bestimmte Gebiete die Errichtung und den Betrieb von Anlagen ganz oder teilweise zu untersagen oder von bestimmten Anforderungen abhängig zu machen. Für Gebiete, in denen während austauscharmer Wetterlagen ein starkes Anwachsen schädlicher Umwelteinwirkungen durch Luftverunreinigungen zu befürchten ist, können die Landesregierungen sog. →Smogverordnungen erlassen. Unabhängig von Smogsituationen können für bestimmte Straßen oder Gebiete →Verkehrsbeschränkungen aus Gründen der Luftreinhaltung verfügt werden.

Langfristig ist der Planungsgrundsatz des § 50 BImSchG für den gebietsbezogenen Immissionsschutz von besonderer Bedeutung. Dieser Grundsatz betrifft die Zuordnung von Flächen, insbesondere die Frage des Abstandes von Flächen unterschiedlicher Nutzung (→Abstandsregelung).

Zur Durchführung des B. sind bisher 21 Rechtsverordnungen des Bundes erlassen worden. Zu erwähnen sind insbesondere die Verordnung über Kleinfeuerungsanlagen (→1. BImSchV), die Verordnung über genehmigungsbedürftige Anlagen (→4. BImSchV), die Verordnung über Immissionsschutz- und Störfallbeauftragte (→5. BImSchV), die Emissionserklärungs-Verordnung (→11. BImSchV), die →Störfall-Verordnung (12. BImSchV), die Verordnung über Großfeuerungsanlagen (→13. BImSchV) und die Verordnung über Abfallverbrennungsanlagen (→17. BImSchV).

Hansmann

Literatur: *Engelhardt, H.:* Bundes-Immissionsschutzgesetz, 2. Aufl. – *Feldhaus, G.:* Bundes-Immissionsschutzrecht. – *Hansmann, K.:* Bundes-Immissionsschutzgesetz, 10. Aufl. – *Hansmann, K.; E. Kutscheidt und E. Rehbinder:* Erläuterungen zum Bundes-Immissionsschutzgesetz. In: Landmann/Rohmer, Umweltrecht, Bd. I. – *Jarass, H.:* Bundes-Immissionsschutzgesetz. – *Schmatz, H.* und *M. Nöthlichs:* Sicherheitstechnik Bd. VIII: Immissionsschutz. – *Sellner, D.:* Immissionsschutzrecht und Industrieanlagen, 2. Aufl. – *Stich, R.* und *K.-W. Porger:* Immissionsschutzrecht des Bundes und der Länder. – *Ule, C.-H.* und *H.-W. Laubinger:* Bundes-Immissionsschutzgesetz.

Bundesberggesetz. Zweck des B. vom 13. Aug. 1980 (BGBl. I S. 1310), zuletzt geändert durch Gesetz vom 26. Aug. 1992 (BGBl. I S. 1564), ist es, zur Sicherung der Rohstoffversorgung das Aufsuchen, Gewinnen und Aufbereiten von Bodenschätzen unter Berücksichtigung ihrer Standortgebundenheit und des Lagerstättenschutzes zu ordnen und zu fördern. Hierzu gehört auch, die Sicherheit der Betriebe und der Beschäftigten des Bergbaus zu gewährleisten, die Vorsorge gegen Gefahren, die sich aus der bergbaulichen Tätigkeit für Leben, Gesundheit und Sachgüter Dritter ergeben, zu verstärken, sowie den Ausgleich unvermeidbarer Schäden zu verbessern. Die Verfahrensvorschriften über ein →Planfeststellungsverfahren mit der Anhörung Betroffener und eine →Umweltverträglichkeitsprüfung sind für die Zulassung bergbaulicher Vorhaben von Bedeutung. *Römermann*

1,3-Butadien.
□ Stoff-Identifizierungs-Nr.:
CAS-Nr.: 106-99-0
EG-Nr.: 601-013-00-X
UN-Nr.: 1010
EINECS-Nr.: 203-450-8
□ Chemische Formel: C_4H_6
□ Stoffcharakteristik: Farbloses, hochentzündliches, in Wasser fast unlösliches, brennbares, reaktionsfreudiges Flüssiggas, schwerer als Luft, mit wahrnehmbarem, mildem Geruch. Bildet mit Luft explosionsfähige Gemische. Bei hohen Ausströmungsgeschwindigkeiten Selbstentzündung. Bei ungenügender Stabilisierung Bildung von Peroxiden.
□ Gefahrenmerkmale:
– Stoffliste nach § 4a der →Gefahrstoffverordnung:
Gefahrenkennbuchstabe(n): F+, T
R-Sätze: 45-12
S-Sätze: 53-45
– Besondere Stoffeigenschaften nach TRGS 500: krebserzeugend: EG-Kat. 2
– Arbeitsschutzwerte nach TRGS 900: →TRK-Wert (mg/m^3): 34 nach Polymerisation, Verladung; 11 im übrigen
– Stoffliste (Anhang II) der →Störfall-Verordnung: Nr. 54 und 4c
– →Wassergefährdungsklasse: WGK 2
– Emissionswerte: →TA Luft Einstufung: 2.3 Klasse III

Fischer/M. Schön

N-Butanol.
□ Stoff-Identifizierungs-Nr.:
CAS-Nr.: 71-36-3
EG-Nr.: 603-004-00-6
UN-Nr.: 1120
EINECS-Nr.: 200-751-6
□ Chemische Formel: $C_4H_{10}O$
□ Stoffcharakteristik: Farblose, wenig wasserlösliche Flüssigkeit mit typischem ethanolartigem Geruch. Stark lichtbrechend, entzündlich. Dämpfe schwerer als Luft, bilden bei erhöhter Temperatur mit Luft explosionsfähiges Gemisch. Mit Oxidationsmitteln heftige Reaktionen oder Entzündung möglich.
□ Gefahrenmerkmale:
– Stoffliste nach § 4a der →Gefahrstoffverordnung:
Gefahrenkennbuchstabe(n): Xn
R-Sätze: 10-20
S-Sätze: 2-16
– Arbeitsschutzwerte nach TRGS 900: →MAK-Wert (mg/m³): 300
– Stoffliste (Anhang II) der →Störfall-Verordnung: Nr. 3
– →Wassergefährdungsklasse: WGK 1
– Emissionswerte: →TA Luft Einstufung: 3.1.7 Klasse III

Fischer/M. Schön

1,4-Butansulton.
□ Stoff-Identifizierungs-Nr.:
CAS-Nr.: 1633-83-6
UN-Nr.: 2927
EINECS-Nr.: 216-647-9
□ Chemische Formel: C_4H_8OS
□ Stoffcharakteristik: Farblose bis gelbliche Flüssigkeit. Mit Wasser exotherme Reaktion.
□ Gefahrenmerkmale:
– Besondere Stoffeigenschaften nach TRGS 500: krebserzeugend: MAK-Gruppe III B
– Stoffliste (Anhang II) der →Störfall-Verordnung: Nr. 55
– Emissionswerte: →TA Luft Einstufung: 3.1.7 Klasse 1

Fischer/M. Schön

2-Butenal (Crotonaldehyd).
□ Stoff-Identifizierungs-Nr.:
CAS-Nr.: 4170-30-3

EG-Nr.: 605-009-00-9
UN-Nr.: 1143
EINECS-Nr.: 224-030-0
□ Chemische Formel: C_4H_6O
□ Stoffcharakteristik: Wasserhelle bis strohfarbene Flüssigkeit mit stechendem, erstickendem Geruch, löslich in Wasser, mischbar mit den meisten organischen Lösungsmitteln.
□ Gefahrenmerkmale:
– Stoffliste nach § 4a der →Gefahrstoffverordnung:
Gefahrenkennbuchstabe(n): T, F
R-Sätze: 11-23-36/37/38-40
S-Sätze: 1/2-29-33-45
– Besondere Stoffeigenschaften nach TRGS 500: krebserzeugend: MAK-Gruppe III B
– Stoffliste (Anhang II) der →Störfall-Verordnung: Nr. 4c
– →Wassergefährdungsklasse: WGK 3
– Emissionswerte: →TA Luft Einstufung: 3.1.7 Klasse I

Fischer/M. Schön

2-Butenal(trans).
□ Stoff-Identifizierungs-Nr.:
CAS-Nr.: 123-73-9
EG-Nr.: 605-009-00-9
UN-Nr.: 1143
EINECS-Nr.: 204-647-1
□ Chemische Formel: C_4H_6O
□ Stoffcharakteristik: Farblose, merklich wasserlösliche, sehr reaktionsfähige, giftige Flüssigkeit. Leicht entzündlich. Dämpfe schwerer als Luft, bilden mit Luft explosionsfähiges Gemisch. Hochreaktive Verbindung, elektrostatisch aufladbar.
□ Gefahrenmerkmale:
– Stoffliste nach § 4a der →Gefahrstoffverordnung:
Gefahrenkennbuchstabe(n): T, F
R-Sätze: 11-23-36/37/38-40
S-Sätze: 1/2-29-33-45
– Besondere Stoffeigenschaften nach TRGS 500: krebserzeugend: MAK-Gruppe III B
– Stoffliste (Anhang II) der →Störfall-Verordnung: Nr. 56 und 4c
– →Wassergefährdungsklasse: WGK 3
– Emissionswerte: →TA Luft Einstufung: 3.1.7 Klasse I

Fischer/M. Schön

C

C/H-Verhältnis. Kennwert für →Kohlenwasserstoffe, der das Gewichtsverhältnis von Kohlenstoff zu Wasserstoff im →Kraftstoff angibt; er ist von Bedeutung für das Potential eines Kraftstoffs, bei der motorischen Verbrennung umweltschädliche kohlenstoffhaltige Verbindungen im Abgas zu bilden. So weisen Kraftstoffe mit einem niedrigen C/H-V., z. B. →Autogas oder →Methanol, bei gleichem Energieumwandlungsgrad deutlich niedrigere CO_2-Emissionen auf als Kraftstoffe mit einem hohen C/H-V. Aus Umweltschutzgründen werden daher wasserstoffreiche Kraftstoffe – bis hin zum reinen Wasserstoff – bevorzugt. *Croissant/May*

Cadmium, Cadmiumverbindungen.
Emissionsminderung. C. ist ein silberweißes Metall. Es kommt in der Natur hauptsächlich als Sulfid vor. Sein Anteil an der Erdkruste beträgt ca. 0,07–0,5 ppm. Für Steinkohlen werden mittlere Gehalte von ca. 2 ppm C. angegeben; Erdöl und Braunkohle haben sehr viel geringere Gehalte. Die C.-Konzentrationen in der Atmosphäre betragen zwischen $1 \, ng/m^3$ und $60 \, ng/m^3$. C. kommt stets vergesellschaftet vor, vor allem mit Zink sowie mit Blei und Kupfer. Die Gewinnung von C. ist deshalb an die Produktion dieser Schwermetalle gekoppelt. Als Sekundärrohstoffe dienen überwiegend Produktionsreststoffe aus der Pigmentherstellung und aus Akkuschrott. Der größte Verbraucher von C. mit steigender Tendenz ist die Nickel-C.-Batterieherstellung. Stark rückläufig hingegen ist der Einsatz von C. zur Herstellung von lichtechten Pigmenten (rot, gelb), als Stabilisierungsmittel in Kunststoffen, v. a. in PVC, und in der Galvanotechnik.

Neben den Emissionen bei der thermischen Gewinnung von C. sowie der Herstellung und Verwendung chromhaltiger Verbindungen wird bei der Verbrennung von Kohle, Erdöl, Dieselkraftstoffen und Schmierölen C. freigesetzt. Ferner enthalten Klärschlämme und Abfälle z. T. hohe C.-Mengen die bei der Verbrennung freigesetzt werden können. Als größte C.-Emittenten kommen die Nichteisenmetallerzeugung und die Eisen- und Stahlerzeugung in Frage. Weitere C.-Emissionen stammen aus Abfallverbrennungsanlagen, aus Feuerungsanlagen, aus der Steine/Erden-Industrie (einschließlich Glaserzeugung) und aus der chemischen Industrie.

Als Maßnahmen zur Verminderung der luftverunreinigenden C.-Emissionen werden angewandt:

– Einsatz von hochwirksamen Entstaubern (z. B. →Gewebefilter oder →Schwebstoffilter in der Akkumulatorenherstellung) und kontinuierliche Funktionskontrolle,
– Verbesserung der Abgaserfassung und Vermeidung diffuser Abgasquellen durch Kapselung der Chargenvorbereitung und Sekundärgaserfassung an den Reduktionsöfen,
– Umstellung auf neue Verfahren bzw. Optimierung der Prozeßsteuerung,
– Erhöhung der Recyclingquoten bei Sekundärrohstoffen, z. B. Akkuschrott, cadmiumhaltigen Kunststoffen und Abfällen aus der Pigmentherstellung,
– Substitution und Verzicht des Einsatzes von C. in Kunststoffen, als Pigment sowie als Korrosionsschutz (galvanisches Beschichten).

In Deutschland wurde für bestimmte Produkte (z. B. Kinderspielzeug) ein Anwendungsverbot ausgesprochen (→Gefahrstoffverordnung, →Chemikalien-Verbotsverordnung).

Die EG-Richtlinie 76/769/EWG (zuletzt geändert durch die EG-Richtlinie 91/338/EWG) begrenzt den Gehalt von C. in bestimmten Kunststoffen ab Juni 1994 auf 100 ppm. Die EG-Richtlinie 91/157/EWG limitiert den C.-Gehalt von Batterien und Akkumulatoren. Durch beide Richtlinien wird sich das Emissionspotential bei Hausabfall-Verbrennungsanlagen leicht verringern.

Emissionsmindernde Anforderungen sind insbesondere in der TA Luft festgelegt. Die Emissionen aller C.-Verbindungen und weiterer entsprechend klassifizierter Stoffe müssen den Wert der Klasse I der Nr. 3.1.4 der TALuft ($0,2 \, mg/m^3$) unterschreiten.

Aufgrund des Beschlusses des Länderausschusses für Immissionsschutz (LAI) vom Mai 1991 ist entsprechend dem Stand der Technik ein →Emissionswert von $0,1 \, mg/m^3$ für C. und seine Verbindungen einzuhalten. Schärfere Anforderungen enthält die Abfallverbrennungsanlagen-Verordnung, (→17. BImSchV), wonach bei diesen Anlagen die Summe der Emissionen von C. und Thallium sowie deren Verbindungen $0,05 \, mg/m^3$ nicht überschreiten darf.

Die Gesamtemission an C. nahm infolge der Erfüllung der Anforderungen von →TA Luft, der Großfeuerungsanlagen-Verordnung (→13. BImSchV) und der Abfallverbrennungsanlagen-Verordnung erheblich ab und wird noch weiter abnehmen. *Remus*

Literatur: *Davids, P.; M. Lange:* Die TA Luft '86 – Technischer Kommentar. Düsseldorf 1986. – Bericht des Länderausschusses für Immissionsschutz an die Umweltministerkonferenz: Maßnahmenplan zur Minimierung des Eintrags bestimmter krebserzeugender Stoffe in die Luft. Hrsg.: Ministerium für Umwelt, Raumordnung und Landwirtschaft des Landes Nordrhein-Westfalen. Düsseldorf 1992.

Umweltrelevanz. C. gilt als eines der toxischsten Metalle. Akute und chronische Intoxikationen bei beruflichen Expositionen sind bekannt. C. gehört zu den Spurenelementen, für die Intoxikationen bei Bevölkerungsgruppen infolge chronischer, umweltrelevanter Expositionen nachgewiesen werden konnten. Eine entsprechende C.-Intoxikation wurde erstmals in den 50er Jahren in Japan beobachtet und ist unter dem Namen →Itai-itai-Krankheit in der Literatur beschrieben.

Die Aufnahme erfolgt beim Menschen über den Magen-Darmtrakt und die Lunge. Calcium- und Eisenmangel erhöhen im allgemeinen die Aufnahmerate. Zielorgane der Distribution sind Nieren und Leber.

Die Retentionshalbwertszeit in den Nieren beträgt etwa 10–40 Jahre. Die Gesamtkörperbelastung des erwachsenen Menschen liegt zwischen 10–40 mg (40–80 % in Nieren und Leber). C. wird in der Placenta akkumuliert, wodurch der Transfer zum Foetus vermindert wird.

C. unterliegt als Spurenelement einem ständigen Kreislauf in biologischen und nicht biologischen Strukturen der Umwelt. Der natürlicherweise erfolgende Cadmiumeintrag in die Umwelt mit etwa 800 t/a global ist im Vergleich zu den geschätzten anthropogen bedingten Emissionen gering.

Der C.-Gehalt der Atmosphäre wird im Mittel mit 0,046 $\mu g/m^3$ (0,001–0,2 $\mu g/m^3$) angegeben. Böden in Industriegebieten enthalten bis zu 135 ppm, normale Böden 0,7 ppm (Kanada) und 1,0 ppm (Belgien) C. Global schätzt man die C.-Gehalte von Böden auf 0,06–1,0 ppm. Die nachgewiesene Akkumulation des Elementes in Sedimenten, die damit verbundene Möglichkeit der Remobilisierung und die Bioakkumulationstendenz sind als besonders zu beachtende umweltrelevante Gefährdungsmomente zu nennen.

C.-Kontamination von Böden (z. B. landwirtschaftliche Nutzung von Cd-haltigen Klärschlämmen) führt zu erhöhten Gehalten in den jeweils bodenständigen Pflanzen, wobei die Aufnahme sowohl über die Wurzeln als auch über die Blätter erfolgen kann.

Die →Toxizität von C. bei Wasserorganismen ist unterschiedlich. Sie ist abhängig von der Stoffspeciation, den Eigenschaften (pH-Wert, Salzgehalt u. a.) des Wassers und der Physiologie der Organismen und damit von der biologisch verfügbaren Stoffmenge. Fische sind weniger empfindlich als niedere Wasserorganismen. Die in Oberflächenwässern nachgewiesenen C.-Konzentrationen liegen um Größenordnungen unter den akut toxischen Schwellenkonzentrationen. Zu beachten ist allerdings, daß C. bioakkumuliert und in Boden/Sediment angereichert wird. Die Verweildauer (Retentionszeit) in der →Hydrosphäre wird auf etwa zwei Jahre geschätzt.

Terrestrische Organismen sind im Vergleich zu Wasserorganismen weniger empfindlich. Die Retentionszeit in Böden wird auf etwa 200 Jahren geschätzt. *R. Koch*

Literatur: *Hutzinger, O.* (Hrsg.): Handbook of Environmental Chemistry. Vol. 3, Part A. Heidelberg 1980. – *Merian, E.* (Hrsg.): Metalle in der Umwelt. Weinheim 1984.

Cl →Metallverbindungen im Staub

Cadmiumchlorid.
□ Stoff-Identifizierungs-Nr.:
CAS-Nr.: 10108-64-2
EG-Nr.: 048-008-00-3
UN-Nr.: 2811
EINECS-Nr.: 233-296-7
□ Chemische Formel: $CdCl_2$
□ Stoffcharakteristik: Leicht wasserlösliches, kristallwasserfreies, farbloses Salz. Sublimierbar. Bildet durchsichtige, perlmuttartig glänzende, hygroskopische Plättchen, die unter Feuchtigkeitsaufnahme an Luft zu einem weißen Pulver zerfallen.
□ Gefahrenmerkmale:
– Stoffliste nach § 4a der →Gefahrstoffverordnung:
Gefahrenkennbuchstabe(n): T
R-Sätze: 45-23/25-48
S-Sätze: 53-44
– Besondere Stoffeigenschaften nach TRGS 500: krebserzeugend: EG-Kat. 2
– Stoffliste (Anhang II) der →Störfall-Verordnung: Nr. 57 und 4c
– Emissionswerte: TA Luft Einstufung: 2.3 (gemäß MAK-Liste); 3.1.4 Klasse I
– Immissionswerte: IW (→TA Luft): 2.5.1: IW 1 = 0,04 μg Cd/m³; 2.5.2: IW 1 = 5 μg Cd/m²·d (für alle anorganischen Cd-Verbindungen)
Fischer/M. Schön

Cadmiumoxid.
□ Stoff-Identifizierungs-Nr.:
CAS-Nr.: 1306-19-0
EG-Nr.: 048-002-00-0
UN-Nr.: 2570
EINECS-Nr.: 215-146-2
□ Chemische Formel: CdO
□ Stoffcharakteristik: Braungelbes oder braunrotes, sehr beständiges, wasserunlösliches Pulver oder kubische Kristalle, entsteht auch beim Schmelzen von Cadmium an Luft und beim Schweißen cadmiumhaltiger Teile als übelriechender Rauch.

□ Gefahrenmerkmale:
- Stoffliste nach § 4a der →Gefahrstoffverordnung:
Gefahrenkennbuchstabe(n): T
R-Sätze: 23/25-33-45
S-Sätze: 22-44
- Besondere Stoffeigenschaften nach TRGS 500: krebserzeugend: EG-Kat. 2
- Stoffliste (Anhang II) der →Störfall-Verordnung: Nr. 21 und 4c
- Emissionswerte: TA Luft Einstufung: 2.3 (gemäß MAK-Liste); 3.1.4 Klasse I
- Immissionswerte: IW (→TA Luft): 2.5.1: IW 1 = 0,04 µg Cd/m^3; 2.5.2: IW 1 = 5 µg Cd/m^2·d (für alle anorganischen Cd-Verbindungen)
Fischer/M. Schön

Cadmiumsulfat.
□ Stoff-Identifizierungs-Nr.:
CAS-Nr.: 10124-36-4
EG-Nr.: 048-001-00-5
UN-Nr.: 2570
EINECS-Nr.: 233-331-6
□ Chemische Formel: $CdSO_4$
□ Stoffcharakteristik: Weiße, rhombische, geruchlose Kristalle, gut löslich in Wasser, unlöslich in Alkohol, Aceton und →Ammoniak.
□ Gefahrenmerkmale:
- Stoffliste nach § 4a der →Gefahrstoffverordnung:
Gefahrenkennbuchstabe(n): Xn
R-Sätze: 20/21/22-45
S-Sätze: 22
- Besondere Stoffeigenschaften nach TRGS 500: krebserzeugend: EG-Kat. 2
- Stoffliste (Anhang II) der →Störfall-Verordnung: Nr. 60
- →Wassergefährdungsklasse: WGK 3
- Emissionswerte: TA Luft Einstufung: 2.3 (gemäß MAK-Liste); 3.1.4 Klasse I
- Immissionswerte: IW (→TA Luft): 2.5.1: IW 1 = 0,04 µg Cd/m^3; 2.5.2: IW 1 = 5 µg Cd/m^2·d (für alle anorganischen Cd-Verbindungen)
Fischer/M. Schön

Calciumarsenat.
□ Stoff-Identifizierungs-Nr.:
CAS-Nr.: 7778-44-1
EG-Nr.: 033-005-00-1
UN-Nr.: 1573
EINECS-Nr.: 231-904-5
□ Chemische Formel: $Ca_3(AsO_4)_2$
□ Stoffcharakteristik: Weißer, pulverförmiger Feststoff, der bei ca. 1 450 °C schmilzt und in Wasser unter Hydrolyse wenig löslich ist.
□ Gefahrenmerkmale:
- Stoffliste nach § 4a der →Gefahrstoffverordnung:

Gefahrenkennbuchstabe(n): T
R-Sätze: 23/25-45
S-Sätze: 53-45
- Besondere Stoffeigenschaften nach TRGS 500: krebserzeugend: EG-Kat. 1
- Arbeitsschutzwerte nach TRGS 900: →TRK-Wert (ml/m^3): 0,1 (Gesamtstaub)
- Stoffliste (Anhang II) der →Störfall-Verordnung: Nr. 29 und 4c
- →Wassergefährdungsklasse: WGK 3
- Emissionswerte: →TA Luft Einstufung: 2.3 Klasse II (in atembarer Form); 3.1.4 Klasse II
Fischer/M. Schön

Calciumchromat.
□ Stoff-Identifizierungs-Nr.:
CAS-Nr.: 13765-19-0
EG-Nr.: 024-008-00-9
EINECS-Nr.: 237-366-8
□ Chemische Formel: $CaCr_2O_4$
□ Stoffcharakteristik: Gelbe Kristalle bzw. hellgelbes Pulver, löslich in verdünnten Säuren, schwach löslich in Wasser, praktisch unlöslich in Alkohol.
□ Gefahrenmerkmale:
- Stoffliste nach § 4a der →Gefahrstoffverordnung:
Gefahrenkennbuchstabe(n): T
R-Sätze: 45-22
S-Sätze: 53-44
- Besondere Stoffeigenschaften nach TRGS 500: krebserzeugend: EG-Kat. 2
- Arbeitsschutzwerte nach TRGS 900: →TRK-Wert (mg/m^3): 0,1 (Gesamtstaub)
- Stoffliste (Anhang II) der →Störfall-Verordnung: Nr. 61 und 4c
- Emissionswerte: →TA Luft Einstufung: 2.3 Klasse II (in atembarer Form); 3.1.4 Klasse III
Fischer/M. Schön

California-Test. Die ersten →Kfz-Abgas-Grenzwerte wurden Ende der 50er Jahre in Kalifornien festgesetzt und 1968 für die gesamte USA übernommen. Die dazu entwickelte Testvorschrift war der C.-T., der in Kalifornien ab dem Modelljahr 1966 und für USA ab 1968 eingeführt wurde.

Wesentlicher Inhalt der Testvorschrift ist der Fahrzyklus, der auf einem Rollenprüfstand mit dem Testfahrzeug zu fahren ist und auf den die Abgasgrenzwerte bezogen sind. Der Fahrzyklus soll das typische Kfz-Fahrverhalten in der Großstadt simulieren. Der Testzyklus (Bild) ist wiederholt zu fahren. Für die Schadstoffmessung werden Zyklus 1–4 und Zyklus 6–7 herangezogen. Zyklus 5 diente zur Zwischenkalibrierung und der Gerätespülung, während die Zyklen 8 und 9 nur notwendig sind, wenn anschließend Verdampfungsmessungen durchgeführt werden. Gemessen werden →Kohlenmonoxid, →Kohlenwasserstoffe (als n-Hexan),

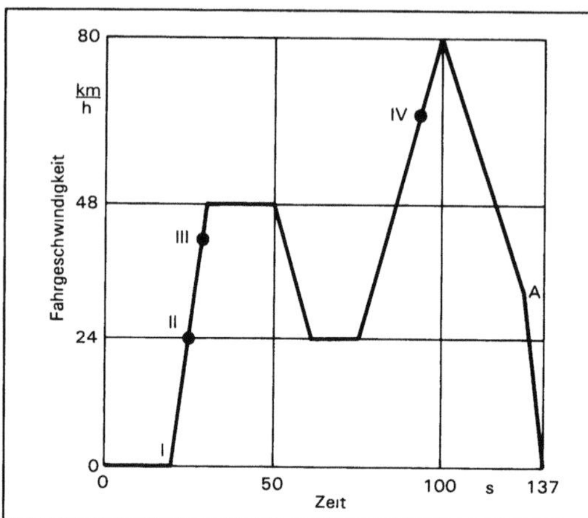

California-Test: Fahrzyklus nach dem C.-T.

I bis IV: Gang, A: Auskuppeln, Mittlere Geschwindigkeit 35 km/h, Maximale Geschwindigkeit 80 km/h, Zyklusfahrstrecke 9,3 km, Leerlaufanteil 15 %

→Stickstoffmonoxid und →Kohlendioxid (zur Verbrauchsmessung) in einem Teilstrom des Abgases On Line (d. h. kontinuierlich während des Testes) als Konzentrationen, gewichtet nach einzelnen Phasen. Ab dem Modelljahr 1972 wurde der sogenannte FTP-72 in den gesamten USA eingeführt (→FTP-Zyklus). *Kind/May*

Carbon-Bond-Mechanismus (CBM). Zur Verringerung der Komplexität eines expliziten Reaktionsmechanismus für atmosphärenchemische Modelle werden verschiedene Methoden eingesetzt, um die große Anzahl der auftretenden Reaktionen zu verringern, damit die chemischen Reaktionsprozesse neben der komplexen Meteorologie und den Emissionen behandelt werden können. Bei der CBM-Methode werden die Kohlenstoffatome eines Moleküls entsprechend ihren chemischen Bindungen in vier Klassen eingeteilt:
- Kohlenstoffeinfachbindungen, →Alkane (ALK)
- Kohlenstoffdoppelbindungen, →Alkene (OLE)
- Aromaten und Ethen (ARO)
- Carbonyl-Kohlenstoffbindungen, →Aldehyde, →Ketone (KET).

Die einzelnen Verbindungen werden nun nach ihren Bindungen zusammengefaßt und in das Reaktionsmodell eingegeben. So wird z. B. Propen in diesem Modell durch 1 ALK und 1 OLE repräsentiert, weil es eine Kohlenstoffeinfach- und eine Kohlenstoffdoppelbindung besitzt.

Ein anderes Verfahren zur Verringerung der Anzahl der möglichen Reaktionen (Lumped-Mechanismus) faßt die Substanzen in Verbindungsklassen zusammen, innerhalb derer die Abbaumechanismen gleichartig verlaufen, d. h. alle Alkane, Alkene, Aromaten und Carbonylverbindungen werden durch jeweils einen Stellvertreter mit einer mittleren Reaktivität repräsentiert. *Wirtz*

Carbonsäure. →Organische Verbindungen, die ein C-Atom besitzen, das eine Doppelbindung zu einem O-Atom und eine Einfachbindung zu einer OH-Gruppe (C(O)OH, Carboxygruppe) und einem weiteren C-Atom ausbildet. Eine Ausnahme bildet die einfachste C., Ameisensäure HCOOH, bei der eine Einfachbindung zu einem H-Atom ausgebildet wird. Die C. besitzen die allgemeine Formel RC(O)OH, wobei die Gruppe R sowohl gesättigten, ungesättigten als auch aromatischen Charakter haben kann (organische Säuren).

Die beiden wichtigsten Vertreter, Ameisensäure (HCOOH) und Essigsäure (CH_3COOH), werden vermutlich durch biogene Vorgänge in die Atmosphäre eingebracht. Die atmosphärischen Konzentrationen von Ameisen- und Essigsäure liegen bei ~1 ppbV. Schätzungen zufolge tragen in Ballungsgebieten die organischen Säuren zwischen 16 und 35 % zum Säuregehalt des Wassers bei (saurer Regen). Daneben gibt es halogenierte C., die z. B. beim Abbau von Chlorkohlenwasserstoffen in der Troposphäre oder nach Ablagerung von Zwischenprodukten dieser Substanzen im Boden entstehen können. Die wichtigsten Vertreter der halogenierten C. sind Dichlor- und Trichloressigsäure ($CHCl_2COOH$ und CCl_3COOH). *Wiesen*

Carbonylverbindung. Organische Verbindungen mit der allgemeinen Formel RR'CO. Sie besitzen eine polare Carbonylgruppe (–C=O), die entweder
- mit einer Alkyl- oder Arylgruppe (R) und einem H-Atom (R') verbunden ist (→Aldehyde) oder
- mit zwei Alkyl- oder Arylgruppen (R,R') verbunden ist (→Ketone). *Wiesen*

Carzinogen →Kanzerogen

CAS-Nr. CAS, Abk. *engl.* Chemical Abstract System, stellt eine vom Chemical Abstract Service der American Chemical Society geführte systemfreie Verschlüsselung von chemischen Substanzen dar. Die jeder chemischen Substanz zugeordnete Registriernummer, die sog. CAS-Nr., wird in den Chemical Abstracts bekannt gemacht und international zur eindeutigen Identifikation von Chemikalien verwendet. Die CAS-Nr. wird sequentiell für alle Substanzen vergeben, die erstmalig in das chemische Registrierungssystem aufgenommen werden. Eine Registriernummer besteht aus maximal neun Ziffern, die durch Trennstriche in drei Gruppen aufgeteilt werden. Der erste Teil der Nummer besteht aus maximal sechs Ziffern, der zweite Teil hat zwei Ziffern und der letzte Teil erhält nur noch eine einzelne Ziffer, eine Prüfziffer, die die

Gültigkeit der Nummer überprüft. Die CAS-Nr. kann in der allgemeinen Form wie folgt geschrieben werden:

$$N_8N_7N_6N_5N_4N_3\text{-}N_2N_1\text{-}P$$

Zur Berechnung der Prüfziffer P wird die gewichtete Quersumme

$$8\times N_8+7\times N_7+6\times N_6+5\times N_5+4\times N_4+3\times N_3+2\times N_2+N_1$$

gebildet. Die Prüfziffer ist dann gleich dem Rest, der sich bei Division durch 10 ergibt. So ist z. B. 107-07-3 eine gültige CAS-Nr., denn für die gewichtete Quersumme ergibt sich

$$8\times0+7\times0+6\times0+5\times1+4\times0+3\times7+2\times0+1\times7=33$$

Die Division durch 10 ergibt den Rest 3.

Die CAS-Nr. ist insbesondere von Vorteil bei den Verbindungen, die unter mehreren synonymen Bezeichnungen bekannt sind. Die CAS-Nr. wird nicht nur in Wissenschaft und Technik (z. B. MAK-Werte-Liste), sondern auch in deutschen Rechtsvorschriften verwendet, wie in der →Gefahrstoff-Verordnung und in der →Störfall-Verordnung.

Fischer/M. Schön

CCN. Abk. *engl.* Cloud Condensation Nucleus = Wolkenkondensationskern (→Aerosol).

CEN. Abk. Comité Européen de Normalisation. 1975 hat sich das 1961 gegründete Komitee für Normung, CEN, zusammen mit seiner Schwesterorganisation, dem Europäischen Komitee für elektrotechnische Normung, CENELEC, in Brüssel niedergelassen. Gleichzeitig hat sich CEN als ein internationaler gemeinnütziger, technischer und wissenschaftlicher Verein konstituiert. CEN umfaßt die nationalen Normenorganisationen aus 18 Ländern der EG (Europäische Gemeinschaft) und der EFTA (Europäische Freihandelszone). Das DIN ist für die Bundesrepublik Deutschland nationales Mitglied. Die drei offiziellen Sprachen des CEN sind Deutsch, Englisch und Französisch. Hauptaufgabe von CEN ist die Erarbeitung →Europäischer Normen (EN). Diese sind technische Spezifikationen, die in Zusammenarbeit und mit Zustimmung der interessierten Kreise aus den verschiedenen Mitgliedsländern von CEN erarbeitet werden. Sie sind im Konsens erstellt und werden mit gewichteter Mehrheit angenommen. Die so genehmigten Normen müssen unverändert und unabhängig davon, wie das Mitgliedsland abgestimmt hat, in die nationalen Normenwerke übernommen werden; entgegenstehende nationale Normen sind zurückzuziehen. Unter den von CEN herausgegebenen Dokumenten sind die Harmonisierungsdokumente (HD) und die Europäischen Vornormen (ENV) die wichtigsten:

Ein Harmonisierungsdokument (HD) entspricht in Gestaltung und Abstimmungsverfahren einer Europäischen Norm. Es ermöglicht jedoch bei der Anwendung einen größeren Spielraum als die EN und berücksichtigt die technischen Gegebenheiten eines jeden Landes, seien sie historisch oder durch Gesetze bedingt.

Eine Europäische Vornorm (ENV) kann als beabsichtigte Norm zur vorläufigen Anwendung auf technischen Gebieten mit hohem Innovationsgrad oder dann, wenn ein dringender Bedarf für ein abgestimmtes gemeinschaftliches Handeln besteht, erarbeitet werden. Die Erarbeitungszeit ist kürzer als bei einer EN. Nach ihrer Annahme ist die ENV für eine versuchsweise Anwendung von höchstens drei Jahren bestimmt.

CEN und CENELEC spielen durch ihren Auftrag zur Harmonisierung, Erarbeitung und Förderung von Europäischen Normen eine wichtige Rolle bei der Verwirklichung des Europäischen Binnenmarktes. Die Bedeutung von CEN und CENELEC wird in dieser Hinsicht durch den EG-Rat in seiner Resolution vom 7. Mai 1985 ausdrücklich gewürdigt. Industrie, öffentliche Hand, Gewerkschaften, Verbraucherorganisationen, Techniker und Fachleute der Mitgliedsländer der EG und der EFTA unterstützen CEN durch ihre Mitarbeit. Gemeinsames Ziel aller ist, die Wettbewerbsfähigkeit der Europäischen Unternehmen weltweit sicherzustellen. Zur Vermeidung von Hemmnissen, die durch nationale technische Regeln entstehen könnten, führt CEN in Zusammenarbeit mit EG und EFTA ein Informationsverfahren über die in den europäischen Ländern vorgenommenen Normenarbeiten durch (Richtlinie 83/189/EWG – Informationsverfahren über Normen und technische Vorschriften). Diese Transparenz schon bei der Erarbeitung von nationalen Normen erlaubt es, mögliche Gegensätzlichkeiten zwischen den Mitgliedsländern weitgehend zu vermeiden und aufeinander abgestimmte Europäische Normungsprogramme zu erstellen.

Darüber hinaus können durch eine Vereinbarung über die Zusammenarbeit, die im Jahre 1984 zwischen der EG, EFTA und CEN/CENELEC getroffen wurde, den Europäischen Normungsgremien Mandate übertragen werden, die auf die Durchführung spezieller Normungsarbeiten gerichtet sind. In Anwendung der Neuen Konzeption auf dem Gebiet der technischen Harmonisierung und der Normung (Resolution des Rates vom 7. Mai 1985) bilden die Ergebnisse dieser Normungsarbeiten u. a. die Grundlage für die Ausfüllung und Umsetzung der EG-Richtlinien zur technischen Harmonisierung.

CEN soll mit seinen Mitgliedern in Europa die Anwendung der von der Internationalen Organisation für Normung (ISO) erarbeiteten Normen fördern und darüber hinaus ihre Erarbeitung beschleunigen. Die Kooperation zwischen CEN und ISO ist durch das sog. Wiener Abkommen vom Juni 1991 geregelt.

CEN hat außerdem ein Rahmenwerk für Europäische →Zertifizierung geschaffen. Hierin ist sowohl die Vergabe eines Europäischen Normenkonformitätszeichens als auch die gegenseitige Anerkennung von Prüf- und Überwachungsergebnissen vorgesehen. *Grefen*

CENELEC. Abk. Comité Européen de Coordination des Normes Electriques. CENELEC ist das zuständige Europäische Komitee für Normung auf dem Gebiet der Elektrotechnik. Auf der Ebene der Generalversammlung bestehen zur Behandlung von Grundsatzfragen zwischen CENELEC und →CEN enge Beziehungen. Grundsätzlich sollen Kontakte und Abstimmungen, insbesondere in sich überschneidenden Fachgebieten, so eng wie möglich sein. Themen von gemeinsamem Interesse werden im CEN/CENELEC-Präsidialausschuß behandelt. Von CEN/CENELEC wurden von den jeweils zuständigen Generalversammlungen beider Organisationen gemeinsame Regeln über den Status und die Verfügbarkeit von CEN/CENELEC-Veröffentlichungen, über die Verantwortlichkeiten in der Normungsarbeit, über allgemeine Festlegungen und die Regeln zur Erstellung der Normen selbst festgelegt. Weiterhin gelten gemeinsame Regeln für Abstimmungen und Übernahme von →Europäischen Normen und Vornormen, über die Stillhaltevereinbarung, über die Zusammenarbeit mit anderen an der europäischen Normungsarbeit beteiligten Organisationen, über die gemeinsame Facharbeit und über die Wiener Vereinbarung. Für die Zusammenarbeit zwischen CEN/CENELEC und der Kommission der Europäischen Gemeinschaften gelten bestimmte Leitsätze, um die Harmonisierungsbestrebungen in Europa sicherzustellen bzw. zu unterstützen. *Grefen*

Literatur: DIN-Normenheft 10, Grundlagen der Normungsarbeit des DIN. Berlin–Köln.

Cetanzahl. Kennzahl zur Bewertung der Zündwilligkeit von Dieselkraftstoffen, die mit einem motorischen Prüfverfahren ermittelt wird. Zugelassene Prüfmotoren zur Ermittlung der C. sind der CFR- und der BASF-Prüfdieselmotor (→Octanzahl). Es handelt sich dabei jeweils um Einzylindermotoren, die unter verschiedenen Bedingungen die Zündwilligkeit der Kraftstoffe ermitteln. Die dabei einzuhaltenden Prüfbedingungen sind in DIN 51773 festgelegt.

Ihren Namen hat die C. von dem bei der Prüfung verwendeten Bezugskraftstoff n-Hexadecan ($C_{16}H_{34}$), welcher in der Kraftstoffchemie auch kurz als n-Cetan bezeichnet wird. Das n-Cetan besitzt per Definition die C. 100. Als untere Grenze des C.-Spektrums findet der Bezugskraftstoff alpha-

Methylnaphthalin $C_{11}H_{10}$ Verwendung, dem per Definition die C. 0 zugeordnet wird. In der Bundesrepublik Deutschland ist eine C. von mindestens 45 CZ für Dieselkraftstoffe vorgeschrieben. Eine Anhebung auf 49 CZ ist vorgesehen.

Croissant/May

Literatur: DIN 51773: Prüfung flüssiger Brennstoffe; Bestimmung der Zündwilligkeit (Cetanzahl) von Dieselkraftstoffen. 7/1971.

Chapmann-Zyklus. Der C.-Z., benannt nach der richtungsweisenden Arbeit von *Sidney Chapman* 1930 über die O_3-Chemie, faßt die Chemie der Sauerstoffspezies (O_x = O, O_2, O_3) in der →Stratosphäre in den Reaktionen (1) bis (6) zusammen. Molekularer Sauerstoff wird durch kurzwelliges Licht ($\lambda \leq 240$ nm) photolysiert (1). Der durch Photodissoziation gebildete atomare Sauerstoff reagiert im Dreierstoß mit molekularem Sauerstoff und einem neutralen Stoßpartner M (N_2 oder O_2) zu →Ozon (2).

$$O_2 + h\nu \rightarrow 2\ O(^3P) \tag{1}$$
$$O(^3P) + O_2 + M \rightarrow O_3 + M \tag{2}$$

Die Summe aus den Reaktionen (1) und (2) liefert die Bruttobilanz für den Ozon-bildenden Prozeß:

$$3\ O_2 + h\nu \rightarrow 2\ O_3 \tag{3}$$

Das so gebildete Ozon wird sowohl durch →Photolyse (4) zwischen 200 und 310 nm (*Hartley*-Band) als auch durch die Reaktion mit atomarem Sauerstoff (5) wieder zerstört.

$$O_3 + h\nu \rightarrow O(^1D) + O_2 \tag{4}$$
$$O_3 + O(^3P) \rightarrow 2\ O_2 \tag{5}$$

Als Bruttobilanz bei den Ozon-zerstörenden Prozessen ergibt sich:

$$2\ O_3 + h\nu \rightarrow 3\ O_2 \tag{6}$$

Die Reaktion von Ozon mit atomarem Sauerstoff (5) ist langsam, wird aber über die durch Radikale katalysierten Reaktionsschritte, die zu einer →Ozonzerstörung führen, beschleunigt.

Zu beachten ist, daß Ozon nicht nur durch kurzwelliges (200 nm $\leq \lambda \leq$ 310 nm), sondern auch durch längerwelliges Licht ($\lambda \geq$ 310 nm) photolysiert wird. Die Photolyse liefert somit neben dem im angeregten Zustand vorliegenden $O(^1D)$ (4a) auch den im Grundzustand vorliegenden atomaren Sauerstoff $O(^3P)$ (4b). Die Reaktionsgleichung (4) besteht daher je nach Wellenlänge aus zwei Anteilen:

$$O_3 + h\nu\ (\lambda \leq 310\ \text{nm}) \rightarrow O(^1D) + O_2(^1\Delta_g) \tag{4a}$$
$$(\lambda \geq 310\ \text{nm}) \rightarrow O(^3P) + O_2(^1\Delta_g) \tag{4b}$$

Der in Reaktion (4b) gebildete atomare Sauerstoff $O(^3P)$ (Grundzustand) bildet über Anlagerung an den molekularen Sauerstoff Ozon wieder zurück, so daß es zu keiner Ozonzerstörung kommt. Der in Reaktion (4a) gebildete O(^{1}D)-Sauerstoff kann jedoch mit Spurengasen, z. B. mit Wasser, reagieren, wodurch es zu einer Ozonzerstörung kommt. Eine weitere Möglichkeit ist die Reaktion (7), in der die Energie des angeregten Sauerstoffs in Gegenwart eines Stoßpartners M gelöscht wird.

$$O(^1D) + M \rightarrow O(^3P) + M^* \qquad (7)$$

Die angeregten Sauerstoffatome O(^{1}D) sind somit für die →Ozonschicht, d. h. für die Stratosphäre, aber auch für die OH-Radikalbildung in der →Troposphäre (8) von größter Wichtigkeit.

$$O(^1D) + H_2O \rightarrow 2\,OH \qquad (8)$$

Wiesen

Literatur: *Levine, J. S.* (Hrsg.): The Photochemistry of Atmospheres. New York 1985. – *Wayne, R. P.:* Chemistry of the Atmosphere, 2. Ed. Oxford 1991.

Chemie der Stratosphäre →Stratosphärische Chemie

Chemie der Troposphäre →Troposphärische Chemie

Chemie, ökologische. Als ö. C., auch Umweltchemie genannt, wird ein seit den 50er Jahren eingerichtetes Sondergebiet der Chemie bezeichnet, das sich mit dem Vorkommen, der Verbreitung und Umwandlung der sog. Umweltchemikalien beschäftigt. Dabei handelt es sich um chemische Elemente oder Verbindungen, die durch menschliches Zutun in die Umwelt gebracht werden und Umweltbelastungen bzw. unerwünschte Umweltveränderungen verursachen oder diese befürchten lassen. In Ergänzung zur Luft-, Wasser- und Bodenchemie sowie zur Biochemie, die die Chemie der →Umweltmedien bzw. der Organismen untersuchen, widmet sich die ö. C. den Substanzen, die sich durch mehrere oder alle Umweltmedien hindurchbewegen oder -bewegt werden und beachtet dabei insbesondere, ob und wie sich die Umweltchemikalien auf die verschiedenen Umweltmedien verteilen und sich dabei umwandeln oder umgewandelt werden.

Umweltchemikalien werden in Naturstoffe und Fremdstoffe (→Xenobiotika) unterteilt. Naturstoffe können Belastungen oder unerwünschte Veränderungen der Umwelt hervorrufen, wenn sie in unnatürlichen Konzentrationen auftreten, z. B. Schwefeldioxid in der Luft, oder an Orte gelangen, wo sie von Natur aus nicht vorkommen wie Schwermetalle außerhalb ihrer Lagerstätten.

Wichtige Gruppen von Umweltchemikalien, die von der ö. C. untersucht werden, sind →Schädlingsbekämpfungsmittel (Pestizide oder Biozide), die absichtlich zur Schädigung oder Tötung bestimmter Lebewesen eingesetzt und daher offen und oft

großflächig in der Umwelt ausgebracht werden, ferner die in großen Mengen angewandten Düngemittel, Waschmittel und Lösemittel. Auch mit Nahrungsmittel-Zusatzstoffen und Kosmetika befaßt sich die ö. C., außerdem auch mit radioaktiven Stoffen.

Seit dem Beginn chemischer Synthesen sind wahrscheinlich über einhunderttausend Chemikalien in die Umwelt gelangt. Jährlich gelangen mehr als eintausend neue Substanzen in den Handel und damit in die Umwelt. Über Verhalten und Verteilung dieser Stoffe ist wenig bekannt. Das 1982 in Kraft getretene Chemikaliengesetz schreibt vor, alle neu in den Handel gebrachten chemischen Stoffe einer ökologischen Prüfung zu unterziehen. Die zu diesem Zeitpunkt bereits in der Umwelt befindlichen Chemikalien (sog. →Altstoffe) werden gemäß ihrer Menge und möglichen Gefährlichkeit für die Umwelt nach und nach in die Prüfungen einbezogen und bestimmten Herstellungs- und Verwendungsregeln unterworfen, die auch völlige Verbote einschließen.

Die ö. C. arbeitet eng mit der →Ökotoxikologie zusammen, deren Aufgabe es ist, die Wirkungen von Umweltchemikalien auf die belebte Umwelt zu untersuchen. *Haber*

Literatur: *Korte, F.* (Hrsg.): Lehrbuch der ökologischen Chemie, 3. Aufl. Stuttgart 1992.

Chemikalien-Altstoffverordnung. Auf § 3 Nr. 2 und § 25 des Chemikaliengesetzes (ChemG) gestützte Verordnung (ChemAltstoffV) vom 22. November 1990 (BGBl. I S. 2544), mit der das Europäische Altstoffverzeichnis →EINECS als Gegenstand des deutschen Chemikalienrechts übernommen wird: →Altstoffe i. S. von § 3 Nr. 2 ChemG sind die im EINECS aufgeführten Stoffe.

Dreyhaupt

Chemikalien-Verbotsverordnung. Verordnung über Verbote und Beschränkungen des Inverkehrbringens gefährlicher Stoffe, Zubereitungen und Erzeugnisse nach dem Chemikaliengesetz (ChemVerbotsV) vom 14. Oktober 1993 (BGBl. I S. 1720), geändert 1994 durch Aufnahme spezieller Regelungen für Dioxine und Furane, die ursprünglich in einer eigenen →Dioxinverordnung erlassen werden sollten. Damit werden im wesentlichen die bisher verstreut geregelten Verbote und Beschränkungen zum Schutz vor bestimmten Gefahrstoffen hinsichtlich des Inverkehrbringens zentral zusammengefaßt und EG-konform auf weitere Stoffe ausgedehnt, während die parallelen Regelungen hinsichtlich der Herstellung und der Verwendung dieser Stoffe ebenso zentral in der →Gefahrstoffverordnung erfolgt sind; die PCB-, PCT-, VC-Verbotsverordnung, die →Pentachlorphenol-Verbotsverordnung, die →Chloraliphatenverordnung und die →Teerölverordnung sind aufgehoben worden.

Die ChemVerbotsV hat neben einer besseren Übersicht über Stoffverbote und einer Ausdehnung auf weitere Stoffe vor allem eine strengere Kontrolle der Abgabe von gefährlichen Stoffen, Zubereitungen und Erzeugnissen (→Gefahrstoffverordnung) durch Konkretisierung der Sorgfaltspflichten (Erlaubnis- bzw. Anzeigepflicht für Stoffe, die nach der GefStoffV mit den Gefahrensymbolen für giftig oder sehr giftig zu kennzeichnen sind) sowie Erweiterung der Abgabeanforderungen und Aufzeichnungspflichten zum Ziel. Im einzelnen enthält sie Inverkehrbringungsverbote oder -beschränkungen für folgende Stoffe und Zubereitungen (gruppenweise), wobei die einzelnen Stoffe/Zubereitungen (CAS-Nr.), der Gegenstand (Umfang) des Verbots sowie die Ausnahmen synoptisch zusammengestellt sind (Anhang):
- Asbest,
- Formaldehyd,
- Dioxine und →Furane,
- gefährliche und krebserzeugende flüssige Stoffe/ Zubereitungen,
- Benzol,
- aromatische Amine,
- Bleikarbonate und -sulfate,
- Quecksilberverbindungen,
- Arsenverbindungen,
- zinnorganische Verbindungen,
- Di-μ-oxo-di-n-butyl-stanniohydoxyboran,
- PCB, PCT (polychlorierte Bi- und Terphenyle),
- Vinylchlorid,
- PCP (Pentachlorphenol),
- aliphatische Chlorkohlenwasserstoffe,
- Teeröle,
- Cadmium,
- Monomethyldi- bzw. -tetrachlordiphenylmethan (→Ugilec 121 oder 21 bzw. Ugilec 141) und Monomethyldibromdiphenylmethan (DBBT).   *Dreyhaupt*

Chemikalienrecht. Das C. ist in erster Linie geregelt im Gesetz zum Schutz vor gefährlichen Stoffen (Chemikaliengesetz – ChemG vom 16. 9. 1980, BGBl. I S. 1718, in der geänderten Fassung vom 14. 3. 1990, BGBl. I S. 493). Daneben sind, gestützt auf Ermächtigungsgrundlagen des Chemikaliengesetzes, eine Reihe von Rechtsverordnungen ergangen.

Gemäß § 1 ChemG verfolgt das Gesetz den Zweck, den Menschen und die Umwelt vor schädlichen Einwirkungen gefährlicher Stoffe und Zubereitungen zu schützen. Das ChemG dient sowohl dem →Umweltschutz, dem Arbeitsschutz, dem allgemeinen Gesundheitsschutz als auch dem →Verbraucherschutz. Grundsätzlich soll das Gesetz für alle Stoffe gelten. Es dient einer stoffübergreifenden Präventivkontrolle. Allerdings werden zahlreiche Stoffbereiche, für die speziellere und zum Teil auch strengere Regelungen gelten, vom Anwendungsbereich des ChemG ausgenommen.

Die Zielsetzung des ChemG soll durch ein breitgefächertes Instrumentarium, insbesondere durch Anmeldeverfahren, Stoffprüfungen, Vorschriften für die Einstufung, Verpackung und Kennzeichnung von Stoffen, sowie weiteren Verboten und Beschränkungen erreicht werden.

Um die Innovationskraft der chemischen Industrie nicht unnötig zu beeinträchtigen, hat der Gesetzgeber im ChemG auf die Einführung eines Zulassungsverfahrens, d. h. auf ein Genehmigungserfordernis verzichtet. Allerdings muß jeder Stoff, der als solcher oder als Bestandteil einer Zubereitung in den Verkehr gebracht werden soll, bei der zuständigen Behörde (Anmeldestelle) angemeldet werden.

Der Hersteller oder Einführer eines Stoffes hat eine →Stoffprüfung zu veranlassen, die entweder in eigenen Laboratorien oder in damit beauftragten Instituten durchgeführt wird. Da die Kosten erheblich sein können, wird die Stoffprüfung in einem gestuften Prüfverfahren, das heißt zunächst in einer Grundprüfung und evtl. darüber hinausgehend in einer Zusatzprüfung durchgeführt. Die Prüfnachweise der Grundprüfung müssen sich erstrecken auf die physikalischen, chemischen und physikalischchemischen Eigenschaften, die Art und Gewichtsanteile der Hilfsstoffe, der Hauptverunreinigungen sowie die der übrigen dem Hersteller oder Einführer bekannten Verunreinigungen und Zersetzungsprodukte. Sie müssen sich erstrecken auf akute →Toxizität, Anhaltspunkte für eine krebserzeugende und erbgutverändernde Eigenschaft, reizende und ätzende Eigenschaften, sensibilisierende Eigenschaften, subakute Toxizität, abiotische und biologische →Abbaubarkeit, Toxizität gegenüber Wasserorganismen nach kurzzeitiger Einwirkung.

Anmeldestelle ist die Bundesanstalt für Arbeitsschutz (→Stoffprüfung).

Neben dem Anmeldeverfahren für Stoffprüfung regelt das Chemikaliengesetz vor allem die notwendige Einstufung gefährlicher Stoffe, ihre Verpakkung und Kennzeichnung. Mit der Forderung nach geeigneter Verpackung soll ein Freiwerden gefährlicher Stoffe und damit eine Gefährdung des Menschen und der Umwelt vermieden werden. Die Kennzeichnung soll Arbeitnehmer oder Endverbraucher über die Gefährlichkeit der Stoffe informieren.

Neben den Vorschriften über die Einführung, Verpackung und Kennzeichnung von Stoffen sind im Chemikaliengesetz zusätzlich zu den Anmeldepflichten eine ganze Reihe von Mitteilungspflichten geregelt (§ 16 bis 16 e ChemG).

Zum Schutz von Leben oder Gesundheit oder zum Schutz der Umwelt kann die Bundesregierung gemäß § 17 Abs. 1 ChemG durch Rechtsverordnung Verbote und Beschränkungen einführen. Die Verbots- und Beschränkungsmöglichkeiten beziehen sich nicht nur auf gefährliche Stoffe und Zubereitungen, sondern auch auf Erzeugnisse, die gefährliche →Stoffe oder Zubereitungen enthalten. Die Verbote und Beschränkungen können unter anderem das Herstellen, Inverkehrbringen und Verwenden von bestimmten Stoffen und die Herstellungs- und Verwendungsverfahren, bei denen bestimmte gefährliche Stoffe anfallen, betreffen.

Zum Schutz von Leben oder Gesundheit des Menschen unter Berücksichtigung der Belange des Natur- und Tierschutzes kann gemäß § 18 Abs. 1 S. 1 ChemG die Bundesregierung eine Rechtsverordnung erlassen, in der das Einführen oder Halten bestimmter giftiger Tierarten verboten oder beschränkt und das Anpflanzen und das Anbieten giftiger Pflanzenarten eingeschränkt wird.

Mit der Novellierung des Gesetzes im Jahre 1990 sind in das ChemG Bestimmungen für nicht klinische experimentelle Prüfungen von Stoffen oder Zubereitungen eingeführt worden, deren Ergebnisse eine Bewertung ihrer möglichen Gefahren für Mensch und Umwelt in einem Zulassungs-, Erlaubnis-, Registrierungs-, Anmelde- oder Mitteilungsverfahren ermöglichen soll. Diese Prüfungen sind unter Einhaltung von Grundsätzen der Guten Laborpraxis, die im Anhang zu der Gesetzesnovellierung aufgeführt sind, durchzuführen. *Hoppe/Beckmann*

Chemilumineszenz.

Chemilumineszenz. Die C. kann als Umkehrung einer photochemischen Reaktion aufgefaßt werden. Ausgehend von energiereichen Ausgangsstoffen kann bei einer chemischen Reaktion ein angeregter Zustand der Produkte erreicht werden. Durch Emission von Licht wird die Anregungsenergie dann wieder abgestrahlt. Diese Prozesse einer C.-Reaktion sind in den Reaktionen 1–3 dargestellt. Die Bezeichnung C. zeigt, daß die Energie für die Emission der Lichtquanten aus einer chemischen Reaktion gewonnen wird.

$$A + B \rightarrow C^{\#} + D \text{ (chemische Reaktion)} \tag{1}$$
$$C^{\#} \rightarrow C + h\nu \text{ (Abstrahlung)} \tag{2}$$
$$C^{\#} + M \rightarrow C + M \text{ (Löschprozeß)} \tag{3}$$
\# angeregtes Teilchen

Die Erzeugung einer C. wird zum Nachweis vieler Spurenstoffe eingesetzt, weil mit Hilfe von Photomultipliern das ausgesendete Licht empfindlich nachgewiesen werden kann. Diese C.-Analysatoren nutzen für den Nachweis der einzelnen →Spurengase die Emission von Licht, das erzeugt wird, wenn das Spurengas mit einer geeigneten Verbindung zur Reaktion gebracht wird und damit strahlungsfähige angeregte Produktzustände entstehen.

Aus der Intensität des emittierten Lichts läßt sich die Spurengaskonzentration bestimmen. Dieses Verfahren wird insbesondere zur Messung von Ozon, NO_x und H_2O_2 in der Atmosphäre eingesetzt. Im Falle der Ozonmessung wird die zu analysierende Luft mit Ethylen bei vermindertem Druck zur Reaktion gebracht.

$$O_3 + C_2H_4 \rightarrow HCHO^{\#} + \text{Produkte} \tag{4}$$
$$HCHO^{\#} \rightarrow HCHO + h\nu \; (\lambda = 300\text{–}550 \text{ nm}) \tag{5}$$

Das im ersten Reaktionsschritt (4) entstehende angeregte Formaldehyd emittiert Licht im Wellenlängenbereich von 300–550 nm (5).

NO_x-Analysatoren machen sich die Reaktion von NO mit Ozon zunutze, in deren Verlauf elektronisch angeregtes NO_2 entsteht, das anschließend Licht im Bereich von 540–3 000 nm emittiert.

$$O_3 + NO \rightarrow NO_2^{\#} + O_2 \tag{6}$$
$$NO_2^{\#} \rightarrow NO_2 + h\nu \; (\lambda \sim 540\text{–}3\,000 \text{ nm}) \tag{7}$$

Eine Vielzahl von C.-Methoden in der flüssigen Phase werden zur Messung von H_2O_2 eingesetzt. Erwähnt seien hier das Luminol-Verfahren, bei dem die Oxidation von Luminol durch H_2O_2 eine C. mit einem Emissionsmaximum bei 450 nm erzeugt sowie die Peroxyoxalat-C.-Methode, bei der das H_2O_2 mit Bis-(2,4,6-Trichlorphenyl)-Oxalat unter Bildung eines energiereichen Dioxethandions reagiert. Die Energie wird auf Perylen übertragen, welches dann unter Aussendung von Licht in den Grundzustand übergeht. *Wirtz*

Literatur: *Gundermann, K. D., F. McCapra:* Chemiluminescence in Organic Chemistry. Berlin 1987. – *Schuster, G. B., S. P. Schmidt:* Chemiluminescence of Organic Compounds. Adv. Phys. Chem. 18, 187.

Chemilumineszenz-Meßverfahren.

Chemilumineszenz-Meßverfahren. Das C.-M. ist in der Praxis der Luftreinhaltung das Standardverfahren zur kontinuierlichen →Emissionsüberwachung von Stickstoffoxiden sowie zur kontinuierlichen Immissionsmessung von →Stickstoffoxiden und →Ozon. Das Verfahren ist in den USA und in der EG-Richtlinie betreffend Luftqualitätsnormen für Stickstoffdioxid (85/203/EWG) als →Referenzmeßverfahren festgelegt.

Das C.-M. beruht darauf, daß bei einigen chemischen Reaktionen eine charakteristische Strahlung entsteht, die als →Chemilumineszenz bezeichnet wird. Zur Bestimmung von Stickstoffmonoxid (NO) wird die Chemilumineszenz gemessen, die bei der Oxidation mit Ozon entsteht:

$$NO + O_3 \rightarrow NO_2 + O_2 + h\nu.$$

Die Reaktion und C.-M. findet in einer Reaktionskammer statt (Bild). In diese Kammer strömt Luft, die vorher über einen Ozonisator geleitet wurde. Im Ozonisator wird ein Teil des Luftsauerstoffs durch UV-Bestrahlung oder durch eine elektrische Entladung in Ozon umgewandelt. Durch eine weitere Eintrittsöffnung wird der Reakti-

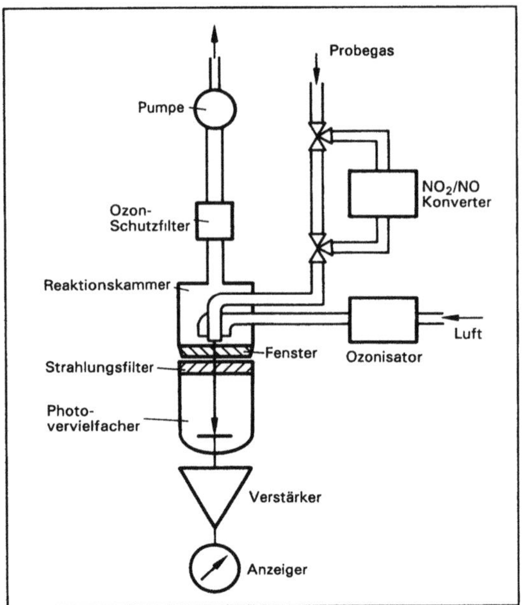

Chemilumineszenz-Meßverfahren: Meßanordnung (schematisch).

onskammer ein konstanter Probegasstrom zugeführt.

Die Chemilumineszenz mit einem Intensitätsmaximum bei einer Wellenlänge von 1,2 μm wird nach optischer Filterung mit einem Photoelektronen-Vervielfacher gemessen. Die Intensität der Chemilumineszenz ist bei konstanten Reaktionsbedingungen und bei Überschuß von Ozon dem Massenstrom des Probegases proportional. Ein stabiler Meßeffekt erfordert eine Thermostatisierung der Reaktionskammer und konstante Druckverhältnisse. Im Ausgang der Reaktionskammer befindet sich zur Vermeidung einer Umweltbelastung ein Ozon-Schutzfilter. Soll anstelle oder neben NO Stickstoffdioxid (NO_2) gemessen werden, so wird das Probegas durch einen thermischen oder katalytischen Konverter geleitet, der NO_2 zu NO reduziert.

Zur Messung von Ozon wird die Chemilumineszenzreaktion in der Gasphase zwischen O_3 und Äthen (C_2H_4) ausgenutzt, deren Intensitätsmaximum bei einer Wellenlänge von 435 nm liegt.

Stahl

Literatur: VDI 2456: Messen gasförmiger Emissionen; Bl. 5: Messen von Stickstoffmonoxid-Gehalten; Chemilumineszenz-Analysator; Thermo Electron Modell 10. 5/1978. – Bl. 6: Messen der Summe von Stickstoffmonoxid und Stickstoffdioxid als Stickstoffmonoxid unter Einsatz eines Konverters. 5/1978. – Bl. 7: Messen von Stickstoffmonoxid-Gehalten; Chemilumineszenz-Analysatoren (Atmosphärendruckgeräte). 4/1981. – VDI 2453, Bl. 5: Messen gasförmiger Immissionen; Messen von Stickstoffmonoxid-Gehalten; Messen von Stickstoffdioxid-Gehalten unter Verwendung eines Konverters, Chemilumineszenz-Analysator Monitor Labs 8440.

12/1979. – Bl. 6: Chemilumineszenz-Analysator Bendix 8101 C. 11/1980. – VDI 2468, Bl. 4: Messen gasförmiger Immissionen; Messen der Ozonkonzentration; Chemilumineszenz-Verfahren; Bendix Ozone Monitor 8002. 5/1978.

Chemischer Sauerstoffbedarf (CSB). Der CSB ist ein Summenparameter zur Erfassung organischer Wasser- und Abwasserinhaltsstoffe. Der CSB gibt Aufschluß über den Sauerstoffverbrauch eines Wassers zur Oxidation fast aller wasserlöslichen organischen Substanzen, ausgenommen eine Reihe stickstoffhaltiger Verbindungen und einige kaum wasserlösliche Kohlenwasserstoffe.

Der CSB wird aus einer Reaktion mit starken Oxidationsmitteln bestimmt. Man benutzt hierzu Kaliumdichromat ($K_2Cr_2O_7$). In schwefelsaurer Lösung werden organische Wasserinhaltsstoffe fast vollständig oxidiert.

Mertsch

Chemischreinigung. In C.-Maschinen werden Textilien, Leder, Pelze und ähnliches Behandlungsgut in einem Lösemittel, das eine Schmutzentfernung bewirkt, gereinigt. Dem Lösemittel können zur Verbesserung des Reinigungseffekts oder zur Ausrüstung des Behandlungsguts Hilfsmittel zugesetzt werden. In die Maschine ist in der Regel ein Schleuder- und Trocknungsvorgang integriert, um das Lösemittel vom Behandlungsgut zu entfernen. Die Maschine ist häufig mit einer Aufarbeitungsanlage (Destillation) für das Lösemittel verbunden. In der C. werden insbesondere solche Waren behandelt, die bei einer konventionellen Wäsche durch Schrumpfen, Knittern, Verfärbungen o. ä. beschädigt werden können.

Während der Behandlung wird die Ware zunächst im Lösemittel gereinigt, danach geschleudert und in einem erwärmten Luftstrom, der zur Abscheidung des Lösemittels über eine Tieftemperatur-Kondensation geführt wird, getrocknet. Da danach der Lösemittelgehalt in der Ware noch relativ hoch ist, wird bei älteren C.-Anlagen zum Abschluß des Behandlungsablaufs Raumluft angesaugt, durch die Ware geführt und über Dach abgeleitet. Zur Verringerung der Emissionen muß dieses Abgas über einen →Abscheider (meist →Aktivkohle) geführt werden. Neuere Anlagen saugen kein Abgas ab, sondern führen die erwärmte Trocknungsluft in einem internen Kreislauf nach Abkühlung über einen Aktivkohle-Abscheider und danach erneut über das Behandlungsgut. Die Lösemittelverluste neuerer C.-Anlagen betragen weniger als 1 % (bezogen auf die gereinigte Ware). Weitere Reduktionen der Lösemittelemissionen sind zu erzielen durch eine meßtechnische Überwachung der Trocknung (Lösemittelgehalt in der Trocknungsluft) und geschlossene Handhabung (z. B. Gaspendelsysteme) von Lösemitteln und Rückständen (Bild).

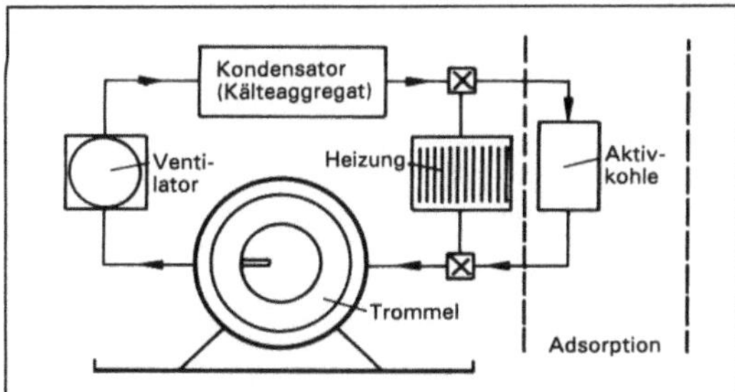

Chemischreinigung: Moderne C.-Anlage mit geschlossenem Luftkreislauf.

Die in der C. heute verwendeten →Lösemittel sind toxikologisch und ökologisch kritisch zu bewerten. Tetrachlorethen kann bei chronischer Einwirkung zu nervösen Störungen sowie Leber- und Nierenschäden führen; ferner besteht der begründete Verdacht eines krebserzeugenden Potentials. Bei seiner Freisetzung in Boden und Grundwasser kann die Umwelt schwerwiegend beeinträchtigt werden (→Chlorkohlenwasserstoffe). In der Vergangenheit hat der Betrieb von C. zu hohen Tetrachlorethen-Belastungen im Betriebsraum und angrenzenden Nachbarräumen geführt. Die Konzentrationen in Nachbarräumen lagen bei Untersuchungen in Deutschland 1988/89 weit über dem Vorsorgerichtwert des Bundesgesundheitsamtes von 0,1 mg/m³. Zur Reduktion dieser Nachbarraum-Belastungen sind neben den o. a. maschinentechnischen Maßnahmen, die die Freisetzung im Betriebsraum verringern, eine diffusionshemmende Auskleidung der Betriebsräume mit speziellen Tapeten, Anstrichen oder Zwischendecken erforderlich. Das zweite in der C. verwendete Lösemittel, FCKW R 113, trägt zum Abbau der stratosphärischen Ozonschicht bei (→Fluorchlorkohlenwasserstoffe). Seit 1992 werden in Deutschland in der C. verstärkt halogenfreie, hochsiedende Kohlenwasserstoffe als Ersatz von FCKW R 113 und in geringerem Umfang auch von Tetrachlorethen eingesetzt. Die marktverfügbaren Maschinen sind teilweise in der Lage, den Lösemittelverlust (bezogen auf das Gewicht der gereinigten Ware) auf weniger als 1 % zu begrenzen. Eine abschließende toxikologische Bewertung dieser Lösemittel steht noch aus.

Die Emissionen und Nachbarraumbelastungen von C., in denen halogenierte Lösemittel verwendet werden, werden durch die →2. BImSchV geregelt (meßtechnische Überwachung der Trocknung, Emissionsgrenzwerte, geschlossene Handhabung von Lösemitteln/Rückständen, Ausstattung der Betriebsräume). Die Verwendung von FCKW in der C. ist durch diese Verordnung ab 1993 untersagt. Die →HKWAbf-Verordnung untersagt das Vermischen dieser Lösemittel und verpflichtet die Vertreiber zur Rücknahme.

Zum Ersatz halogenierter Lösemittel in der C. sind wäßrige Reinigungssysteme (modifizierte Waschverfahren) entwickelt worden. Mit einer – zumindest teilweisen – Substitution von Tetrachlorethen, durch wäßrige Reinigungssysteme ist mittelfristig zu rechnen. *Brackemann*

Literatur: *Kurz, J.; E. Hager:* Wegweiser für praktischen Umweltschutz in der Textilreinigung, Hrsg.: Forschungsinstitut Hohenstein. 1990. – Länderausschuß für Immissionsschutz: Perchlorethylen (PER). 1988.

Chemischreinigungsanlage. Die Verordnung zur Emissionsbegrenzung von leichtflüchtigen Halogenkohlenwasserstoffen (→2. BImSchV) verpflichtet dazu, die Einhaltung der gestellten Anforderungen zur Emissionsbegrenzung von einem nach § 26 des Bundes-Immissionsschutzgesetzes akkreditierten Meßinstitut durch erstmalige Messungen und, soweit keine kontinuierlichen Messungen vorgenommen werden, durch jährlich wiederkehrende Messungen feststellen zu lassen. Neu errichtete C. müssen mit einer Meßvorrichtung ausgerüstet sein, die die Beladetür mit Beginn des Reinigungsprozesses verriegelt und erst wieder freigibt, wenn nach Abschluß des Trocknungsvorganges die Tetrachlorethen-Konzentration in der Trocknungsluft am Austritt aus dem Trommelbereich auf 2 g/m³ abgesunken ist. Bei größeren Anlagen mit einem Abgasvolumenstrom von mehr als 500 m³/h soll außerdem die Tetrachlorethen-Konzentration im Abgas hinter dem Abscheider kontinuierlich gemessen werden. Anstelle der kontinuierlichen Messung kann auch eine Kontrolleinrichtung verwendet werden, die eine Zwangsabschaltung der C. auslöst, sobald die Konzentration im Reingas 1 g/m³ übersteigt. *Stahl*

Literatur: Einfache kontinuierlich arbeitende Meßeinrichtungen für Meßaufgaben der 2. BImSchV. Forschungsbericht 104 02 176 des Bekleidungsphysiologischen Instituts Hohenstein, im Auftrag des Umweltbundesamtes. Bönnigheim 1991.

Chemisorptionsverfahren. Als C. werden Verfahren zur Emissionsminderung bezeichnet, bei denen das Sorptionsmittel als trockenes Additiv oder in einer Lösung oder Suspension, die durch Sprühtrocknung verdampft wird, mit dem im Abgas enthaltenen Schadstoff reagiert. Das feste Endprodukt von C. besteht aus überschüssigem Sorptionsmittel, den Reaktionsprodukten und im Abgas enthaltenem Staub; es kann in einem nachgeschalteten Entstauber abgeschieden werden. Als Sorptionsmittel können z. B. Calcium-, Natrium-, Magnesium- oder Aluminium-Verbindungen verwendet werden, wobei Calciumverbindungen, Natronlauge und Aluminiumoxid in der Praxis Bedeutung erlangt haben. Anlagen nach C. werden u. a. bei Feuerungs- und Abfallverbrennungsanlagen, in der Aluminium-, Zement-, Glas-, Eisen- und Stahlindustrie sowie der keramischen Industrie eingesetzt. C. sind insbesondere zur Abscheidung von Halogenwasserstoffen (HCl, HF), Schwefeloxiden, Schwefel- und Cyanwasserstoff geeignet.

Die C. können nach Primär- und Sekundärverfahren unterschieden werden. Bei den Primärverfahren wird das Sorptionsmittel schon in den Prozeßbereich (z. B. dem Einsatz- oder Brennstoff) zugegeben, so daß es bereits während der Prozeßreaktion bzw. der Verbrennung mit den Schadstoffen reagiert (→Trockenadditiv-Verfahren, Direktentschwefelung). Bei den Sekundärverfahren wird das Sorptionsmittel erst nach der Prozeß- oder Feuerungsanlage im Abgaskanal oder einem nachgeschalteten Reaktor zudosiert (→Trockensorptionsverfahren, →Sprühsorptionsverfahren).

Mit den C. lassen sich hohe Abscheidegrade (>80%) nur bei überstöchiometrischer Zugabe des Sorptionsmittels erzielen. Die anfallenden Reststoffgemische können im allgemeinen nur nach einer zusätzlichen Aufbereitung verwertet werden. *Haug*

Literatur: *Davids, P.; M. Lange:* Die Großfeuerungsanlagen-Verordnung. – Technischer Kommentar. Düsseldorf 1984. – *Davids, P.; M. Lange:* Die TA Luft '86 – Technischer Kommentar. Düsseldorf 1986 – VDI 3928 E: Abgasreinigung durch Chemisorption. 3/1990.

Chemostat-Kultur. Häufigste Form der kontinuierlichen Kultivierung suspendierter Mikroorganismen oder Zellen in →Bioreaktoren. Im Unterschied zur →Batch-Kultur wird bei der C.-K. im Durchfluß gearbeitet: aus einem Vorratsgefäß strömt Nährlösung mit konstanter Rate in den Reaktor ein, während das dadurch verdrängte Suspensionsvolumen mit der gleichen Rate D aus dem Reaktor abfließt. Der C.-K. werden also mit konstanter Rate Ressourcen in Form von Nährstoffen zugeführt und Produkte in Form von erzeugter →Biomasse entzogen. In Abhängigkeit von der Durchflußrate D (Verdünnungsrate; Dimension: h^{-1}) und der Konzentration C_s (g/l bzw. mmol/l) des wachstumsbegrenzenden Substrats bzw. Nährstoffs etabliert sich bei ansonsten konstanten Bedingungen ein Fließgleichgewicht (Steady State), in dem die Biomassekonzentration X einen konstanten Wert annimmt. Der so erreichte physiologische Zustand der Population entspricht dem des exponentiellen Wachstums einer Batchkultur.

Der Chemostat ist sowohl für die biotechnologische Stoff- oder Biomasse-Produktion von erheblicher Bedeutung als auch für die mikrobiologische Grundlagenforschung. Ein Vorteil des Einsatzes von C.-K. für Experimente zu mikrobenökologischen Fragestellungen besteht in der Möglichkeit, bei niedrigen Substratkonzentrationen zu arbeiten, die den Verhältnissen in Gewässern sehr viel besser entsprechen als in Batchkulturen. Man kann in Chemostaten auch mit Mischkulturen arbeiten, um Konkurrenzphänomene und die Bedingungen für die Koexistenz von zwei oder mehr Organismen bzw. Zelltypen studieren. Der Chemostat eignet sich ferner zur Bestimmung des Wirkungsgrades, mit dem Substrate bzw. die in ihnen enthaltene Energie von lebenden Zellen genutzt werden (→Wachstumsertrag). *Soeder*

Literatur: *Meiners, M.:* Biotechnologie für Ingenieure. Wiesbaden 1990.

Cheng Cycle →Gasturbinenanlage

Chlor.

Atmosphärenchemie. C. wird in der Atmosphäre hauptsächlich in Form von Chlorid-Ionen (Cl$^-$-Ionen) in den Seesalzaerosolen gespeichert. Die wichtigste Quelle für atmosphärisches Chlorid ist somit die Oberfläche der Ozeane. Die aus Seesalzaerosolen emittierte Menge an C. ist nur sehr schwer abzuschätzen, weil nicht genau bekannt ist, in welchem Umfang wasserlösliche Komponenten wie HCl an Wolkentröpfchen absorbieren bzw. mit Niederschlägen ausgewaschen werden. Eine nicht genau bekannte Menge C. aus den Seesalzaerosolen (2–20%) wird wahrscheinlich direkt in Form von HCl ausgegast. Ungefähr 90% des aus maritimer Atmosphäre stammenden C. wird durch nasse →Deposition direkt den Ozeanen wieder zugeführt. Die restlichen 10% C., die auf die Kontinente transportiert werden, gelangen ebenfalls wieder in die Ozeane (Bild 1).

Die am häufigsten vorkommende natürliche chlorhaltige Kohlenstoffverbindung ist das →Methylchlorid (CH$_3$Cl). Es kommt ebenfalls in den Ozeanen vor, wobei die genauen Bildungsmechanis-

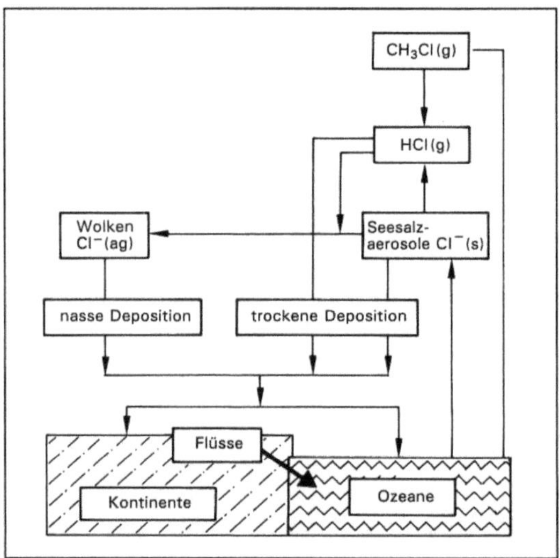

Chlor 1. Globaler Zyklus von atmosphärischem C.

men nicht bekannt sind. Eine weitere, nicht zu vernachlässigende Quelle für atmosphärisches C. sind Vulkanausbrüche, bei denen C. in Form von HCl in die →Troposphäre und →Stratosphäre eingebracht wird (Tabelle).

Chlor. Tabelle: Globale atmosphärische Flüsse von C.

	Cl-Flüsse [Tg/Jahr]
Cl⁻ (Seesalz) in Atmosphäre	5 200–15 000
Cl⁻ (Seesalz) Deposition an Land	520– 1 500
Cl⁻ (aq) Niederschläge	830– 2 500
Cl⁻ (Seesalz) trockene Deposition	4 400–12 000
Cl⁻ (Flüsse) in Ozeane	260
Cl⁻ (g) direkt aus Aerosolen in die Atmosphäre	160– 3 000
CH_3Cl	3,5
Cl⁻ (g) aus Vulkanen	0,4–11
Cl⁻ (g) anthropogene Quellen	3

Methoden zum direkten Nachweis von Cl-Atomen in der freien Atmosphäre sind bisher nicht bekannt. Dennoch kann aus Modellrechnungen auf einen Beitrag von Cl-Atomen zum Abbau von Kohlenwasserstoffen in Industriegebieten geschlossen werden. In der vom Meer beeinflußten maritimen Atmosphäre ergibt sich aus Modellrechnungen ebenfalls ein Beitrag von Cl-Atomen, der bereits allein aus der →Gasphasenreaktion

$$OH + HCl \rightarrow Cl + H_2O$$ folgt. *Wiesen*

Emissionsmessung. Standardmethoden zur Emissionsmessung von C. werden in der Richtlinie VDI 3488 behandelt. Für Einzelmessungen stehen zwei handanalytische Methoden zur Verfügung, die unterschiedliche Konzentrationsbereiche abdecken. Bei dem in Blatt 1 beschriebenen Methylorange-Verfahren wird eine saure Methylorangelösung durch C. ausgebleicht und photometrisch vermessen. Bei dem in Blatt 2 beschriebenen Bromid-Jodid-Verfahren wird Brom aus einer sauren Kaliumbromidlösung durch C. freigesetzt und anschließend jodometrisch bestimmt. Beide Methoden sind wegen ihrer →Querempfindlichkeit gegenüber NO_2 bzw. SO_2 für die Untersuchung von Rauchgasen nicht geeignet.

Da es nur wenige Anlagen zur Herstellung und Verarbeitung von C. gibt, die nach den Vorschriften der →TA Luft laufend überwacht werden müßten, gibt es zur kontinuierlichen Messung von Cl_2 keine eignungsgeprüfte Meßeinrichtung. Fehlgeschlagen sind auch Versuche, ein modifiziertes HCl-Meßgerät zur Messung von Cl_2 einzusetzen. *Stahl*

Literatur: Modellhafte Eignungsprüfung eines Emissionsmeßgerätes für molekulares Chlor. Forschungsbericht 83-104 02 154 des TÜV Norddeutschland, im Auftrag des Umweltbundesamtes, Oktober 1983. – VDI 3488: Messen gasförmiger Emissionen; Messen der Chlorkonzentration; Bl. 1: Methylorange-Verfahren. 12/1979. – Bl. 2: Bromid-Jodid-Verfahren. 11/1980.

Emissionsminderung. C. zählt zu den bedeutendsten Grundstoffen der chemischen Industrie (→Chlorchemie). Das zentrale Verfahren zur C.-Herstellung ist die elektrolytische Umsetzung einer Kochsalzlösung (NaCl). Als Kuppelprodukt fällt Natronlauge (NaOH) an. Das in der Bundesrepublik hergestellte C. wird fast ausschließlich im Inland verarbeitet, während NaOH hohe Exportraten aufweist. Im Gegensatz zu früheren Zeiten hat sich C. vom teilweise unerwünschten Nebenprodukt zum Hauptprodukt entwickelt.

Die drei wichtigsten Prozesse zur Gewinnung von C. nach einem Elektrolyseverfahren sind: Amalgam-, Diaphragma- sowie Membran-Verfahren (Bild 2).

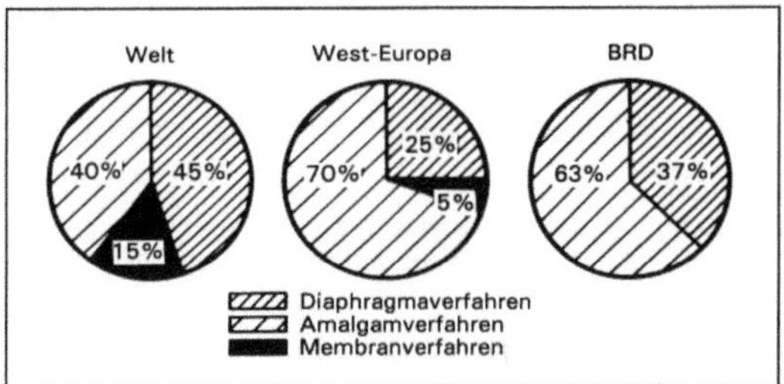

Chlor 2: Einsatz der Chlorelektrolyse 1989.

Außer C.-Emissionen (Cl_2), die bei allen Verfahren zur C.-Herstellung auftreten, sind insbesondere die Emissionen von →Quecksilber (Hg; Amalgam-Verfahren) und von →Asbest (Diaphragma-Verfahren) von Bedeutung.

Die chlorhaltigen Abgase werden in der Regel mittels Natronlaugewäsche gereinigt. Die entstehende Bleichlauge wird entweder innerbetrieblich verwendet oder verkauft. Bei quecksilberhaltigen Prozeßabgasen wird metallisches Quecksilber in die ionische Form überführt und abgetrennt; es werden Wäschen mit chlorhaltiger Sole bzw. alkalischer Hypochloritlösung und das Kalomel-Verfahren zur Hg-Abscheidung eingesetzt. Die asbesthaltige Abluft aus der Verarbeitung und Bearbeitung von Asbest zur Herstellung oder Erneuerung der Diaphragmen wird mit hochwirksamen Gewebefiltern gereinigt.

Die wirksamste Minderungstechnik ist die Umstellung der C.-Produktion auf das Membran-Verfahren. Neben dem Vorteil eines geringen Strombedarfs sind die Vermeidung von Hg- und Asbest-Emissionen zu nennen. Wesentliche Schritte für diese Umstellung sind in der Bundesrepublik Deutschland bzw. in der EU bereits erfolgt.

Anlagen zur Herstellung von C. sind genehmigungsbedürftig nach BImSchG. Emissionsbegrenzende Anforderungen enthält die →TA Luft. Die Emissionen an C. im Abgas dürfen in der Regel 1 mg/m³ nicht überschreiten. *Spilok/Drotleff*

Literatur: *Büchner, W., et al.:* Industrielle Anorganische Chemie. Weinheim 1984. – *Davids, P.; M. Lange:* Die TA Luft '86 – Technischer Kommentar. Düsseldorf 1986. – *Schmidt, L.:* Der Rohstoff Chlor. Herstellung und Handhabung. Experten Forum, 16. 3. 1991. Bayer AG Leverkusen.

Immissionsmessung. Elementares C. kommt aufgrund der hohen Reaktionsfähigkeit in der normalen Außenluft nicht vor. Es wird in erster Linie durch Unfälle freigesetzt. Zum Nachweis sind in diesen Fällen →Prüfröhrchen geeignet (z. B. Dräger-Röhrchen 0,2 mit einem Anzeigebereich von 0,2 bis 3 ppm, was einer unteren Grenze von 590 μg/m³ entspricht).

VDI 2458, Blatt 1, beschreibt ein Verfahren, bei dem die zu untersuchende Luft durch eine Schwefelsäure-Methylorange-Lösung geleitet wird. Die Schwächung der Farbintensität ist ein Maß für die in der Probe enthaltene Menge C. und wird photometrisch (→Photometrie) bestimmt. Die relative →Nachweisgrenze dieses Verfahrens liegt bei 15 μg/m³. *Dulson*

Literatur: VDI 2458, Bl. 1: Messung gasförmiger Immissionen, Messen der Chlorkonzentration, Methylorangeverfahren. 12/1973.

Umweltrelevante Stoffdaten.
□ Stoff-Identifizierungs-Nr.:
CAS-Nr.: 7782-50-5
EG-Nr.: 017-001-00-7
UN-Nr.: 1017
EINECS-Nr.: 231-959-5
□ Chemische Formel: Cl_2
□ Stoffcharakteristik: Gelbgrünes, giftiges, ätzendes, stark korrosives, wasserlösliches, nicht entzündbares Gas, schwerer als Luft, stechender Geruch. Reagiert besonders in feuchtem Zustand mit vielen anorganischen und organischen Stoffen unter Wärmeentwicklung, zum Teil unter Explosion (Chlorknallgas).
□ Gefahrenmerkmale:
– Stoffliste nach § 4a der →Gefahrstoffverordnung: Gefahrenkennbuchstabe(n): T
R-Sätze: 23-36/37/38
S-Sätze: 1/2-7/9-45
– Arbeitsschutzwerte nach TRGS 900: →MAK-Wert (mg/m³): 1,5
– Stoffliste (Anhang II) der →Störfall-Verordnung: Nr. 67 und 4c
– →Wassergefährdungsklasse: WGK 2

– Emissionswerte: →TA Luft Einstufung: 3.1.6 Klasse II
– Immissionswerte: IW (TA Luft): 2.5.1: IW 1 = 0,10 mg/m³; IW 2 = 0,30 mg/m³ *Fischer/M. Schön*

Chlorakne. Unter C. werden Hauterkrankungen zusammengefaßt, die beim Menschen durch chlorierte aromatische Verbindungen wie →Chlorphenole, →Chlornaphthaline und chlorierte →Dibenzodioxine und -furane ausgelöst werden können. Ein bis zwei Wochen nach der Intoxikation treten zunächst Reizerscheinungen der Haut und Schleimhäute auf, anschließend Hautentzündungen, vermehrte Bildung von Mitessern und Schwellungen an den Haarfollikeln. Als Folge einer C., die lange persistieren kann, kommt es zur Narbenbildung. Das genannte Beschwerdebild ist bereits seit der Jahrhundertwende bekannt und wurde als Perna-Krankheit (bei Arbeitern in der chemischen Industrie durch Hautkontakt mit Perchlornaphthalin) bezeichnet. *Schwarz*

Chloraliphatenverordnung. Auf das ChemG gestützte Erste Verordnung zum Schutz des Verbrauchers vor bestimmten aliphatischen Chlorkohlenwasserstoffen (1. aCKW-V) vom 30. April 1991 (BGBl. I S. 1059). Verbietet das Inverkehrbringen bestimmter aCKW (u. a. Tetrachlorkohlenstoff, 1,1,2,2-Tetrachlorethan) zur Verwendung durch den privaten Endverbraucher sowie die Verwendung in nicht gewerblich genutzten Räumen. Die Verordnung ist 1993 aufgehoben worden. Das Verwendungsverbot ist weitgehend in die zentrale Verbots- und Beschränkungsregelung des § 15 der →Gefahrstoffverordnung übergegangen; das Verbot des Inverkehrbringens ist jetzt in der →Chemikalien-Verbotsverordnung geregelt. *Dreyhaupt*

Chloratom. C. treten in der →Troposphäre als reaktive radikalische Zwischenprodukte des photochemischen Abbaus der Organohalogenverbindungen auf. Die aus dem Abbau der chlorierten Kohlenwasserstoffe freigesetzten C. beschleunigen die luftchemischen Oxidationsprozesse, weil sie die atmosphärischen Spurengase, z. B. die Kohlenwasserstoffe, in ähnlicher Weise wie die Hydroxylradikale angreifen. Die direkte →Photolyse von Cl_2, das aus industriellen Emissionen stammt, führt ebenfalls zur Bildung von C. Methoden zum direkten Nachweis von C. in der freien Atmosphäre sind bisher nicht bekannt. Abschätzungen über die troposphärische Cl-Konzentration geben ein Verhältnis der Hydroxylradikale zu den C. zwischen 5 und 20 an. Auch in der vom Meer beeinflußten Atmosphäre ergibt sich aus Modellrechnungen ein Beitrag von C., der bereits allein aus der →Gasphasenreaktion

$$OH + HCl \rightarrow Cl + H_2O \qquad (1)$$

folgt und in der Troposphäre einen Quotienten von [OH]/[Cl] von ca. 500 liefert. Die Reaktivität von C. gegenüber Kohlenwasserstoffen ist erheblich größer als diejenige von OH, so daß der Beitrag von C. zur atmosphärischen Transformation nicht unterschätzt werden darf. Das Verhältnis der Reaktivitäten gegenüber C. und OH-Radikalen nimmt von den Aromaten über die →Alkene zu den →Alkanen stark zu.

In der →Stratosphäre werden die C. bei der Photolyse der FCKW gebildet. Die C. reagieren mit Ozon unter Bildung von ClO und tragen somit zur Ozonzerstörung bei (→Ozonloch). *Wiesen*

Chlorbenzol.

Allgemein. C. haben sowohl als Zwischenprodukte in der chemischen Industrie, speziell bei der Farbstoffsynthese und in der pharmazeutischen Industrie, als auch als →Lösemittel, biocid wirksame Stoffe und Additive eine Vielzahl von Einsatzbereichen.

Die physikalisch-chemischen Eigenschaften der C. werden maßgeblich vom Grad der Chlorierung des Benzolkerns bestimmt. Mit zunehmender Protonensubstitution durch Chloratome erhöhen sich Schmelz- und Siedepunkt, während Wasserlöslichkeit und Dampfdruck vom Monochlorbenzol zum Hexachlorbenzol abnehmen. Demgegenüber erhöht sich jedoch die Lipophilie. Infolge der Bindungsstärke der kovalenten Chlor-Kohlenstoff-Bindung zeigen C. keine Ionisierungstendenz. Die Reaktivität und damit die physikalisch-chemische und biologische Transformationstendenz sind mit zunehmendem Chlorierungsgrad vermindert. Diese Zusammenhänge, verbunden mit einer zunehmenden Lipophilie, bedingen eine verstärkte Bio- und Geoakkumulationstendenz höher chlorierter Benzole. Die akute →Toxizität ist generell gering und nimmt vom Mono- zum Trichlorbenzol zu, vermindert sich jedoch wieder vom Tetra-, Penta- zum Hexachlorbenzol.

Chronische C.-Intoxikationen manifestieren sich u. a. in Leber- und Nierenschädigungen (histologische Veränderung), Veränderungen der Zellmembranpermeabilität, hämatologischen Veränderungen und Schädigungen des zentralen Nervensystems. Direkt verbunden mit der abnehmenden Reaktivität höher chlorierter Benzole ist die verminderte Metabolisierungstendenz. Während Mono-, Di- und Tri-C. im Säugerorganismus unter Bildung von Epoxiden als reaktiven, instabilen Zwischenprodukten zu Mono- und Dichlorphenol transformiert und als Konjugate über den Urin ausgeschieden werden, kann Hexachlorbenzol nur über den Zwischenschritt einer enzymatischen Dechlorierung nachfolgend hydroxyliert und in ausscheidungsfähige Metabolite umgewandelt werden.

Das Umweltverhalten von C. wird maßgeblich durch die mit dem Chlorierungsgrad verbundene Abstufung der physikalisch-chemischen Eigenschaften bestimmt. Während Mono-C. infolge der relativ hohen Wasserlöslichkeit und Flüchtigkeit in und zwischen den Umweltsystemen eine hohe Mobilität zeigt und nur eine geringe Akkumulationstendenz aufweist, sind Tetra-, Penta- und insbesondere Hexa-C. durch eine ausgeprägte Bio- und Geoakkumulationstendenz charakterisiert. In Abhängigkeit von den physikalisch-chemischen Eigenschaften sind die Mobilität und Reaktivität (Akkumulations- und Transformationstendenz) von C.-Isomeren generell zwischen den beiden Extremen Mono- und Hexa-C. einzuordnen. *R. Koch*

Literatur: *Koch, R.; B. Wagner:* Umweltchemikalien. Weinheim 1991.

Umweltrelevante Stoffdaten.
◻ Stoff-Identifizierungs-Nr.:
CAS-Nr.: 108-90-7
EG–Nr.: 602-033-00-1
UN-Nr.: 1134
EINECS-Nr.: 203-628-5
◻ Chemische Formel: C_6H_5Cl
◻ Stoffcharakteristik: Farblose, stark lichtbrechende, neutrale, wasserunlösliche, entzündliche Flüssigkeit, mit schwachem benzolähnlichem Geruch. Schwerer als Wasser. Dämpfe viel schwerer als Luft, bilden mit Luft explosionsfähiges Gemisch.
◻ Gefahrenmerkmale:
– Stoffliste nach § 4 a der →Gefahrstoffverordnung: Gefahrenkennbuchstabe(n): Xn
R-Sätze: 10-20
S-Sätze: 2-24/25
– Arbeitsschutzwerte nach TRGS 900: →MAK-Wert (mg/m^3): 230, →BAT-Wert: 70 mg/g Kreatinin (Gesamt-4-Chlorkatechol im Harn) vor nachfolgender Schicht; 300 mg/g Kreatinin (Gesamt-4-Chlorkatechol im Harn) bei Expositions- bzw. Schichtende
– Stoffliste (Anhang II) der →Störfall-Verordnung: Nr. 3
– →Wassergefährdungsklasse: WGK 2
– Emissionswerte: →TA Luft Einstufung: 3.1.7 Klasse II *Fischer/M. Schön*

2-Chlor-1,3-Butadien.

◻ Stoff-Identifizierungs-Nr.:
CAS-Nr.: 126-99-8
EINECS-Nr.: 204-818-0
◻ Chemische Formel: C_4H_5Cl
◻ Stoffcharakteristik: Farblose, in Wasser leichtlösliche Flüssigkeit, löslich in Alkohol, Diethylether, Aceton und Benzol.
◻ Gefahrenmerkmale:
– Arbeitsschutzwerte nach TRGS 900: →MAK-Wert (mg/m^3): 36

– Stoffliste (Anhang III) der →Störfall-Verordnung: Nr. 2
– →Wassergefährdungsklasse: WGK 2
– Emissionswerte: →TA Luft Einstufung: 3.1.7 Klasse II   *Fischer/M. Schön*

Chlorchemie. Die C. umfaßt die Prozesse für Produkte, die mit Hilfe von →Chlor hergestellt werden. Chlororganische Verbindungen haben in allen Lebensbereichen Eingang gefunden. Als Risiken der C. für Mensch und Umwelt werden diskutiert: Energieverbrauch bei der Chlorherstellung, verfahrensbedingte Emissionen von CKW und Hilfsstoffen wie Quecksilber, Störfallgefahren beim Umgang mit Chlorverbindungen (z. B. Chlorausbruch, Phosgenfreisetzung) und beim Brand von Chlorchemikalien (z. B. Dioxinbildung beim Brand von PVC), Probleme bei der Beseitigung chlorhaltiger Abfälle sowie Gefahren für Mensch und Umwelt bei der Anwendung von Chlorprodukten, z. B. Lösemittel, FCKW und →Pflanzenschutzmittel.

Das Bild gibt einen Überblick über das Verwendungsspektrum, aufgeschlüsselt nach Primärprodukten und Folgeprodukten bzw. Anwendungsbereichen. Etwa ein Drittel der gehandhabten Chlormengen werden in Form von chlororganischen Produkten auf den Markt gebracht, ein anderes Drittel fällt bei der Herstellung und Anwendung chlororganischer Produkte als Salz, CKW-Rückstände und Emissionen an. Ein weiteres Drittel wird in Form von Chlorwasserstoffrückständen in innerbetrieblichen Verbundsystemen zurückgeführt.

Viele umweltbelastende Stoffe sind Abkömmlinge der C.. Häufig sind sie durch hohe →Persistenz und gute Akkumulierbarkeit z. B. in Fettgeweben, gekennzeichnet. Beispiele sind die Stoffe bzw. Stoffgruppen DDT, PCB, chlorierte Lösemittel (FCKW, CKW, Dioxine).   *Spilok/Drotleff*

Literatur: *Meerkamp v. Embden, J.:* Chemie mit Chlor – Pauschalausstieg wenig hilfreich. Chemische Industrie 3/92, S. 6–10. – UBA-Texte 55/91: Handbuch Chlorchemie I. Gesamtstofffluß und -Bilanz. Im Auftrag des Umweltbundesamtes. Hrsg.: Umweltbundesamt Berlin 1992. – Handbuch Chlorchemie II. Ausgewählte Produktrichtlinien. Hrsg.: Umweltbundesamt 1992.

Chlordekon (Dekachlorketon).
□ Stoff-Identifizierungs-Nr.:
CAS-Nr.: 143-50-0
EG–Nr.: 606-019-00-6
UN-Nr.: 2761
EINECS-Nr.: 205-601-3
□ Chemische Formel: $C_{10}Cl_{10}O$
□ Stoffcharakteristik: Bräunlich bis weiße, geruchlose Substanz, gut löslich in Aceton und Kohlenwasserstoffen, löslich in Alkoholen, Ketonen und Essigsäure, kaum löslich in Wasser.
□ Gefahrenmerkmale:
– Stoffliste nach § 4a der →Gefahrstoffverordnung: Gefahrenkennbuchstabe(n): T
R-Sätze: 24/25-40
S-Sätze: 1/2-22-36/37-45
– Besondere Stoffeigenschaften nach TRGS 500: krebserzeugend: EG-Kat. 3
– Stoffliste (Anhang II) der →Störfall-Verordnung: Nr. 4c

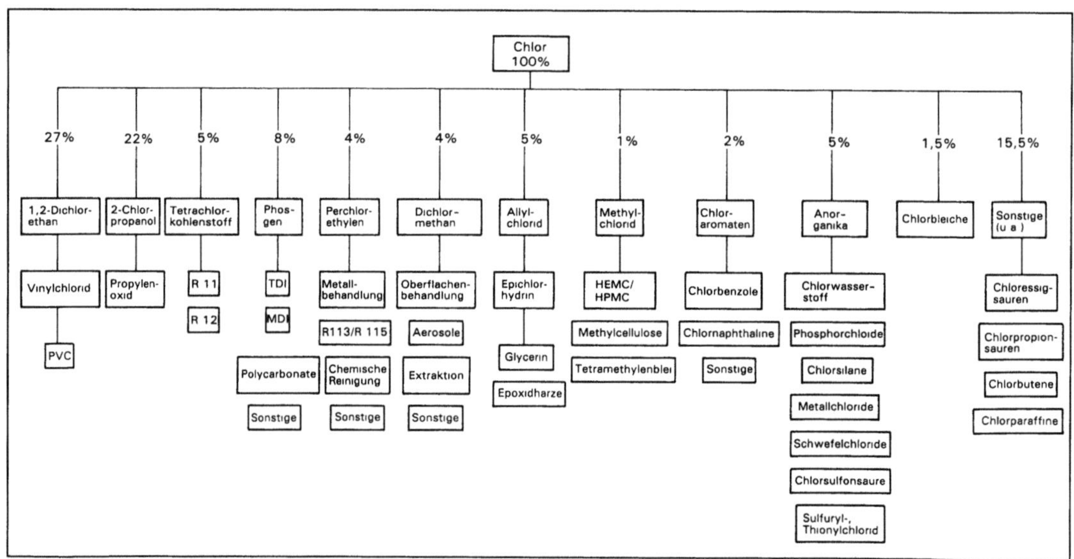

Chlorchemie: Der Chlor-Gesamtstofffluß in der Bundesrepublik Deutschland bezogen auf den Einsatz von 3,44 Mio t Cl 1989.

– Emissionswerte: →TA Luft Einstufung: 3.1.7
Klasse I   *Fischer/M. Schön*

Chlordibenzodioxin →Chlordibenzofuran

Chlordibenzofurane, Chlordibenzodioxine. Die Verbindungen beider Stoffgruppen gehören zur Klasse der tricyclischen Verbindungen. Sie werden nicht gezielt synthetisiert und kommen natürlicherweise nicht vor.

Obwohl eine Quantifizierung der Exposition der Bevölkerung nicht möglich ist, wird geschätzt, daß Lebensmittel die maßgebliche Expositionsquelle sind; Luft und Trinkwasser sind von untergeordneter Bedeutung. Im Tierexperiment erfolgt eine 30–50%ige →Resorption oral aufgenommener PCDD/PCDF. Die Eliminierungshalbwertzeiten betragen zwischen 12 und 94 Tagen, bei Rhesusaffen bis zu einem Jahr. Die PCDD/PCDF-Akkumulation erfolgt vorzugsweise im Fettgewebe, der Leber, im Muskelgewebe und der Haut. Bislang nachgewiesene toxische Effekte sind spezies-, alters- und geschlechtsabhängig. Das komplette, derzeit bekannte Wirkungsspektrum ist nicht bei jeder Versuchstierspezies feststellbar. Gewichtsverluste, Thymusatrophie, Wirkungen auf das Immunsystem, Hepatotoxizität, reproduktive Effekte, →Teratogenität, Karzinogenität sowie dermale →Toxizität sind maßgebliche Effekte. →Chlorakne ist das charakteristischste und am häufigsten feststellbare Wirkungssymptom beim Menschen.

Die teilweise erheblichen Unterschiede in der Toxizität der Isomere sind gegenwärtig nicht ausreichend erklärbar. Ergebnisse epidemiologischer Studien zu Zusammenhängen zwischen PCDD/PCDF-Expositionen und Krebsinzidenz sind nicht signifikant.

Die für chlorierte Dibenzodioxine und Dibenzofurane ermittelten Verteilungskoeffizienten n-Octanol/Wasser weisen auf hohe Lipophilie verbunden mit schneller Resorption und Distribution im Organismus sowie hohe Sorptions- und Bioakkumulationstendenz hin. Darüber hinaus sind die Verbindungen durch eine relativ hohe →Persistenz charakterisiert. Ähnlich wie bei PCB und Chlorbenzol-Isomeren ist eine Abhängigkeit umweltrelevanter Eigenschaften der Stoffe wie Wasserlöslichkeit, Lipoidlöslichkeit, Flüchtigkeit und Transformationsverhalten vom Grad der Chlorierung feststellbar.   *R. Koch*

Literatur: Sachstand Dioxine – Stand Nov. 1984; Hrsg. Umweltbundesamt und Bundesgesundheitsamt. Berichte 5/85. Berlin 1985. – *Safe, S.; O. Hutzinger* (Hrsg.): PCDDs and PCDFs. Environm. Toxin Series Vol. 3. Heidelberg 1990.

Chlorethan (Ethylchlorid).
□ Stoff-Identifizierungs-Nr.:
CAS-Nr.: 75-00-3

EG–Nr.: 602-009-00-0
UN–Nr.: 1037
EINECS-Nr.: 200-830-5
□ Chemische Formel: C_2H_5Cl
□ Stoffcharakteristik: Farblose, leicht flüchtige, sehr reaktionsfreudige, aber chemisch stabile, schwer wasserlösliche Flüssigkeit, lichtempfindlich, brennbar, sehr leicht entzündlich. Bei Raumtemperatur farbloses Gas. Im Gemisch mit Luft explosionsfähig. Dämpfe und Nebel schwerer als Luft.
□ Gefahrenmerkmale:
– Stoffliste nach § 4a der →Gefahrstoffverordnung: Gefahrenkennbuchstabe(n): F+
R-Sätze: 12-40
S-Sätze: 2-9-16-33
– Besondere Stoffeigenschaften nach TRGS 500: krebserzeugend: MAK-Gruppe III B
– Stoffliste (Anhang II) der →Störfall-Verordnung: Nr. 1
– Emissionswerte: →TA Luft Einstufung: 3.1.7
Klasse III   *Fischer/M. Schön*

Chlorfluormethan   →Fluorchlorkohlenwasserstoff

Chlorierte Kohlenwasserstoffe →Kohlenwasserstoff, chloriert

Chlorierte Paraffine. Die Herstellung erfolgt durch Chlorierung von Paraffin in der Flüssigphase bei Temperaturen zwischen 50 und 150 °C in Gegenwart eines Lösungsmittels wie Tetrachlormethan. Die Kettenlänge der entsprechenden Verbindungen liegt zwischen C_{10} und C_{30} mit einem Chlorierungsgrad von 10–70%; C_{12}, C_{15} und C_{20} Paraffine mit einem Chlorierungsgrad zwischen 40 und 70% gehören zu den am häufigsten nachweisbaren Verbindungen dieser Stoffgruppe. Bekannt sind die Verbindungen überwiegend nur in Form ihrer Handelsprodukte mit Bezeichnungen wie Ceredor, Chlorowax, Unichlor, Chlorparaffine, Chlorafin; sie werden insbesondere als Zusatzstoffe für Kunststoffe sowie als Flammschutzmittel verwendet. Die Wasserlöslichkeit der Stoffe ist sehr gering und liegt in Abhängigkeit vom Chlorierungsgrad im Mikrogramm-Bereich.

C. P. sind temperaturstabil bis ca. 200 °C. Bei höheren Temperaturen erfolgt Zersetzung unter Chlorabspaltung. C_{14}–C_{17} Paraffine mit 52% Chlor haben einen Dampfdruck von $1,3$–$2,6 \cdot 10^{-4}$ Pa.

Die akute Warmblüter-Toxizität der Stoffe ist gering. Sie besitzen bei aquatischen Organismen eine hohe Bioakkumulationstendenz und geoakkumulieren in Sediment und Boden.   *R. Koch*

Literatur: *Hutzinger, O.* (Hrsg.): Handbook of Environmental Chemistry. Vol. 3, Part A. Heidelberg 1980.

Chloriertes Naphtalin →Chlornaphtalin

Chloriertes Phenol →Chlorphenol

Chlorkohlenwasserstoff (CKW).
Atmosphärenchemie. Die wichtigsten in der Atmosphäre vorkommenden CKW sind Methylchlorid (CH_3Cl), Methylchloroform (CH_3CCl_3), Trichlorethen (C_2HCl_3), Tetrachlorethen (C_2Cl_4) und Tetrachlorkohlenstoff (CCl_4). Bis auf Methylchlorid sind alle CKW ausschließlich anthropogen emittierte Verbindungen, die als Lösungsmittel und in Reinigungsverfahren eingesetzt werden. Der überwiegende Teil dieser Verbindungen wird schon, im Gegensatz zu den →Fluorchlorkohlenwasserstoffen, in der Troposphäre photolytisch oder chemisch umgewandelt und gelangt nur zu einem mehr oder weniger großen Teil bis in die →Stratosphäre. Eine Ausnahme ist die perhalogenierte Verbindung →Tetrachlorkohlenstoff, die zu den langlebigen Spurengasen zählt und ausschließlich in der Stratosphäre photolytisch abgebaut wird. Da von den flüchtigen Organohalogenverbindungen die chlorierten →Alkene die höchste Reaktivität aufweisen, kann sich der Abbau dieser Verbindungen auf die →Luftchemie in Emittentennähe auswirken. Der Abbau der chlorierten Alkene setzt →Chloratome frei, die diese Luftverunreinigungen wie auch andere Spurengase wiederum angreifen. Prinzipiell sind die Abbauwege der CKW denen der nichthalogenierten ähnlich. Bei gesättigten Verbindungen ist der Angriff eines OH-Radikals auf eine C-H-Bindung unter Abstraktion des H-Atoms und Bildung von Wasser der geschwindigkeitsbestimmende erste Schritt des troposphärischen Abbaus, der letztlich zu den Endprodukten CO_2, H_2O und HCl führt. Bei den chlorierten Alkenen wird der Abbau überwiegend durch Anlagerung eines OH-Radikals eingeleitet, der z. B. bei Vinylchlorid ($CH_2 = CHCl$) unter anderem zur Bildung von Formylchlorid ($HC(O)Cl$) und Formaldehyd (HCHO) führt. Auf Grund ihrer Infrarotabsorption wirken die CKW als Treibhausgase und tragen somit zum →Treibhauseffekt bei.   *Wiesen*

Emissionsminderung. Leichtflüchtige CKW können bei ihrer Freisetzung verschiedene schwerwiegende Beeinträchtigungen der natürlichen Lebensgrundlagen verursachen. Neben den atmosphärenchemischen Auswirkungen besteht die Möglichkeit der →Kontamination von Lebensmitteln und Wohnräumen mit CKW über den →Luftpfad im Nahbereich einer emissionsrelevanten Verwendung.

CKW sind in Boden und Wasser nahezu persistent, werden also kaum abgebaut. Einträge haben in der Vergangenheit zu Boden- und Wasserverunreinigungen geführt, die aufwendige Sanierungsmaßnahmen bei kontaminierten Standorten sowie umfangreiche Behandlungen bei der →Trinkwassergewinnung erforderlich machten und machen.

Beim Menschen können leichtflüchtige CKW Schädigungen von Leber, Nieren und Zentralnervensystem hervorrufen. Darüber hinaus stehen drei der wichtigsten leichtflüchtigen CKW (Trichlorethen, Tetrachlorethen, Dichlormethan) in dem begründeten Verdacht, ein krebserzeugendes Potential zu besitzen.

Mengenmäßig wichtige Einsatzstoffe aus der Gruppe der leichtflüchtigen CKW sind in Deutschland Dichlormethan (Methylenchlorid), Tetrachlorethen (Perchlorethylen), Trichlorethen (Trichlorethylen) und 1,1,1-Trichlorethan (Methylchloroform). Die früher verwendeten Stoffe Tetrachlormethan und Trichlormethan (→Chloroform) haben heute aus toxikologischen Gründen nur eine untergeordnete Bedeutung (hauptsächlich in geschlossenen Anwendungen der chemischen und pharmazeutischen Industrie). Die o. a. leichtflüchtigen CKW werden insbesondere als Löse- und Reinigungsmittel, zur Entfernung von Beschichtungen (Abbeizen) und in der Extraktion eingesetzt. Wichtigste Branche bei diesen Anwendungen ist die metallbe- und -verarbeitende Industrie, in der CKW für die Oberflächenbehandlung (→Oberflächenbehandlungsanlage) eingesetzt werden. Von geringerer Bedeutung ist die Verwendung als Lösemittel in der →Chemischreinigung sowie in der Elektro- und Elektronikindustrie. Auf Grund der toxikologischen und ökologischen Wirkungen sind Maßnahmen zur Emissionsminderung erforderlich. Der Verbrauch an leichtflüchtigen CKW in Deutschland ist daher in den letzten Jahren deutlich rückläufig.

Über 90 % der dem Markt zugeführten Menge an leichtflüchtigen CKW werden in die Luft emittiert, etwa 5 % werden als →Sonderabfall entsorgt und etwa 1 % gelangt ins Abwasser und von dort größtenteils durch Strippeffekte wieder in die Atmosphäre.

Die Verwendung von leichtflüchtigen CKW wird insbesondere durch die →2. BImSchV geregelt. In ihr sind technische Anforderungen (geschlossene Anlagen, meßtechnische Überwachung, Emissionsgrenzwerte) sowie Verwendungsverbote (FCKW, 1,1,1-Trichlorethan ab 1993) für Oberflächenbehandlungsanlagen, Chemischreinigungen und Extraktionsanlagen festgelegt. Die →HKWAbf-Verordnung schreibt ein Vermischungsverbot sowie die Rücknahmepflicht für leichtflüchtige CKW vor.

Höhersiedende CKW werden vielfältig sowohl in Produkten als auch als Zwischenprodukte in chemischen Synthesen verwendet. Sie dienen als Lösemittel, Kondensator- und Transformatorflüssigkeiten (insbesondere polychlorierte Biphenyle, PCB), Weichmacher in Kunststoffen (z. B. Chlorparaffine), →Insektizide (z. B. DDT, Lindan) und Holzschutzmittel. Mit steigendem Chlorierungsgrad weisen diese Stoffe dabei in der Regel eine zunehmende Stabilität auf und können sich in Umwelt und Nahrungskette anreichern. Das Inverkehrbringen und die Verwendung einzelner CKW, die als Insektizide, Kondensator- oder Transformatorflüssigkeiten eingesetzt wurden, ist in Deutschland untersagt (→Gefahrstoffverordnung, →Chemikalien-Verbotsverordnung). *Brackemann*

Literatur: VDI-Bericht 745: Halogenierte organische Verbindungen in der Umwelt, Band I und II. Düsseldorf 1989.

Chlormethan.

□ Stoff-Identifizierungs-Nr.:
CAS-Nr.: 74-87-3
EG–Nr.: 602-001-00-7
UN-Nr.: 1063
EINECS-Nr.: 200-817-4
□ Chemische Formel: CH_3Cl
□ Stoffcharakteristik: Farbloses, schwach süßlich, nach Chloroform riechendes Gas, geringfügig löslich in Wasser.
□ Gefahrenmerkmale:
– Stoffliste nach § 4a der →Gefahrstoffverordnung: Gefahrenkennbuchstabe(n): F+, Xn
R-Sätze: 12-40-48/20
S-Sätze: 2-9-16-33
– Besondere Stoffeigenschaften nach TRGS 500: krebserzeugend: EG-Kat. 3
fortpflanzungsgefährdend: MAK-Gruppe B
– Arbeitsschutzwerte nach TRGS 900: →MAK-Wert (mg/m³): 105
– Stoffliste (Anhang II) der →Störfall-Verordnung: Nr. 1
– →Wassergefährdungsklasse: WGK 2
– Emissionswerte: →TA Luft Einstufung: 3.1.7 Klasse I *Fischer/M. Schön*

Chlormethoxymethan (Monochlordimethylether).

□ Stoff-Identifizierungs-Nr.:
CAS-Nr.: 107-30-2
EG–Nr.: 603-075-00-3
UN-Nr.: 1239
EINECS-Nr.: 203-480-1
□ Chemische Formel: C_2H_5ClO
□ Stoffcharakteristik: Farblose Flüssigkeit, in den meisten organischen Lösungsmitteln gut löslich, biologisch leicht abbaubar.
□ Gefahrenmerkmale:
– Stoffliste nach § 4a der →Gefahrstoffverordnung: Gefahrenkennbuchstabe(n): F,T
R-Sätze: 45-11-20/21/22
S-Sätze: 53-45
– Besondere Stoffeigenschaften nach TRGS 500: krebserzeugend: EG-Kat. 1
– Stoffliste (Anhang II) der →Störfall-Verordnung: Nr. 74 und 4c
– Emissionswerte: TA Luft Einstufung: 2.3 (gemäß MAK-Liste) *Fischer/M. Schön*

4-Chlor-2-Methylanilin.

□ Stoff-Identifizierungs-Nr.:
CAS-Nr.: 95-69-2
UN-Nr.: 2239
EINECS-Nr.: 202-441-6
□ Chemische Formel: C_7H_8ClN
□ Stoffcharakteristik: Je nach Lagerbedingung farblose bis braune Kristallmasse und oberhalb des Schmelzpunktes wasserhelle, sich an Licht und Luft dunkel verfärbende Flüssigkeit. Anilinähnlicher Geruch. Reagiert heftig mit konzentrierten Säuren und starken Oxidationsmitteln.
□ Gefahrenmerkmale:
– Besondere Stoffeigenschaften nach TRGS 500: krebserzeugend: MAK-Gruppe III A 1
– Stoffliste (Anhang II) der →Störfall-Verordnung: Nr. 78
– Emissionswerte: TA Luft Einstufung: 2.3 (gemäß MAK-Liste) *Fischer/M. Schön*

Chlornaphthaline. Die sukzessive Protonensubstitution beider kondensierten aromatischen Ringe des Naphtalins durch Chloratome führt zu theoretisch 76 C.-Isomeren. Im Gegensatz zum Benzol ist der aromatische Charakter der Naphthalinderivate nicht so stark ausgeprägt. Die Handelsprodukte von C. enthalten ähnlich den polychlorierten →Biphenylen ein Gemisch verschieden hoch chlorierter Isomere. Die Stoffe kommen natürlicherweise nicht vor. Global werden jährlich etwa 5 000 t C. produziert, wobei die Tendenz rückläufig ist.

Gemische aus C. und Di-C. sind flüssig, während Gemische aus höher chlorierten Naphthalinen wachsartige Feststoffe von geringer Flüchtigkeit sind.

Die physikalisch-chemischen Eigenschaften und die Reaktivität von C. sind u. a. abhängig vom Chlorierungsgrad. Schmelz- und Siedepunkt erhöhen sich mit zunehmender Zahl der Chloratome, während sich der Dampfdruck und die Wasserlöslichkeit vermindern. C. sind gegenüber Säuren und Alkalien chemisch stabil. Insbesondere höher chlorierte Isomere sind durch eine hohe thermische Stabilität charakterisiert. Dehydrochlorierungsreaktionen sind nicht nachweisbar.

Die →Toxizität von C. wird u. a. maßgeblich vom Chlorierungsgrad der Isomeren bestimmt. Monochlor-Isomere sind z. B. für aquatische Organismen akut toxischer als Octa-C. Gegenüber Ratten, Mäusen, Kaninchen, Schweinen und Katzen sind Monochlor- und Dichlornaphthalin-Isomere akut weniger toxisch als die Trichlor- bis Heptachlor-Isomeren. C. sind unter natürlichen Bedingungen chemisch, physikalisch und biologisch stabil. Ein mikrobiologischer Stoffabbau ist nicht festgestellt. Aufgrund der physikalisch-chemischen Eigenschaften ist in →Hydro- und →Pedosphäre nur eine geringe Mobilität, demgegenüber jedoch eine in

Abhängigkeit vom Chlorierungsgrad abgestufte hohe Bio- und Geoakkumulationstendenz zu erwarten. *R. Koch*

Literatur: *Hutzinger, O.* (Hrsg.): Handbook of Environmental Chemistry, Vol. 3, Part B. Heidelberg 1982. – *Koch, R.; B. Wagner:* Umweltchemikalien. Weinheim 1991.

Chlornitrat. C. bildet sich in der →Stratosphäre aus ClO in Anwesenheit von NO_2:

$$Cl + O_3 \rightarrow ClO + O_2 \qquad (1)$$
$$ClO + NO_2 + M \rightarrow ClONO_2 + M \qquad (2)$$

Da das C. reaktive Cl-Atome, die am Ozonabbau beteiligt sind (→Ozonloch), aus dem katalytischen Zyklus entfernt, ist diese Verbindung, neben Methan (CH_4), eine sehr wichtige Senke von aktivem Chlor in der Stratosphäre. Durch Reaktion von $ClONO_2$ mit Salzsäure oder Wasser an den Oberflächen der polaren Stratosphärenwolken (PSC) kommt es zu einer Bildung der photochemisch labilen Verbindungen Cl_2 bzw. HOCl:

$$ClONO_2 + HCl_{kond} \rightarrow Cl_2 + HNO_{3\,kond.} \qquad (3)$$
$$ClONO_2 + H_2O_{kond.} \rightarrow HOCl + HNO_{3\,kond} \qquad (4)$$

Dieses entspricht einer Umverteilung von Chlor aus wenig aktiven Verbindungen in photochemisch aktivere Formen bei gleichzeitiger Kondensation der Stickstoffkomponenten. Diese Prozesse laufen im Dunkeln während des polaren Winters ab. Bei Anbruch des polaren Frühlings werden aus den Produkten Cl_2 und HOCl sehr schnell photochemisch Cl-Atome freigesetzt, die in den Abbaumechanismus für Ozon eingreifen. *Wiesen*

Chloroform.
□ Stoff-Identifizierungs-Nr.:
CAS-Nr.: 67-66-3
EG–Nr.: 602-006-00-4
UN-Nr.: 1888
EINECS-Nr.: 200-663-8
□ Chemische Formel: $CHCl_3$
□ Stoffcharakteristik: Farblose, in Wasser wenig lösliche Flüssigkeit, unbrennbar, mit süßlichem, durch Gewöhnung unzuverlässigem Geruch. Dämpfe schwerer als Luft. Durch Licht- und Flammeinwirkung entsteht in Gegenwart von Sauerstoff Phosgen und Chlorwasserstoff. An Eisen erfolgt Oxydation auch ohne Lichteinwirkung.
□ Gefahrenmerkmale:
– Stoffliste nach § 4 a der →Gefahrstoffverordnung: Gefahrenkennbuchstabe(n): Xn
R-Sätze: 22-38-40-48/20/22
S-Sätze: 2-36/37
– Besondere Stoffeigenschaften nach TRGS 500: krebserzeugend: EG-Kat. 3
fortpflanzungsgefährdend: MAK-Gruppe B
– Arbeitsschutzwerte nach TRGS 900: →MAK-Wert (mg/m³): 50

– →Wassergefährdungsklasse: WGK 3
– Emissionswerte: →TA Luft Einstufung: 3.1.7 Klasse I *Fischer/M. Schön*

Chloroplast. C. sind Zellorganellen, die für Pflanzen und Phytoflagellaten charakteristisch sind. Die Namensgebung verdanken sie dem Gehalt an Chlorophyl, dem grünen Blattfarbstoff. Im C. finden die Schlüsselreaktionen der →Photosynthese, insbesondere die →Photolyse des Wassers, statt. *Flohé*

Chlorphenole. Die Gruppe der C. umfaßt 19 Verbindungen, bestehend aus Mono-, Di-, Tri-, Tetra-C.-Isomeren und Penta-C. Ausgenommen das o-C. sind alle C. kristalline Feststoffe. Die Stoffe haben einen charakteristischen, unangenehmen Geruch (medizinisch). Im Gegensatz zu 2,4-Dichlor-, 2,4,5-Trichlor-, 2,4,6-Trichlor-, 2,3,4,6-Tetrachlorphenol und Pentachlorphenol haben andere C. nur eine untergeordnete kommerzielle Bedeutung. Die Synthese erfolgt entweder über eine direkte Chlorierung von →Phenol oder eine alkalische Hydrolyse entsprechender →Chlorbenzole.

C. können durch andere Stoffe, z. B. durchschnittlich etwa 8 % polyhalogenierte Phenoxyphenole (sog. Prädioxine), polychlorierte Dioxine, polychlorierte Dibenzofurane und Diphenylether verunreinigt sein. Die physikalisch-chemischen Eigenschaften werden u. a. bestimmt durch den Grad der Chlorierung. Während sich die Flüchtigkeit und Wasserlöslichkeit mit zunehmendem Chlorierungsgrad vermindern, erhöhen sich Schmelz- und Siedepunkt sowie die Lipoidlöslichkeit. Damit verbunden ist eine verstärkte Bio- und Geoakkumulationstendenz. Hydro- und Atmosphäre sind die maßgeblichen Transport- und Verteilungsmedien für C. Als schwache Säuren bilden die Verbindungen Ester, Ether und Salze. Niedrig chlorierte Phenole können in Form von Substitutionsreaktionen chloriert, nitriert, alkyliert und acyliert werden.

C. zeigen ein ähnliches physikalisch-chemisches Verhalten wie Phenol. Im Gegensatz zum Phenol bilden sich bereits bei der Umsetzung mit Natriumcarbonat die entsprechenden Phenolate. In wäßriger Lösung erfolgt hydrolytische Umwandlung unter Substitution der Chloratome durch Hydroxylgruppen. Die gebildeten Hydroxyverbindungen wiederum können polymerisieren. C. können oxidativ unter Bildung von Hydrochinonen und Bezochinonen transformiert werden. Die →Photolyse wäßriger C.-Lösungen führt unter Chlorsubstitution durch Hydroxylgruppen ebenfalls zur Polymerenbildung.

Die Stoffe sind in organischen Lösemitteln gut löslich. Die Wasserlöslichkeit vermindert sich mit zunehmendem Chlorierungsgrad ebenso wie der Dampfdruck.

Die →Toxizität der C. erhöht sich mit zunehmendem Chlorierungsgrad, wobei insbesondere die Wirkung auf aquatische Organismen und Säuger hervorzuheben ist.

Die Stoffe sind in Hydro-, Pedo-, Atmosphäre und →Biosphäre gegenüber physikalisch-chemischen und biologischen Reaktionen stabiler als vergleichsweise Phenol. Generell nehmen Abbaurate und -geschwindigkeit mit zunehmender Chlorsubstitution ab. Isomere mit Substitution in meta-Position sind stabiler als Isomere ohne Protonensubstitution in dieser Position.

Mono-, Di- und Tri-C. sind in der →Umwelt weniger persistent als Tetra- und Penta-C. *R. Koch*

Literatur: *Koch, R.; B. Wagner:* Umweltchemikalien. Weinheim 1991.

Chlorphenvinfos.

□ Stoff-Identifizierungs-Nr.:
CAS-Nr.: 470-90-6
EG–Nr.: 015-071-00-3
UN-Nr.: 3018
EINECS-Nr.: 207-432-0
□ Chemische Formel: $C_{12}H_{14}Cl_3O_4P$
□ Stoffcharakteristik: Bernsteinfarbene Flüssigkeit mit mildem Geruch, unlöslich in Wasser, mischbar mit Aceton, Alkohol, Xylol und anderen organischen Lösungsmitteln.
□ Gefahrenmerkmale:
– Stoffliste nach § 4a der →Gefahrstoffverordnung:
Gefahrenkennbuchstabe(n): T+, N
R-Sätze: 24-28-50/53
S-Sätze: 1/2-28-36/37-45-60-61
– Stoffliste (Anhang II) der →Störfall-Verordnung:
Nr. 70 und 4b
– →Wassergefährdungsklasse: WGK 3
Fischer/M. Schön

3-Chlor-1-Propen.

□ Stoff-Identifizierungs-Nr.:
CAS-Nr.: 107-05-1
EG-Nr.: 602-029-00-X
UN-Nr.: 1100
EINECS-Nr.: 203-457-6
□ Chemische Formel: C_3H_5Cl
□ Stoffcharakteristik: Farblose, auch gelblichbraun bis rote Flüssigkeit, mit charakteristischem, durchdringendem stechenden Geruch, mischbar mit Alkohol, Chloroform und Ether, kaum löslich in Wasser.
□ Gefahrenmerkmale:
– Stoffliste nach § 4a der →Gefahrstoffverordnung:
Gefahrenkennbuchstabe(n): F, T+
R-Sätze: 11-26-40
S-Sätze: 1/2-16-29-33-45
– Besondere Stoffeigenschaften nach TRGS 500:
krebserzeugend: MAK-Gruppe III B

– Arbeitsschutzwerte nach TRGS 900: →MAK-Wert (mg/m^3): 3
– Stoffliste (Anhang II) der →Störfall-Verordnung:
Nr. 2 und 4b
– →Wassergefährdungsklasse: WGK 2
– Emissionswerte: TA Luft Einstufung: 3.1.7 Klasse I
Fischer/M. Schön

Chlorpyrifos.

□ Stoff-Identifizierungs-Nr.:
CAS-Nr.: 2921-88-2
EG–Nr.: 015-084-00-4
EINECS-Nr.: 220-864-4
□ Chemische Formel: $C_9H_{11}Cl_3NO_3PS$
□ Stoffcharakteristik: In reinem Zustand ein beständiges weißes Granulat, mit schwach mercaptanartigem Geruch. In Wasser schwer löslich.
□ Gefahrenmerkmale:
– Stoffliste nach § 4a der →Gefahrstoffverordnung:
Gefahrenkennbuchstabe(n): T, N
R-Sätze: 24-28-50/53
S-Sätze: 1/2-28-36/37-45-60-61
– Stoffliste (Anhang II) der →Störfall-Verordnung:
Nr. 30 und 4c
– →Wassergefährdungsklasse: WGK 3
Fischer/M. Schön

Chlorthiophos.

□ Stoff-Identifizierungs-Nr.:
CAS-Nr.: 60238-56-4
EG-Nr.: 015-115-00-1
UN-Nr.: 3018
□ Chemische Formel: $C_{11}H_{15}Cl_2O_3PS_2$
□ Stoffcharakteristik: Gelb-braune Flüssigkeit, neigt zum Auskristallisieren, schwer löslich in Wasser, mit typischem Eigengeruch.
□ Gefahrenmerkmale:
– Stoffliste nach § 4a der →Gefahrstoffverordnung:
Gefahrenkennbuchstabe(n): T+
R-Sätze: 24-28
S-Sätze: 1/2-28-36/37-45
– Stoffliste (Anhang II) der →Störfall-Verordnung:
Nr. 77 und 4c
– →Wassergefährdungsklasse: WGK 3
Fischer/M. Schön

Chlorwasserstoff.

Atmosphärenchemie. C. (Salzsäure, HCl), gehört neben →Chlornitrat ($ClONO_2$) zu den sog. Senken von aktivem Chlor (Cl und ClO) in der →Stratosphäre. An der Oberfläche der polaren Stratosphärenwolken (PSC) reagiert Chlornitrat in Anwesenheit von C. unter Bildung von molekularem Chlor (Cl_2) und Salpetersäure (HNO_3) (1).

$$ClONO_2 + HCl \rightarrow Cl_2 + HNO_3 \qquad (1)$$

Dieser Prozeß läuft im Dunkeln während des Polarwinters ab und führt zu einer Umverteilung von Chlor aus photochemisch wenig aktiven Verbindungen in aktivere Formen. Neuesten Untersuchungen zufolge kann der C. an der Oberfläche der PSC mit Distickstoffpentoxid (N_2O_5) unter Bildung von Chlornitrat reagieren (2).

$$HCl + N_2O_5 \rightarrow ClONO_2 + HNO_3 \qquad (2)$$

In der $\rightarrow$ Troposphäre wird HCl in maritimer Atmosphäre in Anwesenheit von Seesalzaerosolen durch die Reaktionen (3) und (4) gebildet:

$$2\ NaCl_{Partikel} + H_2SO_4 \rightarrow Na_2SO_{4Partikel} + 2\ HCl \qquad (3)$$

$$NaCl_{Partikel} + HNO_3 \rightarrow NaNO_{3Partikel} + HCl \qquad (4)$$

Die wichtigste Reaktion des C. in der Troposphäre ist die Reaktion mit Hydroxylradikalen (5), die zur Bildung von Wasser und Cl-Atomen führt, die auf Grund ihrer Reaktivität gegenüber Kohlenwasserstoffen zur Chemie der Troposphäre in einem nicht unerheblichen Maße beitragen.

$$HCl + OH \rightarrow H_2O + Cl \qquad (5)$$

Wiesen

Emissionsminderung. Hauptemittenten für C. (HCl) sind Kohlekraftwerke, Abfallverbrennungsanlagen, Industriefeuerungen, die NE-Metall- sowie die Steine und Erden-Industrie (Grobkeramik, Glasproduktion). Die im Brennstoff enthaltenen Chlorverbindungen werden bei der Verbrennung als C. freigesetzt. Deutsche Steinkohle hat üblicherweise Chlorgehalte bis 0,2 Gew.-% bei Vollwertkohle und bis zu 0,6 Gew.-% bei Ballastkohle. Daraus ergeben sich maximale Rohgaskonzentrationen von rund 600 mg HCl/m³. Bei Verfeuerung rheinischer Braunkohle werden im Abgas Konzentrationen von max. 30 mg HCl/m³ erreicht (Mittelwert bei etwa 5 mg HCl/m³). Der mengenmäßig bedeutendste luftverunreinigende Stoff im Abgas von Abfallverbrennungsanlagen ist im allgemeinen C. Chlorträger im $\rightarrow$ Abfall sind chlorhaltige Polymere, wie z. B. PVC und Alkalichloride. Die inhomogene, stark schwankende Zusammensetzung von Abfall führt zu sehr unterschiedlichen Konzentrationen im Abgas. Die C.-Konzentrationen im Rohgas liegen meist zwischen 1 000 und 4.000 mg/m³ bei der Hausabfallverbrennung und bis zu 20 000 mg/m³ bei der $\rightarrow$ Sonderabfallverbrennung.

In der TA Luft ist in Nr. 3.1.6 ein allgemeiner Grenzwert von 30 mg HCl/m³ festgelegt, zusätzlich gibt es in Nr. 3.3 spezielle anlagenbezogene Begrenzungen. Desweiteren sind Grenzwerte für C. in der Großfeuerungsanlagen-Verordnung ($\rightarrow$ 13. BImSchV) und in der Verordnung über Verbrennungsanlagen für Abfälle und andere brennbare Stoffe ($\rightarrow$ 17. BImSchV) festgelegt. Beispielsweise dürfen entsprechend der 17. BImSchV bei Abfallverbrennungsanlagen die anorganischen gasförmigen Chlorverbindungen, angegeben als C.,

als Tagesmittel einen Grenzwert von 10 mg/m³ im Abgas nicht überschreiten.

Zur Einhaltung der Emissionsbegrenzungen für C.-Emissionen ist häufig eine $\rightarrow$ Abgasreinigung erforderlich. Aufgrund der hohen Löslichkeit sind Abscheidegrade von über 98 % durch $\rightarrow$ Absorption erreichbar. Es werden auch chemische und $\rightarrow$ Adsorptionsverfahren angewendet.

Insbesondere durch den Ausbau der $\rightarrow$ Abgasentschwefelung bei Kraftwerken, mit der auch C. abgeschieden wird, hat sich die C.-Emission aus Kohlekraftwerken inzwischen erheblich verringert. *Haug*

Literatur: *Davids, P.; M. Lange:* Die Großfeuerungsanlagen-Verordnung – Technischer Kommentar. Düsseldorf 1984. – *Davids, P.; M. Lange:* Die TA Luft '86. Technischer Kommentar. Düsseldorf 1986. – Der Rat von Sachverständigen für Umweltfragen: Abfallwirtschaft, Sondergutachten 1990, Stuttgart 1991.

Emissionsmessung. Standardmethoden zur Emissionsmessung von C. werden in der Richtlinie VDI 3480 behandelt. Verschiedene handanalytische Methoden zur Messung in Abgasen mit einem geringen Anteil an chloridhaltigen Partikeln sind in Blatt 1 beschrieben. Das Probegas wird durch zwei hintereinandergeschaltete Absorptionsgefäße mit destilliertem Wasser gesaugt. Die Chloridionen werden, abgestimmt auf den Konzentrationsbereich, durch Titration mit Kaliumchromat als $\rightarrow$ Indikator, durch potentiometrische Titration oder photometrisch mit Quecksilberthiocyanat gemessen. Die Verfahren werden für Einzelmessungen und zur $\rightarrow$ Kalibrierung kontinuierlich messender Analysatoren eingesetzt.

Zur kontinuierlichen Messung von HCl stehen mehrere eignungsgeprüfte Meßeinrichtungen zur Verfügung, die nach verschiedenen Meßverfahren arbeiten: $\rightarrow$ Potentiometrie (VDI 3480 Bl. 3), $\rightarrow$ Gasfilterkorrelationsverfahren (VDI 3480 Bl. 2) und $\rightarrow$ Konduktometrie. *Stahl*

Literatur: *Jockel, W.:* Modellhafte Untersuchung von Meßeinrichtungen zur kontinuierlichen Chlorid-Emissionsüberwachung. Staub – Reinhalt. Luft **40** (1980), S. 145/150. – VDI 3480: Messen gasförmiger Emissionen; Messen von Chlorwasserstoff; Bl. 1: Messen der Chlorwasserstoff-Konzentration von Abgas mit geringem Gehalt an chloridhaltigen Partikeln. 7/1984. – Bl. 2: Kontinuierliches selektives Messen von Chlorwasserstoff mit dem SPECTRAN 677 IR. 12/1989. – Bl. 3: Kontinuierliches Messen von gasförmigen anorganischen Chlorverbindungen mit dem ECOMETER. 12/1989.

Immissionsmessung. Eine VDI-Richtlinie für die Immissionsmessung von C. gibt es derzeit nicht. Höhere Konzentrationen, z. B. in Brand- oder sonstigen Störfällen können mit $\rightarrow$ Prüfröhrchen (z. B. Dräger-Röhrchen Salzsäure 1/a, Meßbereich 1 bis 10 ppm) erfaßt werden.

Immissionskonzentrationen können gemessen werden, indem man die Probeluft durch eine stark verdünnte Natronlauge leitet (→Waschflasche). Erfaßt werden sowohl C. als auch die Chloride in Summe. Der Nachweis in der Absorptionslösung erfolgt durch →Ionenchromatographie, ionenselektive Elektroden oder photometrisch (→Photometrie) nach dem Quecksilberrhodanid-Verfahren. Hierbei wird durch C. Rhodanid freigesetzt, das mit Eisen(-III)salz einen roten Farbkomplex bildet. *Dulson*

Literatur: *Lahmann, E.* und *M. Möller:* Chlorid-Immissionsmessungen in der Umgebung einer Müllverbrennungsanlage. Schriftenreihe Verein Wasser-, Boden- und Lufthygiene 33, (1970). S. 29–33.

Umweltrelevante Stoffdaten.
□ Stoff-Identifizierungs-Nr.:
CAS-Nr.: 7647-01-0
EG–Nr.: 017-002-00-2
UN-Nr.: 1050
EINECS-Nr.: 231-595-7
□ Chemische Formel: HCl
□ Stoffcharakteristik: Farbloses, ätzendes, beständiges, unbrennbares, leicht wasserlösliches Gas, wenig schwerer als Luft, stechender Geruch. Reagiert bei Kontakt mit Laugen unter Wärmeentwicklung, mit div. Metallen unter Wasserstoffentwicklung. Das Gas bildet mit feuchter Luft einen stark korrosiven, weißen Salzsäurenebel.
□ Gefahrenmerkmale:
– Stoffliste nach § 4a der →Gefahrstoffverordnung: Gefahrenkennbuchstabe(n): C
R-Sätze: 35-37
S-Sätze: 1/2-7/9-26-45
– Arbeitsschutzwerte nach TRGS 900: →MAK-Wert (mg/m³): 7
– Stoffliste (Anhang II) der →Störfall-Verordnung: Nr. 79
– →Wassergefährdungsklasse: WGK 1
– Emissionswerte: →TA Luft Einstufung: 3.1.6 Klasse III
– Immissionswerte: IW (TA Luft): 2.5.1: IW 1 = 0,10 mg/m³; IW 2 = 0,30 mg/m³
MI-Werte (VDI-Richtlinie): MIK nach VDI 2310 Bl. 4 E (Schutzobjekt Vegetation):
Sehr empfindliche Pflanzen: Monatsmittelwert: 0,10 mg/m³, Mittelwert über 24 h: 0,80 mg/m³
Empfindliche Pflanzen: Monatsmittelwert: 0,15 mg/m³, Mittelwert über 24 h: 1,20 mg/m³
Fischer/M. Schön

Literatur: VDI 2310 Bl. 4 E: Maximale Immissions-Werte zum Schutz der Vegetation; Maximale Immissions-Werte für Chlorwasserstoff; Sept. 1978 (in Überarbeitung)

Cholinesterase-Hemmtest. Der C.-H. beruht darauf, daß bestimmte Substanzen, insbesondere die als →Insektizide bekannten Phosphorsäureester, die Aktivität der Cholinesterase, eines Enzyms, hemmen. Diese Hemmung ist nicht rückkehrbar und

quantitativ. Die Intensität der Cholinesterasehemmung kann daher als Meßgröße nicht nur für die Anwesenheit, sondern auch für die Konzentrationen solcher cholinesterasehemmender Substanzen verwendet werden (→Abwassertestverfahren, biologische). *Friedrich*

Chrom, Chromverbindungen.
Allgemein. Trotz der weiten Verbreitung des Elementes C., z. B. mit durchschnittlich 125 mg/kg in der Erdkruste, erreichen die natürlicherweise in Hydro- und Atmosphäre analysierten Konzentrationen selten die Nachweisempfindlichkeit der gegenwärtig angewandten Analysenverfahren. Der background-level der Atmosphäre wird mit etwa 5 pg/m³ angegeben. Entsprechende Konzentrationen in Gewässern erreichen Werte um 0,5 µg l⁻¹. Die in Hydro-, Pedo-, Atmosphäre und →Biosphäre festgestellten C.-Mengen sind vorwiegend auf industrielle Emissionen zurückzuführen.

Dreiwertiges C. bildet hexavalente Komplexe. Die Komplexbildungstendenz z. B. mit Carboxylgruppen ist dabei Grundlage der koordinativen Bindung an Aminosäuren, Nucleinsäuren und Nucleoproteine. Im Zusammenhang mit der vermuteten karzinogenen bzw. kokarzinogenen Wirkung gewinnen gerade diese Reaktionen besondere Bedeutung. Im Gegensatz zu C.-(III) ist C.-(VI) mutagen. Im Zusammenhang mit der nachgewiesenen Plazentapassage ergibt sich hieraus ein hohes →Gefährdungspotential für Embryonen und Feten. Die karzinogene Wirkung von C.-(VI)-verbindungen ist sowohl im Tierexperiment nachgewiesen als auch durch die Ergebnisse epidemiologischer Studien an beruflich exponierten Bevölkerungsgruppen untersetzt. Die entsprechenden Latenzzeiten werden mit etwa 10 bis 27 a angegeben. Synergistische Effekte sind bei kombinierten Expositionen gegenüber C. und Zink sowie C. und Viren festgestellt. Im Gegensatz zu C.-(VI)- sind C.-(III)-verbindungen weniger aktiv. Eine karzinogene Wirkung konnte bislang nicht eindeutig nachgewiesen werden.

Akute Intoxikationen manifestieren sich bei C.-(VI)-Verbindungen u. a. in Nierenschädigungen. Chronische Intoxikationen können zu Akkumulierungen in der Leber, Niere, Schilddrüse und Knochenmark führen. Damit verbunden ist eine geringe Ausscheidungsrate.

In aquatischen Systemen schwankt die →Toxizität löslicher C.-Verbindungen in Abhängigkeit von pH, Temperatur und Wasserhärte sowie der Organismenspezies. Die Beurteilung der →Mobilität von C. in der →Pedosphäre muß die adsorptive und reduzierende Kapazität von Böden und Sedimenten beachten. Da die Oxidation von C.-(III)- zu C.-(VI)-verbindungen natürlicherweise kaum erfolgt, ist in aquatischen Systemen nur eine geringfügige

Remobilisierungstendenz für sedimentierte C.-(III)-Hydroxide zu erwarten. Chromhaltige Abfälle sind insbesondere auf Grund ihres Verhaltens im geologischen Untergrund bei Deponieablagerungen kritisch zu bewerten. In alkalischem Milieu sind Chromate schätzungsweise bis zu 50 a stabil und migrieren selbst durch bindige Böden bis in grundwasserführende Schichten. *R. Koch*

Literatur: *Merian, E.* (Hrsg.): Metalle in der Umwelt. Weinheim 1984.

Emissionsminderung. C. kommt in der Natur hauptsächlich als Chromeisenstein (Chromit) vor. Sein Anteil an der Erdkruste beträgt ca. 5 bis 1 500 ppm. Weiterhin tritt es in folgenden durchschnittlichen Konzentrationen auf: Steinkohle 5 bis 80 ppm, Braunkohle 1–8 ppm, Erdöl 0,001–1 ppm, Wasser 0,3–10 µg/l, Atmosphäre 10–70 ng/m³. Zur Gewinnung von C. wird Chromit eingesetzt.

Durch alkalisch oxidierenden Aufschluß von Chromit wird bei ca. 1 100° C Natriumchromat gewonnen, das zu Natriumdichromat weiterverarbeitet wird. Natriumdichromat nimmt eine Schlüsselstellung bei der weiteren Herstellung von C.-Verbindungen in der chemischen Industrie ein.

Bei der Herstellung von C. bzw. C.-Verbindungen und auch bei der Anwendung chromhaltiger Stoffe treten relevante C.-Emissionen in das Abgas und Abwasser auf. C. und seine Verbindungen werden hauptsächlich als Staubinhaltsstoff emittiert. Die meisten C.-Emissionen entstehen durch thermische Prozesse, z. B. bei der Kohleverbrennung und in der →Metallindustrie. In der Bundesrepublik Deutschland werden C.-Emissionen hauptsächlich aus →Feuerungsanlagen und aus der →Eisen/Stahlerzeugung in die Atmosphäre abgegeben. Weitere C.-Emittenten sind die Glasindustrie, die Zementindustrie und die →Abfallverbrennung.

Als Maßnahmen zur Verminderung luftbelastender C.-Emissionen werden angewandt:
– die Substitution von C.-Pigmenten zur Herstellung von Korrosionsschutzmitteln,
– der Einsatz von hochwirksamen Entstaubern (z. B. →Gewebefilter),
– die Erfassung diffuser Emissionen und Zuführung zu einer Abgasreinigungseinrichtung.

Emissionsbegrenzende Anforderungen sind insbesondere in der →TA-Luft festgelegt. Cr-VI-Verbindungen sind als krebserzeugend eingestuft, unterliegen den Regelungen der Nr. 2.3 der TA Luft und sind der Klasse II zugeordnet; die Emissionen dürfen einen Höchstwert von 1 mg/m³ nicht überschreiten. Die Emissionen aller C.-Verbindungen einschließlich weiterer entsprechend klassierter Stoffe müssen darüber hinaus die Grenzwerte der Klasse III der Nr. 3.1.4 der TA-Luft von 5 mg/m³ einhalten. Schärfere Anforderungen enthält die Abfallverbrennungsanlagen-Verordnung; danach dürfen die Emissionen von 10 Metallen im Abgas (dazu gehört C.), insgesamt 0,5 mg/m³ nicht überschreiten. *Remus*

Literatur: *Davids, P.; M. Lange:* Die TA Luft '86 – Technischer Kommentar. Düsseldorf 1986. – TÜV Rheinland: Emissionen von Metallverbindungen in der chemischen Industrie. UBA-Bericht Nr. 7810403589, 1978.

Umweltrelevante Stoffdaten.
□ Stoff-Identifizierungs-Nr.:
CAS-Nr.: 7440-47-3
EINECS-Nr.: 231-157-5
□ Chemische Formel: Cr
□ Stoffcharakteristik: Stahlgraues, glänzendes Metall, geruchlos, unlöslich in Wasser.
□ Gefahrenmerkmale:
– Arbeitsschutzwerte nach TRGS 900: →TRK-Wert (mg/m³): 0,1
– →Wassergefährdungsklasse: WGK 3
– Emissionswerte: →TA Luft Einstufung: 3.1.4 Klasse III *Fischer/M. Schön*
→Metallverbindungen im →Staub

Chrom(VI)oxid.
□ Stoff-Identifizierungs-Nr.:
CAS-Nr.: 1333-82-0
EG-Nr.: 024-001-00-0
UN-Nr.: 1463
EINECS-Nr.: 215-607-8
□ Chemische Formel: CrO_3
□ Stoffcharakteristik: Dunkelrote, wasserlösliche, an Luft zerfließende, ätzende Kristalle, giftig, geruchlos, sauer herb schmeckend, nicht brennbar. Starkes Oxydationsmittel, feuergefährlich bei Berührung mit brennbaren Stoffen.
□ Gefahrenmerkmale:
– Stoffliste nach § 4 a der →Gefahrstoffverordnung: Gefahrenkennbuchstabe(n): O, T
R-Sätze: 49-45-8-25-35-43
S-Sätze: 53-45
– Besondere Stoffeigenschaften nach TRGS 500: krebserzeugend: MAK-Gruppe III A 2
– Arbeitsschutzwerte nach TRGS 900: →TRK-Wert (mg/m³): 0,2 beim Lichtbogenhandschweißen;
0,1 im übrigen
– Stoffliste (Anhang II) der Störfallverordnung: Nr. 84 und 4 c
– →Wassergefährdungsklasse: WGK 3
– Emissionswerte: →TA Luft Einstufung: 3.1.4 Klasse III *Fischer/M. Schön*

Chromatographie. Die C. ist eines der wichtigsten analytischen Verfahren zum Nachweis individueller Komponenten in Gemischen. Das gemeinsame Kennzeichen der C. ist das Vorhandensein einer stationären und einer mobilen Phase. Das Gemisch wird in die mobile Phase gegeben und entlang der stationären Phase bewegt. Abhängig von der physikalischen und chemischen Eigenschaft treten die einzelnen Komponenten des Gemisches mit dieser Phase in intensive Wechselwirkung physikalischer Art.

Entscheidend hierbei sind sich ständig wiederholende Gleichgewichtseinstellungen. Da der Gleichgewichtskoeffizient eine stoffspezifische Größe ist, dauern diese Einstellungen unterschiedlich lange, so daß die verschiedenen Komponenten des Gemisches das Ende der Trennstrecke zu unterschiedlichen Zeiten erreichen. Hier muß nun lediglich ein geeigneter Detektor die Ankunft melden, damit der jeweilige Stoff identifiziert werden kann.

Je nach Wahl der stationären oder mobilen Phase unterscheidet man grundsätzlich verschiedene chromatographische Verfahren:
– Dünnschichtchromatographie (→Gaschromatographie)
– Flüssigchromatographie (→Hochdruckflüssigkeitschromatographie). *Dulson*

Chromosom. Als C. wird eine zusammenhängende zelluläre Einheit verstanden, die mehrere Gene enthält. Bei Eukaryonten befinden sich die C. im Zellkern. Ihre Gesamtheit bildet das Genom. C. variieren in ihrer Anzahl, Größe und Zusammensetzung stark zwischen verschiedenen Spezies. Während z. B. das Bakterium Escherichia coli ein einziges ringförmiges C. enthält, besitzen Korbblütler 4, Fruchtfliegen 8, Menschen 46 und Farnarten über 600 C. Die Anzahl der C. zeigt also keinen Zusammenhang mit dem Organisationsniveau des Organismus. *Flohé*

Literatur: *Alberts, B. et al.:* Molekularbiologie der Zelle. Weinheim 1986. – *Lewin, B.:* Gene. Weinheim 1988.

CIF. (Abk. *engl.* Color-Infrared-Film, Color-Infrarot-Film). Der CIF ist ein Drei-Schichten-Farbumkehrfilm. Die Schichten sind in der Reihenfolge von der obersten zur untersten für infrarote, grüne und rote Strahlung sensibilisiert. Da sie aber auch Nebenempfindlichkeiten im blauen Spektralbereich besitzen, muß der Film zur Vermeidung des Blaulichtanteils mit einem Gelbfilter verwendet werden.

In die einzelnen Schichten sind derart Farbkuppler eingelagert, daß nach der Entwicklung die Grün-Schicht in Blau, die Rot-Schicht in Grün und die Infrarot-Schicht in Rot wiedergegeben wird. Diese Farbwiedergabe hat zur Folge, daß nackter Erdboden und besiedelte Flächen im Bild grünlich bis blau erscheinen, während Vegetationsgebiete in einem Farbton zwischen blaß- und leuchtend rot wiedergegeben werden. Die rötliche Färbung der Vegetation bei diesem Film ist eine Folge des starken Anstiegs der Reflektion von Pflanzen im nahen Infraroten, einem Spektralbereich, der für das Auge sonst nicht wahrnehmbar ist. Klare Gewässer bilden sich dunkelblau bis schwarz und trübe Gewässer hellblau ab. Da die Farbwiedergaben nicht den natürlichen Farben entsprechen, bezeichnet man Aufnahmen auf CIF auch als Falschfarbenaufnahmen (→Falschfarbenphotographie).

Der CIF ist besonders geeignet für forstliche Inventuren und für die Waldschadenserfassung. Aufgrund unterschiedlicher Rottönung lassen sich kranke von gesunden Bäumen unterscheiden. Darüber hinaus ist er ganz allgemein zur Untersuchung des Vegetationszustandes und zur →Biotopkartierung zu verwenden. *Rossbach/Schroeder*

Cistron. C. wird häufig als Synonym für →Gen verwendet. Definiert ist ein C. durch den Komplementationstest oder cis-trans-Test, bei dem untersucht wird, ob zwei unabhängige phänotypisch auffällige Mutanten nach Kreuzung phänotypisch normale Nachkommen ergeben, sich komplementieren oder nicht. *Flohé*

City-Zyklus Entspricht dem FTP-75-Testzyklus, →FTP-Test

Clausanlage. C. werden im Bereich der Kohleveredelung, der Mineralölraffinerien und der Erdgasförderung sowie in Abgasentschwefelungseinrichtungen (→BF-Uhde-Verfahren) betrieben.

In C. wird →Schwefelwasserstoff in einem stöchiometrischen Verhältnis mit Schwefeldioxid vermischt und an einem Katalysator zu Schwefel umgesetzt; dieses Verfahren ist mit dem Namen des Chemikers *Claus* (1796–1864) verbunden. Der eingesetzte Schwefelwasserstoff kann aus natürlichen Quellen stammen (saures Erdgas) oder aus hydrierenden Prozessen der Verarbeitung von Erdöl und Kohle hervorgehen. Das benötigte Schwefeldioxid wird in einem separaten Verfahrensschritt durch Verbrennung eines Schwefelwasserstoff-Teilstroms hergestellt oder aber stammt aus anderen Quellen (z. B. Abgase, Röstgase).

Beim Einsatz von C. steht zunächst die Produktion von Schwefel im Vordergrund. Durch seine Gewinnung als Produkt wird jedoch auch die Schwefelwasserstoff- bzw. Schwefeldioxidemission entsprechend vermindert.

C. gehören zu den immissionsschutzrechtlich genehmigungsbedürftigen →Anlagen (Nr. 4.1 d des Anhangs zur →4. BImSchV). Es gelten die emissionsbegrenzenden Anforderungen der TA Luft; für C. sind spezielle Anforderungen in Nr. 3.3.4.1d.2.1 festgelegt, insbesondere ein →Schwefelemissionsgrad. Der Schwefelemissionsgrad einer C. richtet sich nach der Auslegung der katalytischen Einrichtung und dem →Abgasreinigungsverfahren. Die

Schwefel-Ausbeute des *Claus*-Prozesses kann bei dreistufiger Auslegung der katalytischen Einrichtung und optimaler Zufuhr der gasförmigen Reaktionspartner bei mindestens 97 % (bezogen auf den Schwefeleinsatz in Schwefelwasserstoff) angesetzt werden. Daraus ergibt sich ein Schwefelemissionsgrad von 3 %; dies entspricht der Emissionsbegrenzung der TA Luft für die kleinste Anlagenkategorie (Schwefelerzeugung unter 20 t/d). Um den Schwefelemissionsgrad von 3 % zu unterschreiten, ist es erforderlich, dem *Claus*-Prozeß einen weiteren Verfahrensschritt nachzuschalten. Das Restgas des Prozesses enthält neben den Einsatzgasen Schwefelwasserstoff und Schwefeldioxid auch Schwefelverbindungen aus Nebenreaktionen, z. B. Kohlenoxidsulfid. Wegen dieser Restgaszusammensetzung sind die nachgeschalteten Verfahrensschritte, deren Prinzip eine Ausdehnung des *Claus*-Prozesses ist, hinsichtlich ihres Wirkungsgrades beschränkt. Mit diesen Verfahren läßt sich der Gesamt-Schwefelgewinnnungsgrad (aus Basisprozeß und ergänzendem Verfahrensschritt) auf 98 % steigern. Damit kann den Anforderungen der TA Luft für C. mit einer Kapazität von 20–50 t/d entsprochen werden.

Um höhere emissionsbegrenzende Anforderungen zu erfüllen, sind weitere Verfahrensschritte erforderlich: Beispielsweise wird das *Claus*-Endgas einer Abgasreinigungseinrichtung zugeführt. Hierzu werden zunächst in einer Hydrierstufe alle Schwefelkomponenten in Schwefelwasserstoff überführt; anschließend wird der Schwefelwasserstoff in einer nachgeschalteten Waschstufe nahezu vollständig selektiv entfernt und wieder dem *Claus*-Prozeß zugeführt. Das Abgas der Waschstufe wird in einer katalytischen →Nachverbrennung verbrannt. Bei dieser Prozeßführung ist der Gesamt-Schwefelgewinnnungsgrad theoretisch nicht begrenzt; in der Praxis werden Werte bis 99,9 % erreicht. Die Anforderung der TA Luft für C. mit einer Kapazität über 50 t/d (Schwefelemissionsgrad max. 0,5 %, entsprechend einem Schwefelgewinnungsgrad von 99,5 %) können damit erfüllt werden.

Im Bereich der Kohleveredelung gibt es nur wenige C.. Sie werden im Zusammenhang mit Kokereien betrieben und haben Kapazitäten von weniger als 20 t/d. Im Bereich der Mineralölverarbeitung werden C. überwiegend mit Kapazitäten von 20–50 t/d betrieben; nur wenige Raffinerien überschreiten mit ihren Schwefelerzeugungs-Kapazitäten die 50 t/d-Grenze. Die größten C. werden im Bereich der Erdgasförderung und -aufbereitung betrieben. *Angrick*

Literatur: *Davids, P.; M. Lange:* Die TA Luft '86 – Technischer Kommentar. Düsseldorf 1986.

CMT-Stoff. Stoffe, cancerogene, mutagene, teratogene; →Stoff, krebserzeugend, →Stoff, teratogen, →Kanzerogen

CO$_2$-Abgabe. Nach dem Beschluß der Bundesregierung vom 7. November 1990 sollen die CO$_2$-Emissionen in der Bundesrepublik bis zum Jahr 2005 gegenüber 1987 um 25–30 % reduziert werden. Zur Erreichung dieses Ziels sollen auch ökonomische Instrumente eingesetzt werden; so soll der CO$_2$-Ausstoß von Industrie und Energieerzeugern durch eine restverschmutzungsabhängige CO$_2$-A. belastet werden. Zur Diskussion stand ursprünglich ein Abgabesatz von 10 DM pro Tonne CO$_2$, wobei eine Staffelung nach dem Wirkungsgrad der einzelnen Anlagen vorgesehen war. Das Aufkommen aus der CO$_2$-A. soll zweckgebunden für Maßnahmen des Umweltschutzes, insbesondere des Klimaschutzes, verwendet werden. Dabei wurde die Einbindung in eine europäische Gesamtkonzeption angekündigt.

Im September 1991 hat die EG-Kommission in einer Mitteilung an den Rat über eine Gemeinschaftsstrategie für weniger CO$_2$-Emissionen einen Vorschlag für eine kombinierte Energie- und Kohlendioxidsteuer unterbreitet. Die kombinierte A. sieht eine Energiekomponente und eine Kohlenstoffkomponente vor. Der Abgabensatz soll bei der Einführung 3 US $ pro Barrel Erdöl betragen und bis zum Jahr 2000 kontinuierlich auf 10 US $ steigen, wobei der Steuersatz bei anderen Energieträgern entsprechend ihrem Energie- und Kohlenstoffgehalt umgerechnet wird. Belastet werden sollen Energieerzeuger, Industrie, Verkehr, Gewerbe und private Haushalte. Erneuerbare Energiequellen werden von der Abgabe ausgenommen sein. Für besonders energieintensive Branchen, die in starkem internationalen Wettbewerb stehen, sind Ausnahmeregelungen vorgesehen. Die EG-Kombi-Steuer soll von den EU-Mitgliedsstaaten erhoben werden und dem Staatshaushalt des jeweiligen Landes zufließen. Durch entsprechende Steuerentlastungen an anderer Stelle soll Aufkommensneutralität erreicht werden. *Wackerbauer*

Code, genetischer. Als g. C. bezeichnet man die Bedeutung von Codons, d. h. einer definierten Reihenfolge von jeweils drei Nucleotiden innerhalb einer mRNA-Sequenz als genetische Verschlüsselung für jeweils eine der zwanzig bzw. einundzwanzig Aminosäuren innerhalb einer Proteinsequenz.

Der g. C. wurde 1961 von *Mathaei* und *Nirenberg* als universelles biologisches Übersetzungsprinzip von Nucleinsäure- in Proteinsequenzen erkannt. Aus dem Umstand, daß Nucleinsäuren in der Regel nur aus vier verschiedenen Nucleotiden, Proteine aber aus 20 oder 21 verschiedenen Aminosäuren aufgebaut sind, ergibt sich rechnerisch, daß minimal eine Folge von drei Nucleotiden für eine Aminosäure kodieren kann. Diese Annahme wurde durch die Aufklärung des Mechanismus der →Proteinsynthese erhärtet. Da es aber 64 verschiedene Sequenzen aus drei Nucleotiden bzw. Basentripletts (Tabelle), aber nur 21 verschiedene Aminosäuren in Proteinen gibt, ergibt sich zwangsläufig, daß entweder einige Codons nicht für das Kodieren von Aminosäuren benutzt werden oder daß eine Aminosäure von unterschiedlichen Tripletts kodiert werden kann. In der Natur sind beide Denkmöglichkeiten realisiert. Die überwiegende Zahl von Aminosäuren kann durch mehr als ein und bis zu sechs unterschiedliche Basentripletts kodiert werden; lediglich für Methionin und Tryptophan ist der Code bei einer gegebenen Spezies eindeutig. Die Vieldeutigkeit der übrigen Tripletts wird als Degeneration des g. C. bezeichnet. Einige Tripletts werden überhaupt nicht (oder selten) als Code für Aminosäuren, sondern als *Interpunktionen* des g. C. z. B. als Satzzeichen für Kettenanfang (Initiations- oder Startcodon (ATG)) oder Kettenabbruch, benutzt (Stop-, Terminations-, Abbruch- oder Nonsense-Codons wie UAG (Amber), UAA (Ochre) und UGA (Opal)). Derartige Interpunktionen sind für den Übersetzungsmechanismus (→Translation) essentiell, weil naturgemäß in der kohärenten Folge von Nucleotiden einer Nucleinsäure bei einer Kodierung durch Tripletts drei unterschiedliche Leseraster möglich sind, von denen jeweils eines als

Code, genetischer. Tabelle: Schema der Bedeutung von mRNA-Triplets für die Proteinsynthese.

UUU	Phe	UCU		UAU	Tyr	UGU	Cys
UUC		UCC	Ser	UAC		UGC	
UUA	Leu	UCA		UAA	ochre	UGA	opal
UUG		UCG		UAG	amber	UGG	Trp
CUU	Leu	CCU	Pro	CAU	His	CGU	Arg
CUC		CCC		CAC		CGC	
CUA		CCA		CAA	Gln	CGA	
CUG		CCG		CAG		CGG	
AUU	Ileu	ACU	Thr	AAU	Asn	AGU	Ser
AUC		ACC		AAC		AGC	
AUA		ACA		AAA	Lys	AGA	Arg
AUG	Met	ACG		AAG		AGG	
GUU	Val	GCU	Ala	GAU	Asp	GGU	Gly
GUC		GCC		GAC		GGC	
GUA		GCA		GAA	Glu	GGA	
GUG		GCG		GAG		GGG	

Eine Folge von jeweils drei Nucleotiden kodiert für eine Aminosäure. Die Buchstaben U, C, A und G symbolisieren die Basen Uracil, Cytosin, Adenin bzw. Guanin in den betreffenden Codons.

richtig determiniert werden muß. Die Codons mit ihrer üblichen Bedeutung sind in der Tabelle wiedergegeben.

Die Annahme der Universalität, d. h. der Allgemeingültigkeit des g. C. für alle Lebewesen, hat durch neuere Erkenntnisse eine gewisse Einschränkung erfahren. So wird z. B. beobachtet, daß manche Codons je nach Spezies unterschiedlich häufig, im Extremfall überhaupt nicht genutzt werden (differentielle codon usage), ein Umstand, der bei der Expression von heterologen Proteinen berücksichtigt werden muß. Ein Codon kann aber auch je nach Spezies eine unterschiedliche Bedeutung haben. So werden z. B. die Arginin-Codons AGG und AGA in Mitochondrien und gewissen Mikroorganismen als Stopcodon gelesen, während das Stopcodon (Opalcodon) UGA als Tryptophan übersetzt werden kann. Das Opalcodon UGA ist auch noch insofern interessant, als es sowohl bei Bakterien als auch bei höheren Eukaryonten sowohl für Kettenabbruch wie auch als Codon für die seltene (einundzwanzigste) Aminosäure Selenocystein kodieren kann, wobei für die jeweils richtige Leseart das Zusammenspiel von Nucleinsäure-Sekundärstruktur in der Umgebung des Opalcodons mit spezifischen Translationsfaktoren verantwortlich ist. Dies führt dazu, daß je nach Nucleinsäurestruktur das Opalcodon bei ein- und derselben Spezies unterschiedlich gelesen wird, identische Opalcodon-enthaltende Nucleinsäuren aber in wenig verwandten Spezies durchweg unterschiedlich übersetzt werden.

Die Entschlüsselung des g. C. hat es ermöglicht, Proteinsequenzen aus Nucleinsäuresequenzen und vice versa abzuleiten. Hierbei ist die Aminosäuresequenz eines Proteins eindeutig durch eine kodierende Nucleinsäuresequenz determiniert, soweit nicht die Mehrdeutigkeit einiger weniger Codons, insbesondere des Opalcodons in Betracht gezogen werden muß. Umgekehrt ist auf Grund der Degeneration des g. C. aus der Aminosäuresequenz eines Proteins allenfalls eine von vielen denkbaren, synonymen kodierenden Nucleinsäuresequenzen ableitbar, von denen jeweils nur eine der natürlichen entspricht. Dies erschwert die Konstruktion von Gensonden für Hybridisierungsexperimente auf der Basis bekannter Proteinstrukturen im Rahmen analytischer Arbeiten und bei der Isolation von Genen. Andererseits haben sich synonyme unnatürliche Nucleinsäuresequenzen bei der Expression von Proteinen in heterologen Systemen als hilfreich erwiesen, weil hierbei die für eine gegebene Spezies optimale codon usage garantiert werden kann.

Die Kenntnis des g. C. hat ferner ein molekulares Verständnis von Mutationsvorgängen als Veränderung bzw. Austausch von Basen einer kodierenden Nucleinsäuresequenz während der →Replikation ermöglicht (→Mutagenese). Sie gestattet weiterhin,

Proteine, die natürlicherweise nicht vorkommen, gentechnisch herzustellen und gegebenenfalls für einen technischen oder therapeutischen Einsatz zu optimieren (molecular design). *Flohé*

Codon. Folge von drei Nucleotiden, die für eine Aminosäure eines Proteins bzw. Initiation oder Termination der →Proteinsynthese kodiert (→Code, genetischer). *Flohé*

Codon usage. Begriff, der die Häufigkeit der Nutzung alternativer synonymer Codons durch eine bestimmte Species beschreibt (→Code, genetischer). *Flohé*

Colony hybridisation. Verfahren zur Identifizierung von Bakterien oder Kulturzellen, die eine bestimmte Nucleinsäure enthalten. Hierbei werden die Bakterien bzw. Gewebekulturzellen z. B. auf Agarplatten kloniert, die monoclonal gewachsenen Kolonien durch ein Abklatschverfahren auf einen geeigneten Träger überführt (blotting), permeabilisiert und mit Gensonden einer →Hybridisierung unterworfen. Das Verfahren kann generell zur Identifizierung z. B. von Bakterien in Mischkulturen eingesetzt werden, ist aber besonders hilfreich bei der Identifizierung von genetisch veränderten →Mikroorganismen, wenn für den zur Transformation verwendeten Vektor keine funktionellen Marker zur Verfügung stehen. *Flohé*

Comptoneffekt →Röntgenstrahlung

Computer Aided Farming (CAF). CAF bezeichnet als umfassender Begriff alle rechnergestützten Steuerungs- und Regelungssysteme in der Landwirtschaft. Schwerpunktmäßig wird darunter jedoch die rechnergestützte Pflanzenproduktion angesprochen und dabei speziell der Getreidebau.

CAF umfaßt darin die Ertragsermittlung mit Positionsbestimmung (Ortungssysteme) und die daraus abgeleitete Ertragskartierung, die positionsbezogene Bodenbeprobung und die teilflächenbezogene Düngung, insbesondere die Mineraldüngung. CAF enthält dafür die erforderlichen Datenerfassungs-, Datentransfer- und Datenauswertungsprogramme. Als auf Teilflächen bezogenes System benutzt es geografische Informationssysteme (GIS) und darauf aufbauende Interpretations- und Prognosesoftware. Im Gesamtziel strebt CAF in dieser Form eine drastische Reduzierung der Düngeraufwandsmengen an und versucht, eine pflanzenspezifische Nährstoffversorgung nach Entzug zu erreichen.

Künftige Ansätze im CAF müssen auf die den Chemikalieneinsatz reduzierende Wildkrautregulierung ausgedehnt werden. Dazu ist vor allem die positions-(teilschlag) bezogene Wildkrautkartie-

rung zu realisieren. Fernerkundung im Einklang mit Beobachtungen scheinen dazu geeignete Hilfen zu sein. Für die Wildkrautregulierung sind direkt injizierende Feldspritzen, thermische und auch mechanische Bekämpfungsmaßnahmen (→Unkrautregulierung) einzubeziehen. *H. Schön/Auernhammer*

Computertomographie →Röntgenstrahlung, medizinische Anwendung

Conradson-Test. Die Neigung von Dieselkraftstoffen, durch Ablagerung koksartiger Verbrennungsprodukte die Einspritzdüsenbohrungen zu verschmutzen und damit das Abgasverhalten zu verschlechtern, kann in Verbindung mit den übrigen Kennwerten einer Kraftstoffanalyse aus dem Ergebnis des Prüfverfahrens nach *Conradson* beurteilt werden. In diesem Test wird eine Kraftstoffprobe von 10 g in einem glasierten Prozellantiegel erhitzt und dann verbrannt; der Rückstand anschließend gewogen. Der Test ist genormt in der DIN 51551. *Croissant/May*

Literatur: DIN 51551: Prüfung von Schmierstoffen und flüssigen Brennstoffen; Bestimmung des Koksrückstandes nach *Conradson* (Verkokungsneigung). März 1986.

Container-Sammlung. →Bringsystem, das in der Regel zusätzlich zur Hausabfallsammlung eingesetzt wird. Der Erfassungsgrad der C.-S. ist nur für eingeführte Materialien ausreichend (→Altpapier, Altmetall und →Altglas) und variiert je nach Dichte des Netzes, der zurückzulegenden Entfernung zum Containerstellplatz, der seit der Einführung vergangenen Zeitspanne, der Attraktivität der Stellplätze und der Art der Einbindung in das gesamte Entsorgungssystem. In bezug auf eine Steigerung der Erfassungsquote ist vor allem die Attraktivität ausschlaggebend. Dazu gehört nicht nur die Lage zur Einkaufsstelle oder sonstigen Verkehrsfläche, sondern auch optische Eindrücke (Häufigkeit der Leerung, Stellplatzgestaltung und -reinigung) sowie soziale Komponenten, z. B. Vandalismus. Die C.-S. ist bei Gütern relativ geringer Schüttdichte mit herkömmlichen Containern kaum effizienter zu machen. Die Mechanisierung von Containern, z. B. durch Preßeinrichtungen, scheitert häufig an der notwendigen Infrastruktur (fehlende Stromanschlüsse) oder an zunehmender Unfallgefahr (zu große Öffnung, Kabelbruchgefahr o. ä.). *J. Kühn*

Containment →Sicherheitsbehälter; →Barrierensystem; →Sicherungsmaßnahme

CORINE. 1985 beschloß die Europäische Gemeinschaft (EG) das Projekt eines koordinierten Informationssystems über die Umwelt CORINE (Abk. *franz.* Coordination de l'information sur l'environnement). Die EG-Mitgliedsstaaten sollten damit ein umfassendes Instrumentarium für die Erhebung, Speicherung, Analyse, Darstellung und Auswertung von Informationen über den Zustand der Umwelt und der natürlichen Ressourcen erhalten. Es werden darin nicht nur vorhandene Informationen einbezogen, sondern auch Erhebungen zusätzlicher Daten einschließlich der Methodik angeregt und gefördert. Zugleich werden →Umweltbeobachtung und →Umweltinformation zwischen der globalen Ebene (→GRID) und der nationalen bzw. regionalen Ebene soweit möglich aufeinander abgestimmt und angeglichen, um Doppelarbeit zu vermeiden. Ziel von CORINE ist, Grundlagen für die EG-Umweltpolitik zu liefern, deren Auswirkungen zu bewerten und den Schutz der Umwelt auch in die übrigen Politikbereiche der EU zu integrieren.

Die Datenbasis von CORINE ist in Form eines geographischen Informationssystems auf drei Maßstabsebenen (1:3 Mio., 1:1 Mio., 1:100 000) aufgebaut worden. Die ersten Datenbanken umfassen Biotope und Schutzgebiete, natürliche Vegetation, Emissionen in die Luft, Landnutzung (land cover), Bodeninformationen (Bodentypen, Erosionsrisiko, Bodenqualität), Wasser-Ressourcen, Küstenerosion, Erdbebenrisiko, Topographie und Klima-Informationen. Ferner wurden Informationen über saure Niederschläge gesammelt.

Das CORINE-Projekt wurde Ende 1990 erfolgreich abgeschlossen. Das Informationssystem wird in die 1990 beschlossene →Europäische Umweltagentur einbezogen, die CORINE weiter betreiben und fortentwickeln soll. *Haber*

Cosmid. Klonierungsvektor, der aus genetischen Elementen von Bakterien und des Bakteriophagen λ konstruiert ist und eine hohe Klonierungskapazität besitzt (→Klonieren). C. werden insbesondere zur Anlage von →Genbanken benutzt (→Plasmid). *Flohé*

Coulometrie. Die C. ist eine variantenreiche elektrochemische Methode, die in der Praxis der Luftreinhaltung zur Emissions- und Immissionsmessung von Gasen eingesetzt wird. Coulometrische Meßverfahren gibt es beispielsweise für →Schwefeldioxid, →Stickstoffdioxid und →Ozon. Besondere Bedeutung haben Standardmethoden auf der Grundlage der C. zur summarischen Bestimmung organischer Verbindungen in Luft- und Wasserproben.

Die C. beruht auf der elektrolytischen Umsetzung von Stoffen. Nach dem *Faraday*'schen Gesetz ist die bei der Stoffumwandlung verbrauchte Elektrizitätsmenge der umgesetzten Stoffmenge proportional. Bei der direkten coulometrischen Umsetzung wird die Substanz elektrolytisch umgewandelt, deren Menge bestimmt werden soll. Bei der indirekten

Umsetzung wird eine Substanz erzeugt, die dann mit der zu bestimmenden Substanz reagiert.

Die C. ist Teil einer Standardmethode zur diskontinuierlichen Emissionsmessung organischer Verbindungen, die in der Richtlinie VDI 3481, Bl. 2 beschrieben wird. Zur coulometrischen Bestimmung werden die bei der Probenahme in einem Sorptionsrohr an Kieselgel adsorbierten organischen Stoffe in einem dreistufigen Ofen thermisch desorbiert und zu Kohlendioxid verbrannt.

Das Kohlendioxid wird in eine Elektrolysezelle geleitet und in einer schwach alkalischen Bariumperchloratlösung absorbiert. Die dadurch bewirkte Abnahme der Alkalität wird durch eine exakt gesteuerte Elektrolyse kompensiert. Die dazu erforderliche elektrische Ladung ist ein Maß für den Kohlenstoffgehalt in der Probe. *Stahl*

Literatur: *Birkle, M.:* Meßtechnik für den Immissionsschutz. München–Wien 1979. – VDI 3481, Bl. 2: Messen gasförmiger Emissionen; Bestimmung des durch Adsorption an Kieselgel erfaßbaren organisch gebundenen Kohlenstoffs in Abgasen. 4/1980.

CSB →Chemischer Sauerstoffbedarf

Curie. Alte Maßeinheit der →Radioaktivität (Ci). Ursprünglich bezog sich der Begriff auf die Menge Radon, die mit einem Gramm Radium im Gleichgewicht ist. Später wurde es als Einheit der Zerfallsgeschwindigkeit von radioaktiven Präparaten im allgemeinen benutzt und wurde dabei als diejenige Menge eines Präparates definiert, in der dieselbe Zahl von Zerfällen pro Sekunde stattfindet, wie in einem Gramm reinem Radium. Bei dieser Definition änderte sich der Wert des C. mit wiederholten Meßverfeinerungen der Zerfallskonstanten oder des Atomgewichts von Radium. Im Jahre 1950 wurde von einer Vereinten Kommission der Internationalen Union für Reine und Angewandte Chemie und der Internationalen Union für Reine und Angewandte Physik folgende Definition angenommen: Das Curie ist eine Radioaktivitätseinheit und wird als diejenige Menge eines radioaktiven Nuklids definiert, in der $3{,}7 \cdot 10^{10}$ Zerfälle pro Sekunde stattfinden.

Die Verwendung des C. als Einheit der Radioaktivität im geschäftlichen Verkehr war nach dem Gesetz über Einheiten im Meßwesen vom 2. 7. 1969 und nach der Ausführungsverordnung zum Gesetz über Einheiten im Meßwesen vom 26. 6. 1970 nur noch bis zum 31. 12. 1977 zulässig. Seit diesem Zeitpunkt gilt als Maßeinheit der Radioaktivität das →Becquerel (Bq). *Merz*

CVS-Verfahren. (Abk. *engl.* Constant Volume Sampling) Verfahren zur Kfz-Abgas-Bestimmung. Ein auf Initiative von US-Behörden entwickeltes Verfahren als Alternative zu dem mit statistisch ermittelten Faktoren auf Massenbasis erweiterten →California-Test. Mit Einführung des FTP-72-Tests (→FTP-Zyklus) wurde auch dieses neue Verfahren der →Abgasanalyse eingeführt. Seit 1982 ist dieses Verfahren auch in Europa gültig.

Beim CVS-V. fährt ein Kraftfahrzeug einen Testzyklus auf einem Fahrleistungsprüfstand. Das gesamte während des Tests erzeugte Kfz-Abgas wird zunächst mit Umgebungsluft verdünnt, um eine Kondensation von Wasser zu vermeiden und um Nachreaktionen des Abgases mit Luft, wie sie auch hinter der Abgasanlage auftreten können, zu berücksichtigen. Der Volumenstrom aus Abgas und Verdünnungsluft wird über eine spezielle Pumpenanordnung konstant gehalten, so daß die Luftzumischung sich nach dem momentanen Abgasausstoß richtet. Aus diesem Abgas-/Luftgemisch wird während der gesamten Testdauer eine konstante Teilmenge entnommen und in Beuteln gesammelt. Nachdem der Fahrzyklus durchfahren ist, werden in diesen Integralproben die Schadstoff-Konzentrationen bestimmt. *Kind/May*

2-Cyano-2-Propanol.
□ Stoff-Identifizierungs-Nr.:
CAS-Nr.: 75-86-5
EG-Nr.: 608-004-00-X
UN-Nr.: 1541
EINECS-Nr.: 200-909-4
□ Chemische Formel: C_4H_7NO
□ Stoffcharakteristik: Klare, farblose bis bernsteinfarbene Flüssigkeit mit charakteristischem Geruch. Giftige und brennbare Flüssigkeit, bildet bei starker Erhitzung explosionsfähiges Gemisch mit Luft. Vermischt sich vollständig mit Wasser und kann über der Wasseroberfläche hochgiftige Gemische von Blausäuregas und Luft bilden.
□ Gefahrenmerkmale:
– Stoffliste nach § 4 a der →Gefahrstoffverordnung: Gefahrenkennbuchstabe(n): T+
R-Sätze: 26/27/28
S-Sätze: 1/2-7/9-27-45
– Stoffliste (Anhang II) der Störfallverordnung: Nr. 5 und 4 b
– →Wassergefährdungsklasse: WGK 3
Fischer/M. Schön

Cyanwasserstoff (Blausäure).
□ Stoff-Identifizierungs-Nr.:
CAS-Nr.: 74-90-8
EG-Nr.: 006-006-00-X
UN-Nr.: 1614
EINECS-Nr.: 200-821-6

□ Chemische Formel: H CN
□ Stoffcharakteristik: Farbloses, hochgiftiges Gas, chemisch stabil, brennbar, hochentzündlich. Etwas leichter als Luft, bildet mit Luft sehr energiereiches, explosionsfähiges Gemisch. Auch mit Alkohol beliebig mischbar, Bittermandelgeruch, metallisch fader Geschmack.
□ Gefahrenmerkmale:
– Stoffliste nach § 4 a der →Gefahrstoffverordnung: Gefahrenkennbuchstabe(n): F+, T+
R-Sätze: 12-26
S-Sätze: 1/2-7/9-16-36/37-38-45
– Arbeitsschutzwerte nach TRGS 900: →MAK-Wert (mg/m^3): 11
– Stoffliste (Anhang II) der Störfallverordnung: Nr. 93 und 4 b
– →Wassergefährdungsklasse: WGK 3
– Emissionswerte: →TA Luft Einstufung: 3.1.6 Klasse II *Fischer/M. Schön*

Cyclohexanon.
□ Stoff-Identifizierungs-Nr.:
CAS-Nr.: 108-94-1
EG-Nr.: 606-010-00-7
UN-Nr.: 1915
EINECS-Nr.: 203-631-1
□ Chemische Formel: $C_6H_{10}O$
□ Stoffcharakteristik: Farblose, entzündliche, wenig wasserlösliche Flüssigkeit mit pfefferminzartigem Geruch. Leichter als Wasser. Dämpfe schwerer als Luft, bilden mit Luft explosionsfähiges Gemisch.
□ Gefahrenmerkmale:
– Stoffliste nach § 4 a der →Gefahrstoffverordnung: Gefahrenkennbuchstabe(n): Xn
R-Sätze: 10-20
S-Sätze: 2-25
– Arbeitsschutzwerte nach TRGS 900: →MAK-Wert (mg/m^3): 200
– Stoffliste (Anhang II) der →Störfall-Verordnung: Nr. 3
– →Wassergefährdungsklasse: WGK 1
– Emissionswerte: →TA Luft Einstufung: 3.1.7 Klasse II *Fischer/M. Schön*

Cytidin. Nucleosid bestehend aus Cytosin und Ribose, Bestandteil von Nucleinsäuren. *Flohé*

Cytoplasma. Die Gesamtheit der von der Zellmembran umschlossenen Zellbestandteile. Bei den pflanzlichen und tierischen Zellen, die einen echten, gegenüber dem C. abgegrenzten Zellkern besitzen (eukaryontische Zellen), ist das C. hoch differenziert und kompartimentiert. *Kleespies*

D

Dämmung. Zur →Schwingungsisolierung werden bei der →Aktivisolierung am Aufstellungsort der emittierenden Anlage oder Maschine und bei der →Passivisolierung am Aufstellungsort des zu schützenden Objekts Federelemente eingebaut, durch die die Übertragung von Schwingungsenergie vermindert werden soll. Die Federelemente können für die Energieübertragung als ‚Damm' wirken.

Im Zusammenhang mit mechanischen Schwingungen wird die D. als Schwingungsdämmung bezeichnet. Die Durchlässigkeit V_D ist ein geeignetes Maß zur Kennzeichnung der Isolierung bzw. der D. Bei der Schwingungsisolierung wird die erreichbare Isolierwirkung häufig am Ersatzbild des linearen, einläufigen Schwingers beschrieben. Bei sinusförmiger Erregung dieses Schwingers ist die Durchlässigkeit V_D das Verhältnis zwischen der Antwortamplitude und der Erregeramplitude. Bei der Aktivisolierung wird dieses Verhältnis durch die in den Aufstellungsort noch übertragenen dynamischen Restkräfte F_U und den Erregerkräften F_E gebildet. Zur Beurteilung der Isolierwirkung wird häufig der Wert $(1-V_D)$ angegeben und dieser als D. bezeichnet. Er ist der Teil der Erregerkräfte, der durch die schwingungsisolierte Aufstellung der Maschine ‚abgeschirmt' wird. Der Wert $(1-V_D)$ heißt auch Isolierfaktor.

Die D. darf nicht mit der →Dämpfung verwechselt werden. Bei der Dämpfung, jedoch nicht bei der D., wird dem Schwingungssystem Schwingungsenergie durch Umwandlung in andere Energieformen entzogen, wie z. B. durch Reibungskräfte in Wärme. *Splittgerber*

Literatur: VDI 2062, Bl. 1: Begriffe und Methoden. 1/1976.

Dämpfung.

Erschütterungen. Bei mechanischen Schwingern versteht man unter D. allgemein die Dissipation von kinetischer und potentieller Energie. Dabei wird dem schwingenden System irreversibel Energie durch Umwandlung in andere Energieformen, meistens in Wärme, entzogen oder Energie in die Umgebung abgeleitet.

Die D. bewirkt, daß freie Schwingungen abklingen und harmonisch erregte erzwungene Schwingungen in der Resonanz endlich groß bleiben. Bei freien Schwingungen wird die anfängliche Energie mit zunehmender Zeitdauer zerstreut, und bei erzwungenen stationären Schwingungen muß die durch D. umgewandelte Energie laufend ersetzt

werden. Man unterscheidet bei Schwingungssystemen zwischen innerer und äußerer D. Zur inneren D. zählen die Material- bzw. Werkstoffdämpfung und die D. in der Struktur des Systems, wie die D. an Fügestellen und Kontaktflächen innerhalb des Systems. Zur äußeren D. gehören die Abgabe von Energie an das umgebende Medium, z. B. bei Maschinenfundamenten und schwingenden Bauwerken durch Reibung an Kontaktflächen zu Nachbarbauwerken, zur umgebenden Luft und zum Baugrund (Bettung). Auch zusätzlich am Schwingungssystem angeordnete Dämpfer zählen zur äußeren D. Um allgemein die D. der Berechnung zugänglich zu machen, bildet man D.-Modelle und ermittelt deren Kraftgesetze. Einfache Elemente solcher Modelle sind Federn, Viskosedämpfer (Dämpfer mit schwinggeschwindigkeitsproportionaler Dämpfungskraft) und *Coulomb*-Dämpfer (Reibungsdämpfer). Einige Zwei-Parameter-Dämpfungsmodelle sind im Bild dargestellt. *Splittgerber*

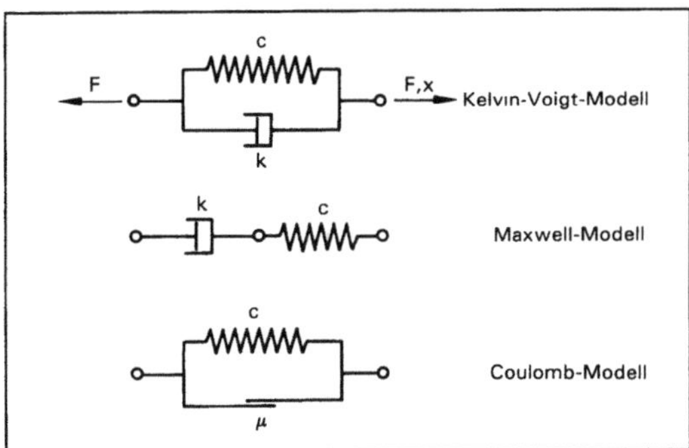

Dämpfung: Beispiele für Zwei-Parameter-Dämpfungsmodelle.

c) Federsteifigkeit, k) Dämpfungskoeffizient, µ) Reibungskoeffizient, f) Systemdämpfung

Literatur: DIN 1311, Bl. 2: Einfache Schwinger. 12/1974. – *Krämer, E.*: Maschinendynamik. Berlin-Heidelberg-New York 1984. – VDI 2062, Bl. 1: Begriffe und Methoden. 1/1976. – *Waas, G.*: Dämpfung von Bauwerksschwingungen. In: Dolling, H.-J. (Hrsg.): Dämpfung – Duktilität. Vortragsband der Dt. Gesellschaft für Erdbeben-Ingenieurwesen und Baudynamik, Berlin 1989.

Geräusche. Als D. bei Geräuschen wird die Abnahme der →Schalldruckpegel durch Umwandlung der →Schallenergie in andere Energieformen, z. B. in Wärme, bezeichnet. Die D. von Schallenergie wird z. B. bei →Schalldämpfern für Abgaskanäle, Auspuffanlagen, Ansaugleitungen u. ä. genutzt. *Strauch*

Dämpfungsmaß. D. ist die allgemeine Bezeichnung für eine Schalldruckpegelminderung in dB durch schallmindernde Einflüsse wie z. B. Bewuchs, Meteorologie, Bebauung und Hindernisse (→Schallschirme) (→Bebauungsdämpfungsmaß, →Bewuchs, →Bewuchsdämpfungsmaß, →Bodendämpfungsmaß, →Einfügungsdämpfungsmaß). *Strauch*

Dampfraumanalyse. Bei der D. handelt es sich um ein spezielles Probenaufgabeverfahren von leichtflüchtigen organischen Verbindungen mit hohem Dampfdruck in den Gaschromatographen (→Gaschromatographie). Die Probe wird hierzu in ein Injektionsfläschchen gefüllt, mit einem geeigneten Lösungsmittel überschichtet und sofort gasdicht verschlossen. Anschließend wird das Fläschchen in einem Wasserbad bei genau definierter Temperatur thermostatisiert. Nach einer Äquilibrierungszeit stellt sich ein Gleichgewicht der flüchtigen zu untersuchenden Verbindung zwischen Flüssig- und Dampfphase ein. Man entnimmt mit einer Spritze ein Aliquot aus dem Dampfraum und injiziert dieses in den Gaschromatographen. Der große Vorteil der D. ist die elegante Trennung der Untersuchungskomponenten von der Matrix und die hervorragende Automatisierbarkeit.

Bei Immissionsmessungen handelt es sich bei der Probe meistens um eine →Aktivkohle, durch die ein bekanntes Luftvolumen gesaugt wurde. Die bekanntesten Beispiele hierfür sind der Nachweis von →Vinylchlorid, von →BTX-Kohlenwasserstoffen und Perchlorethen. *Dulson*

Daphnientest. Daphnien sind 1–2 mm große Krebse. Sie werden für die Bewertung der Wirkung auf Kleinlebewesen (→Zooplankton) im Wasser herangezogen, weil ihre Lebensweise sehr gründlich erforscht ist. Daphnien bilden als Nahrung für Fische ein wichtiges Glied in der →Nahrungskette. Sie reagieren sehr empfindlich auf Verunreinigungen im Wasser. Die Schwimmfähigkeit wird als Kriterium für die Beurteilung der Wasserqualität herangezogen.

Für den D. werden verschieden konzentrierte Verdünnungen der Testsubstanz hergestellt und eine bestimmte Zahl von Tieren eingesetzt. Nach 24 Stunden werden die schwimmfähigen Daphnien gezählt und diejenige Konzentration ermittelt, bei der 50 % der Tiere schwimmunfähig werden. *Deml*

Datenbank für Gewässergüte (HYDABA). HYDABA gehört zum Bereich der Beobachtung des Zustands der Umwelt (→Monitoring). Sie dient der Speicherung und Nutzung gewässerkundlicher Daten vor allem der Bundeswasserstraßen. HYDABA dient als Datengrundlage für die internationale Kommission zum Schutz des Rheins und zur Erstellung des jährlichen Berichts in Form von Tabellen und Graphiken. In ähnlicher Weise werden die Kommissionen zum Schutze der Saar und der Mosel unterstützt.

HYDABA umfaßte 1991 ca. 1,3 Mio. Datensätze. Dabei bestehen zum Teil Lücken bei den Datenreihen, weil aus weit zurückliegenden Jahren entsprechende Werte fehlen.

HYDABA wird bei der Bundesanstalt für Gewässerkunde (BfG) in Koblenz betrieben und gehört zu dem →Umwelt-Planungs- und -Informationssystem UMPLIS und ist damit eine externe Datenbank.

Zu verschiedenen Parametern werden die Einzel-, Tages- und Monatswerte gemessen: Wasserstände, Abflüsse und vor allem physikalische, chemische, biologische und sonstige Parameter zur →Gewässergüte. *Seggelke*

Datenbank für Umweltfakten →Umweltinformationssystem

Datenbank für Umweltforschungs- und Entwicklungsvorhaben (UFORDAT). Der Bereich der Umweltforschung ist dynamisch und innovativ. Forschungsvorhaben auf dem Umweltsektor sind meist recht k. .. .nsiv, so daß ungewollte Doppelarbeit zu vermeiden und bei der Forschungsplanung ein transparenter und aktueller Überblick über die laufenden und abgeschlossenen Forschungsvorhaben notwendig ist. Die Daten werden aus verschiedenen anderen Forschungsdatenbanken (z. B. Bundesministerium für Forschung und Technologie und Deutsche Forschungsgemeinschaft) sowie aus regelmäßig durchgeführten Fragebogenaktionen gespeist. Neben den Forschungsvorhaben sind auch die durchführenden Forschungsinstitutionen abgespeichert. Folgende Angaben zu den Vorhaben sind zu nennen: Thema und Kurzfassung des Vorhabens, durchführende Institution, Projektleiter oder Projektmitglieder, Laufzeit (Beginn und Ende), Kostenumfang, finanzierende Institutionen und Verbindung mit anderen Vorhaben (z. B. Vorläufer oder Nachfolger).

In UFORDAT waren Ende 1991 ca. 29 000 umweltrelevante F- und E-Vorhaben und etwa 8 300 forschende bzw. durchführende Institutionen gespeichert. Die Institutionen haben deswegen eine besondere Bedeutung, weil in ihnen zu bestimmten Umwelt-Thematiken die entsprechende Sachkompetenz (lebendes Wissen) der Forscher vorhanden ist. Dies kann z. B. von Nutzen sein, wenn zu bestimmten Forschungsthemen Kontakte zu den auf diesem Gebiet arbeitenden Fachleuten aufgenommen werden sollen.

UFORDAT wird über die Hosts INKA-Stn, Datastar und FIZ-Technik angeboten. Außerdem wird in regelmäßigem Abstand der Umweltforschungskatalog herausgegeben, der die jeweils aktuellen Vorhaben enthält. *Seggelke*

Datenbank, abfallwirtschaftlich →Umweltinformationssystem

Dauerbeobachtungsfläche. Eine langfristige →Umweltbeobachtung kann nicht an beliebigen Stellen der Landschaft erfolgen, sondern nur auf ausgewählten Flächen, auf denen Zeiger-Organismen (→Bioindikatoren) entweder vorkommen oder ausgebracht werden (passives oder aktives →Biomonitoring) bzw. Meßgeräte aufgestellt werden. Die Flächen müssen ökologisch repräsentativ sein, d. h. typische Umweltzustände anzeigen, gut zugänglich, aber auch vor Mißbrauch, unabsichtlicher oder mutwilliger Schädigung sicher sein. Die Größe der meisten D. liegt zwischen 1 und 100 m^2.

Besondere Schwierigkeiten machen D. in Wäldern, in Gewässern oder Böden, wo eine dreidimensionale Erfassung der Meßgrößen erforderlich ist. Die genaue Erfassung der Ausbreitung der neuartigen →Waldschäden hätte ein jährliches Erklettern zahlreicher Beobachtungsbäume erfordert, was nicht durchführbar war. Daher wurde versucht, die Veränderung der Beschaffenheit der Baumblätter durch Luftbilder zu ermitteln. *Haber*

Literatur: Rat von Sachverständigen für Umweltfragen (SRU): Allgemeine ökologische Umweltbeobachtung. Sondergutachten Oktober 1990. Stuttgart 1991.

Dauerschallpegel, äquivalenter. Bezeichnung für einen →Schallpegel konstanter Größe, der einem zeitlich schwankenden Schallpegelverlauf äquivalent ist.

Bei den meisten Schallvorgängen, die von gewerblichen Anlagen, Verkehrsanlagen oder Freizeit- und Sporteinrichtungen verursacht werden, ist der →Schalldruckpegel zeitlich nicht konstant. Zur Beurteilung dieser Geräuschimmissionen (Vergleich mit einem Immissionswert) oder zur Abschätzung notwendiger Minderungsmaßnahmen wird der zeitlich schwankende Schallpegelverlauf durch einen Einzahlwert gekennzeichnet.

Der ä. D., Bezeichnung L_{eq}, wird aus einem über die Dauer T zeitlich schwankenden Schallpegel nach folgendem Mitteilungsvorgang gebildet:

$$L_{eq} = \frac{q}{lg\,2}\ lg\left(\frac{1}{T}\int_0^T 10^{\frac{lg\,2}{q}\,L}\,dt\right) \qquad dB$$

T = Mittelungszeit
q = Halbierungsparameter, nennt den Pegelwert, um den das Geräusch bei Halbierung der Einwirkzeit erhöht werden muß, um gleich laut oder gleich störend zu sein wie das ursprüngliche Geräusch.
L = momentaner Schalldruckpegel

Wird der Halbierungsparameter q=3 gewählt, entspricht die zeitliche Mittelung der Schalldruckpegel einer Mittelung der Schallenergie des Geräuschs über den Mittelungszeitabschnitt; daher werden diese Mittelungs- oder ä. D. auch energieäquivalente Dauerschallpegel genannt.

Bei der Beurteilung von Geräuschimmissionen in der Nachbarschaft von gewerblichen/industriellen Anlagen, Straßen- und Schienenverkehrsanlagen wie auch Freizeit- und Sportanlagen wird zur Ermittlung der Beurteilungsgröße (→Beurteilungspegel Lr) der energieäquivalente Dauerschallpegel Leq mit dem Halbierungsparameter q=3 benutzt.

Für die nach dem →Fluglärmgesetz ermittelten Lärmschutzzonen an Verkehrsflughäfen und militärischen Flugplätzen wird nicht der energieäquivalente Dauerschallpegel (q=3), sondern ein ä. D. mit q=4 benutzt; er wird folgendermaßen ermittelt:

$$L_{eq} = 13.3\ lg\left(\sum_{i=1}^{n} \frac{g_i\,t_i}{T}\,10^{L_i/13\,3}\right) \qquad dB$$

T = 6 Monate des Jahres mit stärkstem Flugbetrieb
L_1 = maximaler Schalldruckpegel des Vorbei- oder Überflugs
t_1 = Überflugdauer, entspricht der Dauer, in dem der Pegel $\leq$ 10 dB unter dem Maximalwert liegt
g_1 = 1 für Tagflüge
g_1 = 5 für Nachtflüge *Strauch*

Literatur: DIN 45641: Mittelung von Schallpegeln. 6/1990. Gesetz zum Schutz gegen Fluglärm vom 30. 3. 1971, BGBl. I S. 282.

Daueruntersuchungsfläche. Wenn zum Erfassen von Veränderungen der Umwelt Beobachtungen oder Messungen (→Umweltbeobachtung) nicht genügen, müssen Untersuchungen durchgeführt werden, z. B. die Entnahme von Blatt-, Boden- oder Wasserproben und deren Analyse, oder die Anwendung von Testchemikalien, Aussetzen von Testorganismen o. ä. Auch dies kann nur auf sorgfältig ausgewählten Flächen geschehen, an die mindestens dieselben Anforderungen zu stellen sind wie an Dauerbeobachtungsflächen. Zu beachten ist ferner, daß die über lange Zeiträume wiederholten Untersuchungen Eingriffe in die Untersuchungsflächen bedeuten und diese mit der Zeit schädigen. Dies gilt insbesondere für die Entnahme von Bodenproben; man spricht deshalb von destruktiver Analytik. *Haber*

DDT-Gesetz. Das D. vom 7. 8. 1972 (BGBl. I S. 1385) verbietet grundsätzlich die Herstellung,

Einfuhr, das Inverkehrbringen, den Erwerb und die Anwendung von DDT und DDT-Zubereitungen. Das DDT-Verbot dient dem Schutz der menschlichen Gesundheit und dem Schutz der Umwelt, insbesondere von Wasser, Boden und Ökosystemen vor der besonderen Gefährlichkeit des DDT als einem persistenten und sich ubiquitär – vor allem über die →Nahrungskette – verbreitenden Umweltschadstoff. Ausnahmen von dem Verbot können gem. § 1 Abs. 2 S. 1 DDTG für Forschungs-, Untersuchungs- und Versuchszwecke im Einzelfall zugelassen werden. Gemäß § 6 Abs. 1 DDTG dürfen vom Tier gewonnene Lebensmittel und kosmetische Mittel nicht in den Verkehr gebracht werden, wenn in oder auf diesen Erzeugnissen DDT-Rückstände vorhanden sind, die bestimmte durch Rechtsverordnung festgesetzte Höchstmengen überschreiten. *Hoppe/Beckmann*

Literatur: *Kloepfer:* Umweltrecht, § 13 Rn. 121f. München 1989.

Dead-end-Metabolit. Stoffwechselprodukte, die von einem oder mehreren an einer Umsetzung beteiligten Organismen nicht weiter umgewandelt werden können und deshalb in eine stoffwechselphysiologische Sackgasse führen. Ursache ist das Fehlen entsprechender Enzyme; in Extremfällen führt die Bildung der D.-e.-M. zum Tod des sie produzierenden Organismus. Die Entstehung von D.-e.-M. ist verantwortlich für einen unvollständigen mikrobiologischen Abbau bestimmter umweltgefährdender Chemikalien. Dies führt unter Umständen zum Scheitern eines biologischen Reinigungsverfahrens (z. B. in der →Altlast- oder →Bodensanierung), wo manche D.-e.-M. ebenfalls eine Umweltgefährdung darstellen können. *Kleespies*

Deckenschwingung. Decken als Bauteile von Gebäuden können zu allen Arten von mechanischen Schwingungen angeregt werden; man bezeichnet sie als D. Die Erregung von D. kann dadurch erfolgen, daß z. B. eine Maschine auf der Decke montiert ist und dynamische Kräfte in die Decke einleitet. Die Erregung von Gebäudedecken kann auch durch →Erschütterungen sein, die über die Auflager der Decken eingeleitet werden. Bei auftretenden Erschütterungen haben besonders die Biegeschwingungen von Decken Bedeutung. Decken sind Schwingungssysteme mit unendlich vielen Freiheitsgraden, sie haben daher auch unendlich viele Eigenfrequenzen. In aller Regel ist im Immissionsschutz nur die niedrigste Eigenfrequenz bedeutsam. Für diese ist Resonanz zu vermeiden, um Erschütterungsschäden zu verhüten und um die →Wahrnehmung von Erschütterungen so gering wie möglich zu halten.

Bei der Abstrahlung von →Körperschall kommt bei Decken den Biegeschwingungen und Biegewel-

len die größte Bedeutung im Vergleich zu anderen Wellenarten zu. Bei Betrachtung der Decken als schwingende Balkensysteme ist nachgewiesen worden, daß bei resonanznahen Schwingungen die größte Biegebeanspruchung proportional zur →Schwinggeschwindigkeit ist, wenn diese am Ort der größten Schwingungsamplituden gemessen wird. Hinweise zur Beurteilung von D. sind im Regelwerk DIN 4150, T. 3, gemacht. Schwinggeschwindigkeiten bis zu $v = 10$ mm/s führen erfahrungsgemäß nicht zu Schäden, selbst wenn die bei der statischen Bemessung zulässigen Spannungen voll in Anspruch genommen sind. Die Deckeneigenfrequenzen liegen in der Regel oberhalb von etwa 10 Hz, häufig im Bereich 15–25 Hz. Oft sind bei Decken nur die Schwingungen in vertikaler Richtung von Bedeutung. *Splittgerber*

Literatur: *Gasch, R.:* Beurteilung der dynamischen Beanspruchung von Bauwerksteilen. VDI-Ber. 113, Düsseldorf 1967. – *Gasch, R.* und *P. Klippel:* Beurteilung der dynamischen Beanspruchung von Gebäudedecken und anderen Bauwerksteilen unter Sprengerschütterung und stoßartigen Belastungen. Die Bautechnik (1976) Nr. 11. – *Müller, F. P.:* Baudynamik. In Beton-Kalender Teil II. Berlin 1978.

Degradation. Weniger gebräuchlicher Begriff für den mikrobiellen →Abbau organischer Verbindungen, insbesondere von Schadstoffen. *Soeder*

Dekantieren. Verfahren zur Abtrennung einer flüssigen von einer festen Phase durch vorsichtiges Abgießen der über der festen Phase (Niederschlag, Bodensatz) stehenden und von dieser möglichst freien Flüssigkeit.

Voraussetzung ist die vorangegangene weitgehende Trennung der Phasen, die sowohl durch Schwerkraftsedimentation als auch durch Fliehkraftsedimentation (→Zentrifugieren) erreicht werden kann. Auf Grund der gegenüber der →Filtration geringeren Trennwirkung meist als Vorstufe zu dieser angewandten Methode. D. ist sowohl im Labor als auch in der Praxis (z. B. Dekantierzentrifuge, Zentrifugieren/Absetzbecken) gebräuchlich.

Im Bereich der Abfallwirtschaft ist das D. der chemisch-physikalischen →Abfallbehandlung zuzuordnen. *Radde*

Dekontamination.
Strahlenschutz. Vom *lat.* contaminare = durch Berührung beflecken, verunreinigen; dekontaminieren = Verunreinigung beseitigen. Der Begriff D. wird speziell im Strahlenschutz, aber auch allgemein in der Chemie verwendet. In der →Strahlenschutzverordnung wird die →Kontamination als durch radioaktive Stoffe verursachte Verunreinigung definiert, die D. als Beseitigung oder Verminderung einer solchen; § 64 der Verordnung regelt die Feststellung von Kontaminationen und die D.

Die Beseitigung oder Verringerung einer radioaktiven Kontamination wird unter Anwendung chemischer oder physikalischer Verfahren, z. B. durch Abwaschen oder Reinigung mit Chemikalien vorgenommen. D. (auch Entseuchung genannt) von Luft und Wasser erfolgt durch Filtern, Adsorbieren, Verdampfen und chemisches Ausfällen. Der bei solchen Handlungen erreichbare D.-Faktor ist das Verhältnis der →Radioaktivität vor und nach der D. Man drückt dieses Verhältnis am zweckmäßigsten durch die spezifische Radioaktivität pro Flächen- oder Volumeneinheit aus.

Nicht nur feste Gegenstände wie Möbel, Apparaturen, Geräte, Fußboden und Kleidung, auch Luft und Wasser können kontaminiert sein. Ebenso die Haut des Menschen kann durch unachtsame oder zufällige Berührung kontaminiert werden. Das für eine D. eingesetzte Reinigungsmittel bzw. -material nimmt die Radioaktivität in meist konzentrierter Form auf und ist anschließend als radioaktiver →Abfall zu behandeln.

Dekontaminierte Bauteile können als →Schrott verwertet werden, wenn die noch verbliebene Aktivität des Materials so gering ist, daß für den Umgang keine Genehmigung nach der Strahlenschutzverordnung erforderlich ist. Es muß auch sichergestellt sein, daß die bei der Verwertung entstehenden Produkte und Abfälle auf Grund der enthaltenen radioaktiven Stoffe keine Gefährdung darstellen oder eine Umgangsgenehmigung erforderlich machen. Teile oder Stoffe aus Kontrollbereichen (→Strahlenschutzbereich), die sich weder wiederverwenden noch verwerten lassen, können wie gewöhnliche Abfälle beseitigt werden, wenn nachgewiesen ist, daß bestimmte, sehr geringe Aktivitätsgrenzwerte nicht überschritten werden.

Folgende D.-Methoden finden Anwendung:
□ Mechanische Verfahren. Teile mit gut zugänglichen Oberflächen können durch Hochdruckwasser- oder Sandstrahlen gereinigt werden. Beim Sandstrahlen ist ein geringer Oberflächenabtrag nicht zu vermeiden, so daß dieses Verfahren in der Regel nur bei Teilen eingesetzt wird, deren Oberflächen neu beschichtet oder die einer anderweitigen Verwertung zugeführt werden können.
□ Chemische Verfahren. Bei Verunreinigungen in spezieller chemischer Form, vorzugsweise auch bei Teilen, die zur →Wiederverwendung vorgesehen sind und einer entsprechenden schonenden oder gezielten aggressiven Behandlung bedürfen, werden oberflächenaktive oder korrosive Chemikalien in Form von Lösungen oder Pasten angewendet. Nach einer bestimmten Einwirkungszeit wird das Reinigungsmittel durch Tauchen in Wasser oder durch Abspritzen entfernt.
□ Physikalisch-chemische Verfahren. In Einzelfällen, zur Feindekontamination von Teilen geringerer Baugröße und einfacher Geometrie, wird die elektrolytische D. eingesetzt. Dabei wird eine einige Mikrometer dicke Metallschicht in einem Elektrolytbad anodisch abgelöst und die auf der Metallschicht sitzende Kontamination nahezu vollständig entfernt.

Durch den Einsatz von Reinigungsmitteln, Chemikalien und Wasser in der Geräte-D. entsteht kontaminiertes Abwasser, das der Eindampfanlage zugeführt wird.

Die Reinigungsverfahren werden vom Personal im direkten Kontakt mit den zu reinigenden Bauteilen angewandt. Zum Schutz des Personals vor Kontamination und →Inkorporation sind daher besondere Schutzmaßnahmen erforderlich. In der Geräte-D.-Anlage werden die Arbeiten überwiegend in lüftungstechnisch abgeschlossenen Caissons durchgeführt, die vom Bedienungspersonal in belüfteten Schutzanzügen betreten werden. Kleinere Teile können auch in Handschuhkastentechnik bearbeitet werden. *Merz*

Altlasten. Im Hinblick auf die Sanierung der Altlast bezweckt die D. eine Beseitigung der Gefahr an der Quelle und im kontaminierten Umfeld für die betroffenen →Schutzgüter.

Die Beseitigung der Kontamination wird auch als „endgültige Sanierung" bezeichnet. Mit dem Begriff D. wird Reinigen, Unschädlichmachen und Entgiften in Verbindung gebracht (→Dekontaminationsverfahren). *Thoenes*

Dekontaminationsverfahren. Technische Verfahren zur Eliminierung oder Verringerung von Schadstoffen in →Altlasten. Sie lassen sich nach ihrer Verfahrenstechnik in hydraulische, pneumatische, chemisch-physikalische, thermische und biologische Verfahren einteilen. Sie werden einzeln oder in Kombination eingesetzt. Nach dem Ort ihres Einsatzes unterscheidet man in situ-, on site- und off site-Verfahren. Die einzelnen Verfahren lassen sich den Kategorien der Schadstoffkonzentrierung, der Schadstoffzerstörung oder der Schadstoffverteilung zuordnen (Bild).

Bei den einzelnen D. entstehen sekundär kontaminierte Stoffströme, z. B. Abluft, Abgas, Abwasser, Abfall. Die hierfür notwendigen Reinigungs- und Behandlungsschritte, in der Regel durch chemisch-physikalische Verfahren, sind Bestandteil der D.; sie müssen bei der →Machbarkeitsstudie und bei der Beurteilung der →Umweltverträglichkeit einbezogen werden. Zur Beurteilung der Dekontaminationsleistung werden Konzentrationswerte angegeben, die boden-, wasser-, abwasser- oder abluftbezogen die Reinigungsleistung darstellen. Daneben wird bei der Behandlung kontaminierter Böden und Gewässer auch der Wirkungsgrad des Verfahrens als prozentuale Leistungsgröße benutzt, die ohne Angabe der →Restkontamination kein ausrei-

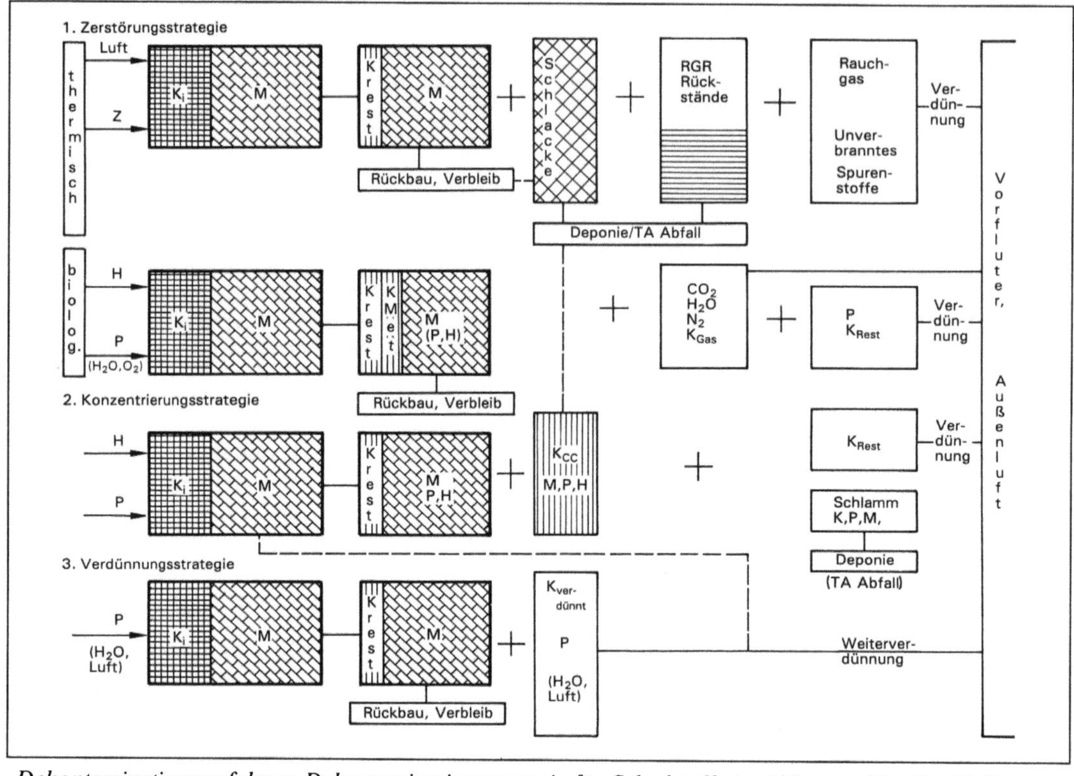

Dekontaminationsverfahren: Dekontaminationsstrategie für Schadstoffe in Altlasten. (Quelle: SRU)

K Kontamination, Kcc Schadstoffkonzentrat, M Erdreich, Z Brennstoff, P Prozeßstoff, H Hilfsstoff, Kmet Metaboliten

chender Gradmesser für die Sanierung von Altlasten sein kann.

Auf Grund naturgesetzlicher und technischer Grenzen verbleiben nach der Dekontamination Restkontaminationen. Diese müssen bei gereinigtem Erdreich hinsichtlich →Mobilität, →Mobilisierbarkeit und ihrer Wirkung auf Schutzgüter und Nutzung beurteilt werden. Auch sind die Struktur des gereinigten Erdreichs und seine biologische Aktivität für eine etwaige Nachbehandlung wichtige Bewertungskriterien. D. sind vorzugsweise für →Altstandorte und örtlich begrenzte Verunreinigungen geeignet. Sie können aber auch als Teilmaßnahme bei großräumigen →Altablagerungen eingesetzt werden. Bei allen D. sind die erforderlichen Vorkehrungen zum Arbeitsschutz, Immissionsschutz, Gewässerschutz usw. zu beachten. *Thoenes*

Literatur: SRU: Altlasten. Stuttgart 1990.

Deletion. D. bezeichnet jede durch Verlust von mindestens einem Basenpaar erzeugte →Mutation. Hierbei ist es unerheblich, ob die Mutation zu einem veränderten →Phänotyp führt, obwohl durch D. bedingte Mutationen in der Regel den Ausfall eines funktionellen Genprodukts bewirken. Im Gegensatz zu einer Punktmutation führt nämlich der Verlust eines Basenpaars in einem Strukurgen (→Gen) zu einer Störung des Leserasters (→Code, genetischer), was in der Mehrzahl der Fälle mit der Expression eines funktionellen Genprodukts unvereinbar ist (frame shift mutation). D. sind besonders stabile Mutationen, deren Rückmutations(Reversions-)rate weitgehend von der Anzahl der deletierten Basenpaare abhängt.

Künstlich erzeugte D. werden u. a. zur Kartierung von Genloci herangezogen. D., die zur →Auxotrophie von Mikroorganismen führen, werden als biologische Sicherungsmaßnahme im Sinne der →Gentechnik-Sicherheitsverordnung gewertet. *Flohé*

Demeton-S-Methyl.
□ Stoff-Identifizierungs-Nr.:
CAS-Nr.: 919-86-8
EG-Nr.: 015-031-00-5
UN-Nr.: 3018
EINECS-Nr.: 213-052-6
□ Chemische Formel: $C_6H_{15}O_3PS_2$
□ Stoffcharakteristik: Gelbliche, ölige, stark charakteristisch riechende Flüssigkeit, in Wasser löslich, gut löslich in Dichlormethan, Propanol und →Toluol.

□ Gefahrenmerkmale:
– Stoffliste nach § 4 a der →Gefahrstoffverordnung:
Gefahrenkennbuchstabe(n): T
R-Sätze: 24/25
S-Sätze: 1/2-28-36/37-45
– Stoffliste (Anhang II) der Störfallverordnung:
Nr. 4 c
– →Wassergefährdungsklasse: WGK 3

Fischer/M. Schön

Denaturierung.

Ökologie. Als D., auch Degradierung, wird die Folge von menschlichen Eingriffen in Landschaften und Ökosysteme bezeichnet, die von Naturnähe zur Naturferne oder von Natürlichkeit zu Künstlichkeit führt. Da hiermit bestimmte Wertungen verknüpft sind, die wiederum auf subjektiven Einstellungen beruhen, ist keine allgemein gültige Definition für D. zu erwarten.

So stellt die Eindeichung und Begradigung eines Flusses eine D. des Gewässers und sogar der ganzen Flußaue dar. Ob aber die Rodung eines Waldes und sein Ersatz durch ein Weizenfeld bereits eine D. ist, darüber gehen die Ansichten ebenso auseinander wie über den Ersatz eines Weizenfeldes durch einen Golfplatz. Durch die ungeregelte Nutzung norddeutscher Laubwälder auf Sandböden sind die Standorte objektiv degradiert worden, doch das Ergebnis, die von Wacholdern durchsetzte Heidelandschaft, wurde zu Anfang des 20. Jahrhunderts als so natürlich und auch gefällig angesehen, daß ihre Erhaltung zu einem der Hauptziele der frühen Naturschutzbewegung wurde.

Von diesen kontrovers interpretierten Grenzfällen abgesehen, wird unter D. eine vor allem durch technische Maßnahmen bedingte Störung oder gar Zerstörung natürlicher Strukturen und Prozesse verstanden. Dazu gehört insbesondere die Überbauung und Versiegelung von Land, wodurch Pflanzendecke und Boden eindeutig zerstört werden.

Zur D. zählt außerdem der permanente Eintrag von Schadstoffen insbesondere in Gewässer, Sedimente und Böden, der zahlreiche Lebensvorgänge und auch Lebewesen ausschaltet oder stark reduziert. Einen Sonderfall stellen die →Altlasten dar, deren denaturierende Auswirkungen oft schwer abzuschätzen sind.

Viele D. sind eng mit der Existenz des modernen Menschen verbunden und daher weder zu vermeiden noch rückgängig zu machen. Aus diesem Grunde werden geplante neue Eingriffe heute einer Prüfung auf →Umweltverträglichkeit gesetzlich unterzogen, und für unvermeidbare denaturierende Eingriffe sind nach § 8 BNatSchG Ausgleichs- oder Ersatzleistungen vorgeschrieben. Wo immer möglich, bemüht man sich aber auch, eine frühere D. durch →Renaturierung wiedergutzumachen. *Haber*

Gentechnik. Als D. bezeichnet man jegliche Störung der Raumstruktur von biologischen Makromolekülen, die mit deren Funktionsverlust einhergeht. In diesem Sinne können Nucleinsäuren, Enzyme und Proteohormone denaturiert werden. Eine D. kann durch physikalische oder chemische Einflüsse erfolgen. Sie kann reversibel oder irreversibel sein. Voraussetzung für eine Reversibilität der D. ist, daß von dem Vorgang ausschließlich nicht-kovalente Bindungen betroffen sind. So ist z. B. die D. (das Schmelzen) von doppelsträngiger helicaler DNA bei erhöhten Temperaturen durch Temperaturabsenkung reversibel. Ebenso ist die D. von Proteinen durch chaotrope Agenzien (Chaotropie) oft reversibel, während hohe Temperaturen Proteine fast immer irreversibel denaturieren. Viele Proteine werden auch durch Trocknung oder Wasserentzug durch organische Lösungsmittel sowie durch Scherkräfte oder Spreitung auf Oberflächen irreversibel denaturiert.

Renaturierung von Proteinen findet begrenzte Anwendung in der Gentechnik, so bei der Gewinnung von Säugetierproteinen nach heterologer Expression in Bakterien. Die reversible D. und Renaturierung von Nucleinsäuren wird bei Hybridisierungstechniken genutzt. Die irreversible D. von Nucleinsäuren und Proteinen bildet die Grundlage der →Dekontamination biologischer Agenzien. *Flohé*

Denitrifikation.

Denitrifikation. Schrittweise mikrobielle Umwandlung von Nitrat (oder auch von Nitrit) zu molekularem Stickstoff (N_2) (oder auch zu Lachgas [N_2O]). Weil nur durch die D. leicht bioverfügbarer, gebundener Stickstoff auf biologischem Wege wieder in weitgehend inertes N_2 überführt werden kann, ist dieser Prozeß nicht nur für den Stickstoffhaushalt der Gewässer und Böden von erheblicher Bedeutung, sondern auch für die sog. Stickstoff-Elimination im Zuge der →Abwasserreinigung.

Zur D. befähigt sind mindestens 30 verschiedene aerobe Bakterienarten (z. B. der Gattung Pseudomonas) vermöge ihrer Ausstattung mit speziellen Enzymen. Voraussetzung für den Ablauf der D. sind die weitgehende Abwesenheit von Sauerstoff am Reaktionsort und die Anwesenheit von Nitrat bzw. Nitrit. Unter diesen anoxischen Bedingungen können die D.-Bakterien mit geeigneten biochemischen Reduktionsmitteln (z. B. H_2 oder Ethanol) einen kompletten Atmungsstoffwechsel betreiben, den man auch als Nitratatmung bezeichnet. Dabei dienen ihnen Nitrat oder Nitrit, gewissermaßen ersatzweise für Sauerstoff, als Elektronenakzeptor. Als Elektronenspender, d. h. als Energiequellen, verwerten autotrophe D.-Bakterien anorganische Verbindungen mit hohem Reduktionspotential (z. B. H_2, H_2S, S^{2-}), während diejenigen Bakterien, die heterotrophe D. betreiben, auf reduzierte organische Substrate angewiesen sind. Hierfür haben sich bei der →Nitratelimination im Rahmen der →Trinkwasseraufbereitung Ethanol oder Essigsäure besonders bewährt, weil bei ihrer Verwendung Gärungen als Nebenreaktionen der D. ausgeschlossen sind.

Für die meisten der zur Trinkwasser-D. technisch eingesetzten Festbettreaktoren sind bei Nitrat-Ausgangskonzentrationen von 70–100 mg/l Eliminationsleistungen von etwa 1 kg NO_3^-–$N/m^3 \cdot$ Tag typisch, während mit Wirbelbett-Reaktoren D.-Raten von mehr als 20 kg NO_3^-–$N/m^3 \cdot$ Tag erzielt wurden. *Soeder*

DENOX →NO_x-Abgasreinigung

Denuder. D. sind Diffusionstrennrohre. Die D.-Technik zielt auf die Trennung von Gas- und Partikelphase unter Ausnutzung der unterschiedlichen Diffusionsgeschwindigkeiten. Bei der klassischen D.-Technik wird die Probenluft durch ein Glasrohr gesaugt, das in Abhängigkeit von dem (den) zu erfassenden Stoff(en) mit einer speziellen Beschichtung versehen ist. So werden beispielsweise zur Erfassung basischer Komponenten wie Ammoniak und Ammoniumverbindungen sauer beschichtete Rohre eingesetzt (z. B. Oxalsäure oder Zitronensäure). Während die gasförmigen Stoffe an der Rohrwand abgeschieden und dort chemisch fixiert werden, passieren die Partikel weitgehend das Rohr und können auf einem Filter gesammelt werden.

Die D.-Technik ist in vielen Varianten fortentwikkelt und teilweise auch automatisiert worden (Ringspaltdenuder, Naßdenuder mit Lösungen als Abscheidemedium, Thermodesorptionsdenuder), (Bild 1, 2).

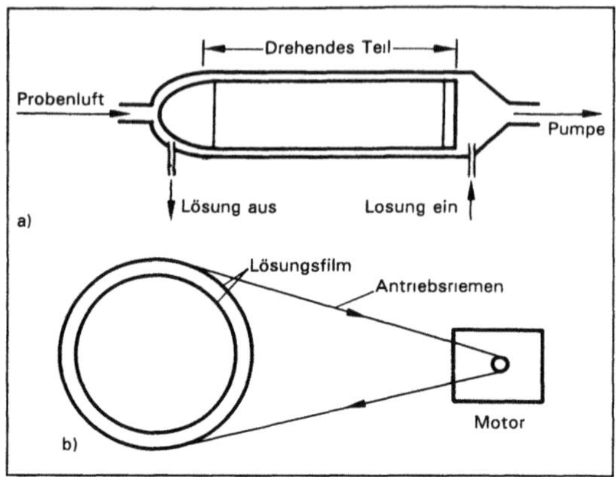

Denuder 1: Nasser Ringspaltdenuder.

D. werden bevorzugt eingesetzt zur differenzierten Probenahme von Stoffsystemen wie Ammoniak/Ammoniumverbindungen, Stickstoffoxide/Salpetersäure/Nitrate, Schwefeloxide/Schwefelsäure/Sulfate oder Halogenwasserstoffe/Halogenide.

Die D.-Technik hat die Möglichkeiten zur differenzierten Probenahme sehr erweitert. Sie kann jedoch – je nach Variante – relativ laboraufwendig

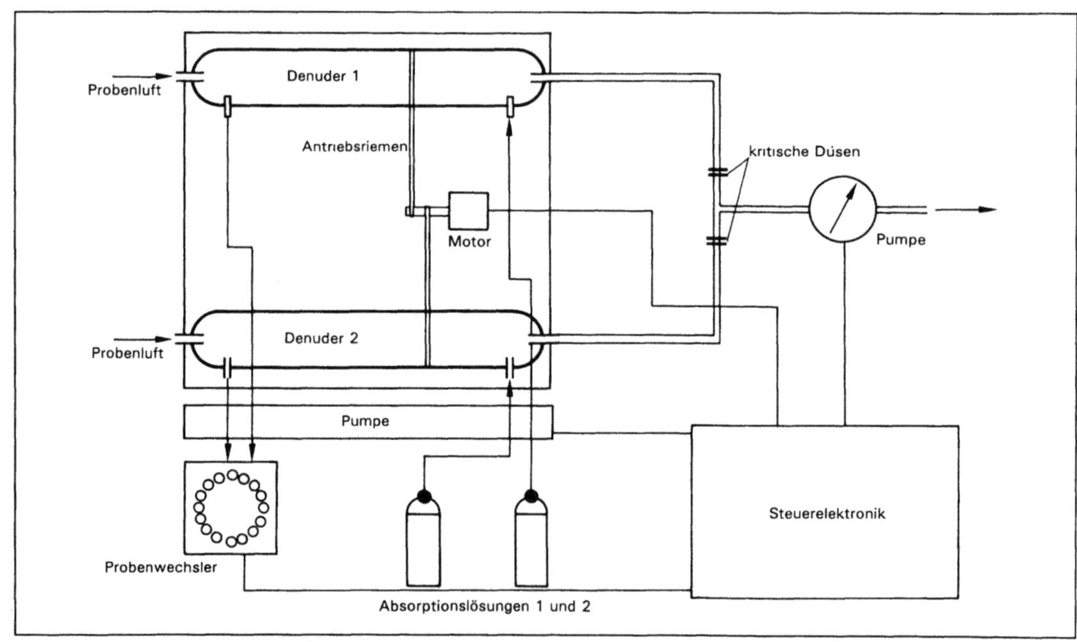

Denuder 2: Schematischer Aufbau einer Parallel-Konfiguration aus zwei nassen Ringspalt-D. zur simultanen Erfassung von NH_3, HNO_3, HCl, SO_2 und H_2O_2.

sein und erfordert viel Erfahrung für einen qualifizierten Einsatz. *Pfeffer*

Literatur: *Keuken, M. P.; C. A. M. Schoonebeek; A. van Wensveen-Louter* und *J. Slanina:* Simultaneous Sampling of NH_3, HNO_3, HCl, SO_2 and H_2O_2 in Ambient Air by a Wet Annular Denuder System, Atmospheric Environment **22** (1988), No. 11, pp. 2541–2548.

Deponieabdichtung. Man unterscheidet Deponieoberflächen-, Deponiebasis- und Deponiezwischen-Abdichtungssysteme. Die Bilder 1 und 2 zeigen die nach der →TA Abfall Teil 1 erforderlichen Basis- und Oberflächen-Abdichtungssysteme für oberirdische Deponien für besonders überwachungsbedürftige Abfälle (SAD, →Sonderabfalldeponie). In der →TA Siedlungsabfall sind entsprechende Abdichtungssysteme für die →Deponieklassen I und II vorgesehen, die in den Bildern 3–6 dargestellt sind und die graduellen Unterschiede in den technischen Anforderungen erkennen lassen. Für Abfälle mit extrem niedrigen Anteilen an organischen Stoffen und besonders niedrigen Eluatwerten, die der Deponieklasse I zugeordnet werden, kann danach auf Kombinationsdichtungen in den Basis- und Oberflächenabdichtungssystemen verzichtet werden. Die Anforderungen an Abdichtungssysteme für Sonder- und Siedlungsabfalldeponien der Deponieklasse II sind dagegen prinzipiell von gleicher Struktur.

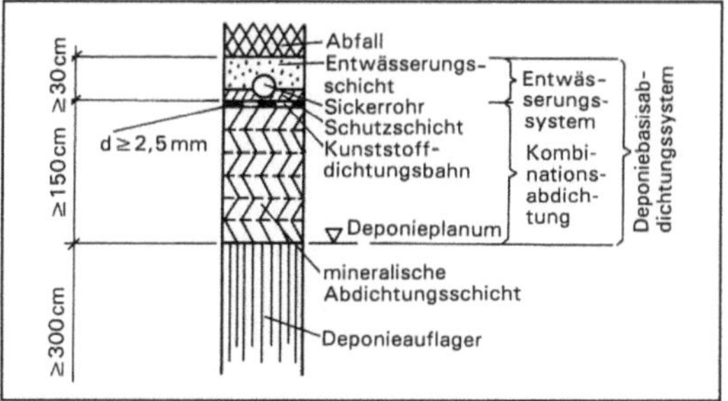

Deponieabdichtung 1: Deponiebasisabdichtungssystem (schematisch) für Sonderabfalldeponien (SAD).

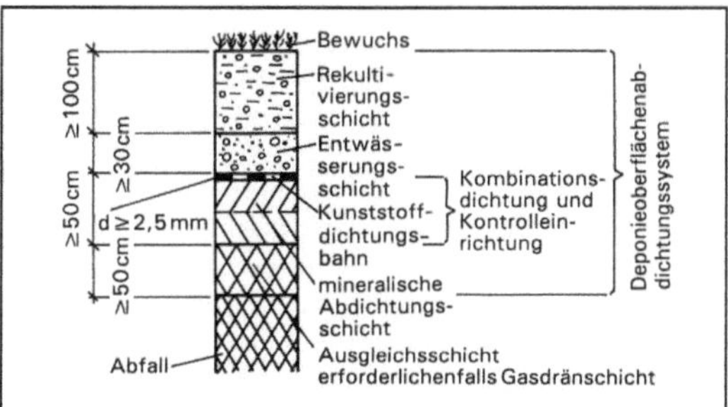

Deponieabdichtung 2: Deponieoberflächenabdichtungssystem (schematisch) für Sonderabfalldeponien (SAD).

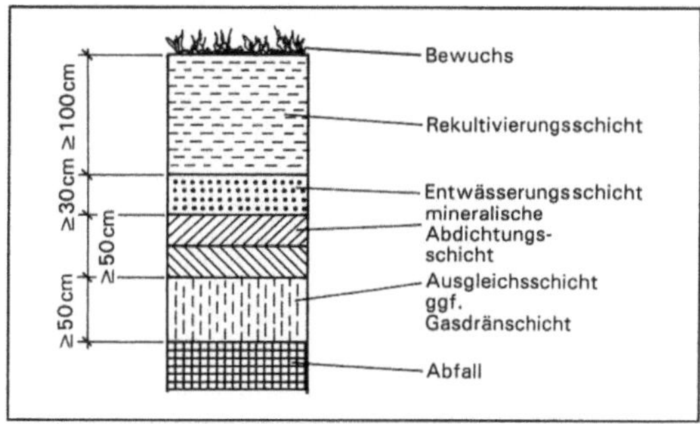

Deponieabdichtung 3: Deponieoberflächenabdichtungssystem (schematisch) für Deponieklasse I nach der TA Siedlungsabfall.

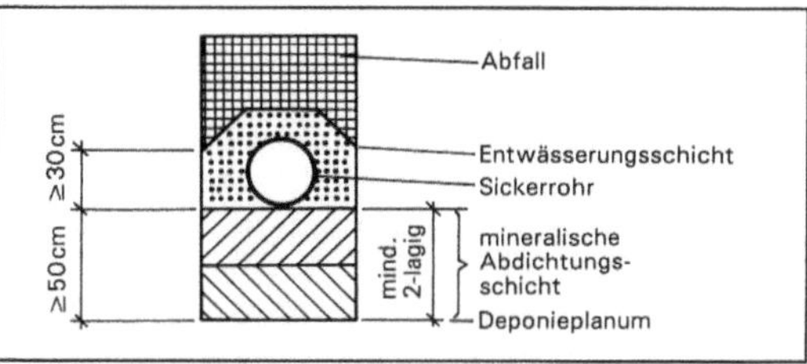

Deponieabdichtung 4: Deponiebasisabdichtungssystem (schematisch) für Deponieklasse I nach der TA Siedlungsabfall.

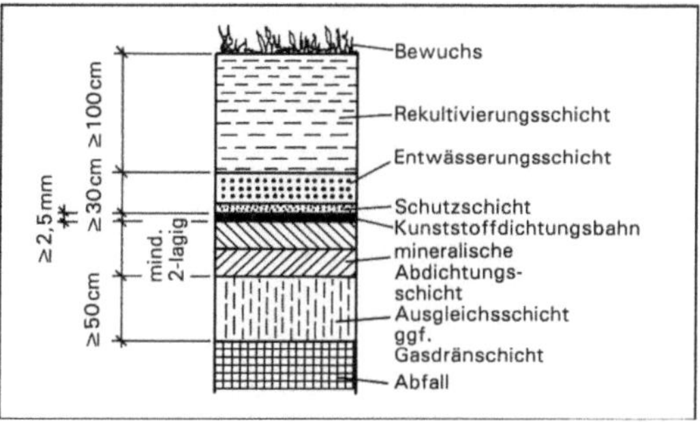

Deponieabdichtung 5: Deponieoberflächenabdichtungssystem (schematisch) für Deponieklasse II nach der TA Siedlungsabfall.

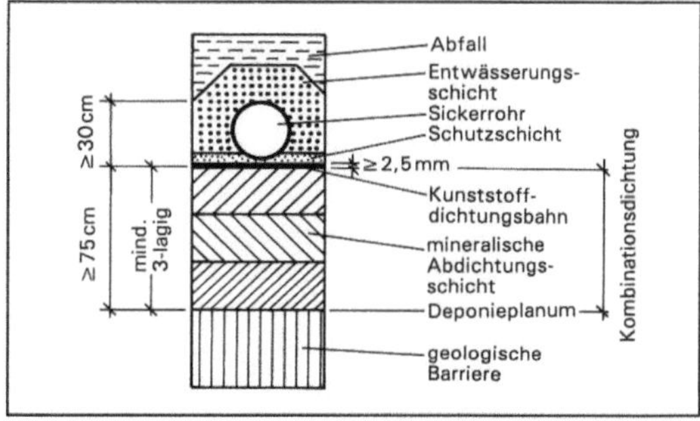

Deponieabdichtung 6: Deponiebasisabdichtungssystem (schematisch) für Deponieklasse II nach der TA Siedlungsabfall.

Deponieoberflächenabdichtungssysteme haben die Aufgabe, die Infiltration von Niederschlagswasser in den →Deponiekörper – in die abgelagerten Abfälle – zu verhindern und den Oberflächenabfluß so abzuleiten, daß Erosionen minimiert werden.

Deponiebasisabdichtungssysteme haben die Aufgabe, die Ableitung von →Sickerwasser in den Untergrund unter der Deponie zu verhindern und eine schnelle Sickerwasserableitung aus dem Ablagerungsbereich zu einer Sickerwasserreinigungsanlage zu gewährleisten (Bild 4, 6).

Deponiezwischenabdichtungssysteme werden bei Altdeponien erforderlich, die ein unzureichendes Deponiebasisabdichtungssystem haben. Deponiezwischenabdichtungssysteme übernehmen für den Altbereich einer Altdeponie die Aufgaben von Oberflächenabdichtungen und für den Neubereich die Aufgaben von Basisabdichtungen.

Als Abdichtungsschichten werden bei Deponien für besonders überwachungsbedürftige Abfälle und für Siedlungsabfälle in der Regel Kombinationsdichtungen gefordert. Deponieoberflächenabdichtungssysteme bei Deponien für besonders überwachungsbedürftige Abfälle müssen kontrollierbar und reparierbar hergestellt werden. Andere Abdichtungssysteme können eingesetzt werden, wenn nachgewiesen wird, daß diese gleichwertig sind.

Kombinationsabdichtungen sind Verbundabdichtungen aus einer mineralischen Abdichtungsschicht mit einer direkt so aufliegenden Kunststoffdichtungsbahn, daß unter einer Auflast ein großflächiger Preßverbund entsteht.

Unter Deponieoberflächenabdichtungssystemen und Deponiezwischenabdichtungssystemen sollten die biologischen Abbauprozesse der organischen Abfälle im Deponiekörper nicht gestört werden, falls diese zum Zeitpunkt der Abdichtung noch nicht abgeklungen sind und zum Erliegen kommen würden. Ggf. müßte dem Deponiekörper Wasser zugeführt werden, um die biologischen Prozesse in Gang zu halten.

Für die Herstellung der D.-Systeme sind Qualitätssicherungspläne aufzustellen, die mindestens folgendes zu enthalten haben:
– Festlegungen der Verantwortlichkeit für die Aufstellung, Durchführung und Kontrolle der Qualitätssicherung,
– die Ergebnisse der Eignungsprüfungen für die erforderlichen Materialien,
– die Maßnahmen zur Qualitätslenkung, z. B. durch Spezifizierung des Herstellungsverfahrens,
– die Maßnahmen zur Qualitätsüberwachung und -prüfung während und nach der Herstellung der D.-Systeme und die Art der Dokumentation der Herstellung (Bestandspläne und Erläuterungsberichte). Bei der Festlegung der Maßnahmen zur Qualitätsüberwachung und -prüfung sind folgende voneinander unabhängige Funktionen zu unter-

scheiden: Eigenprüfung des Herstellers, Fremdprüfung durch Dritte und Überwachung durch die zuständige Behörde. *Stief*

Deponie-Einbautechnik. Unter D.-E. versteht man die Art und Weise, wie Abfälle in Deponien abgelagert – eingebaut – werden. Insbesondere wird darunter verstanden, in welchen Schichtdicken die Abfälle eingebaut werden, welche Gefälle die Schichten haben, welche Verdichtungsmaschinen zum Einbau eingesetzt werden und welcher Verdichtungsaufwand aufgewendet wird. Zur D.-E. gehört auch die Vorgehensweise beim Aufbau des Deponiekörpers, z. B. ob der →Deponiekörper in kleinen Abschnitten schnell bis zur zulässigen Höhe verfüllt oder großflächig, langsam aufgebaut wird. Im Betriebsplan einer Deponie werden die Einzelheiten der Einbautechnik festgelegt.

Im weiteren Sinne gehören zur D.-E. auch die Maßnahmen zur Sickerwasserverminderung, z. B. die provisorische Abdichtung von Deponieflächen, in die z. Z. keine Abfälle eingebaut werden, oder auch der Einbau von Abfällen unter einem Dach (→Deponie-Überdachung).

Die Einbautechnik von Abfällen unterscheidet sich von Deponie zu Deponie. Sie hängt insbesondere auch von der Masse, der Art und von den Eigenschaften der Abfälle ab, die eingebaut werden sollen, aber auch von den topografischen Gegebenheiten und der zur Verfügung stehenden Fläche.

Zum Einbau von Abfällen in Deponien werden Kompaktoren und Planierraupen eingesetzt. *Stief*

Deponieentgasung. Die Entgasung von →Hausabfalldeponien, Klärschlammdeponien und →Altablagerungen, auf denen organische Abfälle abgelagert wurden, ist erforderlich, um gasförmige Emissionen in die Atmosphäre so weit wie möglich zu vermindern. Auch Brand- und Explosionsgefahren sowie Beeinträchtigungen des Pflanzenwuchses auf und in der Umgebung der Deponie werden durch die D. verhindert.

Es ist zu unterscheiden nach der passiven und der aktiven D. Bei der passiven Entgasung wird das →Deponiegas durch den sich im →Deponiekörper aufbauenden Gasdruck herausgedrückt. Bei der aktiven Entgasung wird das Gas durch Gasfördereinrichtungen abgesaugt.

Eine zufriedenstellende Gasfassung läßt sich nur mit aktiver D. erreichen. Die passive Entgasung wird bei Altdeponien mit sehr geringem Gasaufkommen angewendet. Mit der Entgasung sollte bereits während des Deponiebetriebs begonnen werden.

Die Wirksamkeit der D. ist durch Messungen zu überprüfen. Dazu sind z. B. Begehungen der offenen und abgedichteten Deponieoberflächen und der Randbereiche mit Gasspürgeräten erforderlich.

Weiterhin muß die Gasfreiheit der Vegetationsschicht überprüft werden (→Altablagerung, →Deponiegas, →Deponiegasbehandlung, →Deponiegasfassung). *Rosenbusch*

Deponieentwässerung. Der Sickerwasseranfall von Deponien ist eine Funktion des Niederschlags, des Oberflächenabflusses, der Verdunstungsrate und des Rückhalts der Deponie, wobei der Rückhalt seinerseits vom Verdichtungsgrad des Deponiekörpers abhängig ist.

Bereits beim Aufbau des Deponiekörpers soll deshalb die Sickerwasserbildung minimiert werden, um die Mobilisierung von Schadstoffen in den abgelagerten Abfällen einzuschränken und den Aufwand für eine ggf. erforderliche →Sickerwasserbehandlung zu vermindern.

Zur Ableitung von →Sickerwasser ist zunächst die Oberfläche der Deponiebasisabdichtung (mineralische Dichtungsschicht) dachprofilartig auszubilden. Nach Abklingen der Setzungen des Deponieauflagers muß die Oberfläche der Dichtungsschicht ein Quergefälle $\geq 3\%$ und ein Längsgefälle $\geq 1\%$ aufweisen. Über dieser Dichtungsschicht ist eine Entwässerungsschicht in einer Dicke von $d \geq 0,3$ m vorzusehen; dabei ist das Entwässerungsmaterial flächig aufzubringen und soll langfristig einen Durchlässigkeitsbeiwert $k = 1 \times 10^{-3}$ m/s nicht unterschreiten (→Deponieabdichtung).

Zur Sickerwasserfassung und -ableitung sind spülbare und kontrollierbare Sickerrohre (Sammler) vorzusehen. Das Sickerwasser ist in freiem Gefälle Entwässerungsschächten zuzuleiten, die außerhalb des Ablagerungsbereiches der Deponie zu errichten sind.

Für den Bau und den Betrieb einer ggf. erforderlichen Sickerwasserbehandlungsanlage sowie für die Einleitung in ein →Gewässer oder in eine öffentliche Kanalisation sind insbesondere die Anforderungen des WHG zu beachten. *Neuenhahn*

Deponiegas. D. entsteht bei der Ablagerung von organischen Abfällen auf Deponien, insbesondere auf →Hausabfalldeponien. Die Bildung von D. erfolgt überwiegend durch mikrobielle Abbaureaktionen, seine Hauptbestandteile sind Methan und Kohlendioxid.

Voraussetzung für die Bildung von Gas im →Deponiekörper ist ein weitgehender Ausschluß von Luft (→Abbau, anaerober). Weiterhin müssen bestimmte Milieubedingungen eingehalten werden. Der wichtigste Einflußfaktor ist der Wassergehalt im Abfall; bei über 60% ist die Methanbildung optimal. Auch die Temperatur beeinflußt die Methanbildung. Optimale Bedingungen liegen bei 10–45 °C vor.

Die insgesamt produzierte Gasmenge (Gaspotential) liegt nach Laborversuchen zwischen 150 und 250 m³ pro t feuchtem →Hausabfall. Bei realen Deponien ist wegen unvollständiger Umsetzungsprozesse eher mit niedrigeren Werten zu rechnen. Die Gasproduktion setzt etwa ein Jahr nach Ablagerung ein. Aussagen über die Gesamtdauer der Gasproduktion sind schwierig. Bei einzelnen →Altablagerungen wurden noch Jahrzehnte nach Beendigung des Deponiebetriebs Methankonzentrationen von über 20% festgestellt.

Sofern keine Luft in den Deponiekörper eindringt, beträgt der Methangehalt des D. etwa 55% und der Kohlendioxidgehalt etwa 45%. In der Praxis sind die Methangehalte jedoch oftmals niedriger, weil z. B. durch die Gasfassung und die Gasförderung eine Verdünnung des D. mit Luft erfolgt. Bei normalen Betriebsbedingungen liegen die Methangehalte bei etwa 35–55%. Der Heizwert beträgt dementsprechend etwa 3,5–5,5 kWh/m³.

Neben den Hauptkomponenten Methan und Kohlendioxid enthält D. Sauerstoff und Stickstoff auf Grund des Eintritts von Luft sowie eine Vielzahl von Spurenstoffen. Dazu zählen insbesondere organischen Verbindungen und Schwefelwasserstoff. Auch krebserzeugende →Stoffe wie Benzol und Vinylchlorid sind in den meisten Fällen im D. enthalten. Der Anteil der Spurenstoffe liegt in der Regel deutlich unter 1%. Eine ausführliche Übersicht über Spurenbestandteile in D. gibt der SRU in seinem Sondergutachten 1990 (Spurenstoffe und Konzentrationsbereiche).

D. kann Mensch und Umwelt beeinträchtigen oder gefährden. So sind Geruchsbeeinträchtigungen, Brand- und Explosionsgefahren, Gesundheitsgefährdungen, Beeinträchtigungen des Pflanzenwachstums und Auswirkungen auf die Atmosphäre (→Treibhauseffekt) möglich. Hausabfall-Deponien müssen deshalb mit optimalen Systemen zur →Deponiegasfassung und mit wirksamen Abdichtungssystemen ausgestattet werden. Das gefaßte D. ist nach dem Stand der Technik zu behandeln. (→Altablagerung, →Deponieentgasung, →Hausabfalldeponie). *Rosenbusch*

Literatur: Der Rat von Sachverständigen für Umweltfragen: Abfallwirtschaft, Sondergutachten 1990. Stuttgart 1991.

Deponiegasbehandlung. Das auf Grund der →Deponieentgasung anfallende Gas kann wegen der damit verbundenen Umweltbeeinträchtigungen nicht unmittelbar in die Atmosphäre abgeleitet werden. Es muß daher in der Regel einer Behandlung zugeführt werden. Nur in Ausnahmefällen, z. B. bei der Schutzentgasung von bebauten →Altablagerungen, wo nur geringe Gasmengen anfallen, wird →Deponiegas gelegentlich unmittelbar abgeleitet.

Bei der D. ist zu unterscheiden nach der Behandlung mit und ohne Energienutzung. Die D. ohne Energienutzung erfolgt in Fackeln oder Brennmuffeln. Eine Behandlung mit Energienutzung kann einerseits in Feuerungsanlagen, Verbrennungsmotoren-Anlagen oder Gasturbinen erfolgen, andererseits kann Deponiegas zu Erdgas oder Flüssiggas aufbereitet werden. Die Verbrennung ohne Energienutzung sollte wegen der damit verbundenen Energieverschwendung die Ausnahme sein.

Da auch das aufbereitete Deponiegas bei der Nutzung verbrannt wird, ist die D. mit oder ohne Energienutzung immer eine thermische Behandlung. Dabei wird das im Deponiegas enthaltene Methan zu Kohlendioxid und Wasserdampf umgesetzt. Halogenkohlenwasserstoffe werden zu Chlor- und Fluorwasserstoff umgesetzt; aus Schwefelwasserstoff entstehen Schwefeloxide. Bei unvollständiger Verbrennung können Halogenverbindungen auch zu Emissionen an hochtoxischen und persistenten Stoffen wie polychlorierten Dibenzodioxinen (PCDD) und polychlorierten Dibenzofuranen (PCDF) führen.

Eine Deponiegasreinigung vor der thermischen Behandlung ist erforderlich, wenn die Spurengehalte im Deponiegas zu Grenzwertüberschreitungen bei den Schadstoffemissionen aus Gasnutzungsanlagen führen oder wenn Korrosionsprobleme an Gasnutzungsanlagen zu befürchten sind. Es stehen verschiedene Technologien zur Deponiegasreinigung zur Verfügung. Auf den Deponien Kapiteltal (Rheinland-Pfalz) und Brandholz (Hessen) sind Aktivkohleverfahren zur Gasreinigung im Einsatz, auf den Deponien Berlin-Wannsee und Braunschweig (Niedersachsen) erfolgt die Gasreinigung durch Absorption mit organischen Lösemitteln. (→Deponieentgasung, →Deponiegasfackel, →Deponiegasnutzung). *Rosenbusch*

Deponiegasfackel. D. sind Anlagen zur Verbrennung von →Deponiegas ohne Energienutzung. Auf etwa 30 % der in Betrieb befindlichen Hausabfalldeponien wird Deponiegas abgefackelt. Obwohl zukünftig eine umfassende Verwertung des anfallenden Deponiegases angestrebt wird, werden auch dann in vielen Fällen noch Fackeln zur Sicherheit für den Ausfall der Gasnutzungsanlage benötigt.

Der einfachste und für lange Zeit am weitesten verbreitete Fackeltyp ist die Bunsenfackel mit offener Flamme. Nachteile dieser Niedertemperatur-Fackeln sind mindere Verbrennungsqualität durch Witterungseinflüsse und erhebliche Schadstoffemissionen.

Neuere D. haben vollständig umschlossene Verbrennungsräume aus hitzebeständigem Stahl mit mehr oder weniger aufwendiger keramischer Auskleidung. Das Emissionsverhalten ist deutlich besser. Ein guter Abgasausbrand ist bei Verbrennungstemperaturen ab etwa 1 000 °C zu erwarten. Besonders niedrige Emissionswerte wurden bei Fackeln (Brennmuffeln) mit Verbrennungstemperaturen

von etwa 1 200 °C ermittelt. Bei Verbrennungstemperaturen von mehr als 1 000 °C, teilweise auch erst bei mehr als 1 200 °C, spricht man von Hochtemperaturfackeln. Gelegentlich werden Fackeln mit Verbrennungstemperaturen von 1 000 °C bis 1 200 °C auch als Mitteltemperaturfackeln bezeichnet (→Deponiegasbehandlung). *Rosenbusch*

Deponiegasfassung. Zum D.-System gehören Einrichtungen zur Fassung und Ableitung des →Deponiegases, das mit Fassungselementen (Kollektoren) aus dem →Deponiekörper abgesaugt wird. Fassungselemente sind z. B. Gasbrunnen bzw. Kies- oder Schottersäulen. Insbesondere im Ablagerungsbereich kommen auch horizontale Fassungselemente (geschlitzte Kunststoffrohre) zum Einsatz.

Bei größeren Deponien wird das Gas aus den Gasbrunnen und den übrigen Fassungselementen über Kunststoffleitungen zu Sammelstationen geführt. Diese sind direkt oder über eine Ringleitung mit der Zentralstation verbunden. Von dort gelangt das Gas über eine Gasfördereinrichtung zur →Deponiegasbehandlung. Gelegentlich kommen auch doppelte Ringleitungen zum Einsatz, in denen Gutgas für die Gasnutzung und Schlechtgas zur Verbrennung in Fackeln gefördert wird. Bei kleineren Deponien wird das Gas aus den Brunnen direkt zur Sammelstation geführt.

Als Gasfördergeräte kommen je nach dem erforderlichen Unterdruck z. B. Radialventilatoren und Drehkolbenmaschinen zum Einsatz. Die Regelung der Gasmenge und -qualität erfolgt entweder manuell oder mit automatischen Systemen durch Einstellung des Unterdrucks an den Gasbrunnen und den Sammelstationen.

Zur Auslegung des Gasfassungssystems muß der zeitliche Verlauf des Deponiegasanfalls hinreichend bekannt sein. Die Gasmengen werden in der Regel rechnerisch nach Prognosemodellen ermittelt. Der Erfassungsgrad des Deponiegases liegt je nach Qualität der Deponie-Abdichtungssysteme und des Gasfassungssystems in der Größenordnung von 10–80 % (→Deponieentgasung). *Rosenbusch*

Deponiegasnutzung. Anlagen zur D. sind in erster Linie Anlagen zur →Deponiegasbehandlung im Hinblick auf eine Minimierung der von der Deponie ausgehenden Schadstoffemissionen. Eine energetische Nutzung bietet sich an wegen seines hohen Gehalts an Methan. Ein m³ Deponiegas hat etwa den Energieinhalt von 0,3–0,4 l Heizöl. Der Heizwert von →Deponiegas ist etwa identisch mit dem von Stadtgas.

Schwerpunkt der D. in Deutschland ist die Stromerzeugung mit Hilfe von →Verbrennungsmotorenanlagen und die Erzeugung von Raum- und Prozeßwärme durch Verbrennung in →Feuerungsanlagen. Ende 1991 verfügten 32 % der in Betrieb befindlichen Hausabfalldeponien über Anlagen zur D. Nach den vorliegenden Planungen soll der Anteil in den nächsten Jahren auf über 50 % ansteigen. Daneben gibt es eine größere Anzahl von Gasnutzungsanlagen auf bereits geschlossenen Deponien.

Mit der Verbrennung von Deponiegas in Feuerungsanlagen können in der Regel die höchsten Wirkungsgrade erzielt werden. Da oftmals kein geeigneter Wärmeabnehmer in der Umgebung der Deponie vorhanden ist, ist der Anteil der Deponiegasfeuerungsanlagen an den Gasnutzungsanlagen vergleichsweise gering. Deponiegas wird überwiegend verbrannt in Dampf- und Warmwasserkesseln zur Gewinnung von Raumwärme, Prozeßwärme und gelegentlich auch zur Stromerzeugung sowie in Tunnelöfen von Ziegeleien und auch in Drehrohröfen in Zement- und Blähtonwerken. Ein besonders guter Abgasausbrand läßt sich mit Hochtemperaturfeuerungen (Verbrennungstemperatur >1 000 °C) erzielen.

Auf der überwiegenden Zahl der Deponien erfolgt die D. durch Verstromung von Deponiegas über Verbrennungskraftmaschinen. Teilweise wird die dabei anfallende Abwärme für Heizzwecke (→Fernwärme, Gärtnereien usw.) genutzt. Der elektrische Wirkungsgrad der Deponiegasverstromung liegt zwar nur bei knapp über 30 %, der erzeugte Strom kann aber problemlos in das Stromnetz eingespeist werden. Auf Grund des Energieeinspeisungsgesetzes müssen die Elektrizitäts-Versorgungsunternehmen den Strom abnehmen und angemessen vergüten; 1992 lagen die durchschnittlichen Erlöse zwischen 12 und 13,8 Pfennig/kWh.

Andere Möglichkeiten der D., die in Deutschland allerdings noch keine größere Bedeutung haben, sind der Einsatz in Gasturbinen und die Aufbereitung zu Erdgas oder zu Treibstoff für Deponiefahrzeuge. *Rosenbusch*

Deponiekataster. Der Begriff D. wird für zwei unterschiedliche Sachverhalte verwendet:
□ Unter D. versteht man, entsprechend der Definition für das Altlast-Verdachtsflächen-Kataster, die Kataster, in die Daten über zugelassene Deponien eingetragen sind, die zur Beurteilung der →Umweltverträglichkeit, der Nutzungsmöglichkeiten, der erforderlichen Kontrollen und ggf. auch einer späteren Sanierung als →Altlasten erforderlich sind.
□ Mit (Abfall)Kataster einer Deponie wird die Summe der (wichtigen) Informationen bezeichnet, mit denen der Aufbau eines →Deponiekörpers beschrieben werden kann.

Das Abfallkataster soll sicherstellen, daß bei neuen Deponien die erforderlichen Informationen dokumentiert werden, um den kommenden Generationen eine Bewertung des Gefährdungspotentials unserer heutigen Deponien zu ermöglichen.

Das Abfallkataster kann aber auch bereits bei der Festlegung von Nachsorgemaßnahmen für eine Deponie von Nutzen sein. In der →TA Abfall Teil 1 und gleichermaßen in der →TA Siedlungsabfall wird verlangt, daß über den Aufbau jedes Deponieabschnittes ein Ablagerungsplan (Abfallkataster) anzulegen ist. Dazu ist der →Deponiekörper in ein dreidimensionales Raster zu unterteilen. Mindestens sind für jeden Rasterblock des Deponie-Abfallkatasters folgende Angaben zu dokumentieren: Abfallart, Abfallmenge, Ort der Ablagerung (Raster-Nr.), Angaben zur Einbautechnik (Schichtdicken, Schichtneigung, Abdichtungen, Verdichtungsgeräte), Zeitpunkt der Ablagerung sowie Abweichungen vom Betriebsplan. *Stief*

Deponieklassen. Abzulagernde Abfälle werden auf Grund der Gehalte an Restorganik und der in ihrem →Eluat gemessenen Stoffkonzentrationen verschiedenen D. zugeordnet.

Die →TA Siedlungsabfall sieht zwei D. vor. Dabei sollen auf der zukünftig als Regeldeponie angestrebten D. I nicht verwertbare Abfälle mit besonders niedrigen Eluatwerten und ohne nennenswerte Anteile an organischen Stoffen abgelagert werden.

Auf D. II dürfen Abfälle mit etwas höheren Anteilen an biologisch abbaubaren Stoffen und reduzierten Anforderungen an das Eluat abgelagert werden. Als Ausgleich für die weniger strengen Anforderungen an die Eigenschaften des abzulagernden Restabfalls sind bei Deponien der Klasse II jedoch deutlich höhere Anforderungen an Deponiestandort und Deponie-Abdichtungssysteme (Basisabdichtung, Oberflächenabdichtung) einzuhalten (→Deponieabdichtung).

Als dritte D. kann die gemäß →TA Abfall Teil 1 (TA Sonderabfall) anzulegende →Sonderabfalldeponie (SAD) angesehen werden, die in ihrem Anforderungsniveau mit D. II der TA Siedlungsabfall auf einer Stufe steht. *Bergs*

Deponiekörper. Als D. wird die Masse der in einer Deponie abgelagerten Abfälle bezeichnet. Das Verhalten des D. bestimmt weitgehend die langfristige →Umweltverträglichkeit einer Deponie. Als Deponieverhalten bezeichnet man im wesentlichen die Sickerwasser- und Deponiegas-Emissionen sowie die Standsicherheit der Deponie einschließlich des Setzungen.

In Deponien, in denen biologisch abbaubare Abfälle abgelagert werden, z. B. herkömmliche Hausabfalldeponien, Klärschlammdeponien, laufen weitgehend ungesteuerte physikalische, chemische und vor allem biologische Prozesse ab, die zu praktisch nicht prognostizierbaren Sickerwasser- und Deponiegasemissionen sowie Setzungen des D.

hinsichtlich der Größe und des zeitlichen Verlaufs führen.

Bei Deponien, dic entsprechend der →TA Abfall Teil 1 für besonders überwachungsbedürftige Abfälle und entsprechend der →TA Siedlungsabfall für Siedlungsabfälle errichtet und betrieben werden, werden Eigenkontrollen des Deponieverhaltens, sowie die Auswertung der Meßergebnisse hinsichtlich der Planungsannahmen gefordert. Um den Aufbau des D. einer Deponie zu dokumentieren, werden Ablagerungspläne (Abfallkataster) angelegt. *Stief*

Deponieleckage. Im Deponiebau haben Leckagen bei den Deponieabdichtungssystemen eine große Bedeutung, weil gewässergefährdendes →Sickerwasser unkontrolliert in den Untergrund abgeleitet werden könnte.

Für Deponien für besonders überwachungsbedürftige →Abfälle werden Deponieoberflächen-Abdichtungssysteme gefordert, bei denen Undichtigkeiten für die Dauer der Nachsorge lokalisiert und repariert werden können. Auch im Bereich von Rohrdurchdringungen des Abdichtungssystems im Böschungsbereich von Deponien sind Leckagen möglich, wenn z. B. durch Setzungen Verformungen auftreten (→Deponieabdichtung). Deshalb wird gefordert, daß solche Rohrdurchdringungen kontrollierbar und reparierbar ausgeführt werden müssen.

Leckagen sollen auch bei Abdichtungen der Lagerbereiche, Arbeitsbereiche und Behandlungsbereiche von Abfallbehandlungsanlagen und Deponien, in denen verunreinigte Wässer anfallen können, vermieden werden und kontrolliert werden können. Diese Bereiche sind in regelmäßigen Abständen auf Dichtigkeit zu prüfen. *Stief*

Deponie-Überdachung. Zur Verringerung des Anfalls problematischer Sickerwässer wird bei Sonderabfalldeponien angestrebt, die Deponie von vornherein möglichst wasserfrei zu halten. Hierzu kann der Einlagerungsbereich der Deponie temporär überdacht werden, bis die Oberflächenabdichtung aufgebracht ist.

Entsprechende Vorgaben für die zeitweise D.-Ü. oder Abdeckung enthält die →TA Abfall Teil 1, soweit eine Anfeuchtung des Abfalls aus technischen oder betrieblichen Gründen nicht erforderlich ist. Bei der Überdachung darf das Deponiebasisabdichtungssystem durch Stützen oder Fundamente nicht beschädigt oder unzulässig beansprucht werden.

Eine zeitweise D.-Ü. kann sich durch langfristige Einsparung von Kosten für die Sickerwasserreinigung auch wirtschaftlich positiv auf den Deponiebetrieb auswirken. *Bergs*

Deposition. Als D. wird die Ablagerung von Spurenstoffen aus der Atmosphäre verstanden. Die

D. stellt einen Transportvorgang dar, dem verschiedene Mechanismen wie Sedimentation, Impaktion und Diffusion zugrunde liegen können. Während für die D. von Gasen im wesentlichen Diffusionsvorgänge von Bedeutung sind, stehen bei Stäuben und Flüssigkeitströpfchen Sedimentation und Impaktion im Vordergrund.

Im Zusammenhang mit der immissionsmeßtechnischen Überwachung stellt die D. von Stäuben und Aerosolen einen besonders wichtigen Komplex dar. Als sog. Staubniederschlag, der meßtechnisch überwiegend mit Hilfe des *Bergerhoff*-Verfahrens bestimmt wird, ist dieser Depositionsanteil eine wichtige Meßgröße, für die auch in der →TA Luft Grenzwerte vorgegeben wurden. Dies gilt ebenfalls für Staubinhaltsstoffe wie Blei und Cadmium. *Pfeffer*

Deposition, nasse. Bezeichnung für die auf der Erdoberfläche zusammen mit Niederschlägen in fester oder flüssiger Form abgeschiedene Menge von atmosphärischen Spurenstoffen pro Zeit- und Flächeneinheit, sofern die Niederschlagsintensität >0,1 mm/h beträgt. Bei der D. durch geringere Niederschlagsintensitäten wie Wolken, Nebel oder Tau spricht man von *feuchter D.* Da die Konzentration von Spurenstoffen in Wolkenwasser deutlich höher als in Regenwasser liegt, ist die feuchte D. in manchen Gebieten sehr wirksam. Bei der n. D. unterscheidet man zwischen Ausregnen (*engl.* rain out oder in-cloud scavenging) und Auswaschen (*engl.* washout oder below cloud scavenging). Man ikel, die als Kondensationskerne dienen, sowie die meisten löslichen Gase rasch aus der Atmosphäre entfernt werden. Eine obere Grenze für die Wirksamkeit der n. D. ergibt sich wahrscheinlich dadurch, daß durch einsetzenden Regen die Konzentration rasch auf Null abfällt. Wird die n. D. bezüglich der abgeschiedenen Menge an Spurenstoffen mit der trockenen D. am Boden verglichen, so ergibt sich, daß in Industrie- und Großstadtgebieten und deren Umgebung die trockene →Deposition und in Reinluftgebieten die n. D. überwiegt.

In der Bundesrepublik Deutschland ist die n. D. von größerer Bedeutung als die trockene, z. B. für Sulfat, Nitrat, Chlorid, Blei und Cadmium. *Giebel*

Deposition, trockene. Die t. D. am Boden ist neben der nassen →Deposition eine bedeutsame Senke, durch die viele Spurenstoffe wieder aus der Atmosphäre ausgeschieden werden. Abgesehen von der chemischen Beschaffenheit des abgelagerten Stoffs ist die t. D. für Gase wie für Partikel abhängig von vielen Variablen, z. B. von der →Windgeschwindigkeit, der →Rauhigkeitslänge der den Boden bedeckenden Vegetation oder →Bebauung, ihrer Oberfläche pro m² Bodenfläche, der Art der Oberfläche (chemische Beschaffenheit des

Gesteins, Spaltöffnung der Pflanzen geöffnet oder geschlossen). Die Schwankung der t. D. ist je nach Art der Oberfläche bei ein und demselben Stoff relativ groß. Bei SO_2 ist sie z. B. über taubedecktem Wald mehr als 20mal so wirksam wie über trockenem Schnee. Sehr wirksam ist die t. D. auch über Stadtgebieten. Eine große Rolle spielt die →Temperaturschichtung der Atmosphäre; über einer Süßwasserfläche wurden z. B. für SO_2 durch Messung der vertikalen SO_2-Gradienten in Abhängigkeit von der Temperaturschichtung folgende →Depositionsgeschwindigkeiten als Maß für die t. D. gefunden:

Temperaturschichtung	↑Depositionsgeschwindigkeit (cm/s)
labil	4,2
neutral	2,2
stabil	0,2

Giebel

Depositionsgeschwindigkeit. Die D. kennzeichnet das Verhältnis zwischen der flächenbezogenen Aufnahmemenge der Luftverunreinigung und ihrer Dichte (bzw. Konzentration) innerhalb der Atmosphäre, d. h.

$$v_d = [\text{Masse}]\,[\text{Fläche}]^{-1}\,[\text{Zeit}]^{-1} / ([\text{Masse}]\,[\text{Volumen}]^{-1}).$$

Sie hat damit die Dimension $[\text{Länge}]\,[\text{Zeit}]^{-1}$. Als Maßeinheit wird in der Regel $[\text{cm s}^{-1}]$ verwendet. Als sehr anschaulich hat sich ihr reziproker Wert, nämlich der Depositionswiderstand in der Dimension $[\text{Zeit}]\,[\text{Länge}]^{-1}$ erwiesen, weil für ihn wie in der Elektrizitätslehre die *Kirchhoffschen Gesetze* gelten. In Bild 1 sind die Vorgänge der trockenen →Deposition an der Blattoberfläche im Detail dargestellt.

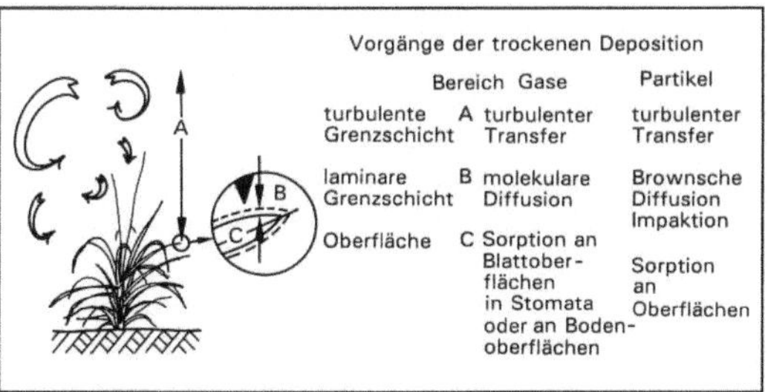

Depositionsgeschwindigkeit 1: Vorgänge der trockenen Deposition.

Aus Bild 2 ist zu erkennen, daß sich die einzelnen Widerstände in Reihe verstärken, bei paralleler Anordnung jedoch vermindern, wobei für die D. über einem Bestand der resultierende Gesamtwiderstand maßgeblich ist. Der Depositionswider-

stand in der turbulenten →Grenzschicht bestimmt sich im wesentlichen durch die Rauhigkeit der Oberfläche im aerodynamischen Sinne, die beim Wald extrem hoch, bei einer glatten Oberfläche, z. B. Beton, extrem niedrig ist.

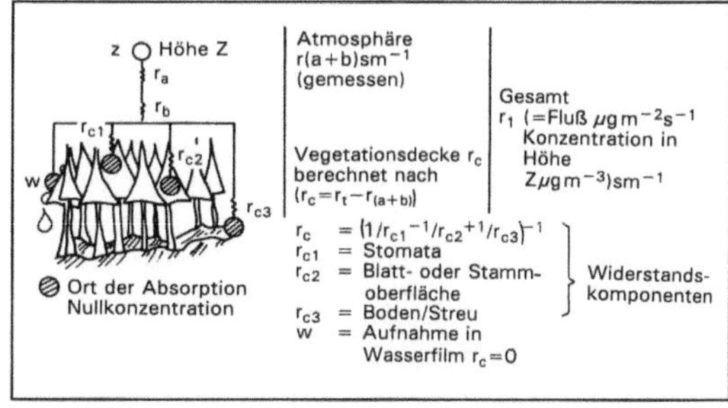

Depositionsgeschwindigkeit 2: Widerstände der trockenen Deposition von Spurengasen.

Die Ermittlung der D. ist nur in Annäherung möglich, wobei einfach strukturierte Modelloberflächen wie kurz geschnittenes Gras noch die zuverlässigsten Werte erbringen. Grundsätzlich bestehen zur Ermittlung der D. folgende Möglichkeiten:
– Die Elementflüsse F2, F3, F4 und F6 (Bild 3) enthalten noch jeweils einen Teilbeitrag aus der Luft und einen Teilbeitrag aus dem Boden. Wie leicht ersichtlich, ist dieses System unterbestimmt, so daß zu verschiedenen Hilfsannahmen gegriffen werden muß, die die Aussagefähigkeit entsprechender Untersuchungen mehr oder minder in Frage stellen.

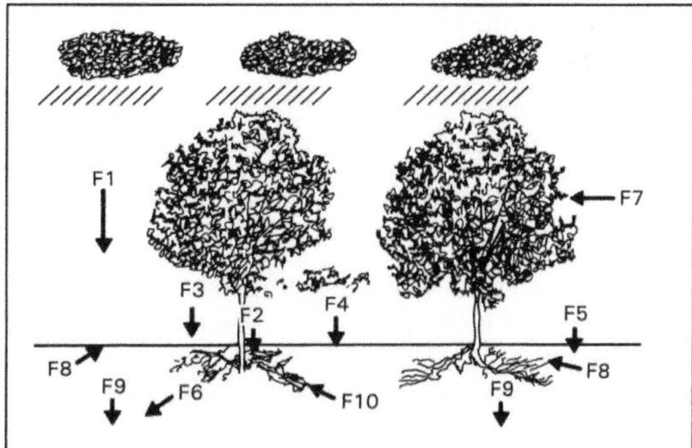

Depositionsgeschwindigkeit 3: Schematische Darstellung der einzelnen Elementflüsse in einem Wald-Ökosystem.

F1 Niederschlag im Freiland, F2 Stammablauf im Waldbestand, F3 Kronentraufe im Waldbestand, F4 Stoffeintrag durch Laub-/Nadelfall (Bestandesabfall), F5 Trockene Deposition auf den Boden, F6 Wurzelausscheidungen in den Boden, F7 Deposition im Kronendach durch Impaktion, Ad- und Absorption, F8 Teilfluß in den Boden, der sich als Differenz zwischen Eintrag und Austrag ergibt und damit zur Anreicherung führt, F9 Auswaschung aus dem Boden in das Grundwasser, F10 Aufnahme aus dem Boden durch die Wurzel

– Bei der sog. Gradientenmethode werden oberhalb der Akzeptoroberfläche höhenabhängige Konzentrationsmessungen der Luftverunreinigung zusammen mit Messungen der Windgeschwindigkeit und der Temperatur durchgeführt. Hierbei wird der experimentell ermittelte Wärmefluß über verschiedene theoretische Modellannahmen mit dem Stofffluß verknüpft. Dieses Verfahren ist für hohe Vegetationsflächen, wie Wald, nicht geeignet.

– Die Kovarianz- oder Eddy-Korrelation-Methode geht von dem Produkt zwischen der Summe aus dem zeitlichen Mittel der vertikalen Windgeschwindigkeit bzw. ihrer turbulenten Abweichung und der Summe des zeitlichen Mittels der Konzentration der Luftverunreinigung bzw. ihrer turbulenten Abweichung aus. Dieses Produkt führt über einen zeitlich integralen Ansatz unmittelbar zum vertikalen Massenfluß. Voraussetzung sind extrem schnell ansprechende Meßgeräte sowie repräsentative Meßorte. Daher bestehen auch hier Einschränkungen in der Gültigkeit der Ergebnisse.

– Durch Vergleich der Schadstoffdichten am Rande und in der Mitte eines Waldbestands zusammen mit der Wind- (= Transport-)geschwindigkeit lassen sich ebenfalls Abschätzungen der D. vornehmen. Diese führten bei einem 35jährigen Fichtenbestand für Schwefeldioxid, bei dem die Konzentration innerhalb des Bestands im Vergleich zur Meßstelle oberhalb der Krone bis zu 65 % herabgesetzt war, zu Werten von 0,5 bis 0,9 cm s^{-1}, was in der Spanne anderer üblicher Angaben in der Literatur liegt. Bei derselben Untersuchung wurden im übrigen für den Bestandsrand folgende Stickstoffdepositionen in kg N ha^{-1} a^{-1}, getrennt für Freilandniederschlag und Impaktion, ermittelt:

NH$_4$-N	Freiland	11,4
	Impaktion	22,1
NO$_3$-N	Freiland	9,7
	Impaktion	19,0
	Summe	62,2.

Von dem dem Wald zugeführten Ammonium wurden etwa 4 kg N ha^{-1} a^{-1} aus der Impaktion und etwa 2 kg N ha^{-1} a^{-1} aus dem Niederschlag von der Nadel aufgenommen. Diese Mengen gelangen erst mit dem Nadelstreu auf den Boden und verstärken dann den unmittelbaren Eintrag aus der Luft. Dieses Beispiel zeigt, daß auch der Begriff der D. von stark vereinfachten Bedingungen ausgeht und daß die tatsächlichen Depositionsverhältnisse demgegenüber weit verwickelter sind. *Prinz*

Literatur: VDI-Kommission Reinhaltung der Luft (Hrsg.): Säurehaltige Niederschläge – Entstehung und Wirkung auf terrestrische Ökosysteme. Düsseldorf 1983.

Depotcontainer. Form des →Bringsystems. Eingeführt zur Erfassung von →Altglas und Altmetall, heute in zunehmendem Maße auch für →Altpapier und Textilien eingesetzt. Die ursprüngliche Form des Einkammercontainers wird den heutigen Marktanforderungen für →Sekundärrohstoffe nicht mehr gerecht; insbesondere für die Altglassammlung werden verstärkt Mehrkammercontainer eingesetzt. Damit können nicht nur gleiche Materialien nach unterschiedlichen Kriterien erfaßt werden (z. B. Glas nach Farbe), sondern auch unterschiedliche Materialien (Mehrstoffcontainer). Als problematisch hat sich dabei die Anpassung der Kammergrößen an das unterschiedliche Aufkommen verschiedener Materialien gezeigt. Dieser Tatsache wird durch die Entwicklung von Systemcontainern Rechnung getragen, die zu Containergruppen zusammengestellt werden, jedoch eine dem Aufkommen angepaßte individuelle Entleerung zulassen. *J. Kühn*

Desinfektion. Verfahren zur Entseuchung, also zur Verhinderung einer Infektionsgefahr durch Abtötung pathogener (krankheitserregender) Organismen wie Bakterien, Pilze, Viren oder deren Ruhestadien. Der Begriff D. ist prinzipiell mit →Sterilisation gleichzusetzen, er wird jedoch vorwiegend im Bereich der Hygiene verwendet.

Die D.-Methoden gliedern sich in:
– chemische D. durch z. B. Ethanol, Kaliumpermanganatlösungen, Wasserstoffperoxid, Ozon, Formaldehyd (Methanal)
– physikalische D. unter Anwendung trockener oder feuchter Hitze, ultravioletter oder ionisierender Strahlen
– Kombination der chemischen und physikalischen Behandlungsweisen. *Kleespies*

Desonox-Verfahren. Das D.-V. ist ein kombiniertes, katalytisches Verfahren zur SO$_2$- und NO$_x$-Abgasreinigung. Als Endprodukt fällt eine 70%ige Schwefelsäure an. Bei der Entwicklung des Verfahrens arbeiteten die Firmen Lentjes AG, Düsseldorf, Degussa AG, Hanau, Lurgi GmbH, Frankfurt und die Stadtwerke Münster GmbH zusammen. Die Hauptkomponenten des D.-V. sind ein Heißgaselektrofilter, ein Kombireaktor zur NO$_x$-Reduktion und zur SO$_2$-Oxidation sowie ein Wärmetauscher- und Waschsystem (Bild).

Nach dem Kessel, z. B. eines Kohlekraftwerks, wird das Abgas zunächst in einem Elektrofilter bei 450–460° C weitgehend entstaubt und gelangt anschließend in den Kombireaktor. In der ersten Reaktorstufe mit Katalysatoren auf TiO$_2$-Basis werden die Stickstoffoxide nach Ammoniakzugabe in Wasserdampf und Stickstoff umgewandelt (→SCR-Verfahren). In der zweiten Reaktorstufe mit Katalysatoren auf V$_2$O$_5$-Basis wird Schwefeldioxid zu Schwefeltrioxid oxidiert. Nach dem Reaktor wird das Abgas von ca. 450 auf 140° C abgekühlt. Bei

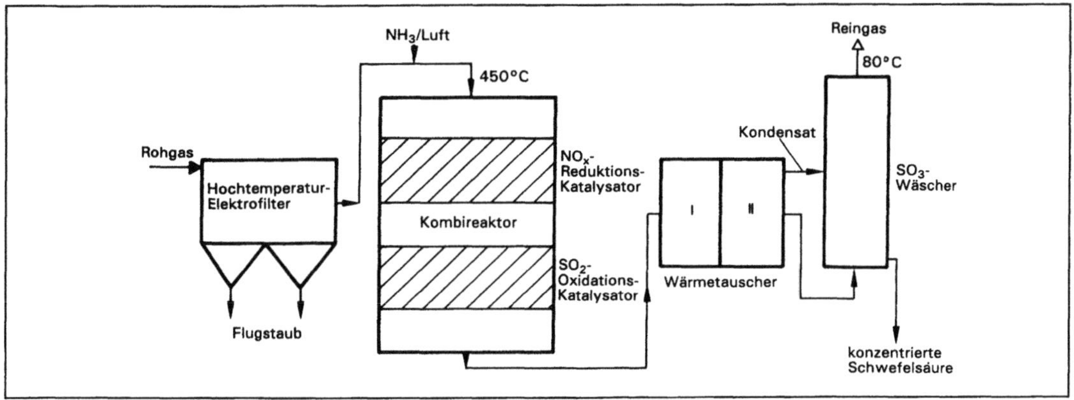

Desonox-Verfahren: Ablaufschema des D.-V. zur kombinierten SO₂/NOₓ-Abscheidung.

Unterschreiten des Schwefelsäure-Taupunkts kondensieren im letzten Wärmetauscher bereits etwa 25 % der Schwefelsäure aus. In diesem Kondensationsbereich werden Glasröhren-Wärmetauscher eingesetzt. Das nachfolgende Waschsystem besteht aus drei Stufen. In der ersten Waschstufe wird in das Abgas etwa 80° C heiße Schwefelsäure eingesprüht. Dabei kondensiert weitere Schwefelsäure aus, und SO_3 wird abgeschieden. Zwischen erster und zweiter Waschstufe durchströmt das Abgas einen Tropfenabscheider. In der zweiten Waschstufe werden Chlor- und Fluorwasserstoff mit Wasser bei 50° C ausgewaschen.

Zusätzlich kann in dieser Waschstufe Wasserstoffperoxid (H_2O_2) zugegeben werden, um restliches SO_2 zu oxidieren. Ein Teilstrom des Waschwassers wird kontinuierlich abgezogen; über einen Stripper werden die Halogenverbindungen abgeschieden und einer Neutralisationsanlage zugeführt. Die im Stripper ablaufende →Dünnsäure wird in der ersten Waschstufe eingesetzt. In der dritten Waschstufe wird das Abgas durch direkten Wärmetausch mit heißer Schwefelsäure aus der ersten Stufe auf 80° C wieder aufgeheizt. Die sich bildenden H_2SO_4-Aerosole durchlaufen ungehindert alle Prozeßstufen und werden vor dem Schornstein in einem nassen Elektrofilter abgeschieden.

Mit dem D.-V. lassen sich Entschwefelungsgrade von über 90 % und NOₓ-Reduktionsgrade bis zu 95 % erzielen. Das Endprodukt, eine 70 %ige Schwefelsäure, kann in der chemischen Industrie verwertet werden. Anlagen nach dem D.-V. betreiben die Stadtwerke Münster im Steinkohle-Heizkraftwerk Hafen. *Haug*

Literatur: *Breihofer, D. et al:* Maßnahmen zur Minderung der Emissionen von SO_2, NOₓ und VOC bei stationären Quellen in der Bundesrepublik Deutschland. Studie im Auftrag des BMU/Umweltbundesamt, IIP Uni Karlsruhe, 1991. – *Ohlms, N.:* Betriebserfahrungen mit der ersten Desonox-Pilotanlage. Special, Betriebserfahrungen mit Rauchgasreinigungsanlagen. Düsseldorf 1990.

Desorption →Adsorptionsverfahren, →Absorptionsverfahren

DESOX →Abgasentschwefelung

Destruent. Bakterien und Pilze, die organische Stoffe bis zu anorganischen Verbindungen abbauen. (→Abbau). *Mertsch*

Detektor.

Luftverunreinigung. D. ist der Sammelbegriff für Einrichtungen, die geeignet sind, beim Auftreten bestimmter chemischer Verbindungen oder physikalischer Ereignisse ein Signal abzugeben. In der Analytik handelt es sich in den weitaus überwiegenden Fällen um Substanzen, die beim Eintreten in den D. durch physikalische oder chemische Prozesse ein elektrisches Signal erzeugen, das elektronisch verstärkt und angezeigt werden kann. Die Güte eines D. läßt sich durch bestimmte Kenngrößen beschreiben. Für die moderne instrumentelle Analytik ergeben sich daraus folgende Forderungen an einen D.:
- große Empfindlichkeit,
- hohe →Selektivität,
- niedrige →Querempfindlichkeit,
- schnelles Ansprechverhalten (→Anstiegszeit, →Totzeit),
- große Linearität des Signals über einen weiten Konzentrationsbereich.

Wichtigste D. für die Erfassung von Luftverunreinigungen sind:

□ Der →Photomultiplier. Er wird eingesetzt bei optischen Meßverfahren im Infrarotbereich (Infrarotabsorptionsspektrometrie) über den sichtbaren Bereich (→Photometrie) bis zum ultravioletten Bereich des Spektrums (→Ultraviolett-Absorptionsspektrometrie). Man findet den Photomultiplier in kontinuierlich aufzeichnenden Monitoren (Kontinuierliche →Meßverfahren) für z. B. →Kohlenmonoxid und →Kohlendioxid (Nichtdispersive Infrarotspektrometrie), →Ozon oder →Schwefeldioxid. Weiterhin bei der →Atomabsorptionsspektrometrie, bei der →Hochdruckflüssigkeitschromatographie und bei der →Flammenphotometrie.

□ Das Ampermeter. Es wird eingesetzt, wenn durch die Messung die Änderung eines elektrischen Stroms registriert wird (→Leitfähigkeitsmeßverfahren, →Coulometrie).

□ Der →Flammenionisationsdetektor (FID). Hierbei handelt es sich um den gebräuchlichsten D. in der →Gaschromatographie zum Nachweis organischer Verbindungen (→Gesamtkohlenwasserstoffe).

□ Der →Elektroneneinfangdetektor (ECD). Ein hochempfindlicher D. für Verbindungen mit Elektronenmangel, z. B. Halogen- oder Nitroverbindungen. Der Einsatz erfolgt in Gaschromatographen.

□ Das Massenspektrometer (→Massenspektrometrie). Ein aufwendiger aber sehr wichtiger D. bei der Messung von →Immissionen. Im Scan-Modus erlaubt er durch Aufnahme des Massenspektrums eine Identifizierung der Komponenten, im SIM-Modus handelt es sich durch Registrierung einzelner Ionen-Massen um einen äußerst spezifischen D. von hoher Empfindlichkeit. Das Massenspektrometer wird als D. verwendet zusammen mit Gaschromatographen, Hochdruckflüssigkeitschromatographen und am ICP (Induktiv gekoppeltes Plasma). *Dulson*

Literatur: *Kaiser, R.:* Chromatographie in der Gasphase, Bd. I–IV, Hochschultaschenbücher. Mannheim.

Radioaktivität. Das Meßprinzip beruht auf der Wechselwirkung von Kernstrahlung mit Materie. Die Eigenschaften der bei dieser Wechselwirkung entstandenen Produkte werden zur Identifizierung der verschiedenen Strahlenarten und zu ihrer quantitativen Bestimmung herangezogen. Der Nachweis und die Bestimmung von Kernstrahlung beruht auf der qualitativen und quantitativen Messung von Ionisations- oder Anregungsvorgängen in Gasen, Flüssigkeiten oder Festkörpern. Dabei werden in einem D. elektrische Impulse oder Lichtquanten erzeugt, die in einem nachgeschalteten Strahlenmeßgerät analysiert und registriert werden. Bei der Zählung von Spannungsimpulsen ist oft eine erhebliche Verstärkung notwendig.

Die erhaltene Meßgröße, die Impuls- oder Zählrate I, ist mit der Aktivität A über die Zählausbeute f (auch Wirkungsgrad des D. genannt) verknüpft:

$$I = f \cdot A$$

Die Zählausbeute f gibt an, welcher Bruchteil der Zerfälle gemessen wird. Sie ist u. a. von der Art des D. abhängig.

Die gebräuchlichsten D. zum Nachweis der Ionisation sind: Ionisationskammer, Proportionalzähler, Geiger-Müller-Zähler und Halbleiterzähler. Beim Szintillationszähler sowie in der Filmdosimetrie und in der Autoradiographie werden die mit elektronischen Anregungen in Atomhüllen verbundenen Lichtemissionen gemessen, während mit Kernspurdetektoren Gitterschädigungen in Festkörpern zur Strahlungsmessung benutzt werden. *Merz*

Detektor, flammenphotometrisch →Flammenphotometrischer Detektor

Detritus. D. (Zerreibsel) bezeichnet die im Wasser vorhandene tote organische Substanz aus organischen Tier- oder Pflanzenresten. Ursprünglich wurden so nur partikuläre Stoffe bezeichnet, die auch Sink- und Schwebstoffe genannt werden. Diese bestehen überwiegend aus Resten von Organismen. Neuerdings wird mit D. auch die gelöste organische Substanz bezeichnet. Dies ist schon deshalb sinnvoll, weil zwischen gelöst und partikulär fließende Übergänge bestehen. Der Begriff wird auch auf den Boden angewendet. *Mertsch*

Deutsches Fernerkundungsdatenzentrum. (DFD) Schwerpunkt der Arbeiten sind Empfang, Beschaffung, Verarbeitung, Archivierung und Interpretation von Fernerkundungsdaten, insbesondere für Aufgaben aus dem Umweltbereich. Das DFD unterhält einen datentechnischen Service für die Entwicklung von Bildverarbeitungsverfahren. Dazu sind Datensysteme und Datenbanken vorhanden und mit internationalen Wissenschaftsnetzen, wie z. B. NASA- und ESA-Network, verbunden. Daten der →NOAA-Satelliten werden im online-Verfahren seit 1981 empfangen und verarbeitet. Täglich werden vier Passagen aufgenommen und die Rohdaten für eine Dauer von 12 Monaten archiviert.

Das DFD hat im Auftrag der europäischen Raumfahrtbehörde ESA eine Processing and Archiving Facility (PAF) eingerichtet, in der die Synthetic- Aperture-Radar (SAR)-Daten des Satelliten ERS-1 verarbeitet werden. Die Datenprodukte können über ein Katalogsystem von den Bedarfsträgern abgerufen werden. Das DFD ist eine Einrichtung der Deutschen Forschungsanstalt für Luft- und Raumfahrt (DLR) in Oberpfaffenhofen. *Rossbach/Schroeder*

Dezibel →Bel

Dialifos.
□ Stoff-Identifizierungs-Nr.:
CAS-Nr.: 10311-84-9
EG-Nr.: 015-088-00-6

UN-Nr.: 2783
EINECS-Nr.: 233-689-3
□ Chemische Formel: $C_{14}H_{17}ClNO_4PS_2$
□ Stoffcharakteristik: Farblose, geruchlose Kristalle, in Wasser, →Ethanol und Hexan wenig löslich, gut löslich in Aceton, →Chloroform und →Xylol.
□ Gefahrenmerkmale:
– Stoffliste nach § 4 a der →Gefahrstoffverordnung: Gefahrenkennbuchstabe(n): T+
R-Sätze: 24-28
S-Sätze: 1/2-28-36/37-45
– Stoffliste (Anhang II) der Störfallverordnung: Nr. 101 und 4 b
– →Wassergefährdungsklasse: WGK 3
Fischer/M. Schön

4,4'-Diaminodiphenyl (Benzidin).
□ Stoff-Identifizierungs-Nr.:
CAS-Nr.: 92-87-5
EG-Nr.: 612-042-00-2
UN-Nr.: 1885
EINECS-Nr.: 202-199-1
□ Chemische Formel: $C_{12}H_{12}N_2$
□ Stoffcharakteristik: Weißes oder leicht rötliches kristallines Pulver (Nadeln), kaum löslich in kaltem, schwach löslich in kochendem Wasser und Ether, löslich in kochendem Alkohol.
□ Gefahrenmerkmale:
– Stoffliste nach § 4 a der →Gefahrstoffverordnung: Gefahrenkennbuchstabe(n): T
R-Sätze: 45-22
S-Sätze: 53-44
– Besondere Stoffeigenschaften nach TRGS 500: krebserzeugend: EG-Kat. 1
– Stoffliste (Anhang II) der →Störfall-Verordnung: Nr. 4 c
– Emissionswerte: TA Luft Einstufung: 2.3 (gemäß MAK-Liste)
Fischer/M. Schön

2,4-Diaminotoluol.
□ Stoff-Identifizierungs-Nr.:
CAS-Nr.: 95-80-7
UN-Nr.: 1709
EINECS-Nr.: 202-453-1
□ Chemische Formel: $C_7H_{10}N_2$
□ Stoffcharakteristik: Dunkelbraune, schwach nach Ammoniak riechende Substanz, gut löslich in Wasser.
□ Gefahrenmerkmale:
– Besondere Stoffeigenschaften nach TRGS 500: krebserzeugend: MAK-Gruppe III A 2
– Arbeitsschutzwerte nach TRGS 900: →TRK-Wert (mg/m³): 0,10
– Stoffliste (Anhang II) der →Störfall-Verordnung: Nr. 297
– Emissionswerte: →TA Luft Einstufung: 2.3 (gemäß MAK-Liste)
Fischer/M. Schön

Diazomethan.
□ Stoff-Identifizierungs-Nr.:
CAS-Nr.: 334-88-3
EINECS-Nr.: 206-382-7
□ Chemische Formel: CH_2N_2
□ Stoffcharakteristik: Gelbes Gas mit modrigem Geruch, löslich in →Dioxan und →Benzol. Bei Erhitzen auf ca. 100 °C, in Kontakt mit rauhen Oberflächen oder Schlag, besteht Explosionsgefahr.
□ Gefahrenmerkmale:
– Besondere Stoffeigenschaften nach TRGS 500: krebserzeugend: EG-Kat. 2
– Stoffliste (Anhang II) der →Störfall-Verordnung: Nr. 103
– Emissionswerte: TA Luft Einstufung: 2.3 (gemäß MAK-Liste)
Fischer/M. Schön

Dibenzo-p-dioxine, polybromierte →Dioxine

Dibenzo-p-dioxine, polychlorierte →Dioxine

Dibenzofurane, polybromierte →Furane

Dibenzofurane, polychlorierte →Furane

1,2-Dibrom-3-Chlorpropan.
□ Stoff-Identifizierungs-Nr.:
CAS-Nr.: 96-12-8
EG-Nr.: 602-021-00-6
UN-Nr.: 2872
EINECS-Nr.: 202-479-3
□ Chemische Formel: $C_3H_5Br_2Cl$
□ Stoffcharakteristik: Gelbbraune bis dunkelbraune, in Wasser nur wenig lösliche, brennbare Flüssigkeit mit schwach stechendem Geruch. Bei höherer Temperatur Bildung zündfähiger Dampf-Luft-Gemische. Bei thermischer Zersetzung Bildung ätzender, stark reizender Gase.
□ Gefahrenmerkmale:
– Stoffliste nach § 4 a der →Gefahrstoffverordnung: Gefahrenkennbuchstabe(n): T
R-Sätze: 45-46-25-48/20/22
S-Sätze: 53-45
– Besondere Stoffeigenschaften nach TRGS 500: krebserzeugend: EG-Kat. 2
erbgutverändernd: EG-Kat. 2
– Stoffliste (Anhang II) der Störfallverordnung: Nr. 104 und 4 c
– Emissionswerte: TA Luft Einstufung: 2.3 (gemäß MAK-Liste)
Fischer/M. Schön

1,2-Dibromethan.
□ Stoff-Identifizierungs-Nr.:
CAS-Nr.: 106-93-4
EG-Nr.: 602-010-00-6

UN-Nr.: 2664
EINECS-Nr.: 203-444-5
□ Chemische Formel: $C_2H_4Br_2$
□ Stoffcharakteristik: Farblose bis gelbliche, wenig wasserlösliche, sehr flüchtige Flüssigkeit. Zersetzt sich an offenen Flammen unter Bildung von Bromwasserstoff und anderen reizenden Stoffen.
□ Gefahrenmerkmale:
– Stoffliste nach § 4 a der →Gefahrstoffverordnung: Gefahrenkennbuchstabe(n): T
R-Sätze: 45-23/24/25-36/37/38
S-Sätze: 53-45
– Besondere Stoffeigenschaften nach TRGS 500: krebserzeugend: EG-Kat. 2
– Arbeitsschutzwerte nach TRGS 900: →TRK-Wert (mg/m^3): 0,8
– Stoffliste (Anhang II) der Störfallverordnung: Nr. 105 und 4 c
– →Wassergefährdungsklasse: WGK 3
– Emissionswerte: →TA Luft Einstufung: 2.3 Klasse III   *Fischer/M. Schön*

Dichloracetylen.
□ Stoff-Identifizierungs-Nr.:
CAS-Nr.: 7572-29-4
□ Chemische Formel: C_2Cl_2
□ Stoffcharakteristik: Flüssigkeit, löslich in Alkohol, Ether und Aceton.
□ Gefahrenmerkmale:
– Besondere Stoffeigenschaften nach TRGS 500: krebserzeugend: EG-Kat. 3
– Stoffliste (Anhang II) der →Störfall-Verordnung: Nr. 106
– Emissionswerte: →TA Luft Einstufung: 2.3 (gemäß MAK-Liste)   *Fischer/M. Schön*

3,3'-Dichlorbenzidin.
□ Stoff-Identifizierungs-Nr.:
CAS-Nr.: 91-94-1
EG-Nr.: 612-068-00-4
EINECS-Nr.: 202-109-0
□ Chemische Formel: $C_{12}H_{10}Cl_2N_2$
□ Stoffcharakteristik: Graue oder purpurfarbene kristalline Substanz (Nadeln), nahezu unlöslich in Wasser, löslich in Benzol, Ether, Ethanol und Eisessig.
□ Gefahrenmerkmale:
– Stoffliste nach § 4a der →Gefahrstoffverordnung:
Gefahrenkennbuchstabe(n): T
R-Sätze: 45-21-43
S-Sätze: 53-45
– Besondere Stoffeigenschaften nach TRGS 500: krebserzeugend: EG-Kat. 2
– Arbeitsschutzwerte nach TRGS 900: →TRK-Wert (mg/m^3): 0,1
– Stoffliste (Anhang II) der →Störfall-Verordnung: Nr. 107 und 4 c

– Emissionswerte: →TA Luft Einstufung: 2.3 Klasse II   *Fischer/M. Schön*

1,4-Dichlor-2-Buten.
□ Stoff-Identifizierungs-Nr.:
CAS-Nr.: 764-41-0
UN-Nr.: 2929
EINECS-Nr.: 212-121-8
□ Chemische Formel: $C_4H_6Cl_2$
□ Stoffcharakteristik: Gelbliche, stechend riechende Flüssigkeit, in Wasser kaum löslich.
□ Gefahrenmerkmale:
– Besondere Stoffeigenschaften nach TRGS 500: krebserzeugend: MAK-Gruppe IIIA2
– Arbeitsschutzwerte nach TRGS 900: →TRK-Wert (mg/m^3): 0,05
– Stoffliste (Anhang II) der →Störfall-Verordnung: Nr. 108
– Emissionswerte: TA Luft Einstufung: 2.3 (gemäß MAK-Liste)   *Fischer/M. Schön*

4,4'-Dichlordiphenyltrichlorethan (DDT).
□ Stoff-Identifizierungs-Nr.:
CAS-Nr.: 50-29-3
EG-Nr.: 602-045-00-7
UN-Nr.: 2761
EINECS-Nr.: 200-024-3
□ Chemische Formel: $C_{14}H_9Cl_5$
□ Stoffcharakteristik: Weißer, kristalliner, geruchsloser Feststoff, der in Wasser kaum, in den meisten organischen Lösungsmitteln jedoch gut löslich ist.
□ Gefahrenmerkmale:
– Stoffliste nach § 4a der →Gefahrstoffverordnung:
Gefahrenkennbuchstabe(n): T, N
R-Sätze: 25-40-48/25-50/53
S-Sätze: 1/2-22-36/37-45-60-61
– Besondere Stoffeigenschaften nach TRGS 500: krebserzeugend: EG-Kat. 3
– Arbeitsschutzwerte nach TRGS 900: →MAK-Wert (mg/m^3): 1 (→Gesamtstaub)
– Stoffliste (Anhang II) der →Störfall-Verordnung: Nr. 96 und 4 c
– →Wassergefährdungsklasse: WGK 3
                    Fischer/M. Schön

1,1-Dichlorethan.
□ Stoff-Identifizierungs-Nr.:
CAS-Nr.: 75-34-3
EG-Nr.: 602-011-00-1
UN-Nr.: 2362
EINECS-Nr.: 200-863-5
□ Chemische Formel: $C_2H_4Cl_2$
□ Stoffcharakteristik: Farblose, wenig wasserlösliche, leicht flüchtige und leicht entzündliche Flüssigkeit mit süßlichem, chloroformartigen Geruch.

Dämpfe viel schwerer als Luft, bilden mit Luft explosionsfähiges Gemisch
□ Gefahrenmerkmale:
– Stoffliste nach § 4a der →Gefahrstoffverordnung:
Gefahrenkennbuchstabe(n): Xn, F
R-Sätze: 11-22-36/37
S-Sätze: 2-16-23
– Arbeitsschutzwerte nach TRGS 900: →MAK-Wert (mg/m³): 400
– Stoffliste (Anhang II) der →Störfall-Verordnung: Nr. 2
– →Wassergefährdungsklasse: WGK 3
– Emissionswerte: →TA Luft Einstufung: 3.1.7 Klasse II   *Fischer/M. Schön*

1,2-Dichlorethan.
□ Stoff-Identifizierungs-Nr.:
CAS-Nr.: 107-06-2
EG-Nr.: 602-012-00-7
UN-Nr.: 1184
EINECS-Nr.: 203-458-1
□ Chemische Formel: $C_2H_4Cl_2$
□ Stoffcharakteristik: Farblose, ölige, wenig wasserlösliche, leicht flüchtige Flüssigkeit, schwerer als Wasser, chloroformartiger Geruch. Leicht entzündlich, brennt aber nicht selbständig weiter. Dämpfe viel schwerer als Luft, bilden mit Luft explosionsartiges Gemisch.
□ Gefahrenmerkmale:
– Stoffliste nach § 4a der →Gefahrstoffverordnung:
Gefahrenkennbuchstabe(n): T, F
R-Sätze: 45-1122-36/37/38
S-Sätze: 53-45
– Besondere Stoffeigenschaften nach TRGS 500: krebserzeugend: EG-Kat. 2
– Stoffliste (Anhang II) der →Störfall-Verordnung: Nr. 110 und 4c
– →Wassergefährdungsklasse: WGK 3
– Emissionswerte: TA Luft Einstufung: 3.1.7 Klasse I   *Fischer/M. Schön*

1,1-Dichlorethylen (stabilisiert).
□ Stoff-Identifizierungs-Nr.:
CAS-Nr.: 75-35-4
EG-Nr.: 602-025-00-8
UN-Nr.: 1303
EINECS-Nr.: 200-864-0
□ Chemische Formel: $C_2H_2Cl_2$
□ Stoffcharakteristik: Farblose bis strohgelbe, wasserunlösliche, leicht flüchtige Flüssigkeit, leicht entzündlich. Dämpfe viel schwerer als Luft, bilden mit Luft explosionsfähiges Gemisch. Angenehm milder süßlicher Geruch. In offenen Flammen Zersetzung unter Chlorwasserstoff- und Phosgenbildung.

□ Gefahrenmerkmale:
– Stoffliste nach § 4a der →Gefahrstoffverordnung:
Gefahrenkennbuchstabe(n): Xn, F+
R-Sätze: 12-20-40
S-Sätze: 2-7-16-29
– Besondere Stoffeigenschaften nach TRGS 500: krebserzeugend: MAK-Gruppe IIIB; fortpflanzungsgefährdend: MAK-Gruppe C
– Arbeitsschutzwerte nach TRGS 900: →MAK-Wert (mg/m³): 8
– Stoffliste (Anhang II) der →Störfall-Verordnung: Nr. 2
– Emissionswerte: →TA Luft Einstufung: 3.1.7 Klasse I   *Fischer/M. Schön*

2,4-Dichlorphenol.
□ Stoff-Identifizierungs-Nr.:
CAS-Nr.: 120-83-2
EG-Nr.: 604-011-00-7
UN-Nr.: 2020
EINECS-Nr.: 204-429-6
□ Chemische Formel: $C_6H_4Cl_2O$
□ Stoffcharakteristik: Farblose, praktisch wasserunlösliche, brennbare, nadelförmige Kristalle mit unangenehm phenolartigem Geruch. Reagiert schwach sauer. In Alkalien Bildung von leicht löslichem 2,4-Dichlorphenolat. Reagiert heftig mit Säuren und starken Oxidationsmitteln.
□ Gefahrenmerkmale:
– Stoffliste nach § 4a der →Gefahrstoffverordnung:
Gefahrenkennbuchstabe(n): Xn
R-Sätze: 22-36/38
S-Sätze: 2-26-28
– Stoffliste (Anhang II) der →Störfall-Verordnung: Nr. 112
– →Wassergefährdungsklasse: WGK 3
– Emissionswerte: TA Luft Einstufung: 3.1.7 Klasse I   *Fischer/M. Schön*

1,3-Dichlor-1-Propen.
□ Stoff-Identifizierungs-Nr.:
CAS-Nr.: 542-75-6
EG-Nr.: 602-030-00-5
UN-Nr.: 2047
EINECS-Nr.: 208-826-5
□ Chemische Formel: $C_3H_4Cl_2$
□ Stoffcharakteristik: Weiße oder gelbe, ätzende und brennbare Flüssigkeit, süßlicher, stechender Geruch. In Wasser sehr schwach löslich.
□ Gefahrenmerkmale:
– Stoffliste nach § 4a der →Gefahrstoffverordnung:
Gefahrenkennbuchstabe(n): T
R-Sätze: 10-20/21-25-36/37/38-43-45
S-Sätze: 1/2-36/37-45
– Besondere Stoffeigenschaften nach TRGS 500: krebserzeugend: MAK-Gruppe III A 2

– Stoffliste (Anhang II) der Störfallverordnung: Nr. 115 und 4 c
– →Wassergefährdungsklasse: WGK 3
– Emissionswerte: TA Luft Einstufung: 2.3 (gemäß MAK-Liste)   *Fischer/M. Schön*

Dichlorvos.

□ Stoff-Identifizierungs-Nr.:
CAS-Nr.: 62-73-7
EG-Nr.: 015-019-00-X
UN-Nr.: 3018
EINECS-Nr.: 200-547-7
□ Chemische Formel: $C_4H_7Cl_2O_4P$
□ Stoffcharakteristik: Farblose bis gelbliche, schwach riechende Flüssigkeit, löslich in Wasser.
□ Gefahrenmerkmale:
– Stoffliste nach § 4 a der →Gefahrstoffverordnung:
Gefahrenkennbuchstabe(n): T
R-Sätze: 24/25
S-Sätze: 1/2-23-36/37-45
– Arbeitsschutzwerte nach TRGS 900: →MAK-Wert (mg/m^3): 1
– Stoffliste (Anhang II) der →Störfall-Verordnung: Nr. 4 c
– →Wassergefährdungsklasse: WGK 3
                    Fischer/M. Schön

Dichtheitsprüfung.

Pipelines. Mineralölfernleitungen müssen auf Dichtheit überprüft werden, und zwar
– in regelmäßigen Zeitabständen, in der Regel alle zwei Monate,
– wenn eine Undichtheit zu vermuten ist,
– nach Beseitigung (Reparatur) von Undichtheiten oder sonstigen Reparaturen an druckführenden Leitungsteilen.

Hierbei müssen auch kleine Leckagen (schleichende Undichtheiten) festgestellt werden. In oberirdisch verlegten Leitungsabschnitten erfolgt die D. durch eine Sichtkontrolle. Für die unterirdisch verlegte Rohrleitung werden Verfahren und Einrichtungen zur →Leckerkennung eingesetzt, die nach vorheriger Eignungsprüfung durch Sachverständige behördlich anerkannt werden müssen.   *Krass*

Umschlossene radioaktive Stoffe. Umschlossene radioaktive →Stoffe, deren Aktivität die Freigrenzen nach Anl. IV zur →Strahlenschutzverordnung (StrlSchV) überschreitet, müssen nach § 75 StrlSchV durch eine von der zuständigen Behörde bestimmte Stelle auf Dichtheit der Umhüllung geprüft werden, wenn die Umhüllung mechanisch beschädigt oder korrodiert ist; die zuständige Behörde kann weitere, auch regelmäßige, Prüfungen anordnen.

Festgestellte Undichtheiten sind der Behörde unverzüglich anzuzeigen.

Eine Richtlinie regelt die administrative Seite der D.; technische Details zur praktischen Durchführung findet man in DIN 25426, Teil 4. Danach ist neben der eigentlichen D. in bestimmten Fällen eine Überwachung des Zustands umschlossener radioaktiver Stoffe durch den Anwender erforderlich und bei Verdacht auf Undichtheit eine D. zu veranlassen. Als besonders kritisch müssen medizinisch verwendete Ra226-Strahler angesehen werden, weil bei geringster Beschädigung der Hülle das strahlenbiologisch sehr wirksame Radon-Isotop Rn222 freigesetzt werden kann (→Radium in der Medizin). Aus diesem Grund müssen umschlossene Ra226-Präparate zusammen mit Aktivkohle-Tabletten aufbewahrt und diese regelmäßig auf Aktivität ausgemessen werden, wenn der Strahlertyp nicht als „Radioaktiver Stoff in besonderer Form" zugelassen ist (u. a. verschweißte Stahlhülle).   *Ewen*

Literatur: Richtlinien über Prüffristen bei Dichtheitsprüfungen an umschlossenen radioaktiven Stoffen vom 23. 3. 1979 GMBl 1979. – DIN 25426, Teil 4: Umschlossene radioaktive Stoffe, Dichtheitsprüfung während des Umgangs 1986.

Dieldrin.

□ Stoff-Identifizierungs-Nr.:
CAS-Nr.: 60-57-1
EG-Nr.: 602-049-00-9
UN-Nr.: 2761
EINECS-Nr.: 200-484-5
□ Chemische Formel: $C_{12}H_8OCl_6$
□ Stoffcharakteristik: Weißliches bis gelbliches, wenig flüchtiges, wasserlösliches, alkalibeständiges Pulver mit naphthalinähnlichem Geruch.
□ Gefahrenmerkmale:
– Stoffliste nach § 4 a der →Gefahrstoffverordnung:
Gefahrenkennbuchstabe(n): T+, N
R-Sätze: 25-27-40-48/25-50/53
S-Sätze: 1/2-22-36/37-45-60-61
– Besondere Stoffeigenschaften nach TRGS 500: →Krebserzeugend: EG-Kat. 3
– Arbeitsschutzwerte nach TRGS 900: →MAK-Wert (mg/m^3): 0,25 (→Gesamtstaub)
– Stoffliste (Anhang II) der →Störfall-Verordnung: Nr. 119 und 4 b
– →Wassergefährdungsklasse: WGK 3
                    Fischer/M. Schön

Dieselmotoremission.

Die Immissionsmessung von D. (vor allem in Form von Dieselruß) ist von hoher Aktualität, weil diese als krebserzeugend gelten und im Einflußbereich des Kfz-Verkehrs in vergleichsweise hohen Konzentrationen auftreten. Wegen der wechselnden und komplexen Zusammensetzung und weil verschiedene Inhaltsstoffe auch von anderen Quellen emittiert werden, existiert kein spezifisches Meßverfahren für Dieselruß. Um dennoch zu konkreten Aussagen über die in der

Außenluft auftretenden Konzentrationen zu gelangen, wurde von der Landesanstalt für Immissionsschutz in Essen ein für den Bereich der Arbeitsplatzmessung existierendes Meßverfahren adaptiert:

Aus einem definierten Luftvolumen wird der Feinstaubanteil (Teilchendurchmesser <7 μm) mit Hilfe eines Vorabscheiders abgetrennt und auf einem Glasfaserfilter abgeschieden. In den so gewonnenen Proben erfolgt nach einer Extraktion organischer Anteile eine Bestimmung des Kohlenstoffgehalts durch Verbrennung im Sauerstoffstrom und coulometrische Titration des hierbei gebildeten Kohlendioxids. Dieser Kohlenstoffgehalt nach Flüssigkeitsextraktion wird als Hilfsmeßgröße für den Dieselruß verwendet. In umfangreichen Forschungsvorhaben wird versucht, andere und vor allem selektivere Meßverfahren für Dieselruß zu entwickeln. *Pfeffer*

Literatur: *Buck, M.; G. Elbers:* Soot Concentration in Ambient Air. Measurements at a Traffic-impacted location, Erdöl und Kohle – Erdgas – Petrochemie vereinigt mit Brennstoffchemie, **45** (1992) Nr. 5 S. 219–223. – *Elbers, G.,* and *S. Muratyan:* Problematik verkehrsbezogener Außenluftmessungen von Partikeln (Dieselruß). VDI-Ber. 888. Düsseldorf 1991.

Dieselpartikelemission. Als Abgasbestandteil von Dieselmotoren bestehen Dieselpartikel weitgehend aus Kohlenstoffagglomerationen mit angelagerten unverbrannten Kohlenwasserstoffen (hauptsächlich →polycyklische aromatische Kohlenwasserstoffe) und Schwefelverbindungen. Definitionsgemäß umfaßt die Partikelemission alle Substanzen, die bei Temperaturen unterhalb 52 °C auf einem speziellen, teflonbeschichteten Glasfaser-Filter mit festgelegter Porenweite aufgefangen werden können. Damit umfaßt der Begriff Partikel auch Flüssigkeitströpfchen, metallischen Abrieb, Rostpartikel o. ä. *Kallenbach/May*

Dieselpartikelfilter. System zur Abscheidung von Rußpartikeln aus dem Abgas von Dieselmotoren. Während die gasförmigen Emissionen des Dieselmotors das Filter ungehindert durchströmen können, werden die Feststoffe (→Dieselpartikelemission) durch das Filtermedium zurückgehalten. Bei zunehmender Beladung des Filters mit Partikeln steigt der Abgasgegendruck an, so daß das Filtermedium ausgetauscht oder regeneriert werden muß. D. können als Wechselfilter, Zentrifuge, Ölbadpartikelfilter, elektrostatische Filter oder →Rußabbrennfilter realisiert werden. *Kallenbach/May*

Dieselpartikelfilter-Regeneration. Nachträgliche Verbrennung von Dieselrußpartikeln in einem →Dieselpartikelfilter mit dem Ziel, den Abgasgegendruck eines sauberen Filters wiederherzustellen. Für eine vollständige Regeneration ist es notwendig, die Temperatur der Partikel bis zum Selbstentzün-

dungspunkt zu steigern und für einen ausreichenden Abgasstrom zu sorgen, dessen Sauerstoffgehalt die Verbrennung unterstützt und der die bei der Verbrennung freigewordene Wärme aus dem Filter heraustransportiert. Die verschiedenen Regenerationsmethoden lassen sich in zwei Gruppen unterteilen:

☐ Aktive Regeneration. Dabei erhöht man durch geeignete Maßnahmen die Abgastemperatur so weit, daß die Selbstentzündungstemperatur der Partikel in den meisten Motorbetriebspunkten erreicht wird. Dies kann einerseits durch motorseitige Maßnahmen wie Drosselung der Ansaugluft, Verschiebung des Einspritzzeitpunkts oder die Verwendung eines Abgasturboladers, andererseits durch Zufuhr von Sekundärenergie mittels elektrischer Heizwicklungen oder Dieselbrenner (→Rußabbrennfilter) erfolgen.

☐ Passive Regeneration, auch Selbstregeneration. Die Selbstzündungstemperatur der Dieselpartikel liegt normalerweise zwischen 500 und 600 °C. Diese Temperatur erreicht das Abgas nur bei Vollast oder im vollastnahen Bereich. Daher wird die Selbstzündungstemperatur so weit herabgesetzt, daß eine Regeneration des Dieselpartikelfilters über einen weiten Betriebsbereich des Motors möglich ist. Dies kann beispielsweise durch die Zugabe von geeigneten Additiven zum Kraftstoff (→Ferrocen) oder durch eine katalytische Beschichtung der Filteroberfläche erreicht werden. *Kallenbach/May*

Dieselrauchmessung →Schwärzungszahl nach Bosch

Diethylether.
☐ Stoff-Identifizierungs-Nr.:
CAS-Nr.: 60-29-7
EG-Nr.: 603-022-00-4
UN-Nr.: 1155
EINECS-Nr.: 200-467-2
☐ Chemische Formel: $C_4H_{10}O$,
☐ Stoffcharakteristik: Farblose sehr flüchtige, hoch entzündliche und schwer wasserlösliche Flüssigkeit. Dämpfe viel schwerer als Luft, bilden mit Luft explosionsfähiges Gemisch. Leicht elektrostatisch aufladbar.
☐ Gefahrenmerkmale:
– Stoffliste nach § 4a der →Gefahrstoffverordnung:
Gefahrenkennbuchstabe(n): F+
R-Sätze: 12-19
S-Sätze: 2-9-16-29-33
– Arbeitsschutzwerte nach TRGS 900: →MAK-Wert (mg/m³): 1 200
– Stoffliste (Anhang II) der →Störfall-Verordnung: Nr. 2
– →Wassergefährdungsklasse: WGK 1
– Emissionswerte: TA Luft Einstufung: 3.1.7 Klasse III *Fischer/M. Schön*

Diethylsulfat.
☐ Stoff-Identifizierungs-Nr.:
CAS-Nr.: 64-67-5
EG-Nr.: 016-027-00-6
UN-Nr.: 1594
EINECS-Nr.: 200-589-6
☐ Chemische Formel: $C_4H_{10}O_4S$
☐ Stoffcharakteristik: Klare, farblose, ölige, wenig wasserlösliche, schwer entzündliche Flüssigkeit. Dämpfe viel schwerer als Luft. Schwach esterartiger Geruch. Sehr reaktionsfreudiges Alkylierungsmittel.
☐ Gefahrenmerkmale:
– Stoffliste nach § 4a der →Gefahrstoffverordnung:
Gefahrenkennbuchstabe(n): T
R-Sätze: 45-46-20/21/22-34
S-Sätze: 53-45
– Besondere Stoffeigenschaften nach TRGS 500: krebserzeugend: EG-Kat. 2
erbgutverändernd: EG-Kat. 2
– Arbeitsschutzwerte nach TRGS 900: →TRK-Wert (mg/m^3): 0,2
– Stoffliste (Anhang II) der →Störfall-Verordnung: Nr. 126 und 4b
– Emissionswerte: TA Luft Einstufung: 2.3 (gemäß MAK-Liste) *Fischer/M. Schön*

Diffusion. Durchmischung ohne Einwirkung äußerer Kräfte. Unterschieden werden die molekulare D. aufgrund der *Brownschen* Molekularbewegung und die turbulente oder *Eddy*-D., bei der die Durchmischung durch turbulente Wirbel (= Eddies) erfolgt.

Aufgrund der D. sind anfänglich getrennte Stoffe nach einiger Zeit vollkommen durchmischt; analog dazu werden durch die D. Eigenschaften wie Temperatur, Impuls und Feuchte homogenisiert. Die Stärke der D. ist proportional zum räumlichen Gradienten der betrachteten Stoffeigenschaft. Der Proportionalitätsfaktor wird als →Diffusionskoeffizient bezeichnet. Er ist abhängig von der →Mischungsweglänge und – im Falle der molekularen D. – von der Zähigkeit bzw. – bei turbulenter D. – von der Turbulenzintensität (→Turbulenz). In der Atmosphäre ist die molekulare D. im allgemeinen gegen die turbulente D. vernachlässigbar.

Die Ausbreitung von Luftverunreinigungen in der Atmosphäre wird neben dem Transport durch den mittleren Wind vor allem durch die turbulente D. bestimmt. Je stärker sie ist, desto schneller nimmt die Konzentration mit wachsender Quellentfernung ab (→Ausbreitung von Spurenstoffen).
Wichmann-Fiebig

Diffusionsklassen. Sie werden dem Turbulenzzustand der Atmosphäre zugeordnet, sofern keine detaillierteren Angaben über die →Turbulenz vorliegen. Die Klassifizierung erfolgt anhand von Windgeschwindigkeit, Bedeckungsgrad und Tages-

zeit. I. a. werden in Abhängigkeit von der →Schichtungsstabilität sechs D. unterschieden: stark stabil, stabil, neutral, leicht labil, labil, stark labil. Während im englischsprachigen Raum vor allem die Einteilung in D. nach *Pasquill-Gifford-Turner* verwendet wird, ist in Deutschland die Klassifizierung nach *Klug-Manier* gebräuchlich.

Um unter Verwendung der D. die Ausbreitung von Luftverunreinigungen berechnen zu können, müssen die benötigten Turbulenzparameter für jede D. empirisch bestimmt werden. Derartige Parameter sind z. B. die Halbwertsbreiten der Abgasfahne parallel, senkrecht und quer zur Ausbreitungsrichtung sowie die Mischungsschichthöhe. *Wichmann-Fiebig*

Diffusionskoeffizient. Proportionalitätskonstante zur Bestimmung der Diffusion. Diffusion auf Grund der *Brownschen* Molekularbewegung wird durch einen molekularen D. beschrieben, der von der Zähigkeit und Temperatur des diffundierenden Stoffs abhängt. Die Durchmischung durch →Turbulenz wird durch den turbulenten D. beschrieben, der in der Atmosphäre wegen unterschiedlicher Turbulenzstrukturen keinen konstanten Zahlenwert annimmt.

Um die atmosphärische Diffusion berechnen zu können, müssen entweder die turbulenten Diffusionsvorgänge selbst modelliert oder der turbulente D. mit Hilfe empirischer Ansätze bestimmt werden. Solche Ansätze beschreiben den D. in Abhängigkeit von der →Mischungsweglänge und von denjenigen Parametern, die die Turbulenzintensität bestimmen; dies sind vor allem Windscherung und thermische Schichtung.

Die turbulenten D. für verschiedene meteorologische Parameter – Konzentration, Impuls, Temperatur usw. – unterscheiden sich, weil die Durchmischung jeweils anderen Gesetzmäßigkeiten unterliegt. Dies spiegelt sich in verschiedenen Profilformen in der planetarischen →Grenzschicht wider (Bild). *Wichmann-Fiebig*

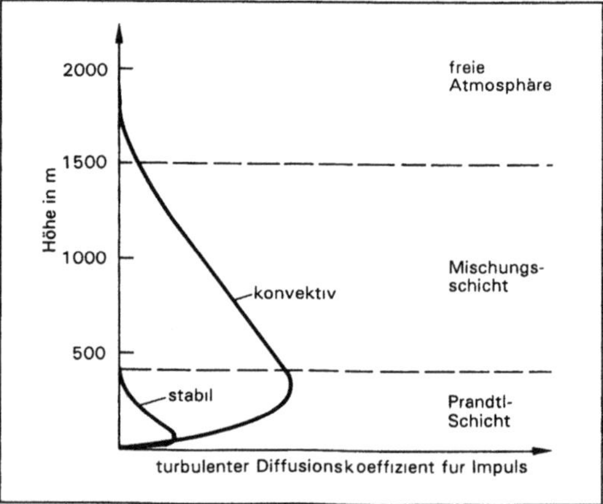

Diffusionskoeffizient: Profile des D. für Impuls bei stabiler und labiler thermischer Schichtung.

1,1-Difluorethen.

□ Stoff-Identifizierungs-Nr.:
CAS-Nr.: 75-38-7
UN-Nr.: 1959
EINECS-Nr.: 200-867-7
□ Chemische Formel: $C_2H_2F_2$
□ Stoffcharakteristik: Farbloses, in Wasser wenig lösliches, hochentzündliches Flüssiggas, schwerer als Luft. Schwacher ätherischer Geruch. Bildet mit Luft explosionsfähige Gemische, leicht polymerisierbar, kann Peroxide bilden.
□ Gefahrenmerkmale:
– Besondere Stoffeigenschaften nach TRGS 500: krebserzeugend: MAK-Gruppe IIIB
– Stoffliste (Anhang II) der →Störfall-Verordnung: Nr. 1
– Emissionswerte: →TA Luft Einstufung: 3.1.7 Klasse I   *Fischer/M. Schön*

1,2-Dihydro-5-Nitroacenaphthylen.

□ Stoff-Identifizierungs-Nr.:
CAS-Nr.: 602-87-9
EG-Nr.: 609-037-00-2
EINECS-Nr.: 210-025-0
– Chemische Formel: $C_{12}H_9NO_2$
□ Stoffcharakteristik: Feste Substanz.
□ Gefahrenmerkmale:
– Stoffliste nach § 4a der →Gefahrstoffverordnung:
Gefahrenkennbuchstabe(n): T
R-Sätze: 45
S-Sätze: 53-45
– Besondere Stoffeigenschaften nach TRGS 500: krebserzeugend: EG-Kat. 2
– Stoffliste (Anhang II) der →Störfall-Verordnung: Nr. 218 und 4a
– Emissionswerte: TA Luft Einstufung: 2.3 (gemäß MAK-Liste)   *Fischer/M. Schön*

Dimethoxon (Omethoat).

□ Stoff-Identifizierungs-Nr.:
CAS-Nr.: 1113-02-6
EG-Nr.: 015-066-00-6
UN-Nr.: 3018
EINECS-Nr.: 215-215-7
– Chemische Formel: $C_5H_{12}NO_4PS_2$
□ Stoffcharakteristik: Gelbliche, stark riechende Flüssigkeit, mischbar mit Wasser.
□ Gefahrenmerkmale:
– Stoffliste nach § 4a der →Gefahrstoffverordnung:
Gefahrenkennbuchstabe(n): T
R-Sätze: 21-25
S-Sätze: 1/2-23-36/37-45
– Stoffliste (Anhang II) der →Störfall-Verordnung: Nr. 224 und 4c
– →Wassergefährdungsklasse: WGK 3
                    Fischer/M. Schön

3,3'-Dimethoxy-4,4'-Diaminodiphenyl (O-Dianisidin).

□ Stoff-Identifizierungs-Nr.:
CAS-Nr.: 119-90-4
EG-Nr.: 612-036-00-X
UN-Nr.: 1602
EINECS-Nr.: 204-355-4
– Chemische Formel: $C_{14}H_{16}N_2O_2$
□ Stoffcharakteristik: Farblose Plättchen oder Nadeln, praktisch unlöslich in Wasser, löslich in Alkohol, Benzol, Ether, Chloroform und Aceton.
□ Gefahrenmerkmale:
– Stoffliste nach § 4a der →Gefahrstoffverordnung:
Gefahrenkennbuchstabe(n): T
R-Sätze: 45-22
S-Sätze: 53-45
– Besondere Stoffeigenschaften nach TRGS 500: krebserzeugend: EG-Kat. 2
– Stoffliste (Anhang II) der →Störfall-Verordnung: Nr. 130 und 4c
– Emissionswerte: TA Luft Einstufung: 2.3 (gemäß MAK-Liste)   *Fischer/M. Schön*

2',3-Dimethyl-4-Aminoazobenzol.

□ Stoff-Identifizierungs-Nr.:
CAS-Nr.: 97-56-3
EINECS-Nr.: 202-591-2
– Chemische Formel: $C_{14}H_{15}N_3$
□ Stoffcharakteristik: Rötlich-braune bis gelbe gelbe Kristalle, praktisch unlöslich in Wasser, löslich in Alkohol, Ether, Chloroform und Aceton.
□ Gefahrenmerkmale:
– Besondere Stoffeigenschaften nach TRGS 500: krebserzeugend: EG-Kat. 2
– Stoffliste (Anhang II) der →Störfall-Verordnung: Nr. 22
– Emissionswerte: TA Luft Einstufung: 2.3 (gemäß MAK-Liste)   *Fischer/M. Schön*

N,N-Dimethylanilin.

□ Stoff-Identifizierungs-Nr.:
CAS-Nr.: 121-69-7
EG-Nr.: 612-016-00-0
UN-Nr.: 2253
EINECS-Nr.: 204-493-5
– Chemische Formel: $C_8H_{11}N$
□ Stoffcharakteristik: Gelbliche, ölige, wenig wasserlösliche, schwer flüchtige, lichtempfindliche Flüssigkeit, schwer entzündlich. Dämpfe viel schwerer als Luft, bilden bei höherer Temperatur mit Luft explosionsfähiges Gemisch. Scharfer Geruch.
□ Gefahrenmerkmale:
– Stoffliste nach § 4a der →Gefahrstoffverordnung:
Gefahrenkennbuchstabe(n): T
R-Sätze: 23/24/25-33-40
S-Sätze: 1/2-28-37-45
– Besondere Stoffeigenschaften nach TRGS 500: krebserzeugend: MAK-Gruppe III B

– Arbeitsschutzwerte nach TRGS 900: →MAK-Wert (mg/m³): 25
– Stoffliste (Anhang II) der →Störfall-Verordnung: Nr. 50 und 4c
– Emissionswerte: TA Luft Einstufung: 3.1.7 Klasse I   *Fischer/M. Schön*

N,N-Dimethylcarbamoylchlorid.
□ Stoff-Identifizierungs-Nr.:
CAS-Nr.: 79-44-7
EG-Nr.: 006-041-00-0
UN-Nr.: 2262
EINECS-Nr.: 201-208-6
– Chemische Formel: C_3H_6ClNO
□ Stoffcharakteristik: Flüssigkeit (keine weiteren Angaben bekannt).
□ Gefahrenmerkmale:
– Stoffliste nach § 4a der →Gefahrstoffverordnung:
Gefahrenkennbuchstabe(n): T
R-Sätze: 45-22-23-36/37/38
S-Sätze: 53-45
– Besondere Stoffeigenschaften nach TRGS 500: krebserzeugend: EG-Kat. 2
– Stoffliste (Anhang II) der →Störfall-Verordnung: Nr. 132 und 4c
– Emissionswerte: TA Luft Einstufung: 2.3 (gemäß MAK-Liste)   *Fischer/M. Schön*

3,3'-Dimethyl-4,4'-Diaminobiphenyl.
□ Stoff-Identifizierungs-Nr.:
CAS-Nr.: 119-93-7
EG-Nr.: 612-041-00-7
EINECS-Nr.: 204-358-0
– Chemische Formel: $C_{14}H_{16}N_2$
□ Stoffcharakteristik: Weiße bis rötliche Kristalle oder Pulver, schwach löslich in Wasser, löslich in Alkohol, Ether und verdünnten Säuren.
□ Gefahrenmerkmale:
– Stoffliste nach § 4a der →Gefahrstoffverordnung:
Gefahrenkennbuchstabe(n): T
R-Sätze: 45-22
S-Sätze: 53-44
– Besondere Stoffeigenschaften nach TRGS 500: krebserzeugend: EG-Kat. 2
– Stoffliste (Anhang II) der →Störfall-Verordnung: Nr. 131 und 4c
– Emissionswerte: TA Luft Einstufung: 2.3 (gemäß MAK-Liste)   *Fischer/M. Schön*

3,3'-Dimethyl-4,4'-Diaminodiphenylmethan.
□ Stoff-Identifizierungs-Nr.:
CAS-Nr.: 838-88-0
EG-Nr.: 612-085-00-7
EINECS-Nr.: 212-658-8
– Chemische Formel: $C_{15}H_{18}N_2$

□ Stoffcharakteristik: Farblose bis schwach gelbe, feste Substanz mit aminartigem Geruch, in Wasser praktisch unlöslich.
□ Gefahrenmerkmale:
– Stoffliste nach § 4a der →Gefahrstoffverordnung:
Gefahrenkennbuchstabe(n): T
R-Sätze: 22-43-45
S-Sätze: 53-44
– Stoffliste (Anhang II) der →Störfall-Verordnung: Nr. 134 und 4c
– Emissionswerte: TA Luft Einstufung: 2.3 (gemäß MAK-Liste)   *Fischer/M. Schön*

Dimethyldisulfid. D. (CH_3SSCH_3), abk. DMDS, gehört zu den biogenen atmosphärischen Schwefelverbindungen. Obwohl durch Feldmessungen bekannt ist, daß Moore und Seen atmosphärische Quellen von DMDS darstellen, scheinen diese jedoch nur von geringer Bedeutung für den globalen Schwefelhaushalt zu sein. DMDS spielt deshalb nur eine sehr untergeordnete Rolle im →Schwefelkreislauf. DMDS ist sehr reaktiv und wird in der Atmosphäre tagsüber sehr rasch durch Reaktion mit OH-Radikalen und nachts durch NO_3-Radikale abgebaut. Dabei entstehen hauptsächlich Schwefeldioxid, Formaldehyd und wahrscheinlich auch in geringen Mengen Methansulfonsäure.   *Barnes*

Dimethylether.
□ Stoff-Identifizierungs-Nr.:
CAS-Nr.: 115-10-6
EG-Nr.: 603-019-00-8
UN-Nr.: 1033
EINECS-Nr.: 204-065-8
– Chemische Formel: C_2H_6O
□ Stoffcharakteristik: Farbloses, in Wasser lösliches, hoch entzündliches Gas mit etherartigem Geruch. Schwerer als Luft, bildet mit Luft explosionsfähiges Gemisch.
□ Gefahrenmerkmale:
– Stoffliste nach § 4a der →Gefahrstoffverordnung:
Gefahrenkennbuchstabe(n): F+
R-Sätze: 12
S-Sätze: 2-9-16
– Arbeitsschutzwerte nach TRGS 900: →MAK-Wert (mg/m³): 1910
– Stoffliste (Anhang II) der →Störfall-Verordnung: Nr. 1
– →Wassergefährdungsklasse: WGK 1
– Emissionswerte: →TA Luft Einstufung: 3.1.7 Klasse III   *Fischer/M. Schön*

1,2-Dimethylhydrazin.
□ Stoff-Identifizierungs-Nr.:
CAS-Nr.: 540-73-8

EG-Nr.: 007-013-00-0
UN-Nr.: 2382
– Chemische Formel: $C_2H_8N_2$
□ Stoffcharakteristik: Farblose Flüssigkeit mit stechendem, ammoniakartigem Geruch, in Wasser vollständig löslich. Giftig, brennbar, Dämpfe leicht entzündbar, bilden mit Luft giftige und explosionsfähige Gemische.
□ Gefahrenmerkmale:
– Stoffliste nach § 4a der →Gefahrstoffverordnung:
Gefahrenbuchstabe(n): T
R-Sätze: 45-23/24/25
S-Sätze: 53-45
– Besondere Stoffeigenschaften nach TRGS 500: krebserzeugend: EG-Kat. 2
– Stoffliste (Anhang II) der →Störfall-Verordnung: 136 und 4 c
– Emissionswerte: TA Luft Einstufung: 2.3 (gemäß MAK-Liste)   *Fischer/M. Schön*

N,N-Dimethylhydrazin.
□ Stoff-Identifizierungs-Nr.:
CAS-Nr.: 57-14-7
EG-Nr.: 007-012-00-5
UN-Nr.: 1163
EINECS-Nr.: 200-316-0
– Chemische Formel: $C_2H_8N_2$
□ Stoffcharakteristik: Farblose, mit Wasser mischbare Flüssigkeit, leicht entzündlich, ätzende und giftige Dämpfe, viel schwerer als Luft, bilden mit Luft explosionsfähiges Gemisch. Ammoniakähnlicher, fischartiger Geruch. Heftige Reaktion mit starken, konzentrierten Säuren.
□ Gefahrenmerkmale:
– Stoffliste nach § 4a der →Gefahrstoffverordnung:
Gefahrenkennbuchstabe(n): T, F
R-Sätze: 45-11-23/25-34
S-Sätze: 53-45
– Besondere Stoffeigenschaften nach TRGS 500: krebserzeugend: EG-Kat. 2
– Stoffliste (Anhang II) der →Störfall-Verordnung: Nr. 135 und 4 c
– Emissionswerte: TA Luft Einstufung: 2.3 (gemäß MAK-Liste)   *Fischer/M. Schön*

O,O-Dimethyl-O,P-Nitrophenylthiophosphat
(Parathionmethyl).
□ Stoff-Identifizierungs-Nr.:
CAS-Nr.: 298-00-0
EG-Nr.: 015-035-00-7
UN-Nr.: 1668
EINECS-Nr.: 206-050-1
– Chemische Formel: $C_8H_{10}NO_5\,PS$
□ Stoffcharakteristik: In reiner Form weißer, kristalliner Feststoff, als technisches Produkt bräunliche Flüssigkeit. In Wasser wenig, in den meisten organischen Lösungsmitteln gut löslich oder misch-

bar. Hydrolyse in wässriger, alkalischer oder saurer Lösung.
□ Gefahrenmerkmale:
– Stoffliste nach § 4a der →Gefahrstoffverordnung:
Gefahrenkennbuchstabe(n): T+
R-Sätze: 24-28
S-Sätze: 1/2-28-36/37-45
– Stoffliste (Anhang II) der →Störfall-Verordnung: Nr. 231 und 4 b
– →Wassergefährdungsklasse: WGK 3
          Fischer/M. Schön

Dimethylsulfat.
□ Stoff-Identifizierungs-Nr.:
CAS-Nr.: 77-78-1
EG-Nr.: 016-023-00-4
UN-Nr.: 1595
EINECS-Nr.: 201-058-1
– Chemische Formel: $C_2H_6O_4S$
□ Stoffcharakteristik: Klare, farblose, ölige, schwer wasserlösliche, schwer entzündliche Flüssigkeit. Dämpfe viel schwerer als Luft. Schwach esterartiger Geruch. Sehr reaktionsfreudiges Alkylierungsmittel.
□ Gefahrenmerkmale:
– Stoffliste nach § 4a der →Gefahrstoffverordnung:
Gefahrenkennbuchstabe(n): T+
R-Sätze: 45-25-26-34
S-Sätze: 53
– Besondere Stoffeigenschaften nach TRGS 500: krebserzeugend: EG-Kat. 2
– Arbeitsschutzwerte nach TRGS 900: →TRK-Wert (mg/m^3): 0,1 bei Herstellung; 0,2 bei Verwendung
– Stoffliste (Anhang II) der →Störfall-Verordnung: Nr. 138 und 4 b
– →Wassergefährdungsklasse: WGK 2
– Emissionswerte: →TA Luft Einstufung: 2.3 Klasse II   *Fischer/M. Schön*

Dimethylsulfid
(DMS). D. (CH_3SCH_3) gehört wie →Schwefelwasserstoff (H_2S), Dimethyldisulfid (CH_3SSCH_3), Carbonylsulfid (COS) und Schwefelkohlenstoff (CS_2) zu den natürlich vorkommenden gasförmigen reduzierten Schwefelverbindungen und spielt im →Schwefelkreislauf der Atmosphäre die dominierende Rolle. DMS-Emissionen entstehen durch biogene Vorgänge im Ozean, in Böden und in Pflanzen, wobei der Ozean die größte Quelle darstellt. Die DMS-Konzentration in maritimer Reinluft liegt im Bereich 1–800 pptV, typische Mittelwerte sind 60 pptV.

DMS wird während des Tages durch die Reaktion mit OH- und während der Nacht durch Reaktion mit NO_3-Radikalen abgebaut. Der Mechanismus des DMS-Abbaus ist sehr komplex und bis heute nicht vollständig geklärt. Die möglichen Reaktionswege der OH-initiierten Oxidation von DMS sind in Bild 1 dargestellt. Die Hauptprodukte sind Schwefeldi-

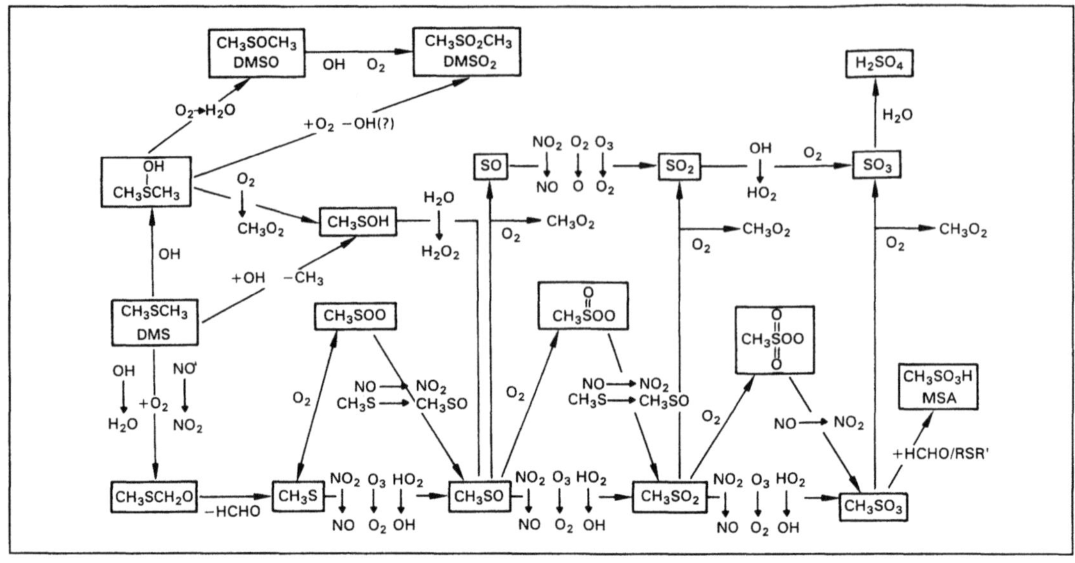

Dimethylsulfid 1: Schematische Darstellung der durch OH-Radikale induzierten Oxidation von DMS in der Atmosphäre.

oxid, Formaldehyd, Methansulfonsäure und Aerosole (Schwefelsäure- und Methansulfonat-Aerosole). Es ist immer noch unklar, wie wichtig die Oxidationspfade des DMS sind, die über Methansulfonsäure zu Methansulfonat-Aerosolen führen. Die aus der DMS-Oxidation in der Atmosphäre hervorgehenden Aerosolpartikel wirken bei Kondensationsprozessen, die zur Wolkenbildung führen, als Wolkenkondensationskerne, so daß DMS als ein Hauptproduzent derjenigen Sulfatpartikel in maritimer Luft angesehen werden kann, die nicht als Seesalzpartikel an der Meeresoberfläche erzeugt werden. Man spricht in diesem Zusammenhang auch von non-seasalt sulfate. Es wird geschätzt, daß die DMS-Oxidation etwa 87% zur Bildung von Seesalzsulfataerosolen beiträgt.

Es wird in der Literatur diskutiert, ob die aus der Oxidation von Organoschwefelverbindungen (insbesondere DMS) hervorgehenden Aerosolpartikel einen Einfluß auf das →Klima ausüben können. Eine Änderung der troposphärischen Konzentration an Organoschwefelverbindungen und der damit verbundenen Zahl an Sulfataerosolpartikeln hat entscheidende Konsequenzen für die Bildung maritimer Wolken (Bild 2). *Barnes*

Literatur: *Saltzman and Cooper, W. J.* (editors): Biogenic Sulfur in the Environment. American Chemical Society, Symposium Series 393, Washington, DC 1989.

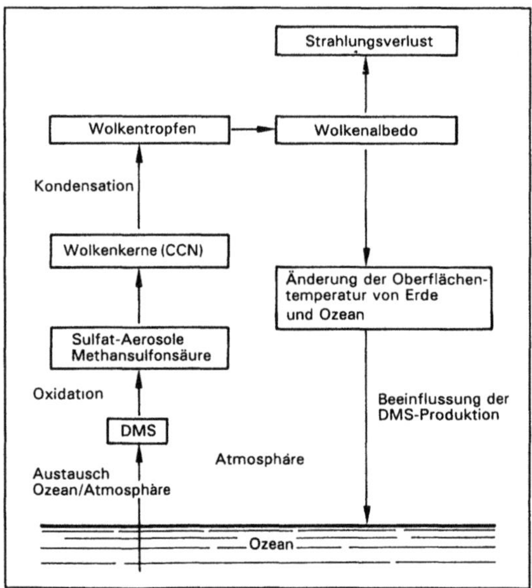

Dimethylsulfid 2: Mögliche Einwirkung von DMS auf das Klima (Schwefelkreislauf).

DIN-EN-Norm. In eine →DIN-Norm überführte Europäische Norm (EN) von CEN oder CENELEC.

DIN-IEC-Norm. In eine →DIN-Norm überführte Norm der IEC.

DIN-ISO-Norm. In eine →DIN-Norm überführte Norm der ISO.

1,4-Dinitro-2-Methylbenzol.
□ Stoff-Identifizierungs-Nr.:
CAS-Nr.: 619-15-8

EINECS-Nr.: 210-581-4
- Chemische Formel: $C_7H_6N_2O_4$
□ Stoffcharakteristik: Gelblicher, kristalliner, unter Normalbedingungen relativ stabiler Feststoff, der sich in Wasser wenig, dagegen gut in Diethylether und Schwefelkohlenstoff löst.
□ Gefahrenmerkmale:
- Besondere Stoffeigenschaften nach TRGS 500: krebserzeugend: MAK-Gruppe III A2
- →Wassergefährdungsklasse: WGK 3
- Emissionswerte: TA Luft Einstufung: 2.3 (gemäß MAK-Liste)   *Fischer/M. Schön*

Dinitrobenzol (Isomerengemisch).
□ Stoff-Identifizierungs-Nr.:
CAS-Nr.: 25154-54-5
EG–Nr.: 609-004-00-2
UN-Nr.: 1597
EINECS-Nr.: 246-673-6
□ Chemische Formel: $C_6H_4N_2O_4$
□ Stoffcharakteristik: Gelbe, stark riechende Substanz, kaum löslich in Wasser.
□ Gefahrenmerkmale:
- Stoffliste nach § 4a der →Gefahrstoffverordnung: Gefahrenkennbuchstabe(n): T+
R-Sätze: 26/27/28-33-40
S-Sätze: 1/2-28-36/37-45
- Besondere Stoffeigenschaften nach TRGS 500: krebserzeugend: MAK-Gruppe III B
- Stoffliste (Anhang II) der →Störfall-Verordnung: Nr. 4b
- →Wassergefährdungsklasse: WGK 3
- Emissionswerte: →TA Luft Einstufung: 3.1.7 Klasse I   *Fischer/M. Schön*

Dinitrotoluol (Isomerengemisch).
□ Stoff-Identifizierungs-Nr.:
CAS-Nr.: 25321-14-6
EG–Nr.: 609-007-00-9
UN-Nr.: 2038
EINECS-Nr.: 246-836-1
□ Chemische Formel: $C_7H_6N_2O_4$
□ Stoffcharakteristik: Gelblicher, kristalliner, unter Normalbedingungen relativ stabiler Feststoff, der sich in Wasser wenig, dagegen gut in Diethylether und Schwefelkohlenstoff löst.
□ Gefahrenmerkmale:
- Stoffliste nach § 4a der →Gefahrstoffverordnung: Gefahrenkennbuchstabe(n): T
R-Sätze: 23/24/25-33-40
S-Sätze: 1/2-28-37-45
- Besondere Stoffeigenschaften nach TRGS 500: krebserzeugend: MAK-Gruppe III A2
- Stoffliste (Anhang II) der →Störfall-Verordnung: Nr. 140 und 4c
- Emissionswerte: TA Luft Einstufung: 2.3 (gemäß MAK-Liste)   *Fischer/M. Schön*

2,4-Dinitrotoluol.
□ Stoff-Identifizierungs-Nr.:
CAS-Nr.: 121-14-2
EG–Nr.: 609-007-00-9
UN-Nr.: 2038
EINECS-Nr.: 204-450-0
□ Chemische Formel: $C_7H_6N_2O_4$
□ Stoffcharakteristik: Gelbe, feste, sehr wenig wasserlösliche Kristallmasse oder Schuppen, schwerer als Wasser. Schwer entzündlich, Dämpfe der heißen Schmelze viel schwerer als Luft, bilden über 194 °C mit Luft explosionsfähiges Gemisch. Reagiert heftig mit reduzierenden Stoffen und bildet mit starken Oxydationsmitteln explosionsfähige Verbindungen.
□ Gefahrenmerkmale:
— Stoffliste nach § 4a der →Gefahrstoffverordnung: Gefahrenkennbuchstabe(n): T
R-Sätze: 23/24/25-33-40
S-Sätze: 1/2-28-37-45
- Besondere Stoffeigenschaften nach TRGS 500: krebserzeugend: MAK-Gruppe III A2
- Stoffliste (Anhang II) der →Störfall-Verordnung: Nr. 4c
- →Wassergefährdungsklasse: WGK 3
- Emissionswerte: TA Luft Einstufung: 2.3 (gemäß MAK-Liste)   *Fischer/M. Schön*

2,6-Dinitrotoluol.
□ Stoff-Identifizierungs-Nr.:
CAS-Nr.: 606-20-2
UN-Nr.: 1600
EINECS-Nr.: 210-106-0
□ Chemische Formel: $C_7H_6N_2O_4$
□ Stoffcharakteristik: Gelbliche, schwach riechende Substanz, kaum löslich in Wasser.
□ Gefahrenmerkmale:
- Besondere Stoffeigenschaften nach TRGS 500: krebserzeugend: MAK-Gruppe III A2
- Arbeitsschutzwerte nach TRGS 900: →TRK-Wert (mg/m^3): 0,05
- →Wassergefährdungsklasse: WGK 3
- Emissionswerte: TA Luft Einstufung: 2.3 (gemäß MAK-Liste)   *Fischer/M. Schön*

DIN-Norm. Das DIN Deutsches Institut für Normung e. V. ist als technisch-wissenschaftlicher Verein mit Sitz in Berlin auf der Grundlage des mit der Bundesrepublik Deutschland geschlossenen Normenvertrages vom 5. Juni 1975 die für die Normungsarbeit zuständige Institution der Bundesrepublik Deutschland. Im elektrotechnischen Bereich ist hierfür die Deutsche Elektrotechnische Kommission (DKE) im DIN und VDE (Verband Deutscher Elektrotechniker) als gemeinsames Organ von DIN und VDE zuständig.

Die eigentliche Normungsarbeit wird von in Normenausschüssen zusammengefaßten Arbeitsausschüssen durchgeführt. Deren Aufgaben, Stellung,

Arbeitsweise und Finanzierung sind in Festlegungen geregelt, die von den jeweils zuständigen Organen des DIN beschlossen werden. Diese Beschlüsse haben die Normenreihe DIN 820: Normungsarbeit zur Grundlage und können durch weitere Beschlüsse ergänzt werden. Das DIN mit seinen Normenausschüssen und Gremien verfolgt „ausschließlich und unmittelbar gemeinnützige Zwecke, indem es durch Gemeinschaftsarbeit der interessierten Kreise zum Nutzen der Allgemeinheit Deutsche Normen oder andere Arbeitsergebnisse, die der Rationalisierung, der Qualitätssicherung, dem Umweltschutz, der Sicherheit und der Verständigung in Wirtschaft, Technik, Wissenschaft, Verwaltung und Öffentlichkeit dienen, aufstellt, sie veröffentlicht und ihre Anwendung fördert" (Zitat aus § 1 der Satzung des DIN).

Die Bedeutung des →Umweltschutzes und seine Einwirkung in alle Bereiche der Technik und der Wissenschaft hinein hat in den letzten Jahren national und international ständig zugenommen. Von den über 100 Normenausschüssen des DIN befassen sich zahlreiche Ausschüsse direkt oder indirekt mit Fragen sowohl der medienübergreifenden (anlagebezogenen) als auch der produktbezogenen Normung von umweltrelevanten Themen. Umweltschutz ist dabei im Verständnis des DIN wie die Funktionsfähigkeit, die Sicherheit und die Wirtschaftlichkeit technischer Systeme ein integraler Bestandteil technischen Handelns.

Angesichts der die nationalen Grenzen überschreitenden Umweltprobleme und der engeren politischen und wirtschaftlichen Zusammenarbeit, insbesondere der europäischen Staaten, ist Kooperation, Konzentration und Bündelung der Kräfte (der personellen und finanziellen Ressourcen) auch im nationalen Bereich notwendige Voraussetzungen für eine Harmonisierung von technischen Regeln. So wurden das nationale und internationale Mandat des DIN (formuliert im Normenvertrag mit der Bundesregierung) und die fachliche Kompetenz des VDI (Verein Deutscher Ingenieure) zur Erstellung von →Technischen Regeln zur Luftreinhaltung und von →Technischen Regeln für Lärmminderung/Erschütterungen in Gemeinschaftsgremien von DIN und VDI in Abstimmung mit den interessierten Kreisen und dem Bundesministerium für Umwelt, Naturschutz und Reaktorsicherheit sowie dem Bundesministerium für Arbeit und Sozialordnung zusammengeführt. Diese Gemeinschaftsgremien mit dem Status und Mandat von Normenausschüssen sind die Kommission Reinhaltung der Luft (KRdL) im VDI und DIN und der Normenausschuß Akustik, Lärmminderung und Schwingungstechnik (NALS) im DIN und VDI. Darüber hinaus hat das DIN durch besondere Kooperationsvereinbarungen seine Kräfte z. B. mit denen der Abwassertechnischen Vereinigung (ATV) und der Forschungsgesellschaft für das Straßen- und Verkehrswesen verbunden. Gemeinsames Ziel aller ist ein einheitliches deutsches technisches Regelwerk u. a. auf den Gebieten Lärmminderung, Luftreinhaltung, Abwasser und Abfall sowie die Durchsetzung deutscher Sicherheits- und Umweltschutzinteressen in Europa. Auch die Koordinierungsstelle Umweltschutz (KU) im DIN ist hier eingebunden und wird bei den Bemühungen um ein einheitliches europäisches Regelwerk wichtige Beiträge leisten (→Normung, produktorientierte).

Ein Normenausschuß (NA) ist auf seinem Fach- und Wissensgebiet für die nationale Normung verantwortlich. Er nimmt auch die Mitarbeit bei der europäischen (→CEN, →CENELEC) und internationalen (ISO, →IEC) Normung wahr. Weitere Aufgaben ergeben sich im Bereich der →Zertifizierung. Gründung und Auflösung eines NA vollziehen sich nach den in der „Richtlinie für Normenausschüsse im DIN" festgelegten Grundsätzen. Die Organe eines NA sind Mitarbeiterkreis, Beirat (Lenkungsgremium), Vorsitzender, Arbeitsausschüsse und Geschäftsführer. Dieser wird als Angestellter des DIN vom Direktor des DIN mit der Wahrnehmung der Aufgaben beauftragt. Die Aufgaben der vorgenannten Organe eines NA sind ebenfalls in der erwähnten Richtlinie für Normenausschüsse festgelegt. Die fachliche Arbeit wird von den ehrenamtlichen Mitgliedern, d. h. Fachleuten aus den interessierten Kreisen wie Anwender, Behörden, Berufsgenossenschaften, Berufs-, Fach- und Hochschulen, Handel, Handwerkswirtschaft, industrielle Hersteller, Prüfinstitute, Sachversicherer, selbständige Sachverständige, Technische Überwacher, Verbraucher und Wissenschaft geleistet. Die Ergebnisse der Normungsarbeit des DIN werden vor Aufnahme in das Deutsche Normenwerk von einer direkt dem Präsidium des DIN unterstellten Normenprüfstelle daraufhin überprüft, ob die Regeln und die Grundsätze des DIN eingehalten wurden (z. B. Widerspruchsfreiheit).

Die Erarbeitung einer Norm ist in DIN 820, Teil 1 „Normungsarbeit; Grundsätze" festgelegt. So ist vor Aufnahme der Arbeiten z. B. zu klären, ob ein Bedarf für die Norm besteht und die interessierten Kreise zur Mitarbeit bereit sind. Ein Normenentwurf muß vor seiner endgültigen Verabschiedung der Öffentlichkeit zur Stellungnahme vorgelegt werden und ein definiertes Verabschiedungsverfahren durchlaufen. Die Normen des Deutschen Normenwerkes stehen jedermann zur Anwendung frei und bilden einen Maßstab für einwandfreies technisches Verhalten; dieser Maßstab ist auch im Rahmen der Rechtsordnung von Bedeutung (→Verbindlichkeit von Technischen Regeln). *Grefen*

Literatur: Arbeitsgremien des DIN, 20. Aufl. Berlin–Köln 1992. – Grundlagen der Normungsarbeit des DIN. DIN-Normenheft 10, Berlin–Köln 1990.

Diodenlaserspektroskopie. Bei dieser analytischen Methode werden Diodenlaser als Lichtquelle für den spektroskopischen Spurenstoffnachweis eingesetzt. Im englischsprachigen Raum wird häufig TDL (Tunable Diode Laser = durchstimmbarer Diodenlaser) als Abkürzung für die Bezeichnung dieser Spektrometer verwendet. Ebenso wie im Fall der →Fourier-Transform-Infrarot-(FTIR)-Spektroskopie beruht das Meßverfahren auf der Messung der →Absorption eines Spurengases bei einer bestimmten Wellenlänge im IR-Bereich. Als Lichtquelle wird eine Laserdiode mit sehr schmaler Linienbreite eingesetzt, die in einem kleinen Wellenlängen- bzw. Wellenzahlenbereich (300 cm^{-1}) durchgestimmt werden kann. Der Vorteil dieses Spektrometers im Vergleich zur FTIR-Spektroskopie liegt in seiner wesentlich höheren Empfindlichkeit.

Aufgrund der sehr schmalen Linienbreite des Laserlichtes (2×10^{-5} cm^{-1}) erlaubt dieses Meßverfahren bei einfachen Molekülen die Anregung einzelner Rotationslinien eines Schwingungsübergangs und zeichnet sich somit durch eine geringe →Querempfindlichkeit gegenüber anderen Spurenstoffen aus. Die Absorptionsmessungen müssen allerdings wegen der notwendigen Schärfe der Absorptionslinien, die durch die Druckverbreiterung gestört wird, bei reduzierten Totaldrücken (ca. 50 mbar) erfolgen, wodurch die Messempfindlichkeit bezogen auf atmosphärische Bedingungen wieder herabgesetzt wird. Durch den Einsatz verschiedener Modulationstechniken können Absorptionen bis zu 10^{-5} gemessen werden. Durch Hochfrequenz-Modulationstechniken kann die →Nachweisgrenze noch um einen Faktor 100 herabgesetzt werden. Dies erlaubt für einige Spurengase unter Verwendung von Multireflexionsabsorptionszellen Konzentrationsbestimmungen bis in den sub-ppbV-Bereich.

Der größte Nachteil liegt in dem relativ kleinen durchstimmbaren Bereich einer einzelnen Laserdiode (Tabelle). *Wiesen*

Diodenlaserspektroskopie. Tabelle: Vergleich der Nachweisempfindlichkeiten zwischen TDL- und FTIR-Spektroskopie für einige wichtige Spurengase der Atmosphäre.

Spurengas	Empfindlichkeit in ppbV	
	TDL[a]	FTIR[b]
H_2O_2	0,2	10
NH_3	0,1	3
HNO_3	0,05	6
HCHO	0,1	6

a) Berechnet für eine Weglänge von 136 m und auf Atmosphärendruck bezogen.
b) Weglänge 1 000 m bei einer spektralen Auflösung von 0,5 cm^{-1}.

1,4-Dioxan.
□ Stoff-Identifizierungs-Nr.:
CAS-Nr.: 123-91-1
EG–Nr.: 603-024-00-5
UN-Nr.: 1165
EINECS-Nr.: 204-661-8
□ Chemische Formel: $C_4H_8O_2$
□ Stoffcharakteristik: Farblose, mit Wasser mischbare, flüchtige, leicht bewegliche Flüssigkeit, leicht entzündlich. Dämpfe schwerer als Luft, bilden mit Luft explosionsfähiges Gemisch. Elektrostatisch aufladbar. Kann explosionsfähige Peroxide bilden. Reagiert heftig mit starken Oxydationsmitteln.
□ Gefahrenmerkmale:
– Stoffliste nach § 4 a der →Gefahrstoffverordnung: Gefahrenkennbuchstabe(n): Xn, F
R-Sätze: 11-19-36/37-40
S-Sätze: 2-16-36/37
– Besondere Stoffeigenschaften nach TRGS 500: krebserzeugend: EG-Kat. 3
– Arbeitsschutzwerte nach TRGS 900: →MAK-Wert (mg/m^3): 180
– Stoffliste (Anhang II) der →Störfall-Verordnung: Nr. 2
– →Wassergefährdungsklasse: WGK 2
– Emissionswerte: →TA Luft Einstufung: 3.1.7 Klasse I *Fischer/M. Schön*

Dioxine.
Allgemein. Die polychlorierten Dibenzo-p-dioxine (PCDD) werden häufig kurz als D. bezeichnet. Sie sind eine Verbindungsklasse aromatischer Ether, d. h. sauerstoffverknüpfte Phenylringe. Die Anzahl der Chloratome im Molekül wird durch das Präfix Mono-(1) bis Octa-(8) bezeichnet. Die unterschiedliche Stellung der jeweiligen Chloratome im Molekül gibt die systematische Bezifferung wieder. Den D. chemisch eng verwandt sind die polychlorierten →Dibenzofurane (PCDF) (→Furane). Tabelle 1 zeigt die Strukturformeln sowie die durch Chlorsubstitution möglichen Verbindungen an D. und PCDF. Insgesamt ergeben sich 75 verschiedene Kongenere für die D. und 135 verschiedene Kongenere für die PCDF. Sowohl der Chlorierungsgrad als auch die Stellungsisomerie haben erheblichen Einfluß auf die Eigenschaften der jeweiligen Verbindungen. Neben den polychlorierten sind die polybromierten und die gemischt-halogenierten Dibenzo-p-dioxine und -furane von Bedeutung (PBDD/PBDF bzw. PHalDD/PHalDF). Polybromierte D. und Furane können bei chemischen oder thermischen Prozessen bei Anwesenheit von Bromverbindungen entstehen, z. B. bei Verschwelung von Kunststoffen mit bromhaltigen Flammschutzmitteln oder bei der Verwendung scavenger-haltiger Ottokraftstoffe.

D. und Furane sind sehr stabil gegen chemische und thermische Einflüsse. Sie sind weitgehend inert

Dioxine. Tabelle 1: Strukturformeln der PCDD/PCDF sowie die durch Chlorsubstitution möglichen Verbindungen, eingeteilt nach Chlorierungsgrad (Homologe), Isomere und Kongenere.

Polychlordibenzo-p-dioxine
(PCDD)

Polychlordibenzofurane
(PCDF)

Anzahl der Chloratome	Anzahl der PCDD-Isomere	Anzahl der PCDF-Isomere
1	2	4
2	10	16
3	14	28
4	22	38
5	14	28
6	10	16
7	2	4
8	1	1
Kongenere	75	135

gegen Laugen und Säuren. Bei der Verbrennung sind sie im unteren Temperaturbereich sehr beständig; bei Temperaturen von 1 000° C werden sie bei technisch üblichen Verweilzeiten praktisch vollständig verbrannt.

Auf Grund ihrer physikalisch-chemischen Eigenschaften reichern sich D. und PCDF im Boden und in der Nahrungskette an. Sie werden in der Umwelt durch Lichteinwirkung und mikrobiell kaum bzw. nur sehr langsam abgebaut.

Die herausgehobene Verbindung hinsichtlich ihres Risikos ist das 2,3,7,8-TCDD (sog. Sevesogift, wegen der herausragenden Bedeutung dieses Stoffes beim Chemie-Unfall im Juli 1976 in Seveso, Italien). Zur Risikobeurteilung von 2,3,7,8-TCDD beim Menschen wird vor allem auf Ergebnisse aus Tierversuchen zurückgegriffen. Für die Berechnung einer für den Menschen als unschädlich unterstellten Aufnahmemenge werden zusätzliche Sicherheitsfaktoren von 100 bis 1 000 berücksichtigt. Am besten ist das 2,3,7,8-TCDD toxikologisch untersucht. Für die übrigen D. und Furane gibt es noch keine ausreichenden Untersuchungen, die eine fundierte toxikologische Bewertung erlauben. Es ist jedoch bekannt, daß alle PCDD/PCDF-Kongenere mit 2,3,7,8-Substitution grundsätzlich das gleiche Wirkungsprofil zeigen. Weiterhin gibt es Anhaltspunkte dafür, daß sich die Wirkungsstärken mehre-

rer Kongenere im Gemisch addieren. Auf der Grundlage dieser Zusammenhänge und wegen des unterschiedlichen Vermögens der einzelnen Kongenere, Enzyme zu induzieren, wurden sog. Toxizitäts-Äquivalenzwerte (TE) für D. und Furane entwikkelt. Das toxische Äquivalent von 2,3,7,8-TCDD wird dabei gleich 1 gesetzt. In Tabelle 2 werden nach verschiedenen Methoden ermittelte Äquivalenzwerte wiedergegeben. Als international weitgehend verbindlich wurden die von einer Arbeitsgruppe der NATO/CCMS ermittelten Werte vereinbart; manchmal auch als I-TEF bezeichnet (Abk. *engl.* International Toxicity Equivalence Factor). Auf dieser Grundlage ist auch der Emissionsgrenzwert von 0,1 ng TE/m^3 im Abgas von →Abfallverbrennungsanlagen in der →17. BImSchV festgelegt.

Wegen der hohen Langlebigkeit der D. und Furane ist der wesentliche Teil der heutigen Umweltbelastungen durch Einträge aus früheren Jahren verursacht. Schätzungen versuchen daher, den Eintrag etwa in den zurückliegenden 20 Jahren zu ermitteln.

D. und Furane werden nicht gezielt zu irgendeinem Zweck hergestellt. Sie entstehen ausschließlich als unerwünschte Nebenprodukte bei chemischen und thermischen Prozessen. Das Vorkommen von PCDD/PCDF wird heute in den industrialisierten Ländern als ubiquitär betrachtet. Hauptquellen für

Dioxine. Tabelle 2: Systeme unterschiedlicher Toxizitätsäquivalenzfaktoren, d. h. Wichtungsfaktoren bezogen auf 2,3,7,8-Tetrachlordibenzodioxin

Struktur	Toxizitätsäqivalente			
	Eadon USA	Nordisches System	BGA D	Internat. System (NATO CCMS)*)
2378-Cl_4DD	1	1	1	1
12378-Cl_5DD	1	0,5	0,1	0,5
123478-Cl_6DD	0,033	0,1	0,1	0,1
123678-Cl_6DD	0,033	0,1	0,1	0,1
123789-Cl_6DD	0,033	0,1	0,1	0,1
1234678-Cl_7DD	0	0,01	0,01	0,01
OCDD/Cl_8DD	0	0,001	0,001	0,001
2378-Cl_4DF	0,33	0,1	0,1	0,1
12378-Cl_5DF	0.33	0,01	0,01	0,05
23478-Cl_5DF	0,33	0,5	0,1	0,5
123478-Cl_6DF	0,011	0,01	0,1	0,1
123678-Cl_6DF	0,011	0,01	0,1	0,1
123789-Cl_6DF	0,011	0,01	0,1	0,1
234678-Cl_6DF	0,011	0,01	0,1	0,1
1234678-Cl_7DF	0	0,01	0,01	0,01
1234789-Cl_7DF	0	0,01	0,01	0,01
OCDF/Cl_8DF	0	0,001	0,001	0,001
andere Cl_4DD/F	0	0	0,01	0
andere Cl_5DD/F	0	0	0,01	0
andere Cl_6DD/F	0	0	0,01	0
andere Cl_7DD/F	0	0	0,01	0

*) Die Äquivalenzfaktoren der 17. BimSchV sind damit identisch.

den Eintrag von D. und Furanen in die Umwelt sind nach heutigem Kenntnisstand die Produktion und Verwendung chlororganischer Stoffe der chemischen Industrie und die thermischen Prozesse. Hinzu kommen u. a. unkontrollierte Brände (z. B. von PCB-haltigen Transformatoren, von PVC). *M. Lange*

Emissionsminderung.
□ Produktionsprozesse der →Chlorchemie. D. und Furane (PCDD/PCDF) können bei bestimmten Produktionsprozessen entstehen. Der Eintrag in die Umwelt kann vor allem über die (bestimmungsgemäße) Verwendung des Produktes und über die Produktionsabfälle erfolgen. Zuerst wurden PCDD/PCDF als Nebenprodukte bei der Herstellung von Chlorphenolen beobachtet. Durch die technische Produktion von 2,4,5-Trichlorphenol (2,4,5-T), einem Pflanzenschutzmittel mit einem Gehalt bis zu 0,01 % D., sind die PCDD/PCDF erst als toxikologisch relevant in Erscheinung getreten. →Polychlorierte Biphenyle (PCB) waren regelmäßig mit Dibenzofuranen verunreinigt und wurden darüber hinaus durch Transformatorenbrände zu D.-Quel-

len. Die breite Anwendung von PCB in offenen und geschlossenen Systemen, der massive Einsatz von →Pentachlorphenol (PCP) vor allem als Holzschutzmittel und 2,4,5-T in der Landwirtschaft haben innerhalb kurzer Zeit zu einer weltweit nachweisbaren D.- und Furanbelastung geführt. Als neue Quelle für den laufenden D.-Eintrag wurde vor einigen Jahren die D.-Bildung bei der Zellstoff- und →Papierherstellung (Chlorbleiche) erkannt. Inzwischen werden in Deutschland chlorfreie Bleichverfahren eingesetzt.
□ Thermische Prozesse. Ende der 70er Jahre wurden erstmals PCDD/PCDF in Filterstäuben und Abgasen von Müllverbrennungsanlagen in den Niederlanden und in den USA nachgewiesen. Diese Ergebnisse wurden bei weiteren Messungen an Abfallverbrennungsanlagen weltweit bestätigt. Inzwischen wurde die Bildung von D. und Furanen bei verschiedenen thermischen Prozessen nachgewiesen. Nachfolgend sind einige relevante Quellen genannt.
– Kabelverschwelung (in der Bundesrepublik Deutschland seit 1991 nicht mehr in Betrieb),

– Hausabfallverbrennung (→Abfallverbrennungs-anlage),
– Krankenhausabfallverbrennung,
– →Sonderabfallverbrennung,
– Verbrennungsmotoren in Kraftfahrzeugen (bei Verwendung von brom- und chlorhaltigen Scavengern im Benzin) (→19. BImSchV),
– Sinteranlagen,
– Nichteisen-Sekundärmetallschmelzen (z. B. Aluminium-, Kupferrückgewinnung),
– Eisen- und Stahlschrottverwertung (z. B. in Elektrostahlwerken),
– Verbrennung von Holzwerkstoffresten,
– Hausbrandfeuerstätten für Holz, Kohle oder Öl,
– Deponiegasverbrennung.

Abfallverbrennungsanlagen sind nur zu einem geringen Anteil an der D.-Belastung in der Bundesrepublik Deutschland beteiligt. Bei bestehenden älteren Anlagen betragen die Abgaskonzentrationen ca. 1–15 ng TE/m^3. Abfallverbrennungsanlagen, die Ende der 80er Jahre in Betrieb gegangen sind, haben Emissionswerte, die häufig um 1 ng TE/m^3 liegen. Alle diese Anlagen müssen bis spätestens Ende 1996 den Emissionsgrenzwert der →17. BImSchV = 0,1 ng TE/m^3 einhalten.

□ Emissionsminderungsmaßnahmen. Um niedrige Emissionswerte, z. B. den Grenzwert von 0,1 ng TE/m^3 der 17. BImSchV für Abfallverbrennungsanlagen einzuhalten, sind besondere Minderungsmaßnahmen zu treffen. Folgende Techniken werden eingesetzt:
– Einsatzstoffbezogene Maßnahmen, z. B. Vorbehandlung von verunreinigtem Recyclingmaterial, Verzicht auf Scavenger im Benzin.
– Feuerungstechnische Maßnahmen, z. B. ausreichend hohe Temperaturen und Verweilzeiten sowie gute Durchmischung der Gase in Hinblick auf einen guten Ausbrand.
– Verringerung der Dioxinbildung im Abgasweg, z. B. Zugabe von Inhibitoren, Vermeidung oder Verminderung von Flugascheablagerungen durch geeignete Abgasführung und optimierte Reinigung von Heizflächen und Abgaszügen.
– Anwendung von →Abgasreinigungsverfahren.

Verschiedene wirksame Abgasreinigungsverfahren stehen zur Verfügung:
– Optimierte konventionelle Staubabscheider (insbesondere Gewebefilter in Verbindung mit einem Kalksorptionsverfahren).
– Flugstromreaktor mit Herdofen- oder Aktivkoksstaub (Zudosierung eines Kalkstein/Koksstaubgemisches in den Abgasstrom sowie nachgeschaltetes Gewebefilter).
– Festbettreaktor unter Verwendung von Herdofen- oder Aktivkoks.
– Katalytische Oxidation unter Einsatz eines TiO_2-Katalysators.

Mit den drei zuletzt genannten Verfahren lassen sich Emissionswerte von 0,1 ng TE/m^3 im Abgas sicher einhalten. Bei Verwendung von Herdofen- oder Aktivkoks im Flugstromreaktor oder im Festbett fallen beladene Reststoffe an, die geeignet behandelt und entsorgt werden müssen. Reststoffe aus dem Flugstromreaktor werden in der Regel als →Sonderabfall entsorgt. Bei der katalytischen Oxidation werden D. und Furane mit Wirkungsgraden von 95 % und mehr zerstört.

Soweit dioxinbeladene Reststoffe, insbesondere Filterstäube, anfallen, sind die Reststoffe besonders zu behandeln. Verschiedene Verfahren stehen zur Verfügung, z. B.:
– die katalytische Behandlung von Filterstaub und anderen Reststoffen im Niedertemperaturbereich unter Sauerstoffmangelbedingungen,
– die Behandlung der Filterstäube nach dem →Drei-R-Verfahren,
– mehrere Flugascheeinschmelzverfahren,
– die Verbrennung von beladenem Herdofenkoks.

□ Emissionsbegrenzung. Die 17. BImSchV legt einen D.-Grenzwert von 0,1 ng TE/m^3 für Anlagen zur Verbrennung von Abfällen und ähnlichen brennbaren Stoffen fest. Für alle übrigen genehmigungsbedürftigen Anlagen gilt das generelle Emissions-Minimierungsgebot der TA Luft (Nr. 3.1.7 Abs. 7). Zur Ausfüllung dieses Minimierungsgebots orientieren sich Genehmigungsbehörden häufig am Grenzwert der 17. BImSchV.　　　*M. Lange*

Literatur: *Lange, M.:* Minimierung der Dioxin- und Furanemissionen aus Abfallverbrennungsanlagen. Umwelt **21** (1991) Nr. 3 Special, S. E35/E40. – Sachstandsbericht von Bundesgesundheitsamt und Umweltbundesamt zum Dioxin-Symposium Januar 1990, Karlsruhe Symposiumsbände 1–3 zu Organohalogen Compounds – 10th Intern. Meeting DIOXIN '90, Sept. 1990 Bayreuth. – Dioxine und Furane – ihr Einfluß auf die Umwelt und Gesundheit. 1. Auswertung des 2. Intern. Dioxin-Symposiums im Nov. 1992 in Berlin, Bundesgesundhbl. Sonderheft Mai 1993. – Siebzehnte Verordnung zur Durchführung des Bundes-Immissionsschutzgesetzes (Verordnung über Verbrennungsanlagen für Abfälle und ähnliche brennbare Stoffe – 17. BImSchV) vom 23. Nov. 1990. – VDI-Ber. 634: Dioxin. Eine technische, analytische ökologische und toxikologische Herausforderung. Düsseldorf 1987. – VDI-Ber. 745: Halogenierte organische Verbindungen in der Umwelt. Düsseldorf 1989. – UBA-Berichte 5/85: Sachstand Dioxine. Hrsg.: Umweltbundesamt. Berlin 1985.

Immissionsmessung. Die Analytik von D. und Furanen ist sehr aufwendig. Diese sind zu einem großen Teil in der Partikelphase gebunden. Dementsprechend werden zur Probenahme unterschiedliche Varianten bewährter Methoden zur Messung des Schwebstaubs und des Staubniederschlags eingesetzt. Der heute weitgehend praktizierte Ablauf der Messung läßt sich folgendermaßen umreißen:

Zur Probenahme für Konzentrationsmessungen werden in der Regel modifizierte LIB-Geräte eingesetzt (→LIB-Filterverfahren). Der modifizierte Probenahmekopf enthält ein Glasfaserfilter zur Abscheidung der Partikelphase. Zur Erfassung der gasförmigen Anteile ist dem →Partikelfilter ein Polyurethanschaum als Adsorptionseinheit nachgeschaltet. Zur Anreicherung einer für die nachgeschaltete Aufarbeitung und Analyse ausreichenden Substanzmenge werden in der Regel rund 1 000 m³ Probeluft durchgesetzt. Die Probenahme kann über einen Zeitraum von drei Tagen oder aber auch beispielsweise über einen Monat erfolgen. Nach der Probenahme werden Filter und Polyurethanschäume einer Toluolextraktion in Soxhletheißextratoren unterzogen.

Zur Erfassung der D.- und Furan-Deposition wird meist das Bergerhoff-Gerät eingesetzt (→*Bergerhoff*-Verfahren). Gegenüber der Bestimmung des Staubniederschlags muß die Aufarbeitung der so gewonnenen Proben jedoch modifiziert werden, weil bei einem Eindampfen der Probe hohe Verluste an D. u. F. eintreten können. Stattdessen erfolgt die Zugabe von HCl und eine anschließende →Filtration der Probe über Glasfaserfilter. Die wäßrige Phase wird mit Toluol extrahiert. Mit dieser Lösung erfolgt anschließend eine Soxhletextraktion des Filters.

Die weitere Aufarbeitung ist in beiden Fällen (Konzentrations- oder Depositionsmessung) identisch. Der Soxhletextraktion schließen sich je nach Matrix diverse säulen-chromatographische Reinigungsschritte an. Verbreitet ist dabei die →Chromatographie an saurem und basischem Kieselgel (gemischte Säule), an Aluminiumoxid sowie die Reinigung unter Einsatz der →Hochdruckflüssigkeitschromatographie.

Im letzten Schritt werden die D. u. Furane (F.) gaschromatographisch auf einer polaren oder unpolaren Quarzkapillare getrennt und massenfragmentographisch nachgewiesen (Gaschromatographie/Massenspektrometrie-Kopplung, GC/MS). Die polare Kapillare ermöglicht eine weitgehende Auftrennung der einzelnen PCDD/PCDF-Kongenere, auf der unpolaren Säule ist nur eine Trennung der Homologengruppen möglich. Die Identifizierung der Kongenere erfolgt in der Regel anhand der Molmasse, der charakteristischen Isotopenverhältnisse und der Retentionszeiten. Die Quantifizierung erfolgt über die Methode des inneren Standards. Hierbei handelt es sich um eine Reihe ¹³C-markierter Verbindungen, die vor Beginn der Probenaufarbeitung, d. h. vor der Soxhletextraktion, zugegeben werden. Verluste, die im Laufe der Aufarbeitung, des sogenannten clean up, eintreten, werden auf diese Weise automatisch im Analysenergebnis kompensiert.

Üblicherweise werden folgende Parameter bei einer D.-/F.-Analyse bestimmt:
– besonders relevante Einzelkongenere, insbesondere 2,3,7,8-substituierte Einzelisomere,
– Summe der tetrachlorierten D. und F.,
– Summe der pentachlorierten D. und F.,
– Summe der hexachlorierten D. und F.,
– Summe der heptachlorierten D. und F.,
– das octachlorierte D. und F.,
– Summe aller PCDD und PCDF.

Weiterhin hat es sich im Rahmen der Bewertung von D.-/F.-Analysen als zweckmäßig erwiesen, das Analysenergebnis in Form sog. Toxizitätsäquivalente (TE) zusammenzufassen. *Pfeffer*

Dioxinverordnung. Geplante, auf das ChemG gestützte Verordnung zum Verbot von Stoffen, Zubereitungen und Erzeugnissen, die bestimmte polyhalogenierte Dibenzo-p-dioxine (PHDD) und bestimmte polyhalogenierte Dibenzofurane (PHDF) enthalten (Bundesrat-Drucksache 45/93 vom 21. Januar 1993), der der Bundesrat am 26. März 1993 zugestimmt hat, die aber dann noch der Notifizierung bei der EG bedurfte. Anläßlich der Beratung der →Chemikalien-Verbotsverordnung hat der Bundesrat am 9. Juli 1993 die Bundesregierung gebeten, diese bereits verabschiedeten Bestimmungen nach Ablauf der EG-Notifizierungsfrist in die Systematik der Neuregelungen der Chemikalien-Verbotsverordnung und der →Gefahrstoffverordnung aufzunehmen; dem hat die Bundesregierung 1994 entsprochen.

Der nachfolgend beschriebene Inhalt der D. ist weitgehend in die Chemikalien-Verbotsverordnung übernommen worden. Geregelt wird das Inverkehrbringen von Stoffen, Zubereitungen und Erzeugnissen, in denen →Dioxine und →Furane enthalten sind, wobei 17 polychlorierte sowie 8 polybromierte Dioxine und Furane erfaßt werden. Ziel der Regelung ist eine weitere Senkung des Dioxin- und Furaneintrags in die Umwelt durch Inverkehrbringungsverbote bei Überschreitung festgelegter Massenkonzentrationen. Zu diesem Zweck sind fünf Stoffgruppen vorgegeben, die mit drei der unterschiedlichen Gefährlichkeit der in den Gruppen enthaltenen PHDD und PHDF entsprechenden Summengrenzwerten versehen und damit praktisch in drei Gefahrenklassen eingeteilt sind; d. h. Stoffe, Zubereitungen und Erzeugnisse dürfen nicht in Verkehr gebracht werden, wenn die in der Tabelle genannten Summenwerte des Gehalts an den zugeordneten PHDD und PHDF überschritten werden. Allerdings ist eine Reihe von Ausnahmen vorgesehen, u. a. zur Berücksichtigung von bereits bestehenden Regelungen, von Belangen der →Reststoffverwertung oder der ordnungsgemäßen →Abfallentsorgung sowie von Forschungsarbeiten. Ausgenommen vom Verbot sind auch Zwischenprodukte, deren Inverkehrbringen jedoch der Behörde halbjährlich mengenmäßig anzuzeigen ist.

Im übrigen ist für die Herstellung ein →Minimierungsgebot vorgesehen. *Dreyhaupt*

Dioxinverordnung. Tabelle: PHDD und PHDF mit Summengrenzwerten für das Inverkehrbringen von Stoffen. Zubereitungen und Erzeugnissen.

Gruppe	PHDD/PHDF	Summengrenzwert in μg/kg (ppb)
1	a) 2,3,7,8-Tetrachlordibenzo-p-dioxin (TCDD) b) 1,2,3,7,8-Penta-CDD c) 2,3,7,8-Tetrachlordibenzofuran (TCDF) d) 2,3,4,7,8-Penta-CDF	1
2	a) 1,2,3,4,7,8-Hexa-CDD b) 1,2,3,7,8,9-Hexa-CDD c) 1,2,3,6,7,8-Hexa-CDD d) 1,2,3,7,8-Penta-CDF e) 1,2,3,4,7,8-Hexa-CDF f) 1,2,3,7,8,9-Hexa-CDF g) 1,2,3,6,7,8-Hexa-CDF h) 2,3,4,6,7,8-Hexa-CDF	5*)
3	a) 1,2,3,4,6,7,8-Hepta-CDD b) 1,2,3,4,6,7,8,9-Octa-CDD c) 1,2,3,4,6,7,8-Hepta-CDF d) 1,2,3,4,7,8,9-Hepta-CDF e) 1,2,3,4,6,7,8,9-Octa-CDF	100*)
4	a) 2,3,7,8-Tetrabromdibenzo-p-dioxin (TBDD) b) 1,2,3,7,8-Penta-BDD c) 2,3,7,8-Tetrabromdibenzofuran (TBDF) d) 2,3,4,7,8-Penta-BDF	1
5	a) 1,2,3,4,7,8-Hexa-BDD b) 1,2,3,7,8,9-Hexa-BDD c) 1,2,3,6,7,8-Hexa-BDD d) 1,2,3,7,8-Penta-BDF	5*)

*) Der Grenzwert gilt nur dann als eingehalten, wenn auch der (die) in der (den) jeweils vorhergehenden Nummer(n) festgesetzte(n) Grenzwert(e) nicht überschritten ist (sind).

Diphenylamin.
□ Stoff-Identifizierungs-Nr.:
CAS-Nr.: 122-39-4
EG–Nr.: 612-026-00-5
UN-Nr.: 2811
EINECS-Nr.: 204-539-4
□ Chemische Formel: $C_{12}H_{11}N$
□ Stoffcharakteristik: Farblose bis graue, lichtempfindliche, sehr wenig wasserlösliche, brennbare, blättrige Kristalle. Blumiger Geruch, brennender Geschmack. Reagiert schwach basisch. Über 150 °C Dampf-Luftgemisch explosionsfähig, bei Brand Bildung nitroser Gase.
□ Gefahrenmerkmale:
– Stoffliste nach § 4a der →Gefahrstoffverordnung: Gefahrenkennbuchstabe(n): T
R-Sätze: 23/24/25-33
S-Sätze: 1/2-28-36/37-45

– Stoffliste (Anhang II) der →Störfall-Verordnung: Nr. 4c
– →Wassergefährdungsklasse: WGK 3
Fischer/M. Schön

Direktabfederung. D. ist eine →Aktivisolierung von Maschinen, bei der die Isolatoren direkt unter der Maschine, d. h. ohne Anbringen einer Zusatzmasse angeordnet werden. Dabei wird bei Maschinen mit →Stoßerregung zugleich angestrebt, die Federelemente entsprechend der abzufedernden Maschinenmasse auszulegen, daß die Eigenfrequenz des Schwingungssystems in lotrechter Richtung unterhalb von etwa 8 Hz, wenn möglich noch deutlich niedriger liegt, um eine gute Isolierwirkung, d. h. einen großen Isolierfaktor zu erreichen. Eine D. kann nur durchgeführt werden, wenn das Maschinengestell für eine direkte Anordnung der Isolatoren unter der Maschine ausreichend steif ist und die größten Schwingungsbewegungen bzw. Nachschwingweiten wegen des fehlenden Fundaments als Beruhigungsmasse störungsfreien Betrieb und die Bedienbarkeit der Maschine ermöglichen. Die D. ist bei der Aktivisolierung von →Schmiedehämmern und Schmiedepressen durchgeführt worden (Bild). Bei der D. von Schmiedehämmern können etwa die gleichen Isolierfaktoren wie bei einer →Schwingungsisolierung mit abgefedertem Fundament erreicht werden, und zwar Isolierfaktoren von etwa 70–80 % im Vergleich zu einem unmittelbar auf dem Baugrund gelagerten Hammerfundament. Durch eine D. von Schmiedehämmern wird nicht nur eine gute Isolierwirkung erreicht, sondern auch wegen der erforderlichen relativ kleinen flachen Fundamentwanne Baukosten und Platz gespart.

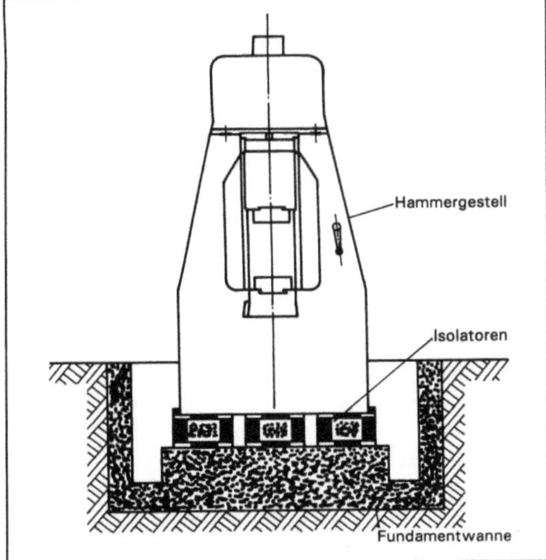

Direktabfederung: D. eines Schabotte-Schmiedehammers (schematisch).

Die D. ist auch bei →Schmiedepressen mit maximalen Druckkräften im Bereich von 12–80 MN durchgeführt worden. Beim Betrieb von Exzenter-Schmiedepressen werden relativ große Massen von Schwungrad, Exzenterwelle und Stößel kurzzeitig beschleunigt und abgebremst. Dadurch treten erhebliche Massenkräfte und -momente auf, die über das Maschinengestell in die Umgebung eingeleitet werden und ohne eine Schwingungsisolierung oft störende Erschütterungsimmissionen verursachen. Bei einer D. von Schmiedepressen sind für die Dimensionierung der Federsteifigkeiten der Federisolatoren und der Dämpfungsmaße der eingebauten Dämpfer einerseits der anzustrebende Isolierfaktor maßgebend und andererseits die noch als zulässig erachteten Schwingungsbewegungen in der Arbeitsebene beim Betrieb der Maschine sowie eine ausreichende Standsicherheit. Bei einer direkt abge-

federten Schmiedepresse liegen die zu erwartenden größten Schwingungsbewegungen des Maschinengestells in der Höhe der Arbeitsebene bei etwa 2–3 mm. *Splittgerber*

Literatur: *Jung, A.*: Die Direktfederung großer Exzenter-Schmiedepressen. Industrie-Anzeiger **73** (1979) Nr. 101 – *Wietlake, K. H.*: Erschütterungsminderung durch Direktabfederung von Schabotte-Schmiedehämmern. LIS-Bericht Nr. 8, Hrsg.: Landesanstalt für Immissionsschutz des Landes NRW, Essen 1980.

Direktabsorptions-Receiver (*engl.* direct absorption receiver). →Strahlungsabsorber als äußerer Receiver oder Fest- oder Flüssigstoff-Receiver, mit Hilfe dessen die solare Strahlungsenergie ohne Wärmeleitung durch Röhren- oder Plattenwandungen direkt an einen Fest- oder Flüssigstoffstrom als Wärmeträgermedium übergeben wird. Hochtemperatursuspensionen hohen Absorptionsgrads lassen – wandlos – höchste Temperaturen im Wärmeträgermedium zu, ohne durch die Wärmefestigkeit des Wandwerkstoffs begrenzt zu sein.

D.-R. arbeiten in der Regel bei atmosphärischem Druck und haben folglich verhältnismäßig große Bauvolumen. Sie setzen hochtemperaturfeste Fördereinrichtungen für Sand-/Luftgemische, Partikel-/Luftgemische u. dgl. voraus. *C.-J. Winter*

Direkteinleiter. Die Bezeichnung D. ist wasserrechtlich nicht so ausgeprägt wie der Begriff →Indirekteinleiter, er ist praktisch nur das logische Pendant zu letzterem. Gemeint ist die Einleitung von Abwasser aus Abwasseranfallstellen oder Abwasserbehandlungsanlagen, das vom Inhaber der nach § 7a WHG notwendigen Einleitungserlaubnis (→Abwassereinleitung) dem Vorfluter ohne Inanspruchnahme eines anderen Berechtigten – in diesem Sinne direkt – zugeführt wird, also im wesentlichen von den Gemeinden, von Abwasserverbänden oder von Industrieunternehmen mit eigenen Kanalisations- und Abwasserbehandlungsanlagen. Direkt bezieht sich nicht etwa auf die Art der Ab- oder Einleitung, insbesondere nicht darauf, daß das Abwasser von der Anfallstelle geradewegs (ohne jede weitere Behandlung) dem Vorfluter zugeführt wird. *Mertsch*

Direktentschwefelungsverfahren. Mit dem D. werden Schwefeloxide, Chlor- und Fluorwasserstoff bei Feuerungsanlagen durch Zugabe von Sorptionsmittel (kalkhaltige Additive) in den Feuerraum im Temperaturbereich um 1 100° C abgeschieden. Die Schadstoffe reagieren mit den Additiven bei Temperaturen zwischen 800 und 1 100° C zu den entsprechenden Salzen. Die Reaktionsprodukte werden mit der Flugasche ausgetragen. Die Komponenten des D. sind Vorrats- und Zwischensilos für die Additive und für das Produkt sowie die Dosier- und Einblaseeinrichtungen.

Im Gegensatz zu den →Trockenadditiv-Verfahren wird das Sorptionsmittel getrennt vom Brennstoff mit konstanter Luftmenge oberhalb des Flammenbereichs in den Kessel eingeblasen. Einblasort und Anzahl der Düsen richten sich nach den jeweiligen Kesselverhältnissen. Die Düsenanordnung und die Einblasgeschwindigkeit (etwa 50 m/s) müssen aufeinander abgestimmt sein, damit der Additivstrahl nicht auf die Feuerraumwände auftrifft. Oberhalb von 1 250° C sintern die Additive zusammen und reagieren mit der Flugasche. Daher darf an der Stelle der Additiveinblasung diese Temperatur nicht überschritten werden, weil sonst die Schadstoffeinbindung stark abnimmt. Das Optimum der Schadstoffeinbindung liegt mit Kalkstein und Branntkalk als Additive bei 850° C sowie mit Dolomit (Calcium-/Magnesiumcarbonat) bei 800–850° C.

Die →Abscheidegrade hängen im wesentlichen von Schwefel-, Chlor- und Fluorgehalten des eingesetzten Brennstoffs, vom Additiv und der Kesselart ab. Um im Dauerbetrieb Entschwefelungsgrade von 50–60% zu erzielen, müssen Additivmengen im Ca/S-Verhältnis zwischen 2 und 4,5 zugeführt werden. Größere Additivmengen zur Verbesserung des Abscheidegrads würden den Wirkungsgrad des Kessels sehr beeinträchtigen. Das D. ist daher bevorzugt für kleinere Steinkohlefeuerungen mit wenigen Betriebsstunden im Jahr geeignet. Als →Reststoff fällt im Staubabscheider ein Gemisch aus Flugasche und Kalkprodukten ($CaSO_4$, CaO, geringer Anteil an $CaCl$ und CaF) an. Der Anteil an Kalkprodukten beträgt je nach Feuerraum- und Abscheidebedingungen sowie Aschegehalt des Brennstoffs zwischen 40–80 Gew.-%. Dieser Reststoff ist nur beschränkt verwertbar, z. B. im Straßen- und Wegebau als Bodenersatz, im Landschaftsbau als Verfüllmaterial und in industriellen Produktionsprozessen zur →Neutralisation von Schlämmen. Meistens muß jedoch der Reststoff des D. als Abfall deponiert werden. *Haug*

Literatur: *Breihofer, D. et al:* Maßnahmen zur Minderung der Emissionen von SO_2, NO_x und VOC bei stationären Quellen in der Bundesrepublik Deutschland. Studie im Auftrag des BMU/Umweltbundesamt. IIP Uni Karlsruhe November 1991. – *Davids, P.; M. Lange:* Die Großfeuerungsanlagen-Verordnung – Technischer Kommentar. Düsseldorf 1984.

Dispersionslacke →Industrielack, emissionsarm

Dissimilation (Katabolismus). Bezeichnung für die Gesamtheit der energieliefernden (exergonen) Abbauprozesse des Stoffwechsels. Die bereitgestellte Energie ist Voraussetzung für den Anabolismus, den Aufbau körpereigener Substanzen. Die beim →Abbau (Oxidation) organischer Verbindungen freiwerdende chemische Energie wird auf universelle biochemische Energieträger (ATP) übertragen und dem Organismus verfügbar gemacht. *Maghon*

Distickstoffmonoxid (N_2O, Lachgas).
Atmosphärenchemie. D. ist in der →Troposphäre chemisch inert und wird ausschließlich in der →Stratosphäre durch →Photolyse bzw. durch die Reaktion mit angeregtem atomaren Sauerstoff $O(^1D)$ abgebaut. Dabei werden molekularer Stickstoff (N_2) und Stickstoffmonoxid (NO) gebildet. Dieser Prozeß ist die Hauptquelle des stratosphärischen NO. Der Abbauprozeß bewirkt, daß die N_2O-Konzentration in der Stratosphäre mit der Höhe abnimmt. In der Troposphäre ist das D. auf Grund seiner langen Verweilzeit von 150 Jahren vertikal gleichmäßig durchmischt. Die Konzentrationen liegen in der Nordhemisphäre bei ~310 ppbV, in der Südhemisphäre etwas niedriger.

N_2O wird im wesentlichen durch die Aktivitäten von nitrifizierenden und denitrifizierenden Mikroorganismen in Böden sowie im Meerwasser gebildet. Als anthropogene Quelle muß der Einsatz von künstlichen Düngern in der Landwirtschaft angesehen werden. Ebenso entsteht bei der Verbrennung fossiler Energieträger und →Biomasse je nach Bedingungen der Verbrennung mehr oder weniger viel N_2O. Insbesondere bei niedrigen Verbrennungstemperaturen entsteht relativ viel N_2O (z. B. in Wirbelschichtfeuerungen). Weiterhin gibt es experimentelle Hinweise darauf, daß die Emissionen von N_2O durch Katalysatoren im Automobilbereich erhöht werden. Inwieweit N_2O durch Oberflächenreaktionen von NO_x an Partikeln in der Atmosphäre entsteht, wird z. Zt. untersucht. Insgesamt werden 8 bis 25×10^6 Tonnen N_2O pro Jahr in die Atmosphäre eingebracht. Die seit 1950 durchgeführten Konzentrationsmessungen am N_2O zeigen einen mittleren globalen Anstieg von 0,25% pro Jahr (→Anstieg von Spurengasen).

D. absorbiert Strahlung im infraroten Spektralbereich und zählt zu den Treibhausgasen. Im Vergleich zu Kohlendioxid (CO_2) zeigt N_2O ein ~200 mal höheres spezifisches Treibhauspotential. *Wiesen*

Immissionsmessung. D. war bislang nicht Bestandteil von Immissionsmeßprogrammen, hat aber in der letzten Zeit an Bedeutung gewonnen, weil es wie Methan und Kohlendioxid den Klimahaushalt verändert und zum sog. →Treibhauseffekt beiträgt.

D. in der Außenluft läßt sich gaschromatographisch (→Gaschromatographie) nachweisen. Die Luftprobe wird auf einer gepackten Säule (→Trennsäule), gefüllt mit Porapak Q, getrennt und mit einem He-Ionisationsdetektor oder einem →Elektroneneinfangdetektor nachgewiesen. Bei einem Probevolumen zwischen 1 und 10 ml beträgt die →Nachweisgrenze 2 ppbv. *Dulson*

Literatur: *Seiler, W.* und *R. Conrad:* Field Measurements of Natural und Fertilizer-Induced N_2O Release Rates from Soil. JAPCA 31, (1981) pp. 767.

Distickstoffoxid →Distickstoffmonoxid

Distickstoffpentoxid. D. (N_2O_5) wird nachts in der →Atmosphäre durch die Gleichgewichtsreaktion des NO_3-Radikals mit NO_2 gebildet:

$$NO_2 + NO_3 + M \rightleftharpoons N_2O_5 + M \qquad K_{eq} = k_{-1}/k_1$$

Die NO_3-Radikale (→Nachtchemie) entstehen durch die Reaktion von NO_2 mit O_3. Die Einstellzeit für das Gleichgewicht wird im wesentlichen durch die stark temperaturabhängige Zerfallsreaktion des N_2O_5 bestimmt und liegt bei Raumtemperatur in der Größenordnung von Minuten, so daß in der unteren Troposphäre meistens ein Gleichgewicht herrscht. Im Gegensatz zu NO_2 und NO_3 ist bislang die N_2O_5-Konzentration in der Troposphäre noch nicht gemessen worden. Die Konzentration von N_2O_5 kann jedoch indirekt über die Gleichgewichtskonstante K_{eq} bestimmt werden. N_2O_5 wird durch Reaktion mit Wasser unter Bildung von Salpetersäure (HNO_3) aus der Atmosphäre entfernt. *Barnes*

Disulfoton.
□ Stoff-Identifizierungs-Nr.:
CAS-Nr.: 298-04-4
EG–Nr.: 015-060-00-3
UN-Nr.: 3018
EINECS-Nr.: 206-054-3
□ Chemische Formel: $C_8H_{19}O_2PS_3$
□ Stoffcharakteristik: Gelbliche, lauchartig riechende Flüssigkeit, kaum löslich in Wasser.
□ Gefahrenmerkmale:
– Stoffliste nach § 4a der →Gefahrstoffverordnung: Gefahrenkennbuchstabe(n): T+, N
R-Sätze: 27/28-50/53
S-Sätze: 1/2-28-36/37-45-60-61
– Stoffliste (Anhang II) der →Störfall-Verordnung: Nr. 148 und 4c
– →Wassergefährdungsklasse: WGK 3
Fischer/M. Schön

Diversität. Begriff aus der Sicherheitstechnik, insbesondere wird er in der →Reaktorsicherheit verwendet. Es handelt sich um wichtige Einrichtungen der Sicherheitssysteme eines Reaktors, die physikalisch oder technisch verschiedenartig ausgelegt werden. Eine diversitäre Auslegung von Sicherheitssystemen dient der Beherrschung sog. abhängiger Fehler. Diese werden bei einer genauen Untersuchung auf ursächlich verknüpftes Folgeversagen im Rahmen der →Störfallanalyse identifiziert.

Das Prinzip der D. besagt, daß für jede Sicherheitsfunktion nebeneinander verschiedenartige Prozeßgrößen das Anregesignal bewirken, verschiedenartige Verarbeitungsstränge die Signale umsetzen und in der Wirkungsweise, mindestens aber im Konstruktionsprinzip, verschiedenartige Stellglieder die sicherheitstechnische Aktion auslösen. In den RSK-Leitlinien (RSK = Reaktorsicherheitskommission) für Druckwasserreaktoren ist ausgeführt: Jeder im Rahmen der Störfallanalyse zu betrachtende Störfall ist durch Messung von mindestens zwei diversitären Prozeßgrößen zu erfassen, wobei abgeleitete Prozeßgrößen als eine Größe gelten.

Bei Nichterfüllbarkeit dieser Forderung wird mindestens ein Einsatz diversitärer Meßgeräte für die gleiche Prozeßgröße gefordert. So kann die Reaktorleistung außer über den Neutronenfluß auch über die Kühlmittelaufheizspanne gemessen werden; das Auftreten eines Kühlmittelverlustes macht sich über den Druck und über den Wasserstand bemerkbar, usw. Eine diversitäre Auslegung schützt in erster Linie gegen systematische Fehler in Konstruktion und Kalibrierung, in gewissem Umfang aber auch gegen Verknüpfungen. *Merz*

DMDS. Abk. für →Dimethyldisulfid, chemische Formel CH_3SSCH_3. *Becker*

DMS. Abk. für →Dimethylsulfid, chemische Formel CH_3SCH_3. *Becker*

DOAS. Abk. *engl.* für Differential Optical Absorption Spectroscopy. D.-Systeme gehören zu den aktiven optischen →Fernmeßverfahren und ermöglichen eine räumlich integrierende Messung gasförmiger Luftschadstoffe (Emissions- und Immissionsmessung). Im Unterschied zu anderen optischen Fernmeßverfahren nach dem DAS-Prinzip (→LIDAR) verwenden D.-Systeme keinen Laser, sondern eine breitbandige Lichtquelle (z. B. Xenon-Hochdrucklampe) in Kombination mit einem hochauflösenden Gitterspektrometer.

Lichtsender und -empfänger sind in der Regel voneinander getrennt am Anfang und Ende der gewählten Meßstrecke angeordnet, die je nach Meßaufgabe und Auslegung des Meßsystems bis zu 10 km lang sein kann. Das am Ende der Meßstrecke ankommende Licht wird mit einem Spiegelteleskop empfangen, im Spektrometer zerlegt und photoelektrisch detektiert. Zwischen Spektrometer und Detektor befindet sich eine rotierende Scheibe mit mehreren radialen Schlitzen, mit denen der für die Messung ausgewählte Spektralbereich abgetastet wird. Diese Abtastung muß so schnell erfolgen, daß sich in dieser Zeit der Zustand der Atmosphäre nur unwesentlich ändert. Die bei der Abtastung gespeicherten Meßwerte bilden die Grundlage für die nachfolgende elektronische Spektralanalyse. Unter günstigen Bedingungen kann mit einem D.-System die über die Meßstrecke gemittelte Konzentration mehrerer Luftschadstoffe seriell bestimmt werden. *Stahl*

Literatur: *Platt, U.; D. Perner:* Measurements of Atmospheric Trace Gases by Long Path Differential UV/Visible Absorption Spectroscopy. In: Optical and Laser Remote Sensing. Hrsg. D. K. Killinger, A. Mooradian. Berlin–Heidelberg–New York 1983.

Dobson-Einheit. (Gesamtozonmenge). In der Geophysik ist es üblich, den Gesamtozongehalt einer vertikalen Luftsäule zwischen Erdboden und der Sonne in der relativen Einheit Dobson (DU: Dobson-Unit) anzugeben. Die Pionierarbeiten *Dobsons* auf dem Gebiet des stratosphärischen Ozons werden damit gewürdigt. Der Ozongehalt, der in der englischsprachigen Literatur auch Total Ozone Column Density, d. h. Gesamtozonsäulendichte, genannt wird, entspricht der Gesamtozonmenge in der Luftsäule und nicht der Konzentration an einem Punkt. Die Bezeichnung Säulendichte geht dabei auf den aus der Lichtabsorption gebräuchlichen Begriff der optischen Dichte zurück, weil zur Bestimmung des Ozongehalts ein Absorptionsverfahren eingesetzt wird. Die Messungen werden mit einem Dobson-Spektrometer durchgeführt, wobei das Instrument die Lichtintensität des Sonnenlichts bei zwei verschiedenen Wellenlängen im Bereich der Absorptionsbande des Ozons vergleicht. Eine D.-E. entspricht dabei dem Absorptionsmaß bzw. der Gesamtozonsäulendichte, die eine 0,01 mm dicke Ozonschicht besitzt, wenn dabei Ozon auf 1 013 mbar und 273 K (Normalbedingungen) bezogen wird. Da die atmosphärische Gesamtozonsäulendichte ungefähr 300 DU beträgt, wäre sie, würde sie auf Normalbedingungen bezogen, 3 mm dick (→Ozonloch). *Wirtz*

Dominanz.

Genetik. Im Falle von D. werden bei mischerbigen Nachkommen nur die Genprodukte eines dominanten Allels produziert; das rezessive Allel wirkt sich nicht aus. Genetische D. kann sich also nur ausprägen bei diploiden Organismen, die jedes Gen zweifach (2 Allele) besitzen. Bei reinerbigen (homozygoten) Organismen sind diese beiden Allele identisch, während bei mischerbigen (heterozygoten) Individuen die Allele unterschiedlich strukturiert sind. Wirken die Genprodukte zweier unterschiedlicher Allele unabhängig voneinander, spricht man von Codominanz. *Maghon*

Ökologie. Ein Maß für das prozentuale Verhältnis von Einzelorganismen einer Art pro Flächeneinheit zur Individuenzahl der übrigen Arten. Quantitativ vorherrschende Arten werden als Dominanten bezeichnet. Zusammen mit der Individuen- und Artendichte gibt die D. Aufschluß über die Zahlenverhältnisse der Organismen in einem →Biotop. Hohe D.-Werte zeigen eine gute Übereinstimmung zwischen den Ansprüchen der betreffenden Art und den Eigenschaften des Lebensraums. *Maghon*

Donator-Akzeptor-Modell (DAM). Das DAM ist eine verfeinerte Form des induktiven Modells zur Bewertung von Bodenbelastungen unter Berück-

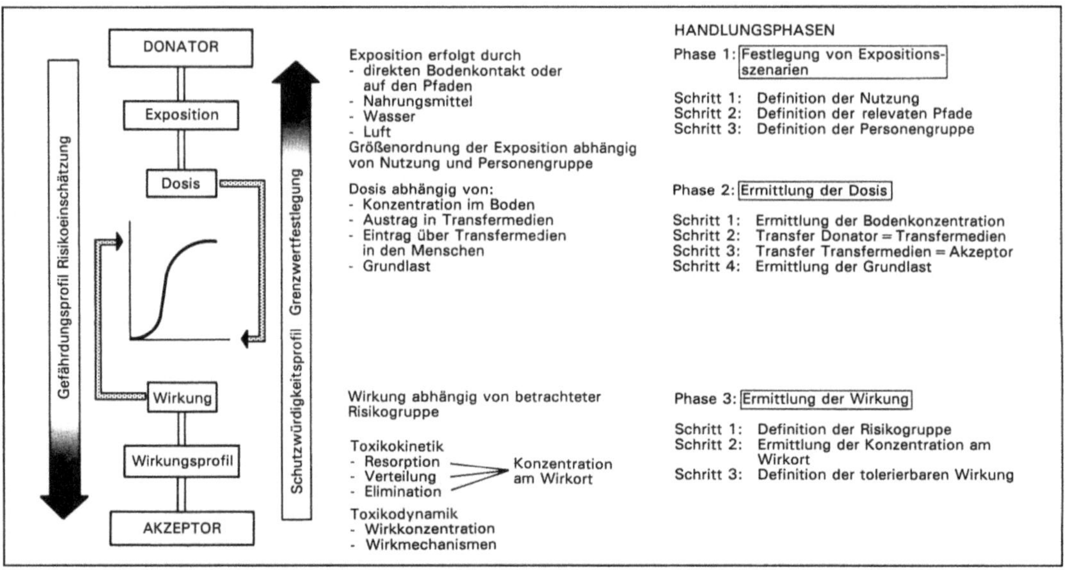

Donator-Akzeptor-Modell: Schematische Darstellung.

Donator-Akzeptor-Modell. Tabelle: Auswahl wichtiger Transferpfade vom Donator Boden zum Akzeptor Mensch unter Zugrundelegung von vier Hauptbelastungspfaden: Boden → Mensch (1), Boden → Nahrungsmittel → Mensch (2–14), Boden → Trinkwasser → Mensch (15–19), Boden → Atmosphäre → Mensch (20–21).

1	Boden → Mensch
2	Boden → Pflanze → Pflanzenprodukt → Mensch
3	Boden → Pflanze (Futtermittel) → Tier → Tierprodukt → Mensch
4	Boden → Tier → Tierprodukt → Mensch
5	Boden → Oberflächenwasser → Tier → Tierprodukt → Mensch
6	Boden → Atmosphäre → Pflanze → Pflanzenprodukt → Mensch
7	Boden → Atmosphäre → Pflanze (Futtermittel) → Tier → Tierprodukt → Mensch
8	Boden → Atmosphäre → Tier → Tierprodukt → Mensch
9	Boden → Bodenluft → Atmosphäre → Pflanze → Pflanzenprodukt → Mensch
10	Boden → Bodenluft → Atmosphäre → Pflanze (Futtermittel) → Tier → Tierprodukt → Mensch
11	Boden → Bodenluft → Atmosphäre → Tier → Tierprodukt → Mensch
12	Boden → Bodenlösung → Pflanze → Pflanzenprodukt → Mensch
13	Boden → Bodenlösung → Pflanze (Futtermittel) → Tier → Tierprodukt → Mensch
14	Boden → Bodenlösung → Oberflächenwasser → Tier → Tierprodukt → Mensch
15	Boden → Oberflächenwasser → Trinkwasser → Mensch
16	Boden → Bodenluft → Grundwasser → Trinkwasser → Mensch
17	Boden → Boden → Wasserleitung → Trinkwasser → Mensch
18	Boden → Bodenlösung → Grundwasser → Trinkwasser → Mensch
19	Boden → Bodenlösung → Oberflächenwasser → Trinkwasser → Mensch
20	Boden → Atmosphäre → Mensch
21	Boden → Bodenluft → Atmosphäre → Mensch

sichtigung des stochastischen Charakters des Stoffbestandes im Boden, der Exposition des Schutzgutes über die verschiedenen Transferpfade und der Reaktion des Schutzgutes, z. B. einer Population, und wird für die Bewertung von Gesundheitsgefahren verwendet. Das DAM ist geeignet, die Stimmigkeit zwischen Modellbildung und dem mittels →Biomonitoring erhobenen Befund zu überprüfen (Bild).

Um den Aufwand in Grenzen zu halten, ist es erforderlich, zu ermitteln, welche der im allgemeinen wichtigen Transferpfade (Tabelle) im konkreten Fall relevant sind. Für die Reaktionen des Akzeptors sind hinreichend einfache Modelle auszuwählen. Eine besonders sensible Größe ist die Resorption, die von der →Bioverfügbarkeit des Schadstoffes abhängt. Unzutreffende Annahmen über die physiologisch wirksame Schadstoffaufnahme führen zu einer fehlerhaften Bewertung, die entweder keinen ausreichenden Schutz gewährt oder unangemessen hohe Vermeidungskosten auslöst.

Experimentelle Methoden zur Ermittlung der Bioverfügbarkeit können daher Herleitungen von Bewertungshilfen auf der Ebene der Gefahrenab-wehr entscheidend verbessern. Bei der Anwendung des DAM ist es notwendig, darauf zu achten, daß andere mögliche Quellen der Belastung, einschließlich der Grundbelastung, sachgerecht in die Berechnungen einbezogen werden. *v. Borries*

Literatur: *Lühr, H.-E.; B. Hefer; R. W. Scholz:* Das Donator-Akzeptor-Modell (DMA). In Ableitungen von Sanierungswerten für kontaminierte Böden, mit Beiträgen von *E. Bütow* u. a. Berlin 1991.

Dorfgebiet →Baugebiet

Dosimeter. Ein Instrument zur Messung der Ionendosis, Energiedosis, Äquivalentdosis (→Dosimetrie).

Die einzige Größe, der eine eindeutig bestimmbare physikalische Meßgröße – das Gray (früher Rad; 1 Rad = 10 m Gy) – zugrunde liegt, ist die Energie oder absorbierte Dosis. Sie entspricht der Gesamtenergieabsorption in Joule pro kg Gewebe (früher erg pro 100 g Gewebe). Geeignete Instrumente zur Messung der Personendosis sind
– Ionisationskammer-D. (Taschen- oder Stab-D. vom Elektroskoptyp mit getrenntem oder eingebautem Ladungsaggregat),

– Film-D.,
– Phosphatglas-D.,
– Thermolumineszenz-D.

Die Dosisregistrierung über längere Perioden geschieht mit Hilfe photographischer Filme, die man zwei oder vier Wochen trägt und dann entwickelt und auswertet. Mit Filtern vor dem Film kann man getrennt γ-, β- und Neutronenexpositionen messen.

Bei Personen, die beruflich ionisierenden Strahlen ausgesetzt sein können, muß nach den Strahlenschutzvorschriften (→Strahlenschutz- und →Röntgenverordnung) die Personendosis ermittelt werden (Personendosis = Äquivalentdosis für Weichteilgewebe, gemessen an einer für die Strahlenexposition repräsentativen Stelle der Körperoberfläche).

Mit der Messung der Personendosis kann der Nachweis der Einhaltung der Vorschriften über die höchstzulässige →Strahlenbelastung erbracht werden. *Merz*

Dosimetrie. Mit der Angabe einer Dosis versucht man, die Schwere bzw. die Wahrscheinlichkeit für eine →Strahlenwirkung direkt oder indirekt zu beschreiben. Dabei kann die Strahlenwirkung auf unterschiedlichen Ebenen betrachtet werden. Dem entsprechend gibt es auch unterschiedliche Dosisbegriffe: Ionendosis, Energiedosis, Äquivalentdosis und effektive Dosis.

Eine häufig verwendete Beschreibung der Strahlenwirkung bezieht sich auf ihre primäre physikalische Wirkung auf Materie: die Ionisation von Atomen. Als einfachstes Wechselwirkungsmedium wird für die Strahlung dabei Luft angenommen. Die Dosisgröße *Ionendosis* berücksichtigt als Strahlenwirkung nur die Zahl der Ionisationen in einem bestimmten Luftvolumen. Die Einheit der Ionendosis ist das C/kg (Ladung pro Masse).

Aus der Größe der Ionendosis läßt sich nicht für alle Strahlenarten und alle Strahlenenergien direkt auf die biologische Wirkung schließen. Neben den Ionisationen sind auch andere Wechselwirkungsmechanismen im Körpergewebe für die biologischen Effekte verantwortlich. Über die Menge der von der Strahlung im Gewebe deponierten Energie versucht man, diesen Effekten näher zu kommen. Der daraus abgeleitete Dosisbegriff ist die *Energiedosis*. Ihre Dimension ist Energie pro Masseneinheit, also Joule pro Kilogramm. Man hat hierfür die spezielle Einheit Gray (Gy) gewählt. Die früher verwendete Einheit für die Energiedosis war das Rad (rd). Ein Gray entspricht dabei 100 Rad.

Auch bei der Energiedosis bezieht man die Wirkung der Strahlung, wie bei der Ionendosis, nur auf physikalische Effekte. Erst mit der Einführung der *Äquivalentdosis* wird versucht, die biologisch relevanten Vorgänge der Strahleneinwirkung zu berücksichtigen. So verursacht →Alphastrahlung wegen ihrer dichteren Energiedeposition eine wesentlich höhere biologische Wirkung bei gleicher Energiedosis, z. B. eine höhere Zahl von Doppelstrangbrüchen an der DNS als die →Beta- und die →Gammastrahlung mit ihren relativ weit auseinanderliegenden Wechselwirkungsakten.

Durch die Einführung eines Qualitätsfaktors (Q) für die einzelnen Strahlenarten wird diese unterschiedliche biologische Wirkung für stochastische Strahleneffekte berücksichtigt. Die Äquivalentdosis ergibt sich aus der Energiedosis durch Multiplikation mit dem dimensionslosen Faktor Q. Diese Qualitätsfaktoren wurden von der Internationalen Strahlenschutzkommission (ICRP) festgelegt:

Q = 1 für Beta- und Gammastrahlen,
Q = 20 für Alphastrahlen,
Q = 10 für Neutronenstrahlen.

Sie stimmen weitgehend überein mit den in Anlage VII der →Strahlenschutzverordnung genannten Qualitätsfaktoren, die für die Ermittlung von Äquivalentdosen aus Energiedosen verbindlich sind. Die Qualitätsfaktoren haben die früher verwendeten RBW-Faktoren (Faktoren der relativen biologischen Wirksamkeit) zur Grundlage (→Dosis-Wirkungsbeziehung).

Die Dimension der Äquivalentdosis ist ebenfalls Energie pro Masseneinheit, also J/kg. Als speziellen Eigennamen hat man hier das Sievert (Sv) gewählt. Die alte Einheit für die Äquivalentdosis war das Rem (rem). Ein Sievert entspricht 100 Rem.

Epidemiologische Untersuchungen an strahlenexponierten Personen gestatten es, bei hohen Dosen oberhalb 0,3 bis 0,5 Sievert statistisch signifikante Aussagen über die Änderung des Krebs-Mortalitätsrisikos bei den betrachteten Bevölkerungsgruppen zu machen. Man kann daraus auf die Strahlenempfindlichkeit der einzelnen Gewebe und Organe schließen. Bei der Verwendung der *effektiven Dosis* wird diese unterschiedliche Strahlenempfindlichkeit berücksichtigt. Den einzelnen Organen werden unterschiedliche Wichtungsfaktoren, ihrer Strahlenempfindlichkeit entsprechend, zugeteilt; sie sind in Anlage X der Strahlenschutzverordnung tabellarisch (Tabelle X 2) angegeben. Die so gewonnenen gewichteten Äquivalentdosen der einzelnen Organe und Gewebe werden zur effektiven Äquivalentdosis aufsummiert. Da die Wichtungsfaktoren dimensionslos sind, wird die effektive Dosis ebenfalls in Sievert angegeben. *Merz*

Dosis-Wirkungsbeziehung.

Pflanzen. Die Ermittlung quantitativer Beziehungen zwischen Immissionen und möglichen Wirkungen ist u. a. erforderlich, um den Schutz der Vegetation gegenüber →Luftverunreinigungen gewährleisten zu können. Als Wirkungskriterien dienen neben äußeren Schädigungsmerkmalen (Chlorosen, Nekrosen) Minderungen von Wuchs- und Ertragsleistung sowie Auswirkungen auf die Qualität pflanzlicher Produkte.

Das entscheidende Kriterium für die Ableitung von Grenzwerten für potentiell toxische Luftbeimengungen sind die beobachteten Wirkungen, wobei nicht jede beobachtete Abweichung von der Norm als nachteilige Wirkung im Sinne einer Funktions- und/oder Nutzungswertbeeinträchtigung anzusehen ist. Hierzu muß auch das Kriterium der Relevanz für den Menschen und seine Umwelt erfüllt sein.

Aus →Begasungsexperimenten unter kontrollierten oder eingestellten Bedingungen im Labor, freilandnahen Begasungsversuchen sowie aus entsprechenden Beobachtungen im Freiland ist für zahlreiche Luftschadstoffe weitgehend bekannt, wie die einzelnen Pflanzenarten auf verschiedene Konzentrationen und Einwirkungszeiten bestimmter phytotoxischer Komponenten reagieren. Die quantitative →Schadstoffaufnahme wird hierbei zum einen wesentlich von der Komponente selbst, ihren chemisch-physikalischen Eigenschaften (Wasserlöslichkeit, Dampfdruck, Bindungsvermögen etc.), zum anderen durch die Pflanzenart (individuelles Resistenzverhalten, Entwicklungsstadium, Morphologie und Habitus) sowie durch klimatische, edaphische (→Edaphon) und trophische Faktoren bestimmt. Die hieraus abgeleiteten D.-W. bilden die Grundlage für die Beurteilung des jeweiligen Gefährdungspotentials der Luftschadstoffe. Dies gilt im übrigen nicht nur für Wirkungen von Luftverunreinigungskomponenten auf Pflanzen, sondern auch für Wirkungen auf Mensch, Tier oder Sachgut.

Mit Hilfe von D.-W. soll möglichst genau die untere Schwelle der eben noch wirksamen Dosis nach Konzentration und Einwirkungsdauer festgelegt werden (→Schwellenwerte). Die Ermittlung solcher Zusammenhänge setzt voraus, daß die Untersuchungsbefunde eine sichere Wirkungsbewertung, d. h. unmittelbaren Aufschluß über die Beeinträchtigung des Nutzungswerts der betreffenden Pflanze, erlauben. Dies trifft sowohl für den niedrigen wie für den hohen Konzentrationsbereich zu. Die Vielzahl wirkungsbeeinflussender Randbedingungen ergeben allerdings eine nahezu unbegrenzte Zahl von Kombinationsmöglichkeiten aller Faktoren, so daß das Wirkungsgeschehen niemals vollständig zu ermitteln ist. Deshalb ist vielfach der Versuch unternommen worden, D.-W. mathematisch zu definieren, indem für alle Schädigungsformen und Ausprägungsgrade ein gemeinsames Maß für die Wirkung und für alle Immissions-Konstellationen ein gemeinsames Maß für die Dosis aufzustellen ist.

In der Praxis besteht die häufig angewendete Methode zur Erstellung von Schwellenwerten darin, die Untersuchungsergebnisse in einem Konzentrations-/Expositionszeit-Koordinatensystem darzustellen. Für die erhaltene Datenmenge wird die jeweilige Funktion ermittelt, die alle Untersuchungsbefunde einschließt, bei denen eindeutige Effekte an der Vegetation festgestellt wurden. Hieraus ergibt sich, daß unterhalb dieser Funktion bislang keine Wirkungen für entsprechende Dosen nachgewiesen werden konnten. Auf diese Weise lassen sich verschiedene Schwellenwerte für Kurz- oder Langzeitwirkungen ermitteln, die als Grundlage für Umweltstandards in Form von Immissionsricht- oder -grenzwerten dienen können.

In der Bundesrepublik Deutschland existieren neben den Immissionswerten nach →TA Luft noch die MI-Werte (→Maximaler Immissionswert).

Im Zusammenhang mit den Ursachen der neuartigen →Waldschäden in Europa wurde zum Schutz von Ökosystemen das Konzept der *Critical Loads* entwickelt. Ziel ist es, die Deposition von Stickstoff- und Schwefelverbindungen so zu begrenzen, daß keine nachhaltigen Veränderungen des Bodens (Störung der Nährstoffgleichgewichte) und damit der Ökosysteme erfolgen. Unterschiedliche Ausgangsgesteine, Klimata und andere Faktoren beeinflussen u. a. die Bodenbildung, so daß nicht ein allgemein gültiger Wert festgelegt werden kann. Der jeweilige Critical Load-Wert orientiert sich daher am jeweiligen Bodenzustand und seiner Belastbarkeit gegenüber N- und S-haltigen Einträgen. Dies bedeutet, daß für bestimmte Regionen bestimmte Critical Load-Werte festzulegen sind, wobei u. a. die Verwitterungsrate des Ausgangsgesteins als Maß des tolerierbaren Eintrags dient. Nach derzeitigem Kenntnisstand wird in Europa ein Critical Load-Wert für den Stickstoffeintrag von 5 bis 20 kg N ha^{-1}a^{-1} als angemessen angesehen.   *G. Krause*

Literatur: *Nilson, J.*: Critical loads for sulphur and nitrogen. Miljö Rapport 1986. – *Stratmann, H.*: Bewertung der Luftanalyse auf der Grundlage weiterentwickelter Dosis-Wirkungsbeziehungen für Schwefeldioxid und Ozon zur Ursachenklärung der neuartigen Waldschäden. LIS-Berichte 49. 1984.

Strahlenschutz. Beziehung zwischen der von einem Gewebe erhaltenen Energie- oder Äquivalentdosis und der daraus resultierenden Strahlenwirkung. Energiereiche Strahlung, die in Form externer oder interner Bestrahlung im Körpergewebe absorbiert wird, tritt in Wechselwirkung mit den Atomen und Molekülen, aus denen die lebendige Materie aufgebaut ist. Dabei kommt es in einer physikalischen Primärreaktion zunächst zur Anregung und Ionisation von Atomen und Molekülen. Dadurch können Molekularverbände und größere Strukturen zu Bruch gehen, so daß ihre Funktionsfähigkeit gestört ist bzw. gänzlich verlorengeht. Es bilden sich freie Radikale. Auf die physikalischen Direkteffekte folgt dann sekundär eine Fülle chemischer und biologischer Reaktionen.

Die primären physikalischen und die sekundären chemisch-biochemischen Reaktionen manifestieren sich schließlich als biologischer Bestrahlungseffekt.

Allgemein gilt für die Gesamtheit der somatischen Körperzellen, daß ein Frühschaden erst nach einer gewissen Mindestmenge an Strahlung, d. h. nach Überschreiten eines Schwellenwerts, erkennbar wird. Unterhalb dieses Schwellenwerts sind unmittelbare biologische Folgen einer Bestrahlung nicht feststellbar. Nach Überschreiten des Schwellenwerts verstärkt sich mit zunehmender Dosis die biologische Wirkung ständig. Für den somatischen Frühschaden gilt die Kurve C (Bild 1).

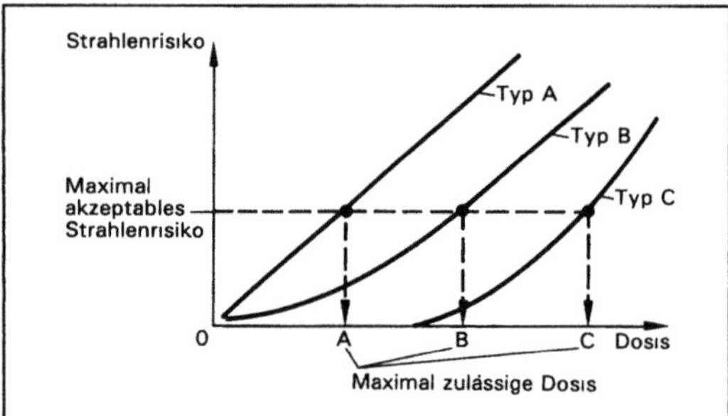

Dosis-Wirkungsbeziehung 1: Schematische Darstellung der Dosis-Risikobeziehungen im Bereich kleiner Strahlendosen.

Beim linearen Funktionstyp A und beim sigmoiden Typ B ist jede noch so kleine Dosis mit einem Strahlenrisiko behaftet. Beim Typ A ist der Risikozuwachs bzw. -verlust pro Dosiseinheit gleich groß, beim Typ B nimmt das Risiko mit sinkender Dosis ab. Der sigmoide Typ C mit Schwellenwert, der für die Strahlenfrühschäden gültig ist, hat eine Schwellendosis, unterhalb der das Risiko gleich Null ist.

Die praktische Bedeutung des Schwellenwerts darf nicht überschätzt werden. Die Tatsache, daß wiederholte Einzelbelastungen mit Strahlendosen unterhalb des Schwellenwerts auf die Dauer zu Spätschäden führen können, beweist, daß auch unterhalb des Schwellenwerts Veränderungen erzeugt werden, die sich offensichtlich akkumulieren. Dementsprechend liegen die Toleranzdosen der →Strahlenschutzverordnung wesentlich unterhalb dieses Schwellenwerts für Strahlenfrühschäden.

Die einzelnen Strahlenarten haben eine unterschiedliche biologische Wirksamkeit. Ausschlaggebend ist dabei vor allem die Größe der linearen Energieabgabe (linearer Energietransfer = LET-Faktor) an das Gewebe bzw. die daraus resultierende Ionisationsdichte. Die Ionisationsdichte gibt an, wie häufig sich der Vorgang der Ionisation beim Durchgang der Strahlung durch die Materie je μm Weglänge ereignet. Strahlen mit gleicher Ionisationsdichte haben in etwa die gleiche biologische Wirksamkeit. Je größer die Ionisationsdichte einer Strahlenart ist, umso kleiner kann also die Dosis

sein, mit der ein bestimmter Effekt erzielt wird. Charakterisiert werden diese Verhältnisse durch den Faktor der relativen biologischen Wirksamkeit (RBW-Faktor), der heute als Q-Faktor bezeichnet wird (→Dosimetrie). *Merz*

Humantoxikologie. Die D.-W. beschreibt die Stärke der biologischen Wirkung eines Stoffes in Abhängigkeit von der verabreichten Menge. Die Wirkungsintensität ist nicht konstant; sie nimmt vielmehr mit steigender Stoffmenge zu, bis sie schließlich einen Maximalwert erreicht. Die Wirkungsintensität hängt häufig direkt von der Konzentration der ultimal wirksamen Substanz am Wirkort, z. B. in einem speziellen Organ, oder von dem Produkt aus dieser Konzentration und der Expositionsdauer ab. Bei der ultimal wirksamen Substanz handelt es sich nicht notwendigerweise um den verabreichten Stoff selbst; häufig wird sie erst als sog. Metabolit aus dem verabreichten Stoff gebildet (→Metabolismus).

Zur Ermittlung von D.-W. wird im allgemeinen die verabreichte Stoffmenge über einen möglichst großen Bereich variiert. Bei Exposition gegen Gase oder gegen in Wasser gelöste Stoffe kann die verabreichte Menge nur indirekt bestimmt werden. Hier wird zumeist, bei konstant gehaltener Expositionsdauer, die Wirkungsintensität bei unterschiedlichen Stoffkonzentrationen in der Atmosphäre bzw. im Wasser bestimmt. Je nach Fragestellung werden zwei Methoden angewandt: Als Wirkungsparameter wird entweder das Ausmaß der Wirkung eines Effekts an jeweils einem Versuchsobjekt geprüft, oder es wird die Häufigkeit eines Effekts (z. B. Krebs) an einem Kollektiv untersucht. D.-W. können in vitro, wie an einem isolierten Organ und auch in vivo, z. B. in einer Langzeitstudie am Versuchstier, untersucht werden.

Der Verlauf von D.-W. kann sehr unterschiedlich sein. Unter anderem hängt er davon ab, ob die Wirkung durch den verabreichten Stoff selbst oder durch einen seiner Metaboliten hervorgerufen wird. Im letzteren Fall ist die Belastung durch den Metaboliten entscheidend für die Wirkungsintensität. Diese Belastung wird in erster Linie durch die Geschwindigkeit bestimmt, mit der der Metabolit gebildet, und durch jene, mit der er wieder eliminiert wird. Deshalb können kinetische Eigenschaften der Enzyme, die an den betroffenen Metabolismuswegen beteiligt sind, von entscheidender Bedeutung für den Verlauf der Dosis-Wirkungskurve sein. Bei länger andauernden Studien kann es zu zeitlichen Veränderungen der D.-W. kommen, z. B. durch Induktion oder Zerstörung metabolisierender Enzyme, durch Verringerung von Coenzymen oder durch Änderungen von Rezeptoren. Kurzfristige Verringerungen der Wirkungsintensität bei wiederholten Dosierungen können auch zustandekommen, wenn die Wirkung indirekt über einen endogenen Stoff vermittelt wird, der durch die verabreichte Substanz oder einen Metaboliten aus seinem Speicher freigesetzt wird: Bei rasch aufeinanderfolgender Gabe wird der Speicher, der den endogenen Überträgerstoff enthält, immer stärker entleert, falls die Geschwindigkeit der Wiederauffüllung zu langsam ist, um den Verlust auszugleichen. Schließlich reicht die Konzentration des Überträgerstoffs für eine Wirkung nicht mehr aus. Besteht eine direkte Beziehung zwischen dem verabreichten Stoff und seiner Wirkung, so wird, bei linearer Auftragung der Wirkungsintensität auf der y-Achse und logarithmischer Auftragung der Stoffmenge bzw. -konzentration auf der x-Achse, häufig eine sigmoide Kurve erhalten, die die Wirkung zwischen 0 und 100 % widerspiegelt (Bild 2, 3). Der Wendepunkt liegt beim 50 %-Wert der Wirkung. Je nach Art der Untersuchung wird dieser Wert als ED50 (effektive Dosis), LD50 (letale Dosis), TD50 (toxische Dosis) bezeichnet. Entsprechende Konzentrationen werden EC50, LC50 und TC50 genannt.

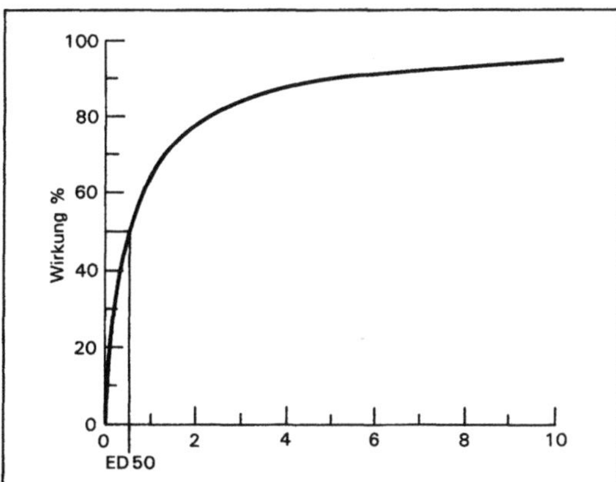

Dosis-Wirkungsbeziehung 2: Dosis-Wirkungskurve, lineare Auftragung.

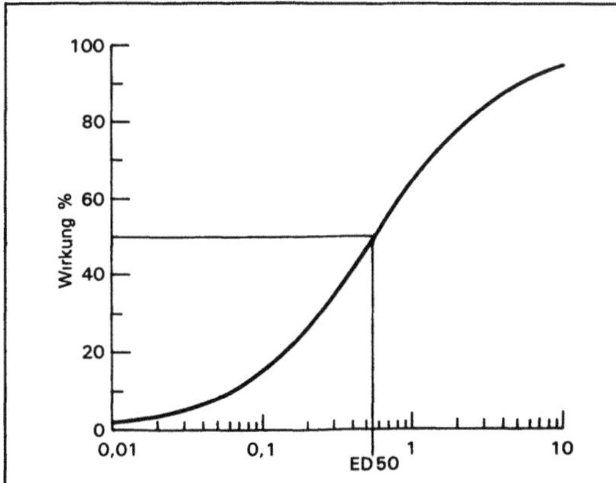

Dosis-Wirkungsbeziehung 3: Dosis-Wirkungskurve, logarithm. Auftragung.

Oft wird beobachtet, daß unterhalb gewisser Stoffmengen bzw. -konzentrationen keine Wirkung mehr auftritt. Eine D.-W. tritt erst oberhalb eines Schwellenwerts auf. Es läßt sich theoretisch ableiten, daß bei kanzerogenen Stoffen, die direkt mit der Trägerin der Erbsubstanz, der Desoxyribonucleinsäure (DNA) reagieren, D.-W. keine Schwellenwerte aufweisen können. Mit abnehmender Belastung wird allerdings die Wahrscheinlichkeit, an Krebs zu erkranken, geringer. Für Kanzerogenitätsstudien werden im allgemeinen hohe Stoffmengen bzw. -konzentrationen gewählt, um mit einer limitierten Anzahl von Versuchstieren signifikante Ergebnisse zu erhalten. Die hierdurch erhaltenen Belastungen liegen weit über denen, die für den Menschen relevant sind. Deshalb muß die Wirkung, die bei sehr hoher Dosierung beim Tier beobachtet wurde, auf die entsprechende Wirkung bei sehr niedrigen Dosen extrapoliert werden. Um die in diesem Schritt liegenden Unsicherheiten zu reduzieren, müssen Studien zum Wirkmechanismus und zur →Toxikokinetik vorgenommen werden. Erst unter Berücksichtigung der Ergebnisse ist es sinnvoll, die beobachtete D.-W. auf den niedrigen Dosis-Bereich zu extrapolieren. Zu diesem Zweck sind unterschiedliche mathematische Modelle entwickelt worden. *Filser*

Dosisgrenzwert. In der →Strahlenschutzverordnung (StrlSchV) und in der Röntgenverordnung (RöV) festgelegte höchstzulässige Strahlenbelastungswerte für den Menschen; daneben gilt das →Minimierungsgebot (→ALARA-Prinzip).

Das Risiko im Strahlenschutz ist definiert als das Produkt aus der Wahrscheinlichkeit für das Eintreten eines strahlenbiologischen Ereignisses (→Dosis-Wirkungsbeziehung) und der Schwere (severity) dieses Ereignisses. Für sog. stochastische Effekte wird die Schwere auf 1 normiert (Mortalität), während für die sog. deterministischen Effekte Werte kleiner als 1 die Regel sind.

Nach Schädigung einer bestimmten Menge an Zellen kann der Verlust der Organfunktion als deterministischer Effekt (früher nichtstochastischer Effekt genannt) auftreten. Ist die geschädigte Zelle Ausgangspunkt für einen Klon (→klonieren) aus vielen funktionsunfähigen Zellen, was zu bösartigen Tumoren oder genetischen Schäden führen kann, wobei der Startpunkt schon eine einzige geschädigte Zelle sein kann, so handelt es sich um einen stochastischen Effekt.

Deterministischer Effekt bedeutet: Existenz eines Dosis-Schwellenwerts, unterhalb dessen derartige Effekte nicht auftreten. Oberhalb der Schwelle steigt die Schwere mit der Dosis an. Beispiele: Allgemeine Reduzierung der Organfunktion, Katarakt, Reduzierung der Zeugungsfähigkeit, neurologische Effekte, Hauteffekte, gutartige Tumore. Die

Dosisgrenzwert. Tabelle: Auf den Strahlenschutz-Bereich bezogene D. nach der Strahlenschutz- und der Röntgenverordnung (KB Kontrollbereich, ÜB Überwachungsbereich, alle Dosiswerte beziehen sich auf die effektive Dosis)

Strahlenschutz-Bereich	Definition des Bereichs			Dosisgrenzwert (im Kalenderjahr) unter der Voraussetzung der angegebenen Aufenthaltszeit
	Bereichsgrenze	Zeitlicher Bezug	Aufenthaltszeit	
Sperrbereich (Teil des Kontrollbereichs)	> 3 mSv (Ortsdosis)	1 Stunde	40 h in der Woche (50 W/a)	Beruflich strahlenexponierte Personen: 50 mSv (Kat. A) 15 mSv (Kat. B) Nicht beruflich strahlenexponierte Personen: 5 mSv
KB	> 15 mSv	Kalenderjahr	40 h in der Woche (50 W/a)	
Betriebl. ÜB	> 5 mSv	Kalenderjahr	Daueraufenthalt	
Außerbetriebl. ÜB	jeweils > 0,3 mSv durch Ableitung rad. Stoffe über Luft oder Wasser	Kalenderjahr	Daueraufenthalt	1.5 mSv, davon max. 0.3 mSv über Wasserpfad, max. 0.3 mSv über Luftpfad
Bereich, der nicht Strahlenschutzbereich ist	> 0 mSv	Kalenderjahr	Daueraufenthalt	0.3 mSv über Wasserpfad, 0.3 mSv über Luftpfad

Dosis-Schwellenwerte liegen oberhalb von 150 mSv. Stochastischer Effekt bedeutet: Kein Dosis-Schwellenwert gegeben. Die Bösartigkeit (malignancy) ist zwar nicht von der Dosis abhängig, aber typischerweise wächst die Wahrscheinlichkeit für das Auftreten des Effektes mit der Dosis.

D. sind für bestimmte Personengruppen festgelegt. Deren Höhe hängt von der Art der Personengruppe ab (beruflich Strahlenexponierte, nicht beruflich Strahlenexponierte sowie Personen, die sich außerhalb von Strahlenschutzbereichen aufhalten). Aber auch die Art des betroffenen Organs oder Körperbereichs und die Frage, ob es sich um eine Ganzkörper- oder Teilkörperexposition handelt, beeinflußt die Höhe des D. (Tabelle).

D. sind normalerweise auf das Kalenderjahr bezogen (z. B. die effektive Dosis für beruflich strahlenexponierte →Personen der Kat. A: 50 mSv pro Kalenderjahr), es gibt aber auch kürzere (1 Monat, 3 Monate) und längere (Summe aller Kalenderjahre) Bezugszeiträume. Neben den eigentlichen D. der Tabelle (in Sievert) kennt man auch abgeleitete Grenzwerte, und zwar bei der →Inkorporation radioaktiver Stoffe die Grenzwerte der Jahres-Aktivitätszufuhr über Luft (→Inhalation) und Wasser bzw. Nahrung (→Ingestion) in der Anlage IV der StrlSchV (in Becquerel). *Ewen*

Literatur: Empfehlung zur Begrenzung der beruflichen Strahlenexposition. Empfehlung der Strahlenschutzkommission, Bundesanzeiger Nr. 5. 1988. – 64 ICRP Publication 60. London 1991.

Dosismessung. Die →Strahlenwirkung steht in Zusammenhang mit der Energiedosis bzw. der Ionendosis. Die wesentliche Aufgabe der →Dosimetrie besteht darin, Methoden und Einrichtungen zur Messung dieser Dosen zu entwickeln und die Grenzen ihrer Gültigkeit aufzuzeigen. Radioaktive Stoffe können auf zwei Arten eine Strahlendosis im menschlichen Körper hervorrufen. Sie können von außen den Körper bestrahlen, was als externe →Strahlenexposition bezeichnet wird. Sie können aber auch über den Weg der →Inkorporation, also mit der Atemluft, mit der Nahrung oder über Wunden, in den Körper gelangen und ihn von innen her bestrahlen. Bei der externen Strahlenexposition spielt nur die →Gammastrahlung eine Rolle. Wegen ihrer großen Durchdringungsfähigkeit entspricht der mit einfachen Dosisleistungsmessern gemessene Wert der Dosisleistung in der Luft der Dosisleistung im menschlichen Körper (Dosisleistung = Quotient aus der Dosis und der Zeit). Die aufgenommene Dosis erhält man durch Multiplikation der jeweiligen Ortdosisleistung mit der Aufenthaltszeit. Zur Ermittlung der Körperdosis ist die Kenntnis folgender Parameter nötig: Massenenergieabsorption, Durchdringungstiefe, Rückstreuung und Grad der Isotropie.

Die geringe Reichweite der →Betastrahlung und vor allem der →Alphastrahlung bewirkt, daß von außen kommende Bestrahlung höchstens an der Oberfläche des Körpers eine Dosis hervorrufen kann. Ganz anders sieht die Situation bei Inkorporation aus. Mit Hilfe von Dosisfaktoren kann man die von inkorporierten Radionukliden hervorgerufene Dosis in den einzelnen Organen berechnen.

Bei diesen Dosisfaktoren sind sowohl die physikalischen Eigenschaften der von radioaktiven Stoffen ausgesandten Strahlung als auch die biologischen und chemischen Eigenschaften dieser Stoffe im Körper berücksichtigt. Angesprochen sind der Aufnahmepfad, die Verweilzeit, Anreicherung in bestimmten Organen, der betroffene Mensch, d. h. Kind oder Erwachsener. (→Strahlenexposition durch Ableitung radioaktiver Stoffe). *Merz*

Literatur: Anhänge zur ICRP-Publikation Nr. 30, Part 1 and 2, Annals of the ICRP Vol. 3 and 4, Oxford 1979/1980. – Richtlinie zu § 45 StrlSchV: Allgemeine Berechnungsgrundlage für die Strahlenexposition bei radioaktiven Ableitungen mit der Abluft oder in Oberflächengewässer; GMBl. 1979, S. 371 ff.

Draize-Test. Der D.-T. ist ein →Toxizitätstest zum Nachweis haut- und schleimhautreizender und ätzender Wirkungen von Chemikalien. Die Testsubstanz wird unverdünnt oder in geeigneten Lösemitteln auf die Haut oder in den Bindehautsack des Auges von Kaninchen gebracht. Die Wirkung wird zeit- und dosisabhängig beobachtet und nach Art und Ausmaß der Reizung oder Schädigung an Hand eines vorgegebenen Schemas klassifiziert. Die Ergebnisse dienen als Grundlage für die Einstufung von Chemikalien als haut- und schleimhautreizend oder ätzend. Der D.-T. findet insbesondere bei der Prüfung von Kosmetika und Haushaltchemikalien Verwendung, bei denen Hautkontakt angenommen wird.

Wegen der u. U. erheblichen Schmerzbelastung der Versuchstiere wird der D.-T. heftig kritisiert. Bemühungen, adäquate Ersatzmethoden zu etablieren, waren bisher nur bedingt erfolgreich. *Deml*

Drei-R-Verfahren. Das 3R-V. (3R = Rauchgas-Reinigung mit Rückstandsbehandlung) dient der Behandlung von Filterstäuben aus →Abfallverbrennungsanlagen. Ziel ist die Entfernung von Schwermetallen aus Filterstäuben durch saure Extraktion sowie die Zerstörung organischer Stoffe im Feuerraum. Das Verfahren bietet sich insbesondere bei Verbrennungsanlagen an, deren saure Abgasbestandteile Chlor- sowie Fluorwasserstoff in einem Naßwäscher abgeschieden werden. Das aus der sauren Abgaswäsche stammende Abwasser ist eine verdünnte Salzsäure, die als Extraktionsmittel für die Staubinhaltsstoffe (insbesondere für Cadmium und Zink) eingesetzt wird. Danach können die so behandelten Filterstäube pelletiert und in den Verbrennungsraum zur Oxidation organischer Bestandteile zurückgeführt werden. Beim Extraktionsvorgang wird der eluierbare Anteil der Schwermetalle extrahiert, und die Stäube werden weitgehend inertisiert. Die so behandelten Filterstäube (mit ursprünglich hohem toxischen Potential) werden in die Feuerung zurückgeführt, restliche →Dioxine und →Furane dabei zerstört. Die inertisierten Filterstäube werden schließlich in die →Schlacke eingebunden, die verwertet werden kann.

Das im Abwasser von Abfallverbrennungsanlagen enthaltene Quecksilber ist besonders zu beachten. Quecksilber wird aufgrund reduzierender Eigenschaften des Filterstaubes am Feststoff abgeschieden. Es ist deshalb zuvor aus dem Abwasser, z. B. durch Ionenaustauschverfahren, zu entfernen.

Die durch den Kontakt von Feststoff und verdünnter Salzsäure in Lösung gegangenen Schwermetalle können mittels Ionenaustausch mit dem Ziel der Verwertung oder durch Neutralisationsfällung mit anschließender Ablagerung des Neutralisationsschlamms aus dem Abwasser entfernt werden. *Bade*

Literatur: *Merz, A.; H. Vogg:* TAMARA – ein Forschungsinstrument des Kernforschungszentrums Karlsruhe zur Abfallverbrennung. Abfallwirtschaftjournal 1 (1989), Nr. 11, S. 111. – *Vogg et al.:* Das 3R-Verfahren, ein Baustein zur Schadstoffminderung bei der Müllverbrennung; VGB Kraftwerkstechnik 68. (1988) 3, S. 258–261.

Drei-Weg-Katalysator →Kfz-Abgas-Katalysator

23. BImSchV (Verordnung über die Festlegung von Konzentrationswerten) →Verkehrsbeschränkungen, außerhalb Smogalarm.

13. BImSchV. Verordnung über Großfeuerungsanlagen vom 22. Juni 1983 (BGBl. I S. 719), auch als Großfeuerungsanlagen-Verordnung zitiert. Gilt für (genehmigungsbedürftige) Feuerungsanlagen mit einer Feuerungsleistung von 50 MW und mehr (bei Gasfeuerungen ab 100 MW) und regelt im wesentlichen die Begrenzung der Emissionen an Staub, Kohlenmonoxid, Stickstoffoxiden, Schwefeldioxid und Halogenverbindungen (Chlorwasserstoff) – jeweils für Feststoff-, Öl- und Gasfeuerungen – mit Übergangsfristen für Altanlagen, deren Nachrüstung das eigentliche Ziel der Verordnung war.

Diese Verordnung war die umweltpolitische Antwort auf die Herausforderung, den Ende der 70er/Anfang der 80er Jahre festgestellten ausgedehnten neuartigen →Waldschäden angemessen zu begegnen. Damit wurde erstmals das bereits seit 1974 mit dem BImSchG (§ 5 Abs. 1 Nr. 2) kodifizierte Vorsorgeprinzip konsequent angewandt und praktisch zum Durchbruch gebracht: 1985 wurde das BImSchG mit dem Ziel einer umfassenden Altanlagensanierung novelliert (§§ 7, 17), 1986 folgte die darauf basierende →TA Luft mit fortschrittlichen Emissionsbegrenzungen und mit stringenten Regelungen zur Nachrüstung aller anderen genehmigungsbedürftigen Anlagen, von denen mit der →17. BImSchV 1990 die Abfallverbrennungsanlagen noch einmal zur Schwerpunktsetzung in einem neuen umweltsensiblen Bereich besonders geregelt wurden.

Zu den Emissionsgrenzwerten der 13. BImSchV, zum Stand der Nachrüstung und zur Emissionsüberwachung: →Großfeuerungsanlagen.　　*Dreyhaupt*

Dreißig-Millirem-Konzept. Unter diesem Namen ist ein Konzept nach der alten →Strahlenschutzverordnung (StrlSchV) aus dem Jahr 1976 bekannt geworden, das die →Dosisgrenzwerte für Bereiche festlegt, die nicht Strahlenschutzbereiche, also allgemeines Staatsgebiet sind. Diese Bereiche können zwar nicht durch Direktstrahlung (hochenergetische Photonen oder Neutronen), wohl aber durch Ableitung radioaktiver Stoffe mit Luft oder Wasser exponiert werden. Um diese also nur durch →Inkorporation mögliche →Strahlenexposition der Bevölkerung auf einem extrem kleinen Wert zu halten, wurde in der alten StrlSchV ein →Grenzwert für den Ganzkörper, das Knochenmark, die Gonaden und den Uterus von 30 mrem festgelegt (Dreißig-Millirem-Konzept). Für andere Organe (z. B. für die Schilddrüse: 90 mrem) lagen die Grenzwerte etwas höher.

Die novellierte Fassung der StrlSchV hat dieses Konzept in etwas modifizierter Form übernommen (§ 45 StrlSchV). Der Grenzwert für die Bevölkerung durch inkorporationsbedingte Strahlenexpositionen infolge Ableitung radioaktiver Stoffe über Luft oder Wasser wurde – von der aktualisierten Einheit der Äquivalentdosis Sievert abgesehen (1Sv = 100 rem) – für die (an Stelle der Ganzkörperdosis eingeführte) effektive Dosis sowie für das Knochenmark, die Gonaden und den Uterus nicht verändert (0,3 mSv im Kalenderjahr). Für die Teilkörperdosis an der Knochenoberfläche und an der Haut beträgt der Grenzwert 1,8 mSv im Kalenderjahr und für alle bisher noch nicht genannten Organe und Gewebe 0,9 mSv im Kalenderjahr, so daß das ursprüngliche 30-mrem-Konzept jetzt mit 0,3/0,9/1,8-mSv-Konzept bezeichnet werden müßte.

Alle genannten Grenzwerte gelten *getrennt* für den →Luftpfad und für den Wasserpfad. Beide Expositionspfade sind in der Anlage X zur StrlSchV beschrieben. Die Grenzwerte dürfen für die Strahlenexposition an *einem* Standort, und zwar für eine Referenzperson (Definition in Anlage XI Nr. II zur StrlSchV) an den ungünstigsten Einwirkungsstellen, auch bei Existenz mehrerer Emittenten radioaktiver Stoffe, insgesamt nicht überschritten werden. So ist z. B. in Bereichen, die nicht Strahlenschutzbereiche sind, für die effektive Dosis insgesamt eine Jahresdosis von maximal 0,6 mSv zulässig (je 0,3 mSv über den Luft- und über den Wasserpfad).

Die Einhaltung der im 0,3/0,9/1,8 mSv-Konzept festgesetzten Grenzwerte durch einen Emittenten ist nach § 46 Abs. 3 und 4 StrlSchV zu gewährleisten.　　*Ewen*

Literatur: *Ewen, K.; I. Lucks; D. Wendorff:* Die neue Strahlenschutzverordnung – Praxiskommentar. 1990.

Driftverhalten. Das D. eines Meßgeräts oder Meßverfahrens wird in der Regel durch die Nullpunktsdrift und durch die Drift der Empfindlichkeit beschrieben (VDI 2449, Bl. 2):
– Nullpunktsdrift ist die Änderung des Nullpunkts über eine gegebene Zeitdauer, innerhalb der nicht justiert wird.
– Drift der Empfindlichkeit ist die Änderung der Empfindlichkeit über eine gegebene Zeit, innerhalb derer nicht justiert wird.

Die Zeitdauer, für die das D. angegeben wird, sollte groß (mindestens zwei Zehnerpotenzen größer) gegenüber der Einstellzeit der Meßeinrichtung sein. Quantisiert wird das D. durch den Erwartungswert der zeitlichen Änderung des Nullpunkts bzw. der Empfindlichkeit. Angegeben werden die Werte meist in % vom Meßbereichsendwert pro Zeiteinheit für die Nullpunktsänderung bzw. in % der eingestellten Empfindlichkeit pro Zeiteinheit für die Empfindlichkeitsänderung. Typische Werte sind wenige % pro Monat Betriebszeit.　　*Birkle*

3. BImSchV. Verordnung über Schwefelgehalt von leichtem Heizöl und Dieselkraftstoff vom 15. Januar 1975 (BGBl. I S. 264), zuletzt geändert durch Verordnung vom 14. Dezember 1987 (BGBl. I S. 2671). Es handelt sich um eine brenn- bzw. kraftstoffbezogene Regelung mit einer Begrenzung des Höchstgehalts an Schwefelverbindungen (berechnet als Schwefel) in leichtem Heizöl und Dieselkraftstoff auf 0,2 Gewichtsprozent vom 1. März 1988 an. Damit ist in der Bundesrepublik Deutschland bereits seit Jahren der Grenzwert in Kraft, der gemäß der EG-Richtlinie 93/12/EWG über den Schwefelgehalt bestimmter flüssiger Brennstoffe vom 23. März 1993 (ABl. EG Nr. L 74, S. 81) erst ab 1. Oktober 1994 gilt. Für Dieselkraftstoff ist nach der Richtlinie ab 1. Oktober 1996 der Schwefelgehalt auf 0,05 Gewichtsprozent abzusenken, was eine entsprechende Änderung dieser Verordnung bedingt.　　*Dreyhaupt*

Druck-Temperatur-Verfahren. Verfahren zur →Leckerkennung (schleichende Undichtheiten) bei Mineralölfernleitungen. Es wird bei den regelmäßigen →Dichtheitsprüfungen während der Förderpausen eingesetzt. Bei dem D.-T.-V. wird die Pipeline in durch Absperreinrichtungen abgegrenzten Abschnitten einer statischen Druckprüfung unterzogen. Hierbei werden Drücke und Temperaturen über eine definierte Zeit gemessen und ausgewertet. Die sich einstellenden Druckänderungen werden in Abhängigkeit von der Temperatur aufgetragen.

Da sich nach Beendigung des Förderbetriebs die Temperaturen zwischen dem umgebenden Erdreich und dem Fördermedium erst angleichen müssen, bedingt das D.-T.-V. entsprechend lange Prüfzeiten. Wenn die Prüfabschnitte auf relativ kleine Volumina beschränkt sind, liegen die Nachweisgrenzen für die Leckgröße im Dekaliter-Bereich. *Krass*

Druckabsicherung von Pipelines. Die Betriebsdrücke werden an Mineralölfernleitungen in allen Betriebsstationen (Pump-, Abzweig-, Übergabestationen) und erforderlichenfalls an weiteren Punkten gemessen, zur Betriebszentrale übertragen und dort angezeigt und registriert. Durch geeignete Einrichtungen muß sichergestellt werden, daß die in der Festigkeitsberechnung ermittelten zulässigen Betriebsüberdrücke an keiner Stelle der Leitung überschritten werden. Die Auswahl der für die jeweilige Pipeline optimalen Sicherheitsmaßnahmen erfolgt im Rahmen der Druckstoßberechnungen; dabei kommen in Frage:

□ Ausgangsdruck in den Pumpstationen. Für die normalen Betriebszustände wird der vorgegebene Betriebsdruck durch die Wahl der Pumpen mit den entsprechenden Pumpenkennlinien und durch Regelventile oder Drehzahlregelung eingehalten. Bei durch Störungen bedingtem Überschreiten eines Grenzwertes schalten Überdruckschalter die entsprechenden Pumpen ab.

□ Druckstoßsicherung an Schieberstationen. Zur Vermeidung unzulässiger Überdrücke durch Schließen von Schiebern kommen folgende Maßnahmen in Betracht:

– Warnmeldung beim Schließen des Schiebers in Verbindung mit einer Umkehrsteuerung der Schließbewegung.

– Druckabhängige Begrenzung des Schieberabschlusses.

– Veränderung der Schließcharakteristik.

– Zwangsabschaltung von Pumpen.

□ Druckstoßsicherungen an den Pumpstationen. Bei Ausfall einer Pumpstation tritt auf der Saugseite der Station ein Druckanstieg und auf der Druckseite der Station eine Druckabsenkung auf. Der Druckanstieg kann aufgefangen oder reduziert werden durch Zwangsabschaltung von stromaufwärts gelegenen Pumpstationen und Bypaßleitungen mit Rückschlagklappen.

□ D. in den Übergabestationen. Übergabestationen und Tanklagerleitungen sind in der Regel für einen wesentlich niedrigeren Druck ausgelegt als die Pipeline. Um unzulässige Überdrücke durch (unbeabsichtigten) Schieberabschluß im Leitungsweg zu verhindern, kommen verschiedene Maßnahmen in Betracht:

– Verriegelung von Absperrorganen. Alle im Leitungsweg liegenden Absperrarmaturen werden mit Kontaktgebern für die End-Offenstellung ausgerüstet. Über diese Kontakte werden die Armaturen mit dem Pipeline-Schieber am Eingang zur Übergabestation so verriegelt, daß der Eingangsschieber sich bei Aufnahme des Förderbetriebs nur öffnen läßt, wenn ein Tankweg offen ist. Läuft während der Förderung in das →Tanklager ein Schieber zu und ist kein anderer Leitweg offen, wird der Eingangsschieber automatisch geschlossen.

– Überströmeinrichtungen mit Auffangtanks. Unzulässige Überdrücke können auch durch Berstscheiben oder Überströmventile in Verbindung mit Auffangtanks verhindert werden. Bei Erreichen des vorgegebenen Grenzdruckes wird das Fördermedium in den Auffangtank über eine nicht absperrbare Leitung abgeleitet. Das Ansprechen der Überströmsicherung wird der Betriebszentrale über einen Strömungswächter gemeldet. Berstsicherungen haben den Nachteil, daß sie nach dem Ansprechen keine selbsttätige Absperrung der Leitung zulassen. Außerdem können sie infolge von Ermüdung unerwartet zu Bruch gehen und so zu Betriebsunterbrechungen führen. Überströmventile öffnen dagegen nur bei Erreichen des eingestellten Grenzwerts und schließen selbständig, wenn der Grenzwert wieder unterschritten wird.

□ D. in absperrbaren Leitungsabschnitten. Absperrbare Leitungsabschnitte (z. B. in Stationen, Schiebergehäuse) werden zur D. mit Entlastungsventilen versehen. Diese sprechen an, wenn der zulässige Betriebsüberdruck infolge Erwärmung, z. B. durch Sonneneinstrahlung, überschritten wird. Die bei der Druckentlastung frei werdende Flüssigkeit wird entweder in das Lecköolsystem der Station oder gegen den Differenzdruck in den benachbarten Leitungsabschnitt abgeleitet. *Krass*

Druckanlage. Die von Druckfarben ausgehenden Lösemittelemissionen in der Bundesrepublik Deutschland liegen bei etwa 100 000 t/a, die fast ausschließlich in D. verursacht werden.

Die →Lösemittel werden jeweils abhängig vom Druckverfahren eingesetzt. Im Offsetdruck werden hochsiedende Mineralöle (Siedebereich 230–270° C) enthaltende Druckfarben verwendet, daneben enthält auch das Offsetwasser bis zu 10 % Isopropanol. Werden die Druckfarben in einer Gasflammen- oder Heißlufttrocknung nachbehandelt (Heat-set-Verfahren), werden neben den Lösemitteln auch Zersetzungsprodukte des Bindemittels emittiert. Das Trocknerabgas wird in der Regel einer thermischen Abgasreinigungseinrichtung zugeführt. Das Heat-set-Verfahren kommt vorwiegend zum Drucken von Illustrierten, Werbeprospekten mit Auflagen von kleiner 1 Mio. zum Einsatz. Das Cold-set-Verfahren ohne anschließende Trocknung wird im Zeitungsdruck eingesetzt. Im Illustrationstiefdruck wird fast ausschließlich Toluol als Lösemittel verwendet, das in der Regel durch →Adsorption zurückgewonnen und wiederverwendet wird. Der Illustrationstiefdruck wird vorwiegend beim Druck von Illustrierten und Büchern mit hohen Auflagen (größer 1 Mio.) eingesetzt. Im Flexo- und Spezialtiefdruck sind die Lösemittel überwiegend Ethanol und Ethylacetat. Diese Druckverfahren kommen vor allem im Verpackungsdruck zum Einsatz. Papier oder papierähnliche Materialien werden hauptsächlich mit wässrigen Farben mit sehr niedrigen Lösemittelgehalten bedruckt, bei Kunststoff ist der Einsatz von wässrigem System aufgrund von Haftungsproblemen noch in der Entwicklung.

Das Abgas kann durch thermische, Adsorptions-, Absorptions- oder biologische Verfahren gereinigt werden. D. werden auch in Verbindung mit Beschichtungsanlagen, z. B. zum Silikonisieren, Lackieren oder Kaschieren, eingesetzt; aus den Einsatzstoffen können ebenfalls Lösemittel freigesetzt werden.

Anlagen zum Bedrucken von bahnen- oder tafelförmigen Materialien mit Rotationsdruckmaschinen einschließlich der zugehörigen Trockner sind genehmigungspflichtig nach BImSchG. In Nr. 5.2 des Anhangs der →4. BImSchV sind Anlagen genannt, die
– organische Lösemittel mit einem Anteil von mehr als 50 Gew.-% an Ethanol enthalten und insgesamt 50 Kilogramm oder mehr je Stunde eingesetzt werden, oder
– sonstige organische Lösemittel enthalten und von diesen 25 Kilogramm oder mehr je Stunde eingesetzt werden.

Emissionsbegrenzende Anforderungen enthält die →TA Luft. Von Bedeutung sind das Vermeidungs- und →Minimierungsgebot, insbesondere die Reduzierung der Abgasmenge durch Umluftführung oder Aufkonzentrierung, ferner die Begrenzung der organischen und geruchsintensiven Stoffe nach Nr. 3.1.7 der TA Luft: Organische Stoffe sind im Abgas für Stoffe der Klasse I auf $20\ mg/m^3$, für Stoffe der Klasse II auf $0{,}1\ g/m^3$ und für Stoffe der Klasse III auf $0{,}15\ g/m^3$ zu begrenzen; treten bei Einhaltung dieser Emissionswerte erhebliche Geruchsbelästigungen auf, können auch weitergehende Anforderungen gestellt werden. *Hanhoff-Stemping*

Literatur: *Angrick, M.; W. Koch:* Abgasreinigungsverfahren für gasförmige Stoffe, Teil 1, 2. EntsorgungsPraxis (1991) 7–8, 9, S. 402/406, S. 480/492. – *Davids, P.; M. Lange:* Die TA Luft '86 – Technischer Kommentar. Düsseldorf 1986.

Druckdifferenzverfahren. Verfahren zur →Leckerkennung bei Mineralölpipelines für den Einsatz bei den regelmäßigen →Dichtheitsprüfungen. Mit dem D. können Leckagen (schleichende Undichtheiten) bis (je nach Prüfdauer) unter 10 Liter pro Stunde erkannt werden. Für die Durchführung muß der Förderbetrieb eingestellt werden. Das D. setzt die Aufteilung der Fernleitung durch dicht schließende Absperrarmaturen in Abständen von etwa 10 bis 15 km voraus.

Nach Einstellung des Förderbetriebs und Druckausgleich muß über eine gewisse Zeit der Temperaturausgleich zwischen Fördermedium und umgebendem Erdreich abgewartet werden. Anschließend werden die Absperrarmaturen geschlossen und die Druckabweichungen zwischen den jeweils benachbarten Leitungsabschnitten gemessen. Da die Druckänderungen nicht als Absolutdruck, sondern über die an den Absperrarmaturen installierten Meßgeräte als Druckdifferenz gemessen werden, ist die Meßgenauigkeit entsprechend höher.

Nachteile sind dadurch bedingt, daß das Verfahren nur in Förderpausen möglich ist, was bei Prüfzeiten von einigen Tagen zu empfindlichen Kapazitätseinbußen führen kann. Eine Leckortung ist nur bezogen auf einen Leitungsabschnitt möglich. *Krass*

Druckentwässerung. Die D. ist wie die →Vakuumentwässerung eine spezielle Form der Ortsentwässerung. Eine Druckleitung ist eine nur durch Wasserdruck kontinuierlich oder diskontinuierlich beaufschlagte Transportleitung. Die D. wird bei weiträumigen, flachen und meist dünn besiedelten, ländlichen Gebieten oder auch bei hügeligem Gelände oder schwierigen Grundwasserverhältnissen eingesetzt. Dabei handelt es sich, anders als bei der durch natürliches Geländegefälle gegebenen →Entwässerung, immer um eine Abwasserförderung durch über Pumpen oder Verdichter erzeugten Druck.

Bei der D. wird das Abwasser des Hauses oder einer Häusergruppe in einem Sammelschacht im freien Gefälle zusammengeführt. Aus diesem Hausanschluß fördert bei der Niederdruckentwässerung eine Pumpe in das Entwässerungsnetz. Zu jeder Pumpe gehört ein Rückflußverhinderer. Das Kanalnetz wird von einer peripheren Spülstation aus diskontinuierlich mit Druckluft durchspült, um einen längeren Aufenthalt im Kanal durch die stoßweise als Pfropfen eingeleiteten Abwässer zu vermeiden. Bei diesem D.-System sind Drücke bis 2 bar üblich. Beim Hochdruckentwässerungssystem transportiert man nicht mit Pumpen, sondern mit pneumatischen Abwasserförderanlagen aus den Hausanschlüssen. Man setzt die D. wirtschaftlich nur bei der Schmutzwasserentwässerung im →Trennverfahren ein. Die Leitungen müssen einen Mindestdurchmesser von 80–100 mm haben. Diese D. kann evtl. mit Zwischenpumpstationen in erheblichen Längen, auch kombiniert mit üblichen Entwässerungsnetzen herkömmlicher Bauart, eingerichtet werden. *Mertsch*

Druckfallverfahren. Beim D. handelt es sich um ein Verfahren zur →Leckerkennung und -ortung bei Mineralölfernleitungen. Es beruht darauf, daß bei einem Leck infolge des geringeren Volumenstromes hinter der Leckstelle L der ursprüngliche Druckgradient Q_o eine Änderung Δp_L (Knick) erfährt (Bild).

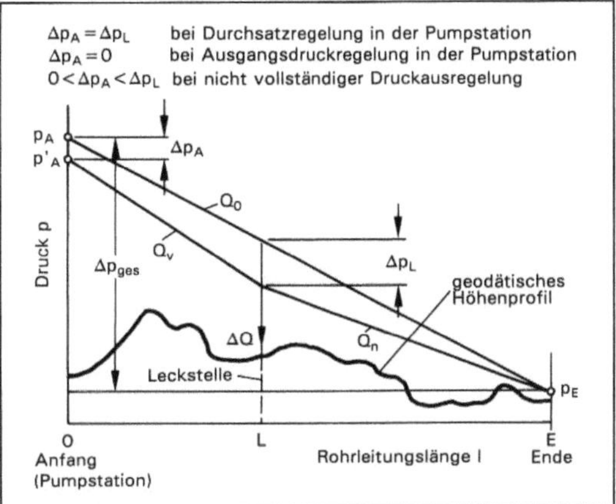

Druckfallverfahren: Druckverlauf in einem Leitungsabschnitt vor und nach dem Auftreten eines Lecks.

Vor der Leckstelle stellt sich der Druckgradient Q_v, hinter der Leckstelle der Druckgradient Q_n ein. Der Druckabfall Δp_A vom Ausgangswert p_A auf den Wert p'_A ist von der Regelung in der vorgeschalteten Pumpstation abhängig.

Zur Erfassung des Druckgradienten werden die Leitungsdrücke entlang der Fernleitung kontinuierlich gemessen, zur Betriebszentrale übermittelt und ausgewertet. Bei Unterschreitung vorgegebener Sollwerte lösen Kontakte an Druckanzeige- oder -schreibgeräten einen Leckalarm aus. Außerdem ist eine Eingabe der Druckwerte in einen Prozeßrechner mit Erstellung und Nachführung eines Druckschaubildes möglich.

Eine graphische Auswertung des Druckverlaufes ermöglicht eine Ortung der Leckstelle (Schnitt-punkt der Druckgradienten vor und nach der Leckstelle). Für die Nachweisempfindlichkeit ist in erster Linie die Lage des Lecks im Leitungsabschnitt maßgebend (ungünstig bei Lecks in der Nähe von Übergabestationen und Pumpstationen mit Ausgangsdruckregelung). Weiterhin bestimmen Betriebsweise, geodätische Verhältnisse, Leitungsdurchmesser und -länge sowie Anzahl und Anzeigegenauigkeit der Druckmeßgeräte die Genauigkeit des Verfahrens.

Die Anzeigeempfindlichkeit des Verfahrens liegt bei Leckgrößen von etwa 2 % des Durchflusses im günstigsten und etwa 20 % im ungünstigsten Fall.

Die Ortungsgenauigkeit liegt bei einigen Kilometern. Das Verfahren kann auch zur Lecküberwachung während der Förderpausen eingesetzt werden. *Krass*

Druckwasserreaktor (DWR). Bauart des Leichtwasserreaktors, bei der das Sieden durch hohen Druck im Reaktortank (im Gegensatz zum Siedewasserreaktor) verhindert wird. Das Reaktorcore zeichnet sich durch eine sehr kompakte Bauweise aus. Der Dampf für die Turbine entsteht im Dampferzeuger, einem Wärmetauscher, der primärseitig vom Hochdruckwasser des Primärkreises, sekundärseitig von Wasser durchflossen wird, das er zum Verdampfen bringt. Der Dampf geht zur Turbine, dann in einen Kondensator und als Wasser wieder zurück in den Dampferzeuger (Bild).

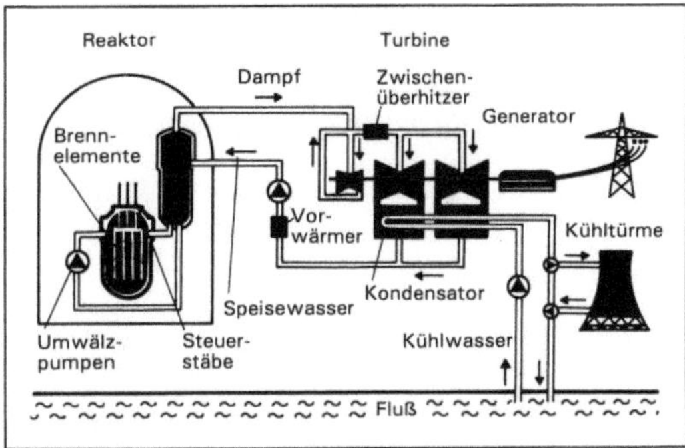

Druckwasserreaktor: Schematische Darstellung eines Kernkraftwerks mit D. (DWR).

DWR werden wegen ihres Zweikreissystems, bei dem eine Kontamination der Turbine praktisch ausgeschlossen ist, zunehmend dem Siedewasserreaktor vorgezogen, trotz des geringfügig abgesenkten Gesamtwirkungsgrades der Anlage infolge des Wärmeverlustes im separaten Dampferzeuger. Der DWR zeichnet sich trotzdem durch einen etwas geringeren Brennstoffbedarf aus. Die Betriebsdaten eines DWR sind: Dampfdruck ca. 150 at, Temperatur 320 °C. Die maximale Baugröße liegt bei 1 350 MWe. Obwohl der DWR in seiner heutigen

Ausführung einen hohen technologischen Stand erreicht hat, gibt es Bemühungen, seinen Sicherheitsstandard weiter zu verbessern und auch eine bessere Ausnutzung des Uranbrennstoffs zu ermöglichen. *Merz*

Druckwellenverfahren. Verfahren zur →Leckerkennung und -ortung bei Mineralölfernleitungen. Es beruht auf dem Effekt, daß bei einem spontanen Leck eine Druckabsenkung entsteht, die sich als negative Druckwelle stromaufwärts (in Förderrichtung) und stromabwärts ausbreitet. Die Geschwindigkeit des Druckwellenkopfes entspricht in etwa der Schallgeschwindigkeit im Fördermedium (ca. 1 km/s). Durch Erfassen der bei einem Leck entstehenden negativen Druckwellen an den entlang der Leitung installierten Meßstellen, Übertragung zur Betriebszentrale und Computerauswertung kann ein Leck unmittelbar erkannt werden. Die Zeitdifferenz zwischen dem Eintreffen der negativen Druckwellen an mindestens zwei Meßstellen läßt eine Ortung der Leckstelle L zu (Bild).

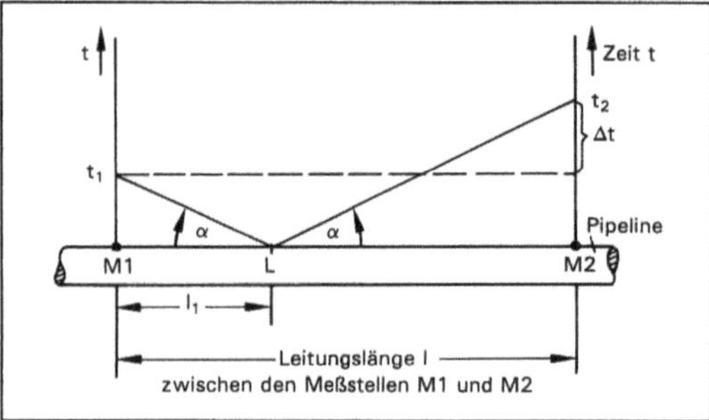

Druckwellenverfahren: Leckortung beim D.

Der Leckort L (Abstand von M1) wird ermittelt aus:

$$l_1 = \tfrac{1}{2}\,(l - \alpha\Delta t)$$

Darin bedeuten:
α Geschwindigkeit der Druckwelle
Δt Laufzeitdifferenz $= t_2 - t_1$
t_1, t_2 Laufzeit der Druckwelle von L bis M1 bzw. M2
Die Ortungsgenauigkeit liegt bei $\pm$ 2 km.
Mit dem D. können Leckmengen von etwa 10 bis 20 % des Durchflusses erkannt werden. Ausschlaggebend sind die Höhe der Druckabsenkung innerhalb einer definierten Zeit, d. h. die Spontanität des Lecks und die Dämpfung der Druckwellenköpfe innerhalb der Leitung. *Krass*

DTA. (Abk. Duldbare tägliche Aufnahmemenge)
→ADI-Wert

DTV. (Abk. für durchschnittliche tägliche Verkehrsstärke). Bezeichnung für die im Mittel vorhandene oder zu erwartende Verkehrsstärke einer Straße in Kraftfahrzeugen pro 24 Stunden (Kfz/24 h). Mit Hilfe der aus Verkehrsprognosen geschätzten DTV-Werte können die zu erwartenden Geräuschimmissionen in der Nachbarschaft von Straßen ermittelt werden.

So können nach der →Verkehrslärmschutzverordnung, nach der →RLS 90 und auch nach der DIN 18005, Schallschutz im Städtebau, 5/1987, die Straßenverkehrsgeräuschimmissionen während der Tages- und Nachtzeit aus den DTV-Werten berechnet werden. *Strauch*

Duales System. Das D. S. stellt innerhalb der →Abfallwirtschaft neben den gemäß § 3 Abs. 2 Abfallgesetz bestehenden Entsorgungssystemen der nach Landesrecht für die →Abfallentsorgung zuständigen Körperschaften des öffentlichen Rechts (kommunale Abfallentsorgung) ein zweites, marktwirtschaftlich orientiertes System zur Entlastung kommunaler Abfallentsorgung dar. Grundlage dafür ist die →Verpackungsverordnung (§ 6 Abs. 3 VerpackV).

Nach der Verpackungsverordnung ist der Handel ab Januar 1993 verpflichtet, gebrauchte Verkaufsverpackungen im Laden oder in dessen unmittelbarer Nähe zurückzunehmen, erneut zu verwenden oder einer stofflichen Verwertung zuzuführen. Dieser grundsätzlichen Verpflichtung kann sich der Handel dadurch entziehen, daß er sich an einem freiwilligen Entsorgungssystem der Wirtschaft beteiligt.

Die Rahmenbedingungen für ein solches freiwilliges System sind in der Verpackungsverordnung festgelegt. Dazu gehören allgemeine Anforderungen an die Erfassungssysteme (→Holsystem, →Bringsystem, Nähe zum Endverbraucher), quantitative Anforderungen an die Erfassungssysteme (Erfassungsquoten), an die Sortierung (Sortierquoten) (Tabelle) und die qualitative Anforderung an die Verwertung (stoffliche Verwertung der aussortierten Wertstoffe).

Duales System. Tabelle: Entsorgungs- und Sortierquoten nach der Verpackungsverordnung.

Material	Erfassungsquoten		Sortierquoten	
	1.1.1993	1.7.1995	1.1.1993	1.7.1995
Glas	60 %	80 %	70 %	90 %
Weißblech	40 %	80 %	65 %	90 %
Aluminium	30 %	80 %	60 %	90 %
Pappe/Karton	30 %	80 %	60 %	80 %
Papier	30 %	80 %	60 %	80 %
Kunststoff	30 %	80 %	30 %	80 %
Verbunde	20 %	80 %	30 %	80 %

In der Endausbaustufe sind danach 80% aller Verpackungen zu erfassen, von denen wiederum je nach Verpackungsmaterial 80–90% stofflich verwertbar aussortiert und anschließend nachweislich stofflich verwertet werden müssen. Ob alle Anforderungen erfüllt sind, stellt die für die Abfallentsorgung zuständige oberste Landesbehörde fest.

Um ein solches System aufzubauen, hat die deutsche Wirtschaft unter der Schirmherrschaft des Bundesverbandes der Deutschen Industrie (BDI) und des Deutschen Industrie- und Handelstages (DIHT) die Duales System Deutschland GmbH (DSD) gegründet, die aber keinen Monopolanspruch hat.

Als Finanzierungsinstrument für den Aufbau eines flächendeckenden Systems vergibt die DSD im Wege von Lizenzvereinbarungen den →Grünen Punkt.

Die auf diesem dualen Weg gesammelten und sortierten Verpackungen sind einer erneuten Verwendung oder stofflichen Verwertung außerhalb der öffentlichen Entsorgung zuzuführen.

Die DSD ist allerdings lediglich für die Sammlung und Sortierung der Verpackungen zuständig. Die Verwertung hat durch die nach der Verpackungsordnung Verpflichteten (oder wiederum von diesen eingerichteten Verwertungsgesellschaften) zu erfolgen. *Blickwedel*

Düker. Kreuzungsbauwerk im Rohrleitungsbau. Der Bau von D. ist immer dann notwendig, wenn (Abwasser-) Kanäle oder andere Rohrleitungen (Wasser-, Öl-, Gas-, Produktleitungen) Verkehrslinien oder Gewässer kreuzen, die tiefer liegen als die dem Gefälle entsprechende Trasse. Im (Abwasser-) Kanalbau wird der Kanal dann steil nach unten geführt (Dükeroberhaupt) mit geringem, steigenden Gefälle unter dem Hindernis durchgeführt und mit mäßiger Steigung wieder nach oben gezogen (Dükerunterhaupt). Der Kanal ist auf dieser Strecke ständig wassergefüllt. Maßgebend für die Fließgeschwindigkeit im D. ist der Höhenunterschied der Wasserspiegellage im Dükeroberhaupt und Dükerunterhaupt. *Mertsch*

Düngemittelrecht. Da die durch Ernte und Beweidung sowie durch andere Vorgänge wie Bodenerosion, Auswaschung oder Verflüchtigung bewirkten Nährstoffverluste in der Landwirtschaft ersetzt werden müssen, ist eine nachhaltige landwirtschaftliche Bodennutzung ohne →Düngung nicht möglich. Wegen der dadurch möglichen Beeinträchtigungen der Umwelt, insbesondere durch unerwünschte Nebenbestandteile, gibt es bereits seit 1918 in Deutschland verbindliche Bestimmungen für den Verkehr mit Düngemitteln.

Das D. ist in erster Linie geregelt im Düngemittelgesetz (DMG) vom 15. 12. 1977 (BGBl. I S. 2134) und in den dazu ergangenen Rechtsverordnungen, insbesondere in der Düngemittelverordnung. Düngemittel unterliegen daneben grundsätzlich auch dem Chemikaliengesetz; sie sind jedoch nicht dem Anmelde- und Prüfverfahren des Chemikalienrechts zu unterziehen, weil das Düngemittelgesetz als Spezialgesetz vorgeht. Die Vorschriften des Chemikaliengesetzes über Einstufung, Verpackung und Kennzeichnung sind dagegen neben der Spezialregelung des § 3 DMG anwendbar.

Das Düngemittelgesetz regelt das Inverkehrbringen von Düngemitteln, nicht aber ihre Anwendung. Diese ist einschränkbar nach den Vorschriften des Wasserrechts, zum Teil auch nach den Vorschriften des Abfallrechts.

Grundsätzlich dürfen gemäß § 2 Abs. 1 DMG Düngemittel gewerbsmäßig nur in den Verkehr gebracht werden, wenn sie einem Düngemitteltyp entsprechen, der durch Rechtsverordnung zugelassen ist. § 2 Abs. 2 DMG ermächtigt den Bundesminister für Ernährung, Landwirtschaft und Forsten zum Erlaß einer Rechtsverordnung, in der die Typen von Düngemittel zugelassen werden, die bei sachgerechter Anwendung die Fruchtbarkeit des Bodens und die Gesundheit von Menschen und Haustieren nicht schädigen und den Naturhaushalt nicht gefährden, sowie geeignet sind, das Wachstum von Nutzpflanzen wesentlich zu fördern, ihren Ertrag wesentlich zu erhöhen oder ihre Qualität wesentlich zu verbessern. Kernstück des Düngemittelgesetzes sind diese Typenzulassungen von Düngemitteln.

Abwasser, Klärschlamm, Fäkalien und ähnliche Stoffe sind nach § 1 Abs. 1 DMG von der Geltung des Düngemittelgesetzes ganz ausgenommen, soweit ihnen keine Nährstoffe zugesetzt werden. Der Typenzulassung bedürfen somit nur Handelsdünger. Weitere Ausnahmen von der Typenzulassung betreffen insbesondere Düngemittel zur Ausfuhr in Länder außerhalb der EG sowie Wirtschaftsdünger und Düngemittel, die nur für Rasen oder Zierpflanzen bestimmt sind (§ 2 Abs. 3 DMG).

Die zur Überwachung des Düngemittelverkehrs erforderlichen Probenahmeverfahren und Analysemethoden sind in einer speziellen Verordnung geregelt. *Hoppe/Beckmann*

Literatur: *Kloepfer:* Umweltrecht, § 14 Rn. 26ff. München 1989. – *Preusker:* Düngemittelrecht. In: Handwörterbuch des Umweltrechts, Bd. I. Berlin 1986. – *Rösgen:* Rechtliche Zulässigkeit der Bodenbehandlung mit stickstoffhaltigem Düngemittel, Agrarrecht 1983.

Düngemittelverteilung.
Mineralische Dünger. Mineralische Dünger sind in fester, flüssiger und gasförmiger Form verfügbar. Überwiegend werden heute feste Mineraldünger ausgebracht. Bei Stickstoff kommt für die Teilgaben vielfach Ammonium-Harnstoff-Lösung (AHL) zum

Einsatz. Sie wird zu etwa 40 % direkt über das Blatt aufgenommen. Gasförmiger Dünger wird dagegen in Europa nur vereinzelt angewandt. Jede Düngerart erfordert eigene Verteiltechniken. Für alle gilt jedoch die Grundforderung nach gleichmäßiger Quer- und Längsverteilung und Anpassungsfähigkeit an unterschiedlich auszubringende Düngermengen.

Streusysteme für feste mineralische Dünger arbeiten nach dem Wurf- oder Auslegerprinzip. Bei beiden gelangt der Dünger aus dem Vorratsbehälter über eine Dosiereinrichtung zum Verteilorgan. Dieses übernimmt die D. mit einem für das Streusystem typischen Verteilbild. Bei Wurfstreuern wird der Dünger über einen Fließspalt zugeteilt. Ein Pendelrohr oder eine, heute vermehrt zwei, Streuscheiben werfen den Dünger halbkreisförmig aus. Ein gleichmäßiges Wurfbild setzt eine exakte Überlappung durch exaktes Anschlußfahren voraus, nur homogen gekörnter Dünger garantiert eine gleichmäßige Verteilung. Wurfstreuer sind einfach gebaut, besitzen ein geringes Gewicht und sind kostengünstig zu fertigen.

Auslegerstreuer besitzen Zwangsdosiereinrichtungen. Sie fördern mechanisch oder pneumatisch das Streugut zu Verteilstellen am Ausleger. Sie vermeiden damit Verteilfehler durch den Wurf und ermöglichen ein exaktes Bahnenstreuen. Sie können granuliertes Material ebenso wie mehliges oder weniger gleichmäßig gekörntes ausbringen. In der Regel erreichen sie durch die Zwangsdosierung eine höhere Genauigkeit als Wurfstreuer. Gegenüber diesen ist der Bauaufwand jedoch höher, sie besitzen ein höheres Gewicht und sie erfordern einen wesentlich höheren Kapitalbedarf. Mit größer werdenden Arbeitsbreiten stoßen sie über den Ausleger an Einsatzgrenzen durch mangelnde Bodenanpassung.

Nach den Prüfrichtlinien der Deutschen Landwirtschaftsgesellschaft (DLG) darf bei Mineraldüngerstreuern die durchschnittliche Abweichung der Streumenge nur maximal ±10 % betragen.

Flüssige Mineraldünger können einfach und präzise mit Feldspritzen ausgebracht werden, wenn diese an den mittelführenden Stellen aus korrosionsfesten Teilen bestehen.

Wasserfreies Ammoniak ist leicht flüchtig und nur unter hohem Druck flüssig. Es muß deshalb mit Injektorzinken oder Scheibenscharen ca. 10 bis 15 cm in den feuchten Boden eingebracht werden, um Nährstoffverluste zu vermeiden.

H. Schön/Auernhammer

Organische Dünger. Die Verteiltechnik für organische Dünger umfaßt im wesentlichen Jauche, Flüssigmist (Gülle), Festmist und Kompost. Bedingt durch den im Vergleich zum mineralischen Dünger relativ geringen Nährstoffgehalt müssen dabei in der Regel sehr große Mengen transportiert und verteilt werden. Die Verteiltechniken entsprechen für die flüssigen organischen Dünger der →Flüssigmistausbringungstechnik und für die festen organischen Dünger der Festmistausbringungstechnik.

H. Schön/Auernhammer

Düngung und Nährstoffbilanz. Nach *J. v. Liebig* wird das Pflanzenwachstum durch den im Minimum vorhandenen Nährstoff begrenzt. Jede pflanzliche Produktion benötigt deshalb eine angepaßte Nährstoffzufuhr, um den durch den pflanzlichen Ertrag entstandenen Entzug auszugleichen. Zur Vermeidung von nicht mehr verfügbaren Nährstoffverlagerungen und von Auswaschungen müssen die Düngungsmaßnahmen dem zeitlichen Wachstumsbedarf angepaßt werden. Dabei sind die örtlichen Nährstoffvorräte im Boden zu berücksichtigen.

D.-Maßnahmen können mit organischen, mineralischen oder mit beiden Düngerformen durchgeführt werden.

Entscheidend für jede D.-Maßnahme ist die bedarfsgerechte Applikation nach Ort und Zeit. Düngerverteiltechniken müssen deshalb die unterschiedlichen Nährstoffbedürfnisse berücksichtigen können. Dies gilt für die Zuteilung der organischen Dünger ebenso wie für die mineralischen Verteiltechniken (→Düngemittelverteilung).

D.-Maßnahmen sollen die zeitliche Sicherstellung der benötigten Nährstoffe für das Pflanzenwachstum gewährleisten. Der Düngebedarf hängt vom Vegetationsstadium, von den im Boden verfügbaren Nährstoffen, vom Nährstoffeintrag aus der Luft und von der Wachstumsintensität (Bodenfeuchte und Bodentemperatur) ab. In seiner Höhe richtet er sich nach dem Zuwachs an organischer Substanz und nach dem angestrebten Ertrag. Er wird auf der Basis D. nach Entzug bestimmt.

Aufgrund dieser komplexen Zusammenhänge läßt sich der tatsächliche zeitliche Düngerbedarf nur in Grenzen bestimmen. Die schwierigste Größe stellt dabei die Variabilität der →Witterung dar.

Für die Nährstoffbilanz werden Entzugs- und Vorrats-(Verfügbarkeits-)Daten benötigt. Ausgehend vom Entzug setzt deshalb die Bilanz an der D. und an der Erntemenge der Vorfrucht an. Sie führt über die Mineralisierung und die Bodenvorräte zur verfügbaren Menge. Diese muß auch bei exaktester Berechnung über Bodenproben ermittelt bzw. überprüft werden. Davon ausgehend wird unter Einbeziehung der Witterung und des Wachstums der Gesamtbedarf an Phosphat und Kali prognostiziert. Beide werden in einer Grunddüngung verabreicht, während der leicht auswaschbare Stickstoff auf Teilgaben verteilt wird.

Bisher wurden diese Bilanzen auf Grund fehlender betriebsspezifischer Informationen in Form allgemeingültiger Empfehlungen durch die Landwirtschaftsberatung erarbeitet und dem Landwirt zur Verfügung gestellt. Er konnte diese direkt für seinen Betrieb übernehmen oder nach eigener Erfahrung und Kenntnis seiner Felder abwandeln. Vielfach wurde dabei die D. mit betriebseigenem organischen Dünger außer Acht gelassen oder nur unvollständig berücksichtigt (→Stickstoff-Düngerbilanz). Überdüngungen waren dann die Regel.

Künftig muß aus Kosten- und Umweltgründen die Bilanzierung verbessert werden.

Zur Erfassung der notwendigen Informationen sind folgende Systeme erforderlich:
– eine exakte Ertragsermittlung nach Teilflächen unter Einbeziehung der insgesamt geernteten Pflanzenteile, also Korn und Stroh bei Getreide oder Rüben und Blatt. Wesentlich zur Bestimmung der Bodenvorräte ist eine weitgehend exakte Bestimmung aller organischen Pflanzenreste wie Wurzeln, Pflanzenstengeln und bei der Ernte abgetrennter Pflanzenreste (Spreu, Samenschalen, Stroh);
– die kontinuierliche Überwachung und Aufzeichnung der Witterung mit deren Konsequenzen auf den Boden;
– die gezielte Bodenbeprobung in Flächen gleichen Ertrags, gleicher Bodenarten oder gleicher Bodenfeuchtigkeitsstufen zu Beginn und während der Vegetation;
– die Ermittlung der aus der Luft eingetragenen Stickstoffmengen in Form von NH_4.

Auf der Geräteseite bedarf es exakt arbeitender Düngemittel-Verteiltechniken für organische und für mineralische Dünger. *H. Schön/Auernhammer*

Dünnsäure. Sammelbegriff für bis zu 23 Gew.-% Schwefelsäure enthaltende Flüssigabfälle aus der Titandioxid- und organischen Farbstoff-Produktion.

D. enthält außerdem verschiedene produktionsspezifische Stoffe und Zwischenprodukte aus den chemischen Umsetzungsreaktionen gelöst (Metallsalze, aromatische Kohlenwasserstoffe sowie Spuren halogenierter Kohlenwasserstoffe).

Der überwiegende Mengenanteil der D. fällt bei der Titandioxidproduktion nach dem Sulfatverfahren an, das weltweit zu etwa 60 % angewendet wird. Dabei werden Titanrohstoffe, wie z. B. Ilmenit oder Titanschlacke, mit konzentrierter Schwefelsäure aufgeschlossen. Bei der anschließenden Hydrolysereaktion (nach Verdünnung) fällt die D. bei der Filtration des Titandioxids als Nebenprodukt an. Auf 1 Mg TiO_2 entfallen ca. 7 Mg D.

Bei einer für 1993 geschätzten Weltjahresproduktion von etwa 3,2 Mill. Mg TiO_2 ergibt sich ein Dünnsäureanfall von >22 Mill. Mg. Diese wurde noch Anfang der 80er Jahre meist auf Hoher See verklappt oder über Pipelines ins Meer entsorgt.

In Deutschland wird D. zu 100 % einer Verwertung zugeführt. Ein speziell entwickeltes Drei-Stufen-Verfahren gestattet die Abtrennung der gelösten Salze und die Aufkonzentrierung zu 80 bis 96%iger Schwefelsäure. Diese wird dann in den Stoffkreislauf des Titanerzaufschlusses rückgeführt. Auch die anfallenden eisenoxidreichen Rückstände können als →Sekundärrohstoff in der Eisenhüttenindustrie eine Verwertung finden. Für die Entsorgung bleibt dann nur noch ein kleiner, mit Schwermetallen angereicherter Rest.

Etwas anders gestaltet sich noch die Entsorgung der D. aus der organischen Farbstoffproduktion. Hier wird z. T. mit Kalk zu Gips neutralisiert, z. T. aufkonzentriert (bei höherer Säurekonzentration), gereinigt und verwertet. Organisch stark belastete D. werden thermisch behandelt. *Mitsch*

Literatur: *Okon, G.:* Rückgewinnung von Schwefelsäure aus der Titandioxid-Produktion. In: Vermeidung und Verwertung von Abfällen 1. Hrsg. Hans Sutter. 1989.

Düse, kritische. Die k. D. besteht aus einer Blende mit einer kleinen Bohrung. Wird die k. D. in die Ansaugleitung einer Luftprobenahmevorrichtung eingesetzt, fließt ein konstantes Volumen, wenn gewährleistet ist, daß das Druckverhältnis p (nach)/p (vor) an der k. D. 0,5 ist. Das Probenvolumen läßt sich dann aus der Probenahmezeit ermitteln. *Dulson*

Düsenwäscher →Sprühwäscher

Duldungspflicht. Umweltrechtliche D. können zivilgerichtlich zwischen Privatpersonen und juristischen Personen des Privatrechts bestehen. Sie können aber auch aus öffentlich-rechtlichen Regelungen folgen.
– Privatrechtliche D. Die wohl zentrale D. des Zivilrechts ist geregelt in § 906 BGB. Danach hat der Eigentümer eines Grundstücks die Zuführung von Gasen, Dämpfen, Gerüchen, Rauch, Ruß, Wärme, Geräusch, Erschütterungen und ähnliche, von einem anderen Grundstück ausgehende Einwirkungen zu dulden, wenn die Einwirkung die Benutzung seines Grundstücks nicht oder nur unwesentlich beeinträchtigt. Gemäß § 906 Abs. 2 S. 1 BGB gilt das gleiche insoweit, als eine wesentliche Beeinträchtigung durch eine ortsübliche Benutzung des anderen Grundstücks herbeigeführt wird und nicht durch Maßnahmen verhindert werden kann, die Benutzern dieser Art wirtschaftlich zumutbar sind.
– Öffentlich-rechtliche D. Sie können unmittelbar durch Gesetz, aber auch durch untergesetzliche Rechtsvorschriften, etwa durch Schutzgebietsausweisungen des Wasserrechts, des Naturschutzrechts oder des Immissionsschutzrechts begründet werden. So ist z. B. das Betreten des Waldes aufgrund von § 14 Abs. 1 S. 2 Bundeswaldgesetz zum Zwecke der Erholung gestattet. Der Waldeigentümer wird somit

zur Duldung der Erholungssuchenden in seinem Wald verpflichtet.

Öffentlich-rechtliche D. sind regelmäßig die Kehrseite staatlicher Eingriffsrechte. Bei Verwaltungsakten mit Drittwirkung ergeben sich D. bereits aus der Bestandskraft eines solchen Hoheitsakts. Der Dritte kann sich auf die ihn schützenden Vorschriften des Umweltrechts nicht mehr berufen, wenn er den Eintritt der Bestandskraft des Verwaltungsakts nicht zuvor durch Einlegung eines Rechtsbehelfs verhindert hat. Daneben ergibt sich aus zahlreichen hoheitlichen Zulassungsentscheidungen – dazu gehören Planfeststellungsbeschlüsse und Genehmigungstatbestände – eine D. aus deren privatrechtsgestaltenden Wirkung. So werden z. B. privatrechtliche, nicht auf besonderen Titeln (z. B. Verträgen) beruhende Ansprüche zur Abwehr nachteiliger Einwirkungen von einem Grundstück auf ein benachbartes Grundstück gem. § 14 S. 1 BImSchG durch die immissionsschutzrechtliche Genehmigung ausgeschlossen. *Hoppe/Beckmann*

Literatur: *Erbguth:* Duldungspflicht. In: Handwörterbuch des Umweltrechts, Bd. I. Berlin 1986. – *Hoppe/Beckmann:* Umweltrecht, § 8 Rn. 13 ff. München 1989. – *Stelkens:* Verpflichtung zur Duldung – Notwendigkeit einer Duldungsanordnung?, NuR 1983.

Dumping →Abfall-Einbringung in das Meer

Dunsthaube. Trübung der Atmosphäre über Städten; entsteht durch Anreicherung der Atmosphäre mit festen und flüssigen Partikeln (→Aerosol und →Staub) sowie mit Gasen. Durch →Luftaustausch werden bodennah emittierte Partikel und Gase vertikal verteilt und führen durch Strahlungsabsorption und -streuung zu einer Dunsttrübung in der Durchmischungsschicht bis zur Höhe der Sperrschicht (→Inversion).

Die D. führt zu einer Verringerung der direkten und zu einer Vergrößerung der diffusen Sonnenstrahlung. Der kurzwellige Bereich der direkten Sonnenstrahlung wird stärker geschwächt. In industriellen Ballungsräumen tritt im Winter unterhalb von 400 µm des Strahlungsspektrums Totalabsorp-

tion ein. Nach *Landsberg* treten in Stadtgebieten folgende prozentualen Verluste von solarer Strahlung verglichen mit dem Umland in Abhängigkeit von Sonnenhöhe und Jahreszeit auf (Tabelle).

Insgesamt ergibt sich jedoch im Mittel für die Summe aller langwelligen und kurzwelligen Strahlungsströme eine im Vergleich zum Umland nur geringfügig veränderte →Strahlungsbilanz. *Külske*

Literatur: *Landsberg, H. E.:* The Urban Climate. New York 1981. – Lufthygiene und Klima. VDI-Kommission Reinhaltung der Luft. Düsseldorf 1993.

Duobus. Kurzform für dual-mode-bus. Der D. ist ein elektrisch angetriebener Omnibus, der seine Antriebsenergie aus einer Oberleitung (→Obus) und aus einer zweiten Quelle beziehen kann. Mit einer Antriebsbatterie kann der D. als →Elektrospeicherfahrzeug für eine begrenzte Zeit abseits von der Oberleitung betrieben werden. Im Fahrbetrieb an der Fahrleitung kann die Batterie geladen werden. Weiterhin ist es möglich, die Bremsenergie in der Batterie zu speichern.

Dieselmotoren mit Generatoren werden häufig dann als Energiequelle verwendet, wenn der Fahrbetrieb auch über größere Strecken autonom erfolgen soll. *Kahlen*

Durchflußmessung. Die D. hat große Bedeutung bei der Bestimmung der Immissionskonzentrationen. Die analytischen Meßverfahren liefern im allgemeinen nur einen Absolutwert für die Masse. Erst der Bezug zum Probenahmevolumen ergibt die →Konzentrationsangabe. Die Bestimmung des Volumens erfolgt fast immer durch eine D. Fast alle D. können auf drei Meßprinzipien zurückgeführt werden:
□ Schwebekörperverfahren. Das Meßgerät (Rotameter) besteht aus einem leicht konischen Glasrohr, in dem sich ein Schwebekörper befindet. Wird das Rohr von einem Gas oder einer Flüssigkeit durchströmt, hebt sich der Schwebekörper. Bleibt der Durchfluß im Meßbereich des Rohrs, ist die Schwebehöhe vom Volumen und der Viskosität des Mediums und dem Gewicht des Schwebekörpers abhängig. Für ein definiertes Medium, z. B. Luft bei

Dunsthaube. Tabelle: Prozentualer Verlust von Sonnenstrahlung in Stadtgebieten verglichen mit dem weniger belasteten Umland.

Sonnenhöhe	Äquivalente optische Luftmasse (90° = 1)	Jahreszeit			
		Winter	Frühling	Sommer	Herbst
10°	5,4	36	29	29	34
20°	2,9	26	20	21	23
30°	2,0	21	15	18	19
40°	1,6	—	15	14	16

Raumtemperatur, bleibt nur noch das Volumen als Variable, so daß durch →Kalibrierung eine Graduierung erfolgen kann. Befindet sich der Schwebekörper zwischen einer Lichtquelle und einer Photodiode, so kann das Rotameter in Verbindung mit einer elektronisch gesteuerten Drossel als Volumenregler eingesetzt werden.

☐ Volumenverdrängungsverfahren. Die Geräte, die nach diesem Meßprinzip arbeiten, sind allgemein als Gas- oder Wasseruhr bekannt. Im Inneren der Uhren befindet sich auf einer Achse ein Schaufelwerk, das zum Gehäuse hin abgedichtet ist. Wird die Uhr durchströmt, wird das durch die Schaufeln eingeschlossene Volumen verdrängt und das Schaufelwerk fängt an zu rotieren. Die Drehbewegung wird direkt auf ein Uhrwerk übertragen und kann dort auch längere Zeit nach der Messung noch abgelesen werden. Auch die Kolbenprober funktionieren nach dem Prinzip der Volumenverdrängung. Es handelt sich hierbei um einfache Geräte, die aus einem graduierten Glaskörper mit einem eingeschliffenen Kolben bestehen. Dem Kolben gegenüber befindet sich ein Hahn. Wird der Hahn geöffnet und der Kolben bewegt, kann ein definiertes Probenvolumen gezogen werden.

☐ Thermischer Durchflußsensor. Hierbei handelt es sich um ein präzises elektronisches Gerät. Zur D. wird ein Teilstrom des Meßgases abgezweigt und über eine geheizte Strecke geleitet. Die Abkühlung durch das Meßgas wird mit empfindlichen Halbleitern (Thermistoren) erfaßt und in Impulse umgesetzt. Der Wärmeverlust ist von dem Massentransport des Mediums abhängig. Der Sensor muß deshalb für jede Gasart kalibriert werden, was durch elektronisches Umschalten erfolgt. Das dann angezeigte Volumen wird unter Normalbedingungen erhalten. Die Impulse können direkt von einem Rechner gelesen werden und zur Ansteuerung einer Anzeige oder eines Regelventils dienen. So aufgebaute thermische Durchflußregler werden vor allem bei automatischen Probenahmeeinrichtungen eingesetzt. *Dulson*

Dynamisierungsklausel. Bezeichnung für emissionsbegrenzende Regelungen innerhalb des Immissionsschutzrechts – speziell zur Luftreinhaltung –, wonach Möglichkeiten, Emissionen durch dem →Stand der Technik entsprechende Maßnahmen weiter zu vermindern (als dort konkret angegeben), auszuschöpfen sind. Bisher sind D. in der →13. BImSchV zur Fortschreibung von Emissionsgrenzwerten (→Emissionsstandards) und in Nr. 3.3 der →TA Luft zur Fortschreibung von Emissionswerten enthalten und kommen auch zur Anwendung. Von derartigen Vorbehalten zur dynamischen Verschärfung der Anforderungen zur Emissionsminderung, d. h. ohne spätere Änderung der Vorschrift selbst, wird vom Vorschriftengeber im Hinblick auf die notwendige Rechtssicherheit nur dann Gebrauch gemacht, wenn der im Zeitpunkt der Festsetzung dem Stand der Technik entsprechende Emissionsstandard auf mittlere Sicht erkennbar verbesserungsfähig erscheint, d. h. die Zeichen der technischen Entwicklung konkret auf einen baldigen Fortschritt zu niedrigeren Emissionsstandards hinweisen.

So enthält die 13. BImSchV für Großfeuerungsanlagen hinsichtlich der dort festgesetzten Emissionsgrenzwerte für Stickstoffoxide die Vorschrift, daß „die Möglichkeiten, die Emissionen durch feuerungstechnische oder andere dem Stand der Technik entsprechende Maßnahmen weiter zu vermindern, auszuschöpfen sind". Dieser Vorbehalt ist bereits ein Jahr nach Inkrafttreten der Regelung von der Umweltministerkonferenz für eine drastische Absenkung der Stickstoffoxidemissionswerte als Ausgangsbasis für das damals anlaufende Altanlagensanierungsprogramm für Großfeuerungsanlagen in Anspruch genommen worden.

In der TA Luft sind die emissionsbegrenzenden Anforderungen (→Emissionswerte) regelmäßig in Form von Emissionswerten enthalten. In Nr. 3.3 sind jedoch für einzelne Anlagearten und Schadstoffe Emissionswerte mit einer D. verbunden. Der Länderausschuß für Immissionsschutz hat im Mai 1991 „Empfehlungen zur Konkretisierung von D. der TA Luft" verabschiedet, die folgende Anlagearten und Schadstoffe betreffen:

– Feuerungsanlagen für feste Brennstoffe bzw. für Heizöle: Stickstoffoxide und Schwefeloxide;
– Selbstzündungsmotoren: Stickstoffoxide und Ruß;
– Gasturbinen: Stickstoffoxide;
– Koksöfen: Stickstoffoxide;
– Zementöfen: Stickstoffoxide;
– Anlagen zum Brennen von Bauxit, Dolomit, Gips, Kalkstein, Kieselgur, Magnesit, Quarzit oder Schamotte: Stickstoffoxide;
– Glasschmelzöfen: Stickstoffoxide;
– Anlagen zum Brennen keramischer Erzeugnisse: Schwefeloxide;
– Anlagen zum Schmelzen mineralischer Stoffe: Stickstoffoxide;
– Wärme- und Wärmebehandlungsöfen: Stickstoffoxide;
– Kontinuierliche Beizanlagen: Stickstoffoxide;
– Katalytische Spaltanlagen: Stickstoffoxide und Schwefeloxide;
– Anlagen zur Serienlackierung von Automobilkarossen und sonstige Anlagen zum Lackieren (Spritzzonen): Organische Stoffe;
– Bedruckungsanlagen: Organische Stoffe;
– Anlagen zum Tränken von Mineralfasern: Organische Stoffe;
– Motorprüfstände: Stickstoffoxide. *Dreyhaupt*

Dynamitron →Beschleunigeranlage und Strahlenschutz

E

EARTHNET. Die europäische Raumfahrt-Agentur ESA hat 1976 ein Programm für ein Netzwerk zum Empfang, zur Verarbeitung, zur Verteilung und Archivierung von Erderkundungs-Satellitendaten eingerichtet. Durch vertragliche Vereinbarungen mit Satelliten-Betreiber-Organisationen wie NASA, →NOAA und der japanischen Raumfahrtbehörde NASDA können über das ESA-Netz Daten der →LANDSAT-Serie, der US Wetter- und anderer Ozeanbeobachtungssatelliten empfangen und an die europäische Nutzergemeinschaft über die nationalen Kontaktstellen NPOC (National Point of Contact) verteilt werden. Seit Juli 1991 verfügt die ESA mit dem Satelliten →ERS-1 über ein eigenes, wetterunabhängiges Raumsegment zur Messung von ozeanographischen, Klima- und anderen Umweltdaten.

Das E.-Programm-Büro hat seinen Sitz im ESA-Zentrum Frascati bei Rom. Alle ESA-Mitgliedstaaten verfügen über eine nationale Kontaktstelle, die Nutzerwünsche zur Datenbeschaffung an diese zentrale ESA-Einrichtung weiterleitet. Diese Datenprodukte sind in Bezug auf ihren Verarbeitungsgrad standardisiert. Die Preise werden von Jahr zu Jahr neu vereinbart. Für die Bundesrepublik Deutschland ist diese Stelle im →Deutschen Fernerkundungsdatenzentrum eingerichtet. *Rossbach/Schroeder*

EC50. Die Konzentration eines Wirkstoffs, bei der an exponierten Individuen 50% der maximalen Wirkung auftreten oder 50% der Individuen die jeweilige zu prüfende Wirkung zeigen, bezeichnet man als EC50 (Abk. *engl.* effective concentration). Die Angabe einer Wirkkonzentration statt der Wirkdosis ist z. B. für in Wasser gelöste Schadstoffe sinnvoll, um die Wirkung auf aquatische Organismen zu quantifizieren. Ebenso kann die EC50 für gasförmige Schadstoffe in der Atemluft verwendet werden. (→Biotest, →Dosis-Wirkungsbeziehung, →ED50). *Deml*

ECE-Test. Kfz-Abgas-Prüfverfahren für den Bereich der Wirtschaftskommission der Vereinten Nationen für Europa ECE (Economic Commission for Europe), basierend auf vergleichenden Untersuchungen des Fahrverhaltens im Stadtverkehr in Frankreich, Großbritannien, Schweden und der Bundesrepublik Deutschland.

Ermittelt werden die Emissionen mittels eines als repräsentativ erachteten Fahrzyklus, dem Europa-Test-Zyklus (Bild 1), der vom Testfahrzeug auf einem Rollenprüfstand (→Fahrleistungsprüfstand) viermal durchfahren werden muß. Die Abgase werden dabei in einem oder mehreren Beuteln gesammelt und anschließend die Schadstoffkonzentrationen ermittelt. Daraus ergeben sich die Schadstoffemissionen in g/Test. Mit Einführung des ECE-Reglements ECE R 15/04 im Jahre 1982 wurde für die Probennahme das →CVS-Verfahren bindend vorgeschrieben.

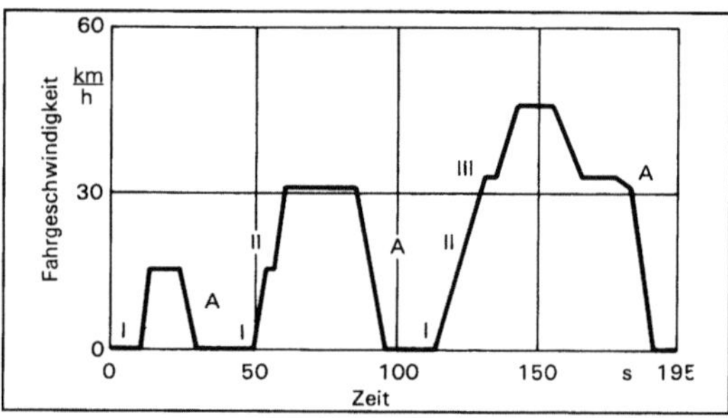

ECE-Test 1: Europa-Test-Zyklus (Stadtzyklus).

I bis III: Gang, A: Auskuppeln, Maximale Geschwindigkeit 50 km/h, Mittlere Geschwindigkeit 18,7 km/h, Zykluszeit 195 s, Zyklusfahrstrecke 1 013 m, Anzahl der Zyklen 4, Leerlauf 31%

Seit 1. 7. 1992 für neue Typprüfung und ab 31. 12. 1992 für neue Serien-Fahrzeuge gilt ein neuer Europäischer Testzyklus (Bild 2) der aus dem bisherigen Stadtzyklus und einem zusätzlichen außerstädtischen Anteil, dem EUDC (Extra Urban Driving Cycle), besteht, bei dem Geschwindigkeiten bis 120 km/h gefahren werden. Diese Erweiterung

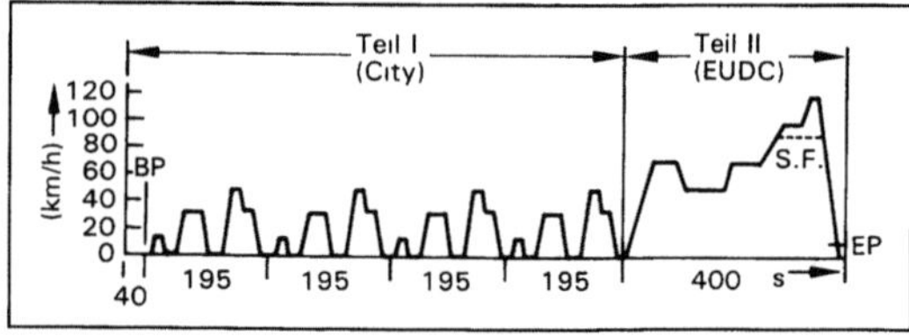

ECE-Test 2: Europa-Test-Zyklus (inkl. EUDC).

Gesamte Testdauer 1 220 s, Testlänge 11,007 km, Mittlere Geschwindigkeit 32,5 km/h, Maximale Geschwindigkeit 120 km/h, EUDC: Extra Urban Driving Cycle, BP: Beginn Probennahme, S. F.: Schwach motorisierte Fahrzeuge, EP: Ende Probenahme

soll dem hohen Verkehrsaufkommen außerhalb der Städte mit höherer Geschwindigkeit gerecht werden. Entsprechend der neuen Grenzwertsetzung (Kfz-Abgas-Grenzwerte) werden die Schadstoffe in g/km bestimmt. *Kind/May*

Echtzeitfrequenzanalyse. Unter E. wird die Analyse eines Geräusches bezüglich seiner Frequenzgehalte verstanden, und zwar so schnell, daß die Frequenzen in sehr kurzer Zeit nach der Geräuscherfassung, quasi in Echtzeit ermittelt sind. Die Dauer zwischen der Erfassung des Geräusches und der Frequenzdarstellung hängt von der Analysiermethode (Analyse mit Filtern bestimmter Bandbreite, Fast Fourier Transformation) und von den Frequenzinhalten im hohen oder tiefen Frequenzbereich ab.

Die Analyse tiefer Frequenzen erfordert wegen notwendiger Einschwingzeiten der Filter und zeitlicher Mittellungen eine größere Arbeitsdauer als die Analyse hoher Frequenzen.

Als eine positive Eigenschaft von (quasi) Echtzeitanalysen mit modernen Analyseverfahren ist die lückenlose Erfassung aller Geräuschanteile anzusehen, die bei längerer Arbeitsdauer, blockweise erfaßt, bei Bedarf zwischengespeichert und dann hintereinander abgearbeitet werden. Notwendigerweise liegt hier zwischen Erfassung und Darstellung des Analyseergebnisses ein zeitlicher Abstand. *Strauch*

ECOIN. Abk. European Core Inventory, Grundverzeichnis des →EINECS

ED50. Behandelt man ein Kollektiv von Tieren mit steigenden Dosen eines Wirkstoffs, so findet man in der Regel folgendes Verhalten: Bei kleinen Dosen zeigen nur wenige Tiere eine Wirkung. Mit steigender Dosis nimmt die Zahl der reagierenden Tiere zu, bis schließlich bei allen Tieren die Wirkung eingetreten ist. Daraus ist zu folgern, daß die Individuen eines Kollektivs gegenüber einem Wirkstoff verschieden stark reagieren. Die graphische Darstellung dieses Verhaltens entspricht meist einer Normalverteilung.

Die Empfindlichkeit eines Individuums läßt sich jedoch nicht aus einfach bestimmbaren Funktionsgrößen des Organismus ableiten. Die individuelle Empfindlichkeit eines Versuchstiers ist daher bei der ersten Verabreichung immer unbekannt. Trägt man die verabreichten Dosen im Koordinatensystem auf der Abszisse logarithmisch und die Anzahl der in einer bestimmten Weise reagierenden Individuen kumulativ auf der Ordinate auf, so erhält man eine Summenkurve. Sie gibt an, wieviel Prozent der Individuen eines Kollektivs auf eine bestimmte Dosis reagieren. Diese statistisch definierte Dosis ist für das Kollektiv mit hoher Wahrscheinlichkeit

verbindlich. Am gebräuchlichsten ist die Angabe derjenigen Dosis, bei der 50 % der Individuen die erwartete Wirkung zeigen. Sie wird als ED50 (ED = Effektive Dosis) bezeichnet. (→Dosis-Wirkungsbeziehung). *Baumann*

Edaphon. (*griech.* edaphos = Erdboden) E. bezeichnet die Gesamtheit der im Erdboden lebenden Organismen und ist ein Synonym für Bodenorganismen. Zum E. gehören die Bodenfauna und -flora einschließlich der Bodenmikroflora, z. B. Bakterien und Pilze. *v. Borries*

Eddy-Diffusion →Diffusion

Edelmetallbeschichtung von Kfz-Abgas-Katalysatoren. Die E. ist die katalytisch aktive Schicht bei →Kfz-Abgas-Katalysatoren. Auf die Grundwabenstruktur des keramischen Monolithen wird zuerst eine Zwischenschicht (Washcoat), dann die aktive Schicht aufgetragen. Bei heutigen Drei-Weg-Katalysatoren werden die für Oxidation und Reduktion besonders günstig geltenden Stoffe Rhodium und Platin benutzt. Platin beschleunigt die Oxidation, Rhodium hauptsächlich die Reduktion. Der Gesamtedelmetallgehalt der keramischen Monolithen von Drei-Weg-Katalysatoren – mit einem Verhältnis $3:1 \leq Pt/Rh \leq 19:1$ – liegt zwischen 0,8 und 1,7 g pro 1 Katalysatorvolumen. Insoweit stellen Kfz-Abgaskatalysatoren nach der Verwendung einen →Wertstoff dar, der in speziellen Aufarbeitungsanlagen wiedergewonnen werden kann. Dafür kommen schmelzmetallurgische Prozesse oder naßchemische Verfahren in Betracht. *Kind/May*

Effekt, photovoltaischer. Photoelektrische →Energiewandlung beruht auf zwei physikalischen Mechanismen, die bei der Wechselwirkung von (Sonnen-)Strahlung mit halbleitenden Festkörpern auftreten: der Photonenabsorption und der Umwandlung eines Teils der Energie der Photonen in potentielle Energie von Ladungsträgern sowie der Bewegung und Trennung von Ladungsträgern durch Kräfte, die aus dem Nichtgleichgewichtszustand des bestrahlten Festkörpers resultieren.

Der p. E. wird in →Solarzellen technisch mit Hilfe von halbleitenden Materialien mit Bandabständen von 1–2 eV (sichtbarer Bereich) genutzt, so daß ein beachtlicher Teil aus dem Sonnenspektrum innerhalb des Halbleiters absorbiert und in potentielle Energie von Elektron-Loch-Paaren umgewandelt werden kann. Die Zahl der photogenerierten Ladungsträger an den Systemkontakten ist ein Maß für den ausgenützten Anteil der im photovoltaischen System eingestrahlten →Sonnenenergie. *C.-J. Winter*

Literatur: *Jäger, F.; A. Räuber* (Hrsg.): Photovoltaik, Strom aus der Sonne. 2. Aufl. Karlsruhe 1990.

EG-Abfall-Richtlinien. Das Europäische Abfallrecht ist zum Teil gedanklich vorstrukturiert in den fünf EG-Aktionsprogrammen zum Umweltschutz. Diese stellen die Leitlinien zur Gesetzgebung dar, besitzen selbst aber keine Rechtssatzqualität. Die Beschäftigung mit Abfallfragen auf EG-Ebene stand zunächst im Schatten einer Entwicklung des EG-Wasser- und -Luftreinhalterechts. Die erste Rechtsvorschrift erging mit der Ur-Richtlinie des Rates vom 16. Juni 1975 über Abfälle (75/442/EWG = ABl. 1975 L 194, S. 47, heute noch in Kraft, aber weitgehend geändert durch die Richtlinie des Rates vom 18. März 1991 (91/156/EWG = ABl. L 78, S. 32). Einen Meilenstein in der Fortentwicklung dieser Materie brachte die EG-A.-R. vom 20. März 1978 über giftige und gefährliche Abfälle (78/319/EWG = ABl. L 84, S. 43), die durch die Richtlinie 91/689/EWG vom 12. September 1991 über gefährliche Abfälle zum 12. Dezember 1993 aufgehoben worden ist.

Die Richtlinie des Rates vom 6. Dezember 1984 über die Überwachung und Kontrolle – in der Gemeinschaft – der grenzüberschreitenden Verbringung gefährlicher Abfälle (84/631/EWG = ABl. L 326, S. 31; zuletzt geändert ABl. 1991 L 377, S. 48) wurde ersetzt durch die Verordnung (EWG) Nr. 259/93 des Rates vom 1. Februar 1993 zur Überwachung und Kontrolle der Verbringung von Abfällen in der, in die und aus der Europäischen Gemeinschaft (ABl. L 30, S. 1). 1985 erschien die Richtlinie vom 27. Juni 1985 über Verpackungen für flüssige Waschmittel (85/339/EWG = ABl. L 176, S. 18). Die Richtlinie des Rates vom 12. Juni 1986 über den Schutz der Umwelt und insbesondere der Böden bei Verwendung von →Klärschlamm in der Landwirtschaft (86/278/EWG = ABl. L 181, S. 6) weist starke Bezüge zum Bodenrecht auf. Durch Entscheidung der Kommission vom 20. Dezember 1993 wurde gem. Art. 1 Buchstabe a) der Ur-Abfallrichtlinie 75/442/EWG ein Abfallverzeichnis (94/3/EG) erlassen (ABl. 1994 L 5, S. 15). Dieser „Europäische Abfallkatalog" (EWC, European Waste Catalogue) ist laut Index in 20 Abfallarten untergliedert (ABl. L 5, S. 17).   *Offermann-Clas*

EG-Abfallverordnung →Stoff, umweltgefährlich

EG-Batterierichtlinie. Gefährliche Stoffe in Batterien und Akkumulatoren sind für das Funktionieren des Europäischen Binnenmarktes sowohl unter dem Gesichtspunkt des Entstehens von Handelshemmnissen und Wettbewerbsverzerrungen als auch unter Umweltgesichtspunkten problematisch. Die EG hat daher – gestützt auf Art. 100a EG-V – eine Regelung für alle EG-Mitgliedstaaten mit der Richtlinie des Rates vom 18. März 1991 über gefährliche Stoffe enthaltende Batterien und Akkumulatoren (91/157/EWG = ABl. EG L 78, S. 38, geändert ABl. 1993, L 264, S. 51) erlassen.

Ziel dieser Richtlinie ist in erster Linie die Verwertung und die kontrollierte Beseitigung von Altbatterien und Altakkumulatoren, welche gefährliche Stoffe enthalten.

Nach Ablauf der Umsetzungsfrist (18. September 1992) unterfallen dieser EG-B. diejenigen später in Verkehr gebrachten Produkte, die je Zelle mehr als 25 mg Quecksilber enthalten (ausgenommen Alkali-Mangan-Batterien), Batterien und Akkumulatoren mit mehr als 0,025 Gewichtsprozent Cadmium, mehr als 0,4 Gewichtsprozent Blei und Alkali-Mangan-Batterien mit mehr als 0,025 Gewichtsprozent Quecksilber. Ausnahmen sind vorgesehen.

Das Inverkehrbringen der dieser Richtlinie unterfallenden Batterien und Akkumulatoren ist gem. Art. 3 ab dem 1. Januar 1993 zu untersagen
– für Alkali-Mangan-Batterien, die für längere Nutzung unter extremen Bedingungen (z. B. Temperaturen unter 0 °C oder über 50 °C, Erschütterungen) ausgelegt sind, bei einem Quecksilbergehalt von mehr als 0,05 Gewichtsprozent sowie
– für alle anderen Alkali-Mangan-Batterien bei einem Quecksilbergehalt von mehr als 0,025 Gewichtsprozent.

Ausgenommen von dem Verbot des Inverkehrbringens sind Alkali-Mangan-Knopfzellen oder aus Knopfzellen zusammengesetzte Batterien.

Die EG-Mitgliedstaaten haben Programme aufzustellen, durch die Maßnahmen für eine getrennte Einsammlung von Altbatterien und Altakkumulatoren für die Verwertung oder Beseitigung sichergestellt werden. Zum Zwecke der getrennten Einsammlung tragen die EG-Mitgliedstaaten Sorge, daß die Batterien, Akkumulatoren und gegebenenfalls das Gerät, in das sie für Dauer eingebaut sind, mit einer geeigneten Kennzeichnung versehen werden. Die Kennzeichnung muß Angaben zur getrennten Einsammlung, gegebenenfalls Wiederverwertung und zum Schwermetallgehalt enthalten.

Die Kommission der Europäischen Gemeinschaften trifft gemäß Art. 4 Richtlinie 91/157/EWG Bestimmungen über das Kennzeichnungssystem für Batterien und Akkumulatoren, die unter diese Richtlinie fallen und ab dem 1. Januar 1994 zum Verkauf in der Gemeinschaft hergestellt oder in die Gemeinschaft eingeführt werden. Die Einzelheiten werden geregelt durch Richtlinie 93/86/EWG der Kommission vom 4. Oktober 1993 zur Anpassung der Richtlinie 91/157/EWG des Rates über gefährliche Stoffe enthaltende Batterien und Akkumulatoren an den technischen Fortschritt, die bis spätestens zum 31. Dezember 1993 in allen Mitgliedstaaten umzusetzen war (ABl. L 264, S. 51) (→Batterieentsorgung).

Die Programme werden erstmals für eine vierjährige Laufzeit aufgestellt, die am 18. März 1993 begann und regelmäßig – mindestens einmal alle vier Jahre – unter Entwicklungsgesichtspunkten des technischen Fortschritts sowie der Wirtschafts- und Umweltsituation revidiert und aktualisiert. Ab dem 1. Januar 1994 dürfen Batterien und Akkumulatoren in Geräten nur noch unter der Voraussetzung eingebaut sein, daß sie nach dem Ende ihrer Lebensdauer vom Verbraucher mühelos entfernt werden können. *Offermann-Clas*

EG-Bewertungsrichtlinie →Stoff, umweltgefährlich

EG-Bodenschutz-Regelungen. Ein spezifisches EG-Bodenrecht in Form einer diesen Bereich ganzheitlich eigenständig regelnden EG-Verordnung oder EG-Richtlinie hat sich noch nicht herausgebildet; der Bodenschutz wird vielmehr als Querschnittsmaterie in verschiedenen EG-Richtlinien und -Verordnungen mitbehandelt. Enge Bezüge ergeben sich hier in der Richtlinie des Rates vom 12. Juni 1986 über den Schutz der Umwelt und insbesondere der Böden bei Verwendung von →Klärschlamm in der Landwirtschaft (86/278/EWG = ABl. 1986 L 181, S. 6), der Verordnung (EWG) Nr. 2092/91 des Rates vom 24. Juni 1991 über den ökologischen Landbau und die entsprechende Kennzeichnung der landwirtschaftlichen Erzeugnisse und Lebensmittel (ABl. 1991 L 198, S. 1) sowie der Richtlinie über das Inverkehrbringen von Pflanzenschutzmittel (91/414/EWG = ABl. 1991 L 230, S. 1) angepaßt durch Richtlinie 93/71/EWG der Kommission vom 27. Juli 1993 zur Änderung der Richtlinie 91/414/EWG des Rates über das Inverkehrbringen von Pflanzenschutzmitteln (ABl. L 221, S. 27). Weitere Berührungspunkte eröffnen sich über die EG-Vorschriften zum Luftreinhalte-, Wasser- und Abfallrecht. *Offermann-Clas*

EG-Gewässerschutz-Vorschriften. Bereits das erste →EG-Umwelt-Aktionsprogramm für den Gemeinschaftlichen Umweltschutz aus dem Jahre 1973 sah Verbesserungen des Europäischen Gewässerschutzes vor. Diese Grundideen wurden erstmalig umgesetzt in der Richtlinie des Rates vom 16. Juni 1975 über die Qualitätsanforderungen an Oberflächenwasser für die Trinkwassergewinnung in den Mitgliedstaaten (75/440/EWG = ABl. L 194, S. 34; geändert ABl. 1979 L 271, S. 44 und durch Richtlinie 91/692/EWG). Es folgten die Richtlinie des Rates vom 8. Dezember 1975 über die Qualität der Badegewässer (76/160/EWG = ABl. 1976 L 31, S. 1; zuletzt geändert durch Richtlinie 91/692/EWG) und die Richtlinie des Rates vom 4. Mai 1976 betreffend die Verschmutzung infolge der Ableitung bestimmter gefährlicher Stoffe in die Gewässer der Gemeinschaft (76/464/EWG = ABl. L 129, S. 23; zuletzt geändert durch Richtlinie 91/692/EWG).

Zur Festsetzung von Grenzwerten und weiterer Qualitätszielen für bestimmte Stoffableitungen ergingen:
– die Richtlinie des Rates vom 22. März 1982 betreffend Grenzwerte und Qualitätsziele für Quecksilberableitungen aus dem Industriezweig Alkalichloridelektrolyse (82/176/EWG = ABl. L 81, S. 29; zuletzt geändert durch Richtlinie 91/692/EWG);
– die Richtlinie des Rates vom 26. September 1983 betreffend Grenzwerte und Qualitätsziele für Cadmiumableitungen (85/513/EWG = ABl. L 291, S. 1; zuletzt geändert durch Richtlinie 91/692/EWG);
– die Richtlinie des Rates vom 8. März 1984 betr. Grenzwerte und Qualitätsziele für Quecksilberableitungen mit Ausnahme des Industriezweigs Alkalichloridelektrolyse (84/156/EWG = ABl. L 74, S. 49; zuletzt geändert durch Richtlinie 91/692/EWG);
– die Richtlinie des Rates vom 9. Oktober 1984 betreffend Grenzwerte und Ableitungen von Hexachlorcyclohexan (84/491/EWG = ABl. L 274, S. 11; zuletzt geändert durch Richtlinie 91/692/EWG);
– die Richtlinie des Rates vom 12. Juni 1986 über die Ableitung von Tetrachlorkohlenstoff, DDT und Pentachlorphenol (86/280/EWG = ABl. 1986 L 181, S. 16) sowie
– die Richtlinie des Rates vom 16. Juni 1988 über die Ableitung von Aldrin, Dieldrin, Endrin, Isodrin, Hexachlorbenzol, Hexachlorbutadien und Chloroform (88/347/EWG = ABl. L 158, S. 35). Desweiteren wurden erlassen die →EG-Richtlinie Kommunales Abwasser sowie die →EG-Nitrat-Richtlinie. *Offermann-Clas*

EG-Grundwasserschutz-Regelungen. Die EG-Umwelt-Aktionsprogramme aus den Jahren 1973 (ABl. C 112, S. 3) und 1977 (ABl. C 139, S. 3) hatten bereits verschiedene Maßnahmen zum Schutz des Grundwassers vorgeschlagen. Der Rat verabschiedete am 17. Dezember 1979 die Richtlinie über den Schutz des Grundwassers gegen Verschmutzung durch bestimmte gefährliche Stoffe (80/68/EWG = ABl. 1980 L 20, S. 43). Nach den damaligen EG-Gesetzgebungskompetenzen wurde die Richtlinie auf Art. 100 und 235 EWGV gestützt und binnen zwei Jahren nach ihrer Bekanntgabe an die EG-Mitgliedstaaten in nationales Recht umgesetzt.

Ziel der Richtlinie ist es, die Verschmutzung des Grundwassers durch bestimmte Stoffe, die in Anhang I und II der Liste aufgeführt sind, für die Zukunft zu verhüten und bereits eingetretene Verschmutzungsfolgen soweit wie möglich zu beheben oder wenigstens einzudämmen.

Gegenstand der Richtlinienregelung ist das Grundwasser, worunter gem. der Legaldefinition von Art. 1 Abs. 2 Ziff. a Richtlinie alles unterirdische Wasser in der Sättigungszone zu verstehen ist, das in unmittelbarer Berührung mit dem Boden oder dem

Untergrund steht. Die Einleitung von schädlichen Stoffen in das Grundwasser kann als direkte Ableitung d. h. ohne Boden- oder Untergrundpassage oder als indirekte Ableitung nach Boden- oder Untergrundpassage erfolgen. Die Richtlinie gilt nicht für

– Ableitungen von Haushaltsabwässern aus einzelstehenden Wohnstätten, die nicht an ein Kanalisationsnetz angeschlossen sind,

– Ableitungen, die Schadstoffe der Liste I und II in so geringer Menge und Konzentration enthalten, daß die Gefahr einer Grundwasserbeeinträchtigung ausgeschlossen ist, und

– für Ableitungen von Substanzen, die radioaktive Stoffe enthalten.

Genehmigungen zur Ableitung von Stoffen der Liste I sind in der Regel zu versagen. Ausnahmen sieht Art. 4 Abs. 2 und 3 Richtlinie nach Prüfung vor. Voraussetzung für die Genehmigung zur Ableitung von Stoffen aus Liste II ist ebenfalls die vorangehende Prüfung. Diese umfaßt eine Untersuchung der hydrogeologischen Bedingungen der betreffenden Zone, der etwaigen Reinigungskraft des Bodens und des Untergrundes sowie der Gefahren einer Verschmutzung und der Qualität des Grundwassers aufgrund der Ableitung.

Die Genehmigung zur Ableitung ist befristet zu erteilen. Sie darf nur bei Vorliegen der vorgenannten Voraussetzung erteilt werden. Entfallen die Voraussetzungen nach Erteilung der Genehmigung, ist diese zu widerrufen.

Zu Zielsetzungen, Vorgaben bis zum Jahre 2000 und Aktionen sind weitere Einzelheiten dem Programm der EG für Umweltpolitik und Maßnahmen im Hinblick auf eine dauerhafte und umweltgerechte Entwicklung, Teil II, S. 54, 55, zu entnehmen (KOM(92) 23 endg. vol. II, Brüssel, den 3. April 1992). *Offermann-Clas*

EG-Lärmschutz-Regelungen. Die erste EG-Regelung zum Lärmschutz erfolgte durch die Richtlinie des Rates vom 6. Februar 1970 zur Angleichung der Rechtsvorschriften der Mitgliedstaaten über den zulässigen Geräuschpegel und die Auspuffvorrichtungen von Kraftfahrzeugen (70/157/EWG = ABl. L 42, S. 16, zuletzt geändert ABl. 1989 L 238, S. 43). Sie verdeutlicht heute retrospektiv, in welchem frühen Zeitpunkt der Lärmschutz bereits europäisch eingebunden worden ist, ohne daß ausdrücklich eine europäische Rechtsmaterie Umwelt geschaffen war. Diese wurde offiziell erst auf der Gipfelkonferenz 1972 in Paris aus der Taufe gehoben und ab 1973 über Aktionsprogramme mit Leitliniencharakter – aber ohne Rechtssatzqualität – einer späteren europäischen Rechtsetzung zugeführt.

Weitere rechtliche Fortschritte wurden mit der Richtlinie des Rates vom 23. November 1978 zur

Angleichung der Rechtsvorschriften der Mitgliedstaaten über den zulässigen Geräuschpegel und die Auspuffanlage von Krafträdern (78/1015/EWG = ABl. L 349, S. 21, zuletzt geändert ABl. 1989 L 98, S. 1) und mit den Richtlinien des Rates vom 19. Dezember 1978 zur Angleichung der Rechtsvorschriften der Mitgliedstaaten betr. die Ermittlung des Geräuschemissionspegels von Baumaschinen und Baugeräten (79/113/EWG = ABl. 1979 L 33, S. 15; geändert ABl. L 233, S. 9) und vom 20. Dezember 1979 zur Verringerung der Schallemissionen von Unterschallluftfahrzeugen (80/51/EWG = ABl. 1980 L 18, S. 26, geändert durch Richtlinie 83/206/EWG = ABl. L 117, S. 15) erzielt. 1984 entstanden nicht nur die Richtlinie des Rates vom 17. September 1984 zur Angleichung der Rechtsvorschriften über den Schalleistungspegel von Rasenmähern (84/538/EWG = ABl. L 300, S. 171; geändert ABl. 1988 L 81, S. 71), es wurden unter gleichem Datum verabschiedet die Richtlinie des Rates zur Angleichung der Rechtsvorschriften der Mitgliedstaaten über den zulässigen Schalleistungspegel von Motorkompressoren, Turmdrehkränen, Schweißstromerzeugern, Kraftstromerzeugern sowie handbedienter Betonbrecher und Abbau-, Aufbruch- und Spatenhämmer (→15. BImSchV, →Baulärm). 1986 folgte ergänzend eine entsprechende Richtlinie für Hydraulikbagger, Seilbagger, Planiermaschinen, Ladern und Baggerladern. *Offermann-Clas*

EG-Luftreinhaltevorschriften. Das Luftreinhalterecht der EG zeichnete sich bereits 1970 durch die frühe Richtlinie 70/220/EWG über Abgase von Kraftfahrzeugmotoren (Pkw) aus. Diese Richtlinie verfolgte in erster Linie das Funktionieren des Gemeinsamen Marktes. Erst nachträglich wurde ihr eine primär umweltbezogene Bedeutung beigelegt. Die Richtlinie wurde – ebenso wie die Richtlinie 88/77/EWG für Lkw – mehrfach geändert. (→Kfz-Abgas-Grenzwerte).

Mit Rücksicht auf die öffentliche Gesundheit und zum ersten Mal mit Bezug auf den Schutz der Umwelt entschied sich 1975 der Rat zur Reduzierung des Schwefelgehalts von Brennstoffen, um so eine Verringerung an Schwefeldioxid zu erreichen. (Richtlinie des Rates vom 24. November 1975 zur Angleichung der Rechtsvorschriften der Mitgliedstaaten über den Schwefelgehalt bestimmter flüssiger Brennstoffe (75/716/EWG = ABl. L 307, S. 22; geändert ABl. 1987 L 91, S. 19).

Zu den wichtigen EG-L. gehören auch die →EG-Richtlinien über Luftqualitätsnormen sowie die Richtlinie vom 20. März 1985 zur Angleichung der Rechtsvorschriften der Mitgliedstaaten über den Bleigehalt von Benzin (85/210/EWG = ABl. L 965, S. 25; geändert ABl. 1987 L 225, S. 33). Mit der Änderungsrichtlinie vom 21. Juli 1987 ermächtigt der Rat die Mitgliedstaaten, das Inverkehrbringen von verbleitem Normalbenzin zu verbieten.

Die 1988 erlassene Richtlinie zur Begrenzung von Schadstoffemissionen von Großfeuerungsanlagen in die Luft (88/609/EWG = ABl. L 336, S. 1) hatte für die Bundesrepublik Deutschland im Hinblick auf die bereits 1983 erlassene Großfeuerungsanlagenverordnung (→ 13. BImSchV) keinen Novitätscharakter.

Vorschriften zum Schutz des stratosphärischen Ozons: →EG-Regelungen zum Schutz der Ozonschicht. *Offermann-Clas*

EG-Nitrat-Richtlinie. Der Nitratgehalt im Grundwasser und in Oberflächengewässern nimmt in bestimmten Gebieten der EG wciterhin zu und liegt z. T. über den zulässigen Werten der Richtlinie des Rates vom 16. Juni 1975 über die Qualitätsanforderungen an Oberflächengewässer für die Trinkwassergewinnung (75/440/EWG = ABl. L 194, S. 26; geändert ABl. 1979 L 271, S. 44) sowie der Richtlinie des Rates vom 15. Juli 1980 über die Qualität von Wasser für den menschlichen Gebrauch (80/778/EWG = ABl. L 229, S. 11). Wesentliche Ursache für das Ansteigen des Nitratgehaltes ist die ungezügelte Verwendung von stickstoffhaltigen Düngemitteln. Um diesem Mißstand abzuhelfen, verabschiedete der Rat die Richtlinie 91/676/EWG vom 12. Dezember 1991 zum Schutz der Gewässer vor Verunreinigung durch Nitrat aus landwirtschaftlichen Quellen (ABl. L 375, S. 1). Sie wird gestützt auf Art. 130s EGV und ist umzusetzen gem. Art. 12 Abs. 1 spätestens bis zum 19. Dezember 1993.

Ziel der EG-N.-R. ist es, die durch Nitrate aus landwirtschaftlichen Quellen verursachte Gewässerverunreinigung zu verringern und zukünftiger Gewässerverunreinigung dieser Art vorzubeugen. Die „Verunreinigung" umfaßt nach Art. 2 Ziff. j „die direkte oder indirekte Ableitung von Stickstoffverbindungen aus landwirtschaftlichen Quellen in Gewässer, wenn dadurch die menschliche Gesundheit gefährdet, die lebenden Bestände und das →Ökosystem der Gewässer geschädigt, Erholungsmöglichkeiten beeinträchtigt oder die sonstige rechtmäßige Nutzung der Gewässer behindert werden".

Die EG-N.-R. sieht einen allgemeinen Schutz aller Gewässer vor Verunreinigung vor und einen speziellen Schutz für Gebiete, die als besonders gefährdet ausgewiesen werden.

Die EG-Mitgliedstaaten sollten bis zum 19. Dezember 1993 die gefährdeten Gebiete ausweisen. Über die Ausweisung Nitrat-gefährdeter Gebiete ist die EG-Kommission innerhalb von sechs Monaten zu unterrichten. Die gefährdeten Gebiete werden in ein Verzeichnis aufgenommen, das mindestens alle vier Jahre zu überprüfen und bei Bedarf zu ändern ist.

Zur Verringerung der Nitratverunreinigung in besonders gefährdeten Gebieten sind von den EG-Mitgliedstaaten Aktionsprogramme aufzustellen und innerhalb von vier Jahren nach der Aufstellung durchzuführen. Die Einzelheiten regelt Anhang III der EG-N.-R.

Die Mitgliedstaaten sind gegenüber der Kommission berichtspflichtig für den Vierjahreszeitraum nach der Bekanntgabe der Richtlinie und für jeden nachfolgenden Vierjahreszeitraum. *Offermann-Clas*

EG-Nr. Stoff-Kennzeichnungsnummer im EG-Gefahrstoffrecht (→Gefahrstoffverordnung), die zur Numerierung der Stoffe in Anhang I der EG-Richtlinie 67/548/EWG zur Angleichung der Rechts- und Verwaltungsvorschriften für die Einstufung, Verpackung und Kennzeichnung gefährlicher Stoffe mit der Änderungsrichtlinie 76/907/EWG vom 14. Juli 1976 (ABl. EG Nr. L 360, S. 1) eingeführt worden ist und heute auch als Index-Nr. bezeichnet wird (nicht zu verwechseln mit den als EWG-Nummern bezeichneten EINECS- bzw. ELINCS-Nummern).

Die EG-Nr. oder Index-Nr. hat eine neunstellige Ziffernfolge (Zeichensequenz), die in Untersequenzen gegliedert ist nach der Form

ABC – RST – VW – Y.

Mit der ersten Untersequenz ABC wird eine stoffliche Ordnung vorgenommen, die dem periodischen System der Elemente (Ordnungszahl des charakteristischen Elements, z. B. 007 = Stickstoff, 015 = Phosphor, 092 = Uran) oder – bei organischen Stoffen – einer vorgegebenen 600er Folge entspricht:

601 = Kohlenwasserstoffe
602 = Halogenkohlenwasserstoffe
603 = Alkohole und ihre Derivate
604 = Phenole und ihre Derivate
605 = Aldehyde und ihre Derivate
606 = Ketone und ihre Derivate
607 = Organische Säuren und ihre Derivate
608 = Nitrile
609 = Nitroverbindungen
610 = Chlornitroverbindungen
611 = Azoxy- und Azoverbindungen
612 = Aminoverbindungen
613 = Heterozyclische Basen und ihre Derivate
614 = Glykoside und Alkaloide
615 = Cyanate und Isocyanate
616 = Amide und ihre Derivate
617 = Organische Peroxide
650 = Verschiedene Stoffe.

Die zweite Untersequenz RST gibt die laufende Nummer der Verbindung der in ABC definierten Elemente oder Stoffgruppen an.

Die dritte Untersequenz VW bedeutet die Stoffform, in der die mit RST definierten Verbindungen hergestellt werden, in der Produktion anfallen oder in Verkehr gebracht werden.

Y ist die Kontrollziffer (check-digit) der gesamten vorhergehenden Sequenz, berechnet nach der Methode ISBN (International Standard Book Number). Danach ergibt sich die Kontrollziffer aus der Summe der von links nach rechts mit den Faktoren 10 bis 3 gewichteten acht Ziffern A bis W als Restsummand zur Erreichung der nächsthöheren durch 11 teilbaren Zahl; ist dieser Restsummand 10, so wird diese Kontrollziffer mit dem lateinischen Zahlzeichen X bezeichnet. Beispiel: 1,2 Dibromethan hat die EG-Nr./Index-Nr. 602-010-00-6. Die Kontrollziffer ergibt sich aus der Summenbildung $10x6 + 9x0 + 8x2 + 7x0 + 6x1 + 5x0 + 4x0 + 3x0 = 82$ zu 6 ($82 + 6 = 88$).

Zur Bedeutung der Kontrollziffer: $\rightarrow$CAS-Nr.

Dreyhaupt

EG-Recht zum Inverkehrbringen von Pflanzenschutzmitteln. Um Risiken möglichst niedrig zu halten, bedürfen $\rightarrow$Pflanzenschutzmittel der Überprüfung und Zulassung. Der Rat ist dieser Risikominimierung mit der Richtlinie vom 15. Juli 1991 über das Inverkehrbringen von Pflanzenschutzmitteln (91/414/EWG = ABl. 1991 L 230, S. 1, geändert ABl. 1993 L 221, S. 27) nachgekommen. Er spricht bereits in der Präambel aus, daß die Zulassungsbestimmungen für Pflanzenschutzmittel ein hohes Schutzniveau gewährleisten müssen und in der Abwägung der Schutz der Gesundheit von Mensch, Tier und Umwelt vorrangig sind gegenüber dem Ziel der Produktionsverbesserung bei der Pflanzenerzeugung. Die Richtlinie ist gestützt auf Art. 43 GV, damit also auf die der Gemeinschaft verliehenen Kompetenzen im Bereich der Landwirtschaft. Die Richtlinie ist binnen zwei Jahren nach Bekanntgabe an die EG-Mitgliedstaaten in nationales Recht umzusetzen.

Ziel der Richtlinie ist die Regelung der Voraussetzungen für die Zulassung von Pflanzenschutzmitteln einschließlich des Zulassungsverfahrens, die Anwendung und Kontrolle von Pflanzenschutzmitteln in handelsüblicher Form sowie das Inverkehrbringen und die Kontrolle von gemeinschaftlich festgelegten Wirkstoffen. Für die zulässigen Wirkstoffe ist eine gemeinschaftliche Liste auf EG-Ebene zu erstellen. Für die Aufnahme der Wirkstoffe in die EG-Liste ist ein gemeinsames Bewertungsverfahren einzuführen. Die Erteilung der Zulassung ist in allen EG-Mitgliedstaaten an bestimmte gemeinsame Voraussetzungen gebunden; insbesondere muß nach dem jeweiligen Stand der wissenschaftlichen und technischen Erkenntnisse sichergestellt sein, daß das Pflanzenschutzmittel
– hinreichend wirksam ist,
– keine unangenehmen Auswirkungen auf Pflanzen oder Pflanzenerzeugnisse hat,

– bei den zu bekämpfenden Wirbeltieren keine unnötige Leiden oder Schmerzen verursacht,
– keine unmittelbaren oder mittelbaren Auswirkungen auf die Gesundheit von Mensch und Tier (z. B. über Trinkwasser, Nahrungs- oder Futtermittel) oder auf das Grundwasser hat,
– ferner keine unangenehmen Auswirkungen auf die Umwelt, insbesondere die $\rightarrow$Kontamination von Wasser einschließlich Trink- und Grundwasser, hat.

Der Antrag auf Zulassung eines Pflanzenschutzmittels ist von demjenigen zu stellen, der für das erste Inverkehrbringen im Gebiet eines Mitgliedstaates verantwortlich ist. Der Antragsteller muß in der Gemeinschaft einen festen Firmensitz haben.

Gem. Art. 10 Richtlinie gilt das Prinzip der gegenseitigen Anerkennung der Zulassung von Pflanzenschutzmitteln. Das heißt, Versuche und Analysen im Zusammenhang mit der Zulassung müssen nicht wiederholt werden. Die Zulassung kann mit Auflagen und Anwendungsbeschränkungen verbunden werden.

Die Verpackungen von Pflanzenschutzmitteln unterliegen strengen Anforderungen an die Etikettierung, die in Art. 16 enumerativ aufgeführt sind. *Offermann-Clas*

EG-Regelungen für Siedlungsabfall-Verbrennungsanlagen. Das EG-Recht regelt seit 1989 die Verbrennung von $\rightarrow$Siedlungsabfall und unterscheidet dabei neue und schon bestehende Abfallverbrennungsanlagen. Erstere unterliegen der Richtlinie des Rates vom 8. Juni 1989 über die Verhütung der Luftverunreinigung durch neue Verbrennungsanlagen für Siedlungsmüll (89/369/EWG = ABl. L 163, S. 32), letztere der Richtlinie 89/429/EWG vom 21. Juni 1989 über die Verringerung der Luftverunreinigung durch bestehende Verbrennungsanlagen für Siedlungsmüll (ABl. L 203, S. 50). Beide Richtlinien sind gestützt auf Art. 130s EGV; sie waren in das nationale Recht der 12 EG-Mitgliedstaaten bis zum 1. Dezember 1990 umzusetzen. Die Richtlinien verwenden sowohl den Begriff $\rightarrow$Müll als auch den Begriff $\rightarrow$Abfall, sprechen aber einheitlich von Siedlungsmüll (in Deutschland: $\rightarrow$Siedlungsabfall).
□ Neue Anlagen.
Ziel der Richtlinie 89/369/EWG ist die Festlegung von gemeinschaftlichen Emissionsgrenzwerten und anderen Anforderungen zur Luftreinhaltung bei neuen Verbrennungsanlagen für Siedlungsabfall. Gem. Art. 2 ist die Richtlinie über neue Verbrennungsanlagen in engem Zusammenhang mit den Richtlinien über Abfall (75/442/EWG) und Industrieanlagen (84/360/EWG) zu interpretieren.

Für neue Verbrennungsanlagen von Siedlungsabfall gelten gem. Art. 3 die in der Tabelle angegebenen Emissionsgrenzwerte.

EG-Regelungen für Siedlungsabfall-Verbrennungsanlagen. Tabelle: Emmissionsgrenzwerte in mg/Nm³ entsprechend der Nennkapazität der Verbrennungsanlage

Schadstoff	weniger als 1 t/h	1 t/h und mehr, aber weniger als 3 t/h	ab 2 t/h
Staub insgesamt	200	100	30
Schwermetalle — Pb + Cr + Cu + Mn — Ni + As — Cd + Hg	— — —	5 1 0,2	5 1 0,2
Salzsäure (HCl)	250	100	50
Fluorwasserstoffsäure (HF)	—	4	2
Schwefeldioxid (SO₂)	—	300	300

Für →Dioxine und →Furane fehlen gemeinschaftlich festgesetzte Grenzwerte. Laut Präambel müssen diese jedoch so bald wie möglich festgelegt werden. Die zuständigen Behörden der EG-Mitgliedstaaten dürfen Emissionsgrenzwerte für andere als die in der Tabelle aufgeführten Schadstoffe bestimmen, wenn sie dies in Anbetracht der zu verbrennenden Abfälle und der Kenndaten der Verbrennungsanlage für erforderlich halten. Gem. Art. 3 Abs. 4 Satz 3 können bis zur Verabschiedung einer Gemeinschaftsrichtlinie auf nationaler Ebene Emissionsgrenzwerte für Dioxine und Furane festgelegt werden, was für die Bundesrepublik Deutschland in der →17. BImSchV geschehen ist.

An den Verbrennungsvorgang von Siedlungsabfall in neuen Anlagen sind bestimmte Anforderungen gestellt wie auch an die Messungen des Gehalts bestimmter Stoffe in den Verbrennungsgasen und von Betriebskenngrößen. Dabei sind die Messungen des Gehalts von Schadstoffen in den Verbrennungsgasen teils fortlaufend (für CO, Sauerstoff und HCl), teils periodisch, z. B. für Schwermetalle, Staub und organische Verbindungen, vorzunehmen.
□ Bestehende Anlagen.
Ziel der Richtlinie 89/429/EWG ist es, bereits bestehende Verbrennungsanlagen für Siedlungsabfall mit einer Nennkapazität von mehr als 6 Tonnen Abfälle pro Stunde an den Standard von neuen Verbrennungsanlagen bis zum 1. Dezember 1996 anzupassen, die anderen bis zum Jahr 2000. Die altanlagenspezifischen Regelungen betreffen im wesentlichen die Emissionsgrenzwerte und die Verbrennungsbedingungen.
Spätestens ab 1. Dezember 1995 gelten nachstehende Staub-Emissionsgrenzwerte:
– für Anlagen mit einer Nennkapazität von weniger als 6 Tonnen Abfälle pro Stunde, jedoch mindestens 1 Tonne pro Stunde: 100 mg/Nm³,
– für Anlagen, deren Nennkapazität weniger als 1 Tonne Abfall pro Stunde beträgt: 600 mg/Nm³.
Ab dem 1. Dezember 1996 müssen für größere und ab dem 1. Dezember 1995 für kleinere Verbrennungsanlagen auch bestimmte Verbrennungsbedingungen eingehalten werden.

In den bestehenden Anlagen sind bestimmte Messungen spätestens ab 1. Dezember 1995 durchzuführen.
Offermann-Clas

EG-Regelungen zum Schutz der Ozonschicht. Alle EG-Mitgliedstaaten sind dem Wiener Übereinkommen zum Schutz der Ozonschicht und dem Montrealer Protokoll über Stoffe, die zu einem Abbau der Ozonschicht führen, beigetreten. Zur Erfüllung seiner Verpflichtung aus dem Wiener Übereinkommen und insbesondere dem geänderten Montrealer Protokoll erließ der Rat die Verordnung (EWG) Nr. 594/91 vom 4. März 1991 (ABl. L 67, S. 1) über Stoffe, die zu einem Abbau der Ozonschicht führen. Sie ist auf Art. 130s EGV gestützt. Die vorhergehende Verordnung (EWG) Nr. 3322/88 wurde aufgehoben.

Ziel der Verordnung 1991 ist es, den Verbrauch von bestimmten die Ozonschicht schädigenden Stoffen weniger über die Nachfrage als vielmehr über das Angebot zu regeln. Um dieses Ziel zu erreichen, mußten Einfuhr, Ausfuhr, Produktion und Verbrauch geregelt werden.

Die Einfuhr „geregelter Stoffe" aus Drittländern in den zollrechtlich freien Verkehr der Gemeinschaft unterliegt gem. Art. 3 Verordnung mengenmäßigen Beschränkungen. Unter geregelten Stoffen sind gem. Art. 2 Fluorchlorkohlenwasserstoffe, andere vollhalogenierte Fluorchlorkohlenwasserstoffe, Halone, Tetrachlorkohlenstoff sowie 1,1,1-Trichlorethan entweder in Reinform oder in einem Gemisch zu verstehen.

Die Einfuhr von geregelten Stoffen (Fluorchlorkohlenwasserstoffen und Halonen) aus Ländern, die nicht das Wiener Abkommen bzw. das Montrealer Protokoll unterzeichnet haben, in den zollrechtlich freien Verkehr der Gemeinschaft ist untersagt. Ferner ist ab dem 1. Januar 1993 die Ausfuhr geregelter Stoffe aus der Gemeinschaft in Staaten, die nicht Vertragsparteien sind, untersagt.

Die Produktion geregelter Stoffe ist gem. Art. 10 Verordnung in der Gemeinschaft stufenweise abzubauen. Die Gemeinschaft hat hier zeitlich und mengenmäßig detaillierte Abbauraten vorgeschrieben. Der Abbau der Produktion insgesamt hat im Jahre 2004 abgeschlossen zu sein. Die Einstellung ist für die einzelnen Stoffe zeitlich unterschiedlich geregelt. Fluorchlorkohlenwasserstoffe und vollhalogenierte Fluorchlorkohlenwasserstoffe dürfen nach dem 30. Juni 1997, Tetrachlorkohlenstoff nach dem 31. Dezember 1997, Halone nach dem 31. Dezember 1999 und 1,1,1-Trichlorethan nach dem 31. Dezember 2004 nicht mehr hergestellt werden.

Der Verbrauch geregelter Stoffe ist über das Angebot zu beeinflussen. Mit Hilfe des zeitlich und mengenmäßig gestaffelten reduzierten Angebots (Inverkehrbringen) nach Art. 11 Verordnung ist der Verbrauch dieser Stoffe einzustellen.

Hersteller, Importeure und/oder Exporteure sind nach Art. 13 Verordnung ab 1992 jährlich gegenüber der Kommission zur Datenberichterstattung über Produktionszahlen, rückgeführte Mengen, Lagerbestände, Überführung, Ausfuhr etc. verpflichtet. Der zuständigen nationalen Behörde ist eine Durchschrift zu übermitteln.   *Offermann-Clas*

EG-Richtlinie Kommunales Abwasser. Durch Entschließung des Rates vom 28. Juni 1988 (ABl. C 209, S. 3) wurde die EG-Kommission aufgefordert, Vorschläge für Maßnahmen auf EG-Ebene zur Reinigung von kommunalem Abwasser zu unterbreiten. Die Vorschläge der Kommission wurden verabschiedet in der Richtlinie 91/271/EWG des Rates vom 21. Mai 1991 über die Behandlung von kommunalem Abwasser (ABl. L 135, S. 40). Die Richtlinie ist auf Art. 130s EGV gestützt. Sie war in das nationale Recht der einzelnen EG-Mitgliedstaaten bis zum 30. Juni 1993 umzusetzen. Gegenstand der Regelung ist das kommunale Abwasser. Darunter ist das häusliche Abwasser oder ein Gemisch sowohl aus häuslichem als auch industriellem Abwasser und/oder Niederschlagswasser zu verstehen.

Um das gesteckte Ziel zu erreichen, die Umwelt vor den schädlichen Auswirkungen des Abwassers zu schützen, tragen die einzelnen EG-Mitgliedstaaten dafür Sorge, daß gem. Art. 3 alle Gemeinden mit einer ordnungsgemäßen Kanalisation und → Abwasserbehandlungsanlage ausgestattet werden.

Diese Ausstattung hat gestaffelt nach Einwohnerwerten (EW) zu erfolgen:
– bis zum 31. Dezember 2000 in Gemeinden mit mehr als 15 000 EW,
– bis zum 31. Dezember 2005 in Gemeinden von 2 000 bis 15 000 EW.

Bei Einleitung von kommunalem Abwasser in Gewässer, die als „empfindliche Gebiete" gekennzeichnet sind, müssen bei Gemeinden mit mehr als 10 000 EW die Kanalisationen und Abwasserbehandlungsanlagen bereits bis zum 31. Dezember 1998 vorhanden sein. Als empfindliche Gebiete werden gem. Anhang II eingestuft: natürliche Süßwasserseen, andere Binnengewässer, Ästuare und Küstengewässer, die bereits eutroph sind oder in naher Zukunft zu eutrophieren drohen, wenn keine Schutzmaßnahmen ergriffen werden.

Kommunales Abwasser wird neben der „Erstbehandlung" in Zukunft einer zusätzlichen „Zweitbehandlung" in allen EG-Mitgliedstaaten unterzogen. Die „Erstbehandlung" umschließt nach Art. 2 Ziff. 7 die „physikalische und/oder chemische Behandlung des kommunalen Abwassers mit Hilfe eines Verfahrens, bei dem sich die suspendierten Stoffe absetzen, oder anderer Verfahren, bei denen – bezogen auf die Werte im Zulauf – der BSB$_5$ um mindestens 50 % verringert wird". Gem. Art. 4 ist kommunales Abwasser einer „Zweitbehandlung" oder gleichwertigen Behandlung zu unterziehen:
– bis zum 31. Dezember 2000 in Gemeinden mit mehr als 15 000 EW,
– bis zum 31. Dezember 2005 in Gemeinden von 10 000 bis 15 000 EW und ebenfalls
– bis zum 31. Dezember 2005 in Gemeinden von 2 000 bis 10 000 EW, welche in Binnengewässer und Ästuare einleiten.

Die „Zweitbehandlung" umfaßt gem. Art. 2 Ziff. 8 eine → Abwasserbehandlung durch eine biologische Stufe mit einem → Nachklärbecken oder ein anderes Verfahren, bei dem die Anforderungen nach Tabelle 1 eingehalten werden.

In empfindliche Gebiete eingeleitetes kommunales Abwasser aus Gemeinden mit mehr als 10 000 EW muß spätestens ab dem 31. Oktober 1998 vor dem Einleiten weitergehenden Behandlungen hinsichtlich der Phosphor- und Stickstoff-Begrenzung unterworfen werden (Tabelle 2).

Das Einleiten von industriellem Abwasser in Kanalisationen und in kommunale Abwasserbehandlungsanlagen ist von den EG-Mitgliedstaaten vor dem 31. Dezember 1993 zu regeln. Nach Art. 12 i. V. mit Anhang I C muß industrielles Abwasser, das in Kanalisationen und kommunale Abwasserbehandlungsanlagen eingeleitet wird, in bestimmter Weise vorbehandelt werden.

Die Behörden der Mitgliedstaaten erstellen alle zwei Jahre einen Lagebericht über die Beseitigung von kommunalen Abwässern und Klärschlamm in

EG-Richtlinie Kommunales Abwasser. Tabelle 1: Anforderungen an Einleitungen aus kommunalen Abwasserbehandlungsanlagen, die einer Zweitbehandlung unterliegen.

Parameter	Konzentration	Prozentuale Mindestverringerung[1]
Biochemischer Sauerstoffbedarf (BSB, bei 20 °C) ohne Nitrifikation[2]	25 mg/l O_2	70–90 % 40 % bei 2 000–10 000 EW
Chemischer Sauerstoffbedarf (CSB)	125 mg/l O_2	75 %
Suspendierte Schwebstoffe insgesamt	35 mg/l bei mehr als 10 000 EW 60 mg/l bei 2 000–10 000 EW	90 % bei mehr als 10 000 EW 70 % bei 2 000–10 000 EW

Anzuwenden ist der Konzentrationswert oder die prozentuale Verringerung.

[1] Verringerung bezogen auf die Belastung des Zulaufs.

[2] Dieser Parameter kann durch einen anderen ersetzt werden: gesamter organischer Kohlenstoff (TOC) oder gesamter Bedarf an Sauerstoff (TOD), wenn eine Beziehung zwischen BSB_5 und dem Substitutionsparameter hergestellt werden kann.

EG-Richtlinie kommunales Abwasser. Tabelle 2: Zusätzliche Anforderungen an Einleitungen aus kommunalen Abwasserbehandlungsanlagen in empfindlichen Gebieten (vgl. Tab. 1)

Parameter	Konzentration	Prozentuale Mindestverringerung
Phosphor insgesamt	2 mg/l P (10 000–100 000 EW) 1 mg/l P (mehr als 100 000 EW)	80 %
Stickstoff insgesamt	15 mg/l N (10 000–100 000 EW) 10 mg/l N (mehr als 100 000 EW)	70–80 %

ihrem Zuständigkeitsbereich. Die Berichte sind zu veröffentlichen. *Offermann-Clas*

EG-Richtlinien über Luftqualitätsnormen. Die EG hat für die Luftschadstoffe Schwefeldioxid, Schwebestaub, Stickstoffdioxid, Blei und Ozon Richtlinien über Luftqualitätsnormen erlassen, die inzwischen mit der →22. BImSchV in deutsches Recht umgewandelt wurden.

□ Richtlinie des Rates über Grenzwerte und Leitwerte der Luftqualität für Schwefeldioxid und Schwebestaub (80/779/EWG) vom 15. Juli 1980 (ABl. EG Nr. L 229 S. 30), geändert durch Richtlinie 89/427/EWG vom 21. Juni 1989 (ABl. EG Nr. L 201 S. 53). Darin sind

– Grenzwerte (IW (EG-Richtlinie)) für die Immissionskonzentrationen von Schwefeldioxid und Schwebestaub bei gleichzeitiger Berücksichtigung beider Schadstoffe sowie für Schwebestaub allein und

– Leitwerte (IW (EG-Richtlinie)) für die Immissionskonzentrationen sowohl von Schwefeldioxid als auch von Schwebestaub angegeben (Schwefeldioxid).

□ Richtlinie des Rates betreffend einen Grenzwert für den →Bleigehalt in der Luft (82/884/EWG) vom 3. Dezember 1982 (ABl. EG Nr. L 378 S. 15). Enthält einen →Immissionsgrenzwert zum Schutz des Menschen von 2 µg Pb/m^3 als Jahresmittelwert. Die Mitgliedstaaten „können jederzeit einen strengeren Wert" festsetzen.

□ Richtlinie des Rates über Luftqualitätsnormen für Stickstoffdioxid (85/203/EWG) vom 7. März 1985 (ABl. EG Nr. L 87 S. 1). Sie gibt sowohl einen Grenzwert zum Schutz des Menschen als auch Leitwerte (→IW (EG-Richtlinie)) für Immissionskonzentrationen von NO_2 an (→Stickstoffdioxid).

□ Richtlinie des Rates über die Luftverschmutzung durch Ozon (92/72/EWG) vom 21. September 1992 (ABl. EG Nr. L 291 S. 1). Enthält fünf Immissionskonzentrations-Schwellenwerte (drei zum Schutz der menschlichen Gesundheit, zwei zum Schutz der Vegetation) (→Immissionswert EG-Richtlinien).   *Dreyhaupt*

Literatur: *Dreyhaupt, F. J.:* Rechtsgrundlagen Luft (Kapitel X-2 mit Anhang XI-1.1 Wichtige Grenz-, Richt- und Orientierungswerte Luft), in Wichmann/Schlipköter/Fülgraff: Handbuch der Umweltmedizin. Landsberg 1992.

EG-Umwelt-Aktionsprogramm. Auf dem Gipfeltreffen in Paris 1972 wurde beschlossen, ein Europäisches Umweltrecht (→EG-Umweltrecht) zu schaffen, dieses zunächst durch U.-A. und anschließend durch gesetzliche Vorschriften (EG-Richtlinien und -Verordnungen) abzusichern. In den vergangenen zwei Jahrzehnten sind vier U.-A. (1973–1976, 1977–1981, 1982–1986, 1987–1992) ergangen. Das 5. U.-A. ist am 1. Januar 1993 in Kraft getreten und soll bis zum Jahr 2000 gelten; allerdings ist für das Jahr 1995 eine Fortschreibung vorgesehen.

Das 5. U.-A. besitzt wie seine Vorgängerinnen keine eigene Rechtssatzqualität, sondern nur vorbereitenden Charakter i. S. eines Ideen- und Zielfundus. Erstmals trägt das neue Umweltprogramm in Anlehnung an den Bericht der Weltkommission für Umwelt und Entwicklung (Brundtland-Bericht) einen eigenen Namen: „Ein Programm der Europäischen Gemeinschaft für Umweltpolitik und Maßnahmen im Hinblick auf eine dauerhafte und umweltgerechte Entwicklung" (KOM(92) 23 endg. Bd. II). Auf der Grundlage des Brundtland-Berichts wird die dauerhafte und umweltgerechte Entwicklung definiert als „Entwicklung, die die Bedürfnisse der Gegenwart einlöst, ohne die Fähigkeit der künftigen Generationen, ihre Bedürfnisse zu erfüllen, zu beeinträchtigen". Dazu gehören nach dem 5. U.-A. die Bewahrung des Gleichgewichts und des Wertes der natürlichen Ressourcen, die Neufestlegung von Kriterien für kurz-, mittel- und langfristige Kosten-Nutzenanalysen, Instrumente zur Verdeutlichung der tatsächlichen sozio-ökonomischen Auswirkungen und die gerechte Verteilung und Verwendung von Ressourcen zwischen allen Nationen und Regionen dieser Welt.

Als Forderungen einer umweltgerechten Entwicklung ergeben sich die Steuerung des Stoffflusses vom Einsatz über Verarbeitung und Verbrauch unter Vermeidungskriterien, die Rationalisierung von Energieerzeugung und -verbrauch sowie die Änderung der Verhaltens- und Verbrauchsmuster der Gesellschaft.

Das 5. U.-A. ist nach einem neuen Konzept in drei Teile unterteilt. Teil I umschreibt den Zustand der Umwelt und die wachsenden Zukunftsbedrohungen sowie eine neue umweltpolitische Strategie für eine dauerhafte und umweltgerechte Entwicklung in der Europäischen Gemeinschaft, konzentriert auf die

fünf Schwerpunkte: Industrie, Energie, Verkehr, Landwirtschaft und Tourismus. Vorrangige Programmthemen und -ziele sind die Klimaveränderung, Übersäuerung und Luftqualität, Natur- und Artenschutz, Wasserwirtschaft, städtische Umwelt, Küstengebiete und Abfallwirtschaft. Die Palette der Instrumente wird erweitert. Im Vordergrund stehen neben juristischen Maßnahmen insbesondere die Verbesserung der umweltbezogenen Informationen, Forschung, Planung, Erziehung, beruflichen Weiterbildung, finanziellen Beihilfe und die Frage nach dem geeigneten ökonomischen Konzept.

Teil II befaßt sich mit den Umweltbedrohungen und der Rolle der Gemeinschaft im internationalen Bereich. Die Umweltbedrohungen werden in bezug auf weltweite, regionale und lokale Probleme abgehandelt. Schwerpunkte bilden die übernationale und die bilaterale Zusammenarbeit insbesondere auch mit den Entwicklungsländern sowie Mittel- und Osteuropa.

Teil III behandelt die Festlegung von Prioritäten und Kosten sowie die Überprüfung des 5. U.-A.
                                            Offermann-Clas

EG-Umwelt-Finanzierungsinstrument. Die Verordnung (EWG) Nr. 1973/92 des Rates vom 21. Mai 1992 zur Schaffung eines Finanzierungsinstruments für die Umwelt (LIFE) (ABl. EG L 206, S. 1) soll zur Entwicklung und Durchführung der →Umweltpolitik und des Umweltschutzrechts der Gemeinschaft beitragen. Die Maßnahmebereiche, die aus LIFE (Abk. *franz.* L'instrument financier pour l'environment) unterstützt werden können, sind unter Beachtung des Verursacher- und des Subsidiaritätsprinzips festzulegen. Dazu zählen
– vorrangig eingestufte Umweltmaßnahmen in der EG,
– technische Hilfsmaßnahmen in Zusammenarbeit mit den Drittländern des Mittelmeerraums oder den Drittländern, die Anrainerstaaten der Ostsee sind,
– Maßnahmen unter außergewöhnlichen Umständen, betreffend die regionalen oder weltweiten Umweltprobleme, die im Rahmen der internationalen Übereinkommen behandelt werden.

Die einzelnen Maßnahmenbereiche der Finanzierung sind im Anhang der Verordnung festgelegt. Sie umfassen Maßnahmen – unter Angabe der bereitgestellten Quoten – innerhalb und außerhalb des Gebiets der Gemeinschaft.

Voraussetzung für die finanzielle Unterstützung ist, daß es sich um Maßnahmen handelt, für die ein Interesse der EG vorliegt, die einen wesentlichen Beitrag zur Umsetzung der Umweltpolitik in der Gemeinschaft leisten und das →Verursacherprinzip einhalten. Die Kommission legt alljährlich spätestens bis zum 30. September die Maßnahmen fest, die im darauffolgenden Jahr in den zuschußfähigen Maßnahmebereichen   vorrangig   durchzuführen sind. Ebenso bestimmt sie die Mittelaufteilung. LIFE wird stufenweise durchgeführt. Die erste Phase endet am 31. Dezember 1995. Für die Anwendung dieses Finanzierungsinstruments wird für den Zeitraum 1991–1995 ein Betrag von 400 Mio. ECU veranschlagt. *Offermann-Clas*

EG-Umweltrecht. Offiziell wurde die Einführung einer gemeinschaftlichen EG-Umweltpolitik erst auf der Pariser Gipfelkonferenz von 1972 beschlossen und mit der Aufstellung gemeinsamer Aktionsprogramme für den Umweltschutz begonnen (→EG-Umwelt-Aktionsprogramm).

Eine umfangmäßig bemerkenswerte EG-Umweltgesetzgebung entwickelte sich ab Mitte der 70er Jahre. Sie entfaltet sich vorwiegend in Form von EG-Richtlinien, seltener als EG-Verordnungen. EG-Verordnungen treten in der Regel mit ihrer Veröffentlichung im Amtsblatt der Europäischen Gemeinschaften in Kraft. Mit ihrem Inkrafttreten lassen sie entgegenstehendes nationales Recht in den EG-Mitgliedstaaten obsolet werden, d. h. außer Kraft treten. EG-Richtlinien hingegen bedürfen der Umsetzung in nationales Recht. Das bedeutet, das nationale Recht der EG-Mitgliedstaaten muß an das vorrangige Recht der Europäischen Gemeinschaft angepaßt werden. Die Vorrangigkeit des EG-Rechts ist von der Legislative, Judikative und Exekutive zu respektieren. Dieser Anpassungsprozeß kann durch Änderung bereits bestehender nationaler Rechtsvorschriften, durch Aufhebung nicht EG-konformer Regeln sowie gegebenenfalls durch Neuschaffung von Gesetzen bewältigt werden. Die Umsetzung unterliegt dem Gebot der Umsetzungsäquivalenz; d. h. EG-Rechte und EG-Pflichten sind umfangmäßig und qualitativ gleichgewichtig in das nationale Recht der EG-Mitgliedstaaten zu übertragen.

Das Spektrum des EG-U. war und ist in seiner Entfaltung und Abgrenzung seit jeher unterschiedlichen Ansichten ausgesetzt. Die gesetzgeberische Aufforderung, die Erfordernisse des Umweltschutzes gem. Art. 130r Abs. 2 Satz 3 EGV bei der Festlegung und Durchführung andere Gemeinschaftspolitiken einzubeziehen, öffnet hier sogar noch die Türe. Heute wird zwischen allgemeinen und besonderen Vorschriften des Umweltrechts unterschieden.

Das Allgemeine EG-U. umfaßt vor allem:
– die Richtlinie des Rates vom 28. März 1983 über ein Informationsverfahren auf dem Gebiet der Normen und technischen Vorschriften (83/189/EWG = ABl. 1983, L 109, S. 8; zuletzt geändert ABl. 1990, L 128, S. 15),
– die Richtlinie des Rates vom 27. Juni 1985 über die Umweltverträglichkeitsprüfung bei bestimmten öffentlichen und privaten Projekten (85/337/EWG = ABl. L 175, S. 40, →EG-Umweltverträglichkeitsprüfung),

– die Verordnung (EWG) Nr. 2242 des Rates vom 23. Juli 1987 über gemeinschaftliche Umweltaktionen (ABl. L 207, S. 8),
– die Verordnung (EWG) Nr. 1210/90 des Rates vom 7. Mai 1990 zur Errichtung einer Umweltagentur und eines →Europäischen Umweltinformationsnetzes (ABl. L 120, S. 1, →Europäische Umweltagentur),
– die Richtlinie des Rates vom 7. Juni 1990 über den freien Zugang zu Informationen über die Umwelt (90/313/EWG, ABl. L 158, S. 56, →Umweltinformationen, Zugang),
– die Richtlinie des Rates vom 23. Dezember 1991 zur Vereinheitlichung und zweckmäßigen Gestaltung der Berichte über die Durchführung bestimmter Umweltschutzrichtlinien (91/692/EWG = ABl. L 377, S. 49),
– die Verordnung (EWG) Nr. 880/92 des Rates vom 23. März 1992 betreffend ein gemeinschaftliches System zur Vergabe eines Umweltzeichens (ABl. L 99, S. 1, →Europäisches Umweltzeichen) einschließlich Mustervertrag 1993 (ABl. L 243, S. 13),
– die Verordnung (EWG) Nr. 1973/92 des Rates vom 21. Mai 1992 zur Schaffung eines Finanzierungsinstruments für die Umwelt (LIFE), ABl. L 206, S. 1, →EG-Finanzierungsinstrument für die Umwelt, sowie
– den Beschluß der Kommission der Europäischen Gemeinschaften vom 7. Dezember 1993 über die Einrichtung eines Allgemeinen Beratenden Forums für Umweltfragen (ABl. L 328, S. 53).

Das Besondere EG-U. umschließt insbesondere die Bereiche Luft, Lärm, Wasser, Abfall, Boden, Naturschutz, Chemikalien und Gentechnik. Ein Überblick und Vergleich mit den nationalen Rechtsetzungen der zwölf EG-Mitgliedstaaten zeigt, daß für die Bereiche Luft, Wasser und Abfall ca. 80 % des nationalen Umweltrechts europäisch überlagert sind.

Das EG-Recht kennt keine Gesamtermächtigung zur Gesetzgebung. Es ist vielmehr von dem Grundsatz der „compétence d'attribution", dem Prinzip der Einzelermächtigung beherrscht. Von wenigen partiellen Einzelermächtigungen abgesehen, fehlten ausdrückliche Kompetenzen zur Schaffung von EG-U. Bis zum Erlaß der Einheitlichen Europäischen Akte vom 17./28. Februar 1986 war man deshalb gezwungen, die Harmonisierungsklausel des Art. 100 EGV und die Lückenfüllungsklausel des Art. 235 EGV durch ausdehnende Interpretation als Kompetenzbeschaffungsgrundlagen zu verwenden. Die mit der Verabschiedung der Einheitlichen Europäischen Akte erfolgte Wende führte zur Änderung des EWG-Vertrages und Neueinführung von Umweltkompetenzen in Art. 130r-t EGV. Diese Umweltkompetenzen erstrecken sich gem. Art. 130r Abs. 4 EGV auf den Umweltschutz

innerhalb des EG-Binnenmarktes mit EG-Staaten, aber auch auf die Zusammenarbeit mit den dritten Staaten und internationalen Organisationen. Gem. Art. 130r Abs. 1 EGV hat die EG-Umweltpolitik das Ziel,
– die Umwelt zu erhalten, zu schützen und ihre Qualität zu verbessern,
– zum Schutz der menschlichen Gesundheit beizutragen sowie
– eine umsichtige und rationelle Verwendung der natürlichen Ressourcen zu gewährleisten.

Die Umweltpolitik zielt nach Art. 130r Abs. 2 S. 1 EGV auf ein hohes Schutzniveau ab.

Die Erfordernisse des Umweltschutzes müssen bei der Festlegung und Durchführung anderer Gemeinschaftspolitiken einbezogen werden.

Das Handeln der EG im Umweltbereich erfolgt nach dem Prinzip der Subsidiarität. Letzterer Grundsatz war früher speziell für das Umweltrecht in Art. 130r Abs. 4 EWGV geregelt. Heute ist der Gedanke der Subsidarität gem. Art. 3b EGV zu einem allgemeinen Prinzip ausgeweitet, das die Gemeinschaft dann tätig werden läßt, „sofern und soweit die Ziele der in Betracht gezogenen Maßnahmen auf Ebene der Mitgliedstaaten nicht ausreichend erreicht werden können und daher wegen ihres Umfangs oder ihrer Wirkungen besser auf Gemeinschaftsebene erreicht werden können". Dieses ist bei grenzüberschreitenden Umweltverunreinigungen, wie sie sich für die Luft-, Wasser- und Bodenverschmutzung stellen, i. d. R. der Fall, trifft aber auch häufig auf die Probleme des Abfalltourismus im Binnenmarkt zu.

Weitere, zusätzliche Umweltkompetenzen eröffnen sich über Art. 100a EGV. Zur Verwirklichung der Ziele des Binnenmarktes i. S. von Art. 8a EGV ist der Rat, d. h. die Fachminister der EG-Mitgliedstaaten befugt, auf Vorschlag der Kommission in Zusammenarbeit mit dem Europäischen Parlament und nach Anhörung des Wirtschafts- und Sozialausschusses Maßnahmen zur Angleichung der Rechtsvorschriften gem. dem Verfahren des Art. 189b EGV zu erlassen. Diese i. d. R. als EG-Richtlinien oder EG-Verordnungen ergehenden Maßnahmen können ausdrücklich auch in den Bereichen des Umweltschutzes gem. Art. 100a Abs. 3 EGV ergehen, soweit sie die Errichtung und das Funktionieren des Binnenmarktes zum Gegenstand haben (Beispiel: →EG-Batterierichtlinie). Die Kommission der Europäischen Gemeinschaften hat in ihren Vorschlägen für diese Binnenmarkt-Umweltvorschriften gem. Art. 100a Abs. 3 EGV von einem hohen Schutzniveau auszugehen. *Offermann-Clas*

EG-Umweltverträglichkeitsprüfung. Die EG-U. ist keine europäische Erfindung. Sie ist weitgehend aus dem amerikanischen Recht entlehnt und hat nach vielen Jahren der EG-Vorarbeit in der Richtlinie des Rates vom 27. Juni 1985 über die Umweltverträglichkeitsprüfung bei bestimmten öffentlichen und privaten Projekten (85/337/EWG = ABl. L 175, S. 40) ihren Niederschlag gefunden. Da vor der Einheitlichen Europäischen Akte und der nachfolgenden EWG-Vertragsänderung erlassen, wurde sie auf Art. 100 und 235 EGV gestützt. Ziel der EG-U. ist die Vermeidung von Umweltbelastungen, bzw. die frühest mögliche Erkennung derselben, anstelle einer nachträglichen häufig irreparablen Bekämpfung negativer Auswirkungen. In der Bundesrepublik Deutschland ist die Richtlinie durch das UVP-Gesetz (→Umweltverträglichkeitsprüfung) 1990 in nationales Recht umgesetzt worden. *Offermann-Clas*

EG-Verordnung zur Verbringung von Abfällen. Die Gemeinschaft hat das Basler Übereinkommen vom 22. März 1989 über die Kontrolle der grenzüberschreitenden Verbringung gefährlicher Abfälle und ihrer Entsorgung unterzeichnet (→Basler Übereinkommen). Des weiteren hat die Gemeinschaft dem Beschluß des OECD-Rates vom 30. März 1992 über die Überwachung der grenzüberschreitenden Verbringung von Abfällen zur Verwertung zugestimmt. Dies hat zur Folge, daß die bislang geltende EG-Richtlinie der grenzüberschreitenden Verbringung gefährlicher Abfälle (84/631/EWG = ABl. L 326, S. 31, zuletzt geändert durch die Richtlinie 91/692/EWG = ABl. L 377, S. 48) außer Kraft tritt. Sie wird ersetzt durch die Verordnung (EWG) Nr. 259/93 des Rates vom 1. Februar 1993 zur Überwachung und Kontrolle der Verbringung von Abfällen in der, in die und aus der Europäischen Gemeinschaft (ABl. L 30, S. 1). Letztere Verordnung tritt gemäß Art. 44 am 3. Tag nach ihrer Veröffentlichung im Amtsblatt (6. 2. 1993) in Kraft. Sie gelangt 15 Monate nach ihrer Veröffentlichung zur Anwendung.

Die Verordnung regelt drei verschiedene Sachverhalte. Art. 3–13 betreffen die Verbringung von Abfällen zwischen EG-Mitgliedstaaten zur Entsorgung (Beseitigung) oder Verwertung mit oder ohne Durchfuhr durch Drittländer. Die Verbringung unterliegt der Notifizierung. Diese muß zwingend alle Zwischenschritte der Verbringung vom Versandort bis zum endgültigen Bestimmungsort umfassen. Die Notifizierung erfolgt mit Hilfe des Begleitscheines, der von der zuständigen Behörde am Versandort auszustellen ist. Die Ausfuhr von zur Entsorgung (Beseitigung) oder Verwertung bestimmten Abfällen ist in den Art. 114–18 Verordnung geregelt. Danach ist die Ausfuhr von zur Entsorgung bestimmten Abfällen verboten. Dieses Verbot gilt auch für die Ausfuhr in AKP-Staaten (Afrika/Karibik/Pazifischer Raum). Eine Ausnahme besteht für die Ausfuhr in EFTA- und andere Staaten, die Vertragsparteien des Basler Übereinkommens sind. Ebenso ist die Ausfuhr von

Abfällen zur Verwertung prinzipiell verboten. Ausnahmen bestehen u. a. für Staaten, für die der OECD-Beschluß gilt, und für Staaten, die Vertragspartei des Basler Übereinkommens sind oder sonstige bilaterale Vereinbarungen bestehen.

Die Einfuhr von Abfällen in die Europäische Union zur Entsorgung (Beseitigung) oder Verwertung ist in den Art. 19–22 Verordnung geregelt. Danach ist die Einfuhr von Abfällen zur Beseitigung und Verwertung prinzipiell verboten. Ausnahmen bestehen u. a. für EFTA- und sonstige Staaten, die Vertragspartner des Basler Übereinkommens sind, bzw. für die der OECD-Beschluß gilt. *Offermann-Clas*

EG-Wert. Grenzwerte der EG für eine berufsbedingte Exposition gegenüber gefährlichen Arbeitsstoffen. Grundlage ist bisher die Richtlinie 80/1107/EWG zum Schutz der Arbeitnehmer vor der Gefährdung durch chemische, physikalische und biologische Arbeitsstoffe bei der Arbeit vom 27. November 1980 (ABl. EG Nr. L 327, S. 8), geändert durch die Richtlinie 88/642/EWG vom 16. Dezember 1988 (ABl. EG Nr. L 356, S. 74), in der – je nach Arbeitsstoff – die Aufstellung von Grenzwerten als Belastungshöchstwerte oder von Grenzwerten biologischer Indikatoren am Arbeitsplatz vorgesehen ist. Während für bestimmte Arbeitsstoffe verbindliche Grenzwerte in Einzelrichtlinien vorgesehen sind, werden für andere Stoffe Richtgrenzwerte festgesetzt, die die Mitgliedstaaten bei der Festsetzung von Grenzwerten i. S. der Richtlinie 80/1107/EWG berücksichtigen müssen.

Eine erste Liste von Richtgrenzwerten für berufsbedingte Expositionen in der Luft am Arbeitsplatz (Arbeitsplatzkonzentration) – für einen Bezugszeitraum von 8 Stunden – enthält die Richtlinie 91/322/EWG vom 29. Mai 1991 (ABl. EG Nr. L 177, S. 22). Diese Richtgrenzwerte sind mit der →TRGS 900 als Grenzwerte in nationales Recht umgesetzt worden und sind dort als EG-W. ausgewiesen; inoffiziell werden sie auch als europäische MAK-Werte bezeichnet.

Nach dem Vorschlag der EG-Kommission für eine Richtlinie zum Schutz von Gesundheit und Sicherheit der Arbeitnehmer vor der Gefährdung durch chemische Arbeitsstoffe bei der Arbeit (vorgelegt am 17. Mai 1993 – ABl. EG Nr. C 165, S. 4) soll die Richtlinie 80/1107/EWG mit anderen einschlägigen Richtlinien überarbeitet werden und in einer neuen umfassenden Richtlinie aufgehen; das System der Arbeitsplatzkonzentrationen und insbesondere die Richtlinie 91/322/EWG werden jedoch beibehalten. *Dreyhaupt*

Eichfunktion. Die E. beschreibt die Abhängigkeit der Meßsignale x von den vorgegebenen Werten der Meßobjekte q_k (z. B. Immissionskonzentration eines Schadstoffs) (VDI 2449, Bl. 2):

$$x = g\,(q_1, \ldots, q_k, \ldots, q_m)$$

Dabei ist

x   Meßsignal, bzw. Meßgeräteanzeige (Meßwert)

q_k Wert des k-ten Luftbeschaffenheitsmerkmals (Meßobjekt, z. B. SO_2-Konzentration) des Referenzmaterials, $1 \leq k \leq m$

m   Anzahl der einbezogenen Luftbeschaffenheitsmerkmale

$g\,(q_1, \ldots, q_k, \ldots, q_m)$ die zum Meßsignal/zur Meßgeräteanzeige x gehörige Eichfunktion $1 \leq k \leq m$

Für Einkomponentenmeßgeräte (mit unendlich hoher →Selektivität) vereinfacht sich die E. zu

$$x = g\,(q)$$

Die E. wird aus den in der →Eichung (Eichexperiment) ermittelten Wertepaaren (Meßsignal/Meßobjekt) ermittelt. Angegeben wird in der Regel die sich ergebende E. und der dazugehörende Vertrauensbereich. Zur Bestimmung der E. und des Vertrauensbereichs aus den Wertepaaren der Eichung wird auf VDI 2449, Bl. 1, E und ISO/DIS 9169 verwiesen.

Für Meßverfahren (Meßeinrichtungen) mit linearer E. wird die E. als Ausgleichsgerade durch die bei der Eichung erzeugten Punkte berechnet (VDI 2449, Bl. 1, E):

$$x = E_k \cdot q + x_o$$

$$\text{mit } E_k = \frac{\sum\limits_{i=1}^{n} x_i \cdot q_i - \dfrac{1}{n} \left(\sum\limits_{i=1}^{n} q_i\right) \cdot \left(\sum\limits_{i=1}^{n} x_i\right)}{\sum\limits_{i=1}^{n} q_i^2 - \dfrac{1}{n} \left(\sum\limits_{i=1}^{n} q_i\right)^2}$$

$$x_o = \frac{1}{n} \sum\limits_{i=1}^{n} x_i - \frac{E_k}{n} \sum\limits_{i=1}^{n} q_i$$

Dabei ist n die Gesamtzahl der Punkte (bei 5 verschiedenen Eichgaskonzentrationen und jeweils 10 Wiederholungsmessungen ist n = 50). Für eine vereinfachte Schätzung des Vertrauensbereichs werden die Standardabweichungen S der Meßsignale (Meßwerte) für jeden Zustand i (Eichgas i) nach

$$S_i^2 = \frac{\sum\limits_{j=1}^{J} (x_{ji} - \bar{x}_i)^2}{J - 1}$$

und die Vertrauensbereichsgrenzen des Mittelwerts der Meßsignale (Meßwerte) für jeden Zustand i nach

$$\bar{x}_i \pm t_{\alpha J} \cdot \frac{S_i}{\sqrt{J}}$$

berechnet. Dabei ist

J Zahl der Wiederholungsmessungen

$t_{\alpha J}$ Studentfaktor für das Vertrauensniveau α (α = 95 %) bei J Wiederholungsmessungen

$\bar{x}_i$ arithmetischer Mittelwert der J Meßsignale eines Zustands i

Für eine erste Schätzung des Vertrauensbereichs der E. werden durch die Extrema der Vertrauensbereichsgrenzen der einzelnen Eichpunkte Parallelen zur Kalibrierfunktion gelegt (VDI 2449, Bl. 1, E).

Die graphische Darstellung der E. ist die →Eichkurve. Häufig wird an Stelle der E. die Eichkurve angegeben. *Birkle*

Eichgas. (Referenzmaterial). E. ist ein Gas oder Gasgemisch, dessen Zusammensetzung innerhalb spezifizierter Grenzen bekannt ist und von dem die für den vorgesehenen Zweck spezifischen Eigenschaften genügend genau bekannt sind (VDI 2449, Bl. 2; DIN ISO 6879). Diese Eigenschaften (z. B. die SO_2-Konzentration) müssen so genau bekannt sein, daß sie zur →Eichung eines Geräts oder Verfahrens, bzw. zur Überprüfung der →Eichfunktion eingesetzt werden können. Die Genauigkeitsanforderungen ergeben sich aus der Meßaufgabe.

Nach VDI 2449, Bl. 2 unterscheidet man bei Referenzmaterialien, zu denen E. gehören:

– Standards, wenn die Kenntnis der sie definierenden Eigenschaften aus der Messung von Basisgrößen (entsprechend den →Einheiten des SI) oder von daraus abgeleiteten Größen gewonnen wird.

– Analysen-Kontrollproben, wenn sie durch Maßzahlen gekennzeichnet sind, die durch wiederholte Anwendung vollständiger Meßverfahren gewonnen wurden.

– Nullsubstanzen (→Nullgase), wenn Meßwerte Null erwartet werden.

Zwischen Standards und Analysen-Kontrollproben besteht kein grundsätzlicher Rangunterschied. *Birkle*

Eichkurve. E. ist die graphische Darstellung der →Eichfunktion. Bei Meßverfahren mit linearer Eichfunktion spricht man auch von Eichgeraden. Insbesondere bei nichtlinearen Eichfunktionen wird häufig mit der E. an Stelle der Eichfunktion gearbeitet. Die E. wird, wie auch die Eichfunktion, aus dem Eichexperiment ermittelt. Die dabei ermittelten Wertepaare (Meßsignal/Meßobjekt) werden als Punkte in einem entsprechenden Koordinatensystem aufgetragen und die Kurve gezeichnet, die durch die Punkte möglichst gut beschrieben wird. Bei linearen Eichfunktionen wird diese Kurve als Ausgleichsgerade bestimmt. Bei unbekannten nichtlinearen Eichfunktionen kann die E. durch möglichst viele Punkte belegt und zeichnerisch ermittelt werden. *Birkle*

Eichung.

Immissionsmessung. E. oder Eichen ist die Ermittlung der Abbildungseigenschaften eines Meßverfahrens im Experiment mit Referenzmaterial (VDI 2449, Bl. 2). Die Abbildungseigenschaften werden durch die →Eichfunktion dargestellt, die den funktionalen Zusammenhang zwischen dem Meßsignal (Meßgeräteanzeige, Meßwert) und dem Meßobjekt (Luftbeschaffenheitsmerkmal, z. B. Immissionskonzentration eines Schadstoffs) beschreibt. E. liefert nur bei Durchführung unter den Bedingungen der Messung den gesuchten quantitativen Zusammenhang zwischen den durch Referenzmaterialien vorgegebenen Werten des Meßobjekts und den durch das Meßverfahren (Meßeinrichtung) erzeugten Meßsignalen. In der Regel wird die E. meßbereichsbezogen durchgeführt. Für jeden Meßbereich wird die Eichfunktion an hinreichend vielen Punkten ermittelt.

Für die Durchführung der E. in der Praxis wird auf die VDI 2449, Bl. 1, E verwiesen. Danach umfaßt die E. für jeden Meßbereich mindestens zehn Wiederholungsmessungen bei wenigstens fünf – annähernd äquidistanten – Zuständen (Konzentrationen), wobei Extrema eingeschlossen sind. Eine Extrapolation über die Randpunkte hinaus ist nicht zulässig. Die kürzeste Zeit zwischen der Änderung zweier Zustände darf nicht kleiner sein als die Integrationszeit. Weiterhin ist sicherzustellen, daß Drift und Hysterese der Verfahren erkannt und berücksichtigt werden. Es wird die im Bild skizzierte Vorgehensweise empfohlen. Dabei wird vorausgesetzt, daß die angegebenen Werte der Referenzmaterialien mit den richtigen Werten identisch sind. Aus den so ermittelten Punkten (Wertepaaren) wird die Eichfunktion und ihr Vertrauensbereich bestimmt. Die Verfahren hierzu sind in VDI 2449, Bl. 1, E und ISO/DIS 9169 beschrieben. *Birkle*

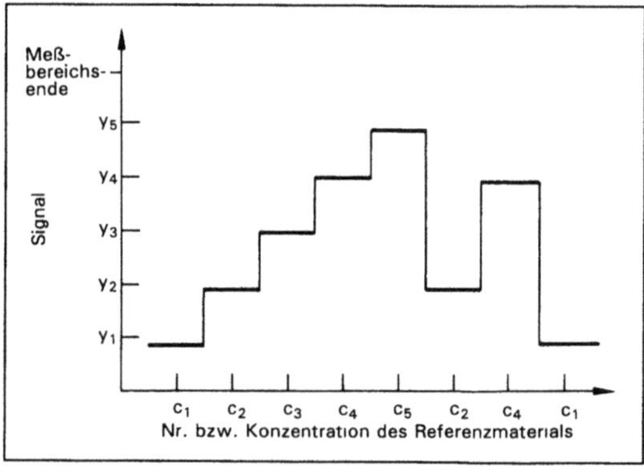

Eichung: Reihenfolge der Zustandsänderungen bei der E.

Schallpegelmessung. Die E. von Schallpegelmeßeinrichtungen (→Schallpegelmesser) umfaßt die von der zuständigen Eichbehörde nach den Eichvorschriften vorzunehmenden Prüfungen und die Dokumentation der E. Durch die Prüfung wird von der Behörde festgestellt, ob Beschaffenheit und Eigenschaft der Meßeinrichtung den Eichvorschriften entspricht, insbesondere ob die Meßabweichung die vorgegebenen Toleranzbereiche nicht überschreiten.

Voraussetzung für die E. eines Meßgeräts ist, daß es der Bauart eines von der Physikalisch Technischen Bundesanstalt bauartgeprüften Gerätetyps entspricht.

Welche Geräuschmeßgeräte für bestimmte Meßvorgänge der Eichpflicht unterliegen, ist im Eichgesetz vom 22. 2. 1985 (BGBl. I S. 410) geregelt. Schallpegelmesser müssen geeicht sein, wenn sie bei der Überwachung des Straßenverkehrs oder im Bereich des Arbeits- und Umweltschutzes eingesetzt werden, zur Durchführung öffentlicher Überwachungsmaßnahmen dienen oder zur Erstattung von Gutachten für staatsanwaltliche oder gerichtliche Verfahren benutzt werden. Die Bezeichnung *Eichen* soll nur für die vorgenannten Tätigkeiten benutzt werden und nicht unkorrekterweise für Justier- und Kalibriervorgänge. *Strauch*

Eigenversorgung. Von der öffentlichen Wasserversorgung unabhängige, eigenständige (Trink-) Wasserversorgung eines Hauses oder einer Häusergruppe, vorwiegend im ländlichen Bereich. Anlagen der E. sind meist nicht mit Trinkwasseraufbereitungsanlagen ausgerüstet.

E. sind anfällig gegenüber Schadstoffen im Grundwasser, die unbemerkt bis zum Verbraucher gelangen können. Zur Sicherung der Qualität gemäß der →Trinkwasserverordnung ist man bestrebt, Einzelwasserversorgungen zu Gunsten des Anschlusses an zentrale Wasserversorgungen aufzugeben. *Irmer*

Eignungsprüfung. Bei der Überwachung der Luftreinhaltung nach Rechts- und Verwaltungsvorschriften zum →Bundes-Immissionsschutzgesetz werden vorzugsweise Meßgeräte eingesetzt, die eine E. erfolgreich bestanden haben und vom Bundesumweltministerium als geeignet bekanntgegeben wurden. Eine Verpflichtung, eignungsgeprüfte Meßgeräte zu verwenden, besteht bei folgenden Meßaufgaben:
– kontinuierliche →Emissionsüberwachung genehmigungsbedürftiger Anlagen (→13. BImSchV, →17. BImSchV, →TA Luft; eingeschlossen Meßgeräte für Bezugsgrößen und elektronische Auswertesysteme);
– kontinuierliche Immissionsüberwachung (→Immissionsmeßnetze der Bundesländer in Un-

tersuchungsgebieten nach § 44 BImSchG; 4. BImSchVwV);
– Emissionsmessungen an Kleinfeuerungsanlagen (→1. BImSchV; →Schornsteinfeger-Messungen).

Mit dem E.-Verfahren sollen eine ausreichende Qualität und →Vergleichbarkeit der Messungen gewährleistet und eine bundeseinheitliche Praxis bei der Überwachung der Emissionen und Immissionen sichergestellt werden. In staatlichen Richtlinien ist konkret festgelegt, was geprüft werden soll und anhand welcher Kriterien die Ergebnisse der Prüfung zu bewerten sind. Diese Richtlinien, die sich zum einen an den Meßaufgaben orientieren, zugleich aber auch den Stand der Meßtechnik berücksichtigen, enthalten vor allem zu den für die Qualität der Messungen maßgeblichen →Verfahrenskenngrößen Mindestanforderungen, deren Erfüllung in der E. nachzuweisen ist. Welche Untersuchungen jeweils zu dem Nachweis erforderlich sind, muß das beauftragte Prüfinstitut, orientiert an einem von den Prüfinstituten gemeinsam ausgearbeiteten →Prüfplan, im Einzelfall beurteilen und festlegen.

Für die Durchführung einer E. sind nur wenige Prüfinstitute zugelassen. Die im Rahmen einer E. notwendigen Laborversuche dienen vorzugsweise dazu, die von den Meßgeräteherstellern angegebenen Verfahrenskenngrößen zu verifizieren und zu vervollständigen. Ausschlaggebend für die Eignungsfeststellung ist aber erfahrungsgemäß die Felderprobung unter den Einsatzbedingungen der Praxis, weil dabei Schwierigkeiten aufgedeckt werden, die unter Laborbedingungen nicht auftreten. Nach Abschluß einer E. erstellt das beauftragte Prüfinstitut über das Ergebnis einen Prüfbericht, der von den zuständigen Behörden des Bundes und der Länder begutachtet wird. Fällt das Ergebnis insgesamt positiv aus, so erfolgt die Eignungsbekanntgabe im Gemeinsamen Ministerialblatt.

Das Verfahren der E. hat sich in Deutschland im Laufe der Jahre zu einem erfolgreichen Programm entwickelt. Einen Eindruck davon vermittelt die Übersicht zur kontinuierlichen Emissionsüberwachung (Bild). In der linken Spalte sind die Schadstoffe zusammengestellt, die nach der TA Luft kontinuierlich gemessen werden sollen. In der rechten Spalte sind die Meßprinzipien aufgeführt, die den eignungsgeprüften Geräten zugrundeliegen. Die Verknüpfungen zeigen, daß zu allen relevanten Schadstoffen eignungsgeprüfte Meßgeräte angeboten werden und in den meisten Fällen Geräte nach unterschiedlichen Meßprinzipien zur Auswahl stehen. Eine Ausdehnung des E.-Verfahrens auf weitere Meßaufgaben (z. B. Emissionsmessungen an Anlagen der →2. BImSchV, Einzelmessungen der Emissionen nach TA Luft) ist in Vorbereitung. *Stahl*

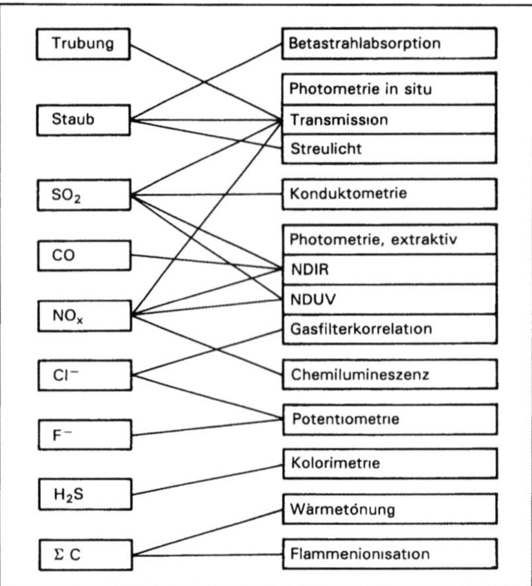

Eignungsprüfung: Meßprinzipien eignungsgeprüfter Emissionsmeßeinrichtungen.

Literatur: Luftreinhaltung. Leitfaden zur kontinuierlichen Emissionsüberwachung. Hrsg. Umweltbundesamt. UBA-Berichte, Band 11/90. Berlin 1990. – Richtlinien über die Eignungsprüfung, den Einbau, die Kalibrierung und die Wartung von Meßeinrichtungen für kontinuierliche Emissionsmessungen. Rundschreiben des BMU vom 1. 3. 1990. Gemeinsames Ministerialblatt 1990, S. 226–230. – Richtlinien für die Bauausführung und Eignungsprüfung von Meßeinrichtungen zur kontinuierlichen Überwachung der Immissionen. Rundschreiben des BMI vom 19. 8. 1981. Gemeinsames Ministerialblatt 1981, S. 355–357.

Einäscherungsanlage. E. dienen der Einäscherung von Leichnamen bei der Feuerbestattung. Dazu gehören neben dem eigentlichen Verbrennungsvorgang das Einfahren des Sargs in den Einäscherungsofen sowie die Ascheentnahme bzw. Urnenbefüllung. Eine E. besteht im wesentlichen aus den Komponenten Einfahrvorrichtung für den Sarg, Hauptbrennraum, Nachbrennraum, Staubabscheider und Schornstein. Die Dauer eines Einäscherungsvorgangs beträgt ca. 60 Minuten bei einer Temperatur von 650–800° C.

→Organische Verbindungen in den bei der Verbrennung von Leichnam und Sarg entstehenden Rohgasen werden bei 850° C im Nachbrennraum verbrannt. Zur Aufrechterhaltung der Mindesttemperatur im Nachbrennraum während des Einäscherungsvorgangs kann eine zusätzliche Beheizung notwendig sein. Die den Nachbrennraum verlassenden Rohgase müssen abgekühlt werden, bevor sie den Entstaubungseinrichtungen zugeführt werden. Bei indirekter Kühlung in einem Wärmetauscher kann z. B. die Verbrennungsluft vorgewärmt werden. Zur Entstaubung werden Zyklone, →Elektro-filter, →Gewebefilter und Kombinationen von Zyklonen und Gewebefiltern eingesetzt.

Der Einsatz weiterer Abgasreinigungseinrichtungen zur Abscheidung saurer Abgasbestandteile ist in E. nicht üblich. Die Emissionen an Chlorwasserstoff und Fluorwasserstoff können durch primäre Maßnahmen weitgehend gemindert werden. Hierzu bietet sich insbesondere die Verwendung emissionsarmer Materialien für Sarg, Sargausstattung und Totenwäsche an (chlor- und fluorfrei bzw. -arm). Wegen der vergleichsweise geringen Emissionen an Schwefeloxiden und Stickstoffoxiden werden im allgemeinen darüber hinaus keine weitergehenden Minderungsmaßnahmen angewandt.

E. sind genehmigungsbedürftig nach BImSchG (Nr. 10,24 des Anhangs der →4. BImSchV). Empfehlungen zur Anwendung emissionsbegrenzender Maßnahmen enthält die Richtlinie VDI 3892.

Bade

Literatur: VDI-Richtlinie 3891, Emissionsminderung; Einäscherungsanlagen, 8/1992.

Einbettkatalysator. Katalysator mit ungeteiltem Reaktorraum, →Kfz-Abgas-Katalysator

EINECS. Abk. für European Inventory of Existing Commercial Chemical Substances, Europäisches Verzeichnis der auf dem Markt vorhandenen chemischen Stoffe (Europäisches Altstoffverzeichnis). In EINECS sind diejenigen chemischen Stoffe aufgeführt und beschrieben, die zwischen dem 1. Januar 1971 und dem 18. September 1981 in der EG auf dem Markt waren; EINECS ist von Bedeutung bei der Durchführung des Chemikaliengesetzes (ChemG) (→Chemikalienrecht), weil die in dieser Inventar-Liste enthaltenen Stoffe als sog. alte Stoffe oder Altstoffe EG-konform nicht der Anmeldepflicht (§ 4 ChemG) unterliegen; die →Chemikalien-Altstoffverordnung verweist direkt auf EINECS.

Die Aufstellung von EINECS obliegt der EG-Kommission gemäß Artikel 13 Abs. 1 der EG-Richtlinie 67/548/EWG; Einzelheiten sind in der Entscheidung der Kommission vom 11. Mai 1981 (81/437/EWG, ABl. EG Nr. L 167, S. 31) geregelt. Das EINECS setzt sich zusammen aus dem 1982 von der Kommission aufgestellten Europäischen Kern- oder Grundverzeichnis ECOIN (European Core Inventory) und aus den späteren Zusatzmeldungen der Mitgliedstaaten (vgl. 81/437/EWG).

Das 1990 bekanntgemachte EINECS-Hauptverzeichnis (Mitteilung der Kommission im ABl. EG Nr. C 146 A vom 15. Juni 1990, S. 1) besteht aus einer Liste, in der die Stoffe – in aufsteigender Reihenfolge nach EINECS- und →CAS-Nrn. geordnet – mit ihrer chemischen Bezeichnung und der Summenformel aufgeführt sind. Die EINECS-Nrn. werden als siebenstellige Ziffernsequenz in der Form ABC-DEF-Y angegeben, mit Y als Kontrollziffer.

Die ersten sechs Stellen dienen einer fortlaufenden Numerierung der mehr als 100 000 Altstoffe (die EINECS-Nrn. umfassen die Nummern 200-001-8 bis 310-192-0). Die Ordnung des EINECS-Hauptverzeichnisses orientiert sich an den CAS-Nrn., wobei mit der kleinsten CAS-Nr. begonnen wurde, so daß beide Nrn.-Folgen im EINECS-Hauptverzeichnis gleiche Steigung haben. Die Kontrollziffer Y berechnet sich nach der Methode ISBN ($\rightarrow$EG-Nr.).

Die EINECS-Nrn. sind nach § 6 der $\rightarrow$Gefahrstoffverordnung bei der Kennzeichnung gefährlicher (alter) Stoffe als EWG-Nummer anzugeben (nicht zu verwechseln mit der EG-Nr.); für neue Stoffe wird als EWG-Nummer die $\rightarrow$ELINCS-Nr. angegeben. *Dreyhaupt*

Einfügungsdämpfungsmaß. E. eines Schallschirms kennzeichnet seine Wirksamkeit (Schallpegelminderung) unter Berücksichtigung der Rand- und Umgebungsbedingungen.

Nach VDI 2720, Bl. 1 E: Schallschutz durch Abschirmung im Freien. 2/1991, ist das E. D_e folgendermaßen definiert:

$$D_e = D_Z - D_0 + D_m \geqq 0 \text{ dB}$$

$D_Z = \rightarrow$Abschirmmaß des Schallschirmes
$D_0 =$ Summe des Bewuchs-, Bebauungsdämpfungsmaßes und des Boden- und Meteorologiedämpfungsmaßes für den Schallausbreitungsweg ohne Schallschirm
$D_m =$ Summe der genannten Dämpfungsmaße, die auf dem Ausbreitungsweg mit Schallschirm noch wirksam sind. *Strauch*

Eingriff in Natur und Landschaft. Die Eingriffsregelung des § 8 BNatSchG ist eine durch die Landesnaturschutzgesetze auszufüllende Rahmenvorschrift. Die wesentlichen Aspekte können jedoch auch ohne näheres Eingehen auf die einzelnen landesrechtlichen Bestimmungen verdeutlicht werden. Die Eingriffsregelung richtet Vermeidungs-, Ausgleichs- und Ersatzpflichten an den Verursacher eines E.

Als E. gilt nicht jede Beeinträchtigung von $\rightarrow$Natur und $\rightarrow$Landschaft, sondern nur die Veränderung der Gestalt oder der Nutzung von Grundflächen, die die Leistungsfähigkeit des Naturhaushalts oder das Landschaftsbild erheblich oder nachhaltig beeinträchtigen kann. Ganz überwiegend haben die Bundesländer in Positiv- bzw. Negativlisten bestimmt, welche konkreten Veränderungen der Gestalt oder Nutzung von Grundflächen als E. anzusehen sind oder auch nicht.

Über die Zulassung von E. wird nicht in einem eigenen naturschutzrechtlichen Verfahren, sondern in den sonstigen Erlaubnisverfahren, das heißt etwa im Rahmen des Baugenehmigungsverfahrens entschieden. Im Rahmen der jeweils maßgebenden Zulassungsentscheidung stellt die Eingriffsregelung zusätzliche Rechtmäßigkeits-Voraussetzungen für das beabsichtigte Vorhaben auf.

Der Verursacher eines E. ist zu verpflichten, vermeidbare Beeinträchtigungen zu unterlassen. Entscheidend für die Vermeidbarkeit ist es, ob für die Verwirklichung des Vorhabens eine umweltschonendere Alternative mit geringeren Beeinträchtigungen besteht.

Der Verursacher unvermeidbarer Beeinträchtigungen hat durch Schutzmaßnahmen innerhalb einer bestimmten Frist diese auszugleichen, soweit es zur Verwirklichung der Ziele des Naturschutzrechts erforderlich ist. Der Ausgleich muß nicht unbedingt am Ort des E. selbst erfolgen. Es muß jedoch ein räumlich-funktioneller Zusammenhang gewahrt bleiben. Als ausgeglichen ist der E. anzusehen, wenn nach seiner Beendigung keine erheblichen oder nachhaltigen Beeinträchtigungen des Naturhaushalts zurückbleiben oder das Landschaftsbild landschaftsgerecht wiederhergestellt oder neu gestaltet ist.

Der E. ist zu untersagen, wenn die Beeinträchtigungen nicht zu vermeiden oder nicht im erforderlichen Maße auszugleichen sind und die Belange des $\rightarrow$Naturschutzes und der $\rightarrow$Landschaftspflege bei der Abwägung aller Anforderungen an Natur und Landschaft im Range vorgehen. Bei dieser Abwägung steht der Behörde ein nur eingeschränkt gerichtlich überprüfbarer Entscheidungsspielraum zu.

Können die E. nicht ausgeglichen werden und setzen sich die für das eingreifende Vorhaben sprechenden Belange gegenüber den Belangen des Naturschutzes und der Landschaftspflege im Rahmen der Abwägung durch, dann können Ersatzmaßnahmen des Verursachers zur Kompensation des nicht ausgleichbaren E. verlangt werden. Denkbar ist etwa die Schaffung eines $\rightarrow$Biotops in der weiteren Umgebung oder aber die Erhebung von Ausgleichsabgaben. *Hoppe/Beckmann*

Literatur: *Burmeister:* Der Schutz von Natur und Landschaft vor Zerstörung. Düsseldorf 1988. – *Schink:* Naturschutz- und Landschaftspflegerecht Nordrhein-Westfalen.

Eingriff Unbefugter. E. U. sind mögliche Gefahrenquellen beim Betrieb gefährlicher Anlagen. Gegen sie sind deshalb entsprechende Vorkehrungen zu treffen. So bestimmt § 3 Abs. 2 der $\rightarrow$Störfall-Verordnung ausdrücklich, daß bei der Erfüllung der Sicherheitspflichten E. U. zu berücksichtigen sind. Nach § 7 Abs. 2 Nr. 5 des Atomgesetzes darf die Genehmigung für kerntechnische Anlagen nur erteilt werden, wenn der erforderliche Schutz gegen Störmaßnahmen oder sonstige Einwirkungen Dritter gewährleistet ist. Als unbefugt sind alle Personen anzusehen, denen ein Eingriff in den Anlagenbe-

trieb nicht gestattet ist. Hierbei kann es sich um Personen handeln, die
- von außen in zerstörerischer oder den sicheren Betrieb störender Absicht auf die Anlage einwirken,
- sich unbefugt Zugang zu dem betroffenen Anlagenbereich verschafft haben oder
- bewußt und gewollt von ihren Befugnissen im Rahmen des Anlagenbetriebs abweichen. *Hansmann*

Einheiten des SI. Das Internationale Einheitensystem wurde 1960 festgelegt. In der Folgezeit wurde das SI unter Mitarbeit der internationalen Normungsgremien vervollkommnet. Das SI ist inzwischen in über 100 Staaten verbindlich eingeführt. (Man spricht nicht vom SI-System, da das S bereits für System steht!)

Das SI kennt sieben Basisgrößen, für die sieben Basiseinheiten festgelegt sind (Tabelle 1). Die Definitionen der sieben SI-Basiseinheiten sind in Tabelle 2 zusammengestellt. Aus den Basisgrößen wurde eine Vielzahl von Größen abgeleitet. Die zugehörigen abgeleiteten Einheiten wurden im SI durch Multiplikation und/oder Division aus den Basiseinheiten gebildet. Dabei hat man für jede Größe nur eine einzige bevorzugte Einheit vorgesehen. Abgeleitete SI-Einheiten enthalten außer den Basiseinheiten nur noch den Zahlenfaktor 1; man nennt sie deshalb kohärent (zusammenhängend) abgeleitete Einheiten.

Für 21 häufig gebrauchte abgeleitete SI-Einheiten wurden eigene Namen festgelegt (Zusammenstellung Tabelle 3, Definitionen Tabelle 4), für andere nicht. Zusammen mit den SI-Basiseinheiten bilden diese ein kohärentes Einheitensystem. Mit kohärenten Einheitensystemen läßt sich sehr leicht rechnen, da die Umrechnung von Einheiten nicht erforderlich ist.

Grundsätzlich könnte man überall in Wissenschaft und Technik mit SI-Einheiten auskommen. Allerdings würden sich dann vielfach recht unhandliche Zahlenwerte ergeben (Beispiel 0,000001 m = 1 μm). Deshalb wurde es gesetzlich zugelassen, durch dezimale Vorsätze Vielfache oder Teile von

Einheiten des SI. Tabelle 1: Basisgrößen und Basiseinheiten des SI.

SI-Basisgrößen		SI-Basiseinheiten	
Name	Zeichen	Name	Zeichen
Länge	l	das Meter	m
Masse	m	das Kilogramm	kg
Zeit	t	die Sekunde	s
el. Stromstärke	I	das Ampere	A
thermodyn. Temperatur	T	das Kelvin	K
Stoffmenge	n	das Mol	mol
Lichtstärke	I_v	die Candela	cd

Einheiten des SI. Tabelle 2: Definitionen der SI-Basiseinheiten

Meter	Das Meter ist die Länge der Strecke, die das Licht im Vakuum während der Dauer von (1/299 792 458) Sekunden durchläuft (17. Generalkonferenz für Maß und Gewicht, 1983)
Kilogramm	Das Kilogramm ist die Masse des Internationalen Kilogrammprototyps (1. Generalkonferenz für Maß und Gewicht, 1889). Dieser Internationale Kilogrammprototyp aus Platin-Iridium wird im Internationalen Büro für Maß und Gewicht unter den 1889 festgelegten Bedingungen aufbewahrt.
Sekunde	Die Sekunde ist das 9 192 631 770fache der Periodendauer der dem Übergang zwischen den beiden Hyperfeinstrukturniveaus des Grundzustandes von Atomen des Nuklids Cs 133 entsprechenden Strahlung (13. Generalkonferenz für Maß und Gewicht, 1967)
Ampere	Das Ampere ist die Stärke eines zeitlich unveränderlichen elektrischen Stroms, der durch zwei im Vakuum parallel im Abstand 1 m voneinander angeordnete, geradlinige, unendlich lange Leiter von vernachlässigbar kleinem, kreisförmigem Querschnitt fließend, zwischen diesen Leitern je 1 m Leiterlänge, elektrodynamisch die Kraft $0,2 \cdot 10^{-6}$ N hervorrufen würde (9. Generalkonferenz für Maß und Gewicht, 1948).

noch: Einheiten des SI. Tabelle 2: Definitionen der SI-Basiseinheiten

Kelvin	Das Kelvin ist der 273,16te Teil der thermodynamischen Temperatur des Tripelpunktes des Wassers (13. Generalkonferenz für Maß und Gewicht, 1967). Anmerkung: Auch Temperaturintervalle und Temperaturdifferenzen werden in Kelvin angegeben. Neben der thermodynamischen Temperatur (Formelzeichen T) wird auch die Celsius-Temperatur (Formelzeichen t) benutzt, die durch die Gleichung $t = T - T_0$ definiert ist, wobei $T_0 = 273,15$ K per definitionem ist. *Grad Celsius* ist ein spezieller Name anstelle der Einheit *Kelvin*, wenn die Celsius-Temperatur angegeben wird. Ein Celsius-Termperaturintervall oder eine Celsius-Temperaturdifferenz darf auch in Grad Celsius angegeben werden.
Mol	Das Mol ist die Stoffmenge eines Systems bestimmter Zusammensetzung, das aus ebenso vielen Teilchen besteht, wie Atome in (12/1000) kg des Nuklids C 12 enthalten sind. Bei Benutzung des Mol müssen die Teilchen spezifiziert werden. Es können Atome, Moleküle, Ionen, Elektronen usw. oder eine Gruppe solcher Teilchen genau angegebener Zusammensetzung sein (14. Generalkonferenz für Maß und Gewicht, 1971).
Candela	Die Candela ist die Lichtstärke in einer bestimmten Richtung einer Strahlungsquelle, die monochromatische Strahlung der Frequenz $540 \cdot 10^{12}$ Hertz aussendet und deren Strahlstärke in dieser Richtung (1/683) Watt durch Steradiant beträgt (16. Generalkonferenz für Maß und Gewicht, 1979)

Einheiten des SI. Tabelle 3: Abgeleitete SI-Einheiten mit besonderen Einheitennamen

Abgeleitete Größe im SI	SI-Einheit		Beziehung zu	
	Name	Zeichen	SI-Basiseinheiten	andere SI-Einheiten
Ebener Winkel	Radiant	rad	$= m^1 m^{-1}$	
Raumwinkel	Steradiant	sr	$= m^2 m^{-2}$	
Frequenz	Hertz	Hz	$= s^{-1}$	
Aktivität	Becquerel	Bq	$= s^{-1}$	
Kraft	Newton	N	$= m\ kg\ s^{-2}$	
Druck/mech. Spannung	Pascal	Pa	$= m^{-1} kg\ s^{-2}$	$= N/m^2$
Energie, Arbeit, Wärmemenge	Joule	J	$= m^2 kg\ s^{-2}$	$= Nm$
Leistung, Wärmestrom	Watt	W	$= m^2 kg\ s^{-3}$	$= J/s$
Energiedosis	Gray	Gy	$= m^2\ s^{-2}$	$= J/kg$
Äquivalentdosis	Sievert	Sv	$= m^2\ s^{-2}$	$= J/kg$
Elektrische Ladung	Coulomb	C	$= s\ A$	
Elektrische Spannung	Volt	V	$= m^2 kg\ s^{-3}\ A^{-1}$	$= W/A$
Elektrische Kapazität	Farad	F	$= m^{-2} kg^{-1}\ s^4\ A^2$	$= C/V$
Elektrischer Widerstand	Ohm	Ω	$= m^2 kg\ s^{-3}\ A^{-2}$	$= V/A$
Elektrischer Leitwert	Siemens	S	$= m^{-2} kg^{-1}\ s^3\ A^2$	$= A/V$
Magnetischer Fluß	Weber	Wb	$= m^2 kg\ s^{-2}\ A^{-1}$	$= V\ s$
Magnetische Flußdichte	Tesla	T	$= kg\ s^{-2}\ A^{-1}$	$= Wb/m^2$
Induktivität	Henry	H	$= m^2 kg\ s^{-2}\ A^{-2}$	$= Wb/A$
Celsius-Temperatur	Grad Celsius	°C	$= 1\ K$	
Lichtstrom	Lumen	lm	$= m^2 m^{-2}\ cd$	$= cd\ sr$
Beleuchtungsstärke	Lux	lx	$= m^2 m^{-4}\ cd$	$= lm/m^2$

Einheiten des SI. Tabelle 4: Definitionen der abgeleiteten SI-Einheiten mit besonderen Einheitennamen

Radiant	Ein Radiant ist gleich dem ebenen Winkel, der als Zentriwinkel eines Kreises vom Halbmesser 1 m aus dem Kreis einen Bogen von 1 m Länge ausschneidet.
Steradiant	Ein Steradiant ist gleich dem räumlichen Winkel, der als gerader Kreiskegel mit der Spitze im Mittelpunkt einer Kugel vom Halbmesser 1 m aus der Kugeloberfläche eine Kalotte der Fläche 1 m² ausschneidet.
Hertz	Ein Hertz ist gleich der Frequenz eines periodischen Vorgangs der Periodendauer 1 s.
Becquerel	Ein Becquerel als Einheit der Aktivität einer radioaktiven Substanz ist gleich der Aktivität einer Menge eines radioaktiven Nuklids, in der der Quotient aus dem statistischen Erwartungswert für die Zahl der Umwandlungen oder isomeren Übergänge und der Zeitspanne, in der diese Umwandlungen oder Übergänge stattfinden, bei abnehmender Zeitspanne dem Grenzwert 1/s (Bq) zustrebt.
Newton	Ein Newton ist gleich der Kraft, die einem Körper der Masse 1 kg die Beschleunigung 1 m/s² erteilt.
Pascal	Ein Pascal ist gleich dem auf eine Fläche gleichmäßig wirkenden Druck, bei dem senkrecht auf die Fläche 1 m² die Kraft 1 N ausgeübt wird.
Joule	Ein Joule ist gleich der Arbeit, die verbraucht wird, wenn der Angriffspunkt der Kraft 1 N in Richtung der Kraft um 1 m verschoben wird.
Watt	Ein Watt ist gleich der Leistung, bei der während der Zeit 1 s die Energie 1 J umgesetzt wird.
Gray	Ein Gray ist gleich der Energiedosis, die bei Übertragung der Energie 1 J auf Materie der Masse 1 kg durch ionisierende Strahlung räumlich konstanter Energieflußdichte entsteht.
Sievert	Ein Sievert ist gleich der Äquivalentdosis, die bei Übertragung der Energie 1 J auf Materie der Masse 1 kg durch ionisierende Strahlung räumlich konstanter Energieflußdichte entsteht.
Coulomb	Ein Coulomb ist gleich der Elektrizitätsmenge, die während der Zeit 1 s bei einem zeitlich unveränderlichen elektrischen Strom der Stärke 1 A durch den Querschnitt eines Leiters fließt.
Volt	Ein Volt ist gleich der Spannung oder elektrischen Potentialdifferenz zwischen zwei Punkten eines fadenförmigen homogenen und gleichmäßig temperierten metallischen Leiters, in dem bei einem zeitlich unveränderlichen Strom der Stärke 1 A zwischen den beiden Punkten die Leistung 1 W umgesetzt wird.
Farad	Ein Farad ist gleich der elektrischen Kapazität eines Kondensators, der durch die Elektrizitätsmenge 1 C auf die elektrische Spannung 1 V aufgeladen wird.
Ohm	Ein Ohm ist gleich dem elektrischen Widerstand zwischen zwei Punkten eines fadenförmigen, homogenen und gleichmäßig temperierten elektrischen Leiters, durch den bei der elektrischen Spannung 1 V zwischen den beiden Punkten ein zeitlich unveränderlicher elektrischer Strom der Stärke 1 A fließt.
Siemens	Ein Siemens ist gleich dem elektrischen Leitwert eines Leiters vom elektrischen Widerstand 1 Ohm.

noch: Einheiten des SI. Tabelle 4: Definitionen der abgeleiteten SI-Einheiten mit besonderen Einheitennamen

Weber	Ein Weber ist gleich dem magnetischen Fluß, bei dessen gleichmäßiger Abnahme während der Zeit 1 s auf Null in einer ihn umschlingenden Windung die elektrische Spannung 1 V induziert wird.
Henry	Ein Hernry ist gleich der Induktivität einer geschlossenen Windung, die, von einem elektrischen Strom der Stärke 1 A durchflossen, im Vakuum den magnetischen Fluß 1 Wb umschlingt.
Tesla	Ein Tesla ist gleich der Flächendichte des homogenen magnetischen Flusses 1 Wb, der die Fläche 1 m^2 senkrecht durchsetzt.
Grad Celsius	Ein Grad Celsius ist gleich 1 Kelvin bei der Angabe der Celsius-Temperatur $t = T - T_0$ mit T = thermodynamische Temperatur in K und T_0 = 273,15 K sowie zur Angabe von Celsius-Temperaturdifferenzen.
Lumen	Ein Lumen ist gleich dem Lichtstrom, den eine punktförmige Lichtquelle mit der Lichtstärke 1 cd gleichmäßig nach allen Richtungen in den Raumwinkel 1 sr aussendet.
Lux	Ein Lux ist gleich der Beleuchtungsstärke, die auf einer Fläche herrscht, wenn auf 1 m^2 der Fläche gleichmäßig verteilt der Lichtstrom 1 lm fällt.

SI-Einheiten als neue Einheiten zu bilden (Tabelle 5). Die so gebildeten Einheiten sind nicht mehr kohärent zu den SI-Einheiten, damit also keine SI-Einheiten. Deshalb ist dem Benutzer folgendes zu empfehlen:

Einheiten des SI. Tabelle 5: SI-Vorsätze für dezimale Vielfache und Teile von Einheiten.

Bedeutung	Vorsatz		Faktor als Zehnerpotenz
	Name	Zeichen	
Trillionstel	Atto ...	a ...	10^{-18}
Billiardstel	Femto ...	f ...	10^{-15}
Billionstel	Piko ...	p ...	10^{-12}
Milliardstel	Nano ...	n ...	10^{-9}
Millionstel	Mikro ...	μ ...	10^{-6}
Tausendstel	Milli ...	m ...	10^{-3}
Hunderstel	Zenti ...	c ...	10^{-2}
Zehntel	Dezi ...	d ...	10^{-1}
Zehnfache	Deka ...	da ...	10
Hundertfache	Hekto ...	h ...	10^2
Tausendfache	Kilo ...	k ...	10^3
Millionenfache	Mega ...	M ...	10^6
Milliardenfache	Giga ...	G ...	10^9
Billionenfache	Tera ...	T ...	10^{12}
Billiardenfache	Peta ...	P ...	10^{15}
Trillionenfache	Exa ...	E ...	10^{18}

Hinweise: Wenn an ein mit einem SI-Vorsatz versehenes Einheitenzeichen ein Potenzexponent angefügt ist, so gilt dieser Exponent auch für den Vorsatz: z. B. 1 cm^3 = $(10^{-2}$ m)^3 = 10^{-6} m^3.
Hintereinandersetzen mehrerer SI-Vorsätze ist unzulässig: z. B. nicht 1 mμm, sondern 1 nm.

□ Für Berechnungen sollte man möglichst nur SI-Einheiten einsetzen. Vorteil: Man braucht die Einheiten bei der Berechnung nicht besonders zu beachten und kann mit ihrer Hilfe die formale Richtigkeit der verwendeten Größengleichung ohne Mühe überprüfen.
□ Zur Angabe einzelner Größenwerte kann man zusätzlich auch noch die durch dezimale Vorsätze erweiterten SI-Einheiten benutzen, um gut handhabbare Zahlenwerte (etwa zwischen 0,1 und 1000) zu erhalten. Beispiele:
Entfernung 13 km statt 13 000 m
Kapazität 1 μF statt 0,000001 F
□ Alle anderen zulässigen Einheiten sollte man vermeiden. Beispiel: Einen Massenstrom von 54 t/h gibt man besser als 15 kg/s an. *Hammerschmidt*

Literatur: DIN 1301 Teil 1: Einheiten; Einheitennamen, Einheitenzeichen. Berlin 1985. – *Rümcker, B.:* SI-Einheiten/ Gesetzliche Einheiten und ihre Anwendungspflicht in der Praxis. 3. Aufl. Kissing 1978. – SI: Das Internationale Einheitensystem. Hrsg.: Amt für Standardisierung, Meßwesen und Warenprufung, Deutsche Demokratische Republik. Bundesamt für Eich- und Vermessungswesen, Österreich. Eidgenössisches Amt für Maß und Gewicht, Schweiz. Physikalisch Technische Bundesanstalt, Bundesrepublik Deutschland. Braunschweig, 1982.

Einkapselungsverfahren. Verfahren, die die Einschließung einer Altlast und damit eine Unterbrechung bzw. Kontrolle der →Ausbreitungspfade bewirken. Die angewandten Verfahren sind bautechnischer Art. Neben den bautechnischen E. sind gegebenenfalls auch Maßnahmen zur Wasserhaltung und zum Abpumpen kontaminierten Grundwassers (hydraulische Maßnahmen) vorzusehen.

Sofern gasförmige Emissionen auftreten, sind entsprechende Einrichtungen zur Absaugung und Reinigung (pneumatische Maßnahmen) erforderlich. Zur Einschließung gehören Systeme zur Oberflächenabdichtung und zur vertikalen Dichtung; bei einem durchlässigen Untergrund zusätzlich noch eine Untergrundabdichtung (Bild 1).

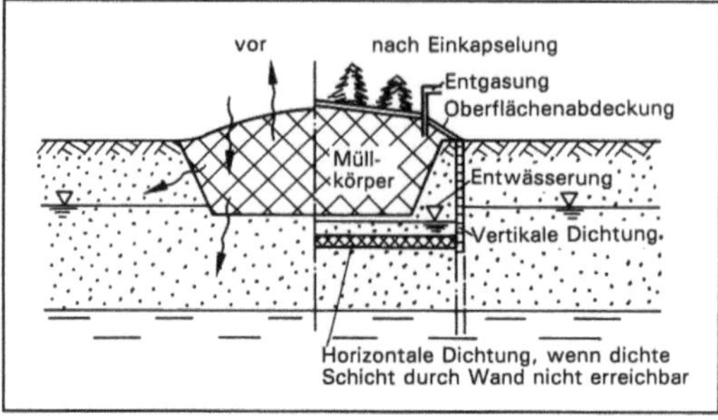

Einkapselungsverfahren 1: Einkapselungsschema einer Altdeponie. (Quelle: Jessberger)

☐ Oberflächenabdichtungssysteme: Sie bestehen in der Regel aus Deckschicht, Dichtschicht und Schutzschicht. Je nach örtlichen Gegebenheiten sind auch kombinierte Systeme erforderlich. Die Dichtschicht besteht aus mineralischen Materialien mit und ohne Kunststoffdichtungsbahnen. Zu den wichtigsten Aufgaben der Oberflächenabdichtung gehören das Vermindern des Einsickerns von Oberflächenwasser, die Kontrolle und Ableitung von im Untergrund gebildeten Gasen sowie die Verminderung von Erosion und Verwehungen. Um die Wirksamkeit einer Oberflächenabdichtung abzuschätzen, empfiehlt sich das Anlegen von Testfeldern und die Durchführung von Wasserhaushaltsberechnungen.

☐ Vertikale Abdichtung: Sie erfolgt durch Dichtwände, die als Schmal-, Spund-, Schlitz- oder Injektionswände ausgeführt werden. Bei der Schlitzwand gibt es Ausführungsformen als Einphasen-, Zweiphasen- und Mehrschichtdichtwand. Bei Injektionsverfahren kann eine Düsenstrahlwand oder ein Injektionsschirm hergestellt werden. Zu den zahlreichen Ausführungsformen gehört auch das Doppelwandsystem mit Kammern. Besondere Anforderungen werden an die Materialien der Dichtwände gestellt, die für die Abdichtung und Langzeitstabilität verantwortlich sind. Hierzu müssen geeignete Baustoffe für die Dichtwandmassen und beständige Kunststofffolien ausgesucht werden. Der Durchlässigkeitsbeiwert und die Permeationsrate dienen u. a. als Beurteilungskriterien bei Eignungsprüfungen (Bild 2). Die vertikalen Dichtwände müssen in den gering durchlässigen Untergrund oder in eine zusätzlich eingebrachte Untergrundabdichtung eingebunden sein.

☐ Untergrundabdichtung: Sie kann bei Nichtvorhandensein natürlicher und gering durchlässiger Schichten im Untergrund, z. B. an der Sohle einer →Altablagerung, nachträglich notwendig werden. Durch Injektion ist eine vollständige und sichere Abdichtung nicht immer zu erreichen, auch können zusätzliche wasserschädigende Stoffe mobilisiert werden. Andere Systeme zur Untergrundabdichtung arbeiten nach der Stollenbauweise oder benutzen das Schwerteinbauverfahren mit und ohne Robotereinsatz.

Beim Bau der Einkapselung ist die Ausführung der Arbeiten auf der Grundlage von Qualitätssicherungsplänen zu überwachen. Nach Fertigstellung ist über die Lebenszeit der Einkapselung eine ständige Kontrolle der Funktionsfähigkeit notwendig.

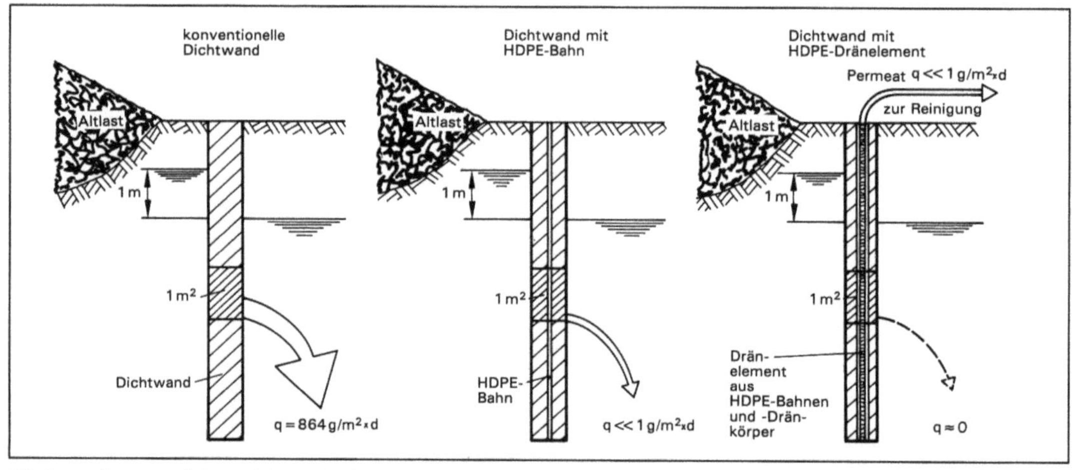

Einkapselungsverfahren 2: Vergleich der Permeationsrate q von Dichtwänden mit und ohne Dichtungsbahnen aus Polyethylen hoher Dichte, HDPE. (Quelle: Nussbaumer u. SRU)

Die Anwendung von E. erfolgt vornehmlich bei großvolumigen und heterogenen Altablagerungen. Sie haben sich auch schon bei der Einschließung von Kontaminationsherden an Altstandorten bewährt. Eine derartige Maßnahme setzt voraus, daß der Kontaminationsherd keinen Kontakt zum Grundwasser hat oder eine Grundwasserneubildung aus dem verunreinigten Bodenbereich verhindert wird. Eine Einkapselungsmaßnahme kann dazu dienen, für eine später vorzunehmende →Dekontamination Zeit zu gewinnen. *Thoenes*

Literatur: SRU: Altlasten. Stuttgart 1990. – *Jessberger, H. J.:* Empfehlungen des Arbeitskreises *Geotechnik der Deponien und Altlasten* der Deutschen Gesellschaft für Erd- und Grundbau e. V. Bautechnik (1988) 65, S. 289/300. – *Nussbaumer, M.:* Mehrschichtige Deponiedichtwand System Züblin. In: Bundesministerium für Forschung und Technologie/Umweltbundesamt (Hrsg.): Sanierung kontaminierter Standorte. Berlin 1985.

Einkreiskraftwerk, solares. Solarthermische Kraftwerke sind →Parabolrinnenkraftwerke, →Solarturmkraftwerke oder →Paraboloidkraftwerke. Parabolrinnenkraftwerke haben in der Regel zwei thermodynamische Kreisläufe: Der Primärkreislauf ist ein Thermoölkreislauf mit einer Maximaltemperatur von ≤400 °C und einem Druck <10 bar. Er nimmt die konzentrierte Strahlungsenergie der Sonne auf und übergibt sie in einem Wärmetauscher als Verdampfer an einen sekundären Wasser/Dampf-Kreislauf, zu dem Turbogenerator und Kondensator, gegebenenfalls Zwischenüberhitzer oder Wärmespeicher gehören.

Gegenwärtig sind Entwicklungen im Gange, auf den Primärkreislauf zu verzichten und solare Wasserdirektverdampfung durchzuführen. Motive sind finanzieller, ökologischer und energetischer Art: Der Wärmetauscher zwischen Primär- und Sekundärkreislauf und das Wärmeträgermedium Thermoöl entfallen; Wasserdirektverdampfung läßt höhere Temperaturen zu, ein höherer Carnot-Wirkungsgrad kann erwartet werden.

Bislang ausgeführte Solarturm-Experimentalkraftwerke arbeiteten mit Wasser/Dampf, Natrium oder eutektischen Salzen als Wärmeträgermedien im Primärkreislauf und mit Wasser/Dampf im Sekundärkreislauf. Solare Rotationsparaboloide können Einzelanlagen mit →Strahlungsabsorber und Motorgenerator im Fokus sein oder Module eines Solarfarmkraftwerkes, deren Absorber thermodynamisch verschaltet sind. Im ersten Fall wird der Absorber vom Arbeitsmedium des Motorgenerators durchströmt: Für Stirlingmotoren sind dies Wasserstoff oder Helium, für Gasturbinen Luft oder Kohlendioxid im geschlossenen Kreislauf. Die in Organic Rankine-Maschinen eingesetzten ökologisch bedenklichen Fluorchlorkohlenwasserstoffe oder halogenierte Fluorchlorkohlenwasserstoffe (FCKW oder HFCKW) werden in Zukunft durch umweltverträgliche Stoffe ersetzt werden müssen. Im Falle des Farmkraftwerkes sind die Module Teil des – in der Regel Thermoöl – Primärkreislaufs. *C.-J. Winter*

Einsammlung von Abfällen →Abfallbeseitigung

Einstrahlung (insolation). Der Begriff bezeichnet die auf die Erde eingestrahlte solare Strahlungslei-

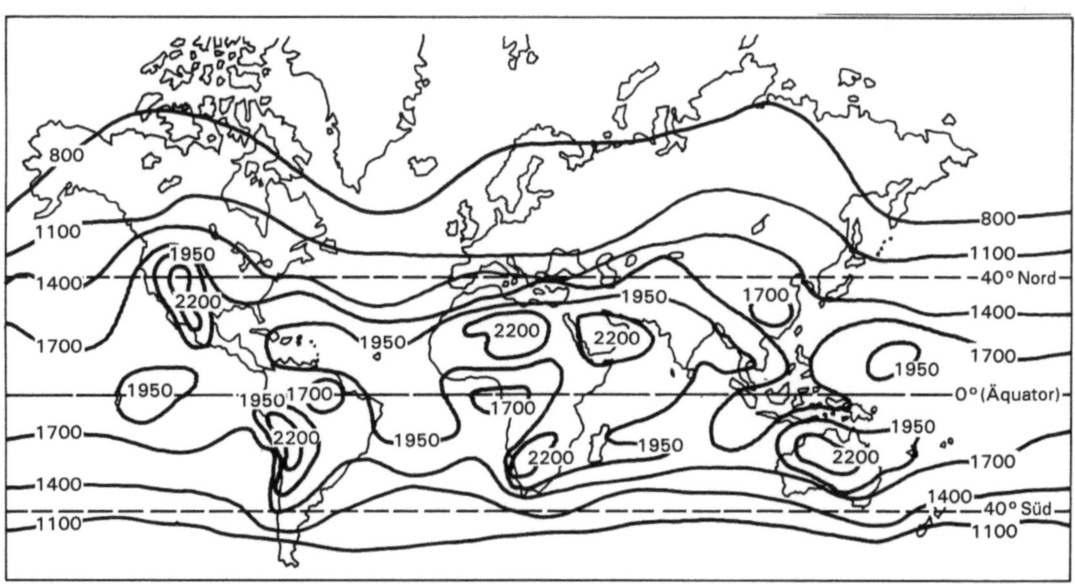

Einstrahlung 1: Globale mittlere jährliche E. in kWh/m².

stung (W/m^2); in Seehöhe kann sie im Maximum bei klarem Himmel bis zu ca. 1 000 W/m^2 betragen. Zum Vergleich: Die →Solarkonstante auf der oberen Berandung der Atmosphäre ist 1 367 W/m^2 (1980; die Solarkonstante unterliegt Jahresschwankungen in Promille), die mittlere E. im Jahresmittel – Nächte und Bewölkung eingeschlossen – ist in Mitteleuropa ca. 110 W/m^2, im Südwesten Nordamerikas ca. 300 W/m^2 (Bild 1, Bild 2).

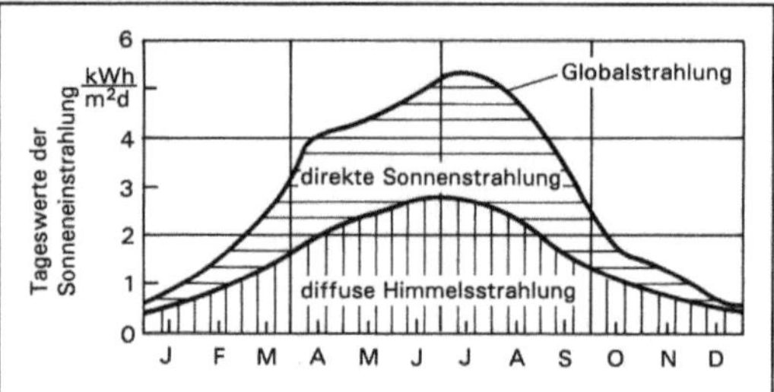

Einstrahlung 2: Jahresgang der mittleren täglichen E. auf eine Horizontalfläche in Mitteleuropa.

Die →Globalstrahlung ist die Addition der konzentrierbaren direkten und der diffusen Strahlung, die aus dem über dem Meßinstrument liegenden Halbraum (Raumwinkel 2 π sr) stammen. Die direkte Strahlung ist der konzentrierbare Anteil der Globalstrahlung, welcher aus der Sonnenscheibe stammt und den Beobachter ohne Richtungsänderung erreicht. Die diffuse Strahlung ist der Anteil der Globalstrahlung, aus allen Raumrichtungen – mit Ausnahme der Sonnenscheibe – einfällt und den Beobachter nach Streuung und Absorption an Molekülen, Aerosolen, Wolken u. a. in der Atmosphäre sowie gegebenenfalls Reflexion an Boden, Bäumen, Gewässern, Bauten u. a. auf der Erdoberfläche erreicht.

Konzentrierende →Sonnenenergiewandler können nur die direkte Strahlung nutzen, alle anderen nutzen beide, die direkte und die diffuse Strahlung. Hohe Jahresanteile direkter Strahlung haben nur trockene (meist aride) Weltgegenden im äquatorialen Gürtel ±30°N/S. Der diffuse Anteil kann – vor allem in tropischen, aber auch Weltgegenden der nördlichen Hemisphäre – vorherrschen; hier sind Photovoltaikgeneratoren prädestiniert. *C.-J. Winter*

Literatur: Potentiale Regenerativer Energieträger in der Bundesrepublik Deutschland, VDI-GET, Düsseldorf 1991.

Eintrittswahrscheinlichkeit. Begriff aus der Sicherheitstechnik, der die Wahrscheinlichkeit für das Auftreten einer →Betriebsstörung, den Ausfall einer sicherheitstechnisch wichtigen Komponente oder das Ereignis eines Unfalls in einer kerntechnischen – oder auch einer konventionellen technischen – Anlage zahlenmäßig ausdrückt. Das Produkt aus E. eines Schadensereignisses und Ausmaß des Schadens bezeichnet man als Risiko.

In der Kerntechnik – und auch bei vergleichbaren technischen Risiken – kommt es angesichts des möglichen großen Schadensausmaßes darauf an, die E. für einen →Störfall oder einen Unfall extrem klein zu halten (→Sicherheitskonzept).

Beim Ausfall von Komponenten wird zwischen zwei Arten von E. unterschieden:

– Die Versagenswahrscheinlichkeit P als die Wahrscheinlichkeit, daß eine im Betrieb befindliche Komponente in einem gegebenen Zeitintervall ausfällt. Manchmal bezieht man die Wahrscheinlichkeit auch auf das Zeitintervall und erhält dann eine Größe der Dimension einer reziproken Zeit.

– Die Unverfügbarkeit Q als die Wahrscheinlichkeit, daß eine nicht in Betrieb befindliche (Stand-by) Komponente bei Anforderung nicht verfügbar ist. *Merz*

Literatur: *Smidt, D.:* Reaktorsicherheitstechnik. Berlin–Heidelberg–New York 1979.

21. BImSchV. Verordnung zur Begrenzung der Kohlenwasserstoffemissionen bei der Betankung von Kraftfahrzeugen vom 7. Oktober 1992 (BGBl. I S. 1730). Regelt die Errichtung, die Beschaffenheit, den Betrieb und die Überwachung von Tankstellen, soweit Kraftfahrzeuge mit Ottokraftstoffen betankt werden. Die Abgabe von Dieselkraftstoff wird nicht erfaßt; dies erschien dem Verordnungsgeber bei der Verfolgung des Ziels, die Kohlenwasserstoffemissionen im Zusammenhang mit der Kfz-Betankung deutlich zu vermindern, wegen der wesentlich geringeren Flüchtigkeit dieses Kraftstoffs nicht notwendig. Die Regelung korrespondiert mit der gleichzeitig erlassenen →20. BImSchV, die die Kohlenwasserstoffemissionen beim Umfüllen und Lagern von Ottokraftstoffen begrenzt.

Wesentlicher Inhalt der 21. BImSchV ist die grundsätzliche Einführung von Gasrückführungssystemen (sog. Saugrüssel) an Ottokraftstofftanksäulen, um die beim Betankungsvorgang aus dem Fahrzeugtank austretenden Kohlenwasserstoffemissionen dem Lagertank wieder zuzuführen (→Betankung, emissionsarme). Der Tankstellenbetreiber hat im Zuge der Eigenkontrolle das Gasrückführungssystem einmal jährlich von einem Fachbetrieb auf einwandfreien Zustand überprüfen zu lassen; außerdem hat er bei der Inbetriebnahme und dann alle fünf Jahre das System von einem anerkannten Sachverständigen abnehmen zu lassen.

Die Verordnung gilt nicht für bestehende kleinere Tankstellen (Ottokraftstoffabgabemenge bis zu 1 000 m^3/a) und nicht für das Betanken von Kraftfahrzeugen, die für den Einsatz eines Gasrückführungssystems nicht geeignet sind, wie insbesondere Motorräder.

Für neue Tankstellen gilt die Verordnung vom 1. Januar 1993 an; für bestehende Tankstellen gelten grundsätzlich Übergangsfristen von drei bis fünf

Jahren, gestaffelt nach Ottokraftstoffabsatz einerseits und der Luftvorbelastung am Standort der Tankstelle andererseits:
– drei Jahre für Tankstellen
– – mit einem Ottokraftstoffabsatz von mehr als 5 000 m³/a oder
– – mit einem Ottokraftstoffabsatz von 2 500 bis 5 000 m³/a, wenn die Tankstelle in einem →Untersuchungsgebiet liegt;
– vier Jahre für nicht in einem Untersuchungsgebiet gelegene Tankstellen mit einem Absatz von 2 500 bis 5 000 m³/a;
– fünf Jahre für Tankstellen mit einem Absatz zwischen 1 000 und 2 500 m³/a. *Dreyhaupt*

Einwegverpackung →Mehrwegverpackung

Einwirkdauer →Betriebsdauer

Einwirkungsbereich. Als E. einer geräuscherzeugenden Anlage ist der Bereich außerhalb des Werksgeländes definiert, in dem die Anlage Geräusche verursacht, die dem geringsten Immissionswert minus 10 dB (Immissionswert für nachts in reinen Wohngebieten 35 dB(A)) entspricht. Der E. ist bei der Genehmigung von Anlagen von Bedeutung.

Nach der →TA Lärm darf die Genehmigung zur Errichtung einer Anlage nur erteilt werden, wenn
– die dem jeweiligen Stand der Lärmbekämpfungstechnik entsprechenden →Lärmschutzmaßnahmen vorgesehen sind und
– die →Immissionsrichtwerte im gesamten E. der Anlage außerhalb der Werksgrundstücksgrenzen nicht überschritten werden. *Strauch*

Einwohnergleichwert (EGW). Rechengröße, die angibt, welcher Einwohnerzahl die Fracht organisch abbaubarer Stoffe – ermittelt als BSB_5 – in einem Abwasser gewerblich-industrieller Herkunft entspricht. Der Berechnung zugrunde liegt in der Regel ein einwohnerspezifischer BSB_5 von 60 g/l.

Die Quantifizierung des gewerblich-industriellen Abwasseranfalls auf der Grundlage eines BSB_5-bezogenen E. ist nur sinnvoll, wenn das Abwasser produktionsbedingt vorzugsweise organisch abbaubare Stoffe aufweist. *Mertsch*

Einzelereignis. Hiermit werden Schalle bezeichnet, die kurzzeitig ein oder mehrere Male während eines Beurteilungszeitraums – Tag (6–22 Uhr) oder Nacht (22–6 Uhr) – auftreten, z. B. Abblasen von Dampf oder Gasen über Sicherheitsventile, Abfackeln von Raffinerieprodukten über Hoch- oder Bodenfackeln, Überflüge von zivilen oder militärischen Flugzeugen mit Überschallgeschwindigkeit.

E. sind zu unterscheiden von seltenen →Ereignissen. Als seltene Ereignisse werden z. B. nach der →Sportanlagen-Lärmschutzverordnung geräusch-

intensive Veranstaltungen bezeichnet, die an weniger als 18 Tagen eines Jahres auftreten. Hierdurch sollen Turniere, die üblicherweise höhere Geräuschimmissionen verursachen als der normale Sportbetrieb, durchführbar bleiben. *Strauch*

Einzelton. Ein E. in einem Geräusch ist eine aus dem Frequenzspektrum (→Frequenzanalyse) herausragende Frequenz mit deutlich höherem →Schalldruckpegel als die benachbarten Frequenzen; man spricht dann von →Tonhaltigkeit der Geräusche. Tonhaltige Geräusche oder Geräusche mit einem oder mehreren E. werden häufig als störender empfunden als Geräusche ohne E., so daß in den Beurteilungsverfahren des Geräuschimmissionsschutzes diese Störwirkung durch einen Zuschlag von bis zu 6 dB zum äquivalenten →Dauerschallpegel (→Mittelungspegel) berücksichtigt wird.

Ein Ermittlungsverfahren für die Einzeltonerkennung wie auch für die Bestimmung der Höhe des Zuschlags ist in der DIN 45681 E. „Bestimmung der Tonhaltigkeit von Geräuschen und Ermittlung eines Tonzuschlages für die Beurteilung von Geräuschimmissionen", 1/92, beschrieben.

Als Hilfe für die Entscheidung, ob ein Tonhaltigkeitszuschlag oder Einzeltonzuschlag (K_{Ton}) bei der Bestimmung des →Beurteilungspegels eines Geräusches gerechtfertigt ist, wird z. B. in VDI 2058: Beurteilung von Arbeitslärm in der Nachbarschaft, gesagt, daß ein E. dann vorhanden sein kann, wenn in einem →Terzspektrum der Pegel der Terz, in dem der E. liegt, die benachbarten Terzpegel um 5 dB und mehr überragt.

Zur Höhe des Einzeltonzuschlags wird hier ausgeführt, daß je nach Auffälligkeit des Einzeltons ein Zuschlag von 3 oder 6 dB in den Zeiten, in denen der Ton auftritt, zu vergeben ist. Die gleiche Regelung ist auch in der →Sportanlagen-Lärmschutzverordnung getroffen, wobei der Zuschlag von 6 dB nur bei besonderer Auffälligkeit des E. gilt. *Strauch*

Eisenerzeugung und -verarbeitung. Dazu gehört die hüttenmäßige Gewinnung von Roheisen auf Erzbasis, die →Stahlerzeugung auf Roheisen- wie auch auf Schrottbasis, die Verarbeitung von Stahl zu Breitband, Profilen, Stäben und Draht und die Herstellung von Eisen-, Temper- und Stahlgußerzeugnissen in Gießereien. Erzeugung und Verarbeitung werden in folgende Bereiche unterteilt: →Roheisengewinnung, →Rohstahlerzeugung und Eisen-, Temper- und Stahlgießereien. Oft wird auch der Begriff gemischtes Hüttenwerk verwendet. Hierunter versteht man die Roheisengewinnung auf Erzbasis mit der Rohstahlerzeugung und der Stahlweiterverarbeitung bis zum Walzprodukt. Gemischte Hüttenwerke haben sehr hohe Leistungen, so daß Abgasvolumenströme von mehr als 1 Mio. m³/h in

Abgasreinigungseinrichtungen zu behandeln sind. Gießereien sind Anlagen mit kleineren Leistungen und Abgasvolumenströmen von max. 150 000 m³/h. Typische luftverunreinigende Stoffe sind Staub mit Schwermetallanteilen, gasförmige anorganische Stoffe (z. B. SO_2, NO_x, Fluorverbindungen) sowie gasförmige organische Stoffe, die insbesondere beim Einsatz von →Schrott auftreten können. Sehr verbreitet ist die →Staubabscheidung mittels Gewebefilter oder elektrostatischem →Abscheider. Die trocken anfallenden Filterstäube können weitgehend verwertet werden. Zur Deckung des Energiebedarfs wird Abwärme verstärkt genutzt. Häufig sind umfangreiche und wirksame Lärmemissionsminderungsmaßnahmen wegen des ganztägigen und oft durchgehenden Wochenendbetriebes notwendig. *Batz*

EKA →Expositionsäquivalent für krebserzeugende Arbeitsstoffe

EKMA. EKMA (Abk. *engl.* Empiric Kinetic Modelling Approach) stellt eine Variante eines →Boxmodells dar, in der eine abgeschlossene Luftmasse dem Sonnenlicht ausgesetzt wird und photochemisch Nicht-Methan-Kohlenwasserstoffe (NMHC) und NO_x in Ozon und andere sekundäre Luftschadstoffe überführt werden. Die EKMA-Methode basiert auf der Berechnung von →Ozon-Isoplethen mit Hilfe von Modellrechnungen (Boxmodell). Die Ozon-Isoplethen sind dreidimensionale Darstellungen der maximalen täglichen Ozonkonzentration (1 h Mittelwert), die durch die Verwendung von verschiedenen Ausgangskonzentrationen für NMHC und NO_x erzeugt werden, wobei die Anfangskonzentrationen für NMHC und NO_x als Achsen eines Koordinatensystems dienen. Die Isoplethen werden dazu benutzt, Kontrollstrategien zu entwickeln, die auf einer Veränderung des $NMHC/NO_x$-Verhältnisses beruhen, damit die Ozonkonzentration einer Luftmasse bestimmte Werte nicht überschreitet. Das Modell ist weniger dazu geeignet, absolute Ozonkonzentrationen zu berechnen, sondern es wurde dazu entwickelt, Änderungen in den maximalen Ozonkonzentrationen in Abhängigkeit der Vorläuferkonzentrationen vorherzusagen. Bestimmend für die maximale tägliche Ozonkonzentration sind nicht nur die Absolutkonzentrationen für NMHC und NO_x, sondern auch deren Verhältnis zueinander. So kann z. B. die Verringerung der NO_x-Konzentration in einer Luftmasse auch zu einer Erhöhung der maximalen Ozonkonzentration führen. Dies muß bei Emissionskontrollmaßnahmen zur Verringerung der durch hohe Ozonkonzentrationen verursachten Schäden berücksichtigt werden.

Auf Grund der einfachen Annahmen, die diesem Modell zugrunde liegen, kann es nur in solchen Fällen eingesetzt werden, bei denen das Ozonmaximum am Nachmittag in einem isolierten städtischen Gebiet auftritt. Seine Anwendbarkeit wurde insbesondere auf empirische Daten aus dem Raum Los Angeles abgestützt. Auf dem Stand des heutigen Wissens gilt das EKMA-Modell als überholt. Für komplexere Fälle, bei denen das Ozonproblem durch eine mehrtägige Exposition der Luftmasse entsteht und auch durch vertikale Mischvorgänge stark beeinflußt wird, oder in ländlichen Gebieten, bei denen das Ozon durch die in die Luftmasse transportierten Schadstoffe gebildet wird, kann das EKMA-Modell nicht eingesetzt werden.

Komplexere Modelle wie das UAM (Urban-Airshed-Model) und das ROM (Regional-Ozone-Model) wurden entwickelt, um die Ozonbildung in komplizierteren Fällen vorherzusagen. Das UAM ist ein Gitternetzmodell (Netzweite zwischen 1 und 10 km) mit vier Luftschichten und berücksichtigt alle wichtigen physikalischen und chemischen Prozesse wie Advektion, Diffusion, Deposition und die chemische Umwandlung von emittierten Schadstoffen, die mit der Ozonbildung in einem städtischen Gebiet verknüpft sind. Aus diesem Grund sollte es mit diesem Modell möglich sein, absolute Ozonkonzentrationen vorherzusagen, was eine Überprüfung des Modells mit Hilfe von Feldmessungen ermöglicht. Das ROM, ebenfalls ein Mehrschichtengitternetzmodell mit einer Gitternetzweite von 18 km, wurde entwickelt, die Ozonbildung während mehrerer Tage vorherzusagen. Alle bekannten Prozesse, die die Ozonbildung während eines Transports von 1 000 km beeinflussen, wie Advektion, →Photochemie, →Nachtchemie, Meteorologie, Transportprozesse, →Deposition sowie die Chemie biogener Kohlenwasserstoffe, werden berücksichtigt. Der große Rechenaufwand dieses Modells behindert jedoch einen universellen Einsatz.

Insgesamt bereitet die verläßliche Vorhersage der Ozonkonzentrationen, bei gegebenen Emissionsdaten der Vorläuferemissionen NMHC und NO_x und bei gegebener Wetterlage, immer noch große Schwierigkeiten; die Ursachen dieser Schwierigkeiten und Fehlabschätzungen sind unklar. Unvollständige chemische Mechanismen, ungenaue Emissionsdaten, insbesondere eine Unterschätzung der Beteiligung biogener Kohlenwasserstoffe werden dafür verantwortlich gemacht. Auf keinen Fall können diese in den USA entwickelten Vorhersageverfahren ohne langwierige Anpassungen auf europäische Verhältnisse übertragen werden. *Wirtz*

Ekman-Schicht. Idealisierter Spezialfall der →Mischungsschicht. Am Oberrand der →Prandtl-Schicht besteht ein Kräftegleichgewicht zwischen Druckgradient, Corioliskraft und Reibung; innerhalb der Mischungsschicht verringert sich die Reibungskraft, bis sie am Oberrand der planetarischen

→Grenzschicht verschwindet (Bild 1). Die Reibungskraft wirkt immer dem Wind entgegen, während die Corioliskraft senkrecht auf dem Windvektor steht und auf der Nordhalbkugel eine Ablenkung nach rechts bewirkt. Durch die mit der Höhe abnehmende Wirkung der Reibung ändert sich die Windrichtung: Der Wind dreht mit der Höhe nach rechts, bis am Oberrand der planetarischen Grenzschicht der geostrophische Wind erreicht wird (Bild 2). Es entsteht der Eindruck einer vertikalen Spirale. Nach dem schwedischen Ozeanographen *Walfried Ekman,* der das entsprechende Phänomen im Ozean entdeckte, wird sie als *Ekman*-Spirale bezeichnet. Die beschriebene Richtungsänderung tritt prinzipiell in jeder Mischungsschicht auf, wird aber i. a. durch ursächlich andere Windrichtungsänderungen überlagert. *Wichmann-Fiebig*

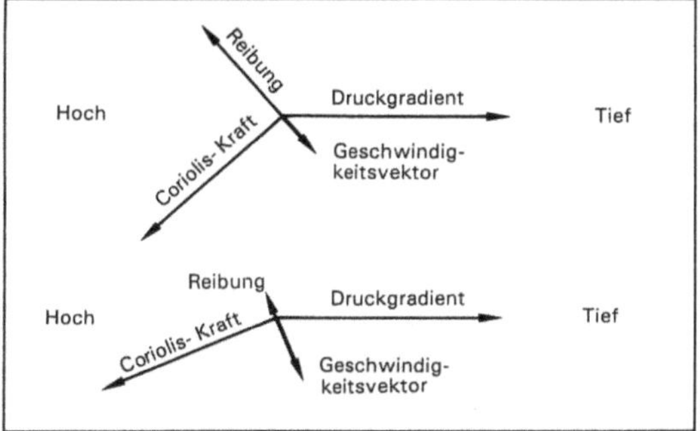

Ekman-Schicht 1: Kräftegleichgewicht in der Mischungsschicht (oben) und am Oberrand der Prandtl-Schicht (unten).

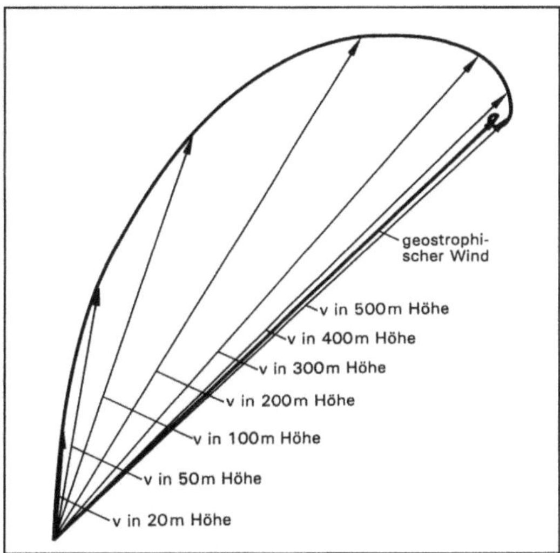

Ekman-Schicht 2: Ekman-Spirale.

Elastomer-Baulager. E.-B. werden in verschiedenen Bauformen mit rechteckiger, runder oder streifenförmiger Grundfläche, in mehreren Schichten und als bewehrte und unbewehrte Lager hergestellt. E.-B. ermöglichen wegen ihrer Elastizität bei Anordnung zwischen Bauteilen im Hochbau eine verteilte gleichmäßige Abtragung vertikaler Lasten, die Aufnahme horizontaler Verschiebungswege durch Schubverformungen und die Aufnahme von Verdrehungen der Auflagerflächen. E.-B. werden auch zur →Passivisolierung von Gebäuden eingesetzt, um z. B. die Übertragung von →Schienenverkehrserschütterungen vom Baugrund in das gesamte Gebäude zu vermindern. Dadurch kann eine Verminderung der im Gebäude sonst auftretenden →Erschütterungsimmissionen, des in Gebäudeteilen auftretenden →Körperschalls und des von den Bauteilen in Gebäuden abgestrahlten Körperschalls, des sog. Sekundärschalls, erreicht werden. Der Einbau von E.-B. zur Passivisolierung von Gebäuden kann z. B. in der Weise erfolgen, daß das Lager in einer Fuge zwischen dem Fundament und den aufsteigenden Wänden angeordnet wird (Bild). Dadurch wird eine →Dämmung erreicht. Die durch das E.-B. zwischen dem Fundament und den Wänden gebildete Fuge wird auch als Körperschallreflexionsfuge bezeichnet. *Splittgerber*

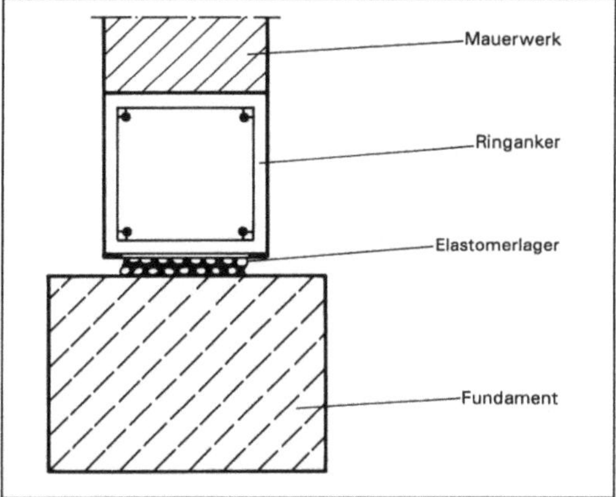

Elastomer-Baulager: Anordnung eines E.-B. zwischen dem Fundament und einer aufsteigenden Wand bei der Passivisolierung eines Gebäudes.

Literatur: DIN 4141, T 1: Lager im Bauwesen, Allgemeine Regelungen. 9/1984 – DIN 4141, T 15: Lager im Bauwesen, Unbewehre Elastomerlager, Bauliche Durchbildung und Bemessung. 1/1991. – DIN 4141, T 140: Lager im Bauwesen, Bewehrte Elastomerlager, Baustoffe, Anforderungen, Prüfungen und Überwachung. 1/1991.

Elektrisierung. Unter E. versteht man allgemein die Wirkung von Entladungsströmen, die durch den Körper fließen. Sie zählt neben anderen zu den indirekten oder mittelbaren Feldwirkungen. Sie tritt auf bei Annäherung an oder Berühren von leitfähigen Gegenständen im elektrischen Feld. Die Stärke der dabei verursachten Entladungs- bzw. Kontaktströme ist abhängig von der elektrischen Feldstärke, der Größe des Empfangsgebildes und dessen Anordnung im Feld.

E. ist eine aus dem Alltag bekannte Erscheinung, die z. B. beim Verlassen von Kraftfahrzeugen oder beim Berühren von Türgriffen nach dem Begehen isolierender Bodenbeläge auftritt. Dabei können sogar schmerzhafte Funkenüberschläge entstehen. Die Ursache der E. sind Ableitströme, die aufgrund von Ladungs- bzw. Potentialunterschieden zwischen dem berührten Objekt und dem Körper entstehen.

Derartige Potentialdifferenzen können durch statische Aufladung entstehen, aber auch unter Einwirkung elektrischer Felder zwischen schlecht bzw. nicht geerdeten elektrisch leitfähigen Objekten und der Erde. Wird bei Berühren über den Körper ein Erdkontakt geschaffen, so können Ausgleichströme fließen. Die Empfindlichkeit gegenüber kontinuierlichen Kontaktströmen ist individuell unterschiedlich (Bild) und hängt von der Frequenz und der betroffenen Körperstelle ab. Unter ungünstigen Umständen können z. B. unter einer Hochspannungsleitung E. an sehr großen Objekten bereits bei Feldstärken von etwa 0,5 kV/m wahrgenommen werden. Bei sehr hohen Feldstärken oberhalb von 20 kV/m, die in zugänglichen Bereichen nicht auftreten, und sehr großen Objekten, müßte mit einer gesundheitlichen Gefährdung gerechnet werden.

Bei transienten Entladungsvorgängen (z. B. Funkenentladung) ist die Intensität der Empfindung weniger von der absoluten Größe des Ableitstroms, sondern vielmehr vom Energieinhalt des Entladungspulses abhängig. Die Empfindungsschwelle liegt in diesem Fall oberhalb von etwa 0,1 mJ. Die Gefährdungsschwelle, die bei einigen hundert mJ liegt, kann z. B. an einem LKW oder Bus in einem Gewitterfeld erreicht werden.

Die üblicherweise im Alltag auftretenden E. werden nicht als gesundheitsgefährdend angesehen. Sie können aber als belästigend empfunden werden oder sogar schmerzhaft sein. Im Einzelfall können oft durch geeignete technische Maßnahmen, wie z. B. Erden der Objekte, unzulässig hohe Körperströme und damit verbundene E. vermieden werden. *Matthes*

Literatur: *Chatterjee, I.; D. Wu, O. P. Gandhi:* Human body impedance and threshold currents for perception and pain for contact hazard analysis in the VLF-MF band. IEEE Transactions on Biomedical Engineering, BME-33, 1986. – *Dalziel, C. F.:* Electric shock hazard. IEEE Spectrum (1972) 9 – *Lüttgens, G.* und *M. Glor:* Elektrostatische Aufladung begreifen und sicher beherrschen. Kontakt und Studium, Bd. 44, 1988.

Elektrofilter →Abscheider, elektrisch

Elektrogerät. Obwohl E. in allen Bereichen des täglichen Lebens erhebliche Erleichterungen gebracht haben, sind durch die bei ihrem Betrieb verursachten elektrischen und magnetischen Felder mögliche gesundheitliche Auswirkungen zu beachten. Wegen ihrer weiten Verbreitung stellen E. eine bedeutende Quelle für die Exposition der Bevölkerung in diesen Feldern dar.

Die strahlenhygienische Bewertung der möglichen gesundheitlichen Wirkungen derartiger Expo-

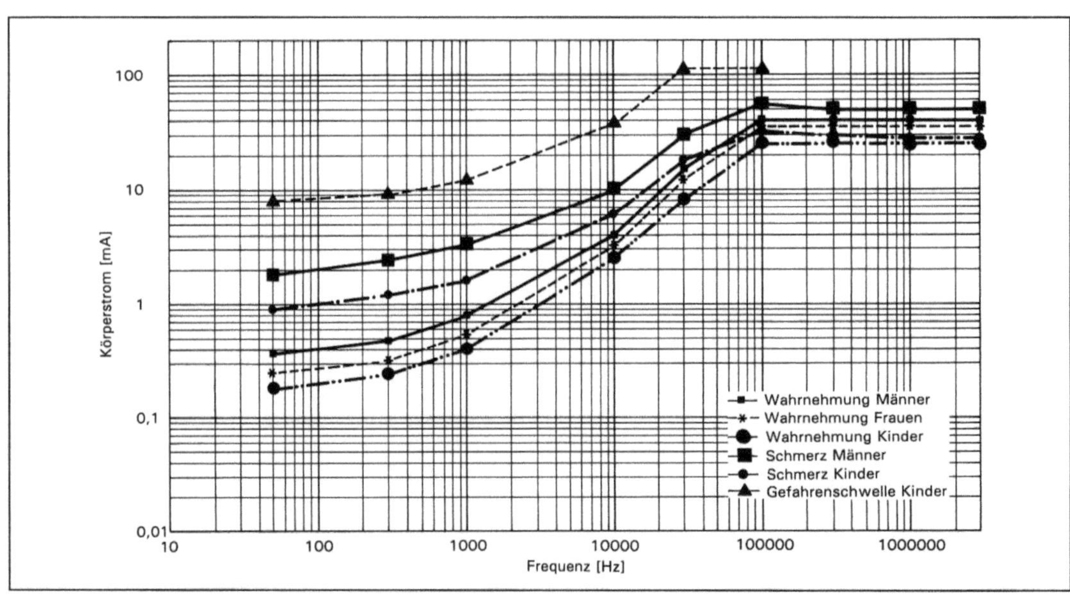

Elektrisierung: Wirkung elektrischer Körperströme.

sitionen basiert auf der genauen Kenntnis der von den Geräten erzeugten Felder. Die Feldverteilung in der Umgebung von E. ist stark inhomogen und nimmt mit der Entfernung vom Gerät rasch ab. In einer Entfernung von etwa 1 m von einem elektrischen Haushaltkleingerät ist die magnetische Feldstärke bereits um den Faktor 1 000 niedriger als an der Geräteoberfläche. Dieser starke Abfall der Felder mit der Entfernung ist für alle Elektrokleingeräte typisch (Bild 1, 2). Eine Bewertung dieser Felder kann im Vergleich mit nationalen und internationalen Empfehlungen zum Schutz von Personen erfolgen. Beispielsweise empfiehlt die internationale Strahlenschutzvereinigung (IRPA) unter Berücksichtigung der Umwelt- und Gesundheitskriterien der Weltgesundheitsorganisation für die allgemeine Bevölkerung einen Grenzwert für das Magnetfeld von 100 µT (80 A/m) und für das elektrische Feld von 5 000 V/m (5 kV/m).

Ein Vergleich mit den Feldstärkewerten in der Umgebung von E. zeigt, daß das meist sehr geringe elektrische Feld im allgemeinen strahlenhygienisch keine Bedeutung hat. Das Magnetfeld sehr dicht an den Geräten kann den genannten Grenzwert deutlich überschreiten. Im normalen Gebrauch wird aber eine gesundheitlich relevante Exposition durch E. nicht erwartet, weil schon in geringem Abstand die Felder erheblich reduziert sind.

Andere mögliche Gefahren erwachsen aus indirekten Wirkungen der Felder. Elektrische und magnetische Felder können unter bestimmten Voraussetzungen elektrische oder elektronische Geräte in ihrer Funktion beeinflussen. Das ist bei medizinischen Implantaten, z. B. bei Herzschrittmachern, von besonderer gesundheitlicher Bedeutung. Einzelne Schrittmacher reagieren sehr empfindlich auf elektromagnetische Einflüsse. Es kann deshalb nicht grundsätzlich ausgeschlossen werden, daß einzelne →Herzschrittmacher sehr nahe an manchen Geräten durch die elektromagnetische Beeinflussung gestört werden können. In einer Entfernung von etwa 30–40 cm zu Elektrohaushaltsgeräten ist eine gesundheitliche Beeinflussung, auch für Schrittmacherpatienten, eher unwahrscheinlich. *Matthes*

Literatur: *Gauger, J. R.:* Household appliance magnetic field survey. Naval Electronic Systems Command; IIT Research Institute Report EO 6549-43. Arlington, VA 1984. – International Radiation Protection Association, Non-Ionizing Radiation Committee IRPA Guidelines on Protection Against Non-Ionizing Radiation. London 1991.

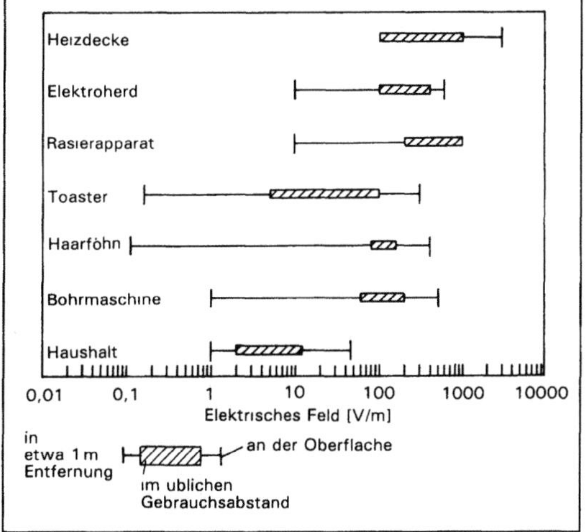

Elektrogerät 1: Elektrische Feldstärken von Haushalts-E.

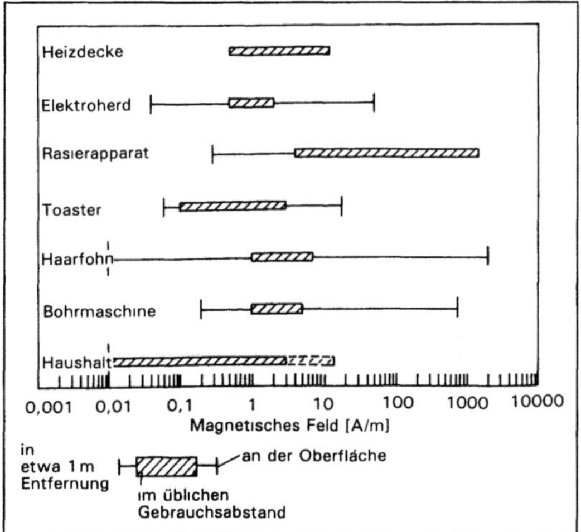

Elektrogerät 2: Magnetische Feldstärken von Haushalts-E.

Elektrohybridfahrzeug. Dieses Fahrzeug führt neben dem elektrischen Antriebssystem noch ein zweites Energieversorgungssystem mit. Ziel des Hybridantriebs ist es, in Ballungszentren emissionsfrei zu fahren, außerhalb der Stadtbereiche die Antriebsenergie aus einem Verbrennungsmotor zu beziehen und damit eine gegenüber dem Batteriebetrieb größere Reichweite zu erzielen.

Beim Serienhybrid treibt ein Verbrennungsmotor einen Generator an, der in den Gleichstromkreis des Elektrofahrzeugs einspeist. Bei schwacher Belastung wird die Batterie geladen, bei starker Belastung übernimmt der Generator einen Teil der Antriebsenergie. Der Verbrennungsmotor kann dabei immer in einem weitgehend optimalen Bereich betrieben werden. Von Nachteil ist, daß die Antriebsenergie zwei elektromechanische Wandler (Motor und Generator) durchlaufen muß, in denen Verluste entstehen.

Beim Parallelhybrid arbeiten Verbrennungsmotor und Elektromotor direkt oder über ein Getriebe auf den Achsantrieb (Bild). Der Verbrennungsmotor kann bei niedrigen Drehzahlen oder bei Schwachlast durch eine Kupplung getrennt werden. Beim Bremsen wird der Elektromotor als Generator geschaltet und speist die gewonnene Energie in die Batterie. *Kahlen*

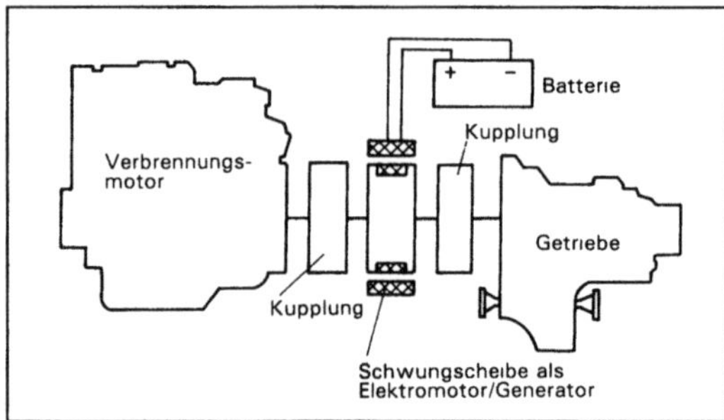

Elektrohybridfahrzeug: Prinzip eines Parallel-Hybridantriebs.

Elektroinstallation. Die E. ist eine der Feldquellen, die zu einer andauernden Exposition im Alltag führen kann; die Feldstärken hängen wesentlich von der technischen Ausführung und vom aktuellen Energieverbrauch ab. Im Mittel treten elektrische Feldstärken von etwa 10 V/m und magnetische Felder von ca. 0,1–1 µT auf. Direkt an der Leitungsoberfläche können die Feldstärken erheblich höher sein, ihre Reichweite ist aber sehr gering, so daß sie bereits in einer Entfernung von etwa 1 cm auf etwa $^1/_{10}$ des Oberflächenwerts abgesunken sind.

In der Nähe von elektrischen Geräten und Anlagen treten erheblich höhere Feldstärkewerte auf (→Elektrogerät). Werden Räume elektrisch beheizt, so können in den Heizperioden mittlere magnetische Feldstärken von bis zu 20 µT im Raum gemessen werden. In unmittelbarer Nähe, wenige Zentimeter von der Oberfläche von Nachtspeicherheizungen entfernt, können z. B. die magnetischen Felder bis zu einigen Millitesla betragen.

In der Öffentlichkeit werden derartige Feldeinwirkungen oft als Ursache für eine Reihe von gesundheitlichen Beschwerden angesehen, vor allem auch für Schlaflosigkeit, Unwohlsein oder Kopfschmerzen. Durch technische Maßnahmen, z. B. durch sog. Netzfreischalter, welche die E. nur bei Bedarf automatisch in Betrieb nehmen, sollen derartige unspezifische Beschwerden vermieden werden. Durch diese Maßnahme werden aber nur die sehr geringen elektrischen Felder bei stromlosen Leitungen vermindert. Auf die elektrischen und magnetischen Felder, die bei elektrischer Belastung der Installation auftreten, haben Netzfreischalter keinen Einfluß. Bei bestehenden Besorgnissen über mögliche gesundheitliche Wirkungen dieser Felder kann bei Neuinstallation durch entsprechende Leitungsführung eine Feldreduzierung zumindest in bestimmten Räumen erreicht werden.

Wissenschaftlich ist ein Zusammenhang zwischen den geringen Feldern der E. und gesundheitlichen Beschwerden nicht bekannt. Die o. g. technischen Maßnahmen zur Feldverminderung sind deshalb aus strahlenhygienischer Sicht nicht erforderlich. *Matthes*

Elektrolichtbogenofen. In E. wird Stahl nach dem Herdschmelzverfahren hergestellt; dazu werden feste Materialien wie Stahlschrott und Zusätze eingesetzt. Zur Herstellung von legierten und hochlegierten Stählen werden noch Legierungselemente wie Nickel- und Ferrolegierungen zugegeben. Zum Einschmelzen des Einsatzes wird elektrische Energie über Graphitelektroden zugeführt. Eine Chargendauer (die Zeit von Abstich zu Abstich) beträgt bis zu vier Stunden. Kürzere Chargenzeiten von unter einer Stunde werden mit UHP-Öfen (Ultra-High-Power) erzielt. Die Abstichgewichte von E. betragen 10 bis 150 t.

Staubemissionen entstehen beim Chargieren, Einschmelzen, Frischen und Feinen sowie beim Abstich, bei der Pfannenmetallurgie und beim Gießen. Je nach Art der erschmolzenen Stahlqualität und des eingebrachten Schrotts enthalten die Stäube unterschiedliche Anteile an Blei, Chrom-III-Verbindungen sowie an krebserzeugenden Schwermetallen wie Nickel, Cadmium und Chrom-VI-Verbindungen. Die Abgasmengen betragen zwischen 6 000 und 15 000 m³/t Stahl, die anfallenden Staubmengen ca. 15 kg/t Stahl. Die Rohgasstaubgehalte im Abgas liegen dabei zwischen 0,5 und 3 g/m³. Mit den Verunreinigungen des eingesetzten Schrotts werden auch organische Bestandteile in den Prozeß eingebracht. Sie führen zu Emissionen an organischen Stoffen im Abgas.

Bei E. werden in der Regel die beim Einschmelzen entstehenden Abgase über das vierte Deckelloch direkt abgesaugt. Durch Einhausungen bzw. – bei kleineren Anlagen – Teileinhausungen werden die beim Chargieren und Abgießen entstehenden Abgase von bestehenden und neuen Anlagen nahezu vollständig erfaßt (max. Erfassungsgrade über 95 %) (Bild). Zur →Staubabscheidung werden in der Bundesrepublik Deutschland bei ca. 80 % aller E. Gewebefilter verwendet; in Einzelfällen noch →Elektrofilter. Die Emissionsgrenzwerte für Gesamtstaub von 20 mg/m³ und die Emissionsgrenzwerte für krebserzeugende Stoffe und Schwermetalle, z. B. Cd 0,1 mg/m³, Ni 1 mg/m³, lassen sich damit sicher einhalten. Abgeschiedene Filterstäube werden gezielt nach den Gehalten an Staubinhaltstoffen besonderen Aufbereitungsverfahren zugeführt und verwertet. Durch eine Einhausung des E. lassen sich auch die Lärmemissionen deutlich verringern.

E. sind genehmigungsbedürftig nach dem BImSchG. Emissionsbegrenzende Anforderungen

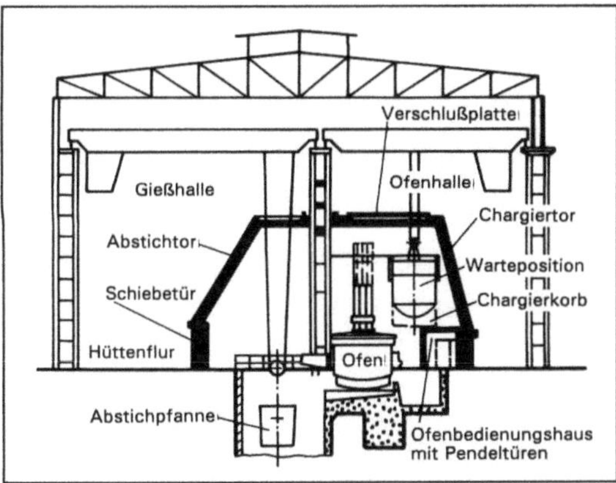

Elektrolichtbogenofen: Einhausung eines 50 t-E.

enthält die →TA Luft; von besonderer Bedeutung sind die Regelungen zur Begrenzung der Emissionen an krebserzeugenden oder toxischen Schwermetallen (Nrn. 2.3 und 3.1.4), diffuser Staubemissionen (Nr. 3.1.5) und von staub- und gasförmigen Stoffen (Nrn. 3.3.3.3.1 3.1.3 und 3.1.7). *Batz*

Literatur: *Davids, P.; M. Lange:* Die TA Luft '86 – Technischer Kommentar. Düsseldorf 1986. – *Grubert, K.; H. U. Haering; D. Marchand; S. Muth:* Einsatz enger Elektroofen-Einhausungen zur Abgaserfassung und Lärmminderung; Betriebserfahrungen an zwei 50 t Lichtbogen- und zwei 15 t Induktionsöfen. Stahl und Eisen **104** (1984) Nr. 5, S. 235/239. – *Schneider, A.; H. Lünig:* Umweltschutz im neuen Elektrostahlwerk Witten mit Bodenabstich-Lichtbogenofen. Stahl und Eisen **103** (1983) Nr. 3, S. 111/116.

Elektroneneinfangdetektor (ECD). Der E. ist

ein hochempfindlicher Detektor für Verbindungen mit Elektronen-Affinität in der →Gaschromatographie. In der Meßzelle des E. befindet sich ein β-Strahler. Heute kommt fast nur noch das Nickel-63 Isotop zum Einsatz. Wenn das Trägergas die Meßzelle durchströmt, findet Stoßionisierung unter

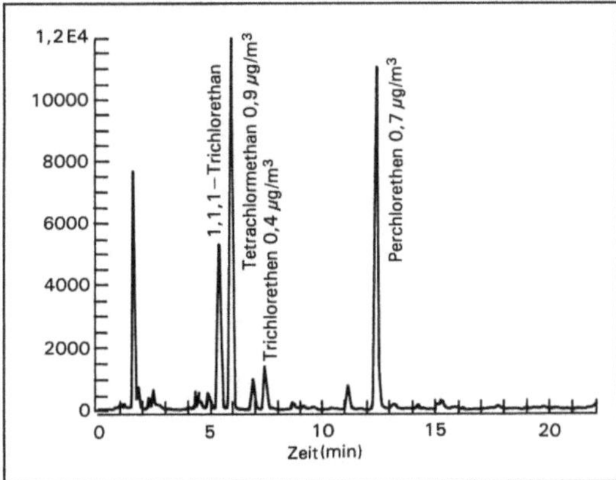

Elektroneneinfangdetektor: ECD-Signal einer 2-l-Luftprobe normal verschmutzter Großstadtluft (Köln 1992).

Bildung von positiv geladenen Gasteilen und langsamen Elektronen statt. Wird eine Spannungsquelle angelegt, fließt in der Zelle ein Strom (Nullstrom). Als Spannungsversorgung verwendet man meistens Gleichstromimpulse, was die Linearität des Detektors verbessert.

Gelangen Moleküle mit hoher Elektronen-Affinität in den E., so wird die Zahl der langsamen Elektronen drastisch vermindert (Einfangeffekt). Damit der so verringerte Anodenstrom wieder den Wert des Nullstroms erreicht, wird die Zahl der Gleichstromimpulse entsprechend erhöht. Die Pulsrate wird dann zum Meßsignal umgewandelt (Bild).

Die folgende Übersicht zeigt die allgemeine Empfindlichkeit im E. (Referenz-Handbuch, Hewlett Packard GC 5890):

Chemische Gruppe	relative Empfindlichkeit
Kohlenwasserstoffe	1
Ether, Ester	10
Aliphat. Alkohole, Ketone, Amine	100
Mono-Cl- u. Mono-F-Verbindungen	1 000
Mono-Br-, Di-Cl- u. Di-F-Verbindungen	10^4
Mono-J-, Di-Br- u. Nitroverbindungen	10^5
Di-J-, Tri-Br-, Poly-Cl- u. Poly-F-Verbindungen	10^6

Dulson

Elektronenstrahlverfahren. Das E. ist ein trocke-

nes →Abgasreinigungsverfahren zur simultanen SO_2- und NO_x-Abscheidung. Dabei werden die Produkte Ammoniumsulfat (NH_4SO_4) und Ammoniumnitrat (NH_4NO_3) erzeugt, die als Kunstdünger verwertbar sind. Der komplexe Reaktionsmechanismus des E. läßt sich vereinfacht folgendermaßen darstellen:
– Bildung freier Radikale durch Bestrahlung des Abgases mit energiereichen Elektronen aus einer →Beschleunigeranlage,
– Oxidation von SO_2 und NO_x durch die Radikale O, OH, HO_2 in Gegenwart von Wasser zu H_2SO_4 und HNO_3,
– →Neutralisation der Säuren durch Zugabe von Ammoniak; dies führt zur Bildung der festen Endprodukte Ammoniumsulfat und -nitrat, die in Filtern aus dem Abgas entfernt werden.

Grundlegende Forschungsarbeiten zum E. wurden von 1978 bis 1981 von der Universität Tokio und dem Japan Atomic Energy Research Institute durchgeführt. Mit der Erprobung des Verfahrens an Pilotanlagen wurde in Japan und USA 1980 begonnen. Seit 1983 wird in der Bundesrepublik Deutschland an der Entwicklung des E. gearbeitet. Ende 1985 wurde eine Pilotanlage für einen Teilgasstrom von 20 000 m³/h am Rheinhafen-Dampfkraftwerk Block 7 des Badenwerks in Karlsruhe in Betrieb genommen. Diese Pilotanlage wurde von der Arbeitsgemeinschaft Badenwerk AG, Fa. Steinmüller GmbH und dem Institut für Thermische Strömungsmaschinen der Universität Karlsruhe, dem Laboratorium für Aerosolphysik und Filtertechnik des Kernforschungszentrums Karlsruhe sowie dem Lehrstuhl für Kraft- und Arbeitsmaschinen der Universität Karlsruhe betreut.

Bisher gibt es keine großtechnische Betriebsanlage nach dem E. Weltweit wird jedoch die Entwicklung und Erprobung des E. fortgesetzt. So sind z. Z. Pilotanlagen nach dem E. in Polen und in Japan in Betrieb. *Haug*

Literatur: *Häßler, G. et al:* Rauchgasreinigung nach dem Elektronenstrahlverfahren. VGB Kraftwerkstechnik 68 (1988) Nr. 4. – *Schikarski, W. et al:* Stand der industriellen Anwendung des Elektronenstrahlverfahrens zur Rauchgasreinigung. VDI Bericht 667. Düsseldorf 1988.

Elektronikschrott.

Allgemein. Gegenwärtig werden in der Bundesrepublik jährlich etwa 800 000 t an elektronischen Geräten, Maschinen und Anlagen ausgemustert. Darin sind etwa 25 000 t elektronische Bauelemente und Platinen enthalten, die als E. zu entsorgen sind. Die Tendenz ist steigend. Der E. besteht zu einem Drittel aus Halbleiterbauelementen wie Chips, Transistoren, Thyristoren, Dioden usw. (Tabelle 1). Er stammt vorwiegend aus Computern, Heimelektronik (Braune Ware) sowie Geräten und Anlagen der Nachrichtentechnik (Tabelle 2).

Wenig bekannt sind bisher die Umweltauswirkungen, die mit der Entsorgung des E. verbunden sind. Es sind eine Reihe von Problemstoffen enthalten, darunter giftige →Schwermetalle (Blei, Nickel, Cadmium, Zinn, Kupfer etc.), kritische Halbleiter-

Elektronikschrott. Tabelle 1: Zusammensetzung des E.

	Anteil in %
Halbleiterbauelemente	32
Kondensatoren	24
Leiterplatten	23
Widerstände	12
Schalter und Sonstiges	9

Elektronikschrott. Tabelle 2: Herkunft des E.

	Anteil in %
Datentechnik	27
Braune Ware (Konsumelektronik)	20
Telekommunikation	18
Kraftfahrzeugelektronik	11
Werkzeugmaschinen und Sonstiges	10
Meßgeräte	9
Weiße Ware (Haushaltsgroßgeräte)	5

materialien (Galliumarsenid, Selen), problematische organische Verbindungen, wie die als Flammschutzmittel in Kunststoffen verwendeten polybromierten Diphenylether oder PCB in Kondensatoren, sowie Rückstände von Einsatz- und Hilfsstoffen aus der Produktion. Ob und in welchem Ausmaß auf den unterschiedlichen Entsorgungspfaden (Deponierung, Verbrennung, Rezyklierung) diese Schadstoffe oder ihre Reaktions- und Abbauprodukte in die ökologischen Kreisläufe gelangen, ist gegenwärtig unbekannt. *Angerer*

Literatur: Fraunhofer-Institut für Systemtechnik und Innovationsforschung: Abfälle an mikroelektronischen Bauelementen und Leiterplatten in der Bundesrepublik. Karlsruhe 1990.

Entsorgung. E. ist eine Sammelbezeichnung für ausgediente, zu entsorgende Elektro- und Elektronikgeräte. Unter Schrott sind dabei nicht nur Metalle, sondern auch Bauteile aus anderen Materialien (insbesondere Kunststoffe, Glas, Verbundstoffe) zu verstehen.

Die Geräte (vor allem aus dem Konsumbereich) gelangen heute überwiegend über die Sperrabfallabfuhr in →Hausabfallverbrennungsanlagen oder auf →Hausabfalldeponien. Eine funktionierende Verwertung und ordnungsgemäße Entsorgung ist lediglich für Kühlschränke und Kältegeräte auf der Basis des 1988 vom Bundesumweltministerium initiierten Entsorgungskonzeptes (→FCKW-Vermeidung) gegeben.

Eine Altteileverwertung wie bei der Automobilindustrie wird jedoch erst in Ansätzen – vor allem bei Geräten der Datenverarbeitung und Unterhaltungselektronik – durchgeführt. Neben der Rohstoffeinsparung bei der (verringerten) Produktion hat auch die Rückgewinnung eingesetzter Wertstoffe volkswirtschaftliche Bedeutung.

Verwertungsverfahren befinden sich in der Pilotphase oder beschränken sich auf lukrative Einzelbereiche wie die Gewinnung von Edelmetallen aus

Platinen; wirtschaftlich uninteressante Teile gelangen überwiegend in die Hausabfallentsorgung.

Für bestimmte Teile wie Bildröhren, steht die Verwertung mangels ausgereifter Verfahren erst am Beginn; andere müssen auf Grund ihres Schadstoffgehalts (bromierte Leiterplatten und Gehäuse, PCB-haltige Kondensatoren) in der Regel als →Sonderabfall entsorgt werden.

Zur einheitlichen Problemlösung sind folgende Regelungen vorgesehen (Elektronikschrottverordnung):
– Berücksichtigung der →Abfallvermeidung und der Verwertung bereits bei der Produktion der Geräte;
– Rücknahme gebrauchter Geräte durch Hersteller und Handel;
– Verwertung (vorrangig stofflich) oder erneute Verwendung der zurückgenommenen Geräte oder Geräteteile;
– →Entsorgung der nicht verwertbaren oder nicht verwendbaren Geräte oder Geräteteile entsprechend den abfallrechtlichen Vorschriften.

Blickwedel

Elektronische Bauelemente, Herstellung. Die bei der Fertigung von Integrierten Schaltungen (IC), Leiterplatten, Flachbaugruppen und diskreten Bauelementen handzuhabenden kritischen Stoffe gelangen durch die praktizierte Kreislaufführung und infolge strenger Auflagen nur in sehr geringen Mengen mit Abluft, Abwasser und Abfällen in die Umwelt. Beispiele für abgegebene Stoffe sind halogenierte organische Lösungsmittel (1,1,1-Trichlorethan, Trichlorethen), aromatische Kohlenwasserstoffe (Toluol, Xylol), Alkohole (Isopropanol, Cyclohexanon), Cyanide, Schwermetalle sowie belastete Filtermassen und Aktivkohlen. Die bisher sehr verbreitete Verwendung von Fluorchlorkohlenwasserstoffen (FCKW) für Reinigungszwecke wird durch die →2. BImSchV und die 1991 in Kraft getretene FCKW-Halon-Verbots-Verordnung (→FCKW-Vermeidung) künftig stark rückläufig sein und nach Ablauf der Übergangsfrist am 31. 12. 1994 nur in besonders begründeten Ausnahmefällen zugelassen werden. Dies gilt auch für →1,1,1-Trichlorethan.

Die großen Halbleiter-Hersteller weisen darauf hin, daß die Emissionen aus ihren Werken weit unter den gesetzlich zulässigen Grenzwerten, ja teilweise unter den derzeit analytisch nachweisbaren Grenzen für Stoffkonzentrationen liegen. Allgemein bekannt sind die Verschmutzungen von Boden und Grundwasser im kalifornischen Silicon-Valley. Sie entstanden durch einen allzu sorglosen Umgang mit Chemikalien, insbesondere mit organischen Lösungsmitteln, in den Gründerjahren der Siliciumtechnologie in den USA. Derartige Verschmutzungen sind aber in der Bundesrepublik dank der Umwelt- und Arbeitsschutzgesetzgebung und durch darüber hinausgehende Anstrengungen von Unternehmen nicht bekannt. *Angerer*

Literatur: *Kaller, P., H. Rebstock:* Integrierte Schaltungen. In: Materialienbände zur Untersuchung Mikroelektronik im Umweltschutz, Band 6. Fraunhofer-Institut für Systemtechnik und Innovationsforschung. Karlsruhe 1991. – *Steinberger, H.:* Elektronische Baugruppen. Ebenda.

Elektrosmog. E. bezeichnet populär die überall im Alltag auftretenden elektrischen und magnetischen Felder im Zusammenhang mit deren vermuteten gesundheitlichen Auswirkungen (→Elektrisierung, →Elektrogerät, →Elektroinstallation).

Der Begriff impliziert fälschlicherweise eine Verwandschaft mit dem allgemein bekannten →Smog. Elektrische und magnetische Felder haben aber im Vergleich zu chemischen Stoffen völlig andere und darüber hinaus in den verschiedenen Frequenzbereichen unterschiedliche Wirkungen. Sie sind nicht stofflicher Natur wie der Smog, und nach Abschalten der Quelle verschwinden sie augenblicklich. Eine Anreicherung elektromagnetischer Felder bei bestimmten Wetterlagen oder durch dauernde Abstrahlung aus einer Quelle ist nicht möglich. Es sollte deshalb aus sachlichen Erwägungen der Begriff des elektrischen oder magnetischen Feldes bzw., bei hohen Frequenzen, der elektromagnetischen Welle beibehalten werden. Diese Felder und Wellen können in ihrer Wirkung auf die menschliche Gesundheit bewertet werden. Hierbei spielen die Frequenz, die Feldstärke und andere physikalische Parameter eine wesentliche Rolle (→Strahlung, nichtionisierende, →Strahlenschutzrichtlinien für nichtionisierende Strahlen). *Matthes*

Elektrospeicherfahrzeug. E. im Straßenverkehr besitzen einen elektrischen Antrieb und einen →Akkumulator als Energiespeicher. Die Anforderungen des Straßenverkehrs mit Geschwindigkeiten von über 100 km/h werden von gut ausgelegten Elektrofahrzeugen erreicht. Die Reichweite hängt wesentlich von der Größe und Art des eingesetzten Akkumulators ab. Mit Hochenergiebatterien werden mehr als 150 km erreicht. In einigen Ländern werden auch E. mit niedrigen Geschwindigkeiten nur für den innerstädtischen Verkehr propagiert. Diese sind jedoch nicht für Stadtschnellstraßen geeignet, weil sie wesentlich den Straßenverkehr behindern würden.

Neben dem Elektroauto (Pkw) kann der Elektrotransporter als universelles Verteilerfahrzeug zur Verringerung der Umweltbelastung beitragen. *Kahlen*

Elektrostraßenfahrzeug. Ein E. ist ein elektrisch angetriebenes autonomes oder leitungsgebundes Straßenfahrzeug. Autonome Elektrofahrzeuge sind

→Elektrospeicherfahrzeuge, die ihre Energie aus einer mitgeführten Batterie (→Akkumulator) beziehen. →Elektrohybridfahrzeuge sind zum Teil ebenfalls Elektrospeicherfahrzeuge.

Leitungsgebundene Straßenfahrzeuge wie →Obus (Oberleitungsbus) und →Duobus beziehen ihre Antriebsenergie aus einer Fahrleitung (Oberleitung).

E. erzeugen am Einsatzort keine Abgase und nur geringe Fahrgeräusche. Je nach Erzeugung der elektrischen Energie (Wasserkraft, Kernkraft, fossile Brennstoffe, Solarenergie) kann dem E. ein Abgasanteil zugerechnet werden. *Kahlen*

11. BImSchV. Emissionserklärungsverordnung vom 12. Dezember 1991 (BGBl. I S. 2213), zuletzt geändert durch die Verordnung vom 26. Oktober 1993 (BGBl. I S. 1782). Regelt im wesentlichen Inhalt, Umfang und Form der Emissionserklärung über luftverunreinigende →Stoffe, die der Betreiber einer genehmigungsbedürftigen Anlage nach § 27 BImSchG alle zwei Jahre abzugeben hat. Befreit von der Erklärungspflicht sind Betreiber von in § 1 der 11. BImSchV enumerativ aufgeführten Anlagen, die ausschließlich oder primär wegen anderer als luftverunreinigender Emissionen in den Katalog genehmigungsbedürftiger Anlagen (→4. BImSchV) aufgenommen worden sind; darüber hinaus können auf Antrag Befreiungen erteilt werden, wenn im Einzelfall von der Anlage nur in geringem Umfang Luftverunreinigungen ausgehen können.

Inhalt und Umfang der Emissionserklärungen ergeben sich aus den Anhängen 1 und 2 der Verordnung mit den zugehörigen Erläuterungen. Dabei wird unterschieden nach sog. vollständigen und vereinfachten Erklärungen. Für die vereinfachten Erklärungen wird auf die detaillierte Angabe der Emissionsdaten verzichtet, die bei den vollständigen Erklärungen – über die gemeinsamen Erklärungsgegenstände wie Anlagen- und -betriebsdaten, Quellendaten und Einsatzstoffdaten hinaus – obligatorisch sind. Die Vereinfachung kommt insbesondere Betreibern von Anlagen zugute, die der Lagerung von Stoffen dienen, im wesentlichen nur wegen ihres Geruchsstoffpotentials in den Katalog der 4. BImSchV aufgenommen worden sind oder nur ein geringes, mit nicht genehmigungsbedürftigen Anlagen vergleichbares Schadstoff-Emissionspotential aufweisen. Der geforderte Inhalt der vereinfachten Erklärungen ist jedoch so abgestimmt, daß er qualitativ und quantitativ ausreicht, um die Berechnung der Emissionen der Anlagen unter Anwendung von Emissionsfaktoren durch die auswertenden Behörden zu gewährleisten.

Hinsichtlich der Form der Emissionserklärungen enthält die Verordnung Formulare als unverbindliche Muster. Mit Zustimmung der Behörde kann die Emissionserklärung auf Datenträgern abgegeben werden.

Die Emissionserklärung dient zum einen der Überwachung der Anlage durch die Überwachungsbehörde und zum anderen – soweit die Anlage in einem →Untersuchungsgebiet liegt – als Beitrag zur Erstellung des Emissionskatasters nach § 46 BImSchG. Da die Ermittlung der Emissionen zur Aufstellung des Emissionskatasters unter Zugrundelegung der Systematik der Emissionserklärung zu erfolgen hat, ist die volle Kompatibilität zwischen Emissionserklärung und →Emissionskataster für die Emittentengruppe genehmigungsbedürftige Anlagen gegeben. *Dreyhaupt*

Elimination.

Humantoxikologie. In der →Toxikokinetik bezeichnet E. die Abnahme der Konzentration eines Stoffs im Organismus, sowohl durch Ausscheidung (Exkretion) als auch durch Umwandlung in einen Metaboliten (→Biotransformation).

Die Exkretion kann auf verschiedenen Wegen erfolgen. Wasserlösliche Chemikalien bzw. Metabolite werden über die Niere ausgeschieden. Flüchtige Stoffe und Gase können über die Lunge abgeatmet werden. Auch über den Darm und im geringeren Maße über die Haut können Stoffe aus dem Organismus eliminiert werden.

Viele Stoffe müssen zu mehr wasserlöslichen Metaboliten metabolisiert werden, ehe sie ausgeschieden werden können. Daher hängen Unterschiede in der E.-Geschwindigkeit von Stoffen häufig mit ihrer Metabolisierbarkeit zusammen. Persistente Chlorkohlenwasserstoff-Verbindungen wie DDT oder chlorierte Dibenzodioxine und Dibenzofurane (→Dioxine) sind sehr lipophil und reichern sich daher im Körperfett an. Da sie zugleich nur sehr langsam zu wasserlöslichen Metaboliten umgewandelt werden, akkumulieren sie im Organismus. Ihre E.-Halbwertszeit beträgt beim Menschen je nach Chlorierungsgrad bis zu ca. 8 Jahre. Dagegen liegt die Halbwertszeit von Trichlorethylen bei einer Exposition gegen Konzentrationen unterhalb des MAK-Wertes beim Menschen wegen der schnellen Metabolisierung zu Trichloracetaldehyd im Bereich von Stunden, bei der Ratte unter einer Stunde. Auf Grund der raschen E. ist keine wesentliche Akkumulation zu erwarten.

Die Geschwindigkeit der E. kann durch den Abfall der Konzentration des Stoffs im Blut bestimmt werden und wird zumeist als Halbwertszeit angegeben. *Greim*

Umweltmedien. Entfernung von Stoffen aus →Umweltmedien (z. B. aus Abwasser) durch physikalische, physikalisch-chemische, chemische oder biochemische (Abbau-)Prozesse. Die E. ist an einer Konzentrationsabnahme der eliminierten Substanz(en) zu erkennen. Dabei wird die Geschwindigkeit der E. als E.-Rate erfaßt, der durch E. entfernte Anteil der betrachteten Substanz(en) als E.-Grad. *Soeder*

ELINCS. Abk. für European List of Notified Chemical Substances, Europäische Liste der angemeldeten chemischen Stoffe. ELINCS wird gemäß Artikel 13 Abs. 2 der EG-Richtlinie 67/548/EWG komplementär zu →EINECS (Europäisches Altstoffverzeichnis) von der EG-Kommission geführt und enthält alle in den Mitgliedstaaten angemeldeten chemischen Stoffe (→Chemikalienrecht). Einzelheiten enthält der Beschluß der Kommission 85/71/EWG vom 21. Dezember 1984 (ABl. EG Nr. L 30 vom 2. Januar 1985, S. 33). Die ELINCS enthält in der Regel für jeden angemeldeten Stoff folgende Angaben:
- EWG-Nr. = ELINCS-Nr.,
- Anmeldungs-Nr(n). = Aktenzeichen; angegeben in einer Ziffernfolge der Form AB-CD-EFGH mit der Bedeutung: AB = Jahr der Anmeldung; CD = Mitgliedstaat, in dem der Stoff angemeldet wurde, z. B. 01 = Frankreich, 02 = Belgien . . . 12 = Portugal; EFGH = Nummer der Akte in dem betreffenden Mitgliedstaat),
- Handelsbezeichnung des Stoffes,
- Stoff-Bezeichnung nach dem IUPAC-System (International Union of Pure and Applied Chemistry).

Bei einem gefährlichen Stoff gibt die ELINCS die Einstufung im Sinne von Anhang I der Richtlinie 67/548/EWG (→Gefahrenkennbuchstabe, →R-Satz) an; ist der Stoff noch nicht auf Gemeinschaftsebene offiziell, sondern nur vom Anmelder vorläufig eingestuft, so wird dies besonders vermerkt; ansonsten keine Angabe.

Die ELINCS-Nrn. haben eine siebenstellige Ziffernfolge des Typs xxx.xxx-x (in der Praxis xxx-xxx-x), wobei die letzte Ziffer die Kontrollziffer darstellt. Die ersten sechs Stellen numerieren den Stoff in der Reihenfolge der ersten Anmeldung, beginnend mit der ELINCS-Nr. 400.010-9 (Richtlinie 91/326/EWG vom 5. März 1991, ABl. EG Nr. L 180, S. 79). Die Kontrollziffer ergibt sich entsprechend der für die EG-Nr. beschriebenen ISBN-Methode.

Die erste ELINCS mit den in der Zeit vom 18. September 1981 bis 30. Juni 1990 der EG gemäß Art. 6 der Richtlinie 67/548/EWG gemeldeten Stoffe ist im ABl. EG Nr. C 139 vom 29. Mai 1991 veröffentlicht worden; die dritte Veröffentlichung von ELINCS (ABl. EG Nr. C 130 vom 10. Mai 1993, S. 1) ersetzt die vorhergehenden Veröffentlichungen und enthält alle chemischen Stoffe, die bis zum 30. Juni 1992 angemeldet worden sind.

Die ELINCS-Nrn. sind nach § 6 der →Gefahrstoffverordnung bei der Kennzeichnung gefährli-

cher (neuer) Stoffe als EWG-Nummer anzugeben (nicht zu verwechseln mit der →EG-Nr.). *Dreyhaupt*

Eluat. Nach einer →Elution vorliegende Mischung des Elutionsmittels und der eluierten Stoffe.

Im streng wissenschaftlichen Sinne wird unter Elution das Herausspülen *sorbierter Stoffe* aus einem →Adsorptionsmittel mittels Gasen oder Flüssigkeit verstanden.

Im Bereich der Abfallwirtschaft wird der Begriff Elution dagegen im Sinne des Herauslösens/Auslaugens von Schadstoffen aus festen, pastösen oder schlammigen Abfällen mit einem Lösungsmittel (i. d. R. Wasser) verwendet. Die dabei entstehende Lösung, die die unter den gewählten Bedingungen herauslösbaren Stoffe enthält, wird als E. bezeichnet.

Die Herstellung des E. von Abfällen erfolgt nach bestimmten Vorschriften unter definierten Bedingungen. Zwei wichtige Elutionsmethoden für Abfälle sind der DEV S4-Test (DIN 38414, Teil 4 Ausgabe Oktober 1984) und der Schweizer E.-Test. Während beim DEV S4-Test das E. durch Behandlung nicht verfestigter Abfälle mit destilliertem Wasser erhalten wird, werden beim Schweizer E.-Test verfestigte Abfälle mit einem schwach sauren Elutionsmittel (pH = 4–4,5) eluiert. Da die Beiträge einzelner Einflußgrößen (z. B. pH-Wert des Elutionsmittels, Zerkleinerungs- und Durchmischungsgrad, Dauer der Elution) und deren gegenseitige Beeinflussung für das Elutionsverhalten und damit auch das Gesamtelutionsergebnis noch nicht bekannt sind, kann auch noch nicht sicher gesagt werden, welches der beiden Verfahren den größeren Auslaugeffekt hat.

Die Inhaltsstoffe des E. (Art und Konzentration) können nach der Elution mittels geeigneter Analysenverfahren bestimmt werden und u. a. als Zuordnungskriterien für die Entsorgung von Abfällen dienen (→Eluatkriterien). *Radde*

Eluatkriterien. Grenzwerte von ausgewählten anorganischen und organischen Schadstoffen im →Eluat von Abfällen. Sie dienen der Zuordnung der Abfälle zu Behandlungsanlagen und zu den unterschiedlichen →Deponieklassen.

In der Bundesrepublik Deutschland sind E. als Bestandteil der Deponiezuordnungskriterien für die oberirdische →Ablagerung von Abfällen in der →TA Abfall Teil 1 und in der →TA Siedlungsabfall nach Schadstoffart und Konzentration festgelegt. Die Eluate werden einheitlich nach dem DEV S4-Test hergestellt und die Inhaltsstoffe nach festgelegten DIN-Verfahren analytisch bestimmt.

Die Bestimmung der Schädlichkeit eines abgelagerten bzw. abzulagernden Abfalls ist nicht allein aus den Analysenwerten des Eluats, sondern nur aus der Bestimmung und Bewertung aller in den vorgenannten Verwaltungsvorschriften festgelegten Deponiezuordnungskriterien annäherungsweise möglich.

Insbesondere erlauben die Ergebnisse von Eluattests nur eine grobe Abschätzung zukünftiger Schadstoffkonzentrationen im →Sickerwasser von Deponien, da die komplexen Reaktionen der Abfälle im →Deponiekörper untereinander und mit dem Sickerwasser von ihnen nicht abgebildet werden können. *Radde*

Elution. Herauslösen von adsorbierten Stoffen, z. B. Schadstoffen, aus festen Substanzen. Die Flüssigkeit mit den herausgelösten Stoffen wird →Eluat genannt. Zur Beurteilung der mobilisierbaren Schadstoffe in kontaminierten →Altstandorten und →Altablagerungen ist im Rahmen der Analyse eine E. der Proben notwendig. Im Bereich der →Altlasten kann die E. von kontaminiertem Material, z. B. Boden, durch →Sickerwasser zu einer Verunreinigung von Gewässern, z. B. Grundwasser, führen. *Thoenes*

Embryotoxizität. Toxische Stoffe können während der Schwangerschaft mit dem Blut aus dem Organismus der Mutter über die Plazenta zum Embryo oder Fetus gelangen und diesen schädigen. Der Begriff Embryo bezeichnet die Frucht in der Phase der Organentwicklung. Beim Menschen sind dies die ersten drei Monate der Schwangerschaft. Als ren Entwicklungsstadien bis zur Geburt.

Abhängig von dem Entwicklungsstadium, das von der toxischen Wirkung betroffen ist, spricht man daher von E. und →Fetotoxizität. Die Schädigung kann zum Absterben des Embryos oder des Fetus, zur Verzögerung der Entwicklung, Störung von Organfunktionen oder zu Mißbildungen führen. Neben Art und Dosis des Schadstoffs hängt die Empfindlichkeit wesentlich von dem jeweiligen Entwicklungsstadium ab. Mißbildungen (teratogene Wirkungen, →Teratogenität) werden vorwiegend während der besonders empfindlichen Phase der Organentwicklung in der Frühschwangerschaft, etwa zwischen dem 15. und 60. Tag nach der Befruchtung, ausgelöst.

Der Nachweis embryo- und fetotoxischer Wirkungen von Stoffen erfolgt im →Tierversuch, meist an Ratten und Kaninchen. *Deml*

Emission.

Allgemein. Der Begriff (*lat.* emittere = aussenden) kann in einem doppelten Sinne verwandt werden. Als E. bezeichnet man einmal den Vorgang, daß Stoffe, Schallwellen usw., die eine →Immission hervorrufen können, den Bereich der Entstehungsstelle überschreiten. Unter E. versteht man darüber

hinaus die luftverunreinigenden →Stoffe, →Geräusche, →Erschütterungen usw. selbst, und zwar im Zeitpunkt ihres Übertritts aus dem Bereich der Entstehungsstelle.

Nach der Legaldefinition des BImSchG sind E. die von einer Anlage ausgehenden Luftverunreinigungen, Geräusche, Erschütterungen, Licht, Wärme, (nicht ionisierende) Strahlen und ähnliche Erscheinungen. Hier wird also auf das Objekt, das Immissionen hervorrufen kann, und nicht auf den Vorgang seiner Abgabe abgestellt.

→Luftverunreinigungen sind Veränderungen der natürlichen Zusammensetzung der Luft, insbesondere durch Rauch, Ruß, Staub, Gase, Aerosole, Dämpfe oder Geruchsstoffe (§ 3 Abs. 4 BImSchG). Zu den luftverunreinigenden Gasen gehört auch aus Anlagen emittiertes Kohlendioxid, zu den Dämpfen auch Wasserdampf.

Geräuschemissionen bestehen aus Schallwellen. Sie werden als →Lärm bezeichnet, wenn sie Nachbarn oder Dritte stören können oder stören würden (Nr. 2.11 TA Lärm).

Als →Erschütterungsemission bezeichnet man den Übertritt von Schwingungsenergie von einer →Erschütterungsquelle in die Umgebung.

Als E. im weitesten Sinne werden aus einer E.-Quelle austretende Stoffe und Energien bezeichnet; diese können über Abgase, Abwässer, Reststoffe oder Abfälle usw. an die →Umweltmedien Luft, Wasser, Boden abgegeben werden.

Die E.-Quellen lassen sich grundsätzlich in drei große Gruppen einteilen:
– E., die durch die Tätigkeit des Menschen direkt, z. B. durch Kraftwerke, Industrie, Verkehr, Gebrauch von Chemikalien, entstehen,
– E., die durch Eingriffe des Menschen in die Natur ganz oder teilweise verursacht werden, z. B. durch Landbau, Tierhaltung oder Brandrodung,
– E., die vom Menschen nicht beeinflußt werden, z. B. Vulkanausbrüche, Gewitter, Emissionen aus Ozeanen.

Vom Menschen beeinflußte E. (die beiden ersten Gruppen) werden als anthropogene E. bezeichnet; die übrigen als natürliche E. (dritte Gruppe). *Hansmann/M. Lange*

Luftverunreinigungen. E. im Sinne der →TA Luft, die auf genehmigungsbedürftige Anlagen anzuwenden ist, sind von einer Anlage ausgehende →Luftverunreinigungen. Sie sind durch emissionsmindernde Maßnahmen (→Primärmaßnahmen, →Sekundärmaßnahmen) entsprechend dem Stand der Technik zu begrenzen.

E.-Begrenzungen werden in der Regel wie folgt angegeben:
□ Masse der emittierten Stoffe bezogen auf das Volumen als →Massenkonzentration in den Einheiten g/m³ oder mg/m³,

– von Abgas im Normzustand (0° C; 1013 mbar) nach Abzug des Feuchtegehalts an Wasserdampf,
– von Abgas (f) im Normzustand (0° C; 1013 mbar) vor Abzug des Feuchtegehalts an Wasserdampf;
□ Masse der emittierten Stoffe bezogen auf die Zeit als Massenstrom in den Einheiten kg/h, g/h oder mg/h;
□ Verhältnis der Masse der emittierten Stoffe zu der Masse der erzeugten oder verarbeiteten Produkte (→Emissionsfaktoren) als Massenverhältnis in den Einheiten kg/t oder g/t.

Die E.-Quellen lassen sich auch in gefaßte und diffuse E. unterteilen. Den gefaßten Quellen werden E. aus Schornsteinen, Kühltürmen, aus dem Auspuff von Kfz und aus Einrichtungen mit Abgaserfassung und -ableitung zugeordnet; sie werden auch als Punktquellen bezeichnet (→Emission, diffuse). *M. Lange*

Landwirtschaft. Dazu zählen neben den Lärm- und Staubemissionen auch gasförmige E. und Aerosole. Lärmemissionen stammen vorwiegend von den Arbeitsgeräuschen der Maschinen und Geräte, aber auch von Anlagen, wie z. B. Heubelüftungsanlagen, und aus den durch Tiere verursachten Geräuschen.

Staubförmige E. treten auf bei der Getreide- und Heuernte, bei der pneumatischen Förderung von trockenen Gütern bzw. Produkten, bei der →Bodenbearbeitung und bei Transportfahrten vom Feld zum Hof unter bestimmten Witterungsbedingungen sowie beim Ausbringen von staubförmigen Düngemitteln und bei der Stallhaltung der Tiere.

Gasförmige E. entstehen neben der Tierhaltung (→Stallabluft, →Ammoniakemission, →Methan) und den tierischen Exkrementen (Flüssigmist = Gülle, Festmist) auch bei der Verwendung spezieller Futtermittel in der Tierhaltung, z. B. bei der Aufbereitung von Küchenabfällen für Fütterungszwecke. Geruchsemissionen bestehen in der Regel aus Vielstoffgemischen, über deren Zusammensetzung wenig bekannt ist.

→Aerosole entstehen in Abhängigkeit von der Applikationstechnik und den Witterungsbedingungen beim Einsatz von Pflanzenschutzmitteln, aber auch bei der Ausbringung von Gülle (→Flüssigmistausbringungstechnik). Aerosole treten jedoch auch auf während der Blüte von landwirtschaftlichen Nutzpflanzen, genau so wie während der Blüte von Wildpflanzen. *H. Schön/Zeisig*

Zivile Luftfahrt. Zuverlässige Daten über die von der Luftfahrt verursachten E. sind derzeit nur beschränkt verfügbar. Einerseits hängen diese Schadstoffmengen von zahlreichen flugzeugbezogenen Parametern ab, die sich während eines Fluges ändern und kaum vollständig erfaßt werden können. Andererseits sind, wenn man die Auswirkungen der →Luftfahrtemissionen auf die Atmosphäre abschätzen will, weltweite statistische Daten über die Durchführung aller Flüge nötig, deren Beschaffung z. Zt. noch äußerst schwierig ist. Deshalb muß man sich heute mit Daten aus regionalen Studien, wie etwa des TÜV Rheinland, begnügen oder auf Daten zurückgreifen, die sich auf die Aktivitäten einzelner Luftverkehrsgesellschaften, wie etwa Swissair oder Lufthansa, beziehen.

Die nachfolgend aufgeführten Zahlenwerte über die von der zivilen Luftfahrt verursachten E. geben den Kenntnisstand vom Ende der 80er Jahre wieder; neuere Daten sind nach Abschluß von noch andauernden Arbeiten zu erwarten. Tabelle 1 zeigt die durch die Studie des TÜV Rheinland im Auftrag des Umweltbundesamtes ermittelten Gesamtemissionen der zivilen Luftfahrt über der Bundesrepublik Deutschland für das Jahr 1984. Dabei wurde nach Instrumentenflugverkehr (Linien- und Charterflüge) und Sichtflugverkehr (Flüge der allgemeinen Luftfahrt) unterschieden. Im Instrumentenflugverkehr sind auch Überflüge enthalten, die ohne Zwischenlandung in der Bundesrepublik durchgeführt werden. Bemerkenswert ist, daß der Sichtflugverkehr, auf den nur etwa 0,6% des Brennstoffverbrauchs der Luftfahrt in Deutschland entfällt, praktisch ein Drittel aller CO-E. der Luftfahrt verursacht. Dies ist auf die spezielle Betriebsweise der Kolbenflugmotoren im Luftfahrteinsatz zurückzuführen. Diese E. fallen jedoch weitgehend in niedrigen Flughöhen, unter ca. 3 000 m, an.

Emission. Tabelle 1: Von der zivilen Luftfahrt im Jahr 1984 über der Bundesrepublik Deutschland verursachte Gesamt-Schadstoffemissionen (Quelle: TÜV Rheinland).

	Brennstoffverbrauch	CO	HC	NO_x	SO_2
	t	t	t	t	t
Linien- und Charterflüge	1 587 020	15 540	3 900	18 700	1 590
Allgemeine Luftfahrt	9 540	7 620	180	30	4
Gesamt	1 596 560	23 160	4 080	18 730	1 594

Ein Emissionsprofil über der Flughöhe zeigt das Bild, und zwar im linken Teil für die Stickstoffoxide, NO_x, und im rechten für Kohlenmonoxid (CO), und unverbrannte Kohlenwasserstoffe (HC). Danach wird rund die Hälfte des vom Luftverkehr über der Bundesrepublik verursachten NO_x in Höhen über 8 km emittiert. CO und HC hingegen werden überwiegend in Bodennähe produziert. Letztere konzentrieren sich jedoch in der Nähe der Flughäfen, wobei die Umgebung der Großflughäfen wegen ihrer größeren Zahl der Flugbewegungen besonders betroffen ist.

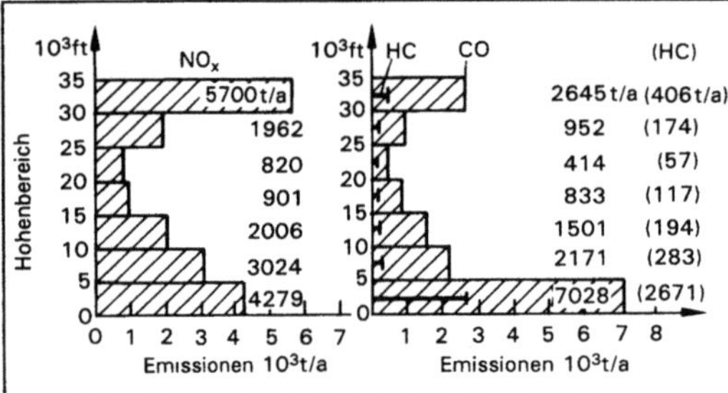

Emission: Flughöhenbezogene Verteilung der vom zivilen Flugverkehr über der Bundesrepublik Deutschland 1984 verursachten NO_x-, CO- und HC-E. – ohne Sichtflugverkehr (nach Weyrauther *u. a.).*

Die in Klammern gesetzten Zahlenwerte im rechten Diagramm beziehen sich auf die HC-Emission. Gesamtmengen NO_x 18 694 t/a, CO 15 543 t/a, HC 3 902 t/a.

Die passagierbezogenen Schadstoffemissionen sind für die Verkehrswege Schiene, Luft und Straße zusammengestellt in der Tabelle 2, die einer Veröffentlichung der Lufthansa entnommen ist. Man erkennt daraus, daß, bezogen auf die Transportleistung, die Luftfahrt weniger Schadstoffe emittiert als der Straßenverkehr, darf aber nicht vergessen, daß ein großer Teil der Luftfahrtemissionen direkt in die hohe Atmosphäre injiziert wird. *Winterfeld*

Emission. Tabelle 2: Auf den Passagier-Kilometer bezogene mittlere Emissionen an Kohlenwasserstoffen, HC, Kohlenmonoxid, CO, Stickoxiden, NO_x und Ruß, C (Quelle: Reichow).

	Schiene	Luft	Straße
HC g/Pkm	0,03	0,08	1,10
CO g/Pkm	0,06	0,19	9,30
NO_x g/Pkm	0,43	0,78	1,70
C g/Pkm	0,08	0,08	0,03

Literatur: *Reichow, H. P.:* Reizwort Umwelt. Leitwerk, Magazin für Führungskräfte der Lufthansa. Dez. 1989. – *Roth, H. P.:* Oekobilanz Swissair-Flotte 1989 Teil Schadstoff-Emissionen. Swissair Engineering Material. Technologic und Umwelt 1990. – *Weyrauther, G., J. Brosthaus, I. Höne, G. Schulz:* Ermittlung der Abgasemissionen aus dem Flugverkehr über der Bundesrepublik Deutschland. TÜV Rheinland, Institut für Energietechnik und Umweltschutz. Köln 1988.

Militärischer Flugverkehr. Militärische Flugtriebwerke emittieren die gleichen Schadstoffe wie ihre zivilen Gegenstücke; jedoch sind sie nach anderen technischen Forderungen konzipiert. Auch weichen die militärischen Flugmissionen erheblich von zivilen Flugprofilen ab. Deshalb ergeben sich Unterschiede hinsichtlich der Menge der emittierten Schadstoffe.

Da der hohe Maximalschub militärischer Triebwerke immer nur kurzzeitig benötigt wird, werden diese Triebwerke über längere Zeiten im Bereich niedriger Leistungen mit entsprechend ungünstigem Brennstoffverbrauch betrieben. Tabelle 3 enthält als Beispiele die Emissionsfaktoren in kg Schadstoff pro Stunde für CO und NO_x für drei typische militärische Triebwerk und zwar jeweils für Leerlauf sowie Vollast mit und ohne Nachbrennereinsatz. Allerdings werden die hohen Schadstoffmengen des Nachbrennerbetriebs stets nur für kurze Zeiten (um etwa 5 Minuten pro Flug mit Nachbrennereinsatz) emittiert.

Eine Abschätzung über die gesamten E. des militärischen Flugbetriebs über der Bundesrepublik Deutschland für das Jahr 1984 hat der TÜV Rheinland vorgenommen. Die Gesamtmenge der jeweiligen Schadstoffe wurde für verschiedene Flugzeugklassen aus dem Produkt des →Emissionsfaktors (Schadstoffmenge pro Zeit) und der Verweilzeit im jeweiligen Betriebszustand sowie der Zahl der Flugbewegungen ermittelt und auf zugeordnete Flughöhen bezogen. Die Ergebnisse der Analyse sind in Tabelle 4 zusammengestellt. Sie zeigt, daß der militärische Flugverkehr in beachtlichem Maß zu den Gesamtemissionen der Luftfahrt über Deutschland beigetragen hat.

Diese für 1984 abgeschätzte Anteil der Militärluftfahrt an den Gesamtemissionen der Luftfahrt war eine Folge der geographischen Lage Deutschlands an der Grenze der damaligen Militärblöcke. Für die Zukunft kann mit einem geringeren Anteil gerechnet werden. *Winterfeld*

Literatur: *Sears, D. R.:* Air Pollutant Emission Factors for Military and Civil Aircraft. US-Environmental Protection Agency EPA-450/3-78-117, 1978. – *Weyrauther, G., J. Brosthaus, I. Höne, G. Schulz:* Ermittlung der Abgasemissionen aus dem Flugverkehr über der Bundesrepublik Deutschland. TÜV Rheinland e. V., Institut für Energietechnik und Umweltschutz, Köln 1988.

Emission. Tabelle 3: CO- und NO$_x$-E. für drei militärische Flugtriebwerke und unterschiedliche Laststufen. Emissionsindex in g Schadstoff/kg Brennstoff; Emissionsfaktor in kg Schadstoff/h.

| Triebwerk | Laststufe | Brennstoff-verbrauch kg/h | Emissionen | | | |
| | | | CO | | NO$_x$ | |
			kg/h	g/kg Brst.	kg/h	g/kg Brst.
F 100 (Pratt u. Whitney)	Leerlauf	481	9,3	19,3	1,9	3,88
	Military	4 717	8,5	1,8	207,6	44,0
	Nachbrenner	20 049	1 104,7	55,1	330,8	16,5
TF 30 (Pratt u. Whitney)	Leerlauf	453	30,9	68,2	1,1	2,4
	Military	3 354	7,1	2,1	55,9	16,6
	Nachbrenner	18 144	272	15,0	122,5	6,75
J 79 (General Electric)	Leerlauf	499	21,8	43,7	1,5	3,0
	Military	4 482	23,6	5,3	68,9	15,4
	Nachbrenner	16 053	277,6	17,3	109,5	6,8

Emission. Tabelle 4: E. des militärischen Flugverkehrs und Anteil an den Gesamtemissionen der Luftfahrt über der Bundesrepublik Deutschland im Jahr 1984.

| | Brennstoff-verbrauch t/a | Emissionen (t/a) | | | |
		CO	HC	NO$_x$	SO$_2$
militärischer Flugverkehr	1 206 000	24 660	5 076	10 162	1 152
Anteil an Gesamtemissionen (zivil und militärisch)	43 %	52 %	56 %	35 %	42 %

Emission, diffuse. D. E. treten – meist flächenhaft – bei Emissionsquellen ohne definierte Abgasvolumenströme auf und stehen damit im Gegensatz zu den aus gefaßten Quellen – insbesondere Punktquellen wie Schornsteine – austretenden Emissionen.

Für d. E. lassen sich keine Emissionsbegrenzungen als →Massenkonzentrationen im Abgas (z. B. in mg/m^3) festlegen. Daher werden für d. E., abweichend von dem üblichen Vorgehen, die emissionsbegrenzenden Anforderungen in der Regel durch bauliche und betriebliche Maßnahmen festgelegt.

Für Prozesse oder Anlagenteile, die mit besonders relevanten d. E. verbunden sind, enthält die TA Luft Anforderungen
– in Nr. 3.1.5 für staubförmige d. E. bei Aufbereitung, Herstellung, Transport, Be- und Entladung (→Umschlag) sowie Lagerung staubender Güter,
– in Nr. 3.1.8 für dampf- oder gasförmige d. E. beim Verarbeiten, Fördern und Umfüllen von flüssigen organischen Stoffen; auf die speziellen Regelungen für →Mineralölraffinerien ist besonders hinzuweisen.

Die Anforderungen unterscheiden nach dem Gefährdungspotential der Stoffe und dem zur Minderung der d. E. erforderlichen Aufwand; damit wird dem Verhältnismäßigkeitsgrundsatz Rechnung getragen.

In vielen Fällen lassen sich Förder-, Umschlag- oder Transporteinrichtungen einhausen oder kapseln. Bei vollständiger Kapselung (ohne Luftaustritt) werden d. E. vermieden; bei weitgehender Einhausung werden häufig Abgase abgesaugt; d. E. lassen sich dadurch in gefaßte Emissionen überführen. *M. Lange*

Literatur: *Davids, P.; M. Lange*: Die TA Luft '86. Technischer Kommentar. Düsseldorf 1986.

Emission, staubförmige →Staub

Emissionsbegrenzung für Flugtriebwerke. Im Annex 16, Volume II, zur Convention on International Civil Aviation der ICAO sind E. für gasförmige Schadstoffe und Partikel durch Fluggasturbinen festgelegt worden, die nach dem 1. 1. 1986 gefertigt wurden und deren Schub größer als 26,7 kN ist. Ihre Einhaltung ist von der ICAO ihren Mitgliedsländern empfohlen worden.

Annex 16, Vol. II schreibt auch vor, wieviele Triebwerke für den Nachweis zu untersuchen sind, welche Brennstoffe für die Abnahmeversuche zulässig sind, wie die Probeentnahme und die Messung zu erfolgen hat, (einschließlich der →Kalibrierung der Meßgeräte) und wie auszuwerten ist. *Winterfeld*

Literatur: International Standards and Recommended Practices, Environmental Protection, Annex 16 to the International Convention on Civil Aviation, Volume II, Aircraft Engine Emissions, 1. Ed. 1981, ICAO.

Emissionserklärung →Emissionskataster, →11. BImSchV

Emissionsfaktor.

Kraftfahrzeuge. E. stellen ein mittleres repräsentatives Emissionsverhalten des Fahrzeugbestandes dar. Sie werden in Reihenuntersuchungen an Personenkraftwagen, die den Pkw-Bestand in Bezug auf emissionsrelevante Parameter wiederspiegeln sollen, in Abhängigkeit von den im Straßenverkehr auftretenden Betriebszuständen ermittelt. Für die Ermittlung von Abgas-E. ist die Kenntnis des repräsentativen Fahr- und Betriebsverhaltens Voraussetzung. Aus entsprechend durchgeführten Untersuchungen werden für bestimmte im Straßenverkehr auftretende Geschwindigkeitsbereiche Fahrzyklen abgeleitet. Diese Fahrzyklen dienen als Grundlage für die Ermittlung von Pkw-E. zur Abschätzung von straßenverkehrsbedingten Abgasemissionen. Im Rahmen der bisher durchgeführten Vorhaben zur Bestimmung von Abgas-E. wurden die durch die Abgasgesetzgebung limitierten Komponenten Kohlenmonoxid (CO), unverbrannte Kohlenwasserstoffe (HC) und Stickoxide (NO_x) erfaßt.

Einen wesentlichen Grund für eine jährliche Fortschreibung der Pkw-E. liefert die in mehreren Stufen fortgeschriebene Abgasgesetzgebung, die das Emissionsniveau von Neufahrzeugen nachweislich beeinflußt. Außerdem können die günstigeren Kraftstoffverbräuche von Neufahrzeugen ebenfalls mit einer Verringerung der Schadstoffemissionen verbunden sein. Weiterhin erhöht sich das Verkehrsaufkommen ständig, was auch zu einer Änderung des Fahr- und Betriebsverhaltens führen kann. *Klee/May*

Flugtriebwerke. Im Hinblick auf die Schadstoffemissionen von Flugtriebwerken wird als E. die von einem Triebwerk oder von einer Brennkammer pro Zeiteinheit emittierte Menge eines gasförmigen Schadstoffs bezeichnet. Er wird gewöhnlich in kg Schadstoff/Stunde angegeben. Als absolutes Maß hängt der E. u. a. von der Größe des Triebwerks ab und erlaubt quantitative Vergleiche. Er ergibt sich als Produkt von →Emissionsindex und Brennstoffverbrauch pro Zeiteinheit. *Winterfeld*

Emissionsfernüberwachung →Emissionsüberwachung, kontinuierliche

Emissionsgrad. Der Begriff E. wird in mehreren Luftreinhaltevorschriften verwendet (z. B. →TA Luft, →13. BImSchV). E. ist das Verhältnis der im Abgas emittierten Masse eines luftverunreinigenden Stoffes zu der mit den Brenn- und Einsatzstoffen zugeführten Masse; er wird als Vomhundertsatz (Prozent) angegeben. Der E. kann bei Abgasreinigungseinrichtungen auch als das Pendant zum →Abscheidegrad angesehen werden: E. und Abscheidegrad einer Einrichtung ergänzen sich zu 100.

Besondere Bedeutung hat die Begrenzung des Schwefel-E. für Großfeuerungsanlagen in der 13. BImSchV. Z. B. wird für Anlagen ≥ 300 MW$_{th}$ über die Einhaltung eines Emissionsgrenzwertes von 400 mg SO_2/m^3 im Abgas hinaus gefordert, daß gleichzeitig ein Schwefel-E. von 15 % nicht überschritten werden darf. Damit ist bei Verbrennung relativ schwefelarmer Kohle der Schwefel-E. die maßgebliche Anforderung; z. B. dürfen bei Einsatz einer Vollwertkohle mit einem Gehalt von 1 Gew.-% Schwefel ca. 300 mg SO_2/m^3 im Abgas nicht überschritten werden. Durch die Festlegung eines höchstzulässigen Schwefel-E. wird im Ergebnis erreicht, daß schwefelreiche Kohle in Großanlagen, die mit Abgasentschwefelungseinrichtungen ausgerüstet sind, gelenkt und damit schwefelarme Kohle für kleinere Anlagen besser verfügbar gemacht wird.

Der Begriff E. kann noch in folgendem Zusammenhang verwendet werden. Bei Hochtemperaturprozessen (z. B. Glasschmelzen) verdampfen Einsatzstoffe, insbesondere Metalle wie Arsen oder Blei z. T. in das Abgas. Hierbei wird als E. das Verhältnis der in das Rohgas abgegebenen Masse an Arsen oder Blei zu der im Einsatzstoff enthaltenen Masse des Elements definiert. In diesem Sinn können E. für Prozesse festgelegt werden. *M. Lange*

Literatur: *Davids, P.; M. Lange:* Die Großfeuerungsanlagen-Verordnung. Technischer Kommentar. Düsseldorf 1984.

Emissionsgrenzwert Luft. E. sind im Immissionsschutzrecht angewandte →Emissionsstandards mit Rechtsnormcharakter und damit unmittelbarer Verbindlichkeit für Betroffene. Für den Bereich der Luftreinhaltung sind E. festgesetzt in der

– Verordnung über Kleinfeuerungsanlagen (→1. BImSchV, →Kleinfeuerungsanlagen),
– Verordnung zur Emissionsbegrenzung von leichtflüchtigen Halogenkohlenwasserstoffen (→2. BImSchV),
– Verordnung zur Auswurfbegrenzung von Holzstaub (→7. BImSchV),
– Verordnung über Großfeuerungsanlagen (→13. BImSchV, →Großfeuerungsanlagen),
– Verordnung über Verbrennungsanlagen für Abfälle und ähnliche brennbare Stoffe (→17. BImSchV, →Abfallverbrennungsanlagen) und
– Verordnung zur Begrenzung der Kohlenwasserstoffemissionen beim Umfüllen und Lagern von Ottokraftstoffen (→20. BImSchV). *Dreyhaupt*

Emissionsindex. Der E. mit der Dimension g Schadstoff pro kg verbrannten Brennstoffs ist ein relatives Maß für die von einer Schadstoffquelle, z. B. einer Brennkammer oder einer Verbrennungskraftmaschine, emittierte Menge eines gasförmigen Schadstoffs. Mit dem Bezug auf den Brennstoffdurchsatz erlaubt er qualitative Vergleiche zwischen Brennräumen. Er hängt von den Betriebsbedingungen der Brennkammer ab und ändert sich bei Flugtriebwerken mit dem Lastzustand des Triebwerks. Einflußgrößen sind im allgemeinen der statische Druck und die Temperatur am Eintritt in die Brennkammer, das Mischungsverhältnis von Brennstoff und Luft, die Aufenthaltszeit und die speziellen Strömungsverhältnisse, sowie teilweise auch die Brennstoffqualität (C/H-Verhältnis). (→Emissionsfaktor). *Winterfeld*

Emissionskataster. Das E. hat seine Grundlage in § 46 BImSchG und ist ein Element der Luftreinhalteplanung. Prinzipiell stellt das E. eine systematische Zusammenstellung aller Quellen anthropogener Luftverunreinigungen in einem abgegrenzten Gebiet dar, geordnet nach dem geographischen Standort jeder Quelle (Koordinatensystem) und den Emissionsbedingungen (Quellenabmessungen, Abgasmenge und -temperatur, Schadstoffart und -konzentration/-menge, Häufigkeit und Dauer der Emission); aus Praktikabilitätsgründen werden mehr oder weniger diffuse Quellentypen zu Linienquellen (z. B. Straßen als Kfz-Abgasquellen) und Flächenquellen (z. B. Häuserblocks als Hausbrandabgasquellen) zusammengefaßt. Das E. enthält damit für das gesamte Gebiet und für jede beliebige Teilfläche die Quellenkonfiguration, die zur Transformation von Emissionen in Immissionen mit Hilfe der Ausbreitungsrechnung (→Spurenstoffausbreitung) notwendig ist.

Das nach § 46 BImSchG im Rahmen der Luftreinhalteplanung von den Ländern in Untersuchungsgebieten und gleichgestellten Gebieten aufzustellende E. beschränkt sich auf Angaben über Art, Menge, räumliche und zeitliche Verteilung und die Austrittsbedingungen von Luftverunreinigungen bestimmter Anlagen und Fahrzeuge. In der Fünften Allgemeinen Verwaltungsvorschrift zum BImSchG (E. in Untersuchungsgebieten – 5. BImSchVwV) vom 24. April 1992 (GMBl. S. 317), berichtigt durch Bekannt̆   ̆ 24. März 1993 (GMBl. S. 3̆..   ̆e geregelt, welche Emittentengruppen zu erfassen, welche Schadstoffe in welcher Weise zu erheben und wie die Ergebnisse darzustellen sind.

□ Emittentengruppen. Als solche unterscheidet die 5. BImSchVwV im wesentlichen die beiden im BImSchG vorgeprägten Anlageblöcke „genehmigungsbedürftig" und „nicht genehmigungsbedürftig" sowie die Gruppe Verkehr. Im einzelnen sind folgende Emittentengruppen ausgewiesen:
– Die genehmigungsbedürftigen Anlagen; sie decken sich mit den Anlagen, für die eine Emissionserklärung nach der →11. BImSchV vorgeschrieben ist.
– Die nicht genehmigungsbedürftigen Kleinfeuerungsanlagen nach der →1. BImSchV mit dem gesamten Hausbrandbereich.
– Sonstige nicht genehmigungsbedürftige (gewerbliche) Anlagen wie Chemischreinigungs- und ähnliche Anlagen nach der →2. BImSchV, Holzverarbeitungsanlagen nach der →7. BImSchV sowie andere Anlagen, wie z. B. Lackierereien, Druckereien, Räucher- und Röstanlagen und Tankstellen; ferner der entsprechende nicht gewerbliche Bereich wie landwirtschaftliche Tierhaltung und Anlagen der Bundesbahn, Bundespost und Bundeswehr.
– Verkehr: Umfaßt den Straßen-, Schienen- und Schiffsverkehr, Flugplätze sowie den Verkehr im landwirtschaftlichen und militärischen Bereich.

Für die Emittentengruppen, die nicht der 1., 2., 7. oder 11. BImSchV zugeordnet sind, wird die Erfassung ausdrücklich eingeschränkt auf die für die Aufstellung des E. erforderlichen Emissionen.

□ Zu erhebende Luftverunreinigungen. Es sind alle Luftverunreinigungen – vorrangig als Einzelstoffe – zu erheben, die zur Darstellung der in der 5. BImSchVwV vorgegebenen Stoffe bzw. Stoffgruppen im E. erforderlich sind; dazu gehören Staub, Blei, Schwefeldioxid, Stickstoffoxide, Kohlenmonoxid, Chlor, Fluor, Cadmium, Thallium, Asbest, gasförmige organische Verbindungen, Benzol, Dieselpartikel, Dioxine, krebserzeugende Stoffe nach 2.3 der TA Luft und Ammoniak.

□ Art und Umfang der Erhebung. Die Ermittlung der Emissionen hat grundsätzlich durch die zuständige Behörde unter Zugrundelegung der Systematik der Emissionserklärung nach der 11. BImSchV zu erfolgen. Wenn keine spezifischen anlagenbezogenen Kenntnisse des Emissionsverhaltens vorliegen, können die Emissionen mittels allgemeiner Kennwerte, die sowohl Grunddaten, wie z. B. Brennstoff- oder Kraftstoffverbrauch oder auch Fahrleistungen, als insbesondere auch Emissionsfaktoren betreffen, berechnet werden; dieses Verfahren kommt in der Praxis in allen Emittentengruppen mit Ausnahme der genehmigungsbedürftigen Anlagen zur Anwendung.

Bei allen Erhebungen ist das Ziel zu verfolgen, aus den erhobenen und geordneten Daten das E. darzustellen, die Quellen- und Emissionskonfiguration für Ausbreitungsrechnungen zur Verfügung zu haben und Überwachungsmaßnahmen ableiten zu können. Die Probleme der, bis auf den Bereich der genehmigungsbedürftigen Anlagen, in allen Emittentengruppen angewandten pauschalen Ermittlungsverfahren liegen primär in der Grunddatenerfassung und sehr viel weniger in der Bereitstellung von spezifischen Emissionsfaktoren.

Für die Emittentengruppe genehmigungsbedürftige Anlagen enthalten die nach der 11. BImSchV regelmäßig abzugebenden Emissionserklärungen die notwendigen Daten, die voll der dem E. zugrunde zu legenden Systematik entsprechen. In allen übrigen Bereichen sind von den Behörden oder den von ihnen beauftragten Sachverständigen die vorerwähnten Berechnungsverfahren anzuwenden, deren erste Stufe die Ermittlung der Grunddaten ist; hierfür gibt es keine einheitlichen Methoden.

Insbesondere für den Kleinfeuerungsanlagenbereich (Einzelfeuerungen) sieht § 46 BImSchG die Möglichkeit vor, durch Rechtsverordnung der Landesregierungen „geeignete Stellen" zu bestimmen, die die dort eingesetzten Brennstoffe und die Höhe der Schornsteine ermitteln: hierfür kommen die Bezirksschornsteinfegermeister in Frage, zu deren Aufgaben nach § 13 Abs. 1 Nr. 10 des Schornsteinfegergesetzes auch die Feststellung und Weiterleitung der für die Aufstellung von E. erforderlichen Angaben gehört. Von dieser Möglichkeit ist auch Gebrauch gemacht worden, z. B. in Nordrhein-Westfalen durch die Verordnung über Angaben zum E. Hausbrand vom 6. Juli 1976 (GV. NW. S. 250). In der Praxis orientieren sich die Grunddatenermittlungen primär am Wärmebedarf innerhalb der einzelnen Teile des Erhebungsgebiets und an der entsprechenden Energieverbrauchsstruktur bezogen auf die einzelnen eingesetzten Brennstoffarten. Dabei gibt es Hilfestellungen auch durch die Bezirksschornsteinfegermeister.

Im gewerblichen Bereich können die immissionsschutzrechtlichen Überwachungsbehörden bei Betriebsrevisionen von Anlagen der entsprechenden Emittengruppe formularmäßig die notwendigen Grunddaten erfassen und für die Berechnung der Emissionen zur Verfügung stellen.

In der Quellengruppe Verkehr basieren die Grunddatenerhebungen auf der Art und Anzahl der bewegten Fahrzeuge und des Verkehrsablaufs.

□ Darstellung des E. Während das eigentliche E. mit Datenmengen, die nur mittels der EDV gespeichert und für die o. g. Zwecke jederzeit eingesetzt werden können, zur entsprechenden Disposition der zuständigen Behörde verbleibt, beschränkt sich das zur Veröffentlichung in einem →Luftreinhalteplan bestimmte E. in der Regel auf eine flächenhafte Darstellung im 1 km²-Raster mit Angabe der Jahresemission jedes relevanten Stoffes in kg oder t/km² · a, wobei die Anteile der einzelnen Emittentengruppen angegeben werden. *Dreyhaupt*

Literatur: *Dreyhaupt, F. J.* et al.: Handbuch zur Aufstellung von Luftreinhalteplänen. Köln 1979. – Luftreinhalteplan Rheinschiene Süd 1992; herausgegeben vom Ministerium für Umwelt, Raumordnung und Landwirtschaft des Landes Nordrhein-Westfalen, Düsseldorf 1992. – VDI 3782 Bl. 1 E: Ausbreitung von Luftverunreinigungen in der Atmosphäre; Ausbreitungsmodell für Luftreinhaltepläne; Nov. 1988.

Emissionskennwerte technischer Schallquellen (ETS). ETS werden vom →NALS als E. für von Maschinen und Geräten – auch Haushaltsgeräten – ausgehende Geräusche in VDI-Richtlinien zusammengestellt. Darin werden als E. der →Schalleistungspegel L_{WA} der Maschine und/oder der den Arbeitsplatz an der betreffenden Maschine (Schallquelle) kennzeichnende →Schalldruckpegel L_{pA} angegeben. Einige Richtlinien enthalten auch Hinweise auf Maßnahmen zur Geräuschminderung.

Der Schalleistungspegel L_{WA} ist das A-bewertete Maß für die Geräuschabstrahlung einer Maschine an die Umgebung (→Schallemission). Der A-bewertete Schalldruckpegel L_{pA} im definierten Abstand von der Maschine ist der arbeitsplatzbezogene Emissionskennwert.

Die ETS dienen sowohl dem Immissionsschutz (Schalleistungspegel der Maschine) als auch dem Arbeitsschutz bzw. Verbraucherschutz (Schalldruckpegel am Arbeitsplatz) und geben dem Betreiber oder Benutzer (Verbraucher) sowie den Prüf- und Überwachungsinstitutionen eine Entscheidungshilfe für die akustische Beurteilung der Maschine.

Die in VDI-Richtlinien veröffentlichten ETS stellen den aktuellen technischen Stand der Schallquellen zum Zeitpunkt des Erstellens der Richtlinien dar.

Die bei den Untersuchungen ermittelten E. werden für die untersuchten Modelle oder Typen der Maschinen- bzw. Geräteart unter Angabe der jeweiligen Anzahl meist in Tabellenform zusammengefaßt. Angegeben werden der kleinste und der größte in der Untersuchungsreihe ermittelte E. sowie der arithmetische Mittelwert aller untersuchten Maschinen bzw. Geräte. Die ETS geben demnach nicht den (absoluten) Stand der Lärmminderungstechnik für die jeweilige Maschinen- oder Geräteart an, sondern sie geben nur Hinweise auf die angewandten technischen Konstruktionsmöglichkeiten. Unter Anlegung des in § 3 Abs. 6 des BImSchG gesetzten Maßstabs zur Beurteilung des Standes der Technik zur Emissionsminderung, der sicherlich bei geräuschintensiven Geräten im Immissionsschutz zugrundegelegt werden muß, kann z. B. der mittlere Emissionskennwert nicht den Stand der Lärmminderungstechnik repräsentieren.

Zur Berücksichtigung der Weiterentwicklung des Standes der Lärmschutztechnik werden die Richtlinien bei Bedarf fortgeschrieben. Für etwa 40 technische Schallquellen, wie z. B. Büromaschinen, Haushaltsgeräte, Transformatoren, Holzbearbeitungs- und Werkzeugmaschinen, sind ETS im VDI-Handbuch Lärmminderung enthalten.

Im Zusammenhang mit den ETS sind die Lärminformationsvorschriften für Hersteller und Einführer technischer Arbeitsmittel wichtig, die in der Maschinenlärminformations-Verordnung vom 18. Januar 1991 (BGBl. I S. 146) enthalten sind. Hiernach sind den technischen Arbeitsmitteln Betriebsanleitungen beizufügen, die Mindestinformationen über das bei üblichen Einsatzbedingungen von ihnen ausgehende Geräusch enthalten müssen. *Strauch*

Literatur: VDI-Handbuch Lärmminderung. Hrsg. Normenausschuß Akustik, Lärmminderung und Schwingungstechnik (NALS) im DIN und VDI. Berlin.

Emissionsmessung für Geräusche →Geräuschemissionsmessung

Emissionsmeßverfahren.

Luftverunreinigungen. Sie werden in der Praxis der Luftreinhaltung für die →Emissionsüberwachung eingesetzt. Die gebräuchlichen E. arbeiten nach den gleichen chemischen und physikalischen Prinzipien, die in anderen Bereichen der Meßtechnik und Analytik angewandt werden, sind aber für den Anwendungsbereich spezifiziert. Die Auswahl geeigneter E. ist abhängig von der Art der Emissionen und der Betriebsweise der emittierenden Anlagen.

E. dienen vorzugsweise dazu, emittierte Schadstoffe als Elemente, Verbindungen oder Species zu identifizieren und zu quantifizieren. Bei sehr komplexen Stoffgemischen ist es aus Aufwandsgründen oft erforderlich, sich auf die Bestimmung von Summenparametern oder Leitsubstanzen zu beschränken. Am häufigsten werden die Emissionen als →Massenkonzentration bestimmt. Um die gewonnenen Meßwerte vergleichen zu können, wird meistens eine Normierung gefordert. Zu diesem Zweck müssen verschiedene den Zustand des Abgases kennzeichnende Bezugsgrößen, zum Beispiel Temperatur, Druck, Feuchte oder Sauerstoffgehalt, mitgemessen werden. Bei partikelförmigen Emissionen werden bedarfsweise auch bestimmte physikalische

Eigenschaften wie Anzahl, Größenverteilung oder Morphologie der Partikel untersucht. (→Gasemissionsmessung, →Staubemissionsmessung).

Die vielkomponentige Zusammensetzung der Abgase verlangt meist E. hoher →Selektivität und geringer →Querempfindlichkeit. Quantitative Messungen, insbesondere Grenzwertüberwachungen sind nur möglich, wenn die Meßverfahren zuverlässig, reproduzierbar und kalibrierfähig sind. Für die kontinuierliche →Emissionsüberwachung ist zusätzlich eine hohe Verfügbarkeit und Wartungsfreiheit zu fordern.

Standardisierte E. sind in entsprechenden VDI-Richtlinien beschrieben. Zum einen gibt es eine Reihe von handanalytischen Verfahren mit dem Vorzug, daß sich systematische Fehler vergleichsweise gut erkennen lassen. Sie werden für Einzelmessungen eingesetzt, haben aber auch Bedeutung als →Referenzmeßverfahren und →Kalibrierverfahren. Zum anderen gibt es physikalische und physikalisch-chemische Verfahren, die sich automatisieren und für die kontinuierliche Emissionsüberwachung einsetzen lassen. Diese Verfahren müssen für quantitative Messungen kalibriert werden. Für orientierende Messungen stehen einfache Indikatorverfahren wie →Prüfröhrchen oder Meßgeräte mit elektrochemischen Zellen zur Verfügung.

Bei den E. werden besondere Anforderungen an die →Probenahme gestellt, die gewöhnlich unter schwierigen Bedingungen erfolgt. Dazu gehören z. B. hohe Abgastemperaturen, hohe Feuchte- und Staubgehalte, aggressive Abgasbestandteile oder starke Erschütterungen. Die meisten E. arbeiten mit einer extraktiven Probenahme: aus dem zu untersuchenden →Abgas wird ein Teilgasstrom abgesaugt. In der Regel ist vor der Analyse eine Meßgasaufbereitung erforderlich, bei der beispielsweise Staubpartikel oder andere störende Begleitstoffe entfernt werden und das Meßgas gekühlt und getrocknet wird. Es gibt auch E., die als in situ-Meßverfahren ausgelegt sind und bei denen eine Probenaufbereitung nicht möglich ist.

Insbesondere bei der Bestimmung von Massenkonzentrationen und der Überprüfung von →Emissionsgrenzwerten müssen Probenahme und Ablauf der Messungen so gestaltet sein, daß die erzielten Meßergebnisse für die Emissionen der Anlage repräsentativ sind. Bei Anlagen, bei denen die Schadstoffkonzentrationen zeitlich wie räumlich stark variieren, ist diese Forderung nur durch eine sorgfältige →Meßplanung zu erfüllen. Der Ort der Probenahme ist so zu wählen, daß die zur Messung herangezogenen Abgasproben den Mittelwert der gesuchten Schadstoffkonzentration ergeben. Bei einem sehr ausgeprägten Konzentrationsprofil im Meßquerschnitt des Abgaskanals sind Netzmessungen durchzuführen. *Stahl*

Literatur: *Düwel, L.:* Verfahren und Geräte zur Messung und Überwachung von Emissionen luftfremder Stoffe. In: Handbuch für Immissionsschutzbeauftragte. Hrsg. F. J. Dreyhaupt. Köln 1978. – VDI-Handbuch Reinhaltung der Luft, Bd. 4, 5. Hrsg. Verein Deutscher Ingenieure. Düsseldorf.

Geräusche →Geräuschemissionsmessung.

Emissionsstandard.

Immissionsschutzrecht. E. sind eine im wesentlichen auf das Immissionsschutzrecht bezogene Untergruppe von Umweltstandards und beinhalten allgemein Werte zur Begrenzung von Emissionen wie Luftverunreinigungen, Geräuschen, Erschütterungen und Licht; Geräusch-E. sind jedoch auch im Straßenverkehrsrecht (§ 49 StVZO) und im Luftfahrtrecht (→Geräuschemissionswert), E. zur Luftreinhaltung ebenfalls im Straßenverkehrsrecht (§ 47 StVZO) (→Kfz-Abgas-Grenzwert) gesetzt.

Je nach ihrer rechtlichen Qualität und Zielsetzung werden im Immissionsschutzrecht E. als Emissionsgrenzwerte oder Emissionswerte bezeichnet. Die Unterscheidung ist gegeben durch den Grad der Verbindlichkeit der Regelungsnorm. Die Festsetzung emissionsbegrenzender Werte in Rechtsverordnungen mit direkter Außenwirkung gegenüber den Betroffenen hat in aller Regel Grenzwertcharakter, d. h. bei Nichteinhaltung des Emissionsgrenzwerts ist die Norm verletzt. Emissionsbegrenzende Werte in Verwaltungsvorschriften wie →TA Luft und →TA Lärm, die nur die Behörde anweisen, wie das zugrunde liegende Recht (BImSchG) einheitlich anzuwenden ist, erhalten erst durch Verwaltungshandeln (Genehmigung, Anordnung) Außenwirkung; sie werden in der Regel als Emissionswerte bezeichnet und sind von der Behörde nicht schematisch anzuwenden wie Emissionsgrenzwerte, die – wenn nicht besonders normiert – der Behörde keinen Spielraum lassen.

In der immissionsschutzrechtlichen Praxis sind die beiden Begriffe nur im Bereich der Emissionsminderung von Luftverunreinigungen und Geräuschen durch konkrete staatliche Regelungen in Rechtsverordnungen und/oder allgemeinen Verwaltungsvorschriften ausgeprägt.

Für den Bereich der Luftreinhaltung besteht ein entsprechendes umfangreiches Regelwerk (→Emissionsgrenzwert Luft, →Emissionswert TA Luft), in dem die E. in der Regel als →Massenkonzentrationen im Abgas, aber auch als →Emissionsgrad, →Reinigungsgrad oder – speziell – Geruchsminderungsgrad (→Geruchszahl) angegeben sind. Die daneben in zahlreichen VDI-Richtlinien, die hauptsächlich Prozeß- und zugehörige Abgasreinigungstechnologien beschreiben, enthaltenen konkreten Daten zur Emissionsbegrenzung an bestimmten Anlagen haben zwar teilweise auch den Charakter von E., sie sind jedoch in diesem Punkt angesichts der Dichte und Stringenz der staatlichen Regelungen, z. T. mit Dynamisierungsklauseln, weitgehend ausgeschöpft. Diese Richtlinien sollen jedoch nach der TA Luft (3.1.1 und 3.1.10 mit den in Anhang F im einzelnen aufgeführten VDI-Richtlinien) „zu Prozeß- und Gasreinigungstechniken" herangezogen werden, wenn die TA Luft keine oder keine vollständigen Regelungen zur Begrenzung der Emissionen enthält.

Im Bereich des Lärmschutzes sind in der 8. BImSchV und in der 15. BImSchV (in Verbindung mit bestimmten →EG-Richtlinien) „zulässige Geräuschemissionswerte" hinsichtlich des Inverkehrbringens von Rasenmähern bzw. Baumaschinen (→Baulärm) festgesetzt, die entsprechend ihrem Rechtsnormcharakter als Emissionsgrenzwerte anzusprechen sind.

Daneben sind in VDI-Richtlinien als E. im weitesten Sinne einzustufende →Emissionskennwerte technischer Schallquellen (ETS) angegeben, die u. a. zur Ermittlung des Standes der Lärmminderungstechnik für bestimmte (serienhafte) Maschinen und Geräte dienen können; die ETS stellen insoweit nur Hilfsgrößen dar und haben mehr Informations- als emissionsbegrenzenden Charakter.

Entsprechende Werte für den Bereich der Erschütterungen existieren nicht, weil das bei Schallquellen in der Regel zur Bestimmung der ETS angewendete →Hüllflächenverfahren bei Erschütterungsemissionen nicht einsetzbar ist. Gleichwohl wird dort der Begriff Emissionskennwert für durch Messung von Schwingungsgrößen in einem Bezugsabstand von der →Erschütterungsquelle ermittelte charakteristische Emissionswerte verwendet, denen aber keine emissionsbegrenzenden Werte im Sinne von E. gegenüberstehen.

Für den Bereich der Lichteinwirkungen hat die Deutsche Lichttechnische Gesellschaft zur Vermeidung von Blendung eine nach Baugebieten gestaffelte maximal zulässige →Leuchtdichte empfohlen, die die Lichtemission vom Einwirkungsort her begrenzt. *Dreyhaupt*

Literatur: VDI-Handbuch Reinhaltung der Luft. Bd. 2, 3: Beschränkung der Emission luftfremder Stoffe. Düsseldorf.

Wasserrecht. Einleitungsgrenzwerte für die →Abwassereinleitung in ein Gewässer; sie richten sich grundsätzlich nach den allgemein anerkannten Regeln der Technik (→a. a. R. d. T.); sind gefährliche Stoffe zu erwarten, hat die →Abwasserreinigung nach dem Stand der Technik zu erfolgen. Die E. der →Abwasserverwaltungsvorschriften dienen der zuständigen Wasserbehörde als Grundlage für die wasserrechtliche Erlaubnis, die im Einzelfall als wasserrechtlicher Bescheid gegenüber dem Abwassereinleiter ausgesprochen wird. *Irmer*

Emissionsüberwachung.

Luftverunreinigungen. Die E. dient zur Kontrolle technischer Luftreinhaltemaßnahmen. Vorrangiger Zweck ist die Überprüfung von Auflagen zur Emissionsbegrenzung. Pflichten zur E. sind im →Bundes-Immissionsschutzgesetz verankert und in dazu erlassenen Rechts- und Verwaltungsvorschriften näher bestimmt. Für die E. von Kraftfahrzeugen ist die Straßenverkehrszulassungsordnung (StVZO) bestimmend (→Abgasuntersuchung).

Anforderungen an die E. genehmigungsbedürftiger Anlagen sind in Nr. 3.2 der →TA Luft festgelegt, die allgemeine Anweisungen zur Einrichtung von Meßplätzen oder Probenahmestellen enthält (Bild). Die weiteren Vorschriften verteilen sich auf die drei Aufgabenbereiche Einzelmessungen, kontinuierliche Messungen und fortlaufende Überwachung der Emissionen besonderer Stoffe. Die TA Luft behandelt zu den drei Aufgaben jeweils das Meßprogramm, meßtechnische Anforderungen sowie die Auswertung und Beurteilung der Meßergebnisse.

Für mengenmäßig besonders bedeutsame Schadstoffe wird eine kontinuierliche →Emissionsüberwachung gefordert, sofern der Emissionsmassenstrom der gesamten Anlage festgelegte Schwellenwerte überschreitet. Für besonders gefährliche Stoffe, deren kontinuierliche Messung wünschenswert, aber technisch zu aufwendig wäre, wird ersatzweise als fortlaufende Überwachung die regelmäßige Ermittlung von Tagesmittelwerten der Schadstoffkonzentration verlangt. Diese Verpflichtung ist ebenfalls an bestimmte Massenstromschwellen geknüpft. Für alle weiteren Schadstoffe, für die Emissionsbegrenzungen gelten, sind Einzelmessungen (erstmalige und wiederkehrende Messungen) durchzuführen.

Bei den meßtechnischen Anforderungen geht es um die Auswahl von →Emissionsmeßverfahren und -geräten. Für kontinuierliche Messungen sollen nur Meßeinrichtungen und Auswertesysteme eingesetzt werden, die eine →Eignungsprüfung vorweisen können. Die Meßverfahren sollen dem Stand der Meßtechnik entsprechen. Diese Anforderung kann in der Regel als erfüllt angesehen werden, wenn die in meßtechnischen VDI-Richtlinien dargestellten Meßverfahren angewandt werden.

Den drei Meßaufgaben sind drei unterschiedliche Beurteilungskriterien zugeordnet. Für die kontinuierlichen Messungen gilt ein dreistufiges Kriterium, das eine begrenzte Zahl von Überschreitungen des Emissionswertes (EW) zuläßt. Die Emission besonderer Stoffe wird anhand von Tagesmittelwerten beurteilt. Bei den Einzelmessungen darf kein Meßwert (in der Regel: Halbstundenmittelwert) die festgelegte Emissionsbegrenzung überschreiten. In den Beurteilungskriterien kommt die unterschiedliche Zweckbestimmung der Messungen und die Verschiedenartigkeit der Randbedingungen zum Ausdruck. Einzelmessungen werden nach vorheriger Ankündigung durchgeführt. Der Betreiber hat dadurch Gelegenheit, die Anlage und die Emissionsminderungseinrichtungen optimal einzustellen

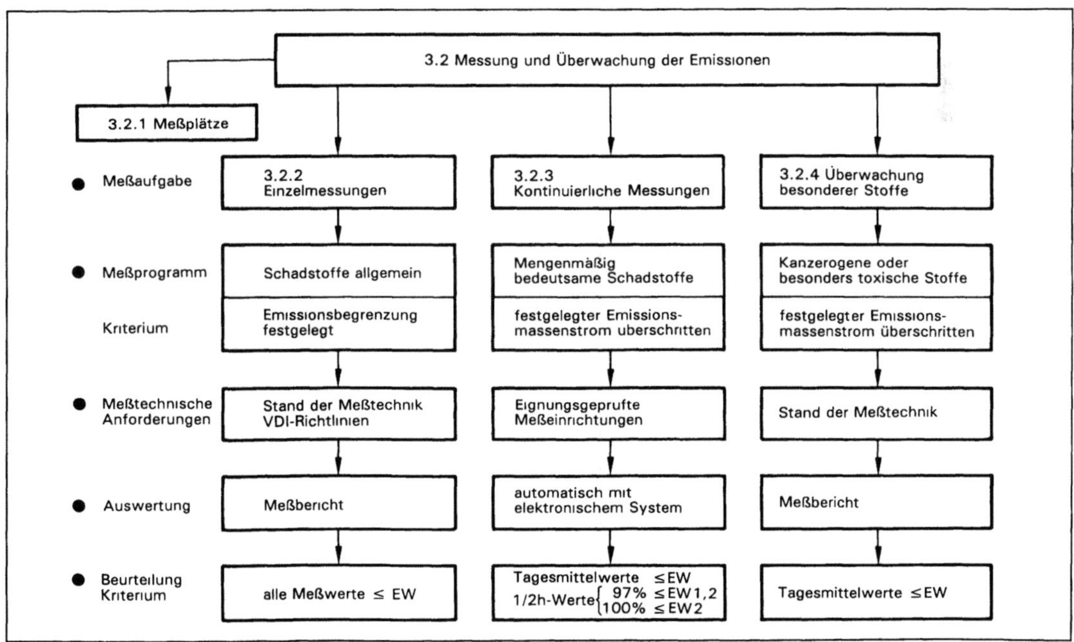

Emissionsüberwachung: Konzept der TA Luft für genehmigungsbedürftige Anlagen.

und erforderlichenfalls zu überholen. Kann die Anlage die gestellten Anforderungen unter diesen günstigen Bedingungen nicht einhalten, ist davon auszugehen, daß erst recht im Dauerbetrieb Grenzwertüberschreitungen auftreten werden. Kontinuierliche Messungen erfassen dagegen auch sämtliche ungünstigen Betriebszustände. Deshalb dürfte die kontinuierliche Überwachung trotz der Zulassung einer beschränkten Überschreitung der festgelegten →Massenkonzentration im allgemeinen die strengere Anforderung sein.

Speziell für Großfeuerungsanlagen und Abfallverbrennungsanlagen sind ähnliche Programme zur E. in den zugehörigen Verordnungen (→13. BImSchV, →17. BImSchV) festgelegt.

Auflagen zur E. gibt es auch für kleinere Anlagen, die keiner immissionsschutzrechtlichen Genehmigung bedürfen. Die größte Gruppe dieser Anlagen sind die Kleinfeuerungsanlagen, also vor allem die Haushaltsfeuerungen, die teilweise nach der →1. BImSchV einmal jährlich vom zuständigen Bezirksschornsteinfeger durch Messungen überprüft werden müssen (→Schornsteinfeger-Messungen). Für eine andere große Gruppe von Anlagen, darunter Chemischreinigungsanlagen, sind Auflagen zur E. in der →2. BImSchV enthalten.

Die E. im Kraftfahrzeugbereich hat den Zweck, bei der Typprüfung, der Serienprüfung oder der Überprüfung der im Verkehr befindlichen Fahrzeuge festzustellen, ob die festgelegten Emissionsbegrenzungen nicht überschritten werden. Die anzuwendenden Meß- und Prüfverfahren sind in Anlagen der Straßenverkehrs-Zulassungsordnung ausführlich dargestellt (→Abgasprüfverfahren). *Stahl*

Literatur: *Davids, P.; M. Lange:* Die TA Luft '86. Technischer Kommentar. Düsseldorf 1986.

Bundeseinheitlichkeit.

Immissionsmeßgeräte, Emissionsmeßgeräte, elektronische Auswertesysteme usw., die auf der Basis entsprechender Richtlinien des Bundesumweltministeriums (siehe Literatur) geprüft und als geeignet befunden wurden (→Eignungsprüfung), werden regelmäßig im Gemeinsamen Ministerialblatt bekanntgegeben.

Die darauf beruhende Bundeseinheitliche Praxis bei der Überwachung der Emissionen und der Immissionen bildet ein wesentliches Element der →Qualitätssicherung bei den entsprechenden Messungen. *Pfeffer*

Literatur: Richtlinien für die Eignungsprüfung, den Einbau, die Kalibrierung und die Wartung von Meßeinrichtungen für kontinuierliche Emissionsmessungen. Rundschr. des BMU vom 1. 3. 1990. – Richtlinien für die Bauausführung und Eignungsprüfung von Meßeinrichtungen zur kontinuierlichen Überwachung der Immissionen. Rundschr. des BMI vom 19. 8. 1981. – Richtlinien über die Auswertung kontinuierlicher Emissionsmessungen. Rundschr. des BMU vom 26. 7. 1988. –

Bundeseinheitliche Praxis bei der Überwachung der Emissionen aus Kleinfeuerungsanlagen gemäß der Ersten Verordnung zur Durchführung des Bundes-Immissionsschutzgesetzes. Rundschr. des BMU vom 30. 10. 1991. – Richtlinien über die Festlegung von Referenzverfahren, die Auswahl von Äquivalenzmeßverfahren und die Anwendung von Kalibrierverfahren. Rundschr. des BMU vom 9. 2. 1988. – Richtlinien über die Wahl der Standorte und die Bauausführung automatisierter Meßstationen in telemetrischen Immissionsmeßnetzen. Rundschr. des BMI vom 2. 2. 1983.

Emissionsüberwachung, kontinuierliche.

Die k. E. gehört zum Maßnahmenkatalog des Bundes-Immissionsschutzgesetzes. Im Unterschied zu Einzelmessungen (→Emissionsüberwachung) erlauben kontinuierliche Messungen, den Betrieb einer Anlage und der nachgeschalteten Abgasreinigungseinrichtungen nahezu lückenlos zu überwachen. Dadurch wird sichergestellt, daß die technischen Maßnahmen zur Begrenzung der Emissionen im täglichen Betrieb angewandt und weitgehend ausgeschöpft werden. Die k. E. dient nicht nur zur Kontrolle durch die zuständige Überwachungsbehörde, sondern hilft auch dem Betreiber, seine Anlage zu optimieren und dadurch Rohstoffe und Kosten zu sparen.

Für →Großfeuerungsanlagen und →Abfallverbrennungsanlagen ist die k. E. in der →13. BImSchV bzw. →17. BImSchV geregelt. Für alle anderen genehmigungsbedürftigen →Anlagen sind Einzelheiten in der →TA Luft geregelt (Tabelle).

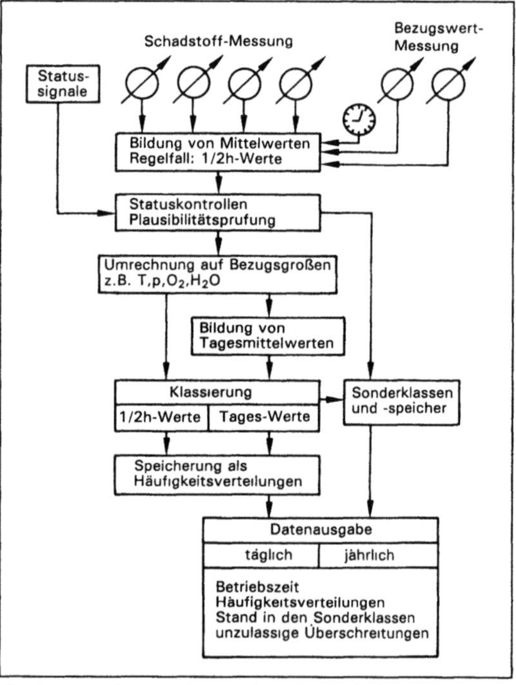

Emissionsüberwachung, kontinuierliche: Auswerteschema.

Emissionsüberwachung, kontinuierliche. Tabelle: Allgemeine Auflagen der TA Luft

Staubförmige Emissionen			
Schadstoffe/Meßobjekt	**Anwendungsbereich nach Nr. 3.2.3.2 TA Luft**		
Abgastrübung	Staubemissionen der Anlage > 2 kg/h		
Staubkonzentration	Staubemissionen der Anlage > 5 kg/h		
Besondere Stäube	Emission der Anlage [g/h]:		
	Staubinhaltsstoffe nach TA Luft		
	Klasse I II III		
krebserzeugende Stoffe Nr. 2.3	> 2,5 > 25 > 125		
anorganische Stoffe Nr. 3.1.4	> 5 > 25 > 125		
organische Stoffe Nr. 3.1.7	> 500 – –		

Gasförmige Emissionen		
Schadstoffe	**Meßobjekt**	**Anwendungsbereich nach Nr. 3.2.3.3 TA Luft**
		Emissionen der Anlage [kg/h]
Schwefeldioxid	SO_2	> 50
Stickstoffoxide	NO_X oder NO	> 30 angegeben als NO_2
Kohlenmonoxid	CO	
— als Leitsubstanz bei Verbrennungsprozessen		> 5
— in allen anderen Fällen		> 100
Fluor und anorganische Fluorbedingungen	F^-	> 0,5 angegeben als HF
anorganische Chlorverbindungen	Cl^-	> 3 angegeben als HCl
molekulares Chlor	Cl_2	> 1
Schwefelwasserstoff	H_2S	> 1
Organische Verbindungen	Gesamt C	Stoffe nach Nr. 3.1.7
		> 1 (Klasse I)
		>10 (Klasse I-III insgesamt)

Die für die Ausrüstung mit kontinuierlichen Meßeinrichtungen maßgeblichen Emissionsmassenströme beziehen sich auf die gesamte Anlage, während die Überwachungspflicht auf die relevanten Quellen beschränkt ist. Neben den Schadstoffen sind die zur Auswertung und Beurteilung notwendigen Bezugsgrößen kontinuierlich zu messen. Für die k. E. sollen nur Meßeinrichtungen eingesetzt werden, die eignungsgeprüft sind.

Die kontinuierlichen Messungen sollen unter Verwendung eines eignungsgeprüften elektronischen Auswertesystems nach den Bestimmungen einer bundeseinheitlichen Richtlinie (s. Literatur) fortlaufend automatisch ausgewertet werden. Der Meßwertrechner hat bei dem Einsatz z. B. an Feuerungsanlagen die sich aus dem Bild ergebenden Funktionen zu erfüllen.

Werte, die in die Vertrauens- bzw. Toleranzbereiche oberhalb der Beurteilungsschwellen fallen, werden in Sonderklassen erfaßt. Die Ausgabe der Häufigkeitsverteilungen zum Jahresabschluß bildet die Grundlage für die Beurteilung der kontinuierlichen Messungen durch die Überwachungsbehörde.

Das Instrumentarium der k. E. erlaubt auch, die gewonnenen Meßdaten telemetrisch an zentraler Stelle, z. B. bei der Behörde zusammenzuführen, d. h. Emissionsmeßnetze aufzubauen. Eine solche Emissionsfernüberwachung ist zuerst in Niedersachsen erfolgreich erprobt worden. Der Deutsche Bundestag hat 1990 in einer Entschließung zum Bundes-Immissionsschutzgesetz empfohlen, bei der k. E. die Datenfernübertragung zu nutzen. *Stahl*

Literatur: Luftreinhaltung. Leitfaden zur kontinuierlichen Emissionsüberwachung. Hrsg. Umweltbundesamt. UBA-Berichte. Bd. 11/90. Berlin 1990. – Richtlinien über die Auswertung kontinuierlicher Emissionsmessungen. Rundschreiben des BMU vom 26. 7. 1988. Gemeinsames Ministerialblatt 1988, S. 426–430. – VDI-Special: Automatisierte Meß-Systeme für den Umweltschutz (Sonderteil der Zeitschriften BWK, Brennstoff-Wärme-Kraft, TÜ-Technische Überwachung und Umwelt). Düsseldorf 1988.

Emissionswert TA Luft. E. sind →Emissionsstandards unterhalb der Verbindlichkeit von Emissionsgrenzwerten. E. sind im Bereich der Luftreinhaltung in der TA Luft festgesetzt. Dabei handelt es sich nach § 48 BImSchG um Werte, „deren Überschreiten nach dem Stand der Technik vermeidbar ist"; sie dienen der Vorsorge gegen schädliche Umwelteinwirkungen „durch dem Stand der Technik entsprechende Emissionsbegrenzungen" (§ 5 Abs. 1 Nr. 2 BImSchG).

Aus der →TA Luft, die als allgemeine Verwaltungsvorschrift keine unmittelbare Verbindlichkeit für die Betroffenen hat, sondern nur den Behörden als Anweisung zur Umsetzung des BImSchG dient, ergeben sich E. als entsprechende „Grundlagen für Emissionsbegrenzungen" (2.1.5). Prinzipiell besteht ein hierarchisches System
– rechtsnormativ festgesetzte →Emissionsgrenzwerte mit unmittelbarer Außenwirkung,
– in Verwaltungsvorschriften festgelegte E. mit interner Behördenwirkung und
– in Einzelverwaltungsakten wie Genehmigung oder Anordnung festgesetzte, den Betroffenen verpflichtende Emissionsbegrenzungen, die auf den Emissionswerten beruhen.

Von den möglichen Emissionsbegrenzungen (→Luftverunreinigungen im Abgas) kommen in der Praxis im wesentlichen in Frage: zulässige Massenkonzentrationen, -verhältnisse und -ströme sowie zulässige →Emissionsgrade und einzuhaltende Geruchsminderungsgrade (→Geruchszahl). Die TA Luft enthält in 2.3 und 3 eine Vielzahl von E., die der Behörde zur speziellen Festsetzung der beschriebenen Emissionsbegrenzungen vorgegeben sind. *Dreyhaupt*

Empfindlichkeit. E. ist der Differentialquotient mit der Änderung des Meßsignals (Meßanzeige) als Zähler und der auslösenden Änderung des Wertes q_k des k-ten Meßobjekts (des k-ten Luftbeschaffenheitsmerkmals) als Nenner (VDI 2449, Bl. 2; DIN ISO 6879).

$$Ek = \frac{\delta x}{\delta q_k} = \frac{\delta g\,(q_1, \ldots, q_k, \ldots, q_m)}{\delta q_k}$$

Dabei ist

E_k Empfindlichkeit des Meßverfahrens gegenüber des k-ten Meßobjektes

x   Meßsignal bzw. Meßgeräteanzeige (Meßwert)

q_k Wert des k-ten Luftbeschaffenheitsmerkmals (Meßobjekt z. B. SO_2-Konzentration) $1 \leq k \leq m$

m   Anzahl der einbezogenen Luftbeschaffenheitsmerkmale

$g\,(q_1, \ldots, q_k, \ldots, q_m)$ die zum Meßsignal/zur Meßgeräteanzeige gehörige Eichfunktion $1 \leq k \leq m$

Die E. ist also die Steigung der →Eichkurve. Nur bei linearer Eichfunktion ist E_k = const. und damit unabhängig vom Wert des Meßobjekts.

Fälschlicherweise wird der Begriff E. in älteren Gerätedatenblättern oder Publikation manchmal anders gebraucht, z. B. als Synonym für →Nachweisgrenze. *Birkle*

Emulsionsspaltung. Im Wasser emulgiertes Öl kann durch verschiedene Emulsionsspaltverfahren entfernt werden.

Das einfachste ist das sog. Absorptionsverfahren. Dabei wird dem Wasser ein Absorptionsmittel zugegeben, an das das Öl gebunden wird. Dieses Verfahren ist zwar technisch unkompliziert, jedoch sind die Absorptionsmittel teuer, außerdem entsteht eine große Menge Schlamm mit relativ geringem Ölgehalt.

Ein anderes Verfahren ist die Säurespaltung. Hier wird die Emulsion durch Zugabe von Säure, evtl. von Metallsalzen, gespalten, indem die Wirksamkeit der Emulgatoren, also der Stoffe, die eine stabile Mischung von Öl und Wasser ermöglichen, zerstört wird. Das abgespaltene Öl kann nach einem Phasentrennprozeß abgezogen werden.

Bei großen Emulsionsmengen muß die E. im Durchlaufverfahren erfolgen. Dafür ist es erforderlich, die Trennzeit zwischen Öl und Wasser durch geeignete Hilfsmittel herabzusetzen. Eine bewährte und langjährig angewandte Methode ist die der Entspannungsflotation. Hierbei werden den zuvor chemisch gespaltenen Emulsionen Luft-in-Wasser-Dispersionen zugegeben. Die feinen Luftbläschen aus der Dispersion steigen in der gespaltenen Emulsion auf und tragen die freien Öltropfen an die Oberfläche, von wo aus das Öl abgezogen wird. Das vorgereinigte Wasser gelangt zur Nachbehandlung in eine Neutralisationsstufe.

Eine andere Möglichkeit der E. bietet die →Ultrafiltration. Hier werden die Emulsionen an Membranen vorbeigeführt, wobei die Poren so beschaffen sind, daß die großen Ölmoleküle zurückgehalten werden, während das Wasser zusammen mit in ihm gelösten anorganischen Salzen durch die Membranen gelangt. Mit dieser Methode können z. B. Entfettungsbäder gereinigt werden, ohne ihren chemischen Aufbau grundsätzlich zu ändern.

Ein weiteres E.-Verfahren stellt die Verdampfung dar. Dabei wird die Wasserphase verdampft, und ein Ölkonzentrat bleibt zurück. Problematisch bei diesem Verfahren ist, daß mit dem Wasser auch viele leichtflüchtige Öle verdampfen und die Kondensatqualität nicht immer den gestellten Forderungen genügt. Zudem ist dieses Verfahren wegen der aufzubringenden Energie sehr kostspielig.

Ein anderer Weg, die Trennung von Öl und Wasser zu erreichen, ist der Einsatz der Elektroflotation. Bei diesem Verfahren werden die Emulsionen zunächst durch Zugabe von Metallionen gebrochen. Die erzeugte Metallhydroxidmenge muß so groß sein, daß alle Öle durch sie aufgenommen werden können. Dieser Öl-Hydroxidschlamm wird dann durch mit Elektroden erzeugte Luftbläschen aufflotiert und von der Wasseroberfläche abgezogen. Nachteilig ist, daß kein Öl separat gewonnen wird, sondern das gesamte Öl im Hydroxidschlamm vorliegt, die anfallende Schlammenge also zwangsläufig sehr groß und schwach ölhaltig ist. *Mertsch*

Endlagerung radioaktiver Abfälle. Das letzte Glied in der nuklearen Entsorgungskette bildet die E. Dabei wird von der Voraussetzung ausgegangen, daß diese Verwahrung keine ständige Überwachung nach der Stillegung des Endlagers mehr erforderlich macht, d. h. nach Beendigung der Betriebsphase muß das gesamte Endlager sicher gegen die → Biosphäre abgeschlossen werden.

Unter E. wird eine völlig wartungsfreie Verwahrung der Abfallprodukte verstanden. Verwahrungsart und Verwahrungsort sind an die speziellen Gegebenheiten der Abfallstoffe anzupassen. Langlebige Alphastrahler oder hochradioaktive Spaltproduktkonzentrate bedürfen einer anderen Endlagertechnik als kurzlebige oder schwachradioaktive Abfälle. Grundsätzlich empfiehlt sich die Anwendung des Prinzips des Mehrfachbarriereneinschlusses, das in der Kerntechnik generell Anwendung findet.

Die physikalischen → Halbwertszeiten, spezifische Radioaktivitäten sowie die individuellen Radiotoxizitäten der endzulagernden Radionuklide üben den entscheidenden Einfluß auf die Auswahl der Endlagerstätte aus. Den höchsten Schutzwert bieten Endlager im tiefen Untergrund des Festlandes (ca. 500–1 000 m Tiefe) in speziell ausgewählten geologischen Formationen. Als solche eignen sich vorzugsweise Steinsalzdome, wie sie in der Bundesrepublik Deutschland vorkommen, sowie Granit- und Basaltformationen.

In der internationalen Fachwelt besteht Einigkeit darüber, daß die hochradioaktive Spaltprodukte aus der → Wiederaufarbeitung und stark alphahaltige Abfälle, vor allem aus der U/Pu-Mischoxidverarbeitung, nur im tiefen geologischen Untergrund endgelagert werden sollten. Dasselbe trifft auch für abgebrannte Brennelemente zu, falls sie ohne Wiederaufarbeitung direkt endgelagert werden sollten. Für den Großteil schwachradioaktiver Abfälle und den Teil mittelradioaktiver Abfälle, der vorwiegend kurzlebige β/γ-Strahler, jedoch nur unbedeutende Mengen an α-Strahlern enthält, genügt zur Erfüllung des Schutzziels auch eine Unterbringung in speziell ausgewählten und ausgebauten Felskavernen.

Besonderes Augenmerk verdient bei allen Gesteinsformationen die Wärmebelastung durch den radioaktiven Zerfall. Bei nicht ausreichend langer Vorkühlzeit der verglasten hochradioaktiven Abfälle kann es zu Gebirgsspannungen kommen, wobei Risse und Hebungen bis an die Erdoberfläche auftreten können.

Für die Wahl einer geeigneten Endlagerformation sind drei Punkte wesentlich:
– die Langzeitstabilität der geologischen Formation, insbesondere unter dem Einfluß der lokalen Wärmebeanspruchung infolge des radioaktiven Zerfalls,
– die hydrogeologischen Eigenschaften des Neben- und Deckgebirges, weil sie mögliche Wasserwegsamkeiten ins Endlager beeinflussen,
– die Sorptionseigenschaften des Wirts- und Nebengesteins im Hinblick auf das Migrationsverhalten der langlebigen Radionuklide. *Merz*

Literatur: *Herrmann, A. G.:* Radioaktive Abfälle – Probleme und Verantwortung. Berlin–Heidelberg–New York 1983.

Endosulfan.
□ Stoff-Identifizierungs-Nr.:
CAS-Nr.: 115-29-7
EG–Nr.: 602-052-00-5
UN-Nr.: 2761
EINECS-Nr.: 204-079-4
□ Chemische Formel: $C_9H_6Cl_6O_3S$
□ Stoffcharakteristik: Gelblicher bis gelblich-brauner, kristalliner, unter Normalbedingungen stabiler und lagerbeständiger Feststoff. Hydrolyse in saurem oder alkalischem wässrigem Milieu. Geruch nach Schwefeldioxid.
□ Gefahrenmerkmale:
– Stoffliste nach § 4 a der → Gefahrstoffverordnung:
Gefahrenkennbuchstabe(n): T, N
R-Sätze: 24/25-36-50/53
S-Sätze: 1/2-28-36/37-45-60-61
– Stoffliste (Anhang II) der → Störfall-Verordnung:
Nr. 149 und 4 c
– → Wassergefährdungsklasse: WGK 3
Fischer/M. Schön

Endrin.
□ Stoff-Identifizierungs-Nr.:
CAS-Nr.: 72-20-8
EG–Nr.: 602-051-00-X
UN-Nr.: 2065
EINECS-Nr.: 200-775-7
□ Chemische Formel: $C_{12}H_8Cl_6O$
□ Stoffcharakteristik: Kristallines, säure- und alkalibeständiges, wasserunlösliches, in organischen

Lösungsmitteln lösliches Pulver von sehr geringer Flüchtigkeit. Stereoisomeres des Dieldrins.

□ Gefahrenmerkmale:
– Stoffliste nach § 4a der →Gefahrstoffverordnung: Gefahrenkennbuchstabe(n): T+, N
R-Sätze: 24-28-50/53
S-Sätze: 1/2-22-36/37-45-60-61
– Arbeitsschutzwerte nach TRGS 900: →MAK-Wert (mg/m³): 0,1 (→Gesamtstaub)
– Stoffliste (Anhang II) der →Störfall-Verordnung: Nr. 150 und 4b
– →Wassergefährdungsklasse: WGK 3

Fischer/M. Schön

Energie-Amortisationszeit. Der Begriff bezeichnet die Zeit, während der ein →Energiewandler betrieben werden muß, um diejenige Energie wieder eingefahren zu haben, die zu seiner Erstellung und Erstausstattung, seinem lebensdauerlangen Betrieb, seiner Brennstoffversorgung und -entsorgung, seiner Endlagerung, schließlich seinem Abriß und seiner Regenerierung/Rezyklierung aufgewendet werden mußte. Energierohstoffabhängige Energiesysteme und Energiesysteme ohne Energierohstoffe unterscheiden sich dabei grundsätzlich hinsichtlich der E.-A. für den technologischen Bereich und den Energierohstoffbereich (Bild): Fossile und nukleare Kraftwerke haben E.-A. von Monaten für die Technologie (Bau, Abriß etc.), aber von Jahren für den Energierohstoff (Brennstoffbereitstellung, -entsorgung etc.); umgekehrt haben Sonnenkraftwerke wegen ihrer Materialintensität solche von Jahren für die Technologie, aber solche von nahezu Null für den Energierohstoff- und solche von Monaten für den Reststoff-Bereich.

Beide E.-A. – die für die Erstellung, die Erstausstattung und den Abriß, die Regenerierung oder Rezyklierung bei Lebensdauerende sowie die für die lebensdauerlange kraftwerksgerechte Brennstoffversorgung und umweltverträgliche und risikoarme Reststoff- und Schadstoffentsorgung und -endlagerung – bilden zusammen die E.-A. des energetischen Gesamtsystems (→Energiewandlungskette). Es muß erwartet werden, daß die E.-A. von fossilen Energiewandlungsketten in dem Maße länger werden, in dem ihnen die absolute Rückhaltung aller Schadstoffe einschließlich des Kohlendioxids auferlegt werden wird, und daß andererseits die der solaren Energiewandlungsketten kürzer werden in dem Maße, in dem die solaren Energiewandler in Massenfertigung und verminderter Materialintensität in energiewirtschaftlich typischen Zubauraten (einige GW/a) gefertigt werden. Verwandt mit dem Begriff der E.-A. ist der des energetischen Erntefaktors.

C.-J. Winter

Literatur: *Aulich, H.:* Energierücklaufzeit – ein Kriterium für die Wirtschaftlichkeit der Photovoltaik. Z. Sonnenenergie **6** (1986), S. 14–17.

Energieanwendung, rationelle →Energiewandlung, rationelle

Energiebilanz. In einer E. werden die einem System zugeführten und die abgeführten Energieströme gegenübergestellt. Grundlage dieser Gegenüberstellung ist der 1. Hauptsatz der Thermodynamik, nach dem Energie nicht erzeugt oder vernichtet, sondern nur umgewandelt werden kann, so daß die Summe der zugeführten und die Summe der abgeführten Energieströme gleich sein muß.

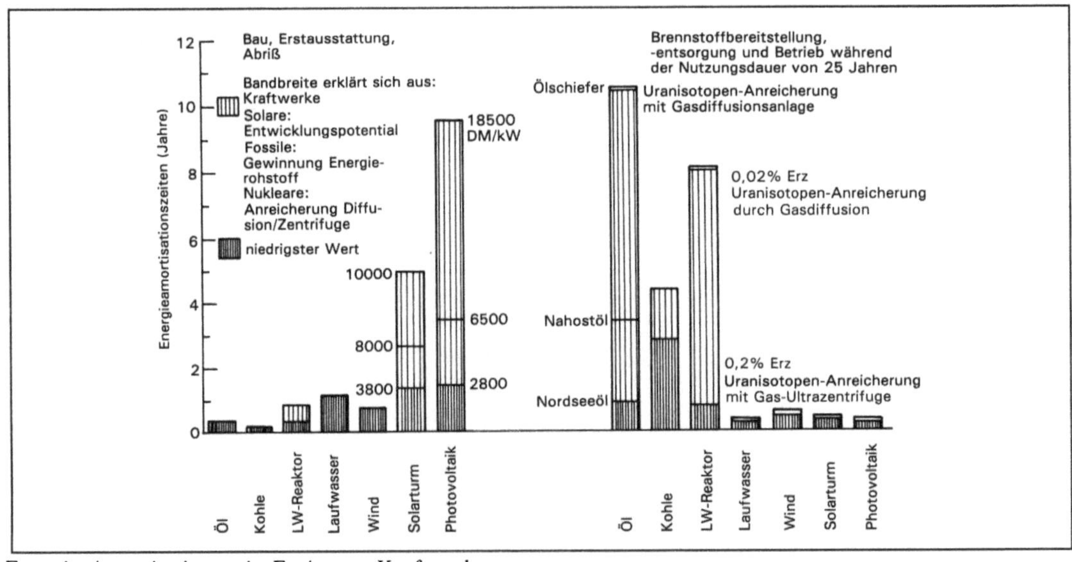

Energie-Amortisationszeit: E.-A. von Kraftwerken.

Bei der E. eines Systems müssen folgende Anteile berücksichtigt werden:
- zu- oder abgeführte Energieströme, z. B. in Form von Heißwasser, Dampf, Abgas, Abwasser, festen und flüssigen Einsatzstoffen oder Produkten usw.,
- latente Wärme, die durch Phasenumwandlung (z. B. Kondensations- oder Schmelzvorgänge) oder chemische Umwandlung (z. B. bei Verbrennungsprozessen oder chemischen Reaktionen) frei oder verbraucht wird,
- als mechanische und elektrische Reibung zugeführte Energie oder freigesetzte Wärme.
→Pflanzenölherstellung – Energiebilanz

Hoffmann

Energiedosis →Dosimetrie

Energieeinsparung. Das Einsparen von Energie hat zum Ziel, den Energieverbrauch zu vermindern, d. h. in erster Linie den Verbrauch der fossilen Primärenergieträger Kohle, Öl und Gas zu reduzieren. Dadurch werden
- die begrenzten Ressourcen dieser Stoffe geschont,
- die Belastungen der Umwelt durch die →Emission luftverunreinigender Stoffe, die bei der Verbrennung entstehen, verringert. Neben z. B. Schwefeldioxid, Stickoxiden, Kohlenwasserstoffen, Staub und Schwermetallen ist hier seit einigen Jahren das Kohlendioxid wegen seines Treibhauspotentials (→Treibhauseffekt) besonders in der Diskussion.

E. im Primärenergieverbrauch können erreicht werden durch
- sparsamen Umgang mit Energie,
- bessere Ausnutzung der Energieträger, z. B. höhere Wirkungsgrade bei der Stromerzeugung.

Maßnahmen zum sparsamen Umgang mit Energie sind im wesentlichen in den Bereichen Verkehr, Wärmedämmung an Gebäuden, Haushalte und Industrie möglich:

Im Verkehrsbereich sind E. durch eine Verringerung des Treibstoffverbrauchs zu erreichen. Für PKW ist zu erwarten, daß die mittleren Flottenverbräuche durch Optimierung der Motoren und andere technische Verbesserungen bis zum Jahre 2000 um etwa 20% bezogen auf das Jahr 1990 gesenkt werden können. Einsparungen ergeben sich jedoch nur, wenn die Verbrauchssenkung nicht durch die Erhöhung der Fahrleistung bzw. des Fahrzeugbestands kompensiert wird; daher sind verkehrsplanerische Maßnahmen, z. B. Förderung des öffentlichen Personennahverkehrs, erforderlich. Für Diesel-LKW ist voraussichtlich keine nennenswerte Reduzierung des Verbrauchs aufgrund technischer Maßnahmen zu erzielen; als Möglichkeit der E. kommt somit im wesentlichen eine Verlagerung des Güterverkehrs von der Straße auf die Schiene in

Betracht. Für die praktische Umsetzung der theoretisch ermittelten Einsparpotentiale ist ein Zeitraum von mindestens zwei Gerätelebensdauern anzusetzen. Die Lebensdauer von Kraftfahrzeugen beträgt etwa zehn Jahre.

Wesentliche Energiesparpotentiale bestehen im Bereich der Wärmedämmung an Gebäuden. (→Energieeinsparungsgesetz).

Für Haushalte ist die Reduzierung des Stromverbrauchs ein wesentlicher Faktor. Neben einem bewußteren Umgang der Verbraucher mit dieser Energie könnte der Einsatz von Elektrogeräten mit verringertem Energiebedarf einen Beitrag zur E. leisten. Für einen großen Teil der elektrischen Geräte (Kühlschränke, Geschirrspüler, Waschmaschine, Trockner, Beleuchtung etc.) sind bereits heute Ausführungen Stand der Technik, die einen häufig um mehr als 50% verringerten Stromverbrauch gegenüber dem derzeitigen Bestand aufweisen. Da die Lebensdauer der Haushaltsgeräte bei etwa 10 Jahren liegt, ist für die Ausschöpfung der Einsparpotentiale mindestens ein Zeitraum von 20 Jahren erforderlich.

Im Bereich der Industrie kann eine verbesserte Nutzung der dort eingesetzten Energie wesentlich zur E. beitragen (→Wärmenutzung, →Kombikraftwerk).

Eine weitere Möglichkeit der E. besteht im Einsatz der →Kraft-Wärme-Kopplung. *Hoffmann*

Literatur: *Cube, H. L. von:* Handbuch der Energiespartechniken, Kompendium für Lehre und Praxis. Band 2. Karlsruhe 1983. – Dritter Bericht der Enquete-Kommission des Deutschen Bundestages „Vorsorge zum Schutz der Erdatmosphäre" zum Thema „Schutz der Erde". Drucksache. 11/8030 vom 24. 5. 1990. – Wärmenutzungsverordnung. VDI-Bericht 857. Düsseldorf 1990. – *Wagner, H.-J. u. G. Kolb:* CO_2-Minderung durch rationelle Energieverwendung. Energiewirtschaftliche Tagesfragen, (1989) Nr. 8, S. 485–489.

Energieeinsparungsgesetz. Das Gesetz zur Energieeinsparung in Gebäuden (EnEG) vom 22. Juli 1976 (BGBl. I S. 1873), geändert durch Gesetz vom 20. Juni 1980 (BGBl. I S. 701), dient unmittelbar der Schonung fossiler Energieressourcen, mittelbar aber durch Verringerung der Wärmeabgabe in die Umgebung und der CO_2-Emissionen auch dem Umweltschutz; primäres Ziel des EnEG ist eine möglichst weitgehende Vermeidung von Energieverlusten beim Beheizen und Kühlen von Gebäuden sowie bei der Brauchwasserversorgung, wobei als Grenzen der Anforderungen der Stand der Technik einerseits und die wirtschaftliche Vertretbarkeit andererseits vorgesehen sind. Materielle Vorschriften über konkrete Maßnahmen zur Energieeinsparung sind jedoch im EnEG nicht enthalten, sondern nur Ermächtigungen für die Bundesregierung zum Erlaß entsprechender Rechtsverordnungen; das EnEG selbst verpflichtet also noch niemanden zu Energieeinsparungsmaßnahmen.

Das EnEG erfaßt grundsätzlich alle zu beheizenden Gebäude, vor allem Neubauten. Einzelheiten dazu, insbesondere auch hinsichtlich der Geltung für bereits bestehende Gebäude, sowie die konkreten Anforderungen zum Wärmeschutz von Gebäuden werden im Rahmen der Ermächtigung nach dem EnEG in der →Wärmeschutzverordnung (WärmeschutzV) geregelt.

Hinsichtlich der heizungstechnischen und Brauchwasseranlagen sieht der Ermächtigungsrahmendes EnEG im wesentlichen Anforderungen an neu zu errichtende, aber auch eingeschränkt an bestehende Anlagen – bis hin zu Nachrüstungsgeboten – vor. Anforderungen an den Betrieb der Anlagen können sich dagegen uneingeschränkt auf neue wie auf alte Anlagen erstrecken. Die entsprechenden Regelungen sind in der →Heizungsanlagen-Verordnung (HeizAnlV) enthalten.

Mit der Neufassung der WärmeschutzV und der HeizAnlV im Jahr 1994 soll durch Verschärfung der Anforderungen an den baulichen Wärmeschutz und an die Beschaffenheit und den Betrieb von Heizungs- und Brauchwasseranlagen unmittelbar der Energieverbrauch, mittelbar aber insbesondere die CO_2-Emission im Gebäudebereich deutlich weiter vermindert werden. Unmittelbare immissionsschutztechnische Maßnahmen zur Minderung der Emissionen von luftverunreinigenden Stoffen aus Anlagen zur Gebäudebeheizung oder Brauchwasserversorgung sind nicht Gegenstand des EnEG und der darauf gestützten WärmeschutzV und HeizAnlV; diese Regelungen sind in der →1. BImSchV (Kleinfeuerungsanlagenverordnung) enthalten, einschließlich der ursprünglich in der HeizAnlV getroffenen Regelungen zur Begrenzung der Abgasverluste. *Dreyhaupt*

Energiepflanze. Die Bedeutung von E. in der Umweltdiskussion ist vor dem Hintergrund ihrer landwirtschaftlichen Energiebildung zu sehen. Pflanzenproduktion benötigt Energie. Die Pflanze selbst verwendet Sonnenlicht zur →Photosynthese, deren Wirkungsgrad je nach Pflanzenart und Standort zwischen 0,5 und 2% beträgt. Da die Sonne kostenlos zur Verfügung steht, wird sie in der landwirtschaftlichen Energiebilanz nicht berücksichtigt. Es kommen nur folgende wesentliche Aufwendungen zum Tragen:
□ Maßnahmen betreffend Bodenbearbeitung, Saat, Pflanzenschutz, Düngung, Ernte. Davon entfallen
– als direkter Aufwand an Energie zum Antrieb der benötigten Maschinen und Geräte 80–120 l OE/ha·a (OE = Oil Equivalent = Öläquivalent),
– als indirekter Energieaufwand zur Herstellung der Maschinen unter Berücksichtigung der Maschinenabnutzung für die bestimmten Produktionsvorgänge 20–40 l OE/ha·a

□ Produktionsmittel wie mineralischer Dünger 150 bis 400 l OE/ha·a und Pflanzenschutzmittel 0–50 l OE/ha·a
□ Weitere Aufwendungen zur Produktbearbeitung (Reinigung, Belüftung, Trocknung) bewegen sich nur dann in diskutablen Größenordnungen, wenn die Trocknung eingeschlossen wird. Zur Getreidetrocknung von 20 auf 14% Feuchtegehalt (Feuchtbasis) rechnet man mit 10 l OE/t Produkt bzw. 50–80 l OE/ha·a. Bei Körnermais mit einem Erntefeuchtegehalt von 40% und einem Lagerfeuchtegehalt von 14% sind zur Abtrocknung 240–450 l OE/ha·a notwendig. Zur Reinigung und Sortierung liegt der Aufwand bei nur 1–2 l OE/ha·a.

Diesen Aufwendungen ist der Energieertrag gegenüberzustellen, der sich auf der Ertragsseite der Bilanz aus der Produktmenge je ha und dem jeweiligen Heizwert ergibt.

Lignozellulosehaltige →Biomasse weist im Durchschnitt einen Heizwert von 17 MJ/kg (wasserfrei) auf, entsprechend 0,4 l OE. Bei Erträgen von 5 t/ha (Getreide) bis 20 t/ha (E.) ergibt sich ein Energiewert entsprechend 2 000–8 000 l OE/ha·a.

Energiepflanze. Tabelle: Landwirtschaftliche Energiebilanz.

Art	fossiler Energieaufwand t OE/ha	Ertrag (netto) t OE/ha	Verhältnis A/E_n
Massengetreide (Korn und Stroh)	0,4	5,6	1 : 14
Miscanthus (geschätzt) mit techn. Trocknung	1,4	10,0	1 : 7
Schnell wachsende Hölzer ohne techn. Trocknung	0,4	6,5	1 : 16
mit techn. Trocknung	2,0	4,9	1 : 2,4
Ölpflanzen (Öl, Preßkuchen, Stroh)	0,5	3,1	1 : 6,2
Ethanol aus Zuckerhirse (Prozessenergie f. Konversion aus Bagasse)	0,5	3,1	1 : 5
Ethanol aus Zuckerrüben (ohne Rübenblatt und Biogas)	2,0	3,0	1 : 1,5

Bei Ölpflanzen liegen die Heizwerte des ölhaltigen Produkts entsprechend höher, Rapsöl 35 MJ/kg, Preßkuchen etwa 18–20 MJ/kg, Stroh bei 17 MJ/kg, jeweils bezogen auf wasserfreie Substanz. Lufttrockene Produkte (15% Feuchtegehalt) liegen etwa 2 MJ/kg darunter.

Die Tabelle gibt eine Bilanzübersicht zu den wichtigsten E. ohne indirekte Energieaufwendung für die Erzeugung von Maschinenteilen. Man bewegt sich bei der Aufwands-Ertragskalkulation im Bereich 1:1,5 bis ca. 1:20. Je nachdem, ob die landwirtschaftlichen Nebenprodukte (Stroh, Bagasse, Rübenblatt etc.) in der Bilanzrechnung berücksichtigt werden, sind erhebliche Abweichungen möglich.

Eine Verbesserung der Energiebilanz ist insbesondere dann der Fall, wenn diese Nebenprodukte zur Substitution fossiler Energieträger verwendet werden (z. B. Trocknung, Destillation, Schlempeeindickung). Gleiches gilt für die Substitution mineralischer Düngemittel durch →Flüssigmist. →Rohstoffpflanze   *H. Schön/Strehler*

Energiequelle, natürliche. Der – unscharfe – Begriff der n. E. bezeichnet beide Arten von Primärenergiequellen potentieller anthropogener Energieversorgung:
– Solche fossiler und nuklearer Energien, die dem anthropogenen Energieversorgungssystem nutzbar gemacht werden, indem der Mensch die zugehörigen Energierohstoffe aus der Erdkruste entnimmt; hierher gehören die Primärenergierohstoffe Kohle, Rohöl, Naturgas und spaltbares Material. Und
– solche, die den energetischen Zustand der Erde ausmachen, ob der Mensch sie nutzt oder nicht; hierzu zählen die Energiesysteme ohne →Energierohstoff: solare Strahlungsenergie, Wind (→Windenergienutzung), Umgebungswärme, →Meeresenergie, →Gezeitenenergie, geothermische Energie u. a. Wenn der Mensch sie nutzen will, hat er →Energiewandler bereitzustellen. Andere Energiequellen natürlichen oder anthropogenen Ursprungs halten einer scharfen Definition nicht stand: Aus der Photosynthese entstandene →Biomasse ist ein solarer Sekundärenergierohstoff; Plutonium ist ein sekundärer Energieträger aus dem Betrieb von Kernreaktoren; solarer Wasserstoff ist als Sekundärenergieträger aus der Photolyse, der solaren Elektrolyse oder der solaren Thermochemie u. a. entstanden.   *C.-J. Winter*

Energierohstoff. Prinzipiell geschieht →Energiewandlung in Energieverfahren unter Einsatz von E. und Energiewandlungstechnologien (→Energiewandler): Primär-E. fossiler Energiewandlungsketten sind Rohbraunkohle, Steinkohle, Rohöl, Naturgase, solche nuklearer Energiewandlungsketten spaltbares/brutfähiges Uran oder Thorium. Der

Primär-E. solarer Energiewandlung ist inexistent: An seine Stelle tritt die solare Strahlungsenergie oder als mittelbare Sonnenenergien die Windenergie (→Windenergienutzung), die Energie von Wasserkraft (→Wasserkraftnutzung), die →Biomasse, die Umgebungswärme oder die ozeanischen Enthalpiedifferenzen in Tiefenschichten (→Ocean Thermal Energy Conversion OTEC). Auch die nichtsolaren erneuerbaren Energien sind ohne E.: Statt dessen nutzen →Gezeitenkraftwerke die Energie intermittierend auf- oder ablaufenden Wassers und geothermische Kraftwerke den Energieinhalt des irdischen Magmas. Alle ökonomischen, ökologischen, sozialen, strukturellen und politischen Aufwendungen für den erschöpflichen E. und die aus ihm stammenden Schad- oder Reststoffe brauchen – trivialerweise – für Energiesysteme ohne E. nicht aufgebracht zu werden. Alles kann sich auf die Wandlungstechnologien konzentrieren und auf das für sie aufzubringende finanzielle Kapital.

Selten wird von Sekundär-E. gesprochen, die durch einen ersten Energiewandlungsschritt aus Primär-E. entstanden sind, wie z. B. Kohlegas aus Steinkohle oder spaltbares Plutonium aus abgebrannten Brennelementen. Als solare Sekundär-E. können Biomassen und solarchemische Energieträger gelten.

Alle fossilen und nuklearen Primär-E. und die aus ihnen enstandenen Sekundär-E. sind erschöpflich; alle solaren Sekundär-E., und die zu ihrer Herstellung dienende solare Strahlungsenergie, sind – nach menschlichem Ermessen – unerschöpflich und ständig sich erneuernd (→Energiepflanze, →Rohstoffpflanze).   *C.-J. Winter*

Literatur: Energie aus nachwachsenden Rohstoffen und organischen Reststoffen. VDI-Ber. 794. Düsseldorf 1990. – *Miller, A.; I. Mintzer; S. H. Hoagland:* Growing Power. World Resources Institute. Washington 1986. – *Schliephake, D.:* Nachwachsende Rohstoffe. Bochum 1986.

Energiesenke, solare. Alle Sonnenenergienutzungstechnologien bilden Senken für →Sonnenenergie, d. h. sie entziehen ihrer Umgebung unmittelbare oder mittelbare Sonnenenergie, wandeln sie in thermische, elektrische oder chemische Sekundärenergie um, die gespeichert oder fortgeleitet (genutzt) wird.

Eine besondere Art der s. E. ist in der solaren schaft gegeben. Am Ort der solar-elektrolytischen Wasserstoffherstellung bildet sich eine temporäre s. E., indem den natürlichen Energie- und Stoffströmen entsprechend dem Wirkungsgrad der solaren Elektrolyse bestimmte Mengen an Sonnenenergie und Wasser entnommen werden, um daraus speicherbaren und transportierbaren Wasserstoff herzustellen. Am Ort der Wasserstoff-/(Luft-)Sauerstoff-Rekombination bildet sich später eine temporäre Energiequelle; die am Ort der Senke aus den natürlichen Energie- und Stoffströmen entnommenen Energie- und Stoffmengen werden wieder zurückgegeben; Energie zur Abstrahlung in den Weltraum, Wasser zur Aufnahme in den Wasserhaushalt der Erde. Um den Kontinuitäts-Bedingungen zu genügen, haben die natürliche Atmosphäre und das Hydrosystem der Erde für den Rücktransport der beteiligten Wassermenge von der Quelle zur Senke zu sorgen. Hierin liegen die potentiellen ökologischen Relevanzen einer solaren →Wasserstoff-Energiewirtschaft, nämlich

– in den großen – bis zu globalen – Entfernungen zwischen Senke und Quelle, sowie

– in der bis zu Halbjahres-Zeitdifferenz (Sommer-Winter) zwischen Energie- und Stoffentnahme am Ort der Senke und Energie- und Stoffrückgabe in die natürlichen Energie- und Stoffströme am Ort der Quelle. *C.-J. Winter*

Energieumwandlungsanlage. In E. wird Energie aus einer Form in eine andere überführt. Dies erfolgt, z. B. in Kohlekraftwerken, häufig über mehrere Stufen: Die im Brennstoff gebundene chemische Energie (→Primärenergie) wird über Wärmeenergie in mechanische Energie und diese in Elektroenergie (Sekundärenergie) umgewandelt. Zu den E. zählen insbesondere die unter der Nr. 1 im Anhang der →4. BImSchV aufgeführten Anlagenarten wie Kraftwerke, Heizkraftwerke und Heizwerke, Feuerungsanlagen, Verbrennungsmotoranlagen, Gasturbinenanlagen und Kohlenumwandlungsanlagen wie Kokereien, Anlagen zur Kohlevergasung und Kohleverflüssigung.

Wegen ihrer großen Zahl und ihres zum Teil ungünstigen Emissionsverhaltens haben die nicht genehmigungsbedürftigen Feuerungsanlagen im Bereich Haushalte und Kleinverbraucher zusätzliche Bedeutung.

Bei der Umwandlung von Kohle in Wärmeenergie durch Verbrennen in Feuerungsanlagen entstehen luftverunreinigende Stoffe wie Schwefeloxide (SO_x), Stickstoffoxide (NO_x), Halogenverbindungen (HCl, HF), Staub einschließlich metallhaltiger Inhaltsstoffe, Kohlenmonoxid (CO), Kohlenwasserstoffe (CH) sowie das Kohlendioxid (CO_2) (→Treibhauseffekt).

Die Schwefeloxide und Halogenverbindungen im Verbrennungsgas (Rohgas) werden aus dem in der Kohle enthaltenen Schwefel, Chlor und Fluor gebildet. Die Stickstoffoxide sind z. T. auf den Stickstoffgehalt der Kohle zurückzuführen, z. T. entstehen sie auch bei höheren Verbrennungstemperaturen aus dem Stickstoff der Verbrennungsluft. Die Staubkonzentration im Rohgas ist im wesentlichen von der →Feuerungsbauart und vom Aschegehalt der Kohle abhängig. Zur Minderung der Emissionen an SO_x, NO_x und Staub werden spezielle →Abgasreinigungsverfahren eingesetzt, zur NO_x-Minderung

auch feuerungstechnische Maßnahmen. Die CO- und CH-Emissionen sind brennstoff- und feuerungsabhängig. Ihre Emissionen werden durch Optimierung des Verbrennungsprozesses gemindert (z. B. ausreichende Temperatur, Verweilzeit, gute Durchmischung von Brennstoff und Verbrennungsluft).

Emissionsbegrenzende Vorschriften für größere Feuerungsanlagen wie Kraftwerksfeuerungen enthält die →13. BImSchV. Für mittelgroße Feuerungsanlagen und die übrigen genehmigungsbedürftigen E. gelten die emissionsbegrenzenden Anforderungen der →TA Luft. Die nicht genehmigungsbedürftigen Feuerungsanlagen unterliegen den Vorschriften der →1. BImSchV.

Zu den E. gehören auch mit Kernbrennstoffen betriebene Anlagen sowie Anlagen, in denen regenerative Energie zum Einsatz kommt. Zu letzteren gehören z. B. Holz- und Strohfeuerungsanlagen sowie Wind- und Wasserkraftanlagen.

Zunehmende Bedeutung gewinnen Anlagen, bei denen durch direkte Energieumwandlung ohne die Zwischenstufe mechanische Energie Elektroenergie erzeugt wird, z. B. Anlagen mit Brennstoffzellen oder Solarzellen. *Wagenknecht*

Literatur: Umweltbundesamt (Hrsg.): Luftreinhaltung '88. Berlin 1989.

Energieverbrauch, spezifischer. Der Energieverbrauch eines Systems entspricht der dem System zugeführten Energie pro Zeiteinheit abzüglich der das System verlassenden Energie, die einer weiteren Nutzung zugeführt wird.

Beim s. E. wird der Energieverbrauch auf eine andere Systemgröße bezogen, z. B. auf eine Masseneinheit des Produkts oder eines Einsatzstoffs (bei der Bierherstellung liegt beispielsweise der s. E. heute meist im Bereich von ca. 100 kWh/hl Verkaufsbier). *Hoffmann*

Energieversorgung. Aus dem hohen Lebensstandard der Industrienationen resultiert ein hoher Energieverbrauch in vielen Bereichen (Gebäudeheizung, Haushalte, Verkehr, Industrie). Von entsprechend großer Bedeutung ist eine sichere und umweltschonende E. Die in der Bundesrepublik den Verbrauchern zur Verfügung gestellte Energie stammt aus einer Reihe von Quellen wie fossile Energieträger, Kernkraft und Wasserkraft. Der Anteil sonstiger Energieträger wie Wind- und Solarenergie liegt unter einem Prozent.

Das Schwergewicht der E. liegt bei den fossilen Energieträgern Kohle, Öl und Gas, die mit etwa 85 % am Primärenergieverbrauch beteiligt sind. Daraus resultiert das Problem der Umweltbelastung durch Emissionen bei der Verbrennung einschließlich Kohlendioxid, das zum →Treibhauseffekt beiträgt. Eines der dringenden zukünftigen Ziele wird es sein, diese Umweltbelastung zu reduzieren. Dies kann einerseits durch Maßnahmen zur →Energieeinsparung, andererseits durch eine Energieerzeugung, bei der keine oder nur geringe Kohlendioxidemissionen auftreten, geschehen. Entsprechende Technologien zur Energieerzeugung und E. sind insbesondere:

– Solaranlagen zur Erzeugung von Strom und/oder Wärme aus Sonnenenergie,

– Windkraftanlagen zur Stromerzeugung,

– Wasserstofftechnologie, evtl. in Verbindung mit Solarenergie,

– Strom- und Wärmeerzeugung aus nachwachsenden Rohstoffen (→Biomasse, →Energiepflanze, →Rohstoffpflanze),

– Kernenergie. *Hoffmann*

Energieversorgungssystem, dezentrales/zentrales. Das Begriffspaar der z. und d. E. ist im Sprachgebrauch üblich, gleichwohl technisch-wissenschaftlich nicht eindeutig definiert. Zu d. E. werden fossile, geothermische oder solare Systeme gerechnet wie →Blockheizkraftwerke, geothermische oder solare →Nahwärmesysteme, solare Hausenergiesysteme. Es gibt d. E. mit oder ohne Verbindung mit überörtlichen Versorgungsstrukturen wie elektrischen Netzen oder der Gasversorgung. Verbindung haben etwa netzgeführte kommunale Blockheizkraftwerke oder netzgeführte Photovoltaikgeneratoren, Windenergiekonverter oder Kleinwasserkraftwerke. Ohne Verbindung sind solare oder nichtsolare Inselsysteme, die Autarkie der Versorgung und Frequenzhaltung eigenständig zu gewährleisten haben. Wegen der im allgemeinen mäßigen Entfernung der d. E. zu Verbrauchern, werden Elektrizitätserzeugungsanlagen in der Regel in Wärme-/Kraftkopplung betrieben, d. h. es wird Wärme ausgekoppelt.

Unter z. E. werden – meist überörtliche – netzabhängige Strom- oder Gasversorgungssysteme verstanden. Zentrale Stromversorger verfügen über Stromnetze, in die sie mit eigenen Kohle-, Kern- oder Wasserkraftwerken einspeisen oder von Dritten mit Industrie-Kraftwerken, Wind-, Photovoltaik- oder Kleinwasserkraftwerken einspeisen lassen. Zentrale Gasversorgungssysteme verfügen über Gasnetze, in die aus eigenen nationalen oder ausländischen Quellen oder Quellen Dritter eingespeist wird. Nationale Strom- und Gasnetze sind in der Regel international verbunden.

Solare Stromversorgungssysteme oder solare Wasserstoff-Energiesysteme können d. oder z. E. sein. Derzeitige Sonnenkraftwerke in den Vereinigten Staaten werden von Dritten betrieben und speisen in das überörtliche Stromnetz ein; als Hybridkraftwerke sind sie selbst Erdgasnutzer. Ähnlich werden in der Bundesrepublik Deutschland Kleinwasser- oder Windkraftwerke häufig von Drit-

ten betrieben; auch sie speisen in das überörtliche Netz ein, das die Frequenzhaltung gewährleistet.

Ein präsumptiv überörtliches solares Wasserstoffenergie-Versorgungssystem, das Weltgegenden höchster Einstrahlung oder höchster Wasserkraftdichte mit Weltgegenden höchsten Energiebedarfs verbindet, wird vergleichbare Wesenszüge annehmen, die heute zentralen, internationalen Strom- oder Gasversorgungssystemen eigen sind. *C.-J. Winter*

Energiewandler. E. sind technische Einrichtungen, die Energie von der einen Form in eine andere umwandeln (→Energieumwandlungsanlage), Sonnenkraftwerke sind z. B. Wandler der →Primärenergie solare Strahlungsenergie in die Sekundärenergien Wärme und Strom; →Windenergiekonverter sind Wandler der kinetischen Windenergie in Strom. Energiewandlungsketten stellen eine Aneinanderreihung von E. dar. Komplette →Energiewandlungsketten beginnen mit der Exploration der Primärenergie und enden mit der vollständigen Dissipation des primärenergetischen Energieinhalts in Form von Wärme und aller etwaigen Schad- oder Reststoffe in die Umgebung. *C.-J. Winter*

Energiewandlung/Energieanwendung, rationelle (RE). Alle anthropogene Energieversorgung geschieht durch Energiewandlung in Energieverfahren; Energieverfahren folgen technischen und nichttechnischen Kriterien.

R. E. heißt, umwelt-, zeit- und ortsgerechte Nutzenergieversorgung durch – ggfs. schrittweise – Energiewandlung in Energieverfahren bei einem Minimum an Primärenergieeinsatz zu gewährleisten. Maßnahmen der r.E. bedürfen keines Energierohstoffs. Technisches Wissen und finanzielles Kapital sind die alleinigen Schlüssel.

Alle den Wirkungsgrad erhöhenden Maßnahmen an Energiewandlern – gleich welcher Energiewandlungsstufe, vom →Energierohstoff zur →Primärenergie, von ihr zur →Sekundärenergie, zur Endenergie, zur Nutzenergie, zu den Energiedienstleistungen – sind Maßnahmen der r.E. Alle energetischen Koppelprozesse etwa der →Kraft-Wärme-Kopplung oder der →Blockheizkraftwerke sind r.E.; aber große Potentiale der r.E., liegen auch in Verfahrensänderungen in den energetischen Bereichen der Haushalte, der Kleinverbraucher, der Industrie sowie von Transport und Verkehr. Beispiele:

– Primärenergie-/Sekundärenergie-Wandlung: Steinkohlenkraftwerke moderner Bauart haben Wirkungsgrade von 38–40 %, sie benötigen ≤320 g Kohle/kWh_e. Wird die Kohle in einem vorangehenden Schritt vergast, kann Kohlegas – ähnlich Erdgas – als Energielieferant für einen Gas- und Dampfturbinen(G+D)-Prozeß mit einem Wirkungsgrad von 44 % und mehr dienen. Werden anstelle von Kondensationskraftwerken, die Strom liefern, Kraftwerke in Wärme-Kraft-Kopplung mit Gegendruckturbinen und Wärmeauskopplung zur industriellen Prozeßwärme- oder Fernwärmenutzung betrieben, so ergibt sich ein Nutzungsgrad der Primärenergie-/Nutzenergie-Wandlung von ca. 80 %.

– Sekundärenergie-/Nutzenergiewandlung: Blaubrennende Ölbrenner für Hausheizsysteme nutzen die Rezirkulation sauerstoffhaltiger heißer Feuergase zur Vorverdampfung des Brennstoffs und haben im Vergleich zu den Gelbbrennern den besseren Wirkungsgrad; weil sie rußfrei verbrennen und deswegen nachgeschaltete Register nicht verschmutzen, können sie als Energielieferant für Sorptionswärmepumpen dienen. Beides sind Schritte der r.E., der letztere Schritt in Kombination mit Nutzung der Sonnenenergie Umgebungswärme.

– Nutzenergiewandlung in Energiedienstleistung: Höchsteffiziente Sonnenenergienutzung mit thermischen Kollektoren ist wenig sinnvoll, wenn das Haus, dem sie dient, nicht gut wärmegedämmt ist.

– Industrielle Verfahren: Schmelzmetallurgische Verfahren zur Werkstoffherstellung sind energetisch aufwendiger als etwa pulvermetallurgische, vorausgesetzt, pulvermetallurgisch hergestellte Bauteile genügen den technisch-physikalischen Parametern der Festigkeit, Betriebsfestigkeit etc., dann ist energetisch vorzuziehen, sie anstelle schmelzmetallurgisch hergestellter zu verwenden.

– Transport und Verkehr: Hubkolbenmotoren, deren Verbrauch durch Aufladung, Mehrventiltechnik, elektronische Steuerung u. a. vermindert ist, tragen zur r.E. bei; aber auch Automobile, deren Strukturbauteile aus spezifisch leichteren Werkstoffen hergestellt wurden, für deren Herstellung und deren lebensdauerlangen Betrieb im Automobil weniger Energie aufzuwenden ist, sind Elemente von r.E. Schließlich zählen nicht zuletzt Verkehrsinfrastrukturänderungen dann zu r.E., wenn mit ihnen verminderter Energieverbrauch einhergeht. Nahverkehrssysteme anstelle des Individualverkehrs gehören hierher, sowie immaterieller Verkehr (elektronische Kommunikation) anstelle materiellen Transports und Verkehrs.

Über das Potential von r.E. geben zwei Kriterien Auskunft: der energetische Nutzungsgrad und die auf die Bevölkerungszahl bezogene Energieintensität einer Volkswirtschaft. Der energetische Nutzungsgrad der Volkswirtschaft der Bundesrepublik Deutschland ist etwa ein Drittel. Zwei Drittel der in die Volkswirtschaft eingeführten Primärenergie gehen in Verluste über, davon allein knapp ein Viertel bei der Stromerzeugung in den Kondensationskraftwerken und gut ein Drittel bei der Energieanwendung in der Endenergie-/Nutzenergiewandlung.

Die Energieintensität der Volkswirtschaften der Welt zeigt große Abweichungen vom Mittelwert des bezogenen Energieverbrauchs. Die ärmsten Entwicklungsländer verbrauchen nur ein Zehntel dieses Mittelwertes und erwirtschaften damit auch nur ein Zehntel bis ein Zwanzigstel des Bruttosozialprodukts der Industrieländer. Die westlichen Industrieländer lassen sich in zwei Gruppen einteilen: solche, die – arm an eigenen Energieressourcen im Lande – immer schon im Sinne von r.E. sparsam mit Primärenergie-Rohstoffen umgehen mußten und doch die gleiche oder gar höhere Wirtschaftsleistung erbrachten als solche der anderen Gruppe (Canada, USA, Norwegen u. a.), die reich an eigenen, ohne hohe Kosten gewinnbaren Energierohstoffen waren (und sind) und folglich keinen Anreiz darin sahen, durch Mittel der r.E. den Einsatz von Primärenergie zurückzudrängen. Es scheint im übrigen einen – empirischen – Höchstwert des von einer Volkswirtschaft zu erwirtschaftenden Bruttosozialprodukts zu geben, der auch durch noch so vermehrten Energieverbrauch kaum mehr zu steigern ist (USA/Canada: 10 bis 12 tSKE/cap·a; Bundesrepublik Deutschland 5 bis 6 tSKE/cap·a). Aber, wie der Vergleich Deutschland:Schweiz, zweier benachbarter Länder durchaus vergleichbarer Lebensqualität, zeigt, wird von der Schweiz ein um 30 % höheres Bruttosozialprodukt mit einem gar auf 5 tSKE/cap·a gesunkenen Energieverbrauch erwirtschaftet. *C.-J. Winter*

Literatur: BINE-Bürgerinformation: Rationelle Energieverwendung und Nutzung erneuerbarer Energiequellen in kommunalen Gebäuden. Fachinformationszentrum Karlsruhe (Hrsg.). Köln 1990. – *Chandler, W. U.; H. S. Geller; M. R. Ledbetter:* Energy Efficiency: A New Agenda. American Council for an Energy-Efficient Economy. Springfield, Va./USA, 1988. – *Cube, H. L. v.* (Hrsg.): Handbuch der Energiespartechniken. Karlsruhe 1983. – *Gruber, Bránd:* Rationelle Energienutzung in der mittelständischen Wirtschaft. Ergebnisse eines Forschungsprojektes des Fraunhofer-Instituts für Systemtechnik und Innovationsforschung im Auftrag der Schweisfurth-Stiftung. Köln 1990. – *Hennicke, P.; G. Alber:* Energie-Sparen-Handbuch für rationelle Energienutzung in Kommune und Industrie. Bonn 1991. – *Siefen, H.; Ch. Spierer* (Hrsg.): Rationelle Energieverwendung in der Bundesrepublik Deutschland, der Schweiz und in Norwegen. GEE-Schriftenreihe der Gesellschaft für Energiewissenschaft und Energiepolitik e. V.: Bd. 7. Köln 1989.

Energiewandlungskette. Energiewandlung geschieht in Wandlungsketten mit gelegentlich großer Zahl an Kettengliedern. E. haben drei klassische Bereiche: Den Energierohstoffbereich (a), den technologischen Bereich der Primärenergie-/Sekundärenergiewandlung, der etwaigen Speicherung, der Leitung und Verteilung der Sekundärenergie sowie der Sekundärenergie-/Nutzenergiewandlung (b), schließlich den Schadstoff-/Reststoffbereich (c).

Am Beispiel der nuklearen E. erläutert, gehören zum Bereich (a) die Exploration, die bergmännische

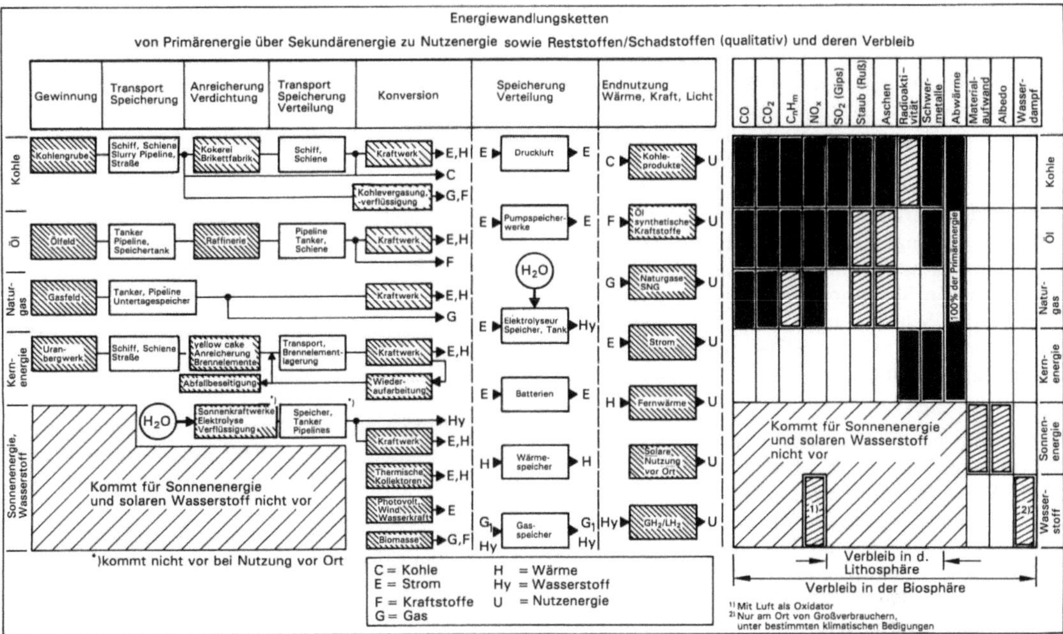

Energiewandlungskette: E. von Primärenergie über Sekundärenergie zu Nutzenergie. (Quelle: DLR – Deutsche Forschungsanstalt für Luft- und Raumfahrt, Stuttgart)

Gewinnung von Uranoxid aus der Lithosphäre, die yellow cake-Produktion, weiter die Chemie des Uranhexafluorids, die Anreicherung, die Herstellung von Kernbrennelementen und ihre kraftwerksgerechte Ablieferung vor den Toren des Kernkraftwerks; der anschließende Bereich (b) enthält das →Kernkraftwerk, den Kernbrennstoffabbrand, die Stromproduktion, ggfs. seine Speicherung, seine Fortleitung zum Verbraucher, bei ihm die elektromechanische, elektrothermische oder elektrochemische Sekundär-/Nutzenergieumwandlung; das letzte Kettenglied (c) besteht aus der Abwärmebeladung der Geosphäre im Verhältnis zum Wärmeäquivalent der gesamten eingesetzten →Primärenergie, der Radioaktivitätsabgabe sowie der →Wiederaufarbeitung oder der direkten →Endlagerung abgebrannter Brennelemente. Auch die risikoarme Rezyklierung kontaminierter Materialien bei Abriß von kerntechnischen Anlagen gehört hierher sowie deren sicherer Einschluß in unterirdischen Endlagern. Es mag in Wiederaufbereitungsanlagen Plutonium rückgewonnen und im Bereich (b) wieder eingesetzt werden.

Auch die drei fossilen E. sehen ganz ähnlich aus wie die nukleare E. Alle vier sind offene Energiesysteme mit zwei oder mehreren offenen Enden, mit denen sie prinzipiell mit der Umwelt in Konflikt treten müssen. Nur die solare E. und die des solaren Wasserstoffs sehen anders aus, weil ihr Energierohstoff und folglich die auf ihn zurückzuführenden Schad- und Reststoffe fehlen. Die solare E. besteht nur aus dem Bereich (b).

Unter solaren Energiewandlungssystemen in diesem Kontext werden solarthermische und photovoltaische Kraftwerke verstanden, Wasser- (→Wasserkraftnutzung) und Windkraftwerke (→Windenergienutzung), ozean-thermische (→Ocean thermal energy conversion) und Wellenkraftwerke (→Meeresenergie), sowie Wärmepumpensysteme, alle energierohstofffrei. Auch Gezeiten- oder geothermische Kraftwerke bedürfen keiner Energierohstoffe.

Literatur: Winter, C.-J.; R. L. Sizmann; L. L. Vant Hull (Hrsg.): Solar Power Plants. Berlin–Heidelberg–New York 1991.

Entdröhnen. Bei Maschinen mit großen Gehäuseflächen oder Flächen von Maschinenteilen, z. B. bei Getriebekästen oder bei Ständern von Werkzeugmaschinen, treten im Betrieb oft durch Resonanz verstärkte mechanische Schwingungen auf. Diese mit Frequenzen im Hörbereich des Menschen liegenden Schwingungen, die als →Körperschall bezeichnet werden, sind nach Abstrahlung als Luftschall meist unangenehm laut hörbar. Diese Schallabstrahlung wird oft als Dröhnen der Maschinenteilflächen charakterisiert. Das E. derartiger zu Schallabstrahlung angeregter Flächen kann durch Änderung der Steifigkeit der abstrahlenden Teile erreicht werden, z. B. durch Einschweißen von Verstärkungen, Schwächung der Wandstärke der Platten oder durch Anbringen von Bohrungen. Das E. kann auch durch Anbringen von Schwingungsabsorbern oder von Antidröhnbelägen erreicht werden. Dadurch sollen besonders die Biegewellen der Strukturen gedämpft werden. Durch das Aufbringen von Dämpfungsbelägen kann der Verlustfaktor, der die Absorption von Körperschall bzw. die →Dämpfung von Schwingungen in Materialien auf Bauteilen kennzeichnet, erhöht werden.

Bei den Maßnahmen zum E. wird angestrebt, die Schwingungsamplituden der mechanischen Schwingungen in den Strukturen zu verkleinern oder die Energie der Schwingungen möglichst weitgehend durch Dämpfung in andere Energieformen, z. B. in Wärme, zu überführen. *Splittgerber*

Entgasung. E. ist ein chemischer und physikalischer Teilvorgang bei der Verbrennung. Als in sich geschlossenes Verfahren wird die E. kohlenstoffhaltiger Materialien durch Einwirkung von Hitze unter Ausschluß von Sauerstoff betrieben und auch als →Pyrolyse bezeichnet.

In der Abfallwirtschaft besteht der Grundgedanke der E. darin, daß bei weitgehendem Ausschluß von Sauerstoff eine Umwandlung überwiegend organischer Abfälle bei hohen Temperaturen mit dem Bruch chemischer Bindungen verbunden ist, so daß aus komplizierten Verbindungen kleine, entsprechend einfach gebaute und prinzipiell verwertbare Moleküle entstehen. Diese kleineren Moleküle sind meist keine Bausteine der zersetzten organischen Abfälle, sondern sie sind strukturell verändert; sie können insbesondere mit den Stoffkomponenten der Atmosphäre, in der die E. stattfand, reagiert haben.

Während bei der vollständigen Verbrennung organische Abfälle in Kohlendioxid und damit in den Grundbaustein der →Photosynthese übergeführt werden, sollen bei der E. aus den organischen Abfällen einfache Kohlenwasserstoffbausteine gewonnen werden, die als Synthesebaustein wieder zum petrochemischen Rohstoff führen können (→Abfallpyrolyseanlage, →Schwelbrennverfahren). *Neuenhahn*

Entgasungsmaßnahmen. E. umfassen einfache, passive Entgasungssysteme und technisch umfangreichere, aktive Entgasungsanlagen zur Sanierung von Altlasten; sie gehören zu den pneumatischen Verfahren. Zu den passiven Entgasungssystemen zählen Entgasungsgräben mit und ohne Folie zur Beschleunigung der →Gasmigration, Entgasungsschächte und Schornsteine, die das Gas ohne Hilfsmittel ableiten, sowie Gasdränageschichten mit und ohne Dränageleitungen zur Sammlung und selbständiger Ableitung von gas- und dampfförmigen Schadstoffen aus Altlasten.

Aktive Entgasungsanlagen benötigen ein Gasfassungssystem, z. B. Gassonden, mit aktiver Absaugung durch Gebläse (→Bodenluftabsaugung). Diese Verfahrenstechnik umfaßt die Schritte Mobilisierung und Transport der gasförmigen Schadstoffe im Untergrund, die Fassung der angesaugten Gase und Dämpfe in situ sowie die Ableitung zur Behandlungsanlage.

Je nach Zusammensetzung und Geruchsintensität der abgesaugten Gase und Dämpfe richtet sich deren Behandlung durch chemisch-physikalische Verfahren oder Verbrennung. *Thoenes*

Literatur: *Dernbach, H.:* Entgasungsmaßnahmen bei Altablagerungen. In: Franzius, V. et al. (Hrsg.): Handbuch der Altlastensanierung. Heidelberg 1988.

Entgiftung. Die →Verwertung von Abfällen sowie die umweltgerechte →Entsorgung wird häufig durch Schadstoffe im Abfall beeinträchtigt, die diffus verteilt sein können.

Zur E. im Sinne einer Schadstoffentfrachtung von häuslichen Restabfällen (→restlicher Abfall) kommen verschiedene Konzepte zur getrennten Erfassung von Problemstoffen bei der Hausabfallentsorgung zum Einsatz (z. B. Schadstoffmobile oder zentrale Sammelstellen). Reduzierungen der Schadstoffgehalte in Abfällen werden darüber hinaus durch den Verzicht auf den Einsatz von Problemstoffen (z. B. quecksilberfreie Batterien, schwermetallfreie oder -arme Lacke) in Produkten angestrebt.

Im Bereich der Sonderabfallentsorgung kommen unter dem Begriff E. eine Reihe spezieller chemisch-physikalischer Behandlungsverfahren zur Umwandlung oder Ausscheidung umweltschädlicher Bestandteile zur Anwendung, z. B. E. cyanidhaltiger Flüssigabfälle, Perhydrolyse von Phosphor- und Phosphonsäureestern, Perhydrolyse von Nitrilen und E. von chlorierten Kohlenwasserstoffen durch Dechlorierung, Perchlorierung und Spaltung.

Auch für eine Behandlung kommunaler Klärschlämme sind sog. E.-Verfahren bekannt, ohne daß diesen allerdings eine Bedeutung in der Praxis zukommen würde; Reduzierungen der Schadstoffgehalte in kommunalen Klärschlämmen müssen primär durch Maßnahmen an der Quelle erreicht werden, d. h. durch Maßnahmen, die darauf zielen, daß Schadstoffe gar nicht erst in das Abwasser gelangen. *Bergs*

Entkalkung, biogene. Die Ausfällung von Calciumkarbonat auf Grund der Abgabe von CO_2 aus kalkübersättigtem Wasser, z. B. an Quellaustritten oder durch Entzug von CO_2 durch Photosyntheseaktivität von Pflanzen, wird b. E. genannt. Das daraus entstehende Gestein heißt Travertin. Bei der b. E. spielen Algen und Moose eine große Rolle, insbesondere bei der Bildung von Kalktuffablagerungen. B. E. hat darüber hinaus im Pelagial (Frei-wasserkörper) von Seen eine große Bedeutung. Bei der Fällung des Kalziumkarbonats (Kalzitfällung) werden zum Teil extrem kleine Kristalle gebildet, die längere Zeit in der Schwebe bleiben können. Bei der Kalzitfällung werden auch andere Stoffe, insbesondere Phosphat, mit ausgefällt. Da ein Teil des im See, d. h. autochthon entstandenen Kalzits teilweise im Hypolimnion wieder aufgelöst wird, hat es für den Phosphathaushalt und damit die Trophielage von Seen große Bedeutung. Die Menge des gebildeten Kalzits ist abhängig von der planktischen Primärproduktion, also dem Trophiegrad der Seen. Sowohl tote Partikel als auch kleine Planktonalgen können als Kerne für die Kalzitfällung dienen. *Friedrich*

Literatur: *Schwoerbel, J.:* Einführung in die Limnologie. Stuttgart 1993.

Entkeimung. Die E. wie auch die speziellere →Desinfektion sind Techniken, gesundheitlich gefährliche Keime weitgehend unschädlich zu machen. Dabei werden unter Keimen alle Mikrolebewesen verstanden wie Viren, Bakterien, bestimmte Pilze, oft auch spezielle Pflanzenkeime und tierische Kleinlebewesen (Parasiten). E. kann Wasser, Räume und Luft, aber auch die ganze Rauminnenausstattung und medizinisches Gerät, ferner Abwasser und daraus hervorgegangene Schlämme, ebenso aber auch Lebensmittel betreffen. Nach

Formaldehyd und Chlor bevorzugt man heute nach erkannten bedenklichen Nebenwirkungen abgestuft die Pasteurisierung (Erwärmung über rd. 71 °C), beim Trinkwasser die Ozonbehandlung, die Bestrahlung mit ionisierenden Strahlen und die Silberbehandlung. Bei der Desinfektion wird teilweise auch mit stärkeren Giftstoffen oder mit Tensiden gearbeitet. Keime sind natürlicherweise in jedem Trinkwasser in einer Anzahl von wenigen bis zu $100/cm^3$ vorhanden. Im Abwasser finden sie sich in mehreren Millionen bis Milliarden je cm^3 und im Gewässer je nach seiner Belastung in Größenordnungen zwischen diesen Grenzen. Als Kriterium für die Brauchbarkeit eines Gewässers zum Baden dient meist die Anzahl leicht bestimmbarer Kolibakterien, also nur eines Indikatorkeims für fäkale Verunreinigung durch Warmblüter. Statt der E. ist es generell sinnvoller, die Belastung des Gewässers zu reduzieren. *Friedrich*

Entladungslampe. Konventionelle Glühlampen und Halogenlampen bestehen vorwiegend aus Glas, Wolfram, Kupfer, Nickel, Molybdän und Aluminium. E. (auch als Leuchtstoff- oder Neonröhren bezeichnet) enthalten geringe Mengen der in der Tabelle zusammengestellten Elemente in reiner Form oder in Verbindungen. Dabei sind Menge und Zusammensetzung der Inhaltsstoffe abhängig vom Lampentyp bzw. dem Herstellungsverfahren.

Entladungslampe. Tabelle: Umweltrelevante Inhaltsstoffe in E. in Gew.-%. (Quelle: Fachverband Elektrische Lampen im ZVEI, 1991)

Element	Leuchtstoff-Lampen	Quecksilber-dampf-Hoch-drucklampen	Natrium-Hochdruck-lampen	Halogen-Metalldampf-lampen
Quecksilber	0,01	0,02	0,02	0,03
Antimon	0,01	—	—	—
Barium	0,03	0,002	0,04	0,002
Cadmium	—[1]	—	—	—
Indium	0,001	—	—	<0,001
Blei	0,005	0,5	0,3	0,3
Natrium	—	—	0,01	0,001
Strontium	0,1	0,05	0,03	0,001
Thallium	—	—	—	0,001
Vanadium	—	0,07	<0,001	0,005
Yttrium	0,06	0,1	0,004	0,07
Seltene Erden	0,01	0,01	0,001	0,003
mittleres Lampengewicht	200 g	90 g	150 g	140 g

[1] Kann in Lampen alter Herstellung noch vorkommen

Der Quecksilbergehalt kann je nach Lampentyp 15–40 mg Hg, bei Halogen-Metalldampflampen mit hoher Leistung sogar bis zu 400 mg Hg pro Lampe betragen.

Da die →Entsorgung einzelner Leuchtstoffröhren aus privaten Haushalten gemeinsam mit dem →Hausabfall tolerierbar erscheint, sind diese zwar in der Regel auch nicht von der Hausabfallentsorgung ausgeschlossen, aus Vorsorgegründen sollten aber so wenig wie möglich quecksilberhaltige Abfälle auf Hausabfalldeponien oder -verbrennungsanlagen gelangen und deshalb E. aller Typen, sofern sie nicht verwertet werden, der Sonderabfallentsorgung zugeführt werden. Dies gilt insbesondere für größere Mengen an E. wie sie z. B. beim turnusgemäßen Auswechseln in Behörden, Gewerbebetrieben und Großbetrieben anfallen.

Die Lampenverwertung kann technisch als gelöst betrachtet werden. Das Niveau der Recyclingverfahren ist allerdings unterschiedlich. Allen Verfahren gemeinsam ist die Entfernung des Quecksilbers aus den Leuchtstoffröhren. Wesentliche Unterschiede treten bei der →Verwertung der restlichen Komponenten Glas, Leuchtstoff und Metallsockel auf. Ein vom Bundesumweltminister gefördertes Aufbereitungsverfahren gewinnt das Lampenglas in einer Qualität, die eine direkte Rückführung in die Lampenherstellung gestattet. *Blickwedel*

Entmistung. Die mechanische E. in Betrieben mit →Festmistverfahren ist sowohl mit stationären Anlagen wie auch mit mobilen E.-Geräten möglich. Mobile Entmistungsgeräte wie Heck- und Frontschieber werden an spezielle Hofschlepper bzw. an die verschiedenen Anbauräume des Schleppers (Heck, Front, Frontlader) angebaut. Der Vorteil der Hofschlepper gegenüber auch kleineren Standardschleppern besteht in den geringeren Baumaßen und im erheblich kleineren Wendekreis.

Bei Tierhaltung auf tiefeingegestreuten Lauf- und Liegeflächen ist der Einsatz mobiler Anlagen notwendig. Die im Laufe der Zeit anwachsende Mistmatratze ist gleichzeitig eine Form der Mistlagerung. Bei E. wird der Dung direkt ausgebracht. Dieses Verfahren erfordert ein wendiges und leistungsstarkes Gerät, das in der Lage ist, E. und Mistladen gleichzeitig vorzunehmen.

In geschlossenen Stallgebäuden und bei Haltungssystemen (Stallsysteme) mit kontinuierlicher E. kommen vornehmlich stationäre Entmistungsanlagen zum Einsatz. Kettenförderer, Schubstangenförderer, Schleppschaufelanlagen sowie Klapp- und Faltschieber werden in der Regel mittels Elektromotoren angetrieben. Je nach Ausführung sind ggf. Getriebe oder Hydraulikanlagen zur Drehzahlregulierung vorhanden.

Das Miststapeln kann wie die E. mittels stationärer oder mobiler Geräte durchgeführt werden. Als mobile Miststapelgeräte kommen Hofschlepper bzw. Standardschlepper mit Frontlader zum Einsatz. Entmisten und Miststapeln kann dabei vielfach in einem Arbeitsgang erfolgen. *H. Schön/Popp*

Literatur: *Boxberger, J.; H. Eichhorn; H. Seufert:* Stallmist – Entmisten, Lagern, Ausbringen. Düsseldorf 1988.

Entschwefelung. Schwefel ist in Rohölen in verschiedenen Schwefelverbindungen enthalten, als Schwefelwasserstoff bis hin zu komplexen schwefelorganischen Verbindungen. Im →Erdgas ist Schwefel als Schwefelwasserstoff enthalten. Bei der Verbrennung entsteht aus den Schwefelverbindungen Schwefeldioxid. Zur Verminderung der SO_2-Emissionen werden Heizöl und Gas in der Regel entschwefelt (→Brennstoffe, schwefelarme).

Erdgas kann Schwefelwasserstoff von mehr als 25 Vol.-% enthalten; bei Anteilen unter 1 Vol.-% werden die Erdgase als Leangase, mit mehr als 1 Vol.-% als Sauergase bezeichnet. Sauergas wird durch Absorption des Schwefelwasserstoffs (Wäscher mit Natronlauge; wäßrige Aminlösungen) und anschließender Zuführung zu einer →Clausanlage aufbereitet. Das Clausprozeßabgas wird einer →Abgasreinigung zugeführt. Das entschwefelte und getrocknete Erdgas darf gemäß dem DVGW-Arbeitsblatt G 260 max. 5 mg Schwefelwasserstoff/m^3 enthalten.

Rohöle werden in →Mineralölraffinerien in der Regel einer hydrierenden E. unterzogen (E. mit Wasserstoff bei Temperaturen zwischen 300° C und 400° C, Drücken von 25 bis 70 bar in Anwesenheit von Kobalt-Molybdän-Katalysatoren).

Der Schwefelgehalt der Mitteldestillate aus Erdöl (Heizöl EL und Dieselkraftstoffe) ist durch die →3. BImSchV seit dem 1. 3. 1988 auf einen zulässigen Schwefel-Höchstgehalt von 0,2 Gew.-% beschränkt. Ab 1. 10. 1994 wird dieser Wert in der EU einheitlich verbindlich. Darüber hinaus schreibt die EG-Richtlinie 93/12/EWG vom 23. 3. 1993 einen Schwefel-Höchstgehalt für Dieselkraftstoff von 0,05 Gew.-% ab 1. 10. 96 vor. *Angrick*

Literatur: *Schlemm, F.; H. Sandkühler:* Technische Anforderungen an Sauergasförder- und Reinigungssysteme infolge der Umweltgesetzgebung in der Bundesrepublik Deutschland. Beitrag zum ECE-Symposium über Gaswirtschaft und Umwelt, Stuttgart, 27.-31. 10. 1986. – Deutsche BP (Hrsg.): Das Buch vom Erdöl. Hamburg 1989. – DVGW-Richtlinien für die Gasbeschaffenheit, Arbeitsblatt GLSO, Dtsch. Verein von Gas- und Wasserfachmännern, Eschborn.

Entschwefelungsgips. E. ist das Produkt der →Abgasentschwefelung mittels →Kalk-/Kalksteinwaschverfahren. Beim E. handelt es sich wie beim Naturgips um Calciumsulfat-Dihydrat ($CaSO_4$ · $2H_2O$). Die chemische Zusammensetzung von E. zeigt die Tabelle. Im Gegensatz zum Naturgips, der bis zu 20 Gew.-% Inertstoffe enthalten kann, ist der

Anteil der Nebenbestandteile im E. nur gering. Den Hauptanteil bilden die Silikate, die über den Kalkstein und Spuren von Flugasche in den Gips gelangen. Während Eisen-, Aluminium- und Magnesiumverbindungen durch den Kalkstein in den Gips eingetragen werden, stammen Chlor- und Fluorverbindungen aus der Kohle. Die Halogengehalte lassen sich durch Vorwäsche bei der Abgasentschwefelung und einen zusätzlichen Waschgang bei der mechanischen Gipstrocknung gering halten. Wegen der hohen Wirksamkeit von modernen Elektrofiltern sind die Gehalte an Spurenelementen aus dem Staub im Abgas sehr niedrig. Gleiches gilt für radioaktive Substanzen wie Radium-226 und Thorium-228, deren Anteil im E. an der unteren Grenze der Spannweite liegt, die bei Naturgipsen ermittelt worden ist. E. kann wegen seiner chemischen Zusammensetzung und seines hohen Reinheitsgrades, der nur mit den besten Naturgipsen vergleichbar ist, problemlos als Baustoff und in anderen Verwendungsbereichen eingesetzt werden.

Entschwefelungsgips. Tabelle: Chemische Zusammensetzung.

Feuchtigkeit	Gew.-%	6–12
Kristallwasser	Gew.-%	20,0–20,7
CaO	(wf)	32,4–33,1
SO_3		44,0–46,0
SiO_2		2,5– 6,3
$Fe_2O_3 + Al_2O_3$		0,3– 1,0
MgO		0,1– 0,8
Na_2O	g/kg	0,1– 0,2
K_2O	(wf)	0,1– 0,2
Cl		< 0,3
F		< 1
SO_2		< 0,5
As		< 0,1
Cd		< 0,2
Cr		0,8
Co	mg/kg	0,8
Hg	(wf)	< 0,5
Ni		0,4
Pb		6
Se		<11
Zn		14

Chem. reines $CaSO_4 \cdot 2H_2O$ hat zum Vergleich 20,9 % Kristallwasser, 32,6 % CaO und 46,5 % SO_3

Durch die Abgasentschwefelung bei Steinkohle- und Braunkohlekraftwerken fallen in der Bundesrepublik seit 1989 etwa 3 Mio. t Gips pro Jahr an. In den neuen Bundesländern wird wegen des Wirksamwerdens der Nachrüstungsvorschriften der Großfeuerungsanlagen-Verordnung ($\rightarrow$13. BImSchV) ab 1995 eine Gipsmenge von etwa 0,5 Mio. t/a mit jährlich steigender Tendenz bis über 3 Mio. t/a anfallen. Der E. wird hauptsächlich anstelle des Naturgipses in der traditionellen Gips- und Zementindustrie als Baugips, für Gipsbauplatten oder für Bauelemente aus Gips und als Zumahlstoff für Zement eingesetzt. Darüber hinaus kann der E. auch als Ersatzstoff für Asbestprodukte, als Zusatzstoff für Gasbetonsteine und zur Herstellung von gipsgebundenen Holzspanplatten, Estrichmasse sowie Gipssandsteinen verwendet werden.   *Haug*

Literatur: *Bechert, J. et al:* Vergleich von Naturgips und REA-Gips. Gutachterliche Stellungnahme im Auftrag der VGB-Forschungsstiftung, Essen (Projekt 88) und des Bundesverbandes der Gips- und Gipsbauplattenindustrie e. V., Darmstadt. – *Haug, N.:* Verwertung von Gips aus der Abgasschwefelung bei Feuerungsanlagen. Müll-Handbuch. Berlin 1989.

Entsorger, privat. Private Entsorgungsbetriebe spielen eine wesentliche Rolle in der $\rightarrow$Abfallentsorgung der Bundesrepublik Deutschland.

Zwar schreibt § 3 Abs. 1 AbfG vor, daß der Besitzer Abfälle dem Entsorgungspflichtigen zu überlassen hat, das heißt den nach Landesrecht zuständigen Körperschaften des öffentlichen Rechts (i. d. R. Landkreise, kreisfreie Städte und Zweckverbände). Diese können sich jedoch zur Erfüllung ihrer $\rightarrow$Entsorgungspflicht Dritter bedienen. Von dieser Möglichkeit hat ca. die Hälfte der Gebietskörperschaften Gebrauch gemacht und p. E. beauftragt.

Die entsorgungspflichtigen Körperschaften können weiterhin gemäß § 3 Abs. 3 AbfG Abfälle von der $\rightarrow$Entsorgung ausschließen, die sie nach Art oder Menge nicht mit den in Haushaltungen anfallenden Abfällen entsorgen können. Auch von dieser Regelung haben die entsorgungspflichtigen Körperschaften in der Regel für Abfälle aus dem produzierenden Gewerbe, insbesondere für Sonderabfälle, Gebrauch gemacht. In diesen Fällen ist der Besitzer des Abfalls zur Entsorgung verpflichtet. Größere Industriebetriebe unterhalten deshalb Eigenbetriebe zur Entsorgung (Eigenentsorgung) ihrer Abfälle (Deponien, Verbrennungsanlagen, CP-Anlagen u. a.).

In der Mehrzahl der Fälle nutzen jedoch die Abfallerzeuger/-besitzer die Dienstleistung von p. E. Private (nicht öffentlich-rechtliche) Entsorgungsbetriebe entsorgen derzeit ca. 50 % der Hausabfälle sowie ca. 90 % der Abfälle aus Industrie, Handel, Handwerk und Gewerbe. Etwa 750 Entsorgungsbetriebe, die außerdem auch Aufgaben in den Bereichen Straßenreinigung, Kanalreinigung und Industriereinigung wahrnehmen, beschäftigen ca. 90 000 Mitarbeiter.

Die Entsorgungsaktivitäten der p. E. unterliegen der vollen abfallrechtlichen Kontrolle (Genehmigung und Aufsicht).   *Schnurer*

Entsorgung. 1986 bewußt in das Abfallgesetz aufgenommener Begriff, um eine Trendwende von der althergebrachten Beseitigung von Abfällen zu signalisieren (→Abfallrecht). Unter E. werden sowohl die →Verwertung von Abfällen als auch die sonstigen Verfahren der Einsammlung, Beförderung, Lagerung, Behandlung und Ablagerung (Deponierung) verstanden (→Abfallentsorgung). Die Verwertung erhielt Vorrang vor der sonstigen E.

Der Begriff E. wurde als Spiegelbild oder auch als Rückseite der Medaille von Versorgung gewählt, um deutlich zu machen, daß die E. von Abfällen eng und notwendig gekoppelt zu sehen ist zur Produktion von Erzeugnissen und deren Konsum, den beiden Hauptquellen für spätere Abfälle.

Es ist noch nicht gelungen, die E. von Abfällen im öffentlichen Bewußtsein ähnlich attraktiv zu machen wie die Produktion und den Konsum von Erzeugnissen; auch hat die Entsorgungssicherheit bislang nicht den Stellenwert der Versorgungssicherheit erreicht, obwohl ein ernster Entsorgungsnotstand durchaus gravierende Auswirkungen sowohl auf den Weiterbetrieb von Produktionsanlagen wie auf den Vertrieb von Erzeugnissen haben würde.

Der geläufige deutsche Begriff E. hat in anderen Sprachen kaum eine Entsprechung, wird daher gelegentlich auch im Englischen oder Französischen als Lehnwort gebraucht.   *Schnurer*

Entsorgung, nukleare. Nach dem Atomgesetz hat der Betreiber von Kernkraftwerken dafür zu sorgen, daß die beim Betrieb anfallenden Reststoffe, in erster Linie die bestrahlten Kernbrennelemente, schadlos verwertet oder geordnet beseitigt werden. Dieses Ziel läßt sich auf zwei grundsätzlich unterschiedlichen Wegen erreichen: mit und ohne →Wiederaufarbeitung (Bild).

In den Grundzügen zur Entsorgungsvorsorge für Kernkraftwerke vom 29. Februar 1980 haben die Regierungschefs von Bund und Ländern die n. E. definiert als die sachgerechte und sichere Verbringung der während der gesamten Betriebszeit der Anlage anfallenden bestrahlten Brennelemente in ein für diesen Zweck geeignetes Lager mit dem Ziel ihrer Verwertung durch Wiederaufarbeitung oder ihre Behandlung zur →Endlagerung ohne Wiederaufarbeitung und die Behandlung und Beseitigung der hierbei erhaltenen radioaktiven Abfälle.

Während die Entsorgung über den Weg der Wiederaufarbeitung der bestrahlten Kernbrennstoffe Stand der Technik ist, wurde die direkte Endlagerung der abgebrannten Brennelemente technisch noch nicht realisiert.

Gemäß § 9 a Abs. 1 Atomgesetz hat die Wiederaufarbeitung abgebrannter Brennelemente Vorrang vor einer E. ohne Wiederaufarbeitung, wenn die Verwertung der Brennelemente schadlos durch-

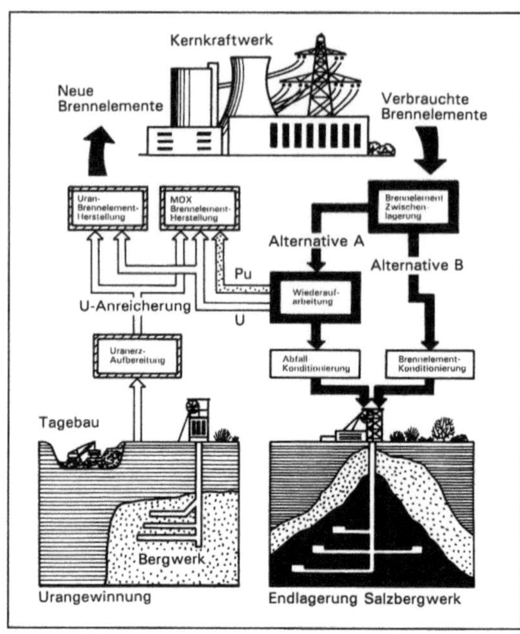

Entsorgung, nukleare: Schematische Darstellung der Entsorgungsalternative mit und ohne Wiederaufarbeitung.

führbar und wirtschaftlich vertretbar ist. N. E. umfaßt die Schritte Zwischenlagerung, Transport, Wiederaufarbeitung der abgebrannten Brennelemente sowie die Endlagerung der konditionierten Abfälle. Durch eine Änderung des Atomgesetzes soll die Gleichrangigkeit von Wiederaufarbeitung und direkter Endlagerung abgebrannter Brennelemente eingeführt werden.

Der Entsorgungspfad über Wiederaufarbeitung und Spaltproduktrückführung erlaubt eine beträchtliche Streckung der Uranreserven. Dies trifft bereits bei einer reinen Leichtwasserreaktor-Einsatzstrategie zu. Das Plutonium aus der Aufarbeitung von Uran- und Uran/Plutoniummischoxid-(MOX-)Brennelementen kann in heute existierenden LWR-Leistungsreaktoren mehrfach zurückgeführt werden.

Die direkte Endlagerung abgebrannter Brennelemente wird bei vernünftiger Anwendung durchaus eine wichtige und akzeptable Ergänzung zur n. E. mit Wiederaufarbeitung sein. Sie läßt sich sicherheitstechnisch ohne gravierende Unterschiede zur Entsorgung über eine Wiederaufarbeitung realisieren. Für eine längere Übergangszeit in der Größenordnung mehrerer Jahrzehnte ist sie wegen der konkurrenzlos niedrigen Natururanpreise sogar kostengünstiger. Von der Möglichkeit Gebrauch machen wird man vor allem bei solchen Brennelementen, die technisch nicht mehr sinnvoll verwertbar sind.   *Merz*

Entsorgungsnachweis. Mit der Verordnung über das Einsammeln und Befördern sowie über die Überwachung von Abfällen und Reststoffen (AbfRestÜberwV) vom 3. April 1990 (BGBl. I S. 648) hat der Verordnungsgeber ein E.-Verfahren für die Einsammlung und Beförderung von Abfällen eingeführt, das diesen Aufsichtsbehörden eine erheblich verbesserte Möglichkeit gibt, die Abfallströme im Sinne einer vorrangigen →Abfallverwertung zu steuern. Nach § 5 Abs. 2 dieser Verordnung steht die Transportgenehmigung unter der aufschiebenden Bedingung, daß zum Nachweis der geordneten →Entsorgung für die einzusammelnden oder zu befördernden Abfälle jeweils ein E. geführt wird.

Der Anwendungsbereich der Verordnung und damit des E.-Verfahrens ist nicht auf die besonders überwachungsbedürftigen Abfälle im Sinne von § 2 Abs. 2 AbfG beschränkt. Erfaßt werden alle Abfälle, die nach § 11 Abs. 2 und § 11 Abs. 3 AbfG nachweispflichtig sind, außerdem die Abfälle, die nur mit Transportgenehmigung nach § 12 AbfG eingesammelt und befördert werden dürfen.

Das E.-Verfahren ist dreistufig aufgebaut. Zunächst muß sich der Abfallerzeuger zur Verwertbarkeit und Beschaffenheit seines Abfalls äußern (verantwortliche Erklärung). Dabei hat er insbesondere Möglichkeiten der Abfallverwertung zu prüfen (§ 8 Abs. 1 S. 3 AbfRestÜberwV). Der Abfallentsorger muß die Erklärungen des Abfallerzeugers überprüfen und sich bereit erklären, den zu entsorgenden Abfall anzunehmen (Annahmeerklärung). Schließlich muß die zuständige Behörde bestätigen, daß die beabsichtigte Entsorgung zulässig ist. Der Abfallerzeuger darf erst dann mit der Entsorgung beginnen, wenn die behördliche Entsorgungsbestätigung erteilt ist. Kommt die zuständige Behörde im Nachweisverfahren zu der Auffassung, daß der vom Abfallerzeuger vorgesehene und vom Abfallentsorger akzeptierte →Entsorgungsweg nicht mehr zulässig ist, weil vorrangige Verwertungsmöglichkeiten bestehen, dann kann die Entsorgung auf dem beabsichtigten Wege nicht stattfinden.

Die Handhabung des E. ist in der Verordnung im einzelnen geregelt. Dort ist auch mit dem Sammelentsorgungsnachweis ein vereinfachtes Verfahren vorgesehen, wenn die einzusammelnden Abfälle denselben →Abfallschlüssel und den gleichen Entsorgungsweg haben, in ihrer Zusammensetzung den im Sammelentsorgungsnachweis genannten Maßgaben für die Sammelcharge entsprechen und bestimmte Abfallmengen bei der Sammeltour nicht überschritten werden. *Hoppe/Beckmann*

Literatur: *Hösel/von Lersner:* Recht der Abfallbeseitigung, § 12 Rn. 44 ff.

Entsorgungspflicht. Die entsorgungspflichtigen Körperschaften sind zur →Entsorgung der in ihrem Gebiet (Landkreis, kreisfreie Stadt) anfallenden Abfälle verpflichtet. Der Besitzer hat Abfälle dem Entsorgungspflichtigen zu überlassen. Haben diese Körperschaften Abfälle von ihrer E. ausgeschlossen (weil sie nach Art oder Menge nicht gemeinsam mit den in Haushaltungen anfallenden Abfällen entsorgt werden können), ist der →Abfallbesitzer zur Entsorgung dieser ausgeschlossenen Abfälle verpflichtet.

Größere Industriebetriebe (z. B. Chemiewerke, Energiewirtschaft, Metallverarbeitende Industrie) haben zur Erfüllung ihrer E. eigene Entsorgungsanlagen geschaffen (Deponien, Behandlungsanlagen, Verwertungsanlagen).

In allen übrigen Fällen machen die Besitzer ausgeschlossener Abfälle von der Möglichkeit Gebrauch, sich zur Erfüllung ihrer E. Dritter zu bedienen (→Entsorger, private). *Schnurer*

Entsorgungspflichtige Körperschaft. Das →Abfallgesetz bestimmt, daß die nach Landesrecht zuständigen Körperschaften des öffentlichen Rechts die in ihrem Gebiet anfallenden Abfälle zu entsorgen haben (§ 3 Abs. 2 Satz 1). Die Länder haben als e. K. überwiegend die Landkreise und kreisfreien Städte bestimmt (→Entsorgungspflicht).

Die e. K. kann sich zur Erfüllung ihrer Pflicht Dritter bedienen (→Entsorger, privater).

Zum Teil haben sich auch mehrere e. K. zu Abfall-Zweckverbänden zusammengeschlossen, um die vielfältigen modernen Entsorgungsaufgaben gemeinsam besser, sicherer und kostengünstiger erfüllen zu können (Zweckverband). *Schnurer*

Entsorgungsweg. Vorgesehener Weg der →Entsorgung für Abfälle, um Umweltbelastungen zu vermeiden oder zu minimieren.

Voraussetzung ist eine möglichst genaue Kenntnis der Eigenschaften/Inhaltstoffe der Abfälle. Davon ausgehend ist festzustellen, ob ein bestimmter Abfall der →Verwertung zugeführt werden muß, ob eine →Ablagerung in einer Deponie zulässig ist oder ob vor der Ablagerung eine Vorbehandlung (chemisch-physikalisch, biologisch, thermisch) erforderlich ist.

Derartige Vorgaben für bestimmte E. sind für besonders überwachungsbedürftige Abfälle in der →TA Abfall Teil 1 festgelegt. Als Nachweisverfahren ist in der Abfall- und ReststoffüberwachungsVerordnung der →Entsorgungsnachweis vorgeschrieben.

Ähnliche Vorschriften für E. sind für den Bereich der Siedlungsabfälle in der →TA Siedlungsabfall verankert.

Ziele der Vorgabe von E. sind:
- Abfälle möglichst weitgehend der Verwertung zuzuführen,
- für die Ablagerung nur noch solche Abfälle zuzulassen, die auch langfristig nicht zu Umweltbe-

lastungen über Deponiegase und Sickerwässer führen,

– nicht ablagerungsfähige Abfälle gezielt so vorzubehandeln, daß das notwendige Deponievolumen minimiert und die Deponiesicherheit gewährleistet wird.   *Schnurer*

Entstaubung →Staubabscheidung

Entstaubungsverfahren. Grundprinzip jedes Verfahrens zur →Staubabscheidung ist, die in gasförmigen Medien dispergierten festen oder flüssigen Partikeln in Bereiche zu transportieren, in denen die dispergierenden Kräfte nicht mehr bestimmend sind. Die verschiedenen E. unterscheiden sich in den Transportmechanismen und der Realisierung der angesprochenen Bereiche (Bild).

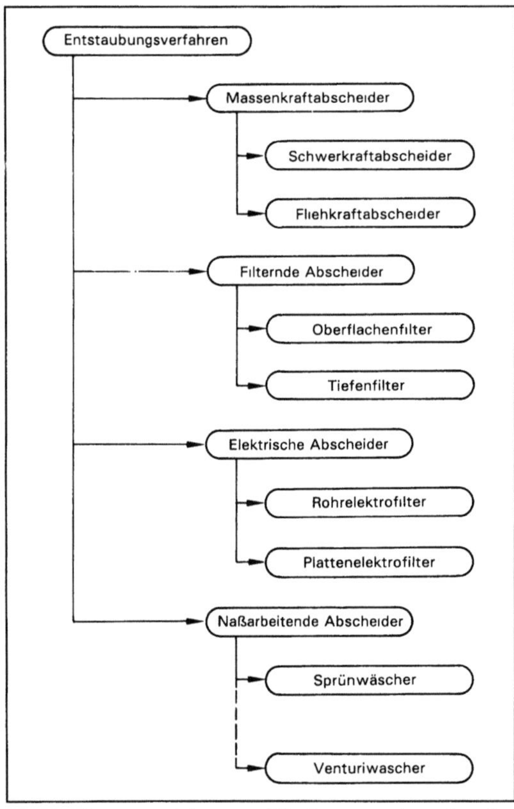

Entstaubungsverfahren: Gliederung der häufigsten E.

In Massenkraftabscheidern werden die Partikeln durch die Schwerkraft oder die Fliehkraft in Bereiche transportiert, aus denen sie von der Hauptströmung nicht mehr mitgerissen werden können. Bei elektrischen Abscheidern erfolgt dieser Transport durch elektrische Kräfte; hierzu müssen die Partikeln vorher gezielt aufgeladen werden. In filternden

Abscheidern werden die Partikeln durch unterschiedliche Mechanismen an Elemente poröser, gasdurchströmter Systeme transportiert. Solche Elemente können z. B. Fasern oder Körner sein. Dort werden sie durch Haftkräfte festgehalten. Bei naßarbeitenden Abscheidern werden die Partikeln zunächst von größeren Tropfen eingefangen und anschließend zusammen mit diesen aus dem Gasstrom entfernt.

Die Leistungsfähigkeit der einzelnen E. ist sehr unterschiedlich. Eine Charakterisierung ist u. a. über den →Fraktionsabscheidegrad möglich. Das Betriebsverhalten hängt entscheidend von den Eigenschaften der abzuscheidenden Partikeln und des Trägergases ab.   *Löffler/Schmidt*

Entstickungsverfahren →NO$_x$-Abgasreinigung

Entwässerung. Die Maßnahmen der E. dienen im Bereich der Abfallentsorgung unterschiedlichen Zielsetzungen:
– Als chemisch-physikalisches Abfallbehandlungsverfahren wird durch die E. ein Filterkuchen oder Schlamm erzeugt, der in der Regel eines weiteren Behandlungsschrittes vor einer Verwertung oder Ablagerung bedarf. Das anfallende Abwasser erfordert in der Regel eine Nachbehandlung vor Einleitung in den →Vorfluter oder die Kanalisation.
– Bei der →Klärschlammentwässerung wird durch natürliche oder maschinelle Verfahren der Wassergehalt des Schlamms reduziert, um Transportkosten zu senken und die Ablagerungsfähigkeit zu verbessern.
– Die →Deponieentwässerung bezweckt die kontrollierte Sammlung, Ableitung und ggf. Behandlung des Deponiesickerwassers sowie weiterer bei der oberirdischen Ablagerung anfallender Wässer, u. a. Oberflächenwasser von Deponieabschnitten, auf denen noch keine Abfälle gelagert sind, Oberflächenwasser von Deponieabschnitten mit Oberflächenabdichtung, Abwasser aus Lagerbereichen, Labors oder Probenahmestellen.   *Bergs*

Enzym (Ferment). E. sind Proteine, die als Biokatalysatoren Stoffwechselreaktionen bewerkstelligen. Dabei wird der umzusetzende Stoff (das Substrat) vom E. in substratspezifischer Weise vorübergehend so festgelegt und bearbeitet, daß man dies mit dem Einspannen und Bearbeiten des Werkstücks durch eine automatische Werkzeugmaschine vergleichen kann (Bild). Die Stelle des E.-Makromoleküls, an der das Substrat gebunden und chemisch verändert wird, ist das aktive Zentrum, in dessen Bereich z. B. bei oxidierenden oder reduzierenden E. mehrwertige Metallatome (meist Fe oder Cu) in komplexer Bindung vorliegen. Viele E.-Reaktionen sind bei hoher Produkt-Konzentration entsprechend dem Massenwirkungsgesetz umkehrbar.

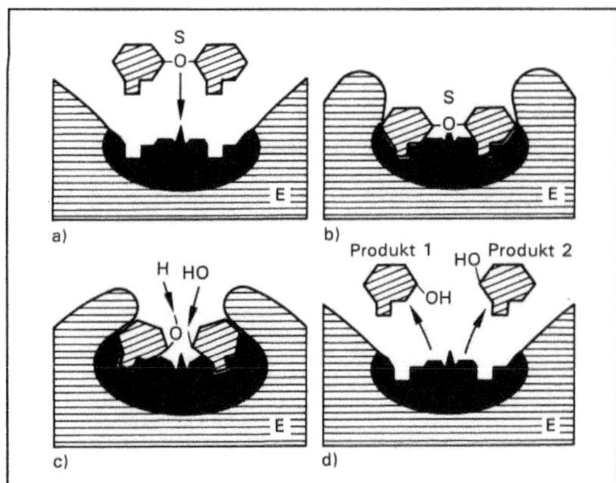

Enzym: Wirkungsweise eines E. (E) am Beispiel der hydrolytischen Spaltung eines Disaccharids (Substrat, S) (nach Nultsch)
a) S nähert sich der Oberfläche von E.
b) S adsorbiert an das aktive Zentrum (schwarz) von E, wodurch dieses eine Konformationsänderung erfährt.
c) Unter Anlagerung von H_2O (=H + OH) wird S gespalten.
d) Die Spaltprodukte lösen sich vom aktiven Zentrum, das wieder in den Ausgangszustand übergeht.

Die E. bewirken durch komplexe Bindung ihrer Substrate eine erhebliche Senkung der Aktivierungsenergie für die von ihnen katalysierten Stoffumsetzungen und ermöglichen hierdurch bei normalen Temperatur- und Druckverhältnissen Reaktionen, die der Chemiker meist nur bei hohem Energieaufwand in Gang setzen könnte. Außerdem arbeiten E. im Gegensatz zu chemischen Katalysatoren hochgradig spezifisch. So können sie u. a. bei Reaktionen mit Aminosäuren die Stereoisomere exakt unterscheiden und liefern infolge der Spezifität meist keine Nebenprodukte. Man schätzt, daß bereits eine einzelne Bakterienzelle etwa 1 000 verschiedene E. für den Betriebsstoffwechsel, den Baustoffwechsel (Anabolismus) und den Abbau organischer Verbindungen besitzt, deren Synthese z. T. erst durch das entsprechende Substrat induziert wird.

Die Geschwindigkeit, mit der ein E. unter bestimmten Milieubedingungen (Temperatur, pH, Ionenstärke usw.) sein Substrat umsetzt, steigt über einen gewissen Bereich nach Art einer Sättigungsfunktion mit der Substratkonzentration (Enzymkinetik). Überoptimale E.-Konzentration kann die Reaktion verlangsamen oder schließlich hemmen. Als Enzymeinheit ist nach internationaler Übereinkunft diejenige Enzymmenge definiert, die 1 Mikromol Substrat je Sekunde umsetzt. *Soeder*

Literatur: *Karlson, P.:* Kurzes Lehrbuch der Biochemie. 13. Aufl. Stuttgart 1988. – *Nultsch, W.:* Allgemeine Botanik. Stuttgart–New York 1991. – *Stryer, L.:* Biochemie. Heidelberg–Berlin–New York 1990.

Enzymtechnologie. Die technische Verwendung isolierter oder gebundener Enzyme für den spezifischen Nachweis, die Umwandlung (enzymatische Biotransformation), die Spaltung (Abbau) und neuerdings auch für die Verknüpfung organischer Substanzen unter den für Enzymreaktionen typischen milden Bedingungen. Manche durch E. verwirklichte Prozesse haben sich in der Konkurrenz mit älteren chemischen Verfahren wegen größerer Wirtschaftlichkeit durchgesetzt, andere sind technisch überhaupt nur durch den Einsatz von Enzymen praktikabel. Dank dieser Vorteile und Leistungen ist die E. einer der wirtschaftlich erfolgreichsten Zweige der → Biotechnologie.

Konzentrierte Enzympräparate oder gar kristallisierbar reine Enzyme sind teure Substanzen. Es ist deshalb für die E. von entscheidender Bedeutung, möglichst ergiebige und wohlfeile Quellen für die benötigten Enzyme zu erschließen. Nachdem am Anfang der E. aus Schlachttieren gewonnene Enzyme eine wesentliche Rolle spielten, haben heute optimierte Massenkulturen von Mikroorganismen die größte Bedeutung als Enzymlieferanten. Besonders leicht zugänglich sind die sog. Exoenzyme, die von den sie produzierenden Mikroorganismen in die Kulturlösung ausgeschieden werden wie die in der Lebensmittelindustrie eingesetzten Amylasen und Pektinasen von Kohlenhydrate abbauenden Enzyme (Abbau).

Muß man die Enzyme jedoch erst durch geeignete Extraktionsmethoden (z. B. durch Behandeln von Bakterien mit Lysozym) aus technisch zerstörten Zellen herausholen und durch wiederholtes Fällen und Lösen reinigen, so kommt es oft zu erheblichen Verlusten. Man bemüht sich deshalb mit gentechnischen Methoden darum, biochemische Mechanismen der Proteinausscheidung in Bakterien so zu etablieren, daß sie auch erwünschte Endoenzyme ausschleusen und leichter zugänglich machen.

Für die Wirtschaftlichkeit von Verfahren der E. ist es ferner wichtig, die empfindlichen Enzymproteine unter Bedingungen einzusetzen, unter denen sie möglichst lange stabil sind. Der Realisierbarkeit dieses Ziels sind jedoch deutliche Grenzen gesetzt, weil jedes Enzymmolekül der Alterung und Inaktivierung unterliegt.

Mit geeigneten Techniken lassen sich Enzyme so an Trägermaterialien fixieren (immobilisieren), daß sie nicht in der Substratlösung verlorengehen. Wie vorteilhaft dies ist, zeigen Beispiele aus der Lebensmittelanalyse und der klinischen Diagnostik.

Der besondere Vorteil enzymtechnischer Diagnoseverfahren besteht im Funktionieren der Tests trotz der Gegenwart zahlreicher anderer Substanzen, die bei Anwendung konventioneller Analysetechniken erst entfernt werden müßten.

Um beim Waschen von Textilien die Eiweißkomponenten von Schmutzstoffen enzymatisch abzubauen, werden aus Bakterien gewonnene alkalische Proteasen den Waschmitteln in Konzentrationen von etwa 0,1–1 % zugesetzt.

Enzyme, die Polysaccharide in einfachen Zucker spalten, spielen in einigen Bereichen der Lebensmittelindustrie eine wichtige Rolle.

Während bei vielen Verfahren mit Wegwerf-Enzymen gearbeitet wird, gibt es auch technische Prozesse, bei denen man sich immobilisierter Enzyme bedient. Ein Beispiel dafür ist die Abspaltung der Seitenkette von Penicillin G durch das bakterielle Enzym Penicillin-Acylase. Die so gewonnene Penicillansäure kann dann durch Acylierung mit anderen Seitenketten versehen werden, wodurch man Penicillin-Derivate mit vorteilhaft veränderten Wirkungsspektren erhält. *Soeder*

EOSDIS. Mit E. (*engl.* Earth Observing System Data and Information System) hat die NASA ein Programm geschaffen, das einen Datenaustausch zwischen den Ergebnissen aus den polaren Plattform-Missionen sicherstellen soll. Die Instrumentierung der EOS-Plattform-Missionen ist zum überwiegenden Teil auf die Gewinnung von Umweltdaten für Atmosphärenchemie, Ozeanüberwachung, Verschmutzung von Küstengewässern, Meereszirkulation und Indikatoren für Klimaveränderung ausgelegt. Das Programm soll über 10 Jahre laufen und enthält die erforderlichen Maßnahmen zum Aufbau für Infrastruktur mit Datenbanken, Archiven und zentraler Zugriffsmöglichkeit durch die Nutzergemeinschaft.

Eine weitere Aufgabe von E. ist die detaillierte Planung der Missionsziele, d. h. Auswahl der geeigneten Meßgeräte und ihrer Meßzyklen. Diese Aufgaben sind Bestandteil des amerikanischen Global Change Program. *Rossbach/Schroeder*

Epichlorhydrin.
□ Stoff-Identifizierungs-Nr.:
CAS-Nr.: 106-89-8
EG–Nr.: 603-026-00-6
UN-Nr.: 2023
EINECS-Nr.: 203-439-8
□ Chemische Formel: C_3H_5ClO
□ Stoffcharakteristik: Farblose, wenig wasserlösliche Flüssigkeit, entzündlich. Dämpfe viel schwerer als Luft, bilden bei erhöhter Temperatur mit Luft explosionsfähiges Gemisch. Stechend chloroformartiger Geruch. Reagiert bei Kontakt mit Säuren, Laugen und reaktiven organischen Verbindungen.
□ Gefahrenmerkmale:

– Stoffliste nach § 4a der →Gefahrstoffverordnung:
Gefahrenkennbuchstabe(n): T
R-Sätze: 45-10-23/24/25-34-43
S-Sätze: 53-45
– Besondere Stoffeigenschaften nach TRGS 500:
krebserzeugend: EG-Kat. 2
– Arbeitsschutzwerte nach TRGS 900: →TRK-Wert
(mg/m^3): 12
– Stoffliste (Anhang II) der →Störfall-Verordnung:
Nr. 151 und 4c
– →Wassergefährdungsklasse: WGK 3
– Emissionswerte: →TA Luft Einstufung: 2.3
Klasse III *Fischer/M. Schön*

Epidemiologie. Die E. befaßt sich mit der Untersuchung der Häufigkeit von Krankheiten, physiologischen Variablen und sozialen Krankheitsfolgen in menschlichen Bevölkerungsgruppen sowie mit den Faktoren, die diese Häufigkeit beeinflussen.

Mit Hilfe von epidemiologischen Methoden können auch Wirkungen von Schadstoffen auf den Menschen untersucht werden.

Entsprechend der Fragestellung und dem methodischen Vorgehen unterscheidet man verschiedene Typen von epidemiologischen Studien:
□ In deskriptiven Studien wird untersucht, wie häufig eine bestimmte Krankheit auftritt, welche Bevölkerungsgruppen die Krankheit entwickeln, wie häufig sie an bestimmten Orten anzutreffen ist und wie sich die Häufigkeit mit der Zeit verändert.
□ Analytische Studien untersuchen die Faktoren, die Krankheiten auslösen. Sie werden dafür verwendet, Einflüsse von Umweltfaktoren zu ermitteln. Man unterscheidet zwei Studientypen: Kohortenstudien und Fallkontrollstudien.
– Für eine Kohortenstudie werden Personen, die einem spezifischen Einflußfaktor, z. B. der Exposition gegenüber einem Schadstoff in der Umwelt unterliegen, daraufhin untersucht, wie häufig eine bestimmte Erkrankung auftritt. Das Ergebnis wird verglichen mit einer Kontrollgruppe, die gegenüber der Substanz nicht exponiert ist, z. B. der regionalen Bevölkerung. Aus der Häufigkeit der Erkrankung in der exponierten im Verhältnis zur nicht exponierten Gruppe läßt sich dann das sog. *relative Risiko* bestimmen.
– In einer Fallkontrollstudie wird bei Personen mit einer bestimmten Krankheit (Fälle) ermittelt, ob sie einem spezifischen Einflußfaktor ausgesetzt sind oder waren. Das Ergebnis wird verglichen mit einer Kontrollgruppe ohne die Krankheit, die hinsichtlich Alter, Geschlecht und sonstiger krankheitsbestimmender Faktoren ähnlich zusammengesetzt ist wie die Gruppe der Fälle. Hier stellt das sog. *odds ratio* ein Maß für Erkrankungshäufigkeit dar.

Die unterschiedlichsten Faktoren können das Ergebnis von epidemiologischen Studien verfälschen und müssen daher bei ihrer Durchführung und Bewertung berücksichtigt werden. Die Gesamtheit der systematischen Fehler in einer epidemiologischen Studie, die zu einer falschen Verknüpfung von Krankheit und Exposition führen, bezeichnet man als *Bias*. Diese Fehler können bei der Auswahl der Untersuchungsgruppen und beim Bestimmen der Exposition oder der Krankheit auftreten. *Confounding*-Faktoren sind solche, die neben dem zu untersuchenden Faktor ebenfalls einen Einfluß auf das Auftreten einer Krankheit haben können. Bei vielen Studien kommt dem Rauchen und dem Alter der Personen als Confounding-Faktor große Bedeutung zu.

Die Aussagen von epidemiologischen Studien beruhen auf statistischen Methoden. Nur dann, wenn statistisch signifikante Ergebnisse erzielt werden, ist eine Studie aussagefähig. Dazu sind große Untersuchungsgruppen notwendig, die oftmals nicht ermittelbar (bei Fallkontrollstudien) oder sehr aufwendig zu untersuchen sind (bei Kohortenstudien). Um dann von einer statistischen Assoziation ausgehend auf eine kausale Beziehung zu schließen, müssen noch weitere Kriterien erfüllt sein: Die Häufigkeit des Auftretens einer Krankheit muß von der Höhe der Exposition (Konzentration des Schadstoffs und Dauer der Exposition) abhängen. Die iche Abfolge von Ursache und Wirkung muß gegeben sein. Bei krebserzeugenden Stoffen muß die Latenzzeit (Zeit von der Auslösung bis zur Diagnose) berücksichtigt werden. Ein Zusammenhang zwischen Krankheit und Exposition muß biologisch plausibel sein. Eine entsprechende Hypothese beruht häufig auf den Ergebnissen von Tierversuchen. Schließlich müssen die Ergebnisse in weiteren Studien reproduzierbar sein.

In der E. wurden in den letzten Jahren erhebliche Fortschritte gemacht. Wenn →Dosis-Wirkungsbeziehungen abgeleitet werden können, ist eine →Risikoabschätzung für den Menschen möglich. Es ist daher davon auszugehen, daß die Bedeutung der E. bei der Bewertung von Schadstoffen zunehmen wird. *Mangelsdorf*

Erdgas. Es besteht aus Methan (→Alkane) mit wechselndem Gehalt an Ethan, Propan und Butan sowie Stickstoff, Schwefelwasserstoff, Kohlendioxid und Helium. Die Kohlenwasserstoffe im E. lassen sich unter Druck verflüssigen und durch Tieftemperaturdestillation trennen. Technisch dient E. als Brenn- und Heizstoff sowie als Ausgangsbasis für die Herstellung von z. B. Acetylen.

Eine nicht zu vernachlässigende anthropogene Methanquelle sind die Verluste des E. von $(70 \pm 15) \times 10^6$ t CH_4 pro Jahr bei der Gewinnung und Verteilung. *Wiesen*

Erdhaus. Haus, das in der Regel fünfseitig in die Erde gebaut oder mit einer Erdschicht versehen

wurde; nur die Südfassade ist offen und dient der unmittelbaren passiven oder aktiven →Sonnenenergienutzung. Häufig werden geeignete topologische Gegebenheiten genutzt; E. werden in den Hang hineingebaut. E. machen sich die relative Temperaturkonstanz im Erdboden zunutze, welcher dem Haus im Sommer als Wärmesenke, im Winter als Wärmequelle dienen kann. Geographisch sind E. besonders in heißen Klimaten zu finden, in Afrika und Arabien etwa, in Europa in Andalusien, wo sie noch heute bewohnt sind. E. müssen gut belüftet sein, die hangseitig liegenden Räume können nur künstlich belichtet werden. E. fügen sich unauffällig in die Landschaft ein, Dachflächen sind häufig begrünt, tragen somit zur Mikroklimatisierung bei und können beweidet werden.

Moderne E.-Entwürfe, die als Experimentalhäuser dienen, haben ausgefeilte Fassadenentwürfe zur passiven Sonnenenergienutzung und Erdreich/Wasser-Wärmepumpen zur Beheizung. Vorgebaute Gewächshäuser haben die simultane Aufgabe des passiv-solaren Wärmegewinns und der Innenraum-Klimatisierung. *C.-J. Winter*

Erdmagnetfeld. Das natürliche E. hat seinen Ursprung in elektrischen Ringströmen im Erdinnern. Diese entstehen auf Grund von Bewegungen des flüssigen Eisens im äußeren Erdkern, die durch Konvektion und Erdrotation ausgelöst werden. Von außen betrachtet gleicht das E. dem Feld einer langgestreckten Zylinderspule oder eines stabförmigen Permanentmagneten. Die magnetischen Pole des Erdfeldes liegen in der Nähe der geographischen Pole. In der Schiffahrt wurde mit Hilfe des Magnetnadelkompasses das E. schon frühzeitig zur Navigation genutzt. Bestimmte Lebensformen, wie z. B. manche Bakterien oder einzelne Vogel- und Fischarten, können sich, möglicherweise mit Hilfe von körpereigenen Sensoren, im Magnetfeld orientieren. Beim Menschen sind derartige Fähigkeiten bislang nicht nachgewiesen. Die Feldstärke, die in der Bundesrepublik etwa 40–50 μT beträgt, ist viel zu gering, um gesundheitlich wirksam zu werden. Eine wesentliche Bedeutung hat das E. aber, weil es Teile der kosmischen Strahlung abschirmt. In großer Höhe, in der sog. Magnetosphäre, führt die Wechselwirkung mit der solaren Partikelstrahlung zu einer Beeinflussung des Magnetfelds.

Lokal begrenzt treten Inhomogenitäten im E. auf. Diesen Feldabweichungen werden manchmal, ähnlich wie den sog. →Erdstrahlen, krankmachende Wirkungen zugesprochen. Systematische Untersuchungen des E. reichen bis zum Beginn des 17. Jahrhunderts zurück. Heute ist bekannt, daß sich das E. ständig verändert. Derzeit ist z. B. ein steter Abfall der Dipolkomponente festzustellen. Es wird modellhaft angenommen, daß die Dipolkomponente des E. mit einer Periodendauer von einigen tausend Jahren oszilliert. Verschiedene geologische Untersuchungen weisen daraufhin, daß, neben diesen relativ schnellen Veränderungen des Magnetfelds, in den letzten zehn Millionen Jahren etwa alle 500 000 Jahre eine komplette Polumkehr stattgefunden hat. Die Struktur und Dynamik des E. spiegelt Vorgänge im Erdkern und im Erdmantel wieder. Die Untersuchung des E. ist deshalb ein wichtiges Instrument bei der geophysikalischen Erforschung des Erdinneren. *Matthes*

Erdstrahlen. Unter E. werden zumeist Strahlen oder Einflußfaktoren verstanden, die von bestimmten geologischen Zuständen des Bodens ausgehen. Die in der Öffentlichkeit bekannteste Ursache für E. sind sog. Wasseradern. Andere Ursachen sind die von verschiedenen Radiästheten angenommenen Störgitter, etwa das sog. *Hartmann*-Gitter oder das *Curry*-Gitter. Unabhängig von ihrem Ursprung entziehen sich E. allen bekannten physikalischen Meß- und Nachweisverfahren. Dennoch wird ihre Existenz seit mehr als 50 Jahren von Wünschelrutengängern behauptet. Der einzige Indikator für E. ist der Ausschlag der Wünschelrute durch einen dazu befähigten Rutengänger (Radiästheten). Verschiedene Rutengänger kommen dabei häufig zu unterschiedlichen Ergebnissen. Wissenschaftlich ist die Existenz von E. zu bezweifeln.

Oftmals angebotene Abschirm- oder Entstörgeräte zum Schutz gegen E. sind nicht erforderlich; die Schirm- bzw. Entstörwirkung ist objektiv nicht meßbar. Ihre Wirksamkeit kann auch vom Radiästheten wissenschaftlich, z. B. im Doppelblindversuch, nicht nachgewiesen werden. *Matthes*

Literatur: *Leitgeb, N.:* Strahlen, Wellen, Felder. Stuttgart 1990. – *Mayer, H.* und *G. Winkelbauer:* Biostrahlen. Wien 1983.

Erdwärmenutzung →Geothermische Energie

Erdwärmetauscher. E. sorgen für ein ausgeglichenes Stallklima ohne wesentliche Temperaturschwankungen. Hier wird über ein entsprechend tief im Erdboden verlegtes Leitungsnetz die Zuluft in den Stall gefördert. Im Winterbetrieb ist dadurch eine Vorwärmung der Frischluft zu erreichen, während im Sommerbetrieb die Frischluft gekühlt wird. Speziell bei Warmställen läßt sich damit im Winterbetrieb evtl. erforderliche Heizenergie einsparen und im Sommerbetrieb die Zuluftrate bzw. der Luftdurchsatz senken. *H. Schön/Zeisig*

Literatur: *Tiedemann, H.:* Erdwärmetauscher in Schweineställen. KTBL-Schrift 340. 1991.

Ereignis, meldepflichtig →Meldepflichtiges Ereignis in kerntechnischen Anlagen

Ereignis, seltenes. Mit s. E. werden Geräusche bezeichnet, die nicht dauernd, sondern nur gelegentlich auftreten. Sie gelten als selten, wenn sie an höchstens 3 – 5 % der Tage oder Nächte eines Jahres auftreten.

Nach der →Sportanlagen-Lärmschutzverordnung gelten Überschreitungen der Immissionsrichtwerte durch besondere Ereignisse und Veranstaltungen als selten, wenn sie an höchstens 18 Kalendertagen eines Jahres auftreten. *Strauch*

Erheblichkeit. Der Begriff der E. ist für das Immissionsschutzrecht von grundlegender Bedeutung. E. ist das entscheidende Kriterium, um schädliche Umwelteinwirkungen von noch hinzunehmenden Umwelteinwirkungen abzugrenzen. Wann Immissionen als erheblich anzusehen sind, ist aufgrund einer Güterabwägung zu ermitteln, auf die – wie es in der amtlichen Begründung zum BImSchG heißt – in einem hochindustrialisierten und dicht besiedelten Land nicht verzichtet werden kann. Dabei hängt es vom Zweck der einzelnen Rechtsnorm ab, welche Umstände in die Güterabwägung einzustellen sind. Letztlich kommt es darauf an, was das Gesetz den möglicherweise durch Immissionen Betroffenen zumuten wollte. Kriterien für die Zumutbarkeit sind neben den objektiv feststellbaren Umständen wie Schadstoffkonzentration, Lautstärke, zeitliches Verhalten der Immissionsbelastung u. a. auch

– die besonderen örtlichen Verhältnisse (Wohngebiet, Gewerbegebiet),
– der Erwartungshorizont der Betroffenen,
– deren besonderes Schutzbedürfnis,
– ihre Rechtsposition (Bestandsschutz, Verpflichtung zur Rücksichtnahme im Nachbarverhältnis),
– die Möglichkeiten eines passiven Schutzes.

Bei der Prüfung der Zumutbarkeit von Immissionen (und damit auch bei der Beurteilung der E.) ist nicht auf das Empfinden des individuell Betroffenen abzustellen. Ob eine das zumutbare Maß übersteigende Belästigung zu erwarten ist, kann – wie das Bundesverwaltungsgericht ausgeführt hat – nicht nach der Auswirkung auf überempfindliche oder ungewöhnlich unempfindliche Personen, sondern allein danach bewertet werden, wie der normal empfindende Mensch hierauf reagiert. *Hansmann*

Erlaubnis, wasserrechtliche. Gemäß § 7 Abs. 1 WHG gewährt die w. E. die widerrufliche Befugnis, ein Gewässer zu einem bestimmten Zweck in einer nach Art und Maß bestimmten Weise zu benutzen. Die Zulassung einer Gewässerbenutzung durch die Erteilung einer Erlaubnis ist der Regelfall. Die Bewilligung darf nur erteilt werden, wenn dem Unternehmer die Durchführung seines Vorhabens ohne die stärkere Rechtsstellung der Bewilligung nicht zugemutet werden kann und die Benutzung zu einem bestimmten Zweck dient, der nach einem bestimmten Plan verfolgt wird.

In zahlreichen Landeswassergesetzen ist eine gehobene Erlaubnis geregelt, die dazu führt, daß die w. E. auch unter Berücksichtigung von Rechten und Interessen Dritter zu erteilen ist und damit auch Ansprüche Dritter auf Unterlassung der Benutzung und teilweise darüber hinaus sogar auch Schadensersatz ausschließt.

Die w. E. für die Gewässerbenutzung ist zu versagen, soweit von der beabsichtigten Benutzung eine Beeinträchtigung des Wohls der Allgemeinheit, insbesondere eine Gefährdung der öffentlichen Wasserversorgung, zu erwarten ist, die nicht durch Auflagen oder durch Maßnahmen einer Körperschaft des öffentlichen Rechts verhütet oder ausgeglichen wird. Auf Erteilung einer w. E. besteht kein Rechtsanspruch.

Um die öffentliche Bewirtschaftung der Gewässer flexibel zu halten, kann die Wasserbehörde die w. E. mit Nebenbestimmungen versehen, sie nachträglich aufheben oder einschränken. Gemäß § 4 WHG kann die Erlaubnis oder Festsetzung von Benutzungsbedingungen und Auflagen erteilt werden. Nach § 5 WHG steht die Erlaubnis unter dem Vorbehalt nachträglicher Anforderungen zulasten ihren Inhabers. Hinzu kommt, daß sie gemäß § 7 WHG widerruflich ist, wenn die Fortsetzung der erlaubten Gewässerbenutzung das Wohl der Allgemeinheit oder überwiegende Belange Dritter beeinträchtigen würde. *Hoppe/Beckmann*

Literatur: *Breuer:* Öffentliches und privates Wasserrecht, 2. Aufl. München 1987. – *Gieseke; Wiedemann; Czychowski:* Kommentar zum WHG, § 7 Rn. 1 ff. 5. Aufl. München 1990.

Erneuerbare Energie. Solare e. E. sind unmittelbar oder mittelbar auf die Energie der Sonne zurückzuführen: Sonnenstrahlung, Wind (→Windenergienutzung) Wasserkraft (→Wasserkraftnutzung), Umgebungswärme, →Biomasse, →Meeresenergie; nichtsolare e. E. sind →Gezeitenenergie und Erdwärme (→Geothermische Energie). Ihr Energiepotential ist – mit menschlichen Maßstäben gemessen – unendlich groß, ihre Verfügbarkeit ist orts- und zeitabhängig.

Alle e. E. sind Energiesysteme ohne →Energierohstoff. *C.-J. Winter*

Literatur: BINE-Bürgerinformation: Erneuerbare Energiequellen, Rationelle Energieverwendung. Marktführer-Adreßhandbuch, 2. Aufl., Karlsruhe 1991. – *Cross, B. (Ed.):* European Directory of Renewable Energy Suppliers and Services. London 1991. – *Kleemann, M.; M. Meliß:* Regenerative Energiequellen. Berlin–Heidelberg 1988. – *Schaefer, H. (Hrsg.):* Nutzung regenerativer Energiequellen. Düsseldorf 1987. – The Potential of Renewable Energy – An Interlaboratory White Paper. SERI – Solar Energy Research Institute, Golden, Col./USA 1990.

Ernste Gefahr. Der Begriff der e. G. wird im Anschluß an die EG-Richtlinie 82/501/EWG in der →Störfall-Verordnung verwandt. Er bezeichnet eine qualifizierte Gefahr, bei der schwerwiegende Schäden für die Arbeitnehmer, die Nachbarn oder die Allgemeinheit drohen. Nach § 2 Abs. 2 der Störfall-Verordnung ist e. G. eine Gefahr, bei der
– das Leben von Menschen bedroht wird oder schwerwiegende Gesundheitsbeeinträchtigungen von Menschen zu befürchten sind,
– die Gesundheit einer großen Zahl von Menschen beeinträchtigt werden kann oder
– die Umwelt, insbesondere Tiere und Pflanzen, der Boden, das Wasser, die Atmosphäre sowie Kultur- oder sonstige Sachgüter geschädigt werden können, falls durch eine Veränderung ihres Bestandes oder ihrer Nutzbarkeit das Gemeinwohl beeinträchtigt würde.

Eine e. G. ist nicht anzunehmen, wenn ausschließlich Personen gefährdet werden, die verpflichtet sind, eingetretene Störungen des bestimmungsgemäßen Betriebs und ihre Folgen zu beseitigen. *Hansmann*

Erntefaktor (*engl.* energy gain factor). Der Begriff kennzeichnet den Quotienten aus der lebensdauerlang von einem →Energiewandler, etwa einem Kraftwerk, abgegebenen Energie, hier elektrische Energie, und der für die Erstellung, den Abriß, die Brennstoffbereitstellung, den Betrieb und die →Entsorgung und Endlagerung lebensdauerlang aufgewendeten Energie (Kohlen, Kernenergie, Sonnenenergie u. a.). Der E. hängt zusammen mit den Energieamortisationszeiten. E. für Energiesysteme erschöpflicher Energien anzugeben, ist

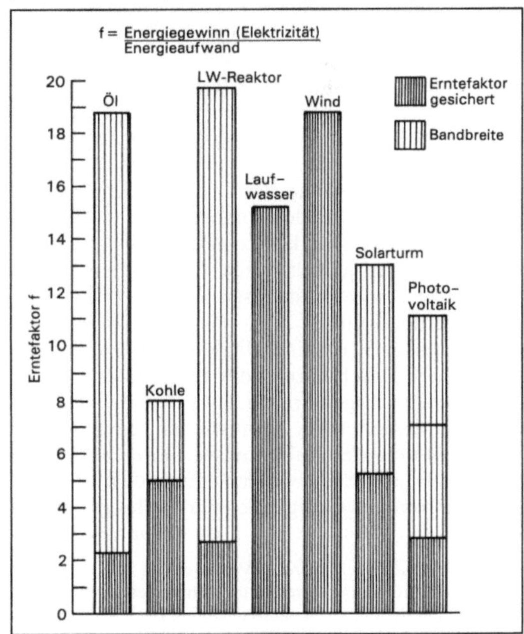

Erntefaktor: E. von Kraftwerken.

definitorisch bedenklich, weil endliche Energierohstoffe aufgezehrt werden.

Die E. der Sonnenenergiewandler Wasserkraft- und Windkraftwerke (→Windenergiekonverter, →Windfarm, →Windpark) stehen mit 15–20 meist an der Spitze aller Kraftwerke, die von Kohlekraftwerken stehen am unteren Ende, wobei ihre etwaige Kohlendioxidrückhaltung noch nicht berücksichtigt ist. Die E. nuklearer und solarer Kraftwerke liegen nicht so weit voneinander entfernt, als daß nicht erwartet werden kann, daß die Lücke sich mit der Entwicklung zu geringerer Materialintensität und größeren Einheitsleistungen solarer Kraftwerke schließen wird. *C.-J. Winter*

Literatur: *Aulich, H.:* Energierücklaufzeit – ein Kriterium für die Wirtschaftlichkeit der Photovoltaik, Sonnenenergie **6** (1986) S. 14–17. – *Heinloth, K.:* Energie. Teubner Studienbücher Physik. Stuttgart 1983. – *Winter, C.-J.; R. L. Sizmann; L. L. Vant Hull (Hrsg.):* Solar Power Plants. Berlin–Heidelberg–New York 1991.

Erörterungstermin.

In förmlichen →Genehmigungs- und →Planfeststellungsverfahren werden die Antragsunterlagen öffentlich ausgelegt, um der Öffentlichkeit oder zumindest den von dem Vorhaben Betroffenen Gelegenheit zu geben, die Unterlagen einzusehen und ggfs. Einwendungen zu erheben. Nach Ablauf der Einwendungsfrist hat die zuständige Behörde die rechtzeitig erhobenen Einwendungen gegen das Vorhaben und die Stellungnahmen der zu beteiligenden Fachbehörden mit dem Träger des Vorhabens, den Behörden, den Betroffenen (nur im Planfeststellungsverfahren) sowie den Personen, die Einwendungen erhoben haben, zu erörtern. Anderen Personen kann der Verhandlungsleiter die Anwesenheit gestatten. Dies geschieht im E., dessen wesentliches Ziel die Feststellung und Klärung aller für die Entscheidung wichtigen Tatsachen (Sachverhaltsermittlung) und der Ausgleich der betroffenen öffentlichen und privaten Interessen ist. Der E. ist nicht öffentlich. Mängel des E. können im Einzelfall zu einer Verletzung des Anhörungsrechts des Einwenders führen. Dies kann einen Verfahrensmangel darstellen, der jedoch durch Nachholung bis zur Erhebung der verwaltungsgerichtlichen Klage geheilt werden kann.

Über den E. ist eine Niederschrift zu fertigen. Wird nach Durchführung des E. erstmals ein Gutachten zu wichtigen Fragen, etwa über die von einer Anlage ausgehenden Immissionen eingeholt, so kann ein erneutes Anhörungsverfahren einschließlich des E. notwendig werden. Zumindest ist jedoch den Betroffenen Gelegenheit zur Stellungnahme zu geben. *Hoppe/Beckmann*

Literatur: *Büllesbach/Diercks:* Vorbereitung und Durchführung eines Erörterungstermines im Rahmen eines abfallrechtlichen Planfeststellungsverfahrens, DVBl. 1991. – *Kopp:* Kommentar zum Verwaltungsverfahrensgesetz, 5. Aufl. § 73 Rn. 55ff. München 1990.

Erosionsschutz.

Bodenerosionen treten in der mitteleuropäischen Landwirtschaft vorwiegend als Wassererosion (infolge von Starkregenfällen und bei geneigten Feldstücken) oder als Winderosion auf stark sandigen Böden infolge von hohen Windgeschwindigkeiten auf. Dadurch werden irreparable Verluste von wertvollem Ackerboden und die Verlandung von Abflußgräben und Gewässern verursacht. Außerdem können Düngernährstoffe, Wirkstoffe von Pflanzenbehandlungsmitteln etc. mit ausgetragen werden und Gewässer belasten. Die Ursachen für den Bodenabtrag (A, t/ha und Jahr) landwirtschaftlich genutzter Flächen sind vielfältig und in der universellen Bodenabtragsgleichung $A = R \times K \times LS \times C \times P$ (nach *Schwertmann*) formuliert.

Als Einflußgrößen sind in die Formel aufgenommen:

R = Regenfaktor (Regenmenge, kinetische Energie), N/h u. Jahr

K = Faktor für Bodenerodierbarkeit (abhängig von Bodenart, Aggregatsgröße, Wasserdurchlässigkeit, Humusgehalt), $h \times t / N \times ha$

LS = Topographiefaktor (Hanglängen- und -neigungserosionswirksamkeit, nomogramiert)

C = Faktor für Bodenbedeckung und -bearbeitung

P = Erosionsschutzfaktor (für spezielle E.-Maßnahmen).

Wesentlich ist der Bedeckungs- und Bearbeitungsfaktor C, welcher wiederum von der Intensität der Bodenbearbeitung und dem Bedeckungsgrad bestimmt wird (Bild).

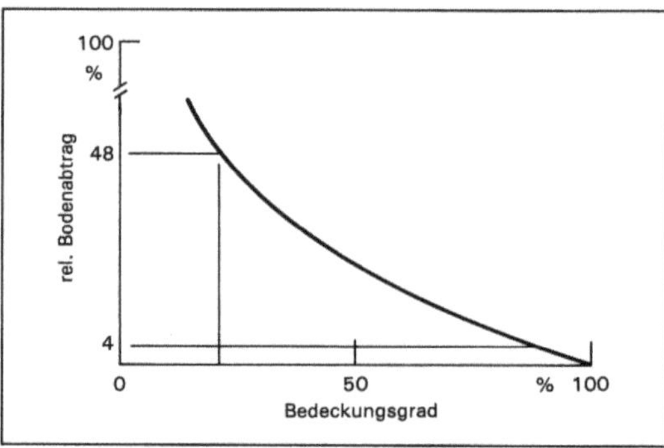

Erosionsschutz: Der Einfluß der Bodenbedeckung auf den Bodenabtrag durch Wasser (nach Schwertmann).

Danach bietet das ganzflächige Belassen von Ernte- oder Zwischenfruchtreststoffen auf oder nahe der Bodenoberfläche in Verbindung mit einer stabilen Bodenstruktur Schutz gegen jede Art von Erosion einschließlich Verschlämmungen, wie dies durch die konservierende Bodenbearbeitung möglich ist. Weitere Maßnahmen sind neben der Anlage von Windschutzanpflanzungen und der Ableitung des Oberflächenwassers:

– Vermeiden von Bodenverdichtungen (z. B. Fahrspuren)
– Bodenbearbeitung und Saat quer zur Hangneigung (in Schichtlinie)
– Erhalten eines ständigen Pflanzenbewuchses an der Bodenoberfläche
– Verbessern der Bodenstrukturstabilität durch ackerbauliche Maßnahmen
– Anlegen von E.-Streifen quer zur Hangneigung
– Reduzieren des Anteils erosionsgefährdeter Kulturen im Rahmen der Fruchtfolge.

H. Schön/Estler

Literatur: *Büchner, W.:* Maßnahmen zur Eindämmung der Bodenerosion. Landtechnik **41** (1986), Nr. 9, S. 393–396. – *Estler, M.* u. *C. Sommer:* Stand der Technik, Entwicklungstendenzen und Forschungsbedarf bei der Mulchsaattechnik für Zuckerrüben und Mais. KTBL-Arbeitspapier 130, 1989, S. 17 bis 31. – *Frede, H. G.:* Erosionsgefährdung in der Landwirtschaft. KTBL-Arbeitspapier 104, 1986. – *Schwertmann, H.:* Bodenerosion durch Wasser – Ursachen, Ausmaß, Vorhersage. Landw. Forschung, Sonderheft 37/1980, S. 117–121.

ERS-1. Die Entwicklung des Erderkundungssatelliten E. der europäischen Raumfahrtagentur ESA wurde 1984 in Auftrag gegeben. Die Entwicklungskosten des Programms lagen bei 1,3 Milliarden DM, davon entfielen etwa 28 % auf die Bundesrepublik Deutschland.

Der E. ist der technisch anspruchvollste Satellit, der von ESA in Auftrag gegeben wurde. Er hat eine Startmasse von 2 400 kg und wurde mit einer Ariane-4-Rakete von Kourou, Frz. Guayana, am 17. Juli 1991 in eine polare Umlaufbahn von 785 km Höhe geschossen. Das Kernelement der Nutzlast ist ein aktives Mikrowelleninstrument, das aus einem abbildenden →Synthetic-Aperture-Radar im C-Band und einem →Scatterometer zur Abbildung

ERS-1: Modell des ERS-1 (Photo ESA).

von Land- und Wasseroberflächen sowie zur Messung der Wellenspektren besteht. Zusätzlich ist ein Radaraltimeter im Bereich 13,7 GHz (Ku-Band) zur Messung der Wellenhöhe im Mikrowellenpaket enthalten. Das Along-Track-Scanning Radiometer (ATSR) arbeitet im Infrarotbereich und ist zur Messung der Meeresoberflächentemperatur bestimmt.

Anwendungsgebiete sind die Wetter- und Seegangsvorhersage, die Eisüberwachung, die Bewegung von Eisbergen und die Erfassung von Meeresverschmutzungen, insbesondere durch Öl. Darüber hinaus werden wesentliche Beiträge im Grundlagenforschungsbereich für Ozeanographie und Klimatologie erwartet. Insbesondere sollen die Messungen Aufschlüsse über die komplexen Zusammenhänge zwischen Wind- und Wellenfeldern, Eisbedeckung und Energieaustausch mit der Atmosphäre liefern. Für den Bereich der Antarktisforschung wurde eine Satellitenempfangsstation auf der chilenischen Antarktis-Station O'Higgins im Auftrag des Bundesministeriums für Forschung und Technologie eingerichtet. *Rossbach/Schroeder*

Ersatz gefährlicher Stoffe. Die →Gefahrstoffverordnung (GefStoffV) und die →Chemikalien-Verbotsverordnung sind von besonderer Bedeutung für den Schutz vor schädlichen Auswirkungen gefährlicher Stoffe auf den Menschen und seine Umwelt. Die Gefahrstoffverordnung enthält u. a. spezielle Vorschriften für den E. g. S. In der Rangfolge der Schutzmaßnahmen hat der E. g. S. Vorrang vor technischen, organisatorischen und persönlichen Schutzmaßnahmen (§ 19 GefStoffV). Die Gefahrstoffverordnung verlangt weiterhin, daß der Arbeitgeber prüfen muß, ob Stoffe oder Zubereitungen mit einem geringeren gesundheitlichen Risiko, als die von ihm in Aussicht genommenen, erhältlich sind (§ 16 Abs. 2 GefStoffV). Diese Pflicht gilt nicht nur für gefährliche Stoffe und Zubereitungen (Produkte) selbst, sondern auch für Stoffe, Zubereitungen und Erzeugnisse, aus denen bei der Herstellung oder Verwendung gefährliche Stoffe freigesetzt werden können. Zu unterscheiden sind Ersatzverfahren und Ersatzstoffe.

Ersatzverfahren sind solche Verfahren, bei denen ein vergleichbares technisches Ergebnis oder Produkt ohne den Einsatz des zu ersetzenden Gefahrstoffes erreicht werden kann.

Ersatzverfahren können über den eigentlichen Substitutionsgrund im Umwelt- oder Arbeitsschutz hinaus auch in anderen Bereichen Vorteile bringen. Ein Beispiel ist die Substitution von Fluorchlorkohlenwasserstoffen in der Elektronikindustrie; in vielen Fällen kann auf die Reinigung von elektronischen Bauteilen vollständig verzichtet werden, wenn spezielle Lötverfahren (Schutzgaslöten, rückstandsarme Flußmittel) zum Einsatz kommen. Bei diesem

Beispiel ergeben sich neben der Vermeidung von Umweltgefährdungen durch Verzicht auf einen Arbeitsschritt kurzfristig auch wirtschaftliche Vorteile. Meist sind aber höhere anlagentechnische Umstellungen erforderlich, die höhere Investitionen erfordern. Daher beschränkt sich der E. g. S. häufig auf die reine Ersatzstoffsuche; die mittel- bis langfristigen Vorteile von Ersatzverfahren werden dabei nicht immer in ausreichendem Maße berücksichtigt. Vielfach sind weniger gefährliche Ersatzstoffe aber auch die einzige Lösungsmöglichkeit.

Ersatzstoffe sind Stoffe oder Produkte mit geringerem Risiko an Umwelt- und Gesundheitsbelastungen und mit vergleichbarem technischen Ergebnis. Zur →Risikobewertung des Ersatzstoffes ist eine human- und ökotoxikologische Bewertung erforderlich. Weiterhin sind die in den verschiedenen Verwendungsbereichen auftretenden Expositionsmuster von großer Bedeutung.

Empfehlungen für den E. g. S. sind in den entsprechenden →Technischen Regeln für Gefahrstoffe (TRGS) enthalten.

Ein besonderes Beispiel für eine umfangreiche Ersatzstoffsuche ist der nahezu vollständige Ersatz von →Asbest. Hierzu hat wesentlich ein umfangreicher Asbestersatzstoffkatalog beigetragen (asbestfreie Produkte). Weitere Beispiele sind emissionsarme Industrielacke, schadstoffarme Lacke, FCKW-freie Produkte und formaldehydarme Holzprodukte. *Plehn*

Erschütterungen.

Allgemein. Mit E. werden alle Schwingungsarten der beim Betrieb technischer ortsfester oder mobiler Anlagen oder bei der Anwendung technischer Verfahren (z. B. Sprengungen), aber auch durch natürliche Vorgänge (z. B. Erdbeben) verursachten unerwünschten mechanischen Schwingungen von festen Körpern bezeichnet, die in der Umgebung der →Erschütterungsquelle, auf dem Ausbreitungsweg und beim Einwirken in baulichen Anlagen auftreten (→Erschütterungswirkung).

Sie sind häufig aus harmonischen Schwingungen mit mehreren Frequenzen und unregelmäßig schwankenden Amplituden zusammengesetzt. Die Begriffe E. und Schwingungen werden auch synonym verwendet. Im Umweltschutz, hier beim Schutz vor E., (→Immissionsschutz) interessieren häufig die mechanischen Schwingungen mit Frequenzen von etwa 1 Hz bis 80 Hz, in seltenen Fällen auch die bis zu etwa 300 Hz.

Bei der Einwirkung auf Sachgüter z. B. auf Bauwerke sowie auf erschütterungsempfindliche Anlagen und Geräte, können E. Schäden oder Nachteile bewirken. Bei der Einwirkung auf Menschen sind E. subjektiv wahrnehmbare, störende, belästigende oder gar gesundheitlich gefährdende mechanische Schwingungen. E. werden haptisch (*griech.* haptein = berühren) wahrgenommen.

E. können durch Naturkräfte wie Erdbeben und Seegang hervorgerufen werden.

E. können klassifiziert werden in determinierte und nichtdeterminierte, d. h. zufallsbedingte mechanische Schwingungen. In Bezug auf die Einwirkungsdauer können E. stationär, d. h. zeitlich länger andauernd auftreten oder zeitlich vorübergehend (transient) einmalig oder wiederholt mit mehr oder weniger großen Pausen zwischen den einzelnen Ereignissen.

Durch anthropogene Vorgänge verursachte E. gehen von technischen Anlagen aus, z. B. beim Betrieb von Schmiedehämmern, Fallwerken, Rammen, Rüttlern, Pressen, Webmaschinen, Sägegattern, Zentrifugen, Kompressoren beim Betrieb von Verkehrsfahrzeugen oder bei Sprengungen.

Haben Schwingungen nicht nur zeitlichen sondern auch räumlichen Charakter, werden sie als Wellen bezeichnet. E. werden durch feste elastische Kontinua übertragen. Übertragungsmedien sind insbesondere der Erdboden und bauliche Anlagen. Die sich im Boden in Form von Wellen ausbreitenden E. werden an geologischen Schichtgrenzen, am Grundwasserspiegel und anderen Inhomogenitäten im Boden reflektiert und refraktiert. Die Berechnung der →Erschütterungsausbreitung ist deshalb sehr komplex. Bei Untersuchungen von E.-Problemen hat sich die im Bild dargestellte Unterteilung des Systems in die drei Bereiche Emission, Transmission und Immission bewährt.

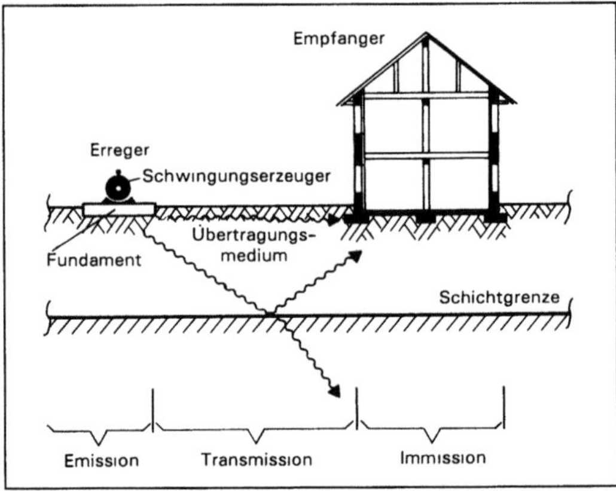

Erschütterung: System zur Untersuchung von Erschütterungen. Es werden drei Bereiche unterschieden: Emission, Transmission und Immission.

E. gehören nach dem Bundesimmissionsschutzgesetz (BimSchG) zu den zu beachtenden Emissionen und Immissionen.

Die →Erschütterungsemission kennzeichnet die für die betrachteten Wirkungen wesentlichen physikalischen Größen, die von einer Erschütterungsquelle ausgehen und an die Umgebung (Erdboden, Bauteile) abgegeben werden. Um die Emission der jeweiligen Erschütterungsquelle möglichst zutreffend zu erfassen und zu charakterisieren, ist wegen der oft vorliegenden Vielfalt der erregenden Kräfte und ihrer möglichen unterschiedlichen Wirkungsrichtungen im Raum die Art der Maschine oder Anlage und der Mechanismus der Erschütterungserregung zu beachten. Anders als in der Akustik ist es bei einer auf dem Boden gegründeten Maschine nicht möglich, die kennzeichnenden Schwingungsgrößen und damit die durch eine Hüllfläche hindurchtretende Schwingungsenergie zu messen, da die Hüllfläche nur an der Erdoberfläche zugänglich ist. Es besteht nur die Möglichkeit, die Erschütterungsemission durch Schwingungsgrößen in definierten Entfernungen vom Maschinenfundament bzw. von den Anlagen an der Bodenoberfläche zu erfassen. Dabei wird jedoch das komplizierte dynamische System Maschine-Fundament-Baugrund nur unzureichend erfaßt.

Der Begriff →Erschütterungsimmission bezeichnet den Übertritt von Schwingungsenergie bzw. der für die betrachteten Wirkungen verwendeten physikalischen Größen aus einer Umgebung, z. B. dem Boden oder einem Bauwerk, zu einem Empfänger, d. h. zu dem Objekt, auf das die E. einwirken. Das sind meistens Gebäude oder Bauteile, aber auch Menschen, die sich in Gebäuden aufhalten. Zweck der Messungen von Erschütterungsimmissionen ist es, Daten für die Beurteilung der möglichen Schädlichkeit von E. bei baulichen Anlagen oder der Belastung für Menschen in Gebäuden zu liefern. Messungen der Erschütterungsimmissionen werden überwiegend in Gebäuden durchgeführt. Bei Messungen auf dem Erdboden, die dann notwendig sind, wenn die Erschütterungswirkungen auf geplante, aber noch nicht vorhandene Bauwerke abgeschätzt werden sollen, ergeben sich Unsicherheiten durch die Übertragungsbedingungen vom Erdboden in das Bauwerk.

E. werden wegen der physikalischen Verwandtschaft und der zum Teil gleichartigen Probleme in engem Zusammenhang zum Lärm gesehen.

Beim Betrieb von technischen Anlagen an Aufstellungsorten, die mit betroffenen Bauwerken über feste Körper, z. B. über den Erdboden oder über Bauteile, verbunden sind, können durch →Körperschall sog. Sekundärgeräusche auftreten. Dabei wird durch die Bauteile, die durch E. dynamisch erregt werden, die angrenzende Luft in Räumen zu hörbarem →Schall angeregt.

Die möglichen Wirkungen von E. auf Menschen sind nicht nur von physikalischen, sondern auch von psychologischen und soziologischen Faktoren, den sog. Moderatoren, abhängig. Zu den letzteren gehören u. a. die Umgebungssituation, die persönliche Einstellung zum Erschütterungserzeuger, der Gesundheitszustand der Betroffenen sowie die Tätigkeit während der Erschütterungseinwirkung.

Bei den Einwirkungen von E. auf Gebäude und auf Bauteile werden zusätzlich zu den vorhandenen, aus statischen Belastungen herrührenden Spannungen, dynamische Spannungen verursacht. Werden dabei Bruchspannungen überschritten, treten Schäden in Form von Rissen auf. Bei Einwirkungen von E. auf den Baugrund können Setzungen oder Sakkungen auftreten.

Zu den Maßnahmen zur Minderung von E. gehören die Entwicklung von erschütterungsarmen Verfahren und Technologien sowie Isoliermaßnahmen an der Erschütterungsquelle, im Ausbreitungsmedium und am betroffenen Objekt.

Im Umweltschutz sind E. meist nur bis zu einigen hundert Metern von der Erschütterungsquelle von Bedeutung. Auftretende und als nicht zumutbar beurteilte E. lassen sich nachträglich oft nur mit großem Aufwand mindern. E. sollten deshalb bereits bei der Planung von technischen Anlagen, von Baugebieten und von Verkehrsanlagen beachtet werden. Bedingt durch den enger werdenden Lebensraum rücken Erschütterungserreger, z. B. Verkehrsanlagen, und schutzbedürftige Objekte, z. B. Wohngebiete, immer näher zusammen. Dadurch werden die Probleme des Erschütterungsschutzes zunehmend bedeutsamer. *Splittgerber*

Literatur: *Splittgerber, H.*: Erschütterungen, Erschütterungsemissionen und -immissionen. In Haupt, W. (Hrsg.): Bodendynamik. Braunschweig 1986. – *Splittgerber, H.*: Wirkung von Erschütterungen. In Dreyhaupt, F. J. (Hrsg.): Handbuch für Immissionsschutzbeauftragte. Köln, 1978.

Beurteilung. Sie erfolgt bei der Einwirkung auf Menschen in Gebäuden aufgrund der Belastung, d. h. anhand von physikalisch meßbaren Größen unter Einbeziehung der dadurch ausgelösten Beanspruchung und Belästigung. Bei der Einwirkung von E. auf bauliche Anlagen erfolgt die Beurteilung anhand von meßtechnisch erfaßten Schwingungsgrößen.

Nach dem Regelwerk VDI 2057, Blatt 3, wird die Beanspruchung des Menschen bei einwirkenden Schwingungen anhand der Bewerteten Schwingstärke K beurteilt. Dabei werden folgende Kriterien berücksichtigt:
– Wohlbefinden (Komfort),
– Leistungsfähigkeit,
– Gesundheit.

Bei Problemen des Immissionsschutzes ist besonders das Kriterium „Wohlbefinden" von Bedeutung. Die auftretenden Erschütterungswirkungen sind in aller Regel nicht so groß, daß Beeinträchtigungen der Leistungsfähigkeit oder gar eine Gefährdung der Gesundheit zu befürchten sind. Das Kriterium Wohlbefinden ist nach der jeweils vorliegenden Situation zu beurteilen. Bei einer Fahrt in einem

Fahrzeug wird man z. B. bei höherer Bewerteter Schwingstärke K noch von Wohlbefinden sprechen, während beim Aufenthalt in Gebäuden der gleiche Wert als belästigend empfunden wird.

Das im Regelwerk DIN 4150, T. 2, Dez. 1992, beschriebene Verfahren zur Beurteilung von Erschütterungsimmissionen berücksichtigt die Belästigung in folgender Weise:

Die Schwingungsgröße wird an einem Beurteilungsmeßort ermittelt. Aus der Schwingungsgröße wird eine bauwerksbezogene Bewertete Schwingstärke KB_F gewonnen.

Für den Beurteilungszeitraum wird die maximale Bewertete Schwingstärke KB_{Fmax} und, falls erforderlich, die Beurteilungsgröße KB_{FTr} bestimmt und mit Anhaltswerten verglichen, die nach Einwirkungsorten entsprechend der baulichen Nutzung ihrer Umgebung und nach der Tageszeit des Auftretens unterteilt sind. Somit werden auch Einflüsse der Ortsüblichkeit und der Zeitpunkt des Auftretens der E. berücksichtigt. Der Grad der Belästigung ist von individuellen und situativen Bedingungen abhängig. Belästigungen sind nur auszuschließen, wenn die einwirkenden E. nicht wahrnehmbar sind. Erhebliche Belästigungen liegen im allgemeinen nicht vor, wenn die Anhaltswerte der Norm eingehalten werden. Bei Einhaltung der genannten Anhaltswerte ist zu erwarten, daß auch die Sekundäreffekte in der Regel nicht zu einer erheblichen Belästigung führen. Treten dennoch in Einzelfällen erhebliche Sekundäreffekte auf, z. B. durch Resonanz oder durch Sekundärschall, ist eine spezielle Untersuchung und Beurteilung notwendig.

Bei der Einwirkung von E. auf bauliche Anlagen werden im Regelwerk DIN 4150, T. 3, Ausg. Mai 1986, Verfahren zur Beurteilung und Anhaltswerte angegeben mit dem Ziel, Schäden im Sinne einer Verminderung des Gebrauchswertes von Gebäuden zu vermeiden. Im Sinn dieser Norm ist eine Verminderung des Gebrauchswertes von Gebäuden oder Bauteilen durch Erschütterungseinwirkungen.

Die Beurteilung von E. nach dieser Norm geschieht anhand von meßtechnisch erfaßten Schwingungsgrößen und Vergleich mit Anhaltswerten. Die Schwingungsgrößen sind an vorgegebenen Meßorten festzustellen. *Splittgerber*

Literatur: *Gasch, R.*: Beurteilung der dynamischen Beanspruchung von Bauwerksteilen. VDI-Bericht 113, 1967. – *Splittgerber, H.*: Verformung von Gebäuden in waagerechter Richtung durch Sprengerschütterungen, Teil 1: Berechnungsverfahren. VDI-Z (1969) Nr. 11; Teil 2: Beispiel zur Berechnung und Folgerungen für eine Beurteilung von Sprengerschütterungen auf Gebäude. VDI-Z (1969) Nr. 17.

Minderungsmaßnahmen. Die Maßnahmen zur Schwingabwehr bzw. Schwingungsentstörung werden ganz allgemein zusammenfassend auch als Minderungsmaßnahmen bezeichnet. Zum Schutz vor unerwünschten E. gibt es vielfältige Möglichkeiten.

Wirksame und zugleich zweckgerechte Maßnahmen im Bereich der →Erschütterungsquelle sind nur in enger Zusammenarbeit zwischen den Maschinenherstellern, den Betreibern, den Herstellern von Isolatoren, Isoliermatten usw. und meistens auch hinzugezogenen Fachberatern zu erzielen. Reichen Minderungsmaßnahmen bei der Konstruktion der Maschinen nicht aus, so muß z. B. bei der →Aktivisolierung ein geeigneter Kompromiß zwischen der angestrebten Isolierwirkung und einer noch ausreichenden Standsicherheit der elastisch aufgestellten Maschine gefunden werden. Um geeignete Minderungsmaßnahmen am Erreger, bei der Transmission und auch bei der →Passivisolierung bzw. der →Abschirmung auszuführen, muß man die Größe, die Richtung und die Frequenz der zu vermindernden dynamischen Lasten bzw. E. kennen, was vorher die Messung und die Beurteilung der Schwingungen bzw. der Erschütterungsimmissionen erfordert.

Die Maßnahmen am Erreger selbst zielen darauf ab, bereits das Entstehen von E. weitgehend zu vermeiden. Diese Maßnahmen sind vor allem Aufgabe des Konstrukteurs bzw. des Betreibers. Durch sinnvolle Planung bei der Wahl der einzusetzenden Maschinen, ihres Aufstellungsortes und ihrer Gründung läßt sich die →Erschütterungsausbreitung ebenfalls erheblich einschränken.

Als betriebliche Maßnahme ist allgemein zu empfehlen, den Standort auf dem Betriebsgelände so zu wählen, daß der Abstand zu den nächst betroffenen Wohnhäusern möglichst groß ist. *Splittgerber*

Literatur: *Splittgerber, H.*: Verfahren und Vorrichtungen zur Begrenzung von Erschütterungsemissionen. In Dreyhaupt, F. J. (Hrsg.): Handbuch für Immissionsschutzbeauftragte. Köln 1978. – VDI 2062, Bl. 1: Begriffe und Methoden. 1/1976.

Sekundäreffekte. Die durch einwirkende E. in Wohnungen und vergleichbar genutzten Räumen verursachten sichtbaren Bewegungen von Gegenständen oder hörbaren Geräusche werden als Sekundäreffekt bezeichnet. Dazu gehören z. B.:
– sichtbare Schwingungsbewegungen von Lampen, Bildern und Blumen,
– hörbares Klappern von Türen, Fenstern; Vibrieren von Gläsern, Geschirr, Töpfen,
– Wandern von Gläsern, Geschirr in Schränken oder Regalen.

Die Sekundäreffekte zählen zu den situativen Bedingungen, die Einfluß auf die Belästigung durch E. haben und deswegen sollte man sie wegen ihrer Störungen beim Beurteilen der Erträglichkeit von Erschütterungsimmissionen in Wohnungen im allgemeinen nicht außer acht lassen. Der bei einwirkenden E. von schwingenden Raumbegrenzungsflächen abgestrahlte Sekundärschall ist gesondert zu betrachten; er wird nach Geräusch-Richtlinien beurteilt. *Splittgerber*

Literatur: *Splittgerber, H.*: Die Einwirkung von Erschütterungen auf den Menschen in Gebäuden. Technische Überwachung 10 (1969).

Übertragungsbedingungen. Im Zusammenhang mit Erschütterungsimmissionen werden mit dem Begriff Übertragungsbedingungen im allgemeinen die Bedingungen bezeichnet, die bei der Übertragung von E. vom Boden auf Bauwerke, besonders auf Gebäude und innerhalb von Gebäuden von Bezugspunkten am Fundament bis zu Bezugspunkten auf Bauteilen, besonders auf Decken, vorliegen.

Folgende Parameter sind für die Übertragung bei dem Schwingungssystem Boden-Bauwerk bedeutsam: Die Art des anstehenden Bodens, die Art der Gründung des Gebäudes und der baulichen Errichtung, die Anzahl der Geschosse, die Masse des Gebäudes, die geometrischen Abmessungen der Decken und deren Bauweise, die in Betracht stehende Frequenz der Schwingungen und die Schwingungsrichtung. Möglichst quantifizierte Kenntnisse über die Übertragungsbedingungen, z. B. in Form von Übertragungsfaktoren, werden für die →Erschütterungsprognose benötigt. *Splittgerber*

Literatur: *Splittgerber, H.*: Zur Übertragung von Erschütterungsimmissionen in Gebäuden. Aus der Tätigkeit der LIS 1987. Hrsg.: Landesanstalt für Immissionsschutz des Landes NRW, Essen 1987.

Regelwerke. Technische Regeln im Umweltschutz; Technische Regeln Lärm/Erschütterungen; Umweltstandards. Angaben zum Entstehen, Messen, Beurteilen und Mindern von E. sind in folgenden Regelwerken enthalten:
□ ISO-Standards:
ISO 2631/1: Evaluation of human exposure to whole-body vibration – Part 1: General requirements. 1. edition – 1985-05-15.
ISO 2631/2: Evaluation of human exposure to whole-body vibration – Part 2: Continuous and shock-induced vibration in buildings. (1 to 80 Hz) 1. edition – 1989-02-15.
ISO 4866: Mechanical vibration and shock – Vibration of buildings – Guidelines for the measurement of vibrations and evaluation of their effects on buildings. 1. edition 1990 (E)
ISO 2041: Vibration and shock. 2. edition – 1990-08-01.
□ DIN-Normen:
DIN 1311: Schwingungslehre:
Blatt 1: Kinematische Begriffe. Ausg. Febr. 1974.
Blatt 2: Einfache Schwinger. Ausg. Dez. 1974.
Blatt 3: Schwingungssysteme mit endlich vielen Freiheitsgraden. Ausg. Dez. 1974.
Blatt 4: Schwingende Kontinua, Wellen, Ausg. Febr. 1974.
DIN 4024: Maschinenfundamente
Teil 1: Elastische Stützkonstruktionen für Maschinen mit rotierenden Massen. Ausg. Apr. 1988.

Teil 2: Steife (starre) Stützkonstruktionen für Maschinen mit periodischer Erregung. Ausg. Entwurf Apr. 1988.
DIN 4150: Erschütterungen im Bauwesen
Teil 1: Grundsätze, Vorermittlung und Messung von Schwingungsgrößen, Vornorm Ausg. Sept. 1975.
Teil 2: Einwirkungen auf Menschen in Gebäuden, Vornorm. Ausg. Sept. 1975 und Norm Ausg. Dez. 1992.
Teil 3: Einwirkungen auf bauliche Anlagen. Ausg. Mai 1986.
DIN 45 669: Messung von Schwingungsimmissionen.
Teil 1: Anforderungen an Schwingungsmesser, Ausg. Jan. 1981.
Teil 2: Meßverfahren. Ausg. Jan. 1984.
Teil 2A1: Meßverfahren, Änderung 1. Ausg. Nov. 1989
DIN 45 667: Klassierverfahren für das Erfassen regelloser Schwingungen. Ausg. Okt. 1969.
□ VDI-Richtlinien:
VDI 2057: Einwirkungen mechanischer Schwingungen auf den Menschen.
Blatt 1: Grundlagen, Gliederung, Begriffe. Ausg. Mai 1987.
Blatt 2: Bewertung. Ausg. Mai 1987.
Blatt 3: Beurteilung. Ausg. Mai 1987.
Blatt 4.1: Messung und Beurteilung von Arbeitsplätzen in Gebäuden. Ausg. Mai 1987.
VDI 2062: Schwingungsisolierung.
Blatt 1: Begriffe und Methoden. Ausg. Jan. 1976.
Blatt 2: Isolierelemente. Ausg. Jan. 1976.

Regeln der Technik in Form von Normen und Richtlinien kommt bei verstärkter Fortentwicklung von Technik und Umweltschutz eine zentrale Bedeutung zu. *Splittgerber*

Erschütterungsart →Schwingungsart, →Erschütterungen

Erschütterungsausbreitung. Bei der Ausbreitung von →Erschütterungen unterscheidet man drei Bereiche:
– den Bereich um die →Erschütterungsquelle (Nahfeld)
– die Ausbreitung (Transmission) im Ausbreitungs- bzw. Übertragungsmedium, besonders im Boden
– den Bereich um den „Empfänger", z. B. Gebäude (→Boden-Bauwerk-Wechselwirkung).

Im Umweltschutz sind Probleme der Ausbreitung von Erschütterungen im Planungsstadium, z. B. bei der Planung neuer Anlagen oder von Baugebieten in der Nähe von Erschütterungsquellen im Rahmen der Prognose von großer Bedeutung. Die üblichen Reichweiten von technisch erregten Erschütterungen, bis zu denen nachteilige Einwirkungen auftreten können, erstrecken sich bis zu einigen hundert

Metern von der Quelle. Eine theoretische Behandlung des kompliziert aufgebauten mechanischen Ausbreitungssystems (Erdboden) und seines dynamischen Verhaltens mit Hilfe physikalisch-mathematischer Modelle ist praktisch nicht möglich. Für die E. interessiert im Umweltschutz der Boden bis zu Schichtdicken von wenigen Metern bei Maschinen- und →Verkehrserschütterungen und bis zu erheblich größeren Tiefen bei der Ausbreitung von →Sprengerschütterungen. Die Schwingungsamplituden von Erschütterungen, die sich im Boden ausbreiten, nehmen in der Regel mit zunehmendem Abstand von der Erschütterungsquelle ab, weil sich die eingeleitete Energie auf größere Flächen verteilt. Dieser Einfluß wird auch als geometrische Ausbreitungsdämpfung bezeichnet (Bodendämpfung). Eine zusätzliche Abnahme der Schwingungsamplituden wird durch die Absorption im Boden (Materialdämpfung) bewirkt. Die von einer Erschütterungsquelle in den Erdboden eingeleitete Schwingungsenergie breitet sich in verschiedenen Wellenarten aus. Es treten Raumwellen und Oberflächenwellen auf, die je nach der Art der Erschütterungsquelle unterschiedlich stark angeregt werden. Bei der E. hängt die Abnahme der Schwingungsamplituden von der Form der Quelle und der Wellenart ab (Bild).

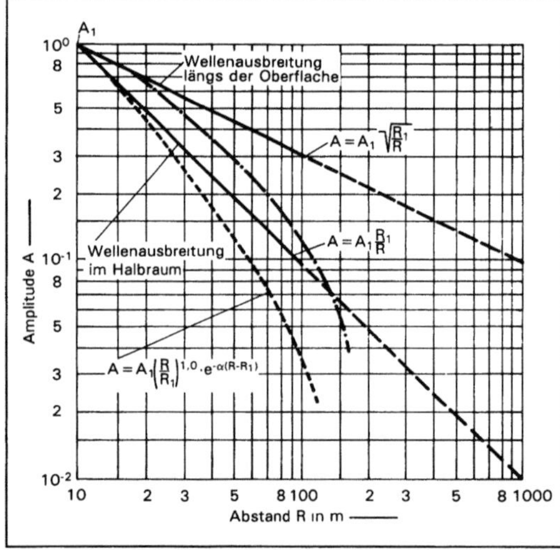

Erschütterungsausbreitung: Beispiel für die Abnahme der Erschütterungsamplitude A mit Abstand R von einer punktförmigen Erschütterungsquelle.

Das Regelwerk DIN 4150, Teil 1, enthält Hinweise zur Berechnung der E. Die dort genannten Ansätze und semiempirische Formeln beruhen auf theoretischen Grundlagen, die mittels experimentell ermittelter Daten eine praktische Anwendung ermöglichen. *Splittgerber*

Literatur: *Splittgerber, H.:* Einflüsse auf die Stärke von Erschütterungen bei Gewinnungssprengungen. Schriftenreihe der Landesanstalt für Immissionsschutz des Landes NRW, Hrsg.: Landesanstalt für Immissionsschutz. Essen 1977. – Studer, J. und A. *Ziegler:* Bodendynamik, Grundlagen, Kennziffern, Probleme. Berlin–Heidelberg–New York 1986.

Erschütterungsbelastung. Bei der Einwirkung von →Erschütterungen auf Bauwerke und Bauteile sowie bei der Einwirkung auf Menschen in Gebäuden bilden die von außen auf die Strukturen bzw. auf den Menschen einwirkenden mechanischen Schwingungen die E. Bei der Einwirkung von Erschütterungen auf Menschen bilden die Erschütterungsreize die E., von deren Ausmaß und deren Wechselwirkung mit individuellen Eigenschaften und situativen Bedingungen des betroffenen Menschen die Art und der Grad der Beeinträchtigungen und Belästigungen durch Erschütterungsimmissionen abhängen. Ihre psycho-physiologische Bewertung bereitet durch die komplexe Form der E. oft Schwierigkeiten.

Bei baulichen Anlagen erfolgt die E. im allgemeinen durch Erschütterungen, die vom umgebenden Boden, in der Regel über die Fundamente, auf die Bauwerke einwirken. Starke Luftwechseldrucke, wie sie z. B. bei Explosionen und bei Knäppersprengungen entstehen und als →Knall hörbar sind, wirken durch die umgebende Luft als E. auf das Bauwerk ein. Flugkörper erzeugen beim Überschallflug Stoßwellen mit sehr steiler Druckanstiegsflanke. Die dabei entstehenden Druckwellen werden als →Überschallknall bezeichnet und können Bauwerksschäden verursachen. *Splittgerber*

Erschütterungsemission. E. bezeichnet den Übertritt von Schwingungsenergie von einer →Erschütterungsquelle in die Umgebung. Als Umgebung steht überwiegend der Erdboden in Betracht, aber auch Bauteile und in seltenen Fällen auch die Atmosphäre. Gekennzeichnet wird die E. durch die für die betrachteten Wirkungen wesentlichen physikalischen Größen, die von einer Erschütterungsquelle ausgehen und an die Umgebung abgegeben werden. (→Erschütterungen). *Splittgerber*

Literatur: *Koch, H. W.:* Zur Möglichkeit der Abgrenzung von Lademengen bei Steinbruchsprengungen nach festgestellten Erschütterungsstärken. Nobel-Hefte (1958) Nr. 2. – *Meyer-Nolkemper:* Vergleichende Untersuchungen von Gesenkschmiede-Hämmern und -Pressen. Herausg.: Verband Deutsche Gesenkschmieden. Hagen 1972.

Erschütterungsimmission. Allgemein bezeichnet der Begriff E. den Übertritt von Schwingungsenergie bzw. der für die betrachteten Wirkungen wesentlichen physikalischen Größen aus einer Umgebung (z. B. Boden, Bauteile) zu einem Empfänger, d. h. zu dem Objekt, auf das die →Erschütterungen wirken. Im Immissionsschutz sind das meistens Gebäude,

Teile von Gebäuden, aber auch Menschen, die sich in Gebäuden aufhalten.

Wegen der Vielfalt der sehr kompliziert aufgebauten betroffenen Schwingungssysteme Boden-Bauwerk ist es schwierig, die E. vollständig zu kennzeichnen. Beim Übergang der Erschütterungen vom Boden in ein Bauwerk treten →Boden-Bauwerk-Wechselwirkungen auf, und wegen der Vielfalt der Gebäude als Immissionsstruktur in Form, Konstruktion, Bauausführung und Innenausstattung ist die Beurteilung von Erschütterungsschäden, die alle Gegebenheiten des Einzelfalls einbezieht, sehr aufwendig. Man erfaßt daher die E. nur an einigen wenigen Meßorten im Bauwerk. Auch bei der Einwirkung von Erschütterungen auf Menschen in Gebäuden ist es unmöglich, die unmittelbar in den menschlichen Körper eingeleiteten Erschütterungen als E. zu erfassen, weil sich der Mensch in Gebäuden ungebunden an vielen Stellen bewegt und verschiedene Körperhaltungen einnimmt. Deshalb wird auch die E. bei auf den Menschen einwirkenden Erschütterungen dadurch gekennzeichnet, daß sie an bestimmten Meßorten erfaßt wird.

Wegen der komplizierten Übertragungsbedingungen vom Baugrund zum Fundament und im Bauwerk wird die E. nicht außen vor dem Bauwerk sondern an Meßpunkten innerhalb des Bauwerkes gemessen. Messungen der E. auf dem Erdboden werden nur dann ausgeführt, wenn die E. auf geplante, noch nicht vorhandene Bauwerke geschätzt werden sollen. In manchen Fällen ist es jedoch zwingend erforderlich, die E. nicht nur an wenigen Meßpunkten in einem Gebäude zu erfassen, z. B. bei auftretendem störenden Sekundärschall. Das ist der Schall in einem Raum, der durch die Schwingungen der Oberflächen der Begrenzungswände des Raumes entsteht. Dazu sollten die Schwinggeschwindigkeiten auf den Begrenzungsflächen des Raums, bzw. die Pegel des Körperschalls und weitere Gegebenheiten des Raums bekannt sein. Bei Luftschall, der auf bauliche Anlagen einwirkt und zu Schwingungen anregt, kennzeichnet der →Schalldruckpegel, gegebenenfalls in bestimmten Frequenzbereichen (Terz- oder Oktavschalldruckpegel), die E.

Planerische Aspekte kommen in zunehmendem Maße auch bei zu befürchtenden E. zum Tragen, z. B. bei der Aufstellung von Bebauungsplänen und bei der Planung von Straßen und Schienenverkehrswegen.

Planerische Maßnahmen zur Minderung von E. sollten darauf ausgerichtet sein, dem Vorsorgeprinzip auch im Zusammenhang mit dem Schutz vor E. zu genügen. Bei der →Erschütterungsprognose gibt es derzeit noch kein allgemein anerkanntes und anwendbares Verfahren zur Vorausabschätzung. Dennoch ist mit gewissen Einschränkungen an die Aussagegenauigkeit eine Prognose möglich.

Es ist eine wichtige Aufgabe, bei der Planung von Wohn- und sonstigen schutzbedürftigen Gebieten einerseits sowie bei der Anordnung von Industriegebieten und Verkehrsflächen zu solchen Gebieten andererseits, die E. zu beachten, weil einmal vorhandene und als nicht vertretbar anzusehende E. sich nachträglich gar nicht oder meist nur mit sehr hohem Aufwand mindern lassen. Im Planungsstadium kann die Minderung von Erschütterungseinwirkungen durch Nutzungsbeschränkungen in der →Bauleitplanung frühzeitig berücksichtigt werden. In der Regel kann man zwar davon ausgehen, daß bei der Einhaltung der Schutzabstände (Abstandserlaß) zwischen lärmemittierenden Anlagen und schutzbedürftigen Gebieten auch die Erschütterungseinwirkungen auf ein zulässiges Maß gemindert werden; es gibt aber auch Sonderfälle. Im Gegensatz zu anderen Immissionsarten können Erschütterungseinwirkungen am Immissionsort verstärkt werden. Maßgebend sind die dynamischen Eigenschaften der Bauwerke, in die die Schwingungen eingeleitet werden. Die Vielfalt der Bauweisen hat eine große Schwankungsbreite der Übertragungsfaktoren zur Folge und erschwert eine planerische Vorausermittlung der Immissionen.

Bei der Planung von Straßen und Schienenwegen, die als raumbedeutsame Maßnahme unter § 50 BImSchG fällt, hat sich die Flächennutzung auch an der Minderung von Erschütterungseinwirkungen auf Wohn- und Schutzgebiete zu orientieren. *Splittgerber*

Literatur: *Splittgerber, H.*: Erschütterungen, Erschütterungs-emissionen und -Immissionen. In Haupt, W.: Bodendynamik. Braunschweig 1986.

Erschütterungsmeßeinrichtung. Einrichtungen zum Messen von →Erschütterungsemissionen und →Erschütterungsimmissionen bestehen in der Regel aus einzelnen miteinander verbundenen Geräten bzw. Bauteilen. Wesentliche Komponenten sind: der Schwingungsaufnehmer (Geber), ein Meßwertwandler, ein Meßsignalverstärker und Anzeige- bzw. Registriergeräte.

Das Funktionsschema einer E., das im Prinzip alle Gerätefunktionen beinhaltet, ist in Bild 1 dargestellt. Die gewählte Aufteilung in Funktionsblöcke kann je nach der Realisierung auch in anderer Weise vorgenommen werden. Die Schwingungsaufnehmer haben die Aufgabe, die kinematische Meßgröße des Meßobjektes, nämlich den Schwingweg, die →Schwinggeschwindigkeit bzw. die Schwingbeschleunigung, zu erfassen. Diese Größen werden mit Hilfe eines mechanisch-elektrischen Wandlers, der z. B. nach dem induktiven Prinzip arbeitet bzw. den Piezoeffekt ausnutzt, in ein elektrisches Signal umgewandelt. Als Schwingungsaufnehmer dienen sog. „Absolut-Aufnehmer", die zur Messung kein festes Bezugssystem benötigen.

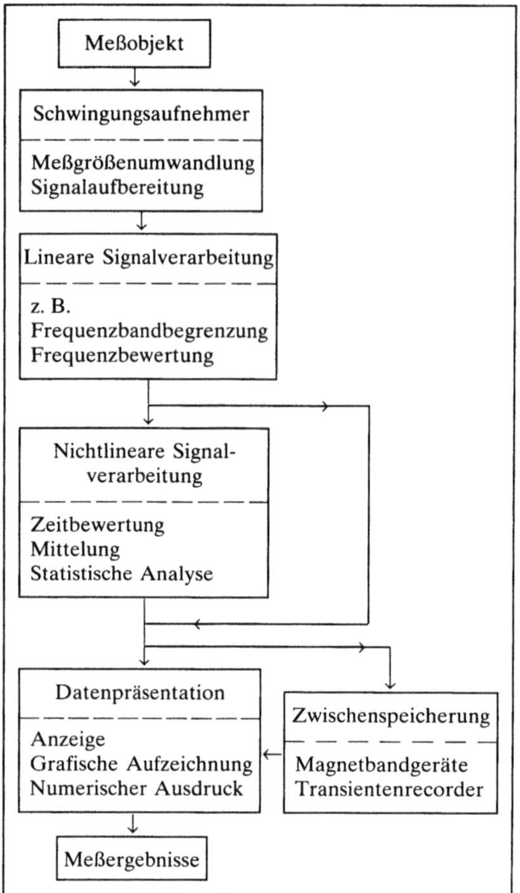

Erschütterungsmeßeinrichtung 1: Funktionschema einer E., Signalfluß.

Bei Absolutaufnehmern wird eine Masse mit Hilfe von Federn und Dämpfern an ein Gehäuse gekoppelt – sog. seismisches Prinzip – (Bild 2). Der Aufbau erfolgt in der Weise, daß die schwingungstechnischen Berechnungen eines Ein-Massen-Schwingers die Eigenschaften des Schwingungsaufnehmers genügend zutreffend kennzeichnen. Meßgröße ist die Relativbewegung zwischen der Gerätemasse und dem Gerätegehäuse. Für den einsetzbaren Meßbereich des Geräts wird angestrebt, daß die Masse als Bezugssystem möglichst in Ruhe bleibt. Das wird erreicht, wenn die Eigenfrequenz des Aufnehmers deutlich unterhalb bzw. weit oberhalb des Arbeitsfrequenzbereiches liegt. Je nachdem, ob der Schwingungsaufnehmer ein der Schwinggeschwindigkeit (Schnelle) oder der Schwingbeschleunigung proportionales elektrisches Signal erzeugt, spricht man von Schwinggeschwindigkeits- oder Schwingbeschleunigungsaufnehmern. Der Meßsignalverstärker ist ein Bindeglied zwischen dem Schwingungsaufnehmer und dem

Anzeige- bzw. Registriergerät. Er ist immer dann notwendig, wenn das Ausgangssignal des Aufnehmers zu klein ist, um das Anzeigegerät anzusteuern. Die Präsentation der Meßsignale erfolgt je nach gefordertem Meßergebnis durch ein Anzeigegerät, durch ein Registriergerät (Oszilloskope, Lichtstrahloszillographen, Thermoschreiber o. ä.) oder nach Digitalisierung der Meßsignale und Signalbearbeitung in einem Prozeßrechner in Form von ausgedruckten Daten oder Plots. Falls erforderlich, können weitere Geräte, z. B. zur Zwischenspeicherung der Signale, verwendet werden, wenn eine spätere Auswertung der Meßsignale im Labor erfolgen soll. Im Regelwerk DIN 45 669, Teil 1, sind die Anforderungen an E., die dort als Schwingungsmesser bezeichnet werden, sowie Prüfmethoden festgelegt worden, und zwar für Meßgeräte, die zur Messung von Schwingungsimmissionen verwendet werden. Im Regelwerk DIN 45 669, Teil 2, sind u. a. Angaben zur Ankopplung des Schwingungsaufnehmers in verschiedenen Anwendungsbereichen, z. B. bei Messungen an harten Flächen oder an solchen, die mit elastischen Belägen (Filz, Teppich) verkleidet sind, gemacht mit dem Ziel, resonanzbedingte Meßfehler zu vermeiden. *Splittgerber*

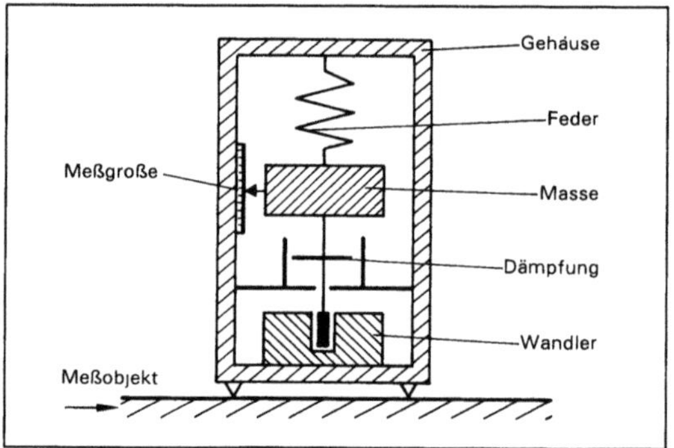

Erschütterungsmeßeinrichtung 2: Schematischer Aufbau eines Schwingungsaufnehmers.

Erschütterungsprognose. Die E. ist eine Vorausabschätzung der in einer vorgegebenen Situation zu erwartenden →Erschütterungsimmissionen. Sie ist immer dann wichtig, wenn im Planungsstadium, z. B. bei Genehmigungsverfahren, Entscheidungen darüber zu treffen sind, ob bestimmte Immissionswerte (→Anhaltswert) an den in Betracht stehenden schutzbedürftigen Objekten überschritten werden.

Für die Beurteilung von Erschütterungsimmissionen werden nach den einschlägigen Regelwerken die größten Maximalwerte der Einzelkomponenten der →Schwinggeschwindigkeit und die diesen Werten etwa zuzuordnenden vorherrschenden Frequenzen und die bewerteten Schwingstärken verwendet. Bei einer Prognose sollen die genannten interessierenden Werte möglichst zuverlässig rechnerisch abgeschätzt werden. Die zu prognostizierenden Erschütterungswerte werden durch die Erregung (→Erschütterungsquellen), den Übertragungsweg (Erdboden) und die dynamischen Eigenschaften des betroffenen Bauwerks bestimmt. Die genannten Teilsysteme sind sehr kompliziert strukturiert. Die Vielzahl der Einflußgrößen läßt daher genaue Lösungen des Problems selten zu.

Das reale Schwingungsverhalten sollte möglichst weitgehend durch Untersuchungen im Feld erfaßt werden. Dabei sind um so wirklichkeitsgetreuere Ergebnisse zu erwarten, je genauer die Erschütterungsquelle nach Anregungsart und Intensität, geometrischer Form und Arbeitsweise am geplantem Standort erfaßt oder simuliert wird. Ist die Vorermittlung für eine in der Planung vorgesehene Bebauung bei bereits vorhandener Erschütterungsquelle durchzuführen, sind die →Erschütterungen zweckmäßigerweise am geplanten Standort zu messen, um die Einflüsse der Erregung und der →Ausbreitung im Erdboden möglichst zutreffend zu erfassen. Unsicherer bleiben dann nur noch die Übertragungsbedingungen Boden-Fundament-Geschoßdecken in den Gebäuden. Hinweise zur E. gibt DIN 4150, Teil 1. *Splittgerber*

Literatur: DIN 4150, Teil 1: Grundsätze, Vorermittlung und Messung von Schwingungsgrößen, Vornorm. 9/1975. – *Splittgerber, H.*: Zur Übertragung von Erschütterungsimmissionen in Gebäuden. Aus der Tätigkeit der LIS. Herausg.: Landesanstalt für Immissionsschutz des Landes NRW. Essen 1987.

Erschütterungsquelle. E. sind Maschinen, gewerbliche und industrielle Anlagen oder sonstige Systeme, durch die infolge von dynamischen Lasten in der Umgebung, besonders im Erdboden, →Erschütterungen erregt werden. Die von den E. ausgehenden Erschütterungen werden durch die →Erschütterungsemission charakterisiert.

Die E. bilden als Emissionsstruktur einen Teilbereich des im Immissionsschutz zu betrachtenden Gesamtsystems, zu dem das Ausbreitungssystem, die Transmission, und die Immissionsstruktur, z. B. betroffene Gebäude, gehören. Bedeutsame E. sind insbesondere
– in der Metallindustrie: →Schmiedehämmer, →Schmiedepressen, Pressen für die Blechbearbeitung, →Walzwerke, Strangpressen, →Fallwerke, Schrottscheren, →Shredderanlagen,
– in der Industrie der Steine und Erden: Sprengungen in Tagebaubetrieben, Brecher, Schwingsiebe, Zentrifugen, Pumpen,
– in der Textilindustrie: Webmaschinen und Webstühle,
– in der holzverarbeitenden Industrie: Sägegatter,
– in der chemischen Industrie: Zentrifugen, Schleudern, Kompressoren, Drehkolbenverdichter,

– in der Bauindustrie: auf Baustellen eingesetzte schwere Baugeräte wie Rüttler, langsam und schnell schlagende Rammen, Vibrationsrammen, Aufbruchmeißel, Ziehgeräte für Rammgüter, →Bodenverdichter, →Abbruch- und →Baugrubensprengungen,
– im Verkehr: Fahrzeuge im Straßen- und Schienenverkehr,
– im untertägigen Bergbau: Sprengungen. In Gebieten mit untertätigem Bergbau können durch den Abbau bedingte Entspannungsschläge im Gebirge auftreten, die an der Erdoberfläche als Erschütterungen wahrgenommen werden.

Splittgerber

Erschütterungsschaden. Ein E. ist ein Schaden an baulichen Anlagen, der durch einwirkende →Erschütterungen verursacht wird. Unter Schäden wird bei Gebäuden besonders das Entstehen von Rissen verstanden. Dabei unterscheidet man zwischen durchgehenden Rissen, die Bauteile wie Decken und Wände zerstören bzw. deren Tragfähigkeit mindern, und Oberflächenrissen. Diese können als Putzrisse auftreten und damit als architektonische Schäden einzustufen sein, aber sich teilweise auch bis in die Bauteile hinein erstrecken. Oberflächenrisse werden nach der Breite der Risse klassifiziert in feine, mittlere, breite und klaffende Risse. Sie entstehen dort, wo bereits Spannungen aus Eigengewicht, Verkehrslasten und nicht bekannten Lasten so groß sind, daß die dynamischen Zusatzspannungen bei einwirkenden Erschütterungen ausreichen, Risse zu verursachen oder zu vergrößern.

Durch vertikal einwirkende Erschütterungsimmissionen und die dadurch bewirkten dynamischen Belastungen entstehen selten E., weil die Konstruktionsteile von Gebäuden im wesentlichen für senkrechte Lasten bemessen sind. Durch Schwingbeschleunigungen in horizontalen Richtungen werden Gebäude mehr gefährdet, weil ihre Aufnahme von horizontalen Kräften nur für geringe Lasten vorgesehen ist. Besonders gefährdet sind Konstruktionsteile aus Mauerwerk wegen ihrer nur geringen Zug- und Schubfestigkeit. Kritisch sind auch die Stellen, an denen Mauerwerksscheiben durch Schlitze, Nischen, Tür- und Fensteröffnungen geschwächt sind.

Die bei der Einwirkung von Erschütterungen auftretenden Risse unterscheiden sich nur in Ausnahmefällen von den Spannungsrissen, die durch andere Einwirkungen, z. B. durch ungleichmäßige Setzungen des Bauwerks, auftreten können. Im Regelwerk DIN 4150, T. 3, werden Anhaltswerte genannt, bei deren Einhaltung E. im Sinne einer Verminderung des Gebrauchswertes von Gebäuden nicht zu erwarten sind. In der Norm wird definiert, welche E. zu einer Verminderung des Gebrauchswertes führen. Bei Wohngebäuden und in ihrer

Konstruktion und/oder ihrer Nutzung gleichartigen Bauten und bei Bauten, die wegen ihrer Erschütterungsempfindlichkeit nicht den gewerblich genutzten Bauten, Industriebauten und ähnlich strukturierte Bauten und den Wohngebäuden entsprechen und besonders erhaltenswert sind (z. B. unter Denkmalschutz stehen), gelten Risse im Putz von Wänden, die Vergrößerung von bereits vorhandenen Rissen und das Abreißen der Trenn- und Zwischenwände von tragenden Wänden oder Decken als Verminderung des Gebrauchswertes. Wirken Erschütterungen auf Bauwerke ein, können diese *ursächlich* oder *auslösend* für E. sein. Da die vorhandenen Spannungen in einem Bauteil in der Praxis selten bekannt sind, ist bei zusätzlicher dynamischer Einwirkung bezüglich des Eintritts von möglichen E. nur eine Wahrscheinlichkeitsaussage möglich. Dabei treten prinzipiell zwei verschiedene Fälle auf:

– eine einmalige Einwirkung, z. B. eine →Abbruchsprengung, verursacht Erschütterungen, die auf eine größere Anzahl von Bauwerken einwirken. Dabei erhebt sich die Frage, ob und bei welcher Anzahl der Bauwerke der Eintritt von E. wahrscheinlich ist.

– die Einwirkung tritt mehr oder weniger regelmäßig in Abständen auf, z. B. durch Gewinnungssprengungen in Steinbrüchen, oder sie tritt andauernd stationär mit einer mehr oder weniger großen Zahl von Lastwechseln auf und wirkt auf ein Bauwerk ein. Dabei erhebt sich die Frage, ob und mit welcher Wahrscheinlichkeit und nach welcher Anzahl von Lastwechseln der Eintritt von E. zu erwarten ist.

Systematische Untersuchungen mit Hilfe statistischer Methoden sind bisher nicht durchgeführt worden. Auch die Dauerschwingfestigkeit von überwiegend im Hochbau verwendeten Materialien und Bauteilen ist kaum untersucht worden. Die empirisch aufgrund zahlreicher Messungen abgeleiteten →Anhaltswerte sind als eine nichtquantifizierte Wahrscheinlichkeitsaussage zu werten. Rückschlüsse von der Art der E. auf die →Erschütterungsquelle sind nur in Ausnahmefällen möglich.

E. können auch bei der Einwirkung von starken Luftwechseldrucken, wie sie durch Explosionen oder Detonationen und auch beim →Überschallknall verursacht werden, durch Zerbersten von Glasscheiben und Dachziegeln auftreten. →Erschütterungsimmissionen, die über den Boden in Gebäude eingeleitet werden, verursachen nicht nur dynamische Beanspruchungen des Gebäudes, sondern bewirken auch dynamische Lastwechsel in dem unter dem Gebäude anstehenden Baugrund.

Im Rahmen des Immissionsschutzes, besonders bei →Sprengerschütterungen, sind auch die Auswirkungen auf weitere bauliche Anlagen zu beachten, z. B. auf erdverlegte Rohrleitungen. Bei diesen können E. in Form von Rohrbrüchen und Schäden an Dichtungen, Muffen und Flanschen auftreten. *Splittgerber*

Literatur: *Bendel, H.*: Erschütterungen und Gebäudeschäden. Nobel-Hefte, 1975. – *Splittgerber, H.*: Wirkung von Erschütterungen auf Menschen und Gebäude. In Haupt, W. (Hrsg.): Bodendynamik. Braunschweig 1986.

Erschütterungswirkung. Bei →Erschütterungen, die in Gebäuden auftreten, muß man zwischen der Wirkung auf das Gebäude selbst und/oder auf einzelne Bauteile und auf im Gebäude befindliche Menschen unterscheiden. Die E. auf die Baukonstruktion kann nicht nach der subjektiven →Wahrnehmung der Erschütterungen durch Personen beurteilt werden, unter anderem deshalb, weil die Wirkung auf die Baustruktur in Bezug auf mögliche →Erschütterungsschäden häufig überschätzt wird. In Gebäuden interessieren in aller Regel nur die Wirkungen von →Erschütterungsimmissionen mit Frequenzen im Bereich von etwa 1 Hz bis 100 Hz, in seltenen Fällen auch bis zu etwa 300 Hz.

Von außen in Bauwerke eingeleitete Erschütterungen führen zu zusätzlichen dynamischen Beanspruchungen, die Schäden verursachen können. Wird die Bruchdehnung an einer oder an mehreren Stellen überschritten, so entstehen an diesen Stellen Risse. Zur Zeit gibt es noch kein Meßverfahren, um den in einzelnen Teilen des Gebäudes vorhandenen Spannungszustand festzustellen.

Von außen in den menschlichen Körper eingeleitete Erschütterungen führen zu einer bewußten →Wahrnehmung oder zu einer unbewußten Einwirkung, z. B. auf das vegetative Nervensystem. Sie beanspruchen je nach der Stärke der Erschütterungen, der auftretenden Frequenz, der Einwirkungsdauer, der →Körperhaltung, der Einwirkungsrichtung und den Einleitungsstellen den Körper als Ganzes oder nur einzelne Körperteile. Die Einwirkung von bewußt wahrgenommenen Erschütterungen kann psychische Reaktionen auslösen, die als Beeinträchtigungen, als Störungen der gewohnten Aktivitäten im Wohnbereich, als Einbuße des Wohlbefindens in der Wohnumgebung oder ähnlich beschrieben werden können. Aufgrund bisheriger Erfahrung wird vermutet, daß →Erschütterungsimmissionen der im Immissionsschutz auftretenden Größenordnung nicht zu Organschädigungen führen. Systematische Untersuchungen zur Feststellung der Betroffenheit der Bevölkerung durch Erschütterungsimmissionen sind bisher nur vereinzelt durchgeführt worden. Die Subjektivität der Erschütterungsempfindung muß bei der Beurteilung der Erschütterungen berücksichtigt werden und bedarf im Einzelfall der abwägenden Wertung. Trotzdem kann man auf die Messung von physikalischen Größen bei auftretenden Erschütterungsimmissionen nicht verzichten, allein schon um die

Vergleichbarkeit verschiedener Immissionssituationen zu ermöglichen, um die Reaktion der Betroffenen mit physikalischen Größen in Beziehung zu setzen und um den Erfolg von Verbesserungsmaßnahmen zu dokumentieren. Bei Schwinggeschwindigkeitsamplituden auf Geschoßdecken ab etwa 0,2 mm/s beginnt auch die Entstehung von Sekundärgeräuschen, z. B. das Klappern von nicht stabil stehendem Geschirr, das Klirren von Fenstern und Türen. Dadurch werden die Erschütterungen auch akustisch wahrnehmbar. Ebenfalls können sichtbare Bewegungen von Gegenständen im Raum, z. B. von Hängelampen oder Bildern auftreten. Möglicherweise muß diesen Sekundäreffekten von Erschütterungsimmissionen eine wesentliche Rolle bei dem verursachten Grad der Belästigung durch Erschütterungen zugeschrieben werden.

Weiterhin sind auch die Wirkungen auf in Gebäuden installierten erschütterungsempfindlichen Anlagen wie Feinstwaagen, Elektronenmikroskope und elektronische Datenverarbeitungsanlagen im Hinblick auf Sachschäden und Funktionsstörungen zu beachten.   *Splittgerber*

Literatur: *Findeis, H.* und *G. Gebhardt:* Zur Lästigkeit mechanischer Schwingungen. Gesundheits-Hygiene 25 (1979) Nr. 2. – *Gasch, R.:* Eignung der Schwingungsmessung zur Ermittlung der dynamischen Beanspruchung in Bauteilen. Berichte aus der Bauforschung (1968) Nr. 58. – *Splittgerber, H.:* Die Einwirkung von Erschütterungen auf den Menschen in Gebäuden. Technische Überwachung 10 (1969). – Splittgerber, H.: Wirkung von Erschütterungen auf Menschen und Gebäude. In W. Haupt (Hrsg.): Bodendynamik, Braunschweig 1986.

1. BImSchV. Verordnung über Kleinfeuerungsanlagen vom 15. Juli 1988 (BGBl. I S. 1059). Gilt für die Errichtung, die Beschaffenheit und den Betrieb von nicht genehmigungspflichtigen Feuerungsanlagen (i. d. R. Feuerungswärmeleistung unter 1 MW bei Feststoff-, unter 5 MW bei Öl- und unter 10 MW bei Gasfeuerungen) und enthält Vorschriften
– über zulässige Brennstoffe,
– über Beschaffenheit, Betrieb und Emissionsgrenzwerte von Feuerungsanlagen für feste Brennstoffe, Ölfeuerungsanlagen und Gasfeuerungsanlagen,
– über die Ableitbedingungen der Abgase (Schornsteine) bei Anlagen mit einer Feuerungswärmeleistung von 1 MW oder mehr (darunter gilt nur Bauordnungsrecht) sowie
– zur Überwachung, insbesondere zu den regelmäßig wiederkehrenden Abgasmessungen durch den Bezirksschornsteinfegermeister (→Schornsteinfeger-Messung).

Die Emissionsbegrenzungen beziehen sich bei feststoffgefeuerten Anlagen auf die →Massenkonzentration an Staub und Kohlenmonoxid sowie auf den Grauwert der Abgasfahne (→Ringelmann-Methode), bei Ölfeuerungsanlagen auf die →Rußzahl nach der →Bacharach-Methode. An Öl- und Gasfeuerungen müssen die Stickstoffoxid-Emissionen durch feuerungstechnische Maßnahmen nach dem Stand der Technik begrenzt werden; außerdem gelten Grenzwerte für die Abgasverluste, d. h. für das Verhältnis zwischen dem Wärmeinhalt des Abgases und der Verbrennungsluft, bezogen auf den Heizwert des Brennstoffs. Die Abgasverlustgrenzwerte stellen mittelbare Emissionsgrenzwerte dar, indem sie den Wirkungsgrad der Brennstoffausnutzung maximieren und damit die auf den Brennstoffeinsatz bezogene spezifische Emission an Schadstoffen minimieren.

Geregelt ist auch der Betrieb offener Kamine: sie dürfen nur gelegentlich und dann grundsätzlich nur mit naturbelassenem stückigen Holz betrieben werden (→Kleinfeuerungsanlage).   *Dreyhaupt*

Erzbergbau und Umwelt. In Deutschland ist der Metallerzbergbau durch zahlreiche Schließungen seit den 70er Jahren fast völlig zum Erliegen gekommen. 1992 wurden die beiden letzten Blei-Zink-Bergwerke in Bad Grund (Harz) und Lennestadt (Sauerland) stillgelegt. Im Jahre 1991 betrug ihre Roherzförderung zusammen 785 000 t.

Als einzige Eisenerzgrube steht die Grube Wohlverwahrt-Nammen (Porta Westfalica) noch in Förderung. Ihre Produktion beläuft sich jährlich auf rund 84 000 t Roteisenstein. Die Aufbereitung dieses Eisenerzes erfolgt durch ein mehrstufiges Brechen und Sieben und nicht durch Flotation, weil eine Fe-Anreicherung wegen seiner Verwendung als kalkreicher Möllerzuschlagstoff nicht erforderlich ist.

Dagegen werden im NE-Metall-Bergbau bei der Erzgewinnung unvermeidbar auch mineralische Stoffe gefördert, die bei der Aufbereitung der Roherze zu mehr oder weniger großen Mengen Reststoffen führen. Abgesehen vom →Uranerzbergbau ergeben sich aus diesen Reststoffen, die z. T. verwertet werden können, z. T. aber als Bergematerial aufgehaldet werden müssen, als sog. naturbelassene Stoffe keine besonderen Umweltprobleme. Bei diesen Reststoffen handelt es sich im wesentlichen um Grob- und Feinberge, Flotationsabgänge und Hydroxidschlämme.

Grobberge sind aufhaldungsfähige Bergematerialien. Unter Tage fallen sie bei der Aus- und Vorrichtung und über Tage bei der gravimetrischen Aufbereitung an. Mit dem zunehmenden Einsatz von bindemittelverfestigtem →Versatz werden die Aus- und Vorrichtungsberge im Grubenbetrieb untergebracht und so verwertet; ein Teil der Grobberge kann außerdem als Schüttmaterial im Straßenbau eingesetzt werden.

Die Ablagerung nicht verwertbaren Grobbergematerials erfolgt auf →Bergehalden, die so konzipiert sind, daß bereits während des Absetzbetriebs mit der Begrünung begonnen werden kann. Nach

Erschöpfung der Haldenkapazität werden auch die Oberflächen kultiviert.

Bei den aufzuhaldenden Bergen handelt es sich um weitgehend inerte mineralische Stoffe, die allerdings noch Restanteile von Metallerzen und Pyrit enthalten und in Abhängigkeit davon besondere Abdichtungsmaßnahmen der Halden gegenüber dem Grund- und Oberflächenwasser erfordern (mineralische Abdichtung oder Dichtbahnen).

Die Aufbereitung der Erze erfolgt naß. Soweit es der Grad der Verwachsung zuläßt, werden die Roherze in naßarbeitenden gravimetrischen Verfahren vorangereichert und das Vorkonzentrat flotiert oder ohne Voranreicherung unmittelbar flotiert. Der Wasserverbrauch schwankt dabei je nach Verfahren und Anzahl der Flotationsstufen zwischen 4 und 10 m³ je Tonne Roherz.

Das nach dem Prozeß anfallende Abwasser ist im wesentlichen mit Feststoffen – bis zu 300 g/l – belastet. Das übliche Reinigungsverfahren besteht darin, dem Abwasser Kalk zuzusetzen, um den pH-Wert im allgemeinen auf pH 9 zu erhöhen und alle Kationen als Hydroxid auszufällen.

Zur Minimierung der Umweltbelastung fahren alle Gruben mit Kreislaufwasser, zum Teil bis zu 100 %.

Je nach Tiefe und geologischer Struktur fallen bei allen Gruben mehr oder weniger große Mengen an Grubenwasser an. Je nach Lagerstättentyp und Pyritanteil ist dieses Wasser neutral bis sauer (pH 2,5) und enthält unterschiedliche Mengen von gelösten Metallsulfaten, ggfs. auch Chloriden. Kann das Grubenwasser nicht unmittelbar als Betriebswasser verwendet werden, wird es zur Neutralisation mit Kalk versetzt. Die sich bildenden Hydroxide werden in Zyklatoren ausgefällt und eingedickt. Insbesondere Metallerzgruben mit pyritischen Erzen müssen teilweise erhebliche Mengen dieser Hydroxidschlämme entsorgen. Dies geschieht durch Einleitung in Schlammteiche, die auch zur Aufnahme von Flotationsbergen dienen.

Sie fallen bei dem zur Erzeugung der Metallkonzentrate angewandten Flotationsverfahren an. Dieses Verfahren und die feinkörnige Verwachsung der Erze erfordern eine Mahlung des Roherzes auf Werte bis teilweise unter 100 μm. In dieser Korngröße und z. T. noch darunter liegen die nach der Flotation anfallenden Feinberge. Der durchschnittliche Flotationsbergeanteil beträgt im Metallerzbergbau zwischen 25 und 90 % der jeweiligen Rohförderung. Im Jahre 1991, dem Jahr vor der Schließung der letzten beiden deutschen Metallerzbergwerke, fielen ca. 170 000 t Flotationsberge an.

Zum Teil werden grobkörnige Schwimmberge und feinsandige Flotationsabgänge verwertet, indem sie als Versatzmaterial in den Grubenbetrieb zurückgepumpt werden. Soweit ein solcher Pumpversatz nicht möglich ist, kann das feinkörnige Bergematerial nur in entsprechend dimensionierten Schlammteichen untergebracht werden, die der Klärung der eingeleiteten Feststoffsuspension und dem Absetzen des Schlammes dienen. *Gabrisch*

Essigsäuremethylester.
□ Stoff-Identifizierungs-Nr.:
CAS-Nr.: 79-20-9
EG–Nr.: 607-021-00-X
UN-Nr.: 1231
EINECS-Nr.: 201-185-2
□ Chemische Formel: $C_3H_6O_2$
□ Stoffcharakteristik: Farblose sehr flüchtige, leicht entzündliche, wenig wasserlösliche Flüssigkeit, mit mildem Estergeruch. Leichter als Wasser. Dämpfe viel schwerer als Luft, bilden mit Luft explosionsfähiges Gemisch.
□ Gefahrenmerkmale:
– Stoffliste nach § 4a der →Gefahrstoffverordnung: Gefahrenkennbuchstabe(n): F
R-Sätze: 11
S-Sätze: 2-16-23-29-33
– Arbeitsschutzwerte nach TRGS 900: →MAK-Wert (mg/m³): 610
– Stoffliste (Anhang II) der →Störfall-Verordnung: Nr. 2
– →Wassergefährdungsklasse: WGK 1
– Emissionswerte: →TA Luft Einstufung: 3.1.7 Klasse II *Fischer/M. Schön*

ESTA. Bei der elektrostatischen Trennung (ESTA®) handelt es sich um ein trockenes Aufbereitungsverfahren zur Trennung der Kalirohsalze (→Rohsalz) in ihre Mineralkomponenten. Die ESTA® wurde in den 70er Jahren zur Betriebsreife entwickelt und wird neben dem klassischen Heißlöseverfahren und der →Flotation als drittes Aufbereitungsverfahren angewendet.

Zur Vorbereitung der ESTA® ist das Rohsalz durch Aufmahlen so weit aufzuschließen, daß die einzelnen Minerale als unverwachsene Körner vorliegen. Danach wird das Rohsalz trocken einer die Oberfläche aktivierenden Behandlung unterworfen. Infolge dieser Konditionierung werden die Minerale unterschiedlich elektrostatisch aufgeladen, so daß sie anschließend beim Fall durch ein starkes elektrisches Feld abgelenkt und getrennt aufgefangen werden können (Bild). So gelingt es, auf trockenem Weg die nicht verwertbaren Bestandteile des Rohsalzes oder bestimmte Wertstoffe gezielt abzutrennen. Das verbleibende Salzgemisch kann – gegebenenfalls durch mehrstufige Anreicherungen – in seine Bestandteile weiter zerlegt oder nach anderen Verfahren verarbeitet werden.

Da es sich um ein trockenes Verfahren handelt, werden der Anfall von Abwässern und Korrosion vermieden. Energie wird lediglich für das Aufmahlen des Salzes und den Transport benötigt. *Lenz*

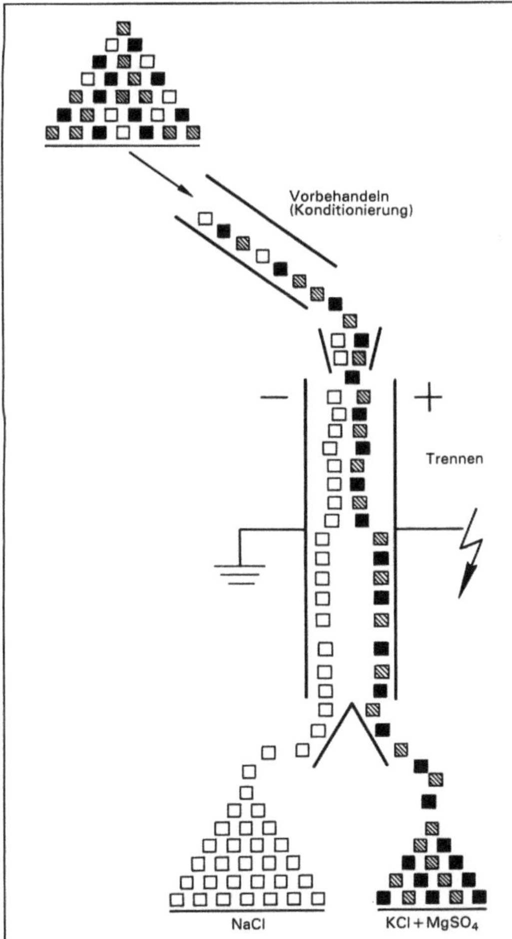

ESTA: Elektrostatisches Trennverfahren für Kalirohsalze.

Literatur: Die Kaliindustrie in der Bundesrepublik Deutschland. Hrsg. Kaliverein e. V., 6. Aufl. Hannover 1988. – *Ernst, L.:* Zur Ursache und zum Mechanismus der Kontaktaufladung von NaCl- und KCl-Kristallen bei der elektrostatischen Rohsalztrennung. Kali und Steinsalz **9** (1986) Nr. 9, S. 275–286. – *Fricke, G.:* Die elektrostatische Aufbereitung von Kalium- und Magnesiumsalzen. Kali und Steinsalz **9** (1986) Nr. 9, S. 287–295. – *Singewald, A.:* Trennen von Kalium- und Magnesiummineralen im elektrischen Hochspannungsfeld. Kali und Steinsalz **8** (1982) Nr. 8, S. 252–260.

Ester. E. sind organische Verbindungen, die ein C-Atom besitzen, das eine Doppelbindung zu einem O-Atom und je eine Einfachbindung zu einer OR-Gruppe (C(O)OR' Carboxygruppe) und zu einem weiteren C-Atom ausbildet. E. besitzen die allgemeine Formel RC(O)OR', wobei die Gruppen R und R' sowohl gesättigten, ungesättigten als auch aromatischen Charakter haben können.

Mehr als 100 verschiedene E. konnten in der →Troposphäre qualitativ nachgewiesen werden.

Die Emission erfolgt hauptsächlich über die Vegetation. Der →Abbau in der Troposphäre erfolgt über die Reaktion mit OH-Radikalen, wobei der Mechanismus ähnlich ist wie bei der Oxidation von Alkanen. *Wiesen*

Ethanol.
□ Stoff-Identifizierungs-Nr.:
CAS-Nr.: 64-17-5
EG–Nr.: 603-002-00-5
UN-Nr.: 1170
EINECS-Nr.: 200-576-8
□ Chemische Formel: C_2H_6O
□ Stoffcharakteristik: Farblose, leicht entzündliche und mit Wasser mischbare Flüssigkeit. Dämpfe sind schwerer als Luft und bilden mit Luft explosionsfähiges Gemisch.
□ Gefahrenmerkmale:
– Stoffliste nach § 4a der →Gefahrstoffverordnung: Gefahrenkennbuchstabe(n): F
R-Sätze: 11
S-Sätze: 2-7-16
– Arbeitsschutzwerte nach TRGS 900: →MAK-Wert (mg/m³): 1900
– Stoffliste (Anhang II) der →Störfall-Verordnung: Nr. 2
– →Wassergefährdungsklasse: WGK 0
– Emissionswerte: →TA Luft Einstufung: 3.1.7 Klasse III *Fischer/M. Schön*
→Kraftstoff, alternativ

Ethanthiol.
□ Stoff-Identifizierungs-Nr.:
CAS-Nr.: 75-08-1
EG–Nr.: 016-022-00-9
UN-Nr.: 2363
EINECS-Nr.: 200-837-3
□ Chemische Formel: C_2H_6S
□ Stoffcharakteristik: Farblose, wasserunlösliche, niedrigsiedende, gesundheitsschädliche Flüssigkeit, leicht entzündlich, je nach Konzentration penetranter bis beißender Geruch. Dämpfe schwerer als Luft, bilden mit Luft explosionsfähiges Gemisch. Reagiert mit Oxydationsmitteln, Metallen und organischen Verbindungen.
□ Gefahrenmerkmale:
– Stoffliste nach § 4a der →Gefahrstoffverordnung: Gefahrenkennbuchstabe(n): Xn, F
R-Sätze: 11-20
S-Sätze: 2-16-25
– Arbeitsschutzwerte nach TRGS 900: →MAK-Wert (mg/m³): 1
– Stoffliste (Anhang II) der →Störfall-Verordnung: Nr. 191.3
– →Wassergefährdungsklasse: WGK 3
– Emissionswerte: →TA Luft Einstufung: 3.1.7 Klasse I *Fischer/M. Schön*

2-Ethoxyethanol.
□ Stoff-Identifizierungs-Nr.:
CAS-Nr.: 110-80-5
EG-Nr.: 603-012-00-X
UN-Nr.: 1171
EINECS-Nr.: 203-804-1
□ Chemische Formel: $C_4H_{10}O_2$
□ Stoffcharakteristik: Farblose, neutrale schwer flüchtige entzündliche und mit Wasser mischbare Flüssigkeit. Dämpfe viel schwerer als Luft, bilden bei erhöhter Temperatur mit Luft explosionsfähiges Gemisch.
□ Gefahrenmerkmale:
– Stoffliste nach § 4 a der →Gefahrstoffverordnung: Gefahrenkennbuchstabe(n): T
R-Sätze: 60-61-10-20/21/22
S-Sätze: 53-45
– Besondere Stoffeigenschaften nach TRGS 500: erbgutverändernd: EG-Kat. 2
– Arbeitsschutzwerte nach TRGS 900: →MAK-Wert (mg/m³): 75
→BAT-Wert: 50 mg/l Ethoxyessigsäure im Harn
– Stoffliste (Anhang II) der Störfallverordnung: Nr. 3 und 4 c
– →Wassergefährdungsklasse: WGK 1
– Emissionswerte: →TA Luft Einstufung: 3.1.7 Klasse II   *Fischer/M. Schön*

Ethylbenzol.
□ Stoff-Identifizierungs-Nr.:
CAS-Nr.: 100-41-4
EG-Nr.: 601-023-00-4
UN-Nr.: 1175
EINECS-Nr.: 202-849-4
□ Chemische Formel: C_8H_{10}
□ Stoffcharakteristik: Farblose, wasserunlösliche Flüssigkeit, leichtentzündlich, Dämpfe viel schwerer als Luft, bilden mit Luft explosionsfähiges Gemisch. Mit starken Oxydationsmitteln Entzündung möglich. Benzolartiger Geruch.
□ Gefahrenmerkmale:
– Stoffliste nach § 4 a der →Gefahrstoffverordnung: Gefahrenkennbuchstabe(n): F, Xn
R-Sätze: 11-20
S-Sätze: 2-16-24/25-29
– Arbeitsschutzwerte nach TRGS 900: →MAK-Wert (mg/m³): 440
– Stoffliste (Anhang II) der →Störfall-Verordnung: Nr. 3
– →Wassergefährdungsklasse: WGK 2
– Emissionswerte: →TA Luft Einstufung: 3.1.7 Klasse II   *Fischer/M. Schön*

Ethylbromid.
□ Stoff-Identifizierungs-Nr.:
CAS-Nr.: 74-96-4
EG-Nr.: 602-055-00-1
UN-Nr.: 1891

EINECS-Nr.: 200-825-8
□ Chemische Formel: C_2H_5Br
□ Stoffcharakteristik: Farblose bis gelbliche, leicht flüchtige, wasserunlösliche Flüssigkeit, stark lichtbrechend, schwerer als Wasser, mit ätherischem Geruch. Dämpfe viel schwerer als Luft, können mit Luft explosionsfähiges Gemisch bilden.
□ Gefahrenmerkmale:
– Stoffliste nach § 4 a der →Gefahrstoffverordnung: Gefahrenkennbuchstabe(n): Xn
R-Sätze: 20/21/22-45
S-Sätze: 2-28
– Besondere Stoffeigenschaften nach TRGS 500: krebserzeugend: MAK-Gruppe III A 2
– Stoffliste (Anhang II) der Störfallverordnung: Nr. 2
– →Wassergefährdungsklasse: WGK 2
– Emissionswerte: →TA Luft Einstufung: 2.3 (gemäß MAK-Liste)   *Fischer/M. Schön*

Ethylcarbamat.
□ Stoff-Identifizierungs-Nr.:
CAS-Nr.: 51-79-6
EG-Nr.: 607-149-00-6
UN-Nr.: 2811
EINECS-Nr.: 200-123-1
□ Chemische Formel: $C_3H_7NO_2$
□ Stoffcharakteristik: Farblose, säulenförmige Kristalle oder weißes, körniges Pulver, leicht löslich in Wasser, Alkohol, Ether und Chloroform.
□ Gefahrenmerkmale:
– Stoffliste nach § 4 a der →Gefahrstoffverordnung: Gefahrenkennbuchstabe(n): T
R-Sätze: 45
S-Sätze: 53-45
– Stoffliste (Anhang II) der Störfallverordnung: Nr. 156 und 4 c
– Emissionswerte: →TA Luft Einstufung: 2.3 (gemäß MAK-Liste)   *Fischer/M. Schön*

Ethylenchlorhydrin.
□ Stoff-Identifizierungs-Nr.:
CAS-Nr.: 107-07-3
EG-Nr.: 603-028-00-7
UN-Nr.: 1135
EINECS-Nr.: 203-459-7
□ Chemische Formel: C_2H_5ClO
□ Stoffcharakteristik: Farblose, mit Wasser mischbare Flüssigkeit, sehr giftig, schwer entzündlich. Dämpfe viel schwerer als Luft, bilden bei höherer Temperatur mit Luft explosionsfähiges Gemisch. Ätherischer Geruch. Bei thermischer Zersetzung Bildung von Phosgen und Chlorwasserstoff. Reagiert mit starken Oxydationsmitteln.
□ Gefahrenmerkmale:
– Stoffliste nach § 4 a der →Gefahrstoffverordnung: Gefahrenkennbuchstabe(n): T+
R-Sätze: 26/27/28

S-Sätze: 1/2-7/9-28-45
– Arbeitsschutzwerte nach TRGS 900: →MAK-Wert (mg/m³): 3
– Stoffliste (Anhang II) der →Störfall-Verordnung: Nr. 69 und 4 b
– →Wassergefährdungsklasse: WGK 3

Fischer/M. Schön

Ethylenimin.
☐ Stoff-Identifizierungs-Nr.:
CAS-Nr.: 151-56-4
EG-Nr.: 613-001-00-1
UN-Nr.: 1185
EINECS-Nr.: 205-793-9
☐ Chemische Formel: C_2H_5N
☐ Stoffcharakteristik: Farblose, leicht bewegliche, mit Wasser mischbare, flüchtige Flüssigkeit, leicht entzündlich, sehr reaktionsfähig. Dämpfe schwerer als Luft, bilden mit Luft ein explosionsfähiges Gemisch. Ammoniakartiger Geruch.
☐ Gefahrenmerkmale:
– Stoffliste nach § 4 a der →Gefahrstoffverordnung: Gefahrenkennbuchstabe(n): F, T+
R-Sätze: 45-46-11-26/27/28-34
S-Sätze: 53-45
– Besondere Stoffeigenschaften nach TRGS 500: krebserzeugend: EG-Kat. 2
erbgutverändernd: EG-Kat. 2
– Arbeitsschutzwerte nach TRGS 900: →TRK-Wert (mg/m³): 0,9
– Stoffliste (Anhang II) der →Störfall-Verordnung: Nr. 157 und 4 b
– →Wassergefährdungsklasse: WGK 3
– Emissionswerte: →TA Luft Einstufung: 2.3 Klasse II

Fischer/M. Schön

Ethylenoxid.
☐ Stoff-Identifizierungs-Nr.:
CAS-Nr.: 75-21-8
EG-Nr.: 603-023-00-X
UN-Nr.: 1040
EINECS-Nr.: 200-849-9
☐ Chemische Formel: C_2H_4O
☐ Stoffcharakteristik: Farbloses, hochentzündliches Gas mit süßlich etherischem Geruch, schwerer als Luft. Flüssigkeit mit Wasser mischbar, reagiert neutral. Chemisch instabil, sehr reaktionsfreudig. Auch ohne Anwesenheit von Sauerstoff exotherme Reaktion möglich.
☐ Gefahrenmerkmale:
– Stoffliste nach § 4 a der →Gefahrstoffverordnung: Gefahrenkennbuchstabe(n): T, F+
R-Sätze: 45-46-12-23-36/37/38
S-Sätze: 53-45
– Besondere Stoffeigenschaften nach TRGS 500: krebserzeugend: EG-Kat. 2
erbgutverändernd: EG-Kat. 2

– Arbeitsschutzwerte nach TRGS 900: →TRK-Wert (mg/m³): 2
– Stoffliste (Anhang II) der Störfallverordnung: Nr. 158 und 4 c
– →Wassergefährdungsklasse: WGK 2
– Emissionswerte: TA Luft Einstufung: 2.3 Klasse III

Fischer/M. Schön

Ethylparathion.
☐ Stoff-Identifizierungs-Nr.:
CAS-Nr.: 56-38-2
EG-Nr.: 015-034-00-1
UN-Nr.: 3018
EINECS-Nr.: 200-271-7
☐ Chemische Formel: $C_{10}H_{14}NO_5PS$
☐ Stoffcharakteristik: Gelbe bis braune, phenolisch riechende Flüssigkeit, nahezu unlöslich in Wasser.
☐ Gefahrenmerkmale:
– Stoffliste nach § 4 a der →Gefahrstoffverordnung: Gefahrenkennbuchstabe(n): T+, N
R-Sätze: 27/28-50-53
S-Sätze: 1/2-28-36-37-45-60-61
– Arbeitsschutzwerte nach TRGS 900: →MAK-Wert (mg/m³): 0,1 (→Gesamtstaub)
→BAT-Wert: 500 µg/l p-Nitrophenol im Harn
70 % Reduktion der Acetylcholinesterase – Aktivität in Erythrozyten bezogen auf den individuellen, unbelasteten Ausgangswert.
– Stoffliste (Anhang II) der Störfallverordnung: Nr. 230 und 4 b
– →Wassergefährdungsklasse: WGK 3

Fischer/M. Schön

ETS →Emissionskennwerte technischer Schallquellen.

EUDC-Zyklus (Abk. *engl.* Extra Urban Driving Cycle) →ECE-Test

Eudiometer. Luftgütemesser (*griech.* eudios ist abzuleiten von eu = gut und dem indogermanischen „div" = Tag, Himmel, Luft; metron = Maß). Die Bezeichnung E. ist 1775 von *Marsiglio Landriani* in Mailand geprägt worden für ein bereits bekanntes und in mehreren Varianten entwickeltes Instrument, „welches dazu dienen soll, die Güte oder Salubrität der Luft zu prüfen, d. i. anzuzeigen, in wie weit sie mehr oder weniger zum Einathmen dienlich, mithin für die Erhaltung der Gesundheit mehr oder weniger heilsam sey" *(Gehler)*. Die Frage der Luftqualität wurde in der zweiten Hälfte des 18. Jahrhunderts in den Städten Europas diskutiert aus Sorge vor Krankheiten infolge der „durch üble Ausdünstungen verursachten Verpestung der Luft" *(Wimmer)*. Allgemein hielt man damals die Luft noch für ein elementares Fluidum, so wie auch die um 1700 von *Stahl* aufgestellte Phlogistontheorie die Chemie noch weitgehend bestimmte. Unter Phlogiston (*griech.* phlegein = verbrennen; phlogiston = Verbranntes) wurde ein geheimnisvoller, in allen brennbaren und „verkalkbaren" (oxidierbaren) Substanzen enthaltener „brennbarer Grundstoff" verstanden, den man nicht selbständig darstellen, sondern nur aus Veränderungen erkennen konnte, die sich an von ihm getrennten Körpern zeigten; bei Verbrennungs-, Verwesungs- oder vergleichbaren Vorgängen entwich Phlogiston auch in die Atemluft.

Mit dem E. sollte der Anteil des „brennbaren Wesens" in der Atemluft, das „einen schädlichen Einfluß auf unseren Gesundheitszustand äußert", bestimmt werden *(Scherer)*; gemeint waren insbesondere die bereits zitierten „üblen Ausdünstungen" aus Vorgängen wie Verwesung, Faulung und Gärung, die im Extremfall zur Erstickung als „eine Folge des Einatmens einer mit Brennbarem ganz angefüllten Luft" führen konnten. Bei der Zumischung von „eudiometrischen Substanzen", wie insbesondere aus Salpetersäure erzeugtes Salpetergas, zu gemeiner Luft im E. wurde eine Volumenminderung festgestellt, die direkt zur „Salubrität" der Luft in Beziehung gesetzt wurde: Je größer die Volumenminderung, desto „reiner, respirabler und heilsamer" die atmosphärische Luft! Die Volumenminderung einer Luftprobe bezog sich nach diesem Maßstab – und nach den tatsächlichen chemischen Reaktionen – nicht auf das Brennbare, sondern auf „die Menge desjenigen Theiles, der zur Erhaltung des Lebens für alle athmenden Geschöpfe höchst nöthig ist". Man ging offenbar von einem (nicht weiter differenzierbaren) Komplementärverhältnis aus. Es war auch klar, daß die Belastung der Atemluft mit anderen Schadstoffen als dem unspezifischen „Brennbaren", wie z. B. mit Arsen, bei der Eudiometrierung überhaupt nicht erfaßbar war.

Naturwissenschaftlich konnten die chemisch-physikalischen Zusammenhänge erklärt werden, nachdem sich die von *Lavoisier* um 1780 gewonnenen Erkenntnisse über die Natur des Verbrennungsvorgangs – er widerlegte die Phlogistontheorie – und über die Zusammensetzung der Luft durchgesetzt hatten. Mit dem E. wurde im wesentlichen nichts anderes bestimmt als der Sauerstoffgehalt in der Luftprobe. Die Volumenminderung bei der Eudiometrierung trat ein durch die Reaktion der Salpeterluft (überwiegend NO) mit dem Luftsauerstoff der Probe und dann mit Wasser

$$2\,NO + O_2 \rightarrow 2\,NO_2 \text{ und}$$
$$2\,NO_2 + H_2O \rightarrow HNO_3 + HNO_2.$$

Das E. wurde später – ohne Bezug zum früheren Luftgütebegriff – in der chemischen Praxis weiterentwickelt und als Gasmeßgerät verwendet.

Dreyhaupt

Literatur: *Corbin, A.:* Pesthauch und Blütendurft – Eine Geschichte des Geruchs. Frankfurt 1988. – *Gehler, J. S. T.:* Physikalisches Wörterbuch, 4 Bd. Leipzig 1787–91. – *Meyer, J.:* Das große Conversations-Lexicon für die gebildeten Stände. Hildburghausen 1847. – Römpp Chemie Lexikon, 9. Aufl. Stuttgart–New York 1989–92. – *Scherer, J. A.:* Geschichte der Luftgüteprüfungslehre für Ärzte und Naturfreunde, 2 Bd. Wien 1785. – *Wimmer, J.:* Gesundheit, Krankheit und Tod im Zeitalter der Aufklärung (Kap. III B: Die Sorge um die Reinheit der Luft/Die üblen Gerüche der Großstadt). Wien-Köln 1991.

Eukaryont. Ein E. ist ein Lebewesen, dessen Chromosomen in einem diskreten, von einer Membran umgebenen Zellkern verpackt sind. Zu den E. zählen mithin alle ein- und mehrzelligen Lebewesen mit Ausnahme der Bakterien und Viren. *Flohé*

Euler-Ausbreitungsmodell. Modell, das die Ausbreitung von Luftbeimengungen nach der *Eulerschen* Betrachtungsweise beschreibt. Im Gegensatz zur *Lagrangeschen* Betrachtungsweise (→Lagrange-Ausbreitungsmodell) wird hierbei die →Immissionskonzentration – bzw. bei instationären Verhältnissen die Konzentrationsänderung – an einem festen Ort berechnet. Die lokale Immissionskonzentration wird dabei bestimmt von der Advektion, der turbulenten Diffusion (→Turbulenz) und von lokalen Quellen und Senken. Letztere können z. B. durch chemische Reaktionen oder Depositionsvorgänge entstehen.

Die Advektion und die turbulente Diffusion werden in Abhängigkeit von den lokalen Verhältnissen zuvor mit einem →Strömungsmodell berechnet. Die Konzentration wird dann mit derjenigen räumlichen Auflösung bestimmt, die das Strömungsmodell aufweist. Hierbei ist zu beachten, daß diese Auflösung in Quellnähe nicht zu grob werden darf. Andernfalls werden die Konzentrationen unverhältnismäßig stark verschmiert, was zur Unterschätzung in Quellnähe und zu fehlerhaften Konzentrationsverteilungen in größerer Entfernung führen kann. *Wichmann-Fiebig*

Europa-Test →ECE-Test

Europäische Norm. (EN). EN sind Arbeitsergebnisse von →CEN (Europäisches Komitee für Normung) und →CENELEC (Europäisches Komitee für Elektrotechnische Normung). Sie stellen einen gemeinsamen Beitrag der CEN- bzw. CENELEC-Mitglieder zur Harmonisierung der nationalen Normen innerhalb Westeuropas dar.

Aus der Facharbeit von CEN und CENELEC stammende und von diesen europäischen Normungsorganisationen herausgegebenen Veröffentlichungen sind Europäische Normen (EN), Europäische Vornormen (ENV), Harmonisierungsdokumente (HD) und CEN/CENELEC-Berichte.

Eine EN ist nicht mit der Euronorm zu verwechseln. Der Begriff Euronorm gilt nur für die Arbeitsergebnisse des Koordinierungsausschusses für die Nomenklatur der Eisen- und Stahlerzeugnisse bei der Kommission der Europäischen Gemeinschaften, jedoch nicht für die von CEN und CENELEC erarbeiteten EN. EN werden in den drei offiziellen Sprachen Deutsch, Englisch und Französisch verabschiedet.

Die Annahme einer EN enthält für die CEN/CENELEC-Mitglieder die Verpflichtung, innerhalb der gemäß der Geschäftsordnung festgelegten Fristen ihr den Status einer nationalen Norm – in der Bundesrepublik Deutschland den einer →DIN-Norm – zu geben und alle ihr widersprechenden nationalen Normen zurückzuziehen; solche Normen erhalten dann die Bezeichnung DIN-EN-Norm. Es sind bereits zahlreiche DIN-EN-Normen mit Umweltschutzcharakter vorhanden, über die das DITR (Deutsches Informationszentrum für Technische Regeln beim DIN in Berlin; →Technische Regeln im Umweltschutz) Auskunft geben kann. *Grefen*

Literatur: DIN-Normenheft 10. Grundlagen der Normungsarbeit des DIN.

Europäische Umweltagentur. Sie ist geregelt in der Verordnung (EWG) Nr. 1210/90 des Rates vom 7. Mai 1990 zur Errichtung einer E. U. und eines Europäischen Umweltinformations- und Umweltbeobachtungsnetzes (ABl. EG L 120, S. 1). Diese Verordnung ist am Tage nach der Entscheidung über den Sitz der Europäischen Umweltagentur (Kopenhagen) 1993 in Kraft getreten. Der E. U. obliegt die Sammlung, Aufbereitung und Analyse von Umweltdaten auf europäischer Ebene, um objektive, zuverlässige und vergleichbare Informationen zu erhalten, die es der Gemeinschaft und den Mitgliedstaaten ermöglichen, die erforderlichen Umweltschutzmaßnahmen zu ergreifen, deren Ergebnisse zu bewerten, die Öffentlichkeit sachgemäß zu unterrichten und die notwendige technische und wissenschaftliche Unterstützung zu geben.

Der Aufgabenkatalog umfaßt im einzelnen:
– die Einrichtung und Koordinierung eines Europäischen Umweltinformationsnetzes in Zusammenarbeit mit den Mitgliedstaaten,
– die Bereitstellung der erforderlichen objektiven Informationen für die Ausarbeitung und Durchführung von zweckmäßigen und wirksamen Umweltmaßnahmen für die Gemeinschaft und die Mitgliedstaaten, insbesondere die Weitergabe der erforderlichen Informationen an die Kommission,
– die Erfassung, Zusammenstellung und Bewertung von Daten über den Zustand der Umwelt, die Erstellung von Sachverständigengutachten über die Qualität, die Empfindlichkeit und die Belastungen der Umwelt im Gebiet der Gemeinschaft sowie die Aufstellung einheitlicher Bewertungskriterien für Umweltdaten, die in allen EG-Mitgliedstaaten anzuwenden sind,
– die Förderung der Vergleichbarkeit der Umweltdaten auf europäischer Ebene sowie erforderlichenfalls die Förderung einer stärkeren Harmonisierung der Meßverfahren,
– die Förderung einer Berücksichtigung europäischer Umweltinformationen in internationalen Umweltüberwachungsprogrammen wie denjenigen, die im Rahmen der Vereinten Nationen und ihrer Sonderorganisationen durchgeführt werden,
– die umfassende Verbreitung von zuverlässigen Umweltinformationen sowie alle drei Jahre die Veröffentlichung eines Berichts über den Zustand der Umwelt,
– die Förderung der Entwicklung und Anwendung von Verfahren der Prognose im Umweltbereich, damit rechtzeitig geeignete Vorsorgeaufwendungen getroffen werden können,
– die Förderung der Entwicklung von Methoden zur Bewertung der Kosten von Umweltschäden sowie der Kosten für Vorsorge-, Schutz- und Sanierungsmaßnahmen im Bereich der Umwelt,
– die Förderung des Informationsaustausches über die besten verfügbaren Technologien zur Verhütung oder Verringerung von Umweltschäden sowie
– die Zusammenarbeit mit der Gemeinsamen Forschungsstelle, die Koordinierung mit dem Statistischen Amt der Gemeinschaften (EUROSTAT) und den Umweltforschungs- und Entwicklungsprogrammen der Europäischen Gemeinschaften.

Die Tätigkeitsfelder der E. U. sind gem. Art. 3 konzentriert auf die Umschreibung des Umweltzustandes anhand der Kriterien: Umweltqualität, Umweltbelastungen und Umweltempfindlichkeit.

Dabei haben Vorrang folgende Umweltbereiche:
– Luftqualität und atmosphärische Emissionen
– Wasserqualität, Schadstoffe und Wasserressourcen
– Zustand des Bodens, der Tier- und Pflanzenarten und der Biotope
– Nutzung des Bodens und der natürlichen Hilfsquellen
– Abfallbewirtschaftung
– Geräuschemissionen
– umweltgefährdende Chemikalien
– Schutz der Küstengebiete.

Besondere Aufmerksamkeit ist den Problemen mit grenzüberschreitendem oder weltweitem Charakter zuzuwenden.

Eine Aufgabenausweitung der E. U. ist spätestens zwei Jahre nach Inkrafttreten der Verordnung vorgesehen, und zwar insbesondere in folgenden Bereichen:
– Beteiligung an der Überwachung der gemeinschaftlichen Rechtsvorschriften im Bereich Umwelt

in Zusammenarbeit mit der Kommission und den zuständigen Stellen in den Mitgliedstaaten
– Ausarbeitung von →Umweltzeichen und Kriterien für ihre Vergabe an umweltfreundliche Produkte, aber auch Technologien, Waren, Dienstleistungen und Programme, durch die keine natürlichen Hilfsquellen vergeudet werden,
– Förderung umweltfreundlicher Technologien, Verfahren, ihrer Anwendung und ihres Transfers innerhalb der Gemeinschaft und in Drittländer sowie die
– Aufstellung von Kriterien zur Bewertung der Auswirkungen auf die Umwelt.   *Offermann-Clas*

Europäisches Umweltzeichen. Die Verordnung (EWG) Nr. 880/92 des Rates vom 23. März 1992 betreffend ein gemeinschaftliches System zur Vergabe eines Umweltzeichens (ABl. EG L 99, S. 1) ist gestützt auf Art. 130s EGV. Ziel der Verordnung ist die Schaffung eines gemeinschaftsweiten Systems zur Vergabe eines E. U. (Bild). Bereits vorhandene oder zukünftige unabhängige Vergabesysteme können zwar bestehen, bleiben, jedoch sollen mit dieser Verordnung die Voraussetzungen dafür geschaffen werden, daß letztendlich ein wirkungsvolles, einheitliches Umweltzeichen in der Europäischen Gemeinschaft eingeführt wird. Das Vergabesystem des gemeinschaftlichen Umweltzeichens beruht auf freiwilliger Anwendung. Mit der Vergabe eines E. U. sollen gem. Art. 1 Entwicklung, Herstellung, Vertrieb und Verwendung von Erzeugnissen geför-

dert werden, die während ihrer gesamten Lebensdauer möglichst geringe Umweltauswirkungen haben. Ferner ist damit die bessere Unterrichtung des Verbrauchers über die Umweltbelastung sicherzustellen. Die Verordnung gilt nicht für Lebensmittel, Getränke und Arzneimittel.

Das E. U. darf nicht für Erzeugnisse vergeben werden, die nach einem Verfahren hergestellt wer-

Europäisches Umweltzeichen: Emblem.

Europäisches Umweltzeichen. Tabelle: Als Hinweis dienendes Beurteilungsschema

Umweltaspekte	Lebenszyklus des Produktes				
	Produktions-vorstufe	Produktion	Vertrieb einschließlich Verpackung	Verwendung	Entsorgung
Abfallaufkommen					
Bodenverschmutzung und -schädigung					
Wasserverschmutzung					
Luftverschmutzung					
Lärm					
Energieverbrauch					
Verbrauch von natürlichen Ressourcen					
Auswirkungen auf Ökosysteme					

den, das für Mensch und/oder Umwelt signifikante Schäden verursachen kann.

Die Voraussetzungen für die Vergabe des E. U. werden gem. Art. 5 nach Produktgruppen bestimmt. Die spezifischen Umweltkriterien der Produktgruppe werden festgelegt
– unter Zugrundelegung des gesamten Lebenszyklus des Erzeugnisses (von der Wiege bis zur Bahre), d. h. von der Fertigung, einschließlich der Auswahl der Grundstoffe, über Verteilung, Verbrauch und Verwendung bis zur →Entsorgung nach der Verwendung, und
– unter Berücksichtigung der Ziele des Art. 1 (s. o.), der Gesundheits-, Sicherheits- und Umweltanforderungen sowie der Parameter des als Hinweis dienenden Beurteilungsschemas (Tabelle).

Die Kommission der Europäischen Gemeinschaften veröffentlicht mindestens einmal jährlich im Amtsblatt der EG nicht nur die Produktgruppen und die entsprechenden spezifischen Umweltkriterien sowie die jeweilige Dauer ihrer Gültigkeit, sondern auch die Namen und Anschriften der zuständigen nationalen Behörden, das Verzeichnis der Erzeugnisse, für die ein E. U. vergeben worden ist, die Namen der betreffenden Hersteller oder Importeure sowie das Datum des Verfalls der vergebenen Zeichen. *Offermann-Clas*

Euryökie →Adaptation

Eutrophierung. E. (Eutrophie = Wohlgenährtheit) bezeichnet die Zunahme an →Trophie im Gewässer die durch gesteigerte Verfügbarkeit und Ausnutzung von Nährstoffen bewirkt wird. E. von Seen äußert sich insbesondere in
– starker Wassertrübung durch Planktonalgen, Verstärkung der Tag-Nacht-Schwankungen der Konzentrationen von Sauerstoff, Kohlensäure und des pH-Werts im oberflächennahen Wasser,
– Erhöhung der Konzentrationen algenbürtiger Geruchs- und Geschmacksstoffe, die die →Trinkwasseraufbereitung erschweren,
– Sauerstoffmangel im tiefen Wasser geschichteter Seen verbunden mit der Remobilisierung von Eisen und Mangan aus dem Sediment infolge anerober Verhältnisse,
– Remobilisierung von im Sediment chemisch gebundenem Phosphat und damit Verstärkung der internen Rückdüngung,
– Veränderung der Biozönosen in Bezug auf deren artenmäßige Zusammensetzung und Stimulation des Wachstums von Unterwasserpflanzen, bei zunehmender E. gehen diese jedoch zu Gunsten von Planktonalgen zurück.

E. ist auch ein Problem der Fließgewässer, insbesondere gestauter Unterläufe von Flüssen, in denen es bei einem Überangebot an Nährstoffen häufig zu Planktonmassenentwicklungen mit nachteiligen Effekten kommt. In kleineren, rasch fließenden Bächen und Flüssen äußert sich E. vor allen Dingen durch Massenwuchs von Fadenalgen oder durch Verkrautung in Folge Massenwuchs von Unterwasserblütenpflanzen.

E. ist prinzipiell ein Vorgang, der in außerordentlich langen Zeiten natürlicherweise vor sich geht. Die nach dem zweiten Weltkrieg zu beobachtende rasante E. unserer Gewässer ist in erster Linie eine Folge der enorm gesteigerten Nährstoffeinträge, vor allem Phosphor und Stickstoff, aus ungeklärten oder nicht biologisch gereinigten Abwässern sowie aus den Waschmitteln, industrieller Produktion und mit zunehmender Bedeutung aus der Abschwemmung von landwirtschaftlichen Nutzflächen (→Düngung). Inzwischen wird auch über die Luft ein nicht zu vernachlässigender Teil der Nährstoffe in die Gewässer eingetragen. Probleme durch die E. können u. U. erst fernab der Eintragsstelle zum Tragen kommen, wie dies z. B. die E.-Probleme in Mündungsgebieten bzw. in den küstennahen Meeren gezeigt haben (→Algenblüte). Maßnahmen zur Verhinderung von E. oder deren Rückgängigmachen sind z. B. Verringerung des Phosphoreintrages (→Phosphathöchstmengenverordnung) sowie die →Phosphatelimination in Kläranlagen. *Friedrich*

Literatur: *Schwoerbel, J.:* Einführung in die Limnologie. Stuttgart 1993. – *Uhlmann, D.:* Hydrobiologie – Ein Grundriß für Ingenieure und Naturwissenschaftler. Jena 1988.

EVA-Schutz. Unter diesem Sammelbegriff versteht man Einwirkungen von außen (EVA) auf eine kerntechnische Anlage. Im Rahmen des atomrechtlichen Genehmigungsverfahrens muß nachgewiesen werden, daß die Anlagen spezifizierten Lastfällen aus naturbedingten und zivilisatorischen Einflüssen, insbesondere Erdbeben, Flugzeugabsturz, Explosionsdruckwellen sowie Einwirkungen Dritter standhalten. Die Eintrittswahrscheinlichkeiten solcher Ereignisse sind im allgemeinen an den gewählten Standort gebunden und somit durch anlageninterne Maßnahmen nur bedingt beeinflußbar. Um dennoch die damit verbundenen Gefahren auszuschließen oder möglichst zu verringern, sind bei der Auswahl des Standorts die Informationen über die externen Ereignisse zu berücksichtigen.

Zum Schutz gegen Störungen oder sonstige Einwirkungen Dritter werden bautechnische Maßnahmen zur inneren und äußeren Umschließung sowie administrativ-organisatorische Maßnahmen im Sinne eines wirkungsvollen Werkschutzes vorgesehen. *Merz*

Evolution. E. bezeichnet die Entwicklung der Arten von Lebewesen, ausgehend von primitiven Urformen. Man geht heute davon aus, daß vor ca. 4 Milliarden Jahren sich Aminosäuren und Nucleotide sowie einfache Nucleinsäuren in einer Uratmosphäre gebildet haben. Die gleichzeitige spontane Bildung dieser Verbindungsklassen muß als Voraussetzung für die Entstehung von Leben auf der Erde gefordert werden, weil nur in den Nucleinsäuren Erbinformationen gespeichert und weitergegeben werden können, diese aber die aus Aminosäuren bestehenden Peptide und Proteine benötigen, um die gespeicherte Information in Lebensfunktionen umsetzen zu können. Erste fossile Indizien für das Auftreten von Mikroorganismen werden auf ein Alter von ca. 3 Milliarden Jahren datiert. Die ersten Eukaryonten sind vor etwa 1,3 Milliarden Jahren aufgetreten, die ersten hochdifferenzierten, zunächst marinen Tiere vor 680 Millionen Jahren, also etwas früher als höhere Pflanzen. Die Lebensfähigkeit von tierischen Lebewesen hatte allerdings die vorlaufende Existenz von primitiven pflanzlichen Lebensformen zur Voraussetzung, die die Atmosphäre mit Sauerstoff anreicherten.

Die Lehre der E. war bislang auf die Analyse von fossilen Funden und den morphologischen Vergleich rezenter Species angewiesen. Mit der Automatisierung von Sequenziertechniken für Proteine und Nucleinsäuren ist es heute möglich geworden, die Verwandtschaftsbeziehungen rezenter Species durch Sequenzvergleich zu quantifizieren und aus dieser Analyse Stammbäume abzuleiten. Hierbei wird die Anzahl der durch →Mutation geänderten Aminosäuren bzw. Nucleotide in homologen Positionen eines Proteins bzw. einer Nucleinsäure als Maß für die Zeitspanne unabhängiger Entwicklung der untersuchten Spezies gewertet. Die Analyse ist naturgemäß darauf angewiesen, daß Makromoleküle in homologer Form in einer Vielzahl phylogenetisch distanter Species vorkommen. So sind z. B. zur Bestimmung des Verwandtschaftsgrads von Tieren die Sequenzen des Hämoglobins und des Fibrinogens herangezogen worden. Mit den Sequenzen von Cytochromen und der Superoxid-Dismutase konnten zusätzlich Pflanzen und Mikroorganismen in die Systematik einbezogen werden. Zur Zeit wird die molekulare Untermauerung phylogenetischer Stammbäume mit der Sequenzanalyse der ribosomalen RNA vorangetrieben, weil diese molekulare Spezies bei allen Lebewesen (mit Ausnahme der Viren) auftritt.

In jüngerer Zeit beschäftigt sich die Lehre der E. jedoch nicht nur mit der Abstammung der Spezies, sondern auch mit der Abstammung von Molekülen.

Die beiden Aspekte der E. der stammesgeschichtliche und der molekulare, können heute nicht mehr unabhängig voneinander betrachtet werden. *Flohé*

EWG-Nr. →EINECS, →ELINCS, →EG-Nr., →Gefahrstoffverordnung

Ex situ-Messung. Die Bezeichnung ex situ für luftchemische Analysenmethoden ist aus dem Lateinischen abgeleitet und bedeutet außerhalb des ursprünglichen Platzes. Sie wird für Luftmessungen dort angewendet, wo eine Probenahme mit anschließender Analyse im Laboratorium unumgänglich ist. Zu den E.-M. zählen alle gaschromatographischen, elektrochemischen und spektroskopischen Verfahren, die eine Probenaufbereitung erfordern. *Wirtz*

Exergie. Die E. eines Systems ist die maximale Arbeit, die von diesem System übertragen worden ist, wenn es mit der Umgebung bei Umgebungstemperatur ins thermodynamische Gleichgewicht gekommen ist. Im Gegensatz zur →Anergie der Teil der Energie, der sich in jede andere Energieform umwandeln läßt, letztlich auch in Anergie. Nach dem 2. Hauptsatz der Wärmelehre gilt:
– In abgeschlossenen Systemen wird in irreversiblen Prozessen E. in Anergie umgewandelt.
– Nur in reversiblen Prozessen bleibt E. erhalten.
– Es ist nicht möglich, Anergie in E. zu verwandeln. *C.-J. Winter*

Literatur: *Altfeld, K.:* Exergetische Optimierung flacher solarer Lufterhitzer, VDI Fortschritt-Bericht 175. Düsseldorf 1985. – *Heinloth, K.:* Energie. Teubner Studienbücher Physik. Stuttgart 1983.

Exergiebilanz. In einer E. werden die einem System zugeführten und die abgeführten Exergieströme gegenübergestellt. Diese Exergieströme können bestehen aus
– mechanischen oder elektrischen Leistungen,
– an Stoffströme gebundenen Exergieströmen,
– an Wärmeströme gebundenen Exergieströmen.

Bei irreversiblen Prozessen, wird →Exergie in →Anergie verwandelt, so daß die zugeführten Exergieströme größer als die abgeführten sind. Der entstandene Anergiestrom entspricht dem Exergieverlust. Bei reversiblen Prozessen muß der abgeführte Exergiestrom genau so groß sein wie der zugeführte, da keine Umwandlung von Exergie in Anergie auftritt. *Hoffmann*

Exergiefaktor →Wirkungsgrad, exergetischer

Exoenzym. Die E. werden von →Mikroorganismen in die unmittelbare Umgebung abgegeben, um hier größere Moleküle (meist Makromoleküle) in Bausteine zu zerlegen, die von den Zellen aufgenommen und in deren →Stoffwechsel eingeschleust werden können. Ein Beispiel dafür ist der Abbau von Cellulose durch Pilze. *Soeder*

Expositionsäquivalent für krebserzeugende Arbeitsstoffe (EKA). Die →MAK-Wert-Kommission stellt für krebserzeugende Stoffe keine biologischen Arbeitsstoff-Toleranz-Werte (→BAT-Wert) auf, weil für diese Stoffe kein als biologisch unbedenklich erscheinender Wert angegeben werden kann. Der Einsatz krebserzeugender →Stoffe ist aber auch nicht gänzlich verboten oder das Auftreten solcher Stoffe völlig vermeidbar; daher wird arbeitsschutzrechtlich das Instrument der →Technischen Richtkonzentrationen (TRK) und umweltrechtlich z. B. das Emissionsminimierungsgebot der Nr. 2.3 Abs. 1 der TA Luft (→TA Luft-Einstufung (Emissionswert)) eingesetzt.

Für den Bereich des Arbeitsschutzes hat die MAK-Wert-Kommission Beziehungen zwischen der Konzentration von krebserzeugenden Stoffen in der Luft am Arbeitsplatz und der Stoff- bzw. Metabolitenkonzentration im biologischen Material, meist im Harn und/oder Blut, hergestellt. Die mmission als EKA angegebenen Konzentrationen im biologischen Material entsprechen den gegenübergestellten inhalativ aufgenommenen Atemluftkonzentrationen. Aus der an einem Arbeitsplatz festgestellten Konzentration des Arbeitsstoffes in der Luft kann anhand der EKA-Tabelle entnommen werden, welche innere Belastung sich bei ausschließlich inhalativer Stoffaufnahme ergibt. Werden umgekehrt bei biologischen Untersuchungen exponierter Personen höhere als die im Vergleich zur Schadstoffkonzentration in der Luft am Arbeitsplatz angegebenen – äquivalenten – Konzentrationen im biologischen Material gefunden, ist dies ein Hinweis, daß möglicherweise auch eine andere als inhalative Stoffaufnahme stattgefunden hat. Die EKA haben demgemäß nur eine Vergleichsfunktion und keinen limitierenden Charakter; sie werden jährlich von der Deutschen Forschungsgemeinschaft mit der MAK- und BAT-Werte-Liste veröffentlicht; die →TRGS 900 verweist ausdrücklich auf diese Veröffentlichung.   *Dreyhaupt*

Literatur: Deutsche Forschungsgemeinschaft: MAK- und BAT-Werte-Liste 1993. Weinheim 1993.

Expositionspfad. Nach der Strahlenschutzverordnung (StrlSchV) ist ein E. der Weg, den radioaktive Stoffe von der Ableitung aus einer Anlage oder Einrichtung über einen Ausbreitungs- oder Transportvorgang bis zu einer →Strahlenexposition des Menschen nehmen. In der Tabelle sind die einzelnen E. – getrennt nach äußerer und innerer Exposition – und die einer Berechnung von Strahlenexpositionen zugrundezulegenden Aufenthaltszeiten aufgeführt.

Die →Strahlenbelastung ist an den ungünstigsten Einwirkungsstellen zu ermitteln. Dieser Begriff ist in Anlage I der StrlSchV definiert als Stelle der Umgebung einer Anlage oder Einrichtung, bei der auf Grund der Verteilung der abgeleiteten radioaktiven Stoffe in der Umwelt unter Berücksichtigung realer Nutzungsmöglichkeiten durch Aufenthalt oder durch Verzehr dort erzeugter Lebensmittel die höchste Strahlenexposition der Referenzperson zu erwarten ist.

Bei der Festsetzung der ungünstigsten Einwirkungsstelle müssen aber die realen Nutzungsmöglichkeiten des Ortes berücksichtigt werden. Man darf nicht unterstellen, daß der Lebensraum von Personen (Luft, Wasser) identisch ist mit beispielsweise den vergleichsweise extremen Verhältnissen an der Kaminöffnung eines Kernkraftwerks oder an der Abwasserableitstelle eines Krankenhauses mit einer großen nuklearmedizinischen Abteilung. Auf der anderen Seite sind – bei Beachtung des realen Nutzungsprinzips – diejenigen Stellen zugrunde zu legen, an denen sich die höchste effektive Dosis oder die höchste Teilkörperdosis, und zwar als Summe aus äußerer und innerer Exposition, ergeben können (→Ausbreitung radioaktiver Stoffe, →Ingestion, →Inhalation, →Inkorporation, →Submersion).   *Ewen*

Literatur: Allgemeine Verwaltungsvorschrift zu § 45 Strahlenschutzverordnung: Ermittlung der Strahlenexposition durch die Ableitung radioaktiver Stoffe aus kerntechnischen Anlagen oder Einrichtungen, vom 21. 2. 1990, Bundesanzeiger, Nr. 64a, 31. 3. 1990.

Expositionspfad. Tabelle: E. nach Strahlenexposition und Aufenthaltszeit.

Äußere Exposition	Innere Exposition
– Submersion durch Beta- und Gammastrahlung (jeweils 1 Jahr) – Gammastrahlung aus am Boden abgelagerten radioaktiven Stoffe (1 Jahr) – Aufenthalt auf Sediment (1000 Stunden)	– Inhalation über Atemluft (1 Jahr) – Ingestion über (1 Jahr): ● Trinkwasser ● Luft-Pflanze ● Luft-Futterpflanze-Kuh-Milch ● Luft-Futterpflanze-Tier-Fleisch ● Wasser-Fisch ● Viehtränke-Kuh-Milch ● Viehtränke-Tier-Fleisch ● Beregnung-Futterpflanze-Kuh-Milch ● Beregnung-Futterpflanze-Tier-Fleisch ● Beregnung-Pflanze

Expression. Mit E. oder Genexpression beschreibt man den Gesamtvorgang, der zur Übersetzung eines Gens in ein Genprodukt führt, das eine RNA, z. B. eine ribosomale RNA (rRNA) oder Transfer-RNA (tRNA), oder ein Protein sein kann. Bekanntlich ist die Sequenz von RNA bzw. Proteinen durch die Basensequenz der codierenden DNA der Gene determiniert ($\rightarrow$Code, genetischer). Der Sequenz des Genprodukts entspricht auf der genetischen Ebene die Sequenz des Strukturgens. Wie aus der variablen Antwort von Pro- und Eukaryonten auf Umweltbedingungen und besonders aus der Differenzierung genotypisch identischer Zellen eines höheren Organismus unschwer abzuleiten ist, werden nicht alle Gene konstant exprimiert. Ob, wodurch bzw. wie stark ein Gen exprimiert wird, bestimmen wesentlich DNA-Sequenzen, die dem Strukturgen vor-, nach- oder zwischengeschaltet sind und die E. regeln. *Flohé*

Extensivierung. (Auch extensive Nutzung). Die moderne Landwirtschaft der Industrieländer ($\rightarrow$Landbau, ökologischer) war insbesondere in der 2. Hälfte des 20. Jahrhunderts durch den steigenden Einsatz ertragssteigernder und ertragssichernder Methoden und Hilfsmittel gekennzeichnet. Die Folge waren einerseits ständige beachtliche Ertragssteigerungen, andererseits eine volkswirtschaftlich problematische Überproduktion sowie wachsende landwirtschaftlich verursachte Umweltbelastungen.

Um insbesondere der Überproduktion entgegenzuwirken, hat die Kommission der Europäischen Gemeinschaften seit Ende der 80er Jahre Programme zur E. bzw. extensiven Nutzung von Feldern, Wiesen und Weiden sowie auch einigen Sonderkulturen eingeführt. Dabei müssen sich die Landwirte verpflichten, auf bestimmten Nutzflächen oder Teilen ihrer Betriebe die Erträge etwa um 20 % zu vermindern. Daher sollte die E. besser als De-Intensivierung bezeichnet werden. Die Landwirte erhalten je nach Bodenwertzahl und bisheriger Ertragshöhe Prämien zum Ausgleich der Einkommensverluste.

Der E. dient auch eine Reihe von Naturschutzprogrammen, die insbesondere den Arten- und Biotopschutz fördern. Als Beispiele seien genannt:
- das Ackerrandstreifen-Programm, bei dem 5 bis 10 m breite Ackerstreifen entlang von Wegen oder Straßen frei bleiben sollen von Mineraldüngern und Pflanzenschutzmitteln, um den Aufwuchs von Ackerwildkräutern wieder zu ermöglichen;
- das Wiesenbrüter-Programm, das ein späteres Mähen von Wiesen zum Ziel hat, um den in Wiesen brütenden Vogelarten eine ungestörte Aufzucht der Jungvögel zu ermöglichen;
- der Erschwernis-Ausgleich, mit dessen Hilfe die Landwirte veranlaßt werden, schwierig zu bewirt-

schaftende Landschaftsteile wie Hangwiesen, Feuchtbiotope, die unter heutigen Wirtschaftsbedingungen brachfallen würden ($\rightarrow$Brache), weiter zu bewirtschaften und damit in einem bestimmten Pflegezustand zu erhalten.

Für diese Maßnahmen werden mit den Bauern entsprechende Verträge abgeschlossen und ebenfalls Vergütungen als Ausgleich für Einkommensverluste gewährt. *Haber*

Externe Effekte technischer Prozesse. Interne Effekte eines Produktionsprozesses werden quantifiziert und monetarisiert betriebswirtschaftlich in der Kostenrechnung erfaßt; die Summe dieser Kosten bildet in der Regel die Grundlage der Preisfindung für das zur Frage stehende Produkt.

E. E. technischer Prozesse können Umweltschäden oder gesundheitliche Beeinträchtigungen von Mensch und Tier oder soziale Folgen sein. Beispiele für e. E. sind $\rightarrow$Waldschäden infolge Luft- und Bodenverschmutzung, Zunahme der Asthmaerkrankungen in stark luftverschmutzten Gegenden, Lärmschäden entlang Transportwegen oder Autobahnen u. a. m. E. E. lassen sich häufig nur schwer quantifizieren, noch schwerer monetarisieren und in vielen Fällen kaum dem Verursacher zuordnen. Die Zuordnung von externen Kosten zu e. E. und deren eindeutige Zuordnung zu dem oder den Verursacher(n) ist unerläßliche Voraussetzung für die Internalisierung externer Kosten in die betriebswirtschaftliche Kostenrechnung. *C.-J. Winter*

Literatur: *Friedrich, R.* et al.: Externe Kosten der Stromerzeugung. Frankfurt/M. 1989. – *Hohmeyer, O.:* Social Costs of Energy Consumption. Berlin–Heidelberg 1988. – Prognos AG (Hrsg.): Externe Effekte der Energieversorgung. Versuch einer Identifizierung. Baden-Baden 1991.

Extinktion. Die Absorption von Licht ist die Grundlage vieler analytischer und spektrophotometrischer Meßmethoden. Die Absorptionsgesetze ($\rightarrow$*Lambert-Beer*-Gesetz) beschreiben den Zusammenhang zwischen der eingestrahlten Lichtintensität und der Lichtintensität nach Durchgang durch Materie. Die E. ist die früher gebräuchliche Bezeichnung für die Abschwächung der Strahlungsintensität durch Absorption und war definiert als $E(\lambda) = \log(I_0/I)$, wobei I_0 der Ausgangsintensität und I der Intensität des Lichtes nach der Absorption entspricht. Heute wird anstelle von $E(\lambda)$ die Bezeichnung Absorptionsmaß $A(\lambda)$ verwendet $A(\lambda) = \log(\Phi_{in}/\Phi_{ex})$ mit Φ_{in} der eintretenden Strahlungsleistung und Φ_{ex} der austretenden Strahlungsleistung eines nicht streuenden homogenen Mediums. *Wirtz*

Extraktion. $\rightarrow$Trennverfahren, bei dem durch ein selektives, nicht mischbares Lösungsmittel (auch Lösungsmittelgemisch/Extraktionsmittel) bestimmte Komponenten fester oder flüssiger Substanzgemische aus diesen chemisch unverändert herausgelöst und nachfolgend ggf. isoliert werden können.

Zwischen dem Extraktionsmittel und den Einzelkomponenten des Substanzgemisches findet dabei keine chemische Reaktion statt. Während der E. wird auf Grund unterschiedlich starker Wechselwirkungen der zu extrahierende Stoff zwischen dem Extraktionsmittel und dem Gemisch verteilt, bis das Verteilungsgleichgewicht erreicht ist (*Nernst*-Verteilungssatz). Das Verteilungsgleichgewicht und i. d. R. auch die Selektivität des Lösungsmittels sind temperaturabhängig (Heiß-, Kaltextraktion).

Die E. stellt ein sowohl im Labor als auch in der Industrie, außerordentlich vielseitiges und gebräuchliches Trennverfahren dar. Sie wird eingesetzt u. a. bei der Trennung von azeotropen (konstant siedenden) Gemischen oder Gemischen, bei denen zur Trennung große Mengen an →Lösemittel verdampft werden müßten oder hohe Temperaturen erforderlich wären. Zur Anwendung als fest-flüssig- oder flüssig-flüssig-E. kommen diskontinuierliche (einfache Verteilung, z. B. Ausschütteln, Auslaugen, Auskochen) und kontinuierliche (multiplikative Verteilung) Verfahren.

Wichtige technische Anwendungsgebiete sind z. B. die Arzneimittelherstellung (u. a. Naturstoff-E.), Aromaten-E., Entphenolung von Abwasser (Phenosolvan-Verfahren) und die Metall-E. aus armen Erzen oder industriellen Lösungen und Abwässern.

Die E. ist überwiegend einem anderen Verfahren vor- oder nachgeschaltet.

Im Bereich der Abfallwirtschaft ist die E. der chemisch-physikalischen →Abfallbehandlung zuzuordnen. Wichtige Anwendungsgebiete sind z. B. die →Altlastensanierung, →Bodenwaschverfahren und die →Sickerwasserbehandlung.

Mit der E. können u. a. folgende Abfallarten behandelt werden:
- Anorganische Kühlmittellösungen,
- verunreinigte Kraftstoffe (Benzine),
- verunreinigte Heizöle (auch Dieselöl),
- Bohr-, Schneid- und Schleiföle,
- sonstige PCB-haltige Abfälle,
- Verbrennungsmotoren- und Getriebeöle,
- Maschinen- und Turbinenöl sowie
- Katalysatoren und Kontaktmassen (Auslaugung).   *Radde*

Extraktionsverfahren →Extraktion

F

Fachplanung. Während die raumordnerische →Gesamtplanung querschnittsorientiert die Raumansprüche und Belange koordiniert, steht bei der F. ein bestimmtes Ziel, z. B. die Verwirklichung eines raumbeanspruchenden Vorhabens oder die Verbesserung der Boden-, Luft- oder Gewässerqualität im Vordergrund. Die Zielvorgaben der verschiedenen F. müssen untereinander auch mit der Gesamtplanung abgestimmt werden. Dazu dienen zahlreiche gesetzliche Abstimmungs-, Beteiligung- und Informationsregelungen. Die Abstimmung mit der →Raumordnung und →Landesplanung erfolgt über die sog. Raumordnungsklauseln der einzelnen Fachgesetze.

Typische F. sind z. B. die Verkehrswegeplanungen für Straßen, Schienen, Wasserstraßen und Flughäfen, die wasserrechtliche Planung, die Planung von Abfallentsorgungsanlagen oder die Planung von Energieanlagen und -leitungen, die Planung von Fernmeldeanlagen etc. Den besonders bedeutsamen F. ist durch § 38 BauGB eine Privilegierung vor der örtlichen →Bauleitplanung eingeräumt.

Die F. erfolgt regelmäßig in mehreren Planungsstufen, wobei zumeist in einer behördeninternen Vorstufe ohne Außenwirkung gegenüber den Bürgern eine Vorentscheidung, z. B. hinsichtlich des Trassenverlaufs einer Verkehrswegeplanung, getroffen wird. Die verbindliche Planungsentscheidung wird bei den meisten F. im Rahmen eines →Planfeststellungsverfahrens getroffen, an dessen Ende ein Planfeststellungsbeschluß steht, der in umfassender Weise die privaten und öffentlichen Rechte gestaltet. *Hoppe/Beckmann*

Literatur: *Hoppe/Schlarmann:* Rechtsschutz bei der Planung von Straßen und anderen Verkehrsanlagen, 2. Aufl. München 1981. – *Kügel:* Der Planfeststellungsbeschluß und seine Anfechtbarkeit. Berlin 1985. – *Kühling:* Fachplanungsrecht, Düsseldorf 1988. – *Schlarmann:* Das Verhältnis der privilegierten Fachplanungen zur kommunalen Bauleitplanung. Münster 1980.

Fäkalschlamm. Als F. wird der Schlamm aus →Kleinkläranlagen bezeichnet. Der durchschnittliche F.-Anfall beträgt ca. 1,0 m³/E · a. F. sind organisch hoch belastet und geruchsintensiv, weil ihre biologische Stabilisierung nicht abgeschlossen ist. F. gehören zu den seuchenhygienisch bedenklichen Klärschlämmen. Die anfallenden F. werden in der Regel jährlich aus den Kleinkläranlagen entnommen und mit Schlammfahrzeugen zu kommunalen Kläranlagen transportiert, um dort weiter behandelt zu werden. Die Annahme der F. auf kommunalen Kläranlagen erfolgt in sog. F.-Stationen, die neben einer Meß- und Protokollstation über Rechen, Spüleinrichtung und Geruchsverschluß verfügen. *Mertsch*

Fahrleistungsprüfstand für Kraftfahrzeuge. Das zu testende Fahrzeug (z. B. →ECE-Test) wird mit den Antriebsrädern auf das drehbare Laufrollenpaar gestellt, deren jeweiliger Durchmesser zwischen 250 und 510 mm liegt. Diese Laufrollen simulieren sowohl die Reibung und den Luftwiderstand durch einen entsprechenden Widerstand beim Drehen der Rollen als auch die Trägheit des Fahrzeuggewichts durch zuschaltbare Schwungmassen (Bezugsgewicht). Der Prüfstand muß außerdem mit einer variabel belastbaren Bremseinrichtung, z. B. Wasserwirbelbremse, Wirbelstrombremse oder Gleichstrommaschine, ausgerüstet sein. Für die nötige Kühlung sorgt ein in geringer Entfernung vor dem Fahrzeug aufgestelltes Gebläse. *Kind/May*

Fahrwerk, bodenschonend. Da landtechnische Maßnahmen meist zu bestimmten Terminen und in eng begrenzten Zeitspannen erfolgen, ist zu erwarten, daß der Boden zum Einsatzzeitpunkt oft nicht in einem gut befahrbaren Zustand ist. Probleme sind dann vor allem beim Übertragen hoher Zugkräfte (z. B. beim Pflügen), aber auch beim Befahren der Felder mit schweren Transportfahrzeugen (z. B. bei der Abfuhr von Erntegütern) zu erwarten. Es kommt dann zu unerwünschten Bodenverdichtungen und -verfestigungen mit negativen Effekten, z. B. Verschlechterung der Bodenstruktur, ungleichmäßiges Pflanzenwachstum oder Beeinträchtigungen des Ertrags.

B. F. sollen den spezifischen Druck der lastübertragenden Antriebs- und Fortbewegungsmittel (Räder, Raupen) auf den Boden verringern und deshalb folgende Merkmale aufweisen:
– Allgemein: Große Aufstandsfläche des Reifens auf dem Boden (Reifendurchmesser und -breite); den Einsatzbedingungen angepaßter, möglichst geringer Reifeninnendruck (u. U. einstellbar durch Reifendruck-Regelanlage); künftig evtl. Gummiband-Laufwerke.
– Bei Zugkraftübertragung durch den Schlepper: Allradantrieb; gleichmäßige Achs- und Radlastverteilung; bodenschonendes Reifenprofil.

– Bei Transportarbeiten: begrenztes Gesamtgewicht; Lastverteilung auf mehrere Achsen (z. B. Tandemachsen). *H. Schön/Estler*

Fail-Safe-Prinzip. Begriff aus der Sicherheitstechnik. Das Prinzip dient der Folgenverhütung von Einzelfehlern, aber auch anderer Fehlertypen, in einem System. Man versteht darunter das Prinzip der sicheren Richtung einer Ablaufabfolge. Danach sollen Sicherheitssysteme so konzipiert sein, daß die Anlage bei ihrem Ausfall von selbst in einen sicheren Zustand übergeht. So soll z. B. die Unterbrechung einer Instrumentenleitung von selbst das gleiche Ergebnis haben, als zeige das Instrument einen unzulässigen Meßwert an. In einem Kernreaktor werden z. B. die Abschaltstäbe so durch Elektromagnete gehalten, daß ein Ausfall ihrer Stromversorgung unmittelbar ihr Hineinfallen in den Reaktorkern zur Folge hat. Das F.-S.-P. ist deshalb mit dem bekannten Ruhestromprinzip verwandt, wo ein System für den Ruhezustand (hier der normale Betrieb ohne Sicherheitsaktionen) Energie braucht, im energielosen Zustand aber seine Funktion vollführt. *Merz*

Fallout. Ursprünglich im Zusammenhang mit Atombombenversuchen aktueller Begriff, der heute aber auch konventionell verwendet wird. Unter F. (= Ausfall) versteht man die trockene (Radioaktivitäts-)Ablagerung von Stäuben, Aerosolen und Gasen aus der Luft auf Pflanzen und den Boden. Die Ablagerung wird allgemein mit Hilfe der Fallgeschwindigkeit v_g beschrieben. Man versteht darunter das Verhältnis zwischen der pro Zeit- und Flächeneinheit abgelagerten Partikelzahl Φ zur mittleren Konzentration c der Partikel in Höhe der Vegetation.

Der F. tritt in zwei Formen auf: Der Nah-F. besteht aus den schwereren bei einer Explosion (konventionell oder nuklear) in die Luft geschleuderten Teilchen. Sie fallen innerhalb von einigen Tagen in der Nähe des Emissionsorts und in einem Gebiet, das je nach den Wetterbedingungen oft mehrere hundert Kilometer windabwärts liegt, zur Erde. Die andere Form, der sogenannte weltweite F., besteht aus leichteren Teilchen, die in die obere Atmosphäre gelangen und die sich über die atmosphärische Strömungen über einen weiten Teil der Erde verbreiten. Sie gelangen dann hauptsächlich zusammen mit Niederschlägen (→Rainout oder →Washout) in Zeiträumen zwischen Monaten und einigen Jahren zur Erde. *Merz*

Literatur: *Slade, D. H.:* Meteorology at Atomic Energy 1968, USAEC, TID-24190 1968.

Fallwerk. Ein F. gehört zu den Anlagen, bei deren Betrieb in der Umgebung relativ große →Erschütterungsimmissionen verursacht werden. Beim F.

wird durch das Fallenlassen einer Fallbirne mit einer Masse von meistens etwa 5t bis 10 t aus Fallhöhen von einigen Metern, meistens bis zu etwa 10 m, Schrott zertrümmert. Eine →Schwingungsisolierung des Fundaments, auf dem das Fallbett angeordnet ist, wird durch eine weich-elastische Gründung des Fundaments auf Federisolatoren und Dämpfern erreicht. Zu beachten sind die infolge der großen Schlagenergien auftretenden Schwingungsbewegungen des Fundaments (Nachschwingweiten) im Betrieb, die im Vergleich zur Schwingungsisolierung von Werkzeugmaschinen jedoch viel größer sein dürfen. *Splittgerber*

Falschfarbenphotographie. Unter F. versteht man photographische Aufnahmen, bei denen die farbliche Wiedergabe der aufgenommenen Objekte nicht deren natürlichen Farben entspricht. Beispiele hierfür sind Aufnahmen auf Color-Infrarot-Film (CIF) und die →Multispektralphotographie (→Fernerkundungsverfahren, photographisch).

Rossbach/Schroeder

Faserplattenherstellung →Spanplattenherstellung

Faulgas (auch Klärgas, Biogas). Bei der Faulung entstehendes Gasgemisch, das sich im Faulraum der →Abwasserbehandlungsanlage auf Grund der anaeroben →Gärung des Klärschlamms entwickelt und nahezu ausschließlich aus Methan (CH_4) und Kohlenstoffdioxid (CO_2) besteht.

Die aus dem Faulprozeß erzeugte Gasmenge unterliegt infolge unterschiedlicher Faktoren wie Klärschlammzusammensetzung, Prozeßführung, Faulzeit und -temperatur in der Praxis Schwankungen. Bei kommunalen Klärschlämmen kann man bei einem 50%igen →Abbau der organischen Substanz einen mittleren Gasanfall von 400–500 l/kg organischer Substanz mit einem Methangehalt von 65 bis 70 % erwarten. Bezogen auf die an die Abwasserbehandlungsanlage angeschlossenen Einwohner ergeben sich in der Praxis spezifische Gasmengen von 15–25 l/EW·d. Das F. wird in den Abwasserbehandlungsanlagen genutzt. Neben der Verwertung des Klärgases zu Heizzwecken besteht die Möglichkeit, das Gas in Verbrennungsmaschinen zu nutzen. Dazu kommen Gasmotoren und Gasturbinen zum Einsatz, auch die Nutzung in →Blockheizkraftwerken ist möglich. *Mertsch*

Fauna. Die Gesamtheit aller Tierarten eines Gebiets wird als dessen F. bezeichnet. Die Zahl der Tierarten ist in der Regel 5–10 mal größer als die der Pflanzenarten; dabei handelt es sich überwiegend um Kleintiere, d. h. die nur mikroskopisch sichtbare Mikrofauna und die Mesofauna (Tiere bis zu wenigen µm Länge); Tiere bis etwa Rattengröße zählen zur Makrofauna, alle größeren Arten zur Megafauna. *Haber*

FCKW. Abk. →Fluorchlorkohlenwasserstoffe

FCKW-Ersatzstoff. Das sind Substanzen bzw. Substanzklassen, die an Stelle der Fluorchlorkohlenwasserstoffe in vielen Anwendungsbereichen (Reinigung, Kälte/Klima, Kunststoffverschäumung) eingesetzt werden. Die F.-E. müssen folgende Anforderungen erfüllen:
- kein Beitrag zum Ozonabbau in der Stratosphäre;
- ein möglichst geringer Beitrag zur Verstärkung des Treibhauseffektes;
- ein möglichst geringer Energieaufwand bei der Anwendung der Ersatzstoffe sowie bei der Herstellung dieser Verbindungen;
- geringe toxikologische und ökotoxikologische Risiken.

Typische F.-E. sind z. B. teilhalogenierte H-FCKW und H-FKW (H-Fluorkohlenwasserstoffe), die wegen ihres Wasserstoffgehalts in der Atmosphäre kurzlebiger sind und deshalb weit weniger stark zur Akkumulation neigen. Ihr Ozonzerstörungspotential (→Ozonloch) und ihre Klimawirksamkeit (→Treibhauseffekt) sind entsprechend kleiner. H-FKW 141 b (1,1-Dichlor-1-fluorethan, CH_3CCl_2F) wird z. B. in der PUR-Schaumstoffherstellung, in der Kältetechnik und in der Elektronikreinigung anstelle von FCKW 11 eingesetzt. H-FKW 142 b (1-Chlor-1,1-Difluorethan, CH_3CClF_2) wird als Treibmittel bei der Polystyrol-Verschäumung und in Spraydosen verwendet. Der Mechanismus des Abbaus der H-FCKW ist zur Zeit noch nicht ganz klar. Es wird jedoch vermutet, daß sich perhalogenierte Carbonylverbindungen wie CF_2O, $CClFO$, CCl_2O und CF_3CClO bilden. Inwieweit diese Verbindungen direkt aus der →Troposphäre (zum Beispiel durch Hydrolyse) entfernt werden oder selbst weiteres Chlor in die →Stratosphäre transportieren, ist zur Zeit noch nicht zu quantifizieren. Bei den halogenfreien Ersatzstoffen für FCKW haben sich Propan (C_3H_8) und Butan (C_4H_{10}) als Treibmittel für Spraydosen und Pentan (C_5H_{12}) als Verschäumungsmittel von Kunststoffen bewährt.

Weitere F.-E. sind Dimethylether (CH_3OCH_3) und Aceton (($CH_3)_2CO$), die brennbar sind und somit nur in geschlossenen, explosionsgeschützten Anlagen verwendet werden können. Für einige Anwendungsbereiche können auch Kohlendioxid (CO_2), Stickstoff, Ammoniak (NH_3) oder Helium benutzt werden. *Wiesen*

FCKW-freie Produkte und Verfahren. FCKW und andere ozonabbauende Stoffe (→Fluorchlorkohlenwasserstoffe) sind anwendungstechnisch für viele Verwendungen gut und einfach einsetzbare

Stoffe (Unbrennbarkeit, toxikologische Unbedenklichkeit, geringe Wärmeleitfähigkeit etc.). Da die chemische Stabilität auch die ökologisch kritischen Auswirkungen der FCKW verursacht, müssen bei F.-P. weniger stabile Stoffe zum Einsatz kommen, wenn ein schnellerer →Abbau dieser Stoffe in der Atmosphäre erfolgen soll. Es gibt keinen Stoff oder keine Stoffgruppe, die FCKW in allen Einsatzbereichen direkt ersetzen kann (Drop-in-Substitut). Vielmehr müssen in jeder Anwendung die Alternativen geprüft und bewertet werden. Diese schließen sowohl den Einsatz von Ersatzstoffen als auch von grundsätzlich anderen Verfahren, Technologien und Produkten ein. Die Bewertung von Ersatzstoffen oder Ersatztechnologien für FCKW-haltige Produkte bzw. Verfahren darf dabei nicht ausschließlich auf das Kriterium Ozonabbau beschränkt bleiben. (→FCKW-Ersatzstoff).

In der Tabelle sind die ODP-Werte (Abk. *engl.* Ozone Depletion Potential), die die ozonabbauende Wirkung angeben, von verschiedenen Ersatzstoffen aufgeführt. Die Angaben erfolgen relativ zum FCKW R 11, der den ODP-Wert 1 erhält (Erläuterungen zum Kurzzeichensystem: →Fluorchlorkohlenwasserstoffe). Weiter enthält die Tabelle die Treibhausbeiträge der Stoffe (GWP-Werte = Global Warming Potential). Diese werden bezogen auf Kohlendioxid (CO_2) angegeben und sind für verschiedene Zeithorizonte aufgeführt. Ein sehr langer Zeithorizont entspricht in etwa einer Gleichgewichtsbetrachtung (die betreffenden Stoffe sind abgebaut und ein neues atmosphärisches Gleichgewicht ist erreicht) und gibt Auskunft darüber, welche Temperaturerhöhung sich als Folge der Emission letztendlich einstellt. Diese Auswirkung ist ein Beurteilungskriterium für diese Stoffe. Noch bedeutsamer für die Beurteilung einiger Auswirkungen auf die →Biosphäre ist die Geschwindigkeit, mit der sich die Temperaturerhöhung vollzieht. Diese wird beim GWP-Wert mit kürzeren Zeithorizonten besonders berücksichtigt. Eine schnelle Temperaturerhöhung macht z. B. einigen Pflanzen eine Anpassung an die veränderten Verhältnisse unmöglich, eine Schädigung von Ökosystemen wäre die Folge.

Teilfluorierte Kohlenwasserstoffe (H-FKW) werden ebenfalls als →FCKW-Ersatzstoffe entwickelt. Sie enthalten kein Chlor oder Brom im Molekül, können also die →Ozonschicht nicht schädigen. Aber auch sie sind von langer Lebensdauer in der Atmosphäre (Tabelle) und tragen damit nicht unerheblich zum →Treibhauseffekt bei. In einigen Bereichen sind sie jedoch die einzigen Stoffe, die FCKW schnell ersetzen können. Der Einsatz erscheint somit aus ökologischer Sicht vertretbar, wobei allerdings Emissionen soweit wie möglich vermieden werden müssen. Das bedeutet, daß z. B. bereits begonnene Anstrengungen zur Hermetisierung von Kältemittel-

FCKW-freie Produkte und Verfahren. Tabelle: Lebensdauer, GPW-Werte und ODP-Werte von FCKW, CKW und einigen diskutierten Ersatzstoffen

Stoff	Lebensdauer (Jahre)	GWP für einen Zeithorizont von			ODP
		20 Jahren	100 Jahren	500 Jahren	
CO_2	120	1	1	1	0
FCKW					
R 11	60	4 500	3 500	1 500	1,0
R 12	130	7 100	7 300	4 500	0,96
R 113	90	4 500	4 200	2 100	0,85
R 114	200	6 000	6 900	5 500	0,71
R 115	400	5 500	6 900	7 400	0,4
H-FCKW					
R 22	15	4 100	1 500	510	0,05
R 123	1,6	310	85	29	0,02
R 124	6,6	1 500	430	150	0,02
R 141 b	8	1 500	440	150	0,11
R 142 b	19	3 700	1 600	540	0,05
H-FKW					
R 125	28	4 700	2 500	860	0
R 134 a	16	3 200	1 200	420	0
R 143 a	41	4 500	2 900	1 000	0
R 152 a	1,7	510	140	47	0
Chlorkohlenwasserstoffe (CKW)					
CCl_4	50	1 900	1 300	460	1,13
CH_3CCl_3	6	350	100	34	0,12

Quelle: GWP-Werte aus Intergovernmental Panel on Climate Change (IPCC), Working Group I, Scientific Assessment of Climate Change (1990) und ODP-Wert aus Appendix to WMO-Report No. 20 on Scientific Assessment of Stratospheric Ozone (AFEAS Report) (1989)

kreisläufen sowie die Entsorgung von Kältemitteln und Kühlgeräten auch in der FCKW-freien Zeit weiter fortgeführt werden müssen.

Halogenfreie Kohlenwasserstoffe (z. B. →Alkane, →Alkohole, →Ester etc.) weisen nur eine kurze atmosphärische Lebensdauer auf (wenige Tage). Sie haben deshalb nur einen geringen Einfluß auf das →Klima. Bei ihrem Abbau treten jedoch unter bestimmten Bedingungen erhebliche Konzentrationen an →Photooxidantien (→Sommersmog) auf, so daß auch ihre Emissionen gemindert werden müssen. Auch ihre toxikologische Eignung muß für den einzelnen Anwendungsfall geprüft werden.

Der Ersatz von FCKW durch andere halogenhaltige Stoffe wie H-FCKW oder H-FKW birgt ökologische Risiken in sich. Es sollten deshalb soweit wie möglich Ersatzstoffe und Ersatzverfahren eingesetzt werden, die ohne halogenhaltige Substanzen auskommen. Halogenfreie Stoffe können z. B. als Treibmittel für Schaumkunststoffe (z. B. Pentan bei der Herstellung von Polyurethan-Hartschäumen zur →Wärmedämmung), als Lösemittel (z. B. Alkohole zur Reinigung elektronischer Bauteile) oder als

Kältemittel (z. B. Propan in Kälteanlagen oder Propan/Butan in Haushaltskühlgeräten) eingesetzt werden. Ihre Brennbarkeit verlangt allerdings eine explosionsgeschützte Ausführung der Anlagen, in denen sie eingesetzt werden. Ähnliches gilt für Ammoniak, das sich auf Grund seiner thermodynamischen Eigenschaften hervorragend als Kältemittel eignet, aber wegen seiner Toxizität und des unangenehmen Geruchs erhöhte Anforderungen an die Anlagen stellt. Vielfach können aber auch ganz andere Techniken oder Produkte Alternativen zum FCKW-Einsatz darstellen. Hier seien neue Lötverfahren bei der Herstellung elektronischer Bauteile, die eine Reinigung (in FCKW) überflüssig machen, sowie der Einsatz von Schaumglas, expandiertem Polystyrolschaum (EPS, *Styropor*) und Vakuumisolationsmaterialien zur Wärmedämmung beispielhaft erwähnt.

Für den Ersatz ozonabbauender Stoffe gibt es keine allgemeingültige Lösung; vielmehr muß in jedem Einzelfall geprüft werden, welche Lösung bei einer Gesamtbetrachtung die günstigste ist. Vielfach ist dabei der Einsatz von Stoffen und Verfahren erforderlich, die größere Anforderungen an den Umgang mit diesen Stoffen und die technische Ausführung der Anlage stellen. *Brackemann*

Literatur: *Brackemann, H.:* FCKW-Ausstieg: Zur Frage der ökologischen Bewertung von Ersatzstoffen und -technologien, Entsorgungs-Praxis 1–2 (1991) S. 29–33. – Berichte 7/89 des Umweltbundesamtes: Verzicht aus Verantwortung: Maßnahmen zur Rettung der Ozonschicht. Berlin 1989. – Bundesminister für Umwelt, Naturschutz und Reaktorsicherheit (Hrsg.): Tagungsband Alternativen zu FCKW und Halonen. Konferenz 24.–26. 2. 1992, Berlin. – Zweiter Bericht der Bundesregierung an den Deutschen Bundestag über Maßnahmen zum Schutz der Ozonschicht, Herausgeber: Bundesministerium für Umwelt, Naturschutz und Reaktorsicherheit, Bonn (1992).

FCKW-Vermeidung. →Fluorchlorkohlenwasserstoffe (FCKW) werden in Deutschland vor allen verwendet als:
- Treibgas in Sprays (Aerosole),
- Treibmittel zur Herstellung von Kunststoffschäumen (z. B. expandiertes Polystyrol),
- Reinigungs- und Lösemittel (Entfettung, Trocknung, Chemisch-Reinigung),
- Kältemittel in Kühl- und Klimaanlagen.

Wegen des nachhaltigen Einflusses der Emissionen von FCKW auf die →Ozonschicht verbietet die FCKW-Halon-Verbots-Verordnung vom 6. Mai 1991 (BGBl. I S. 1090) FCKW für die verschiedenen Anwendungsbereiche schrittweise bis zum Jahr 2000 (Tabelle). Bis dahin ist die Verwertung bzw. ordnungsgemäße Entsorgung der noch in Verkehr befindlichen FCKW bzw. FCKW-haltigen Produkte/Geräte sicherzustellen.

FCKW-Vermeidung. Tabelle: Fristen gem. FCKW-Halon-Verbotsverordnung

FCKW	Frist
– Treibgas in Spraydosen	1991
– Verpackungsmaterial, Geschirr aus Schaumstoff, Montageschäume	1991
– Kühl- und Kältemittel	
Großanlagen	1992
mobile Großanlagen	1994
Kleinanlagen	1995
– Schaumstoffe (ausg. Dämmstoffe)	1992
– Reinigungs- und Lösemittel	1992
– Dämmstoffe	1995
Teilhalogenierte FCKW	
– Montageschäume	1993
– Kühl- und Kältemittel	2000
– Schaum- und Dämmstoffe	2000

In einer Selbstbindung haben sich die FCKW-Hersteller verpflichtet, die bei der Entsorgung von Haushaltskältegeräten (→Kühlschrankentsorgung) und von Kälte- und Klimageräten in Industrie und Gewerbe anfallenden FCKW und FCKW-haltigen Kälteöle zurückzunehmen, aufzuarbeiten oder einer ordnungsgemäßen Entsorgung zuzuführen.

Die Substitution der FCKW ist im Treibgasbereich relativ einfach (Aerosole, Umstellung auf Handpumpen, CO_2-, N_2O-, N_2-, Propan-, Butan-, Isobutan-, andere Kohlenwasserstoff- und Dimethylether-Treibgase), im Kältemittelbereich jedoch schwieriger, weil hier nicht nur das FCKW zu ersetzen ist, sondern auch die Geräte entsprechend geändert werden müssen (→FCKW-Ersatzstoffe).

Für die als Feuerlöschmittel verwendeten →Halone (Fluorchlorbromkohlenwasserstoffe), die in ihrer Umweltbelastung den FCKW vergleichbar sind, gibt es noch keine geeigneten Ersatzstoffe. Daher ist der Einsatz von Halonen auf ein Minimum zu reduzieren (z. B. keine Probeflutungen mit Halonen bei stationären Feuerlöschanlagen). *Blickwedel*

Federfundament. Das F. ist ein Fundament, das auf Federn, meistens auf Stahlfedern, Gummifedern oder Luftfedern, gelagert ist, um eine →Schwingungsisolierung und ggfs. auch eine →Dämmung des Körperschalls zu erreichen. Wie bei Maschinenfundamenten unterscheidet man auch bei F. nach der Art der Konstruktion und der geometrischen Form z. B. Blockfundamente, Plattenfundamente, usw. Mit Hilfe von F. soll eine Schwingungsisolierung erreicht werden, um →Erschütterungen in der Umgebung des Aufstellungsortes zu vermeiden, und zwar sowohl bei Maschinen mit periodischer Erregung als auch bei Maschinen mit →Stoßerregung, z. B. bei Schmiedehämmern und Pressen. Die Masse des F. bzw. seine geometrische Form ist so zu wählen, daß sie genügend groß ist bzw. genügend große Trägheitsmomente erreicht, um die Schwingungsamplituden im Betrieb ausreichend klein zu halten und um eine ausreichende Standsicherheit zu gewährleisten. Auch durch die Anordnung der Federisolatoren am F. ist das Schwingungsverhalten des Systems zu beeinflussen, z. B. können unerwünschte Schwingungsamplituden in bestimmten Freiheitsgraden des Systems unterdrückt werden (Bild). Als Blockfundamente ausgeführte F. werden in der Regel in einer Fundamentwanne angeordnet, meistens auch mit einem Zugang zu den eingebauten Federkörpern und Dämpfern zwecks Kontrolle und Wartung. Die Federkörper sind bei Ausführung als Stahlschraubendruckfedern oft vorspannbar, um sie auch während des Betriebs ohne Anheben des F. ausbauen zu können.

Bei F. werden häufig zusätzlich Dämpfer eingebaut, um das Aufschaukeln von Schwingungen beim

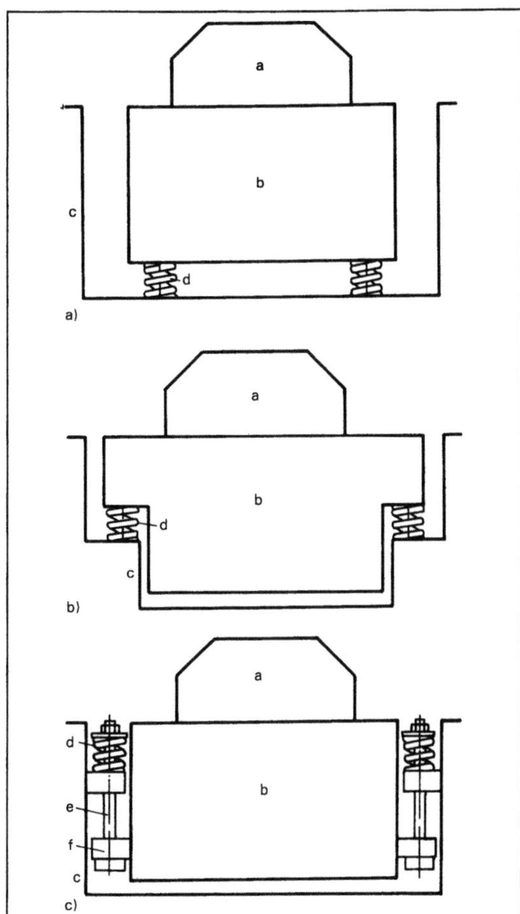

Federfundament: Anordnung von Federisolatoren bei F.
a) Unterbau-Anordnung,
b) seitliche Unterbau-Anordnung,
c) abgehängte Anordnung

a) Maschine, b) Fundament, c) Wanne, d) Federkörper, e) Pendelanker, f) Trägerrost

langsamen Durchfahren der Resonanz beim An- und Abfahren von Maschinen mit periodischer Erregung zu vermeiden und um bei Maschinen mit Stoßerregung eine noch vertretbare Nachschwingweite und ein schnelles Abklingen der angeregten Schwingungen zu erzielen. F. müssen frei beweglich sein. Bei Unterfluranordnung in Maschinenhallen und bei Anordnung in Fundamentwannen ist ringsum eine ausreichend große Fuge vorzusehen. Gehen Rohrleitungen vom elastisch aufgestellten System ab, ist die Beweglichkeit durch den Einbau von Kompensatoren zu gewährleisten. *Splittgerber*

Literatur: DIN 4024, Teil 2: Steife (starre) Stützkonstruktionen für Maschinen mit periodischer Erregung. 4/1991 – *Rausch, E.:* Maschinenfundamente und andere dynamisch beanspruchte Baukonstruktionen. Düsseldorf, 1959. – *Splittgerber, H.:* Elastische Lagerung von Maschinen mit zusätzlichen Dämpfungseinrichtungen. Industrie-Anzeiger (1965) Nr. 32.

Fehlerbaumanalyse. Bei der F. wird ein unerwünschtes Ereignis (→Störfall) eines Systems, z. B. einer gefährlichen Anlage, vorgegeben und die dafür möglichen Ursachen analysiert. Dazu stellt man einen Fehlerbaum auf, in dem zuerst das unerwünschte Ereignis als Spitze des Baums zu definieren ist. In dem Fehlerbaum werden dann die logischen Verknüpfungen des Versagens von Systemeinheiten grafisch mit z. B. UND- oder ODER-Verknüpfungssymbolen dargestellt (Bild). Die Ereignisse werden stufenweise immer feiner aufgelöst, möglichst bis zu Elementarereignissen. Im Fehlerbaum können dann die einzelnen Störungsverläufe von den Elementarereignissen bis zum unerwünschten Ereignis nachvollzogen werden. Die F. hat zum Ziel, möglichst alle möglichen Ausfallkombinationen, die zu dem unerwünschten Ereignis führen können, zu ermitteln. Die Qualität des Fehlerbaums und damit der F. hängt ganz entscheidend von den Erfahrungen und dem Fachwissen der Ersteller des Fehlerbaums ab sowie von der Kenntnis des zu analysierenden Systems. Bei der Aufstellung eines Fehlerbaumes kann auf die Ergebnisse von →Ausfalleffektanalysen und →Störfallablaufanalysen zurückgegriffen werden.

Die Größe des Fehlerbaums hängt zum einen von der Komplexität des zu betrachtenden technischen Systems ab und zum anderen von der gewünschten

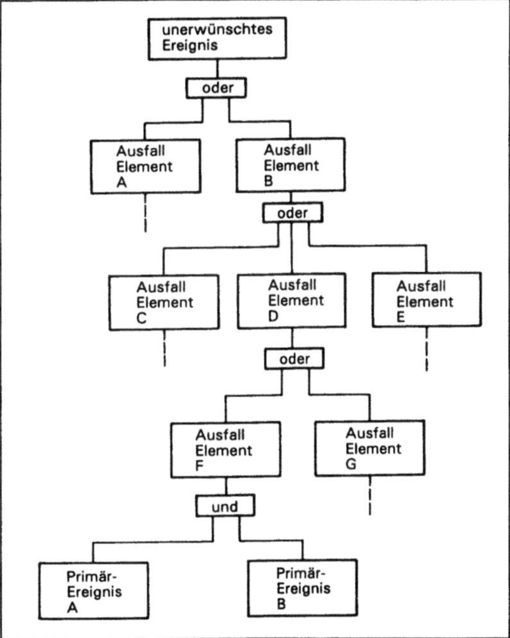

Fehlerbaumanalyse: Fehlerbaum-Darstellung.

oder erforderlichen Auffächerung in immer weiter verzweigte Elementarereignisse. So umfassen Fehlerbäume komplexer technischer Systeme bis zu mehreren tausend Ereignissen mit den entsprechenden logischen Verknüpfungen.

Werden in den Fehlerbaum Wahrscheinlichkeiten zu den Ausfallkombinationen eingetragen, so läßt sich dann für das unerwünschte Ereignis eine Wahrscheinlichkeit berechnen. Die Ergebnisse der quantitativen Auswertung hängen sehr stark von Unsicherheiten der angenommenen Wahrscheinlichkeiten für die Einzelereignisse ab. Die Unsicherheiten relativieren sich, wenn Zweige eines Fehlerbaumes oder alternative Systeme verglichen werden und dabei auf die gleichen Eingangsdaten zurückgegriffen wird.

Die F. dient der qualitativen als auch der quantitativen Analyse der Sicherheitstechnik einer Anlage, z. B. im Rahmen der Erstellung von →Sicherheitsanalysen oder →Risikoanalysen.

Im Gegensatz zur F. werden bei der →Störfallablaufanalyse Fehlfunktionen einzelner Systemelemente angenommen und die daraus resultierenden Ereignisse und Störfälle analysiert (systemanalytische Methoden). *Nitsche*

Literatur: DIN 25 424: Fehlerbaumanalyse Teil 1. 9/1991; Teil 2. 4/1990.

Feinstaub. Als F. wird ein Teil des Gesamtschwebstaubs (→Schwebstaub) bezeichnet, der nach oben hin durch einen bestimmten aerodynamischen Partikeldurchmesser begrenzt ist.

In den für den Bereich des Arbeitsschutzes geltenden Technischen Regeln für Gefahrstoffe →TRGS 900 ist F. als der alveolengängige Staubanteil definiert. Dieser umfaßt ein Staubkollektiv, das ein Abscheidesystem passiert, das in seiner Wirkung der theoretischen Trennfunktion eines Sedimentations-Abscheiders entspricht, der Teilchen mit einem aerodynamischen Durchmesser von 5 μm zu 50% abscheidet (Johannesburger Konvention von 1959). Der Durchlaßgrad eines solchen Vorabscheiders beträgt für Staubteilchen der Dichte 1 (1,0 g/cm^3) mit einem aerodynamischen Durchmesser von

1,5 μm	95%,
3,5 μm	75%,
5,0 μm	50%,
7,1 μm	0%.

Mit dem sog. PM-10-Verfahren (particulate matter 10 μm) werden Partikel mit einem aerodynamischen Durchmesser bis zu 10 μm erfaßt (50% Erfassungsanteil; sog. medianer cut-off). Es ist geplant, das PM-10-Verfahren auch in der Europäischen Union als →Referenzverfahren einzuführen.

Ein Meßverfahren für F. ist auch durch das in VDI 2463, Bl. 3 (Entwurf) beschriebene TBF 50 f Filterverfahren gegeben. Das Verfahren arbeitet mit einem →Zyklon als Vorabscheider, mit dem etwa 50% aller Partikel mit einem aerodynamischen Durchmesser von 4 μm erfaßt werden. Der Filterdurchmesser beträgt 50 mm, der Luftdurchsatz etwa 3 m^3/h. *Pfeffer*
→Staubemission

Literatur: Technische Regeln für Gefahrstoffe (TRGS 900). – VDI 2463, Bl. 3 E: Messen von Partikeln; Messen der Massenkonzentration von Partikeln in der Außenluft; TBF 50 f Filterverfahren. 12/1976.

Feinstaub-Immissionsmessung →Schwebstaub-Immissionsmessung

Feinstaubabscheidung. Zur Entfernung von →Feinstäuben aus gasförmigen Medien eignen sich bei entsprechender Auslegung folgende →Entstaubungsverfahren: Filternde →Abscheider, elektrische →Abscheider und naßarbeitende →Abscheider. *Löffler/Schmidt*

Feld, hochfrequentes elektromagnetisches. Elektromagnetische Felder im Frequenzbereich zwischen etwa 100 kHz und 300 GHz sind natürlicherweise in unserer Umwelt nur in sehr geringem Ausmaß vorhanden. Die Ursache dieser →Strahlung sind die mit zunehmender Frequenz immer schwächer werdenden Oberwellen, die bei Entladungsvorgängen in der Atmosphäre entstehen (→Spherics), sowie die Wärmestrahlung (→Infrarotstrahlung) aller Körper mit einer vom absoluten Nullpunkt verschiedenen Temperatur. Über den gesamten hochfrequenten Bereich integriert beträgt die Temperaturstrahlung der Erde etwa 800 μW/m^2, wobei die Intensität von der 4. Potenz der Temperatur abhängt. Die von Personen abgestrahlte Leistung liegt in der gleichen Größenordnung. Die wesentlich stärkeren hochfrequenten Strahlungen in der Umwelt resultieren aus technischen Anwendungen.

Im Haushalt verursacht vor allem das →Mikrowellengerät hochfrequente Felder. Die Abstrahlung von Rundfunk- und Fernsehempfängern ist vergleichsweise gering.

Am Arbeitsplatz können im Nahbereich von Anlagen zur dielektrischen Erwärmung erhebliche Feldstärken auftreten (bis 1 000 V/m und 0,9 A/m). Im Bereich von Radaranlagen, z. B. an Bord von Schiffen oder bei militärischen Feuerleitsystemen, können starke HF-Intensitäten auftreten. Das gleiche gilt im Bereich von Rundfunk- und Fernsehsendern.

In der Medizin werden in großem Umfang hochfrequente Felder zur Therapie und Diagnostik eingesetzt und dabei z. T. Leistungsflußdichten von einigen hundert Watt pro m^2 erreicht.

Im Alltag auftretende HF-Belastungen, etwa durch Rundfunk- und Fernsehsender (im Mittel etwa 50 μW/m^2), durch Richtfunkstrecken und andere nachrichtentechnische Anwendungen, sind im Mittel eher gering. Dennoch kann es in Einzelfällen zu einer Anhäufung derartiger Feldquellen und in Folge zu erheblich höheren Feldstärken kommen. Besonders stark kann die individuelle Belastung im Nahbereich der Antennen von mobilen Kommunikationsgeräten hoher Leistung sein.

Im Bereich von h. e. F. sind nicht mehr unmittelbar die im Körper erzeugten Ströme, sondern vielmehr die auf das Masseelement bezogene Leistungsabsorption ($\rightarrow$Absorption, spezifische) für die biologische Wirkung maßgebend. Die Absorption hochfrequenter Energie im Körper führt primär zu einem Temperaturanstieg. Nach konservativen Abschätzungen wird ein Temperaturanstieg um etwa 0,5–1 K durch eine spezifische Absorptionsrate von etwa 1–4 W/kg, gemittelt über den gesamten Körper, innerhalb von etwa einer halben bis einer Stunde ausgelöst. Bei einem zu starken Temperaturanstieg bzw. einer zu hohen elektromagnetischen Belastung treten gesundheitliche Gefahren auf. Mögliche Folgen sind z. B. Linsentrübungen am Auge, vorübergehende Sterilität, Einflüsse auf das Nervensystem oder Veränderungen von Blutparametern. Bestimmte Organe, z. B. Keimdrüsen und Augen, sind besonders wärmeempfindlich.

Unter bestimmten Voraussetzungen, z. B. nahe an Antennen oder in bestimmten Frequenzbereichen, kann die wesentliche Absorption der Hochfrequenzstrahlung auf begrenzte Körperbereiche beschränkt sein. In diesem Fall können hohe lokale Temperaturerhöhungen auftreten. Mit Ausnahme der Wirkung auf das Auge (Katarakt) gibt es nur wenig Informationen über biologische Wirkungen lokaler Temperaturerhöhungen. Es liegen aber eine Reihe von Befunden vor, wonach bei gepulster oder niederfrequent modulierter Strahlung möglicherweise niedrigere biologische Wirkungsschwellen vorliegen als bei kontinuierlicher Strahlung. Allerdings ist die Relevanz dieser Effekte für die Gesundheit noch ungeklärt und die Mechanismen sind noch nicht verstanden.

Elektrisch leitfähige Objekte können im h. e. F. wie Antennen wirken. Bei Berühren können dann derart hohe Kontaktströme auftreten, daß es zu Verbrennungen kommen kann. Da die frequenzabhängigen Empfangseigenschaften der Objekte mitbestimmend für die Wirkung sind, ist eine Feldbegrenzung allein oft nicht hilfreich. Hier sind unzulässige Kontaktströme durch technische Maßnahmen zu vermeiden.

Im Strahlenschutz werden derzeit im internationalen Konsens Basisgrenzwerte von 0,4 W/kg gemittelt über den gesamten Körper, 10 W/kg gemittelt über lokal begrenzte Bereiche von 1–100 g (international unterschiedlich) und 20 W/kg für Handgelenke und Knöchel, ebenfalls gemittelt über 1–100 g, empfohlen. Für die allgemeine Bevölkerung werden meist um den Faktor 5 niedrigere Werte empfohlen. *Matthes*

Literatur: *Bernhardt, H. J.:* Review: Non-ionizing radiation safety; radiofrequency radiation, electric and magnetic fields. Phys. Med. Biol., (1992) Nr. 37. – DIN/VDE 0848, T. 2, Entwurf: Sicherheit in elektromagnetischen Feldern, Schutz von Personen im Frequenzbereich von 30 kHz bis 300 GHz. Berlin 1991. – International Radiation Protection Association/ International Non-Ionizing Radiation Committee: Guidelines on Limits of Exposure to Radiofrequency Electromagnetic Fields in the Frequency Range from 100 kHz to 300 GHz. Health Physics, 54, 1988. – UNEP, United Nations Environment Programme. Environmental Health Criteria 16, Radiofrequency and Microwaves. WHO. Geneva 1981.

Feld, niederfrequentes elektrisches/magnetisches. Im Bereich niederer Frequenzen bis etwa 100 kHz ist sowohl die Expositionsmöglichkeit im Alltag als auch die davon ausgehende evtl. biologische Wirkung stark frequenzabhängig. Normalerweise werden n. e. und m. F. vor allem durch die Erzeugung und Nutzung elektrischer Energie hervorgerufen. Die hierbei angewandten Frequenzen, 50 Hz bei der Energieversorgung und 16⅔ Hz bei der Bundesbahn, haben deshalb besondere Bedeutung.

Die natürlichen Felder ($\rightarrow$Spherics) im Spektralbereich von einigen Hertz bis zu etwa 100 kHz sind gegenüber den technisch erzeugten verschwindend gering.

Im Haushalt verursachen vor allem Elektrogeräte n. F., die rasch mit der Entfernung abnehmen. In der Umwelt können z. B. im Bereich von Hochspannungsfreileitungen ($\rightarrow$Freileitung) permanent Felder auftreten, die weit in die Umgebung reichen. Die genaue Feldverteilung ist von technischen Details der Leitung abhängig und kann zwischen einzelnen Leitungstypen relativ stark variieren. Unter Hochspannungsfreileitungen treten abhängig von deren Belastung magnetische Wechselfelder von 10 bis 30 μT und abhängig von der Betriebsspannung elektrische Felder auf, die nur selten 5 kV/m überschreiten.

Am Arbeitsplatz können teilweise erhebliche Feldstärken auftreten. Besonders hohe Magnetfelder treten im Bereich elektrischer Schweißgeräte (bis etwa 6 mT) und von Induktionsöfen ($\approx$ 10 mT) auf. Als Quelle elektrischer Felder sind vor allem Hochspannungs-Schaltstationen und Umspannwerke von Bedeutung (10–20 kV/m).

In der medizinischen Therapie kommen sehr starke elektrische und magnetische Felder zur Anwendung, weil hier deren biologische Wirkung erwünscht ist. Auch in der medizinischen Diagnostik erreichen n. F. oftmals die Schwellen zu akuten biologischen Wirkungen, etwa bei der Kernspintomographie ($\rightarrow$Kernspintomograph).

Die Wirkungen elektrischer Wechselfelder sind zunächst mit denen statischer Felder vergleichbar. Die mit der Feldfrequenz wechselnde Ladungsumverteilung an der Körperoberfläche kann zu Vibrationen der Haare und zur Stimulation von Oberflächenrezeptoren führen. Diese Effekte sind im wesentlichen abhängig von der Feldstärke, der Körperhaltung, der Kleidung und den Erdungsverhältnissen. Unangenehm werden sie ab Feldstärken von etwa 15–20 kV/m.

Bei Berühren geerdeter elektrisch leitfähiger Objekte können diese Ladungen abfließen. Dabei treten sog. Mikroschocks auf, die bereits bei Feldstärken von etwa 2–3 kV/m (im Mittel bei 4–7 kV/m) als sehr unangenehm empfunden werden können. Eine gesundheitliche Gefährdung durch diese Effekte ist nicht bekannt. Vergleichbare Elektrisierungen treten auf, wenn isolierte leitfähige Objekte im Feld berührt werden und der Körper guten Erdkontakt hat. Die dabei auftretenden Ableitströme hängen neben der Feldstärke von den Abmessungen des Objekts und von der Frequenz ab. Auch hier sind schmerzhafte Empfindungen ab Feldstärken von etwa 2–3 kV/m nicht ausgeschlossen. Die gleiche Feldstärkeschwelle gilt für die Funktionsbeeinflussung von implantierten →Herzschrittmachern.

Durch die ständige Ladungsumverteilung an der Körperoberfläche werden im Körperinneren Ströme erzeugt. Die wesentlichen direkten biologischen Wirkungen elektrischer und magnetischer Feldexposition sind mit diesen im Körper hervorgerufenen Stromdichten verknüpft. Sie hängen von den elektrischen Eigenschaften des Körpers und von der Körpergeometrie ab. Bei guter Erdung können in den Hand- und Fußgelenken 10fach höhere Stromdichten auftreten als z. B. im Thoraxbereich. Bei 50 Hz wird durch ein elektrisches Feld von 10 kV/m eine Körperstromdichte von etwa 4 mA/m^2 erzeugt.

Magnetische Felder induzieren ebenfalls elektrische Ströme im Körper. Anders als im elektrischen Feld liegen hier geschlossene Strombahnen vor. Die Stromstärke im Körper ist abhängig von der Größe der möglichen Stromschleifen. Bei Magnetfeldern von etwa 0,3 mT (50 Hz) werden im Rumpf etwa Stromdichten von 4 mA/m^2 erreicht. Die Funktion von Herzschrittmachern kann in Extremfällen bereits durch Magnetfelder von 20 μT bei 50 Hz beeinflußt werden. In der Regel sind aber Gefährdungen von Schrittmacherpatienten bei magnetischen Induktionen unter 100 μT eher unwahrscheinlich.

Sehr niederfrequente Magnetfelder im Bereich um 17 Hz können bei Induktionswerten von weniger als 2 mT bereits zu Flimmererscheinungen im Auge (sog. Magnetophosphene) führen. Im Frequenzbereich von 3–300 Hz ist die gesundheitliche Relevanz der oberhalb von 1 mA/m^2 beobachteten vorübergehenden biologischen Effekte, wie z. B. Veränderungen im Kalzium-Haushalt verschiedener Zellen oder bei der Melatoninproduktion, bisher unklar. Bei höheren Stromdichten (5–10 mA/m^2) sind biologische Wirkungen gut dokumentiert. Sie müssen vor allem im Hinblick auf eine mögliche chronische Exposition überprüft und die grundlegenden Mechanismen verstanden werden. Oberhalb von 100 mA/m^2 können Stimulationsschwellen überschritten werden, wobei akute Gesundheitsgefahren, z. B. Störung von Nerven-, Muskel- und Herzfunktionen, möglich sind. Zu höheren (>300 Hz) und niedrigeren (<3 Hz) Frequenzen hin nimmt die biologische Wirksamkeit der Ströme im Körper ab.

In einigen neueren Studien wurde die Vermutung erhoben, daß eine chronische Exposition mit schwachen niederfrequenten Magnetfeldern das Risiko für bestimmte Krebserkrankungen erhöhen könnte; ein diesbezüglicher wissenschaftlicher Beleg liegt aber bislang nicht vor. Da aber ein langfristiger Einfluß schwacher Magnetfelder auf den Krankheitsverlauf nicht grundsätzlich ausgeschlossen werden kann, besteht hier Forschungsbedarf.

Für Strahlenschutzüberlegungen geht man heute üblicherweise davon aus, daß felderzeugte Körperstromdichten im Bereich von einigen Hertz bis zu einigen hundert Hertz 10 mA/m^2 nicht überschreiten sollen. Für eine Dauerexposition am Arbeitsplatz werden 4 mA/m^2 und für die allgemeine Bevölkerung 1–2 mA/m^2 empfohlen. Daraus lassen sich Feldstärkegrenzwerte ableiten. Die International Radiation Protection Association (IRPA) empfiehlt bei 50/60 Hz am Arbeitsplatz elektrische Feldstärkegrenzen von 10 kV/m (kurzzeitig 30 kV/m) bzw. magnetische Induktionsgrenzen von 500 μT (5 mT) und für die allgemeine Bevölkerung 5 kV/m (10 kV/m) bzw. 100 μT (1 mT). *Matthes*

Literatur: Empfehlungen der Strahlenschutzkommission. Elektrische und magnetische Felder im Alltag. Bundesanzeiger Nr. 144, 6. August 1991. – International Radiation Protection Association/International Non-Ionizing Committee (IRPA/INIRC): Interim Guidelines on Limits of Exposure to 50/60 Hz Electric and Magnetic Fields. Health Physics, 54, 1990.

Feld, statisches elektrisches/magnetisches. In die Betrachtung der s. F. werden extrem langsam veränderliche Felder bis zu etwa 1 Hz eingeschlossen (→Strahlung, nichtionisierende).

□ Die im Alltag auftretenden s. e. F. sind auf Ladungstrennungsvorgänge, entweder auf Grund von Reibung oder durch elektrochemische Vorgänge, zurückzuführen. Technisch können s. e. F. auch durch das Gleichrichten von Wechselspannungen erzeugt werden.

Die natürlichen s. e. F. werden im Wesentlichen durch klima- bzw. wetterbedingte Ladungstrennung verursacht. Sie sind deshalb auch von diesen Mechanismen abhängig und unterliegen starken Schwankungen je nach Wetterlage. Außerdem werden sie durch leitfähige Objekte, z. B. Pflanzen, oder durch geologische Strukturen beeinflußt. Bei Schönwetter beträgt das natürliche elektrische Feld abhängig von Umgebungseinflüssen bis zu etwa 500 V/m. Unter Gewitterwolken können Feldstärken bis zu 20 kV/m auftreten. Blitzentladungen treten auf, wenn die Durchschlagfeldstärke der Luft (etwa 2 MV/m) überschritten wird.

Im Haushalt werden s. e. F. durch gleichspannungsversorgte Geräte und durch Fernseh- und Bildschirmgeräte hervorgerufen. Die stärksten Felder treten aber hier aufgrund elektrostatischer Aufladung, z. B. beim Begehen synthetischer Bodenbeläge, auf. Dabei wurden in der Nähe von Personen Feldstärken bis 40 kV/m gemessen.

Am Arbeitsplatz können in vielfältiger Weise s.e. F. entstehen. Beispiele sind die Verarbeitung von Kunststoffen, der Rotationsdruck, Förderbänder oder auch der Umgang mit schlecht leitenden Flüssigkeiten, z. B. Benzin oder Öl. Im Bereich von Bildschirmgeräten oder Fotokopierern sowie an speziellen Anlagen in Prüflaboratorien und in der Forschung können z. T. erhebliche elektrostatische Felder auftreten.

In der Umwelt treten Gleichfelder im Bereich bestimmter Energieübertragungssysteme und öffentlicher Verkehrsmittel wie U-Bahn oder Straßenbahn auf.

Wegen der guten elektrischen Leitfähigkeit biologischen Gewebes im Vergleich zu der von Luft führt die Exposition durch s. e. F. im Körperinnern nur zu sehr geringen elektrischen Feldern. Felder, wie sie im Alltag auftreten, erzeugen im Inneren des Körpers Feldstärken im Bereich von μV/m. Gesundheitliche Wirkungen sind in diesem Bereich bislang nicht nachgewiesen, wenngleich nur wenige wissenschaftliche Untersuchungen vorliegen. Bei transienten Vorgängen, etwa beim schnellen Zusammenbrechen eines elektrischen Feldes, können aber u. U. so starke Felder im Körper erzeugt werden, daß gesundheitliche Gefahren nicht mehr ausgeschlossen werden können.

Die wesentlichen Wirkungen statischer und extrem langsam veränderlicher elektrischer Felder beruhen auf der Ladungsumverteilung an der Körperoberfläche. Hierdurch kann es zur Bewegung von Körperhaaren und zur Stimulation von oberflächlichen Rezeptoren kommen.

Außerdem treten indirekte Wirkungen durch Entladevorgänge auf. Ein bekanntes Beispiel sind Funkenentladungen, die bei statischer Aufladung des Körpers zu teilweise schmerzhaften Empfindungen führen können. Direkte gesundheitliche Gefahren sind damit aber im Alltag nicht verbunden. Es können allerdings Risiken durch Schreckreaktionen

auftreten. Mit derartigen Gefährdungen muß ab Feldstärken von etwa 5–7 kV/m gerechnet werden.

Ernsthafte Gefahren drohen, wenn durch Funkenentladung die Möglichkeit der Zündung explosionsfähiger Gasgemische besteht, oder durch elektrostatische Entladung elektronische Geräte zerstört werden. Durch entsprechende technische Maßnahmen läßt sich dies in der Praxis vermeiden. Empfehlungen zum Schutz von Personen bei s. e. F. beschränken sich meist darauf, evtl. auftretende Entladungsströme zu begrenzen. Die derzeit diskutierten Grenzwerte liegen bei 0,5–1 mA.

□ Statische Magnetische Felder sind die Folge von bewegten Ladungen. Im Alltag treten sie deshalb immer in Verbindung mit elektrischen Strömen auf. Dem natürlichen statischen Magnetfeld der Erde ($\approx 50\ \mu$T) ist man ständig ausgesetzt. Daneben gibt es im technisierten Umfeld zeitlich begrenzte Expositionsmöglichkeiten aus z. T. erheblich stärkeren Quellen.

Die im Haushalt auftretenden s. m. F. sind meist sehr schwach. Nennenswerte Feldstärken liegen höchstens an der Oberfläche von Permanentmagneten vor, wie sie in Lautsprechern oder bestimmten Elektromotoren verwendet werden. Im täglichen Umfeld treten s. m. F. vor allem im Bereich der öffentlichen Verkehrsmittel, wie z. B. U-Bahn, Straßenbahn oder zukünftig Magnetschwebebahn (≈ 6 mT), auf.

An Arbeitsplätzen können erhebliche Magnetfelder auftreten. Beispiele sind die Produktion von Permanentmagneten, elektrolytische Verfahren (≈ 10 mT), Lichtbogen- und Plasmaschmelzöfen oder Forschungseinrichtungen in der Kern- und Plasmaphysik (≈ 100 mT), in der Medizin bei der Kernspintomographie (bis zu 4 T).

Die magnetischen Eigenschaften biologischer Gewebe entsprechen weitgehend denen der Luft. Deshalb beeinflussen biologische Objekte die Stärke und Verteilung magnetischer Felder in ihrer Umgebung nicht.

Die wichtigsten Wirkungsmechanismen statischer Magnetfelder sind:
– Elektronische Wechselwirkungen treten auf atomarer und subatomarer Ebene auf und umfassen z. B. den Kernspineffekt ($\rightarrow$Kernspintomograph) oder Wirkungen auf elektronische Spinzustände. Dies kann zu Veränderungen der Übertragungsrate von Elektronen bei biochemischen Reaktionen im Körper führen. Dadurch kann die Geschwindigkeit der chemischen Reaktion verändert werden. In-Vitro wurden hierfür Schwellen im Bereich von Millitesla gefunden. Im Gesamtkörper ist diese Einflußmöglichkeit noch nicht ausreichend geklärt.
– Magnetomechanische Wirkungen, also Kraftwirkungen auf para- oder diamagnetische Körpersub-

stanzen, führen zu Verschiebungen und Drehungen von Gewebeteilen. Sie treten vor allem auf der Ebene von Makromolekülen und größeren zellulären Strukturen auf. Die wenigen bisher vorliegenden Untersuchungen an Sichelzellen, der DNS und Netzhautstäbchen lassen sich nicht unmittelbar auf den Menschen übertragen. Die auf ferromagnetische Gegenstände in starken Magnetfeldern ausgeübten Kräfte können zu einer derartigen Beschleunigung führen, daß diese Gegenstände zu gefährlichen Geschossen werden. Kraftwirkungen auf ferromagnetische Implantate oder Splitter im Körper können ab etwa 50 mT zu einer Gefährdung führen.

– Magnetische Induktion führt zu elektrischen Feldern und Strömen im Körper. So werden auf elektrische Ladungsträger, z. B. im Blutstrom, Kräfte ausgeübt, die bei einer magnetischen Induktion von 2 T während der Herztätigkeit an der Aorta zu elektrischen Spannungen (in Herznähe) von 30 mV führen. Im EKG können diese induzierten Felder ab etwa 0,1 T nachgewiesen werden. Biologische Auswirkungen, z. B. auf den Blutdruck, können nicht beobachtet werden.

– Indirekte Wirkungen auf medizinische Implantate können diese in ihrer Funktion beeinflussen. →Herzschrittmacher sind hierfür besonders empfindlich. Sie können im Extremfall durch ein Magnetfeld von 0,31 mT bereits in einen Test- und Programmiermodus gebracht werden. Durch diesen unkontrolliert veränderten Betriebszustand können einige Schrittmacherpatienten erheblich gefährdet sein. Bei Induktionen von 1–3 mT können Uhren und magnetische Datenträger beeinflußt werden.

Empfehlungen zum Schutz von Personen im statischen Magnetfeld werden derzeit national und international diskutiert. Als Grenzwert für den Arbeitsplatz sind 100–200 mT erforderlich, wobei kurzzeitig maximal 2 T zugelassen werden können. Für Patienten mit Herzschrittmachern liegt der Sicherheitsgrenzwert bei etwa 0,3–0,5 mT. Für die allgemeine Bevölkerung sollte, wegen der Gefahren durch unkontrollierte Kraftwirkungen auf ferromagnetische Teile, der Grenzwert bei etwa 10 mT liegen. *Matthes*

Literatur: *Bernhardt, H. J.:* Biologische Wirkungen statischer Magnetfelder. Deutsches Ärzteblatt. 88, Heft 51/52, 1991. – UNEP: United Nations Environment Programme: Environmental Health Criteria 35, Extremely low frequency (ELF) fields. WHO, Geneva 1984. – UNEP: Environmental Health Criteria 69, Magnetic fields. WHO, Geneva 1987.

Fenthion.

☐ Stoff-Identifizierungs-Nr.:
CAS-Nr.: 55-38-9
EG-Nr.: 015-048-00-8
UN-Nr.: 3018
EINECS-Nr.: 200-231-9
☐ Chemische Formel: $C_{10}H_{15}O_3PS_2$
☐ Stoffcharakteristik: Gelbe bis braune, merkaptanartig riechende Flüssigkeit, nahezu unlöslich in Wasser.
☐ Gefahrenmerkmale:
– Stoffliste nach § 4 a der →Gefahrstoffverordnung: Gefahrenkennbuchstabe(n): T, N
R-Sätze: 21-25-50/53
S-Sätze: 1/2-36/37-45-60-61
– Arbeitsschutzwerte nach TRGS 900: →MAK-Wert (mg/m³): 0,2 (→Gesamtstaub)
– Stoffliste (Anhang II) der Störfallverordnung: Nr. 163 und 4 c
– →Wassergefährdungsklasse: WGK 3
Fischer/M. Schön

Ferment →Enzym

Fermentationsverfahren. Verfahren zur biotechnologischen Herstellung von Lebensmitteln, Enzymen, Pharmazeutika, Biochemikalien oder Biomassen mit Hilfe von Mikroorganismen. Der Begriff Fermentation stammt von den *lat.* als Fermentum bezeichneten, enzymatisch aktiven Inhaltsstoffen des Kälbermagens ab (sog. Lab-Ferment), die bei der Käseherstellung seit dem Altertum zur Gerinnung der Milch eingesetzt werden. Als Fermentation im eigentlichen Sinne werden all jene Verfahren bezeichnet, bei denen die enzymatische Stoffwechselaktivität von Mikroorganismen zur Stoffumwandlung genutzt wird.

Klassische F. sind die bakterielle Essigherstellung aus Wein (Fesselgärverfahren), die Joghurtproduktion und die Bier- und Weinherstellung durch Hefen. Neuartige F. zeichnen sich durch den Einsatz bisher nicht genutzter Mikroorganismen mit erst seit kurzem bekannten Stoffwechselleistungen sowie durch eine wesentlich umfangreichere Technik aus, bei der im Mittelpunkt der →Fermenter oder →Bioreaktor steht. *Kleespies*

Fermenter. →Bioreaktor zur Vermehrung von Mikroorganismen- oder Zellkulturen unter kontrollierten Bedingungen in Nährlösung. F. werden in der industriellen →Biotechnologie für Produktionszwecke eingesetzt, ferner für Forschungszwecke im Labor- oder Technikumsmaßstab.

Der klassische und am häufigsten eingesetzte F.-Typ ist der meist aus Stahl gefertigte Rührkesselfermenter (→Bioreaktor, Bild). *Soeder*

Fernerkundungsbildverarbeitung. Die Auswertung von Fernerkundungsdaten erfolgt außer durch visuelle Interpretation hauptsächlich mit Methoden der digitalen Bildverarbeitung. Die Ursache hierfür ist in der Tatsache begründet, daß moderne Sensoren, wie →Multispektralscanner und Radar, direkt digitale Bilddaten liefern. Aber auch analoge Daten, z. B. Photographien, können mit Bildabtastern digitalisiert und einer weiteren Verarbeitung durch den Rechner zugeführt werden.

Ein System zur digitalen Bildverarbeitung besteht im wesentlichen aus einer Rechnereinheit mit großer Speicherkapazität, einem Farbbildschirm zur interaktiven Kommunikation des Benutzers mit dem System und einer Reihe von Peripheriegeräten zur Ein- und Ausgabe von Bilddaten. Kernstück eines Bildverarbeitungssystems ist allerdings die Software, d. h. die Programme zur Bildverarbeitung. Sie untergliedern sich in folgende Programmkategorien:
– Ein- und Ausgabe von Bildern in verschiedenen Formaten,
– Basisoperationen, wie Äquidensiten, Bitreduktion, arithmetische Verknüpfungen etc.,
– geometrische Korrekturen,
– radiometrische Korrekturen,
– multispektrale Klassifizierungsverfahren,
– Bildtransformationen, z. B. Gradationsveränderung,
– Filteroperationen, z. B. zweidimensionale Fourier-Transformation,
– Stereo-Bildverarbeitung,
– Interaktion mit dem Bildschirm.

Eine der Hauptaufgaben der F. besteht in der Klassifizierung des Bildinhaltes, d. h. eine Menge von Objekten nach Ähnlichkeitskriterien in Klassen einzuteilen. Die Eigenschaften, die den Ähnlichkeitskriterien zugrunde liegen, können je nach Anwendungsfall unterschiedlich aussehen. Im Fall der digitalen multispektralen Bildaufzeichnung liegen die Eigenschaften in Form von Grauwerten (gewandelte Strahlungsintensitätswerte) der einzelnen Bildelemente (Pixel) in mehreren Spektralkanälen vor. Jedes Pixel kann dabei einen Wert aus einem bestimmten Wertebereich von Grauwerten annehmen. In vielen Fällen ist dieser Wertebereich durch die natürlichen Zahlen zwischen 0 und 256, entsprechend 2^8 Möglichkeiten, gegeben. Die verschiedenen Grauwerte in den einzelnen Spektralkanälen werden als Merkmale bezeichnet. Liegen n Kanäle vor, spricht man deshalb von einem n-dimensionalen Merkmalsraum. Die Elemente des Merkmalraums nennt man Merkmalvektoren. Eine Klasse besteht aus einer Menge von Merkmalvektoren, die im Merkmalraum Punkthäufungen, sog. Cluster, bilden.

Bei der Klassenbildung können prinzipiell zwei Verfahren unterschieden werden:
– Die unüberwachten Verfahren (unsupervised classification) teilen die Klassen nach der Lage der Cluster ein, die sich aus den Merkmalvektoren des Gesamtbilds ergeben. Dabei wird höchstens die Anzahl der Klassen vorher festgelegt, die Einteilung jedoch durch einen Algorithmus ohne Eingriff des

Auswerters durchgeführt. Die entstandenen Klassen müssen nach der Klassifizierung interpretiert und bestimmten Objekten zugeordnet werden.
– Die überwachten Verfahren (supervised classification) dagegen beginnen mit einer Definition von Trainingsgebieten durch den Auswerter. Trainingsgebiete sind Flächen, von denen aufgrund von Vorkenntnissen bekannt ist, zu welcher Klasse sie gehören. Für jedes dieser Gebiete wird die Lage im Merkmalraum bestimmt, um bei der Klassifizierung jeden Merkmalvektor im Bild einer der vorgegebenen Klassen zuzuordnen oder als keiner Klasse zugehörig zurückzuweisen.

Welches Verfahren für ein gegebenes Klassifizierungsproblem gewählt werden sollte, ist abhängig von den Vorkenntnissen über die Bilddaten. Ist nichts oder nur wenig über die im Bild vorkommenden Objektklassen bekannt, so ist ein unüberwachtes Verfahren geeigneter. Liegt dagegen ausreichend Information über die im Bild enthalten Klassen vor, so können auch genügend Trainingsgebiete aufgefunden werden, die für eine überwachte Klassifizierung notwendig sind. In diesem Fall ergibt eine überwachte Klassifizierung auch meist leichter interpretierbare und überprüfbare Ergebnisse. Eine Hilfe für das Auffinden geeigneter Trainingsgebiete bietet eine Vorklassifizierung durch ein unüberwachtes Verfahren.

Bei Fernerkundungsaufnahmen, die eine große Vielzahl von Objekten enthalten, ist die geforderte Grundvoraussetzung der Klassifizierungsverfahren, nämlich die eindeutige Beziehung zwischen den Klassen und den Merkmalvektoren, nicht immer vollständig gegeben. Dies führt dazu, daß die Klassen im Merkmalraum sich mehr oder weniger stark überlappen und daher keine eindeutigen Entscheidungen über die Klassenzuordnung getroffen werden können. In diesen Fällen können statistische Trennbarkeitskriterien die Fehlermöglichkeiten gering halten. Das bekannteste statistische Verfahren ist das Maximum-Likelihood-Verfahren, das bei der überwachten Klassifizierung benutzt wird. Hierbei wird jedes Pixel der Klasse zugeordnet, der es nach vorgegebenen Regeln mit höchster Wahrscheinlichkeit angehört ($\rightarrow$ Klassifizierungsverfahren). *Rossbach/Schroeder*

Fernerkundungsverfahren, optisch. Das Prinzip der o. F. besteht darin, das von einem Beobachtungsgebiet ausgehende elektromagnetische Strahlungsfeld hinsichtlich seiner Intensität, spektralen Zusammensetzung sowie seiner räumlichen und zeitlichen Variation zu vermessen. Aus den gemessenen Parametern können dann Rückschlüsse auf den chemischen, physikalischen und biologischen Zustand des Beobachtungsgebiets gezogen werden. Eine weitere Kenngröße des elektromagnetischen Strahlungsfelds ist die Polarisation, die jedoch bei der optischen Fernerkundung praktisch nicht benutzt wird. Beim Strahlungsfeld handelt es sich im Sichtbaren (0,4–0,7 μm) und im nahen und mittleren Infrarot (0,7–2,5 μm) um das vom Beobachtungsgebiet reflektierte Sonnenlicht und im thermischen Infrarot (8–14 μm) um die temperaturabhängige Eigenstrahlung.

Als Meßgeräte werden photographische Kameras, →Radiometer, →Multispektralscanner und abbildende →Spektrometer in Flugzeugen und auf Satelliten eingesetzt. Da diese Geräte keine eigene Lichtquelle zur Beleuchtung des Aufnahmegebietes verwenden, sondern dafür das Sonnenlicht benutzen, werden sie passive Sensoren genannt. Voraussetzung für qualitative radiometrische Messungen ist die Kalibrierung der Sensoren mit Eichlichtquellen.

Aktive optische Sensoren arbeiten mit einem Laser als Lichtquelle. Vom Flugzeug aus eignen sich Lasersensoren insbesondere zur Entfernungsmessung und damit zur Bestimmung der Geländetopographie. Im Versuchsstadium befinden sich Sensoren, bei denen ein vom Laserlicht induzierter Fluoreszenzeffekt benutzt wird, um Substanzen im Wasser und im Boden zu identifizieren sowie Vegetationsstreß zu bestimmen.

Zur Messung atmosphärischer Parameter wie Temperatur, Druck, Dichte und molekulare Zusammensetzung werden auf Satelliten passive Radiometer eingesetzt. Die Messung erfolgt sowohl in einer charakteristischen Absorptions- oder Emissionslinie eines Moleküls als auch in unmittelbarer Nachbarschaft dieser Linie. Der zu bestimmende Parameter wird daraus mittels Modellvorstellungen berechnet.

Aktive Laserverfahren vom Boden und vom Flugzeug aus werden ebenfalls zu atmosphärischen Messungen herangezogen. Zur Bestimmung von Luftbestandteilen wird dabei das unterschiedliche Rückstreuverhalten bei verschiedenen Wellenlängen genutzt; Windmessungen können unter Ausnutzung des Dopplereffekts, hervorgerufen durch bewegte Luftteilchen, durchgeführt werden.

Rossbach/Schroeder

Fernerkundungsverfahren, photographisch. Das verbreitetste p. F. ist die Luftbildphotographie, die aus dem Flugzeug mit speziellen Kameras, den sog. Reihenmeßkameras erfolgt. Die besonderen Merkmale dieser Kameras sind:
- großes Bildformat von 23 cm × 23 cm,
- Aufbelichtung von geometrischen Referenzmarken auf das Bild,
- Hochleistungsobjektive mit geringer, aber vermessener geometrischer Verzerrung.

Die üblicherweise verwendeten Brennweiten betragen 8,5/15/30,5 und 61 cm. Als Aufnahmematerialien werden Schwarzweißfilme, Farbfilme und Farbinfrarotfilme eingesetzt. Für die stereoskopische Auswertung werden die Aufnahmen mit 60 % Längsüberdeckung gewonnen. Eine für jede Aufnahme charakteristische Größe ist der Bildmaßstab, der sich als Quotient von Brennweite und Flughöhe ergibt. Bezüglich der räumlichen Auflösung sind photographische Verfahren zur Zeit noch allen anderen Aufnahmeverfahren in der Fernerkundung überlegen.

Hauptanwendung der Luftbildphotographie ist die →Kartierung mittels photogrammetrischer Verfahren. Dabei wird die Topographie des Geländes in Form von Höhenlinien gewonnen. Der Karteninhalt wird durch Bildinterpretation abgeleitet. Vom Weltraum werden photographische Verfahren regelmäßig nur von der GUS auf den Satelliten der Serie Cosmos und auf der Raumstation MIR eingesetzt. Es werden Aufnahmen von 5–10 m Auflösung geliefert.

Ein weiteres Verfahren ist die →Multispektralphotographie. Hierbei werden durch mehrere Objektive, die mit verschiedenen engbandigen Farbfiltern (Interferenzfiltern) versehen sind, deckungsgleiche Bilder vom selben Aufnahmegebiet auf Schwarzweißfilm hergestellt. Nach der Filmentwicklung können jeweils drei dieser Aufnahmen mit Farbprojektoren zu einem Farbbild zusammenkopiert werden. Die dabei entstehenden Farben müssen nicht in jedem Fall mit den natürlichen Farben übereinstimmen. Man spricht deshalb auch von →Falschfarbenphotographie. Der Vorteil der Multispektralphotographie liegt in der hohen farblichen Differenzierung, die für die Interpretation der aufgenommenen Objekte vorteilhaft ist.

Multispektralkamera-Systeme sind sowohl für den Flugzeug- als auch für den Weltraumeinsatz von der Fa. Zeiss Jena gebaut worden. *Rossbach/Schroeder*

Fernmeßverfahren. F. sind dadurch gekennzeichnet, daß der Ort der Messung vom eigentlichen Meßgerät entfernt sein kann. Die meisten F. beruhen darauf, daß das Meßobjekt mit elektromagnetischer Strahlung in Wechselwirkung tritt und die dadurch veränderte Strahlung vom Meßgerät empfangen und analysiert wird. Seltener werden zur Fernmessung Schallwellen verwendet. F. können zur Überwachung größerer Flächen und Räume oder unzugänglicher Orte eingesetzt werden und erlauben damit Aussagen, die sich durch den Einsatz konventioneller Meßmethoden überhaupt nicht oder nur mit einem unvertretbaren Aufwand erzielen lassen. Deshalb gibt es seit über zwanzig Jahren intensive Bemühungen, F. für die Umweltüberwachung zu entwickeln und zu erproben. Es konnte überzeugend nachgewiesen werden, daß F. eine Fülle neuartiger Meßaufgaben erschließen. Bisher ist es aber nur in Einzelfällen gelungen, F. in die Überwachungspraxis einzuführen. Es gibt nur wenige ausgereifte Systeme, die bei vertretbarem personellen und apparativen Aufwand den Erfordernissen im praktischen Einsatz gerecht werden.

F. eignen sich besonders zur Überwachung von Oberflächengewässern (Beispiele: Ortung von Ölteppichen; Abschätzung der →Eutrophierung durch Bestimmung des Chlorophyll-Gehaltes) und für Untersuchungen in der freien Atmosphäre. Für die Bestimmung von Schadstoffen in den verschiedenen Umweltmedien werden vorzugsweise optische F. eingesetzt. Für die Bestimmung verschiedener hydrologischer oder meteorologischer Parameter sind F. erprobt, die Mikrowellen oder Schallwellen verwenden (Beispiele: Aufnahme von Temperaturprofilen und Geschwindigkeitsfeldern). Sehr bewährt haben sich Untersuchungen zur atmosphärischen Schichtung mit Hilfe von SODAR-Geräten. Dabei wird – in Analogie zum RADAR-Prinzip – ein intensiver Schallimpuls in die Atmosphäre abgestrahlt, und die in verschiedenen Höhen reflektierten Anteile werden analysiert. Auf diese Weise können Inversionsschichten oder Abgasfahnen aus hohen Schornsteinen geortet werden.

Man unterscheidet zwischen aktiven und passiven F.:
– passive F. nutzen die Eigenstrahlung der zu untersuchenden Materie oder eine andere natürliche Strahlung (z. B. das Tageslicht);
– aktive F. besitzen einen Sender, der die passende Strahlung emittiert (z. B. →Laser-Meßverfahren, →DOAS, →LIDAR).

Aktive F. haben den Vorteil, daß die Meßbedingungen besser definiert und gezielt veränderbar sind. Dies erleichtert auch die Kalibrierung des Meßsystems. Dieser Vorteil bedingt im allgemeinen einen höheren Aufwand, vor allem einen wesentlich höheren Energieverbrauch. F. werden teilweise stationär und teilweise mobil, zum Beispiel in Fahrzeugen, Flugzeugen oder Satelliten eingesetzt. *Stahl*

Fernsehgerät →Kathodenstrahlröhre, eigensichere

Ferntransport von Luftverunreinigungen. Transport von Schadstoffen in der Atmosphäre über Entfernungen von 500 km und mehr. Durch solche F. (auch großräumiger Transport oder grenzüberschreitender Transport) werden Luftverunreinigungen über Länder hinweg verteilt. Ein Beispiel für einen natürlichen F. ist die Verfrachtung von Sahara-Staub nach Europa.

Der F. v. L. führt zu einer weit verbreiteten, im Jahresmittel relativ. homogen verteilten Hintergrundbelastung (background). Während einzelner Episoden jedoch, z. B. bei winterlichen Smogepisoden, können Quellgebiete mit hoher Emissionsdichte sowie Einzelquellen mit großen Emissionsmassenströmen in Transportrichtung in Entfernungen von 500 km und mehr regional erhebliche Immissionsbeiträge verursachen und eine regionale Smoglage erheblich beeinflussen.

So emittieren starke Einzelquellen (z. B. Kraftwerke) über hohe Schornsteine und bei großer Schornsteinüberhöhung in Höhenschichten von bis zu 500 m über dem Erdboden. Bei stabiler →Temperaturschichtung der Atmosphäre erfolgt der Transport der Schadstoffe überwiegend in der Höhe. Dadurch ist die Schadstoffverringerung in der Abgasfahne durch Deposition relativ gering, so daß auch noch in großen Entfernungen höhere Schadstoffkonzentrationen in der Abgasfahne vorliegen. Bei Auflösung der stabilen Temperaturschichtung (→Inversion) durch Sonneneinstrahlung werden die Schadstoffe zum Boden hin ausgetauscht und verursachen dann in großen Entfernungen hohe Immissionskonzentrationen.

Mit zunehmender Transportzeit und den langen Verweilzeiten werden die ursprünglich emittierten Schadstoffe zunehmend chemisch umgesetzt. Die chemischen Umsetzungsprodukte, z. B. Sulfate und Nitrate, werden am Boden abgelagert und reichern sich an (Säuredeposition). So wird das Waldsterben mit der zunehmenden Bodenversauerung in Verbindung gebracht.

Mit Hilfe von Ausbreitungsmodellen können die europaweiten Ablagerungen von Schadstoffen errechnet werden. Gleichzeitig können Bilanzen über grenzüberschreitende Importe und Exporte von Schadstoffen zwischen einzelnen Ländern aufgestellt werden.

Ein weiteres Beispiel für F. ist die Ausbreitung der beim Reaktorunfall in Tschernobyl freigesetzten radioaktiven Wolke über Europa (→Trajektorien).

Gleichzeitig spielen F.-Effekte bei der Bildung sommerlicher Ozonepisoden eine Rolle. Die zur photochemischen Bildung von Ozon erforderlichen Vorläufersubstanzen werden bei sonnenscheinreichen Hochdruckwetterlagen oft länderweit verfrachtet und dabei chemisch umgesetzt. *Külske*

Fernwärme. Unter F. bzw. F.-Versorgung versteht man die Wärmeversorgung – meist im Bereich der Gebäudeheizung – aus einer zentralen Wärmequelle über Verteilernetze. Als Heizmedium dient Heißwasser oder Dampf. Für die Bereitstellung der Wärme gibt es verschiedene Möglichkeiten:
– Große zentrale Einheiten zur Wärmeerzeugung werden Fernheizwerke (FHW) genannt. Sie bieten gegenüber Einzelfeuerungen in Gebäuden aus Sicht des Umweltschutzes den Vorteil, daß Feuerung und Regelung besser optimiert werden können und Maßnahmen zur →Abgasreinigung möglich sind. Auf Grund relativ hoher Kosten für F.-Verteilernetze ist aus wirtschaftlichen Gründen eine hohe

Wärmeverbrauchsdichte in der Umgebung des Fernheizwerkes erforderlich, die in der Regel nur in Ballungsgebieten anzutreffen ist.

– Werden Wärme- und Stromerzeugung gekoppelt (→Kraft-Wärme-Kopplung), spricht man von Heizkraftwerken (HKW). Wird als Brennstoff bei Fernheizwerken oder Heizkraftwerken →Hausabfall verwendet, handelt es sich um Abfallheizwerke (MHW) bzw. Abfallheizkraftwerke (MHKW).

– Als kleinere Einheiten zur Stromerzeugung und F.-Versorgung kleinerer Gemeinden oder großer Gebäudekomplexe (z. B. Krankenhäuser) werden →Blockheizkraftwerke (BHKW) mit Verbrennungsmotoren eingesetzt.

– Die in der Industrie vorhandenen Abwärmepotentiale können ebenfalls zur F.-Versorgung herangezogen werden; zur Zeit geschieht dies jedoch nur in Ausnahmefällen.

Bei den Verteilernetzen unterscheidet man zwischen Freileitungen und erdverlegten Leitungen. Freileitungen sind kostengünstig, werden aber aus räumlichen und optischen Gründen in Stadtgebieten nur sehr begrenzt eingesetzt. Erdverlegung erfolgt entweder in einem Betonkanal oder direkt. Die Kanalverlegung bietet den Vorteil hoher Betriebssicherheit durch gute Wartungsmöglichkeiten, ist aber sehr kostenintensiv. Direkte Erdverlegung erfolgt meist in Doppelmantelrohren (z. B. aus Stahl und/oder Kunststoff) mit einer Isolierung im Zwischenraum. *Hoffmann*

Literatur: Gesamtstudie über die Möglichkeiten der Fernwärmeversorgung in der Bundesrepublik Deutschland, 12 Teile. Hrsg.: Bundesministerium für Forschung und Technologie. Bonn 1977. – *Stumpf, H.* u. *E. Windorfer:* Fernwärme in der Bundesrepublik Deutschland. 2. Aufl. Karlsruhe 1986.

Ferrocen. Regenerationsunterstützender, eisenhaltiger Kohlenwasserstoff ($C_{10}H_{10}Fe$), der dem Dieselkraftstoff zugesetzt wird und als chemischer Katalysator die Herabsetzung der Zündtemperatur von Rußpartikeln bewirkt, so daß sich der Einsatz eines Brenners zur Regeneration des →Dieselpartikelfilters erübrigt. *Kallenbach/May*

Ferrolegierung. F. sind Vorlegierungen des Eisens mit Mangan, Silizium, Chrom, Titan, Vanadium, Molybdän oder anderen für die Herstellung von legiertem Stahl notwendigen Legierungsstoffen. Sie werden im Verlauf des Schmelzprozesses dem flüssigen Eisen zugesetzt. Bekannte F. sind Ferrosilizium, Ferrochrom oder Ferromolybdän.

Als Emissionsquellen bei der Erzeugung von F. sind von Bedeutung: Etagenröstöfen, Elektroherdöfen, Pfannenreaktionen, Schlackenabkühlung, Zerkleinerungsanlagen, Lagerplätze. Folgende luftverunreinigenden Stoffe sind relevant: Je nach Art der F. können die staubförmigen Emissionen im Abgas insbesondere SiO_2, FeO, Al_2O_3, Cr_2O_3, SiC, MnO_2, CaO als Inhaltsstoffe enthalten. Als gasförmige Emissionen entstehen insbesondere Schwefeldioxid und Kohlenmonoxid.

Zur Emissionsminderung werden folgende Techniken eingesetzt: Bei Neuanlagen können staubhaltige Abgase an emissionsrelevanten Quellen, z. B. Röstung, Reduktion und Schmelzen, Pfannenreaktion, Zerkleinerung sowie Lagerung und Transport, durch Kapselung praktisch vollständig erfaßt und mit Gewebefiltern auf Reingasstaubgehalte von kleiner 10 mg/m^3 entstaubt werden. Gasförmige Emissionen von Schwefeldioxid aus der Röstung können über ein angepaßtes Bleikammerverfahren in verwertbare Schwefelsäure umgewandelt werden, was die Konzentrationen von Schwefeldioxid auf weniger als 100 mg/m^3 absenkt. Beim Umgang mit staubenden Einsatzstoffen, z. B. Erzen, Konzentraten, Rücklaufmaterial, Filterstäuben mit erhöhten Anteilen an gesundheitsgefährdenden Schwermetallen, ist eine Lagerung und Handhabung im geschlossenen System erforderlich.

Der mit filternden Abscheidern zurückgehaltene Staub kann über Schleusen in geschlossenen Behältern gesammelt werden. Je nach Staubzusammensetzung kann dieser Reststoff häufig wieder im Betrieb nach einer Pelletierung oder Brikettierung eingesetzt werden. Die Schlacken werden weitgehend aufbereitet und verwertet, z. B. als Straßenbaustoff. Die bei der Reinigung der Röstgase erzeugte Schwefelsäure ist in der Regel im eigenen Betrieb wieder einzusetzen.

Anlagen zur Erzeugung von F. sind genehmigungsbedürftig nach BImSchG (Nr. 3.2 des Anhangs der →4. BImSchV). Emissionsbegrenzende Anforderungen enthält die →TA Luft. Neben den speziellen Anforderungen der Nr. 3.3.3.2.3 (Abgaserfassung und Begrenzung der staubförmigen Emissionen im Abgas auf ≤20 mg/m^3) sind von besonderer Bedeutung die übergreifenden Anforderungen der

– Nr. 2.3 zur Begrenzung der Emissionen an krebserzeugenden Stoffen (z. B. Nickel, Chrom, Cobalt),

– Nr. 3.1.4 zur Begrenzung der Emissionen an staubförmigen anorganischen Stoffen, insbesondere an Schwermetallen (z. B. Vanadium),

– Nr. 3.1.5 zur Begrenzung diffuser staubförmiger Emissionen,

– Nr. 3.1.6 zur Begrenzung der Emissionen an dampf- und gasförmigen anorganischen Stoffen (z. B. SO_2 ≤ 0,50 g/m^3). *Leder*

Literatur: *Davids, P.; M. Lange:* Die TA Luft '86 – Technischer Kommentar. Düsseldorf 1986. – VDI 2576: Emissionsminderung: Elektrothermische und metallothermische Erzeugung von Ferrolegierungen. 5/1983.

Festmistbehandlung und -aufbereitung. „Halt ihn feucht und tritt ihn feste, das ist für den Mist das allerbeste!" Diese Prämisse wurde seit Ende des 19. Jahrhunderts als oberster Grundsatz der Mistbehandlung zugrundegelegt. Dabei kommt es zu einer anaeroben Zersetzung der organischen Substanz. Sie wird in niedermolekulare Abbauprodukte wie Ammoniumverbindungen, Wasser und Methan zerlegt. Je nach Feuchtegehalt entstehen unterschiedlich hohe Temperaturen, es tritt eine gewisse Hygienisierung derjenigen Schichten ein, die sich im Kerninneren befinden. Gleichzeitig kommt es durch Abgasung der flüchtigen Zersetzungsprodukte zu einem Masseverlust, der nach ca. 180 Tagen bis zu 40 % der Frischsubstanz betragen kann. Festmist kann aufgrund des hohen Kohlenstoffgehalts auch als Ausgangsstoff zur Gewinnung von →Biogas eingesetzt werden. Hierzu muß allerdings der Feuchtegehalt durch Zugabe von Wasser oder →Flüssigmist stark erhöht werden.

Dem gegenüber steht die aerobe Mistaufbereitung oder →Kompostierung. Ziel der Kompostierung ist es, einen Ab- und Umbau der organischen Substanz durch sauerstoffliebende Mikroorganismen zu erreichen. Dazu muß eine ausreichende Luftzuführung gewährleistet sein. Folgende primäre Ziele werden mit der Kompostierung verfolgt:
– Masse- und Volumenreduzierung der anfallenden Festmistmenge durch aeroben →Abbau der organischen Substanz und Wasserverdunstung,
– Ausnutzung des Hygienisierungseffekts auf pathogene Erreger sowie Unkrautsamen durch Erhitzung während des Kompostierprozesses,
– rasche organische Nährstoffbindung, vor allem des leichtlöslichen Ammonium-N, um so eine Ausgasung zu verhindern,
– Gewinnung eines lagerfähigen, stabilen, sickersaftfreien (Sickersaft) Düngesubstrats, das auf Grund seiner feinkrümeligen Struktur eine gute Verteilbarkeit gewährleistet.

Bei der Kompostierung kann eine Massereduzierung um bis zu 60 % erreicht werden (→Festmistkompostierung). Bei den Intensivkompostierungsverfahren mit geeigneter Technik wird dies innerhalb von 3–4 Wochen erzielt. Dies bedeutet, daß weniger Mist mit einem höheren Nährstoffgehalt ausgebracht werden kann, mit den positiven Auswirkungen auf Arbeitszeitbedarf oder geringere →Bodenbelastung. Gleichzeitig verändert sich durch die Kompostierung auch die Substratstruktur. Die entstehenden feinkrümeligen Humuskörper bilden die Grundvoraussetzung für eine gute Verteilbarkeit auch bei geringen Ausbringmengen, wie dies aus pflanzenbaulicher Sicht zwingend erforderlich ist.

Die angesprochene Erhitzung kann zur Hygienisierung des Substrates genutzt werden. Temperaturen von 70 °C und mehr sind ohne Probleme zu erreichen. Dadurch werden pathogene Erreger zuverlässig abgetötet. Gleichzeitig werden bei diesen Temperaturen auch viele Unkrautsamen unschädlich gemacht.

Negativ ist zu vermerken, daß bei Temperaturen über 55 °C eine starke Ammoniakaustreibung stattfindet, so daß eine Erhitzung über diesen Wert hinaus nur dann sein sollte, wenn eine Hygienisierung erforderlich ist und NH_3 aus der Abluft gefiltert wird.

Bei der Kompostierung kommt es zum Aufbau von mikrobiellem Eiweiß. Dabei werden zunächst die leicht verfügbaren und damit auch flüchtigen Stickstoff-Fraktionen wie Ammonium-N verbraucht. Sie werden so vor Auswaschung und Ausgasung geschützt, wenn, wie erwähnt, die Temperaturen nicht zu hoch steigen.

Eine weitere Form der Kompostierung stellt die Verwendung von Festmist aus der Pferdehaltung im Pilzanbau dar. Dabei wird das Material zunächst angerottet. Nach kurzer Zeit (ca. 12–18 Tage) erfolgt eine Pasteurisierung mit Wasserdampf und eine anschließende Fermentationsphase. Das Material wird dann geimpft und als Kultursubstrat für die Pilzproduktion genutzt. Nach mehrmaliger Aberntung wird das Kultursubstrat auf landwirtschaftliche Nutzflächen verteilt. *H. Schön/Popp*

Literatur: *Gutser, R.:* Grundlagen zur Nährstoffwirkung von Gülle und Festmist. In: Boxberger, J.; Gronauer, A.; Popp, L.: Umweltschonende Verwertung von Fest- und Flüssigmist auf landwirtschaftlichen Nutzflächen. Tagungsband zum Fachgespräch. Landtechnik Weihenstephan Bd. 1/1990. – *Hunte, W.; K. Grabbe:* Champignonanbau. Berlin–Hamburg 1988. – *Schuchardt, F.:* Ein Verfahren zur Kompostierung von Schweinemist unter Zusatz von Stroh und Perlit. Landbauforschung Völkenrode (1985) 1, S. 11–19.

Festmistkompostierung. Bei der Intensivkompostierung von Festmist sind kontrollierte Rottebedingungen von größter Wichtigkeit. Neben verschiedenen anderen Einflußfaktoren (→Biomasse, →Kompostierung) wirkt sich regelmäßiges Umsetzen des Kompostes entscheidend auf den Rotteverlauf aus. Dabei wird vor allem eine Auflockerung und Homogenisierung erreicht. Letzteres ist besonders deshalb wichtig, weil dabei auch die kühlen Schichten der äußeren Oberflächen in den heißen Kern eingemischt werden und so die Hygienisierungsphase durchlaufen. Beim mechanischen Umsetzen kommt es durch die kurzfristige Oberflächenvergrößerung zu einer starken Wasserverdunstung und dadurch sowie durch den Eintrag kühler Luft zu einem Absenken der Temperatur, je nach eingesetzter Technik um bis zu 20 K. Innerhalb von ca. 24 Stunden erreicht die Temperatur durch die verbesserte Sauerstoffversorgung wieder den Ausgangswert.

Für den Einsatz in den relativ kleinen landwirtschaftlichen Kompostierungsanlagen eignen sich verschiedene Verfahren. Bei der einfachsten Methode wird mit Front- oder Radladern auf- und umgesetzt. Das Material wird aufgenommen und anschließend auf einer neuen Miete wieder abgekippt. Die o. g. Forderungen nach Auflockerung und Homogenisierung werden dabei nur unzureichend erfüllt.

Eine Verbesserung stellt der Einsatz eines Mist- oder Kompoststreuers dar. Das Material wird auf den Wagen aufgekippt und anschließend bei langsamer Vorfahrt zu einer Miete abgedreht. Vorteilhaft sind die gute Durchmischung sowie die Auflockerung des Substrats. Allerdings ist ein sehr langdauernder Kontakt mit der Außenluft gegeben, was zu einer starken Abkühlung führen kann.

Eine Kombination dieser beiden Verfahren stellt eine auf dem Markt befindliche Radladerschaufel mit integrierter Ausfräsvorrichtung dar. Bei diesen Verfahren wird erreicht, daß die jeweils neu auf- oder umgesetzten Mieten konstante Breite und Höhe haben. Die Flächenausnutzung wird erhöht, der Platzbedarf somit etwas verringert. Daneben wurden schleppergezogene Geräte entwickelt, die kleinere Dreiecksmieten im Direktverfahren umsetzen. Problematisch ist der sehr hohe Flächenbedarf, weil die einerseits recht kleinen Mieten zudem einen großen Abstand zueinander haben müssen, um ein Durchfahren zu ermöglichen. Im Schnitt sind das 1,50 m je Miete. Bei selbstfahrenden Geräten, die nach demselben Prinzip arbeiten, ist der Flächenbedarf geringer.

Als weiteres Verfahren kommt die Silokompostierung in Frage, wobei in einem Flachsilo kompostiert wird (Bild). Die Umsetzmaschine wird in Schienen auf den Silowänden geführt. Ein Vorteil dieses Verfahrens liegt im geringen Arbeitszeitbedarf für das Umsetzen des Kompostes, da die Maschine teil- oder vollautomatisch betrieben wer-

den kann. Zudem wird eine hohe Flächenausnutzung gewährleistet, was eine Grundvoraussetzung für die kontrollierte Kompostierung unter Dach ist. *H. Schön/Popp*

Literatur: *Boxberger, J.; L. Popp:* Intensivkompostieranlage für Festmist. Landtechnik **46** (1991) H. 6 S. 284–286.

Festmistlagerung. In Abhängigkeit vom Haltungsverfahren (Stallsysteme) sowie der Einstreumenge entsteht neben Festmist auch →Jauche. Diese muß in geeigneten Behältern (→Flüssigmistlagerung) aufgefangen und bis zur breitflächigen Ausbringung gelagert werden. Grundvoraussetzung bei der F. ist, daß keine Emissionen von Nährstoffen oder sonstigen Verbindungen in Boden, Gewässer und Luft auftreten können. Jegliche Emissionen bedeuten nicht nur einen Verlust von Nährstoffen für die →Düngung der landwirtschaftlichen Produktionsflächen, sondern auch Umweltschäden verschiedenster Art (z. B. Abgasung von Ammoniak, Auswaschung von Nitrat, Phosphat, organischen Säuren).

Boden- und Grundwassergefährdung werden vermieden durch befestigte Lagerstätten, bei denen Sicker- und verunreinigtes Niederschlagswasser in Behältern aufgefangen und anschließend auf den Feldern verteilt wird. Die Überdachung der Lagerstätte verhindert Verunreinigung sauberen Regenwassers. Bei ausreichender Einstreumenge vermindert sich stark die Gefahr von Sickerwasseraustritt, so daß lediglich ein kleiner Sicherheits-Auffangbehälter nötig ist.

Eine F. auf unbefestigtem Boden (z. B. auf dem Feld) sollte so weit wie möglich vermieden werden. Die Vorschriften zum Gewässerschutz sind zu beachten (z. B. Abdeckung mit Folie oder Erde, um

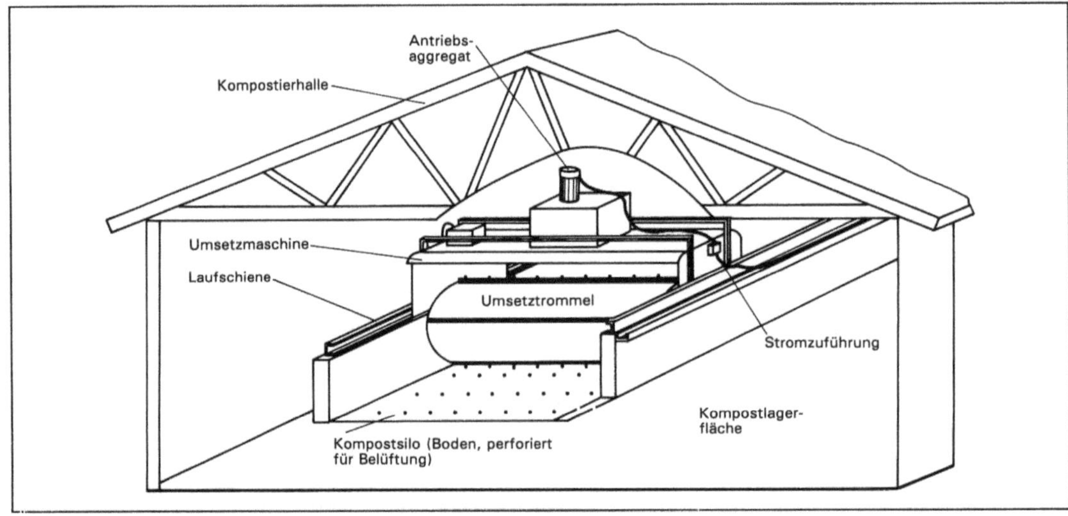

Festmistkompostierung: Silokompostierung (nach Boxberger).

Nährstoffaustrag durch Niederschlagswasser zu vermeiden).

Der Flächenbedarf für die F. ist von mehreren Faktoren abhängig. Neben dem Haltungssystem ist das Entmistungs- bzw. Miststapelsystem von Bedeutung. Auch die vielfach betriebsspezifische Einstreumenge und eventueller Weidegang spielen eine Rolle. Weiterhin haben die maximale Lagerdauer (sie sollte i. d. R. mindestens 6 Monate betragen) sowie eventuelle Aufbereitungsverfahren (z. B. →Kompostierung) entscheidenden Einfluß (Tabelle).

Festmistlagerung. Tabelle: Einstreubedarf und Mistanfall bei verschiedenen Tierarten und die erforderliche Lagerkapazität (nach Wenner).

Tierart, Haltungs-verfahren	Einstreubedarf		Frischmistanfall		Lager-raum-bedarf[1] m³/GV
	kg/ GV/d	t/GV/a	kg/ GV/d	t/GV/a	
Rinder Kurz-stand	3	1,1	43+10[2]	15,7+3[2]	8+1,5[2]
Tretmist	6	2,2	55	20,1	10
Tiefstall	9	3,3	59	21,5	−[3]
Schweine	4	1,5	30	11,0	5,5
Schafe (Tiefstall)	5	1,8	55	20	−[3]
Pferde	2,5–10	0,9–3,7	25–35	9,1–12,8	~5

[1]) 40% Massereduzierung bei 180 Tagen Lagerdauer
[2]) Lagerraumbedarf für die Jauchelagerung
[3]) Mistlagerung in der Tiefstreumatratze
GV = Großvieh-Einheit

H. Schön/Popp

Literatur: *Wenner, H L.; J. Boxberger; H. Pirkelmann; H. Worstorff:* Technik in der Rindviehhaltung. Jahrbuch Agrartechnik 2. Frankfurt 1989.

Festmistverfahren.

(in der Tierhaltung). Gegenüber dem Flüssigmistverfahren (→Flüssigmist) wird versucht, anfallenden Kot sowie evtl. auch Harn durch geeignete Einstreumaterialien, z. B. Stroh, zu binden.

Abhängig von der jeweiligen Einstreumenge entsteht ein →Substrat unterschiedlichen Feuchtegehalts, das jedoch nicht mehr fließ- bzw. pumpfähig und daher mittels geeigneter anderer Mechanisierung (Entmistungstechnik) zu handhaben ist.

Als Einstreu eignen sich trockene saugfähige Materialien. In der Regel werden →Reststoffe aus der landwirtschaftlichen Pflanzenproduktion (Stroh, Streu) sowie vereinzelt auch Laub und Holzsägespäne verwendet. Auch →Altpapier ist grundsätzlich geeignet.

Eingestreute Stallflächen bieten Rindern und Schweinen tiergemäße Liegeplätze und auch Beschäftigungsmöglichkeit. Probleme bereiten aber der Einstreubedarf und der Arbeitsaufwand für das Einstreuen, Entmisten und die Verwertung des Festmistes auf den landwirtschaftlichen Nutzflächen.

Im Gegensatz zu →Flüssigmist ist im Festmist der Stickstoff weitgehend organisch gebunden. Da Stickstoff in dieser Form nur langsam wirkt, kann Festmist nicht wie trockenmassearmer Flüssigmist mineraldüngeräquivalent als rasch wirkender N-Dünger eingesetzt werden. Außerdem wird der im Boden vorliegende organische Stickstoffvorrat als Gefahrenpotential für die Nitratauswaschung angesehen. Vergleicht man aber die N-Verluste bei Fest- und Flüssigmist unter geringstmöglichen Verlustraten (optimale Düngerhandhabung bei derzeitigem Stand der Praxis), so liegen die Verluste bei Festmist etwas niedriger. Dies geht vorwiegend auf die geringeren Verluste beim Ausbringen zurück (Tabelle).

Festmistverfahren. Tabelle: Vergleich der N-Verluste bei Fest- und Flüssigmist unter geringsten Verlustraten (nach Isermann).

	Festmist	Flüssigmist
Stall und Lagerung Ausbringen nach dem Ausbringen	5% 10–15% 5%	7% 15–20% 5%
insgesamt	20–25%	27–32%
von 100 kg prod. N sind für die Pflanzen verfügbar	(75)–80 kg	(68)–73 kg
von den Pflanzen tatsächlich aufgenommen (50%)	40 kg	36 kg
im Boden verblieben (50%)	40 kg	37 kg

Den Pflanzen steht bei Festmist ein höheres Gesamtangebot an Stickstoff zur Verfügung, das auch zu einer höheren N-Aufnahme führt. Die im Boden verbleibende Stickstoffmenge unterscheidet sich nur unwesentlich von der bei Flüssigmistdüngung. Dies läßt darauf schließen, daß bei ordnungsgemäß angewendetem Festmist keine zusätzlichen Gefahren durch die Auswaschung von Nährstoffen in Zeiten der Pflanzenruhe entstehen. Besondere Bedeutung erhalten daher praxisgerechte Verfahren, einerseits um die Anwendung als Dünger sicherzustellen, andererseits wegen arbeitswirtschaftlicher Gesichtspunkte. *H. Schön/Popp*

Literatur: *Isermann, K.:* Ammoniakemissionen der Landwirtschaft als Bestandteil ihrer Stickstoffbilanz und Lösungsansätze zur Minderung. In: Ammoniak in der Umwelt. S. 1.1–1.76. KTBL-Schriften-Vertrieb. Münster-Hiltrup 1990.

Fetotoxizität. F. bezeichnet die schädigende Wirkung auf den Fetus, d. h. nach dem Abschluß der Organbildung, etwa ab dem 3. Schwangerschaftsmonat. F. kann in Absterben des Fetus, Wachstumsverzögerung, Organschäden und daraus resultierenden Funktionsstörungen bestehen. Ein Beispiel für fetotoxische Wirkungen sind die bei Kindern von Yusho-Patienten (→Yusho-Krankheit) beobachteten Entwicklungsstörungen, die durch PCB- bzw. PCDD/F-Exposition verursacht wurden (→Embryotoxizität). *Deml*

Fettabscheider. Einrichtung, die mittels Schwerkraft das Eindringen von Fettstoffen in die Entwässerungsanlage durch Abscheiden aus dem Abwasser verhindert. F. sind in Betrieben einzubauen, in denen fetthaltiges Abwasser anfällt, z. B. Schlachthöfe, Fleisch- und Wurstfabriken, Fleischereien, Großküchen und Talgschmelzen. Bemessung, Einbau, Betrieb und Wartung von F. regelt DIN 4040. *Mertsch*

Literatur: DIN 4040 E: Abscheideranlagen für Fette; Teil 1: Begriffe, Nenngrößen, Anforderungen, Prüfungen. 8/1987. – Teil 2: Bemessung, Einbau und Betrieb. 8/1987.

Feuchtgebiet. F. oder Feuchtbiotope (*engl.* wetlands) sind durch einen ständigen oder längerfristigen Wasserüberschuß im Boden bzw. Substrat gekennzeichnet. Diese Vernässung ist bedingt durch hohen, oft bis zur Erdoberfläche reichenden Grundwasserstand, meist in Verbindung mit unzureichender Dränage, durch häufige Überflutung und hohe Niederschläge.

F. treten auf als grundwasserbedingte Niedermoore und regenabhängige Hochmoore von oft großer Ausdehnung in Niederungen, sowie im Vorland, in Hochebenen und an flachen Hängen regenreicher Gebirge, ferner im Verlandungsbereich von Gewässern, Überschwemmungsbereich von Flüssen, an Flachufern und Flachküsten. F. tragen charakteristische Biozönosen von spezifisch angepaßten Pflanzen- und Tierarten, die oft in großen Mengen vorkommen (Schilf, Weiden und Erlen, Torfmoose, Insekten wie Mücken und Libellen). Wegen mangelnder Zersetzung im durchnäßten Substrat erfolgt Torfbildung.

Für die allgemeine Landnutzung sind F. hinderlich und veranlassen in der Regel Dränierungs- bzw. Entwässerungs-Maßnahmen.

Aus der Sicht des späten 20. Jahrhunderts werden die F.-Kultivierungen zunehmend kritisch beurteilt.

Der zunehmende Stellenwert des Arten- und Biotopschutzes ließ das Schrumpfen der F. als unwiederbringlichen Verlust spezifischer Lebensgemeinschaften erscheinen. Auch wurden neue Qualitäten von F. entdeckt, z. B. die wichtige Rolle von Verlandungsbereichen der Gewässer für deren Selbstreinigung oder die Bedeutung der Torflager als Archive der Vegetations- und Landschaftsgeschichte, weil sich organische Reste früherer Zeit nicht zersetzen.

Im Rahmen des allgemeinen Biotopschutzes hat der Schutz von F. daher einen besonderen Rang erhalten, der sogar in einer internationalen Konvention von 1974 (→Ramsar-Konvention) festgelegt ist. Danach ist jedes Unterzeichnerland gehalten, F. von internationaler Bedeutung unter Schutz zu stellen. Auch im nationalen Rahmen werden F.-Entwässerungen heute nur noch in zwingenden Fällen und nach genauer Prüfung ihrer Umweltverträglichkeit durchgeführt. Andererseits wird versucht, viele entwässerte F. wieder einer →Renaturierung zuzuführen. *Haber*

Literatur: *Gerken, B.:* Moore und Sümpfe. Bedrohte Reste der Urlandschaft. Freiburg i. Br. 1983. – *Imboden, C.:* Leben am Wasser. Kleine Einführung in die Lebensgemeinschaften der Feuchtgebiete. Basel 1986.

Feuerbestattung →Einäscherungsanlage

Feuerungsanlage. F. sind Einrichtungen zur Erzeugung von Wärme durch Verbrennung von festen, flüssigen oder gasförmigen Brennstoffen. Sie dienen zur Dampferzeugung oder Erwärmung von Heißwasser oder sonstigen Wärmeträgermedien für Industrie und Gewerbebetriebe, für Heizwerke und Gebäudeheizungen. Art und Größe der F. richten sich nach Verwendungszweck und Brennstoffart.

Die Verbrennung findet im Feuerraum statt, dessen Gestaltung maßgeblich auf die Güte der Verbrennung Einfluß nimmt. Weitere Komponenten der F. dienen der Zuführung und Verteilung von Brennstoff und Verbrennungsluft in den Feuerraum, dem Abführen der Abgase und Verbrennungsrückstände (Asche, Schlacke) sowie der Wärmeübertragung.

F. müssen entsprechend den Stadien der Verbrennung (bei Festbrennstoffen: Erwärmung, Trocknung, Entgasung, Vergasung) ausgelegt und den Brennstoffeigenschaften angepaßt werden.

F. für feste Brennstoffe, z. B. Steinkohle, Braunkohle, Holz und Torf, werden meist als →Rostfeuerung oder auch als →Staubfeuerung oder →Wirbelschichtfeuerung ausgeführt. Je nach Art der Feuerung wird der Brennstoff entweder im Festbett, im Wirbelbett oder in einer Flugstaubwolke verbrannt (→Feuerungsbauart). Als Verbrennungsrückstände fallen Asche und/oder Schlacke an.

Bei F. für flüssige Brennstoffe, z. B. leichtes Heizöl (Heizöl EL) oder schweres Heizöl (Heizöl S), werden Brennstoff und Verbrennungsluft über einen Brenner als feiner Nebel in den Feuerraum eingebracht. Je nach Art der Überführung des Brennstoffs in eine brennfähige Form unterscheidet man zwischen Verdampfungsbrenner (nur von

Bedeutung bei →Kleinfeuerungsanlagen), Vergasungsbrenner und Zerstäubungsbrenner. Öl-F. verbrennen im Vergleich zu Festbrennstoff-F. weitgehend rückstandsfrei. Die sich in Abhängigkeit von Ausbrandgüte und Brennstoffqualität bei der Verbrennung bildende Flugstaubmenge, ein Gemisch aus Metalloxiden (Asche), Koks und Ruß, ist in der Regel gering. Lediglich bei Einsatz von schwerem Heizöl können bei ungünstigen Ausbrandbedingungen relevante Flugstaubmengen auftreten.

F. für gasförmige Brennstoffe, z. B. Erdgas und Stadtgas, ermöglichen eine weitgehend schadstoffarme und rückstandslose Verbrennung. Die Verbrennung läuft schneller ab als bei festen oder flüssigen Brennstoffen, weil weder Vergasung noch Verdampfung des Brennstoffs erforderlich ist. Die Zufuhr von Brennstoff und Luft erfolgt über Gasbrenner, die eine stabile und nahezu vollständige Verbrennung ermöglichen. Im Kleinfeuerungsanlagenbereich werden atmosphärische Brenner und Gasgebläsebrenner eingesetzt; bei größeren Anlagen dominieren Hochdruckbrenner.

Bei F. sind hauptsächlich die Emissionen von Staub (mit →Staubinhaltsstoffen), Schwefeloxiden, Stickstoffoxiden und Kohlenmonoxid von Bedeutung. Bei Verbrennung von Kohle können auch HCl- und HF-Emissionen relevant sein.

Die immissionsschutzrechtlichen Anforderungen an F. ergeben sich aus der →13. BImSchV (→Großfeuerungsanlagen), der →1. BImSchV (→Kleinfeuerungsanlagen) und im übrigen aus der →TA Luft.

Die emissionsbegrenzenden Anforderungen der TA Luft an F. unterscheiden gemäß den Nrn. 1.2 und 1.3 der →4. BImSchV zwischen Anlagen, die herkömmliche Brennstoffe (z. B. Kohle, Heizöl EL, Erdgas, Holz), und Anlagen, die sonstige brennbare Stoffe (z. B. Stroh, Holz mit halogenorganischen Bestandteilen, Altöl) einsetzen.

Die emissionsbegrenzenden Anforderungen der TA Luft an F. für den Einsatz herkömmlicher Brennstoffe sind (Tabelle) grundsätzlich abschließend. Die Emissionswerte für NO_x und SO_2 wurden jedoch aufgrund der →Dynamisierungsklausel mit Beschluß des Länderausschusses für Immissionsschutz im Mai 1991 verschärft.

Je nach Bauart, Brennstoff und Betriebszustand der F. variieren die Emissionen an luftverunreinigenden Stoffen in einem weiten Bereich. Sie können durch geeignete brennstoff-, feuerungs- oder abgasseitige Maßnahmen wirksam gemindert werden.

Der größte Anteil der Staubemissionen wird durch Kohle- und Holz-F. verursacht. Zur →Staubabscheidung werden →Massenkraftabscheider (Zyklone oder Multizyklone) und hochwirksame Elektrofilter oder Gewebefilter eingesetzt. Staubabscheidesysteme für Öl-F. sind aufgrund des niedrigen Aschegehaltes von Heizölen in der Regel nicht

erforderlich. Staubemissionen aus Gas-F. sind unbedeutend.

Schwefeldioxid (SO_2) wird aufgrund des relativ hohen Schwefelgehaltes der Brennstoffe Kohle und Heizöl hauptsächlich aus Kohle- und Öl-F. emittiert. Während bei Öl- und Gasfeuerungen praktisch der gesamte mit den Brennstoffen eingebrachte Schwefel emittiert wird, findet bei festen Brennstoffen eine teilweise Einbindung in die Asche statt.

Geeignete Maßnahmen zur SO_2-Minderung sind die Umstellung auf schwefelarme Brennstoffe und der Einsatz von Entschwefelungstechniken. Im Geltungsbereich der TA Luft werden zur →Abgasentschwefelung vorrangig →Trockensorptionsverfahren (Kalkzugabe zum Brennstoff oder in den Feuerraum) oder →Sprühabsorptionsverfahren eingesetzt. Hierdurch können Entschwefelungsgrade zwischen 40 % und 80 % erzielt werden. Naßwaschverfahren auf Kalk-/Kalksteinbasis ermöglichen Entschwefelungsgrade von über 90 %; sie werden in der Regel bei Großfeuerungsanlagen eingesetzt.

Die Höhe der NO_x-Emissionen aus F. ist abhängig von der Brennstoffzusammensetzung (chemisch gebundener Stickstoffgehalt) und der Feuerungstechnik (Temperatur und Sauerstoffverfügbarkeit während der Verbrennung). Hohe Feuerraumtemperaturen sowie hohe Luftvorwärmungen führen ebenso zu hohen NO_x-Emissionen wie der Einsatz hoch stickstoffhaltiger Brennstoffe. Zur Minderung der NO_x-Emissionen bieten sich prinzipiell feuerungstechnische Maßnahmen (z. B. gestufte Brennstoff-/Luftzufuhr in den Feuerraum, Abgasrezirkulation) und abgasseitige Maßnahmen (z. B. →SNCR-Verfahren, →SCR-Verfahren) an. Die Einhaltung der →Emissionswerte der TA Luft für NO_x ist i. a. allein durch feuerungstechnische Maßnahmen möglich.

Bei dem Betrieb von F. fallen überwiegend folgende Reststoffe an: Grobasche bzw. Schlacke, Flugasche bzw. Filterstaub und Reststoffe aus der Abscheidung gasförmiger Stoffe. Menge und Qualität der anfallenden Reststoffe hängen neben der Brennstoffzusammensetzung wesentlich von der Feuerungs- und Abgasreinigungstechnik ab.

Die Aschen aus größeren F. im Kraftwerksbereich werden weitgehend verwertet, z. B. in der Zement- und Betonindustrie, im Bergbau und im Straßenbau. Naßwaschverfahren zur Entschwefelung erlauben die Erzeugung von qualitativ hochwertigen Sekundärrohstoffen (z. B. →Entschwefelungsgips). Die Verbrennungsrückstände aus kleineren F. lassen sich ebenfalls vielfältig verwerten. Bei Einsatz von Trockensorptions- und Sprühabsorptionsverfahren zur Entschwefelung fällt ein Gemisch aus Asche und Entschwefelungsprodukten an, das i. a. nur schwer verwertbar ist. Derartige Reststoffe waren bisher nur in geringen Mengen kontinuierlich zu verwerten. Sie können grundsätz-

Feuerungsanlage. Tabelle: Emissionswerte der TA Luft für F. bei Einsatz von herkömmlichen festen, flüssigen und gasförmigen Brennstoffen in mg/m³.

	Feuerungsanlagen für den Einsatz von		
	festen Brennstoffen	Heizölen	gasf. Brennstoffen
O_2-Bezug	Kohle: 7% Sonstige: 11%	3%	3%
Staub	≥ 5 MW: 50 < 5 MW: 150	80 C) (50) Heizöl EL: Rußzahl 1	Industriegas: 50 Gichtgas: 10 Sonstige: 5
CO	250 bei Einzelfeuerungen < 2,5 MW nur bei Nennlast	170	100
Gesamtkohlenstoff	Bei Torf, Holz u. Holz- verarbeitungsresten: 50		
NO_x	500 A) 400 1) 300 Wirbelschicht E)	Heizöl EL: 250 Sonstige: 450 A) 300 2)	200
SO_2	2000 B) 1000 3) Wirbelschicht- feuerungen 400 oder S-Emissions- grad max. 25%	1700 D) 850 4) < 5 MW: 0,3% S	Verbundgase: 200–800 Kokereigas: 100 Flüssiggas: 5 Erdölgas: 1700 Sonstige: 35

A) Feuerungstechnische Maßnahmen sind auszuschöpfen
B) Weitergehende Minderungsmaßnahmen sind auszuschöpfen, z. B. Zugabe basischer Sorbentien in den Feuerraum
C) Bei Heizöl mit max. 1% Schwefel
D) Weitergehende Minderungsmaßnahmen sind auszuschöpfen, z. B. Einsatz schwefelarmer Öle
E) Bei zirkulierender Wirbelschicht sowie stationärer Wirbelschicht > 20 MW
Konkretisierte Dynamisierungsklauseln:
1) Für Rost- und Staubfeuerungen (Neuanlagen), ausgenommen:
 — Einzelfeuerungen bis 10 MW bei Einsatz von Steinkohle (Rostfeuerungen), Einzelfeuerungen bis 20 MW (Staubfeue-
   rungen)
 — Feuerungsanlagen für den Einsatz von Holz, das nicht naturbelassen ist, soweit keine Holzschutzmittel aufgetragen sind
   und Beschichtungen nicht aus halogenorganischen Verbindungen bestehen
2) Zielwert, Einzelfallprüfung (Neuanlagen)
3) Braunkohlefeuerungen: für Neu- und Altanlagen
   Sonstige: für Neuanlagen ab 10 MW, für Altanlagen bei Einzelfeuerungen ab 10 MW
4) Für Neuanlagen ab 10 MW, für Altanlagen bei Einzelfeuerungen ab 10 MW

lich nur in aufbereiteter Form in der Baustoffindustrie, im Erd- und Landschaftsbau und als Verfüllmaterial im Bergbau eingesetzt werden. *Weiss*

Literatur: *Davids, P.; M. Lange:* Die TA Luft '86 – Technischer Kommentar. Düsseldorf 1986. – *Mayr, F. (Hrsg.):* Handbuch der Kesselbetriebstechnik. Gräfelfing/München 1980. – Luftreinhaltung '88. Hrsg. Umweltbundesamt. Berlin 1989. – Taschenbuch für den Maschinenbau, Dubbel. 16. Aufl. Berlin-Heidelberg-New York 1987.

Feuerungsbauart. Fossile Brennstoffe und sonstige brennbare Stoffe werden in →Feuerungsanlagen unterschiedlicher Bauart, die den jeweiligen Brennstoffeigenschaften angepaßt sind, verbrannt. Festbrennstoffe können grundsätzlich in Festbetten, in Flugstaubwolken oder in Wirbelschichten verbrannt werden. Die Verfahrensprinzipien der Festbrennstoffverbrennung bei zunehmender Gasgeschwindigkeit zeigt das Bild. Aus diesen Grundprinzipien werden die drei wichtigsten F. für feste Brennstoffe abgeleitet: →Rostfeuerung, →Staubfeuerung und →Wirbelschichtfeuerung.

Rostfeuerungen können grundsätzlich mit ortsfestem Rost (wie Planrostfeuerung) und bewegtem Rost (wie Wanderrostfeuerung) betrieben werden. Der Anwendungsbereich von Rostfeuerungen ist auf Feuerungswärmeleistungen bis etwa 100 MW beschränkt. Größere Leistungen sind durch den Einsatz von Staubfeuerungen zu erreichen. Staubfeuerungen werden mit trockenem

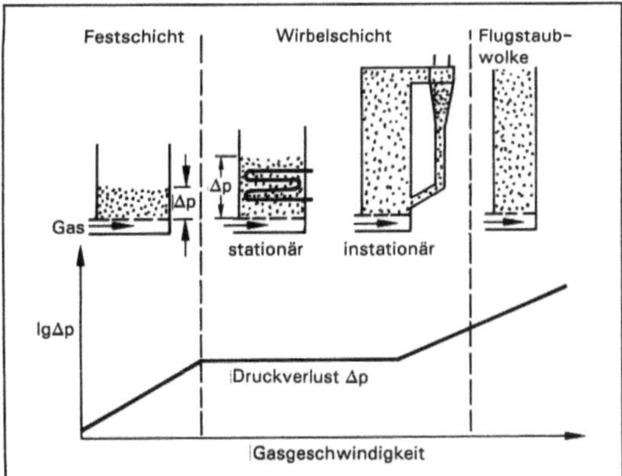

Feuerungsbauart: Prinzipien für die Verbrennung von festen fossilen Brennstoffen.

oder flüssigem Ascheabzug (Schmelzkammerfeuerung) betrieben.

Bei der Wirbelschichtfeuerung (WSF) werden die Verfahrensvarianten, stationäre atmosphärische WSF, zirkulierende atmosphärische WSF und druckaufgeladene WSF unterschieden. Bisher konnten sich nur die beiden zuerst genannten Techniken großtechnisch durchsetzen; die wenigen geplanten bzw. in Betrieb befindlichen druckaufgeladenen WSF sind Pilotanlagen.

Im Gegensatz zu den konventionellen Rost- und Staubfeuerungen sind Wirbelschichtfeuerungen für ein breites Brennstoffband, z. B. auch für ballastreiche Kohlen, einsetzbar.

Feuerungen für flüssige und gasförmige Brennstoffe sind durch die Bauart des Brenners gekennzeichnet.

Bei Ölbrennern wird zwischen Verdampfungs-, Vergasungs- und Zerstäubungsbrennern unterschieden. Mit Verdampfung arbeiten kleinere Ölfeuerungen häuslicher Feuerstätten, mit Vergasung häufig die Brenner für Industriefeuerungen. In Dampfkesselfeuerungen werden flüssige Brennstoffe ausnahmslos zerstäubt, wobei z. B. zwischen Drehzerstäubern und Druckzerstäubern unterschieden wird. Die Druckzerstäuber wiederum untergliedern sich in Öldruck-, Dampfdruck- und Luftdruckzerstäuber.

Bei Gasbrennern unterscheidet man zwischen Brenner ohne Gebläse (atmosphärischer Brenner) und Brenner mit Gebläse (Gasgebläsebrenner). Atmosphärische Brenner werden überwiegend in Kleinfeuerungsanlagen eingesetzt, während Gasgebläsebrenner für größere Dampfkesselfeuerungen üblich sind. Gasbrenner gibt es als Vorgemisch- oder Nachgemischbrenner, wobei Brennstoff und Luft entweder im Brenner oder erst nach Verlassen des Brenners im Feuerraum gemischt werden. *Weiss*

Literatur: *Kugeler, K.; P. W. Phlippen:* Energietechnik. Berlin-Heidelberg-New York 1990. – *Mayr, F. (Hrsg.):* Handbuch der Kesselbetriebstechnik. Gräfelfing/München 1980.

Feuerungssystem, NO$_x$-armes. Die Emissionen an Stickstoffoxiden (NO$_x$) werden bei Feuerungsanlagen durch feuerungstechnische (Primär-) und durch abgasseitige (Sekundär-) Maßnahmen vermindert. Die feuerungstechnischen Maßnahmen sind darauf gerichtet, den Verbrennungsprozeß so zu steuern, daß die Bildung von NO$_x$ soweit wie möglich unterdrückt sowie entstandenes NO$_x$ möglichst am Brenner oder im Feuerraum wieder reduziert wird.

Dieses Grundprinzip wird in der Praxis häufig durch eine Stufenverbrennung realisiert. Zunächst erfolgt eine Teilverbrennung unter Luftmangel und eine anschließende langsame, relativ kalte Nachverbrennung mit geringem Luftüberschuß. Eine Stufenverbrennung ist sowohl im Feuerraum als auch am einzelnen Brenner möglich. Bekannte Ausführungsformen für den Feuerraum sind die OFA-Technik (Over Fire Air), die BOOS-Technik (Burners out of Service) und die BBF-Technik (Biased-Burner-Firing). Bei der OFA-Technik werden im Feuerraum oberhalb der obersten Brennerebene zusätzlich Luftdüsen angebracht. Alle Brenner werden mit Luftmangel betrieben; die für einen guten →Abgasausbrand notwendige Verbrennungsluft wird durch die zusätzlichen Luftdüsen zugegeben.

Die BOOS-Technik ist eine noch einfachere Variante der Stufenverbrennung und insbesondere für die Nachrüstung von Altanlagen interessant. Hierbei wird die oberste Brennerebene lediglich mit Luft beaufschlagt, die übrigen Brenner werden mit Luftmangel betrieben. Ein Nachteil dieses Systems sind gewisse Leistungseinbußen. Diese können bei Anwendung der BFF-Technik vermieden werden. Hierbei werden die unteren Brenner brennstoffreich und die oberen Brenner luftreich betrieben.

Eine besondere Technik der gestuften Verbrennung ist die NO$_x$-Reduktion im Feuerraum (*engl.* In-Furnace-NO$_x$-Reduction, IFNR) (Bild 1). Durch gestufte Brennstoffaufgabe werden dabei in der Feuerung zwei getrennte Verbrennungszonen erzeugt. Während im unteren Teil der überwiegende Teil der Feuerungswärmeleistung mit NO$_x$-armer Feuerungstechnik erbracht wird, schließt sich nach einer Ausbrandstrecke eine zweite Brennstoffzugabe unter deutlichem Sauerstoffmangel an. Erst oberhalb dieser Zone wird die fehlende Verbrennungsluft über Oberluftdüsen zugegeben. In der reduzierenden Atmosphäre der zweiten Verbrennungszone wird ein Großteil des zuvor gebildeten NO zu Stickstoff reduziert. Auf diese Weise kann die NO$_x$-mindernde Wirkung von zwei verschiedenen Feuerungstechniken (NO$_x$-arme Brenner, gestufte Brennstoffzugabe) addiert werden.

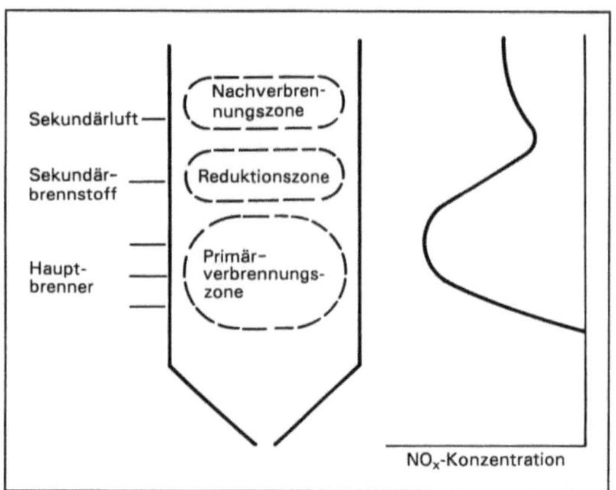

Feuerungssystem, NO$_x$-armes, 1: Prinzip In Furnace NO$_x$-Reduction (nach Kolar).

Ein speziell für Tangentialfeuerungen entwickeltes System ist das Low NO$_x$ Concentric Firing System (LNCFS), das auch als Richfireball-System bezeichnet wird. Bei diesem Stufenverbrennungssystem werden die Brennstoff- und Luftdüsen so angeordnet und beaufschlagt, daß der im Zentrum der Tangentialfeuerung vorhandene Flammenball mit Sauerstoffmangel brennt. Luftzugaben in die Peripherie und in den oberen Feuerungsbereich sorgen für den erforderlichen Ausbrand.

Ein weiteres Beispiel für ein N. F. ist die →Wirbelschichtfeuerung.

Die für den Feuerungsraum beschriebenen Minderungsprinzipien Luftstufung und Brennstoffstufung werden – häufig in Verbindung mit einer Abgasrezirkulation zur Absenkung des O$_2$-Partialdruckes und der Verbrennungstemperatur – auch beim NO$_x$-armen Brenner in der Einzelflamme angewandt. Es gibt sowohl Brenner, die ausschließlich für eine Luftstufung konstruiert sind als auch Brenner der neueren Generation mit kombinierter Brennstoff- und Luftstufung (Bild 2).

Die mit Luftstufung erreichbaren Minderungsraten bewegen sich zwischen 20 und 40%. Mit der kombinierten Brennstoff-Luftstufung sind Minderungsraten von mehr als 50% zu erzielen.

Wagenknecht

Literatur: *Davids, P.; M. Lange:* Die Großfeuerungsanlagen-Verordnung, Technischer Kommentar. Düsseldorf 1984. – *Kolar, J.:* Stickstoffoxide und Luftreinhaltung. Berlin–Heidelberg–New York 1990. – *Schumacher, A.:* Feuerungstechnische Maßnahmen zur Verminderung der SO$_2$- und NO$_x$-Emission aus Industrie-Dampfkesselanlagen. Energieanwendung **40** (1991), Nr. 2, S. 43–50. – *Strauß, K.; F. Thelen:* Neue Dampferzeuger mit NO$_x$-armer Steinkohlenstaubfeuerung. Kraftwerke (1990) S. 163–168.

Feuerverzinkung. F. ist ein Schmelztauchverfahren, bei dem Gegenstände, meist aus Stahl, einen Korrosionsschutz aus Zink erhalten. Durch Entfetten und Beizen in Säuren, z. B. in verdünnter Salzsäure, wird eine metallisch saubere Oberfläche erzeugt. Danach wird das Werkstück mit einer Flußmittelschicht überzogen und in das flüssige Zinkbad von 450° C getaucht. Das Flußmittel ist eine Mischung aus Ammonium- und Zinkchlorid. Beim Eintauchen in das Zinkbad entstehen erhebliche Emissionen an Zinkoxid und Flußmittelstof-

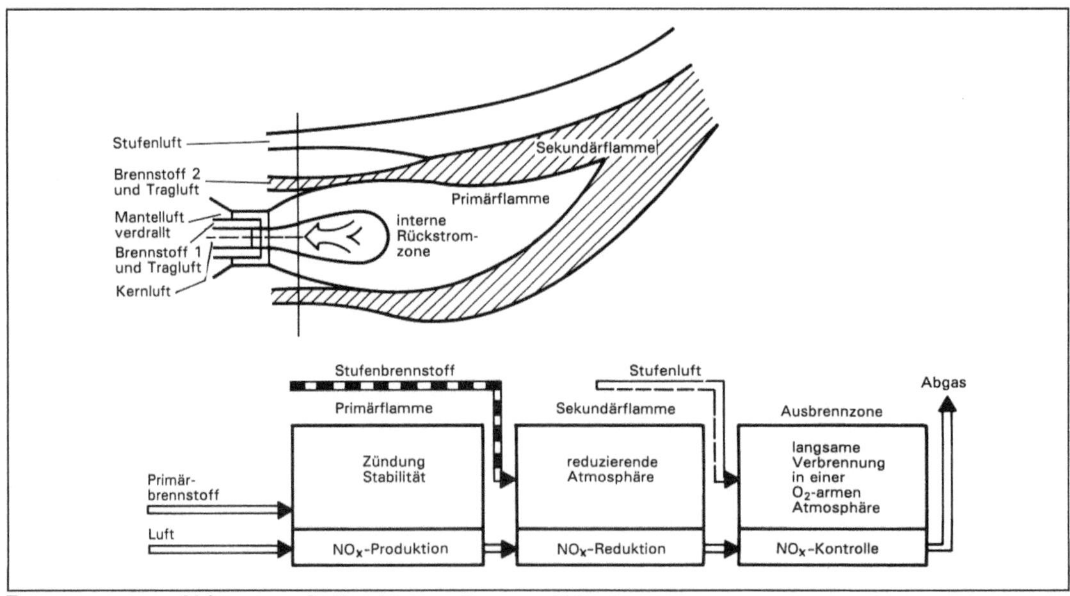

Feuerungssystem, NO$_x$-armes, 2: Kombinierte Brennstoff-/Luftstufung in einer Einzelflamme.

fen. Die schadstoffhaltigen Abgase werden weitgehend erfaßt und in der Regel mittels Gewebefilter gereinigt. Da die entstehende Menge luftverunreinigender Stoffe abhängig ist von der aufgebrachten Flußmittelmenge, ist eine sehr intensive Vorbehandlung des Verzinkungsgutes anzustreben.

Das Trockenverzinkungsverfahren hat gute Voraussetzungen für einen minimierten Flußmittelverbrauch. Bei diesem Verfahren wird das Verzinkungsgut nach den ersten Vorbehandlungsstufen in ein Flußmittelbad getaucht, anschließend getrocknet und dann verzinkt. Der Tauchvorgang dauert 5–10 Minuten. Die Abgase werden durch eine Randabsaugung oder Einhausung am Verzinkungsbad erfaßt. Der höchste Erfassungsgrad (ca. 95 %) wird mit der Einhausung erreicht. Die Rohgasbeladung an staub- und gasförmigen luftverunreinigenden Stoffen beträgt ca. 100 mg/m³. Da die gasförmigen Schadstoffe beim Absenken der Temperatur auf unter 20° C sublimieren, können sie im Gewebefilter weitgehend abgeschieden werden. Der anfallende Filterstaub läßt sich zu Flußmittel, Zinkoxid und Zink aufarbeiten.

Anlagen zur F. sind genehmigungsbedürftig nach der →4. BImSchV. Emissionsbegrenzende Anforderungen enthält die →TA Luft. Von besonderer Bedeutung sind die Regelungen zur Begrenzung der Emissionen von staub- und gasförmigen Stoffen (Nr. 3.3.3.9.1); die staubförmigen Emissionen im Abgas dürfen 10 mg/m³ und die Emissionen an anorganischen gasförmigen Chlorverbindungen, angegeben als HCl, 20 mg/m³ nicht überschreiten. *Batz*

Literatur: *Davids, P.; M. Lange:* Die TA Luft '86 – Technischer Kommentar. Düsseldorf 1986.

FID →Flammen-Ionisations-Detektor

Filmdosimeter. Gerät zur Bestimmung der Strahlendosis. Die Schwärzung eines photografischen Films durch ionisierende →Strahlung ist das Maß für die empfangene Dosis (→Dosimetrie).

Die F. werden von den zu überwachenden Personen, die beruflich einer Strahlenbelastung ausgesetzt sind, getragen und nach einer festgesetzten Zeitdauer an zentraler Stelle entwickelt und ausgewertet. Diese Methode der nachträglichen Bestimmung einer Strahlenbelastung hat ihren besonderen Wert darin, daß sie nicht löschbar und damit dokumentarisch ist. Das Tragen von F. und die Aufbewahrung der Meßwerte ist in der →Strahlenschutzverordnung und der →Röntgenverordnung geregelt.

Die heute verwendeten F. bestehen aus einer Kunststoffkassette, in der sich zwei in Aluminiumfolie lichtdicht eingeschlossene Filme befinden. Der eine Film hat für ionisierende Strahlung eine große, der andere eine geringe Empfindlichkeit. Bei dem empfindlichen Film ist zur Erhöhung der Meßgenauigkeit bei geringen Strahlendosen die Acetatzellulose auf beiden Seiten mit einer photografischen Schicht versehen. Die Schichten weisen einen verhältnismäßig hohen Gehalt an Brom oder Jod auf. Beiden Stoffen ist eine relativ hohe Kernladungszahl (35 bzw. 53) eigen, so daß eine große Wahrscheinlichkeit für eine Wechselwirkung der γ-Strahlen mit den photografischen Schichten durch den Photo- und Comptoneffekt besteht. Die aus beiden Prozessen freiwerdenden Elektronen verursachen die Filmschwärzung. Die Schwärzung wird durch eine Lichtdurchlässigkeits-Messung bestimmt. *Merz*

Filterbauarten →Abscheider, filternd

Filterflächenbelastung, spezifische. Das Verhältnis von Gasvolumenstrom zu Filteranströmfläche wird bei filternden →Abscheidern als s. F. bezeichnet. Andere Begriffe für diesen Wert sind mittlere Filtrationsgeschwindigkeit sowie mittlere Filteranströmgeschwindigkeit.

Speziell bei →Oberflächenfiltern stellt die s. F. eine wichtige Auslegungsgröße dar. Bei Kenntnis des zu reinigenden Gasvolumenstromes kann damit die notwendige Filterfläche berechnet werden. Zu kleine Belastungen führen zu großen Filterflächen und damit hohen Investitionskosten. Aus zu großen Belastungen resultieren ein schlechter Abscheidegrad und geringe Standzeiten.

Zur Bestimmung der s. F. hat sich in der Praxis ein Koeffizientensystem durchgesetzt. Ausgehend von einem staubspezifischen Grundwert wird durch Multiplikation mit empirisch gefundenen Korrekturfaktoren die Auslegungsgröße berechnet. Die Faktoren berücksichtigen u. a. den konstruktiven Aufbau des Filtersystems, die Anwendungsart, die Partikelkonzentration und die Partikelgrößenverteilung im Rohgas, die Fluidisierbarkeit des Staubes und die Temperatur. *Löffler/Schmidt*

Literatur: *Löffler, F., H. Dietrich u. W. Flatt:* Staubabscheidung mit Schlauchfiltern und Taschenfiltern. 2. Aufl. Braunschweig 1991.

Filtermaterial. Die Wahl des F. hängt stark vom Zweck der →Filtration ab. Grundsätzlich ist zu unterscheiden zwischen Filtration zur Reinigung von Flüssigkeiten bzw. Gasen und zur Sammlung eines Niederschlags für analytische oder meßtechnische Zwecke (Probenahme; die Filter werden mit der Probe aufgearbeitet). Entsprechend unterschiedlich sind die Ansprüche, die an das F. gestellt werden.

– Papierfilter: Einsatz überwiegend im Labor bei der Aufarbeitung von Analysenproben. Das Material besteht aus einem Gemisch von Linters (Baumwollfasern), veredeltem Zellstoff, Cellulose und

Glasfasern. In der quantitativen Analyse ist auf asche- und blindwertfreie Qualität zu achten.

– Glasfaserfilter: Sie bestehen aus reinem Borsilikatglas und werden mit Bindemitteln (auf Acrylatbasis) oder ohne Bindemittel hergestellt. Glasfaserfilter werden für Immissionsmessungen zum Sammeln von Schwebstaub aus der Luft eingesetzt. Wie bei den Papierfiltern handelt es sich um sog. Tiefenfilter, jedoch ist der Abscheidegrad bedeutend besser (99,99 % für Teilchen von 0,3 bis 0,5 μm). Sollen die Staubproben auf Inhaltstoffe wie polycyclische aromatische Kohlenwasserstoffe untersucht werden, sind bindemittelfreie Filter vorzusehen, weil die Extraktion mit Lösemitteln erfolgt. Bei der Untersuchung auf Schwermetalle ist besonders auf Blindwertfreiheit zu achten.

– Membranfilter: Es sind reine Oberflächenfilter, deren Kapazität erheblich geringer als bei Tiefenfiltern ist. Die Membranfilter enthalten Poren mit einem Durchmesser von 0,1 bis 0,8 μm. Das F. richtet sich nach der Anwendung. Es besteht aus Cellulose-Mischester, Cellulose-Acetat, Polysulfon oder Teflon. Das Haupteinsatzgebiet für Membranfilter ist die →Sterilfiltration. Da sie besonders schwermetallarm sind, werden sie auch beim Nachweis von Schwermetallspuren in Schwebstaubproben eingesetzt.

– Aktivkohlefilter (→Aktivkohle) *Dulson*

Filterstaub aus Abfallverbrennungsanlagen. F. fallen in →Abfallverbrennungsanlagen in den Staubabscheidern entweder getrennt oder in Verbindung mit den Rückständen aus der Rauchgasreinigung an. Durchschnittlich kann von einer Filterstaubmenge von 20–40 kg pro Tonne Abfall ausgegangen werden. Schwermetalle, die in erheblichem Maße wasserlöslich vorliegen, sind in den F. stark angereichert. In der Literatur sind folgende Schwermetallgehalte angegeben:

Cadmium	269–344 mg/kg,
Blei	5 670–8 290 mg/kg,
Zink	15 300–26 000 mg/kg,
Chrom	673–3 600 mg/kg

sowie ein Chloridgehalt von 29 110 bis 78 800 mg/l im →Eluat. Auch organische Schadstoffe wie PCDD/F werden in den F. angelagert, wobei die PCDD/F-Gehalte Werte bis zu 100 μg/kg erreichen können.

Wegen der Wasserlöslichkeit der Schwermetalle, aber auch bedingt durch die PCDD/F-Gehalte sind F. vorzugsweise auf Sonderabfalldeponien endzulagern.

Die →Immobilisierung der F. durch Verfestigung mit diversen Zuschlagstoffen wie Zement, ist noch nicht in befriedigender Weise gelungen. Die Entwicklung geht dahin, F. so zu behandeln, daß sie nicht nur immissionsneutral abgelagert, sondern

daß sie in verwertbare Produkte umgewandelt werden können. Dies setzt jedoch eine strikte Getrennthaltung der Filterstäube von den anderen Rückständen voraus. Zur Aufbereitung der F. werden in Deutschland folgende Verfahren erprobt:

– →3-R-Verfahren,
– Plasma-Schmelz-Verfahren (2 000 °C),
– Glas-Schmelzverfahren (1 300 °C). *Neuenhahn*

Literatur: *Wagner, K.:* Kriterien für die Errichtung und den Betrieb einer Reststoffdeponie. VDI-Berichte 637. Düsseldorf 1987.

Filterverfahren →Probenahme

Filtration. Verfahren zur Trennung von Feststoffen oder Flüssigkeitströpfchen aus einer flüssigen (Suspension, Dispersion; Emulsion) oder gasförmigen (Staub; →Aerosol) Phase. Dabei durchströmt das zu trennende Gemisch ein poröses Medium (→Filtermaterial), wobei die abzutrennenden Teilchen entsprechend ihrer Größe an der Oberfläche oder im Innern des Filtermittels zurückgehalten werden.

Voraussetzung für die F. ist ein Druckgefälle, das durch den statischen Druck der überstehenden oder die Saugwirkung der ablaufenden Flüssigkeit gegeben ist oder künstlich erzeugt wird (Vakuumfiltration, Druckfiltration).

Nach der Größe der abzutrennenden Teilchen unterscheidet man Grobfiltration (>50 μm), Feinfiltration (50–1 μm), Mikrofiltration (1–0,1 μm), Ultrafiltration (100–1 nm) und Hyperfiltration (Moleküle).

Die F. ist eines der wichtigsten →Trennverfahren und findet sowohl im Labor (Analytik, Synthese) als auch in der Industrie breiteste Anwendung. Sie läßt sich kontinuierlich oder diskontinuierlich betreiben, und je nach Zielsetzung kann in Trennfiltration (Gewinnung der festen Phase) oder Klärfiltration (Reinigung der flüssigen Phase) unterschieden werden. Als Filtermittel werden z. B. lose körnige Schichten, textile Gewebe, gesinterte Materialien oder Membranen eingesetzt. Schmierende oder sehr feinkörnige Schlämme müssen vorher besonders konditioniert werden, ggf. können zur Verbesserung der Filtrierbarkeit auch Filterhilfsmittel (z. B. Flokkungsmittel) zugesetzt werden.

Wichtige industrielle Anwendungsbereiche sind z. B. die Stofftrennung in der chemischen Industrie, die Wasseraufbereitung und →Abwasserbehandlung sowie die Rauchgasreinigung in Kraftwerken und Verbrennungsanlagen.

Im Bereich der Abfallwirtschaft ist die F. der chemisch-physikalischen →Abfallbehandlung zuzuordnen. Mit ihr können u. a. bei der Fällung, Entgiftung, Neutralisation anfallende Schlämme, ggf. nach vorheriger Zentrifugation, entwässert werden. Der Trockensubstanzgehalt übersteigt dabei i. d. R. 50 % nicht. *Radde*

Fischmehlfabrik. Anlagen zur Herstellung von Fischmehl oder Fischöl haben heute keinen bedeutenden Anteil an der Produktion von Tierfutter.

Derartige Anlagen sind nach Nr. 7.16 des Anhangs zur →4. BImSchV genehmigungsbedürftig (förmliches Genehmigungsverfahren) (→Genehmigungsverfahren nach dem BImSchG).

Die bei der Herstellung von Fischmehl anfallenden Brüden enthalten Geruchsstoffe. Die relevanten geruchsintensiven →Stoffe sind Ammoniak, Trimethylamin, Polysulfide, Schwefelwasserstoff und Mercaptane. Auch die Raumluft der F. enthält Geruchsstoffe. Sie wird z. T. den Trocknern als Zuluft beigegeben.

Durch Anwendung verfahrenstechnischer Maßnahmen (kurze Lagerzeiten der Rohware, Kapselung und Erfassung der Abluft) und Reinigung der Abluft durch Zyklone zur Staubvorabscheidung und →Biofilter mit vorgeschaltetem Wäscher können die Vorschriften der TA Luft, insbesondere der Nr. 3.1.9 hinsichtlich der geruchsintensiven Stoffe, eingehalten werden. Zur Überwachung der Geruchsemissionen wird die →Olfaktometrie eingesetzt.

Die Herstellung von Fischmehl ist mit dem Anfall von Abwasser (Brüden, Kondensations-, Kühl- und Reinigungswasser) verbunden; bei der Abwasserreinigung ist die 7. Abwasserverwaltungsvorschrift zu beachten. *Fank*

Fischsterben. Plötzlich auftretendes gehäuftes bis massenhaftes Absterben von Fischen. Die Ursachen können ganz unterschiedlich sein. Das Sterben unmittelbar nach dem Einsetzen von Fischen, die z. B. durch den Transport geschädigt oder nicht an das neue Wasser adaptiert sind, wird im engeren Sinne nicht als F. bezeichnet.

Die Ursache von F. ist entweder eine Folge plötzlich auftretender toxischer Situationen, z. B. das Einbringen oder Eintreten von für Fische giftigen Substanzen in ein Gewässer oder das plötzliche Freiwerden von Giftstoffen wie Schwefelwasserstoff, oder das Freiwerden von Ammoniak (NH_3) sowie Sauerstoffmangel. Am häufigsten tritt F. als Folge von Sauerstoffmangel oder durch das Eindringen von Giftstoffen in ein Gewässer auf. Als Folge von →Eutrophierung kann auch die Gasblasenkrankheit zu F. führen. Die Aufklärung der Ursachen von F. ist vielfach sehr schwierig, weil es meistens mit einer erheblichen Zeitverzögerung festgestellt wird. Bei Fließgewässern kommt hinzu, daß die Fische stromab treiben, so daß die Quelle des F. nur schwer herauszufinden ist. *Friedrich*

Fischtest →Abwassertestverfahren, biologisch

Flachkollektor. Er ist der wohl am weitesten verbreitete Typ des →Sonnenkollektors zur Um der

solaren Strahlungsenergie in fühlbare Wärme eines Wärmeträgermediums, etwa zur Brauchwasser- oder Heizwassererwärmung von Hausenergiesystemen. Die solare Strahlungsenergie wird in einer Platine hohen Absorptionsgrades absorbiert. Die Platine ist zur Vermeidung von Wärmeleitungsverlusten im Rücken und an den Seiten gut wärmegedämmt sowie, der Sonne zugewandt, zur Vermeidung von Konvektions- und Strahlungsverlusten mit einer (oder mehr als einer) Scheibe guten Transmissionsgrades abgedeckt (Bild Seite 494). *C.-J. Winter*

Literatur: Erneuerbare Energie, Landesgewerbeamt Baden-Württemberg. Stuttgart 1990.

Fläche, kontaminierte. Grundstücke oder Standorte, die durch anthropogene Einflüsse verunreinigt sind. Sie lassen sich je nach Ausdehnung der →Kontamination in F. mit kleinflächigen, d. h. räumlich enger begrenzten, und großflächigen, d. h. weiträumigen, Belastungen einteilen. In der Regel gehören →Altablagerungen und →Altstandorte zu den F. mit kleinflächigen, räumlich enger begrenzten Belastungen.

Zu den F. mit weiträumigen Belastungen zählen z. B.
– Überschwemmungsgebiete,
– gärtnerisch-, forst- und landwirtschaftlich genutzte F. mit intensiven Fremdstoffeinträgen,
– F., die mit schadstoffbelastetem →Baggergut oder →Klärschlamm beaufschlagt worden sind,
– F. mit →Abwasserverrieselung,
– ausgekohlte Tagebaue, die mit schadstoffhaltigen Abfällen aufgefüllt sind. *Thoenes*

Flächennutzung. Der Umweltzustand eines Gebietes wird außer von Klima und Boden, Pflanzen- und Tierwelt vor allem durch die F. bestimmt, weil es in den dicht besiedelten und intensiv beanspruchten Gebieten Mitteleuropas kaum Flächen gibt, die nicht irgendeinem Nutzungseinfluß unterliegen. Eine intensive F. kann natürliche Gegebenheiten wie Pflanzendecke, Böden und Wasserhaushalt überlagern oder völlig verändern. Wenn auf einer Fläche des gleichen Bodentyps, z. B. Braunerde, die mit Laubwald bestanden ist, ein Teil des Waldes gerodet und in Ackerland umgewandelt wird, verändert diese Nutzung Pflanzendecke und Boden so tiefgreifend, daß der Ausgangszustand oft nicht wiederhergestellt werden kann. Eine Überbauung (Versiegelung) zerstört den gewachsenen Boden sogar vollständig und irreversibel.

Geologische Karten, Boden- und Vegetationskarten, die häufig für Zwecke der Umweltbeobachtung und Landschaftsanalyse herangezogen werden, haben nur beschränkten Aussagewert, wenn sie nicht durch eine →Kartierung der F. ergänzt werden. Da mit Nutzungen in der Regel bestimmte Eingriffe in die Umwelt verbunden sind oder von

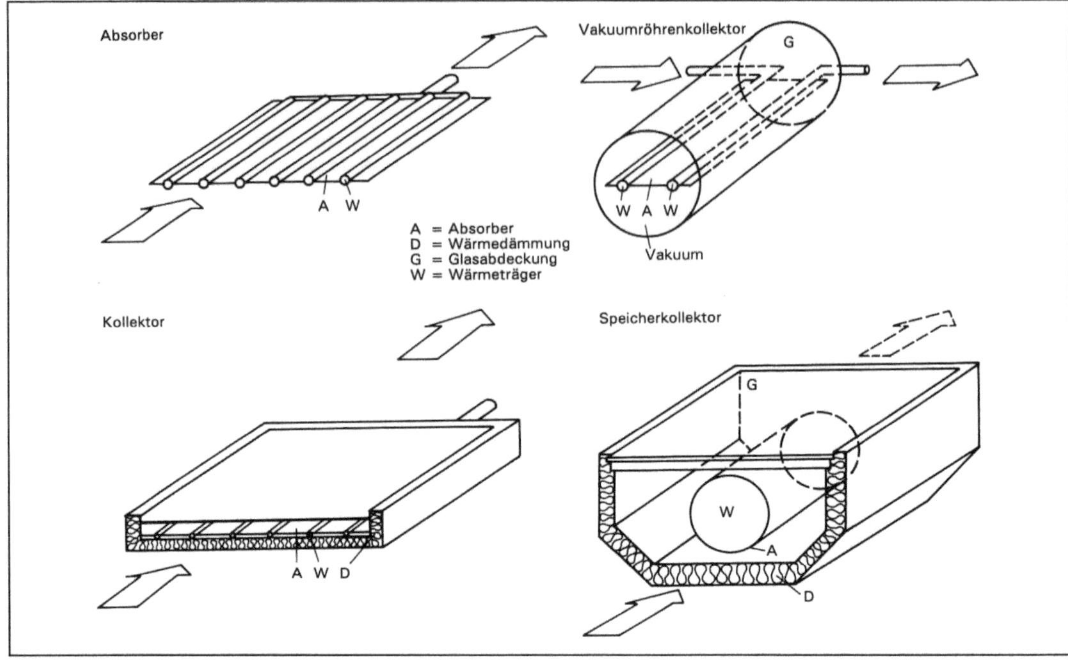

Flachkollektor: F.-Typen.

ihnen bestimmte Umweltbelastungen ausgehen, kann eine Erfassung der F. zugleich eine Kartierung von Eingriffen oder Belastungen sein und damit eine wesentliche Grundlage der →Umweltbeobachtung darstellen.

Der Begriff F. wird auch in der →Bauleitplanung verwendet, deren erste Stufe die Erstellung des Flächennutzungsplanes ist.   *Haber*

Flächennutzungsplan →Bauleitplanung

Flächenrecycling. F. bedeutet das Aufbereiten und Wiedernutzbarmachen von Grundstücken stillgelegter oder stillzulegender Industrie- und Gewerbebetriebe sowie von Grundstücken mit stillgelegten oder stillzulegenden öffentlichen Einrichtungen. Da diese Standorte nicht immer frei von umweltgefährdenden Verunreinigungen sind, ergeben sich Art und Umfang der Maßnahmen aus den Ergebnissen der →Gefährdungsabschätzung, der vorgesehenen Nutzung und der betroffenen Schutzgüter. Bei einer in Aussicht genommenen Bebauung haben die Anforderungen an den Schutz der Bevölkerung höchste Priorität.

Eine erneute bauliche und gewerbliche Nutzung brachliegender Grundstücke kann Freiflächen erhalten und die Inanspruchnahme weitgehend unbelasteter Flächen verringern (→Bodenschutzziele).   *Thoenes*

Flächenschalleistungspegel. Mit dem F. wird die Schallemission einer flächenhaften Schallquelle gekennzeichnet, er wird auch flächenbezogener →Schalleistungspegel genannt.

Flächenhafte Schallquellen sind flächenmäßig ausgedehnte Schallquellen, z. B. Erdölraffinerien, chemische Werke, Rangierbahnhöfe, aber auch Großparkplätze. Im Gegensatz zu einer punktförmigen Schallquelle verringert sich der →Schalldruckpegel im Umfeld flächenhafter Schallquellen infolge der flächigen Quellenverteilung nur wenig, so daß zur Einhaltung von Immissionswerten in der Nachbarschaft von flächenhaften Schallquellen im allgemeinen größere Abstände notwendig sind als bei einer Punktschallquelle gleicher →Schalleistung.

Bei Planungen von Gewerbe- und Industriegebieten, bei denen keine Detailinformationen über Art und Größe der anzusiedelnden Firmen und Betriebe vorliegen, werden zur Ermittlung notwendiger Abstände zu schutzwürdigen Baugebieten die Industrie- oder Gewerbegebiete als flächenhafte Schallquellen betrachtet. Für die Abstandsermittlung wird vorausgesetzt, daß die Schallemissionen der im Gebiet später siedelnden Firmen gleichmäßig über die Industrie- bzw. Gewerbegebietsfläche verteilt ist.

Als kennzeichnende Emissionsgröße hierfür wird der F. benutzt. F. ist folgendermaßen definiert:

$$L_W'' = L_W - 10 \lg \frac{S}{S_0} \qquad \text{(dB)}$$

L_W = Schalleistung aller Schallquellen auf der Flä-
che S,
S = Flächengröße in m²
So = Bezugsfläche 1 m²

Für den Planungsfall, daß Abstände zwischen geplanten Industrie- oder Gewerbegebieten und schutzwürdiger Bebauung zu ermitteln sind, wird für ein Industriegebiet ein F. von 65 dB und für Gewerbegebiete ein Wert von 60 dB angesetzt.

Zur Berechnung der Geräuschimmissionen in bestimmten Abständen von der emittierenden Flä-che, wird die aus dem F. und der Flächengröße S ermittelte Schalleistung L_W als →Punktschallquelle im Flächenmittelpunkt angenommen und von hier aus die →Schallausbreitungsrechnung vorgenom-men.

Die Flächenschallquelle kann immer dann unter vernachlässigbarer Ungenauigkeit als Punktquelle betrachtet werden, wenn der Abstand zwischen Immissionsort und Flächenmittelpunkt etwa dop-pelt so groß ist wie die größte Diagonale der emittierenden Fläche.

Der F. wird weiterhin für den Planungsfall benutzt, wenn emittierende und schutzbedürftige Baugebiete abstandsmäßig fixiert sind und die Emission in dem emittierenden Gebiet so zu ratio-nieren ist, daß die Immissionswerte im schutzbe-dürftigen Gebiet eingehalten werden.   *Strauch*

Literatur: DIN 18005: Schallschutz im Städtebau. 5/1987. – *Strauch, H.:* Hinweise zur Anwendung flächenbezogener Schalleistungspegel. LIS-Bericht. Essen 1982.

Flächenstillegung →Brache

Flammen-Ionisations-Detektor. Der FID ist in der Praxis der Luftreinhaltung ein Standardmeßge-rät zur summarischen Bestimmung organischer Ver-bindungen. Für die kontinuierliche →Emissions-überwachung und für den Einsatz in Immissions-meßnetzen gibt es verschiedene F., die eine →Eig-nungsprüfung absolviert haben. Bei Immissions-messungen wird meist dem FID eine gaschromatog-raphische Trennsäule vorgeschaltet, die den lufthy-gienisch bedeutungslosen Methananteil abtrennt. Der FID ist auch der am häufigsten in der →Gas-chromatographie eingesetzte Detektor.

Das Prinzip des FID beruht darauf, daß organi-sche Verbindungen in einer Wasserstoff-Flamme leicht ionisiert werden können. Die Ionisation wird in einer als Ionisationskammer gestalteten Brenn-kammer erzeugt und gemessen (Bild). Über die zentrale Brennerdüse wird Wasserstoff zugeführt, der aus einer Gasflasche entnommen oder in einem Wasserstoffgenerator elektrolytisch erzeugt wird. Durch einen Ringspalt um die Düse strömt Luft oder Sauerstoff in die Brennkammer. Enthält das dem Wasserstoff zugemischte Probegas organische

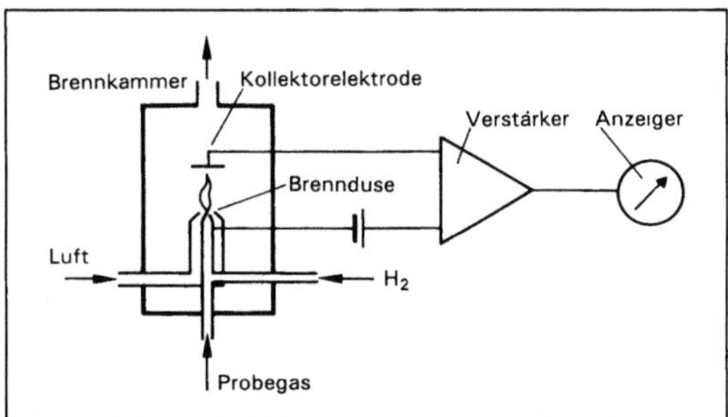

Flammen-Ionisations-Detektor: Meßanordnung (schematisch).

Verbindungen, so entsteht eine Ionenwolke, die durch ein elektrisches Feld abgesaugt wird und einen elektrischen Strom bildet. Der Ionisations-strom ist über viele Größenordnungen näherungs-weise proportional zum Massenstrom der organisch gebundenen Kohlenstoffatome.

Es besteht allerdings eine geringe Abhängigkeit von der strukturellen Bindung der C-Atome im jeweiligen Molekül, die als Strukturfehler bezeich-net wird. Die Qualität der Messung wird wesentlich durch die Detektorgeometrie und die Konstanz der Gasströme bestimmt.   *Stahl*

Literatur: VDI 3481: Messung gasförmiger Emissionen; Bl. 1: Messen der Kohlenwasserstoff-Konzentration; Flammen-Ioni-sations-Detektor (FID). 8/1975. – Bl. 3: Messen von flüchtigen organischen Verbindungen, insbesondere von Lösemitteln, mit dem Flammen-Ionisations-Detektor (FID). 4/1980. – VDI 3483: Messen gasförmiger Immissionen; Bl. 1: Messen der Summe organischer Stoffe mit einem Flammen-Ionisations-Detektor (FID); Grundlagen. 12/1979. – Bl. 2: Messen der Summe organischer Stoffe ohne Methan mit dem Flammen-Ionisations-Detektor (FID); Siemens U 100. 11/1981. – Bl. 3: Messen der Summe organischer Stoffe und von Methan mit dem Flammen-Ionisations-Detektor (FID); Bendix 8202. 11/1981. – Verbesserung des Kohlenwasserstoffanalysenver-fahrens. Forschungsbericht der Volkswagenwerk AG, i. A. des Umweltbundesamtes vom Februar 1980.

Flammenphotometrie. Atome absorbieren elek-tromagnetische Strahlen bei ganz bestimmten, für sie charakteristischen Wellenlängen (Spektralli-nien). Die durch die Strahlungsabsorption angereg-ten Atome gehen wieder in den Grundzustand über und strahlen die Energie in Form von Licht in den ganzen Raumwinkelbereich ab. Man bezeichnet das emittierte Licht als Atomemissions- oder Fluores-zenzstrahlung.

Zur Zerlegung der zu untersuchenden Stoffe in Atome verwendet man häufig eine heiße Flamme (z. B. H₂-Flamme). Da die Flamme selbst ein breites Spektrum elektromagnetischer Strahlung emittiert, wird ein Teil der in der Flamme sich befindenden Atome angeregt, was zur Emission einer atomspe-zifischen Strahlung führt. Bringt man z. B. Kochsalz in die Flamme, beobachtet man die Atomemissionsstrahlung des Natriums als intensives gelbes Leuchten der Flamme.

Diesen Effekt nutzt man bei der F., indem man die Intensität der durch die Flamme angeregten Atomemission mißt. F. ist also eine spezielle Ausprägung der Atomemissionsspektroskopie. Besonders günstige Voraussetzungen für diese Methode liegen bei den Alkali- und Erdalkalimetallen vor, aber auch die meisten der interessierenden →Schwermetalle sind damit nachweisbar. Die Atomemissionsintensität kann begleitgasabhängig sein, weil durch Wechselwirkung mit anderen Atomen oder Molekülen strahlungslose Übergänge der angeregten Atome in den Grundzustand (Quenching der Spektrallinien) auftreten können.

Atomemissionsspektroskopische Verfahren und damit auch die F. sind prinzipiell atomspezifische Verfahren. Im Bereich der Umweltmeßtechnik und besonders bei der Immissionsmeßtechnik werden diese Verfahren hauptsächlich als Labormeßverfahren für Schwermetalle eingesetzt. Eine besondere gerätetechnische Realisierung, die als →flammenphotometrischer Detektor bezeichnet wird, hat jedoch auch bei der Gasspurenanalytik zum Nachweis von Schwefelverbindungen Bedeutung gewonnen. *Birkle*

Literatur: *Birkle, M.:* Meßtechnik für den Immissionsschutz. München–Wien 1979.

Flammenphotometrischer Detektor (FPD).

Der FPD ist die gerätetechnische Realisierung der →Flammenphotometrie. In der Regel wird dabei mit einer reduzierenden Wasserstoffflamme (H_2-Überschuß) gearbeitet. Das zu untersuchende Meßgut (Flüssigkeit oder Gas bzw. Luft) wird in diese Wasserstoffflamme gebracht, in der die Aufspaltung der Verbindungen in Atome und die Anregung der Atome erfolgt. Die Intensität der entstehenden Atomemissionsstrahlung wird meist mit Photomultipliern gemessen.

Im Bereich der Emissions- und Immissionsmeßtechnik wird als FPD in der Regel eine ganz spezielle Realisierung zum kontinuierlichen automatischen Nachweis von Schwefelverbindung verstanden. In der reduzierenden Wasserstoffflamme entstehen aus den Schwefelverbindungen Schwefelatome, die rekombinieren

$$S + S \rightarrow S_2^*$$
$$S_2^* \rightarrow S_2 + h\nu$$

wobei angeregte S_2^* Moleküle entstehen, die unter Lichtemission im Wellenlängenbereich von etwa 320 nm bis 460 nm in den Grundzustand übergehen. Mit einem optischen Filter wird daraus der Bereich um 394 nm zum Schwefelnachweis ausgewählt.

Die Lichtemission geht also nicht auf eine Atomemission, sondern auf einen Chemilumineszenzeffekt zurück. Da es sich um eine Reaktion zwischen zwei Schwefelatomen handelt, ergibt sich entsprechend den Ansätzen zur →Chemilumineszenz eine quadratische Eichfunktion.

Die heute auf dem Markt angebotenen FPD werden vielfach mit einem elektronisch linearisierten Ausgang ausgerüstet.

Der FPD für Schwefelnachweis wird sowohl als eigenständiges Meßgerät für die Summe aller Schwefelverbindungen als auch in der →Gaschromatographie als Detektor für Schwefelverbindungen eingesetzt. *Birkle*

Literatur: *Birkle, M.:* Meßtechnik für den Immissionsschutz. München–Wien 1979.

Flechtenexpositionsverfahren.

Für die Erfassung der phytotoxischen Gesamtwirkung aller →Luftverunreinigungen ist von *Schönbeck* das im Bild dargestellte Flechtenkarussell als komponentenunspezifischer Reaktionsindikator entwickelt worden. Hierzu wird die unter immissionsfreien Bedingungen natürlich vorkommende Blattflechte Hypogymnia physodes (Syn. Parmelia physodes) mit ihrer natürlichen Flechtenunterlage von Eichenbäumen entnommen und zu je sechs Exemplaren (= Wiederholungen) auf kleine Trägerbretter übertragen. Wie beim →*Mank*-Karussell wechselt die Expositionsrichtung ständig mit dem Wind, hier infolge der aufgesetzten Windschalen.

Flechtenexpositionsverfahren: Flechtenexpositionskarussell (nach Schönbeck).

Dem F., bei dem nach einer Expositionszeit von ungefähr einem Jahr der Grad der Absterberate durch Vergleich der photographierten Thallusflächen vor und nach Exposition ermittelt wird, kommt ein hohes Maß an Standardisierung und damit Repräsentanz zu. Ähnlich wie bei chemisch-analytischen Meßverfahren sind zudem →Nachweisgrenze, Meßbereich und →Reproduzierbarkeit der Methode ermittelt worden. Im Gegensatz zu der häufig alternativ verwendeten Kartierungsmethode der natürlichen Flechtenflora sind Abhängigkeiten von der Existenz bestimmter Trägerbäume, von klimatischen Einflußgrößen und von anderen Störfaktoren im wesentlichen auszuschließen. Andererseits wurde inzwischen festgestellt, daß der Anspruch, alle phytotoxischen Luftverunreinigungen zu erfassen, bei dem F. nicht ganz erfüllbar ist. Während Hypogymnia physodes auf die klassischen Luftverunreinigungen wie Schwefeldioxid, Stickstoffoxide, Fluorwasserstoff, Chlorwasserstoff und Schwermetalle sehr empfindlich reagiert, ist sie gegenüber →Photooxidantien wie Ozon offensichtlich weitgehend resistent. *Prinz*

Literatur: *Schönbeck, H.:* Eine Methode zur Erfassung der biologischen Wirkung von Luftverunreinigungen durch transplantierte Flechten. Staub – Reinh. Luft **29** (1969) S. 14–18. – VDI 3799, Bl. 2: Messung von Immissions-Wirkungen. Ermittlung und Beurteilung phytotoxischer Wirkungen von Immissionen mit Flechten; Verfahren der standardisierten Flechtenexposition. 10/1991.

Fliehkraftabscheider. Bei diesem →Massenkraftabscheider, der auch häufig Zyklon genannt wird, werden die Partikeln unter Ausnutzung der in einer Wirbelströmung auftretenden Zentrifugalkräfte aus dem Gasstrom abgetrennt. Ein F. besteht meist aus dem drallerzeugenden Einlauf, dem zylindrischen und/oder konischen Abscheideraum, dem Tauchrohr und dem oft durch einen Kegel von der Hauptströmung geschützten Staubsammelbehälter (Bild).

Zur →Staubabscheidung aus Gasströmen haben sich F. wegen des einfachen Aufbaus und der großen Betriebssicherheit in der Industrie bewährt. Sie werden nicht nur bei der holzverarbeitenden Industrie, der Zementindustrie, bei pneumatischen Förderanlagen und – meist als Vorabscheider – in der Hüttenindustrie eingesetzt, sondern auch in der chemischen Industrie, in der Lebensmittelindustrie und im Kraftwerksbau. Zyklone werden mit Außendurchmessern von 0,02–6 m gebaut und lassen sich bei Drücken zwischen 0,01 und 100 bar und Temperaturen bis über 1 000 °C betreiben. Den anwendungstechnischen Vorteilen steht das im Vergleich zu anderen →Entstaubungsverfahren geringere Abscheidevermögen gegenüber, das durch eine richtige Auslegung jedoch häufig verbessert werden kann.

Im Zyklon herrscht eine dreidimensionale, turbulente, zweiphasige Drehsenkenströmung. Es werden folgende Bereiche unterschieden: Einlaufströmung, Hauptströmung, Grenzschichtströmung und Tauchrohrströmung.

Zur Erzeugung der Drehströmung im Zyklon ist eine entsprechende Strömungsführung im Einlaufteil erforderlich. Dabei wird zwischen Axialeinlauf und Tangentialeinlauf in den Ausführungen Schlitz, Rohr, Spirale und Wendel unterschieden. Ein Groß-

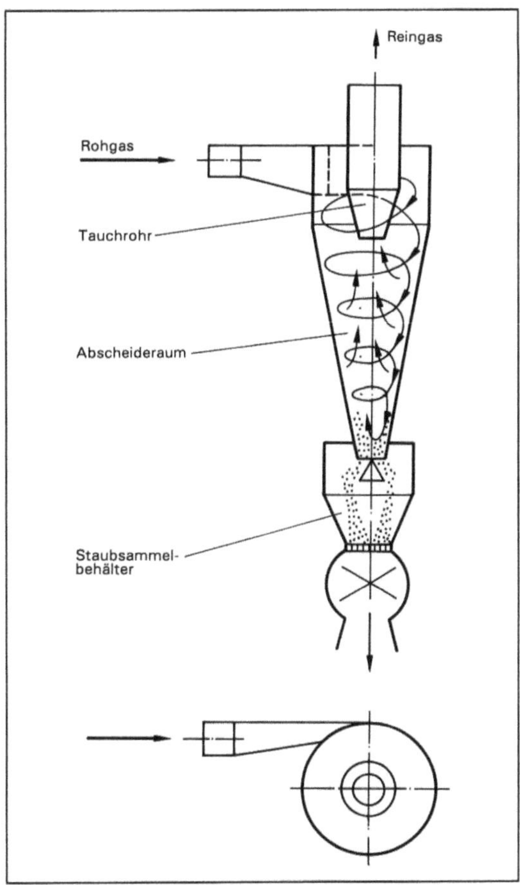

Fliehkraftabscheider: Schematischer Aufbau.

teil der Partikeln wird bereits im Einlaufbereich an die Wand geschleudert. Die Hauptströmung wird durch die lokale Umfangs-, Radial- und Axialgeschwindigkeitskomponente beschrieben. Die Zentrifugalbeschleunigung, die auf die in der rotierenden Strömung in axialer und tangentialer Richtung mitbewegten Partikeln wirkt, bestimmt die abscheidende Kraft. Deshalb kommt dem radialen Verlauf der Umfangsgeschwindigkeitskomponente entscheidende Bedeutung für das Trennergebnis zu.

Der an die Wand geschleuderte Staub läuft als Strähne in spiralförmigen Bahnen zum Staubsammelbehälter. Dieser Transport wird durch Geschwindigkeiten und Instabilitäten der Grenzschichtströmung entlang der Zyklonwand bestimmt. Partikeln in der Grenzschichtströmung des Deckels können direkt in das Reingas gelangen und verschlechtern den →Gesamtstaubabscheidegrad.

Die Strömung im Tauchrohr ist für das Betriebsverhalten des Zyklons bestimmend. Sowohl die maximal auftretende Umfangsgeschwindigkeit im Abscheidebereich der Hauptströmung als auch der

Druckverlust des Zyklons hängen wesentlich vom Durchmesser des Tauchrohrs ab.

Zur Berechnung der Abscheidung eines Zyklons haben sich im wesentlichen zwei Theorien bewährt. Dabei handelt es sich um das Trennflächen- und das Trennflächenverweilzeitmodell. Ergebnis des ersten Modells ist eine sog. Grenzkornpartikelgröße x_{Gr}. Im Idealfall werden Partikeln mit einem Durchmesser $x > x_{Gr}$ abgeschieden, Partikeln mit $x < x_{Gr}$ verbleiben im Gasstrom. Um einen der Realität entsprechenden →Fraktionsabscheidegrad zu erhalten, werden Trennkurven definierter, empirisch festgelegter Form und durch x_{Gr} bestimmter Lage verwendet. Ergebnis des zweiten Modells ist direkt eine Kurve für den Fraktionsabscheidegrad. Eine Verschiebung der Trennkurve zu kleineren Partikelgrößen hin und damit eine bessere Abscheidung kann u. a. durch eine Verkleinerung des Tauchrohrdurchmessers oder durch eine Vergrößerung des Gasdurchsatzes erzielt werden. Bei beiden Maßnahmen erhöht sich jedoch der Druckverlust. Der Gesamtstaubabscheidegrad eines Zyklons nimmt ebenfalls mit steigender Feststoffkonzentration im Rohgas zu. Diese Zunahme kann mit einem Sedimentationsvorgang und einer verstärkten Partikelagglomeration im Einlaufteil des Zyklons erklärt werden.

Der Druckverlust und der damit verbundene Energiebedarf eines Zyklons sind neben dem Abscheidevermögen zwei weitere, wichtige Auslegungsgrößen. Der Gesamtdruckverlust setzt sich aus den Anteilen der Einlaufströmung, der Hauptströmung und der Tauchrohrströmung zusammen, wird jedoch im wesentlichen durch die Geometrie des Auslaufs bestimmt. Durch unterschiedliche konstruktive Maßnahmen, wie Einbau einer Austrittsspirale, eines Drallkreuzes, eines Krümmers, kann versucht werden, Drallenergie in Druckenergie umzuwandeln. Dabei ist eine störende Rückwirkung auf die Hauptströmung zu vermeiden. *Löffler/Schmidt*

Literatur: *Dullien, F. A. L.:* Introduction to industrial gas cleaning. San Diego 1989. – *Loffler, F.:* Staubabscheiden. Stuttgart–New York 1988. – *Mothes, H.,* u. *F. Löffler:* Zur Berechnung der Partikelabscheidung in Zyklonen. Chem. Eng. Process **18** (1984), S. 53/85. – *Rentschler, W.:* Abscheidung und Druckverlust des Gaszyklons in Abhängigkeit von der Staubbeladung. Dissertation Universität Stuttgart. 1990. – *Schmidt, E., Ch. Wadenpohl* u. *F. Löffler:* Mathematische Beschreibung von Agglomerationsvorgängen im Zykloneinlauf. Chem.-Ing.-Tech. **64** (1992) Nr. 1, S. 76/78.

Fließgewässer. F. sind ständig oder zeitweise in einem Bett fließende oberirdische Gewässer. Je nach Größe werden die natürlichen F. als Bach, Fluß oder Strom bezeichnet.

Künstliche F. sind Gräben und Kanäle, die jedoch vielfach so langsam fließen, daß sie bereits Merkmale stehender Gewässer aufweisen.

Das besondere Kennzeichen von F. ist die Strömung und der damit verbundene ständige Wasseraustausch. Daraus ergeben sich grundsätzliche Unterschiede bezüglich der Lebensbedingungen und der Stoffhaushaltsbedingungen im bewegten Wasserkörper (fließende Welle) einerseits und am Gewässerbett (Benthon) andererseits. Auf Grund der unterschiedlichen Abflüsse, die zwischen niedrigstem Niedrigwasser und höchstem Hochwasser schwanken, gehört zum F. nicht nur der ständig mit Wasser benetzte Teil des Bettes, sondern auch die zwischen Niedrigwasser und normalem Hochwasser liegende Wasserwechselzone sowie letztlich auch die umgebende Aue als Überschwemmungsgebiet. F. als Ökosysteme werden durch viele Parameter charakterisiert, z. B. Eigenschaften der Substrate (Korngröße, Art des Korns, Lagerungsstabilität), Fließgeschwindigkeit und Strömungsmuster, Licht- und Temperaturverhältnisse, Sauerstoffhaushalt, hydrochemischer Grundcharakter (entsprechend der Beschaffenheit der Gesteine des Einzugsgebietes), Eintrag bzw. Konzentration organischer Substanzen aus der Umgebung (z. B. Dünger, Pestizide), Belastung mit gereinigten oder ungereinigten Abwässern sowie mit Erosionsmaterial (Tonminerale).

Wegen der Vielzahl bestimmender Faktoren sind die einzelnen F. letztlich Individuen. Dies ist bei ihrer Nutzung und Bewirtschaftung zu beachten. Von der Quelle zur Mündung ändern sich die Standardverhältnisse in charakteristischer Weise von der Quellzone (Kreonon) über den Gebirgsbach (Rhithron), auch Salmoniden- oder Forellenregion genannt wegen der hier vorherrschenden Fische (Forellen, Äschen), bis zum Flachlandfluß (Potamon), auch Cyprinidenregion genannt wegen der vorherrschenden Weißfische. *Friedrich*

Literatur: *Schwoerbel, J.:* Einführung in die Limnologie. Stuttgart 1993. – *Uhlmann, D.:* Hydrobiologie – Ein Grundriß für Ingenieure und Naturwissenschaftler. Jena 1988.

Fließinjektionsanalyse (FIA). Bei der F. wird ein genau definiertes Volumen einer flüssigen Probe in einen kontinuierlichen Flüssigkeitsstrom injiziert. Die Probe wird dann von der Trägerflüssigkeit mitgeführt. Dabei kann durch geeignete Wahl verschiedener Parameter erreicht werden, daß sich Trägerflüssigkeit und die injizierte Probe nur geringfügig miteinander vermischen. Während des Transports lassen sich gezielt Reagenzien zudosieren, die definiert mit der Probe zu dem (den) zu bestimmenden Stoff(en) reagieren.

Die Kombination der Fließinjektion (FI) mit gängigen Verfahren der →Atomabsorptionsspektrometrie (AAS, ICP-AES, ICP-MS) stellt eine wichtige Ergänzung dieser Methoden im Bereich der Probenvorbereitung und Probenaufgabe dar. Besonders vielversprechend ist die Kombination der Fließinjektion in der AAS mit der Hg-Kaltdampftechnik und der Hydridtechnik durch die sich bietenden Automatisierungsmöglichkeiten und verkürzte Analysenzeiten. Aber auch die Anwendungsbreite der Flammen-AAS läßt sich steigern, z. B. durch die Möglichkeit der Analyse von Proben mit hohen Matrixanteilen (Salzgehalte). Weitere Möglichkeiten der Fließinjektion sind die Probenverdünnung oder die Anreicherung durch Komplexbildung, an Ionenaustauschern etc. Diese für die AAS genannten Techniken lassen sich grundsätzlich auch im Bereich der ICP-AES und ICP-MS einsetzen. *Pfeffer*

Literatur: *Bilitewski, U., Th. Ding* und *R. D. Schmid:* Die Fließinjektionsanalyse (FIA), Angew. Chem. 103 (1991), Nr. 4. – James P. Lodge Jr. (Ed.): Methods of Air Sampling and Analysis. 3. Ed. Chelsea, Michigan 1989.

Flora. Die Gesamtheit der Pflanzenarten eines Gebietes wird als dessen F. bezeichnet. Oft unterscheidet man eine Makroflora, die aus den Blüten- und Farnpflanzen besteht, von einer Mikroflora, zu der Moose, Algen und Pilze gehören; manchmal werden auch Bakterien dazugerechnet, obwohl sie keine Pflanzen darstellen (→Mikroorganismen).

Von der F. zu unterscheiden ist die Vegetation als Gesamtheit aller Pflanzengemeinschaften oder -gesellschaften, die aus sich ähnelnden, häufiger wiederkehrenden Vergesellschaftungen bestimmter Pflanzenarten bestehen, z. B. Waldmeister-Buchenwälder, Weidelgras-Weißklee-Weiden. *Haber*

Flotation.

Abwasserreinigung. F. ist zunächst eine übergeordnete Bezeichnung für Verfahren, die durch Aufschwimmen eines Stoffes (oder einer Stoffgruppe) in einer Flüssigkeit die Trennung dieses Stoffes (der Stoffgruppe) von der Flüssigkeit ermöglichen. Die Flüssigkeit ist in den meisten Fällen Wasser, der Stoff kann von sehr unterschiedlicher Art sein (z. B. dispergierte, suspendierte Feststoffe, ionisch, nicht-ionisch gelöste Stoffe etc.). Entsprechend dieser Vielfalt der flotativ entfernbaren Stoffe wurden zum Teil sehr unterschiedliche Verfahrensvarianten entwickelt.

Die wichtigsten Varianten der F.-Verfahren, die Gasblasen als Auftriebshilfen für die zu flotierenden Stoffe verwenden, sind nach der Art der Blasenerzeugung: Einblasen bzw. Einrühren, Druckänderung, Elektrolyse, biologische Reaktionen und chemische Reaktionen.

Erste Versuche und Entwicklungen zum Einsatz von F.-Verfahren in der kommunalen Abwasserreinigung finden sich in der Literatur ab etwa Mitte der fünfziger Jahre. Der technische Einsatz und die Verbreitung von Entspannungsflotationsanlagen auf kommunalen Kläranlagen in der Bundesrepublik Deutschland beginnt jedoch erst ab etwa 1970.

Die Entspannungs-F. als technisches Verfahren zur Reinigung kommunaler Abwässer ist also ein noch recht junges Verfahren. Es liegen erst relativ wenige Erfahrungswerte für die Planung und den Betrieb von Anlagen sowie über zu erwartende Reinigungsleistungen vor.

Bei der in der kommunalen Abwasserreinigung fast ausschließlich verwendeten Entspannungs-F. stehen prinzipiell drei Verfahrensvarianten zur Verfügung (Bild 1). Beim Vollstromverfahren wird der gesamte Zufluß zur Anlage unter Druck mit Luft gesättigt und im Flotationsbecken entspannt. Nachteile dieses Verfahrens sind das große Volumen der erforderlichen Druckkessel, die Verstopfungsgefahr in den wasserführenden Armaturen der Drucksättigung und Entspannung sowie die Zerstörung gut flotierbarer flockiger Wasserinhaltsstoffe infolge hoher Schwerkräfte, die beim Entspannen auftreten. Die gleichen Nachteile gelten auch, mit Ausnahme des hierbei geringeren Druckkesselvolumens, für die sog. Teilstrombelüftung. Am besten bewährt hat sich die dritte Variante, das sog. Recycle-Verfahren. Hierbei wird ein Teil des gereinigten Ablaufs zurückgeführt, unter Druck gesättigt und dem Zulauf zur Flotationsanlage wieder beigemischt.

Mögliche Einsatzpunkte für F.-Anlagen in der kommunalen Abwasserentsorgung und -reinigung sind:

– Regenwasserreinigung an Entlastungen in Misch-kanalisationen,

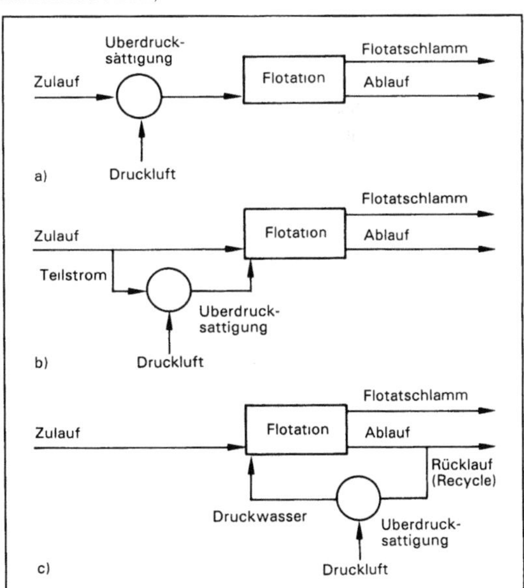

Flotation 1: Verfahrensvarianten der Entspannungs-F.
a) Vollstromverfahren
b) Teilstromverfahren
c) Recycle-Verfahren.

– Vorklärung,
– Nachklärung nach Belebungsanlagen,
– (Physikalisch-chemische) Nachreinigung,
– Nachreinigung nach Algenteichen und
– Überschußschlammeindickung.   *Mertsch*

Literatur: ATV (Hrsg.): Lehr- und Handbuch der Abwassertechnik, Bd. IV: Biologisch-chemische und weitergehende Abwasserreinigung. Berlin 1985.

Kaliindustrie. Bei der F. handelt es sich um die Trennung der Kalirohsalze (→Rohsalz) in ihre Mineralkomponenten durch das Schwimm-Schaum-Verfahren.

Das F.-Verfahren vermeidet den hohen thermischen Aufwand des Heißlöseverfahrens. Es verlangt

allerdings ein weitgehendes Aufmahlen des Rohsalzes, so daß die einzelnen Minerale als unverwachsene Körner, d. h. nahezu aufgeschlossen, vorliegen, ist also hierin dem →ESTA®-Verfahren ähnlich.

Nach dem Aufmahlen wird das Salz in eine gesättigte Salzlösung eingebracht (Bild 2). Dieser Flotationstrübe werden selektiv wirkende Sammler-Reagenzien zugesetzt. Solche zur Gewinnung von beispielsweise Kaliumchlorid eingesetzten Sammler-Reagenzien haften nur an Kaliumchloridkristallen und überziehen sie mit einem hauchdünnen Film, so daß sie wasserabstoßend werden. In die Flotationstrübe wird Luft eingeblasen, die bevorzugt an diesem Film haftet. Die aufsteigenden Luftblasen tragen die Kaliumchloridkristalle an die Oberfläche und bilden mit ihnen einen Schaum, der mechanisch abgestreift wird.

Die bei der F. selektiv auf Kaliumchlorid wirkenden Reagenzien sind so ausgewählt, daß die anderen im Rohsalz enthaltenen Minerale – z. B. Steinsalz und Kieserit – nicht von den Luftblasen gesammelt werden. Mit Hilfe anderer Reagenzien können auch weitere Begleitminerale – etwa Kieserit – selektiv zum Aufschwimmen gebracht werden. Schlammbildende Bestandteile des Rohsalzes wie Ton lassen sich ebenfalls gesondert flotieren oder aber blockieren, so daß sie ohne störende Wirkung bleiben.

Nach der F. werden die Schäume und der in der Flotationstrübe zurückbleibende Rückstand von der anhaftenden Lösung auf Filtern und Zentrifugen befreit. Die Lösung wird geklärt und gereinigt und geht in den Flotationskreislauf zurück. Die Kaliumchloridprodukte werden getrocknet. Die Rückstände gehen auf die →Halde oder in den →Versatz.   *Lenz*

Literatur: Die Kaliindustrie in der Bundesrepublik Deutschland. Hrsg. Kaliverein e. V., 6. Aufl. Hannover 1988. – *Hagedorn, F.:* Beitrag zur Theorie der Flotation löslicher Salze. Kali und Steinsalz **10** (1991) Nr. 10, S. 315–328. – *Schubert, H.:* Die Mechanismen der Sammleradsorption auf Salzmineralen in Lösungen hoher Elektrolytkonzentration. Aufbereitungstechnik **29** (1988) Nr. 8, S. 427–435. – *Singewald, A.:* Produkte aus unseren Rohsalzen. Kali und Steinsalz **10** (1988) Nr. 1, S. 2–10.

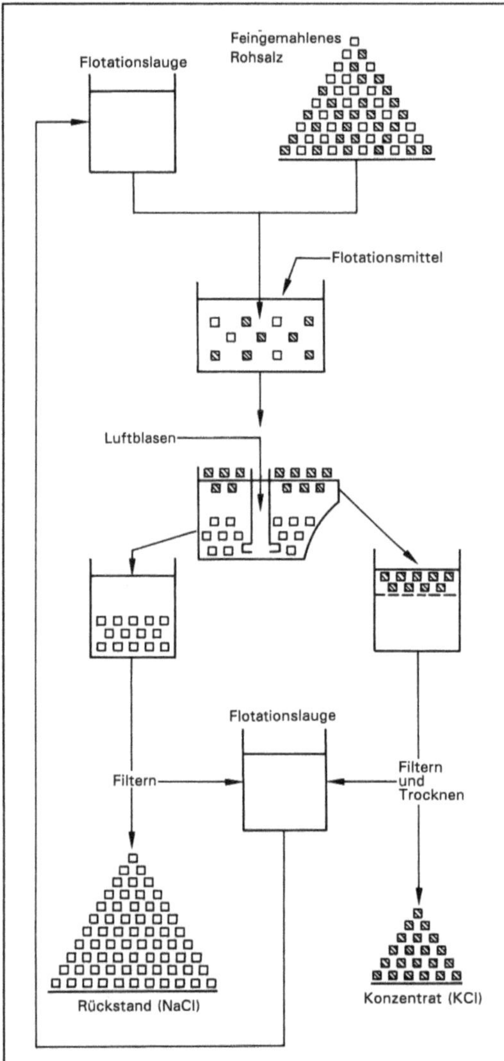

Flotation 2: F.-Verfahren zur Trennung der Kalisalze.

Flottenuntersuchung. F. von Kraftfahrzeugen dienen der Erprobung von Fahrzeugteilen oder -systemen bzw. der Ermittlung von Fahrzeugeigenschaften. Dabei werden mehrere verschiedene Fahrzeuge nach gleichen Gesichtspunkten untersucht mit dem Ziel, einen Überblick über den gesamten Fahrzeugbestand einer Region oder eines Landes zu erhalten. Oftmals steht der Umweltschutz im Mittelpunkt solcher Untersuchungen. So werden z. B. Emissionsverhalten, Kraftstoffverbräuche o. ä. im Rahmen von F. ermittelt (z. B. →Flottenverbrauch).   *Klee/May*

Flottenverbrauch (*engl.* fuel economy). In den USA muß die verkaufsgewichtige Fahrzeugflotte eines Kfz-Herstellers die nach der Formel

$$FE = 1/(0{,}55/CFE + 0{,}45/HFE) \ [mpg]$$

berechneten Kraftstoffverbrauchswerte (Fuel Economy – oder FE-Werte) – angegeben als Mindestfahrstrecke pro Kraftstoffeinheit (mpg = Meilen pro Gallone) – einhalten. Dabei bedeuten: CFE = FE aus City-Test (FTP-75) in [mpg] (→FTP-Zyklus), HFE = FE aus Highway-Test in [mpg] (→Highway-Zyklus), d. h. für die Berechnung der Kraftstoffverbrauchsangaben werden die Ergebnisse von zwei Test-Zyklen benötigt. *Kind/May*

Flüssigmist. F. ist ein Gemisch aus Kot, Harn, Wasser, Einstreuresten und Futterbestandteilen, das normalerweise als wertvoller, wirtschaftseigener Dünger anzusehen ist (Tabelle). Synonyme Bezeichnung meist Gülle.

Flüssigmist. Tabelle: Durchschnittlicher Gehalt an Hauptnährstoffen in Rinder-, Schweine- und Hühner-F. (nach Amberger).

Gülleart	TS %	N kg/m³	NH_4-N kg/m³	P_2O_5 kg/m³	K_2O kg/m³	MgO kg/m³	CaO kg/m³
Milch-vieh*)	7,0	3,7	1,9	1,4	5,6	0,7	1,9
Rinder-mast	10,0	6,0	3,1	2,0	4,7	1,0	1,3
Schweine	3,5	2,8	2,0	1,4	1,4	0,5	1,4
Lege-hennen	10	6,5	4,6	5,0	3,0	1,0	11,0

*) Für Grünlandbetriebe: Im Falle eines stärkeren Maisanteils in der Futterration sind für N mit 3,0, P_2O_5 mit 1,3 und K_2O mit 4 kg je m³ niedrigere Gehalte anzusetzen.

Der Nährstoffgehalt wird von den Faktoren Tierart, Haltungssystem, Fütterung, Leistungsniveau, Einleitung von Regen- und Waschwasser, sowie von der Lagerungsdauer beeinflußt.

Mangelnde Lagerkapazitäten, unsachgemäße Behandlung, unzureichende Ausbringtechniken und ein Ausbringen zu pflanzenbaulich ungünstigen Zeitpunkten können dazu führen, daß die Düngewirkung nicht ausgenutzt werden kann. Lokal auftretende überhöhte Tierbesatzdichten pro Flächeneinheit verschärfen zusätzlich die Situation in Betrieben, die ihren F. nicht auf Flächen Dritter ausbringen können.

Um der damit verbundenen Gefahr der Belastung der Umwelt durch Nitrat und Ammoniak entgegenzuwirken, wurden in einzelnen Bundesländern Vorschriften geschaffen, die über die Reglementierung der Viehbesatzdichte pro Flächeneinheit bzw. Festlegung der Ausbringungszeitspannen den F.-Anfall eindämmen sollen (→Gülleverordnungen).

Der Gesamt-N-Anfall aus der Tierhaltung entspricht etwa dem N-Verbrauch an mineralischem Handelsdünger. Der Aufwand an N-Dünger pro Flächeneinheit und die N-Entzüge durch die Kulturpflanzen entwickelten sich in der Vergangenheit zunehmend auseinander. *H. Schön/Amon*

Literatur: *Amberger, A.:* Die Düngung von Acker- und Grünland nach Ergebnissen der Bodenuntersuchung, 5. Aufl. 1985.

Flüssigmistausbringungstechnik. Anforderungen an die F. sind:
– hohe Verteilgenauigkeit in Längs- und Querrichtung, unabhängig von Gelände und Füllstand,
– geringstmögliche NH_4-Verluste, Vermeiden von Pflanzenschäden,
– Möglichkeit zur pflanzenbaulich optimalen Terminierung der Gaben,
– möglichst geringe Bodenbelastung (Drücke, überfahrene Fläche).

Grundsätzlich lassen sich absätzige Verfahren (Feldrandüberladung mit Trennung von Straßen- und Feldtransport) und kontinuierliche Verfahren unterscheiden (Bild).

Verrohrung und Verschlauchung bieten den Vorteil, daß sie mit allen Bauarten von Verteilorganen kombiniert werden können und die Bodenbelastung stark reduziert werden kann, da nur der Schlepper mit dem Verteilorgan über den Acker bzw. das Grünland fährt.

Beim kontinuierlichen Verfahren wird das Ausbringfahrzeug (Tankwagen mit beliebigem Verteilorgan) am Hof befüllt.

Als Verteilorgane kommen Verregner, Prallteller, Vertikalverteiler, Düsenbalkenverteiler, Schleppschlauchverteiler, Eindrillgeräte und Injektionsgeräte zur Anwendung.
– Flüssigmistverregnung: Wie bei einem zur Verbesserung der Wasserversorgung der Pflanzen eingesetzten Regner wird die Gülle mit Wurfweiten bis zu 30 m ausgestoßen. Das Verfahren ist damit sehr windempfindlich, die Verteilgenauigkeit ist nicht optimal und die Ammoniakverluste sowie die Geruchsbelästigungen sind relativ hoch.
– Prallteller: Der austretende Güllestrom prallt auf einen Teller und wird dadurch halbkreisförmig verteilt. Damit werden Wurfweiten bis zu 12 m erzielt. Die Querverteilgenauigkeit (notwendige Überlappung) zeigt Mängel und die bei diesem Verfahren auftretenden Ammoniakverluste sind relativ hoch.
– Vertikalverteiler: Das Verteilprinzip ist dem des Pralltellers ähnlich, allerdings wird der Güllestrom nicht nach oben, sondern nach unten abgeleitet. Die Gülle verteilt sich kegelförmig, ähnlich wie beim Austritt aus einer Düse. Gegenüber dem Prallteller

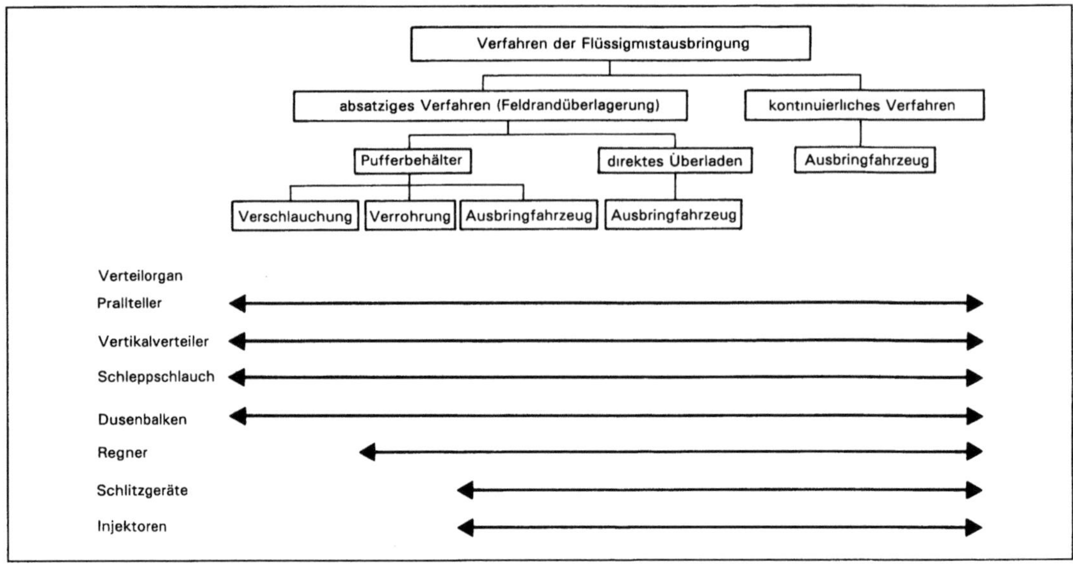

Flüssigmistausbringungstechnik: Einordnung der Verfahren.

ist die Windempfindlichkeit geringer und die Ammoniakverluste lassen sich deutlich reduzieren.

– Düsenbalkenverteiler: Wie bei einer Pflanzenschutzspritze sind hier mehrere Düsen an einem Gestänge montiert. Das System ist wenig windempfindlich, bietet eine durchschnittliche Verteilgenauigkeit, ist allerdings anfällig gegenüber Verstopfungen.

– Schleppschlauchverteiler: Die Gülle wird bodennah ausgebracht. Damit ist die Verschmutzung der Pflanzen (Verätzungsgefahr) sehr stark reduziert, und es bietet sich die Möglichkeit, dem Nährstoffbedarf entsprechend in den stehenden Pflanzenbestand Gülle zu düngen. Die Geräte erreichen eine sehr gute Verteilgenauigkeit und sind windunempfindlich, die Ammoniakverluste werden gegenüber den o. a. Verfahren deutlich reduziert.

– Eindrillgerät: Ähnlich wie bei einem Grubber wird der Boden geöffnet. Die Gülle fließt durch knapp über der Bodenoberfläche endende Schläuche und kann in den Bodenschlitzen schnell in den Boden einsickern. Dadurch können die Ammoniakverluste gegenüber dem Schleppschlauchverteiler nochmals reduziert werden. Nachteile des Verfahrens sind der hohe Zugkraftbedarf und die beschränkte Arbeitsbreite sowie der hohe Investitionsbedarf.

– Injektionsgerät: Im Gegensatz zum Eindrillgerät wird die Gülle über Injektorzinken direkt in den Boden geleitet. Die Ammoniakverluste sind damit auf ein Minimum reduziert, der Zugkraft- und Investitionsbedarf sehr hoch, die mögliche Arbeitsbreite sehr gering. Generell besteht bei diesem Verfahren die Gefahr, daß sehr hohe Güllemengen im Boden versteckt werden (Nitratauswaschung),

bei Grünlandbeständen kommt es durch die Schlitze zu einer Schädigung der Grasnarbe, was eine verstärkte Verunkrautung zur Folge haben kann.

Durch je nach Bodenzustand und Topographie unterschiedlich hohen Schlupf beim Ausbringfahrzeug und sich verändernden Füllstand im Tankwagen kann sich die Längsverteilungsgenauigkeit sehr stark verschlechtern. Diese Schwankungen können nur durch eine computergestützte F., bei der die tatsächliche Fahrgeschwindigkeit ermittelt und der Volumenstrom geregelt werden können, korrigiert werden.   *H. Schön/Amon*

Literatur: *Boxberger, J.; A. Gronauer; L. Popp:* Umweltschonende Verwertung von Fest- und Flüssigmist auf landwirtschaftlichen Nutzflächen, Tagungsband zum Fachgespräch. Weihenstephan 1990. – DLG-Prüfbericht Nr. 3970: Schleppschlauch – Dosierverteiler SD 48 für Flüssigmist. 1989. – DLG-Prüfbericht Nr. 4059: Rumpstad Flüssigmist-Injektor ZI-10. Juni 1989.

Flüssigmistbehandlung. Während der →Flüssigmistlagerung kann es je nach Gülleart und →Fütterung zu umfangreichen Sedimentations- und Flotationsvorgängen kommen.

Rindergülle bildet eher Schwimmdecken aus. Bei Schweinegülle können sowohl Schwimm- als auch Sinkschichten auftreten. Um ein gleichmäßiges Ausbringen der Nährstoffe zu gewährleisten, muß →Flüssigmist während der Ausbringung homogenisiert werden. Hierzu können sowohl mechanische (Propeller), hydraulische (Pumpen) als auch pneumatische Rührwerke (Kompressoren) eingesetzt werden.

Zur Aufbereitung von Flüssigmist stehen eine Vielzahl von Verfahren zur Verfügung, die sich auch

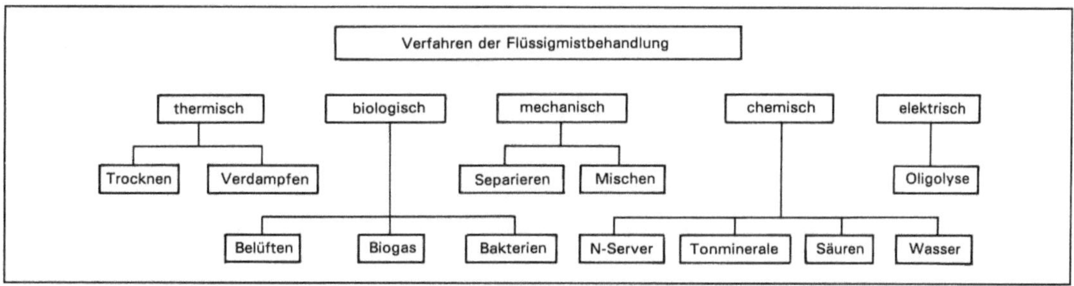

Flüssigmistbehandlung 1: Einordnung der F.-Verfahren.

grundlegend in der angestrebten Zielsetzung unterscheiden (Bild 1).

☐ Thermische Verfahren werden in Verdampfen und Trocknen eingeteilt. Mit derartigen Verfahren können TS-Gehalte (TS = Trockensubstanz) von 90–95 % erreicht und Nährstoffabscheidegrade von 90 % erzielt werden. Verfahren der Flüssigmisttrocknung haben hohe Stickstoffemissionsverluste in der Abluft zur Folge. Abluftreiniger in Form von Luftwäschern oder Biofiltern sind daher zur Emissionsminderung unumgänglich. Die Verfahren der Flüssigmisttrocknung haben als weiteren Nachteil einen extrem hohen Energiebedarf.

☐ Die biologische F. gliedert sich in aerobe (Belüften) und anaerobe Verfahren (→Biogas). Bakterienzusätze bewirken ebenfalls eine stoffliche Veränderung der Zusammensetzung von Flüssigmist. Die wesentlichen Ziele der aeroben F. liegen in der Geruchsminderung und Verbesserung der Pflanzenverträglichkeit. Durch Sauerstoffeintrag hervorgerufene Aktivitäten exothermer bzw. thermophiler Mikroorganismen bewirken einen Temperaturanstieg, wodurch im Flüssigmist vorhandene pathogene Keime abgetötet werden. Die Aktivität aerober Mikroorganismen bewirkt weiterhin den Abbau vorwiegend größerer TS-Bestandteile, wodurch die Viskosität verringert wird. Dadurch verbessern sich die technologischen Eigenschaften (Fließfähigkeit, Pumpfähigkeit, Funktionsfähigkeit von Exaktverteilorganen) des Flüssigmistes. Zum Sauerstoffeintrag können Belüftungsgeräte wie Hohlwellenbelüfter und Oberflächenbelüfter eingesetzt werden (Bild 2).

Die mit dem Sauerstoffeintrag einhergehende CO_2-Abgasung führt verstärkt zu einem pH-Wertanstieg, der zusätzlich erhöhte Emissionsraten verursacht. Gesamt-N-Verluste von 10–20 % sind die Folge. Im aeroben Milieu wird Ammonium durch bakterielle Umsetzungsprozesse z. T. in Nitrat umgewandelt. Angesichts der →Nitratproblematik sind Grundwasserbelastungen zu erwarten, wenn Flüssigmist in zu hohen Mengen in der vegetationslosen Zeit ausgebracht wird.

Dem Verfahren der anaeroben Vergärung von Flüssigmist liegt als primäres Ziel die Energiegewinnung in Form von Biogas zugrunde.

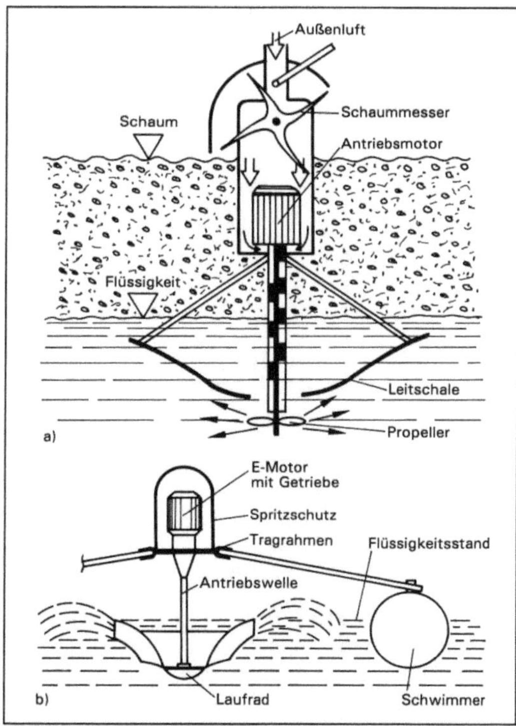

Flüssigmistbehandlung 2: Einsatz von Belüftungsgeräten.
a) Hohlwellenbelüfter
b) Oberflächenbelüfter (nach Boxberger).

☐ Bei den mechanischen Verfahren unterscheidet man Separierung und Mischverfahren. Verfahren der Separierung gliedern sich in Sedimentations-, Flotations-, Filtrations-, Sieb-, Zentrifugier- und Preßverfahren. Bei Mischverfahren wird die Rohgülle mit Zusatzstoffen versehen (Stroh etc.). Dadurch entsteht ein Feststoff, der in der Regel kompostiert werden kann.

Durch Abtrennen der Feststoffe mit Hilfe von Separatoren (Bild 3) wird ein gezielter pflanzenbaulicher Einsatz der flüssigen Phase möglich und damit gleichzeitig eine nahezu vollständige Verwertung

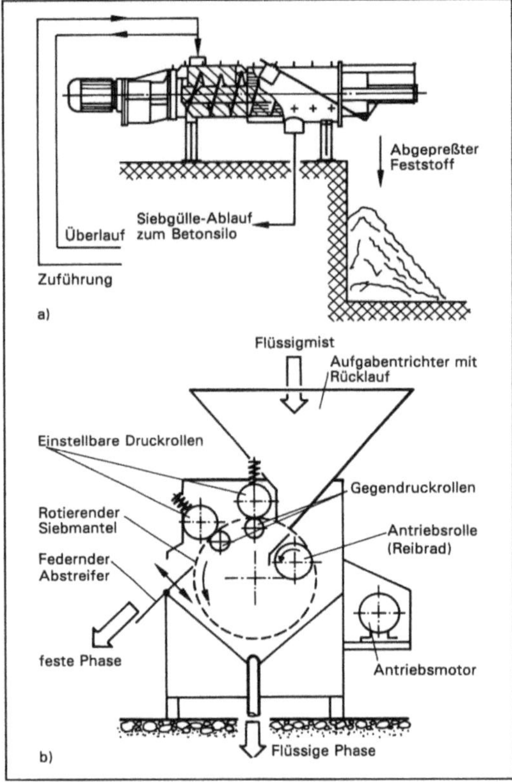

Flüssigmistbehandlung 3: Gülle-Trenntechniken.
a) Preßschneckenseparator
b) Siebtrommelseparator.

der Nährstoffe im natürlichen →Stoffkreislauf erreicht.

In der festen Phase muß die Anreicherung von hochmolekularen N-Verbindungen bzw. organisch gebundenem Nährstoff erreicht werden. Durch erhöhte Kohlenstoff- und TS-Gehalte entsteht in der festen Phase ein hochwertiger, strukturstabiler Humusdünger mit bodenstrukturverbessernder Wirkung.

□ Durch chemische Verfahren der F. werden entweder gelöste Stoffe durch chemische Reaktionen aus der flüssigen Phase abgetrennt oder durch Zusätze in ihrer Zusammensetzung verändert mit dem Ziel einer umweltverträglichen Verwertung (N-Server, Tonminerale). Zur Anwendung kommen Verfahren der Neutralisation, Fällung (MAP-Verfahren), Oxidation, Membranseparation (→Umkehrosmose) und Ionenaustausch.

Das MAP-Verfahren ermöglicht eine gezielte Fällung des in der flüssigen Phase vorhandenen NH_4-Stickstoffes. Dabei wird dem Flüssigmist in einem Reaktor Phosphorsäure und Magnesiumoxid beigesetzt. Im nachgeschalteten Absetzbecken wird mit Natronlauge der pH-Wert auf 8,0–9,5 einge-

stellt, wodurch Magnesiumphosphat (MAP) ausfällt.

Durch Zusätze von N-Servern (Nitrifikationshemmstoffe, z. B. Dicyandiamid) kann die mikrobielle Umsetzung von NH_4-N zu NO_2-N bzw. NO_3-N je nach Witterungsbedingungen und Bodentemperatur für den Zeitraum von 2–3 Monaten gehemmt und damit Flüssigmiststickstoff z. T. in nicht auswaschungsgefährdeter Form im N-Pool des Bodens gehalten werden.

Zusätze von Tonmineralien mit spezifischen Sorptionsoberflächen für Kationen (Zeolith, Bentonit) können sowohl als Futterzusatz als auch direkt dem Flüssigmist beigemischt werden. Ziel dieser Maßnahme ist es, Ammoniakemissionen im Stall zu reduzieren und das Stallklima zu verbessern. Annehmbare NH_4-Sorptionsraten werden nur durch unrealistisch hohe Zusatzmengen erreicht, die für die praktische Anwendung nicht sinnvoll sind.

Säurezusätze (Salpetersäure) zu Flüssigmist bewirken eine pH-Wertabsenkung und mindern somit primär die Gefahr der →Ammoniakemission. Allerdings sind Korrosionsschäden an Flüssigmistbehältern und Rühreinrichtungen nicht ausgeschlossen.

□ Die elektrische F. gliedert sich in die Verfahren der Oligolyse und der Dialyse.

Bei der Oligolyse wird ein wechselndes elektrisches Feld mit Gleichstrom über Kupfer- und Kohleelektroden dem Flüssigmist angelegt mit der Zielsetzung, die mikrobiologische Aktivität und damit NH_3-Emissionen in der →Stallabluft zu mindern. Das Verfahren führt zu einem Viskositätsabbau und verbessert so die Fließfähigkeit von Flüssigmist. Flotations- und Sedimentationsvorgänge sind reduziert.

Die Dialyse ist ein →Trennverfahren, mit dessen Hilfe gelöste Stoffe von Kolloiden repariert werden können. Das Grundprinzip beruht auf der Wirkung eines elektrischen Feldes, das durch Halbmembranen getrennt ist. Eine Membran ist nur für Kationen, eine weitere nur für Anionen durchlässig. *H. Schön/Amon*

Literatur: *Boxberger, J.:* Stallmist: Entmisten, Lagern, Ausbringen. Bundesverband der deutschen Zementindustrie. Köln 1988.

Flüssigmistlagerung. Der Raumbedarf für die F. ist von mehreren Faktoren abhängig. Je nach Tierart ergeben sich sehr unterschiedliche Lagerkapazitäten. Die jährliche Flüssigmistproduktion einer Großvieheinheit (GV) – bezogen auf den TS-Gehalt – liegt zwischen 7 und 18 m³. Unter Einbeziehung von Wasch- und Reinigungswasser fallen in der Rinderhaltung 18 m³ pro Großvieheinheit und Jahr →Flüssigmist an. In der Schweinehaltung kann von 15 m³ pro Großvieheinheit und Jahr ausgegangen werden. Die Lagerkapazität ist betriebs- und fruchtfolgespezifisch zu ermitteln und sollte für 5 bis 8 Monate ausreichen.

Verfahren der F. lassen sich nach dem Ort der Lagerung, d. h. im Stall oder außerhalb des Stalls, gliedern. Zur ersten Gruppe gehören Speicherverfahren (Güllebehälter, Zirkulationsverfahren). Bei tiefen Außentemperaturen und geleertem Speicher kann es zu Stallklimaproblemen kommen, weil Kaltluftströmungen vom Lagerraum in den Tierbereich gelangen, die zudem toxische Gase enthalten können. Beim Homogenisieren besteht die Gefahr der Anreicherung toxischer Schadgaskonzentrationen im Stall. Zu konventionellen Systemen der F. außerhalb der Stallgebäude gehören Hochbehälter mit Vorgrube bzw. Pumpstation, die entweder offen oder mit Zusatzabdeckung ausgeführt sein können.

Tiefbehälter können entweder massiv oder in Form von Erdbecken mit Dichtungsbahnen ausgeführt sein.

Tiefbehälter sind verfahrenstechnisch als günstigste Lagersysteme anzusehen, weil Flüssigmist ohne Pumpvorgang der Grube zufließt. Zur Flüssigmistableitung vom Stall zum Lagerbehälter dienen vorzugsweise Rohrleitungen. Geschlossene Flüssigmistbehälter sind teurer als offene Behälter, sie reduzieren jedoch Geruchs- und Ammoniakemissionen entscheidend (Bild).

Erdbehälter haben ein sehr ungünstiges Volumen-Oberflächenverhältnis, wodurch Ammoniakabgasungen während der Lagerung stark erhöht sind. Flüssigmistbecken sind nur zugelassen, wenn sie mit Dichtungsboden ausgekleidet sind. Hinsicht-

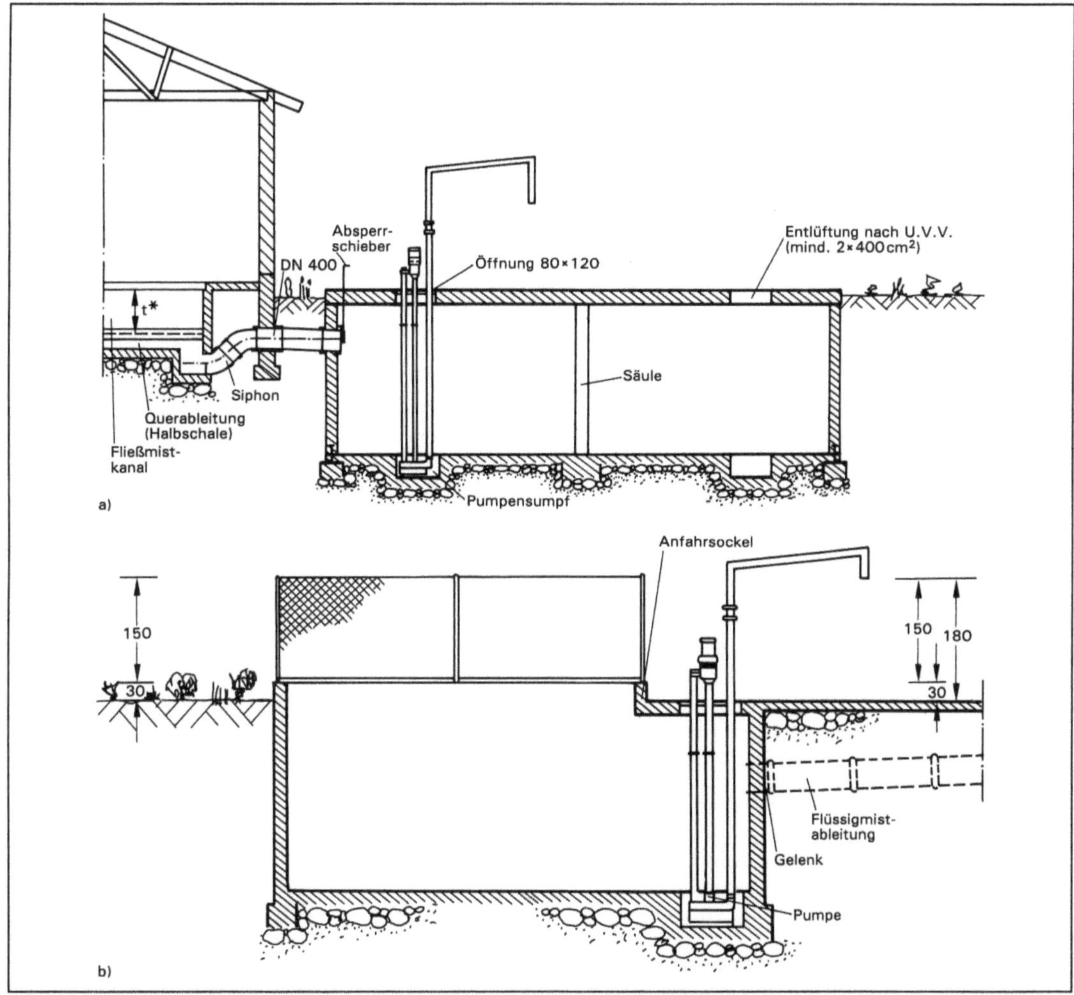

Flüssigmistlagerung: Tiefbehälter in Massivbauweise (nach Boxberger).
a) mit befahrbarer Decke
b) offen mit Schutzzaun und Anfahrschwelle.

lich des Unfallschutzes gelten die gleichen Regeln wie beim offenen Tiefbehälter (Zaun, Anfahrschwelle im Verkehrsbereich).

Bei Hochbehältern kann der Flüssigmist nicht direkt eingeleitet werden, deswegen muß die Befüllung mit einer zwischengeschalteten Pumpe erfolgen.

Bei unsachgemäßer Handhabung und Lagerung des Flüssigmistes können erhebliche Umweltschäden in Boden, Wasser und Luft auftreten. Das Bauordnungsrecht verlangt beim Bau von Dungspeichern Maßnahmen zur Gefahrenabwehr. Leckerkennungsdrainagen und Schutz vor Korrosionsschäden der Armierung von Flüssigmistbehältern sind deswegen unbedingt erforderlich.

Behälterabdeckungen dienen der Reduktion von Ammoniakabgasung während der Lagerung. Die Ammoniakabgasungsraten sind abhängig von der NH_3-N Konzentration im Flüssigmist, dem TS-Gehalt, dem Behälterfüllstand, der vorherrschenden Temperatur, der Windgeschwindigkeit, dem Oberflächen-/Volumenverhältnis, sowie der Exposition der Lagerbehälter. Aus nicht abgedeckten Behältern können während der Lagerung bis zu 30% der Gesamtstickstoffmenge aus dem Flüssigmist abgasen. Durch Behälterabdeckung lassen sich Ammoniakemissionen um 70–90% verringern. *H. Schön/Amon*

Literatur: *Boxberger, J.*: ALB-Bayern, Flüssigmistbehandlung. 1986.

Flugbrennstoffe. F. für den Einsatz in Fluggasturbinen sind Rohöldestillate, an die wegen der besonderen Betriebsbedingungen beim Luftfahrteinsatz hohe Anforderungen gestellt werden.

Diese Anforderungen haben im wesentlichen zu zwei F.-Typen für Luftfahrtanwendungen geführt:
– Flugkerosin (aviation kerosene), das einen Siedebereich zwischen etwa 160 und 280 °C besitzt und deshalb von dieser Eigenschaft her zwischen den Brennstoffen für Otto- und Dieselmotoren einzuordnen ist. Handelsübliche Bezeichnungen sind JET A und JET A1;
– weitgeschnittenes Kerosin (wide-cut kerosene), dessen Siedebereich zwischen etwa 60 und 240 °C liegt. Es umfaßt daher auch einen Teil der Benzinfraktionen des Rohöls. Handelsübliche Bezeichnungen sind JET B und für den militärischen Einsatz JP 4.

F. werden weltweit nach Brennstoffspezifikationen produziert, die von Produzenten, Nutzern und Herstellern von Fluggerät als verbindlich angesehen werden. Darin sind Vorschriften und Grenzwerte für die F.-Eigenschaften niedergelegt, denen alle F. genügen müssen. Ziviles und militärisches Flugkerosin unterscheiden sich nur dadurch, daß dem letzteren bestimmte Additive zur Verbesserung einiger Eigenschaften zugemischt sind. Nach ihrer Herstellung werden F. einer intensiven Reinigung hinsichtlich unerwünschter Beimengungen unterzogen.

Wichtig für die Umweltbelastung ist die Zusammensetzung der F., die je nach der Herkunft des Ausgangsrohöls unterschiedlich sein kann.

Von den F.-Eigenschaften hat hauptsächlich das Kohlenstoff-/Wasserstoff-Verhältnis Einfluß auf die Schadstoffbildung. Je niedriger der Massenanteil des Wasserstoffs im F. ist, desto höher ist die Flammentemperatur, die unter Vollastbedingungen (Boden-Stand) von ca. 2 550 K bei 14,5 % H auf ca. 2 575 K bei 12 % H-Anteil ansteigt. Dies hat unter sonst gleichen Bedingungen eine um ca. 15 % erhöhte thermische NO_x-Bildung zur Folge. Obwohl der Mechanismus der Rußbildung heute nur unvollständig bekannt ist, muß man erwarten, daß gleichzeitig die Partikelemission etwa um den Faktor 3,5 zunehmen dürfte *(Whyte)*. Dies hängt hauptsächlich mit dem dann höheren Aromatenanteil im F. zusammen.

Im Hinblick auf die für die Zukunft zu erwartende Energie- und Umweltsituation sind alternative F. vorgesehen, die die heute im Gebrauch befindlichen Brennstoffe ersetzen könnten. Dabei handelt es sich sowohl um Brennstoffe auf Kohlenwasserstoff-Basis als auch um Wasserstoff.

Es wird damit gerechnet, daß sich in den ersten Dekaden des nächsten Jahrhunderts die Rohölsituation stark verändern könnte, weil sich dann wichtige Ölquellen der Erschöpfung nähern oder bereits erschöpft sein dürften. Man muß dann in verstärktem Maß auf andere Ressourcen zurückgreifen, wie Rohöl minderer Qualität, Ölschiefer, Teersande oder synthetische Brennstoffe auf Kohlebasis. Die hauptsächlichen Auswirkungen dieser Änderung im Hinblick auf die Schadstoffsituation werden (Brennstoffe für Fluggasturbinen) eine gewisse Steigerung der Produktion an thermischem NO auf Grund der höheren Flammentemperatur sowie eine größere Rußbildung sein.

Methan, CH_4, könnte von seiner Schadstoffproduktion her ein günstiger alternativer F. sein. Er muß jedoch bei Atmosphärendruck kryogen, d. h. bei tiefen Temperaturen (um ca. 115 K), gelagert werden, und zwar sowohl am Boden als auch im Flugzeug. Die zugehörige Umstellung der technischen Einrichtungen zur Handhabung und Anwendung von Methan in der Luftfahrt, einschließlich des entsprechend geänderten Fluggeräts, würde deshalb enorme Kosten mit sich bringen.

Auch Wasserstoff wird oft als alternativer F. genannt, vor allem, wenn in der Zukunft alle Rohölvorräte erschöpft sein werden. Wasserstoff ist auch der wirtschaftlichste Brennstoff, wenn Fluggeschwindigkeiten im hypersonischen Bereich, etwa bei Machzahlen um 5 oder darüber realisiert werden sollen. Bei seiner Verbrennung entsteht Wasser,

H$_2$O; es werden aber auch, entsprechend den angewandten Verbrennungstemperaturen, Stickoxide, NO$_x$, gebildet. Bei unvollständiger Verbrennung in der Brennkammer sind aber auch geringe Mengen an molekularem H$_2$ zu erwarten. Wasserstoff hat zwar einen sehr hohen Heizwert pro Masseneinheit, ca. 120 000 kJ/kg, jedoch eine sehr geringe Dichte; d. h. der volumenspezifische Heizwert ist ungünstig. Da seine Siedetemperatur bei 20 K liegt, muß er an Bord von Flugzeugen kryogen in sehr gut isolierten Tanks gelagert werden. Dabei muß, wie von der Raketentechnik her bekannt, die niedrige Temperatur durch laufende Verdampfung einer geringen H$_2$-Menge aufrechterhalten werden.

Hinsichtlich der Umweltbelastung bei der H$_2$-/Luft-Verbrennung ist im Vergleich zu Brennstoffen auf Kohlenwasserstoff-Basis das Fehlen von CO$_2$, CO, und C-haltigen Stoffen und Partikeln zu nennen. Für die Luftfahrt, die ihre Emissionen zu einem großen Teil in der oberen →Troposphäre und der unteren →Stratosphäre deponiert, ist jedoch die Produktion von H$_2$O in diesen Höhenbereichen als nachteilig anzusehen, weil der Wasserdampf bei den dort herrschenden niedrigen Umgebungstemperaturen zu Eiskristallen gefriert. Diese werden in der Stratosphäre eine hohe Lebensdauer aufweisen, weil sie nur durch Sublimation verschwinden können. Es wird heute befürchtet, daß diese Partikel in den Strahlungshaushalt der Erde eingreifen, indem sie Wärmestrahlung absorbieren und so zum →Treibhauseffekt beitragen. Außerdem können an den Oberflächen der Partikel heterogene chemische Reaktionen ablaufen. Die quantitativen Auswirkungen der H$_2$O-Injektion in die Stratosphäre sind noch nicht endgültig geklärt; an ihrer Erforschung wird gearbeitet (→Atmosphärenchemie). *Winterfeld*

Literatur: *Bowman, C. T., J. Birkeland,* Ed.: Alternative Hydrocarbon Fuels: Combustion and Chemical Kinetics. AIAA-Series Progress in Aeronautics and Astronautics, Vol. 62, American Institute of Aeronautics and Astronautics, 1978. – *Gardner, L., R. B. Whyte:* Gas Turbine Fuels. In A. M. Mellor, Ed., Design of Modern Turbine Combustors. London 1990. – *Whyte, R. B.:* Alternative Jet Engine Fuels, AGARD-AR 181-Vol. II, AGARD Propulsion and Energetics Panel, S. 21/89, 1982.

Fluglärm. Unter F. werden alle Geräusche verstanden, die von Luftfahrzeugen, insbesondere von Flugzeugen und Hubschraubern, beim Starten, Landen und Rollen auf dem Flugplatz sowie beim Überflug verursacht werden. Zum Schutz vor F. werden primär die Geräuschemissionen von Luftfahrzeugen begrenzt, während auf der Immissionsseite lediglich in der Nachbarschaft von Flugplätzen passive →Lärmschutzmaßnahmen ergriffen werden.

□ Emissionsbegrenzung. Die Geräuschemission von Luftfahrzeugen ist nach § 2 des Luftverkehrsgesetzes i. d. F. vom 14. Januar 1981 (BGBl. I S. 61), zuletzt geändert durch Gesetz vom 23. Juli 1992 (BGBl. I S. 1370), Gegenstand der Verkehrszulassung; die technische Ausrüstung des Luftfahrzeugs muß u. a. so gestaltet sein, „daß das durch seinen Betrieb entstehende Geräusch das nach dem jeweiligen Stand der Technik unvermeidbare Maß nicht übersteigt". Der entsprechende Nachweis ist nach § 3 der Luftverkehrs-Zulassungs-Ordnung (Luft-VZO) i. d. F. der Bekanntmachung vom 13. März 1979 (BGBl. I S. 308), zuletzt geändert durch die Unterschallverordnung vom 21. Juli 1986 (BGBl. I S. 1097), dem Antrag auf Musterzulassung beizufügen. Nach § 10 erteilt die Zulassungsbehörde für das einzelne Luftfahrzeug bei der Verkehrszulassung ein Lärmzeugnis, wenn die Einhaltung der nach § 3 Abs. 2 bekanntgemachten Lärmgrenzwerte (Lärmschutzanforderungen für Luftfahrzeuge [LSL]) durch Übereinstimmung des Luftfahrzeugs mit dem Muster nachgewiesen ist. Das Lärmzeugnis muß u. a. die Geräuschpegel und ihre 90%igen Vertrauensbereichsgrenzen enthalten. Nicht in Deutschland erteilte Lärmzeugnisse oder ihnen entsprechende Urkunden werden als gültig anerkannt, wenn die international im ICAO Annex 16 festgesetzten Lärmemissionsgrenzwerte nicht überschritten werden.

Die LSL vom 1. Januar 1991 (Beilage zum Bundesanzeiger Nr. 54 a vom 19. März 1991) enthalten Lärmgrenzwerte, Bestimmungen über die anzuwendenden Verfahren zur Ermittlung der Lärmpegel sowie Bestimmungen für die Erteilung von Lärmzulassungen und Lärmzeugnissen; dabei werden unterschieden:
– Unterschallflugzeuge mit Strahltriebwerken,
– Propellerflugzeuge über 5 700 kg bzw. über 9 000 kg Starthöchstmasse,
– Propellerflugzeuge bis zu 9 000 kg Starthöchstmasse und Motorsegler sowie
– Hubschrauber.

□ Immissionsseitige Maßnahmen. Für die Ermittlung und Beurteilung der F.-Immissionen in der Nachbarschaft von Verkehrsflughäfen und militärischen Flugplätzen gilt das →Fluglärmgesetz. In deren Umgebung werden Lärmschutzbereiche rechnerisch ermittelt und in Rechtsverordnungen festgesetzt. Der äquivalente →Dauerschallpegel Leq wird nach der Anlage zu § 3 des Fluglärmgesetzes berechnet, wobei als Bezugszeit die sechs verkehrsreichen Monate eines Jahres gelten. Eingangsdaten für die Flugbetriebs- bzw. Fluglärmprognose sind die luftrechtlich genehmigte Flugplatzanlage und der voraussehbare Flugbetrieb in zehn Jahren.

Zur Beurteilung des F. an Flugplätzen, die nicht dem Fluglärmgesetz unterliegen, wird DIN 45643 Teil 1–3 herangezogen. An Landeplätzen, auf denen ganz überwiegend kleine Propellerflugzeuge mit einem Höchstgewicht bis zu 5,7 t nach Sichtflugregeln verkehren, gilt die Verordnung über die zeitliche Einschränkung des Flugbetriebs mit Leichtflugzeugen und Motorseglern an Landeplätzen vom 16. August 1976 (BGBl. I S. 2216), wenn der Flugbetrieb 20 000 Flugbewegungen pro Jahr übersteigt. Danach sind insbesondere nichtgewerbliche Platzrunden- und Schulflüge zu den besonders lärmsensiblen Tageszeiten werktags sowie sonn- und feiertags verboten.

□ Militärischer Tiefflug. Durch militärische Tiefflüge ergeben sich für große Teile der Bevölkerung erhebliche Lärmbelastungen, wobei Tiefflüge bis zu einer Mindesthöhe von 150 m in besonders ausgewiesenen Tieffluggebieten durchgeführt werden. Die Bundeswehr beschränkt grundsätzlich Tiefflüge
– auf Gebiete außerhalb von Großstädten,
– auf Werktage (montags–freitags), und dann auf die Zeiten 7–17 Uhr mit Mittagspause 12.30–13.30 Uhr,
– nachts auf bestimmte Strecken und auf die Zeit bis Mitternacht (Flughöhe nicht unter 300 m).

Gegenüber dem F. in Flugplatznähe weist der militärische Tiefflug bei Direktüberflügen wesentlich schnellere Pegelanstiege und höhere →Maximalpegel auf. Ein startendes oder landendes Kampfflugzeug verursacht am Immissionsort einen →Schallpegel, der im Mittel etwa um den Faktor 10 langsamer ansteigt als bei einem schnellen Direktüberflug in 150 m Höhe. Die typische Belastungsdauer des Einzelüberflugs liegt in der Größenordnung von einigen Sekunden; die Maximalpegel erreichen etwa 110–120 dB. Der Tieffluglärm kann beim Menschen Angst- und Schreckreaktionen, Blutdruckanomalien sowie akute Veränderungen biochemischer Parameter hervorrufen; bei Risikopersonen ist eine akute Herz-Kreislauf-Schädigung nicht auszuschließen. *Strauch*

Literatur: DIN 45643 Teil 1–3: Messung und Beurteilung von Flugzeuggeräuschen; Oktober 1984. – *Ising, H.* et al.: Belästigung und Gesundheitsgefährdung durch militärischen Tieffluglärm; in: F. Poustka (Hrsg.): Die physiologischen und psychischen Auswirkungen des militärischen Tiefflugbetriebs, Bern/Stuttgart/Toronto 1989.

Fluglärmgesetz. Das F. (Gesetz zum Schutz gegen Fluglärm, BGBl. I S. 282, geändert am 16. 12. 1986, BGBl. I S. 2441 – FluglG) gilt dem Schutz der Allgemeinheit vor Gefahren, erheblichen Nachteilen und erheblichen Belästigungen durch →Fluglärm in der Umgebung von Flugplätzen (§ 1 FluglG).

Das Gesetz sieht einerseits passive →Lärmschutzmaßnahmen in der Umgebung von Flughäfen und Flugplätzen durch die Festsetzung von Lärmschutzbereichen vor; es enthält außerdem Vorschriften für den aktiven →Lärmschutz, z. B. durch Genehmigungs- und Verhaltenspflichten beim Luftverkehrsbetrieb.

□ Aktiver Fluglärmschutz. Die wichtigsten Rechtsgrundlagen für aktive Fluglärmschutzmaßnahmen befinden sich in den Vorschriften des LuftVG, die dort durch § 15 FluglG eingefügt worden sind, daneben in der Luftverkehrsordnung, der Luftverkehrszulassungsordnung sowie in einigen zum tVG erlassenen Rechtsverordnung. Anforderungen werden an die Vermeidung von Fluglärmwerten bei der Verkehrszulassung nach dem LuftVG für deutsche Luftfahrzeuge gestellt. Daneben sind Flugplatzhalter, Luftfahrzeughalter und Luftfahrzeugführer verpflichtet, beim Betrieb von Luftfahrzeugen in der Luft und am Boden vermeidbare Geräusche zu verhindern und die Ausbreitung unvermeidbarer auf ein Mindestmaß zu beschränken, um die Bevölkerung vor Gefahren, erheblichen Nachteilen und erheblichen Belästigungen durch Lärm zu schützen.

Auch bei der Neuanlage oder Erweiterung von Flughäfen ist der Schutz vor Fluglärm in den Zulassungsverfahren zu berücksichtigen.

Der Unternehmer eines dem Linienverkehr angeschlossenen Verkehrsflughafens hat außerdem auf dem Flughafen und in seiner Umgebung Anlagen zur fortlaufend registrierenden Messung der durch die an- und abfliegenden Flugzeuge entstehenden Geräusche einzurichten und zu betreiben.

□ Passiver Fluglärmschutz. Maßnahmen zur passiven Fluglärmbekämpfung sind ausführlich in den §§ 1–14 FluglG geregelt. Zum Schutz vor Fluglärm werden für Verkehrsflughäfen, die dem Linienverkehr angeschlossen sind sowie für militärische Flughäfen mit Betrieb von Flugzeugen mit Strahltriebwerken zu sog. Lärmschutzbereich festgesetzt. Gemäß § 2 FluglG umfaßt der Lärmschutzbereich das Gebiet außerhalb des Flugplatzgeländes, in dem der äquivalente →Dauerschallpegel des Fluglärms 67 dB(A) übersteigt. Nach dem Maß der Lärmbelastung gliedert sich der Lärmschutzbereich in zwei Schutzzonen: Die erste umfaßt das Gebiet, in dem der äquivalente Dauerschallpegel 75 dB(A) übersteigt, die zweite das übrige Gebiet des Lärmschutzbereichs.

Die Festsetzung eines Lärmschutzbereichs hat weitgehende Rechtsfolgen für die betroffenen Gebiete: so gilt für schutzbedürftige Gemeinschaftseinrichtungen, namentlich für Krankenhäuser, Altenheime, Erholungsheime und Schulen, ein Bauverbot. Ausnahmen hiervon sind nur zugelassen, wenn dies zur Versorgung der Bevölkerung mit öffentlichen Einrichtungen dringend geboten ist.

Darüber hinaus dürfen in der inneren Schutzzone 1 Wohnungen nicht errichtet werden. Alle darin erlaubten baulichen Anlagen sowie alle Wohngebäude in der Schutzzone 2 unterliegen besonderen Schallschutz-Anforderungen. Für nicht nur unwesentliche Wertminderung von Grundstücken, die durch ein Bauverbot betroffen sind, sieht das Gesetz eine Entschädigung vor. Gemäß § 9 FluglG können Aufwendungen für bauliche Schallschutzmaßnahmen den Eigentümern betroffener Grundstücke erstattet werden. *Hoppe/Beckmann*

Flugprofil. Unter einem F. versteht man die Folge aller Flugzustände, die von einem Flugzeug während einer Flugmission durchlaufen werden. Es wird häufig in graphischer Form als Verlauf der Flughöhe über der Flugzeit, der Flugstrecke oder über der Flugmachzahl dargestellt. Je nach dem Zweck des Fluges können F. sehr verschieden sein; im zivilen Flugverkehr werden sie meist so gewählt, daß sie möglichst wirtschaftlich, d. h. mit minimalem Brennstoffverbrauch durchgeführt werden können. Sie werden entsprechend dem Flugzustand in mehrere Abschnitte unterteilt, die jeweils unterschiedliche Lastzustände des Triebwerks erfordern. Der Start (Take-off, T/O) wird mit vollem oder nahezu vollem Schub geflogen und ist in 1 500 ft (450 m) Höhe beendet. Es schließen sich das erste Steigflugsegment (Climb 1, CL1) bis 10 000 ft (3 050 m) und das zweite Steigflugsegment (Climb 2, CL2) an, das bis auf die Reiseflughöhe von 30 000 ft (9 144 m) bis 37 000 ft (11 280 m) führt, wenn die Flugmachzahl um 0,8 liegt. Es folgen der Reiseflug (Cruise, CR), der Abstieg, der wieder in zwei Segmente (Descent, DC1 und DC2) unterteilt ist, sowie ab 2 500 ft (760 m) der Landeanflug (Approach, AP) und die Landung (Landing, LA).
Wesentlich für die Beurteilung der von einem Flugzeug verursachten Emissionen sind dabei die Fluggeschwindigkeit bzw. die Flugmachzahl und die Flugzeit. Die Flugmachzahl entspricht der angezeigten bzw. gegenüber der umgebenden Luft vorhandenen Geschwindigkeit, ausgedrückt in Vielfachen der lokalen Schallgeschwindigkeit. Sie legt zusammen mit dem Beladungszustand und den aerodyna-

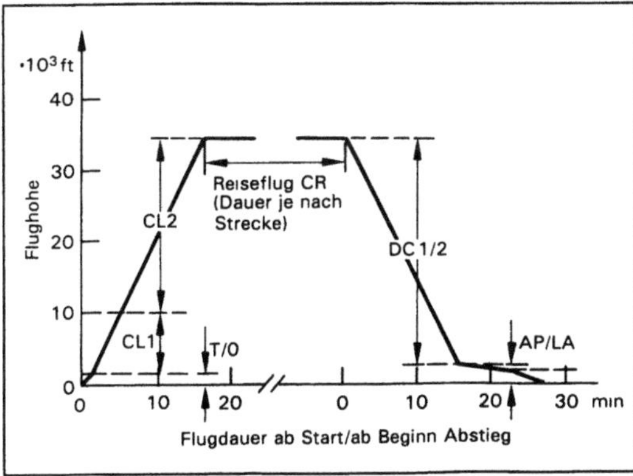

Flugprofil: F. für Verkehrsflugzeug, Flughöhe über der Flugdauer.

T/O Start, CL1/CL2 1. und 2. Steigflugsegment, CR Reiseflug in 34 500 ft (10 360 m), DC1/2 1. und 2. Abstiegssegment, AP/LA Landeanflug und Landung.

mischen Daten des Flugzeugs den Schub in den einzelnen Flugabschnitten fest, der zur Überwindung des Widerstands, zur Beschleunigung und zum Höhengewinn notwendig ist. Auch die optimale Reiseflughöhe hängt von der Flugmachzahl ab (Bild). *Winterfeld*

Flugzeugabsturzsicherheit. Kernkraftwerke und andere kerntechnische Anlagen mit einem hohen radioaktiven Inventar (z. B. Teile von Wiederaufarbeitungsanlagen, Plutoniumlager, Plutoniumbrennelement-Fabriken) sind gegen äußere Einflüsse (→EVA-Schutz), vor allem gegen Flugzeugabsturz auszulegen. Das Ereignis Flugzeugabsturz wird – wie Erdbeben und Druckwellen aus chemischen Reaktionen – bei der Auslegung unabhängig von der →Eintrittswahrscheinlichkeit zugrunde gelegt. Die Sicherheitsmaßnahmen sind bautechnischer Art. Sie bestimmen Gebäudeform, Gebäudekonstruktion und Wanddicken. Charakteristisch sind bei den Gebäuden eine ca. 2 m dicke äußere Stahlbetonhülle.
Es ist bekannt, daß sich die meisten Flugzeugabstürze im Zusammenhang mit Start und Landung ereignen. Schließt man die unmittelbare Umgebung der Flughäfen mit den entsprechenden Schneisen aus der Betrachtung aus, so ergibt sich im übrigen Bereich in erster Näherung eine Gleichverteilung. Rechnungen haben gezeigt, daß die Wahrscheinlichkeit für den betrachteten Flugzeugabsturz $P_a = 4 \cdot 10^{-6}/a$ beträgt.
Die für die Auslegung der Maßnahmen zur F. maßgebliche Berücksichtigung schnellfliegender Militärflugzeuge deckt den Absturz von Sportflugzeugen voll mit ab. Verkehrsflugzeuge haben eine erheblich geringere Absturzwahrscheinlichkeit. Ihre gegenüber Militärflugzeugen größere Masse wird durch die größere Ausdehnung und eine größere Verformungsfähigkeit kompensiert, so daß auch sie implizit mit erfaßt werden. Betrachtet werden bei den Lastannahmen sowohl der direkte Aufprall des Flugzeugs auf eine Gebäudewand als auch die indirekten →Erschütterungen. Die Sicherheitsvorkehrungen berücksichtigen außerdem auch alle Folgen eines Flugzeugabsturzes wie Treibstoffbrände oder Trümmerwirkungen. *Merz*

Flugzeugfernerkundung. →Umwelterkundung, flugzeuggetragen; →Fernerkundungsverfahren

Fluor.
Immissionsmessung. F. kommt auf Grund der hohen Reaktionsfähigkeit in der Natur elementar nicht vor, sondern nur in Form seiner Fluoride. Das wird in den →Immissionsmeßverfahren berücksichtigt.
Ein Meßverfahren, das für orientierende Messungen geeignet ist, weil es nicht zwischen gas- und

partikelförmigen F.-Verbindungen unterscheidet, nutzt eine Farbreaktion. Zur Absorption der F.-Verbindungen wird die zu untersuchende Luft durch einen mit Natriumhydroxid-Lösung gefüllten Impinger (→Waschflasche) gesaugt. Aus der Absorptionslösung werden die Fluoridionen durch Schwefelsäure als Fluoridwasserstoff freigesetzt, durch Destillation abgetrennt und im Destillat nach der Alizarin-Komplexon-Methode photometrisch bestimmt.

Für das nachfolgend beschriebene Verfahren wird ein Partikel-Vorabscheider verwendet. Dennoch wird neben allen molekulardispers vorliegenden F.-Verbindungen auch ein unbestimmter Anteil von partikelförmigen F.-Verbindungen erfaßt. Die jedoch von der Hauptmenge der Partikeln befreite Probeluft wird mittels einer Pumpe durch ein Sorptionsrohr gesaugt, das mit natriumcarbonatbeschichteten Silberkugeln gefüllt ist. Die in dieser Sammelphase angereicherten F.-Ionen werden mit einer sauren Pufferlösung eluiert und mit einer ionenselektiven Lanthanfluorid-Elektrode analysiert.

Beim dritten Meßverfahren wird zur Abscheidung partikelförmiger Substanzen die Probeluft durch einen →Membranfilter und anschließend zur Abtrennung der Meßkomponenten durch zwei Sorptionsrohre gesaugt, die ebenfalls mit sodabeschichteten Silberkugeln gefüllt sind. Das zweite Sorptionsrohr dient zur Kontrolle der quantitativen Absorption. Die in der Sammelphase angereicherten F.-Ionen werden je nach analytischem Verfahren mit Wasser oder Pufferlösung eluiert. Der Nachweis geschieht photometrisch oder mit der ionenselektiven Elektrode. Dieses Meßverfahren ist zur Bestimmung der F.-Ionenkonzentration gemäß TA-Luft geeignet. Die →Nachweisgrenze aller drei Verfahren liegt zwischen 0,5 und 1 µg/m³. Beim elektrochemischen Verfahren können sogar noch bis zu 0,1 µg/m³ erfaßt werden. *Dulson*

Literatur: VDI 2452, Bl. 1: Messen von Immissionen, Messen der Gesamt-Fluorionen-Konzentration, Impinger-Verfahren. 3/1978. – Bl. 2: Messen gasförmiger Immissionen; Messen der Fluor-Ionen-Konzentration; Silberkugel-Sorptionsverfahren mit Vorabscheidung und elektrischem Nachweis. 2/1975. – Bl. 3: Messen gasförmiger Immissionen; Messen der Fluorid-ionen-Konzentration; Silberkugel-Sorptionsverfahren mit beheiztem Membranfilter. 7/1987.

Umweltrelevante Stoffdaten.
□ Stoff-Identifizierungs-Nr.:
CAS-Nr.: 7782-41-4
EG-Nr.: 009-001-00-0
UN-Nr.: 1045
EINECS-Nr.: 231-954-8
□ Chemische Formel: F_2
□ Stoffcharakteristik: Schwach grünlich-gelbes, stechend riechendes, giftiges und brandförderndes Gas. Starkes Oxydationsmittel, reagiert mit zahlreichen

Stoffen unter Entzündung. Heftige Reaktion mit Wasser.
□ Gefahrenmerkmale:
– Stoffliste nach § 4 a der →Gefahrstoffverordnung: Gefahrenkennbuchstabe(n): T+, C
R-Sätze: 7-26-35
S-Sätze: 1/2-7/9-36-45
– Arbeitsschutzwerte nach TRGS 900: →MAK-Wert (mg/m³): 0,2
– Stoffliste (Anhang II) der Störfallverordnung: Nr. 165 und 4 b
– Emissionswerte: →TA Luft Einstufung: 3.1.6 Klasse II *Fischer/M. Schön*

Fluorchlorkohlenwasserstoff (FCKW).
Atmosphärenchemie. Bei den FCKW handelt es sich um voll- oder teilhalogenierte Verbindungen, die anthropogenen Ursprungs sind und somit nicht von natürlichen Quellen emittiert werden. Die teilhalogenierten →Kohlenwasserstoffe werden oftmals auch als H-FCKW bezeichnet. Die FCKW gehören aufgrund ihrer Infrarotabsorption zu den klimarelevanten Spurengasen mit einem hohen Treibhauspotential (→Treibhauseffekt) und tragen darüber hinaus zum →Abbau der stratosphärischen →Ozonschicht bei (→Ozonloch).

Zur Kennzeichnung der FCKW bedient man sich folgender Nomenklatur:

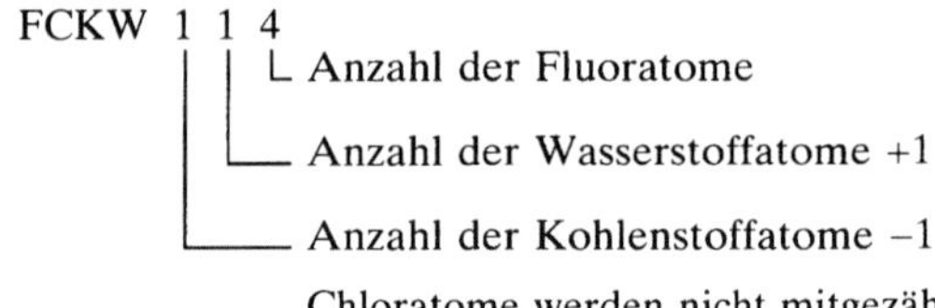

Chloratome werden nicht mitgezählt.

Neben Tetrachlorkohlenstoff (CCl_4) sind FCKW 11 ($CFCl_3$), 12 (CF_2Cl_2), 113 ($CFCl_2$-CF_2Cl) und 114 (CF_2Cl-CF_2Cl) die wichtigsten vollhalogenierten Kohlenwasserstoffe. Die Konzentrationen dieser Spezies sind in den letzten Jahrzehnten stark gestiegen. Sie liegen in der Nordhemisphäre geringfügig über den Werten in der Südhemisphäre, weil mehr als 90 % der globalen Emissionen in den Industrienationen in der Nordhemisphäre erfolgen. In der Tabelle sind für die wichtigsten FCKW und H-FCKW die Konzentrationen und der jährliche Anstieg angegeben.

FCKW werden als Lösungs- und Reinigungsmittel, als Kältemittel in der Klima- und Kältetechnik, als Verschäumungsmittel in der Kunststoffbranche sowie als Treibmittel in Spraydosen (Druckgaspackungen) eingesetzt. Tetrachlorkohlenstoff (CCl_4) wird vor allem als Lösungsmittel und als Zwischenprodukt für die Herstellung von FCKW 11 und 12 verwendet.

Zu den wichtigsten teilhalogenierten Kohlenwasserstoffen zählen Methylchlorid (CH_3Cl) und Me-

Fluorchlorkohlenwasserstoff. Tabelle: Konzentrationen, globaler Anstieg und atmosphärische Lebensdauer einiger halogenierter Substanzen.

Substanz	Konzentration pptV	Anstieg/ Jahr %	Lebensdauer Jahre
$CFCl_3$	255–268	3,7	55
CF_2Cl_2	453	3,8	116
$CFCl_2CF_2Cl$	64	9,1	110
CF_2ClCF_2Cl	15–20	~6	220
CCl_4	107	1,2	47
CF_2ClBr	1,8–3,5	20	19
CF_3Br	1,6–2,5	15	77
CH_3Cl	600		
CH_3CCl_3	135	3,7	6
CHF_2Cl	110	6,5	16

thylchloroform (CH_3CCl_3) sowie das ein Wasserstoffatom enthaltende H-FCKW 22 (CHF_2Cl). Methylchlorid ist ein industrielles Zwischenprodukt für die Synthese von FCKW 11 und 12 sowie H-FCKW 22. Methylchlorid ist nicht nur anthropogenen Ursprungs, sondern wird auch durch natürliche Prozesse im Ozean gebildet und in die Atmosphäre abgegeben. Zusätzlich wird CH_3Cl auch bei der Verbrennung von →Biomasse gebildet.

Methylchloroform wird hauptsächlich als Entfettungsmittel in der Metallindustrie und als Lösungsmittel für Farben, Lacke und Klebstoffe verwendet. Wegen seiner geringen Toxizität und schlechten Entflammbarkeit hat CH_3CCl_3 andere Reinigungsmittel weitgehend ersetzt. Das H-FCKW 22 findet vor allem als Kältemittel Verwendung.

Während die vollhalogenierten Verbindungen in der →Troposphäre chemisch inert sind und erst in der →Stratosphäre photolytisch gespalten werden, können die teilhalogenierten Verbindungen zu einem erheblichen Teil bereits in der Troposphäre durch die Reaktion mit OH-Radikalen abgebaut werden. Ihre atmosphärischen Lebensdauern sind somit erheblich kürzer als die der vollhalogenierten Verbindungen (Tabelle). Der typische Verlauf der OH-initiierten Reaktion der H-FCKW wird im Bild am Beispiel des H-FCKW 22 gezeigt. Wie in diesem Reaktionsschema zu erkennen ist, wird das Chloratom in dem Oxidationsprozeß eliminiert, während die Fluoratome in der oxidierten Form der Verbindung CF_2O gespeichert bleiben. Das Chloratom wird durch Reaktion mit z. B. CH_4 in Salzsäure überführt und mit dem Regen aus der Troposphäre ausgewaschen. CF_2O ist stabil gegenüber anderen Reaktanden und wird vermutlich durch Hydrolyse in CO_2 und Flußsäure (HF) umgewandelt.

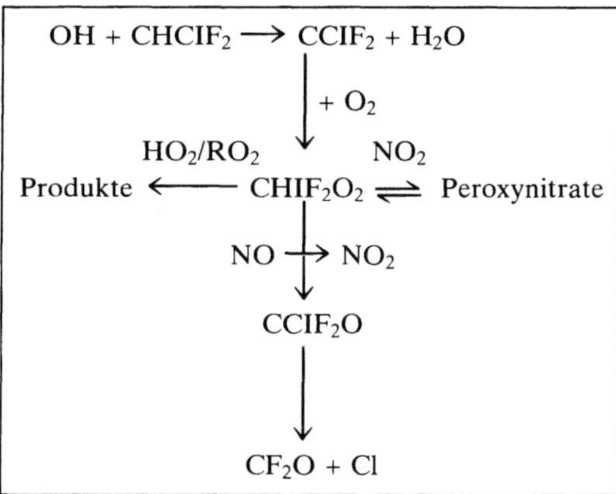

Fluorchlorkohlenwasserstoff: Mechanismus der Oxidation von H-FCKW in der Troposphäre am Beispiel des H-FCKW 22.

Entsprechend einer internationalen Vereinbarung (Montrealer Protokoll) soll die Produktion von Tetrachlorkohlenstoff, vollhalogenierter FCKW und der →Halone bis zum Jahr 2000 weltweit vollständig eingestellt sein. In Deutschland soll dieser Produktionsstop schon 1995 erfolgen, in der EU 1997. Die Einstellung der Produktion der H-FCKW CH_3CCl_3 und CHF_2Cl soll im Jahr 2005 erfolgen. Reduktionsmaßnahmen sind z. B. konstruktive und prozeßtechnische Maßnahmen wie die Rückgewinnung von Reinigungsmitteln mittels Kondensation und Prozeßumstellungen. In der Klima- und Kältetechnik werden Adsorptions-Kältemaschinen eingesetzt. Bei Betrieb und Wartung werden Verbrauchsreduzierungen angestrebt, ebenso sollen Verwertung und Entsorgung gebrauchter Kältemittel in Recyclingkonzepten besser organisiert werden. In Spraydosen werden Alternativ-Treibmittel wie Stickstoff, Kohlendioxid und Distickstoffoxid eingesetzt (→FCKW-Ersatzstoff, →FCKW-freie Produkte, →FCKW-Vermeidung). *Becker/Wiesen*

Immissionsmessung. Obwohl die F. bei den chemischen Vorgängen zum Abbau des Ozongürtels in der →Stratosphäre eine große Rolle spielen, ist die Konzentration in der normalen Außenluft so gering, daß zur Messung anreichernde Probenahmeverfahren eingesetzt werden müssen. Ein Standardmeßverfahren für die F. gibt es allerdings nicht.

Zur →Probenahme der F. mit einem Siedepunkt ab etwa −40 °C eignet sich die Absorption an Molekularsieben oder an porösen Polymeren (z. B. Tenax) bei niedrigen Temperaturen (→Thermogradientenrohr). Der Nachweis erfolgt gaschromatographisch (→Gaschromatographie) mit einem →Elektroneneinfangdetektor. Auf Grund der Flüchtigkeit der F. setzt man Trennsäulen ein, die mit porösen Polymeren (z. B. Parapack QS) gefüllt sind. Damit eine ausreichende Trennleistung erreicht wird, sollte der Ofen des Gaschromatographen kühlbar sein (Cryo-Option). *Dulson*

Fluoressigsäure.

☐ Stoff-Identifizierungs-Nr.:
CAS-Nr.: 144-49-0
EG-Nr.: 607-081-00-7
UN-Nr.: 2642
EINECS-Nr.: 205-631-7
☐ Chemische Formel: $C_2H_3FO_2$
☐ Stoffcharakteristik: Farblose Kristalle oder feines, kristallines, giftiges, schwer brennbares Pulver, in Wasser vollständig löslich.
☐ Gefahrenmerkmale:
– Stoffliste nach § 4 a der →Gefahrstoffverordnung:
Gefahrenkennbuchstabe(n): T+
R-Sätze: 28
S-Sätze: 1/2-20-22-26-45
– Stoffliste (Anhang II) der Störfallverordnung:
Nr. 166 und 4 b
– →Wassergefährdungsklasse: WGK 3
Fischer/M. Schön

Fluorid-Immissionsmessung →Fluorwasserstoff

Fluorwasserstoff.

Emissionsminderung. Hauptemittenten für F. (HF) sind Kraftwerke, Industriefeuerungen, die NE-Metall- sowie die Steine- und Erden-Industrie (Grobkeramik, Glasproduktion). Die im Brennstoff enthaltenen Fluorverbindungen werden bei der Verbrennung als F. freigesetzt. Deutsche Steinkohle hat üblicherweise Fluorgehalte von 0,01 Gew.-% bei Vollwertkohle und bis zu 0,045 Gew.-% bei Ballastkohle; dies entspricht einer maximalen Rohgas-Konzentration von bis zu 60 mg HF/m³ Abgas. Bei Verbrennung rheinischer Braunkohle werden Konzentrationen von max. 5 mg HF/m³ Abgas erreicht (Mittelwert etwa 1 mg HF/m³). Die Rohgaskonzentrationen von F. liegen bei der Hausabfallverbrennung meist zwischen 20 und 50 mg/m³ und bei der →Sonderabfallverbrennung bis zu 300 mg/m³.

In der TA Luft ist für F. unter Nr. 3.1.6 ein allgemeiner Emissionsgrenzwert von 5 mg HF/m³ Abgas festgelegt; zusätzlich gibt es in Nr. 3.3 spezielle anlagenbezogene Begrenzungen (z. B. 1 mg HF/m³ bei Elektrolyseöfen in der Aluminiumindustrie). Desweiteren sind Emissionsgrenzwerte für F. in der Großfeuerungsanlagen-Verordnung (→13. BImSchV) und in der Verordnung über Verbrennungsanlagen für Abfälle und andere brennbare Stoffe (→17. BImSchV) festgelegt. Beispielsweise dürfen entsprechend der 17. BImSchV bei Abfallverbrennungsanlagen die anorganischen Fluorverbindungen, angegeben als HF, als Tages-

mittel einen Grenzwert von 1 mg/m³ im Abgas nicht überschreiten.

Zur Begrenzung der F.-Emissionen sind insbesondere →Absorptions- und →Chemisorptionsverfahren geeignet. Zur →Abgasreinigung bei Tunnelöfen in der keramischen Industrie werden häufig →Trockensorptionsverfahren eingesetzt. Insbesondere durch den Ausbau der →Abgasentschwefelung bei Kraftwerken sowie von Sorptionsanlagen in Abfallverbrennungs- und Industrieanlagen, mit denen auch F. abgeschieden wird, ist die F.-Emission erheblich zurückgegangen. *Haug*

Literatur: *Davids, P.; M. Lange:* Die Großfeuerungsanlagen-Verordnung – Technischer Kommentar. Düsseldorf 1984. – *Davids, P.; M. Lange:* Die TA Luft '86 – Technischer Kommentar. Düsseldorf 1986.

Wirkung auf Pflanzen. Zu den reaktionsfähigsten →Luftverunreinigungen zählen die gasförmigen Fluorverbindungen. Gasförmiges Fluor kommt nur in seinen Verbindungen vor und reagiert in der Atmosphäre sofort mit Wasser unter Bildung von F. (HF). Weitere phytotoxisch relevante Fluorverbindungen sind: Siliziumtetrafluorid (SiF_4) und Kieselfluorwasserstoffsäure (H_2SiF_6).

Fluor ist nicht pflanzenessentiell, kommt aber in Pflanzen natürlicherweise in Konzentrationen zwischen 5 und 50 ppm vor. Es wird rasch über die Stomata der Blätter aus der Luft passiv aufgenommen. Alle Faktoren, die die Öffnungsweite der Stomata beeinflussen wie Temperatur, Luftfeuchte, Licht, Nährstoffgehalt etc. bestimmen daher die Aufnahmemenge. Fluor kann ferner durch die Wurzeln aufgenommen werden, wobei die Aufnahmemenge zum einen durch die Löslichkeit des Fluorsalzes, zum anderen durch die Bodenart selbst bestimmt wird. Allerdings spielt die Bodenaufnahme im Hinblick auf eine Schädigung der Pflanze selbst bei sehr hohen Bodengehalten keine bedeutende Rolle.

Fluorid wird in den Pflanzen nur akropetal (nach oben gerichtet) mit dem Transpirationsstrom transportiert und vermag sich in den Blättern und Nadeln, vorzugsweise an der Nadelspitze bzw. den Blatträndern, anzureichern, wo i. d. Regel auch die ersten Symptome einer Schädigung beobachtet werden können. Wie auch bei den anderen Schadgasen bestimmt die Konzentration und Dauer der Einwirkung die Aufnahmemenge, die daher für den Grad der Schadensausprägung bestimmend ist. Im Gegensatz zu anderen Luftschadstoffen besteht aber keine strikte Abhängigkeit der Schadensausprägung von der Dosis, weil Fluorid zum einen in beachtlichen Mengen aus den Blättern über den Regen ausgewaschen und zum anderen in Verbindungen überführt werden kann, die nicht phytotoxisch sind. Daher ist der Grad der Schadensausprägung bei akut toxischen Einwirkungen oft wesentlich stärker als es der Blattfluorgehalt vermuten läßt. Gleichwohl können auch niedrige Konzentrationen an F. bei langen Einwirkungsperioden nachteilig für langlebige Organismen wie Koniferen sein.

Der biochemische Toxizitätsmechanismus ist komplex und führt über Additionsreaktionen und Interaktionen zu Veränderungen im Kationen- und Phosphathaushalt, wobei es auch zur Hemmung bestimmter Enzymreaktionen wie der Glykolyse und Glykogenese kommt. Ferner vermag Fluorid in den Krebs-Zyklus einzugreifen (Enolaseinhibierung) und zur Anhäufung von intermediär-metabolischen Säuren führen. Die Folge ist u. a. die Bildung von Fluoracetat, das für Tiere stark toxisch ist (Fluorose bei Wiederkäuern).

Die relative Empfindlichkeit der Pflanzen gegenüber F. variiert nicht nur von Pflanzenart zu Pflanzenart, sondern auch innerhalb einer Art. Empfindliche Pflanzen wie einige Gladiolenvarietäten reagieren bereits auf Konzentrationen von 0,8 $\mu g/m^3$, während andere Arten keine Effekte bei einem Mehrfachen dieser Konzentration zeigen. Der Grad der Schädigung der Pflanzen hängt von einer Vielzahl von Einflußvariablen (Temperatur, Luftfeuchte, Ernährungsstatus) ab, so daß kein quantitativer Zusammenhang zwischen Blattschädigung, Luftkonzentration und F-Blattgehalt angegeben werden kann. Der Einfluß fluorhaltiger Immissionen manifestiert sich, von wenigen Ausnahmen abgesehen (akute Einwirkung), in der Anreicherung von Fluorid im Pflanzenmaterial, daher ist die chemische Pflanzenanalyse ein wesentliches Nachweiskriterium bei der Ursachenanalyse. Bei Koniferen liegen die Normalgehalte in Reinluftgebieten i. d. R. bei <5 $\mu g/g$ TS und bei Laubgehölzen bei <10 $\mu g/g$ TS. Schädigungen sind beim 5- bis 10fachen dieses Wertes zu erwarten.

Die Anreicherung von Fluorid in den Blattrandzonen ist bei breitblättrigen Pflanzenarten die Ursache für die Ausbildung von Randnekrosen, die im allgemeinen hell- bis dunkelbraun verfärbt und als charakteristisches Schadsymptom zu werten sind. Bei hohen Konzentrationen kommt es zur Ausbildung fein verteilter Chlorosen, später Nekrosen zwischen den Blattvenen. Fluoreinwirkungen führen bei Nadelgehölzen jeweils nur an den jüngsten Nadeln zu Spitzennekrosen, die zur Nadelbasis fortschreiten. Gelegentlich treten auch rötlichbraune Bandierungen zwischen gesundem und erkranktem Gewebe auf. Wie auch bei den übrigen Luftschadstoffen, können von Pflanzenart zu Pflanzenart verschiedene Übergänge in der Symptomatik auftreten. *G. Krause*

Emissionsmessung. Standardmethoden zur Emissionsmessung von F. werden in der Richtlinie VDI 2470 behandelt. Zwei handanalytische Methoden sind in Blatt 1 beschrieben. Das Probegas wird über ein aus Quarz gefertigtes beheiztes Probenahmesystem durch hintereinander geschaltete Absorptionsgefäße mit Natriumhydroxid-Lösung gesaugt. Die Fluoridionen werden entweder nach Abtrennung durch Wasserdampf-Destillation photometrisch nach der Alizarin-Komplexan-Methode oder potentiometrisch mit einer fluoridionensensitiven Elektrodenkette bestimmt. Die Verfahren werden für Einzelmessungen und zur →Kalibrierung kontinuierlich messender Analysatoren eingesetzt und können als →Referenzmeßverfahren bezeichnet werden.

Zur kontinuierlichen Messung anorganischer gasförmiger Fluorverbindungen steht nur eine eignungsgeprüfte Meßeinrichtung zur Verfügung, die als Meßprinzip die →Potentiometrie (Messung mit Hilfe einer ionensensitiven Elektrodenkette) anwendet. *Stahl*

Literatur: Mindestanforderungen an fortlaufend aufzeichnende Meßeinrichtungen zur Erfassung von anorganischen gasförmigen Fluorverbindungen. Forschungsbericht IV.2-1224/74 des Rheinisch-Westfälischen TÜV i. A. des Umweltbundesamtes, Oktober 1979 – VDI 2470, Bl. 1: Messen gasförmiger Emissionen; Messen gasförmiger Fluor-Verbindungen; Absorptions-Verfahren. 10/1975.

Immissionsmessung. Das gebräuchlichste Verfahren zur Immissionsmessung von F. bzw. Fluoriden ist das →Silberkugel-Sorptionsverfahren.

Zur →Probenahme können Impinger (VDI 2452, Bl. 1), Sorptionsrohre (VDI 2452, Bl. 2, 3), spezielle Filter oder →Denuder (Diffusionstrennrohre) eingesetzt werden. Zur analytischen Bestimmung können vor allem photometrische, elektrochemische oder ionenchromatographische Verfahren dienen. *Pfeffer*

Literatur: VDI 2452: Messen von Immissionen; Bl. 1: Messen der Gesamt-Fluoridionen-Konzentration; Impinger-Verfahren. 3/1978. – Bl. 2: Messen der Fluor-Ionen-Konzentration; Silberkugel-Sorptionsverfahren mit Vorabscheidung und elektrochemischem Nachweis. 2/1975. – Bl. 3: Messen der Fluoridionen-Konzentration; Silberkugel-Sorptionsverfahren mit beheiztem Membranfilter. 7/1987.

Umweltrelevante Stoffdaten.
□ Stoff-Identifizierungs-Nr.:
CAS-Nr.: 7664-39-3
EG-Nr.: 009-003-00-1
UN-Nr.: 1790
EINECS-Nr.: 231-634-8
□ Chemische Formel: HF
□ Stoffcharakteristik: Farbloses, stechend riechendes, giftiges Gas, mit Wasser in jedem Verhältnis mischbar.
□ Gefahrenmerkmale:
– Stoffliste nach § 4 a der →Gefahrstoffverordnung:
Gefahrenkennbuchstabe(n): T+, C
R-Sätze: 26/27/28-35
S-Sätze: 1/2-7/9-26-36/37-45

– Arbeitsschutzwerte nach TRGS 900:
→MAK-Wert (mg/m³): 2
→BAT-Wert: 4 mg/g Kreatinin (Fluorid im Harn)
vor nachfolgender Schicht
7 mg/g Kreatinin (Fluorid im Harn) bei Expositions-
bzw. Schichtende
– Stoffliste (Anhang II) der Störfallverordnung:
Nr. 167 und 4 b
– →Wassergefährdungsklasse: WGK 1
– Emissionswerte: TA Luft Einstufung: 3.1.6 Klas-
se II
– Immissionswerte: IW (TA Luft): 2.5.2:
IW 1 = 1,0 µg/m³; IW 2 = 3,0 µg/m³
MI-Werte (VDI-Richtlinie): →MIK nach VDI 2310
(Schutzobjekt menschliche Gesundheit):
Mittelwert über ein Jahr: 50 µg/m³
Mittelwert über 24 Stunden: 100 µg/m³
Mittelwert über 1/2 Stunde: 200 µg/m³
MIK nach VDI 2310 Blatt 3 (Schutzobjekt Vegeta-
tion):
Sehr empfindliche Pflanzen:
Mittelwert für die Vegetationsperiode (7 Monate):
0,2 µg/m³
24-h-Mittelwert: 1,0 µg/m³
Monatsmittelwert: 0,3 µg/m³
Empfindliche Pflanzen:
Mittelwert für die Vegetationsperiode (7 Monate):
0,4 µg/m³
24-h-Mittelwert: 20 µg/m³
Monatsmittelwert: 0,6 µg/m³
Weniger empfindliche Pflanzen:
Mittelwert für die Vegetationsperiode (7 Monate):
1,2 µg/m³
24-h-Mittelwert: 7,5 µg/m³
Monatsmittelwert: 2,5 µg/m³   *Fischer/M. Schön*

Literatur: VDI 2310: Maximale Immissions-Werte; Sept. 1974
(in wissenschaftlicher Überarbeitung), VDI 2310 Bl. 3: Maximale Immissions-Werte zum Schutz der Vegetation; Maximale
Immissions-Konzentrationen für Fluorwasserstoff; Dez. 1989

Formaldehyd.

Atmosphärenchemie. F., HCHO, ist ein farbloses,
stechend riechendes Gas und entsteht in der Atmo-
sphäre als Zwischenprodukt beim photochemischen
Abbau organischer Spurenstoffe. Am Beispiel des
Methans wird der durch OH-Radikale eingeleitete
Reaktionsmechanismus, der zur Bildung von
HCHO führt, gezeigt.

$$OH + CH_4 \rightarrow CH_3 + H_2O$$
$$CH_3 + O_2 + M \rightarrow CH_3OO + M$$
$$CH_3OO + NO \rightarrow CH_3O + NO_2$$
$$CH_3O + O_2 \rightarrow HCHO + HO_2$$

F. wird durch →Photolyse und Reaktion mit
OH-Radikalen aus der Atmosphäre entfernt, in
Gegenwart von NO wird OH in einer Reaktions-
kette zurückgebildet:

$$HCHO + h\nu\,(\lambda \leq 340 \text{ nm}) \rightarrow H + HCO$$
$$HCHO + OH \rightarrow H_2O + HCO$$
$$HCO + O_2 \rightarrow HO_2 + CO$$
$$HO_2 + NO \rightarrow OH + NO_2$$

Die Photolyse stellt eine wichtige Radikalquelle
in der →Troposphäre dar. In der unteren Troposphäre sind beide Reaktionswege gleich bedeutend,
in der oberen Troposphäre dagegen dominiert die
Photolyse. Die weiteren Reaktionen von H und
HCO aus der Photolyse führen über HO₂-Radikale
immer zur Bildung von OH-Radikalen, d. h. es
entsteht eine Verzweigung der atmosphärischen
Radikalkette. Bei Regen nehmen die F.-Konzentra-
tionen sehr schnell ab und erreichen bei länger
anhaltenden Niederschlägen Werte von 0,05 ppbV.
Die trockene →Deposition ist ein weiterer wichtiger
Verlustprozeß für HCHO. Der Abbau von Methan
wird als Hauptquelle für F. in der Atmosphäre
angesehen. Da die chemische Lebensdauer von
Methan im Bereich von einigen Jahren liegt, ergibt
sich eine gleichmäßige globale Verteilung von F.
Messungen in maritimer Reinluft ergaben F.-Kon-
zentrationen zwischen 0,2 und 0,5 ppbV. In konti-
nentaler Reinluft sind F.-Konzentrationen von einigen ppbV gemessen worden.

Direkte Emissionen von F. tragen hauptsächlich
zur Belastung der unmittelbaren Umgebung der
Emissionsquellen bei; ein weiträumiger Transport
von F. findet während der vergleichsweise kurzen
Lebensdauer (~15 Std.; 50° nördlicher Breite) des
emittierten Stoffes nicht statt. Die natürlichen übersteigen weltweit die anthropogenen Emissionen
erheblich, in den hochindustriealisierten Gebieten
von Mitteleuropa dominieren dagegen die vom
Menschen verursachten Emissionen.   *Barnes*

Literatur: *Finlayson, B. J., J. N. Pitts, Jr.:* Atmospheric Che-
mistry. Fundamentals and Experimental Techniques New
York 1986. – *Graedel, T. E., D. T. Hawkins, L. C. Claxton:*
Atmospheric Chemical Compounds. Sources, Occurrence, and
Bioassay. New York 1986.

Emission. F. ist u. a. Ausgangsstoff in Bindemitteln, Holzwerkstoffen, härtbaren Formmassen,
Kunststoffen und Harzen für verschiedene Anwen-
dungszwecke, z. B. der Textil- und Papierveredelung. Je nach Reaktionspartner ist F. mehr oder
weniger stabil eingebunden. In Holzwerkstoffen
werden überwiegend Harnstoff-Formaldehydharze
eingesetzt, die unter Luftfeuchtigkeit zur Abgabe
von F. (Hydrolyse) neigen. Dies gilt auch für
Aminoplast-Ortschäume und bestimmte Holzlacke.
Formaldehydhaltige Produkte können daher teilweise zu erheblichen Belastungen der Innenraumluft führen (→Innenraumluft-Reinhaltung). Zur
Vermeidung unzumutbarer Belastungen wurde vom
Bundesgesundheitsamt ein Richtwert von 0,1 ml/m³
(0,12 mg/m³) empfohlen. Dieser Richtwert ist
Grundlage der Regelungen in der →Chemikalien-

Verbotsverordnung für Holzwerkstoffe und Möbel (formaldehydarme →Holzprodukte). Darüber hinaus ist der Gehalt an F. in Wasch-, Reinigungs- und Pflegemitteln auf 0,2 Gew.-% begrenzt.

F. ist eine sehr reaktive Verbindung und hat in der Atmosphäre eine Halbwertzeit von nur wenigen Stunden. F.-Emissionen haben daher hauptsächlich in der Umgebung größerer Quellen (z. B. Spanplattenwerke) eine Bedeutung. Bei unvollständigen Verbrennungen, z. B. in Kraftfahrzeugmotoren, entsteht ebenfalls F.

F. gehört zu den organischen Stoffen und ist in der TA Luft der Klasse I der Nr. 3.1.7 zugeordnet. Genehmigungsbedürftige Anlagen müssen für Stoffe der Klasse I einen Emissionswert von 20 mg/ m^3 unterschreiten. *Plehn*

Literatur: Formaldehyd. Gemeinsamer Bericht des Bundesgesundheitsamtes, der Bundesanstalt für Arbeitsschutz und des Umweltbundesamtes. Hrsg.: Der Bundesminister für Jugend, Familie und Gesundheit, Band 148. 1984.

Emissionsmessung. Eine Standardmethode zur Emissionsmessung von F., die gleichzeitig auch andere kurzkettige aliphatische Aldehyde summarisch erfaßt, ist unter der Bezeichnung MBTH-Verfahren in der Richtlinie VDI 3862, Blatt 1 beschrieben. Bei diesem handanalytischen Verfahren wird das Probegas durch zwei Waschflaschen geleitet, wobei mit der zweiten Flasche die Vollständigkeit der Aldehydabsorption kontrolliert wird. Die Absorptionslösung enthält MBTH·HCl (3-Methyl-2-Benzothiazolinonhydrazon-Hydrochlorid), das empfindlich auf die Gruppe der aliphatischen Aldehyde reagiert. Bei der anschließenden Reaktion mit Eisenchlorid entsteht in zwei Oxidationsschritten ein blau gefärbter Cyanin-Komplex, der photometrisch vermessen wird. *Stahl*

Literatur: VDI 3862, Bl. 1: Messen gasförmiger Emissionen; Messen aliphatischer Aldehyde (C_1 bis C_3) nach dem MBTH-Verfahren. 12/1990.

Immissionsmessung. Lufthygienisch hat F. einen großen Stellenwert bei der Bewertung von Innenraumluft; als Quelle kommen formaldehydharzhaltige Spanplatten oder Harnstoff-Formaldehydschäume zur Isolierung in Frage. Auch Tabakrauch enthält F.

Für Immissionsmessungen wird am häufigsten die Sulfit-Pararosanilin-Methode eingesetzt. Bei der Probenahme wird das F. in bidestilliertem Wasser bzw. bei gleichzeitiger Anwesenheit von Schwefeldioxid (Konzentration >0,4 mg/m³ Luft) in einer Tetrachloromercurat-Lösung (TCM-Lösung) absorbiert. Zur Analyse werden der Absorptionslösung Pararosanilin- und Natriumsulfitlösung zugegeben. Die Intensität des sich bildenden rot-violetten Farbstoffes wird photometrisch (→Photometrie) gemessen. Unter Ausnutzung der Farbreaktion

mit Pararosanilin kann die F.-Konzentration auch kontinuierlich gemessen und aufgezeichnet werden.

Für den photometrischen Nachweis ist die Acetylaceton-Methode ebenfalls geeignet. Der Nachweis beruht auf der *Handtz*schen Reaktion. Die Probenahme erfolgt durch Anreicherung in bidestilliertem Wasser (→Waschflasche). Anschließend wird mit Acetylaceton und Ammoniumacetat das Diacetyldihydrolutidin gebildet. Ein Nachweis für F., der auch andere flüchtige →Aldehyde und →Ketone erfaßt, ist das DNPH-Verfahren. Die Aldehyde und Ketone werden auf einem →Adsorbens, das mit 2,4-Dinitrophenylhydrazin belegt ist, adsorbiert und dort im sauren Milieu (Belegung mit Phosphorsäure) zu den entsprechenden Hydrazonen derivatisiert. Diese werden mit Acetonitril eluiert und mittels →Hochdruckflüssigkeitschromatographie (HPLC) getrennt. Die Detektion erfolgt mit einem UV-Detektor bei 365 nm.

Für Langzeitmessungen werden manchmal Passivsammler eingesetzt. Als Screeningverfahren und für die Überprüfung am Arbeitsplatz sind →Prüfröhrchen geeignet (z. B. Dräger-Röhrchen Formaldehyd 0,2/a). *Dulson*

Literatur: VDI 3484: Messen gasförmiger Immissionen; Bl. 1: Messen von Aldehyden, Bestimmen der Formaldehyd-Konzentration nach dem Sulfit-Pararosanilin-Verfahren. 1/1979. – VDI 4300: Messen von Innenraumluftverunreinigungen; Bl. 2: Probenahmestrategie für Formaldehyd. Vorentwurf 1/1993.

Umweltrelevante Stoffdaten.

☐ Stoff-Identifizierungs-Nr.:

CAS-Nr.: 50-00-0

EG-Nr.: 605-001-00-5

UN-Nr.: 2209

EINECS-Nr.: 200-001-8

☐ Chemische Formel: CH_2O

☐ Stoffcharakteristik: Bei Raumtemperatur farbloses, stechend riechendes Gas, die Dämpfe sind brennbar und im Gemisch mit Luft explosionsfähig. Gut löslich in Wasser. Verwendung nahezu ausschließlich in Form wäßriger Lösungen. Wäßrige Formaldehydlösungen enthalten üblicherweise 25–50 Gew.-% Formaldehyd. Stechender Geruch, brennbar bei Erreichen des Flammpunktes.

☐ Gefahrenmerkmale:

- Stoffliste nach § 4a der →Gefahrstoffverordnung:

Gefahrenkennbuchstabe(n): T

R-Sätze: 23/24/25-34-40-43

S-Sätze: 1/2-26-36/37-45-51

- Besondere Stoffeigenschaften nach TRGS 500: krebserzeugend: EG-Kat. 3

- Arbeitsschutzwerte nach TRGS 900: →MAK-Wert (mg/m³): 0,6

- Stoffliste (Anhang II) der →Störfall-Verordnung: Nr. 169 und 4c

– →Wassergefährdungsklasse: WGK 2
– Emissionswerte: TA Luft Einstufung: 3.1.7 Klasse I
– Immissionswerte:→WHO-Luftqualitätsleitlinien: (Schutzobjekt menschliche Gesundheit): 30 min – Mittelwert = 100 μg/m^3 (ohne Berücksichtigung kranzerogener Effekte) *Fischer/M. Schön*

Formaldehydarme Holzprodukte →Holzprodukt, formaldehydarmes

Forstwirtschaft und Umwelt. Aufgabe der F. ist die Pflege, Bewirtschaftung und Nutzung des (Wirtschafts-)Waldes. Analog zum Pflanzenbau in der Landwirtschaft ist Waldbau die Grundlage der F.

Die F. unterscheidet sich vom landwirtschaftlichen Pflanzenbau, der fast nur einjährige Produktionszeiträume kennt, vor allem durch die bis über viele Jahrzehnte reichende und eine menschliche Generation meist überschreitende Lebensdauer der bewirtschafteten Waldbestände.

Im Wirtschaftswald können sich andere Pflanzen- und Tierarten ansiedeln und relativ ungestört leben. Allerdings wird der Wald auch von Schädlingen und Pilzkrankheiten befallen, die eine – meist chemische – Bekämpfung erfordern. Der Einsatz von Pestiziden beträgt dennoch nur wenige Prozent der in der Landwirtschaft üblichen Mengen. Dasselbe gilt für die Düngung, derer ein Wirtschaftswald wegen des nur geringen jährlichen Holzzuwachses kaum bedarf. Da auch Bodenbearbeitung und andere Bodeneingriffe im Wald kaum erfolgen und der Einsatz von schweren Maschinen und technischem Gerät nur bei Durchforstung und Holzernte nötig ist, tragen auch die Bewirtschaftungsmaßnahmen zur Umweltfreundlichkeit der F. bei.

Die Langlebigkeit des Waldes bedingt aber eine größere Empfindlichkeit sowohl gegen Naturkatastrophen wie Feuer und Sturm als auch gegen menschlich bedingte Schadeinflüsse wie →Immissionen, weil zerstörte oder geschädigte Waldbestände das Wachstum von Jahrzehnten zunichte machen bzw. nur mit hohem Arbeits- und Zeitaufwand wieder erneuert werden können. Seit Anfang der 80er Jahre sind →Waldschäden in einem bis dahin nicht erlebten Ausmaß – auch in bisher kaum betroffenen Gebieten – aufgetreten. Die Ursachen dieser neuartigen Waldschäden, die zunächst Nadel-, später auch Laubbäume heimsuchten, konnten auch nach intensiver Forschung noch nicht vollständig geklärt werden, doch sind Luftschadstoffe in vielen Fällen offenbar daran beteiligt.

Durch die Langlebigkeit, relative Naturnähe und in der Regel gute Pflege oder Betreuung des Waldes durch die Forstbehörden hat der Wald neben seiner (Holz-)Produktionsfunktion auch mehrere Dienstleistungsfunktionen für die Gesellschaft, die auch Wohlfahrtswirkungen des Waldes genannt werden.

Er wirkt günstig auf den Wasserhaushalt und das regionale und lokale Klima, belebt und bereichert das Landschaftsbild und damit den Freizeit- und Erholungswert der Landschaft. Bei geringer bis mäßiger Schadstoffbelastung wirken Wälder und ihre Böden auch als reinigende Filter für Luft und Wasser. Da aber die Schadstoffe im Wald zurückbleiben, können sie ihn ihrerseits schädigen, so daß die Reinigungsleistung des Waldes nur begrenzt wirksam ist; die Waldschäden oder die schon früher in Industriegebieten aufgetretenen Rauchschäden sind ein Beweis dafür.

Eine außerordentlich wichtige Wohlfahrtswirkung verkörpert der Schutzwald. Seine Schutzfunktion kann, je nach Lage und Standort des Waldes, dem Klima-, Boden-, Grundwasser-, Immissions- oder Lärmschutz gelten und einen so hohen Rang erhalten, daß die Holznutzung unterbleibt. Dies gilt vor allem für viele Bergwälder, in besonderem Maße im Hochgebirge unterhalb der Waldgrenze, wo die Wälder die tiefer gelegenen Bereiche und die Täler mit Siedlungen und Verkehrswegen vor Lawinen, Hangrutschungen (Muren) und Bodenerosion schützen und auch eine Brems- und Speicherwirkung für die – im Gebirge meist erhöhten – Niederschläge haben.

Ein starker Eingriff in den Wald ist die Holzernte, die nach der Hiebsreife eines Baumes oder Bestands, d. h. nach erreichter Umtriebszeit erfolgt, im Durchschnitt nach ca. 100 Jahren. Es gibt verschiedene Ernteverfahren. Am radikalsten und technisch am relativ einfachsten ist der Kahlschlag auf größeren Flächen, der bei gleichaltrigen Reinbeständen (Altersklassenwald) allein als Ernte in Frage kommt. Anspruchsvoller ist die Entnahme einzelner Stämme oder eine gruppen-, streifen- oder horstweise Stammernte in Mischwäldern (Plenterwald, Femelschlag usw.), weil hier die stehenbleibenden Bäume möglichst unbeschädigt bleiben sollen. Die geschlagenen Stämme, an Ort und Stelle entastet, werden durch vorsichtiges Rücken aus dem Bestand zum nächsten Forstweg gezogen, von wo der Abtransport aus dem Walde (Bringung) erfolgt.

Für diese z. T. sehr schwierige Arbeit sind in den letzten Jahrzehnten spezielle, hochleistungsfähige Maschinen und Geräte entwickelt worden, die allerdings ihrerseits Schäden im Wald, insbesondere Bodenabtrag und -verdichtungen verursachen. Auch der Forststraßenbau, dessen Trassenführung und Ausmaße für schwere Sattelzug-Lastkraftfahrzeuge zum Langholztransport bemessen wurden, hat im Bergland z. T. zu erheblichen Eingriffen und Schäden geführt. In schwer zugänglichem Gelände werden zum Rücken und Bringen auch Seilzüge, gelegentlich sogar Hubschrauber eingesetzt.

Eine sog. naturgemäße Waldwirtschaft, die als Analogie zum ökologischen →Landbau aufgefaßt werden kann, versucht solche technisch bedingten Eingriffe in den Wald soweit möglich zu vermeiden und bevorzugt auch Mischwälder anstelle der im Kahlschlag zu erntenden Altersklassen-Reinbestände. *Haber*

Literatur: *Burschel, P.; J. Huss:* Grundriß des Waldbaus. Pareys Studientexte Band 49. Hamburg–Berlin 1987. – *Zundel, R.:* Einführung in die Forstwirtschaft, UTB 1557. Stuttgart 1990.

Forum für Umweltfragen. Im 5. Umweltaktionsprogramm für eine dauerhafte und umweltgerechte Entwicklung (1993–2000) ist erstmals die Einrichtung eines Allgemeinen Beratenden F. f. U. vorgesehen, im folgenden „Forum" genannt. Die Einrichtung dieses F. wurde durch Beschluß der Kommission vom 7. Dezember 1993 (ABl. L 328, S. 53) abgesichert. Das F. wird als Beratender Ausschuß mit der offiziellen Bezeichnung „Allgemein Beratendes Forum für Umweltfragen" bei der Kommission installiert. Es setzt sich aus Persönlichkeiten aus den Bereichen Produktion, Geschäftswelt, regionalen und örtlichen Behörden, der Berufsverbände, Gewerkschaften sowie der Verbraucher- und Umweltschutzorganisationen zusammen.

Das F. kann von der Kommission zu allen Problemen der gemeinschaftlichen Umweltpolitik gehört werden. Die Mitglieder des F. werden von der Kommission für 3 Jahre ernannt. *Offermann-Clas*

Fossile Energieträger. Braunkohlen, Steinkohlen, Mineralöl, Erdgas, Torf sind f. E., die aus urzeitlichen Ablagerungen kohlenstoffreicher organischer Substanz stammen und die bei ihrer Verbrennung u. a. diesen Kohlenstoff in Form von CO_2 freisetzen, also ein seit ca. 250 Mio. Jahren gebildetes Kohlenstoffdepot auflösen. Kohlenstoffhaltige Energieträger sind – neben den f. E. – auch die nachwach-

senden Biomassen. Im Sinne einer Kohlenstoffbilanz werden von ihnen jedoch immer nur die Kohlenstoffmengen bei Biomassenutzung emittiert, die lebensdauerlang photosynthetisch fixiert wurden. *C.-J. Winter*

Fotoabfall. F. sind grob in zwei Gruppen zu unterteilen: Abfälle/Reststoffe fotografischer Materialien (Filme, Papiere, Klischees) und fotografischer Prozesse (Tabelle).

Über den Verbleib fotografischer Materialien liegen wenig Informationen vor. Es ist davon auszugehen, daß diese zum größten Teil noch beim Anwender/Verbraucher vorhanden sind, letztendlich aber als →Haus- oder →Gewerbeabfall entsorgt werden.

Abfälle/Reste aus fotografischen Prozessen gelangen noch immer zum großen Teil über das Abwasser in die Umwelt.

Grundsätzlich hat die →Entsorgung von F. aus dem industriellen/gewerblichen Bereich (fotochemische Betriebe, Fotolabors, Röntgenlabors, Druckereien, Herstellung von Klischees) als besonders überwachungsbedürftiger Abfall (→Sonderabfall) entsprechend den damit verbundenen Regelungen (TA-Abfall, AbfBestV, AbfRestÜberwV) zu erfolgen.

Wegen des Silbergehalts werden Fixierbäder von speziellen Aufarbeitern (als Wirtschaftsgut) zurückgenommen und verwertet.

Problematisch ist der Amateurbereich. Für diesen besteht lediglich die Möglichkeit, F. über die Schadstoffkleinmengen-Sammlungen der kommunalen Entsorgungsbetriebe zu entsorgen. Der Fotohandel nimmt in der Regel keine Fotochemikalien zurück. Auch Verwertungsbetriebe sind auf Grund der im Vergleich zu gewerblichen Anwendern relativ geringen Einzelmengen üblicherweise nicht zur

Fotoabfälle. Tabelle: Wichtige Inhaltsstoffe fotografischer Bäder (nach Baumann et al.*).*

Funktion	Anwendungsbereich	Substanz (beispielhaft)
Entwickler	Entwicklerbad	Hydrochinon, p-Phenylendiaminderivate
Fixiersubstanz	Fixierbad	Ammoniumthiosulfat
Bleichsubstanz	Bleichbad	Hexacyanoferrat(III), Dichromat, Ammonium-Fe-EDTA, Permanganat
Umkehrsubstanz	Umkehrbad	Borhydrid, Zinn(II)
Bleichbeschleuniger	Konditionierbad	1,2,4-Triazol-3-thiol
Farbsteuerungsmittel	Entwicklerbad	Citrazinsäure
Antischleiermittel	Entwicklerbad, Konditionierbad	Thioglycerin

Annahme von Fotochemikalien aus dem Hobbybereich bereit. *Blickwedel*

Literatur: *Baumann, W.; E. Kahler-Jennet; B. Schunck:* Fotochemikalien, Daten und Fakten zum Umweltschutz. Berlin–Heidelberg–New York 1990.

Fourier-Transform-Infrarot-Spektroskopie. Die FTIR-S. wird sowohl in Labors als auch zur Fernmessung gasförmiger Luftschadstoffe eingesetzt. Bei dieser analytischen Methode werden Fourier-Transform-Infrarotspektrometer als Nachweissystem benutzt. Ebenso wie im Fall der Diodenlaser-Spektroskopie beruht das Meßverfahren auf der Bestimmung der Absorption eines Spurengases bei einer bestimmten Wellenlänge im IR-Bereich. Als Lichtquelle wird ein sog. Globar eingesetzt, der Licht in einem Wellenlängenbereich zwischen 600 und 4 000 cm^{-1} emittiert (Bild).

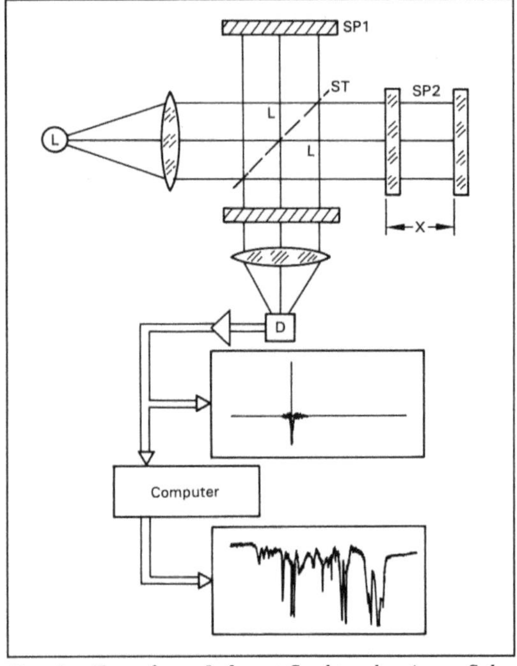

Fourier-Transform-Infrarot-Spektroskopie: Schematische Darstellung eines FTIR-Spektrometers.

Das zu untersuchende IR-Licht wird über einen Strahlteiler ST aufgeteilt. Die beiden Strahlenbündel werden nach Durchlaufen der Reflexionsstrecken wieder überlagert. Das bei dieser Interferenz entstehende Signal wird von einem IR-Detektor in Abhängigkeit von der Weglängendifferenz der beiden Reflexionsstrecken aufgezeichnet. Aus dem so entstehenden Interferenzmuster wird mit Hilfe der Fourier Transformation im Computer ein optisches Spektrum ermittelt. Durch den Einsatz von Multireflexionsabsorptionszellen, die Weglängen bis zu

1 000 m ermöglichen, kann die →Nachweisgrenze in Laborexperimenten erheblich verbessert werden. Dies erlaubt für einige Spurengase Konzentrationsbestimmungen bis in den ppbV-Bereich. Obwohl die Empfindlichkeit im Falle der FTIR-S. wesentlich niedriger ist als bei der →Diodenlaserspektroskopie bietet diese Methode jedoch den Vorteil, daß sie einen Überblick aller Absorptionen zwischen 600 und 4 000 cm^{-1} gibt und daß sie bei allen Drücken eingesetzt werden kann. Man spricht von einem sog. in situ Meßverfahren. Trotz einer relativ hohen →Querempfindlichkeit gegenüber anderen Spurenstoffen können Absorptionen bis 10^{-2} gemessen werden. Für einen Vergleich abgeschätzter Nachweisempfindlichkeiten atmosphärischer Spurengase: →Diodenlaserspektroskopie. *Wiesen*

Fraktionsabscheidegrad. Die Trennung eines Partikelkollektives in eine grobe und eine feine Fraktion kann mit dem F. T(x) beschrieben werden. Diese Funktion gibt das Verhältnis der Menge an Partikeln einer bestimmten Größe x im Grobgut zu der Menge an Partikeln derselben Größe im Aufgabegut an. Die Trennfunktion T(x) wird auch Trenngrad oder Trennkurve genannt. Mit dieser Funktion wird das Verhalten von Apparaten zur →Staubabscheidung charakterisiert.

Sind die Mengen M im Grobgut (G) und Aufgabegut (A) und die Verteilungsdichten q der Partikelgrößen x bekannt, kann der F. berechnet werden:

$$T(x) = \frac{dM_G(x)}{dM_A(x)} = \frac{M_G \cdot q_G(x) \cdot dx}{M_A \cdot q_A(x) \cdot dx} \qquad q(x) = \frac{dQ(x)}{dx}$$

Die Verteilungsdichte q(x) erhält man durch Ableitung der Verteilungssumme Q(x) nach der Partikelgröße x. Die von der Mengenart abhängige Funktion Q(x) gibt den Mengenanteil der Partikeln an, die kleiner oder gleich einer bestimmten Größe x sind. Der F. ist als Mengenverhältnis definiert und deshalb – im Gegensatz zum →Gesamtstaubabscheidegrad – unabhängig von der Mengenart, in der die benötigten Partikelgrößenverteilungen gemessen werden. *Löffler/Schmidt*

Literatur: *Leschonski, K.:* In Ullmanns Enzyklopädie der technischen Chemie. Bd. 2, 4. Aufl. Weinheim 1972.

Freileitung, elektrische. Die elektrische Energieversorgung umfaßt die Erzeugung und Verteilung elektrischer Energie. Die Verteilung dieser Energie erfolgt in Deutschland über ein dichtes Netz von Hochspannungsleitungen, wodurch ein nennenswerter Teil der Fläche der Bundesrepublik mit elektrischen und magnetischen Feldern beaufschlagt wird.

Häufig, vor allem in Ballungsräumen, wurde und wird teilweise auch heute noch unmittelbar unter

Hochspannungsleitungen gebaut. Dabei sind besondere Sicherheitsaspekte zu berücksichtigen. An die Bauausführung werden bestimmte Anforderungen bzgl. der Bauhöhe gestellt, so daß ein Berühren der Leitung oder ein elektrischer Überschlag auf das Gebäude oder auf Personen verhindert wird. Außerdem soll eine nennenswerte Rückwirkung des Gebäudes auf die Leitung bzw. den Energietransport vermieden werden. Überlegungen zu einer möglichen gesundheitlichen Beeinflussung oder Belästigung durch das Einwirken der elektrischen und magnetischen Felder standen bisher meist im Hintergrund. Durch die zunehmende Sensibilisierung der Bevölkerung für Fragen der Umwelt gewinnen aber derartige Überlegungen zunehmend nicht nur bei e. F., sondern allgemein bei Einrichtungen der Energieversorgung, wie z. B. bei Transformatoranlagen und Niederspannungsverteilungen in Häusern, an Bedeutung.

Die erzeugten Felder sind bei den einzelnen Komponenten der Energieversorgung unterschiedlich (Bild). Es kann nicht grundsätzlich ausgeschlossen werden, daß in öffentlich und privat zugänglichen Bereichen Feldstärken auftreten, die zu direkten und indirekten Wirkungen auf Menschen und zur Funktionsbeeinflussung elektronischer Geräte führen können. Damit ist in der Regel zwar keine nachweisliche gesundheitliche Gefahr verbunden, es kann aber zu einer Belästigung und Minderung der Lebensqualität durch Elektrisierungen und Störung elektronischer Geräte (z. B. Fernseh- und Audiogeräte) kommen. Für Patienten mit →Herzschrittmacher kann eine Beeinflussung ihres Schrittmachers und eine daraus resultierende mögliche Gesundheitsgefährdung nicht ausgeschlossen werden. Die Wahrscheinlichkeit einer ernstlichen Bedrohung für diesen Personenkreis wird aber allgemein als eher gering eingeschätzt. *Matthes*

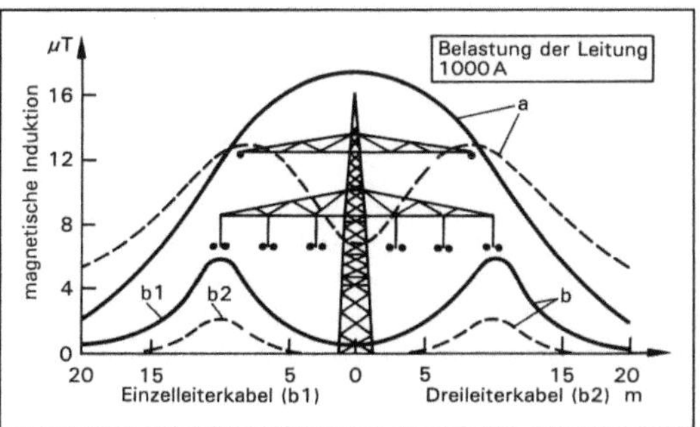

Freileitung, elektrische: Magnetische Induktion in der Umgebung einer 110-kV-F. und entsprechender Erdkabel.

a Freileitung bei unterschiedl. techn. Ausführung
b) Erdkabel bei unterschiedl. techn. Ausführung

Literatur: *Haubrich, H. J.:* Das Magnetfeld im Nahbereich von Drehstromfreileitungen. Elektrizitätswirtschaft 73, 18, 1974. – *Matthes, R.* and *H. J. Bernhardt:* Evaluation of the interference of electric and magnetic fields with the performance of unipolar cardiac pacemakers. Proceedings of the IVth European and XIIIth Regional Congress of IRPA. 1987.

Freisetzung. Begriff aus dem →Gentechnikgesetz (GenTG), der analog zum *deliberate release* der europäischen und amerikanischen Richtlinien in § 3 Abs. 7 GenTG wie folgt definiert ist: F. (ist) „das gezielte Ausbringen von gentechnisch veränderten Organismen (GVO) in die Umwelt, soweit noch keine Genehmigung für das Inverkehrbringen zum Zweck der späteren Ausbringung in die Umwelt erteilt wurde".

Die F. ist somit einmal abzugrenzen von akzidentiellem Entkommen von GVOs aus einer gentechnischen Anlage, zum anderen vom Inverkehrbringen, das als „Abgabe von Produkten, die gentechnische Organismen enthalten oder aus solchen bestehen, an Dritte" in § 3 Nr. 8 GenTG definiert ist. Eine F. ist juristisch also nur dann gegeben, wenn sie erstens beabsichtigt und zweitens in die Umwelt erfolgt. Ferner ist zu betonen, daß das durch die →Gentechnik-Sicherheitsverordnung (GenTSV) für GVO niedriger Risikogruppen tolerierte Entweichen begrenzter Mengen von →Mikroorganismen nicht als F. im Sinne des GenTG zu betrachten ist.

Nach §§ 14–16 GenTG ist die F. von GVOs in Deutschland generell genehmigungspflichtig. Wegen des überregionalen Charakters fällt die Genehmigung der F. in die Zuständigkeit des Bundesgesundheitsamts, das hierbei von der Zentralen Kommission für Biologische Sicherheit beraten wird (§ 14 GenTG) und vor Erteilung der Genehmigung Stellungnahmen der zuständigen Landesbehörde, der Biologischen Bundesanstalt für Land- und Forstwirtschaft und des Umweltbundesamts einholen muß (§ 16 GenTG). Das Genehmigungsverfahren erfordert Öffentlichkeitsbeteiligung gemäß § 18 GenTG. Die Erfordernisse für eine Genehmigung regelt § 15 GenTG, im Detail Anlage 2 zu § 5 der Gentechnik-Verfahrensverordnung (GenTVfV).

F. im Sinne des GenTG sind außerhalb seines Geltungsbereichs weit über einhundertmal komplikationslos durchgeführt worden. In der Mehrzahl der Fälle handelt es sich um landwirtschaftliche Zielsetzungen, z. B. Aussaat gentechnisch veränderter Nutzpflanzen mit erhöhter Resistenz gegen Schadorganismen oder besserer Ertragsleistung. Ein weiterer Schwerpunkt der F. wäre das Ausbringen von GVO mit speziellen Abbauleistungen für die in-situ-Sanierung kontaminierter Böden. *Flohé*

Freisetzungsrichtlinie. Richtlinie der Europäischen Gemeinschaft vom 23. April 1990 über die absichtliche Freisetzung genetisch veränderter Organismen in die Umwelt (90/220/EWG, Amtsblatt der EG Nr. L 117/15 vom 8. 5. 1990), die die Freisetzung genetisch veränderter Mikroorganismen regelt. Das deutsche Gentechnikrecht kennt keine isolierte F.; die entsprechenden Erfordernisse sind in den die Freisetzung betreffenden §§ 14–16 GenTG und § 5 der GenTVfV enthalten. *Flohé*

Freistellungsklausel → Altlasten-Freistellungsklausel

Freizeitlärm. Mit F. werden die durch Freizeitaktivitäten verursachten Geräusche in der Nachbarschaft von Freizeitanlagen bezeichnet.

Zur Beurteilung von Geräuschimmissionen, die durch die Nutzung derartiger Einrichtungen verursacht werden, wird unterschieden zwischen Freizeit- und Sportanlagen.

Eine Definition von Sport- und Freizeitanlagen zur Anwendung der jeweiligen Beurteilungsrichtlinie besteht noch nicht, so daß im Einzelfall diese Zuordnung vorgenommen werden muß. Spielwiesen, Bolzplätze, Abenteuerspielplätze und ähnliche Anlagen, die nicht von Sportvereinen genutzt werden, gelten üblicherweise als Freizeitanlagen, wozu aber auch Rummel- und Kirmesplätze gehören. Die zunehmende Freizeit einerseits sowie der zunehmende Anspruch auf Ruhe andererseits führt zu Konflikten zwischen Freizeitnutzenden und Anwohnern von Freizeitanlagen, insbesondere in den sog. Ruhezeiten, in denen im allgemeinen nicht gearbeitet wird.

Die Beschwerden, vor allem von Anwohnern von Tennisanlagen, Fußballplätzen, Bolzplätzen, Minigolfanlagen u. ä. Anlagen, betreffen hauptsächlich Aktivitäten in den Abendstunden sowie an Sonn- und Feiertagen.

Neben dem Auftreten der Freizeitgeräusche in den Ruhezeiten sind beschwerdeverstärkend besondere Eigenarten von Freizeitgeräuschen zu nennen, und zwar die starke Impulshaltigkeit der Tennisspielgeräusche (→ Impulsgeräusche), die → Tonhaltigkeit des Geräusches beim Betrieb von Auto- und Flugzeugmodellen sowie die → Informationshaltigkeit der Lautsprecherdurchsagen und Musikwiedergaben auf Sportplätzen, Rummelplätzen und Kirmesveranstaltungen.

Zur Berücksichtigung der Eigenarten von Freizeitgeräuschen, soweit sie von Sportanlagen ausgehen, dient die → Sportanlagenlärmschutzverordnung. Zur Ermittlung und Beurteilung von Geräuschen durch Freizeiteinrichtungen, die nicht Sportanlagen sind, dient die VDI 3724 E: Beurteilung der durch Freizeitaktivitäten verursachten und von Freizeiteinrichtungen ausgehenden Geräusche, 2/1989. *Strauch*

Fremdgeräusch. Das ist jedes Geräusch an einem Immissionsort, das nicht von der zu beurteilenden Geräuschquelle verursacht wird.

Bei der Genehmigung von Anlagen nach dem → Bundes-Immissionsschutzgesetz sind F. von wesentlichem Einfluß, weil nach Nr. 2.213 der → TA Lärm die Genehmigungsbehörde die Durchführung notwendiger → Lärmschutzmaßnahmen zur Einhaltung von Immissionswerten durch die in Rede stehende Anlage befristet aussetzen kann, wenn F. ständig einwirken. Die Frist ist abhängig von der Dauer der vorhandenen F.; nach Ablauf der Frist muß die Anwesenheit der F. überprüft werden. F. werden nach der → Sportanlagen-Lärmschutzverordnung dann als ständig vorherrschend an einem Immissionsort angesehen, wenn der → Beurteilungspegel in mehr als 95 % der Nutzungszeit vom F. übertroffen wird. *Strauch*

Fremdwasser. In die Kanalisation durch Undichtigkeiten eindringendes Grundwasser, unerlaubt über Fehlanschlüsse eingeleitetes Wasser (z. B. Dränwasser, Regenwasser) sowie einem Schmutzwasserkanal zufließendes Oberflächenwasser werden als F. bezeichnet. *Mertsch*

Frequenzanalyse. Feststellen der in einer Schwingung bzw. in einem Schall enthaltenen Frequenzen der Teilschwingungen.

Bei periodischen Schwingungsvorgängen kann die *Fourier*-Analyse angewandt werden, bei der die periodische Funktion in eine Summe von harmonischen Sinus- und Cosinusschwingungen zerlegt wird. Bei bestimmten Funktionen fallen einzelne Oberschwingungen fort; in der Praxis genügt es meist, wenn man die Entwicklung nach den ersten Gliedern abbricht.

Bei nichtperiodischen Funktionen werden zur F. Methoden der mathematischen Transformation angewandt (*Laplace-, Fourier*-Transformation).

In der Schallmeßtechnik werden zur F. sowohl elektrische Filter mit genormten Eigenschaften (Oktav-, Terz-, Schmalbandfilter) eingesetzt, die die gesuchten Frequenzen bzw. Frequenzbereiche bei der Analyse nicht wegfiltern, als auch Meß- und Auswertegeräte, die die Methoden mathematischer Transformationen anwenden. Mit diesen Geräten sind in Verbindung mit elektronischen Datenverarbeitungsanlagen Vorteile gegenüber Analysen mit elektrischen Filtern hinsichtlich der Analysegeschwindigkeit zu erzielen (→ Echtzeitanalyse). *Strauch*

Frequenzbewertung.

Erschütterungen. Bei der Beurteilung der Einwirkung mechanischer Schwingungen auf den Menschen dient die F. dazu, diese Schwingungen entsprechend der frequenzabhängigen Wirkung zu

bewerten und in ihrer Bandbreite zu begrenzen. Da die frequenzabhängige Wirkung abhängt von der jeweiligen Einleitungsstelle der Schwingungen, von der →Körperhaltung und von der Schwingungsrichtung, sind verschiedene F.-Kurven festgelegt worden. Im Regelwerk VDI 2057, Bl. 2, sind für die verschiedenen Einwirkungsmöglichkeiten auf den menschlichen Körper folgende F. definiert:
– Bewertung der Einwirkung im Sitzen und Stehen
– Bewertung der Einwirkung im Liegen
– Bewertung der Einwirkung bei nicht vorgegebener Körperhaltung
– Bewertung der Einwirkung über das Hand-Arm-System.

Das aus den Schwingungsgrößen (Schwingweg, Schwinggeschwindigkeit oder Schwingbeschleunigung) durch F. gebildete Signal wird als Bewertete Schwingstärke K bezeichnet. Für die F. werden derzeit zwei Methoden angewendet: Die F. des Gesamtsignals einschließlich der Bandbegrenzung mit elektronischen Bewertungsfiltern und die rechnerische Ermittlung aus Terzspektren.

Im Zusammenhang mit der Beurteilung der Einwirkung von Erschütterungen auf Menschen in Gebäuden wird als F. diejenige bei nicht vorgegebener Körperhaltung angewendet. Sie gilt für Schwingungseinwirkungen über den Fußboden in Gebäuden und im Freien, bei denen keine endgültige Aussage über Körperhaltung und Einleitungsstelle

in den Körper möglich ist oder häufiger Wechsel auftritt. Sie gilt z. B. auch an Bord von Schiffen während einer längeren Reise. Für derartige Situationen ist die Bewertete Schwingstärke KB vorgesehen, die sich aus Elementen der F. für die Einwirkung im Stehen und Sitzen zusammensetzt. Die Kurven gleicher Bewerteter Schwingstärken KB (Bild) sind daher keine Kurven gleicher →Wahrnehmung, sondern stellen Bezugskurven dar. Im Regelwerk, Vornorm, DIN 4150, Teil 2, werden die KB-Werte als Bauwerksbezogene Wahrnehmungsstärken KB bezeichnet. Die Bewertete Schwingstärke KB ist in der VDI 2057, Bl. 2, als Polygonzug definiert (Bild). In der Vornorm DIN 4150, T. 2, und auch in der Neufassung der Norm DIN 4150, T. 2, Ausg. Dez. 1992, ist der Polygonzug näherungsweise durch eine Kurve ersetzt worden. Im Regelwerk DIN 45 669, T. 1, ist das KB-Signal durch eine F. des Schwinggeschwindigkeitssignals definiert. Die dargestellte Größe wird in dieser Norm mit $v_{KB}(t)$ bezeichnet. Der KB-Wert ist der Zahlenwert des Effektivwerts des KB-bewerteten Signals $v_{KB}(t)$ in mm/s. *Splittgerber*

Schall. Sie berücksichtigt in grober Näherung das frequenzabhängige Hörempfinden des Menschen. Beim Messen von →Schalldruckpegeln werden die Pegelanteile in den einzelnen Frequenzbereichen entsprechend genormter Kennlinien (A; B; C), vermindert oder vergrößert (→A-Bewertung). *Strauch*

Frequenzumfang. Der F. des menschlichen Gehörs beschreibt den Frequenzbereich, in dem ein →Geräusch gehört wird. Bei normal hörenden Menschen sind das Frequenzen zwischen 16 Hz und etwa 16 000 Hz. Die obere und untere Grenze dieses Bereichs ist altersabhängig; mit zunehmendem Alter verkleinert sich der wahrnehmbare Frequenzbereich.

Neben der Frequenz eines Schalls ist auch der →Schalldruckpegel für das Hören maßgebend. So wird z. B. ein Schallereignis mit der Frequenz challdruckpegel von L = 10 dB von einem normal Hörenden noch wahrgenommen (Hörschwelle); sinkt die Frequenz auf f = 50 Hz, so muß der Schalldruckpegel auf L = 40 dB steigen, um noch gehört zu werden. Die höchste Empfindlichkeit des menschlichen Gehörs liegt bei Frequenzen zwischen 2 000 und 4 000 Hz.

In DIN 45630, Bl. 2: Grundlagen der Schallmessung, Normalkurven gleicher Lautstärkepegel, ist der F. des menschlichen Hörens im Zusammenhang mit den Schalldruckpegeln für Normalhörende aufgrund von Versuchsergebnissen dargestellt. *Strauch*

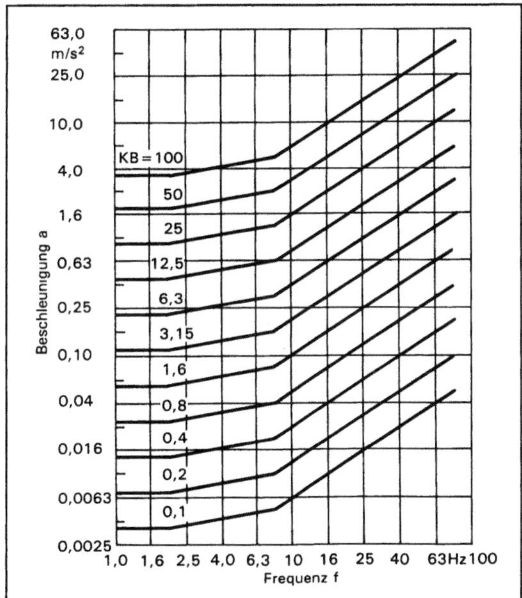

Frequenzbewertung: Kurven gleicher Bewerteter Schwingstärken KB in Abhängigkeit von Frequenz und Schwingbeschleunigung bei nicht vorgegebener Körperhaltung.

Literatur: *Zwicker, E.; R. Feldtkeller:* Das Ohr als Nachrichtenempfänger. Stuttgart 1967.

Frontwirbel. Als besondere Eigentümlichkeit der Gravitationsausbreitung bildet sich bei schlagartiger Freisetzung von schweren Gasen in freiem Gelände an der Wolkenfront ein Wirbel aus, in dem die Schwergase nach oben transportiert werden und eine etwa doppelt so große Höhe erreichen wie in der restlichen Wolke. Bei einer hohen Anfangsdichte einer freigesetzten Schwergaswolke (1 700 m³ Freon) traten z. B. bei Messungen, die bis zu einer Quellentfernung von 180 m durchgeführt wurden, bei Durchgang des Anfangswirbels bis zu einer Höhe von ca. 4 m Konzentrationswerte im Prozentbereich auf. Anschließend wurden dann die hochgelegenen Meßstellen mit einer wesentlich geringeren Immissionskonzentration beaufschlagt.

Der F., der einen beträchtlichen Anteil der Schwergaswolke enthalten kann, ist während Schwachwindlagen besonders stark ausgeprägt. Im Nahbereich der Quelle tritt er aber auch bei hohen Windgeschwindigkeiten auf.

Die Frontgeschwindigkeit einer Schwergaswolke ist zunächst relativ unabhängig von der Windgeschwindigkeit; sie liegt bei Schwachwind höher, bei Starkwind niedriger als die herrschende Windgeschwindigkeit, paßt sich aber der Windgeschwindigkeit an.

Dem F. kann insbesondere bei der Ausbreitung zündfähiger Schwergaswolken eine große Bedeutung zukommen, wenn die hochgewirbelten Gase dadurch in den Bereich von Zündquellen kommen (→Ausbreitung von schweren Gasen). *Giebel*

Froudezahl. Sie dient zur Kennzeichnung des Auftriebeffekts heißer Abgasfahnen bei Windkanaluntersuchungen. Für die Schadstoffausbreitung spielt die →Abgasfahnenüberhöhung eine große Rolle, die insbesondere durch den Auftrieb heißer Abgase zustande kommt. In Windkanaluntersuchungen kann eine heiße Abgasfahne durch ein leichteres Gas als Luft dargestellt werden. Voraussetzung hierfür ist, daß die densimetrische F., welche die an heißen Abgasfahnen angreifenden Impuls- und Auftriebskräfte miteinander vergleicht, im Modell mit derjenigen in der Natur übereinstimmt. *Giebel*

FTIR-Spektroskopie →Fourier-Transform-Infrarot-Spektroskopie

FTP-Zyklus (auch City-Zyklus). In den USA ist die Kfz-Abgasprüfung nach der sog. Federal Test Procedure, kurz FTP, üblich. Ab Modelljahr 1972 wurde ein Prüfverfahren vorgeschrieben mit der Kurzbezeichnung FTP-72. Der FTP-72-Zyklus enthält, ausgehend von einem Kaltstart, eine nicht zyklische Serie von Leerlauf-, Beschleunigungs-, Gleichfahrt- und Verzögerungszuständen, die auf einem →Fahrleistungsprüfstand gefahren werden. Dabei wird ein kontinuierliches Fahrprogramm über 1 372 s ent-

sprechend dem City-Test oder auch LA-4-Zyklus (LA = Los Angeles) durchgeführt. Mit diesem neuen Testzyklus, der den →California-Test ersetzte, wurde auch ein neues Verfahren zur Abgasanalyse eingeführt, das →CVS-Verfahren (Constant Volume Sampling).

Aus dem FTP-72-Zyklus entwickelte sich der heute in vielen europäischen Staaten geltende US-Test 75 oder FTP-75. Dieses Testverfahren ist in drei Betriebsphasen unterteilt (Bild). Die Proben des Abgas-Luft-Gemisches und der Verdünnungsluft (CVS-Verfahren) werden zur individuellen Bewertung getrennt nach den im Bild angegebenen Phasen in verschiedenen Sammelbeuteln aufgefangen und anschließend analysiert. Die jeweiligen Ergebnisse der einzelnen Betriebsphasen werden mit entsprechenden Wichtungsfaktoren belegt und zu einem Gesamtergebnis addiert. Der Fahrzyklus hat eine Gesamtdauer von 1 877 s (505 s + 867 s + 505 s) und repräsentiert Geschwindigkeitsverläufe, die in einem Großversuch während des morgendlichen Berufsverkehrs in Los Angeles bestimmt wurden.

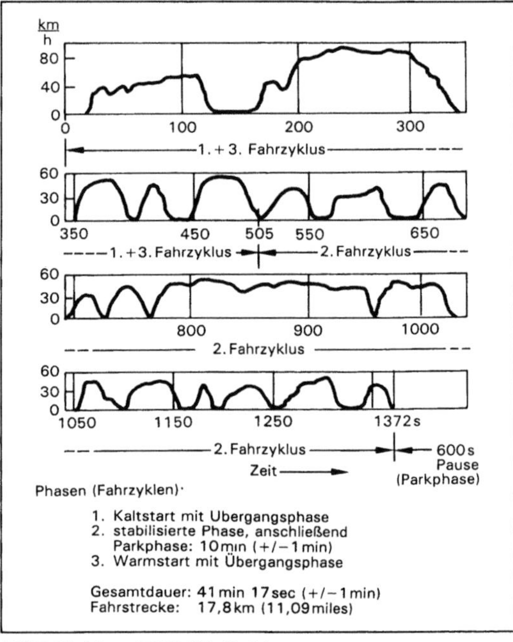

FTP-Zyklus: FTP-75-Zyklus.

Der neue als FTP-78 bezeichnete Testzyklus entspricht dem FTP-75 erweitert um eine gravimetrische Partikelmessung. *Kind/May*

Füllkörperkolonne. Die F. kann als naßarbeitender →Abscheider zur Abtrennung von partikelförmigen Verunreinigungen aus Gasen verwendet werden. Bei dieser Wäscherbauart handelt es sich im Prinzip um einen →Sprühwäscher, in den zusätzlich eine Füllkörperschüttung eingebaut ist (Bild). Die berieselte Schüttung wird von dem zu reinigenden Gas durchströmt, wobei die Partikeln an den Füllkörpern hängenbleiben. Dadurch wird eine Verbesserung des →Abscheidegrads gegenüber dem einbautenlosen Waschturm bei einem gleichzeitigen Anstieg des Druckverlustes erzielt. Werden die abgeschiedenen Partikeln nicht mit der von den Füllkörpern abtropfenden Waschflüssigkeit aus der Schüttung gespült, kann es zu Verstopfungen kommen. *Löffler/Schmidt*

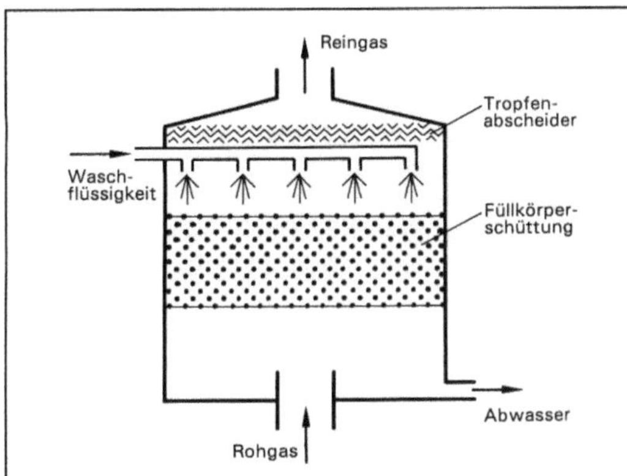

Füllkörperkolonne: Schematischer Aufbau.

5. BImSchV. Die Verordnung über Immissionsschutz- und Störfallbeauftragte vom 30. Juli 1993 (BGBl. I S. 1433) ersetzt unter Einbeziehung der →Störfallbeauftragten und des Inhalts der 6. BImSchV die Verordnung über Immissionsschutzbeauftragte vom 14. Februar 1975 (BGBl. I S. 504/727) und enthält im wesentlichen folgende Regelungen:
- Enumerative Auflistung derjenigen genehmigungsbedürftigen Anlagen nach dem BImSchG, für die ein →Immissionsschutzbeauftragter zu bestellen ist (Anhang I), während die Pflicht zur Bestellung eines Störfallbeauftragten unmittelbar an den Betrieb von Anlagen anknüpft, für die nach § 1 Abs. 2 der →Störfallverordnung besondere Sicherheitspflichten gelten. Die Bestellungspflicht obliegt dem Anlagenbetreiber; er kann beide Beauftragungen auf dieselbe Person erstrecken;
- Bestellung von Immissionsschutz- oder Störfallbeauftragten;
- Anforderungen an die Fachkunde und an die Fortbildung der Beauftragten;
- Anforderungen an die Zuverlässigkeit der Beauftragten.
□ Fachkunde. Sie erfordert in der Regel
- den Abschluß eines Studiums auf den Gebieten des Ingenieurwesens, der Chemie oder Physik an einer Hochschule,

- die Teilnahme an anerkannten Lehrgängen zur Vermittlung bestimmter Kenntnisse (Anhang II) und
- während einer zweijährigen praktischen Tätigkeit erworbene Kenntnisse über die Anlagen, für die die Bestellung erfolgen soll, oder über vergleichbare Anlagen.

Anhang II der 5. BImSchV gibt getrennt für Immissionsschutzbeauftragte (Abschnitt A) und für Störfallbeauftragte (Abschnitt B) die Bereiche an, in denen Kenntnisse vorliegen müssen und auf die sich die Fortbildung erstrecken muß.

Ausnahmen von den Fachkundevoraussetzungen können von der Behörde unter bestimmten Voraussetzungen zugelassen werden.

□ Zuverlässigkeit. Diese erfordert, daß der Immissionsschutz- oder Störfallbeauftragte auf Grund seiner persönlichen Eigenschaften, seines Verhaltens und seiner Fähigkeiten zur ordnungsgemäßen Erfüllung seiner Aufgaben geeignet ist. In der Verordnung sind konkrete Tatbestände aufgeführt, bei deren Vorliegen die erforderliche Zuverlässigkeit in der Regel nicht gegeben ist. *Dreyhaupt*

15. BImSchV. Baumaschinenlärm-Verordnung vom 10. November 1986 (BGBl. I S. 1729), zuletzt geändert durch Verordnung vom 18. Dezember 1992 (BGBl. I S. 2075). Regelt ausschließlich das Inverkehrbringen von Baumaschinen auf der Grundlage zulässiger →Schalleistungspegel, die den Charakter von Emissionsgrenzwerten (→Emissionsstandard) für den Vorgang des Inverkehrbringens haben und nicht unmittelbar für deren späteren Betrieb gelten. Die 15. BImSchV gilt nur für Baumaschinen, deren Geräuschemissionen in EG-Richtlinien geregelt sind, und dient damit der Harmonisierung (→Baulärm). *Dreyhaupt*

Fütterung. In der Ernährung landwirtschaftlicher Nutztiere richtet sich die Quantität der verabreichten Futtermittel einerseits nach dem Bedarf der Tiere (Erhaltungs- und Leistungsbedarf) und zum anderen nach der Zusammensetzung (Inhaltsstoffe, Energiedichte) und Qualität der Komponenten einer Futterration.

Sowohl aus ökonomischen Gründen als auch aus umweltrelevanten Aspekten sind als wesentliche Voraussetzungen für eine leistungsäquivalente und der Tierart angepaßte Zusammenstellung einer Futterration die Kenntnis des Leistungsniveaus eines Einzeltiers (oder einer Tiergruppe) und die Analysen der Rationskomponenten anzusehen.

Über die F. können die Ausscheidungen an Stickstoff bei Rindern bzw. Stickstoff und Phosphor bei Schweinen in den Exkrementen beeinflußt werden.

Insbesondere bei Mastschweinen, die überwiegend vollautomatisch gefüttert werden, lassen sich die Stickstoff- und Phosphorausscheidungen über Kot und Harn durch eine wachstumsangepaßte F. verringern. Da sich der Bedarf während des Wachstums ständig verändert, bedarf es einer ständigen Anpassung der Ration in Zusammensetzung und Menge, welche insbesondere computergestützte F.-Anlagen gewährleisten können.   *H. Schön/Bauer*

Literatur: *Roth, F.-X.:* Möglichkeiten der Minimierung der Stickstoffausscheidungen bei Schwein und Rind. In: Umweltschonende Verwertung von Fest- und Flüssigmist auf landwirtschaftlichen Nutzflächen. Schriftenreihe Landtechnik Weihenstephan. 1/1990.

Fungizide → Biozide

Funktionskontrolle. Unter F. werden allgemein technische Maßnahmen verstanden, die es erlauben, mit geringem Aufwand die grundsätzliche Funktionstüchtigkeit von Meßeinrichtungen zu überprüfen. Derartige Kontrollen ermöglichen nicht zwangsläufig eine Aussage darüber, ob die betreffenden Funktionen auch im quantitativen Sinne richtig erfüllt werden. Bei automatischen Immissionsmeßgeräten können einfache F. z. B. dadurch realisiert werden, daß auf rein mechanischem oder elektrischem Wege das Vorhandensein von meßbarer Substanz simuliert wird, um so die nachfolgende Signalverarbeitung im Gerät kontrollieren zu können.

Eine spezielle Bedeutung hat der Begriff F. als eine Variante der → Kalibrierung von Immissionsmeßgeräten. Hier dient die F. wie die sog. Kontrollkalibrierung dazu, die Gültigkeit der Kalibrierfunktion mit geringem Aufwand regelmäßig zu überprüfen.

Automatische F. dieser Art werden beispielsweise in automatischen Immissionsmeßnetzen regelmäßig alle 23 oder alle 25 Stunden durch die Aufschaltung stationärer Prüfgase durchgeführt. Manuelle F. bei mit geringerem Automatisierungsgrad betriebenen Meßeinrichtungen werden in der Regel in größeren zeitlichen Abständen, z. B. wöchentlich, ausgeführt.   *Pfeffer*

Furane. Die polychlorierten Dibenzofurane (PCDF) sind mit den polychlorierten Dibenzo-p-dioxinen (PCDD) chemisch eng verwandt und z. T. auch von vergleichbarer → Toxizität. Es gibt insgesamt 135 verschiedene Chlorhomologe und Stellungsisomere. Die Anzahl der Chloratome im Molekül wird durch das Präfix Mono-(1) bis Octa-(8) bezeichnet.

Auch die polybromierten Dibenzofurane (PBDF) und die gemischt-halogenierten Dibenzofurane (PHalDF) sind umweltbedeutsam. Hinsichtlich ihrer Wirkungen auf die Umwelt sind PBDF und PHalDF bisher weniger umfassend als die PCDF untersucht. Auch die Nachweisverfahren haben nicht den gleichen Entwicklungsstand wie die Analyseverfahren für PCDF.

F. werden in vergleichbaren Quellenbereichen wie die Dioxine emittiert. Zu den Emissionsquellen und Minderungsmaßnahmen: → Dioxine. *M. Lange*

Furan-Immissionsmessung   → Dioxin-Immissionsmessung

2-Furylmethanal.
□ Stoff-Identifizierungs-Nr.:
CAS-Nr.: 98-01-1
EG-Nr.: 605-010-00-4
UN-Nr.: 1199
EINECS-Nr.: 202-627-7
□ Chemische Formel: $C_5H_4O_2$
□ Stoffcharakteristik: Farblose bis rötlichbraune, brennbare Flüssigkeit. Stechender, mandelähnlicher Geruch, in Wasser schwach löslich, bildet bei Erwärmung explosionsfähige und giftige Gemische, die schwerer als Luft sind.
□ Gefahrenmerkmale:
– Stoffliste nach § 4 a der → Gefahrstoffverordnung:
Gefahrenkennbuchstabe(n): T
R-Sätze: 23/25
S-Sätze: 1/2-24/25-45
– Arbeitsschutzwerte nach TRGS 900: → MAK-Wert (mg/m^3): 20
– Stoffliste (Anhang II) der → Störfall-Verordnung: Nr. 4 c
– → Wassergefährdungsklasse: WGK 2
– Emissionswerte: → TA Luft Einstufung: 3.1.7 Klasse I   *Fischer/M. Schön*

Futtergewinnung und -konservierung. Ein großer Teil der landwirtschaftlichen Nutzfläche der Bundesrepublik Deutschland wird zur Produktion von Grundfutter für die Tierhaltung genutzt. Diese Fläche setzt sich zusammen aus Dauergrünland, Ackerfutterflächen und Flächen mit Zwischenfruchtanbau.

Das Ertragsniveau der Futterflächen wird im wesentlichen vom Standort, den Niederschlägen, der Düngung und der Schnitthäufigkeit bestimmt.

Das erzeugte Futter wird durch die Verfütterung an Rauhfutterverzehrer (Rind, Pferd, Schaf, Ziege, Damwild) verwertet und über diesen Veredelungsprozeß für die menschliche Ernährung verfügbar gemacht. Für die Verwertung durch die Nutztiere ist die Wahl des Schnittzeitpunkts und damit des Energiegehaltes des Futters entscheidend (Tabelle 1).

Für die bedarfsgerechte Versorgung von Hochleistungstieren in der Milch- und Fleischproduktion sind Grundfuttermittel mit der höchsten Energiedichte erforderlich. Mit abnehmenden Leistungsansprüchen in der Veredlung sind auch Futterstoffe

Futtergewinnung und -konservierung. Tabelle 1: Energiedichte und Verwertungsalternativen für Grundfutter

Energiedichte MJ NEL/TM*)	Kennzeichen der Bewirtschaftung	Produktionsformen Tierhaltung
>6,0 bis 5,5	normale Intensität in Düngung und Nutzungsfrequenz	– Milchkühe hohe Leistung – alle Nutzungsformen
5,5 bis um 5,0	Düngung eingeschränkt, Nutzungstermine und -frequenz normal	– Milchkühe mittlere Leistung Fleischrinder (Mutterkühe und Kalb) Mutterschafe und Lämmer/Ziegen – noch alle Nutzungsformen
5,0 bis um 4,5	Düngung eingeschränkt bis ohne, mittlere Verspätung des Nutzungstermins	– Kühe trockenstehend Fleischrinder – Erhaltung Jungrinder Pferde – überwiegend als Winterfutter
unter 4,5	Düngung eingeschränkt bis ohne, sehr später Nutzungsbeginn, ev. Weideverbot	– ältere Jungrinder Schafe nicht tragend Damwild Pferde – ausschließlich als Winterfutter

*) Megajoule Nettoenergielaktation bezogen auf Trockenmasse
Quelle: Zimmer, E.: Grünlandbewirtschaftung. In: KTBL-Arbeitspapier 140, 1990

aus extensiv bewirtschafteten Flächen zu akzeptieren.

Alle Futterarten unterliegen aufgrund des geringen Trockenmassegehaltes (Gras und Klee 15–20 %, Mais 20–35 %) bei der Schnittreife einem schnellen Verderb durch mikrobielle Umsetzungen. Sie müssen daher nach der Ernte unmittelbar durch Frischverfütterung verbraucht oder durch geeignete Verfahren konserviert werden.

Die Verfütterung von Frischgut ist unter den gegebenen klimatischen Bedingungen nur während der Wachstumsphase in den Sommermonaten von Mai bis September möglich. Für die Winterfütterungsperiode von durchschnittlich 7 Monaten ist die Bereitung von Futterkonserven aus dem Erntegut notwendig.

Vorrangiges Ziel der Futterkonservierung ist aus ökonomischen und ernährungsphysiologischen Gründen die bestmögliche Erhaltung der geernteten Nährstoffmenge und -konzentration in den Futtermitteln. Als grundlegende Voraussetzung gilt es, dabei den Schadorganismen die Lebensbedingungen zu entziehen. Dies kann geschehen durch Entzug der Feuchte mittels Trocknung, Säuerung bis zum pH-Wert von 3,8–4,5, Temperaturabsenkung durch Tiefkühlung oder durch Bestrahlung mit ionisierenden oder nichtionisierenden Strahlen.

Wegen des im Verhältnis zum vorhandenen Futterwert zu hohen Aufwands scheiden die beiden letzteren Behandlungen für die Praxis aus. Ökonomisch tragbar zur Konservierung der großen Futtermassen sind nur die Trocknung und die Silagebereitung. Die Wahl des Verfahrens und die entstehenden Verlustraten hängen von der Gutfeuchte ab.

Die Trocknung von Grüngut kann auf dem Feld, in einer Unterdachtrocknung mit Kaltluft, angewärmter Luft bzw. Warmluft (40–80 °C) oder mit Heißluft (300–1 000 °C) erfolgen. In der angegebenen Reihenfolge nimmt das Wetter- und damit Verlustrisiko ab, während die Anlagen- und Energiekosten steigen. Entscheidend ist bei allen Varianten, daß eine für die Lagerstabilität ausreichende Endfeuchte erreicht wird. Sie beträgt bei Lang- und Häckselgut höchstens 18–20 %, bei den aus der Heißlufttrocknung anfallenden Cobs und Briketts 14 %. Werden diese Grenzwerte überschritten, kann es während der Lagerung zu hohen Umsetzungsverlusten, Futterverderb, Schimmel- und Mykotoxinbildung kommen. Neben den dabei auftretenden Nährstoffverlusten besteht dadurch die Gefahr von Gesundheitsschäden für den Menschen durch Einatmen der keimhaltigen Staubluft bei der Verarbeitung, von Beeinträchtigungen der Gesundheit beim Tier durch die Futteraufnahme sowie von Qualitätsminderungen.

Umweltrelevante Auswirkungen können bei der Erwärmung der Trocknungsluft (mit Ausnahme der Nutzung von Sonnenenergie bei der solaren →Trocknung) durch die Abgase der unterschiedlichen Brennstoffe entstehen. Der erforderliche Energiebedarf beträgt ca. 800 kcal bei der Heißlufttrocknung und 1 000–1 200 kcal pro kg verdunstetes

Wasser bei der Warmlufttrocknung. Bei der in der Heißlufttrocknung üblichen Direktbeheizung im Gleichstromprinzip ist darüber hinaus eine Beeinflussung des Futters durch die Rauchgase möglich. Die →Staubabscheidung aus den Rauchgasen erfolgt durch einen Zyklon und darf 50 mg/m³ Abgas nicht übersteigen.

Die Konservierung von Grüngut durch Silierung wird durch die von Milchsäurebakterien bewirkte Absenkung des pH-Wertes auf 3,8–4,5 erreicht. Verfahrenstechnische Voraussetzung dazu ist die Schaffung anaerober Verhältnisse durch intensive Verdichtung des Futterstocks und durch luftdichten Abschluß der Silobehälter. Bei sachgerechter Siliertechnik bilden Silagen in Abhängigkeit vom Ausgangsmaterial ein hochwertiges Grundfutter, das nach Abschluß der Gärphase keinen weiteren Abbauprozessen ausgesetzt ist und sich somit durch lange Haltbarkeit auszeichnet.

Die Silagebereitung ist in massiven Silos in Form von Hoch-, Tief- oder den heute vorwiegend genutzten Flachsilos sowie in Foliensilos als Folienfahrsilo, Folienschlauchsilo oder als Ballensilo (Großballen) möglich. Alle verwendeten Baumaterialien müssen gegen die aggressiven Gärsäuren beständig sein oder mit säurefesten Anstrichen versehen werden. Sowohl von den massiven Bauteilen als auch den eingesetzten Folien ist Wasser- und Luftdichtigkeit zu fordern. Naßsilagen und unsachgemäße Silierung können eine starke Geruchsentwicklung verursachen und zu Belästigungen führen.

Bei jeder Silierung entstehen Gärgase. Sie bestehen überwiegend aus Kohlendioxid (CO_2), das sich wegen des höheren spezifischen Gewichts gegenüber Sauerstoff am Behälterboden sammelt. Es unterbindet jede Atmungsaktivität und wirkt in kürzester Zeit tödlich. Da CO_2 geruch- und farblos und damit äußerlich nicht bemerkbar ist, ist bei geschlossenen Behältern äußerste Vorsicht geboten; beim Einsteigen in Hoch- und Tiefbehälter während und nach der Gärphase sind entsprechende Sicherheitsmaßnahmen zu beachten.

Hinsichtlich möglicher Umweltbelastungen hat in der Silagebereitung der anfallende Gärsaft die größte Bedeutung. Er entsteht bei der Silierung von Feuchtgut durch den Zellaufschluß sowie den mechanischen Druck bei der Futterstockverdichtung. Zusätzlich kann bei unzureichender Siloabdeckung durch eindringende Niederschläge Sickersaft auftreten.

Der Anfall wird hauptsächlich vom Trockensubstanzgehalt des Siliergutes beeinflußt (Tabelle 2). Der zeitliche Verlauf des Gärsaftaustritts konzentriert sich auf die erste Woche nach der Silobefüllung, kann sich aber je nach Ausgangsmaterial und Verdichtungsgrad in kleinen Mengen über Monate erstrecken. Bei den angesprochenen Grundfuttermitteln liegt die Grenze des Gärsaftaustritts bei ca. 30 % Trockenmasse.

Futtergewinnung und -konservierung. Tabelle 2: Trockensubstanzgehalt und Gärsaftanfall.

Trockensubstanz des Siliergutes %	Durchschnittlicher Gärsaftanfall bezogen auf		
	Siliergut l/dt	Silage l/dt	Siloraum l/m³
10	45	80	725
15	33	45	360
20	22	28	200
25	11	12	75
> 30	0	0	0

Futtergewinnung und -konservierung. Tabelle 3: Inhaltsstoffe des Gärsafts.

Inhaltsstoffe	Menge kg/m³ Gärsaft
Trockenmasse	30–60
Organische Masse	22–45
Organische Säuren	10–20
Stickstoff (N),	1–2
davon organ. NH_3-Verbindungen	0,05–0,5
Kali (K_2O)	3–6
Phosphat (P_2O_5)	0,1–0,5
Chloride	3,5–7

Quelle: Merkblatt Gärsaft und Gewässerschutz, Bay. Staatsministerium f. ELF, 1988

Auf Grund der in der Tabelle 3 aufgeführten Inhaltsstoffe stellen Gär- und Sickersaft wassergefährdende Flüssigkeiten dar. Sie bewirken
– durch das Nitrat eine Vergiftung von Fischen und Mikroorganismen (Grenzwert 0,2 mg/l);
– eine starke Sauerstoffzehrung für den →Abbau der organischen Masse (Kohlenhydrate, Eiweiß, Fette), so daß lebensgefährdender Sauerstoffmangel im Wasser entsteht. Der BSB_5-Wert beträgt 20–100 g/l und liegt damit 70–300 mal höher als bei ungereinigten Hausabwässern (0,3 g/l);
– eine →Eutrophierung der Gewässer durch die Anreicherung mit organischer Masse und Phosphaten;
– in Kläranlagen eine Schädigung von Betonteilen durch die organischen Säuren sowie eine Abtötung der für den Klärvorgang erforderlichen Mikroorganismen.

Aus diesen Gründen darf Gärsaft weder in Oberflächen- oder Grundwasser noch in Kläranlagen eingeleitet werden. Er muß vielmehr in dichten

Sammelbehältern oder in Jauchegruben aufgefangen und auf landwirtschaftliche Nutzflächen in dosierten Mengen ausgebracht werden.

Im Boden erfolgt ein rascher Abbau. Um die Sorptionskraft nicht zu überschreiten, sollten die Ausbringmengen auf 25–30 m³/ha begrenzt werden. Von offenen Gewässern ist ein Abstand von mindestens 10–15 m einzuhalten. In Trinkwasserschutzgebieten (Fassungsbereich) ist die Ausbringung von Gärsaft verboten. *H. Schön/Pirkelmann*

G

Gärung. G. ist der →Abbau von organischen Stoffen in Abwesenheit von freiem Sauerstoff (O_2). Im Gegensatz zur →Atmung, bei der vom organischen →Substrat abgespaltener Wasserstoff auf Sauerstoff übertragen wird, dienen bei der G. Spaltprodukte des organischen Substrats als Wasserstoffakzeptoren; in einigen Fällen entsteht molekularer Wasserstoff. Endprodukte der G. sind organische Verbindungen und z. T. CO_2 oder H_2. Da immer ein Teil der G.-Endprodukte noch chemisch gebundene Energie enthält, ist der von einer gärenden Zelle erzielte Energiegewinn, bezogen auf die umgesetzte Substratmenge, erheblich geringer als bei der Atmung.

Als Substrate für G. dienen vorwiegend Kohlenhydrate (Zucker, Stärke, Cellulose usw.). Aber auch Aminosäuren, Fettsäuren und Alkohole werden von bestimmten Mikroorganismen vergoren. Nach den mengenmäßig vorherrschenden G.-Endprodukten unterscheidet man verschiedene Arten von Gärungen, die jeweils auch für bestimmte Gruppen von Mikroorganismen typisch sind, z. B. Alkoholgärung, Milchsäuregärung, Buttersäuregärung, Essigsäuregärung usw.

Bei vielen Gärern handelt es sich um obligat anaerobe Bakterien. Andere sind fakultative Anaerobier, die in Gegenwart von Sauerstoff atmen und unter anaeroben Bedingungen gären. Viele G.-Produkte werden industriell hergestellt und haben wirtschaftliche Bedeutung. Dazu gehören reine Substanzen wie Citronensäure, Glycerin, Ethanol und auf dem Lebensmittelsektor Milchprodukte (Joghurt, Quark, Käse), alkoholische Getränke (Bier, Wein), ferner Sauerkraut u. a. m.

Im →Stoffkreislauf der Natur spielt die G. eine wichtige Rolle bei der Umsetzung organischer Substanzen an sauerstofffreien Standorten wie in Gewässersedimenten, in tieferen Bodenschichten und in Sumpfgebieten. *Maghon*

Galvanikschlamm. G. sind ein komplexes Gemisch verschiedener ausgefällter Hydroxide der Metalle Chrom, Kupfer, Silber, Nickel, Zink, Eisen und Cadmium, z. T. auch cyanid-, chromat- oder nitrithaltig.

Sie entstehen bei der elektrolytischen oder stromlosen Metallabscheidung aus wäßrigen Elektrolyten auf metallische oder nichtmetallische Substrate unterschiedlichster Form und Größe. Dabei sind zwischen den verschiedenen Verfahrensabläufen,

einschließlich Vor- und Nachbehandlung wie Beizen, Brennen, Dekapieren, Chromatieren und Entmetallisieren, Spülvorgänge notwendig, die zu Verschleppungen aus den Behandlungsbädern führen. Daraus ergeben sich Stoffverluste von ca. 20 % des Materialeinsatzes der Elektrolyte. Bei der Reinigung dieser Spülwässer durch eine gemeinsame Fällungs- und Flockungsreaktion entstehen die G. Sie sind zunächst dünnflüssig und haben einen Wassergehalt von 95–99 %. Der Gesamtmetallgehalt dieser Dünnschlämme liegt bei 1 %. Nach einer Teilentwässerung über Filterpressen lassen sich daraus pastöse oder stichfeste Dickschlämme mit Wassergehalten von 60–85 % erzielen.

G. lassen sich bisher nur partiell umweltverträglich verwerten. Meist stören bestimmte Bestandteile, z. B. Chrom, Cadmium oder flüchtige Substanzen.

G. stellen wegen ihrer hohen Schadstoffinhalte besonders überwachungsbedürftige →Abfälle dar, die nach vorheriger Behandlung zur Demobilisierung bzw. Zerstörung der Schadstoffe meist auf speziellen Monodeponien abgelagert werden. *Mitsch*

Literatur: *Beyer, K.:* Müll-Handbuch (Losebl.-Ausg.) KZ 8571. Berlin 1986. – Der Rat von Sachverständigen für Umweltfragen: Abfallwirtschaft, Sondergutachten September 1990, Stuttgart 1991. – *Sutter, H.:* Entsorgung 2000, Sonderabfall-Leitfaden für Kommunen, Wirtschaft und Politik. Bonn 1990.

Gammaradiographie. Die G. ist die Anwendung von umschlossenen, →Gammastrahlung aussendenden radioaktiven Stoffen in der Materialprüfung. Sie ist vergleichbar mit der →Röntgen-Grobstrukturtechnik. Auch bei der Anwendung von Gammastrahlern in der Materialprüfung ist die Schweißnahtprüfung Hauptindikationsgebiet.

Radioaktive Stoffe haben im Vergleich zum →Röntgenstrahler den Nachteil, daß ihre Strahlenemission nicht elektrisch ein- und ausschaltbar ist. Aus diesem Grund müssen die radioaktiven Quellen während des Transports und der Lagerung in entsprechend abgeschirmten Behältern aufbewahrt werden. Dem Anwender muß über eine optische Anzeige eindeutig klar sein, in welcher Position sich die radioaktive Quelle befindet: ob im Abschirmbehälter oder außerhalb. Vorteil der G. im Vergleich zum Betrieb von Röntgenstrahlen ist die höhere Photonenenergie, die es erlaubt, größere Wandstärken mit kürzeren Expositionszeiten zu durchstrahlen.

Gammaradiographie: Tabelle: Wichtigste in der Materialprüfung genutzte Radionuklide.

Radionuklid	Gammaenergien	Halbwertszeit	Betastrahlung
Co 60	1,17 und 1,33 MeV	5,3 a	max. 0,31 MeV
Cs 137	0,66 MeV	30 a	max. 0,52 MeV
Ir 192	0,32 und 0,61 MeV	74 d	max. 0,67 MeV

Die in der Materialprüfung gehandhabten Aktivitäten (Tabelle) liegen im TBq-Bereich; die Strahler stellen also bezüglich der Dosisleistung in der Nutzstrahlung (einige Gray/min in 1 m Entfernung von der Quelle) eine Größenordnung dar, die technisch-administrativer Strahlenschutzmaßnahmen bedarf:
– Genehmigung des Umgangs nach § 3 StrlSchV (→Genehmigungsverfahren im Strahlenschutz),
– →Dichtheitsprüfung nach § 75 StrlSchV in regelmäßigen (in der Regel jährlichen) Abständen (→Dichtheitsprüfung umschlossener radioaktiver Stoffe),
– jährliche Wartung und jährliche Überprüfung durch einen behördlich bestimmten Sachverständigen nach § 76 StrlSchV,
– bei ortsveränderlichem Umgang mit radioaktiven Stoffen in der Materialprüfung muß nach § 58 Abs. 5 StrlSchV der →Kontrollbereich so abgegrenzt werden, als ob die Materialprüfung ortsfest erfolgen würde, falls nicht ausgeschlossen werden kann, daß unbeteiligte Personen diesen Kontrollbereich betreten können; meistens sind also weiträumige Absperrmaßnahmen erforderlich. *Ewen*

Literatur: DIN 54115 Teil 1: Zerstörungsfreie Prüfung, Strahlenschutzregeln für die technische Anwendung umschlossener radioaktiver Stoffe, Herstellung und Prüfung ortsveränderlicher Strahlengeräte für die Gammaradiographie. 1985.

Gammastrahlung. Hochenergetische, kurzwellige elektromagnetische Wellenstrahlung, die von einem Atomkern ausgestrahlt wird. Die Energien von Gammastrahlen liegen gewöhnlich zwischen 0,01 und 10 MeV. G. tritt in Form einzelner Energiequanten $E = h\nu$ auf, wobei ν die Frequenz (Anzahl der Schwingungen je Sekunde) und h das Plancksche Wirkungsquantum ist.

Ein solches Energiequant wird ungeachtet seiner Energie und Entstehungsart Photon genannt. Photonen bewegen sich mit Lichtgeschwindigkeit. Sie besitzen keine Ruhemasse.

G. entsteht z. B. beim Übergang eines durch eine Korpuskular-Emission (u. a. α- oder β-Teilchen) angeregten Atomkerns in einen niedrigeren Energiezustand. Der Übergang eines Atomkerns vom angeregten Zustand in den Grundzustand kann in einer, zwei oder mehreren Stufen erfolgen. Die Anzahl der bei einer radioaktiven Umwandlung emittierten Photonen ist demzufolge mitunter größer als die der zerfallenen Atome.

Die von einem γ-Strahl verursachte durchschnittliche spezifische Ionisation beträgt ein Zehntel bis ein Hundertstel von derjenigen, die ein Elektron mit gleicher Energie hervorruft. Es sind daher die praktischen Reichweiten der γ-Strahlen sehr viel größer als die der β-Teilchen. Die bei γ-Strahlen beobachtete Ionisation ist fast ganz auf Sekundäreffekte zurückzuführen, nämlich durch den →Photoeffekt, den →Comptoneffekt und die sog. Paarbildung. Der zur Bildung eines Ionenpaares benötigte durchschnittliche Energieverlust hat den gleichen Wert wie bei β-Strahlen, nämlich 35 eV in Luft. *Merz*

Gammazerfall (auch Gamma-Übergang). Ein Atomkern im angeregten Zustand kann auf verschiedene Weisen seine Energie wieder abgeben und in den Grundzustand zurückkehren. Der häufigste Übergang geschieht durch die Aussendung elektromagnetischer Wellenstrahlung. Diese Strahlung heißt →Gammastrahlung. *Merz*

Ganzkörperzähler. Ein G. (*engl.* human body counter) dient zur Ermittlung der gesamten von einem menschlichen Körper emittierten Photonenstrahlung (→Gammastrahlung) mit Hilfe von Gammastrahlungsdetektoren, die weitgehend gegen jede – auch gegen die natürliche – Umgebungsstrahlung abgeschirmt sind. Der G. ermöglicht den Nachweis auch kleinster inkorporierter Radionuklid-Aktivitäten. Die Meßeinrichtung ist so empfindlich, daß sowohl die inkorporierten natürlich-radioaktiven Stoffe wie Kalium-40 als auch die Spaltprodukte aus Kernwaffentests oder Reaktorunfällen (z. B. Tschernobyl) nachgewiesen und gemessen werden können. Kontrollmessungen mit dem G. können Hinweise auf nachlässige Arbeitsmethoden beim Umgang mit offenen radioaktiven Stoffen und auf nicht einwandfreie Schutzeinrichtungen liefern, lange bevor eine Gesundheitsgefährdung sich anbahnt oder gar besteht.

G. sind früher mit festen oder flüssigen Szintillationsdetektoren ausgerüstet worden. Besonders die festen Natrium-Jodid-Kristalle eignen sich wegen ihres im Vergleich zu flüssigen organischen Szintillatoren guten Energieauflösungsvermögens zur

Identifizierung (unbekannter) inkorporierter Nuklide. Zum Nachweis sehr geringer Aktivitäten von bekannten Nukliden sind dagegen Anlagen mit Flüssig- oder Kunststoff-Szintillationsdetektoren gebaut worden. Als ein spezielles Beispiel seien Detektoren erwähnt, bei denen sich die Szintillatorflüssigkeit zwischen zwei koaxialen Rohren befindet, deren Durchmesser so groß ist, daß die zu untersuchende Person in das (innere) Rohr eingebracht werden kann.

Im Zuge der fortschreitenden Detektorentwicklung werden in G. wegen ihres wesentlich besseren Energieauflösungsvermögens neuerdings vorwiegend Halbleiterdetektoren (→Halbleiterzähler) eingesetzt.

Die G. bedürfen hinsichtlich des Meßsystems, d. h. der zu untersuchenden Person und der Detektoren, einer eigenaktivitätsarmen und bezüglich der Strahlungsadsorption optimierten Abschirmung gegen jede Art von Umgebungsstrahlung, um den Nulleffekt möglichst niedrig zu halten. Als Abschirmmaterial eignet sich z. B. Stahl von hoher Radioaktivitätsfreiheit (Bild). Durch Abtasten des

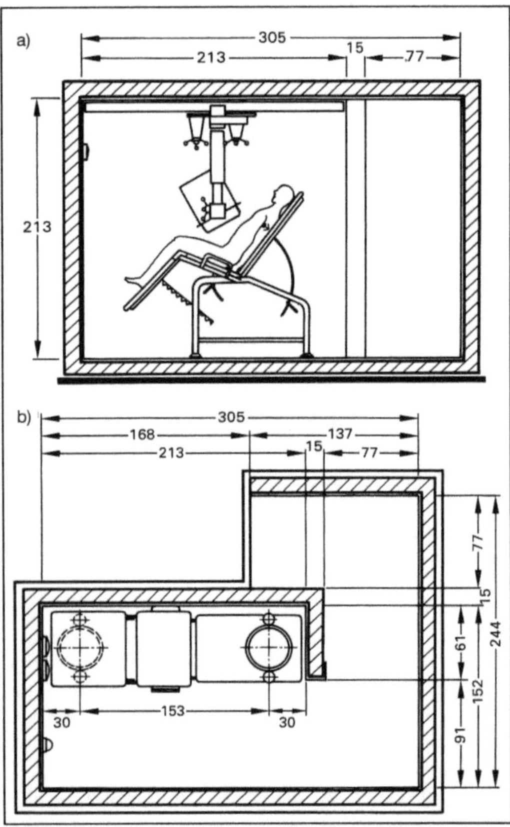

Ganzkörperzähler: Darstellung der Stahlkammer.

a Aufriß
b Grundriß

Körpers mit dem Detektor können inkorporierte radioaktive Stoffe identifiziert, quantifiziert und lokalisiert werden. *Merz*

Gas-Feuerungsanlage →Feuerungsanlage

Gasanalysator. Meßeinrichtungen für gasförmige Immissionen oder Emissionen werden manchmal auch als G. bezeichnet. Überwiegend findet die Bezeichnung für kontinuierlich registrierende Meßgeräte Anwendung. G. gibt es z. B. für Stoffe wie Schwefeldioxid, Stickstoffoxide, Kohlenmonoxid, Kohlendioxid, Ozon und ausgewählte organische Komponenten. *Pfeffer*

Gaschromatographie. Die G. stellt eine leistungsfähige Analysemethode zur Trennung komplexer Stoffgemische dar. Voraussetzung hierfür ist, daß sich die zu untersuchenden Proben im Einlaßteil des Gaschromatographen vollständig und ohne Zersetzung verdampfen lassen. Die Probe wird von einem Trägergasstrom übernommen und einer →Trennsäule zugeführt, wo eine Zerlegung in die Einzelkomponenten erfolgt. Der Nachweis erfolgt dann in einem nachgeschalteten Detektionssystem. Als Kriterium für die Identität einer Verbindung wird im allgemeinen die Retention (Retentionszeit, Retentionsendex) herangezogen. Das Signal des Detektors ist abhängig von der Quantität der Komponenten, so daß in einem Arbeitsgang eine qualitative und quantitative Analyse durchgeführt werden kann.

Gaschromatographische Analysen werden diskontinuierlich, ggf. mit zyklischen oder aperiodischen Wiederholungen, durchgeführt. Die gleichzeitige Bestimmung organischer Einzelkomponenten oder Stoffgruppen bei Gehalten bis zu wenigen 10^{-3} mg/m^3 ist in der Praxis erprobt.

Welche Anreicherungs-, Dosier-, Trenn- und Detektionssysteme eingesetzt werden, richtet sich nach der jeweiligen analytischen Aufgabenstellung (Bild 1). Dementsprechend ergibt sich auch ein sehr unterschiedlicher Zeitaufwand. Die Analysenzeiten (ohne Probenvorbereitung) schwanken zwischen wenigen Minuten für niedermolekulare Komponenten und mehreren Stunden bei schwierigen Trennproblemen.

□ Probenahmeverfahren. Die Probenahmetechnik orientiert sich an der Meßaufgabe (Komponenten, Konzentrationsbereich, Zeitverhalten usw.) sowie an der nachfolgenden Probenaufbereitung und dem eingesetzten Analysenverfahren. Die →Probenahme muß also hinsichtlich der erfaßten Probenmenge, der →Querempfindlichkeit und des Nachweisvermögens des Analysenverfahrens der Meßaufgabe angepaßt sein.

□ Probendosierverfahren. Je nach Art der Probenahme stehen Luftproben bzw. flüssige oder feste

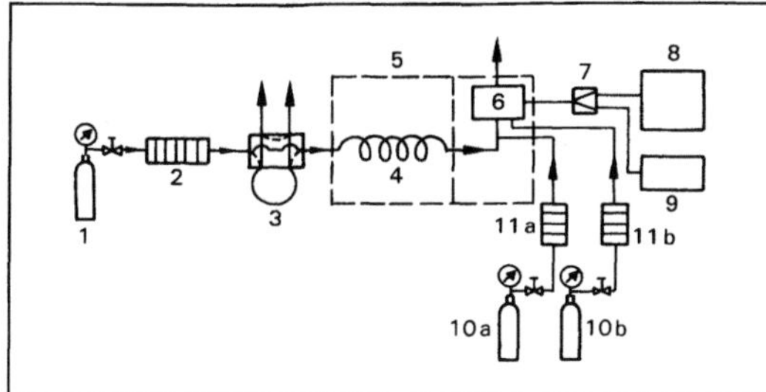

Gaschromatographie 1: Beispiel für den Aufbau der gaschromatographischen Apparatur mit Flammenionisationsdetektor.

1 Druckgasbehälter mit Druckmesser und Reduzierventil für Trägergas, 2 Reinigungsvorlage für Trägergas, 3 Dosiersystem (Probeneinlaßteil), ggf. heizbar bzw. thermostatisierbar, 4 Trennsäule, 5 thermostatisierte Kammer (Säulenofen), 6 Detektor (FID), 7 Verstärker, 8 Registriergerät, 9 Integrator, 10 Druckgasbehälter mit Druckmesser und Reduzierventil für Betriebsgase – a) Wasserstoff, b) synthetische bzw. gereinigte Luft – 11 Reinigungsvorlage für Betriebsgase – a) Wasserstoff, b) synthetische bzw. gereinigte Luft

Sammelphasen, die die interessierenden Immissionskomponenten enthalten, für die Analyse zur Verfügung. Daraus ergibt sich eine unterschiedliche Weise der Probendosierung. Die Probenaufgabe kann getrennt von der Probenahme erfolgen oder integrierter Bestandteil des Bestimmungsverfahrens sein, wie z. B. bei der Speicherdosierung.

– Probendosierung von Gasen. Diese erfolgt über besondere Probeneinlaßsysteme. Dabei wird zuerst ein bekanntes, absperrbares Volumen eines zumeist schleifenförmigen Rohrstücks oder das Volumen der Kükenbohrung eines Hahns mit dem zu untersuchenden Probegas gefüllt. Durch Spülen mit dem Probegas oder wiederholtes Evakuieren ist sicherzustellen, daß weder eine Kontaminierung durch Fremdgase noch eine Anreicherung des Meßobjektes erfolgt.

Anschließend wird, nach entsprechender Umschaltung der Gasflußwege, mit Hilfe eines Trägergases die abgemessene Probegasmenge direkt in den angeschlossenen Gaschromatographen eingeleitet. Mit Probeneinlaßsystemen dieser Art können üblicherweise Probenvolumina von 0,1 ml bis 10 ml dosiert werden.

– Probendosierung von Flüssigkeiten. Bei einigen Verfahren wird die Probe in einer flüssigen Phase gesammelt und angereichert oder von einer festen Phase mit einer Flüssigkeit eluiert. Nach der Probenaufbereitung liegt die Probe in flüssiger Phase vor; sie wird – ggf. nach einem Verdünnungs- oder Teilungsschritt – mit Hilfe von Injektionsspritzen über den Septumeinlaß des Gaschromatographen dosiert.

– Probendosierung durch Desorption von einer festen Sammelphase. Werden zur Sammlung und Anreicherung der Probe feste Phasen verwendet, müssen die Komponenten zur Analyse zuvor desorbiert werden. Das kann durch →Elution oder →Extraktion geschehen oder durch thermische Desorption bzw. Verdrängung durch ein flüssiges Desorbens (→Dampfraumanalyse, Head-Space-Technik). Das Sorptionsrohr mit der Sammelphase wird zur thermischen Desorption direkt an den Gaschromatographen angeschlossen. Die zu bestimmenden Komponenten werden durch Erhitzen des Sorptionsmaterials desorbiert und im Trägergasstrom, ggf. unter Einschalten geeigneter Zwischenauffänger, auf die Trennsäule aufgebracht. Die Probe steht für eine Einmalanalyse zur Verfügung; eine Probenteilung ist nicht möglich.

□ Trennsäulen. Als analytische →Trennsäulen werden hauptsächlich gepackte Säulen und Kapillarsäulen verwendet. Als Säulenmaterial finden rostfreier Stahl, Glas, Quarz u. a. Verwendung. Die Säulen können gerade, U-förmig oder gewendelt sein.

Gepackte Säulen sind mit dem trennwirksamen Material (stationäre Phase) gefüllt. Entsprechend dem Trennproblem kann dabei die Füllung aus einem festen Adsorptionsmaterial (*engl.* Gas Solid Chromatography: GSC) oder aus einem Material bestehen, bei dem auf einem festen Träger eine flüssige Trennphase aufgebracht ist (*engl.* Gas Liquid Chromatography: GLC).

Bei Kapillarsäulen wird die trennwirksame Schicht (flüssig oder fest) an der Innenwandung der Kapillare so angebracht, daß ein gasdurchgängiger Mittelkanal frei bleibt.

Es gibt eine große Auswahl an Trägermaterialien sowie an festen und flüssigen Phasen mit unterschiedlicher und oft sehr spezifischer Trennwirkung. Der Erfolg einer gaschromatographischen Trennung ist wesentlich abhängig von der richtigen Auswahl der Trennmedien. Hierbei sind u. a. die chemische Struktur sowie die Polarität der zu trennenden Komponenten und der Phase zu berücksichtigen. Die GSC-Technik mit einem festen, auch bei höheren Temperaturen nicht flüchtigen oder sich verändernden Adsorptionsmaterial hat sich bei der Messung gasförmiger Immissionen wegen ihrer Langzeitstabilität als besonders vorteilhaft erwiesen (Tabelle 1).

Trennsäulen können je nach Verwendung und Alterungszustand ihre Trennwirkung verändern. Daher ist ihre Leistungsfähigkeit entsprechend den Anforderungen der Aufgabenstellung zu überprüfen.

□ Gasversorgung. Für die G. ist eine mobile Phase (Trägergas) erforderlich, wofür z. B. Stickstoff oder Helium verwendet wird. Ferner werden, je nach Art des benutzten Detektors, auch Wasserstoff als Brenngas, gereinigte Luft (z. B. für FID und FPD) und evtl. noch andere Gase benötigt. Wichtig, besonders im Hinblick auf eine Spurenanalyse, sind

Gaschromatographie. Tabelle 1: Übersicht über Art und Charakteristik gebräuchlicher Trennsäulen-Typen (Auswahl)

Typ / Charakteristik	gepackt	kapillar
Länge	1 bis 4 m	10 bis 200 m
Innendurchmesser	2 bis 4 mm	0,1 bis 0,7 mm
Tennleistung	mäßig	hoch
Probenbelastbarkeit	sehr groß (mg-Bereich)	gering (ng-Bereich)
Spezifischer Strömungswiderstand	sehr groß	gering

der Reinheitsgrad der verwendeten Gase und die Konstanz des Volumenstroms.

□ Detektorsysteme. Man unterscheidet in der G. zwischen unspezifischen, gruppenspezifischen und stoffspezifischen Detektoren (Tabelle 2).

□ Kalibrieren. Die →Kalibrierung gaschromatographischer Immissionsmeßverfahren schließt die Probenahme, die Probenvorbereitung, die analytische Bestimmung und die Auswertung ein. Aus den dabei gewonnenen Meßwerten wird die Kalibrierfunktion gebildet, deren Umkehrfunktion als Analysenfunktion der Auswertung zugrunde gelegt wird.

Bei den →Kalibrierverfahren unterscheidet man solche mit externem oder internem Standard bzw. das Standardadditionsverfahren.

Zur Kalibrierung und Überprüfung von Probenahme- und Analysenverfahren werden Prüfgase benötigt, die wie eine Probe behandelt und analysiert werden.

□ Auswerten. Das Gaschromatogramm liefert gleichzeitig qualitative und quantitative Informationen (Bild 2).

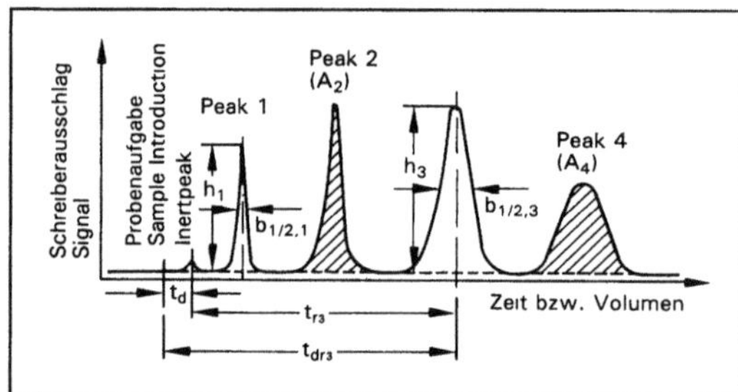

Gaschromatographie 2: Auswertung von Gaschromatogrammen.

tdr Bruttoretentionszeit, tr Nettoretentionszeit, td Durchbruchszeit (Totzeit), h Peakhöhe, b½ Halbwertsbreite, A Peakfläche

Gaschromatographie. Tabelle 2: Übersicht über Anwendungsmöglichkeiten und Leistungsfähigkeit gebräuchlicher Detektoren.

Typ	Anwendungsmöglichkeit	Bereich linearer Anzeige von Absolutmengen	untere Grenze d. Meßbereichs der erfaßbaren Absolutmengen
Wärmeleitfähigkeitsdetektor (WLD)	anorganische und organische Substanzen	10^4	µg
Flammenionisationsdetektor (FID)	Kohlenwasserstoffe	10^6 bis 10^7	ng
Elektroneneinfangdetektor (ECD)	halogenierte Kohlenwasserstoffe	10^3 bis 10^4	pg
Thermoionisationsdetektor (PND; TID)	P- und N-haltige Substanzen	10^6	ng
Flammenphotometrischer Detektor (FPD)	P- und S-haltige Substanzen	10^3 bis 10^4	ng
Photoionisationsdetektor (PID)	organische und einige anorganische Substanzen	10^6 bis 10^7	pg bis ng
Massenspektrometer (MS)	anorganische und organische Substanzen	10^4	pg bis ng

– Aufzeichnen der Chromatogramme. Chromatogramme werden üblicherweise, wenn keine besonderen apparativen Hilfsmittel eingesetzt werden, mit Hilfe eines Schreibers registriert. Derartige Diagramme erlauben sowohl die qualitative Beurteilung (z. B. Information über Güte der Trennung, Drift der Nullinie, Störungen während der Analyse) als auch eine quantitative Auswertung.

Der Einsatz elektronischer Integratoren erleichtert die Identifizierung über Retentionszeiten und die quantitative Peakflächenauswertung.

– Qualitative Auswertung. Ziel ist die Identifizierung einer oder mehrerer unbekannter Substanzen durch Ermittlung der für eine Verbindung jeweils charakteristischen Größe aus einem registrierten Chromatogramm. Stoffspezifisch ist dabei die Nettoretentionszeit bzw. das Nettoretentionsvolumen, das durch Multiplikation des (korrigierten) Trägergasvolumenstroms mit der Nettoretentionszeit erhalten wird.

Zur Identifizierung werden die Nettoretentionszeiten im Chromatogramm mit denen bekannter Verbindungen verglichen, die unter jeweils denselben Untersuchungsbedingungen erhalten wurden.

Die Identifizierung kann ferner durch die parallele Aufnahme von Gaschromatographen mit Detektoren von unterschiedlichem spezifischen Anspruchsvermögen unterstützt oder abgesichert werden.

– Quantitative Auswertung. Die quantitative Aussage über Konzentration bzw. Menge einer gaschromatographisch getrennten Komponente erhält man durch Auswertung des Detektorsignals. In Übereinstimmung mit dem gewählten Kalibrierverfahren bedient man sich hierzu der Methoden des externen oder des internen Standards, wobei die Analysenwerte innerhalb des Konzentrationsbereiches der Kalibrierung liegen müssen. Liegt das Ergebnis der gaschromatographischen Analyse als Schreiberdiagramm vor, so kommt für die Auswertung die Peakhöhenmethode oder die Peakflächenmethode in Betracht, d. h. es wird entweder die Höhe des betreffenden Substanz-Peaks abgemessen oder dessen Fläche bestimmt und mit der auf dieselbe Weise erhaltenen Kalibrierkurve verglichen.

– Automatisierung. Bei dem derzeitigen Stand der Laborgeräte-Entwicklung ist es möglich, die gaschromatographische Analyse einschließlich der Probenaufgabe und Auswertung für bestimmte Meßaufgaben weitgehend zu automatisieren. Zur Steuerung der Gerätefunktionen (Probendosierung, Temperaturprogramm, Säulenumschaltung, Detektorumschaltung u. a.) werden dabei entweder elektromechanische Programmgeber oder vollelektronische digitale Prozeßrechner eingesetzt.

Gaschromatographische Immissionsmeßverfahren eignen sich zur quantitativen Bestimmung einzelner Komponenten bzw. – rechnerisch oder meßtechnisch zusammengefaßt – zur Bestimmung von Gruppen organischer Immissionskomponenten. In jedem Fall muß geprüft werden, ob die untersuchten Komponenten vollständig erfaßt werden und welche Querempfindlichkeiten die analytische Bestimmung unterliegt.

Die Bestimmung einer Einzelkomponente oder mehrerer Komponenten aus derselben Probe ermöglicht in vielen Fällen unter Berücksichtigung der charakteristischen Konzentrationsverhältnisse eine Identifizierung von Immissionen und Zuordnung zu möglichen Emissionsquellen. Spezifische Nachweisverfahren gestatten darüber hinaus häufig die Unterscheidung zwischen Kohlenwasserstoffen aus anthropogenen oder natürlichen Quellen. *Dulson*

Literatur: *Kaiser, R. E.:* Chromatographie in der Gasphase, Bd. I–IV. Mannheim–Wien–Zürich. – VDI 3482, Bl. 1: Messen gasförmiger Immissionen; Mehrkomponentenmessung organischer Verbindungen; Grundlagen der gaschromatographischen Bestimmung. 2/1986.

Gaschromatographie-Massenspektrometer-Kopplung. Seit *Homes* und *Morell* 1957 zum ersten Mal öffentlich vorschlugen, den Ausgang eines Gaschromatographen (→Gaschromatographie) mit einem Massenspektrometer (→Massenspektrometrie) zu verbinden, hat eine enorme technische Entwicklung diese Kombination zu eines der leistungsvollsten Geräte der modernen instrumentellen Analytik werden lassen. Moderne G.-M.-K.-Systeme sind kompakte Einheiten, die vollständig rechnergesteuert sind.

Hochleistungs-Kapillar-Gaschromatographen (→Kapillarsäule) können aus einer Umweltprobe 200 bis 300 einzelne Komponenten anzeigen. Von Verbindungen mit einer absoluten Masse von 10 ng im Peak-Maximum kann das Massenspektrometer im Scan-Betrieb ein vollständiges Massenspektrum aufnehmen, das während oder nach der Analyse zur Identifikation dienen kann. Besonders hilfreich hierbei sind software-seitige Spektrenbibliotheken, die wie beispielsweise die NBS-Bibliothek über 40 000 Einträge haben können.

Im SIM-Betrieb (*engl.* Selected Ion Monitoring) wird das Massenspektrometer auf einige bestimmte Massen eingestellt. Man erhält ein höchst spezifisches Chromatogramm. Störende Peaks aus der Matrix von komplexen Proben werden so elegant ausgeblendet. Die Empfindlichkeit gegenüber dem Scan-Betrieb ist etwa 100 bis 1 000 mal höher.

Eine kritische Stelle bei der G.-M.-K. ist der Übergang der Proben vom Säulenende (→Trennsäule), der unter Atmosphärendruck liegt, in das Hochvakuum des Massenspektrometers.

Besonders problematisch ist der Betrieb von gepackten Trennsäulen, der heute allerdings nur noch in Sonderfällen vorkommt. Der Trägergasfluß beträgt dort 20–40 ml/min. Da die Ionenquelle derart große Mengen nicht aufnehmen kann, ist ein Separator zwischengeschaltet. Es sind vier Separatortypen gebräuchlich: der Jetseparator, der Frittenseparator, der Spaltseparator und der Membranseparator.

Bei dem heute üblichen Einsatz von Kapillarsäulen gestaltet sich das Interface zwischen Gaschromatographie und Massenspektrometer erheblich einfacher. Bei einem Trägergasfluß von 1 bis 2 ml/min kann das Ende der Kapillare bei gasdichter Verschraubung bis unmittelbar vor die Ionenquelle geführt werden. Man erhält die sog. Direktkopplung. Turbomolekularpumpen sind so leistungsstark, daß das notwendige Vakuum von 10^{-6} bis 10^{-8} bar aufrechterhalten wird. Bei größeren Gasflüssen von bis zu 6 ml/min, wie sie bei der Cryo-Gaschromatographie im kalten Bereich des Temperaturprogramms vorkommen können, hat sich eine Variante der Direktkopplung, die offene Kopplung, bewährt. Man verwendet hierzu eine sehr enge Quarzkapillare mit einem Durchmesser von 0,2 mm und einer Länge von beispielsweise 20 m als Gaswiderstand in einem beheizten Interfaceofen. Das eine Ende dieser Interface-Kapillare (IK) endet vor der Ionenquelle, das andere Ende wird locker in das Ende der Trennsäule (TS) (Durchmesser aTS > Durchmesser aIK) geschoben. So gelangt stets der gleiche Fluß in die Ionenquelle. Überschüssiges Trägergas entweicht ins Freie. *Dulson*

Gasemissionsmessung. Standardmethoden zur G. werden in Richtlinien des VDI-Handbuchs Reinhaltung der Luft, Bd. 5, behandelt (Tabelle). Die VDI-Richtlinien beschreiben vollständige Meßverfahren, zu denen neben der eigentlichen Analytik die →Probenahme und Probenaufbereitung sowie die Auswertung und Darstellung der Ergebnisse gehört.

Gasemissionsmessung. Tabelle: VDI-Richtlinien zur G.

Stoff	VDI-Richtlinie	Blatt
Anorganische Stoffe:		
Chlor	3488	1+2
Chlorwasserstoff	3480	1–3
Fluor-Verbindungen	2470	1
Kohlenmonoxid	2459	1–7
Kohlenstoffdisulfid	3487	1
Schwefeldioxid	2462	1–6, 8
Schwefeltrioxid	2462	7
Schwefelwasserstoff	3486	1–3
Stickstoffoxide	2456	1–10
Organische Stoffe:	2457	1–7
	2460	1–3
	3481	1–3
Acrylnitril	3863	1
Aldehyde	3862	1
PAH	3872	1+2
	3873	1
PCDD, PCDF	3499	1
Vinylchlorid	3493	1

Für die Durchführung diskontinuierlicher Messungen (Einzelmessungen) gibt es eine Reihe bewährter handanalytischer Bestimmungsmethoden, von denen nur ein Teil außerhalb des Labors unmittelbar vor Ort eingesetzt werden kann. Bei nachträglicher Analyse im Labor muß sichergestellt sein, daß die Proben durch Lagerung und Transport nicht verfälscht werden. Die Qualität der Messung hängt sehr wesentlich von der Probenahmetechnik ab. Häufig wird zur Probenahme eine geeignete Absorptionsflüssigkeit verwendet (Bild). Aus dem Abgaskanal wird über eine gekrümmte und meist beheizte Sonde (1) ein Probegasstrom abgesaugt und bei Bedarf in einem beheizten Quarzwollefilter (2) von Staub gereinigt. Durch die Beheizung wird die Bildung von Kondensat verhindert. Der Probegasstrom wird anschließend durch wenigstens zwei hintereinander geschaltete Gaswaschflaschen (z. B. Frittenwaschflaschen oder Impinger) (3) geleitet. Ein Drosselventil (4) dient zur Dosierung des Probegasstrom. Hinter der Saugpumpe (5) wird das Probegasvolumen, bei Bedarf nach Passieren eines Trockenturms (6), in einem Gasvolumenmeßgerät (7) gemessen. Diese Probenahmetechnik impliziert, daß die Messung einen Mittelwert über die jeweilige Probenahmezeit liefert. Neben Gaswaschflaschen finden auch andere Sammelsysteme, z. B. evakuierte Gassammelgefäße oder Adsorptionsrohre, Anwendung.

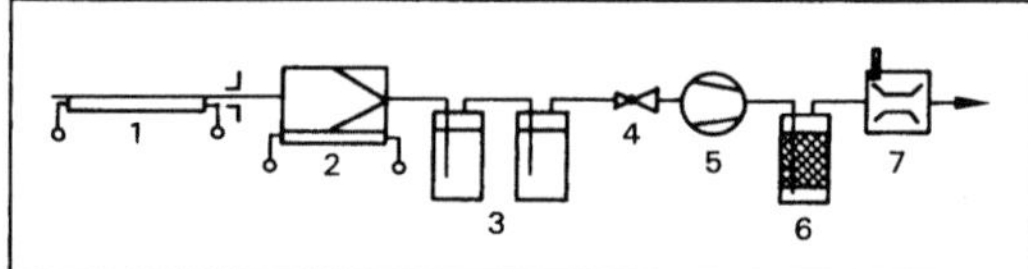

Gasemissionsmessung: Probenahmevorrichtung für diskontinuierliche Messungen. (Legende im Text)

Für die kontinuierliche →Emissionsüberwachung werden vorzugsweise automatische Meßgeräte eingesetzt, die eine →Eignungsprüfung vorweisen können. Bei Analysengeräten mit extraktiver Probenahme hat ebenfalls die Probegasaufbereitung wesentlichen Einfluß auf die Qualität und Zuverlässigkeit der Messung. Staubfilter und Probegaskühler sorgen dafür, daß das Probegas staubfrei und trocken in den Analysator eintritt. Außerdem werden Volumenstrom, Druck und Temperatur des Probegases durch geeignete Regler definiert eingestellt und gemessen. Bisweilen ist es auch erforderlich, Störkomponenten aus dem Probegas auszufiltern, die sonst eine zu große →Querempfindlichkeit des Meßgerätes verursachen würden. Es gibt auch Gasanalysatoren, die ohne extraktive Probenahme direkt im Abgaskanal messen (→In situ-Meßverfahren).

Für orientierende Emissionsmessungen können einfachere Meßverfahren und -geräte eingesetzt werden. Dazu zählen die hauptsächlich für Untersuchungen am Arbeitsplatz entwickelten Prüfröhrchen-Verfahren oder Meßgeräte mit elektrochemischen Sensoren. *Stahl*

Literatur: *Düwel, L.*: Verfahren und Geräte zur Messung und Überwachung von Emissionen luftfremder Stoffe. In: Handbuch für Immissionsschutzbeauftragte. Hrsg. F. J. Dreyhaupt. Köln 1978. – Luftreinhaltung. Leitfaden zur kontinuierlichen Emissionsüberwachung. Hrsg. Umweltbundesamt. UBA-Ber., Bd. 11/90. Berlin 1990. – VDI-Handbuch Reinhaltung der Luft, Bd. 5. Hrsg. Verein Deutscher Ingenieure. Düsseldorf.

Gasentladungslampe. In G. erfolgt die Anregung der Dampf- bzw. Gasmoleküle über Elektronenstoß. Das von der Art des Moleküls abhängige Linienspektrum kann durch Druckerhöhung oder durch Hinzufügen weiterer Metalle und durch zusätzliche Leuchtstoffe an der Glaskolbeninnenseite in ein mehr oder weniger kontinuierliches Spektrum überführt werden.

Die Leuchtstofflampe besteht prinzipiell aus einem Strombegrenzer (Drossel), einem Glimmzünder (Starter) und einem meist zylinderförmigen, mit einem Zündgas (z. B. Neon) und Entladungsgas (Quecksilber, Hg) gefüllten Rohr. Durch Erhitzen der Elektroden wird der Hg-Dampfdruck so weit erhöht, daß die Entladung gezündet werden kann. Stationäre Bedingungen bei der Entladung stellen sich wegen des relativ niedrigen Hg-Druckes kurz darauf ein. Die hauptsächlich emittierte Hg-Linie von 254 nm wird durch Lumineszenzeffekte von Leuchtpigmenten an der Glaskolbeninnenseite in das gewünschte Spektrum umgesetzt.

Ausführungen für Beleuchtungszwecke wie die 80-W-Standardausführung oder die kompakte sog. Energiesparlampe stellen aus strahlenhygienischer Sicht bei gebrauchsüblichen Abständen kein, sog. Schwarzlichtlampen (36 W) ein leicht erhöhtes gesundheitliches Risiko dar. Entkeimungsleuchten (8 W) überschreiten den 8-Stunden-Grenzwert um das bis zu 100fache. Gängige 100 W-Ausführungen für Solarien überschreiten naturgemäß deutlich den 8-Stunden-Grenzwert (Augenschutz tragen), bleiben bezüglich der für den Bräunungseffekt (Erythemschwelle/Hauttyp II) erforderlichen Bestrahlungsdauer von 2 Stunden im Rahmen der Empfehlungen des Bundesgesundheitsamts.

Die Hochdrucklampe wird durch einen Spannungsstoß gezündet. Als Entladungsgas werden vornehmlich Hg und Xenon verwendet. Zusätze von bestimmten Metallhalogeniden verbreitern die Hg-Linien, erzeugen zusätzliche Linien und verhindern den Niederschlag von Elektrodenmaterial auf dem Lampenkolben.

Die Hochdrucklampe wird im industriellen und analytischen Bereich, jedoch auch für Beleuchtungs- und medizinisch/kosmetische Zwecke eingesetzt. Da der UV-Anteil sehr hoch ist, muß dieser aus strahlenhygienischer Sicht durch vorgeschaltete Filterglasscheiben ausreichend abgeschwächt werden. Gängige 400-W-Ausführungen haben im Abstand von 25 cm effektive Bestrahlungsstärken von 3–16 W/m², d. h. nach ca. 15–80 Sekunden Bestrahlung würde am Hauttyp II ein Erythem hervorgerufen werden. Selbst mit starken Filtergläsern ist bei verbleibenden ca. 100 mW/m² am Hauttyp II die Erythemschwelle nach ca. 40 min erreicht. *Steinmetz*

Gasentschwefelung →Entschwefelung

Gasfilterkorrelationsverfahren. Das G. (GFC-Verfahren) ist ein photometrisches →Gasmeßverfahren, das in der Praxis der Luftreinhaltung zur kontinuierlichen →Emissionsüberwachung von Gasen, beispielsweise zur Emissionsmessung von Chlorwasserstoff (HCl) eingesetzt wird. Das Verfahren ist wie das →NDIR-Verfahren dadurch gekennzeichnet, daß auf eine spektrale Zerlegung des breitbandigen IR-Lichtes vor der eigentlichen Messung verzichtet und statt dessen die im Gerät

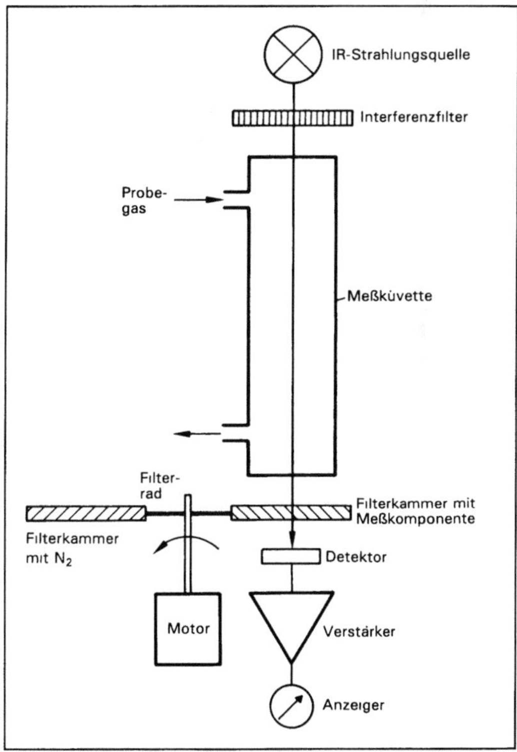

Gasfilterkorrelationsverfahren: Meßanordnung (schematisch).

Literatur: VDI 3480, Bl. 2: Messen gasförmiger Emissionen; Messen von Chlorwasserstoff; Kontinuierliches selektives Messen von Chlorwasserstoff mit dem SPECTRAN 677 IR. 1/92.

gespeicherte Meßkomponente selbst zur Selektivierung benutzt wird.

Meßeinrichtungen nach dem G. sind meist als Einstrahlphotometer ausgelegt (Bild). Das Probegas wird über eine extraktive Probenahme durch die Meßküvette geleitet. Das mit Hilfe eines Interferenzfilters spektral eingeengte Licht einer IR-Strahlungsquelle tritt durch die Meßküvette und fällt auf einen photoelektrischen Detektor. Vor dem Detektor befindet sich ein rotierendes Filterrad, dessen eine Filterkammer mit der Meßkomponente und dessen zweite Filterkammer mit Stickstoff (N_2) gefüllt ist. Dadurch wird die Lichtintensität moduliert. Der Modulationsgrad hängt von der Lichtschwächung in der Meßküvette ab und ist damit ein Maß für die Konzentration der Meßkomponente im Probegas. Es gibt auch →In-situ-Meßverfahren nach dem G. *Stahl*

Gasleitung →Pipelinesicherheit

Gasmeßverfahren, photometrische. In der Praxis der Luftreinhaltung sehr häufig angewandte Methoden zur kontinuierlichen →Emissionsüberwachung von Gasen. Dabei wird die Wechselwirkung von Licht mit den Molekülen des gesuchten Gases ausgenutzt, die sehr spezifisch von der Molekülstruktur abhängt. Heteroatomige Moleküle besitzen beispielsweise im infraroten, teilweise auch im ultravioletten Spektralbereich charakteristische Absorptionslinien.

Bei der denkbar einfachsten Meßanordnung für ein Absorptionsphotometer mit extraktiver Probenahme (Bild) wird das Licht einer Strahlungsquelle

durch ein optisches Filter auf den gewünschten Spektralbereich eingeengt, tritt durch eine vom Meßgas durchströmte Küvette und trifft dann auf einen Photodetektor, dem eine elektronische Signalverarbeitung nachgeschaltet ist. Ein Teil des Lichts wird von den Schadstoffmolekülen absorbiert. Die Lichtschwächung ist daher ein Maß für die Schadstoffkonzentration.

Diese einfache Photometeranordnung ist für die Dauerüberwachung nicht geeignet, weil sich durch Veränderungen im Meßsystem, z. B. durch Alterung der Lichtquelle, die Lage des Nullpunkts unkontrolliert verschiebt. Dieser Meßfehler kann vermieden werden durch eine regelmäßige Nullpunktkorrektur oder durch einen internen Vergleichsstandard, der auf unterschiedliche Weise erzeugt werden kann. Zweistrahl-Photometer besitzen parallel zum Meßstrahlengang einen identisch aufgebauten Vergleichsstrahlengang, bei dem nur die Meßkomponente ausgeschlossen ist. Beim Zweilinien-Verfahren (Verfahren der differentiellen Absorption) wird auf zwei benachbarten Wellenlängen gemessen, von denen die eine durch die Meßkomponente stark und die zweite nur schwach absorbiert wird. Praktische Bedeutung für die Emissionsüberwachung haben insbesondere das →NDIR-Verfahren und das →Gasfilterkorrelationsverfahren. Es gibt auch photometrische Meßeinrichtungen, die ohne extraktive Probenahme direkt im Abgaskanal messen (→In situ-Meßverfahren). *Stahl*

Literatur: *Birkle, W.:* Meßtechnik für den Immissionsschutz. München–Wien 1979. – *Schaefer, W.:* Photometrische Analysenmeßgeräte. Betriebsanalysenmeßtechnik – zur Qualitätssicherung und im Umweltschutz. Hrsg.: K. Fleck. Berlin 1981.

Gasmigration. G. ist ein Teil des Emissionsgeschehens im Bereich der →Altlasten. Sie beschreibt die Wanderung bzw. Ausbreitung von Gasen und leichtflüchtigen Dämpfen im Boden, vorzugsweise in Rissen, Spalten und Klüften. Über diesen Weg können Emissionen in Nachbarbereiche des Altlastenstandorts eindringen und in die Atmosphäre austreten. Durch G. kann es zu Explosionen, toxischen Wirkungen und zu Beeinträchtigungen der Vegetation kommen. Maßgebliche Einflußfaktoren für die Wanderung bzw. Ausbreitung von Gasen und Dämpfen im Boden sind:
– Physikalische und chemische Eigenschaften der Gase und Dämpfe: Menge, Konzentration, Dampfdruck, Löslichkeit, chemische und biologische Reaktivität;
– Aufbau und Struktur des Bodens: Gehalt an Ton und organischer Substanz, Wassergehalt, Porenvolumen, Klüftung, Schichtfolge, Art und Dichte der Oberflächenabdeckung;
– Eigenschaften des Bodens: Porosität, Sorptions- und Diffusionsverhalten, Ionenaustauschkapazität, Basizität;

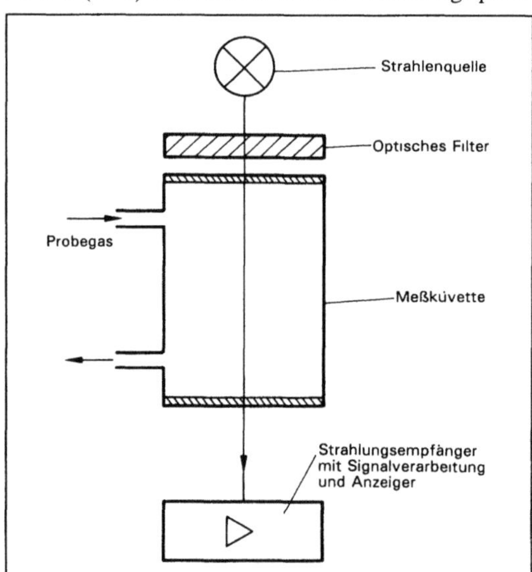

Gasmeßverfahren, photometrische: Einfachste Anordnung für ein Absorptionsphotometer.

– Bauliche Einrichtungen im Unterflurbereich: Kanäle, Schächte, Rohrgräben, Entwässerungseinrichtungen, Drainageleitungen, Gasdurchlässigkeit von Abdichtungen;
– Transportmechanismen: Druckströmung, Kapillarwirkung, Diffusionsströmung, Schleppmechanismen, Luftdruckunterschiede.

Inhomogenitäten und Dichteunterschiede zwischen der →Altablagerung und dem benachbarten Erdreich beeinflussen ebenfalls die G.

G. verlaufen sehr inhomogen. Sie können nur durch ein engmaschiges Pegelnetz mit mehreren Untersuchungsebenen für die Entnahme von Gasproben verfolgt werden. Die Konzentrationen von Spurenstoffen im Boden sind teilweise durch Anreicherung höher als jene im originalen →Deponiegas der Altablagerung. Leichtflüchtige Chlorkohlenwasserstoffe zeigen eine relativ rasche horizontale Ausbreitung sogar in bindigen Bodenarten.

Um die Wirksamkeit von Oberflächenabdeckungen zur Unterbindung der Emission von Gasen zu beurteilen, muß der Diffusionskoeffizient des Abdichtungssystems ermittelt werden. Bei derartigen Untersuchungen wurde festgestellt, daß der Wassergehalt die Gasdurchlässigkeit unmittelbar beeinflußt.   *Thoenes*

Literatur: *Rettenberger, G.:* Gasförmige Emissionen bei Altlasten – Verhalten, Kontrolle, Sanierung. In: Wolf, K. et al. (Hrsg.): Altlastensanierung '88. Dordrecht 1988. – *Rettenberger, G. u. S. Urban-Kiss:* Das Zurückhaltevermögen von Abkapselungstechniken bezüglich Gasen. In: Arendt, F. et al. (Hrsg.): Altlastensanierung '90. Dordrecht 1990. – LAGA: Altablagerungen und Altlasten. Berlin 1991.

Gasohol. In den USA eingeführter Begriff für Gemische aus Benzin und Ethyl-Alkohol; der von der US-amerikanischen Umweltschutzbehörde (EPA) zugelassene Anteil beträgt 10 Vol.-% in 90 Vol.-% unverbleitem Benzin.

In den 1978 verabschiedeten National Energy Act der USA wurde G. als Komponente genannt, mit deren Hilfe sich
– kurzfristig die Abhängigkeit der USA von ausländischem Erdöl reduzieren läßt,
– mittelfristig die Erdöl-Reserven strecken lassen,
– langfristig auf erneuerbare und damit nichterschöpfbare Energiequellen ausweichen läßt.

Im Hinblick auf die notwendige Reduzierung der CO_2-Emission wird G., neben anderen Alternativkraftstoffen, seit 1988 ausdrücklich durch den Federal Alternative Motor Fuels Act gefördert.

Vorteile in bezug auf Schadstoffemissionen und Energieverbrauch von Ottomotoren: →Alkoholkraftstoff.   *Hattingen*

Gaspendelung. Die G. ist die einfachste zur Verfügung stehende technische Möglichkeit zur Emissionsminderung beim Umfüllen von Flüssigkeiten.

Hierzu wird das beim Umfüllen verdrängte Gas/Luft-Gemisch über eine Pendelleitung zwischen den Umfüllbehältern ausgetauscht. Dies wird in der Praxis durch eine Rohr-im-Rohr-Lösung erreicht. Bei Anwendung der G. werden Emissionen praktisch vollständig vermieden. Die Pendelleitung ist mit gasdichten Anschlüssen zu versehen. Da das zurückgeführte Gasvolumen dem umgefüllten Flüssigkeitsvolumen nicht immer genau entsprechen wird (Temperaturunterschiede; zusätzliche Verdampfung der Flüssigkeit während des Umfüllvorgangs), ist das Gasaustauschsystem mit Überdruck-/Unterdruckventilen ausgestattet. An Überdruckventilen austretende Gase müssen dann gereinigt (z. B. durch Adsorption oder Kondensation) oder anderweitig verwendet werden (wie Einleitung in die Gassammelleitung).

Durch G. wird nicht nur die Emission des verdrängten Gas-/Luftgemisches in die Atmosphäre vermieden, sondern auch die Verdunstung weiterer Flüssigkeit im Gasraum des Entnahmebehälters ganz oder teilweise unterbunden, weil die Flüssigkeit mit einem Gas überschichtet wird, das mit dem Dampf dieser Flüssigkeit bereits gesättigt ist.

Erfahrungen mit Gaspendelsystemen liegen in vielen Anwendungsbereichen der chemischen Industrie und beim Umschlag von Ottokraftstoffen vor.

Die Nr. 3.1.8.6 TA Luft nennt beispielhaft die G. als besondere Maßnahme zur Verminderung der Emissionen beim Umfüllen von flüssigen organischen Stoffen. Innerhalb der Mineralölversorgungskette für Kraftstoffe (von der →Mineralölraffinerie bis zur →Betankung des Kraftfahrzeuges) ist die G. Stand der Emissionsminderungstechnik.   *Angrick*

Literatur: *Angrick, M.:* Kohlenwasserstoffemissionen und deren Minderung bei der Kraftstoffgewinnung und -verteilung. Entsorgungs-Praxis (1989) Nr. 11, S. 602/610. – *Davids, P.; M. Lange:* Die TA Luft '86 – Technischer Kommentar. Düsseldorf 1986.

Gasphasenreaktion. G. spielen in der →Atmosphärenchemie beim Abbau von Schadstoffen eine wichtige Rolle. Als homogen werden solche Reaktionen bezeichnet, deren Reaktionspartner alle in einer Phase vorliegen, im vorliegenden Fall in der Gasphase. Dies ist zu unterscheiden von Reaktionen in Wolkentröpfchen oder Aerosolen, bei denen die Reaktion in der flüssigen Phase stattfindet. Daneben gibt es noch heterogen katalysierte Reaktionen, wo eine aktive Oberfläche die Reaktionen der Teilchen katalysiert, und heterogene Reaktionen, wo die Reaktion an der Oberfläche zwischen zwei Phasen erfolgt.

So kann z. B. SO_2 an Oberflächen wie Graphit, Ruß, Flugasche, MgO, V_2O_5 und Fe_2O_3 zu Sulfat oxidiert werden. Ebenso können an Oberflächen adsorbierte PAH (→Polycyklische Aromatische

Kohlenwasserstoffe) in Gegenwart von gasförmigen Schadstoffen wie O_3, NO_2 und HNO_3 im Sonnenlicht oxidiert werden.

Die chemischen Prozesse, die im Verlauf solcher Oxidationsreaktionen auftreten, sind noch nicht vollständig geklärt. Die folgenden Prozesse sind dafür verantwortlich, daß es zu einer oberflächenkatalysierten Reaktion kommen kann,
– Diffusion der Reaktanden an die Oberfläche,
– →Adsorption der Reaktanden an der Oberfläche,
– Diffusion der Reaktanden auf der Oberfläche an die aktivierenden Positionen,
– Reaktion der adsorbierten Spezies,
– →Desorption der Reaktionsprodukte von der Oberfläche,
– Diffusion der Produkte von der Oberfläche in den Gasraum.

Geschwindigkeitsbestimmend für die oberflächenkatalysierte Reaktion können verschiedene Schritte sein, jedoch ist oft die Diffusion auf die Oberfläche der geschwindigkeitsbestimmende Schritt. Oberflächenreaktionen zeigen häufig eine pH-Abhängigkeit und Sättigungseigenschaften. *Becker/Wirtz*

Gasphasentitration. Die G. (GPT) ist ein elegantes Verfahren zur dynamischen Herstellung von NO/NO_2-Prüfgasen. Das Verfahren beruht auf der nachstehenden Reaktion:

$$O_3 + NO = NO_2 + O_2$$

Unter geeigneten apparativen Bedingungen läuft diese Reaktion quantitativ ab (Bild).

Sofern neben der G. auch das →*Saltzman*-Verfahren und ein handelsüblicher NO/NO_2-Monitor nach dem Chemilumineszenz-Verfahren zur Verfügung stehen, lassen sich mit Hilfe der G. folgende Aufgaben erfüllen:
– quantitative Bestimmung von NO-, NO_2- und O_3-Prüfgasen,
– vollständige →Kalibrierung eines NO/NO_2-Monitors,
– Bestimmung des Konverterwirkungsgrades im NO/NO_2-Monitor.

Es sei betont, daß die qualifizierte Anwendung der G. Erfahrung und große Sorgfalt erfordert. Es stehen heute jedoch kommerziell erhältliche Geräte für diese Technik zur Verfügung. *Pfeffer*

Gasrückführung →Gaspendelung

Gassammelgefäß. Das G. dient zur Luftprobenahme vor Ort und zum Transport der Probe in das Labor. Das gängigste G. ist die sog. Gasmaus. Es handelt sich dabei um ein Glasgefäß, das evakuierbar ist und zwei Anschlußstutzen mit Hahn besitzt (Bild). Zusätzlich kann ein weiterer mit Septum verschlossener Stutzen zur Entnahme der Probe im Labor vorhanden sein. Zum Füllen wird das G. evakuiert und am Probenahmeort belüftet oder es wird mit einer Pumpe die Luft hindurchgesaugt. Nach der Probenahme wird das G. mit den Hähnen verschlossen.

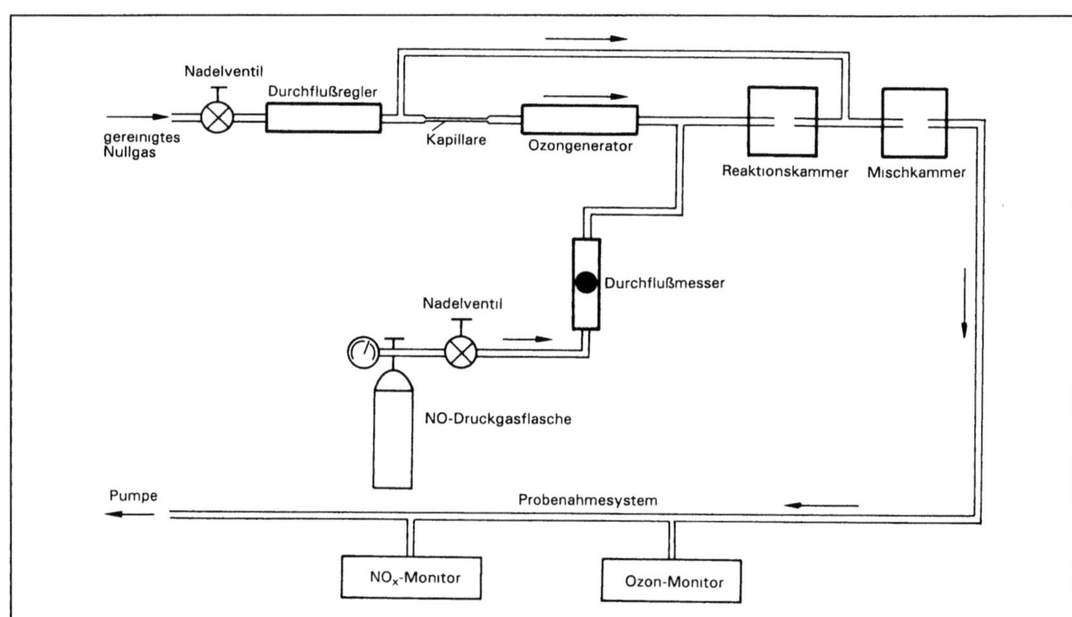

Gasphasentitration: Schematischer Aufbau einer Apparatur zur Durchführung der G.

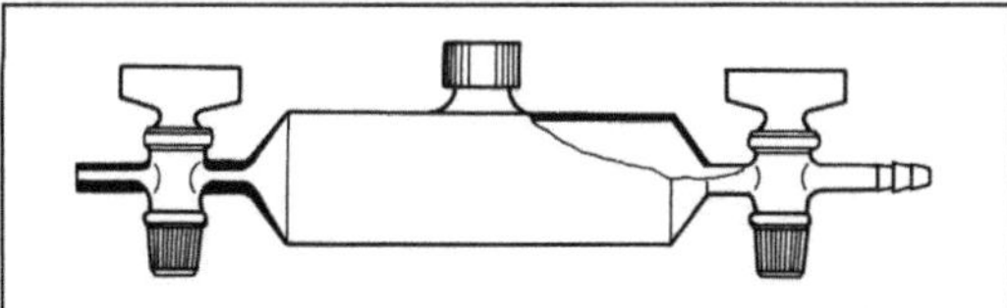

Gassammelgefäß: Gasmaus zur Momentprobenahme von Luftproben.

Damit Verluste von Spurenbestandteilen der Probe durch Wandadsorption am G. vermieden werden, wird die Innenwand durch Silanisierung vorbehandelt. Dazu wird das G. mit ca. 100 ml einer 2%igen Lösung von Dimethyldichlorsilan in trockenem Toluol gefüllt. Nach intensivem Benetzen der Wand (schütteln) verbleibt die Lösung ca. 24 Stunden im G. Anschließend wird gründlich gespült und bei 120 °C ausgeheizt. *Dulson*

Gasturbinenanlage. Stationäre G. zum Antrieb von Generatoren oder Arbeitsmaschinen sind genehmigungsbedürftig nach dem BImSchG; die Art des Genehmigungsverfahrens richtet sich entsprechend Nr. 1.5 des Anhangs zur →4. BImSchV nach der Feuerungswärmeleistung: G. mit einer Feuerungswärmeleistung von 50 MW oder mehr unterliegen dem förmlichen, kleinere Anlagen dem vereinfachten Verfahren (→Genehmigungsverfahren nach dem BImSchG); ausgenommen von der Genehmigungspflicht sind Gasturbinen mit geschlossenem Kreislauf.

G. sind aus der Flugtriebwerksentwicklung hervorgegangen und werden hauptsächlich zur Stromerzeugung im Spitzenlastbereich, zur Heizwärmeerzeugung, als Kombianlagen (mit nachgeschaltetem Abhitzekessel zur Wärme- oder Stromerzeugung) sowie im Gastransportnetz (Gastransport und -speicherung) eingesetzt. Die Abgasemissionen von G. entsprechen denen von Gas- bzw. Ölfeuerungsanlagen und betreffen in erster Linie NO_x, aber auch CO und – beim Einsatz flüssiger Brennstoffe – Ruß (→Rußzahl), organische Stoffe (HC) und SO_2.

Die Anforderungen zur Emissionsminderung sind in 2.3, 3.1.5, 3.1.6 und 3.1.7 der TA Luft enthalten; besondere Anforderungen an G. sind in 3.3.1.5.1 vorgegeben, woraus sich spezifische Einrichtungen und Maßnahmen zur Emissionsminderung ableiten. Dabei ist von Bedeutung, daß die in 3.3.1.5.1 der TA Luft enthaltene →Dynamisierungsklausel für die NO_x-Emissionsminderung durch einen Beschluß des Länderausschusses für Immissionsschutz vom Mai 1991 zu einer Herabsetzung der NO_x-Emissionswerte mit dem Vorschlag entsprechender technischer Maßnahmen geführt hat, nämlich die NO_x-arme trockene Verbrennung und die Einspritzung von Wasser oder Dampf in die Brennkammer von Gasturbinen. Die Dampfeinblasung kann auch zur Leistungs- und Wirkungsgradsteigerung genutzt werden; man spricht dann vom STIG-Prozeß (Steam Injected Gas Turbine Cycle) oder auch vom *Cheng*-Zyklus (nach dem von *D. Yu Cheng* an der Univ. Santa Clara, Kalifornien, entwickelten thermischen Kreisprozeß, welcher den Gasturbinen- und den Dampfturbinenprozeß in einer Maschine vereinigt).

Die Nr. 3.3.1.5.1 berücksichtigt jedoch nicht die mit zunehmender Tendenz eingesetzten alternativen Brennstoffe wie →Deponiegas, →Grubengas, →Biogas und →Biomasse, für die ggfs. die allgemeinen Vorschriften zur Emissionsminderung heranzuziehen sind (Nrn. 2.3, 3.1.5, 3.1.6 und 3.1.7 der TA Luft).

Maßnahmen zur Lärmminderung: →Blockheizkraftwerk. *Kaier*

Literatur: *Davids, P.; M. Lange:* Die TA Luft '86. Technischer Kommentar. Düsseldorf 1986.

Gasvorwärmer (GAVO). G. sind Wärmetauscher, die zur Wiederaufheizung des Abgases nach der nassen →Abgasentschwefelung und zur Erwärmung des Abgases auf die erforderliche Reaktionstemperatur bei den →SCR-Verfahren (Tailgas) eingesetzt werden. Die Bezeichnung G. wurde analog zu dem Begriff LUVO (Luftvorwärmer für die Verbrennungsluft) gewählt.

Als G. werden bevorzugt regenerative kontinuierlich arbeitende Wärmetauscher verwendet, bei denen das Erwärmen und Abkühlen gleichzeitig und ohne Unterbrechung der Abgasströme erfolgt. Das die Wärme speichernde Material durchläuft kontinuierlich die Warm- und Kaltperioden. Die zwei üblichen Bauarten (Bild) entsprechen dem Rotor- und Statorprinzip. Beim Rotorprinzip ist die Speichermasse in einem Rotor angeordnet und bewegt sich zwischen den festen Abgaskanälen. Beim Statorprinzip ist die Speichermasse feststehend. Die Abgasströme werden über umlaufende Flügelhauben zugeführt. Bei beiden Bauarten werden die Abgase im allgemeinen im Gegenstrom durch die Speichermasse geleitet. Die Speichermasse besteht im wesentlichen aus Profilblechen, die zu Paketen zusammengefaßt und so eingebaut sind, daß sie axial durchströmt werden. Die kontinuierlich arbeitenden Regeneratoren besitzen gegenüber Rekuperatoren (z. B. Rohrbündelwärmetauscher) einige Vorteile wie einfache und preiswerte Bauelemente, kleines Bauvolumen, geringe Beeinflußung der Wärmeleistung durch Verschmutzung und gute Reinigungsmöglichkeiten. Nachteilig sind Spaltströme und Schleusleckagen zwischen heißem und kaltem Abgasstrom. Die Größe des Spaltstromes wird beeinflußt durch die Temperaturen und Druckdifferenz der Abgase sowie die Güte des Abdichtsystems. Die Schleusleckage hängt von

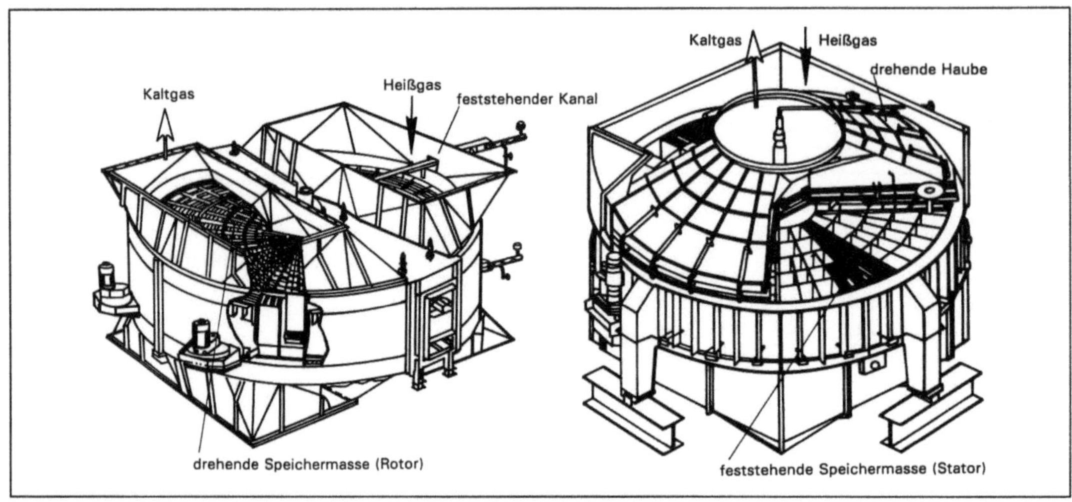

Gasvorwärmer: Bauarten von kontinuierlich arbeitenden Abgasvorwärmern.

der Drehzahl des Rotors bzw. der Flügelhauben und dem Bauvolumen des Wärmetauschers ab. *Haug*

Literatur: VDI 3930: Abgaskühlung und -erwärmung.

Gattersäge. G. ist eine Maschine zum Zerteilen von Baumstämmen zu Balken, Bohlen oder Brettern. Die einfache G. hat ein Sägeblatt, bei Vollgattern kann eine größere Anzahl von Sägeblättern eingehängt werden. Vollgatter sind Senkrechtgatter mit hin- und hergehender Haupt-(Schnitt)-Bewegung in lotrechter Richtung. Der Antrieb erfolgt durch Kurbeltrieb mit meist unten liegender Kurbelwelle. Die beim Betrieb entstehenden freien Massenkräfte bewirken Schwingungen des Gatterfundaments. Bei G. führen die mit dem Sägehub hin- und herbewegten Massen zu verhältnismäßig großen dynamischen Kräften, die über das Fundament in den Boden eingeleitet werden und in der Umgebung →Erschütterungen erzeugen. G. werden oft mit Drehzahlen von etwa 300 U/min. betrieben. Die dadurch verursachten erzwungenen Schwingungen mit Frequenzen von etwa 5 Hz werden bei der Ausbreitung als Oberflächenwelle durch Absorption im Boden nur wenig vermindert. In Abständen bis zu etwa 300 m können in Wohnhäusern noch störende Erschütterungsimmissionen verursacht werden, besonders wenn in ein- bis zweigeschossigen Wohnhäusern die Eigenfrequenz der Häuser in horizontaler Richtung mit der durch die G. erzeugten Erregerfrequenzen nahezu übereinstimmt (Resonanz). Eine Verminderung der von G. verursachten Erschütterungsimmissionen kann durch eine Drehzahländerung der G. erreicht werden, wenn die Stärke der Erschütterungsimmissionen durch Resonanz bedingt ist. Die Erschütterungen können bei G. sehr wirksam durch Verbesserung des Massenausgleichs, d. h. durch Anbringen von Massen-

ausgleichern an G. erreicht werden. Die Masse und die Form des Gatterfundaments beeinflußt ebenfalls die Größe der →Erschütterungsemission. *Splittgerber*

Literatur: *Esterer, M.*: Das unwuchtfreie Gatter in Betrieb. Holz-Zentralblatt (1971) Nr. 137. – *Gritzner, K. H.*: Erschütterungsbelästigungen, hervorgerufen durch Sägegatter und Abhilfemaßnahmen. Lärmbekämpfung (1972) Nr. 1. – *Wietlake, K. H.*: Erschütterungseinwirkungen von Sägegattern. Industrie-Anzeiger **96** (1974) Nr. 107/108.

GAU. Abk. von *Größter anzunehmender Unfall.* Gemeint ist damit der schwerste →Störfall in einer kerntechnischen Anlage, für den bei der Auslegung der Anlage Maßnahmen getroffen werden müssen, die die Beherrschung des Störfalls und seiner Folgen sicherstellen. Ursprünglich geprägt wurde der Begriff GAU in der →Reaktorsicherheit. Amtlich wird die Bezeichnung Gau heute nicht mehr verwendet; sie wurde ersetzt durch den Begriff →Auslegungsstörfall. *Merz*

Gauß-Ausbreitungsformel. Formel zur Berechnung gasförmiger →Immissionskonzentration in der Umgebung von Emittenten nach dem *Gauß*-Fahnenmodell der TA-Luft (→Gauß-Modell):

$$C(x,y,z) = \frac{10^6}{3600 \cdot 2\pi} \frac{Q}{u_h \, \sigma_y \, \sigma_z} \exp\left(-\frac{y^2}{2\,\sigma_y^2}\right)$$
$$\left[\exp\left(-\frac{(z-h)^2}{2\,\sigma_z^2}\right) + \exp\left(-\frac{(z+h)^2}{2\,\sigma_z^2}\right)\right]$$

Es bedeuten:

x,y,z in m   kartesische Koordinaten der Immmissionsorte in Ausbreitungsrichtung (x), senkrecht zur Ausbreitungsrichtung horizontal (y) und vertikal (z).

c(x,y,z) in mg/m³   Massenkonzentration der gasförmigen Luftverunreinigung (Immissionskonzentration) am Immissionsort mit den Koordinaten (x,y,z) für jede einzelne Ausbreitungssituation

z in m   Höhe des Immissionsortes über der Flur

Q in kg/h   Emissionsmassenstrom des emittierten luftverunreinigenden Stoffs aus der Emissionsquelle

h in m   Effektive Quellhöhe (s. a. Anhang C Nr. 6 der TA-Luft)

σ_y, σ_z in m   Horizontale und vertikale Ausbreitungsparameter, die die Aufweitung der Abgasfahne mit zunehmender Entfernung zum Emittenten in Abhängigkeit von der Ausbreitungsklasse (→Diffusionsklasse; s. a. Anhang C Nr. 9 der TA-Luft) beschreiben. Es gilg folgende Entfernungsabhängigkeit für die Ausbreitungsparameter: $\sigma_y = F \cdot x^f$, $\sigma_z = G \cdot x^g$. Die Zahlenwerte für die Koeffizienten F und G sowie die Exponenten f und g sind Anhang C Nr. 10 der TA-Luft zu entnehmen. Aus Anhang C Nr. 9 TA-Luft ist zu entnehmen, welche Ausbreitungsklasse in Abhängigkeit von Jahreszeit, Tageszeit, Windgeschwindigkeit und Bewölkungszustand vorliegt.

u_h in m/s   Windgeschwindigkeit in effektiver Quellhöhe (nach Formel IV des Anhangs C der TA-Luft)

Külske

Gauß-Fahnenmodell →Gauß-Modell

Gauß-Modell. Mathematisch-meteorologische Modelle zur Berechnung der Schadstoffausbreitung in der Atmosphäre. Modellkennzeichen ist die Annahme, daß die Konzentrationsverteilung in der Abgasfahne quer und vertikal zur Transportrichtung die Form einer *Gauß'schen* Glockenkurve hat.

Die →*Gauß*-Ausbreitungsformel des *Gauß*-Fahnenmodells ergibt sich aus der statistischen Theorie der Turbulenz oder als Lösung der allgemeinen Diffusionsgleichung unter folgenden einschränkenden Randbedingungen: der Ausbreitungsprozeß ist stationär, die Diffusion in Transportrichtung ist vernachlässigbar, die quer und senkrecht zur Ausbreitungsrichtung vorliegende Diffusion ist räumlich konstant. Das *Gauß*-Fahnenmodell errechnet für jede Ausbreitungssituation (gekennzeichnet durch Windgeschwindigkeit, Windrichtung, Ausbreitungsklasse) eine mittlere Abgasfahne und damit die Immissionskonzentration für beliebige Punkte im Raum oder auf der Erdbodenoberfläche (Zeitmittel z. B. über eine Stunde).

Bei Berücksichtigung aller Ausbreitungssituationen eines Jahres (8 760 Stunden) erhält man für jeden vorgegebenen Punkt in der Umgebung der Quelle eine →Häufigkeitsverteilung von Immissionskonzentrationen, so daß Jahresmittelwerte und Perzentilwerte berechnet werden können. Für die Anwendung des Modells benötigt man neben den meteorologischen Daten die emittierte Schadstoffmenge in Masse pro Zeiteinheit, die Schornsteinbauhöhe, die effektive Quellhöhe, die Ortskoordinaten des Schornsteins und die der Immissionspunkte. Die effektive Quellhöhe errechnet sich aus der Abgasmenge, der Abgastemperatur, der Austrittsgeschwindigkeit der Abgase in Abhängigkeit von der Windgeschwindigkeit und der →Temperaturschichtung der Atmosphäre. Die Anwendung des Modells setzt voraus, daß das Gelände eben ist und daß die emittierten Stoffe keinen chemischen und physikalischen Umwandlungen unterliegen.

Die Ausbreitungsformel des *Gauß*-Fahnenmodells liefert in vielen Fällen mit ausreichender Sicherheit Aussagen über Immissionsbelastungen aus bestehenden oder geplanten Anlagen (Immissionsprognosen); sie ist in der TA Luft zur Immissionsberechnung vorgeschrieben (→Gauß-Ausbreitungsformel). Der Vorteil dieses Modells gegenüber komplexeren Modellen besteht vor allem darin, daß die Streuungen, die die Auffächerung der Abgasfahne beschreiben, aus experimentellen Ausbreitungsuntersuchungen gewonnen wurden. Das Modell stellt damit ein empirisch bestätigtes Modell dar. Es ist insbesondere einsetzbar für Quellentfernungen bis 15 km. Durch Erweiterungen des Modells können Inversionen, Effekte trockener und nasser Deposition, Sedimentation und lineare chemische Umsetzungen der Schadstoffe berücksichtigt werden.

In Fällen, in denen die Anwendungsvoraussetzungen nicht erfüllt sind, sind komplexere Ausbreitungsmodelle einzusetzen.

Eine Erweiterung des Anwendungsbereiches von G.-M. liefert das *Gauß*-Wolkenmodell. Es ermöglicht im Gegensatz zum *Gauß*-Fahnenmodell Immissionsberechnungen auch dann, wenn die meteorologischen Ausbreitungsbedingungen räumlich und zeitlich variieren, und wenn die Emission nicht stationär ist. Eine räumlich und zeitliche Variation der Ausbreitungsbedingungen ist häufig gegeben in orographisch gegliedertem Gelände und bei langen Transportzeiten.

Das Modell verfolgt die von Quellen über kurze Zeiten freigesetzten (Abgas-/Abluft-)Wolken (Puffs) auf ihrem Transportweg (→Trajektorien). Es wird angenommen, daß die Konzentrationsverteilung innerhalb der Wolke in jeder Richtung (auch in Transportrichtung) die Form einer Gauß'schen Glockenkurve hat. Die Streuungswerte der *Gauß*-Verteilungen werden den Ausbreitungsexperimenten des Gauß-Fahnenmodells entnommen. Emittiert eine Quelle zeitlich kontinuierlich, so wird die Emission in eine Folge von Einzelwolken zerlegt, deren Ausbreitung unabhängig voneinander berechnet wird. Man erhält als Ergebnis z. B. den zeitlichen Verlauf der Immissionskonzentration während einer Episode. *Külske*

Literatur: VDI 3782 Bl. 1: Ausbreitung von Luftverunreinigungen in der Atmosphäre; Gaußsches Ausbreitungsmodell für Luftreinhaltepläne. 10/1992.

GAVO →Gasvorwärmer

Gebäudeisolierung. Die G. gegen →Erschütterungen ist die →Passivisolierung eines Gebäudes, bei der Federkörper und zum Teil auch Dämpfer im Bereich der Fundamente des Gebäudes eingebaut werden mit dem Ziel, im Baugrund auftretende Erschütterungen vom Gebäude fernzuhalten und auch eine Abschirmung gegen die Einleitung von →Körperschall zu erreichen.

Die Federn zur elastischen Gründung müssen so dimensioniert sein, daß sie mit der gesamten Masse des Gebäudes belastet werden können. Außerdem ist das Frequenzspektrum der im Boden vorhandenen Erschütterungen zu berücksichtigen, um durch eine geeignete Abstimmung für die störenden Anteile der Bodenerschütterungen einen ausreichend großen Isolierfaktor zu erzielen. Die Isolatoren werden bei der G. z. B. oberhalb der Fundamentplatte derart eingebaut, daß die gesamten statischen Lasten ohne Schwingungsbrücken elastisch gelagert sind. G. werden auch in Bergsenkungsgebieten durchgeführt, um ungleichmäßige Setzungen der Gebäude abzufangen und dadurch →Bergschäden zu vermeiden. In Erdbebengebieten wird bei erschütterungsempfindlichen Bauwerken ebenfalls bei entsprechender Auslegung der Isolatoren durch eine G. ein Schutz vor Schäden und Störungen technischer Anlagen in den Bauwerken erreicht. *Splittgerber*

Literatur: *Stühler, W.*: Maßnahmen zur Reduzierung der Übertragung mechanischer Erschütterungen und von Körperschall bei U-Bahnen. Hrsg.: VDE: Forschritte der Akustik DAGA '80. Berlin 1980. – *Wietlake, K.-H.*: Körperschallisolierte Grundung eines Wohnhauses oberhalb einer U-Bahn-Trasse. Bauingenieur (1985) 60.

Gebietsart →Baugebiet

Gebirgsschlag. Unter G. versteht man ein schlagartiges Entspannen von Gebirgsschichten, insbesondere im Bergbau, und zwar dann, wenn schädliche Einwirkungen auf Grubenbaue eintreten.

G. entstehen als Folge von großen Spannungen im Gebirge. Liegen diese Spannungen in der Nähe der Bruchbedingungen, genügen oft geringe zusätzliche Einflüsse, z. B. →Sprengerschütterungen durch untertägigen Abbau, zum Auslösen des G. Die durch die im Gebirge infolge der Spannungen angesammelte potentielle Energie wird beim G. plötzlich frei; dadurch werden →Erschütterungen verursacht, die sich bis zur Erdoberfläche ausbreiten und sich dort auswirken können. Die im Gebirge auftretenden Bruchvorgänge sind kaum beherrschbar. Das Phänomen der G. ist durch Bruchvorgänge bedingt, die verschiedene Ursachen haben. Bei untertägigen Abbau entstehen Hohlräume, durch die sich im darüber liegenden Gebirge Spannungen aufbauen und umlagern. Das kann zum Ablösen von Gesteinen aus dem Gebirgsverband führen, bis hin zu Streb- und Streckenbrüchen. Schlagartige Bruchvorgänge durch Senkungen im Gebirge werden auch als bergbauliche Erdstöße bezeichnet. Übertage machen sich G. an der Erdoberfläche als Bodenerschütterungen bemerkbar, die zum Teil auch als knallartige Geräusche hörbar sind.

Bei intensivem Untertagebau können in manchen Abbaugebieten Erdstöße auftreten, die mehr als Entspannungsschläge zu bezeichnen sind und nicht unbedingt als G., weil nicht zugleich schädliche Einwirkungen beim untertägigen Abbau auftreten. Durch derartige schlagartige Vorgänge werden an der Erdoberfläche kurzzeitig auftretende impulsartige Erschütterungen verursacht. Diese liegen oft deutlich oberhalb der subjektiven →Wahrnehmungsschwelle; sie werden von den Betroffenen gespürt und oft als beunruhigend empfunden. In manchen Fällen erreichen die Schwingungsamplituden der Schwinggeschwindigkeit auch so große Werte, daß Schäden an Gebäuden auftreten. Die örtliche Bruchstelle im Gebirge ist bei Entspannungsschlägen selten genau zu orten. *Splittgerber*

Literatur: *Velsen-Zerweck, R.*: Gebirgsschlagverhütung. Essen 1983.

Gefährdungsabschätzung. Sie umfaßt alle Untersuchungen, Ergebnisse und Bewertungen zur Beurteilung der von →Altlasten ausgehenden und zu erwartenden Gefährdungen für Leben und Gesundheit des Menschen und für die belebte und unbelebte Umwelt (→Gefährdungspotential). Die Beurteilung führt zu einer Einstufung in ungefährliche, beobachtungs- und überwachungsbedürftige, sanierungsbedürftige sowie schutz- und beschränkungsbedürftige →Altablagerungen und →Altstandorte. Darüber hinaus ist auf der Grundlage der Ergebnisse der G. das Setzen von Prioritäten für Untersuchungen und Sanierungen möglich.

Bei der G. muß festgestellt werden, welche Gefährdungen im einzelnen durch welche Stoffe und für welche Schutzgüter bestehen oder zu erwarten sind. Diese Feststellungen müssen alle potentiellen →Ausbreitungspfade mit ihren Wirkungen und alle mit der schon bestehenden und geplanten Nutzung in Zusammenhang stehenden Schutzgüter einschließen. Bei dieser Betrachtungsweise wird die G. durch folgende drei Einflußfaktoren bestimmt:
□ Eigenschaften und Mengen der abgelagerten bzw. ins Erdreich eingedrungenen Schadstoffe einschließlich ihrer Reaktionsprodukte;
□ Ausbreitung der Schadstoffe und ihrer Reaktionsprodukte mit den räumlichen und zeitlichen Möglichkeiten und Wahrscheinlichkeiten;
□ Art und Umfang der Exposition von Schutzgütern in Verbindung mit der vorhandenen oder geplanten Nutzung.

Die Methoden zur G. liefern stichprobenartige Aussagen, weil die Zusammensetzung und die Menge der Schadstoffe und der Reaktionsprodukte in ihrer Gesamtheit nicht vollständig ermittelt werden können. Auch sind die Kenntnisse über das Verhalten und Ausbreiten der Schadstoffe und Reaktionsprodukte im Untergrund eingeschränkt (→Schadstofftransportvorgang). Weiterhin sind die Zusammenhänge zwischen physikalischen und chemischen Eigenschaften der einzelnen Stoffe und ihre zu erwartenden Wirkungen auf die Schutzgüter noch nicht für alle vorkommenden Stoffe und Kombinationen bekannt.

Konzepte zur G. weisen eine in bestimmte Arbeitsschritte gegliederte Methodik auf. Nach jedem Arbeitsschritt wird über die Notwendigkeit des nächsten Schrittes mit weiteren Untersuchungen und Maßnahmen entschieden. Für die G. werden in den einzelnen Bundesländern unterschiedliche Methoden angewandt. Die Erstellung einer Liste für altlastrelevante Schadstoffe mit human- und ökotoxikologischen Bewertungskriterien ist im Bundesumweltministerium/Umweltbundesamt in Vorbereitung. Auch ist ein Modell für die G. vorgesehen, das nach drei Schutzgütergruppen differenziert:
– Erhaltung der ökologischen Funktion der Umwelt,
– Erhaltung der menschlichen Gesundheit,
– Funktionserhaltung für belebte und unbelebte Sachgüter.

Die Ergebnisse aus den drei Schutzgütergruppen werden zu einem Gefährdungspotential aggregiert. Abhängig von der Höhe des Gesamtgefährdungspotentials können folgende Entscheidungen ergehen:
– keine zusätzliche Gefährdung durch die Altlast: Streichung aus dem →Altlastenkataster,

– kritische Gefährdungen: Durchführung einer fachtechnischen Überwachung oder Sicherung/Dekontamination
– nicht tolerierbare Gefährdungen: →Dekontamination oder Sicherung. *Thoenes*

Literatur: SRU: Altlasten. Stuttgart 1990. – LAGA: Altablagerungen und Altlasten. Berlin 1991.

Gefährdungshaftung. Bei der G. besteht die Haftung grundsätzlich unabhängig von der Vorhersehbarkeit des eingetretenen Schadens und von der Rechtswidrigkeit der schadensbegründenden Handlung sowie des Verschuldens des Ersatzpflichtigen. Grundlage der G. ist die Vorstellung, daß derjenige, der eine gefährliche Tätigkeit ausübt oder eine gefährliche Anlage betreibt und hieraus seinen Nutzen zieht, auch das damit verbundene Betriebsrisiko tragen muß.

Eine verschuldensunabhängige G. für Umweltschäden ist im →Umweltrecht vor allem im →Wasserrecht und im →Atomrecht vorgesehen. Für die Umwelthaftung von zentraler Bedeutung ist das zum 1. 1. 1991 in Kraft getretene →Umwelthaftungsgesetz. Kern des Gesetzes ist die anlagenbezogene G. für Umweltschäden. Erleichtert wird mit dem Gesetz außerdem der Kausalitätsnachweis. Für bestimmte Anlagen wird eine Pflicht zur Deckungsvorsorge angeordnet. *Hoppe/Beckmann*

Literatur: *Kummer:* Haftungsrecht. In: Deutsche Rechtspraxis, Hand- und Schulungsbuch. München 1991.

Gefährdungspotential. Das G. umfaßt alle Schadwirkungen, die von →Altablagerungen und von →Altstandorten ausgehen können. Hierbei können Schadstoffe die Gesundheit des Menschen gefährden oder sein Wohlbefinden beeinträchtigen. Weiterhin können Wasser, Boden, Luft, Pflanzen, Tiere, Ökosysteme und Sachgüter geschädigt werden. Darüber hinaus können über die →Nahrungskette die menschliche Gesundheit und über Böden und Untergrund die Funktionen des →Naturhaushaltes beeinträchtigt werden.

Die einzelnen Möglichkeiten der Schadwirkungen durch Altablagerungen und Altstandorte sind:
□ für den Menschen: Gesundheitsgefährdungen bzw. Schäden durch
– Einatmen von Gasen, Dämpfen, Schwebstaub,
– Berühren oder Verschlucken von Wasser, Böden, Staub oder Bodenresten an Feldfrüchten,
– Verzehr belasteter Pflanzen- oder Tierprodukte,
– Entzündung brennbarer Gase und Dämpfe mit Brand, Verpuffung, Explosion (Bild);
□ für Gewässer:
– Verunreinigungen von Grundwasser bzw. Grundwassergewinnungsanlagen für Trink- und Brauchwasser,

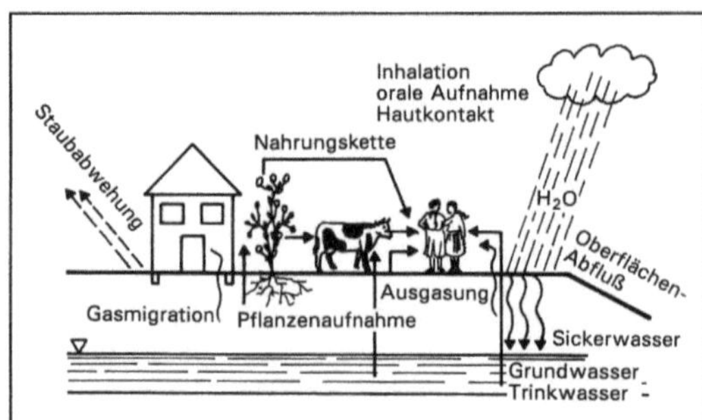

Gefährdungspotential: G. für den Menschen auf einer Altlast.

– schädliche Verunreinigungen von Oberflächengewässern, z. B. der Trinkwassergewinnung dienende Gewässer, Fischteiche, Kleingewässer,
– Schädigung der Lebensgemeinschaften im Grundwasserleiter;
□ für Böden und Untergrund:
– Schädigung der →Bodenfunktionen, insbesondere der Regelungsfunktionen,
– verminderte Bodenfruchtbarkeit und eingeschränkte Nutzbarkeit zur Pflanzen- bzw. Nahrungsmittelproduktion,
– Belastung durch Schadstoffeintrag in die Umgebung,
– Schadstofffreisetzungen bei Baumaßnahmen im Baugrund,
– Geländeabsenkungen, Sackungen, Rutschungen, Erosionen,
– Wärmebildung;
□ für Pflanzen:
– Wuchsschäden,
– Absterben durch Sauerstoffverdrängung in der Wurzelzone,
– Aufnahme pflanzenverfügbarer Schadstoffe aus dem Boden,
– Kontaminationen mit Schadstoffen über den Luftweg,
– Kontamination mit Schadstoffen über Gieß- und Beregnungswasser;
□ für Tiere:
– Wachstums- und Reproduktionsschädigungen durch Aufnahme von Schadstoffen über Luft, Wasser und Futter;
□ für Kultur- und sonstige Sachgüter:
– Schäden an Materialien und Fundamenten von Bauwerken, an Ver- und Entsorgungsleitungen, an Verkehrswegen durch Setzungen bzw. Rutschungen oder durch Stoffe, die sich aggressiv verhalten,
– Korrosionsschäden an Gasmotoren für Deponiegase;
□ für die Landschaft:
– Einschränkung der Lebensraum- und Erholungsfunktion,

– Schädigung naturnaher und schützenswerter Biotope und davon abhängiger Tier- und Pflanzenarten,
– Beschränkung der Nutzung von Landschaftspotentialen, z. B. Oberflächenwasserentnahme,
– Veränderungen des Landschaftsbildes,
– Inanspruchnahme bisher unverbauter Flächen an anderer Stelle.

Die Emissionen der klimarelevanten Gase wie Kohlendioxid, Methan und Halogenkohlenwasserstoffe sind im Zusammenhang mit dem G. aus →Altlasten gesondert zu betrachten. *Thoenes*

Literatur: *Schuldt, M.:* Wie gefährlich sind Altlasten im Boden? Umwelt 5 (1987) S. 295/98. – LAGA: Altablagerungen und Altlasten. Berlin 1991. – SRU: Altlasten. Stuttgart 1990.

Gefährliche Stoffe. G. S. können bei der Herstellung, Verwendung und Entsorgung zu schädlichen Auswirkungen auf den Menschen und seine Umwelt führen. Zum Schutz vor diesen Auswirkungen verfügt das Umweltrecht über entsprechende Gesetze (Chemikaliengesetz, →Bundes-Immissionsschutzgesetz, →Abfallgesetz, →Wasserhaushaltsgesetz). Regelungsgrundlagen für den Umgang mit g. S. sind im wesentlichen im Chemikaliengesetz (ChemG) enthalten. Das Chemikaliengesetz ist ein medien- und fachübergreifendes Stoffgesetz, das gleichermaßen den Arbeitsschutz, den allgemeinen Gesundheitsschutz und den Umweltschutz berücksichtigt. Die Merkmale g. S. sind dort im einzelnen beschrieben (§ 3a ChemG). Hierzu gehören u. a.:
– explosionsgefährlich
– brandfördernd und entzündlich
– giftig, ätzend und reizend
– sensibilisierend
– krebserzeugend, fruchtschädigend und erbgutverändernd
– sonstige chronisch schädigende Eigenschaften
oder
– umweltgefährlich.

G. S. sind gemäß den Bestimmungen des Chemikaliengesetzes einzustufen, zu verpacken und zu kennzeichnen.

Die →Gefahrstoffverordnung (GefStoffV) enthält besondere Regelungen über den Umgang mit g. S. und für bestimmte Stoffe auch Herstellungs- und Verwendungsverbote.

Praxisorientierte Regeln für den Umgang und den Ersatz g. S. werden auf Empfehlungen des Ausschusses für Gefahrstoffe (AGS) als Technische Regeln für Gefahrstoffe (TRGS) vom Bundesminister für Arbeit und Sozialordnung erlassen. *Plehn*

Literatur: Chemikalien-Verbotsverordnung. Bundesgesetzblatt 1993, Teil I. – Gesetz zum Schutz vor gefährlichen Stoffen (Chemikaliengesetz, ChemG). Bundesgesetzblatt 1990, Teil I, S. 521/547. – Verordnung über gefährliche Stoffe (Gefahrstoffverordnung, GefStoffV). BGBl 1993, T. I, S. 1782.

Gefährlichkeitsmerkmal. Zur Konkretisierung der Definition gefährlicher Stoffe und gefährlicher Zubereitungen in § 3a ChemG (→Gefahrstoffverordnung) werden in § 4 GefStoffV die entsprechenden G. beschrieben. Darüber hinaus enthält Anhang I Nr. 1 – hinsichtlich gefährlicher Zubereitungen in Verbindung mit Anhang II – der GefStoffV detaillierte Einstufungskriterien.

Die G. waren in der G.-Verordnung vom 17. Juli 1990 (BGBl. I S. 1422) geregelt, bis diese Definitionen 1993 unter Anpassung an EG-Recht in § 4 der GefStoffV übernommen wurden. Die gefährlichen Eigenschaften sind mit ihren G. konditional verknüpft, d. h. Stoffe und Zubereitungen (hier unter Umweltrelevanzgesichtspunkten betrachtet) sind
– sehr giftig, wenn sie in sehr geringer Menge bei Einatmen, Verschlucken oder Aufnahme über die Haut zum Tode führen oder akute oder chronische Gesundheitsschäden verursachen können;
– giftig, wenn sie in geringer Menge bei Einatmen, Verschlucken oder Aufnahme über die Haut zum Tode führen oder akute oder chronische Gesundheitsschäden verursachen können;
– mindergiftig, wenn sie bei Einatmen, Verschlucken oder Aufnahme über die Haut zum Tode führen oder akute oder chronische Gesundheitsschäden verursachen können;
– ätzend, wenn sie lebende Gewebe bei Berührung zerstören können;
– reizend, wenn sie – ohne ätzend zu sein – bei kurzzeitigem, länger andauerndem oder wiederholtem Kontakt mit Haut oder Schleimhaut eine Entzündung hervorrufen können;
– sensibilisierend, wenn sie bei Einatmen oder Aufnahme über die Haut Überempfindlichkeitsreaktionen hervorrufen können, so daß bei künftiger Exposition gegenüber dem Stoff oder der Zubereitung charakteristische Störungen auftreten;
– krebserzeugend, wenn sie bei Einatmen, Verschlucken oder Aufnahme über die Haut Krebs erregen oder die Krebshäufigkeit erhöhen können;
– fortpflanzungsgefährdend (reproduktionstoxisch), wenn sie bei Einatmen, Verschlucken oder Aufnahme über die Haut nicht vererbbare Schäden der Nachkommenschaft hervorrufen oder deren Häufigkeit erhöhen (fruchtschädigend) oder eine Beeinträchtigung der männlichen oder weiblichen Fortpflanzungsfunktionen oder -fähigkeit zur Folge haben können;
– erbgutverändernd, wenn sie bei Einatmen, Verschlucken oder Aufnahme über die Haut vererbbare genetische Schäden zur Folge haben oder deren Häufigkeit erhöhen können;
– auf sonstige Weise chronisch schädigend, wenn sie bei wiederholter oder länger andauernder Exposition einen anderen als auf krebserzeugende, fortpflanzungsgefährdende oder erbgutverändernde

Einflüsse beruhenden Gesundheitsschaden verursachen können;
– umweltgefährlich, wenn sie selbst oder ihre Umwandlungsprodukte geeignet sind, die Beschaffenheit des Naturhaushalts, von Wasser, Boden oder Luft, Klima, Tieren, Pflanzen oder Mikroorganismen derart zu verändern, daß dadurch sofort oder später Gefahren für die Umwelt herbeigeführt werden können.

Die auf den gefährlichen Eigenschaften beruhenden Einstufungen gefährlicher Stoffe (Gefahrstoffverordnung) finden auch ihren Niederschlag in der Zuordnung von stoff- oder zubereitungsspezifischen Hinweisen auf besondere Gefahren (→R-Satz) und von Sicherheitsratschlägen (→S-Satz). *Dreyhaupt*

Gefahr. Unter G. versteht die Rechtsordnung die objektive Möglichkeit eines Schadenseintritts. Sie ist nicht bei jedem theoretisch denkbaren Schadensereignis gegeben, sondern nur bei einem solchen, das unter Ausschöpfung aller Erkenntnismöglichkeiten ernsthaft in Betracht kommt und damit hinreichend wahrscheinlich ist. Im Sicherheitsrecht wird zwischen verschiedenen Gefahrenarten unterschieden. Von allgemeiner Bedeutung ist insbesondere die Unterscheidung zwischen konkreter G. (hinreichende Wahrscheinlichkeit eines Schadenseintritts aufgrund eines tatsächlich vorliegenden Sachverhalts) und abstrakter G. (hinreichende Wahrscheinlichkeit eines Schadenseintritts bei einem gedachten typischen Sachverhalt). Bei Störfällen i. S. der →Störfall-Verordnung geht es immer um konkrete G. Derartige G. sind bereits vorbeugend zu verhindern (→ernste Gefahr). *Hansmann*

Gefahrenabwehr.
Allgemein. Im polizeirechtlichen Sinne liegt eine Gefahr vor, wenn eine Sachlage besteht, die bei ungehindertem Geschehensablauf mit hinreichender Wahrscheinlichkeit zu einem Schaden führt. Hinsichtlich des Grades der Wahrscheinlichkeit muß differenziert werden nach dem Rang des bedrohten Rechtsguts und nach dem Ausmaß des zu befürchtenden Schadens.

Grundsätzlich liegt dieser polizeirechtliche Gefahrenbegriff auch dem →Umweltrecht zugrunde. Angesichts des katastrophalen Schadensumfanges, den z. B. Störfälle bei Kernkraftwerken oder Chemiebetrieben annehmen können, muß die Wahrscheinlichkeit des Schadenseintrittes bei solchen Anlagen gegen Null gehen. Außerdem sind Gefahren, die aus der Errichtung und dem Betrieb großtechnischer Anlagen herrühren, nicht mehr – wie im allgemeinen Polizeirecht – nach der allgemeinen Lebenserfahrung zu beurteilen. Deshalb besteht z. B. bei kerntechnischen Anlagen eine Gefahr erst dann nicht mehr, wenn es nach dem →Stand von Wissenschaft und Technik praktisch ausgeschlossen erscheint, daß Schadensereignisse eintreten werden. Ungewißheiten jenseits dieser Schwelle praktischer Vernunft haben ihre Ursache in den Grenzen des menschlichen Erkenntnisvermögens. Sie sind deshalb unentrinnbar und insofern als sozialadäquate Lasten von allen Bürgern zu tragen. Dieser vom BVerfG für das Atomrecht entwickelte Standard der praktischen Vernunft dürfte auch auf andere Bereiche des Umweltschutzrechts übertragbar sein. *Hoppe/Beckmann*

Literatur: *Drews/Wacke/Vogel; Martens:* Gefahrenabwehr. Köln u. a. 1986. – *Hansen/Dix:* Die Gefahr im Polizeirecht, im Ordnungsrecht und im technischen Sicherheitsrecht. Köln u. a. 1982.

Altlasten. G. bezeichnet für das Gebiet der →Altlasten die Aufgabe von staatlichen Stellen, auf der Grundlage der hierfür erlassenen Gesetze und Verordnungen nach pflichtgemäßem Ermessen die erforderlichen Maßnahmen zur Beseitigung der Gefahr zu treffen. Die Grundlage für Maßnahmen nach dem →Abfallrecht ist das allgemeine Wohl, bei Maßnahmen aufgrund des Wasserrechts der →Besorgnisgrundsatz und bei Maßnahmen nach dem allgemeinen Ordnungsrecht die öffentliche Sicherheit oder Ordnung.

Die durchzuführenden Abwehrmaßnahmen orientieren sich an der Eigenart der Gefahr und der Gefährdungspfade. Zur G. bei Altlasten können →Schutz- und Beschränkungsmaßnahmen, Nutzungsänderungen, →Sicherungsmaßnahmen, Dekontaminationsmaßnahmen oder →Umlagerungen notwendig werden. Jede dieser Maßnahmen muß sicherstellen, daß von der Altlast zukünftig keine Gefährdungen oder gegebenenfalls nur beherrschbare und kontrollierbare Beeinträchtigungen ausgehen. *Thoenes*

Gefahrenabwehrplan. Nach der →Störfall-Verordnung hat der Anlagenbetreiber i. S. des § 1 Abs. 2 der Verordnung betriebliche Alarmpläne und G., die mit den für Katastrophenschutz und allgemeine →Gefahrenabwehr zuständigen Behörden abgestimmt sind, aufzustellen, fortzuschreiben und den Inhalt diesen Behörden mitzuteilen. Die Anforderungen an diese Pläne sollen in einer Allgemeinen Verwaltungsvorschrift zur Störfall-Verordnung konkretisiert werden. Inhaltlich umfaßt der betriebliche Alarmplan und G. alle betrieblichen (z. B. Brände, Freisetzungen, Explosionen und sonstige Unfälle) und außerbetrieblichen Gefährdungsmöglichkeiten (z. B. Ereignisse aus Nachbaranlagen, Unfälle beim →Gefahrguttransport), die betrieblichen Sicherheitseinrichtungen (→Sicherheitstechnik) und das Verhalten des Betriebspersonals im Gefahrenfall. *Nitsche*

Literatur: Technisch-wissenschaftliche Grundlagen für Richtlinien zur Gefahrenabwehrplanung in der Umgebung von Anlagen der chemischen Industrie, Berlin. Umweltbundesamt Texte 28/86. – Theorie und Praxis der Gefahrenabwehrplanung bei gefährlichen Industrieanlagen nach der Störfall-Verordnung. Tagungsband zum FGU-Seminar am 26. und 27. 10. 1987. Umweltbundesamt Texte 15/88. Berlin 1988.

Gefahrenkennbuchstabe. Bestandteil der Kennzeichnung von Gefahrstoffen nach der →Gefahrstoffverordnung (GefStoffV). Für die Kennzeichnung der entsprechend ihren gefährlichen Eigenschaften eingestuften Stoffe oder Zubereitungen sind nach Anhang I Nr. 2 der GefStoffV folgende G., die den entsprechenden →Gefahrensymbolen und Gefahrenbezeichnungen zugeordnet sind, zu verwenden:

E explosionsgefährlich,
O brandfördernd,
F+ hochentzündlich,
F leichtentzündlich,
T+ sehr giftig,
T giftig,
Xn mindergiftig,
C ätzend,
Xi reizend,
N umweltgefährlich. *Dreyhaupt*

Gefahrenquelle. G. im Sinne der →Störfall-Verordnung sind mögliche Gefahrenursachen. Gleichgültig ist dabei, ob die Gefahr erst im Zusammenwirken mit anderen Ursachen hervorgerufen werden kann. Nach der Störfall-Verordnung sind betriebliche und umgebungsbedingte G. zu unterscheiden. Als betrieblich sind G. dann anzusehen, wenn sich die Möglichkeit des Gefahreneintritts aus dem Betrieb der Anlage ergibt. Umgebungsbedingt sind solche externen (nicht betriebsbedingten) G., mit denen an dem vorgesehenen Standort eher als an anderen Standorten gerechnet werden muß. Umgebungsbedingte G. können naturbedingt (z. B. Erdbeben, Hochwasser) oder zivilisationsbedingt (Gefahren durch benachbarte Industrieanlagen, Flugzeugabsturz) sein. Gegen betriebliche und umgebungsbedingte G. sind nach § 3 Abs. 1 der Störfall-Verordnung Vorkehrungen zu treffen. →Sicherheitsanalyse *Hansmann*

Gefahrensymbol. Zur Kennzeichnung →gefährlicher Stoffe und Zubereitungen sind nach Anhang I Nr. 2 der →Gefahrstoffverordnung bestimmte G. (Bild) und die zugehörigen Gefahrenbezeichnungen zu verwenden. Der Kennbuchstabe für das Symbol ist Bestandteil des G. (→Gefahrenkennbuchstabe). *Dreyhaupt*

Gefahrenverdacht. Für den Bereich der →Altlasten ist der G. durch die Unsicherheit bei der Beurteilung des Sachverhaltes im Rahmen der Erfassung der →Altablagerungen und →Altstandorte gekennzeichnet. Somit sind entsprechende

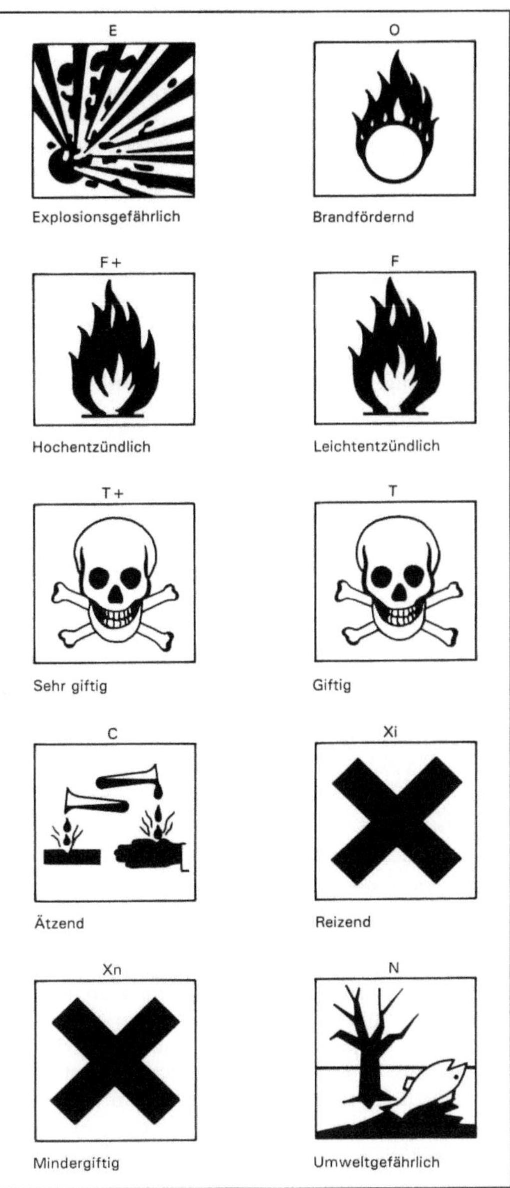

Gefahrensymbol: G. und Gefahrenbezeichnungen nach der Gefahrstoffverordnung.

Flächen und Standorte zunächst →Verdachtsflächen bzw. Verdachtsstandorte. Der G. berechtigt oder zwingt sogar zur weiteren Klärung der möglichen Gefährdung im Hinblick auf die Wahrscheinlichkeit der Schadstoffausbreitung (→Ausbreitungspfad) und der Exposition. *Thoenes*

Gefahrerforschungseingriff. Die polizei- und ordnungsrechtliche Generalklausel ermächtigt die zuständige Behörde, die notwendigen Maßnahmen zur Gefahrenbeseitigung zu treffen, soweit nicht speziellere Regelungen für die Gefahrenbeseitigung gelten.

Die polizeirechtliche Generalklausel deckt in Grenzen auch solche Verfügungen, welche die Behörde erst zwecks Ermittlung und Abschätzung einer Gefahr erläßt. Dazu können Probebohrungen, Messungen und sonstige Sicherstellungen zählen. Umstritten ist jedoch, ob die zur Aufklärung des Sachverhalts erforderlichen Ermittlungsmaßnahmen ausschließlich von der Behörde vorzunehmen und von dem Verdachtsbetroffenen lediglich zu dulden sind oder ob die Aufklärung des Sachverhaltes diesem durch Ordnungsverfügung aufgegeben werden kann. Die Rechtsprechung bejaht zum Teil eine Inanspruchnahme des Störers für die Gefahrerforschung mit dem Hinweis darauf, daß dieser als vorläufiger Störer in Betracht komme. Dagegen wird eingewandt, daß eine Inanspruchnahme ausscheiden müsse, weil noch nicht feststehe, ob eine Gefahr und damit eine Verantwortlichkeit des Störers bestehe. *Hoppe/Beckmann*

Literatur: *Drews/Wacke/Vogel; Martens:* Gefahrenabwehr. Köln u. a. 1986.

Gefahrgut. Der Begriff G. ist im Gesetz über die Beförderung gefährlicher Güter definiert. Danach sind gefährliche Güter Stoffe und Gegenstände, von denen aufgrund ihrer Natur, ihrer Eigenschaften oder ihres Zustandes im Zusammenhang mit der Beförderung Gefahren für die öffentliche Sicherheit oder Ordnung, insbesondere für die Allgemeinheit, für wichtige Gemeingüter, für Leben und Gesundheit von Menschen sowie für Tiere und andere Sachen ausgehen können.

Da das Gefahrgutgesetz sich nur auf die Beförderung gefährlicher Stoffe und Gegenstände bezieht, muß der Begriff Gefahrgut in dieser Einengung auf den Transport gesehen werden. Der Begriff muß insoweit vom Begriff Gefahrstoffe (→Gefahrstoffverordnung) unterschieden werden. *Rompe*

Gefahrgutbeauftragter. Im Gegensatz zu den →Gefahrgutvorschriften, die sich mit der Beförderung von Gütern (verkehrsträgergebundene Vorschriften) befassen und sich an den Eigenschaften des Gefahrgutes – unabhängig davon, ob es privat oder gewerblich befördert wird – orientieren, richtet sich die Verordnung über die Bestellung von G. und die Schulung der beauftragten Personen (G.-Verordnung – GbV vom 19. 12. 1989 – BGBl. I S. 2182) an Unternehmen und Betriebe, die Gefahrgüter versenden, befördern, zur Beförderung verpacken oder zur Beförderung übergeben.

Jeder Betrieb, der eines der angegebenen vier Tätigkeitsmerkmale erfüllt, muß beauftragte Personen haben, die speziell auf die Belange des Gefahrguttransportes hin geschult sind und die darüber einen entsprechenden Nachweis (Schulungsbescheinigung) besitzen.

Werden in einem Betrieb jedoch mehr als 50 t Gefahrgut pro Kalenderjahr versendet, befördert, zur Beförderung verpackt oder zur Beförderung übergeben, so ist die Bestellung eines G. im Unternehmen erforderlich. Unabhängig von der Menge des Gefahrguts sind auch dann G. erforderlich, wenn radioaktive Stoffe oder Listengüter der Liste I nach Anhang B.8 zur GGVS (→Gefahrgutvorschriften) den Tätigkeitsmerkmalen entsprechend im Betrieb gehandhabt werden.

Der G. muß zuverlässig und sachkundig sein. Die erforderliche Sachkunde in Bezug auf die verkehrsträgerspezifischen Vorschriften muß in einer von einer Industrie- und Handelskammer dafür anerkannten Schulung erworben werden, die periodisch alle 3 Jahre zu wiederholen ist. Der G. hat im Unternehmen die Aufgabe, die durch die beauftragten Personen ausgeführten Tätigkeiten zu überwachen, darüber Aufzeichnungen zu führen und Mängel der Unternehmensleitung anzeigen. Über die Gefahrguttransport-Aktivitäten des Unternehmens hat er einen Jahresbericht anzufertigen, der von der Geschäftsleitung 3 Jahre aufbewahrt werden muß.

Der G. ist nach seiner Bestellung im Unternehmen durch geeignete Mittel bekannt zu machen. Aufgrund seiner Bestellung erhält er keine Weisungsbefugnis. *Vogt*

Gefahrgutklassen. Die Einteilung der Gefahrgüter (→Gefahrgut) selbst erfolgt in Klassen. Die Klassen sind den Eigenschaften des Gefahrgutes zugeordnet.

Klasse 1 Explosive Stoffe und mit explosiven Stoffen geladene Gegenstände

Klasse 2 Verdichtete, verflüssigte oder unter Druck gelöste Gase

Klasse 3 Entzündbare flüssige Stoffe

Klasse 4.1 Entzündbare feste Stoffe

Klasse 4.2 Selbstentzündliche Stoffe

Klasse 4.3 Stoffe, die in Berührung mit Wasser entzündliche Gase entwickeln

Klasse 5.1 Entzündend (oxydierend) wirkende Stoffe

Klasse 5.2 Organische Peroxide

Klasse 6.1 Giftige Stoffe

Klasse 6.2 Ekelerregende oder ansteckungsgefährliche Stoffe

Klasse 7 Radioaktive Stoffe

Klasse 8 Ätzende Stoffe

Klasse 9 Sonstige gefährliche Stoffe und Gegenstände

Auf der Grundlage des UN-*Orange book* (→Gefahrgutvorschriften) werden die gefährlichen Güter in drei Kategorien eingeteilt

I Güter mit besonders gefährlichen Eigenschaften

II Güter mit mittleren Gefahreigenschaften

III Güter mit geringen Gefahreigenschaften

Diese Einteilung spiegelt sich in den einzelnen Gefahrgutvorschriften und Gefahrklassen wieder (z. B. in der Verpackungsgruppe, →Gefahrgutumschließung). Beim →Transport radioaktiver Stoffe wird diese Einteilung nicht benutzt. Hier werden die Empfehlungen der International Atomic Energy Organisation (IAEO) angewandt. *Vogt*

Gefahrgut-Straßenfahrzeug. Für das G.-S. zum Transport entzündbarer Flüssigkeiten wird in den entsprechenden Regeln (GGVS bzw. ADR; →Gefahrgutvorschriften) besondere Sicherheitsausrüstung verlangt. Dabei geht es im wesentlichen um Explosionsschutz und um die Vermeidung von Bränden. Fahrzeugmotor, Auspuffanlage sowie andere heiße Teile müssen so abgedeckt sein, daß keine feuergefährliche Flüssigkeit bei undicht werdendem Tank auf diese Teile tropfen kann. Das Führerhaus muß durch eine Schutzwand vom Tank getrennt sein, um es gegen Flammenwirkung abzuschirmen (Bild 1).

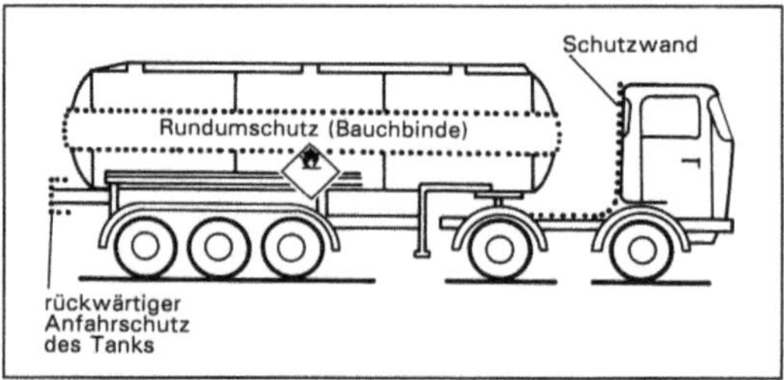

Gefahrgut-Straßenfahrzeug 1: Besondere Schutzeinrichtungen für Tankfahrzeuge.

Entsprechende Anforderungen gelten für die elektrische Ausrüstung der Fahrzeuge. Durch einen Schalter im Führerhaus muß die Batterie von der elektrischen Anlage zu trennen sein. Die Verkabelung und die elektrischen Verbraucher selbst müssen elektrisch besonders sicher und mechanisch geschützt untergebracht werden. Weitere wesentliche Maßnahmen betreffen die Bremsausrüstung der Fahrzeuge mit automatischen Gestängestellern für die Nachstellung der Bremsen sowie verschleißlose Dauerbremsen (Retarder oder verstärkte Motorbremsen). Die Wirkung der Dauerbremsanlage muß so über die Regelautomatik des ABS abgesichert werden, daß die dann gebremsten Achsen nicht überbremst werden können.

Ein weiterer Problembereich mit häufig unterschätzter Bedeutung ist der technische Zustand der Fahrzeuge. In der amtlichen Unfallstatistik kommt den technischen Ursachen eine relativ geringe Bedeutung zu. Allerdings werden hier auch lediglich technische Defekte und Ausfälle erfaßt, soweit sie von dem aufnehmenden Polizeibeamten erkannt werden können. Dennoch spielen auch die technischen Mängel bei Gefahrgut-Unfällen mit einem Anteil von 5–8 % eine nicht zu vernachlässigende Rolle. Dies ist der höchste für eine Fahrzeuggruppe in der amtlichen Statistik – die ja bekanntermaßen eine hohe Dunkelziffer enthält – ermittelte Anteil. Dabei ist das große Gefahrenpotential dieser Fahrzeuge zu beachten. Die bei Verkehrskontrollen festgestellten technischen Mängel bei Gefahrgutfahrzeugen betreffen hauptsächlich die elektrische Ausrüstung, Warneinrichtungen, Feuerlöscher, Ladungssicherung und Bereifung. Brems- und Lenkungsmängel sind bei solchen Sichtkontrollen weniger leicht zu entdecken.

Wesentliche Impulse für die Sicherheit von Tankfahrzeugen sind von dem 1981 von der Bundesregierung (Bundesministerium für Forschung und Technologie) gestarteten Demonstrationsvorhaben TOPAS (Tankfahrzeuge mit optimalen passiven und aktiven Sicherheitseinrichtungen) ausgegangen (Bild 2). Dadurch wurde ein allgemeiner Innovationsschub ausgelöst. Wichtige Ergebnisse dieser Forschungsarbeit, wie die zu höherer Kippstabilität und besserem Lenkverhalten führende Schwerpunktabsenkung um ca. 300 mm und die auf 2,1 m erweiterte Reifenspurweite, Luftfederachsaggregate, automatischer Blockierverhinderer (ABS) z. T. mit Antriebsschlupf-Regelung, Überrollschutz, Sicherheitstanks und zusätzliche hochgesetzte Rückleuchten, gehören zwischenzeitlich zum Standard für Fahrzeugneukonstruktionen. Viele dieser Maßnahmen und Einrichtungen sind auch bereits in die rechtlichen Vorschriften eingeflossen.

Ein besonderes Problem stellt das unterschiedliche Bremsverhalten von Zugfahrzeug und Anhänger oder Auflieger dar. Auch nach den neuesten europäischen Bremsenvorschriften wird dem Zugfahrzeug noch eine zwischen 45 und 65 % höhere Bremsverzögerung als dem Anhänger zugestanden. Um eine optimale Bremsverzögerung zu erhalten und Zugfahrzeug und Anhänger gleichmäßig an der Bremsung zu beteiligen, sollte zunächst für Gefahrgut-Fahrzeugzüge eine automatische Abstimmung der Bremswirkung von Zugfahrzeug und Anhänger entwickelt werden, z. B. in Abhängigkeit von der Auflaufkraft in der Kupplung zwischen beiden Fahrzeugen oder von der Verzögerung des Zugs.

Die Analyse der Unfälle, bei denen →Gefahrgut ausgetreten ist, zeigt, daß in 55 bis 70 % dieser Unfälle das Fahrzeug umkippte. Kippunfälle sind zu etwa 70 % Folge eines Alleinunfalls, meist eines Fahrunfalls und zu etwa 30 % Folge einer seitlichen Kollision eines Lkw. Aus amerikanischen Untersuchungen geht hervor, daß bei Tankfahrzeug-Unfällen mit dem Anstieg der Schwerpunkthöhe von 1,30 m auf 2,00 m sich der Anteil der Kippunfälle von 1 auf 10 % verzehnfacht. Berechnungen und Versuche auf Kippbrücken zeigten, daß die Kippgrenze nicht mit einfachen Rechenformeln zu ermitteln ist. Neben der Schwerpunkthöhe beeinflussen die Spurweiten, die Verteilung der Drehfederhärten über den Achsen, die Achsgeometrie, die Reifenverformung u. a. wesentlich das Kippverhalten, so daß nur dreidimensionale Modellvorstellungen mit einer Vielzahl von schwer erfaßbaren Einflußparametern zu ausreichend genauen Ergebnissen führen. Erfolgversprechend erscheint daher nur ein geforderter Grenzwert auf einer Kippbrücke.

Dabei ist zu berücksichtigen, daß die Kippgrenze bei stationärer Kreisfahrt (statische Kippgrenze), die auf der Kippbrücke ermittelt wird, gegenüber instationären Fahrvorgängen um 20–30 % abzusenken ist (dynamische Kippgrenze). Zum Einfluß der beweglichen flüssigen Ladung (Schwallwirkung) liegen bisher kaum Untersuchungen vor.

Automatische Regler, die ein Überschreiten der zulässigen Höchstgeschwindigkeit einschließlich einer Toleranz unmöglich machen, sind in Frankreich und Italien für verschiedene Nutzfahrzeuge bereits eingeführt. Die Ausrüstung von Gefahrgutfahrzeugen mit solchen Reglern ist in der EG ab 1994 vorgeschrieben.

Bei mehr als zwei Drittel aller Gefahrgutunfälle sind Pkw, Zweiräder und Fußgänger beteiligt. Zum Schutz dieser Beteiligten und zum Schutz der G.-S. und ihrer Ladung sollten der vorgeschriebene Unterfahrschutz am Heck und der Frontunterfahrschutz verbessert und entsprechender Schutz an den Seiten eingeführt werden. Mehrere Hersteller bieten solche Verkleidungen heute bereits an, doch ihre Anwendung erfolgt noch zu zögernd.

Am Arbeitsplatz des Gefahrgutfahrers sollten die Bedingungen bezüglich Temperatur und Geräusch eingehalten werden, die heute bei Bussen bereits Stand der Technik sind. In zunehmendem Maße

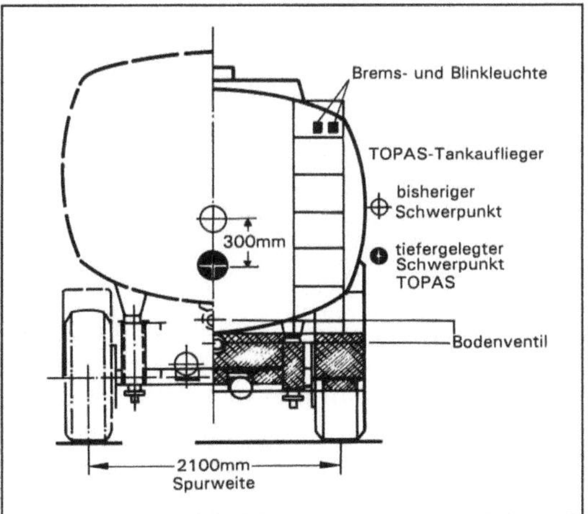

Gefahrgut-Straßenfahrzeug 2: Querschnittvergleich eines üblichen Tankfahrzeugs mit dem optimierten Tankfahrzeug TOPAS.

werden zur Erleichterung der Arbeit des Fahrzeugführers und zur Erhöhung der Fahrsicherheit Regel- und Steuersysteme eingesetzt. Dieser Trend muß weiter unterstützt werden. *Rompe*

Gefahrguttransport auf die Straße. Statistische Angaben zum G. in der Bundesrepublik können unter Berücksichtigung des Strukturwandels in den neuen Bundesländern und unter Berücksichtigung unzureichender Daten für den Straßengüternahverkehr z. T. nur geschätzt werden. Danach repräsentieren gefährliche Güter etwa 12 % der in der Bundesrepublik mit Fahrzeugen transportierten Güter.

Bei den auf unseren Straßen transportierten und damit auch im Unfallgeschehen austretenden gefährlichen Stoffen haben Mineralölprodukte mit 70–80 % den größten Anteil, davon entfällt wiederum auf Benzin etwa ein Drittel (Bild). Mit deutlich geringeren Prozentanteilen folgen Gase sowie Säuren und giftige Flüssigkeiten.

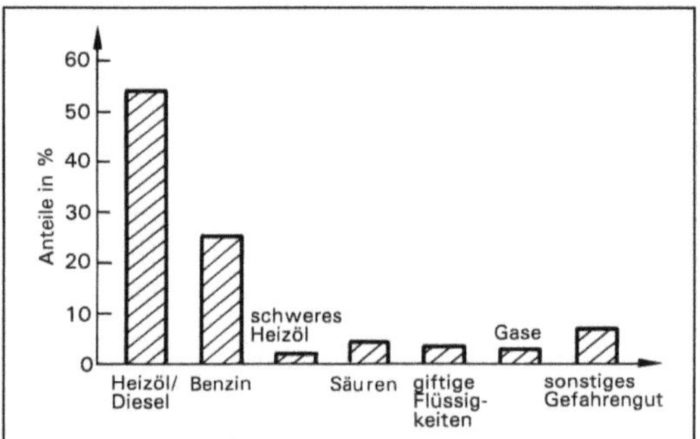

Gefahrguttransport auf die Straße: Anteilige Häufigkeit des Transports der verschiedenen Gefahrgüter in der Bundesrepublik.

Genaue Angaben über die Transportfahrzeuge liegen nur für Tankfahrzeuge mit GGVS-Zulassung vor, und zwar aufgegliedert nach Kraftfahrzeugen, Anhängern und Sattelanhängern. Etwa 50 % des Bestands sind Tankkraftwagen und weitere 35 % Tank-Sattelzüge. Tank-Züge stehen mit einem Anteil von etwa 15 % an dritter Stelle. Zusätzlich verkehren noch Lkw mit Aufsetztanks, z. T. auch mit Anhängern.

Neben einer geringen Anzahl von speziellen Fahrzeugen zum Transport, z. B. von Sprengstoff oder radioaktiven Stoffen, müssen noch die Transportfahrzeuge für z. B. Kraftstoff und Munition der Streitkräfte hinzugerechnet werden.

Die Auswertung der amtlichen Unfallstatistik für Tankfahrzeuge zum Transport brennbarer Flüssigkeiten, Gase, ätzender Stoffe (GGVS-Unfälle) durch die Bundesanstalt für Straßenwesen (BASt) für die Jahre 1982–1984 hat ergeben, daß sich jährlich durchschnittlich etwa 800 GGVS-Unfälle in

den alten Bundesländern ereigneten. Bei 330 dieser Unfälle entstand Personenschaden: 25 Personen wurden getötet, 145 Personen wurden schwer und 300 leicht verletzt. Bei etwa 60 Unfällen wurde Stoff freigesetzt und in etwa 7 Fällen kam es zu einem Brand. Die Fortführung dieser Auswertung in den Jahren 1989 und 1990 zeigt, daß die inzwischen eingeleiteten Maßnahmen zu einem deutlichen Rückgang der Unfallzahlen geführt haben.

Gefahrgutunfälle mit Tankfahrzeugen ereignen sich zu jeweils 40–50 % auf Autobahnen und Landstraßen und zu 10–20 % im Innerortsbereich.

Im Vergleich zu anderen Fahrzeugen für den Gütertransport schneiden Gefahrgut-Tankfahrzeuge jedoch, bezogen auf die Unfallhäufigkeit und den Personenschaden, relativ günstig ab. Es zeigt sich, daß die Unfallrate (Getötete je Mrd. Fahrzeugkilometer) der Tankfahrzeuge nur etwa 20 % der entsprechenden Rate von allen Lkw entspricht.

Beim G. hat, ebenso wie im übrigen Straßenverkehr, der Mensch den größten Anteil an den Unfallursachen. Nichtangepaßte Fahrgeschwindigkeit mit etwa 20 % und ungenügender Abstand mit etwa 10 % sind die bei allen Tankfahrzeug-Unfällen besonders häufig festgestellten Unfallursachen der beschuldigten Fahrzeugführer. Bei den schweren Unfällen mit Stoff-Freisetzung ist der Anteil dieser beiden Ursachen mit zusammengenommen etwa 40 % noch größer.

Unter den Unfallarten im G. treten die Alleinunfälle in besonderer Weise hervor. Bei allen Tankfahrzeug-Unfällen liegt der Anteil dieser Unfallart in ähnlicher Größenordnung wie bei allen Lkw-Unfällen (17 %). Bei den schweren Tankfahrzeug-Unfällen mit Stoff-Freisetzung beträgt der Anteil der Alleinunfälle jedoch 50–60 %. Alleinunfälle beruhen, außer auf Zeitdruck, Ermüdungs- und Alkoholeinflüssen, im allgemeinen auf einer Fehleinschätzung von Fahrgeschwindigkeit und Fahreigenschaften des Fahrzeugs oder der Straßenbedingungen, d. h. auch wesentlich auf mangelnder Fahrzeugbeherrschung.

Die Vorschriften für den G. auf der Straße sehen daher bereits seit 1979 eine besondere Schulung der Fahrer vor mit einer Wiederholungsprüfung nach drei Jahren. Seit 1991 sind auch die Stückgutfahrer für den G. in diese Schulungsprogramme einbezogen.

Als weitere Maßnahme zur Verbesserung der Qualifikation der Gefahrgutfahrer wurde von einer Arbeitsgruppe im Auftrag des Bundesministers für Verkehr vorgeschlagen, einen Gefahrgut-Fahrerschein einzuführen. Neben der besonderen Schulung sollten zwei Jahre Fahrerfahrung, arbeitsmedizinische und verkehrspsychologische Untersuchungen sowie ein Sicherheitstraining Voraussetzung zum Erwerb des Gefahrgut-Fahrerscheins sein. *Rompe*

Gefahrguttransportkennzeichnung im Straßenverkehr. Die Transportkennzeichnung beim →Gefahrguttransport auf der Straße richtet sich nach der GGVS (→Gefahrgutvorschriften) und damit nach der Art des verwendeten Beförderungsmittels. Es muß unterschieden werden in:
– Beförderungseinheiten für Stückgüter,
– Beförderungseinheiten für Schüttgüter,
– Beförderungseinheiten mit Tanks.
□ Beförderungseinheiten für Stückgüter: Stückgüter können in Lastkraftfahrzeugen oder Containern befördert werden. Grundsätzlich sind die Beförderungseinheiten vorne und hinten mit einer orangefarbenen →Warntafel – ohne Angabe von Gefahr- und Stoffnummern – gekennzeichnet.

Die Stückgüter bzw. Container müssen außen mit den entsprechenden Gefahrzetteln (→Gefahrgutumschließung) gekennzeichnet sein.

□ Beförderungseinheiten für Schüttgüter: Die Beförderung von Gefahrgütern in loser Schüttung ist an bestimmte Voraussetzungen nach den Gefahrgutvorschriften gebunden, z. B. an die Dichtigkeit des Fahrzeugs und den Schutz vor Niederschlagswasser. Die Kennzeichnung dieser Beförderungseinheiten erfolgt vorne und hinten mit orangefarbenen Warntafeln ohne Angabe von →Gefahr- und Stoffnummern. Das Ladegefäß bzw. der Schüttgutcontainer ist außen mit den für die jeweiligen Gefahrguteigenschaften vorgeschriebenen Gefahrzetteln (→Gefahrgutumschließung) zu kennzeichnen.

□ Beförderungseinheiten mit Tanks: Sie werden grundsätzlich vorne und hinten mit einer orangefarbenen Warntafel gekennzeichnet. Für bestimmte Stoffe (Stoffe des Anhangs B.5 der GGVS) sind auf den orangefarbenen Warntafeln Kennzeichnungsnummern zu zeigen. In der oberen Hälfte der Warntafel wird die →Gefahrnummer – auch als →Kemlerzahl bezeichnet –, gezeigt, in der unteren Hälfte der Warntafel die Stoffnummer (meist die →UN-Nummer).

Werden in einem Tankfahrzeug mehrere Gefahrgüter gleichzeitig transportiert, so muß jede Tankkammer an beiden Seiten des Fahrzeugs mit orangefarbenen Warntafeln und den entsprechenden Kennzeichnungsnummern versehen sein. Zusätzlich dazu ist das Fahrzeug mit den Eigenschaften des Ladegutes entsprechenden Gefahrzetteln (Gefahrgutumschließung) in der Größe 250 mm × 250 mm an beiden Längsseiten und hinten zu kennzeichnen.

Werden Tankcontainer auf einem LKW befördert und der Gefahrzettel des Containers ist von außen nicht sichtbar, so muß in diesem Fall der Gefahrzettel außen am Fahrzeug an beiden Längsseiten und hinten zusätzlich angebracht sein. *Vogt*

Gefahrguttransportrecht. Das G. ist in der Bundesrepublik vornehmlich geregelt im Gesetz über die Beförderung gefährlicher Güter vom 6. 8. 1975 (BGBl. I S. 2121) und in einer Reihe von Verordnungen, die vor allem für einzelne Transportarten unterschiedliche Regelungen enthalten (→Gefahrgutvorschriften).

□ Gefahrgutbeförderungsgesetz. Das GBefGG enthält als Leitgesetz die zentralen Bestimmungen für alle Verkehrsträger und die erforderlichen Ermächtigungsgrundlagen für den Verordnungsgeber sowie Vorschriften über sachverständige Beratung, Zuständigkeiten, Überwachung und Ordnungswidrigkeiten.

Erfaßt werden die gewerbliche und nicht gewerbliche Beförderung gefährlicher Güter (→Gefahrgut) mit Eisenbahn-, Straßen-, Wasser- und Luftfahrzeugen auf öffentlichen und nichtöffentlichen Verkehrswegen.

□ Verordnungsrecht für einzelne Verkehrsträger. In den Gefahrgutverordnungen Straße, Eisenbahn, Binnenschiffahrt, See, sind im wesentlichen Begriffsbestimmungen und Pflichten für die an der Beförderung gefährlicher Güter Beteiligten, generelle Zulassungs- und besondere Erlaubnisvorschriften in Verbindung mit Einzelregelungen und Klassifizierungssystemen sowie Vorschriften über Verpackung, Transportmittel und Kennzeichnung, deren Einzelheiten wiederum in Anlagen enthalten sind, geregelt. Die Verordnungen enthalten außerdem Bestimmungen über die Zuständigkeiten, über Ausnahmetatbestände, über Sonderrechte und Ordnungswidrigkeiten.

Grundsätzlich dürfen gefährliche Güter nur verpackt befördert werden. Ausnahmen enthält das G. nur für die Beförderung fester Stoffe loser Schüttung. An die Verpackungen (→Gefahrgutumschließung) werden im G. Anforderungen gestellt; u. a. sind Verpackungen entsprechend den Primäreigenschaften der geladenen gefährlichen Güter zu kennzeichnen, wobei das Kennzeichen über Symbole und eine bestimmte Farbgebung die Haupteigenschaften der jeweiligen Gefahrgutklasse ausdrücken. *Hoppe/Beckmann*

Literatur: *Busch:* In: Handwörterbuch des Umweltrechts, Bd. II. Berlin 1988. – *Kloepfer:* Umweltrecht, § 13 Rn. 137ff. München 1988.

Gefahrguttransporttank →Tank für den Straßen-Gefahrguttransport

Gefahrgutumschließung. Ein wesentlicher Sicherheitsfaktor beim →Gefahrguttransport ist die Umschließung des Gefahrguts. Im Bereich der Massengutbeförderungen findet der Container in seinen verschiedenen Bauformen als Tank-, Silo- oder als Stückgutcontainer immer mehr Anwender. Auf der Straße und im Kombi-Verkehr (Straße-Schiene) ist aber auch das Tankfahrzeug ein häufiges Beförderungsmittel für Massengüter. Die Sicherheit dieser Umschließungen wird durch eine Baumusterprüfung und darüber hinaus durch regelmäßige Nachprüfungen gewährleistet.

Im Bereich der Stückgutbeförderungen werden für die G. geprüfte Verpackungen verlangt, die nach UN-Standards geprüft werden und dann auf allen Verkehrsträgern eingesetzt werden können.

Man unterscheidet drei Verpackungsgruppen (I, II und III). Die leistungsfähigste Verpackung ist die der Verpackungsgruppe I. Sie muß benutzt werden für Güter, die im UN-*Orange book* (→Gefahrgutvorschriften; →Gefahrgutklassen) der Gefährlichkeitsstufe I zugeordnet sind. Es dürfen für weniger gefährliche Stoffe auch höherwertige Verpackungen benutzt werden.

Bei der Verpackungskennzeichnung gilt folgende Zuordnung:

Gefahrgutkategorie nach UN-„*Orange Book*"	Verpackungs-Gruppe	Kennzeichen auf der Verpackung
I	I	X
II	II	Y
III	III	Z

Beispiel einer Verpackungskennzeichnung:

 1A1 / Y 1.4 / 150 / 83,NL / VL 123

dabei bedeuten:

 Nach internationalem Standard geprüfte Verpackung, die verkehrsträgerübergreifend eingesetzt werden kann

1   Verpackungsart (hier Fass)

A   Werkstoff (hier Stahl)

1   Verpackungstyp (hier nicht abnehmbarer Deckel)

Y   Kennzeichnung der Verpackungsgruppe (hier II)

1.4   zugelassene relative Dichte des gefährlichen Gutes von … (hier 1,4)

150   Prüfdruck der Flüssigkeitsdruckprüfung (hier 150 kPa)

83,NL   Jahr der Herstellung und Kurzzeichen des Staates, das die Verpackung zugelassen hat

VL123   Kurzzeichen und Registernummer des Verpackungsherstellers

Damit von weitem die Gefahr deutlich angezeigt wird, die von dem Versandstück, wenn es z. B. beschädigt wird, ausgehen kann, werden die G. mit Gefahrzetteln gekennzeichnet (Bild 1), die je nach Verkehrsträger auch Label oder Placard genannt werden.

Muster des Label	Bedeutung	Grundfarbe
	Explosive Stoffe und Gegenstände	orange
		orange
		orange
	Verdichtetes, nicht brennbares Gas	grün
	Entzündbare Flüssigkeiten	rot
	Entzündbare feste Stoffe	rot
	Selbstentzündliche Stoffe	rot
	Stoffe, die mit Wasser entzündliche Gase entwickeln	blau
	Entzündentwirkende Stoffe und organigsche Peroxide	gelb
	Giftige Stoffe	sw
	Gesundheitsschädliche Stoffe	sw
	Infektiöse Stoffe	sw
	Radioaktive Stoffe unterschiedlicher Strahlungsintensität	sw
		gelb
		gelb
	Ätzende Stoffe	sw
	Sonstige gefährliche Stoffe und Gegenstände	sw
	Meerwassergefährdende Stoffe	sw

Gefahrgutumschließung 1: Gefahrzettel zur Kennzeichnung von G.

Die Gefahrzettel können und dürfen auch mit Aufschriften versehen sein. Bei den nicht landgestützten Verkehrsträgern wird bei Stoffen mit mehreren Gefahren die Klasse der Nebengefahr im Label durchgestrichen. So ist die Hauptgefahr auch von außen jederzeit erkennbar.

Beispiel: Ein Faß, das wässrige Lösungen von Wasserstoffperoxid, Klasse 6.1, Ziffer 62b der GGVS, enthält, muß mindestens der Verpackungsgruppe II entsprechen und wird, wenn es verkehrsträgerübergreifend befördert wird, entsprechend Bild 2 gekennzeichnet. *Vogt*

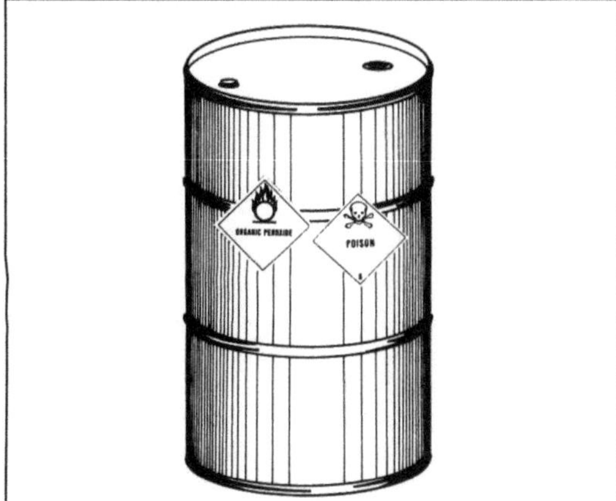

Gefahrgutumschließung 2: Beispiel für die Kennzeichnung einer G. mit Gefahrzetteln.

Gefahrgutvorschriften. Welche G. bei einer Beförderung einzuhalten sind, richtet sich nach
– der Art des Verkehrsträgers: Straße, Schiene, Luft, Binnenschiff oder Seeschiff und
– der Art bzw. den Eigenschaften des Gutes.

Da für jeden Verkehrsträger eine eigenständige Sicherheitsbetrachtung bezüglich der vertretbaren Risiken bei der Beförderung vorgenommen wird, ist nicht jedes Gut mit gefährlichen Eigenschaften auf jedem Verkehrsträger auch ein →Gefahrgut. Ausschlaggebend für die Zuordnung zu einer →Gefahrgutklasse ist die Zuordnung in der Stoffaufzählung der jeweiligen verkehrsträgergebundenen G.

National gelten folgende G. auf den einzelnen Verkehrsträgern:
– GGVS Gefahrgutverordnung Straße
– GGVE Gefahrgutverordnung Eisenbahn
– GGVBinSch Gefahrgutverordnung Binnenschifffahrt
– GGVSee Gefahrgutverordnung Seeschiffahrt
– GGVLuft Gefahrgutverordnung Luftfahrt (in Vorbereitung).

Bei der internationalen Beförderung gefährlicher Güter gelten, wenn die einzelnen Staaten die entsprechenden Vorschriften ratifiziert haben, folgende Regelwerke:
– ADR: Accord européen relatif un transport international des marchandises dangereuses par route, Europäisches Übereinkommen über die internationale Beförderung gefährlicher Güter auf der Straße

– RID: Réglement concernant le transport international ferroviaire des marchandises dangereuses, Ordnung für die internationale Eisenbahnbeförderung gefährlicher Güter
– ADN: Accord européen relatif un transport international des marchandises dangereuses par navigation intérieure, Europäisches Übereinkommen über die internationale Beförderung gefährlicher Güter auf Binnenwasserstraßen (z. Zt. noch ein Entwurf der Wirtschaftskommission der Vereinten Nationen für Europa (ECE)).
– IMDG-Code: International maritime dangerous goods codes, Internationale Seeschiffahrts Gefahrgutkennzeichnung
– IATA DGR: International air transport assosiation dangerous goods regulations, IATA Gefahrgut-Vorschriften
– ICAO TI: Technical instructions for the safe transport of dangerous goods by air.

Die Vorschriften der IATA DGR und ICAO TI sind deckungsgleich.

Der Geltungsbereich der Vorschriften ist eingeschränkt auf die Verkehrsträger, mit denen die Güter befördert werden, bei den internationalen Vorschriften zusätzlich durch die Zahl der Staaten, in denen die Vorschriften ratifiziert sind.

In den verschiedenen Organisationen wurden bisher die Regelwerke unabhängig voneinander entwickelt. Seit einigen Jahren bemüht man sich um eine welt- bzw. europaweite Harmonisierung. Die Grundlagen dafür wurden weltweit von den Vereinten Nationen (UN) geschaffen; unter dem Titel Recommendations prepared by the committee of experts on the transport of dangerours goods, wegen der Farbe des Einbands auch *"Orange book"* genannt, sind sie veröffentlicht.

Alle vorstehend genannten internationalen Vereinbarungen wurden von der Bundesrepublik Deutschland gezeichnet. Da sich die nationalen und internationalen Vorschriften aber zum Teil durch die noch nicht abgeschlossenen Harmonisierungen (Laufzeiten bis zum Jahr 2015) unterscheiden, muß der Anwender der Vorschriften über den Geltungsbereich genaue Kenntnisse haben.

Grundsätzlich gelten die nationalen Vorschriften bei Beförderungen innerhalb Deutschlands (das Hoheitsgebiet darf nicht verlassen werden) vom Versandort bis zum Bestimmungsort. Dabei fallen die Vorbereitungen des Transports wie das Einpakken des Gefahrguts, das Befüllen eines Tankcontainers sowie das Auspacken oder das Entleeren eines Tankcontainers auch unter den Begriff der Beförderung.

Bei grenzüberschreitenden Beförderungen gelten die dem Verkehrsträger entsprechenden internationalen Gefahrgutbeförderungsregeln. Diese Regeln gelten dann aber auch schon im Bereich des deutschen Hoheitsgebiets. *Vogt*

Gefahrnummer. Zur Kennzeichnung von Gefahrguttransporten auf der Straße sind in der GGVS, für solche auf die Schiene in der GGVE (→Gefahrgutvorschriften) orangefarbene Warntafeln vorgeschrieben (→Gefahrguttransportkennzeichnung im Straßenverkehr), die beim Transport bestimmter Stoffe in Beförderungseinheiten mit Tanks zwei das Transportgut kennzeichnende Nummern aufweisen müssen:
– die G., die die Gefährlichkeit des Transportgutes angibt (→Kemlerzahl), und
– die Stoffnummer, die lediglich die eindeutige Stoffzuordnung ermöglicht und meist als →UN-Nummer angegeben wird.

Anhang B.5 der GGVS enthält in den Verzeichnissen I und II eine Auflistung der zur Kennzeichnung vorgeschriebenen Stoffe mit den zugeordneten G. und Stoffnummern.

Die G. besteht aus zwei oder drei Ziffern, wovon jede für sich auf bestimmte Gefahren hinweist:
2 Entweichen von Gas durch Druck oder durch chemische Reaktion
3 Entzündbarkeit flüssiger Stoffe (Dämpfe) und Gase oder selbsterhitzungsfähiger flüssiger Stoffe
4 Entzündbarkeit fester Stoffe oder selbsterhitzungsfähiger fester Stoffe
5 Oxidierende (brandfördernde) Wirkung
6 Giftigkeit
8 Ätzwirkung
9 Gefahr einer spontanen heftigen Reaktion

Die Ziffer 0 wird nur bei zweistelligen Nummern an der letzten Stelle gebraucht und bedeutet, daß die davor stehende Ziffer die Gefahr des Stoffes ausreichend beschreibt.

Die Verdopplung einer Ziffer weist dagegen im allgemeinen auf die Zunahme der entsprechenden Gefahr hin; es gibt aber auch Besonderheiten, z. B. die Nummern 22, 333 oder 44, deren Bedeutung dem Verzeichnis der Stoffe und der Kennzeichnungsnummern (Randnummer 250 000 der GGVS) entnommen werden kann.

Ist einer G. ein X vorangestellt, so reagiert der Stoff in gefährlicher Weise mit Wasser.

Die G. steht immer in der oberen Hälfte der orangefarbenen →Warntafel, die Stoffnummer in der unteren Hälfte. *Vogt*

Gefahrstoff →gefährliche Stoffe, →Gefahrstoffverordnung

Gefahrstoff-/Gefahrgut-Schnellauskunft (GSA). In den letzten Jahren haben sich immer wieder Stör- und Unfälle mit umweltgefährdenden Stoffen ereignet. Deshalb wurde eine einheitliche und verläßliche Datenbasis für die wichtigsten Eigenschaften, Erkennungsmerkmalen und erforderlichen Gegenmaßnahmen der Problemstoffe immer wichtiger.

Angestrebt wird eine flächendeckende Informationsversorgung für die Bundesrepublik Deutschland. Dabei sollten die verschiedenen Möglichkeiten der Datenübermittlung und Kommunikation genutzt werden: Netzzugriff über die von der Deutschen Telekom zur Verfügung gestellten Leitungssysteme, dezentrale Mehrplatz- sowie Arbeitsplatz-Versionen (PC) für den stationären oder mobilen Einsatz.

Die Aufgaben der GSA sind für umweltgefährdende Stoffe mit folgenden Schwerpunkten umrissen:
– Schnelle verläßliche und umfassende Informierungsmöglichkeit,
– Bekämpfung von Störfällen und Unfällen,
– Überprüfung von Lagerung und Transport,
– Hinweise zum bestimmungsgemäßen Umgang, die zur Vermeidung von Gefahren und Schäden kurzfristig benötigt werden.

Die entsprechenden Daten werden den mit Umweltschutzaufgaben betrauten Behörden sowie den Vollzugsbehörden (z. B. Polizei und Feuerwehr) zur Verfügung gestellt. Es handelt sich hier um eine ressortübergreifende Aufgabe, die schwerpunktmäßig beim BMU angesiedelt ist, aber auch wichtige andere Ressorts betrifft. Diese Aufgabe ist zudem in Kooperation mit den Ländern zu bearbeiten, weil es sich wesentlich um Länderzuständigkeiten (Vollzug) handelt.

Die Daten müssen einheitlich, aktuell und fachlich verläßlich, dabei aber einfach verständlich sein. Vor Ort muß ein einfacher und schneller Zugang zu den Daten möglich sein.

Die Daten der GSA sollen nicht nur von Spezialisten (z. B. im Umweltbereich tätige Chemiker und Toxikologen) verwendet werden, sondern auch von chemischen Laien. Die GSA kann daher insbesondere wesentlicher Bestandteil eines Umweltführungs-Informationssystems sein. Die Texte, die der GSA zugrunde liegen, müssen sich durch eine knappe und verständliche Form auszeichnen und fachlich absolut zuverlässig und aktuell sein.

In der Konzeption der GSA wurden für verschiedene Benutzergruppen sog. Datenmasken entwickelt (z. B. Feuerwehr- und Polizeimaske), in der die für diese Gruppen wichtigen Daten mit einer geeigneten Benutzeroberfläche angeboten werden.

Die Daten der GSA dienen vor allem den Aufgaben der „ersten halben Stunde", bevor fachlich geschulte Experten hinzugezogen werden können; die Daten müssen deshalb ohne Recherche des genauen fachlichen Hintergrunds verständlich sein. Für den Dateninput werden Experten herangezogen, die die nötigen Bewertungen vornehmen sowie Aktualität und Verläßlichkeit sicherstellen.

Das Datenmodell der GSA besteht gegenwärtig aus sieben Teilsystemen/Datenmasken: Immissionsschutz/Störfall, Gewässerschutz, Gefahrgut/Verkehr, Polizei, Feuerwehr, Bodenschutz, Seehäfen/Küste.

Typische Grunddaten der GSA sind:
- Stoffidentität, physikalische und chemische Daten,
- Gesetzliche und andere bindende Vorschriften, z. B. zu Kennzeichnungspflichten und Transportbegleitpapieren,
- Art der Gefahr, die von dem Stoff bei seiner unfall- oder störfallbedingten Freisetzung ausgeht,
- Maßnahmen für die Vorbeugung und Abwehr drohender Gefahren,
- Bekämpfung und Eindämmung eingetretener Gefahren/Schäden,
- kurzfristig erkennbare Gesundheitsschädigungen (Symptome).

Die GSA wurde im Dezember 1989 im UBA fertiggestellt und für die allgemeine Benutzung durch die zuständigen Behörden und Stellen freigegeben. Der gegenwärtige Datenbestand umfaßt ca. 5 000 Stoffe und soll um wichtige weitere Merkmale und Stoffe erweitert werden. Es ist geplant, die GSA in einen zentralen Stoffdatenpool von Bund und Ländern (GSBL) einzubeziehen, der die in Deutschland vorhandenen Gefahrstoffsysteme zusammenfaßt und bündelt. *Seggelke*

Gefahrstoffrecht. Die Zahl der unterschiedlichen auf dem Markt befindlichen Stoffe ist unübersehbar. Im EG-Bereich werden etwa zwischen 60 000 und 100 000 chemische Stoffe in mehr als 1 Mio. verschiedener Zubereitungen auf dem Markt vertrieben.

Während das G. in der Vergangenheit vornehmlich dem unmittelbaren Schutz der menschlichen Gesundheit vor den mit der Nutzung von Stoffen verbundenen Gefahren diente, wird zunehmend auch die Vermeidung mittelbarer und langfristiger Schäden für Menschen wie auch für Tiere, Pflanzen und Sachgüter sowie die Erhaltung der Leistungsfähigkeit des Naturhaushalts Gegenstand des G.

Das G. umfaßt Regelungen, die dem Schutz der Menschen und der Umwelt vor gefährlichen Stoffen dienen. Zum G. im weiteren Sinne zählt angesichts dieser weiten Regelungsaufgabe ein großer Teil des medialen Umweltrechts. So enthält etwa das Immissionsschutzrecht Regelungen zur Vermeidung und Verringerung von Schadstoffeinträgen in die Luft, das Recht der Abwasserbeseitigung regelt die Ableitung von Schadstoffen mit dem Abwasser, die Beseitigung von Umweltchemikalien als Abfall richtet sich nach dem Abfallgesetz und dessen Sondervorschriften.

Zum G. im engeren Sinne zählen die Bestimmungen, die unmittelbar an den →gefährlichen Stoffen selbst ansetzen und sich auf die präventive Gefahrstoffkontrolle und den Schutz vor gefährlichen Stoffen unmittelbar durch Regelungen für das

Inverkehrbringen dieser Stoffe und für den Umgang mit ihnen orientieren.

Leitgesetz dieses G. im engeren Sinne ist das Chemikaliengesetz (→Chemikalienrecht), das den Zweck verfolgt, den Menschen und die Umwelt vor schädlichen Einwirkungen gefährlicher Stoffe und Zubereitungen zu schützen; eine stoffliche Konkretisierung ist in der →Gefahrstoffverordnung erfolgt. Daneben enthalten gefahrstoffrechtliche Spezialregelungen eine ganze Reihe von weiteren Bestimmungen, so z. B. das Pflanzenschutzgesetz, das DDT-Gesetz, das Düngemittelgesetz, das Futtermittelgesetz, das Lebensmittel- und Bedarfsgegenständegesetz, das Arzneimittelgesetz, das Waschmittel- und Reinigungsmittelgesetz, das Benzinbleigesetz und das Gesetz über die Beförderung gefährlicher Güter, wobei diese Gesetze zumeist durch eine ganze Reihe von Verordnungen konkretisiert und ergänzt werden. *Hoppe/Beckmann*

Literatur: *Hoppe/Beckmann:* Umweltrecht, § 27, Rn. 1 ff. München 1989. – *Kloepfer:* Umweltrecht, § 13, Rn. 1 ff. München 1989. – *Kloepfer:* Das Gesetz zum Schutz vor gefährlichen Stoffen, NJW 1981, 17 ff. – *Storm:* Das Gesetz zum Schutz vor gefährlichen Stoffen (Chemikaliengesetz – ChemG), 3. Aufl. 1984.

Gefahrstoffverordnung (GefStoffV). Kurzbezeichnung für die Verordnung zum Schutz vor gefährlichen Stoffen vom 26. Oktober 1993 (BGBl. I S. 1783), geändert durch Verordnung vom 10. November 1993 (BGBl. I S. 1870), die die GefStoffV vom 26. August 1986 ablöst. Sie dient im wesentlichen der Ausführung des Chemikaliengesetzes (ChemG) (→Chemikalienrecht, →Gefahrstoffrecht) und enthält insbesondere Regelungen über die Einstufung, die Kennzeichnung und Verpackung von gefährlichen Stoffen, Zubereitungen und bestimmten Erzeugnissen sowie über den Umgang mit Gefahrstoffen, um den Menschen vor arbeitsbedingten und sonstigen Gesundheitsgefahren sowie die Umwelt vor stoffbedingten Schädigungen zu schützen.

Mit der G. werden insbesondere die EG-Richtlinie 67/548/EWG zur Angleichung der Rechts- und Verwaltungsvorschriften für die Einstufung, Verpackung und Kennzeichnung gefährlicher Stoffe und die EG-Richtlinie 67/769/EWG für Beschränkungen des Inverkehrbringens und der Verwendung gewisser gefährlicher Stoffe und Zubereitungen, die beide inzwischen vielfach fortgeschrieben worden sind, in nationales Recht umgesetzt. Mit der EG-Richtlinie 91/325/EWG zur 12. Anpassung an den technischen Fortschritt der Richtlinie 67/548/EWG vom 8. Juli 1991 (ABl. EG Nr. L 180 S. 1) wurden erstmalig Bestimmungen zur Einstufung von Stoffen aufgrund bestimmter Auswirkungen auf die Umwelt eingeführt, die ebenso in die G. übernommen worden sind wie das mit der Richtlinie

92/32/EWG zur siebten Änderung der Richtlinie 67/548/EWG vom 30. April 1992 (ABl. EG Nr. L 154, S. 1) eingeführte →Gefahrensymbol für umweltgefährliche Stoffe (Gefahrenkennbuchstabe N).

□ Gefährliche Stoffe und Gefahrstoffe. Als →gefährliche Stoffe und gefährliche Zubereitungen werden in § 3a Abs. 1 des ChemG konkret solche genannt, die

- explosionsgefährlich,
- brandfördernd,
- hochentzündlich,
- leicht entzündlich,
- entzündlich,
- sehr giftig,
- giftig,
- mindergiftig,
- ätzend,
- reizend,
- sensibilisierend,
- krebserzeugend,
- fruchtschädigend,
- erbgutverändernd oder
- umweltgefährlich sind oder
- sonstige chronisch schädigende Eigenschaften besitzen.

Ausgenommen sind dabei ausdrücklich gefährliche Eigenschaften der ionisierenden Strahlen. Die Eigenschaft „fruchtschädigend" ist in § 4 der GefStoffV durch das →Gefährlichkeitsmerkmal „fortpflanzungsgefährdend (reproduktionstoxisch)" konkretisiert worden.

Der Gefahrstoff-Begriff ist in § 19 Abs. 2 ChemG weitergehend definiert; er umfaßt nicht nur die aufgeführten gefährlichen Stoffe und Zubereitungen, sondern u. a. auch noch solche – und zusätzlich Erzeugnisse –, die explosionsfähig sind oder erfahrungsgemäß Krankheitserreger übertragen können.

Die genannten gefährlichen Stoffeigenschaften sind in § 4 der G. konkretisiert (→Gefährlichkeitsmerkmal); die Verordnung über die Gefährlichkeitsmerkmale von Stoffen und Zubereitungen nach dem Chemikaliengesetz (Gefährlichkeitsmerkmaleverordnung – ChemGefMerkV) vom 17. Juli 1990 (BGBl. I S. 1422) ist mit der GefStoffV 1993 aufgehoben worden.

Die Einstufung und Kennzeichnung gefährlicher Stoffe und Zubereitungen ist in den §§ 4a, 4b, 5–7 und 9 sowie in den Anhängen I, II und III der GefStoffV detailliert geregelt; § 8 betrifft – in Verbindung mit Anhang III – die Kennzeichnung von Erzeugnissen.

Nach § 5 GefStoffV hat der Hersteller oder Einführer gefährlicher Stoffe oder Zubereitungen diese vor dem Inverkehrbringen einzustufen (§§ 4a und 4b), zu verpacken (§ 10) und zu kennzeichnen (§§ 6 und 7).

□ Die Einstufung gefährlicher Stoffe ist in § 4a, die von gefährlichen Zubereitungen in § 4b geregelt. Die o. g. Gefährlichkeitsmerkmale (§ 4) werden in Anhang I Nr. 1 durch einen „Leitfaden für die Einstufung und Kennzeichnung gefährlicher Stoffe und Zubereitungen" weiter konkretisiert mit dem Ziel, eine Zuordnung aller toxischen und physikalisch-chemischen Eigenschaften derjenigen Stoffe und Zubereitungen, die bei ihrer üblichen Verwendung eine Gefahr darstellen können, zu den jeweiligen Gefährlichkeitsmerkmalen zu gewährleisten (Einstufung); gleichzeitig werden konkrete Vorschriften für die zugehörige Kennzeichnung gegeben.

Für gefährliche Zubereitungen enthält Anhang II zusätzliche Bestimmungen hinsichtlich ihrer Einstufung und Kennzeichnung, die die Besonderheiten von Zubereitungen als Gemische, Gemenge oder Lösungen von Stoffen berücksichtigen. Die Einstufung (§ 4b) hat daher in Verbindung mit dem „Leitfaden" (Anhang I Nr. 1) zu erfolgen; für →Schädlingsbekämpfungsmittel gelten besondere Einstufungskriterien (Anhang II Nr. 2).

□ Die Kennzeichnung gefährlicher Stoffe (§ 6) und gefährlicher Zubereitungen (§ 7) muß neben der Stoff- bzw. Zubereitungsbezeichnung und der Firmenangabe des Herstellers, des Einführers oder des Vertriebsunternehmers insbesondere Angaben zu den Gefahren und zu Vorsichtsmaßnahmen enthalten. Die den Einstufungen zugeordneten Kennzeichnungsvorschriften in den Anhängen I und II betreffen nicht nur bestimmte, den einzelnen Gefahrenarten zugeordnete →Gefahrensymbole, Gefahrenbezeichnungen und →Gefahrenkennbuchstaben, sondern auch konkrete Hinweise auf die besonderen Gefahren (→R-Sätze) sowie Sicherheitsratschläge (→S-Sätze). Für die Kennzeichnung von Stoffen ist auch die Angabe der dem Stoff zugeordneten EWG-Nummer, d. h. der →EINECS-Nummer bzw. →ELINCS-Nummer vorgeschrieben.

Anhang I enthält auch Vorschriften über die Einstufung und Kennzeichnung aufgrund bestimmter stofflicher Auswirkungen auf die Umwelt, wobei in Gewässer und in nichtaquatische Umwelt (bis hin zur Ozonschicht) unterschieden wird (→Stoff, umweltgefährlich). Für bestimmte Stoffe, Zubereitungen und Erzeugnisse, z. B. asbesthaltige Zubereitungen und Erzeugnisse, schwermetallhaltige Zubereitungen und PCB- oder PCT-haltige Erzeugnisse, sind in Anhang III zusätzliche Kennzeichnungsvorschriften gegeben.

□ Bekanntmachung gefährlicher Stoffe. Eine wichtige Änderung der GefStoffV 1993 gegenüber der von 1986 betrifft die Bekanntmachung der in Anhang I der EG-Richtlinie 67/548/EWG – in der Fassung der jeweiligen Fortschreibungs-Richtlinie – aufgeführten, von der EG gemeinschaftlich eingestuften gefährlichen Stoffe. Eine entsprechende tabellenmäßige Auflistung war bisher in Anhang VI der GefStoffV 1986 enthalten.

In der GefStoffV 1993 wird statt dessen in § 4a direkt auf Anhang I der EG-Richtlinie 67/548/EWG – in der Fassung der jeweiligen Anpassungen – Bezug genommen, wobei für die nationale Anwendung eine entsprechende Veröffentlichung (Bekanntmachung) durch den Bundesminister für Arbeit und Sozialordnung im Bundesanzeiger vorgesehen ist. Mit Bekanntmachung vom 16. September 1993 (Bundesanzeiger Nr. 229a vom 7. Dezember 1993) ist Anlage I der EG-Richtlinie 67/548/ EWG i. d. F. der 19. Anpassung (Richtlinie 93/ 72/EWG vom 1. September 1993 – ABl. EG Nr. L 258, S. 19 mit Anhang in ABl. EG L 258 A) in der für die Bundesrepublik geltenden Form veröffentlicht worden. Auch hier werden für jeden Stoff u. a. die chemische Bezeichnung und die →CAS-Nr., die Index-Nr. (→EG-Nr.), die EINECS-Nr. bzw. ELINCS-Nr., die Gefahrenkennbuchstaben sowie die R- und S-Sätze angegeben, so daß kein grundsätzlicher inhaltlicher Unterschied zu Anhang VI der GefStoffV 1986 besteht. Neu ist jedoch bei bestimmten Stoffen die Angabe von Konzentrationsgrenzen für Zubereitungen, die diese gefährlichen Stoffe enthalten; den jeweiligen Konzentrationsgrenzen (Gewichtsprozent des Stoffes bezogen auf das Gesamtgewicht der Zubereitung) sind der Gefahrenkennbuchstabe und die erforderlichen R-Sätze zugeordnet.

□ Verbote und Beschränkungen. Die G. enthält zentral alle Verbots- und Beschränkungsregelungen für Gefahrstoffe sowie entsprechende Erzeugnisse hinsichtlich deren Herstellung und Verwendung (§ 15 mit Anhang IV). Damit werden auch frühere dezentrale Regelungen, wie z. B. in der →Pentachlorphenol-Verbotsverordnung, abgelöst. Die entsprechenden Verbote und Beschränkungen des Inverkehrbringens sind in der →Chemikalien-Verbotsverordnung geregelt. *Dreyhaupt*

Literatur: *Welsbacher, U.:* Stand der Regelungen der Europäischen Gemeinschaft zu gefährlichen Stoffen; Straub – Reinhaltung der Luft **53** (1993), S. 329–334.

Geiger-Müller-Zählrohr →Auslösezählrohr

Gemeinlastprinzip.

Das G. wird vornehmlich als Gegenbegriff zum →Verursacherprinzip verstanden. Dementsprechend besagt es, daß die Kosten des Umweltschutzes in Teilbereichen nicht dem Verursacher von Umweltschäden und Umweltbelastungen, sondern der Allgemeinheit auferlegt werden müssen. Insoweit kann das G. allerdings nur Geltung beanspruchen, wenn der Verursacher nicht feststellbar ist oder wenn akute Notstände beseitigt werden müssen und dies anderweitig nicht rasch genug erreicht werden kann. Weitergehend lassen sich dem G. auch Maßnahmen des Umweltschutzes

zurechnen, die im Wege der staatlichen Eigenvornahme zum Wohl der Allgemeinheit und unabhängig von der Veranlassung durch einzelne Verursacher durchgeführt werden. Dem G. können deshalb Maßnahmen von Bund, Ländern oder Gemeinden zugerechnet werden, die mit Beihilfen und Steuersubventionen finanziert oder für die keine kostendeckenden Abgaben erhoben werden.

Genauso wenig wie das Verursacherprinzip ist das G. allein ein reines Kostendeckungsprinzip. Vielmehr weist es auf die staatliche Verantwortung für den Umweltschutz, die neben der Verantwortlichkeit des Verursachers von Umweltbeeinträchtigungen steht, hin. *Hoppe/Beckmann*

Literatur: *Hoppe/Beckmann:* Umweltrecht, § 1 Rn. 48ff. München 1989. – *Kloepfer:* Umweltrecht, § 3, Rn. 37ff. München 1989.

Gen.

G. bezeichnet die funktionelle Einheit des Genoms eines Organismus, das für die Bildung eines definierten Genprodukts, also einer Peptidkette, einer tRNA oder einer ribosomalen RNA verantwortlich ist.

Historisch wurde der Begriff G. im Sinne der *Mendelschen* Vererbungslehre zunächst als wissenschaftliche Bezeichnung für eine Informationseinheit verwendet, die ein unabhängig vererbbares Merkmal bezeichnet. Mit der Entdeckung, daß G. auf Chromosomen lokalisiert sind, wurde dann aus dem rein theoretischen, ungefähren Begriff G. etwas stofflich Faßbares, das mit der Identifikation der DNA als Träger genetischer Information auch chemisch zugänglich wurde. Die modellhaften Analysen der DNA und von Proteinen in der Mitte dieses Jahrhunderts verführten dann dazu, den Begriff G. sehr eng zu definieren als eine Reihenfolge (→Sequenz) von Nucleotiden in der DNA, in der die Information für die Aminosäuresequenz eines bestimmten Proteins verschlüsselt ist. Diese zunächst hypothetische stoffliche Charakterisierung des G. erwies sich als heuristisch wertvoll und gipfelte in der Entschlüsselung des genetischen →Codes und grundlegenden Einsichten in den Mechanismus der →Proteinsynthese. Die Definition befriedigte aber letztendlich doch nicht – sie bezeichnet das, was wir heute ein Strukturgen nennen würden –, insofern sie die komplexen Phänomene der Übersetzung genetischer Information in funktionelles Protein nur unzureichend und die damals noch unbekannte Zerstückelung (Exon) eukaryontischer G. überhaupt nicht berücksichtigte.

Heute definiert man ein G. mehr im Sinne einer Transkriptionseinheit als einen spezifischen DNA-Abschnitt, der als Einheit transkribiert wird und neben anderen auch solche Triplettsequenzen enthält, die für die Proteinsynthese notwendig sind. Auch mit dieser Definition bleibt der Begriff unscharf und wird auch nicht stringent verwendet.

Eindeutig umfaßt das G. die für eine spezifische Polypeptidkette codierende DNA-Sequenz bzw. die Gesamtheit der codierenden Exons (entspricht Strukturgen-Anteil), eindeutig auch, falls vorhanden, die Introns und die transkribierten flankierenden Sequenzen (transkribierte Region), ungeachtet dessen, ob diese translatiert werden oder nicht. Ziemlich willkürlich werden die darüber hinausreichenden flankierenden DNA-Abschnitte, die insbesondere am 5'Ende eine Fülle von Regelelementen für die Transkription enthalten, zum G. gerechnet oder auch nicht. Kompliziert wird die strenge Definition eines G. zudem dadurch, daß ein Operon mehrere G. im Sinne von separaten Strukturgenen bzw. Cistrons umfassen kann, die aber einer gemeinsamen Transkriptionsregelung unterliegen und als kohärente polycistronische mRNA transkribiert werden. Außerdem ist für die überwiegende Zahl der G. deren Feinstruktur nicht so detailliert bekannt, daß man an Hand molekularbiologischer Kriterien ihre Ausdehnung präzise benennen könnte. Es ist somit abzusehen, daß sich die Definition des G. auch weiterhin mit wachsender Einsicht in die Komplexität ihrer Struktur wandeln wird.

Ungeachtet der Unschärfe der Begriffsbestimmung lassen sich die wesentlichen Eigenschaften eines G. wie folgt zusammenfassen:
– Das G. enthält in Form von Nucleinsäuresequenzen den Bauplan eines Genprodukts, das eine Ribonucleinsäure oder ein Protein sein kann, inclusiv der ebenfalls in DNA verschlüsselten Information zum Abruf des Bauplans.
– Das G. wird bei der Zellteilung durch den Vorgang der →Replikation redupliziert, was für die Konstanz der vererbten Eigenschaften eines Organismus verantwortlich ist. Die Gesamtheit der G. eines gegebenen Organismus, sein Genom, bestimmen dessen Phänotyp.
– Die Umsetzung der genetischen Information in zelluläre Leistung umfaßt die Transkription, gegebenenfalls das Spleißen der RNA und die Translation. Die Schritte, die zur Bildung eines konkreten Genproduktes führen, wurden auch als →Expression des G. zusammengefaßt.
– Die Genexpression erfolgt weitgehend konstant (konstitutiv) bei Haushaltsgenen, die für die Aufrechterhaltung der Grundfunktionen einer lebenden Zelle entscheidend sind, aber reguliert bei G. für zelluläre Sonderleistungen (Luxusgene). Letzteres erklärt die Anpassungsfähigkeit von Organismen an wechselnde Umweltbedingungen und – im Prinzip zumindest – das Phänomen der zellulären Differenzierung.
– Die G. befinden sich auf Plasmiden und/oder Chromosomen. Chromosomale G. sind jeweils als zwei homologe G. (Allele) auf den beiden Chromatiden eines Chromosoms lokalisiert. Ihre Verteilung bei asexueller Zellteilung erfolgt durch Verteilung der zuvor replizierten Chromosomen. Nur bei der Bildung von Keimzellen durch Meiose (Reduktionsteilung) werden die allelen G. auf die Tochterzellen in der Weise verteilt, daß die gebildeten Keimzellen einen durch die Unterschiede der allelen G. bedingten differenten Genotyp aufweisen. Verlust von G. während der Entwicklung durch Chromosomenverlust wird für wenige Spezies beschrieben (z. B. Ascariden). Fehlverteilung von G. durch Chromosomen-Aberration ist die Grundlage angeborener Krankheiten (z. B. Mongolismus des Menschen bei Trisomie 21).
– Multiple Kopien von G. innerhalb einer Zelle sind typisch für Plasmid-lokalisierte G., werden aber auch bei höheren Organismen natürlicherweise beobachtet (Xenopus-Oocyten, Follikelzellen von Drosophila). Eine Genamplifikation kann jedoch auch künstlich erzeugt werden. *Flohé*

Literatur: *Knippers, R.:* Molekulare Genetik. New York 1985.

Genauigkeit. G. ist das Maß der Übereinstimmung von Meßwert und dem zugrunde liegenden wahren Wert. Für den Bereich der Immissionsmessungen ist die G. das Maß der Übereinstimmung zwischen einem einzelnen Meßwert und dem Wert des Meßobjekts (Luftbeschaffenheitsmerkmal) oder dem angenommenen →Referenzwert (VDI 2449, Bl. 2; DIN ISO 6879; DIN 55350, Teil 13). Die G. kennzeichnet damit das Ausmaß, in welchem systematische und zufällige Abweichungen *nicht* vorhanden sind.

Nach DIN 55350, Teil 13 handelt es sich bei der G. um ein qualitatives Maß. Es wird davon abgeraten, das Ausmaß der Übereinstimmung von Meßwert und Wert des Meßobjekts mit der Benennung G. zu versehen. Für quantitative Angaben gilt der Begriff der →Meßunsicherheit U nach DIN 1319 Teil 3.

Häufig wird zwischen G. und Richtigkeit nicht unterschieden oder die Begriffe werden vertauscht. *Birkle*

Literatur: VDI 2449 Bl. 2: Grundlagen zur Kennzeichnung vollständiger Meßverfahren; Begriffsbestimmungen; Jan. 1987. – DIN ISO 6879: Luftbeschaffenheit; Verfahrenskenngrößen und verwandte Begriffe für Meßverfahren zur Messung der Luftbeschaffenheit; Jan. 1984. – DIN 55350 Teil 13: Begriffe der Qualitätssicherung und Statistik; Begriffe zur Genauigkeit von Ermittlungsverfahren und Ermittlungsergebnissen; Juli 1987. – DIN 1319 Teil 3: Grundbegriffe der Meßtechnik; Begriffe für die Meßunsicherheit und für die Beurteilung von Meßgeräten und Meßeinrichtungen; Ausg. 1983.

Genbank. Als G. bezeichnet man eine Vielfalt unterschiedlicher DNA-Fragmente, die in einen Vektor verpackt und somit klonierbar sind. G. werden als Reservoir genetischer Information einer gegebenen Spezies angelegt, um aus ihnen bestimmte Gene zu isolieren. Sofern irgendwelche, seien es auch unvollständige, Sequenzinformationen zu dem gesuchten →Gen oder dessen Genprodukt verfügbar sind, läßt sich die gesuchte DNA-Sequenz mit Hilfe einer spezifischen Gensonde durch →Hybridisierung in der G. identifizieren.

Die Länge der DNA-Fragmente und somit die Vollständigkeit der Gene in einer Bank hängt einmal von der Art des verwendeten Restriktionsenzyms, zum anderen von der Klonierungskapazität (→Klonieren) des Vektors ab. Als Klonierungsvektoren für Banken kleiner Genfragmente haben sich einfache Plasmide und Bakteriophagen, für große Fragmente vor allem Cosmide bewährt. *Flohé*

Genehmigung für das Einsammeln und Befördern von Abfällen.

Grundsätzlich dürfen gemäß § 12 Abs. 1 S. 1 AbfG Abfälle gewerbsmäßig oder im Rahmen wirtschaftlicher Unternehmen nur mit Genehmigung der zuständigen Behörde eingesammelt oder befördert werden. Dadurch soll sichergestellt werden, daß die Behörde die Personen und Betriebe, die Abfälle einsammeln und befördern, auf ihre fachlichen, technischen und persönlichen Voraussetzungen hin überprüfen kann.

Allerdings werden von der Erlaubnispflicht des § 12 Abs. 1 S. 1 AbfG drei gewichtige Ausnahmen gemacht. Nicht genehmigungspflichtig sind danach Einsammeln und Befördern durch die gemäß § 3 Abs. 2 AbfG beseitigungspflichtigen Körperschaften oder durch die von diesen beauftragten Dritten (→Entsorger, privat), von Erdaushub, Straßenaufbruch und Bauschutt, soweit diese nicht durch Schadstoffe verunreinigt sind, sowie von Autowracks und Altreifen und das Einsammeln und Befördern geringfügiger Abfallmengen im Rahmen wirtschaftlicher Unternehmen, soweit die zuständige Behörde auf Antrag oder von Amts wegen diese von der Genehmigungspflicht freigestellt hat (§ 12 Abs. 1 S. 2 AbfG).

Bei der G. handelt es sich um eine gebundene Erlaubnis. Sie ist deshalb zu erteilen, wenn gewährleistet ist, daß eine Beeinträchtigung des Wohls der Allgemeinheit nicht zu besorgen ist. Das ist der Fall, wenn keine Tatsachen bekannt sind, aus denen sich Bedenken gegen die Zuverlässigkeit des Antragstellers oder der für die Leitung und der Beaufsichtigung des Betriebes verantwortlichen Personen ergeben und die geordnete Beseitigung im übrigen sichergestellt ist (§ 12 Abs. 1 S. 3 AbfG).

Einzelheiten der Transportgenehmigung sind in der Verordnung über das Einsammeln und Befördern sowie über die Überwachung von Abfällen und Reststoffen vom 3. April 1990 (BGBl. I S. 648) geregelt. Danach wird die Transportgenehmigung unter der aufschiebenden Bedingung erteilt, daß für die einzusammelnden oder zu befördernden Abfälle ein →Entsorgungsnachweis geführt wird, in dem sich der Abfallerzeuger zur Verwertbarkeit und

Beschaffenheit der Abfälle äußert und der Entsorger sich bereiterklärt, den zu entsorgenden →Abfall anzunehmen. Die zuständige Behörde muß außerdem bestätigen, daß die beabsichtigte →Entsorgung zulässig ist. *Hoppe/Beckmann*

Literatur: *Hösel/von Lersner:* Abfallbeseitigungsrecht, § 12 Rn. 1 ff. Berlin 1992. – *Kunig/Schwermer/Versteyl:* Kommentar zum Abfallgesetz, § 12 Rn. 1 ff. 2. Aufl. München 1992.

Genehmigungserfordernis im Strahlenschutz.

Im →Atom- und Strahlenschutzrecht gilt für alle Tätigkeiten mit radioaktiven Stoffen und ionisierenden Strahlen ein grundsätzliches Verbot mit Genehmigungsvorbehalt. Unter bestimmten Voraussetzungen (z. B. geringe Aktivität bzw. Aktivitätskonzentration, geringe Ortsdosisleistung in der Umgebung von Anlagen, Vorhandensein einer →Bauartzulassung) kann von der Genehmigungspflicht abgewichen und das →Anzeigeverfahren gewählt werden. In extremen Fällen niedriger Aktivitäten oder Ortsdosisleistungen ist selbst eine Anzeige nicht erforderlich. Die Genehmigungspflicht erstreckt sich gemäß →Strahlenschutzverordnung (StrSchV) bzw. →Röntgenverordnung (RÖV) auf:

– Umgang mit radioaktiven Stoffen (StrlSchV),
– Beförderung radioaktiver Stoffe (StrlSchV),
– Ein- und Ausfuhr radioaktiver Stoffe (StrlSchV),
– Errichtung von Anlagen zur Erzeugung ionisierender Strahlen (StrlSchV),
– Betrieb von Anlagen zur Erzeugung ionisierender Strahlen (StrlSchV),
– Betrieb von Röntgeneinrichtungen (RöV),
– Betrieb von Störstrahlern (RöV). *Ewen*

Genehmigungsverfahren nach dem BImSchG.

Das G. für genehmigungsbedürftige →Anlagen wird in §§ 10 und 19 des BImSchG sowie in der Verordnung über das Genehmigungsverfahren (→9. BImSchV) geregelt. Dabei ist zwischen einem förmlichen G. (Verfahren mit Öffentlichkeitsbeteiligung) und einem vereinfachten G. zu unterscheiden. Für die im Anhang zu Nr. 1 der Anlage zu § 3 des Gesetzes über die →Umweltverträglichkeitsprüfung aufgeführten Anlagearten ist das (förmliche) G. außerdem unter Einschluß einer Umweltverträglichkeitsprüfung durchzuführen.

Das G. beginnt stets mit der Einreichung eines schriftlichen Genehmigungsantrags bei der nach dem jeweiligen Landesrecht zuständigen Behörde. Dem Antrag sind alle zur Prüfung der Genehmigungsvoraussetzungen erforderlichen Zeichnungen, Erläuterungen und sonstigen Unterlagen beizufügen. Nach Prüfung der Unterlagen auf ihre Vollständigkeit ist das Vorhaben bei Durchführung eines förmlichen Verfahrens öffentlich bekanntzumachen. Der Antrag und die Unterlagen sind dann einen Monat lang zur allgemeinen Einsicht auszulegen. Während der Auslegungsfrist und eines Zeitraums von zwei Wochen nach dem Ende der Auslegung können Einwendungen gegen das Vorhaben durch jedermann vorgebracht werden. Nach Ablauf dieser Frist können keine Einwendungen mehr erhoben werden (auch nicht in einem späteren Gerichtsverfahren; materielle Präklusion). Die rechtzeitig vorgebrachten Einwendungen sind in einem besonderen →Erörterungstermin mit dem Antragsteller und den Einwendern zu erörtern.

Parallel zur Öffentlichkeitsbeteiligung sind von allen Behörden, deren Aufgabenbereich durch das Vorhaben berührt wird, Stellungnahmen zu dem Genehmigungsantrag einzuholen. Das gilt auch für vereinfachte G., in denen die Öffentlichkeitsbeteiligung entfällt. Zur Aufklärung des Sachverhalts, insbesondere der zu erwartenden Auswirkungen des Anlagenbetriebs, hat die Genehmigungsbehörde ggf. auch Sachverständigengutachten anzufordern.

Sind die Genehmigungsvoraussetzungen (→Anlage, genehmigungsbedürftige nach dem BImSchG) nach der Überzeugung der Genehmigungsbehörde erfüllt, ist die Genehmigung zu erteilen. Fehlen einzelne Genehmigungsvoraussetzungen, kann deren Einhaltung aber durch Modifikationen des Anlagenbetriebs oder durch zusätzliche Maßnahmen (z. B. Abgasreinigung oder Schallschutzmaßnahmen) sichergestellt werden, so können der Genehmigung entsprechende Bedingungen oder Auflagen beigefügt werden (§ 12 Abs. 1 BImSchG); auf Antrag kann die Genehmigung auch für einen bestimmten Zeitraum (Befristung) erteilt werden (§ 12 Abs. 2 BImSchG). Kann die Erfüllung der Genehmigungsvoraussetzungen auch nicht durch derartige Nebenbestimmungen sichergestellt werden, ist der Antrag abzulehnen. Der Genehmigungsbescheid ist dem Antragsteller und im förmlichen Verfahren grundsätzlich auch allen Einwendern zuzustellen. Wenn mehr als 300 Zustellungen an Einwender vorzunehmen wären, können diese jedoch durch eine öffentliche Bekanntmachung der Genehmigung ersetzt werden.

Die im förmlichen wie auch die im vereinfachten Verfahren erteilte Genehmigung schließt andere die Anlage betreffende behördliche Entscheidungen, insbesondere die →Baugenehmigung, ein (§ 13 BImSchG). Ausgenommen von dieser Konzentrationsvorschrift sind jedoch Planfeststellungen, bergrechtliche, atomrechtliche und – abgesehen von der Eignungsfeststellung nach dem Wasserhaushaltsgesetz – auch wasserrechtliche Entscheidungen. Soweit die Konzentrationswirkung reicht, brauchen andere Genehmigungen, Erlaubnisse usw. nicht eingeholt zu werden. Die immissionsschutzrechtliche Genehmigung darf dann aber auch nur erteilt werden, wenn die Voraussetzungen für die eingeschlossenen Entscheidungen vorliegen. *Hansmann*

Literatur: *Feldhaus, G.:* Bundes-Immissionsschutzrecht, Erläuterungen zu § 10 BImSchG und zur 9. BImSchV. – *Kutscheidt, E.:* Erläuterungen zu § 10 BImSchG und zur 9. BImSchGV. In: Landmann/Rohmer: Umweltrecht, Bd. I. – *Pütz, M.* u. *K.-H. Buchholz:* Die Genehmigungsverfahren nach dem Bundes-Immissionsschutzgesetz, 4. Aufl.

Genmanipulation. Unglückliches Synonym für →Gentechnik, weil es suggeriert, die Erbmasse eines ausdifferenzierten Organismus könne durch die Methoden der Gentechnik manipuliert werden. *Flohé*

Genom. Bezeichnung für die Gesamtheit aller Gene eines Organismus, die seinen →Genotyp definieren und seinen →Phänotyp bestimmen.

Die Größe des G. schwankt stark zwischen Spezies, reflektiert aber nicht unbedingt deren Organisationsgrad. *Flohé*

Genotyp. G. bezeichnet die genetische Verfassung eines Organismus, wie er sich durch genetische und/oder molekularbiologische Analyse ergibt. Alterationen des G. wie Deletionen oder Mutationen müssen sich nicht zwangsläufig im Erscheinungsbild des Organismus, seinem Phänotyp, niederschlagen. Einen identischen G. kann man – streng genommen – nur bei klonierten Individuen unterstellen, doch spricht man z. B. bei Bakterien auch von einem identischen G., wenn sich Stämme in den testbaren genetischen Markern nicht unterscheiden. *Flohé*

Genrichtlinie. G. bezeichnet meistens ein deutsches Regelwerk zum Umgang mit genetisch veränderten Mikroorganismen, das von der ZKBS (→Zentrale Kommission für die Biologische Sicherheit) erarbeitet und vom Bundesminister für Forschung und Technologie herausgegeben wurde und weitgehend den entsprechenden NIH guide lines der USA (→Gentechnik) nachempfunden war. Hinsichtlich der rechtsverbindlichen Regelung gentechnischer Arbeiten sind die Richtlinien zum Schutz vor Gefahren durch in-vitro neu-kombinierte Nucleinsäuren durch das →Gentechnikgesetz und die zugehörigen Verordnungen abgelöst worden. Im übrigen wird der Begriff G. auch häufig synonym für einschlägige Regelwerke der EG wie die →Systemrichtlinie und die →Freisetzungsrichtlinie sowie für die NIH guide lines verwendet. *Flohé*

GenTAnhV →Gentechnik-Anhörungsverordnung

GenTAufzV →Gentechnik-Aufzeichnungsverordnung

Gentechnik. Als G. wird ein Arsenal von molekularbiologischen Methoden zusammengefaßt, die es gestatten, →Gene – auch von unterschiedlichen Spezies – in vitro zu rekombinieren, die so künstlich erzeugten Gene in Organismen einzuschleusen, die dadurch die Fähigkeit erhalten, die artfremden Gene durch →Replikation zu vermehren und/oder zu exprimieren. Fälschlich werden häufig ältere Methoden der Reproduktionsbiologie wie in-vitro-Fertilisation, Embryonentransfer u. ä. zur G. gezählt. Die dem →Gentechnikgesetz (GenTG) zugrunde liegende Legaldefinition der →gentechnischen Arbeiten deckt sich nicht mit dem wissenschaftlichen Sprachgebrauch.

Obwohl die G. als Errungenschaft der letzten zwei Jahrzehnte betrachtet wird, fußt sie auf Erkenntnissen, die in die Mitte dieses Jahrhunderts zurückreichen. Als wesentlichste ist die Erkenntnis zu nennen, daß die genetische Information von Organismen in Nucleinsäuren gespeichert ist. Das Strukturmodell der Desoxyribonucleinsäure von *Watson* und *Crick* 1953 ermöglichte dann das Verständnis der identischen Reduplikation des genetischen Materials bei der Zellteilung (→Replikation). Schließlich bahnte die Entschlüsselung des genetischen Codes durch *Mathaei* und *Nirenberg* im Jahre 1961 die Einsicht in die Übersetzung der genetischen Baupläne von Organismen in deren zelluläre Funktionen (→Code, genetischer, →Expression, →Proteinsynthese). Diese Meilensteine der Molekularbiologie vertieften zwar das Verständnis genetischer Vorgänge, gestatteten aber noch keine technische Umsetzung, weil sich der Stoff, aus dem die Gene sind, die Nucleinsäuren, als ein Gemisch extrem großer und scheinbar monoton aufgebauter Kettenmoleküle erwies, die sich hartnäckig einer chemischen Analyse und somit einer gezielten biochemischen Bearbeitung entzogen.

Als Schlüsselereignis für die technische Umsetzung des molekularbiologischen Wissens darf wohl das Auffinden der Restriktionsenzyme (→Nuclease) in den frühen siebziger Jahren gewertet werden. Diese Restriktionsendonucleasen zerlegten nämlich Nucleinsäuren in reproduzierbarer Weise in definierte Bruchstücke, die dann mit Ligasen, die Nucleinsäurefragmente wieder verbinden, in beliebiger Weise rekombiniert werden konnten. Damit war ein generell gangbarer Weg zur Rekombination von Nucleinsäuren unterschiedlicher Spezies vorgezeichnet. 1973 schließlich wurde das historische Experiment durchgeführt, in dem eine artfremde DNA in ein Plasmid eingebaut, mit Hilfe dieses Vektors in ein Bakterium eingeschleust und dort auch funktionell aktiv wurde. Als Beginn der eigentlichen G. wird jedoch häufig die Anmeldung des Patents aus dem Jahre 1974 von *H. Boyer* und *S. Cohen* genannt, weil hier erstmals die Herstellung von Insulin als Beispiel eines therapeutisch verwertbaren Proteins mit Hilfe der Rekombination von Nucleinsäuren als technische Handlungsanweisung formuliert wird.

Die praktische Umsetzung der Handlungsanweisung ließ jedoch noch einige Jahre auf sich warten. Erst 1977 gelang es *A. Ullrich* und Mitarbeitern erstmals, das Insulin-Gen eines Säugetiers in Bakterien zu amplifizieren, was zu Recht als first step from fantasy to fact gefeiert wurde. Die erste Expression eines Säugetierpeptids, des Somatostatins, gelang 1978 der ein Jahr zuvor gegründeten Firma Genentech in Kalifornien, deren erklärtes ausschließliches Ziel es war, Proteine für die Therapie gentechnisch herzustellen. 1982 schließlich berichtete ein Team aus Forschern von Genentech und Grünenthal über die erstmalige Herstellung eines funktionsfähigen hochmolekularen menschlichen Enzyms, der Urokinase, mit Hilfe gentechnisch veränderter Bakterien. Im gleichen Jahr wird bereits das gentechnisch hergestellte Peptidhormon Insulin vermarktet, das erste Onkogen wird mit gentechnischen Methoden identifiziert und analysiert, und das erste transgene Tier wird gezüchtet, die Supermaus, die durch Inkorporation des Gens für das Wachstumshormon der Ratte zu abnormer Größe heranwächst. Die rasanten Fortschritte in den späten siebziger und frühen achtziger Jahren resultieren wesentlich aus zwei methodischen Errungenschaften: der Etablierung von Techniken zur Sequenzierung von Nucleinsäuren durch *Sanger* und *Gilbert* und der Nucleinsäuresynthese durch *Khorana*. Mit diesen Techniken wurde nicht nur möglich, interessierende Strukturgene schnell zu analysieren, sondern auch die speziesspezifischen Erfordernisse für eine effiziente Expression der Gene zu erkennen und diesen, falls nötig, durch Synthese von Adaptoren, regulatorischen DNA-Sequenzen oder synonymen Genen Rechnung zu tragen.

Heute ist die G. in der industriellen Praxis ebenso unverzichtbar geworden wie für die biologische Grundlagenforschung. In der pharmazeutischen Industrie wird für die Therapie schwerpunktmäßig an der gentechnischen Herstellung menschlicher Proteine gearbeitet, die anderweitig nicht oder schwer zugänglich sind. Eine zunehmende Bedeutung gewinnt aber auch die Identifizierung und gentechnische Konstruktion molekularer Strukturen, die als Angriffspunkte von Pharmaka interessant sind und somit als Hilfsmittel für ein rationales drug design eingesetzt werden können, sowie die Züchtung gentechnisch veränderter Versuchstiere als Modelle für Stoffwechselkrankheiten.

In der Agrarwissenschaft stehen das gentechnische Design von herbizid- und pestizidresistenten Nutzpflanzen und die Ertragsoptimierung im Vordergrund.

Für die Umwelttechnologie zeichnen sich Möglichkeiten zur spezifischen Entsorgung von Schadstoffen durch gentechnisch optimierte Mikroorganismen ab.

Für die biologische Grundlagenforschung hat die G. einen vor wenigen Jahren noch unvorstellbaren

Zuwachs an Kenntnissen über Protein- und Nucleinsäurestrukturen gezeitigt, der eine molekular fundierte Revision der Taxonomie und ein exakteres Verständnis der Evolution ermöglicht. Die G. erschloß auch endlich bislang kaum zugängliche Arbeitsfelder wie die Differenzierung von Zellen und die Organogenese höherer Eukaryonten, so daß wir heute zumindest punktuell konkrete Einsichten in die Mechanismen der Malignomentstehung und in Entwicklungsstörungen gewonnen haben.

Trotz dieser unübersehbaren Leistungen der G. wird kaum eine andere wissenschaftliche Methode kontroverser diskutiert, mit anhaltender Skepsis begleitet oder gar mit einer fundamentalistisch anmutenden Wissenschaftskritik bekämpft. Ursprünglich war es nicht eine beunruhigte kritische Öffentlichkeit, die die Diskussion um die G. auslöste, sondern das Verantwortungsbewußtsein der involvierten Wissenschaftler selbst. Die Möglichkeit zum artifiziellen Austausch genetischer Information unter Umgehung naturgegebener Speziesbarrieren induzierte Befürchtungen, es könnten im Verlauf gentechnischer Experimente potentiell gefährliche Organismen entstehen, die die reale Pufferkapazität natürlicher Ökosysteme überfordern. Diese Bedenken veranlaßten bereits 1974 einige amerikanische Wissenschaftler, ein Moratorium für bestimmte gentechnische Arbeiten zu fordern; es war Anlaß für die Expertenkonferenz von Asilomar in Kalifornien (1975), auf der angeregt wurde, den verantwortlichen Umgang mit der neuen Technologie durch verbindliche Richtlinien zu garantieren.

Die ersten Richtlinien dieser Art wurden 1976 von den National Institutes of Health (NIH) der Vereinigten Staaten erlassen. Sie bildeten die Grundlage für die Regelwerke anderer Staaten, so auch für die →Genrichtlinie der Bundesrepublik Deutschland sowie für die →Systemrichtlinie und die →Freisetzungsrichtlinie der EG, die wiederum das deutsche Gentechnikrecht geprägt haben. Der Praktikabilitätsvorsprung der derzeit in den USA geltenden Richtlinien gegenüber vielen europäischen Regelwerken resultiert daraus, daß ihre ursprüngliche, von erkanntem Unwissen und Unsicherheit geprägte Fassung in regelmäßigen Abständen entsprechend dem wachsenden Kenntnisstand revidiert wurde. *Flohé*

Literatur: *Fischer, E. P.; W.-D. Schleuning* (Hrsg.): Vom richtigen Umgang mit Genen. München 1991. – *Ullrich, A.:* Nachr. Chem. Tech. Lab. 28 (1980) 726. – *Watson, J. D.:* Die Doppelhelix. Reinbek 1969.

Gentechnik-Anhörungsverordnung. Abk. GenTAnhV, vollst. Bez.: „Verordnung über Anhörungsverfahren nach dem Gentechnikgesetz" vom 24. Oktober 1990 (BGBl. I S. 2375). Regelt die Einbeziehung der Öffentlichkeit durch ein Anhörungsverfahren für die Genehmigung einer →Freisetzung

gentechnisch veränderter Organismen, deren Ausbreitung nicht begrenzbar ist, sowie gewerblicher gentechnischer Arbeiten in gentechnischen Anlagen der Sicherheitsstufen 2–4 erforderlich ist (→Gentechnik-Sicherheitsverordnung). *Flohé*

Gentechnik-Aufzeichnungsverordnung. Abk. GenTAufzV, vollst. Bez.: „Verordnung über Aufzeichnungen bei gentechnischen Arbeiten zu Forschungszwecken oder zu gewerblichen Zwecken" vom 24. Oktober 1990 (BGBl. I S. 2338); Regelt Inhalt, Form und Detaillierungsgrad von Aufzeichnungen jedweder →gentechnischer Arbeit – und zwar ungeachtet eines eventuellen Gefährdungspotentials – sowie die Aufbewahrungsfristen – gestaffelt nach Sicherheitsstufen – auf 10 bis 30 Jahre und den behördlichen Zugang. *Flohé*

Gentechnikgesetz (GenTG). Das G. in der Fassung vom 16. Dezember 1993 (BGBl. I S. 2066) hat zum Ziel:
„1. Leben und Gesundheit von Menschen, Tieren, Pflanzen sowie die sonstige Umwelt in ihrem Wirkungsgefüge und Sachgüte vor möglichen Gefahren gentechnischer Verfahren und Produkte zu schützen und dem Entstehen solcher Gefahren vorzubeugen und
2. den rechtlichen Rahmen für die Erforschung, Entwicklung, Nutzung und Förderung der wissenschaftlichen und technischen Möglichkeiten der →Gentechnik zu schaffen."

Der Anwendungsbereich des GenTG umfaßt:
1. →gentechnische Anlagen,
2. →gentechnische Arbeiten,
3. →Freisetzung von gentechnisch veränderten Organismen und
4. das Inverkehrbringen von Produkten, die gentechnisch veränderte Organismen enthalten oder aus solchen bestehen. Dabei ist zu beachten, daß die den Anwendungsbereich beschreibenden Begriffe teilweise abweichend vom naturwissenschaftlichen und internationalen Sprachgebrauch definiert sind.

Im einzelnen regelt das GenTG gentechnisches Arbeiten in gentechnischen Anlagen (das europäische Pendant ist die →Systemrichtlinie 90/219/EWG), die Freisetzung (das Pendant ist die →Freisetzungsrichtlinie 90/220/EWG) und das Inverkehrbringen. Dem in § 1 festgeschriebenen präventiven Charakter wird deutlich Rechnung getragen, wobei insbesondere die Wartefristen nach Anmeldung gentechnischer Arbeiten, die definitionsgemäß mit keinem Risiko verbunden sind und die fast obligate Durchführung eines öffentlichen Anhörungsverfahrens bei Freisetzung von gentechnisch veränderten Mikroorganismen sowie der den Vollzugsbehörden eingeräumte Ermessensspielraum zu erwähnen sind. Die Rolle der mit Fachkompetenz ausgestatteten ZKBS bleibt hingegen weitgehend beratend. Der präventive Charakter des Gesetzes spiegelt sich ferner in den Haftungsregelungen.

Aufgrund der Ermächtigung zum Erlaß von Rechtsverordnung zum GenTG sind verabschiedet:
- die →ZKBS-Verordnung (ZKBSV, →Zentrale Kommission für die Biologische Sicherheit)
- die →Gentechnik-Aufzeichnungsverordnung (GenTAufzV),
- die →Gentechnik-Sicherheitsverordnung (GenTSV),
- die →Gentechnik-Anhörungsverordnung (GenTAnhV) und
- die →Gentechnik-Verfahrensverordnung (GenTVfV). *Flohé*

Literatur: *Hasskarl, H.:* Gentechnikrecht, Textsammlung. Aulendorf 1990. – *Hasskarl, H.:* Gentechnikrecht, Materialiensammlung. Aulendorf 1991. – *Hasskarl, H.:* Kommentar zum Gentechnikrecht. (Im Druck) Berlin. – *Hirsch, G.; A. Schmidt-Didczuhn:* GenTG. München 1991.

Gentechnik-Recht. →Gentechnikgesetz (GenTG)

Gentechnik-Sicherheitsverordnung. Abk. GenTSV, vollst. Bez.: „Verordnung über die Sicherheitsstufen und Sicherheitsmaßnahmen bei gentechnischen Arbeiten in gentechnischen Anlagen" vom 24. Oktober 1990 (BGBl. I, S. 2340), zentrale Rechtsverordnung zum GenTG, das der Risikoeinstufung gentechnischer Arbeiten in geschlossenen Systemen dient und die daraus zu ziehenden Konsequenzen in Form abgestufter Sicherheitsmaßnahmen festschreibt. Sie stellt eine unverzichtbare Konkretisierung der §§ 7–13 GenTG dar, also für Arbeiten in →gentechnischen Anlagen. Inhaltlich lehnt sie sich stark an die →Systemrichtlinie der EG an. Wie das GenTG geht die GenTSV davon aus, daß die Risiken, die aus dem Umgang mit biologischen Agenzien, insbesondere mit pathogenen Organismen, resultieren können, durch ein System von Sicherheitsmaßnahmen, das dem gegebenen Risiko entspricht, beherrschbar sind.

Die vorgesehene →Risikobewertung von gentechnisch veränderten Organismen (GVO) folgt im Prinzip dem additiven Modell: Das von einem GVO ausgehende Risiko wird in erster Näherung als Resultante des Risikos des Spenderorganismus, des Empfängerorganismus und gegebenenfalls des zur Transformation verwendeten Vektors betrachtet. Als Orientierungshilfe sind im Anhang I zu § 5 GenTSV Einstufungskriterien und umfangreiche Listen von natürlich vorkommenden (gentechnisch nicht veränderten) Bakterien, Pilzen, Viren und eukaryontischen Parasiten enthalten, die den Risikogruppen 1–4 zugeordnet sind. (Analoge ausführlichere und vollständigere Listen sind in den Merkblättern der Berufsgenossenschaft der Chemischen Industrie B 006, B 007, B 008 bzw. B 005 zu finden.)

Die Risikogruppe eines GVO ist überwiegend durch die des Empfängerorganismus bestimmt. Entstammt aber die transformierende genetische Information einem Spenderorganismus einer höheren Risikogruppe, so ist der so erhaltene GVO der Risikogruppe des Spenders zuzuordnen, es sei denn, die transformierende DNA ist erschöpfend als nicht für das Gefährdungspotential des Spenders verantwortlich charakterisiert. Wird durch die Transformation die genetische Information zur Bildung eines hochwirksamen Toxins übertragen, erhöht sich automatisch die Risikogruppe des GVO gegenüber dem Empfängerorganismus. Hierbei ist – wie bei allen gentechnischen Veränderungen – unerheblich, ob die transformierende DNA aus dem Spenderorganismus in Substanz entnommen wurde oder in vitro in identischer oder synonymer Form (→Code, genetischer) synthetisch oder biosynthetisch hergestellt wurde; entscheidend ist ihr Informationsgehalt. Eine von der schematischen Vorgehensweise abweichende, niedrigere Risikogruppe kann einem GVO nur durch Berücksichtigung der in § 6 GenTSV erklärten und in Anhang II beispielhaft aufgelisteten biologischen →Sicherheitsmaßnahmen zugeordnet werden. Anhang I der GenTSV unterscheidet Risikogruppen für Organismen zu gewerblichen Zwecken und zu Forschungszwecken.

Nach Einstufung eines GVO in eine Risikogruppe kann unter Berücksichtigung der biologischen Sicherheitsmaßnahmen für jede gentechnische Arbeit nach § 7 GenTSV eine der vier Sicherheitsstufen definiert werden, die in § 7 GenTG abstrakt beschrieben sind. Die Sicherheitsstufe 1 umfaßt „Arbeiten, bei denen nach dem Stand der Wissenschaft nicht von einem Risiko für die menschliche Gesundheit und die Umwelt auszugehen ist". Die Sicherheitsstufen 2 und 3 (geringes bzw. mäßiges Risiko) umfassen Arbeiten mit Mikroorganismen geringer bzw. stärkerer Pathogenität, wobei zur Abgrenzung der Stufen die Virulenz der Krankheitserreger, der Infektionsweg und die Beherrschbarkeit durch Antibiotika oder Impfstoffe herangezogen wird. Die Sicherheitsstufe 4 (hohes Risiko) schließlich ist gekennzeichnet durch Arbeiten mit hochvirulenten menschen- und/oder tierpathogenen Viren, für die keine wirksame Therapie oder Prophylaxe bekannt ist.

Den jeweiligen Sicherheitsstufen wird in § 9 und detaillierter in Anhang III zur GenTSV ein abgestuftes System organisatorischer und technischer Sicherungsmaßnahmen zugeordnet, um dem Vorsorgecharakter des Gesetzes Rechnung zu tragen. Bei Arbeiten im Produktionsbereich (§ 9 GenTSV) sind weitere Auflagen zu beachten (Anhang III, B).

Die Vorschriften für die Sicherheitsstufe 1 beschränken sich auf akzeptierte Praktiken der mikrobiologischen Laborhygiene und dienen dem Zweck, ein unkontrolliertes Entweichen der GVO auf ein Minimum zu reduzieren. Die wesentlichen Ergänzungen des Maßnahmenkatalogs für die Sicherheitsstufe 2 betreffen die Verhinderung von Aerosolbildung, die Konstruktionsart der Sicherheitswerkbänke, die Abluftfiltration, die Möglichkeit der Autoklavierung (Sterilisation, Inaktivierung) usw. Die Sicherheitsstufe 3 schließlich erfordert eine technisch-konstruktive Auslegung, die ein Entweichen von GVO praktisch ausschließt. Die gesamte Anlage muß unter ständigem Unterdruck betrieben werden, ist nur über eine Schleuse zugänglich; die gesamte Abluft der Anlage ist über Hochleistungsschwebstoff-Filter zu filtrieren etc. Die Sicherheitsstufe 4 erfordert naturgemäß ein hermetisch abgeschlossenes System mit redundanter Auslegung von technischen Sicherungsmaßnahmen, Duschzwang bei Ein- und Ausschleusen des Personals mit vollständigem Kleiderwechsel u. ä.

In den Abschnitten 4 und 5 regelt die GenTSV die Verantwortlichkeiten und die erforderliche Sachkenntnis des Projektleiters (§§ 14 und 15), des Beauftragten für die Biologische Sicherheit (§§ 17 und 18), sowie die Pflichten des Betreibers einer gentechnischen Anlage (§ 19). *Flohé*

Gentechnik-Verfahrensverordnung. Abk. GenTVfV; vollst. Bezeichnung: „Verordnung über Antrags- und Anmeldeunterlagen und über Genehmigungs- und Anmeldeverfahren nach dem Gentechnikgesetz" vom 24. Oktober 1990 (BGBl. I S. 2378), Rechtsverordnung zum GenTG, die das formale Prozedere bei allen Anmeldungs- und Genehmigungsverfahren nach dem GenTG regelt. So werden in § 4 und detaillierter in der Anlage 1 hierzu die Anforderungen an Unterlagen für gentechnische Anlagen, erstmalige oder weitere gentechnische Arbeiten, in § 5 und Anlage 2 die Anforderungen für →Freisetzung, in § 6 und Anlage 3 diejenigen für Inverkehrbringen geregelt. § 9 GenTVfV regelt die Beteiligung anderer Stellen am Genehmigungsverfahren, insbesondere derjenigen Behörden, deren Entscheidung gemäß § 22 GenTG von der gentechnischen Genehmigung eingeschlossen werden soll. Der reduzierte Prüfungsumfang bei Anmeldeverfahren ist in § 13 geregelt, wobei die Anforderungen an die Unterlagen nach §§ 4–6 die gleichen wie bei Genehmigungsanträgen sind. Die §§ 11 und 14 schreiben die formalen Kriterien zum Inhalt eines Genehmigungsbescheides bzw. eines Bescheides über die Zustimmung zu einer Anmeldung fest. *Flohé*

Gentechnische Anlage. Legaldefinition gemäß § 3 Nr. 4 GenTG: „Einrichtung, in der gentechnische

Arbeiten im geschlossenen System durchgeführt werden und für die physikalische Schranken verwendet werden, gegebenenfalls in Verbindung mit biologischen und chemischen Schranken, um den Kontakt der verwendeten Organismen mit Menschen und Umwelt zu begrenzen."

Der Begriff ist nicht deckungsgleich mit dem geschlossenen System der →Systemrichtlinie, weil sich diese nur auf →Mikroorganismen bezieht. Die g. A. im Sinne des GenTG geht darüber hinaus und umfaßt z. B. auch Gewächshäuser und Tierhaltungsräume, für die dem Risiko entsprechende Sicherheitsmaßnahmen in Anhang IV und V der GenTSV ebenso festgeschrieben sind wie für mikrobiologische Laboratorien und Produktionsanlagen (Anhang III zur GenTSV).

Die allgemeingehaltene Definition der g. A. erfordert im konkreten Fall jeweils eine präzisierende Definition. Anlage kann z. B. ein Labor, ein Labortrakt, ein ganzes Gebäude, aber auch eine eingefriedete Weide, z. B. für transgene Kühe, sein. Da adäquate Sicherheitsmaßnahmen jeweils nur für die g. A. zu treffen sind, ist eine exakte Definition ihrer Grenzen u. U. von weitreichender Bedeutung. Der Begriff der g. A. im →Gentechnikgesetz findet keine Anwendung auf Freisetzungen von GVO, auch wenn diese nur in einem begrenzten Areal durchgeführt werden. *Flohé*

Gentechnische Arbeit. Legaldefinition nach § 3 Nr. 2 des →Gentechnikgesetzes (GenTG): „1. die Erzeugung gentechnisch veränderter Organismen,
2. die Verwendung, Vermehrung, Lagerung, Zerstörung oder Entsorgung sowie der innerbetriebliche Transport gentechnisch veränderter Organismen, soweit noch keine Genehmigung für die Freisetzung oder das Inverkehrbringen zum Zwecke des späteren Ausbringens in die Umwelt erteilt wurde."

Diese Legaldefinition deckt sich nicht mit dem in der Wissenschaft üblichen Verständnis von g. A. So wird üblicherweise unter g. A. nur die in-vitro-Rekombination von Nucleinsäuren und der Gebrauch der rekombinierten Nucleinsäure zur Erzeugung von Organismen mit verändertem Genoptyp einschließlich Klonierung verstanden (→Gentechnik). Die gesetzliche Definition ist einerseits enger, insoweit sie die in-vitro-Rekombination selbst nicht umfaßt, aber andererseits erheblich weiter, weil sie – entsprechend der Legaldefinition für den gentechnisch veränderten →Organismus nach § 3 Nr. 3 GenTG – weitere als unnatürlich betrachtete Methoden zur Erzielung einer genetischen Veränderung von Organismen umfaßt. *Flohé*

GenTG →Gentechnikgesetz

Gentoxizität. Agentien, die toxische Wirkungen auf das genetische Material von Zellen ausüben können, werden als gentoxisch bezeichnet. Gentoxische Wirkungen umfassen sowohl die Induktion von DNA-Schäden (z. B. DNA-Addukten, DNA-Strangbrüchen oder DNA-Protein-Quervernetzungen) und von Schäden des Mitoseapparats (z. B. Störung der Spindelbildung) als auch den als Folge derartiger Schäden beobachtbaren Anstieg der Häufigkeit von Gen-, Chromosomen- oder Genommutationen.

Als unmittelbar gentoxisch bezeichnet man Substanzen, die in unveränderter Form oder nach Umwandlung in reaktive Produkte unmittelbar mit dem genetischen Material der Zelle reagieren. Dagegen verursachen mittelbar gentoxische Stoffe die toxische Wirkung auf das Genom auf indirektem Wege, indem sie z. B. eine Aktivierung zellulärer Nukleasen, eine Veränderung der intrazellulären Konzentrationen von DNA-Bausteinen oder eine Bildung reaktiver Sauerstoffspezies bewirken. *Andrae*

Gentransfer. G. bezeichnet jegliche natürliche oder artifizielle Übertragung von genetischem Material von einem Individuum auf ein anderes. Hierbei können die Individuen der gleichen oder verschiedenen Spezies angehören. Man unterscheidet zwischen einer Übertragung genetischer Information auf Tochterzellen oder Nachkommen (vertikaler G.) und einer Übertragung bzw. einem Austausch genetischen Materials zwischen Individuen (horizontaler G.). Letzteres wird natürlicherweise nahezu ausschließlich bei →Mikroorganismen beobachtet.

Der vertikale G. ist eine Grundvoraussetzung der genetischen Konstanz eines mehrzelligen Organismus und der Erhaltung der Arten. Gekoppelt mit einem interindividuellen G. charakterisiert er die sexuelle Erzeugung von Nachkommen durch Individuen der gleichen Art oder nahe verwandter Spezies (Kreuzung).

Natürlicher horizontaler G. ereignet sich bei Mikroorganismen der gleichen oder verwandter Spezies vorzugsweise durch den parasexuellen Vorgang der Konjugation. Hierbei werden Plasmidkodierte Gene von einem →Mikroorganismus auf einen anderen übertragen. Da einige Plasmide passagär in die genomische DNA integriert werden, kann es durch Konjugation jedoch auch zur Übertragung von Chromosomen-kodierten Genen kommen.

Der artifizielle G. bedient sich hingegen bevorzugt der Transformation, d. h. des direkten Einschleusens von DNA in eine Wirtszelle. Letztere muß zuvor durch meist drastische chemische oder physikalische Methoden für die Aufnahme der DNA kompetent gemacht werden. Alternativ kann die Transformation durch Viren mit rekombinierter DNA erreicht werden.

Generelle Voraussetzung für einen funktionell relevanten Transfer heterologer Gene ist die Kompatibilität der transferierten DNA mit der Physiologie des Empfängerorganismus. Vor allem muß die transferierte DNA in dem Wirtsorganismus entweder chromosomal integriert werden oder autonom replizierbar sein, um überhaupt dessen →Genotyp dauerhaft determinieren zu können. Um phänotypisch relevant zu werden, muß die aufgenommene DNA in der Empfängerzelle lesbar sein, also z. B. mit den wirtspezifischen Regelelementen der Transkription und Translation versehen sein. Die Seltenheit der Koinzidenz eines zufälligen G. zwischen wenig verwandten Arten mit einer Vielzahl von simultan erforderlichen Voraussetzungen zur Aktivierung des transferierten Gens in einer heterologen Zelle dürfte der Grund für die relative Konstanz der Arten sein. Der Transfer im Sinne einer bloßen Aufnahme von DNA dürfte ein ziemlich alltägliches natürliches Ereignis darstellen; doch verlaufen derartige Transformationen in der Regel abortiv. Dies lehren nicht zuletzt die Erfahrungen bei den Versuchen, mit Hilfe von →Gentechnik stabile Transformationen, gekoppelt mit →Expression der heterologen Gene, zu erhalten. Trotzdem geht man heute davon aus, daß an Sprüngen in der Evolution der Lebewesen ein natürlicher G. entfernt verwandter Arten beteiligt gewesen ist. *Flohé*

GenTSV →Gentechnik-Sicherheitsverordnung

GenTVfV →Gentechnik-Verfahrensverordnung

Geobiosphäre →Biosphäre

Geothermische Anlage. Anlage zur Akkumulation von →geothermischer Energie aus einer Zahl von natürlichen oder erbohrten geothermischen Energiequellen und Bereitstellung von nieder- bis mitteltemperaturiger (<300 °C) Wärme für Heilbäder, Fernwärmenutzung zur Hausheizung oder industrielle Prozeßwärmenutzung. Die bekanntesten Anlagen in Deutschland stehen in Mecklenburg/Vorpommern und in Brandenburg und dienen in Zweikreissystemen der Fernwärmeversorgung: Im ersten Kreislauf wird thermalisiertes Wasser aus der Erdkruste entnommen und nach Wärmeaustausch mit dem zweiten Kreislauf wieder in die Erde verpreßt; der zweite Kreislauf ist der eigentliche Heizkreislauf. *C.-J. Winter*

Geothermische Energie. Erneuerbarer Wärmestrom aus dem Inneren an die Oberfläche der Erde, zu nutzen in geothermischen Anlagen zur Nutzwärmebereitstellung oder in geothermischen Kraftwerken zur Elektrizitätserzeugung. Die übliche

Wärmestromdichte ist mit ca. $0,06 \text{ J/m}^2 \cdot \text{s}$ klein und technisch kaum nutzbar. In geothermischen Anomalien und erdgeschichtlich unruhigen Zonen kann dieser Wert das 4 bis 5(10)fache annehmen. Die Nutzung der g. E. geschieht entweder über natürlichen hydrothermalen Zustrom oder unter Nutzung heißer Solen, die unter Druck stehen und Methan gelöst enthalten, oder schließlich unter Verwendung des flüssigen Magmas oder im sog. Hot-Dry-Rock-Verfahren aus heißem Trockengestein: Zwei bis in geothermisch höffige Teufen niedergebrachte Bohrungen werden im Untergrund miteinander verbunden. Unter Druck in die eine Bohrung verbrachtes Wasser wird in der anderen Bohrung als Dampf wieder zutagegefördert und in einer thermischen Anlage oder einem thermischen Kraftwerk genutzt. Bei Teufen von 4 000 bis 5 000 m ist mit Temperaturen von 250 bis 300 °C zu rechnen. Der normale geothermische Temperaturgradient wäre nur 0,03 K/m.

Umweltrelevanz hat, daß stark mineralienbeladene, hochkorrosive Wässer keinesfalls an der Oberfläche der Erde bleiben dürfen, sondern unbedingt wieder in den Untergrund verbracht werden müssen.

Weltweit sind ca. $6\,500\text{ MW}_e$ (1990) geothermische Kraftwerke am Netz, der überwiegende Teil an der Westküste Nordamerikas, auf den Philippinen, in Italien, Japan, Neuseeland. Nach dem Hot-Dry-Rock-Verfahren werden Kraftwerke bislang nur experimentell betrieben. Heilbäder nutzen g. E. und sind geothermische Anlagen zur Nutzwärmebereitstellung.

Überall da, wo sich Städte über geothermisch höffigen Gebieten befinden, kann g. E. zur Hausheizung dienen. Beispiele finden sich in Mecklenburg-Vorpommern, Brandenburg und im Pariser Bekken. *C.-J. Winter*

Literatur: *Bußmann, W.:* Geothermie – Wärme aus der Erde. Karlsruhe 1991. – *Harrison, R.; N. D. Mortimer; O. B. Smarason:* Geothermal Heating. Oxford–New York 1990. – *Schulz, R.* (Hrsg.): Internationales Symposium on Geothermal Energy 1990. Niedersächsisches Landesamt für Bodenforschung Hannover, Archiv-Nr. 107 486.

Geothermisches Kraftwerk. G. K. nutzen →geothermische Energie zur Stromerzeugung. Gebräuchlich sind Einkreis- und Zweikreiskraftwerke. In – älteren – Einkreiskraftwerken wird der hochmineralisierte und korrosive – meist gesättigte – Wasserdampf unmittelbar als Wärmeträgermedium in Turbine und Kondensator genutzt. Die Wartungs- und Reparaturkosten sind hoch, der Einsatz korrosionsbeständiger Werkstoffe teuer. Zweikreiskraftwerke vermeiden diese Anforderungen durch Zwischenschaltung eines Wärmetauschers zwischen erstem und zweitem Kreis.

Von ökologischer Relevanz ist, daß die in der Regel begrenzte Höffigkeit einer – natürlichen oder anthropogenen – geothermischen Energiequelle die Energieakkumulation aus mehreren Quellen nötig macht, um zu signifikanten Einheitsleistungen des Kraftwerks zu kommen. Die oberirdische Akkumulation geschieht meist über ausgedehnte Flächen. Ökologisch relevant ist ferner der Verbleib der Wässer des ersten Kreislaufs: sie dürfen keinesfalls in Oberflächengewässer abgeleitet, sondern müssen wieder in den Untergrund verpreßt werden. G. K. sind – bevorzugt in Weltgegenden geothermischer Anomalien – mit ca. $6\,500\text{ MW}_e$ (1990) am Netz. *C.-J. Winter*

Literatur: *Bußmann, W.:* Geothermie – Wärme aus der Erde. Karlsruhe 1991.

Gepäckdurchleuchtungsgerät →Röntgen-Grobstrukturtechnik

Geräusch. G. sind, wie auch die häufig synonym benutzten Begriffe →Schall und →Lärm, Schwingungen eines elastischen Mediums (Luft, fester Körper, Flüssigkeit) im Hörbereich des Menschen.

Als G. gelten solche Schwingungsvorgänge, die zeitlich und in ihrer Frequenzzusammensetzung (→Frequenzanalyse) keinen festen Gesetzmäßigkeiten gehorchen, im Gegensatz z. B. zu einem Klang, dessen Frequenzen in einem ganzzahligen Verhältnis zueinander stehen. *Strauch*

Geräusch, tieffrequentes. Ein Geräusch mit einem überwiegenden Anteil der →Schallenergie im Frequenzbereich <100 Hz, wird vom Menschen als dumpfes Geräusch empfunden.

Die zum Beispiel von Ventilatoren oder Gebläsen mit großen Fördermengen, langsam laufenden Verbrennungsmotoren großer Leistung, Transformatoren, Prozeßöfen der Chemischen Industrie und ähnlichen Geräuschquellen erzeugten Geräusche führen häufig auch dann zu Beschwerden von benachbarten Anwohnern, wenn die nach der →TA Lärm oder VDI 2058 geltenden Immissionsrichtwerte eingehalten werden.

Die diesen Regelwerken zugrunde liegende →A-Bewertung zur Berücksichtigung des Frequenzeinflusses, ist keine ausreichende Beurteilungsgrundlage für t. G.

Eine die TA Lärm und VDI 2058 ergänzende Beurteilung von t. G. wird vom Normenausschuß Akustik, Lärmminderung und Schwingungstechnik (NALS) im DIN und VDI erarbeitet.

Grundlage dieser Beurteilung ist der Vergleich des Terzspektrums der t. G. im Frequenzbereich von 10 Hz–80 Hz mit dem Terzspektrum an der menschlichen Hörschwelle.

Die innerhalb des Wohnraums bei geschlossenen Fenstern und Türen festgestellten →Schalldruckpegel der Terzen des zu beurteilenden Geräusches sollen die entsprechenden Pegel an der Hörschwelle während der Nachtzeit nicht überschreiten und während der Tageszeit um nicht mehr als 5 dB. *Strauch*

Literatur: DIN 45680: Messung und Bewertung tieffrequenter Geräuschimmissionen in der Nachbarschaft, E. 1/92.

Geräuschbelästigung →Belästigung, →Beurteilungspegel

Geräuschemissionsmessung. Sie dient zur Ermittlung der die Emission kennzeichnenden Größe einer Schallquelle.

Die wesentliche Geräuschemissionskenngröße ist der →Schalleistungspegel L_W als Maß für die von einer Schallquelle an die Umgebung abgestrahlte Schallleistung. Üblicherweise wird diese →Schalleistung einer Schallquelle mit Hilfe des Hüllflächenverfahrens ermittelt. Bei Anwendung dieses Verfahrens werden auf einer die Schallquelle umhüllenden Fläche (Halbkugel- oder Quaderoberfläche) die →Schalldruckpegel gemessen und aus diesen Meßwerten unter Berücksichtigung von Korrekturen für Reflexionen und Fremdgeräusche sowie der Hüllflächengröße der Schalleistungspegel berechnet:

$$L_W = \overline{L}_p + L_S$$

$\overline{L}_p$ = korrigierter, mittlerer Schalldruckpegel auf der Hüllfläche S

L_S = Meßflächenmaß

$$= 10 \lg \frac{S}{S_0} \quad \text{(mit } S_0 = 1 \text{ m}^2\text{)}$$

Die allgemeinen akustischen Grundsätze für die Messung der Schalleistung sind in der DIN 45635, Teil 1 festgelegt.

Zur Berücksichtigung maschinenspezifischer Eigenarten (Bauformen, Betriebsbedingungen) sind spezielle Meßbedingungen in Folgeblättern zur DIN 45635, Teil 1 vorgegeben.

Für Maschinen wird zur Kennzeichnung der Schallemission üblicherweise die Schalleistung benutzt. Abweichend hiervon wird zur Emissionskennzeichnung und Vorgabe von Emissionswerten bei Fahrzeugen des Straßenverkehrs der →Schalldruckpegel in 7,5 m Abstand von der Fahrzeugmitte benutzt, der bei der Vorbeifahrt des Fahrzeugs unter spezifizierten Betriebsbedingungen auftritt. *Strauch*

Literatur: DIN 45635, Teil 1: Geräuschmessung an Maschinen, Luftschallemission, Hüllflächenverfahren, Rahmenverfahren für 3 Genauigkeitsklassen. 4/1984. – Richtlinien für die Geräuschmessung an Kraftfahrzeugen vom 13. 9. 1966, Verkehrsblatt S. 531. – Bekanntmachung vom 11. 8. 1981 über die Anwendung der EG-Richtlinie 81/334/EWG über die Kfz-Geräusche, Verkehrsblatt S. 360.

Geräuschemissionswerte. Als G. von technischen Einrichtungen wie Kraftfahrzeuge, Maschinen und Geräte werden zulässige →Schalleistungspegel oder zulässige →Schalldruckpegel in bestimmten Abständen von der Schallquelle bezeichnet, die unter definierten Betriebsbedingungen nicht überschritten werden dürfen. G. sind z. B. festgelegt für Baumaschinen in der →15. BImschV (→Baulärm).

Ebenfalls gelten für Kraftfahrzeuge des Straßenverkehrs Emissionswerte, die bei beschleunigter Vorbeifahrt in 7,5 m Abstand von der Fahrzeugmitte nicht überschritten werden dürfen (§ 49 der StVZO).

Für →Rasenmäher sind G. als Schalleistungspegel in der →8. BImSchV festgelegt.

Außerdem gelten zum Schutz gegen →Fluglärm G. als Schalldruckpegel in einem bestimmten Abstand unterhalb der Überflugbahn wie auch seitlich von der Flugbahn bei Start- und Landevorgängen. *Strauch*

Geräuschimmissionen-Beurteilung. Die G.-B. wird durch Vergleich des aus Messung oder Berechnung ermittelten →Beurteilungspegels mit dem Immissionswert, Immissionsrichtwert oder Immissionsgrenzwert (zulässiger Wert) vorgenommen, und zwar entsprechend der jeweiligen Art der Geräuschquelle getrennt für die Tages- und Nachtzeit sowie in Abhängigkeit von der baulichen Nutzung der belasteten Grundstücke.

Die zulässigen Werte wie auch die Ermittlung der Beurteilungspegel sind für unterschiedliche Geräuscharten in verschiedenen Vorschriften bzw. Regelwerken angegeben:
– für Geräusche von gewerblichen und industriellen Anlagen in der Technischen Anleitung zum Schutz gegen Lärm (→TA Lärm), deren Anwendung in einigen Punkten durch VDI 2058: Beurteilung von Arbeitslärm in der Nachbarschaft. 9/1985, ergänzt wird,
– für Geräusche durch Baustellen in den Verwaltungsvorschriften Geräuschimmission vom 19. 8. 1970 (Beilage zum Bundesanzeiger Nr. 160 vom 1. 9. 1970),
– für Geräusche neuerrichteter Straßen- und Schienenverkehrsanlagen in der Verkehrsanlagenlärmschutzverordnung (→16. BImSchV),
– für Sportanlagengeräusche in der Sportanlagenlärmschutzverordnung (→18. BImSchV),
– für Geräusche von Freizeiteinrichtungen in der VDI 3724 E: Beurteilung der durch Freizeitaktivitäten verursachten und von Freizeiteinrichtungen ausgehenden Geräusche 2/1989,
– für Geräusche des Flugverkehrs an Verkehrsflughäfen und militärischen Flugplätzen im Gesetz zum Schutz gegen →Fluglärmgesetz,
– für →Fluglärm von Flugplätzen, die nicht dem Fluglärmgesetz unterliegen, in DIN 45643 T 1–3: Messung und Beurteilung von Flugzeuggeräuschen. 10/1984,
– zur Beachtung der Geräuschimmissionen bei der →Bauleitplanung in der DIN 18005: Schallschutz im Städtebau. 5/1987. *Strauch*

Geräuschimmissionen-Beurteilungsverfahren
→Beurteilungspegel

Geräuschimmissionen-Langzeitbeobachtung.
G.-L. kann notwendig sein, wenn eine Aussage zur Schwankungsbreite der Geräuschkenngrößen über einen längeren Zeitraum gefordert ist. G.-L. sind insbesondere notwendig, wenn die Schwankung der Geräusche von zufälligen Emissionsänderungen und meteorologisch bedingten Änderungen der →Schallausbreitung abhängt.

Zur G.-L. bietet sich der Einsatz von automatisch arbeitenden Dauermeßstationen an oder eine Untersuchung mit stichprobenartig durchgeführten Messungen an zufällig im interessierenden Zeitraum (z. B. Kalenderjahr; Winterhalbjahr) gewählten Meßterminen.

Beim Einsatz von Dauermeßstationen kann lückenlos der Verlauf des Schalldruckpegels erfaßt werden; es muß jedoch sichergestellt sein, daß das erfaßte Geräusch objektbezogen ist, d. h. von der zu untersuchenden Geräuschquelle eindeutig verursacht wird.

Stichprobenmessungen erfassen nicht die Gesamtheit der Geräuschimmission, sie erlauben jedoch mit Hilfe statistischer Verfahren, Kenngrößen der Geräuschimmissionswerte (Mittelwert, Percentile) mit Vertrauensbereichen zu schätzen. Wie aus einem endlichen Stichprobenumfang Kenngrößen der Geräusche mit Angaben zur Unsicherheit der Werte dieser Kenngrößen bestimmt werden können, ist in VDI 3723, Bl. 1 E: Anwendung statistischer Methoden bei der Kennzeichnung schwankender Geräuschimmissionen, 10/1982, beschrieben.

Kenngrößen sind nach dieser Richtlinie der →Mittelungspegel $L_{x,m}$ sowie die 10%-, 50%- und 90%-Überschreitungspegel für die Kennzeichnungszeit.

Die Unsicherheit des aus der Stichprobe geschätzten Werts der Kenngröße wird durch den Vertrauensbereich gekennzeichnet, der den wahren Wert der Kenngröße mit einem vorgegebenen Vertrauensniveau einschließt. *Strauch*

Literatur: VDI-Bericht 648: Lärm und Statistik, Meßtechnische und statistische Methoden zur Überprüfung von Emissionen und Immissionen. Düsseldorf 1987. – *Hillen, R.:* Automatisch registrierende Schallpegel. Dauermeßeinrichtung (DME) für den Einsatz bei den Überwachungsbehörden – ein Konzept. Z. für Lärmbekämpfung **34** (1987). – *Krane, D.; K.-A. Rohleder:* Automatische Schallpegelmeßeinrichtung – eine Hilfe für die Überwachungsbehörde. Z. für Lärmbekämpfung **34** (1987).

Geräuschimmissionsmessung. G. werden an bestimmten Aufpunkten durchgeführt. Ziel ist es, aussagefähige Kenngrößen der →Schalldruckpegel der jeweils zu untersuchenden Geräuscharten wie

– Geräusche von Gewerbe- und Industrieanlagen,
– Geräusche des Straßen- und Schienenverkehrs,
– Geräusche des Luftverkehrs,
– Geräusche von Freizeit- und Sportanlagen und
– Geräusche von Baustellen
zu ermitteln und zur Beurteilung der Immissionssituation die Kenngrößen mit Immissionswerten oder -richtwerten zu vergleichen.

Die Bedingungen für Immissionsmessungen der verschiedenen Geräuscharten sind in unterschiedlichen Regelwerken festgelegt (→Beurteilungspegel), wobei für alle Messungen im Wohnbereich als kennzeichnender Meßort ein Punkt außerhalb des Wohnraums, und zwar etwa 0,5 m vor dem geöffneten Fenster gewählt wird.

Mit der Verlegung des Meßorts nach außen vor das Wohnraumfenster ist der Raumeinfluß (Ausstattung des Wohnraumes) auf das Meßergebnis zu vernachlässigen, so daß etwa vergleichbare Meßergebnisse auch bei unterschiedlicher Wohnraumausstattung erreicht werden.

Die G. müssen so geplant und durchgeführt werden, daß die Ergebnisse eindeutig der in der Aufgabenstellung benannten Anlage zuzuordnen sind. Diese Forderung kann immer dann schwierig zu erfüllen sein, wenn neben den interessierenden Anlagegeräuschen andere, ebenfalls pegelmitbestimmende Geräusche auf den Immissionspunkt einwirken.

Das Meßergebnis muß aussagefähig (repräsentativ) sein für
– das zeitliche Auftreten des zu untersuchenden Anlagengeräusches hinsichtlich der Betriebsbedingungen der Anlage,
– die für eine Beurteilung der Geräuschsituation maßgebenden Schallausbreitungsbedingungen (→Schallausbreitung) und
– das örtliche Auftreten im Hinblick auf den zu betrachtenden Immissionsort.

Die G. muß ferner so geplant und durchgeführt werden, daß sie grundsätzlich unter gleichen Bedingungen wiederholt werden kann.

Diese Forderung ist in Bezug auf die Emissionsbedingungen (→Schallemission) einer Anlage häufig leichter zu erfüllen als bezüglich der für die Schallausbreitung maßgebenden Bedingungen, weil diese bei G. im allgemeinen nicht vollständig erfaßbar und somit auch nicht vollständig beschreibbar sind.

Die durch die G. erzielten Ergebnisse sowie die Bedingungen, unter denen sie durchgeführt wurde sowie alle Annahmen und Voraussetzungen für den Meßablauf müssen in einem Meßprotokoll festgehalten werden. *Strauch*

Geräuschspitze. G. sind kurzzeitig auftretende →Schalldruckpegel einer Anlage, deren Werte erheblich über den überwiegend von der Anlage verursachten Geräuschen liegen.

Für diese betrieblich bedingten G. wird wegen der insbesondere während der →Nachtzeit erhöhten Störwirkung gegenüber einem gleichförmigen Geräusch eine Begrenzung dieser Spitzen bei der Beurteilung der Geräuschimmissionen vorgenommen.

Bei Gewerbe- und Industrieanlagengeräuschen dürfen nach der →TA Lärm die G., gekennzeichnet durch den maximalen Schalldruckpegel L_{AFmax}, während der Nachtzeit den geltenden →Immissionswert um bis zu 20 dB und – in Ergänzung dazu – nach VDI 2058, Bl. 1: Beurteilung von Arbeitslärm in der Nachbarschaft. 9/1985, während der Tageszeit um bis zu 30 dB überschreiten. *Strauch*

Geruchsausbreitung →Ausbreitung von Gerüchen

Geruchseinheit →Kennwerte, olfaktometrische

Geruchshäufigkeit-Abschätzung. Im unmittelbaren Nahbereich kleiner Geruchsquellen kann die G. in Prozent der Jahresstunden nach einem vereinfachten Verfahren abgeschätzt werden. Voraussetzung ist, daß jede Beaufschlagung durch die Abgasfahne mit einer Geruchswahrnehmung verbunden ist. Dies ist bei Holz- und Kohlefeuerungen sowie anderen geruchsintensiven Quellen bis zu einer Quellentfernung von etwa 20–30 m dann der Fall, wenn das beaufschlagte Gebäude in den Weg der Abgasfahne hineinragt.

Die Anzahl der Jahresstunden, an denen es an einem Nachbargebäude zu Geruchsbelästigungen kommt, ergibt sich dann nach der Multiplikationsregel für unabhängige Ereignisse durch Multiplikation der Zahl der vom Betreiber anzugebenden Emissionsstunden im Jahr, umgerechnet auf die Jahreshäufigkeit der Emission, mit der aus Windmessungen (Wetteramt, Immissionsmeßstationen) ermittelten Windrichtungshäufigkeit für Winde aus einem Winkel von 45° (bei dichter Bebauung evtl. auch 60°) von der Quelle zum Aufpunkt. Ein Winkel dieser Größe ist anzusetzen, wenn die Abgasfahne aus einem Schornstein freigesetzt wird und nicht in den Leewirbel hinter dem Gebäude hineingezogen wird, auf dem sich der Schornstein befindet. Außerdem muß die Emission relativ niedrig liegen, so wie bei den oben genannten Emittenten, und die Quellentfernung, für welche die Abschätzung erfolgt, darf nicht größer als etwa 50 m sein.

U. U. ist die Windrichtungshäufigkeit nur für bestimmte Windgeschwindigkeitsklassen anzusetzen. Bei Geruchsbelästigungen auf Grund von stacktip downwash, der durch eine zu geringe Austrittsgeschwindigkeit der Abgase bedingt ist, können z. B. Windgeschwindigkeiten ausgeschlossen werden, deren eineinhalbfacher Wert unterhalb der Austrittsgeschwindigkeit w_s der Abgase liegt (1,5 u $< w_s$) (→Ausbreitung von Gerüchen, →Nahbereichsgleichung für Gebäude). *Giebel*

Geruchsimmissionsprognose →Olfaktometrie

Geruchsmessung →Olfaktometrie

Geruchsschwelle →Kennwerte, olfaktometrische, →Verfahrenskenngrößen, olfaktometrische

Geruchsstau. Glocke penetranter Gerüche um eine Geruchsquelle. Wenn insbesondere in den Abend-, Nacht- oder Morgenstunden eine mit Windstille oder umlaufenden Winden einhergehende Boden- oder bodennahe →Inversion auftritt, kommt es in der unmittelbaren Nachbarschaft bodennaher Geruchsquellen häufig zu einem Stau penetranter Gerüche. Um die Geruchsquelle entsteht eine sich allmählich ausdehnende Glocke mit intensiven Gerüchen. Bei Tierintensivhaltungen kann der Durchmesser der Geruchsglocke am Boden 100 m und mehr betragen, bei bodennahen Punktquellen geringer Stärke gewöhnlich nur etwa um die 10 m. Die Geruchshäufigkeit in dem Glockengebiet ist deutlich größer als nach den Windrichtungshäufigkeiten zu erwarten ist (→Ausbreitung von Gerüchen). *Giebel*

Geruchsstoff →Stoff, geruchsintensiv

Geruchsstoffstrom. In Ausbreitungsrechnungen für Geruchsstoffe geht in den meisten Fällen der Emissionsmassenstrom an Geruchseinheiten ein, der auch als G. bezeichnet wird. Man erhält ihn, indem man mit einem →Olfaktometer zunächst die Verdünnungszahl einer Geruchsstoffprobe aus der emittierten Abluft feststellt, d. h. diejenige Zahl, die angibt, wieviel Mal die Abluft verdünnt werden muß, damit in der Hälfte der Fälle gerade kein Geruch mehr wahrgenommen wird. Die so ermittelte Verdünnungszahl wird mit dem Abluftvolumenstrom in m^3 pro Zeiteinheit multipliziert. Das Ergebnis ist der Emissionsmassenstrom an Geruchseinheiten (GE) pro Zeiteinheit. Die Geruchseinheit 1 GE ist danach diejenige Menge an Geruchsstoffen, die in einem Kubikmeter Luft in der Hälfte der Fälle gerade noch zu einem wahrnehmbaren Geruch führt. Mitunter ist es nicht möglich, den G. durch olfaktometrische Messungen an der Quelle zu ermitteln. In einem solchen Fall wird aufgrund von Geruchsfeststellungen im Einwirkungsbereich der Anlage mit Hilfe der Ausbreitungsrechnung auf den verursachenden G. rückgeschlossen. Die Probanden werden zu diesem Zweck bei verschiedenen meteorologischen Bedingungen in einer Entfernung quer zur Geruchsfahnenachse postiert, in welcher der Geruch der emittierenden Anlage schwach bis deutlich wahrzunehmen ist (→Ausbreitung von Gerüchen). *Giebel*

Geruchsstunde. In bezug auf die Grenzen der Zumutbarkeit von Gerüchen wurden 1975 erstmalig bestimmte Prozentsätze der Zeit im Jahr mit Geruchswahrnehmungen genannt, nämlich 3 bzw. 5 % der Jahresstunden. Eine G. ist dabei nach neuerer Auffassung dann gegeben, wenn innerhalb einer Zeitstunde die Geruchsschwelle für wenigstens 6 Minuten überschritten wird. Bei Begehungen, bei denen die Geruchserhebungen in weniger als einer Stunde durchgeführt werden, liegt eine G. dann vor, wenn in wenigstens 10 % der Erhebungszeit Gerüche wahrgenommen werden (→Ausbreitung von Gerüchen). *Giebel*

Geruchszahl. G. ist nach der →TA Luft (2.1.6) das olfaktometrisch (→Olfaktometrie) gemessene Verhältnis der Volumenströme bei Verdünnung einer Abgasprobe (mit Neutralluft) bis zur →Geruchsschwelle; sie wird angegeben als Vielfaches der Geruchsschwelle (→Kennwert, olfaktometrischer):

$$G = \frac{V1 + V2}{V1} = 1 + \frac{V2}{V1}$$

mit G = Geruchszahl, V1 = Volumenstrom der Abgasprobe und V2 = Volumenstrom der Verdünnungs-(Neutral-)Luft.

G. ist der dimensionslose Verdünnungsfaktor oder die Verdünnungszahl. Die TA Luft bevorzugt den Begriff G., um deutlich zu machen, daß es sich um eine Maßzahl zur Beurteilung von Gerüchen handelt. Der G. kommt bei der Durchführung von Geruchsminderungsmaßnahmen eine emissionsbegrenzende Bedeutung zu, indem ein olfaktometrisch zu bestimmender Geruchsminderungsgrad festgesetzt wird (3.1.9 der TA Luft), der als technischer Wirkungsgrad die Minderung der Geruchsstoffemission beschreibt:

$$\eta = \frac{G1 - G2}{G1} = 1 - \frac{G2}{G1}$$

mit G1 = G. im Rohgas, G2 = G. im Reingas.

Zur Kennzeichnung von Gerüchen werden auch die Geruchseinheit (GE) und die Geruchsstoffkonzentration (GE/m^3) verwendet (→Kennwert, olfaktometrischer); die Geruchsstoffkonzentration an der Geruchsschwelle ist per definitionem 1 GE/m^3. Die numerischen Werte von Geruchseinheiten und Geruchsstoffkonzentrationen entsprechen der G.; an der Geruchsschwelle hat die G. den Wert 1

Mit der Einführung der G. in die TA Luft sind die Behörden bei der Anwendung dieser Verwaltungsvorschrift an diesen Begriff gebunden. *Dreyhaupt*

Gesamtkohlenwasserstoffe. Sammelbezeichnung für die Kohlenwasserstoff-Verunreinigungen in der Luft, die von einem →Flammen-Ionisations-Detektor (FID) angezeigt werden. Die G. werden häufig als THC (*engl.* Total Hydro Carbon) abgekürzt. Die Messung der G. ist nur sinnvoll, wenn die Zusammensetzung des Gemisches bekannt und einigermaßen konstant ist. Der Vorteil der G.-Messung liegt darin, daß die Luft nur durch einen FID geleitet wird und man somit ein kontinuierliches Meßsignal erhält. Störend wirkt hierbei jedoch der hohe Methangehalt, der ein natürlicher Bestandteil der Luft ist. Es ist deshalb üblich, vor der Messung das Methan durch einen kurzen chromatographischen Schritt abzutrennen. Man erhält so alle 1 bis 3 min ein Meßsignal der sog. Nichtmethankohlenwasserstoffe (*engl.* Non-Methane-Total-Hydro-Carbon, NMTHC).

In den meisten Fällen der Immissionsmessung von Kohlenwasserstoffen geht es jedoch um eine gezielte Fragestellung, wie z. B. die Benzolkonzentration in der Straßenluft. Meßtechnisch läßt sich das nur mit chromatographischen Verfahren ermitteln. *Dulson*

Gesamtozonmenge →Dobson-Einheit

Gesamtozonsäulendichte →Dobson-Einheit

Gesamtplanung. G. koordinieren alle in einem Raum auftretenden Raumansprüche und Belange, insbesondere auch solche, die Gegenstand von Fachplanungen sind. Zum raumordnungsbezogenen Gesamtplanungsrecht zählt insbesondere auch die fachlich ausgerichtete landesplanerische Teilplanung für bestimmte Sektoren. Sie bezeichnet man als sektoralisierte Landesplanung.

Zum raumbezogenen G.-Recht zählt auf der überörtlichen Ebene das Recht der →Raumordnung und →Landesplanung und auf der örtlichen Ebene das Recht der →Bauleitplanung. *Hoppe/Beckmann*

Literatur: *Ernst/Hoppe:* Das öffentliche Bau- und Bodenrecht, Raumplanungsrecht, 2. Aufl. München 1981. – *Finkelnburg/Ortloff:* Öffentliches Baurecht, Bd. I, Bauplanungsrecht, 2. Aufl. München 1989. – *Peine:* Raumplanungsrecht. Tübingen 1987.

Gesamtstaub →Staubemissionen

Gesamtstaubabscheidegrad. In einem Apparat zur →Staubabscheidung wird von einer aufgegebenen Menge M_A die Menge M_G abgeschieden und die Menge M_F durchgelassen. Der G. T_{ges} stellt das Verhältnis der abgeschiedenen zur aufgegebenen Menge dar und wird deshalb auch als Grobgutmengenanteil bezeichnet.

$$T_{ges} = \frac{M_G}{M_A} = \frac{M_G}{M_G + M_F} = 1 - \frac{M_F}{M_A}$$

Ist der →Fraktionsabscheidegrad T(x) des Trennapparates bekannt, kann der G. T_{ges} für eine gegebene Verteilungsdichte q(x) der Partikelgrößen x im Aufgabegut (A) berechnet werden:

$$T_{ges} = \int_{x_{min}}^{x_{max}} T(x) \cdot q_A(x) \cdot dx$$

Der so bestimmte G. ist von der Mengenart abhängig, in der die Verteilungsdichte gemessen wird. Häufige Mengenarten sind Masse und Anzahl.

Der G. $T_{ges,tot}$ einer Reihenschaltung zweier Trennapparate ergibt sich aus den Abscheidegraden $T_{ges,1}$ und $T_{ges,2}$ der einzelnen Apparate.

$$T_{ges,tot} = T_{ges,1} + (1 - T_{ges,1}) \cdot T_{ges,2}. \quad \textit{Löffler/Schmidt}$$

Geschäftsabfall →Gewerbeabfall, haushaltsähnlich

Geschwindigkeitskonstante →Reaktionskinetik

Gesundheit. Von der Weltgesundheitsbehörde (WHO) wird dieser Begriff als ein Zustand vollständigen körperlichen, seelischen und sozialen Wohlbefindens und nicht nur des Freiseins von Krankheiten definiert. Diese Definition muß als Ziel der Gesundheitspolitik angesehen werden, denn die WHO sagt weiter, daß die höchstmögliche erreichbare Form dieses Gesundheitszustands ein fundamentales Recht jedes Menschen darstellt.

In der Praxis ist die Definition des Begriffs G. häufig schwierig, weil es keine scharfe Abgrenzung zur Krankheit gibt. So ist eine Veränderung, die im Schwankungsbereich physiologischer Meßwerte liegt, nicht von vornherein als Beeinträchtigung der G. anzusehen. Sie ist eher als physiologische Anpassung an eine Belastung zu werten. Erst die Überschreitung des physiologischen Normalbereichs deutet auf eine unerwünschte Wirkung hin, die als Gefährdung anzusehen ist. Mit fließendem Übergang gelangt man schließlich über noch spontane oder durch Therapie reversible Frühstadien zur eigentlichen Erkrankung. Eine Krankheit ist in der Medizin daher ein Zustand, wenn eine oder mehrere Abweichungen vom physiologischen Gleichgewicht gegeben sind. Dabei ist es unerheblich, ob diese Veränderungen durch eine endogene oder exogene Noxe oder durch Abwehrmechanismen des Individuums ausgelöst worden sind. *Greim*

Gesundheitsrisiko. Das G. ist die Wahrscheinlichkeit des Eintritts einer bestimmten gesundheitlichen Störung bei einer Population, die einem schädlichen Faktor ausgesetzt ist. Bei Chemikalien ist die Höhe des Risikos abhängig von Dauer und Höhe der Exposition sowie von der Empfindlichkeit der Individuen. Die Höhe des Risikos einer Exposition oder

bestimmter Verhaltensweisen wird häufig falsch eingeschätzt; damit werden aus umwelthygienischer Sicht falsche Prioritäten gesetzt. So schätzten *Doll* und *Peto* in ihrer nach wie vor gültigen Zusammenstellung über die Krebsursachen ab, daß 30 bzw. 35 % der Krebstodesfälle auf Rauchen bzw. Ernährungsgewohnheiten zurückzuführen sind, 3 % auf Alkoholkonsum, 4 % arbeitsplatzbedingt sind und 2 % durch Umweltbelastungen verursacht werden. Gesundheitspolitisch bedeutet dies, daß man 65 % aller Krebsursachen beseitigen kann, wenn nicht mehr geraucht wird und die Bevölkerung sich richtig ernährt. Erhöhtes Risiko für Durchblutungsstörungen des Herzens besteht bei Fettsucht, Nicotinabusus, Bluthochdruck, Hypercholesterinämie und bei ungenügendem körperlichen Trainingszustand, Faktoren, die durch Umstellung der Lebensweise verbessert werden können. *Greim*

Literatur: *Doll/Peto:* J. Hall. Canar Inst. **66** (1981) pp. 1192–1308.

Gesundheitsschädigung. Als. G. sind alle vorübergehenden oder bleibenden, unerwünschten gesundheitlichen Veränderungen, die durch Chemikalien, Strahlen, Unfälle oder Lebensgewohnheiten ausgelöst werden, einzustufen. Die Bedeutung des gesundheitlichen Schadens für das Individuum hängt ab von der Art des Schadens, der Beeinträchtigung der Lebensqualität und damit von subjektiven Kriterien, auch im Hinblick auf eigenes und fremdes Verschulden. *Greim*

Getränkeverpackung. Bei Getränken war mit steigender Vielfalt des Angebots eine Zunahme der Einwegverpackungen zu verzeichnen. Das betraf nicht nur neu eingeführte Produkte, sondern in erheblichem Maße auch bereits im Markt befindliche. Der mit der Substitution der Glasflasche durch die Kunststoffflasche einhergehende Vorteil geringeren Transportgewichts im Vertrieb wurde gleichzeitig dazu genutzt, bestehende Mehrwegsysteme auf Einwegverpackungen umzustellen. Diese Entwicklung erforderte abfallwirtschaftliche Konsequenzen, die mit der Verordnung über die Rücknahme und Pfanderhebung von G. aus Kunststoff vom 20. Dezember 1988 (BGBl. I S. 2455) gezogen wurden (aufgehoben durch die Verpackungsverordnung). Dadurch waren nicht nur die 1,5 l PET-Flaschen pfandpflichtig geworden, sondern alle Verpackungen aus PE, PVC, PS und PET, die ein Volumen von 0,2 bis 3,0 l umschlossen, gleichgültig ob als reine Kunststoff- oder als Kombinationsverpackung mit Karton (PE = Polyethylen, PVC = Polyvinylchlorid, PS = Polystyrol, PET = Polyethylenterephthalat). Die zurückgenommenen G. waren entweder wiederzubefüllen oder zu verwerten, wobei die öffentliche Abfallentsorgung für diese Verpackungen nicht mehr zugänglich war.

Die begonnene Reglementierung für den speziellen Bereich der Kunststoff-G. wurde zunächst auf alle G. ausgedehnt (Zielfestlegung der Bundesregierung zur Vermeidung, Verringerung oder Verwertung von Abfällen aus Verpackungen für Getränke vom 28. April 1989) und schließlich auf den Gesamtbereich der Verkaufsverpackungen aller Nahrungs- und Genußmittel sowie Konsumgüter (Zielfestlegungen der Bundesregierung zur Vermeidung, Verringerung oder Verwertung von Abfällen von Verkaufsverpackungen aus Kunststoff für Nahrungs- und Genußmittel sowie Konsumgüter vom 17. Januar 1990).

Die Umsetzung der Zielfestlegungen blieb auf Grund der Besonderheiten dieses Instrumentariums hinter den gesteckten Zielen zurück. Die unvermindert zunehmende Verpackungsmittelmenge führte dazu, daß die Gesamtheit aller Verpackungen (Transport-, Um- und Verkaufsverpackungen) durch die Verordnung über die Vermeidung von Verpackungsabfällen (Verpackungsverordnung – VerpackV) vom 12. Juni 1991 (BGBl. I S. 1234) geregelt wurde. *J. Kühn*

Getrennthaltung von Abfällen → Abfall-Getrennthaltung

Gewässer. G. sind alle oberirdischen Ansammlungen von Wasser, fließend oder stehend, mit den dazugehörigen Lebensgemeinschaften. Auch das Grundwasser und der dazugehörige Grundwasserleiter sind den G. zugehörig.

Das Wasserhaushaltsgesetz (WHG) definiert G. als ständig oder zeitweise in Betten fließendes Wasser, stehende G. und das Grundwasser. Fließende G. werden entsprechend ihrer Größe als Bach, Fluß, Strom bezeichnet. Künstliche → Fließgewässer sind Gräben und Kanäle. Die wichtigsten stehenden G. sind Seen sowie Weiher (Seen ohne Tiefenzone) und Teiche (künstliche flache stehende G., die ablaßbar sind) sowie die nur zeitweise bestehenden Tümpel. *Friedrich*

Gewässerausbau. Zum G. zählen gem. § 31 Abs. 1 S. 1 WHG (Wasserhaushaltsgesetz) die Herstellung, Beseitigung oder wesentliche Umgestaltung eines Gewässers oder seiner Ufer. Herstellung eines Gewässers ist z. B. das Freilegen von Grundwasser und die damit verbundene Schaffung eines Baggersees. Beseitigt werden kann ein Gewässer z. B. durch das Zuschütten eines alten Flußarms oder eines Teiches oder durch Einbeziehung in ein kommunales Kanalisationsnetz. Eine wesentliche Umgestaltung schließlich kann in der Vertiefung oder Begradigung von Flüssen, in der Beseitigung von Inseln oder in der Verrohrung eines Gewässers liegen.

Der G. bedarf gem. § 31 Abs. 1 WHG der vorherigen Durchführung eines Planfeststellungsverfahrens.

Der planfeststellungsbedürftige G. macht eine → Umweltverträglichkeitsprüfung nach dem UVPG erforderlich. *Hoppe/Beckmann*

Literatur: *Breuer:* Öffentliches und privates Wasserrecht, 2. Aufl. München 1987. – *Gieseke/Wiedemann/Czychowski:* Kommentar zum WHG, § 31 Rn. 1 ff. 5. Aufl. München 1990.

Gewässergüte. Als Vergleichs- und Bewertungsgrundlage für die durch Emissionen aus → Altlasten belasteten Oberflächengewässer sowie als Zielwerte für eine evtl. Sanierung können u. a. die physikalisch-chemischen Parameter für die Gewässergüteklasse II herangezogen werden. Ein Gewässer der Güteklasse II soll Merkmale aufweisen, die für die Gewinnung von einwandfreiem Trinkwasser bei Anwendung physikalisch-chemischer Aufbereitungsverfahren noch tolerierbar sind und die Erhaltung naturnaher Gewässerbiozönosen gewährleisten. Gemäß diesen Zielsetzungen wurden vom Rat für Sachverständigen für Umweltfragen physikalisch-chemische Parameter für Gewässergüteklasse II zusammengestellt (Tabelle). *Thoenes*

Gewässergüte. Tabelle: Physikalisch-chemische Parameter für Gewässergüteklasse II. (Quelle SRU, Umweltgutachten 1987)

1	Temperatur (T_{max} °C)	
	sommerkühle Gewässer ..	25°
	sommerwarme Gewässer .	28°
2	Sauerstoff (mg/l)	≥ 6
3	pH-Wert	6—9
4	Ammonium NH_4-N (mg/l) .	$\leq 0,3$
5	Stickstoff ges. (mg/l)	
	Sommer	5
	Stickstoff ges. (mg/l)	
	Winter	
	(Nov.-März)	7
6	BSB_5 o.ATH (mg/l)	2—6
7	CSB (mg/l)	≤ 15
8	Phosphor ges. (mg/l)	$\leq 0,3$
9	Eisen ges. (mg/l)	$\leq 1,0$
10	Zink ges. (mg/l)	$\leq 0,5$
11	Kupfer ges. (mg/l)	$\leq 0,04$
12	Chrom ges. (mg/l)	$\leq 0,05$
13	Nickel ges. (mg/l)	$\leq 0,05$
14	Blei ges. (mg/l)	$\leq 0,05$
15	Cadmium ges. (mg/l)	$\leq 0,005$
16	Quecksilber (mg/l)	$\leq 0,0005$
17	Toxikologische Tests	
	Keine toxische Wirkung auf Bakterien, Algen, Fischnährtiere und Fische	

Gewässergütekarte →Gewässergüteklasse

Gewässergüteklasse. G. sind entsprechend einer Konvention festgelegte Abstufungen von Qualitätsmerkmalen auf Grund einer Bewertung. In Deutschland werden die G. amtlich verwendet, die von der Länderarbeitsgemeinschaft Wasser (LAWA) definiert worden sind. Für die →Fließgewässer gilt ein System von G. mit vier Haupt- und drei Zwischenstufen. Diese sind im wesentlichen biologisch definiert und können mit Hilfe des Saprobienindex festgelegt werden. Den G. sind außer dem →Saprobienindex auch noch einige häufig anzutreffende Konzentrationen wichtiger chemischer Kenngrößen zugeordnet (Tabelle).

Die G. sind wie folgt definiert:
– Güteklasse I: unbelastet bis sehr gering belastet.
Gewässerabschnitte mit reinem, stets annähernd sauerstoffgesättigtem und nährstoffarmem Wasser; geringer Bakteriengehalt; mäßig dicht besiedelt, vorwiegend von Algen, Moosen, Strudelwürmern und Insektenlarven; Laichgewässer für Edelfische. Der Saprobienindex liegt zwischen 1,0 und <1,5.

– Güteklasse I–II: gering belastet
Gewässerabschnitte mit geringer anorganischer oder organischer Nährstoffzufuhr ohne nennenswerte Sauerstoffzehrung; dicht und meist in großer Artenvielfalt besiedelt. Der Saprobienindex liegt zwischen 1,5 und <1,8.
– Güteklasse II: mäßig belastet.
Gewässerabschnitte mit mäßiger Verunreinigung und guter Sauerstoffversorgung; sehr große Artenvielfalt und Individuendichte von Algen, Schnecken, Kleinkrebsen, Insektenlarven; Wasserpflanzenbestände decken größere Flächen; ertragreiche Fließgewässer. Der Saprobienindex liegt zwischen 1,8 und <2,3.
– Güteklasse II-III: kritisch belastet.
Gewässerabschnitte, deren Belastung mit organischen, sauerstoffzehrenden Stoffen einen kritischen Zustand bewirkt; →Fischsterben infolge Sauerstoffmangels möglich; Rückgang der Artenzahl der Makroorganismen; gewisse Arten neigen zu Massenentwicklung; Algen bilden häufig größere flächendeckende Bestände. Der Saprobienindex liegt zwischen 2,3 und <2,7.
– Güteklasse III: stark verschmutzt.
Gewässerabschnitte mit starker organischer, sauerstoffzehrender Verschmutzung und meist niedrigem

Gewässergüteklasse. Tabelle: G. der Fließgewässer (nach Länderarbeitsgemeinschaft Wasser, LAWA).

Güteklasse	Grad der organischen Belastung	Saprobität (Saprobiestufe)	Saprobienindex	Chemische Meßgrößen		
				BSB$_5$ (mg/l)	NH4^{-N} (mg/l)	O$_2$-Minima (mg/l)
I	unbelastet bis sehr gering belastet	Oligosaprobie	1,0-<1,5	1	höchstens Spuren	>8
I-II	gering belastet	oligo-betamesosaprobe Übergangszone	1,5-<1,8	1-2	um 0,1	>8
II	mäßig belastet	Betamesosaprobie	1,8-<2,3	2-6	<0,3	>6
II-II	kritisch belastet	beta-alphamesosaprobe Übergangszone	2,3-<2,7	5-10	<1	>4
III	stark verschmutzt	Alphamesosaprobie	2,7-<3,2	7-13	0,5 bis mehrere mg/l	>2
III-IV	sehr stark verschmutzt	alphameso-polysaprobe Übergangszone	3,2-<3,5	10-20	mehrere mg/l	<2
IV	übermäßig verschmutzt	Polysaprobie	3,5-4,0	>15	mehrere mg/l	<2

Sauerstoffgehalt; örtlich Faulschlammablagerungen; flächendeckende Kolonien von fadenförmigen Abwasserbakterien und festsitzenden Wimpertieren übertreffen das Vorkommen von Algen und höheren Pflanzen; nur wenige, gegen Sauerstoffmangel unempfindliche tierische Makroorganismen wie Schwämme, Egel, Wasserasseln, kommen bisweilen massenhaft vor; geringe Fischereierträge; mit periodischem Fischsterben ist zu rechnen. Der Saprobienindex liegt zwischen 2,7 und <3,2.
– Güteklasse III–IV: sehr stark verschmutzt. Gewässerabschnitte mit weitgehend eingeschränkten Lebensbedingungen durch sehr starke Verschmutzung mit organischen, sauerstoffzehrenden Stoffen, oft durch toxische Einflüsse verstärkt; zeitweilig totaler Sauerstoffschwund; Trübung durch Abwasserschwebstoffe; ausgedehnte Faulschlammablagerungen, durch rote Zuckmückenlarven oder Schlammröhrenwürmer dicht besiedelt; Rückgang fadenförmiger Abwasserbakterien; Fische nicht auf Dauer und dann nur örtlich begrenzt anzutreffen. Der Saprobienindex liegt zwischen 3,2 und <3,5.
– Güteklasse IV: übermäßig verschmutzt. Gewässerabschnitte mit übermäßiger Verschmutzung durch organische sauerstoffzehrende Abwässer; Fäulnisprozesse herrschen vor; Sauerstoff über lange Zeit in sehr niedrigen Konzentrationen vorhanden oder gänzlich fehlend; Besiedlung vorwiegend durch Bakterien, Geißeltierchen und freilebende Wimpertierchen; Fische fehlen; bei starker toxischer Belastung biologische Verödung. Der Saprobienindex liegt zwischen 3,5 und <4,0.

Die Ergebnisse der bundesweit durchgeführten Untersuchungen über die Gewässergüte von Fließgewässern werden in Gewässergütekarten dargestellt. *Friedrich*

Literatur: Bayerische Landesanstalt für Wasserforschung (Hrsg.): Bewertung der Gewässerqualität und Gewässergüteanforderungen; Münchner Beiträge zur Abwasser-Fischerei- und Flußbiologie, Bd. 40. München 1986. – LAWA: Die Gewässergütekarte der Bundesrepublik Deutschland 1990, Länderarbeitsgemeinschaft Wasser. Berlin 1991.

Gewässernutzung. Oberbegriff für alle menschlichen Tätigkeiten, die Einfluß auf die Gewässergüte oder die Gewässermengenwirtschaft haben. Zu den G. zählen insbesondere die Wasserentnahmen zur Gewinnung von Trink- und Brauchwasser, die Nutzung eines Gewässers für die Fischerei, wasserbezogener Sport, Elektrizitätsgewinnung aus Stauanlagen, Schiffahrt und die →Abwassereinleitung. Bestimmte G. wie die →Trinkwassergewinnung sind schutzbedürftig. Hierfür gelten Gewässergütestandards, die entsprechend der Nutzung abgestuft sind. *Friedrich*

Gewässerreinhaltung. Für die G. sieht das Wasserhaushaltsgesetz (WHG) zwei Grundvorschriften vor. § 34 WHG befaßt sich mit der Reinhaltung des Grundwassers. Danach darf eine Erlaubnis für das Einleiten von Stoffen in das Grundwasser nur erteilt werden, wenn eine schädliche Verunreinigung oder eine sonstige nachteilige Veränderung der Eigenschaften nicht zu besorgen ist. Stoffe dürfen gem. § 34 Abs. 2 WHG nur so gelagert oder abgelagert werden, daß eine schädliche Verunreinigung des Grundwassers oder eine sonstige nachteilige Veränderung seiner Eigenschaften ebenfalls nicht zu besorgen ist. Das gleiche gilt für die Beförderung von Flüssigkeiten und Gasen durch Rohrleitungen.

Für oberirdische Gewässer bestimmt § 26 Abs. 1 WHG zur Reinhaltung, daß feste Stoffe nicht zu dem Zweck eingebracht werden dürfen, sich ihrer zu entledigen, wobei jedoch schlammige Stoffe nicht zu den festen Stoffen rechnen. Stoffe dürfen im übrigen an einem oberirdischen Gewässer nur so gelagert oder abgelagert werden, daß eine Verunreinigung des Wassers oder eine sonstige nachteilige Veränderung seiner Eigenschaften oder des Wasserabflusses nicht zu besorgen ist. Das gleiche gilt auch für die oberirdischen Gewässer für die Beförderung von Flüssigkeiten und Gasen durch Rohrleitungen. Eine vergleichbare Vorschrift enthält § 32 d WHG zur Reinhaltung der Küstengewässer.

Als planerisches Instrument des Gewässerschutzes sind in § 27 WHG →Reinhalteordnungen vorgesehen, die aus Gründen des Wohls der Allgemeinheit für oberirdische Gewässer oder Gewässerteile erlassen werden können. Zweck der Reinhalteordnung ist die Erhaltung oder Verbesserung der Gewässergüte, wobei der Schwerpunkt auf dem Zustand eines Gewässers liegen soll und nicht auf der Benutzung des Gewässers, vor allem durch Schadstoffeintrag im Einzelfall. *Hoppe/Beckmann*

Literatur: *Gieseke/Wiedemann/Czychowski:* WHG, 5. Aufl. §§ 27, 34 WHG Rn. 1 ff. 1990.

Gewässerschutz.
Allgemein. Alle Maßnahmen zur Verbesserung der Situation der →Gewässer als Bestandteil des Naturhaushaltes, zur Verringerung des Stoffeintrages in Gewässer, zur Beseitigung von Gewässerverunreinigungen und zur Vorbeugung gegen zukünftige mögliche Belastungen. Maßnahmen zum G. sind daher insbesondere
– der Bau von Kläranlagen,
– die Durchführung eines naturnahen Ausbaus der Gewässer und der Uferzone,
– Beschränkungen der Schadstoffeinleitung im →Indirekteinleiter-Bereich,
– Reduktion von diffusen Einleitungen aus der Landwirtschaft,
– Beseitigung bereits vorliegender Gewässerverunreinigungen, insbesondere auch von Grundwasserverunreinigungen,

– sicherer Umgang mit wassergefährdenden Stoffen sowie
– Vermeidung zukünftiger und Sanierung bereits bestehender Bodenbelastungen.

Der G. umfaßt die Durchsetzung und Überwachung notwendiger Maßnahmen sowie ein funktionierendes Warn- und Alarmsystem, das für jedermann zugänglich sein muß, um möglichen Gefahren begegnen zu können. *Irmer*

Pipelines. Mineralölfernleitungen dürfen grundsätzlich nicht durch Schutzgebiete für Wasserversorgungen und Heilquellen führen. Darüber hinaus sollen sie nicht durch wasserwirtschaftlich bedeutsame Gebiete führen. Ist das nicht vermeidbar, müssen besondere Sicherheitsmaßnahmen getroffen werden.

Dafür kommen in Betracht:
– Verwendung besonders verformungsfähiger Werkstoffe,
– höherer Sicherheitsbeiwert bei der Festigkeitsberechnung,
– zusätzliche Einrichtungen zur →Leckerkennung und -begrenzung,
– intensivere Leitungsüberwachung. *Krass*

Gewässerschutzbeauftragter. § 21a WHG (Wasserhaushaltsgesetz) sieht eine gesetzliche Verpflichtung vor, einen oder mehrere Betriebsbeauftragte für den →Gewässerschutz zu bestellen. Diese Pflicht betrifft Benutzer von Gewässern, die an einem Tag mehr als 750 cbm Abwasser einleiten dürfen. Die gleiche Verpflichtung kann die zuständige Behörde anderen Einleitern von Abwasser in Gewässer und den Einleitern von Abwasser in Abwasseranlagen auferlegen (§ 21a Abs. 2 WHG).

Der G. wird gem. § 21c Abs. 1 S. 1 WHG schriftlich vom Gewässerbenutzer bestellt. Es handelt sich um eine privatrechtliche Vereinbarung. Der G. hat keine hoheitlichen Befugnisse. Der G. hat innerhalb des Betriebes regelmäßig Kontrollen durchzuführen, auf die Anwendung geeigneter Wasserbehandlungsverfahren und auf die Entwicklung und Einführung von Verfahren zur Vermeidung oder Verminderung des Abwasseranfalls hinzuwirken und die Betriebsangehörigen über die in dem Betrieb verursachten Gewässerbelastungen sowie über Einrichtungen und Maßnahmen zu ihrer Verhinderung aufzuklären.

Jährlich hat der G. dem Gewässerbenutzer einen Bericht über die getroffenen und beabsichtigten Maßnahmen zur Erfüllung seiner Aufgaben zu erstatten. Zum G. darf nur bestellt werden, wer die zur Erfüllung seiner Aufgaben erforderliche Fachkunde und Zuverlässigkeit besitzt. Mit der Bestellung von G. sind für den Gewässerbenutzer zahlreiche weitere Pflichten verbunden (vgl. im einzelnen § 21c WHG). *Hoppe/Beckmann*

Literatur: *Hoppe; Beckmann:* Umweltrecht, § 21 Rn. 102ff. München 1989. – *Kahl:* Die neuen Aufgaben und Befugnisse des Betriebsbeauftragten nach Wasser-, Immissions- und Abfallrecht. Kissingen 1978. – *Liersch:* Das Nichtbestellen eines Gewässerschutzbeauftragten ist eine Ordnungswidrigkeit, Korrespondenz Abwasser 1985, 336. – *Repenning:* Die Stellung des Umweltschutzbeauftragten in der betrieblichen Organisation, VDI-696, 1. – *Rüttgers:* Der Betriebsbeauftragte für Gewässerschutz, Städte- und Gemeindebund 1980, 50. – *Stich:* Die Betriebsbeauftragten für Immissionsschutz. Gewässerschutz und Abfall, GewArch 1976, 145.

Gewässerschutzrecht. Das Wasserrecht umfaßt die Gesamtheit der Vorschriften, die den Zustand der →Gewässer und deren Nutzung zum Gegenstand haben. Im Wasserrecht wird vornehmlich zwischen Wasserwegerecht und dem Wasserwirtschaftsrecht unterschieden. Das Wasserwegerecht befaßt sich mit dem Verkehr und dem Transport auf den Oberflächengewässern und ist für die Bundeswasserstraßen im Wasserstraßengesetz, für die übrigen Oberflächengewässer in den Landeswassergesetzen geregelt. Das Wasserwegerecht dient nicht unmittelbar dem →Gewässerschutz und zählt deshalb nicht zum G.

Das Recht der Wasserwirtschaft regelt die Inanspruchnahme des Wassers, durch welche die verfügbare Wassermenge vermindert oder die vorhandene beeinträchtigt werden kann. Es schützt den →Wasserhaushalt in seiner Gesamtheit und ist somit der zentrale Regelungsbereich des G. zu dem daneben vor allem auch das Abwasserabgabengesetz und das Wasch- und Reinigungsmittelrecht zählen.

Rechtsgrundlagen des Gewässerschutzes ergeben sich teilweise aus dem Bundesrecht, insbesondere aus dem Wasserhaushaltsgesetz, dem Abwasserabgabengesetz und dem Waschmittelgesetz, teilweise aus den Landesgesetzen. G.-Grundlagen finden sich zunehmend auch in Richtlinien der Europäischen Gemeinschaft (→EG-Gewässerschutz-Vorschriften, →EG-Grundwasserschutz-Regelungen, →EG-Nitrat-Richtlinie, →EG-Richtlinie Kommunales Abwasser).

□ Grundbegriffe. Gemäß § 1a WHG sind Gewässer als Bestandteil des Naturhaushalts so zu bewirtschaften, daß sie dem Wohl der Allgemeinheit und im Einklang mit ihm auch dem Nutzen einzelner dienen und das jede vermeidbare Beeinträchtigung unterbleibt. Das gesamte Wasserhaushaltsrecht wird von einem System der öffentlich-rechtlichen Bewirtschaftung durchzogen, dessen Ziel es ist, den Wasserhaushalt so zu ordnen, daß Wasser stets in geeigneter Güte, in der benötigten Menge und am richtigen Ort für die jeweiligen Bedürfnisse zur Verfügung steht.

□ Öffentlich-rechtliche Benutzungsordnung. Die ganz überwiegende Zahl der Gewässerbenutzungen bedarf einer hoheitlichen Zulassung im Wege der wasserrechtlichen Erlaubnis oder wasserrechtlichen

Bewilligung. Das Ziel des G., die Gewässer so zu bewirtschaften, daß sie dem Wohl der Allgemeinheit in Einklang mit ihnen auch dem Nutzen einzelner dienen und daß jede vermeidbare Beeinträchtigung unterbleibt, wird neben den zahlreichen Genehmigungspflichten für →Gewässernutzungen und für sonstige Tatbestände durch eine behördliche und eine betriebliche Überwachung durchgesetzt. Zur Ermöglichung einer umfassenden wasserbehördlichen Überwachung sind den Gewässerbenutzern zahlreiche Duldungs- und Mitwirkungspflichten auferlegt. Der betrieblichen Selbstüberwachung dient u. a. die Bestellung des →Gewässerschutzbeauftragten (→Gewässerüberwachung).

□ Recht der Abwasserbeseitigung. Dieses ist zu unterscheiden von dem →Abwasserabgabenrecht. Während das letztere die Pflichten zur Entrichtung einer Abgabe für das Einleiten von Abwasser regelt, befaßt sich das Recht der Abwasserbeseitigung mit den rechtlichen Verpflichtungen zur Beseitigung des Abwassers, zur Aufstellung von Abwasserbeseitigungs-Plänen und mit den rechtlichen Anforderungen an Abwasseranlagen und an das Einleiten von Abwasser.

Abwasserbeseitigung ist gemäß § 18 a Abs. 1 S. 2 WHG das Sammeln, Fortleiten, Behandeln, Einleiten, Versickern, Verregnen und Verrieseln von Abwasser sowie das Entwässern von →Klärschlamm im Zusammenhang mit der Abwasserbeseitigung. Nach den Landeswassergesetzen haben grundsätzlich die Gemeinden das auf ihrem Gebiet anfallende Wasser zu beseitigen und die dazu notwendigen Abwasseranlagen zu betreiben. Um den Gemeinden die Beseitigungspflicht zu ermöglichen, bestimmen die meisten Landeswassergesetze, daß das Abwasser von demjenigen, bei dem es anfällt, der Gemeinde oder dem sonstigen Beseitigungspflichtigen überlassen werden muß.

Gemäß § 18 a Abs. 3 S. 1 WHG stellen die Länder nach überörtlichen Gesichtspunkten →Abwasserbeseitigungspläne auf. Eine Erlaubnis für das Einleiten von Abwasser darf nur erteilt werden, wenn die Schadstofffracht des Abwassers so gering gehalten wird, wie dies bei Einhaltung der jeweils in Betracht kommenden Anforderungen, mindestens jedoch nach den allgemeinen anerkannten Regeln der Technik (→a. a. R. d. T.) möglich ist. Die rechtlichen Anforderungen an die Einleitungserlaubnis sind unterschiedlich danach, ob die Abwässer giftige Stoffe enthalten oder nicht (vgl. § 7 a Abs. 1 WHG).

Neben der wasserwirtschaftlichen Planung in Form von wasserwirtschaftlichen Rahmenplänen, Bewirtschaftungsplänen und Abwasserbeseitigungsplänen ist zentrales Instrument des →Gewässerschutzes die Ausweisung von Wasserschutzgebieten, die dazu dient, ausgewählte Gebiete einer verstärkten wasserwirtschaftlichen Pflege zu unterstellen.

□ Unterhaltung und Ausbau von Gewässern. Damit die Gewässer ihre Funktionen und Aufgaben erfüllen können, müssen sie unterhalten und ggfls. auch ausgebaut werden. Die Unterhaltung umfaßt die Erhaltung eines ordnungsgemäßen Zustands für den Wasserabfluß und an schiffbaren Gewässern auch die Erhaltung der Schiffbarkeit (→Baggergut, →Gewässerausbau). Die Reinhaltung des Wassers selbst zählt demgegenüber nicht zum Gegenstand der →Gewässerunterhaltung.

Zum Ausbau eines Gewässers zählt die Herstellung, Beseitigung oder wesentliche Umgestaltung des Gewässers oder seiner Ufer.

□ →Wasserbuch. Gemäß § 37 Abs. 1 WHG sind für die Gewässer Wasserbücher zu führen, die dazu dienen, vor allem den Wasserbehörden einen Überblick über die Rechtsverhältnisse an den Gewässern vor allem über die Benutzungsrechte zu ermöglichen. *Hoppe/Beckmann*

Literatur: *Breuer:* Öffentliches und privates Wasserrecht, 2. Aufl. München 1987. – *Hoppe/Beckmann:* Umweltrecht, § 21 Rn. 1 ff. München 1989. – *Nisipianu:* Abwasserrecht. München 1991.

Gewässerüberwachung. Die im Wasserhaushaltsgesetz vorgesehene G., die ergänzt wird durch Regelungen der Landeswassergesetze, sieht – wie andere Umweltbereiche auch – eine staatliche G. und eine Eigenüberwachung vor.

Wer ein Gewässer benutzt oder einen Antrag auf Erteilung einer Erlaubnis oder Bewilligung gestellt hat, ist gem. § 21 Abs. 1 S. 1 WHG verpflichtet, eine behördliche Überwachung der Anlagen, Einrichtungen und Vorgänge zu dulden, die für die Gewässerbenutzung von Bedeutung sind. Er hat dazu eine Reihe von behördlichen Maßnahmen zu dulden, insbesondere zur Prüfung, ob eine beantragte Nutzung zugelassen werden kann, welche Benutzungsbedingungen und Auflagen dabei festzusetzen sind, ob sich die Benutzung in dem zulässigen Rahmen hält und ob nachträgliche Anordnungen aufgrund des § 5 WHG oder ergänzender landesrechtlicher Vorschriften zu treffen sind. So muß er den Behördenvertretern das Betreten seiner Betriebsgrundstücke und seiner Betriebsräume während der Betriebszeit und sogar das Betreten von Wohnräumen sowie das Betreten von Betriebsgrundstücken und -räumen außerhalb der Betriebszeit gestatten, sofern die Prüfung zur Verhütung dringender Gefahren für die öffentliche Sicherheit und Ordnung erforderlich ist.

Der Gewässerbenutzer hat ferner zum gleichen Zweck Anlagen und Einrichtungen zugänglich zu machen, Auskünfte zu erteilen, Arbeitskräfte, Unterlagen und Werkzeuge zur Verfügung zu stellen und technische Ermittlungen und Prüfungen zu ermöglichen.

Zuständig für die G. sind die Wasserbehörden, die in den Bundesländern zumeist dreistufig gegliedert sind.

Der Eigenüberwachung dient vornehmlich die Bestellung von Betriebsbeauftragten für den →Gewässerschutz (→Gewässerschutzbeauftragter), deren Rechte, Aufgaben und Pflichten im Wasserhaushaltsgesetz ähnlich geregelt ist, wie die Rechtsstellung der übrigen →Umweltschutzbeauftragten. *Hoppe/Beckmann*

Literatur: *Breuer:* Öffentliches und privates Wasserrecht. 2. Aufl. München 1987. – *Sautter:* Zielorientierter Vollzug der Wassergesetze – Wasserbehördliche Kontrolle der Abwassereinleitungen. NVwZ (1988) 487 ff.

Gewässerüberwachungsnetz. Die →Gewässerüberwachung ist eine Teilaufgabe der Gewässeraufsicht, die entsprechend den jeweiligen Landeswassergesetzen den Wasserbehörden und den Fachbehörden obliegt.

Die langfristig orientierte Gewässerüberwachung erfolgt netzartig bundesweit und -einheitlich durch die Ermittlung der physikalisch-chemischen und biologischen Beschaffenheit der Gewässer sowie der Abflüsse und der Wasserstände. Zur Erhebung dieser Daten werden an ausgewählten Meßstellen die Wasserstände regelmäßig, teilweise kontinuierlich, registriert sowie Wasserproben regelmäßig, teilweise kontinuierlich, an sog. Kontroll- oder Meßstationen entnommen und auf ausgewählte physikalisch-chemische Parameter untersucht. Daneben erfolgen regelmäßig in ausgewählten Meßstellen biologische und Sediment-Untersuchungen. Die Meßwerte werden ausgewertet, nach vorgegebenen Kriterien bewertet und in Form von Jahrbüchern und Güteberichten veröffentlicht.

Unabhängig von dieser strategischen Gewässerüberwachung nehmen die zuständigen Behörden Routinekontrollen in Gewässern und bei Abwassereinleitern vor. *Irmer*

Gewässerunterhaltung. Die G. umfaßt nach § 28 WHG die Erhaltung eines ordnungsgemäßen Zustands für den Wasserabfluß (Grundräumung, Verkrautung, Mähgut) und an schiffbaren Gewässern auch die Erhaltung der Schiffbarkeit (→Baggergut). Sie erstreckt sich auf das Gewässerbett einschließlich der Ufer. Bei der Unterhaltung sind die günstigen Wirkungen des Gewässers auf den Naturhaushalt und für die Gewässerlandschaft zu erhalten und zu entwickeln. Hierzu zählen auch
– die Erhaltung und Wiederherstellung eines angemessenen heimischen Pflanzen- und Tierbestands,
– die Erhaltung und Verbesserung des Selbstreinigungsvermögens,
– die Freihaltung, Reinigung und Räumung des Gewässerbetts und der Ufer von Unrat.

Wem die Pflicht zur G. obliegt, ergibt sich aus § 29 WHG und den ergänzenden landesrechtlichen Bestimmungen (→Gewässerschutzrecht). *Friedrich*

Gewebefilter →Oberflächenfilter

Gewerbeabfall →Abfallherkunftsbereich, →Abfall aus dem produzierenden Gewerbe, →Gewerbeabfall, haushaltähnlich

Gewerbeabfall, haushaltähnlich. H. G. gehört nach DIN 30706 Teil 1 zum →Hausabfall und ist definiert als fester Abfall aus Handel, Handwerk, Gewerbe, Industriebetrieben, Behörden und Verwaltungen, der gemeinsam mit dem Haushaltsabfall entsorgt, d. h. verwertet und/oder behandelt wird. Definitionsmerkmal ist jedoch nicht die gemeinsame Sammlung und Beförderung mit der Haushaltsabfallabfuhr; er kann auch separat gesammelt und befördert werden, also auch vom Abfallerzeuger ggf. selbst der öffentlichen Abfallentsorgung zugeführt werden. Die Definition beinhaltet aber weitgehende Übereinstimmung der Zusammensetzung und der Beschaffenheit des h. G. mit dem eigentlichen Haushaltabfall.

H. G. kann Teil des →Abfalls aus dem Produzierenden Gewerbe sein, d. h. daß etwa Küchenabfälle aus der Kantine eines Betriebs als h. G. angesehen und behandelt werden können. Produktionsspezifische Abfälle sind jedoch, auch wenn sie aus kleineren Gewerbebetrieben stammen, nicht als h. G. einzustufen. *Dreyhaupt*

Literatur: DIN 30706 Teil 1, Entsorgungstechnik – Begriffe für Hausabfallentsorgung und Entsorgungsfahrzeuge. Mai 1991.

Gewerbeabfallentsorgungspflicht. Grundsätzlich ist die Abfallentsorgungspflicht der Gebietskörperschaften umfassend, d. h. sie gilt für Abfälle aller Art. Gemäß § 3 Abs. 3 AbfG können die entsorgungspflichtigen Körperschaften mit Zustimmung der zuständigen Behörde bestimmte Abfälle von ihrer →Entsorgungspflicht ausschließen, soweit sie diese nach ihrer Art oder Menge nicht mit den in Haushaltungen anfallenden Abfällen beseitigen können. Die Entsorgungspflicht trifft in diesem Fall gem. § 3 Abs. 4 AbfG den →Abfallbesitzer.

Die entsorgungspflichtige Körperschaft hat demnach grundsätzlich auch den in gewerblichen Betrieben anfallenden Gewerbeabfall zu entsorgen. Für den Ausschluß von Gewerbeabfall aus der öffentlichen Entsorgung genügt es nicht, wenn dessen Entsorgung für die an sich zuständige Körperschaft lediglich unrentabel oder unpraktikabel ist. Regelmäßig dürfte deshalb zumindest ein Ausschluß haushaltsähnlichen →Gewerbeabfalles nicht in Betracht kommen. Bei der Prüfung des Ausschlusses von Gewerbeabfall aus der öffentlichen Entsorgung kommt es einerseits auf die stofflichen Eigenschaften des Gewerbeabfalls, zum anderen aber auch auf die anfallenden Mengen ab. In Einzelfällen kann die gewerbliche oder industrielle Struktur einen derart hohen Gewerbeabfallanfall verursachen, daß eine gemeinsame Entsorgung mit dem →Haushaltabfall unmöglich ist. Der Ausschluß des Gewerbeabfalls aus der öffentlichen Entsorgung ist jedoch nicht schon dann berechtigt, wenn die Menge die des Haushaltsabfalls übersteigt.

Handelt es sich bei den Gewerbeabfällen um gefährliche →Sonderabfälle, dann kann die entsorgungspflichtige Körperschaft diesen Gewerbeabfall aus ihrer Entsorgung ausschließen. *Hoppe/Beckmann*

Literatur: *Hösel/von Lersner:* Recht der Abfallbeseitigung, § 2 Rn. 28 ff. 1/1992.

Gewerbegebiet. G. dienen nach § 8 BauNVO vorwiegend der Unterbringung von nicht erheblich belästigenden Gewerbebetrieben. Zulässig sind nach § 8 Abs. 2 BauNVO Gewerbebetriebe aller Art, Lagerhäuser, Lagerplätze und öffentliche Betriebe, Geschäfts-, Büro- und Verwaltungsgebäude sowie Tankstellen und Anlagen für sportliche Zwecke. Ausnahmsweise können in einem G. Betriebswohnungen, die dem Gewerbebetrieb zugeordnet und ihm gegenüber in Grundfläche und Baumasse untergeordnet sind, sowie Anlagen für kirchliche, kulturelle, soziale und gesundheitliche Zwecke sowie Vergnügungsstätten zugelassen werden. *Hoppe/Beckmann*

Literatur: *Fickert/Fieseler:* Kommentar zur Baunutzungsverordnung, § 8 Rn. 1 ff. 7. Aufl. 1992. – *Schlez:* Baunutzungsverordnung, § 8 Rn. 1 ff. 2. Aufl. 1990.

Gewerbegeräusch. Bezeichnung für die von gewerblich genutzten Anlagen und Einrichtungen ausgehenden Geräusche. Die Geräusche derartiger Anlagen und Einrichtungen werden von den verschiedensten Kraft- und Arbeitsmaschinen, von Fertigungs- und Montageprozessen wie von notwendigen Nebenarbeiten (Fördern, Transportieren) verursacht.

Geräuschintensive Anlagen oder Arbeitsvorgängen, die im Freien aufgestellt werden müssen bzw. durchgeführt werden, sind besonders kritisch hinsichtlich der Nachbarschaft. Beispielhaft sind hier Baustellen, Montagearbeiten auf Schiffswerften und Produktionsprozesse zur Erzeugung chemischer Produkte, die aus Sicherheitsgründen im Freien betrieben werden müssen (z. B. Raffinerien) zu nennen.

Wegen der Vielfalt notwendiger Arbeits- und Kraftmaschinen und unterschiedlichster Fertigungs- und Montageabläufe bei gewerblich oder industriell genutzten Anlagen und Fabriken ist ein einfacher Zusammenhang zwischen Kenngrößen der Branche oder Anlagenart und Geräuschemissionen (→Schallemission), wie er z. B. bei →Straßen- und Schienenverkehrsgeräuschen besteht, nicht gegeben. Wegen dieses nicht angebbaren Zusammenhangs bestehen auch keine Grenzwerte für Geräuschemissionen gewerblicher Anlagen. *Strauch*

Gewinnungssprengung. Mit G. werden besonders die Sprengverfahren bezeichnet, durch die in Tagebaubetrieben mit einer Sprengung große Massen von Gesteinsmaterial gewonnen werden.

Zu den G. zählen insbesondere die Sprengverfahren mit Mehrfachladungen wie Reihen- oder Seriensprengungen, Großbohrlochsprengungen, aber auch Kammersprengungen, die als Einkammer- oder Zwei-Kammer-Sprengungen angelegt werden.

Bedingt durch die Weiterentwicklung der Gesteinsbohrtechnik haben die Sprengverfahren mit Mehrfachladungen, insbesondere die Großbohrlochsprengungen, weltweit erheblich an Bedeutung gewonnen. Kammersprengungen werden kaum noch angewendet, weil dabei starke →Erschütterungsimmissionen verursacht werden. Im Gegensatz dazu können bei Großbohrlochsprengungen die sprengtechnischen Bedingungen wie die Vorgabe, die Bohrlochtiefe, die Lademenge je Zündzeitstufe und die Verspannung so beeinflußt werden, daß relativ geringe Erschütterungen in der Umgebung auftreten. Deshalb wird dieses Sprengverfahren auch vorzugsweise angewendet. *Splittgerber*

Literatur: *Splittgerber, H.:* Einflüsse auf die Stärke von Erschütterungen bei Gewinnungssprengungen. Schriftenreihe der Landesanstalt für Immissionsschutz des Landes NRW. Essen 1977. – Unfallverhütungsvorschrift „Sprengarbeiten" (VBG 46). Hrsg. Hauptverband der gewerblichen Berufsgenossenschaften. 1985. – *Wild, W.:* Sprengtechnik im Bergbau, Tunnel- und Stollenbau sowie in Tagebauen und Steinbrüchen. Essen 1984.

Gezeitenenergie. G. zählt zu den nichtsolaren →erneuerbaren Energien. Die relative Lage von Sonne, Erde und Mond zueinander läßt in regelmäßigen zeitlichen Abständen von zwölf und vierundzwanzig Stunden auflaufende und ablaufende Tiden unterschiedlicher Tidenhübe entstehen, die in intermittierend arbeitenden →Gezeitenkraftwerken genutzt werden können. Wirtschaftlich nutzbare Tidenhübe liegen bei 3–12 m. Geeignete Küsten sind die europäische Atlantikküste, die Eismeerküste, die nordamerikanische Pazifikküste und die Nordküste Australiens. Das Potential ist groß; das wirtschaftlich nutzbare Potential ist jedoch auf die Topologien von Küsten begrenzt, die Buchten haben, die durch nicht zu teure Dammbauten abschließbar sind. Mit Gezeitenkraftwerken entsteht immer eine Wettbewerbssituation zu Fischereiwesen, Schiffahrt und Freizeitbetrieb. *C.-J. Winter*

Gezeitenkraftwerk. Eine Form der →Meeresenergie sind die in G. nutzbaren größeren Tidenhübe an topologisch geeigneten Küsten mit Meeresbuchten, deren enge Zu- und Ablauföffnung durch Dämme geschlossen werden. Das Turbinenhaus ist in den Damm integriert. G. können nur das zulaufende Wasser nutzen, nur das ablaufende oder beide Strömungen. In jedem Fall ist die Stromabgabe von zeitlicher Unstetigkeit geprägt. Es gibt die Vorstellung, durch die Erzeugung und Speicherung von Druckluft in Kavernen in Lasttälern und den Betrieb eines die Druckluft nutzenden Gasturbinenkraftwerks bei Lastspitzen zur Verstetigung der Stromabgabe zu kommen. G. haben hohe Installationskosten, die – ähnlich Wasserkraftwerken – durch die kostenfreie Primärenergie in langer Lebensdauer rekapitalisiert werden müssen. Weltweit gibt es nur ein in Betrieb befindliches G. an der Rancemündung in Frankreich; es hat eine installierte Leistung von 240 MW_e. *C.-J. Winter*

GGVS (Abk. Gefahrgutverordnung Straße) →Gefahrgutvorschriften

Gießerei. Das Herstellen von metallischen Gegenständen durch Gießen erfolgt in G. Hier wird besonders auf Eisen-, Temper- und Stahlgießereien eingegangen, in denen alle Grauguß- und Stahlgußqualitäten einschließlich der legierten chemisch- und hitzebeständigen Grauguß- und Stahlgußqualitäten erzeugt werden. Die Darstellungen lassen sich auf NE-Metallgießereien, insbesondere solche, die Sandgußformen verwenden, übertragen.

Der Gießereibetrieb kann in folgende Bereiche aufgeteilt werden: Schmelzerei, Sandaufbereitung, Kernherstellung, Formerei, Gieß-, Kühl- und Ausleerbereich, Gußputzerei und Wärmebehandlung, Sandregenerierung (Bild).

Zum Erschmelzen von Gußeisen werden Kupolöfen, Induktionsöfen oder Drehrohröfen eingesetzt. Einsatzmaterialien sind Stahl- und Gußschrott, Kreislaufmaterial, Legierungsmetalle, Zuschlagsstoffe (z. B. Kalkstein, Dolomit, Bauxit, Kieselstein, Kohlenstoff), Koks als Energie- und Kohlenstoffträger, ferner Gas, Öl und elektrischer Strom als Energieträger sowie Sauerstoff. Stahlgußqualitäten werden in der Regel in Elektrolichtbogenöfen und Induktionsöfen erschmolzen. In der Sandaufbereitung werden Altsande aufbereitet und Sandmischungen für die Formerei hergestellt. Bei der Sandaufbereitung handelt es sich um Transport-, Sieb- und Sichteinrichtungen sowie um Sandmisch- und Kühleinrichtungen. In der Kernmacherei werden überwiegend auf speziellen Kernschießmaschinen, hauptsächlich nach dem Hot-Box-Verfahren, Croning-Verfahren oder Cold-Box-Verfahren, Kerne hergestellt. Als Material werden Quarzsand oder regenerierter Altsand und als Bindemittel Kunstharze verwendet. In der Formerei werden Gießformen mit Modellen hergestellt, hauptsächlich aus bentonit- oder kunstharzgebundenem Sand. Zur gezielten Bildung von Hohlräumen im Guß-

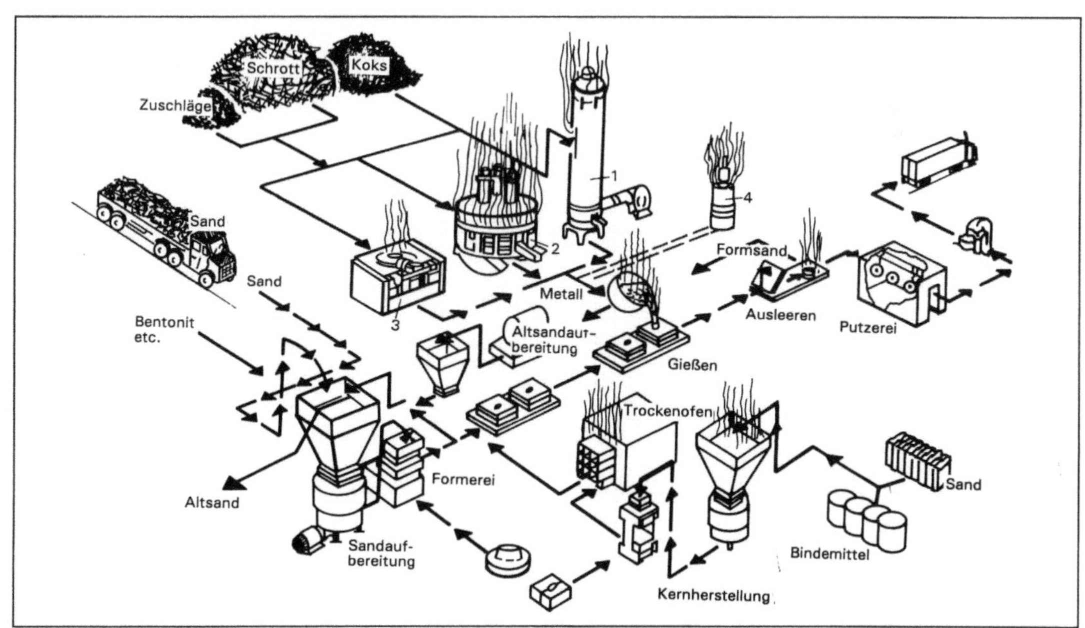

Gießerei: Fließschema einer Grauguß- Stahlguß-G. mit Hauptemissionsquellen.

1 Kupolofen, 2 Elektrolichtbogenofen, 3 Induktionsofen, 4 Schmelzbehandlung

stück werden in die Gießform Kerne eingelegt. Der Gieß-, Kühl- und Ausleerbereich schließt sich in der Regel der Formerei direkt an. Nach dem Abkühlen werden in der Gußputzerei die Sand- und Kernreste sowie Steiger und Angüsse von den Gußstücken entfernt. Zur Anwendung kommen mechanische und thermische Trenn- und Schleifeinrichtungen sowie Strahlanlagen. Zum Härten, Weichglühen und Spannungsarmglühen werden Gußstücke in Wärmebehandlungsöfen bei Temperaturen von 500 bis 1 000° C über längere Zeiten behandelt.

Die Emissionen luftverunreinigender Stoffe der G. sind sehr verschieden und entstehen in allen Bereichen (Tabelle).

Induktionsöfen und Drehrohröfen sind mit Abgaserfassungseinrichtungen wie nachführbare Hauben, Teileinhausungen und Einhausungen ausgerüstet. Die Abgase werden durch Gewebefilter auf Reststaubgehalte von weniger als 20 mg/m³ gereinigt. Die in den Filteranlagen anfallenden Stäube werden in der Regel deponiert.

In den Bereichen Sandaufbereitung, Kernherstellung, Formerei, Gieß-, Kühl- und Ausleerbereich sowie Gußputzerei sind zur Abgaserfassung spezielle Einrichtungen wie Hauben oder Teil- und Kompletteinhausungen erforderlich. Moderne G. haben diese Bereiche gut gekapselt. Die schadstoffbeladenen Abgase werden nahezu vollständig erfaßt und Abgasreinigungseinrichtungen zugeführt. Mit Gewebefiltern werden Reingasstaubgehalte unter 20 mg/m³ eingehalten. Zur Abscheidung von organischen Stoffen kommen die thermische →Nachverbrennung, Wäscher, Aktivkohlefilter oder →Biofilter in Frage. Die thermische Nachverbrennung, z. B. für Abgase aus der Kernmacherei, ist aus Energie- und Kostengründen nur sinnvoll, wenn eine →Abwärmenutzung möglich ist. Verschiedentlich wird z. B. das Abgas aus der Kernmacherei der Kupolofenanlage zugeführt und dort als Primär- oder Sekundärluft zugegeben oder als Verbrennungsluft für den eigenbeheizten Rekuperator verwendet. Verbreitet ist auch der Einsatz von Wäschern mit Aufbereitung der Waschflüssigkeit, in Einzelfällen auch durch biologische Regenerierung. Biofilter werden in G. insbesondere zur Abscheidung von Benzol großtechnisch erprobt. Darüber hinaus ist zur Benzolabscheidung neben der thermischen Nachverbrennung prinzipiell das Aktivkohlefilter geeignet. Mit den genannten Abgasreinigungsverfahren können die Emissionen organischer Stoffe der Klasse I Nr. 3.1.7 TA Luft unter 20 mg/m³ und von Benzol unter 5 mg/m³ im Abgas gesenkt werden. Im Hinblick auf die verschiedenen Emissionen aus G. können auch kombinierte Reinigungseinrichtungen eine günstige Problemlösung sein. Bei Wärmebehandlungsöfen werden NO_x-arme Brenner eingesetzt, mit denen der Emissionswert für NO_x von 500 mg/m³ eingehalten werden kann.

Gießerei. Tabelle: Gießereianlagen einschließlich Schmelzanlagen und ihre wesentlichen Emissionen.

Anlagenteil	Anorganische Stoffe — feste						Anorganische Stoffe — gasförmige							Organische Stoffe					
	Staub	Blei	Cadmium	Nickel	Chrom	Mangan	CO	H_2S	SO_2	NO_x	HF	NH_3	HCN	Gesamt-C	Formaldehyd	Phenol	Amine	Benzol	PAH
Schmelzanlagen																			
Kupolofen	×	×	×	×	×	×	×	×	×	×	×	×	×	×					
Elektrolichtbogenofen	×	×	×	×	×	×	×			×	×			×					
Induktionsofen	×	×	×	×	×	×				×	×			×					
Kernmacherei																			
Hot-Box-Verfahren	×													×	×	×			
Croning-Verfahren	×											×	×	×	×	×			
Cold-Box-Verfahren	×													×		×	×		
Sandaufbereitung	×																		
Formen, Gießen, Kühlen, Ausleeren	×											×	×	×	×	×	×	×	×
Putzerei	×			×	×	×													
Wärmebehandlungsöfen										×									

Die Abgasvolumenströme der verschiedenen Gießereianlagen liegen zwischen 10 000 m³/h und 100 000 m³/h.

G. sind genehmigungsbedürftig nach dem BImSchG. Emissionsbegrenzende Anforderungen enthält die TA Luft; von besonderer Bedeutung sind die Regelungen zur Begrenzung der Emissionen an krebserzeugenden oder toxischen Schwermetallen (Nrn. 2.3 und 3.1.4), diffuser Staubemissionen (Nr. 3.1.5) und von staub- und gasförmigen Emissionen (Nrn. 3.3.3.3.1, 3.3.3.7.1, 3.1.3, 3.1.6 und 3.1.7). *Batz*

Literatur: *Batz, R.*: Stand der Technik bei der Emissionsminderung in Eisen-, Stahl- und Tempergießereien. Gießerei **73** (1986) Nr. 3, S. 55–61. – *Davids, P.; M. Lange:* Die TA Luft '86. Technischer Kommentar. Düsseldorf 1986.

Gips → Entschwefelungsgips

Glasherstellung. Die G. ist ein Teil der → Steine-Erden-Industrie. Die Produktion verteilt sich auf eine Vielzahl von Erzeugnissen, wovon der überwiegende Teil Hohlglas, z. B. Behälterglas für Verpakkungen, Trinkgläser, Glaskolben für Fernsehbildschirme, ist. Ca. 20 % der Glasproduktion entfällt auf Flachglas, das meist zu höherwertigen Produkten veredelt wird (z. B. Isolierglas, Spiegelglas). Hohl- und Flachglas werden als Massengläser bezeichnet. Der Anteil der Glasfaserherstellung an der Gesamtproduktion ist mengenmäßig von geringer Bedeutung; das gilt auch für das sog. verarbeitete Glas (Glasinstrumente, Thermometer usw.).

Die G. läßt sich trotz des heterogenen Produktsortiments grundsätzlich in folgende Prozeßschritte aufgliedern, die zu unterschiedlichen Umweltbelastungen, insbesondere Luftbelastungen, führen können:
– Antransport und Entladung der Rohstoffe
– Rohstoffzerkleinerung (z. B. bei Altglas- und Scherbeneinsatz)
– Herstellung des Gemenges aus den Rohstoffen
– Gemengetransport zum Ofen
– Aufschmelzen des Rohmaterials und Herstellung einer homogenen Flüssigmasse
– Formgebung
– Weiterverarbeitung.

Die Rohstoffe für die G. variieren je nach Produkt beträchtlich. Mengenmäßig von besonderer Bedeutung sind Kalknatrongläser, die überwiegend aus Sand, Soda und Kalk hergestellt werden. Bleigläser enthalten außerdem Bleioxide, Borsilikatgläser Bortrioxid. Spezialgläser können darüber hinaus zahlreiche Beimengungen enthalten. Die in geringen Mengen zugegebenen Färbungsmittel enthalten überwiegend Oxide von Metallen wie Kupfer, Eisen, Chrom, Mangan, Kobalt, Nickel oder Vanadium, teilweise auch Selen und Cadmium. Der Einsatz von → Altglas in der Hohlglasindustrie nimmt weiter zu.

Zentraler Prozeßschritt bei der G. ist das Schmelzen bei Temperaturen von meist über 1 500° C. Es werden Hafenschmelzen (in beweglichen Schmelzgefäßen mit geringem Durchsatz für die Spezialglasherstellung und in Mundblashütten) sowie Wannenschmelzen (zur Verarbeitung größerer Glasmengen) unterschieden. Während in Hafenöfen max. ca. 2 t Glas/d erschmolzen werden können, produzieren kontinuierlich betriebene Wannenöfen bis zu 900 t/d. Feuerführung, Ofenkonstruktion und Verbrennungsluftvorwärmung (regenerativ oder rekuperativ) sind je nach Anwendung verschieden. Als Energieträger kommen im wesentlichen Erdgas, Heizöl oder Strom zur Anwendung. Zur Homogenisierung der aufgeschmolzenen Masse ist eine Entfernung von Gasblasen durch Zusätze (Läuterungsmittel, z. B. Salpetersäure) erforderlich. Das geschmolzene Glas kann nach einer Ruhephase verarbeitet werden.

Bei der G. treten hauptsächlich Emissionen an Staub, Schwefeloxiden, Fluor- und Chlorverbindungen sowie Stickstoffoxiden auf; in Sonderfällen können es auch Schwermetalle oder Borverbindungen sein.

Hauptemissionsquelle für feste und gasförmige luftverunreinigende Stoffe ist der Schmelzprozeß. Der Staub in den Abgasen der Schmelzöfen mit Rohgasgehalten zwischen 80 und 400 mg/m³ besteht überwiegend aus Verdampfungs- und Kondensationsprodukten der Glasschmelze und hat daher einen sehr geringen mittleren Partikeldurchmesser (< 1 µm). Er besteht im wesentlichen aus wasserlöslichen Sulfaten. Im Rohgas der Schmelzöfen können Schwefeloxidkonzentrationen bis 3,0 g/m³ auftreten, bei Läuterung mit Schwefelverbindungen auch höhere Werte.

Auf Grund der hohen Prozeßtemperaturen und der intensiven Verbrennungsluftvorwärmung entstehen bei der G. in der Regel hohe Massenkonzentrationen an Stickstoffoxiden im Abgas. Ohne NO_x-Minderungsmaßnahmen liegen die Emissionen häufig bei 1,0–2,5 g/m³ im Abgas. Bei Verwendung von nitrathaltigen Läuterungsmitteln können deutlich höhere Werte vorkommen.

Gasförmige anorganische Fluorverbindungen in den Abgasen entstehen durch Inhaltsstoffe im Rohmaterial (z. B. bei Verwendung des Gesteins Phonolith) oder durch Altglaszugabe mit erhöhten Anteilen an Kalziumfluorid. Im Rohgas treten meist Konzentrationen von 10 bis 20 mg HF/m³ auf.

Gasförmige anorganische Chlorverbindungen im Abgas bilden sich überwiegend aus den in den Rohstoffen und im Recyclingmaterial enthaltenen Chloriden. Die Chloridfracht im Rohgas kann durch Zuführung der Abgase der Heißendvergütungsanlage beträchtlich erhöht werden. Durchschnittlich sind im Rohgas 50 bis 100 mg HCl/m³ enthalten.

Werden Läuterungs- und Entfärbungsmittel eingesetzt, können je nach Zugabe Arsen-, Selen-, Cer- und Antimon-Verbindungen im Abgas auftreten; diese Elemente werden nur teilweise von der Glasschmelze aufgenommen. Bei der Bleiglasproduktion können beträchtliche Mengen vor allem an Bleisulfaten im Abgas vorhanden sein.

Neben dem Glasschmelzprozeß können auch bei der Rohstoffaufbereitung, dem Rohstoffhandling und bei der Gemengeaufbereitung staubhaltige Abgase entstehen. Auch die Scherbenzerkleinerung führt zu Staubbildung.

Technische Verfahren zur Emissionsminderung bei der G. betreffen Rohstoff-, Prozeß- und Abgasreinigungsmaßnahmen (Bild).

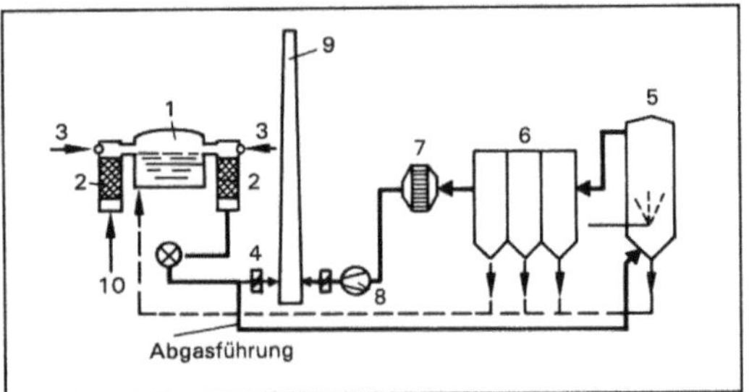

Glasherstellung: Abgasführung einer Glasschmelzwanne.

1 Glasschmelzwanne, 2 Regeneratoren, 3 Feuerung (alternierend), 4 Bypassführung für Notfälle, 5 Sorptionsstrecke, 6 Elektro- oder Gewebefilter, 7 Katalysator, 8 Gebläse, 9 Schornstein, 10 Frischluft

Verringerte Staubbildung bei Gemengeherstellung und -transport ist durch Kapselung von Aggregaten oder durch Anfeuchten von Rohstoffen möglich. Eine fallfreie Einlage des Gemenges, ein gleichmäßiger Schmelzprozeß und niedrige Oberofentemperaturen tragen zur Staubunterdrückung bei. Eine Auswahl von Rohstoffen und ein weitgehender Verzicht auf gesundheitsgefährdende Stoffe dienen der Verminderung der Emissionen an toxischen Staubinhaltsstoffen. In der Regel sind darüber hinaus wirksame Staubabscheider erforderlich, überwiegend filternde →Abscheider. Speziell zur Reinigung von Abgasen und zur sicheren Einhaltung von 50 mg Staub/m³ bei Massenglaswannen haben sich elektrische Abscheider bewährt, deren Wirkungsgrad für die →Staubabscheidung bei Abgasen aus Blei-, Borat- und Spezialwannen allerdings meist nicht ausreicht. Mit filternden Abscheidern lassen sich im Dauerbetrieb Staubemissionswerte von 10 mg/m³, teilweise von 5 mg/m³ und auch darunter, einhalten.

Die Bildung von Stickstoffoxiden im Ofen beeinflussen stoffliche und betriebliche Maßnahmen: der Einsatz NO_x-armer Brenner, die Vermeidung von Kaltluft an der Flammenwurzel durch Düsensteinabdichtung, die Senkung der Oberofentemperatur sowie gestufte Brennstoff- und Luftzufuhr sind wirkungsvolle Möglichkeiten zur NO_x-Emissionsminderung. Damit lassen sich NO_x-Minderungsgrade von 50 % und mehr erreichen. Ofenbauliche Modifikationen bei Neuanlagen (z. B. Verkleinerung der Feuerzone) bewirken eine sehr geringe NO_x-Bildung. Der Massenstrom an NO_x kann durch eine Vorwärmung des Gemenges mit Ofenabgas gesenkt werden. Dies führt gleichzeitig zur besseren Nutzung der Prozeßwärme, zur Vorabscheidung saurer Ofenabgasbestandteile und zu einem gleichmäßigen Betrieb der Wanne. Soweit möglich, ist auf eine Nitratläuterung zu verzichten.

Zusätzlich zur prozeßtechnischen NO_x-Minderung kommen abgasseitige Verfahren zur Anwendung, insbesondere die selektive katalytische Reduktion (→SCR-Verfahren) und selektive nicht katalytische Reduktion (→SNCR-Verfahren). Zum SCR-Verfahren gibt es bei der G. erste Betriebserfahrungen; vor allem das Problem der Verstaubung der Anströmflächen durch glasspezifische Stäube ist dabei zu lösen. Offensichtlich kommt hier dem Feuchtegehalt des Abgases besondere Bedeutung zu. Die grundsätzliche Eignung des SCR-Verfahrens zur deutlichen NO_x-Minderung wurde nachgewiesen. Bei Anwendung von SNCR-Verfahren ist auf den Einbau im optimalen Temperaturbereich (Temperaturfenster) und geringen Schlupf an NH_3 zu achten. Im Gegensatz zur Spezialglasindustrie finden SCR- und SNCR-Verfahren bei der Massen-G. nur zögernd Anwendung.

Die Schwefeloxidemissionen (SO_2, SO_3) lassen sich durch Einsatz schwefelarmer Roh- und Brennstoffe und durch zusätzlichen Einbau einer Sorptionsstufe begrenzen. Die SO_2-Abscheideraten liegen je nach Verfahren zwischen 30 % und 90 %.

Sorptionsstufen werden vorrangig zur Abscheidung von Halogenverbindungen eingesetzt. Sowohl mit trockenen als auch mit halbtrockenen Verfahren unter Zugabe von Kalziumoxid oder -hydroxid ist eine weitgehende Einbindung dieser Stoffe möglich. Die im nachgeschalteten Filter abgeschiedenen Reaktionsprodukte können wieder der Schmelze zugeführt werden. Weitergehende Maßnahmen können die Abgase der Heißendvergütungsanlage, in der Hohlgläser durch Beschichten mit Titan- oder Zinnchlorid schlagunempfindlicher gemacht werden, erfordern. Die Abgase dieser Teilanlage mit erhöhten Chloridgehalten werden oft in den Ofenabgasstrom geführt. Diese Maßnahme macht eine Sorptionsstufe zur Chloridabscheidung und -ausschleusung aus dem Prozeß erforderlich.

Anlagen zur G., auch aus Altglas, einschließlich der Glasfasern, die nicht für medizinische oder fernmeldetechnische Zwecke bestimmt sind, sind in Nr. 2.8, Spalte 1, des Anhangs der →4. BImSchV enthalten. Die Errichtung und der Betrieb dieser

Anlagen bedarf daher einer Genehmigung nach dem BImSchG in einem Verfahren mit Öffentlichkeitsbeteiligung.

Emissionsbegrenzende Anforderungen enthält die TA Luft insbesondere in den Nrn. 2.3 (Krebserzeugende Stoffe) sowie 3.1 (übergreifende Regelungen), 3.2 (Überwachung) und 3.3.2.8.1. Der Grenzwert für Staub von 50 mg/m³ läßt sich durch Einsatz wirksamer Staubabscheider unterschreiten. Weitergehende Entstaubungsmaßnahmen können sich zur Einhaltung der Emissionswerte für krebserzeugende oder toxische Schwermetalle bei Farb- und anderen Sondergläsern ergeben (z. B. 0,1 mg/m³ für Cadmium, 5 mg/m³ für Blei). Aufgrund des Beschlusses der Umweltministerkonferenz 1991 wird für die Begrenzung der Arsenemissionen bei Anlagen zur Herstellung von Bleiglas ein Wert von 0,5 mg/m³ und bei den übrigen relevanten Anlagen von 0,1 mg/m³ empfohlen. Weitere wichtige emissionsbegrenzende Anforderungen betreffen

– Schwefeldioxid	Glasschmelzöfen	1,80 g/m³
	Hafenöfen und Tageswannen	1,10 g/m³
– Fluorverbindungen		5 mg/m³
– Chlorverbindungen		30 mg/m³

Bei den Stickstoffoxiden gilt die →Dynamisierungsklausel. Bei Glasschmelzöfen sollen 0,50 g NO$_x$/m³ als Zielwert (nach einer Einzelfallprüfung) eingehalten werden. Bei Anwendung der Nitratläuterung sind höhere Werte zulässig.

Integrierter →Umweltschutz bei der G. beinhaltet auch weitergehende Maßnahmen zur →Wärmenutzung. Neben der bereits praktizierten Verbrennungsluftvorwärmung kann die entstehende, im Abgas enthaltene Wärme z. B. zur Einlegegutvorwärmung, Dampferzeugung, Kraft-Wärme-Kopplung, aber auch zur Fernwärmeauskopplung genutzt werden. Eine Integration der abgasreinigenden Prozeßstufen bleibt dabei gewährleistet.

Das Glas kann durch Säurepolieren oder Mattätzen behandelt werden. Polieren und Ätzen werden in Säurebädern durchgeführt. Für das Ätzen kommt überwiegend Flußsäure zum Einsatz, zum Polieren ein Gemisch aus Flußsäure und Schwefelsäure. Als Emissionen treten neben Staub hauptsächlich anorganische Fluorverbindungen (HF, SiF$_4$) und Schwefelsäure auf, die durch Kapselung der Säurebäder erfaßt und in Naßwäschern mit HF-haltiger Sorptionslösung oder in trockenen →Sorptionsverfahren in Form von Schüttschichtfiltern mit vorgeschalteter Kondensationsstufe abgeschieden werden können. Die anfallenden Schlämme aus der Säureneutralisation und aus dem Wäscher werden (noch)

deponiert. Bei der Herstellung von Glasfasern werden die faserhaltigen Abgase aus den Zerfaserungseinrichtungen separat im filternden Abscheider erfaßt. Bei der Weiterverarbeitung zu Faserwerkstoffen können Abgase mit organischen Stoffen (z. B. Formaldehyd, Phenol) entstehen, die meist einer thermischen →Abgasreinigung oder Wäschern zugeführt werden müssen.

Anlagen zum Säurepolieren oder Mattätzen von Glas oder Glaswaren unter Verwendung von Flußsäure sind in Nr. 2.9, Spalte 2 des Anhangs der →4. BImSchV genannt und unterliegen damit dem vereinfachten Genehmigungsverfahren. Die emissionsbegrenzenden Anforderungen sind in den allgemeinen Regelungen der Nr. 3.1 der TA Luft festgelegt. *Hinrichs*

Literatur: *Davıds, P.; M. Lange:* Die TA Luft '86 – Technischer Kommentar. Düsseldorf 1986. – Luftreinhaltung '88. Hrsg.: Umweltbundesamt Berlin 1989. – VDI 2578: Emissionsminderung; Glashütten. 1988.

Gleichgewicht, ökologisches →ökologisches Gleichgewicht

Gleichgewicht, photostationäres. Wenn Ozonbildung über die NO$_2$-Photolyse mit anschließender Anlagerung der O-Atome an O$_2$ und die Geschwindigkeit der Rückreaktion zwischen NO mit O$_3$ gleich schnell werden, sich also ein Gleichgewicht einstellt, werden die Konzentrationen [O$_3$], [NO] und [NO$_2$] durch die folgende Gleichung beschrieben, die als p. G. bezeichnet wird:

$$\frac{[O_3]\,[NO]}{[NO_2]} = \frac{J_{NO_2}}{k_{(NO+O_3)}}$$

Hierbei bedeuten J_{NO_2} die →Photolysefrequenz, deren Größe von der Intensität der einfallenden Sonnenstrahlung für $\lambda < 410$ nm abhängt, und k_{NO+O_3} die Reaktionsgeschwindigkeits-Konstante für die Reaktion NO + O$_3$.

Reaktionen, die das p. G. beschreiben, sind:

$$NO_2 + h\nu \rightarrow NO + O,\ J_{NO_2}$$
$$O + O_2 + M \rightarrow O_3 + M$$
$$NO + O_3 \rightarrow NO_2 + O_2,\ k_{(NO+O_3)}$$

Das p. G. ist nur erfüllt, wenn keine weiteren Reaktionen O$_3$ abfangen und wenn NO hauptsächlich über die Reaktion mit O$_3$ in NO$_2$ überführt wird. In diesem System können sich keine höheren O$_3$-Konzentrationen aufbauen, weil Auf- und Abbaugeschwindigkeit von Ozon gleich sind. Erst wenn unter dem Einfluß von Kohlenwasserstoffen und anderen organischen Gasen (ROG) RO$_2$- und HO$_2$-Radikale entstehen, die schneller als die Reaktion NO + O$_3$ für die Oxidation von NO zu NO$_2$ sorgen, wird das p. G. gestört; es bildet sich Überschußozon im →Photosmog.

Die Messung des p. G. zwischen den Konzentrationen [O₃], [NO] und [NO₂] gibt somit einen Hinweis darauf, ob in der jeweiligen Luftmasse Smogreaktionen ablaufen, die höhere Ozonkonzentrationen ausbilden. *Becker/Wiesen*

Gleiskettenfahrzeug. Beim G. wird die Antriebskraft nicht über Räder, sondern über zwei Gleisketten auf den Boden übertragen. Besonders bei der Fahrt von militärischen G., z. B. Panzern, auf Straßen dicht an Wohnhäusern vorbei, werden →Erschütterungen verursacht, die zu Nachteilen und Belästigungen führen können. Die bei der Vorbeifahrt von Panzern auf Straßen in Gebäuden längs der Straße verursachte Größe der Erschütterungsimmissionen ist von der Masse des Fahrzeugs, der Vorbeifahrtgeschwindigkeit, der Art der Gleisketten, den Anfahr- und Abbremsvorgängen sowie der Art und Gründung der betroffenen Gebäude abhängig. Bei der Fahrt von mittelschweren Panzern auf Straßen sind in anliegenden Wohnhäusern in einzelnen Fällen folgende größte Scheitelwerte der Schwinggeschwindigkeiten und Frequenzen der Erschütterungsimmissionen gemessen worden:
– an Fundamenten: v = 0,3 mm/s bis 2 mm/s, f = 35 Hz bis 40 Hz
– auf Geschoßdecken: v = 1 mm/s bis 3 mm/s, f = 35 Hz bis 40 Hz
Die Erschütterungen liegen zum Teil deutlich oberhalb der →Wahrnehmungsschwelle und können bei Menschen zu Störungen und Beeinträchtigungen führen. In manchen Fällen ist nicht auszuschließen, daß die von G. erzeugten Erschütterungen leichte Schäden, z. B. Putzschäden, verursachen können.

Die Stärke der Erschütterungen kann insbesondere durch Herabsetzen der Vorbeifahrtgeschwindigkeit sowie durch Vermeiden von plötzlichen Anfahr- und Abbremsvorgängen verringert werden. *Splittgerber*

Globalstrahlung →Einstrahlung

Goldener Motor. Auf der Basis ausgesuchter Bauteile montierter Motor eines Kalibrierfahrzeugs für Emissionsmessungen auf Fahrleistungsprüfständen: 4-Zylinder Ottomotor (1,8 Liter Hubraum) mit Saugrohr-Einspritzung (K-Jetronik) und λ-Regelung. Der G.-M. war das Ergebnis eines 1977 vom Umweltbundesamt initiierten und vom Volkswagenwerk durchgeführten Forschungsprojekts: Analyse der Prüfmethoden und Meßverfahren für Automobilabgase.

Dieser Motor wies bei kurz- und mittelfristig aufeinanderfolgenden Messungen in seinen mittleren Abgasemissionen nur eine geringe Streubreite

auf und besaß gleichzeitig eine gute Langzeitkonstanz in den Emissions- und Verbrauchswerten. Er war aus diesen Gründen als Standard für vergleichende Ringversuche auf verschiedenen Fahrleistungsprüfständen geeignet. *Hattingen*

Gradtag. Kennwort für den Wärmeverbrauch während der Heizzeit in Abhängigkeit von der Außenlufttemperatur. Der Begriff wird auch in Zusammensetzungen wie G.-Zahl oder Heiz-G. gebraucht; er findet Anwendung in der Wärmewirtschaft, aber auch in der Luftreinhaltung.

Dort kann er sowohl zur Abschätzung von Emissionen aus dem Hausbrandsektor (Ermittlung der eingesetzten Brennstoffmenge, die dann mit brennstoff- und schadstoffspezifischen Emissionsfaktoren multipliziert wird), als auch zur Auswertung von Immissionsmessungen verwendet werden. So waren nach der 4. BImSchVwV von 1975 bei der Auswertung der Meßergebnisse aus Immissionsmeßnetzen in →Untersuchungsgebieten u. a. die G. als für die Beurteilung der für die Entstehung und Ausbreitung der Luftverunreinigungen bedeutsame Umstände für alle Monate des Jahres und das Kalenderjahr anzugeben; die 4. BImSchVwV von 1993 verzichtet allerdings auf solche Details.

Die Anzahl der G. pro Monat wird wie folgt berechnet:

$$G = Z \cdot (t_i - t_{am})$$

Hierbei bedeuten
G: Anzahl der G.
Z: Anzahl der Tage pro Monat, an denen der Tagesmittelwert der Lufttemperatur unter +15 °C liegt (Heiztage)
t_i: +20 °C (gewünschte konstante Raumtemperatur)
t_{am}: Temperaturmittelwert, gebildet aus den Tagesmittelwerten der Lufttemperatur aller Heiztage eines Monats.

Die monatlichen G.-Zahlen werden regelmäßig für eine Reihe deutscher Städte vom Deutschen Wetterdienst ermittelt und veröffentlicht.

Die G.-Zahl spielt in der Wärmewirtschaft eine Rolle z. B. bei der Erstellung von Heizkostenabrechnungen, wobei allerdings Bedenken erhoben werden, daß die Außentemperatur nicht alleine den Wärmeverbrauch bestimme, sondern auch Wind, Luftfeuchtigkeit, Wolkenbildung, Nebel, Sonneneinstrahlung, Stadtklima und Benutzergewohnheiten einen Einfluß hätten.

Nach VDI 2067, Bl. 1 ist die G.-Zahl der Heizperiode (G_t) die Summe der Differenzen zwischen der mittleren Raumtemperatur (20 °C) und den Tagesmitteln der Außenlufttemperatur über alle Kalendertage, die zwischen Beginn und Ende der Heizzeit liegen:

$$G_t = \sum_{n=1}^{z} (20 - t_{m,n})$$

z: Zahl der Heiztage
$t_{m,n}$: Tagesmittel der Außentemperatur eines Heiztages
G_t: G.-Zahl der Heizperiode

Die G.-Zahl der Heizzeit (1. September bis 31. Mai) wird dargestellt durch die G.-Zahl der Heizperiode zuzüglich der Summe der G.-Zahlen einzelner Heiztage, die vor Beginn und nach Ende der Heizperiode noch aufgetreten sind. Solche Heiztage sind Tage, an denen das Tagesmittel der Lufttemperatur unter 15 °C liegt. Die Heizperiode fällt in die Heizzeit. Die Heizperiode beginnt jeweils witterungsabhängig im Herbst, wenn die Außentemperatur von 15 °C (Heizgrenztemperatur) im übergreifenden Fünftagesmittel unterschritten wird, frühestens jedoch am 1. September. Sie endet im Frühjahr des Folgejahres, wenn im übergreifenden Fünftagesmittel eine Außentemperatur von 15 °C erreicht oder überschritten wird, spätestens am 31. Mai.   *Külske*

Literatur: *Goetting, D. R.:* Gradtage – eine kritische Beurteilung; HLH **41** (1990), Nr. 4, S. 273–285. – Temperaturen und Gradtage von 50 Orten Deutschlands für April, Mai und Juni 1992 (nach Angaben des Deutschen Wetterdienstes), HLH (Heizung, Lüftung/Klima, Haustechnik) **43** (1992) Nr. 9, S. 464 (und frühere bzw. Folge-Ausgaben). – VDI 2067, Bl. 1: Berechnung der Kosten von Wärmeversorgungsanlagen; Betriebstechnische und wirtschaftliche Grundlagen. 12/1983. – Vierte Allgemeine Verwaltungsvorschrift zum Bundes-Immissionsschutzgesetz (Ermittlung von Immissionen in Belastungs-/Untersuchungsgebieten – 4. BImSchVwV) vom 8. April 1975 (GMBl. S. 358), neue Fassung vom 26. November 1993 (GMBl S. 827).

Granulation. G. ist die Vergröberung feinkörniger Produkte. Bei der Aufbereitung der Kalirohsalze mittels des Heißlöseverfahrens, der elektrostatischen Trennung (→ESTA®) oder der Flotation entstehen meist feinkörnige Produkte. Ein hoher Anteil an Feinkorn stört beim Umschlag, bei Mischprozessen und beim Ausstreuen durch Staubbildung (Verluste, Umweltbelästigung) und begünstigt außerdem die Neigung zum Verhärten. Um diese Nachteile zu vermeiden und einem anwenderfreundlichen Produkt (staubarm, rieselfähig) zu entsprechen, verfügen viele Kaliwerke über eine zusätzliche Verfahrensstufe zur Kornvergröberung. Dafür kommt im wesentlichen die G. zur Anwendung.

Die G. beruht entweder auf dem Prinzip der Aufbau-G. oder der Preß-G. Letzteres ist das am meisten angewandte Verfahren in der Kaliindustrie für Kaliumchlorid, Kaliumsulfat und Kieserit.   *Schubert*

Literatur: *Rug, H.; K. Kahle:* Tailoring potash to the needs of the fertilizer industry. Proc. No. 297. The Fertilizer Society.

London 1990. – *Zisselmar, R.:* Kompaktiergranulieren mit Walzenpressen. Chem.-Ing.-Tech. **59** (1987) Nr. 10, S. 779–787.

Graskultur, standardisierte. Das Verfahren der s. G. ist von *Scholl* entwickelt worden, um als komponenten-spezifischer Akkumulationsindikator innerhalb des →Wirkungskatasters die an denselben Meßstellen exponierten Reaktionsindikatoren (z. B. →Flechtenexpositionsverfahren nach *Schönbeck*) hinsichtlich des Immissionseinflusses besser interpretieren zu können. Dieses Ziel setzt voraus, daß die akkumulierende Fang-Pflanze gegenüber Luftverunreinigungen vergleichsweise resistent ist, damit ihre Aufnahmeeigenschaften durch den aufgenommenen Schadstoff selbst nicht verändert werden.

Bei der s. G. wird Welsches Weidelgras (Lolium multiflorum) der Sorte Lema zunächst in Tonschalen mit einem Durchmesser von 12 cm und einer Höhe von 3 cm ausgesät, die mit einer handelsüblichen Einheitserde gefüllt sind. Die eigentliche Exposition erfolgt in besonderen Pflanzenkulturgefäßen (Bild). Diese sind im unteren Bereich mit einer standardisierten Nährlösung gefüllt. Oberhalb einer Siebplatte befindet sich ein Teil des Wachstumssubstrates, das durch eine keramische Kerze, die über einen Schlauch mit der Nährlösung verbunden ist, gleichmäßig durchfeuchtet wird. Nach der Exposition wird der Aufwuchs abgeschnitten, getrocknet, gemahlen und nach gängigen Verfahren analysiert, z. B. auf Blei, Zink, Cadmium, Chlor, Fluor, Schwefel.

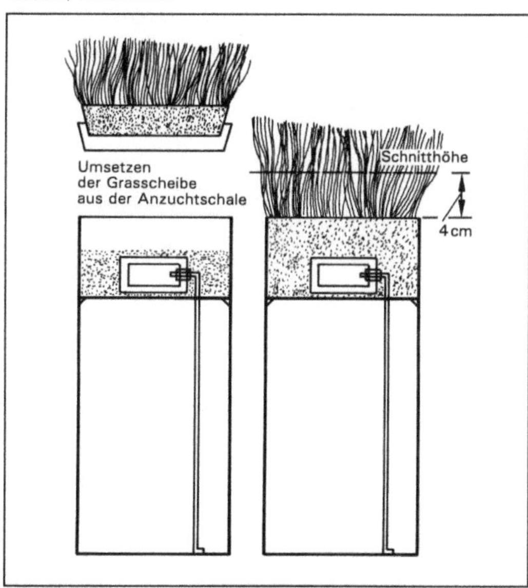

Graskultur, standardisierte: Schematische Darstellung des Expositionsgefäßes (Pflanzenkulturgefäß) im Graskultur-Verfahren (nach Scholl*).*

Im Gegensatz zum Akkumulationsindikator →IRMA hat die Graskultur als wachsende Pflanze einige Eigenschaften, die bei dem Einsatz im Rahmen des Wirkungskatasters genau zu beachten sind. Zunächst ist zu bedenken, daß die →Biomasse als Bezugsgröße sich ständig verändert. Dies kann bei variierendem Immissionseinfluß bedeutend sein für den analytisch nachweisbaren Schadstoffgehalt in der Graskultur, indem bei geringem Wachstum, z. B. bei Beginn der Vegetationsperiode, und einer einmaligen Immissionsepisode zu Beginn der Expositionszeit besonders hohe Immissionsdosen feststellbar sind. Andererseits erhöht sich damit gleichzeitig die Übertragbarkeit der Untersuchungsergebnisse auf die Verhältnisse bei normalen Nutzpflanzen, z. B. Weidegras. Es läßt sich allerdings nachweisen, daß bei konstanter Immissionsbelastung oder bei statistisch zufällig verteilten Immissionsschwankungen trotz Biomassenzuwachs die analytisch ermittelte Immissionsdosis proportional der mittleren Immissionsbelastung ist.

Zu berücksichtigen ist auch noch, daß zur Erhöhung der räumlichen Repräsentanz, d. h. zur weitgehenden Ausschaltung des Einflusses von Bodenpartikeln, die Vegetationsgefäße 1,50 m über Bodenniveau exponiert werden. Durch die freie Anströmbarkeit der Graskultur kann somit die Immissionsdosis als etwas höher angenommen werden als beim Weidegras. Für andere Pflanzen müßten entsprechende Umrechnungsfaktoren ermittelt werden, weil die Morphologie der Pflanze naturgemäß einen großen Einfluß auf die Aufnahme von Luftverunreinigungen, insbesondere in der partikulären Form hat. Bei gas- oder dampfförmigen Luftverunreinigungen mit kutikulärer Aufnahme, z. B. bei lipophilen Substanzen, spielt auch die Art und Form der Kutikula eine Rolle. Bei der stomatären Aufnahme sind noch alle klimatischen Faktoren zu beachten, die die Öffnungsweite der Stomata beeinflussen. Dies kann aber im Hinblick auf die Übertragbarkeit der Ergebnisse auf andere Pflanzen, die grundsätzlich ähnlich reagieren, im Sinne der Repräsentanzerhöhung als ausgesprochen vorteilhaft gewertet werden. *Prinz*

Literatur: *Scholl, G.*: Ein biologisches Verfahren zur Bestimmung der Herkunft und Verbreitung von Fluorverbindungen in der Luft. 26/I Sonderh. Landw. Forsch. **22** (1971) S. 29–35. – VDI 3792, Bl. 1: Messen der Wirkdosis; Verfahren der standardisierten Graskultur. 7/1978.

Gravimetrie. Meßverfahren nach dem Prinzip der G. werden in der Praxis der Luftreinhaltung zur manuellen Messung staubförmiger Emissionen und Immissionen eingesetzt. Gravimetrische Bestimmungsmethoden sind in ISO 9096, VDI 2066 und VDI 2463 standardisiert. Sie eignen sich für Einzelmessungen und besonders für Vergleichsmessungen zur →Kalibrierung automatischer Staubmeßgeräte.

Sie können daher als →Referenzmeßverfahren bezeichnet werden. Das gravimetrische Prinzip besteht darin, daß eine definierte Abgas- oder Luftmenge durch einen geeigneten Filter gesaugt und die abgeschiedene Staubmenge durch Wägung des Filters vor und nach der Beaufschlagung bestimmt wird.

In der →Emissionsüberwachung werden bei der G. zur Probenahme vorzugsweise Filterkopfgeräte verwendet, die in verschiedenen Ausführungsformen in der VDI 2066 dargestellt sind. Das Verfahren ist dadurch gekennzeichnet, daß sich der Filter während der Probenahme unmittelbar hinter der Entnahmesonde im Abgaskanal befindet. Das gesamte Rückhaltesystem kann daher die Abgastemperatur annehmen, so daß Kondensationen in der Regel ausgeschlossen sind. Bei den üblichen Staubgehalten werden meistens mit Quarzwatte gestopfte Hülsenfilter verwendet, denen zur Absenkung der →Nachweisgrenze ein Planfilter nachgeschaltet werden kann. Bei sehr niedrigen Konzentrationen wird in der Regel nur ein Planfilter aus Quarz- oder Glasfasermaterial eingesetzt. In Sonderfällen kann es vorteilhaft sein, ein außen liegendes Filter zu benutzen. Sehr niedrige Konzentrationen im Bereich um 1 mg/m^3 lassen sich nur mit einer Mikrowaage im klimatisierten Wägelaboratorium bestimmen. Die Richtigkeit der Messung hängt vor allem von der sorgfältigen Konditionierung der Filter vor und nach der Probenahme ab. Außerdem ist auf eine isokinetische Entnahme des Teilgasstroms zu achten. *Stahl*

Literatur: VDI 2066: Messen von Partikeln; Manuelle Staubmessung in strömenden Gasen; Gravimetrische Bestimmung der Staubbeladung; – Bl. 1: Übersicht. 10/1975. – Bl. 2: Filterkopfgeräte. 1/1989. – Bl. 7: Planfilterkopfgeräte. 1/1990. – VDI 2463: Messen von Partikeln; Messen der Massenkonzentration (Immission); Bl. 7: Filterverfahren; Kleinfiltergerät GS 050. 8/1982. – Bl. 8: Basisverfahren für den Vergleich von nicht fraktionierenden Verfahren. 8/1982. – Bl. 9: Filterverfahren; LIS/P-Filtergerät. 2/1987. – ISO DIS 9096: Air quality – Stationary source emissions – Determination of concentration and mass flow rate of particulate material in gas-carrying ducts – Manual gravimetric method. 9/1988.

Gray (Gy) →Dosimetrie

Grenzkorn, -durchmesser →Fliehkraftabscheider

Grenzschicht. In der Hydrodynamik Bezeichnung für die Übergangszone zwischen dem festen Rand eines Strömungsgebiets und der ungestörten laminaren Strömung. Die Strömung der G. ist turbulent (→Turbulenz). Die entsprechende Übergangszone in der Atmosphäre wird als planetarische G. bezeichnet. *Wichmann-Fiebig*

Grenzschicht, planetarische. Unterer, durch turbulenten Austausch beeinflußter Teil der →Troposphäre. Die thermisch labil oder neutral geschich-

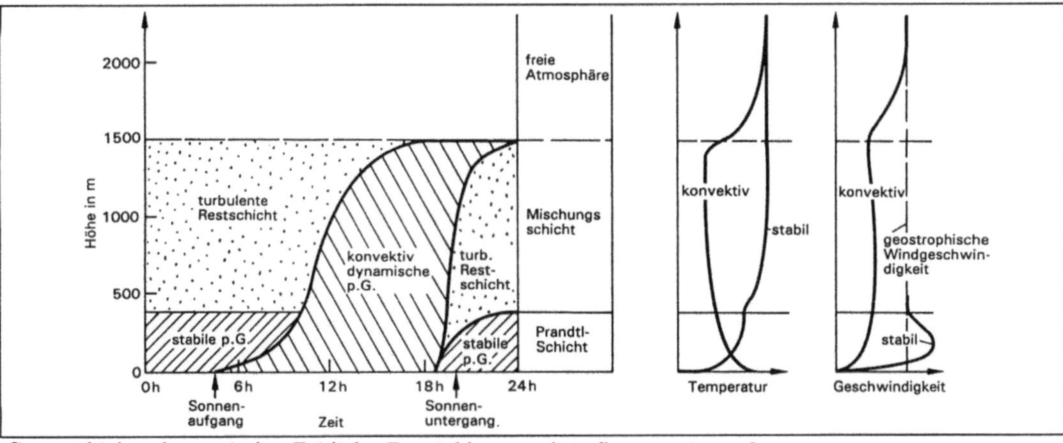

Grenzschicht, planetarische: Zeitliche Entwicklung und Aufbau an einem Sommertag.

tete p. G. (→Schichtungsstabilität) setzt sich aus der →Prandtl-Schicht und der →Mischungsschicht zusammen. Die stabile p. G. besteht oberhalb der Prandtl-Schicht aus einer stabilen Schicht und einer schwach turbulenten Restschicht. Eigenschaften der Erdoberfläche – z. B. Rauhigkeit, →Albedo und Wasserkapazität – beeinflussen Wind, Temperatur und Feuchte vor allem der bodennahen Atmosphärenschichten. In der p. G. findet der Übergang von vom Boden geprägten Verhältnissen zur freien Atmosphäre statt (Bild). Als Oberrand der p. G. wird diejenige Höhe bezeichnet, in der der tatsächliche Wind in Richtung und Stärke dem geostrophischen Wind entspricht. Er ist meist durch eine →Inversion gekennzeichnet.

Abhängig von Turbulenzzustand unterscheidet man zwischen dynamischer, konvektiver und stabiler p. G. Die →Turbulenz der dynamischen p. G. wird durch Windscherung, die der konvektiven durch thermische Instabilität erzeugt. Diese Typen der p. G. sind gut durchmischt und bis zu ca. 2 km mächtig. Im Unterschied dazu ist die stabile p. G. mit einigen hundert Metern Mächtigkeit als flach zu bezeichnen. Sie bildet sich typischerweise nach Sonnenuntergang durch Abkühlung der Erdoberfläche. Ihre Turbulenzintensität ist gering, weil die dynamisch erzeugte turbulente kinetische Energie thermisch aufgezehrt wird.

Auf Grund der Inversion am Oberrand der p. G. gelangen freigesetzte Luftverunreinigungen nur langsam in die freie Atmosphäre; sie breiten sich zunächst nur innerhalb der p. G. aus. Insbesondere innerhalb der flachen stabilen p. G. kommt es häufig zu hohen Schadstoffanreicherungen (→Smog). *Wichmann-Fiebig*

Grenzwert. G. in der Toxikologie sollen die Konzentrationen von Schadstoffen in der Umwelt limitieren und damit Mensch und Umwelt vor schädlichen Auswirkungen von Chemikalien oder Strahlen zu schützen. G. für krebserzeugende (kanzerogene) bzw. erbgutverändernde (mutagene) Stoffe sollen das kanzerogene bzw. mutagene Risiko so niedrig wie möglich halten.

Die Festlegung von G. basiert grundsätzlich auf den Erkenntnissen von *Paracelsus:* Alle Dinge sind Gift, allein die Dosis macht, daß ein Ding kein Gift ist. Dies bedeutet, daß die Intensität biologischer Wirkungen von der Dosis bzw. Höhe und Dauer der Exposition bestimmt wird. Der Verlauf der →Dosis-Wirkungsbeziehung impliziert, daß bei Stoffen mit reversibler Wirkung unterhalb einer bestimmten Dosis kein Effekt zu erwarten ist. Das Erkennen dieser Wirkungsschwelle hängt von der Empfindlichkeit der verwendeten Untersuchungsmethoden ab und wird daher als no observable effect level (→NOEL), d. h. Dosis ohne erkennbare Wirkung, bezeichnet (Bild). Es ist daher erforderlich, den NOEL an der empfindlichsten Versuchstierspezies zu ermitteln und dafür Methoden einzusetzen, die dem wissenschaftlichen Erkenntnisstand entsprechen.

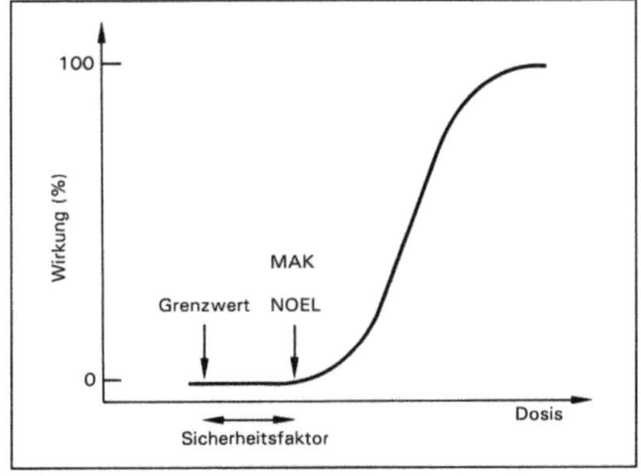

Grenzwert: Dosis-Wirkungsbeziehung und NOEL.

587

Für kanzerogene oder mutagene Stoffe, die zu Veränderungen des genetischen Materials, der DNS, führen, lassen sich keine Wirkungsschwellen definieren. Bei solchen Stoffen ist davon auszugehen, daß auch kleinste Dosen zu Schädigungen führen können, die nicht vollständig reversibel sind. Dem entsprechend summieren sich solche Schäden bei wiederholtem Kontakt und können letztlich in Abhängigkeit von Gesamtdosis und Zeit zur Entstehung von Tumoren bzw. genetischen Schäden führen.

G. von kanzerogenen bzw. mutagenen Chemikalien können daher das Risiko, durch die bestimmte Substanz an Krebs zu erkranken bzw. genetische Schäden zu erleiden, nur vermindern, jedoch nicht ausschließen. Wichtige Voraussetzung für die Festlegung und Bedeutung von G. sind daher Informationen über den →Wirkungsmechanismus einer Substanz.

Grundsätzlich ist zwischen drei Arten von G. zu unterscheiden: Die toxikologisch begründeten G., die Richtwerte und die vorsorglichen Minimalwerte.

Toxikologisch begründete G. sind das Ergebnis einer eingehenden toxikologischen Bewertung eines Stoffes. Dazu werden sämtliche Informationen über die Wirkungseigenschaften, die Dosis-Wirkungsbeziehung, vor allem bei Langzeitbelastung, und zum Wirkungsmechanismus einer Substanz zusammengestellt und die Dosis ohne erkennbare Wirkung (NOEL) ermittelt. Diese Dosis wird um einen Sicherheitsfaktor, häufig Faktor 100, gemindert, um unterschiedliche Empfindlichkeiten zwischen Tier und Mensch und interindividuelle Empfindlichkeiten innerhalb der Bevölkerung zu berücksichtigen. Je bekannter die Ursachen von Unterschieden zwischen Tier und Mensch und auch interindividuelle Unterschiede sind, desto geringer kann der Sicherheitsfaktor angesetzt werden.

Toxikologisch begründete G. sind z. B. die Höchstmengen für Pflanzenschutzmittel in Nahrungsmitteln und für Nahrungsmittelzusatzstoffe, die ausschließlich für Substanzen ohne kanzerogene Wirkung unter Berücksichtigung einer Dauerexposition der Bevölkerung gelten. Auch die maximalen Immissionskonzentrationen (→MIK-Werte) oder die maximalen Raumluftkonzentrationen gehören zu dieser Gruppe von G. Letztere beinhalten aber auch kanzerogene Stoffe, die mit größeren Sicherheitsfaktoren festgelegt werden. Wegen der Sicherheitsabstände ist bei gelegentlichen Überschreitungen dieser G. nicht unbedingt mit einer Gesundheitsgefährdung der Bevölkerung zu rechnen.

Die →maximalen Arbeitsplatzkonzentrationen (MAK-Werte) werden dagegen ohne Sicherheitsabstand festgelegt und bedeuten praktisch die höchste Dosis ohne beobachtbare Wirkung. Bei einer Überschreitung besteht daher die Gefahr toxischer Wirkungen.

Richtwerte gelten für →Schwermetalle in und auf Lebensmitteln oder im Boden. Sie stellen die durchschnittliche Belastung der Nahrungsmittel oder des Bodens bzw. deren Perzentile dar. Sie sind also toxikologisch nicht begründet.

Vorsorgliche Minimalwerte gelten für unerwünschte Stoffe, z. B. im →Trinkwasser. Sie werden so niedrig wie möglich angesetzt. So wird für Atrazin im Trinkwasser die Nachweisgrenze als G. festgelegt. Das bedeutet ein Minimieren auf niedrige Konzentrationen, die weit unterhalb von Wirkungsschwellen liegen. Überschreitungen sind nicht zu tolerieren, aber toxikologisch irrelevant. Selbst bei um zehn- oder mehrfacher Überschreitung sind keine gesundheitlichen Konsequenzen zu befürchten. *Greim*

GRID. (Abk. Global Resource Information Database). Für die globale →Umweltbeobachtung auf dem Planeten Erde wurde mit der Gründung des Umweltprogramms der Vereinten Nationen (UNEP) das Global Environmental Monitoring System (GEMS) eingerichtet mit dem Ziel, weltweit wichtige Umweltveränderungen und -gefährdungen rechtzeitig zu erkennen, zu beseitigen zu vermeiden oder zu kontrollieren. Dies erfordert die Sammlung von globalen, nationalen und regionalen Umweltinformationen sowie ihre Aufbereitung und Bewertung für die Umweltaktivitäten der Vereinten Nationen. Daraus ergibt sich ein internationales Koordinierungssystem aller Einrichtungen und Bemühungen der Umweltbeobachtung.

Da dafür eine einheitliche Datenbasis und ein entsprechendes Datenmanagement erforderlich sind, hat GEMS 1985 die GRID geschaffen, mit der weltweit insbesondere Daten über Ressourcen und ihre Veränderungen erfaßt werden. Mit GRID werden vier Hauptziele verfolgt:
– Entwicklung einer geographischen Datenbasis für die Bereitstellung globaler Umweltinformationen,
– Einrichtung eines formalen Netzwerks mit weltweiter Organisation für die notwendige Datenerhebung,
– Hilfestellung für Entwicklungsländer bei der Basis-Datenerhebung für Fragen der Ressourcen-Sicherung und Landnutzung,
– Beratung der Entwicklungsländer in der Anwendung von geographischen Informationssystemen mit dem Ziel, eigene nationale Datenbasen aufzubauen.

Datenquellen sind Satellitenbilddaten, Luftbilddaten, Geländeerhebungen sowie nationale und internationale flächenbezogene Nutzungsdaten, in den Maßstabsebenen 1:5 Mio. bis 1:1 Mio.

GRID selbst erhebt keine eigenen Daten, sondern übernimmt sie von nationalen und internationalen Institutionen für Umweltforschung und -beobachtung. Zur Verwirklichung von GRID wurden in den UNEP-Zentralen in Nairobi und Genf geographische →Informationssysteme für die laufende globale Umweltbeobachtung eingerichtet. Ein Netzwerk von GRID-kompatiblen nationalen Datenzentren ist im Aufbau. Neben Ressourcendaten werden Informationen über die Landnutzung, Veränderungen in der Atmosphäre (Klima, saure Depositionen), weiträumige grenzüberschreitende Luftverunreinigungen, über Meere und Küstengebiete, Binnengewässer, Bodendegradierung, Artenschwund und auch über Parameter der menschlichen Gesundheit gesammelt. *Haber*

Grobstaubabscheidung. Unter Grobstaub versteht man feste luftverunreinigende Stoffe, die von strömendem Gas noch getragen werden können, die aber in ruhendem Gas nach relativ kurzer Zeit aussedimentiert sind. Typische Partikelgrößen liegen je nach Materialdichte im Bereich von 5–500 μm. Für die Abscheidung grober Stäube aus Gasen werden in erster Linie →Massenkraftabscheider, im besonderen →Fliehkraftabscheider, eingesetzt. *Löffler/Schmidt*

Großfeuerungsanlage.
Emissionen/Emissionsbegrenzung. G. sind Feuerungsanlagen mit einer Feuerungswärmeleistung von mehr als 50 MW beim Einsatz fester und flüssiger Brennstoffe und von mehr als 100 MW beim Einsatz gasförmiger Brennstoffe. G. dienen meist der Stromerzeugung (Kraftwerke) oder – bei Wärmeauskopplung – der Fernwärmeversorgung (Heizwerke, Fernheizwerke und Heizkraftwerke). Hauptkomponenten einer G. sind Feuerraum, Dampfkessel, Einrichtungen zur Brennstoffaufbereitung (z. B. Kohlemühlen), Aggregate zur Wärmerückgewinnung (Economizer, Wärmetauscher), Einrichtungen zur Stromerzeugung (Dampfturbinen, Generatoren), Abgasreinigungseinrichtungen, Abgaskanäle, Schornstein.

Der größte Teil der G. in der Bundesrepublik Deutschland wird mit Braun- oder Steinkohle als Staubfeuerungen betrieben. Der stückige Brennstoff wird in einer Kohlemühle gemahlen und über Staubbrenner in den Feuerraum geblasen und gezündet. Beim Einsatz von Rohbraunkohle wird aufgrund des hohen Feuchtegehaltes die Kohle vor Einblasen in den Feuerraum getrocknet. Mahl- und Trocknungsvorgang werden in der Mahltrocknung gekoppelt. Die entstehenden Brüden werden in den Feuerraum geleitet.

Staubfeuerungen werden mit trockenem Ascheabzug (Trockenfeuerungen) oder flüssigem Ascheabzug (Schmelzkammerfeuerungen) betrieben. Bei Schmelzkammerfeuerungen liegen die Temperaturen im unteren Teil des Feuerraums oberhalb der Ascheerweichungstemperaturen. Schmelzkammerfeuerungen wurden ursprünglich betrieben, um die

aus dem Abgas abgeschiedenen Stäube durch Rückführung in den Feuerraum einzuschmelzen und damit ihre Handhabbarkeit und Verwertung zu verbessern. Die hohen Verbrennungstemperaturen fördern aber die Bildung von Stickstoffoxiden. Auch die erhöhten Anforderungen zur NO_x-Emissionsminderung haben zu einem Rückgang des Anlagenbestandes zugunsten der Trockenfeuerungen geführt.

Verschärfte Umweltanforderungen haben die Entwicklung von Wirbelschichtfeuerungsanlagen gefördert. In diesen ist eine weitgehend emissionsarme Verfeuerung von festen Brennstoffen möglich. Von den verschiedenen Typen wird bisher nur die zirkulierende →Wirbelschichtfeuerung im G.-Bereich großtechnisch betrieben.

Emissionsbegrenzende Anforderungen für G. sind in der Großfeuerungsanlagen-Verordnung (→13. BImSchV) von 1983 festgelegt. Für Staub, Staubinhaltsstoffe, Schwefeldioxid, Stickstoffoxide, Kohlenmonoxid und gasförmige Chlor- bzw. Fluorverbindungen sind Emissionsgrenzwerte in Abhängigkeit von Feuerungswärmeleistung und Anlagentyp festgelegt (Tabelle 1). Für Stickstoffoxide enthält die Verordnung auf Grund der zum Zeitpunkt des Inkrafttretens der Verordnung absehbaren Entwicklung der Minderungstechnik zunächst nur Höchstwerte, die sich an feuerungstechnischen Maßnahmen orientieren und zusätzlich eine →Dynamisierungsklausel, die vorsieht, daß die Stickstoffoxid-Emissionen durch feuerungstechnische oder andere dem Stand der Technik entsprechende Maßnahmen weiter zu vermindern sind.

Bereits im April 1984 wurde diese Dynamisierungsklausel durch Beschluß der Umweltminister-Konferenz konkretisiert; die entsprechenden NO_x-Emissionswerte sind in Tabelle 2 enthalten.

Der Vollzug der Anforderungen der 13. BImSchV ist in den alten Bundesländern praktisch abgeschlossen. Die öffentlichen Elektrizitätsversorgungsunternehmen (EVU) haben bis zum 30. Juni 1988 eine elektrische Kraftwerksleistung von ca. 38 000 MW fristgerecht mit →Abgasentschwefelungseinrichtungen nachgerüstet. Dadurch konnte die SO_2-Emission von 1 550 kt (1982) um 88% auf 180 kt (1989) verringert werden. Insgesamt, einschließlich industrieller und kommunaler Kraftwerke, werden 42 000 MW_{el} mit Abgasentschwefelungseinrichtungen betrieben. Überwiegend werden Kalk-/Kalksteinwaschverfahren eingesetzt. Auch die Nachrüstung der EVU-Kraftwerke mit Maßnahmen zur Begrenzung der NO_x-Emissionen wurde in den alten Bundesländern 1990/91 weitgehend abgeschlossen. Hiervon sind ca. 54 000 MW installierter Leistung betroffen. Die Nachrüstung der EVU-Kraftwerke mit feuerungstechnischen Maßnahmen erbrachte eine NO_x-Minderung von ca. 740 kt (1982) auf ca. 510 kt (1988).

Großfeuerungsanlage. Tabelle 1: Emissionsgrenzwerte der 13. BImSchV (mg/m³).

Schadstoff		Neuanlagen für			Übergangswerte für Altanlagen[e)][f)] für		
		feste Brennstoffe	flüssige Brennstoffe	gasförmige Brennstoffe	feste Brennstoffe	flüssige Brennstoffe	gasförmige Brennstoffe
Staub		50	50	5 10 Gicht-gas 100 Indu-strie-gas	125 80 Braun-kohle	$\leqslant$ 100 000 m³/h: 50 bis 100 (leistungs-abhängig) > 100 000 m³/h: 50	–
Schwermetalle As, Pb, Cd, Cr, Co, Ni		Beim Einsatz anderer fe-ster Brenn-stoffe als Kohle oder Holz: 0,5	Für DIN-Heizöle mit mehr als 12 ppm Nickel und flüssige Brennstoffe ohne Norm: 2	–	Beim Einsatz anderer fe-ster Brenn-stoffe als Kohle oder Holz: 1,5	Für DIN-Heizöle mit mehr als 12 ppm Nickel und flüssige Brennstoffe ohne Norm: 2	–
SO_2	> 300 MW$_{th}$	400 und 15 % max. Emissions-grad[a)]	Heizöl EL oder 400 und 15 % max. Emissions-grad[a)]	35 5 Flüssig-gas 100 Koke-rei-gas 200 bis 800 Ver-bund-gase	Restnutzung > 30 000 h: wie Neuanlagen[h)] Restnutzung $\leqq$ 30 000 h: 2 500 (3 200)[g)] / 2 500 (3 400)[g)]		–
	100 bis 300 MW$_{th}$	2 000 und 40 % max. Emissions-grad (nur Rost-/ Staubfeuer. Für Kohle)[c)]	1700 und 40 % max. Emis-sionsgrad		Restnutzung > 10 000 h:[h)] 2 500 (3 200)[g)] / 2 500 (3 400)[g)]		–
	$\leqslant$ 100 MW$_{th}$	2 000[c)] (2 500)[g)]	1 700 (3 400)[g)]				
NO$_x$ (gerechnet als NO$_2$). Weitergehende Minderungsmaß-nahmen nach dem Stand der Technik sind auszuschöpfen		800 1 800 Schmelz-feuerung	450	350	1 000 1 300[b)] 2 000 Schmelz-feuerung	700	500
CO		250	175	100	250	175	100

noch: Großfeuerungsanlage. Tabelle 1: Emissionsgrenzwerte der 13. BImSchV (mg/m³).

Schadstoff	Neuanlagen für			Übergangswerte für Altanlagen[e])[f]) für		
	feste Brennstoffe	flüssige Brennstoffe	gasförmige Brennstoffe	feste Brennstoffe	flüssige Brennstoffe	gasförmige Brennstoffe
HCl	100[d]) (>300 MW$_{th}$) 200[d]) (≤ 300 MW$_{th}$)	Beim Einsatz anderer flüssiger Brennstoffe als Heizöle nach DIN: 30	–	–	–	–
HF	15[d]) (>300 MW$_{th}$) 30[d]) (≤ 300 MW$_{th}$)	Beim Einsatz anderer flüssiger Brennstoffe als Heizöle nach DIN: 5	–	–	–	–
O_2-Bezugswert (trocken, 1013 mbar, 0 °C)	5% Schmelzfeuerung 6% Trockenfeuerung 7% Rostfeuerung Wirbelschicht	3%	3%	5% Schmelzfeuerung 6% Trockenfeuerung 7% Rostfeuerung Wirbelschicht	3%	3%

[a]) Bei Brennstoffen mit hohen oder stark schwankenden Schwefelgehalten: 650 mg/m³ u. max. Abscheideleistung.

[b]) Kohlenstaubtrockenfeuerung.

[c]) Wirbelschichtfeuerung: 400 mg/m³ oder 25% max. Emissionsgrad.

[d]) Ausgenommen Wirbelschichtfeuerung.

[e]) Anforderungen für Neuanlagen müssen spätestens am 1. 7. 1988, in den neuen Bundesländern 1. 7. 1996 erfüllt werden.

[f]) Die SO_2-Emissionsbegrenzungen für die Restnutzung gelten nur bis zum 1. 4. 1993, in den neuen Bundesländern bis zum 1. 4. 2001; danach gelten die gleichen Anforderungen wie für Neuanlagen.

[g]) Für einen Zeitraum von maximal 1 Jahr (Kohle) bzw. 6 Monaten (Öl) zulässiger Ausnahmewert bei Versorgungsengpässen für schwefelarme Brennstoffe.

[h]) Restnutzung $\leq$ 10 000 h: wie Genehmigungsbescheid.

Seit 1989 ist ein weiterer deutlicher Rückgang durch Anwendung abgasseitiger Maßnahmen zu verzeichnen; hauptsächlich kommt das Verfahren der selektiven katalytischen Reduktion ($\rightarrow$SCR-Verfahren), vereinzelt auch die selektive nichtkatalytische Reduktion ($\rightarrow$SNCR-Verfahren) zum Einsatz.

Der Vollzug der Anforderungen der Großfeuerungsanlagen-Verordnung in den neuen Ländern wird teils durch Stillegung teils durch Nachrüstung der Altanlagen mit modernen Abgasreinigungseinrichtungen einen drastischen Rückgang der Emissionen mit sich bringen. Altanlagen, die auf Dauer weiter betrieben werden sollen, sind auf Grund des Einigungsvertrags bis spätestens zum 1. Juli 1996 mit wirksamen Abgasentschwefelungseinrichtungen und Maßnahmen zur Begrenzung der NO_x-Emissionen nachzurüsten.

In der EG-Richtlinie vom 24. 11. 1988 zur Begrenzung der Schadstoffemissionen von G. in die Luft (88/609/EWG) sind Emissionsbegrenzungen für SO_2, NO_x und Staub sowie Vorschriften zur Überwachung festgelegt. Die EG-Richtlinie bleibt hinsichtlich der Anforderungen und – bei Altanlagen – der Übergangsfristen deutlich hinter den Anforderungen der 13. BImSchV zurück. *Bade*

Literatur: *Davids, P.; M. Lange:* Die Großfeuerungsanlagen-Verordnung – Technischer Kommentar. Düsseldorf 1984. – Umweltbundesamt (Hrsg.). Luftverschmutzung durch Stickstoffoxide, Berichte 3/90. Berlin 1990.

Emissionsüberwachung. Die Verordnung über G. ($\rightarrow$13. BImSchV) enthält im 4. Teil ein Programm zur Messung und Überwachung der Emissionen, das die Betreiber allgemein verpflichtet, die Einhaltung

Großfeuerungsanlage. Tabelle 2: Stickstoffoxid-Emissionsgrenzwerte für G. (Beschluß der Umweltminister-konferenz vom 5. April 1984)

	Brennstoffart	Feuerungswärmeleistung	Stickstoffoxide im Abgas (angegeben als NO_2)
Neuanlagen	feste Brennstoffe	> 300 MW	200 mg/m³
		50–300 MW	400 mg/m³
	flüssige Brennstoffe	> 300 MW	150 mg/m³
		50–300 MW	300 mg/m³
	gasförmige Brennstoffe	> 300 MW	100 mg/m³
		100–300 MW	200 mg/m³
Altanlagen Bis 30 000 h Restnutzung	feste Brennstoffe	> 50 MW	650 mg/m³ (1 300 mg/m³ bei Schmelzf.)
	flüssige Brennstoffe	> 50 MW	450 mg/m³
	gasförmige Brennstoffe	> 100 MW	350 mg/m³
Bei unbegrenzter Restnutzung	feste Brennstoffe	> 300 MW	200 mg/m³
		50–300 MW	650 mg/m³ (1 300 mg/m³ bei Schmelzf.)
	flüssige Brennstoffe	> 300 MW	150 mg/m³
		50–300 MW	450 mg/m³
	gasförmige Brennstoffe	> 300 MW	100 mg/m³
		100–300 MW	350 mg/m³

der Anforderungen zur Emissionsbegrenzung durch erstmalige und wiederkehrende Messungen ermitteln zu lassen. Für die mengenmäßig besonders relevanten Schadstoffe werden kontinuierliche Messungen verlangt (Bild). G. für feste und flüssige Brennstoffe müssen mit Emissionsmeßeinrichtungen für Staub, Kohlenmonoxid, Stickstoffoxide und Schwefeldioxid ausgerüstet werden. Bei G. für gasförmige Brennstoffe wird nur eine kontinuierliche CO-Messung, bei sehr großen Anlagen auch eine NO_x-Messung verlangt. Zusätzlich sind die zur Auswertung benötigten Bezugsgrößen (Abgastemperatur und -sauerstoffgehalt) kontinuierlich zu messen. Außerdem ist die Einhaltung des in der Verordnung festgelegten Schwefelemissionsgrads (→Emissionsgrad) fortlaufend nachzuweisen. Wie das am zweckmäßigsten geschieht, hängt sehr wesentlich von der Beschaffenheit und Betriebs-

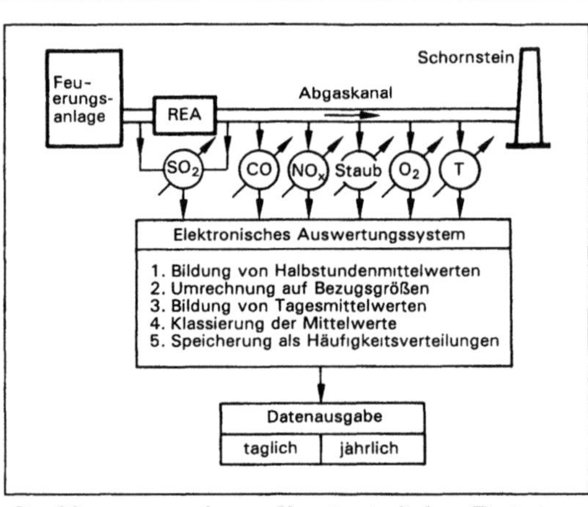

Großfeuerungsanlage: Kontinuierliche Emissionsüberwachung.

weise der Anlage ab und soll deshalb im Einzelfall von der zuständigen Behörde festgelegt werden. Die Messungen zur kontinuierlichen Emissionsüberwachung sollen unter Verwendung eines eignungsgeprüften elektronischen Auswertesystems fortlaufend automatisch ausgewertet werden. Nähere Einzelheiten sind in staatlichen Richtlinien festgelegt. *Stahl*

Literatur: *Davıds, P.; M. Lange:* Die Großfeuerungsanlagen-Verordnung. Technischer Kommentar. Düsseldorf 1984. – Richtlinien über die Auswertung kontinuierlicher Emissionsmessungen. Rundschreiben des BMU vom 26. 7. 1988. Gemeinsames Ministerialblatt 1988, S. 426–430.

Grubendeponie → Hochdeponie

Grubengas (Methan oder Sumpfgas). Als G. bezeichnet man ein im Steinkohlengebirge auftretendes farb- und geruchloses, ungiftiges und brennbares Gas, chemisch CH_4, Dichte 0,7168 kg/Nm^3. Teilweise treten als Beimengungen noch Wasserstoff, höhere Kohlenwasserstoffe und Schwefelwasserstoff auf. G. ist in den Lagerstätten physikalisch an die Kohle durch Adsorption, Absorption und Porenfüllung gebunden. Der Grad der Gasführung der Kohle hängt vom Inkohlungsgrad sowie der Teufe ab. Er steigt mit zunehmender Teufe und dem Inkohlungsgrad an. G. entsteht beim Inkohlungsprozeß selbst durch Vermoderung pflanzlicher Stoffe unter Luftabschluß. G. kann mit Luft ein explosives Gemisch bilden und stellt deswegen im untertägigen Steinkohlenbergbau ein erhebliches Sicherheitsrisiko dar. Zu seiner Verringerung bedient man sich der → Grubengasabsaugung. *Weber*

Grubengasabsaugung. Mit der G. aus den untertägigen Anlagen des Steinkohlenbergbaus soll der untertägige Methangehalt zum Zweck der Grubensicherheit unter einem bestimmten Grenzwert (<1 Vol.%) gehalten werden. Das → Grubengas wird übertägig entweder an die Atmosphäre abgegeben („kaltes Abfackeln") oder einer wirtschaftlichen → Grubengasverwertung zugeführt. *Weber*

Grubengasverwertung. Als G. bezeichnet man die wirtschaftliche, meist energetische Nutzung des im Rahmen der → Grubengasabsaugung nach über Tage geförderten Grubengases. Bei der G. wird → Grubengas meist zum Betrieb eines Gaskraftwerkes, einer Gasturbine oder als Beimengung zur Luftzufuhr eines andersartigen fossil gefeuerten Kraftwerkes genutzt. Teilweise findet eine G. auch durch Beimengung in das Gasversorgungsnetz statt.

Wirtschaftlichkeitsbetrachtungen setzen der G. enge Grenzen. Die Klimadiskussion hat jedoch dem Methan eine zusätzliche Bedeutung verschafft.

Der deutsche Steinkohlenbergbau wird daher die energetische Verwertung von Methan weiter steigern. *Weber*

Grüne Charta von der Mainau → Landschaftsverbrauch

Grüne Tonne. Zusatzbehälter zum ortsüblichen Abfallbehälter, der zur Aufnahme von Wertstoffen aus dem privaten Haushalt wie → Altpapier, → Altglas oder Altmetall und teilweise auch Altkunststoffe oder Alttextilien dient. Das so erfaßte Wertstoffgemisch muß anschließend – überwiegend in Handarbeit – sortiert werden. Das Sammelsystem wurde wegen der Farbe der ursprünglich eingesetzten Gefäße als G. T. bekannt. Sie darf nicht verwechselt werden mit der Biotonne für organische Abfälle, die in der Regel braun ist.

Die Sammelergebnisse von 55–70% zeigen zwar eine quantitative Überlegenheit dieses → Holsystems gegenüber den additiven Container-Sammlungen; die Vermischung der verschiedenen Wertstofffraktionen führt aber zu deutlich schlechteren Qualitäten der einzelnen Fraktionen, insbesondere beim Altpapier.

Mit der Etablierung der Duales System Deutschland GmbH (→ Duales System) ist der Einsatz der G. T. zurückgegangen. *J. Kühn*

Grüner Punkt. Der G. P. ist eine Kennzeichnung für Verpackungen, die außerhalb der öffentlichen → Abfallentsorgung durch die Duales System Deutschland GmbH (DSD) eingesammelt, sortiert und einer stofflichen → Verwertung zugeführt werden. Er ist ein Lizenzzeichen und dient ausschließlich der Finanzierung des → Dualen Systems.

Betriebe, die sicherstellen wollen, daß ihre Verpackungen von der DSD erfaßt und sortiert werden, zahlen je nach Verpackungsgröße eine Gebühr an die DSD und erhalten dafür das Recht, den G. P. zu nutzen.

Für den Verbraucher zeigt der G. P. an, daß diese Verpackung nicht in das Abfallsammelgefäß der Hausabfallabfuhr gehört, sondern in die verschiedenen Sammelsysteme (gelbe Tonne, gelber Sack, DSD-Container usw.) der DSD.

Der G. P. ist *kein* Zeichen für besonders umweltfreundliche Verpackungen und auf keinen Fall mit dem Blauen Engel (→ Umweltzeichen), zu verwechseln oder gleichzustellen. Er ist ein handelsinterner Hinweis auf bezahlte Lizenzgebühren und auf stoffliche Verwertung dieser Verpackung. *Blickwedel*

Grünland. G. ist der zusammenfassende Begriff für alle mit Gräsern oder Mischungen aus Gräsern und Kräutern bewachsenen Flächen. Ein großer Teil davon sind landwirtschaftliche Nutzflächen, die entweder als Wiesen zur Gewinnung von Frischfutter,

Heu oder Streu oder als Weiden genutzt werden. Es gibt auch Mischformen, bei denen Mäh- und Weidenutzung abwechscln.

Wiesen und Weiden sind infolge einer oft artenreichen Pflanzen- und Tierwelt und – zumindest früher – sehr unterschiedlicher Nutzungsweisen außerordentlich vielgestaltig, tragen zur Belebung des Landschaftsbildes bei und fördern die →Biodiversität. *Haber*

Literatur: *Klapp, E.:* Wiesen und Weiden. Eine Grünlandlehre. Berlin 1971.

Grünplanung. Die G., analog zur →Raumordnung auch Grünordnung genannt, entspricht grundsätzlich der →Landschaftsplanung, ist aber speziell auf den Bereich der Siedlungen (Dörfer und Städte), Industrie- und Gewerbegebiete, Verkehrs-, Sport- und Freizeitanlagen zugeschnitten. Sie ist Bestandteil der städtisch-industriellen Freiraumplanung, d. h. der Gestaltung der nicht überbauten Flächen. Von diesen wird der größte Teil entweder mit Bäumen und Sträuchern, Stauden und Rasen bepflanzt oder – in wachsendem Ausmaß – einer Selbstbegrünung überlassen.

Nach den Besitzverhältnissen wird in der G. zwischen privatem und öffentlichem Grün unterschieden, d. h. zwischen privaten Gärten und Parks sowie von der öffentlichen Hand unterhaltenen, von Garten- oder Grünflächenämtern verwalteten Grünanlagen (Stadtparks, Friedhöfe, begrünte Sport- und Freizeitanlagen, Alleen und sonstiges Verkehrsgrün, Bepflanzung der Abstandsflächen zwischen Hochhäusern usw.).

Im Rahmen der →Biotopkartierung wurden auch die Stadtbiotope systematisch erfaßt und damit G. mit →Biotopschutz verknüpft. Ähnlich dem Biotopverbundsystem in der freien Landschaft hat man sich schon früher in Großstädten und Industriegebieten um eine netzartige Verbindung von Grünanlagen als Grünzüge oder Grünordnungssysteme bemüht, die neben der erwähnten Biotopfunktion auch wichtige stadtklimatische Vorteile bieten. Während die oft zitierte Sauerstoffproduktion des städtischen Grüns, insbesondere der Stadtbäume, ökologisch belanglos ist, wirkt das städtische Grün durch Filterwirkung, Staubbindung, abkühlende Verdunstung im Sommer sowie Lärmabschirmung günstig auf die stets belastete städtische Umwelt ein.

Grünordnung (als Gesamtheit aller Maßnahmen der →Landespflege in Städten und Dörfern) und G. als Instrument zur Verwirklichung ihrer Ziele sind im Baugesetzbuch verankert und eine rechtliche Verpflichtung der Gemeinden; sie müssen in die Flächennutzungs- und Bebauungsplanung einbezogen werden. Im nicht überbauten Außenbereich der Gemeinden gilt dagegen die Landschaftsplanung. *Haber*

Literatur: *Richter, G.* (Hrsg.): Handbuch Stadtgrün. München–Wien–Zürich 1981.

Grundstücksentwässerungsanlage. G. erfassen das gesamte auf dem Grundstück anfallende Abwasser (→Schmutz- und →Regenwasser) und leiten es zur öffentlichen Kanalisation. Für Bemessung, Bau und Erläuterung der Begriffe gilt DIN 1986.

Auf Grundstücken, auf denen mit Abschwemmung von Leichtstoffen, z. B. Benzin, Öl oder Fett zu rechnen ist, müssen vor Einleitung ins Kanalnetz Abscheider für Leichtflüssigkeiten, z. B. →Benzinabscheider bzw. →Fettabscheider, angeordnet werden. Vielfach muß ein Schlammfang vorgeschaltet sein. Diese Einrichtungen sind nur wirksam, wenn sie regelmäßig kontrolliert und geräumt werden.

Wenn ein bebautes Grundstück noch nicht an eine Kanalisation mit Kläranlage angeschlossen ist, wird als Notlösung über eine →Kleinkläranlage entwässert. *Mertsch*

Literatur: DIN 1986, Teil 1: Entwässerungsanlagen für Gebäude und Grundstücke; Technische Bestimmungen für den Bau. 6/1988.

Grundwassergefährdung. G. entsteht durch die von einer →Altlast ausgehenden Emissionen. Eine wichtige Emission ist →Sickerwasser. Das →Gefährdungspotential ist besonders groß, wenn die →Altablagerung bzw. der Kontaminationsherd am →Altstandort direkten Kontakt mit dem Grundwasser hat.

Für die G. sind die Ausgangsmengen der Schadstoffe, ihre Zustandsformen, d. h. gelöst, suspendiert oder emulgiert, und ihr Reaktionsverhalten maßgebend. Eine Vielzahl von Reaktionsmechanismen, die teilweise auch reversibel sein können, kann sich auf die Freisetzung und auf die Ausbreitung im Grundwasser auswirken. Zu diesen Mechanismen zählen u. a. chemische Ausfällung, Komplexbildung, Ionenaustausch, Adsorption, Absorption, Verflüchtigung, Hydrolyse, Bioakkumulation, aerober und anaerober →Abbau.

Wichtige Einflußfaktoren auf die Ausbreitung schadstoffbelasteter Wässer sind der Aufbau und die Struktur der wassergesättigten und der ungesättigten Zone im Bereich der Altlast. Weiterhin entscheidend sind die Grundwasserbewegung und -beschaffenheit, die Art der vorliegenden Stoffe im Grundwasser und die Grundwasserneubildung.

Bei den Transportmechanismen, die für die Ausbreitung der Schadstoffe im Grundwasser verantwortlich sind, können Konvektion, d. h. Transport mit der Wasserströmung (→Grundwasser-Strömungsmodell), Diffusion, d. h. Molekularbewegung der Teilchen im Wasser, und Dispersion infolge unterschiedlicher Fließgeschwindigkeiten des Wassers im Porenraum auftreten. Viskositäts- und Dichteunterschiede können ein Absinken oder Aufsteigen von Schadstoffen in Grund- und Sickerwässern hervorrufen. Konzentrationsunterschiede können sich durch Sorptionsvorgänge mit den Sedimenten oder anderen festen Inhaltsstoffen einstellen.

Das Grundwasser als eines der wichtigen Ökosysteme kann relativ leicht durch Altlasten gefährdet werden. Hierdurch kann dann auch der Lebensraum für die Grundwasserfauna und für die Mikroorganismen im Grundwasserleiter und dadurch das Selbstreinigungsvermögen beeinträchtigt werden. Durch den Transport der Schadstoffe mit dem Sicker- und Grundwasser erstrecken sich die Verunreinigungen gegebenenfalls, als sog. Kontaminationsfahnen, weit über die Grenzen der Altlast hinaus. Durch Altlasten können auch Oberflächengewässer über Sickerwässer oder verunreinigtes Grundwasser belastet werden. *Thoenes*

Literatur: SRU: Altlasten. Stuttgart 1990.

Grundwasserpfad. Der G. gehört zu den →Ausbreitungspfaden, wobei Grundwasser, das die →Altablagerung oder den →Altstandort unter-, um- oder durchströmt, Schadstoffe aufnimmt und weiterleitet. Darüber hinaus kann auch durch Sickerwassereintrag das Grundwasser belastet werden. Der G. ist besonders empfindlich für Verunreinigungen.

Über das verunreinigte Grundwasser können auch Wege innerhalb der →Nahrungskette belastet werden. Ein solcher Belastungspfad ist zum Beispiel: Grundwasser → Böden → Pflanzen → Tiere → Nahrungsmittel → Mensch. *Thoenes*

Grundwassersanierung. Die G. bei →Altlasten umfaßt sowohl alle hydraulischen Maßnahmen, die den Eintrag von Schadstoffen ins Grundwasser und die Ausbreitung verhindern, als auch die aktiven Maßnahmen, die durch entsprechende Behandlung des kontaminierten Grundwassers die Schadstoffe reduzieren oder eliminieren. Zur Eliminierung bzw. Reduzierung können chemisch-physikalische oder biologische Verfahren eingesetzt werden.

Die Schwierigkeiten, die mit G. verbunden sein können, ergeben sich aus den großen Volumina, aus der langsamen Bewegung und aus der Unzugänglichkeit. Weiterhin sind die Sanierungsmaßnahmen schwierig zu steuern und zu überwachen. Auch bei sehr hohem finanziellen Einsatz gelingt es sehr oft nicht, den Zustand wie vor der Kontamination zu erreichen. Treten unterschiedlich stark verunreinigte Grundwässer im Bereich einer Altlast auf, so sollte geprüft werden, ob eine getrennte Behandlung nicht effizienter ist.

Sanierungsziele können sein, Kontaminationsfahnen an der weiteren Ausbreitung zu hindern, aufschwimmende wasserunlösliche Phasen zu beseitigen, die verunreinigte geförderte Grundwassermenge so zu reinigen, daß sie wieder möglichst vollständig infiltriert werden kann. Um Grundwas-

ser vor schadstoffhaltigem →Sickerwasser zu schützen, muß das Sickerwasser gefaßt und gereinigt werden. *Thoenes*

Grundwasser-Strömungsmodell. Das G.-S. simuliert das räumlich und zeitlich sich ändernde Strömungsverhalten, das für die Erfassung der Schadstoffausbreitung in →Altlasten über den Wasserpfad (→Ausbreitungspfad) bekannt sein muß. Die Kenntnisse über das Strömungsverhalten sind auch für eine effektive Probenahme wichtig. Für die Planung von hydraulischen Maßnahmen zur →Altlastensanierung ist die →Simulation ein wichtiges Hilfsmittel zur gezielten Einrichtung der verschiedenen Brunnen im Verschmutzungsherd und in der Schadstoffahne (Bild, S. 596).

Die Leistungsfähigkeit der numerischen Strömungsmodelle hängt vom Kenntnisstand der vorliegenden geologischen und hydrogeologischen Verhältnisse ab. Wichtiger Einflußfaktor ist die Grundwasserfließgeschwindigkeit mit den Parametern hydraulisches Gefälle, effektive Porosität und Durchlässigkeitsbeiwert. Schwerlösliche flüssige Schadstoffe oder auch Wässer mit großen Salzgehalten verändern die Strömungsverhältnisse. Die Grundwasserströmung muß deshalb auch unter dem Gesichtspunkt des Transportes von Schadstoffen mit ihren besonderen Phänomenen des Vermischungsprozesses (Dispersion) und der Adsorptionseffekte betrachtet werden. Hierfür stehen verschiedene numerische Stofftransportmodelle zur Verfügung. *Thoenes*

Literatur: *Kubitz, U.*: Mathematische Modellrechnungen zur Untersuchung von Altstandorten. In: RW TÜV-Schriftenreihe. Hrsg. RW TÜV Essen. (1989) 42, S. 47/50.

Grundwasserverunreinigung. Die G. durch →Altlasten erfolgt durch Sickerwassereintrag, durch Einsickerung flüssiger Schadstoffe oder durch Schadstoffbereiche, die vom Grundwasser um- oder durchströmt werden. Niederschlagswasser kann als Transportmedium Schadstoffe aus einer Altlast aufnehmen und gelangt durch Versickerung über die ungesättigte Bodenzone und über den Kapillarsaum in die gesättigte Zone und belastet als Sickerwassereintrag das Grundwasser. Bei der Einsickerung flüssiger Schadstoffe spielen stoffspezifische Eigenschaften, z. B. Löslichkeit, Dichte und Viskosität eine entscheidende Rolle. Weitere wichtige Einflußfaktoren: →Grundwassergefährdung.

Die Bewertung der G. durch Altlasten orientiert sich an der vorliegenden Hintergrundbelastung der jeweiligen Grundwasserregion und an den aus der →Altablagerung bzw. aus dem →Altstandort in das Grundwasser eingetragenen Schadstoffen. Hierzu sind Untersuchungen an oberstromigen und unterstromigen Meßstellen erforderlich. In der Regel können damit die Emissionen aus den Altlasten von

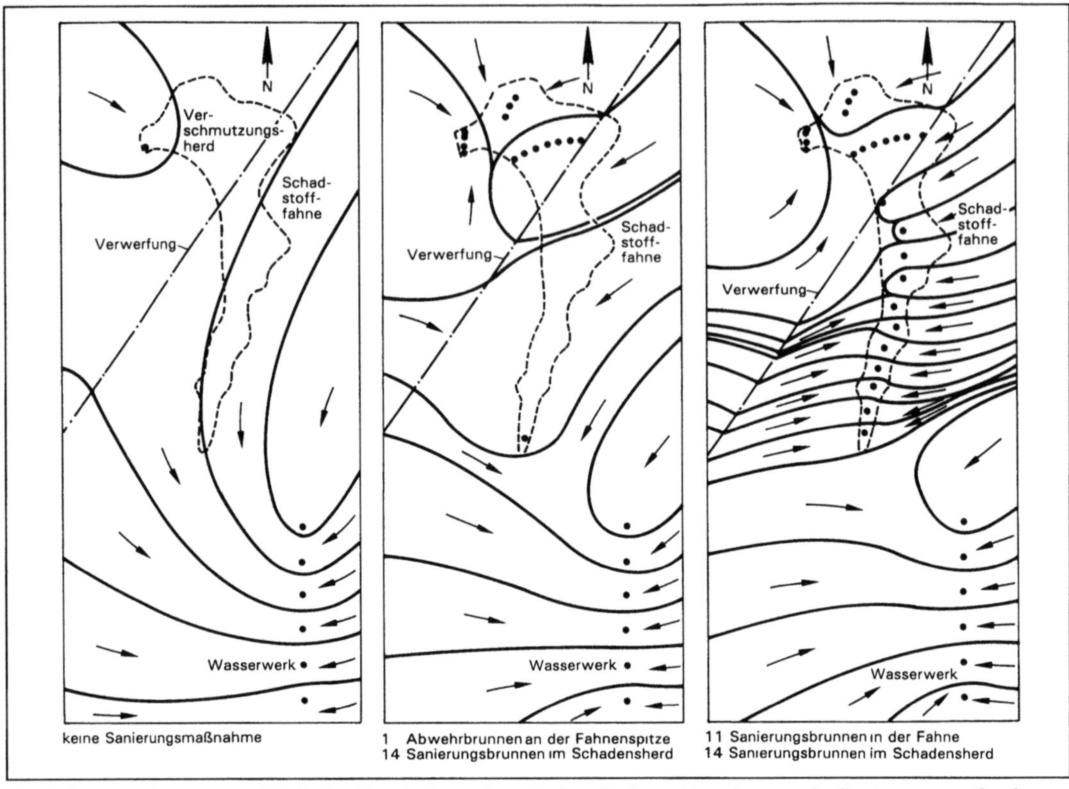

Grundwasser-Strömungs-Modell: Simulation für hydraulische Abwehr- und Sanierungsmaßnahmen. (Quelle: Kubitz)

den örtlichen geogenen Hintergrundwerten und anderen anthropogenen Vorbelastungen abgegrenzt werden. Durch die Einrichtung mehrerer unterstromiger Meßstellen im Nahbereich der Verdachtsflächen und in der weiteren Umgebung läßt sich die räumliche Ausdehnung einer G. erfassen (→Probenahme bei Verdachtsflächen). *Thoenes*

Gruppenlastprinzip. Das G. stellt einen Sonderfall des →Gemeinlastprinzips dar, bei dem versucht wird, dem →Verursacherprinzip möglichst nahe zu kommen. Es kann in solchen Fällen angewandt werden, in denen der Verursacher einer Umweltbelastung nicht festgestellt werden kann, aber eine bestimmte, abgrenzbare Gruppe einen bestimmten Umweltschaden eher zu verantworten hat als jede andere Gruppe der Gesellschaft. Diese Gruppe soll dann zur Finanzierung der Beseitigung des Umweltschadens herangezogen werden. Die Anwendbarkeit des G. wird besonders in Zusammenhang mit der Frage nach der Finanzierung der →Altlastensanierung diskutiert. *Wackerbauer*

GSA →Gefahrstoff-/Gefahrgut-Schnellauskunft

Gülle →Flüssigmist

Gülleverordnung. Gülle (→Flüssigmist) zählt zu den landwirtschaftlichen Wirtschaftsdüngern. Überwiegend wurden die früher üblichen Entmistungsverfahren mit der Trennung in Festmist und →Jauche auf das einstufige Gülleverfahren umgestellt.

Auf Grund des hohen Gehalts an wertvollen Pflanzennährstoffen (Stickstoff, Phosphor, Kalium, Magnesium und wichtige Spurenelemente) ist Gülle für die Landwirtschaft ein wertvoller Rohstoff. Theoretisch kann durch Flüssigmistverwertung der Düngemittelbedarf der Landwirtschaft in einer Größenordnung von 40 % gedeckt werden. Regional zu hohe Viehbestände mit nicht ausreichenden Aufbringungsflächen sind für die seit Jahren zunehmende Nitratbelastung von Grundwasser und Oberflächengewässern mitverantwortlich zu machen.

Gülle (sowie Jauche und Stallmist) kann Regelungen des Abfallgesetzes unterliegen, wenn das übliche Maß der landwirtschaftlichen Düngung überschritten wird; nach § 15 Abs. 2 und 3 AbfG hätte die Bundesregierung die Möglichkeit, eine bundesweit gültige G. zu erlassen, um u. a. Aufbringungsarten und -zeiten zu beschränken oder Verbote festzulegen. Die Bundesländer sind bislang jedoch für länderspezifische Regelungen eingetreten, weil damit spezifischen regionalen Gegebenheiten besser Rechnung getragen werden kann; G. auf der Grundlage des Abfallgesetzes haben bislang die Länder Schleswig-Holstein, Niedersachsen, Bremen und Nordrhein-Westfalen erlassen, die im wesentlichen eine mengenmäßige Aufbringungsbeschränkung für Stickstoff (auf der Basis von Dungeinheiten zu 80 kg Gesamtstickstoff) sowie zeitliche Aufbringungsbegrenzungen enthalten. *Bergs*

Literatur: Landesverordnung über das Aufbringen von Gülle (Gülleverordnung) vom 27. Juni 1987, Gesetz- und Verordnungsblatt für Schleswig-Holstein, Nr. 10, 1989. – Verordnung über das Aufbringen von Gülle und Geflügelkot (Gülleverordnung) vom 9. Jan. 1990, Niedersächsisches Gesetz- und Verordnungsblatt, 44. Jahrgang, Nr. 2, Hannover, 12. Jan. 1990. – Verordnung über das Aufbringen von Gülle und Jauche (Gülleverordnung) vom 25. April 1989; Gesetzblatt der Freien Hansestadt Bremen, Nr. 21/1989, 28. April 1989. – Verordnung über das Aufbringen von Gülle und Jauche (Gülleverordnung) vom 13. März 1984; Gesetz- und Verordnungsblatt für das Land Nordrhein-Westfalen Nr. 15, 30. März 1984.

GVO → Organismus, genetisch veränderter

H

Hackschnitzelfeuerung. Holzartige →Biomasse ist eine mittelbare Form der →Sonnenenergie. Während holzartige Biomassen in den Entwicklungsländern eine dominante, wegen der sehr beschränkten Konversionswirkungsgrade aber ökologisch bedenkliche energetische Nutzungsform von Sonnenenergie ist, wird Holz in den Industrieländern weitaus überwiegend nichtenergetisch – als Nutzholz etwa oder als Rohstoff in der Papierindustrie – genutzt. Mengen von Reststoffen der Holzwirtschaft oder holzartige nachwachsende Energierohstoffe aus Energieplantagen (→Energiepflanze) aber werden vermehrt auch energetisch verwertet. H. dienen der thermischen Verwertung des solaren Sekundärenergierohstoffs Holz, das für die feuerungsgerechte Zufuhr (Förderer, Schnecke u. a.) mechanisch aufbereitet (gehackt) wurde, so daß quasi-automatischer Feuerungsbetrieb möglich wird. Die gewonnene thermische Energie wird entweder direkt zu Heiz- oder Prozeßwärmezwecken verwendet oder über den Zwischenschritt der Biogaserzeugung (und ggfs. Zwischenspeicherung) gleichfalls thermisch oder über Motorgeneratoren oder Brennstoffzellen zur Stromerzeugung genutzt.

Ökologisch bedenklich kann der in Holz chemisch gebundene Stickstoff (Brennstoffstickstoff) dann werden, wenn die Stickstoffoxidbildung nicht durch geschickte Verbrennungsführung (oder Abgasnachbehandlung) klein gehalten wird. Partikel im Abgas werden durch Abscheidevorrichtungen nach dem Stand der Technik praktisch unbedenklich. Die thermische Nutzung von nachwachsender Biomasse in H. ist Kohlendioxid-neutral. *C.-J. Winter*

Literatur: *Strehler, A.* (Hrsg.): Energie aus der Biomasse: Erfahrungen mit verschiedenen technischen Lösungen und Zukunftsaussichten. Tagung Freising, 18./19. 11. 85, Landtechnik Weihenstephan. Freising 1985.

Häufigkeitsverteilung. Meßwerte streuen um den wahren Wert in Form einer H. Bei genügend großer Anzahl von Werten nimmt diese die Form einer *Gauß*-Verteilung an. Im Maximum erhält man den Mittelwert, die Wendepunkte an den Flanken ergeben die →Standardabweichung (σ). Immissionsmeßwerte folgen meist nicht einer *Gauß'schen* Normalverteilung. Sie zeigen eine Schiefe mit einem Maximum bei niedrigeren Konzentrationen (Bild 1) als das arithmetische Mittel. Der 50%-Wert der Summen-H. liegt somit deutlich niedriger.

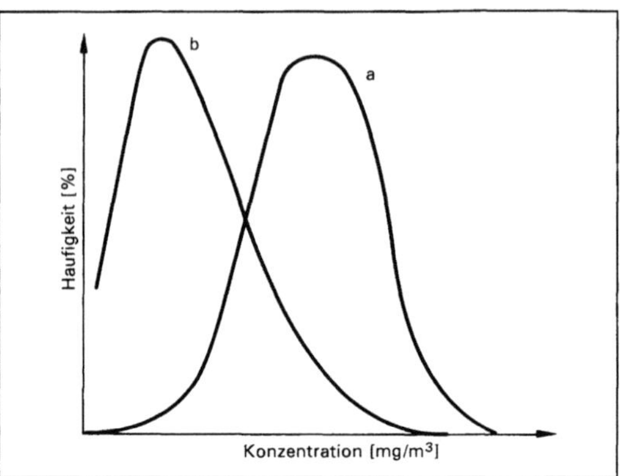

Häufigkeitsverteilung 1: Schematische Darstellung
a) Gaußsche Normalverteilung
b) Typische Verteilung von Immissionsmeßwerten.

Die Summen-H. erhält man durch Bildung von Meßwertklassen (Konzentrationsklassen). In diese Klassen werden die Werte je nach passender Höhe gezählt. Jede Klasse ist somit mit einer bestimmten Anzahl von Meßwerten belegt. Diese Anzahl muß nun noch mit steigender Klasse aufsummiert werden. Aus der Summen-H. lassen sich einige wichtige statistische Kenngrößen ablesen (Bild 2, S. 599).

Für die Immissionsmeßtechnik wichtig ist der 98-Prozentwert, der sich heute als Kenngröße der Spitzenbelastung in vielen Grenz- und Richtwerten wiederfindet (98-Perzentil). *Dulson*

Literatur: *Lahmann, E.:* Luftverunreinigung – Luftreinhaltung. Berlin–Hamburg 1990. – *Renner, E.:* Mathematisch-statistische Methoden in der praktischen Anwendung. Berlin–Hamburg 1970.

Haftung →Umwelthaftungsgesetz

Halbierungsparameter →Dauerschallpegel, äquivalent

Halbleiterzähler. Halbleiter sind Kristalle, die am absoluten Nullpunkt der Temperatur elektrisch nicht leitend sind, aber durch Energiezufuhr, z. B. durch Strahleneinwirkung, wegen der Bildung beweglicher Ladungsträger leitend werden. Man unterscheidet zwischen zwei verschiedenen Arten von Halbleitern: p,n-Zähldioden und Oberflächen-Sperrschichtzähler.

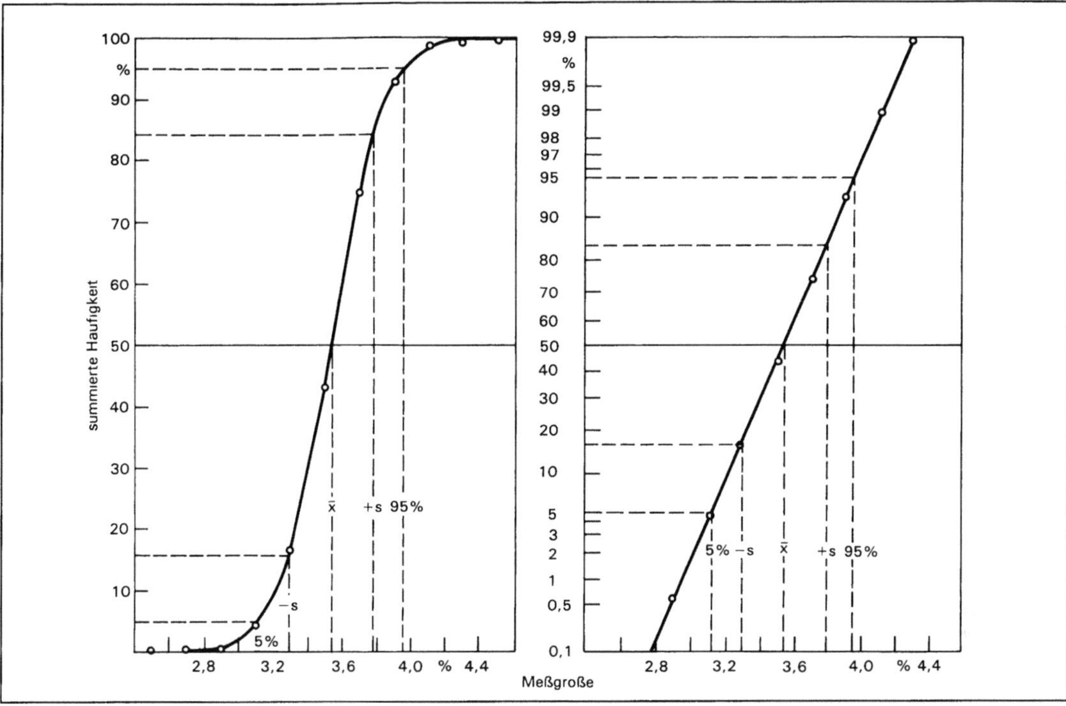

Häufigkeitsverteilung 2: Darstellung einer Summen-H.

p,n-Dioden bestehen aus einer dünnen Siliziumschicht, in der auf der einen Seite z. B. Phosphor (p-Schicht) und auf der anderen Seite Bor und Aluminium (n-Schicht) eindiffundiert wurde. p-Schicht und n-Schicht sind durch einen sog. p,n-Übergang getrennt, auf dessen beiden Seiten sich eine Raumladung mit entgegengesetztem Vorzeichen, eine sog. Sperrschicht, aufbaut, deren Breite durch Anlegen einer Spannung verändert werden kann. Um energiereiche Strahlung zu messen, ist eine breite Raumladungszone notwendig, die man z. B. durch Diffusion von Lithium in p-Si oder p-Ge erzielen kann. Lithium-gedriftete Germaniumdetektoren, wie sie heute in der γ-Spektrometrie verwendet werden, müssen ständig mit flüssigem Stickstoff gekühlt werden, um die Diffusion des Lithiums zu verhindern.

Bei Oberflächensperrschichtzählern wird auf p-Si eine positive oder auf n-Si eine negative Oberflächenladung aufgebracht. Auf die Vorderschicht wird Gold aufgedampft, das als Elektrode dient und die Oberfläche schützt.

In einen Halbleiter eindringende Photonen oder Korpuskeln erzeugen Loch-Elektronenpaare. Dabei werden Valenzelektronen des Kristalls von ihren Gitterplätzen entfernt. Die Fehlstelle (Loch) wird mit Defektelektron bezeichnet. Am Halbleiter sind Elektroden angebracht, an die eine Spannung angelegt ist, so daß Elektronen (bei n-Halbleitern) und Defektelektronen (bei p-Halbleitern) im Kristall wandern. Bei n-Halbleitern ist die Leitfähigkeit durch die im Leitungsband befindlichen, von den Donatoren stammenden Elektronen bedingt; die Defektelektronen sind an die ortsfesten Donatoratome gebunden. Im p-Halbleiter dagegen beruht die Leitfähigkeit auf der Bewegung der Defektelektronen im elektrischen Feld des Kristalls; die zugehörigen Elektronen sind an die ortsfesten elektronegativen Akzeptoratome gebunden und sind somit unbeweglich.

Die Absorption eines Photons oder eines Korpuskels führt zu einem Stromstoß, der nach Verstärkung registriert werden kann. H. zeichnen sich durch ein hohes Energieauflösungsvermögen aus. *Merz*

Halbwertszeit, atmosphärische. Die mittlere atmosphärische Lebensdauer τ wird häufig zur Charakterisierung eines Spurenstoffes in der Atmosphäre verwendet. Ist die Lebensdauer bekannt, so kann die a. H. $t_{(1/2)}$ durch folgende Gleichung berechnet werden:

$$t_{(1/2)} = 0{,}69 \times \tau$$

In der →Reaktionskinetik ist die H. definiert als die Zeit, nach der die Konzentration eines Stoffes auf die Hälfte der Ausgangskonzentration abgefallen ist. Reaktionskinetisch ist die Definition von $t_{(1/2)}$ nur dann begründet, wenn die Reaktion nach 1. Ordnung oder pseudo-1. Ordnung verläuft. *Wirtz*

Halbwertszeit, biologische. Für die Verweildauer von Stoffen im Organismus verwendet man den Begriff der b. H. Er gibt an, in welchem Zeitraum nach Verabreichung eines Stoffes die Hälfte der ursprünglich vorhandenen Dosis eliminiert, d. h. abgebaut oder ausgeschieden wird. Stoffe mit langer b. H. können sich im Organismus anreichern ($\rightarrow$ Bioakkumulation). *Deml*

Halbwertszeit, radioaktive. Zeit, in der die Hälfte einer radioaktiven Substanz zerfällt. Durch $\rightarrow$ Radioaktivität wird strahlendes Material im Laufe der Zeit von selbst weniger; die Aktivität klingt ab. Die H. ist ein Maß für die Geschwindigkeit, mit der dies geschieht.

Der radioaktive Zerfall erfolgt spontan, d. h. ohne jede äußere Ursache. Er ist nicht determiniert im Sinne der klassischen Mechanik, sondern gehorcht einem statistischen Gesetz. Dieses lautet: Von einer einheitlichen radioaktiven Substanz verwandelt sich in gleichen Zeiten stets der gleiche Bruchteil der jeweils noch vorhandenen Nuklide in das Folgeprodukt. Sind zur Zeit t noch n unzerfallene Nuklide vorhanden, so ist die im nächsten Zeitelement dt zerfallende Anzahl dn der Anzahl n und der Zeitspanne dt proportional. Es gilt also die Gleichung

$$dn = n \cdot \lambda \cdot dt$$

dn ist bei gegebenem n umso größer, je größer die Zerfallskonstante λ ist. Diese ist also ein unmittelbares Maß für die Wahrscheinlichkeit des Zerfalls eines einzelnen Nuklids in der Zeiteinheit. Je größer λ, umso größer ist für jedes noch unzerfallene Nuklid die Wahrscheinlichkeit, innerhalb einer bestimmten Zeit zu zerfallen, umso schneller wandelt sich die Substanz in ihr Folgeprodukt um. Die Zeit $\tau = 1/\lambda$ ist die mittlere Lebensdauer der Nuklide der Substanz, d. h. der Mittelwert der Zeit, die von einem gegebenen Zeitpunkt an verstreicht, bis ein Nuklid zerfällt. Sie ist gleich der Zeit, in der die Anzahl der noch unzerfallenen Nuklide auf den Bruchteil 1/e ihres Anfangswertes gesunken ist.

Die H. steht mit der mittleren Lebensdauer in der Beziehung

$$T_{1/2} = \ln 2/\lambda = \tau \cdot \ln 2$$

Die H. der radioaktiven Stoffe sind stark verschieden. Sie überdecken den Bereich von weniger als Mikrosekunden bis zu über 10^{10} Jahren.

Als Faustregel gilt, daß nach 10 H. noch rund $1/1000$ der Menge eines radioaktiven Stoffes unzerfallen vorhanden ist, d. h. die Aktivität ist auf $1/1000$ der Ursprungsaktivität abgefallen. *Merz*

Halden. Die festen Rückstände aus der Aufbereitung der Kalirohsalze (Rohsalze) werden aufgehaldet, weil sie nicht so rein sind, daß eine weitere Verwertung möglich ist. Nur in Ausnahmefällen besteht die Möglichkeit, die Rückstände unter Tage zu versetzen, z. B. auf Werken mit steiler Lagerung. Dort werden immerhin bis zu 60 % in leere Abbaue verstürzt.

Das zur Anlage einer H. vorgesehene Gelände wird – soweit nicht eine natürlich abdichtende Schicht vorhanden ist – durch Aufbringen einer isolierenden Tonschicht gegen Versickern salzhaltiger Wässer geschützt. Die salzhaltigen Wässer werden am Fuß der H. in Ringgräben gesammelt und kontrolliert abgeleitet.

Das Rückstandssalz ist feinkörnig. Seine Korngröße liegt unter 5, teilweise unter 2 mm. Sein natürlicher Böschungswinkel beträgt – je nach Zusammensetzung – 34–38°. Steilere Böschungen sind nur kurzzeitig herstellbar; sie verflachen unter Witterungseinfluß wieder von selbst.

Die H. werden heute ausschließlich über Gummigurtförderer beschickt, von denen das Rückstandssalz entweder unmittelbar oder über Bandabsetzer abgeworfen wird. Dabei stellt sich der natürliche Böschungswinkel ein. Da sich die Oberfläche der H. rasch verfestigt, treten keine Schäden der Nachbarschaft durch Abwehungen von Salz auf.

Die Rückstands-H. sind sehr standsicher und ermöglichen Schütthöhen bis zu 180 m. Niederschlagswasser läuft bei starken Regenfällen oberflächennah in den H.-Flanken ab und bildet niedrigkonzentrierte Salzlösungen. Das übrige Niederschlagswasser wird bis in etwa 10 m Tiefe in der H. adhäsiv gebunden. Dort bildet es konzentrierte Salzlösungen, die bei Sonneneinstrahlung teilweise an die H.-Oberfläche diffundieren und unter Ausscheidung von (Stein-)Salz verdunsten. Die Verdunstungsrate, gemessen als Differenz aus Niederschlags- und Abflußmenge, hängt sehr stark von der Zusammensetzung und Korngröße des Haldenmaterials ab.

Die Begrünung von Salz-H. ist bisher nur in Einzelfällen und nur bei Vorliegen besonderer Bedingungen möglich ($\rightarrow$ Haldenbegrünung). *Lenz*

Literatur: Die Kaliindustrie in der Bundesrepublik Deutschland. Hrsg. Kaliverein e. V., 6. Aufl. Hannover 1988. – *Lenz, O.:* Stand der Untersuchungen zur Begrünung von Rückstandshalden der Kaliindustrie. Kali und Steinsalz **8** (1983) Nr. 12, S. 406–410. – *Schroth, H. E.:* Die Errichtung einer Großhalde unter umweltschützenden Bedingungen. Kali und Steinsalz **7** (1977) Nr. 4, S. 147–154. – *Wirries, H.:* Untersuchungen zur Winderosion an Salzhalden. Kali und Steinsalz **11** (1992) Nr. 2/3.

Haldenbegrünung. Die Begrünung der Rückstandshalden ($\rightarrow$ Halde) der Kaliindustrie ist nicht Stand der Technik, so daß sie nur in Ausnahmefällen und auch dann nur teilweise möglich ist.

Je nach Zusammensetzung des geförderten Rohsalzes und nach Verarbeitungsverfahren schwankt die Zusammensetzung des aufgehaldeten Rückstandes. Im wesentlichen besteht er aus Steinsalz (NaCl) mit wechselnden Beimengungen von Kieserit ($MgSO_4 \cdot H_2O$), Anhydrit ($CaSO_4$), Gips ($CaSO_4 \cdot 2H_2O$), Ton und Spuren von Sylvinit (KCl). Neben fast reinen Steinsalzhalden, die den überwiegenden Teil der Rückstandshalden bilden, gibt es auch Halden mit hohen Anhydrit-, Gips- und Tongehalten. Dies ist für die Begrünbarkeit durch Pflanzen von großer Bedeutung. Die Haldenoberfläche erreicht, auch wenn sie nicht mehr überschüttet wird, keinen Ruhezustand. Dies rührt daher, daß sich die Halde auch noch Jahrzehnte nach dem Aufschütten setzt und daß sie, insbesondere durch Lösungs- und Rekristallisationsvorgänge unter dem Einfluß der Atmosphärilien, einer ständigen Veränderung unterliegt.

Bei Rückstandshalden mit einem hohen Gehalt an Ton, der aus dem →Rohsalz stammt und bei der Verarbeitung ausgeschieden wird, reichert sich dieser im Lauf der Zeit an der Oberfläche an, weil die Salze ausgewaschen werden. Auf derartigen Oberflächen tritt im Lauf der Zeit, ausgehend vom Haldenfuß, eine gewisse Selbstbegrünung ein. Auch auf Halden mit einem hohen Anhydritgehalt werden die leicht löslichen Salze im Lauf der Zeit ausgewaschen, so daß der unlösliche Anhydrit übrig bleibt. Eingewehter Staub, der als Nährstoffträger dient und auch etwas Wasser speichert, ermöglicht dort in Rinnen und Mulden ein begrenztes Pflanzenwachstum, obwohl nur äußerst geringe Nährstoffgehalte vorhanden sind und die Pflanzen bei längeren niederschlagsfreien Perioden ständig vom Vertrocknen bedroht sind. Versuche, die Lebensbedingungen an solchen Standorten durch Düngung zu verbessern und Pioniergehölze anzupflanzen, werden seit Jahren durchgeführt. Das Hauptproblem ist jedoch die Wasserversorgung. Auf reinen Steinsalzhalden ist eine Selbstbegrünung wegen der leichten Löslichkeit der Salze nicht zu erwarten. Das bei Halden aus anderen Materialien bewährte Anspritzen (z. B. Schiechtel®-Verfahren) ist hier nicht anwendbar, weil nicht zu verhindern ist, daß Salzlösungen in das Substrat aufsteigen, und weil die auf dem Substrat wachsenden Pflanzen mit ihren Wurzeln nicht in den Untergrund eindringen, so eine Verzahnung schaffen und die Oberfläche verfestigen können.

Wegen ihres verhältnismäßig steilen natürlichen Böschungswinkels von 34–38° ist es nicht möglich, die Haldenoberflächen – mit oder ohne Zwischenlage einer Folie – mit Erdreich zu überschütten, weil es abrutschen würde. Dies legt den Gedanken nahe, Halden mit einer flacheren Böschung anzulegen, die ein späteres Überschütten erlaubt. Dem steht jedoch ein zusätzlicher Bedarf an Grundfläche entgegen, die fast nie zur Verfügung steht. Außerdem wird der Untergrund, der gegen das Eindringen von Salzlösungen zu schützen ist, wesentlich größer. Schließlich bildet die vergrößerte Haldenoberfläche den atmosphärischen Niederschlägen eine wesentlich größere Angriffsfläche und führt zu einem vermehrten Anfall salzhaltiger Haldenwässer.

Das Aufbringen von Klärschlamm empfiehlt sich nicht, weil Bakterien und Schwermetallionen die Haldenwässer belasten und deren schadlose Ableitung unmöglich machen können. Dies gilt auch für eine Ummantelung mit deponierfähigen Abfällen, die darüber hinaus eine Verschlechterung des Umweltbildes und eine Belästigung der Umgebung mindestens vorübergehend mit sich bringt. Im übrigen gestattet der Standort der Halden nur in Einzelfällen die Errichtung einer Abfallentsorgungsanlage, um die es sich dann bei der Halde handeln würde und die nach abfallrechtlichen – nicht bergrechtlichen – Vorschriften zu genehmigen und zu betreiben wäre.

Wo genügend Erdaushub oder Kesselasche sowie ausreichend Grundfläche um eine Halde herum zur Verfügung steht, bietet sich zum Zweck der Begrünung die Überschüttung einer Salzhalde mit diesen Materialien unter Einbau einer kapillarbrechenden Schicht an.

Zur Bepflanzung einer Rückstandshalde kommen nur solche Arten in Betracht, die standortgerecht sind, sich also auch ohne Zutun des Menschen auf Dauer ansiedeln würden. Wegen der extremen klimatischen Bedingungen auf den Halden (Sonneneinstrahlung, Wind, Fehlen von wasserspeicherndem Material) sind an die Widerstandsfähigkeit der Pflanzen gegen länger anhaltende Trockenheit hohe Anforderungen zu stellen. Anspruchslosigkeit gegen eine zum Teil äußerst geringe und unausgeglichene Nährstoffversorgung ist eine weitere Voraussetzung.

Auch als ausgesprochen salzverträglich bekannte Pflanzen bieten keine Gewähr für ein Überleben. Beim Zusammentreffen mit Steinsalz sterben sie wegen der zu hohen Salzkonzentration ab, die in natürlichen Böden (z. B. im Strandbereich der Nordsee) bei weitem nicht erreicht wird. *Lenz*

Literatur: Die Kaliindustrie in der Bundesrepublik Deutschland. Hrsg. Kaliverein e. V., 6. Aufl. Hannover 1988. – *Lenz, O.*: Stand der Untersuchungen zur Begrünung von Rückstandshalden der Kaliindustrie. Kali und Steinsalz **8** (1983) Nr. 12. S. 406–410. – *Schroth, H. E.*: Die Errichtung einer Großhalde unter umweltschützenden Bedingungen. Kali und Steinsalz **7** (1977) Nr. 4. S. 147–154.

Haldendeponie →Hochdeponie

Haldenemission →Lagerung staubender Güter

Halleninnenpegel. Mit H. wird der →Schalldruckpegel bezeichnet, der in Fabrikationshallen durch die →Geräusche der Produktionsprozesse innerhalb der Halle erzeugt wird.

Erfahrungswerte von H. verschiedener Branchen erlauben die Abschätzung zu erwartender Geräuschimmissionen bei der Planung von Fabrikationshallen. Ausgehend von den H. wird unter Berücksichtigung der Schalldämmung der Gebäudeaußenhaut (Wände, Dächer, Fenster, Tore, Öffnungen) die ins Freie abgestrahlte →Schalleistung des Gebäudes bzw. der Gebäudeelemente ermittelt und unter Anwendung der Schallausbreitungsgesetze die Geräuschimmissionen an Aufpunkten im Umfeld des Fabrikationsgebäudes berechnet (→Schallausbreitungsrechnung).

Nach der VDI 2571: Schallabstrahlung von Industriebauten. 8/1976, wird der Schalldruckpegel L_s, den ein Außenhautelement einer Fabrikationshalle im Abstand s erzeugt, wie folgt ermittelt:

$$L_s = L_I - R'_W - 4 - \Delta L_s - \Delta L_z \qquad dB(A)$$

Dabei bedeuten:

L_I = Halleninnenpegel
R'_W = bewertetes Bau-Schalldämmaß des Außenhautelementes
ΔL_s = →Abstandsmaß (durch den Abstand bedingte Pegelabnahme)
ΔL_z = →Abschirmmaß, abhängig von der Lage des Außenhautelementes an der Halle sowie von weiteren Hindernissen zwischen Halle und Aufpunkt. *Strauch*

Hallradius. H. ist in einem geschlossenen Raum der Abstand von einer Schallquelle, bei dem der →Schalldruckpegel des direkt von der Schallquelle ausgehenden Schalls gleich groß ist wie der Schalldruckpegel des durch Reflexionen sich ergebenden Schallfeldes im Raum (diffuses Schallfeld).

Bei ungerichteter Schallabstrahlung von einer Schallquelle in einem Raum gilt für den Hallradius r_H:

$$r_H = 0{,}057 \sqrt{\frac{V}{T}} \qquad (m)$$

V = Raumvolumen in m^3
T = →Nachhallzeit in s $\qquad$ *Strauch*

Hallraum. H. bezeichnet einen Meßraum, dessen Begrenzungsflächen stark reflektieren und nach Möglichkeit nicht parallel zueinander sind.

Hierdurch wird ein sog. diffuses Schallfeld im H. erzeugt, d. h. außerhalb des →Hallradius einer Schallquelle ist durch die Reflexionen die →Schallenergie gleichmäßig im H. verteilt. H. eignen sich aus diesem Grunde zur Bestimmung der →Schallemission von Schallquellen, wenn sie bestimmte Anforderungen erfüllen.

Nach DIN 45635, Teil 2, sollen H. in Abhängigkeit vom interessierenden Frequenzbereich, für den die Schallemission bestimmt werden soll, folgendes Raumvolumen haben:

100 Hz Terz	200 m³
200 Hz Terz und höher	70 m³

Neben einer ausreichenden Fremdgeräuschfreiheit (→Fremdgeräusch) im H. soll die →Nachhallzeit zur Vermeidung großer Unsicherheiten bei der Schallemissions-Bestimmung 3–6 s bei einer Frequenz von etwa 2 000 Hz betragen. *Strauch*

Literatur: DIN 45635, Teil 2: Geräuschmessung an Maschinen, Luftschallmessung, Hallraum-Verfahren. 12/1977.

Halogenkohlenwasserstoff (HKW).
Allgemein. Als H. wird übergreifend eine Gruppe von Stoffen bezeichnet, bei denen die Wasserstoffatome von Kohlenwasserstoffen ganz oder teilweise durch Halogenatome (insbesondere Fluor, Chlor, Brom) ersetzt sind. Zu den H. gehören u. a. die →Chlorkohlenwasserstoffe (CKW), →Fluorchlorkohlenwasserstoffe (FCKW) und halogenierte makromolekulare Stoffe (z. B. Polyvinylchlorid (PVC), Polytetrafluorethylen (PFTE)). H. werden mit höherem Halogenanteil zunehmend stabiler, was sich z. B. in einer höheren chemischen Beständigkeit und Unbrennbarkeit der Stoffe zeigt. So zählen hoch- bzw. vollständig fluorierte →Alkane zu den stabilsten organischen Stoffen überhaupt. Diese Eigenschaften begründen auch die weite Verbreitung von H. in unterschiedlichen Einsatzgebieten. Da die Halogen-Kohlenstoffbindungen in der Natur kaum vorkommen und somit nur wenige biologische Abbauwege existieren und diese Bindungen chemisch relativ stabil sind, weisen H. nach ihrer Freisetzung verglichen mit anderen organischen Stoffen häufig relativ lange Lebensdauern in der Umwelt auf. Dies bedingt u. a. ihre ökologischen Schädigungspotentiale. *Brackemann*

Literatur: VDI-Ber. 745: Halogenierte organische Verbindungen in der Umwelt, Band I und II. Düsseldorf 1989.

Immissionsmessung. Auf Grund der steigenden Bedeutung werden die H. bereits von einigen Länder-Immissionsmeßnetzen routinemäßig erfaßt. Die Auswertung berücksichtigt in erster Linie die folgenden H.: Trichlormethan (Chloroform), Tetrachlormethan (Tetrachlorkohlenstoff), 1,1,1-Trichlorethan (Methylchloroform), Trichlorethen (Trichlorethylen, TRI), Tetrachlorethen (Perchlorethylen, PER).

Die Konzentration aller anderen H. ist in der normalen Außenluft kleiner als 10 ng und damit unter der →Nachweisgrenze. Die genannten Verbindungen liegen in urbanen Ballungsgebieten in Konzentrationen von 0,5 bis 1,5 µg/m³ vor. Lediglich das Tetrachlorethen weist höhere Konzentrationen auf, die um 2 μg/m^3 betragen und in der Nähe von chemischen Reinigungen 20 μg/m^3 erreichen können.

Da die H. zu den leichtflüchtigen Kohlenwasserstoffen gehören, werden sie wie →BTX-Kohlenwasserstoffe meistens direkt mit ihnen zusammen, gaschromatographisch gemessen. Als Detektor wird der →Elektroneneinfangdetektor eingesetzt. Sollen die BTX-Kohlenwasserstoffe gleichzeitig erfaßt werden, wird ein →Flammenionisationsdetektor nachgeschaltet. Eine VDI-Richtlinie (VDI 3864), die dieses Verfahren beschreibt, wird entwickelt. *Dulson*

Halogenlampe. H. sind kompakte, in Nieder- und Hochvolttechnik betriebene Glühlampen mit erhöhter Lichtausbeute und Lebensdauer und stark reduzierter Kolbenschwärzung, zumeist erhältlich als Stiftsockel-H. und (Kaltlicht-)Reflektor-H., d. h. integriert in einen (mit infrarotdurchlässig) spiegelbeschichteten parabolischen Glaskörper.

H. sind wie herkömmliche Glühlampen sog. thermische Strahler, d. h. das Licht wird durch Erhitzung von Materie (stromdurchflossene Wendeln) erzeugt.

Für eine möglichst naturgetreue Farbwiedergabe der beleuchteten Objekte und eine hohe Lichtausbeute muß die Temperatur der Wendel möglichst hoch sein. Bei H. liegt die Wendeltemperatur bei ca. 2 700 °C, etwa 500 °C unterhalb der Schmelztemperatur von Wolfram. Bei einer so hohen Temperatur verdampft bereits ein Teil der Wendel und würde sich auf der Kolbeninnenseite niederschlagen. Die damit verbundene Kolbenschwärzung würde die abgestrahlte Lichtintensität verringern. Durch eine geringe Beimengung von Halogen (meist Iod) zum Gasgemisch (daher der Name H.) und eine Kolbentemperatur von über 250 °C läßt sich dies vermeiden. Dazu fertigt man Lampenkolben möglichst klein und aus Quarzglas. Da reines Quarzglas UV-Strahlung nur wenig absorbiert, kann aus H. ohne zusätzliche UV-Filterung, z. B. Stiftsockellampen und Reflektorlampen ohne Schutzglas (Abdeckscheibe), der UV-Anteil ungehindert abgestrahlt werden.

Nach Untersuchungen des Bundesamts für Strahlenschutz werden bei 20 W- und 50 W-H. mit Schutzglas der 8-Stunden-Grenzwert und die Toleranzgrenze bezüglich des Hautkrebsrisikos bei gebrauchsüblichen Abständen (ab 30 cm) sicher eingehalten (→Strahlenschutz, optischer). H. ohne Schutzglas sollten aus strahlenhygienischer Sicht nur für indirekte Beleuchtungszwecke bzw. bei direkter Beleuchtung nur bei hinreichend großen Abständen verwendet werden. *Steinmetz*

Halogenverbindung. Sammelbegriff für organische und anorganische Stoffe, die ein oder mehrere Halogenatome (Fluor, Chlor, Brom oder Jod) enthalten. In organischen Stoffen besteht in der Regel eine kovalente Bindung zum Halogenatom, wohingegen bei anorganischen Stoffen sowohl kovalente Bindungen (z. B. →Chlorwasserstoff) als auch ionische Bindungen (z. B. Natriumchlorid) vorliegen können. Insbesondere organische H. werden in vielen chemischen Herstellungsverfahren als Zwischenprodukte eingesetzt, können bei Umsetzungen, an denen andere H. beteiligt sind als (unerwünschte) Nebenprodukte entstehen und werden als Produkte für verschiedenste Verwendungen hergestellt. Aufgrund ihrer häufig relativ zu anderen organischen Stoffen hohen Stabilität und ihrer toxischen, ökotoxischen oder klimarelevanten Wirkungen sind sie von erheblicher Bedeutung für die Umwelt (→Chlor, →Chlorchemie, →Chlorwasserstoff, →Chlorkohlenwasserstoff, →Fluor, →Fluorwasserstoff, →Fluorchlorkohlenwasserstoff, →Halogenkohlenwasserstoff, →Halone, →Dioxine, →Furane). *Brackemann*

Halone. H. sind →Halogenkohlenwasserstoffe, die neben Fluor- und Chloratomen auch Bromatome enthalten. Die weltweit technisch wichtigsten bromhaltigen Verbindungen Halon 1301 – Bromtrifluormethan – CF_3Br, Halon 1211 – Bromchlordifluormethan – CF_2ClBr und Halon 2402 – Dibromtetrafluorethan – $C_2F_4Br_2$ werden fast ausschließlich zur Feuerlöschung und Explosionsunterdrückung verwendet (→Brandbekämpfungsmittel).

Zur Kennzeichnung der H. bedient man sich folgender Nomenklatur:

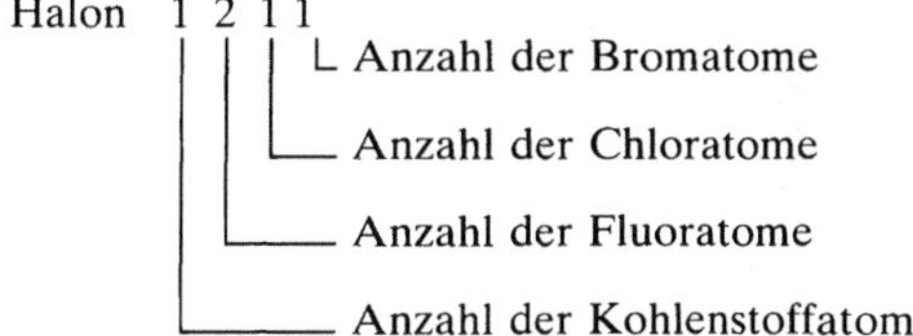

Schätzungen der H.-Verbrauchsmengen in der Bundesrepublik liegen zwischen 1 300 und 2 000 Jahrestonnen, wobei in den vergangenen 15 Jahren der Einsatz drastisch gestiegen ist.

Da H. in der →Troposphäre sehr langlebig und reaktionsträge sind, ist der wichtigste Abbauweg für diese Substanzklasse die →Photolyse in der →Stratosphäre bei Wellenlängen zwischen 190 und 220 nm. H. sind somit die Quelle der Bromradikale in der Stratosphäre, die in katalytischen Reaktionen zur →Ozonzerstörung beitragen (→Ozonloch). Die Bromatome der H. zerstören das Ozon im Vergleich zu den aus FCKW entstandenen Chloratomen wirksamer und haben daher ein um den Faktor drei bis zehn höheres Ozonzerstörungspotential als diese Spurengase. Da die H. im infraroten Wellenlängenbereich des Spektrums Strahlung absorbieren, führen sie auch noch zu einer Verstärkung des →Treibhauseffektes. Mit einer Verminderung der FCKW-Emissionen muß somit auch eine Verminderung der Halonemission einhergehen. *Wiesen*

Hand-zu-Mund-Aktivität. Spielende Kinder führen häufig die Hände zum Mund oder nehmen kleinere Gegenstände in den Mund. Beim Spiel im Freien können sie durch diese H.-M.-A. Bodenpartikel aufnehmen und verschlucken. Die von Kindern täglich aufgenommene Menge Boden wird in der Literatur unterschiedlich angegeben. Während das amerikanische Center for Disease Control (CDC) bei 9–18 Monate alten Kinder 1 g Boden pro Tag, im Alter von 1,5–3,5 Jahren sogar 10 g/Tag, danach bis zum Alter von 5 Jahren 1 g/Tag und anschließend 0,1 g/Tag annimmt, gehen die amerikanische Umweltbehörde EPA und andere Autoren für das Alter von 2–6 Jahren von 0,02–0,1 g/Tag aus.

Der Rat von Sachverständigen für Umweltfragen und die Altlastenkommission Nordrhein-Westfalen gehen auf Grund verschiedener Untersuchungen bei Kleinkindern von einer täglichen oralen Aufnahme von 1 g Boden aus. Unter dieser Annahme kann die Aufnahme von Schadstoffen über den Boden bei Kindern eine bedeutende Rolle spielen.

Der Sachverständigenrat hat daher zur Bewertung der Gesundheitsgefährlichkeit kontaminierter Böden für spielende Kinder toxikologisch begründete Richtwerte für einige Schwermetalle vorgeschlagen. Sie berücksichtigen, daß ein Kind mit einem Körpergewicht von 10 kg täglich beim Spielen 1 g Boden aufnimmt. Außerdem wird angenommen, daß die gesamte, an inkorporiertem Boden haftende Schwermetallmenge resorbiert wird und die daraus resultierende Belastung die von der WHO festgelegte duldbare tägliche Aufnahme nicht überschreitet. Da die →Bioverfügbarkeit der an Bodenpartikeln haftenden Stoffe sicherlich weniger als 100 % beträgt, müssen entsprechende Daten erhoben werden und in die Bewertung einfließen.

Eine als Pica (*lat.* Elster) bezeichnete abnorme Gewohnheit, alles Ungenießbare in den Mund zu nehmen, wird häufig bei debilen Kindern oder Epileptikern beobachtet und kann Vergiftungen zur Folge haben. *Sterzl-Eckert*

Hartbrandkohle. Als H. werden Werkstoffe aus dem chemischen Element Kohlenstoff bezeichnet, die z. B. aus Koks und Bindemitteln durch thermische Behandlung bei 800 bis 1 300° C hergestellt werden. In der Bundesrepublik Deutschland werden mehr als 320 000 t jährlich erzeugt (Stand 1991). Etwa 65 % der Produktion werden als Elektrodenmaterial bei elektrometallurgischen oder elektrochemischen Prozessen verwendet, z. B. bei der Alu-

minium-Schmelzflußelektrolyse, der Erzeugung von Ferrolegierungen oder der Alkalichloridelektrolyse. H. unterscheidet sich von Werkstoffen aus Elektrographit durch größere Festigkeit, geringere Wärmeleitfähigkeit und höheren elektrischen Widerstand.

Bei der Herstellung von H. wird Petrolkoks zur Vergleichsmäßigung zu Pulver gemahlen und danach mit Bindemitteln (flüssigem Pech) zu einer erformbaren Masse gemischt und z. B. mit Pressen zu Formkörpern verarbeitet. Die Formkörper werden in gas- oder ölbeheizten Öfen gebrannt. Im Brennprozeß wird das Bindemittel, das in der plastischen Masse die Koksteilchen miteinander verklebt, langsam verkokt, so daß Formkörper aus ursprünglich eingesetztem Petrolkoks und verkoktem Bindekoks entstehen. Die gebrannten Formkörper werden dann in Graphitierungsöfen elektrisch auf ca. 3 000° C aufgeheizt, wodurch die speziellen physikalischen und chemischen Eigenschaften der H. entwickelt werden.

Die Verkokung des Bindepeches geschieht unter definierten Bedingungen in sog. Ringöfen. Das Prinzip des Ringofens beruht darauf, daß mehrere Brennkammern hintereinander geschaltet sind und die heißen Rauchgase aus der Brennkammer dazu dienen, die nachfolgenden Kammern aufzuheizen. Dabei kühlt sich das Rauchgas ab und verläßt die Kammer mit ca. 100° C. Das Feuer wird täglich um eine Kammer versetzt, und damit werden auch die Einbau-, Ausbau- und Kühlzone um eine Kammer verschoben. Die Kammern sind im Ring hintereinander geschaltet. Die Ringofenabgase enthalten Bindemitteldämpfe sowie thermische Zersetzungsprodukte von Steinkohlenteerpech, d. h. organische Stoffe mit einem hohen Anteil an PAK.

Die herkömmliche Reinigung der Ringofenabgase erfolgt durch hintereinander geschaltete Elektrofilter. Neuerdings wird auch die thermische →Nachverbrennung als Abscheideverfahren erfolgreich eingesetzt, um insbesondere die Emissionen an krebserzeugenden Stoffen, wie z. B. Benzo(a)pyren, Dibenz(a,h)anthracen und weiteren PAK, so gering wie möglich zu halten ($\leq$0,1 mg je m³ Abgas). *Angrick*

Literatur: VDI 3467 E: Emissionsminderung; Herstellung von Werkstoffen aus Kohlenstoff und Elektrographit. 6/1992.

Hartley-Band. Als H.-B. wird im Absorptionsspektrum von Ozon der Bereich zwischen 200 und 310 nm bezeichnet. Dieser Bereich ist dafür verantwortlich, daß die von der Sonne emittierte UV-Strahlung nicht bis zur Erdoberfläche gelangt.

Der primäre photochemische Reaktionsschritt ist:

$$O_3 + h\nu \; (\leq 310 \text{ nm}) \rightarrow O_2(^1\Delta_g) + O(^1D)$$

Der in dieser Reaktion gebildete atomare Sauerstoff $O(^1D)$ bildet in Gegenwart von Wasserdampf über die Reaktion

$$O(^1D) + H_2O \rightarrow 2\, OH$$

die für viele Abbaumechanismen in der →Troposphäre wichtigen Hydroxylradikale (→OH-Radikal). *Wiesen*

Hauptkontaminant. H. sind Stoffe, die oberhalb einer bestimmten Nachweishäufigkeit im Grundwasserabstrom von Abfallablagerungen vorkommen und vorrangig das Grundwasser verunreinigen.

Von etwa 1 200 bis jetzt im Grundwasserabstrom von Abfallablagerungen nachgewiesenen organischen Kontaminanten hat der überwiegende Anteil (oberhalb 1 000) eine Nachweishäufigkeit von unter 0,1 %. Die Auswertung von Grundwasseranalysen aus dem Bereich von etwa 100 Abfallablagerungen (alte Bundesländer) für organische Stoffe führt zu den in der Tabelle zusammengestellten H. Bei den anorganischen Stoffen konnten Arsen, Ammonium, Bor, Nickel und Chrom als H. ermittelt werden. Die Nachweishäufigkeit von Kontaminanten ist von ihrer Grundwassergängigkeit abhängig. Diese Mobilität entspricht nicht ihrem →Gefährdungspotential für das Grundwasser. Hierzu bedarf es einer zusätzlichen toxikologischen bzw. hygienischen Bewertung.

Hauptkontaminant. Tabelle: Nachweishäufigkeit organischer Inhaltsstoffe kontaminierter Grundwässer durch Altablagerungen. (Quelle: Kerndorff et al.)

Nachweishäufigkeit %	Stoffe mit Nachweishäufigkeit (%)
über 30 %	Tetrachlorethen (70,4) Trichlorethen (55,5) cis-1,2-Dichlorethen (30,1)
zwischen 20 und 30 %	Benzol (29,1) 1,1,1-Trichlorethan (22,8) m/p-Xylole (22,8) Trichlormethan (20,0)
zwischen 20 und 10 %	1,2-Dichlorethan (18,7) Vinylchlorid (17,6) Toluol (16,5) Dichlormethan (14,9) Tetrachlormethan (14,4) p-Kresol (13,7) Chlorbenzol (12,9) o-Kresol (12,9) Dichlorbenzole (12,2) Naphthalin (12,1) Ethylbenzol (11,3)

Bei den →Altstandorten ergeben sich branchentypische H. (→Branche, altlasttypische). *Thoenes*

Literatur: *Kerndorff, H.; R. Schleyer; G. Milde* u. *Th. Struppe:* Charakterisierung und standardisierte Bewertung von Grundwasserbeeinflussungen durch Sickerwässer von Altablagerungen. In: Franzius, V. (Hrsg.): Handbuch der Altlasten-Sanierung. Heidelberg 1991.

Hausabfall. Nach DIN 30706 Teil 1 ist H. der Oberbegriff für festen Abfall „bestimmter Herkunft" und umfaßt
- →Haushaltabfall,
- →Sperrabfall und
- haushaltähnlichen →Gewerbeabfall.

Gemeinsames Merkmal aller drei Kategorien ist die Entsorgung als Haushaltabfall bzw. gemeinsam mit dem Haushaltsabfall; hinsichtlich der Herkunft kommen für Haushaltabfall und Sperrabfall nur Haushalte, für haushaltähnlichen Gewerbeabfall Handel, Handwerk, Gewerbe, Industriebetriebe, Behörden und Verwaltungen in Frage.

Der H. gehört insgesamt zum →Siedlungsabfall. *Dreyhaupt*

Literatur: DIN 30706 Teil 1, Entsorgungstechnik – Begriffe für Hausabfallentsorgung und Entsorgungsfahrzeuge. Mai 1991.

Hausabfalldeponie. Auf einer H. (zu subsumieren unter Siedlungsabfalldeponie) werden feste Siedlungsabfälle abgelagert wie →Hausabfall, haushaltähnliche →Gewerbeabfälle, →Sperrabfall, →Klärschlamm, →Bauschutt, Garten- und Parkabfälle. Während die Ablagerung heute in der Regel noch ohne besondere Vorbehandlung erfolgt, gibt die →TA Siedlungsabfall konkrete Anforderungen an die Beschaffenheit des abzulagernden Restabfalls, an die technische Ausstattung der Deponie sowie an den Betrieb der Deponie vor.

Zur Minimierung der von Siedlungsabfalldeponien ausgehenden Emissionen wird das bereits der →TA Abfall Teil 1 (TA Sonderabfall) zugrundeliegende →Multibarrierenkonzept mit den Barrieren Deponiestandort, →Deponiekörper, Basisabdichtungssystem und Oberflächenabdichtungssystem (→Deponieabdichtung) verfolgt. Die wesentlichste Barriere soll der abzulagernde Abfall selbst darstellen. Deshalb sind nur noch mineralische Restabfälle oder auf Grund eines Behandlungsverfahrens weitgehend inerte oder unlösliche (immobile) Abfälle abzulagern (→Abfallablagerung). *Bergs*

Hausabfallsortierung. Mit der Thematisierung des Hausabfalls als Mengen- und Schadstoffproblem wurden Mitte der 70er Jahre erste Versuche unternommen, die gemischt gesammelten Abfälle zu sortieren. Zielvorstellung war hierbei die Wiedergewinnung möglichst sortenreiner Wertstofffraktionen zur weiteren Verwertung. Die erzielbaren

Ergebnisse zeigen bald die Notwendigkeit der getrennten Erfassung von Wertstoffen und Restabfall (→Restlicher Abfall), weil die durch Sortierung gewonnenen Wertstoffe durch die systembedingten Verunreinigungen von nur minderer Qualität sind. Vor allem die arbeitstechnischen Randbedingungen – Sortierung ist im wesentlichen Handarbeit – führten zu der Erkenntnis, daß mit der nachträglichen Sortierung keine kostendeckenden Wertstofferlöse zu erzielen sind.

Einerseits trug dies zur Entwicklung und Einführung der getrennten Wertstoff- und Restabfallsammlung bei, andererseits konnte durch veränderte Zielsetzung und Mechanisierung der Sortierung der Restabfall noch einer Verwertung zugeführt werden.

Mit zunehmendem Anteil der getrennten Erfassung von Wertstoffen und Restabfall und beginnender Sättigung des Wertstoffmarktes wurden die Qualitätsforderungen für die erfaßten Wertstoffe höher. Zunächst wurde der Naßmüll von der Wertstofffraktion getrennt erfaßt; weil dies auch noch nicht zu ausreichenden Qualitäten führte, begann man mit der getrennten Erfassung der Wertstoffe schon an der Anfallstelle (→Bringsystem; →Container-Sammlung).

Bei der weiteren Nutzung des Restabfalls handelt es sich hauptsächlich um die Gewinnung einer heizwertreichen Leichtfraktion, die als Brennstoff aus Müll (BRAM) Verwendung findet.

Die anlagentechnischen Hauptkomponenten einer H.-Anlage sind
– Zerkleinerer zur anschließenden Klassierung,
– Trommel-, Vibrations- oder Stangensiebe zur Klassierung,
– Rollgutseparatoren zur Absonderung von rolligen Anteilen,
– Windsichter zur Dichtesortierung,
– Magnetabscheider zur Erfassung eisenhaltiger Bestandteile,
– Schwimm-Sink-Anlagen zur Naßklassierung sowie
– Farbsortierer mittels Optoelektronik, z. B. bei →Altglas,
wobei die Kombinationen je nach Zielrichtung unterschiedlich sind. Unabhängig von der Anlagenkonzeption bleibt der Anteil manueller Sortierung zur Erzielung möglichst sortenreiner Wertstofffraktionen unverzichtbar. Letztlich führt aber nur eine möglichst stark diversifizierte Erfassung zu vermarktbaren Wertstoffqualitäten. *J. Kühn*

Hausabfallverbrennung. Durch Verbrennung wird der →Hausabfall bei Temperaturen von ca. 800 °C und ausreichendem Luftüberschuß zu festen Rückständen, Kohlendioxid und Wasser umgewandelt. Dabei wird das schadstoffbezogene Gefährdungspotential des Hausabfalls durch oxidative Umwandlung der organischen Bestandteile weitgehend reduziert. Moderne H.-Anlagen bestehen im wesentlichen aus folgenden Teileinheiten: Annahme (→Annahmekontrolle), Lagerung, Aufbereitung, Beschickung, Verbrennung, Rauchgasreinigung und Rückstandsbehandlung (Bild).

Ziel der H. ist vor allem
– die möglichst vollständige Zerstörung oder Immobilisierung der im Hausabfall vorhandenen Schadstoffe,
– der weitgehende Ausbrand, der zu einer Massenreduktion von 25–35 Gew.-% und zu einer Volumenverringerung auf 5–10 Vol.-% führt,
– möglichst keine Neubildung von Schadstoffen.

In der Bundesrepublik Deutschland werden für die H. im wesentlichen Rostfeuerungssysteme eingesetzt, die sich vor allem durch robuste Ausführung, günstiges Regelungsverhalten auch in Teillastbereichen, hohen spezifischen Durchsatz und geringen Energiebedarf auszeichnen.

Wirbelschichtfeuerungen für die H. befinden sich in der großtechnischen Erprobung.

Die Emissionsminderung bei H.-Anlagen ist in der →17. BImSchV geregelt (→Abfallverbrennungsanlage). *Neuenhahn*

Haushaltabfall. Nach DIN 30706 Teil 1 ist H. fester Abfall aus Haushalten einschließlich der darin enthaltenen, ggfs. separat erfaßten Alt- und Schadstoffe, der in ortsüblichen Abfallsammelbehältern zur Entsorgung bereitgestellt wird. Unter Altstoffen sind die im H. enthaltenen verwertbaren Stoffe (→Wertstoff) zu verstehen. Schadstoffe sind in diesem Zusammenhang aus dem Haushalt stammende Abfallstoffe (Gegenstände, Bestandteile) mit gesundheits- oder umweltgefährdendem Potential („gesundheits-, luft- oder wassergefährdend oder explosibel") (→Problemstoffe im Hausabfall).

Die Zusammensetzung des durch die öffentliche Hausabfallabfuhr in privaten Haushalten eingesammelten H. – nota bene ohne →Sperrabfall und ohne haushaltähnlichen →Gewerbeabfall – ist zuletzt im Jahr 1985 für die alte Bundesrepublik ermittelt worden (Bild, S. 608). Das Bild zeigt den Vergleich mit der entsprechenden Erhebung in den Jahren 1979/80 und läßt für den Vergleichszeitraum trendmäßig die entlastende Wirkung der getrennten Sammlung von Abfällen, insbesondere von Papier und Glas, erkennen (→Bringsystem, →Holsystem, →Bündelsammlung, →Container-Sammlung). Die verstärkten Anstrengungen zur →Abfallvermeidung und zur gesonderten Erfassung von Wertstoffen (→Grüner Punkt, →Duales System) lassen ab Mitte der 90er Jahre eine wesentliche Änderung der H.-Zusammensetzung in Deutschland erwarten. *Dreyhaupt*

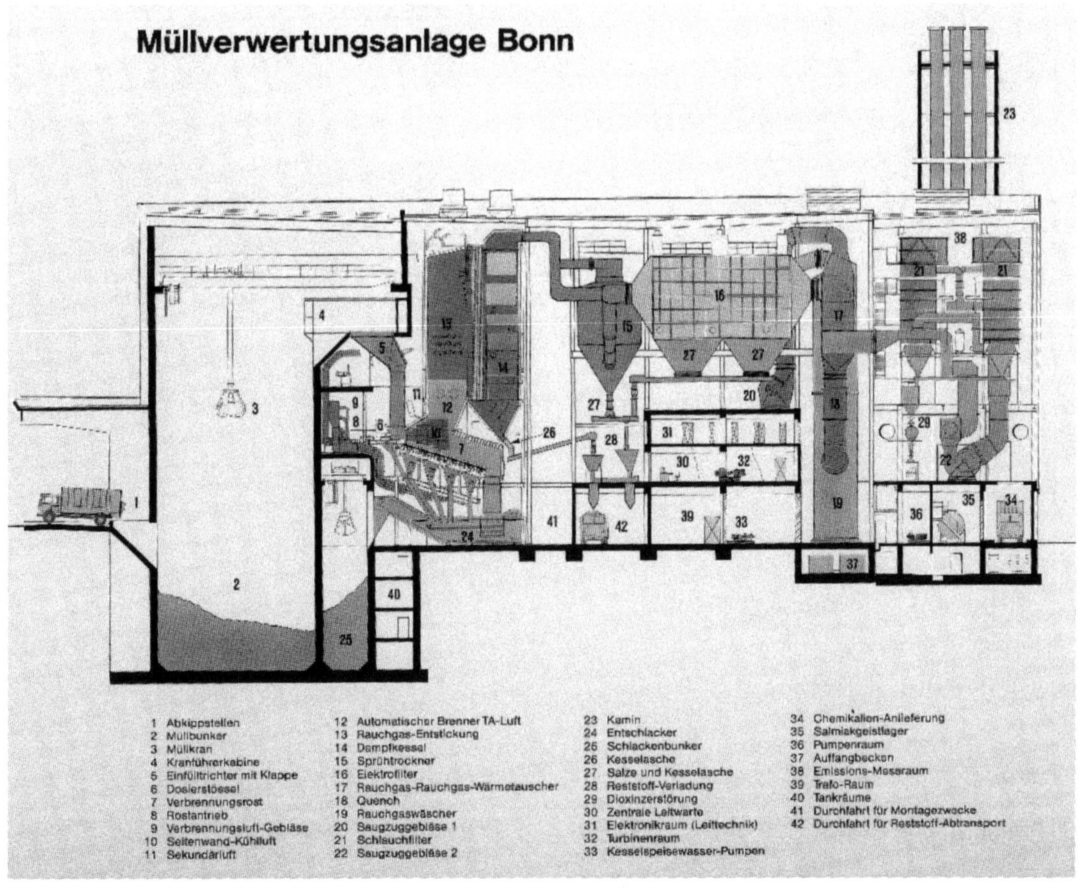

Hausabfallverbrennung: Müllverwertungsanlage Bonn GmbH, Anlagenlängsschnitt.

Literatur: Der Rat von Sachverständigen für Umweltfragen (SRU): Abfallwirtschaft, Sondergutachten Sept. 1990. Stuttgart 1991. – DIN 30706 Teil 1: Entsorgungstechnik – Begriffe für Hausabfallentsorgung und Entsorgungsfahrzeuge. Mai 1991.

Hausheizsystem, solares. Das System besteht aus einem thermischen Kollektor (→Sonnenkollektor), einem solarthermischen Speicher und nachgeschalteten Nutzern; es ist in der Regel in eine fossile Hausheizanlage integriert und liefert unter mitteleuropäischen Insolationsbedingungen (1 000 kWh/m²·a, 1 800 Sonnenstunden) einen solaren Beitrag zur Heizwasserwärme von 15–20% mit einer Temperatur <100 °C. Das Wärmeträgermedium ist Wasser, gegen Gefrieren mit Alkohol versetzt.

→Solarhäuser als Niedrigenergiehäuser haben in der Regel eine Superwärmedämmung, großdimensionierte thermische Kollektoren und saisonale Speicher und – unter diesen Voraussetzungen – eine solare Deckungsgrate (thermisch) von bis zu 100%.

Zu s. H. sind zu rechnen auch Wärmepumpensysteme zur Nutzung der →Sonnenenergie Umgebungswärme aus der Umgebungsluft, aus Oberflächengewässern oder aus dem Erdreich. Bei Wärmeziffern von 1,5 ist die solare Deckungsrate ein Drittel.

Moderne Entwicklungen zu aktiven transparenten Wärmedämmsystemen gehören prinzipiell zu den s. H.: Der durch transluzente Dämmstoffe auf Außenwänden selbst unter mäßiger Einstrahlung von außen nach innen gerichtete Wärmestrom kompensiert allfällige Wärmeverluste von innen nach außen über Dach, Fenster, Türen oder Keller. Die solare Deckungsrate bleibt <1, weil zur Vermeidung von Überhitzung abschattiert werden muß und die etwaige Speicherung des nach innen gerichteten Wärmestroms – bislang – auf die Speicherfähigkeit der Hauswand beschränkt ist.

Prinzipiell können Häuser durch Sonnenenergie gekühlt werden, entweder durch Absorptionskühlung oder durch Photovoltaikgeneratoren und Kompressionskühlung. *C.-J. Winter*

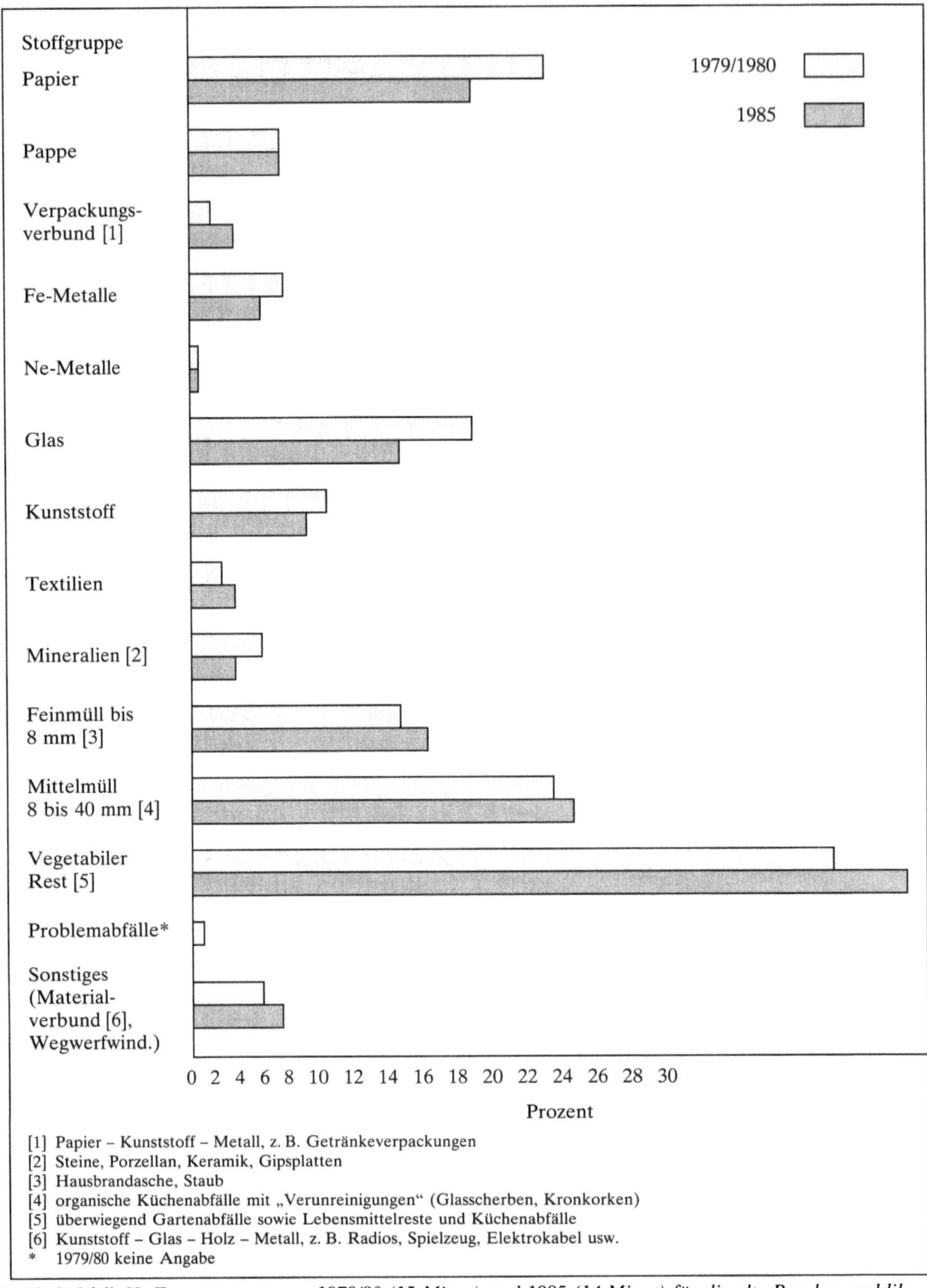

[1] Papier – Kunststoff – Metall, z. B. Getränkeverpackungen
[2] Steine, Porzellan, Keramik, Gipsplatten
[3] Hausbrandasche, Staub
[4] organische Küchenabfälle mit „Verunreinigungen" (Glasscherben, Kronkorken)
[5] überwiegend Gartenabfälle sowie Lebensmittelreste und Küchenabfälle
[6] Kunststoff – Glas – Holz – Metall, z. B. Radios, Spielzeug, Elektrokabel usw.
* 1979/80 keine Angabe

Haushaltabfall: H.-Zusammensetzung 1979/80 (15 Mio. t) und 1985 (14 Mio. t) für die alte Bundesrepublik (nach SRU).

Hausmüll →Müll, →Hausabfall

Hautsensibilisierung. Sensibilisierungsreaktionen gehören zur Immunabwehr des Körpers. Beim ersten Kontakt mit der sensibilisierenden Substanz erfolgt keine sichtbare Reaktion. Es werden aber →Antikörper gebildet, die bei erneutem Kontakt mit der als Antigen wirkenden Substanz allergische Reaktionen (→Allergie) auslösen können. Die Prüfung einer Substanz auf sensibilisierende Wirkung erfolgt im →Tierversuch an der Haut des Meerschweinchens. Die Tiere werden zunächst mehrfach mit einer nicht hautreizenden Dosis der Prüfsubstanz behandelt. Nach etwa zwei Wochen, wenn die Antikörperbildung ihren Höhepunkt erreicht hat, wird die Substanz erneut auf die Haut aufgebracht. Wenn eine Sensibilisierung erfolgt ist, führt die dann auftretende immunologische Reaktion zu Hautveränderungen wie Rötung, Ödem- oder Schorfbildung (→Immuntoxizität). *Deml*

HAW (Abk. *engl.* High active waste, hochradioaktiver Abfall) →Abfall, radioaktiver

Hazard Ranking System (HRS). Das System ist Bestandteil des US-amerikanischen Superfund-Gesetzes CERCLA (Comprehensive Environmental Response Compensation and Liability Act). Es dient zur Bewertung des relativen Gefährdungspotentials von →Altablagerungen mit Hilfe eines Punktesystems. Die erreichte Punktzahl bestimmt die Aufnahme und Rangfolge einer →Verdachtsfläche in die nationale Prioritätsliste (NPL). Ziel ist es, in den USA auf nationaler Ebene Prioritäten für die Sanierungsdringlichkeit zu setzen und die Mittel aus dem Superfund für die Durchführung von Sanierungen den Projekten mit hoher Dringlichkeit zukommen zu lassen.

Das Punktesystem bezieht sich auf die vier Pfade Grundwasser, Oberflächenwasser, Luft und direkter Kontakt mit Schadstoffen. Für jeden dieser Pfade sind Bewertungskriterien für die drei Kategorien
– Wahrscheinlichkeit von Stofffreisetzungen,
– Abfallcharakteristik,
– Schutzgüter und Nutzungsformen
festgelegt und in Abhängigkeit von den örtlichen Gegebenheiten durch Punktezahlen gewichtet. Die Verknüpfung der Bewertungskriterien zu einer Gesamtpunktzahl erfolgt additiv und multiplikativ.

Bisher sind mehr als 30 000 Deponien mit umweltgefährlichen Abfallstoffen in das Superfundkataster aufgenommen, wobei die Behandlung der Altdeponien mit den größten Gefährdungen zuerst in Angriff genommen wurde (rd. 1 200 Deponien). Etwa ein Drittel dieser Deponien haben das Endstadium des Sanierungsprozesses erreicht. Die Finanzierung erfolgt aus Mitteln des Bundes und aus Beiträgen der Bundesstaaten. Die Mittel stammen aus den öffentlichen Haushalten sowie aus Abgaben auf die Rohölproduktion, auf importierte Mineralölprodukte sowie auf 40 chemische Grundstoffe und 50 importierte Chemikalienarten. 1980 wurden dem Fond 1,6 Mrd. Dollar und in den Jahren 1986 bis 1991 8,5 Mrd. Dollar zugeführt. Im Jahre 1991 war der Fond mit etwa 12 Mrd. Dollar ausgestattet. *Thoenes*

Literatur: *Franzius, V.:* Vorgehensweise beim Superfund mit einem Ausblick auf das neue Hazard Ranking System. In: Kompa, R., K. P. Fehlau (Hrsg.): Altlasten '89. Köln 1989.

HAZOP-Verfahren →PAAG-Verfahren

Heißverlösung. H. ist das klassische Aufbereitungsverfahren der →Kaliindustrie, das auch nicht durch die später entwickelte →Flotation oder das →ESTA®-Verfahren verdrängt wurde.

Die H. nutzt das bei verschiedenen Temperaturen unterschiedliche Löseverhalten der Rohsalzbestandteile aus. Eine bei 25–30 °C gesättigte Salzlösung kann nach dem Erhitzen auf 100–110 °C eine erhebliche Menge Kaliumchlorid auflösen, während ihre Aufnahmefähigkeit für Natriumchlorid sich beim Erwärmen kaum verändert. Bringt man eine solche heiße Löselauge mit →Rohsalz in Verbindung, so löst sie das Kaliumchlorid auf. Das Natriumchlorid sowie die Magnesium- und Kalziumsulfate bleiben dagegen ungelöst und können als Rückstand mit Filtern oder Zentrifugen abgetrennt werden.

Die heiße, KCl-reiche Lösung wird in Heißkläranlagen unter Zusatz von Flockungsreagenzien von Schlammpartikeln befreit. Die heiße Lösung wird anschließend auf 25–30 °C abgekühlt, wobei sich reine Kaliumchloridkristalle bilden. Diese werden mit Filtern oder Zentrifugen von der anhaftenden Lösung abgetrennt und anschließend getrocknet. Die Löselauge wird wieder erhitzt und kehrt in den Kreislauf zurück.

Das Abkühlen geschieht stufenweise durch Verdampfen unter Vakuum bei gleichzeitigem Rückgewinn von Wärme, die zum Aufheizen der im Kreislauf geführten Löselauge dient. Der Wärmerückgewinn liegt bei 70 %. Der Wärmebedarf der H. ermöglicht eine besonders günstige Ausnutzung der Primärenergie durch →Kraft-Wärme-Kopplung. Der Wirkungsgrad eines Kraftwerks steigt durch die Abdampfverwendung im Heißlöseverfahren auf über 80 %.

Um möglichst staubarmes Kaliumchlorid (→Staubbindung) zu erhalten, sind die Vakuumkühlstationen als Gegenstromkristallisatoren ausgebildet, die ein grobkörniges Gut von sehr engem Kornspektrum und hohem Reinheitsgrad erzeugen.

Wird Hartsalz verlöst oder carnallitisches Rohsalz verarbeitet, ist es meist nicht möglich, alle Lösungen im Kreislauf zu führen. Hier entstehen magnesiumchloridreiche *Endlaugen*, die aus dem Prozeß herausgenommen und für die Umwelt unschädlich beseitigt werden (→Versenkung). *Lenz*

Literatur: Die Kaliindustrie in der Bundesrepublik Deutschland. Hrsg. Kaliverein e. V., 6. Aufl. Hannover 1988. – *Domning, H.:* Die Grobkorn-Kristallisationsanlage des Werks Wintershall. Kali und Steinsalz **7** (1977) Nr. 4, S. 155–160. – *Peuschel, G.:* Weiterentwicklung der Heißloseverfahren durch Anwendung von Lösungsgleichgewichten. Kali und Steinsalz **9** (1986) Nr. 9, S. 296–303. – *Singewald, A.:* Produkte aus unseren Rohsalzen. Kali und Steinsalz **10** (1988) Nr. 1, S. 2–10.

Heizkraftwerk →Kraft-Wärme-Kopplung

Heizöl-Entschwefelung →Entschwefelung

Heizungsanlagen-Verordnung. Die auf das →Energieeinsparungsgesetz gestützte Verordnung über energiesparende Anforderungen an heizungstechnische Anlagen und Brauchwasseranlagen (HeizAnlV) vom 22. März 1994 (BGBl. I S. 613) hat die erstmalig 1978 erlassene und zuletzt i. d. F. von 1989 gültige H.-V. abgelöst; mit der neuen Regelung wird auch die EG-Richtlinie 92/42/EWG vom 21. Mai 1992 über die Wirkungsgrade von mit flüssigen oder gasförmigen Brennstoffen beschickten neuen Warmwasserheizkesseln (ABl. EG Nr. L 197, S. 17/Nr. L 195, S. 32) in nationales Recht umgesetzt. Ziel der H.-V. ist – parallel zur →Wärmeschutzverordnung – die deutliche Verringerung des Energieverbrauchs und damit auch der Luftverunreinigungs-, insbesondere der CO_2-Emissionen im Gebäudebereich.

Die H.-V. gilt für heizungstechnische sowie der Brauchwasserversorgung dienende Anlagen und Einrichtungen mit einer Nennwärmeleistung von 4 kW oder mehr, wenn sie in Gebäuden zum dauernden Verbleib eingebaut oder aufgestellt werden (Neuanlagen) oder sind (Altanlagen). Altanlagen werden nur unter bestimmten Bedingungen erfaßt, insbesondere soweit sie erweitert oder umgerüstet werden oder für sie ausdrücklich spezielle Nachrüstgebote vorgesehen sind (z. B. Einrichtungen zur Steuerung und Regelung bei Zentralheizungen). Ausgenommen vom Anwendungsbereich der H.-V. sind Anlagen und Einrichtungen in Heizkraftwerken und in Abfallheizwerken sowie Anlagen in Gebäuden mit sehr geringem Jahres-Heizwärmebedarf (<22 kWh/m^2 Nutzfläche · a oder <7 kWh/m^3 Gebäudevolumen · a); mit letzterer Ausnahme soll die Entwicklung innovativer Gebäudetechnik gefördert werden, die den aktuellen Niedrigenergiehaus-Standard von 50–100 kWh/m^2 · a bzw. 16–32 kWh/m^3·a noch erheblich übertreffen (→Wärmeschutzverordnung).

Der Anwendungsbereich der H.-V. erstreckt sich grundsätzlich auf alle Arten von heizungstechnischen sowie der Versorgung mit Brauchwasser dienenden Anlagen und Einrichtungen, d. h. es fallen sowohl Zentralsysteme als auch Einzelgeräte, sowohl Anlagen mit Wärmeerzeugern für feste, flüssige oder gasförmige Brennstoffe als auch andere, wie z. B. fernwärmeversorgte, solar oder elektrisch beheizte Systeme und Geräte oder auch Wärmepumpen unter die Verordnung. Neben den Wärmeerzeugern (Einheit von Wärmetauscher und Feuerungseinrichtung) gehören auch Maschinen, Apparate, Verteilungsnetze, Rohrleitungszubehör, Abgas-, Verbrauchs- bzw. Entnahme- sowie Regelungs- und Meßeinrichtungen und andere in funktionellem Zusammenhang stehende Bauteile, die jeweils bestimmten Anforderungen der H.-V. unterliegen, zu den Anlagen und Einrichtungen.

So gilt insbesondere das Gebot der Wärmedämmung nicht nur generell für Wärmeerzeuger, Heiz- und Brauchwasserspeicher, sondern ebenso für Wärmeverteilungsanlagen (Rohrleitungen und Armaturen). Zentralheizungen und Brauchwasseranlagen sind mit selbsttätig wirkenden Einrichtungen zur Steuerung bzw. Regelung der Wärmezufuhr bzw. der Zirkulationspumpen auszustatten; die Brauchwassertemperatur im Rohrnetz darf grundsätzlich 60 °C nicht überschreiten. Heizungstechnische Anlagen müssen mit selbsttätig wirkenden Einrichtungen zur raumweisen Temperaturregelung ausgerüstet sein (z. B. Thermostatventile an Heizkörpern).

Bei Zentralheizungen und Brauchwasseranlagen mit einer Nennwärmeleistung >11 kW ist der Betreiber verpflichtet, die Bedienung, Wartung und Instandhaltung nach bestimmten Maßgaben durchzuführen oder durchführen zu lassen. Wartung und Instandhaltung dürfen nur von Fachkundigen (Personen mit den entsprechenden notwendigen Kenntnissen und Fertigkeiten) vorgenommen werden; für die Bedienung genügt ein Eingewiesener, d. h. eine von einem Fachkundigen über Bedienungsvorgänge an den zentralen regelungstechnischen Einrichtungen unterrichtete Person (Funktionskontrolle; Vornahme von Schalt- und Stellvorgängen wie An- oder Abstellen, Überprüfen bzw. Anpassen der Einstellungen von Temperaturen und Zeitprogrammen).

Ein wichtiger Bestandteil der H.-V. sind die aus der EG-Richtlinie 92/42/EWG umgesetzten Bestimmungen über öl- und gasgefeuerte Wärmeerzeuger für Warmwasserzentralheizungen: Ab 1. 1. 1998 dürfen derartige Anlagen nur eingebaut werden, wenn sie mit dem CE-Zeichen nach der EG-Richtlinie und mit der EG-Konformitätserklärung versehen sind. In diesem Zusammenhang werden die Begriffe Standardheizkessel, Niedertemperatur-Heizkessel (NT-Kessel) und →Brennwertkessel

Heizungsanlagen-Verordnung. Tabelle: Wirkungsgradanforderungen an Heizkessel für flüssige und gasförmige Brennstoffe nach Art. 5 der EG-Richtlinie 92/42/EWG.

Heizkesseltyp	Leistungs-intervalle	Wirkungsgrad bei Nennleistung		Wirkungsgrad bei Teillast	
	kW	Durchschnitt-liche Wasser-temperatur des Heizkessels (in °C)	Formel der Wirkungsgrad-anforderung (in %)	Durchschnitt-liche Wasser-temperatur des Heizkessels (in °C)	Formel der Wirkungsgrad-anforderung (in %)
Standardheizkessel	4 bis 400	70	$\geq 84 + 2$ logPn	≥ 50	$\geq 80 + 3$ logPn
Niedertemperatur-Heizkessel*)	4 bis 400	70	$\geq 87,5 + 1,5$ logPn	40	$\geq 87,5 + 1,5$ logPn
Brennwertkessel	4 bis 400	70	$\geq 91 + 1$ logPn	30**)	$\geq 97 + 1$ logPn

*) Einschließlich Brennwertkessel für flüssige Brennstoffe.
**) Kessel-Eintrittstemperatur (Rücklauftemperatur).

entsprechend der EG-Richtlinie neu eingeführt bzw. neu bestimmt; maßgeblich ist in der Praxis stets die Kesseltypausweisung in der EG-Konformitätserklärung. Nach der EG-Richtlinie sind
– Standardheizkessel: Kessel, bei denen die durchschnittliche Betriebstemperatur durch ihre Auslegung beschränkt sein kann;
– NT-Kessel: Kessel, die kontinuierlich mit einer Eintrittstemperatur von 35–40 °C funktionieren können und in denen es unter bestimmten Umständen zur Kondensation kommen kann; hierunter fallen auch Brennwertkessel für flüssige Brennstoffe;
– Brennwertkessel: Kessel, die für die permanente Kondensation eines Großteils der in den Abgasen enthaltenen Wasserdämpfe konstruiert sind.

Die verschiedenen Kesseltypen müssen für die Verleihung des CE-Zeichens und der EG-Konformitätserklärung den sich aus der Tabelle ergebenden Wirkungsgradanforderungen bei Nennleistung (Pn) und bei Teillast (30% Belastung) entsprechen.

Standardheizkessel dürfen ab 1. 1. 1998 grundsätzlich nicht mehr eingebaut werden. Nur Kessel ≦30 kW können auf Antrag ausnahmsweise in Gebäuden zugelassen werden, die vor dem 1. Juni 1994 errichtet worden sind, wenn die Kosten für die Anpassung des Schornsteins für die Verwendung eines NT- oder Brennwertkessels unverhältnismäßig hoch wären.   *Dreyhaupt*

Heliostat. Ebener (für Solaröfen) oder leicht konkav gekrümmter Spiegel von 50–200 m² Größe und Brennweiten von ca. 100–500 m, bestehend aus nebeneinander angeordneten Modulfacetten, montiert auf einem Stahl- oder Betonpiedestal. H. werden, abhängig von der geographischen Breite und Länge des Aufstellungsortes, computergesteuert über ein Getriebe zweiachsig in Azimut und Elevation dem täglichen und saisonalen Sonnenstand nachgeführt, so daß die Direktstrahlung (→Einstrahlung) der Sonne nach dem Prinzip Einfallswinkel gleich Ausfallswinkel von der Spiegeloberfläche in die Apertur des Absorbers gelenkt wird. Heliostatenfelder fokussieren die solare Direktstrahlung mit Konzentrationsfaktoren mehrerer 100 bis zu 1 000 (1 500) Sonnen im Brennpunkt, der bei solarthermischen Turmkraftwerken (→Solarturmkraftwerk) als →Strahlungsabsorber auf der Spitze eines Turms angeordnet ist. Mehrere H. bilden ein Heliostatenfeld, relativ zum Turm als Nordfeld oder als Rundumfeld ausgelegt. H. werden zur Vermeidung von Wind- oder Hagelschäden oder nächtlicher Verschmutzung in Stauposition gebracht; die Spiegelfläche weist dann waagrecht nach unten oder senkrecht in die windabgewandte Richtung.

Die Spiegel können Glas-/Metallkonstruktionen mit vorder- oder rückseitiger Verspiegelung sein oder Folienmembrane, dann mit nur vorderseitiger Verspiegelung. Die Konkavität der Glasspiegel wird in der Fabrik hergestellt, diejenige der Membranspiegel durch Unterdruck, der wegen unvermeidlicher Leckagen permanent aufrechterhalten werden muß. Degradationen von Verspiegelungen sind nach bisheriger Erfahrung ca. 1% der Fläche in 10–15 Jahren.

H. haben Marktpreise von 200–400 DM/m² (1990); nach Erhöhung der Serie und Senkung der

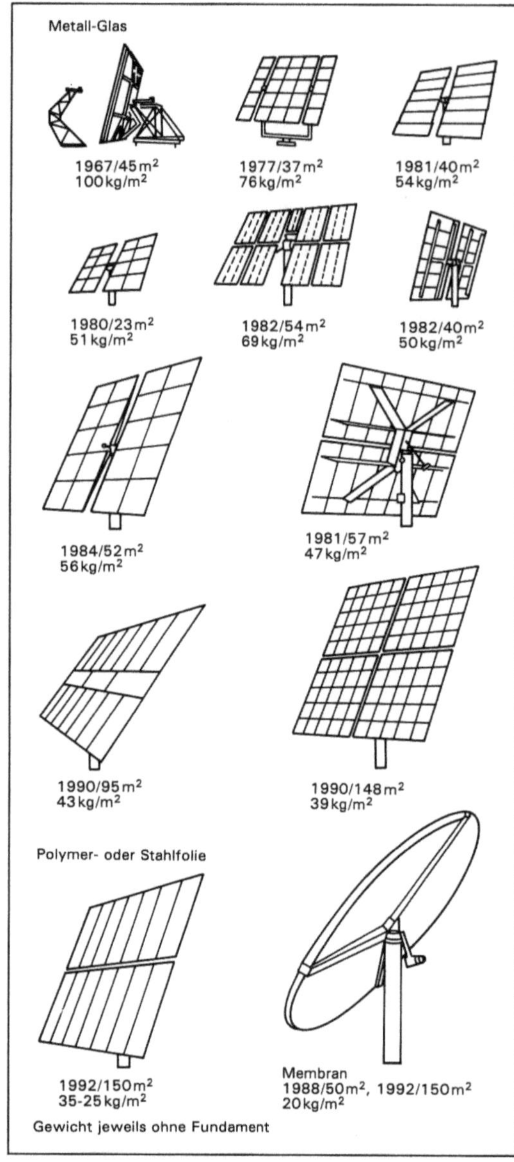

Heliostat: Entwicklung von H.

Stückkosten werden Preise von 40–80 DM/m² für möglich gehalten (Bild). H. werden auch für Beleuchtungszwecke genutzt. *C.-J. Winter*

Literatur: *Winter, C.-J. et al.*, Solar Power Plants. Berlin–Heidelberg–New York 1991.

Henry-Gesetz.

Das H.-G. beschreibt die Löslichkeit von Gasen in einer Flüssigkeit und gilt für verdünnte Lösungen im thermodynamischen Gleichgewicht. Die Konzentration eines Gases in einer Flüssigkeit ist nach diesem Gesetz proportional dem Dampfdruck dieses Stoffes oberhalb der Flüssigkeit. Die Proportionalitätskonstante heißt Henrykonstante H, sie ist temperaturabhängig:

$$[x_i] = H_i p_i$$

p_i = Partialdruck des Gases [atm]
H_i = Henrykonstante [mol l⁻¹ atm⁻¹]
$[x_i]$ = Gleichgewichtskonzentration des Gases in der Lösung [mol l⁻¹]

Für atmosphärische Belange wird das H.-G. zur Bestimmung der Spurengaskonzentrationen in Wolken- und Regentropfen herangezogen. Dies kann jedoch nur dann zur Berechnung der Gleichgewichtskonzentrationen von Gasen benutzt werden, wenn bestimmte Bedingungen erfüllt sind. So wird vorausgesetzt, daß keine irreversiblen Reaktionen auftreten, die die Einstellung des Gleichgewichts beeinträchtigen. Weiterhin wird angenommen, daß es sich bei dem Tropfen um einen reinen Wassertropfen mit einer ungestörten Wasser/Luft-Grenzschicht handelt. *Wirtz*

Heptachlor.

□ Stoff-Identifizierungs-Nr.:
CAS-Nr.: 76-44-8
EG-Nr.: 602-046-00-2
EINECS-Nr.: 200-962-3
□ Chemische Formel: $C_{10}H_5Cl_7$
□ Stoffcharakteristik: Weiße Kristalle mit campherähnlichem Geruch, nahezu unlöslich in Wasser, leicht löslich in organischen Lösungemitteln.
□ Gefahrenmerkmale:
– Stoffliste nach § 4a der →Gefahrstoffverordnung:
Gefahrenkennbuchstabe(n): T, N
R-Sätze: 24/25-33-40-50/53
S-Sätze: 1/2-36/37-45-60-61
– Besondere Stoffeigenschaften nach TRGS 500: krebserzeugend: EG-Kat. 3
– Arbeitsschutzwerte nach TRGS 900: →MAK-Wert (mg/m³): 0,5 (→Gesamtstaub)
– Stoffliste (Anhang II) der →Störfall-Verordnung: Nr. 4c
– Emissionswerte: TA Luft Einstufung: 3.1.7 Klasse I *Fischer/M. Schön*

Herbizide →Biozide

Herzschrittmacher.

H. sind elektronische Implantate, die bei Störung der Erregungsbildung oder der Erregungsleitung des Herzens eingesetzt werden und die Fehlfunktion des Herzens kompensieren. Die Funktion des Schrittmachers kann durch elektromagnetische Einwirkungen gestört werden.

H. bestehen aus einem batteriebetriebenen elektrischen Impulsgeber, der, entweder kontinuierlich oder durch physiologische Parameter gesteuert, über eine Elektrode den Herzmuskel aktiviert. Damit kann, trotz fortbestehender Funktionsstörung des Herzens, der Kreislauf aufrecht erhalten werden.

Erstmals wurde 1958 in Schweden ein Schrittmacher implantiert. Heute leben schätzungsweise 200 000 Bundesbürger mit einem H.

H. können für den Patienten zu bestimmten Einschränkungen im täglichen Leben führen, die über die krankheitsbedingten Behinderungen hinausgehen. Die Ursache hierfür ist die oft unzulängliche Störfestigkeit der Schrittmacher bei Einwirken elektromagnetischer Felder, wie sie überall im Alltag auftreten können. Durch die Zuleitung zur Stimulationselektrode im Herzen werden, ähnlich wie durch eine Antenne, Spannungen in die H.-Elektronik eingekoppelt. Diese können vor allem bei unipolaren Systemen so hoch werden, daß sie zu Funktionsstörungen führen. Besonders wirksam sind in dieser Beziehung niederfrequente magnetische Wechselfelder oder niederfrequent modulierte Hochfrequenzfelder. Magnetfelder werden vom Körpergewebe nicht abgeschirmt und niederfrequente Signale sind für die H.-Elektronik meist nicht von physiologischen Nutzsignalen zu unterscheiden. H.-Patienten sind deshalb bei Einwirken derartiger Felder einem höheren gesundheitlichen Risiko ausgesetzt als andere Personen.

Als mögliche Gefahrenquellen im Alltag gelten leistungsstarke Einrichtungen zur Energieversorgung, Diebstahlsicherungen in Warenhäusern, starke Feldquellen am Arbeitsplatz, verschiedene elektrische Haushalts- und Heimwerkergeräte.

Bei den energietechnisch genutzten Frequenzen können einzelne derzeit implantierte H. bereits durch elektrische Felder von etwa 2 kV/m beeinflußt werden. In Magnetfeldern kann hierfür bereits eine Induktion von 20 μT ausreichen. Moderne H. verfügen deshalb über ein Störerkennungssystem. Die Wirksamkeit der bisherigen Störerkennung ist allerdings begrenzt. Zum einen werden bestimmte Störungen, besonders pulsförmige, nur unzureichend erkannt, zum anderen entstehen durch das Umschalten in den festfrequenten Betrieb bei Störung für manche Schrittmacherpatienten zusätzliche Risiken.

Eine besondere Gefährdung von H.-Trägern kann auch beim Berühren von Objekten auftreten, die auf einem erhöhten elektrischen Potential liegen. Die dabei verursachten Körperableitströme führen ebenfalls zu Störspannungen am Schrittmachereingang. In diesem Fall können bereits Körperströme von 20–30 μA ausreichen, um einen H. zu stören.

Die derzeitigen Sicherheitsbestimmungen für Elektrogeräte erlauben vergleichsweise hohe Ableitströme von bis zu 3 500 μA und stellen somit für H.-Patienten keinen ausreichenden Schutz dar. Auch die Sicherheitsempfehlungen bei Exposition von Personen in elektromagnetischen Feldern sind so hoch (5 kV/m, 100 μT), daß sie in Extremfällen keinen ausreichenden Schutz für einzelne H.-

Träger darstellen. Die Wahrscheinlichkeit für eine Gefährdung im Alltag wird aber als gering eingeschätzt. *Matthes*

Literatur: *Irnich, W.:* Störbeeinflussung von Herzschrittmachern. Herzschrittmacher (1982) Nr. 2. – *Lampadius, M. S.:* Störbeeinflussung frequenzadaptiver Herzschrittmacher. inside nr. 6, Herzschrittmacherinstitut Kochel a. See. 1992. – *Matthes, R.* und *H. J. Bernhardt:* Funktionsbeeinflussung unipolarer Herzschrittmacher durch elektrische und magnetische Felder. Tätigkeitsbericht des Bundesgesundheitsamtes. München 1987.

Heterotroph. Ernährungsform, bei der organische Kohlenstoffverbindungen zur Energiegewinnung zum Aufbau zell- bzw. körpereigener Substanz benötigt werden. Das Substrat wird als Nahrung aufgenommen, einschließlich der in ihr enthaltenen Energie katabolisch umgesetzt und anabolisch zu körpereigener organischer Substanz umgewandelt. Im Gegensatz zur →Autotrophie kann CO_2 von h. Organismen nicht als alleinige Kohlenstoffquelle zum Aufbau des Zellmaterials verwendet werden.

Mensch und Tier, die Pilze, die Mehrzahl der Bakterien sowie einige höhere Pflanzen sind h. Im Stoffhaushalt der Natur stehen sie als Konsumenten und Destruenten den autotrophen Produzenten gegenüber. *Soeder*

1,1,2,3,4,4-Hexachlor-1,3-Butadien.
□ Stoff-Identifizierungs-Nr.:
CAS-Nr.: 87-68-3
EINECS-Nr.: 201-765-5
□ Chemische Formel: C_4Cl_6
□ Stoffcharakteristik: Klare, farblose, unter Normalbedingungen chemisch und physikalisch stabile Flüssigkeit, die in Wasser kaum, in Ethanol und Diethylether dagegen gut löslich ist.
□ Gefahrenmerkmale:
– Besondere Stoffeigenschaften nach TRGS 500: krebserzeugend: MAK-Gruppe IIIB
– →Wassergefährdungsklasse: WGK 3
– Emissionswerte: →TA Luft Einstufung: 3.1.7 Klasse I *Fischer/M. Schön*

Hexamethylphosphorsäuretriamid.
□ Stoff-Identifizierungs-Nr.:
CAS-Nr.: 680-31-9
EG-Nr.: 015-106-00-2
EINECS-Nr.: 211-653-8
□ Chemische Formel: $C_6H_{18}N_3OP$
□ Stoffcharakteristik: Farblose, leicht bewegliche Flüssigkeit mit aromatischem Geruch, mischbar mit Wasser und den meisten organischen Lösungsmitteln.
□ Gefahrenmerkmale:
– Stoffliste nach § 4a der →Gefahrstoffverordnung: Gefahrenkennbuchstabe(n): T
R-Sätze: 45-46
S-Sätze: 53-45

– Besondere Stoffeigenschaften nach TRGS 500:
krebserzeugend: EG-Kat. 2
erbgutverändernd: EG-Kat. 2
– Stoffliste (Anhang II) der →Störfall-Verordnung:
Nr. 175 und 4c
– Emissionswerte: TA Luft Einstufung: 2.3 (gemäß
MAK-Liste) *Fischer/M. Schön*

High-Dust-Verfahren →SCR-Verfahren

High-Volume-Sampler. Das H.-V.-S.-Prinzip
(HV 100) ist ein Probenahmeverfahren zur Messung
von →Schwebstaub. Es zeichnet sich durch einen
sehr hohen Luftdurchsatz von rund 100 m³/h und
einen großen Filterdurchmesser von 257 mm bei
einer freien Filterfläche von 414 cm² aus.

Der Vorteil des Verfahrens besteht aus der
großen abgeschiedenen Staubmasse, was für nachfolgende chemische Analysen von Vorteil ist. Nachteilig ist die hohe Geräuschentwicklung.

Das Verfahren ist in VDI 2463, Bl. 2 (Entwurf)
näher beschrieben (Bild).

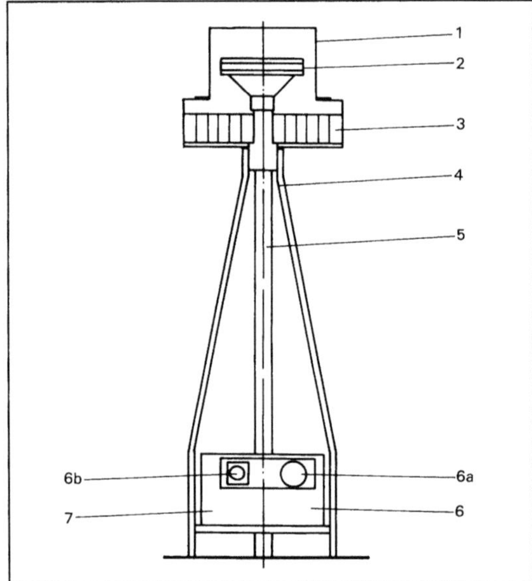

*High-Volume-Sampler: Aufbau des Probenahmege-
räts HV 100. (Quelle: VDI 2463, Bl. 2)*

1 Schutzhaube (abnehmbar), 2 Filterhalter mit Filter (heizbar,
abnehmbar), 3 Vorabscheider (heizbar), 4 Dreibein, 5 Verbin-
dungsrohr, 6 Gebläse, Durchflußregler, 6a Durchflußmesser,
6b Programmschaltwerk, 7 Motor

Das HV 100-Gerät stammt aus den USA. Emp-
fehlenswert ist aber eine Modifikation aus Deutschland, bei der das Probenahmevolumen nicht mit
einem Schwebekörper-Durchflußmesser, sondern
mit einem nach dem Flügelradprinzip arbeitenden,
sogenannten Quantometer gemessen wird. *Pfeffer*

Literatur: VDI 2463, Bl. 2 E: Messen von Partikeln; Messen der
Massenkonzentration von Partikeln in der Außenluft; High
Volume Sampler – HV 100. 7/1977.

Highway-Zyklus. Dieser in den USA eingeführte Fahrzyklus (Bild) wird benötigt für die gasana-
lytische Kraftstoffverbrauchsberechnung (HFE)
zur Bestimmung des →Flottenverbrauchs sowie
zur Kontrolle des freiwilligen Highway-NO_x-Wer-
tes. *Kind/May*

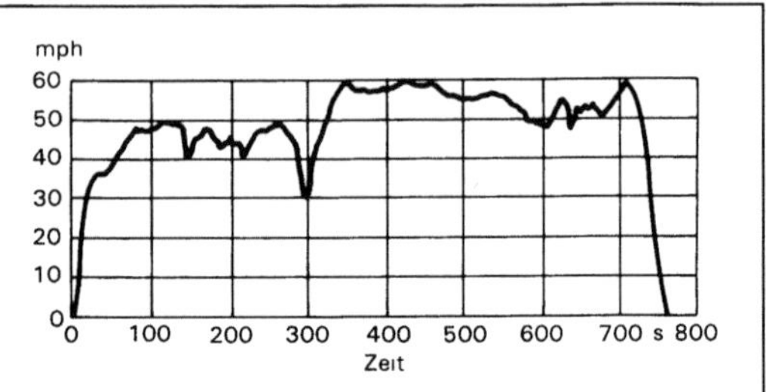

Highway-Zyklus: Schematische Darstellung.

Zykluslänge 10,22 Meilen, Zykluslänge 765 s, Mittl. Geschwindigkeit 48,1 mph bzw. 77,4 km/h, Max. Geschwindigkeit
59,9 mph bzw. 96,4 km/h

Hintergrundgeräusch. H. ist das an einem Immissionsort vorhandene schwächste →Fremdgeräusch,
das nicht einer einzeln erkennbaren Schallquelle
zugeordnet werden kann. Das H. beschreibt die
geräuschmäßige Ausgangssituation am Immissionsort während der Zeiten, in denen bestimmte Schallquellen, insbesondere eine zu beurteilende Schallquelle, akustisch nicht hervortreten.

Die kennzeichnende Größe des H. ist nach
VDI 2058, Bl. 1: Beurteilung von Arbeitslärm in der
Nachbarschaft. 9/1985, der Pegel des Fremdgeräu-
sches, der zu 95 % der Beobachtungszeit erreicht
oder überschritten wird. *Strauch*

Hintergrundkonzentration. Bezeichnung der
stofflichen Konzentration in den Umweltmedien
Wasser, Boden und Luft, aber auch in biologischen
Materialien, die außerhalb des Einwirkungsberei-
ches von Emissionen aus dem →Altstandort oder
der →Altablagerung dem allgemein vorhandenen
Schadstoffgehalt entspricht. Gleichbedeutend mit
Begriffen wie Referenzwert, Hintergrundbelastung,
Hintergrundwert, Backgroundwert. Hierbei kann es
sich nicht nur um geogene Grundgehalte des sog.
natürlichen geochemischen Zustands (Allgegen-
wartskonzentrationen), sondern auch um anthropogene Belastungen aus anderen Quellen handeln.

Im Rahmen der →Gefährdungsabschätzung der
→Verdachtsfläche werden örtliche H. in der von der
Verdachtsfläche unbeeinflußten Umgebung ermit-
telt, sofern nicht bereits Untersuchungsergebnisse
vorliegen. Die so ermittelten Werte dienen als
Vergleichsgrößen zum Erkennen einer Verunreini-

gung der Umweltmedien Boden, Wasser und Luft. Neben der H., die sich auf die Umgebung einer Altlast-Verdachtsfläche bezieht, werden auch zu Vergleichszwecken Hintergrundwerte in biologischen Materialien bestimmter Population, z. B. Kleinkinder, ermittelt. *Thoenes*

HKWAbf-Verordnung. Verordnung über die Entsorgung gebrauchter halogenierter Lösemittel vom 23. Oktober 1989 (BGBl. I S. 1918). Regelt die ordnungsgemäße Entsorgung von halogenierten Lösemitteln, die nach Gebrauch als Reststoffe verwertet oder als Abfall entsorgt werden müssen.

→Lösemittel im Sinne dieser Verordnung sind flüssige Stoffe oder Zubereitungen mit einem Massegehalt von mehr als 5 vom Hundert an Halogenkohlenwasserstoffen mit einem Siedepunkt zwischen 293 K = 20 °C und 423 K = 150 °C bei jeweils 1 013 hPa.

Die HKWAbfV verpflichtet die Anwender von halogenierten Lösemitteln,
- diese getrennt (nach dem Hauptbestandteil des jeweiligen Produktes) zu halten,
- die gebrauchten Lösemittel nicht mit anderen Lösemitteln und insbesondere nicht mit (flüssigen) Abfällen zu vermischen,
- eine Erklärung (entsprechend dem im Anhang der Verordnung veröffentlichten Musters) gegenüber dem zurücknehmenden Hersteller/Vertreiber abzugeben, daß die Vorschriften der Verordnung eingehalten wurden.

Hersteller und Vertreiber sind verpflichtet,
□ die unvermischten gebrauchten Lösemittel zurückzunehmen (die Rücknahmeverpflichtung gilt nur dann, wenn der Vertreiber Lösemittel in Mengen von 10 l oder mehr innerhalb eines Monats an den Anwender abgibt),
□ Lösemittel nur in Verkehr zu bringen, wenn die Gebinde (bzw. bei loser Ware die Begleitpapiere) folgende Kennzeichnung enthalten:
- den Hauptbestandteil des Ausgangsproduktes und den Siedepunkt;
- Entsorgungs- und Gefährdungshinweise.
Blickwedel

Hochdeponie. Der Begriff H. oder auch Haldendeponie besagt eigentlich, daß der →Deponiekörper über die natürliche Geländeoberfläche hinausragt. Das Gegenstück zum Begriff H. ist der Begriff →Grubendeponie, mit dem häufig beschrieben werden soll, daß der Deponiekörper nach Verfüllung praktisch mit der Geländeoberfläche abschließt. Für Mischformen von Hoch- und Grubendeponien gibt es keine eingeführte Bezeichnung; eine Mischform ist z. B., wenn eine Grubendeponie mit Abfällen verfüllt worden ist und der Betrieb aber weiter geht, so daß dem äußeren Anschein nach eine Haldendeponie entsteht.

Die Begriffe Grubendeponie und H. werden insbesondere verwendet, um zu charakterisieren, ob das →Sickerwasser aus der Deponie eine freie Vorflut aus dem Ablagerungsbereich hinaus hat (H.) oder nicht (Grubendeponien). *Stief*

Hochdruckflüssigkeitschromatographie. Die H. (HPLC = High Performance Liquid Chromatography) ist ein in der Immissionsmeßtechnik vielfältig eingesetztes Verfahren zur Trennung komplexer Substanzgemische. Während der Einsatz der →Gaschromatographie zur Stofftrennung einen gewissen Dampfdruck und thermische Stabilität der zu trennenden Komponenten erfordert, findet die H. überwiegend Anwendung zur Trennung von Stoffgemischen mit niedrigen Dampfdrücken und/ oder höherer (thermischer) Labilität. Dementsprechend wird die H. in der Immissionsmeßtechnik häufig zur Trennung höhermolekularer Stoffe, beispielsweise von Polycyclischen aromatischen Kohlenwasserstoffen (PAK oder PAH) eingesetzt.

Beim Trennvorgang durchläuft eine mobile, flüssige Phase (meist ein Lösungsmittelgemisch) unter hohem Druck (ca. 200 bar; in Sonderfällen höher) eine gepackte Säule, die eine stationäre Phase enthält. Die Bestandteile der Probe, die in der mobilen Phase gelöst ist, unterliegen unterschiedlichen Wechselwirkungen mit der stationären Phase. Auf Grund der verschiedenen sich einstellenden Adsorptions- oder Verteilungsgleichgewichte passieren die einzelnen Stoffe die →Trennsäule mit unterschiedlichen Geschwindigkeiten und treten bei einer gut verlaufenden Trennung nacheinander aus der Trennsäule aus.

Bezüglich der Trenntechniken werden generell drei Varianten unterschieden:
- In Normalphasensystemen wird eine polare, stationäre Phase wie Silicagel oder Aluminiumoxid in Verbindung mit einem unpolaren Lösungsmittel (z. B. n-Hexan) zur Trennung überwiegend polarer Verbindungen verwendet.
- Umkehrphasensysteme nutzen unpolare, stationäre Phasen (meist lange Alkylketten, chemisch an poröses Kieselgel oder Polymere gebunden) und polare mobile Phasen (beispielsweise Wasser/Methanol/Acetonitril-Gemische) zur Trennung überwiegend unpolarer Verbindungen.
- Eine spezielle Variante der H. stellt die →Ionenchromatographie dar.

Im Anschluß an die Trennung erfolgt die Quantifizierung der einzelnen Stoffe mit einem Detektor. Besonders weit verbreitet sind UV-Fluoreszens- und UV-Absorptionsdetektoren. Besonders komfortabel sind Diodenarray-Detektoren, die simultan die Absorption in einem Spektralbereich von ca. 190 bis 800 nm Wellenlänge erfassen können. In besonderen Fällen sind andere Detektoren einsetzbar.

Auch die Kopplung mit einem Massenspektrometer als Detektor ist möglich. *Pfeffer*

Literatur: *Jansen, A.:* Umweltanalytik – Einsatzmöglichkeiten der HPLC. LABO 7–8/1990. – James P. Lodge Jr. (Ed.): Methods of Air Sampling and Analysis. 3. Ed. Chelsea, Michigan 1989.

Hochenergiebatterie. Man bezeichnet eine →Antriebsbatterie mit H., wenn deren Energiedichte über 70 Wh/kg in einem gesamten Batteriesystem ist. Die Entwicklung verschiedener H. begann 1965 in den USA. Zu den H. zählen Systeme wie die →Natrium-Schwefel-, die →Natrium-Metallchlorid-, die →Aluminium-Luft- und die →Zink-Brom-Batterie. Systeme wie →Lithium-Aluminium-Eisensulfid- und →Silberoxid-Zink-Batterie haben geringe praktische Bedeutung beim Einsatz in Elektrostraßenfahrzeugen. *Kahlen*

Hochfrequentes elektromagnetisches Feld →Feld, hochfrequentes elektromagnetisches

Hochgeschwindigkeitszug. Der H. Intercity Express (ICE) der Deutschen Bundesbahn ist für eine Fahrgeschwindigkeit von zunächst 250 km/h ausgelegt. Er ist damit deutlich schneller als die bisherigen Intercity-Züge (IC), die für Tempo 160 km/h ausgelegt sind. Die ICE-Züge verkehren auf Neubau- und Ausbaustrecken. Die Höchstgeschwindigkeit liegt bei etwa 300 km/h. Auch in anderen Ländern verkehren H., z. B. in Japan und in Frankreich (TGV).

Durch den Betrieb von H. werden wie beim Betrieb anderer Schienenfahrzeuge →Erschütterungen verursacht (→Schienenverkehrserschütterungen), die deshalb besonders zu beachten sind, weil die Größe der bei Vorbeifahrten in der Umgebung der Schienentrasse verursachten Erschütterungen wesentlich von der Größe der bewegten Massen und der Vorbeifahrgeschwindigkeit abhängt. Mit zunehmender Fahrgeschwindigkeit nimmt auch die Größe der Erschütterungsamplituden zu. Dies ist für die Planung neuer Strecken und für die Planung von Baugebieten längs der Strecken bedeutsam.

Nach Messungen dicht neben den Gleisen von H. zur Feststellung der dynamischen Beanspruchungen des Oberbaus bei Geschwindigkeiten von 250 km/h ist zwischen niederfrequenten Erregungen, die durch die Achskonfigurationen und durch langwellige Gleisfehler bedingt sind, und hochfrequenten Erregungen zu unterscheiden, die durch unrunde Räder sowie durch Flachstellen und Rauhigkeit bzw. Welligkeit der Schienen bedingt sind. Die niederfrequenten Erregungen liegen im Frequenzbereich von etwa 20–30 Hz, die höherfrequenten Anregungen im Bereich von Frequenzen bis zu etwa 120 Hz. Bei Vorbeifahren von ICE-Zügen mit Fahrgeschwindigkeiten von etwa 250 km/h sind in Profilen senkrecht zu den Gleisen die Schwingungsamplituden der Schwinggeschwindigkeiten bis zu Abständen von 100 m gemessen worden. Im Abstand von 100 m wurden auf dem Boden noch Schwinggeschwindigkeitsamplituden von etwa $v = 0,1$ mm/s festgestellt. Die Frequenzspektren der Erschütterungen wiesen in dem genannten Abstand ausgeprägte Anteile im Bereich um etwa 10 Hz und im Bereich von etwa 20–40 Hz auf. *Splittgerber*

Literatur: *Eisenmann, J.:* Dynamische Beanspruchung des Eisenbahnoberbaues, VDI-Bericht 820, Düsseldorf 1990. – *Koch, H. W.:* Propagation of Vibrations and Structure-Borne Sound caused by Trains running at a Maximum Speed of 250 km/h, J. of Sound and Vibration **51** (1977) Nr. 3, S. 441–442. – *Lotz, G.* und *Natke, H.-G.:* Einige Meßergebnisse bei Versuchsfahrten des Intercity Experimental im November 1985. Archiv für Eisenbahntechnik (1986) 41.

Hochofen →Roheisengewinnung

Hochschutzgerät. Mit den Begriffen H., →Vollschutzgerät und Schulröntgengerät werden spezielle Röntgeneinrichtungen gekennzeichnet, die im nichtmedizinischen Bereich eingesetzt werden und deren Konstruktionsmerkmale eine inhärente Strahlenschutzsicherheit der Umgebung garantieren. Die →Bauartzulassung betrifft in diesen Fällen nicht nur den →Röntgenstrahler, sondern das gesamte Röntgengerät. Dabei muß folgendes sichergestellt sein:
– Das Schutzgehäuse muß außer der Röntgenröhre oder dem Röntgenstrahler auch den zu bestrahlenden oder zu untersuchenden Gegenstand vollständig umschließen;
– Die Ortsdosisleistung im Abstand von 0,1 m von der berührbaren Oberfläche des Schutzgehäuses darf bei den vom Hersteller oder Einführer angegebenen maximalen Betriebsbedingungen grundsätzlich 25 µSv/h nicht überschreiten;
– Die Röntgenröhre oder der Röntgenstrahler dürfen grundsätzlich nur bei vollständig geschlossenem Schutzgehäuse betrieben werden (Sicherheitskontakt).

H. werden sowohl in der Röntgen-Grobstruktur- als auch in der Röntgen-Feinstrukturtechnik eingesetzt. Unterstellt man eine Einschaltzeit von 40 Stunden pro Woche, so ist die maximal zulässige Ortsdosisleistung so gewählt, daß der Grenzwert der effektiven Dosis für beruflich strahlenexponierte Personen der Kategorie A (50 mSv im Kalenderjahr) nicht überschritten werden kann.

Im Zusammenhang mit dem Unterricht in Schulen dürfen nur bauartzugelassene Schulröntgeneinrichtungen betrieben werden. Die gerätetechnischen Sicherheitsanforderungen ähneln denjenigen eines H.; allerdings darf die Ortsdosisleistung außerhalb des Schutzgehäuses in 0,1 m Abstand maximal nur 7,5 µSv/h betragen. *Ewen*

Hochsicherheitsdeponie. Mit dem Begriff H. werden in der Regel Großbehälter bezeichnet (→Behälterdeponie), bei denen die Abdichtungssysteme an der Basis, an der Oberfläche und an den Seiten kontrollierbar und reparierbar ausgeführt werden sollen. Da nach allgemeiner Auffassung und auch nach →TA Abfall, Teil 1 und →TA Siedlungsabfall bei Planung, Bau und Betrieb von Deponien das →Multibarrierenkonzept zu beachten ist, reichen kontrollierbare Deponieabdichtungssysteme nicht aus, um unzureichende Abfalleigenschaften oder geologisch und hydrogeologisch ungeeignete Standorte zu kompensieren.

Die Konzeption für Hochsicherheitsbehälter sollte deshalb nur noch für Abfallager (→Zwischenlager) verfolgt werden. Weil Abfallager nur für einen befristeten Zeitraum von einigen Jahrzehnten geplant werden müssen, kommen auch Standorte in Frage, die für Deponien hydrogeologisch und geologisch ungeeignet sind. An solchen Standorten und wegen der stark gewässergefährdenden Eigenschaften der gelagerten Abfälle sind kontrollierbare und reparierbare Dichtungssysteme sinnvoll und erforderlich. *Stief*

Hochspannungsfreileitung →Freileitung, elektrische

Hochtemperaturreaktor. Reaktor, dessen Kern weitgehend aus keramischen Werkstoffen besteht und der mit Helium gekühlt wird. Der H. läßt sich mit hohen Kühlmitteltemperaturen (800–900 °C) am Kernaustritt betreiben. Die Brennelemente dieses Reaktortyps deutscher Konstruktion bestehen aus Graphitkugeln von 60 mm Durchmesser, die in einer inneren Zone von 50 mm Durchmesser die beschichteten Brennstoffteilchen ($\varnothing$ ca. 1 mm) homogen eingebettet enthalten. Das amerikanische Konzept verwendet statt der Kugeln große prismatische Graphitblöcke. Die Brennstoffkügelchen aus UO_2 oder einer Mischung von $(U,Th)O_2$ mit einem Durchmesser von etwa $\frac{1}{2}$ mm sind zur Spaltproduktrückhaltung mit einer Mehrfachbeschichtung aus Pyrokohlenstoff und Siliciumcarbid umhüllt. Dieses Brennelementkonzept sorgt dafür, daß das Kühlgas Helium nur relativ geringfügig mit →Radioaktivität verunreinigt ist. Verglichen mit anderen Leistungsreaktoren, z. B. →Leichtwasserreaktoren, beträgt die Leistungsdichte im Reaktorkern nur etwa 10 %. Dies bedeutet, daß einerseits die Kühlung relativ einfach ist, aber andererseits ein relativ großes Volumen vom →Reaktordruckbehälter eingeschlossen werden muß (Bild).

Die HTR-Kraftwerksanlage besteht aus einem Zweikreissystem. Das erhitzte Helium des Primärkreises gibt im Wärmetauscher seine Wärmeenergie an den sekundärseitigen Wasserdampfkreis ab, der einer konventionellen Dampfanlage entspricht. *Merz*

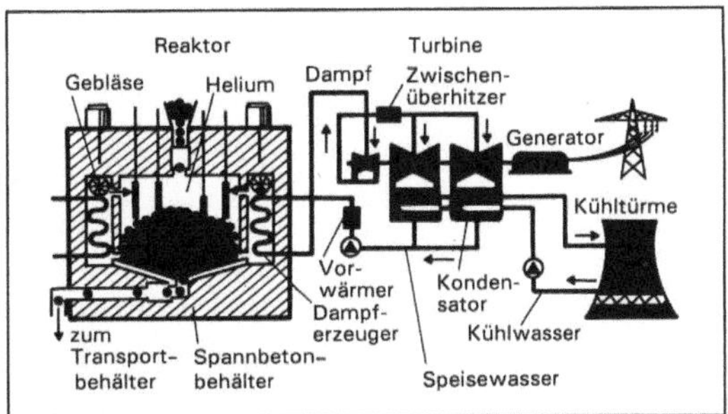

Hochtemperaturreaktor: Kernkraftwerk mit H.

Höchstwert. Verbindlicher Wert, dessen Überschreiten unter festgelegten Bedingungen eine nachteilige Einwirkung auf ein Schutzgut ausübt; er wird oft auch als →Grenzwert bezeichnet. H. gehören zu den stoff- und konzentrationsbezogenen Kriterien, die als Maßstab für die Beurteilung der Exposition oder Immission in →Schutzgütern und →Umweltmedien dienen.

H. für Schadstoffbelastungen speziell durch →Altlasten, die nicht überschritten werden dürfen, gibt es bisher nicht. Werden aber durch die Auswirkungen von Altlasten H. für Schadstoffe, die in einem anderen Zusammenhang aufgestellt wurden, z. B. Futtermittel-H., bei Schutzgütern und konkreten Nutzungen überschritten, sind allein schon aus rechtlichen Gründen entsprechende Maßnahmen zur Sanierung oder Nutzungsänderungen vorzunehmen.

H., die im Zusammenhang mit der →Gefährdungsabschätzung von Altlasten Anwendung finden, sind die Werte der Trinkwasser-Verordnung, der Pflanzenschutzmittel-Höchstmengenverordnung, der Futtermittelverordnung sowie die ADI (Acceptable Daily Intake) – Werte der Weltgesundheitsorganisation (WHO). *Thoenes*

Höhenprofil. H. ist eine Beschreibung der vertikalen Temperatur- und Druckverteilung der Erdatmosphäre mit einer Einteilung der →Atmosphäre in Schichten (Bild, S. 618): →Troposphäre (bis etwa 10 km Höhe), →Tropopause (8–17 km), →Stratosphäre (bis etwa 50 km Höhe), darüber →Mesosphäre, Mesopause und Thermosphäre. *Barnes*

Hohe-See-Verbrennung →Abfallverbrennung auf See

Hollandliste (Niederländische Liste) →Orientierungswert, →Referenzwert

Holsystem. Sammelname für Erfassungssysteme, bei denen die Abfälle beim Abfallerzeuger abgeholt werden. Dies kann sowohl für den →Hausabfall als Ganzes gelten (übliche kommunale Haushaltsent-

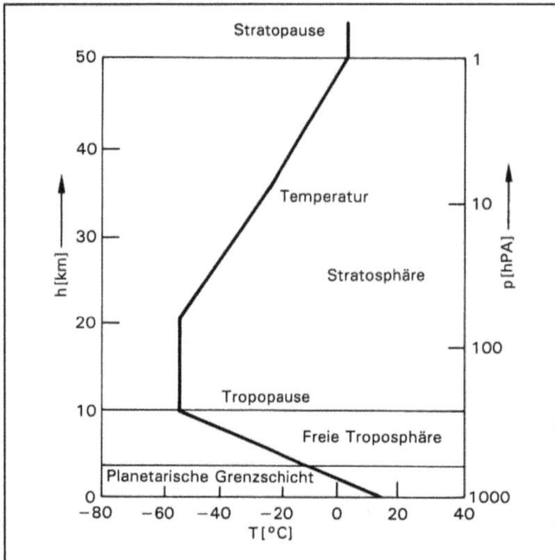

Höhenprofil: Schematische Darstellung der vertikalen Struktur der Atmosphäre.

sorgung mit Grauer Tonne), als auch für die getrennte Erfassung von →Wertstoff und Restmüll (Kombination der kommunalen Entsorgung mit →Grüner Tonne und Grauer Tonne), wobei auch private Wertstoffsammlungen (Gelbe Tonne des →Dualen Systems) parallel zur kommunalen Entsorgung erfolgen können (→Bringsystem). Eingespielte H. für Monomaterialien sind derzeit nur beim →Altpapier vorhanden.

H. zeichnen sich durch hohen Komfort für den Abfallerzeuger aus, finden allerdings bei anonymisierter Benutzung unterschiedlicher Behälter ihre Grenzen, weil dadurch die Fehlwurfquoten stark zunehmen, z. B. im städtischen Bereich mit hoher Siedlungsdichte und großen Gemeinschaftsbehältern.

Entscheidender Nachteil der H. ist die Tatsache, daß die Behälterzahl begrenzt ist (Stellfläche je angeschlossenem Haushalt). Der Abfuhrrhythmus kann darüber hinaus nicht beliebig verlängert werden, so daß vor allem beim Naßmüll, der zur Gärung und Versäuerung neigt (Geruchsbelästigung, Hygieneprobleme), mit relativ kleinen – und damit unwirtschaftlichen – Gefäßen gearbeitet werden muß. Des weiteren nimmt mit zunehmendem Organisationsaufwand (Beachtung, wann welche Tonne geleert wird) für den einzelnen Haushalt der Komfort und in der Folge die Wertstoffqualität wieder ab (falsch herausgestellte und nicht geleerte Behältnisse verleiten zu Fehlwürfen in noch nicht ausgeschöpfte Volumina). *J. Kühn*

Holzindustrie. Zur H. gehören die Holzbearbeitung (bei der aus Holz oder verwertbaren Holzresten Holzwaren hergestellt werden) und die Holzverarbeitung (bei der aus Holzwaren höher veredelte Erzeugnisse hergestellt werden). Zum bearbeitenden Bereich zählen Sägewerke, Hobelwerke, Plattenherstellung, Imprägnieranlagen, Furnierwerke sowie Betriebe der Holzwerkstoffindustrie (z. B. Herstellung von Sperrholz, Furnierplatten, Tischlerplatten, Spanplatten, MDF-Platten (mitteldichte Faserplatten)). Der holzverarbeitende Bereich umfaßt die Herstellung von Möbeln und von weiteren Produkten aus Holz, z. B. Türen, Fenster, Särge. Holz und ggfs. Verbund- und Beschichtungsstoffe durchlaufen hierbei unterschiedliche Veredelungsschritte, z. B. Beizen, Spachteln, Bedrucken, Gießen, Spritzen, Tauchen und Trocknen. Eine mechanische Formgebung ist häufig vorgeschaltet.

Je nach Beschichtungsmaterial und Be- oder Verarbeitungsverfahren entstehen nach Art und Umfang unterschiedliche Emissionen. Bei der mechanischen Formgebung entstehen hauptsächlich Stäube, deren Emissionen seit Jahren mit wirksamen Gewebefiltern gemindert werden. Gasförmige Emissionen aus Veredelungsprozessen enthalten überwiegend →Lösemittel, die mit den Verfahren der thermischen oder katalytischen →Nachverbrennung, →Absorption, →Adsorption oder biologischen →Abgasreinigung vermindert werden können. Ziel ist jedoch, möglichst lösemittelfreie oder -arme Beschichtungsstoffe zu verwenden, bei denen die Entstehung von luftverunreinigenden Emissionen weitgehend vermieden werden kann.

Bei der Holzstoffbearbeitung zur Herstellung von Sperrholzplatten werden Furnierhölzer verleimt, gepreßt, gesäumt und geschliffen. Die wesentlichen Emissionen sind die Holzstäube und die bei der Verleimung freigesetzten organischen Schadstoffe. Zur →Staubabscheidung werden Gewebefilter eingesetzt.

Der besonders emissionsrelevante Produktionsbereich ist die Herstellung von Spanplatten und Faserplatten.

Atembare Holzstäube sind entsprechend der MAK-Werte-Liste in der Klasse III B (Stoffe mit begründetem Verdacht auf krebserzeugendes Potential) und Eichen- sowie Buchenstäube in der Gruppe III A 1 (Stoffe, die beim Menschen erfahrungsgemäß bösartige Geschwülste verursachen) eingestuft. Die Emissionen dieser Holzstäube sind möglichst gering zu halten.

Anlagen zur Herstellung von Holzfaserplatten, Holzspanplatten oder Holzfasermatten sind gemäß Nr. 6.3 Spalte 1 des Anhangs zur →4. BImSchV im förmlichen Verfahren zu genehmigen. In Nr. 3.3.6.3.1 der TA Luft sind besondere Anforderungen an die Emissionsminderung gestellt. Alle übrigen Anlagen der H. sind nicht genehmigungsbedürftig; für sie gilt die →7. BImSchV. *W. Koch*

Literatur: VDI 3462 E: Emissionsminderung: Holzbearbeitung und Holzverarbeitung. 9/1993.

Holzprodukt, formaldehydarmes. Holzwerkstoffe (Spanplatten, Tischlerplatten, Furnierplatten und Faserplatten) sind die wichtigsten Quellen von →Formaldehyd in Innenräumen. Hohe Formaldehydgehalte in Holzwerkstoffen und den daraus hergestellten Holzprodukten (Möbel, Türen, Parkett usw.) haben in der Vergangenheit häufig zu erheblichen Belastungen der Innenraumluft geführt (→Innenraumluft-Reinhaltung). Dabei wurde der vom Bundesgesundheitsamt empfohlene Richtwert für Formaldehyd in der Innenraumluft von 0,1 ppm teilweise um ein Mehrfaches überschritten. 1986 wurden Regelungen für Holzwerkstoffe in die →Gefahrstoffverordnung aufgenommen, die jetzt in der →Chemikalien-Verbotsverordnung (ChemVerbotsV) enthalten sind. Danach dürfen Holzwerkstoffe nicht in den Verkehr gebracht werden, wenn sie im Prüfraum zu einer Ausgleichskonzentration größer 0,1 ppm Formaldehyd führen; dies gilt auch für Möbel. Die Ausgleichskonzentration ist nach den im Prüfverfahren für Holzwerkstoffe veröffentlichten Kriterien zu bestimmen. Hierzu gehören:
- Größe des Prüfraums: 12 m³
- Temperatur: 23° C ± 1° C
- relative Luftfeuchte: 1h⁻¹ ± 0,1h⁻¹
- Beladung: 1 m² Platte/m³ Luftvolumen.

Die Bestimmung der Formaldehyd-Konzentration im Prüfraum ist relativ aufwendig. Die Prüfdauer bis zum Erreichen der Ausgleichskonzentration beträgt 10–25 Tage. Das Prüfraumverfahren dient daher hauptsächlich als Referenzverfahren. Die Verwendung abgeleiteter Prüfmethoden (z. B. der Gasanalysenmethode nach DIN 52 368 oder der Perforatormethode nach DIN EN 120) ist zulässig, wenn der Nachweis einer hinreichend großen Korrelation zur Prüfraummethode gegeben ist. Holzprodukte, die diesen Anforderungen genügen, enthalten im Vergleich zu früher deutlich weniger Formaldehyd. Unter ungünstigen Umständen, die deutlich von den Prüfbedingungen abweichen (hohe und geringer Luftwechsel sowie höhere Temperatur und Luftfeuchte), sind Überschreitungen des Richtwertes von 0,1 ppm Formaldehyd möglich. Dann kann nur durch die Verwendung f. H. (gekennzeichnet mit dem →Umweltzeichen) oder formaldehydfreier Holzwerkstoffplatten die Einhaltung des Richtwerts erreicht werden.   *Plehn*

Literatur: DIN 52368: Prüfung von Spanplatten. Bestimmung der Formaldehydabgabe durch Gasanalyse. 9/1984. – DIN EN 120: Spanplatten. Bestimmung des Formaldehydgehaltes. Extraktionsverfahren genannt Perforatormethode. 5/1990. – Prüfverfahren für Holzwerkstoffe: Bekanntmachung des Bundesgesundheitsamtes. Bundesgesundheitsblatt 10/91. – Umweltfreundliche Beschaffung. 3. Aufl. Hrsg.: Umweltbundesamt. 1993.

Homosphäre. Schicht der →Atmosphäre bis zu einer Höhe von knapp 100 km, in der die atmosphä-

rischen Gase so stark durchmischt sind, daß ihr Mischungsverhältnis praktisch gleich bleibt, wenn man von der Abnahme des H_2O, der Bildung des O_3 und anderer Spurengase absieht.

Es behält auch die relative Molekülmasse bis in Höhen von 80 km ihren Bodenwert. Die Luftbewegungen in der H. lassen sich mit den Gesetzen der Meteorologie beschreiben. Über der H. liegt die Heterosphäre, in der die atmosphärischen Gase unter der Einwirkung der Sonnenstrahlung dissoziiert und ionisiert werden. Damit unterliegen die Bewegungen der Luft in der Heterosphäre anderen Einflüssen als in der H., so z. B. dem erdmagnetischen Feld und den Gezeiten der Atmosphäre. Außerdem erfolgt in der Heterosphäre eine Entmischung, d. h. eine Schichtung der Gase mit hohem Molekulargewicht unter diejenigen mit geringerem als Folge des Zusammenwirkens von Gravitation und Diffusion. Den Übergang zwischen H. und Heterosphäre bildet eine zwischen 80 und 130 km Höhe liegende Turbulenzschicht.   *Giebel*

Horizontalachsenmaschine. →Windenergiekonverter (WEK), dessen Rotorachse auf der Spitze des Konverterturms horizontal angeordnet ist. Propel-

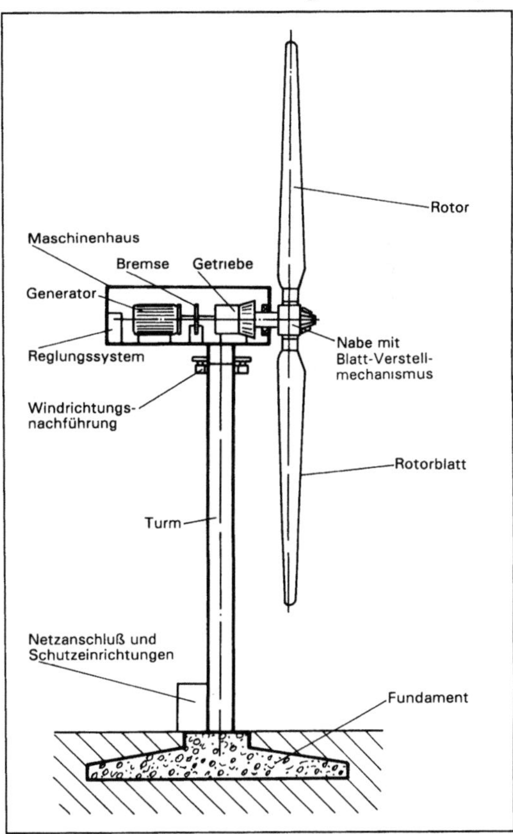

Horizontalachsenmaschine: Windenergiekonverter/H.

lerartig wird die Achse von einem 1- bis 4-Blatt-Rotor angetrieben; sie treibt in der Regel über ein Getriebe einen elektrischen Generator. Rotor und Maschinenhaus sind drehbar gelagert. Über Windfahnen oder Seitenräder und Schneckengetriebe wird die Rotorfläche normal zur Richtung der maximalen Windgeschwindigkeit ausgerichtet. Rotoren können Luv- und Leeläufer sein, je nachdem ob der Rotor hinter oder vor dem Konverterturm angeordnet ist. Windgeschwindigkeitsabhängige Leistungsregelung geschieht bei einfacheren Maschinen durch Strömungsabriß an den Rotorblättern (stall) oder durch kinematische Anstellwinkelregelung (pitch). WEK-Türme sind Gittermast-, Beton- oder Stahlkonstruktionen; moderne Rotorblätter werden mit hohen spezifischen Steifigkeiten und Festigkeiten in faserverstärkter Kunststoffbauweise ausgeführt. Schlanke WEK-Entwürfe in Leichtbau werden für überkritische Rotordrehzahl ausgeführt. Turm und Maschinenhaus sind rezyklierfähig, wie es Hochbauten und Maschinenbaukomponenten sind; die Rezyklierung der Rotorblätter in faserverstärkter Kunststoffbauweise bedarf besonderen Augenmerks. *C.-J. Winter*

Literatur: *Hau, E.:* Windkraftanlagen – Grundlagen, Technik, Einsatz, Wirtschaftlichkeit. Berlin 1988. – *Molly, J.-P.:* Windenergie: Theorie – Anwendung – Messung. 2. Aufl. Karlsruhe 1990.

Hortitherm. Beim H.-System (von *lat.* hortus = Garten und *griech.* thermé = Wärme) wird ausschließlich Abwärme aus Kraftwerken zur Beheizung von Gewächshäusern genutzt. Es handelt sich wie bei →Agrotherm um Kühlwasser von 30–40 °C, von dem ein Teilstrom nicht dem →Kühlturm, sondern den Gewächshäusern zugeleitet und dort um 5–8 K abgekühlt wird. Die Nutzung von Abwärme auf dem niedrigsten im Kraftwerk erreichbaren Temperaturniveau erfolgt in vielen Ländern und ist insbesondere in Frankreich verbreitet. Das H.-System, das von der RWE Energie AG entwickelt wurde, ist das einzige, das auf eine Ersatzheizung oder Ergänzungsheizung durch eine konventionelle Kesselanlage verzichtet und ausschließlich auf Niedertemperaturabwärme gestützt ist. Dieses System setzt voraus, daß die Abwärme aus einem Grundlastkraftwerk mit Kreislaufkühlung geliefert wird, das über mehrere voneinander unabhängige Blöcke verfügt, damit Temperaturniveau und Versorgungssicherheit gewährleistet werden.

Ein kommerzielles Projekt wurde 1987 am Braunkohlenkraftwerk Bergheim-Niederaußem begonnen. Es steht ein bislang landwirtschaftlich genutztes Grundstück in unmittelbarer Kraftwerksnähe zur Verfügung (Bild 1), auf dem 30 ha Gewächshausfläche errichtet werden können. Die Infrastruktur wie Wasser, Entwässerung, Straßen usw., insbesondere

Hortitherm 1: H.-Anlage am Braunkohlen-Kraftwerk Niederaußem mit 6,0 ha Gewächshäusern, die mit Kraftwerksabwärme geheizt werden. (Quelle: RWE Energie AG)

aber das H.-Abwärmenetz steht Gärtnern zur Verfügung, die als selbständige Unternehmer Gartenbaubetriebe errichten.

Das H.-Heizsystem ist eine Niedertemperatur-Luftheizung. Luftkanäle mit Ventilatoren und großflächigen Wärmetauschern sind an den Stehwänden der Gewächshausmodule montiert. Die Luft wird im unteren Bereich des Gewächshauses von Ventilatoren angesaugt, im geschlossenem Luftkanal den Wärmetauschern zugeführt und dann erwärmt in das Gewächshaus geblasen (Bild 2). Die dabei gebildete Luftwalze führt zu einer gleichmäßigen Erwärmung des Hauses. Sowohl bei Tischkulturen als auch bei Bodenkulturen hat das System sich über mehrere, dabei einen sehr kalten Winter bewährt.

Hortitherm 2: Aufbau (prinzipiell) einer H.-Niedertemperatur-Luftheizung.

Die Wärmenutzung ist sehr effektiv, da im Jahresmittel mit 1 kWh elektrischer Energie für Ventilatoren und Pumpen 30 kWh Wärme dem Gewächshaus zugeführt werden. Der Wärmebedarf eines

1 ha-Gewächshauses beträgt bei -12 °C Außentemperatur und 18 °C Innentemperatur 2,5–3,0 MW. Die Abwärme eines Kraftwerksblockes von 600 MW elektrischer Leistung beträgt ca. 900 MW, würde also für 300 ha Gewächshausfläche, das 10fache des Projektes Niederaußem, genügen.

Der Ersatz von Öl, Gas oder Kohle durch Abwärme für die Beheizung von 30 ha Unterglasfläche ergibt eine jährliche Ersparnis von 18,9 Mio. l Heizöl oder 18,9 Mio. m³ Erdgas oder 25 000 t Kohle. Die Minderung des Schadstoffausstoßes beträgt beim Vergleich mit leichtem Heizöl jährlich 1,6 t Ruß, 14 t CO, 86 t NO_X, 97 t SO_2 und 52 000 t CO_2. Jährlich werden 156 000 MWh Wärme statt über den Kühlturm über die Gewächshäuser an die Umgebung abgegeben. Die gezielte Erzeugung dieser Wärmemenge durch eine konventionelle Heizung entfällt ebenso wie der Energieverlust von der Energiegewinnung bis zur Umwandlung im Kessel.

Wirtschaftlich ist das H.-System für die Gärtner attraktiv. Die Heizkosten bestehen aus den Kapitalkosten für die Installation der Abwärmeleitung, den geringen Mehrkosten für die Installation des Niedertemperatur-Heizsystems im Gewächshaus statt konventioneller Heiztechnik und den Stromkosten für die Ventilatoren. Die Heizkosten sind bis auf die Stromkosten feste Kosten und sind insgesamt so hoch wie die Kosten einer konventionellen Ölheizung bei einem Ölpreis von 0,18 DM/l. Die zur Gewächshausheizung genutzte Kraftwerksabwärme wird unentgeltlich abgegeben. *Rumpf*

Hostaquick (Heptenophos).
☐ Stoff-Identifizierungs-Nr.:
CAS-Nr.: 23560-59-0
EG-Nr.: 015-126-00-1
EINECS-Nr.: 245-737-0
☐ Chemische Formel: $C_9H_{12}ClO_4P$
☐ Stoffcharakteristik: Hellbraune Flüssigkeit mit typischem Phosphosäureester-Geruch, schwer löslich in Wasser, gut löslich in Aceton, →Methanol und →Xylol.
☐ Gefahrenmerkmale:
– Stoffliste nach § 4a der →Gefahrstoffverordnung:
Gefahrenkennbuchstabe(n): T
R-Sätze: 25
S-Sätze: 1/2-23-28-37-45
– Stoffliste (Anhang II) der →Störfall-Verordnung:
Nr. 172 und 4c
– →Wassergefährdungsklasse: WGK 3
Fischer/M. Schön

Hot-Dry-Rock-Verfahren →Geothermische Energie

HRS →Hazard Ranking System

HTR →Hochtemperaturreaktor

Hüllflächenverfahren. Ein Geräuschmeßverfahren (Emissionsmessung) zur Ermittlung der von einer Geräuschquelle an die umgebende Luft abgestrahlten →Schalleistung.

Mit Hilfe von Schalldruckpegelmessungen auf einer Hüllfläche, die die Maschine umgibt, und unter der Voraussetzung, daß das Quadrat des Schalldrucks proportional zur Schalleistung und zur Flächengröße der Hüllfläche ist, wird die Schalleistung, und zwar üblicherweise die A-bewertete Schalleistung wie folgt bestimmt:

$$L_{WA} = \overline{L_{pA}} + L_S \qquad\qquad dB$$

$\overline{L_{pA}}$ = Mittelwert der →Schalldruckpegel auf der Hüllfläche in dB

$$L_S = 10 \lg \frac{S}{S_o}$$

S = Inhalt der Hüllfläche in m^2
S_o = 1 m^2

Auf einfachen Hüllflächen (Kugel-, Quaderoberfläche) wird an wenigen Meßpunkten der Schalldruckpegel L_{pA} gemessen, daraus ein Mittelwert gebildet und zu diesem das Meßflächenmaß L_S, eine logarithmische Größe des Hüllflächeninhalts, addiert.

Das H. ist anwendbar bei freier Schallausbreitung sowie für Messungen in üblichen Maschinen- und Betriebsräumen, wobei hier gegebenenfalls Umgebungskorrekturen bei der Schalleistungsberechnung vorzunehmen sind. *Strauch*

Literatur: DIN 45635, Teil 1: Geräuschmessung an Maschinen, Luftschallimmission, Hüllflächenverfahren. 4/1984.

Human body counter →Ganzkörperzähler

Humanökologie. H. ist eine Teildisziplin der →Ökologie, die sich speziell den Beziehungen zwischen Mensch und Umwelt widmet. Im Mittelpunkt steht der Mensch als Teil natürlicher und von ihm geschaffener Ökosysteme mit einer besonderen Betonung des menschlichen Verhaltens. Hinzu kommen Gesichtspunkte der allgemeinen Bevölkerungslehre (Demographie), der Ökologie und Ökonomie von Ressourcen wie Energie, Rohstoffe und Nahrung, der Veränderung von Ökosystemen durch vom Menschen bedingte Umweltverschmutzungen.

Viele Fragestellungen und Arbeitsbereiche der H. decken oder überschneiden sich mit solchen der allgemeinen angewandten Ökologie. Andererseits wird die H. zunehmend auch als Tätigkeitsfeld geisteswissenschaftlicher Disziplinen, insbesondere der Sozialwissenschaften, verstanden und greift sogar in die Medizin-, Rechts- und Wirtschaftswissenschaften über. Eine derartige Interdisziplinarität ist erforderlich, um nach Lösungsmöglichkeiten für die den Menschen betreffenden Probleme in der →Biosphäre zu suchen. Eine Deutsche Gesellschaft für H. wurde 1989 von Sozialwissenschaftlern gegründet. *Haber*

Literatur: *Bargatzky, T.*: Einfuhrung in die Kulturökologie. Umwelt, Kultur und Gesellschaft. Berlin 1986. – *Glaeser, B.* (Hrsg.): Humanökologie. Grundlagen präventiver Umweltpolitik. Opladen 1989.

Humantoxizität. Gelegentlich gebrauchte Bezeichnung für toxische Wirkungen von Noxen auf den Menschen. Der Begriff ist wenig sinnvoll, weil jeder Stoff in Abhängigkeit von der Expositionshöhe bei jedem Lebewesen, d. h. auch beim Menschen toxisch ist (→Toxikologie). Man kann daher nicht von einer spezifisch auf den Menschen gerichteten →Toxizität ausgehen. *Greim*

Huminstoffe. Ihrer pflanzlichen Herkunft entsprechend, besteht Braunkohle aus unterschiedlichen Anteilen an Huminsäuren. Diese entstehen aus dem pflanzlichen Ausgangsprodukt während der Inkohlung durch bio- und geochemische Umwandlungsprozesse. Die Molekülstruktur ist komplex und in ihrer Gesamtheit auch mit modernen analytischen Verfahren kaum vollständig aufzuklären.

H. können mit Lösemitteln durch anschließende Fällung in verschiedene Klassen zerlegt werden. So sind Huminsäuren in Alkalilaugen löslich und unter Salzbildung durch Mineralsäuren ausfällbar. Braunkohlen mit hohen Anteilen an Huminsäuren sind, meist im Gemisch mit Zusatzstoffen, als Bodenverbesserer (Humussubstrat) zu verwenden. Unter dem Namen Perlhumus wird ein solches Produkt aus rheinischer Braunkohle hergestellt. Einsatzbereich sind die →Rekultivierung von Tagebauen, der Weinbau sowie die Landwirtschaft. *Wolfrum*

Literatur: *Kickuth, R.*: Huminstoffe – ihre Chemie und Ökochemie. Chemie für Labor und Betrieb (1972) Nr. 11, S. 482–86. – *Petzold, E.; F. H. Kortmann*: Braunkohlenveredelung (Hrsg.). Rheinische Braunkohlenwerke AG, Düsseldorf 1976. – *Wolfrum, E.*: Physikalische und chemische Kenndaten von Kohlenstäuben und deren Bestimmungsmethoden. Braunkohle **35** (1983), H. 10, S. 229.

Hybridantrieb. Fahrzeuge mit H. haben i. a. einen Verbrennungs- und einen Elektromotor als Antriebsquellen. Je nach Einsatzgebiet wird ein Motor dem Antriebsstrang zugeschaltet. So ist ein zügiger Überlandbetrieb mit dem Verbrennungsmotor genau so möglich wie ein emissionsfreier Stadtbetrieb mit dem Elektromotor.

Ein spezieller Hybridmotor nutzt zweifach die freiwerdende Abgasenergie. Zum einen wird eine Abgasturboladergruppe betrieben, die eine höhere Zylinderfüllung bewirkt. Zum anderen treibt das Abgas ein Laufrad an, das mit der Kurbelwelle

mechanisch verbunden ist und so direkt unterstützend auf den Antriebsstrang wirkt. *Klee/May*

Hybridisierung.
1. Die Herstellung von Hybridoma-Zellen, d. h. Verschmelzung von zwei Zellen unterschiedlichen Genotyps durch Zellfusion oder analoge Techniken;
2. Die Ausbildung eines doppelsträngigen Nucleinsäuremoleküls aus zwei getrennten einsträngigen Nucleinsäuren nach dem Prinzip der →Basenpaarung *Flohé*

Hybridkraftwerk →Hybridsystem, solares

Hybridsystem, solares. S. H. sind Kombinationen von solaren und nicht solaren (fossilen) Systemen, ausschließlich mit dem Ziel, die wegen Fehlens eines Speichers nicht jederzeitige Verfügbarkeit zu verbessern. Beispiele hybrider Systeme aus der Hausenergieversorgung sind bivalente Wärmepumpen oder solarthermische Kollektoren und Erdgas- oder Leichtölspitzenkessel; im großtechnischen Bereich sind solare Hybridkraftwerke zu nennen.

Speicherlose Sonnenkraftwerke liefern Wärme und/oder Strom, solange die →Einstrahlung hinreichend ist. Werden zu solarthermischen →Kraftwerken – bislang auf dem Markt nicht erhältliche – Hochtemperatur-Stundenspeicher hinzugefügt, wird der Kapazitätsfaktor des Kraftwerks erhöht und seine tägliche Betriebsdauer in die Morgenstunden vor Sonnenaufgang oder in die Abendstunden nach Sonnenuntergang ausgedehnt. Energielieferung aus Heliostaten- oder Parabolrinnenfeldern mit Solarvielfachen >1 an den Speicher geschieht simultan mit der Energielieferung an die Kraftwerksturbine.

Solare Hybridkraftwerke sind solarthermische Kraftwerke, die ausgelegt sind, die solare Primärenergie Sonnenstrahlung und – als Zusatzenergie – Erdgas oder Heizöl zu nutzen, im Gegensatz zu Sonnenkraftwerken ohne fossile Zusatzenergie (solar only). Das Motiv liegt in der Erhöhung des Kraftwerk-Kapazitätsfaktors über Zeiten der Wolkenbedeckung und in die frühen Morgen- und späten Abendstunden hinein. Die Betriebszeiten von hybriden solarthermischen Kraftwerken sind höher; die Rekapitalisierung der Investition kann über längere Betriebszeiträume geschehen. *C.-J. Winter*

HYDABA →Datenbank für Gewässergüte

Hydraulikflüssigkeit. Die im Steinkohlenbergbau eingesetzten schwerentflammbaren H. müssen hinsichtlich brandtechnischer, bergbauhygienischer, technologischer und ökologischer Eigenschaften die Prüfvorschriften des jeweils gültigen Luxemburger

Berichts der EG-Kommission erfüllen. Die nationale Zulassung erfolgt durch die zuständigen Bergbehörden. H. werden in fünf Gruppen (HFA bis HFE) eingeteilt. Von den H. der Gruppe HFD (wasserfreie Flüssigkeiten) waren in der Vergangenheit lange Zeit nur PCB (polychlorierte →Biphenyle) enthaltende Flüssigkeiten zugelassen. Sie werden aus Umweltschutzgründen seit 1984 nicht mehr eingesetzt. Gleiches gilt für die danach im Austausch eingesetzte HFD-Flüssigkeit →Ugilec, deren Herstellung und Vertrieb 1991 eingestellt wurde. Im Steinkohlenbergbau sind seit 1984 durch technische und organisatorische Maßnahmen (z. B. Betriebsanweisung) die Einsatzmengen an HFD-Flüssigkeiten ständig zurückgegangen. Dies wurde erreicht durch Umstellung auf umweltverträglichere Ersatzflüssigkeiten (→Polyglykole; Fettsäureester) bzw. Wasser oder durch Einsatz flüssigkeitsfreier Techniken. *Roge*

Hydrazin.

□ Stoff-Identifizierungs-Nr.:
CAS-Nr.: 302-01-2
EG-Nr.: 007-008-00-3
UN-Nr.: 2029
EINECS-Nr.: 206-114-9
□ Chemische Formel: H_4N_2
□ Stoffcharakteristik: Farblose, ölige, sehr giftige, mit Wasser mischbare, an der Luft stark rauchende Flüssigkeit, mit stechendem, ammoniak-ähnlichem Geruch. Schwer flüchtig. Sehr reaktionsfähig, entzündlich, mit porösem Material an Luft spontan entzündbar, allein und im Gemisch mit Luft explosibel, bildet explosionsfähige Salze.
□ Gefahrenmerkmale:
– Stoffliste nach § 4a der →Gefahrstoffverordnung:
Gefahrenkennbuchstabe(n): T
R-Sätze: 45-10-23/24/25-34-43
S-Sätze: 53-45
– Besondere Stoffeigenschaften nach TRGS 500: krebserzeugend: EG-Kat. 2
– Arbeitsschutzwerte nach TRGS 900: →TRK-Wert (mg/m³): 0,13
– Stoffliste (Anhang II) der →Störfall-Verordnung: Nr. 176 und 4c
– →Wassergefährdungsklasse: WGK 3
– Emissionswerte: →TA Luft Einstufung: 2.3 Klasse III *Fischer/M. Schön*

Hydrazinhydrat.

□ Stoff-Identifizierungs-Nr.:
CAS-Nr.: 7803-57-8
EG-Nr.: 007-008-00-3
UN-Nr.: 2030
□ Chemische Formel: $H_4N_2 \cdot H_2O$
□ Stoffcharakteristik: Wasserklare, lichtbrechende, an Luft schwach rauchende, mit Wasser mischbare,

hygroskopische Flüssigkeit mit ammoniak- bis fischartigem Geruch. Starkes Reduktionsmittel. Bildet explosive Salze. Reagiert stark alkalisch. Heftige Reaktion bei Kontakt mit starken Säuren.
□ Gefahrenmerkmale:
– Stoffliste nach § 4a der →Gefahrstoffverordnung:
Gefahrenkennbuchstabe(n): T
R-Sätze: 45-10-23/24/25-34-43
S-Sätze: 53-45
– Besondere Stoffeigenschaften nach TRGS 500: krebserzeugend: EG-Kat. 2
– Stoffliste (Anhang II) der →Störfall-Verordnung: Nr. 176 und 4c
– →Wassergefährdungsklasse: WGK 3
– Emissionswerte: TA Luft Einstufung: 2.3 (gemäß MAK-Liste) *Fischer/M. Schön*

Hydrobiosphäre →Biosphäre

Hydroperoxid, organisch.

Im Verlauf der Oxidation von Kohlenwasserstoffen durch OH- bzw. NO_3-Radikale entstehen Peroxyradikale RO_2; R ist eine Alkyl- bzw. Acylgruppe oder ein Wasserstoffatom. Bei sehr niedrigen NO_x-Konzentrationen reagieren RO_2-Radikale vermutlich vor allem mit HO_2, im Falle von R = Alkyl- oder Acylgruppe (1) als Reaktionpartner unter Bildung von organischen Hydroperoxiden oder unter Bildung von →Wasserstoffperoxid (2) mit R = HO_2 als Reaktionspartner:

$$RO_2 + HO_2 \rightarrow ROOH + O_2 \tag{1}$$
$$HO_2 + HO_2 \rightarrow H_2O_2 + O_2 \tag{2}$$

Ferner führt die Reaktion von atmosphärischem Ozon mit biogenen, ungesättigten Kohlenwasserstoffen, wie →Terpenen und →Isopren, zur Bildung einer Vielzahl von Radikalen, die bei Folgereaktionen auch o. H. bilden können. Hydroxymethylhydroperoxid ($HOCH_2OOH$) und bis Hydroxymethylperoxid ($HOCH_2OOCH_2OH$) sind als Produkte der Reaktion von Ozon mit Alkenen und Terpenen nachgewiesen worden. Es wird vermutet, daß o. H. zusammen mit Wasserstoffperoxid für die Ausbildung von Waldschadenssymptomen (→Waldschäden) verantwortlich sein können. Die phytotoxische Wirkung dieser Substanzen ist bekannt. Organische H. sind wasserlöslich und müssen als wichtige Reaktionspartner für Oxidationsvorgänge in Regen- oder Nebeltröpfchen sowie an feuchten Oberflächen angesehen werden.
Modellrechnungen lassen für die einfachsten o. H. Methylhydroperoxid (CH_3OOH) und Peroxyessigsäure ($CH_3C[O]OOH$) im Sommer Konzentrationen bis 1 ppbV erwarten. Einige o. H. sind neuerdings zum ersten Mal in Feldmessungen in Europa und USA sowohl in der Waldluft als auch in den Blättern von Pflanzen nachgewiesen worden.

623

Atmosphärische Konzentrationen von Hydroxymethylhydroperoxid und Methylhydroperoxid sind im Bereich von 0,3 bis 3,3 ppbV bzw. <50 bis 800 pptV gemessen worden. Die Konzentrationen von allen anderen gemessenen o. H. lagen <200 pptV. *Barnes*

Literatur: *Ganz, D. W.; M. R. Hoffmann:* Atmospheric Chemistry of Peroxides: A Review Atm. Environ. **24A** (1990) pp. 1601–1633.

Hydrosphäre →Biosphäre

Hydroxylradikal. Das H. (auch →OH-Radikal) ist das wichtigste →Radikal in der →Atmosphärenchemie. Durch H. wird der →Abbau der meisten atmosphärischen Spurengase eingeleitet. Die globale H.-Konzentration beträgt, über Tag und Nacht gemittelt, etwa $5 \cdot 10^5$ Radikale cm^{-3}. In Reinluftgebieten, weit entfernt von menschlichen Aktivitäten, reagieren etwa 75% der H. mit Kohlenmonoxid (CO) und der Rest hauptsächlich mit Methan (CH_4). Obwohl die H. zum größten Teil mit CO und CH_4 reagieren, führen die Reaktionen nicht unbedingt zur Entfernung von H. aus der Atmosphäre. Die Reaktionen setzen Kettenreaktionen in Gang, die H. wieder zurückbilden, z. B. die CO-Oxidation:

$$CO + OH \rightarrow CO_2 + H$$
$$H + O_2 + M \rightarrow HO_2 + M$$
$$HO_2 + NO \rightarrow OH + NO_2$$

Dies hat wichtige Konsequenzen für die chemische Zusammensetzung der →Troposphäre. NO_x (Stickoxide) ist in vielen dieser Reaktionen als Katalysator beteiligt. Die Oxidation von CH_4 und CO führt zu einem Verlust von OH- und HO_2-Radikalen unter NO-armen Bedingungen und einer Zunahme von O_3 (Ozon) unter NO-reichen Bedingungen. Die wichtigsten Bildungsreaktionen für das H. in der Troposphäre sind die folgenden Reaktionen, wobei die Reaktion von angeregten Sauerstoffatomen mit Wasser die Hauptquelle darstellt:

$$O_3 + h\nu \ (\lambda \leq 310 \text{ nm}) \rightarrow O(^1D) + O_2(^1\Delta_g)$$
$$O(^1D) + H_2O \rightarrow 2OH$$
$$(J_{O_3} = 1,2 \cdot 10^{-5} \text{ s}^{-1}, \text{ Sommermittag, mittlere Breiten NH})$$

$$HCHO + h\nu \ (\lambda \leq 340 \text{ nm}) \rightarrow H + HCO$$
$$H + O_2 + M \rightarrow HO_2 + M$$
$$HCO + O_2 \rightarrow HO_2 + CO$$
$$HO_2 + NO \rightarrow OH + NO_2$$
$$(J_{HCHO} = 2,3 \cdot 10^{-5} \text{ s}^{-1}, \text{ Sommermittag, mittlere Breiten})$$

$$H_2O_2 + h\nu \ (\lambda \leq 340 \text{ nm}) \rightarrow 2OH$$
$$(J_{H_2O_2} = 6,7 \cdot 10^{-6} \text{ s}^{-1}, \text{ Sommermittag, mittlere Breiten})$$

J ist die →Photolysefrequenz (→Photochemie) $O(^1D)$ und $O_2(^1\Delta g)$ sind angeregte Sauerstoffatome bzw. Sauerstoffmoleküle. *Barnes*

HYSOLAR. Abgeleitet von *engl.* Hydrogen from Solar Energy bezeichnet H. ein deutsch-saudiarabisches Forschungs-, Entwicklungs- und Demonstrationsprojekt zur solaren Erzeugung von Wasserstoff als Energieträger, zu Speicherung und Transport sowie Nutzung im Wärmemarkt, in Transport und Verkehr und in der Wiederverstromung. Die Bundesrepublik Deutschland und das Land Baden-Württemberg sind zu je einem Viertel, das Königreich Saudiarabien zur Hälfte an der Projektsumme von ca. $50 \cdot 10^6$ DM in der ersten Phase (1987–1991) beteiligt.

Es gibt sechs Projektteile: 1. Die Demonstration der solar-elektrolytischen Herstellung von solarem Wasserstoff mit einer 350 kW-Photovoltaik-Elektrolyse-Anlage im Solar Village in Riad; 2. Forschung und Entwicklung an fortgeschrittener Elektrolyse und Photokatalyse im 10 kW-H.-Haus in Stuttgart; 3. Forschung und Lehre an der 2-kW-Photovoltaik-Elektrolyse in Dschidda; 4. Grundlagenprogramm; 5. Systemanalyse und Nutzertechnologien; schließlich 6. Schulung und Lehre.

Ausführende sind die Deutsche Forschungsanstalt für Luft- und Raumfahrt, die Universität Stuttgart, die King Abdul Aziz City for Science and Technology sowie die saudischen Universitäten Dhahran, Dschidda und Riad. Eine zweite Phase für den Zeitraum bis 1995 ist in der Abwicklung. Ähnlich SWB – →Solar-Wasserstoff-Bayern – bildet H. eine frühe Vorstufe einer künftigen Solaren →Wasserstoff-Energiewirtschaft. *C.-J. Winter*

Literatur: *Winter, C.-J.; J. Nitsch* (Hrsg.): Wasserstoff als Energieträger. 2. Aufl. Berlin–Heidelberg–New York–Tokyo 1989.

I

ICP →Induktiv gekoppeltes Plasma

ICT-Beschleuniger. Abk. ICT, Insulating Core Transformer, →Beschleunigeranlage und Strahlenschutz

IEC. Abk. International Electrotechnical Commission. Die IEC wurde 1906 gegründet. Ebenso wie →CEN und →CENELEC eng zusammenarbeiten, haben auch IEC und →ISO enge Kooperationsvereinbarungen getroffen, um weltweit die Standardisierung auf allen Gebieten der Technik zu fördern.

In Deutschland ist für die Normung auf dem Gebiet der Elektrotechnik in erster Linie die Deutsche Elektrotechnische Kommission (DKE) zuständig. Die DKE ist ein Gemeinschaftsgremium von DIN und VDE (Verband Deutscher Elektrotechniker). Dieses Gemeinschaftsgremium ist auch deutsches Mitglied bei IEC und CENELEC. *Grefen*

IMIS. Abk. Integriertes Meß- und Informationssystem, →Umweltradioaktivität, großräumige Überwachung.

Immission. I. (*lat.* immittere = hineinsenden) sind Einwirkungen auf die Umwelt eines zu schützenden Akzeptors (Mensch, Tier, Pflanze, Sachgut). Eine I. liegt vor, wenn
– mit physischen Mitteln auf Menschen, Tiere, Pflanzen oder leblose Sachen eingewirkt wird (psychische Einwirkungen – z. B. Beleidigungen durch Gesten u. ä. – sind keine I.),
– die Einwirkungen in irgendeiner Form nachteilige Folgen haben können (auf den Grad der Schädlichkeit kommt es bei der Begriffsbestimmung nicht an),
– die Einwirkungen unmittelbar (z. B. durch Geräusche) oder mittelbar (z. B. durch Absorption des Sonnenlichts durch verunreinigte Luft) durch menschliches Verhalten verursacht sind (Einwirkungen durch die Luft in ihrer natürlichen Zusammensetzung sind keine I.) und
– die Einwirkungen über die bestehende Umwelt an die betroffenen Menschen, Tiere, Pflanzen oder Sachen herangetragen bzw. in den Boden, das Wasser oder die Atmosphäre eingetragen werden.

Nach der Legaldefinition des BImSchG sind I. auf Menschen, Tiere und Pflanzen, den Boden, das Wasser, die Atmosphäre sowie Kultur- und sonstige Sachgüter einwirkende Luftverunreinigungen, Geräusche, Erschütterungen, Licht, Wärme, Strahlen und ähnliche Umwelteinwirkungen (§ 3 Abs. 2 BImSchG). Dieser Begriff steht in einem engen Zusammenhang mit dem Begriff der →Emission. Emissionen werden zu I., wenn sie in einen Bereich gelangen, in dem sie unmittelbar auf einen Akzeptor einwirken können. Zwischen dem Verlassen des Emissionsbereichs und dem Eintritt in den Immissionsbereich liegt eine →Transmission vor. *Hansmann*

Immissionsgrenzwert. Als I. wird im bundesdeutschen Immissionsschutzrecht nur ein immissionsbegrenzender Wert mit rechtsnormativer – und damit gegenüber Dritten unmittelbarer – Verbindlichkeit bezeichnet. Im Sprachgebrauch wird diese besondere Bedeutung gegenüber Begriffen wie →Immissionswert, →Immissionsrichtwert, →Immissionsleitwert oder →maximale Immissionswerte (MI-Werte) nicht immer berücksichtigt.

Im Bereich der Lärmimmissionen sind I. zum Schutz der Nachbarschaft vor schädlichen Umwelteinwirkungen durch Verkehrsgeräusche in § 43 Abs. 1 BImSchG vorgesehen und in der →Verkehrslärmschutzverordnung festgesetzt; diese I. dürfen unter Zugrundelegung des in § 3 der Verordnung festgelegten Verfahrens zur Berechnung des →Beurteilungspegels nicht überschritten werden. Für den Fall der Überschreitung sind nach § 42 BImSchG Entschädigungen für Schallschutzmaßnahmen an betroffenen baulichen Anlagen vorgesehen.

Auch die →Sportanlagen-Lärmschutzverordnung enthält für Dritte unmittelbar verbindliche immissionsbegrenzende Werte, die jedoch nicht als I., sondern als Immissionsrichtwerte bezeichnet sind. Dies hat seinen Grund darin, daß die Errichtung und der Betrieb einer Sportanlage nicht immer von der Einhaltung der Werte abhängen; ihnen fehlt insoweit der Grenzwertcharakter. Die Überprüfung der Einhaltung der grundsätzlich festgelegten Immissionsrichtwerte (§ 2 Abs. 2 der Verordnung), die nach einem in der Verordnung geregeltem Ermittlungs- und Beurteilungsverfahren vorgenommen wird, ist mit weiter differenzierenden Bewertungsvorschriften gekoppelt; außerdem soll die Behörde nicht bei jeder Überschreitung der Werte eingreifen.

Für den Bereich der Luftreinhaltung sind I. in einigen EG-Richtlinien über Grenzwerte und Leitwerte der Luftqualität enthalten (→EG-Richtlinien über Luftqualitätsnormen):
- Richtlinie 80/779/EWG für Schwefeldioxid und Schwebestaub, geändert durch Richtlinie 89/427/EWG,
- Richtlinie 82/884/EWG für Blei,
- Richtlinie 85/203/EWG für Stickstoffdioxid.

EG-Richtlinien stellen jedoch nicht unmittelbar in der Bundesrepublik Deutschland anzuwendendes Recht dar, sondern müssen in nationales Recht transformiert werden. Über die in EG-Richtlinien enthaltenen I. sind in den Mitgliedstaaten „die erforderlichen Rechts- und Verwaltungsvorschriften" zu erlassen; dies ist für die vier genannten Immissionskomponenten in der Bundesrepublik in der →TA Luft (Nr. 2.5.1) als allgemeiner Verwaltungsvorschrift geschehen (→Immissionswerte der TA Luft). Dort sind alle immissionsbegrenzenden Werte jedoch als Immissionswerte – mit dem entsprechenden Charakter eines lediglich als Entscheidungsgrundlage für die Immissionsschutzbehörde dienenden Wertes – bezeichnet, die nicht den gleichen Verbindlichkeitsgrad haben wie in Rechtsnormen festgesetzte I. Dies hat dazu geführt, daß der Europäische Gerichtshof mit Urteilen vom 30. 5. 1991 festgestellt hat, daß die Bundesrepublik Deutschland nicht alle erforderlichen Maßnahmen getroffen hat, um die I. der EG-Richtlinien verbindlich festzulegen. Daraufhin ist mit der →22. BImSchV die entsprechende verbindliche Regelung erlassen worden. *Dreyhaupt*

Immissionskataster. Im Rahmen der Luftreinhalteplanung sind in →Untersuchungsgebieten und gleichgestellten Gebieten „Art und Umfang bestimmter Luftverunreinigungen in der Atmosphäre, die schädliche Umwelteinwirkungen hervorrufen können, in einem bestimmten Zeitraum oder fortlaufend festzustellen sowie die für ihre Entstehung und →Ausbreitung bedeutsamen Umstände zu untersuchen" (§ 44 Abs. 1 BImSchG). Für diese Feststellungen und Untersuchungen gilt die 4. Allgemeine Verwaltungsvorschrift zum BImSchG (Ermittlung von Immissionen in Untersuchungsgebieten – 4. BImSchVwV) vom 26. November 1993 (GMBl. S. 827), in der im wesentlichen Vorschriften über die Meßobjekte (Luftverunreinigungskomponenten, meteorologische Einflußgrößen), über Zahl und Lage der Meßstellen, über die Meßverfahren und Meßgeräte sowie über die Auswertung der Meßergebnisse enthalten sind.

Wichtigstes Ergebnis dieser Immissionsmessungen in einem Untersuchungsgebiet ist das I., das gemeinsam mit dem →Emissionskataster hinsichtlich der Frage auszuwerten ist, ob ein →Luftreinhalteplan aufzustellen ist. Ist diese Frage zu bejahen,

so wird das I. Bestandteil des Luftreinhalteplans. Die Darstellung des I. in einem Luftreinhalteplan erfolgt u. a. jeweils schadstoffbezogen in einem dem Untersuchungsgebiet überlagerten Flächen- oder Meßstellenraster in mit den Immissions- oder Immissionsgrenzwerten vergleichbaren Werten. *Dreyhaupt*

Immissionsleitwert. →Immissionsstandard mit Vorsorgecharakter. I. haben bisher nur Anwendung gefunden im BImSchG für den Bereich der Luftreinhaltung, und zwar durch Verweis auf entsprechendes EG-Recht; I. sind demnach maßgeblich als ein Kriterium für die Ausweisung von →Untersuchungsgebieten (§ 44 Abs. 1) und fakultative Voraussetzung (Kann-Bestimmung) für die Aufstellung eines →Luftreinhalteplans als Vorsorgeplan (§ 47 Abs. 1). Diese Bestimmungen sind wirksam im Zusammenhang mit den in den EG-Richtlinien über
- Grenzwerte und Leitwerte der Luftqualität für Schwefeldioxid und Schwebestaub (80/779/EWG) und
- Luftqualitätsnormen für Stickstoffdioxid (85/203/EWG)
festgesetzten I. für die genannten Luftschadstoffe (→Immissionswert EG-Richtlinien). Nach diesen EG-Richtlinien dienen die I. der langfristigen Vorsorge für Gesundheit und Umweltschutz sowie als Bezugspunkte für die Festlegung spezifischer Regelungen innerhalb von Gebieten, die von den Mitgliedstaaten bestimmt werden. *Dreyhaupt*

Immissionsmessung-Verfahrenskenngrößen
→Verfahrenskenngrößen für Immissionsmessungen.

Immissionsmeßgerät, automatisch – Mindestanforderungen. In den Richtlinien für die Bauausführung und →Eignungsprüfung von Meßeinrichtungen zur kontinuierlichen Überwachung der Immissionen wurden Mindestanforderungen an a. I. bei der Eignungsprüfung definiert. Diese betreffen u. a. folgende Punkte:
- Nachweisgrenzen und Meßbereichsendwert (→Meßbereich) der Meßgeräte
- →Reproduzierbarkeit des Meßverfahrens
- Störeinflüsse durch die →Querempfindlichkeit gegenüber im Meßgut enthaltenen Begleitstoffen
- Temperaturabhängigkeit des Nullpunktmeßsignals und der Empfindlichkeit
- zeitliche Änderung des Nullpunktmeßsignals und der Empfindlichkeit
- Einfluß von Netzspannungsschwankungen auf das Meßsignal; Verhalten bei kurzzeitigem Spannungsausfall
- Wartungsintervalle der Meßgeräte

Immissionsmeßgeräte, die eine Eignungsprüfung auf der Basis dieser Mindestanforderungen durchlaufen haben, werden regelmäßig vom Bundesminister für Umwelt, Naturschutz und Reaktorsicherheit im Gemeinsamen Ministerialblatt bekanntgegeben. *Pfeffer*

Literatur: Richtlinien fur die Bauausführung und Eignungsprüfung von Meßeinrichtungen zur kontinuierlichen Überwachung der Immissionen. Rundschreiben des BMI vom 19. 8. 1981 (GMBl. S. 355) m. Anderung vom 29. 10. 1992 (GMBl. S. 1143).

Immissionsmeßgerät, radiometrisch. R. I. werden verbreitet in Immissionsmeßnetzen zur automatisch-kontinuierlichen Messung von →Schwebstaub eingesetzt.

In derartigen Geräten wird der Staub auf einem Filterband abgeschieden, das nach Belegung schrittweise weitertransportiert wird. Die beim Durchtritt durch das Filter eintretende Schwächung radioaktiver β-Strahlung ist ein Maß für die abgeschiedene Staubmasse. Bei bekanntem Volumenstrom der Probenluft läßt sich damit die →Massenkonzentration des Schwebstaubs berechnen.

In VDI 2463, Bl. 5, 6 sind zwei Varianten radiometrischer Schwebstaub-Immissionsmeßgeräte beschrieben. In beiden Fällen wird ein nichtfraktionierendes Probenahmesystem eingesetzt, das den bundeseinheitlichen Richtlinien über die Wahl der Standorte und die Bauausführung automatisierter Meßstationen in telemetrischen Immissionsmeßnetzen entspricht.

Das in Bl. 5 der Richtlinie beschriebene Gerät FH 62 I verwendet als β-Strahlenquelle einen

Krypton 85-Strahler mit einer Nennaktivität von $1,8 \cdot 10^9$ Bq. Ein Strahlenbündel trifft über eine mit Luft gefüllte Kompensationskammer auf eine Vergleichsionisationskammer, ein zweites Strahlenbündel erreicht nach Abschwächung der Strahlung beim Durchtritt durch das belegte Filterband eine Meßionisationskammer. Die Differenz der Meßsignale beider Ionisationskammern ist proportional zu der auf dem Filterband abgeschiedenen Staubmasse. Das Gerät wird in Ausführungen für einen Volumenstrom von 1 oder 3 m³/h geliefert (Bild 1).

Bl. 6 der Richtlinie beschreibt das Gerät BETA-Staubmeter F 703 (Bild 2). Dieses Gerät arbeitet auf ähnliche Weise wie das FH 62 I-Gerät, jedoch mit Kohlenstoff 14-Strahlern einer Nennaktivität < 1,8 MBq und Geiger-Müller-Zählrohren als Detektor. Der Volumenstrom beträgt 3 m³/h.

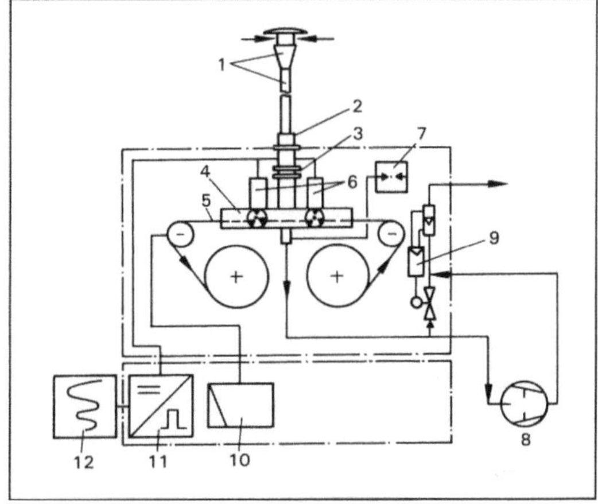

Immissionsmeßgerät, radiometrisch 2: Aufbauschema des Meßplatzes mit dem Gerät BETA-Staubmeter. (Quelle: VDI 2463, Bl. 6)

1 Probenahmesystem, 2 Schnittstelle, 3 Einlaufstrecke, 4 Filteradapter, 5 Filterband, 6 Betastrahler (Null- und Massenmeßstelle), 7 Manometer, 8 Pumpe, 9 Volumenstromregelung, 10 Programmgeber, 11 Meßsignalverarbeitung, 12 Registriergerät

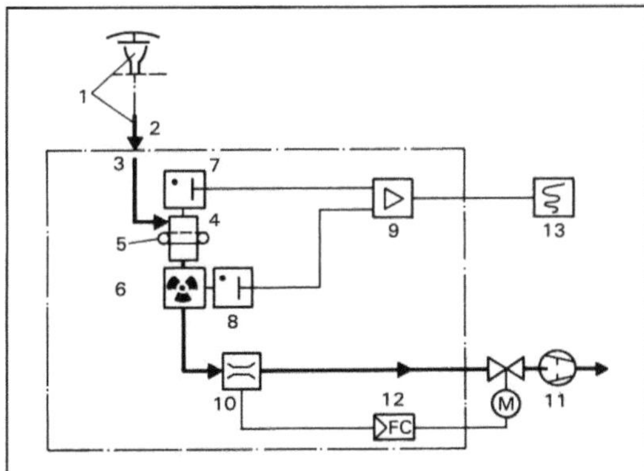

Immissionsmeßgerät, radiometrisch 1: Aufbauschema des Staubmeßplatzes mit dem Gerät FH 62 I. (Quelle: VDI 2463, Bl. 5)

1 Probenahmesystem, 2 Schnittstelle, 3 Einlaufstrecke, 4 Abscheide- u. Meßkammer, 5 Filterband, 6 Strahler, 7 Meßionisationskammer, 8 Vergleichsionisationskammer, 9 Meßsignalverarbeitung, 10 Volumenstrom-Kontrolle, 11 Pumpe, 12 Volumenstromregelung, 13 Registriergerät

Beide Verfahren müssen gravimetrisch durch Wägung von Einzelfilterabschnitten kalibriert werden.

Unter normalen Immissionsbedingungen sind Meßwertverfälschungen durch die Eigenradioaktivität des Staubs und die Ordnungszahlabhängigkeit der β-Strahlenabsorption vernachlässigbar. *Pfeffer*

Literatur: VDI 2463: Messen von Partikeln; Messen der Massenkonzentration (Immission); Bl. 5: Filterverfahren; Automatisiertes Filtergerät FH 62 I. 12/1987. – Bl. 6: Filterverfahren; Automatisiertes Filtergerät BETA-Staubmeter F 703. 11/1987.

Immissionsmeßnetz. In der Bundesrepublik Deutschland werden von den Bundesländern sowie vom Bund verschiedenartige I. betrieben. Dabei ist zu unterscheiden zwischen Meßnetzen, die aus automatischen, rechnergesteuerten Meßstationen (Meßcontainer) bestehen und fiktiven Meßnetzen, die in Form eines vorgegebenen Rasters (z. B. des Koordinatennetzes nach *Gauß-Krüger*) nur die Meßorte für Immissionsmessungen verschiedener Art definieren. Eine weitere Variante sind Meßnetze zur Erfassung des Staubniederschlags mit entsprechend exponierten Sammelgefäßen.

Hintergrund für die Errichtung automatischer, in der Regel telemetrischer I. in den Ländern sind die entsprechenden Regelungen des BImSchG über →Untersuchungsgebiete und Smoggebiete (→Smogverordnung).

In der 4. Allgemeinen Verwaltungsvorschrift zum BImSchG „Ermittlung von Immissionen in Untersuchungsgebieten" (→4. BImVSchV) wurden umfangreiche Regelungen getroffen, die sicherstellen, daß die →Vergleichbarkeit der von verschiedenen Stellen betriebenen Meßnetze gewährleistet ist.

Am Beispiel eines Bundeslandes (NRW) wird im folgenden das TEMES-Meßnetz, das von der Landesanstalt für Immissionsschutz (LIS) in Essen betrieben wird, näher beschrieben.

Das Telemetrische Echtzeit-Mehrkomponenten-Erfassungs-System TEMES wurde Mitte der siebziger Jahre konzipiert mit dem Ziel der generellen Luftqualitätsüberwachung in Nordrhein-Westfalen. Gleichzeitig sollte das Meßnetz alle Anforderungen an ein modernes Echtzeit-Informationssystem erfüllen. Die Hauptaufgaben von TEMES sind:

– die allgemeine Luftqualitätsüberwachung in NRW,

– die unmittelbare Information über die Luftbelastung in Echtzeit mit Hinweisen auf Ursachen und Trends,

– die Funktion als Smogalarm-System. Die Daten dem Ballungsraum vorgelagerter Stationen liefern dabei wichtige Informationen im Rahmen der Früherkennung von Smogsituationen,

– die Kontrolle der Wirksamkeit von Emissionsminderungsmaßnahmen,

– der Vergleich der Luftqualität in verschiedenen Regionen der Bundesrepublik Deutschland sowie innerhalb der Europäischen Gemeinschaft.

Das TEMES-System wurde in den Jahren seit 1977 aufgebaut und besteht aus insgesamt 76 automatischen Meßstationen. 66 Stationen befinden sich in den Untersuchungsgebieten im Ballungsraum Rhein/Ruhr. Zu den Stationen im Ballungsraum kommen zehn Stationen in Waldgebieten und anderen, überwiegend ländlichen Gebieten Nordrhein-Westfalens.

Das System der ortsfest betriebenen TEMES-Stationen wird ergänzt durch acht mobile Stationen des sog. MILIS-Systems (Mobile Immissionsmessungen der LIS). Diese Stationen werden für begrenzte Zeiträume zwischen einem Monat und einem Jahr an wechselnden Standorten im Rahmen unterschiedlicher Fragestellungen betrieben.

Gemessen werden die Luftverunreinigungen Schwefeldioxid (SO_2), Schwebstaub, Stickstoffmonoxid (NO), Stickstoffdioxid (NO_2), Kohlenmonoxid (CO) und Ozon (O_3). An 37 Stationen werden außerdem bis zu sieben meteorologische Parameter registriert.

Jeder in TEMES/MILIS integrierte Meßplatz liefert nicht nur ein Stromsignal für den eigentlichen Meßwert, sondern darüber hinaus eine Reihe digitaler Informationen. Diese sog. →Statussignale zeigen zum einen den jeweiligen, aktuellen Betriebszustand an (Messung des Außenluftparameters, Wartung, Kalibrierung etc.), auf der anderen Seite liefern sie Informationen über mögliche Fehlerzustände. Auf diese Weise werden wichtige Baugruppen der Meßplätze ständig überwacht (Durchflüsse von Gasen und Lösungen, Temperaturen in Meßkammern, Lampenintensitäten, Hochspannungversorgungen etc.).

Weiterhin enthält jeder Meßplatz für gasförmige Luftschadstoffe eine Kalibriereinheit, die ein schadstofffreies Nullgas und zwei Prüfgase definierten Gehalts liefert. Kalibrierzyklen können manuell oder vollautomatisch in bestimmten Abständen (z. B. alle 25 Stunden) durch Prozeßrechnersteuerung initialisiert werden.

Alle TEMES-Meßstationen sind über fest geschaltete Datenleitungen der Deutschen Telekom (Hauptanschlüsse für Direktruf) ständig mit einer Prozeßrechneranlage (Prozeßrechner) in der LIS in Essen verbunden. Dabei sind jeweils vier bis sieben Stationen zu einem Knoten zusammengefaßt.

Einmal in jeder Minute werden auf Anforderung der Prozeßrechneranlage die Meßwerte und die Statusinformationen aller Meßplätze in allen Meßstationen von Datenendeinrichtungen abgetastet über die Datenleitungen an die LIS übertragen (300 Bit/s).

Die Rechnerzentrale besteht aus einem ausfallgeschützten Doppelrechnersystem. Zwei autonome Einheiten aus Ein-/Ausgabeprozessoren, Zentraleinheit, Gleitkommarechnerwerk und Kommunikationsprozessor greifen gleichzeitig auf den Datenspeicher zu. Der Kommunikationsprozessor bedient die seriellen Schnittstellen und transferiert die Daten zwischen den Schnittstellen und aufrufenden Programmen.

Der Computer sammelt die Daten, berechnet nach verschiedenen Plausibilitätsprüfungen Halbstunden-, Stunden-, Dreistunden- und 24-Stundenmittelwerte und speichert die Daten ab.

In einer Luftqualitätsüberwachungszentrale laufen schließlich alle Informationen zusammen. Die Meßergebnisse können hier jederzeit und in Echtzeit in Form von Tabellen oder Grafiken auf Bildschirmen, Druckern und Plottern dargestellt werden.

Die MILIS-Stationen verfügen über eine eigene Datenerfassung über einen Personalcomputer. Ihre Daten werden täglich oder bei Bedarf über das normale Telefonnetz oder per Funktelefon von der LIS abgerufen und übertragen.

Über das telemetrische Meßnetz hinaus werden in NRW weitere Meßsysteme zur Luftqualitätsüberwachung betrieben (Tabelle).

Ein teilautomatisiertes Meßnetz, sog. LIB-Meßstationen (LIB-Verfahren), dient dabei der Erfassung von Schwebstaub sowie anorganischer und organischer Inhaltsstoffe des Schwebstaubes.

Im Rahmen diskontinuierlich betriebener Erhebungssysteme werden als wichtigste Routineprogramme Messungen für leichtflüchtige organische Stoffe sowie Erhebungen für den Staubniederschlag und dessen anorganische Inhaltsstoffe durchgeführt. *Pfeffer*

Literatur: *Buck, M. und H.-U. Pfeffer:* Air Quality Surveillance in the State North Rhine-Westphalia of the Federal Republic of Germany, US-Ber. der Landesanstalt für Immissionsschutz Nordrhein-Westfalen, Heft 70 (1987). – *Pfeffer, H.-U.:* Das Telemetrische Echtzeit-Mehrkomponenten-Erfassungs-System TEMES zur Immissionsüberwachung in Nordrhein-Westfalen. Staub – Reinhaltung der Luft **42** (1982), Nr. 6 233–236.

Immissionsmeßstation. I. werden in großem Umfang zur Erfassung von Luftverunreinigungen eingesetzt. Dies geschieht meist im Rahmen größerer →Immissionsmeßnetze, die von allen Bundesländern in Deutschland betrieben werden. Darüber hinaus sind auch Einzelstationen, z. B. in kommunalen Zuständigkeiten, im Einsatz.

Trotz vieler Unterschiede im Detail ähneln sich die verschiedenen Typen von I. In der 4. BImSchVwV (→Immissionsmeßnetz) sind wesentliche Anforde-

Immissionsmeßnetz. Tabelle: Meßsysteme für Luftqualitätsuntersuchungen; Struktur der Immissionsüberwachung in NRW.

Kontinuierliche Meßsysteme	Teilautomatisierte Meßsysteme	Diskontinuierliche Meßverfahren	Spezialanalytik
TEMES / MILIS	LIB-Verfahren	Mehrkomponenten-Messungen	Sondereinsatz
● Schwefeldioxid ● Stickstoffmonoxid ● Stickstoffdioxid ● Kohlenmonoxid ● Schwebstaub ● Ozon ● Windrichtung ● Windgeschwindigkeit ● Lufttemperatur ● Luftdruck ● Relative Feuchte ● Strahlungsbilanz ● Niederschlag	Schwebstaubinhaltsstoffe ● Blei ● Cadmium ● Nickel ● Kupfer ● Eisen ● Arsen ● Beryllium ● Benzo[a]pyren ● Benzo[e]pyren ● Benz[a]anthracen ● Dibenz[a,h]-anthracen ● Benzo[ghi]perylen ● Coronen	● Depositionsmessungen (Staubniederschlag und Inhaltsstoffe) ● Ruß ● Benzol und andere Kohlenwasserstoffe ● Halogenierte Kohlenwasserstoffe ● Aldehyde und Ketone ● Polychlorierte Biphenyle ● Polyhalogenierte Dibenzodioxine und Dibenzofurane	Großes anorganisches und organisches Komponentenspektrum mit Hilfe von Spezialinstrumentarium: ● Prüfröhrchen ● Sensoren ● Kontinuierliche Meßgeräte ● Gaschromatographen ● Mobile GC/MS-Kopplung ● Mobiles REM ● Meteorologische Meßgeräte

rungen festgeschrieben. In der Regel handelt es sich um Container, die in etwa die Größe einer Fertiggarage haben. Die Stationen sind klimatisiert und verfügen über ausreichend dimensionierte Elektroinstallationen. Die zu analysierende Luft wird über Probenahmesysteme den im Inneren der Station installierten →Meßplätzen zugeführt (Bild 1, 2).

Immissionsmeßstation 1: TEMES-Station (Außenansicht).

Von besonderer Bedeutung im Hinblick auf die Vergleichbarkeit der mit unterschiedlichen Stationen erhobenen Daten ist die exakte Definition der Probenahmesysteme (→Probenahme).

Weiterhin müssen I. Anforderungen erfüllen hinsichtlich:
– bautechnischer Bestimmungen (Festigkeit, Wärmeisolierung),
– Klimatisierung,
– Elektroinstallation (u. a. mehrere, getrennte Stromkreise für Datenverarbeitung/Datenübertragung, Probenahmesysteme und Analysengeräte, Klimatisierung etc.),
– Überwachbarkeit der Station und ihrer Funktionen durch Statussignale,
– Abgasbehandlung,
– Erfassung meteorologischer Größen,
– Schnittstellen zwischen Meßgeräten, Datenerfassungs- und Datenübertragungseinrichtungen.

Immissionsmeßstation 2: TEMES-Station (Innenansicht).

In die I. werden die Meßplätze zur Erfassung von Luftverunreinigungen sowie ggf. meteorologischer Parameter (→Immissionsmeßnetz (Tabelle)) eingebaut. An Luftverunreinigungen werden heute routinemäßig und kontinuierlich gemessen: Schwefeldioxid, Stickstoffmonoxid, Stickstoffdioxid, Kohlenmonoxid, Ozon, Schwebstaub, Gesamtkohlenwasserstoffverbindungen.

Im Einzelfall können andere Stoffe hinzukommen. Automatische Meßplätze zur kontinuierlichen Erfassung einzelner organischer Verbindungen, z. B. für Benzol, Toluol, Xylole etc., befinden sich weitgehend noch im Erprobungsstadium.   *Pfeffer*

Literatur: *Pfeffer, H.-U.; H. Dobrick; R. Junker:* Qualitätssicherung in automatischen Immissionsmeßnetzen. Anforderungen an die Telemetrischen Echtzeit-Immissionsmeßsysteme TEMES und MILIS in NRW. LIS-Berichte der Landesanstalt für Immissionsschutz Nordrhein-Westfalen, Heft 100, 1992. – Richtlinien über die Wahl der Standorte und die Bauausführung automatisierter Meßstationen in telemetrischen Immissionsmeßnetzen. Rundschreiben des BMI vom 2. 2. 1983 (GMBl. S. 78).

Immissionsmeßverfahren →Immissionsmeßnetz, →Immissionsmeßstation

Immissionsrate. Die I. ist eine Meßgröße für die Beurteilung der Einwirkung von Luftverunreinigungen auf Materialien. Die I. oder Aufnahmerate ist die von der Flächeneinheit des Materials in der Zeiteinheit aufgenommene Stoffmenge, angegeben meist in der Einheit Milligramm pro Quadratmeter und Tag ($mg \cdot m^{-2} \cdot d^{-2}$). Wegen der speziellen Mechanismen bei der Einwirkung von Luftverunreinigungen auf Sachgüter ist diese Größe in der Regel von größerer Bedeutung als die momentanen Konzentrationen der Stoffe in der Luft.

Die Bestimmung von I. für spezifische Materialien ist schwierig. Daher bedient man sich standardisierter Objekte und Oberflächen zur Messung dieser Größe, insbesondere der Immissions-Raten-Meß-Apparatur IRMA (→IRMA-Verfahren).

Andere Varianten von I.-Meßverfahren sind das Glockenverfahren nach *Liesegang,* das Bleidioxidkerzen-Verfahren oder das SAM (Surface Active Monitoring)-Verfahren (→MIR). *Pfeffer*

Literatur: VDI 3794, Bl. 1: Bestimmung von Immissions-Raten; Bestimmung der Immissions-Rate mit Hilfe des IRMA-Verfahrens 1982.

Immissionsrichtwert. →Immissionsstandard unterhalb der Verbindlichkeitsschwelle von →Immissionsgrenzwerten. I. werden im Regelwerk des BImSchG nur auf dem Gebiet des Lärmschutzes verwendet, und zwar
– expressis verbis in der →TA Lärm (2.32) und in Verwaltungsvorschriften zum →Baulärm,
– dem Charakter nach in der →Sportanlagen-Lärmschutzverordnung (→Immissionsgrenzwert).

Die I. der TA Lärm (2.321) sind im Hinblick auf ein unterschiedliches Schutzbedürfnis des Menschen gegen Lärm (→Lärmwirkungen) einerseits – tags/nachts – und der Notwendigkeit der Rücksichtnahme in einer Industriegesellschaft gegenüber bestimmten wirtschaftlichen Betätigungen (Betrieb von mit Geräuschemissionen verbundenen Anlagen) andererseits festgesetzt. Letzterer Gesichtspunkt schlägt sich nieder in der graduellen Abstufung der I. entsprechend der baulichen Nutzung des Gebiets, in dem angemessener Schutz vor Lärm gewährt werden soll. Besonderen Schutz genießen

Krankenhäuser, Pflegeanstalten und Wohnungen, die mit einer Lärm emittierenden Anlage baulich verbunden sind. Die Tabelle gibt die I. nach 2.321 der TA Lärm wieder. Die beschriebenen Gebiete korrespondieren grundsätzlich mit den in Bauleitplänen auszuweisenden →Baugebieten.

Ist ein →Bebauungsplan nicht aufgestellt oder weicht in einem ausgewiesenen Gebiet die tatsächliche Nutzung erheblich von der festgesetzten ab, so ist von der tatsächlichen baulichen Nutzung auszugehen. Beim Zusammentreffen von Gebieten sehr unterschiedlicher Nutzung und Schutzwürdigkeit kann – entsprechend dem nicht schematischen Charakter des Richtwerts – durch eine Art Mittelwertbildung ein Interessenausgleich geschaffen werden. Im übrigen sind die I. nicht allein auf die von der betrachteten Anlage ausgehenden Geräusche abgestellt, sondern wegen ihres Akzeptorbezugs auf die gesamte Geräuschbelastung im Einwirkungsbereich der Anlage.

Zur Feststellung, ob der I. eingehalten ist, gilt der nach 2.422.5 der TA Lärm ermittelte →Beurteilungspegel, der mit dem I. zu vergleichen ist. *Dreyhaupt*

Immissionsschutzbeauftragter. Der I. ist eine Person, der innerbetrieblich vornehmlich die fachkundige Beratung der Unternehmensleitung obliegt. Er soll sicherstellen, daß die Erfordernisse des Immissionsschutzes innerhalb des Betriebs artikuliert werden. Man spricht deshalb auch vom *Immissionsschutzgewissen* des Betriebs. Die Bestellung eines oder mehrerer I. ist für bestimmte genehmigungsbedürftige Anlagen generell durch die

Immissionsrichtwert. Tabelle: I. der TA-Lärm (Nachtzeit 22–6 Uhr)

a) Gebiete, in denen nur gewerbliche oder industrielle Anlagen und Wohnungen für Inhaber und Leiter der Betriebe sowie für Aufsichts- und Bereitschaftspersonen untergebracht sind		70 dB (A)
b) Gebiete, in denen vorwiegend gewerbliche Anlagen untergebracht sind	tagsüber	65 dB (A)
	nachts	50 dB (A)
c) Gebiete mit gewerblichen Anlagen und Wohnungen, in denen weder vorwiegend gewerbliche Anlagen noch vorwiegend Wohnungen untergebracht sind	tagsüber	60 dB (A)
	nachts	45 dB (A)
d) Gebiete, in denen vorwiegend Wohnungen untergebracht sind	tagsüber	55 dB (A)
	nachts	40 dB (A)
e) Gebiete, in denen ausschließlich Wohnungen untergebracht sind	tagsüber	50 dB (A)
	nachts	35 dB (A)
f) Kurgebiete, Krankenhäuser und Pflegeanstalten	tagsüber	45 dB (A)
	nachts	35 dB (A)
g) Wohnungen, die mit der Anlage baulich verbunden sind	tagsüber	40 dB (A)
	nachts	30 dB (A)

→5. BImSchV vorgeschrieben. Für andere genehmigungsbedürftige und für nicht genehmigungsbedürftige Anlagen kann die zuständige Behörde entsprechende Anordnungen nach § 53 Abs. 2 des BImSchG treffen. Der I. wird in der Regel von dem Betreiber der Anlage im Rahmen eines Beschäftigungsvertrags eingestellt. Mit einem nicht betriebsangehörigen I. ist ein entsprechender Dienst- oder Werkvertrag abzuschließen. Seine besonderen Aufgaben werden dem I. durch eine schriftliche Bestellung übertragen; der zuständigen Behörde ist die Bestellung durch den Anlagenbetreiber anzuzeigen (§ 55 Abs. 1 BImSchG). Aufgabe des I. ist es (§ 54 BImSchG),
– darauf hinzuwirken, daß umweltfreundliche Verfahren angewandt und umweltfreundliche Erzeugnisse hergestellt werden,
– bei neuartigen Verfahren und Erzeugnissen deren Umweltverträglichkeit zu prüfen,
– soweit dies nicht Aufgabe des →Störfallbeauftragten ist, die Einhaltung der gesetzlichen und behördlichen Umweltschutzanforderungen innerbetrieblich zu überwachen und Vorschläge zur Beseitigung von Mängeln zu unterbreiten sowie
– die Betriebsangehörigen über die Erfordernisse des Immissionsschutzes aufzuklären.

Der Anlagenbetreiber ist verpflichtet, vor bestimmten Entscheidungen, die für den Immissionsschutz bedeutsam sein können, rechtzeitig eine Stellungnahme des I. einzuholen und sie der Stelle vorzulegen, die über die Investition oder die Einführung von Verfahren oder Erzeugnissen entscheidet (§ 56 BImSchG). Um die innerbetriebliche Stellung des I. zu stärken, wird der Betreiber verpflichtet, ihm in bedeutsamen Angelegenheiten ein unmittelbares Vortragsrecht bei der Geschäftsleitung einzuräumen (§ 57 BImSchG). Durch ein Benachteiligungsverbot und einen besonderen Kündigungsschutz soll die Unabhängigkeit des I. gewährleistet und seine Stellung innerhalb des Betriebs gestärkt werden (§ 58 BImSchG). *Hansmann*

Literatur: *Dreyhaupt, F.-J.:* Handbuch für Immissionsschutzbeauftragte. – *Feldhaus, G.:* Bundes-Immissionsschutzrecht, Erläuterungen zu §§ 53 ff. BImSchG. – *Hansmann, K.:* Erläuterungen zu §§ 53 ff. BImSchG. In: Landmann/Rohmer: Umweltrecht, Band I. – *Jarass, H.:* Bundes-Immissionsschutzgesetz. Erläuterungen zu §§ 53 ff. – *Kahl, G.:* Die neuen Aufgaben und Befugnisse der Betriebsbeauftragten nach Wasser-, Immissionsschutz- und Abfallrecht. – *Salzwedel, J.:* Die Stellung des Umweltschutzbeauftragten im Verwaltungsrecht. VDI-Bericht 696, S. 43 ff. – *Stich, R.:* Die Betriebsbeauftragten für Immissionsschutz, Gewässerschutz und Abfall. In: Gewerbearchiv 1976, 145 ff.

Immissionsstandard. Als I., die eine auf das Immissionsschutzrecht bezogene Untergruppe von →Umweltstandards darstellen, werden allgemein Werte zur Begrenzung von Immissionen wie Luftverunreinigungen, Geräusche, Erschütterungen und Licht bezeichnet. Auf der staatlichen Ebene gesetzte I. werden je nach ihrer rechtlichen Qualität und ihrer Zielsetzung als →Immissionsgrenzwerte, →Immissionswerte, →Immissionsrichtwerte oder →Immissionsleitwerte angegeben. Derartige Regelungen existieren für die Bereiche Luftreinhaltung (→Immissionswert TA Luft) und Lärmschutz (Immissionsgrenzwert, Immissionsrichtwert).

Daneben werden im Bereich der Luftreinhaltung in VDI-Richtlinien unter dem Oberbegriff →maximale Immissionswerte (MI-Werte) entwickelte MIK-Werte (→MIK), MIR-Werte (→MIR) und MID-Werte (→MID) verwendet sowie Werte der →WHO-Luftqualitätsleitlinien.

Im Bereich der Erschütterungen werden in DIN-Normen, z. T. auch in VDI-Richtlinien angegebene Immissionsanhaltswerte (→Anhaltswerte (Erschütterungen)) zur Beurteilung von Erschütterungen angewendet.

Zur Begrenzung von Lichtimmissionen – konkret zur Vermeidung unerwünschter →Raumaufhellung – hat die Deutsche Lichttechnische Gesellschaft Immissionsanhaltswerte für die Vertikalbeleuchtungsstärke an Fenstern von Wohnungen vorgeschlagen, die nach Baugebieten gestaffelt sind; Blendwirkungen (→Blendung) sind über einen →Emissionsstandard geregelt. *Dreyhaupt*

Immissionswert. →Immissionsstandard mit einem Verbindlichkeitsgrad unterhalb von →Immissionsgrenzwerten. Während für den Erlaß von Immissionsgrenzwerten eine Rechtsnorm (Gesetz oder Verordnung) notwendig ist – mit direkter Bindungswirkung für die Betroffenen –, werden I. nach § 48 Abs. 1 BImSchG in allgemeinen Verwaltungsvorschriften zur Durchführung des BImSchG festgesetzt, die sich nur an die zuständigen Behörden wenden und diesen als verbindliche Richtschnur ihres Verwaltungshandelns dienen. Die Ermächtigung des § 48 BImSchG erstreckt sich konkret auf „I., die zu dem in § 1 genannten Zweck nicht überschritten werden dürfen", d. h. sie müssen den Schutz des Menschen und der anderen in § 1 BImSchG genannten Schutzgüter vor schädlichen Umwelteinwirkungen gewährleisten, sie müssen aber auch dem Entstehen schädlicher Umwelteinwirkungen vorbeugen. I. können daher Gefahrenabwehr- oder Vorsorgecharakter haben. Der Vorsorgecharakter wäre z. B. dann gegeben, wenn die →Immissionsleitwerte aus EG-Richtlinien in eine allgemeine Verwaltungsvorschrift transformiert werden sollten; sie könnten dann auch die Bezeichnung „Immissionsleitwerte" behalten. Für den Verbindlichkeitsgrad von als Immissionsstandards erlassenen immissionsbegrenzenden Werten ist nicht die Bezeichnung maßgeblich, sondern die Art des

Regelwerks und die Zweckbestimmung der Werte.

Für den Bereich der Luftreinhaltung sind I. in der TA Luft festgesetzt (→Immissionswert TA Luft), für den Bereich des Lärmschutzes in der TA Lärm, wo sie als →Immissionsrichtwerte bezeichnet sind. *Dreyhaupt*

Immissionswert EG-Richtlinien. Bei den I., die in EG-Richtlinien (→EG-Richtlinien über Luftqualitätsnormen) festgelegt sind, werden →Immissionsgrenzwerte, →Immissionsleitwerte und Immissions-Schwellenwerte unterschieden. Während Grenzwerte bei der für alle EG-Richtlinien obligatorischen Umsetzung in nationales Recht von den Mitgliedstaaten als verbindliche Immissionsgrenzwerte zum Schutz vor schädlichen Umwelteinwirkungen durch Luftverunreinigungen festzusetzen sind, dienen (niedrigere) Leitwerte der langfristigen Vorsorge für Gesundheit und Umwelt sowie als Bezugswerte bei der Festlegung nationaler Sonderregelungen für bestimmte Gebiete, wie z. B. in der Bundesrepublik Deutschland als maßgebliche Werte für die Aufstellung von →Luftreinhalteplänen als Vorsorgepläne in →Untersuchungsgebieten gemäß § 47 Abs. 1 BImSchG.

Schwellenwerte sind nur für Ozon vorgesehen (→EG-Richtlinien über Luftqualitätsnormen) und sind nicht als Grenzwerte in dem vorbeschriebenen Sinne zu verstehen; sie haben vielmehr im wesentlichen den Charakter von Warnwerten im Falle von Sommersmog-Episoden (→Sommersmog, →22. BImSchV), bei deren Überschreitung die Bevölkerung zu informieren ist, insbesondere auch hinsichtlich der von den Betroffenen zu ergreifenden Vorsorgemaßnahmen (neben den administrativen Maßnahmen zur Konzentrationsminderung).

Die entsprechend den EG-Richtlinien über Luftqualitätsnormen als Grenzwerte umzusetzende I. für Blei, Stickstoffdioxid, Schwefeldioxid und Schwebestaub sind in der Bundesrepublik Deutschland zunächst nur in die →TA Luft als allgemeine Verwaltungsvorschrift übernommen worden. Nach den Urteilen des Europäischen Gerichtshofs vom 30. 5. 1991 hatte die Bundesrepublik insoweit nicht alle erforderlichen Maßnahmen getroffen, um die I. der EG-Richtlinien verbindlich festzulegen (→Immissionsgrenzwert). Aus diesem Grunde wurde die →22. BImSchV erlassen, in die dann auch die Ozon-Schwellenwerte aufgenommen worden sind. *Dreyhaupt*

Immissionswert TA Luft. Die →TA Luft legt in 2.5 für insgesamt zehn Luftschadstoffe I. fest und unterscheidet dabei I.
- zum Schutz vor Gesundheitsgefahren (2.5.1) und

- zum Schutz vor erheblichen Benachteiligungen und Belästigungen (2.5.2).

Diese Unterscheidung bedeutet aber nicht, daß die entsprechenden I. jeweils nur bei der Prüfung gelten, ob Gesundheitsgefahren drohen bzw. ob erhebliche Benachteiligungen oder Belästigungen zu erwarten sind; vielmehr kennzeichnet die Differenzierung nur dasjenige Schutzgut, an dem sich der jeweilige I. primär orientiert. Beide I.-Kategorien sind sowohl bei der Prüfung auf Gesundheitsgefahren als auch auf Nachteile und Belästigungen anzuwenden, haben aber dann unterschiedliche Aussagekraft.

So stellen I. nach 2.5.1 in Bezug auf die Beurteilung von Gefahren für die menschliche Gesundheit die Grenzlinie zwischen schädlichen und unschädlichen Umwelteinwirkungen dar, d. h. diese Werte haben eine zweiseitige Aussagekraft: Einhaltung der I. bedeutet „unschädlich", Überschreitung „schädlich".

Die I. nach 2.5.2 sind auf das empfindlichste Schutzgut ausgerichtet und dementsprechend sehr niedrig angesetzt. In Bezug auf den Schutz vor Gesundheitsgefahren ist davon auszugehen, daß bei Einhaltung dieser I. keine Gefahren für die menschliche Gesundheit auftreten. Im Falle der Überschreitung ist aber – anders als bei Anwendung der I. nach 2.5.1 – nicht automatisch die Schädlichkeitsschwelle überschritten, vielmehr muß in einer Einzelfallprüfung die Grenze zur Gesundheitsgefahr bestimmt werden, die über dem I. nach 2.5.2 liegen kann. Dies bedeutet, daß den I. nach 2.5.2 insoweit nur eine einseitige Aussagekraft zukommt.

Die I. nach 2.5 werden als Langzeit- und Kurzzeitwerte angegeben, wobei die Bezeichnungen
- IW 1 = I. für die Langzeitbelastung als Jahresmittelwert und
- IW 2 = I. für die Kurzzeitbelastung als 98 %-Wert der →Summenhäufigkeitsverteilung (bei Immissionskonzentrationen) bzw. als Monatsmittelwert (bei Immissionsdosen für Staubniederschlag) eingeführt sind.

IW 1 und IW 2 nach 2.5.1 und 2.5.2 sind als Grenzwerte nur zum Vergleich mit den nach 2.6 ermittelten Immissionskenngrößen I 1 bzw. I 2 heranzuziehen; sie gelten nur in Verbindung mit den dort festgelegten Verfahren zur Bestimmung der Immissionskenngrößen.

Die Immissionskenngrößen werden für die tatsächlich vorhandene Belastung (Vorbelastung mit den Kenngrößen I 1 V bzw. I 2 V) durch Immissionsmessung nach den in 2.6 festgelegten Bedingungen, insbesondere hinsichtlich →Beurteilungsgebiet, →Beurteilungsfläche, →Meßhöhe, →Meßzeitraum, →Meßstellendichte und →Meßhäufigkeit, ermittelt. Ist für eine neue Emissionsquelle, z. B. in einem Genehmigungsverfahren, die dadurch entstehende Zusatz-Immissionsbelastung zu be-

rücksichtigen, so werden die Kenngrößen für die Zusatzbelastung I 1 Z und I 2 Z durch Anwendung eines Ausbreitungsmodells (2.6.4) berechnet; die Kenngrößen für die Gesamtbelastung ergeben sich dann zu
- I 1 G = I 1 V + I 1 Z (2.6.5.2) und
- I 2 G = I 2 V + I 2 Z (2.6.5.3 Abs. 2) bzw. I 2 G wird gemäß 2.6.5.3 Abs. 1 mit Hilfe des Nomogramms in Anhang D ermittelt.

Soweit I. in der TA Luft nicht festgelegt sind, können bei der Prüfung, ob schädliche Umwelteinwirkungen durch Luftverunreinigungen vorliegen oder zu erwarten sind, andere Luftqualitätskriterien wie →Maximale Immissionswerte (VDI-Richtlinien) oder die →WHO-Luftqualitätsleitlinien als Erkenntnisquellen zu Rate gezogen werden. *Dreyhaupt*

Literatur: *Dreyhaupt, F. J.:* Rechtsgrundlagen Luft (Kap. X-2 mit Anhang XI-1.1 Wichtige Grenz-, Richt- und Orientierungswerte Luft). in Wichmann/Schlipköter/Fülgraff: Handbuch der Umweltmedizin. Landsberg 1992.

Immobilisierung. Die Fixierung von lebenden Zellen (Mikroorganismen, tierische und pflanzliche Zellen), Zellorganellen oder Enzymen durch Einschluß in natürliche Gele oder Bindung an geeignete Feststoffe (sog. Trägermaterialien) unter Ausnutzung chemischer oder physiologischer Reaktionen. Durch eine Kopplung mikroskopisch kleiner Zellen bzw. von Zellkomponenten an weitverzweigte Gele (z. B. Alginat, Carrageenan-Gele) oder Feststoffe mit hohem spezifischem Gewicht (z. B. Sand, Sinterglas, Tonkugeln) lassen sich die gewonnenen Immobilisate auf einfache und kostengünstige Weise in Bioreaktoren zurückhalten.

Immobilisate werden vielfältig in der →Biotechnologie eingesetzt, z. B. für Stoffumwandlungen (immobilisierte Zellen und Enzyme), Abbauprozesse (immobilisierte Mikroorganismen) und in Biosensoren. *Kleespies*

Immobilisierungsverfahren. Verfahren zur Einschränkung der Mobilität der Schadstoffe in →Altlasten. Die Verfahren gehören zur Gruppe der →Sicherungsmaßnahmen. Die Verminderung der →Ausbreitung von Schadstoffen wird durch →Schadstoffbindung mit Hilfe organischer bzw. anorganischer Bindemittel, auch in Mischungen, erreicht. Hierbei werden die in kontaminierten Böden enthaltenen Schadstoffe chemisch-stabil eingeschlossen oder umschlossen. Es sollen folgende Effekte erreicht werden:
- Verminderung der Löslichkeit bzw. Auslaugung,
- Verminderung der spezifischen Oberfläche,
- Verringerung der Wasserdurchlässigkeit,
- Überführung von fließfähigen Materialien in den festen Aggregatzustand.

I. können am →Kontaminationskörper, d. h. Abfall und Erdreich, oder selektiv an den Schadstoffen in situ oder on site durchgeführt werden.

Bei der in situ-Maßnahme, die nur bei bestimmter Kornzusammensetzung und Durchlässigkeit des Erdreichs angewandt werden kann, wird das kontaminierte Erdreich mit einem reaktiven Bindemittel getränkt. Die in der Praxis anzutreffenden Verfahrensprinzipien und die hierbei verwendeten Bindemittel und Zuschlagstoffe sind außerordentlich vielfältig (Tabelle). Das im Einzelfall anzuwendende I. muß im Rahmen der →Machbarkeitsstudie beurteilt werden. Hierbei ist auch die Verträglichkeit der Bindemittel und Zuschlagstoffe mit dem mineralogischen und chemischen Aufbau des Bodens zu prüfen. Das Problem ist die Übertragung der Ergebnisse aus Labortests auf das Langzeitverhalten der Immobilität in der Praxis. Bei in situ-Maßnahmen muß bei der Injizierung von Bindemittel und Zuschlagstoffen darauf geachtet werden, ob sekundäre Umweltkontaminationen, z. B. im Grundwasser, entstehen können.

Da die Immobilisierung als in situ-Verfahren in unterschiedlichem Maße je nach den örtlichen Bedingungen, z. B. Bodenstrukturen, und Verfahrenstechnik reversibel sein kann, ist die Langzeitwirksamkeit nur durch eine ständige Kontrolle (→Sanierungsüberwachung) zu sichern. *Thoenes*

Literatur: SRU: Altlasten. Stuttgart 1990.

Immuntoxizität. Das Immunsystem dient der Erhaltung der Organismen, indem es körperfremde Substanzen, vor allem Proteine oder anormale Körperzellen, z. B. Krebszellen, eliminiert. Diese Immunantwort besteht entweder in der Bildung spezifischer →Antikörper gegen das →Antigen (humorale Immunität) bzw. mit dem Antigen reagierender T-Lymphozyten (zellvermittelte Immunität) oder in der Ausbildung einer Immuntoleranz, deren Dauer von der Anwesenheit des Antigens abhängt. Immuntoleranz besteht z. B. gegen körpereigene Gewebe, die bei Autoimmunität zumindest teilweise aufgehoben ist.

I. ist daher Folge einer Beeinflussung des Immunsystems durch Chemikalien oder andere Noxen wie Strahlen. Die folgenden Effekte können dabei ausgelöst werden:
- Immunsuppression, die vor allem therapeutisch, z. B. bei Organtransplantationen, eingesetzt wird, um die Immunantwort gegen das transplantierte Fremdgewebe zu unterdrücken. Die generelle Suppression des Immunsystems hat auch eine Beeinträchtigung der Immunabwehr bei Infektionen zur Folge und birgt die Gefahr des Auftretens maligner (bösartiger) Erkrankungen. Aus Tierversuchen, z. T. auch aus Erfahrungen beim Menschen, ist bekannt, daß hohe Expositionen gegenüber Chemi-

Immobilisierungsverfahren. Tabelle: Übersicht über einige Immobilisierungsmittel und I. (Quelle: SRU)

Bindemittel	Mechanismen	Anwendung
Anorganische Bindemittel		
Zement evtl. Bentonit	Verfestigung, z. T. Fixierung, Verdichtung	Untergrundinjektion wäßrige Schlämme
Wasserglas (Na-Silicat), pulverförmige Silicate	Verdichtung	„Bodenverdichtung" (Baugrund aus Altlasten)
Braunkohle- kraftwerksasche mit Kalk	Verfestigung, Verdichtung in Deponie-Polder	kokereispezifische Altlasten
Glas (elektr. Strom)	Verglasung	„in situ"-Verglasung von Abfällen und Böden
Organische Bindemittel		
Bitumen/ Asphalt, Paraffin mit Füllstoffen	Fixierung	organische Schadstoffe, z.B. Sickeröle aus Altlasten; schwermetallhaltige Schlämme
Polyethylen/ Polybuten-1	Makroeinkapselungen	kontaminiertes Abbruchmaterial
Epoxydharze, ungesättigte Polyesterharze	Verfestigung, Verpressung, Einkapselung	kontaminierter Untergrund, Abfallstoffe
Anorganische- organische Bindemittel		
Flugasche, Zement und Kunststoff-Bindemittel	Verfestigung	verschiedene Abfälle in Altablagerungen

kalien wie polyhalogenierte bzw. polyzyklische Kohlenwasserstoffe (PCB, TCDD bzw. Dimethylbenzanthracen, Benzo[a]pyren), aromatische Amine und Kohlenwasserstoffe, aber auch Schwermetalle zur Immunsuppression führen. Entsprechende Wirkungen der zumeist niedrigen, aber langdauernden Exposition der Bevölkerung gegenüber Chemikalien werden vermutet, sind aber nicht gesichert.

– Stimulierung des Immunsystems führt zur Auslösung von →Allergien oder Autoimmunität, d. h. Erzeugung einer Reaktion des Immunsystems gegenüber körpereigenem Gewebe, Zellen oder Proteinen. *Greim*

Impaktor. Meßtechnische Strömungsvorrichtung, mit der die in einem Probegasstrom enthaltenen Partikel fraktioniert werden. Dabei wird die unterschiedliche Massenträgheit ausgenutzt. Der I. besteht im einfachsten Fall aus einer Düse und einer dahinter angeordneten Prallplatte. Der Probegasstrom wird in der Düse beschleunigt und vor der Prallplatte umgelenkt. Partikel ab einer bestimmten Größe können dieser Umlenkung nicht ausreichend folgen, treffen auf die Prallplatte und werden dort bei geeigneter Oberflächenbeschaffenheit der Platte festgehalten. Das Partikelkollektiv wird so in zwei Kornklassen getrennt. Die Abscheide-Charakteristik des I. hängt wesentlich von den geometrischen Abmessungen (Düsenlänge und -weite; Abstand zwischen Düse und Prallplatte) ab.

Mit einer einzigen Düse kann in der Regel unter Einhaltung der für I.-Messungen notwendigen Strömungsbedingungen keine ausreichende Staubmenge abgeschieden werden. Deshalb besitzen die in der Praxis eingesetzten I. anstelle der Einzeldüse eine Düsenplatte mit mehreren parallel angeordneten, gleichartigen Düsen, die meistens als Rund- oder Schlitzdüsen ausgelegt sind (Vieldüsen-I.). Soll eine Klassierung der Partikel in mehrere Kornklassen erzielt werden, so verwendet man einen Kaskaden-I., bei dem mehrere geeignet dimensionierte I.-Stufen hintereinandergeschaltet sind. Zur Erfassung sehr feiner Partikel, die auf keiner Stufe impaktiert werden, wird ein Planfilter nachgeschaltet. Für grobe Partikel, die die I.-Messung stören, wird bedarfsweise ein Vorabscheider eingesetzt. Handelsübliche Kaskaden-I. erfassen Partikel mit einem aerodynamischen Durchmesser im Bereich von etwa 0,5 bis 10 μm. Von allen in der Verfahrenstechnik eingeführten Methoden zur Bestimmung der →Korngrößenverteilung hat der Kaskaden-I. für die Überwachung der Luftreinhaltung die größte praktische Bedeutung erlangt. Es gibt auch spezielle I. zur Untersuchung von Tröpfchengrößen. *Stahl*

Literatur: *Lützke, K.; W. Muhr:* Erprobung von Emissionsmeßverfahren zur Feststellung von Korngrößenfraktionen. Forschungsber. 81-104 02 121 des Rheinisch-Westfälischen TÜV, Essen, 10. 1981 i. A. des Umweltbundesamtes. – VDI 2066, Bl. 5 E: Messen von Partikeln; Staubmessung in strömenden Gasen; Fraktionierende Staubmessung nach dem Impaktionsverfahren; Kaskadenimpaktor. 11/1987. – *Wiedemann, R.:* Untersuchungen an Kaskadenimpaktoren. Diss. TU München 1982.

Impfen (auch Beimpfen). In der →Mikrobiologie und →Biotechnologie das Starten einer Kultur von Mikroorganismen oder von Zellen höherer Organismen durch Einbringen der Starterzelle(n) in die Nährlösung bzw. auf den Nährboden. *Soeder*

Impinger →Waschflasche

Import solarer Sekundärenergieträger. Das geographische Angebot solarer Strahlungsenergie ist sehr verschieden. Die mittlere solare Strahlungsleistung ist in Mitteleuropa ca. 110 W/m², in den einstrahlungsintensivsten Weltgegenden (Arabische Halbinsel, Südwesten der Vereinigten Staaten u. a.) 300 W/m²; die zugehörigen Werte der akkumulierten jährlichen Strahlungsenergie sind ca. 1 000 kWh/m²·a, resp. 2 500—2 800 kWh/m²·a. Soll →Sonnenenergie aus den Weltgegenden höchster →Einstrahlung – etwa aus dem äquatorialen Gürtel ±30–40°N/S – importiert werden, so ist dies über Sekundärenergieträger wie Strom, Biomasse, Bioalkohol, Wasserstoff denkbar.

Stromimport ist verlustarm nur aus Entfernungen weniger tausend Kilometer möglich; große elektrische Leistungen (GW$_e$) sind kaum speicherbar, um dem Tag-/Nachtwechsel zu begegnen. Der Handel mit aus dem Sonnenenergieträger Biomasse abgeleiteten Stoffen ist etablierter Bestandteil des Welthandels, wenn auch das Handelsgut bislang meist nichtenergetischer Art ist (Edelhölzer, Zucker, Futtermittel, pharmazeutische Rohstoffe u. a.). Der Welthandel mit Wasserstoff, solar-elek-

trolytisch hergestellt und in einer prospektiven solaren →Wasserstoff-Energiewirtschaft die Herstellzentren höchster Sonnenenergiedichte oder höchster Wasserkraftdichte mit den Nutzerzentren höchster Bedarfsdichte miteinander verbindend, könnte in Zukunft ähnliche Formen annehmen, wie etwa heute der internationale Handel mit →Erdgas. *C.-J. Winter*

Impulsbewertung. Durch die I. von Geräuschen wird die höhere Störwirkung impulsartiger Geräusche gegenüber zeitlich konstanten Geräuschen durch besondere gerätetechnische Eigenschaften des →Schallpegelmessers berücksichtigt.

Bei Schallpegelmessern hängt der angezeigte Meßwert von der Dauer des zu messenden Schalls ab. Kurzzeitige Schalle werden mit einem geringeren Wert angezeigt als Dauerschalle. Diese dynamische Eigenschaft des Meßgeräts wird als →Zeitbewertung bezeichnet. Üblich sind die Zeitbewertungen Fast (F), Slow (S) und Impuls (I).

Toleranzen für die Zeitbewertungen sind festgelegt in den Normen DIN IEC 651: Schallpegelmesser und DIN IEC 804: Integrierende mittelwertbildende Schallpegelmesser. *Strauch*

Impulsgeräusch. Als I. werden Geräusche bezeichnet, deren →Schalldruckpegel sich kurzzeitig um etwa 5 dB oder mehr ändert.

Typische I. sind z. B. Geräusche beim Abschießen von Munition, beim Bearbeiten von Werkstücken mit Schmiedehämmern, bei Rammarbeiten, aber auch beim Tennisspielen und Schreiben mit Schreibmaschinen.

I. werden im allgemeinen störender empfunden als Geräusche mit zeitlich konstant verlaufendem Schalldruckpegel gleicher →Schallenergie wie I. Zur Berücksichtigung dieser höheren Störwirkung wird der →Mittelungspegel von I. mit einem Impulszuschlag von 3 oder 6 dB zur Beurteilung der Geräuschimmissionen versehen.

Der Impulszuschlag kann entfallen, wenn als Meßgröße nicht der Schalldruckpegel mit der →Zeitbewertung F (Fast), sondern mit der Zeitbewertung I (Impuls), also die Meßgröße L_{AI} (t) benutzt wird. *Strauch*

Literatur: DIN 45645, T. 1 E: Einheitliche Ermittlung von Beurteilungspegeln aus Messungen – Geräuschimmissionen in der Nachbarschaft –. 8/1991.

Index-Nr. →EG-Nr.

Indikator. Wegen ihrer außerordentlichen Komplexität kann die Umwelt niemals vollständig erfaßt und beobachtet werden, nicht einmal ein einzelnes →Ökosystem. Daher wird die Beobachtung, Untersuchung oder Messung häufig auf I. oder indikatorische Verfahren beschränkt, von denen man nach gründlichen Vorstudien annimmt, daß sie die Umwelt ausreichend repräsentieren. Ein guter I. ist ein Kompromiß zwischen guter Handhabbarkeit in der Praxis und noch ausreichender Aussagegenauigkeit bezüglich der jeweiligen Fragestellung. Damit unterscheidet er sich grundsätzlich von physikalischen oder chemischen Messungen und ihren Ergebnissen.

Soll eine bestimmte, definierte Umweltveränderung ermittelt werden, müssen I. gesucht werden, die darauf sowohl ausreichend empfindlich als auch möglichst spezifisch reagieren. Das leisten verschiedene →Bioindikatoren für bestimmte Luftschadstoffe.

I. sind in solchen Fällen zweckmäßig, die mehrere Umwelt-Parameter oder -Variablen erfassen können und sogar integrieren. Sie ermöglichen bis zu einem gewissen Grad ein grobes Bild vom allgemeinen Umweltzustand oder auch Zustand eines Ökosystems und sind dafür oft gut geeignet. Die Aussage ist jedoch unspezifisch, wenn es darum geht, bestimmte Belastungsfaktoren zu identifizieren oder gar zu quantifizieren. Hoch aggregierende I. eignen sich daher eher für ein sog. Frühwarnsystem, mit dem erste Anzeichen wichtiger Veränderungen erkannt werden können. Wenn dies der Fall ist, können aufwendigere, spezifische I. ausgewählt und beobachtet werden. Ein gutes Dauerbeobachtungssystem muß daher sowohl integrierende als auch spezifische I. umfassen.

Die Art der Indikation kann einerseits eine direkt sichtbare und dann oft auch meßbare Veränderung sein, z. B. Vergilben von grünem Blattgewebe, Umschlagen von Farbstofflösungen. Hier handelt es sich um sog. Wirkungs-I. Andere Indikationsverfahren erfordern Messungen oder Wägungen, ggf. auch physikalische oder chemische Analysen von Objekten, an denen äußerlich keine Veränderungen erkennbar sind, z. B. Zunahme des Säuregrades, Veränderung des spezifischen Gewichtes oder Volumens. *Haber*

Literatur: *Arndt, U.; W. Nobel; B. Schweitzer:* Bioindikatoren. Möglichkeiten, Grenzen und neue Erkenntnisse. Stuttgart 1987. – *Ellenberg, H.* (Hrsg.): Biological Monitoring. Signals from the Environment. Braunschweig 1991. – *Schubert, R.* (Hrsg.): Bioindikation in terrestrischen Ökosystemen. 2. Aufl. Jena–Stuttgart 1991.

Indikatororganismen →Saprobiensystem, →Bioindikator

Indirekteinleiter. Gewerbe- oder Industriebetrieb, der nicht selbst über eine Einleitungserlaubnis in ein Gewässer (→Vorfluter) verfügt, sondern sein Abwasser in eine öffentliche →Abwasseranlage einleitet, in der es gemeinsam mit Abwasser anderer Herkunft abgeleitet, behandelt und in ein Gewässer eingeleitet wird. Das Merkmal der Indirekteinleitung bezieht sich also auf die rechtliche Zulässigkeit der Einleitung von Abwasser in einen Vorfluter; der I. tut dies über einen (primären, direkten) Einleitungsbefugten nur mittelbar oder eben indirekt.

Der I. bedarf auf jeden Fall für die Benutzung der öffentlichen Abwasseranlagen der Genehmigung durch deren Betreiber. Grundlage ist die jeweilige Abwassersatzung, die auch Grenzwerte bzw. Begrenzungen des Benutzungsrechts der öffentlichen Abwasseranlage enthält. Weiterhin sind die Bestimmungen des Wasserrechts einzuhalten, die auch I. verpflichten, Abwasser nach dem Stand der Technik vorzubehandeln, das Stoffe oder Stoffgruppen enthält, die wegen der Besorgnis einer Giftigkeit, Langlebigkeit, Anreicherungsfähigkeit oder einer krebserzeugenden fruchtschädigenden oder erbgutverändernden Wirkung als gefährlich zu bewerten sind. Ist entsprechend der →Abwasserherkunftsverordnung von gefährlichen Stoffen im Abwasser auszugehen, so bedarf der I. – neben der Genehmigung durch den Betreiber der öffentlichen Abwasseranlagen – einer wasserrechtlichen Genehmigung für die Abwassereinleitung in die öffentlichen Abwasseranlagen. *Mertsch*

Individualrisiko. Als Gegenbegriff zum Begriff des Bevölkerungsrisikos kennzeichnet der Begriff des I. vor allem im Atomrecht eine Gefährdung, die von einem Nachbarn oder sonstigen Drittbetroffenen, einer kerntechnischen Anlage im Klagewege geltend gemacht werden kann. Als drittschützend gelten bei den Genehmigungsvoraussetzungen für eine kerntechnische Anlage die auf das I. bezogenen →Dosisgrenzwerte des § 45 Strahlenschutzverordnung. *Hoppe/Beckmann*

Literatur: *Kloepfer:* Umweltrecht, § 8 Rn. 77. München 1989. – *Winter:* Bevölkerungsrisiko und subjektives öffentliches Recht im Atomrecht, NJW (1979) 393 ff.

Indoor air pollution. *engl.* Luftverunreinigung in Innenräumen, →Innenraumluft-Reinhaltung

Indophenol-Verfahren. Das in VDI 2461, Blatt 1 beschriebene I.-V. ist eine manuelle Methode zur Messung von Ammoniak in der Luft.

Die zu untersuchende Luft wird durch eine mit verdünnter Schwefelsäure gefüllte *Muenke*-Waschflasche bzw. einen Impinger geleitet und als Ammoniumsulfat gebunden. Dieses wird anschließend zu einem blauen Indophenol-Farbstoff umgesetzt, dessen Konzentration photometrisch bei etwa 630 nm bestimmt wird (Bild).

Das Meßverfahren ist nicht selektiv für Ammoniak, weil z. B. auch abgeschiedene Ammoniumverbindungen miterfaßt werden. Positive Querempfindlichkeiten bestehen auch gegenüber Aminen.

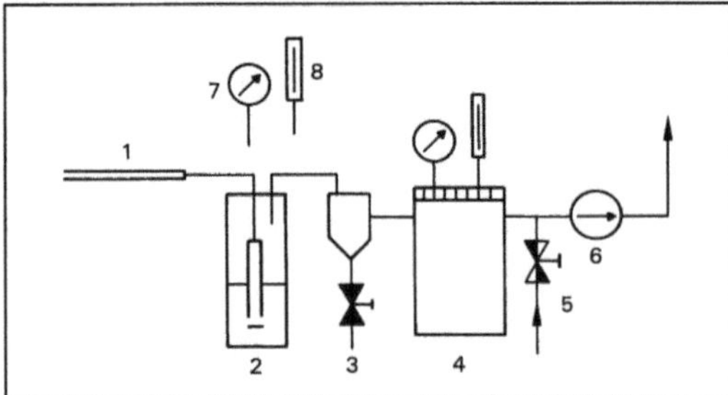

Indophenol-Verfahren: Beispiel für eine Probenahmeinrichtung mit Muencke-Waschflasche. (Quelle: VDI 2461, Bl. 1)

1 Ansaugsonde, 2 Absorptionsgefäß, 3 Tropfenabscheider, 4 Gasmengenzähler mit Thermometer und Druckmesser, 5 Drosselventil (Bypass), 6 Pumpe, 7 Barometer, 8 Außenthermometer

Die relative →Nachweisgrenze des Verfahrens beträgt für eine 30minütige →Probenahme bei Verwendung eines Impingers (ca. 1 m³ Probeluft) etwa 3 µg NH₃/m³, bei Verwendung einer Waschflasche (ca. 50 l Probeluft) etwa 20 µg NH₃/m³. *Pfeffer*

Literatur: VDI 2461, Bl. 1: Messung gasformiger Immissionen; Messen der Ammoniak-Konzentration; Indophenol-Verfahren. 3/1974.

Induktion. Anschalten eines Gens durch endogene Bildung oder artifizielle Zugabe eines Induktors (→Expression). *Flohé*

Induktiv gekoppeltes Plasma (ICP). Das induktiv gekoppelte Hochfrequenz-Plasma stellt heute eine der wichtigsten Strahlungsquellen für die →Atomemissionsspektrometrie dar (ICP-AES oder auch ICP-OES). Das ICP ist ein in einem Hochfrequenzfeld ionisiertes Gas (Argon), das als Atomisierungs- und Anregungsmedium für eine flüssige bzw. gelöste Probe dient. Der Plasmabrenner besteht aus einem System von Quarzrohren (Torch), durch das die zerstäubte Probe und das Argon zugeführt werden (Bild).

Durch spezielle konstruktive Maßnahmen werden hohe Verweilzeiten der Probe im Innern des Plasmas sowie Temperaturen von 6 000–8 000 °C erreicht. Dadurch und durch die chemisch inerte Umgebung gelingt auch die Atomisierung schwer atomisierbarer Elemente und solcher mit einer hohen Affinität zu Sauerstoff. Insgesamt bietet das ICP gute Voraussetzungen für eine intensive Emission.

In jüngerer Zeit wird ICP auch zunehmend als Ionenquelle für die →Massenspektrometrie benutzt. Diese Kopplung (ICP-MS) ist eine sehr leistungsfähige, aber auch sehr aufwendige Methode mit äußerst niedrigen →Nachweisgrenzen für viele Elemente. *Pfeffer*

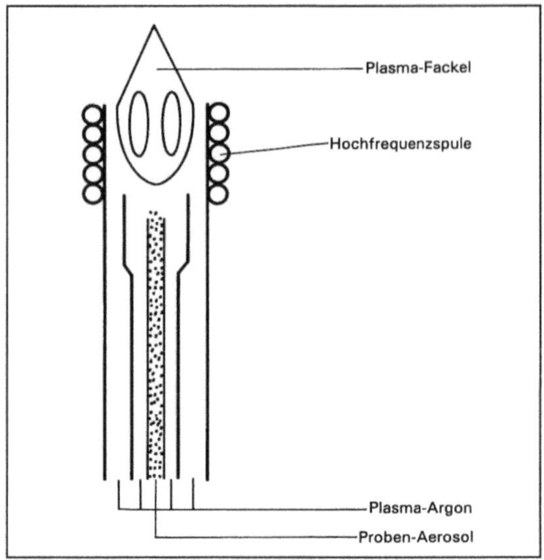

Induktiv gekoppeltes Plasma: Plasmabrenner (schematisch).

Literatur: Analytische Chemie 1991, Nachr. Chem. Tech. Lab. 40 (1992), S. 146–154. – *Bruckmann P.; H.-U. Pfeffer:* Immissionen von Metall- und Metalloid-Verbindungen, Meßverfahren und Außenluftkonzentrationen. VDI-Bericht 888. Düsseldorf 1991. – Methods of Air Sampling and Analysis, Third Edition, James P. Lodge, Jr., Editor. Chelsea, Michigan 1989. – Nachr. Chem. Tech. Lab. Sonderheft Spektroskopie, 37 (1989).

Industrie, chemische. Die c. I. ist eine Branche, die mit Hilfe von chemischen und physikalischen Verfahren der Stoffumwandlung, Stoffveredelung sowie Weiterverarbeitung eine Vielzahl von Produkten herstellt.

Die c. I. nimmt neben dem Maschinen- und Fahrzeugbau, gemessen am Jahresumsatz, eine führende Stelle in der Wirtschaft der Bundesrepublik Deutschland ein. Die wichtigsten Produktionssparten der c. I. sind:
– Anorganische Grundstoffe und Chemikalien
– Organische Grundstoffe und Chemikalien
– Düngemittel
– Pflanzenbehandlungs- und Schädlingsbekämpfungsmittel
– Kunststoffe und synthetischer Kautschuk
– Chemiefasern
– Farbstoffe, Farben, Lacke usw.
– Pharmazeutische Erzeugnisse

Innerhalb der Sparten wird eine Vielzahl von chemischen Stoffen eingesetzt bzw. erzeugt; das Altstoffverzeichnis der EG enthält über 100 000 chemische Stoffe (→EINECS).

Ein wesentliches Merkmal chemischer Reaktionen ist, daß neben dem gewünschten Produkt stets auch Nebenprodukte anfallen, die möglichst ebenfalls verwertet werden, aber auch in die Luft, in das Wasser und damit – sowie über Abfallstoffe – in die Umwelt gelangen, obwohl die c. I. bestrebt ist, weitgehend geschlossene Stoffkreisläufe zu fahren. In das Abgas gelangende luftverunreinigende Stoffe sind durch geeignete Emissionsminderungstechniken gering zu halten. Im Vordergrund stehen dabei zunächst primäre Minderungsmaßnahmen. Ein Beispiel ist die Optimierung der Prozeßführung, u. a. in vorgegebenen Konzentrations-, Druck- und Temperaturbereichen. Damit werden möglichst hohe Ausbeuten an gewollten Produkten und die Minimierung der Entstehung von luftverunreinigenden Stoffen und von Reststoffen erzielt.

In Fällen, in denen zur Einhaltung von Emissionswerten primäre Minderungsmaßnahmen nicht ausreichen, sind →Abgasreinigungsverfahren anzuwenden; zur Abscheidung gasförmiger Stoffe werden z. B. eingesetzt: →Absorption, →Adsorption, →Kondensation, katalytische Oxidation bzw. Reduktion, biologische →Abgasreinigung.

Die meisten Anlagen der c. I. sind im Anhang der →4. BImSchV (insbesondere Nrn. 4.1–4.3) genannt und damit genehmigungsbedürftig nach dem BImSchG. Emissionsbegrenzende Anforderungen enthält die →TA Luft. Die wichtigste produktbezogene Regelung ist das Chemikaliengesetz mit der →Gefahrstoffverordnung.

Neben den im Normalbetrieb entstehenden Emissionen luftverunreinigender Stoffe können auch →Störfälle in chemischen Anlagen zu nicht unerheblichen Belastungen von Mensch und Umwelt führen. *Drotleff/Spilok*

Literatur: *Dibbern, D.:* VCI-Liste: Grundlage für Überprüfung. Chemische Industrie 4/88. – *Franck, H. G.; J. W. Stadelhofer:* Industrielle Aromatenchemie. Berlin–Heidelberg–New York 1978. – *Pohle, Horst:* Chemische Industrie. Weinheim 1991.

Industrieabfall →Abfallherkunftsbereich

Industriebrache. Grundstücke, deren gewerbliche oder industrielle Nutzung seit mehreren Jahren durch den Eigentümer aufgegeben und keiner neuen Nutzung zugeführt wurde. Weiterhin rechnet man zu I. betriebliche Reserveflächen, die von dem Unternehmen nicht mehr genutzt werden. Im Rahmen einer geplanten Wiederverwendung der I. ist diese grundsätzlich als →Altstandort und als →Verdachtsfläche anzusehen, weil nicht auszuschließen ist, daß Verunreinigungen mit umweltgefährdenden Stoffen am Standort vorliegen. Neben Verunreinigungen des Bodens, die während des Betriebes entstanden sind, können auch aus dem Abbruch der Anlagen und Bauwerke mehr oder weniger stark verunreinigter →Bauschutt und andere Abfälle angefallen und als Auffüllmaterial verwendet worden sein. Maßnahmen, die zur Wiederverwendung brachliegender Grundstücke erforderlich sind, werden als →Flächenrecycling bezeichnet. Der Umfang der Maßnahmen richtet sich nach der vorgesehenen Nutzung, so z. B. bei einer gemischten Wohnbebauung mit Gewerbebetrieben nach den allgemeinen Anforderungen an gesunde Wohn- und Arbeitsverhältnisse für die Bevölkerung (→Bauleitplanung). *Thoenes*

Literatur: Minister für Landes- und Stadtentwicklung NW: Richtlinien für Ankauf, Freilegung, Baureifmachung und Wiederveräußerung von Gewerbe-, Industrie- und Verkehrsbrachen. MBl. NW 1984.

Industriefeuerung. I. sind die im Bergbau und im verarbeitenden Gewerbe zur Dampf-, Warm- und Heißwassererzeugung oder sonstigen Wärmeträgererwärmung (z. B. Thermoöl) eingesetzten →Feuerungsanlagen. Hierzu zählen auch Feuerungsanlagen im Umwandlungssektor (Raffinerien, Kokereien, jedoch nicht Kraft- und Heizkraftwerke). Unterfeuerungen in industriellen Prozessen gehören zu den I., sofern die Wärmeübertragung indirekt erfolgt. Die Feuerungswärmeleistung von I. liegt in der Regel im Megawattbereich.

Die am häufigsten eingesetzten Feuerungsbauarten zum Einsatz fester Brennstoffe sind
– Rostfeuerungen, überwiegend mit Steinkohlenkoks beschickt,
– Staubfeuerungen, insbesondere für den Einsatz von Braunkohlenstaub,
– Wirbelschichtfeuerungen mit einem weiten Brennstoffband, insbesondere zum Einsatz ballastreicher Stein- und Braunkohlen.

Wichtige Brennerbauarten für den Einsatz von flüssigen Brennstoffen sind Druck-, Rotations- und Injektions-Zerstäubungsbrenner. Bei gasförmigen Brennstoffen dominieren Hochdruckbrenner. Niederdruckbrenner finden aufgrund des zurückgehenden Aufkommens von Gicht- und Generatorgas stetig weniger Anwendung.

Die Kessel von I. werden zu ca. 70 % als Flammrohr-Rauchrohr- und zu ca. 30 % als Wasserrohrkessel ausgeführt. Dabei werden Öl- und Gasfeuerungen vorwiegend mit Flammrohr-Rauchrohr-Kesseln versehen, während Festbrennstoff-Feuerungen insbesondere bei größeren Leistungen mit Wasserrohrkesseln ausgeführt werden.

Der überwiegende Teil der I. fällt immissionsschutzrechtlich in den Geltungsbereich der →TA Luft. Nur wenige Anlagen haben Feuerungswärmeleistungen von 50 MW und mehr und fallen damit unter die →13. BImSchV (bei Gasfeuerungen: 100 MW und mehr) (→Großfeuerungsanlage).

Die emissionsbegrenzender Anforderungen für die kleineren Anlagen ergeben sich aus der TA Luft (insbesondere Nr. 3.3.1.2.1. für I. mit festen Brennstoffen, 3.3.1.2.2. für heizölgefeuerte I. und 3.3.1.2.3. für gasgefeuerte I.). *Beckers*

Literatur: *Hüsken, D.*: Industriekessel für flüssige, gasförmige und feste Brennstoffe. In: Die Industriefeuerung, Nr. 50, Hrsg.: Niepenberg, H. P. Essen 1990. – *Kaier, U.*: Folgerungen und Maßnahmen bei Feuerungen und Abluftanlagen. In: VDI-Ber. Nr. 772. Düsseldorf 1989. – Umweltbundesamt: Luftreinhaltung '88, Tendenzen – Probleme – Lösungen. Berlin 1989.

Industriegebiet. I. dienen gemäß § 9 Abs. 1 Bau-NVO ausschließlich der Unterbringung von Gewerbebetrieben, und zwar vorwiegend solcher Betriebe, die in anderen Baugebieten unzulässig sind. Das sind vornehmlich auch die Betriebe, die einer immissionsschutzrechtlichen Genehmigung nach dem →Bundes-Immissionsschutzgesetz bedürfen. Zulässig sind im I. Gewerbebetriebe aller Art, Lagerhäuser, Lagerplätze und öffentliche Betriebe sowie Tankstellen. Ausnahmsweise können in einem Industriegebiet Betriebswohnungen und Anlagen für kirchliche, kulturelle, soziale, gesundheitliche und sportliche Zwecke zugelassen werden. *Hoppe/Beckmann*

Literatur: *Fickert/Fieseler*: Kommentar zur Baunutzungsverordnung, § 9 Rn. 1 ff. 7. Aufl. 1992. – *Schlez*: Baunutzungsverordnung, § 9 Rn. 1 ff. 2. Aufl. 1990.

Industrielack, emissionsarm. E. I. zeichnet sich durch einen niedrigen Lösemittelgehalt aus, der in der Regel kleiner als 20 % ist. Je nach Anwendungsbereich wurden unterschiedliche emissionsarme Systeme entwickelt. Neben Lösemitteln können weitere organische Verbindungen emittiert werden, die aus dem Bindemittel stammen, wobei es sich um Monomere, Oligomere oder auch um Spaltprodukte handelt. Diese Emissionen treten vor allem bei Trocknern auf und sind in Art und Ausmaß von der Trocknungstemperatur abhängig.

Bei wässrigen Systemen wird Wasser als Löse- oder Verdünnungsmittel verwendet; hier ist zwischen Wasserlacken (das Bindemittel ist in der wässrigen Phase gelöst) und Dispersionslacken (das Bindemittel ist in der wässrigen Phase dispergiert) zu differenzieren. Wasserlacke enthalten zur Optimierung der anwendungstechnischen Eigenschaften bis zu 20 % organische Lösemittel. Die in der Praxis verwendeten Wasserlacke sind weder echte Lösungen noch reine Dispersionen. Optische Qualität sowie mechanische und chemische Beständigkeit der Wasserlacke entsprechen denen der konventionellen Lacke. Ein bedeutender Anwendungsbereich der Wasserlacke ist die Automobilserienlackierung.

High solids entsprechen noch weitgehend den konventionellen Lacken; sie haben jedoch einen höheren Feststoffanteil und sind somit lösemittelärmer. Man unterscheidet Einkomponenten- (1K) und Zweikomponentensysteme (2K):

Bei Einkomponentensystemen werden niedrig polymerisierte Bindemittel verwendet, die somit noch leicht löslich sind und zur Einstellung der gewünschten Verarbeitungskonsistenz lediglich einen Lösemittelanteil zwischen 10 und 30 % benötigen. Beim Trocknen reagiert das Harz aus und bildet einen makromolekularen Lackfilm. Es kommt jedoch zu zusätzlichen Emissionen von Monomeren, Oligomeren, Crack- und Kondensationsprodukten; die Emission nimmt mit steigendem Feststoffgehalt zu.

Ebenfalls zu den lösemittelarmen Einkomponentensystemen gehören Beschichtungsstoffe, die nicht durch Wärme, sondern durch UV- und Elektronenstrahlen gehärtet werden. Derartige Systeme können völlig lösemittelfrei sein, wenn die Viskosität der Ausgangsmonomeren die Verarbeitung noch zuläßt. Vorteilhaft sind der geringe Energieverbrauch, weil keine großen Luft- und Materialmengen aufgeheizt werden müssen, und der geringere Aufwand für die →Abgasreinigung. Erhöhter Aufwand ist für den Arbeitsschutz erforderlich: beim Auftreffen der energiereichen Elektronenstrahlung auf Metall entsteht →Röntgenstrahlung, die abgeschirmt werden muß. Die Reizwirkung der Acrylsäurederivate macht weitere Arbeitsschutzmaßnahmen erforderlich.

Zweikomponentensysteme bestehen aus zwei verschiedenen niedrigmolekularen Komponenten, die bei der Anwendung vermischt werden und zum filmbildenden Endprodukt aushärten. Die Reaktion kann thermisch oder katalytisch beschleunigt werden. Im Unterschied zu den Einkomponentensystemen werden bei der Trocknung keine flüchtigen Kondensationsprodukte freigesetzt; wenn nicht bei höheren Temperaturen getrocknet wird, entstehen auch keine Emissionen von Monomeren, Oligomeren und Crackprodukten. Der Lösemittelgehalt liegt zwischen etwa 5 und 30 %.

Ein- und Zweikomponentenlacke werden in weiten Bereichen der industriellen Lackierung eingesetzt, z. B. 2K-Lacke in der Automobilreparaturlackierung, UV-Acrylate in der Möbelindustrie.

Pulverlacke sind völlig lösemittelfreie Beschichtungsstoffe, die die Anforderungen an einen e. I. in besonderer Weise erfüllen. Als Emissionen sind nur mögliche Spaltprodukte zu beachten. Sie werden vor allem durch elektrostatische Sprühverfahren trocken aufgetragen und durch Erwärmung geschmolzen, wodurch die Filmbildung einsetzt. Der fehlverspritzte Anteil des Pulvers kann im Vergleich zu Naßlacken (relativ) einfach zurückgewonnen und wiederverwertet werden. Die Pulverlacke werden neben der Beschichtung von Metallen (Fassadenelemente, Waschmaschinen und Kühlschränke, Sanitär-Armaturen u. a.) auch zur Beschichtung von Keramik und anderen hitzebeständigen Materialien eingesetzt; weitere Anwendungsfelder werden kontinuierlich erschlossen.

Zur Verminderung der Emissionen ist neben dem Einsatz von e. I. das Auftragverfahren von Bedeutung (→Lackieranlage, →Lacke, schadstoffarme). *Hanhoff-Stemping*

Literatur: Lacke. In: Ullmanns Encyklopädie der technischen Chemie, Bd. 15, 4. Aufl., Weinheim-New York 1978.

Industrielärm →Gewerbegeräusch

Inertisierung. Inert bedeutet träge oder untätig; im technischen Sinne werden damit Stoffe umschrieben, die sich nicht an chemischen Reaktionen beteiligen.

Ziel der I. als Maßnahme der →Abfallbehandlung ist die Überführung von Abfällen in langfristig umweltverträglich ablagerbare Stoffe, von denen keine oder zumindest keine wesentlichen Beeinträchtigungen der Umwelt ausgehen. Inertes oder nach einer Abfallbehandlung inertisiertes Material besteht aus anorganischen und im Wasser schwer löslichen Verbindungen.

Eine I. oder Mineralisierung von restlichen →Siedlungsabfällen sowie bestimmter →Sonderabfälle kann vor allem durch eine thermische Abfallbehandlung (→Abfallverbrennung, →Pyrolyse) erfolgen.

Zur Beurteilung der Frage, ob ein vorbehandelter Abfall als inert anzusehen ist, werden standardisierte Auslaugversuche durchgeführt. Dabei dürfen für eine Reihe von Parametern zulässige Konzentrationen im →Eluat nicht überschritten werden. (→Eluatkriterien, →TA Abfall Teil 1, →TA Siedlungsabfall). *Bergs*

INES. Abk. für International Nuclear Event Scale. Besondere Vorkommnisse in Kernkraftwerken sind weltweit von erheblichem Öffentlichkeitsinteresse. Daher sind in der Bundesrepublik Deutschland bestimmte meldepflichtige Ereignisse in kerntechnischen Anlagen der Aufsichtsbehörde anzuzeigen. Diese werden von den Aufsichtsbehörden sicherheitstechnisch bewertet und in einer bundesweit zentral geführten Liste erfaßt, die als Grundlage des vom Bundesminister für Umwelt, Naturschutz und Reaktorsicherheit vierteljährlich dem Umweltausschuß des Deutschen Bundestages vorgelegten Berichts über meldepflichtige Ereignisse in Kernkraftwerken dient. Dieser Bericht enthält nicht nur einen Überblick über die Verteilung der Meldungen auf die Meldekategorien S, E, N und V (→meldepflichtige Ereignisse in kerntechnischen Anlagen), sondern auch eine Übersichtsliste mit der sicherheitstechnischen Bewertung der einzelnen Ereignisse nach INES.

INES ist die 1990 gemeinsam von der Internationalen Atomenergieagentur (IAEO) und der OECD herausgegebene Internationale Bewertungsskala für nukleare Ereignisse und soll sowohl die Vergleichbarkeit von sicherheitstechnisch bedeutsamen Ereignissen in Kernkraftwerken und kerntechni-

schen Anlagen des Brennstoffkreislaufs auf einer internationalen Ebene gewährleisten als auch national die gegenseitige Verständigung über öffentlichkeitswirksame Ereignisse zwischen Fachwelt, Medien und Öffentlichkeit fördern. Die Bewertungsskala hat sieben Stufen und unterscheidet graduell Unfälle und Störfälle vom katastrophalen Unfall in Stufe 7 (Beispiel Tschernobyl) bis zur Stufe 1 als bloße Störung des Betriebs ohne direkte sicherheitstechnische Auswirkungen. Zusätzlich ist eine Stufe 0 = „unterhalb der Skala" angegeben für Ereignisse ohne sicherheitstechnische Bedeutung.

In der Skala (Tabelle 1, S. 642) werden den nicht exakt definierten Ereignis-Kurzbezeichnungen der einzelnen Stufen, die lediglich allgemein beschreibenden Charakter haben und nicht mit den Definitionen des Unfalls bzw. des →Störfalls in der Strahlenschutzverordnung übereinstimmen, abstrakte Bewertungskriterien für radiologische Auswirkungen außerhalb und innerhalb der Anlage zugeordnet, soweit solche Auswirkungen in der jeweiligen Stufe überhaupt akzeptiert werden (daher keine Angaben zu Stufen 1 und 2). In der letzten Spalte werden für die Fälle ohne oder mit geringen radiologischen Auswirkungen die zugeordneten Beeinträchtigungen der Sicherheitsvorkehrungen angegeben. Diese Sicherheitsvorkehrungen haben in den Stufen 7–4 mehr oder weniger versagt.

Tabelle 2 (S. 643, 644) konkretisiert die Auswirkungs- bzw. Beeinträchtigungskriterien. *Dreyhaupt*

Literatur: Bundesminister für Umwelt, Naturschutz und Reaktorsicherheit (BMU) (Hrsg.): Internationale Bewertungsskala für bedeutsame Ereignisse in Kernkraftwerken; Bonn, Januar 1991. – Kernenergie: Neue Bewertungsskala INES; Energiewirtschaftliche Tagesfragen **41** (1991) Nr. 1/2, S. 88–89.

Informations- und Kommunikationstechnik. Zu den I.u.K.-Techniken im Umweltschutz zählen →Umweltinformationssysteme (UIS), die durch Verfahren der künstlichen Intelligenz (KI) unterstützt sein können sowie die Modellbildung und Simulation. Bei letzteren wird versucht, das reale Verhalten von Ökosystemen, Umweltkompartimenten, aber auch von Produktionsprozessen oder das Verkehrsgeschehen mit Rechenalgorithmen nachzubilden. Wichtige Anwendungen der Simulation im Umweltschutz zielen auf die Beschreibung der Ausbreitung von Schadstoffen, des Bodenwasser- und Grundwasserhaushalts, der Wirkungsmechanismen in Ökosystemen und des Klimageschehens (z. B. Ozonabbau, →Treibhauseffekt). Auch Prozeßmodellen und Verkehrsmodellen kommt Bedeutung für den Umweltschutz zu, wenn dadurch Anlagen und Maschinen energieoptimaler und umweltschonender betrieben werden können oder das Verkehrsgeschehen flüssiger wird.

Umweltinformationssysteme spielen in der Umweltüberwachung, Umweltplanung und Umweltfor-

INES. Tabelle 1: Bewertungskriterien nach IAEO/OECD.

Stufe/ Kurzbezeichnung	Kriterien (abstrakt)		
	Radiologische Auswirkungen außerhalb der Anlage	Radiologische Auswirkungen in der Anlage	Beeinträchtigung von Sicherheitsvorkehrungen
7 Katastrophaler Unfall	Katastrophale Freisetzung: Weitreichende Auswirkungen auf Gesundheit und Umwelt		
6 Schwerer Unfall	Erhebliche Freisetzung: Voller Einsatz der Katastrophenschutzmaßnahmen		
5 Ernster Unfall	Begrenzte Freisetzung: Einsatz einzelner Katastrophenschutzmaßnahmen	Schwere Schäden am Reaktorkern	
4 Unfall	Geringe Freisetzung: Strahlenbelastung der Bevölkerung etwa in der Höhe der natürlichen Strahlenbelastung	Begrenzte Schäden am Reaktorkern Akute Gesundheitsschäden beim Personal	
3 Ernster Störfall	Sehr geringe Strahlenbelastung: Strahlenbelastung der Bevölkerung in Höhe eines Bruchteils der natürlichen Strahlenbelastung	Größere Kontaminationen Unzulässig hohe Strahlenbelastung beim Personal	Beinahe-Unfall Weitgehender Ausfall der gestaffelten Sicherheitsvorkehrungen
2 Störfall			Begrenzter Ausfall der gestaffelten Sicherheitsvorkehrungen
1 Störung			Abweichung von den zulässigen Bereichen für den sicheren Betrieb der Anlage
0 Unterhalb Skala			Keine sicherheitstechnische Bedeutung

schung eine wichtige Rolle. Sie finden trotz vielfach noch verbesserungsbedürftiger Software heute schon vielfältige Anwendungen. Das Umweltbundesamt verfügt mit UMPLIS bereits über ein gut ausgebautes Informations- und Dokumentationssystem. Die meisten Bundesländer sind dabei, Umweltinformationssysteme aufzubauen und bestehende Teilsysteme, z. B. die Luftmeßnetze, in diese zu integrieren. Den UIS kommt große Bedeutung bei der Bewältigung von Notsituationen zu, darunter →Smogepisoden, →Störfälle in sicherheitsrelevanten Anlagen oder Unfälle bei Gefahrguttransporten.

Die Postdienste HfD (Standleitung), DATEX-L, DATEX-P und TEMEX sind für Anwendungen von I. u. K. zwischen räumlich getrennten Objekten

INES. Tabelle 2: Bewertungskriterien nach BMU

Stufe	Kurzbe-zeichnung	Kriterien
7	Katastro-phaler Unfall	◆ Freisetzung großer Teile der im Reaktorkern enthaltenen radioaktiven Stoffe in die Umgebung in einem Ausmaß, das radiologisch mehr als einigen Zehntausend TBq Jod 131 entspricht. Akute Gesundheitsschäden möglich. Gesundheitliche Spätschäden über große Gebiete, ggf. in mehr als einem Land. Langfristige Umweltschäden.
6	Schwerer Unfall	◆ Freisetzung radioaktiver Stoffe in die Umgebung in einem Ausmaß, das radiologisch einigen Tausend bis einigen Zehntausend TBq Jod 131 entspricht. Katastrophenschutzmaßnahmen in vollem Umfang erforderlich, um Gesundheitsschäden in Grenzen zu halten.
5	Ernster Unfall	◆ Freisetzung radioaktiver Stoffe in die Umgebung in einem Ausmaß, das radiologisch einigen Hundert bis einigen Tausend TBq Jod 131 entspricht. Einsatz einzelner Katastrophenschutzmaßnahmen erforderlich, um die Wahrscheinlichkeit von Gesundheitsschäden zu verringern. ◆ Schwere Beschädigung eines großen Teils des Reaktorkerns (mechanische Zerstörung oder Kernschmelzen).
4	Unfall	◆ Freisetzung radioaktiver Stoffe in die Umgebung, welche bei den am stärksten betroffenen Personen außerhalb der Anlage zu einer Strahlenbelastung von einigen Millisievert führt. Im allgemeinen keine Notwendigkeit von Katastrophenschutzmaßnahmen außerhalb der Anlage. Möglicherweise lokale Verzehrbeschränkungen. ◆ Begrenzte Schäden am Reaktorkern wie mechanische Zerstörung oder Kernschmelzen. ◆ Strahlenbelastung des Personals, die zu akuten Gesundheitsschäden führen kann; Größenordnung 1 Sievert.
3	Ernster Störfall	◆ Freisetzung radioaktiver Stoffe in die Umgebung, welche bei den am stärksten betroffenen Personen außerhalb der Anlage zu einer Strahlenbelastung von einigen Zehntel Millisievert führt. Schutzmaßnahmen außerhalb der Anlage nicht erforderlich. ◆ Technische Ausfälle oder Bedienungsfehler mit der Folge hoher Strahlenpegel oder hoher Kontamination. Unzulässig hohe Strahlenbelastung von Betriebsangehörigen (Individualdosen oberhalb von 50 Millisievert). ◆ Störfalle, bei denen ein zusätzlicher Ausfall von Sicherheitseinrichtungen zum Eintritt eines Unfalls führen könnte. Anlagenzustände, bei denen die Sicherheitseinrichtungen im Falle des Eintritts bestimmter Störfalle eine Ausweitung in einen Unfall nicht verhindern könnten.
2	Störfall	◆ Begrenzter Verlust von Sicherheitsvorkehrungen. Dies sind insbesondere technische Zwischenfälle, die zwar die Sicherheit der Anlage nicht unmittelbar gefährden, aber Anlaß für eine Überprüfung von Sicherheitsvorkehrungen sind.

noch: INES. Tabelle 2: Bewertungskriterien nach BMU

Stufe	Kurzbe-zeichnung	Kriterien
1	Störung	◗ Technische oder betriebliche Störungen, die zwar die Sicherheit insgesamt nicht beeinträchtigen, aber auf Mängel bei den Sicherheitsvorkehrungen hinweisen. Die Ursachen hierfür können in technischen Ausfällen, Bedienungsfehlern oder in unzureichenden Betriebsvorschriften liegen. Diese Störungen sind von solchen Störungen zu unterscheiden, bei denen keine Abweichungen vom zulässigen Anlagenbetrieb auftreten und die in Übereinstimmung mit den Betriebsvorschriften behoben werden. Diese liegen in der Regel „unterhalb der Skala".
Unter-halb Skala/0	Keine sicherheits-technische Bedeutung	

von zentraler Bedeutung. Sie ermöglichen Fernanzeigen, -messen, -schalten und -einstellen. *Angerer*

Literatur: *Page, B.* et al.: Informations- und Kommunikationstechniken. In: Materialienbände zur Untersuchung Mikroelektronik im Umweltschutz, Band 5. Fraunhofer-Institut für Systemtechnik und Innovationsforschung. Karlsruhe 1991.

Informationshaltigkeit. Ein Geräusch ist informationshaltig, wenn dem Hörer bewußt oder unbewußt besondere Aufmerksamkeit durch das Geräusch abverlangt wird. Typische informationshaltige Geräusche sind Musik und Sprache, die immer dann störend sein können, wenn sie unfreiwillig mitgehört werden und im Zeitpunkt des Auftretens nicht mit den Intentionen des Hörers übereinstimmen.

Zur Berücksichtigung dieser Störwirkung, die insbesondere im Umfeld von Sport- und Freizeiteinrichtungen auftreten können, sieht die →Sportanlagen-Lärmschutzverordnung je nach Auffälligkeit einen Zuschlag von 3 oder 6 dB zum →Mittelungspegel des informationshaltigen Geräusches vor. *Strauch*

Informationssystem, geographisches. Ein g. I. (GIS) ist ein elektronisches Datenverarbeitungssystem, mit dem eine Vielzahl flächenbezogener geographischer Daten oder Informationen erhoben, gespeichert, verwaltet, verknüpft, transformiert, ausgewertet und in jeweils gewünschter Form wieder ausgegeben bzw. dargestellt werden können. Damit wird ein g. I. zu einem unentbehrlichen Bestandteil jedes →Umweltbeobachtungssystems oder Umweltinformationssystems, weil die Wirklichkeit der Umwelt stets die Beschreibung durch flächenbezogene geographische Informationen erfordert. Dazu werden üblicherweise unterschiedliche thematische Karten, z. B. topographische Karten, Bodenkarten, Grundwasserkarten, Flächennutzungskarten, Infrastrukturkarten oder Verwaltungsgrenzenkarten, herangezogen. Eine integrierende, umweltbezogene Auswertung aller Karten, z. B. durch Karten-Überlagerung, ist ohne elektronische Hilfsmittel nur begrenzt möglich und wurde erst durch ein GIS in vollem Umfang zugänglich.

Jede geographische Information besteht aus drei Bestandteilen:
□ Örtlich festliegende Daten, z. B. Karten-Koordinaten, Höhenlage, Hangneigung, Bewuchs.
□ Örtlich nicht festliegende Daten wie Klassenzugehörigkeiten oder Wertstufen, Bodenarten, Bebauungstypen usw.
□ Zeitliche Dimension der genannten Daten zu verschiedenen definierten Zeiten.

Die Wiedergabe der Daten kann in Kartenform, d. h. in einem topologischen Modell, erfolgen und über geeignete Zusatzgeräte ausgedruckt werden. Die Informationen können aber auch auf Rasterzellen verschiedener Größe (→GRID) übertragen werden. Außerdem ist eine Umwandlung in verschiedene Flächeneinheiten möglich, z. B. naturräumliche Einheiten in Verwaltungseinheiten. Ebenso können Informationen in Tabellen oder graphischen Darstellungen ausgegeben werden, die z. B. das Verhalten bestimmter Variablen zeigen.

Mit Hilfe eines gut strukturierten g. I. können bestimmte Umweltveränderungen, z. B. Eingriffe durch Straßenbau, Rodungen, Stauseen oder Emissionen nicht nur ziemlich zuverlässig abgeschätzt, sondern auch in ihrer räumlichen Auswirkung veranschaulicht werden, wodurch sich unterschiedliche Standort- oder Trassenvarianten ergeben. Damit wird das g. I. auch zu einem unentbehrlichen Instrument der →Umweltverträglichkeitsprüfung. *Haber*

Literatur: *Ashdown, M.; J. Schaller:* Geographisches Informationssysteme und ihre Anwendung in MAB-Projekten, Ökosystemforschung und Umweltbeobachtung. – MAB-Mitteilungen 34. Deutsches MAB-Nationalkomitee. Bonn 1990.

Infrarotstrahlung. I. ist der Wellenlängenbereich optischer →Strahlung, der von 780 nm bis 1 mm reicht. Nach DIN 5031 Teil 7 wird die I. in die Teilbereiche IR-A von 780 bis 1 400 nm, IR-B von 1 400 bis 3 000 nm und IR-C von 3 000 nm bis 1 mm unterteilt. Der Nachweis der I. erfolgte erstmalig im Jahre 1800 durch Erwärmung einer geschwärzten Fläche, die mit dem IR-Anteil der spektral zerlegten →Sonnenstrahlung beschienen wurde (*Herrschel*). I. ist nicht sichtbar, jedoch über die körpereigenen Thermorezeptoren wahrnehmbar.

I. wird vornehmlich zur kontaktlosen Übertragung von Wärme eingesetzt.

Körper, die sich auf einer beliebigen Temperatur oberhalb des absoluten Nullpunkts befinden, senden I. aus (sog. thermische Strahler). Die I. eines beliebigen Körpers läßt sich aus seinem Absorptionsspektrum und der spektralen Strahlungsverteilung des sog. schwarzen Strahlers bei gleicher Temperatur berechnen.

Infrarotstrahler emittieren im allgemeinen ein spektrales Kontinuum. Da im längerwelligen Bereich biologische Effekte nicht mehr so stark wellenlängenabhängig sind, können zu deren gesundheitlicher Risikoabschätzung auch Breitbandradiometer (z. B. Thermosäule, Pyroelektrischer Detektor) eingesetzt werden. Für kürzerwellige IR-Strahlung und Strahlung im VIS/UV-Bereich (→Strahlung, sichtbare/ultraviolette) empfiehlt sich der Einsatz eines abtastenden Spektroradiometers, da in diesem Bereich die biologischen Effekte stark wellenlängenabhängig sind. Mit Thermoelementen lassen sich Strahlungsleistungen bis ca. 10^{-10} W nachweisen.

Im Gegensatz zu Mikrowellen (→Strahlung, nichtionisierende) wird I. sehr viel stärker an der Körperoberfläche absorbiert. Eine Erwärmung tiefergelegener Körperorgane findet vorwiegend durch Wärmeleitung statt. Von der I. sind somit vorwiegend Auge und Haut betroffen. Besondere Aufmerksamkeit bezüglich des Auges verdient der kurzwellige IR-Anteil. Für diesen Bereich ist das Auge transparent, die Strahlung jedoch nicht sichtbar. Auf diese Weise können Netzhautschädigungen ohne Vorwarnung gesetzt werden. Bei chronischer Bestrahlung kann die Linse getrübt werden (→Strahlenwirkung auf Augen; →Strahlenschutz, optischer). An der Haut können vor allem durch hohe Bestrahlungsstärken längerwelliger I. thermische Schädigungen gesetzt werden (→Strahlenwirkung auf Haut). *Steinmetz*

Infraschall. Mechanische Schwingungen mit einer Frequenz, unterhalb der Grenzfrequenz für das menschliche Hörvermögen (etwa kleiner 16 Hz).

I. wird sowohl von natürlichen Vorgängen wie
– turbulente Winde,
– Wellenbewegungen großer Wasseroberflächen und Brechen dieser Wellen an Hindernissen,
– Erdbeben
wie auch von künstlichen Vorgängen, z. B.
– Bewegen großer Oberflächen (Fahrzeuge, Ausstoß von Gasen und Luft),
– Anregung von großen Luftmassen zu Schwingungen durch Kraft- und Arbeitsmaschinen (Gebläse, Lüfter) erzeugt.

Erfolgt die Schwingungsausbreitung nicht über das Medium Luft, sondern über feste Körper (Boden, Bauwerke) wird I. vom Menschen überwiegend als →Erschütterung wahrgenommen. *Strauch*

Ingenieurbiologie. Unter I. oder Ingenieurökologie faßt man in Forschung und Praxis alle Aktivitäten zusammen, bei denen lebende Baustoffe (vor allem Pflanzen und Pflanzenteile) zusammen mit unbelebten Materialien für technische Zwecke eingesetzt werden. Dazu gehören insbesondere die Sicherung von Böschungen, Hanganschnitten, Fluß- und Seeufern sowie Meeresküsten, die Festlegung von Dünen, von Hangrutschungen oder rutschgefährdeten Gebirgshängen, von Halden oder Aufschüttungen aller Art. Auch die Landgewinnung im Wattenmeer und die weitgehende Trockenlegung der Zuidersee (Ijsselmeer) in den Niederlanden beruhen weitgehend auf ingenieurbiologischen Maßnahmen.

Neuerdings wird die I. zur Ökotechnik erweitert, andererseits wird sie auch als Teilgebiet des Landschaftsbaus angesehen, der wiederum zur →Landespflege gehört. Neuere Aktivitäten der I. bzw. Ökotechnik sind die →Renaturierung technisch regulierter Flüsse oder die Errichtung und der Betrieb von Pflanzenkläranlagen oder bewachsenen Bodenfiltern. Im weiteren Sinne kann auch der Einsatz von Mikroorganismen, Kleintieren und niederen Pflanzen zur Zersetzung abbaufähiger Umweltchemikalien und →Altlasten zur Ökotechnik gezählt werden, deren Zukunftsaussichten im übrigen im Steigen begriffen sind. *Haber*

Literatur: *Begemann, W.; H. M. Schiechtl*: Ingenieurbiologie. Wiesbaden–Berlin 1986. – *Pflug, W.* (Hrsg.): Ingenieurbiologie. Aachen 1985.

Ingestion. I. bedeutet allgemein die Aufnahme eines Stoffes mit Nahrung und Trinkwasser. Im Strahlenschutz manifestiert sich die Aktivitätszufuhr in den Körper (→Inkorporation) in einer Aufnahme radioaktiver Stoffe durch →Inhalation, über die Haut, durch Wunden oder durch I. Bei Beachtung elementarer Strahlenschutzmaßnahmen kann die Wahrscheinlichkeit für I. gegenüber derjenigen für Inhalation am Arbeitsplatz vernachlässigt werden. Anders verhält sich das in der weiteren Umgebung von Ableitungsquellen radioaktiver Stoffe: Die über die Luft – infolge trockener Ablagerung oder

→Rainout/Snowout – oder das Wasser in den Futter-/Nahrungsmittel-Kreislauf eingebrachten Radionuklide (→Expositionspfade) belasten im allgemeinen die Bevölkerung höher als die mit der Atemluft inhalierten Aktivitäten (→Inhalation).

Die durch I. verursachte Jahresdosis in einem bestimmten Organ oder Gewebe wird nach einem in der zitierten Verwaltungsvorschrift angegebenen Verfahren rechnerisch ermittelt (Tabelle).

Ingestion. Tabelle: Jahresverbrauch an Lebensmitteln zur Ermittlung der Strahlenexposition durch I.

Lebensmittel	Jahresverbrauch der Referenzperson	
	Erwachsener	Kleinkind
Trinkwasser	800 l	250 l
Fisch (Süßwasser)	20 kg	—
Milch (einschließlich Milchprodukte)	330 kg	200 kg
Fleisch (einschließlich Fleischwaren)	150 kg	20 kg
Pflanzliche Produkte, davon entfallen auf:	500 kg	60 kg
— Getreide und Getreideprodukte	190 kg	15 kg
— Obst und Obstsaft	100 kg	20 kg
— Wurzelgemüse (einschl. Kartoffeln)	170 kg	15 kg
— Blattgemüse	40 kg	10 kg

Ewen

Literatur: Allgemeine Verwaltungsvorschrift zu § 45 Strahlenschutzverordnung: Ermittlung der Strahlenexposition durch die Ableitung radioaktiver Stoffe aus kerntechnischen Anlagen oder Einrichtungen, vom 21. 2. 1990, Bundesanzeiger, Nr. 64 a, 31. 3. 1990 und Zusammenstellung der Dosisfaktoren: Bundesanzeiger Nr. 185 a, 30. 9. 1989.

Inhärente Sicherheit. Sicherheitseigenschaft einer technischen Anlage, insbesondere einer kerntechnischen Anlage, durch die die Betriebssicherheit als Ganzes durch passiv ablaufende Ereignisse sichergestellt ist. Das heißt, das System pendelt sich bei einem →Störfall in der Anlage selbsttätig ohne direkten →Eingriff des Betriebspersonals oder andere aktive Maßnahmen auf einen ungefährlichen Zustand ein (inhärent vom *lat.* inhaerere = an etwas haften, innewohnen). I. S. ist z. B. dann gegeben, wenn ein Kernreaktor einen so großen negativen Temperaturkoeffizienten der Reaktivität besitzt, daß bei störfallbedingten Temperaturerhöhungen, z. B. Kühlmittelverlust, der Reaktor selbsttätig unterkritisch wird. Die Zahl der Spaltungen je

Zeiteinheit verringert sich mit steigender Temperatur. Schäden am Reaktorsystem treten erst dann auf, wenn die Nachwärmeabfuhr nicht innerhalb von einigen Stunden einsetzt, weil dann in den Komponenten des Primärkreislaufs die Auslegungstemperaturen erreicht werden. *Merz*

Inhalation. Die →Inkorporation radioaktiver Stoffe, d. h. die Aktivitätszufuhr in den menschlichen Körper, kann durch →Ingestion, über die Haut, durch Wunden und durch I. geschehen. I. ist die Aufnahme radioaktiver Stoffe über die Atemluft.

Die Jahresdosis in einem bestimmten Organ oder Gewebe durch I. eines bestimmten Radionuklids (in Sv) ist proportional zu der von einer Person inhalierten Aktivität (in Bq). Diese wird nach der StrlSchV für in der Umgebung einer Emissionsquelle lebende Personen berechnet als Produkt aus der jährlich über Luft abgeleiteten Aktivität des Radionuklids (in Bq), der sog. Atemrate ($2{,}32 \cdot 10^{-4}$ m³/s für Erwachsene und $6{,}03 \cdot 10^{-5}$ m³/s für Kleinkinder entsprechend Tabelle II 1 der Anlage XI zur StrlSchV) und dem Langzeitausbreitungsfaktor (in s/m³) (→Ausbreitung radioaktiver Stoffe). Letzterer beschreibt das über ein Jahr gemittelte Ausbreitungsverhalten der mit Luft abgeleiteten Aktivität am Ort der exponierten Person. Zur Umrechnung der inhalierten Aktivität (in Bq) in eine Körperdosis (in Sv) dienen I.-Dosisfaktoren, deren Werte in Abhängigkeit von den einzelnen Radionukliden und den strahlenbiologisch relevanten Organen und Geweben für Erwachsene und Kleinkinder in Tabellen zusammengestellt sind, die man – ebenso wie die Langzeit-Ausbreitungsfaktoren – den angegebenen Verwaltungsvorschriften entnehmen kann. *Ewen*

Literatur: Allgemeine Verwaltungsvorschrift zu § 45 Strahlenschutzverordnung: Ermittlung der Strahlenexposition durch die Ableitung radioaktiver Stoffe aus kerntechnischen Anlagen oder Einrichtungen, vom 21. 2. 1990, Bundesanzeiger, Nr. 64 a, 31. 3. 1990 und Zusammenstellung der Dosisfaktoren: Bundesanzeiger Nr. 185 a, 30. 9. 1989.

Initiator. Als I. bezeichnet man entsprechend des Mehrstufenmodells der chemischen →Kanzerogenese Stoffe, die eine irreversible Schädigung der DNS verursachen und dadurch die Tumorentwicklung auslösen (initiieren) können. *Deml*

Injektion. Einbringen von Dichtmasse in das Erdreich, z. B. am Rande des Deponiekörpers zum Aufbau einer vertikalen Dichtwand (→Einkapselungsverfahren, →Altlastensanierung). Durch eine entsprechende Viskosität und Gelstärke verteilt sich die injizierte Masse, z. B. Bentonitsuspension, im abzudichtenden Erdreich. Die Dichtmasse erstarrt und bewirkt die Abdichtung. In der Praxis werden das Düsenstrahlwandverfahren und das Verfahren des Injektionsschirms angewandt. Hierzu werden Injektionslanzen verwendet. Auftretende Inhomogenitäten müssen nachbehandelt werden. Neben Suspensionen mit Ton- oder Bentonitzugaben werden auch chemische Injektionsmassensysteme verwendet. Für nachträglich einzubringende Untergrundabdichtungen werden ebenfalls I. vorgeschlagen.

Bei allen I.-Methoden müssen im Rahmen der →Machbarkeitsstudie Fragen der ausreichenden Dichtheit, der Kontrolle und die potentielle →Kontamination des Grundwassers durch die Injektionsmasse eingehend geklärt werden. *Thoenes*

Literatur: *Thomé-Kozmiensky, K. J.:* Altlasten und Altlasten 2. Berlin 1987 und 1988.

Inkorporation. Unter I. versteht man allgemein die Aufnahme von Stoffen in den Körper. In der StrlSchV ist die I. als Aufnahme radioaktiver Stoffe in den menschlichen Organismus definiert. Radioaktive Stoffe gelangen hauptsächlich über die Atmung, also über die Luft (→Inhalation), oder über die Nahrungs- und Trinkwasseraufnahme (→Ingestion) in den Körper. Möglich ist aber auch die Stoffresorption über Hautkontaminationen oder die Aufnahme über Wunden. Strahlenexpositionen infolge I. radioaktiver Stoffe sind in der Regel strahlenbiologisch wirksamer als diejenigen durch äußere Bestrahlungen, weil:
– die Exposition durch das von der physikalischen und biologischen →Halbwertszeit abhängige Verbleiben des inkorporierten Radionuklids im menschlichen Organismus lange andauern kann,
– die Abstände zwischen den radioaktiven Quellen und dem bestrahlten Gewebe sehr gering sind,
– auch niederenergetische →Betastrahlung und die strahlenbiologisch höchst wirksame →Alphastrahlung, die bei äußerer Bestrahlung keine relevanten Effekte erzielen, im Organismus voll wirksam werden.

I. müssen deshalb möglichst vermieden werden. Dieses Ziel erreicht man durch
– entsprechende Verhaltensweise (Unterlassung von Essen, Trinken und Rauchen sowie Nichtverwendung von Gesundheitspflege- und kosmetischen Mitteln beim Umgang mit offenen radioaktiven Stoffen; Vorkehrungen zur Behandlung von mit radioaktiven Stoffen kontaminierten Wunden; Höhe der verwendeten Aktivität und Zeitdauer der Verwendung möglichst klein halten),
– technische Hilfsmittel (z. B. Lüftungsanlagen, Abzüge, Heiße Zellen, Handschuhkästen, spezielle, leicht dekontaminierbare Labortische und andere Arbeitsflächen, Greifwerkzeuge, automatische Abfüllsysteme, Schutzkleidung wie Schutzbrillen, Filtermasken und Schutzhandschuhe, Einrichtungen für Dekontaminations-Maßnahmen, Kontaminations-Meßgeräte).

In § 52 StrlSchV sind die Grenzwerte für die I. radioaktiver Stoffe festgelegt. Sie beziehen sich auf Werte der Anlage IV zur StrlSchV. Dabei handelt es sich nicht um Körperdosen (in Sv), sondern um Aktivitäten (in Bq), so daß man von abgeleiteten Grenzwerten spricht. Die abgeleiteten Grenzwerte wurden so gewählt, daß sie unter Berücksichtigung einer 50jährigen Einwirkungszeit →Strahlenexpositionen entsprechen, die identisch mit den primären Grenzwerten für die Körperdosen beruflich Strahlenexponierter der Kat. A sind (z. B. für die effektive Dosis: 50 mSv/a). Die abgeleiteten Grenzwerte für beruflich Strahlenexponierte der Kat. B ($^3/_{10}$ der Kat. A-Grenzwerte, also für die effektive Dosis: 15 mSv/a) und für nicht beruflich Strahlenexponierte ($^1/_{10}$ der Kat. A-Grenzwerte, also für die effektive Dosis: 5 mSv/a) folgen der Regelung, die auch für äußere Expositionen gilt (→Dosisgrenzwert).

Die Summe der Körperdosen durch äußere und innere Expositionen dürfen die in der StrlSchV für die einzelnen Personengruppen festgelegten Grenzwerte nicht überschreiten, beispielsweise 50 mSv/a für die effektive Dosis beruflich strahlenexponierter Personen der Kat. A infolge äußerer und inkorporationsbedingter Expositionen. *Ewen*

Literatur: DIN 25425, Teil 1: Radionuklidlaboratorien; Regeln für die Auslegung. 1984. – DIN 6844, Teile 1 bis 3: Nuklearmedizinische Betriebe. 1989.

Innenpegel →Halleninnenpegel

Innenraum-Luftverunreinigung →Innenraumluft – Reinhaltung

Innenraumluft – Reinhaltung. Innenräume sind ein wesentlicher Teil der Umwelt des Menschen. In Mitteleuropa halten sich die meisten Menschen die überwiegende Zeit des Tages in Innenräumen auf. Darüber hinaus sind einige Personengruppen (z. B. Kleinkinder, Kranke und alte Menschen) an den Aufenthalt in einem bestimmten Raum gebunden. Diese Menschen sind zugleich besonders sensibel gegenüber Verunreinigungen der Innenraumluft.

Der I.-R. kommt auch aus weiteren Gründen eine besondere Bedeutung zu:
– Zur Einsparung von Heizenergie werden seit Anfang der siebziger Jahre zunehmend dichte Fenster eingebaut, was den Luftaustausch erheblich verringert. Als Folge kann die Konzentration von Luftverunreinigungen entsprechend ansteigen.
– Gleichzeitig hat die Anzahl neuer Baustoffe, Ausstattungsmaterialien und Haushaltsprodukte zugenommen. Bei der Entwicklung dieser neuen Produkte stehen meist technische Anforderungen und nicht das Emissionsverhalten im Vordergrund (emissionsarme →Produkte).

Abgesehen von einem geringfügigen Schutz der Gebäudehülle vor Konzentrationsspitzen von Luftverunreinigungen in der Außenluft ist bei vielen Stoffen mit höherer Konzentration in der Innenraumluft zu rechnen (Tabelle).

Baustoffe und Ausstattungsmaterialien sowie Produkte des Heimwerker- und Hobbybereiches können eine Vielzahl von Chemikalien emittieren. Hierzu gehören Kohlenwasserstoffe, Chlorkohlenwasserstoffe, Alkohole, Ester, Ketone und andere flüchtige organische Verbindungen oder Lösemittel. Diese Produkte lassen sich aufgrund der von ihnen ausgehenden Belastungen als vorübergehende oder andauernde Emissionsquelle einstufen. Durch den Einsatz lösemittelarmer Produkte (z. B. schadstoffarmer →Lacke) lassen sich auch vorübergehende Belastungen der Innenraumluft bei Renovierungsarbeiten deutlich verringern. Durch ausreichende Lüftung können die verbleibenden unvermeidbaren Luftbelastungen vermindert werden. Luftbelastungen aus dauerhaften Emissionsquellen lassen sich dagegen durch Lüftung nur vorübergehend verringern und sind daher besonders zu beachten. Mit Formaldehydleimen hergestellte Holzwerkstoffe und Möbel aus Holzwerkstoffen können z. B. als nahezu permanente Quelle für →Formaldehyd angesehen werden. Der Einsatz formaldehydarmer →Holzprodukte kann hier Abhilfe schaffen. Besonders Baustoffe und andere weitgehend fest mit dem Gebäude verbundenen Materialien sollten aus Vorsorgegründen dauerhaft keine Emissionen in die Innenraumluft verursachen.

Reinigungs- und Pflegemittel sowie andere Haushaltsprodukte gehören zwar nicht zu den dauerhaften Emissionsquellen, werden aber meist regelmäßig angewendet. Hierdurch können sie ebenfalls erheblich zur Innenraumbelastung beitragen.

Weitere Quellen von Luftverunreinigungen in Innenräumen können offene Feuerstellen (Gasherde, offene Kamine), Rauchen und der Baugrund (→Radon und →Altlasten) sein. Neben organischen Stoffen werden durch diese Quellen auch Stickoxide, Kohlenmonoxid und Staub freigesetzt. Der Hausstaub wirkt zusätzlich als Trägermedium für schwerflüchtige organische Stoffe (Holzschutzmittel, Weichmacher u. a.) sowie für Mikroorganismen und Allergene.

Für die Bewertung gesundheitlicher Auswirkungen von Luftverunreinigungen in Innenräumen existieren bisher nur erste Ansätze. Für einige Einzelstoffe, z. B. Formaldehyd und Perchlorethylen, werden Richtwerte empfohlen. Beim Perchlorethylen wurde dieser Wert in der →2. BImSchV für Räume neben →Chemischreinigungen verbindlich festgelegt. In der Innenraumluft befindet sich jedoch ein komplexes Stoffgemisch, dessen Quellen und gesundheitliche Auswirkungen sich einer kausalen Zuordnung vollständig entziehen. Deshalb sollte der besonders im Immissionsschutzrecht verankerte Vorsorgegedanke auch auf das Emissionsverhalten von Produkten in die Innenraumluft angewandt werden. Dies würde bedeuten, daß Schadstoffemis-

Innenraumluft-Reinhaltung. Tabelle: Konzentration einiger Luftinhaltsstoffe in Innenräumen im Vergleich zur Außenluft in zufällig untersuchten Wohnungen. (Quelle: SRU)

Stoff bzw. Stoffgruppe	Verhältnis der Konzentrationen Innen/Außen	Bemerkungen
Schwefeldioxid	ca. 0,5	
Stickstoffdioxid	≤ 1	
	2–5	NO_2-Quelle innen
Kohlendioxid	1–10	
Kohlenmonoxid	≤ 1	
	1–5	CO-Quelle innen
Schwebstaub	0,5–1	ohne Tabakrauch
	2–10	mit Tabakrauch
Formaldehyd	≤ 10	
höhere aliphatische Kohlenwasserstoffe	2–5	
aromatische Kohlenwasserstoffe	1–3	
leicht flüchtige Halogenkohlenwasserstoffe	10–50	
polychlorierte Biphenyle	5–10	
Radon	bis zu 5	Wohnräume
	bis zu 10	Kellerräume
N-Nitrosodimethylamin	≤ 1	ohne Tabakrauch
	> 1	mit Tabakrauch

sionen z. B. aus Baustoffen nach dem Stand der Technik zu minimieren sind.

Die Stoffgemische in der Innenraumluft werden auch als eine Ursache für das sog. →sick building syndrom angesehen. Besonders Benutzer von klimatisierten Räumen klagen über eine Reihe unspezifischer Beschwerden, wie Augen- und Schleimhautreizungen, Kopfschmerzen, Müdigkeit und mangelnde Konzentrationsfähigkeit.

In der Vergangenheit wurden einzelne, heute als besonders kritisch erkannte Stoffe wie Asbest, polychlorierte Biphenyle und Holzschutzmittel auch in Innenräumen verwendet. Heute können diese Stoffe unzumutbare Belastungen verursachen, die umfangreiche und kostenintensive Sanierungsmaßnahmen erforderlich machen, z. B. die →Asbestsanierung. *Plehn*

Literatur: Konzeption der Bundesregierung zur Verbesserung der Luftqualität in Innenräumen. Reihe Umweltpolitik. Hrsg.: Bundesumweltministerium, 1992. – Luftverunreinigungen in Innenräumen – Sondergutachten. Hrsg.: Rat von Sachverständigen für Umweltfragen (SRU). Stuttgart–Mainz 1987.

Insektizide →Biozide

Insertion.

Als I. bezeichnet man jegliche Art von →Mutation, die durch Einfügen eines oder mehrerer Nucleotide in eine Nucleinsäure entstanden ist. Natürlicherweise werden I. als Ergebnis der molekularen Evolution, insbesondere bedingt durch Intron-Exon-shuffling beobachtet. Auch die Lysogenie von Viren ist bedingt durch eine I. des viralen Genoms in das der Wirtszelle.

Die artifizielle I. einer DNA-Sequenz in ein vorgegebenes DNA-Molekül ist eines, wenn nicht das entscheidende Verfahren der →Gentechnik. Es bildet die Grundlage zur Konstruktion von Klonierungs- und Expressionsvektoren sowie zur Anlage von Genbanken. *Flohé*

In-situ.

lat. situ = Lage, in der (ursprünglichen) Lage.

In-situ-Bodensanierung.

Ein Verfahren der Schadstoffbeseitigung aus Böden bei der →Bodensanierung (→Altlastensanierung). Der zu sanierende Boden verbleibt in natürlicher Lage. Zur I.-s.-B. eignen sich chemische, hydraulische und mikrobiologische Verfahren, die auch kombiniert eingesetzt werden. Bei der hydraulischen I.-s.-B. werden Schadstoffe im Boden mittels Spülwasserkreisläufe ausgewaschen, die Prozeßwässer anschließend aufbereitet. Bei chemisch-hydraulischen Verfahren werden neben Spülwasser auch andere Lösungsmittel oder Detergenzien zur verbesserten Lösung und Auswaschung vor allem apolarer Schadstoffe eingesetzt. Mit der biologischen I.-s.-B. können in der Regel nur Kohlenwasserstoff-Verun-

reinigungen saniert werden. Im Boden vorhandene (autochthone) oder zugesetzte (allochthone), speziell an den abzubauenden Schadstoff adaptierte Mikroorganismen werden durch geeignete Maßnahmen (Zugabe essentieller Mineralien, Feuchtigkeitsregulierung, Sauerstoffeintrag) im Wachstum gefördert. Dabei werden die Schadstoffe im Idealfall vollständig zu Kohlendioxid und Wasser mineralisiert. Wird die biologische I.-s.-B. mit hydraulischen Maßnahmen gekoppelt, dient der Boden als →Bioreaktor (→Fermenter). Dieses Verfahren bietet eine relativ gute Steuerungs- und Überwachungsmöglichkeit der mikrobiologischen Aktivität und damit des Sanierungsfortschritts. *Maghon*

In-situ-Meßverfahren.

Einige →Emissionsmeßverfahren, die in der Luftreinhaltung erfolgreich zur kontinuierlichen →Emissionsüberwachung eingesetzt werden, sind als I.-s.-M. ausgelegt. I.-s.-M. verwenden im allgemeinen photometrische Meßeinrichtungen, die direkt im Abgaskanal messen, so daß es nicht erforderlich ist, eine Abgasprobe über ein Probenahmesystem durch eine Meßküvette zu leiten. Die häufigste Anwendung ist die photometrische →Staubmessung. Zunehmende Bedeutung erlangen photometrische →Gasmeßverfahren, die in situ messen.

Für in situ-Photometer gibt es zwei verschiedene Meßanordnungen (Bild). Die Absorptionsmeßstrecke befindet sich direkt im Abgaskanal. Das Photometer ist außerhalb des Abgaskanals angeordnet. Auf der gegenüberliegenden Seite des Kanals ist entweder die Strahlungsquelle (Fall 1) oder ein Retroreflektor (Fall 2) angebracht. Im zweiten Fall durchläuft der Lichtstrahl die Meßstrecke zweimal. In beiden Fällen müssen die Fenster zu beiden Seiten der Meßstrecke durch einen Luftvorhang vor Verstaubung geschützt werden.

I.-s.-M. bilden keine Ausnahme von dem Grundsatz, daß zu jedem vollständigen →Meßverfahren

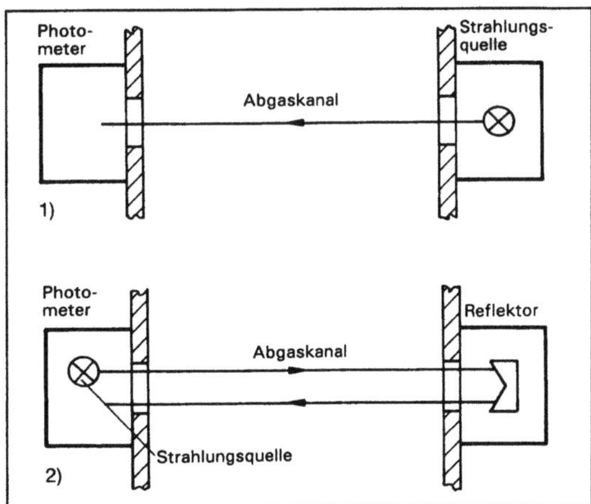

In situ-Meßverfahren: Verschiedene Photometeranordnungen.

im Sinne der Richtlinie VDI 2449, Blatt 2 eine passende →Probenahme gehört. Bei I.-s.-M. bestimmen die Anordnung der Meßeinrichtung und die Geometrie des Meßlichtstrahls die Probenahme und damit auch den Grad der →Repräsentativität der Messungen. Der Einbau von Meßeinrichtungen, die in situ messen, bedarf daher einer sehr sorgfältigen Planung und Ausführung. *Stahl*

Literatur: *Lord III, H. C.:* In stack monitoring of gaseous pollutants. Envir. Sci. Technol. **12** (1978), pp. 264/269. – VDI 2449, Bl. 2: Grundlagen zur Kennzeichnung vollständiger Meßverfahren; Begriffsbestimmungen. 1/1987.

Insolation →Einstrahlung

Interventionswert. I. ist der im Zusammenhang mit einer Kontaminationsverordnung diskutierte Wert für Rückstände oder Verunreinigungen von Nahrungsmitteln, die unterhalb der entsprechenden Grenzwerte liegen. Bei einer Überschreitung der I. sollen geeignete Maßnahmen eingeleitet werden, die den Eintrag der betreffenden Substanz in die Umwelt und damit die Kontamination der Nahrungsmittel vermindern (→Grenzwert). *Greim*

Inversion. (*lat.* invertere, umkehren) Atmosphärenschicht, in der die potentielle Temperatur mit der Höhe zunimmt (→Grenzschicht, planetarische). Auf Grund der resultierenden positiven →Schichtungsstabilität werden in solchen Schichten Vertikalbewegungen unterdrückt. Der Vertikalaustausch zwischen den Luftschichten wird behindert. Bei einer niedrigen I.-Untergrenze reichern sich bodennah emittierte Luftverunreinigungen unter der I. an, was zu erhöhten Immissionskonzentrationen führt (→Smog).

Eine I. kann verschiedene Ursachen haben; es wird zwischen →Strahlungsinversion, →Absinkinversion und →Advektionsinversion unterschieden. Allen I.-Typen gemeinsam ist ihr Auftreten bei vornehmlich windschwachen Wetterlagen. Die bei stärkerem Wind angeregte dynamische →Turbulenz würde andernfalls trotz der positiven Schichtungsstabilität zu einer Durchmischung und damit zu einer indifferenten Schichtung führen. *Wichmann-Fiebig*

In-vitro. Vom *lat.* vitrum = Glas, im Reagenzglas, unter künstlichen Bedingungen. Allgemeine Bezeichnung für alle biologischen Prozesse, Versuche oder Tests, die nicht in intakten lebenden Zellen, sondern in Glasgefäßen ablaufen. *Maghon*

In-vitro-Testsystem. Biologisches Testsystem für toxikologische Untersuchungen an isolierten pflanzlichen oder tierischen Organen, Geweben, einzelnen Zellen oder Zellteilen außerhalb des eigentlichen Organismus. Zu den I.-v.-T. zählen auch

mikrobielle Testsysteme, an denen vorwiegend Untersuchungen zur Veränderung des Erbguts (DNA) durch Strahlung oder karzinogene Präparate sowie Toxizitäts-Tests durchgeführt werden (z. B. →Ames-Test). Durch die Möglichkeit, Gewebe und Zellen in Nährlösungen zu kultivieren, lassen sich die Versuchsbedingungen im Vergleich zum Experiment an lebenden Organismen besser standardisieren.

Ein weiterer Vorteil der I.-v.-T. besteht in der Möglichkeit, die Wirkung bestimmter Faktoren auf menschliche Gewebe oder Zellen zu untersuchen, wodurch gewisse dem Tierexperiment innewohnende Unsicherheiten vermieden werden. Da →Tierversuche zunehmend kritisiert werden, wird versucht, für möglichst viele toxikologische Fragestellungen I.-v.-T. als →Tierversuch-Ersatzverfahren zu entwickeln und einzusetzen. *Kleespies*

In-vivo. Vom *lat.* vivus = lebend, im lebenden Organismus, am lebenden Objekt. Gegensatz →in vitro. *Maghon*

In-vivo-Testverfahren. Versuche am lebenden Organismus, insbesondere zur standardisierten Erfassung von Schadwirkungen oder Schadstoffkonzentrationen. *Maghon*

Ionenaustauscher(IAT). Spezielle wasserunlösliche Kunstharze mit eingebauten Atomgruppen, die angelagerte Ionen enthalten. Diese Ionen (vorwiegend H^+, Na^+, Ca^{++}, OH^-) können gegen andere im Wasser befindliche Ionen ausgetauscht werden. Dadurch ist es möglich, alle im Wasser vorhandenen unerwünschten Anionen und Kationen vollständig zu entfernen. Auf diese Weise läßt sich ein absolut reines Wasser herstellen. Dieses Verfahren findet im industriellen Bereich große Anwendung (Vollentsalzung, Spülwasseraufbereitung/Kreislaufführung). Auch für die Wiedergewinnung teurer Metalle oder bei der Endreinigung besonders kritischer Abwässer werden I. eingesetzt. Die I.-Harze sind Kügelchen mit einem Durchmesser von 0,3 bis 1,5 mm.

Die Aufnahmekapazität der Harze ist begrenzt, deshalb müssen sie nach ihrer Erschöpfung regeneriert werden. Das geschieht bei Kationenaustauschern mit Säure – vor allem HCl – und bei Anionenaustauschern mit Lauge, vorwiegend NaOH. Bei der Regenerierung wird der Beladungsvorgang umgekehrt: Es fällt ein Regenerat an, das neben der überschüssigen Säure bzw. Lauge die Kat- und Anionen enthält. Wegen der begrenzten Aufnahmekapazität der Harze und der Kosten für Regenerierchemikalien ist das Verfahren nur zur Reinigung von sehr gering belastetem Wasser geeignet.

Werden I. zur Entsalzung von Wasser eingesetzt, wird das Wasser grundsätzlich zuerst durch einen Kationenaustauscher und anschließend durch einen Anionenaustauscher gefördert. Im wesentlichen gibt es zwei unterschiedliche Funktionsprinzipien, das Gleichstrom- und das Gegenstromprinzip. *Mertsch*

Ionenchromatographie. Die I. stellt einen Spezialfall der →Hochdruckflüssigkeitschromatographie (HPLC) dar.

Als stationäre Phasen werden Polymere mit ionischen Gruppen an ihrer Oberfläche verwendet. Für den Kationenaustausch können dies $-SO_3^-$- oder $-COO^-$-Gruppen sein, für den Anionenaustausch z. B. $-NR_3^+$-Gruppen. Die Ladung dieser kovalent gebundenen Ankergruppen wird durch bewegliche und damit austauschbare Gegenionen wie Na^+ bei Kationenaustauschern oder Cl^- bei Anionenaustauschern kompensiert.

Bei einer Kationenaustauschchromatographie wird z. B. das Austauschermaterial mit Sulfonsäuregruppen in der $-SO_3^-H^+$-Form eingesetzt. Strömt nun eine wäßrige, Kaliumionen enthaltende Lösung durch die Austauschersäule, kommt es zu Austauschvorgängen der Kationen K^+ und H^+, wobei sich ein für das Ionenpaar spezifisches Gleichgewicht einstellt. Enthält die Lösung mehrere Kationen, so wandern diese auf Grund der unterschiedlichen Verteilungsgleichgewichte letztlich verschieden schnell durch die →Trennsäule. .

Entsprechende Vorgänge laufen bei der Anionenaustauschchromatographie ab, wobei der Austauscher z. B. zunächst in der $-NR_3^+OH^-$-Form vorliegt. Der Austausch erfolgt dann zwischen den OH^--Ionen und den Anionen der Lösung. Eine Variante ist in VDI 3497, Blatt 3 beschrieben.

Neben den in der Hochdruckflüssigkeitschromatographie üblichen UV-Detektoren kommen bei der I. vor allen auch Leitfähigkeitsdetektoren zum Einsatz.

Eine ganz erhebliche Verbesserung des Signal/Rausch-Verhältnisses und der Nachweisempfindlichkeit wird durch die sog. Suppressortechnik erreicht. In dem Suppressor werden z. B. in der Anionenchromatographie bei Verwendung einer verdünnten Natriumcarbonat- oder Natriumhydrogencarbonatlösung als Laufmittel die Natriumionen des Laufmittels gegen Protonen ausgetauscht. Dadurch wird die Leitfähigkeit des Laufmittels durch Bildung von CO_2 und Wasser sehr stark erniedrigt, während die zu bestimmenden Anionen in die entsprechenden Säuren umgewandelt werden, die infolge ihrer starken Dissoziation eine hohe Leitfähigkeit erzeugen.

Hauptanwendungsgebiete der I. in der Immissionsmeßtechnik sind Bestimmungen von Alkali- und Erdalkalimetallen (Na^+, K^+, Ca^{2+}, Mg^{2+}, Ba^{2+})

sowie Ammoniumverbindungen durch Kationenaustauschchromatographie. Als Anionen werden beispielsweise Sulfat (SO_4^{2-}), Nitrat (NO_3^-) oder Halogenide (Cl^-, Br^-, J^-) analysiert. *Pfeffer*

Literatur: *Jansen, A.:* Umweltanalytik – Einsatzmöglichkeiten der HPLC. LABO 7–8/1990. – Lodge J. P. Jr. (Ed.): Methods of Air Sampling and Analysis. 3. Ed. Chelsea, Michigan 1989. – VDI 3497, Bl. 3: Messen partikelgebundener Anionen in der Außenluft; Analyse von Chlorid, Nitrat und Sulfat mittels Ionenchromatographie mit Suppressortechnik nach Aerosolabscheidung auf PTFE-Filtern. 7/1988.

Ionendosis →Dosimetrie

Ionisationskammer-Dosimeter. Ionisationskammern dienen zur Messung der Ionendosis oder der Ionendosisleistung. Ihr Einsatz im →Strahlenschutz ist sehr verbreitet. Man kann sie zur Messung von α-, β- und γ-Strahlen sowie von Neutronen und anderen Arten von Strahlen oder geladenen Teilchen benutzen.

Eine Ionisationskammer besteht aus einem Elektrodenpaar, zwischen dem sich Luft oder ein anderes Gas befindet. Die Elektroden sind über einen Strommesser mit einer Gleichstrom-Spannungsquelle verbunden. Bei der Einwirkung ionisierender Strahlen auf die zwischen den Elektrodenpaaren befindliche Luft werden positiv geladene Gasmoleküle und Elektronen gebildet, die in dem elektrischen Feld zwischen den Elektroden wandern und einen Strom verursachen, der vom Strommesser angezeigt wird. Die an die Elektroden angelegte Spannung muß so gewählt werden, daß das Produkt aus der Potentialdifferenz U der freien Weglänge eines Elektrons und der Elektronenladung Q kleiner ist als die Ionisationsenergie E des Füllgases. Es gilt folglich die Beziehung: $U \cdot Q < E$.

Bei Einhaltung dieser Bedingung werden im elektrischen Feld einer Ionisationskammer Ladungsträger nur mäßig beschleunigt, so daß keine Stoßionisation und auch sonst keine Gasverstärkung auftritt. Andererseits muß jedoch die Spannung so groß sein, daß eine Rekombination der gebildeten Ladungsträger vermieden wird (Bild).

Mit zunehmender Elektrodenspannung nimmt (bei konstanter Bestrahlungsstärke) der Ladungsträgerstrom zunächst zu und erreicht einen Wert, der sich auch bei weiterer Spannungserhöhung nicht mehr ändert, sofern die oben angegebene Bedingungsgleichung erfüllt ist.

Der ansteigende Kurventeil umfaßt den Spannungsbereich, in dem ein Teil der gebildeten Ladungsträger rekombiniert. Die untere Grenze des Spannungsbereiches, in dem die Kurve nahezu horizontal verläuft, heißt Sättigungsspannung S. Bei großer Bestrahlungsstärke der Luft ist die Sättigungsspannung größer als bei kleinen Bestrahlungsstärken ($S_2 > S_1$). Die Betriebsspannung wird

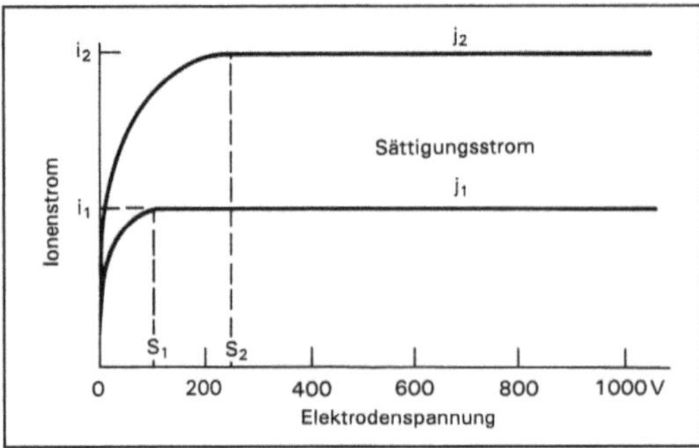

Ionisationskammer-Dosimeter: Strom-Spannungs-Charakteristik einer Parallel-Ionisationskammer bei verschiedenen Teilchenstromdichten j_1 und j_2; S_1 und S_2 sind die Sättigungsspannungen, i_1 und i_2 die Sättigungsströme.

etwas höher gewählt als die Sättigungsspannung. Der gemessene Strom ist unter sonst gleichen Bedingungen der Energie der Strahlung proportional. *Merz*

Ionisierende Strahlung. Man versteht darunter jede Strahlung, die direkt oder indirekt ionisiert. Der Ionisationsvorgang beruht auf einer Wechselwirkung zwischen i. S. und der von ihr getroffenen Materie. Man unterscheidet zwischen zwei Arten von Vorgängen:
– Übertragung von Energie auf die Materie unter gleichzeitiger Bildung von Ionen, Radikalen mit nachfolgenden chemischen Reaktionen sowie Änderungen im molekularen Aufbau von Stoffen, im Gefüge bei Kristallen und im Auftreten von Kernreaktionen.
– Änderung der Teilchenenergien, der Strom- bzw. Flußdichte, Änderung der Flugrichtung, d. h. Streuung der Teilchen.
Direkt i. S. sind Korpuskularstrahlen mit elektrischer Ladung, z. B. Elektronen, Protonen, α-Teilchen. Die Ionisation erfolgt durch die direkte Wechselwirkung dieser Teilchen mit den Elektronen der neutralen Atome und Moleküle.
Indirekt i. S. dagegen ist Strahlung, die aus indirekt ionisierenden Teilchen (nicht elektrisch geladene Teilchen wie Neutronen oder γ-Quanten) besteht. Unter Teilchen sind sowohl Korpuskeln als auch Photonen zu verstehen. Neutronen geben durch Stoß Energie an Atomkerne ab, die besonders groß ist, wenn es sich um Teilchen annähernd gleicher Masse handelt. Die Rückstoßprotonen ionisieren die Materie wegen ihrer elektrischen Ladung. Röntgen- und γ-Strahlen dagegen setzen beim Durchgang durch Materie in den Atomen und Molekülen Elektronen mehr oder weniger großer Geschwindigkeiten frei, die dann die Ionisation verursachen.

Weiterhin können auch sehr hohe Temperaturen und elektrische Entladungen zur Ionisation führen. Nicht der i. S. zugerechnet werden die UV-Strahlen, obwohl kurzwellige UV-Strahlung bei einigen Molekülen Bindungsenergien aufbrechen und durch Anregungsvorgänge photochemische Prozesse auslösen kann. Die Grenze zur nichtionisierenden →Strahlung liegt bei einer Energie kleiner als 12,4 eV. Das entspricht Wellenlängen von größer als 100 Nanometer. *Merz*

IRMA-Verfahren. Der Begriff IRMA steht für Immissions-Raten-Meßapparat, der von *Luckat* entwickelt wurde. Der Grundgedanke war, ein Immissionsmeßgerät zu schaffen, das ähnliche Aufnahmeeigenschaften für Luftverunreinigungen aufweist wie Materialien, so daß zu standardisierten Materialobjekten (→Mank-Karussell) als komponentenunspezifische Reaktionsindikatoren, die im Rahmen eines →Wirkungskatasters dem Einfluß von Luftverunreinigungen ausgesetzt sind, korrelative Beziehungen hergestellt werden können. IRMA ist dabei als ein komponenten-spezifischer Akkumulationsindikator anzusehen.

Beim I.–V. (Bild) wird ein Trägerkörper, z. B. eine Soxleth-Hülse ständig von einer basischen Absorptionslösung benetzt. Die frei von der Außenluft umströmte Hülse stellt somit eine standardisierte und zugleich optimale reaktive Aufnahmefläche mit maximaler Senkeneigenschaft dar. Der von

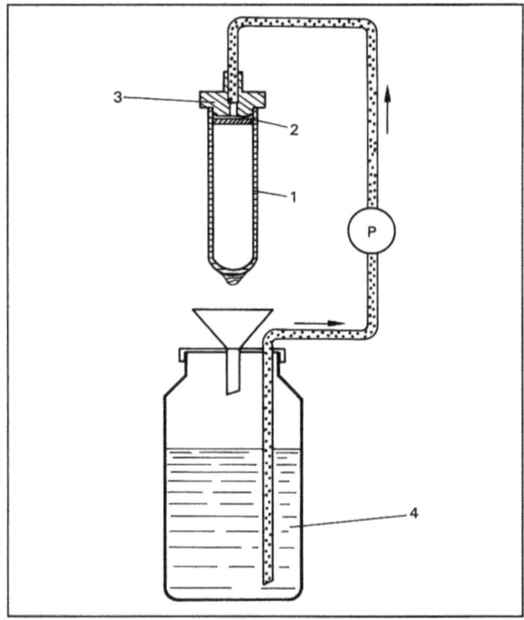

IRMA-Verfahren: Schema des IRMA-Geräts. (Quelle VDI 3794, Bl. 1).

1 Trägerkörper, 2 Ringnute, 3 Verteilerkopf, 4 Vorratsgefäß, P Schlauchquetschpumpe

der Hülse abfallende Tropfen wird in einem Vorratsbehälter gesammelt, von dem aus die Absorptionslösung kontinuierlich wieder zum oberen Hülsenrand hochgepumpt wird. Hierdurch kommt es mit der Zeit zu einer Anreicherung mit sauren Immissionskomponenten (z. B. Sulfit, Sulfat, Chlorid, Fluorid, Nitrit, Nitrat), deren Gehalt in der Lösung nach vierzehntägiger Expositionszeit im Labor mit den gängigen Verfahren der chemischen Analysentechnik bestimmt wird. Im Grundsatz ist auch die Erfassung basischer Komponenten (z. B. Ammoniak) möglich, wenn eine saure Absorptionsflüssigkeit gewählt wird.

Nach eingehenden Untersuchungen sowohl im Freiland als auch im Windkanal ist die mit IRMA gemessene →Immissionsrate I in etwa proportional dem Produkt aus Konzentration c und der Wurzel aus der Windgeschwindigkeit u ($I = k \cdot c \cdot \sqrt{u}$). Innerhalb des realistischen Meßbereichs gilt aber in Annäherung auch die Beziehung $I \approx k \cdot c \cdot u$, d. h. der gemessene IRMA-Wert ist weitgehend massenstrom-proportional. Der Proportionalitätsfaktor k ist, auf den Hülsenquerschnitt bezogen, $< 0{,}05$. Dies bedeutet, daß trotz der optimalen Senkeneigenschaft von IRMA nur ein vergleichsweise geringer Anteil ($< 5\%$) aus dem an der Hülse vorbeidriftenden Strom an Luftverunreinigungen aus der Atmosphäre herausgeschnitten wird. *Prinz*

Literatur: *Luckat, S.:* Ein Verfahren zur Bestimmung der Immissionsrate gasförmiger Komponenten. Staub – Reinhaltung Luft **32** (1972) S. 484–486. – VDI 3794, Bl. 1: Bestimmung von Immissions-Raten; Bestimmung der Immissions-Rate mit Hilfe des IRMA-Verfahrens. 11/1982.

ISO. Abk. International Organization for Standardization. Die ISO, offiziell im Jahre 1947 gegründet, ist eine weltweite Vereinigung von nationalen Normungsorganisationen. Die ISO hat etwa 90 nationale Mitgliedsorganisationen, wobei jeweils nur eine nationale Normungsorganisation eines Landes Mitglied bei ISO sein kann. Über 70 % der nationalen Mitgliedsorganisationen von ISO sind regierungsgebunden oder bekommen Staatsnähe durch Einbindung in das Staatsrecht des jeweiligen Mitgliedslandes. Nationales Mitglied für Deutschland ist das DIN Deutsches Institut für Normung e. V. (→DIN-Norm). Die Ergebnisse der ISO-Arbeit werden als Internationale Normen (ISO-Normen) veröffentlicht. Das Arbeitsgebiet umfaßt alle Bereiche der Technik, ausgenommen ist der Bereich der Elektrotechnik. Dieser wird von der IEC (International Electrotechnical Commission) abgedeckt.

Die ISO-Arbeit wird weltweit von ca. 20 000 Experten in mehr als 200 technischen Komitees (TC) durchgeführt. Jedes TC hat ein Sekretariat, das bei einem der nationalen Mitgliedsorganisationen angesiedelt ist. Im Umweltschutz sind wesentliche Sekretariate beim DIN angesiedelt (→Technische Regeln im Umweltschutz, Tabelle).

ISO-Normen können wirksam werden sowohl als eigenständige als auch nach Überführung in eine nationale Norm (z. B. DIN-ISO-Norm).

Arbeitsgremien, zur Abstimmung und Einholung der nationalen Voten verschickt. Arbeitssitzungen im internationalen Rahmen werden bei Bedarf einberufen.

ISO-Normen werden alle 5 Jahre auf ihre Gültigkeit hin überprüft und bei Weiterentwicklung von Wissenschaft und Technik gegebenenfalls überarbeitet.

Die offiziellen Verhandlungssprachen in den Gremien der ISO sind Englisch, Französisch, Russisch. Eine enge Kooperation zwischen ISO und CEN regelt die Wiener Vereinbarung. *Grefen*

Isofenphos.
□ Stoff-Identifizierungs-Nr.:
CAS-Nr.: 25311-71-1
EG-Nr.: 015-129-00-8
UN-Nr.: 3018
EINECS-Nr.: 246-814-1
□ Chemische Formel: $C_{15}H_{24}NO_4PS$
□ Stoffcharakteristik: Gelbe bis braune Flüssigkeit mit charakteristischem Geruch, kaum löslich in Wasser.
□ Gefahrenmerkmale:
– Stoffliste nach § 4a der →Gefahrstoffverordnung:
Gefahrenkennbuchstabe(n): T
R-Sätze: 24/25
S-Sätze: 1/2-36/37-45
– Stoffliste (Anhang II) der →Störfall-Verordnung: Nr. 179 und 4c
– →Wassergefährdungsklasse: WGK 3
Fischer/M. Schön

Isokinetik →Staubemissionsmessung

Isopren. I. (2-Methyl-1,3-butadien, $CH_2C(CH_3CH = CH_2)$) ist ein →Alken und gehört zu den biogenen Kohlenwasserstoffen. I. wird hauptsächlich von der Vegetation zusammen mit →Terpenen emittiert und ist der am häufigsten vorkommende biogene Kohlenwasserstoff. Neuere Feldmessungen zeigen, daß I. auch im →Abgas von Kraftfahrzeugen enthalten ist. Die Emissionsrate von I. ist nicht genau bekannt. Abschätzungen haben ergeben, daß I. und die Terpene weltweit zusammen eine Quelle von etwa 1 Milliarde Tonnen Kohlenstoff pro Jahr darstellen. I. ist einer der reaktivsten Kohlenwasserstoffe in der Atmosphäre und wird durch Reaktion mit OH- und NO_3-Radikalen sowie O_3 abgebaut. Der Anteil des I. an der Bildung des troposphärischen Ozons (→Oxidantien) ist zur Zeit unklar und wird intensiv erforscht. *Barnes*

Iso-Propanol.
□ Stoff-Identifizierungs-Nr.:
CAS-Nr.: 67-63-0
EG-Nr.: 603-003-00-0
UN-Nr.: 1219
EINECS-Nr.: 200-661-7
□ Chemische Formel: C_3H_8O
□ Stoffcharakteristik: Farblose, mit Wasser mischbare, flüchtige und leicht entzündliche Flüssigkeit mit ethanolartigem Geruch. Dämpfe schwerer als Luft, bilden mit Luft explosionsfähiges Gemisch.
□ Gefahrenmerkmale:
- Stoffliste nach § 4a →Gefahrstoffverordnung: Gefahrenkennbuchstabe(n): F
R-Sätze: 11
S-Sätze: 7-16
- Besondere Stoffeigenschaften nach TRGS 500: krebserzeugend: EG-Kat. K (bei Herstellung)
- Arbeitsschutzwerte nach TRGS 900: →MAK-Wert (mg/m^3): 980
- Stoffliste (Anhang II) der →Störfall-Verordnung: Nr. 2
- →Wassergefährdungsklasse: WGK 1
- Emissionswerte: →TA Luft Einstufung: 3.1.7 Klasse III   *Fischer/M. Schön*

Iso-Propylglycidether.
□ Stoff-Identifizierungs-Nr.:
CAS-Nr.: 4016-14-2
EINECS-Nr.: 223-672-9
□ Chemische Formel: $C_6H_{12}O_2$
□ Stoffcharakteristik: Bewegliche farblose Flüssigkeit, löslich in Wasser, Alkoholen und Ketonen.
□ Gefahrenmerkmale:
- Besondere Stoffeigenschaften nach TRGS 500: krebserzeugend: MAK-Gruppe III B
- Stoffliste (Anhang II) der →Störfall-Verordnung: Nr. 3
- →Wassergefährdungsklasse: WGK 2
- Emissionswerte: →TA Luft Einstufung: 3.1.7 Klasse I   *Fischer/M. Schön*

Isotop. Die Bezeichnung I. stammt aus den *griech.* Wörtern isos (derselbe) und topos (Ort) und bedeutet an derselben Stelle (im periodischen System der Elemente) stehend, d. h. I. sind Elemente mit derselben Ordnungs(Protonen)zahl, aber unterschiedlicher Nukleonen(Massen)zahl infolge unterschiedlicher Neutronenzahlen. Ein Beispiel für radioaktive I. sind die Uran-I. 238 und 235 (→Isotopentrennung); beide haben im Kern 92 Protonen (Ordnungszahl), aber U-238 hat 146 Neutronen und U-235 nur 143 Neutronen.

Unter Isotopie versteht man Unterschiede im chemischen Verhalten von I. Isotopie-Effekte sind klein, denn die gegenseitige Beeinflussung von Atomkern und Elektronenwolke ist im allgemeinen sehr gering, weil die Energiebeiträge der Bindung von Nukleonen im Atomkern und von Elektronen in der Hülle um den Faktor 10^3 bis 10^5 verschieden sind. Dies bedeutet, daß Änderungen der Elektronen-Konfigurationen nur sehr geringe Auswirkungen auf die Energieverhältnisse im Atomkern haben.

Isotopie-Effekte sind sowohl in bezug auf die Lage von Gleichgewichten als auch in bezug auf Reaktionsgeschwindigkeiten bekannt. Isotopeneffekte können wenigstens qualitativ meistens durch Unterschiede in den Aktivierungsenergien gedeutet werden. Alle Isotopeneffekte nehmen mit steigender Temperatur der Systeme ab.   *Merz*

Isotopentrennung. Zur I. eingesetzt werden im wesentlichen auf sechs verschiedenen physikalischen Prinzipien beruhende Methoden:
- Ablenkung der Ionen im elektromagnetischen Feld,
- Diffusionsvorgänge von Atomen und Molekülen (Poren- und Thermodiffusion),
- Verdampfungsvorgänge,
- Elektrolysevorgänge,
- Sedimendation von Atomen oder Molekülen im Schwerefeld, z. B. Ultrazentrifuge,
- Chemische Austauschreaktionen.

Ihre spezielle Eignung für technische Zwecke ist unterschiedlich, je nachdem, ob es sich um leichte oder schwere Isotopengemische handelt. Für leichte Elemente eignen sich bevorzugt die Destillation, die Elektrolyse und der chemische Austausch. Eine wichtige praktische Anwendung finden die drei Verfahren zur Gewinnung von Schwerem Wasser, D_2O.

Bei Massenzahlen größer 40 nehmen die erzielbaren Trenneffekte ziemlich schnell ab und bei schweren Elementen versagen die ersten beiden Methoden schließlich völlig, während chemische Austauschprozesse nur noch in seltenen Ausnahmen und mit großem Zeitaufwand zum Erfolg führen. Für die schweren Elemente eignen sich hingegen Diffusionsprozesse und das Zentrifugenverfahren. Ihre besondere Bedeutung haben sie beide bei der →Uran-Isotopenanreicherung. Beim Diffusionsverfahren nutzt man die Tatsache aus, daß leichtere Moleküle eines Gases (UF_6) (→Uranhexafluoridherstellung) schneller durch eine poröse Wand diffundieren als die schwereren. Wegen des erreichbaren kleinen Elementareffekts muß der Vorgang mehr als hundertfach wiederholt werden. Das Zentrifugenverhalten arbeitet energetisch wesentlich günstiger. Hier hängt die Trennwirkung nicht, wie beim Diffusionsverfahren, vom Massenverhältnis ab, sondern von der Differenz der Massen. Unter der Wirkung der Zentrifugalkraft reichern sich die schweren Isotope an der Peripherie, die leichteren an der Achse der Zentrifuge an.

Die am universellsten einsetzbare Methode nutzt die Ablenkung ionisierter Atome oder Moleküle in elektrischen und magnetischen Feldern aus. Verwendet werden Massenspektrographen mit großflächigen, intensiven Ionenquellen und getrennten Auffängern für die verschiedenen Isotope. Man nennt diese Anlagen Massenseparatoren. Die erzielbaren Durchsätze sind allerdings gering. *Merz*

Isotopie →Isotop

itai-itai-Krankheit. Der Name geht zurück auf den *jap.* Schmerzensausruf itai, was in etwa dem deutschen Aua entspricht. Die Erkrankung trat 1953 in Japan auf und war auf eine chronische Intoxikation durch →Cadmium zurückzuführen. Die Cadmiumaufnahme erfolgte über Trinkwasser und Reis. Möglicherweise in Verbindung mit Vitamin-D-Mangel und Eiweißmangel führte die chronische Cadmiumaufnahme zur Zerstörung der Nieren (Nephrotoxizität) und bei einer Vielzahl von Patienten zu starken Skelettschrumpfungen. Bis 1960 traten insgesamt ca. 100 Todesfälle auf, die auf diese Erkrankung zurückgeführt wurden. *R. Koch*

IW (EG-Richtlinie) →Immissionswert EG-Richtlinien

IW (TA Luft) →Immissionswert TA Luft

J

Jarositschlamm. Bezeichnung für einen bei der Zinkelektrolyse nach dem Jarositverfahren anfallenden eisenhaltigen Schlammabfall.

Nach der chemischen Struktur der Hauptbestandteile, die sich durch die Formel

$$Me(I.)Fe(III)[(SO_4)_2 \cdot (OH)_6]$$

beschreiben läßt und dem natürlichen Eisenmineral Jarosit $KFe(III)[(SO_4)_2 \cdot (OH)_6]$ entspricht, entstand der Name.

J. enthält noch zahlreiche weitere chemische Verbindungen wie Zink-, Blei-, Kalzium- und Bariumsulfat sowie Sulfide, Oxide und Silikate.

Vor allem der hohe Gehalt an Zink sowie der sulfidische Schwefelanteil verhindern noch eine hüttentechnische Verwertung in der Stahlindustrie. Der J. wird daher als besonders überwachungsbedürftiger →Abfall auf einer Sonderabfall-Monodeponie abgelagert.

Versuche einer direkten Verwertung des J. in der Ziegel-, Zement- oder sonstigen Baustoffindustrie sind infolge technischer Schwierigkeiten bzw. aus Gründen des Umweltschutzes (wasserlösliche Zink-, Magnesium- und Cadmiumsulfate) gescheitert.

Aus der Sicht der Reststoff-/Sonderabfallvermeidung wäre eine Umstellung auf das Hämatitverfahren anzustreben, dessen Reststoff Hämatit sich bisher in der Zementindustrie verwerten läßt. Das Problem liegt hier jedoch in den dafür erforderlichen hohen Umrüstungskosten und der begrenzten Aufnahmefähigkeit der Zementindustrie. *Mitsch*

Jauche. Das Gemisch aus tierischem Harn, Wasser und geringen Anteilen an Feststoffen (Stroh, Kotbestandteile), das sich im Stall vom Festmist oder vom Dungstapel absetzt, bezeichnet man als J.

Bedingt durch die Aufstallungsform (Stallsystem) bzw. das damit verbundene Entmistungsverfahren ist die im Stall und bei der →Festmistlagerung anfallende flüssige Phase der tierischen Exkremente in eine geeignete Lagerstätte abzuleiten; pro Großvieheinheit und Monat müssen etwa 0,5 m³ Lagerraumkapazität für J. vorhanden sein. *H. Schön/Bauer*

Justieren. Bezeichnet nach DIN 1319, Teil 1: Grundbegriffe der Meßtechnik, Allgemeine Grundbegriffe. 6/1985, den Vorgang in der Meßtechnik, ein Meßgerät so einzustellen, daß die Meßabweichung möglichst klein wird. *Strauch*

K

K-Modell. Ein K-M. ist ein →*Euler*sches Ausbreitungsmodell, das auf der sog. K-Theorie beruht. Diese geht von der Annahme aus, daß der mittlere turbulente Strom einer in der Luft vorhandenen Substanz dem Gradienten der mittleren Konzentration dieser Substanz proportional ist.

Die Diffusionskoeffizienten Kx, Ky und Kz sind die Proportionalitätsfaktoren zwischen dem turbulenten Transport und dem Gefälle des Schadstoffs, der transportiert wird und stellen sowohl ein Maß für die →Turbulenz auf Grund der Windscherung als auch ein Maß für die Turbulenz auf Grund von →Konvektion dar. Sie sind nicht von der Quellentfernung abhängig.

Mit dem Massenhaltungssatz folgt die Differentialgleichung der turbulenten Diffusion. Eine numerische Lösung dieser Differentialgleichung ist das K-M. Die verschiedenen K-M. unterscheiden sich u. a. dadurch, wie die Differentialgleichung der turbulenten Diffusion gelöst wird. Gegenüber dem →*Lagrang*schen Ausbreitungsmodellen haben die *Euler*schen Modelle den Nachteil, daß sie aufgrund des Lösungsverfahrens eine Modelldiffusion, d. h. eine unechte Diffusion aufweisen. Ihr Vorteil gegenüber den *Lagrang*schen Modellen liegt darin, daß sich mit ihrer Hilfe die physikalischen und chemischen Vorgänge während der Ausbreitung im großräumigen Maß angemessener beschreiben lassen. K-M. erlauben in einzelnen Wettersituationen sowie in ausgewählten Episoden, wenn es sich um großräumige Ausbreitung handelt, die Simulation der Immissionsbelastung unter realistischeren Bedingungen als ein →Gaußmodell, da u. a. die jeweiligen vertikalen Temperatur- und Windprofile berücksichtigt werden können. Das ist auch dann von Vorteil, wenn Temperatur- und Windprofil geschätzt werden müssen (→Störfallausbreitung). *Giebel*

Literatur: *Giebel, J.:* Untersuchung über die praktische Anwendung eines numerischen Ausbreitungsmodells (K-Modell). Bericht Nr. 63 der Landesanstalt für Immissionsschutz des Landes NRW. 1986. – *Hartwig, S.* und *G. Schnatz:* Transloc – ein numerisches Modell zur Simulation von Dispersionsvorgängen in der Atmosphäre und seine Anwendung für die Ausbreitung radioaktiver Substanzen bei einem Reaktorstörfall. Proceedings: Europäisches Seminar über radioaktive Ableitungen. 1980.

Kaffeeherstellung. Rohkaffee und Rohkakao werden vor der Röstung gereinigt (Staubgehalt bis 3 Gew.-% im Rohgas), die Rohbohnen entsprechend der gewünschten Geschmacksqualitäten gemischt. Die Röstung erfolgt in kontinuierlich oder diskontinuierlich betriebenen Anlagen, in denen der Kaffee auf 200–260° C und der Kakao bis auf 150° C erhitzt wird. Die eigentliche Röstzeit dauert je nach eingesetztem Röstverfahren 1,5 bis 10 Minuten. Bei der Trocknung und Röstung werden die erwünschten chemischen Reaktionen zur Aromabildung initiiert sowie unerwünschte (unangenehme) Geruchs- und Geschmacksstoffe entfernt. In modernen Röstanlagen werden die Heißgase zur Minimierung des Abgasvolumenstromes weitgehend zirkuliert.

Mit dem Röstvorgang von Kaffee ist ein Gewichtsverlust von 11–20 % verbunden. Es werden u. a. organische Zersetzungsprodukte, Wasserdampf, Kaffeehäutchen abgegeben. Bei stark geröstetem Kaffee erreichen die freigesetzten organischen Zersetzungsprodukte eine Größenordnung von 140 g/kg Kaffee; hieraus resultieren gasförmige luftverunreinigende Emissionen bis zu 10 g/m^3 Abgas. Folgende Substanzen sind im Abgas enthalten: Aldehyde, Alkohole, Phenole, Carbonsäuren, Carbonsäureester, Ketone, stickstoff- und schwefelhaltige Verbindungen. Insbesondere stickstoffhaltige (z. B. Amine) und schwefelhaltige Verbindungen (z. B. Mercaptane) prägen den Geruch bei Kaffeeröstereien. Zusätzlich werden am Ende der Röstphase Silberhäutchen (ca. 2 g/m^3) freigesetzt.

Bei der Trocknung und Röstung von Kakao werden bis zu 0,2 Gew.-% Geruchsstoffe im Abgas freigesetzt (u. a. organische Säuren, Aldehyde, Ester sowie schwefel- und stickstoffhaltige Verbindungen). Die gemessenen →Geruchszahlen erreichen Werte bis zu 1 600 000.

Zur Minderung der gasförmigen Emissionen bei der Kakao- und Kaffeeröstung werden prozeßbezogene und abgasseitige Maßnahmen eingesetzt. Dazu gehören eine weitgehende Kapselung der Anlage, die Minimierung des Abgasvolumenstroms durch eine weitgehende Kreislaufführung der Röstgase und eine integrierte thermische Behandlung in eine Brennkammer. Zur Reinigung des ausgeschleusten Teilgasstroms der Röstabgase dient überwiegend thermische oder katalytische →Nachverbrennung. Bei den Kakaoröstanlagen werden darüber hinaus auch Absorptions- und Adsorptionseinrichtungen sowie →Biofilter eingesetzt. Es werden Gesamtkohlenstoff-Konzentrationen von deutlich unter 50 mg/m^3 Abgas erreicht.

Um eine Überröstung des Kaffees zu vermeiden, bedarf es einer möglichst schnellen Abkühlung am Ende des Röstprozesses. Sie erfolgt meist durch intensive Frischluftkühlung (ca. 5–10 m^3/kg Kaffee), die mit einer signifikanten Geruchsemission gekoppelt ist; die Eindüsung von Wasser verursacht eine deutlich geringere Geruchsemission.

Die geröstete Kakaobohne wird zur Vermeidung des Austritts des Kakaofettes gekühlt und anschließend entschalt und zerkleinert. Dabei ist mit Staubemissionen (bis zu 1 Gew.-% im Abgas) und Geruchsemissionen zu rechnen. Die geröstete und gemahlene Kakaomasse durchläuft zur Aromaverbesserung eine Wärmebehandlung (Dünnschichtveredelung) zur Entgasung. Es werden Essigsäure, Aromastoffe und weitere Geruchsstoffe emittiert. Die Abgase werden erfaßt und den bereits o. a. Minderungstechniken zugeführt.

Zur Herstellung von Kakaopulver werden 50 bis 58 % Kakaofett abgepreßt und für die Schokoladenherstellung die gewünschten Zutaten zugemischt. Die Schokoladenmasse wird zur Veredelung bei 50–80° C über 20 Stunden in Conchen (muschelförmige Wannen) durchgewalkt. Auch diese Verarbeitungsschritte sind mit Geruchsemissionen verbunden.

Wegen der unvermeidbaren Geruchsbelästigungen in der Nähe von Anlagen zur K. sollten sie in einem ausreichenden Abstand von der Wohnbebauung angesiedelt werden (→Schutzabstand).

In dem Anhang der →4. BImSchV, Spalte 2, sind folgende Anlagen genannt und damit im vereinfachten Verfahren nach dem BImSchG genehmigungsbedürftig:
– Anlagen zum Rösten oder Mahlen von Kaffee oder Abpacken von gemahlenem Kaffee mit einer Leistung von jeweils 250 kg oder mehr je Stunde in Nr. 7.29,
– Anlagen zum Rösten von Kakaobohnen mit einer Leistung von 75 kg und mehr je Stunde in Nr. 7.30,
– Anlagen zur Herstellung von Kakaomasse aus Rohkakao oder thermischer Veredelung von Kakao- und Schokoladenmasse in Nr. 7.31.

Emissionsbegrenzende Anforderungen enthält die TA Luft, speziell für Anlagen der Nr. 7.30 in Nr. 3.3.7.30.1, die sich weitgehend mit der Geruchsminderung befassen. *W. Koch*

Literatur: VDI 3893: Emissionsminderung; Kakao- und Schokoladenindustrie, 12/1989. – VDI 3892 E: Emissionsminderung; Kaffeeverarbeitende und -bearbeitende Industrie; Anlagen mit einem Mindestdurchsatz von 250 kg pro Stunde, 3/1988.

Kakaoherstellung →Kaffeeherstellung

Kali- und Steinsalzbergbau. Der K.- u. S. umfaßt die bergmännische Gewinnung von Kalisalzen und Steinsalz mittels Bohr- und Sprengarbeit, schneidender Gewinnung oder Kombinationen von beiden sowie die solende Gewinnung. Nicht dazu gerechnet wird die Gewinnung von Salz aus Solquellen und das Herstellen von Kavernen durch Aussolen.

Die Standorte der K.- u. S.-Bergwerke in Deutschland zeigt die Karte (Bild). Von den ursprünglich sieben Kalisalzrevieren in Deutschland werden heute nur noch vier genutzt, nämlich
– das Hannoversche Revier in Niedersachsen,
– das Calvörder Revier im mittleren Sachsen-Anhalt,
– das Südharz-Revier in Nord-Thüringen,
– das Werra-Fulda-Revier in Hessen und Thüringen.
Steinsalzbergbau geht
– am Niederrhein,
– im Hannoverschen Revier,
– im Saale-Revier,
– am Neckar und
– in Berchtesgaden
um.

Die Kaliindustrie ist seit ihrem Beginn vor 140 Jahren mit Fragen des Umweltschutzes befaßt, weil zu Beginn vorwiegend carnallitische Rohsalze verarbeitet wurden und dabei Magnesiumchlorid in gelöster Form anfiel. Die Grundlage für eine gesetzliche Regelung der Abwasserbeseitigung wurde zu Beginn dieses Jahrhunderts durch ein Gutachten des Reichsgesundheitsamtes geschaffen. Eine Kommission setzte daraufhin für die wichtigsten Flußsysteme in den Kalirevieren Versalzungsgrenzen fest und bestimmte Höchstmengen (sog. Quoten) für jedes einzelne Kaliwerk.

Das zutage geförderte Kalisalz muß zu verkaufs- und verwendungsfähigen Produkten aufbereitet und zum Teil umgewandelt werden (→Kaliumsulfatherstellung). Der bei der Aufbereitung auszuscheidende →Rückstand, der oft mehr als drei Viertel des geförderten Rohsalzes ausmacht, wird aufgehaldet (→Halde), soweit er nicht als →Versatz unter Tage eingebracht werden kann.

Für die Aufbereitung stehen drei →Trennverfahren zur Verfügung: das Heißlöseverfahren, die elektrostatische Trennung (→ESTA®) und die →Flotation. Die nach diesen Verfahren von den unerwünschten Begleitmineralen getrennten und gereinigten Produkte fallen meist feinkörnig an, soweit es nicht möglich ist, grobkörniges staubfreies Kristallisat zu erzeugen (→Heißverlösung). Um auch feinkörnigen Produkten die von den Verbrauchern gewünschten Eigenschaften (grobes, enges Kornspektrum, staubfrei) zu verleihen, werden sie granuliert (→Granulation) und mit staubbindenden Mitteln (→Staubbindung) behandelt.

Durch umfangreiche technische Maßnahmen können die Kaliwerke alle Vorschriften zur Abgas- und Abluftreinigung erfüllen.

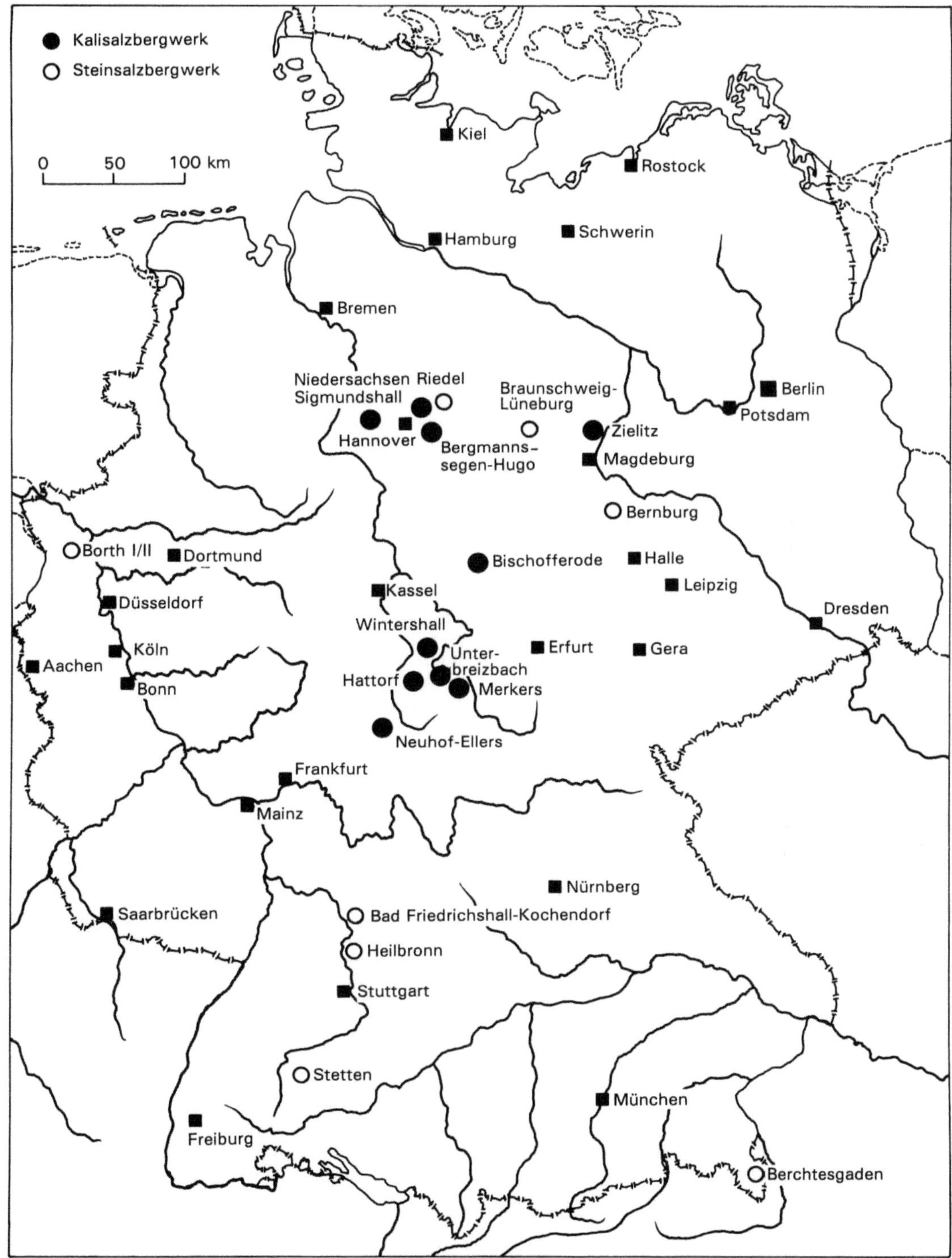

Kali- und Steinsalzbergbau: Kali- und Steinsalzbergwerke in der Bundesrepublik Deutschland.

Die bei den Produktionsprozessen anfallenden Wässer werden soweit möglich im Kreislauf geführt. Wenn versalzene Wässer (→Salzabwasser) abgestoßen werden müssen, beispielsweise bei der →Kieseritwäsche, werden sie in Oberflächengewässer eingeleitet oder – wo die geologischen Voraussetzungen gegeben sind – in unterirdische Schichten versenkt (→Versenkung). Um auch den Anfall von Salzabwässern von Rückstandshalden zu verringern, bemüht sich die Kaliindustrie, diese zu begrünen (→Haldenbegrünung).

Der bei der Aufbereitung von Steinsalz (→Steinsalzfabrik) anfallende Rückstand wird unter Tage versetzt (→Versatz).

Da Salzlagerstätten durch mächtige Tonschichten oder Gipshüte zuverlässig vor dem Zutritt von Wasser geschützt sind, eignen sich nicht mehr betriebene Salzbergwerke oder -bergwerksfelder hervorragend zur →Endlagerung von Abfällen, um sie der →Biosphäre zu entziehen. Als besonderer Vorteil ist dabei anzusehen, daß Salzlagerstätten gasdicht sind. In der →TA Abfall Teil 1 (für überwachungsbedürftige Abfälle) ist daher als einzige Art von →Untertagedeponien der Einschluß von Abfällen im Salzgestein vorgesehen. *Lenz*

Kalibrator. Bezeichnung für eine Schallquelle, die einen bestimmten →Schalldruckpegel bei einer festgelegten Frequenz erzeugt. K. werden zur Überprüfung der Funktionsfähigkeit und der Meßabweichung von →Schallpegelmessern benutzt. Dabei wird der K. direkt mit dem Mikrophon des Meßgeräts verbunden; die Abweichung der Meßgeräteanzeige gegenüber dem vom K. erzeugten Schalldruckpegel (üblicherweise 94 dB bei 1 000 Hz bzw. 124 dB bei 250 Hz) kann somit festgestellt werden. *Strauch*

Kalibrieren. K., auch als Einmessen bezeichnet, heißt nach DIN 1319, Teil 1: Grundbegriffe der Meßtechnik, Allgemeine Grundbegriffe. 6/1985, im Bereich der Meßtechnik die Meßabweichung am fertigen Meßgerät feststellen.

Beim K. erfolgt im Gegensatz zum →Justieren kein technischer Eingriff am Meßgerät. Bei anzeigenden Meßgeräten wird durch K. die Meßabweichung zwischen der Anzeige und dem richtigen oder als richtig geltenden Wert festgestellt. *Strauch*

Kalibrierung bei der Immissionsmessung. Immissionsmeßverfahren für Luftverunreinigungen unterliegen nicht der gesetzlichen Eichpflicht. Daher werden sie kalibriert und nicht geeicht.

Bei Immissionsmeßverfahren können unterschieden werden: die Grund-K., die Kontroll-K. sowie die Funktionskontrolle:
– Die Grundkalibrierung liefert den grundlegenden Zusammenhang zwischen der Konzentration eines Standards – dies ist in der Regel ein auf einen Primärstandard bezogenes →Prüfgas – und dem Meßsignal des zu kalibrierenden Meßverfahrens.
– Die Kontrollkalibrierung, z. B. mit einem Transferstandard, dient dazu, die Kalibrierfunktion festzulegen. Sie liefert eine Ja-Nein-Aussage über die Gültigkeit der Grund-K. Weiterhin sichert die Kontroll-K. die Kompatibilität der Kalibrierdaten verschiedener Meßeinrichtungen, die räumlich und/oder zeitlich unterschiedlich eingesetzt werden, oder von Meßeinrichtungen, die nach verschiedenen Meßprinzipien arbeiten. Die Kontroll-K. verlangt einen geringeren Aufwand als die Grund-K.
– Die Funktionskontrolle dient wie die Kontroll-K. dazu, die Gültigkeit der Kalibrierfunktion mit geringem Aufwand regelmäßig zu überprüfen.

Die Grund-K. ist z. B. erforderlich bei der Durchführung der →Eignungsprüfung, bei der ersten Inbetriebnahme eines neuen Typs einer Meßeinrichtung oder nach Eingriffen, die zu einer wesentlichen Änderung der →Verfahrenskenngrößen geführt haben.

Kontrollkalibrierungen mit Transferstandards sollen nach umfangreichen Wartungen oder ansonsten in regelmäßigen Abständen durchgeführt werden. Hierbei werden mehrfach →Nullgas und mindestens zwei Prüfgase unterschiedlicher Konzentrationen eingesetzt, die den →Meßbereich abdecken.

Automatische Funktionskontrollen werden in automatischen Immissionsmeßnetzen regelmäßig alle 23 oder alle 25 Stunden durch die Aufschaltung stationärer Prüfgase durchgeführt. Manuelle Funktionskontrollen bei mit geringerem Automatisierungsgrad betriebenen Meßeinrichtungen werden in der Regel in größeren zeitlichen Abständen, z. B. wöchentlich, ausgeführt. *Pfeffer*

Literatur: Richtlinien über die Festlegung von Referenzverfahren, die Auswahl von Äquivalenzmeßverfahren und die Anwendung von Kalibrierverfahren. Rundschreiben des BMU vom 9. 2. 1988 (GMBl S. 191). – Richtlinien für die Eignungsprüfung, den Einbau, die Kalibrierung und die Wartung von Meßeinrichtungen für kontinuierliche Emissionsmessungen. Rundschreiben des BMU vom 1. 3. 1990 (GMBl S. 226).

Kalibrierverfahren. Ein wesentliches Element der →Qualitätssicherung bei der Umweltanalytik ist das →Kalibrieren der routinemäßig eingesetzten Meßverfahren und -geräte.

Zur →Kalibrierung der in der Praxis der Luftreinhaltung eingesetzten Meßverfahren und -geräte werden vorzugsweise K. unter Verwendung von Referenzmaterial angewandt. Referenzmaterialien sind Substanzen oder Substanzgemische, deren Zusammensetzung innerhalb gegebener Grenzen bekannt ist und bei denen die zur Kalibrierung benötigten Eigenschaften hinreichend genau festgelegt sind. Zu den Referenzmaterialien gehören insbesondere Prüfgase und Prüfaerosole, deren Herstellung und Verwendung in den Richtlinienreihen VDI 3490, 3489 und 3491 behandelt werden.

Ist die stoffliche Zusammensetzung der in der Praxis zu untersuchenden Proben mit Hilfe von Referenzmaterial nur unzureichend nachzubilden, empfehlen sich K., bei denen mit Hilfe eines Referenzmeßverfahrens Vergleichsmessungen durchgeführt werden. Diese Empfehlung gilt insbesondere für die Kalibrierung automatischer Emissionsmeßeinrichtungen, weil die Eigenschaften der Abgasproben häufig nur unvollständig bekannt sind und bestimmte Störeinflüsse und Querempfindlichkeiten nur auf diese Weise erkannt werden können. Um bei der Kalibrierung durch Vergleichsmessungen den Anspruch der →Repräsentativität zu erfüllen, sind der zeitliche Verlauf und die räumliche Verteilung der Emissionen über den Meßquerschnitt zu berücksichtigen. Ist die räumliche Variation gering, genügen Vergleichsmessungen an einem Punkt in der Nähe der Probenahme der zu kalibrierenden Meßeinrichtung. Andernfalls sind die Vergleichsmessungen als Netzmessungen durchzuführen. *Stahl*

Literatur: DIN 1319, Teil 1: Grundbegriffe der Meßtechnik; Allgemeine Grundbegriffe. 6/1985. – *Hartkamp, H., N. Buchholz, F. Klukas* u. *J. Münch:* Ermittlung und Erprobung von Kalibrierverfahren für Immissionsmeßnetze. UBA-Materialien 3/83. Hrsg. Umweltbundesamt. Berlin 1983. – VDI 3950, Bl. 1 E: Kalibrierung automatischer Emissionsmeßeinrichtungen. 1/1991. – Richtlinien über die Festlegung von Referenzverfahren, die Auswahl von Äquivalenzmeßverfahren und die Anwendung von Kalibrierverfahren. Rundschreiben des BMU vom 9. 3. 1988. Gemeinsames Ministerialblatt 1988, S. 191–195.

Kaliindustrie.

Abgas- und Abluftreinigung. Abgas- und Abluftreinigung sind bei der Produkttrocknung und bei Absaugsystemen an Apparaten und Transportmitteln vorzunehmen.

Zur Produkttrocknung sind überwiegend Trokkentrommeln mit vorgeschalteter Brennkammer im Einsatz (Bild). Als Brennstoffe dienen Erdgas, Heizöl oder Braunkohlenstaub. Der Produktdurchsatz beträgt bis zu 70 t/h. Die heißen Rauchgase von 800–1 000 °C und die mechanisch entwässerten Kristallisate oder Konzentrate durchlaufen die Trommel im Gleichstrom. Dadurch wird eine extreme Überhitzung des Salzes vermieden. Das Trommelende mündet in ein feststehendes Ausfallgehäuse, in dem der Hauptteil des Produkts durch Schwerkraftwirkung abgetrennt wird. Die Abgastemperatur beträgt 140–180 °C, der Abgasvolumenstrom 30 000–60 000 m³/h. Der Staubgehalt des Rohgases ist mit 100–150 g/m³ extrem hoch und erfordert eine mehrstufige Abgasbehandlung.

Vereinzelt werden – vorwiegend für klassierte Konzentrate und Grobkristallisate – Wirbelschichttrockner verwendet. Das Produkt bewegt sich horizontal über das Wirbelbett und wird dort von den unten einströmenden Heizgasen nach dem Querstromprinzip getrocknet.

Als charakteristische Bestandteile von Trocknerabgasen gelten Staub und HCl. Außerdem tritt SO_2 auf, wenn der Brennstoff Schwefel enthält. HCl wird durch thermische Spaltung des in den Produkten als Nebenbestandteil stets vorhandenen $MgCl_2$ (bis 1 %) nach der Summenformel $MgCl_2 + H_2O = MgO + 2 HCl$ gebildet. Der Umsetzungsgrad ist von der Trocknungstemperatur und von anlagenspezifischen Faktoren abhängig. Im Rohgas können 0,05–1 g/m³ HCl enthalten sein.

Zur Minimierung der entstehenden Schadstoffe sind folgende →Primärmaßnahmen geeignet:

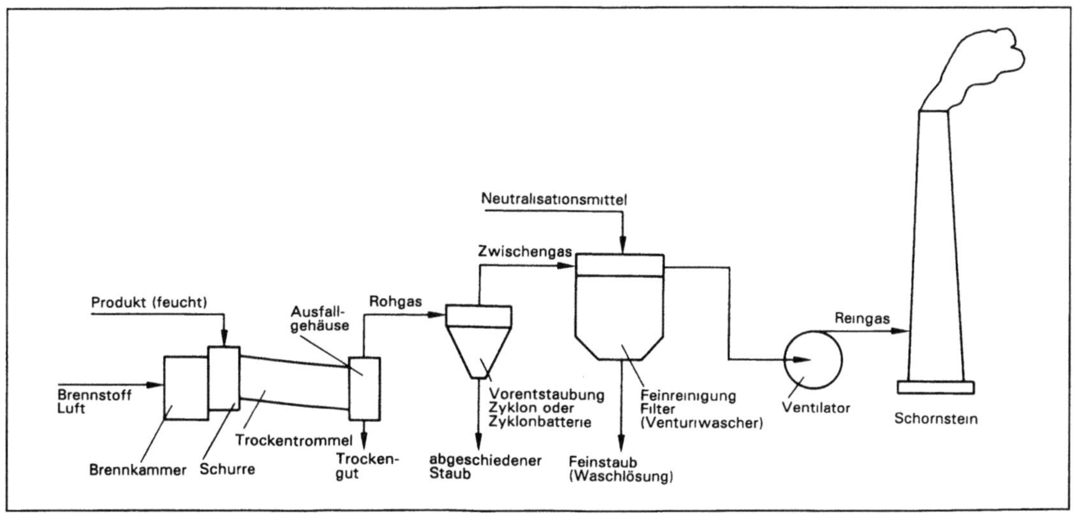

Kaliindustrie: Schema der Kalitrocknung mit Abgasreinigung.

– Staub: Erzeugung feinkornarmer Primärprodukte (nur sehr bedingt möglich).

– HCl: Senkung des $MgCl_2$-Gehalts der Produkte im technologischen Prozeß; Reduzierung und Regelung der Abgastemperatur.

– SO_2: Verwendung S-armer (oder -freier) Brennstoffe.

Mit den Primärmaßnahmen ist eine hinreichende Senkung der Emissionswerte von Staub und HCl nicht erreichbar; sie dienen hauptsächlich der Aufwandsminimierung.

Die differenzierten Grenzwerte werden ausschließlich durch folgende sekundäre Maßnahmen sichergestellt.

☐ Vorentstaubung: Zyklon oder Zyklonbatterie; Reduzierung des Staubgehalts auf $0,5–1,5$ g/m³. Der abgeschiedene Staub wird in den Produktstrom zurückgeführt.

☐ Feinreinigung:

– Neutralisationsgewebefilter mit Zusatz von Kalkhydrat in den Abgasstrom; Reduzierung des Staubgehalts auf ≤ 50 mg/m³, des HCl-Gehalts auf ≤ 30 mg/m³. Der abgeschiedene Staub wird zusammen mit dem geringen Anteil an Neutralisationsmittel dem Kalidüngemittel zugefügt.

– Naßverfahren in Form von Venturiwäschern mit angeschlossenem →Tropfenabscheider (Bild); die Reingasgehalte betragen 100 mg/m³ Staub, < 30 mg/m³ HCl. Die Apparate werden mit einem alkalischen Medium (NaOH, KOH, K_2CO_3) beschickt. Die abgeschiedene salzhaltige Waschflüssigkeit wird in den Fabrikprozeß übernommen.

– →Elektrofilter in Altanlagen: Erreichbar sind Reingasgehalte von 100 mg/m³ Staub; HCl wird nicht abgeschieden.

Die Überwindung des statischen Widerstands der Abgasreinigungssysteme erfolgt durch entsprechend ausgelegte Abgasventilatoren und ist mit einem bis zu fünffach höheren Elektroenergieaufwand verbunden.

Bezüglich SO_2 sind in der Regel keine Sekundärmaßnahmen erforderlich.

Die Rohluft der Absaugsysteme an Fabrikapparaten (Zerkleinerung, Siebung, Granulierung, Verladung) und Transportmitteln (Bandübergabestellen, Schurren) enthält in der Regel 25 g Salzstaub/m³, in Einzelfällen bis 100 g/m³.

Zur →Entstaubung werden überwiegend Gewebeabscheider marktüblicher Bauart eingesetzt. Diese garantieren einen Reinluftgehalt von ≤ 50 mg/m³. Als betriebssicher haben sich auch kombinierte Trocken-/Naßsysteme, bestehend aus Zyklon und Rotationsnaßabscheider oder venturiähnlichen Abscheidern erwiesen. Diese können hohe Rohluftbeladungen von 100 g/m³ aufnehmen. Die erreichbaren Reinluftgehalte betragen ≤ 100 mg/m³. Die Löslichkeit der Salze ist ein

Vorteil bei der Betriebsweise dieser Apparatekombination. *Schramm*

Literatur: *Knöpfel, N.:* Reduzierung der HCl-Emission einer Kalisalztrocknung durch Neutralisationsgewebefilter. Vortrag. Zweite Intern. Konferenz über Kali-Technologie. Hamburg 1991. – *Mohry, H.; H. G. Riedel:* Reinhaltung der Luft. Leipzig 1981. – VDI 3464: Auswurfbegrenzung: Aufbereitungsanlagen in Kaliwerken. 3/1976.

Einleiten in Oberflächengewässer. Die bei der Kaliproduktion anfallenden Salzabwässer werden zu einem wesentlichen Teil in die fließenden Oberflächengewässer (Vorflut) eingeleitet.

Durch behördlich festgelegte Gewässergrenzwerte (Konzentrationsgrenzwerte) ist die Einleitungsmenge limitiert. Die Einhaltung dieser Bedingung erfordert in den einzelnen Werken oder Abbaurevieren eine angepaßte Planung der Produktion, technologische Minimierung des Salzabwasseranfalls, Ausnutzung vorhandener technischer Möglichkeiten der →Versenkung sowie ständige analytische Kontrolle der Einleitung. Dabei wird die in einer definierten Zeit in das Gewässer eingeleitete oder von diesem fortgeführte gelöste Salzmenge als Salzlast oder Salzfracht (in kg/s, kg/d oder t/a) bezeichnet. Erfolgt die Einleitung der Salzabwässer mehrerer Werke über Stapelbecken auf der Grundlage von hydrologischen Rechenmodellen, spricht man von Salzlaststeuerung. Derartige Systeme werden z. B. für die Flußgebiete der Saale und der Weser angewendet. Die Wirksamkeit wird durch laufende Kontrollen längs der Fließstrecken überwacht. Für die noch stark belastete Werra ist ein technisches Programm zur Reduzierung der Salzlast ausgearbeitet und beschlossen. *Schramm*

Literatur: *Aurada, K. D.:* Voraussetzungen zur wirtschaftlichen Wasserverwendung in Flußgebieten mit Hilfe der Prozeßführung. Wasserwirtschaft – Wassertechnik **22** (1972), S. 217–221. – *Schramm, J.; A. Engelmann, D. Busch, U. Köstler:* Rechnergestützte Salzlaststeuerung der Wipper. Kali, Steinsalz, Spat, Reihe A, **10** (1986) Nr. 8, S. 242–247.

Kali-Rückstände. Die Rückstände der Kaliindustrie bestehen aus den nicht verwertbaren festen Bestandteilen der aufbereiteten Rohsalze.

Die durch Bergbau gewonnenen Kalirohsalze werden in übertägigen Anlagen durch →Flotation, →Heißverlösung oder elektrostatische Trennung (→ESTA®) aufbereitet. Ziel der Aufbereitung ist die Gewinnung von Wertstoffen, insbesondere von Kaliumchlorid und Magnesiumsulfat. Die nicht verwertbaren Bestandteile des Rohsalzes fallen dabei teilweise in flüssiger Form an (→Salzabwasser), überwiegend jedoch als feste Rückstände. Je nach Rohsalztyp und Lagerstätte enthalten die Rohsalze etwa 65–80 % nicht verwertbare Bestandteile. Diese sind überwiegend Steinsalz, daneben auch Anhydrit und Ton.

Die festen K.-R. werden bei der nassen Aufbereitung durch Zentrifugen oder Filter entwässert. Bei der elektrostatischen Trennung fallen sie trocken an. Die Beseitigung erfolgt durch Aufhalden (→Halde) oder durch Verbringen in die abgebauten Hohlräume des Bergwerks (→Versatz).

Eine Besonderheit stellt die solende Gewinnung dar. Bei diesem Verfahren verbleiben die K.-R. schon bei der Gewinnung untertage. *Scharf*

Literatur: Die Kaliindustrie in der Bundesrepublik Deutschland. Hrsg. Kaliverein e. V., 6. Aufl. Hannover 1988. – Lehr- und Handbuch der Abwassertechnik. Band VII. 3. Aufl. Berlin 1985. – Ullmanns Encyklopädie der technischen Chemie. 4. Aufl. Weinheim 1977.

Kaliumdichromat.

☐ Stoff-Identifizierungs-Nr.:
CAS-Nr.: 7778-50-9
EG-Nr.: 024-002-00-6
UN-Nr.: 1874
EINECS-Nr.: 231-906-6
☐ Chemische Formel: $K_2Cr_2O_7$
☐ Stoffcharakteristik: Orangerote, wasserfreie, trockene Kristalltafeln oder Pulver, Oxydationsmittel, Reaktion mit Reduktionsmitteln und organischen Verbindungen. Feuergefährlilch bei Berührung mit organischen Verbindungen.
☐ Gefahrenmerkmale:
– Stoffliste nach § 4a der →Gefahrstoffverordnung:
Gefahrenkennbuchstabe(n): Xi
R-Sätze: 36/37/38-43-45
S-Sätze: 2-22-28
– Besondere Stoffeigenschaften nach TRGS 500: krebserzeugend: MAK-Gruppe IIIA2
– Arbeitsschutzwerte nach TRGS 900: →TRK-Wert (mg/m^3): 0,1 (→Gesamtstaub)
– Stoffliste (Anhang II) der →Störfall-Verordnung: Nr. 117
– →Wassergefährdungsklasse: WGK 3
– Emissionswerte: →TA Luft Einstufung: 3.1.4 Klasse III *Fischer/M. Schön*

Kaliumjodid-Verfahren. Das K.-V. ist eines der zwei für Ozon festgelegten →Referenzmeßverfahren (→Referenzverfahren). Die Methode ist in VDI 2468, Blatt 1 im Detail beschrieben.

Der Name der Richtlinie „Messen der Ozon- und Peroxid-Konzentration" zeigt, daß es kein selektives Meßverfahren für Ozon ist, weil es auf alle oxidierenden bzw. reduzierenden Substanzen mehr oder weniger anspricht. Sofern im Rahmen von Kalibrierungen Ozon in reiner, trockener Luft verwendet wird, ist das K.-V. als Basisverfahren zur →Kalibrierung von Meßverfahren sowohl für Ozon als auch für die Summe oxidierender Substanzen in gleicher Weise anwendbar.

Das Verfahren beruht darauf, daß Ozon in wäßriger Lösung mit Kaliumjodid unter Freisetzung von elementarem Jod und Sauerstoff reagiert. Da in neutraler Lösung ein Ozon/Jod-Verhältnis von 1:1 angenommen werden kann, ist bei Zugrundelegung dieses stöchiometrischen Verhältnisses die →Extinktion der Jodlösung ein Maß für die Ozonkonzentration der zu bestimmenden Probeluft.

Als Absorptionsgefäß sind sog. *Muenke*-Waschflaschen zu verwenden (Bild 1).

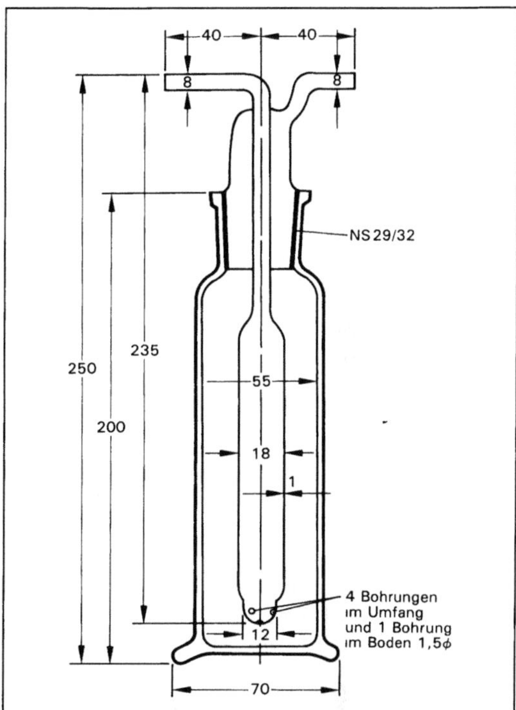

Kaliumjodid-Verfahren 1: Muenke-Waschflasche. (Quelle: VDI 2468, Bl. 1)

Beim Aufbau der Probenahmeeinrichtung (Bild 2) sind auf Grund der hohen Reaktivität des Ozons verschiedene Vorsichtsmaßnahmen streng zu beachten. So dürfen für Probenahmeleitungen nur Glas oder Polytetrafluorethylen (PTFE) verwendet werden. Alle Gefäße müssen sorgfältig gereinigt und mit alkalischer Kaliumpermanganatlösung vorbehandelt werden, um oxidierbare Anlagerungen abzubauen. Die Kalibrierkurve für das Verfahren wird unter Verwendung von Jodlösungen unterschiedlicher Konzentration aufgenommen.

Unter den in der Richtlinie angegebenen Bedingungen wird die →Nachweisgrenze des Verfahrens mit 20 µg Ozon/m^3 und die relative Standardabweichung – berechnet aus zehn Doppelbestimmungen – im Konzentrationsbereich um 390 µg/m^3 mit ±3,5 % angegeben. *Pfeffer*

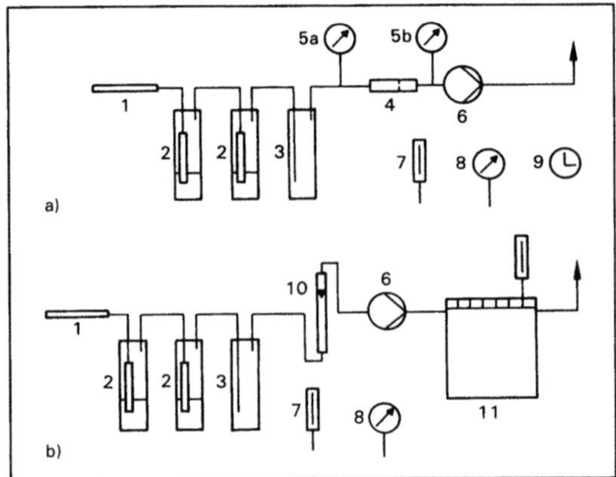

Kaliumjodid-Verfahren 2: Beispiel für den Aufbau einer Probenahmeeinrichtung. (Quelle: VDI 2468, Bl. 1)
a) Anordnung beim Arbeiten mit einer kritischen Düse
b) Anordnung beim Verwenden eines Gasmengenzählers.

1 Ansaugleitung, 2 Muenke-Waschflasche, 3 Tropfenabscheider, 4 kritische Düse, 5 Druckmesser a) vor der Düse (p_v), b) nach der Düse p_n), 6 Pumpe, 7 Thermometer, 8 Barometer, 9 Stoppuhr, 10 Durchflußmesser, 11 Gasmengenzähler mit Thermometer

Literatur: VDI 2468, Bl. 1: Messen gasförmiger Immissionen; Messen der Ozon- und Peroxid-Konzentration; Manuelles photometrisches Verfahren; Kaliumjodid-Methode (Basisverfahren). 5/1978.

Kaliumsulfatherstellung. Durch Umsetzung von Kaliumchlorid mit Magnesiumsulfat wird Kaliumsulfat hergestellt. Durch die Aufbereitung von Rohsalz werden primär Kaliumchlorid und in einigen Werken zusätzlich auch Magnesiumsulfat als Kieserit oder Bittersalz gewonnen. Für chloridempfindliche Pflanzen, z. B. Kartoffeln, Obst, Gemüse, Tabak, kann Kaliumchlorid als Düngemittel nur bedingt eingesetzt werden. Hierfür ist der Spezialdünger Kaliumsulfat geeignet, der von zwei Kaliwerken in Deutschland hergestellt wird.

In einem zweistufigen Verfahren wird dabei Magnesiumsulfat in Form von feingemahlenem Kieserit oder Bittersalz mit Kaliumchlorid in wäßriger Lösung umgesetzt. Bei dieser Umsetzung entsteht zwangsläufig Magnesiumchlorid als →Salzabwasser. Durch Eindampfen eines Teils dieses Salzabwassers wird Kaliumchlorid zurückgewonnen und gleichzeitig eine konzentrierte Magnesiumchlorid-Lösung als Produkt erhalten. Für die Verwertung des gesamten Magnesiumchlorids aus der K. besteht allerdings kein Markt. Es wird in den tiefen Untergrund versenkt (→Versenkung). *Scharf*

Literatur: Lehr- und Handbuch der Abwassertechnik. Band VII. 3. Aufl. Berlin 1985. – Ullmanns Encyklopädie der technischen Chemie. 4. Aufl. Weinheim 1977.

Kaliumzinkchromat.
□ Stoff-Identifizierungs-Nr.:
CAS-Nr.: 41189-36-0
EG-Nr.: 024-007-00-3
EINECS-Nr.: 255-252-6
□ Chemische Formel: $CrH_2O_4 \cdot xK \cdot xZn$
□ Stoffcharakteristik: Gelbe, trikline Plättchen, unlöslich in Wasser.
□ Gefahrenmerkmale:
– Stoffliste nach § 4a der →Gefahrstoffverordnung:
Gefahrenkennbuchstabe(n): T
R-Sätze: 45-22-43
S-Sätze: 53-44
– Besondere Stoffeigenschaften nach TRGS 500: krebserzeugend: EG-Kat. 1
– Arbeitsschutzwerte nach TRGS 900: →TRK-Wert (mg/m³): 0,1 (Gesamtstaub)
– Stoffliste (Anhang II) der →Störfall-Verordnung: Nr. 319 und 4c
– Emissionswerte: →TA Luft Einstufung: 3.1.4 Klasse III *Fischer/M. Schön*

Kalkindustrie. Die K. zählt ebenso wie die sehr ähnliche Dolomitindustrie zum Bereich Steine und Erden (→Steine-Erden-Industrie). Die in beiden Industriezweigen erzeugten Produkte Branntkalk bzw. Sinterdolomit oder Dolomitkalk finden vor allem in der Eisen- und Stahlindustrie, im Baugewerbe und in der Landwirtschaft Anwendung.

Die Herstellung von Kalk und Dolomit umfaßt den Abbau der Rohstoffe im Tagebau, die Verwendung von Mahl- und Klassieranlagen sowie den Brennprozeß im Ofen. Als Brennaggregate werden überwiegend Schachtöfen verschiedener Bauart sowie Drehrohröfen eingesetzt. Die Ofenleistungen reichen von 50 bis 1 200 t/d. Gängige Brennstoffe sind Stein- und Braunkohle, Koks, Heizöl und Gas, in Einzelfällen auch Altöl und Altreifen.

Staubemissionen entstehen im Steinbruch, beim Brechen, Mahlen und Klassieren sowie beim Brennen und Verladen als auch beim innerbetrieblichen Transport. Beim Brennen in den Schachtöfen treten Rohgasstaubgehalte bis 10 g/m³, in Drehrohröfen über 50 g/m³ auf. Außerdem ist beim Brennen mit hohen Konzentrationen an Stickstoffoxiden, Kohlenmonoxid (teilweise über 10 g/m³) und gasförmigen organischen Stoffen im Abgas zu rechnen. Schwefelverbindungen, soweit sie überhaupt in den Ofen gelangen, werden wegen des hohen Einbindevermögens des Brennguts nur in geringen Mengen emittiert.

Prozeßseitige Maßnahmen zur Emissionsminderung finden vereinzelt Anwendung. Sie betreffen vor allem die NO_x-Minderung, wenn in den Öfen NO_x-arme Brenner eingesetzt werden. Die in Schachtöfen schwierig zu beherrschenden CO- und Gesamt-C-Emissionen können durch Einbau einer

Kalkindustrie. Tabelle: Daten zur Ofenentstaubung in der K.

Ofen	Ofenleistung	spez. Abgasvolumen	Rohgasstaubgehalt	Abgasreinigung (E = Elektrofilter) (G = Gewebefilter)	Reingasstaubgehalt
	(t/d)	(m³/kg)	(g/m³)		(mg/m³)
Schachtöfen (einfache Bauart)	50– 375	1,3–3,0	bis 5	E, G	
Ringschachtöfen	80– 600	1,5–2,5	bis 10	E, G	
Gleichstrom-Gegenstrom-Regenerativ-Ofen	150– 650	2,3–3,0	bis 5	G, E	5–50
sonstige Öfen (Doppelschräg-, Querstromöfen)	80– 220	1,7–2,5	bis 7	G, E	
Drehrohröfen	150–1 200	3,0–4,0	bis 20	E	

separaten Brennkammer zur Optimierung der Verbrennung beeinflußt werden. Damit sind Emissionswerte von 0,10 g CO/m^3 zu erzielen. Auch die Verwendung reinen Sauerstoffs anstelle von Luftsauerstoff verringert die Emission von unverbrannten Abgasbestandteilen.

Die Staubquellen, z. B. Brech-, Mahl- und Klassiereinrichtungen sowie Verladevorrichtungen, lassen sich mit filternden Abscheidern, evtl. nach vorheriger Kapselung, entstauben. Emissionswerte von 50 mg Staub/m³ und weniger sind damit sicher einzuhalten. Die Brennöfen sind überwiegend an Elektro- oder Gewebefilter angeschlossen. Bei der Füllung der Schachtöfen mit Roh- und Brennstoffen tritt während kurzer Zeit (ca. 3 min. pro Stunde) Rohgas aus, weil in dieser Zeit Abscheider auf Grund undefinierter Ansaugbedingungen nicht angeschlossen sind. Der Einbau einer Chargierschleuse gewährleistet eine ununterbrochene → Abgasreinigung (Tabelle).

Ausgesiebte Feinanteile des Rohmaterials, die sich wegen ihrer Größe zur Aufgabe in den Schachtofen nicht eignen, weil sie den Verbrennungsluftwiderstand des Ofens zu stark erhöhen, können in Drehrohröfen der K. gebrannt, brikettiert und dem Schachtofen in dieser Form zugeführt oder im Steinbruch abgelagert werden.

Anlagen zum Brennen von Kalkstein und Dolomit sind (neben weiteren Anlagen) in der Nr. 2.4, Spalte 2, des Anhangs der → 4. BImSchV genannt. Sie bedürfen einer förmlichen Genehmigung nach dem BImSchG. Emissionsbegrenzende Anforderungen enthält die → TA Luft, z. B. 50 mg Staub/m³ Abgas. Unter Berücksichtigung des Beschlusses des Länderausschusses für Immissionsschutz vom Mai 1991 zur Konkretisierung der → Dynamisierungsklauseln der TA Luft sollen 0,50 g NO_x/m^3 Abgas eingehalten werden. *Hinrichs*

Literatur: *Davids, P.; M. Lange:* Die TA Luft '86 – Technischer Kommentar. Düsseldorf 1986.

Kalkwaschverfahren, Kalksteinwaschverfahren. Die K. sind Verfahren zur → Abgasentschwefelung mit Absorption des Schwefeldioxids in einer alkalischen Waschflüssigkeit. Als Absorptionsmittel dienen Branntkalk (CaO), Kalkhydrat (Ca [OH]₂) oder Kalkstein ($CaCO_3$). Als Produkt fällt Gips an, der vielseitig verwertet werden kann (→ Entschwefelungsgips). Die K. sind mit einem Anteil von rund 90 % die am weitesten verbreiteten Verfahren zur Entschwefelung der Abgase aus Kohle- oder Ölfeuerungsanlagen. Das Grundkonzept der verschiedenen K. besteht aus den Verfahrensschritten (Bild):
- Absorption der Schwefeloxide und anderer Abgaskomponenten wie Chlor- und Fluorwasserstoff,
- pH-Wert-Regelung der Waschflüssigkeit durch Zugabe des Absorptionsmittels,
- Oxidation der Absorptionsprodukte zu Sulfat,
- Gipssuspensionverarbeitung (Gipsgewinnung),
- Abwasseraufbereitung.

SO_2 sowie HCl und HF werden in einem Wäscher, mit oder ohne Vorwaschstufe, durch Besprühen mit der im Kreislauf geführten alkalischen Waschflüssigkeit absorbiert. Insbesondere durch die Absorption von SO_2 sinkt der pH-Wert der Waschlösung und wird durch Zugabe des Absorptionsmittels wieder auf den Anfangswert angehoben.

665

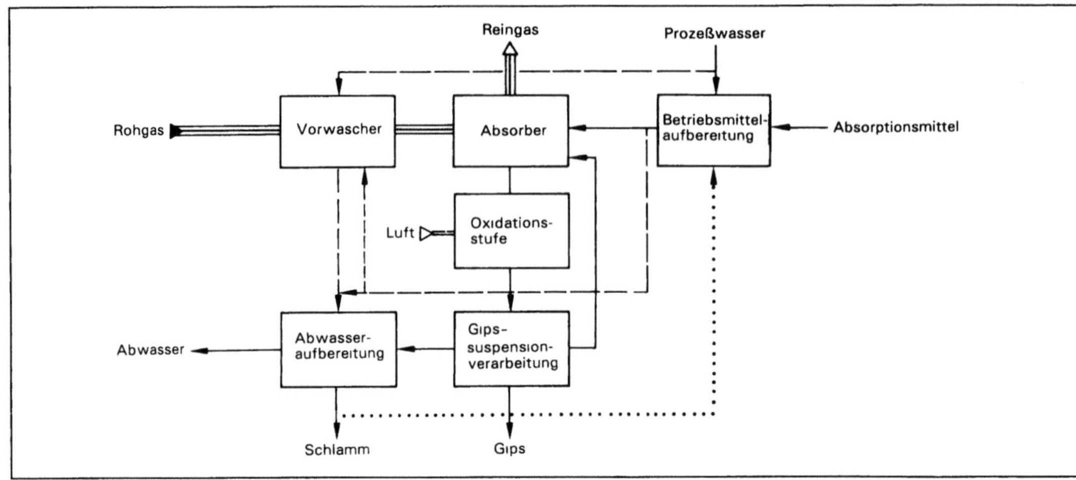

Kalkwaschverfahren: Schematischer Ablauf der Abgasentschwefelung.

Neben dem pH-Wert und der Verweilzeit des Abgases in der Waschzone ist der Wasserfaktor (Verhältnis von Waschflüssigkeit zu Abgasvolumenstrom) entscheidend für die Abscheideleistung des Absorbers. Werte für wichtige Parameter der K., wie sie in modernen Betriebsanlagen gefahren werden, sind in der Tabelle zusammengestellt.

Kalkwaschverfahren. Tabelle: Übliche Werte für wichtige Parameter der K. zur Abgasentschwefelung

pH-Wert der Waschflüssigkeit	Absorbereintritt 5–6,5 nach Absorption 3,5–4,5
Wasserfaktor	8–16 l/m³
Ca/S-Verhältnis	1–1,15 (nur bei Einsatz von Kalkstein ist mit einem höheren Verbrauch von 5–15 % gegenüber dem stöchiometrischen Bedarf zu rechnen)
Abgastemperatur im Absorber (Taupunkts-temperatur)	45–50 °C (Steinkohlekraftwerk) 65 °C (Braunkohlekraftwerk)

Am Austritt des Absorbers werden durch wassergespülte →Tropfenabscheider Flüssigkeitströpfchen aus dem gereinigten Abgas entfernt. Die Großfeuerungsanlagen-Verordnung (→13. BImSchV) erlaubt die Ableitung der gereinigten Abgase sowohl über den Schornstein als auch über den Kühlturm, fordert jedoch bei der Ableitung über den Schornstein eine Abgastemperatur von mindestens 72 °C, um einerseits einen genügend großen thermischen Auftrieb sicherzustellen und andererseits ein Kondensieren und damit ein Ausregnen

von Tröpfchen am Schornstein zu vermeiden. Während zu Beginn der 80er Jahre die Wiedererwärmung der gereinigten Abgase noch durch Vermischen des gereinigten Teilabgasstroms mit dem ungereinigten erreicht wurde, wurden ab Mitte der 80er Jahre in der Bundesrepublik Deutschland Wärmetauscher zwischen Roh- und Reingas (→Gasvorwärmer) eingesetzt. Das Gebläse konnte nach dem Wäscher angeordnet werden. Daraus ergeben sich wesentliche Vorteile:
– Durch das kleinere Volumen des kalten Reingases ist der Leistungsbedarf für das Naßgebläse um über 20 % geringer als beim Heißgasgebläse. Die Anlage läßt sich sehr kompakt bauen.
– Im Wärmetauscher ist der Reingasdruck höher als der Rohgasdruck; der Wäscherwirkungsgrad wird kaum noch durch eine Rohgasleckage verschlechtert.

Voraussetzung für einen einwandfreien Betrieb des Naßgebläses sind eine wirkungsvolle Tropfenabscheidung und eine sorgfältige Werkstoffauswahl für die Laufschaufeln.

Die zunächst gebildeten SO_2-Absorptionsprodukte Calciumsulfit und -bisulfit werden im Absorbersumpf zum Teil durch den im Abgas enthaltenen Sauerstoff zu Sulfat ($CaSO_4$) oxidiert. Zur vollständigen Oxidation der Sulfite zum Produkt Entschwefelungsgips ist im allgemeinen noch eine zusätzliche Luftzufuhr notwendig. Der nach der Oxidationsstufe ausgeschleuste Teilstrom der Waschflüssigkeit hat einen Gipsanteil von 7–18 Gew.-%. Diese Gipssuspension wird zunächst in einem Eindicker und/oder Hydrozyklon aufkonzentriert und anschließend in Zentrifugen, Trommel- oder Bandfilter auf eine Feuchte um 10 Gew.-% entwässert. In der Filtrationsstufe können lösliche Bestandteile wie Chloride ausgewaschen werden. Je nach Verwertung des Gipses sind noch eine Kompaktierung und/oder thermische Trocknung nachgeschaltet.

Über das Abgas gelangen die sauren Verbindungen Chlorwasserstoff, Fluorwasserstoff und Salpetersäure sowie in geringem Umfang Schwermetalle in das Waschmedium. Zusätzlich werden durch das Absorptionsmittel und Prozeßwasser weitere Verunreinigungen eingetragen. Um einen zu hohen Gehalt dieser Stoffe im Entschwefelungsgips zu vermeiden, wird ein Teilstrom aus dem Kreislauf als Abwasser ausgeschleust. Üblich ist eine zweistufige Abwasseraufbereitung, mit der die Anforderungen nach § 7 a Wasserhaushaltsgesetz eingehalten werden. In der ersten Stufe (Neutralisation) wird das Abwasser durch Zugabe von Calciumhydroxid oder Schlamm aus der ersten Sedimentationsstufe von gelöstem Gips gereinigt. Die Schlammpartikel bilden hierbei Kristallisationskeime. Durch den Anstieg des pH-Werts fallen gleichzeitig Calciumfluorid sowie Spurenelemente, meist als Metallhydroxide, aus. Flockungshilfsmittel beschleunigen diesen Vorgang. Das vorgereinigte Abwasser aus dem Überlauf der ersten Sedimentationsstufe wird in einem zweiten Sedimentationsbecken mit Hilfe von Flockungsmitteln nachgereinigt. Der Schlamm des Eindickers wird in einer Kammerfilterpresse entwässert. Falls an einem Standort kein Abwasser in einen Vorfluter eingeleitet werden darf, ist das Abwasser aus der Abgasentschwefelung einzudampfen.

Prinzipiell arbeiten alle K. nach dem im Bild dargestellten Verfahrensschema. Die Möglichkeit einer Vorwäsche ist als gestrichelte Variante eingezeichnet. Die Optimierung einzelner Verfahrensschritte sowie die Anforderungen an die Gipsqualität (z. B. Einhaltung zulässiger Chlorid- oder Schwermetallgehalte) und an die Zusammensetzung des Abwassers (Einleitbedingungen in den Vorfluter) haben zu vielen Verfahrensvarianten geführt, z. B.:

– Einkreisverfahren: Die Vorwäsche, SO_2-Absorption und Oxidation der Absorptionsprodukte sind in einem Wäscher untergebracht. Für die Vorwäsche wird ein Teil des Abwassers verwendet. Diese kompakte Bauweise führt zu einem hohen Chloridgehalt im Waschkreislauf und damit im Entschwefelungsgips. Chlorid ist bei der Gipsaufbereitung auszuwaschen.

– Einkreisververfahren mit integriertem Vorwäscherkreislauf: Der Vorwäscher ist von der SO_2-Absorption abgekoppelt, jedoch sind die Waschkreisläufe nicht getrennt. Dadurch wird der größte Teil der Chloridfracht im Vorwäscher abgetrennt. Durch die hohe Eindickung im Vorwäscher ist die Abwassermenge wesentlich geringer als bei einer Einkreiswäsche.

– Zweikreisverfahren: Zweistufiger Absorber mit getrennten Waschkreisläufen, die sich auf die optimalen Absorptionsbedingungen einstellen lassen

(pH-Wert, Wasserfaktor). Die Abwassermenge liegt in der Größenordnung wie beim Einkreisverfahren.

Mit der Entwicklung der modernen K. wurde etwa Ende der sechziger Jahre begonnen. Anfang der siebziger Jahre haben weltweit die meisten Hersteller von Abgasentschwefelungsanlagen mit komplizierten Absorberbauformen begonnen, wie sie insbesondere für die Naßentstaubung eingesetzt wurden. So kamen zunächst Venturi-, Radialstrom-, Wirbelbett- u. a. Wäscher zum Einsatz. Die Waschflüssigkeit wurde mit hohen pH-Werten von 11 bis 12 in den Wäscher eingedüst. Es gab Probleme durch Ablagerungen und Verstopfungen, die mechanisch entfernt werden mußten. Wesentliche Verbesserungen konnten danach durch Senkung des pH-Wertes der Waschflüssigkeit und Einsatz einfacher Gegenstromsprühwäscher mit und ohne Einbauten erzielt werden. Die Aufbereitung der Kalkmilch und die Sulfitoxidation wurden jedoch noch in aufwendigen Nebenanlagen durchgeführt. Bei der heutigen sog. dritten Generation der K. wird die SO_2-Absorption mit pH-Werten um 6 betrieben. Durch hohe Wasserfaktoren lassen sich dennoch Abscheidegrade von über 95 % erreichen. Als Absorptionsmittel wird im wesentlichen kostengünstiger Kalkstein verwendet, der teilweise pneumatisch als Mehl direkt in den Absorber eingeblasen wird. Die Oxidation erfolgt bereits im Absorber. Diese Generation der K. hat Verfügbarkeiten wie andere bewährte Kraftwerkskomponenten, so daß durch die Abgasentschwefelung der Blockbetrieb kaum noch beeinträchtigt wird. *Haug*

Literatur: *Breihofer, D. et al:* Maßnahmen zur Minderung der Emissionen von SO_2, NO_x und VOC bei stationären Quellen in der Bundesrepublik Deutschland. Studie im Auftrag des BMU/Umweltbundesamt. IIP Uni Karlsruhe November 1991. – *Hildebrand, M.:* 10 Jahre Emissionsbilanzen der Stromversorger (1982 bis 1991). Elektrizitätswirtschaft **91** (1992) Nr. 18. – Luft-Reinhaltung '88. Hrsg. Umweltbundesamt, Berlin 1989.

Kaltluftstrom. An der Boden- bzw. Pflanzenoberfläche während der Nacht erkaltende und daher spezifisch schwerer werdende Luft, die nach tieferen Stellen im Gelände abfließt. K. stellen schwache, hindernisanfällige Luftbewegungen mit einer Geschwindigkeit von meist weniger als 1 m/s dar, können im Hochgebirge auch den Charakter von *Luftlawinen* annehmen. Sie stellen sich einige Zeit nach Beginn der nächtlichen Abkühlung ein und fließen bei ungestörtem Strahlungswetter die ganze Nacht hindurch. Am Ausgangspunkt nur flach, können sie eine Mächtigkeit von beispielsweise 50 m erreichen. An der tiefsten Stelle des Geländes bildet sich durch die K. ein Kaltluftsee aus.

K. können zur nächtlichen Belüftung einer Stadt beitragen, sofern ihnen sogenannte Ventilationsbahnen oder Frischluftschneisen, letztere für schadstoffarme Luft, zur Verfügung stehen, die auch tagsüber die Belüftung einer Stadt verbessern. Beispiele hierfür sind Bahnanlagen, Ausfallstraßen, geradlinige Straßenschluchten, Freiflächen und Grünflächen mit überwiegend niedrigem Bewuchs. Der horizontale Luftaustausch wird am meisten erleichtert, wenn die Rauhigkeiten auf diesen Bahnen unterhalb von 0,5 m liegen und ihre Breite größer ist als die 10fache Höhe der Randbebauung. Von Bedeutung ist außerdem ihre Lage bezogen auf die Emissions- und Windrichtungsverteilung der stabilen Schwachwindlagen, weil Ventilationsbahnen vor allem bei austauscharmem Wetter die Frischluftversorgung einer Stadt aufrecht erhalten (→Stadtklima, →Wärme-Insel). *Giebel*

Kaltstart. Beim Anlassen eines Motors, der längere Zeit nicht bewegt wurde, sind Gehäuse, Kolben, Öl, Einspritzsysteme und Abgasanlage kalt. Bis zum Erreichen der Betriebstemperatur läuft die Verbrennung nicht optimal ab. Um das Aggregat besser starten zu können, wird das Gemisch im allgemeinen angefettet ($\lambda < 1$), wobei bei Kraftfahrzeugen mit geregelten Drei-Weg-Katalysator die →Lambdasonde zeitweise überbrückt wird. *Kind/May*

Kamin →Schornstein

Kammerfilterpresse. K. werden zur maschinellen Entwässerung von Abwasserschlämmen (→Klärschlamm) eingesetzt. Notwendig ist eine vorausgehende →Klärschlammkonditionierung.

K. arbeiten chargenweise nach dem Prinzip der kuchenbildenden Filtration. Ein statisches Druckgefälle am Filtermedium führt zu dessen Durchströmung und des sich bei diesem Prozeß ausbildenden Filterkuchens. Als Filtermedium wird in der Regel Kunststoffgewebe verwandt, dessen Webart sich nach dem zu filtrierenden Schlamm richtet.

Die Trennschärfe der Filtration bestimmt die Durchlässigkeit des Gewebes, die in der Regel so gewählt ist, daß eine scharfe Trennung (Abscheidegrad ca. 100 %) von Feststoffen und Schlammwasser erzielt wird. Das Druckgefälle im Filterkuchen wird durch den auf das zu filtrierende Material (Schlamm/Trübe) ausgeübten Flüssigkeitsdruck in der K. erzeugt. Dabei ist der Filtrationswiderstand, mit dem Filterkuchen und Filtertuch der Durchströmung entgegenwirken, bestimmend für die spezifische Flächenleistung der Filtertuchausrüstung.

K. sind mit Plattenabmessungen bis zu 2 000×2 000 mm und 10 bis 200 Platten pro Presse eingesetzt. Da sich die Leistung einer K. proportional zur Anzahl der Kammern verhält, kann Reservekapazität durch Freiraum in der Maschine für einen späteren ergänzenden Platteneinbau vorgesehen werden.

Die Steuerung der Arbeitstakte einer K. erfolgt zumeist automatisch nach dem Prinzip der Folgesteuerung. Der Arbeitsablauf (Filterzyklus) läuft intermittierend wie folgt ab: Schließen, bis der hydraulische Schließdruck erreicht ist; Filtration, Entlastung und Ausblasen der Schlammzulaufbohrung mit Luft (Wasser); Schließdruck entlasten; Druckstück auffahren, Platten transportieren und Kuchen abwerfen; danach erneut schließen. Der Kuchenabwurf muß beobachtet werden, um bei klebendem Kuchen (z. B. bei mangelhafter Konditionierung) eingreifen zu können. Die Leistung der K. wird primär bestimmt durch Filterfläche, Konditionierung und Leistung der Beschickungspumpen, die druck- bzw. zeitabhängig in ihrem Volumenstrom geregelt werden. Für eine Optimierung unter Betriebsverhältnisse müssen Volumenstrom- und Druckverlauf registrierend gemessen und geregelt werden.

Die Dauer eines Filtrationszyklus ist schlammabhängig; in der Regel beträgt sie 2–3 Stunden.

Bei K. sind die Ergebnisse der Schlammentwässerung weniger von der Art der Konditionierung und dem Grad der Voreindickung des Schlammes abhängig. Die Trockenrückstände reichen von 50 % TR in günstigen Fällen bis 35 % TR. Bei Anlagen mit thermischer Konditionierung werden durchweg 50 % TR, bei sehr gut ausgefaulten Schlämmen sogar Ergebnisse bis zu 60 % TR erreicht. *Mertsch*

Kanalanschluß. Verbindung zwischen der Abwassersammelleitung, die der Abwasserentsorgung eines Grundstücks dient und dem öffentlichen Kanalnetz. In der Regel sind Anschlußkanäle unterirdisch verlegt und direkt an den öffentlichen Kanal angeschlossen. Die Herstellung des Anschlußkanals, der baurechtlich genehmigungspflichtig ist, kann entsprechend der jeweiligen Regelung in der Satzung über die Abwasserbeseitigung der Grundstücke auf Kosten des Anschlußpflichtigen der Gemeinde/dem Kreis vorbehalten sein. Ebenso können Unterhaltung, Erneuerung und Beseitigung auf der Grundlage der satzungsrechtlichen Regelungen auf Kosten des Anschlußpflichtigen durch die Gemeinde/den Kreis erfolgen.

Zur Verbesserung der Möglichkeiten zur Kontrolle des in die öffentlichen Abwasseranlagen eingeleiteten Abwassers ist zwischen Anschlußkanal und Grundstücksentwässerungsleitung häufig ein Schachtbauwerk (Übergabeschacht) angeordnet. *Mertsch*

Kanalbenutzung. Nach Maßgabe der jeweiligen Satzung über die Abwasserbeseitigung der Grundstücke besteht die Berechtigung, aber auch die Verpflichtung zur Benutzung der öffentlichen Abwasseranlagen. Danach hat der Anschlußpflichtige in der Regel sämtliches auf dem Grundstück anfallende Abwasser den öffentlichen Abwasseranlagen zuzuleiten. Begrenzt wird die Benutzungspflicht durch die allgemeinen satzungsrechtlichen Regelungen über die zulässige Beschaffenheit des einzuleitenden Abwassers (→Indirekteinleiter). Darüber hinaus kann im Einzelfall auf der Grundlage der Satzung auch eine Begrenzung für die einleitbare Abwassermenge festgelegt werden. *Mertsch*

Kanalisationsnetz. Das (Abwasser-)K. wird von der Gesamtheit der Kanäle und den mit diesen in funktionellem Zusammenhang stehenden Sonderbauwerken (wie z. B. Pumpwerken, →Regenrückhaltebecken, →Regenüberlaufbecken) gebildet. Das K. endet hinter der letzten Regenentlastung vor Übergabe des Abwassers an die zentrale →Abwasserbehandlungsanlage (→Mischverfahren, →Trennverfahren). *Mertsch*

Kanalnetzsanierung. Schäden an den Abwasserkanalnetzen entstehen von innen heraus (Korrosion), durch äußere Beanspruchungen und auf Grund der durch das Alter eines Bauwerks funktionsbedingten Grenze. Diese Schäden können den Einsturz von Kanälen, das Eindringen von Abwasser in das umgebende Bodenmaterial und letztlich ins Grundwasser, aber auch das Eindringen von Grundwasser in die Kanalisation verursachen. Kanalschäden sind daher sowohl aus Gründen der geordneten Abwasserentsorgung als auch der Verkehrssicherheit und des Grundwasserschutzes zu beseitigen. Der Zeitpunkt einer K. ergibt sich aus dem Ausmaß der Schäden, der wasserwirtschaftlichen Sensibilität der Lage des Kanals, der Durchlässigkeit des umgebenden Materials, der Abwasserbeschaffenheit, dem Abwasserverlust bzw. dem Fremdwasserzufluß und der Nutzung des Geländes über dem schadhaften Kanal.

Die Technik der K. richtet sich nach der Art des Schadens und dem Durchmesser der zu reparierenden Rohrleitung. Dabei reicht die Technik vom Einziehen eines Innenrohrs bis hin zum völligen Neubau der Kanalstrecke.

Ist ein Schaden in der Kanalisation aufgetreten und erkannt, können (je nach Schadensart) mehrere Verfahren zur K. angewandt werden:
- Aufgraben der Schadensstelle, Beseitigung in offener Grube (bei allen Schäden);
- Teil- und Vollauskleidung (bei Korrosion und Rissen), aber nur in begehbaren Kanälen oder Bauwerken;
- →Relining mit Querschnittsverminderung; die Sanierung erfolgt Haltungsweise durch Einschieben oder Einbringen von Rohren;
- Beschichtungsverfahren; ein Beschichtungsmaterial wird ins Rohr eingebracht und angepreßt, dabei treten auch Querschnittsverminderungen auf;

- Injektionsverfahren mit Acrylharz;
- Berstverfahren, d. h. nach Zerstörung und Einpressen der Rohrwand in den Boden wird eine neue Leitung eingebaut. *Irmer*

Kanalrohr-Fernsehanlage. Dieses Verfahren zur Abwasserkanalinspektion besteht aus einer Fernsehkamera, die auf einem selbstfahrenden Schlitten montiert ist, damit in den Kanal eingeführt wird und die Innenwände filmt. In einem am Einsteigeschacht stationierten Aufnahmewagen befindet sich ein Steuerpult, mit dem der Bewegungsablauf geregelt wird, und ein Bildschirm, der die übertragenen Aufnahmen zeigt. Gleichzeitig findet eine Übertragung der Entfernung der Kamera vom Schacht aus zum Steuerpult statt, wodurch sich Schadstellen genau lokalisieren lassen.

Diese Methode erfaßt sämtliche Schäden. Ein besonderer Vorteil ist, sofort verdächtige Stellen auch aus anderen Perspektiven betrachten bzw. die Lage genau bestimmen zu können. *Mertsch*

Kanalspiegelung. Die K. dient zur (Abwasser-)Kanalinspektion, d. h. mit diesem Verfahren können Informationen über den Zustand der Kanäle gewonnen werden. In einem Kanalschacht wird auf die Kanalsohle ein Scheinwerfer gestellt. Bis zum zweiten Schacht, der ca. 50 m entfernt ist, wird diese Haltung ausgeleuchtet, und dort wird über einen in 45° geneigten Spiegel die Leitung betrachtet.

Mit diesem Verfahren ist aber eine Messung nicht möglich, auch können leichte Schäden nicht erkannt werden. Deshalb wird diese Methode zunehmend durch →Kanalrohr-Fernsehanlagen verdrängt. *Mertsch*

Kanalstauraum. K. werden als Elemente von Mischkanalisationen gebaut, die die Aufgabe von →Regenbecken übernehmen. Die Anordnung eines K. ist besonders dort angebracht, wo für die Ableitung des Niederschlagswassers ohnehin Kanäle mit großem Querschnitt erforderlich sind. Es eignet sich dafür z. B. der Transportsammler zwischen einem Entwässerungsgebiet und einer Kläranlage. Am Stauraumende werden Drosseleinrichtungen eingebaut, durch die der Abfluß zur Kläranlage begrenzt wird. K. können Entlastungseinrichtungen am Anfang oder am Ende des Stauraumes haben. Es besteht dabei die Gefahr, daß mit dem durch die Entlastung ablaufenden Wasser Schmutzstoffe mit in den Vorfluter gelangen. *Mertsch*

Kanzerogen. Stoffe, deren Einwirkung auf Tiere oder Menschen zur Bildung von Tumoren führt, werden als K. bezeichnet. Die Definition ist operational auf die Wirkqualität ausgerichtet. Dementsprechend handelt es sich nicht um eine einheitliche

Stoffgruppe. Als K. bezeichnet man Stoffe, die im →Tierversuch gegenüber unbehandelten Kontrolltieren
– die Tumorinzidenz und die Tumorrate, d. h. die Zahl der tumortragenden Tiere in einem Kollektiv bzw. die Zahl der Tumore pro Tier erhöhen,
– die Bildung anderer als Spontantumoren auslösen oder
– die Latenzzeit (die Zeit zwischen der Exposition und dem Auftreten von Tumoren) bis zum Auftreten von Spontantumoren verkürzen.

Dabei wird nicht zwischen gutartigen (benignen) und bösartigen (malignen) Tumoren unterschieden. Einer Vielzahl von im Tierversuch identifizierten K. stehen nur rund 30 Stoffe gegenüber, deren kanzerogene Wirkung beim Menschen nachgewiesen wurde. Beispiele für K. beim Menschen sind Benzol, Nitrosamine, bestimmte Arsen- und Chromverbindungen, polyzyklische aromatische Kohlenwasserstoffe wie Benz[a]pyren, Naturstoffe (Aflatoxin, Safrol).

Aus Vorsorgegründen geht man prinzipiell davon aus, daß Stoffe, die im Tierversuch kanzerogen wirken, auch für den Menschen ein Krebsrisiko darstellen, sofern nicht Untersuchungen des Wirkungsmechanismus vorliegen, die eine speziesspezifische Wirkung im Tier bestätigen.

Neben Chemikalien können auch physikalische Einwirkungen, wie →Röntgenstrahlung oder kurzwelliges UV-Licht krebserzeugend wirken. Die Gesamtheit dieser chemischen und physikalischen Faktoren wird als Krebsrisikofaktoren bezeichnet (→Kanzerogenese, →Kanzerogenitätstest, →Maximale Arbeitsplatzkonzentration, →TRGS 500). *Deml*

Kanzerogenese. Der Prozeß der unkontrollierten Neubildung (Neoplasie) von Geweben infolge der Einwirkung krebserzeugender Stoffe wird als chemische K. bezeichnet. Die Entstehung von Tumoren verläuft nach gegenwärtigem Kenntnisstand in einem langdauernden Prozeß, bei dem experimentell mindestens drei Abschnitte erfaßt werden können. Ausgangspunkt der K. ist die Wechselwirkung des Kanzerogens bzw. der im Körper gebildeten reaktiven Metabolite (→Biotransformation) mit der DNS einzelner Zellen. Infolgedessen kann es zu einer irreversiblen Schädigung der Erbanlagen (→Mutation) kommen. Dieser erste Schritt wird als Initiation bezeichnet. Die nächste Stufe der Promotion ist durch eine Vermehrung der durch die Mutation veränderten Zellen gekennzeichnet. Gleichzeitig verändern sich diese Zellen und es kommt letztendlich zu einer lokalen, unkontrollierten Vermehrung der Zellen, die als Tumor in Erscheinung treten. Das dritte Stadium der Progression umfaßt die zunehmende Wachstumsautonomie und Malignität der Tumorzellen, sowie den Übergang vom gutartigen (benignen) zum bösartigen (malignen) Tumor, der in das umgebende Gewebe eindringt und Metastasen in anderen Organen des Körpers bildet. Experimentell kann man →Kanzerogene, die als →Initiator oder als Promotor wirken bzw. als komplette Kanzerogene beide Eigenschaften besitzen, unterscheiden. *Deml*

Kanzerogenitätstest. Der K. stellt eine Sonderform des chronischen Toxizitätstests dar und ist speziell auf den Nachweis der krebserzeugenden Wirkung von Stoffen ausgerichtet. Als Versuchstiere werden meist Ratten und Mäuse verwendet. Das Versuchsprotokoll eines K. sieht folgendermaßen aus: Je 50 männliche und weibliche Tiere pro untersuchter Dosis werden mindestens 18 (Mäuse) bzw. 24 (Ratten) Monate lang täglich mit drei verschieden hohen Dosen der Testsubstanz behandelt, die in Vorversuchen ermittelt wurden. Die höchste Dosis wird so gewählt, daß zwar toxische Wirkungen auftreten, aber das Überleben der Tiere bis zum Versuchsende gewährleistet ist. Hinzu kommen Kontrollgruppen mit unbehandelten Tieren. Bei Versuchsende werden die überlebenden Tiere getötet und pathologisch untersucht. Vorzeitig gestorbene Tiere werden ebenfalls untersucht. Die kanzerogene Wirkung der Testsubstanz wird durch eine statistisch gesicherte Erhöhung der Zahl der Tiere mit Tumoren (Tumorinzidenz) und der Tumore pro Tier (Tumorrate) nachgewiesen. Als weiteres Merkmal dient das Auftreten von Tumortypen, die in Kontrolltieren nicht vorkommen.

Die Entstehung von Spontantumoren (→Kanzerogenese) in Kontrolltieren, die mit zunehmendem Alter der Tiere vermehrt auftreten, erschwert den Nachweis schwach wirksamer Kanzerogene. Auch kann im üblichen K. nicht zwischen Initiatoren und Promotoren unterschieden werden. *Deml*

Kapillardosierer. K. sind Geräte zur Herstellung von Prüfgasen durch Mischen von Volumenströmen (VDI 3490, Bl. 10). Nach dieser Richtlinie beruht die Erzeugung von Prüfgasen mit Hilfe von K. auf der Möglichkeit, die Beimengung über sehr enge, kalibrierte Kapillaren in definiertem und konstantem Volumenstrom zu dosieren und diesen mit einem in konventioneller Weise erzeugten Grundgasstrom zu vermischen. Der Mengenstrom des durch die Kapillare strömenden Dosiergases wird auf der Grundlage der für Kompressibilität und Gleitung korrigierten *Hagen-Poisseuille*-Gleichung aus den Abmessungen der Dosierkapillare, aus der treibenden Druckdifferenz, aus der Viskosität und aus der Dichte des Dosiergases berechnet.

K. werden häufig im Labor zum Zwecke der →Kalibrierung von Immissionsmeßverfahren eingesetzt. Es können Prüfgase mit Beimengungen im Konzentrationsbereich von einigen $\mu g/m^3$ bis zu einigen mg/m^3 bei Volumenströmen bis ca. 1 m^3/h hergestellt werden. Als Beimengungen können Gase oder auch Flüssigkeiten bzw. Flüssigkeitsgemische verwendet werden, sofern sie sich leicht und rückstandslos verdampfen lassen (Bild 1, 2). In der Praxis der Immissionsmessung werden K. z. B. häufig zur Erzeugung von Prüfgasen für Kohlenwasserstoffe eingesetzt (→Alkane, →Alkene, →Benzol, →Toluol, →Xylole). *Pfeffer*

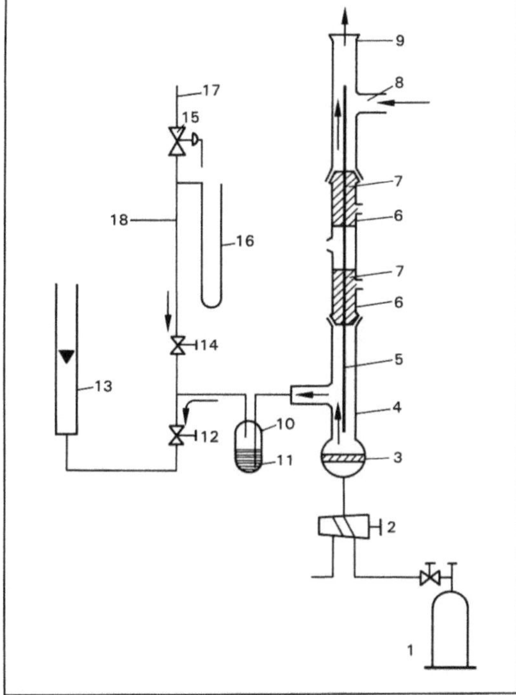

Kapillardosierer 1: K. für Gase. (Quelle: VDI 3490, Bl. 10)

1 Druckgasbehälter mit Druckminderer und Nadelventil für Beimengung, 2 Zweiwegehahn mit selbstdichtenden Glasgewindeverschraubungen für Polyäthylen- bzw. PTFE-Schlauch mit 4 mm Innen- und 6 mm Außendurchmesser, 3 Gasfilter (z. B. Glasfritte G 4), 4 Überströmrohr, 5 Kalibrierte Dosierkapillare, 6 Kapillarträgerrohr mit Ausgleichsöffnung, 7 Abdichtungen (z. B. Vergußmasse), 8 Grundgaseingang (Schliffverbindung NS 10 oder Glasschraubkappenverbindung), 9 Mischstrecke mit Prüfgasausgang (Schliffverbindung NS 10 oder Glasschraubkappenverbindung), 10 Blasenzähler, wahlckschlagventil, 11 Sperrflüssigkeit, 12 Drosselventil, 13 Schwebekörperdurchflußmesser (0 bis 40 l/h), 14 Absperrhahn, 15 Druckregler, 16 Manometer, 17 Inertgasanschluß (Selbstdichtende Glasgewindeverschraubung für Polyäthylen- bzw. PTFE-Schlauch mit 4 mm Innen- und 6 mm Außendurchmesser), 18 Inertgasausgang für Spülung, 19 Inertgaseingang für Spülung

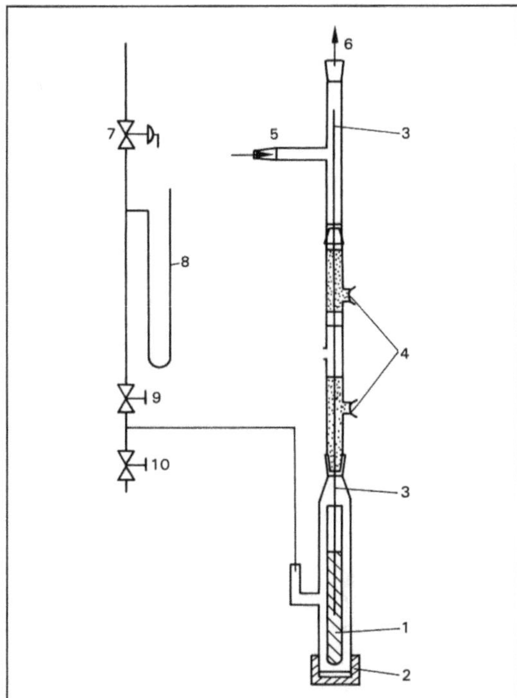

Kapillardosierer 2: K. für Flüssigkeiten mit niedrigem Dampfdruck. (Quelle: VDI 3490, Bl. 10)

1 Vorratsbehälter für flüssige Beimengung, 2 Schraubkappenverschluß, 3 kalibrierte Dosierkapillare, 4 Abdichtungen, 5 Grundgaseingang, 6 Mischstrecke und Prüfgasausgang, 7 Druckminderer, 8 Manometer, 9 Absperrventil, 10 Drosselventil

Literatur: VDI 3490, Bl. 10: Messen von Gasen; Prüfgase; Herstellung von Prüfgasen durch Mischen von Volumenstromen – Kapillardosierer. 1/1981.

Kapillarsäule. Die K. ist die heute üblicherweise in der →Gaschromatographie eingesetzte →Trennsäule. Sie wird fast ausschließlich aus chemisch reinem Quarzglas hergestellt. Zur mechanischen Stabilisierung erhält sie einen braunen Überzug aus Polyimid oder in Spezialfällen aus Aluminium. Die Trennflüssigkeit als stationäre Phase (Gaschromatographie) wird auf der Innenwand in definierter Stärke von 1–10 μm aufgetragen und ist in den meisten Fällen chemisch gebunden. Die K. werden in Längen von 20–30 m oder 50–60 m, aufgewickelt auf einen Drahtkäfig, angeboten. Der innere Durchmesser beträgt 0,25 mm oder 0,32 mm. K. mit 0,53 mm Durchmesser werden als *Wide-Bore*-K. bezeichnet. *Dulson*

Kartierung von Biotopen →Biokartierung

Kartierung, faunistische. Die systematische Inventarisierung und Kartierung der →Fauna eines

Gebiets heißt f. K. und ist eine wichtige Grundlage des Arten- und Biotopschutzes. Die f. K. ist meist außerordentlich schwierig und aufwendig, weil die Tiere flüchten, sich verstecken oder der Beobachtung überhaupt schwer zugänglich sind. Zur Identifizierung werden viele Tiere, insbesondere Kleintiere, gefangen, wozu zahlreiche Geräte und Techniken entwickelt wurden. Viele Kleintiergruppen sind nur von wenigen Spezialisten genau bis zur Gattung oder Art identifizierbar. Eine vollständige f. K. gelingt praktisch nicht, sondern wird auf bestimmte, als repräsentativ angesehene Tiergruppen beschränkt. Für die →Umweltbeobachtung sind Indikator-Tierarten wichtig (→Biomonitoring); so zeigt z. B. die Bachforelle klares, kühles, wenig verschmutztes und relativ nährstoffarmes, fließendes Wasser an. *Haber*

Kartierung, floristische. Die systematische Inventarisierung und Kartierung der →Flora eines Gebietes heißt f. K. Sie ist die Grundlage des pflanzlichen Artenschutzes und – weil alle Tiere direkt oder indirekt auf Pflanzen angewiesen sind (→Nahrungskette) – auch des allgemeinen →Biotopschutzes. Außerdem ist sie die wissenschaftliche Basis der Lehre von der Verbreitung der Pflanzen.

Blüten- und Farnpflanzen sowie Moose und Flechten sind leichter auffindbar als Tierarten und – mit wenigen Ausnahmen schwer bestimmbarer Formenkreise (Sippen) – auch leichter identifizierbar. Daher werden sie durch Kartierung meist vollständig erfaßt, die von Zeit zu Zeit auch nachgeprüft oder wiederholt werden kann. Der Vergleich älterer und neuerer f. K. liefert Informationen über Artenausbreitung oder Artenschwund bzw. über die Zunahme oder den Verlust von Wuchsorten der Pflanzen und ist daher auch ein Beitrag zum →Biomonitoring. Diesem dienen auch zahlreiche spezifische Zeigerarten (→Indikator). Erheblich schwieriger ist die Kartierung der niederen Pflanzen, d. h. der Algen und Pilze, die verborgener leben und nicht leicht zu identifizieren sind.

Neben der f. K. erfolgt auch eine Kartierung der Pflanzengesellschaften als Vegetationskartierung. Vegetationskarten geben wichtige Informationen über Standorte, Boden- oder Substrateigenschaften, Nutzungs- und Bewirtschaftseinflüsse; es ist dabei allerdings zu berücksichtigen, daß die Vegetation – anders als z. B. die Böden – vom Menschen leicht und rasch verändert werden kann. *Haber*

karzinogen →Kanzerogen

Kaskadenbeschleuniger →Beschleunigeranlage

Katalysator für Kfz →Kfz-Abgas-Katalysator

Katalysatorvergiftung. Wesentlichen Einfluß auf die Wirksamkeit einer Kfz-Abgasreinigung mit Hilfe der Katalyse hat neben der thermischen Alterung auch die Vergiftung des Katalysators. Das Ausmaß des Wirkungsgradverlustes ist bestimmt durch die Intensität und die Einwirkdauer der schädigenden Einflüsse. Man unterscheidet zwischen der chemischen und der mechanischen Vergiftung.

Chemische Vergiftung: Reaktionen von Kraftstoff- und Öladditiven sowie Abriebrückständen mit der Zwischenschicht, den hier eingelagerten Promotoren sowie den katalytisch-aktiven Materialien.

Mechanische Vergiftung: Abdeckung der aktiven Zentren durch Additive.

Man unterscheidet die Katalysator-Gifte nach ihrer Quelle:
– Gifte aus dem Kraftstoff: Blei, Brom, Chlor, Schwefel, Phosphor, Mangan, Silicium;
– Gifte aus den Schmierstoffen: Schwefel, Barium, Phosphor, Zink, Calcium, Magnesium, Bor, Aschen;
– Gifte durch Abriebpartikel von Motor und Abgaskrümmer: Kupfer, Eisen, Nickel, Chrom (→Kfz-Abgas-Katalysator). *Kind/May*

Kathodenstrahlröhre, eigensichere. Der Begriff e. K. ist in den Anlagen I und III der →Röntgenverordnung definiert. Es handelt sich dabei um eine K., bei der durch eine Messung der Ortsdosisleistung (Stückprüfung) beim Hersteller, Einführer oder Lieferanten festgestellt worden ist, daß
– der Strahlenschutz (gemeint ist die Abschirmung der in der K. erzeugten →Röntgenstrahlung) allein durch den Kolben der Röhre sichergestellt ist, daß also Konsistenz und Dicke des Kolbenmaterials selbst eine ausreichende Abschirmwirkung haben,
– die Ortsdosisleistung in 0,1 m Abstand vom Kolben bei den vom Hersteller oder Einführer festgelegten höchstzulässigen Werten der Röhrenstromstärke und der Röhrenspannung durch die oben beschriebene Abschirmwirkung den Wert von 1,0 µSv/h nicht überschreitet.

Die Röhre muß mit dem Kennzeichen E. K. nach Anlage III RöV versehen sein.

E. K. gehören strahlenschutzrechtlich zu den →Störstrahlern, deren Betrieb unter die Bestimmungen des § 5 der RöV fällt. E. K. sind Bestandteil von Schwarz-Weiß- und Farb-Fernsehgeräten (→Bildschirme) sowie von Datensichtgeräten und anderen Monitoren im Zusammenhang mit Fernsehübertragungssystemen. Geräte dieser Art dürfen genehmigungs- und anzeigefrei betrieben werden, wenn die Einhaltung der o. g. Bedingungen per Stückprüfung bescheinigt wird und wenn die Spannung zur Beschleunigung der Elektronen den Wert von 30 kV nicht überschreiten kann. *Ewen*

Keimbahn. Ausdruck für die Zellen eines Organismus, die für die Bildung von Keimzellen determiniert bzw. selbst Keimzellen sind. Der Begriff K. wird benutzt, um die der sexuellen Fortpflanzung dienenden Zellen höherer tierischer Organismen von somatischen Zellen abzugrenzen, die zwar teilungsfähig sind, aus denen aber kein intakter Organismus regeneriert werden kann. Die somatischen Zellen höherer Tiere besitzen durchweg einen doppelten Chromosomensatz, d. h. sie sind diploid. Lediglich bei der Generierung der Keimzellen, also der Spermatozoen und Eizellen, aus ihren Vorstufen, den Spermatogonien bzw. Oogonien, wird im Verlaufe der als Meiose bezeichneten Reduktionsteilung der Chromosomensatz auf die Hälfte reduziert, so daß Spermatozoen und (unbefruchtete) Eizellen einen haploiden Chromosomensatz aufweisen. Erst durch den Befruchtungsvorgang wird die dann als Zygote bezeichnete befruchtete Eizelle wieder diploid. Die während der Meiose auf die Keimzellen verteilten allelen Chromosomen entstammen jeweils unterschiedlichen Elternchromosomen, so daß die Keimzellen eines individuellen Organismus nicht den gleichen →Genotyp aufweisen, was z. B. für die Vererbung genetischer Defekte über Generationen hinweg von Bedeutung ist.

Der Begriff der K. hat in der Diskussion um die gesetzliche Regelung der →Gentechnik insofern einen breiten Raum eingenommen, als befürchtet wurde, daß eugenische Zielsetzungen mit Hilfe von →Genmanipulation an der menschlichen K. eine Renaissance erleben könnten. Da der naturwissenschaftliche Kenntnisstand eine gezielte Änderung des menschlichen Genoms durch Eingriff in die K. z. Z. nicht erlaubt, noch in absehbarer Zukunft als möglich erscheinen läßt (→Selektion), hat der Gesetzgeber den Bedenken dadurch Rechnung getragen, daß er gentechnische Veränderungen an menschlichen Keimbahnzellen durch das Embryonenschutzgesetz vom 13. Dezember 1990 (BGBl. I S. 2746) verboten hat. *Flohé*

Keimzahl. Anzahl der Bakterienkeime im Wasser. Gesamtkeimzahl (auch Gesamtsaprophyten oder Koloniezahl) ist die Summe der auf einen definierten Nährboden nach Bebrütung gewachsenen Kolonien, die mit bloßem Auge sichtbar sind. Neben dieser indirekten Bestimmung wird gelegentlich auch die direkte mikroskopische Zählung der in einer Wasserprobe enthaltenen Bakterien vorgenommen.

Unter hygienischen Aspekten ist z. B. in Badegewässern vor allem die Konzentration des Bakteriums Escherichia coli (Coli-Bakterien) wichtig. Die Anwesenheit dieses Keims deutet auf fäkale Verunreinigung hin. *Friedrich*

Literatur: *Streit, B.:* Lexikon Ökotoxikologie. Weinheim 1991.

Kemlerzahl. Identisch mit der offiziellen Bezeichnung „Nummer zur Kennzeichnung der Gefahr" beim Gefahrguttransport (→Gefahrnummer). Die Bezeichnung K. geht auf den französischen Delegierten *Kemler* zurück, der 1973 bei den Beratungen einer gemeinsamen RID/ADR-Arbeitsgruppe (→Gefahrgutvorschriften) zur Vorbereitung eines internationalen Gefahrguttransport-Kennzeichnungssystems Schiene/Straße vorgeschlagen hat, neben der Stoffkennzahl (→UN-Nr.) eine Nummer zur globalen Kennzeichnung der von dem Stoff ausgehenden Gefahren einzuführen. Als Ergebnis der Beratungen wurden 1976 orangefarbene Warntafeln mit diesem Doppelkennzeichnungssystem für bestimmte Gefahrguttransporte auf der Schiene und auf der Straße eingeführt.

Diese Kennzeichnung dient dem Ziel, bei Verkehrs- oder sonstigen Unfällen, in die Gefahrguttransportfahrzeuge mit entsprechenden Folgemöglichkeiten involviert sind, sofort an Ort und Stelle zwei wichtige Informationen über die entsprechenden stofflichen Gefahren zur Verfügung zu haben: die Stoff-Nr. (UN-Nr.) zur eindeutigen Kennzeichnung des gefährlichen Stoffes und die Gefahrnummer, K., zur Signalisierung der davon ausgehenden Hauptgefahren. Die Zahlenkombination kann der Polizei und/oder der Feuerwehr entscheidende Hinweise zur Prioritätensetzung für notwendige Gefahrenabwehr-, Rettungs- oder Schadensminderungs-Maßnahmen für den Fall geben, daß Informationen durch den Fahrzeugführer oder über von ihm mitzuführende „schriftliche Weisungen", die in knapper Form die Bezeichnung der beförderten gefährlichen Güter sowie die bei einem Unfall zu ergreifenden Maßnahmen angeben, nicht erhältlich sind. *Dreyhaupt*

Kennwerte, olfaktometrische. Die Geruchsschwelle ist diejenige Konzentration an Geruchsträgern in der Riechprobe, die in 50 % der Fälle zu einer Geruchsempfindung führt. Es wird zwischen Individualschwelle bzw. Kollektivschwelle einerseits und Entdeckungs- (Detektions-) bzw. Erkennungs- (Identifikations-) Schwelle andererseits unterschieden. Für die Umweltschutztechnik bedeutsam sind vor allem als Kollektivschwellen ermittelte Entdeckungsschwellen. Die als Kollektivschwelle definierte Entdeckungsschwelle ist diejenige Geruchsträgerkonzentration, die bei Mehrfachdarbietung bei 50 % der Probanden einer Riecherstichprobe zu der Empfindung „Ich rieche etwas" führt; demgegenüber würde die Erkennungsschwelle auf eine Qualitätsempfindung (es riecht nach ...) abstellen. Im Falle repräsentativ zusammengesetzter Riecherstichproben erlauben Kollektivschwellen im Rahmen der Fehlerstreuung Rückschlüsse auf die Grundgesamtheit (Bevölkerung).

Da die Menge der Geruchsträger im Falle stofflich undefinierter Gemische nicht in Teilchenzahl-(mol) bzw. Masseneinheiten (mg) angegeben werden kann, ist die Maßeinheit der Geruchsstoffmenge die Geruchseinheit GE bzw., im Falle von Konzentrationen, GE/m^3. Die Geruchsstoffkonzentration an der Geruchsschwelle ist definitionsgemäß $1\ GE/m^3$.

Die Verdünnungszahl Z ist das Mischungsverhältnis der Volumenströme bei der Geruchsschwellenbestimmung, also Probenluft plus Neutralluft dividiert durch Probenluft. Die Verdünnungszahl $\hat{Z}$ an der Geruchsschwelle ist der Zahlenwert der Geruchsschwelle oder der Absolutwert der Geruchsstoffkonzentration der untersuchten Gasprobe ($c_{od,\,p}$) relativ zur Geruchsschwellenkonzentration ($\hat{c}_{od}$), die gemäß Konvention $1\ GE/m^3$ beträgt; od steht für odour und p für Probe. Formal gilt also: $\hat{Z} = c_{od,\,p}/\hat{c}_{od}$. Über die logarithmierte Form, also log $\hat{Z} = \log(c_{od,\,p}/\hat{c}_{od})$ läßt sich, in Analogie zum →Schallpegel in →Dezibel (dB) und entsprechend der *Weber-Fechner*-Regel ein Geruchspegel wie folgt einführen (VDI 3881, Bl. 1): $L_{od} = 10 \times \log \hat{Z}$ dB_{od} (TL), wobei der Zusatz TL für Threshold Level steht. Diese physiologisch korrekte und intermodale Vergleiche ermöglichende Darstellung hat sich in der meßtechnischen Praxis gegenüber der GE-Darstellung gleichwohl noch nicht durchsetzen können (→Verfahrenskenngrößen, olfaktrometrische) *Winneke*

Kennzeichnungspflicht.

K. sind im deutschen Recht in einer nahezu unübersehbaren Anzahl geregelt. Sie gelten für eine Vielzahl von Waren und Erzeugnissen und dienen unterschiedlichen Zwekken, insbesondere dem Wettbewerbsschutz, dem Verbraucherschutz, dem individuellen Gefahrenschutz und dem →Umweltschutz.

Zum Schutz der Umwelt sind K. vor allem im →Gefahrstoffrecht verbreitet. Sie sollen die Überwachung der gefährlichen Stoffe erleichtern und den Verbraucher vor den Gefahren bestimmter Stoffe warnen. Die K. des Chemikaliengesetzes i. V. m. der →Gefahrstoffverordnung fordert z. B. eine genaue Stoffbezeichnung, die Angabe des Herstellers bzw. Einführers, ein bestimmtes →Gefahrensymbol und eine Gefahrenbezeichnung, die sich an den →Gefährlichkeitsmerkmalen des Chemikalienrechts orientiert, sowie weitergehende Gefahrenhinweise und Sicherheitsratschläge. Ähnliche K. gibt es auch in den speziellen Regelungen zum Gefahrstoffrecht.

Eine 1987 in das Baugesetzbuch aufgenommene K. betrifft die Kennzeichnung von Altlastverdachtsflächen in der →Bauleitplanung.

Die Notwendigkeit von Kennzeichnungen ergibt sich aus der Art der Sammlung und der anschließenden →Abfallverwertung. Vor allem für die Vorsortierung vermischt gesammelter Wertstoffe ist eine Kennzeichnung unerläßlich. Dabei sind die Kunststoffe in besonderer Weise betroffen, weil ihr äußeres Erscheinungsbild nur selten auf das verwendete Material schließen läßt.

Eine K. ist durch Verordnung im Rahmen des § 14 →Abfallgesetz möglich. Die K. kann einerseits notwendig sein, um bei Erzeugnissen wegen des Schadstoffgehalts der aus ihnen nach bestimmungsgemäßem Gebrauch in der Regel entstehenden Abfälle auf die Notwendigkeit einer Rückgabe an Hersteller, Vertreiber oder an bestimmte Dritte hinzuweisen, damit diese die erforderliche besondere →Abfallentsorgung sicherstellen (§ 14 Absatz 1 Abfallgesetz); andererseits kann zur Vermeidung oder Verringerung von Abfallmengen oder soweit zur umweltverträglichen Entsorgung notwendig, die Bundesregierung bestimmen, daß bestimmte Erzeugnisse, insbesondere Verpackungen und Behältnisse, in bestimmter Weise zu kennzeichnen sind (§ 14 Absatz 2 Abfallgesetz (→Getränkeverpackungen)). *Hoppe/Beckmann/J. Kühn*

Literatur: *Brohm:* Kennzeichnungspflicht. In: Handwörterbuch des Umweltrechts, Bd. I. Berlin 1986. – *Hoppe/Beckmann:* Umweltrecht, § 8 Rn. 108. München 1989. – *Kloepfer:* Umweltrecht, § 13 Rn. 23 ff.; 72 ff. München 1989.

Keramikindustrie.

Die K. ist Teil der →Steine-Erden-Industrie und wird aufgeteilt in Grob- und Feinkeramikherstellung. Zur Grobkeramik zählen keramische Baustoffe wie Ziegel, Steinzeug, Wand- und Bodenplatten, feuerfeste Steine (Schamottesteine, Silikasteine) und geblähte mineralische Produkte. Die Produktion feinkeramischer Erzeugnisse bezieht sich hauptsächlich auf Porzellan, Steingut, Tonwaren und Schleifmittel. Hinzu kommt noch die Herstellung von Sonderkeramiken für High-Tech-Anwendungen.

Der für große Teile der Grobkeramik charakteristische produktionsnahe Tagebau ist für feinkeramische Betriebe nur selten gegeben. Für die Keramikproduktion lassen sich folgende Prozeßschritte unterscheiden:
– Aufbereitung des Rohmaterials (Zerkleinerung, Siebung),
– Masseherstellung (im wesentlichen Gieß-, Dreh- oder Preßmassen),
– Formgebung,
– Trocknung,
– Vorbrennen zum Glasieren oder Dekorieren,
– Brennen der Rohlinge bzw. der vorgebrannten Teile,
– Nachbearbeiten.

Die Rohstoffe der K. variieren je nach Produkt beträchtlich. Überwiegend kommen Tone und Kaoline sowie Quarz und Feldspat zur Anwendung. Glasurrohstoffe können Schwermetalle enthalten. Als Porosierungsmittel werden häufig Sägespäne oder Polystyrol verwendet; als Brennstoffe oder Zusatzstoffe können z. B. auch Sulfitablauge, Teerpech, Naphthalin eingesetzt werden.

Zentrale Phase der Keramikherstellung ist das Brennen bei Temperaturen, die meist zwischen 800 und 1 700 °C liegen. Überwiegend werden kontinuierlich betriebene Öfen wie Tunnel-, Schnellbrand- oder Drehrohröfen eingesetzt, bei denen das Brenngut durch den Ofen transportiert wird, vereinzelt auch periodisch betriebene Herdwagen- und Haubenöfen. Als Brennstoffe werden Erdgas, Heizöl, Propan, Butan, evtl. auch Steinkohle oder der Energieträger Strom eingesetzt.

Vor allem können Staub, Fluorwasserstoff, Schwefeldioxid, Chlorwasserstoff (insbesondere bei der Salzglasur) und organische gasförmige Stoffe wie Benzol, Formaldehyd, Aldehyde und evtl. auch polyzyklische aromatische Kohlenwasserstoffe emittiert werden. Hauptquelle für luftverunreinigende Emissionen, außer Staub, ist der Brennprozeß. Staubemissionen können bei allen Prozeßstufen auftreten. Durch Kapselung von Übergabestellen, Verringerung von Fallhöhen und Schaffen geeigneter Luftverdrängungsräume lassen sich prozeßseitig die diffusen Emissionen verringern. Teilweise kann ebenso wie beim Brennprozeß auf Staubabscheidevorrichtungen verzichtet werden. Bei gas- oder ölbeheizten Öfen ergeben sich oft Staubkonzentrationen unter 20 mg/m³ im Rohgas.

Schwefeldioxid resultiert in der K. überwiegend aus den Rohstoffen (Ton), z. T. auch aus den Brenn- und Hilfsstoffen (Sulfitablauge). Eine gezielte Rohstoffwahl mit dem Ziel der SO_2-Minderung ist nur selten möglich. Als Abscheidetechniken stehen vor allem Trocken- oder Quasitrockensorptionseinrichtungen zur Verfügung, mit denen hohe Abscheideraten erzielt und der in der TA Luft festgelegte Emissionswert von 0,50 g SO_2/m³ eingehalten werden kann. Mit diesen Abscheidern werden die Fluorwasserstoffgehalte gleichzeitig sehr wirksam um über 90 % auf Werte um 1–2 mg/m³ in den Abgasen gemindert.

Besonders sind die Emissionen an organischen Stoffen zu beachten. Neben den Schwelgasen bei der Porosierung, bei denen neben Geruchsstoffen auch erhöhte Konzentrationen an toxischen Stoffen auftreten können, z. B. Benzol (bis 20 mg/m³) oder Formaldehyd (bis 200 mg/m³), werden organische Verbindungen auch bei Ausbrennvorgängen, z. B. zur Porosierung oder bei der Tränkung von Produkten (Feuchtigkeitsschutz) emittiert. In der Ziegelindustrie können als primäre Minderungsmaßnahmen anorganische Porosierungsmittel eingesetzt werden.

Durch Optimierung der Abgasführung in den Öfen sind die Emissionen organischer Stoffe ebenfalls erheblich zu senken. Als →Abgasreinigungsverfahren eignet sich grundsätzlich die thermische →Nachverbrennung. Damit lassen sich niedrige Emissionswerte, z. B. für Benzol 5 mg/m³ und für Formaldehyd 20 mg/m³, einhalten. Die Verwendung von speziellen Formölen kann die Entstehung von Benzol und Geruchsstoffen ebenfalls erheblich mindern. Polycyklische aromatische Kohlenwasserstoffe können bei der Herstellung feuerfester Produkte, z. B. beim sog. Pechtränken, auftreten. Zur Minderung dieser Emissionen sind sowohl prozeßtechnische Maßnahmen, wie z. B. die Veränderung der Brennbedingungen oder der Ersatz von teerhaltigen Bindemitteln, als auch Verfahren zur thermischen oder katalytischen Nachverbrennung geeignet.

Anlagen zum Brennen keramischer Erzeugnisse sind in der Nr. 2.10, Spalten 1 und 2, des Anhangs der →4. BImSchV genannt und daher nach dem BImSchG genehmigungsbedürftig. Emissionsbegrenzende Anforderungen sind in der →TA Luft festgelegt.

Reststoffe, die in der K. anfallen, werden weitgehend wiederverwertet. Ein Problem stellen die in großen Mengen anfallenden reagierten Schüttschichtfilterstoffe dar, deren Wiedereinsatz bisher nur in Teilen der Hintermauerziegelproduktion gelingt.

Vor allem in der feinkeramischen Industrie wurde eine Rücklaufrate von über 95 % der aus der Masseaufbereitung und Gerätereinigung anfallenden Abwässer realisiert. Die mit Flockungsmitteln in Kläranlagen oder durch Sedimentation in Absetzbecken abgeschiedenen Schlämme können in den Prozeß zurückgeführt werden.   *Hinrichs*

Literatur: *Davids, P.; M. Lange:* Die TA Luft '86 – Technischer Kommentar. Düsseldorf 1986. – *Greipel, W.; U. Welzel:* Verfahren zur Abgasreinigung in der keramischen Industrie. Staub-Reinhaltung der Luft 51 (1991), 219–223. – Bayerisches Staatsministerium für Landesentwicklung und Umweltfragen: Organische Stoffe als Preßhilfsmittel bei Geschirrporzellan und bei technischer Keramik – Möglichkeiten zur Emissionsminderung. München 1989.– VDI 2585: Emissionsminderung; Keramische Industrie. 1993.

Kernbrennstoff. Jeder →Kernreaktor benötigt zum Betrieb einen K., d. h. einen Stoff, in dem eine nukleare Kettenreaktion ablaufen kann. Man spricht deshalb von →Spaltstoff. Normalerweise besteht der sog. K. nicht nur aus dem Spaltstoff, sondern er enthält zusätzlich einen →Brutstoff; man hat ein Gemisch aus Spalt- und Brutstoff. Natururan als wichtigster K. (auch Ausgangsstoff genannt) besteht zu 0,71 % aus dem mit thermischen Neutronen spaltbaren Isotop U-235 und zu über 99 % aus dem Isotop U-238, das einen Brutstoff darstellt. Durch Neutroneneinfang läßt sich daraus der Spaltstoff Pu-239 brüten.

Thorium (Reinisotop Th-232), das in der Natur wesentlich verbreiteter vorkommt als Uran, ist ebenfalls ein Brutstoff. Wiederum durch Neutroneneinfang läßt sich hier der Spaltstoff U-233 brüten.

Die zweckmäßigste Ausnutzung der natürlichen Vorräte an K. hängt von der gewählten Reaktorstrategie und dem zugehörigen →Brennstoffkreislauf ab. Hochkonverter und Brüter sind Endziele einer optimalen Ausnutzung. Dazu bedarf es dann zwingend einer →Wiederaufarbeitung der in einem ersten Reaktordurchgang abgebrannten Brennelemente und der Rezyklierung der zurückgewonnenen Spalt- und Brutstoffe in Form refabrizierter Brennelemente.

Als Brennstoffe für den Betrieb von Kernspaltungsreaktoren kommen somit Uran, Plutonium und Thorium in Betracht. Diese K. ermöglichen im Prinzip drei Typen von Brennstoffzyklen, nämlich solche, die Uran-238 als Brutstoff verwenden, solche, die Thorium als Brutstoff verwenden, und schließlich Brennstoffzyklen ohne Brutstoff.

Beim ersten Typ entsteht Plutonium-239. Das Uran-235 kann dabei in natürlicher Mischung mit dem Uran-238 vorliegen oder in einer durch Isotopenanreicherung hergestellten höheren Konzentration. Das erbrütete Plutonium wird zum Teil sofort im Reaktor verbrannt, es kann aber auch nach der Wiederaufarbeitung des Restbrennstoffs abgetrennt und als Brennstoff entweder in einem thermischen Reaktor oder vorzugsweise in einem Schnellen Reaktor verwendet werden. Dabei kann das Plutonium auch in einer Mischung mit Uran eingesetzt werden.

Da Uran-233, das aus Thorium gebrütet wird, in der Natur nicht vorkommt, muß dieser Zyklus mit Uran-235 oder spaltbarem Plutonium gestartet werden.

Beim dritten Typ wird reiner Spaltstoff als K. verwendet. Dafür kommen Pu-239, Pu-241 und U-233 oder sehr hoch angereichertes Uran U-235 in Betracht.

Die Auswahlkriterien für den K. sind vielfältig. In den Leistungsreaktoren werden nur feste Brennstoffe verwendet. Von allen Uranverbindungen entspricht das Urandioxid (UO_2) den Anforderungen am besten. Es hat sich als die vorteilhafteste Form für Wasserreaktoren und fortgeschrittene gasgekühlte Reaktoren erwiesen. Schwermetalloxide werden auch für die Verwendung in Schnellen Brutreaktoren vorgesehen. Die heutige Weiterentwicklung des UO_2 zielt auf eine Absenkung der Herstellungskosten und eine Erhöhung des Abbrandes ab. Für die Zukunft wird auch der Einsatz von Schwermetallcarbiden und -nitriden als K., vor allen Dingen in Schnellen Reaktoren, wegen ihrer hohen Brennstoffdichte diskutiert.

Bei der Auswahl eines K. müssen folgende Gesichtspunkte berücksichtigt werden:
– Die chemische Stabilität des Brennstoffs soll bis zu hohen Temperaturen möglichst ohne Phasenumwandlung sichergestellt sein.
– Der Brennstoff muß mit den Hüllmaterialien (z. B. Zirkonium, Edelstahl, Graphit) und dem Kühlmittel verträglich sein.
– Der Brennstoff soll gute mechanische und wärmetechnische Eigenschaften aufweisen.
– Im Brennstoff soll eine möglichst hohe Schwermetalldichte vorliegen. Es sollen wenig neutronenabsorbierende Atome anderer chemischer Elemente im Brennstoff vorhanden sein.
– Der Brennstoff soll unter Bestrahlung und hoher Temperatur seine Dimensionen nur geringfügig ändern.
– Die Spaltprodukt-Rückhaltung soll bereits im Brennstoff so gut wie möglich sein, um den Spaltgasdruck auf die Hüllmaterialien der Brennstäbe möglichst klein zu halten.
– Der Brennstoff muß preiswert herstellbar und gut zu bearbeiten sein. *Merz*

Kernenergie. Es ist die bei der →Kernspaltung (Atomspaltung) freiwerdende (Kern-Bindungs-)Energie. Sie wird als Wärme vom →Spaltstoff über die Hülle des Brennelements an das Kühlmittel abgegeben. Diese Wärme benutzen die heutigen Kernkraftwerke zur Dampferzeugung für die Turbine, die den stromerzeugenden Generator antreibt.

K. stellt die einzige z. Z. verfügbare Alternative dar zu der Versorgung mit großen Mengen elektrischer Energie aus fossilen Brennstoffen und Wasserkraft. Aber K.-Nutzung steht auch im Mittelpunkt der Diskussion um eine umweltverträgliche Energiedarbietung.

Bei Normalbetrieb eines Kernkraftwerks ist die →Strahlenbelastung der Menschen durch Freisetzung von Radioaktivität nicht größer als bei einem Kohlekraftwerk entsprechender Leistung (infolge der in der Kohle enthaltenen natürlichen radioaktiven Stoffe, wie z. B. Kalium-40 und radioaktive Uran-, Thorium- und deren Folge-Isotope). Sie fällt gegenüber den natürlichen und den sonstigen, künstlichen Strahlenbelastungen kaum ins Gewicht.

Dieser relativen Umweltverträglichkeit der Kernkraftwerke im Normalbetrieb steht die potentielle Umweltbelastung durch die zwangsweise entstehenden radioaktiven Stoffe (→Spaltprodukte) gegenüber. Bei einem schweren, außer Kontrolle geratenen Reaktorunfall könnten die radioaktiven Stoffe in großem Umfang in die →Biosphäre freigesetzt werden und im einzelnen vorher schwer abschätzbare, insgesamt aber mit Gewißheit gravierende akute und langfristige Wirkungen auf das pflanzliche, tierische und menschliche Leben in weitem Umkreis ausüben, wie der Reaktorunfall von Tschernobyl gezeigt hat (→INES, Tab. 2). *Merz*

Kernenergierecht →Atom- und Strahlenschutzrecht

Kernfusion. Unter K. oder Kernverschmelzung versteht man die Bildung eines schweren Atomkerns aus leichten Kernen. Dabei wird Energie, die Bindungsenergie, frei. Ein kleiner Teil der Kernmasse wird in Energie umgewandelt. Besonders interessant für eine Nutzung dieses Effekts zur Energieerzeugung sind die Reaktionen zwischen den Wasserstoffisotopen Deuterium und Tritium (D/T).

$$D + T \longrightarrow {}^4He + n + E \quad (17{,}6 \text{ MeV})$$

$$D + D \begin{cases} \xrightarrow{\sim 50\%} T + p + E \quad (\ 4{,}0 \text{ MeV}) \\ \xrightarrow{\sim 50\%} {}^3He + n + E \quad (\ 3{,}2 \text{ MeV}) \end{cases}$$

Aber auch mit anderen leichten Isotopen lassen sich durch K. erhebliche Energiebeträge freisetzen, z. B.

$$^6Li + D \longrightarrow {}^7Li + p + E \quad (\ 5{,}0 \text{ MeV})$$

Von den aufgelisteten Reaktionen kommt die Verschmelzung von D mit T am ehesten für die Verwirklichung der gesteuerten Kernfusion in Frage, weil nur deren Wirkungsquerschnitt schon bei relativ niedrigen Energien (ca. 100 MeV) genügend hoch ist.

Der Fusion von Atomkernen steht das Hindernis entgegen, daß die Kerne im allgemeinen wegen ihrer sie umgebenden Elektronenschalen nicht so nahe zusammenkommen können, daß sie sich vereinen. Hierfür ist der sogenannte Plasmazustand der Materie notwendig, bei dem infolge extrem starker Wärmebewegung die Elektronenhüllen zerschlagen sind; es liegt dann ein vollionisiertes Gas, ein Plasma, vor. Dieser Zustand setzt Ausgangstemperaturen von einigen Millionen Grad voraus. Die Zündtemperatur für Fusionsreaktionen liegen nochmals erheblich höher, für die D-T-Reaktion z. B. bei 50 Millionen Kelvin. Erst bei dieser Temperatur wird pro Volumen- und Zeiteinheit mehr Energie erzeugt als verbraucht. Das Plasma muß dabei eingeschlossen werden, weil es im freien Raum zu rasch expandiert. Wegen der hohen Temperaturen ist ein Einschluß des Plasmas in materielle Wände nicht möglich, so daß nur ein Einschluß durch ein sehr starkes Magnetfeld in Frage kommt.

Zum Plasmaeinschluß eignen sich verschiedene Methoden. Am besten hat sich bisher der toroidale Einschluß bewährt (Stellerator).

Für die Fusion steht Deuterium in praktisch unbegrenzten Mengen als geringe Beimengung in normalem Wasser zur Verfügung, während Tritium als Radionuklid im Fusionsreaktor über die Reaktion $^6Li(n, \alpha)T$ erbrütet werden muß. *Merz*

Kernkraftwerk. Ein Kraftwerk, bei dem die Energiefreisetzung durch →Kernspaltung erfolgt. Es besteht aus einem Reaktor, in dem die Kernspaltung ausgelöst und gesteuert wird, und einem konventionellen Teil, in dem die im Reaktor gewonnene Wärme über Dampferzeuger dem Turbogenerator zugeleitet wird. Wärme wird in elektrische Energie umgesetzt.

Im Laufe der nahezu 40jährigen Geschichte der Kernenergietechnik sind eine Vielzahl von Reaktortypen vorgeschlagen, entwickelt und gebaut worden. Nur wenige davon haben jedoch den Marktdurchbruch erreicht. Die Technologie der Leichtwasserreaktoren DWR (→Druckwasserreaktor) und SWR (Siedewasserreaktor) gilt als etabliert; es existieren von diesen Typen eine große Anzahl von Anlagen. Der →Hochtemperaturreaktor und der →Schnelle Brutreaktor dagegen gelten als Reaktoren der zweiten Entwicklungsgeneration. Die Leistungsgröße der Leichtwasserreaktoren hat mit dem Wert von nunmehr maximal 1 300 MWe eine gewisse Endgröße erreicht. Eine Übersicht über Reaktortypen und Status deutscher K. vermittelt das Bild.

Die drei Reaktorsysteme haben ein sehr unterschiedliches Störfallverhalten. Es sind deshalb typenspezifische Sicherheitseinrichtungen erforderlich, um die nach dem Atomgesetz geforderte Vorsorge gegen Schäden durch die Errichtung und den Betrieb solcher Anlagen zu treffen. Wichtig dabei ist, daß auch bei den zu unterstellenden →Auslegungsstörfällen der Reaktor abschaltet und die durch den Zerfall der Spaltprodukte erzeugte Nachzerfallswärmeleistung sicher abgeführt wird.

Als unmittelbare Umweltauswirkungen von K. kommen grundsätzlich in Betracht:
- radioaktive Emissionen,
- chemische Emissionen,
- thermische Emissionen,
- Kühlwasserverbrauch und Kühlturmbetrieb.

Von Bedeutung können auch akustische Emissionen von Turbinen und Kühlturmventilatoren sein. Die großen Baukörper, insbesondere die Kühltürme, stören im allgemeinen das Landschaftsbild.

Von allen genannten Einflüssen spielen im Vergleich mit konventionellen fossilgefeuerten Kraftwerken nur die radioaktiven Emissionen eine Rolle. K. geben im Normalbetrieb sowohl in die Atmosphäre über den Schornstein als auch in Flußläufe nur geringe Mengen radioaktiver Stoffe ab. Spezifische mittelbare Umweltauswirkungen ergeben sich aus der →Wiederaufarbeitung oder der direkten →Endlagerung bestrahlter Brennelemente sowie aus der Behandlung und Endlagerung radioaktiver Abfälle. *Merz*

Kernkraftwerksfernüberwachung (KFÜ). Die gesetzlich geregelte Befugnis der atomrechtlichen

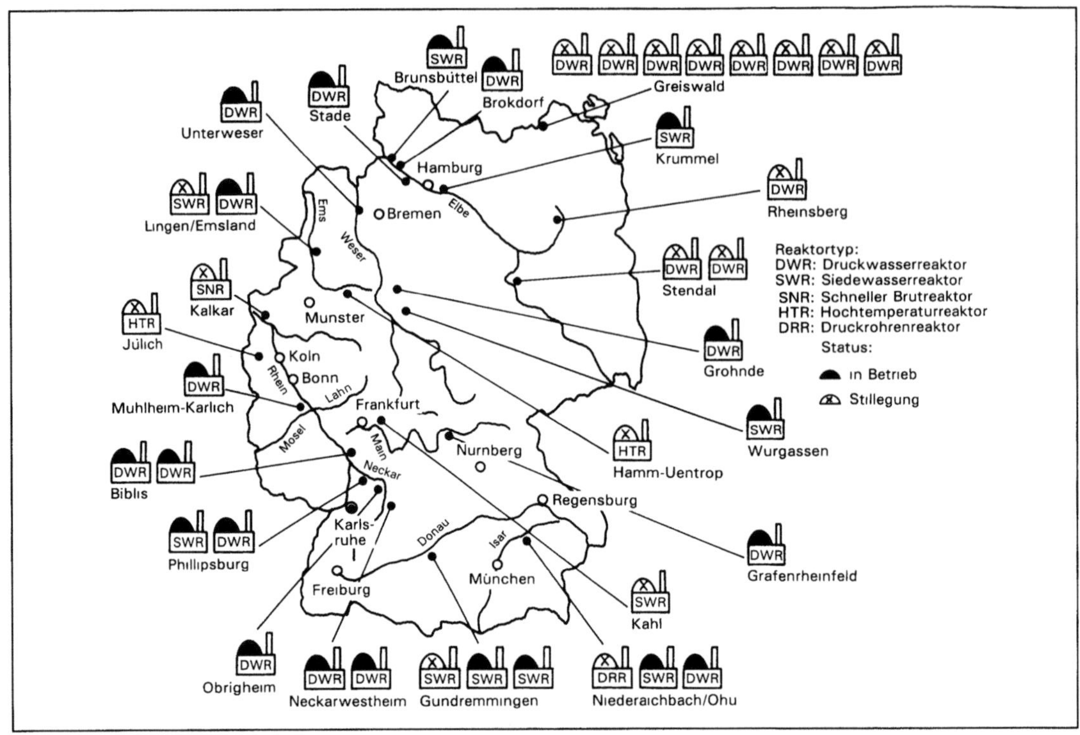

Kernkraftwerk: Standorte deutscher K. Stand 1993 (Quelle: Bundesministerium für Umwelt, Naturschutz und Reaktorsicherheit)

Aufsichtsbehörde zur Durchführung eigener Prüfungen in Verbindung mit der Auskunftspflicht des Genehmigungsinhabers sowie die technische Möglichkeit, für ausgewählte Überwachungsaufgaben automatisch arbeitende Meß- und Datenverarbeitungssysteme einsetzen zu können, hat zur Errichtung von Fernüberwachungssystemen für Kernkraftwerke (KFÜ) geführt, wodurch eine Betreiberunabhängige kontinuierliche Echtzeitüberwachung gewährleistet wird.

Nach atomrechtlichen Vorschriften tragen die Betreiber der Kernkraftwerke die Kosten für die Errichtung und den Betrieb der K., insbesondere Investitions-, Instandhaltungs-, Betriebs- und Personalkosten. Gleichwohl stehen alle behördlichen KFÜ-Einrichtungen – innerhalb und außerhalb des Kernkraftwerkes – nur unter der Verfügungsgewalt der Behörde; sie sind dem Betreiber nicht zugänglich (unabhängige und manipulationsfreie Überwachung).

Aufgaben und Ziele der automatischen K. sind in der „Rahmenempfehlung für die Fernüberwachung von Kernkraftwerken" – RdSchr. d. BMI vom 6. Oktober 1980 (GMBl. S. 577) – schwerpunktmäßig festgelegt:
– Überwachung der Ableitung und Freisetzung radioaktiver Stoffe (Emissionsüberwachung),

– Überwachung der Radioaktivitätskonzentration und der Ortsdosisleistung in der Umgebung (Immissionsüberwachung) sowie in →Strahlenschutzbereichen,
– Erfassung der für die Ausbreitung und Ablagerung radioaktiver Stoffe bedeutsamen meteorologischen Einflußgrößen (Meteorologie),
– Überwachung solcher Betriebsparameter, die für die Emissionsüberwachung bedeutsam sind oder die Hinweise auf den Betriebszustand geben,
– automatische Auslösungen von KFÜ-Alarmmeldungen.

Durch die KFÜ wird die Aufsichtsbehörde in die Lage versetzt, sich jederzeit einen vom Betreiber unabhängigen Überblick über den bestimmungsgemäßen Betrieb der Anlage in radiologischer Hinsicht zu verschaffen und insbesondere auch Abweichungen festzustellen, in deren Folge es zu
– einer betrieblichen Störung,
– einem Ereignis mit Abschalten der Anlage oder
– einem Unfall, bei dem schädliche Auswirkungen auf die Umgebung nicht auszuschließen sind, kommen kann.

Die KFÜ-Systeme unterscheiden sich in der Praxis hinsichtlich Art und Umfang der integrierten Überwachungseinrichtungen – vor allem hinsichtlich der erfaßten Betriebsparameter, der datenverarbeitungstechnischen Einrichtungen und der Alarmsysteme; sie sind aber im Prinzip von gleicher Struktur.

In den fernüberwachten Kernkraftwerken ist ein weitgehend ausfallsicheres Doppel-Prozeßrechnersystem (Redundanz) installiert, das von jedem angeschlossenen Meßplatz in festen Zeitzyklen (je nach Gerätetyp: 5 s, 1 min, 10 min) die aktuellen Meßdaten einschließlich der zugehörigen Statusinformationen (Betriebsstatus: z. B. Wartung, Kalibriermessung; Fehlerstatus: z. B. Detektorausfall, Pumpenausfall, Filterbandriß; Meßwertattribut: z. B. gültig/ungültig, außerhalb Meßbereich) abfragt, weiterverarbeitet und zwischenspeichert. Im KFÜ-Grundzyklus (10 min) werden die KFÜ-Daten per Standleitung (oder DATEX L) an die behördliche KFÜ-Zentrale fernübertragen, nachdem sie zuvor mittels der Statusinformationen automatisch auf Plausibilität und Grenzwertverletzung überprüft worden sind.

Wie in den Kraftwerken sind auch in der KFÜ-Zentrale zwei Prozeßrechner (Redundanz, Spiegeldatei) stets so geschaltet, daß bei Ausfall des aktiven Rechners der andere automatisch und ohne Datenverlust den Fernüberwachungsbetrieb fortführt.

Von den KFÜ-Kraftwerksrechnern werden die Daten folgender Meß- und Überwachungseinrichtungen erfaßt:
- Abluft: Aktivitätskonzentrationen und Abgaberaten (Emissionen) der Edelgase, des Radiojods J-131, der langlebigen Aerosole (häufig gammaspektrometrische On-line-Messung) sowie die Abluftmenge und -temperatur. Wegen der besonderen Bedeutung des Abluftpfades für die Bevölkerung sind hier zusätzlich zu der vorgeschriebenen Betreiberinstrumentierung behördeneigene Meßeinrichtungen (Redundanz) installiert, die dem Betreiber nicht zugänglich sind.
- Abwasser: Aktivitätskonzentrationen des Abwassers und des Kühlwassers (Betriebsabwasserkanal) sowie Abwasser- und Kühlwassermenge.
- Betriebszustand: Hierzu zählen (Reaktortypabhängig) insbesondere Neutronenfluß; Generatorschalterstellung; Durchdringungsabschluß Frischdampfleitung; Durchdringungsabschluß Hilfssysteme; Füllstand Reaktordruckgefäß; Differenzdrücke: Sicherheitsbehälter/Reaktorgebäude, Reaktorgebäude/Außenluft, Maschinenhaus/Außenluft; Reaktorschnellabschaltung.
- Raum- und Kreislaufüberwachung: Aktivitäts- und Ortsdosisleistungsmeßstellen in unterschiedlichen Raumbereichen der Anlage zur Feststellung von Aktivitätsansammlungen und -freisetzungen.
- Umgebungsüberwachung: Meßring im Nahbereich (je nach Abluftkaminhöhe einige 100 m Radius) bestehend aus je einer Ortsdosisleistungsmeßstelle (ODL) pro 30-Grad-Windrichtungssektor,

- Meteorologie: Windrichtung, Windgeschwindigkeit und deren Fluktuationen in Höhen von 10 m bis zu 350 m (Höhenstufung z. B. 25 m) durch Meteorologiemast und/oder SODAR (Sonic Detection and Ranging) sowie Lufttemperatur, Luftdruck, Niederschlag und Strahlungsbilanz.

Die K.-Daten stehen in den KFÜ-Zentralen jederzeit zur tabellarischen und graphischen Ausgabe zur Verfügung und sind auf einfache Weise zielgerichtet, dialoggeführt, durch Eingabe des gewünschten Darstellungszeitraums und der Zeitbasis für die Mittelwertbildung schnell abrufbar. Durch die K. werden täglich rund um die Uhr je Kernkraftwerk ca. 100 000 Meßdaten registriert und weiterverarbeitet, die konform zu den Überwachungsaufgaben sachgerecht visualisiert werden müssen. Unter besonderer Berücksichtigung der potentiellen Freisetzungspfade für radioaktive Stoffe werden übersichtliche Daten-Informationsblöcke generiert, die gezielt die Überwachung relevanter Raum- und Anlagenbereiche gestatten.

Folgende K.-Informationsblöcke sind in der Regel abrufbar:
- Emissionsüberwachung Abluft (Aktivitätskonzentration und Abgaberate),
- Emissionsüberwachung Abwasser (Aktivitätskonzentration und Abgaberate),
- Raum- und Kreislaufüberwachung Sicherheitsbehälter,
- Raum- und Kreislaufüberwachung Reaktorgebäude,
- Raum- und Kreislaufüberwachung Maschinenhaus,
- Immissionsüberwachung (ODL) Umgebung,
- Betriebszustand sowie
- Ausbreitungsverhältnisse in der Atmosphäre (Meteorologie).

Werden auf Grund der aktuellen Datenauswertung innerhalb des K.-Grundzyklus durch die Kraftwerksstation Überschreitungen von Vorwarnschwellen und/oder bestimmte Anlagenzustände festgestellt, dann erfolgt automatisch eine Alarmmeldung an die Aufsichtsbehörde; diese erfolgt auf diversitären Meldewegen, z. B. über ein vom Rechner der Kraftwerksstation automatisch gesteuertes Telefonwählgerät sowie über die K.-Datenleitung. Die K.-Alarmmeldungen sollen automatisch:
- die Aufsichtsbehörde über solche Betriebszustände informieren, die nicht mehr dem bestimmungsgemäßen Betrieb des Kernkraftwerkes zuzurechnen sind und bei denen in der Folge die Möglichkeit von erheblichen radiologischen Auswirkungen auf die Umgebung nicht grundsätzlich ausgeschlossen werden können;
- auf Grund einer K.-internen Verarbeitung vorliegender Meßdaten und Signale die Anregungsursache der Alarmmeldung angeben sowie Angaben

über den aktuellen Betriebszustand der Anlage liefern;
- bei der Aufsichtsbehörde unverzügliche Reaktionen ermöglichen. Außerhalb der üblichen Dienstzeit werden K.-Alarmmeldungen von Rufbereitschaftshabenden der Aufsichtsbehörde und/oder in der K.-Zentrale entgegengenommen.

Eine automatische →Störfallanalyse ist mit Hilfe der K. nicht durchführbar, da auf Grund einer K.-Alarmmeldung nicht eindeutig auf ein bestimmtes auslösendes Ereignis (Störfallursache) geschlossen werden kann. Für die Beurteilung, ob eine Gefährdung der Umgebung zu erwarten ist, stellen die Ergebnisse von direkt mit der K. gekoppelten Ausbreitungsrechnungen mit Abschätzung der →Strahlenexposition für Mitglieder der kritischen Bevölkerungsgruppen eine wichtige Information dar (→Ausbreitung radioaktiver Stoffe; →Umweltradioaktivität, großräumige Überwachung). *Fronz*

Kernreaktor. Unter K. (alte Bezeichnung auch Atommeiler) versteht man Anlagen, in denen Energie, die bei der →Kernspaltung frei wird, geregelt verfügbar gemacht wird. Ihre Hauptverwendungszwecke sind:
- Nutzbarmachung der →Kernenergie für die Energiewirtschaft. Dies geschieht im allgemeinen auf dem Wege über die Wärmeenergie.
- Nutzbarmachung der Kernspaltung für technische Zwecke, z. B. zur Erzeugung neuen spaltbaren Materials oder anderer radioaktiver Nuklide für Forschung und Anwendung in der Medizin, in den Naturwissenschaften und der Industrie, zur Werkstoffprüfung und als starke Strahlenquelle.

Je nach Art der zur Spaltung benutzten Neutronen unterscheidet man drei Reaktortypen:
- Der langsame (thermische) Reaktortyp benötigt zur Spaltung Neutronen mit Energien unter 0,1 eV. Er kann für natürliches Uran, für angereichertes Uran, aber auch für reine Spaltstoffe gebaut werden. Der langsame Reaktortyp braucht auf jeden Fall einen guten →Moderator.
- Der mittelschnelle (epithermische) Reaktortyp verwendet Neutronenenergie zwischen 0,025 eV und 1 000 eV. Er arbeitet mit angereichertem Uran oder auch den reinen Spaltstoffen. Es wird weniger Moderatormaterial benötigt.
- Der schnelle Reaktortyp mit Neutronenenergien über 0,1 MeV. Betrieben wird er mit Natururan oder Gemischen aus anderen Spalt- und Brutstoffen (U-235, U-233, Th-232, Pu-239). Ein Moderator wird nicht benötigt.

Der prinzipielle Aufbau eines K. ist durch folgende Komponenten charakterisiert: Im Inneren des Reaktors, dem Core, befinden sich die Brennelemente, die in einem Moderator (Bremsstoff) eingebettet sind, gewöhnliches Wasser (H_2O) oder schweres Wasser (D_2O) oder reinster Graphit. Je

nachdem, ob im Reaktorcore das Spaltmaterial und der Moderator getrennte Einzelteile sind oder sie miteinander gemischt eine homogene (feste oder flüssige) Masse bilden, unterscheidet man heterogene und homogene Reaktoren. Im Core, der Spaltzone, befinden sich außerdem gewöhnlich auch die Reguliereinheiten (Steuerstäbe) zum Einfangen der überschüssigen Neutronen. Um das Core ordnet man einen Neutronenreflektor an. Das ist eine Schicht aus Moderatormaterial, in der entweichende Neutronen, ohne zu reagieren, rückgestreut werden. Core und →Reflektor werden von einem Kühlmittel durchströmt, mit dessen Hilfe die Spaltwärme abgeführt wird. *Merz*

Kernspaltung. Spaltung des Atomkerns von →Kernbrennstoffen in zwei - sehr selten drei - Bruchstücke durch Neutronen, wobei im Mittel zwei neue Neutronen frei werden, z. B.

$$U\text{-}235 + n \rightarrow Ba\text{-}144 + Kr\text{-}90 + 2\,n + ca.\ 200\ MeV$$

Die hohe Energie rührt daher, daß die Stabilität der schweren Kerne geringer ist als diejenige der mittelschweren. Bei der Umwandlung in zwei solche wird also Energie frei. Die Kernbindungsenergie wird umgewandelt in thermische Energie.

Dieser Vorgang bildet die Grundlage der Kernenergienutzung. Basis der heutigen Systeme bilden die drei thermisch spaltbaren Isotope U-235, Pu-239 und U-233. Die Spaltausbeuten unterscheiden sich für die drei genannten Nuklide insgesamt nur unerheblich (→Spaltprodukt).

Die Spaltbarkeit der schweren Kerne beruht darauf, daß mit wachsender Protonenzahl die gegenseitige Abstoßung ihrer Protonen mehr und mehr zunimmt und nur bis zu einem stets geringer werdenden Grade durch die Kernkräfte aufgehoben wird. Wahrscheinlich erhalten diese Kerne durch das Eindringen des Neutronen-Geschosses eine etwas längliche Gestalt und schnüren sich dann irgendwo, nicht allzuweit von ihrer Mitte entfernt, zunächst ein, um dann explosiv auseinanderzubrechen und die Bindungsenergie freizusetzen. *Merz*

Kernspintomograph. Die Kernspintomographie ist ein modernes bildgebendes Verfahren in der medizinischen Diagnostik. Es stellt eine Erweiterung der bestehenden Ultraschall- und Röntgentechniken zur Darstellung körperinterner Strukturen dar. Das Verfahren beruht auf dem 1946 entdeckten Kernresonanzeffekt. Die zur Anwendung kommenden elektromagnetischen Felder und Wellen können zu einer gesundheitlichen Belastung des Patienten und des Personals führen.

Alle Atomkerne besitzen einen Spin, der mit einem magnetischen Moment verbunden ist. Die magnetischen Dipole, etwa der Wasserstoffkerne, weisen normalerweise zufällig verteilt in alle Richtungen. Legt man von außen ein starkes Magnetfeld an, so richten sich diese magnetischen Dipole vorzugsweise parallel zu diesem Feld aus. Ein großer Teil der Kerndipole präzediert um das Magnetfeld. Daraus folgt eine Magnetisierung des betreffenden Körpers. Durch einen Hochfrequenzimpuls können diese präzedierenden Dipole synchronisiert werden. Sie verursachen dann ihrerseits ein magnetisches Wechselfeld, das gemessen werden kann. Die Signalstärke ist dabei proportional zu der Zahl der präzedierenden Kerne, also zur Dichte z. B. der Wasserstoffatome. Die Frequenz des Signals ist proportional zur angelegten Magnetfeldstärke und einer für jede Kernart charakteristischen Konstante. Für Wasserstoff beträgt diese sog. *Lamour*-Frequenz 42 MHz bei einem statischen Magnetfeld von 1 T.

Durch geeignete Wahl der verschiedenen Parameter läßt sich die Verteilung bestimmter Atomkerne im Körper ermitteln. Da sich unterschiedliches Gewebe in seinem jeweiligen Wassergehalt unterscheidet, ist z. B. durch die Untersuchung der Wasserstoffkerne die Darstellung von Gewebestrukturen im Körper möglich.

Das Kernresonanzsignal enthält aber noch weitere, für die Bildgebung nutzbare Parameter. So sind z. B. auch verschiedene Abklingzeiten des Kernresonanzsignals, sog. Relaxationszeiten, mit bestimmten Gewebeeigenschaften verknüpft und können somit zur Bildgebung verwendet werden.

Neben diagnostischen Vorteilen bei bestimmten medizinischen Fragestellungen zeichnet sich dieses bildgebende Verfahren dadurch aus, daß keine ionisierende →Strahlung zur Anwendung kommt. Trotzdem ist auch dieses Verfahren nicht generell nebenwirkungsfrei. Bei der Anwendung können für den Patienten z. T. erhebliche Belastungen durch statische, niederfrequente und hochfrequente elektromagnetische Strahlung auftreten. Es bestehen deshalb nationale und internationale Empfehlungen für die Sicherheit von Patienten bei diesem Verfahren. Für das Personal müssen die jeweiligen Vorschriften des Arbeitsschutzes berücksichtigt werden. *Matthes*

Literatur: Documents of the NRPB. Board Statements on Clinical Magnetic Resonance Diagnostic Procedures. Vol. 2, No 1. 1991. – Draft IEC Standard Publication 601-2-YZ, first edition Medical electrical equipement Part 2: Particular requirements for the safety of magnetic resonance systems for medical diagnosis. 1991. – Empfehlungen zur Vermeidung gesundheitlicher Risiken verursacht durch magnetische und hochfrequente elektromagnetische Felder bei der NMR-Tomographie und In-vivo-NMR-Spektroskopie. Bundesgesundheitsblatt **27** (1984) Nr. 3. – IRPA/INIRC Guidelines Protection of the Patient Undergoing a Magnetic Resonance Examination. Health Physics **61** (1991) No. 6.

Kerntechnik. Der Begriff umfaßt alle mit der Nutzung der Kernstrahlung und →Kernspaltung im Zusammenhang stehenden Techniken und Verfahren. Im erweiterten Sinne gehört auch die →Kernfusion dazu, obgleich hier bisher eine technische Realisierung noch nicht gelungen ist; sie befindet sich noch ausschließlich im Stadium der Forschung.

Das Schwergewicht der K. bilden der Bau und Betrieb von →Kernkraftwerken mit den einschlägigen Zulieferbereichen für den Komponentenbau sowie die gesamte Meß-, Steuer- und Regeltechnik. Neben der Herstellung eines Kernkraftwerkes mit allen Nebenanlagen spielen Anlagenwartung, Nachrüstungsmaßnahmen und schließlich, am Ende der Lebenszeit einer Anlage, die →Stillegung, wichtige Tätigkeitsgebiete der K. Aktivitäten der K., denen in der Vergangenheit weniger Erfolg beschieden war, betreffen den Einsatz von Schiffsreaktoren und Anwendungen der nuklearen Prozeßwärme.

Den zweitwichtigsten Teilbereich bildet der gesamte →Brennstoffkreislauf mit der Versorgung auf der einen und der →Entsorgung auf der anderen Seite. Folgende Teilbereiche sind zu erwähnen:
- Uranerzprospektion, -exploration und -bergbau,
- Urananreicherung,
- Brennstab- und Brennelement-Herstellung,
- Anlagen- und Apparatebau,
- Nukleartransporte,
- Zwischenlagerung,
- →Wiederaufarbeitung abgebrannter Brennelemente,
- Konditionierung und →Endlagerung radioaktiver Abfälle.

Hinzu kommen alle im Zusammenhang mit den genannten Teilaufgaben stehenden Entwicklungs- und Ingenieuraufgaben und Dienstleistungen.

Schließlich lassen sich mit einem dritten Bereich eine ganze Reihe zusätzlicher Aktivitäten zusammenfassen, die Themen wie Beschleunigerbau, Isotopenanwendung in der Technik (z. B. Füllstands- und Durchflußmessung, Energiequellen, etc.) sowie das gesamte Spektrum der Verwendung ionisierender Strahlenquellen für technische Einsatzzwecke (Materialprüfung, Sterilisation, Polymerisation, etc.) umfassen. *Merz*

Ketone.

Atmosphärenchemie. K. sind organische Verbindungen, die ein C-Atom besitzen, das eine Doppelbindung zu einem Sauerstoffatom ($C=O$, Carbonylgruppe) und zwei Einfachbindungen zu zwei weiteren C-Atomen ausbildet. K. besitzen die allgemeine Formel $RR'CO$, wobei die Gruppen R und R' sowohl gesättigten, ungesättigten, zyklischen als auch aromatischen Charakter haben können.

K. werden durch biologische Abbauprozesse und durch Verbrennung von →Biomasse und fossiler Energieträger emittiert. K., z. B. Aceton und Methylethylketon, werden in der Atmosphäre hauptsächlich durch →Photolyse abgebaut. Die Konzentrationen liegen nur knapp oberhalb der →Nachweisgrenze von ~1 ppbV.   *Wiesen*

Immissionsmessung. K. werden als Immissionskomponenten nur selten erfaßt. Prinzipiell ist eine in situ-Messung ohne Anreicherung mit Hilfe der →*Fourier*-Transform-Infrarot-Spektroskopie möglich. Der große meßtechnisch-apparative Aufwand und die noch relativ schlechten Nachweisgrenzen ermöglichen derzeit keine Routineanwendung.

Mit einem Anreicherungsschritt ist die Messung von K. möglich mit der 2,4-Dinitrophenylhydrazin-Methode. Hierbei werden die K. auf einem Sorbens, das mit 2,4-Dinitrophenylhydrazin belegt ist, adsorbiert und in saurem Milieu zu den entsprechenden Hydrazonen umgesetzt. Nach der Elution erfolgt die Trennung mit Hilfe der →Hochdruckflüssigkeitschromatographie und der Nachweis mit einem UV-Detektor.   *Pfeffer*

Literatur: *Kirschmer, P., P. Eynck:* Meßverfahren mit automatisierter Probenahme zur Bestimmung von Aldehyden in der Luft. LIS-Berichte der Landesanstalt für Immissionsschutz NRW, Nr. 92. 1989.

KFÜ →Kernkraftwerksfernüberwachung.

Kfz-Abgas-Grenzwert. Emissionsstandards zur Luftreinhaltung für Kraftfahrzeuge, die in der StVZO (§ 47 mit Anlagen XXIII und XXIV) gesetzt werden. Sie basieren zunächst auf Beschlüssen (Empfehlungen) der 1947 zur Förderung des wirtschaftlichen Wiederaufbaus in Europa gegründeten Wirtschaftskommission der Vereinten Nationen für Europa (Economic Commission for Europe, ECE), der über 30 Mitgliedstaaten aus West-, Mittel- und Osteuropa sowie aus USA und Canada angehören. Seit Mitte der 60er Jahre befaßt sich die ECE auch mit der Belastung der Umwelt durch Kraftfahrzeugabgase und hat in diesem Zusammenhang Grenzwerte vorgeschlagen, die von der EG erstmals 1970 in Richtlinien umgesetzt (Tabelle 1) und dann in nationales Recht (StVZO) übernommen worden sind.

Die entsprechende Entwicklung der in deutsches Recht transformierten ECE/EG-Kfz-A.-G. für PKW ist von den Anfängen in 1970 an bis 1990 in Tabelle 1 dargestellt. Das daraus deutlich werdende Grenzwertsystem ist so aufgebaut, daß die grundsätzlich auf Kohlenmonoxid, Kohlenwasserstoffe, Stickstoffoxide und Partikel bezogenen Grenzwerte in g/Test einmal die Typenprüfung (T) und zum anderen die Serienprüfung (S) betreffen, beide in Abhängigkeit von der Bezugsmasse des Fahrzeugs (→Bezugsgewicht), ab 1988 in Abhängigkeit vom Motorhubraum. Die Grenzwertdimension g/Test bezieht sich auf den der Prüfung zugrunde liegenden Test- oder Fahrzyklus (→ECE-Test). Die Typprü-

fungsgrenzwerte sind stets schärfer als die Serienprüfungsgrenzwerte, um die produktionsbedingten Streuungen in der Serienfertigung zu berücksichtigen; beide Grenzwertkategorien gelten nur für die Typenzulassung bzw. die Betriebserlaubnis und betreffen nicht das in Betrieb befindliche Fahrzeug, das lediglich einer →Abgasuntersuchung (AU) (früher: Abgassonderuntersuchung, ASU) unterworfen wird. Tabelle 1 gibt mit den vermerkten Absenkungen der Standards von Stufe zu Stufe einen Überblick über die erreichten Fortschritte in der Pkw-Abgas-Emissionsminderung. Die neueren Grenzwerte für Pkw sind – ebenso wie für Lkw und Busse, Motorräder und Mopeds – im folgenden angegeben.

□ Pkw und leichte Nutzfahrzeuge. Maßgeblich ist für Pkw die Richtlinie 91/441/EWG vom 26. Juni 1991 zur Änderung der Richtlinie 70/220/EWG (ABl. EG Nr. L 242, S. 1). Sie gilt grundsätzlich für ab dem 31. Dezember 1992 neu in Verkehr kommende Kfz mit Otto- oder Dieselmotor bis zu 2,5 t Gesamtmasse und mit bis zu sechs Sitzplätzen (Tabelle 2). Die neuen Grenzwerte für Pkw unterscheiden sich erheblich von den bisherigen (Tabelle 1): sie sind hinsichtlich der Bezugsmassen bzw. des Hubraums nicht mehr abgestuft, weisen eine andere Grenzwertdimension auf (g/km statt g/Test) und beziehen sich auf einen erweiterten Fahrzyklus mit außerstädtischem Anteil (ECE-Test). Die Grenzwerte der Richtlinie 91/441/EWG sind durch Verordnung vom 21. Dezember 1992 (BGBl. I S. 2397) in die StVZO übernommen worden.

Für die damals von den strengeren Abgasvorschriften ausgenommenen Pkw mit mehr als 6 Sitzplätzen und einer Gesamtmasse >2,5 t sowie für leichte Nutzfahrzeuge ist mit der Richtlinie 93/59/EWG vom 28. Juni 1993 (ABl. EG Nr. L 186, S. 21) eine nach Bezugsmassen abgestufte Anpassung (Tabelle 2) an diese strengeren Vorschriften für ab dem 1. Oktober 1994 erstmalig in Verkehr kommende Fahrzeuge dieser Art vorgenommen worden; dabei werden bis längstens 1. Januar 1997 Erleichterungen hinsichtlich der Höchstgeschwindigkeit des außerstädtischen Fahrzyklus im →ECE-Test gewährt.

□ Lkw und Busse. Maßgeblich ist die Richtlinie 91/542/EWG vom 1. Oktober 1991 zur Änderung der Richtlinie 88/77/EWG, die für ab dem 1. Juli 1992 neu in Verkehr kommende Fahrzeuge mit Dieselmotoren gilt. Die nach Typenprüfungs- und Serienprüfungswerten sowie zeitlich gestaffelte Regelung ergibt sich aus Tabelle 3. Bemerkenswert ist die zukunftsgerichtete Absenkung der Grenzwerte zum 1. Oktober 1995 mit der Besonderheit, daß der Serienprüfungsgrenzwert sich nicht mehr vom Typenprüfungsgrenzwert unterscheidet. Die Grenzwerte haben – anders als bei den Pkw – die Dimension g/kWh, ermittelt in dem vorgeschriebe-

Kfz-Abgas-Grenzwert. Tabelle 1: ECE/EG-Abgasvorschriften für Pkw (Quelle: Daimler-Benz 1989, aktualisiert)

ECE	EWG	Anwendungsbereich[11]	Einsatz	[g/Test]	≤750	≤750	...≤850	...≤850	.≤1020	.≤1020	...≤1250	...≤1250	.≤1470	.≤1470	...≤1700	...≤1700	...≤1930	...≤1930	.≤2150	.≤2150	>2150	>2150
Regelung	Richtlinie		Schwgm.Kl.	kg	680		800		910		1 130		1 360		1 590		1 810		2 040		2 270	
			(Schwgm.Kl.	lbs)	(1 500)		(1 750)		(2 000)		(2 500)		(3 000)		(3 500)		(4 000)		(4 500)		(5 000)	
			Einsatz	[g/Test]	Typpr	Serie	T.	S.	T.	S.	T	S	T.	S.	T.	S.	T.	S.	T.	S.	T.	S.
ECE-R 15/00	70/220/ EWG	Fahrzeuge mit Otto-Motor bis 3 500 kg zulässige Gesamtmasse	1. 10. 71	HC	8.0	10.4	8 4	10.9	8.7	11.3	9.4	12.2	10.1	13 1	10 8	14 0	11.4	14.8	12.1	15.7	12.8	16.6
				CO	100	120	109	131	117	140	134	161	152	182	169	203	186	223	203	244	220	264
				NO_x	ab 1. 10. 75 mitzumessen und anzugeben und ab 1 3. 77 begrenzt																	
			Ab 1975: Absenkung des Standards bezogen auf 1971 um HC = 15 %, CO = 20 %																			
ECE-R 15/01 ECE-R 15/02	74/290/ EWG 77/102/ EWG		1. 10. 75	HC	6.8	8.8	7 1	9.3	7.4	9.5	8.0	10.4	8.6	11.1	9 2	11 9	9 6	12.6	10.3	13.3	10.9	14.1
				CO	80	96	87	105	94	112	107	129	122	146	135	162	149	178	163	195	176	211
			1. 3. 77	NO_x	10.0	12.0	10 0	12.0	10.0	12.0	12.0	14 4	14.0	16.8	14.5	17 4	15.0	18 0	15.5	18.6	16.0	19.2
				NO_x[2]	12.5	15.0	12.5	15.0	12.5	15.0	15.0	18.0	17.5	21 0	18.1	21 8	18.8	23.0	19.4	23.3	20.0	24.0
			Ab 1979: Absenkung des Standards bezogen auf 1971 um: HC = 25 %, CO = 35 %, bezogen auf 1977 um· NO_x = 15 %																			
ECE-R 15/03	78/665/ EWG		1. 10. 79	HC	6.0	7.8	6.3	8.2	6.5	8.5	7.1	9.2	7.6	9.9	8.1	10.5	8.6	11.2	9.1	11.8	9.6	12.5
				CO	65	78	71	85	76	91	87	104	99	119	110	132	121	145	132	158	143	172
				NO_x	8.5	10 2	8.5	10.2	8.5	10 2	10 2	12.2	11 9	14.3	12 3	14.8	12.8	15.4	13.2	15.8	13.6	16.3
				NO_x[3]	10.6	12.7	10.6	12.7	10.6	12.7	12 7	15.2	14.8	17.8	15 3	18.5	16.0	19.2	16.5	19.7	17.0	20.3
ECE-R 15/04	83/351/ EWG	Fahrzeuge mit Otto- und Diesel-Motor bis 3 500 kg zulässige Gesamtmasse	Ab 1982 Absenkung[4] der Standards bezogen auf 1971 (HC)/1977 (NO_x) um. (HC+NO_x) ≈ 40 %, CO = 50 % Übergang auf Verdunnungsmeßmethode (CVS) und Einfuhrung eines Summengrenzwertes fur (HC_{FID}+NO_x)																			
			1. 10. 82	CO	58 (T.)	70 (S.)					67	80	76	91	84	101	93	112	101	121	110	132
				(HC+NO_x)[5]	19.0 (T)	23.8 (S.)					20.5	25.6	22.0	27.5	23.5	29.4	25 0	31 3	26.5	33.1	28.0	35.0
				(HC+NO_x)[6]	23.7 (T.)	29.7 (S.)					25.6	30.0	27.5	34.3	29.3	36.7	31.2	39.1	33.1	41.3	35.0	43.7

Ab 1988 bis 1993 nach Motorhubraum gestaffelte Grenzwerte und Einsatzdaten. Absenkung[7] bezogen auf 1971 (HC)/1977 (NO_x) um: (HC+NO_x) ≈ 85 % (Fzge: > 2 l), 75 % (Fzge. 1.4 ... 2 l), 40 % (Fzge. < 1.4 l); CO ≈ 87 % (Fzge. > 2 l), 75 % (Fzge. 1.4 ... 2 l), 59 % (Fzge. < 1.4 l); NO_x ≈ 77 % (Fzge. > 2 l), 40 % (Fzge. < 1.4 l)

EWG	Anwendungsbereich	Einsatz[8]	Hubraum (g/Test)	CO	CO	HC+NO_x	HC+NO_x	NO_x	NO_x	PM[8)9)10)]	PM[8)9)10)]
88/436/ EWG	Fahrzeuge mit Otto- und Diesel-Motor bis 2 500 kg zulässige Gesamtmasse und ≤ 6 Pers	1. 10. 88 (1. 10. 89)	> 2 l	25 (T.)	30 (S.)	6.5	8.1	3.5	4.4	1.1	1.4
		1 10. 91 (1. 10. 93)	1.4 .. 2 l	30 (T.)	36 (S.)	8	10	–		1.1	1.4
				(Diesel > 2 l mussen diese Grenzwerte erfullen)							
		1. 10. 90 (1. 10 91)	< 1.4 l	45 (T.)	54 (S.)	15	19	6	7.5	1.1	1.4
89/458/EWG		1. 7. 92 (1. 1 93)	< 1 4 l	19 (T.)	22 (S.)	5	5.8	–		–	

Bemerkungen
1) jeweils fruhester Einsatztermin (ECE)
2) fur PKW mit autom. Getriebe bis 1.3. 79
3) fur PKW mit autom. Getriebe bis 1. 10. 81, fur leichte Nutzfahrzeuge bis 1. 10. 85
4) Absenkung um (HC+NO_x) geschatzt, da zuvor kein Summengrenzwert vorhanden und Ubergang von NDIR- zu FID-Messung bei der HC-Bestimmung
5) fur PKW mit Beforderungskapazitat ≤ 6 Personen
6) fur PKW mit Beforderungskapazitat ≤ 6 Personen und Nfz. bis 3 500 kg zul. Gesamtmasse
7) Absenkungsraten gerechnet a. d Basis reprasentativer Fzge. i. d. einzelnen Hubraumklassen
8) Erstes Einsatzdatum fur neue Typzulassung, Datum in Klammern fur erstmalige Fzg.-Zulassung zum Verkehr, fur PM 1. 10. 89/1. 10. 90
9) Grenzwerte fur 2. Absenkungsstufe sind bis 1989 festzulegen (Soll: 0.8/1.0 g/Test)
10) Particulate Matter = Feststoff-Grenzwert fur Diesel
11) zusatzlich mussen Fzge. mit Otto-Motoren folgende Prufungen/Grenzwerte erfullen: Leerlauf-CO: ab 1. 7. 59: 4.5 Vol.%; ab 1. 10 76: 4.5 Vol% im gesamten frei zuganglichen Leerlauf-Einstellbereich; ab 1. 10. 79: 3.5 Vol.% dto.; Kurbelgehause-Emission: ab 1. 1. 69: 0,15% des verbrauchten Kraftstoffs, ab 1. 10 82 = 0 0

Kfz-Abgas-Grenzwert. Tabelle 2: Abgasgrenzwerte für Pkw und leichte Nutzfahrzeuge mit bis zu 3,5 t Gesamtmasse und Otto- oder Dieselmotoren gemäß Richtlinien 91/441/EWG und 93/59/EWG (in g/km)

Fahrzeugklasse	Bezugs-masse	Grenzwerte					
		Kohlenmonoxid		Summe Kohlen-wasserstoffe + Stickoxide		Partikel (nur für Diesel)	
	t	T*)	S*)	T	S	T	S
Fahrzeuge zur Personen-beförderung mit bis zu 6 Sitzplätzen und 2,5 t Gesamtmasse	Alle Kategorien	2,72	3,16	0,97	1,13	0,14	0,18
Fahrzeuge zur Personen-beförderung mit mehr als 6 Sitzplätzen und mehr als 2,5 t Gesamtmasse sowie leichte Nutzfahr-zeuge (= Fahrzeuge zur Güterbeförderung mit bis zu 3,5 t Gesamt-masse)	≤ 1,25	2,72	3,16	0,97	1,13	0,14	0,18
	1,25–1,7	5,17	6,0	1,4	1,6	0,19	0,22
	> 1,7	6,9	8,0	1,7	2,0	0,25	0,29

*) T = Typprüfung; S = Serienprüfung

Kfz-Abgas-Grenzwert. Tabelle 3: EG-Abgasgrenzwerte für Lkw mit Dieselmotoren gemäß Richtlinie 91/542/EWG (in g/kWh).

Art und Einsatzdatum	Kohlenmonoxid	Kohlenwasser-stoffe	Stickoxide	Partikel
Typenzulassung ab 1. 7. 1992	4,5	1,1	8,0	0,36*)
Seriengrenzwert ab 1. 7. 1992	4,9	1,23	9,0	0,4**)
Typenzulassung/ Seriengrenzwert ab 1. 10. 1995	4,0	1,1	7,0	0,15

*) Bei Motorenleistung ≤ 85 kW: 0,612 g/kWh (Faktor 1,7)
**) Bei Motorenleistung ≤ 85 kW: 0,68 g/kWh (Faktor 1,7)

nen 13-Punkte-Test (Tabelle 4). Die Richtlinie ist mit Verordnung vom 21. Dezember 1992 (BGBl. I S. 2397) in die StVZO übernommen worden.

□ Motorräder. Hierfür gilt die ECE-Regelung Nr. 40 (§ 47 Abs. 7 StVZO). Die Typzulassungs- und Seriengrenzwerte nach der Verordnung zur ECE-Regelung Nr. 40 vom 29. Dezember 1992 (BGBl II 1993 S. 110) ergeben sich aus Tabelle 5; sie werden ermittelt in dem Stadtzyklus des ECE-Tests. Die Übernahme der ECE-Regelung in eine EG-Richt-linie ist vorgesehen, wobei die Werte stufenweise Mitte und Ende der 90er Jahre verschärft werden sollen.

□ Mopeds. Es gilt die durch Verordnung vom 26. Oktober 1981 (BGBl. II S. 930) übernommene ECE-Regelung Nr. 47 (§ 47 Abs. 8 StVZO). Die Typzulassungs- und Seriengrenzwerte ergeben sich aus Tabelle 6; sie werden ermittelt in dem Stadtzy-klus des ECE-Tests. Die Übernahme der ECE-Regelung in eine EG-Richtlinie ist vorgesehen, wobei die Werte stufenweise Mitte und Ende der 90er Jahre verschärft werden sollen. *Dreyhaupt*

Kfz-Abgas-Grenzwert. Tabelle 4: 13-Punkte-Test (Motorprüfstandstest) zur Ermittlung der Abgas-Grenzwerte für Lkw mit Dieselmotoren.

Meßpunkt	Motordrehzahl	Last in %	Wichtungsfaktor
1	Leerlauf	—	0,25/3 **)
2	Zwischendrehzahl *)	10	0,08
3	Zwischendrehzahl	25	0,08
4	Zwischendrehzahl	50	0,08
5	Zwischendrehzahl	75	0,08
6	Zwischendrehzahl	100	0,25
7	Leerlauf	—	0,25/3
8	Nenndrehzahl	100	0,10
9	Nenndrehzahl	75	0,02
10	Nenndrehzahl	50	0,02
11	Nenndrehzahl	25	0,02
12	Nenndrehzahl	10	0,02
13	Leerlauf	—	0,25/3

*) Zwischendrehzahl entspricht Drehzahl bei maximalem Drehmoment, falls diese zwischen 0,60 und 0,75 x Nenndrehzahl liegt, sonst 0,60 x Nenndrehzahl.
**) An den Meßpunkten 1, 7 und 13 jeweils 3 Messungen, deren Summe durch 3 geteilt und mit 0,25 multipliziert wird.

Kfz-Abgas-Grenzwert. Tabelle 5: Abgasgrenzwerte für Motorräder gemäß ECE-Regelung Nr. 40 (in g/km)

	Kohlenmonoxid		Kohlenwasserstoffe	
	2-Takt	4-Takt	2-Takt	4-Takt
Typenzul.-Grenzwert *)	12,8 – 32	17,5 – 35	8,0 – 12,0	4,2 – 6,0
Seriengrenzwert *)	16 – 40	21 – 42	10,4 – 16,8	6,0 – 8,4

*) Spannweite der Grenzwerte in Abhängigkeit vom Bezugsgewicht

Kfz-Abgas-Grenzwert. Tabelle 6: Abgasgrenzwerte für Mopeds gemäß ECE-Regelung Nr. 40 (in g/km)

	Kohlenmonoxid	Kohlenwasserstoffe
Typenzul.-Grenzwert	8,0	5,0
Seriengrenzwert	9,6	6,5

Kfz-Abgas-Katalysator. Manche chemische Reaktionen sind dadurch zu beschleunigen, daß den Ausgangsstoffen Substanzen beigefügt werden, die an der chemischen Umsetzung beteiligt sind, aus dieser allerdings unverändert hervorgehen. Solche Stoffe wirken als Katalysatoren. Die Wirkungsweise eines Katalysators besteht darin, daß er mit einem der Ausgangsstoffe eine reaktionsfähige Zwischenverbindung bildet, die mit einem Reaktionspartner so weiter reagiert, daß der Katalysator im Laufe der Reaktion wieder freigesetzt wird. Katalysatoren setzen also die benötigte Aktivierungsenergie herab, wodurch die Reaktion bei wesentlich niedrigeren Temperaturen ablaufen kann als ohne Katalysator.

Beim Einsatz von Katalysatoren im Kfz-Bereich, und hier insbesondere bei Kraftfahrzeugen mit Ottomotor, werden mit Hilfe der katalytischen Nachbehandlung die im →Abgas enthaltenen Schadstoffe umgesetzt. Als rechtlich limitierte Schadstoffe im Abgas von Ottomotoren gelten Kohlenmonoxid (CO), Stickoxid (NO) und unverbrannte Kohlenwasserstoffe (CnHm). Sie entstehen durch eine unvollkommene Verbrennung im Motor. Die Höhe der im Abgas auftretenden Schadstoffkonzentrationen ist abhängig vom Verbrennungsluftverhältnis (→Luftverhältnis). Im Idealfall sollte im Abgas nach dem Katalysator lediglich Kohlendioxid (CO_2), Stickstoff (N_2) und Wasser (H_2O) enthalten sein.

Zur Unterscheidung der Kfz-A.-K. sind zwei Hauptkriterien – nach der Bauart und nach dem Wirkprinzip – maßgebend:
□ Bauarten:
– Einbettkatalysatoren

– Mehrbettkatalysatoren
  – Schüttgut-Katalysatoren
  – Monolith-Katalysatoren
  – – keramischer Katalysator
  – – metallischer Katalysator.
□ Wirkprinzipien:
– selektiver Katalysator
– multifunktionaler Katalysator
– – ungeregelter Katalysator
– – geregelter Katalysator.

Die Unterscheidung innerhalb der Bauarten zwischen Einbett- und Mehrbettkatalysatoren bezieht sich auf die Teilung der Reaktorräume eines Katalysators. Bei Schüttgutkatalysatoren ist dies die Teilung der Schütträume, bei monolithischen Waben ist dies eine Teilung in Längsrichtung. Schüttgutkatalysatoren werden heute in Fahrzeugen nicht mehr verwendet. Statt dessen kommen in der Regel Monolithe aus Keramik oder Metall zum Einsatz, die gegenüber den Granulat-Trägern erhebliche Vorteile haben.

Kfz-A.-K. bestehen im wesentlichen aus dem Träger, je nach Trägertyp einer Zwischenschicht (Wash-Coat) und der eigentlichen katalytischen Schicht (Bild).

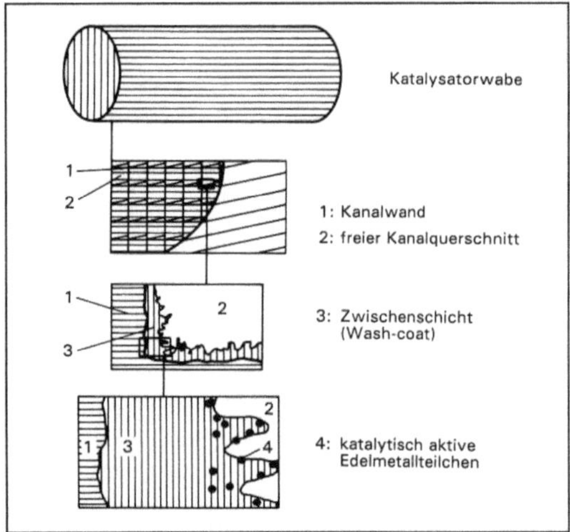

Kfz-Abgas-Katalysator: Schema einer Katalysator-Wabe.

Die Hauptaufgabe des Trägers ist es, eine hohe geometrische Oberfläche für die eigentliche katalytisch aktive Schicht bereitzustellen, um auf kleinstem Raum eine größtmögliche Wirkfläche zu erzielen. Im Laufe der Entwicklung stellte sich die Monolith-Form (Wabenkörper) als die beste Trägerform heraus. Dabei muß die erforderliche mechanische und thermische Festigkeit gegeben sein. Ferner soll möglichst wenig Abgasgegendruck aufgebaut werden, damit der Leistungsverlust des Motors nicht zu groß wird.

In der Kfz-Technik werden sowohl keramische als auch metallische Träger verwendet; sie unterscheiden sich in wesentlichen Punkten.

Heute werden Keramikwaben hauptsächlich aus Codierit ($Mg_2\,Al_4\,Si_5\,O_{18}$), einer thermisch und mechanisch hoch belastbaren Keramik mit geringem Wärmeausdehnungs-Koeffizienten, im Strangpreßverfahren hergestellt. Das Aufbringen der Zwischenschicht ist relativ unproblematisch. Ausreichende mechanische Festigkeit wird in der Wabe erst ab Wandstärken von 0,15 mm erreicht. Dadurch ist der freie Querschnitt des Keramikträgers ca. 10–15 % geringer und der Abgasgegendruck bis zu 40 % höher im Vergleich zum Metallmonolithen. Die Wärmeleitfähigkeit beträgt $\lambda_w = 1{,}4$ W/(m·K), die spezifische Wärmekapazität liegt bei $c = 1{,}05$ kJ/(kg·K).

Zur Herstellung der Metallwaben werden Edelstahlbleche (z. B. Fecralloy) mit einer Wandstärke von 0,04 mm verwendet. Die gebräuchlichste Ausführung besteht aus zwei Blechschichten (Wellblech und glattem Blech), die aufeinandergelegt, gerollt und durch Hartlöten zu einem Bauteil verbunden werden. Das Aufbringen der Zwischenschicht ist hier schwieriger als beim Keramikträger. Die Wärmeleitfähigkeit des Metalls liegt mit $\lambda_w = 14$ W/(m·K) um den Faktor 10 höher und die spezifische Wärmekapazität mit $c = 0{,}5$ kJ/(kg·K) um die Hälfte niedriger als die entsprechenden Werte der Keramik.

Keramische und metallische Trägermaterialien haben nur eine niedrige geometrische Oberfläche und sind für das direkte Aufbringen der katalytischen Schicht ungeeignet, weshalb die Wände der Monolithkanäle mit einer Zwischenschicht belegt werden. Dieser Wash-Coat besteht aus $\gamma - Al_2O_3$ mit einer Dicke von etwa 0,025 mm und vergrößert die geometrische Oberfläche um ein Vielfaches.

Im allgemeinen Sprachgebrauch umfaßt der Begriff Katalysator das gesamte System Träger, Zwischenschicht und katalytische Schicht. Katalytisch wirksam ist jedoch nur die auf der Wash-Coat aufgebrachte Edelmetallbeschichtung aus Platin und Rhodium. Platin dient als Oxidationsbeschleuniger, während Rhodium die reduzierenden Reaktionen unterstützt.

Hauptsächlich werden im Automobil drei Verfahren der katalytischen Abgasreinigung angewendet: Oxidationskatalysator, Doppelbettkatalysator, Drei-Weg-Katalysator.

Der Oxidationskatalysator soll die vollständige Oxidation von CO zu CO_2 und die Umsetzung von unverbrannten Kohlenwasserstoffen HC zu Kohlendioxid CO_2 und Wasser H_2O ermöglichen. Dazu ist ein erheblicher Sauerstoffanteil im Abgas nötig. Bei Betriebspunkten des Motors, die ein fettes Gemisch verlangen ($\lambda < 1$), muß daher dem Abgas zwischen Motorauslaß und Katalysatoreintritt Sekundärluft zugemischt werden, meistens durch eine vom Motor angetriebene Luftpumpe. Wird der Motor im Luftüberschußgebiet ($\lambda > 1$) betrieben, wie dies beim Dieselmotor die Regel ist, kann auf die Sekundärluftzuführung verzichtet werden. Der Nachteil dieses Verfahrens ist, daß die Stickoxid-Emissionen kaum verändert werden.

Die fehlende Verminderung der Stickoxide durch den Oxidationskatalysator führte zur Entwicklung des Doppelbettkatalysators. Bei diesem Verfahren befinden sich in einem Gehäuse ein Reduktionskatalysator und ein Oxidationskatalysator. Zuerst strömt das Abgas durch den Reduktionskatalysator, wo die Stickoxide durch Kohlenmonoxid zu Stickstoff reduziert werden. Diese Reduktion ist aber nur ausreichend, wenn der Motor im fetten Bereich ($\lambda < 1$) betrieben wird, weil nur dann genügend CO im Abgas enthalten ist. In einem nachfolgenden freien Querschnitt wird Sekundärluft zugeführt und mit dem Abgasstrom vermischt. Das nun mit Sauerstoff angereicherte Abgas strömt in den Oxidations-Katalysator, in dem CO und HC zu CO_2 und H_2O aufoxidiert werden. Der Nachteil des Verfahrens ist, daß der Motor mit fettem Gemisch betrieben werden muß, was einen erheblichen Kraftstoffmehrverbrauch zur Folge hat.

Den heutigen Stand der Technik stellt der Drei-Weg-Katalysator dar. Mit der Bezeichnung Drei-Weg-Katalysator soll zum Ausdruck kommen, daß in einem Katalysator gleichzeitig die drei Schadstoffe CO, HC und NO reduziert bzw. oxidiert werden können. Wie alle Katalysatoren, deren katalytische Schicht aus Edelmetallen (z. B. Platin und Rhodium) besteht, muß auch der Drei-Weg-Katalysator mit unverbleitem Kraftstoff betrieben werden ($\rightarrow$ Katalysatorvergiftung). Die Reduktion von NO zu molekularem Stickstoff erfolgt auch hier, wie beim Doppelbettkatalysator, durch CO.

Will man zusätzlich noch die Schadstoffe Kohlenmonoxid und unverbrannte Kohlenwasserstoffe oxidieren, muß der Katalysator in einem sehr engen Bereich um das stöchiometrische Luftverhältnis $\lambda = 1$ betrieben werden.

Die wichtigsten, beim Einsatz eines Kfz.-A.-K. ablaufenden Reaktionen sind:

□ Oxidationsreaktionen

$HnCm + (m + n/4) \leftrightarrow m\ CO_2 + n/2\ H_2O$
$HnC + 2\ H_2O \leftrightarrow CO_2 + (2 + n/2)\ H_2$
$CO + 1/2\ O_2 \leftrightarrow CO_2$
$CO + H_2O \leftrightarrow CO_2 + H_2$

□ Reduktionsreaktionen

$NO + CO \leftrightarrow 1/2\ N_2 + CO_2$
$2\ (m + n/4)\ NO + HnCm \leftrightarrow (m + n/4)\ N_2 + n/2\ H_2O + m\ CO_2$
$NO + H_2 \leftrightarrow 1/2\ N_2 + H_2O$

□ Nebenreaktionen

$SO_2 + 1/2\ O_2 \leftrightarrow SO_3$
$SO_2 + 3\ H_2 \leftrightarrow H_2S + 2\ H_2O$
$5/2\ H_2 + NO \leftrightarrow NH_3 + H_2O$
$2\ NH_3 + 5/2\ O_2 \leftrightarrow 2\ NO + 3\ H_2O$
$NH_3 + CH_4 \leftrightarrow HCN + 3\ H_2$
$H_2 + 1/2\ O_2 \leftrightarrow H_2O$

Ein Maß für die Wirksamkeit eines Katalysators wird durch die Konvertierungsrate K (Umsatzrate, Konversionsrate oder Wirkungsgrad) gegeben. Sie ist bezüglich einer Abgaskomponente i wie folgt definiert:

$$K_i = \frac{x_{i,ein} - x_{i,aus}}{x_{i,ein}} \qquad \text{mit}$$

x = Molanteil einer Komponente i

ein = Molanteil unmittelbar vor dem Katalysator

aus = Molanteil unmittelbar nach dem Katalysator.

Neben der Katalysatorvergiftung hat die thermische Alterung großen Einfluß auf die Desaktivierung des Katalysators; hierunter wird die Abnahme der Konvertierungsrate mit der Zeit infolge der Temperaturbeanspruchung im Betrieb verstanden. *Kind/May*

Kiesabbrand. Bezeichnung für ein eisenoxidreiches Abfallprodukt bei der SO_2-Erzeugung aus sulfidischen Eisenerzen (meist Schwefelkies, Pyrit).

Diese werden in Wirbelschichtöfen bei 850 bis 950 °C unter Luftzufuhr geröstet, d. h. die Metallsulfide werden zu Schwefeldioxid (SO_2) und Metalloxiden oxidiert. Letztere stellen den Abbrand dar, der z. B. pro 1 Mg Pyrit etwa 0,7 Mg beträgt.

Zum Einsatz kommen in Deutschland kaum noch die Ausgangserze wie Pyrit, sondern Pyritkonzentrate oder Flotationskiese mit hohem Schwefelgehalt und möglichst niedrigen Nichteisenmetallanteilen.

Die Abbrände finden trotz ihres hohen Eisengehalts kaum eine nennenswerte Verwertung in der $\rightarrow$ Stahlerzeugung. Dies liegt an den zu hohen NE-Metallanteilen, z. B. Kupfer, Zink und Blei, bzw. Arsen und Schwefel.

Über ein Verfahren der chlorierenden Nachrüstung und anschließende Auslaugung der Metallchloride besteht eine prinzipielle Verwertungsmöglichkeit für K., sowohl hinsichtlich der NE-Metalle als auch des Eisengehaltes. Noch wird jedoch ein großer Teil auf $\rightarrow$ Monodeponien abgelagert. *Mitsch*

Kieseritwäsche. K. ist die Gewinnung von Kieserit durch Waschen des Rückstands der $\rightarrow$ Heißverlösung von Hartsalz ($\rightarrow$ Rohsalz), der aus Natriumchlorid (NaCl), Kieserit ($MgSO_4 \cdot H_2O$) und Anhydrit ($CaSO_4$) besteht. Der Waschprozeß beruht auf dem Prinzip einer mehrstufigen Rohrverlösung unter Zwischenschaltung von Klärapparaten und nutzt die höhere Lösegeschwindigkeit von NaCl gegenüber Kieserit in Wasser bei Normaltemperatur.

In der Praxis wird so verfahren, daß die Löserückstände über einen Injektor mit leichtem Waschwasser (rd. 100 g NaCl/l) in die Rohrleitung eingespült werden. Dabei sättigt sich die Lösung an NaCl (rd. 220–260 g/l) auf. Die dabei anfallende Suspension wird in Klärapparaten getrennt und der Rückstand über Siebbecherwerke in die zweite Waschstufe gebracht. Das abgetrennte, an NaCl weitgehend gesättigte Waschwasser (das schwere Waschwasser) wird nochmals zur Abtrennung mitgerissener Kieseritteilchen geklärt.

Der Rückstand der ersten Waschstufe wird mit Frischwasser in eine weitere Rohrleitung (zweite Waschstufe) gespült. Die sich dabei bildende Suspension wird in einem nachgeschalteten Klärapparat in das Sediment, das vorrangig Kieserit enthält, und das leichte Waschwasser, das in die erste Waschstufe zurückgeführt wird, getrennt. Zur Verbesserung der Kieseritqualität kann noch eine dritte Waschstufe in den Prozeß integriert werden.

Das entstehende schwere Waschwasser wird entweder in den Vorfluter eingeleitet oder in geologisch nutzbaren Hohlräumen versenkt ($\rightarrow$Versenkung).

Bei Einsatz anderer Verfahren zur Abtrennung des Natriumchlorids (z. B. $\rightarrow$Flotation, $\rightarrow$ESTA®) fällt das Natriumchlorid in fester Form an und kann durch Aufhalden ($\rightarrow$Halde) oder $\rightarrow$Versatz entsorgt werden. *Strube*

Kläranlage. Anlage zur Reinigung von kommunalen, gewerblichen und industriellen Abwässern, die nach mechanischen, biologischen und chemischphysikalischen Verfahren arbeitet. Synonym mit $\rightarrow$Abwasserbehandlungsanlage. *Mertsch*

Klärgas. K. entsteht beim anaeroben $\rightarrow$Abbau der im $\rightarrow$Klärschlamm enthaltenen organischen Stoffe ($\rightarrow$Faulgas). In einem zweistufigen Faulungsprozeß werden hochmolekulare Verbindungen bakteriell zu niedermolekularen organischen Säuren abgebaut und in Methan (CH_4) und Kohlendioxid (CO_2) umgewandelt. Dieser Vorgang vollzieht sich praktisch ausschließlich in beheizten getrennten Faulbehältern. Die K.-Erzeugung nimmt mit der Temperatur und der Faulzeit zu. Bei 30 °C und 25 Tagen Faulzeit können aus 1 kg organischer Feststoffe max. 0,75 m³ K. gewonnen werden (Bild); im praktischen Betrieb werden 0,50 m³ erzielt. Je nach Schlammbeschaffenheit und Betriebsweise enthält das hierbei anfallende K. 40 bis 65 Vol.-% CH_4 und 60 bis 35 Vol.-% CO_2. Daneben können geringe

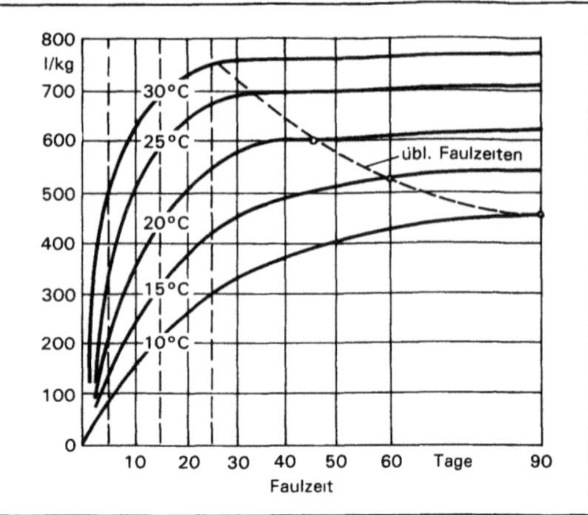

Klärgas: K.-Erzeugung aus 1 kg organischer Feststoffe in Abhängigkeit von Temperatur und Faulzeit.

Mengen Stickstoff (N_2) und Wasserstoff (H_2) – jeweils bis zu 0,2 Vol.-% – sowie Schwefelwasserstoff (H_2S) mit bis zu 1 Vol.-% auftreten. Der untere Heizwert schwankt – je nach dem CH_4-Anteil – zwischen 15 000 und 25 000 kJ/m³.

Das K.-Aufkommen in der Bundesrepublik Deutschland ist mit der wachsenden Zahl von Kläranlagen und dem zunehmenden Einsatz der anaeroben $\rightarrow$Abwasserreinigung in den Kläranlagen stetig gewachsen (aerobe Verfahren der Abwasserreinigung bilden gasseitig Kohlendioxid, aber kein Methan).

Die energetische Verwertung des K. dient vorwiegend zur Deckung des Eigenenergiebedarfs der Kläranlage, insbesondere zur Beheizung der Faulbehälter und der Betriebsgebäude sowie zur Stützfeuerung von Klärschlamm-Verbrennungsanlagen. Durch Einsatz von K. werden fossile Brennstoffe eingespart und die Betriebskosten der Abwasserreinigung erheblich gesenkt.

Da zur Deckung des Eigenenergiebedarfs in der Regel 35–45 % des K.-Aufkommens ausreichen, gibt es als weitere Verwertungsmöglichkeiten die Erzeugung von Strom und/oder Wärme und deren Abgabe an Dritte. Hierzu werden vorwiegend Ottogas- und Dieselgasanlagen eingesetzt. Insgesamt waren im Jahre 1988 in den alten Bundesländern 289 $\rightarrow$Blockheizkraftwerke mit einer elektrischen Leistung von 120 MW und einer Nutzwärmeleistung von 182 MW zur Verwertung von K. im Einsatz. Alternativ kann das überschüssige K. durch Abtrennen des CO_2 zu einem erdgasähnlichen Produkt aufbereitet werden.

Die über die Eigenenergie-Bedarfsdeckung hinausgehende K.-Verwertung ist bisher aus Gründen der betrieblichen Wirtschaftlichkeit nur auf größere Kläranlagen beschränkt.

Bei Einsatz von K. in Kraftwerken, →Feuerungsanlagen und →Verbrennungsmotoranlagen sind je nach Anlagengröße die abgasseitigen emissionsbegrenzenden Anforderungen der →1. BImSchV, der →TA Luft oder der →13. BImSchV einzuhalten. Ferner erfordert die K.-Nutzung in Einzelfällen eine vorgeschaltete Reinigung, um z. B. die korrosive Wirkung von Schwefelwasserstoff auf Anlagenteile zu unterbinden.

Da K. chlorhaltige Komponenten enthalten kann, ist bei der Verbrennung eine Bildung von →Dioxinen grundsätzlich möglich. Jedoch wurden oberhalb der meßtechnischen Nachweisgrenzen bisher keine Dioxine festgestellt.

Die mengenmäßig bedeutsamsten Luftschadstoffemissionen bei der K.-Nutzung sind die Stickstoffoxide.

Die weitere Entwicklung der NO_x-Emissionen (und der Emissionen der übrigen Luftschadstoffe) bei der K.-Nutzung wird vom verstärkten Einsatz emissionsmindernder Technologien, insbesondere bei Verbrennungsmotoranlagen, sowie von der umwelt- und energiepolitisch gewünschten erweiterten Nutzung des gesamten K.-Aufkommens abhängen. *Beckers*

Literatur: *Schedler, K.:* Handbuch Umwelt, Technik, Recht. Ehningen 1991. – Lehr- und Handbuch der Abwassertechnik, Band III. 2. Auflage. Hrsg.: Abwassertechnische Vereinigung e. V., St. Augustin. Berlin–München–Dusseldorf 1978.

Klärschlamm. Unter K. werden die aus dem Abwasser durch physikalische Verfahren (Sedimentation, Flotation) abgetrennten Stoffe bezeichnet. Ausgenommen sind die aus der Rechenanlage anfallenden Grobstoffe (Rechengut) und der im →Sandfang anfallende Sand. K. besteht aus den im Rohwasser enthaltenen, absetzbaren partikulären Stoffen, dem in der biologischen Stufe anfallenden →Überschußschlamm bzw. Tropfkörperschlamm und ggf. den Fällungsschlämmen aus einer dritten Reinigungsstufe (Nachfällung, Filtration). Der Wassergehalt des Rohschlamms liegt zwischen 95–99 %. In der Trockensubstanz von K. aus öffentlichen Abwasserbehandlungsanlagen (kommunale K.) beträgt der organische Anteil 60–80 %, der sich aus hydraten Fetten und Eiweiß zusammensetzt. Da der K. daher sehr schnell in Fäulnis übergeht, muß er stabilisiert werden (→Klärschlammstabilisierung).

Je nach dem Anfallort und der Behandlungsart unterscheiden sich die verschiedenen K.-Arten. Dies gilt insbesondere für industrielle K. aus industriellen Abwasserbehandlungsanlagen.

In der →Abwassertechnik haben sich bestimmte Bezeichnungen eingebürgert, die in DIN 4045 definiert sind. Danach ist:

□ Rohschlamm: Unbehandelter Schlamm.

□ Primärschlamm: Schlamm, der aus dem zufließenden Abwasser in der mechanischen Reinigungsstufe abgetrennt wird. Seine Zusammensetzung ergibt sich aus den im kommunalen Rohabwasser enthaltenen absetzbaren Stoffen. Er ist durch die z. T. noch sehr groben Bestandteile inhomogen, dickt in der Vorklärung auf einen Feststoffgehalt von 5–10 % ein, der zu etwa 70 % aus organischen Stoffen besteht. In den Primärschlamm gelangen aber auch die absetzbaren Stoffe aus dem industriellen Schmutzwasser, besonders Schwermetalle, die als Hydroxide ausfallen. Im Schlamm können dadurch z. B. Konzentrationen an Kupfer, Zink, Chrom, Cadmium u. ä. auftreten, durch die sowohl die Schlammfaulung als auch die landwirtschaftliche Verwertung beeinträchtigt wird.

□ Vorklärschlamm: Schlamm aus dem Vorklärbekken, der neben dem Primärschlamm auch andere Schlammarten (z. B. Überschußschlamm) enthalten kann.

□ Sekundärschlamm: Schlamm aus den biologischen Reinigungsstufen. Er besteht fast ausschließlich aus den im Belebungsbecken (Überschußschlamm) oder →Tropfkörper (Tropfkörperschlamm) gewachsenen Organismen, die abgezogen bzw. ausgespült werden. Daneben ist noch ein geringer Anteil adsorbierter Schwebstoffe und Kolloide aus dem Abwasser enthalten. Auch können über diesen Weg an den Flocken adsorbierte toxische Stoffe (z. B. AOX, PCB) in den Rohschlamm gelangen. Der Wassergehalt liegt zwischen 94–99 %, der organische Anteil in den Feststoffen bei 70 %.

□ Tertiärschlamm: Schlamm aus der dritten Reinigungsstufe. Er enthält meist erhebliche Mengen der eingesetzten Fällmittel, d. h. Eisen, Aluminium- und Calciumverbindungen. Der organische Anteil in den Feststoffen ist gering. Sie sind daher weder für eine biologische Stabilisierung noch für eine landwirtschaftliche Verwertung besonders geeignet.

□ Stabilisierter Schlamm: Schlamm, der soweit behandelt wurde, daß eine weitgehende Verringerung der geruchsbildenden Stoffe und der organischen Schlammfeststoffe erreicht wurde. Die Behandlung kann biologisch (anaerob, aerob), chemisch oder thermisch erfolgen. In den stabilisierten Schlämmen ist der organische Anteil auf ca. 45 % vermindert. Sie enthalten nur noch geringe Mengen an biologisch abbaubarer Substanz. *Mertsch*

Klärschlammbehandlung. Der bei der →Abwasserbehandlung anfallende Rohschlamm zeichnet sich durch einen hohen Anteil fäulnisfähiger organischer Substanzen und einem sehr hohen Wassergehalt (bis 99 %) aus. Zur Änderung und zur Verbesserung der Eigenschaften und der Zusammensetzung muß deshalb auf der →Kläranlage eine Schlammbehandlung durchgeführt werden. Hierbei stehen zwei Prozeßziele im Vordergrund, die Schlammstabilisierung und die Abtrennung des Schlammwassers. Die Abtrennung des Schlammwassers erfolgt in mehreren Stufen. Der Rohschlamm wird zunächst einer Eindickung auf ca. 5 % Ts unterzogen. Diese Eindickung kann durch ein statisches Verfahren (Eindicker) oder aber durch ein dynamisches Verfahren (Zentrifuge) erfolgen. Eine weitergehende Entwässerung auf 25–35 % Ts ist durch die sogen. maschinelle Entwässerung möglich. Hierbei kommen →Zentrifugen, →Bandfilterpressen und →Kammerfilterpressen zum Einsatz. Soll der Klärschlamm anschließend thermisch verarbeitet werden oder in granulier- und/oder mischbarer Form vorliegen, ist zusätzlich eine →Klärschlammtrocknung erforderlich. Das bei der Eindickung, Entwässerung und Trocknung abgetrennte Schlammwasser kann eine hohe organische Belastung (Kohlenstoff, Stickstoff) aufweisen und muß in die →Abwasserbehandlungsanlage zurückgeführt werden. *Mertsch*

Klärschlammentsorgung. Die K. betrifft entsprechend der Herkunft der →Klärschlämme aus kommunalen oder industriellen Abwasserbehandlungsanlagen kommunale und industrielle Klärschlämme, die sich in ihrer Zusammensetzung grundsätzlich unterscheiden. Während kommunale Klärschlämme infolge der satzungsmäßigen Abwassereinleitungsbeschränkungen von relativ einheitlicher Struktur sind und durchweg hohe organische Anteile enthalten, variieren die industriellen Klärschlämme in ihren wesentlichen Inhaltsstoffen erheblich nach der Art der in den Abwasserbehandlungsanlagen angefallenen branchenspezifischen Abwässer. Industrielle Klärschlämme sind daher grundsätzlich als besonders überwachungsbedürftige →Abfälle ausgewiesen, sie können aber auch als besonders überwachungsbedürftige Reststoffe verwertet werden.

Mengenmäßig überwiegen die kommunalen Klärschlämme, die unter Berücksichtigung der neuen Bundesländer bei 60 Mio. m³ Rohschlamm pro Jahr, entsprechend etwa 3 Mio. t Trockenmasse, liegen dürften. Auf der Basis der Daten der alten Bundesländer fallen industrielle Klärschlämme in der Größenordnung von 75 % der kommunalen Mengen an, also in der Größenordnung von 45 Mio. m³ oder 2,3 Mio. t Trockenmasse pro Jahr. Über beide Klärschlammbereiche gibt die amtliche Statistik keine lückenlose Auskunft.

Die jüngsten Daten über die Entsorgung kommunaler Klärschlämme sind dem Bericht der Bundesregierung gemäß Artikel 17 der EG-Richtlinie 86/278/EWG über die Klärschlammverwertung in der Bundesrepublik Deutschland vom September 1992 zu entnehmen, der sich allerdings nur auf die alten Bundesländer erstreckt; danach werden kommunale Klärschlämme zu ca. 60 % durch Deponierung, zu ca. 25 % durch landwirtschaftliche Verwertung, zu ca. 10 % durch thermische Behandlung und

zu 3–4 % durch →Kompostierung entsorgt, d. h. der Verwertungsgrad liegt bei 30 %, während 70 % als Abfall entsorgt werden. Über die industriellen Klärschlämme enthält der Bericht keine Angaben. Man kann jedoch davon ausgehen, daß hier der Verwertungsgrad noch geringer ist; auch in diesem Bereich wird überwiegend deponiert, während der Anteil der landwirtschaftlichen Verwertung erwartungsgemäß (→Klärschlammverordnung) unter 10 % liegt.

Die Entsorgung industrieller Klärschlämme unterliegt nunmehr voll dem Druck der Sonderabfallbestimmungen, die vorzugsweise eine Ablagerung auf →Sonderabfalldeponien oder die Verbrennung in →Sonderabfallverbrennungsanlagen vorsehen, wenn eine Verwertung nicht erreicht werden kann oder nicht möglich ist. Wegen der starken Branchenabhängigkeit der Klärschlammzusammensetzung, insbesondere hinsichtlich der aus dem Abwasser entfernten Schadstoffe, kommen hier unterschiedliche branchen- oder firmenspezifische Lösungen in Frage.

Bei der Entsorgung der kommunalen Klärschlämme zeichnet sich kurzfristig keine wesentliche Änderung der von der Bundesregierung beschriebenen Entsorgungsstruktur, insbesondere auch nicht hinsichtlich der Mengenanteile, ab. Grundsätzlich kommen hier praktisch in Frage:
– die Verwertung in der Landwirtschaft (Klärschlammverordnung) und durch Kompostierung (→Klärschlammkompostierung),
– die Entsorgung durch →Klärschlammverbrennung, wobei aus Gründen der ungeklärten Energiebilanz eine Einstufung als (energetische) Verwertung zu bezweifeln ist, und
– die Deponierung, die aber im Hinblick auf eine neue Grundeinstellung zur →Abfallablagerung zukünftig nur noch für in Richtung auf Mineralisierung und →Inertisierung vorbehandelte Klärschlämme zur Verfügung stehen kann.

Unter dem Primat der Verwertung müssen alle Anstrengungen unternommen werden, kommunale Klärschlämme unter den Bedingungen der →Klärschlammverordnung dem natürlichen Stoffkreislauf wieder zuzuführen; es gibt keine vernünftigere Verwertungsalternative. Der Weg dahin ist durch das →Gewässerschutzrecht, vor allem durch die verschärften Einleitungsbedingungen, aber überhaupt auch durch die vielfältigen Maßnahmen zur Stoffeintragsverminderung in die Umwelt, z. B. durch das →Chemikalienrecht, weitgehend geebnet. Eine wesentliche Aufgabe besteht darin, Landwirtschaft und Verbraucher von der Richtigkeit dieses (Entsorgungs-)Weges zu überzeugen. *Dreyhaupt*

Literatur: Der Rat von Sachverständigen für Umweltfragen: Abfallwirtschaft – Sondergutachten September 1990. Stuttgart 1991. – *Kassner, W.* und *A. Schmuker:* Alternative Verfahren der Klarschlammentsorgung; Forschungsbericht 103 03 222 – UBA-FB 90-048; UBA-Texte 29/90. Berlin 1990.

Klärschlammentwässerung. Abgesehen von der landwirtschaftlichen Klärschlammverwertung sind bei den sonstigen Verfahren zur →Klärschlammentsorgung die hohen Wassergehalte des Klärschlamms hinderlich. Vor der weitergehenden Entsorgung sind Klärschlämme daher in aller Regel zu entwässern. Bei der Klärschlammdeponierung ist die Entwässerung Voraussetzung für die Einhaltung der aus Gründen der Deponiestabilität festgelegten Einbaukriterien (Flügelscherfestigkeit).

Zur K. werden natürliche Verfahren (Trockenbeete, Schlammteiche, Schlammlagunen) und maschinelle Verfahren (z. B. →Vakuumfilterpressen, →Bandfilterpressen, →Kammerfilterpressen) eingesetzt.

Werden höhere Trockenrückstandsgehalte als der bei einer maschinellen Entwässerung in der Regel maximal erreichte Wert von etwa 40 % angestrebt, ist der Einsatz thermischer Trocknungsanlagen (→Klärschlammtrocknung) notwendig. *Bergs*

Klärschlammkompostierung. Die →Kompostierung ist ein aerober Prozeß, bei dem organische Stoffe durch Mikroorganismen mineralisiert werden. Die Mikroorganismen benötigen zur Kompostierung (Verrottung bzw. aerobe Rotte sind Synonyme) geeignete Umweltbedingungen. Das Kompostgut muß von lockerer Struktur sein, damit sich der Sauerstoff der Luft verteilen kann; der Wasseranteil muß zwischen 40–60 % liegen, das Verhältnis von Kohlenstoff zu Stickstoff (C/N-Verhältnis) sollte ca. 30:1 sein. →Klärschlamm hat ein C/N-Verhältnis von 13:1.

Um die Voraussetzungen für die Kompostierung von Klärschlamm zu erreichen, muß dem auf etwa 70 % Wasseranteil entwässerten Klärschlamm zur Auflockerung trockenes Strukturmaterial als Kohlenstoffträger zugemischt werden. Dafür eignen sich
- aussortierter, zerkleinerter →Hausabfall (ohne Glas, Metall und Kunststoff),
- Stroh,
- zerkleinerte Baumrinde,
- Sägemehl,
- Torf,
- Laub,
- zerkleinerte Gartenabfälle.

Das Mengenverhältnis von Schlamm zu Kohlenstoffträger soll 1:1 bis 1:3 betragen. Bei der Stoffumwandlung durch die Mikroorganismen entsteht Wärme mit Temperaturen zwischen 60 und 70 °C, die, wenn sie längere Zeit einwirkt, eine Pasteurisierung bewirkt. *Mertsch*

Klärschlammkonditionierung. Der bei der →Abwasserbehandlung anfallende →Klärschlamm hat einen sehr hohen Wassergehalt bis zu 99 %. Die Abgabe von Wasser innerhalb der Schlammbehandlungskette wird erleichtert bzw. überhaupt erst ermöglicht durch die K., die zu einer Änderung der Schlammstruktur führt. Zur K. kommen chemische und thermische Verfahren zum Einsatz. Die chemische Schlammkonditionierung ist ein zweistufiger Prozeß, der aus einem Entstabilisierungs- und einem Flockungsschritt besteht. Durch die Entstabilisierung werden die Oberflächeneigenschaften der Schlammpartikel so geändert, daß sie aggregieren und sich makroskopische Flocken bilden können. Bei der chemischen K. finden zwei unterschiedliche Gruppen von Konditionierungsmitteln Verwendung. Dabei handelt es sich einmal um anorganische Chemikalien (Eisen- und Aluminiumsalze sowie Kalk) und zum anderen um synthetische Polymere. Je nach den spezifischen Gegebenheiten der →Kläranlage werden diese Konditionierungsmittel entweder einzeln oder auch in Kombination eingesetzt. Inerte Konditionierungsmittel (Asche, Kohle) können zusätzlich zu den chemischen zum Einsatz kommen. Ihre wesentliche Funktion besteht im Aufbau eines Stützgerüstes im Filterkuchen.

Die thermische K. kann durch Wärmeentzug oder durch Wärmezufuhr erfolgen. Von praktischer Bedeutung ist die hochthermische Konditionierung nach dem Porteous-Verfahren. Hierbei wird der Klärschlamm unter Druck von 15–25 bar auf 180 bis 220 °C erhitzt und zwischen 0,5 und 1 h auf dieser Temperatur gekocht. Problematisch sind bei der thermischen K. die hohe organische Belastung der Filtratwässer und die sich ergebenden Geruchsemissionen, die eine intensive Abluftbehandlung erfordern. *Mertsch*

Klärschlammpyrolyse →Abfallpyrolyseanlage

Klärschlammstabilisierung. Die bei der →Abwasserreinigung anfallenden Schlämme können in der Regel nicht ohne eine Stabilisierung weiter verarbeitet und entsorgt werden, weil die in der Zellsubstanz gespeicherten organischen Stoffe sich unter den alsbald einsetzenden anaeroben Bedingungen zersetzen und dabei in saure, stinkende →Gärung übergehen. Das wesentliche Ziel der K. – aerob oder anaerob – ist daher, mit Hilfe biochemischer Umsetzungen die organische Substanz soweit abzubauen, daß die genannten unangenehmen Erscheinungen vermieden werden und bei der Lagerung nur noch aerobe Rotteprozesse auftreten können.

Die K. bewirkt die Umwandlung höhermolekularer, energiereicher, instabiler organischer Verbindungen in niedermolekulare, energiearme und stabile Formen. Als sekundäre Effekte resultieren aus der K. eine Verringerung der Schlammfeststoffmengen, eine Verbesserung der Entwässerbarkeit der Klärschlämme, eine Verringerung von Krankheitserregern und, bei der anaeroben Stabilisierung, die Gewinnung von →Klärgas.

Verfahrenstechnisch wird zwischen der aeroben und der anaeroben Stabilisierung oder Faulung unterschieden. Beim aeroben Verfahren ist eine ausreichende Sauerstoffversorgung des Schlamms notwendig, beim anaeroben Verfahren wird molekular gebundener Sauerstoff von den Bakterien verbraucht. Die Reaktionsgeschwindigkeit wird wesentlich von der Temperatur beeinflußt. In technischen Anlagen ist man bei dem aeroben Verfahren bestrebt, ohne künstliche Wärmezufuhr zu arbeiten, wogegen die anaeroben überwiegend in beheizten Behältern betrieben werden.   *Mertsch*

Klärschlammtrocknung. Die K. besteht in der Verdampfung des nach der Entwässerung noch vorhandenen Schlammwassers. Die für den endothermen Prozeßablauf erforderliche Wärme muß von außen zugeführt werden. Für einen kostengünstigen Anlagenbetrieb sind deshalb der spezifische Wärmebedarf des Trocknungssystems, die Wärmeerzeugung und -rückgewinnung und der anzustrebende Feststoffgehalt im Trockengut maßgebend.

Der anzustrebende Trocknungsgrad hängt von dem vorgesehenen Verwendungszweck ab. Dabei ändern sich während der Trocknung sowohl die Konsistenz als auch die Eigenschaften des Schlamms:
- Bis etwa 40 % Feststoffgehalt bleibt der Schlamm pastös
- Zwischen 50 und 60 % Feststoffgehalt neigt er manchmal zu Anbackung und Verbackungen (Leimphase)
- Ab etwa 60 % Feststoffgehalt wird das Trockengut rieselfähig
- Ab 90 % Feststoffgehalt ist das Trockengut bei trockener Lagerung biologisch stabil, neigt aber zur Selbstentzündung und zur Wasseraufnahme.

Die Arbeitstemperatur der Trocknung liegt üblicherweise im Bereich von 120–170 °C, wobei Geruchsbelästigungen nicht auszuschließen sind. Mit steigender Temperatur nimmt die Entgasung der Inhaltsstoffe zu. Die Brüden müssen deshalb kondensiert werden. Dies kann z. B. durch eine Rückführung in den Faulbehälter oder durch gesonderte Kondensation erfolgen, wobei der Wärmeinhalt der Brüden entweder für die Beheizung des Faulbehälters oder die Vorwärmung des zu entwässernden Schlamms nutzbar ist. Hierbei ist zu beachten, daß das belastete Kondensat (CSB, NH_3) erneut der biologischen Behandlung zugeführt werden muß. Das bei der Kondensation anfallende nicht kondensierbare Restgas ist zu behandeln, am sinnvollsten durch eine Mitverbrennung bei der notwendigen Wärmeerzeugung.

Grundsätzlich sind zwei Trocknungsverfahren zu unterscheiden: die direkte Trocknung in Konvektionstrocknern und die indirekte Trocknung oder Kontakttrocknung.

Bei der direkten Trocknung wird das Heizmedium, z. B. Rauchgase oder Abgase, direkt mit dem zu trocknenden Schlamm in den Trockner aufgegeben. Das verdampfte Schlammwasser vermischt sich mit dem Rauchgas. Das abgekühlte feuchte Rauchgas (Brüden) wird abgezogen und muß behandelt werden. Als Trocknungsaggregat dient häufig ein Drehtrommeltrockner.

Bei einer indirekten Trocknung kommt das Heizmedium, Dampf oder Thermoöl, mit dem zu trocknenden Schlamm nicht in Berührung, sondern wird in einem geschlossenen System im Kreislauf geführt. Das verdampfte Schlammwasser wird als Brüden aus dem Trockner abgezogen, kondensiert und behandelt. Als Trocknungsaggregate kommen folgende Systeme zum Einsatz: Scheibentrockner, Schneckentrockner, Dünnschichttrockner oder Fließbetttrockner.   *Mertsch*

Klärschlammverbrennung. Die K. ist in Deutschland seit 1969 großtechnisch erprobt und wird in zahlreichen Anlagen betrieben, in denen Klärschlamm allein oder gemeinsam mit Abfall verbrennt. Überwiegend erfolgt die K. in Wirbelschichtöfen mit und ohne Verkokung, vereinzelt in Etagenöfen und Etagenwirbelschichtöfen. K.-Anlagen sind →Abfallverbrennungsanlagen und unterliegen der →17. BImSchV.

Wirbelschichtöfen zur K. sind Öfen mit einem Düsenboden, durch den die Verbrennungsluft von unten in den Ofenraum eintritt. Oberhalb des Düsenbodens befindet sich eine Sandschicht, Körnung 0,5–3 mm, die durch die Luft fluidisiert wird. Die Feuerraumtemperaturen liegen i. a. oberhalb von 800 °C, in der Wirbelschicht je nach Schlammbeschaffenheit zwischen 650 und 900 °C. In die Wirbelschicht wird der Klärschlamm vom Ofenkopf oder mittels Lanzen oder Wurfbeschickern über dem oder in das Sandbett eingetragen. Der Klärschlamm wird getrocknet, aufgerieben und nach erfolgter Zündung verbrannt, inerte Bestandteile (Asche) mit dem Rauchgasvolumenstrom ausgetragen. Bei Anreicherung in der Wirbelschicht kann auch über den Sandabzug Asche mit dem Wirbelsand ausgetragen werden. Zum Anfahren und Regeln kann die Verbrennungsluft in einer vorgeschalteten Brennkammer mittels Gas oder Heizöl auf max. 750–800 °C vorgewärmt werden. Für die Dimensionierung der Düsenböden ist die spezifische Wasserverdampfungsleistung (kg H_2O/m^2) zu beachten. Die Werte liegen je nach Anlage zwischen 300–800 kg H_2O/m^2 Düsenboden. Im Sinne einer problemlosen Feuerungsführung sind niedrige Werte zu bevorzugen. Die in den Rauchgasen enthaltene Energie wird zur Verbrennungsluftvorwärmung bis zu 450 °C und/oder zur Dampferzeugung genutzt.

Die Vortrocknung des Klärschlamms aus der Abhitzenutzung der Verbrennung – Energie-Recycling – erlaubt gegenüber der Wirbelschichtverbrennung ohne Vortrocknung eine Verbrennung ohne Zusatzstoffe. Der Grad der Vortrocknung wird so eingestellt, daß eine selbstgängige Verbrennung ohne Zusatzbrennstoff möglich ist. Wesentlicher Vorteil ist eine Reduktion der Anlagengröße, weil die spezifischen Rauchgasmengen je t Klärschlammsubstanz geringer sind. Zu beachten ist hier die Rückführung von CSB, BSB und Ammonium über die kondensierten Brüden in die →Abwasserbehandlungsanlage. In Summe kann dies bis zu einer um etwa 10 % erhöhten Belastung der biologischen Abwasserbehandlungsanlage führen.

Etagenöfen sind ebenfalls Öfen mit mehreren Stockwerken. Der von oben eingeführte Klärschlamm wird mittels Rechen, die an einer senkrechten Welle (Königswelle) befestigt sind, von einer zur anderen Etage nach unten gefördert. Die oberen Zonen dienen der Trocknung, die mittleren der Verbrennung und die unteren der Kühlung der entstehenden Asche.

Verbrennungsluft und Rauchgase strömen im Gegenstrom zum Klärschlamm. Die am Kopf des Ofens abgezogenen Brüden, die mit Geruchsstoffen beladen sind, werden bei modernen Öfen über ein Rauchgasrezirkulierungsgebläse in die Verbrennungszone zurückgeführt, wo sie bei ca. 850 °C ausbrennen können. Die Rauchgase verlassen das System nach erfolgtem Ausbrand.

Die Asche wird über Kühlschnecken am untersten Boden ausgetragen. Zum Auffahren und Regeln sind die Etagenöfen wie die Wirbelschichtöfen mit einer vorgeschalteten Brennkammer versehen.

Der Etagenwirbler ist eine Kombination aus Wirbelschichtofen und Etagenofen. Durch die integrierte Vortrocknung im aufgesetzten Etagenteil kann die Baugröße gegenüber einem Wirbelschichtofen ohne Vortrocknung vermindert werden.

Daneben können andere Verbrennungskapazitäten genutzt werden, um Klärschlamm zu verbrennen:
– Steinkohlekraftwerke mit Schmelzkammerfeuerung (mit Schlackeverwertung),
– Zementdrehrohröfen (mit und ohne Mineralverwertung),
– Asphalt-Mischgutanlagen (mit und ohne Mineralverwertung).

Andere Verfahren werden in Demonstrationsanlagen untersucht:
– →Schwelbrennverfahren,
– Niedertemperatur-Konvertierung,
– Cormin-Verfahren,
– Wirbelschichtpyrolyse,
– Drehrohrpyrolyse,
– Pyrolyse mit Rückstandsvergasung.

Die heutigen Anforderungen an die K. umfassen neben der Reduzierung des Abfallvolumens auch eine möglichst weitgehende Ausnutzung der bei der Verbrennung frei werdenden Wärme. Aufgrund des mineralischen Anteils im Schlamm fallen ca. 30 % der verbrannten TS-Mengen als Asche an.

Zur Erfüllung des Verwertungsgebots und zur weiteren Reduktion der Entsorgungskosten wird versucht, die Verbrennungsschlacken zu verwerten. Einsatzmöglichkeiten hierfür bestehen im Straßenbau als Tragschicht, als Dammschüttmaterial sowie in der Zementindustrie als Füller. Neuere Entwicklungen zielen auch auf einen Einsatz bei der Ziegelproduktion. Dem Vorteil der relativ hohen Reduktion der zu entsorgenden Trockensubstanz steht der hohe technische Aufwand zur Kontrolle der Emissionen gegenüber. Die Rauchgasreinigung allein kann bis zu einem Drittel der gesamten Verbrennungskosten ausmachen. *Mertsch*

Klärschlammverordnung. Die auf das AbfG gestützte Verordnung (AbfKlärV) vom 15. April 1992 (BGBl. I S. 912), mit der die entsprechende Verordnung aus dem Jahr 1982 ersetzt wird, gilt für das Aufbringen von →Klärschlamm aus Abwasserbehandlungsanlagen (auch aus Kleinkläranlagen) auf landwirtschaftlich oder gärtnerisch genutzte Böden.

Klärschlamm aus kommunalen und hinsichtlich der Abwasserart vergleichbaren industriellen und anderen Abwasserbehandlungsanlagen sowie aus Kleinkläranlagen ist wegen seines Gehaltes an organischen Substanzen und an Pflanzennährstoffen grundsätzlich zur Pflanzendüngung und Bodenverbesserung geeignet. Die Verwendung von Klärschlamm in dieser Weise bedeutet einerseits die optimale Erfüllung des abfallrechtlichen Verwertungsgebots; andererseits sind wegen der damit verbundenen Möglichkeit der Einbringung auch schädlicher Klärschlamminhaltsstoffe in die Futter- und/oder Nahrungsmittelkette im Interesse der Verbraucher und der Landwirte insbesondere hohe Anforderungen hinsichtlich der Schadstoffgehalte im aufzubringenden Klärschlamm zu stellen.

Zu diesem Zweck legt die K. zulässige Höchstgehalte für bestimmte Schwermetalle und organische Schadstoffe im Klärschlamm fest, der in der Landwirtschaft oder im Gartenbau verwendet werden soll; darüber hinaus enthält die K. eine Minimierungsklausel für die limitierten Schadstoffe im Klärschlamm. Neben den Schadstoffhöchstgehalten im Klärschlamm sind auch die Aufbringungsmengen limitiert. Gänzlich verboten ist das Aufbringen von Klärschlamm auf Gemüse- und Obstbauflächen, auf Dauergrünland, auf forstwirtschaftlich genutzten Böden, auf Böden in Zonen I und II von Wasserschutzgebieten und im Bereich von Uferrandstreifen.

Für bestimmte Schutzgebiete nach dem Naturschutzrecht, insbesondere für →Naturschutzgebiete, →Naturdenkmale und →Nationalparks, gilt ebenfalls ein →Aufbringungsverbot, von dem allerdings Ausnahmen möglich sind. Um der erhöhten Mobilität einzelner Schwermetalle in saurem Bodenmilieu Rechnung zu tragen, sind bis zum Aufbringungsverbot reichende Beschränkungen bei Boden-pH-Werten von 6 und weniger vorgesehen.

Verboten ist auch die Aufbringung von Klärschlämmen „aus anderen Abwasserbehandlungsanlagen als zur Behandlung von Haushaltabwässern, kommunalen Abwässern oder mit ähnlich geringer Schadstoffbelastung"; Klärschlämme aus industriellen Abwasserbehandlungsanlagen, die insgesamt als besonders überwachungsbedürftige Abfälle und als entsprechende Reststoffe eingestuft sind, scheiden damit für eine Verwertung im landwirtschaftlichen oder gärtnerischen Bereich aus, bis auf Klärschlämme aus Anlagen bestimmter Industriezweige wie Lebensmittelindustrie oder Fleischwirtschaft.

Die Zulässigkeit der Aufbringung von Klärschlamm ist an detaillierte Voraussetzungen, insbesondere an umfangreiche analytische Untersuchungen des Klärschlamms und der Aufbringungsflächen gebunden. In Bezug auf die Schwermetalle besteht durch die Festlegung entsprechender Bodengrenzwerte, die mit der Untersuchungspflicht auf den Schwermetallgehalt im Boden vor der Klärschlammaufbringung gekoppelt sind, eine zusätzliche Einschränkung in der Weise, daß Klärschlamm, der die Schwermetallhöchstwerte einhält, nicht auf Boden aufgebracht werden darf, in dem der Grenzwert für eine Schwermetallkomponente überschritten ist.

Letztlich sind umfangreiche Anzeige- und Nachweispflichten für die Betreiber von Abwasserbehandlungsanlagen, die Klärschlamm zur Aufbringung abgeben, geregelt. Überhaupt treffen die Verpflichtungen der K. entsprechend dem →Verursacherprinzip weitgehend den Betreiber der →Abwasserbehandlungsanlage. Der Bodenbesitzer ist nicht zur Abnahme des Klärschlamms verpflichtet; vielmehr muß sich der Anlagenbetreiber darum bemühen, daß er ihm seine Flächen für die Verwertung des Klärschlamms zur Verfügung stellt. Insofern muß die gegenüber der Verordnung von 1982 erheblich verschärfte K. auch als Signal an die Verbraucher verstanden werden, daß die Verwendung von diesen Bestimmungen entsprechendem Klärschlamm die Qualität der landwirtschaftlichen und gärtnerischen Produkte nicht beeinträchtigt. Es ist zu bedenken, daß der Klärschlamm, der nicht der ökologisch erwünschten Verwertung im Boden zugeführt wird, in anderer Weise entsorgt, d. h. zum großen Teil als Abfall behandelt werden muß (→Klärschlammentsorgung).

Die Schadstoffgrenzwertregelungen in der K. betreffen:
– Schwermetallgehalte in Klärschlamm und Boden,
– PCB-Gehalt im Klärschlamm (polychlorierte Biphenyle),
– PCDD/PCDF-Gehalt im Klärschlamm (polychlorierte Dibenzodioxine und -furane) und
– AOX-Gehalt im Klärschlamm (absorbierte organisch-gebundene Halogene).

Eingehende Vorschriften über die Probenahme, die Probenvorbereitung, die Untersuchung der Proben und die Bewertung, wann ein Grenzwert überschritten ist, enthält Anhang 1 zur K.

□ Schwermetallgrenzwerte. Die Klärschlamm- und Bodengrenzwerte ergeben sich aus Tabelle 1. Ein Aufbringungsverbot ist dann gegeben, wenn mindestens für ein Schwermetall der Klärschlamm- oder der Bodengrenzwert überschritten ist.

□ PCB-Grenzwerte. Die Aufbringung von Klärschlamm ist verboten, wenn der Grenzwert von jeweils 0,2 mg/kg Klärschlamm-Trockenmasse für mindestens eine der folgenden PCB-Komponenten überschritten ist:

PCB 28 = 2,2,4'-Trichlorbiphenyl,
PCB 52 = 2,2',5,5'-Tetrachlorbiphenyl,

Klärschlammverordnung. Tabelle 1: Schwermetall-Klärschlamm- und -Bodengrenzwerte.

Schwermetallart	Klärschlammgrenzwert	Bodengrenzwert
	(mg/kg Trockenmasse)	
Blei	900	100
Cadmium	10 bzw. 5*)	1,5 bzw. 1*)
Chrom	900	100
Kupfer	800	60
Nickel	200	50
Quecksilber	8	1
Zink	2 500 bzw. 2 000*)	200 bzw. 150*)

*) Dieser Wert gilt bei leichten Böden mit einem Tongehalt < 5 % und bei Böden mit einem pH-Wert 5—6.

PCB 101 = 2,2′,4,5,5′-Pentachlorbiphenyl,
PCB 138 = 2,2′,3,4,5,5′-Hexachlorbiphenyl,
PCB 153 = 2,2′,4,4′,5.5′-Hexachlorbiphenyl,
PCB 180 = 2,2′,3,4,4′,5,5′-Heptachlorbiphenyl.

□ PCDD/PCDF-Grenzwert. Die Aufbringung von Klärschlamm ist verboten, wenn der Grenzwert von 100 ng TCDD-Toxizitätsäquivalente (TE) je kg Klärschlamm-Trockenmasse überschritten wird. Die TE werden aus den separat bestimmten Massenkonzentrationen der 17 in Tabelle 2 genannten PCDD/PCDF-Kongenere ermittelt, indem die Produkte aus der jeweiligen Massenkonzentration und dem zugeordneten Äquivalenzfaktor aufsummiert werden. Der mit dem Grenzwert zu vergleichende TE-Wert ergibt sich als arithmetischer Mittelwert aus zwei separaten Summenbestimmungen. Die angegebenen Äquivalenzfaktoren stimmen mit den in der →17. BImSchV festgesetzten überein.

Klärschlammverordnung. Tabelle 2: PCDD/PCDF-Kongenere und Äquivalenzfaktoren zur Ermittlung der Dioxin- und Furanbelastung von Klärschlämmen (Summenwertbildung).

Kongenere	Äquivalenz-faktor
2, 3, 7, 8-TetraCDD	1.0
1, 2, 3, 7, 8-PentaCDD	0.5
1, 2, 3, 4, 7, 8-HexaCDD	0.1
1, 2, 3, 6, 7, 8-HexaCDD	0.1
1, 2, 3, 7, 8, 9-HexaCDD	0.1
1, 2, 3, 4, 6, 7, 8-HeptaCDD	0.01
OctaCDD	0.001
2, 3, 7, 8-TetraCDF	0.1
1, 2, 3, 7, 8-PentaCDF	0.05
2, 3, 4, 7, 8-PentaCDF	0.5
1, 2, 3, 4, 7, 8-HexaCDF	0.1
1, 2, 3, 6, 7, 8-HexaCDF	0.1
1, 2, 3, 7, 8, 9-HexaCDF	0.1
2, 3, 4, 6, 7, 8-HexaCDF	0.1
1, 2, 3, 4, 6, 7, 8-HeptaCDF	0.01
1, 2, 3, 4, 7, 8, 9-HeptaCDF	0.01
OctaCDF	0.001

□ AOX-Grenzwert. Klärschlamm darf nicht aufgebracht werden, wenn die Summe der halogenorganischen Verbindungen, ausgedrückt als Summenparameter AOX, 500 mg/kg Klärschlamm-Trockenmasse überschreitet. *Dreyhaupt*

Kleinfeuerungsanlage.

Bauarten. Als K. werden die unter die →1. BImSchV fallenden Feuerungsanlagen – im Gegensatz zu den →Großfeuerungsanlagen – bezeichnet. Zu den K. zählen insbesondere die in privaten Haushalten, in Handwerks- und in Gewerbebetrieben, in der Landwirtschaft, in militärischen Dienststellen und in öffentlichen Einrichtungen betriebenen Feuerungsanlagen. Neben der eigentlichen Feuerstätte werden, soweit vorhanden, auch das Verbindungsstück und die Abgaseinrichtung (→Schornstein) hinzugerechnet. In Abhängigkeit vom Brennstoff sind bei K. konstruktive Besonderheiten notwendig, die folgende Bauarten unterscheiden lassen:

□ Festbrennstoffeuerungen für fossile Brennstoffe (Stein- und Braunkohle) werden üblicherweise als Rostfeuerungen mit oberem oder unterem Abbrand oder seltener als Universaldauerbrenner (Bild) ausgeführt.

Bei Rostfeuerungen mit oberem Abbrand (Durchbrandfeuerung) wird die Verbrennungsluft von unten durch einen Rost dem Brennraum zugeführt. Die heißen Rauchgase werden durch den im Füllschacht des Ofens befindlichen Brennstoffvorrat geleitet, dadurch wird die gesamte Brennstoffmenge in Glut versetzt. Die Wärmeabgabe der Anlage ist deshalb während einer Abbrandphase nicht konstant.

Bei der Unterbrandfeuerung wird die Verbrennungsluft ebenfalls von unten durch einen Rost dem Brennraum zugeführt, die heißen Rauchgase aber unterhalb der Unterkante des Schachts in nachgeschaltete Heizzüge geleitet. Hierdurch gerät nicht der gesamte Brennstoffvorrat in Glut. Die Wärmeabgabe des Unterbrandofens ist während einer Abbrandphase nahezu konstant.

Ein besserer Ausbrand der Schwelgase wird beim Universaldauerbrenner erreicht, indem zusätzlich Verbrennungsluft durch den Füllschacht in die Glutschicht geleitet wird. Durch den Rost wird ebenfalls Verbrennungsluft zugeführt. Die Verbrennung findet, wie bei der Unterbrandfeuerung, in einer Brennstoffschicht zwischen Rost und Unterkante des Füllschachtes bei gleichmäßiger Wärmeabgabe statt.

□ Feststoffeuerungen für biogene Brennstoffe (Holz, Torf usw.) werden als Rostfeuerungen mit oberem oder unterem Abbrand (s. o.), als Unterschubfeuerungen, als Vorofenfeuerungen und als Einblasefeuerungen ausgeführt.

Bei der Unterschubfeuerung wird der Brennstoff mechanisch und kontinuierlich von unten in die Verbrennungszone befördert. Die Verbrennungsluft wird durch ein Gebläse in den Heizkessel gedrückt. Eine Leistungsregelung kann durch Veränderung der Brennstoff-Förderungsleistung vorgenommen werden.

Bei der Vorofenfeuerung wird in einer dem Heizkessel vorgeschalteten Kammer der Brennstoff bei gedrosselter Luftzufuhr (Primärluft) und hohen Temperaturen entgast. Der Ausbrand der hierbei entstehenden Gase findet unter Zumischung von

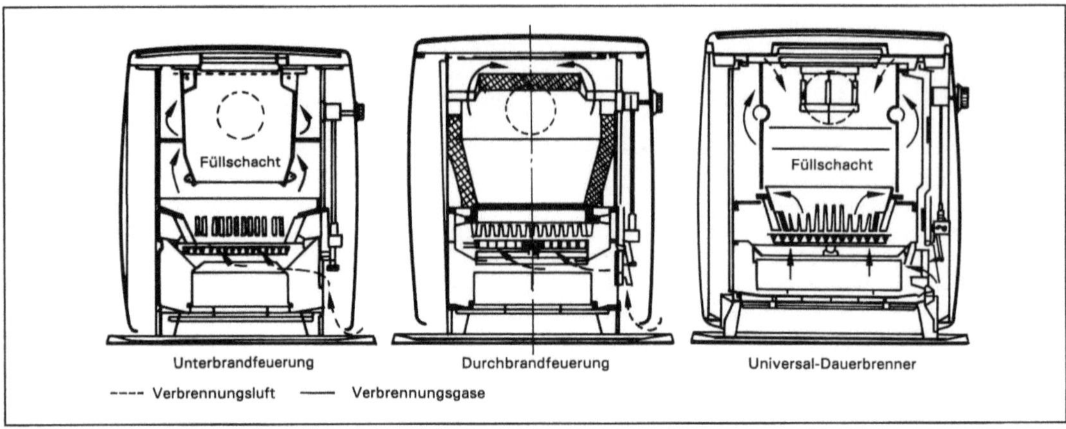

Kleinfeuerungsanlage: Anlagenarten von Kohlefeuerungen.

Sekundärluft im Kessel statt. Eine Leistungsregelung ist durch Veränderung der Primärluftzufuhr möglich.

Bei der Einblasefeuerung wird zerkleinerter Brennstoff (Hackschnitzel – →Hackschnitzelfeuerung –, Sägemehl usw.) mit Verbrennungsluft vermischt und in den Brennraum eingeblasen. Die Verbrennung findet in der Schwebe bzw. auf dem Rost des Kessels statt. Eine Leistungsregelung kann durch Änderung der eingeblasenen Brennstoffmenge erfolgen.

□ Feuerungsanlagen für Flüssigbrennstoff (Heizöl EL) werden nach der Brennerausführung unterschieden. Sie werden in Verdampfungsbrenner, in Zerstäubungsbrenner mit Gebläse und Vergasungsbrenner mit Gebläse unterteilt.

Verdampfungsbrenner werden i. d. R. ohne Gebläse betrieben und sind stufenlos über die Veränderung der Heizölzuführung regelbar. Verdampfungsbrenner werden überwiegend für die Einzelraumbeheizung im Nennwärme-Leistungsbereich bis ca. 25 kW eingesetzt.

Zerstäubungsbrenner mit Gebläse (Gelbbrenner) werden sowohl mit als auch ohne Düsenstock-Ölvorwärmung betrieben. Die Ölzerstäubung kann grundsätzlich durch Druckzerstäuber, Rotationszerstäuber, Luftzerstäuber und Ultraschallzerstäuber erfolgen. Am gebräuchlichsten ist der Druckzerstäubungsbrenner.

Beim Vergasungsbrenner mit Gebläse (Blaubrenner) wird das Heizöl als Tröpfchen oder als Ölfilm auf heißen Flächen verdampft. Vergasungsbrenner sind noch nicht weit verbreitet, haben aber im Vergleich zu Gelbbrennern die Vorteile eines größeren Leistungsregelungsbereiches sowie geringerer Emissionen.

□ Feuerungsanlagen für gasförmige Brennstoffe (Erdgas, Stadtgas, Flüssiggas usw.) werden anhand der kennzeichnenden Merkmale der Gasbrenner in atmosphärische Gasbrenner, Gasgebläsebrenner, Strahlungsbrenner und katalytische Brenner unterteilt.

Bei atmosphärischen Gasbrennern erfolgt die Gaszugabe über einen Injektor. Die Vermischung von Verbrennungsluft und Brenngas erfolgt vor dem Injektor, wobei entweder die gesamte Verbrennungsluft (Vormischflamme) oder nur ein Teil (Vormisch- und Diffusionsflamme) dem Brenngas zugemischt wird.

Beim Gasgebläsebrenner wird die Brenngaszugabe über Düsen vorgenommen. Gasgebläsebrenner werden mit und ohne Vormischung ausgeführt. Neben den atmosphärischen Brennern mit über 90 % Marktanteil nehmen die Gebläsebrenner den zweiten Rang ein.

Bei Strahlungsbrennern findet die Verbrennung auf der Oberfläche von porösen Körpern (z. B. Hohlkörper aus Keramikfasern) statt. Strahlungsbrenner werden hauptsächlich als Deckenstrahler zur direkten Beheizung (Infrarotstrahler) von gewerblich genutzten Räumen eingesetzt.

Katalytische Brenner spielen eine untergeordnete Rolle. Hier findet die Verbrennung auf der mit Katalysatoren beschichteten Oberfläche von Festkörpern statt. *B. Krause*

Literatur: *Struschka, M. et al.:* Schadstoffemissionen von Kleinfeuerungsanlagen. Stuttgart 1988.

Emissionen. Die Errichtung, der Betrieb und die Überwachung von K. werden durch die Erste Verordnung zur Durchführung des BImSchG (Verordnung über K., →1. BImSchV) geregelt. Der Geltungsbereich der 1. BImSchV erstreckt sich in Abhängigkeit vom Brennstoff, mit dem die K. betrieben wird, auf unterschiedliche Bereiche der Feuerungswärmeleistung und zwar für Festbrennstoffe von 0–1 MW, für Flüssigbrennstoffe (Heizöl EL) von 0–5 MW und für Gasbrennstoffe von 0–10 MW Feuerungs-Wärmeleistung. Die Überwachung der K. geschieht durch das Schornsteinfeger-

Kleinfeuerungsanlage. Tabelle: Emissionsfaktoren für K. der Haushalte in kg/TJ

Brennstoff	CO_2	Staub	SO_2	N_{OX} (NO_2)	CO	VOC
Steinkohle	93 000	250	400	50	5 000	500
Steinkohlenkoks	105 000	50	500	50	5 000	5
Steinkohlenbriketts		250	500	50	5 000	300
Braunkohlenbriketts	97 000	350	140	100	4 500	450
Holz		200	1	50	6 000	800
Heizöl EL	74 000	1,5	75	45	30	4
Erdgas und Spaltgas	56 000	0,1	0,5	50	30	2
Kokereigas	44 000	0,1	12	50	60	5
Flüssiggas	65 000	0,1	2	75	60	5

Handwerk im Rahmen wiederkehrender Messungen.

□ Emissionsanforderungen. Die 1. BImSchV nennt in Abhängigkeit vom Brennstoff und von der Nennwärmeleistung Emissionsgrenzwerte für verschiedene Luftschadstoffe aus K. Darüber hinaus werden auch Anforderungen an die rationelle Energieverwendung gestellt. Die Staubemissionen sind z. B. für alle festen Brennstoffe auf 0,15 g/m³ und die CO-Emissionen je nach Festbrennstoff auf Werte zwischen 0,3 und 4 g/m³ im Abgas (jeweils bezogen auf 13 Vol.-% O_2) begrenzt.

Bei Gas- und Ölfeuerungsanlagen werden minimale Abgasverluste im Hinblick auf eine rationelle Energieverwendung gefordert. Für Neuanlagen gelten Abgasverlustwerte von 9–11 %. Zusätzlich werden bei Ölfeuerungen noch die Rußemissionen und die Emissionen an Ölderivaten begrenzt und überwacht. Das Abgas muß hierbei frei von Ölderivaten sein, und die →Rußzahl darf im allgemeinen den Wert von 2 nicht überschreiten.

K. unterliegen nicht nur den nationalen Regelungen der 1. BImSchV, sondern auch europäischen Anforderungen, insbesondere der Bauprodukten-Richtlinie der EG. Konkretisiert wird diese Richtlinie durch harmonisierte europäische Normen (CEN). Eine Richtlinie der EG über Mindestwirkungsgrade für Warmwasser-Heizkessel ist 1992 in Kraft getreten.

□ Emissionsfaktoren. Die Tabelle zeigt Emissionsfaktoren für K. im Haushaltsbereich, die nach Brennstoffarten aufgeschlüsselt sind. Die mittleren Emissionsfaktoren sind insbesondere für feste Brennstoffe mit größeren Unsicherheiten behaftet, weil über die durchschnittlichen Heizgewohnheiten der Feuerungsanlagenbetreiber keine zuverlässigen Angaben vorliegen.

□ Emissionsminderungsmaßnahmen. Zur Emissionsminderung bei K. kommen aus Kostengründen vor allem →Primärmaßnahmen (emissionsarme Brennstoffe sowie feuerungstechnische Optimierung) in Betracht.

Bei älteren Anlagen können u. a. Heizöladditive oder Feuerraumeinbauten (Heizeinsätze) in geringem Umfang zur Emissionsminderung beitragen; größere Erfolge werden erzielt, wenn Kessel und Brenner durch emissionsarme und energiesparende Neuanlagen ersetzt werden.

Der Notwendigkeit zur Emissionsminderung bei K. wurde auch durch Einführung von Emissionsanforderungen in DIN-Normen zum Teil Rechnung getragen. Aus Sicht der Luftreinhaltung sind die in DIN-Normen eingeführten emissionsrelevanten Anforderungen jedoch nur bedingt geeignet, die Entwicklung des Standes der Technik zur Emissionsminderung voranzutreiben. Als wesentlich wirksamer haben sich die →Umweltzeichen für Heizungsanlagen und deren Komponenten erwiesen. So konnten z. B. seit Einführung des Umweltzeichens für Gasspezialheizkessel die NO_x-Emissionen dieser Anlagen in sehr kurzer Zeit durch Einbau NO_x-mindernder Einsätze oder durch →Abgasrückführung erheblich vermindert werden. *B. Krause*

Literatur: *Struschka, M. et. al.*: Schadstoffemissionen von Kleinfeuerungsanlagen. Stuttgart 1988. – Umweltbundesamt: Luftreinhaltung '88. Berlin 1989.

Kleinfiltergerät. Das K. GS 050 zur Messung des Schwebstaubs wird in der VDI 2463, Bl. 7 beschrieben. Das Probenahmesystem und der Probeluftvolumenstrom des K. entsprechen denjenigen des Basisverfahrens für den Vergleich von nichtfraktionierenden Schwebstaub-Meßverfahren nach Bl. 8 der Richtlinie.

Das K. arbeitet mit einer Drehschieberpumpe, einem Volumendurchsatz von 2,7 bis 2,8 m³/h und Filtern mit 50 mm Durchmesser. Zeitpunkt und Dauer der Probenahme werden durch eine Schaltuhr gesteuert. Die im Probenahmezeitraum gesammelte Staubmasse wird gravimetrisch bestimmt. Das Bezugvolumen wird mit Hilfe eines Flügelradanemometers gemessen und das Meßergebnis als Massenkonzentration angegeben.

Der Aufbau des Probenahmesystems des K. ist in VDI 2463 Bl. 8 beschrieben.

Die Geräuschentwicklung des K. ist gering, Filterkopf und Filter sind einfach zu wechseln. Auch auf Grund seiner geringen Abmessungen und seines geringen Gewichts ist das Gerät einfach handhabbar und auch für mobile Einsätze gut geeignet. *Pfeffer*

Literatur: VDI 2463, Bl. 7: Messen von Partikeln; Messen der Massenkonzentration (Immission); Filterverfahren; Kleinfiltergerät GS 050. 8/1982. – Bl. 8: Basisverfahren für den Vergleich von nichtfraktionierenden Verfahren. 8/1982.

Kleinkläranlage. Anlage zur Behandlung häuslichen →Schmutzwassers mit begrenztem Anschlußwert (8 m³/d entsprechend einem Anschlußwert von etwa 50 Einwohnern).

K. werden in der Regel auf privaten Grundstükken erstellt. Sie kommen immer dann zum Einsatz, wenn ein bebautes Grundstück nicht an eine öffentliche Kanalisation mit zugehöriger →Abwasserbehandlungsanlage angeschlossen werden kann. Die Bau- und Betriebsgrundsätze für K. sind in DIN 4261 geregelt. Dabei wird unterschieden in Anlagen ohne Abwasserbelüftung (Mehrkammerausfaulgruben) und mit Abwasserbelüftung (Tropfkörper, Tauchkörper, Belebungsbecken). Eine Kombination beider Verfahren ist möglich und wird im Einzelfall von den Wasserbehörden gefordert.

K. ohne Abwasserbelüftung müssen periodisch, in der Regel jährlich, durch Fäkalsaugwagen geräumt werden; der Inhalt wird i. a. in Abwasserbehandlungsanlagen dem Abwasserstrom zugegeben, seltener zu Dungzwecken verwendet. Die letzte Kammer des Mehrkammersystems ist mit einem Überlauf versehen, der das vorgeklärte Abwasser vor der Ableitung in einen Vorfluter (Bach, Graben) einem →Sandfiltergraben oder zur →Untergrundverrieselung einem flächenhaften Rieselrohrnetz bzw. einem Sickerschacht zuführt.

Der Betrieb einer K. bedarf einer eigenständigen wasserrechtlichen Erlaubnis (→Mehrkammer-Absetzgrube, →Mehrkammer-Ausfaulgrube). *Mertsch*

Literatur: DIN 4261: Kleinkläranlagen; Anlagen ohne Abwasserbelüftung; Teil 1: Anwendung, Bemessung und Ausführung. 2/1991. – Teil 2: Anwendung, Bemessung, Ausführung und Prüfung. 6/1984. – Teil 3 E: Betrieb und Wartung. 10/1988. – Teil 4: Betrieb und Wartung. 6/1984.

Klima. Langjähriger typischer Ablauf der charakteristischen Witterungen eines Orts oder einer Region, verursacht durch die Sonneneinstrahlung, die Beschaffenheit der Erdoberfläche und die damit verknüpfte atmosphärische Zirkulation. Die Witterungsverhältnisse eines einzelnen Jahres können

von diesem langjährigen Ablauf (häufig ein Zeitraum von mindestens 30 Jahren) erheblich abweichen. Zu den K.-Elementen gehören Lufttemperatur, Sonnenschein, Niederschlag, Wind. Diese K.-Elemente unterliegen den Wirkungen von natürlichen und anthropogenen K.-Faktoren.

Natürliche K.-Faktoren sind: geographische Breite (mit bestimmter Sonnenhöhe und Strahlungsintensität), die Entfernung vom Meer, Oberflächenbeschaffenheit, Oberflächenform, Hangneigung und Exposition sowie Höhenlage.

Anthropogene K.-Faktoren sind: Bebauung, Industrie- und Verkehrsanlagen mit Wärme- und Schadstoffemissionen. Nutzungsänderungen auf Landflächen sind mit Energiebilanzänderungen verbunden, was zu einer Klimaänderung in diesem Bereich führen kann.

Auf der Erde werden fünf Klimazonen unterschieden: Tropen (Regenwald, Savanne), Subtropen (Steppe und Wüste), gemäßigte Zone, mittlere Breiten (Wald-/Grasland), Subpolare Zone (Tundren), Polarzone (ewiges Eis). Neben dem großräumigen (globalen) K. unterscheidet man in Abhängigkeit vom betrachteten Raum nach Makroklima (K. eines Landes oder einer Region) und →Mikroklima (Standortklima). Das Mikroklima kann das K. eines Waldbestands, einer Wiese oder einer Wohnsiedlung sein. Gebräuchlich ist auch der Begriff Lokalklima. So ist das →Stadtklima ein durch die Bebauung und Stadtstruktur modifiziertes Lokalklima.

Vom K. zu unterscheiden sind die Begriffe →Witterung und →Wetter. *Külske*

Klonieren. Mit K. bezeichnet man zunächst die Herstellung von Individuen eines identischen Genotyps. Hierzu ist es in der Regel erforderlich, von einer Einzelzelle auszugehen, die asexuell, d. h. durch Zellteilung, beliebig unter Erhalt des gesamten Genoms vermehrbar ist. Bakterien können z. B. durch Verdünnung vereinzelt und auf Festagar kultiviert werden, um Kolonien von Individuen des gleichen Genotyps zu erhalten. Analog kann bei anderen teilungsfähigen Mikroorganismen wie Hefen verfahren werden, aber auch bei kultivierbaren Zellen höherer Lebewesen. Mehrzellige Lebewesen sind durch Trennung der Zellen eines Embryos auf früher Entwicklungsstufe, z. B. Vier-Zellen-Stadium, und deren Aufzucht klonierbar. In diesem Sinne sind eineiige Mehrlinge als Ergebnis einer natürlichen Klonierung zu verstehen.

Im Laborjargon bezeichnet man als K. auch die identische Vermehrung von Genen oder DNA-Fragmenten mit Hilfe klonierter Zellen. Hierzu muß das zu klonierende Gen bzw. die DNA in einen Klonierungsvektor verbracht werden, der wiederum in einer geeigneten Wirtszelle identisch amplifiziert werden kann. Der Vektor wird hierbei durch eine

Restriktionsendonuclease gespalten und mit einer definierten DNA oder einem Gemisch von DNA-Molekülen mit Hilfe einer Ligase rekombiniert. Der so erhaltene rekombinante Vektor kann dann zur Transformation von Wirtszellen eingesetzt werden, die nach Vereinzelung kloniert werden können. Da Mehrfachtransformationen einer Einzelzelle extrem unwahrscheinlich sind, erhält man Klone von Zellen mit identischen, klonierten Vektoren, aus denen die klonierte DNA durch Spaltung mit Nucleasen als Population identischer Moleküle erhalten werden kann. Je nach Klonierungskapazität des Vektors kann man DNA-Fragmente von wenigen Basenpaaren bis zu ganzen Genen klonieren.

Die Bedeutung der DNA-Klonierung für die Gentechnik bzw. die moderne Biologie ist vielfältig. Erst durch K. ist es möglich geworden, aus der Vielzahl biologisch präsenter und bei der chemischen Isolation anfallender DNA-Moleküle solche mit definierter Sequenz selektiv zu amplifizieren, in nahezu beliebiger Quantität als chemisch einheitliche Substanz zu isolieren und zu analysieren. Für biotechnische Prozesse sind klonierte Organismen, seien es nun rekombinante oder natürliche Mikroorganismen oder Hybridomazellen, unverzichtbar für eine reproduzierbare Prozeßführung und eine konstante Produktqualität. *Flohé*

Klopfen →Octanzahl

Knall. In Luft kurzzeitig mit steilen Anstiegs- und Abfallflanken auftretende Druckverläufe sind als K. hörbar.

Die K. sind Schallimpulse mit beliebigen Druckverläufen. Bei K. treten Luftschallwechseldrucke auf, die sich dem Atmosphärendruck überlagern und sich als Stoßwelle ausbreiten. Bei manchen Sprengverfahren, z. B. bei Großbohrlochsprengungen ohne Verdämmung der Sprengschnur außerhalb der Bohrlöcher, bei Knäppersprengungen, beim Sprengplattieren und Explosivumformen, entstehen durch den bei der Detonation auftretenden Verdichtungsstoß Stoßwellen, die sich mit Überschallgeschwindigkeit in der Luft ausbreiten. Mit zunehmendem Abstand vom Sprengort geht die Stoßwelle in eine Druckwelle mit weniger steilem Anstieg und danach in eine akustische Welle über, die sich mit Schallgeschwindigkeit in der Luft ausbreitet.

K. können auch durch bewegte Objekte wie Geschosse und Flugzeuge erzeugt werden, wenn sich diese mit Schallgeschwindigkeit oder schneller bewegen. Dann bilden sich ebenfalls Stoßwellen aus, die mit zunehmender Überschallgeschwindigkeit durch sehr kurze Anstiegs- und Abfallzeiten der Über- und Unterdrucke in der Stoßwelle gekennzeichnet sind. Der durch eine solche Stoßwelle verursachte K. wird häufig als →Überschallknall

bezeichnet. K. bewirken wegen der Plötzlichkeit ihres Auftretens und wegen der relativ starken Luftdruckwechsel und der durch diese bedingten hohen Schallpegel bei Betroffenen eine starke Geräuschwahrnehmung, die oft Schreck auslöst. Treffen die Stoßwellen von K. auf Gebäude, können dadurch merkliche dynamische Belastungen des gesamten Gebäudes und von Bauteilen, besonders von Dächern und Fenstern, verursacht werden. Bei Knäppersprengungen hängt die Stärke des erzeugten K. von der Art der Knäppersprengung, der Gesamtlademenge pro Zündstufe, der Detonationsgeschwindigkeit des Sprengstoffs und der Verdämmung ab. In Abständen von etwa 300 m vom Sprengort können Luftwechseldrücke im Bereich von p = 60–200 Pa auftreten. Das entspricht Schalldruckpegeln von $L_{peak,\ max}$ = 130–140 dB (Bezugsschalldruck: p_0 = 2 10^{-5} Pa).

Beim Sprengplattieren können je nach gezündeter Sprengstoffmenge im Abstand von 200 m vom Sprengort Luftwechseldrucke von p = 60 Pa ($L_{peak,\ max}$ = 130 dB) und auch wesentlich größere Werte auftreten. Die Wirkungen der K. auf Bauwerke und Bauteile hängen von der Art und Größe der einwirkenden Druckwellen und auch von den dynamischen Eigenschaften der Bauteile ab. Bei der Einwirkung von K. auf übliche Fensterscheiben in Wohnhäusern nimmt die Bruchgefahr der Glasscheiben merklich zu, wenn die Luftwechseldrucke Werte von etwa p = 200 Pa ($L_{peak,\ max}$ = 140 dB) überschreiten. Beim Knäppern können durch sorgfältiges Verdämmen und Abdecken der Sprengschnüre sowie durch den Einsatz von Zeitzündern die Druckwellen der K. vermindert werden. Auf die Ausbreitung der K. haben die Wetterbedingungen großen Einfluß, besonders die Windrichtung und die Windgeschwindigkeit. K. breiten sich an trüben, regnerischen und nebeligen Tagen in größere Entfernungen aus als bei klarem Wetter. *Splittgerber*

Literatur: *Gerasch, W.-J.* et al: Erschütterungsauswirkungen von Abschußknallen auf Gebäude. Bauingenieur (1988) 63. – *Schomer, P. D.* et al: Statistics of amplitude and spectrum of blast propagated in the atmosphere. J. Acoust. Soc. Am. **63** (1978) Nr. 5. – *Siskind, D. E.* et al: Structure Response and Damage Produced by Airblast from Surface Mining. Bureau of Mines, USA. Report of Investigations 8485. 1980. – *Weber, G.:* Die Beanspruchung von Wohnhäusern durch Sprengungen. VDI-Ber. 355, Düsseldorf 1979.

Knallgasbakterium. Wasserstoff oxidierendes Bakterium. K. sind obligat aerobe Boden- oder Wasserbakterien, die fähig sind, molekularen Wasserstoff mit Sauerstoff als terminalem Elektronenakzeptor zu oxidieren. Der Wasserstoff wird durch Hydrogenasen aktiviert und in einer kalten Knallgasreaktion [2 $H_2 + O_2 \rightarrow$ 2 H_2O] zu Wasser umgesetzt. Die dabei gewonnene Energie wird im Zuge einer Atmungskettenphosphorylierung als ATP festgelegt.

K. sind fakultativ autotroph, können also sowohl CO_2 über den Calvin-Cyclus assimilieren, als auch heterotroph organische Kohlenstoffquellen verwerten. Steht außer $H_2 + CO_2$ auch ein organisches Substrat zur Verfügung, so können sich einige K. mixotroph ernähren, d. h. der organische Nährstoff kann unter Bildung von Zellsubstanz assimiliert werden, während die Energiegewinnung durch H_2-Oxidation erfolgt. *Maghon*

Kobalt.
□ Stoff-Identifizierungs-Nr.:
CAS-Nr.: 7440-48-4
EG-Nr.: 027-001-00-9
UN-Nr.: 2811
EINECS-Nr.: 231-158-0
□ Chemische Formel: Co
□ Stoffcharakteristik: Stahlgraues, glänzendes, ferromagnetisches Metall, wird von feuchter Luft nicht, dagegen von nicht oxydierenden Säuren langsam angegriffen.
□ Gefahrenmerkmale:
– Stoffliste nach § 4a der Gefahrstoffverordnung: Gefahrenkennbuchstabe(n): Xn
R-Sätze: 42/43-45
S-Sätze: 2-22-24-37
– Besondere Stoffeigenschaften nach TRGS 500: krebserzeugend: MAK-Gruppe IIIA2
– Arbeitsschutzwerte nach TRGS 900: →TRK-Wert (mg/m³): 0,1 (→Gesamtstaub)
– Stoffliste (Anhang II) der →Störfall-Verordnung: Nr. 186.1
– Emissionswerte: TA Luft Einstufung: 2.3 Klasse II (in atembarer Form) 3.1.4 Klasse II (→Metallverbindungen im Staub) *Fischer/M. Schön*

Kobalt(II)Oxid.
□ Stoff-Identifizierungs-Nr.:
CAS-Nr.: 1307-96-6
EG-Nr.: 027-002-00-4
EINECS-Nr.: 215-154-6
□ Chemische Formel: CoO
□ Stoffcharakteristik: Olivgrünes, in trockenem Zustand beständiges Pulver, oxydiert in feuchtem Zustand leicht zu braunen Kobalt(III)hydroxid.
□ Gefahrenmerkmale:
– Stoffliste nach § 4a der Gefahrstoffverordnung: Gefahrenkennbuchstabe(n): Xn
R-Sätze: 22-43
S-Sätze: 2-24-37
– Arbeitsschutzwerte nach TRGS 900: →TRK-Wert (mg/m³): 0,1 (→Gesamtstaub)
– Stoffliste (Anhang II) der →Störfall-Verordnung: Nr. 186.2
– Emissionswerte: →TA Luft Einstufung: 2.3 Klasse II (in atembarer Form) 3.1.4 Klasse II
Fischer/M. Schön

Kobaltsulfid.
□ Stoff-Identifizierungs-Nr.:
CAS-Nr.: 1317-42-6
EG-Nr.: 027-003-00-X
EINECS-Nr.: 215-273-3
□ Chemische Formel: CoS
□ Stoffcharakteristik: Rötliche bis silberweiße Kristalle, auch schwarzes amorphes Pulver, in Wasser unlöslich, leicht löslich in Säuren.
□ Gefahrenmerkmale:
– Stoffliste nach § 4a der Gefahrstoffverordnung: Gefahrenkennbuchstabe(n): Xi
R-Sätze: 43
S-Sätze: 2-24-37
– Arbeitsschutzwerte nach TRGS 900: →TRK-Wert (mg/m³): 0,1 (Gesamtstaub)
– Stoffliste (Anhang II) der →Störfall-Verordnung: Nr. 186.3
– Emissionswerte: TA Luft Einstufung: 2.3 Klasse II (in atembarer Form) 3.1.4 Klasse II
Fischer/M. Schön

KoBra. Abk. Kombikraftwerk mit Braunkohlenvergasung (→Kombikraftwerk, →Braunkohlenvergasung).

Körperhaltung. Bei der Beurteilung der Einwirkung von mechanischen Schwingungen auf den Menschen ist die K. als Einflußgröße zu beachten. Bewertungen werden für Stehen, Sitzen und Liegen angegeben.

Die von außen auf den Menschen einwirkenden Belastungen in Form von Schwingungen bzw. →Erschütterungen führen zu einer Beanspruchung, die bei entsprechender Stärke der Erschütterungsreize auch zu einer subjektiven →Wahrnehmung führen. Die K. und die Einwirkungsrichtung der Schwingungen in bezug auf den menschlichen Körper haben Einfluß auf die subjektive Wahrnehmbarkeit. Um die Schwingungsrichtung und damit die Meßrichtungen zu kennzeichnen, ist im Regelwerk VDI 2057 ein auf den Menschen bezogenes Koordinatensystem festgelegt bei Einwirkung auf den menschlichen Körper im Stehen, Sitzen und Liegen. Für die verschiedenen K. und Einwirkungsrichtungen sind in der VDI 2057 Bewertete Schwingstärken KB als Kurven gleicher Wahrnehmung angegeben. *Splittgerber*

Literatur: VDI 2057, Blatt 1: Grundlagen, Gliederung, Begriffe. 5/1987; Blatt 2: Bewertung. 5/1987.

Körperschall. Mit K. bezeichnet man mechanische Schwingungen und Wellen in festen Körpern mit Frequenzen im Hörbereich, d. h. zwischen etwa 16 Hz und 16 kHz, wenn der durch die Schwingungen angeregte Luftschall in Betracht steht. K. unterscheidet sich von Schall in Gasen und Flüssigkeiten dadurch, daß in festen Körpern auch Schubspannungen und Schubdeformationen auftreten können und daher nicht nur Kompressionswellen bzw. Longitudinalwellen, sondern mehrere Wellenarten wirksam sind. Als Maß zur Beschreibung des K. verwendet man den Effektivwert der Schnelle v der schwingenden Oberfläche des Körpers. Für den Schnellepegel L_v gilt:

$$L_v = 20 \lg \frac{v}{v_o} \text{ in dB.}$$

Die Bezugsschnelle $v_o = 5 \cdot 10^{-8}$ m/s wurde so gewählt, daß der Schnellepegel einer Wand und der durch Abstrahlung erzeugte Schalldruckpegel unmittelbar vor der Wand zahlenmäßig gleich groß sind, wenn die Fläche konphas schwingt. Die Körperschallerregung kann durch eine Vielzahl von Mechanismen erfolgen. Der sich in den Strukturen, Bauteilen usw. ausbreitende K. wird von den Oberflächen als Luftschall abgestrahlt. Die Entstehung von Luftschall aus K. erfolgt besonders durch Biegewellen. Die Ausbreitung von K. in Gebäuden ist sehr kompliziert, weil sich ein Gebäude aus zahlreichen platten- und stabförmigen Bauteilen mit mannigfaltigen K.-Kopplungen zusammensetzt. Eine spezielle Art des K. ist der Trittschall, der beim Gehen auf Decken entsteht (→Trittschalldämmung). Der von schwingenden Raumbegrenzungsflächen abgestrahlte K. wird als sekundärer Luftschall (Sekundärschall) bezeichnet. Nach der Beurteilung der Einwirkung von →Erschütterungen auf Menschen in Gebäuden nach dem Regelwerk DIN 4150, Teil 2, gehört der sekundäre Luftschall zu den Sekundäreffekten, die Einfluß auf die Belästigung des Menschen durch Erschütterungen haben. Der sekundäre Luftschall selbst wird nach Geräusch-Richtlinien beurteilt (→TA Lärm, VDI 2058 Bl. 1). Bei der →Schwingungsisolierung von Maschinen (→Aktivisolierung) und bei der →Passivisolierung von schutzbedürftigen Objekten, z. B. bei Gebäudeisolierungen, wird bei sehr weichelastischer Federung auf Stahlfedern und viskosen Dämpfern, d. h. bei sehr tiefer Abstimmung, bereits für Erschütterungen mit verhältnismäßig niedrigen Frequenzen und auch für K. eine Isolierung erzielt. Dabei ist darauf zu achten, daß bei den Isolatoren keine Einbrüche durch Resonanzen bei der Isolierung von K. mit höheren Frequenzen auftreten. Die Ober- und Unterteile der Isolierelemente werden daher häufig mit Dämmschichten versehen. Bei Federfundamenten ist darauf zu achten, daß auch kein K. über Schwingungsbrücken übertragen wird. Das Vermeiden von abgestrahltem K. hat bei →Schienenverkehrserschütterungen sehr große Bedeutung, besonders bei in Tunneln geführten Strecken und nahe zum Tunnel gelegenen Gebäuden. Die über das Gleis rollenden Räder eines Fahrzeugs erzeugen K., der über die Schienen in den Oberbau, von dort über das Tunnelbauwerk in den Boden und von dort über die Fundamente in anliegende Gebäude eingeleitet wird. Bei Vorbeifahrten ist der Luftschall oft mit dominierenden Frequenzen im Bereich von etwa 20–120 Hz hörbar. *Splittgerber*

Literatur: *Cremer, L.* und *M. Heckl*: Körperschall. Berlin-Heidelberg-New York 1982. – VDI 3727, Bl. 1: Physikalische Grundlagen und Abschätzungsverfahren. 2/1984. – VDI 2058 Bl. 1: Beurteilung von Arbeitslärm in der Nachbarschaft. 9/1985.

Körperschalldämmung. Bei der →Dämmung (Isolierung) von →Körperschall wird Schwingungsenergie durch Reflexionen in der Richtung der Ausbreitung geändert, aber nicht in andere Energieformen überführt. Der Körperschall wird an Diskontinuitätsstellen zum Teil reflektiert und somit an einer Weiterleitung gehindert. Diskontinuitäten können sein Materialwechsel, Querschnittssprünge und/oder Umlenkungen. K. wird auch durch den Einbau von elastischen Schichten (Dämmschichten) zwischen dem dynamisch erregten und Körperschall leitenden System und den Nutzflächen zur Umgebung erreicht. Manchmal wird auch der Mechanismus der Abnahme des Körperschalls mit zunehmendem Abstand vom Körperschallerreger zur K. gerechnet, weil sich die Energiedichte durch Verteilung auf ein immer größeres Gebiet verkleinert, ohne daß dabei eine Umwandlung in eine andere Energieform stattfindet.

Durch Querschnittssprünge sind in der Regel keine großen Körperschalldämmwerte zu erzielen. Im Vergleich dazu können durch weiche Dämmschichten (Gummi, Kork), die beim Betrieb von Maschinen in Gebäuden zwischen der Maschinengrundplatte und der Gebäudedecke eingebaut werden, sehr hohe Werte für die K. erzielt werden. Die Dämmung ist umso größer, je größer das Verhältnis aus den Erregerfrequenzen zur Eigenfrequenz der elastisch aufgestellten Maschine ist. Die unter der elastischen Schicht befindliche Konstruktion muß dabei wesentlich steifer als die Dämmschicht sein. *Splittgerber*

Literatur: *Cremer, L.* und *M. Heckl*: Körperschall. Berlin-Heidelberg–New York 1982.

Körperschalldämpfung. Mit K. bezeichnet man den Teil der Schwingungsenergie, der bei der Ausbreitung von →Körperschall in festen Körpern in Wärme umgewandelt wird. Durch Materialdämpfung (Absorption) und durch Reibungseffekte an Kontaktflächen (Strukturdämpfung) wird K. erreicht. Große Materialdämpfung ist durch Verwendung von Materialien mit möglichst hoher innerer →Dämpfung (z. B. hochpolymere Kunststoffe, Sand) zu erreichen. Eine große K. haben auch Konstruktionen, die mit Entdröhnungsbelägen versehen sind. Bei der Ausbreitung von Körperschall in festen Körpern wird die Dämpfung (Absorption) durch den Verlustfaktor gekennzeichnet. Der Verlustfaktor d (oft auch η benannt) wird nach DIN 53 440, T. 2, als Relativmaß für die Energieverluste bei der Schwingung im Vergleich zur wiedergewinnbaren Energie definiert. *Splittgerber*

Literatur: VDI 2062, Bl. 1: Begriffe und Methoden. 1/1976. – VDI 3727, Bl. 1: Physikalische Grundlagen und Abschätzungsverfahren. 2/1984.

Kohle-Feuerungsanlage →Feuerungsanlage

Kohlelagerung →Lagerung staubender Güter

Kohlendioxid.

Atmosphärenchemie. K. (CO_2) ist neben dem Wasserdampf das wichtigste klimarelevante atmosphärische →Spurengas. In der →Troposphäre ist es mit einer Verweilzeit von 50–200 Jahren gut durchmischt. Änderungen der troposphärischen Konzentrationen lassen sich deshalb bereits mit Hilfe weniger über die Erde verteilter Meßstationen mit ausreichender Auflösung erfassen. In der Entwicklungsgeschichte der Erde wiesen die CO_2-Konzentrationen in der Eis- und Zwischeneiszeit größere Schwankungen auf, die über Bohrkernanalysen im polaren Eis zurückverfolgt werden können. Die mittlere troposphärische CO_2-Konzentration beträgt z. Zt. ~350 ppmV (mit leicht höheren Werten in der Nordhemisphäre).

Die Konzentration durchläuft einen Jahresgang, der im wesentlichen von der →Biosphäre bestimmt wird. Im Sommer überwiegt die CO_2-Aufnahme aufgrund der verstärkten →Photosynthese der Vegetation. Im Herbst und Winter wird durch mikrobielle Zersetzung der abgestorbenen Biomasse das CO_2 wieder in die →Atmosphäre abgegeben. Die jahreszeitliche Schwankung liegt in der Südhemisphäre bei 1,2 ppmV, wächst aber in der Nordhemisphäre auf maximal 15 ppmV (bei 55 bis 65° nördlicher Breite) an.

Neben diesen natürlichen Schwankungen wird das Gleichgewicht zwischen Biosphäre und Atmosphäre durch den Menschen in unterschiedlicher Form und Intensität gestört. So wird z. B. durch die Verbrennung des fossilen Kohlenstoffs der natürliche Kohlenstofffluß aus den Sedimenten in die Atmosphäre um ein Vielfaches erhöht und dadurch zusätzlich CO_2 in die Atmosphäre abgegeben. Die anthropogene CO_2-Emission durch die Verbrennung fossiler Brennstoffe beträgt etwa 6,6 Milliarden Tonnen Kohlenstoff pro Jahr. Mit Hilfe der aus Eisbohrkernen gewonnenen Daten ist eine detaillierte Rekonstruktion der CO_2-Zunahme in der Troposphäre während der vergangenen 200 Jahre möglich. Danach beginnt das CO_2 um das Jahr 1800 in der Troposphäre anzusteigen. Zur letzten Jahrhundertwende wurden bereits Werte von 295 ppmV erreicht. Die im Jahre 1958 auf Hawaii begonnene

Direktmessungen schließen sich bei einem Wert von 315 ppmV an die aus Eisbohrkerndaten rekonstruierte zeitliche Entwicklung an. Zu dieser Zeit betrug der jährliche Anstieg 0,6 ppmV pro Jahr. Diese Rate ist 1990 auf einen Wert von ~1,8 ppmV pro Jahr angestiegen. Bei einer mittleren globalen troposphärischen CO_2-Konzentration von 350 ppmV entspricht dies einem prozentualen Anstieg von 0,5 % pro Jahr (Bild).

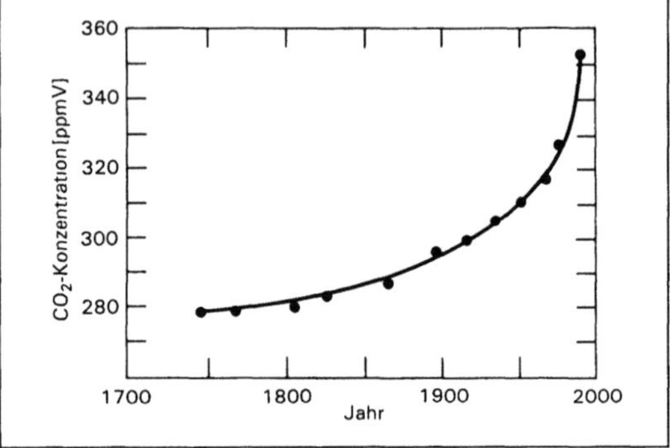

Kohlendioxid: Verlauf der CO_2-Konzentration in Abhängigkeit von der Zeit.

Zusätzlich wird der atmosphärische CO_2-Gehalt durch die Rodung von Wäldern und durch die landwirtschaftliche Nutzung ehemaliger Waldböden erhöht. Der Anstieg wäre noch schneller, wenn das atmosphärische CO_2 nicht mit dem geologischen →Kohlenstoffkreislauf unmittelbar gekoppelt wäre. Diese Kopplung erfolgt im wesentlichen durch den Kohlenstoffaustausch zwischen der gut durchmischten Oberflächenwasserschicht und dem Tiefenwasser der Ozeane. Die Wechselwirkung zwischen Atmosphäre und Ozean hängt von Faktoren ab, die bis heute noch nicht genau verstanden sind. Bei völligem Verzicht auf den Einsatz fossiler Energieträger würde die zeitliche Abnahme der CO_2-Konzentration mit der durch den geochemischen Kohlenstoffkreislauf festgelegten Verweilzeit von ca. 120 Jahren erfolgen. Dies bedeutet, daß, selbst wenn es gelänge, die anthropogene CO_2-Gesamtemissionsrate auf dem gegenwärtigen Stand einzufrieren, die troposphärische CO_2-Konzentration weiter ansteigen und im Jahr 2050 einen Wert von ~415–480 ppmV, im Jahr 2100 sogar einen Wert von 460–560 ppmV erreichen würde. Um die CO_2-Konzentration auf dem heutigen Stand einzufrieren, müßten die globalen anthropogenen Emissionen heute um 60–80 % reduziert werden.

Im Gegensatz zur Erwärmung der Troposphäre führt die Zunahme des atmosphärischen CO_2-Gehaltes zu einer Abkühlung in der →Stratosphäre. Der Grund hierfür liegt darin, daß das Kohlendioxid für einen großen Teil der infraroten Ausstrahlung in den Weltraum verantwortlich ist. Die gleichzeitig ablaufende Erwärmung der Stratosphäre durch die Ozonabsorption im kurzwelligen Spektrum der Sonnenstrahlung wird dadurch zum Teil wieder kompensiert. *Wiesen*

Emissionen. K. entsteht bei der Oxidation (Verbrennung, Atmung, biologische Zersetzung) von kohlenstoffhaltigen Stoffen, insbesondere durch Verbrennung fossiler Energieträger. Anthropogenes K. ist am →Treibhauseffekt der Atmosphäre etwa zu 50 % beteiligt. Die andere Hälfte entfällt auf die Fluorkohlenwasserstoffe (FCKW), Methan, flüchtige organische Verbindungen (ohne Methan), Kohlenmonoxid und Distickstoffoxid (N_2O).

Die Höhe der CO_2-Emissionen bei der Verbrennung eines fossilen Brennstoffes hängt ursächlich ab von der Brennstoffzusammensetzung (Kohlenstoffgehalt, Heizwert). Unter Voraussetzung einer vollständigen Verbrennung der Energieträger (in →Großfeuerungsanlagen) ergeben sich mittlere spezifische CO_2-Emissionsfaktoren für die jeweiligen Energieträger (Tabelle 1).

Kohlendioxid. Tabelle 1: Spezifische CO_2-Emissionsfaktoren fossiler Energieträger

Energieträger	spezifischer CO_2-Emissionsfaktor in (kg CO_2/GJ)
Braunkohle	111
Steinkohle	92
Heizöl schwer	78
Heizöl leicht	74
Erdgas	56

Die weltweiten CO_2-Emissionen aus der Verbrennung fossiler Energieträger haben sich zwischen 1950 und 1990 fast vervierfacht, von 5 800 Mio. t (1950) auf 22 300 Mio. t (1990). Neben der Höhe des Energieverbrauchs ist auch die Struktur nach Energieträgern für die CO_2-Emissionen von Bedeutung. Einige Länder mit hohen bzw. geringen energiebedingten CO_2-Emissionen pro Einwohner sind in der Tabelle 2 genannt.

Der weltweite Durchschnitt der spezifischen Emissionen betrug 1990 4,2 t CO_2 pro Einwohner.

In den OECD-Staaten wurden im Jahre 1990 insgesamt 10 385 Mio. t CO_2 emittiert. Das sind 46,5 % der CO_2-Emissionen aus der Energienutzung weltweit, bei einem Anteil der OECD-Staaten an der Weltbevölkerung von 15,5 %. Damit wurden in den OECD-Staaten durchschnittlich 12,4 t CO_2 pro Einwohner emittiert.

Eine Minderung der CO_2-Emissionen ist im wesentlichen nur durch die Verringerung des Einsatzes fossiler Energieträger, d. h. durch Energieeinsparung und rationelle Energieanwendung sowie

Kohlendioxid. Tabelle 2: Daten zu CO_2-Emissionen (1990)

Land	t CO_2 pro Einwohner	t CO_2/a
USA	20,8	5 230
Australien	16,3	278
Saudi Arabien	14,7	219
CSFR	14,4	226
Bundesrepublik Deutschland (gesamt)	12,7	1 008
UdSSR	12,5	3 602
Japan	8,9	1 099
Schweden	6,4	55
China	2,2	2 459
Indien	0,7	627

durch Substitution kohlenstoffreicher durch kohlenstoffärmere bzw. -freie Energieträger (z. B. Erdgas, regenerative Energien, Kernenergie) möglich.

Nach gegenwärtigem Kenntnisstand ist eine wirkungsvolle und effektive →Kohlendioxidabscheidung und -entsorgung durch technische Maßnahmen nicht praktikabel. *Kaschenz*

Literatur: Beschluß der Bundesregierung vom 11. Dezember 1991 zur Reduzierung der energiebedingten CO_2-Emissionen in der Bundesrepublik Deutschland auf der Grundlage des Zweiten Zwischenberichts der Interministeriellen Arbeitsgruppe CO_2-Reduktion (IMA CO_2-Reduktion), Bundestags-Drucksache 12/2081, Bonn 1991. – Daten zur Umwelt, 1988/89, Umweltbundesamt. Berlin 1989. – Dritter Bericht der Enquete-Kommission Vorsorge zum Schutz der Erdatmosphäre des Deutschen Bundestages zum Thema Schutz der Erde. Bundestags-Drucksache 11/8030, Bonn 1990. – Energy Balances (verschiedene Ausgaben); Hrsg.: International Energy Agency, Paris. – Jahresbericht 1992 Umweltbundesamt.

Emissionsmessung. Verschiedene Meßaufgaben der →Emissionsüberwachung erfordern eine Messung des K.-Gehalts im Abgas.

Bei den →Schornsteinfeger-Messungen an Kleinfeuerungsanlagen wird nach den Vorschriften der Kleinfeuerungsanlagen-Verordnung (→1. BImSchV) an Öl- und Gasfeuerungen aus der Messung des K.-Gehalts im Abgas und der Differenz zwischen Abgas- und Raumlufttemperatur der Abgasverlust bestimmt. Zur Messung von K. werden einfache Meßgeräte eingesetzt, die allerdings eine →Eignungsprüfung bestanden haben sollen. Gebräuchliche Meßprinzipien sind die →Volumenometrie und die Wärmeleitfähigkeitsmessung (→Wärmetönungsmessung). Anstelle des K.-Gehalts kann auch der Sauerstoff-Gehalt gemessen werden (→Sauerstoffmessung).

An größeren, genehmigungsbedürftigen Feuerungsanlagen wird üblicherweise zur Normierung der Emissionsmessungen der Sauerstoffgehalt im Abgas bestimmt. Statt dessen kann aber auch der K.-Gehalt gemessen werden. Voraussetzung dafür ist, daß der Kohlenstoffgehalt des eingesetzten Brennstoffs bzw. der bei vollständiger Verbrennung erzielbare maximale CO_2-Gehalt im Abgas bekannt ist. Der Ersatz der O_2-Messung durch eine CO_2-Messung bietet sich an, wenn mit einem optischen →In situ-Meßverfahren mehrere gasförmige Abgasbestandteile in Kombination gemessen werden sollen. Im Unterschied zu CO_2 ist O_2 einer optischen Messung nicht zugänglich (photometrische →Gasmeßverfahren).

Standardmethode zur kontinuierlichen Emissionsmessung von K. ist das →NDIR-Verfahren. Bisher gibt es noch keine Verpflichtung, die K.-Emissionen großer Anlagen in Hinblick auf die schädlichen Klimaauswirkungen kontinuierlich zu messen. Im Zusammenhang mit der im § 5 Abs. 2 BImSchV vorgesehenen Wärmenutzungsverordnung wird aber eine solche Auflage erwogen. *Stahl*

Immissionsmessung. Als Immissionsmeßverfahren für K. kommt nur die nichtdispersive Infrarotspektroskopie (→NDIR-Verfahren) in Frage. Zur Messung findet keine Zerlegung der Infrarotstrahlung statt. Statt dessen wird die Absorption in einer Wechsellicht-Photometer-Anordnung mit zwei parallelen Strahlengängen und einem selektiv wirkenden Strahlungsempfänger gemessen. In den Strahlengängen befinden sich die Meß- und eine Vergleichskammer, die mit der zu messenden Komponente gefüllt ist. Durch unterschiedliche Absorption eines Infrarotlichtstrahls in der Meß- und Vergleichskammer läßt sich das Meßsignal erzeugen.

Die Kalibrierstandards bestehen aus einem Gemisch von K. in synthetischer Luft oder in Reinstickstoff. Aus Stabilitätsgründen wurde überwiegend Stickstoff verwendet. Durch eine Druckabhängigkeit kann das Ergebnis dann jedoch fehlerhaft sein. Von der WMO (World Meteorological Organization) wurde deshalb bei der Scribbs Institution of Oceanography in La Jolla, Kalifornien, ein Primärstandard entwickelt, der weltweit für die Ur-Kalibrierung von Geräten und Eichgasen verwendet wird. Er ist auf ein K./Stickstoffgemisch bezogen. Mittlerweile gibt es auch stabile Kalibriergemische in Luft. Diese werden heute üblicherweise als Sekundär- oder Arbeitsstandards verwendet. *Dulson*

Kohlendioxid und erneuerbare Energien. CO_2 ist ein Treibhausgas; sein Anteil am →Treibhauseffekt ist mit 50% der größte aller Treibhausgase. Fossile Energieversorgung liefert den größten Anteil zur anthropogenen K.-Emission.

Erneuerbare Energien gehören zu den kohlenstofffreien Energien. Das ist korrekt hinsichtlich des fehlenden – ggfs. kohlenstoffhaltigen – Primärenergierohstoffs, das ist nicht ganz korrekt hinsichtlich aller Technologie solarer oder nichtsolarer →Energiewandlung. Auch zur Erstellung und zur Rezyklierung von Sonnenkraftwerken ist der Betrieb von Stahlwerken, Zementmühlen, Glashütten etc. nötig, in denen Kohlen oder Mineralöl oder Erdgas eingesetzt werden. Ihre CO_2-Emission, bezogen auf die Einheit der in den Sonnenkraftwerken produzierten Energie ist jedoch – nahezu – vernachlässigbar: Sie beträgt weniger als 1% der Emission aus fossilen Energiewandlern.

Es gibt eine Form der Sonnenenergie, die sogar als temporäre CO_2-Senke wirken kann: →Biomasse. Die CO_2-Emission bei – etwa – der Verbrennung eines Baums kann immer nur gerade so groß sein, wie der Baum während seiner Lebensdauer durch Photosynthese aus der Atmosphäre resorbiert hat. Werden verstärkt langlebige Pflanzen angebaut (z. B. Wälder), die für eine gewisse Zeit mehr Kohlenstoff binden, als andere Pflanzen freisetzen, entsteht eine CO_2-Senke, solange das Pflanzenmaterial (Holz) nicht genutzt wird. *C.-J. Winter*

Kohlendioxidabscheidung/-entsorgung. Die K. ist eine denkbare Möglichkeit zur Minderung der Emissionen von Kohlendioxid (CO_2), indem das bei der Verbrennung fossiler Energieträger entstehende CO_2 abgeschieden, z. T. stofflich verwertet, insbesondere aber von der Erdatmosphäre isoliert endgelagert wird. Die K. wird vorrangig unter dem Aspekt einer Verringerung des CO_2-Eintrages in die Atmosphäre im Hinblick auf den →Treibhauseffekt diskutiert. Die Voraussetzung für eine sinnvolle K. ist, daß der Energieaufwand für Abscheidung, Verdichtung, Transport und eventuelle Endlagerung von CO_2 klein gegenüber dem Heizwert jener Menge an fossilem Brennstoff ist, aus der das CO_2 entstanden ist. Nach derzeitigem Stand der Technik sind vor allem die Verringerung des Energiebedarfs, die rationelle Energieanwendung und die Wahl der Energieträger die wichtigsten Maßnahmen zur Verringerung der CO_2-Emissionen.

Kohlendioxid ist eine sehr beständige Verbindung, nahezu chemisch inert, und zerfällt (dissoziiert) erst bei Temperaturen um 2 000 °C. In Verbindung mit Wasser wird nur ein geringer Anteil (ca. 0,1%) in Kohlensäure (H_2CO_3) umgewandelt, das übrige CO_2 wird – in Abhängigkeit von Druck und Temperatur – im Wasser gelöst. In einigen organischen Lösungsmitteln (z. B. Aceton, Ethanol, Methanol) ist CO_2 gut löslich. Aufgrund dieser Eigenschaften wird bei den technischen Verfahren zur K. angestrebt, ein möglichst reines CO_2 ohne Fremdgasverdünnung (z. B. durch Stickstoff) und ohne Verunreinigung mit anderen Stoffen zu erhalten.

Das reine CO_2 kann als Gas, Flüssigkeit oder Trockeneis aus dem Prozeß ausgekoppelt werden, um z. T. stofflich verwertet oder endgelagert zu werden.

Die K. aus dem Abgas von Verbrennungsprozessen ist technisch mittels wässriger Aminlösungen grundsätzlich möglich, aber für einen breiten Einsatz bisher zu energie- und kostenaufwendig. Zur K. aus Abgas im technischen Maßstab gibt es Einzelbeispiele; so wird in den USA in bestimmten Fällen CO_2 aus dem Abgas von Erdgasfeuerungen abgetrennt und zur Steigerung der Ölausbeute in den dortigen Erdölfeldern eingesetzt. CO_2 wird dabei mit Hilfe eines im Kreislauf geführten Absorptionsmittel auf Alkanolamin-Basis abgetrennt. Zur Desorption wird Wasserdampf verwendet. Sollte dieses Verfahren zur K. bei Abgasen fossil gefeuerter Kraftwerke angewendet werden, würde der Wirkungsgrad auf etwa die Hälfte verringert.

Energetisch günstiger, aber gegenwärtig auch nicht wirtschaftlich, ist die Zerlegung der Verbrennungsluft in Sauerstoff und Stickstoff und anschließende Verbrennung der fossilen Brennstoffe mit reinem Sauerstoff. Die Verbrennungstemperatur ist mit rückgeführtem CO_2 als Inertgasanteil bei der Verbrennung einzustellen. Das Abgas besteht fast vollständig aus CO_2, das gezielt aufbereitet und entsorgt werden müßte.

Für →Kombikraftwerke mit integrierter Kohlevergasung sind prinzipiell zwei Möglichkeiten der K. denkbar, wobei zuverlässige wissenschaftlich-technische Untersuchungen zur Bewertung der Verfahren fehlen. Bei der Kohlevergasung mit Sauerstoff ist durch eine Konvertierung das entstandene Brenngas in eine Mischung aus CO_2 und Wasserstoff (H_2) zu überführen. Das CO_2 kann daraus über Wäscher (z. B. nach dem Rectisol-Verfahren) abgetrennt werden, eine bei der Synthesegasherstellung erprobte Technik. Als Brenngas für die Gasturbine verbleibt dann reiner Wasserstoff. Eine andere Variante besteht in einer Kohlevergasung mit rückgeführtem CO_2. Das dann fast vollständig aus Kohlenmonoxid (CO) bestehende Brenngas müßte mit reinem Sauerstoff, gewonnen durch energieaufwendige Luftzerlegung, in den Gasturbinen-Brennkammern verbrannt werden, um nahezu reines CO_2 zu erhalten. Entsprechende Kombikraftwerke könnten elektrische Wirkungsgrade bis etwa 35 % erreichen.

Eine weitere Konzeptidee, um das CO_2 möglichst rein und ohne Fremdgasverdünnung entstehen zu lassen und dann abzuscheiden, besteht in der Kohleverstromung in einem Hochtemperatur-Brennstoffzellensystem.

Reines Kohlendioxid ist für einige Wirtschaftszweige ein wichtiger Roh- und Hilfsstoff. Z. B. wird CO_2 in der Sodaherstellung als ein Rohstoff, bei der Schaumstoffherstellung als Treibmittel, in der chemischen Industrie und Metallurgie häufig als Schutzgas und in der Lebensmittelindustrie als Treib- und Druckmittel eingesetzt. Bei vielen Anwendungen findet – wenn auch zeitlich verzögert – letztlich eine Emission des verwerteten CO_2 statt. Desweiteren liegt der gesamte industrielle CO_2-Bedarf um mehrere Größenordnungen unter den CO_2-Emissionen fossiler Feuerungen und stellt somit praktisch keine Senke dar.

Zur CO_2-Entsorgung und zum dauerhaften Fernhalten des CO_2 von der Erdatmosphäre kommt für das in großen Mengen anfallende CO_2 praktisch nur das Verpressen von gasförmigem CO_2 in leere Erdöl- und Erdgasfelder oder das Verpressen von flüssigem CO_2 bzw. Versenken von festem CO_2 (Trockeneis) in der Tiefsee infrage. Zu den ökologischen Auswirkungen einer Tiefseelagerung und zum tatsächlichen Rückhaltevermögen der Tiefsee gibt es keine zuverlässigen Untersuchungen. In Erdgasfeldern kann theoretisch nur etwa die Menge an CO_2 aufgenommen werden, die der CO_2-Bildung bei der Verbrennung dieses Erdgases entspricht. Weitere, insbesondere auch energetisch zu prüfende Vorstellungen zur CO_2-Endlagerung bestehen in einer dauerhaften CO_2-Bindung an Silikate (entsprechend dem natürlichen Verwitterungsprozeß) oder Deponierung in anderen natürlichen oder künstlichen Hohlräumen der Erdkruste.

Im Rahmen der Untersuchungen zur Vermeidung und Reduktion energiebedingter klimarelevanter Spurengase sind für die Enquete-Kommission Vorsorge zum Schutz der Erdatmosphäre des Deutschen Bundestages auch Entsorgungsmöglichkeiten von CO_2 untersucht worden. Diese Untersuchungen aus dem Jahre 1989 kommen zu dem Schluß, daß bei der gegenwärtigen Struktur der Energienutzung fossiler Brennstoffe nicht an eine wirkungsvolle K. durch Deponierung zu denken ist. *Kaschenz*

Literatur: *Fricke, J.; U. Schußler; R. Kümmel:* CO_2-Entsorgung, Physik in unserer Zeit, **20** (1989) S. 56–61. – *Pruschek, R.:* CO_2-Rückhaltung in Kraftwerken – Möglichkeiten und Probleme. VDI-Ber. 941. Dusseldorf 1992. – *Pruschek, R.; U. Renz; E. Weber:* Kohlekraftwerk der Zukunft, im Auftrag des Ministers für Wirtschaft, Mittelstand und Technologie des Landes Nordrhein-Westfalen. Düsseldorf 1990. – *Seifritz, W.:* CO_2-freie Kohleverstromung in einem Hochtemperatur-Brennstoffzellensystem, BWK **42** (1990) Nr. 5 - S. 249–253. – *Seifritz, W.:* Zur Begriffsbestimmung CO_2-entsorgter fossiler Kraftwerke, BWK **44** (1992), S. 269–270. – *Voß, A.:* Energie und Klima: Ist eine klimaverträgliche Energieversorgung erreichbar? BWK **43** (1991), S. 19–31.

Kohlenmonoxid.

Atmosphärenchemie. Das K. (CO) der Atmosphäre wird durch eine Reihe unterschiedlicher Quellen an der Erdoberfläche, aber auch durch Reaktionen in der →Troposphäre gebildet. Modellrechnungen zeigen, daß bis 50 % des atmosphärischen CO aus dem Abbau von Methan entsteht.

Weitere Quellen sind die OH-initiierte Oxidation von Nicht-Methan-Kohlenwasserstoffen wie →Isopren und →Terpene, die unvollständige Verbrennung fossiler Brennstoffe sowie Wald- und Steppenbrände. Etwa 60% der weltweit insgesamt auf 2,4 Milliarden t/Jahr geschätzten CO-Emission stammen aus anthropogenen Quellen, im wesentlichen aus Verbrennungsprozessen, wobei dem Kraftfahrzeugverkehr die wichtigste Rolle zukommt.

Wegen seiner kurzen troposphärischen Verweilzeit von ein bis drei Monaten variiert die Konzentration von CO in der Troposphäre räumlich und zeitlich erheblich. Die CO-Konzentration in der Troposphäre ist im Frühjahr am größten und im Herbst am geringsten. In der Nordhemisphäre schwanken die CO-Werte zwischen etwa 100–150 ppbV, in der Südhemisphäre dagegen nur zwischen 40 und 80 ppbV. In Großstädten und industriellen Ballungsgebieten können kurzzeitig Konzentrationen von mehr als 10 ppmV auftreten.

Es gibt Hinweise darauf, daß die CO-Konzentration in der Nordhemisphäre mit ca. 1% pro Jahr ansteigt. Noch kontroverse Deutungen führen diese Konzentrationszunahme auf bereits abnehmende OH-Radikal-Konzentrationen zurück.

Der weitaus wichtigste Abbauprozeß für CO in der Troposphäre ist die Reaktion mit OH-Radikalen unter Bildung von CO_2 und H-Atomen. Die H-Atome reagieren weiter mit Sauerstoff unter Bildung von HO_2-Radikalen (2). In Gegenwart von Stickstoffmonoxid bilden die HO_2-Radikale wieder OH-Radikale und setzen die Kettenreaktion fort (3). Der erste Reaktionsschritt ist geschwindigkeitsbestimmend. Es dauert im Mittel mehrere Monate, bis die Hälfte des CO umgesetzt ist.

$$OH + CO \rightarrow CO_2 + H \qquad (1)$$
$$H + O_2 + M \rightarrow HO_2 + M \qquad (2)$$
$$HO_2 + NO \rightarrow OH + NO_2 \qquad (3)$$
$$CO + O_2 + NO \rightarrow CO_2 + NO_2 \text{ (Bruttoreaktion).}$$

Barnes

Emissionen. K. (CO) entsteht überwiegend bei der unvollständigen Verbrennung fossiler Brenn- und Kraftstoffe und sonstigen kohlenstoffhaltigen Materials. Hauptverursacher von K.-Emissionen sind die Kraftfahrzeugmotoren im Straßenverkehr. Als weitere wesentliche Emittenten folgen kleinere Industriefeuerungsanlagen sowie einige industrielle Prozesse und die mit Festbrennstoffen betriebenen Feuerungsanlagen der Haushalte und Kleinverbraucher.

Im Gegensatz zu den Verbrennungsprodukten Schwefeloxide (SO_x) und Stickstoffoxide (NO_x) hat K. keine weiträumige Bedeutung, weil es sich relativ schnell mit dem Sauerstoff der Luft zu →Kohlendioxid (CO_2) umwandelt. Lokal können insbesondere in Verkehrsspitzenzeiten oder bei Inversions-

wetterlagen höhere K.-Konzentrationen auftreten. Zur Minderung der K.-Emissionen im Verkehrsbereich kommen bei Kraftfahrzeugen mit Ottomotoren →Dreiwegekatalysatoren zum Einsatz. Diese verringern gleichzeitig die Emissionen an Stickstoffoxiden (NO_x) und Kohlenwasserstoffen (HC). Bei Kraftfahrzeugen mit Dieselmotoren können die sich bereits auf einem niedrigen Niveau bewegenden K.-Emissionen (bei Einsatz von Kraftstoff mit sehr geringen Schwefelgehalten) durch die Verwendung von Oxidationskatalysatoren noch weiter gemindert werden. Entsprechendes gilt für den Betrieb von stationären Motoren.

Aus wirtschaftlichen Gründen und zur Vermeidung von Korrosion wird insbesondere bei den größeren →Feuerungsanlagen durch Optimierung des Verbrennungsprozesses die Brennstoffenergie weitestgehend ausgenutzt und ein hoher Abgasausbrand erzielt. Das Ergebnis sind niedrige K.-Emissionen. Bei den →Kleinfeuerungsanlagen, die mit festen Brennstoffen betrieben werden, sind die Optimierungsmöglichkeiten aus Aufwandsgründen sehr begrenzt. Hier kann eine durchgreifende Senkung der K.-Emissionen im wesentlichen nur durch Ersatz der Feuerungsanlagen für Festbrennstoffe durch öl- oder gasgefeuerte Anlagen erfolgen.

Besondere Bedeutung hat das K. als Leitsubstanz für den Abgasausbrand bei den →Abfallverbrennungsanlagen. In der →17. BImSchV sind sehr scharfe Grenzwerte (z. B. ein Stundenmittelwert von 100 mg/m³) festgelegt. Zusammen mit der als Gesamtkohlenstoff gemessenen Konzentration organischer Stoffe gibt die CO-Konzentration einen Hinweis auf den Grad der thermischen Zersetzung der im →Abgas enthaltenen organischen Verbindungen.

Die K.-Emissionen im Abgas von Feuerungsanlagen sind nach →TA Luft und Großfeuerungsanlagenverordnung (GFAVO) begrenzt. Beispielsweise enthält die →13. BImSchV (GFAVO) Emissionsbegrenzungen
bei Einsatz

von festen Brennstoffen von	250 mg/m³,
bei Einsatz	
von flüssigen Brennstoffen von	175 mg/m³,
bei Einsatz	
von gasförmigen Brennstoffen von	100 mg/m³.

Wagenknecht

Literatur: Umweltbundesamt (Hrsg.): Luftreinhaltung '88. Berlin 1989.

Emissionsmessung. Standardmethoden zur Emissionsmessung von K. werden in der Richtlinie VDI 2459 behandelt. Das in Blatt 7 beschriebene Iodpentoxid-Verfahren ist das einzige von Prüfgasen unabhängige naßchemische CO-Meßverfahren. Dabei wird die Gasprobe bei hoher Temperatur über Iodpentoxid geleitet, das in der Probe enthaltene K. zu Kohlendioxid oxidiert und eine äquivalente Menge Iod freigesetzt, die titrimetrisch bestimmt wird. Das Iodpentoxid-Verfahren wird zur Überprüfung von CO-Prüfgasen und zu Vergleichsmessungen eingesetzt und kann als →Referenzmeßverfahren bezeichnet werden.

Zur kontinuierlichen Messung von CO stehen rund 12 eignungsgeprüfte Meßeinrichtungen zur Verfügung, die nahezu ausschließlich nach dem →NDIR-Verfahren (VDI 2459, Blatt 6) arbeiten. Die CO-Messung mit NDIR-Geräten ist – auch wegen der umfangreichen Untersuchungen im Kraftfahrzeugbereich – seit vielen Jahren erprobt. Deshalb werden in der Praxis NDIR-Geräte auch für Einzelmessungen eingesetzt. *Stahl*

Literatur: VDI 2459: Messen gasförmiger Emissionen; Messen der Kohlenmonoxidkonzentration; Bl. 7 E: Iodpentoxidverfahren. 1/1990. – Bl. 6: Verfahren der nichtdispersiven Infrarot-Absorption. 11/1980. – Modelluntersuchungen mit Meßeinrichtungen zur fortlaufenden Aufzeichnung von Kohlenmonoxid-Emissionen. Forschungsber. IV.2-870/74 des Rheinisch-Westfälischen TÜV Essen, vom Dezember 1975 i. A. des Umweltbundesamtes.

Immissionsmessung. Zur Immissionsmessung von K. werden praktisch ausschließlich automatische Meßgeräte nach dem nichtdispersiven Infrarotabsorptionsverfahren eingesetzt (→NDIR-Verfahren). In VDI 2455, Bl. 1 und Bl. 2 werden zwei – heute allerdings veraltete – Geräte beschrieben. Bei grundsätzlich gleicher Meßtechnik (NDIR-Absorption) existieren unterschiedliche Gerätevarianten. Geräte älterer Bauart verwenden in der Regel Vergleichsküvetten, die mit Stickstoff als nicht im Infrarotbereich absorbierendes Referenzgas enthalten. Neuere Geräte nutzen die tatsächliche Matrix des Probegases als Referenz. Für die Vergleichsmessung wird entweder das CO auf chemischen Wege aus der Probeluft entfernt oder aber es wird die CO-Absorption durch eine in den Strahlengang geschaltete, mit CO gefüllte Küvette ausgeblendet (→Gasfilterkorrelationsverfahren). Durch diese und weitere Spezialtechniken, z. B. die Cross-flow-Technik, lassen sich sowohl die →Selektivität wie auch die →Nachweisgrenze erheblich verbessern. *Pfeffer*

Literatur: VDI 2455: Messung gasförmiger Immissionen; Messung der Kohlenmonoxid-Konzentration; Blatt 1: Ultrarot-Absorptionsverfahren (URAS 1 und 2). 8/1970. – Bl. 2: Ultrarot-Absorptionsverfahren (UNOR 2). 10/1970.

Umweltrelevante Stoffdaten.
□ Stoff-Identifizierungs-Nr.:
CAS-Nr.: 630-08-0
EG-Nr.: 006-001-00-2
UN-Nr.: 1016
EINECS-Nr.: 211-128-3
□ Chemische Formel: CO
□ Stoffcharakteristik: Farbloses, giftiges, hochentzündliches Gas, etwas leichter als Luft, geruch- und

geschmacklos. Großes Diffusionsvermögen. Gas- und Luftgemisch explosionsfähig.
□ Gefahrenmerkmale:
– Stoffliste nach § 4a der →Gefahrstoffverordnung:
Gefahrenkennbuchstabe(n): T, F+
R-Sätze: 12-23-40
S-Sätze: 1/2-7-16-45
– Besondere Stoffeigenschaften nach TRGS 500: fortpflanzungsgefährdend: MAK-Gruppe B
– Arbeitsschutzwerte nach TRGS 900: →MAK-Wert (mg/m^3): 33
→BAT-Wert: 5 %-CO-Hb im Vollblut bei Expositions- bzw. Schichtende
– Stoffliste (Anhang II) der →Störfall-Verordnung: Nr. 1 und 4 c
– →Wassergefährdungsklasse: WGK 0
– Immissionswerte: IW (TA Luft): 2.5.1: IW 1 = 10 mg/m^3; IW 2 = 30 mg/m^3 *Fischer/M. Schön*

Kohlenstoff. Natürlich vorkommender K. hat die Isotopen-Zusammensetzung ^{12}C: 99,8 %; ^{13}C: 1,11 %. Das Radioisotop ^{14}C (β-Strahler; Halbwertzeit 5570 Jahre) wird als Tracer bei vielen Untersuchungen eingesetzt.

Die Verteilung des K. auf die einzelnen Kompartimente der Umwelt zeigt, daß der überwiegende Anteil in der →Lithosphäre gebunden ist. Für die Atmosphäre ergibt sich ein K.-Gehalt von 720×10^{12} kg, der hauptsächlich in Form von →Kohlendioxid (CO_2) vorliegt. Die in den Ozeanen gespeicherte Menge beläuft sich auf ca. $38\,000 \times 10^{12}$ kg C, wohingegen in der unbelebten, unter Normalbedingungen festen Materie der Erdkruste (Lithosphäre) $154\,000\,000 \times 10^{12}$ kg Kohlenstoff überwiegend in Form von Carbonaten vorliegt. Die →Biosphäre koppelt diese einzelnen Kompartimente miteinander (→Kohlenstoffkreislauf). In ihr sind ca. $2\,600 \times 10^{12}$ kg C in der lebenden und toten Materie gespeichert. *Wirtz*

Literatur: *Wayne, R.:* The chemistry of atmospheres 2. Ed. Oxford 1991.

Kohlenstoffdisulfid. K. (CS_2, Schwefelkohlenstoff) wird technisch heute meist durch Umsetzung von Methan oder Erdgas mit Schwefel bei ca. 650 °C hergestellt. Als Nebenprodukt fällt →Schwefelwasserstoff an.

Das wichtigste Anwendungsgebiet von K. ist die Herstellung von Viskoseprodukten. Mit Hilfe von K. reagiert die Alkalizellulose zu dem spinnfähigen Natriumzellulosexanthogenat (Viskoselösung).

Zu den wichtigsten organischen Stoffen, die mit CS_2 synthetisiert werden, zählen 2-Mercaptobenzothiazol, Ethylenthioharnstoff und Tetramethylthiuramdisulfid. Diese Verbindungen werden u. a. in der Kautschukindustrie als Vulkanisationsbeschleuniger eingesetzt. Auch für die Synthese von Pflanzenschutzmitteln (z. B. Metam) und Arzneimittelwirkstoffen (z. B. das Antituberkulosemittel Tiocarlid) wird CS_2 benötigt.

Größter Emittent an K. ist die Viskoseindustrie. Die spinnfähige Viskoselösung wird in den Spinnmaschinen durch Düsen in ein saures Spinnbad gepreßt. Unter Bildung von CS_2 zersetzt sich das Xanthogenat wieder in die ursprüngliche Zellulose. Daneben entsteht durch Nebenreaktionen Schwefelwasserstoff.

Die spezifischen Abgasvolumina liegen je nach Viskoseprodukt bei 50 000–750 000 m³/h mit Emissionskonzentrationen an CS_2 von 180–1 500 mg/m³. Um wirksame Reinigungstechniken anwenden zu können, werden Anlagenteile gekapselt und die Abgasvolumenströme gering gehalten. Für die erfaßten Abgase mit erhöhten CS_2- und H_2S-Gehalten können als →Abgasreinigungsverfahren Adsorption an Aktivkohle, Herstellung von Schwefelsäure sowie biologische →Abgasreinigung eingesetzt werden.

Insbesondere die Adsorption an Aktivkohle (Sulfosorbon-Verfahren) hat sich in der Anwendung bewährt. CS_2 wird an der A-Kohle adsorbiert und nach Desorption wieder in den Prozeß zurückgeführt, während H_2S an Schwefel oxidiert wird. So konnte z. B. bei einer Anlage zur Herstellung von Viskose-Filamentgarnen das Abgasvolumen von 750 000 m³/h mit einer CS_2-Fracht von 173 mg/m³ auf 650 000 m³/h und 100 mg/m³ gemindert werden.

Anlagen zur Herstellung von K. und Viskoseprodukten sind genehmigungsbedürftig nach BImSchG (Nr. 4.1 der Spalte 1 des Anhangs zur →4. BImSchV). Besondere emissionsbegrenzende Anforderungen enthält Nr. 3.3.4.1 h.3 der TA Luft. Z. B. dürfen die Emissionen an CS_2 im Abgas in der Regel 100 mg/m³ nicht überschreiten. Für Viskoseprodukte liegen die Grenzwerte bei 150–600 mg/m³. *Spilok/Drotleff*

Literatur: *Büchner, W. et al.:* Industrielle Anorganische Chemie. Weinheim 1984. – *Davids, P.; M. Lange:* Die TA Luft '86 – Technischer Kommentar. Düsseldorf 1986. – *Seifert, K.:* Emissionsminderung von Schwefelwasserstoff und Kohlendisulfid bei der Herstellung von textilem Viskose-Filamentgarn, Enka AG, Kelsterbach; im Auftrag des Umweltbundesamtes. Berlin 1990. – VDI 3452 E: Auswurfbegrenzung; Viskoseherstellung und -verarbeitung; Schwefelwasserstoff und Schwefelkohlenstoff. 3/1977.

Kohlenstofffreie Energie.

CO_2-Emissionen aus →Energiewandlungsketten haben zwei Ursachen: Sie stammen aus dem Einsatz fossiler Energierohstoffe und/oder aus der Herstellung, dem Betrieb, dem Abriß, der Regenerierung und Rezyklierung des Energiewandlers. Hauptursache ist der Einsatz der fossilen Energierohstoffe Braunkohle, Steinkohle, Mineralöl, Erdgas, die CO_2 (g/Wh) im Verhältnis ihres abnehmenden Kohlenstoff- und zunehmenden Wasserstoffgehalts emittieren wie 2:1,8:1,4:1,0. Zu den k. E. zählen alle solaren und nuklearen →Energiewandler, die keines fossilen Energierohstoffes bedürfen; ihre CO_2-Emissionen können nur aus den Wandlungstechnologien stammen. *C.-J. Winter*

Kohlenstoffkreislauf.

Die wichtigsten Kohlenstoffverbindungen in der →Troposphäre sind →Kohlendioxid (CO_2) und →Kohlenmonoxid (CO). Die atmosphärische CO_2-Konzentration ist für das globale →Klima von ausschlaggebender Bedeutung, weil durch dieses Gas die durchschnittliche Temperatur der Erde (→Treibhauseffekt), die Zusammensetzung des ozeanischen Sediments, die Photosyntheserate der grünen Pflanzen sowie der Oxidationszustand der Atmosphäre und der Ozeane beeinflußt werden. In geologischen Zeiträumen verändert sich die atmosphärische Konzentration des CO_2. Hierbei tritt eine Verschiebung der Kohlenstoffanteile in den einzelnen Reservoirs auf. Eine graphische Darstellung der komplexen Kopplung der anorganischen und organischen Chemie durch CO_2 ist im Bild wiedergegeben. Die Boxen zeigen anschaulich die unterscheidbaren Komponenten der Kohlenstoffreservoire: →Atmosphäre, →Biosphäre, →Hydrosphäre und →Lithosphäre. Pfeile zeigen die Umwandlungswege zwischen den Komponenten an. Eine Abschätzung der Umwandlungsraten und der Reservoirkapazitäten sind in dem Bild angegeben. Dabei überwiegt die Wechselwirkung zwischen Biosphäre und Atmosphäre vor den anorganischen Teilen des Kreislaufs. Über 150×10^{12} kg Kohlenstoff werden jedes Jahr zwischen der Atmosphäre und der Biosphäre ausgetauscht. Dies ent-

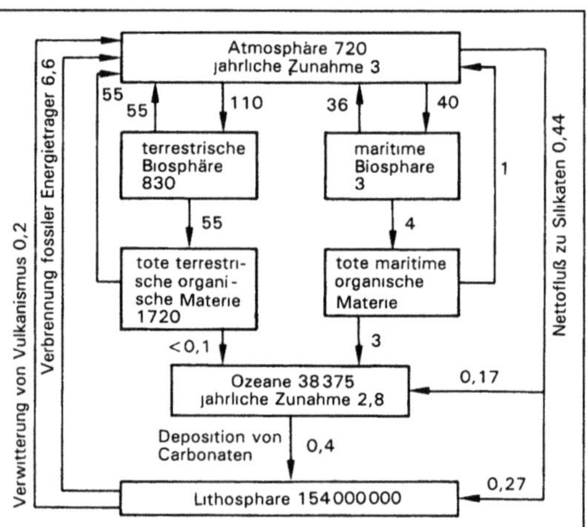

Kohlenstoffkreislauf: Austausch von Kohlenstoff zwischen den einzelnen Reservoiren (Kästen mit C-Inventar in 10^{12} kg). Die Austauschraten sind in der Einheit von 10^{12} kg/Jahr angegeben.

spricht ungefähr 20% des gesamten Kohlendioxids der Atmosphäre, wobei die →Photosynthese durch Pflanzen und Mikroorganismen für die Aufnahme von Kohlendioxid verantwortlich ist. Der Abbau der durch die Photosynthese gebildeten Kohlenhydrate erfolgt durch lebende Organismen und schließt den Kreislauf. *Becker/Wirtz*

Kohlenwasserstoff.

Luftchemie. Die einfachsten organischen Verbindungen bestehen nur aus Kohlenstoff und Wasserstoff. Diese K. lassen sich nach ihren chemischen Eigenschaften in drei Gruppen gliedern: gesättigte K. (→Alkane), ungesättigte K. (→Alkene, →Alkine) sowie aromatische K. Die K. stellen wichtige Vorläufer für die Bildung von →Photooxidantien in der →Troposphäre dar. Für die →Luftchemie sind die wichtigsten Vertreter in der Verbindungsklasse der Alkane Ethan, Propan und die Butane. Bei den Alkenen sind Ethen, Propen und Buten sowie →Isopren und die →Terpene von besonderer Bedeutung. →Benzol, →Toluol und die →Xylole sind die wichtigsten aromatischen Verbindungen.

Jedes der Wasserstoffatome kann durch funktionelle Gruppen oder Substituenten ersetzt werden, die andere Atome als C und H enthalten. *Barnes*

Immissionsmessung. Bei den K. spielen immissionsseitig zwei Gruppen eine besondere Rolle:
□ Benzin-K. Diese stellen ein kompliziertes Gemisch aliphatischer, naphthenischer und aromatischer K. von C_4 bis etwa C_{14} dar. Das Maximum liegt bei C_5 bis C_9. Aufgrund der Flüchtigkeit gelangen sie leicht in die Umwelt (leichtflüchtige →organische Verbindungen). Die wichtigste Komponente in dieser Gruppe ist das →Benzol.

Bei der Bewertung einer Immissionssituation beschränkt sich die Frage meist auf die hygienisch relevanten Verbindungen, in diesem Fall auf das Benzol. Eine Summenbestimmung der K. führt hier nicht weiter (→Gesamtkohlenwasserstoffe). VDI 3482 enthält mehrere Analyseverfahren, die alle eine gaschromatographische Bestimmung beinhalten. Die Methoden unterscheiden sich hauptsächlich durch das Probenahmeverfahren:
Momentprobenahme (aliphatische K.), – Bl. 2
Momentprobenahme (aromatische K.), – Bl. 3
Anreicherung an Aktivkohle, Einsatz von Kapillarsäulen, – Bl. 4
Anreicherung an Aktivkohle, Nachweis der aromatischen K., – Bl. 5
Thermische Desorption, – Bl. 6
□ Polyzyklische aromatische K. (PAK). Sie entstehen durch unvollständige Verbrennung von organischem Material. Sie bestehen aus drei und mehr kondensierten Benzolkernen. PAK haben einen niedrigen Dampfdruck und kommen in der Luft in erster Linie an Rußpartikel gebunden vor.

Gesundheitlich haben die PAK's besondere Bedeutung, weil einige von ihnen nachgewiesenermaßen krebserregend sind. Zu nennen wäre hier das Benzo[a]pyren, das gleichzeitig als Leitkomponente für diese Schadstoffgruppe gilt.

Die Probenahme zur Untersuchung der PAK's erfolgt mit Glasfaserfiltern (→Filtermaterial), die mit Toluol extrahiert werden. Der Extrakt wird mit Hilfe der Säulenchromatographie (→Chromatographie) gereinigt und anschließend gaschromatographisch oder hochdruckflüssigkeitschromatographisch getrennt. Die Methoden sind ausführlich in VDI 3875 beschrieben. *Dulson*

Literatur: VDI 3842, Messen gasförmiger Immissionen; Bl. 2: Gaschromatographische Bestimmung von aliphatischen Kohlenwasserstoffen – Momentprobenahme. 2/1979. – Bl. 3: Gaschromatographische Bestimmung von aromatischen Kohlenwasserstoffen – Momentprobenahme. 2/1979. – Bl. 4: Gaschromatographische Bestimmung organischer Verbindungen mit Kapillarsäulen; Probenahme durch Anreicherung an Aktivkohle; Desorption mit Lösemittel. 11/1984. – Bl. 5: Gaschromatographische Bestimmung von aromatischen Kohlenwasserstoffen; Probenahme durch Anreicherung an Aktivkohle; Desorption mit Lösemittel. 11/1984. – Bl. 6: Gaschromatographische Bestimmung organischer Verbindungen – Probenahme durch Anreicherung; Thermische Desorption. 7/1988. – VDI 3875, Messen von Immissionen; Bl. 1 E: Messen von Innenraumluftverunreinigungen; Messen von polycyclischen aromatischen Kohlenwasserstoffen (PAH); Gaschromatographische Analyse. 8/1991. – Bl. 2: Messen von Innenraumluft; Messen von polycyclischen aromatischen Kohlenwasserstoffen (PAH); HPLC Analyse, Vorentwurf.

Kohlenwasserstoff, biogen. Unter b. K. versteht man natürliche, in der →Biosphäre vorkommende organische Verbindungen. Bis auf das reaktionsträge Methan (→Alkane), das als Sumpfgas bei anaeroben biologischen Abbauprozessen entweicht, werden Kohlenwasserstoffe von Pflanzen vorwiegend über die Blätter emittiert. Die Emissionen setzen sich aus →Isopren als Hauptkomponente sowie aus einer Vielzahl von →Terpenen und anderen flüchtigen →organischen Verbindungen zusammen (ROG). Die wichtigsten b. K. und ihre Quellen sind in der Tabelle aufgelistet. Über die Emission von b. K. und ihre atmosphärischen Konzentrationen liegen nur wenige Untersuchungen vor, wobei eine starke Abhängigkeit der Quellenstärke von der Jahreszeit und der Wetterlage, insbesondere der Temperatur zu beobachten ist. Die b. K. zählen zu den reaktivsten ROG unter troposphärischen Bedingungen, man kann sie praktisch nur in unmittelbarer Nähe ihrer Quellen messen. Die Konzentration von Isopren kann Werte bis zu 10 ppbV im Baumkronenbereich annehmen, in Ballungsgebieten sind Werte von 1–2 ppbV typisch. Die Konzentrationen der Terpene sind viel niedriger, es werden Werte von insgesamt 0,1–1 ppbV beobachtet. Die Emissionsrate von Isopren und den verschiedenen Terpenen wird weltweit auf etwa

Kohlenwasserstoff, biogen. Tabelle: Natürlich vorkommende b. K.

Substanz	Quelle
Alkene	
Ethen	Vegetation
Propen	Vegetation
Isopren	Laubbäume
Aromaten	
p-Cymen	Laubbäume, Nadelbäume
Acyclische Terpene	
Myrcen	Nadelbäume, Alfalfa
Ocimen	Alfalfa
Citronellal	Gräser
Geraniol	Gräser
Linalool	Alfalfa
Monocyclische Terpene	
Limonen	Alfalfa, Laubbäume, Nadelbäume
α-Terpinen	Laubbäume
Terpinolen	Nadelbäume
β-Phellandren	Nadelbäume
Isopulegol	Gräser
Bicyclische Terpene	
α-Pinen	Laubbäume, Nadelbäume
β-Pinen	Nadelbäume
3-Caren	Nadelbäume
Camphen	Nadelbäume
Camphor	Nadelbäume

1 Milliarde t/a geschätzt, die der anthropogenen VOC dagegen auf etwa 100 Millionen t/a.

Die b. K. werden sehr rasch durch Reaktion mit OH-Radikalen, NO_3-Radikalen sowie Ozon abgebaut. Die Verweilzeit (Lebensdauer) der meisten b. K. beträgt am Tage maximal einige Stunden. Die Mechanismen der Abbaureaktionen sind komplex und noch nicht aufgeklärt. Bei der Oxidation entstehen polare Verbindungen ($\rightarrow$Aldehyde, $\rightarrow$Ketone) mit z. T. sehr niedrigem Dampfdruck, die zur Bildung von Aerosolen in der Atmosphäre, besonders im Waldbereich, beitragen. Da die Emissionsraten sowie die Oxidationswege von Isopren und den Terpenen immer noch sehr unsicher sind, ist es äußerst schwierig, die Rolle von b. K. in der $\rightarrow$Atmosphärenchemie abzuschätzen, insbesondere wieviel sie zu der Oxidantienbildung beitragen. *Barnes*

Literatur: *Finlayson, B. J.; J. N., Jr. Pitts:* Atmospheric Chemistry. Fundamentals and Experimental Techniques. New York 1986. – *Graedel, T. E.; D. T. Hawkins; L. C. Claxton:* Atmospheric Chemical Compounds. Sources, Occurrence, and Bioassay. New York 1986.

Kohlenwasserstoff, chloriert $\rightarrow$Chlorkohlenwasserstoff

Kohlenwasserstoff, polyzyklisch aromatisch. PAK (*engl.* polycyclic aromatic hydrocarbon, PAH) sind von Natur aus im Erdöl, Kohle und Teer enthalten. PAK entstehen vor allem bei unvollständiger Verbrennung fossiler Brennstoffe sowie bei Pyrolyse-Prozessen und werden auch bei Umschlag und Transport PAK-haltiger Stoffe sowie bei der Verarbeitung von kohle- und teerhaltigen Produkten freigesetzt. Chemische Analysen von Verbrennungsgasen und Abgasen aus der Verarbeitung organischer Stoffe ergaben weit über 100 verschiedene PAK, deren Konzentration und Mengenanteile außerordentlich stark von den Bedingungen der unvollständigen Verbrennung/Pyrolyse und der Zusammensetzung des organischen Materials/Brennstoffs abhängen. Als Leitsubstanz für die Emissionen von PAK dient Benzo(a)pyren (BaP). Natürliche Emissionsquellen von PAK sind insbesondere Wald- und Steppenbrände sowie aktive Vulkane. P. wurden auch im Tabakrauch nachgewiesen.

Die hauptsächlichen anthropogenen Emissionsquellen sind Hausbrandfeuerstätten (insbesondere bei Einsatz von Holz und Kohle als Brennstoff), $\rightarrow$Kokereien und der Kfz-Bereich. Großfeuerungsanlagen (Kraftwerke), Industriefeuerungen sowie Feuerungsanlagen für gasförmige Brennstoffe haben praktisch vernachlässigbare PAK-Emissionen.

Weitere Quellen mit geringen Anteilen an den Gesamtemissionen sind Abfallverbrennungsanlagen, Hartbrandkohle-Herstellung, Räucheranlagen sowie der Einsatz von Asphalt im Straßenbau.

Technische Maßnahmen zur Verminderung von PAK-Emissionen sind der Ersatz fester Brennstoffe durch andere Energieträger und die Anwendung von Feuerungsanlagen mit einem weitgehenden Ausbrand der Abgasbestandteile. Reichen diese Maßnahmen nicht aus, werden filternde Staubabscheider (PAK treten meist staubförmig bzw. an Stäube angelagert auf) oder thermische Abgasreinigungseinrichtungen eingesetzt.

Emissionsbegrenzende Anforderungen für genehmigungsbedürftige Anlagen enthält die TA Luft. Insbesondere die Anforderungen der Nr. 2.3 für krebserzeugende Stoffe sind einzuhalten; PAK sind als krebserzeugende Stoffe mit besonders hohem Risikopotential der Klasse I zugeordnet. Über den Emissionshöchstwert von 0,1 mg/m^3 hinaus gilt das Minimierungsgebot, wonach die Emissionen so weit wie möglich zu begrenzen sind ($\rightarrow$TA Luft Einstufung). *Angrick*

Literatur: Umweltbundesamt Berichte 1/79: Luftqualitatskriterien für ausgewählte polyzyklische aromatische Kohlenwasserstoffe. Berlin 1979.

Kohlenwasserstoff-Luft-Verbrennung. Verbrennungsreaktionen zwischen Kohlenwasserstoff und Luft laufen über eine Vielzahl von Einzelreaktionen ab, die teils nacheinander, teils gleichzeitig auftreten. Genaue Kenntnisse über die einzelnen Reaktionsschritte und ihre relative Wichtigkeit liegen heute nur für sehr einfache Brennstoffe wie Methan, CH_4, oder Propan, C_3H_8, vor. Für technische Brennstoffe, deren Zusammensetzung aus zahlreichen unterschiedlichen Kohlenwasserstoffen man nur sehr grob kennt, wird man solche detaillierte Kenntnisse über die einzelnen Reaktionsschritte auch auf lange Sicht nicht erwarten können. Für das Verständnis der Vorgänge in der Brennkammer reicht es aber meist aus, sich auf die wesentlichen Phasen des Reaktionsablaufs zu beschränken, weil diese bei allen technischen Brennstoffen sehr ähnlich sind.

Der Reaktionsablauf (Bild) besteht aus zwei aufeinander folgenden Abschnitten, dem Brennstoffabbau und der Bildung der Endprodukte CO und H_2O. Beim Brennstoffabbau entstehen zunächst bei Molekülzusammenstößen Bruchstücke von Kohlenwasserstoffen, die durch Teiloxidation über eine Reihe von Zwischenschritten zur Bildung von Kohlenmonoxid, CO, führen. Dabei können u. a. auch Aldehyde auftreten. Andererseits entstehen in dieser Anfangsphase des Kohlenwasserstoffabbaus Wasserstoff, H_2, Hydroxyl, OH, sowie H- und O-Atome. Die drei letztgenannten Spezies sind chemisch aktive Teilchen, sogenannte Radikale, die wesentliche Glieder in der folgenden Reaktionskette darstellen. Ihre Zahl nimmt durch Kettenverzweigungsreaktionen wie etwa

$$H_2 + O \rightarrow OH + H$$
$$O_2 + H \rightarrow OH + O$$

sehr rasch zu, wodurch sich der weitere Reaktionsablauf beschleunigt. Insbesondere das $\rightarrow$OH-Radikal ist an zahlreichen weiteren Oxidationsreaktionen beteiligt. Hier ist vor allem die Reaktion

$$CO + OH \rightarrow CO_2 + H$$

zu nennen, durch die der größte Teil des Endprodukts CO_2 gebildet und das Zwischenprodukt CO abgebaut wird.

Andererseits laufen, wenn genügend Radikale gebildet sind, Rekombinationsreaktionen an, bei denen aus OH und H das Endprodukt H_2O unter Beteiligung eines dritten Stoßpartners entsteht. In gleicher Weise rekombinieren H- und O-Atome zu H_2 und O_2. Bei der CO_2- und H_2O-Bildung wird der größte Teil der Reaktionswärme freigesetzt, so daß in dieser zweiten Phase der Reaktion, der Produktbildung, die Verbrennungstemperatur ihren Endwert erreicht. Die Gaszusammensetzung geht dann ins chemische Gleichgewicht.

Wichtig für die Schadstoffbildung ist, daß die Zwischenprodukte, vor allem das CO, während des Reaktionsablaufs wesentlich höhere Konzentrationen erreichen als im chemischen Gleichgewicht bei Verbrennungsendtemperatur. Wird der Reaktionsablauf in diesem Zwischenstadium unterbrochen, so werden unvermeidlich größere CO-Mengen mit dem Abgas emittiert. Dasselbe gilt für unverbrannte Kohlenwasserstoffe, die entweder nur teiloxidiert sind oder gar nicht an der Reaktion teilgenommen haben (z. B. als Folge von zu langsamer Verdampfung).

Beim Brennstoffabbau ist im Bild noch ein weiterer Reaktionsweg angedeutet, der in lokal brennstoffreichen Zonen, bei aromatenreichen Brennstoffen oder solchen mit geringerem H-Anteil und insbesondere bei höheren Drücken ablaufen kann. Dabei entstehen aus den paraffinischen und aromatischen Komponenten des Brennstoffs durch Pyrolysereaktionen mit Wasserstoffentzug Verbindungen, die sehr reich an Kohlenstoff sind und vergleichsweise nur noch wenig Wasserstoff enthalten (Polyacetylene, polycyklische K., aromatische Radikale). Sie führen zu sehr kleinen festen Rußkernen (Rußbildung). Diese Teilchen werden nach weiterem Wachstum mit dem Abgas als Rußpartikel emittiert, wenn sie nicht zuvor in der Verbrennungszone oxidiert werden.

Die hier beschriebene Vorstellung vom Ablauf einer K.-L.-V. wird heute vielfach zur numerischen Modellierung der Reaktionsvorgänge zwischen technischen Brennstoffen und Luft in Brennkammern benutzt und als quasi-globales Reaktionsmodell bezeichnet. Dabei wird der Brennstoffabbau durch einen oder mehrere pauschale Reaktionsschritte unter Verwendung empirischer Daten beschrieben, während für die Radikal- und Produktbildung eine größere Zahl von Reaktionsgleichungen, wie sie sich bei der CH_4-Reaktion mit Luft bewährt haben, benutzt werden. *Winterfeld*

Literatur: Combustor Modelling, AGARD-CP 275, AGARD-Propulsion and Energetics Panel, 1980. – *Peters, J. E., D. C. Hammond, Jr.*: Introduction into Combustion for Gas Turbines, in A. M. Mellor (Ed.): Design of Modern Turbine Combustors, London 1990.

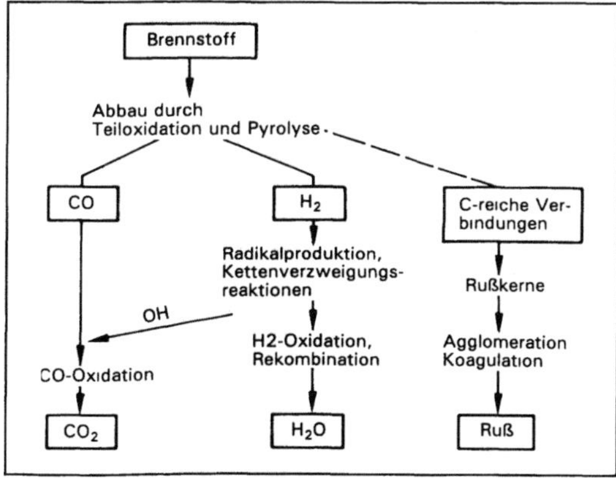

Kohlenwasserstoff-Luft-Verbrennung: Schematische Darstellung des Reaktionsverlaufs in einer Triebwerksbrennkammer.

Kokanzerogen. K. sind Stoffe, die in der ersten Phase der →Kanzerogenese wirksam sind und die Entstehung von DNS-Schäden und initiierten Zellen begünstigen, ohne selbst kanzerogen zu wirken. Dies kann z. B. durch Beschleunigung des →Metabolismus, der zur Bildung reaktiver Produkte führt, geschehen. Ebenso kann durch Steigerung der DNS-Synthese in der Zelle die Empfindlichkeit gegenüber dem →Kanzerogen erhöht werden. *Deml*

Kokerei (thermische Steinkohleveredelungsanlage). Die Verkokung ist eine trockene Destillation, bei der Steinkohle unter Luftabschluß auf eine Temperatur von mindestens 800 °C erhitzt wird. Die Verkokung findet in genormten Koksöfen statt. Ziel der Verkokung ist die Erzeugung von Koks für industrielle, insbesondere metallurgische Zwecke. Koks zeichnet sich durch einen sehr hohen Kohlenstoffanteil (>97 % waf) und einen sehr geringen Anteil an flüchtigen Bestandteilen aus. Bei der Verkokung kann nur Kohle eingesetzt werden, die bestimmten Anforderungen genügt (Kokskohle). Bei der thermischen Zersetzung der Steinkohle (→Pyrolyse) im Koksofen fällt →Koksofengas an. Die Garungsdauer des Kokses hängt von den Dimensionen des Koksofens ab und beträgt bei mittlerer Kammerbreite etwa 16 Std. Der ausgegarte Koks wird mit der Druckmaschine aus dem Koksofen gedrückt und unter einem Löschturm zunächst mit Wasser gekühlt, dann zum Ausdampfen gelagert und schließlich in einzelne Kokssorten klassiert. Für neue K. ist statt der Naßlöschung die →Kokstrockenkühlung vorgesehen. Dieses Verfahren ist geeignet, Wärme zurückzugewinnen und die Emissionen zu senken. Die Luftverunreinigungen, die von Koksöfen und dem gesamten Kokereibetrieb ausgehen können, zeigt Bild 1. Die Emissionsquellen des Koksofens ergeben sich aus Bild 2. Problematisch sind die gas- und dampfförmigen organischen Verbindungen, bei denen es sich an den gezeigten Emissionsquellen im wesentlichen um polyzyklische aromatische Kohlenwasserstoffe (PAH), insbesondere Benzo(a)pyren und ähnliche Schwelgasprodukte handelt. Im Hinblick auf cancerogene Wirkung dieser Stoffe müssen die Emissionen so gering wie möglich gehalten werden. Dazu dienen insbesondere folgende Vorrichtungen und Maßnahmen:

– Verbesserung der Abdichtung von Ofentüren und Füllöchern
– Begrenzung der Anzahl von Zwischenlagerbehältern von Kokereiprodukten
– Gaspendelsysteme
– Lagerung und Handhabung von Kokereiprodukten unter Abschluß der Außenluft
– Geschlossene Füllsysteme
– Füllgasabsaugung
– Haubensysteme zum Einfangen und Absaugen von Emissionen.

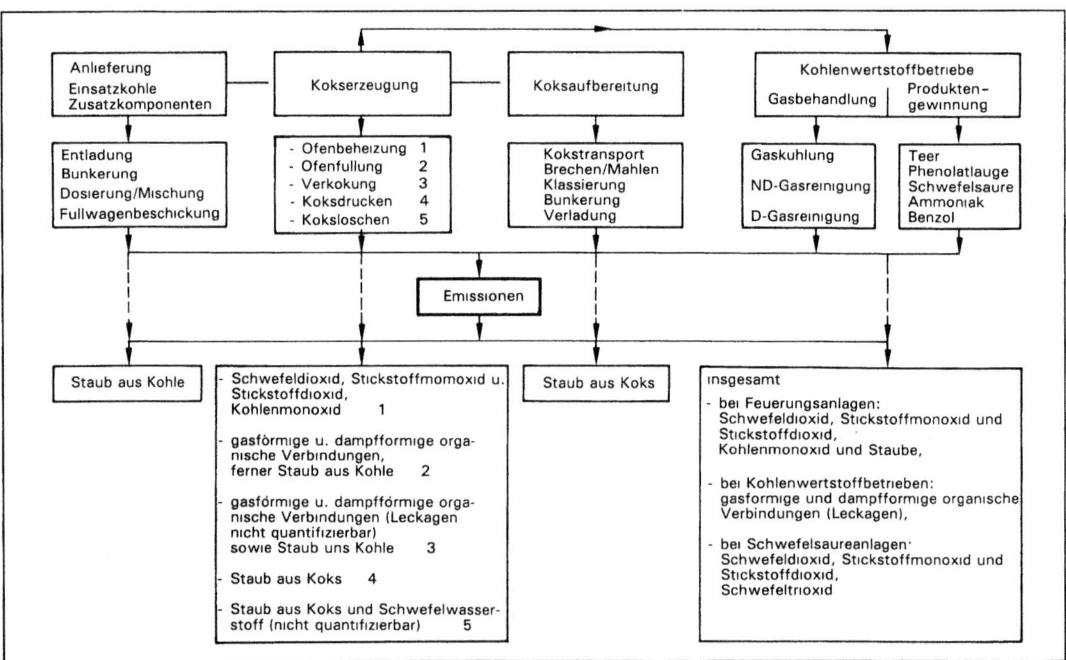

Kokerei 1: Überblick über die von den einzelnen Betriebsbereichen einer K. ausgehenden Luftverunreinigungen.

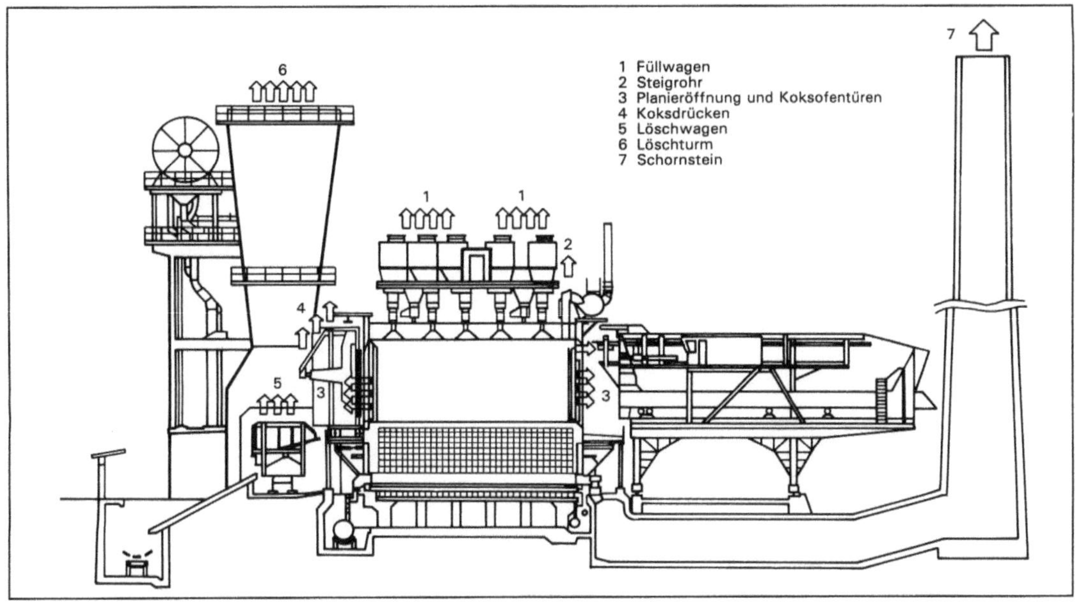

Kokerei 2: Emissionsstellen des Koksofenbetriebs.

Das Abwasser von K. enthält eine Reihe problematischer Inhaltsstoffe wie Phenole, Cyanide, Ammonium- und Schwefelverbindungen, die vor Einleitung in die Vorflut mit biologischer Behandlung, durch Extraktions- oder Absorptionsverfahren oder durch Abwasserverbrennung entfernt werden müssen (→Abwasserverwaltungsvorschriften (46.)). *Weber*

Koksofengas. Bei der Verkokung (thermischen Zersetzung) von Steinkohle im Koksofen fällt Roh-

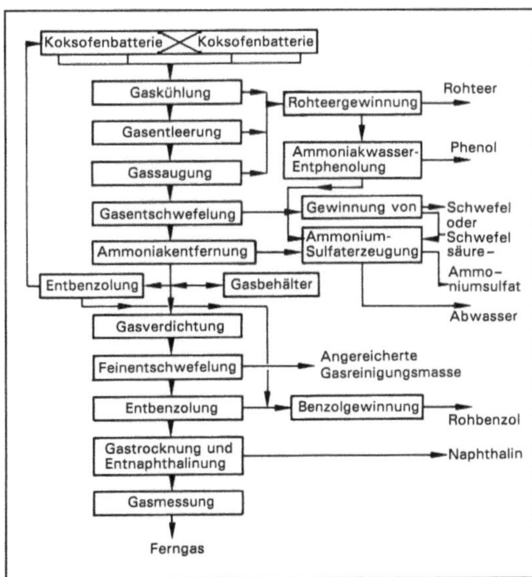

Koksofengas: Kohlenwasserstoffgewinnung aus K.

gas an, das sich durch chemische Umwandlung aus den flüchtigen Bestandteilen der Kokskohle bildet. Die Menge und chemische Zusammensetzung ist neben der Art der Kokskohle vor allem von der Temperatur im Koksofen abhängig (Tabelle, S. 714).

Aus dem Rohgas werden durch Nachschaltung von Kühlungs- und Destillationsprozessen eine Anzahl von Kohlenwertstoffen gewonnen (Bild). Ein Teil des letztendlich erzeugten Gases, das im wesentlichen aus Wasserstoff und Methan besteht, kann als Unterfeuerungsgas für die Koksöfen verwendet werden. Der verbleibende Teil des Gases kann nach Verdichtung und Reinigung zur Gasversorgung dienen. Häufig wird es im Verbund mit einer Hütte eingesetzt. Als Stadtgas hat das K. seine Bedeutung verloren (→Steinkohleveredlungsanlage, →Kokerei). *Weber*

Kokstrockenkühlung. Die trockene Kokskühlung ist ein modernes Verfahren der Kokereitechnologie, bei dem, im Gegensatz zum konventionellen Naßlöschverfahren, die fühlbare Wärme des Kokses zurückgewonnen und die Umweltbelastung durch Senken der Staub- und Gasemissionen reduziert wird. Die K. besteht im wesentlichen aus einem Kühlschacht, einem Abhitzekessel und Entstaubungseinrichtungen (Bild). Die erste K. in Deutschland wurde 1983 als Demonstrationsanlage auf der Kokerei Hansa in Betrieb genommen. Eine weitere Produktionsanlage mit zwei Einheiten befindet sich auf der Kokerei August Thyssen. Die bisher größte Anlage mit einer Kapazität von 250 t/h wurde 1992

Koksofengas: Tabelle: Zusammensetzung von K.

Heizzugtemperatur in °C	1 100	1 150	1 200	1 250	1 300	1 350
Rohgasmenge bez. auf Kohle (waf), (umgerechnet auf 5 kWh/m³$_a$) m³$_a$/t	404,7	432,7	428,7	434,7	440,4	440,7
Brennwert des Rohgases kJ/m³$_a$	23 083	22 719	22 372	22 238	21 882	21 305
Gaswertzahl (Rohgas) bez. auf Kohle (waf) kJ/kg	7 280	7 778	7 711	7 820	7 924	7 929
Gaszusammensetzung: CO_2 .... Vol.-%	1,6	1,6	1,7	1,6	1,4	1,5
CO .... Vol.-%	4,6	4,7	4,9	4,8	5,3	5,8
H_2 .... Vol.-%	60,4	61,2	61,7	61,9	62,7	63,4
CH_4 .... Vol.-%	27,4	26,4	26,5	26,2	25,8	24,8
C_nH_m .... Vol.-%	3,7	3,3	2,9	3,1	2,5	2,3
N_2 .... Vol.-%	2,2	2,2	2,3	2,3	2,2	2,1
O_2 .... Vol.-%	0,1	0,1	–	0,1	0,1	0,1

beim Neubau der Kokerei Kaiserstuhl III realisiert. *Schabronath*

Kollektor. Der Begriff bezeichnet wörtlich Sammler solarer Strahlungsenergie, er ist Kernstück aller solaren →Energiewandler. Flachkollektoren, Parabolrinnen-K., Heliostate, Photovoltaikgeneratoren, auch nach Süden weisende Fenster u. ä. sind im weitesten Sinne K. Ihre physikalisch-technische Aufgabe besteht in der Regel im ersten Umwandlungsschritt solarer Strahlungsenergie in die Sekundärenergien fühlbare Wärme oder Strom. Dem →Kollektorwirkungsgrad kommt eminente Bedeutung zu, ebenso wie der Flächenminimierung und Kostenreduktion. Da K. immer dem Wetter ausgesetzt sind, müssen sie UV-beständig, schmutzabweisend und korrosionsbeständig sein. Thermische K. wandeln die solare Strahlungsenergie um in Wärme, Photo-

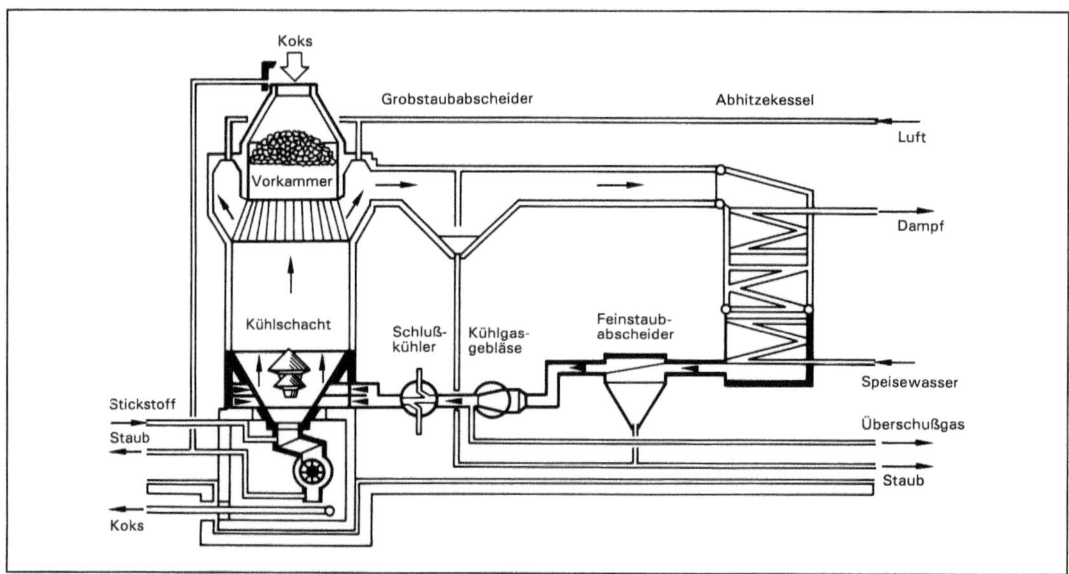

Kokstrockenkühlung: Verfahrensschema einer Anlage zur K.

voltaikkollektoren (die nicht so genannt werden) in elektrische Energie; solarchemische Energiewandlung bedient sich thermischer und photovoltaischer K., um konzentrierte Strahlungsenergie für endotherme Reaktionen oder Strom für die elektrochemische Energiewandlung zu erzeugen. *C.-J. Winter*

Kollektorwirkungsgrad. Solare Wirkungsgrade erlauben Aussagen darüber, welcher technische Aufwand zu treiben ist, um die natürlicherweise angebotene Primärenergie solare Strahlungsenergie in einen möglichst großen Anteil Sekundärenergie (End-, Nutzenergie) umzuwandeln. Wie jede Wirkungsgraddefinition ist auch der K. definiert als der Quotient < 1 aus nutzbar abgegebener Energie und zugeführter Energie.

Am Beispiel des Flachkollektors erläutert, ist die zugeführte Energie die auf die äußere, der Sonne zugewandten Abdeckung des Kollektors – normal oder unter einem Winkel – auftreffende solare globale Strahlungsenergie des vollen Spektrums; die nutzbar abgegebene Energie ist der Energieinhalt des Wärmeträgermediums am Ausgang des Kollektors, für Luft oder andere nicht kondensierbare Gase ihre fühlbare Wärme, für Wasser (+ Gefrierschutzmittel) seine fühlbare Wärme und die (etwaige) Kondensationswärme. Zugeführte Energie und nutzbar abgegebene Energie unterscheiden sich durch die Summe der optischen und thermischen Verluste (Bild):

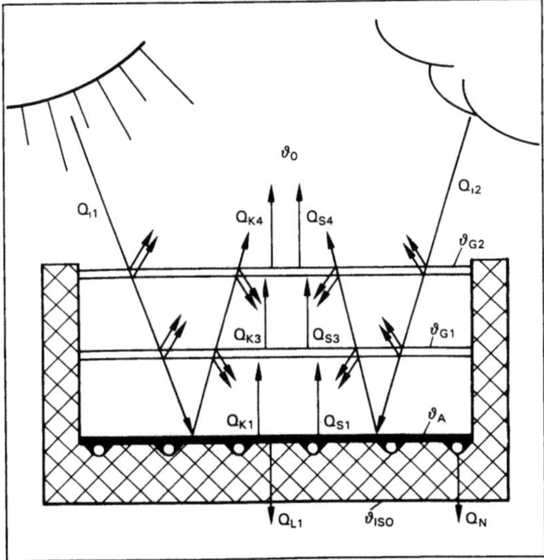

Kollektorwirkungsgrad: Energetische Verhältnisse an einem Sonnenkollektor mit zwei Abdeckungen.

δ_A Absorbertemperatur, δ_{G1}, δ_{G2} Temperatur Abdeckscheiben, δ_0 Umgebungstemperatur. Q_{I1}, Q_{I2} direkte und diffuse solare Strahlungsleistung. Q_N Nutzleistung, $Q_{K1,2}$ Konvektive Verlustleistungen. $Q_{S1,2}$ Strahlungsverlust-Leistungen, $Q_{L1,2}$ Leitungsverlust-Leistungen

Die auftreffende Strahlungsenergie Q_I erfährt an der (den) Abdeckscheibe(n) Reflexionsverluste; der verbleibende Teil unterliegt bei Durchgang durch die Abdeckscheibe(n) Absorptions- und Transmissionsverlusten; der schließlich transmittierte Teil wird von einer Absorberplatine mit einem Absorptionsgrad < 1 absorbiert und durch Leitung sowie Konvektion an das Wärmeträgermedium übergeben. Es entstehen Konvektions- und Strahlungsverluste Q_K, Q_S zwischen den Abdeckscheiben sowie zwischen ihnen und der Platine, schließlich Leitungsverluste Q_L in die den Kollektor umgebende →Wärmedämmung und Reemissionsverluste durch Strahlung und Konvektion (Wind) von der äußeren Abdeckscheibe in die Umgebung; Q_N ist die Nutzenergie.

Der K. ist

$$\eta = Q_N/Q_I = \alpha \cdot \tau - k_g\,(\vartheta_A - \vartheta_0)/Q_I$$

(α Absorptionsgrad, τ Transmissionsgrad, k_g Wärmedurchgangskoeffizient, ϑ_A, ϑ_0 Absorber- und Umgebungstemperaturen, Q_N, Q_I Nutz- und zugeführte Energien).

Gute Kollektoren haben einen hohen Absorptionsgrad und Transmissionsgrad sowie möglichst kleine Werte für den Quotienten $k_g(\vartheta_A - \vartheta_0)/Q_I$; kleine Differenzen zwischen Umgebungs- und Absorbertemperatur und hohe Werte für die Einstrahlung sind förderlich. Z. B. haben ausgeführte Kollektoren für $\vartheta_A - \vartheta_0 = 20\,°C$ und $Q_I = 1\,000\,W/m^2$ Wirkungsgrade von 60–70 %; sie fallen mit verminderter Einstrahlung und zunehmenden Temperaturdifferenzen quasilinear ab.

Sonderbauformen wie Vakuumkollektoren oder Compound Parabolic Concentrators versuchen, die Verluste zu minimieren (Vakuum: Konvektionsverluste minimal) oder durch Konzentration und damit kompakte Bauformen gleichfalls zur Verlustminimierung, aber vor allem zur Temperaturhaltung bei abfallender Einstrahlung zu kommen.

Hohe K. sind erwünscht, aber letztlich allein ausschlaggebend ist ein hoher Systemwirkungsgrad, oder noch genauer, ein befriedigender Jahresnutzungsgrad des Systems, das neben dem Kollektor aus Speicher, Nutzern und Hilfsantrieben sowie gegebenenfalls Zusatzfeuerung besteht. *C.-J. Winter*

Literatur: *Kalt, A.:* Baustein Sonnenkollektor. Karlsruhe 1977.

Kolorimetrie. Die K. ist eine variantenreiche Methode, die in der Praxis der Luftreinhaltung zur Emissions- und Immissionsmessung von Gasen eingesetzt wird. Standardmethoden auf der Grundlage der K. gibt es z. B. für die Emissionsmessung von Chlorwasserstoff und Stickstoffoxiden sowie für die Immissionsmessung von Ozon, Schwefeldioxid und Stickstoffdioxid.

Die K. ist eine spezielle Form der →Photometrie, bei der das Probegas mit einem geeigneten Reagenz in Verbindung gebracht und die Farbänderung des Reagenzes photometrisch erfaßt wird (photometrische →Gasmeßverfahren). Das Prinzip eignet sich besonders für diskontinuierliche Messungen, kann aber auch für kontinuierliche herangezogen werden. Bei einer gebräuchlichen Meßanordnung wird ein konstanter Probegasstrom in einen konstanten Strom der flüssigen Reagenzlösung eingeleitet. Die Reaktion findet in einer Reaktionsstrecke statt, an deren Ausgang die Gasphase abgetrennt wird. Das Reagenz wird nun in eine Photometer-Küvette geleitet, in der die Farbänderung gemessen wird.

Bei einer anderen Meßanordnung ist ein Papierstreifen mit dem Reagenz imprägniert. Der Papierstreifen wird schrittweise transportiert. Während der Vorschubpausen wird eine definierte Gasmenge durch eine abgedichtete Kammer geleitet, in der sich ein Ausschnitt des Papierstreifens befindet. Die Farbe des Reagenzpapierstreifens wird vor und nach der Reaktion mit zwei Photodetektoren im reflektierten Licht gemessen. Ein nach diesem Prinzip arbeitendes Gerät zur kontinuierlichen Emissionsmessung von →Schwefelwasserstoff ist als eignungsgeprüft anerkannt. *Stahl*

Literatur: VDI 3486, Bl. 3: Messen gasförmiger Emissionen; Messen der Schwefelwasserstoff-Konzentration; Colorimetrisches Verfahren (Monocolor-Analysator). 11/1980.

Kombikraftwerk. Im K. werden durch Kombination eines Gasturbinen- und eines Dampfturbinen-Prozesses (zu einem GuD-Prozeß) fossile Brennstoffe mit hohem Wirkungsgrad und bei geringen luftverunreinigenden Emissionen zur Stromerzeugung genutzt.

Bei konventionellen Kraftwerken auf der Grundlage des Dampfturbinen-Prozesses beträgt die den Wirkungsgrad bestimmende, nutzbare Temperaturdifferenz zwischen Dampfturbinen-Eintritts- und Kühlwasser-Temperatur etwa 500 K. Mit der Gasturbine wird eine wesentlich höhere Prozeßeintrittstemperatur und nutzbare Temperaturdifferenz (von über 1 000 K) ermöglicht. Gegenwärtig werden – begrenzt aus Materialgründen – maximale Gasturbinen-Eintrittstemperaturen von etwa 1 150 °C erreicht, Steigerungen sind absehbar.

Für die Kombination von Gas- und Dampfturbine in einem GuD-Prozeß eines Kraftwerkes gibt es vier grundsätzliche Möglichkeiten:
□ K. mit Erdgas-/Heizöl-befeuerter Gasturbine und ungefeuertem Abhitzedampferzeuger (auch GuD-Kraftwerk) (Bild): Der Verdichter der →Gasturbinenanlage komprimiert und fördert die Verbrennungsluft in die Brennkammern. Der Brennstoff Erdgas oder leichtes Heizöl wird in den Brennkammern mit der komprimierten Luft verbrannt. Das heiße, stark komprimierte Abgas treibt die Gasturbine an und wird entspannt. Die Gasturbinenleistung dient zum Antrieb sowohl des Generators als

auch des Luft-Verdichters. Im Abhitzedampferzeuger wird dem entspannten, aber noch bis etwa 600 °C heißem Abgas Wärme entzogen und Wasserdampf unter hohem Druck erzeugt. Dieser Dampf treibt eine konventionelle Dampfturbine mit Generator zur Stromerzeugung an. Das übliche Leistungsverhältnis zwischen der Gasturbine und der Dampfturbine liegt bei etwa 2 : 1. Bei Einsatz von Erdgas werden in gegenwärtig bestehenden K. dieser Art elektrische Netto-Wirkungsgrade von 52 % erreicht, für projektierte Anlagen werden bis 55 % als Wirkungsgrad angegeben. Auf Grund des hohen Wirkungsgrades und der geringen spezifischen Emissionen von Kohlendioxid aus der Verbrennung von Erdgas haben erdgasgefeuerte K. im Vergleich zu konventionellen Steinkohle-Dampfkraftwerken (mit Wirkungsgraden von 42 %, wobei Anlagen zur Abgasreinigung enthalten sind), erheblich geringere (um etwa 55 %) CO_2-Emissionen.

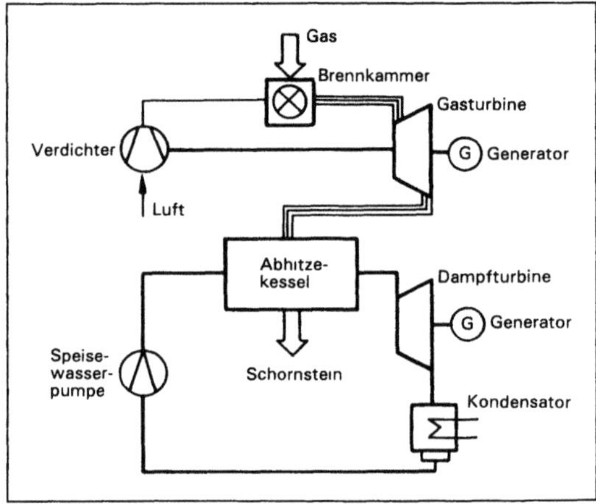

Kombikraftwerk: K. mit Erdgas-/Heizöl-befeuerter Gasturbine und ungefeuertem Abhitze-Dampferzeuger (GUD-Kraftwerk).

□ K. mit integrierter Kohlevergasung: Diese K. entsprechen im Aufbau grundsätzlich den zuerst genannten, wobei anstelle von Erdgas gereinigtes Brenngas aus einer Kohlevergasungsanlage eingesetzt wird. Neben dem noch heißen Abgas nach der Gasturbine wird auch die Rohgaswärme aus der Kohlevergasung (bei Temperaturen über 1 000 °C) zur Dampferzeugung für den Dampfturbinen-Prozeß genutzt. Gegenwärtig können mit diesen K. in Pilotanlagen elektrische Netto-Wirkungsgrade um 46 % erreicht werden.

K. mit integrierter Kohlevergasung erfüllen folgende Umweltschutzziele bei der Kohleverstromung:
– hoher Wirkungsgrad, damit geringe CO_2-Emissionen und Ressourcenschonung;
– geringe Emissionen von luftverunreinigenden Stoffen sowie Behandlung von kleinen Gasvolumenströmen bei der Brenngasreinigung;

– mögliche Verwertung von Reststoffen der Kohlevergasung (glasartig);
– Einsatz unterschiedlicher Kohlequalitäten möglich.

Demonstrations-K. mit integrierter Steinkohlevergasung sind z. B. in den USA (Plaquemine und Daggett-Cool Water Project mit 100 MWel seit 1984), in Schottland (Westfield) und Indien (Trichy mit 6 MWel) in Betrieb. Für das geplante Demonstrations-K. mit integrierter Braunkohlevergasung, KoBra, am Standort Goldenberg/Köln ist die Inbetriebnahme Ende der 90er Jahre vorgesehen (320 MWel, Wirkungsgrad von 46%).

□ K. mit Erdgas-/Heizöl-befeuerter Gasturbine und fossil (z. B. Kohle) befeuertem Dampferzeuger: Hierbei kann die Verbindung des Gasturbinen-Prozesses mit dem Dampfturbinen-Prozeß entweder abgasseitig oder dampfseitig erfolgen. Bei der abgasseitigen Verknüpfung (auch bezeichnet als Kombi-Block) dient das entspannte noch heiße Abgas der Gasturbine (mit einem O_2-Gehalt von etwa 15%) als Verbrennungsluft für den Kohle-Dampferzeuger, der eine Dampfturbine antreibt.

Bei der dampfseitigen Verknüpfung (auch bezeichnet als Verbund-Block) wird Dampf aus dem Abhitzedampferzeuger nach der Gasturbine (entspricht GuD-K.) über verschieden mögliche Verbundschaltungen in den Dampfturbinen-Prozeß nach einem konventionellen Kohle-Dampferzeuger eingespeist. Diese Vorschaltung einer Gasturbine (auch als Topping bezeichnet) kann auch an bestehenden konventionellen Kohle-Kraftwerken zur Steigerung des Wirkungsgrades angewendet werden. Der elektrische Netto-Wirkungsgrad dieser Schaltung nimmt stark mit dem Leistungsanteil der Gasturbine zu. Er liegt bei dem üblichen Leistungsverhältnis zwischen Gasturbine und Dampfturbine von etwa 1:4 und bei Einsatz von Steinkohle bei etwa 46%.

□ K. mit druckaufgeladener Kohle-Feuerungsanlage: Bei diesem K. treiben die heißen, unter Druck stehenden und weitgehend gereinigten Abgase einer druckaufgeladenen Kohle-Feuerungsanlage eine Gasturbine. Druckaufgeladene Feuerungsanlagen können relativ klein und kompakt, mit relativ geringen spezifischen Investitionskosten ausgeführt werden. Bei der druckaufgeladenen →Wirbel-

Kombikraftwerk. Tabelle: Einsatzstoffe, Emissionen und Reststoffe bei K. der 600 MWel-Klasse im Vergleich (nach Müller u. Emsperger mit einheitlichem Bezug: Steinkohle mit unterem Heizwert von 25 MJ/kg, C-Gehalt von 66%, Aschegehalt von 10%, Schwefelgehalt von 1,2%; Erdgas mit Heizwert von 50 MJ/kg).

Art des Kraftwerks (KW)	Wirkungsgrad (%)	Einsatzstoffe (g/kWh)			Emissionen (g/kWh)			Reststoffe (g/kWh)	Abwärme des Kühlwassers (MJ/kWh)
		Kohle	Erdgas	Kalkstein	CO_2	SO_2	NO_2		
konv. Steinkohle-Dampf-KW mit REA und DENOX (SCR)	42	340		13	830	0,60	0,60	Asche 34 Gips 20	4,3
Kombi-KW mit Druck-Wirbelschichtfeuerung	43	335		25	810	0,59	0,59	Asche/Gips Kalk/Gemisch 62	3,6
Kombi-KW mit Erdgas-Gasturbine und Steinkohle-Dampferzeuger	46	220	47	8	660	0,38	0,27	Asche 22 Gips 13	3,4
Kombi-KW mit integrierter Steinkohlevergasung	46	310			760	0,15	0,30	Schlacke 31 Schwefel 4	3,2
Kombi-KW mit Erdgas-Gasturbine (GUD-KW)	52		140		380	—	0,35	—	2,6

schichtfeuerung wird die Wirbelbettemperatur bei etwa 900 °C gehalten. Dies ergibt zwar geringe NO_x-Emissionen, begrenzt aber die Eintrittstemperatur in die Gasturbine und damit den Wirkungsgrad des Kombikraftwerks auf Werte von gegenwärtig etwa 43 %. Z. B. ist ein K. mit Druckwirbelschichtfeuerung (Steinkohle) in Värtan/Schweden seit 1990 in Betrieb und erreicht bei zwei Druckwirbelschichtfeuerungen und zwei Gasturbinen mit je 17 MWel sowie einer Dampfturbine mit 135 MWel einen Wirkungsgrad von etwa 43 %. Weitere Anlagen mit gleichen Druckwirbelschichtmodulen sind seit 1990 in Escatron/Spanien (Braunkohle) und in Tidd/USA (Steinkohle) in Betrieb. Hauptproblem ist die hierbei notwendige Heißgasreinigung auf Gasturbinen-Erfordernisse. Das gilt insbesondere für die sich erst in der Entwicklung befindlichen K. mit Druckkohlenstaubfeuerung.

In der Tabelle sind für die Arten der K. die Einsatzstoffe, die Emissionen von Luftschadstoffen und die Reststoffe, jeweils pro erzeugter Kilowattstunde Strom, zusammenfassend aufgeführt. *Kaschenz*

Literatur: *Keppel, W.; H. Kotschenreuther:* Kombinierte Gas-Dampfturbinen-Kraftwerke schonen die Umwelt. Energiewirtschaftliche Tagesfragen **40** (1990) S. 340–344. – *Lovis, J.; B. Rukes; E. Wittchow:* Kraftwerkskonzepte mit Gasturbinen. Energie **43** (1991) S. 26–32. – *Müller, R.; W. Emsperger:* Kombiprozesse und ihr Beitrag zum Umweltschutz. Energiewirtschaftliche Tagesfragen **40** (1990) S. 334–338. – *Pruschek, R.; U. Renz; E. Weber:* Kohlekraftwerk der Zukunft. Studie im Auftrag des Ministers für Wirtschaft, Mittelstand und Technologie des Landes Nordrhein-Westfalen. Düsseldorf 1990. – *Weinzierl, K.:* Perspektiven neuer Kohlekraftwerkstechniken. VDI-Bericht 941. Dusseldorf 1992.

Kombinationswirkung. K. ist immer dann zu erwarten, wenn mehrere gleichzeitig vorhandene Chemikalien vergleichbare Wirkungsmechanismen besitzen und damit z. B. auf bestimmte Organe oder biochemische Funktionen des Organismus einwirken. Die Wirkung kann sich verdoppeln oder vervielfachen, wenn zwei oder mehrere entsprechend wirkende Stoffe in vergleichbaren Wirkkonzentrationen vorliegen. Wenn z. B. 10 Stoffe jeweils in Konzentrationen vorliegen, die nur $^1/_{100}$ der Wirkkonzentration ausmachen, bleiben sie auch in der Kombination ohne Wirkung. Sie besitzen zwar theoretisch ein 10fach höheres Wirkpotential als das der Einzelsubstanzen, die Wirkschwelle würde jedoch erst dann erreicht, wenn hundert entsprechend wirkende Stoffe vorlägen. Auch kann bei Vorliegen eines Stoffes, dessen Konzentration verdoppelt werden müßte, um eine Wirkung hervorzurufen, die Anwesenheit eines zweiten Stoffes in einer Konzentration, die hundertfach unter der Wirkkonzentration liegt, nicht zu einer Wirkung führen.

Diese Erkenntnisse haben in verschiedene Regelungen Eingang gefunden. So schreibt die US-Kommission zur Festlegung von Grenzwerten am Arbeitsplatz (American Conference of Governmental Industrial Hygienists) vor, daß bei Vorliegen mehrerer Stoffe mit gleichgerichteter Wirkung die Grenzwerte der Einzelstoffe nur den Bruchteil erreichen dürfen, der die Zahl der vorhandenen Stoffe ausmacht. So dürfen bei zehn gleichzeitig vorhandenen Stoffen mit gleicher Wirkung die Einzelsubstanzen nur in Konzentrationen vorliegen, die $^1/_{10}$ des jeweiligen Grenzwertes ausmachen.

Einige Beispiele zeigen jedoch, daß gelegentlich die Wirkung stärker zunimmt als es die Wirkung der Einzelsubstanzen erwarten läßt. Solche Wirkungsverstärkungen sind ebenfalls nur dann zu beobachten, wenn die Einzelstoffe im Bereich ihrer Wirkkonzentrationen vorliegen. *Greim*

Kompaktor. K. sind Spezialfahrzeuge, die zur Verdichtung von Abfällen auf Deponien eingesetzt werden. K. wurden früher auch als Stampffußverdichter bezeichnet.

K. haben hohe Gewichte (16 bis 30 t) und spezielle Räder. Die Räder werden je nach Bestückung der Stahlbandagen auch als Stampfußwalzen, Winkelmesserwalzen, Kreuzmesserwalzen, usw. bezeichnet. Durch die Walzenbestückung werden auf den Abfall hohe Drücke ausgeübt, so daß insbesondere sperrige Abfälle gut zerkleinert und verdichtet werden können. K. sind so konstruiert, daß sie gut geländegängig und wendig sind. *Stief*

Kompensationsregelung. K. im Sinne des Umweltrechts ist eine Vorschrift, die ein Zurückbleiben hinter bestimmten Umweltanforderungen zuläßt, wenn an anderer Stelle überobligatorische Entlastungen der Umwelt vorgenommen werden. Das Immissionsschutzrecht enthält an verschiedenen Stellen K. Das BImSchG (§ 7 Abs. 3) ermächtigt die Bundesregierung, in Rechtsverordnungen vorzusehen, daß bei bestehenden Anlagen von den allgemeinen Anforderungen zur Vorsorge gegen schädliche Umwelteinwirkungen abgewichen werden darf, wenn durch technische Maßnahmen (nicht: durch Betriebsstillegungen!) an anderen Anlagen insgesamt eine weitergehende Minderung von Emissionen derselben oder in ihrer Wirkung auf die Umwelt vergleichbaren Stoffen erreicht wird als bei Beachtung der allgemeinen Anforderungen und wenn hierdurch der Schutzzweck oder der Vorsorgezweck des Immissionsschutzrechts gefördert wird. Unter denselben Voraussetzungen können auch in Verwaltungsvorschriften nach § 48 des BImSchG K. getroffen werden. Dementsprechend sieht Nr. 4.2.10 TA Luft vor, daß die Behörde im Hinblick auf betriebsbereit erstellte Anlagen von den allgemeinen Sanierungsanforderungen abweichen soll, wenn in einem Sanierungsplan technische Ausgleichsmaßnahmen an einer Altanlage oder an mehreren Altanlagen desselben Betreibers oder eines Dritten vorgesehen sind, die zu einer weitergehenden Verringerung der Emissionsfrachten im jeweiligen Kalenderjahr führen als die Summe der Minderungen, die durch Erlaß nachträglicher Anordnungen bei den beteiligten Anlagen erreichbar wäre. Zusätzlich wird die Vergleichbarkeit der in die Kompensation einbezogenen Stoffe und ein räumlicher Zusammenhang zwischen den betroffenen Emissionsquellen verlangt; das Zurückbleiben einzelner Anlagen hinter dem Stand der Technik wird nur für einen begrenzten Zeitraum gestattet.

Weitergehende Kompensationsmöglichkeiten ergeben sich aus § 17 Abs. 3a des BImSchG. Danach können auch nicht betriebsbereite, aber bereits genehmigte Anlagen im Rahmen der Ermessensausübung vor dem Erlaß nachträglicher Anordnungen in eine Kompensation einbezogen werden. Ein bestimmter räumlicher und zeitlicher Bezug zwischen den zugelassenen Emissionen und den Verbesserungen wird nicht ausdrücklich verlangt. Allerdings muß durch die Kompensation insgesamt der Gesetzeszweck (Schutz und Vorsorge) gefördert werden.

Die praktische Bedeutung der K. ist relativ gering. Das liegt einmal daran, daß mit ihr in der Regel nur ein zeitlicher Aufschub der allgemein geforderten Emissionsminderungsmaßnahmen erreicht werden kann. Zum anderen ist mit Beschwerden aus der Nachbarschaft von Anlagen zu rechnen, wenn diese nicht dem Stand der Technik angepaßt werden. Am ehesten kommen K. bei verschiedenen Emissionsquellen derselben Anlage in Betracht. *Hansmann*

Komplementarität. K. bezeichnet das sich aus der →Basenpaarung ergebende Zusammenpassen von Basen einer Nucleinsäure. Die K. der Nucleinsäuren bildet die Basis für wichtige zellphysiologische Vorgänge (→Replikation, Transkription, →Translation) und wird in der Gentechnik experimentell genutzt, so bei Hybridisierungsverfahren. *Flohé*

Komplementation. K. bezeichnet generell die phänotypische Restaurierung eines defekten Gens durch ein gleichartiges intaktes Gen, ohne daß die dem phänotypischen Defekt zugrundeliegende →Mutation im defekten Gen aufgehoben wird. K.-Tests bildeten ein wichtiges Instrumentarium der klassischen Genetik, um genetische Funktionseinheiten zu definieren. *Flohé*

Kompostierung. Die K. ist ein Prozeß, bei dem organische Substanz durch aerob lebende Mikroorganismen umgewandelt wird. Diese Umwandlung besteht aus parallel oder nacheinander ablaufenden Abbau-, Umbau- und Aufbauprozessen.

Beim Abbau werden die organischen Ausgangsmaterialien im wesentlichen zu CO_2 und H_2O abgebaut. Dadurch kommt es zu deutlichen Massen- (40–60%) und Volumenreduzierungen. Die Geschwindigkeit des Abbaus hängt in starkem Maße vom Kohlenstoff/Stickstoff-Verhältnis (C/N) und dem Wassergehalt der Ausgangsstoffe ab. Stickstoff kann bei der K. als NH_3 oder nach →Denitrifikation von NO_2 oder NO_3 als N_2O, NO_x oder N_2 entweichen. Der Wassergehalt sollte zwischen 40 und 70% liegen. Hoher Wassergehalt führt zu einem anaeroben Milieu mit z. T. phytotoxischen Stoffwechselprodukten, wie z. B. H_2S. Zu niedriger Wassergehalt kann die Aktivität aerob lebender Mikroorganismen reduzieren. Beim Umbau organischer Substanz werden aus den Abbauvorgängen gebildete Verbindungen auf verschiedenen Komplexitätsstufen zu anderen Stoffen umgewandelt, beim Aufbau entstehen aus den Abbauprodukten neue, häufig stabile, langkettige komplexe Verbindungen, wie z. B. →Huminstoffe, die dem fertigen Kompost die typischen Eigenschaften wie dunkle Farbe, erdigen Geruch und körnige Struktur geben. Je nach Stadium unterscheidet man zwischen Frisch- und Reifekompost.

Durch die mikrobiellen Umsetzvorgänge kommt es zu einer Erwärmung des Materials. Dabei können Temperaturen von 50–90 °C erreicht werden. Bei niedrigen Wassergehalten werden hohe, bei hohen Wassergehalten relativ niedrige Temperaturen erreicht. Die Erwärmung führt zu einer erwünschten Hygienisierung des Materials. Unkrautsamen, phyto- und humanpathogene Keime werden bei der Einwirkung von Temperaturen um 60 °C über mehrere Tage abgetötet. Durch zu hohe Temperaturen kann es allerdings zu erhöhten Nährstoffverlusten (Ausgasung von NH_3), unerwünschten Stoffbildungen (Maillard-Reaktionen) und dem Zusammenbrechen günstiger Mikroorganismen-Populationen kommen.

Während früher im landwirtschaftlichen Bereich vor allem Stallmist (Festmist) und im gärtnerischen Bereich anfallende Vegetationsrückstände kompostiert wurden, wird heute in der K. zunehmend ein entscheidender Beitrag zur Lösung des Abfallproblems gesehen. Ziele der K. sind einerseits ein qualitativ hochwertiges sinnvoll verwertbares Produkt zu erzeugen, zum anderen die Verrottung von organischem Abfall. Für die K. kann man in diesem Zusammenhang folgende Ausgangsstoffe unterscheiden: Stallmist, Grüngut wie Strauch- und Rasenschnitt, sowie Bioabfall, d. h. getrennt gesammelte organische Haus- und Küchenabfälle. Daneben lassen sich auch organische Gewerbeabfälle verschiedenster Art kompostieren. Wichtig ist dabei, daß die Struktur (Wasser-/Luft-Haushalt) und das C/N-Verhältnis in einem günstigen Bereich liegen oder durch Zuschlagstoffe in einen günstigen

Bereich gebracht werden können. Besondere Beachtung verdient bei der Auswahl der zu kompostierenden Stoffe deren Gehalt an Störstoffen (Verunreinigungen) sowie an organischen (→Dioxine, →Furane) und anorganischen (→Schwermetalle) Schadstoffen.

Die Verfahrenstechnik ist so zu wählen, daß die biologischen Umsetzungsprozesse optimal ablaufen, Emissionen und andere Umwelteinflüsse auf ein Minimum reduziert werden und ein qualitativ hochwertiges Produkt entsteht. Dazu zählen die Zerkleinerung und Homogenisierung des Ausgangsmaterials, das Abscheiden von Störstoffen, die Regulierung des Wasserhaushalts und die Durchmischung und Aufrechterhaltung einer günstigen Struktur. Dem Kompostiervorgang sind deshalb vielfach Sieb- und Zerkleinerungseinrichtungen vorgeschaltet. Während der K. wird durch Umsetzen, Belüften und Befeuchten für optimale Rottebedingungen gesorgt. Den Kompostiervorgang kann man grob in eine Haupt- oder Vorrotte- und eine Nachrottephase unterteilen. Während der Hauptrotte kommt es zu intensiven mikrobiellen Umsetzungsvorgängen und damit zu einer intensiven Erwärmung (Heißrotte). Während früher vielfach einfache Mieten auf mehr oder weniger befestigten Flächen angelegt wurden, ist es heute aus Gründen des Umweltschutzes unbedingt erforderlich, die Kompostierflächen zu befestigen und das →Sickerwasser aufzufangen. Zur besseren Steuerung des Kompostiervorganges (→Wasserhaushalt) sollte die Fläche außerdem überdacht werden. Um das Austreten von Emissionen in gasförmiger und fester Phase (Pilzsporen, Staub) zu verhindern, sollte in vollkommen geschlossenen Hallen mit Abluftreinigung, z. B. über einen →Biofilter, kompostiert werden.

Als Hauptverfahren der K. kommen die Flächen- und die Mieten-K. in Betracht. Bei der Flächen-K. wird das zu kompostierende Material zerkleinert in einer dünnen Schicht auf die Flächen aufgebracht und oberflächlich eingearbeitet. Es handelt sich dabei um einen Abbau organischer Substanz im Boden.

Bei der Mieten-K. wird das Material zu Mieten aufgesetzt (Dreiecks-, Walm-, Trapezmieten). Trapezmieten mit mehreren Metern Höhe und z. T. über 10 m Breite werden als Tafelmieten bezeichnet. Sie bieten eine hohe Flächenausnutzung und sind deshalb besonders gut für vollkommen geschlossene Anlagen geeignet.

Eine Sonderform der Mieten-K. ist die Matten- oder Matratzen-K. Dabei wird die Miete schichtweise aufgebaut und mit der darunterliegenden angerotteten Schicht vermischt. Bei der Silokompostierung wird das Material zur Vorrotte in fahrsiloähnliche Kammern gefüllt und von auf den Wänden laufenden speziellen Umsetzmaschinen durch-

mischt und belüftet. Es handelt sich dabei um ein dynamisches Verfahren, d. h. es wird auf der einen Seite kontinuierlich Material zugeführt, auf der anderen Seite kontinuierlich Frischkompost entnommen. Weitere kontinuierliche Verfahren sind Rottetrommeln, bei denen das Material durch Drehbewegung transportiert und durchmischt wird (kein Umsetzen nötig), und Tunnelreaktoren, bei denen das Material auf einem Schubboden ohne besondere Möglichkeiten der Durchmischung transportiert wird. Bei den dynamischen Verfahren wird, verstärkt durch eine zusätzliche Belüftung, eine sehr intensive Rotte erreicht. Die Dauer der Hauptrottephase nimmt von der Silokompostierung über den Tunnelreaktor zur Rottetrommel von etwa sechs Wochen auf wenige Tage ab, umgekehrt steigt der Investitionsbedarf in dieser Reihenfolge an. Rottetrommeln werden deshalb meist nur in gewerblich betriebenen →Kompostwerken benutzt. Auch durch die Boxen-K., bei der das Material in hermetisch abgeschlossene Gehäuse gefüllt wird, kann durch intensive Belüftung und Rottesteuerung die Vorrottephase auf 7–14 Tage verkürzt werden. Die Boxen-K. bietet gute Möglichkeiten die Abluft zu reinigen. Als Sonderform der K. ist das Brikollare-Verfahren zu bezeichnen, bei dem das Material zu Preßlingen geformt und in einer belüfteten Rottehalle gestapelt wird. Bei der Ausbringung der Komposte in der Landwirtschaft ist wegen des hohen Nährstoffgehaltes eine gleichmäßige Verteilung auch geringer Mengen ein entscheidendes Kriterium. *H. Schön/Helm*

Literatur: *Dott, W., K. Fricke, R. Oetjen:* Biologische Verfahren der Abfallbehandlung. Berlin 1990. – *Gottschall, R.:* Kompostierung, Reihe Alternative Konzepte 45. Karlsruhe 1988. – *Kost, U.:* Neues Leben aus dem Abfall, Chancen und Konzepte für eine ökologische Kompostierung in den Kommunen. Freiburg i. Br. 1987.

Kompostwerk. Die →Kompostierung dient der Umwandlung von organischen Reststoffen in pflanzenverträgliche Mittel zur Bodenverbesserung. Hierbei wird das zu kompostierende Gut durch Mikroorganismen im aeroben Milieu zersetzt. In der Bundesrepublik Deutschland verarbeiten etwa 20 K. →Hausabfall oder →Klärschlamm allein oder im Gemisch zu Kompost. Zunehmend werden auch Bioabfälle aus der getrennten Sammlung sowie Pflanzenabfälle kompostiert.

Zwei Verfahrensvarianten finden Anwendung: die offene (statische) Kompostierung in Mieten und die geschlossene (dynamische) Kompostierung in Rottetrommeln oder Rottetürmen. Bei der ersten Variante befindet sich das Kompostiergut in ruhiger Mietenlagerung und wird bei Bedarf umgesetzt, bei der zweiten Variante wird das Gut ständig bewegt.

Insbesondere die offene Mietenkompostierung kann Geruchs- und Staubemissionen verursachen.

Gerüche lassen sich vermindern, wenn in den Mieten anaerobe Zonen vermieden werden, die Mieten zur Verhinderung von Geruchsbelästigungen der Nachbarschaft nur bei günstigen Windverhältnissen umgesetzt werden und wenn das Mietenabwasser sofort abgeleitet wird. Noch wirksamer ist zur Geruchsminderung die Absaugung der Mietenluft und ihre Reinigung in Biofiltern oder Biowäschern oder die Einhausung der Mieten mit Absaugung der Abluft und Abluftreinigung. Bei starkem Wind auftretende Staubverwehungen sind durch Befeuchten der Mieten zu vermeiden. Ebenso wie die Mietenabluft enthält die Abluft der Rottereaktoren geruchsintensive Stoffe. Sie werden entsprechend in Biofiltern oder -wäschern abgebaut.

K. sind ab einer Durchsatzleistung von mehr als 0,75 t/h genehmigungsbedürftig nach dem BImSchG; sie sind in Nr. 8.5 des Anhangs der →4. BImSchV genannt. Emissionsbegrenzende Anforderungen enthält die TA Luft; insbesondere die Regelungen zur Begrenzung der Staubemissionen (Nr. 3.1.3) und zur Begrenzung der Emissionen geruchsintensiver Stoffe (Nr. 3.1.9) sind von Bedeutung. *Wagenknecht*

Literatur: *Davids, P.; M. Lange:* Die TA Luft '86 – Technischer Kommentar. Düsseldorf 1986. – *Fricke, K.; Th. Turk; H. Vogtmann:* Grundlagen der Kompostierung. Berlin 1990.

Kompressionswärmepumpe →Wärmepumpe

Kondensation in der Atmosphäre.
Der natürliche →Wasserkreislauf beruht auf der Verdunstung des Wassers an der Erdoberfläche und aus den Ozeanen. Das gasförmige Wasser in der Lufthülle kondensiert, sobald die Luftmasse unter ihren Taupunkt abkühlt. Der Taupunkt ist die Temperatur, bei welcher der herrschende Dampfdruck gleich dem Sättigungsdampfdruck ist. Die kondensierte Phase fällt als Niederschlag auf den Erdboden zurück und schließt den Kreislauf. Die Wasserbilanz der Erdatmosphäre ist über einen längeren Zeitraum betrachtet Null, d. h. die verdunstete Wassermenge entspricht der Niederschlagsmenge. Es werden pro Jahr ca. $4{-}5 \times 10^{17}$ kg Wasser zwischen Erdboden und Atmosphäre umgesetzt.

Eine notwendige Bedingung für eine K. in der Atmosphäre ist das Vorhandensein von Kondensationskernen. Als Kondensationskerne können alle Partikel und Ionen (Aerosole) dienen. Für die Abkühlung einer Luftmasse unter ihren Taupunkt kommen verschiedene Prozesse in Frage. Erwähnt seien hier die Strahlungsabkühlung, wobei feuchte Luft in klaren Nächten durch Emission im langwelligen Spektralbereich eine hochliegende Wolkendecke erzeugt, und die Hebung und Konvektion, bei der die aufsteigende Luftmasse adiabatisch durch Expansion abgekühlt wird. *Wirtz*

Kondensationsverfahren.
Ziel des K. bei der Abgasreinigung ist es, durch Abkühlung von luftverunreinigenden Stoffen in Abgasen unter den Taupunkt einen Phasenübergang in den flüssigen Zustand und eine Abtrennung der flüssigen Phase zu erreichen. Bestimmt wird der Übergang in erster Linie von dem Kondensationspunkt des Dampf-/Gasgemisches. Das ist die Temperatur, bei der unter gegebenem Druck der Übergang vom dampfförmigen in den flüssigen Aggregatzustand erfolgt. Um einen möglichst hohen Reinigungseffekt zu erzielen, sollte die Kondensation unter Druck durchgeführt werden. Bei der Abkühlung eines organische Lösemittel enthaltenden Abgases fällt solange Kondensat an, bis die Sättigungskonzentration erreicht ist (Bild 1).

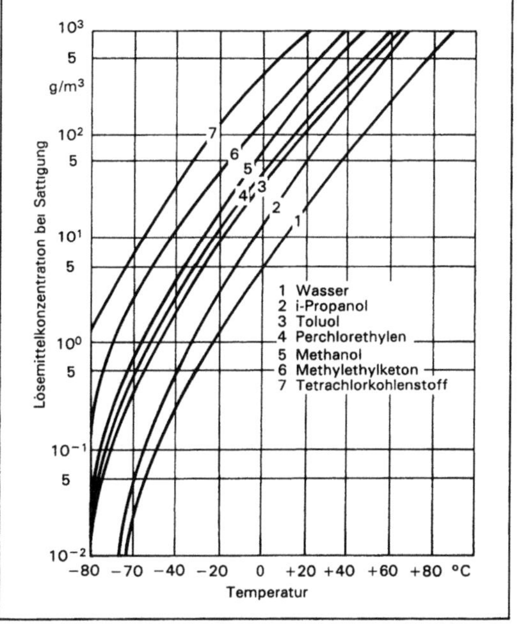

Kondensationsverfahren 1: Sättigungs-Konzentration von Lösemitteln.

Typische Anwendungsbereiche des K. sind die Abscheidung von Tri- und Perchlorethylen bei Entfettungsanlagen, Methylenchloridabscheidung in der Folien herstellenden Industrie und die Schwefelkohlenstoffabscheidung bei der Viskoseherstellung.

In der Regel wird das K. nur zur Vorabscheidung und Rückgewinnung organischer Lösemittel eingesetzt. Voraussetzung für den wirtschaftlichen Betrieb des K. ist, daß relativ kleine Abluftmengen mit hohen Lösemittelkonzentrationen vorliegen und die Rückgewinnung vergleichsweise teurer Einsatzstoffe möglich ist. Verfahrenstechnisch bietet sich das K. an, wenn wasserlösliche Substanzen aus einem Abgas mit hohem Wasserdampfgehalt zu entfernen sind.

Bei den K. ist nach direkter und indirekter Abkühlung zu unterscheiden. Beim indirekten Abkühlen (Oberflächenkühlen) ist das Kühlmittel durch eine Metallwand von sich niederschlagendem Kondensat getrennt, das kontinuierlich oder diskontinuierlich ausgeschleust werden kann. Übliche indirekte Kühler wie der Rohrbündelwärmetauscher weisen eine große Oberfläche auf.

Bei der direkten Kondensation oder Einspritzbzw. Sprühkondensation tritt das Kühlmittel in direkten Kontakt mit dem Gas-/Dampfgemisch. Durch den effektiveren Wärmeaustausch werden bei gleicher Effizienz kleinere Kühlereinrichtungen benötigt. Als weitere Vorteile sind zu nennen:
– keine Verschmutzungen an den Kühlerflächen,
– verringerte Explosionsgefahr,
– hohe Abscheidegrade.

Nachteilig bei der direkten Kühlung ist, daß das Kühlmittel und das Kondensat als Gemisch anfallen und zu behandeln sind (z. B. durch Destillation). Eine Ausnahme ergibt sich, wenn der abzuscheidende Stoff hydrophob ist. Er läßt sich dann leicht vom Kühlwasser abtrennen.

Das auch nach der Kondensation noch lösemittelhaltige Abgas wird zur Vermeidung von Emissionen und dadurch bedingter Lösemittelverluste im Kreislauf geführt. Um höhere Abscheideraten zu erzielen, ist der Einsatz einer mehrstufigen Kondensation notwendig. Ein Beispiel einer solchen Verfahrensweise zeigt Bild 2. Es handelt sich um die fraktionierte Abscheidung von Methylenchlorid, Isopropanol und Wasser. Die erste Stufe, die Vorkondensation, dient vor allem zur Vorkühlung der Prozeßabgase. Gleichzeitig werden hochsiedende Stoffe wie Wasser und Isopropanol zu einem großen Teil abgeschieden. Im zweiten Schritt der Hauptkondensation, wird mit Hilfe von Kältemaschinen das Abgas auf –30 °C abgekühlt und Methylenchlorid auskondensiert. Mit dem beschriebenen Verfahren läßt sich das Methylenchlorid bis unter die Nachweisgrenze abscheiden. Durch optimierte Betriebsführung kann der Energieverbrauch minimiert werden. Um Lösmittelgemische fraktioniert abzuschei-

den, besteht darüber hinaus die Möglichkeit einer zweifachen, temperaturgesteuerten Vorkondensation bei verschiedenen Temperaturen. Der Einsatz derart aufwendiger Verfahren führt zu besonders reinen Produkten bei erhöhten Kosten.

Der Emissionswert der TA-Luft in Nr. 3.1.7 für organische Stoffe der Klasse III von 150 mg/m^3 ist mit Hilfe der K. allein nur in Einzelfällen zu erreichen. Im allgemeinen schließt sich an das K. ein weiteres →Abgasreinigungsverfahren an, z. B. →Adsorptionsverfahren, thermische oder katalytische →Nachverbrennung, in dem ein Teilstrom des Abgases vom Restlösemittel gereinigt und an die Atmosphäre abgegeben werden kann. *Remus*

Literatur: *Baum, F.:* Luftreinhaltung in der Praxis. München 1988. – *Davids, P.; M. Lange:* Die TA Luft '86 – Technischer Kommentar. Düsseldorf 1986. – VDI 2280: Auswurfbegrenzung: Organische Verbindungen insbesondere Lösemittel. 8/1977. – VDI 2280 E: Emissionsminderung; Flüchtige organische Verbindungen, insbesondere Lösemittel. 3/1985.

Konduktometrie. Die K. ist eine variantenreiche elektrochemische Methode zur Messung reaktiver Gase, die in der Praxis der Luftreinhaltung vor allem zur kontinuierlichen Emissions- und Immissionsmessung von →Schwefeldioxid eingesetzt wird.

Die K. beruht darauf, daß das Probegas in ein geeignetes flüssiges Reagenz eingeleitet und die durch die Reaktion hervorgerufene Änderung der elektrischen Leitfähigkeit gemessen wird. Bei der kontinuierlichen K. werden Probegas und Reagenzflüssigkeit fortlaufend auf eine Reaktionsstrecke aufgegeben (Bild). Dabei sind die beiden Ströme durch geeignete Maßnahmen konstant zu halten, weil die Leitfähigkeit vom Verhältnis der zugeführten Volumenströme abhängig ist. Außerdem muß die Temperaturabhängigkeit der Leitfähigkeit kompensiert werden. Die Leitfähigkeit der Reagenzflüssigkeit wird vor der Zuführung und nach Abtrennen der Gasphase durch zwei Elektrodenpaare erfaßt, und die Differenz, die der Meßkomponente proportional ist, wird in einer elektrischen Brückenschaltung gemessen.

Die Einsetzbarkeit der Methode ist dadurch eingeschränkt, daß die K. kein besonders selektives

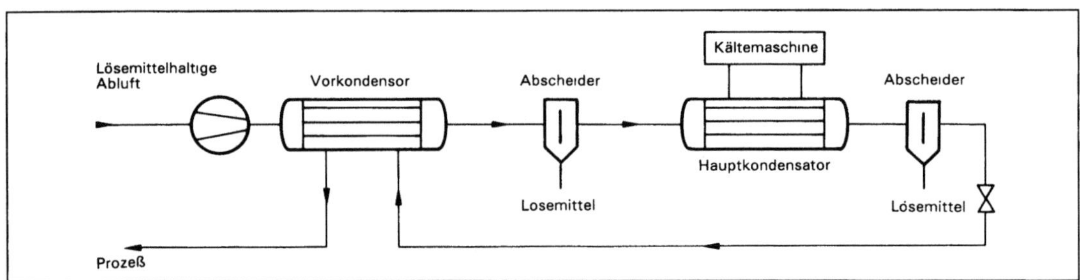

Kondensationsverfahren 2: Fraktionierte Lösemittel-Rückgewinnung durch Kondensation.

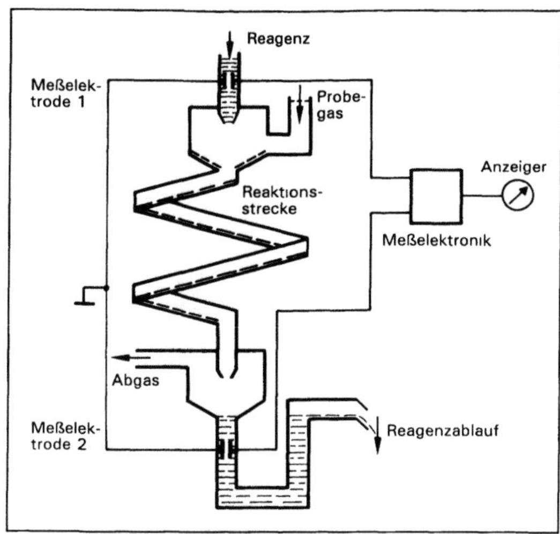

Konduktometrie: Meßanordnung (schematisch).

Verfahren ist und daher eine unzulässig hohe →Querempfindlichkeit auftreten kann. Ein Nachteil für die Praxis ist auch der Bedarf an Reaktionslösung. *Stahl*

Literatur: VDI 2462, Bl. 5: Messen gasförmiger Emissionen; Messen der Schwefeldioxid-Konzentration: Leitfähigkeitsmeßgerät Mikrogas-MSK-SO₂-E 1. 7/1979. – VDI 2451, Bl. 6 E: Messen gasförmiger Immissionen; Messen der Schwefeldioxid-Konzentration; Leitfähigkeitsmeßverfahren (Ultragas U3EK). 7/1987.

Kontamination. Vom *lat.* contaminare = beflecken abgeleitete – im Arbeits- und Umweltschutz gebräuchliche – Bezeichnung für eine stoffliche Verunreinigung von Gegenständen, Bauteilen, Materialien, aber auch von Menschen, die nicht dem natürlichen Zustand entspricht und auf anthropogene Einflüsse zurückzuführen ist. Die umweltgefährdende K. durch →Altlasten erfolgt über das Freisetzen von Schadstoffen aus Altablagerungen und Altstandorten und durch ihre Ausbreitung. Zur Beurteilung der K. sind alle in Betracht kommenden →Ausbreitungspfade, die auch den direkten Kontakt, z. B. zwischen Mensch und Schadstoffe, einschließen, zu berücksichtigen. *Thoenes*

Kontaminationskörper. K. sind durch Verunreinigungen abgegrenzte Volumina oder Massen, z. B. der durch Schadstoffe belastete Abfallkörper einer →Altablagerung. Hierzu zählen auch verunreinigte, auf Böden aufgebrachte Materialien wie Schlacken, Bauschutt und sonstige Deckschichten. Bei →Altstandorten, die z. B. durch Versickerung wassergefährdender Stoffe verunreinigt sind, wird für den verunreinigten Bereich des Untergrundes oft der Begriff Kontaminationsherd benutzt. *Thoenes*

Kontaminationspfad. Bezeichnung für →Ausbreitungspfade. Eine einheitliche Bezeichnung, die den Schadstoffaustrag aus →Altlasten, den Schadstofftransport in den Umweltmedien sowie den Schadstoffeintrag in das Schutzgut umfassen, existiert nicht. In der Literatur findet man weitere Bezeichnungen, z. B. Gefährdungspfad, →Expositionspfad, Belastungspfad. *Thoenes*

Kontrollbereich. Der K. fällt unter den Oberbegriff →Strahlenschutzbereich und ist in der →Strahlenschutzverordnung (StrlSchV) etwas anders als in der →Röntgenverordnung (RöV) definiert:

Nach der StrlSchV sind K. Bereiche, in denen Personen durch äußere und innere →Strahlenexposition im Kalenderjahr höhere Körperdosen als die Grenzwerte der Körperdosen für beruflich strahlenexponierte Personen der Kategorie B bei einem Aufenthalt von 40 Stunden je Woche und 50 Wochen im Kalenderjahr erhalten können (→Dosisgrenzwert).

Nach RöV sind K. Bereiche, in denen Personen im Kalenderjahr höhere Körperdosen aus Ganzkörperexposition als 15 mSv erhalten können.

Es kommt in beiden Fällen nicht darauf an, daß die genannten Werte tatsächlich überschritten werden, sondern es reicht schon die Möglichkeit für eine Überschreitung aus.

Die Definition des K. nach der RöV ist nicht an eine bestimmte Aufenthaltszeit wie im Falle der StrlSchV gebunden. Röntgeneinrichtungen können elektrisch ein- und ausgeschaltet werden und damit auch die dabei emittierte →Röntgenstrahlung. Die Aufenthaltsdauer von Personen in einem Röntgenraum ist nicht unbedingt mit der Höhe der Strahlenexposition korreliert.

Bei radioaktiven Stoffen besteht die physikalische Möglichkeit des einfachen Ein- und Ausschaltens von ionisierender Strahlung nicht. Daher muß eine bestimmte Aufenthaltszeit im K., die in der Größenordnung der Arbeitszeit liegt, berücksichtigt werden (40 Stunden in der Woche bei 50 Wochen im Jahr).

Bei Röntgeneinrichtungen wird – der physikalischen Realität einer gleichmäßigen Störstrahlenverteilung im Röntgenraum folgend – eine Ganzkörperexposition vorausgesetzt und daher für alle Körperbereiche derselbe Dosiswert (15 mSv im Kalenderjahr) festgelegt.

Bei den unter die Bestimmungen der StrlSchV fallenden →Strahlenquellen ist neben der äußeren auch eine innere Strahlenexposition nicht auszuschließen und sind Ganz- und Teilkörperexpositionen möglich. Daher sind zur Festsetzung des K. für die verschiedenen Körperbereiche unterschiedliche Dosiswerte im Kalenderjahr festgesetzt (Tab. X1 der Anlage X StrlSchV).

Die K. sind abzugrenzen, am besten durch bauliche Maßnahmen. Die Zugänge sind zu kennzeichnen (nach StrlSchV u. a. mit dem Wort Kontrollbereich, nach RöV mit Kein Zutritt – Röntgen). Personen darf der Zutritt zu K. nur unter bestimmten, eng begrenzten Bedingungen erlaubt werden.

An allen Personen (aber nicht an Patienten) sind die Körperdosen zu ermitteln, wenn sie sich im K. aufhalten (§ 62 StrlSchV und § 35 RöV). Das kann durch verschiedene Verfahren geschehen; meistens werden Personendosimeter (→Dosimeter) eingesetzt. *Ewen*

Konvektion. Ungeordnetes Aufsteigen von Luftströmungen, unterschieden nach freier K. (thermische →Turbulenz) und erzwungener K. (dynamische Turbulenz). Im Fall der freien K. entsteht sie durch Erwärmung des Erdbodens bei Sonneneinstrahlung und Wärmeübertragung auf die bodennahen Luftschichten. Es bilden sich warme Luftblasen (Thermikblasen), die in der kälteren Atmosphäre aufsteigen. Mit diesen Luftquanten findet ein nach oben gerichteter Transport von Wärme und gegebenenfalls Luftverunreinigungen statt. Die Luftquanten haben Durchmesser bis zu einigen 100 m. Sie steigen bis zur Obergrenze der planetarischen →Grenzschicht, bei einsetzender Wolkenbildung u. U. bis zur →Tropopause. Außerhalb der Thermikblasen sinkt die Luft weiträumig ab. Damit führt die freie K. insgesamt zu einer sehr wirksamen vertikalen Durchmischung der gesamten Schicht. Sie entwickelt sich vornehmlich an sonnigen Tagen bei geringer Windgeschwindigkeit.

Wird die vertikale Durchmischung überwiegend durch mechanische Prozesse (Reibung zwischen Strömung und Erdboden, Windscherung) hervorgerufen, handelt es sich um erzwungene K. Die erzwungene K. hat im allgemeinen eine deutlich geringere vertikale Reichweite (max. 1 km). Sie tritt auf an Tagen mit bedecktem Himmel bei stärkeren Windgeschwindigkeiten. *Külske*

Konverter. In der Immissionsmeßtechnik bezeichnet der Begriff K. Einrichtungen zur Umwandlung von Stoffen in andere Verbindungen.

So werden in allen kontinuierlich registrierenden Meßgeräten für Stickstoffoxide nach dem Chemilumineszenzverfahren K. eingesetzt, die Stickstoffdioxid in Stickstoffmonoxid umwandeln. Dies ist erforderlich, weil das Ziel der Messung die gleichzeitige Bestimmung von Stickstoffmonoxid und Stickstoffdioxid ist, das Chemilumineszenzverfahren unmittelbar aber nur die Messung von Stickstoffmonoxid erlaubt. In handelsüblichen NO_x-Monitoren wird daher einmal das Stickstoffmonoxid direkt über die →Chemilumineszenz erzeugende Reaktion mit Ozon bestimmt. In einem zweiten Meßkanal wird der Stickstoffdioxidanteil der Probe-

luft durch den K. zu Stickstoffmonoxid reduziert und anschließend die Summe der Oxide NO_x ($= NO + NO_2$) bestimmt. Durch elektronische Differenzbildung enthält man so einen Meßwert für NO_2 ($= NO_x - NO$).

Für den geschilderten Fall werden z. B. beheizte Molybdän-K. eingesetzt. Die Einhaltung der vorgeschriebenen Temperatur ist wichtig, weil anderenfalls unerwünschte Zusatzreaktionen erfolgen können bzw. die gewünschte Konvertierung nicht vollständig erfolgt. Der Wirkungsgrad eines K. muß beim Betrieb der Meßgeräte regelmäßig überprüft werden. Bei unzureichendem Wirkungsgrad sind die NO_2-Meßwerte zu verwerfen (→Gasphasentitration). *Pfeffer*

Konzentrationsangabe. Im Bereich der Emissions- und Immissionsmeßtechnik werden Meßergebnisse in der Regel als Massenkonzentrationen angegeben, weil die einschlägigen Grenz- und Richtwerte entsprechend formuliert wurden. Die häufigsten K. sind:
– mg/m³ (Milligramm pro Kubikmeter) entsprechend 10^{-3} g/m³
– µg/m³ (Mikrogramm pro Kubikmeter) entsprechend 10^{-6} g/m³
– ng/m³ (Nanogramm pro Kubikmeter) entsprechend 10^{-9} g/m³
– pg/m³ (Picogramm pro Kubikmeter) entsprechend 10^{-12} g/m³
– fg/m³ (Femtogramm pro Kubikmeter) entsprechend 10^{-15} g/m³

Bei der Angabe von Massenkonzentrationen ist die Angabe der Bezugsbedingungen (Druck, Temperatur) wichtig. Häufig werden die K. auf Normbedingungen bezogen.

Alternativ zur Angabe von Massenkonzentrationen werden oft auch Verdünnungsverhältnisse angegeben. Neben Daten in Volumenprozent sind dies vor allem ppm, ppb und ppt. *Pfeffer*

Konzentrationsgrenze →Gefahrstoffverordnung

Kooperationsprinzip. Das K. ist neben dem →Verursacherprinzip und dem →Vorsorgeprinzip eines der wichtigsten Umweltprinzipien. Es ist ein Grundsatz für die Ausgestaltung umweltpolitischer Entscheidungsprozesse und ein Grundsatz der Verteilung der Verantwortung für die Umwelt auf Staat und Gesellschaft einschließlich der sich daraus ergebenden Kostenlast. Als zunächst lediglich umweltpolitisches Handlungsprinzip bedarf das K. zu seiner Verbindlichkeit einer konkreten umweltrechtlichen Bestimmung.

Das K. fordert ein faires Zusammenwirken aller staatlichen und gesellschaftlichen Kräfte im Willensbildungs- und Entscheidungsprozeß sowie bei der Realisierung umweltpolitischer Zielsetzungen.

Häufig findet eine Kooperation vor allem zwischen den staatlichen Behörden und den Wirtschaftsunternehmen mehr informal und wenig institutionalisiert in Absprachen, branchenbezogenen Zusagen und in sog. →Selbstbeschränkungsabkommen statt. Daneben ist die Kooperation aber auch in zahlreichen rechtlichen Formen institutionalisiert. Rechtliche Ausprägungen des K. sind insbesondere:
– die Beteiligung der Betroffenen in Planungs-, Planfeststellungs- und Genehmigungsverfahren,
– die Anhörung beteiligter Kreise vor dem Erlaß von Gesetzen, Rechtsverordnungen und Verwaltungsvorschriften,
– die Politikberatung durch Gremien unabhängiger Fachleute, wie z. B. die Reaktorsicherheitskommission, die Strahlenschutzkommission oder der Rat von Sachverständigen für Umweltfragen,
– die Beteiligung privater Organisationen bei den staatlichen Kontrollaufgaben im technischen Sicherheitsrecht und im Umweltschutz,
– die Aufstellung technischer Regeln durch privatrechtliche oder öffentlich-rechtlich organisierte Fachausschüsse (z. B. des Deutschen Instituts für Normung, des Vereins Deutscher Ingenieure oder des Kerntechnischen Ausschusses),
– die gesetzlich vorgesehene Selbstüberwachung durch →Umweltschutzbeauftragte,
– die Mitwirkung von Verbänden bei der Vorbereitung von Verordnungen, verbindlichen Programmen und Plänen des Forst- und Naturschutzrechts. *Hoppe/Beckmann*

Literatur: *Hoppe/Beckmann:* Umweltrecht, § 1 Rn. 18. München 1989. – *Lubbe-Wolff:* Das Kooperationsprinzip im Umweltrecht. – Rechtsgrundsatz oder Deckmantel des Vollzugsdefizits?. NuR (1989), 295. – *Meinberg:* Grenzen des Vertrauens zur Kooperation im Umweltrecht, VBlBW (1987) 401. – *Müggenborg:* Formen des Kooperationsprinzips im Umweltrecht der Bundesrepublik Deutschland. NVwZ (1990) 909.

Korngrößenverteilung. Systematische Ergebnisdarstellung zur Korngrößenbestimmung an einer großen Zahl von Partikeln. K. (Partikelgrößenverteilungen) werden vorzugsweise graphisch als Summenhäufigkeitsverteilung dargestellt. Dabei wird über dem Spektrum der vorkommenden Partikelgrößen (in der Regel gekennzeichnet durch einen über das angewandte Meßverfahren definierten Partikel-Durchmesser) die Verteilungssumme des Partikelkollektivs aufgetragen. Die Verteilungssumme gibt die normierte, d. h. auf die Gesamtzahl bezogene Anzahl von Partikeln an, die kleiner als die zugeordnete Partikelgröße sind. Ist die Verteilungsfunktion eine differenzierbare Funktion der Partikelgröße, so wird bisweilen die erste Ableitung dargestellt, die die Verteilungsdichte darstellt. Anstelle der Anzahl kann auch zum Beispiel die Fläche, das Volumen oder die Masse der Teilchen als Mengenmaß herangezogen werden.

Bei den experimentell zur Bestimmung der K. eingesetzten Meßverfahren werden die Partikel in der Regel in Klassen endlicher Breite einsortiert, so daß bei der graphischen Darstellung eine Treppenkurve entsteht. In der Verfahrenstechnik gibt es eine Reihe von Meßverfahren, die im interessierenden Partikelgrößenbereich (Partikel-Durchmesser zwischen 0,001 und 100 μm) eine Bestimmung der K. erlauben. Zur Diskriminierung von Partikeln unterschiedlicher Größe werden insbesondere folgende physikalischen Effekte genutzt: Sedimentation im Schwerefeld, Trägheit der Partikelmasse, Diffusionsabscheidung, elektrische Beweglichkeit, Lichtstreuung an der Einzelpartikel. Für die Überwachung der Luftreinhaltung hat der Kaskadenimpaktor die größte praktische Bedeutung erlangt (→Impaktor). *Stahl*

Literatur: DIN 66 141: Darstellung von Korn- (Teilchen-)größenverteilungen; Grundlagen. 2/1974. – VDI 3489, Bl. 1: Messen von Partikeln; Methoden zur Charakterisierung und Überwachung von Prüfaerosolen (Übersicht). 1/1990.

Korpuskularstrahlen. K. heißen auch Teilchenstrahlen. Wie der Name andeutet, handelt es sich um jenen Teil von Strahlung, der aus kleinsten Teilchen (Korpuskeln) besteht. Zu den K. zählen vor allem die →Alpha- und die →Betastrahlen, während die →Gamma- und →Röntgenstrahlen Wellenstrahlen sind. *Merz*

Korrosionsschutz. Rohrfernleitungen müssen, da sie nicht aus korrosionsbeständigen Werkstoffen hergestellt sind, gegen Korrosion geschützt sein. Der Schutz gegen Außenkorrosion wird bei oberirdisch verlegten Rohrleitungsabschnitten (Stationen) durch geeignete Schutzanstriche vorgenommen.
Bei erdverlegten Rohrleitungen besteht die Gefahr durch anodische Korrosion mit örtlichem Flächenabtrag. Bestimmt wird die Außenkorrosion von Rohrleitungen in Böden und Oberflächenwässern von folgenden Faktoren:
– Streuströme, vor allem aus Gleichstromanlagen, z. B. Straßenbahnen,
– Elementbildung mit Fremdkathoden, vor allem bei Bauwerken aus Stahl oder Stahlbeton,
– Korrosivität der Böden und Wässer bei örtlich unterschiedlicher Beschaffenheit mit Ausbildung von Konzentrationselementen.
Der Schutz gegen Außenkorrosion wird bei erdverlegten Leitungen durch Beschichtungen (passiver K.) und durch kathodische Schutzströme (aktiver K.) erreicht.
Durch gute elektrische Isolationseigenschaften einer porenfreien Beschichtung wird ein Schutz der Rohroberfläche gegen kathodische oder anodische Reaktionen sowie den Ein- oder Austritt von Fremdströmen angestrebt. Verwendet werden Um-

hüllungen aus bitumengetränkten Geweben mit einer Schichtdicke von 4–7 mm und Kunststoffen, letztere vorwiegend aus Polyäthylen (PE) mit einer Schichtdicke von 2–4 mm.

Ein vollständiger Schutz gegen Außenkorrosion durch Umhüllungen ist wegen möglicher Fehlstellen auf Dauer praktisch nicht erreichbar. Demzufolge ist als Ergänzung der kathodische K. unverzichtbar.

Schäden durch Innenkorrosion sind möglich, wenn das Transportgut eine salzhaltige wässrige Phase enthält. Durch Ausbilden von Korrosionselementen aufgrund örtlicher Konzentrationsunterschiede, wie sie insbesondere in wenig durchströmten Leitungsabschnitten und Totenden vorkommen oder durch sulfatreduzierende Bakterien geschaffen werden, entstehen Mulden- und Lochfraß.

Vorkehrungen zum Schutz gegen Innenkorrosion sind:
– regelmäßiges Molchen der Leitung, um Wasseransammlungen und Ablagerungen zu entfernen,
– Zugabe von Inhibitoren zur Reduzierung der Aggressivität freier Wässer und Beseitigung der Lebensfähigkeit sulfatreduzierender Bakterien.

Die Wirksamkeit dieser Maßnahmen wird z. B. durch chemische und bakteriologische Untersuchungen der Wasserproben und Besichtigung der Rohrinnenwand an zugänglichen Stellen kontrolliert. Bei Verdacht auf Innenkorrosionen kommt der Einsatz eines Korrosionssuchmolches in Betracht. *Krass*

Literatur: DIN 2413 Stahlrohre; Berechnung der Wanddicke gegen Innendruck. 6/1972. – DIN 45667 Klassierverfahren für das Erfassen regelloser Schwingungen. 10/1969.

Kosmische Strahlung →Strahlenexposition.

Kosmosphäre →Biosphäre, →Umweltmedien

Kraft-Wärme-Kopplung. (KWK)
Allgemein. Unter KWK versteht man die gleichzeitige Erzeugung von mechanischer oder elektrischer Arbeit und Nutzwärme in einer Anlage. Der KWK kommt eine bedeutende Rolle bei der →Energieeinsparung im Bereich der Energieerzeugung zu. Das Einsparpotential beruht darauf, daß die bei der Erzeugung von mechanischer oder elektrischer Arbeit anfallende →Abwärme genutzt wird. Dabei ist zwischen physikalischem und technischem Potential zu unterscheiden.
– Das physikalische Einsparungspotential entspricht der Einsparung, die sich im Versorgungssystem bei Betrieb der KWK-Anlage im Auslegungspunkt ergibt.
– Beim technischen Potential werden die Einschränkungen, die sich aufgrund des zeitlich unterschiedlichen Bedarfs an Strom und Wärme ergeben,

sowie das Teillastverhalten der KWK-Anlage berücksichtigt.

Weiterhin ist zu beachten, daß sich auf Grund volks- und betriebswirtschaftlicher Randbedingungen (z. B. Energiepreise, Vergütungen für Stromeinspeisungen in das öffentliche Netz, vorhandene oder zu schaffende Fernwärmenetze) weitere Einschränkungen des Einsparpotentiales ergeben können.

Folgende Technologien kommen für die KWK in Betracht:
– Dampfkraftwerke mit Gegendruck- oder Entnahmeturbine: Bei Gegendruckturbinen fallen Strom und Nutzwärme gleichzeitig in einem bestimmten Verhältnis an; bei Entnahmeturbinen dagegen kann das Strom/Nutzwärmeverhältnis innerhalb eines gewissen Bereiches verändert werden.
– Gas- und Dampfturbinenprozesse (GuD-Kraftwerke, →Kombikraftwerke): Diese Prozesse werden in Zukunft von Bedeutung sein, da sie gegenüber den herkömmlichen Dampfkraftwerken höhere Wirkungsgrade bei der Stromerzeugung aufweisen.
– Gasturbine mit Abhitzenutzung: Mit den meist 500–600 °C heißen Abgasen von Gasturbinen kann Heißwasser oder Dampf erzeugt werden.
– Blockheizkraftwerke (BHKW): In Blockheizkraftwerken werden Verbrennungsmotoren (Gas- oder Dieselmotoren) eingesetzt, bei denen die Abgas- und Kühlwasserwärme genutzt wird. Als Brennstoffe kommen Erdgas und Dieselöl, aber auch →Deponiegas, →Klärgas, →Biogas o. ä. zum Einsatz. Weiterhin werden Gasturbinen verwendet, in denen meist Erdgas oder Heizöl verbrannt wird.
– Brennstoffzellen mit →Abwärmenutzung: Hier handelt es sich um eine Entwicklung, die in der Zukunft voraussichtlich von Bedeutung sein wird, zur Zeit aber noch nicht den Stand der Technik darstellt. Die besten Möglichkeiten für KWK-Anlagen bieten nach derzeitiger Einschätzung die Hochtemperatur-Brennstoffzellen und die phosphorsauren Brennstoffzellen.

Die Güte von KWK-Prozessen läßt sich durch Kennzahlen beschreiben, von denen die Stromausbeute β, die Stromkennzahl σ und der Nutzungsfaktor ω die gebräuchlichsten sind.
Es gilt:

$\beta = P_{el}/W_{Br}$
$\sigma = P_{el}/Q_H$
$\omega = (P_{el}+Q_H)/W_{Br}$ mit
P_{el} – elektrische Nutzleistung,
W_{Br} – Brennstoffenergie pro Zeiteinheit,
Q_H – Nutzwärmestrom.

Für einige wichtige KWK-Anlagentypen sind diese Kennzahlen in der Tabelle zusammengestellt. *Hoffmann*

Kraft-Wärme-Kopplung. Tabelle: Kennzahlen für KWK-Prozesse (nach Pruschek u. Bock)

	Stromkennzahl σ	Stromausbeute β	Nutzungsfaktor ω
Dampfkraftwerke			
Gegendruckturbine	0,3 — 0,6	0,2 — 0,33	0,82 — 0,9
Entnahmeturbine	0,8 — 2,5	0,32 — 0,36	0,55 — 0,65
GuD-Kraftwerk			
Gegendruckturbine	0,7 — 0,85	0,35 — 0,4	0,8 — 0,89
Entnahmeturbine	1,5 — 2,7	0,35 — 0,42	0,6 — 0,75
Gasturbine	0,3 — 0,7	0,15 — 0,33	0,7 — 0,85
Blockheizkraftwerk			
Gasmotor	0,3 — 0,8	0,25 — 0,35	0,8 — 0,95
Dieselmotor	0,6 — 1,2	0,4 — 0,45	0,85 — 0,98
Brennstoffzellen	1,5 — 6	0,4 — 0,6	0,75 — 0,83

Literatur: *Drenckhahn, W.* et al.: Technische und wirtschaftliche Aspekte des Brennstoffeinsatzes in Kraft-Wärme-Kopplungsanlagen. VGB Kraftwerkstechnik **71** (1991) Nr. 4, S. 332–335. – VDI-Bericht 923, Möglichkeiten und Grenzen der Kraft-Wärme-Kopplung. Düsseldorf 1991.

Praktischer Einsatz. Herkömmliche Dampfkraftwerke erzeugen ausschließlich Elektrizität. Sie wandeln die Brennstoffenergie mit Wirkungsgraden bis etwa 40 % in elektrische Energie um. Der größte Teil des ca. 60%igen Verlustes entfällt auf nicht mehr nutzbare →Abwärme aus dem Dampfkraftprozeß. Das Temperaturniveau liegt wenig oberhalb der Außenlufttemperatur, z. B. bei 30 °C. Mit der KWK wird der Stromerzeugungsprozeß modifiziert, so daß Abwärme auf einem nutzbaren Temperaturniveau, meist zwischen 70 °C und 130 °C, anfällt und für Heizzwecke eingesetzt werden kann. Dies erfolgt in der Regel durch Einspeisung der Abwärme in ein Fernwärmenetz.

Der Brennstoffeinsatz in einem Dampfkraftwerk mit KWK (Heizkraftwerk) ist geringfügig höher als in einer herkömmlichen Anlage, sofern die gleiche Menge elektrische Energie erzeugt werden soll. Der zusätzliche Brennstoffeinsatz ist klein im Verhältnis zur nutzbaren Wärme (Bild 1).

Bei Gasturbinen und →Verbrennungsmotoranlagen ist infolge höherer Abgastemperaturen eine →Abwärmenutzung ohne Stromeinbuße möglich. Bild 2 zeigt beispielhaft den Einsatz eines gasmotor- oder gasturbinenbetriebenen →Blockheizkraftwerks (BHKW) zur gekoppelten Erzeugung von Strom und Wärme. Gegenüber der getrennten

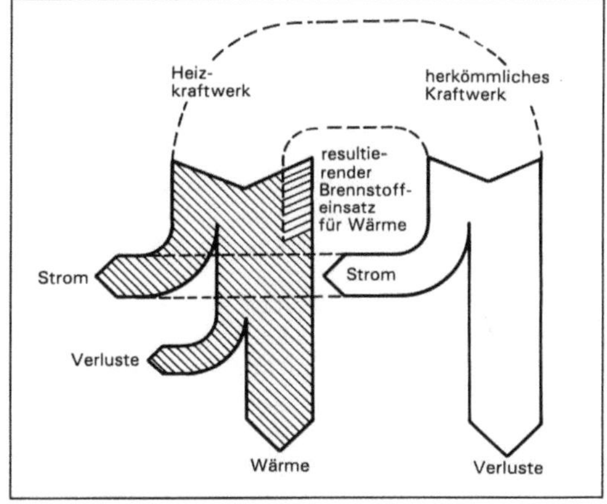

Kraft-Wärme-Kopplung 1: Brennstoff-Einsatz zur Erzeugung von nutzbarer Wärme in einem Heizkraftwerk im Vergleich zu einem herkömmlichen Kraftwerk.

Erzeugung von elektrischer Energie im Kohlekraftwerk und von Wärme in einer Ölfeuerung wird eine erhebliche Einsparung von Primärenergie in Höhe von 37 % erzielt.

Heizkraftwerke haben meist eine Feuerungswärmeleistung zwischen 10 und 300 MW. Ihre Wärme wird in Fernwärmenetze eingespeist oder unmittelbar an Großverbraucher abgegeben.

Wärme aus Heizkraftwerken kann grundsätzlich nach den beiden folgenden Varianten ausgekoppelt werden:

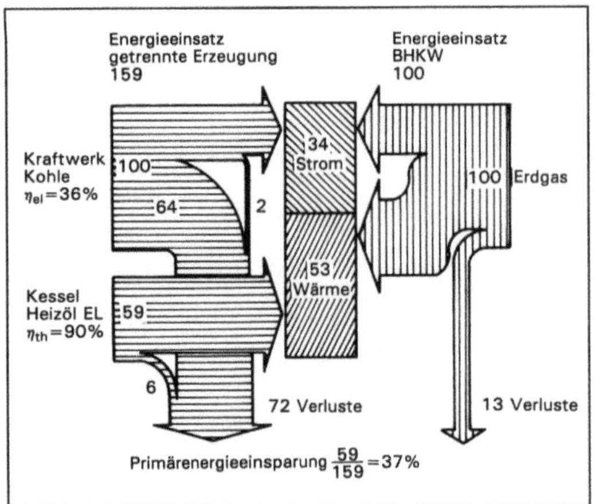

Kraft-Wärme-Kopplung 2: Vergleich des Primärenergie-Einsatzes zur Erzeugung von elektrischer Energie und Wärme in einem BHKW und getrennt in einem Kohlekraftwerk (Strom) und in einem Heizöl-EL-gefeuerten Kessel (Wärme).

– Entnahme von Dampf vor der vollständigen Dampfentspannung im Niederdruckteil der Turbine (Entnahme-Kondensations-Betrieb); hierzu wird Dampf an einer oder an mehreren Stellen der Turbine angezapft;
– Auskopplung von Dampf hinter der Turbine bei einer für die →Wärmenutzung ausreichenden Temperatur (Gegendruck-Betrieb).

Der Entnahme-Kondensations-Betrieb erlaubt im Gegensatz zum Gegendruck-Betrieb eine von der Höhe der Stromerzeugung weitgehend unabhängige Wärmeauskopplung.

Neue Heizkraftwerke werden häufig als Wirbelschichtfeuerungen gebaut. Die Kopplung von feuerungstechnisch bedingten niedrigen Luftschadstoffemissionen je Einheit eingesetzter Brennstoffenergie und von KWK-bedingter Primärenergieeinsparung stellt eine Möglichkeit zum vergleichsweise umweltverträglichen Einsatz von Festbrennstoffen dar.

Die Wärme für Nahwärmenetze und weniger große Industrie- und Gewerbebetriebe wird zunehmend durch BHKW bereitgestellt. Kernstück dieser Anlagen ist entweder eine →Gasturbinenanlage oder eine stationäre Verbrennungsmotorenanlage.

Die Feuerungswärmeleistung von BHKW, die mit Gasturbinen betrieben werden, liegt überwiegend zwischen 1 und 10 MW je Einzelaggregat. Moderne Gasturbinen können 35–38 % der eingesetzten Brennstoffenergie in elektrische Energie umwandeln. Sie erzielen damit vergleichbare elektrische Wirkungsgrade wie moderne steinkohlegefeuerte Kraftwerke ohne Wärmeauskopplung. Die heißen Turbinenabgase können in einem nachgeschalteten Abhitzekessel z. B. zur Dampferzeugung genutzt werden.

BHKW mit stationären Verbrennungsmotoranlagen haben in der Regel eine Feuerungswärmeleistung von 0,1–1 MW je Einzelaggregat. Der elektrische Wirkungsgrad üblicher Aggregate liegt im Bereich von 33–35 %. Nutzbare Wärme kann über Wärmetauscher aus den heißen Motorabgasen und aus dem Kühlwasser gewonnen werden; sie wird in der Regel als Warmwasser zu Heizzwecken eingesetzt. *Beckers*

Literatur: *Effenberger, H.; W.-Ch. Reichel:* Stand und Entwicklung der Elektroenergie- und Wärmeversorgung in den neuen Bundesländern. BWK **43** (1991) Nr. 12, 547/53. – *Fritsche, U.:* Potentiale zur Kraft-Wärme-Kopplung und Stromeinsparung in der BRD, aus: Werkstattreihe des Öko-Instituts Nr. 38, Freiburg 1987. – *Krohner, P.; K. Ruppert:* Hauptbericht der Fernwärmeversorgung 1989. In: FWI **20** (1991) S. 191/993. – Arbeitsgemeinschaft für sparsamen und umweltfreundlichen Energieverbrauch e. V. (ASUE): Umweltchance Erdgas, Eindämmung des Treibhauseffektes durch intelligente Technik. Hamburg 1991.

Kraftstoff. K. sind Gemische aus Kohlenwasserstoffen, die immer mehr durch die Zugabe von →Kraftstoffadditiven und Zumischkomponenten an ihren Einsatzzweck angepaßt werden. Man unterscheidet in erster Linie zwischen Otto- und Diesel-K. Daneben gibt es noch eine Reihe alternativer K., von denen vor allem die Flüssiggase (→Autogas), der Wasserstoff (→Wasserstoffmotor), die Alkohole (→Alkoholkraftstoff) und die Pflanzenöle (→Pflanzenölkraftstoff) von Bedeutung sind.

Ottokraftstoffe sind nach DIN 51600 Gemische aus Kohlenwasserstoffen, die frei von Mineralsäuren, Wasser und festen Fremdstoffen sind. Sie weisen bei 15 °C eine Dichte zwischen 0,715 und 0,780 g/ml auf und müssen gewisse Grenzen in ihrem Siedeverhalten einhalten. Man unterscheidet verbleite und unverbleite Ottokraftstoffe. Verbleite K. haben einen maximalen Bleigehalt von 0,15 g Pb/l, unverbleite Kraftstoffe einen maximalen Bleigehalt von 0,013 g Pb/l. Ottokraftstoffe werden in vier verschiedenen Qualitäten in den Handel gebracht: Super verbleit (98 ROZ/88 MOZ), Eurosuper unverbleit (95/85), Normal unverbleit (91/82,5) und Super Plus unverbleit (98/88). Die Mindestanforderungen an die Ottokraftstoffe sind in DIN 51600 bzw. 51607 festgelegt.

Dieselkraftstoff ist nach DIN 51601 genormt, besteht wie Ottokraftstoff aus flüssigen Kohlenwasserstoffen und kann kohlenwasserstofflösliche Zusätze zur Qualitätsverbesserung enthalten; er muß frei von wasserlöslichen sauren Bestandteilen und festen Fremdstoffen sein.

Da Dieselkraftstoffe durch Selbstzündung verbrennen sollen, sind die Kohlenwasserstoffe von langkettiger Struktur, was die thermische Stabilität herabsetzt und die Radikalbildung begünstigt. Durch diese langkettigen Moleküle (mit einem höheren Stockpunkt als kurze Kohlenwasserstoffmoleküle), kommt es bei tiefen Temperaturen zur Eintrübung des K. auf Grund von Paraffinausscheidungen. Deshalb muß der Hersteller gewährleisten, daß die Filtrierbarkeit im Winter bis −15 °C gegeben ist. Eine wichtige Einflußgröße auf die Sauberkeit der Verbrennung bildet der Schwefelgehalt. Mit ansteigendem Schwefelgehalt im K. emittiert der Dieselmotor unter gleichen Bedingungen ein Vielfaches der Schadstoffmenge, die er mit schwefelfreiem K. ausstößt. Deshalb ist der Schwefelgehalt im Dieselkraftstoff in der →3. BImSchV begrenzt. *Croissant/May*

Literatur: DIN 51600: Flüssige Kraftstoffe; Verbleite Ottokraftstoffe; Mindestanforderungen. 1/1988. – DIN 51601: Flüssige Kraftstoffe; Dieselkraftstoff; Mindestanforderungen. 2/1986. – DIN 51607: Flüssige Kraftstoffe; Unverbleite Ottokraftstoffe; Mindestanforderungen. 8/1989.

Kraftstoff, alternativ. Unter den a. K. werden energiereiche Kohlenstoffverbindungen verstanden, die im Zuge der Verwendung von regenerativen Energieträgern entwickelt wurden, sowie Kraftstoffe, die zu einer Verringerung der Luftbelastung beitragen können, weil deren Emissionen photochemisch weniger aktiv sind.

Zu den a. K. zählen Erdgas, Methanol, Ethanol, Methyl-t-butylether, Ethyl-t-butylether sowie auch Mischungen dieser Substanzen mit den heutigen Kraftstoffen. Bei einer zunehmenden Verwendung dieser Kraftstoffe ergibt sich eine Verschiebung der Anteile der einzelnen Kohlenwasserstoffgruppen (→Alkane, →Alkene, →Aromaten, →Aldehyde und →Ketone) an der Gesamtkonzentration der Nicht-Methan-Kohlenwasserstoffe (NMHC) in der bodennahen Grenzschicht, weil sich einerseits die Zusammensetzung der Fahrzeugabgase ändert und andererseits die Handhabung der a. K. zu einer Veränderung bei den direkten Emissionen führt. Die photochemische Reaktivität der Emissionen verschiedener Kraftstoffe kann durch die Angabe eines Ozonbildungspotentials verglichen werden. Wird das →Ozonbildungspotential für die Emissionen der durch Benzin angetriebenen Fahrzeuge gleich 1 gesetzt, so ergeben sich Werte von 0,8 für Dieselfahrzeuge, 0,8 für Ethanol betriebene Fahrzeuge, 0,7 für Methanol-betriebene Fahrzeuge sowie 0,5 für Fahrzeuge, die komprimiertes Erdgas verwenden. Die Auswirkungen der Emissionen dieser Stoffe auf die →Photochemie der →Troposphäre sind jedoch noch nicht vollständig geklärt. Es konnte allerdings gezeigt werden, daß die Verwendung von Ethanol zu einer Erhöhung der PAN-Konzentration führt. Die NO_x-Konzentration im →Abgas der Kraftfahrzeuge, ebenfalls ein wichtiges Kriterium zur Beurteilung der Fahrzeugemissionen, hängt weitgehend von der Motorcharakteristik und nicht so sehr von der Zusammensetzung des Kraftstoffs ab. *Wirtz*

Literatur: *Chang, T. Y.; R. H. Hammerle; S. M. Japar; I. T. Salmeen:* Alternative Transportation Fuels and Air Quality, Environ. Sci. Technol. **25**, (1991), S. 1190–1197. – *Menrad, H.; A. König:* Alkoholkraftstoffe. Wien–New York 1982. – *Moussiopoulos, N.; W. Oehler; K. Zellner:* Kraftfahrzeugemissionen und Ozonbildung. Berlin 1989.

Kraftstoffadditiv. Die zunehmenden Anforderungen an moderne Motorenkraftstoffe können nicht mehr durch reine Erdöldestillate und Konversionsprodukte erfüllt werden. Aus diesem Grund gewinnt die Additivierung eine immer größere Bedeutung. Unter K. versteht man Zusätze bis zu 1 %; bei höheren Zusatzanteilen spricht man von Zumischkomponenten (z. B. bei Methanol).

Lange Zeit spielten die zur Verbesserung der Klopffestigkeit verwendeten Bleialkyle Bleitetraethyl (TEL) und Bleitetramethyl (TML) die entscheidende Rolle in der Additivierung von Ottokraftstoffen. Heutige Ottokraftstoff-Additive bestehen entsprechend ihrer Zweckbestimmung aus einer Vielzahl von Einzelwirkstoffen, die sich gegenseitig in ihrer Wirkung beeinflussen und eine gewissenhafte Erprobung unabdingbar machen. Durch den Einsatz von K. werden Maßnahmen zur Verminderung der Schadstoffemissionen unterstützt, ohne gleichzeitig Nachteile wie Leistungsverminderung und Verbrauchserhöhung in Kauf nehmen zu müssen. Im Falle der bleiorganischen Antiklopfmittel sind die Additive jedoch selbst Schadstoffkomponente in Form ihrer Reaktionsprodukte. Brom- und Chlorverbindungen als Kraftstoffzusatz, die den Brennraum von bleihaltigen Ablagerungen freihalten sollen (Scavenger), sind verboten (→19. BImSchV).

– **Anti-Klopf-Additive** Verhinderung der Selbstzündungsneigung der Kraftstoffe	Bleialkyle (TEL und TML), Monomethylanilin
– **Oxidationsinhibitoren** Verhinderung von Kraftstoff-Oxidation und hieraus resultierender Bildung von Gum und unlöslichen Sedimenten	Alkylphenole und Amine
– **Metall-Deaktivatoren** Deaktivierung von metallischen Oberflächen	Phenylendiamine
– **Rostbildungsinhibitoren** Unterbindung der Rostbildung im Tank und Kraftstoffsystem	Organische Säuren, Aminsalze, Derivate der Phosphorsäure, dimerisierte Linolsäure

– **Anti-Icing-Additive** Verhinderung von Eisbildung im Vergasersystem	Oberflächenaktive und gefrierpunkterniedrigende Verbindungen wie Derivate der Carboxyl- und Phosphorsäure bzw. Alkohole und Glykole
– **Detergents-Dispersants** Verhinderung von Ablagerungen im Bereich des Ansaugsystems und Beseitigung von bereits gebildeten Ablagerungen (Keep-clean- und clean-up-Effekt)	Polymere Komponenten mit Funktionalgruppen wie Amine, oft in Kombination mit synthetischen Polymeren oder besonderen Fraktionen spezieller Öle
– **Demulsifier** Verbesserung des Wasserabscheidevermögens	Oberflächenaktive komplexe Gemische
– **Farbe** Identifizierungsaufgabe	Öllösliche Feststoff- oder Flüssigfarben

Beim Dieselkraftstoff werden neben den Detergents und Dispersants, den Korrosionsinhibitoren, den Antioxidantien und Metalldeaktivatoren vor allem Zünd- und Fließverbesserer verwendet:

– **Zündverbesserer** Erhöhung der Cetanzahl durch Verbesserung der Zündwilligkeit	Nitratverbindungen wie Cyclohexylnitrat oder Äthylhexylnitrat
– **Fließverbesserer** Aufrechterhaltung der Fließfähigkeit des Kraftstoffs bei tiefen Temperaturen	Ethylen-Vinylacetat-Wachse, Polyacrylate

Croissant/May

Kraftstoffbeschaffenheit, -kennzeichnung
→10. BImSchV

Kraftwerk, photovoltaisches. Als photoelektrischer →Energiewandler wandelt ein p. K. die solare Strahlungsenergie mit Hilfe von →Solarzellen unmittelbar in elektrische Energie um. Es besteht aus dem →Photovoltaikgenerator, zu dem die Solarzellen als Module elektrisch verschaltet sind, der Stromaufbereitung und – ggfs. – den Nachführeinrichtungen.

Solarzellen sind – in ihrer großen Mehrheit – Siliziumsolarzellen entweder monokristallinen, polykristallinen oder amorphen Siliziums in Schichtdicken einiger zehntel bis herunter auf einige tausendstel Millimeter und in Modulgrößen von 1 dm^2 (in der Anwendung) bis einige 100 dm^2 (im Labor). Es gibt darüber hinaus Dünnschichtsolarzellen, MIS-Inversionsschicht-Solarzellen und solche aus Verbindungshalbleitern.

Alle Entwicklungsschritte dienen den Zielen: Verbesserte Lichtabsorption, hohe Leerlaufspannung, verminderter Material- und damit Energieaufwand bei der Herstellung, Nutzung automatisierter Fertigung zur Verbilligung des Produkts.

Die →Energie-Amortisationszeit heutiger Si-Solarmodule von 0,4 m^2, einem Wirkungsgrad von 12% und einer Leistung von 55 W beträgt unter einer (mitteleuropäischen) →Insolation von 3,2 kWh/m$^2 \cdot$d 10,5 Jahre, unter einer (Sahara-) Insolation von ca. 7 kWh/m$^2 \cdot$d etwa 5 Jahre; sinkt aber die zur Herstellung des Siliziums erforderliche Energie für Dünnschichtzellen des vergleichbaren Moduls von 600 kWh auf 120 kWh, so vermindert sich – selbst für mitteleuropäische Verhältnisse – die Amortisationszeit auf 3 bis 4 Jahre.

Photovoltaikgeneratoren liefern Gleichspannung, womit Batterien geladen oder Gleichstromgeräte betrieben werden können. In allen anderen Fällen sind hocheffiziente Wechselrichter erforderlich, deren Verlustarmut besondere Bedeutung zukommt, um den ohnehin bescheidenen Wirkungsgrad des Generators nicht noch weiter zu verkleinern.

In der Regel sind Photovoltaikgeneratoren nicht der Sonne nachgeführt, sondern der geographischen Breite gemäß in Elevation geneigt fest installiert; allenfalls werden sie saisonal drei- bis viermal im Jahr von Hand azimutal nachgestellt. Sollen die damit einhergehenden Verluste vermindert werden, müssen die Photovoltaikgeneratoren auf solar tracker montiert, zweiachsig nachgeführt und, in Gegenden hohen Anteils direkter Strahlung, zudem mit solar boostern versehen werden, welche die solare Strahlungsenergie auf zwei Sonnen konzentrieren. Damit verbunden ist eine Erhöhung der Solarzellentemperatur, der durch passive Kühlung wieder entgegengewirkt werden muß, sowie eine Verminderung der aktiven Generatorfläche auf etwa die Hälfte. Beide Effekte müssen durch die höhere Ausbeute photovoltaischen Stroms mindestens kompensiert werden.

P. K. reichen in ihren Einheitsleistungen von mW$_e$ bis wenige MW$_e$, die größte weltweit bislang installierte Kraftwerkseinheitsleistung war 6,5 MW$_e$. Es scheint so, als läge die Domäne der Photovoltaik hoher Modularität eher im kleineren Leistungsbereich, < einige 10 (100) kW$_e$, bevorzugt in Gegenden hohen diffusen Strahlungsanteils installiert; in Gegenden höheren direkten Strahlungsanteils können sie mit solarthermischen

→Kraftwerken nicht konkurrieren, die mit Einheitsleistungen einiger 10 kW_e (→Paraboloidkraftwerk), einiger 10 MW_e (→Parabolrinnen) oder weniger 100 MW_e (→Solarturmkraftwerk) die geringeren spezifischen Investitionskosten, die höheren Wirkungsgrade und damit die geringeren Kosten für die solarelektrische Kilowattstunde haben; auch können diese in Wärme-Kraft-Kopplung betrieben werden und folglich als Lieferer von Strom und Prozeßwärme in einer solaren industriellen Kraftwirtschaft dienen.

Die Integration kleinerer p. K. in vorhandene Bebauung erübrigt zusätzlichen Bedarf an Landfläche. Beispiele sind Photovoltaikanlagen als Lärmschutzzäune entlang von Autobahnen oder als Fassaden- und Dachelemente. Ersparte Investitionen dieser dual-use-Technologien können der Photovoltaik gutgeschrieben werden. Denkbar ist, daß Photovoltaikgeneratoren einst Dachdeckelement sein werden.

Bauzeiten von p. K. sind – selbst für größere Einheitsleistungen – mit wenigen Monaten kurz; folglich sind Finanzierungskosten während der Bauzeit niedrig. Betriebs- und Wartungskosten sind klein, die meisten Kraftwerke arbeiten ohne ständiges Betriebspersonal. Bisher erreichte individuelle Lebensdauern sind 10–15 Jahre bei Felddegradationen von 10–20 %.   *C.-J. Winter*

Literatur: BINE-Bürgerinformation: Photovoltaik. Fachinformationszentrum Karlsruhe (Hrsg.). Koln 1988. – *Jager, F.; A. Räuber* (Hrsg.): Photovoltaik, Strom aus der Sonne. 2. Aufl. Karlsruhe 1990. – *Winter, C.-J.; R. L. Sizmann; L. L. Vant Hull* (Hrsg.): Solar Power Plants. Berlin–Heidelberg–New York 1991.

Kraftwerk, solarthermisches. Die Sonnenstrahlung nutzenden Kraftwerke sind photovoltaische →Kraftwerke und s. K.; erstere nutzen die solare →Globalstrahlung, also deren beide Anteile der diffusen und konzentrierbaren direkten Einstrahlung, letztere nur den Anteil der direkten Strahlung. Photovoltaische Kraftwerke können also prinzipiell auf der ganzen Welt stehen, s. K. hingegen nur im äquatorialen Gürtel ±30–40°N/S, dort, wo das Potential direkter Strahlung >2 000 kWh/m^2a ist. Beide Kraftwerkstypen liefern Strom als Sekundärenergie, von s. K. kann zudem Wärme ausgekoppelt werden. Da Strom in kraftwerkstypischen Mengen nicht speicherbar ist, Wärme in solaren Speichern aber sehr wohl, ist die Verfügbarkeit photovoltaischer Kraftwerke unmittelbar an die Sonnenscheindauer ≤2 500 h/a gebunden, aber diejenige s. K. kann in die Zeit vor Sonnenaufgang und nach Sonnenuntergang ausgedehnt werden, so daß sie Jahresverfügbarkeiten von ≤4 000 h/a annehmen. Folglich sind typische Werte für die spezifische Jahresarbeit von Photovoltaik-Kraftwerken ca. 100 bis 120 (140) kWh_e/m^2a und solche von s. K. >300 (400) kWh_e/m^2a. Einheitsleistungen von Photovol-

taikkraftwerken reichen von mW_e bis – theoretisch – 10 (100) MW_e und mehr, Einheitsleistungen eines einzelnen Paraboloidspiegelsystems liegen zwischen 10 und 100 kW_e, die von →Parabolrinnenkraftwerken bei 10–100 (200) MW_e und die von →Solarturmkraftwerken bei 20–200 (300) MW_e.

S. K. sind dem Prinzip nach kalorische Kraftwerke, deren Kesselanlage von kohlegefeuerten Dampfkraftwerken oder deren Brennkammer von Gasturbinenkraftwerken durch einen Kollektor/Reflektor und nachgeschalteten Strahlungsabsorber ersetzt gedacht werden müssen. Kollektor/Reflektor und Strahlungsabsorber von Parabolrinnenkraftwerken im Mitteltemperaturbereich ≤400 °C sind der →Parabolrinnenkollektor mit →Linienabsorber, diejenigen von Solarturmkraftwerken im Hochtemperaturbereich 540–1 000 °C sind das →Heliostatenfeld und ein solarer →Receiver, schließlich diejenigen von Paraboloidkraftwerken im Höchsttemperaturbereich ≥1 000 °C das Paraboloid und sein solarer Receiver. S. K. können prinzipiell in Wärme-Kraft-Kopplung betrieben werden; sie können als solare Inselsysteme dienen.

Als einziger Typ s. K. haben bislang Parabolrinnenkraftwerke mit 350 MW_e (1990) im Betrieb die Schwelle zur Wirtschaftlichkeit überschritten. Sie liefern mit ca. 8 US-¢/kWh_e in das südkalifornische Netz. Sie sind Hybridkraftwerke mit Erdgaszufeuerung bis zu 25 % Anteil am Primärenergie-Einsatz p. a. Lieferfähigkeit zur Hochpreis-Spitzenlastzeit wird so garantiert; dann sind kurzzeitig bis zu 30 US-¢/kWh_e auf dem Markt erzielbar.

S. K. bedürfen zur internen Energieübertragung der Wärmeträgermedien. Die an sie zu stellenden Anforderungen sind: Bekanntheit ihrer thermodynamischen Daten, hohe Wärmekapazität, hohe Wärmeleitfähigkeit, Risikoarmut, Preiswürdigkeit, Regenerier-/Rezyklierfähigkeit. Bislang erprobte Wärmeträgermedien sind Luft, Wasserdampf, Natrium, Salzschmelzen, Thermoöl.

Künftige Forschungs- und Entwicklungsschritte sind u. a. die solare Wasserdirektverdampfung, der Membranheliostat und der solare Speicher fühlbarer/latenter Wärme.   *C.-J. Winter*

Literatur: *Becker, M.* (Ed.): Solar Thermal Central Receiver Systems. Vol. 1–2. Berlin 1986. – *Becker, M.* (Ed.): Solar Thermal Energy Utilization. Vol. 1–3. Berlin 1987. – *Klaiß, H., F. Staiß; C.-J. Winter:* Systems Comparison and Potential of Solar Thermal Installations in the Mediterranean Area. Workshop on Prospects for Solar Thermal Power Plants in the Mediterranean Region, 25–26 September 1991, Sophia-Antipolis, France. – Solarthermische Kraftwerke zur Wärme- und Stromerzeugung. VDI-Bericht 704. Düsseldorf 1988. – *Winter, C.-J.; R. L. Sizmann, L. L. Vant Hull* (Hrsg.): Solar Power Plants. Berlin–Heidelberg–New York 1991.

Krankenhausabfall. Abfälle aus Krankenhäusern werden gemäß § 4 des Umweltstatistikgesetzes (UStatG) (→Umweltstatistik) gemeinsam in einer

Abfallstatistik mit den Abfällen aus dem Produzierenden Gewerbe erfaßt. Diese weist für die Krankenhäuser alle Arten von Abfällen aus, die mit dem Betrieb eines Krankenhauses oder einer Klinik zusammenhängen. So sind darin z. B. Daten über mineralische Abfälle, Metallabfälle, Säuren, Laugen, Ölschlämme, Mineralölabfälle, Aschen, Schlacken, Bauschutt, Bodenaushub, Küchen- und Kantinenabfälle, Kehricht, Gartenabfälle sowie über krankenhausspezifische →Abfälle enthalten. Der Menge nach liegen die gesamten K. in der Größenordnung von 0,5% der →Abfälle aus dem produzierenden Gewerbe.

Einen Gesamtüberblick über die Art sowie über die Möglichkeiten der Vermeidung, Verwertung und Entsorgung von K., insbesondere auch der krankenhausspezifischen Abfälle unter Berücksichtigung der teilweisen Einstufung als besonders überwachungsbedürftige →Abfälle nach der Abfallbestimmungs-Verordnung, gibt ein LAGA-Merkblatt vom Mai 1991. *Dreyhaupt*

Literatur: Länderarbeitsgemeinschaft Abfall (LAGA): Merkblatt über die Vermeidung und die Entsorgung von Abfällen aus öffentlichen und privaten Einrichtungen des Gesundheitsdienstes (Mai 1991); Müll-Handbuch, Kz 8545, Lfg. 1/92, Berlin 1992. – Statistisches Bundesamt (Hrsg.): Abfallbeseitigung im Produzierenden Gewerbe und in Krankenhäusern 1987. Fachserie 19, Reihe 1.2. Stuttgart 1991.

Krebserzeugend →Kanzerogen

Kreislaufwirtschaft. Das Wirtschaftssystem der Konsumgesellschaft ist dadurch gekennzeichnet, daß in zunehmendem Maße Rohstoffe und Energie zur Herstellung von Produkten verbraucht werden, die nach mehr oder minder langem Gebrauch als Abfall entsorgt werden (Bild 1). Verbunden damit

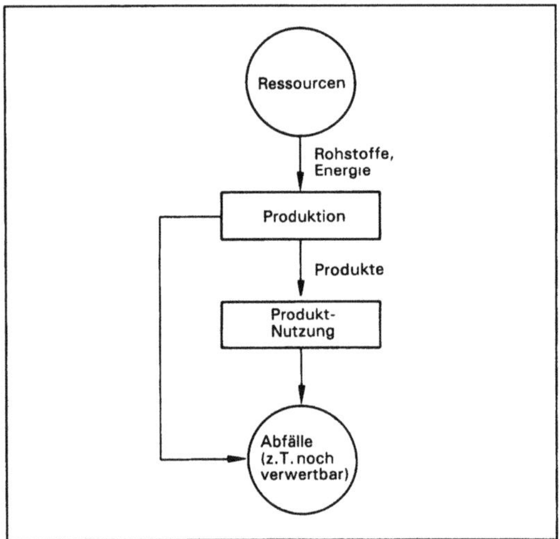

Kreislaufwirtschaft 1: Schema der herkömmlichen Konsumwirtschaft (Grundschema).

sind Umweltbelastungen bei der Rohstoffgewinnung, der Energiebeschaffung, der Produktion, dem Konsum selbst und bei der →Abfallentsorgung. Aus ökologischen Gründen ist es vorteilhaft, Abfälle aus der Produktion und von ausgedienten Produkten wieder als →Sekundärrohstoffe zu nutzen und damit den Ressourcenbedarf und den Abfallanfall zu verringern. Dieses Ziel ist durch eine K. zu erreichen (Bild 2). Notwendig hierfür sind

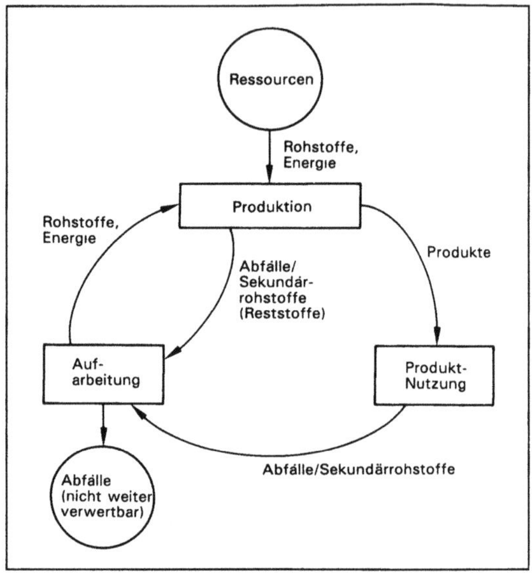

Kreislaufwirtschaft 2: Schematische Darstellung.

– Vermeiden und Verringern von Produktionsabfällen durch den Einsatz entsprechend optimierter Produktionsverfahren,
– Ausbau von Recyclingsystemen zur Verwertung von Abfällen,
– Veränderung von Produkten, um sie leichter verwerten zu können,
– Schaffen logistischer Systeme zum Getrennthalten, Einsammeln und Aufarbeiten von Abfällen zu Sekundärrohstoffen. *Schnurer*

Kreislaufwirtschafts- und Abfallgesetz. 5. Novelle zum Abfallgesetz (Entwurf), um das deutsche →Abfallrecht an die Vorgaben der Europäischen Gemeinschaft (Allgemeine Abfallrahmenrichtlinie 91/156/EWG vom 18. 3. 1991) anzupassen und die Abfallwirtschaft zur Schaffung von Stoffkreisläufen fortzuentwickeln.

Wesentliche vorgesehene Neuregelungen sind:
– Erweiterung des Geltungsbereiches auf zur Verwertung bestimmte Stoffe.
– Fünfstufige Rangreihenfolge von Vermeidung über stoffliche Verwertung, energetische Verwertung, Vorbehandlung bis Ablagerung.

– Abgrenzungskriterien für die Rangstufen nach ökologischen Zielen und ökonomischer Zumutbarkeit.

– Verankerung des Prinzips der Verantwortung von Produzenten auch für die Entsorgung ihrer Produkte; Ermächtigung für produktspezifische Regelungen auf dem Verordnungsweg; Rückgabepflichten bei vorhandenen Rücknahmeregelungen.

– Stärkung der Eigenverantwortung der Abfallerzeuger durch Eigenentsorgung; Möglichkeit von Verbands- oder Kammerlösungen zugunsten mittelständischer und kleiner Betriebe.

– Aufstellung von Abfallwirtschaftskonzepten durch Länder und Betriebe.

– Verknüpfung der Verfahren der Raumordnung und Bauleitplanung mit der Fachplanung für die Abfallentsorgung.

– Präzisierung der Anlagengenehmigungsverfahren auf der Grundlage der für Abfallentsorgungsanlagen bereits im Investitionserleichterungs- und Baulandbeschaffungsgesetz von 1993 geschaffenen Neuregelungen.

– Schaffung abgestufter Nachweis- und Überwachungsvorschriften für gefährliche Rückstände, Abfälle zur Beseitigung und Abfälle zur Verwertung (Sekundärrohstoffe).

– Übernahme bzw. Umsetzung spezieller internationaler Abfallregelungen (z. B. Europäischer Abfallkatalog, →Basler Übereinkommen). *Schnurer*

Krematorium →Einäscherungsanlage

Kryosphäre →Umweltmedien

Kryptonentsorgung. Bei der →Kernspaltung entstehen als Spaltprodukte u. a. auch verschiedene Krypton-Isotope. Wegen seiner langen →Halbwertszeit von 10,7 Jahren ist in radiologischer Hinsicht nur das Isotop Kr-85 von Bedeutung. Die Strahlenbelastung durch von Kernkraftwerken emittiertes Kr-85 ist vernachlässigbar, hingegen erfährt die unkontrollierte Freisetzung des in den abgebrannten Brennelementen bei der →Wiederaufarbeitung freiwerdenden Kr-85 (ca. 99 % der insgesamt gebildeten Menge) zunehmend die Aufmerksamkeit einer fortschrittlichen Strahlenschutzvorsorge. Deshalb werden bei großen Wiederaufarbeitungsanlagen Verfahren zur Kryptonrückhaltung diskutiert, die inzwischen einen technischen Reifegrad erreicht haben.

Brauchbare Verfahren wenden physikalische Trennprinzipien an, insbesondere die kryogene Rektifikation, Absorption in tiefsiedenden Lösungsmitteln und Adsorption an Festkörpern (→Aktivkohle, Zeolithe).

Das in mehr oder weniger reiner Form abgetrennte Krypton (spez. Aktivität 445 TBq/t Uran bei einem Abbrand von 36 GWd/t U) läßt sich entweder in Druckgasflaschen bis zum weitestgehenden Zerfall lagern, wofür ein Zeitraum von rund 200 Jahren ausreicht, oder das Gas wird durch Ionenimplantation in einen Festkörper eingekapselt. Die Kr-85-haltigen Gebinde können je nach Produktform nach verschiedenen Methoden beseitigt werden. Am einfachsten ist ein übertägiges Sicherstellungslager. Aus sicherheitstechnischer Sicht die bessere Alternative wäre das Versenken der Druckgasbehälter in der Tiefsee. Krypton bildet unter Tiefseebedingungen (hoher Druck, niedrige Temperatur) ein festes Edelgashydrat und sorgt daher bei einer Verbringung auf den tiefen Meeresboden für eine sichere Fixierung bis zum Zerfall des Kr-85 in das stabile und harmlose Folgeprodukt Rubidium-85. Das Edelgashydrat und ebenso das verdichtete Edelgas weisen eine höhere Dichte als Meerwasser auf und sedimentieren deshalb am Meeresboden. Eine Ausbreitung wird somit praktisch unterbunden. Als zweitbeste Lösung gilt die Einbindung des Kryptons in die Hohlraumstruktur silikatischer Molekularsiebzeolithe und deren Deponie in einem untertägigen Lager. *Merz*

Literatur: *Brücher, H.; E. Merz:* Entsorgungsstrategien für radioaktive Sonderabfälle, Bericht JÜL-2099. 1986.

Kühlschrankentsorgung. Kühlschränke (Haushaltskältegeräte) wurden üblicherweise im Rahmen der Sperrabfallabfuhr durch die entsorgungspflichtigen Körperschaften entsorgt, wobei die Kältemittel (FCKW) in die Atmosphäre sowie – mit den Shredderrückständen (vgl. →Altautoverwertung) – auf Hausabfalldeponien gelangten. Seit Herbst 1988 ist folgendes Entsorgungskonzept eingeführt:

– Die Entsorgung von Kältegeräten ist Aufgabe der entsorgungspflichtigen Körperschaften im Rahmen der Hausabfallentsorgung. Die Durchführung kann auf Unternehmen des Fachhandels, des Kältehandwerks oder der privaten Entsorgungswirtschaft übertragen werden, die für eine fachgerechte Entsorgung von FCKW und Kälteölen garantieren.

– Die Haushalte informiert der allgemein übliche Abfallkalender der entsorgungspflichtigen Körperschaften wer am Ort auf Abruf alte Kältegeräte außerhalb der allgemeinen Sperrabfallabfuhr kostenlos abholt.

– Die Kosten für die Entsorgung werden über die Hausabfallgebühren gedeckt.

– Zur ordnungsgemäßen Entnahme von FCKW und Kälteölen werden technische Anleitungen des Zentralverbandes Elektrotechnik- und Elektroindustrie e. V. (ZVEI), des Bundesinnungsverbandes des Deutschen Kälteanlagenbauerhandwerks (BIV) und des Bundesverbandes der Deutschen Entsorgungswirtschaft (BDE) beachtet.

Die in den Geräten enthaltenen FCKW (Kältemittel und FCKW in Isoliermaterialien) müssen zu mindestens 95 % erfaßt und verwertet bzw. entsorgt werden.

Das Konzept der K. soll in die Regelungen einer Elektronik-Schrott-Verordnung einbezogen werden; die aufgebauten Rücknahmesysteme sollen darin Eingang finden. *Blickwedel*

Kühlturm. In einem thermischen Kraftwerk kann nur etwa grob 40 % der mit dem Brennstoff zugeführten Primärenergie in Strom umgewandelt werden. Der überwiegende Teil wird als Wärme an die Umgebung abgegeben, soweit nicht →Wärmenutzung stattfindet. Da gewöhnlich keine Gewässer zur Kühlung vorhanden sind, die die Abwärme ohne unzulässige Aufheizung des Vorfluters abführen können, wird sie meist über K. an die Atmosphäre abgegeben. In der Bundesrepublik werden dafür überwiegend Naturzug-Naß-K. mit Höhen zwischen 80 und 170 m eingesetzt. Ihre Abwärmeleistung liegt gewöhnlich zwischen 1 000 und 2 500 MW. Daneben gibt es Naturzug-Trocken- sowie Ventilator-K. Die Naturzug-Naß-K. haben den Nachteil, daß sie Wasser mit der aufgeheizten Kühlturmfahne an die Atmosphäre abgeben. Die Austrittsgeschwindigkeit der →Kühlturmschwaden aus der Kühlturmmündung liegt bei 2–3 m/s, ihre Austrittstemperatur bei 25 °C. Ein Teil des emittierten Wassers kondensiert und macht die Kühlturmfahne zur sichtbaren Schwadenfahne. Beim Betrieb eines Naturzug-Naß-K. werden erwärmte Luft, Wasserdampf sowie aus dem verrieselten Wasser mitgerissene und aus dem Wasserdampf kondensierte Wassertröpfchen emittiert. In den mitgerissenen Tröpfchen sind darüber hinaus die Beimengungen des verwendeten Kühlwassers wie Salze und Keime enthalten. Die Durchmesser der mitgerissenen Tröpfchen liegen zwischen 50 und 300 μm. Ihre Konzentration beträgt etwa 0,1 g/m³. Ohne Tropfenfangeinrichtung liegt die Konzentration höher. Die kondensierten Tröpfchen treten im Vergleich zu den mitgerissenen in einer etwa 10fach höheren Konzentration, also mit etwa 1 g/m³ auf, wobei ihre Durchmesser mit Werten zwischen 1 und 10 μm wesentlich kleiner sind. Die kondensierten Tröpfchen breiten sich infolgedessen wie ein Gas aus, während die mitgerissenen Tröpfchen in Richtung Erdboden sinken und auf Straßen, die in unmittelbarer Kühlturmnähe verlaufen, im Winter Glatteis verursachen können; bei K. mit Tropfenfangeinrichtungen ist diese Gefahr weniger groß. *Giebel*

Kühlturmschwaden. Die im Bereich von K. auftretenden Auswirkungen auf die Umwelt bestehen hauptsächlich in geringfügigen Temperatur- und Feuchteänderungen, dem Niederschlag der mitgerissenen Tröpfchen im Nahbereich sowie einer Verminderung der Sonnenscheindauer durch den Schattenwurf der sichtbaren Schwadenfahne. Niederschlag am Boden tritt vor allem dann auf, wenn bei Windgeschwindigkeiten ab etwa 8 m/s aus dem Regenraum des Kühlturms Tröpfchen ausgetragen werden. Bei einer Luftfeuchte von mehr als 90 % können ausfallende Tröpfchen noch bis in 1 km Entfernung vom Kühlturm den Erdboden erreichen. Meist ist der Niederschlag jedoch auf das Kraftwerksgelände beschränkt. Bei Temperaturen unterhalb des Gefrierpunkts kann der Niederschlag zur Eisbildung am Boden führen. Dies wird jedoch nur in der näheren Umgebung des Kühlturms beobachtet und auch nur in seltenen Fällen, weil hierfür eine Niederschlagsintensität von mehr als 0,025 mm/h zur Benetzung erforderlich ist.

Bei hoher Luftfeuchte und hoher Windgeschwindigkeit verbunden mit starker vertikaler Luftbewegung, wie sie beim Durchzug einer Wetterfront auftritt, können auch einzelne Schwadenfetzen in Bodennähe gelangen.

Die sichtbare Schwadenfahne ist umso länger, je kleiner das Sättigungsdefizit bzw. je größer die relative Luftfeuchte ist. Bei 40–50 % Luftfeuchte wurden z. B. immer nur Schwadenstummel von 100–200 m Länge gefunden; bei 75–80 % Feuchte kommen Schwaden bis 1 km Länge zustande; geht die relative Luftfeuchte jedoch über 90 % hinaus, bilden sich sichtbare Schwadenfahnen von einigen km Länge.

Nach Messungen in der Umgebung eines Kühlturms wurde die größte Verminderung der Sonnenscheindauer in Höhe von 5–10 % bis zu einer Entfernung von 1 km gefunden. Die tägliche Beschattungszeit betrug an einem Ortspunkt meist weniger als 15 Minuten und war selten größer als 2 Stunden. Insgesamt ist zu der Abschattung durch K. festzustellen, daß
– gerade an Schönwettertagen mit ansteigender Temperatur die Kühlturmfahne immer kleiner wird, weil der Verdunstungsprozeß rascher abläuft,
– die Kühlturmfahne eine verhältnismäßig kleine Fläche beschattet und
– die Beschattungsfläche sich im Laufe des Tages mit dem Sonnenstand ändert und damit der Beschattungseffekt für eine einzelne Stelle im Einwirkungsbereich des Kühlturms sich noch verringert (→Kühltürme, →Rauchgasableitung über Kühlturm). *Giebel*

Literatur: *Ernst, G., B. J. G. Leidinger* u. a.: Kühlturm und Rauchgas-Entschwefelungsanlage des Modellkraftwerkes Völklingen. VDI Fortschritt-Ber., Reihe 15, Nr. 45 (1984). – *Hanna, S. R.:* Rise and condensation of large cooling tower plumes. J. Appl. Meteorol. **11** (1972) 793–799. – VDI-Ber. 298, Warmetechnische Grundlagen und Messungen, Kap. Schwadenausbreitung, insbes. *J. Frank:* Problematik der Beschattung durch Schwadenfahnen aus Naturzug-Naßkühltürmen. Düsseldorf 1977. – VDI-Richtlinie 3784, Bl. 1: Ausbreitung von Emissionen aus Naturzug-Naßkuhltürmen, Beurteilung von Kühlturmauswirkungen. 6/1986. – VDI-Richtlinie 3784, Bl. 2: Ausbreitungsrechnung bei Ableitung von Rauchgasen uber Kühltürme. 3/1990.

Kugelcharakteristik. Die K. einer Schallquelle beschreibt die gleichmäßige Abstrahlung des Schalls dieser Quelle in alle Raumrichtungen (Kugelschallquelle).

Das Modell einer idealen Schallquelle mit K. ist die atmende oder pulsierende Kugel, bei der die gesamte Kugeloberfläche phasengleich in radialer Richtung schwingt und somit im umgebenden Medium Kugelschallwellen erzeugt. In der Praxis ist das Modell der pulsierenden Kugel bei Schallquellen nur annähernd zu verwirklichen. Hier sind häufig bevorzugte Abstrahlrichtungen zu beobachten. Die Abweichung der Abstrahlcharakteristik einer Schallquelle von der idealen K. wird durch das →Richtwirkungsmaß gekennzeichnet. *Strauch*

Kulturgut. K. gehören zu den Schutzobjekten der Umweltpolitik; sie sind ausdrücklich Schutzgegenstand nach dem Gesetz über die →Umweltverträglichkeitsprüfung und nach dem BImSchG. Unter K. werden allgemein bedeutende Zeugnisse menschlicher Schöpfung verstanden, im Zusammenhang mit dem Umweltschutz jedoch nur solche mit materieller Gestalt wie Bauwerke, Skulpturen und andere Gegenstände von kulturhistorischem Wert; zu letzteren zählen beispielsweise Gemälde, Gobelins, Handschriften und Druckwerke musealen Charakters.

Unter Umweltgesichtspunkten sind vor allem die nachteiligen Wirkungen von Luftverunreinigungen auf Materialien und damit auch auf K. zu erwähnen (→Natursteinschäden und →Materialschäden).

Bei Baudenkmälern kommen auch →Erschütterungen als schädliche Umwelteinwirkungen auf K. in Frage (→Erschütterungsschaden, →Erschütterungswirkung). *Dreyhaupt*

Literatur: VDI 3798 Bl. 1, Untersuchung und Behandlung von immissionsgeschädigten Werkstoffen, insbesondere bei kulturhistorischen Objekten; Dez. 1989.

Kunststofferzeugung und -verarbeitung. Die K. verursacht aufgrund der Flüchtigkeit der eingesetzten Rohstoffe sowie der im Produkt enthaltenen Restmonomere, Hilfsstoffe und Zersetzungsprodukte luftverunreinigende Emissionen aus den Betriebsanlagen. Anlagen zur Herstellung von Kunststoffen sind in Nr. 4.1 der →4. BImSchV genannt und nach dem BImSchG genehmigungsbedürftig. Hierzu gehören u. a. Anlagen zur Herstellung von Polyolefinen (Polyethylen und Polypropylen), Polyvinylchlorid und Polyacrylnitril sowie Anlagen zur Herstellung von Polyurethan-Schaumstoffen.

Bei der Herstellung von Polyurethan-Schaumstoffen sind neben den üblichen Emissionen von Monomeren, Hilfsstoffen usw. besonders die möglichen Emissionen von Treibmitteln zu beachten (→Fluorchlorkohlenwasserstoffe, →FCKW-freie

Produkte und Verfahren). Bei dem Betrieb von Anlagen zur K. sind hohe Anforderungen an die Sicherheit, den Immissionsschutz und den Arbeitsschutz zu stellen, weil die Monomeren teilweise brennbare Gase, krebsverdächtige bzw. krebserzeugende Stoffe oder Stoffe mit anderen schädigenden Eigenschaften sind. Die Polymerisation sowie die anschließende Intensiventgasung werden in geschlossenen Systemen durchgeführt. Mit der Intensiventgasung wird ein monomerenarmes Rohprodukt angestrebt, um Monomerenemissionen bei der Weiterverarbeitung und aus dem Fertigprodukt weitgehend zu reduzieren. Dies gilt besonders für die krebserregenden Monomere Vinylchlorid und Acrylnitril.

Bei der Herstellung von Polyvinylchlorid (PVC) werden die Abgase der Polymerisation und der Intensiventgasung einer Vinylchlorid-Rückgewinnungsanlage zugeführt. Die Abgase dieser Rückgewinnungsanlage können z. B. durch thermische →Nachverbrennung gereinigt werden. Der im PVC verbliebene Restmonomerengehalt wird bei der Aufarbeitung freigesetzt und gelangt in die Atmosphäre. Daher begrenzt die →TA Luft den Restgehalt an Vinylchlorid je nach PVC-Art auf 10 mg/kg bis 1,5 g/kg. Bei über 80% des in der Bundesrepublik Deutschland hergestellten PVC's liegt der Monomerenanteil unter 1 mg/kg nach der Intensiventgasung.

Anlagen zur K., z. B. durch Extrusion, Tiefziehen, Blasformen und Kalandrieren, sind nicht genehmigungsbedürftig. Je nach Verarbeitungsbedingungen können bei der K. besonders in Anlagennähe Geruchsbelästigungen durch Hilfsstoffe und Zersetzungsprodukte auftreten. Zu den genehmigungsbedürftigen K.-Anlagen gehören Anlagen zur Verarbeitung von bestimmten ungesättigten Polyesterharzen und Epoxidharzen sowie Anlagen zur Herstellung bahnförmiger Materialien unter Verwendung von Weichmachern. Bei der Verarbeitung ungesättigter Polyesterharze zu Glasfaserkunststoffen sind besonders die geruchsbelästigenden Styrolemissionen zu beachten; bei der Weich-PVC-Herstellung müssen die Abgase von Weichmachern und geruchsintensiven Zersetzungsprodukten gereinigt werden. *Plehn*

Literatur: *Davids, P.; M. Lange:* Die TA Luft '86 – Technischer Kommentar. Düsseldorf 1986.

Kupfergewinnung und -verarbeitung. Bei der K. aus Primärrohstoffen werden überwiegend Erze und Konzentrate eingesetzt, daneben aber auch verstärkt (bis ca. 50%) Recyclingstoffe (wie z. B. Blech-, Rohr- und Drahtschrott, Messingschrott) verwendet.

Die sulfidischen Erze werden hauptsächlich nach dem Prinzip des Schwebeschmelzverfahrens aufbereitet. Das Produkt ist Kupferstein (Kupferanteil

49 %). Die SO_2-haltigen Abgase werden erfaßt und in einer Doppelkontaktanlage in Schwefelsäure umgewandelt.

Die für oxidische Vorstoffe eingesetzten Schachtöfen erzeugen ebenfalls Kupferstein. Dieser wird in Konvertern zu Rohkupfer verblasen. Über die Stufen Anodenofen bzw. Anodenschachtofen, Pol- und Gießofen gelangt aus beiden Herstellungswegen das Anodenkupfer in die Kupferelektrolyse. Aus dem daraus gewonnenen Reinstkupfer entstehen die Produkte Kupferstranggußformate, Kupferdraht und Kupferpulver.

Neben den reinen Kupferprodukten werden Mischprodukte, abgetrennte Produkte, z. B. Baustoffe aus Schlacke, erzeugt.

Bei der K. aus Sekundärrohstoffen werden überwiegend Rohr-, Blech- und Drahtschrott, Rotguß, Messingschrott, Galvanikschlämme, Filterstäube und Produktionsrückläufe (z. B. Schlacken, Krätzen) einschließlich →Elektronikschrott eingesetzt.

Die oxidischen Einsatzstoffe werden in Schachtöfen zu Schwarzkupfer verschmolzen und anschließend in Konvertern zusammen mit Legierungsschrott zu Rohkupfer verblasen. Die Raffination zu Elektrolytkupfer erfolgt in vergleichbaren Stufen wie im Primärprozeß (z. B. über Anodenöfen). Die komplexe Verfahrensweise einer großen Sekundär-Kupferhütte ist im Bild dargestellt.

Emissionsrelevant sind insbesondere folgende Prozeßschritte:
- Schwebeschmelzofen, Schachtofen
- Konverter, Trommelöfen, Anodenöfen, Pol- und Gießöfen, Elektrolyse einschließlich der Lagerung, Transport, Umschlag und Zerkleinerung.

Als luftverunreinigende Emissionen sind vor allem folgende Stoffe von Bedeutung: Kupfer, Blei, Zink, Arsen, Antimon, Cadmium, Nickel, Zinn, Kobalt und Quecksilber.

Zu den gasförmigen Emissionen gehören insbesondere Arsen und Quecksilber sowie Schwefeldioxide. Bei Einsatz von stark verunreinigten Schrotten und entsprechenden Recyclingstoffen können Chlor- und Fluorverbindungen sowie organische Kohlenstoffverbindungen auftreten.

Zur Emissionsminderung werden als Primärmaßnahmen angewandt: Vorsortierung der Einsatzstoffe, Einsatz von emissionsarmen Brennstoffen, Verwendung von reinem Sauerstoff anstelle von Luft bei der Verbrennung, Einhausung von Prozeßanlagen, Umstellung auf Elektroöfen, totale Verfahrensänderung und Umstellen Produktion auf den Rotationskonverter, Prozeßsteuerung durch Einsatz von Computersteuerung beim Chargieren (Gewichtssteuerung, Dosierung) und Optimierung der Prozeßtemperatur (Vermeidung von Materialverlusten, Materialschonung).

Die Abgaserfassung kann z. B. durch computergesteuerte Klappen und Ventilatoren im Abgasweg

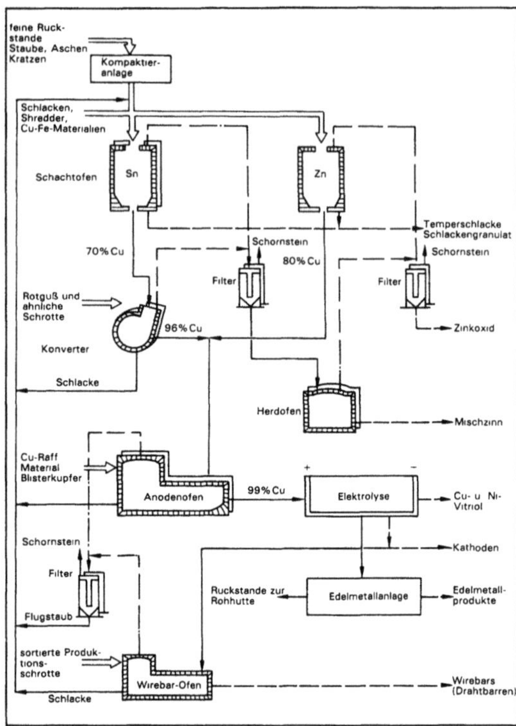

Kupfergewinnung und -verarbeitung: K. aus Sekundärrohstoffen.

══════════	Vorstoffe
- - - - - - - - - -	Verkaufsprodukte
───────────	Zwischenprodukte
— • — • —	staubbeladenes Rohgas

dem Chargenverlauf und der Rohgasstaubbeladung angepaßt werden. Durch Einsatz von Gewebefiltern sind niedrige Reingasstaubgehalte zu erzielen. Durch Zugabe von Sorbenzien, z. B. Feinkalk, läßt sich die Abscheidewirkung von Gewebefiltern für Stäube weiter erhöhen, und es werden zusätzlich gasförmige luftverunreinigende Stoffe, z. B. Chlor- und Fluorverbindungen, mit abgeschieden. Abgeschiedene Stäube sind in geschlossenen Systemen zu transportieren, umzuschlagen, zu lagern und weitgehend einer Wiederverwertung zuzuführen. Schlacken werden möglichst verwertet, z. B. als Straßenbaustoffe. Die in der Reinigung von SO_2-haltigen Abgasen gewonnene Schwefelsäure wird meist im eigenen Betrieb wieder verwendet.

Emissionsbegrenzung: Anlagen zum Rösten und Sintern von Nichteisenmetallen, Anlagen zum Gewinnen von Nichteisenrohmetallen, Schmelzanlagen für Nichteisenmetalle, Gießereien für Nichteisenmetalle sind genehmigungspflichtig nach BImSchG (Nrn. 3.1, 3.2, 3.4 und 3.8 des Anhangs zur →4. BImSchV). Dazu gehören auch Anlagen zur K.

Besondere emissionsbegrenzende Anforderungen sind in den Nrn. 3.3.3.2.2, 3.3.3.4.2 und 3.3.3.8.1 der TA Luft festgelegt. Wichtige allgemeine Regelungen in Nr. 3.1.4 betreffen die Staubbegrenzung für eine Reihe von Schwermetallen. *Leder*

Literatur: *Davids, P. und M. Lange:* Die TA Luft '86 – Technischer Kommentar. Düsseldorf 1986. – Emissionsminderung schwermetallhaltiger Stäube an einer Erzkonzentrat-Löschanlage durch nachträgliche Kapselung und Bau einer Filteranlage. Altanlagenvorhaben Nr. 1081 des Umweltbundesamtes (1987). – *Landau, M.; H. Trawlsen:* Die neue Kupferelektrolyse der Norddeutschen Affinerie. Erzmetall **43** (1990) Nr. 9, S. 357–361. – Verminderung schwermetallhaltiger Staubemissionen durch Einhausen eines Thomasofens und Abgasreinigung durch Gewebefilter. Altanlagenvorhaben Nr. 1102 des Umweltbundesamtes (1987).

Kupolofen. Der K. ist ein Schachtofen und das am häufigsten eingesetzte Schmelzaggregat in Eisen-, Temper- und Stahlgießereien. An der Gicht wird mit Stahl-, Gußschrott oder Roheisen sowie Koks und Zuschlagstoffen beschickt. Das flüssige Gußeisen wird unten abgestochen. Grundsätzlich werden zwei Arten von K. unterschieden: der Kaltwind-K. mit einer Schmelzleistung bis 8 t/h und mit Obergichtabsaugung sowie der Heißwind-K. mit einer Schmelzleistung über 8–70 t/h und Untergichtabsaugung. Der Heißwind-K. wird mit auf 500–600 °C vorgewärmter Luft betrieben. Beim K.-Prozeß entstehen folgende luftverunreinigende Stoffe: Staub mit teilweise krebserzeugenden und toxischen Schwermetallen, Schwefeldioxid, Stickstoffoxide, gasförmige organische Stoffe, Kohlenmonoxid und Kohlendioxid.

Der Abgasvolumenstrom bei Kaltwind-K. beträgt ca. 3 000 m³/t Flüssigeisen, bei Heißwind-K. liegt er zwischen 1 200–1 500 m³/t. Die Rohgasstaubgehalte betragen 10 bis 20 g/m³. Mit Gewebefiltern (Bild 1) können Reststaubgehalte von unter 20 mg/m³ eingehalten werden. In Bild 2 ist das Fließbild eines Heißwind-K. mit Wäscher als Gichtgasreinigungseinrichtung, eigenbeheiztem Rekuperator und Abgaswärmenutzung wiedergegeben. Mit Naßreinigungssystemen lassen sich Reststaubgehalte von

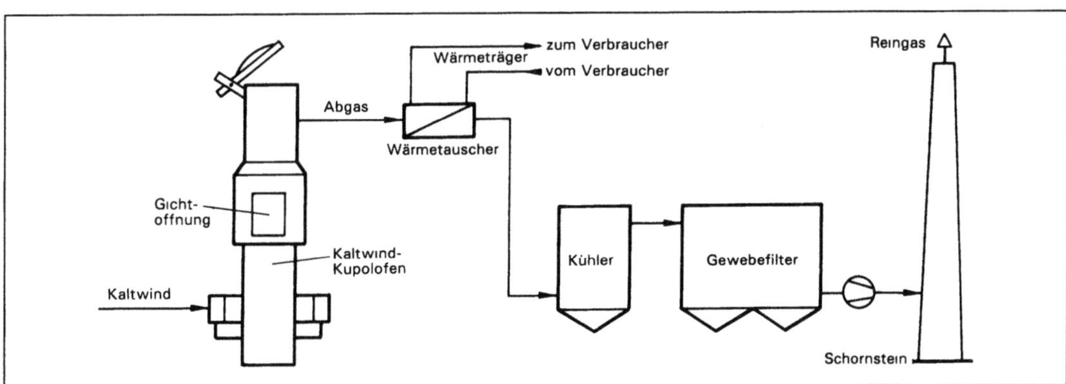

Kupolofen 1: Kaltwind-K. mit Gewebefilter Entstaubung und Abgaswärmenutzung.

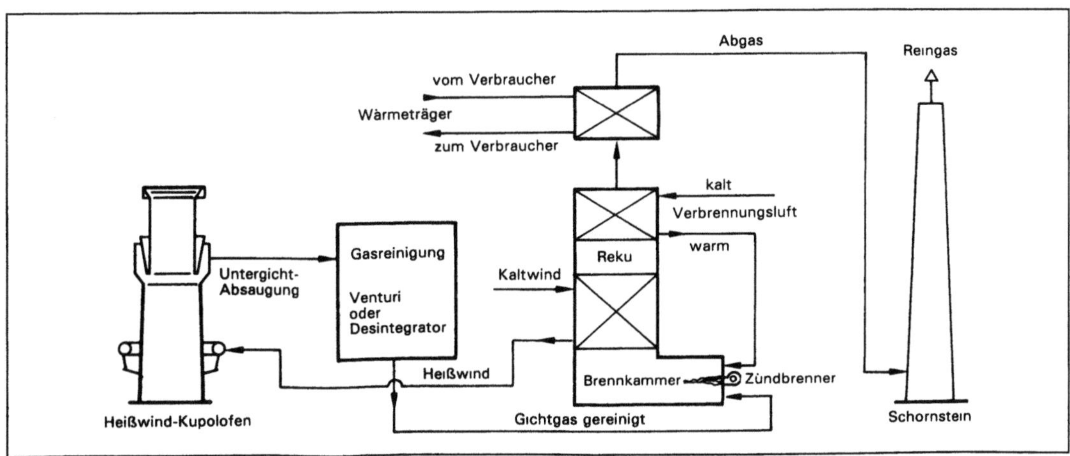

Kupolofen 2: Heißwind-K. mit eigenbeheiztem Rekuperator und Abgaswärmenutzung im Reingas (Untergicht-Absaugung).

unter 50 mg/m³ einhalten. Die hierbei anfallenden Schlämme werden (noch) deponiert.

Durch den Einsatz von Gewebefiltern und eine sehr weitgehende →Abwärmenutzung (Heißwind von 600 °C und Dampferzeugung zum Betrieb einer Turbine für Strom und Preßluft) läßt sich bei K.-Anlagen ein thermischer Wirkungsgrad von 75 % erreichen. Der im Gewebefilter abgeschiedene Staub kann in den K. zurückgeführt werden. Dabei reichert sich Zink im Staub an. Ist ein Zinkgehalt von über 30 % erreicht, wird der Staub ausgeschleust und einer NE-Metallhütte zur Verwertung zugeführt. Diese Staubrückführung ist auch bei Kaltwind-K. mit Gewebefiltern möglich. Die beim K. anfallende Schlacke wird für den Straßen- und Wegebau verwendet.

K. sind genehmigungsbedürftig nach dem BImSchG (Nr. 3.3 des Anhangs zur →4. BImSchV). Emissionsbegrenzende Anforderungen enthält die →TA Luft; von besonderer Bedeutung sind die Regelungen zur Begrenzung der Emissionen an krebserzeugenden oder toxischen Schwermetallen (Nrn. 2.3 und 3.1.4), diffuser Staubemissionen (Nr. 3.1.5) und von staub- und gasförmigen Emissionen (Nrn. 3.3.3.3.1, 3.1.6 und 3.1.7). *Batz*

Literatur: *Batz, R.:* Stand der Technik bei der Emissionsminderung in Eisen-, Stahl- und Tempergießereien. Gießerei **73** (1986) Nr. 3, S. 55–61. – *Davids, P.; M. Lange:* Die TA Luft '86 – Technischer Kommentar. Düsseldorf 1986. – *Freunscht, E.;*

A. Rudolf: Konzeption einer modernen Heißwind-Kupolofenanlage. Gießerei **76** (1989) Nr. 10/11, S. 328–335.

Kurbelgehäuseentlüftung. In früheren Jahren wurden die Kurbelgehäusegase aus Kfz-Verbrennungsmotoren (Blow-by) unbehandelt in die Atmosphäre geleitet (offene K.). Da diese Gase im Verhältnis zu dem Abgas des Motors ein Vielfaches an Kohlenwasserstoff-Konzentrationen enthalten, sind heute Kontrollsysteme vorgeschrieben, die diese Gase dem Ansaugsystem des Motors und damit dem Brennraum zuführen (geschlossene K.). *Kind/May*

Kurzzeitemissionen. Bei K. ist die Emissionszeit kleiner als die Ausbreitungszeit, d. h. kleiner als die Zeitspanne, in der der Wind die Schadstoffe von der Quelle zum Immissionsort transportiert. Die Freisetzungszeiten liegen bei K., wie sie meist bei Störfällen auftreten, vielfach im Minutenbereich, bei Explosionen auch im Sekundenbereich. Bei der Berechnung von Immissionen aufgrund von K. muß die Diffusion in Windrichtung berücksichtigt werden, wie das u. a. bei der Immissionssimulation mit Hilfe von →K-Modellen der Fall ist. Durch Diffusion in der Windrichtung wird die Abgaswolke in der Ausbreitungsrichtung auseinandergezogen und die Immissionskonzentration an den Rändern abgesenkt. *Giebel*

L

Laborautomatisierung. L. oder Laborautomation ist der Oberbegriff sowohl für die Automatisierung einzelner Funktionen im Labor als auch des gesamten Labors. Die Automatisierung im chemisch analytischen Labor kann dabei auf verschiedenen Stufen stattfinden.

Die unterste Stufe ist die Automatisierung einzelner Geräte oder Funktionen. Die Beispiele hierzu reichen von automatisierten Gaschromatographen mit Probenspeicher und automatischer Probenaufgabe für unbeaufsichtigte Nachtschichten bis zur automatisierten Rechnungserstellung mit entsprechenden Textverarbeitungs- bzw. Tabellenkalkulationssystemen. Die zur Automatisierung der Analytik eingesetzten Analyseautomaten sind in der Regel mit einer eigenen Rechnereinheit ausgerüstet, die sowohl die Steuerungsfunktionen übernimmt als auch die Schnittstellen zum Bediener, zu anderen Rechnern oder zu anderen Geräten enthält.

Durch Vernetzung dieser automatisierten, kommunikationsfähigen Geräte und durch Kopplung mit Textverarbeitungssystemen kann auf der zweiten Automatisierungsstufe die Analyse der Proben, einschließlich der Darstellung der Ergebnisse in Meßwerttabellen, bis zur Rechnungserstellung automatisiert werden. Automatisierungssysteme dieser Stufe enthalten in der Regel auch Informationssystemfunktionen, über die z. B. auf abgelegte Spektren zurückgegriffen, über die der Bearbeitungsstatus einzelner Proben abgefragt oder über die Qualitätssicherungsmaßnahmen ausgewiesen werden können.

Die Verfügbarkeit eines Rechners (PC) oder eines Rechnerterminals an jedem Arbeitsplatz und die Vernetzung von Rechnern und Geräten ist die Voraussetzung für die dritte Automatisierungsstufe, die zum Computer Integrated Laboratory (CIL) führt. Dies bedeutet, daß die Automatisierung den gesamten Probendurchlauf vom Wareneingang bis zur Dokumentation der Ergebnisse umfaßt sowie die Steuerung des Probendurchlaufs, die Gerätebelegung und die Laborverwaltung unterstützt. Ähnlich wie die Just-in-Time-Fertigung im produzierenden Gewerbe, wird dadurch die Just-in-Time-Analyse möglich. Die Funktionen wie
– Probenverwaltung
– Betriebsmittelverwaltung (Laborarbeitsplätze, Analysengeräte, Geräte und Arbeitsplätze für Probenvorbereitung)

– Chemikalienlagerverwaltung
– Probendurchlaufoptimierung (Reihenfolgenplanung, Engpaßmanagement, Gerätebelegungsplanung)
– Erstellung und Verwaltung der Ergebnisdokumentation (Meßwerttabellen, Meßberichte, Gutachten)
– Qualitätssicherung
– Rechnungsstellung, Zahlungsüberwachung
– Buchhaltung etc.
werden dabei mehr oder weniger vollständig vom Automatisierungssystem übernommen. Man spricht deshalb auch von Labor Informations- und Managementsystemen (LIMS).

Die LIMS bauen zwar auf Standardfunktionen auf, müssen aber im Automatisierungsgrad, im Funktionsumfang und in der technischen Ausgestaltung von Hardware und Software der Aufgabenstellung und den organisatorischen Bedingungen des zu automatisierenden Labors angepaßt werden.

Birkle

Lachgas → Distickstoffmonoxid

Lacke, schadstoffarme. Als s. L. werden Lacke bezeichnet, deren Gehalte an organischen Lösemitteln nach dem Stand der Technik minimiert, die weitgehend frei von gefährlichen Stoffen sind und die der DIN 55 945 entsprechen. Die Anforderungen sind in der Vergabegrundlage für das → Umweltzeichen RAL-UZ 12a S. L. festgelegt.

S. L. bilden auf der Oberfläche der zu schützenden und ggf. farblich zu gestaltenden Materialien (z. B. Holz, Metall, Kunststoff oder mineralische Untergründe) nach dem Auftrocknen eine zusammenhängende Schicht, die als Lackfilm bezeichnet wird. Die Basis für die Beschichtung ist ein organisches Polymer. Je nach Art des Polymers (Bindemittel) können s. L. organische Lösemittel und Wasser enthalten oder auch lösemittelfrei sein; ggf. enthalten sie Pigmente, Füllstoffe und sonstige Zusätze.

Grundsätzlich lassen sich zwei Arten s. L. unterscheiden:
– Wasserhaltige Produkte auf der Basis von Polymerdispersionen und Alkydharzemulsionen mit einem maximalen Gehalt an flüchtigen organischen Verbindungen von 10 Gew.-%.
– Festkörperreiche Produkte (High-Solid-Lacke) auf Alkydharz- oder Acrylatbasis mit einer Begren-

zung des Gehalts an flüchtigen organischen Verbindungen auf maximal 15 Gew.-% im Lack.

S. L. werden hauptsächlich im Bautenbereich eingesetzt, z. B. als
- Universallacke für innen und außen,
- Speziallacke für Fenster, Heizkörper, Fußböden und Wände,
- Lasuren für Innen- und Außenanstriche von Holz,
- Klarlacke für Holz (Möbel, Paneele und Parkett).

Bei jeder genannten Variante ist im Vergleich zu konventionellen Lacken mit mehr oder weniger starken Änderungen der typischen Applikationseigenschaften, z. B. Verarbeitbarkeit, Witterungsresistenz, Haftbarkeit oder Erscheinungsbild zu rechnen. Deshalb werden je nach Art des zu beschichtenden Objekts oder nach der Art des Untergrunds verschiedene Lacke benötigt. Dies gilt auch für den Anstrichaufbau.

□ Emissionen: Auf Wasser basierende Lacke emittieren im Vergleich zu konventionellen lösemittelhaltigen Systemen beim Trocknen, infolge ihres geringen Gehalts an organischen Lösemitteln, deutlich geringere Mengen flüchtiger organischer Verbindungen (VOC). Sie enthalten neben Cosolventien weitere Additive, die z. B. die Benetzung verbessern oder die als rheologische Stellmittel (Verdicker) oder zur Unterdrückung von Schaumbildung, Frostschäden und Bakterien- bzw. Pilzbefall (Topfkonservierer) dienen.

□ Emissionsminderung: Mit der Vergabegrundlage für das Umweltzeichen RAL-UZ 12a S. L. (gültig seit 1. 1. 1987) werden Qualitätsstandards für Lacke festgelegt, die deutlich schärfer als die gesetzlichen Regelungen sind und im wesentlichen die folgenden Anforderungen enthalten:
- Ausschluß von Inhaltsstoffen, die nach der →Gefahrstoffverordnung eine Kennzeichnung erfordern bzw. Begrenzung auf maximal 50% der Menge, ab der die →Kennzeichnungspflicht beginnt;
- Verbot der Verwendung krebserzeugender, fruchtschädigender, erbgutverändernder sowie sonstiger chronisch schädigenden Stoffe;
- mengenmäßige Beschränkung von Fungiziden, die den Lack während der Lagerung vor Pilzbefall schützen (Topfkonservierer) und die Haltbarkeit von Außenanstrichen verlängern;
- Ausschluß von Pigmenten auf der Basis von Blei, Cadmium, Chrom-VI-Verbindungen und anderen giftigen Metallen (Ausnahme: Blei-Sikkative $\leq 0,1$ Gew.-%);
- Minimierungsgebot und Obergrenzen für organische Lösemittel und andere flüchtige organische Verbindungen entsprechend ihrer Umweltrelevanz nach der Klassierung der TA Luft (Stoffe nach Nr. 3.1.7, Klasse I: 0,5 Gew.-%, Klasse II: 5,0 Gew.-%, Klasse III und maximale Summe 10,0 Gew.-%

für wasserbasierende und max. 15,0 Gew.-% für die festkörperlichen High Solid Lacke).

□ Verbrauch und Emissionsentwicklung: Gegenwärtig tragen ca. 1 000 Lacke das Umweltzeichen RAL-UZ 12a, die von etwa 100 Herstellerfirmen angeboten werden. Der Anteil der s. L. an den jährlich verbrauchten Bautenlacken beträgt schätzungsweise 30% und liegt im Heimwerkerbereich bereits bei über 50%.

Eine Fortschreibung der RAL-UZ 12a mit verschärften Anforderungen ist vorgesehen (→Industrielacke, emissionsarm). *Thurner*

Literatur: *Goldschmidt, A.; B. Hantschke; E. Knappe; G.-F. Vock:* Glasurit-Handbuch Lacke und Farben. 11. Aufl. Hannover 1984. – DIN 55 945: Beschichtungsstoffe. 12/1988. – RAL Deutsches Institut für Gutesicherung und Kennzeichnung e. V.: Umweltzeichen, Produktanforderungen, Zeichenanwender und Produkte. Bonn 1992. – Ullmann's Encyclopedia of Industrial Chemistry. Bd. A 18, 5. Aufl. Weinheim–New York 1991.

Lackieranlage. Gegenstände aus verschiedenen Werkstoffen (Stahl, Kunststoff, Holz u. a.) werden mit Lacken beschichtet, um die Oberfläche gegen mechanische oder chemische Einflüsse oder Lichteinwirkung zu schützen und gleichzeitig die Oberflächenqualität und das Aussehen zu verbessern.

Für das Auftragen der Lacke stehen, neben der handwerklichen Verarbeitung, in industriellen L. verschiedene Auftragstechniken zur Verfügung. Dabei bestimmen der jeweilige Werkstoff, das Auftragsverfahren, die spätere Beanspruchung und das Aussehen die chemische Zusammensetzung des Lacks (Tabelle).

L. sind umweltrelevant vor allem auf Grund der Emissionen an organischen Lösemitteln (die bei Naßlacken zugesetzt werden), durch Emissionen an Lackpartikeln (die bei der Spritzlackierung entstehen) und durch Reststoffe (Lackschlamm). Lackschlamm gilt als besonders überwachungspflichtiger Abfall/Reststoff.

Zur Verminderung oder Vermeidung von Lösemittelemissionen aus L. sind neben dem Einsatz lösemittelarmer bzw. -freier Lacke (→Industrielacke, emissionsarme) Auftragsverfahren mit hohem Wirkungsgrad geeignet. Der Auftragswirkungsgrad ist definiert als der auf dem Produkt verbleibende Lackanteil, bezogen auf den Gesamteinsatz. Beim Spritzlackieren bestimmt der Auftragswirkungsgrad den Anfall an Lackschlamm. Die Wahl des Auftragsverfahrens ist Einschränkungen unterworfen. Das Spritzlackieren ist das mit Abstand emissionsintensivste Lackierverfahren durch mehr oder weniger hohe Verluste abprallender Lackpartikel und weil überwiegend Lacke mit relativ niedriger Viskosität verarbeitet werden müssen.

Die Emission kann durch Kapselung oder Umluftführung stark reduziert werden; die Reini-

Lackieranlage. Tabelle: Übersicht über Lackauftragsverfahren und ihre Charakteristiken.

Auftragsverfahren für Naßlacke	Einschränkungen		Auftragungs-Wirkungsgrad abhängig von der Geometrie
	Dimensionen	Geometrie	
Fluten	begrenzte Arbeitsbreite	keine schöpfenden Teile	85—95 %
Gießen	begrenzte Arbeitsbreite	nur ebene Oberflächen	90—98 %
Konventionelles Tauchen	begrenztes Arbeitsvolumen	keine schöpfenden Teile	80—90 %
Walzen	begrenzte Arbeitsbreite	nur ebene Flächen	95—98 %
Coil-Coating	begrenzte Arbeitsbreite	nur ebene Flächen	95—98 %
Elektrotauchen	begrenztes Arbeitsvolumen	keine schöpfenden Teile	90—98 %
Luftzerstäubung Hochdruck			20—50 %
Luftzerstäubung Niederdruck			50—65 %
Airmixzerstäubung			20—80 %
Airlesszerstäubung			20—80 %
Elektrostatische Pistolenapplikat.		keine Faradayschen Käfige	40—70 %
Elektrostatische Hoch-rotationszerstäubung		keine Faradayschen Käfige	60—90 %

gung eines geringeren Abgasstroms erfordert weniger Aufwand. Zur Vorbehandlung des Abgases aus Handspritzzonen hat sich der Einsatz eines Adsorbtionsrades (→Adsorptionsverfahren) bewährt. Damit ist eine kontinuierliche Ad- und Desorbtion möglich; die meist geringen Lösemittelgehalte werden aufkonzentriert.

Zur Reinigung des Abgases aus L. kommen seit Jahren thermische, Adsorptions- und Absorptions- sowie biologische Verfahren zum Einsatz.

Größere L. sind genehmigungsbedürftig nach BImSchG. Nr. 5.1 des Anhanges der →4. BImSchV nennt Anlagen zum Lackieren von Gegenständen oder bahnen- oder tafelförmigen Materialien einschließlich der zugehörigen Trocknungsanlagen, soweit die Lacke organische Lösemittel enthalten und von diesen mehr als 25 kg je Stunde eingesetzt werden. In der →TA Luft sind emissionsbegrenzende Anforderungen an genehmigungsbedürftige L. festgelegt. Von besonderer Bedeutung sind die folgenden Anforderungen

– Nr. 3.1.2: Vermeidung bzw. Minimierung von Emissionen, z. B. durch Kapselung von Anlagenteilen, gezielte Abgaserfassung und Umluftführung,

– Nr. 3.1.7: Begrenzung der Emissionen organischer Stoffe je nach Wirkungsrelevanz der Stoffklassen I–III (20 mg/m^3, 0,10 g/m^3 oder 0,15 g/m^3),

– Nr. 3.1.9: Anforderung zur Begrenzung der Emissionen geruchsintensiver Stoffe,

– Nr. 3.3.5.1: Begrenzung der staubförmigen Emissionen auf 3 mg/m^3. Diese Anforderungen können durch den Einsatz von Elektrofiltern oder Wäschern eingehalten werden. Im Abgas der Trockner dürfen die Emissionen organischer Stoffe 50 mg/m^3 (gemessen als Gesamtkohlenstoff) nicht überschreiten. Dieser Wert kann z. B. mit einer thermischen Verbrennungseinrichtung eingehalten werden.

Die TA Luft unterscheidet bei den anlagenspezifischen Anforderungen zwischen a) Anlagen zur Serienlackierung von Automobilkarossen, ausgenommen Omnibusse und Aufbauten von Lastkraftwagen (Nr. 3.3.5.1.1) und b) sonstigen Anlagen zum Lackieren (Nr. 3.3.5.1.2).

Für das Abgas der Spritzzonen der Anlagen nach a) und für das Abgas der manuellen Spritzzonen nach b) gelten spezielle Anforderungen. Die Emissionen an organischen Lösemitteln der Anlagen nach a) dürfen für die gesamte Anlage je Quadratmeter Rohbaukarosse bei Uni-Lackierungen 60 g und bei Metalleffekt-Lackierungen 120 g/m^3 nicht überschreiten. Die TA Luft enthält dazu →Dynamisierungsklauseln, wonach die Möglichkeiten, die Emissionen durch Einsatz lösemittelarmer oder -freier Lacke, Lackauftragsverfahren mit hohem Auftragswirkungsgrad, Umluftverfahren oder →Abgasreinigung zu vermindern, auszuschöpfen sind. Die Dynamisierungsklauseln sind im Mai 1991 durch den Länderausschuß für Immissionsschutz konkretisiert worden, so daß für das Abgas der gesamten Anlagen nach a) Emissionswerte für organische Stoffe von 35 g/m^2 Rohbaukarosse für Neuanlagen und 45 g/m^3 für Altanlagen, für die manuellen Spritzzonen der Anlagen nach b) die Emissionswerte für organische Stoffe der Nr. 3.1.7 Klasse II und III als Zielwerte empfohlen werden.

Nicht genehmigungsbedürftige Anlagen, also z. B. kleinere Spritzanlagen in Autowerkstätten, haben ihre Bedeutung regional in ihrer häufig anzutreffenden Nähe zu Wohnbebauungen und der damit verbundenen Belästigungswirkung sowie überregional in ihrer bundesweit hohen Anzahl und dadurch in ihrer hohen Emissionsfracht. Nach dem BImSchG sind die nach dem Stand der Technik vermeidbaren schädlichen Umwelteinwirkungen auf ein Mindestmaß zu beschränken. Im Einzelfall werden ggfs., insbesondere bei erheblicher Geruchsbelästigung, immissionsschutzrechtliche Anordnungen durch die zuständige Behörde getroffen. Möglichkeiten zur Reduzierung der Lösemittel-Emissionen aus diesen Anlagen sind insbesondere mit dem Einsatz von emissionsarmen bzw. -freien Lacken gegeben. *Hanhoff-Stemping*

Literatur: *Angrick, M. u. W. Koch:* Abgasreinigungsverfahren für gasformige organische Stoffe, Teil 1 u. 2, Entsorgungspraxis (1991) 7–8, 9 S. 402/406 u. S. 480/492. – *Davids, P.; M. Lange:* Die TA Luft '86 – Technischer Kommentar. Düsseldorf 1986. – VDI 3455 E: Emissionsminderung; Anlagen zur Serienlackierung von Automobilkarossen. 3/1992.

Lärm. Mit L. werden Geräusche und Schalle benannt, die die Stille oder eine gewollte Schallaufnahme stören oder auch Geräusche und Schalle, die zu →Belästigungen oder zu Gesundheitsstörungen führen; Geräusche werden zu L., wenn sie eine beeinträchtigende Wirkung auf den Menschen haben.

L., →Geräusch und →Schall werden häufig gleichbedeutend benutzt, wobei jedoch zu betonen ist, daß die Begriffe Schall und Geräusch den mit physikalischen Größen beschreibbaren Schwingungsvorgang kennzeichnen, L. dagegen die nicht einfach zu erfassenden subjektiv-individuellen Faktoren, die in der persönlichen Situation der beschallten Person begründet sind, mit berücksichtigt.

L. ist mit →Schallpegelmessern, die die physikalischen Größen →Schalldruck, Frequenz, zeitlicher Verlauf des Schalldrucks erfassen, nicht zu messen (→Lärmwirkung). *Strauch*

Literatur: Lärm und Lärmwirkungen, Ein Beitrag zur Klärung von Begriffen. Bundesminister des Inneren, 2/1980. – Belästigung durch Lärm: Psychische und körperliche Reaktionen, Interdisziplinärer Arbeitskreis für Lärmwirkungsfragen beim Umweltbundesamt, Berlin, Z. für Lärmbekämpfung **37** (1990).

Lärm-Schmerzgrenze →Schall

Lärmarmes Konstruieren. L. K. von Maschinen und Anlagen ist die effektivste Maßnahme zur Minimierung der Geräuschemission (→Schallemission) und damit der Geräuschimmission.

Für lärmarme Konstruktionen müssen die Entstehungsmechanismen von →Geräuschen bei Maschinen- und Anlagenelementen bekannt sein sowie konstruktive Mittel zur Vermeidung der Geräuschentstehung.

Hinweise für l. K. enthält VDI 3720, Bl. 1 mit Folgeblättern. In diesen Richtlinien werden z. B. als Konstruktionsmerkmale angeführt, daß stoßartige Berührungen von Maschinenelementen mit großen Kraftspitzen zu vermeiden sind, ebenfalls periodische Einwirkungen von Kräften auf schwingungsfähige Maschinenteile mit großen schallabstrahlenden Oberflächen, turbulente Strömungen von Flüssigkeiten sowie sonstige Vorgänge, die schwingungsanregend wirken können.

Als wirksame lärmmindernde Konstruktionsmittel werden beispielhaft genannt:
– elastische Verbindungselemente zur Vermeidung von →Körperschall,
– Vergrößerung der Materialmasse an Einleitungsstellen von Kräften,
– Maßnahmen zur Verringerung der Oberflächenschwingung großer Bauteile durch unterschiedlichen Materialaufbau des Bauteils (Verbundbleche, Entdröhnungsbeläge) u. ä. *Strauch*

Literatur: VDI 3720, Bl. 1: Lärmarmes Konstruieren; Allgemeine Grundlagen. 11/1980. – Bl. 2: Beispielsammlung. 11/1982. – Bl. 3 E: Systematisches Vorgehen. 4/1978. – Bl. 4: Rotierende Bauteile und deren Lagerung. 1/1984. – Bl. 5: Hydrokomponenten und -systeme. 3/1984. – Bl. 6 E: Mechanische Eingangsimpedanzen von Bauteilen, insbesondere von Normprofilen. 7/1984. – Bl. 7 E: Beurteilung von Wechselkraften bei der Schallentstehung. 6/1989. – Bl. 9.1: Leistungsgetriebe, Minderung der Korperschallanregung im Zahneingriff. 1/1990.

Lärmbelästigung →Belästigung durch Geräusche

Lärmdosis. Als L. wird die am Arbeitsplatz täglich während einer Arbeitsschicht auftretende Lärmmenge bezeichnet, die aus dem →Schalldruckpegel und der Einwirkdauer des Arbeitsgeräusches ermittelt wird und die ertragbar ist, ohne daß ein Hörverlust eintritt.

Die maximale L. an Arbeitsplätzen liegt zwischen 85 und 90 dB(A).

Einzelheiten zur Ermittlung und Beurteilung von Arbeitsplatzgeräuschen sind in der Arbeitsstättenverordnung sowie in der VDI 2058, Bl. 2: Beurteilung von Arbeitslärm am Arbeitsplatz hinsichtlich Gehörschäden, 6/1988, angeführt. *Strauch*

Lärmimmissionsanteil. L. ist der Anteil einer geräuscherzeugenden Anlage oder eines Anlagenkomplexes an der Gesamtgeräuschimmision, die infolge der Schallemissionen aller beteiligten Geräuschquellen an einem Immissionsort auftritt.

Wirken mehrere Anlagen oder Produktionsstätten verschiedener Betreiber auf einen Immissionsort ein, so sind zur Einhaltung des Immissionsrichtwerts, der für die Summe aller einwirkenden Geräuschimmissionen gilt, den einzelnen Anlagen oder Produktionsstätten Immissionsanteile zuzuweisen.

Diese Zuweisung muß sowohl bei der Planung neuer Anlagen als auch bei der Sanierung vorhandener Geräuschsituationen mit Überschreitungen zulässiger Immissionswerte vorgenommen werden.

Bei der Planung emittierender Anlagen in bauleitplanerisch ausgewiesenen Baugebieten ist die Vergabe von L. dadurch möglich, daß die Baugebietsfläche geräuschemissionsmäßig so rationiert wird, daß Immissionswerte im Umfeld des Gebiets nicht überschritten werden. Durch die in Anspruch genommene Anlagenfläche wird eine zulässige Geräuschemission der Anlage ermittelt, die sicherstellt, daß Immissionswerte in schutzwürdigen Gebieten durch die Summe der im Baugebiet siedelnden Anlagen und Betriebe eingehalten werden (→Flächenschalleistungspegel).

Bei der Sanierung unzulässig hoch belasteter Immissionsorte durch das Einwirken verschiedener Produktionsanlagen besteht noch kein festgeschriebenes Verfahren, nach welchen Kriterien L. für die einzelnen Anlagen oder Produktionsstätten zu vergeben sind. *Strauch*

Lärmkarte. Darstellung der Geräuschimmissionen in einem Gebiet in Stadt- bzw. Landkarten. In L., die auch als Schallimmissionspläne bzw. Schallimmissionskataster bezeichnet werden, wird die vorhandene oder zu erwartende Geräuschbelastung üblicherweise durch Kurven gleicher →Mittelungspegel oder Kurven gleicher →Beurteilungspegel für die Geräuscharten Industrie/Gewerbe, Straßenverkehr, Schienenverkehr, Flugverkehr sowie Sport/Freizeit dargestellt. L. (Schallimmissionskataster) sind ein erster notwendiger Schritt bei der Aufstellung von →Lärmminderungsplänen, weil aus diesem Kataster in Verbindung mit der baulichen Nutzung des betrachteten Gemeindegebietes der Minderungsbedarf der Geräusche zu erkennen ist. *Strauch*

Literatur: DIN 18005, Teil 2: Schallschutz im Städtebau. Richtlinien für die schalltechnische Bestandsaufnahme.

Lärmminderungsplan. L. sind nach § 47a BImSchG in Wohngebieten und anderen schutzwürdigen Gebieten aufzustellen, wenn in den Gebieten nicht nur vorübergehend schädliche Umwelteinwirkungen durch Geräusche hervorgerufen werden oder zu erwarten sind und die Beseitigung oder Verminderung ein abgestimmtes Vorgehen gegen verschiedenartige Lärmquellen erfordert.

Voraussetzung für die Aufstellung eines Planes mit Inhalten über notwendige Minderungsmaßnahmen, Zuständigkeiten, Kosten und Termine ist die Erfassung der Geräuschbelastung in den vorgenannten Gemeindegebieten durch die einwirkenden Geräuschquellen. Danach sind bei Überschreitung von Immissionswerten in den schutzwürdigen Gebieten geeignete Minderungsmaßnahmen vorzusehen, die die Belastung auf ein tolerables Maß begrenzen können (→Schallschutz).

Die Geräuschbelastung (→Belästigung durch Geräusche) in Städten und Gemeinden wird hauptsächlich verursacht durch den Straßen- und Schienenverkehr, durch industrielle und gewerbliche Anlagen, durch den Flugverkehr sowie durch den Betrieb von Sport- und Freizeitanlagen.

Zur Aufstellung von L. ist folgendes Vorgehen zweckmäßig:
- Auffinden von Untersuchungsgebieten durch überschlägige Prüfung der Geräuschimmissionen im Gemeindegebiet, wo schädliche Umwelteinwirkungen durch Geräusche vorliegen könnten.
- Ermittlung der Geräuschimmissionen in den Untersuchungsgebieten für die verschiedenen Geräuschquellenarten.
- Feststellung der baulichen Nutzung in den Untersuchungsgebieten mit den zugehörigen Immissionswerten für die verschiedenen Geräuscharten.
- Feststellung von Immissionswertüberschreitungen in den Untersuchungsgebieten bei den unterschiedlichen Geräuschquellenarten (Konfliktgebiete).
- Zusammenstellung von Maßnahmen zur Minderung oder zur Verhinderung eines weiteren Anstiegs der Geräuschimmissionen in den Konfliktgebieten mit Kosten-, Zeit- und Zuständigkeitsvorgaben (Maßnahmenplan).

Die Durchsetzung der in einem L. vorgesehenen Maßnahmen obliegt den jeweils zuständigen Trägern öffentlicher Verwaltung im Rahmen der geltenden Rechtsvorschriften. Sind planungsrechtliche Festlegungen vorgesehen, so entscheidet der zuständige Planungsträger, ob und inwieweit Planungen in Betracht zu ziehen sind. *Strauch*

Literatur: Lärmminderungspläne, Ziele und Maßnahmen. Hrsg.: Der Minister für Umwelt, Raumordnung und Landwirtschaft NRW, Düsseldorf 1986. – Lärmminderungspläne Niedersachsen, Modellvorhaben des Umweltbundesamtes, UFO Plan Nr. 10906001, Materialien, Stand: Oktober 1990. – *Strauch, H.:* Methoden zur Aufstellung von Lärmminderungsplänen. LIS-Berichte Nr. 9.

Lärmschutzmaßnahmen →Schallschutz

Lärmschutzwall →Schallschirm

Lärmschutzzone. Bereich außerhalb des Betriebsgeländes von Verkehrsflughäfen und militärischen Flugplätzen, in denen äquivalente →Dauerschallpegel – berechnet nach dem →Fluglärmgesetz – von $L_{eq} > 67$ dB(A) durch den Betrieb des Flugplatzes im Endausbauzustand zu erwarten sind. *Strauch*

Lärmvorsorgeplan. Plan, in dem durch Vorgaben und Festsetzungen verhindert werden soll, daß in einem Gemeindegebiet die vorhandene Geräuschbelastung erhöht wird. Außerdem soll durch einen L. sichergestellt werden, daß Landschafts- oder Gemeindegebiete, die z. Zt. kaum durch Geräusche belastet sind, auch zukünftig von Geräuschimmissionen freigehalten werden. *Strauch*

Lärmwirkung. Mit L. wird die Reaktion eines Menschen auf ein einwirkendes Schallereignis (→Schall) bezeichnet.

Eine L. beim Menschen ist u. a. abhängig von Eigenschaften des Geräusches, von Eigenarten der Person, auf die das →Geräusch einwirkt, wie auch von Bedingungen des Umfeldes, in dem das Geräusch vom Menschen erlebt wird.

Wesentliche Eigenschaften des Geräusches sind mit physikalischen Größen beschreibbar und meßbar; hierzu gehören der die →Lautstärke charakterisierende →Schalldruckpegel, das Frequenzspektrum zur Kennzeichnung der Geräuschart (→Frequenzanalyse), der zeitliche Schallpegelverlauf und die Häufigkeit des Geräuschauftretens während der Einwirkdauer.

Die ebenfalls die L. beeinflussenden Eigenarten der Person, wie z. B. die subjektive Bewertung des Geräusches (Einstellung zum Geräuschverursacher, zum Betreiber der Geräuschquelle), die Persönlichkeitsstruktur, die physiologische Lage der beschallten Person, Intention der Person während des Geräuschauftritts, Reaktion der Person über vermutete Vermeidbarkeit, über Untätigkeit oder Nachlässigkeit von Behörden, Aufsichts- oder Überwachungsstellen, sind meßtechnisch nicht zu erfassen.

Untersuchungen über den Zusammenhang zwischen der Wirkung von Geräuschen beim Menschen und den physikalischen Beschreibungsgrößen dieser Geräusche haben ergeben, daß eine Erhöhung der Geräuschstärke im allgemeinen auch eine verstärkte Wirkung beim Menschen zu Folge hat, daß aber, wie z. B. Untersuchungen über die Störwirkung von Straßenverkehrsgeräuschen ergeben haben, zwischen der →Geräuschwirkung bei den einzelnen Personen und den physikalischen Größen des Geräusches nur ein loser Zusammenhang besteht. Die Untersuchungen haben gezeigt, daß bei einzelnen Personen nur zu etwa $\frac{1}{3}$ mit den vorgenannten physikalischen Beschreibungsgrößen die Wirkung des Geräusches zu erklären ist; die restliche Wirkung ist auf bereits erwähnte subjektiv-individuelle Faktoren, die in der persönlichen Situation des Betroffenen liegen, sowie auf die Umfeld-

Lärmwirkung. Tabelle: Zusammenhang zwischen akustischen Werten und L.

Anhaltswerte			Lärmwirkungen
Mittelungspegel L_m dB(A)		Maximalpegel dB(A)	
außen	innen	innen	
—	38	40	Schlafqualitätsänderungen
			Schwellenwert für
—	—	40	— physiologische Änderungen (EEG im Wachzustand)
—	45	—	— Kommunikationsstörungen
45—55	—	—	Bevölkerungsreaktionen (0—20% Gestörte)
—	—	55	— vegetative Reaktionen im Schlaf
—	—	55	99% Satzverständlichkeit
—	—	60	Schwellenwert für Aufwachen
—	—	60	Primäre Wirkungen (vegetativ)
65	—	—	Deutliche Bevölkerungsreaktionen (30—70% Gestörte, 5—15% Beschwerden)
—	—	75	Signifikante vegetative Wirkungen
80	—	—	60—90% der Bevölkerung stark gestört
—	85	—	Beginn der Lärmschwerhörigkeit
—	—	100	Mögliche Grenze des physiologischen Gleichgewichts
—	—	≧130	Extraaurale Symptome mit Krankheitswert

Quelle: Umweltgutachten 1987 (nach *Jansen*)

bedingungen des Geräuschauftrittes zurückzuführen.

Enger wird allerdings der Zusammenhang zwischen Geräuschwirkung und physikalischen Beschreibungsgrößen, wenn nicht einzelne Personen, sondern Personenkollektive, wenn Mittelwerte von Wirkungsaussagen dieses Personenkollektivs und mittlere Geräuschbelastungswerte aus dem Umfeld dieser Personen betrachtet werden.

Die Wirkung von Geräuschen beim Menschen kann von unterschiedlicher Art sein; besondere Bedeutung haben die Wirkungsbereiche:
– Störung der Kommunikation und der Informationsverarbeitung;
– Beeinflussung des physischen Gleichgewichts;
– Minderung des psychischen Wohlbefindens;
– Beeinträchtigung von Schlaf;
– Beeinträchtigung von Leistung;
– Hörverlust.

Bei den im Nachbarschaftsschutz auftretenden Geräuschen kann auf Grund von Vorwissen über die Schallpegelhöhe dieser Geräusche die Wirkungsart Hörverlust vernachlässigt werden. Im allgemeinen dürfte hier auch die Wirkungsart Beeinflussung des physischen Gleichgewichts eine zu vernachlässigende Rolle spielen, allerdings ist nicht auszuschließen, daß bei bestimmten Personen bei einer dauernden Minderung des psychischen Wohlbefindens eine Beeinflussung des physischen Gleichgewichts folgen kann, weil die Grenze zwischen diesen beiden Wirkungsarten je nach Persönlichkeitsstruktur fließend sein kann.

Bei den üblichen Geräuschsituationen dürfte die Wirkungsart Minderung des psychischen Wohlbefindens eine wesentliche Rolle spielen. Bei dieser

Wirkungsart spielen die das Geräuscherleben mitbestimmenden Umfeldbedingungen wie Ärger über den Geräuschverursacher, über evtl. Aufsichtspflichtverletzungen der Verantwortlichen, Nichteingehen auf Vorschläge zur Emissionsminderung u. ä. eine wesentliche Rolle, kurz: hier spiegelt sich im allgemeinen gesprochen die individuell empfundene Störung und Belästigung des Geräusches wider.

Geräusche im Schlafraum können den Schlaf des Menschen beeinträchtigen, sie können u. a.
– die Schlaftiefe verändern,
– das Einschlafen verhindern oder erschweren,
– die unterschiedlichen Schlafstadien verkürzen.

Die in Laborexperimenten und Felduntersuchungen ermittelten Ergebnisse über Zusammenhänge zwischen Schallpegeln im Schlafraum und Schlafstörungen variieren stark. So zeigen Untersuchungen über das Aufwachen bei Vorhandensein von Straßen- oder Schienenverkehrsgeräuschen, daß Schläfer bei maximalen Schalldruckpegeln zwischen 40 und 70 dB(A) aufwachten, wobei die zum Aufwachen führenden Pegel bei Eisenbahngeräuschen höher waren als die von Straßenverkehrs-Geräuschen.

Sozialwissenschaftliche Untersuchungen zu Schlafstörungen in Abhängigkeit von außen vor dem Schlafraum vorliegenden Mittelungspegeln der Geräusche durch Befragen der Bewohner ergaben, daß bei Mittelungspegeln von 40–45 dB(A) keiner der Befragten sich wesentlich gestört fühlte und bei Mittelungspegeln von 70 dB(A) 65 % der Befragten sich wesentlich gestört fühlten.

Auf Grund der bisher vorliegenden Ergebnisse zu Schlafstörungen sollte für einen ungestörten Schlaf durch Straßenverkehrsgeräusche der →Mittelungs-

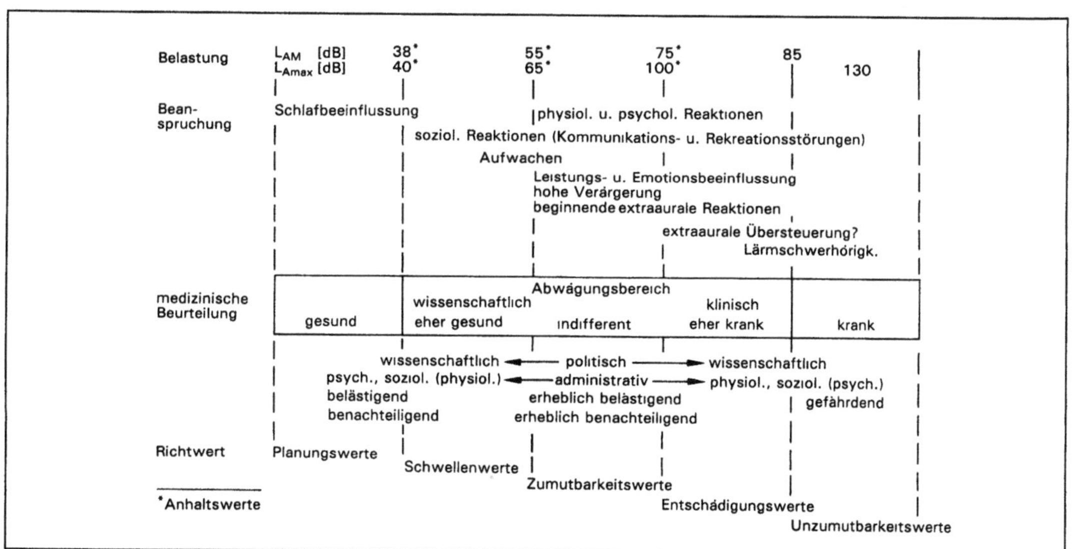

Lärmwirkung: Kriterien für Lärmbeurteilungen. Quelle: Umweltgutachten 1987 (nach Jansen)

pegel im Schlafraum 30 dB(A) nicht überschreiten.

Die Tabelle gibt den Stand der L.-Forschung über den Zusammenhang zwischen Geräuschkenngrößen (→Mittelungspegel und maximaler Schalldruckpegel) und Wirkungphänomenen an. Im Bild ist ein Vorschlag für Kriterien zur Lärmbeurteilung (aus dem Umweltgutachten des Sachverständigen Rats für Umweltfragen) wiedergegeben. *Strauch*

Literatur: *Jansen, G., W. Klosterkötter:* Lärm und Lärmwirkungen, Ein Beitrag zur Klärung von Begriffen. Hrsg.: Bundesminister des Inneren. 2/1980. – Interdisziplinärer Arbeitskreis für Lärmwirkungsfragen beim Umweltbundesamt, Berlin: Belästigung durch Lärm: Psychische und körperliche Reaktionen, Z. für Lärmbekämpfung **37** (1990). – Der Rat von Sachverständigen für Umweltfragen; Umweltgutachten 1987. Stuttgart–Mainz 1987.

Lagerung radioaktiver Abfälle (im geologischen Untergrund). Die →Endlagerung radioaktiver Abfälle in geologischen Formationen hat den möglichst vollständigen Ausschluß dieser Stoffe aus dem Biozyklus zum Ziel. Von den beiden grundsätzlich gangbaren Wegen, dem oberflächennahen Vergraben und der Deponierung im tiefen Untergrund, d. h. in Bergwerken oder Kavernen, bietet letzterer die deutlich höhere Sicherheit. In der Bundesrepublik Deutschland ist eine oberflächennahe Deponierung radioaktiver Abfälle nicht gestattet.

Die verschiedenen Möglichkeiten zur L. r. A. in geologischen Formationen veranschaulicht das Bild.

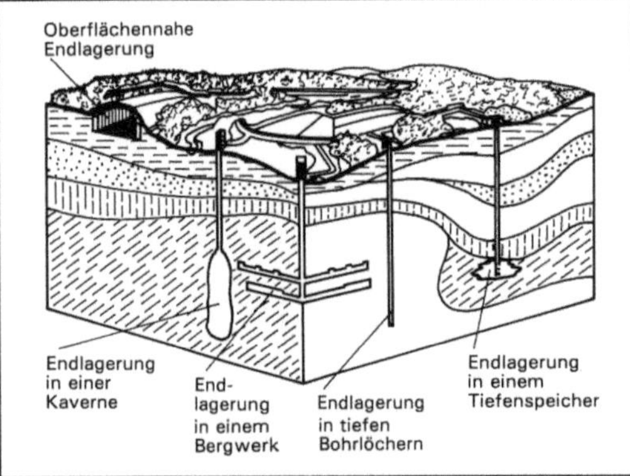

Lagerung radioaktiver Abfälle: Endlager-Alternativen in geologischen Formationen.

Da migrierendes Grundwasser das praktisch einzig mögliche Transportmedium für Radionuklide aus einem geologischen Lager heraus ist, gilt es, solche Formationen und Situationen zu finden, in denen kein oder nur sehr wenig Grundwasser migriert. Dies ist der hauptsächliche Vorteil von Salzgesteinen. Andere geeignete geologische Formationen sind Granit-, Basalt-, Schiefer-, Tuff- und Tongesteine.

Zur Gewährleistung größtmöglicher Sicherheit wird das →Mehrfachbarrierenkonzept angewandt. Dabei sind technische von natürlichen Barrieren zu unterscheiden. Bei den technischen Barrieren handelt es sich um folgende Einzelbarrieren:
– Abfallmatrix,
– Abfallbehälter,
– Bohrloch-, Kammer- und Streckenverschlüsse,
– Bohrloch-, Kammer- und Streckenverfüllung,
– Dämme,
– Schachtverfüllungen und -verschlüsse.

Die natürlichen Barrieren können vom Menschen nicht modifiziert werden. Durch eine sorgfältige und umfassende Standortauswahl und Standortuntersuchung kann jedoch auch hier dafür gesorgt werden, daß eine gewisse Optimierung stattfindet. Im einzelnen handelt es sich um folgende natürliche Barrieren:
– Geologische Wirtsformation,
– Nebengestein- und Deckgebirgsschichten,
– Hydrogeologische Situation.

Das Mehrbarrierensystem hat die herausragende Eigenschaft, daß nur die Gesamtheit des Systems das Einhalten der Schutzziele gewährleisten muß. Es ist also nicht erforderlich, daß eine einzelne Barriere allein für die →Langzeitsicherheit verantwortlich ist. Vielmehr kommt es auf ein sicheres Langzeitverhalten des Gesamtsystems an.

Die Sicherheit des Mehrbarrierensystems kann für geologische Zeiträume naturgemäß nicht experimentell nachgewiesen werden. Das kann nur mit Hilfe sog. Langzeitsicherheitsanalysen erfolgen. Dabei werden sowohl das erwartete Normalverhalten des geologischen Systems als auch theoretisch unterstellte Störfälle in mathematischen Modellen dargestellt und die entsprechenden Konsequenzen berechnet. *Merz*

Lagerung staubender Güter. Die Halden- bzw. Freilagerung staubender Schüttgüter ist weit verbreitet. Offene Lagerhalden dienen dabei der L. von Einsatzstoffen, Zwischen- und Fertigprodukten, aber auch der Zwischenlagerung von Produktionsreststoffen oder -abfällen. In vielen Fällen wird nur kurze Zeit (zwischen-)gelagert. Dadurch finden beim Auf- und Abbau des Lagers häufige Umschlagvorgänge statt. In anderen Fällen handelt es sich um echte Langzeitlager (z. B. Kohlehalden). Durch Windangriff können Lagerhalden zu Staubemittenten werden, wodurch gerade im Lee einer Anlage erhebliche Staubemissionen auftreten können.

Der Betrieb (Aufbau und Abbau) der Halde, ist stets mit dem Transport und Umschlag staubender Güter verbunden, woraus die größten Staubemissionen resultieren. Die von Halden ausgehenden Emissionen werden als diffuse Emissionen bezeichnet.

Ortsfeste offene Lager sind genehmigungsbedürftig nach BImSchG (vgl. Nr. 9.10 und 9.11 des Anhangs zur →4. BImSchV). An diese Anlagen werden besondere Anforderungen gestellt. Für orientierende Abschätzungen von Staubemissionen wurden auf Grund von Untersuchungen Emissionsfaktoren für die L. s. G. bestimmt. Für staubige Güter, wie z. B. Sinter, Stückerze, Schlacken, Koks, Feinerz und Erzkonzentrat, liegt der Emissionsfaktor zwischen 5 und 10 $g/(m^2 d)$ (Emission in g pro m^2 Haldenoberfläche und Tag). Laut Definition bezieht sich dieser Wert nur auf den die Anlage verlassenden Feinstaubanteil. Dabei gilt als Anlagenbereich eine Halbkugel mit dem Radius = 10-fache Abwurfhöhe, mindestens jedoch 100 m.

Die Abwehung gelagerten Gutes hängt im wesentlichen von folgenden Parametern ab: Materialeigenschaften, Meteorologie, Haldenkenngrößen, Umgebungsbedingungen, Umschlag- und Verladeeinrichtungen.

Zu den Materialeigenschaften zählen Stoffart, Dichte, Korngrößenverteilung, Feuchtigkeit, Partikelform und Oberflächeneigenschaften. Zusammen bestimmen sie die Staubneigung eines Stoffs, den Feinstaubanteil und dessen Flugeigenschaften. Kohlen und Erze haben bei der Ablagerung eine durchschnittliche Feuchte von 5–7%, so daß im Moment der Ablagerung quasi keine Staubentwicklung auftritt. Wichtige meteorologische Parameter sind Windgeschwindigkeit und Windrichtung. Die geringste Erosion ist zu beobachten, wenn die Hauptwindrichtung in Richtung der Haldenlängsachse liegt. Es hat sich gezeigt, daß die Abwehung mit Zunahme der Windgeschwindigkeit überproportional zunimmt. Bei Windgeschwindigkeiten unter 4 m/s sind keine Emissionen zu beobachten.

Die Größe und Form der Halde sowie deren Böschungswinkel, aber auch die Haldenumgebung, bestimmen maßgeblich den Grad der Abwehung. Durch richtig plazierte Windbarrieren, z. B. Bepflanzungen oder Windschutzzäune, können ungünstige Effekte wie Turbulenzen und Verwirbelungen, die zu verstärkten Staubemissionen führen, vermieden werden.

Die wirksamste Maßnahme zur Vermeidung staubförmiger Emissionen stellt die geschlossene L. in Hallen oder in Silos/Bunkern dar. Diese L. wird meistens für staubende Güter mit besonders wirkungsrelevanten Inhaltsstoffen oder zur Chargenvorbereitung in der Steine-Erden- und Nichteisenmetall-Industrie angewandt. Silos haben gegenüber Hallen eine bessere Raumnutzung und sind bei geeigneten Guteigenschaften zu bevorzugen. Bei der Einlagerung muß die Verdrängungsluft erfaßt und z. B. durch Gewebefilter gereinigt werden. Bei der geschlossenen L. sind explosive Eigenschaften bestimmter Staub-/Luftgemische zu beachten. Um nicht die gesamte Hallenluft absaugen zu müssen,

wird heute vielfach eine automatisierte Aus- und Einlagerung betrieben, so daß lediglich die Bedienungsstände belüftet werden müssen.

Bei langfristig angelegten Vorratslagern oder Endlagern (z. B. →Bergehalden) kann durch eine Begrünung der Haldenoberfläche eine sehr gute Emissionsminderung erreicht werden. Eine übliche Maßnahme der weitgehenden Emissionsvermeidung ist das Besprühen oder Beregnen der Halde mit Wasser. Eingeschränkt wird diese Methode bei hoher Fließneigung des Lagerguts sowie durch die Qualitätsanforderungen an das Gut. Windschutzbepflanzungen und Windschutzzäune im Luv von Halden können die Windgeschwindigkeit senken und somit der Erosion entgegenwirken. Die gleichen Maßnahmen im Lee führen häufig zu Turbulenzen und Verwirbelungen und haben dadurch eher ungünstige Auswirkungen auf die Haldenabwehung.

Die Emissionen aus dem Haldenauf- und -abbau sind i. d. R. weitaus höher als die Emissionen aus der reinen Haldenabwehung. Zur Minimierung der vom Haldenbetrieb ausgehenden Staubemissionen sind grundsätzlich die unter Umschlag von staubenden Gütern genannten Maßnahmen anzuwenden. Darüber hinaus sollte die Ein- und Auslagerung ggf. hinter Windschutzwällen geschehen; prinzipiell ist dabei auf eine ausreichende Befeuchtung zu achten. Bei emissionsbegünstigenden Wetterlagen (langanhaltende Trockenheit, hohe Windgeschwindigkeit) sollten die Ein- und Auslagerungen – wenn möglich – unterbleiben. Zu den genannten Emissionsquellen können Emissionen aus Aufbereitungs- und Vergleichmäßigungsvorgängen hinzukommen, weil diese teilweise im Freien stattfinden.

Zum Transport des Lagerguts auf dem Gelände eines Lagerplatzes sind möglichst Bänder in geschlossener Bauform einzusetzen. Als Neuentwicklungen in diesem Bereich sind der Rollgutförderer und die Rohrzugbahn zu nennen. Ist der Einsatz von Fahrzeugen notwendig, so ist der gleisgebundene Betrieb dem Transport mit Frontlader oder Kettenfahrzeug vorzuziehen. Auch an sich nicht staubende Güter können zu starken Emissionen beitragen, wenn das Gut durch Fahrzeugreifen oder -ketten fein zermahlen und aufgewirbelt wird. Bei stark staubenden Gütern oder nur geringem Abstand zu Wohngebieten ist meist eine Überbauung der Anlage mit einer Halle notwendig.

Auf Grund der spezifischen Anforderungen an genehmigungsbedürftige Anlagen und den umfangreichen baulichen und betrieblichen Anforderungen der Nr. 3.1.5 der TA-Luft an die L. und den Umschlag staubender Güter ist mit einer Reduzierung der Emissionen aus den diffusen Quellen, einschließlich der Haldenlagerung, zu rechnen. *Remus*

Literatur: *Davids, P.; M. Lange:* Die TA Luft '86, Technischer Kommentar. Düsseldorf 1986. – Umweltbundesamt: Luft Reinhaltung '88 – Tendenzen – Probleme – Lösungen. Berlin 1989. – Umweltbundesamt: Emissionsfaktoren für Luftverunreinigungen – Feuerungs- und Aufbereitungsanlagen sowie Lagerung und Umschlag fester und flüssiger Stoffe. Berlin 1980.

Lagerung und Umschlag von organischen Flüssigkeiten. Dabei kommt es zu Luftbelastungen durch Emissionen von organischen Stoffen. Mengenmäßig wichtigste organische Flüssigkeiten sind die →Kraftstoffe, insbesondere Ottokraftstoffe. Die Mineralölversorgungskette für Kraftstoffe umfaßt den Transport des Produktes mit Straßentankwagen, Kesselwagen, Tankschiff und Pipeline von der →Mineralölraffinerie bis zur Tankstelle (Stage I) und die Betankung des Kfz (Stage II). Dabei muß neben der direkten Auslieferung an die Tankstelle oft der Weg über raffinerieferne →Tanklager gegangen werden. Bei jedem einzelnen Schritt innerhalb der Versorgungskette kann es bei Be- und Entladung zu erheblichen Kohlenwasserstoff-Emissionen kommen, wenn nicht Gegenmaßnahmen getroffen werden. Bei Anwendung der →Gaspendelung werden Emissionen nahezu vollständig vermieden. Der Umfang der Emissionen hängt ganz wesentlich von der Zusammensetzung der gehandhabten Stoffe, der Art der Handhabung, den Umgebungs- und Produkttemperaturen und vor allem von der Wirksamkeit der eingesetzten Minderungstechniken ab. Insbesondere trifft dies für Ottokraftstoffe zu, wobei raffineriespezifische Gegebenheiten, die Spezifikation für Normal- und Superkraftstoffe sowie die jahreszeitlich bedingten Umgebungstemperaturen von Bedeutung sind. Die Kohlenwasserstoff-Konzentration im emittierten Kohlenwasserstoff-Luft-Gemisch liegt zwischen 0,6 und 1,2 kg/m^3.

Die materiellen Anforderungen zur Luftreinhaltung an größere Tanklager sind in der →TA Luft geregelt, mit speziellen Anforderungen an Lagerung, Tankanstrich und Umschlag.

Für die Umfüllung gilt grundsätzlich die allgemeine Regelung in Nr. 3.1.8.6 der TA Luft. Danach sind z. B. Gaspendelung oder Absaugung und Zuführung des Abgases zu einer Abgasreinigungseinrichtung durchzuführen. Bei deren wirksamer Anwendung werden Emissionswerte von 150 mg C/m^3 und von weniger als 5 mg Benzol/m^3 eingehalten. *Angrick*

Literatur: *Davids, P.; M. Lange:* Die TA Luft '86 – Technischer Kommentar. Düsseldorf 1986.

Lagerung, elastische. Man nennt Maschinen, Bauteile, Gebäude oder sonstige technische Anlagen elastisch gelagert, wenn diese Objekte auf elastisch nachgiebigen Elementen in Form von einzelnen Federn, Federisolatoren oder auf federnden Schichten, z. B. Dämmschichten in Form von Matten oder Platten aus Elastomeren, gelagert sind. Bei der Aufstellung einer Maschine auf dem Hallenflur oder auf einer Geschoßdecke – mit zwar grundsätzlich auch federnden Eigenschaften – oder bei der Gründung eines Maschinenfundaments direkt auf dem Baugrund, der ebenfalls Federungseigenschaften (Bodenfederung) aufweist, spricht man dagegen nicht von einer e. L., sondern von einer unmittelbaren festen Aufstellung bzw. Gründung.

Eine e. L. von Maschinen oder Gebäuden wird gewählt, um eine →Schwingungsisolierung zu erreichen. Bei der e. L. darf die Beweglichkeit des abgefederten Objekts nicht eingeschränkt werden; Schwingungsbrücken sind zu vermeiden. In Rohrleitungen, die vom abgefederten Objekt abgehen, sind, wenn nötig, Kompensatoren einzubauen.

Bei der e. L. von ausgedehnten Körpern ist zu beachten, daß das Schwingungssystem sechs Freiheitsgrade haben kann. Oft ist es bei der federnden Lagerung von Maschinen möglich, besonders bei symmetrischer Anordnung der Maschine auf dem →Federfundament und bei symmetrischer Anordnung der Federisolatoren unter dem Fundament, daß nur die Schwingungsrichtungen betrachtet werden müssen, in der die wesentlichen Erregungen auftreten. Stützen sich bei e. L. einer Maschine die Isolierelemente selbst auf einer elastisch nachgiebigen Unterlage ab, z. B. bei der Aufstellung auf einer Geschoßdecke, auf Trägern oder auf einer Platte, muß die Federsteifigkeit der e. L. deutlich kleiner sein als die Federsteifigkeit der Unterlage, damit eine Isolierung erreicht wird.

Durch eine e. L. wird in aller Regel der von der Maschine direkt in den Maschinenraum abgestrahlte Luftschall selbst nicht vermindert. Beim Aufstellen von Maschinen auf leichten Geschoßdecken läßt sich durch eine e. L. jedoch das Mitschwingen der Decke vermindern und dadurch der Luftschallpegel bei tiefen Frequenzen etwas reduzieren. *Splittgerber*

Literatur: *Splittgerber, H.:* Über die federnde Aufstellung von Blechbearbeitungsmaschinen. Bänder, Bleche, Rohre, 7 1966.

Lagrange-Ausbreitungsmodell. Modell, das die Ausbreitung von Luftbeimengungen nach der *Lagrangeschen* Betrachtungsweise beschreibt. Im Gegensatz zur *Eulerschen* Betrachtungsweise (→*Euler-Ausbreitungsmodell*) werden hierbei die Bahnen der Partikel verfolgt und die Konzentration anschließend durch Auszählen der Partikel pro Bezugsvolumen berechnet.

Die Partikelbahnen setzen sich dabei aus einem deterministischen und einem stochastischen Anteil zusammen. Ersterer beschreibt den Transport mit dem mittleren Wind, letzterer die turbulente Diffusion.

Der deterministische Anteil wird – ggfs. räumlich und zeitlich variabel – mit einem →Strömungsmodell berechnet. Bei Verwendung eines entsprechend großskaligen Strömungsmodells läßt sich mit einem L.-A. auch der →Ferntransport von Luftbeimengungen beschreiben.

Zur Bestimmung des stochastischen Anteils muß die *Lagrangesche* Korrelationszeit bekannt sein, die beschreibt, über welche Zeitspanne die Eigenschaften eines Partikels noch von den Verhältnissen an seinem Ausgangsort abhängen. Sie ist vom Turbulenzzustand der Atmosphäre abhängig (→Turbulenz) und läßt sich aus den Varianzen und Kovarianzen des Impulses berechnen. Die Sedimentation großer Partikel kann in einem L.-A. durch die Addition der Sedimentationsgeschwindigkeit zur Vertikalgeschwindigkeit berücksichtigt werden. Depositionsvorgänge sowie chemische Reaktionen werden durch Änderung der Partikelzahl beschrieben. *Wichmann-Fiebig*

Lambdasonde. Eine optimale Funktion des Drei-Weg-Katalysators setzt den Motorbetrieb bei $\lambda = 1$ voraus, was durch eine sog. λ-Regelung realisiert wird (→Luftverhältnis). Zu diesem Zweck wird eine →Sauerstoffsonde oder L. als Meßfühler vor dem Katalysator in die Abgasleitung eingesetzt. Den Meßergebnissen entsprechend, wird die dem Motor zugeführte Kraftstoffmenge kontinuierlich korrigiert und dadurch der gewünschte λ-Wert erreicht.

Die L. ist ein innen und außen mit gasdurchlässigen Platinelektroden versehenes Röhrchen aus Zirkondioxid, das in ein Metallgehäuse eingebaut ist. Die Außenseite des Röhrchens befindet sich im Abgasstrom, während der innere Raum mit der Atmosphäre in Verbindung steht. Die äußere Platinschicht ist durch eine Spinellschicht abgedeckt. Für die O_2-Bestimmung muß das Motorabgas an der Außenelektrode der Sonde im stöchiometrischen Gleichgewicht stehen. Die Innenseite des Röhrchens steht unter dem Sauerstoffpartialdruck der Luft, während an der Außenseite der Sauerstoffpartialdruck der stöchiometrischen Abgaszusammensetzung anliegt. Demzufolge kommt es zu einem Sauerstoffionentransport über Fehlstellen im Kristallgitter des ZrO_2 in Richtung des kleineren Partialdruckes. Dadurch stellt sich eine meßbare Spannung ein, die von dem Verhältnis der Sauerstoffpartialdrücke in Abgas und Luft zueinander abhängig ist und durch die *Nernstsche* Gleichung beschrieben wird. Beim Übergang von $\lambda < 1$ auf $\lambda > 1$ fällt die Spannung sehr stark ab, weshalb sich die Sondenspannung gut als Einflußgröße zur Regelung des Luftverhältnisses eignet.

Da die Funktion der L. stark von der Temperatur abhängig ist, wird sie außer durch das Abgas oft auch elektrisch beheizt, um nach dem →Kaltstart möglichst schnell die Betriebstemperatur von ca. 350 bis 800 °C zu erreichen. *Kind/May*

Lambert-Beersches Gesetz. Tritt beim Durchgang von Strahlung durch ein Meßgut eine Schwächung der Strahlung auf, so wird dies durch das L.B.G. beschrieben:

$$I = I_o\, e^{-kl}$$

Unter der Voraussetzung, daß es sich um einen Lichtstrahl handelt, dessen Schwächung nur durch Absorption durch Gasmoleküle (und nicht durch Streueffekte an Partikeln) verursacht wird, gilt:

$$I = I_o\, e^{-\varepsilon\rho l}$$

dabei ist

I_o, I die Intensität vor bzw. nach dem absorbierenden Gas (Bild)
$\varepsilon\cdot\rho\cdot l = E$ die →Extinktion (Absorbance, Optical Density)
ε der Extinktionskoeffizient (wellenlängenabhängig)
l die Lichtweglänge im absorbierenden Gas (Küvettenlänge)
ρ die Dichte des absorbierenden Gases

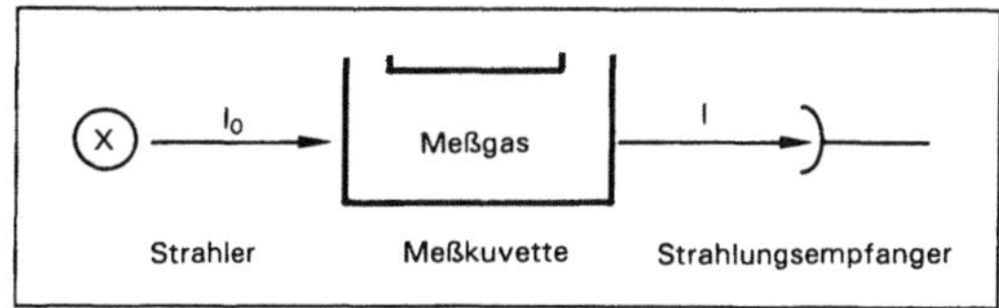

Lambert-Beersches-Gesetz: Prinzipieller Aufbau eines Photometers zum meßtechnischen Erfassen der Strahlungsabsorption.

Der lineare Zusammenhang zwischen Extinktion E und der Dichte ρ, bzw. bei konstantem Druck der Konzentration, gilt streng genommen nur für ideale Gase. Bei hohen Konzentrationen realer Gase können Abweichungen von dem angegebenen Gesetz auftreten, die auf zwischenmolekulare Wechselwirkungen zurückgehen.

Für kleine Extinktionen gilt näherungsweise

$$I \approx Io\, (1-\varepsilon\rho l)$$
$$\Delta I = Io - I = \varepsilon\rho l \quad \text{(lineare Näherung)}$$

In der photometrischen Gasanalyse (→Photometrie) beschränkt man sich in der Regel auf Extinktionsbereiche, die unter 1, meist sogar zwischen 0,1 und 0,01 liegen. Die Intensitätsänderung ΔI ist dann linear abhängig von der Dichte und damit bei konstantem Druck von der Konzentration.

Wird die Lichtschwächung nicht durch Gasmoleküle, sondern durch Partikel hervorgerufen, ergibt sich ein Extinktionsfaktor K, der sowohl von der Absorption des Lichtes an der Partikeloberfläche, als auch von Beugung, Brechung und Reflexion an den Partikeln abhängt. Die Zusammenhänge sind hierbei in der Regel so komplex, daß man sich auf experimentell bestimmte →Eichkurven beschränkt.   *Birkle*

Literatur: *Birkle, M.:* Meßtechnik für den Immissionsschutz. München–Wien 1979. – *Brügel, W.:* Einführung in die Ultrarotspektroskopie. 4. Aufl. Darmstadt 1969.

Landbau →Landwirtschaft und Umwelt

Landbau, ökologischer.
Allgemein. Die moderne Landbewirtschaftung, insbesondere in den Industrieländern, hat zur Erleichterung des hohen physischen Arbeitsaufwands und zur Einsparung von Arbeitskräften eine Entwicklung in Richtung auf eine industrialisierte Landwirtschaft eingeschlagen, die durch einen hohen Einsatz von technischen Geräten und insbesondere verschiedenen Chemikalien (Chemisierung) gekennzeichnet ist. Zugleich wurden die Felder in Anpassung an große Bewirtschaftungs- und Erntegeräte bis auf über 100 ha ausgedehnt und die Nutztierbestände, unterstützt von hochentwickelter Stalltechnik, erheblich aufgestockt. Diese, auf rationelle Höchstleistungen orientierte moderne Landwirtschaft, etwas widersinnig als konventionelle Landwirtschaft bezeichnet, hat im ländlichen Raum teilweise schwere Umweltbelastungen und -zerstörungen hervorgerufen (SRU 1985), darunter Bodenerosion und Grundwasserbelastung, →Eutrophierung der Gewässer und Stickstoffemissionen; auch die Qualität der so erzeugten Nahrungsmittel wurde, wenn auch oft unbewiesen oder nicht beweisbar, in Zweifel gezogen.

Als Gegenbewegung zu dieser Entwicklung hat sich der alternative Landbau, auch biologischer oder (korrekter) ö. L. genannt, herausgebildet.

Es gibt verschiedene Richtungen und Methoden sowie entsprechende Organisationen des ö. L. Allen ist gemeinsam, daß sie auf den Einsatz von Chemikalien, vor allem chemischen Pflanzenschutzmitteln, mit ganz wenigen Ausnahmen bewußt und vollständig verzichten und die →Düngung überwiegend nur mit organischen Substanzen wie verrottetem Stallmist, Kompost oder als Gründüngung durchführen, lediglich durch bestimmte Gesteinsmehle von geringer Zersetzbarkeit ergänzt. Abgelehnt werden rasch wirksame mineralische Stickstoffdünger. Große Aufmerksamkeit wird der Pflege der Bodenfruchtbarkeit und dem Humusgehalt geschenkt. Die Tierhaltung einschließlich der Stalltechnik, bei der die Massentierhaltung ebenfalls abgelehnt wird, ist möglichst eng mit der Feldwirtschaft verknüpft, so daß eine zu enge Spezialisierung des Betriebs vermieden wird. Soweit möglich wird auf Schließung von Stoffkreisläufen geachtet und eine bewußte Abfallwirtschaft betrieben. Ein höherer Einsatz menschlicher Arbeitskraft und eine längere Arbeitszeit werden in Kauf genommen, auf den Einsatz moderner Gerätetechnik allerdings nicht verzichtet.

Da die Aufwendungen für chemische Pflanzenschutzmittel, mineralische Dünger sowie bestimmte Techniken entfallen, sind die Erzeugungskosten im ö. L. geringer als im konventionellen. Andererseits erzielen die Produkte des ö. L. bei den städtischen Abnehmern in der Regel höhere Preise als die des konventionellen Landbaues, obwohl Qualitätsunterschiede, gemessen am Gehalt bestimmter Inhaltsstoffe, nicht immer beweisbar sind. Auf diese Weise erzielen die ökologisch wirtschaftenden Betriebe trotz quantitativ niedrigerer Erträge gleiche oder zum Teil höhere Einkommen als die übrigen Landwirte. Unklar ist beim ö. L., ob der vollständige Verzicht auf mineralische Dünger auf die Dauer nicht zu Verarmungen bei den Nährstoffen Phosphat, Kalium und Magnesium führt.

Unter den verschiedenen Richtungen des ö. L. ist der von *Rudolf Steiner* (Anthroposophie) begründete biologisch-dynamische Landbau besonders bekannt, aber nur teilweise einer naturwissenschaftlichen Erklärung und Erkenntnis zugänglich.

Im Vergleich zur öffentlichen Beachtung, die dem alternativen oder ö. L. zuteil wird, ist die Zahl der ihn praktizierenden Betriebe überraschend klein, wenn auch seit ca. 1980 im Zunehmen begriffen. Nach dem Agrarbericht 1991 gab es in Deutschland (nur alte Bundesländer) nur ca. 4 000 (von ca. 650 000) ökologisch wirtschaftende Betriebe; ihre Zahl und die von ihnen bewirtschaftete Fläche nehmen jedoch stetig zu.   *Haber*

Literatur: *Diercks, R.:* Alternativen im Landbau. Stuttgart 1983. – *Vogtmann, H.* (Hrsg.): Ökologische Landwirtschaft. Stiftung Ökologischer Landbau. Kaiserslautern 1989.

EG-Recht. Mit dem ö. L. entsteht innerhalb der EG ein neuer Zweig der gemeinschaftlichen Agrarpolitik, der von einem lauteren Wettbewerb geprägt sein muß. Um diese Vorgabe zu erreichen, hat der Rat die Verordnung (EWG) Nr. 2092/91 vom 24. Juni 1991 über den ö. L. und die entsprechende Kennzeichnung der landwirtschaftlichen Erzeugnisse und Lebensmittel (ABl. L 198, S. 1) erlassen. Sie wird gestützt auf Art. 43 EWGV, eine Vorschrift der EG-Landwirtschaftspolitik. Die Verordnung ist am 22. Juli 1991 in Kraft getreten. Entgegenstehendes nationales Recht ist seit diesem Datum außer Kraft; die Verordnung gilt unmittelbar in allen Mitgliedstaaten.

Im ö. L. gewonnene Erzeugnisse sind gem. Art. 2 entsprechend zu kennzeichnen als „ökologisch", „biologique", „organic", „biologico" etc. Eine solche Etikettierung darf nach Art. 5 nur vorgenommen werden, wenn das Erzeugnis nach den Grundregeln des ö. L. für Agrarbetriebe unter Anwendung umweltfreundlicher Düngemittel und Bodenverbesserer gewonnen und von einem Unternehmen erzeugt oder eingeführt wurde, das den Mindestkontrollanforderungen der Verordnung entspricht.

Der ö. L. unterliegt bestimmten Erzeugungsvorschriften. Diese sehen eine erhebliche Einschränkung in der Verwendung von Dünge- und Schädlingsbekämpfungsmittel sowie eine Umstellung und Vorbereitung des Bodens auf diese Art des Landbaus vor. Die Grundregeln des ö. L. verlangen nach Art. 6 i. V. mit Anhang I Verordnung i. d. R. eine zweijährige Umstellungs- und Vorbereitungszeit vor der Aussaat bzw. bei mehrjährigen Kulturen eine Verlängerung auf drei Jahre vor der ersten Ernte. Entscheidend für die Vorbereitungsphase auf den ö. L. ist der Erhalt bzw. die Steigerung der Fruchtbarkeit des Bodens durch Anbau von Leguminosen, Gründüngungspflanzen und Tiefwurzlern mit einer geeigneten weitgestellten Fruchtfolge sowie die Einarbeitung von kompostiertem oder nicht kompostiertem Material aus ökologisch wirtschaftenden Betrieben. Schädlinge, Krankheiten und Unkräuter sind zu bekämpfen durch:
– geeignete Arten- und Sortenwahl,
– geeignete Fruchtfolge,
– mechanische Bodenbearbeitung,
– Schutz von Nützlingen (Hecken, Nistplätze etc.) sowie
– Abflammen von Unkrautkeimlingen.

Düngemittel und Bodenverbesserer dürfen gem. Art. 6 Anhang I und II A nur dann verwendet werden, wenn eine unmittelbare Bedrohung für die Kulturen besteht. Sie müssen nichtchemischer Art sein und wenig lösliche Mittel enthalten. Die zulässigen Düngemittel und Bodenverbesserer sind im Anhang II A der Verordnung aufgelistet.

Pflanzenschutzmittel sind im ö. L. nur beschränkt zulässig. Sie dürfen lediglich dann zur Anwendung gelangen, wenn die Grundregeln des ö. L. für Agrarbetriebe nicht ausreichen. Anhang II B führt enumerativ die ökologischen Pflanzenschutzmittel auf.

Agrarbetriebe, die Erzeugnisse im ö. L. produzieren, aufbereiten oder aus einem Drittland einführen, unterliegen der Kontrolle durch die zuständigen nationalen Behörden. Der Unternehmer hat seine Tätigkeit im ö. L. der Behörde mitzuteilen.

Die EG-Mitgliedstaaten teilen der Kommission der Europäischen Gemeinschaften jährlich vor dem 1. Juli die zur Durchführung der Verordnung getroffenen Maßnahmen mit. Hierzu gehören insbesondere die Liste der Unternehmen und der Kontrollstellen sowie ein Bericht über die Überwachungsmaßnahmen. *Offermann-Clas*

Landes-Immissionsschutzrecht. Das Immissionsschutzrecht der Bundesrepublik Deutschland ist im wesentlichen im BImSchG und in den hierzu ergangenen Durchführungsverordnungen sowie in normkonkretisierenden Verwaltungsvorschriften des Bundes (→TA Luft, →TA Lärm) enthalten. Daneben hat das L.-I. eine nicht zu unterschätzende Bedeutung. Außer den Zuständigkeits- und Gebührenregelungen zu den bundesrechtlichen Vorschriften gibt es immissionsschutzrechtliche Landesverordnungen und in einigen Ländern (Bayern, Brandenburg, Nordrhein-Westfalen) auch eigene Landes-Immissionsschutzgesetze. Wichtige Landesverordnungen sind die →Smog-Verordnungen und die →Untersuchungsgebiets-Verordnungen.

Die Landes-Immissionsschutzgesetze enthalten insbesondere Regelungen über das nicht auf den Betrieb von Anlagen bezogene Verhalten von Personen. In diesem Zusammenhang geht es u. a. um das Verbrennen von Gegenständen im Freien, um ruhestörende Betätigungen zur Nachtzeit, um die Benutzung von Musikinstrumenten, um das Abbrennen von Feuerwerkskörpern und um das Halten von Tieren ohne unzumutbare Lärm- und Geruchsimmissionen. Als allgemeine Grundregel enthält das nordrhein-westfälische Landes-Immissionsschutzgesetz folgende Vorschrift: Jeder hat sich so zu verhalten, daß schädliche Umwelteinwirkungen vermieden werden, soweit das nach den Umständen des Einzelfalles möglich und zumutbar ist. Zur Konkretisierung dieser allgemeinen Verpflichtung können die zuständigen Behörden Anordnungen im Einzelfall erlassen. *Hansmann*

Literatur: *Hansmann, K.:* Erläuterungen zum nordrhein-westfälischen Landes-Immissionsschutzgesetz. In: Boisserée/Oels/Hansmann/Schmitt: Immissionsschutzrecht, 3. Aufl., Bd. I, B II 1.1. – *Pudenz, W.:* Zum Verhältnis von Bundes- und Landes-Immissionsschutzrecht. Natur und Recht 1991, 359 ff.

Landespflege. L. ist der zusammenfassende Begriff für die Arbeitsgebiete des Naturschutzes (→Natur), der →Landschaftspflege (→Landschaft) und der →Grünplanung/Grünordnung. An Universitäten und Fachhochschulen wird mit L. häufig auch ein Studiengang bezeichnet, der →Landschaftsökologie und Landschaftsarchitektur mit Landschaftsgestaltung und -planung zusammenführt. Wegen der Ähnlichkeit der Worte werden L. und Landschaftspflege oft verwechselt.

Die L. erstrebt eine dem Menschen gerechte und zugleich naturgemäße Umwelt durch Ordnung, Schutz, Pflege und Entwicklung von Wohn-, Industrie-, Agrar- und Erholungsgebieten. Dies erfordert den Ausgleich zwischen dem natürlichen Potential eines Landes und den vielfältigen Ansprüchen der Gesellschaft. Insofern ist L. integrierender Bestandteil einer umfassenden Raumordnung (→Landesplanung) mit dem Schwerpunkt im ökologisch-gestalterischen Bereich. Der Landespfleger hat also vorwiegend landschafts- und humanökologische Fragen zu lösen und im Rahmen dieser umfassenden Raumordnung zu vertreten, um sie mit den sozio-ökonomischen Erfordernissen in Einklang zu bringen. Verschiedentlich ist L. daher auch als ökologische Raumordnung bezeichnet worden. *Haber*

Landesplanung. Die L. ist die flächendeckende Planung für die →Raumordnung eines Bundeslandes. Ihre Aufgabe besteht darin, übergeordnete und zusammenfassende Programme und Pläne für das gesamte Landesgebiet aufzustellen (§ 5 Abs. 1 S. 1 ROG).

Die Flächenstaaten haben mit unterschiedlicher Bezeichnung – Landesentwicklungsprogramm, Landesentwicklungsplan, Landesraumordnungsplan, Landesraumordnungsprogramm – entsprechende Gesamtpläne aufgestellt. Sie bestimmen die Grundzüge der anzustrebenden räumlichen Ordnung und Entwicklung des Landes als Ziele der Raumordnung und L. Sie bezeichnen außerdem Gebiete, in denen diese Ziele zu verwirklichen sind, nämlich Planungsregionen, Verdichtungsräume, zentrale Orte, überregionale Erholungsgebiete, Natur- und Nationalparks, Wassereinzugsgebiete etc.

Zur L. zählen auch die fachlich ausgerichteten Teilpläne. Sie bezeichnet man als sektoralisierte L. Teilplanungen beziehen sich z. B. auf die Ausweisung von Naturparks, die Standortsicherung für flächenintensive Großvorhaben, den Fluglärmschutz oder auf die Sicherung von Freiraum.

Materiell-rechtlich ist die L. an die Grundsätze der Raumordnung des Bundes, die in § 2 ROG niedergelegt sind, gebunden. Die Länder sind außerdem berechtigt, bei der Aufstellung von Programmen weiter Landesgrundsätze der Raumordnung aufzustellen.

Für den Umweltschutz bedeutsam sind neben den Grundsätzen der Raumordnung vor allem die von der L. festgelegten Ziele der Raumordnung und L. Die wesentliche Funktion der L. besteht gerade darin, die Rechtswirkungen der Raumordnungsziele zur Durchsetzung der Umweltschutzbelange zu nutzen, soweit spezifische Umweltfachplanungen nicht über ein eigenes durchsetzungsfähiges Umweltschutzinstrumentarium verfügen oder noch nicht aufgestellt sind.

Als landesplanerisches Sicherungsmittel auch für Umweltschutzbelange dient nicht zuletzt das →Raumordnungsverfahren, mit dessen Hilfe die Verträglichkeit eines Vorhabens von überörtlicher Bedeutung, z. B. größerer Straßenbauvorhaben, Flugplätze, Industrieanlagen, mit anderen Raumnutzungen und den Erfordernissen der Raumordnung und L. geprüft wird. *Hoppe/Beckmann*

Literatur: *Erbguth:* Raumordnungs- und Landesplanungsrecht. Köln 1983. – *Hoppe:* In: Hoppe; Schoeneberg: Raumordnungs- und Landesplanungsrecht des Bundes und des Landes Niedersachsen. Köln 1987.

Landessammelstelle für radioaktive Abfälle. Nach § 9a AtG haben die Länder „für die Zwischenlagerung der in ihrem Gebiet angefallenen radioaktiven Abfälle" L. einzurichten. Mehrere Länder können eine L. gemeinsam errichten und betreiben; die Länder können eine L. aber auch in ihrem Auftrag und in ihrer Verantwortung von einem Dritten errichten und/oder betreiben lassen. Die Ablieferung radioaktiver Abfälle ist näher geregelt in den §§ 81–86 der Strahlenschutzverordnung. Nicht an die L., sondern grundsätzlich an die nach § 9a AtG vom Bund einzurichtenden Anlagen zur Sicherstellung und zur →Endlagerung radioaktiver Abfälle abzuliefern sind Kernbrennstoffe (§ 2 Abs. 1 Nr. 1 AtG); die dagegen abgegrenzten „sonstigen radioaktiven Stoffe" sind Gegenstand der Ablieferung an L., soweit sie nicht aus kerntechnischen Anlagen wie Kernkraftwerken, Wiederaufarbeitungsanlagen und Brennelementfabriken oder aus anderem Umgang mit Kernbrennstoffen (Verwahrung, Besitz, Aufbewahrung, Bearbeitung, Verarbeitung, Verwendung) stammen (Ausnahmen sind möglich). Im wesentlichen resultieren die an die L. abzuliefernden Abfälle daher aus dem Umgang mit radioaktiven Stoffen in der Forschung (z. B. Hochschulen), in der Medizin (Strahlenkliniken und -ärzte), in der Wirtschaft (z. B. Werkstoffprüfung, Dickenmessung) und in Schulen.

☐ Aufgabe der L.: Gesetzliche Aufgabe der L. ist die Zwischenlagerung der Abfälle bis zur Abführung an ein Endlager des Bundes. Dies schließt jedoch eine Reihe von Einzelschritten in der Behandlung der übernommenen Abfälle ein, die weit über die bloße Einlagerung im Sinne eines Lagerhauses hinausgehen. Diese Tätigkeiten reichen von der Übernahme – verbunden mit dem Eigentumsübergang – über die Konditionierung der Abfälle nach verschiedenen Gesichtspunkten und ihrer Verpackung gemäß den Einlagerungsbedingungen des Bundes-Endlagers bis zur langjährigen gesicherten Bereithaltung der Endlagerbehälter für die Abführung an das Endlager. Die Kosten für diese Tätigkeiten sind nach dem →Verursacherprinzip dem Abfallablieferer aufzuerlegen; dies geschieht an Hand der von dem jeweiligen Land in Abhängigkeit von Abfallart (Sorte) und -menge (Behältergröße) sowie von der →Halbwertszeit festgesetzten Preise (Kostenordnung), in denen auch die für die spätere Endlagerung an die Anlagen des Bundes zu zahlende Gebühr berücksichtigt wird; zu niedrig bemessene Kosten gehen wegen des Eigentums- und Verantwortungsübergangs bei der Abfallübernahme zu Lasten des Landes.

☐ Benutzungsordnung: Um die gesetzliche Aufgabe der L. möglichst effektiv zu erfüllen, haben die einzelnen Länder Benutzungsordnungen auf der Grundlage einer vom Bund vorgelegten Musterbenutzungsordnung erlassen. Diese regeln im wesentlichen die Anmeldung, die Ablieferung und die Annahme der Abfälle, die Kosten sowie die technischen Bedingungen, die für die Übernahme der Abfälle erfüllt sein müssen. Die schriftliche Anmeldung der abzuliefernden Abfälle muß Angaben über Art (Sorte), Nuklide und Aktivitäten der Abfälle sowie über die Verpackung enthalten, die es der L. ermöglichen, das Vorliegen der Annahmevoraussetzungen zu prüfen und der Anlieferung zuzustimmen. Die Anlieferung der Abfälle, die stets mit einem →Gefahrguttransport verbunden ist, kann durch den Ablieferer oder einen Transporteur erfolgen, wobei sowohl die Voraussetzungen der GGVS erfüllt sein müssen als auch die Beförderungsgenehmigung nach der Strahlenschutzverordnung vorliegen muß. (→Transport radioaktiver Stoffe).

Die technischen Bedingungen betreffen im wesentlichen die getrennte Erfassung der Abfälle nach verschiedenen Sorten, die zugelassenen Abfallbehälter und deren Kennzeichnung sowie die zulässige Aktivität, Ortsdosisleistung und →Kontamination der Abfallbehälter.

Die Sortierung (getrennte Erfassung) der Abfälle durch den Ablieferer muß nach Sorten, Nukliden und Halbwertszeiten erfolgen, wobei folgende Hauptabfallsorten unterschieden werden:
- fest, nicht brennbar (z. B. Metalle, Keramik, Glas, Bauschutt),
- fest, brennbar (z. B. Papier, Pappe, Holz, Kunststoffe, Textilien),
- flüssig, nicht brennbar (z. B. Schlämme, Emulsionen),
- flüssig, brennbar (z. B. Öle, Lösemittel) sowie
- faul- und gärfähig (z. B. Tierkadaver, Exkremente).

Daneben kommen noch – je nach Benutzungsordnung – weitere Sorten in Frage wie gefüllte Szintillationsfläschchen aus Polyäthylen und Abfälle, die einer besonderen Behandlung bedürfen, wie z. B. vermischte Abfallsorten, bereits vorbehandelte oder konditionierte Abfälle, selbstentzündliche oder explosive Stoffe und Gemische sowie →Strahlenquellen höherer Aktivität.

Die zugelassenen Abfallbehälter sind in der Benutzungsordnung vorgegeben, ebenso die Gesamtaktivität im Abfallbehälter, die Ortsdosisleistung an der Außenfläche sowie in 1 m Abstand und die durch Wischtest zu ermittelnde äußerliche Kontamination des Behälters.

□ Konditionierungsarbeiten: Ziel der Verarbeitung der abgelieferten Rohabfälle ist nicht nur ihre Überführung in den endlagerfähigen Zustand mit einem entsprechenden Langzeitverhalten von Abfall und Endlagerbehälter, sondern auch eine möglichst weitgehende Begrenzung der Lagermenge. Zu diesen Zwecken werden in der L. hauptsächlich folgende Maßnahmen ergriffen:

- Separierung von Abkling- oder Freistellungsabfällen, d. h. von Abfällen mit kurzen Halbwertszeiten, deren Aktivität in absehbarer Zeit unter die Freigrenzen der Strahlenschutzverordnung abklingt, so daß die Abfälle entsprechend der jeweiligen Abfallart konventionellen Entsorgungswegen zugeführt werden können;
- Volumenminimierung der einzelnen Abfallsorten, z. B. durch Pressvorgänge an sperrigen nicht brennbaren Abfällen wie Metallschrott (Kompaktieren), durch Eindampfung geeigneter flüssiger Abfälle oder durch Veraschen von brennbaren festen und flüssigen sowie auch von faul- und gärfähigen Abfällen;
- Verfestigung von nicht weiter vorbehandelbaren Abfällen, wie z. B. Keramik, Bauschutt oder kleine massive Metallteile, sowie von Rückständen aus den Prozessen der Volumenminimierung durch →Abfallfixierung hauptsächlich in Beton oder Bitumen.

Um die Prozesse der Volumenreduzierung und Verfestigung durchführen zu können, bedürfen die L. einer prozeß- und strahlenschutztechnischen Ausstattung, wie sie meist nur in entsprechenden kerntechnischen Einrichtungen gegeben ist. Daher bedienen sich die L. in den meisten Fällen derartiger Einrichtungen, in einigen Fällen werden sie in räumlichem Zusammenhang mit entsprechenden Forschungseinrichtungen betrieben.

Zur endlagerfähigen Konditionierung gehört auch eine genaue Abfalldokumentation für jedes Endlagergebinde (Abfalldatenblatt) nach den Anforderungen des Endlagers. *Dreyhaupt*

Landnutzungsfaktor. →Energiewandler brauchen Aufstellungsflächen. Die absolute Größe dieses Flächenbedarfs ist ein Beurteilungskriterium für die Umweltrelevanz des Energiewandlers. Ein anderes ist der L. <1, der angibt, wieviel des absoluten Flächenbedarfs der eigentlichen Aufstellung des Energiewandlers dient, wieviel anderer – etwa landwirtschaftlicher – Nutzung verbleibt.

Absoluter Flächenbedarf etwa eines Wasserkraftwerks besteht für den Stausee, den Staudamm, den Wasserablauf, das Maschinenhaus, den Schaltgarten, die Überlandleitungen u. a. Der L. für dieses →Wasserkraftwerk liegt nahe 1.

Ein →Windpark andererseits hat einen absoluten Flächenbedarf nur für die Windenergiekonverter-Türme, für die Zufahrtswege und Kabeltrassen. Der zugehörige L. ist klein, die größten Anteile der von einem Windpark belegten Flächen bleiben anderweitig nutzbar.

Photovoltaische →Kraftwerke oder thermische Kollektoren haben dann einen L. von Null, wenn sie in vorhandene Bebauung, etwa in Dachflächen, integriert werden (dual use). Solarthermische →Kraftwerke, deren →Heliostaten oder →Parabolrinnenkollektor nachgeführt werden, haben L. von 0,2 bis 0,3.

Prinzipiell ist nicht hinreichend, L. von Energiewandlern gegeneinander abzuwägen, sondern es müssen solche von →Energiewandlungsketten gegeneinander abgewogen werden, deren typischerweise drei Kettenglieder zum L. beitragen:
– Energierohstoffgewinnung und -aufbereitung,
– Kraftwerk, Speicherung, Leitung und Nutzung der Sekundärenergie,
– Schadstoffe und Reststoffe.

Energierohstofffreie solare Energien haben keine Kettenglieder der Energierofstoffgewinnung sowie der zugehörigen Schadstoffe und Reststoffe. Werden L. von energierohstoffbehafteten und energierohstofflosen Energiewandlungsketten miteinander verglichen, so genügt es für energierohstofflose Systeme, die Primär/Sekundärenergie-Wandlung im Kraftwerk, die Sekundärenergie-Speicherung und ihren Transport sowie die Sekundärenergie-/Nutzenergiewandlung zu betrachten.

C.-J. Winter

LANDSAT. L. bezeichnet eine Serie amerikanischer Satelliten zur Erdbeobachtung, insbesondere der Landflächen. Der erste Satellit dieser Serie wurde 1972 gestartet; derzeit befindet sich L.-5, der 1984 in Umlauf gebracht wurde, im Einsatz.

Der Satellit umkreist auf einer sonnensynchronen polaren Bahn in 705 km Höhe die Erde alle 99 Minuten. Nach jeweils 16 Tagen kommt er um ca. 9.30 Uhr Ortszeit (ca. 10.30 MEZ) genau wieder über das gleiche Gebiet, d. h. die Wiederholrate beträgt 16 Tage.

L.-5 hat wie sein Vorgänger L.-4 zwei multispektrale Aufnahmegeräte an Bord, den →Multispektralscanner (MSS) und den Thematic Mapper (TM).

Die ersten drei L.-Satelliten hatten nur den MSS als Aufnahmegerät an Bord. L.-6 mit weiter verbesserten Sensoren, auch für die Beobachtung des Ozeans, befindet sich in Vorbereitung.

Rossbach/Schroeder

Landschaft. Nach wissenschaftlicher Definition ist L. ein Ausschnitt der festländischen Erdoberfläche, der durch Relief, Böden, Temperatur- und Niederschlagsverhältnisse, Hydrologie, Pflanzen- und Tierwelt sowie menschliche Nutzung in mehr oder weniger einheitlich wirkender, charakteristischer Weise geprägt ist. Jede L. stellt ein Gefüge von →Ökosystemen oder →Ökotopen dar. Eine Naturlandschaft wird überwiegend von naturbedingten, eine Kulturlandschaft überwiegend von anthropogenen oder kulturbedingten Ökosystemen eingenommen. Innerhalb der Kulturlandschaft unterscheidet man die Agrar-, Siedlungsund Industrie-L.

Mit dem Wort L. sind viele weitere Begriffe verbunden worden, die ihm eine Schlüsselrolle in der Umwelt sichern (→Landschaftsökologie, →Landschaftspflege, →Landschaftsplanung, →Landschaftsschutzgebiet, →Landschaftsverbrauch). Landschaftshaushalt ist der sich in einer L. abspielende Teil des Naturhaushaltes.

Als Landschaftsentwicklung werden natürliche und unter dem Einfluß des Menschen ablaufende Veränderungen der L. zusammengefaßt. Der langsame Entwicklungsprozeß der ländlichen Kulturlandschaft bis zum Beginn des Industriezeitalters verlief weitgehend in Anpassung an die natürlichen Gegebenheiten und gab Anlaß, von gewachsenen Kulturlandschaften zu sprechen. Solche aus der Vergangenheit überkommenen L. sollen insbesondere in →Naturparks erhalten werden. *Haber*

Literatur: *Paffen, K.* (Hrsg.): Das Wesen der Landschaft. Wege der Forschung Band 39. Darmstadt 1973.

Landschaftsinformationssystem →Umweltinformationssystem

Landschafts-Informationssystem des Bundes (LANIS). Für den Bereich Naturschutz und →Landschaftspflege wird im Bundesamt für Naturschutz (BfN), die seit 1986 zum Geschäftsbereich des BMU gehört, LANIS aufgebaut. Ziel ist ein umfassender Einsatz der EDV für das Aufzeigen der aufgetretenen Konflikte bis hin zur Erarbeitung von handlungsorientierten Strategien. Dies beinhaltet die Kopplung und Überlagerung aller zur Verfügung stehender Informationen, auch aus anderen als naturschutzorientierten Quellen.

LANIS verwaltet numerische Daten und Texte, vor allem mit geographischem Raumbezug und den entsprechenden Koordinaten. Im Mittelpunkt stehen die natürlichen Ressourcen, die Tier- und Pflanzenwelt sowie die Flächennutzung. Wichtig ist, daß die Daten für unterschiedliche Räume und Ebenen bereitgestellt werden können.

Die L.-I. der Länder wurden teilweise in enger Kooperation mit dem System der BfN aufgebaut; z. B. gibt es einen Softwareverbund mit Baden-Württemberg. Bei den Ländern stand u. a. der Aufbau der Biotopsysteme im Vordergrund; hier arbeitet die BfN an einer bundeseinheitlichen Speicherung und Wiedergabe auf der Grundlage der Länderdaten.

Als wesentlicher Bestandteil von LANIS ist die Bundesdatenbank für Naturschutz und Landschaftspflege (BDNL) für die Fläche der Bundesrepublik Deutschland zu nennen. Die Flächendaten werden dabei im Maßstab 1:200 000 abgespeichert und ausgegeben. Es wird ein planares *Gauß-Krüger*-Netz für die Koordinaten verwendet. Umrechnungen in UTM und andere Koordinaten sind mit den entsprechenden Transformationspro-

grammen möglich. Wichtige Flächen- und Liniendaten innerhalb von LANIS sind:
- Naturschutzgebiete,
- Landschaftsschutzgebiete,
- Naturparks,
- unzerschnittene großflächige Waldgebiete,
- Biotope (im Aufbau),
- Böden,
- Höhenlinien,
- Straßennetz und Eisenbahnnetz,
- politische Grenzen von Bund, Ländern und Kreisen,
- forstliche Wuchsgebiete,
- Niederschläge der Jahresmittel,
- Vegetationszeit,
- Freizeitgebiete,
- potentielle natürliche Vegetation,
- Waldflächen und Waldformationen,
- land- und forstwirtschaftliche Nutzung (Meißenkarte),
- naturräumliche Gliederung,
- Bioklima,
- oberflächennahe Rohstoffe und Rohstoffsicherungsgebiete,
- unzerschnittene verkehrsarme Räume.

Die Datenauswertungen aus LANIS gehen in bundesweite und großräumige Programme und Pläne ein und dienen damit der Entscheidungsfindung auf Bundesebene. Von besonderer Bedeutung ist das Aufzeigen von Konfliktbereichen bei Nutzungsansprüchen sowie das Erarbeiten von Alternativen und Lösungen hierzu. Die Daten dienen auch der Umweltberichterstattung im Bereich Naturschutz und Landschaftspflege mit einer laufenden →Raumbeobachtung und gesamträumlichen Übersichtsdarstellungen. Weiterhin werden Daten für die bundesweite Landschafts- und Flächenstatistik der natürlichen Ressourcen und Flächennutzungen verwendet.

LANIS soll für die Bundesverkehrswegeplanung und die Ausweisung von Landschaften von nationaler Bedeutung eingesetzt werden. Weiterhin stehen wesentliche Aufgaben bei der Bodenschutzkonzeption an, für die eine Datenbasis aufgebaut wird.

Ein wichtiges Aufgabengebiet ist der Aufbau eines einheitlichen Biotopkatasters der Bundesrepublik Deutschland. Dabei muß die Vielfalt der Biotop-Datenbanken der Länder, die nach Struktur und auch Erhebungsmethoden differieren, generalisiert und flächenhaft zusammengefaßt werden. Diese Daten sind außerdem wesentlich für ein Biotop-Schutzprogramm.

Dem Umweltmedium Boden kommt in Zukunft eine besondere Bedeutung zu. Die Bundesländer haben in Verbindung mit dem Bund umfangreiche Anforderungen und erste Konzeptionen für Bodeninformationssysteme (BIS) ausgearbeitet. Eine wichtige Grundlage hierfür ist die in LANIS gespei-

cherte Bodenkarte der Bundesrepublik Deutschland, wobei Daten der Bundesanstalt für Geowissenschaften und Rohstoffe (BGR) für die Gewässer- und Bodenbelastung mit Schadstoffen hinzugezogen werden.

Wie für andere Bereiche der räumlichen Planung, ist durch die räumlich-geographischen Informationssysteme vor allem die Konfliktmöglichkeit der verschiedenen Nutzungsansprüche und Schutzansprüche auszuweisen. Hier eröffnet die moderne graphische Datenverarbeitung neue Wege der Erarbeitung und Darstellung, die auch für die Bürgerbeteiligung genutzt werden kann. *Seggelke*

Landschaftsökologie. L. ist ein Teilgebiet der →Ökologie, das überwiegend räumlich orientiert ist und sich mit der Erforschung der komplexen Beziehungen in und zwischen Ökosystemen befaßt. Im Mittelpunkt der L. stehen die mannigfachen Wechselwirkungen der Organismen mit ihrer standörtlichen und landschaftlichen Umwelt, insbesondere die Aufdeckung gegenseitiger Abhängigkeiten der verschiedenen Bestandteile bzw. Elemente einer →Landschaft. Dabei werden Stoffströme (→Stoffkreislauf) und Energieflüsse einerseits, die Strukturen der Landschaft als Informationsträger andererseits besonders berücksichtigt.

Die L. ist die Grundlage von →Landschaftspflege, -schutz und -planung. Sie erfordert eine enge Zusammenarbeit mit anderen Fachdisziplinen wie Meteorologie und Klimatologie, Geologie und Bodenkunde, Hydrologie, Agrar- und Forstwissenschaft. Wegen der wichtigen Rolle der Geowissenschaften in der L. wird sie auch als →Geoökologie bezeichnet. *Haber*

Literatur: *Finke, L.:* Landschaftsökologie. Braunschweig. 1986.

Landschaftspflege. Mit L. werden alle Maßnahmen zur Sicherung der nachhaltigen Nutzungsfähigkeit der Naturgüter sowie der Vielfalt, Eigenart und Schönheit von →Natur und L. zusammengefaßt. Landschaftspflege ist gleichberechtigter Partner des Naturschutzes, wie in der gesetzlich fixierten Doppelbezeichnung Naturschutz und Landschaftspflege zum Ausdruck kommt, und zugleich Teilgebiet der L.

Zur L. gehört auch der Landschaftsschutz, bei dem die Gesichtspunkte der Erhaltung und Sicherung im Vordergrund der Maßnahmen stehen.

Haber

Landschaftspflegetechnik. Die L. umfaßt die land- oder forstwirtschaftlich nicht oder nicht mehr genutzten Flächen, den Gehölzschnitt, Pflanzarbeiten und die Pflege des Straßenbegleitgrüns, die Pflege von Rasen-, Park- und Sportflächen und die Graben- und Bachrandpflege. Dazu kommen

Arbeiten, die sich aus dem Ziel, bestimmte Biotope herzustellen oder zu erhalten, ergeben und Arbeiten zur Baumkronensicherung und Baumchirurgie.

Die Verteilung der Arbeiten in der L. über das Jahr muß sich nach den natürlichen Gegebenheiten (Vegetationszustand, Wasserstand von Gräben, Befahrbarkeit), dem Schutz von Tieren und Pflanzen (Selbstaussaat von Kräutern, Wiesenbrüterprogramme), nach der Verfügbarkeit von Arbeitskräften und nach der ganzjährigen Auslastung von Arbeitskräften und Maschinen richten. Von großer Wichtigkeit ist die Bearbeitung von Brachen, denn ohne landschaftspflegerische Eingriffe entsteht aus einer Brachfläche über die Verbuschung auf fast allen Flächen Wald. Art und Geschwindigkeit der Verbuschung sind vom Standort und der vorherigen Nutzung abhängig.

Feldgehölze in Form von Knicks und Windschutzhecken und Gehölze an Straßen und Wegen haben neben den klimatischen Wirkungen wie Windschutz, →Erosionsschutz, Staubabsorption und Taubildung auch eine erhebliche Bedeutung für den Vogelschutz und als Dauerdeckungsfläche für das Niederwild. Das gilt auch für Ufergehölze an Bächen und Wasserläufen. Hier kommt eine besondere Bedeutung als Uferbefestigung hinzu. Sie bedürfen einer kontinuierlichen Erhaltung und Pflege.

Zur →Gewässerunterhaltung gehören das Räumen der Gewässer in bestimmten Zeiträumen und das Mähen und Krauten des Pflanzenaufwuchses an den Böschungen und teils auch im Gewässer. Gräben und Vorfluter müssen etwa im 5-Jahres-Rhythmus in ihren ursprünglichen Zustand versetzt werden. Dies erfolgt mit Sohlenräumfräsen, mit denen fortlaufend der gleiche Grabenquerschnitt hergestellt werden kann. *H. Schön/Meyer*

Literatur: *Aumann, H.:* Maschinen und Geräte für die Landschaftspflege. In: Kommunalarbeiten und Landschaftspflege. KTBL-Arbeitspapier 154. Darmstadt 1991. – *Clemens, P.:* Beschreibung von Landschaftspflege- und Kommunalarbeiten. In: Kommunalarbeiten und Landschaftspflege. KTBL-Arbeitspapier 154. Darmstadt 1991. – *Hundsdorfer, M.; J. Baumer* und *W. Rothenburger:* Kostendatei für Maßnahmen des Naturschutzes in der Landschaftspflege. Bayerisches Staatsministerium für Landesentwicklung und Umweltfragen. München 1988. – *Kromer, K.-H.; H. Reloe:* Maschinen und Geräte für die Brachlandpflege. In: Technik der Pflege stillgelegter Flächen. KTBL-Arbeitspapier 141. Darmstadt 1989. – *Moser, E.:* Verfahrenstechnik Intensivkulturen. Hamburg–Berlin 1984.

Landschaftsplan. Die örtlichen Erfordernisse und Maßnahmen zur Verwirklichung der Ziele und Grundsätze des Naturschutzes und der →Landschaftspflege sind in den L. näher darzustellen, soweit und sobald dies aus Gründen des Naturschutzes und der Landschaftspflege erforderlich ist. Für die örtliche →Landschaftsplanung besteht anders als für die überörtliche eine Planungspflicht der zuständigen Behörden. Der L. soll sowohl Darstellungen des vorhandenen Zustandes von →Natur und →Landschaft sowie dessen Bewertung enthalten als auch Darstellungen des angestrebten Zustandes und der erforderlichen Maßnahmen. Bei der Darstellung der örtlichen Erfordernisse hat sich der L. an den Vorgaben des Landschaftsprogrammes und des →Landschaftsrahmenplanes zu orientieren. *Hoppe/Beckmann*

Literatur: *Hahn:* Das Recht der Landschaftsplanung, Bestandsaufnahme, Würdigung und Fortentwicklungsmöglichkeiten. Münster 1991. – *Pfeifer:* Landschaftsplanung und Bauleitplanung. Münster 1989. – *Schink:* Naturschutz- und Landschaftspflegerecht Nordrhein-Westfalen.

Landschaftsplanung. Die L. ist die →Fachplanung für die Bereiche Naturschutz, →Landschaftspflege und Erholungsvorsorge. Sie hat die zur Verwirklichung der Ziele notwendigen Schutz-, Pflege- und Entwicklungsmaßnahmen konkret für einen bestimmten Raum festzusetzen. Bei der Aufstellung von Landschaftsplänen sind die Erfordernisse des ökologischen Arten- und Flächenschutzes zu ermitteln und die wissenschaftlichen Grundlagen für den Schutz und die Entwicklung der →Ökosysteme zu beschreiben. Die L. hat dazu als Grundlage umfassende Bestandsaufnahmen in Form von Biotopkartierungen, Bodenkataster, Waldfunktionskarten, etc. zu erstellen. Außerdem sind von der Naturschutzplanung die Schutzgebiete darzustellen und die notwendigen Gestaltungs-, Pflege-, Sanierungs- und Artenschutzmaßnahmen zu planen. Daneben hat die L. geeignete Erholungsräume zu ermitteln, Erholungs- und Freizeitgebiete sowie deren planerische Gestaltung und Entwicklung abzugrenzen und dafür zu sorgen, daß sich die negativen Auswirkungen der Freizeitaktivitäten – insbesondere des Fremdenverkehrs – auf →Natur und →Landschaft in Grenzen halten.

Als querschnittsorientierte Planung soll die L. den ökologischen Fachbeitrag für das Planungssystem der Landes-, Regional- und Bauleitplanung, aber auch für andere, raumbedeutsame Fachplanungen durch die Beteiligung der Naturschutzbehörden an den verschiedenen Planungsverfahren erbringen. Die zuständigen Behörden haben dazu die Naturschutzbehörden bereits bei der Vorbereitung aller öffentlichen Planungen und Maßnahmen, die den Naturschutz und die Landschaftspflege berühren können, zu unterrichten und anzuhören, soweit nicht eine weitergehende Form der Beteiligung vorgeschrieben ist.

Nach dem Bundesnaturschutzgesetz setzt sich die L. grundsätzlich dreistufig zusammen: Landschaftsprogramm, →Landschaftsrahmenplänen und →Landschaftsplänen. In einer Reihe von Bundesländern wird vor allem auf das Landschaftsprogramm verzichtet, so daß in diesen Ländern die L. lediglich zweistufig ist. *Hoppe/Beckmann*

Literatur: *Hahn:* Das Recht der Landschaftsplanung, Bestandsaufnahme, Würdigung und Fortentwicklungsmöglichkeiten. Münster 1991. – *Pfeifer:* Landschaftsplanung und Bauleitplanung. Münster 1989. – *Schink:* Naturschutz- und Landschaftspflegerecht Nordrhein-Westfalen.

Landschaftsrahmenplan. Für Teile eines Bundeslandes werden die überörtlichen Erfordernisse und Maßnahmen zur Verwirklichung der Ziele des Naturschutzes und der →Landschaftspflege in L. dargestellt. Sie sollen das Landschaftsprogramm näher ausformen und konkretisieren und ihrerseits die örtliche →Landschaftsplanung und sonstige Maßnahmen des Naturschutzes steuern. Erforderlich ist dazu die räumliche Darstellung von Bereichen, die für Schutzgebietsausweisungen in Betracht kommen, einschließlich der erforderlichen Schutz-, Pflege- und Entwicklungsmaßnahmen, die Darstellung von sonstigen Bereichen, die von Bebauung möglichst freizuhalten sind, und nicht zuletzt von Bereichen, in denen Beeinträchtigungen oder Schäden an →Natur und →Landschaft zu beseitigen oder auszugleichen sind.

L. können hinsichtlich der Durchsetzung ökologischer Vorranggebiete gegenüber konkurrierenden Nutzungen keine abschließenden Vorrangbestimmungen treffen, weil sie – anders als Bebauungspläne oder Regionalpläne – die gegenläufigen Raumnutzungsansprüche nicht umfassend berücksichtigen können. Abschließend wird daher über ökologische Vorrangbereiche erst im Rahmen der Landesplanung entschieden. Die L. sind grundsätzlich nur für die Naturschutzbehörden selbst verbindlich. Zu einer wesentlich gesteigerten Verbindlichkeit führt allerdings ihre Übernahme in die Regionalpläne. Als Ziele der →Raumordnung und →Landesplanung können sie eine Anpassungspflicht insbesondere für die gemeindliche →Bauleitplanung auslösen. *Hoppe/Beckmann*

Literatur: *Hahn:* Das Recht der Landschaftsplanung, Bestandsaufnahme, Würdigung und Fortentwicklungsmöglichkeiten. Münster 1991. – *Pfeifer:* Landschaftsplanung und Bauleitplanung. Münster 1989. – *Schink:* Naturschutz- und Landschaftspflegerecht Nordrhein-Westfalen.

Landschaftsschutzgebiet. L. sind rechtsverbindlich festgesetzte Gebiete, in denen ein besonderer Schutz von →Natur und →Landschaft erforderlich ist. In L. sind nach Maßgabe näherer Bestimmungen alle Handlungen verboten, die den Charakter des Gebiets verändern oder die dem besonderen Schutzzweck zuwiderlaufen. Im Vergleich zu den →Naturschutzgebieten oder →Nationalparks haben L. eine schwächere Schutzwirkung, weil sie nicht dem Schutz der Natur und Landschaft als solche

dienen, sondern auf die Leistungsfähigkeit des Naturhaushalts, die Nutzungsfähigkeit der Naturgüter, Besonderheiten des Landschaftsbilds und auf die Erholungseignung beschränkt sind.

Von den Naturschutzgebieten unterscheiden sich die L. vor allem dadurch, daß in ihnen die wirtschaftliche, insbesondere die land- und forstwirtschaftliche Nutzung unberührt bleibt. Ein absolutes Veränderungsverbot ist im L. unzulässig. Diese schwächere Schutzwirkung hat den Vorteil, daß größere landschaftsökologisch bedeutsame Gebiete insgesamt und unter Einschluß von wirtschaftlich genutzten Flächen, Verkehrswegen, Kleinsiedlungen etc. unter Schutz gestellt werden können. Im Gegensatz zu den Naturschutzgebieten und den Nationalparken gilt im L. das allgemeine Betretungsrecht. *Hoppe/Beckmann*

Literatur: *Hoppe/Beckmann:* Umweltrecht, § 18 Rn. 83 ff. München 1989. – *Schink:* Naturschutz- und Landschaftspflegerecht Nordrhein-Westfalen. Köln 1989.

Landschaftsverbrauch. L. ist sachlich falsch, denn →Landschaft wird nach der dort gegebenen Definition nicht *verbraucht,* sondern nur durch Gebrauch oder Nutzung verändert. Mit L. ist weitgehend die →Denaturierung der Landschaft bzw. Umwelt gemeint, die sich an der Verarmung und Monotonisierung des Landschaftsbilds zeigt, weil viele als natürlich empfundene Bestandteile der Landschaft beseitigt oder verschwunden sind, z. B. Hecken, Alleen, Baum- und Gebüschgruppen, Teiche und Weiher mit Verlandungszonen, Bach- und Flußauen, Feuchtgebiete wie Moore und Sümpfe. Auch die Überbauung mit Bauwerken aller Art wie Gebäude, Straßen, Bahnen, Hochspannungs- und Rohrleitungen, die in gewisser Weise wiederum das Landschaftsbild vielfältiger machen, wird oft als L. empfunden.

Die Popularität des Begriffs L. geht wahrscheinlich zurück auf die 1961 verkündete Grüne Charta von der Mainau, einen Aufruf namhafter Fachleute der →Landespflege, →Raumordnung und Architektur zu einer sinnvollen Landespflege-Politik als Vorläuferin der erst 10 Jahre später einsetzenden →Umweltpolitik. Einer der Kernsätze der Grünen Charta lautete: Die gesunde Landschaft wird in alarmierendem Ausmaß verbraucht. Maßgebend ist hierbei das Attribut gesund, mit dem nach damaligem Verständnis eine abwechslungsreiche, mit vielen naturnahen Bestandteilen ausgestattete Landschaft von hoher →Biodiversität gemeint war. Demnach ist die Uniformierung einer solchen Landschaft durch eine – falsch verstandene – Rationalisierung die eigentliche Bedeutung des Begriffs L. *Haber*

Literatur: *Tesdorpf, J. C.:* Landschaftsverbrauch. Begriffsbestimmung, Ursachenanalyse und Vorschläge zur Eindämmung. Berlin–Vilseck 1984.

Landtechnik. Die L. befaßt sich mit der Mechanisierung der Landbewirtschaftung und der Tierhaltung. Die Steigerung der Flächenerträge und der Tierleistung (jährlich ca. 2,5 %) durch technische Verfahren ist vor allem in den Entwicklungsländern vordringliche Aufgabe. In den Industrieländern konnten durch die L. die ausscheidenden Arbeitskräfte durch eine umfassende Mechanisierung ersetzt werden. In Zukunft ist aufgrund der unbefriedigenden Einkommenssituation mit einem weiteren Rückgang der Zahl der landwirtschaftlichen Arbeitskräfte zu rechnen. Dies wird den Trend zu großen, leistungsfähigen Maschinen, die weitgehend überbetrieblich eingesetzt werden, weiter verstärken. Ihre optimale Auslastung erfordert Feldstücke (Schlaggrößen) von mindestens 10–30 ha je nach Arbeitsgang (Bild 1). Die derzeit durchschnittliche Schlaggröße beträgt in den alten Bundesländern ca. 2 ha, in den neuen Bundesländern ca. 50 ha.

Nach dem „mechanisch-technischen Fortschritt" der letzten Jahrzehnte erfolgt zur Zeit die Adaption des „elektronisch-technischen Fortschrittes" (rechnergesteuerter Pflanzenbau und Tierhaltung). Dabei werden Produktions- und Umweltdaten erfaßt und, darauf aufbauend, der Produktionsablauf optimiert. Dies kann zu einem angepaßten Dünge-, Pflanzenschutz- und Futtermittelaufwand führen und damit zu einer Minimierung der stofflichen Belastung der Ökosysteme bei höherem Produktionsniveau (Bild 2).

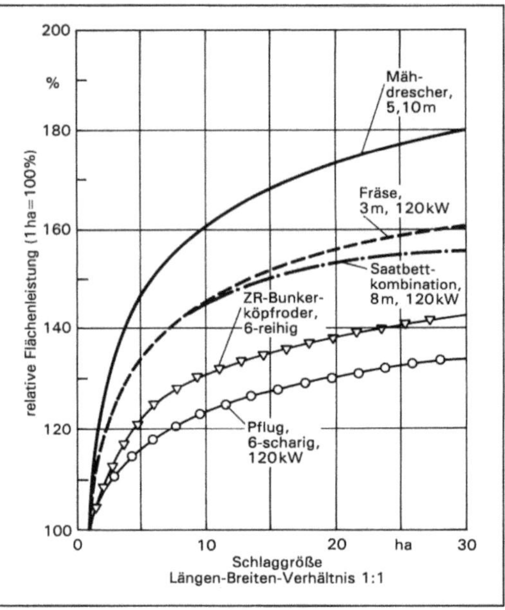

Landtechnik 1: Leistung großer Landmaschinen bei unterschiedlichen Schlaggrößen (nach Auernhammer).

In einem ersten Schritt dienen Sensoren und Mikroprozessoren zur maschineninternen Steuerung und Regelung, z. B. für die fahrgeschwindig-

Stufe	Pflanzenproduktion	Tierproduktion
I "Insellösung"		
II vernetztes System	Sensoren	
III automatisiertes System	Portalkransystem zur gezielten Pflanzenbehandlung signalgesteuerte Fahrzeugführung	Kraftfutter Grundfutter

Landtechnik 2: Stufen des Elektronik-Einsatzes in der Landwirtschaft.

keitsabhängige Regelung der Pflanzenschutzspritzen. In der Tierhaltung ist durch elektronische Identifizierungssysteme eine individuelle, wachstumsangepaßte Futterzuteilung möglich. In einem zweiten Schritt wird eine umfassende und vernetzte Prozeßsteuerung angestrebt sowie deren Einbindung in ein betriebliches Informationssystem.

Eine letzte Stufe führt zur Automatisierung, bei der der Mensch lediglich Kontroll- und Überwachungsaufgaben wahrnimmt. Diese Stufe ist in einigen Bereichen der Tierhaltung (Geflügel, Schweine) bereits Stand der Technik. Damit ist ein grundlegend neuer Ansatz in der Tierhaltung gegeben, bei dem nicht mehr der Arbeitsablauf, sondern beispielsweise physiologische Regelmechanismen der Tiere die Fütterung bestimmen.

Kritisiert wird die L. derzeit wegen ökologischer Folgewirkungen und aus Gründen des Tierschutzes. Neben einer weiteren Rationalisierung der Landbewirtschaftung aus ökonomischen Zwängen stehen deshalb die Erhaltung der Funktionsfähigkeit der agraren Ökosysteme (Bodenschutz), die Minderung der stofflichen Einträge (Dünger, Pflanzenschutzmittel), der Schutz der Artenvielfalt, der Haustiere und der →Landschaft sowie die Schonung der Ressourcen (nachwachsende Rohstoffe) im Vordergrund der landtechnischen Entwicklung (Tabelle).

H. Schön

Literatur: Lehrbuch der Agrartechnik Pareys Studientexte. Hamburg–Berlin 1986. – *Schon, H.:* Beiträge der Landtechnik zu einer umweltfreundlichen Landbewirtschaftung. Kulturtechnik und Landentwicklung **32** (1991), S. 362–374.

Landwirtschaft und Umwelt. Unter L. versteht man die geplante und gelenkte Nutzung der biologischen Erzeugungsfähigkeit von Pflanzen- und Tierbeständen zum Zwecke der Versorgung der Menschen mit Nahrungsmitteln und biologisch entstehenden Rohstoffen. Wirtschaftlich gehört die L. zusammen mit der Forst- und Fischereiwirtschaft zur Ur- oder Primärproduktion. Sie bleibt trotz wachsender technischer und chemischer Beeinflussung oder Steuerung an elementare biologische Abläufe (z. B. →Photosynthese) und an den →Naturhaushalt gebunden.

L. umfaßt →Pflanzenbau und Viehhaltung, für die aus der →Flora und →Fauna relativ wenige, besonders produktive und gut zu haltende Arten ausgewählt und zu Nutzpflanzen und -tieren entwikkelt wurden, deren Leistungsfähigkeit durch Züchtung und →Gentechnik ständig verbessert wird. Jede L. ist mit erheblichen Eingriffen in die Umwelt verbunden.

Pflanzenbau erfordert tiefgründige, gut bearbeitbare Böden mit ausreichender Wasserversorgung. Er erzwingt stets die Zerstörung vorhandener Pflanzendecken durch Rodung, Feuer und Umbruch sowie eine ständige, jährlich mehrfach notwendige →Bodenbearbeitung, die zwangsläufig auch Bodenerosion verursacht.

Pflanzenbau umfaßt auch den Gartenbau. Bestellung, Anbau und Pflege von Pflanzenbeständen auf relativ großen Flächen (Ackerbau) werden auch als Landbau bezeichnet. Seit den 80er Jahren wird versucht, das Anbauspektrum durch Energie- und

---

Landtechnik. Tabelle: Ziele und Beiträge zur ökologischen Optimierung der L.

Ökol. Anforderungen	Problembereiche *)	Beitrag der Technik *)
(1) Erhaltung der Funktionsfähigkeit agr. Ökosysteme	– Bodenverdichtung – Erosion	– schlagkräftige Mechanisierung – verbesserte Fahrwerke – konservierende Bodenbearbeitung
(2) Minderung der stofflichen Belastung agr. Ökosysteme	– Wasser durch Pflanzenschutzmittel und Nährstoffe belastet	– exakte Ausbringtechnik für PSM und Dünger – mech. Unkrautregulierung – moderne Festmistketten – rechnergestützte Steuerung und Überwachung
(3) Schutz der Artenvielfalt, der Tiere und der Landschaft	– Großflächenlandwirtschaft – „individuelle" Tierhaltung	– optimale Schlaggröße – naturnahe, rechnergest. Haltungsverfahren – mech. Landschaftspflege
(4) Schonung der Ressourcen	– Abbau fossiler Energie und Rohstoffe – CO_2-Belastung	– nachwachsende Rohstoffe für Energie und Industrie

*) Beispiele

→Rohstoffpflanzen zu erweitern. Eine Sonderstellung nehmen der Obst- und Weinbau ein, da längerlebige Gehölze angebaut werden.

Ein Hauptproblem des Pflanzenbaues besteht im regelmäßigen Stoffentzug durch die Ernte. Die natürliche Regenerationskraft des →Agrarökosystems, insbesondere des Bodens, reicht nicht aus, um diesen hohen Stoffentzug rasch zu kompensieren. Daher sinkt die Produktivität von Äckern oft schon nach wenigen Jahren so weit ab, daß ein weiterer Anbau nicht mehr lohnt. Um sie aufrechtzuerhalten, muß der Landwirt dem Ackerboden regelmäßig Ersatzstoffe, d. h. Dünger zuführen. Dazu dient – früher ausschließlich – Viehdung, ergänzt durch Gründüngung und Kompost und seit Mitte des 19. Jahrhunderts in zunehmendem Maße durch Mineral- bzw. Handelsdünger. Zugleich verschob sich das Düngungsziel vom bloßen Stoffersatz immer stärker zur Ertragssteigerung.

Viehhaltung ist auf eine sichere Futterversorgung der Nutztiere angewiesen. Diese haben in der L. eine dreifache Funktion: als Lieferanten von Nahrung und Rohstoffen (z. B. Leder, Wolle), von Viehdung für die Äcker und als Transport- und Zugtiere. Mit der Einführung der mineralischen →Düngung in der 2. Hälfte des 19. Jahrhunderts endete die „vorindustrielle" und begann die moderne L. Diese geriet in der Folge immer mehr unter den Zwang der Rationalisierung und damit unter den Einfluß der chemischen und technischen Entwicklung, blieb aber gleichzeitig hinter deren raschen Fortschritten zurück, so daß ihre wirtschaftliche Lage zunehmend durch Subventionen der öffentlichen Hand, Importbeschränkungen und Absatzgarantien gestützt werden mußte. Dadurch wurde aber der Rationalisierungs- und Erzeugungsdruck auf die L. weiter verstärkt. Seit Mitte des 20. Jahrhunderts sind durch neue biologische Erkenntnisse, Mechanisierung der Bewirtschaftung (Ersatz der Zugtiere durch Maschinen), Einführung des chemischen Pflanzenschutzes, neue Tierhaltungs- bzw. Stalltechniken sowie Flurbereinigung (größere Felder, bessere Wege, Dränierungen) enorme Ertragssteigerungen in der L. erzielt worden.

Begleitet, ja erkauft wurden diese Erfolge jedoch mit wachsenden Belastungen der ländlichen Umwelt und Kulturlandschaft. Die Vorzüge der vorindustriellen Kulturlandschaft sind weitgehend der Intensivierung und Rationalisierung mittels technischer und chemischer Maßnahmen der modernen, dennoch konventionell genannten L. zum Opfer gefallen. Da diese etwa die Hälfte der Landesfläche bewirtschaftet, spielen die von ihr bewirkten, gegenüber früher erheblich verstärkten Umwelteingriffe in der allgemeinen Umweltbelastung eine maßgebliche Rolle. Neben der Verarmung des Landschaftsbildes gehören dazu im einzelnen:

– Beeinträchtigung, Verkleinerung, Zersplitterung und Beseitigung naturbetonter Biotope und Landschaftsbestandteile – darunter vor allem solcher, die wie Trockenrasen, Heiden, Streuwiesen oder Hekken der Landwirtschaft ihre Existenz verdanken, aber von ihr nicht mehr benötigt werden.

– Gefährdung und Belastung des Grundwassers durch Einwaschung von Nitrat und Pflanzenschutzmitteln aus durchlässigen Böden.

– Übermäßige mechanische Belastung der Ackerböden durch Bodenverdichtungen infolge häufigen Befahrens mit schwerem Gerät; Steigerung der Bodenerosion durch Wasser und Wind infolge vermehrten Anbaus spätwachsender Feldfrüchte wie Mais und Rüben auf großen Feldern, wo der Boden wochenlang ungeschützt bleibt.

– Beeinträchtigung von Bächen, Flüssen, Seen und dem küstennahen Meer durch Eintrag von Nährstoffen (→Eutrophierung) und erodiertem Boden, z. T. von →Flüssigmist.

– Belastung der Atmosphäre durch Staubemissionen aus Bodenbearbeitung und Erntearbeiten, Ammoniak-Emissionen aus der Tierhaltung und Gülle-Ausbringung, Distickstoffoxid-Entbindungen aus stark gedüngten Böden, Methan-Freisetzung aus Wiederkäuer-Mägen.

Wegen der allgemeinen volkswirtschaftlichen Benachteiligung der L. im Industriezeitalter erschien es politisch nicht opportun, sie als Verursacherin von schweren Umweltbelastungen herauszustellen. Daher wurde in den 70er Jahren mit der These, sie diene in der Regel den Zielen des →Naturschutzes und der →Landschaftspflege, eine ordnungsgemäße L. proklamiert, die sogar im →Naturschutzrecht verankert wurde (→Landwirtschaftsklausel). Sie erwies sich jedoch als Fiktion, die seit Ende der 80er Jahre unter dem Druck des Umweltschutzes und dem Einfluß von Gegenbewegungen (→Landbau, ökologischer) durch eine umweltfreundliche L. (→Integrierter Pflanzenbau) abgelöst wird. Auch die →Extensivierung der modernen L., veranlaßt durch die Bekämpfung der kostspieligen Überproduktion, trägt zu dieser Umstellung bei. Eine umweltfreundliche L. ist jedoch auf moderne technische und chemische Betriebsmittel und eine hochentwickelte →Landtechnik angewiesen; sie konzentriert sich dabei auf die Gebiete mit günstigen Erzeugungsbedingungen, vor allem hochwertigen Böden, die weiterhin intensiv genutzt werden, und überläßt alle übrigen Standorte anderen Landnutzungen oder Zweckbestimmungen. *Haber*

Literatur: *Haber, W.; J. Salzwedel:* Umweltprobleme der Landwirtschaft. Sachbuch Ökologie. Stuttgart 1992. – Rat von Sachverständigen für Umweltfragen (SRU): Umweltprobleme der Landwirtschaft. Sondergutachten. Stuttgart–Mainz 1985.

Landwirtschaftsklausel. Zum Schutz der →Landwirtschaft vor zu stark eingreifenden naturschutzrechtlichen Anforderungen ist ihr durch verschiedene L. eine privilegierte Stellung eingeräumt worden. So bestimmt § 1 Abs. 3 BNatSchG, daß der ordnungsgemäßen Land- und Forstwirtschaft für die Erhaltung der Kultur- und Erholungslandschaft eine zentrale Bedeutung zukommt. Sie dient in der Regel den Zwecken des Bundesnaturschutzgesetzes (vgl. auch §§ 8 Abs. 7, 15 Abs. 2 BNatSchG). § 1 Abs. 3 BNatSchG stellt eine widerlegbare Vermutung auf, daß zwischen der ordnungsgemäßen Land- und Forstwirtschaft und dem Naturschutz kein Zielkonflikt besteht. Soll die Land- und Forstwirtschaft im Interesse des Naturschutzes beschränkt werden, muß deshalb die Behörde begründen, warum die betreffende landwirtschaftliche Tätigkeit die Belange des Naturschutzes beeinträchtigt. Dem liegt die Vorstellung zugrunde, daß eine Wirtschaftsweise, die langfristig ökonomisch richtig ist, nur in Ausnahmefällen den ökologischen Belangen zuwiderläuft.

Der Gleichklang von Naturschutz und Landwirtschaft wird allerdings zunehmend bezweifelt. (→Landwirtschaft und Umwelt).

Hoppe/Beckmann

Literatur: *Henneke:* Beschränkungen ordnungsgemäßer Landwirtschaft im Landschaftsschutzgebiet. NuR (1984) 263 ff. – *Henneke:* Landwirtschaft und Naturschutz – normative Regelungen eines ambivalenten Verhältnisses im Verfassungs-, Naturschutz-, Flurbereinigungs-, Raumordnungs- und Bauplanungsrecht. 1986. – *Hotzel:* Rechtskonflikte und Zusammenarbeit im Bereich Landwirtschaft, Naturschutz und Landschaftspflege. Agrarrecht 1982, Beilage I. – *Schink:* Naturschutz- und Landschaftspflegerecht Nordrhein-Westfalen, Köln 1989.

Langzeitsicherheit von Deponien. Insbesondere bei →Hausabfalldeponien in Form von →Bioreaktordeponien bedingt die Inhomogenität der abgelagerten Stoffgemische und der hohe abbaubare organische Anteil eine Vielzahl möglicher Umsetzungsvorgänge, die sich teilweise über sehr lange Zeiträume erstrecken. Deponiesickerwasser und →Deponiegas stellen die Hauptbelastungspfade für Mensch und Umwelt dar. Insbesondere im →Sickerwasser werden chlorierte Kohlenwasserstoffe, Aromaten, Salze, Schwermetalle und das stark fischtoxische Ammoniumion zum Teil in hohen Konzentrationen gefunden. Zur Beurteilung des Gefährdungspotentials von Deponien muß, weil noch keine ausreichenden Erfahrungswerte vorliegen, auf Modellrechnungen zurückgegriffen werden, die allerdings mit großen Unsicherheiten behaftet sind. Solche Modellrechnungen kommen zu dem Ergebnis, daß umweltverträgliche Konzentrationen im Sickerwasser für organische Kohlenstoffverbindungen nach 500 bis 1 700 Jahren, für Phosphat nach 100 bis 700 Jahren, für Chlorid nach 100 bis 150 Jahren und für Ammonium nach 55 bis 80 Jahren erreicht werden. Die Zuverlässigkeit von Deponieabdichtungssystemen ist in Anbetracht dieser sehr langen Zeiträume kritisch zu beurteilen.

Unzureichende oder schadhafte →Deponieabdichtungen können zu einer Belastung des Grundwassers und dadurch zu erhöhten Schadstoffkonzentrationen im Trinkwasser führen.

Die L. v. D. kann angesichts der naturgemäß fehlenden langzeitigen Erfahrungen mit Abdichtungssystemen sowie Systemen zur Sickerwasser- und Deponiegaserfassung, der Vielfalt der emittierten Stoffe und der Unsicherheiten bei der Abschätzung der Emissionen weitgehend nur durch die Ablagerung inerten (erdkrusten- oder erzähnlichen) Materials sichergestellt werden. Nach dem →Multibarrierenkonzept stellt der →Deponiekörper die wesentliche Barriere und beste Gewähr für eine L. dar; gleichwohl haben auch die Deponiebasis- und Oberflächenabdichtungssysteme (→Deponieabdichtung) ihren festen Platz in diesem Konzept. *Neuenhahn*

Literatur: *Belevi, H.; P. Baccini:* Long-term behavior of municipal solid waste landfills; Waste Management and Research 1989 7. pp. 43–56. – *Ehrig, H.-J.:* Weitergehende Sickerwasserreinigung; In: Thomé-Kozmiensky, K. J. (Hrsg.): Deponie – Ablagerung von Abfallen. Berlin 1987.

LANIS →Landschafts-Informationssystem des Bundes

Larvizide →Biozide

Laser. Seit der ersten Realisierung im Jahre 1960 sind eine Vielzahl von L. (→Laserstrahlung) entwickelt worden. Sie werden in erster Linie im wissenschaftlichen, technischen und medizinischen Bereich eingesetzt. Strahlenschutzempfehlungen: →Strahlenschutz, optischer.

L. werden eingeteilt nach ihrem laserfähigen Material (bestimmte Gase, Flüssigkeiten und Feststoffe), das sich zwischen zwei Spiegeln befindet. Nach optischer Anregung des Materials führt eine erste spontane Lichtemission zu einer sich verstärkenden stehenden Welle innerhalb des optischen Resonators (induzierte Emission). Zwischen 0,1 und 5 % der Energie werden je nach L.-Typ an einem der beiden Spiegel ausgekoppelt.

– Gas-L. Sie zeichnen sich generell durch ihre hohe Kohärenz aus. He-Ne-L. (632 nm, <50 mW) werden wegen ihrer hohen Lebensdauer vorwiegend in der Meßtechnik und zum Justieren (Pilotstrahl) verwendet. Der Argon-L. (488/515 nm, <100 W) wird in der Spektroskopie, zur Anregung des Lasermediums in Farbstoff-L. und in der Unterhaltungsbranche eingesetzt. In der Medizin wird er vorwiegend zum Koagulieren blutdurchströmter Bereiche eingesetzt (hohe Absorption in Blut). CO_2-L. (10 600 nm, <1 kW) werden vornehmlich zum Bearbeiten von Materialien wie Schweißen, Schneiden, Bohren eingesetzt. In der Medizin werden CO_2-L. wegen der hohen Gewebeabsorption vorwiegend zum Schneiden und Verdampfen in allen chirurgischen Teilbereichen verwendet. Eximerlaser (193/350 nm, gepulst <4 MW) werden in der Fotochemie, Spektroskopie und zum Pumpen von Farbstoff-L. verwendet. In der Medizin können mit Eximerlasern athermische Gewebsabtragungen vorgenommen werden.

– Festkörper-L. Zum Bearbeiten von Materialien wie Schweißen, Schneiden, Bohren werden auch Nd-YAG-L. (1 064 nm, <1 kW) eingesetzt. In der Medizin werden diese L. aufgrund höherer Gewebeeindringtiefe zur Koagulation von Blutungen und zum Veröden krankhaft veränderter Gewebsareale eingesetzt.

– Flüssigkeits-L. Je nach verwendetem Farbstoff sind abstimmbare Wellenlängenbereiche von 300 bis 1 200 nm und gepulste Leistungen bis 10 kW möglich. Flüssigkeits-L. werden vorwiegend in der Spektroskopie eingesetzt. In der Medizin befinden sich diese L. wegen der aufwendigen Technik noch im experimentellen Stadium. Denkbare Einsatzgebiete werden die photodynamische Therapie sein und die Nierensteinzertrümmerung.

– Halbleiter-L. (GaAs). Der L.-Typ macht zur Zeit die rasanteste Entwicklung durch. L. um die 900 nm im mW-Bereich werden in der Nachrichtentechnik und in der Unterhaltungselektronik eingesetzt. In der Medizin stehen L. im Watt-Bereich für Koagulationen zur Verfügung. Im sichtbaren Bereich um die 650 nm werden Halbleiter-L. zunehmend den He-Ne-L. ersetzen, in Lichtschranken und Scannern eingesetzt werden und mit Leistungen im Watt-Bereich demnächst in der Medizin bei der Photodynamischen Therapie Verwendung finden.

Steinmetz

Laser-Meßverfahren. Physikalische Meßmethoden, die die Wechselwirkung von Licht und Materie ausnutzen und als Lichtquelle Laser-Systeme (→Laser) verwenden. Zu den nutzbaren physikalischen Effekten gehören insbesondere die Lichtstreuung (Rayleigh-, Mie- und Raman-Streuung), die Lichtabsorption und die Lichtemission (Lumineszenz, Fluoreszenz). In der Umweltmeßtechnik dienen L.-M. vorzugsweise zur Bestimmung von Schadstoffen in den Umweltmedien Luft und Wasser. Sie können für Labor- und Prüfstandsmessungen oder auch als in situ-Meßverfahren eingesetzt werden. Besondere Bedeutung haben L.-M. als optische →Fernmeßverfahren.

Abgestimmt auf die jeweilige Meßaufgabe, verwenden L.-M. Festkörperlaser, Gaslaser, Farbstofflaser oder Halbleiterlaser. Die besonderen Eigenschaften, die Laser im Vergleich zu anderen Lichtquellen auszeichnen, sind bei diesen vier Laserfamilien unterschiedlich ausgeprägt. Es gibt daher keinen universellen Laser für Anwendungen in der Umweltmeßtechnik. Vorteilhaft für spektroskopische Messungen ist die hohe zeitliche Kohärenz (Schmalbandigkeit) der →Laserstrahlung. Zusätzliche Vorteile bieten abstimmbare Laser (z. B. die in einem begrenzten Spektralbereich kontinuierlich abstimmbaren Halbleiterlaser oder die quasikontinuierlich abstimmbaren Farbstofflaser). Vorteilhaft für großräumige Messungen (Fernmeßverfahren) ist die hohe räumliche Kohärenz (geringe Divergenz) der Laserstrahlung, weil für Messungen über größere Strecken eine gute Lichtbündelung erforderlich ist. Bei einigen optischen Fernmeßverfahren (z. B. →LIDAR) oder bei der Nutzung schwacher Wechselwirkungen (z. B. Raman-Effekt) sind außerdem sehr hohe Lichtleistungen erforderlich, wie sie z. B. von gepulsten Festkörperlasern erzeugt werden können.

Eingeschränkt wird der Einsatz von L.-M. dadurch, daß die hierfür geeigneten Laser-Systeme meistens hohe Beschaffungs- und Betriebskosten verursachen und die Gebrauchstauglichkeit teilweise durch hohen Bedienungsaufwand eingeschränkt ist. Die meisten Laser haben außerdem einen schlechten Wirkungsgrad und dadurch zum Teil einen hohen Primärenergiebedarf, der z. B. den Einsatz in Satelliten weitgehend in Frage stellt.

Stahl

Literatur: Optical and Laser Remote Sensing. Hrsg. D. K. Killinger, A. Mooradian. Springer Series in Optical Sciences, Vol. 39. Berlin–Heidelberg–New York 1983.

Laserstrahlung. Das Wort Laser ist die Abk. für *engl.* Light Amplification by Stimulated Emission of Radiation und bezieht sich auf die Art der Strahlenerzeugung. 1960 ist ein Laser mit einem Rubinkristall erstmalig realisiert worden (*Maiman*). Die L. zeichnet sich durch Monochromasie, Kohärenz, Intensität und Strahlenbündelung aus. Kommerziell verfügbare Systeme decken den Wellenlängenbereich von ca. 200 nm bis 10 000 nm ab.

Meßtechnische und optische Anwendungen des Lasers nutzen eher seine Kohärenz und Monochromasie, Materialbearbeitung und medizinische Therapie vor allem die Möglichkeit optischer Fokussierung zur berührungslosen Applikation sehr hoher Leistungsdichten.

Durch stimulierte Emission in einem optisch angeregten Lasermedium wird mit Hilfe eines optischen Resonators L. geringer Bandbreite und hoher zeitlicher Kohärenz erzeugt. Durch das Prinzip der Strahlungsverstärkung können – zumindest kurzzeitig – Leistungsdichten erreicht werden, die das der Sonnenstrahlung um das 15fache übersteigen.

Für den Nachweis hoher Leistungen werden überwiegend Thermosäulen verwendet, die über einen weiten Spektralbereich wellenlängenunabhängig sind.

Aufgrund seiner hohen gepulsten Leistungsdichten treten bei L. neben photochemischen und thermischen Effekten thermo-mechanische und sog. nichtthermische Effekte auf (→Strahlenwirkung, biologisch).

Für die L. sind das Auge und die Haut die kritischen Organe. Von besonderer Bedeutung sind retinale Schäden im sichtbaren und angrenzenden kurzwelligen IR-Bereich (400–1 400 nm). (→Strahlenschutz, optischer). *Steinmetz*

Lautstärke. Merkmal des Höreindrucks eines Geräusches, das anhand einer Skala als laut/leise beschrieben wird. Als Maß für die L. eines Geräusches wird der Lautstärkepegel L benutzt. Es ist der →Schalldruckpegel eines 1 kHz-Tones, der von einer oder von mehreren Versuchspersonen als gleichlaut empfunden wird wie das lautstärkemäßig zu kennzeichnende →Geräusch.

Der L.-Pegel wird mit →Phon bezeichnet; er ist sowohl ein objektiv meßbares (Schalldruckpegel) wie auch ein subjektives (Einstufung durch die Versuchsperson als gleichlaut) Maß des Geräusches.

Umfangreiche Untersuchungen über L.-Pegel von Tönen haben zu Ergebnissen geführt, die als Kurven gleicher L.-Pegel zusammengestellt worden sind. Diesen Kurven ist zu entnehmen, daß z. B. ein Ton der Frequenz 50 Hz mit einem Schalldruckpegel von 50 dB gleichlaut empfunden wird wie ein 1 kHz-Ton mit einem Schalldruckpegel von 10 dB.

Diese Frequenzabhängigkeit der L.-Pegel wird bei der Beurteilung von Geräuschimmissionen dadurch berücksichtigt, daß eine →Frequenzbewertung des Geräusches nach der sog. A-Kurve (→A-Bewertung) im Meßgerät vorgenommen wird, die näherungsweise dem Kurvenlauf der L.-Pegel entspricht.

Eine weitere Möglichkeit zur Bestimmung der L. eines Geräusches ist nach DIN 45631 die Berechnung aus dem Frequenzspektrum des Geräusches (→Frequenzanalyse). *Strauch*

Literatur: DIN 45630, Bl. 2: Grundlagen der Schallmessung, Normalkurven gleicher Lautstärkepegel. – DIN 1318: Lautstarkepegel, Begriffe, Meßverfahren. – DIN 45631: Berechnung des Lautstärkepegels aus dem Geräuschspektrum, Verfahren nach E. Zwicker. – *Zwicker, E., R. Feldtkeller:* Das Ohr als Nachrichtenempfänger. Stuttgart 1967.

LAW (Abk. *engl.* Low active waste = schwachradioaktiver Abfall) →Abfall, radioaktiver

LC50. Die LC50 (Abk. *engl.* lethal concentration, Letale Konzentration) ist diejenige Konzentration eines Wirkstoffs in der umgebenden Atmosphäre bzw. bei aquatischen Organismen im Wasser, die bei 50% der exponierten Individuen zum Tod führt (→LD50). *Deml*

LD50. Die LD50 (LD, Letale Dosis) definiert diejenige Dosis eines Wirkstoffs, die bei 50% der behandelten Versuchstiere innerhalb des Versuchszeitraums von 1–2 Wochen zum Tod führt. Der LD50-Wert hat als Anhaltspunkt für die Beurteilung der akuten →Toxizität eines Stoffs Bedeutung. Die Bestimmung der LD50, die im Tierversuch erfolgt, hat wegen der damit verbundenen schweren Belastung der Tiere zu massiver Kritik geführt, zumal dieser Wert keine biologische Konstante darstellt und erheblichen Schwankungen unterworfen ist. Bei der früher üblichen Bestimmungsmethode wurden zur möglichst exakten Bestimmung und statistischen Absicherung zahlreiche Tiere benötigt. Neuerdings beschränkt man sich zunehmend auf die Abschätzung einer ungefähren toxischen bzw. letalen Dosis, für die nicht mehr als 3–5 Tiere benötigt werden. Als Versuchstiere dienen vorwiegend Ratten und Mäuse, seltener Meerschweinchen und Kaninchen. *Deml*

Lebensdauer von Spurengasen. Die mittlere L. eines Spurengases in der Atmosphäre, auch atmosphärische Verweilzeit genannt, wird durch die Summe aller Abbau-, Depositions- und Transportprozesse bestimmt. Die chemische L. ergibt sich durch Reaktionen in der Gasphase, durch Oxidationsvorgänge in Wolken- und Regentropfen sowie an Partikeloberflächen. Bei der Angabe der mittleren chemischen L. wird vorausgesetzt, daß die Abbaugeschwindigkeit d[A]/dt des Spurenstoffs A linear mit der Konzentration von [A] anwächst (Gl. 1).

$$\frac{d[A]}{dt} = - K[A] \tag{1}$$

Die Größe K ergibt sich durch Gleichung 2,

$$K = k_{Phot} + \Sigma\, k_I[Y_I] \tag{2}$$

wobei k_{Phot} der →Photolysefrequenz und k_I den Geschwindigkeitskonstanten parallel ablaufender Reaktionen entspricht.

Für chemische Reaktionen gilt Gl. 1, wenn K zeitlich konstant bleibt, d. h. die Konzentrationen aller Reaktionspartner Y_I sowie die Temperatur und andere meteorologische Parameter sich nicht ändern. Durch Mittelung über hinreichend große Raum- und Zeitbereiche kann diese Forderung annähernd erfüllt werden. Der Kehrwert $1/K$ entspricht nun der mittleren chemischen L. τ einer Substanz. Mathematisch ist die L. eines Stoffes als die Zeit definiert, in der die Konzentration des Stoffes auf den e-ten Teil (e = 2,72) der ursprünglichen Konzentration abnimmt, wenn alle Quellen dieser Substanz ausgeschaltet werden. Für homogene Reaktionen in der Gasphase ist die Definition einer mittleren L. meist begründet, bei Reaktionen in Tröpfchen und an Partikeloberflächen müssen weitere Koeffizienten für Verteilung und Transport der Komponenten in die verschiedenen Phasen eingeführt werden, wodurch der Begriff mittlere L. sehr fragwürdig wird.

Für den Massenfluß F_A bei der Ablagerung einer Substanz am Boden kann unter Einführung einer Ablagerungsgeschwindigkeit v_A der Fluß angenähert proportional zur Konzentration gesetzt werden (Gl. 3).

$$F_A = v_A[A] \qquad (3)$$

Eine L. τ läßt sich jedoch nur dann angeben, wenn eine mittlere Höhe h als fiktive Größe definiert wird, aus der die Ablagerung erfolgt. Die L. bezüglich der →Deposition ergibt sich dann zu:

$$\tau = \frac{h}{v_A} \qquad (4)$$

Für die Angabe einer L. bezüglich der nassen Deposition, ist die Kenntnis der Konzentrationen des Stoffes im Wolken- und Regenwasser notwendig. Der Fluß F_A zum Boden ergibt sich dann zu (Gl. 5) mit N als Niederschlagsrate.

$$F_A = [A]N \qquad (5)$$

Wirtz

Lebensmittelbestrahlung →Abfallverwertung radioaktiver Abfälle

Lebensmittelrecht. Das L. umfaßt die Rechtsvorschriften über den Verkehr mit Lebensmitteln, Tabakerzeugnissen, kosmetischen Mitteln und sonstigen Bedarfsgegenständen, deren Ziel es ist, den Verbraucher vor möglichen Gesundheitsschäden und vor Täuschung zu schützen. Das L. ist in erster Linie geregelt im Lebensmittel- und Bedarfsgegenständegesetz (LMBG – vom 15. 8. 1974, BGBl. I S. 1945). Das Gesetz wird ergänzt durch zahlreiche Nebengesetze und Verordnungen, unter anderem durch das Fleischhygiene- und das Geflügelhygienegesetz sowie das Weingesetz, jeweils mit weiteren Verordnungen.

Das L. folgt grundsätzlich dem sog. Mißbrauchsprinzip. Es enthält Verbote zum Schutz der menschlichen Gesundheit in bezug auf Stoffe, die als Lebensmittel, Tabakerzeugnisse oder Kosmetika in den Verkehr gebracht werden. Die Generalklauseln können aufgrund von Verordnungsermächtigungen näher konkretisiert werden. Grundsätzlich ist es verboten, Lebensmittel, kosmetische Mittel und sonstige Bedarfsgegenstände, die geeignet sind, die menschliche Gesundheit zu schädigen, für andere herzustellen oder in den Verkehr zu bringen (§§ 8, 24, 30 LMBG). Für Lebensmittel gilt das Verkehrsverbot bei Überschreitung von Höchstmengen an Pflanzenschutzmitteln und pharmakologischen

Stoffen (§§ 14, 15 LMBG). Für Tabakerzeugnisse, aus deren Genuß sich besondere Gefahren ergeben, bestehen auch gesonderte Bestimmungen (§§ 20ff. LMBG). Hinzu kommen in Rechtsverordnungen sog. Negativlisten, die die Verwendung bestimmter Stoffe untersagen, sog. Positivlisten, die für die Herstellung bestimmter Erzeugnisse nur die Verwendung ganz bestimmter zugelassener Stoffe erlauben, Einheitsanforderungen, Genehmigungs- und Anzeigepflichten oder die verbindliche Vorgabe von Warnhinweisen und Gebrauchsanweisungen vorsehen.

Zusatzstoffe – das sind gem. § 2 Abs. 1 S. 1 LMBG Stoffe, die dazu bestimmt sind, Lebensmittel zur Beeinflussung ihrer Beschaffenheit oder zur Erzielung bestimmter Eigenschaften oder Wirkungen zugesetzt werden – dürfen bei dem Herstellen, Behandeln oder Inverkehrbringen von Lebensmitteln nur verwendet werden, wenn sie hierfür ausdrücklich zugelassen sind (§ 11ff. LMBG). Dabei kann noch einmal unterschieden werden zwischen den Stoffen, die unbeschränkt und für sämtliche Lebensmittel zugelassen sind und den Stoffen, deren zulässige Höchstmenge begrenzt ist und die nur für bestimmte Lebensmittel zugelassen wurden. Lebensmittel, die nicht zugelassene Zusatzstoffe enthalten, dürfen nicht in den Verkehr gebracht werden.

Hoppe/Beckmann

Literatur: *Eckert:* Lebensmittelrecht. In: Handwörterbuch des Umweltrechts, Bd. I. Berlin 1986. – *Lips/Marr:* Wegweiser durch das Lebensmittelrecht, 3. Aufl. 1990.

Leckbegrenzung. Um im Falle eines Leitungsbruchs die Leckauslaufmenge zu begrenzen, werden Fernleitungen durch Absperrarmaturen in Teilabschnitte unterteilt.

Diese Absperrarmaturen werden am Ein- und Ausgang von Pumpstationen, an Abzweigstationen und zur Aufteilung der Leitungsstrecke eingebaut. Anzahl und Anordnung der Absperreinrichtungen richten sich nach dem Durchmesser der Fernleitung, den Eigenschaften des Fördermediums und den örtlichen Verhältnissen (z. B. bebaute Gebiete, wasserwirtschaftlich bedeutsame Gebiete, Flußdüker, geodätisches Profil). Damit im Schadensfall ein schnelles Eingreifen sichergestellt ist, müssen die Absperreinrichtungen über Fernwirkeinrichtungen von einer zentralen Stelle (Betriebszentrale) aus betätigt werden können. *Krass*

Leckerkennung und -ortung. Fernleitungen (Pipelines) zum Transport gefährdender Flüssigkeiten müssen mit Einrichtungen ausgerüstet sein, mit deren Hilfe durch Schadensfälle verursachte Verluste festgestellt und geortet werden können:
– zwei voneinander unabhängige, kontinuierlich arbeitende Einrichtungen zur Erkennung von Verlusten für den stationären Betrieb,

– eine Einrichtung zum Erkennen von Verlusten für Förderpausen,
– eine Einrichtung zum Feststellen schleichender Undichtheiten,
– eine Einrichtung (oder Vorkehrungen) zum schnellen Orten von Schadensstellen.

Verfahren, die auf durch Leckagen erzeugten Druckänderungen basieren und auch der Ortung dienen können, sind das →Druckfall- und das →Druckwellenverfahren. Die auf Mengenmessungen basierenden Verfahren sind das →Mengenänderungsverfahren und das →Mengenvergleichsverfahren. Die vorgenannten Verfahren haben keine oder nur eine eingeschränkte Aussagefähigkeit bei instationären Betriebszuständen wie Anfahr- oder Abfahrvorgängen.

Zur Erkennung schleichender Undichtheiten dienen das →Druck-Temperatur-Verfahren (DT-Verfahren) und das →Druckdifferenzverfahren (DD-Verfahren). Diese Verfahren sind nur während der Förderpausen einsetzbar. Mit dem →Lecksuchmolch (Ultraschallmolch) können schleichende Undichtheiten während des Förderbetriebs festgestellt und geortet werden. Weitere Einrichtungen zur L. sind Leckerkennungsdrains, -schläuche, und -kabel. Diese Einrichtungen werden jedoch nur in örtlich begrenzten Leitungsabschnitten mit besonderem Schutzbedürfnis (→Gewässerschutz) eingesetzt.

Zur Erkennung von Undichtheiten in Stationen werden in den Betonwannen oder Sammelschächten Meldesonden (Schnüffel- oder Ölsonden), z. T. mit Schwimmerschaltern gekoppelt, angeordnet.

Krass

Leckerkennungssystem. Ein Reaktorstörfall, der zu Schäden am Reaktorkern führen kann, ist der Kühlmittelverlust entweder über ein Leck im Reaktorkühlkreislauf oder in einer Anschlußleitung. Zu den auslösenden Ereignissen für einen Kühlmittelverlust zählen folgende Lecks:
– in der Hauptkühlmittelleitung,
– am Druckhalter,
– in einer Anschlußleitung des Reaktorkühlkreislaufes außerhalb des Sicherheitsbehälters,
– an Dampferzeuger-Heizrohren.

Vorkehrungen zur Feststellung und Beherrschung von Betriebsstörungen sind Störungsmeldungen und Begrenzungseinrichtungen (Füllstandsanzeige, Druckmessung, Temperaturmessung, Durchflußmessung, Radioaktivitätsmessung). Sie dienen primär dazu, eine Ausweitung einer →Betriebsstörung zum →Störfall zu vermeiden. Einrichtungen zur Beherrschung von Störfällen sind das Reaktorschutzsystem mit den Sicherheitseinrichtungen:
– Abschaltsystem,
– Nachkühlsystem,
– Notspeisesystem,
– Notstromversorgungssystem,
– Gebäudeabschlußsystem.

Das Reaktorschutzsystem überwacht kontinuierlich alle wichtigen Betriebsparameter der Anlage und löst bei Erreichen entsprechender Grenzwerte Sicherheitsaktionen aus, wie das Abschalten des Reaktors oder die →Nachkühlung. Das Nachkühlsystem übernimmt bei Störfällen mit Kühlmittelverlust die ausreichende Kühlung des Reaktorkerns. Bei Ausfall der betrieblichen Speisewasserversorgung übernimmt diese das Notspeisesystem.

Größere Lecks werden durch Abweichungen des Reaktorkühlmitteldrucks vom betrieblichen Sollwert erkannt. Bei einem Leck in einer Hauptkühlmittelleitung oder am Druckhalter sammelt sich das aus dem Leck ausströmende Kühlmittel im Gebäudesumpf innerhalb des Sicherheitsbehälters. Bei Leckage an Dampferzeuger-Heizrohren gelangt Kühlmittel aus dem Reaktorkühlkreislauf in den Speisewasserkreislauf. Dabei kann auch Kühlmittel in die Umgebung freigesetzt werden. Eine Leckerkennung (kleines Leck) erfolgt hauptsächlich über Radioaktivitätsüberwachung in der Frischdampfleitung, d. h. Anstieg der →Radioaktivität.

Merz

Leckortung →Leckerkennung

Leckstrahlung. L. ist die von geschlossenen Systemen oder Anlagen auf Grund unvollständiger Abschirmung ausgehende elektromagnetische Strahlung. Sie liefert einen Beitrag zur Exposition der Bevölkerung.

Die in geschlossenen Anlagen erzeugten elektromagnetischen Felder sind meist so hoch, daß bei Fehlern in der Abschirmung ernsthafte Gesundheitsgefahren für Personen in der Umgebung auftreten können. Eine Überprüfung der L. nach standardisierten Verfahren ist deshalb wichtig. In der Regel wird die durch geschlossene Anlagen hervorgerufene Exposition nur gering im Vergleich mit Personenschutzgrenzwerten sein. Eine gesundheitliche Gefährdung durch Geräte-L. wird deshalb im Normalfall nicht angenommen. Diese Abstrahlung liefert aber ungewollt einen Beitrag zur Exposition von Personen in der Umgebung dieser Anlagen und muß deshalb bei der Gesamtbelastung von Personen berücksichtigt werden.

Ein Beispiel für derartige geschlossene Systeme im Haushalt sind →Mikrowellengeräte. *Matthes*

Literatur: *Matthes, R.* und *L. I. Dehne:* Bewertung der Strahlenexposition beim Betrieb von Mikrowellenherden im Haushalt. Bundesgesundheitsblatt Nr. 5, 1992.

Lecksuchmolch. Einrichtung zur →Leckerkennung und -ortung bei Mineralölfernleitungen für den Einsatz bei den regelmäßigen Dichtheitsprüfungen. L. (Ultraschallmolche) sind mit elektronischen Geräten ausgestattete Molche, die sich auf einem leise laufenden Fahrgestell ohne eigenen Antrieb mit dem Förderstrom durch die Leitung bewegen (Bild).

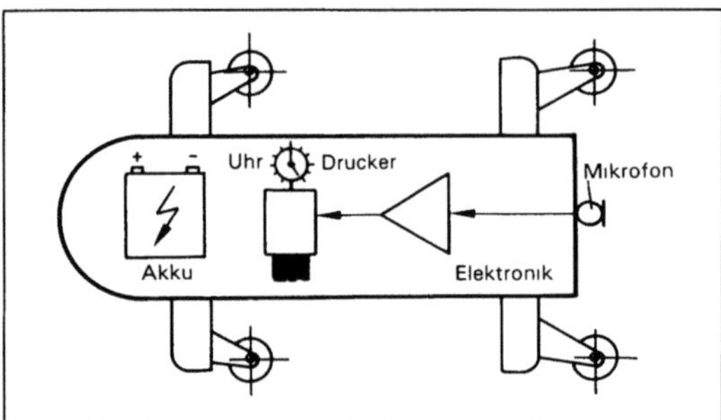

Lecksuchmolch: Schema des Ultraschall-L.

Das Verfahren beruht auf dem physikalischen Effekt, daß kleine Lecks Ausströmgeräusche erzeugen, deren Frequenzen vorwiegend im Bereich zwischen 20 und 40 kHz (Ultraschallbereich) liegen. Die Schallintensität ist abhängig von der Leckgeometrie, dem Leitungsdruck (Leckmenge), den die Leitung umgebenden Verhältnissen (Sand, Wasser) und den Eigenschaften des Austrittsmediums (Förderflüssigkeit).

Leckgeräusche werden von einem in den Prüfmolch eingebauten Hydrophon (Unterwassermikrophon) aufgenommen und mit der zugehörigen Gerätezeit elektronisch gespeichert. Dabei werden die von dem Hydrophon aufgenommenen akustischen Schwingungen in elektrische Schwingungen umgewandelt und einem Verstärker zugeführt. Durch geeignete Filter werden nur die interessierenden Frequenzbereiche durchgelassen, so daß Störgeräusche aus anderen Geräuschquellen (z. B. Pumpen, Regelventile, Verkehr) unterdrückt werden. Die Ortung wird aus der vom Prüfmolch aufgezeichneten Gerätezeit an der Leckstelle und der Gesamtlaufzeit abgeleitet. Zur Verbesserung der Ortungsgenauigkeit werden an verschiedenen Leitungspunkten Marker (akustische Kilometersteine) auf die Leitung gesetzt, die ein akustisches, gegenüber Leckgeräuschen moduliertes Signal erzeugen und von der Elektronik ebenfalls erfaßt werden.

Nach dem Prüflauf werden die elektronischen Aufzeichnungen ausgedruckt und ausgewertet.

Mit dem L. können Leckagen bis unter 10 l/h erkannt und mit einer Ortungsgenauigkeit bis zu ±50 m geortet werden. Die Ortungsgenauigkeit hängt ab von der Anzahl der Marker, der Zeitauflösung der Geräteuhr und dem möglichen Schlupf des Molchs in der Leitung. Gegenüber den anderen Verfahren zur Dichtheitsprüfung hat der L. den Vorteil, daß er während des Förderbetriebs einge-

setzt wird, so daß Betriebsunterbrechungen entfallen. *Krass*

Literatur: *Naudascher, E.* und *W. W. Martin:* Akustische Leckerkennung in Rohrleitungen. 3R international, Heft 8, 1975. – *Riemsdijk, A. J. van* und *H. Bosselaar:* Betriebsunterbrechungsfreie Aufspürung von geringfügigen Undichtheiten von Rohölpipelines – Ultraschallmolch. Wien–Hamburg. Erdöl-Erdgas-Zeitschrift, (1970) 86.

Lederberg-Technik →Replika-Plattierung

Lee. Die dem Wind abgewandte Seite (einer Erhebung oder eines Gebäudes), die im Windschatten liegt. Im L. von Gebäuden (und auch Erhebungen) treten axiale Wirbel auf, die Schadstoffe aus Dachauslässen oder niedrigen Schornsteinen in Richtung Erdboden transportieren können. Je nach der effektiven Quellhöhe über der Mitte des L.-Wirbels wird die Abgasfahne nur abgesenkt – dabei geht der Auftriebsimpuls der Fahne verloren – oder teilweise oder vollständig von der Nachlaufblase hinter dem Gebäude eingefangen. Das stark verwirbelte Strömungsfeld hinter einem Gebäude reicht bis zu einer Entfernung, die etwa dem Dreifachen der Gebäudehöhe entspricht (sofern die Höhe des Gebäudes kleiner ist als seine Breite). Weiter stromabwärts schließt sich ein Gebiet mit zum Boden hin abgelenkten Stromlinien an. Wird eine Abgasfahne ganz oder teilweise vom L.-Wirbel eingefangen, so treten in Gebäudenähe hohe Konzentration auf, für deren Simulation spezielle Ausbreitungsmodelle entwickelt wurden. Wenn sich eine Abgasfahne unbeeinflußt von L.-Wirbeln ausbreitet, wird die Quelle als freistehend bezeichnet. Die effektive Quellhöhe über der Mitte des L.-Wirbels muß dann mehr als das 2,5fache der Gebäudehöhe betragen (→Ausbreitung im Nahbereich niedriger Quellen). *Giebel*

Leichtflüchtige organische Verbindungen →organische Verbindungen, leichtflüchtige

Leichtflüssigkeitsabscheider. L. werden zur Abtrennung von Leichtflüssigkeiten (Benzin, Heizöl) mit einer Dichte bis 0,95 g/cm³ aus →Regenwasser und →Schmutzwasser eingesetzt. Diese Leichtflüssigkeiten fallen bei Instandhaltung, Betrieb und Reinigung von Kraftfahrzeugen, in Anlagen zum Lagern, Abfüllen und Umschlagen von Kraftstoffen, Ölen und Schmierstoffen sowie beim Lagern und Umschlagen mineralölhaltiger Materialien an. DIN 1999 regelt die Baugrundsätze, die Bemessung, den Einbau und den Betrieb sowie die Prüfung von Abscheideanlagen für Leichtflüssigkeiten (→Benzinabscheider). *Mertsch*

Leichtstoffabscheider. L. werden auf der →Kläranlage überwiegend als Fettfänge, häufig in Verbindung mit einem belüfteten →Sandfang, eingesetzt.

Sie eignen sich dann auch zur Abscheidung von unzulässigerweise in das Kanalnetz gelangtem Öl oder Benzin.

Die Abscheidung der Leichtstoffe auf der Kläranlage hat vor der biologischen Stufe zu erfolgen. Bei geringem Anfall kann das Vorklärbecken entsprechend ausgerüstet werden. Am Räumwagen ist ein Schwimmschlammschild und im Becken eine Ablaufrinne für den Schwimmschlamm vorzusehen.

Bei Anlagen ohne Vorklärung ist ein gesonderter Schwimmschlammfang hinter dem Sandfang mit einer Aufenthaltszeit von ca. 5 min. nützlich. Bei belüfteten Sandfängen kann man den Flotationseffekt der eingeblasenen Luft ausnützen und seitlich neben dem Sandfang eine gesonderte Schwimmschlammkammer vorsehen. *Mertsch*

Leichtwasserreaktor. Sammelbezeichnung für alle mit normalem (leichtem) Wasser moderierten und gekühlten Reaktoren. Mit dem Begriff Leichtwasser verdeutlicht man den Unterschied gegenüber dem Schwerwasserreaktor, der an Stelle mit H_2O mit D_2O (schwerem Wasser) moderiert wird.

L. werden auf Grund ihres Funktionsprinzips in Siede (SWR)- und Druckwasser (DWR)-Reaktoren unterschieden. Beiden Typen gemeinsam ist der Einschluß der Brenn- und Steuerelemente in einen stählernen wassergefüllten Druckbehälter. Als Brennstoff dient in jedem Fall leicht angereichertes (3–4 % U-235) Uran in Form von UO_2. Die bei der Spaltung entstehende Wärme wird auf das Wasser übertragen. Im Siedewasserreaktor verdampft das Wasser im Druckbehälter, im →Druckwasserreaktor hingegen erfolgt die Wasserdampfbildung erst in einem separaten Dampferzeuger eines zweiten Kreislaufes.

Der Vorteil des SWR ist, daß der erzeugte Dampf direkt auf die Turbine geht, ohne daß in einem Wärmetauscher Wärmeverluste auftreten. Deshalb ist der Wirkungsgrad des SWR geringfügig höher als beim DWR. Diesem Vorteil steht aber der Nachteil der möglichen radioaktiven →Kontamination der Turbine gegenüber, wenn Brennelementdefekte auftreten und damit der Einkreisdampfkreislauf verunreinigt wird. Der Druckwasserreaktor mit seinen beiden voneinander getrennten Wärmetransportsystemen vermeidet diesen Nachteil.

Hinter der Turbine kondensiert der Dampf im Kondensator zu Wasser, das beim SWR wieder dem Druckbehälter und beim DWR dem Dampferzeuger zugeführt wird. Das zur Kühlung des Kondensators nötige Wasser wird in der Regel einem Fluß entnommen und wird leicht erwärmt in den Fluß zurückgeleitet oder gibt seine Wärme über einen →Kühlturm an die Atmosphäre ab. *Merz*

Leitfähigkeitsmeßverfahren →Konduktometrie

Leitungsführung von Pipelines. Grundsätzlich ist die L. so zu wählen, daß die von der Pipeline ausgehenden Gefahren für die Umgebung und die von der Umgebung ausgehenden Gefahren für die Pipeline so gering wie möglich gehalten werden.

Bei der L. sind die öffentlichen Interessen, insbesondere im Hinblick auf →Raumordnung, →Landes- und Ortsplanung, Verkehr, Umwelt-, Gewässer-, Natur- und Landschaftsschutz sowie Bergbaugebiete zu berücksichtigen und ggf. abzuwägen.

In bebauten oder für die Bebauung vorgesehenen Gebieten sind Fernleitungen möglichst nicht zu verlegen.

Ist eine Umgehung schutzbedürftiger Gebiete nicht möglich, werden besondere Maßnahmen getroffen, die einerseits die Sicherheit der Fernleitung in diesen Bereichen erhöhen und andererseits Eingriffen von außen vorbeugen sollen.

In →Bergbaugebieten werden in Abstimmung mit den Bergbaubetrieben besondere Überwachungsmaßnahmen getroffen, die eine Beeinträchtigung der →Pipelinesicherheit durch Erdbewegungen verhindern sollen. *Krass*

Literatur: Richtlinie für Fernleitungen zum Befördern gefährlicher Flüssigkeiten – RFF (TRbF 301, Fassung 6/1986) Anhang G – Überwachung im Entwicklungsbereich des Bergbaus.

Lemberger Box. Probenahmegerät, um aus →Verdachtsflächen und →Altlasten austretende gasförmige Emissionen aufzufangen. Die Box wurde erstmalig auf der Deponie am Lemberg in Baden-Württemberg eingesetzt. Sie besteht aus einem einseitig geöffneten Kunststoffbehälter, der mit der offenen Seite nach unten auf die Probenahmestelle aufgestellt wird. Die Box hat ein Volumen von etwa 40 l und besteht aus Polyethylen. Um ungewollten Zutritt von Luft zu vermeiden, ist die Box seitlich an den Rändern am Erdboden abgedichtet. Das aufgefangene Gas kann über eine Pumpe einem Gasanalysegerät, z. B. Gaschromatograph (GC), zugeführt werden. Die für die Analyse abgesaugte Menge muß mit der emittierten Gasmenge abgestimmt werden. Unterdruck ist in der Box zu vermeiden. *Thoenes*

Leuchtdichte. Lichttechnische Größe zur Kennzeichnung des von einer Fläche in eine vorgegebene Richtung abgestrahlten Lichts. Das Licht wird dabei mit dem spektralen Hellempfindlichkeitsgrad des menschlichen Auges bewertet (DIN 5031, Teil 2), in der Regel nach den Funktionswerten für das Tagessehen (→Beleuchtungsstärke).

Die L. kann sich auf das abgestrahlte Licht einer selbstleuchtenden Lichtquelle (Selbstleuchter) beziehen oder auch auf das einer nicht selbstleuchtenden Lichtquelle (Fremdleuchter), das durch Reflexion, Streuung oder Transmission einer auf den Fremdleuchter fallenden Strahlung entsteht.

Die L. L (ε) ist definiert als der Lichtstrom $d^2\Phi(\varepsilon)$, der vom Flächenelement dA in das Raumwinkelelement dΩ zur Beobachtungsrichtung ε hin abgestrahlt wird, bezogen auf das Raumwinkelelement dΩ und das Flächenelement dA′. Dabei ist dA′ die zur Beobachtungsrichtung senkrechte Projektion des Flächenelements dA, d. h. die vom Beobachter aus gesehene *scheinbare Fläche* von dA (Bild). Es gilt:

$$L(\varepsilon) = \frac{d^2\,\Phi(\varepsilon)}{d\Omega\,dA'} \text{ mit } dA' = dA\cos\varepsilon.$$

ε ist der Winkel zwischen der Flächennormale N des Flächenelements dA und der betrachteten Ausstrahlungsrichtung. Der Lichtstrom ist die mit dem spektralen Hellempfindlichkeitsgrad bewertete Strahlungsleistung des Lichts. Die Strahlungsleistung beschreibt die durch die Lichtstrahlung übertragene Leistung in Watt.

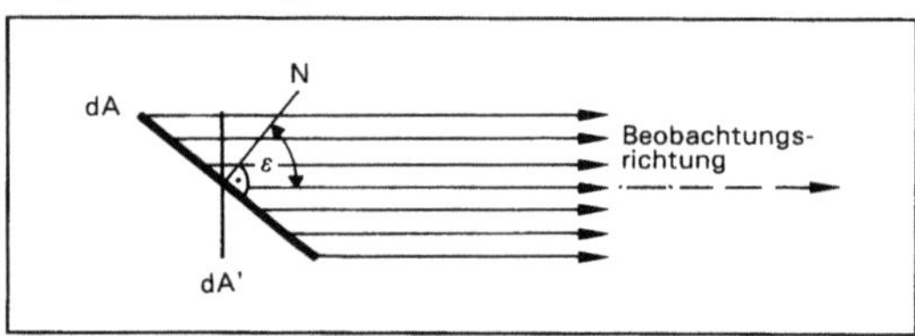

Leuchtdichte: Prinzipielle Darstellung.

Bei gleichmäßiger Lichtabstrahlung einer kleinen Lichtquelle mit der Fläche A in den Raumwinkel Ω gilt die vereinfachte Beziehung:

$$L(\varepsilon) = \frac{\Phi(\varepsilon)}{\Omega\,A\cos\varepsilon}$$

Einheit für die Leuchtdichte ist Candela/m² (cd/m²).
Einheit des Lichtstroms ist das Lumen (lm).

Beispiele für L. (Nährungswerte):

Sonne:	$1{,}5 \cdot 10^9$ cd/m²
Allgebrauchs-Glühlampe, innen matt:	$(5 \text{ bis } 40) \cdot 10^4$ cd/m²
Leuchtstofflampen:	$(0{,}3 \text{ bis } 1{,}5) \cdot 10^4$ cd/m²
blauer Himmel:	$5 \cdot 10^3$ cd/m²
beleuchtete Flächen in Innenräumen:	1 bis 300 cd/m²
künstlich beleuchtete Straßen:	0,2 bis 5 cd/m².

Die L. ist im allgemeinen die für die Helligkeitsempfindung maßgebende lichttechnische Größe. Weiter hat sie auch wesentliche Bedeutung für die Blendwirkung von Lichtquellen (→Blendung, →Lichtimmissionen).

Die Messung von L. erfolgt im allgemeinen mit Leuchtdichtemeßgeräten (Photometer). Geräteanforderungen sind in DIN 5032, Teil 7, aufgeführt.

Assmann

Literatur: DIN 5031, Teil 2: Strahlungsphysik im optischen Bereich und Lichttechnik; Strahlungsbewertung durch Empfänger. 3/1982. – DIN 5032, Teil 7: Lichtmessung; Klasseneinteilung von Beleuchtungsstärke- und Leuchtdichtemeßgeräten. 12/1985. – Handbuch für Beleuchtung 5. Aufl. Essen 1992.

LIB-Filterverfahren. Das L. (LIB = Landesanstalt für Immissions- und Bodennutzungsschutz NRW, Vorläuferinstitut der LIS = Landesanstalt für Immissionsschutz) ist eine Methode zur Messung von →Schwebstaub. Das für den stationären Betrieb ausgelegte Gerät arbeitet mit einem Luftdurchsatz von ca. 15 m³/h und Filtern mit einem Durchmesser von 120 mm.

Das in Deutschland im Rahmen der routinemäßigen Schwebstaubmessung weit verbreitete Gerät ist in unterschiedlichen Varianten in VDI 2463, Bl. 4 und 9 beschrieben. Bei einem Durchsatz von 15 bis 16 m³/h werden ohne partikelgrößen-abhängige Fraktionierung auf Filtern von 120 mm Durchmesser innerhalb der für Schwebstaubmessungen üblichen Probenahmezeit von 24 Stunden vergleichsweise große Staubmengen abgeschieden, was für eine nachgeschaltete Analyse von Staubinhaltsstoffen große Vorteile bietet (Bild 1, 2).

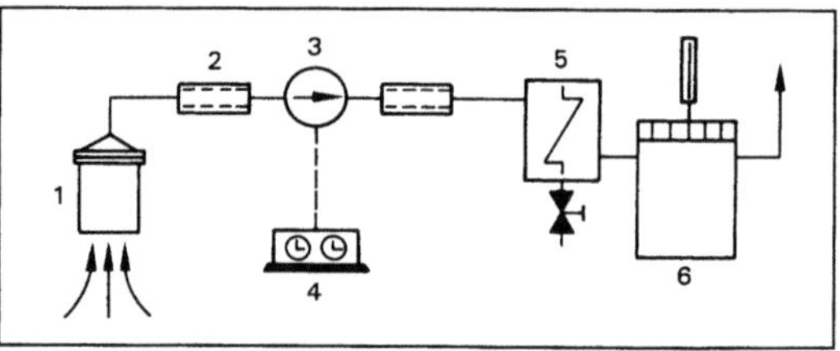

LIB-Filterverfahren 1: Beispiel für den Aufbau der Probenahmeeinrichtung. (Quelle: VDI 2463, Bl. 4)

1 LIB-Filterhalter mit Vorsatztubus, 2 Schalldämpfer, 3 Drehschieberpumpe, 4 Zeitschaltuhr, 5 Probeluftkühler, 6 Gasmengenzähler mit Thermometer

Die in der Regel 24stündige Probenahme wird durch eine Schaltuhr gesteuert, das Probenahmevolumen mit einem Gasmengenzähler (Gasuhr) gemessen. Die relative →Nachweisgrenze des Meßverfahrens liegt bei 10 µg/m³.

Auf Grund der relativ hohen Geräuschentwicklung ist der Betrieb des Geräts in Wohngebieten nicht unproblematisch. Aus diesem Grunde wird heute meistens die gesamte Apparatur mit Ausnahme des Probenahmekopfes in einen schallgedämpften Schrank integriert. Zur Bestimmung des Probenahmevolumens können heute auch moderne Techniken wie thermische Massendurchflußregler eingesetzt werden.

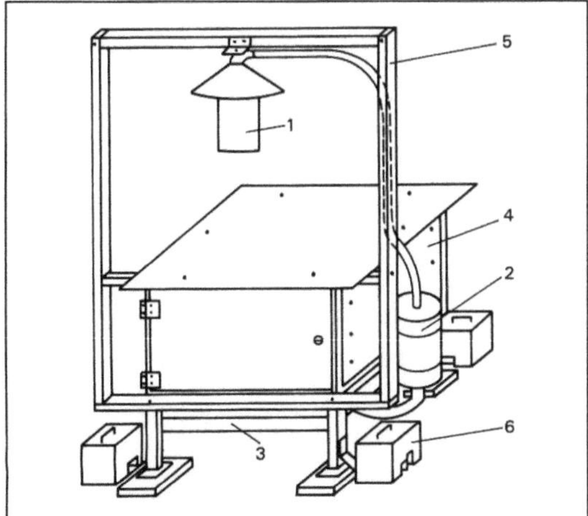

*LIB-Filterverfahren 2: LIB-Probenahmegerät.
(Quelle: VDI 2463, Bl. 4)*

1 LIB-Filterhalter, 2 Schalldämpfer, 3 Kühlstrecke, 4 Gerätegehause (etwa 80 kg), 5 Rahmengestell, 6 Betongewichte (15 kg)

Das in Bl. 9 der Richtlinie beschriebene Gerät (LIS/P-Filtergerät) unterscheidet sich von der Grundversion (Bl. 4) durch eine zusätzliche, unter dem Ansaugtubus montierte Anströmplatte, durch die ein definiertes Anströmverhalten der Probenluft am Ansaugkopf erreicht wird. Die Meßergebnisse sind damit unmittelbar mit denen des als Basisverfahren für die nichtfraktionierende Messung von Schwebstaub verwendeten Kleinfiltergerätes vergleichbar. *Pfeffer*

Literatur: VDI 2463: Messen von Partikeln; Bl. 4: Messen der Massenkonzentration von Partikeln in der Außenluft; Filterverfahren; LIB-Filterverfahren. 12/1976. – Bl. 9: Messen von Partikeln; Messen der Massenkonzentration (Immission); Filterverfahren; LIS/P-Filtergerät. 2/1987.

Lichtimmission. Künstlich verursachte Einwirkung von Licht auf die Allgemeinheit oder die Nachbarschaft, insbesondere auf Menschen.

Licht ist für den Menschen sichtbare elektromagnetische Strahlung; der Wellenlängenbereich erstreckt sich von etwa 380 nm bis 780 nm. Die Wellenlängenzusammensetzung des Lichts bestimmt den Farbeindruck; z. B. ergeben Wellenlängen um 480 nm blaues, Wellenlängen um 530 nm grünes und Wellenlängen um 680 nm rotes Licht.

L. werden i. a. durch künstliche Lichtquellen in Zeiten der Dunkelheit verursacht. In Sonderfällen können aber auch in den Hellstunden des Tages durch Reflexionen des Sonnenlichts an spiegelnden Flächen (z. B. große spiegelnde Glasscheiben) Lichteinwirkungen künstlich verursacht werden. Es gibt zeitlich konstante und zeitveränderliche L.

Der Begriff der L. wird im Bereich des Immissionsschutzes verwendet. Licht gehört zu den Emissionen und Immissionen im Sinne des Bundes-Immissionsschutzgesetzes (BImSchG); dabei werden die von Anlagen im Sinne dieses Gesetzes ausgehenden Emissionen betrachtet. Für die Beleuchtungseinrichtungen von Fahrzeugen gelten besondere Vorschriften. Öffentliche Verkehrswege – und damit auch die zugehörige Beleuchtung – sind aus dem Anlagenbegriff des Bundes-Immissionsschutzgesetzes ausgenommen.

Nach dem BImSchG hat der Betreiber von Beleuchtungseinrichtungen dafür Sorge zu tragen, daß keine schädlichen Umwelteinwirkungen durch Licht verursacht werden.

Licht kann insbesondere folgende Wirkungen verursachen:
– Physiologische Schäden der Augen oder der Haut durch zu hohe Bestrahlungsstärken
– Beeinträchtigung des Sehvermögens durch zu hohe Leuchtdichten bzw. Leuchtdichteunterschiede (Absolutblendung, physiologische Blendung).
– Belästigung durch zu hohe Leuchtdichteunterschiede oder Beleuchtungsstärken: störende Blendung (psychologische Blendung), Auffälligkeit, unerwünschte Raumaufhellung.
– Nachteile wirtschaftlicher Art (z. B. Preisnachteile durch ungünstige Beeinflussung des Blühzeitpunkts von Pflanzen oder der Tierhaltung).

Bei den im Bereich des Immissionsschutzes auftretenden Lichteinwirkungen durch künstliche Lichtquellen lassen sich i. a. Schädigungen der Augen oder der Haut ausschließen. Die Anwendung von →Laserstrahlung ist durch spezielle Vorschriften geregelt.

Eine Beeinträchtigung des Sehvermögens ist z. B. für Verkehrsteilnehmer von besonderer Bedeutung, wenn sich dadurch Hindernisse oder wichtige Vorgänge im Verkehrsraum nicht mehr rechtzeitig erkennen lassen.

Für die Wohnnachbarschaft von Lichtquellen ist jedoch weniger das Sehvermögen wichtig, um z. B. noch bestimmte Dinge erkennen zu können, sondern eher die Entspannung und Ungestörtheit oder der Wunsch nach Dunkelheit in den natürlichen Dunkelstunden ohne Benutzung von Vorhängen oder Rolläden. Nachbarbeschwerden über L. beziehen sich dementsprechend meistens auf →Belästigungen. Als Begründung wird dabei die störende →Blendung und/oder die unerwünschte →Raumaufhellung in Wohnräumen genannt.

Beschwerden betreffen häufig Lichtreklameanlagen, Anlagen zur Beleuchtung bestimmter Bereiche wie Höfe, Lagerplätze etc. und Sportplatzbeleuchtungsanlagen. In Einzelfällen können auch andere Ursachen wie große erleuchtete Fenster oder Sonnenlichtreflexionen Beschwerden auslösen.

Zur Beurteilung der Lästigkeit von L. müssen Maßstäbe angegeben werden, die auf physikalisch-technische Größen und Regelungen zurückgreifen und die eine Aussage über das Ausmaß der zu beurteilenden Wirkung gestatten.

Allgemeine Verwaltungsvorschriften – wie etwa die →TA Luft für Luftverunreinigungen oder die →TA Lärm für Geräusche – sind für die Beurteilung von L. nicht erlassen worden; auch liegen entsprechende Normen oder Richtlinien nicht vor. Deshalb muß auf generelle oder auf den Einzelfall bezogene gutachtliche Aussagen zurückgegriffen werden. Der aktuelle Erkenntnisstand ist in der LiTG-Publikation Nr. 12 zusammengefaßt.

Meßgröße zur Beurteilung der unerwünschten Raumaufhellung ist die durch die zu untersuchende Beleuchtungsanlage verursachte Vertikal-Beleuchtungsstärke (→Beleuchtungsstärke) in der Fensterebene am Immissionsort. Die Beurteilung der störenden Blendung erfolgt anhand der →Leuchtdichte der zu untersuchenden Lichtquelle. Als Beurteilungskriterien gibt die LiTG-Publikation Nr. 12 Anhaltswerte für die Raumaufhellung und für die Blendung an, die nicht überschritten werden sollen; ausschlaggebend für die Beurteilung ist das jeweils schärfere Kriterium.

Die Beurteilung bezieht sich in der Regel auf Zeiten der Dunkelheit. Unabhängig vom tatsächlichen Beleuchtungsniveau werden aus Gründen der Einfachheit die genannten photometrischen Größen stets auf den spektralen Hellempfindlichkeitsgrad für das Tagessehen bezogen (→Beleuchtungsstärke, →Leuchtdichte).

L. im Hellen können in Form von Spiegelungen des Sonnenlichts auftreten. Die Reflexionen unterscheiden sich dabei nicht grundsätzlich von der direkten Sonneneinstrahlung und sind dementsprechend zu beurteilen. Wenn jedoch durch große spiegelnde Flächen die Reflexionen aufgrund ihrer Intensität und Einstrahlrichtung die natürlichen Lichtverhältnisse deutlich verändern, so daß das Sehen im üblichen Blickfeld über einen längeren Zeitraum erheblich eingeschränkt wird, so ist dies bei der Beurteilung im Einzelfall mit zu berücksichtigen. Als Kriterium läßt sich z. B. die Absolutblendung durch die Reflexionen unter Berücksichtigung der Einwirkzeit heranziehen; ein abgeschlossenes Beurteilungssystem gibt es jedoch noch nicht.

Die Verminderung von L. bedeutet die Absenkung der Lichtausstrahlung der Leuchten in die Richtung zum Immissionsort hin. Dies läßt sich durch geeignete Leuchtentypen, durch die Wahl von Aufstellungsort, Neigung und Höhe der Leuchten und durch Blenden an den Leuchten erreichen. Mehrere räumlich verteilte Leuchten können aus der Sicht des Nachbarschaftsschutzes günstiger als wenige zentrale sein. Zeitlich veränderliches Licht, das auf die Nachbarschaft einwirken kann, ist möglichst zu vermeiden, da es bei gleicher Leuchtdichte bzw. Beleuchtungsstärke i. a. als wesentlich störender empfunden wird als zeitlich konstantes Licht.

Assmann

Literatur: Messung und Beurteilung von Lichtimmissionen. LiTG-Publikation Nr. 12. Hrsg.: Deutsche Lichttechnische Gesellschaft e. V., Berlin 1991.

LIDAR. Abk. *engl.* für Light Detection and Ranging. L.-Systeme gehören zu den aktiven optischen →Fernmeßverfahren und ermöglichen eine ortsaufgelöste Messung partikel- und gasförmiger Schadstoffe in der Atmosphäre. Das L.-Prinzip entspricht im wesentlichen dem RADAR-Prinzip, mit dem Unterschied, daß anstelle von Mikrowellen Licht im UV-, IR- oder sichtbaren Spektralbereich verwendet wird. Mit Hilfe eines Lasers wird ein Lichtimpuls hoher Leistung emittiert. Ein kleiner Teil des Lichtes wird durch Mie-Streuung an Molekülen in Rückwärtsrichtung gestreut, von einem Spiegelteleskop empfangen und im Meßsystem analysiert. Intensität und Spektrum des rückgestreuten Lichtes liefern ergiebige Informationen über die stoffliche Zusammensetzung der Atmosphäre. Die Zeitanalyse des rückgestreuten Lichtes ermöglicht eine Aussage in Abhängigkeit von der Entfernung zwischen Meßsystem und Meßort.

L.-Systeme zur Messung gasförmiger Luftschadstoffe arbeiten vorzugsweise nach dem DAS-Prinzip (DAS: Abk. für Differential Absorption Spectroscopy). Dabei werden kurz nacheinander zwei Lichtimpulse unterschiedlicher Wellenlänge emittiert. Die Wellenlängen sind so ausgewählt, daß die beiden Lichtimpulse in der Atmosphäre in gleicher Weise rückgestreut, aber von der zu messenden Schadstoffkomponente unterschiedlich stark absorbiert werden. Aus der Differenz kann die gesuchte Schadstoffkonzentration, aus der Laufzeit der jeweils zugehörige Meßort bestimmt werden. *Stahl*

Literatur: *Hinkley, E. D.* (Ed.): Laser Monitoring of the Atmosphere. Topics in Applied Physics, Vol. 14. Berlin–Heidelberg–New York 1976. – *Weber, K., V. Klein* u. *W. Diehl:* Optische Fernmeßverfahren zur Bestimmung gasförmiger Luftschadstoffe in der Troposphäre. In: Aktuelle Aufgaben der Meßtechnik in der Luftreinhaltung. VDI-Ber. 838, S. 201–246. Düsseldorf 1990.

LIFE (*franz.* L'instrument financier pour l'environnement) →EG-Umwelt-Finanzierungsinstrument

Limnologie. L. (*griech.* limnä = stehendes Wasser) ist die →Ökologie der Binnengewässer. Der Begriff wurde von dem Schweizer *F. A. Forell* 1892 eingeführt. Die L. erfaßt die limnischen Ökosysteme mit ihren physikalischen, chemischen und biologischen Prozessen in deren enger Verflechtung sowie die

Zusammenhänge zwischen dem aquatischen Lebensraum und den darin befindlichen Organismen.

Im Bereich der limnologischen Grundlagenforschung als Bestandteil der ökologischen Grundlagenforschung werden insbesondere die Gesetzmäßigkeiten bezüglich der Struktur der Ökosysteme, ihrer Produktionsbiologie, der Stoff- und Energieflüsse, der Interaktionen von Primärproduzenten (Pflanzen), verschiedenen Stadien der Konsumenten (Tiere) und der Destruenten (Bakterien) untersucht. Besondere Probleme sind die Räuber-Beute-Beziehungen, die insgesamt das →Ökosystem wesentlich in seiner Ausprägung beeinflussen.

Aufbau von organischen Substanzen, Freisetzung von Stoffen, z. B. auch von organischen Substanzen, die Algen ins Wasser entlassen, sowie Ausscheidungsprodukte von Tieren sind ebenso Gegenstand der Forschung wie die Zusammenhänge zwischen Gewässergestalt und Zustand des Ökosystems.

Aktuelle Fragen der praktischen L. ergeben sich bei der Bekämpfung von Umweltproblemen und Störungen bei den Gewässernutzungen, z. B. Trinkwassergewinnung, Baden, Fischerei, die sich insbesondere in der Gewässerverunreinigung, der Belastung mit toxischen Stoffen, der →Eutrophierung als Folge der Nährstoffanreicherung, der Versauerung, der Belastung mit Schwermetallen oder mit Salzen ergeben. Insoweit ist die praktische L. gleichzeitig ein Teilgebiet der Wasserwirtschaft.　　*Friedrich*

Literatur: *Schwoerbel, J.:* Einführung in die Limnologie. Stuttgart 1993. – *Uhlmann, D.:* Hydrobiologie – Ein Grundriß für Ingenieure und Naturwissenschaftler. Jena 1988.

Limnotherm. Beim L.-System wird die Abwärme von Kraftwerken als Nutzwärme für die Fischzucht verwendet. Diese Anlagenkonzeption wurde am Braunkohlenkraftwerk in Bergheim-Niederaußem nach langjährigen Versuchen und mehreren Ausbauschritten verwirklicht. Werden bisher bekannte Anlagen im Vorfluter der Kraftwerke mit belastetem Oberflächenwasser bei gleichzeitig sehr starken Temperaturschwankungen betrieben, so wird mit dem L.-Verfahren das reine Kühlwasser von Grundlastkraftwerken bei kaum schwankenden Temperaturen genutzt. Soweit bekannt, ist mit diesem Verfahren Mitte der 70er Jahre von der RWE Energie AG erstmalig eine Warmwasserfischaufzucht im kontrollierten Kühlwasserkreislauf thermischer Kraftwerke verwirklicht werden.

Das nach Abkühlung im →Kühlturm entnommene Abflutwasser dient dem Projekt gleichzeitig als Wärmequelle und Aufzuchtmedium. Beim Weg über die Naßkühltürme wird das aus Tiefbrunnen geförderte Wasser mit Luftsauerstoff angereichert und weist hierdurch eindeutige Vorteile gegenüber vorbelasteten Oberflächengewässern auf. Die mittlere Jahrestemperatur des Kühlwassers liegt bei ca.

24 °C. Das zufließende Wasser verbleibt nur etwa 3 Stunden in den Becken und gelangt dann in die Abwasserreinigungsanlage, wo es von Stoffwechselprodukten und Futtermittelresten befreit wird; die biologische Aufbereitung des mit Futtermittelresten und Fischexkrementen verunreinigten Wassers ist bei Fischaufzuchtanlagen dieser Größenordnung geboten.

Sauerstoffgesättigtes und temperiertes Wasser verbessert die Lebens- und Wachstumsbedingungen zahlreicher Fischarten. Karpfen, die ursprünglich im warmen Südostasien beheimatet waren, können auf die durch unser Klima erzwungene Winterruhe verzichten. Der Vorteil der L.-Anlage liegt insbesondere in der verkürzten Aufwachszeit. So erreichen z. B. Karpfen das Verkaufsgewicht von 3 Pfund in einem Drittel der Aufwachszeit hiesiger Teichwirtschaften.

Die Verfügbarkeit von hochwertigen Jungfischen ist für den Aufzuchtverlauf von entscheidender Bedeutung. Wie die Erfahrungen gezeigt haben, ist der Bezug von Jungfischen mit vielen Risiken verbunden, die eine Produktionsplanung kaum möglich machen. Deshalb wird die eigene Bruterzeugung seit einiger Zeit stufenweise erkundet und weiter ausgebaut. Damit kann verhindert werden, daß beim Bezug ausländischer Jungfische neue Parasiten unsere heimischen Gewässer gefährden.

In der seit 1984 betriebenen Großversuchsanlage werden jährlich ca. 150 t Karpfen, Welse, Aale, Barsche und verschiedene andere Fischarten erzeugt. Etwa 75 % aller Tiere werden für Teiche, Flüsse und Seen in der gesamten Bundesrepublik Deutschland sowie in das benachbarte Ausland als Besatzfisch geliefert. Damit leistet L. einen wichtigen Beitrag zur Erhaltung des Fischbestandes in den Gewässern. Etwa 25 % der Produktion wird als Speisefisch vermarktet.　　*Bettges*

Literatur: *Mann, Ernst W.:* Limnotherm, Fischzucht unter Nutzung des Kühlwassers thermischer Kraftwerke. Österreichische Wasserwirtschaft (1984) Nr. 7/8, S. 169/172.

Lindan.
□ Stoff-Identifizierungs-Nr.:
CAS-Nr.: 58-89-9
EG-Nr.: 602-043-00-6
UN-Nr.: 2761
EINECS-Nr.: 200-401-2
– Chemische Formel: $C_6H_6Cl_6$
□ Stoffcharakteristik: Farbloses, kristallines fast geruchloses Pulver, merklich flüchtig, in Wasser nur in Spuren löslich, unterschiedlich löslich in organischen Lösungsmitteln. Unbeständig gegen Alkalien. Bei thermischer Zersetzung Bildung von Phosgen und Chlorwasserstoff.
□ Gefahrenmerkmale:
– Stoffliste nach § 4a der →Gefahrstoffverordnung:

Gefahrenkennbuchstabe(n): T, N
R-Sätze: 23/24/25-36/38-50/53
S-Sätze: 1/2-13-45-60-61
– Arbeitsschutzwerte nach TRGS 900: →BAT-Wert: 20 µg/l Lindan im Vollblut bzw. 25 µg/l Lindan im Plasma/Serum jeweils bei Expositions- bzw. Schichtende
– Stoffliste (Anhang II) der →Störfall-Verordnung: Nr. 187 und 4c
– →Wassergefährdungsklasse: WGK 3

Fischer/M. Schön

Linearbeschleuniger →Beschleunigeranlage und Strahlenschutz

Linienabsorber. Ein vom Wärmeträgermedium durchflossenes Rohr in der Fokallinie eines konzentrierenden, einachsig der Sonne nachgeführten →Parabolrinnenkollektors oder einer linienfokussierenden Solaranlage mit einem Rohrwandmaterial hoher Wärmeleitung und einer Oberfläche guter Absorption. Zur Vermeidung von Konvektions- und Strahlungsverlusten ist der L. von einem evakuierten Glasrohr hoher Transmission umgeben. Entscheidend für die Auslegung eines hocheffizienten L. ist die Maximierung seines Wärmedurchgangskoeffizienten.

L. ausgeführter Anlagen haben Spannweiten mehrerer Meter. Ihre Dauerhaltbarkeit wird bestimmt durch die Degradation der selektiven Schicht an der Oberfläche und die Hochtemperatur-Dauerwechselfestigkeit.

C.-J. Winter

Linienschallquelle. Mit L. wird eine Schallquelle bezeichnet, die linienförmig aufgebaut, d. h. nur in eine Richtung ausgedehnt ist. Typische L. sind Straßen- und Schienenverkehrsanlagen.

Strauch

Lithosphäre →Biosphäre, →Umweltmedien

Live Zero. Die Technik des L. Z. (lebender Nullpunkt) ist ein Verfahren, das im Bereich der Immissionsmeßtechnik insbesondere bei Meßplätzen für kontinuierliche Messungen einen Standard darstellt. L. Z. bedeutet, daß bei einem Meßsignalausgang eines Meßplatzes von 0 bis 20 mA eingeprägtem Strom der chemische Nullpunkt, d. h. der Meßwert, der der Konzentration Null entspricht, bei z. B. 4 mA angesiedelt wird. Dies ist erforderlich, um natürlicherweise vorkommende Schwankungen des Meßsignals um den chemischen Nullpunkt herum ordnungsgemäß registrieren zu können.

Pfeffer

Literatur: *Pfeffer, H.-U.; H. Dobrick; R. Junker:* Qualitätssicherung in automatischen Immissionsmeßnetzen. Anforderungen an die Telemetrischen Echtzeit-Immissionsmeßsysteme TEMES und MILIS in NRW. LIS-Ber. der Landesanstalt für Immissionsschutz Nordrhein-Westfalen. Heft 100. 1992.

Lizenzmodell. Modell, das zur Finanzierung der Sanierung von →Altlasten beiträgt. Das Modell ist in Nordrhein-Westfalen durch Gesetz eingeführt. Es umfaßt:
– Einführung einer an eine Bedürfnisprüfung gebundene Lizenzpflicht für die Betreiber von Sonderabfallanlagen, auf denen Sonderabfälle, die die kreisfreien Städte und Kreise von ihrer →Entsorgungspflicht ausgeschlossen haben, behandelt oder gelagert werden.
– Erhebung eines Lizenzentgelts als Nutzungsgebühr von den Sonderabfallentsorgern, das von den anliefernden Abfallerzeugern durch Gebühren aufgebracht wird. Hierdurch wird ein Anreiz zur Abfallvermeidung geschaffen.
– Verwendung des Aufkommens aus den Lizenzentgelten als Zuschüsse für Maßnahmen zur Abwehr von Gefahren aus Altlasten, für die Entwicklung neuer Technologien zur Vermeidung und Entsorgung von Sonderabfällen sowie für die Planung und Errichtung von Entsorgungsanlagen für Sonderabfälle.

Das Aufkommen aus den Lizenzentgelten dient der Entlastung der Gemeinden und Kreise auf den Gebieten der Altlastensanierung.

Thoenes

Lockstoffpräparat →Pheromonfalle

Lösemittel. Als L. werden meist bei Raumtemperatur und unter Normaldruck flüssige anorganische oder organische Verbindungen bezeichnet, die Gase, Flüssigkeiten oder Feststoffe lösen können, ohne diese chemisch zu verändern. Die flüssige Mischung zwischen dem gelösten Stoff und dem im Überschuß eingesetzten L. bezeichnet man als Lösung. Das wichtigste L. ist Wasser.

Als L. im engeren Sinne gelten flüssige organische Stoffe, die farblos bzw. hell, wasserfrei, chemisch möglichst lange Zeit beständig sind und ohne Rückstand verdampfen, neutral reagieren, einen schwachen oder angenehmen Geruch haben und möglichst wenig toxisch und biologisch abbaubar sein sollten. Die wichtigsten Stoffklassen organischer L. sind: Alkohole, Carbonsäureamide, Carbonsäureester, Ether und Glykolether, Halogenkohlenwasserstoffe, Ketone, Kohlenwasserstoffe, Schwefelverbindungen sowie Stickstoffverbindungen.

An L. werden nach dem Verwendungszweck jeweils spezielle Anforderungen hinsichtlich Lösevermögen, Verdampfbarkeit, Siedegrenzen, Entflammbarkeit, Wassermischbarkeit und Verschnittfähigkeit gestellt. Da viele L. sowohl brennbare als auch gesundheitsschädliche oder reizende Stoffe bzw. Gifte sind, wurden sie als gefährliche Stoffe eingestuft und müssen entsprechend gekennzeichnet sein (→Gefahrstoffverordnung).

Abgestuft nach ihrem Risikopotential werden die L., soweit es sich um organische Stoffe handelt, in

der TA Luft in verschiedene Klassen mit unterschiedlichen Emissionsbegrenzungen eingestuft (Nr. 3.1.7 TA Luft); die jeweiligen Massenkonzentrationen im Abgas, die nicht überschritten werden dürfen, sind in:
- Klasse I: 20 mg/m³ (z. B. Stickstoffverbindungen wie Nitrobenzol, Pyridin, Halogenkohlenwasserstoffe, wie Tetrachlormethan, Tetrachlorethan, 1,1,2-Trichlorethan)
- Klasse II: 100 mg/m³ (z. B. Toluol, Xylol, 2-Ethoxyethanol, 2-Butoxyethanol)
- Klasse III: 150 mg/m³ (z. B. aliphatische Alkohole, Kohlenwasserstoffe, Ketone).

Etwa 40 % der Luftverunreinigungen durch L. werden von stationären, genehmigungsbedürftigen Anlagen verursacht, deren Emissionen auf Grund der Anforderungen der →TA Luft begrenzt werden. Die restlichen 60 % werden von nicht genehmigungsbedürftigen Anlagen und bei der Verwendung von Produkten emittiert.

Nach Umsetzung der in Kraft befindlichen Regelungen (z. B. TA Luft, 2. BImSchV, FCKW-Halon-Verbots-VO) und eines zusätzlichen Verzichts auf die L.-Verwendung, z. B. auf Grund der Anforderungen von →Umweltzeichen, ist mit einer rückläufigen L.-Emissionsentwicklung zu rechnen. In Bereichen der chemischen Industrie, Pharmaindustrie, Reproduktionsverfahren und Lebensmittelextraktion sind erhebliche Emissionsminderungen durch optimierte Kapselung, Lösemittelrückgewinnung und Abgasreinigung bei genehmigungsbedürftigen Anlagen erreichbar.

Substitutionsmaßnahmen mit lösemittelarmen bzw. lösemittelfreien Einsatzstoffen und -verfahren sind als weitergehende Maßnahmen zur Minderung der VOC-Emissionen, insbesondere auch im Bereich der nicht genehmigungsbedürftigen Anlagen, zielführend. Hierzu zählen u. a.:
- die Substitution lösemittelhaltiger Einsatzstoffe (Lacke, Klebstoffe, Druckfarben, Trennmittel u. a.) in der industriellen Verarbeitung durch lösemittelarme bzw. lösemittelfreie Materialien;
- Anwendung neuer Verfahren mit überkritischen Gasen (z. B. Kohlendioxid) als L. in der chemischen und pharmazeutischen Industrie;
- Einsatz von Inertgasen als Treibmittelersatz für FCKW und Kohlenwasserstoffe;
- Substitution von Halogenkohlenwasserstoffen durch tensidhaltige wäßrige Systeme bei der Oberflächenreinigung (z. B. Industrie, Textilien);
- weitgehende Substitution lösemittelhaltiger Produkte durch wäßrige Systeme für den kleingewerblichen und privaten Endverbraucher;
- Verzicht auf Kohlenwasserstoffe als Treibmittel in Aerosolen.

Besondere Anstrengungen sind notwendig, um die von der Enquete-Kommission des Deutschen Bundestages Vorsorge zum Schutz der Erdatmosphäre empfohlene Reduktion der energiebedingten Spurengase, einschließlich der flüchtigen organischen Verbindungen (VOC), von 75 % (bezogen auf 1986) bis zum Jahr 2005 zu erreichen. *Thurner*

Literatur: *Hommel, G.:* Handbuch der gefährlichen Güter. Bd. 1–4; 4. Lfg. Berlin–Heidelberg–New York. 1980. – Enquête-Kommission des 11. Deutschen Bundestages: Vorsorge zum Schutz der Erdatmosphäre; Schutz der Erde. 3. Bericht. Drucksache 11/8030 vom 24. 5. 1990. – Ullmanns Encyklopädie der technischen Chemie. Bd. 16, 4. Aufl. Weinheim–New York. 1978.

Lösemittelarme Produkte →Produkt, lösemittelarmes

Lösemittelemittierende Anlage. →Lösemittel enthaltende Stoffe (Lacke, Druckfarben, Klebstoffe u. a.) werden in vielen verschiedenen Anlagentypen verarbeitet; besonders emissionsrelevant sind →Lackieranlagen, →Druckanlagen und Anlagen zum Beschichten, Imprägnieren und Tränken unter Einsatz von Kunstharz- oder Kunststofflösungen.

Die Emissionen können insbesondere durch den Einsatz von lösemittelarmen bzw. -freien →Produkten, durch optimale Prozeßführung und durch nachgeschaltete Abgasreinigungssysteme vermindert werden. Lackieranlagen, Druckanlagen sowie Anlagen zum Beschichten, Imprägnieren und Tränken von bahnen- oder tafelförmigen Materialien einschließlich der Trocknungsanlagen sind im Anhang der →4. BImSchV (insbesondere Anlagen nach Nrn. 5.1–5.3) genannt und deshalb genehmigungspflichtig nach BImSchG. Emissionsbegrenzende Anforderungen an diese Anlagen sind in der →TA Luft festgelegt. Von besonderer Bedeutung ist die Begrenzung der Emissionen organischer Stoffe im Abgas nach Nr. 3.1.7 TA Luft (→Lösemittel).

Nicht genehmigungsbedürftige Anlagen sind nach dem BImSchG so zu betreiben, daß nach dem Stand der Technik vermeidbare schädliche Umwelteinwirkungen auf ein Mindestmaß beschränkt werden. *Hanhoff-Stemping*

Literatur: *Angrick, M.; W. Koch:* Abgasreinigungsverfahren für gasförmige Stoffe, Teil 1, 2. EntsorgungsPraxis 7–8, 9 (1991), S. 402/406, 480/492. – *Davids, P.; M. Lange:* Die TA Luft '86 – Technischer Kommentar. Düsseldorf 1986.

Lösemittelrückgewinnung →Adsorptionsverfahren

Löslichkeit von Gasen. Nach dem *Henry*-Gesetz ist der Partialdruck eines gelösten Gases über der Lösung seiner Konzentration in der Lösung proportional. Von inerten Gasen, wie den Edelgasen, wird dieses Gesetz bis zu Drücken von 50 bar befolgt. Gase, die spezifische Wechselwirkungen (Reaktionen) mit dem Lösungsmittel eingehen, z. B. CO_2, NO_2 und SO_2 in Wasser, zeigen eine starke Abweichung. Henrykonstanten liegen für eine große Anzahl von atmosphärischen Spurengasen bei Raumtemperatur (298 K) im Bereich von 10^{-3} bis 10^5 [mol l^{-1} atm^{-1}] (Tabelle).

Löslichkeit von Gasen. Tabelle: Henrykonstanten einiger in Wasser gelöster Gase.

Gas	Henrykonstante H [mol l^{-1} atm^{-1}]
Sauerstoff (O_2)	$1,3 \times 10^{-3}$
Stickstoffmonoxid (NO)	$1,9 \times 10^{-3}$
Stickstoffdioxid (NO_2)	$1,0 \times 10^{-2}$
Ozon (O_3)	$1,3 \times 10^{-2}$
Schwefeldioxid (SO_2)	$1,24$
Formaldehyd (HCHO)	$6,3 \times 10^3$
Wasserstoffperoxid (H_2O_2)	$6,9 \times 10^4$
Salpetersäure (HNO_3)	$2,1 \times 10^5$

In der Atmosphäre liegen fein verteilte wässerige Lösungen in Form von Aerosolen, Wolken, Nebel und Regen vor.

Die Lösung des Gases in einem Wassertropfen ist ein mehrstufiger Prozeß, an dessen Ende ebenfalls eine chemische Umwandlung stehen kann. Im Fall von Schwefeldioxid können fünf Stufen unterschieden werden:
– Transport zur Oberfläche des Tropfens;
– Transport durch die Luft-Wasser-Grenzschicht;
– Bildung des Lösungsgleichgewichts in der wässerigen Phase ($SO_2 \cdot H_2O \rightleftharpoons HSO_3^- \rightleftharpoons SO_3^{2-}$);
– Transport der gelösten Spezies in das Innere des Tropfens;
– Chemische Umwandlung durch Oxidation.

Die L. der verschiedenen Gase in Wasser kann Aufschluß darüber geben, inwieweit die nasse →Deposition als Senke für die Berechnung der atmosphärischen Lebensdauer in Betracht gezogen werden muß. Die Bildung des sauren Regens ist zum einen eine Folge der Lösung der in der homogenen Gasphase durch den oxidativen Abbau gebildeten Schwefel- und Salpetersäure im Wassertropfen. Zum anderen wird auf Grund der hohen L. von Schwefeldioxid in Wasser ein großer Anteil des Sulfats SO_4^{2-} direkt in der wässerigen Phase gebildet (→Wolkenchemie, →saurer Regen).

Bei der Beschreibung der L. von Spurenstoffen im Wassertropfen ist zu beachten, daß die Henrykonstanten sich ändern, wenn Stoffgemische vorliegen, chemische Umwandlungen die Einstellung des Gleichgewichts stören sowie der Transport durch die Phasengrenzfläche die Gleichgewichtseinstellung während der begrenzten Lebensdauer des Tropfens behindert. *Wirtz*

London Type Smog. Der Begriff →Smog wurde 1905 vom Londoner Hygiene-Kongreß geprägt. Er wurde damals im Sinne einer ungesunden Konzentration von Rauch in der Luft verwendet und entspricht heute einem meteorologisch bedingten Luftverunreinigungsphänomen, das allgemein als L. T. S. bezeichnet wird, weil die ersten mit nachhaltigen gesundheitlichen Folgen verbundenen „air pollution episodes" (→Smogepisode) Ende des 19. Jahrhunderts in London registriert wurden. Die Probleme der Luftverunreinigung sind in England bereits sehr früh beschrieben worden (*Evelyn* 1661); sie hingen zusammen mit der infolge der Holzknappheit auf der Insel als Brennstoff verwendeten Steinkohle. Mit der relativ frühen Industrialisierung und der damit verbundenen Bildung von Ballungszentren wuchsen dort die Probleme und führten in London im Januar/Februar 1880 – nach der ersten überhaupt überlieferten Episode von 1873 ebenfalls in London – bei „großer Kälte und außerordentlich dickem Nebel" zu einer registrierten „Nebelkatastrophe" mit einer Übersterblichkeitsrate in der ersten Februarwoche von annähernd 100 %, d. h. die Zahl der Todesfälle lag in dieser Woche etwa doppelt so hoch wie in den ersten Januarwochen bei normalem Winterwetter (*Bach*).

Im Prinzip bestimmen auch heute noch die Londoner Phänomene von 1880 die Entstehung von Smog: Emissionsintensität und besondere meteorologische Bedingungen. In emissionsintensiven Ballungsgebieten kann es bei einer länger andauernden austauscharmen →Wetterlage infolge einer die →Konvektion hemmenden bodennahen →Inversion mit geringen Windgeschwindigkeiten zu einer gesundheitsbedrohenden Anreicherung der in dem Gebiet emittierten Luftverunreinigungen unterhalb der Inversionsschicht kommen; unter bestimmten Bedingungen können zusätzlich Schadstoffe durch Advektion in das Smoggebiet transportiert werden (→Smog, advehierter). Länger anhaltende austauscharme Wetterlagen, die zu Smog führen können, treten in Mitteleuropa bevorzugt in den kalten Wintermonaten auf (→Smogepisode). Zur Abwehr von Gesundheitsgefahren bei Smogsituationen dienen in der Bundesrepublik Deutschland außer den durch Vorsorgemaßnahmen generell erreichten erheblichen Emissionsminderungen, die bereits erkennbar zu einer Verringerung der Eintrittswahrscheinlichkeit von Smogalarm geführt haben, in →Smogverordnungen der einzelnen Bundesländer geregelte Smogalarmpläne, die im wesentlichen aktive Maßnahmen zur akuten Emissionsminderung vorsehen. *Dreyhaupt*

Literatur: *Bach, C.:* Mitteilungen über die Internationale Ausstellung von Apparaten und Einrichtungen zur Vermeidung des Rauches (International exhibition of smoke preventing appliances) in London 1881; Zeitschrift des VDI 1882, Januarheft Sp. 40–47, Februarheft Sp. 81–92. – *Evelyn, J.:*

Fumifugium or the Inconveniencie of the Aer and Smoak of London dissipated. London 1661. – *Spelsberg, G.:* Rauchplage. Köln 1988.

Los Angeles Type Smog (auch Sommersmog). Zuerst zu Beginn der 50er Jahre in Los Angeles auf Grund von Schleimhautreizungen, Material- und Pflanzenschäden beschriebener Typus von starker Luftverschmutzung, der durch photochemische Bildung sekundärer Luftverunreinigungen (mit Ozon als Leitsubstanz) aus primär emittierten Vorläuferstoffen (Stickoxide und flüchtige organische Verbindungen) entsteht.

Zu den photochemisch gebildeten sekundären Luftverunreinigungen gehören neben Ozon als wichtigster Komponente weitere →Photooxidantien wie Peroxyacetylnitrat (PAN), Aldehyde und Ketone, Wasserstoffperoxid, Salpeter- und Schwefelsäure sowie organische Nitrite und Nitrate.

Für die zuerst in Los Angeles festgestellten Wirkungen auf den Menschen (Schleimhautreizungen, insbesondere Tränenreiz, Kopfschmerz und Atembeschwerden, Verschlechterung der Lungenfunktion) ist das gesamte Stoffgemisch verantwortlich, wobei z. B. der Tränenreiz überwiegend durch die Begleitstoffe des Ozons (Aldehyde, PAN), die Wirkung auf die Atemwege überwiegend durch das Ozon selbst verursacht wird.

Die photochemische Bildung der sekundären Luftverunreinigungen hat eine hohe Sonneneinstrahlung zur Voraussetzung, weil sie an die →Photolyse von Stickstoffdioxid als Primärschritt durch den kurzwelligen Anteil des Sonnenlichts (290–380 nm) gekoppelt ist. In Mitteleuropa tritt dieser Typus von Luftverunreinigung nur im Sommerhalbjahr (Mitte Mai bis Mitte September) in wirkungsseitig relevanten Konzentrationen auf, in südlicher gelegenen Gebieten wie Los Angeles jedoch bis weit in den Herbst hinein.

Neben dem sonnigen Klima Kaliforniens und der hohen Dichte des Kraftfahrzeugverkehrs mit erheblichen Emissionen von Vorläuferstoffen gibt es im Becken von Los Angeles weitere Faktoren, die die Bildung von →Smog begünstigen. Dazu gehört neben der Topographie (von hohen Bergen eingeschlossene Bucht am Meer, die wie ein photochemischer Reaktor wirkt) und einem ausgeprägten Land/Meer-Windsystem, das belastete Luftmassen vormittags vom Meer her wieder in das Becken zurücktransportiert, vor allem auch eine im Sommer relativ niedrig liegende ganztägige →Inversion, die die →Mischungsschicht auf einige 100 m über Grund eingrenzt. Unter diesen Bedingungen kam es vor allem in den 70er Jahren zu sehr hohen Konzentrationen von Ozon ($>1\,000\ \mu g/m^3$), PAN (>50 ppb, jeweils Stundenmittelwerte) und anderen Photooxidantien.

Durch verschiedene Maßnahmen der Luftreinhaltung wurde und wird in Los Angeles der Bildung von Smog entgegengewirkt. Die kurzfristigen Maßnahmen sind in einer Sommersmogverordnung zusammengefaßt, die neben der Alarmstufe 1 bei Ozonkonzentrationen von $400\ \mu g/m^3$ (Warnung der Bevölkerung) auch weitere Stufen mit verpflichtenden Reduktionen der Emissionen aus Kraftfahrzeugverkehr und Industrie vorsieht (Alarmstufe 2 bei $700\ \mu g/m^3$, Alarmstufe 3 ab $1\,000\ \mu g/m^3$ Ozon, jeweils Stundenmittelwerte). Als entscheidender werden von den Behörden in Los Angeles jedoch die langfristigen Maßnahmen zur dauerhaften Senkung der Emissionen angesehen, die wiederum den Verkehr als auch die industriellen Emissionen betreffen und in Luftreinhalteplänen (air quality management plans) zusammengefaßt sind.

Neben Los Angeles haben eine Reihe weiterer Städte wie Tokio, Osaka, Athen und Mexiko-City kurzfristige Maßnahmen in Form von Smogverordnungen erlassen. Diese Städte weisen zum Teil topographische und klimatologische Gegebenheiten auf, die denen in Los Angeles ähneln.

Zu Beginn der 70er Jahre zeigte es sich, daß Smog auch in Mitteleuropa auftreten kann, allerdings mit erheblich niedrigeren Konzentrationen an Photooxidantien. Nur vereinzelt wurde im vergangenen Jahrzehnt ein Schwellenwert von $360\ \mu g/m^3$ für Ozon an Meßstationen in Deutschland erreicht oder überschritten. Die höchste Ozonkonzentration wurde bisher 1976 in Mannheim gemessen ($543\ \mu g/m^3$ als Dreistundenmittel). 1990 betrug der Höchstwert $373\ \mu g/m^3$ (Köln-Hürth, Halbstundenmittel). In den kühleren Sommern 1984 bis 1988 traten niedrigere Ozonkonzentrationen auf.

Noch größer sind die Konzentrationsunterschiede bei den photochemisch gebildeten Begleitstoffen wie den Peroxyacylnitraten und den Aldehyden, so – daß sich eine andere Zusammensetzung des Photooxidantiengemisches ergibt. In Mitteleuropa übersteigen z. B. die Konzentrationen an PAN nur sehr vereinzelt Werte von einigen ppb.

Auch in Meteorologie und Orographie unterscheiden sich die Verhältnisse in Mitteleuropa deutlich vom Becken in Los Angeles. Weithin fehlt die Abgeschlossenheit des Beckens und das Land/Meer-Windsystem, vor allem aber erreichen die Mischungsschichthöhen bei sommerlichen Hochdruckwetterlagen in Mitteleuropa typische Werte von $1\,500$–$2\,000$ m. Ganztägige Inversionen unter $1\,000$ m Höhe fehlen.

Diese Faktoren führen dazu, daß die Bildung von Photooxidantien in Mitteleuropa in der Regel weiträumig verläuft. Es kommt oftmals innerhalb der mitteleuropäischen Hochdruckgebiete zu Transporten von Ozon und Vorläuferstoffen über mehrere Hundert Kilometer. Der Beitrag einzelner Städte zu den Ozonkonzentrationen liegt in Abhängigkeit von ihrer Größe und der Windgeschwindigkeit meist unterhalb von 10–20 %. Nur unter besonders stagnierenden Bedingungen (sehr geringe Windgeschwindigkeiten, Hin- und Zurücktransport belasteter Luftmassen) kann der regionale Beitrag großer Ballungsräume an den Ozonmaxima 30–40 % erreichen. Sowohl die geringere Häufigkeit von →Sommersmog-Episoden, die niedrigeren Ozonkonzentrationen als auch der weiträumige Charakter der Ozonbildung in Mitteleuropa verglichen mit Los Angeles haben dazu geführt, daß Verordnungen auf lokaler oder regionaler Basis nach überwiegender Einschätzung als wenig geeignetes Mittel zur Bekämpfung des Sommersmogs angesehen werden. Übereinstimmung besteht darin, daß umfassende und dauerhafte Reduktionen der Emissionen von Vorläuferstoffen (Stickoxide und flüchtige organische Verbindungen) erforderlich sind, um Episoden mit Sommersmog in Mitteleuropa zu verhindern. Dies ist vor allem deshalb erforderlich, weil wirkungsbezogene Ozonbeurteilungsmaßstäbe auch in Mitteleuropa im Verlauf von Sommersmogepisoden überschritten werden. Sowohl die Bundesländer als auch einige Nachbarstaaten (z. B. die Niederlande) haben deshalb ein Informations- und Warnsystem für die Bevölkerung bei hohen Ozonkonzentrationen aufgebaut. Ab 180 µg/m³ werden aktuelle Verhaltensempfehlungen für gegenüber Ozon besonders empfindliche Personen gegeben. Ab 360 µg/m³ wird die Bevölkerung allgemein vor hohen Ozonkonzentrationen gewarnt. Die EG-Richtlinie 92/72/EWG über die Luftverschmutzung durch Ozon (→EG-Richtlinien über Luftqualitätsnormen) ist inzwischen mit der →22. BImSchV in nationales Recht umgesetzt worden. *Bruckmann*

Literatur: Luftqualitätskriterien für photochemische Oxidantien. Umweltbundesamt, Berichte 5/83. Berlin 1983. – Die erhöhten Ozonkonzentrationen des Sommers 1990. Synoptische Darstellung der Luftbelastung in der Bundesrepublik Deutschland. Bericht des Länderausschusses für Immissionsschutz. Hrsg.: Minister für Umwelt, Raumordnung und Landwirtschaft des Landes NW. Düsseldorf 1992.

Low-Dust-Verfahren →SCR-Verfahren

Luft. Unter L. wird das natürliche Gasgemisch verstanden, aus dem die Erdatmosphäre besteht. Auf Höhe des Meeresspiegels hat die L. im Mittel, nach Abzug des Wasserdampfgehaltes, die in Tabelle 1 angegebene Zusammensetzung. Neben dem Stickstoff (78 %) ist der Sauerstoff (21 %) das zweithäufigste Gas in der Erdatmosphäre. Hinzu kommen noch wechselnde Mengen von Stickstoff-, Schwefel- und Kohlenstoffverbindungen sowie Staubteilchen und Mikroorganismen, die sowohl anthropogenen als auch natürlichen Ursprungs sind. Der Wasserdampfanteil der L. ist jahreszeitlichen Schwankungen unterworfen und ebenfalls von der geographischen Breite abhängig, weil er von der Lufttemperatur bestimmt wird. In den letzten Jahren konnte ein globaler Anstieg des Wasserdampfgehaltes beobachtet werden, was auf die durch den →Treibhauseffekt verursachte Erhöhung der

Luft. Tabelle 1: Zusammensetzung der L. auf der Höhe des Meerespiegels in Volumenmischungsverhältnissen.

Bestandteil	Volumenprozent Vol%	ppmV
Stickstoff	78,08	780 840
Sauerstoff	20,95	209 460
Argon	0,93	9 340
Kohlendioxid	0,04	354
Neon		18,18
Helium		5,24
Methan		1,70
Krypton		1,14
Wasserstoff		0,50
Distickstoff-monoxid		0,31
Xenon		0,09

Luft. Tabelle 2: Typische Maximalwerte der Volumenmischungsverhältnisse für Spurenstoffe in der Troposphäre über den kontinentalen Landmassen (in ppbV, wenn nicht anders angegeben).

Luft-schadstoff	Reinluftgebiete	ländliche Gebiete	kleinstädtische Gebiete	großstädtische Gebiete
CO	<200	200–1 000	1 000–10 000	10 000–50 000
NO₂	<1	1– 20	20– 200	200– 500
O₃	<50	20– 80	100– 200	200– 600
SO₂	<1	1– 30	30– 200	200– 2 000
NMHC[a]	<65	100– 500	300– 1 500	>1 500
PAN[b]	<0,05	2	2– 20	20– 70

a) NMHC = Nicht-Methan-Kohlenwasserstoffe in ppbC (→Mischungsverhältnisse)
b) PAN = Peroxyacetylnitrat (typische Werte, nicht Maximalwerte)

Durchschnittstemperatur der Erdatmosphäre zurückzuführen ist (→Anstieg von Spurengasen).

Für die Belange der →Atmosphärenchemie kann die Luftgüte in verschiedene Bereiche eingeteilt werden, wobei die Konzentrationen verschiedener Spurenstoffe als Kriterium verwendet werden. Tabelle 2 zeigt die Einteilung in vier verschiedene, durch ihr anthropogenes Emissionsverhalten geprägte Bereiche. *Wirtz*

Luftabsorption. Durch die L. wird bei der →Schallausbreitung die →Schallenergie verringert. Durch Molekülschwingungen der Luft wird bei der L. Schallenergie in Wärmeenergie umgewandelt.

Die L. bei der Schallausbreitung hängt von der Lufttemperatur, von der Luftfeuchte und von der Frequenz des Schallvorgangs ab. Bei tieffrequenten Geräuschen tritt eine geringere L. als bei höherfrequenten auf; ebenfalls ist bei höheren Lufttemperaturen die L. geringer als bei tieferen Temperaturen; auch höhere relative Luftfeuchtigkeiten haben geringere L. zur Folge als niedrige relative Luftfeuchtigkeiten.

Zur Bestimmung der Größe der L. bei der Schallausbreitung wird der L.-Koeffizient α_L benutzt. Der Koeffizient gibt die Pegelabnahme pro Meter Ausbreitungsweg des Schalls an. In VDI-2714 sind die L.-Koeffizienten α_L in 10^{-2} dB/m in Abhängigkeit von den Luftdaten und von der Frequenz angegeben.

Bei Planungen wird im allgemeinen die L. für eine Lufttemperatur von 10 °C und eine rel. Luftfeuchte von 70 % berücksichtigt.

Die Pegelminderung, bezeichnet als Luftabsorptionsmaß D_L, wird somit folgendermaßen bestimmt:

$D_L = \alpha_L \, s_m$
D_L = Luftabsorptionsmaß in dB
α_L = Luftabsorptions-Koeffizient
s_m = Länge des Schallweges in m. *Strauch*

Literatur: VDI 2714: Schallausbreitung im Freien. 1/1988.

Luftaustausch. Die →Turbulenz in der Atmosphäre bewirkt einen Austausch der Luft zwischen den verschiedenen Höhen über dem Boden. Mit dem L. werden auch Eigenschaften der Luft, z. B. Wärme, Feuchtigkeit, Bewegungsgröße oder Luftbeimengungen, ausgetauscht. Durch den Austausch erfolgt ein turbulenter Transport von Luftbeimengungen von Orten hoher Konzentration zu Orten niedriger Konzentration und damit ein Ausgleich von Konzentrationsunterschieden. Die Intensität des L. ist stark wechselhaft. Sie kann quantifiziert werden durch die Größe des Austauschkoeffizienten. Er ist im wesentlichen abhängig von der →Bodenrauhigkeit, von der →Windgeschwindigkeit und von der →Temperaturschichtung der Atmosphäre.

Große Bodenrauhigkeit und höhere Windgeschwindigkeiten führen zu einer Erhöhung des L. Bei stabiler Temperaturschichtung und damit verminderter Turbulenz ist der L. wesentlich geringer als bei indifferenter bzw. labiler Schichtung. Der turbulente Austausch übertrifft in der Wirkung den durch molekularen Diffusion bedingten Austausch um mehrere Zehnerpotenzen. Er ist von großer Bedeutung für die Ausbildung der planetarischen →Grenzschicht und für den Energieaustausch zwischen Erdoberfläche und Atmosphäre. *Külske*

Luftbildauswertung →Altlastenerfassung

Luftchemie. L. (→Atmosphärenchemie) ist eine wissenschaftliche Disziplin, die sich mit den chemischen Vorgängen in verschiedenen Bereichen der Atmosphäre, in den dort vorkommenden Phasen und an den Phasengrenzen beschäftigt. *Barnes/Becker*

Luftdruck. Hydrostatischer Druck, den die Luftsäule oberhalb des betrachteten Niveaus auf Grund ihres Gewichtes auf eine horizontale Unterlage ausübt. Die Einheit des L. ist das Pascal (1 Pascal = 1 Newton pro m²). Üblicherweise wird der L. in der Meteorologie in Hektopascal (hpa) angegeben. 1 hpa entspricht dem früher gebräuchlichen Maß von 1 Millibar. Weiterhin gilt: 1 013 hpa entsprechen 1 atm.

Der L. nimmt exponentiell mit zunehmender Höhe ab und nähert sich am Rande der Atmosphäre asymptotisch dem Wert Null. Um L.-Beobachtungen von Standorten mit verschiedenen Höhenlagen miteinander vergleichen zu können, erfolgt die Angabe für das Meeresniveau als Standardniveau. Diese sog. Reduktion der L.-Werte auf das Meeresniveau erfolgt mit Hilfe der barometrischen Höhen-

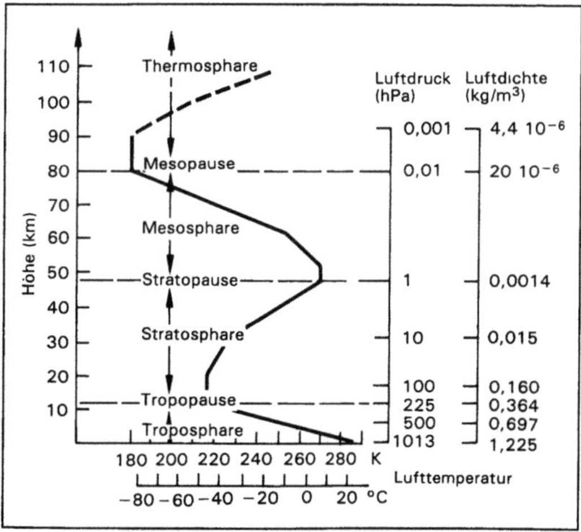

Luftdruck: Abhängigkeit des L., der Temperatur und der Dichte von der Höhe in einer Standardatmosphäre.

formel unter Berücksichtigung der mittleren Lufttemperatur zwischen dem Meeresniveau und dem Niveau der tatsächlichen Meßhöhe. In Nähe des Meeresniveaus – bis zu einer Höhe von ca. 1 000 m – nimmt der L. pro 8 m Höhe um etwa 1 hpa ab. Der Normaldruck in Meeresniveau beträgt 1 013 hpa.

Die an meteorologischen Meßstationen gemessenen L.-Werte werden kartographisch dargestellt. Gleiche Werte werden miteinander verbunden. Die Verbindungslinien werden Isobaren genannt. Sie geben die L.-Verteilung in Meeresniveau an, die charakterisiert ist durch Tiefdruckgebiete (Zyklonen), Hochdruckgebiete (Antizyklonen), durch Tiefdruckrinnen, durch Tröge oder Hochkeile. Vergleichbare Karten werden auch für den L. in höheren Schichten als sogenannte topographische Karten für bestimmte isobare Flächen (z. B. 700 hpa, 500 hpa usw.) erstellt. Wegen der engen Korrelation der räumlichen L.-Verteilung und ihrer zeitlichen Änderung zur Wetterentwicklung haben derartige Karten eine große Bedeutung für die Wettervorhersage. L.-Messungen sind auch zu berücksichtigen, wenn druckabhängige Meßverfahren (z. B. Immissionsmeßverfahren) in der Atmosphäre zur Anwendung kommen.

Zur L.-Messung werden überwiegend Quecksilberbarometer und Aneroidbarometer eingesetzt.

Külske

Luftelektrizität. Elektrisches Feld in der Atmosphäre, das gewöhnlich zum Boden hin gerichtet ist. Das vertikale Spannungsgefälle beträgt in Nähe der Erdoberfläche ca. 130 V m^{-1}, nimmt aber mit der Höhe schnell ab. Es hat in 10 km Höhe nur noch einen Wert von ca. 5 V m^{-1}.

Das Potentialgefälle führt zu einem vertikalen Ladungstransport in der Atmosphäre, dem Vertikalstrom. Träger dieses Stroms sind Ionen, die durch Ionisierung der Luft entstehen. Die Ionisationsquellen der Luft sind die radioaktive Strahlung der Erdoberfläche (wirksam bis zu einer Höhe von maximal 100 m), dem Erdboden entweichendes radioaktives Gas – vor allem Radon – (durch turbulenten Austausch bis zu einer Höhe von 2–3 km wirksam), durch die kosmische Strahlung (über die gesamte Atmosphäre wirksam) sowie durch die kurzwellige ultraviolette Sonnenstrahlung, die eine kräftige Ionisation in der oberen Atmosphäre (Ionosphäre) bewirkt.

Die Erdoberfläche und die durch starke Ionisation entstehende elektrisch leitende Schicht in der oberen Atmosphäre (Ausgleichsschicht im Bereich der oberen Mesosphäre und niedrigen Ionosphäre) können als leitende Schalen eines Kugelkondensators angesehen werden. Die untere Schale (Erdoberfläche) ist negativ, die obere positiv geladen. Das zwischen beiden Flächen bestehende elektrische Feld wird durch sich herausbildende Raumla-

dungen und durch den vertikalen Ladungstransport modifiziert.

Die luftelektrischen Verhältnisse weisen in Abhängigkeit von örtlich unterschiedlichen Ionisationsverhältnissen, dem Gehalt der Luft an Kernen und Hydrometeoren sowie den Wetterbedingungen starke räumliche und zeitliche Schwankungen auf. An Schönwettertagen (luftelektrisch ungestörte Tage) kommt es zu einem Ladungstransport von der Atmosphäre zur Erdoberfläche in der Größenordnung von $3 \cdot 10^{-12}$ A m^{-2}. An gestörten Tagen – Tage mit bedecktem Himmel, Niederschlag, Gewitter – ist die Feldstärke oft nach oben gerichtet. Es erfolgt ein Ladungstransport vom Erdboden in die Atmosphäre. Insbesondere in Gewittern – im Blitz – findet ein sehr starker Ladungstransport statt. Im zeitlichen Mittel nimmt die Erdoberfläche gleichviel Ladung auf wie sie abgibt. Die Bilanz ist ausgeglichen. Dabei wirken die Gesamtheit aller Gewitter auf der Erde als elektrischer Generator, der die Potentialdifferenz zwischen dem Erdboden und der Ausgleichsschicht in der Höhe trotz des ausgleichenden Vertikalstroms aufrechterhält. *Külske*

Literatur: *Liljequist, G. H.; K. Cehak:* Allgemeine Meteorologie, 2. Aufl. Braunschweig–Wiesbaden 1979.

Luftfahrtemissionen. In den letzten Jahren sind verschiedene Abschätzungen über die Emissionen des zivilen und militärischen Luftverkehrs bekannt geworden. Sie unterscheiden sich in ihren Ergebnissen je nach der Tiefe der Studie, der Menge der verarbeiteten Daten und den aus diesen gebildeten statistischen Mittelwerten, sowie hinsichtlich der benutzten vereinfachenden Annahmen, ohne die solche Studien bei vertretbarem Aufwand nicht auskommen. Die Tabelle zeigt als Beispiel Zahlenwerte für Emissionsindizes. Die Werte der Spalte 1 wurden aus den Gesamtemissionen der zivilen und militärischen Flugbewegungen von Flugzeugen

Luftfahrtemission. Tabelle: Mittlere Emissionsindizes des Flugverkehrs (ohne Flugzeuge mit Kolbenmotoren).

Schadstoff	Emissionsindizes (g/kg)	
	1	2
CO	14,4	2
HC	3,2	1
NO$_x$	11,78	12
SO$_2$	1	3

Spalte 1: ziviler und militärischer Flugverkehr Bundesrepublik Deutschland 1984, nach G. Weyrauther u. a. Spalte 2: Linienflug eines Verkehrsflugzeugs mit geringem Bodenanteil, nach M. Barrett.

mit Gasturbinenantrieb in der Bundesrepublik Deutschland im Jahr 1984 und dem zugehörigen Gesamtverbrauch an Flugbrennstoff berechnet. Sie enthalten insbesondere auch die CO- und HC-Emissionen des Start- und Lande-Zyklus. Die Zahlenwerte der Spalte 2 hingegen sind Mittelwerte, die für einen Linienflug mit relativ geringem Bodenzeitanteil abgeschätzt wurden. Während beide Studien hinsichtlich der Stickoxide sehr ähnlich sind, zeigen sie bei CO und HC deutliche Unterschiede. Beim →Emissionsindex für SO_2 stützen sich die Daten in Spalte 1 auf den mittleren S-Gehalt im Flugbrennstoff, während in Spalte 2 der nach der Spezifikation höchstzulässige Wert für den S-Gehalt zugrunde gelegt wurde.

Ein Vergleich mit den Emissionen anderer Verkehrsträger für die Bundesrepublik im Jahr 1984 zeigt, daß bei CO und HC der Beitrag der Luftfahrt noch unter 1 %, bei NO_x und SO_2 unter 3 % liegt. Eine ähnliche Größenordnung des Luftfahrtanteils zeigt ein Vergleich aller Emittentengruppen der Bundesrepublik für 1988.

Die Problematik der L. wurde in den USA schon in den 70er Jahren erkannt. Durch die US Environmental Protection Agency wurden in Zusammenarbeit mit der Luftfahrtindustrie Grenzwerte für die zulässige Schadstoffemission von Flugtriebwerken am Boden und in Flughafennähe erarbeitet, welche die ICAO 1981 übernommen und ihren Mitgliedern zur Einhaltung empfohlen hat. Diese Grenzwerte sind im Annex 16, Vol II der Convention on International Civil Aviation niedergelegt. Sie beziehen sich auf den →Start- und Lande-Zyklus und haben durch technische Weiterentwicklung der Triebwerke zu einer erheblichen Verminderung der CO- und HC-Emissionen sowie des Rauchs geführt. Grenzwerte für den Reiseflug in der Höhe sind noch nicht erlassen. Diese Frage ist in den letzten Jahren durch die Ozon-Problematik und neuere Erkenntnisse der →Atmosphärenchemie ins Blickfeld gerückt, wobei den L. aus folgenden Gründen besondere Bedeutung beigemessen wird:

– Ein nennenswerter Teil der emittierten Schadstoffe, vor allem NO_x, wird direkt in die obere →Troposphäre und in die untere →Stratosphäre eingebracht.

– Ein beträchtlicher Anteil der in Flughafennähe und am Boden erzeugten Schadstoffmengen fällt an wenigen, stark frequentierten Flughäfen an. So wurden z. B. 1984 für den Nahbereich des Flughafens Frankfurt ca. 21 % aller CO- und ca. 41 % aller HC-Emissionen der Luftfahrt in Deutschland ermittelt.

– Wachstumsprognosen für den Luftverkehr lassen für die nächsten 20 bis 25 Jahre eine erhebliche Zunahme der Lufttransportleistungen und damit auch der L. erwarten.

– Im gleichen Zeitraum ist als Folge bereits erlassener Vorschriften mit einer fühlbaren Reduzierung der Emissionen anderer, bodengebundener Schadstoffquellen zu rechnen.

– Da nur ein geringer Anteil der am Boden erzeugten Schadstoffe durch Diffusion oder Austausch in die Stratosphäre gelangt, ist die Luftfahrt dort die einzige relevante anthropogene Schadstoffquelle.

Auf Grund dieser Erkenntnisse sind in der westlichen Welt neue Forschungsprogramme zur Verminderung der wesentlichen Schadstoffe, vor allem der Stickoxide, in Gang gekommen.   *Winterfeld*

Literatur: *Barrett, M.:* Aircraft Pollution, Environmental Impacts and Future Solutions, WWF-Research Paper, WWF-International, Gland (CH) 1991. – *Grieb, H.:* Umweltbelastung durch den zivilen Flugverkehr. Technische Unterlagen MTU-EB/ETWV, MTU München, 1989. – *Weyrauther, G., J. Brostbaus, I. Hone, G. Schulz:* Ermittlung der Abgasemissionen aus dem Flugverkehr über der Bundesrepublik Deutschland. TÜV Rheinland, Institut für Energietechnik und Umweltschutz, Köln 1988.

Luftfeuchte. Anteil des Wasserdampfes in der Atmosphäre, kann von 0–4 Vol.% schwanken, tritt in den drei Aggregatzuständen Gas, Wasser, Eis auf.
Gebräuchlichste Feuchtemaße:
– Wasserdampfdruck e in Hektopascal (Partialdruck der gasförmigen Phase des Wassers in der Atmosphäre);
– absolute Feuchte a in g/m^3 (Masse des Wasserdampfes je Volumeneinheit);
– spezifische Feuchte q in g/kg (Verhältnis der Masse des Wasserdampfes zur Masse der feuchten Luft in derselben Volumeneinheit);
– Relative Feuchte U in % rel. Feuchte (Verhältnis des aktuellen Wasserdampfdruckes zu dem bei der gegebenen Temperatur maximal möglichen Sättigungsdampfdruck);
– Taupunkttemperatur t_d (Temperatur, bei welcher der Sättigungsdampfdruck gleich dem aktuellen Dampfdruck ist).

Neben der generellen Bedeutung des Wasserdampfgehalts in der Atmosphäre für den hydrologischen Kreislauf (Verdunstung – Kondensation – Niederschlag – Abfluß) und den Strahlungshaushalt der Erde beeinflußt die L. die physikalischen und chemischen Umwandlungen von Luftverunreinigungen. Hohe L. begünstigt die Bildung und das Wachstum von Aerosolen mit Auswirkungen auf die →Trübung der Atmosphäre sowie auf den Strahlungshaushalt und damit auch auf photochemische Umsetzungsprozesse. In Tröpfchen laufen chemische Reaktionen ab, die z. B. zur Bildung von Säuren führen. Wolken- und Nebelwasser bestimmt wesentlich →wash-out- und →rain-out-Prozesse.
     Külske

Literatur: VDI 3786, Bl. 4: Meteorologische Messungen für Fragen der Luftreinhaltung: Luftfeuchte. 7/1985.

Luftpfad →Ausbreitungspfad

Luftreinhalteplan. Der L. ist mit dem BImSchG 1974 eingeführt worden mit dem Ziel, für luftverunreinigungsmäßig hochbelastete Gebiete ein besonderes Untersuchungs- und Handlungsinstrumentarium zur gezielten Verbesserung der komplexen Luftverunreinigungssituation in solchen Gebieten bereitzustellen. Das L.-Konzept setzt daher an belasteten Gebieten an, die im BImSchG 1974 als →Belastungsgebiete bezeichnet wurden, seit der BImSchG-Novelle 1990 aber wegen der stärkeren Ausrichtung der L. auf Vorsorgemaßnahmen in →Untersuchungsgebiete umbenannt worden sind. Das Konzept reflektiert ferner die Notwendigkeit der Gesamtbetrachtung der Luftverunreinigungssituation und der unterschiedlichen Emittentengruppen (Industrie, Haushalte und Kleingewerbe, Verkehr und Landwirtschaft) in einem solchen Gebiet zur konkreten Beurteilung der manifesten und drohenden Gefahren oder Nachteile für Mensch und Umwelt sowie effektiver, mit Prioritäten versehener Gegenmaßnahmen.

Das konzeptionelle Instrumentarium, das in Untersuchungsgebieten und in gleichgestellten Gebieten zur Anwendung kommt und schließlich in den L. einmündet, gliedert sich in Untersuchungs- und Auswertungsmaßnahmen (→Emissionskataster, →Immissionskataster, →Wirkungskataster, Verursacheranalyse und Prognose der Luftverunreinigungsentwicklung) und in Sanierungs- bzw. Vorsorgemaßnahmen. Alle diese Instrumente sind Gegenstand der Regelungen in den §§ 44–47 BImSchG (§ 44 Untersuchungsgebiet; §§ 44/45 Immissionskataster; § 46 Emissionskataster; § 47 Luftreinhalteplan). Im L. werden die einzelnen Elemente in logischer Weise miteinander verknüpft; der L. enthält im wesentlichen
– die Darstellung der festgestellten Emissionen und Immissionen (Emissions- und Immissionskataster),
– Feststellungen über Auswirkungen und Ursachen der Luftverunreinigungen (Wirkungskataster und Verursacheranalyse),
– eine Abschätzung der zu erwartenden künftigen Veränderungen der Emissions- und Immissionsverhältnisse (Prognose der Entwicklung der Luftverunreinigungen) und
– die Maßnahmen zur Verminderung der Luftunreinigung und zur Vorsorge.

§ 47 BImSchG sieht hinsichtlich der Aufstellung von L. zwei Arten vor: den L. als Sanierungsplan und den L. als Vorsorgeplan (L. zur Vorsorge gegen schädliche Umwelteinwirkungen durch Luftverunreinigungen); die Anforderungen an den Inhalt des L. bleiben von der Planart unberührt. Ferner unterscheidet § 47 zwischen einer zwingenden Verpflichtung der Behörde zur Aufstellung eines L. und einer „Soll"- sowie einer „Kann"-Bestimmung:
– Ein L. ist als Sanierungsplan zwingend aufzustellen, wenn die Auswertung des Immissionskatasters ergibt, daß Immissionswerte zum Schutz vor Gesundheitsgefahren (→22. BImSchV, 2.5.1 TA Luft) oder von der EG festgesetzte Immissionsgrenzwerte (→EG-Richtlinien über Luftqualitätsnormen, 22. BImSchV) überschritten sind.
– Ein L. als Sanierungsplan soll aufgestellt werden, wenn schädliche Umwelteinwirkungen durch Luftverunreinigungen auftreten oder zu erwarten sind, ohne daß die vorgenannten Grenzwerte überschritten sind; dies kann der Fall sein, wenn nicht limitierte Luftschadstoffe auftreten und sich aus entsprechenden Immissionsstandards Gefahren für Mensch oder Umwelt ableiten lassen oder wenn sich aus dem Wirkungskataster solche Fakten ergeben.
– Ein L. kann als Vorsorgeplan aufgestellt werden, wenn im Immissionsschutzrecht oder von der EG festgesetzte →Immissionsleitwerte überschritten sind oder die Überschreitung zu erwarten ist oder wenn die durch Ziele der →Raumordnung und der →Landesplanung vorgesehene Nutzung des Gebiets beeinträchtigt werden kann.

L. können auf bestimmte luftverunreinigende Stoffe, auf bestimmte Teile eines Untersuchungsgebiets und auf bestimmte Arten von Emissionsquellen beschränkt werden.

Der L. hat keine konstitutive Wirkung, d. h. er kann Dritte nicht unmittelbar binden. Zur Durchsetzung der im L. vorgesehenen Maßnahmen sind Anordnungen oder sonstige Entscheidungen der jeweils zuständigen Träger öffentlicher Verwaltung notwendig; ihnen wird in § 47 Abs. 3 BImSchG eine Verpflichtung zu entsprechendem Handeln auferlegt. *Dreyhaupt*

Literatur: *Dreyhaupt, F. J.* et al.: Handbuch zur Aufstellung von Luftreinhalteplänen. Köln 1979. – Länderausschuß für Immissionsschutz: Durchsetzung von Luftreinhalte- und Lärmminderungsplänen (LP) gem. §§ 47 Abs. 3, 47a Abs. 4 BImSchG; UPR 1991/9, S. 334–339. – Länderausschuß für Immissionsschutz: Überprüfung der Konzeption der Luftreinhaltepläne; herausgegeben vom Ministerium für Umwelt, Raumordnung und Landwirtschaft des Landes Nordrhein-Westfalen, Düsseldorf 1992. – Ministerium für Umwelt, Raumordnung und Landwirtschaft des Landes Nordrhein-Westfalen (Hrsg.): Luftreinhalteplan Rheinschiene Süd 1992. Düsseldorf 1992.

Luftschadstoff, phytotoxisch. Stoffe, die zu Luftverunreinigungen führen, können flüssig, gasförmig oder fest sein. Flüssige Stoffe, als Rauch oder Nebel emittiert, werden abhängig von ihrer Teilchengröße rasch im Umgebungsbereich des Emittenten an entsprechenden Rezeptoren abgeschieden (>10 µm), als →Aerosol (<10 µm) über weite Gebiete, vergleichbar den Gasen, verteilt oder treten unter bestimmten meteorologischen Bedingungen von der flüssigen in die Gasphase über und breiten sich wie gasförmige Luftverunreinigungen aus. Stäube mit Korngrößen >20 µm sedimentieren im Umgebungsbereich des Emittenten, während Feinstäube mit <20 μm (→Schwebstaub) ähnlich wie Gase über weite Gebiete verteilt werden können. Ihre phytotoxische Relevanz wird in der Regel durch die Staubinhaltsstoffe (Schwermetalle, Chlororganika etc.) bestimmt. Die Verfrachtungsweite ist abhängig von der Quellhöhe, der Temperatur und anderen Emissionsparametern.

Die wichtigsten Quellen der Luftverunreinigung sind Industrie, Hausbrand und Verkehr. Die Schadstofffracht der industriellen Quellen wird durch die Qualität (Schadstoffgehalt) der eingesetzten Roh-, Kraft- und Brennstoffe, ihren mineralischen Anteilen und dem Stand der Produktions-, Verbrennungs- und Emissionsminderungstechnik bestimmt. Über hohe Schornsteine werden Schadstoffe auch in entferntere Gebiete eingetragen. In Ballungsgebieten sind verkehrsbedingte Luftverunreinigungen wie Kohlenmonoxid, Dieselruß, Benzol, Stickoxide, Kohlenwasserstoffverbindungen und eingeschränkt noch Bleiverbindungen von Bedeutung. Im wesentlichen verkehrsbedingt sind auch die Photooxidanten mit Ozon als Leitkomponente (Sommersmog). In landwirtschaftlich geprägten Gebieten mit starker Tierintensivhaltung können Emissionen von Ammoniak und anderen stickstoffhaltigen Reaktionsprodukten (z. B. Ammoniumsulfat-Aerosol) zur Gefährdung naturnaher Ökosysteme beitragen.

Neben den vielen Substanzen, die bei einer stark differenzierten industriellen Struktur emittiert werden, können durch Reaktionsprozesse in der Atmosphäre wie Oxidation, Reduktion, Polymerisation oder Kondensation neue Schadstoffe entstehen, deren Spezies häufig schwer erkennbar und deren phytotoxische Wirkungen weitgehend unbekannt sind.

Zu den phytotoxisch wirksamsten Gasen zählt Fluorwasserstoff (HF), das bei Prozessen der Aluminium- und Phosphatdüngemittelherstellung sowie aus Betrieben der keramischen Industrie freigesetzt wird. Es hat aber im Gegensatz zu Schwefeldioxid keine ubiquitäre Bedeutung. Nach entsprechenden Luftreinhaltemaßnahmen kommt es lediglich vereinzelt im Umgebungsbereich lokaler Quellen (vor allem an Koniferen) zu irreversiblen Schäden.

Gleiches gilt prinzipiell für Chlorwasserstoff, das bei der Herstellung von Kunststoffen und anderen chemischen Produkten, bei der →Abfallverbrennung und bei bestimmten keramischen Prozessen freigesetzt wird. Chlorwasserstoff ist ebenfalls hoch phytotoxisch, die Belastungen der Außenluft sind aber in der Regel sehr niedrig und damit ohne Bedeutung für die Vegetation.

Aus dem komplexen Gemisch der nitrosen Gase (NO$_x$) kommt dem →Stickstoffdioxid (NO$_2$) und dem →Stickstoffmonoxid (NO) auf Grund ihrer ubiquitären Verbreitung, ihres phytotoxischen Potentials und ihrer Beteiligung an der Bildung säurehaltigen Niederschlägen die größte Bedeutung zu.

Die Ausweitung der tierischen Produktion in Intensivhaltungen führt zunehmend zu einer Belastung der Atmosphäre durch Ammoniak (NH$_3$), das rasch zu Ammoniumverbindungen umgewandelt wird. Während Ammoniak im Emittentennahbereich vor allem auf Koniferen (Nadelgehölze) stark phytotoxisch wirkt, haben die Ammoniumverbindungen keine direkten phytotoxischen Eigenschaften, können aber in naturnahen Ökosystemen (Heidelandschaften) über einen verstärkten Stickstoffeintrag das Nährstoffgleichgewicht der Böden (trophische Wirkung) verschieben und damit zu Veränderungen im Artenspektrum führen (indirekte Wirkung).

Im Umgebungsbereich von Metallhütten haben vor allem in der Vergangenheit schwermetallhaltige Staubemissionen (einschl. Haldenabwehungen) zu einer nachhaltigen →Kontamination des Bodens und zu einer direkten bzw. indirekten Beeinträchtigung des Pflanzenwachstums geführt (z. B. in Stolberg, Rheinland, und in Freiberg, Sachsen).

G. Krause

Literatur: Däßler, H.-G.: Einfluß von Luftverunreinigungen auf die Vegetation. Jena 1981. – Guderian, R.: Air Pollution, Ecological Studies 22. Berlin 1977. – Hock, B.; E. F. Elstner: Pflanzentoxikologie – Der Einfluß von Schadstoffen und Schadwirkungen auf Pflanzen. Mannheim 1984.

Luftverhältnis. (auch Luftzahl). Bei Verbrennungsmotoren wird der Verbrennungsablauf im wesentlichen vom Verhältnis des Kraftstoffs zur Luft beeinflußt, dem sogenannten L. λ.

Unter stöchiometrischen Bedingungen, d. h. λ = 1 und alle Komponenten des Kraftstoffes werden vollständig oxidiert, benötigt man zur Verbrennung von 1 kg →Kraftstoff ca. 14,6 kg Luft.

Ist λ > 1, spricht man von einem mageren Gemisch, das bedeutet Luftüberschuß; ist λ < 1 bedeutet das fette Gemisch, also Luftmangel.

Die Definition von λ ist in folgender Gleichung dargestellt:

$$\lambda = \frac{\dot{m}_L}{\dot{m}_{Kr} \cdot \dot{m}_{Lmin}} = \frac{\text{zugeführte Luftmenge}}{\text{theoretischer Luftbedarf}}$$

$\dot{m}_L$ = Luftmassenstrom (kg$_L$/s)

$\dot{m}_{Kr}$ = Kraftstoffmassenstrom (kg$_{Kr}$/s)

$\dot{m}_{Lmin}$ = stöchiometrische Mindest-Luftmasse (kg$_L$/kg$_{Kr}$)

Beim Ottomotor liegt der Wert für λ in der Größenordnung zwischen 0,7 und 1,3 während er beim Dieselmotor zwischen 1,05 und 7 liegt.

In der englischsprachigen Literatur wird häufig statt des L. der Kehrwert als equivalence ratio Φ = 1/λ angegeben.

Kind/May

Luftverunreinigung in Innenräumen →Innenraum-Luftreinhaltung

Luftverunreinigungen.
Wirkung auf die Vegetation. Luftschadstoffe lassen sich in primäre und sekundäre L. unterteilen. Primäre L. werden nach ihrer Freisetzung ohne chemische Umwandlung auf oberirdische Teile der Vegetation ablagert, im Pflanzengewebe angereichert (Schadstoffanreicherung) und lösen nach Überschreiten einer →Wirkungsschwelle Pflanzenschäden aus. Zu den klassischen gasförmigen Verunreinigungskomponenten zählen Schwefeldioxid (SO_2), Fluorwasserstoff (HF), Chlorwasserstoff (HCl) und die Stickstoffoxide (NO_2, NO) sowie Ammoniak (NH_3). Komponenten, die in der Atmosphäre während der Transmission eine chemische Umwandlung erfahren, werden als sekundäre L. bezeichnet. Hierzu zählen vor allem Ozon (O_3) und PAN (Peroxyacetylnitrat), die Hauptkomponenten des photochemischen Smogs (→Photooxidantien). Im Gegensatz zu den klassischen Komponenten können sie nur schwer oder gar nicht chemisch-analytisch im Pflanzenmaterial nachgewiesen werden, da sie nahezu vollständig metabolisiert werden.

Die genannten anorganischen Komponenten können mit atmosphärisch gebundenem Wasser zu Säuren reagieren. Über Niederschläge (Regen, Schnee, Nebel, Tau etc.) gelangen sie entweder direkt auf Blätter und Nadeln oder wirken indirekt über eine Veränderung der Bodeneigenschaften (→Saurer Regen, →Waldschäden, neuartige). Hierbei kommt den als Nährstoff wirksamen Stickstoffverbindungen eine besondere Bedeutung zu, weil sie auf Grenzböden in Wäldern zu Nährstoffimbalanzen und in oligotrophen und ombrotrophen Ökosystemen wie Heidelandschaften oder Hochmooren zur Veränderung im Arteninventar führen können.

Staubförmige Schadstoffe sind entweder anthropogenen (Zementstaub, metallhaltige Stäube) oder natürlicher Ursprungs (Winderosion). Häufig dient inerter Staub als Schadstoffträger für phytotoxische Substanzen. In der Regel ist daher die chemische Zusammensetzung für das Schadausmaß bestimmender als die physikalischen Eigenschaften (Verkrustungen auf Blättern etc.), wenn man einmal vom Partikeldurchmesser absieht. Im Gegensatz zu den gasförmigen Komponenten überwiegt bei den Stäuben die indirekte Wirkung über den Boden, wo sie häufig auf Grund ihrer →Persistenz im Boden angereichert und von den Pflanzen über das Wurzelsystem aufgenommen werden.

Komplexe organische Verbindungen natürlichen (z. B. Terpene) wie anthropogenen Ursprungs (z. B. Chloraromaten, Aldehyde, Phenole, Ethylen) vermögen u. a. über kumulative Effekte die Wachstumsprozesse der Pflanzen negativ zu beeinflussen

und führen zu Wechselwirkungen mit anderen Luftschadstoffen. Sie lösen in der Regel keine schadstoffspezifischen Symptomen aus, vermögen aber vielfach Primärsymptome in ihrer Ausprägung zu verschleiern.

Die Emittenstruktur einer Region bestimmt das in der Atmosphäre vorliegende Komponentenspektrum (Immissionstyp), so daß eine Vielzahl von Komponenten gleichzeitig oder alternierend einwirken kann. Sie führen entweder zu Wirkungsverstärkungen (Synergismus) oder heben sich gegenseitig in ihrer Wirkung auf (Kompensation) oder sind gegenseitig wirkungsneutral (additive Wirkung). Durch Überlagerung von Symptomen einzelner Komponenten und andere ungünstiger Milieufaktoren kann es zu unspezifischen Symptomen kommen (→Pflanzenreaktion).

Schadstoffe werden auf Pflanzenoberflächen trocken und naß abgelagert (→Deposition) und über die Blatt-/Nadeloberfläche (Kutikula) oder die Spaltöffnungen (Stomata) aufgenommen und angereichert. Unter trockener Deposition wird die trockene Ablagerung luftgetragener Gase, Aerosole und Stäube verstanden, während die nasse Deposition den Stoffeintrag über Regen, Schnee, Nebel, Tau umfaßt. Schadstoffe können dabei entweder durch den niederströmenden Regen aus der Atmosphäre ausgewaschen (wash out), oder, wenn bereits im Wolkenwasser gebunden, ausgeregnet werden (rain out). Der direkte Eintrag von Schadstoffen über die Berührung zwischen der wasserdampfgesättigten Atmosphäre (Wolken) und der Pflanzenoberfläche stellt einen weiteren wirkungsrelevanten Eintragspfad dar (Scavenging, neuartige →Waldschäden).

Die Pflanzenreaktion wird durch die Konzentration und Einwirkungsdauer (Dosis), die artspezifische →Resistenz der Pflanzen und die äußeren Wachstumsfaktoren wie Boden, Klima, Nährstoffe bestimmt. Während in früherer Zeit akut toxische Wirkungen (hohe Konzentration bei kurzen Einwirkungszeiten) im Umgebungsbereich singulärer Quellen zu schadstoffspezifischen Reaktionen an der Vegetation führten, sind nach entsprechenden Luftreinhaltemaßnahmen heute Pflanzen und Ökosysteme überwiegend durch chronische Einwirkungen in niedriger Konzentration gefährdet.

L.-Komponenten führen je nach Art, Konzentration und Einwirkungszeit makroskopisch zu morphologischen Veränderungen, die sich u. a. in Verkrüppelung, Zwergwuchs oder ganz generell in Habitusveränderungen manifestieren können. Sie sind zuerst an Verfärbungen und absterbenden Gewebepartien (Chlorosen, Nekrosen) der Blätter und Nadeln zu erkennen, wobei einzelne Luftschadstoffe in akut schädigender Konzentration zu charakteristischen Symptombildern führen (Pflanzenreaktion).

Bevor es zur Ausprägung makroskopisch sichtbarer Symptome kommt, finden in den Blättern/Nadeln biochemische, physiologische und feinstrukturelle Veränderungen auf Zellebene statt, sogenannte latente Schäden. Sie können bereits Wuchsänderungen und Ertragsminderungen auslösen, ohne sichtbare oder genauer definierbare Symptomstrukturen zu anzuzeigen. Vitalitätsschwächung führt häufig zu einer erhöhten Anfälligkeit gegenüber anderen Streßfaktoren (Disposition) wie Trokkenheit, Kälte, Nährstoffdefizit oder biotischen Schaderregen. Chronische Wirkungen sind zunächst nicht durch das Absterben von Zellverbänden gekennzeichnet, sondern, vergleichbar mit den latenten Schäden, durch die Auslenkung bestimmter Stoffwechselvorgänge auf Grund einer langsamen Schadstoffakkumulation im Pflanzengewebe. Wird der Reparaturmechanismus angegriffen bzw. das Detoxifikationspotential der Pflanze erschöpft, kommt es in späteren Stadien entweder zu sichtbaren, zum Teil schadstoffspezifischen Symptomen (Chlorosen, Nekrosen) oder unspezifischen Seneszenzerscheinungen (vorzeitige Alterung, Welkeerscheinungen etc.).

Die Wirkung von L. auf die Vegetation wurde in zahlreichen Begasungsexperimenten und auch Freilandexperimenten untersucht. Im Laufe der vergangenen 30 Jahre konnten für die meisten relevanten Luftschadstoffe oder deren Kombinationen →Dosis-Wirkungsbeziehungen abgeleitet werden, die die wesentliche Bewertungsgrundlage für schadstoffbegrenzende Immissionskonzentrationen darstellen.

Ferner wurden u. a. Kenntnisse über Aufnahmemechanismen (Absorption, Akkumulation, Desorption), Symptomatik, artspezifisches Resistenzverhalten, den Einfluß innerer und äußerer Wachstumsfaktoren (Genetik, Habitus, Temperatur, Luftfeuchte, Licht, Boden) sowie deren Wechselwirkungen ermittelt. Diese Kenntnisse sowie Beobachtungen in immissionsbelasteten Gebieten stellen die Grundlage des differentialdiagnostischen Instrumentariums dar, mit dessen Hilfe immissionsbedingte Vegetationsschäden erkennbar sind.

Artspezifische Reaktionen, sei es mit Bezug auf Symptomatik oder auf Schadstoffakkumulation, führten zur Entwicklung von →Bioindikatoren. Bereits um 1860 erkannte man, daß die Artenzusammensetzung des natürlichen Flechtenbewuchses als ein Kriterium für die Luftbelastung angesehen werden konnte. Grundlage ist die Erkenntnis, daß Lebewesen ganz generell auf äußerlich induzierte Reize zum Zweck der Lebenserhaltung reagieren und sich diese spezifischen Reaktionen als Indikatoren für die Einwirkungen von L. verwenden lassen. *G. Krause*

Literatur: *Daßler, H.-G.:* Einfluß von Luftverunreinigungen auf die Vegetation – Ursachen-Wirkungen-Gegenmaßnahmen. Jena 1981. – *Guderian, R.:* Air pollution. Ecological Studies 22, New York–Heidelberg–Berlin 1977. – *Mudd, J. B.; T. T. Kozlowski:* Responses of plants to air pollution. New York 1975. – *Smith, W. H.:* Air pollution and forests – Interactions between air contaminants and forest ecosystems. New York–Heidelberg–Berlin 1981.

Wirkung auf Tiere. Beim Tier ist zwischen Wild- und Nutztier zu unterscheiden. Einwirkungen von L. auf Wildtiere mit der Folge der Anreicherung dieser Stoffe im tierischen Organismus bzw. in den Anhangsorganen sowie Weitergabe innerhalb der Nahrungskette werden zumeist unter dem Gesichtspunkt des →Biomonitoring (→Wirkungskataster) untersucht. Beispiele sind Analysen der Schwermetallgehalte in Federn von Tauben und Raubvögeln, in Innereien von Nagetieren und vor allem in der Nähe von Autobahnen in Regenwürmern, hier insbesondere bezüglich Cadmium, sowie in Innereien von jagdbaren Wildtieren.

Bei Nutztieren sind früher Blei- und Fluorvergiftungen über das Futter in der Nachbarschaft von Schwermetall- und Aluminiumhütten, von Glas- und Emaillierwerken sowie von Ziegeleien von großer Bedeutung gewesen. Dabei waren Wiederkäuer besonders gefährdet.

Bei der Bleivergiftung treten im akuten Fall Koliken und Lähmungserscheinungen auf. Nach chronischer Einwirkung stehen Appetitverlust, Gewichtsabnahme und allgemeine Schwächung im Vordergrund. Wichtig ist die Anreicherung von Blei wie aller anderen Schwermetalle, insbesondere Cadmium, in Leber und Niere. Daher sind entsprechend kontaminierte Innereien ggf. vom menschlichen Verzehr auszuschließen. Nach der Futtermittelverordnung besteht ein Grenzwert von 40 mg Blei (kg Futter)$^{-1}$ bei 88 % Trockensubstanz. In der Regel werden nur 10 % der aufgenommenen Menge resorbiert. Vergiftungen sind heute in der Regel ausgeschlossen.

Fluorvergiftungen (sog. Fluorosen) waren früher in der Umgebung von Aluminiumhütten sowie der anderen bereits genannten Fluorquellen ein großes Problem. Hier stand im wesentlichen die chronische Einwirkung im Vordergrund. Die Folge einer Fluorose sind Appetitverlust, aber auch Entkalkung der Knochen, d. h. eine ausgeprägte Osteoporose. Weitere Wirkungen sind schmerzhafte Knochendeformationen (Exostosen) und Zahnschäden, die zugleich ein besonders typisches Symptom darstellen. Je nach Tierart wird ein Richtwert von 40 bis 150 mg Fluor (kg Pflanzentrockensubstanz)$^{-1}$ zum Ausschluß von Fluorosen angesehen.

Im übrigen reagieren Säugetiere bzw. Warmblüter ähnlich wie der Mensch auf L. Daher sind auch alle Wirkungen von L. auf den Menschen von grundsätzlich gleicher Bedeutung für das Nutztier, allerdings mit ungleich niedrigerem Schutzanspruch.

In neuerer Zeit ist das Problem der Aufnahme chlorierter Kohlenwasserstoffe, insbesondere →Dioxine, unter dem Schwerpunkt der →Kontamination tierischer Nahrungsmittel im Vordergrund der Diskussion (Transfer- und Akkumulationsvorgänge, Wirkung von L. auf den Boden). Der Mensch erreicht allein durch die Aufnahme von Dioxinen über Fleisch und Fisch die tägliche Dosis von 1 pg (kg Körpergewicht)$^{-1}$ Tag^{-1}, gemessen in internationalen Toxizitätsäquivalenten. Diese Dosis sollte nach allgemeiner Anschauung als Vorsorge zum Ausschluß gesundheitlicher Wirkung nicht überschritten werden. Weitere 0,6 pg (kg Körpergewicht)$^{-1}$ Tag^{-1} kommen allein durch die Aufnahme der ebenfalls Dioxine enthaltenden Kuhmilch hinzu. *Prinz*

Wirkung auf den Boden. Als Verwitterungsprodukt der äußeren Erdrinde ist der →Boden der Entwicklung und ständigen Veränderung unterworfen. Zu den aus der Verwitterung stammenden anorganischen Bestandteilen (im wesentlichen Tonminerale und Pflanzennährstoffe) kommen organische Bestandteile (Humus und Folgeprodukte) sowie Bodenfauna und Bodenflora. Entsprechend unterscheidet man physikalische (Wasser- und Luftführung), chemische (auf Ionenaustausch beruhende Bindung bzw. Freisetzung von Nähr- und Schadstoffen) sowie biologische Eigenschaften (Humuszersetzung bzw. Mineralisierung unter Mitwirkung von Bodenflora und Bodenfauna). Das Untergrundgestein bestimmt naturgemäß ganz wesentlich die Bodenart (z. B. sandiger Lehm) und den Bodentyp (z. B. Braunerde) sowie den Nährstoffstatus.

Veränderungen der physikalischen Eigenschaften durch Eintrag von L. sind vergleichsweise unbedeutend; weit bedeutender sind die Veränderungen der chemischen Eigenschaften. Damit kommt es gleichzeitig zu unmittelbaren Auswirkungen auf die Bodenfauna (z. B. Collembolen, Nematoden), auf die Bodenflora (z. B. Pilze, insbes. Mykorrhiza, Bakterien) und auf die Vegetation. Eingetragene Luftschadstoffe können Nährstoffcharakter (z. B. Stickstoffverbindungen) oder Schadstoffcharakter (z. B. Schwermetalle, organische Verbindungen) besitzen oder verwickelte Folgewirkungen im Boden hervorrufen (z. B. Säureeinträge).

□ Stickstoffverbindungen. Sie gelangen im wesentlichen als Ammonium (Nähe von Tierintensivhaltungen) und Nitrat (Folgeprodukte der NO_x-Emissionen) in den Boden. Der Eintrag beträgt im Freiland 10–20 kg N ha^{-1} a^{-1} und unter dem Kronendach von Waldbäumen 20–40, max. 60 kg N ha^{-1} a^{-1}, hiervon ⅔ als NH_4-N. Die Aufnahme durch Pflanzen ist sehr unterschiedlich. Bei Waldbäumen liegt diese i. a. nicht über 15 kg ha^{-1} a^{-1} (Bild 1). Entsprechend kommt es zu einem Überschuß in der Zufuhr, der entweder an den Grundwasserträger weitergegeben wird oder mit oder ohne chemische Umwandlung zu einer Überdüngung führt.

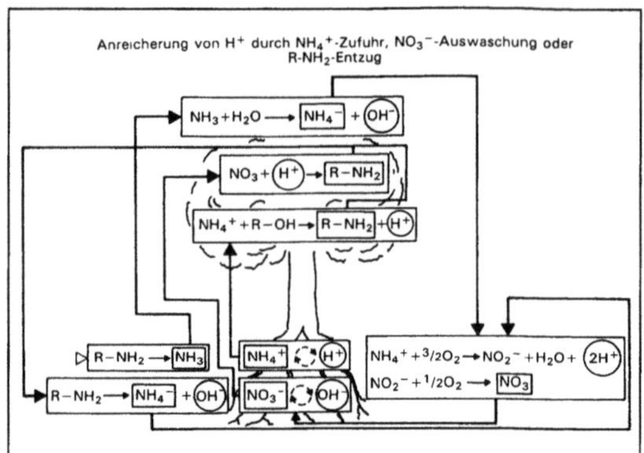

Luftverunreinigungen 1: Wirkung auf den Boden: Bilanz der Stickstoff-Einträge und -Austräge in einem Wald-Ökosystem.

Der ungestörte ökosystemare →Stickstoffkreislauf umfaßt die in Bild 2 dargestellten Reaktionen. Hieraus ist zu entnehmen, daß unter der Bedingung eines geschlossenen Kreislaufes die Protonenbilanz ausgeglichen ist, weil unter Einschluß von Streuzersetzung (links unten) und Mineralisierung (rechts unten) genauso viele H$^+$- wie OH-Ionen gebildet werden. Eine versauernde Wirkung tritt erst dann ein, wenn organische Masse entfernt oder NH_4^+ im Überschuß zugeführt wird, allgemein, wenn im molaren Maßstab $(NH_4^+{}_{in} + NO_3^-{}_{aus}) - (NH_4^+{}_{aus} + NO_3^-{}_{in}) > 0$ ist. Allerdings ist dabei zu berücksichtigen, daß die Emission von Ammoniak entsprechend der Reaktion von $NH_3 + H_2O \rightarrow NH_4^+ + OH^-$

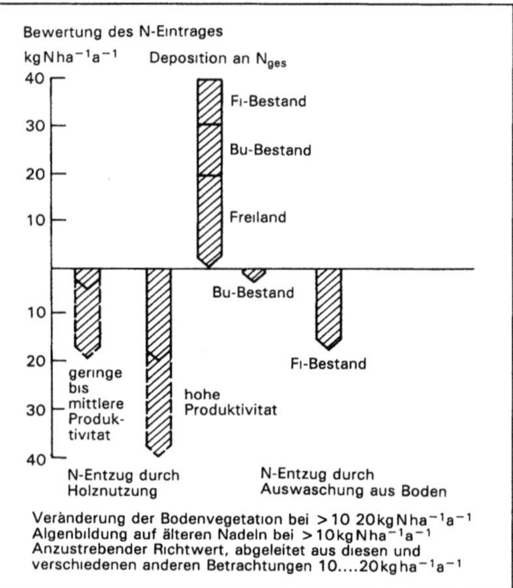

Luftverunreinigungen 2: Wirkung auf den Boden: Schematische Darstellung des ungestörten Stickstoffkreislaufs in einem Wald-Ökosystem.

zunächst zu einer basischen Reaktion in der Atmosphäre führt. Bedeutsamer als die versauernde Wirkung überhöhter Ammoniak-Emissionen ist somit die Stickstoffüberdüngung von Wald- oder naturnahen Ökosystemen.

□ Schwermetalle. Sie reichern sich entsprechend ihrer komplexbildenden Eigenschaften vorwiegend im Oberboden an (Blei z. B. weit stärker als Cadmium). Daher führen langanhaltende Einträge bei hoher →Persistenz im Boden zu einer ausgesprochenen Akkumulation bzw. kaum zu einer Abnahme, wenn die Immission wieder zurückgeht (Transfer- und Akkumulationsvorgänge). Wirkung auf die Bodenfauna und Bodenflora sowie auf das Wurzelsystem (Auflaufschäden) sind die Folge. In der Regel ist jedoch die →Kontamination von Nahrungs- und Futterpflanzen durch Aufnahme der Schwermetalle über die Wurzeln bedeutsamer, die komponenten-, pflanzen- und bodenabhängig ist, z. B. bei Cadmium etwa 10mal höher als bei Blei, bzgl. →Thallium bei Raps etwa 25mal höher als bei Spinat, außerdem bei niedrigem pH höher als bei hohem pH. Bei Niederschlagsgrenzwerten ist somit immer neben dem Eintragspfad Luft-Pflanze der Eintragspfad Luft-Boden-Pflanze zu berücksichtigen. Schwerpunkte der Schwermetallbelastung im Boden sind dort, wo hohe Schwermetallimmissionen, z. B. in der Umgebung von Hütten (Stolberg, Duisburger Bereich), über lange Zeit eingewirkt haben.

□ Organische Verbindungen. Das Problem der Einwirkung →organischer Verbindungen auf den Boden ist erst in jüngster Zeit erkannt worden. Ähnlich wie bei den Schwermetallen steht die Aufnahme der im Boden akkumulierten →Luftverunreinigungen über die Wurzeln in Konkurrenz zur Aufnahme über die Blätter und den Sproß (→Transfer- und Akkumulationsvorgang). Ggf. kann es auch zu einer sekundären Immission durch Freisetzung leichtflüchtiger organischer Verbindungen aus dem Boden kommen, die ihrerseits dann in die dem Boden nächstbenachbarten Blätter aufgenommen werden. Als Schätzmaß für die mögliche Pflanzen-Bioakkumulation bei Aufnahme aus der wäßrigen Bodenphase in die Wurzel wird häufig der n-Octanol/Wasser-Verteilungskoeffizient herangezogen. Komponenten von Bedeutung sind vermutlich vor allem chlorierte →Kohlenwasserstoffe sowie polycyklische aromatische Kohlenwasserstoffe. Insgesamt sind die Transferraten wegen der Molekülgröße jedoch nur sehr gering, zumal die Wurzel vornehmlich ionare Bindungsformen aufnimmt. Andererseits sind die Futter- und Nahrungspflanzen für eine Kontamination besonders gefährdet, bei denen der verzehrbare Teil im Boden wächst (z. B. Wurzelgemüse). Am Beispiel der →Dioxine sind im ungünstigsten Fall Transferraten von höchstens 0,1 ng TE (kg Pflanzentrockenmasse)$^{-1}$ / 1 ng TE (kg Bodentrockenmasse)$^{-1}$ zu erwarten.

□ Säurehaltige Niederschläge. Der Eintrag von Säuren ist zur Kalkung gegenläufig. Die Kalkung ist in jedem Fall erforderlich bei Biomasseentzug (Erhaltungskalkung). Ein gewisser Säuregrad, z. B. infolge der aus Veratmung stammenden Kohlensäure, ist Voraussetzung, um die Verwitterung der Untergrundgesteine bzw. der Tonminerale (Fortschreitung der Bodenentwicklung) und damit den Nährstoffaufschluß zu gewährleisten. Außerdem ist die Salpetersäurebildung durch Mineralisierung der Humusstoffe eine wichtige natürliche, ökosystemare Säurequelle, die im starken Maße temperaturabhängig ist (Säureschübe bei trocken-warmer Witterung). Der Boden hat gegenüber dem Säureeintrag zahlreiche Puffermechanismen, die innerhalb verschiedener Pufferbereiche wirksam werden. Diese sind Kohlensäure/Carbonat-Pufferbereich (pH 6,2–8,6), Silikat-Pufferbereich (pH 5,0–6,2), Austauscher-Pufferbereich (pH 4,2–5,0), Aluminium-Pufferbereich (pH 3,0–4,2) sowie Eisen-Pufferbereich (pH < 3,0). Wird die Kapazität eines bestimmten Pufferbereichs überschritten, so wird der nächst niedrige angesteuert. Im Austauscher-Pufferbereich gehen im wesentlichen Kationen-Nährstoffe verloren wie Calcium, Magnesium, Kalium. Im Aluminium-Pufferbereich werden freie Aluminiumionen entsprechend Al00H·H_2O + 3 H^+ → Al^{3+} + $3H_2O$ gebildet. Diese wirken auf die Wurzel toxisch und hemmen die Nährstoffaufnahme, wobei die einzelnen Pflanzenarten unterschiedlich empfindlich reagieren. Die Aluminiumtoxizität wird im Zusammenhang mit der Ursache der neuartigen Waldschäden zum Teil kontrovers diskutiert. *Prinz*

Wirkung auf Materialien. Seit dem 17. Jh. ist bekannt, daß Schäden an Materialien in verunreinigter Luft stärker ausgeprägt sind als in reiner Luft. Dabei handelt es sich vor allem um Metallkorrosionen (Ursache Schwefeldioxid und andere saure Gase), Zerstörung von Bausteinen (Ursache Schwefeldioxid und andere saure Gase), Erosion und Verfärbung von Anstrichen und organischen Beschichtungen (Ursache Schwefeldioxid und Schwefelwasserstoff), Brüchigwerden und Verfärben von Papier (Ursache Schwefeldioxid), herabgesetzte Haltbarkeit sowie Ausbleichen von Textilien (Ursache Schwefeldioxid, Stickstoffmonoxid), Alterung von Gummi und Plastik (Ursache Ozon), Verwitterung von Keramik und Glas (Ursache saure Gase, insbes. Fluorwasserstoff) u. a. (Tabelle). Die Vernichtung kulturhistorisch bedeutsamer Bau- und Kunstwerke ist dabei von besonderer Bedeutung, weil diese grundsätzlich unersetzbar sind. Beispiele hierfür sind historische Bauwerke aus Naturstein, Stein- und Bronzeskulpturen sowie mittelalterliche Glasgemälde (→Natursteinschäden, →Stahlkorrosion, Materialschäden). Die mittelal-

Luftverunreinigungen, Wirkung auf Materialien. Tabelle: Übersicht über die verschiedensten Arten immissionsbedingter Materialschäden (nach *Harter*)

Material	Art des Schadens	Luftverunreinigung	Andere Umweltfaktoren	Bestimmungsmethode
Metalle	Korrosion, Mattwerden	SO_2 und andere saure Gase	Luftfeuchtigkeit, Salz, Staub	Gewichtsverlust nach Entfernen der Korrosionsschicht
Werkstein	Oberflächenerosion, schwarze Krusten	SO_2 und andere saure Gase	Mechan. Erosion, Staub, Luftfeuchte, Temperaturänderungen, Salze, CO_2, Mikroorganismen	Gewichtsverlust, Reflexionsverlust, chemische Analyse
Keramik und Glas	Oberflächenerosion, Krustenbildung	Saure Gase, insbesondere Fluor	Luftfeuchtigkeit	Abnahme der Oberflächenreflexion und Lichtdurchlässigkeit, Änderung in der Dicke, chemische Analyse
Farben und organische Beschichtungen	Oberflächenerosion, Verfärbung, Verunreinigung	SO_2, H_2S_2	Luftfeuchtigkeit, UV und sichtbares Licht, Staub, mechanische Erosion, Mikroorganismen, Ozon	Gewichtsverlust, Verlust der Reflexion, Abnahme der Dicke
Papier	Brüchigwerden, Verfärbung	Schwefeldioxid	Luftfeuchtigkeit, physikalische Beanspruchung, säurehaltige Substanzen bei der Herstellung	herabgesetzte Haltbarkeit beim Knicken, pH-Änderung, Messung des Molekulargewichtes, Änderung der Zerreißfestigkeit
Fotografische Materialien	Schäden im mikroskopischen Bereich	Schwefeldioxid	Staub, Luftfeuchtigkeit	Visuelle und mikroskopische Untersuchung
Textilien	Verringerte Zerreißfestigkeit	Schwefel- und Stickstoffoxide	Staub, Luftfeuchtigkeit, UV und sichtbares Licht, physikalische Beanspruchung, Waschen	Herabgesetzte Zerreißfestigkeit, chemische Analyse (Molekulargewicht)
Textilfarben	Ausbleichen, Farbänderung	Stickstoffoxide	Temperaturschwankungen, UV und sichtbares Licht, Ozon	Messung der Reflexion und des Farbwertes
Leder	Herabsetzung der Haltbarkeit, gepuderte Oberfläche	Schwefeldioxid	Physikalische Beanspruchung, Rückstände von Säuren aus der Produktion	Herabsetzung der Zerreißfestigkeit, chemische Analyse
Gummi	Sprödigkeit	Ozon	UV und sichtbares Licht, physikalische Beanspruchung	Verlust an Elastizität, Widerstand, Messung der Rißhäufigkeit und Rißtiefe

terlichen Glasgemälde sind besonders gefährdet, weil zu der langen Expositionszeit noch die mindere Glasqualität der damaligen Herstellung kommt. Durch Wasser in Verbindung mit Schwefeldioxid kommt es zum Verlust von Alkaliionen (Kalium und Natrium), wodurch die chemisch-physikalische Struktur des Glases an der Oberfläche zerstört wird, die zumeist noch Träger aufgetragener Farben ist.

Für alle Akzeptoren mit passiver Aufnahme der L. gilt, daß neben der Schadstoffkonzentration die Windgeschwindigkeit sowie die chemische und physikalische Beschaffenheit der Akzeptoroberfläche aufnahme- und damit wirkungsbestimmend sind. Zu den wichtigen Oberflächeneigenschaften zählen die Feuchte bzw. das Vorhandensein eines Wasserfilms; bei säurehaltigen L. außerdem die Alkalität des Materials sowie als allgemeiner physikalischer Faktor die Rauhigkeit der Oberfläche.

Der Einfluß von Windgeschwindigkeit und Schadstoffkonzentration wird implizit durch Meßgeräte erfaßt, die auf dem Prinzip eines Standardakzeptors beruhen, wie dies z. B. bei dem →IRMA-Verfahren der Fall ist. Bei Turm- bzw. Mastmessungen konnte mit diesem Verfahren nachgewiesen werden, daß die Immissionsrate, aber auch die Stahlkorrosion deutlich mit der Höhe über Grund zunehmen, obwohl die Schwefeldioxidkonzentration nahezu konstant bleibt. Ursache ist hier die Zunahme der Windgeschwindigkeit mit der Höhe.

Die immissionsbedingte Korrosion quantitativ und reproduzierbar zu erfassen, ist nicht einfach. In der Regel geschieht dies über die Ermittlung des Gewichtsverlustes, wobei beim Stahl unter Verwendung einer bestimmten Beizlösung, die neben Wasser in bestimmten Anteilen Salzsäure und Formalin enthält, die Korrosionsschicht zunächst abgelöst werden muß. Bei Natursteinen stellen die starke Heterogenität des Materials sowie die im allgemeinen niedrigen Gewichtsverluste ein besonderes Problem dar. Wichtig ist es daher, die Exponate so auszubilden, daß bei möglichst geringem Volumen eine möglichst große Oberfläche zustande kommt. Dies wird am ehesten durch dünne Plättchen gewährleistet.

Inzwischen liegen auch für die schwierig zu handhabenden Natursteine erstaunlich hohe Korrelationen zwischen dem Grad der L. und dem Grad der Korrosion vor. Beispielhaft werden für den Zusammenhang zwischen dem Gewichtsverlust beim Baumberger Kalksandstein bzw. beim Krensheimer Muschelkalk Korrelationen von $r^2 = 0{,}36$ bzw. $r^2 = 0{,}80$ angegeben. Die zugehörigen Schadensfunktionen betragen

$$V = 0{,}03\ D + 0{,}5\ \text{bzw.}$$
$$V = 0{,}018\ D + 0{,}6$$

mit V = Gewichtsverlust in % und D = IRMA-Immissionsrate von SO_2 in mg m^{-2} d^{-1}.

Unter Berücksichtigung der historischen Verwitterung an Gebäuden und Grabsteinen wurde auch der jährliche Abtrag abgeschätzt. Die ermittelten Werte liegen bei Sandstein zwischen 0,08 und 0,39 mm a^{-1}, bei Granit etwa um den Faktor 10 niedriger.

Sehr eindeutige Korrelationen liegen seit langem zwischen der Korrosionsrate von Stahl und der Immissionsrate für Schwefeldioxid vor. Das Ergebnis einer solchen Untersuchung für verschiedene Meßstellen im westlichen Ruhrgebiet Anfang der 70er Jahre zeigt Bild 3.

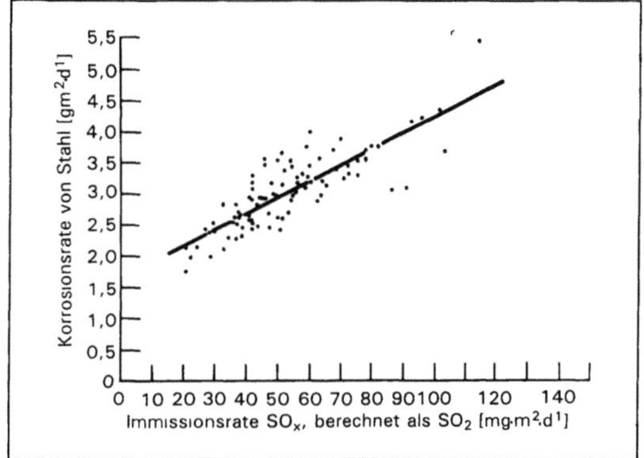

Luftverunreinigungen 3: Wirkung auf Materialien: Zusammenhang zwischen den Korrosionsraten exponierter Stahlproben und IRMA-Werten für Schwefeldioxid.

Die Korrelation konnte noch einmal verbessert werden, indem in das Regressionsmodell der Zeitanteil mit relativer Luftfeuchtigkeit >75 % aufgenommen wurde. Hierbei wurde auch versucht, die natürliche Korrosionsrate abzuleiten, die auf 1,50 +/− 0,49 g m^{-2} d^{-1} geschätzt wurde, im Vergleich zu 4,50 g m^{-2} d^{-1} an höchst belasteter Stelle in damaliger Zeit. Für andere Gebiete und andere Materialien wurde eine Vielzahl weiterer Schadensfunktionen, auch unter Heranziehung der Chloridbelastung abgeleitet.

Beim Gummi ist wegen seiner Indikatorfunktion der quantitative Immissions-/Schadenzusammenhang vergleichsweise gut abgesichert. Der Verlust der Elastizität als der bestimmenden Wirkungsgröße ist streng proportional zum Produkt aus Konzentration·Zeit. Allerdings ist der Elastizitätsverlust schlecht deutbar, wenn man hieraus den Verlust an Gebrauchswert oder den wirtschaftlichen Schaden ableiten will.

Bei mittelalterlichen Glasgemälden wird geschätzt, daß es im letzten Jahrhundert zu einem Dickenverlust von 0,5 mm gekommen ist.

Die wirksamste Abhilfemaßnahme für Materialien aller Art ist, wie in jedem anderen Fall einer immissionsbedingten Schädigung, die Reduzierung der →Emissionen. Dennoch sind gerade bei Materialien und hier insbesondere bei Natursteinen und Glasgemälden passive Schutzmaßnahmen von besonderer Bedeutung. *Prinz*

Literatur: *Harter, P.:* Acid deposition – materials and health effects. ICTIS/TR36. IEA Coal Reserch. London 1986. – Die Einwirkung von Luftverunreinigungen auf ausgewählte Kunstwerke mittelalterlicher Glasmalerei. Materialien 2/84; Umweltbundesamt. Berlin 1984.

Luftzahl →Luftverhältnis

Luv. Die dem Wind zugekehrte Seite eines Schiffs, einer Erhebung, eines Gebäudes oder einer Emissionsquelle. Das L.-Gebiet einer Emissionsquelle wird, abgesehen von windschwachen Wetterlagen mit umlaufenden Winden, in einer konkreten Wettersituation normalerweise nicht mit Immissionen beaufschlagt. Eine Ausnahme bilden bei Störfällen freigesetzte schwere Gase, die sich unter dem Einfluß der Schwerkraft am Boden wie eine Flüssigkeit auch in Gegenwindrichtung ausbreiten können. Im L.-Gebiet einer Emissionsquelle vorhandene Gebäude oder andere Hindernisse bewirken eine merkbare Störung der Zirkulation bis zu einer Entfernung von etwa 10facher Objekthöhe. In der Vertikalen ist die Windströmung bis zu etwa 2.5facher Objekthöhe gestört (→Ausbreitung im Nahbereich niedriger Quellen). *Giebel*

LWR →Leichtwasserreaktor

MIX
Papier aus verantwortungsvollen Quellen
Paper from responsible sources
FSC® C105338

If you have any concerns about our products,
you can contact us on
ProductSafety@springernature.com

In case Publisher is established outside the EU,
the EU authorized representative is:
Springer Nature Customer Service Center GmbH
Europaplatz 3, 69115 Heidelberg, Germany

Printed by Libri Plureos GmbH
in Hamburg, Germany